http://www.ssec.com.cn

SINOPEC Shanghai Engineering Company Limited

多年来，上海工程公司保持与壳牌（Shell）、英国石油（BP）、埃克森美孚（Exxon Mobil）、巴斯夫（BASF）、拜尔（Bayer）、道化学（Dow Chemical）、诺华（Novatis）、施贵宝、辉瑞、杨森、葛兰素等国际石油化工、医药行业巨头合作，并提供工程设计和项目管理服务；与Bachtel、Fluor、Toyo、Chiyoda、Technip、JGC、Lugi、Amec、CTCI、Lummus、FW、TR、Aker等国际著名工程公司建立了紧密合作关系，共同承担过一系列国内外重大工程项目，赢得了良好的赞誉和知名度。

秉承历史的辉煌，上海工程公司将一如既往地以优良的工程品质服务于国内外各界，携手共创灿烂的明天。

董事长、总经理：吴德荣
公司地址：上海市浦东新区张杨路769号
电话总机：021－58366600　邮　编：200120
网　址：www.ssec.com.cn　E-mail：ssec@ssec.com.cn

《化工工艺设计手册》第五版

编委会名单

编写及校审人员名单

篇、章	名称	编写人员	校审人员
第1篇	**工厂设计**		
第1章	典型的化工企业构成	吴德荣　何勤伟	王江义
第2章	化工设计的主要内容和过程	王江义　李真泽	吴德荣
第3章	工厂和装置的物料、能量和公用工程平衡	王玉枫	陈明辉
第4章	厂址选择和工厂布置	蔡　炜	王江义
第5章	工程经济	周　燕　李纤曙 黄　琦　施大伟	施大伟
第6章	环境保护	何小娟	沈　江　王　玲
第7章	劳动安全卫生	何　琨　贾　微	王江义
第8章	工程设计项目专篇编制规定	陈为群　沈江涛	王江义
第9章	工程设计常用安全卫生标准规范和有关资料	陈为群　沈江涛	王江义
第2篇	**化工工艺流程设计**		
第10章	过程工程和化工工艺设计	堵祖荫　何　琨	吴德荣
第11章	化工过程技术开发和化工工艺流程设计	堵祖荫　李　勇	王江义
第12章	化工装置工艺节能技术和综合能耗计算	堵祖荫　王　俭	李真泽
第13章	物化数据	吕世军　丁智翔	王江义
第3篇	**化工单元工艺设计**		
第14章	反应器	吴德荣　王玉枫	陈明辉　吴德荣
第15章	发酵	石荣华　丁伟军	杨丽敏
第16章	液体搅拌	虞　军　秦叔经	石荣华　蒋　国
第17章	蒸馏和吸收	陈　迎　许慎艳	李真泽
第18章	液液萃取	陈　迎	张　斌
第19章	吸附及变压吸附	陈愈安	杨建平
第20章	膜分离设备	石荣华　丁伟军	王　玲
第21章	离心机和过滤机	陈　伟　王　刚	蒋　国

章节		
第 22 章　换热器	王　俭	华　峰
第 23 章　容器	申国勤	王玉枫
第 24 章　储罐	戴　杰　刘文光	汪建羽
第 25 章　工业炉	王祖真	汪　扬
第 26 章　干燥器	缪　晡	石荣华
第 27 章　泵	陈　伟　谷　峰 周景芝	蒋　国
第 28 章　压缩和膨胀机械	陈　伟　张　红 谷　峰　王　刚 周景芝　宋黎明	华　峰　蒋　国
第 29 章　固体物料输送和储存	赵凯烽　许　燕 严　琦　童志阳	李　勇
第 4 篇　化工系统设计		
第 30 章　管道及仪表流程图设计	薛宏庆	华　峰
第 31 章　管道及仪表流程图基本单元典型设计	叶　海	华　峰
第 32 章　公用工程分配系统和辅助系统设计	张　红	华　峰
第 33 章　管道流体力学计算	薛宏庆	华　峰
第 34 章　安全泄放设施的工艺设计	曾颖群	李真泽
第 35 章　火炬系统设计	张　艺	印立峰
第 36 章　典型管道配件的工艺设计	曾颖群	陈明辉
第 5 篇　配管设计		
第 37 章　装置(车间)布置设计	刘文光　陈苓晔	汪建羽
第 38 章　管道布置和设计	汪建羽	刘文光
第 39 章　金属管道和管件	凌元嘉	汪建羽　吴寿勇
第 40 章　非金属管道和管件	吴寿勇	汪建羽
第 41 章　管道应力分析设计	方　立	汪建羽
第 42 章　设备及管道的绝热、伴热、防腐和标识	周新南	汪建羽
第 6 篇　相关专业设计和设备选型		
第 43 章　自动控制	李　冰　俞旭波 陈　新	华　峰　李　冰
第 44 章　电气设计	姚益民　陈志平	马　坚　张卫杰
第 45 章　电信设计	唐晓方　姚益民	马　坚　陈志平
第 46 章　给排水设计	陈宇奇　胡　金	吴丽光
第 47 章　热力设计	马　辉	郭　琦
第 48 章　设备设计和常用设备系列	沈江涛　杨　芳	黄正林
第 49 章　供暖通风和空气调节	杨一心　周　渊 项志鋐　陈金元	杨一心
第 50 章　分析化验楼设计和仪器设备	何　琨	陈为群
第 51 章　科学实验建筑	高志刚　程　华	杨丽敏　陈苓晔
第 52 章　制剂生产常用设备	杨　军　柴　健	陈苓晔　杨丽敏
第 53 章　天然药物生产装备	赵肖兵	缪　晡
封面设计	戴晓辛	

"十三五" 国家重点出版物出版规划项目

CHEMICAL
PROCESS
DESIGN
HANDBOOK

中石化上海工程有限公司 编

化工工艺设计手册

第五版 下册

化学工业出版社
·北京·

《化工工艺设计手册》(第五版) 分上、下两册出版，共含6篇53章。上册包括工厂设计、化工工艺流程设计、化工单元工艺设计3篇；下册包括化工系统设计、配管设计、相关专业设计和设备选型3篇。《化工工艺设计手册》在保持原有内容框架的基础上，在化工工艺设计内容的系统性、完整性上实现了跃升，以化工工艺流程设计、设备工艺设计、工艺系统设计的三大基本程序为核心，形成了化工企业工艺设计内容的完整序列。本次修订反映了第四版出版以来化工工艺设计技术和方法上的新进展，除新增化工工艺流程设计一篇外，其他各篇在专业内容和设计现代化方面都进行了充实，内容更为翔实和丰富。

本书可供化工、石油化工、医药、轻工等行业从事工艺设计的工程技术人员使用，也可供其他行业和有关院校的师生参考。

图书在版编目 (CIP) 数据

化工工艺设计手册. 下册/中石化上海工程有限公司编. —5版. —北京：化学工业出版社，2018.2 (2025.1重印)

ISBN 978-7-122-30923-5

Ⅰ.①化… Ⅱ.①中… Ⅲ.①化工过程-工艺设计-手册 Ⅳ.①TQ02-62

中国版本图书馆CIP数据核字 (2017) 第267679号

责任编辑：辛　田　周国庆　　文字编辑：冯国庆

责任校对：王　静　　装帧设计：张　辉

出版发行：化学工业出版社 (北京市东城区青年湖南街13号　邮政编码100011)

印　　装：中煤 (北京) 印务有限公司

787mm×1092mm　1/16　印张71　插页8　字数2600千字　2025年1月北京第5版第6次印刷

购书咨询：010-64518888　　售后服务：010-64518899

网　　址：http://www.cip.com.cn

凡购买本书，如有缺损质量问题，本社销售中心负责调换。

定　　价：258.00元

京化广临字 2018——8

前言

一部优秀的工具书，能成为工程师们的良师益友。

这是我们编撰《化工工艺设计手册》的初衷，也是我们持续升版的动力。

《化工工艺设计手册》由中石化上海工程有限公司（原上海医药工业设计院）倾力打造，凝结了公司几代资深技术专家和设计大师们几十年从事化工、石油化工、医药工程等领域技术开发、工程咨询、工程设计、工程总承包、工程管理的智慧结晶和技术积淀，自1986年首次出版以来，广受化工工艺设计人员欢迎，已成为化工工艺设计人员的必备手册，成为行业内颇具影响力的大型化工工艺设计工具书。手册第四版荣获中国石油和化学工业联合会“科技进步二等奖”及中国石油和化学工业“优秀出版物奖（图书类）一等奖”。

本次修订主要反映第四版出版以来化工工艺设计技术和方法上的新进展，并以持续提升、精益求精的理念对第四版内容进行修订、补充和完善，延续手册“精品图书”的一贯风格，努力把手册推向新的高度。值得欣喜的是，手册第五版入选国家新闻出版广电总局《“十三五”国家重点出版物出版规划项目》，成为手册一个新的起点。

我国经济发展进入新常态，供给侧结构性改革不断深化，工程公司面临市场激烈竞争的新形势和环保绿色高附加值发展模式的新要求，创新开发提升工程公司的核心竞争力比以往更为重要，尤为迫切。为此，本次修订增设了化工工艺流程设计一篇，从过程工程着手，阐明化工工艺设计主要程序和内容，并具体说明化工过程技术开发和化工工艺流程设计的内容、程序和方法，以及化工装置工艺节能技术和综合能耗的计算。

本次修订在化工工艺设计内容的系统性、完整性上实现了跃升，形成了工厂设计、化工工艺流程设计、化工单元工艺设计、化工系统设计、配管设计、相关专业设计和设备选型六大篇，并以工艺设计的化工工艺流程设计、设备工艺设计、工艺系统设计的三大基本程序为核心，形成了化工企业工艺设计内容的完整序列。

在修订过程中，充分吸收了中石化上海工程有限公司近年来工程业务成果和丰富实践经验，除新增化工工艺流程设计一篇外，其他各篇在专业内容和设计现代化方面都进行了充实，从原来的37章增加至现在的53章，内容更为翔实和丰富。

衷心感谢广大专家和读者给予我们的支持和对本手册的厚爱，同时也期待广大专家和读者继续提供宝贵意见，以便我们不断改进和完善。

吴德荣

目录

第4篇　化工系统设计

第32章　公用工程分配系统和辅助系统设计 …… 41

第33章　管道流体力学计算 …… 45

第34章　安全泄放设施的工艺设计 …… 69

第35章　火炬系统设计 …… 95

第5篇 配管设计

第6篇 相关专业设计和设备选型

第 44 章　电气设计 ······ 507

第 45 章　电信设计 ······ 545

第 46 章　给排水设计 ······ 551

第48章 设备设计和常用设备系列 …… 617

第 49 章 供暖通风和空气调节

第51章 科学实验建筑 ………………… 976

第52章 制剂生产常用设备 ……………… 1005

第 4 篇

化工系统设计

第30章 管道及仪表流程图设计

管道及仪表流程图（piping & instrument diagram，P&ID）的设计是石油化工装置从工艺设计到实施工程设计的过程。

管道及仪表流程图是石油化工装置工程设计中最重要的图纸之一，所有与工艺过程有关的信息都反映在该图上，如全部设备、仪表、控制联锁方案、管道、阀门及管件的特殊操作要求、安装要求、布置要求、安全要求等。管道及仪表流程图不仅是设计、施工的依据，而且也是企业管理、试运转、操作、维修和开停车各方面所需的完整技术资料的一部分。

管道及仪表流程图各设计版次，可为工艺、仪表、设备、电气、配管（安装）、应力、材料、给排水等相关专业及时提供相应阶段的设计信息。

1 管道及仪表流程图的设计基础

P&ID的设计基础为工艺设计包和各专业为实施工艺设计所提交的资料。经济性和安全性是P&ID设计中应考虑的重要原则。

1.1 工艺设计包提交的内容

石油化工装置一般都有专利技术，向专利技术拥有者购买专利技术使用权，专利商将提供工艺包，工艺包的内容主要为专利使用者实施工程设计和生产操作所必需的工艺及相关专业条件。

1.1.1 设计基础

(1) 工艺装置的组成和工艺特性

说明本工艺装置由哪些工艺单元组成，同其他工程的联系和协作关系，工艺过程的主要特性，如多相聚合反应、萃取、减压精馏、干燥等工艺过程。

(2) 生产规模

说明本工艺装置的设计规模，主要产品产量，中间产品产量，原料处理量（万吨/年，或t/h）。

(3) 年操作小时

说明本工艺装置年操作时数和生产方式（连续、间歇）。

(4) 原料、催化剂和化学品规格

说明本工艺装置对原料、催化剂、化学品的规格要求，分析方法，来源及送入界区的方式，如连续输送、间歇输送、管道输送或桶装等。

(5) 公用工程规格和用量

说明本工艺装置需要的主要公用工程规格和数量。

(6) 产品规格

说明本工艺装置的产品和副产品（必要时包括中间产品的详细规格和分析方法），产品、副产品送出界区的条件（温度、压力）和输送方式。

(7) 原料和化学品、催化剂的消耗及单耗值

(8) 技术保证指标

说明本工艺装置的技术保证值和期望值，如反应的转化率、选择性。原料、催化剂、化学品的单耗，催化剂的寿命，产品和主要副产品的规格。

(9) 废物（三废）的性质、排放量和建议的处理方法

说明本工艺装置的生产方案，生产工艺的特点，废物的排放量及处理方法。

(10) 安全卫生

说明本工艺装置危险因素分析、火灾爆炸危险和毒性物质危险等，以及本工艺装置生产过程中产生的高温、高压、易燃、易爆、有毒和有害物质等有害作业的生产部位与程度。列出生产过程中危险因素较大的主要设备概况以及相应的防护措施。

① 危险因素分析　说明本工艺装置生产过程中使用的原料、化学品、催化剂和产生的产品，副产品、中间产品的易燃、易爆、有毒、粉尘等物料的种类、名称和数量。

② 火灾爆炸危险　说明本工艺装置物料的易燃、易爆性质，如闪点、自燃点、爆炸极限（%）。本装置的火灾危险类别及爆炸危险区域等级。

③ 毒性物质危险　说明本工艺装置物质的毒性，如LD_{50}经口、阈限值TWA等，建议的急救及防护措施，有毒物质的储存、运输要求。

1.1.2 工艺说明

(1) 工艺原理

说明本工艺的反应机理，列出主反应及主要副反应的化学方程式，并说明控制反应速率和副反应产生的主要因素，如反应温度、反应压力、原料浓度配比、空速、催化剂选择、原料中杂质对反应和催化剂

的影响。

(2) 主要工艺参数

说明本工艺的主要操作参数，包括反应、精馏、萃取、传热等主要单元的主要操作参数。有反应的工艺还应列出反应初期和末期的操作参数。

(3) 工艺流程说明

按不同工段的 P&ID，详细叙述工艺流程。说明原料、中间产品、副产品、产品的去向，进出界区的方式及储存方法；主要操作条件，如温度、压力、流量、主要物料配比等；主要控制方案；若为间歇操作，还需说明操作周期和一次（批）的加料量。

1.1.3　工艺流程图

工艺流程图（process flow diagram，PFD）表示工艺生产所用的主要设备（包括名称、位号）、关键阀门、流量、温度、压力、热负荷以及控制方案，如图 30-1 所示。

1.1.4　物料平衡和能量平衡

完成生产装置全过程的物料平衡和能量平衡后，如有必要应考虑到负荷的波动及各主要工况的变化。

根据计算结果列出物流表，应包括流程中每股物料的组成、状态、流量、密度、黏度、温度和压力等。通常这些物流表可由工艺流程模拟计算得到。

1.1.5　管道及仪表流程图

工艺包的 P&ID，从工艺角度来看，已全部表示了工艺过程的设备、机械、驱动设备（具体类型和规格可以在工程设计时确定），包括相应备台；标示出工艺过程正常操作、开停车、特殊操作（如再生、烧焦、切换等）等所需的全部管道的尺寸、材质、阀门类型、保温等；标示出工艺取样分析点；还应标示出全部的检测、指示和控制功能仪表；对工程设计有特殊要求的，需要在 P&ID 上加以标识注明，如管道的坡向、不可有袋形、两相流管道须固定、最小距离、液封高度，必要时还需给出保证工艺要求的节点详图。

应该指出：涉及工程设计的内容，如管道等级、管道详细标注、仪表控制的详细标注、压缩机系统的公用工程管线、界区阀门设置、公用工程 P&ID 的深化，膨胀节、波纹管的设置等，工艺包 P&ID 的相应内容是初步的，有时可以没有，需待工程设计时深化。

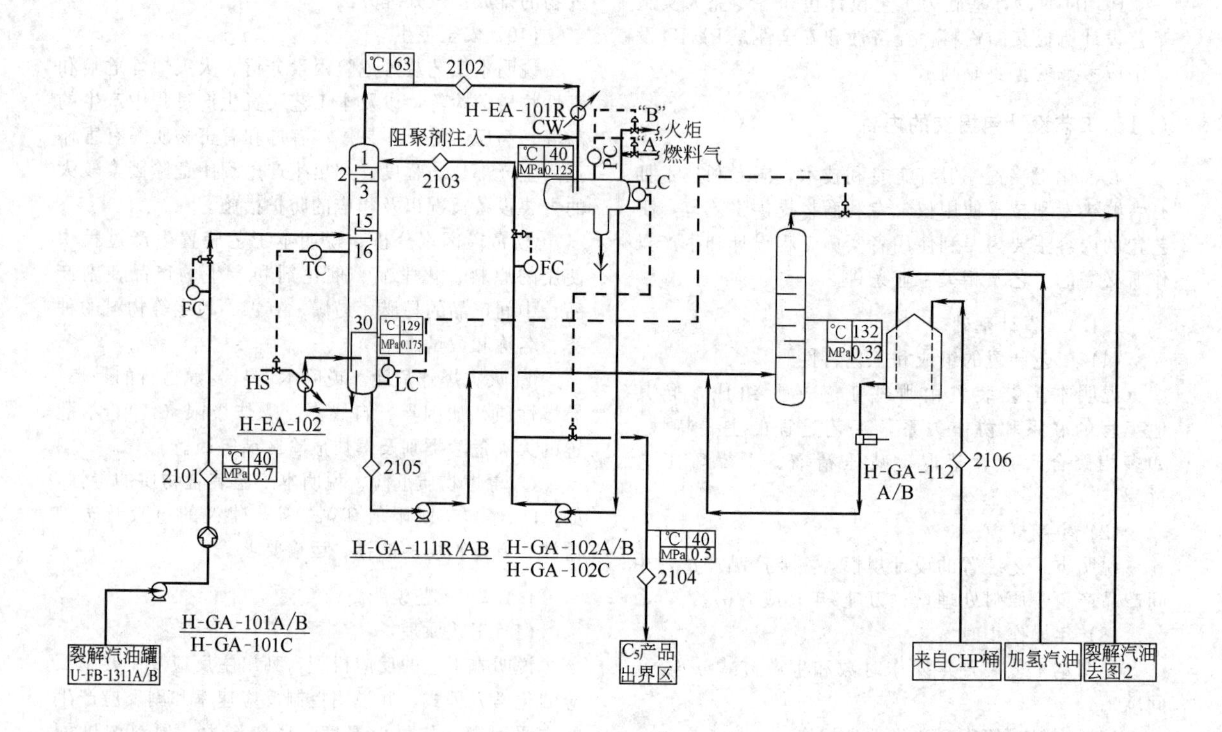

图 30-1　工艺流程图

1.1.6　工艺设备表

列出主要工艺设备名称、数量和规格。

1.1.7　主要工艺设备的工艺规格书

按设备类别分类编制工艺规格书，即数据表，如反应器、塔、换热器、储槽、压缩机、泵、工业炉等。应列出工艺设计、操作参数及材质要求。静设备类应附设备草图，动设备类应提出传动机械要求，其深度应满足进行基础工程设计的要求。典型的设备数据表见表 30-1、表 30-2 以及 27 章、28 章中数据表。

1.1.8　自动控制和仪表

① 初步的仪表一览表，PLC 开关量输入、输出点，DCS 开关量输入、输出点。

② 初步的仪表回路规格。

③ 工艺控制和联锁系统包括报警系统及联锁系统的参数。

④ 仪表系统说明。

1.1.9　管道设计

(1) 初步的管道一览表

列出工艺装置的主要工艺管道的介质名称、代号，工艺操作条件，管道走向，管路尺寸，管道等级，保温等，详见表 30-3。

(2) 初步的管道材料等级

列出工艺装置的主要工艺和公用工程管道、阀门、管件材料的选用等级表。

(3) 初步的设备布置图

该设备布置图为工艺专利技术拥有者根据其工程经验和工艺技术要求提出的建议性设备布置，在工程设计时可根据具体总图布置和装置情况做适当调整，但其中工艺技术要求内容必须满足。

(4) 管道安装设计建议

(5) 特殊管件

1.1.10　电气设计

包括电气设计概况、单线图、危险区域划分图和初步的电动机表等。

1.1.11　泄放阀和安全阀

① 排放原因（不包括火灾）。

② 排放量工艺数据表（不包括阀的计算）。

1.1.12　分析手册

① 对原料、化学品和最终产品的分析方法。

② 对控制装置操作的分析要求、采样点、分析方法、分析频率和控制指标。

③ 实验室分析仪器的规格。

1.1.13　工艺操作手册

① 操作指南。

② 操作步骤。

③ 卫生安全环保措施（HSE）。

④ 特殊要求的检修要领。

1.2　P&ID 设计需要的资料

(1) 项目资料

① 开工报告。

② 工程设计基础数据。

③ 工程设计计划进度表。

(2) 工艺资料

① 工艺包。

② 工艺系统专业计算所需物料量、物性数据和操作条件。

③ 技术风险备忘录（必要时）。

(3) 自控资料

① 工艺控制方案（图）。

② 塔器、容器、换热器、特殊设备和工业炉等各类设备上的仪表接口。

③ 成套（配套）设备的限定供货范围，包括随机仪表、配套仪表和仪表的特殊要求。

④ 配合工艺系统专业完成各版 P&ID 的有关仪表部分的工作。

(4) 设备布置图

(5) 管道材料规格资料

① 材料备忘录。

② 管道材料识别图。

③ 管道材料设计规定索引（管道等级代号说明、管道材料分类、管道材料等级表及管道壁厚表等）。

④ 绝热保温设计规定。

⑤ 防腐涂漆设计规定。

⑥ 定型的特殊管件选用标准。

⑦ 管道力学资料。

⑧ 计算的管壁厚度。

⑨ 限流孔板和爆破片厚度等。

(6) 设备资料

包括容器、塔器、换热器、工业炉和特殊设备各版设备图及数据表。

换热器规格明细表（包括接管尺寸及各侧压力降数据）。

(7) 机泵资料

① 预计的机泵能量消耗汇总表。

② 蒸汽轮机负荷汇总表。

③ 机泵数据表。

④ 制造厂提供的先期确认图纸资料和最终确认图纸资料。

(8) 环保资料

需要时，提供环保噪声控制要求。

表 30-1 塔设备数据表

工程名称	
车间(或装置)名称	
所在区	
设计阶段	

版次	日期	说明	会签	编制	校核	审核	审定

设备名称	设备位号	台数
塔类型	塔板数×间距	
塔径×高度	填料规格及高度	

操作数据 / 设备草图

	塔顶	塔底
主要介质		
温度(max)/℃		
温度(正常)/℃		
压力(max)/MPa		
压力(正常)/MPa		
设计温度/℃		
设计压力/MPa		
气相负荷/(m^3/h)		
液相负荷/(m^3/h)		
气相密度/(kg/m^3)		
液相密度/(kg/m^3)		
塔板序号		
塔体/塔板材料		
腐蚀裕度/mm		

接管口

序号	直径	用途

注：本表中压力（MPa）为表压。

表 30-2　换热器数据表

工程名称							
车间(或装置)名称							
所在区							
设计阶段							
版次	日期	说明	会签	编制	校核	审核	审定

项目	序号				
设备名称	设备位号			台数	
型式	传热面积/m²				
流体	1				
流体名称	2				
总流量/(kg/h)	3				
	4	进	出	进	出
液体量/(kg/h)	5				
蒸汽量/(m³/h)	6				
液体量/(kg/h)	7				
水蒸气量/(kg/h)	8				
不凝性物流量/(kg/h)	9				
蒸发或冷凝量/(kg/h)	10				
操作温度/℃	11				
操作压力/MPa	12				
密度/(kg/m³)	13				
黏度/Pa·s	14				
热导率/[W/(m·K)]	15				
分子量	16				
比热容/[kJ/(kg·℃)]	17				
潜热/(kJ/kg)	18				
线速/(m/s)	19				
压降/MPa	20				
污垢系数/(m²·K/W)	21				
膜系数/[W/(m²·K)]	22				
传热量/W	23				
平均温度/℃	24				
总传热系数/[W/(m²·K)]	25				
设计温度/℃	26				
设计压力/MPa	27				
程数	28				
腐蚀裕度/mm	29				
材质	30	管子	管板	壳体	封头
管子	31	管数	内径	外径	管长
	32	管中心距		→□ ◇ △ ◁	
壳体	33	内径		折流板间距	切割
保温	34	壳体	是/否	封头	是/否

设备草图

注：本表中压力（MPa）为表压。

表 30-3 管道特性表

管线号	公称直径/mm(或in)	管道等级	介质名称	介质状态	管道起迄位置		流程图号	网格	压力/MPa				温度/℃				试压介质(水、空气、其他)	清洗介质	管道类别	绝热			备注
					起点	终点			操作压力			设计压力	操作温度			设计温度				绝热代号	材料代号	厚度/mm	
									最低	正常	最高		最低	正常	最高								

注：1. 绝热代号及其含义，H表示保温、C表示保冷、P表示防烫、D表示防结露、E表示电伴热、S表示蒸汽伴热、W表示热水伴热、O表示热油伴热。

2. 本表中压力（MPa）为表压。

2 管道及仪表流程图的设计过程

管道及仪表流程图的设计过程是逐步加深和完善的，它分阶段和版次分别发表。P&ID 各个版次的发表，表明了工程设计进展情况，为工艺、仪表、设备、电气、电信、配管、应力、材料、安装和给排水等专业及时提供相应阶段的设计信息。P&ID 的版次是工程设计最重要的图纸版次之一，相关专业的图纸版次应与 P&ID 的版次保持一致性。

工程设计分为基础设计和详细工程设计两个阶段，各阶段应完成的 P&ID 的版次如下。

(1) 基础设计阶段

通常应完成以下四个版次的 P&ID。

① A 版（初步条件版） APPROVED FOR PLANNING。

② B 版（内部审核版） ISSUE FOR REVIEW。

③ C 版（用户批准版） ISSUE FOR APPROVAL。

④ 0 版（设计版） APPROVED FOR DESIGN。

基础设计的四版图纸也称为工艺版 P&ID。

(2) 详细工程设计阶段

通常应完成以下三个版次的 P&ID。

① 1 版（详细设计 1 版） FOR DETAIL ENGINEERING Rev. 1。

② 2 版（详细设计 2 版） FOR DETAIL ENGINEERING Rev. 2。

③ 3 版（施工版） APPROVED FOR CONSTRUCTION。

详细设计的三版图纸也称为工程版 P&ID。

上述七版 P&ID 为常规 P&ID 开发过程。

对于小型或成熟工艺装置的 P&ID 和公用工程的 P&ID，最少应完成以下三个版次。

① A 版（初步条件版） APPROVED FOR PLANNING。

② 0 版（设计版） APPROVED FOR DESIGN。

③ 1 版（施工版） APPROVED FOR CONSTRUCTION。

P&ID 的设计版次可以不限于上述七个版次。根据项目的具体情况，项目经理（设计经理）有权增加版次，如基础设计阶段按顺序为 A、B、C、D、E…详细设计为 1、2、3、4、5…但必须注明增加的版次说明和应包括上述七个版次。增加的版次应及时通知项目组内相关人员和业主。

2.1 管道及仪表流程图 A 版（初步条件版）

工艺（系统）专业人员在收到本章所述 P&ID 设计基础的主要内容后，即可开始管道及仪表流程图的设计工作，不必待工艺包全部结束后才开始，以缩短设计周期。A 版图主要反映出工艺、设备、配管、仪表等组成部分的总体关系，用于装置内设备布置、主要管道走向、特殊管道和管架的研究，以及自控等相应专业开展基础工程设计。A 版图至少包括以下内容。

① 列出全部有位号的设备、机械、驱动机及备台，有未定设备的应在备注栏中说明，或用通用符号或长方形框暂时表示设备位号，应初步标注主要技术数据和结构材料。

② 主要工艺物料管道（包括间断使用管道）标注物料代号、公称通径，可暂不标注管道顺序号、管道等级和隔热、隔声代号，但要标明物料的流向。

③ 与设备或管道相连接的公用工程、辅助物料管道，应标注物料代号、公称通径，可暂不标注管道顺序号、管道等级和隔热、隔声代号，但要标明介质的流向。蒸汽管道的物料代号应反映出压力等级，如 LS、MS、HS。

④ 应标注对工艺生产起控制、调节作用的主要阀门。管道上的次要阀门、管件、特殊管（阀）件可暂不表示，如果要表示，可不用编号和标注。

⑤ 应标注主要安全阀和爆破片，但不标注尺寸和编号。

⑥ 全部控制阀不要求标注尺寸、编号和增加的旁路阀。

⑦ 标注主要检测与控制仪表以及功能标识（其中的一次元件、变送器、辅助仪表和附件等可不一一画出，也可无回路编号），标明仪表显示和控制的位置，如上位机、DCS 或现场的不同位置。

⑧ 标注管道材料的特殊要求（如合金材料、非金属材料、高压管道等）或标注管道等级。

⑨ 标明有泄压系统和释放系统的要求。

⑩ 必需的设备关键标高（最小尺寸）和关键的设计尺寸，对设备、管道、仪表有特定布置的要求和其他关键的设计要求说明（如配管对称要求和真空管路等）。

⑪ 成套（配套）设备供货范围和设计单位分工范围。

⑫ 首页图上文字代号、缩写字母、各类图形符号以及仪表图形符号。

⑬ 辅助物料、公用物料管道和仪表流程图，以及装置间的管道和仪表流程图，只作为准备工作，通常不反映在 A 版图中。

2.2 管道及仪表流程图 B 版（内部审核版）

P&ID 先应进行内部审核，然后送业主审核。工艺（系统）专业在完成 B 版图之前需进行安全分析和必要的计算，并经过各专业工作和协商后，在 A 版图的基础上深化、补充完成 B 版图。除了由于设计阶段的局限、制造厂商的条件和图纸资料不全等客观因素限制外，B 版图应该尽可能完整。

在 A 版图内容的基础上，B 版图还应增加下列内容。

① 补充所有工艺、公用工程、辅助物料管道，并进行管道号标注，包括开、停车管道，吹扫、置换、再生管道。同一管道中有不同管道等级的应标示出分界符号。

② 补充根据制造厂商已经提供条件、图纸、资料的设备（如泵、压缩机、专用机械等）的连接尺寸和所需的辅助物料系统、共用物料系统，如：冷却、润滑、密封和放空、放净系统的连接管的管径，连接形式、标准和设计要求，根据收到资料的多少来画图。

③ 补充所有检测与控制仪表以及功能标识，并进行回路编号，但制造厂的随机配套仪表可除外。

④ 补充所有列有位号的设备、机械、驱动机及备台，并进行编号和标注。补充全部特殊管（阀）件，进行编号和标注。

⑤ 确定全部取样和分析点，并进行编号及标注。

⑥ 对限流孔板、安全阀、爆破片、疏水阀、减压阀进行标注和编号。

⑦ 控制阀细节的标注，如有无手轮，能源事故状态阀的开、关位置及旁路阀组等。控制阀（或控制阀前后的异径管）尺寸可暂不标注。

⑧ 需要说明的详图和待定（hold）问题。

⑨ 完善首页图的有关内容。

⑩ 辅助物料、公用物料管道及仪表流程图和分配图（公用物料发生图和公用物料分配图），以及装置间管道及仪表流程图，同时发表B版图，内容相似。

2.3 管道及仪表流程图C版（用户批准版）

设计单位内部审核后，工艺（系统）专业将各专业（包括开车工程师）内部协调一致的变更和意见反映到管道及仪表流程图上，形成用于用户审查的C版图。

C版图需要补充的内容一般如下。

① 制造厂商补充提供的资料内容。

② 工艺（系统）专业认为需要的全部阀门，以及全部特殊管（阀）件。

③ 补充完善所有的管道要求、管道标注。

④ 按各回路的仪表组成和已确定的仪表类型，详细标注仪表符号，对于个别回路中某些仪表类型一时尚无条件确定的可采用简化法表示，待类型确定后应在下一版图中详细表示。仪表的公用工程和防冻、伴热要求标注完整。

⑤ 设备、机械、驱动机的技术特性数据应准确，成套（配套）设备范围和设计分工范围明确，标明各类分界范围线并注以相应图号。

⑥ 明确全部待定（hold）问题范围。

C版图应保证有95%的完整性和准确性，能供用户对设计能否满足生产要求进行全面审查。

2.4 管道及仪表流程图0版（设计版）

C版图发送给用户后，用户将组织有关专家进行审查。设计单位项目（设计）经理和工艺、自控、配管等相关专业人员应参加审查会。根据审查会提出的正式书面审查意见，对管道及仪表流程图C版进行修改和补充，最终完成管道及仪表流程图0版。

0版图是设备布置图、管道布置图以及详细模型配管和有关专业进行详细工程设计的依据。

2.5 管道及仪表流程图1版（详细设计1版）

根据设备布置图和管道布置图与模型，以及根据配管图进行详细水力学计算后确认的管径，由工艺（系统）和配管专业共同完成并发表1版管道及仪表流程图。本版图可视为0版（设计版）在详细设计阶段的一次修改，但修改量应该很有限，一般小于5%。一般在0版图的基础上需补充如下内容。

① 制造厂商提供的最终资料。

② 根据0版图返回到工艺（系统）专业后，由管道、自控等专业对0版图所做的变动和修改内容，对0版图进行修改。

2.6 管道及仪表流程图2版（详细设计2版）

2版图根据需要发表。只有当工艺流程或设备订货中设备选型和规格有变化时，才需要发表管道及仪表流程图2版。

一般在1版图的基础上需补充如下内容。

① 各有关专业（管道、自控、机械和机泵等专业）对1版图修改后，返回工艺（系统）专业所做的修改内容。

② 制造厂商对最终提供资料所做的修改内容。

2.7 管道及仪表流程图3版（施工版）

本版图作为施工、安装、编制操作手册以及指导开车、生产和事故处理等的依据。

对3版图中由于外界条件暂不能提供最终资料而产生的“待定”问题，以备忘录形式通知设计经理，当条件具备时，工艺（系统）专业人员应继续予以完成。图纸的修改和发放，在3版图发表后，不再整套发表，只对修改和解决“待定”问题的个别P&ID做微小的变更另行发表。

对管道及仪表流程图3版的内容和深度，应注意下列事项。

① 应符合制造厂的图纸及资料的要求，符合开车工程师提出的要求。

② 管道上的放空、放净应标注俱全。

③ 图纸的接续关系和界区交接点要完整、准确。

④ 图上所有表示修改的修改符号和修改范围线均应擦去。

⑤ 全部“待定”问题和需要说明问题的处理意见。

3 管道及仪表流程图的管道编号

管道及仪表流程图上需编号的内容有图纸编号、设备位号、仪表位号、管道编号、特殊管件编号等。这些编号必须遵循同一个规则，使P&ID成为一个有机的整体。一般编号包括装置号（工段号）、分类代号（设备、仪表、介质、管件等分类代号）、顺序号、其他代号等。由于石油化工装置中管道的种类复杂、数量很多，因此管道编号必须遵循一些规则，便于在设计、采购、施工中检索。

3.1 管道编号

3.1.1 需要编号的管道

① 在 P&ID 上表示的全部工艺管道，包括支管道和辅助管道。

② 在 P&ID 上表示的全部公用工程管道，包括环保、热力、给排水、冷冻、暖风等专业的管道。

③ 放空、放净阀后的放空、放净管道。

④ 设备管口接有阀门、盲板、丝堵或仪表，可把所有管口合编一个号。

3.1.2 不需要编号的管道

① 随设备、机械一起供货的管道，并由制造厂提供详细设计 P&ID 或管道布置图，不需要工程设计单位绘制管道布置图，也不需要工程设计单位统计材料的管道。如制造厂供货的成套设备或机组中的管道、设备、机械内部管道。

② 直接相接的设备接口。例如叠放的换热器、塔和再沸器。

③ 设备接管口上直接接阀门、盲板、丝堵而无管道连接的接口。当上述管口阀门后需要连接上管道时，则该管道需要编号。

④ 管道上常规设计的放空管、放净管，即指排至地坪（不是排至地沟或地坑）的放净管，直接排大气的安全阀入口导管（此安全阀无出口导管）。

⑤ 设备、机械、管道上的伴热管和夹套管。

⑥ 控制阀、流量计、安全阀等管件的旁路。

⑦ 仪表管线，如压力表接管、各类仪表信号线等。

3.1.3 管道号的组成

管道号一般由下列图示的六个部分组成，这也是大型联合装置（工厂）管道号的通常构成方式，其顺序可以根据业主要求和不同工程设计单位的习惯进行变化。装置（工段）编号可以是 01、02、03…也可以是 100、200、300…介质代号可根据公司和项目规定编制，并在首页图中说明；管道顺序号位数应根据同一装置中某一介质的最多管道数确定，一般为 2～4 位数；公称直径可以是公制单位，即以 25mm、50mm、100mm…表示，也可以用英制单位 1″、2″、4″…表示（1in≈2.54cm）；管道等级由管道材料专业编制的《管道等级表》确定，其含义如下。

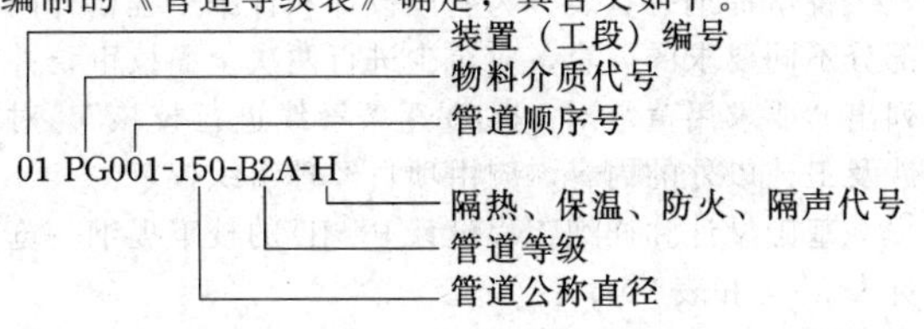

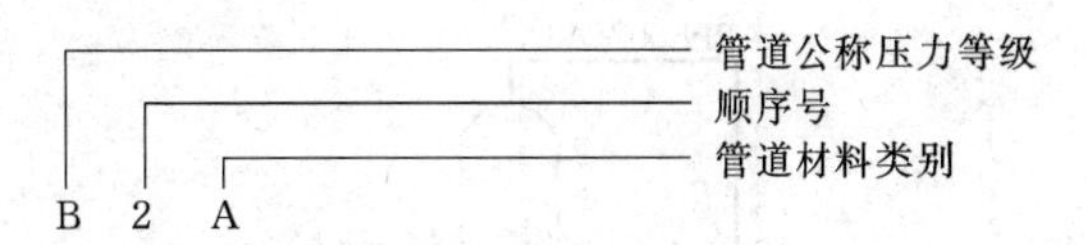

3.2 管道编号的标注规则

3.2.1 一般要求

① P&ID 的管道是按装置（工段）、介质为基准编号的。

② 工艺管道应根据主要物料流向顺序编号，同时，一般应在完成前一张 P&ID 工艺介质管道编号后，再进行下一张 P&ID 的工艺介质管道的编号。

③ 开停车工艺管道应根据物料来源和去向顺序编号。

④ 辅助系统的物料管道应根据其辅助物料的产生源或去向开始编号。

⑤ 公用工程管道应从进出装置主管开始编号。

⑥ 在满足设计、采购、施工、操作和检修的要求，不至于产生混乱和错误的前提下，应尽可能减少管道号的数量。

3.2.2 标注规则

① 工况相同的两台 A/B 互备泵，可编一个管号，这样不仅方便编写管道一览表，也便于画在一张轴侧图上进行管道应力分析。或者在进出 B 泵的管道上加“a”予以区分，如图 30-2 所示。

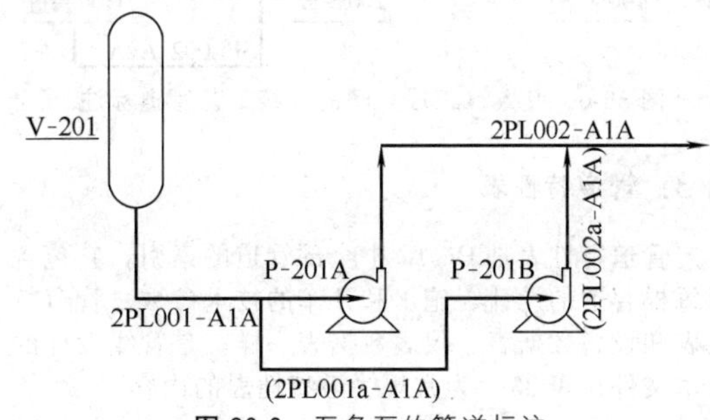

图 30-2　互备泵的管道标注

② 一个管道接至一台设备上有多个管口，其用途是相同的，正常时只用一个管口，其余为备用、切换口，则只需编一个管号，如图 30-3 所示。

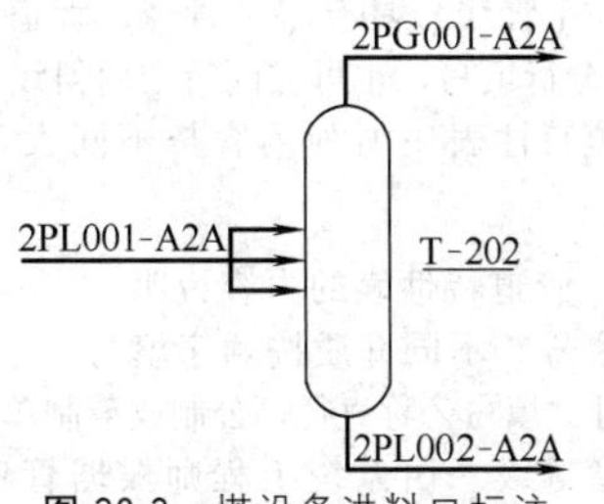

图 30-3　塔设备进料口标注

③ 一个管道接至一台设备上有多个管口，其用途是不同的，则每根管道均需编号（图 30-4）。

④ 循环冷却水进出管道，其介质代号不同，但

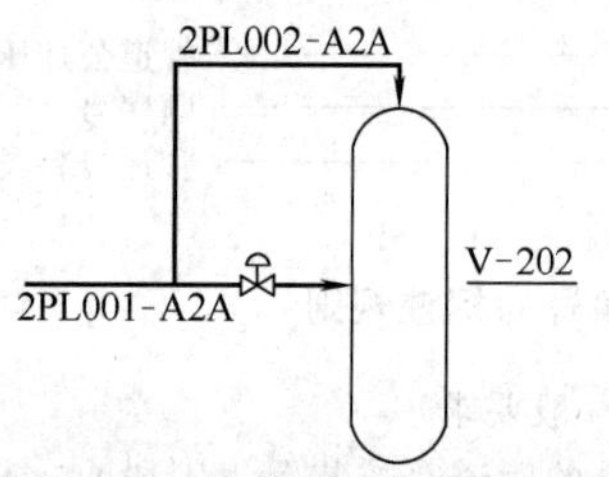

图 30-4 一根管道有多个管口的标注

管道顺序号相同（图 30-5）。

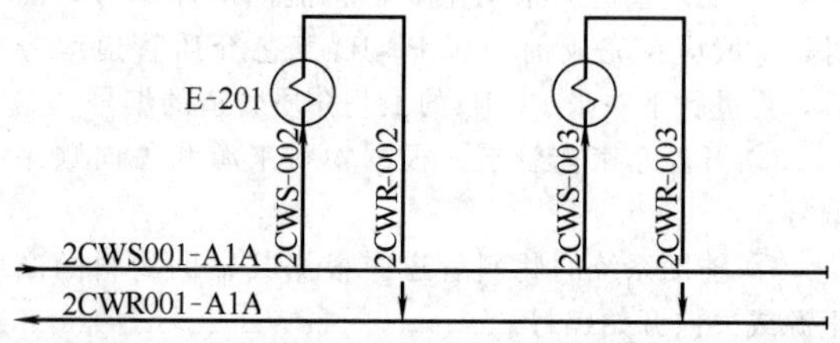

图 30-5 循环冷却水管道标注

⑤ 装置（工段）间的连接工艺管道按起点装置（工段）编号（图 30-6）。

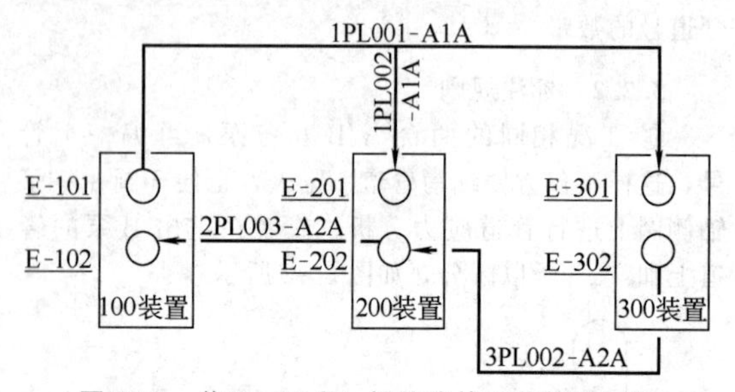

图 30-6 装置（工段）间的连接工艺管道标注

3.3 管道特性表

管道特性表是 P&ID 中全部管道的索引，它包含了每根管道的设计、施工和开车的技术参数。管道特性表和设备数据表、仪表数据表一样，是管线设计的技术文件。表 30-3 为常规管道特性表的内容。

3.3.1 管道特性表的填写方法

① 按不同的装置或单元分别编制管道特性表，同一种介质代号按顺序编在一张表中，不同介质应分别填写在不同的表中。

② 当一个管线号具有多个管径、管道等级或其他数据时，可分行填写，也可在同行中用斜线“/”表示。

③ 管道特性表中所列内容按不同设计阶段分别填写完成。

3.3.2 管道特性表的内容说明

① 管道号 不同介质按顺序填写。

② 尺寸 填写公称直径，公制或英制单位均可以。

③ 管道等级 由系统工程师根据管道等级表填写，必要时可和材料工程师商量确定。

④ 介质名称 填写介质的化学名称，如乙烯、聚丙烯、汽油等。

⑤ 介质状态 是指气体、气相、液体、气/固混合物等。

⑥ 管道起止位置 填写管线起始点，起始点的设备位号、管线号或装置界区。

⑦ 流程图号和网号 填写该两项内容可方便查找该管线的位置。

⑧ 温度、压力 温度、压力分为操作条件和设计条件两种情况。

a. 操作条件 填写各种操作工况下温度、压力的最小值、正常值、最高值。

石化装置的各种操作工况，包括正常生产、开停车、切换操作、低负荷运转、满负荷运转、再生过程、紧急停车过程、吹扫、机泵出口压力的最大值、阀门误操作（关错阀门）等工况。

b. 设计条件 详见本章第 5 节的相关内容。

⑨ 试压介质 通常情况下试压介质应为水，当管道的设计压力小于或等于 0.6MPa 时，也可采用气体为试验介质，但应采取有效的安全措施。

⑩ 清洗介质 通常情况下采用水、空气、蒸汽进行吹扫或清洗；根据需要可以进行化学清洗；润滑、密封及控制油管道，应在机械及管道酸洗合格后、系统试运转前进行油清洗。

⑪ 管道类别 按 TSG D 0001—2009《压力管道安全技术监察规程——工业管道》中的规定填写。

⑫ 绝热 其中绝热类别的代号及其含义分别为：H——保温、C——保冷、P——防烫、D——防结露、E——电伴热、S——蒸汽伴热、W——热水伴热、O——热油伴热、J——夹套伴热、N——隔声。材料代号可填写绝热材料名称。厚度栏填写绝热层的设计厚度。如附有单独的管道绝热一览表时，本表仅填写绝热代号。

4 管道及仪表流程图校审提纲

P&ID 的校审是一项十分重要的工作，它不仅涉及 P&ID 本身设计的完整性和系统性，而且还涉及 P&ID 的经济性、可操作性和安全性。

本节将管道及仪表流程图的校审提纲以表格形式列出，可方便校审人员逐项校审。已进行校审的内容应做标记，未进行校审的内容应由工艺审核人或项目经理批准。其中“安全分析”和“工艺可操作性”部分内容可结合专题“危险和可操作性分析”（或称“HAZOP 分析”）一起进行。对于成熟的工艺流程可简化分析的内容，重点对新改动或新开发的局部 P&ID 进行分析。在详细设计阶段，还应开展“安全仪表系统安全完整性等级评估”（或称“SIL 评估”）。

校审提纲一览表分为基础设计和详细工程设计两部分不同要求的内容，应至少进行两次全面校审，并列出“要求用黄笔对 P&ID 逐条管线进行校核”。对涉及工艺以外的内容，应由项目经理组织校审。

基础设计和详细工程设计 P&ID 的校审提纲一览见表 30-4 和表 30-5。

表 30-4 基础设计 P&ID 校审提纲

公司名称		
图纸名称		业主
		工程号
P&ID 号　　　　版次		工程名称
校审项目	校审记录	意　　见
a. 总体校对		
图签		
设备号和名称		
操作/设计温度和压力(包括非常操作)		
泵吸入/排出压力		
设备尺寸和标高(关键内件)		
设备/仪表安装相应的标准安装图		
P&ID 图例和单位制		
材料和腐蚀要求		
设备接口连接对照数据表		
化学清洗(接口)		
强制性标准条款		
P&ID 基本单元流程设计		
泵		
容器		
塔		
换热器		
空冷器		
加热炉		
压缩机		
过滤设备		
储罐		
b. 安全分析		
公用工程发生故障的对策		
冷却水		
仪表空气		
电力		
氮气		
蒸汽		
异常危险性分析及对策		
超高温或低温的发生		
超高压或低压的发生		
未预见的化学反应的发生		
有毒有害物质泄漏及防范		
危险物品大量储存限制		
		校对人：　　　　日期： 审核人：　　　　日期：

续表

公司名称			
图纸名称		业主	
		工程号	
P&ID图号　　版次		工程名称	
校审项目	校审记录	意　见	
易燃易爆物质泄漏			
开/停车各种工况对本装置和其他装置的影响			
静电			
重要设备异常工况分析			
高度危险物质的安全措施,如乙炔、环氧乙烷等			
紧急停车系统			
控制阀失效安全操作			
止回阀设置			
泄放系统以及对安全卫生环境的影响			
泄压阀			
真空安全阀			
降温阀			
防爆片			
火炬系统			
阻火器			
惰性覆盖气体			
消防			
排出物以及对安全卫生环境的影响			
气体			
液体			
固体			
安全系统			
熄火蒸汽			
熄火水			
易燃、有毒气体的探测			
火焰探测			
安全喷淋/洗眼器			
c. 用黄笔对P&ID逐条管线进行校核			
工艺管道细目			
管道尺寸和材料			
管道顺序号			
与其他P&ID的连接			
管道走向			
		校对人： 审核人：	日期： 日期：

续表

公司名称		
图纸名称		业主
		工程号
P&ID 图号　　版次		工程名称
校审项目	校审记录	意　见
隔离阀/盲板		
止回阀		
循环管		
伴热/隔热		
坡度		
两相流		
最小距离标注		
管道规格分界		
特殊管件(规定)		
特殊管件(编号)		
封腿规定		
大气脚规定		
标注应铅封和锁住的阀门		
标注应“常闭”的阀门		
放空/排净		
仪表根位阀		
仪表		
功能		
位号		
事故位置(注明“事故打开”“事故关闭”)		
控制阀尺寸		
旁路		
盘装/就地仪表		
报警		
联锁		
特殊标高		
d. 工艺可操作性		
开车操作要求		
停车操作要求		
催化剂再生操作		
催化剂装填/卸载		
取样及位置		
		校对人：　　日期： 审核人：　　日期：

续表

公司名称		
图纸名称		业主
		工程号
P&ID 图号　　版次		工程名称
校审项目	校审记录	意　见
设备隔热		
蒸汽排放		
操作通道要求		
开/停车及事故用氮气		
e. 其他内容		
试车要求		
自动隔离阀		
减压阀		
连带要求		
区域划分		
防火		
噪声标准		
		校对人：　　日期： 审核人：　　日期：

表 30-5 详细工程设计 P&ID 校审提纲

公司名称		
图纸名称		业主
		工程号
P&ID 图号　　版次		工程名称
校审项目	校审记录	意　见
a. 基础设计 P&ID 审查会议纪要的核实		
需进一步资料而待定(hold)项目的校审		
已执行项目的目前状况校审		
确定需进一步考虑项目的备注		
P&ID 基本单元流程设计		
基础设计校审意见落实情况		
修改或新增内容重新校审		
b. 变更记录格式		
确认将变更并入 P&ID		
校审关键的变更		
c. 设备校核		
用设备数据表检查设备接口连接		
		校对人：　　日期： 审核人：　　日期：

续表

公司名称		
图纸名称		业主
		工程号
P&ID 图号　　　　版次		工程名称
校审项目	校审记录	意　见
成套设备的相关连接		
通道/检查措施		
设备高度		
d. 仪表校核		
仪表供应商资料检查结果校审		
仪表类型检查结果校审		
特殊仪表问题审核		
e. 用黄笔对 P&ID 逐条管线进行校核		
工艺管道细目		
管道尺寸和材料		
管道顺序号		
与其他 P&ID 的连接		
管道路线		
隔离阀/盲板		
止回阀		
循环管		
伴热/隔热		
坡度		
最小距离标注		
管道规格分界		
特殊管件(规定)		
特殊管件(编号)		
大气标高		
封腿规定		
容器排气		
设备隔离		
降温阀		
临时流量计和压力表		
管道清洗/吹扫		
异常条件下最大/最小操作温度/压力		
容器排水与清洗		
阀门失效安全操作		
		校对人：　　　　日期： 审核人：　　　　日期：

续表

公司名称			
图纸名称		业主	
		工程号	
P&ID图号	版次	工程名称	
校审项目	校审记录	意见	
标注应铅封和锁住的阀门			
标注应"常闭"的阀门			
局部设计详图			
仪表			
功能			
位号			
事故位置(注明"事故打开""故事关闭")			
控制阀尺寸			
旁路			
盘装/就地仪表是否合理			
报警是否恰当			
联锁是否合理			
设计详图			
f. 装置可操作性			
如何接近人孔、仪表阀、手动阀			
取样位置			
取样冷却器的设置			
试车和预试车			
装置的开车和停车			
成套设备的开车和停车			
g. 安全分析			
核实基础设计校审内容的落实情况			
新增或修改的流程重新校审			
低流率的影响			
断流的影响			
高/低液位影响			
高/低反应速率的影响分析			
高/低速搅拌			
高/低黏度			
异常危险性分析			
泄放系统			
紧急停车系统			
		校对人： 审核人：	日期： 日期：

续表

公司名称		
图纸名称		业主
		工程号
P&ID 图号　　　　版次		工程名称
校审项目	校审记录	意　见
消防装置		
装置布置——进入通道和紧急出口		
排出物处理的说明		
控制阀非正常操作的影响		
同类装置或专利商的试车或操作手册		
工艺特殊险情的确定并记录于操作手册		
电力联锁设备		
h. 其他内容		
		校对人：　　　　日期： 审核人：　　　　日期：

5　设计压力和设计温度

5.1　设计压力

设备和管道的设计压力是设备和管道强度设计的主要依据。工艺（系统）专业在确定设备设计压力时，应在满足设备长周期安全生产的基础上，做到既经济又合理。不能静止、单独地考虑每台设备的最高工作压力，要将设备置于工艺系统内进行分析，考虑各种工况下可能出现的最高压力以及系统附加条件（如系统压力变化、安全阀在系统中的相对位置、泵出口阀门的相对位置等）对最大压力的影响。同时，应分析设备内的介质特性，如易燃易爆、有毒有害、凝固点、饱和蒸气压、贵重物料等。

设备设计压力的确定先根据本章第 5.1.3 小节的原则，确定每台设备的初步设计压力，然后再根据第 5.1.4 小节的系统分析方法对初步设计压力进行调整，并得出设备的最终设计压力。

5.1.1　术语说明

(1) 压力

压力分为表压和绝压，分别在压力单位后加 G 或 A 表示。不加说明时，通常指表压。

(2) 最大工作压力

在正常工况下，容器顶部可能达到的最大压力。此值由化工工艺专业提出。

① 对内压容器，指容器在正常工况下，其顶部可能出现的最大压力。

② 对真空容器，指容器在正常工况下，其顶部可能出现的最大真空度。

③ 对外压容器，指容器在正常工况下，其顶部可能出现的最大内外压差。

(3) 泵（压缩机）的关闭压力

指泵（压缩机）在出口流量受限时的最高排出压力。

(4) 安全阀开启压力

安全阀阀瓣开始升起，介质连续排出的瞬时，安全阀进口处的静压力。

(5) 最高压力

用以确定容器设计压力的基准压力。它是由容器最大工作压力加上工艺流程中系统的附加条件后，在容器顶部可能达到的压力。此值由工艺计算确定。

(6) 设计压力

指设定的容器顶部的最高压力（包括工艺流程的系统附加条件），与相对应的设计温度一起作为设备设计的条件，其值不低于最高压力。设计压力根据设备的最高压力和相关设计规范确定。

(7) 最高（最低）工作温度

指容器在正常工作过程中，元件金属可能出现的最高（最低）温度。

(8) 设计温度

容器在正常工作情况下设定的元件的金属温度。此温度与设计压力一起作为容器设计条件，其值应根据设备的最高（最低）工作温度和相应的规范计算确定。

5.1.2 设计规范

① 符合下列条件之一的按 GB 150—2011《压力容器》确定。

a. 0.1MPa(G)≤设计压力≤35MPa(G)。

b. 真空度大于 2kPa。

② 符合下列条件之一的按 NB/T 47003.1—2009《钢制焊接常压容器》确定。

a. 圆筒形容器 －0.02MPa (G)＜设计压力＜0.1MPa (G)。

b. 矩形容器 设计压力为零。

③ 设计压力大于 35MPa (G) 的应按相关规范确定。

5.1.3 设备设计压力的确定原则

设备设计压力的确定原则见表 30-6。

5.1.4 各类系统中设备最高压力的确定

(1) 承受多种不同工况的设备

化工生产中，当同一设备需承受多种不同工况时，如某些反应器要适应吹扫、试压、升温还原、化学反应、催化剂再生等多种化工过程的多种工作条件变化，则该类设备设计压力的确定原则见表 30-6，并应向设备专业说明各阶段工作压力和工作温度相应变化的时间及介质变化情况。

(2) 特殊介质的设备

① 剧毒介质的泄漏会直接影响到人身和环境安全，一般都把这类设备的设计压力定为高于表 30-6 规定值的原则，以确保安全。

② 对一些凝固点较高的介质，如沥青、石蜡、苯酐等，由于较容易使系统堵塞或者在排放时堵塞安全装置和排放系统，引起系统压力的升高，故除了考虑伴热措施外，可适当提高此类设备的设计压力。

③ 对某些贵重物料，一旦泄漏，将会引起一定的经济损失，在作经济权衡后，可提高设计压力。

④ 对某些介质，由于化学反应或物理过程可能引起工作压力的急剧变化，如化学反应或液相蒸发引起压力急剧上升，低压下的冷凝器冷凝过程引起真空操作等，则应根据具体情况来确定设计压力。

(3) 离心泵系统

① 泵输出侧最后切断阀上游设备的最高压力。

a. 若吸入侧容器的设计压力按表 30-6 选取，则泵输出侧设备最高压力应等于泵吸入侧容器最高压力加上泵出口关闭压差再加上（或减去）静压头。当由此确定的设备最高工作压力导致设备投资过大时，应进行工况分析，可以取表 30-6 中的大值，再加上（或减去）静压头，作为设备的最高工作压力。

ⓐ 泵的最高入口压力加上泵的正常工作压差。

ⓑ 泵的正常入口压力加上关闭压差。

表 30-6 设备设计压力的确定原则

类型			设计压力
常压容器	常压下工作		设计压力为常压,用常压加上系统附加条件校核
内压容器	未装安全泄放装置		一般取 1.00～1.10 倍最高压力(G)
	装有安全阀		1.05～1.10 倍最高工作压力(当最高工作压力偏高时,可取下限;反之可取上限),且不低于安全阀开启压力
	装有爆破片		不小于最低标定爆破压力加上所选爆破片制造范围的下限绝对值
	出口管线上装有安全阀		不低于安全阀开启压力加上流体从容器至安全阀处的压力降
	容器位于泵进口侧,且无安全泄放装置时		取无安全泄放装置时的设计压力,且以 0.10MPa(G)外压进行校核
	容器位于泵出口侧,且无安全泄放装置时		取泵的关闭压力
真空容器	无夹套真空容器	设有安全泄放装置	设计外压力取 1.25 倍最大内外压力差值或 0.1MPa(G)进行比较,两者取较小值
		未设安全泄放装置	按全真空条件设计,即设计外压力取 0.1MPa(G)
	夹套内为内压的带夹套真空容器	容器壁	按外压容器设计,其设计压力取无夹套真空容器规定的压力值,再加上夹套内设计压力,且必须校核在夹套试验压力(外压)下的稳定性
		夹套壁	设计内压力按内压容器规定选取

续表

类　　型		设 计 压 力
外压容器		设计外压力取不小于在工作过程中可能产生的最大内外压力差
常温储存下，烃类液化气体或混合液化石油气（丙烯与丙烷或丙烯与丁烯等的混合物）容器	介质为丁烷、丁烯、丁二烯时	0.79MPa(G)
	介质50℃时饱和蒸气压小于1.57MPa(G)时	1.57MPa(G)
	介质为液态丙烷或介质50℃时饱和蒸气压大于1.57MPa(G)、小于1.62MPa(G)时	1.77MPa(G)
	介质为液态丙烯或介质50℃时饱和蒸气压大于1.62MPa(G)、小于1.94MPa(G)时	2.16MPa(G)

b. 若有特殊要求，则泵输出侧最高压力应由工艺系统专业会同有关专业共同商定。

② 泵输出侧最后切断阀下游设备的最高压力，应是化工工艺专业给定的最大工作压力加上系统附加条件后的压力。

(4) 容积式泵系统

泵的输出压力主要受泵壳体的强度和驱动机的力矩限制，因此对容积式泵通常不用“关闭压力”一词，而用“停止压力”一词，其值等于使驱动机停止运转所需压差。

“停止压力”通常比容积式泵正常工作压力高许多，因此，容积式泵输出管道上的设备不应按“停止压力”设计。容积式泵输出管道上设备最高压力是化工工艺专业提出的设备最大工作压力加上系统附加条件。

(5) 冷冻系统

化工工艺专业通常提供冷冻系统在工作过程中预期达到的最大工作压力。但在停车后，高压侧压力将降低，而低压侧压力将升高至系统中两侧压力相等，此时的压力即为“停车压力”。

高压侧的最大工作压力通常是工艺规定的数值，此值高于“停车压力”。

低压侧的最大工作压力为“停车压力”加上一定的裕量，此裕量取决于系统停车期间输入的热量和冷冻剂的热力学性质。长期停车时低压侧的最大工作压力取最高预期环境温度下冷冻剂的平衡压力，或参照下述（8）的规定选取。

“停车压力”按高压侧至低压侧等焓节流来计算。

最大工作压力加上系统附加条件，即作为冷冻系统最高压力，高压侧和低压侧分别确定。

(6) 压缩机系统

处理蒸汽和蒸汽混合物的压缩机系统及其他多种设备串联系统时，应按承受同一超压源的一组设备（两个切断阀之间）来选取设备最高压力，并应注意以下各点。

① 安全阀应尽可能设置在组内工作温度最接近常温的部位。

② 紧靠安全阀上游的设备的最大工作压力，是确定该系统其余设备最高压力的基准。

③ 安全阀开启压力等于上游设备设计压力减去该设备至安全阀最大正常流量下的压力降。

(7) 塔系统

塔系统包括塔设备、再沸器、塔顶冷凝器和回流罐。塔设备的最高压力应根据化工工艺专业规定的塔顶最大工作压力并加上系统附加条件来确定。

(8) 盛装液化气体的容器

① 盛装临界温度高于50℃的液化气体的压力容器，当设计有可靠的保冷设施时，其最高压力为所盛装液化气体在可能达到最高工作温度下的饱和蒸气压力；如无保冷设施，其最高压力不得低于该液化气体在50℃时的饱和蒸气压力。

② 盛装临界温度低于50℃的液化气体的压力容器，当设计有可靠的保冷设施，并能确保低温储存时，其最高压力不得低于实测的最高温度下的饱和蒸气压力；没有实测数据或没有保冷设施的压力容器，其最高压力不得低于所装液化气体在规定的最大充装量时，温度为50℃的气体压力。

③ 常温下盛装混合液化石油气的压力容器，应以50℃为设计温度。当其50℃的饱和蒸气压力低于异丁烷50℃的饱和蒸气压力时，取50℃异丁烷的饱和蒸气压力为最高压力；当其高于50℃异丁烷的饱和蒸气压力时，取50℃丙烷的饱和蒸气压力为最高压力；如高于50℃丙烷的饱和蒸气压力时，取50℃丙烯的饱和蒸气压力为最高压力。

(9) 安全阀

对设有安全阀的系统，应根据设备与安全阀的相对位置来确定最终的设计压力。

① 设有安全泄放装置的设备的设计压力，可按表30-6的原则确定。

② 安全泄放点下游设备的设计压力，等于安全泄放装置的开启压力加上安全阀至下游设备可能存在的静压头。如塔顶管线设置安全阀，经冷凝器后到回流罐，该回流罐设计压力应等于安全阀的开启压力加上冷凝器至回流罐的静压头。

③ 安全阀上游设备的设计压力，等于安全泄放装置的开启压力加上设备至安全泄放装置间的压力损失和静压头。如安全阀设在回流罐，则塔顶设计压力等于安全阀开启压力加上塔顶至回流罐安全阀间的压力损失和静压头。

5.1.5 管道设计压力的选取

(1) 适用范围

适用于设计压力 p 在以下工作范围的管道。

① 压力管道：0MPa（G）$\leqslant p \leqslant$35MPa（G）范围的管道。

② 真空管道：$p<$0MPa（G）的管道。

③ 适用于输送包括流态化固体在内的所有流体管道。

(2) 管道设计压力的确定原则

① 管道设计压力不得低于最大工作压力。

② 装有安全泄放装置的管道，其设计压力不得低于安全泄放装置的开启压力（或爆破压力）。

③ 所有与设备相连接的管道，其设计压力应不小于所连接设备的设计压力。

④ 输送制冷剂、液化气类等沸点低的介质的管道，按阀被关闭或介质不流动时介质可能达到的最大饱和蒸气压力作为设计压力。

⑤ 管道或管道组成件与超压泄放装置间的通路可能被堵塞或隔断时，设计压力按不低于可能产生的最大工作压力来确定。

⑥ 工程设计规定需要计算管壁厚度的管道，其“管壁厚度数据表”中所列的计算压力即为该管道的设计压力，与计算压力相对应的工作温度即为该管道的设计温度。

(3) 管道设计压力的选取

① 设有安全阀的压力管道　p 大于等于安全阀开启压力。

② 与未设安全阀的设备相连的压力管道　p 大于等于设备设计压力。

③ 离心泵出口管道　p 大于等于泵的关闭压力。

④ 往复泵出口管道　p 大于等于泵出口安全阀开启压力。

⑤ 压缩机排出管道　p 大于等于安全阀开启压力+压缩机出口至安全阀沿程最大正常流量下的压力降。

⑥ 真空管道　p 等于全真空。

⑦ 凡不属上述范围的管道　p 大于等于工作压力变动中的最大值。

5.2 设计温度

5.2.1 设备设计温度的确定

设备设计温度是指正常工作过程中，设备所用材料在最高设计压力下所对应的温度。

正常工作过程中介质的最高（或最低）工作温度或介质最高工作温度下的壁温（此壁温由传热计算或实测得出）作为设计温度。

在不能进行传热计算或实测时，以正常工作过程中介质的正常工作温度加上（或减去）一定裕量作为设计温度。

① 设备器壁与介质直接接触且有外保温（或保冷）时，设计温度按表30-7中Ⅰ或Ⅱ确定。

表30-7 设计温度选取

介质温度 T/℃	设计温度	
	Ⅰ	Ⅱ
$T<-20$	介质最低工作温度	介质正常工作温度减去0～10℃
$-20\leqslant T<15$	介质最低工作温度	介质正常工作温度减去5～10℃
$T\geqslant15$	介质最高工作温度	介质正常工作温度加上15～30℃

② 设备内介质用蒸汽直接加热或被内置加热元件（如加热盘管、电热元件等）间接加热时，设计温度取正常工作过程中介质的最高温度。

③ 设备器壁两侧与不同温度介质直接接触，并有可能出现只与单一介质接触时，应按较高介质温度确定设计温度；但当任一介质温度低于−20℃时，则应按较低介质温度确定最低设计温度。

④ 设备壳体的材料温度仅由大气环境气温条件确定时，其最低设计温度可按该地区气象资料，取历年来“月平均最低气温”的最低值。

a.“月平均最低气温”是指当月各天的最低气温相加后除以当月的天数。“月平均最低气温”的最低值，是国家气象局实测的逐月平均最低气温资料中的最小值。

b. 对低于、等于−20℃的地区，最低设计温度取−20℃。

c. 对于低于、等于−10℃并高于−20℃的地区，最低设计温度取−10℃。

⑤ 下列情况应通过传热计算，求得设备材料温度作为设计温度。

a. 内壁有可靠的隔热层。

b. 器壁两侧与不同温度介质直接接触，而不会出现与单一介质接触。

⑥ 设备的不同部位在工作过程中可能出现不同温度时，应按不同温度选取元件相应的设计温度。

⑦ 设备的最高（或最低）工作温度接近所选材料允许使用温度界限时，应结合具体情况慎重选取设计温度，以免增加投资或降低安全性。

5.2.2 管道设计温度的确定

管道设计温度 T 是指管道在正常工作过程中，相应设计压力下可能达到的管道材料温度。根据正常工作过程中各种工况的工作温度，按"最苛刻条件下的压力-温度组合"来选取管道设计温度。管道设计温度（本小节是指管道中介质的最高工作温度）可参见以下原则确定。

① 以传热计算或实测得出的正常工作过程中，介质的最高工作温度下的管道壁温，作为设计温度。

② 在不便于传热计算或实测管壁温度的情况下，以正常工作过程中介质的最高（或最低）工作温度作为管道设计温度。

a. 金属管道

ⓐ 介质温度低于38℃的不保温管道，T＝介质最高温度。

ⓑ 介质温度不低于38℃的管道，T＝95％介质最高温度。

ⓒ 外部保温管道，T＝介质最高温度。

ⓓ 内部保温管道（用绝热材料衬里），T＝传热计算管壁温度或试验实测的管壁温度。

ⓔ 介质温度不高于0℃，T＝介质最低温度。

b. 非金属管道及非金属衬里的金属管道

ⓐ 无环境温度影响的管道，T＝介质最高温度。

ⓑ 安装在环境温度高于介质最高温度的环境中的管道（除已采取防护措施者以外），T＝环境温度。

③ 正常工作过程中，介质的正常工作温度加上（或减去）一定裕量作为设计温度，可按以下确定设计温度。

a. 介质正常工作温度为0～300℃时，$T\geqslant$介质正常工作温度＋30℃。

b. 介质正常工作温度大于300℃时，$T\geqslant$介质正常工作温度＋15℃。

④ 当流体介质温度接近所选材料允许使用温度界限时，应结合具体情况慎重选取设计温度，以免增加投资或降低安全性。如按上述③中计算结果会引起更换高一档的材料时，从经济上考虑，允许按工程设计要求，将15℃附加量减小，但工艺必须有措施保证，使其运行中不至于超温。

⑤ 当工作压力和对应工作温度有各种不同工况或周期性的变动时，应将各种工况数据列出，并向管道材料专业加以说明。

第31章 管道及仪表流程图基本单元典型设计

化工生产过程千变万化，表现为管道及仪表流程图的设计各不相同。但万变不离其宗，所有管道及仪表流程图均由各种基本单元组成。不同生产过程中基本单元的管道及仪表流程图不可能完全一致，但也不会有太大的差异，均有一定的典型设计。本章主要讨论其共性问题，介绍一些比较常见、典型的设计方案供设计参考。

1 泵的管道及仪表流程图设计

依据泵向被送液体传递能量的方式，可分为叶片式泵和容积式泵，其主要结构型式见表 31-1。

表 31-1 泵的主要结构型式

泵	叶片式泵	离心泵	
		轴流泵	
		漩涡泵	
		混流泵	
	容积式泵	往复泵	柱塞（活塞）泵
			计量泵
			隔膜泵
		转子泵	齿轮泵
			螺杆泵
	其他类型泵	喷射泵、电磁泵	

本节以离心泵与往复泵为例，说明其管道及仪表流程图的典型设计。

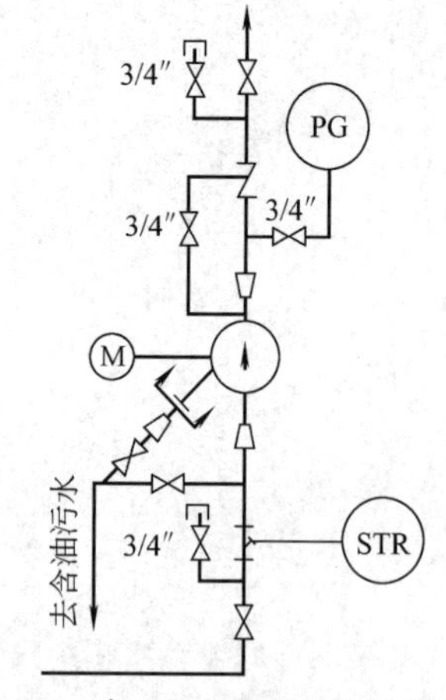

图 31-1 离心泵的管道及仪表流程图

1.1 离心泵的典型设计

如图 31-1 所示为离心泵的管道及仪表流程图，设计要点说明如下。

① 泵的进出口应设置切断阀，一般采用闸阀。阀门直径一般与管道直径相同。

② 泵体和泵的进出口管道上需设置装有阀门的排气及排净管，*DN*50 以上的止回阀也可考虑在阀盖上钻孔安装放净阀，排放物接至合适的排放系统。

③ 泵的进出口管道尺寸一般应比泵管口大一级或更大。

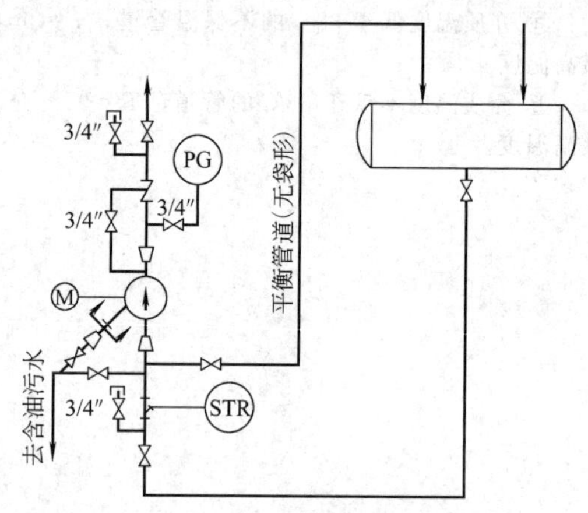

图 31-2 离心泵的平衡管道

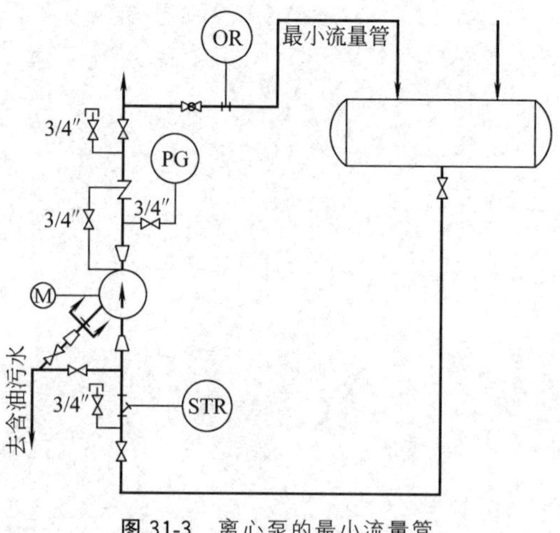

图 31-3 离心泵的最小流量管

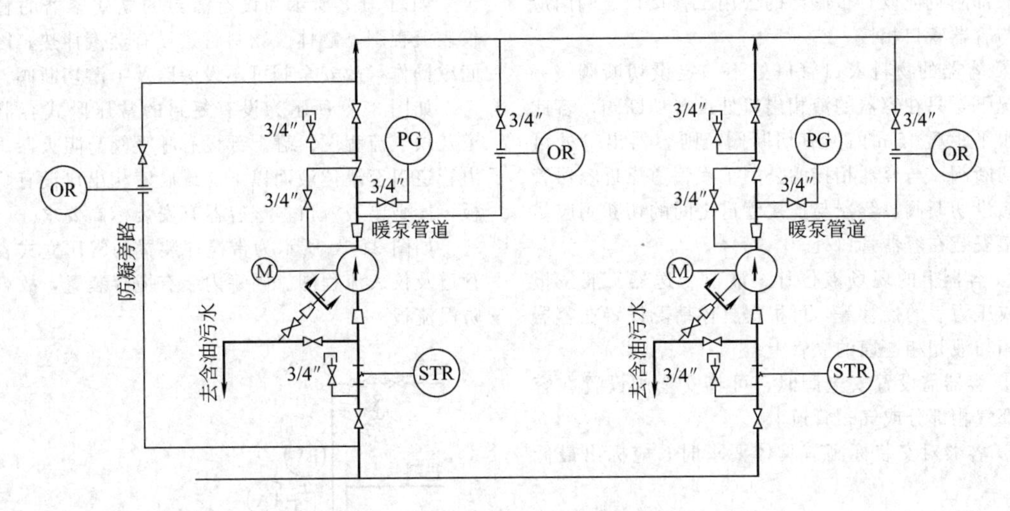

图 31-4　离心泵的暖泵管道和防凝旁路

④ 泵吸入口应设置过滤器。

⑤ 泵出口应安装止回阀。

⑥ 泵出口至少设有压力表。

⑦ 介质在泵入口处可能发生气化时，应在泵入口和入口切断阀之间设置平衡管并安装切断阀。平衡管通向吸入侧容器或就近排入相应的排气管道，并且不能形成袋形，如图 31-2 所示。

⑧ 泵如有可能在低于其最小流量下长期运转时，应设最小流量管。在最小流量管上应设置限流孔板和截止阀，如图 31-3 所示。

⑨ 用于输送 200℃以上介质的泵，并设有备用泵的，宜设置带限流孔板的暖泵管道。如环境温度低于物料的倾点或凝点时，还应设防凝旁路，如图 31-4 所示。

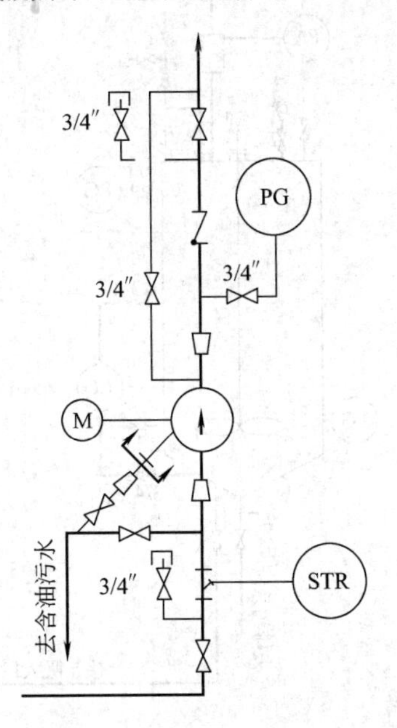

图 31-5　高扬程泵的旁通管道

⑩ 高扬程泵的出口切断阀前后应设置旁通管道，如图 31-5 所示。

1.2　往复泵的典型设计

如图 31-6 所示为往复泵的管道及仪表流程图，其设计要点如下。

① 与离心泵相比，往复泵出口可不设止回阀。

② 往复泵的出口管与出口切断阀之间应设置安全阀。安全阀的排出管可接入吸入过滤器的下游或接入吸入容器。

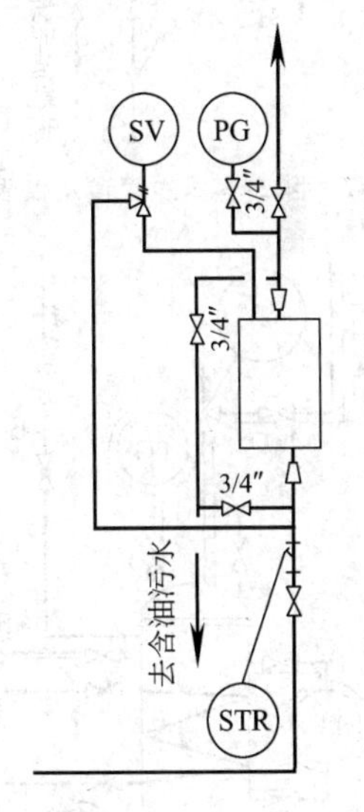

图 31-6　往复泵的管道及仪表流程图

2　容器的管道及仪表流程图设计

(1) 容器的 P&ID 设计要点

① 容器顶部和底部一般设有放空阀与放净阀，

容器底部附近应设有带阀门的公用工程接口。阀门应直接与容器管口相接。

② 容器的物料入口管口处不一定设切断阀。一般情况下，只在容器的液相出口处设置切断阀，若此管口水平距离 15m 内另有切断阀，则容器出口处可不设切断阀。与容器相接的公用工程管道靠近容器管口处应设切断阀。容器与连接管道之间的切断阀应尽量直接安装在容器管口处。

③ 容器上的现场液位计、液位变送器、液位报警器或压力表的接管等，可根据具体情况设置在容器的气相与液相相连通的立管上。

④ 容器需设置安全阀时，可将安全阀设置在容器顶部气相部分或气相管道上。

⑤ 容器对安装标高有具体要求时，应标出最低标高。

(2) 典型设计示例

如图 31-7 所示为卧式容器的管道及仪表流程图。

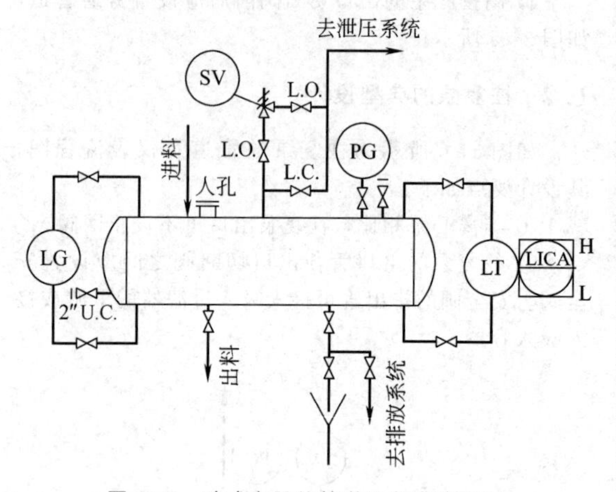

图 31-7 卧式容器的管道及仪表流程图

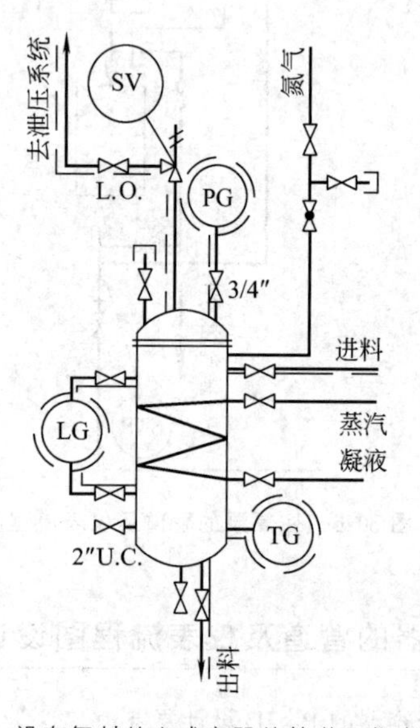

图 31-8 设有氮封的立式容器的管道及仪表流程图

如图 31-8 所示为设有氮封的立式容器的管道及仪表流程图，罐体及物料管道设有蒸汽伴热。因为是间歇操作，故安全阀可不设旁路及上游切断阀。

如图 31-9 所示为设有氮封的常压卧式容器的管道及仪表流程图。罐上部设有呼吸阀与阻火器。物料由管道引至罐体液面以下。罐底液相出口设有防涡流板，接至泵吸入口。该容器有安装标高要求。

如图 31-10 所示为带搅拌装置的常压立式容器的管道及仪表流程图。因罐内装有搅拌装置，故可免设防涡流板。

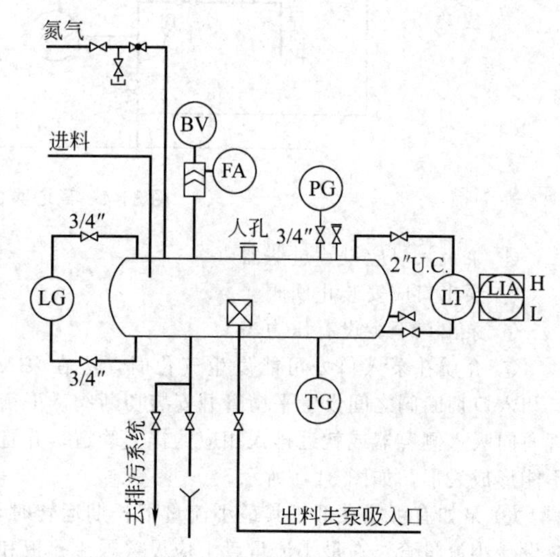

图 31-9 设有氮封的常压卧式容器的管道及仪表流程图

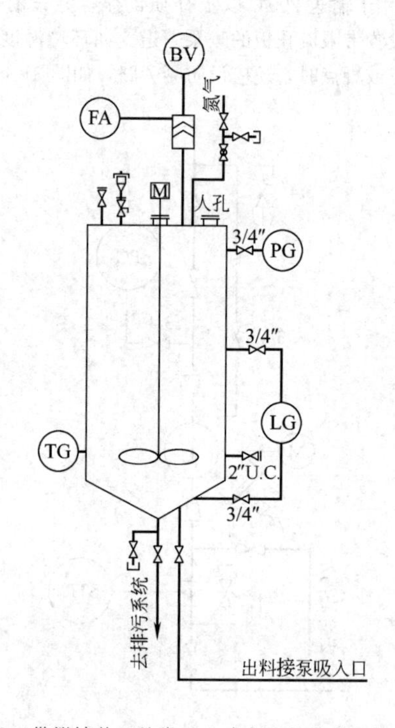

图 31-10 带搅拌装置的常压立式容器的管道及仪表流程图

3　塔设备的管道及仪表流程图设计

塔设备属于容器的一种，容器 P&ID 的设计要点也适用于塔设备。但塔设备 P&ID 还有一些特殊性。

3.1　蒸馏塔的典型设计

(1) 设计要点

① 设有多个进料口的塔，每个进料口均应设置切断阀。对同一产品有多个抽出口的塔，各抽出口均应设置切断阀。

② 塔顶馏出线一般不设阀门。

③ 塔顶和中段回流管线上在塔入口处不宜再设置切断阀。

④ 塔顶若设置安全阀，则安全阀设置在塔顶或塔顶气相馏出管道上。

⑤ 根据工艺过程要求，向塔顶馏出管道注入与操作介质不同的添加剂时，其接管上应设置止回阀和切断阀。

⑥ 塔的安装应满足一定的高度要求。

⑦ 塔进料管上设置流量控制阀。切断阀之前设置取样阀。

⑧ 塔釜设置就地液位计，按需设置液位控制计。塔顶和塔釜需设置温度及压力检测点。

⑨ 按需在塔中部设置温度、压力检测点和取样点。温度计管口设在塔板上的液相区，温度计套管应与液体接触。压力计管口设在塔板下的气相区。塔顶和塔釜之间设置压差检测点的，压差管口开在气相区。

(2) 典型设计示例

如图 31-11 所示为蒸馏塔的典型管道及仪表流程图。

3.2　再沸器的典型设计

再沸器有釜式再沸器、热虹吸式再沸器和强制循环再沸器等。按热源不同，可分为蒸汽加热再沸器和液体加热再沸器。按布置方式不同，又可分为立式再沸器和卧式再沸器。其中强制循环再沸器适用于黏度大或热敏物料。

(1) 设计要点

① 再沸器与塔釜的连接管道应尽量短，升汽管不允许有袋形。

② 再沸器与塔釜的连接管道上一般不设置阀门。当设有备用再沸器或多台再沸器，并在热负荷波动范围很大的情况下操作时，再沸器可设置阀门。

③ 立式热虹吸式再沸器列管束上端管板位置一般与塔釜正常液位相平。卧式热虹吸式再沸器的工艺物料液面应浸没全部传热管，通常与塔釜正常液面相平。当塔底产品需用泵抽出时，釜式再沸器的高度必须满足泵吸入高度的要求。对强制循环再沸器，塔釜的安装高度应满足循环泵的吸入高度要求。

④ 卧式再沸器常有两个出口，管道最好对称布置。

⑤ 再沸器壳层设置排气阀和排净阀。下部循环管道最低处设置排净阀。加热蒸汽进气管切断阀上游设置安全阀。

⑥ 再沸器的蒸汽入口管上设置调节阀，可控制蒸汽流量。或在蒸汽凝液出口管上装调节阀，改变再沸器内蒸汽凝液的液面而调节传热量。

⑦ 釜式再沸器上直接安装液面计和自控液位计，可调节再沸器液位和釜液泵流量。

⑧ 蒸汽加热管上设压力检测点，再沸器升气管上设温度检测点。

(2) 典型设计案例

如图 31-12 所示为立式热虹吸式再沸器的管道及仪表流程图。

如图 31-13 所示为釜式再沸器的管道及仪表流程图。

如图 31-14 所示为立式强制循环再沸器的管道及仪表流程图。

3.3　冷凝器和回流罐的典型设计

(1) 设计要点

① 升气管无袋形。冷凝液管道无袋形，有坡度要求，坡向回流罐。

② 冷却水上、下水管均设有切断阀时，冷却水下水管切断阀上游设安全阀。

③ 冷却水上水管最低处设排净阀，冷却水下水管最高处设排气阀放空。寒冷地区冷却水进出口阀前设防冻管道。

④ 回流罐冷凝液出口管的管口设破涡流器。

⑤ 冷凝器、回流罐应有排净阀、排气阀。回流罐排气阀后的放空管可与冷凝器物料侧排气管相连。

⑥ 重力回流式回流罐有高度要求，应使其能克服管道阻力回流至塔内。强制回流式回流罐的安装高度应满足泵的吸入高度要求。

⑦ 重力回流式回流罐的回流管设有液封，液封管的排浸管设排净阀，排净至塔内。

⑧ 冷凝器升气管和冷凝液管设温度检测点。冷凝器下水管设置温度和压力检测点。调节冷却水量的冷凝器，在冷却下水管处设置流量控制阀。

⑨ 回流罐上安装现场液位计和自控液位计，用回流罐液位控制回流或馏出量。

(2) 典型设计案例

如图 31-15 所示为重力回流式冷凝系统的管道及仪表流程图。

如图 31-16 所示为强制回流式冷凝系统的管道及仪表流程图。

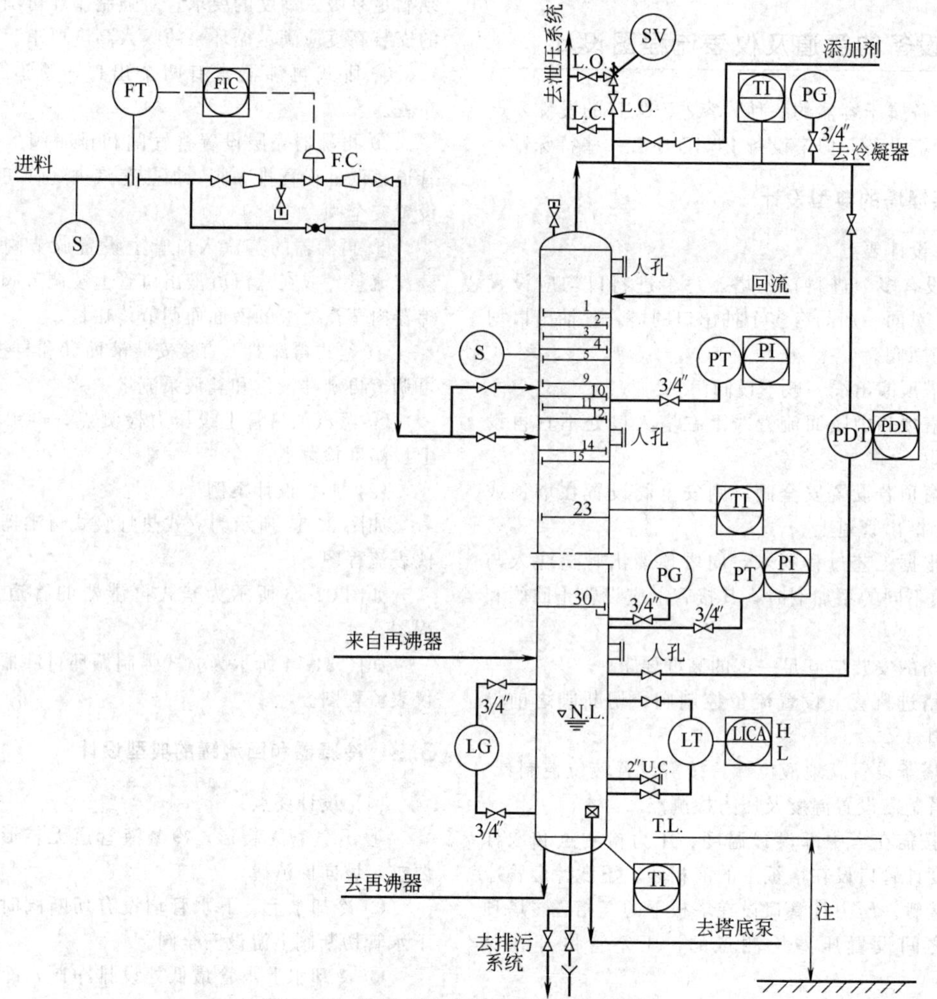

图 31-11 蒸馏塔的典型管道及仪表流程图

注：标注工艺要求的高度

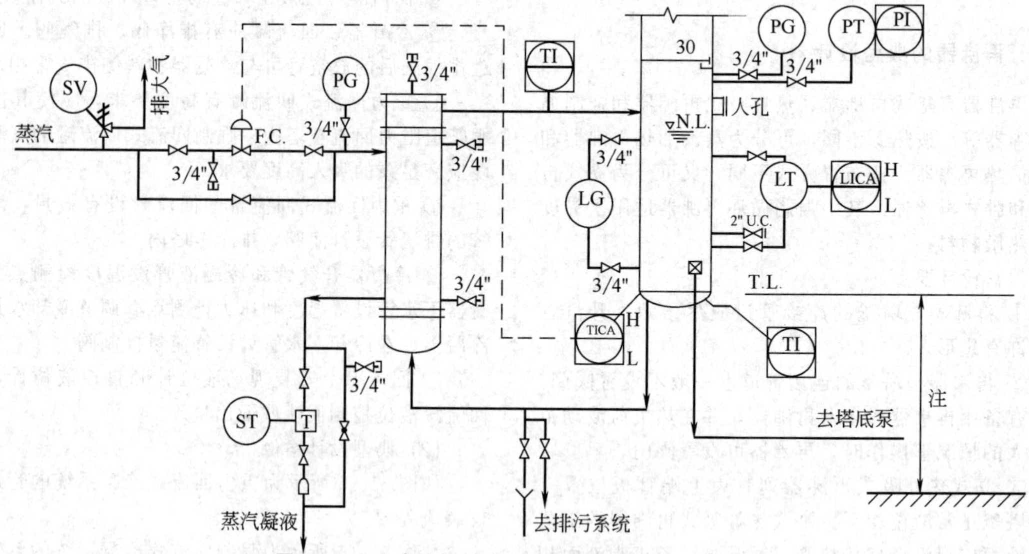

图 31-12 立式热虹吸式再沸器的管道及仪表流程图

注：标注工艺要求的高度

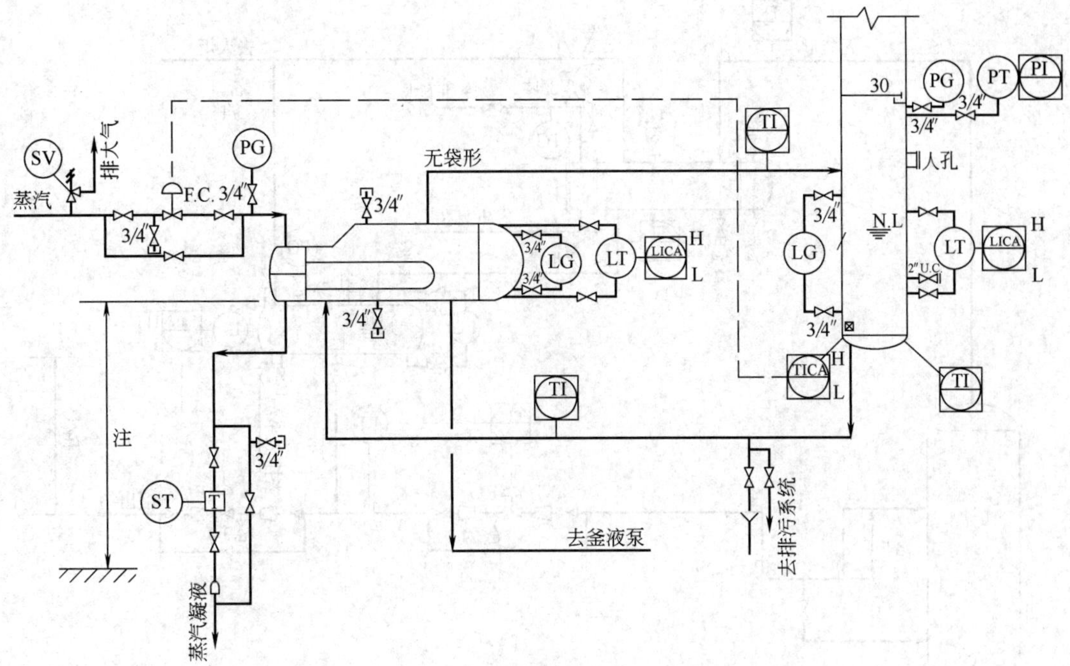

图 31-13　釜式再沸器的管道及仪表流程图

注：标注工艺要求的高度

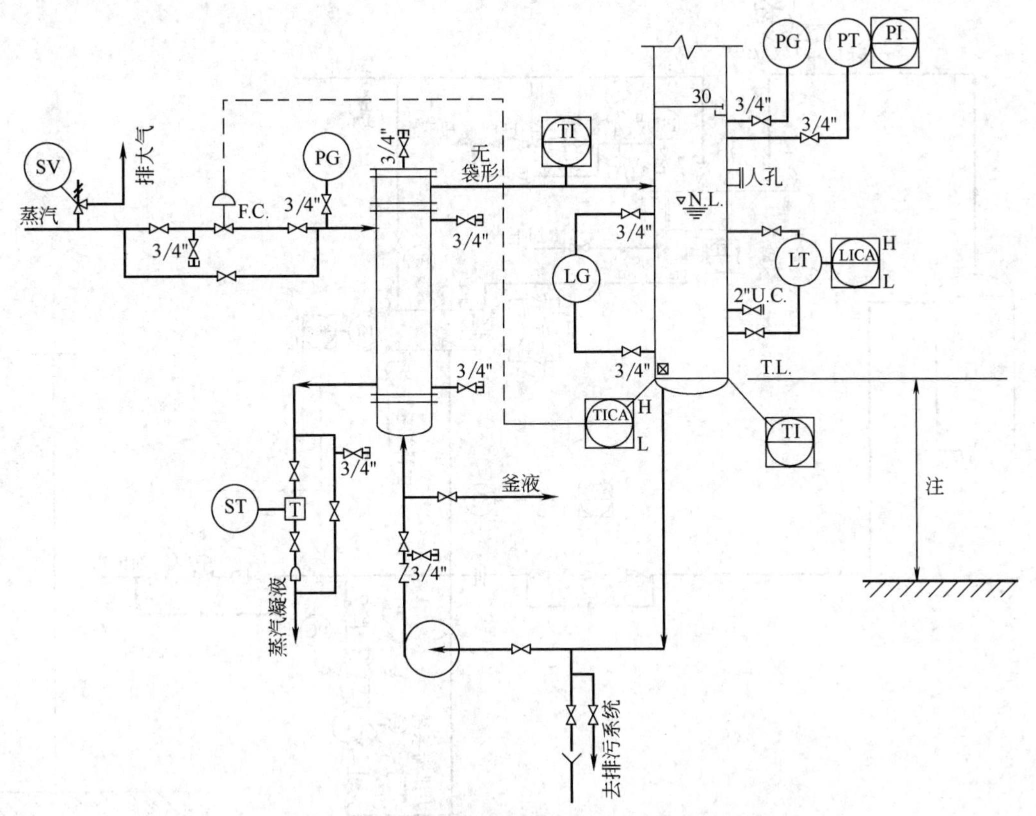

图 31-14　立式强制循环再沸器的管道及仪表流程图

注：标注工艺要求的高度

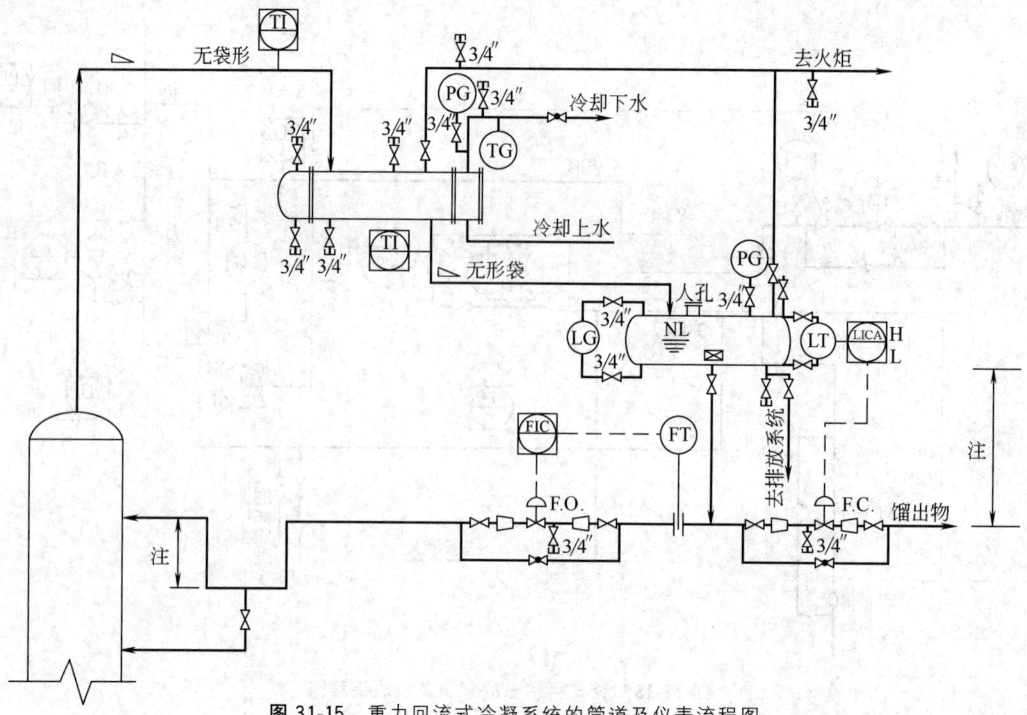

图 31-15 重力回流式冷凝系统的管道及仪表流程图

注：标注工艺要求的高度

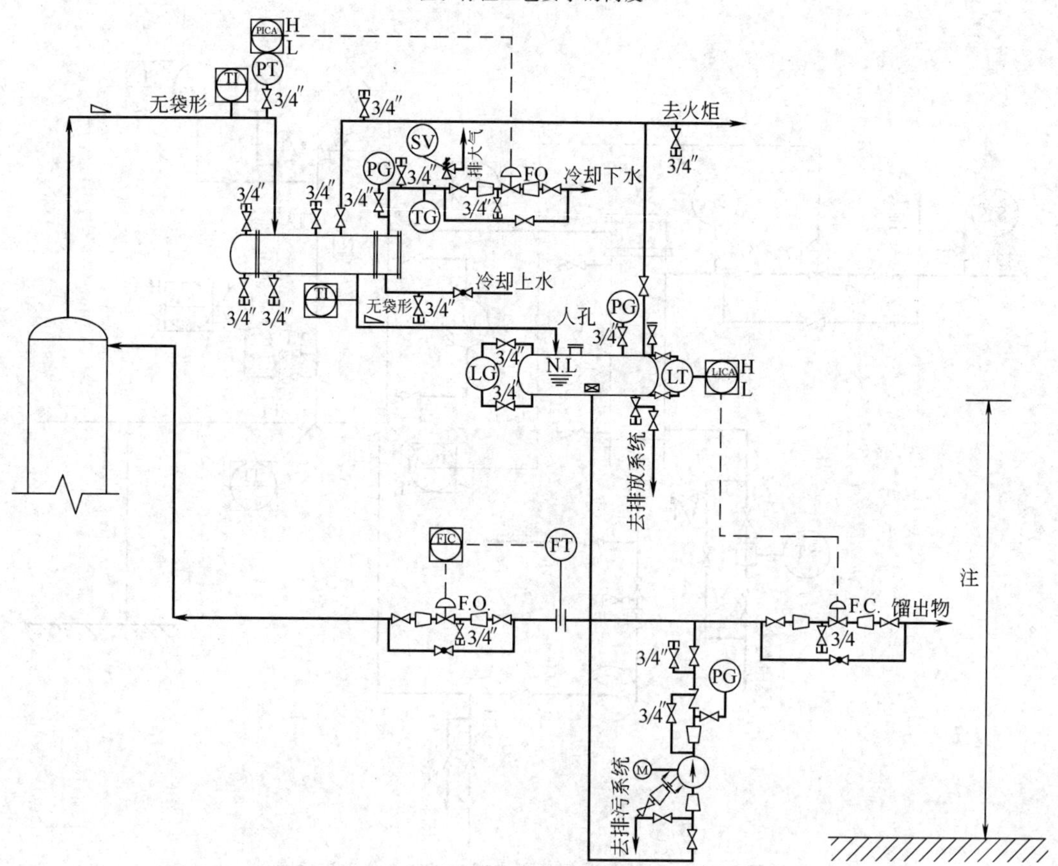

图 31-16 强制回流式冷凝系统的管道及仪表流程图

注：标注工艺要求的高度

4 储罐的管道及仪表流程图设计

储罐按其形状可分为立式、卧式和球形三种。

(1) 设计要点

① 常压罐顶部应设呼吸阀和阻火器、真空阀或采取其他相应措施。浮顶罐不需设置呼吸阀。

② 大型常压储罐常设有泡沫消防系统。

③ 大型立式常压储罐底部应设一个集水井，由集水井向外排水。

④ 大型储罐在水压试验过程中会有较大沉降，故与其相接的管线宜采用柔性管连接。

⑤ 大型球罐应设两个安全阀组。

⑥ 根据储存物料的性质，球罐应设消防喷淋系统及夏季喷淋系统。

(2) 典型设计案例

如图 31-17 所示为常压储罐的管道及仪表流程图。储罐的进料、出料管道通过挠性管与储罐连接，罐顶设有呼吸阀和阻火器，储罐可设有氮封，以隔绝空气。罐顶还设有泡沫消防系统。罐底附近设有公用工程接口，还设有集水井。储罐设有现场液位计和液位指示报警装置。罐侧设有温度计，罐顶、罐底均设有人孔。

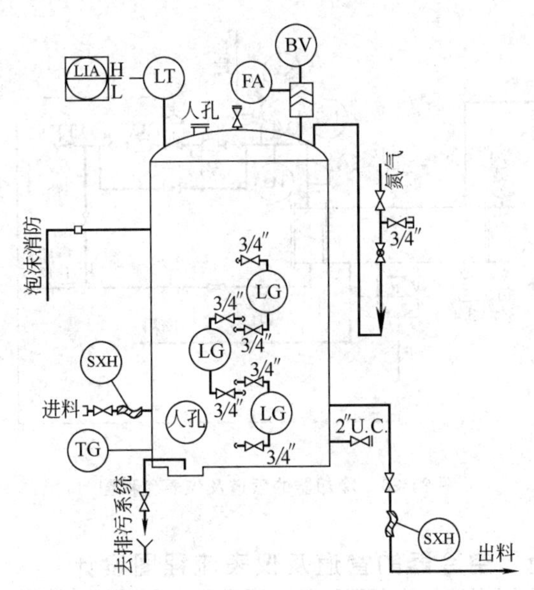

图 31-17　常压储罐的管道及仪表流程图

如图 31-18 所示为球罐的管道及仪表流程图。进出球罐的物料管均位于罐底，并设置双阀（一个手动阀，一个自动阀）。球罐设有两套液位测量系统，一套为现场液位计，另一套为液位指示报警控制。液位高时，控制室报警并切断进料阀；液位低时，控制室报警并切断出料阀。罐上设有氮封系统。罐顶设有双安全阀，以满足每年至少校验一次的要求，安全阀出口通往火炬系统。出料管口设有防涡流板。罐顶、罐底均设有人孔。球罐设有消防喷淋系统和夏季冷却喷淋系统，球罐赤道附近有一圈环状喷淋管，以便向球罐下半部表面喷淋。消防水和工业水均由地下引入。

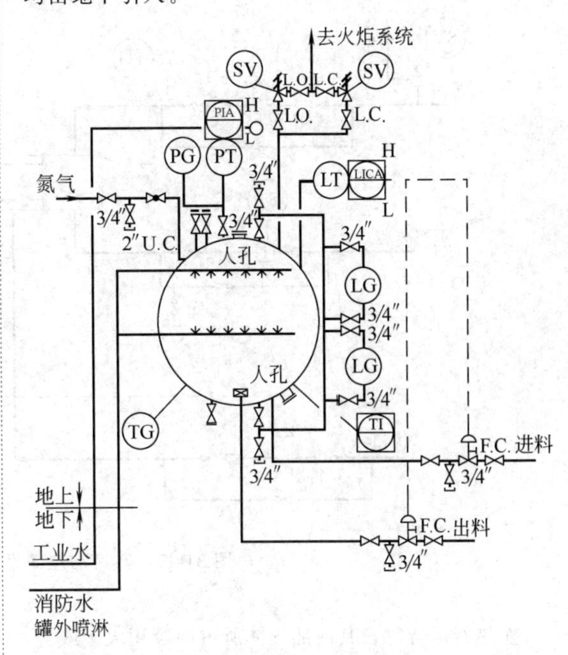

图 31-18　球罐的管道及仪表流程图

5 换热器的管道及仪表流程图设计

(1) 设计要点

① 换热器应采用逆流换热流程。冷流一般由下部进入，上部排出。热流一般由上部进入，下部排出。

② 无相变的换热系统，串联换热器宜采用重叠式布置，但叠放不应超过 3 个换热器。

③ 进入并联换热器、冷却器和冷凝器的管线应采用对称布置形式。

④ 一般情况下，有相变的介质走壳程；温度和压力高的介质、制冷剂或低温冷媒、易积垢和腐蚀性的介质走管程。

⑤ 换热器工艺侧一般不设切断阀，如设备在生产中需从流程中切断，或两侧均为工艺流体而一侧需进行调节和两台互为备用的换热器，可按需要设置切断阀。

⑥ 换热器的非工艺侧，在进出换热器处常设切断阀，有粗略流量调节要求的，可选用截止阀。

⑦ 冷介质的进出口均有切断阀时，应在冷介质出口管切断阀上游设置安全阀。

换热器壳侧的设计压力比管侧的设计压力低时，应按以下原则来决定壳侧是否需要设置安全阀保护。

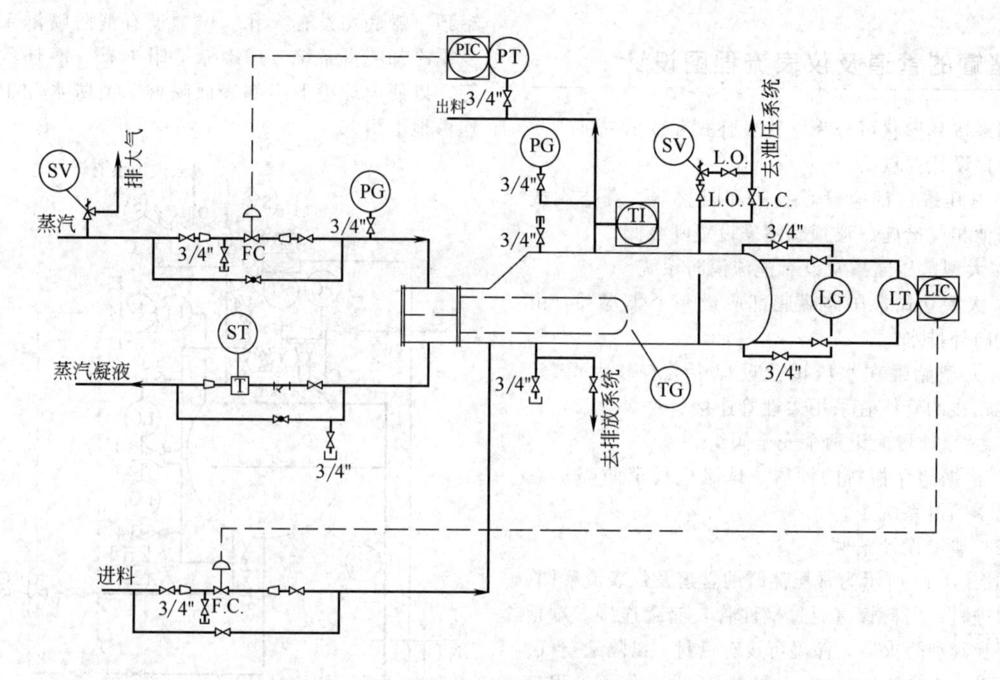

图 31-19　蒸汽加热蒸发器的管道及仪表流程图

换热器运行时，其内部气体所占的容积大于或等于换热器体积的 50%，而高压侧压力是低压侧压力的 1.5 倍以上，由于换热管破裂会造成低压侧压力超过其设计压力的 150%时，低压侧要设安全阀。

换热器运行时，液体的容积大于或等于换热器体积的 50%，高压侧设计压力低于 7×10^6 Pa（表），且管子损坏会造成低压侧压力超过其设计压力的 1.5 倍时，低压侧要设安全阀。

换热器运行时，液体容积等于或大于换热器体积的 50%，换热管破裂会造成低压侧压力超过其设计压力，高压侧压力大于 7×10^6 Pa（表），且高低压比值大于 1.5 或高低压侧的压差大于或等于 7×10^6 Pa 时，需要用爆破片来防止低压侧超压。

⑧ 寒冷地区水冷器和水冷凝器的冷却水进出口阀前设防冻管道。

⑨ 换热器冷却水出口侧宜设温度检测设施。被冷却或加热的工艺介质的出口侧也宜设温度检测设施。

(2) 典型设计示例

如图 31-19 所示为蒸汽加热蒸发器的管道及仪表流程图。由物料蒸汽出口压力控制进口蒸汽量，蒸汽入口设置安全阀，进入蒸发器的物料量由蒸发器的液位控制。

如图 31-20 所示为冷却器的管道及仪表流程图。利用物料出口温度来控制冷却水出口的调节阀，冷却水入口处设有切断阀，冷却水回水管上设有安全阀，冷却水进出口管之间设有防冻管线。

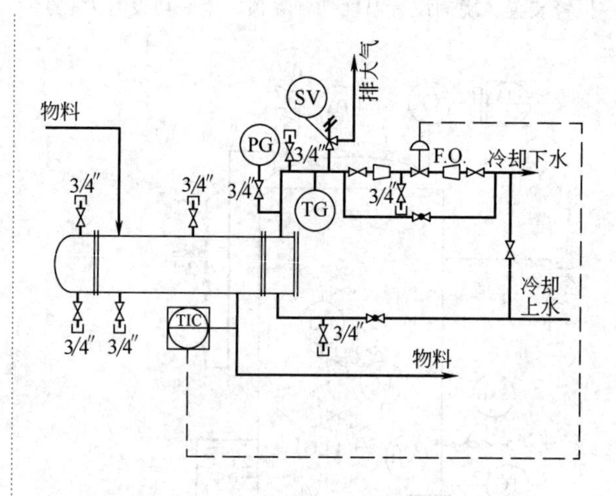

图 31-20　冷却器的管道及仪表流程图

6　空冷器的管道及仪表流程图设计

(1) 设计要点

① 空冷器的入口介质为两相流时，入口管道采用对称形式的布置。

② 空冷器的管口少于 4 个，可采用同程式布置进出口管线。当管口多于 6 个时，每 6 个管口为一个联箱，如图 31-21 所示。

③ 分配管的截面积为与其连接的支管截面积之和的 1.5 倍左右。

④ 空冷器进出口管线一般不设切断阀。如需隔

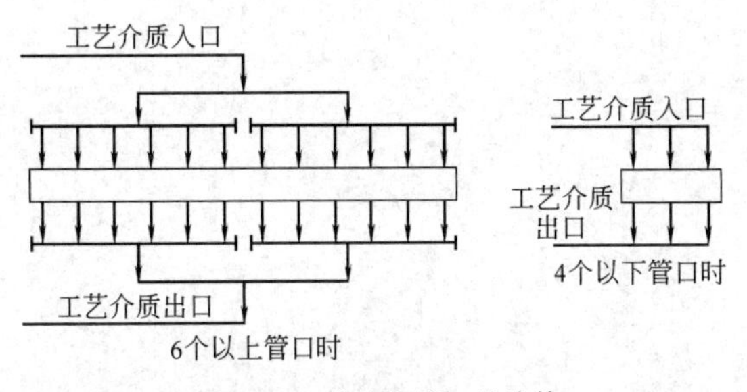

图 31-21　空冷器管口的连接

断操作或不停产维修的，应在其进出口管道上设切断阀、吹扫装置和放空阀。

⑤ 空冷器出口管道应设温度检测点。

(2) 典型设计示例

如图 31-22 所示为空冷器的管道及仪表流程图。

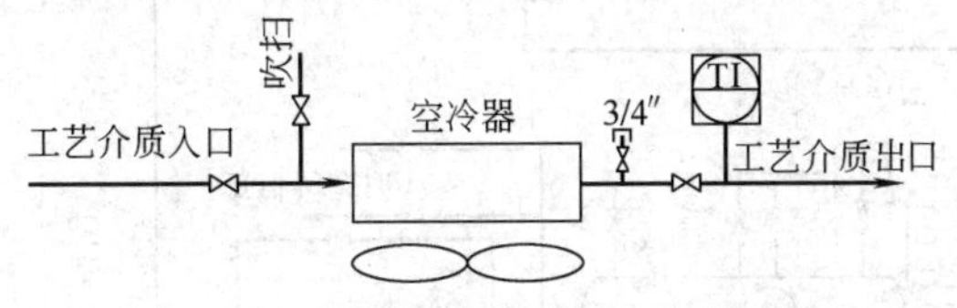

图 31-22　空冷器的管道及仪表流程图

7　加热炉的管道及仪表流程图设计

(1) 设计要点

① 加热炉的物料进出口管道应对称布置（尤其在气液两相流动时，仪表不能计量，阀门不能调节），且不应有大的压力损失，主管必须有足够大的截面。

② 为使流量均匀分配，对非两相流流动的管道，除了对称布置外，可在各分、集合管及支管上设控制用阀门及计量设施（一般应装在液相进料管上）。为了校验加热状态，在加热炉出口管线上应设测温仪表，此时可以不考虑管道的对称布置，而利用阀门调节、控制，使物料加热后的温度一致。

③ 加热炉过热蒸汽放空管道上应设置消声器。

④ 炉管需要注入水或蒸汽时，应在水或蒸汽管线的引入线上设置切断阀和止回阀，并在两阀中间设一个检查阀，以免物料倒入水或蒸汽系统。

⑤ 在加热炉的入口管线上应安装放气阀，其最小尺寸为 *DN*50；在出口管线上应设放净阀。

⑥ 在加热炉的对流段和辐射段，通常装有一个 *DN*50 的灭火蒸汽接头。当炉管破裂时，可将灭火蒸汽阀打开，使蒸汽进入炉膛灭火。大型加热炉可能设有多个蒸汽灭火接头。灭火蒸汽一般由新鲜蒸汽管专线引出。由于灭火蒸汽管仅在发生事故时使用，所以从切断阀到加热炉这段管线不用保温，也不必试压，跨距可比一般管线大些，高处不设放空阀，低处钻一些 $\phi 6$ 的泄凝液孔。

(2) 典型设计示例

如图 31-23 所示为四路进料的加热炉对称管道布置。对称部分的管道长度直径，阀门及管件的数目和形式必须相同。

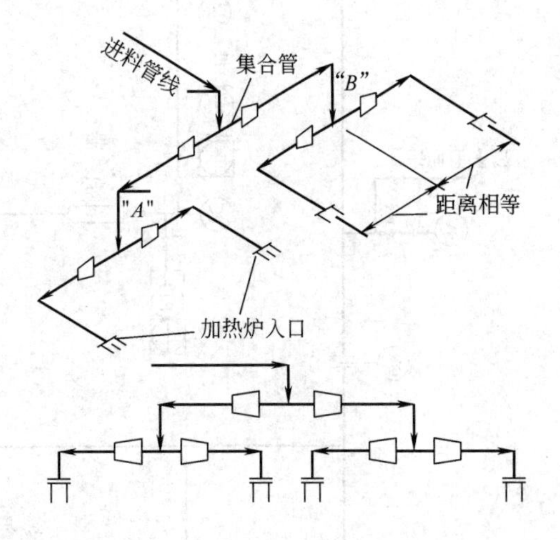

图 31-23　四路进料的加热炉对称管道布置

如图 31-24 所示为八路并流进料的加热炉对称管道布置。

如图 31-25 所示为四路进料的加热炉物料管道布置。每路的流量在炉子入口前用一个截止阀控制，并设有计量孔板，在炉后设有测量仪表。运行时，要保证每根炉管的流量相同，即每根炉管的出口温度相同。

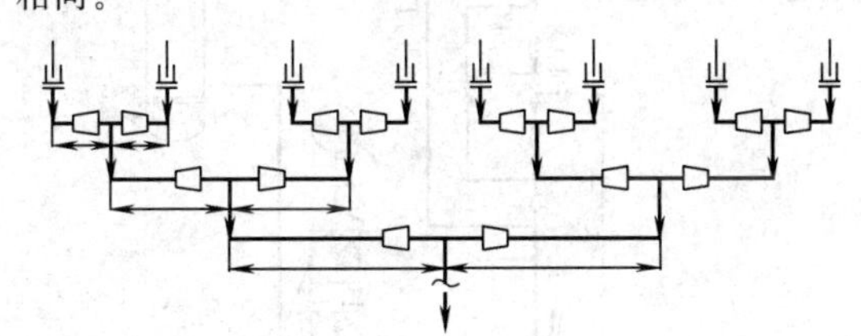

图 31-24　八路并流进料的加热炉对称管道布置

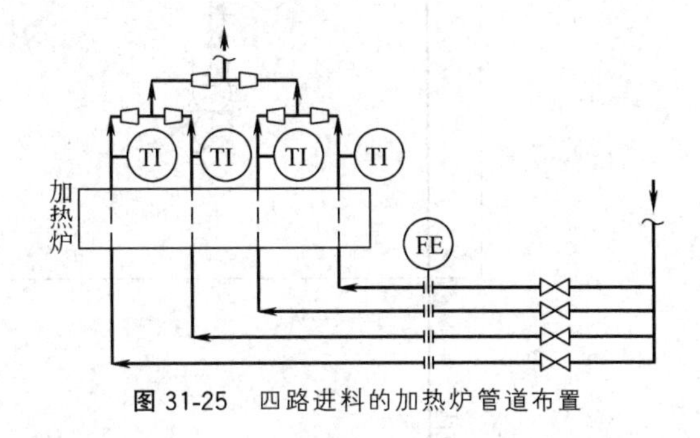

图 31-25　四路进料的加热炉管道布置

8　压缩机的管道及仪表流程图设计

压缩机按其工作原理可分为容积式和流体动力式

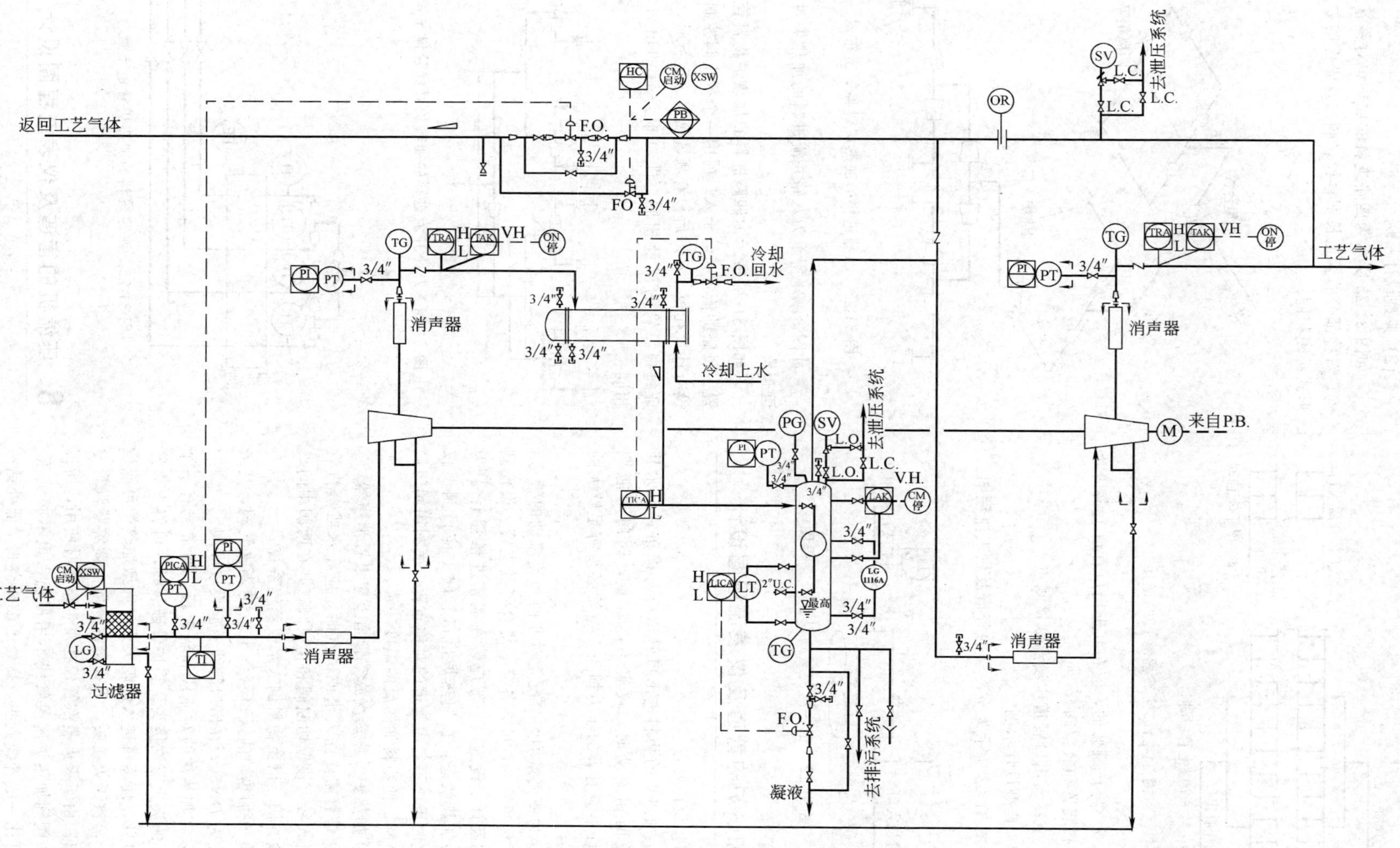

图 31-26 两段压缩机的管道及仪表流程图

两大类。容积式压缩机通常使用的有活塞式、螺杆式、液环式；流体流动式压缩机通常使用的有离心式和轴流式。压缩机的驱动方式有电动驱动和汽轮机驱动。

(1) 设计要点

① 压缩机的进出口管道均应设置切断阀。抽空气的往复式压缩机进口管不设切断阀。

② 压缩机入口管与切断阀之间应设过滤器。

③ 往复式压缩机吸入口和排出口之间应设缓冲罐。

④ 压缩机各段吸入口前应设凝液分离罐。

⑤ 汽轮机驱动的压缩机，汽轮机的蒸汽入口管上应设置切断阀和过滤器。

⑥ 汽轮机外壳底部应设连续排水的疏水器。

⑦ 背压式汽轮机乏汽管道上应设切断阀。其供汽和乏汽管道的低点应设疏水设施。

⑧ 凝汽式汽轮机的乏汽管道上应设安全阀，安全阀常设在冷凝器上。若进入表面式冷凝器的乏汽管道上安装切断阀，则安全阀应设在切断阀前。

(2) 典型设计示例

如图 31-26 所示为两段压缩机的管道及仪表流程图。压缩机的入口管道设有切断阀和过滤器。每段进出口均有消声器，同时设有温度和压力指示。当出口温度超过规定值时报警；当温度超过联锁值时，压缩机紧急停车。两段之间设冷凝器和分液罐。分液罐设有安全阀，通过液位控制排液，当液位超过联锁值时，压缩机紧急停车。每段出口都设有止回阀。压缩机二段气体出口设有安全阀，部分返回压缩机前，根据一段入口压力调节返回量。

9　除尘分离设备的管道及仪表流程图设计

工业上广泛应用的除尘分离过程通常分为干法除尘和湿法除尘。

干法除尘设备有重力沉降室、旋风分离器、袋式过滤器、电除尘器等多种。

湿法除尘设备有水浴室除尘器、自激式除尘器组、旋风水膜除尘器、泡沫除尘器、文丘里除尘器、多级文丘里洗涤器及洗涤塔等。

本节以袋式过滤器和洗涤塔为例，说明其管道及仪表流程图的典型设计。

9.1　袋式过滤器除尘系统的典型设计

(1) 设计要点

① 通过调节袋式过滤器放空气体量来控制料仓与流化床之间的压差，以保证料仓向流化床进料顺畅。根据工艺要求，也可调节放空气体量，控制料仓或流化床气相压力。

② 袋式过滤器进出口之间设置压力、压差检测设施，压力值可采用就地显示或控制室显示。

③ 间断通氮气对袋式过滤器进行吹扫。氮气切断阀可就地控制，也可在控制室遥控启、闭。

④ 袋式过滤器与料仓之间的粉体管道宜垂直敷设，当水平管段不可避免时，对水平管段应设计成大角度倾斜式圆滑过滤管段。

⑤ 在含尘气体管道易堵塞处，设置连续吹扫用惰性气体管道及转子流量计、切断阀。

⑥ 长距离输送粉料的管道上设置惰性气体吹扫管道及切断阀，以便定期吹扫。

⑦ 粉料及含尘气体管道上安装球阀、插板阀等；料仓连续定期加料到流化床的粉料管道，采用自动控制加料速度的球阀。

⑧ 料仓在压力下操作，其顶部设置安全阀或爆破片。如需要，在设备与安全阀之间的管道上安装铅封开启的切断阀。

(2) 典型设计示例

如图 31-27 所示为袋式过滤器除尘系统的管道及仪表流程图。

两组袋式过滤器除尘系统交替反吹，间断清灰。

气体输送的粉料分别进入料仓，氮气分几处进入料仓的不同部位，料仓中的粉料与氮气在流化状态下送入流化床反应器。输送粉料的气体从料仓顶部出去并进入袋式过滤器，气流中的粉尘被过滤出来返回料仓，净化后的气体通过袋式过滤器的顶部放空。

两套料仓-袋式过滤器组交替进行受料-出料操作。受料与出料的时间间隙，由氮气反吹滤袋的清灰来操作。一台袋式过滤器进行吹扫时，放空气体经吹扫放空管道，由另一台袋式过滤器过滤后放空。

料仓-袋式过滤器为单组设备的除尘系统的单元模式，与本例基本相同。

9.2　洗涤塔除尘系统的典型设计

(1) 设计要点

① 为保证沉降槽出料浆液的流动性，操作中应控制浆液的浓度在一定范围内。

② 尽量减小含尘气体及浆液管道的阻力，即管径不宜小，少转弯，采取大的弯曲半径，避免突然变径等。

③ 洗涤塔在压力下工作时，在塔釜气相及沉降槽之间应设置压力平衡管。

④ 输送浆液的水平管道较长时，应有≥0.005 的坡度，坡向下游设备，并适当设置气体吹扫管道。

⑤ 当洗液为有压的工业上水，并就近由管道连续供应时，则可直接进入系统；如为其他介质，应另设洗液槽及泵。

⑥ 在原料气进塔、净化器出塔及浆液出料管道上均应设置取样点，或设置在线分析设施。

⑦ 塔顶按需要设置安全阀。当需要在安全阀与设备之间的管道上设置切断阀时，该切断阀应加铅封开启（CSO）。

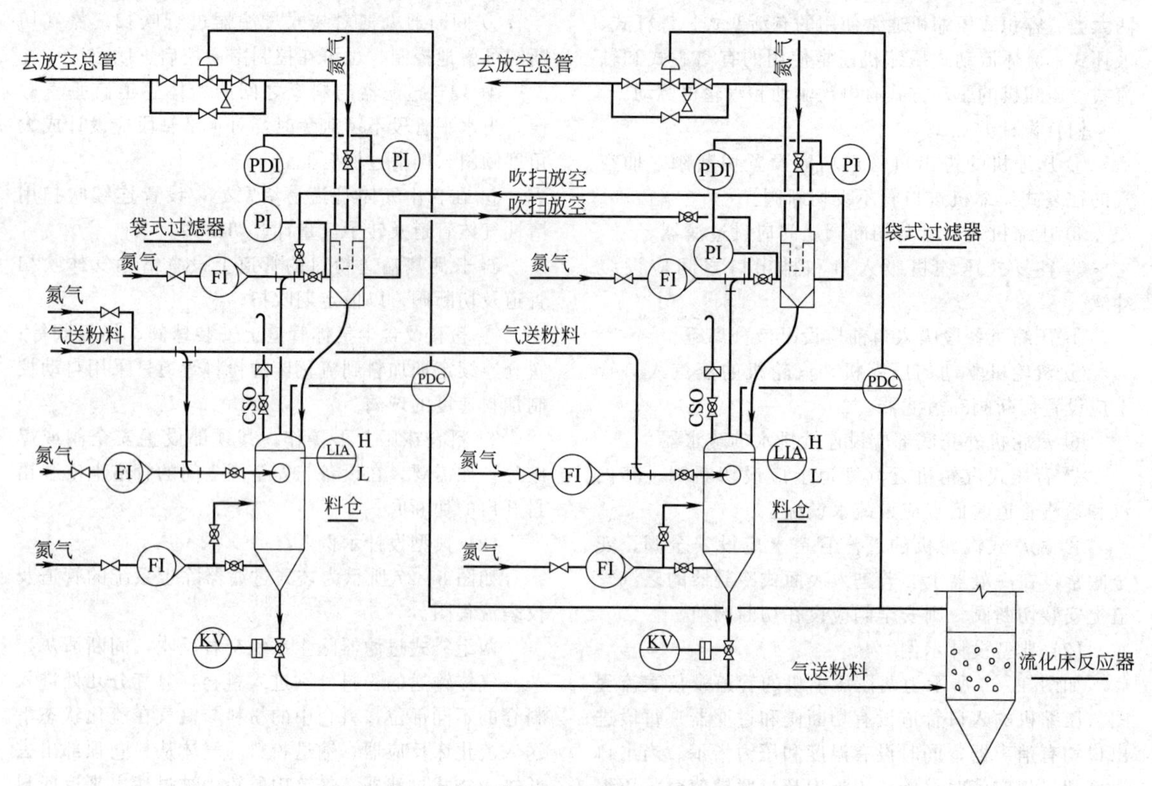

图 31-27 袋式过滤器除尘系统的管道及仪表流程图

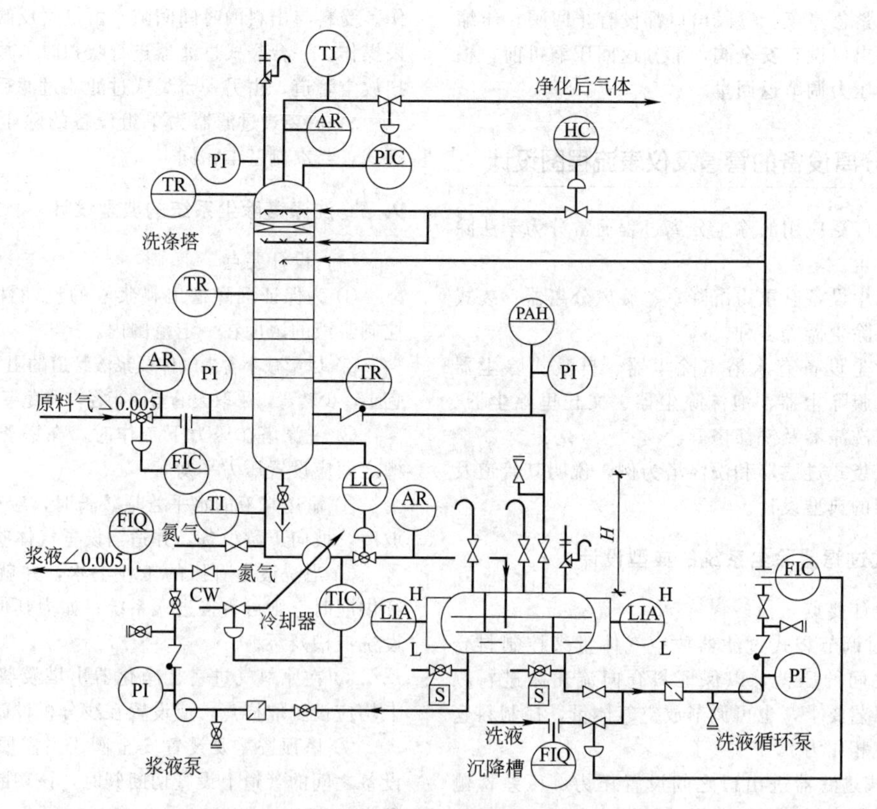

图 31-28 洗涤塔除尘系统的管道及仪表流程图

⑧ 洗涤塔与沉降槽之间应有一定的高差，其值应大于塔与槽之间阻力的 1～2m 液柱。

⑨ 洗液不循环使用时，沉降槽即为浆液槽；当洗涤塔釜有足够的容积时，也可取消浆液槽，浆液直接出料。

⑩ 洗涤塔塔顶净化气体管道上的控制阀，根据需要也可与上游设备气相压力构成调节系统。当其上游设备及洗涤塔塔顶压力均不需由该控制阀控制时，则取消控制阀组及相关设施。

⑪ 洗涤塔塔底出料温度不高、浆液不需冷却即可出料时，冷却器可设置在洗液循环泵的出口侧。

⑫ 工艺需要在洗涤塔塔顶净化气体出口侧设置专门的除雾设备时，洗涤塔内的分离层可取消。

⑬ 洗液和从气相中洗涤下来的粉料作为下游设备的连续进料时，沉降槽可以取消。在浆液出料管道上，按下游设备要求设置流量控制阀。洗涤塔全部采用新鲜洗液，根据洗涤塔操作要求，在洗液管道上设置流量控制阀或洗涤塔塔釜液位控制阀。

⑭ 当浆液难以用泵输送时，可直接排放或装桶（车）后外运。或采取在沉降槽后设置带搅拌器的浆液槽，使浆液在搅拌下呈悬浮状态由浆液泵送出。

(2) 典型设计示例

如图 31-28 所示为洗涤塔除尘系统的管道及仪表流程图。

含尘气体从底部进入洗涤塔，在塔内上升的过程中与从塔顶喷淋下来的洗液进行充分的逆流接触，从而将其中的粉尘洗涤除去。洗涤后的净化气体从塔顶出来，放空或去下游设备。洗液中含有从气体中洗涤出的粉尘，从塔底出料，经冷却器到沉降槽。在沉降槽中洗液被澄清分离出来，经泵送至洗涤塔塔顶循环使用。新鲜洗液于泵前补加，含尘浆液由浆液泵送出。

10 其他

10.1 管道分界

管道等级由管道材料专业根据工艺条件和工程要求，并力求达到经济合理的原则来确定。在工程中，只有当两根管道的材质和选用管材的公称压力相同时，标注的管道等级号才是相同的。

当存在不同管道等级的管道连接时，工艺系统专业应在管道及仪表流程图上标注不同的管道等级。

如图 31-29 所示为管道等级分界的表示方法。

10.2 控制阀组

调节阀前后都要设阀门。调节阀的气开、气关应从工艺安全生产角度来选择，在根据工艺生产性质确定控制方案时确定。此外，还要考虑调节阀的放净问题。控制阀组常设旁通阀。对于大于一定尺寸（通常

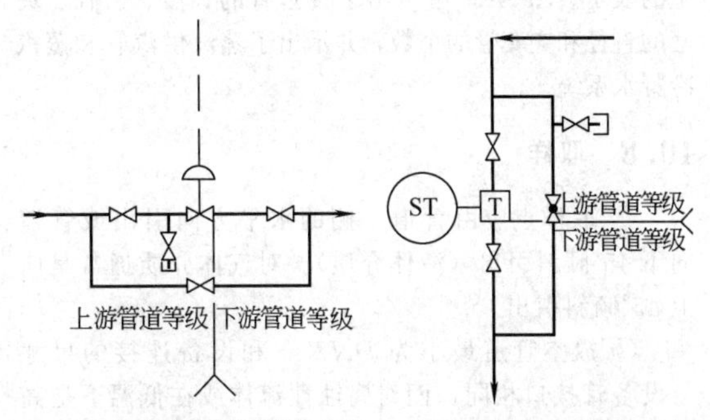

(a) 调节阀组的管道等级分界　(b) 疏水器的管道等级分界

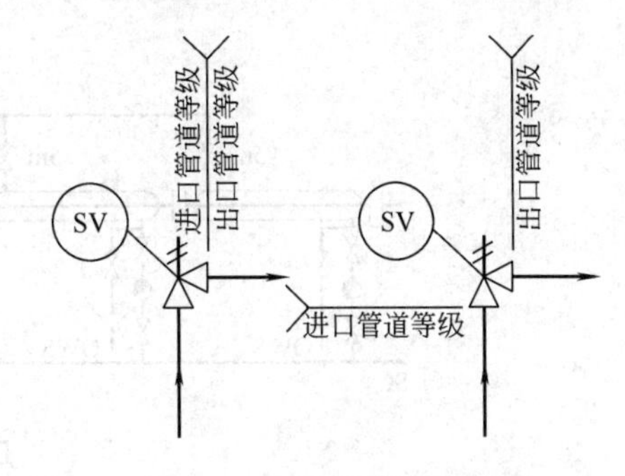

(c) 安全阀的管道等级分界

图 31-29　管道等级分界的表示方法

为 3″）带手轮的调节阀，根据工艺条件，可不设旁路。

10.3 两相流管道

两相流管道，如空冷器的入口管，不能用阀门调节流量。为了使流量分布均匀，管线应当对称配置。

10.4 锁与铅封

对平日不需启闭，只在开停车或事故处理时才使用的阀门，为了避免误操作，平时要用锁锁住或加铅封封住。一般按计划控制的开停车用阀门，要用锁锁住；而事故处理时使用的阀门，则应采用铅封封住，以免因找钥匙而耽误事故处理的时机。

10.5 保温

管道的保温厚度应在管道表上列出，在管道及仪表流程图的管段号后的后缀中也可看出管道有否保温。当某根管道不是整根都保温时，管道及仪表流程图中应示出管道的保温范围。

10.6 伴热

伴热管道应在管道表上列出，并在管道及仪表流程图中表示其伴热范围。

10.7 夹套管

如图 31-30 所示为蒸汽夹套管在管道及仪表流程图

上的表示。图31-30中示出了夹套管的长度、管径、夹套的直径和夹套管的个数，并示出了蒸汽供汽管和蒸汽冷凝水系统。

10.8 取样

① 取样点应由管道一侧的水平方向引出或管道向下45°倾斜引出（液体介质）。对气体介质通常是向上45°倾斜引出。

② 放空管道最小为*DN*20，和设备连接的尺寸与设备管接口相同。而对腐蚀性流体或在低温下是高黏度流体的管道最小为*DN*25。

③ 用于工艺分析器时，对液体管道为*DN*20，并选用相同尺寸的节流阀（即针形阀），对气（汽）体管道通常为*DN*15，并选用双节流阀（即针形阀）。

④ 储槽产品管道的取样点应设在控制阀的上游，并尽可能设在靠近污水管道处。

⑤ 从高温设备引出的取样管，要设取样冷却器。一般选用不锈钢水冷式蛇管冷却器，体积不小于$0.1m^3$，冷却面积不小于$0.25m^2$。

⑥ 在低温下流体黏度高，需要用蒸汽或其他介质吹扫管道和冷却器。

⑦ 取样的类型，详见图31-31～图31-39。

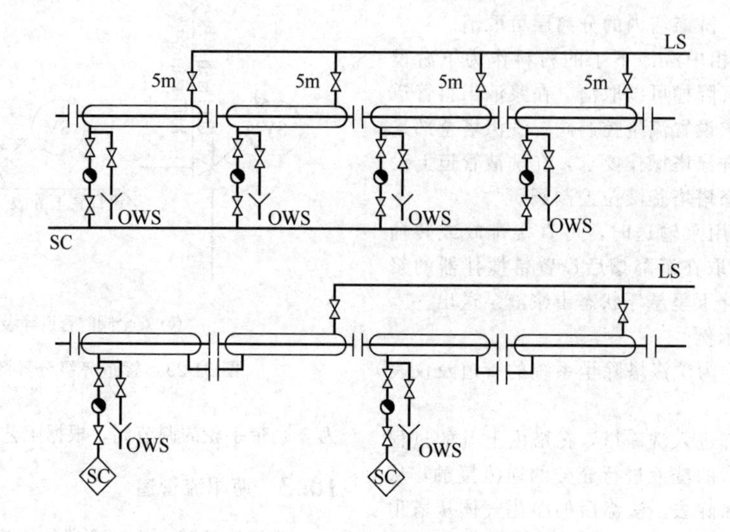

图31-30 蒸汽夹套管在管道及仪表流程图上的表示
需注明每段夹套管的长度、直径和管径，并注明夹套数

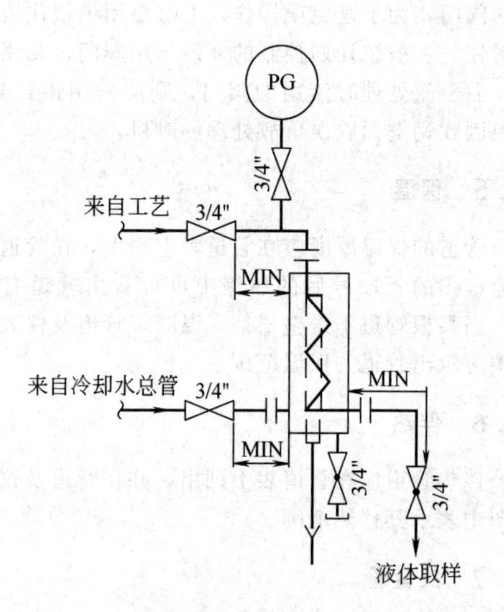

图31-31 凝液冷却取样

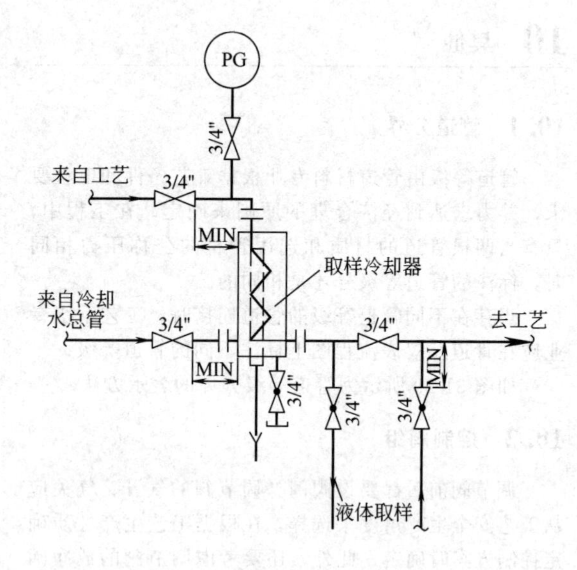

图31-32 烃类液体冷却取样

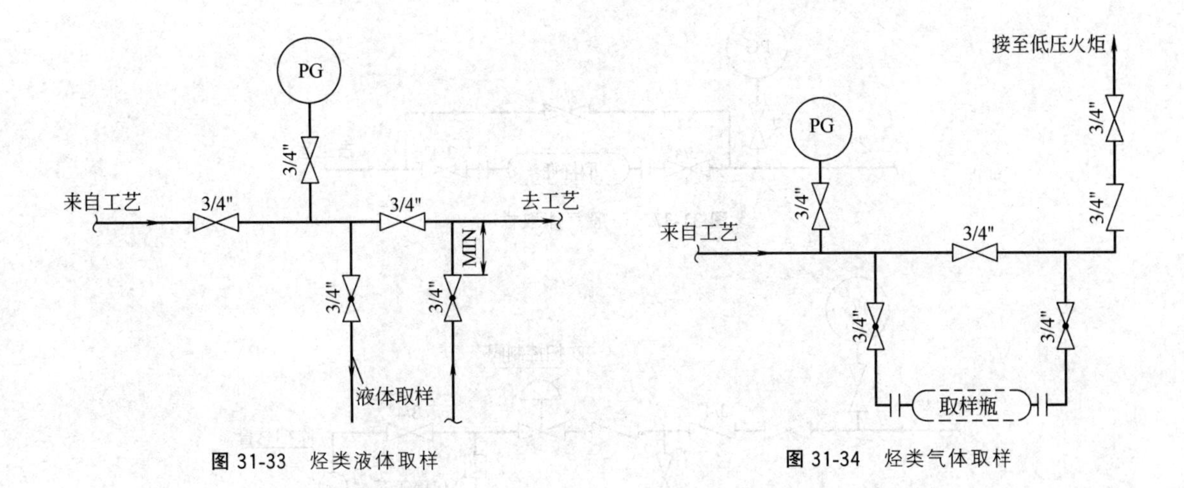

图 31-33　烃类液体取样　　图 31-34　烃类气体取样

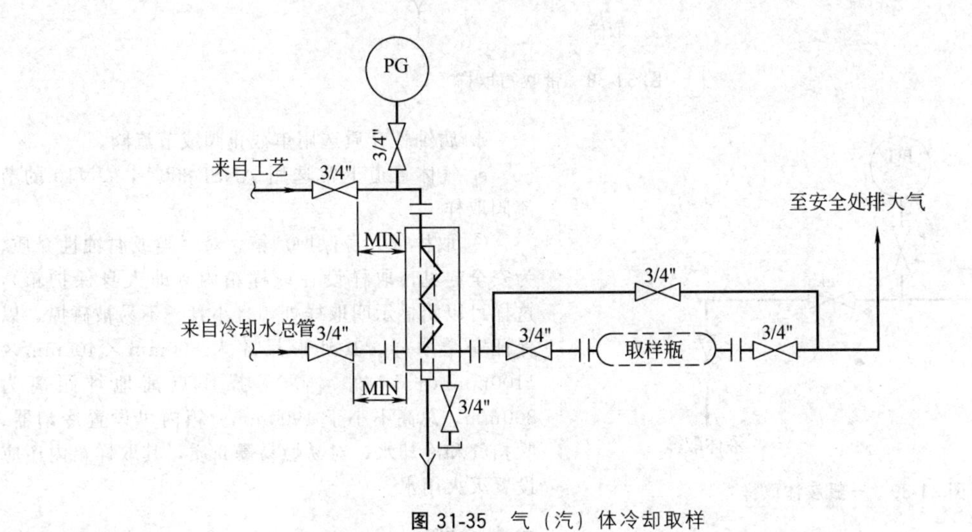

图 31-35　气（汽）体冷却取样

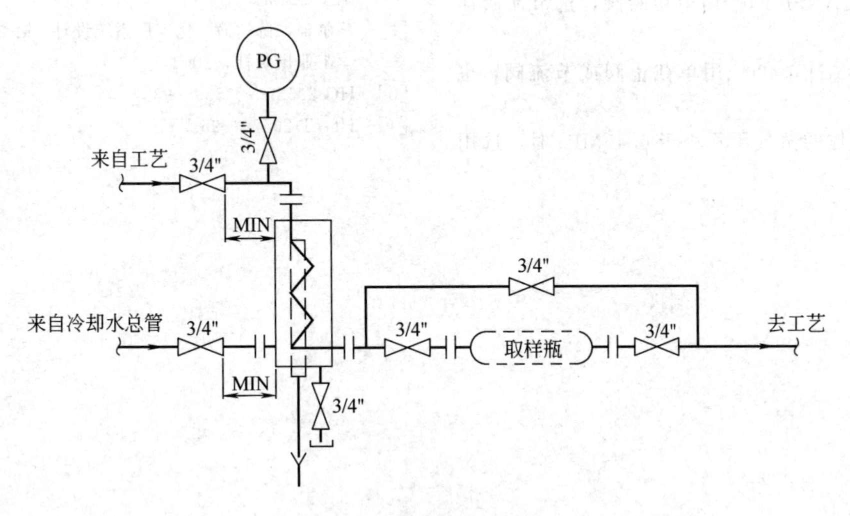

图 31-36　烃类气体冷却取样

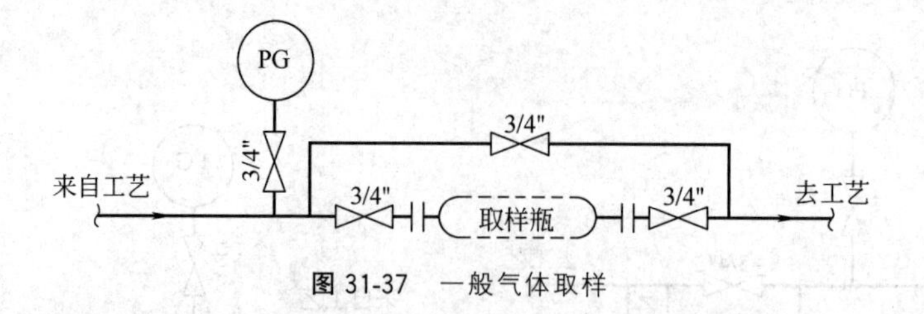

图 31-37 一般气体取样

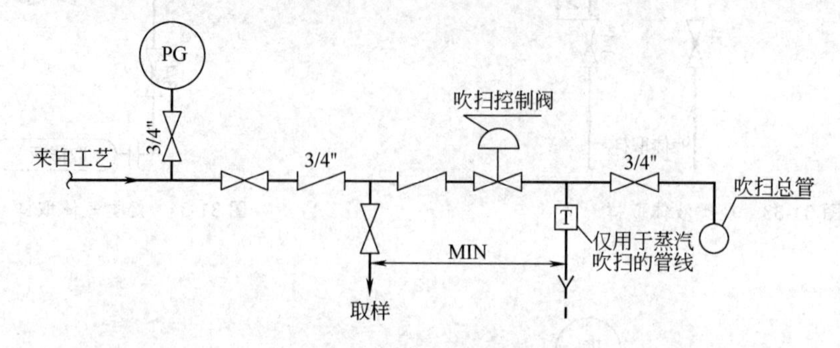

图 31-38 带吹扫取样

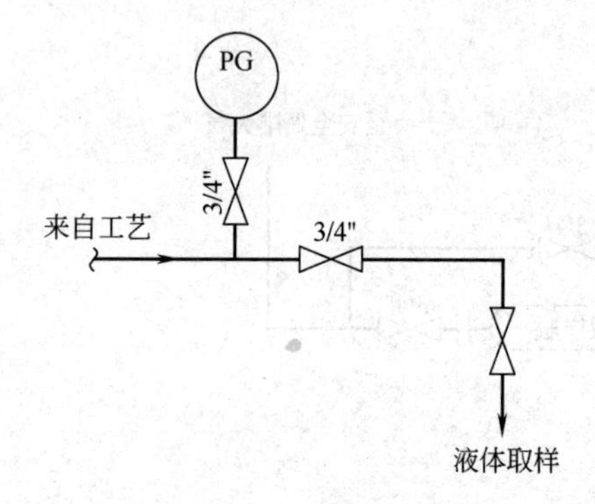

图 31-39 一般液体取样

⑧ 阀门类型。

取样阀的选用。

a. 阀门≤ANSI 300# 用单切断阀，选节流阀或截止阀。

b. 阀门≥ANSI 400# 用单截止阀或节流阀，也可用双闸阀。

c. 烃类流体的蒸气压不小于 0.45MPa 时，选用双节流阀。

d. 腐蚀性介质选用单截止阀或节流阀。

e. 气体管道上常选用 ANSI 800#，*DN*10 的节流阀取样。

⑨ 取样（人身保护）箱。对烃类或腐蚀性介质，为安全起见，取样设在取样箱内（即人身保护箱），这样可以明显示明取样处，且小管子不易被碰撞，以保证安全取样。其外形尺寸为 800mm × 400mm × 1100mm（长 × 宽 × 高），操作点离地坪距离为 800mm，总高不小于 1900mm。箱内可设置冷却器、吹扫气和冷却水，对易燃易爆介质，其取样箱内还应设置灭火用水。

参考文献

[1] 王松汉. 石油化工设计手册. 北京：化学工业出版社，2002.

[2] 蔡尔辅，陈树辉. 化工厂系统设计. 第2版. 北京：化学工业出版社，2004.

[3] HG 20557～20559—93.

[4] HG/T 20570—95.

第32章 公用工程分配系统和辅助系统设计

1 工业水系统

从自然水源取得原水经处理后供化工装置所需的水，一般称为工业水。大型化工装置一般设置水厂，由水厂供应各用户工业水，工业水一般不经过消毒、杀菌流程；小型装置也有直接使用城市自来水厂的供水。自然水源如地下水，若规格符合要求，也可直接用作工业水。

工业水的基本用途：循环水的补充水；工艺用水，如脱盐水、工艺用纯水、锅炉给水的原水；公用工程站的用水；场地冲洗水；消防水池的水源；储罐的冷却喷淋水；换热器的冷却水等。通常由给排水专业设计人员设计全厂性的总管和主要支管系统，各用水单元用方框图表示；装置内一般直接在工艺系统图上表示，较为复杂的应绘制专门的水系统图。

2 冷却水系统

冷却水为冷却器、冷凝器、泵、压缩机及其他需冷却的设备提供冷却介质，根据工艺装置中各用户的热负荷和冷却水的进出口温差计算冷却水消耗量，并计算工艺装置冷却水平衡，得到冷却水总消耗量，冷却水系统循环水的设计量为冷却水总消耗量的125%为宜。

冷却水分配系统图一般在设备布置图确定后绘制，每个用户的冷却水管管径根据水量和允许的压力降确定；对于用户较多、比较复杂的冷却水系统，每个用户的进水管由区域冷却水进水支总管提供，进水支总管由冷却水进水总管提供。同时，每个用户的回水管合并成一根区域回水支总管，区域回水支总管再合并成回水总管，回到排放口或冷却水塔。

冷却水总管的末端一般应用盲法兰封死，需要时可以打开，用水进行冲洗；为了防冻，在冷却水供回水总管和支总管的末端设一个 *DN*25 的旁通阀。

冷却水可以用工业水、深井水、海水、循环水，大多采用循环水。冷却水的进回水总管及区域进回水支总管（必要时）应设置温度、压力指示，换热器和其他冷却水用户的冷却水控制仪表应绘制在主工艺流程图上。

3 锅炉给水系统

锅炉给水系统提供锅炉及废热锅炉所需的纯净水。锅炉给水的水源，可以是水厂提供的低硅水，也可以是蒸汽冷凝水。锅炉给水的水质要求与锅炉产生蒸汽的压力有关，不同供汽压力锅炉给水水质要求见表 32-1。

表 32-1　不同供汽压力锅炉给水水质要求

项目	汽包压力(表)/MPa					
	1.0～2.5(含)	2.5～3.8(含)	3.8～5.9(含)	5.9～12.7(含)	12.7～15.6(含)	>15.6
氧气/(μg/L)	≤50	≤50	≤15	≤7	7	≤7
二氧化硅/(μg/L)	—	—	①	①	①	≤20
硬度/(μmol/L)	≤30	≤5	约 0	约 0	约 0	约 0
铁/(μg/L)	≤300	≤100	≤50	≤30	20	≤15
铜/(μg/L)	—	—	≤10	≤5	5	≤3
总有机碳(TOC)/(μg/L)	≤2000②	≤2000②	—	≤500	500	≤200
pH 值	7.0～9.0	7.5～9.0	8.8～9.3	9.2～9.6	9.2～9.6	9.2～9.6
电导率(25℃)/(μS/cm)	≤500	≤350	—	≤0.3③	≤0.3③	≤0.15③
联氨/(μg/L)	—	—	—	≤30	≤30	≤30

① 应保证蒸汽二氧化硅符合标准。

② 指油含量，μg/L。

③ 指氢电导率。

化工工艺装置中如要求使用纯净水，除特殊要求外，通常的做法是使用锅炉给水作为纯净水，同时锅炉给水的产热也会用作工艺装置的余热，因此，应综合考虑蒸汽、凝液和锅炉给水的量和热焓平衡。一般的做法是将蒸汽、锅炉给水、蒸汽凝液同时考虑，进行水量平衡计算及热量平衡计算，形成蒸汽、凝液及锅炉给水流程图，并以此流程图为依据，进行蒸汽、凝液及锅炉给水的系统设计。

4　蒸汽系统

在进行蒸汽和蒸汽冷凝水系统设计之前，首先要根据工艺装置中用户的需要，计算整个工艺装置的蒸汽平衡，确定不同等级蒸汽的消耗量，并计算蒸汽管道的管径。

蒸汽可分成高压、中压和低压三个等级，有些装置还使用超高压蒸汽。通常由锅炉或工业装置的废热锅炉提供蒸汽，供驱动透平（压缩机和泵的透平）或作为换热器的热源。抽汽式透平可提供低一级的中压蒸汽或低压蒸汽，蒸汽除供工艺加热外，还应考虑吹扫、蒸汽伴热甚至采暖等使用。中低压蒸汽系统蒸汽量不够时，可用高一级的蒸汽通过降温减压后补入。蒸汽平衡应根据以下不同工况编制。

如正常工况、开车工况、夏季工况、冬季工况、蒸汽大用户的备用工况（用汽、电备用）以及蒸汽用户的连续、间歇工况等，以确保工艺装置能在不同工况下正常运行。

设计蒸汽系统时，蒸汽支管必须从蒸汽总管上部引出，汽轮机等重要设备所用蒸汽管线应从蒸汽总管上直接引出，以免其他用户耗汽量变化时，引起汽轮机供汽量的变化，影响汽轮机的正常操作。对于超高压蒸汽和高压蒸汽［≥4.5MPa（表）］，放净阀应设置双切断阀；同时，排出的凝液不能进入蒸汽凝液系统，而应引入一段切断的管道，以降低噪声，气体从管道顶部排入大气，液体进行无污染排放。

过热蒸汽总管只在刚开车时产生凝液，正常运行时并不产生，所以过热蒸汽的总管不需设置疏水阀，但在低点、立管底部及系统末端要设置排净接口。饱和蒸汽管线每隔90～250m要设置疏水器，在系统的低点及系统的末端要设置排净口，以排出管线内的凝液；在调节阀前及切断阀前要设导淋，排出凝液。蒸汽系统要按工程规定进行保温。

降温减压装置及背压式汽轮机的抽汽管线上要设置安全阀，以防止降温减压装置及背压式汽轮机发生故障时，系统产生超压。各级蒸汽可设降温减压装置，既可作为汽轮机发生故障的备用措施，又可作为少量蒸汽调节的手段。

5　蒸汽冷凝水系统

蒸汽冷凝水应作为锅炉给水的水源，加以回收利用。当蒸汽冷凝水被用作锅炉给水时，它的水质必须处理达到锅炉给水的要求。针对不同来源的蒸汽冷凝水，采用不同的处理方法。

来自蒸汽汽轮机的凝液，经表面冷凝水过滤器除铁，并入一级脱盐水箱，送至混床，然后再进入除氧器；来自用超高压蒸汽、高压蒸汽和中压蒸汽作加热介质的换热器的凝液，被加热介质（有机化工原料）污染的可能性很小，所以可不做处理，直接进入除氧器；来自保温、伴热及低压蒸汽换热器和再沸器的冷凝水，集中到低压蒸汽闪蒸罐进行闪蒸，经冷凝水炭过滤器过滤后，再进入除氧器。除氧器内水的温度要加热到蒸汽的饱和温度，经除氧后送入锅炉给水泵。

6　工业和仪表用压缩空气系统

工业和仪表用压缩空气系统是为工艺装置提供需要的工业及仪表用压缩空气，以保证工艺装置的正常运行。工业用压缩空气系统用于工艺（催化剂输送和处理、扫线、蒸汽-空气清焦等）、清扫和置换等；仪表用压缩空气系统只向仪表及仪表系统供应相应规格的压缩空气。

工业用压缩空气系统和仪表用压缩空气系统要分列两根独立的总管，不允许任何仪表用户接在工业用压缩空气系统上。因为仪表用压缩空气系统必须是干燥、不含杂质和油的，以保证仪表的可靠运行。为了防止仪表用压缩空气系统或仪表中产生冷凝，仪表压缩空气的露点要低于建厂地区最低户外温度10℃（按干燥周期末端空气的最大含湿量计算）。

工业用压缩空气系统和仪表用压缩空气系统以及后面章节提到的惰性气体系统，可以在一张系统图上表示，具体根据设备布置图，一一列出需要工业用压缩空气和仪表用压缩空气以及惰性气体（氮气）的用户，并标清该用户所在的P&ID图号，以便查阅及校核。

7　燃料气系统

燃料气系统可为工艺装置或配套的公用工程及辅助系统提供燃料气。

在进行燃料气系统设计前，应进行燃料平衡计算（燃料包括燃料气和燃料油），据此作出燃料分配系统图（包括燃料气和燃料油），附图的燃料分配系统图包括了燃料气系统和燃料油系统。

为了保证能为工艺装置可靠地供气，一般需配备备用气源。一股气源是甲烷气，也可以是天然气，另一股备用气源可以是 C_3 液化气等，这两股气源可以在开车时使用，同时也可用作常备用，提供的燃料气压力必须稳定，以保证燃料气稳定、完全燃烧。这两股气源可以来自工艺装置，也可由装置外送来。

对于 C_3 液化气及比 C_3 液化气更重的燃料气，应设燃料气蒸发器，使此燃料气完全气化，保证没有液滴。在使用液态烃蒸发作为燃料气时，气相管道应采用夹套伴热，以防止在气体输送管道中因气相冷凝发生聚合。考虑到各燃烧器燃料气流量的平衡，燃料气管道应对称布置。

燃料气系统的切断阀宜采用旋塞阀或球阀，因为旋塞阀或球阀启动方便、迅速，可以快速打开或关闭燃料气。

8　燃料油系统

燃料油系统可为工艺装置或配套的公用工程及辅助系统提供燃料油。

首先，应进行燃料平衡计算（燃料平衡中燃料包括燃料气和燃料油），据此完成燃料分配系统图（燃料气系统已有说明）。

燃料油系统应按燃料油的性质和燃烧器的要求决定供油的温度、压力，并加入雾化蒸气，使燃料油能很好地雾化并无烟燃烧。在使用含有轻组分的燃料油时，应特别注意，在一定温度下，燃料油在经过减压元件时（如孔板、调节阀、燃烧器等）可能会因闪蒸而变成气、液两相，使燃烧器不能稳定燃烧。因此，应向燃烧器供应商提供详细组分或者燃料油油品性质，要求燃烧器供应商提供烧嘴的入口压力，并在系统设计中严格计算各压力的气、液相平衡，以确保系统稳定运行。为了保证到各燃烧器的燃料油流量基本相等，燃料油配管应尽量对称布置，支管应从总管的底部引出。

一般情况下，应绘制燃料分配系统图，请参考图32-4“燃料分配系统图”（见本书之后插页）。

9　惰性气体系统

惰性气体主要用于吹扫不允许含有氧气的工艺过程和产品，以免产生危险或不期望的化学反应。采用氮气或蒸汽吹扫，可以从工艺设备和管线中把危险或可燃气体吹出，然后即可安全地进料或打开设备。

惰性气体必须满足下列要求。

本身应是不可燃、不助燃的气体，且满足工艺对吹扫、置换气的要求。常用的惰性气体为蒸汽、氮气。

应根据各用户的使用量，确定总使用量，再确定总管管径，并依据各用户的相对位置，完成惰性气体系统图。

从惰性气体总管引出区域支总管，以便公用工程站及每个区域里的用户（例如泵、储罐等）使用。在惰性气体系统上应标清该用户所在的P&ID图号，以便查阅及校核。

10　化学品注入系统

根据工艺要求，有些设备需加入化学品，如甲醇、阻聚剂等，以达到防冻和防止设备中的物料聚合的要求。通过绘制化学品注入系统图，可以很清楚地表示出工艺装置中需要加入化学品的具体设备，并且在被注入的设备处，标明该设备所在的工艺管道及仪表流程图图号，以便于查找。化学品注入系统图上的化学品注入处要与工艺管道及仪表流程图上的注入点一一对应。

如果工艺装置所需的化学品不止一种，也可以画在一张化学品注入系统图上。单点注入的化学品一般画在注入点的工艺流程图上，不另画化学品注入系统图。

11　含油污水排放系统

含油污水排放系统可处理工艺装置生产过程中产生的含油污水，由隔油、加药和浮选三部分组成，处理后的废水再排入污水处理厂。

从工艺装置各个排污点排出的污水汇总成一根总管排入含油污水槽，含油污水槽通过液位控制，把累积到一定量的污水用泵打入隔油池，撇下的污油用泵排入污油罐，撇掉污油的废水进入混合池，在混合池中加入碱、硫酸、絮凝剂，然后再进入浮选池，通过打入压缩空气，使废水和浮渣分离，浮渣排入浮渣罐，废水再进废水处理厂处理。

12　物料排净系统

根据物料的不同，工艺装置内可能有多个物料排净系统，例如含有腐蚀性介质的排净、无污染排净（蒸汽、凝液、锅炉排污等）、有污染排净（含油污水等）、液体排净等，不同的排净物料进入不同的排净系统，然后用不同的方法处理。在工艺管道及仪表流程图中，应标明物料排净具体进入上述哪个物料排净系统。

无污染的排放源可直接进入下水道；含有腐蚀性介质的物料要进行化学处理，无腐蚀性后，再排入废水处理系统，或用焚烧炉烧掉并排入大气；有污染的排放源应经过废水处理系统处理后再排放。液体排净中的液体就是工艺装置中的物料，对于轻烃类的可燃性液体，可加热气化，排至火炬烧掉；也可以收集到一根总管，进入工艺装置利用，或排入储罐回收利用。对于不可燃的液体，收集到一根总管，进入工艺装置利用，或排入储罐回收利用。

13 冷冻系统

作为工艺介质的冷却介质，一般用水，例如冷却循环水最低温度为32℃，地下水温度为20℃，工艺介质温度要求低于此温度，就考虑采用冷冻系统。

冷冻系统一般有两种形式：一种是无相变的，例如冷冻盐水，包括氯化钙水溶液、丙二醇水溶液和乙二醇水溶液，氯化钙水溶液由于对碳钢管道有腐蚀性而逐渐被淘汰；另一种是有相变的，例如氨、乙烯、丙烯、甲烷等。

无相变的冷冻盐水系统比较简单，对用户比较少的，一般不画冷冻盐水分配系统图，直接在工艺装置管道及仪表流程图上标明冷却介质即可；对于用户较多、比较复杂的，可与冷却水系统相似，画冷冻盐水分配系统图，标明使用冷冻盐水的设备（包括备用设备）及装置内需要用冷冻盐水的分析室、泡沫消防站等辅助设施。有相变的冷冻系统一般作为工艺装置的一部分，不归入公用工程分配系统和辅助系统设计范围。

14 附图

典型的公用工程分配系统图和辅助系统设计系统图如图32-1～图32-6所示（见本书文后插页）。

参考文献

[1] 蔡尔辅. 化工厂系统设计. 北京：化学工业出版社，1993.
[2] 王松汉. 石油化工设计手册. 北京：化学工业出版社，2002.
[3] HG 20570—95.

第33章 管道流体力学计算

1 管道流体力学计算的基本方法和原理

在管道及仪表流程图初版及管道布置图确定后，工艺（系统）专业即可进行管道系统的流体力学计算，得到管道系统中工艺介质的流速、压力降、*Re*、$NPSH_a$等参数，并据此判断是否满足工艺、安全生产要求，得出比较经济合理的管径和泵、压缩机等的参数。

化工装置的管径选择应该慎重对待。如果只经过初步选择而不经复核后最终确定，则可能因选择不当，在试车投产后出现不满足工艺要求的问题，此时再进行补救则比较困难。

工程设计是分阶段进行的，在初步设计（基础设计）阶段，因不具备详细计算压力降来确定管径的条件，只能根据估计的数值初步选择管径，以满足管道及仪表流程图（P&ID）设计的需要；进入施工图设计（详细工程设计）时，工艺参数已确定，配管规划图也基本确定，此时应根据已确定的工艺参数，以及配管设计的管长、管件数量等数据，详细核算管道的阻力降是否满足工艺流量、控制要求，泵入口$NPSH_a$是否大于$NPSH_r$，以及其他安全要求，才能确定初步选择的管径是否合适或做相应的调整。国际上常用的管道设计手册有《通过阀、管件和管线的流体流动》(CRANE技术手册TP410)。

目前，可以进行管道流体力学计算的应用软件较多，如Pro Ⅱ，ASPEN PLUS，CRANE等。这些软件的应用使过去较复杂的管道流体力学计算变得快速、准确。然而，快速、准确的计算结果的获得，应当建立在对管道流体力学的基本计算方法和原理的准确理解上。本节介绍管道流体力学的基本计算方法和原理。

1.1 工艺管道设计原则

化工装置工艺管道设计应在满足工艺要求和安全生产的前提下，求得最经济的管径。要求工艺（系统）工程师根据流体力学知识，从生产装置的不同工艺要求来进行工艺管道设计，并符合有关介质安全设计规定。在工艺管道设计时，一般应考虑以下原则。

1.1.1 经济管径

管径选择方法对化工装置的经济效果十分重要，一个化工装置的管道投资占整个装置投资的10%～20%，随着管径的增大，不仅增大了管壁厚度和管子重量，还增大了阀门和管件的尺寸，增加了保温材料的用量，因此在计算管径时，在允许压力降的前提下应尽量选用较高的流速，以减小管径。但是，随着流速的增高，管内摩擦阻力也加大，增加了压缩机和泵的功率消耗及操作费用。因此，需在建设投资和操作费用之间寻找最佳结合点，即以总成本最低来求得经济管径。如图33-1所示，最低的总成本对应的就是经济管径。

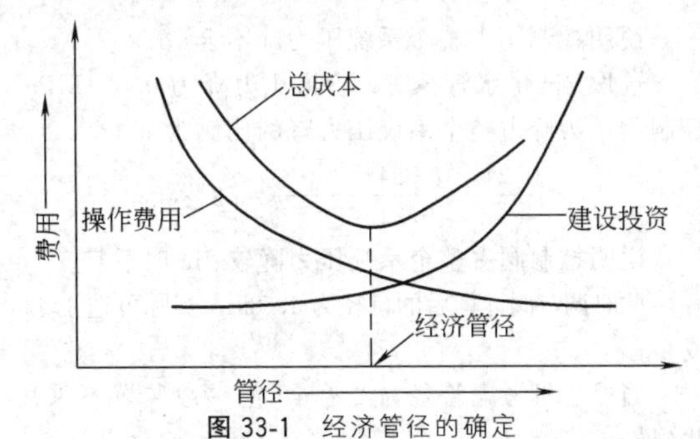

图33-1 经济管径的确定

从理论上说，在初选管径时，应该采用经济管径的计算方法。提出这方面的计算公式是可能的，但实际运用时有困难，因为还不能从现有管材规格的价格求得适用的经济参数和有关附加参数。然而，作为工艺系统工程师，建立采用经济管径的概念是十分重要的。目前普遍采用的方法是按推荐的常用流速的范围表和每百米管长压力降控制值来初步选择管径，这样计算得到的管径比较接近经济管径。

1.1.2 压力降要求

一般情况下，对于管道，是按阀门全开的情况下计算压力降的，即管道的压力降必须小于该管道的允许压力降，否则流量（指工艺所需最大流量）将低于所需值。

允许压力降较小的管道，应选用较低的流速；允许压力降较大的管道可选用较高的流速。对于同一介质在不同管径的情况下，流速虽相等，管道压力降却相差很大。因此，在计算管径时，允许压力降相同，管径不同的管道应选用不同的流速：小管径选用较低流速；大管径选用较高流速。黏度较大的流体，管道压力降较大，应选用较低的流速；黏度较小的流体，管道压力降较小，应选用较高的流速。

1.1.3　工艺控制要求

为了满足工艺系统较好的流量控制，一般情况下，调节阀压力降应占整个控制系统总压力降的30%左右，在流量比较平稳的管道系统中，可取调节阀压力降占系统总压力降的20%。如果调节阀压力降很小，为了改变流量，调节阀阀杆行程需变化很大的比例；当要控制低流量时，调节阀将几乎关闭，这样就使得流量控制变得困难。管道压力降-调节阀压力降的关系，可由以下示例说明其原理。

例1　已知供水压力为0.21MPa，流经换热器的压力降为0.084MPa，水流量为22.7m^3/h（见附图）。

求　合适的供水管径。

解　选取2in供水管径时，管道压力降为0.098MPa。控制阀压力降占整个系统压力降的比例为

$$\frac{0.21-0.084-0.098}{0.21}=13\%$$

说明控制阀占整个系统压力降不合适。

选取3in供水管径时，管道压力降为0.014MPa。控制阀压力降占整个系统压力降的比例为

$$\frac{0.21-0.084-0.014}{0.21}=53\%$$

说明控制阀占整个系统压力降较2in时适宜。

此时调节阀计算后的口径为1.58in，实际可选1½in或2in。

当然也可考虑管径为2½in，但一般装置不采用此规格。

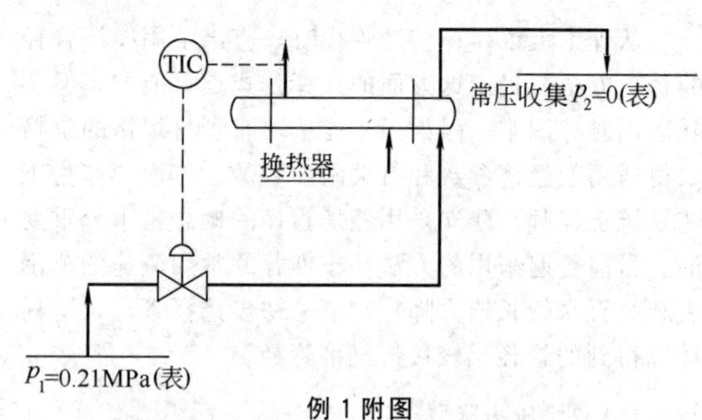

例1附图

1.1.4　限制管壁磨损

金属的耐腐蚀性能，在大多数情况下，主要依靠其接触腐蚀介质表面的一层保护膜，管内介质流速过高会损坏保护膜，引起管道冲蚀和磨损，最终将缩短管道的预期使用寿命。例如，当铜镍合金管内为海水介质时，允许的流速为1.5～3m/s，当流速达到45m/s时，其腐蚀速率将是不允许的。

工艺（系统）工程师在进行管道工艺计算时，应该注意在下列条件下会使腐蚀速率加快，必须采取限制流速的措施。

① 腐蚀介质会引起管壁脆弱。

② 软金属（如铅或铜）。

③ 工艺介质中存在有磨损性的固体颗粒。

④ 带有大量管件的管道将导致高的湍流。

如果遇到此类问题时，建议工艺（系统）工程师向腐蚀专家咨询，或向同类生产装置工艺（系统）工程师咨询，当没有资料数据，又无法得到咨询解决有怀疑的腐蚀问题时，应该采取限制流速的办法，建议液体最大流速为2m/s。部分腐蚀介质的最大流速见表33-1。

表33-1　部分腐蚀介质的最大流速

介　质	最大流速/(m/s)
氯气	25.0
二氧化硫气	20.0
氨气	
$p\leqslant$0.7MPa	20.2
0.7MPa$<p\leqslant$2.1MPa	8.0
浓硫酸	1.2
碱液	1.2
盐水和弱碱液	1.8
酚水	0.9
液氨	1.5
液氯	1.5

1.1.5　满足介质安全输送的规定

特殊介质的流速还应符合相应的国家标准，如下所示。

氧气流速应符合GB 50030—2013《氧气站设计规范》。

氢气流速应符合GB 50177—2005《氢气站设计规范》。

乙炔流速应符合GB 50031—1991《乙炔站设计规范》。

本手册没有提供具体的安全流速数据，而是要求工艺（系统）工程师认真查对有关安全规定或安全资料后采用可靠的数据；在没有数据的情况下，可根据已有生产装置的情况，经过核算，求出有关流速数据。部分流体的最大流速可参见表33-2。

表33-2　部分流体的最大流速

流　体	最大流速/(m/s)
乙烯气	
$p\leqslant$22MPa	$\leqslant$30
22MPa$<p\leqslant$150MPa	5～6
乙炔气	
$p\leqslant$150kPa	4～8
$p\leqslant$2.5MPa	4
氢气、氧气($p\leqslant$3.0MPa)	$\leqslant$15
乙醚、苯、二硫化碳	$\leqslant$1
甲醇、乙醇、汽油	$\leqslant$3
丙酮	$\leqslant$10

注：本表摘自《化学工程手册》。氢气和氧气的具体流速应根据压力和管道材质按有关规范及标准做调整。

1.1.6 满足噪声控制要求

管道系统在高流速、节流、气穴、湍流等情况下都会产生噪声。工艺（系统）工程师应确定合适的流速，对管道系统的阀门（包括控制阀）、特殊管件（如喷射器等）和由于管道中物料流向突变的管道系统以及火炬管道系统、安全阀放空管道系统等，在工作时由于高流速湍流引起的高噪声进行控制。

流体在阀门或管道内的流速越快，噪声也越高，降低流速可减小噪声。在无气穴的情况下，流速增加 1 倍，噪声增加 18dB。对噪声限制较严的管道，需对流速加以限制，一般采用扩大管径的方法来降低流速。对于截面与流向急剧变化的管段，其流速还应进一步降低。在实际使用中，不同的环境对管道噪声有不同的要求，但气流输送情况不受此限制，因为气流中固体颗粒与管壁的摩擦将大大增加管道噪声。管道内流速的限制值见表 33-3。

表 33-3 管道内流速的限制值

管道周围的声压级/dB	防止噪声的流速限制值/(m/s)
70	33
80	45
90	57

当无法用降低流速的办法控制噪声时，可查阅有关噪声控制设计规范，如 HG/T 20570.10—1995《工艺系统专业噪声控制设计》，用其他方法控制管道系统噪声。

1.1.7 符合管材的标准规格

公制和英制管道具有不同的外径及壁厚系列。由材料工程师确定管壁厚度，再由工艺（系统）工程师作核算。常用公称直径的管道外径见表 33-4。

表 33-4 常用公称直径的管道外径

公称直径 DN		英制管道外径	公制管道外径
/mm	/in	/mm	/mm
15	1/2	22	18
20	3/4	27	25
25	1	34	32
32	1¼	42	38
40	1½	48	45
50	2	60	57
65	2½	76	76
80	3	89	89
100	4	114	108
125	5	140	133
150	6	168	159
200	8	219	219
250	10	273	273
300	12	324	325
350	14	356	377
400	16	406	426
450	18	457	480
500	20	508	530

1.2 流体流动的伯努利方程

对化工过程的流体稳定流动系统，应用能量守恒定律可得到流体稳定流动时的机械能衡算式。

$$W=g\Delta Z+\frac{\Delta u^2}{2}+\int_{p_1}^{p_2}v\,\mathrm{d}p+\sum h_\mathrm{f} \tag{33-1}$$

式中 W——通过流体输送机械所获得的外加能量，J/kg；

ΔZ——位能，在界面 1、2 处的标高，m；

$\frac{\Delta u^2}{2}$——动能；

u——流速，m/s；

p——系统压力，Pa；

v——比容，m^3/kg；

$\sum h_\mathrm{f}$——总摩擦损失，J/kg。

以下对式（33-1）就不可压缩流体与可压缩流体分别讨论。

(1) 不可压缩流体

不可压缩流体的比容或密度 ρ 为常数，与压力无关，式（33-1）中

$$\int_{p_1}^{p_2}v\,\mathrm{d}p=v\Delta p=\frac{\Delta p}{\rho}$$

故式（33-1）可写为

$$W=g\Delta Z+\frac{\Delta u^2}{2}+\frac{\Delta p}{\rho}+\sum h_\mathrm{f} \tag{33-2}$$

式（33-2）为每单位流体的机械能衡量式，式中各项的单位均为 J/kg。

假定流体流动时不产生摩擦，即 $\sum h_\mathrm{f}=0$，并且又不向系统加入外功，则 $W=0$，式（33-2）可简化为

$$g\Delta Z+\frac{\Delta u^2}{2}+\frac{\Delta p}{\rho}=0 \tag{33-3}$$

或

$$gZ_1+\frac{u_1^2}{2}+\frac{p_1}{\rho_1}=gZ_2+\frac{u_2^2}{2}+\frac{p_2}{\rho_2} \tag{33-4}$$

式（33-3）和式（33-4）称为不可压缩流体的伯努利方程。

(2) 可压缩流体

气体在流动过程中，若通过所取系统两截面间的压力变化小于原来压力的 20%，即 $\frac{p_1-p_2}{p_1}<20\%$ 时，$\int_{p_1}^{p_2}v\,\mathrm{d}p=\int_{p_1}^{p_2}\frac{\mathrm{d}p}{\rho}$ 项中的 ρ 可用气体的平均密度 ρ_m 代替，即 $\rho_\mathrm{m}=\frac{\rho_1+\rho_2}{2}$，于是式（33-1）可改写为

$$W=g\Delta Z+\frac{\Delta u^2}{2}+\frac{\Delta p}{\rho_\mathrm{m}}+\sum h_\mathrm{f} \tag{33-5}$$

这表明式（33-1）应用于可压缩流体时，如需要考虑流体的可压缩性对 $\int_{p_1}^{p_2}v\,\mathrm{d}p$ 的影响，则必须根据过程的性质（等温、绝热或是多变），按照热力学方法处理，详见单相流（可压缩流体）的管道压力降

计算。

(3) 伯努利方程的讨论

① 比较式 (33-2) 和式 (33-5)，此两式基本上一致，均为流体 (包括液体和气体) 输送过程的能量衡算式。通常是按不可压缩流体能量衡算式的形式运算，故式 (33-2) 应用最为广泛。

在液体输送中，压头的概念是广泛应用的，将式 (33-2) 两端均除以重力加速度 $g(\mathrm{m/s^2})$ 则得

$$H=\Delta Z+\frac{\Delta u^2}{2g}+\frac{\Delta p}{\rho g}+\sum h_f' \qquad (33\text{-}6)$$

式中　H——外部向系统输入的压头，即为泵扬程，m液柱。

② 当流体在管道内稳定流动，无摩擦损失发生，又没有向系统加入外功时，则式 (33-1) 中的 $\sum h_f=0$，$W=0$，于是式 (33-1) 可写为

$$gZ_1+\frac{u_1^2}{2}+\frac{p_1}{\rho}=gZ_2+\frac{u_2^2}{2}+\frac{p_2}{\rho}=\text{常数} \qquad (33\text{-}7)$$

从式 (33-7) 可明显地看出，流体在管道任一截面上各项机械能量之和相等，即总机械能量为一个常数，但在各截面上的每种能量并不一定相等，当流体通过的管道截面的大小或位置的高低发生变化时，各项能量之间是可以相互转换的，而其总机械能量仍为常数。液体在水平管道中稳定流动时，若在某处管道的截面积缩小，则流速增大，即一部分压力能转变为动能；反之，另一处管道截面积增大，流速就减小，一部分动能又转变成为压力能。

③ 伯努利方程中，由于摩擦而引起的能量损失 $\sum h_f$ 的数值永远是正值。将在本章下节作专门讨论。

④ 输送单位质量流体所需加入的外功 W 是决定流体输送设备的重要数据。如果被输送流体的质量流量为 $w(\mathrm{kg/s})$，则输送流体需要供给的功率 (即流体输送设备的有效功率) 为

$$N_e=Ww \qquad (33\text{-}8)$$

式中　N_e——有效功率，J/s (或W)。

实际消耗的功率 (即输入功率) 为

$$N=\frac{Ww}{\eta} \qquad (33\text{-}9)$$

式中　η——流体输送设备的效率。

⑤ 如果系统没有外功加入，则 $W=0$。又如系统里的流体处于静止状态，则流速 $u=0$，即没有流体流动，摩擦损失 $\sum h_f=0$。此时伯努利方程可写为

$$gZ_1+\frac{p_1}{\rho}=gZ_2+\frac{p_2}{\rho} \qquad (33\text{-}10)$$

式 (33-10) 为式 (33-7) 的流体静力学基本方程。由此可见，伯努利方程除表示流体流动的规律外，也包括了流体静止状态的规律，流体的静止不过是流体运动的一个特殊形式。

例2　若敞口储液槽内液位高度 h 维持不变，液体从槽底的小孔流出 (见附图)，小孔的截面积为 S_0，试求由小孔排液的流速和流量 (假设流体摩擦损失忽略不计)。

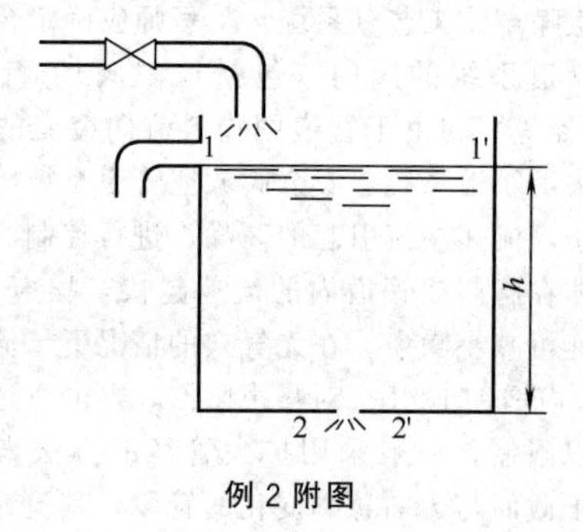

例2附图

解　取储液槽的液面为1—1′截面，底部小孔处的截面为2—2′截面。以水槽底面为基准面，列出截面1—1′和2—2′间的伯努利方程 (不计摩擦损失，在液面1—1′和小孔处流出时的压力都为大气压，Pa)。

$$gZ_1+\frac{p_1}{\rho}+\frac{u_1^2}{2}=gZ_2+\frac{p_2}{\rho}+\frac{u_2^2}{2}$$

由题知　　$Z_1=h\quad Z_2=0$

又因 u_2 比 u_1 大得多，可认为 $u_1\approx0$。

将已知各值代入方程式中得

$$\frac{u_2^2}{2}=g(Z_1-Z_2)=gh$$

由小孔排液的流速为

$$u_2=\sqrt{2gh}$$

则由小孔排液的流量为

$$V=u_2S_0=S_0\sqrt{2gh}$$

由此题可见，u_2 或 V 与 $\sqrt{h}$ 成正比。此处 $u_2^2/2=gh$，即表示截面1—1′处流体的位能转化为截面2—2′处的动能。

实际上流体自小孔排出时有摩擦损失产生，故必须加入一个校正系数 (或流量系数) C_0 进行校正，从实验测得 $C_0=0.61\sim0.63$。于是得

$$u_2=C_0\sqrt{2gh}\quad V=C_0S_0\sqrt{2gh}$$

例3　某化工厂用泵将碱液池的碱液输送至吸收塔顶，经喷嘴喷出，如附图所示。泵的进口管为 $\phi108\mathrm{mm}\times4.5\mathrm{mm}$ 的钢管，碱液在进口管中的流速

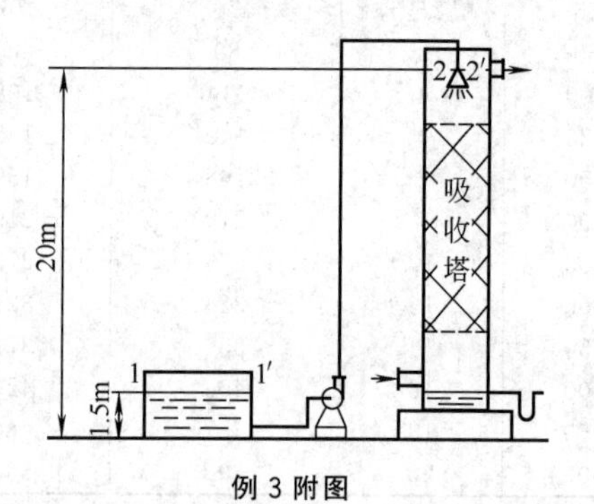

例3附图

为 1.5m/s，出口管为 ϕ76mm×2.5mm 的钢管，储液池中碱液的深度为 1.5m，池底至塔顶喷嘴上方入口处的垂直距离为 20m，碱液经管道系统的摩擦损失为 30J/kg，碱液进喷嘴处的压力为 0.3at（表）(1at=98066.5Pa)，碱液的密度为 1100kg/m³。设泵的效率为 65%，试求泵所需的功率。

解　取碱液池的液面 1—1′为基准面，以塔顶喷嘴上方入口处的管口为 2—2′截面，在 1—1′与 2—2′截面间的伯努利方程为

$$gZ_1+\frac{u_1^2}{2}+\frac{p_1}{\rho}+W=gZ_2+\frac{u_2^2}{2}+\frac{p_2}{\rho}+\sum h_f$$

则　$$W=(Z_2-Z_1)g+\frac{p_2-p_1}{\rho}+\frac{u_2^2-u_1^2}{2}+\sum h_f$$

已知，$Z_1=0$，$Z_2=20-1.5=18.5$。因储液池面较管道截面大得多，$u_1\approx0$，碱液在进口管中速度 $u=1.5$m/s，则碱液在出口管中流速按连续性方程为

$$u_2=u\left(\frac{S}{S_2}\right)=u\left(\frac{d}{d_2}\right)^2$$

碱液进口管内径　$d=108-4.5\times2=99$（mm）

碱液出口管内径　$d_2=76-2.5\times2=71$（mm）

则　$$u_2=1.5\times\left(\frac{99}{71}\right)^2=2.92(\text{m/s})$$

又知　$\rho=1100\text{kg/m}^3$　$p_1=1\times9.807\times10^4\text{Pa}$

$$p_2=(1+0.3)\times9.807\times10^4\text{Pa}$$

$$\sum h_f=30\text{J/kg}$$

将以上各值代入在 1—1′与 2—2′截面间的伯努利方程得输送碱液所需的外加能量为

$$W=18.5\times9.81+\frac{(1.3-1)\times9.807\times10^4}{1100}+\frac{2.92^2-0}{2}+30$$

$$=181.5+26.7+4.27+30=242.5\ (\text{J/kg})$$

碱液的质量流量为

$$w=\frac{\pi}{4}d^2u\rho=0.785\times\left(\frac{99}{1000}\right)^2\times1.5\times1100$$

$$=11.55(\text{kg/s})$$

泵的效率为 65%，则此泵的功率为

$$N=\frac{Ww}{\eta}=\frac{242.5\times11.55}{0.65}=4310\ (\text{J/s})=4310\ (\text{W})$$

$$=4.31\ (\text{kW})$$

1.3　管道的流体力学计算方法

工艺管道计算所需要解决的问题，不外乎是根据管道的尺寸、流体能量（包括外加能量）和流量的关系，由已知量来确定未知量。实际工艺设计中遇到的工艺管道计算问题，大致有以下 3 类。

① 已知管径、管长、管件和流量，求流体通过管道的阻力降以及所需外加能量。

② 已知管长、管件和允许阻力降，求适宜的管径。

③ 已知管长、管件和系统中一处的截面参数，求另一截面处的压力、流速、流量等参数，判断是否满足有关工艺要求，如 $NPSH_a>NPSH_r$。

化工生产中常遇见的管道，根据其连接和铺设的情况，可分为简单管道与复杂管道两类，其计算原则和特点分别介绍如下。

(1) 简单管道

简单管道是指没有分支的管道，可分为以下两种。

① 管径不变的简单管道　如图 33-2 所示，是最简单的一种管道。流体通过整个管道的流量（对于液体可用体积流量）不变，可直接应用流体在管道中流动的阻力公式计算。

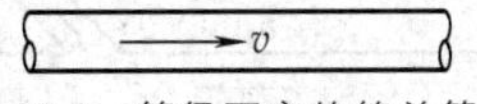

图 33-2　管径不变的简单管道

② 由不同管径的管道所组成的串联管道　如图 33-3 所示，其特点如下。

a. 通过各管道的流量不变，对于不可压缩的流体，则有

$$v_1=v_2=v_3=v \tag{33-11}$$

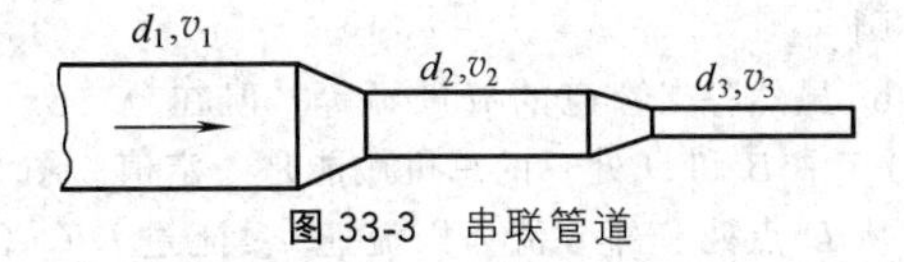

图 33-3　串联管道

b. 整个管道的阻力等于各管段直管阻力与各局部阻力之和，即

$$\sum h_f=h_{f1}+h_{f2}+h_{f3}+\sum h_f' \tag{33-12}$$

(2) 复杂管道

这是指有分支的管道，可视为由多条管道所组成。复杂管道的计算，不过是简单管道计算的运用和发展。复杂管道又可分类如下。

① 并联管道　如图 33-4 所示，这是在主管道某处分为几个分支管道，然后又汇合为一个主管道的管道。其特点如下。

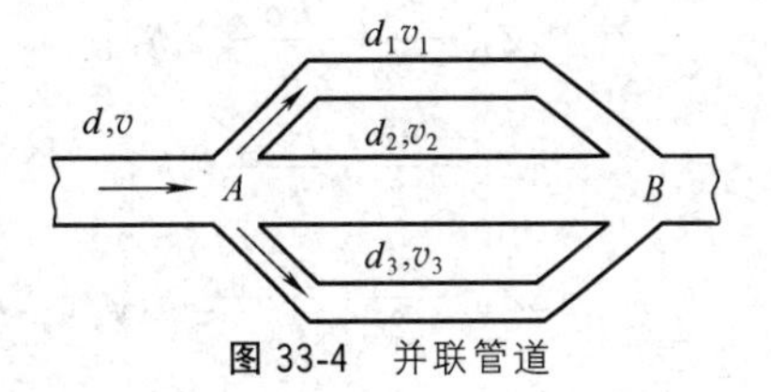

图 33-4　并联管道

a. 由于各并联管道的两汇合点 A 与 B 的压力差是由流体在各个分支管道中克服流体阻力而造成的，因此并联的各个管道的压力降相等，即得

$$h_{f1}=h_{f2}=h_{f3}=h_{fAB} \tag{33-13}$$

b. 主管道中的流量等于并联的各个管道流量之和，对于不可压缩流体，则有

$$v=v_1+v_2+v_3 \tag{33-14}$$

c. 并联的各管道中的流量是按式（33-13）的关

系分配的，管道长、管径小而阻力系数大的管段，通过的流量小；管道短、管径大而阻力系数小的管段，通过的流量则大。

在计算管道的总阻力损失时，如果管道上有并联管道的存在，则总阻力损失应为主管部分与并联部分的串联阻力损失。必须注意，在计算并联管道的阻力时，只需考虑其中任一管道的阻力即可，绝不能将并联的各管道的阻力全部加在一起，以作为并联管道的阻力。

② 分支管道　如图33-5所示，是从主管道分出支管道，而在支管道上又有分支的管道，其特点如下。

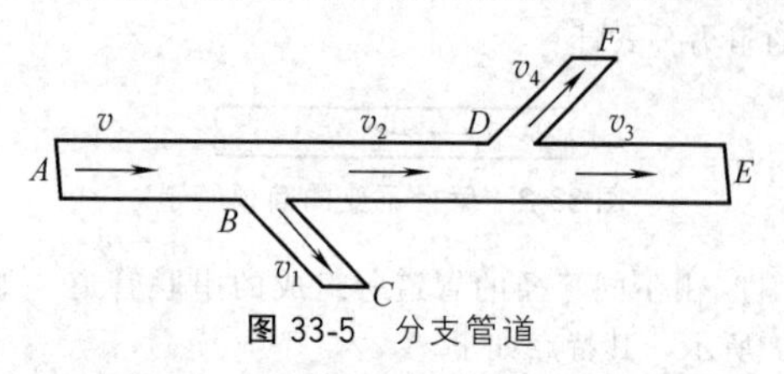

图33-5　分支管道

a. 主管道的流量等于各支管道流量之和，如

$$v=v_1+v_2 \tag{33-15}$$

$$v_2=v_3+v_4 \tag{33-16}$$

则

$$v=v_1+v_3+v_4 \tag{33-17}$$

b. 虽然各支管道的流量不等，但在分支处（见图33-5中B和D处）的总机械能是一定值。图33-5中，从D点处有部分流体以流速u_E流过DE管段，另一部分流体以流速u_F流过DF管段。u_E与u_F的大小取决于式(33-18)中的关系。

$$gZ_D+\frac{u_D^2}{2}+\frac{p_D}{\rho}=gZ_E+\frac{u_E^2}{2}+\frac{p_E}{\rho}+\sum h_{f_{DE}}$$

$$=gZ_F+\frac{u_F^2}{2}+\frac{p_F}{\rho}+\sum h_{f_{DF}} \tag{33-18}$$

同样，由图33-5中B点来看，可得如下关系。

$$gZ_B+\frac{u_B^2}{2}+\frac{p_B}{\rho}=gZ_C+\frac{u_C^2}{2}+\frac{p_C}{\rho}+\sum h_{f_{BC}}$$

$$=gZ_D+\frac{u_D^2}{2}+\frac{p_D}{\rho}+\sum h_{f_{BD}}$$

$$=gZ_E+\frac{u_E^2}{2}+\frac{p_E}{\rho}+\sum h_{f_{DE}}+\sum h_{f_{BD}}$$

$$=gZ_F+\frac{u_F^2}{2}+\frac{p_F}{\rho}+\sum h_{f_{DF}}+\sum h_{f_{BD}} \tag{33-19}$$

分支管道中支管比较多时，计算便很复杂。为了便于计算，可在分支点处将其分为若干简单管道，按一般简单管道依次计算。

在计算分支管道所需的能量时，为了能保证将流体输送至需用能量最大的支管，就需按耗用能量最大的那条支管道计算。通常是从最远的支管道开始，由远及近，依次进行各支管道的计算。如按已知的流量和管道（管道上阀门全开）计算出的能量不等时，应取能量最大者为依据。

由上述分析可知，伯努利方程是分析解决管道流体力学计算问题的基础，而管道压力降计算是管道流体力学计算的重要内容，将在以后讨论。

1.4　初步管径计算

本小节介绍初步选择管径的计算方法。当得到初步管径后，再根据管道系统详细计算压力降等有关参数，判断其是否满足允许压力降和工艺要求，最终确定管径。当然，初步计算所得的管径可以作为P&ID初步条件和用于工程设计中的投资估算。

① 按常用介质流速或设定流速计算管径d。

$$d=18.81G^{0.5}u^{-0.5}\rho^{-0.5} \tag{33-20}$$

或

$$d=18.81v_0^{0.5}u^{-0.5} \tag{33-21}$$

式中　d——管道的内径，mm；

G——管内介质的质量流量，kg/h；

v_0——管内介质的体积流量，m³/h；

ρ——介质在工作条件下的密度，kg/m³；

u——介质在管内的平均流速，m/s。

常用介质流速的推荐值见表33-5。

② 按每100m计算管长的压力降控制值($\Delta p_{f_{100}}$)来计算管径。

$$d=18.61G^{0.38}\rho^{-0.207}\mu^{0.033}\Delta p_{f_{100}}^{-0.207} \tag{33-22}$$

$$d=18.61v_0^{0.38}\rho^{0.173}\mu^{0.033}\Delta p_{f_{100}}^{-0.207} \tag{33-23}$$

式中　μ——介质的动力黏度，Pa·s；

$\Delta p_{f_{100}}$——每100m计算管长的压力降控制值，见表33-6，kPa。

推荐的$\Delta p_{f_{100}}$值见表33-7。

上述介绍的管径初步选择的方法适用于化工生产装置中的工艺和公用工程物料管道，不适用储运系统的长距离输送管道、非牛顿型流体及含固体粒子的气体输送管道。

表33-5　常用介质流速的推荐值

介质名称	流速/(m/s)	介质名称	流速/(m/s)
饱和蒸汽		过热蒸汽	
主管	30～40	主管	40～60
支管	20～30	支管	35～40
低压蒸汽　<1.0MPa(绝)	15～20	一般气体　常压	10～20
中压蒸汽　1.0～4.0MPa(绝)	20～40	高压乏气	80～100
高压蒸汽　4.0～12.0MPa(绝)	40～60	蒸汽　加热蛇管入口管	30～40

续表

介 质 名 称	流速/(m/s)
氧气	
0.1～3.0MPa	4.0～15.0
3.0～10.0MPa	3.0～5.0
车间换气通风	
主管	4.0～15.0
支管	2.0～8.0
风管距风机	
最远处	1.0～4.0
最近处	8.0～12.0
压缩空气　0.1～0.2MPa	10～15
压缩气体	
真空	5.0～10.0
0.1～0.2MPa(绝)	8.0～12.0
0.2～0.6MPa(绝)	10～20
0.6～1.0MPa(绝)	10～15
1.0～2.0MPa(绝)	8.0～10.0
2.0～3.0MPa(绝)	3.0～6.0
3.0～25.0MPa(绝)	0.5～3.0
煤气	2.5～15.0 8.0～10.0 (经济流速)
煤气　初压200mmH_2O	0.75～3.00
煤气　初压6000mmH_2O (上主支管长50～100m)	3.0～12.0
半水煤气　0.01～0.15MPa(绝)	10～15
烟道气	
烟道内	3.0～6.0
管道内	3.0～4.0
氯化甲烷	
气体	20
液体	2
氯乙烯 二氯乙烯 三氯乙烯	2
乙二醇	2
苯乙烯	2
二溴乙烯　玻璃管	1
自来水	
主管0.3MPa	1.5～3.5
支管0.3MPa	1.0～1.5
工业供水　<0.8MPa	1.5～3.5
压力回水	0.5～2.0
水和碱液　<0.6MPa	1.5～2.5
自流回水　有黏性	0.2～0.5
黏度和水相仿的液体	取与水相同
自流回水和碱液	0.7～1.20
锅炉给水　>0.8MPa	>3.0
蒸汽冷凝水	0.5～1.5
凝结水(自流)	0.2～0.5
气压冷凝器排水	1.0～1.5
油及黏度大的液体	0.5～2.0
黏度较大的液体(盐类溶液)	0.5～1.0
液氨	
真空	0.05～0.3
<0.6MPa	0.3～0.5
<1.0MPa,2.0MPa	0.5～1.0

介 质 名 称	流速/(m/s)
盐水	1.0～2.0
制冷设备中的盐水	0.6～0.8
过热水	2
海水,微碱水　<0.6MPa	1.5～2.5
氢氧化钠	
0～30%	2
30%～50%	1.5
50%～73%	1.2
四氯化碳	2
工业烟囱(自然通风)	2.0～3.0 实际3～4
石灰窑窑气管	10～12
乙炔气	
PN=0.02～0.15MPa中压乙炔	<8
PN≤2.5MPa高压乙炔	≤4
氨气	
真空	15～25
0.1～0.2MPa(绝)	8～15
0.35MPa(绝)	10～20
<0.6MPa	10～20
<1.0～2.0MPa	3.0～8.0
氮气　5.0～10.0MPa(绝)	2～5
变换气　0.1～1.5MPa(绝)	10～15
真空管	<10
真空度650～710mmHg的管道	80～130
废气	
低压	20～30
高压	80～100
化工设备排气管	20～25
氢气　≤3.0MPa	≤15
氮	
气体	10～25
液体	1.5
氯仿	
气体	10
液体	2
氯化氢	
气体(钢衬胶管)	20
液体(橡胶管)	1.5
溴	
气体(玻璃管)	10
液体(玻璃管)	1.2
硫酸	
88%～93%(铅管)	1.2
93%～100%(铸铁管,钢管)	1.2
盐酸(衬胶管)	1.5
离心泵	
吸入口	1～2
排出口	1.5～2.5
往复式真空泵　吸入口	13～16 最大25～30
油封式真空泵　吸入口	10～13
空气压缩机	
吸入口	10～15
排出口	15～20

续表

介质名称	流速/(m/s)
通风机	
吸入口	10～15
排出口	15～20
旋风分离器	
入气	15～25
出气	4.0～15
结晶母液	
泵前速度	2.5～3.5
泵后速度	3～4
齿轮泵	
吸入口	<1.0
排出口	1.0～2.0
往复泵(水类液体)	
吸入口	0.7～1.0
排出口	1.0～2.0
黏度50cP的液体(ϕ25mm以下)	0.5～0.9
黏度50cP的液体(ϕ25～50mm)	0.7～1.0
黏度50cP的液体(ϕ50～100mm)	1～1.6
黏度100cP的液体(ϕ25mm以下)	0.3～0.6
黏度100cP的液体(ϕ25～50mm)	0.5～0.7
黏度100cP的液体(ϕ50～100mm)	0.7～1.0
黏度1000cP的液体(ϕ25mm以下)	0.1～0.2
黏度1000cP的液体(ϕ25～50mm)	0.16～0.25
黏度1000cP的液体(ϕ50～100mm)	0.25～0.35
黏度1000cP的液体(ϕ100～200mm)	0.35～0.55
易燃易爆液体	<1

注：表中数据摘自化工工艺设计、热力管道设计与安装手册、化学世界等文献。

表 33-6 一般工程设计中每100m管长的压力降控制值

管道类别	最大摩擦压力降/kPa	总压力降/kPa
液体		
泵进口管	8	
泵出口管		
*DN*40、*DN*50	93	
*DN*80	70	
*DN*100及以上	50	
蒸汽和气体		
公用物料总管		按进口压力的5%
公用物料支管		按进口压力的2%
压缩机进口管：		
p<350kPa(表)		1.8～3.5
p>350kPa(表)		3.5～7
压缩机出口管		14～20
蒸汽		按进口压力的3%

表 33-7 每100m管长压力降控制的推荐值

介质	管道种类	压力降/kPa
输送气体的管道	负压管道[①]	
	$p\leqslant$49kPa	1.13
	49kPa<$p\leqslant$101kPa	1.96
	通风机管道 p=101kPa	1.96
	压缩机的吸入管道	
	101kPa<$p\leqslant$111kPa	1.96
	111kPa<$p\leqslant$0.45MPa	4.5
	p>0.45MPa	0.01p
	压缩机的排出管道和其他压力管道	
	$p\leqslant$0.45MPa	4.5
	p>0.45MPa	0.01p
	工艺用的加热蒸汽管道	
	$p\leqslant$0.3MPa	10.0
	0.3MPa<$p\leqslant$0.6MPa	15.0
	0.6MPa<$p\leqslant$1.0MPa	20.0
输送液体的管道	自流的液体管道	5.0
	泵的吸入管道	
	饱和液体	10.0～11.0
	不饱和液体	20.0～22.0
	泵的排出管道	
	流量大于150m^3/h	45.0～50.0
	流量小于150m^3/h	45.0
	循环冷却水管道	30.0

① 表中p为管道进口端流体的绝对压力。

2 管道压力降计算

2.1 流体阻力的分类

阻力是指单位质量流体的机械能损失。产生机械能损失的根本原因是流体内部的黏性耗散。流体在直管中流动因内摩擦（层流，$Re\leqslant2000$）和流体中的涡旋（湍流，$Re>2000$）导致的机械能损失称为直管阻力。流体通过各种管件因流道方向和截面的变化产生大量漩涡而导致的机械能损失称为局部阻力。流体在管道中的阻力是直管阻力和局部阻力之和。

(1) 直管阻力

单位质量流体沿直管流动的机械能损失h_f按式（33-24）或式（33-25）计算。

$$h_f=\lambda \frac{L}{D}\times\frac{u^2}{2} \tag{33-24}$$

$$h_f=4f\frac{L}{D}\times\frac{u^2}{2} \tag{33-25}$$

式中 λ——摩擦因子，无量纲；

L——管长，m；

D——管道内径，m；

u——流体平均流速，m/s；

f——范宁摩擦系数。

摩擦因子λ与管内流动介质的雷诺数Re和管壁相对粗糙度ε/D有关，其关系详见表33-8和图33-6。

表 33-8 摩擦因子 λ、雷诺数 Re 和相对粗糙度 ε/D 的关系

流体流型		雷诺数 Re	管壁相对粗糙度 ε/D	摩擦因子 λ		公式来源
层流		$Re \leqslant 2000$	无关	$\lambda = \frac{64}{Re}$	(33-26)	
湍流	水力光滑管区	$3\times10^3 < Re < 4\times10^6$	$\frac{\varepsilon}{D} < \frac{15}{Re}$	$\frac{1}{\sqrt{\lambda}} = 2\lg(Re\sqrt{\lambda}) - 0.8$	(33-27)	Prandtl-Karman
	水力光滑管区	$3\times10^3 < Re < 1\times10^5$	$\frac{\varepsilon}{D} < \frac{15}{Re}$	$\lambda = \frac{0.3164}{Re^{0.25}}$	(33-28)	Blasius
	过渡区		$\frac{15}{Re} \leqslant \frac{\varepsilon}{D} \leqslant \frac{560}{Re}$	$\frac{1}{\sqrt{\lambda}} = 1.74 - 2\lg\left(\frac{2\varepsilon}{D} + \frac{18.7}{Re\sqrt{\lambda}}\right)$	(33-29)	Colebrook
	阻力平方区	无关	$\frac{\varepsilon}{D} > \frac{560}{Re}$	$\frac{1}{\sqrt{\lambda}} = 1.74 - 2\lg\left(\frac{2\varepsilon}{D}\right)$	(33-30)	Karman

雷诺数 Re 的定义为

$$Re = \frac{Du\rho}{\mu} \tag{33-31}$$

式中 μ ——介质黏度，Pa·s；

ρ ——密度，kg/m³；

D ——管道内径，m；

u ——流体流速，m/s。

绝对粗糙度表示管子内壁突出部分的平均高度。根据流体对管材的腐蚀、结垢情况和材料使用寿命等因素选用合适的绝对粗糙度，部分工业管道的绝对粗糙度 ε 见表 33-9，清洁新管的相对粗糙度如图 33-7 所示。

表 33-9 部分工业管道的绝对粗糙度 ε

金属管道	绝对粗糙度 ε/mm	非金属管道	绝对粗糙度 ε/mm
新的无缝钢管	0.02～0.10	清洁的玻璃管	0.0015～0.0100
中等腐蚀的无缝钢管	约 0.4	橡胶软管	0.01～0.03
铜管、铅管	0.01～0.05	木管（刨得较好）	0.30
铝管	0.015～0.060	木管（刨得较粗糙）	1.0
普通镀锌钢管	0.10～0.15	上釉陶器管	1.4
新的焊接钢管	0.04～0.10	石棉水泥管（新）	0.05～0.10
使用多年的煤气总管	约 0.5	石棉水泥管（中等状况）	约 0.6
新的铸铁管	0.25～1.00	混凝土管（表面抹得较好）	0.3～0.8
使用过的水管（铸铁管）	约 1.4	水泥管（表面平整）	0.3～0.8

(2) 局部阻力

流体流经弯头、阀门等管件时，单位质量流体的机械能损失称为局部阻力。管道的局部阻力是各个管件的局部阻力之和，通常包括弯头、三通、渐扩管、渐缩管、阀门、设备接管口以及孔板、流量测量仪表等部件。管件的局部阻力可用阻力系数法或当量长度法计算，即

$$h_f = \sum K_i \frac{u^2}{2} \tag{33-32}$$

或

$$h_f = \lambda \frac{\sum L_i}{D} \times \frac{u^2}{2} \tag{33-33}$$

式中 $\sum K_i$，$\sum L_i$——所有管件的阻力系数和当量长度之和。

常用管件的阻力系数可参见表 33-10 和表 33-11。管件、阀门的当量长度见表 33-12。

表 33-10 管道附件和阀门的局部阻力系数 K（层流）

管件和阀门名称	Re			
	1000	500	100	50
90°弯头（短曲率半径）	0.9	1.0	7.5	16
三通（直通）	0.4	0.5	2.5	
三通（支流）	1.5	1.8	4.9	9.3
闸阀	1.2	1.7	9.9	24
截止阀	11	12	20	30
旋塞阀	12	14	19	27
角型阀	8	8.5	11	19
旋启式止回阀	4	4.5	17	55

表 33-11 管道附件和阀门局部阻力系数 K（湍流）

名 称	简 图	阻力系数 K
由容器流入管道内（锐边）		0.50

续表

名称	简图	阻力系数 K
由容器流入管道内(小圆角)		0.25
由容器流入管道内(圆角)		0.04
由容器流入管道内		0.56
由管道流入容器内		1.0
由容器流入管道内	θ	$K=0.5+0.3\cos\theta+0.2\cos^2\theta$

$\theta/(°)$	10	20	30	40	45	50	60	70	80	90
K	0.989	0.959	0.910	0.847	0.812	0.775	0.700	0.626	0.558	0.500

名称	简图	阻力系数 K
突然扩大	截面积A,流速u_A 截面积B,流速u_B	$K=(1-A/B)^2$ 流速取 u_A

A/B	0	0.1	0.2	0.3	0.4	0.5	0.6	0.7	0.8	0.9	1.0
K_A	1.0	0.81	0.64	0.50	0.36	0.25	0.16	0.09	0.04	0.01	0

名称	简图	阻力系数 K
突然缩小	截面积A,流速u_A 截面积B,流速u_B	$K=0.5(1-B/A)^2$ 流速取 u_B

B/A	0	0.1	0.2	0.3	0.4	0.5	0.6	0.7	0.8	0.9	1.0
K_B	0.5	0.45	0.40	0.35	0.30	0.25	0.20	0.15	0.10	0.05	0

渐扩管(d_A, d_B)

d_B/d_A	1.1	1.2	1.3	1.4	1.5	1.6	1.7	1.8	1.9	2.0
K_A	0.05	0.10	0.15	0.20	0.24	0.27	0.31	0.34	0.36	0.38
K_B	0.07	0.21	0.43	0.78	1.22	—	—	—	—	—

渐缩管(d_A, d_B)

d_A/d_B	1.1	1.2	1.3	1.4	1.5	1.6	1.7	1.8	1.9	2.0
K_A	0.06	0.10	0.15	0.22	0.31	0.36	0.42	0.49	0.57	0.7
K_B	0.04	0.05	0.055	0.06	0.065	0.07	0.07	0.075	0.075	0.08

名称	阻力系数 K
45°标准弯头	0.35
90°标准弯头	0.75
180°回弯头	1.5

三通(直流)

DN/mm	20	25	40	50	80	100	150	200	250	300	350	400
K	0.48	0.45	0.40	0.38	0.35	0.33	0.30	0.28	0.27	0.26	0.25	0.25

三通(支流)

DN/mm	20	25	40	50	80	100	150	200	250	300	350	400
K	1.44	1.35	1.21	1.14	1.04	0.98	0.89	0.84	0.81	0.78	0.76	0.74

活管接:0.4

闸阀

全开	3/4开	1/2开	1/4开
0.17	0.9	4.5	24

截止阀

全开	1/2开
6.4	9.5

蝶阀(θ)

$\theta/(°)$	0	5	10	20	30	40	45	50	60	70	90
K	0.05	0.24	0.52	1.54	3.91	10.8	18.7	30.6	118	751	∞

名称	阻力系数 K
升降式止回阀	12
旋启式止回阀	2

底阀(带滤网)

DN/mm	40	50	75	100	150	200	300	500	750
K	12	10	8.5	7	6	5.2	3.7	2.5	1.6

角阀(90°):5

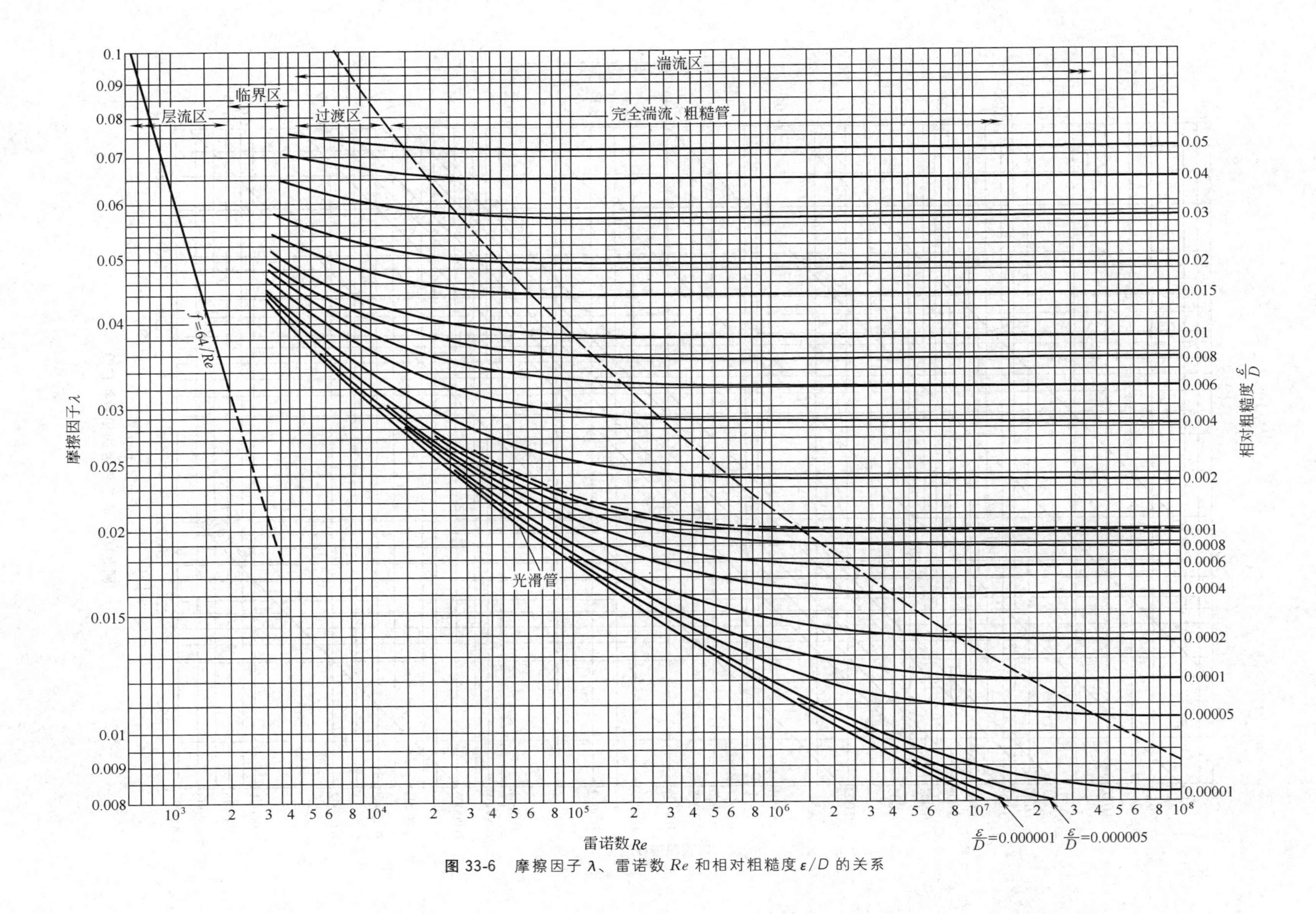

图 33-6　摩擦因子 λ、雷诺数 Re 和相对粗糙度 ε/D 的关系

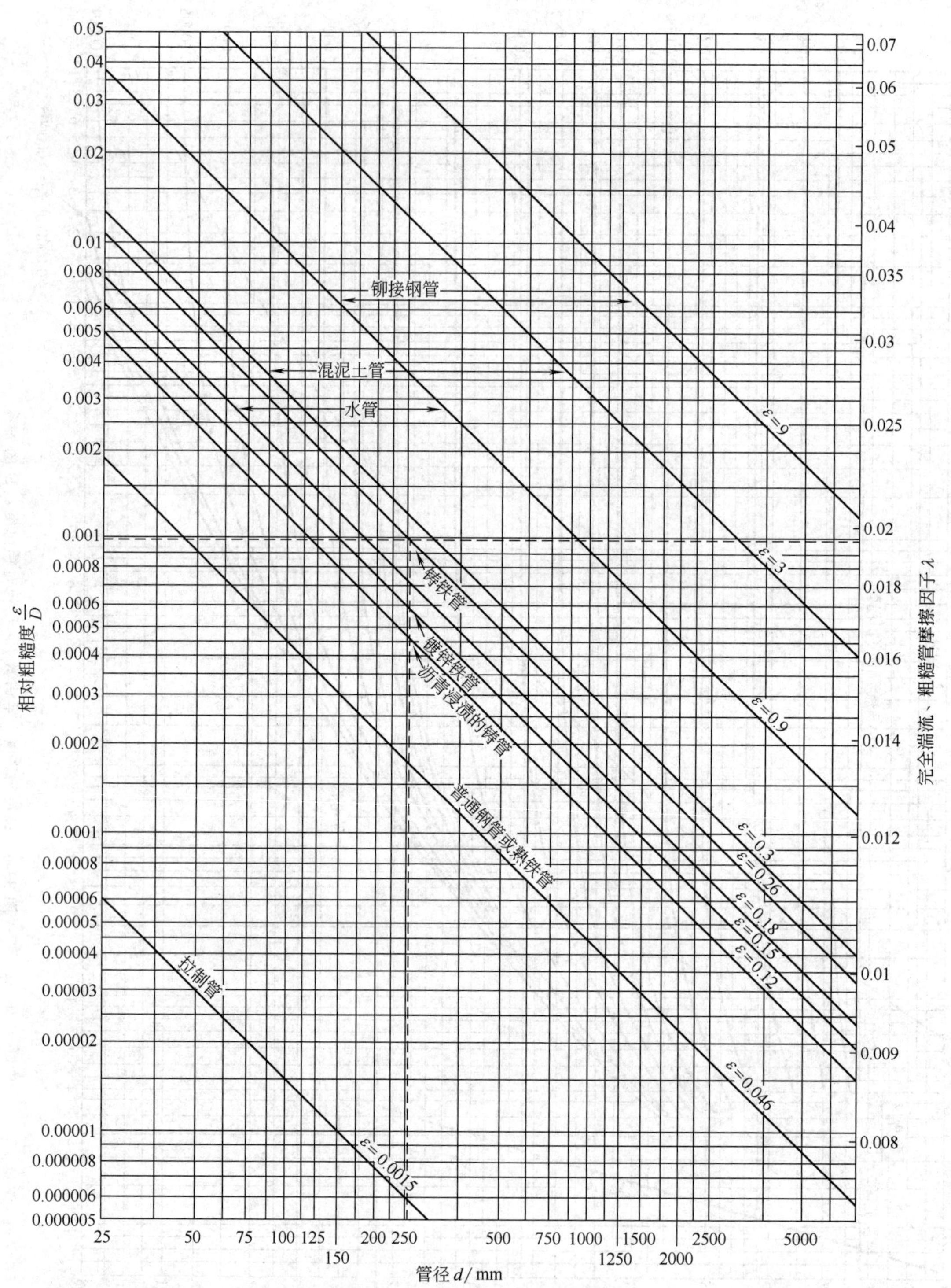

图 33-7 清洁新管的相对粗糙度

表 33-12　管件、阀门当量长度（用于完全湍流 $\varepsilon=0.000045$m，法兰连接）　单位：m

管件、阀门	公称尺寸 DN/mm																							
	25	50	80	100	150	200	250	300	350	400	450	500	600	750	900	1050	1200	1350	1500	1650	1800	2100	2400	2700	3000
标准 90°弯头	0.61	1.25	1.86	2.47	3.66	4.88	6.10	7.62	8.23	9.45	10.67	11.89	14.33	17.37	21.64	25.30	28.65	32.61	36.88	40.23	43.89	50.29	56.39	63.09	69.19
长半径 90°弯头	0.49	0.94	1.40	1.77	2.62	3.35	4.27	4.88	5.49	6.10	6.71	7.62	8.84	10.97	13.11	15.24	17.07	19.20	21.64	23.47	25.30	28.65	32.31	35.36	38.40
标准 45°弯头	0.26	0.61	0.85	1.13	1.77	2.41	3.05	3.66	3.96	4.88	5.49	6.10	7.32	9.45	11.28	13.72	15.54	17.68	20.42	22.25	24.38	28.35	32.31	36.58	40.23
直流三通	0.52	0.85	1.19	1.68	2.56	3.35	4.27	5.18	5.49	6.40	7.32	7.92	9.75	11.89	14.63	16.76	19.20	21.64	24.69	27.13	28.96	33.53	37.80	42.06	46.02
支流三通	1.58	3.05	4.57	6.10	9.14	12.19	15.24	18.29	20.12	23.16	26.21	29.26	35.36	44.50	53.64	62.79	71.93	81.08	90.22	99.36	108.51	126.80	144.78	163.07	181.36
180°回弯头 标准	1.04	2.10	3.05	4.27	6.40	8.53	10.67	12.80	14.02	16.15	18.29	20.42	24.69	31.09	35.66	44.20	49.99	57.00	64.01	70.41	77.11	88.70	100.58	112.17	122.22
180°回弯头 长半径	0.82	1.55	2.26	2.93	4.27	5.79	7.01	8.53	9.14	10.67	11.58	12.80	15.54	18.90	22.56	26.21	29.57	33.53	37.80	40.54	44.20	50.29	56.08	62.48	68.58
截止阀	10.67	21.34	32.00	41.15	60.96	82.30	103.63	121.92	137.16	160.02	179.83	199.64	243.84	289.56	362.71	425.20	484.63	—	—	—	—	—	—	—	—
闸阀	0.30	0.61	0.82	1.07	1.68	2.16	2.68	3.35	3.66	3.96	4.57	5.18	6.10	7.62	9.45	10.97	12.19	—	—	—	—	—	—	—	—
角阀	5.49	10.67	15.24	20.42	30.48	39.62	51.82	60.96	67.06	76.20	88.39	99.06	118.87	149.35	179.83	210.31	240.79	—	—	—	—	—	—	—	—
旋启式止回阀	3.66	7.01	10.67	13.72	20.73	27.43	34.44	41.15	45.42	52.43	59.13	66.14	79.86	100.28	121.01	141.43	162.15	—	—	—	—	—	—	—	—
$K=0.04$ 圆角	0.05	0.11	0.18	0.25	0.43	0.58	0.76	0.94	1.07	1.28	1.46	1.65	2.10	2.74	3.35	4.27	4.88	5.79	6.71	7.32	8.23	9.75	11.28	12.80	14.33
$K=0.23$ 小圆角	0.28	0.64	0.98	1.40	2.53	3.35	4.27	5.49	6.10	7.32	8.53	9.45	12.19	15.85	19.51	24.69	28.04	33.53	38.71	42.06	47.55	56.08	64.92	73.76	82.30
$K=0.50$ 锐边	0.61	1.37	2.26	3.05	5.49	7.32	9.45	11.89	13.41	16.15	18.29	20.73	26.21	34.44	42.06	53.34	60.96	72.54	83.82	91.44	103.02	121.92	141.12	160.02	179.22
$K=0.78$	0.94	2.13	3.66	4.88	8.23	11.28	14.94	18.29	20.73	24.99	28.65	32.00	41.15	53.34	65.53	83.21	95.10	112.78	130.76	142.65	160.63	190.20	220.07	249.63	279.50
$K=1.0$	1.22	2.74	4.57	6.10	10.97	14.63	18.90	23.77	26.82	32.31	36.58	41.45	52.43	68.88	84.12	106.68	121.92	145.08	167.64	182.88	206.04	243.84	282.24	320.04	358.44
完全湍流边界 雷诺数	7×10^5	9×10^5	1×10^6	2×10^6	2.5×10^6	3×10^6	4×10^6	6×10^6	9×10^6	1×10^7	1×10^7	1×10^7	2×10^7	3×10^7	4×10^7	5×10^7	5×10^7	6×10^7	7×10^7	8×10^7	9×10^7	1×10^8	1×10^8	2×10^8	2×10^8
完全湍流边界 范宁摩擦系数	0.0056	0.00475	0.00435	0.0041	0.0037	0.0035	0.00335	0.0032	0.00315	0.00305	0.003	0.00295	0.0028	0.0027	0.0026	0.0025	0.00245	0.00238	0.00229	0.00225	0.00222	0.00219	0.00215	0.00212	0.0021

注：对于两相流，所列数据值需乘以 2.0 后使用（摘自国外某工程公司设计手册）。

2.2 单相流管道的压力降计算

单相流（不可压缩流体）管道的压力降计算的理论基础见表33-13所列公式，并假设流体是在绝热、不对外做功和等焓的条件下流动，不可压缩流体的密度保持常数不变。

表33-13 单相流管道的压力降计算公式

名 称	公 式
连续性方程	$Q=\frac{\pi}{4}D^2u=$常数 (33-34)
机械能衡算式	$\Delta p=\Delta p_H+\Delta p_V+\Delta p_f$ (33-35) $=(Z_2-Z_1)\rho g+\frac{u_2^2-u_1^2}{2}\rho+\left(\lambda\frac{L}{D}+\Sigma K\right)\frac{u^2}{2}\rho$ 式中 Δp_H——静压力降，Pa； Δp_V——加速度压力降，Pa； Δp_f——阻力压力降，Pa； Z_1,Z_2——管道起点、终点的标高，m； u_2,u_1——管道起点、终点的流速，m/s； u——流体平均流速，m/s
摩擦因子计算式	参见表33-8

工程中，由于管材标准允许管径和壁厚有一定程度的偏差，以及管道、管件和阀门等所采用的阻力系数与实际情况也存在偏差，所以，通常对最后计算结果乘以15%的安全系数。

(1) 简单管道的设计型计算

例4 如附图所示，A塔底部液相出料依靠A、B两塔的压差输送至B塔，流量12m³/h，流体密度616kg/m³，黏度0.15cP（1cP=10^{-3}Pa·s，下同），管道全长55m，管道起点压力350kPa、标高2m，管道终点压力150kPa、标高18m，管道包含9个90°标准弯头，2个闸阀，2个异径管，2个直流三通，一个调节阀。管道为无缝钢管。求管径和调节阀的许用压力降。

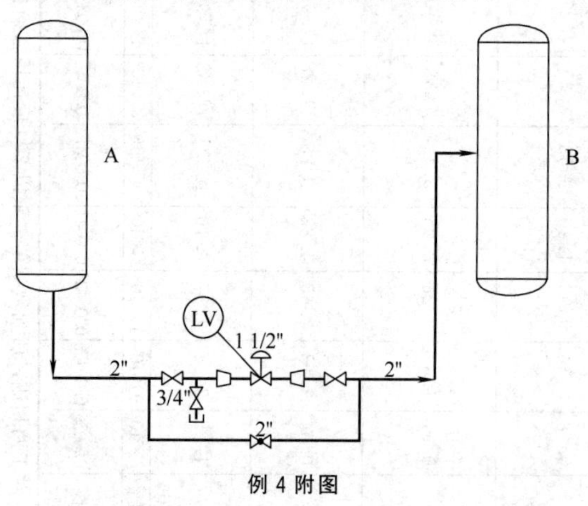

例4附图

解 查常用流速表得：

$u=0.5\sim3$m/s，取$u=1.5$m/s

$$D=0.0188\left(\frac{Q}{u}\right)^{\frac{1}{2}}=0.0188\left(\frac{12}{1.5}\right)^{\frac{1}{2}}=0.053\text{m}$$

初估管径为DN50。

流体流速 $u=\frac{Q}{\frac{\pi}{4}D^2}=\frac{\frac{12}{3600}}{\frac{\pi}{4}0.05^2}=1.70\ (\text{m/s})$

雷诺数 $Re=\frac{Du\rho}{\mu}=\frac{0.05\times1.70\times616}{0.15\times10^{-3}}=349066$

相对粗糙度 $\frac{\varepsilon}{D}=\frac{0.10\times10^{-3}}{0.05}=0.002$

根据表33-8，求摩擦因子λ。

因为 $\frac{\varepsilon}{D}>\frac{560}{Re}=\frac{560}{349066}=0.0016$

$$\frac{1}{\sqrt{\lambda}}=1.74-2\lg\left(\frac{2\varepsilon}{D}\right)=1.74-2\lg(2\times0.002)$$

$\lambda=0.0234$

根据表33-11，求得局部阻力系数如下表。

名 称	阻力系数	数量/个	阻力系数×数量
90°标准弯头	0.75	9	6.75
闸阀	0.17	2	0.34
异径管	0.55+0.17	1	0.72
直流三通	0.38	2	0.76
塔器出口(锐边)	0.5	1	0.5
塔器入口	1.0	1	1.0
小计ΣK			10.07

阻力压力降

$$\Delta p_f=\left(\lambda\frac{L}{D}+\Sigma K\right)\frac{u^2}{2}\rho=\left(0.0234\times\frac{55}{0.05}+10.07\right)\times\frac{1.7^2}{2}\times616$$

$=31875(\text{Pa})=31.88(\text{kPa})$

静压力降为

$$\Delta p_H=(Z_2-Z_1)\rho g=(18-2)\times616\times9.81=96687(\text{Pa})=96.69(\text{kPa})$$

加速度压力降为

$$\Delta p_V=\frac{u_2^2-u_1^2}{2}\rho=\frac{1.7^2-0}{2}\times616=890(\text{Pa})=0.89(\text{kPa})$$

$$\Delta p=1.15(\Delta p_H+\Delta p_V+\Delta p_f)=1.15\times(96.69+31.88+0.89)=148.88\ (\text{kPa})$$

式中 1.15——安全系数。

调节阀的许用压力降为

$$\Delta p_{调节阀}=p_{终点}-p_{起点}-\Delta p=350-150-148.88=51.12(\text{kPa})$$

调节阀的许用压力降占整个管路压力降的比例为

$$\frac{\Delta p_{调节阀}}{\Delta p}=\frac{51.12}{200}=0.26$$

通常此比例值为30%左右，所以可以接受初步估计管径为DN50、调节阀的许用压力降51.12kPa

的结果。

(2) 复杂管道的压力降计算

例 5　如附图所示，石脑油经预热后作为进料送入乙烯裂解炉，换热器的配管对称布置，并设一个旁路管道。换热器的压降为 60kPa。流体的物性参数和配管的情况详见下表。管道为无缝钢管。求整个管道的压降和旁通管路的管径。

管段	管径 DN/mm	流量/(kg/h)	温度/℃	密度/(kg/m³)	黏度/cP	管长/m	阀门和管件
1-2	200	100642	15	708	0.496	80	5 个 90°标准弯头 1 个直流三通 1 个支流三通 1 个闸阀
2-3	200	50321	15	708	0.496	5	1 个 90°标准弯头 1 个闸阀
4-5	200	50321	60	666	0.313	5	1 个 90°标准弯头 1 个闸阀
5-6	200	100642	60	666	0.313	30	6 个 90°标准弯头 1 个直流三通 1 个支流三通 1 个闸阀
7-8	200	100642	15	708	0.496	15	3 个 90°标准弯头 2 个支流三通 1 个闸阀

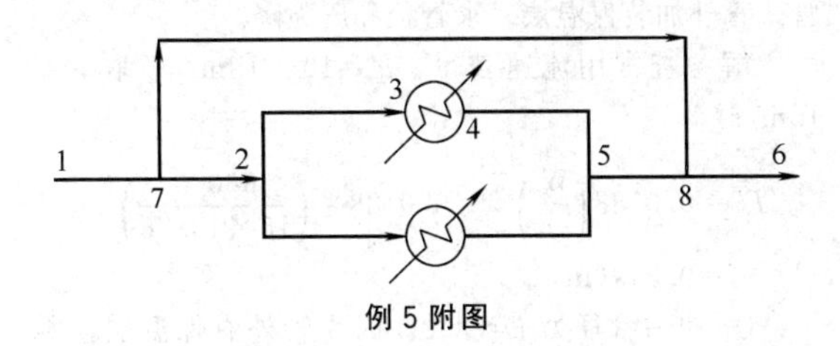

例 5 附图

解　(1) 管道的总压力降

流体流速　$u=\dfrac{W}{\dfrac{\pi}{4}D^2\rho}=\dfrac{\dfrac{100642}{3600}}{\dfrac{\pi}{4}0.2^2\times708}=1.26(\text{m/s})$

雷诺数　$Re=\dfrac{Du\rho}{\mu}=\dfrac{0.2\times1.26\times708}{0.496\times10^{-3}}=359710$

相对粗糙度　$\dfrac{\varepsilon}{D}=\dfrac{0.10\times10^{-3}}{0.2}=0.0005$

根据表 33-8，求摩擦因子 λ。

$$\frac{560}{Re}=\frac{560}{359710}=0.0016$$

$$\frac{15}{Re}=\frac{15}{359710}=0.000042$$

由于　$\dfrac{560}{Re}>\dfrac{\varepsilon}{D}>\dfrac{15}{Re}$，得

$$\frac{1}{\sqrt{\lambda}}=1.74-2\lg\left(\frac{2\varepsilon}{D}+\frac{18.7}{Re\sqrt{\lambda}}\right)$$

$$=1.74-2\lg\left(2\times0.0005+\frac{18.7}{359710\sqrt{\lambda}}\right)$$

试差求得摩擦因子 $\lambda=0.0180$，根据表 33-12，求得当量长度如下表。

名　称	当量长度/m	数量/个	当量长度×数量
5 个 90°标准弯头	4.88	5	24.4
1 个直流三通	3.35	1	3.35
1 个支流三通	12.19	1	12.19
1 个闸阀	2.16	1	2.16
小计 ΣL_e			42.1

阻力压力降为

$$\Delta p_f=\lambda\frac{L+L_e}{D}\times\frac{u^2}{2}\rho$$

$$=0.0180\times\frac{80+42.10}{0.2}\times\frac{1.26^2}{2}\times708$$

$$=6176(\text{Pa})$$

压力降为

$$\Delta p=1.15(\Delta p_H+\Delta p_V+\Delta p_f)$$

$$=1.15\times(0+0+6176)=7102(\text{kPa})$$

式中　1.15——安全系数。

按照上述步骤可求出所有管段的压力降，详见下表。

管段	流量/(kg/h)	流速 u/(m/s)	雷诺数 Re	摩擦因子 λ
1-2	100642	1.26	359001	0.0180
2-3	50321	0.63	179500	0.0190
4-5	50321	0.67	284448	0.0183
5-6	100642	1.34	568896	0.0176
小计				

管段	L_e/m	L/m	$(L+L_e)$/m	Δp_f/Pa	Δp/Pa
1-2	42.10	80	122.10	6176	7102
2-3	7.04	5	12.04	161	185
4-5	7.04	5	12.04	165	189
5-6	46.98	30	76.98	4051	4658
小计				10553	12134

管道的总压力降 $\Delta p_f=12134$Pa（不包括换热器的压力降）。

(2) 确定旁通管路管径

选择不同的管径，按上述的方法求出相应管径的旁通管路压力降，详见下表。

管段	流量/(kg/h)	DN/mm	流速 u/(m/s)	雷诺数 Re
7-8	100642	200	1.26	359001
7-8	100642	150	2.24	638224
7-8	100642	100	5.03	1436003

摩擦因子 λ	L_e/m	L/m	$(L+L_e)$/m	Δp_f/Pa	Δp/Pa
0.0180	41.18	15	56.18	2842	3268
0.0175	30.94	15	45.94	9520	10948
0.0167	20.68	15	35.68	53344	61345

由于换热器的压力降为 60000Pa，旁通管道压力降必须小于 60000Pa，所以取旁通管道管径为 DN150。

2.3 单相流管道的压力降计算

气体有较大的压缩性，其密度随压强的变化而变化。另外，随着压强的降低和体积的膨胀，温度往往也随之降低，从而影响气相流体的黏度，最终造成压力降与管长不成正比的结果。根据能量恒等方程，有

$$g\mathrm{d}z+d\frac{u^2}{2}+\frac{\mathrm{d}p}{\rho}+\lambda\frac{\mathrm{d}l}{D}\times\frac{u_2^2}{2}=0 \quad (33\text{-}36)$$

由于气体流体的密度通常很小，特别在水平管中，位能差和其他各项相比小得多，所以上式中的位能项 $g\mathrm{d}z$ 可以忽略不计。

另外，摩擦因子 λ 是雷诺数 Re 和管壁相对粗糙度 ε/D 的函数，由于气体流体的雷诺数 Re 通常很大，已处于阻力平方区，摩擦因子 λ 与雷诺数 Re 无关，保持不变。如果气体流体的雷诺数 Re 不处于阻力平方区，则

$$Re=\frac{Du\rho}{\mu}=\frac{DG}{\mu} \quad (33\text{-}37)$$

式中 G——质量流率，沿管长保持不变，$\mathrm{kg/(m^2 \cdot s)}$。在等径管输送时，$Re$ 只与气体的温度有关。对于等温或温度变化不太大的流动过程，λ 也可以看成是沿管长不变的常数；反之，则可以把管道分成若干段，在每个管段中可以认为 λ 是沿管长不变的常数。

把气体流速 $u=\frac{G}{\rho}$ 代入式（33-36），积分得到

$$G^2\ln\frac{p_1}{p_2}+\int_{p_1}^{p_2}\rho\mathrm{d}p+\lambda\frac{G^2}{2}\times\frac{L}{D}=0 \quad (33\text{-}38)$$

(1) 等温流动

对于等温流动，根据理想气体状态方程有

$$\frac{p}{\rho}=\text{常数}$$

代入式（33-36）得

$$G^2\ln\frac{p_1}{p_2}+(p_2-p_1)\rho_{\mathrm{m}}+\lambda\frac{G^2}{2}\times\frac{L}{D}=0 \quad (33\text{-}39)$$

式中 ρ_{m}——平均压强下气体的密度，$\mathrm{kg/m^3}$。

(2) 绝热流动

对于绝热流动，根据理想气体状态方程，有

$$\frac{p}{\rho^k}=\text{常数}$$

式中 k——绝热指数，$k=\frac{c_p}{c_V}$（c_p 为比定压热容，c_V 为比定容热容）。

常温常压下，单原子气体（如He）$k=1.67$，双原子气体(如CO)$k=1.40$，三原子气体(如SO_2)$k=1.30$。代入式（33-36）得

$$\frac{G^2}{k}\ln\frac{p_1}{p_2}+\frac{k}{k+1}p_1\rho_1\left[\left(\frac{p_2}{p_1}\right)^{\frac{k+1}{k}}-1\right]+\lambda\frac{G^2}{2}\times\frac{L}{D}=0 \quad (33\text{-}40)$$

(3) 临界流动

气体流速达到音速时，称为临界流动。可压缩流体在管道中可以达到的最大速度就是音速。流体流速达到音速后，即使下游压力进一步下降，管内的流速也不会增加，相应地，系统压力降也不会增加。所以，计算可压缩流体流动压力降时，应校核流速是否大于音速，当流速大于音速时，以音速作为计算压力降流速。对于设计型计算，应该避免管内流速大于音速的情况发生。流体的音速按下列公式计算。

等温流动

$$u=\sqrt{\frac{RT}{M}} \quad (33\text{-}41)$$

绝热流动

$$u=\sqrt{\frac{kRT}{M}} \quad (33\text{-}42)$$

式中 u——流体的音速，m/s；

R——气体常数，$R=8.314\times10^3\,\mathrm{J/(kmol\cdot K)}$；

T——热力学温度，K；

M——气体分子量。

例6 可压缩流体压力降的设计型计算。

乙烯裂解炉进料系统中，气相LPG经过进料缓冲罐后经气相输料管送至乙烯裂解炉。流量66000kg/h，流体密度12.76kg/m³，黏度0.01cP，温度80℃，分子量44.1，绝热指数 $k=1.15$，管道全长300m，管道起点压力800kPa（绝），管道终点压力750kPa（绝），管道包含9个90°标准弯头，2个闸阀。管道为无缝钢管，管外加装保温层。求管径和压力降。

解 查常用流速表得，$u=10\sim15\mathrm{m/s}$，取 $u=15\mathrm{m/s}$。

$$D=0.0188\left(\frac{W}{u\rho}\right)^{\frac{1}{2}}=0.0188\times\left(\frac{66000}{15\times12.76}\right)^{\frac{1}{2}}$$

$$=0.349(\mathrm{m})$$

① 初估管径为 $DN350$。因为管外有保温层，所以可作为绝热流动考虑。

绝热流动的气体音速为

$$u=\sqrt{\frac{kRT}{M}}=\sqrt{\frac{1.15\times8.314\times(273+80)}{44.1\times10^{-3}}}$$

$$=277(\mathrm{m/s})$$

质量流速为

$$G=\frac{66000}{\frac{\pi}{4}\times0.35^2\times3600}=190.6[\mathrm{kg/(m^2\cdot s)}]$$

流速 $u=\frac{G}{\rho}=\frac{190.6}{12.76}=14.94$（m/s），小于气体音速。故可以应用流速 $u=14.94\mathrm{m/s}$ 作为计算基准。

雷诺数 $Re=\frac{DG}{\mu}=\frac{0.35\times190.6}{0.01\times10^{-3}}=6.671\times10^6$

相对粗糙度 $\frac{\varepsilon}{D}=\frac{0.10\times10^{-3}}{0.35}=2.857\times10^{-4}$

根据表33-8，求摩擦因子 λ。

$$\frac{560}{Re}=\frac{560}{6.671\times10^6}=8.395\times10^{-5}$$

$$\frac{\varepsilon}{D}>\frac{560}{Re}$$

$$\frac{1}{\sqrt{\lambda}}=1.74-2\lg\left(\frac{2\varepsilon}{D}\right)=1.74-2\lg(2\times2.857\times10^{-4})$$

$$\lambda=0.0148$$

根据表 33-12，求得管件当量长度，见下表。

名　　称	当量长度/m	数量/个	阻力系数×数量
90°标准弯头	8.23	9	74.07
闸阀	3.66	2	7.32
缓冲罐出口(锐边)	13.41	1	13.41
小计 L_e			94.80

$$\frac{G^2}{k}\ln\frac{p_1}{p_2}+\frac{k}{k+1}p_1\rho_1\left[\left(\frac{p_2}{p_1}\right)^{\frac{k+1}{k}}-1\right]+\lambda\frac{G^2}{2}\times\frac{L}{D}=$$

$$\frac{190.6^2}{1.15}\ln\frac{800}{p_2}+\frac{1.15}{1.15+1}\times800\times10^3\times$$

$$12.76\times\left[\left(\frac{p_2}{800}\right)^{\frac{1.15+1}{1.15}}-1\right]+$$

$$0.0148\times\frac{190.6^2}{2}\times\frac{300+94.80}{0.35}=0$$

试差求得 $p_2=776\text{kPa}$。

$$\Delta p=1.15\times(800-776)=27.6(\text{kPa})$$

式中　1.15——安全系数。

$$\Delta p<(800-750)=50(\text{kPa})$$

② 因 Δp 有较大的余量，再假设管径为 $DN300$，求 Δp。

质量流速　$G=\dfrac{66000}{\dfrac{\pi}{4}\times0.30^2\times3600}=259.5[\text{kg}/(\text{m}^2\cdot\text{s})]$

流速 $u=\dfrac{G}{\rho}=\dfrac{259.5}{12.76}=20.34$ (m/s)，小于气体音速，可以应用流速 $u=20.34\text{m/s}$ 作为计算基准。

雷诺数　$Re=\dfrac{DG}{\mu}=\dfrac{0.30\times259.5}{0.01\times10^{-3}}=7.785\times10^6$

$$\frac{560}{Re}=\frac{560}{7.785\times10^6}=7.193\times10^{-5}$$

$$\frac{\varepsilon}{D}>\frac{560}{Re}$$

摩擦因子仍然为 $\lambda=0.0148$，根据表 33-12，求得管件当量长度，见下表。

名　　称	当量长度/m	数量/个	阻力系数×数量
90°标准弯头	7.62	9	68.58
闸阀	3.35	2	6.70
缓冲罐出口(锐边)	11.89	1	11.89
小计 L_e			87.17

$$\frac{G^2}{k}\ln\frac{p_1}{p_2}+\frac{k}{k+1}p_1\rho_1\left[\left(\frac{p_2}{p_1}\right)^{\frac{k+1}{k}}-1\right]+\lambda\frac{G^2}{2}\times\frac{L}{D}=$$

$$\frac{259.5^2}{1.15}\ln\frac{800}{p_2}+\frac{1.15}{1.15+1}\times800\times10^3\times12.76\times$$

$$\left[\left(\frac{p_2}{800}\right)^{\frac{1.15+1}{1.15}}-1\right]+0.0148\times\frac{259.5^2}{2}\times$$

$$\frac{300+87.17}{0.30}=0$$

试差求得 $p_2=748\text{kPa}$。

$$\Delta p=1.15\times(800-748)=59.8\ (\text{kPa})$$

式中　1.15——安全系数。

因 $\Delta p>50\text{kPa}$，$DN300$ 不可取。

③ 结论：选择管径为 $DN350$，压降为 27.6kPa。

2.4　气液两相流管道的压力降计算

气体和液体在管道中并行流动称为两相流。在化工设计中经常遇到这样的工况，例如蒸汽发生器、冷凝器、气液反应器入口管段等场合。但是两相流的流动情况比单相流复杂得多，存在着多种流型的变化，给流动压力降的计算方程式的实验回归和理论推导带来很大的困难。现阶段主要应用一些半理论、半经验的关联式进行流动压力降的计算。

两相流（非闪蒸型）管道压力降计算的前提是确定两相流动的流型，然后在此基础上选用相应的公式进行计算。

(1) 流型判断

① 水平管内的基本流型　水平管内气液两相流的基本流型主要取决于气速和液速的大小，管径和流体的性质也是影响因素之一。一般来说，水平管内气液两相流的基本流型分为 7 类，详见表 33-14。

表 33-14　水平管内气液两相流的基本流型

流　　型	图　　例	特　征　说　明	气体、液体表面速度/(m/s)
分层流		液相和气相速度都很低，气液分层流动，气液表面比较平滑	$u_{sg}\approx0.6\sim3.0$ $u_{sl}<0.15$
波动流		气液分层流动，但两相间的相互作用增强，界面上出现振幅较大的波动	$u_{sg}\approx4.5$ $u_{sl}<0.3$

续表

流型	图例	特征说明	气体、液体表面速度/(m/s)
环状流		液体呈膜状沿管壁流动，但膜厚不均匀，管底处的液膜厚得多，气体在管中心夹带着液滴高速流动	$u_{sg}>6$
塞状流		气体呈弹头形大气泡，气泡倾向于沿管顶流动，沿管顶的液体和气体如活塞状交替运动	$u_{sg}<0.9$ $u_{sl}<0.6$
液节流		泡沫液节沿管道流动，液相虽然连续，但是夹带着许多气泡，管中常有突然的压力脉动，造成管道振动	
气泡流		气泡分散在连续的液相中，当气速较低时，气泡聚集于管顶，随着气速增加，气泡分布趋于均匀	$u_{sg}\approx0.3\sim3.0$ $u_{sl}\approx1.5\sim4.5$
雾状流		管道内的液体大部分甚至全部被雾化，由气体夹带着高速流动	$u_{sg}>60$

有关水平管内气液两相流的基本流型的判定和流型转变的界定的文献有许多，但是由于实验方法和条件等方面的差异造成了各家对水平管内气液两相流的基本流型的判定和流型转变的界定不尽相同。图 33-8 给出了 Troniewski 提供的水平流型图。图中，G_g、G_l 为气相和液相的质量流速，单位为 kg/(m^2·s)。

$$\lambda=\left(\frac{\rho_g}{\rho_a}\times\frac{\rho_l}{\rho_w}\right)^{0.5} \tag{33-43}$$

$$\Phi=\frac{\sigma_w}{\sigma_l}\times\left[\frac{\mu_l}{\mu_w}\times\left(\frac{\rho_w}{\rho_l}\right)^2\right]^{\frac{1}{3}} \tag{33-44}$$

式中 ρ_a，ρ_w——空气和水的密度；

σ_l，σ_w——液相和水的表面张力。

② 垂直管内的基本流型 垂直管内气液两相流的基本流型和水平管一样，主要取决于气速和液速的大小，管径和流体的性质也是影响因素之一。一般来说，垂直管内气液两相流的基本流型可详见表 33-15。图 33-9 给出了 Troniewski 提供的垂直流型图。

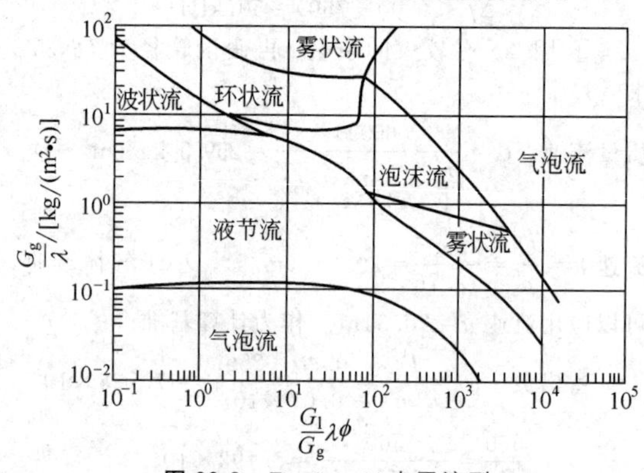

图 33-8 Troniewski 水平流型

表 33-15 垂直管内气液两相流的基本流型

流型	图例	特征说明	气体、液体表面速度/(m/s)
气泡流		液体在垂直管内上升流动，气体以气泡的形式分散于液体中。随着气速的增加，气泡的尺寸和个数逐渐增加	$u_{sg}\approx0.3\sim3$ $u_{sl}\approx1.5\sim4.5$

续表

流　型	图　　例	特　征　说　明	气体、液体表面速度/(m/s)
液节流		大部分气体形成弹头形大气泡，其直径大于管道半径。气泡均匀向上运动。液体中的气泡呈分散状态。当含气量进一步增加时，弹头形大气泡的长度和运动速度都相应增加	
泡沫流		弹头形气泡变得狭长并发生扭曲，相邻气泡间液节中的液体被气体反复冲击，呈现液体振动和方向交变的特征	
环状流		液体呈膜状沿管壁流动，但膜厚不均匀，气体在管中心夹带着液滴高速流动	$u_{sg}>6$
雾状流		管道内的液体大部分甚至全部被雾化，由气体夹带着高速流动	$u_{sg}>60$

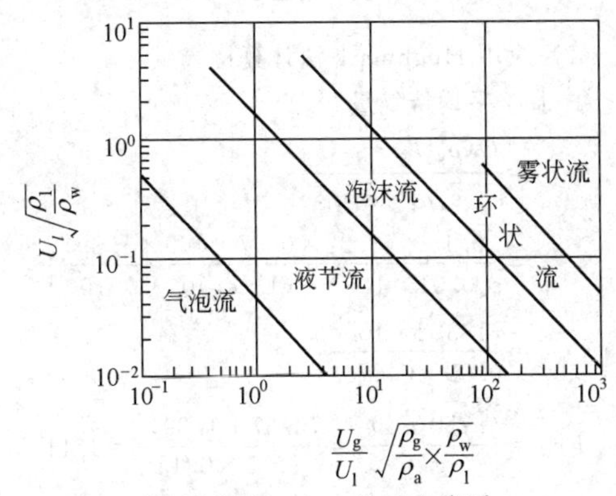

图 33-9　Troniewski 垂直流型

根据对水平和垂直管内气液两相流基本流型的解读，发现水平管内塞状流和液节流及垂直管内液节流和泡沫流流型所表现出的液体与气体的交互作用最大，会引起管道的剧烈振动。因此，在工程中，通常采取缩小或增大管径的方法避免上述流型的产生。

(2) 压降

① 持液量　由于两相流中气体的真实速度和液体的真实速度不相等，存在着相对速度，所以沿着通道各相所占的截面积并不与气液两相的进口流量成正比。按 Hughmark 法，可由式 (33-45) 计算平均持气量 $\overline{\varepsilon}_g$。

$$\overline{\varepsilon}_g=\frac{u_{sg}}{u_{sg}+u_{sl}}\overline{K} \tag{33-45}$$

当 $Z<10$ 时

$$\overline{K}=-0.16367+0.310372Z-0.03525Z^2+0.001366Z^3 \tag{33-46}$$

当 $Z\geqslant 10$ 时

$$\overline{K}=0.75545+0.003585Z-0.1436\times10^{-4}Z^2 \tag{33-47}$$

$$Z=Re_m^{\frac{1}{6}}Fr_m^{\frac{1}{8}}C_l^{-\frac{1}{4}} \tag{33-48}$$

$$Re_{\rm m}=\frac{D(\rho_g u_{sg}+\rho_l u_{sl})}{\bar{\varepsilon}_g\mu_g+\bar{\varepsilon}_l\mu_l} \tag{33-49}$$

$$Fr_{\rm m}=\frac{(u_{sg}+u_{sl})^2}{gD} \tag{33-50}$$

$$C_l=\frac{u_{sl}}{u_{sg}+u_{sl}} \tag{33-51}$$

② Dukler 法计算压力降　Dukler 根据两相恒定滑动速度的假定，提出了 Dukler 法摩擦损失计算式。此计算方法对水平和垂直管气液两相流都适用，平均误差约为20%。

$$\Delta p_f=2f_{TP}L\frac{G_m^2}{D\rho_m} \tag{33-52}$$

$$f_{TP}=\alpha\beta f_1 \tag{33-53}$$

$$f_1=0.0014+0.125Re_m^{-0.32} \tag{33-54}$$

$$Re_m=\frac{DG_m}{\mu_m} \tag{33-55}$$

$$\mu_m=\mu_l C_l+\mu_g(1-C_l) \tag{33-56}$$

$$G_m=\rho_g u_{sg}+\rho_l u_{sl} \tag{33-57}$$

$$\rho_m=\rho_l C_l+\rho_g(1-C_l) \tag{33-58}$$

$$C_l=\frac{u_{sl}}{u_{sg}+u_{sl}} \tag{33-59}$$

式中　下标 m——气液混合物；

ρ_m——两相平均密度，kg/m^3；

G_m——两相流的质量流量，$kg/(m^2\cdot s)$；

α，β——校正系数，按式(33-60)、式(33-61)计算。

$$\alpha=1+(-\ln C_l)/[1.281-0.478(-\ln C_l)+0.444(-\ln C_l)^2-0.094(-\ln C_l)^3+0.00843(-\ln C_l)^4] \tag{33-60}$$

$$\beta=\frac{\rho_l C_l^2}{\rho_m\bar{\varepsilon}_l}+\frac{\rho_g(1-C_l^2)}{\rho_m\bar{\varepsilon}_g} \tag{33-61}$$

例7　C_3 加氢反应器进口管道的压力降计算。对于 C_3 加氢反应器而言，氢气在反应器进口管道上注入（见附图1），管道中便形成了氢气和 C_3 的气液两相流。$G_l=56333kg/h$，$G_g=117kg/h$，$\rho_l=469kg/m^3$，$\rho_g=3.22kg/m^3$，$\mu_l=0.08cP$，$\mu_g=0.01cP$，管径 $DN150$，长度12m，高度差8m，90°标准弯头2个。求该段管道的压力降。

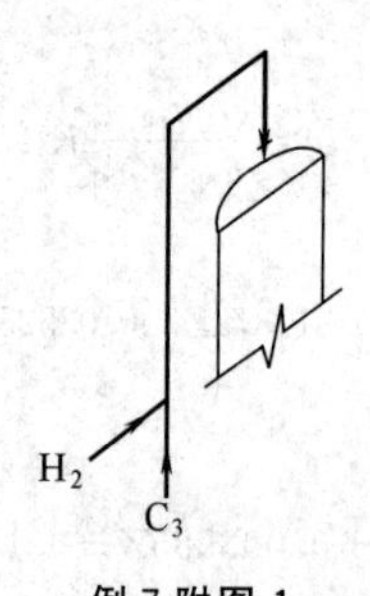

例7 附图1

解　(1) 以 Troniewski 法作流型判断依据

$$U_{sl}=\frac{G_l}{\rho_l}=\frac{\dfrac{56333}{\dfrac{\pi}{4}\times0.15^2\times3600}}{469}=1.89(m/s)$$

$$U_{sg}=\frac{G_g}{\rho_g}=\frac{\dfrac{117}{\dfrac{\pi}{4}\times0.15^2\times3600}}{3.22}=0.57(m/s)$$

$$U_{sl}\sqrt{\frac{\rho_l}{\rho_w}}=1.89\times\sqrt{\frac{469}{1000}}=1.29(m/s)$$

$$\frac{U_{sg}}{U_{sl}}\sqrt{\frac{\rho_g}{\rho_a}\times\frac{\rho_w}{\rho_l}}=\frac{0.57}{1.89}\times\sqrt{\frac{3.22}{1.16}\times\frac{1000}{469}}=0.734(m/s)$$

由附图2查得，(0.734，1.29) 处为液节流区域，本应设法避免，但是在气液流量确定的前提下，改变管径，坐标点将在 $\frac{U_{sg}}{U_{sl}}\sqrt{\frac{\rho_g}{\rho_a}\times\frac{\rho_w}{\rho_l}}=0.734$ 向上移动，如果坐标点上移，将进入泡沫流区域，该区域的气液振动更大；如果坐标点下移，将进入气泡流区域，则需将管径放大至 $DN600$，非常不经济。可以通过加固管道的方法避免管道的强烈振动。

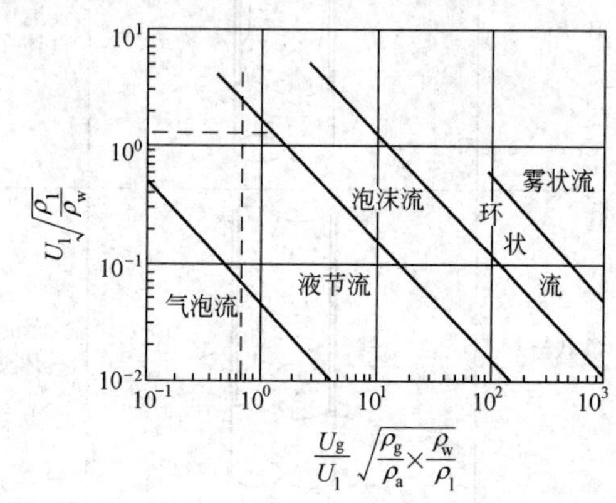

例7 附图2

(2) 应用 Hughmark 法计算持气量

① 基于平均持气量

$$Re_m=\frac{D(\rho_g U_{sg}+\rho_l U_{sl})}{\bar{\varepsilon}_g\mu_g+\bar{\varepsilon}_l\mu_l}=\frac{0.15\times(3.22\times0.57+469\times1.89)}{\bar{\varepsilon}_g 0.01\times10^{-3}+(1-\bar{\varepsilon}_g)0.08\times10^{-3}}=\frac{133.2\times10^3}{0.08-0.07\bar{\varepsilon}_g}$$

$$Fr_m=\frac{(u_{sg}+u_{sl})^2}{gD}=\frac{(0.57+1.89)^2}{9.81\times0.15}=4.11$$

$$C_l=\frac{u_{sl}}{u_{sg}+u_{sl}}=\frac{1.89}{0.57+1.89}=0.768$$

$$Z=Re_m^{\frac{1}{6}}Fr_m^{\frac{1}{8}}C_l^{\frac{-1}{4}}=\left(\frac{133.2\times10^3}{0.08-0.07\bar{\varepsilon}_g}\right)^{\frac{1}{6}}\times4.11^{\frac{1}{8}}\times0.768^{\frac{-1}{4}}$$

平均持气量 $\bar{\varepsilon}_g=\dfrac{u_{sg}}{u_{sg}+u_{sl}}\overline{K}=\dfrac{0.57}{0.57+1.89}\overline{K}=0.232\overline{K}$

当 $Z<10$ 时

$\overline{K}=-0.16367+0.310372Z-0.03525Z^2+0.001366Z^3$

当 $Z\geqslant 10$ 时

$\overline{K}=0.75545+0.003585Z-0.1436\times10^{-4}Z^2$

试差求得 $\bar{\varepsilon}_g=0.186$。

② 基于平均持气量

$$\rho_m=\rho_l(1-\bar{\varepsilon}_g)+\rho_g\bar{\varepsilon}_g=469\times(1-0.186)+3.22\times0.186=382(\mathrm{kg/m^3})$$

(3) 应用 Dukler 法计算摩擦损失

$$\rho_m=\rho_l C_l+\rho_g(1-C_l)=469\times0.768+3.22\times(1-0.768)=361(\mathrm{kg/m^3})$$

$$G_m=\rho_g u_{sg}+\rho_l u_{sl}=3.22\times0.57+469\times1.89=888[\mathrm{kg/(m^2\cdot s)}]$$

$$\mu_m=\mu_l C_l+\mu_g(1-C_l)=0.08\times0.768+0.01(1-0.768)=0.064(\mathrm{cP})=0.064\times10^{-3}(\mathrm{Pa\cdot s})$$

$$Re_m=\frac{DG_m}{\mu_m}=\frac{0.15\times888}{0.064\times10^{-3}}=2.08\times10^6$$

$$f_1=0.0014+0.125Re_m^{-0.32}=0.0014+0.125\times(2.08\times10^6)^{-0.32}=2.59\times10^{-3}$$

$$\begin{aligned}\alpha&=1+(-\ln C_l)/[1.281-0.478(-\ln C_l)+0.444\times(-\ln C_l)^2-0.094(-\ln C_l)^3+0.00843(-\ln C_l)^4]\\&=1+(-\ln0.768)/[1.281-0.478(-\ln0.768)+0.444(-\ln0.768)^2-0.094(-\ln0.768)^3+0.00843(-\ln0.768)^4]=1.22\end{aligned}$$

$$\beta=\frac{\rho_l C_l^2}{\rho_m\bar{\varepsilon}_l}+\frac{\rho_g(1-C_l^2)}{\rho_m\bar{\varepsilon}_g}=\frac{469\times0.768^2}{361\times(1-0.186)}+\frac{3.22\times(1-0.768^2)}{361\times0.186}=0.961$$

$$f_{TP}=\alpha\beta f_1=1.22\times0.961\times2.59\times10^{-3}=3.04\times10^{-3}$$

根据表 33-12，求得管件当量长度如下表。

名　称	当量长度/m	数量/个	阻力系数×数量
90°标准弯头	3.66	2	14.64
小计 L_e			14.64

$$\Delta p_f=2f_{TP}(L+L_e)\frac{G_m^2}{D\rho_m}=2\times3.04\times10^{-3}\times(12+14.64)\times\frac{888^2}{0.15\times361}=2359\mathrm{Pa}$$

$$\begin{aligned}\Delta p&=1.15(\Delta p_H+\Delta p_V+\Delta p_f)\\&=1.15\left[(Z_2-Z_1)\rho_m g+\frac{u_2^2-u_1^2}{2}\rho+\Delta p_f\right]\\&=1.15\times(8\times382\times9.81+0+2359)=37189(\mathrm{Pa})\\&\approx37.2(\mathrm{kPa})\end{aligned}$$

式中　1.15——安全系数。

2.5 气液两相流管道的压力降计算

管内是两相流体流动时，随着流体压力的降低和温度的变化（与管外环境的热传递），或是部分液体将闪蒸成气体，或是部分气体将冷凝成液体。在沿管长的流动中，流体的气液相比例一直在发生变化。计算（闪蒸型）气液两相流的管道压力降，可以按照下列两种方法进行。

① 根据具体的工况，作出压力和密度对应的关系图表，然后把整个管道划分成若干个管段，分段计算阻力降。管段划分的密度一般根据压力-密度曲线的陡峭程度来确定，在压力-密度曲线比较平坦的区域管段划分得相对少一些，在压力-密度曲线比较陡峭的区域管段划分得相对多一些。

② 应用 Dukler 法计算。

气液两相流（闪蒸型）管道阻力降的计算步骤示例如下。

例 8　冷凝水回流至冷凝水回收装置，流量 100kg/s，$\rho_l=943\mathrm{kg/m^3}$，$\rho_g=1.12\mathrm{kg/m^3}$，$\mu_l=0.232\mathrm{cP}$，$\mu_g=0.013\mathrm{cP}$，起始压力 199kPa，管径 $DN200$，长度 200m，高度差 0m，管外加装保温层。求该段管道的压力降。

解　因为管外有保温层，所以可以作为绝热流动来考虑。根据相平衡数据和能量守恒方程，计算得到下表。

压力/kPa	温度/℃	液相体积比率	气相体积比率
2.03	120.00	1.000	0
2.028	120.00	1.000	0
2.027	120.00	1.000	0
2.027	120.00	1.000	0
2.026	120.00	1.000	0
2.024	120.00	1.000	0
199.00	120.08	1.000	0
198.41	119.99	0.982	0.018
198.29	119.97	0.952	0.048
198.16	119.95	0.923	0.077
198.03	119.93	0.895	0.105
197.90	119.91	0.868	0.132

先以单相流计算方法，算出流体压力降至 199.00kPa 所需要经过的管道长度。再把剩余的管道等分成 5 段，分段计算每段管道的压力降。每段管道的气相比率以每段管道起始点的状态近似替代。最后，累加各段阻力降得出整段管道的压力降。详细计算过程从略。

2.6 真空系统

(1) 流动状态判断

在真空状态下，气体的平均自由程度增大，分子间的碰撞频率减小。随着真空度的增加，分子间的碰撞频率越来越小，气体在管内流动时主要是与管壁发生碰撞。因此在计算压力降前，需要对气体的流动状态进行界定，并在此基础上，选择相应的计算公式计算压力降。真空状态下，气体的流动状态分为三种，详见表 33-16。

表 33-16 真空状态下的气体流动状态

流动状态	边界条件	特征
分子流	$pD<0.0197\text{Pa}\cdot\text{m}$	气体分子的平均自由程大于管径 D，气体不与其他分子碰撞，在流动中几乎只与管壁碰撞，不服从牛顿黏性定律，壁面速度不为零
中间流	$0.0197\text{Pa}\cdot\text{m}<pD<0.658\ \text{Pa}\cdot\text{m}$	适用牛顿黏性定律，壁面有速度滑移
黏性流	$pD>0.658\text{Pa}\cdot\text{m}$	气体分子的平均自由程小于管径 D，气体分子会相互碰撞，因而影响气体流动，服从牛顿黏性定律，壁面无速度滑移

注：p 表示气体的压力，Pa；D 表示管径，m。

(2) 流导

气体沿导管流动的能力称为流导，定义如下。

$$C=\frac{Q}{p_1-p_2} \tag{33-62}$$

式中 C——流导，m^3/s；

Q——在管道两端压差为 (p_1-p_2) 时的气体流量，$\text{Pa}\cdot m^3/s$；

p_1，p_2——真空容器和真空泵进口处的压力，Pa。

由于 Q 在管道中保持常数不变，即

$$Q=s_1p_1=s_2p_2 \tag{33-63}$$

代入式 (33-62) 得

$$\frac{1}{C}=\frac{1}{s_1}-\frac{1}{s_2} \tag{33-64}$$

或

$$\frac{s_1}{s_2}=\frac{\frac{C}{s_2}}{1+\frac{C}{s_2}} \tag{33-65}$$

式中 s_1，s_2——在 p_1、p_2 处的气体流量，m^3/s。

流导 C 与真空系统的配管有关，反映了管道流动阻力的大小，如图 33-10 所示为流导与排气速度的关系，是根据式 (33-65) 作出的。

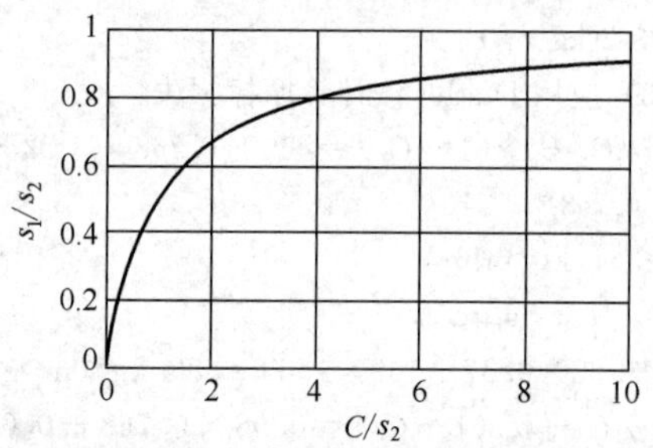

图 33-10 流导与排气速度的关系

由图 33-10 可以看出，当真空泵的排气速度 s_2 恒定，随着流导的不断增大，在 $C/s_2=0\sim0.8$ 区间时，真空容器的排气速度 s_1 表现出快速增加的特性，当 $C/s_2>0.8$ 后，s_1 的增加速度非常缓慢。所以在工程设计时，通常使 s_1/s_2 处于 $0.6\sim0.8$ 区间内。串联管道的总流导等于各管段流导倒数和的倒数，即

$$\frac{1}{C}=\sum\frac{1}{C_i} \tag{33-66}$$

并联管道的总流导等于各管段流导之和，即

$$C=\sum C_i \tag{33-67}$$

(3) 流导的计算

对应不同的流型，有相应的流导计算公式，详见表 33-17。表 33-18 给出了常用真空系统中管件和阀门的管道当量长度。

表 33-17 流导计算公式

流型	适用范围	公式	来源
分子流	长圆管 $L/D>20$	$C=\frac{1}{6}\sqrt{\frac{2\pi RT}{M}}\times\frac{D^3}{L}$ (33-68)	Knudsen
	短圆管 $L/D<20$	$C=\frac{1}{6}\sqrt{\frac{2\pi RT}{M}}\times\frac{D^3}{L}\times\frac{1}{1+1.33\frac{D}{L}}$ (33-69)	Knudsen
中间流	长圆管 $L/D>20$	$C=\frac{\pi}{128}\times\frac{\overline{p}D^4}{\mu L}+\frac{1}{6}\sqrt{\frac{2\pi RT}{M}}\times\frac{D^3}{L}\times\frac{1+\sqrt{\frac{M}{RT}}\times\frac{\overline{p}D}{\mu}}{1+1.24\sqrt{\frac{M}{RT}}\times\frac{\overline{p}D}{\mu}}$ (33-70)	
黏性流	圆管	$C=\frac{\pi}{128}\times\frac{\overline{p}D^4}{\mu L}$ (33-71)	Poiseuille

注：C 表示流导，m^3/s；$\overline{p}$ 表示管内气体平均压力，Pa；R 表示气体常数，$8.314\times10^3\text{J}/(\text{kmol}\cdot\text{K})$；$T$ 表示热力学温度，K；M 表示气体分子量；L 表示管长，m；D 表示管道内径，m；μ 表示介质黏度，$\text{Pa}\cdot\text{s}$。

表 33-18　真空系统中管件和阀门的管道当量长度（适用于湍流[①]）　　单位：m

管件阀门			公称直径 DN/mm													
			20	25	40	50	80	100	150	200	250	300	350	400	450	500
90°弯头	法兰	钢	0.37	0.49	0.73	0.95	1.34	1.8	2.72	3.7	4.3	5.2	5.5	6.4	7.0	7.6
90°长弯头	法兰	钢	0.4	0.49	0.7	0.82	1.02	1.28	1.74	2.13	2.44	2.75	2.86	3.1	3.4	3.7
45°弯头	法兰	钢	0.18	0.25	0.4	0.52	0.79	1.07	1.71	2.35	2.75	3.4	4.0	4.6	4.9	5.5
直流三通	法兰	钢	0.25	0.31	0.46	0.55	0.67	0.85	1.16	1.44	1.58	1.83	1.95	2.2	2.32	2.5
支流三通	法兰	钢	0.79	1.0	1.58	2.0	2.86	3.7	5.5	7.3	9.3	10.2	11.3	13.2	14.4	15.8
180°回转弯头	法兰	钢	0.37	0.49	0.73	0.95	1.34	1.8	2.72	3.7	4.3	5.2	5.5	6.4	7.0	7.6
	长径法兰	钢	0.4	0.49	0.7	0.82	1.02	1.28	1.74	2.1	2.44	2.75	2.86	3.1	3.4	3.7
截止阀	法兰	钢	12.2	13.7	18.0	21.3	28.6	37	58	79	94	119	—	—	—	—
闸板阀	法兰	钢	—	—	—	0.79	0.85	0.89	0.98	0.98	0.98	0.98	0.98	0.98	0.98	0.98
角阀	法兰	钢	4.6	5.2	5.5	6.4	8.5	11.6	19.2	27.5	37	43	49	58	64	73
止回阀	法兰	钢	1.62	2.2	3.7	5.2	8.2	11.6	19.2	27.5	37	43	—	—	—	—
	圆角	钢	0.04	0.06	0.1	0.13	0.2	0.29	0.49	0.7	0.89	1.07	1.22	1.44	1.62	1.86
	锐边	钢	0.4	0.55	0.95	1.32	2.04	2.9	4.9	7.0	8.9	10.7	12.2	14.4	16.2	18.6
	由容器流入管道内	钢	0.79	1.1	1.89	2.6	4.0	5.8	9.8	13.7	17.7	21.3	24.4	29	34	37
	突然扩大	$h=\dfrac{(v_1-v_2)^2}{2g}$ m 液柱 式中　v_1，v_2——介质在小、大管中流速，m/s														

① 湍流的定义：$W/D \geqslant 360$，W 表示气体流量，kg/h；D 表示管道内径，m。

例 9　真空系统设计计算。

真空容器气相出料流量 $3\text{m}^3/\text{s}$，黏度 0.01cP，温度 80℃，管道全长 30m，管道起点压力 2000Pa（A），管道包含 5 个 90°标准弯头，1 个闸阀。管道为无缝钢管，求管径、真空泵进口压力和抽气速率。

解　(1) 管径　假设管径为 $DN150$。

$pD=2000\times0.15=300(\text{Pa}\cdot\text{m})>0.658(\text{Pa}\cdot\text{m})$，气体的流动状态属于黏性流。

假设 $s_1/s_2=0.8$。

$$Q=s_1p_1=s_2p_2\rightarrow\frac{s_1}{s_2}=\frac{p_2}{p_1}\rightarrow0.8=\frac{p_2}{2000}\rightarrow p_2=1600\text{Pa(绝)}$$

$$\overline{p}_2=\frac{2000+1600}{2}=1800\text{Pa(绝)}$$

$$\frac{1}{C}=\frac{1}{s_1}-\frac{1}{s_2}\rightarrow\frac{1}{C}=\frac{1}{3}-\frac{1}{\dfrac{3}{0.8}}\rightarrow C=15\ (\text{m}^3/\text{s})$$

根据表 33-18，求得管件的当量长度见下表。

名　称	当量长度/mm	数量/个	阻力系数×数量
90°标准弯头	2.72	5	13.6
闸阀	0.98	1	0.98
小计 L_e			14.58

$$C_{实际}=\frac{\pi}{128}\times\frac{\overline{p}D^4}{\mu(L+L_e)}$$

$$=\frac{\pi}{128}\times\frac{1800\times0.15^4}{0.01\times10^{-3}\times(30+14.58)}=50.2(\text{m}^3/\text{s})$$

$C_{实际}>C$，$DN150$ 可行。

核算比小 $DN150$ 一级的 $DN100$ 是否适用。

$pD=2000\times0.10=200(\text{Pa}\cdot\text{m})>0.658(\text{Pa}\cdot\text{m})$，气体的流动状态属于黏性流。

根据表 33-18，求得管件的当量长度见下表。

名　称	当量长度/mm	数量/个	阻力系数×数量
90°标准弯头	1.80	5	9.00
闸阀	0.89	1	0.89
小计 L_e			9.89

$$C_{实际}=\frac{\pi}{128}\times\frac{\overline{p}D^4}{\mu(L+L_e)}=\frac{\pi}{128}\times\frac{1800\times0.10^4}{0.01\times10^{-3}(30+9.89)}$$

$$=11.1(\text{m}^3/\text{s})$$

$C_{实际}<C$，$DN100$ 不适用。

选择管径为 $DN150$。

(2) 真空泵进口压力和抽气速率

$$\frac{1}{C_{实际}}=\frac{1}{s_1}-\frac{1}{s_2}\rightarrow\frac{1}{50.1}=\frac{1}{3}-\frac{1}{s_2}\rightarrow s_2=3.19\text{m}^3/\text{s}$$

$$\frac{p_2}{p_1}=\frac{s_1}{s_2}\rightarrow\frac{p_2}{2000}=\frac{3}{3.19}\rightarrow p_2=1881(\text{Pa})(\text{绝})$$

真空泵进口压力为 1881Pa（绝），抽气速率为 $3.19\text{m}^3/\text{s}$。

3 管道流体力学计算的计算机应用

随着计算机科学的发展，大型工程公司、阀门和管件制造商以及过程模拟软件制作公司，或是基于阀门和管件的长期制造经验，或是基于化工过程流程模拟的理论与实践经验，一直在致力于管道流体力学计算的应用软件的开发和升级工作。比较有代表性的软件有美国CRANE阀门和管件制造商制作的CRANE系列软件，美国ASPEN软件公司制作的ASPEN PLUS系列过程模拟软件等。这些软件能够计算单相流（不可压缩流体和可压缩流体）、两相流（非闪蒸型和闪蒸型）、真空流动等流体的管道压力降。另外，CRANE系列软件还集成了各种型号和规格的阀门和管件的局部阻力系数的数据库以及各种型号机泵的性能曲线数据库，并且给上述两个数据库的扩充预留了数据接口。ASPEN PLUS系列过程模拟软件则以其强大的物性数据库和与化工装置流程模拟的无缝连接把管道流体力学计算应用软件提升到了集准确性、简便性和集成性的高度。

参考文献

[1] 华绍曾，杨学宁等. 实用流体阻力手册. 北京：国防工业出版社，1985.
[2] 原化学工业部化工工艺配管设计技术中心站. 化工管路手册. 北京：化学工业出版社，1985.
[3] 时均，汪家鼎，余国琮，陈敏恒. 化学工程手册. 第2版. 北京：化学工业出版社，1996.
[4] 化学工业部. 化工装置工艺系统工程设计规定. 北京：化学工业部，1996.
[5] 陈敏恒，丛德滋，方图南. 化工原理. 北京：化学工业出版社，1985.
[6] 卢永铭等. 真空手册. 北京：原子能出版社，1986.
[7] Chisholm D. Two-phase flow in pipelines and heat exchangers，1983.
[8] Ernest E. Ludwig Applied Process design for chemical and petrochemical plants Vol1 second edition，1977.

第34章 安全泄放设施的工艺设计

在化工生产过程中，由于火灾、烘烤、操作失误或机械故障等原因，会造成系统压力超过设备和管道的设计压力。为避免设备或管道在这些情况下因超压造成损坏及发生事故，需要设置安全设施对系统进行泄压。上述安全设施可能是一个可以再关闭的压力泄放阀（安全阀），也可能是一个不可以再关闭的压力泄放设施（爆破片），或是一种用于保护常压容器免受超压或超真空度破坏的安全设施（呼吸阀）。本章将阐述安全阀、爆破片、呼吸阀三种安全设施的工艺设计。

1 安全阀工艺设计

1.1 概述

对于操作压力在0.1～100MPa（表）的压力容器与压力管道上防止超压用的安全阀应按GB 150《压力容器》中有关规定计算，需要时也可参照API 520、API 521等标准。

有关安全阀的术语和定义如下。

① 安全阀（safety valve） 根据压力系统的工作压力自动启闭，当设备或管道内的压力超过安全阀设定压力时，自动开启泄压，保证设备和管道内介质压力在设定压力之下，保护设备和管道安全。

② 喉径面积 安全阀喷嘴中最小直径处的截面积。

③ 环隙面积 安全阀的阀瓣与阀座之间的圆柱形面积。

④ 积聚（accumulation） 在安全阀泄放过程中，超过容器的最大允许工作压力（当压力容器的设计文件没有给出最大允许工作压力时，则可认为该容器的设计压力即最大允许工作压力）的值，用压力单位或百分数表示。紧急或火灾事故时的最大允许积聚压力根据压力设备设计规范确定。

⑤ 背压（back pressure） 是指由于泄放系统有压力而存在于安全阀出口处的压力。背压有固定的和变化的两种形式。背压是附加背压和积聚背压之和。

⑥ 附加背压（superimposed back pressure） 是指当安全阀启动时，存在于安全阀出口的静压，它是由于其他阀排放而造成的压力，有两种形式，即固定的和变化的。

⑦ 积聚背压（built-up back pressure） 是指泄压阀打开后由于流动使泄放主管中增加的压力。

⑧ 设定压力（set pressure） 又称动作压力，是指压力泄放设施在运行工况下打开时的入口表压。

⑨ 最大允许工作压力（maximum allowable working pressure） 是指在设计温度下，容器顶部所允许承受的最大压力。此压力基于设备计算中的正常厚度、金属腐蚀裕度、负载和压力。最大允许工作压力是设定安全阀压力保护设备的基础。

⑩ 超压（overpressure） 是指超过安全阀设定压力的压力，用压力单位或百分数表示。它与容器设定的最大允许工作压力时的积聚一样，假设安全阀入口没有管路损失。

⑪ 操作压力（operation pressure） 是指容器通常操作时的压力。压力容器的设计通常有一个最大允许工作压力，它为操作压力提供合适的余量，以阻止安全阀在不需要的情况下打开。

⑫ 泄放条件（relieving conditions） 是指用于表示安全阀超压时的进口压力和温度。泄放压力等于安全阀的设定压力加超压；泄放温度为泄放条件下的流体温度，它可能高于操作温度，也可能低于操作温度。

⑬ 安全阀的泄放压力（relieving pressure） 是指安全阀的阀芯升到最大高度后阀入口处的压力。泄放压力等于设定压力加超压。

⑭ 安全阀的回座压力（closing pressure） 是指安全阀起跳后，随着被保护系统内压力的下降，阀芯重新回到阀座时的压力。

⑮ 回座压差（blowdown） 是指设定压力与安全阀关闭压力之差，用设定压力的百分数或用压力单位表示。

1.2 安全阀与容器的压力关系

安全泄放装置的动作压力应根据压力容器设计规范要求确定，以下是GB 150.1—2011《压力容器 第1部分 通用要求》的规定。

① 当容器上仅安装一个泄放装置时，泄放装置的动作压力应不大于设计压力，容器的超压限度应不大于设计压力的10%或20kPa中的较大值。

② 当容器上安装多个泄放装置时，其中一个泄放装置的动作压力应不大于设计压力，其他泄放装置的动作压力可提高至设计压力的1.05倍；容器的超压限

度应不大于设计压力的16%或30kPa中的较大值。

③ 当考虑容器在遇到火灾或接近不能预料的外来热源而可能酿成危险时，容器的超压限度应不大于设计压力的21%；如①或②中泄放装置不能满足这一超压限度要求时，应安装辅助泄放装置，辅助泄放装置动作压力不大于设计压力的1.1倍。

1.3 安全阀的设置场合

安全阀适用于清洁、无颗粒、低黏度流体。凡必须安装安全泄压装置而又不适合安装安全阀的场所，都应安装爆破片或安全阀与爆破片串联使用。

凡属下列情况之一的容器必须安装安全阀。

① 独立的压力系统（有切断阀与其他系统分开），该系统指全气相、全液相或气液相连通。

② 反应器异常而引起的超压。

③ 容器的压力物料来源处没有安全阀的场合。

④ 设计压力小于压力来源处的压力的容器及管道。

⑤ 容积式泵和压缩机的出口管道。

⑥ 由于不凝气的累积产生超压的容器。

⑦ 工业炉出口管道上如设有切断阀或控制阀时，在该阀上游应设置安全阀。

⑧ 由于工艺事故、自控事故、电力事故、火灾事故和公用工程事故引发的超压部位。

⑨ 液体因两端阀门关闭而产生热膨胀的部位。

⑩ 凝气透平机的蒸汽出口管道。

⑪ 某些情况下，由于泵出口止回阀的泄漏，在泵的入口管道上设置安全阀。

⑫ 其他应设置安全阀的地方。例如，当容器暴露于火灾环境下，由于辐射、对流传热和火焰的直接接触，容器内储存的物质被加热，压力升高。根据HG/T 20570.02的规定，距地面7.5m或距地面能形成大面积火焰平台之上7.5m高度范围内的容器，需要设置安全阀。

1.4 超压原因及其泄放量的确定原则

超压是指正常物流中的物料和能量的不平衡或中断，引起物料或能量（或两者同时）在系统某些部分积累的结果。因此，分析超压的原因和程度是对工艺系统中物料及能量平衡的特殊而又复杂的综合研究过程。安全阀的设置要保证一个工艺系统或工艺系统中的任何一个工况的压力不能超过最大允许积聚压力。

工艺系统中压力容器、换热器及其他设备和管道需要承载一定的压力，包括以下项目。

① 操作温度下的正常操作压力。

② 工艺过程中任何可能发生故障（如断电等）的组合的影响。

③ 操作压力与安全阀设定压力的差异。

④ 任何额外的内部载荷（如静压头）和外部载荷（如地震载荷或风载荷）的组合的影响。

工艺系统设计必须确定所需的最小压力泄放量，以防止任何一台设备超过它的最大允许积聚压力。

(1) 超压来源

导致液体或气体超压泄放的原因是净能量的输入。最通常的能量形式有两个：一是热量输入，导致介质汽化或热膨胀，从而使压力升高；二是压力直接从较高压力源传入。以上单个或两个因素都可能引起超压。

泄放量的峰值是指在此最大泄放量下，压力必须降低到可以避免设备因任何一个单独的原因引起的超压而造成损坏。两个毫无关联的故障同时发生的概率很小，所以通常不一起考虑。

(2) 压力、温度和组成的影响

因为温度和压力会影响液体及气体的体积与组成，所以在确定每个泄放量时都要考虑温度和压力的影响。液体受热气化就会变成蒸气。对密闭设备而言，随着压力升高及热量的输入与输出，平衡条件会改变，产生的蒸气量也随之而变。在大多数情况下，一定量的液体是由有不同沸点的组分的混合物所构成的。当尚未达到泄放压力下的临界温度时，热量的输入所形成的蒸气中富含沸点低的组分，随着热量不断地输入，较重的组分开始增多。最后，如果输入热量足够多，最重的组分也蒸发了。

在泄压过程中，要研究不同时间段的蒸气量和分子量的变化，以确定蒸气的最大泄放量和对应组成。输入介质的组分也会随时间而变，因此也需要一起研究。

泄放压力有时会超过系统内组分的临界压力（或虚拟临界压力）。在这种情况下，就要参考压缩系数的相关性以计算密度-温度-热焓之间的相互关系。如果超压是由于额外物料流入引起的，此额外物料的泄放量就要根据进出焓相等条件下计算出的温度来确定。

对应没有其他的进出物料的系统，如果超压是由于外部额外的热量输入所引起的结果，排放的量就是初始物料量与计算所得的一段时间后所剩余物料量的差值。无论这些物料是在容器中或已蒸发出来，此外部热量所输入的焓的累计值都等于容器中原有物料的焓增量的总和。通过计算或以累计泄放量对时间作图，就能得到瞬间的最大泄放量。最大泄放量通常出现在临界温度附近。在此工况下，理想气体的假设会显得过于保守，计算所得的泄放面积会过大。

(3) 操作人员的影响

在确定最大泄放工况时还要考虑那些对操作负责的人员和对错误行动之后果的理解。通常可接受的响应时间在10～30min之间，这取决于装置的复杂程度。该响应的有效性还取决于工艺的动态特性。

(4) 出口阀关闭

当设备或系统所有的出口阀关闭时，为了保护设备或防止系统超压，泄放设施的能力要大于等于超压源的能力。如果不是所有的出口阀都关闭，没有关闭的出口阀的泄放量也要适当地考虑。超压源来自泵、压缩机、高压供应总管以及富吸收剂和工艺热量蒸发出来的蒸气。这种情况发生在换热器中，关闭出口阀会引起热膨胀，或者产生蒸气。

泄放量要按泄放工况下对应的条件来确定，而不是按正常操作工况。如果考虑这个区别，所需的泄放量通常会显著减少。在确定泄放量时，还要考虑超压源至被保护系统间管线的摩擦阻力损失所引起的压降。

(5) 冷却介质或回流发生故障

所需泄放量由系统所处泄放压力下的热量平衡和物料平衡决定。对于一个精馏塔系统，泄放量可以按有回流或无回流的情况计算。如果冷却物流中断，则残余冷却剂的影响通常不计入，因为此影响受时间限制，而且取决于管道的实际走向。但是，如果工艺管路系统非常庞大，并且管道不保温的话，那么就要考虑热量散失到周围环境的影响。

由于详细的热量平衡和物料平衡很难计算，因此以下①～⑧描述了普遍认可的确定泄放量的简化基准。

① 全凝　所需泄放量是冷凝器的总的蒸气进料量，要按泄放工况对应的新的蒸气组成下的温度和泄放时刻流入的热量重新计算泄放量。在正常液位时，塔顶馏出物收集罐的缓冲能力通常限制在 10min 以内。如果冷却故障超过上述时间，回流就会丧失，塔顶馏出物的组成、温度和蒸气量会发生很大改变。

② 部分冷凝　所需的泄放量是泄放工况下进出冷凝器的蒸气量的差值。进入的蒸气量的计算基准同①。如果回流组成或回流量发生改变，那么进入冷凝器的蒸气量应该按新的工况确定。

③ 空冷器风扇故障　由于自然对流的作用，除非泄放工况有重大改变，否则通常按空冷器正常负荷的 20%～30%计入部分冷凝能力。因此，所需泄放量的计算是基于剩余的 70%～80%的正常负荷，取决于不同的场合（见①和②）。然而，自然对流带走的实际有效负荷通常与空冷器的设计有关，如果运用适当的工程分析方法，某些设计允许计入更多的有效负荷。此外，如果使用变距风扇，并且变距机械发生故障的话，那么空冷器的冷却能力就会降低。

④ 空冷器百叶窗关闭　空冷器百叶窗关闭，被认为会导致冷却作用完全丧失。百叶窗关闭的原因可能是自动控制系统发生故障，也可能是机械联动装置发生故障，或者手动调节的百叶窗因破坏性振动发生故障。

⑤ 塔顶循环回流　在很多情况下，例如泵停车或阀门关闭导致的塔顶回流故障会引起塔顶冷凝器液泛，这种情况与冷却功能完全丧失的情况相当。回流故障引起的组分变化会产生不同的气相性质，从而影响所需的泄放量。对于这种情况，按全部冷却剂故障的工况计算压力泄放设施的尺寸通常是满足要求的，但针对每种工况仍必须对相关特定部件和所涉及的系统进行检查。

⑥ 中段循环回流　所需的泄放量等于被中段循环回流移除的热量加热所产生的汽化量。汽化潜热与泄放工况下泄放时刻的温度和压力对应的汽化潜热相当。

⑦ 塔顶循环回流加中段循环回流　通常情况下，塔顶循环回流加中段循环回流的设计不会使得中段循环故障和塔顶冷凝器故障同时发生。但是，其中一个发生部分故障，另一个同时发生完全故障还是很有可能的。所需的泄放量可分别按⑤和⑥计算。

⑧ 侧线回流故障　所需的泄放量的确定原则与那些在⑤和⑥中描述的适用于塔顶冷凝器液泛（如系统中有一台塔顶冷凝器的话）的情况或者因组成改变导致蒸气性质发生改变的情况相同。因此，所需的泄放量要足够大，以便能够泄放那些通常要从系统移除的热量（加热而产生的蒸汽）。

(6) 吸收剂流动故障

对于用贫油吸收烃类化合物的过程，贫油发生故障通常不会引起泄放需求，但是，对酸性气体脱除单元而言，大量进入的蒸气（25%或更多）将会在吸收塔中被吸收剂吸收，如果吸收剂中断，因下游系统可能没有足够能力处理增加的蒸气流量，会导致吸收塔压力升高直至泄放压力。

每种单独工况都必须研究其工艺和仪表特性，研究范围应包括对下游工艺单元的影响，此外还应包括在紧随吸收塔的下游管道和仪表中的反应。

(7) 不凝气的积聚

正常情况下不凝气不会发生积聚，因为它们会随着工艺物流被释放。如果不凝气在塔顶冷凝器的死区（汽封）积聚，其影响与塔顶冷凝器的冷却剂全部失去的情况相当。

(8) 易挥发性介质进入系统

① 水进入热油系统　尽管水进入热油系统仍然是潜在的超压根源，但目前没有公认的方法计算这种情况下所需的泄放量。从有限的意义上讲，如果出现的水量和工艺物流中的可利用热量是已知的，那么压力泄放设施的尺寸就可以像蒸汽阀门一样通过计算确定。令人遗憾的是，水量几乎是不可能知道的，甚至连大小范围都不知道。并且，从液体变到气体的体积膨胀如此之大（常压下接近 1∶1400），蒸汽的生成速率是瞬间的，压力泄放设施能否足够快速地打开起到保护作用都成问题。通常，针对这种意外事故是不需要提供压力泄放设施的。为消除这种意外事故发生的可能性，工艺系统的合理设计、试车和操作都是至关重要的。以下是可采取的预防措施。

a. 水侧的操作压力要设计得比热油侧的低。

b. 备用设备中保持热油最小流量循环，以避免水在设备中积聚。

c. 避免出现水（液）袋。

d. 安装合适的蒸汽凝液的疏水阀。

e. 安装伴热系统以免蒸汽冷凝。

f. 在水管线和热工艺管线连接处设置双切断阀

及放净阀。

g. 设置联锁装置，当发生原料被水污染时切断热源。

② 轻烃进入热油系统 虽然从液体变到气体体积的膨胀比值小于1∶1400，上述①中的内容同样适用于轻烃进入热油系统的情况。

(9) 溢出

很多工艺容器或缓冲罐，包括精馏塔和蒸馏塔，都有在正常操作、开车或停车等工况下对液位进行控制的要求。但是以往经验表明，在某些特定的条件下，这些设备可能会发生溢出。如果液体进料和供应管线来源处的压力超过泄放设施的设定压力和/或设备的设计压力，那么就要对溢出进行评估。解决液体溢出的系统设计选项应考虑但不限于下列措施。

① 在压力设计规范允许的情况下，提高系统设计压力和/或压力泄放设施的设定压力。

② 设计一个能够安全容纳溢出介质的泄压系统[包括操作人员干预响应的影响，见“(3) 操作人员的影响”]。

③ 安装安全仪表系统（SIS），以避免液体溢出。

对上述全部设计选项，要评估所有的操作过程。尤其要关注开车阶段和那些工艺条件（例如流量、温度和密度）偏离正常值以及那些与正常操作相比更容易导致发生溢出的非正常操作工况。

(10) 自动控制系统失效

在容器或系统入口和出口处设置直接受工艺或间接受工艺变量（如压力、流量、液位或温度）驱使的自动控制设施。当送往终端控制元件（如阀门控制器）的变送器信号或操作介质出现故障时，自动控制设施应按设计基本原则的要求，采取故障全关或故障全开的措施。

① 泄放能力的确定 在估算各种工况的所需泄放量时，应假定自动控制的调节阀，无论是否引起泄放要求，均维持在最小正常工艺流量所要求的开度位置上。也就是说，任何有帮助的仪表响应的影响都不应计入所需泄放量的计算中。最小正常阀门开度位置是事故发生前阀门的预计开度位置。因此，在下游系统能够处理任何流量增加的条件下，除非流过调节阀的流体条件发生改变（见下述⑥），否则应按这些阀门的正常最小流量计入所需泄放量，并将它按对应的泄放条件进行修正。虽然由非系统压力变量所驱动的控制器会尝试将其控制的阀门全开，但仅当操作阀位处于最小正常流量而不管其初始条件时，才可计入这些调节阀的影响。

② 入口控制设施和旁路阀 可能有单个或多个进料管线与控制设施相连。无论调节阀的故障阀位如何，工况分析都要把一个入口调节阀当作处于全开的位置来考虑。此调节阀被打开，既可能是仪表故障引起的，也可能是误操作引起的。如果系统有多个进口，应该假设剩余的其他管线上的调节阀都维持在其正常操作的阀位上。因此，所需的泄放量是预计的最大进料流量与正常出料流量的差值，并根据泄放工况以及单元的负荷弹性对其进行调整，假设系统中其他阀门仍处在正常流量的阀位（即正常打开、关闭或调节）。如果一个或多个出口阀门被关闭，或者引起第一个入口阀门打开的相同的故障导致更多的入口阀门被打开，所需的泄放量为预计的最大进料流量与那些仍保持打开的出口阀门的出料流量的差值。所有流量都应按泄放工况进行计算。一个需要重点考虑的影响因素是进料调节阀带有至少部分打开的手动旁路阀门。如果在正常操作时旁路阀被打开以便提供增加的流量，那么在泄放工况分析中就要考虑总的流量（调节阀全开和旁路阀处于正常开度位置）。

除非管理控制措施到位，否则当调节阀正在工作（调节阀和旁路阀均大开）时，应考虑旁路阀因疏忽被打开的可能性（例如在正常操作过程中，维修调节阀时，开车、停车或进行特殊操作时）。如果旁路阀打开导致压力超过校正的水压试验压力时，仅依靠行政控制措施作为避免超压的唯一手段可能是不恰当的。读者们请注意：有些系统会因为行政控制措施的失败而出现不可接受的风险，以及因为抑制手段的丧失而导致严重后果。在这些工况中，限制压力超过正常的允许值应更为恰当。注意：在分析管理控制措施的失败引起的超压时应考虑整个系统，包括辅助设施（如带垫片的连接处、仪表等）。

通常，液体从高压容器被排放至低压系统，倘若低压系统的出口被关闭，就只关注闪蒸的作用。然而，设计人员也应该考虑到，如果较高压力的容器丧失液位，气体会进入低压系统。在这种工况下，如果进入的气体源的体积比低压系统的体积大，或者气体源是无限量的，严重的超压情况就会迅速发展。在此情况发生时，必须根据低压系统来确定泄放设施的尺寸，以便能够处理穿过液体调节阀的最大气体流量。伴随液位丧失而来的气体流动通常被称作“气体突破”或“气体窜漏”。

当工艺系统内的压力等级差别很大时，高压设备所容纳的气体体积比低压系统的体积小，在某些工况下，增加的压力可以被吸收，不会引起超压。

如果发生液位丧失，进入低压系统的气体流量取决于互连的系统，它通常由完全打开的阀门和管道组成，流过的流体压差基于上游的正常操作压力和下游的泄放压力。使用者请注意：如果它碰巧和液位丧失同时发生的话，应使用那个较高的上游压力。在初始工况下此压降常常导致流体处于临界状态（通过调节阀被节流），并且能使流量高于流入高压系统的流量数倍。除非补齐相等的流出量，否则上游容器中的液体就会耗尽。尽管如此，用于保护低压系统的泄放设施依然要按处理峰值流量来确定尺寸。如果低压侧有一个大的气体容量，把下列因素计入泄放要求证明是值得做的：来自高压系统气体的迁移必须将下游的压力从操作压力提高到泄放压力（通常为设计压力或最大允许工作压力的 110%）以降低上游的压力。伴随此压力降低而来的是确定泄放要求的流量也随之减少。在考虑上述因素时，为维持上游压力，给高压系统的补充气体应该留有余量。比如也可以通过在流体通道上使用尺寸较小的阀门、缩短的阀杆、机械限位器或者限流孔板来减少气体突破的流量。

③ 出口控制设施　对泄放负荷的确定来说，每个出口调节阀都应考虑其全开和全关这两种位置的影响。不用理会调节阀的故障阀位，因为仪表系统故障或误操作都会引起调节阀故障。如果引起出口阀门关闭的相同的故障导致一个或多个进口阀门被打开，压力泄放设施应能满足超压泄放的要求。所需的泄放量是最大进料流量与最大出料流量的差值。所有流量均应按泄放工况计算，另外，还要考虑因操作人员疏忽导致控制设施关闭的影响。

如果系统中只有一个带调节设施的出口因故障处于关闭位置，压力泄放设施应能够满足超压泄放的要求。所需泄放量等于在安全泄放工况下预计的最大进料量，估算方法见“(4) 出口阀关闭”。

如果系统中有多个出口，并且只有某个出口的调节设施故障处于关闭位置，假设系统中其他阀门均维持在正常操作阀位，所需的泄放量为预计的最大进料量与其他剩余出口的设计流量（按泄放工况和单元操作负荷弹性进行调整）之差。

如果系统中有多个出口，每个出口都有调节设施并都因为同样的故障导致处于关闭位置，所需的泄放量等于预计在泄放工况下的最大进料量。

④ 故障时保持状态的阀门　尽管有些控制设施被设计成保持在故障发生前的最后的控制阀位上，但是没有人能够预测故障发生时阀门的开度位置。因此，设计人员应该总是假定这类阀门不是打开就是关上：在使用这类设施的场合，所需泄放量是不能减少的。

⑤ 节流阀发生故障　经验表明，在一定的条件和使用场合下，节流阀的阀杆易发生突然和完全故障，导致阀门的流通能力惊人地升高。这种故障可能导致出现一个明显大于正常值的持续流量。系统响应和超压泄放流量的计算要包括单次阻塞流故障造成额外流量增加的最坏情况。对于这些，可能需要采用动态分析的方法确定实际的影响。设计人员应根据实际情况考虑是否将这种阀门故障作为一种设计的基准。

⑥ 特殊泄放要求　虽然某些控制设施（如隔膜式调节阀）通常只根据正常设计操作条件确定其规格和尺寸，但是却希望它们在干扰条件下也能操作，包括压力泄放设施正在排放期间。阀门设计和阀门控制器应该能够在非正常工况下根据控制信号正确调整阀门的阀瓣位置。泄压工况下调节阀的能力不同于正常工况下的能力，因此调节阀的能力应根据确定所需泄放量的泄放工况下的温度和压力计算得到。在极端情况下，被控制流体的状态会发生改变（如由液态变到气态，或从气态变到液态），例如所选择的控制液体的调节阀在全开时的能力与它被用来控制气体时大不相同。因此在液位可能失去的地方需要特别注意，这种情况会导致高压气体穿过阀门进入通常设计规模只考虑处理正常液体进入闪蒸气化的系统。

⑦ 有关气体突破管道设计的应对措施　当气体突破调节阀时，就会导致活塞流和液体流速很快。因此在设计管道和管架时必须考虑瞬时负荷冲击力对管道系统的影响。泄放设施应靠近上游调节阀布置，这样做不仅可以减少所需管架的数量，而且还可以使泄放设施的尺寸变小。

(11) 非正常工艺热量或蒸汽的输入

① 非正常工艺热量的输入　新的或刚清洗过的再沸器或其他用热设备，可能会发生超过设计负荷的热量输入，如果温度控制发生故障，产生的蒸汽（可能还包括过热产生的不凝气）就会超过工艺系统冷凝或承受累积压力的能力。所需泄放量是泄放工况下产生的蒸汽的最大流量（包括过热产生的不凝气），比正常的冷凝液流量或蒸汽流量小。针对每种工况，设计人员应考虑系统及其每个组成部分的潜在特性，例如燃料或热媒调节阀或换热管传热能力会成为一种限制。为了和其他超压原因的分析保持一致，例如对于调节阀的尺寸，应采用设计值。此外，还应该考虑固有的超负荷，比如，通常规定烧嘴的能力是工业炉设计热量输入的 125%。

如果调节阀上安装限位器，通常采用调节阀全开时的通过能力，而不是限位器设定开度位置上的通过能力。但是，如果安装的是机械限位器，并且有足够的文件证明，那么采用限位器设定开度位置上的通过能力是恰当的。在管壳式换热器中，热量输入应基于清洁工况而不是结垢工况的传热系数进行计算。

② 阀门因疏忽被打开　除非采取行政控制手段避免阀门因疏忽被打开，否则来自较高压力源如高压蒸汽或工艺流体的任何阀门因疏忽被打开的影响都要在确定压力泄放能力时考虑。此时，泄放负荷要根据阀门上游设备的最大操作压力和阀门下游设备的泄放压力来确定。如果压力源是一根管线或一个油（气）井，阀门上游的压力有可能达到压力源停车后的最大关闭压力。设计者应确定阀门因疏忽被打开与上游系统最大关闭压力结合在一起是否是一个可信的泄放工况。

以下方法可以用于手动或自动阀门意外打开后造成容器压力升高的工况。容器必须设置一个其能力大到可以通过上述打开阀门的流量的安全阀。如果容器出口阀门可以合理地维持在开启状态，容器出口流量可以从排放量中扣除。手动或自动阀门的流通能力必须考虑其处于全开状态并考虑泄放工况下容器内的压力。

如果手动阀门或自动阀门意外打开，所引入的液体导致进入容器的液体闪蒸或者导致容器内介质气化，可用当量体积或当量热量来计算泄放量。尽管同时多个阀门意外打开的工况在已经识别为供因失效时（比如程序控制阀门操作）仍需要考虑，但通常一次只需考虑一个手动阀门或自动阀门意外打开的工况。自动控制失效工况见“(10) 自动控制系统失效”。

③ 往复式压缩机活塞杆密封填料故障　往复式压缩机应设置尺寸足够大的排放管线或压力泄放设施，以保护其免受因定距块中的活塞杆密封填料故障而导致的超压。确定排放管线或压力泄放设施的尺寸的选项如下。

a. 确定压缩机活塞杆和填函料之间的环隙，并根据其对应的方形锐孔面积计算流量。

b. 使用入口尺寸等于排放管线公称尺寸（NPS）的压力泄放设施。

(12) 内部爆炸或短暂的压力冲击波

① 内部爆炸（不包括爆轰）　如果提供超压保护设施用于防止蒸气-空气混合物被引燃而导致内部发生爆炸，当火焰蔓延速度小于音速（即爆燃而非爆轰）时，应该采用爆破片或爆破放空板而不是安全阀。它们可以在数毫秒内做出反应。与此相反，安全阀的反应速度太慢，不足以保护容器，防止因内部火焰蔓延引起压力急剧升高。所需的泄放面积受下列因素影响。

a. 初始条件（温度、压力、组成）。

b. 特定蒸气或气体的火焰蔓延性质。

c. 容器的体积。

d. 泄放设施的起跳压力。

e. 发生爆炸泄放事故时的最大允许压力。

必须注意到在爆炸泄压过程中可以达到的峰值压力相比于泄放设施开始动作时的压力通常要高一些，有时则高很多。

爆炸泄压系统的设计必须依照认可的导则来进行（如 NFPA 68 中所提出的）。简化的经验法则会导致设计不足而不能使用。如果被保护容器的操作条件超出设计规范，爆炸泄压设计必须依照特定的测试数据进行，或者采取其他爆炸保护措施。

NFPA 69 提出了一些可选的爆炸保护措施，包括爆炸控制、爆炸抑制、氧化物浓度降低等。

对于确信存在爆轰风险的场合，爆炸泄压系统、爆炸控制以及爆炸抑制等措施不能采用。对这类场合，爆炸危害必须以防止爆轰混合物的形成来缓解。

对于存在仅因开停车时空气污染而导致内部爆炸的设备，防止爆炸的措施，如惰性气体吹扫、辅以合适的管理控制措施，可以考虑用来替代爆炸泄压系统。

② 短暂的压力冲击波

a. 水锤　在任何充有液体的系统中发生的水力冲击都被称为水锤，应该仔细地评估它。水锤是超压的一种类型，它不能被压力调节阀控制，因为压力调节阀的响应时间太慢，而水锤压力峰值的振荡以毫秒计，可以升高至正常操作压力的很多倍。这些压力波会损坏那些没有加上合适的安全设施的压力容器和管线。对于较长的管路系统，通常通过限制阀门的关闭速度来避免水锤。应进行合理分析，在有可能发生水锤的地方设置压力阻尼器、特殊的囊形收集器或补偿阀。

b. 蒸汽锤　在可压缩流体的管道中发生振荡的压力峰值冲击波被称为蒸汽锤，通常是由阀门快速关闭引起的。此振荡的压力冲击波发生在毫秒之间，而且压力可能升高至正常操作压力的很多倍，导致管道发生振动和剧烈移位，还可能造成设备破损。而压力调节阀因响应时间太慢而无法有效地用作保护设施。应避免使用快关阀门，以防止发生蒸汽锤。

c. 冷凝液导入锤　蒸汽气泡被冷的冷凝液隔离会导致气泡快速破裂，并使蒸汽管网发生灾难性破坏。为了努力消除这种影响，工艺系统的正确设计和操作都是必不可少的（例如安装放净阀、疏水器，设置恰当的管道坡度，进行培训，采用精密的主操作控制器）。

(13) 化学反应

① 事故排放系统设计研究院（DIERS）已经建立一套用于确定化学反应紧急事故放空系统的合适尺寸的方法。DIERS 方法具体内容如下。

a. 为反应系统定义设计基准故障工况。

b. 通过实验室测试模拟设计基准故障工况来描述系统特性。

c. 使用用于计算气-液两相流体泄放的放空尺寸的公式。

② 化学反应失控工况。设计基准故障工况与过程密切相关，但通常包括以下一个或几个工况。

a. 外部火灾。

b. 混合失效。

c. 冷却失效。

d. 反应物注入失误。

(14) 电力故障

确定电力故障导致的所需泄放量，需要对装置或系统进行仔细分析来评估哪些设备受电力故障影响，以及这些设备故障如何影响装置操作。

应通过以下三个途径对电力故障进行分析。

① 按局部电力故障考虑，此时只有一台设备受影响。

② 按中等规模或部分电力故障考虑，此时一个配电中心、一个电动机控制中心或一根总线受影响。

③ 按整个电力系统故障考虑，此时所有的用电设备同时受影响。

只有几台设备（例如几台泵、几台风扇和几个电磁阀）发生故障的局部电力故障的影响比较容易评估，这些影响的大部分已被前面章节的内容所覆盖。一旦故障的原因得到确定，就可以根据前面章节的内容确定泄放需求。比如一台泵发生故障可导致冷却水回流或丧失，冷却水回流和/或丧失的影响参见“(5) 冷却介质或回流发生故障”，吸收剂丧失的影响参见“(6) 吸收剂流动故障”。

中等规模或部分电力故障的影响比其他两种故障的影响严重，取决于各种泵和驱动机供电的划分方式，有可能在一台空冷器的所有风扇停转的同时回流泵也停转。这样会导致冷凝器液泛，并且用作冷凝器的空冷器的自然对流的冷却效果也会失效。

整个电力系统发生故障的影响，需要额外地分析和评估多台设备发生故障的组合影响，要特别考虑在几个工况下多个安全阀同时打开的影响，尤其是当这些安全阀的出口都排往一个密闭的总管系统时。

(15) 液体膨胀

① 导致液体膨胀的原因　液体膨胀是指因温度升高而引起的液体体积增大，它由多种原因引起，最常见的有以下几个原因。

a. 充满冷液体的管道或容器被切断，随后被蒸汽伴管、加热盘管、获得的环境热量或火灾加热。

b. 换热器冷侧被切断，与此同时热侧有流体流过。

c. 充满接近常温的液体的管道或容器被切断，并且被太阳辐射热加热。

15.6℃时烃类液体和水的膨胀系数见表 34-1。

表 34-1　15.6℃时烃类液体和水的膨胀系数

液体重度/°API	数值/$℃^{-1}$
3～34.9	0.00072
35～50.9	0.0009
51～63.9	0.00108
64～78.9	0.00126
79～88.9	0.00144
89～93.9	0.00153
94 及更轻的	0.00162
水	0.00018

注：“°API”是指根据 API 标准测定的液体重度。

② 泄放设施的尺寸和设定压力的确定　液体膨胀工况所需的泄放量不太容易确定，因为每种应用场合都是泄放液体，而所需的泄放量很小，因此指定一个安全系数过大的设施是合理的。通常采用 $DN20\times25$（NPS3/4′×1′）的安全阀，如果这个尺寸不够大，那么应采用下面③中建议的方法来确定。

这些泄放设施设定压力的正确选择应该包括研究被切断系统中所有部件的设计等级，热膨胀工况的泄放压力设定值不应大于被保护系统中最薄弱的系统部件的最大允许压力。但是，压力泄放设施的设定值要足够高，以便它只在液体膨胀工况下才打开。如果热膨胀安全阀出口排往一个密闭系统，那么应考虑密闭系统背压的影响。

③ 特殊场合　需要用到尺寸大于 $DN20\times25$（NPS 3/4′×1′）安全阀的两个热膨胀泄放应用场合分别是安装在地面上不保温的大管径长管路系统和操作时充满液体的大型容器或换热器。长管路系统可能会在常温下或低于常温的情况下被切断，太阳辐射引起管内温度升高的值可通过计算得到。如果总的传热速率和液体的热膨胀系数是已知的，所需的泄放量就可以算出来。更多的关于热膨胀工况泄放的信息请参见 C. F. Parry 所著的《泄放系统手册》。

液体膨胀所需泄放量的计算公式如下。

$$W=\frac{BH}{c_p}$$

式中　W——质量泄放流量，kg/h；

B——体积膨胀系数，$℃^{-1}$；

H——正常工作条件下的最大传热量，kJ/h；

c_p——比定压热容，kJ/（kg·℃）。

(16) 外部火灾

① 外部火灾对湿润表面容器的影响——液体气化　容器内液面之下的面积统称为湿润面积。发生火灾时，外部火灾传入的热量通过湿润面积使容器内的液态物料气化，只考虑容器小于或等于距离地面或实体平面（如混凝土框架上的平台）7.5m 高度以下的湿润面积，通常 7.5m 高度以上部分不考虑。湿润面积包括火灾影响范围内的管道外表面积。

a. 对于充满液体的容器，湿润面积为 7.5m 高度以下的表面积。

b. 对于缓冲罐、分离罐和工艺容器，湿润面积为正常操作液位不高于 7.5m 部分的面积。

c. 精馏塔的湿润面积为塔釜正常液位和 7.5m 高度以下塔盘上持液部分的表面积之和。

d. 储罐的湿润面积为装填液位不高于 7.5m 部分的表面（接触基础或地面的那部分湿润面积不计）。

e. 球形容器的湿润面积为半球表面积或距地面 7.5m 高度以下表面积中的较大者。

② 容器外壁校正系数 F　容器壁外的设施可以阻碍火焰热量传至容器，用容器外壁校正系数 F 反映其对传热的影响。

《压力容器　第 1 部分：通用要求》(GB 150.1—2011) 中规定如下。

a. 容器在地面上无保温：$F=1.0$。

b. 容器在地面下用砂土覆盖：$F=0.3$。

c. 容器顶部设有大于 10L/(m^2·min) 水喷淋装置：$F=0.6$。

d. 容器在地面上有良好保温时，按式 (34-3) 计算。

美国石油学会标准 API 521 的规定如下。

a. 容器在地面上无保温：$F=1.0$。

b. 容器有水喷淋设施：$F=1.0$。

c. 容器在地面上有良好保温时，按式 (34-1) 计算。

$$F=1.502\times10^{-5}\times(904-t)\frac{\lambda}{d_0} \qquad (34\text{-}1)$$

式中 λ——保温材料的热导率，W/(m·℃)；

d_0——保温材料的厚度，m；

t——泄放温度，℃。

d. 容器在地面之下和有砂土覆盖的地上容器：$F=0$ 和 $F=0.03$。

此外，保冷材料不耐烧，因此，保冷容器的外壁校正系数（F）为1.0。

③ 安全泄放量 《压力容器 第1部分：通用要求》（GB 150.1—2011）中规定如下。

a. 无绝热保温层

$$W=2.55\times10^5 F\frac{A^{0.82}}{H_L} \quad (34\text{-}2)$$

式中 W——质量泄放量，kg/h；

A——总湿润面积，m^2；

H_L——泄放条件下的汽化潜热，kJ/kg；

F——容器外壁校正系数，取 $F=1.0$。

b. 有完整绝热保温层（例如在火灾条件下，保温层不被破坏）

$$W=2.61\times(650-t)\lambda\frac{A^{0.82}}{H_L d_0} \quad (34\text{-}3)$$

式中 W——质量泄放流量，kg/h；

A——总湿润面积，m^2；

H_L——泄放条件下的汽化潜热，kJ/kg；

λ——保温材料的热导率，kJ/(m·h·℃)；

d_0——保温材料的厚度，m；

t——泄放压力下的饱和温度，℃。

美国石油学会标准API 521规定，当有足够的消防保护措施和有能够及时排走地面上泄漏的物料措施时，容器的泄放量为

$$W=1.555\times10^5\frac{FA^{0.82}}{H_L} \quad (34\text{-}4)$$

否则，采用式（34-5）计算。

$$W=2.55\times10^5\frac{FA^{0.82}}{H_L} \quad (34\text{-}5)$$

式中符号同式（34-2）。

④ 外部火灾对无湿润表面容器的影响——气体膨胀 无湿润表面容器是指容器内是蒸气、气体或超临界流体，或者容器内部加了隔热层及在正常条件下容器内物料是分开的气、液两相，但在泄放条件下，物料变成全气相。

在外部发生火灾的情况下，无润湿表面容器将在短时间内由于金属材料的软化而发生破坏。设置安全阀不能独立保护这类容器不受破坏，仅能在短时间内（金属软化之前）起作用。因此要采取其他办法，如安装外保温、设置水喷淋或自动、手动的排放系统以及使容器远离易燃的物料等。计算公式如下。

$$W=8.764(Mp_1)^{0.5}A_1\frac{(T_w-T_1)^{1.25}}{T_1^{1.1506}} \quad (34\text{-}6)$$

式中 W——质量泄放流量，kg/h；

M——分子量；

p_1——泄放压力，MPa（绝）；

A_1——距地面7.5m高度以下的容器外表面面积，m^2；

T_w——建议的最大金属壁温，K，对于碳钢为866K；

T_1——泄放温度，K，根据理想气体状态方程计算。

(17) 换热管破裂

① 安装泄压设施的必要性 API 521中规定，换热器和类似的容器应该安装能力足够大的压力泄放设施，以避免换热器内部发生故障时造成超压。此陈述定义了一个涉及范围很广的问题，但是也呈现出下列特定的问题。

a. 内部故障的类型和范围能够被预测。

b. 即使换热器低压侧和/或相连设备的超压以一个假设故障的结果的形式出现时，仍需确定所需的泄放量。

c. 选择反应足够快的泄放设施以避免超压。

d. 选择合适的安装位置以便泄放设施在超压时能及时响应。

当换热管发生完全断裂时，大量高压侧流体流入换热器低压侧，这看似遥不可及，但可能会发生意外事故。在操作过程中，微小的泄漏很难造成换热器超压，但是，当这样的泄漏发生在处于密闭的低压侧，就能够导致超压。当低压侧（包括上游和下游系统）的压力在换热管破裂的过程中不超过校正的水压试验压力时，一根换热管破裂就不大会导致低压侧破损而通向大气。也可以选择除校正的水压试验压力以外的其他压力，前提是有正确的和详细的机械分析表明不会造成这种低压侧破损。当换热器高压侧的设计压力和操作压力有很大不同时，可以在对工况逐个进行分析的基础上，用高压侧最大的系统压力取代设计压力作为高压侧的压力。

当换热器低压侧（包括上游和下游系统）的压力不超过上述判据时，不需要考虑换热管破裂的压力泄放。可以通过提高换热器低压侧（包括上游和下游系统）的设计压力和/或确保有一个敞开的、能够通过换热管破裂引起的流量的流动通道而不超过额定压力，和/或设置压力泄放设施等措施，来减轻换热管破裂工况的影响。

读者可以做一个详细的分析和/或适当的换热器设计，以便确定除一根换热管完全断裂工况以外的设计原则。但是，应该对不同类型换热器的换热管的小泄漏进行评估。详细的分析应考虑以下内容。

a. 换热管振动。

b. 换热管材质。

c. 换热管壁厚。

d. 换热管磨蚀。

e. 易脆裂的可能性。

f. 疲劳或蠕变。

g. 换热管和管板的腐蚀及减薄。

h. 换热管检查计划。

i. 换热管和折流板之间的摩擦。

② 泄放量的确定 事实上，换热器内部故障可以是从一个小针孔到一根换热管完全断裂不等。为了通过静态方法确定所需的泄放量，应该采用下列基准。

a. 换热管故障是指一根换热管突然发生破裂。

b. 假设换热管故障发生在管板背面一侧。

c. 假设高压流体同时通过留在管板中的换热管残存段和另一个较长部分的管段流入低压侧。

也可以做简化假设，用两个小孔代替上面的方法，因为这样计算得到的泄放流量比上面用一个较长管段缺口和管子残存段进行计算得到的流量大。

动态的方法需要做详细分析，以便确定用一个比一根换热管完全断裂更小的设计基准是否就足够了。

在确定泄放流量时，应该考虑留余量，因为流体在低压侧与较热物料密切接触，由于减压和蒸发作用的组合影响，不是导致液体因减压闪蒸气化变成蒸气，就是易挥发流体在被加热的情况下变成蒸气。

对那些穿过缺口而不发生闪蒸的液体，应该采用不可压缩流体方程计算通过故障处的排放流量。对穿过破裂的换热管缺口的气体，适用于可压缩流体理论。用于评估气体或非闪蒸液体通过一个小孔或敞开的管端的流量的典型静态方程在 Gran Technical Paper No. 410 或其他流体流动参考资料中已有介绍。

应采用两相流方法来确定闪蒸液体或两相流体通过故障处的流量。事故排放系统设计研究院(DIERS)和其他机构开发的流动模型适用于解决此问题。涉及这些模型的更多信息参见 API 521—2014 所列参考文献的第［5］、［105］、［107］项。一旦流体在换热器低压侧闪蒸，就可以采用基于均相平衡模型（HEM）的两相流方法，比如那些由 DIERS 提出的模型，来确定穿过换热管从断裂处流出的流量，假设换热管断裂发生在管板处。对于穿过管板从断裂处流出的流量，在决定采用单相流或两相流方法时，应考虑管板厚度的影响。采用均匀两相流方法所需的最小水平流道长度的确定准则已列在 API 521 的参考文献中。可供澄清的三个文献：第［65］项，具体标题为“非平衡闪蒸流动”的部分，第［80］项和第［155］项。有疑问的地方应采取保守的方法。

(18) 手动阀因误操作打开

当进料手动阀门因误操作打开时，就有可能导致容器压力升高。因此，容器上需要设置压力泄放设施，其泄放能力应该等于通过因误操作打开的手动阀门的流量。在考虑所需的泄放量时，要按手动阀门全开时能够通过的泄放条件下的流量来考虑。如果液体通过手动阀门后发生闪蒸，那么泄放量就要根据体积当量和热焓当量来折算。一般情况下，假定每次只有一个手动阀门因误操作打开。

(19) 单个安全阀泄放量确定汇总表

单个安全阀泄放量汇总表见表 34-2。

表 34-2 单个安全阀泄放量汇总表

序号	工况	压力泄放装置的泄放量(液体)	压力泄放装置的泄放量(气体)
1	容器出口阀门关闭	最大泵送液体的流量	总的蒸汽和蒸汽进料量加上泄放工况下产生的蒸汽量
2	冷凝器的冷却水发生故障	—	泄放工况下进入冷凝器的总蒸汽量
3	塔顶回流发生故障	—	总的蒸汽和蒸汽进料量加上泄放工况下产生的因侧线回流故障而被减少冷凝的蒸汽量
4	侧线回流发生故障	—	泄放工况下进出设备的蒸汽量的差值
5	进入吸收塔的贫油发生故障	—	正常情况下，无
6	不凝气积聚	—	对塔的影响同序号 2，对除塔外的其他容器的影响同序号 1
7	高挥发性物质的进入 水进入热油中 轻烃进入热油中	— — —	采用可供选择的保护措施以避免此工况的发生。换热器破裂的指导意见参见序号 15
8	溢出	最大泵送液体的流量	—
9	自动控制系统发生故障 (1)进口控制设施和旁路 (2)出口控制设施 (3)发生故障时保持状态的阀门 (4)节流阀	—	在每个工况分析的基础上
10	非正常工艺热量或蒸气输入 (1)非正常工艺热量的输入 (2)阀门因疏忽被打开 (3)止逆阀故障	—	估算最大的蒸汽产生量，包括因过热产生的不凝性气体

续表

序号	工况	压力泄放装置的泄放量(液体)	压力泄放装置的泄放量(气体)
11	内部爆炸或短暂的压力冲击波(水锤、蒸汽锤或凝液锤)	无法用常规的泄压设施来控制,但是可通过改变环境予以避免	无法用常规的泄压设施来控制,但是可通过改变环境予以避免
12	化学反应	—	按正常和失控两种工况估算的气体/蒸汽的产生量;考虑两相流的影响
13	热膨胀 (1)冷源被切断 (2)工艺区域外管线被切断	见前面相关章节的叙述内容	—
14	外部火灾		见前面相关章节的叙述内容
15	换热器管破裂	从两倍于一根换热管截面积的破裂处通过的液体流量	从两倍于一根换热管截面积的破裂处通过的蒸汽或蒸气流量
16	电力故障(蒸汽、电力或其他原因)	—	研究整套装置以确定停电的影响,根据可能发生的最坏工况以确定安全阀的大小
	精馏塔	—	所有的泵停下来,导致没有回流和冷却水
	反应器	—	考虑搅拌、急冷或蒸汽停止,安全阀大小按失控反应产生的蒸汽量确定
	空冷器	—	风扇停止转动,安全阀大小按正常热负荷和事故时的热负荷差值确定
	缓冲罐	—	最大的液体进入量
17	维修	—	—

1.5 安全阀所需泄放量的计算实例

例1 一个安装在地面上的立式无保温缓冲罐,直径 $D=3.24\text{m}$,切线的距离 $L=7\text{m}$,最低液位 $L_{LL}=0.3\text{m}$,正常液位 $N_{LL}=1\text{m}$,最高液位 $H_{LL}=5.2\text{m}$,底切线至地面的高度 $h=2.1\text{m}$。经分析,外部火灾工况为关键工况,试计算缓冲罐安全阀所需的泄放量(泄放工况下介质的汽化潜热 $H_L=1701\text{kJ/kg}$)。

解 缓冲罐距地面7.5m以下的筒体的湿润面积 A_1 为

$$A_1=\pi D\times(7.5-2.1)=\pi\times3.24\times5.4=54.97\ (\text{m}^2)$$

缓冲罐的底部封头的湿润面积 A_2 为

$$A_2=1.14D^2=1.14\times3.24^2=11.97\ (\text{m}^2)$$

缓冲罐总的受热面积为

$$A=A_1+A_2=54.97+11.97=66.94\ (\text{m}^2)$$

安全阀所需的泄放量(无保温 F 取1.0)

$$W=\frac{2.55\times10^5FA^{0.82}}{H_L}=\frac{2.55\times10^5\times1\times66.94^{0.82}}{1701}=4708.67\ (\text{kg/h})$$

1.6 安全阀的结构型式及分类

(1) 重力式安全阀

利用重锤的重力控制设定压力的安全阀称为重力式安全阀。当阀前的静压超过安全阀的设定压力时,阀瓣上升以泄放被保护系统的超压;当阀前压力降至安全阀的回座压力时,可自动关闭,如图34-1所示。

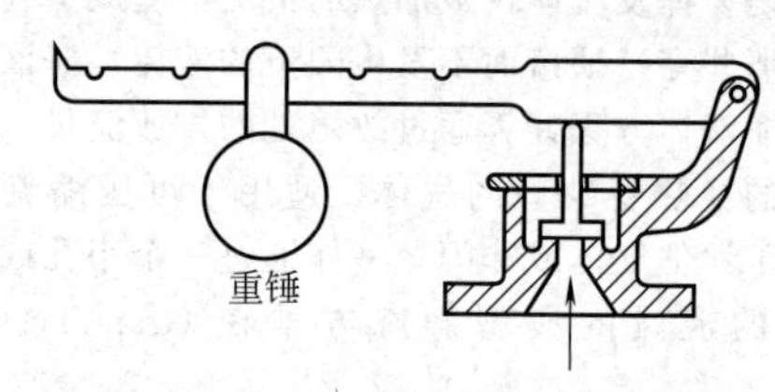

图 34-1 重力式安全阀

(2) 弹簧安全阀

弹簧安全阀按其结构可分为通用式弹簧安全阀和平衡式弹簧安全阀。

① 通用式弹簧安全阀 通用式弹簧安全阀是由弹簧作用的安全阀。其设定压力由弹簧控制,动作特性受背压影响,如图34-2(a)所示。

② 平衡式弹簧安全阀 平衡式弹簧安全阀是由弹簧作用的安全阀。其设定压力由弹簧控制,用活塞或波纹管减少背压对安全阀动作性能的影响,如图34-2(b)所示。

(3) 先导式安全阀

先导式安全阀是由导阀控制的安全阀。其设定压力由导阀控制,动作特性基本不受背压影响,如图34-3所示。带导阀的安全阀又分为快开型(全启)和调节型(渐启)两种;此外,导阀又为分流动式和不流动式两种。导阀是控制主阀动作的辅助压力泄放阀。

(4) 微启式安全阀和全启式安全阀

① 微启式安全阀 当安全阀入口处的静压达到设定压力时,阀瓣位置随入口压力升高而成比例地升高,最大限度地减少排出的物料。微启式安全阀一般

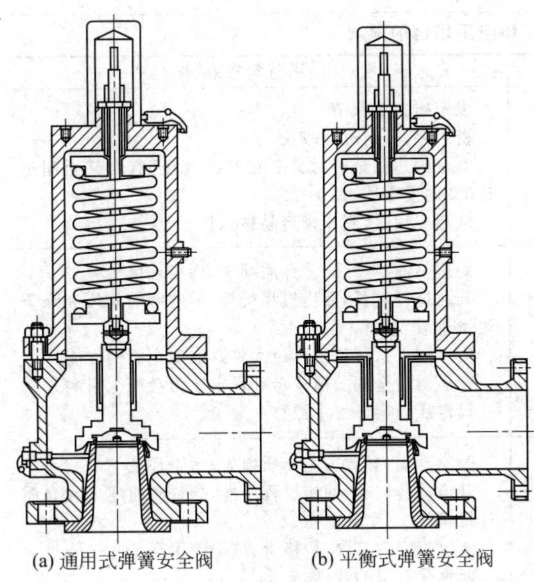

图 34-2　弹簧安全阀

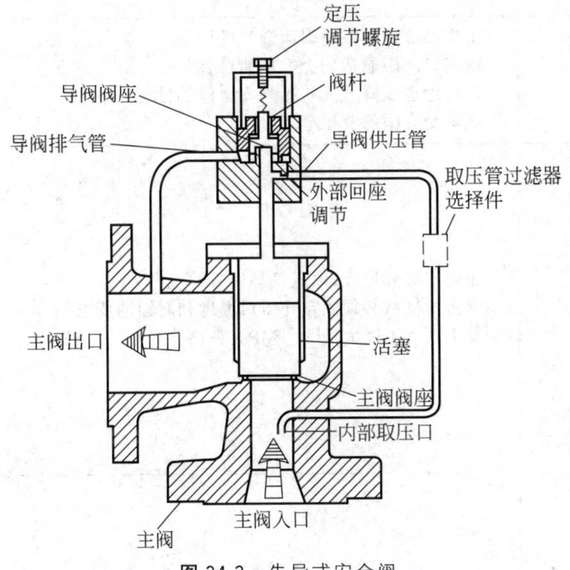

图 34-3　先导式安全阀

用于不可压缩流体。阀瓣的最大上升高度不小于喉径的 1/40～1/20。

② 全启式安全阀　当安全阀入口处的静压达到设定压力时，阀瓣迅速上升到最大高度，最大限度地排出超压的物料。全启式安全阀一般用于可压缩流体。阀瓣的最大上升高度不小于喉径的 1/4。

1.7　安全阀的选择

(1) 安全阀的选型

排放不可压缩流体（如水、油等液体）时，应选用微启式安全阀；排放可压缩流体（如蒸汽和其他气体）时，应选用全启式安全阀。

下列情况应选用波纹管安全阀或先导式安全阀。

① 安全阀的动背压大于其设定压力的 10%时。

② 安全阀的背压不稳定，其变化可能影响安全阀的运行时。

③ 下列情况应优先选用波纹管安全阀：由于波纹管能在一定的范围内防止背压波动所产生的不平衡力，所以弹簧所平衡的压力值即为安全阀的设定压力值；波纹管还能将导向套、弹簧和其他顶部工作部件与通过的介质隔开。故当介质具有腐蚀性或易结垢，安全阀的弹簧会因此导致无法正常工作时，要选用波纹管安全阀。但波纹管安全阀不适用于酚、蜡液、重石油馏分、含焦粉等介质以及使用往复式压缩机的场合。因为在上述情况下，波纹管有可能被堵塞和损坏。

④ 先导式安全阀，阀座密封性能好，当入口压力接近安全阀的设定压力时，仍能保持密封；而一般的弹簧式安全阀，当入口压力超过其设定压力的 90%时，就不能密封。使用先导式安全阀，可允许较高的工作压力，且泄漏量小，有利于安全生产和节省装置的运行费用，应优先考虑。流动式先导式安全阀在正常运行时，有少量介质需要连续排放，不宜用于有害介质的场合；而不流动式先导式安全阀适用于有害介质的场合。

⑤ 液体膨胀用安全阀允许采用螺纹连接，但入口应为锥形管螺纹连接。一般入口为 *DN*20，出口为 *DN*25。

⑥ 除液体膨胀用安全阀外，石化装置只采用法兰连接的安全阀。

⑦ 除波纹管安全阀和用于排放水、水蒸气或空气的安全阀外，所有安全阀均要选用带封闭式弹簧罩结构。

⑧ 只有介质为水蒸气或空气时，才允许选用带扳手的安全阀。

⑨ 介质温度超过 300℃时，要选用带散热片的弹簧式安全阀。

⑩ 采用软密封可有效减少安全阀开启前的泄漏，只要安全阀使用温度和介质允许，应优先选用软密封安全阀。

(2) 安全阀的尺寸

除液体膨胀用安全阀外，安全阀入口最小尺寸为 *DN*25；液体膨胀用安全阀入口最小尺寸为 *DN*20。

(3) 安全阀的材料选择

安全阀的阀体和弹簧罩的材料应与安全阀入口的管道材料一致。对某些特殊系统，如液体流经安全阀阀孔节流降压后会气化，导致温度降低的自制冷系统，应考虑选用能满足低温要求的材料。安全阀的阀瓣和喷嘴材料应耐腐蚀，不允许使用碳钢。

(4) 安全阀与设备和管道的连接

除液体膨胀用安全阀采用螺纹连接外，其他应用场合均采用法兰连接。

(5) 各种安全阀的优点和应用场合的限制

各种安全阀的优点和应用场合的限制见表 34-3。

表 34-3 各种安全阀的优点和应用场合的限制

类 型	优 点	应用范围的限制
重力式安全阀	价格低廉 设定压力可以很低 结构简单	设定压力难调节 密封差,开启过程较长 安全阀达到全开时需要很高的超压,有时甚至超过100%的设定压力 低温应用时,阀座很容易被冻住
通用金属阀座弹簧安全阀	价格最低(低压、小口径) 广泛应用于化学工业:适用于高温场合	阀座易漏,导致工艺介质损失,污染环境 开启过程较长,回座过程缓慢,导致阀前超压和介质过量排放 安全阀入口管道压降过大将影响安全阀的性能 背压对安全阀的泄放量和设定压力会产生影响 设定压力容易发生漂移
平衡式波纹管金属阀座弹簧安全阀	波纹管保护,阀座免受腐蚀 设定压力不受背压影响 高背压才会影响安全阀的泄放量 高温性能较好	阀座易漏,导致工艺介质损失,污染环境 开启过程较长,回座过程缓慢,导致阀前超压和介质过量排放 波纹管寿命有限,价格贵、维护费用高 能承受有限的背压 安全阀入口管道压降过大将影响安全阀的性能 设定压力容易发生漂移
通用或平衡式软阀座弹簧安全阀	安全阀排放前阀座密封良好 安全阀排放后阀座密封仍良好 反复启闭后仍有良好的回座密封性 维护费用低	工作温度受阀座材料耐温性的限制 阀座材料限制适用介质的腐蚀性 入口管道压降过大将影响安全阀的性能 能承受有限的背压
软阀座先导式安全阀(活塞式)	尺寸小、重量轻(高压、大口径) 安全阀排放前阀座密封极佳 安全阀排放后阀座密封仍极佳 设定压力和回座压力容易调整 有快开和调节两种排放特性可供选用 主阀可在线维护 可配测压元件,输出压力信号 回座压差很小 现场在线进行压力的设定 可遥控泄压 安全阀的开启不受背压影响	如用于聚合过程,取压管必须带冲洗 软密封材料必须满足介质对温度和腐蚀的要求 设定压力不能太低[0.1MPa(表)]
软阀座先导式安全阀(薄膜式或金属波纹管式)	可在很低的设定压力下工作($75mmH_2O$) 安全阀排放前阀座密封极佳 安全阀排放后阀座密封仍极佳 设定压力和回座压力容易调整 有快开和调节两种排放特性可供选用 可配测压元件,输出压力信号 回座压差很小 现场在线进行压力的设定 可遥控泄压 安全阀的开启不受背压影响 快开式在设定压力下阀全开,无超压 低温时,阀座不易被冻住 主阀可在线维护	如用于聚合过程,取压管必须带冲洗 软密封材料必须满足介质对温度和腐蚀的要求 设定压力不能太高[0.35MPa(表)] 不宜用于液体介质

注:$1mmH_2O=9.81Pa$。

1.8 安全阀的安装及出入口管道的设计原则

(1) 安全阀的安装原则

安全阀必须垂直安装,并尽量靠近被保护的设备或管道。

安全阀应尽量安装在被保护的设备或管道上部气相空间。

安全阀应安装在易于检修和调节之处,周围要有足够的操作空间。

(2) 安全阀入口管道的设计原则

① 必须控制安全阀入口管道的压降，以避免安全阀反复启闭，产生震颤，从被保护的设备或管道到安全阀入口处的压力降应低于安全阀设定压力的3%。流量应按照安全阀排放时通过安全阀的最大流量计算，采用远端取压的先导式安全阀将不受此限制。

② 如果安全阀入口处管道的压力降超过安全阀设定压力的3%，可通过增大入口管径或将管道和设备连接处做成圆弧状以减少压力降。

③ 安全阀应尽量靠近被保护的设备或管道安装，使安全阀入口管道尽量缩短。选用先导式安全阀时，其取压管可直接在容器上取压。

④ 为避免安全阀入口及出口管道堵塞，必要时采取诸如蒸汽或气体反吹、蒸汽伴热等措施来防堵。

⑤ 对输送腐蚀性介质或易凝结介质的管道或设备，在安全阀前应加爆破片，两者之间需设置检查阀。此外，在确定安全阀的泄放能力时，要考虑爆破片的影响。

⑥ 安全阀应设置在管道上压力比较稳定的地方，不应安装在水平管道的死端，以免积聚脏物或液体，使安全阀无法正常工作。

(3) 安全阀出口管道的设计原则

① 当安全阀需向大气排放有危险性和可燃性气体时，应按国家的标准规范执行。如果安全阀出口管道与火炬总管相连，应遵守向下斜接的原则接到火炬总管上。

② 当安全阀需向大气排放无毒和无危险性气体时，也应按国家的标准规范执行。

③ 当安全阀排放液体时，需引至装置内最近的、合适的工艺废料系统，不允许直接排放。

④ 往复泵出口管上的安全阀，需排向泵的吸入管或吸入容器。

⑤ 安全阀出口接往泄压总管时，应从上部顺着流向以45°角插入总管。

⑥ 对于可能有液化烃类排入的泄压总管，可能因介质气化导致产生低温，应考虑采用低温材料。

⑦ 对可能用蒸汽吹扫的泄压系统，应考虑因蒸汽吹扫而产生的泄压管道的热膨胀。

⑧ 安全阀出口管道压力降过大会造成安全阀背压过大，应检查安全阀出口背压对安全阀泄放能力和性能的影响。

⑨ 安全阀出口排回工艺系统时，应检查和评估工艺系统接受安全阀泄放的可能和压力工况。

(4) 安全阀的切断阀

安全阀的入口和出口均不允许设置切断阀。若出于检修需要（如泄放介质中含固体颗粒，安全阀开启后无法再关闭，需拆开维修；或用于泄放黏性、腐蚀性介质），可设置切断阀，但是必须满足下列要求。

① 安全阀的入口和出口设置的切断阀必须铅封在开启状态。

② 安全阀的旁路阀必须铅封在关闭状态。

③ 上述切断阀应为全通径的闸阀或球阀，必须和其所在管道同直径。

④ 闸阀的阀杆必须水平或向下安装。

2 爆破片工艺设计

2.1 概述

压力容器、压力管道或其他密闭承压设备为防止超压或出现过度真空而使用的爆破片安全装置应按GB 150《压力容器》中有关规定计算，需要时也可参照API 520《炼油厂泄压装置计算与选用》、API 521《泄压系统》等标准。

爆破片的爆破压力最高不大于500MPa（表），最低不小于0.001MPa（表）。

有关爆破片的术语和定义如下。

① 爆破片安全装置　由爆破片（或爆破片组件）和夹持器（或支承圈）等零部件组成的非重闭式压力泄放装置。在设定的爆破温度下，爆破片两侧压力差达到预定值时，爆破片即刻动作（破裂或脱落），并泄放出流体介质。

② 爆破片　在爆破片安全装置中，因超压而迅速动作的压力敏感元件。

③ 爆破片组件（又称组合式爆破片）　由爆破片、背压托架、加强环、保护膜及密封膜等两种或两种以上零件构成的组合件。

④ 正拱形爆破片　爆破片呈拱形，凹面处于压力系统的高压侧，动作时因拉伸而破裂。

⑤ 正拱普通型爆破片　爆破片无需其他加工，由坯片直接成形的正拱形爆破片。

⑥ 正拱开缝型爆破片　爆破片由有缝（孔）的拱形片与密封膜组成的正拱形爆破片。

⑦ 反拱形爆破片　爆破片呈拱形，凸面处于压力系统的高压侧，动作时因压缩失稳而翻转破裂或脱落。

⑧ 反拱带刀架（或鳄齿）型爆破片　爆破片失稳翻转时因触及刀架（或鳄齿）而破裂的反拱形爆破片。

⑨ 反拱脱落型爆破片　爆破片失稳翻转时沿支承边缘脱落，并随高压侧介质冲出的反拱形爆破片。

⑩ 刻槽型爆破片　爆破片的拱面（凸面或凹面）刻有减弱槽的拱形（正拱或反拱）爆破片。

⑪ 平板形爆破片　爆破片呈平板形，动作时因拉伸、剪切或弯曲而破裂。

⑫ 石墨爆破片　爆破片由浸渍石墨、柔性石墨、

复合石墨等以石墨为基体的材料制成，动作时因剪切或弯曲而破裂。

⑬ 夹持器　爆破片安全装置中，具有定位、支承、密封及保证泄放面积等功能，并能保证爆破片准确动作的独立夹紧部件。

⑭ 支承圈　用机械或焊接方式固定爆破片的位置，并具有支承爆破片、保证爆破片准确动作的功能，但不能独立起到夹紧作用的环圈状零件。

⑮ 背压差　在正常操作工况下，当爆破片安全装置泄放侧的压力高于入口侧，包括入口侧为负压（即真空）状态时，致使爆破片两侧形成与泄压方向相反的压力差，这种压力差称为背压差。

⑯ 背压托架　组合式爆破片中，用来防止爆破片由于出现背压差而发生意外破坏的支撑架。当出现背压差时，组装在正拱形爆破片凹面的背压托架可防止爆破片凸面受压失稳。当系统压力可能出现真空时，此种背压托架也称为真空托架。当出现背压差时，组装在反拱形爆破片凸面的背压托架可防止爆破片凹面受压而使爆破片发生意外的拉伸变形或破裂。

⑰ 加强环　组合式爆破片中，与爆破片边缘紧密贴（结）合，起到增强其边缘刚度作用的环形圈。

⑱ 密封膜　组合式爆破片中，对开缝型爆破片起密封作用的薄膜。

⑲ 防腐蚀保护膜（层）　爆破片安全装置受腐蚀性介质影响时，为防止腐蚀破坏而附加的金属或非金属薄膜，或者涂（镀）层。

⑳ 坯片　在金属或非金属的带、板、棒材上，按制造工艺给定尺寸截取的、用来制作爆破片的毛坯平片。

㉑ 爆破压力　在设定的爆破温度下，爆破片动作时两侧的压力差值。

㉒ 设计爆破压力　被保护承压设备的设计单位根据承压设备的工作条件和相应的安全技术规范设定的，在设计爆破温度下爆破片的爆破压力值。

㉓ 最大（最小）爆破压力　设计爆破压力与制造范围和爆破压力允差的代数和。

㉔ 试验爆破压力　爆破片爆破试验时，爆破瞬间的实际爆破压力值。

㉕ 标定爆破压力　标注在爆破片铭牌上的，在规定的设计（或许可试验）爆破温度下，同一批次爆破片抽样爆破试验时，实测爆破压力的算术平均值。

㉖ 最大工作压力　容器在正常工作过程中，其顶部可能达到的最大的压力。见《设备和管道系统设计压力和设计温度的确定》（HG/T 20570.1—1995）。

㉗ 最高压力　容器最大工作压力加上流程中工艺工作系统附加条件后，容器顶部可能达到的压力。见《设备和管道　系统设计压力和设计温度的确定》（HG/T 20570.1—1995）。

㉘ 爆破温度　爆破片达到爆破压力时，爆破片膜片壁面的温度。

㉙ 制造范围　一个批次爆破片标定爆破压力相对于设计爆破压力差值的允许分布范围。

㉚ 爆破压力允差　爆破片实际的试验爆破压力相对于标定爆破压力的最大允许偏差。

㉛ 最小泄放面积　爆破片安全装置用于排放流体的最小横截面的流通面积。该流通面积应考虑爆破片爆破后残留碎片等对爆破片泄放能力的影响（如爆破片爆破后残留的碎片、背压托架及其他附件的残片等）。

㉜ 泄放量（又称泄放能力）　爆破片爆破后，通过泄放面积能够泄放出去的流体介质流量。

㉝ 批次　具有相同的类别、形式、规格、标定爆破压力和爆破温度，且材料（牌号、炉批号、规格）和制造工艺完全相同的一组爆破片为一个批次。

2.2　爆破片的分类

爆破片可分为以下两类。

① 正拱形金属爆破片安全装置（拉伸型金属爆破片安全装置）。

② 反拱形金属爆破片安全装置（压缩型金属爆破片安全装置）。

按组件结构性还可细分，见表34-4。此外，还有平板形爆破片和石墨爆破片。

表34-4　爆破片分类

类别及代号	型式及代号
正拱形爆破片　L	普通型　LP 开缝型　LF 普通型带托架　LPT 开缝型带托架　LFT 带槽型　LC
反拱形爆破片　Y	带刀型　YD 鳄齿型　YE 带槽型　YC 带槽型带托架　YCT 开缝型　YF 夹持脱落型　YTJ 卡簧脱落型　YTH
平板形爆破片　P	开缝型　PF 带槽型　PC 普通型　PP
石墨爆破片　PM	可更换型　PMT 不可更换型　PMZ

夹持器类别及外接密封面型式见表34-5。

2.3　爆破片的设置场合

① 独立的压力容器和/或压力管道系统设有安全阀、爆破片安全装置或这两者的组合装置。

② 满足下列情况之一的被保护承压设备，应单独选用爆破片。

表 34-5　夹持器类别及外接密封面型式

类别及代号	外接密封面型式及代号
正拱形爆破片夹持器　LJ	平面　A 锥面　B 榫槽面　C
反拱形爆破片夹持器　YJ	平面　A 榫槽面　C
反拱带刀形爆破片夹持器　YDJ	平面　A 榫槽面　C
平板形爆破片夹持器　PJ	平面　A
石墨爆破片夹持器　PMJ	平面　A

a. 容器内压力迅速增加，安全阀来不及反应的。

b. 容器内介质产生的沉淀物或黏着胶状物有可能导致安全阀失效的。

c. 容器内介质有强腐蚀性，使用安全阀时其价格很高的。

d. 容器内介质在设计上不允许有任何微量泄漏，应与安全阀串联使用的。

e. 工作压力很低或很高时，选用安全阀则其制造比较困难的。

f. 当使用温度较低而影响安全阀的工作特性的。

g. 由于需要较大泄压面积或泄放压力过高（低）等原因安全阀不适用的。

③ 对于一次性使用的管路系统（如开车前吹扫的管路放空系统），爆破片的破裂不影响操作和生产的场合，应设置爆破片。

④ 为减少爆破片破裂后工艺介质的损失及易堵物料，可与安全阀串联使用。

⑤ 作为压力容器的附加安全设施，可与安全阀并联使用，例如爆破片仅用于火灾情况下的超压泄放。

⑥ 为增加异常工况（如火灾等）下的泄放面积，爆破片可并联使用。

⑦ 爆破片不适用于经常超压的场合。

⑧ 爆破片不宜用于温度波动很大的场合。

2.4　爆破片的爆破压力

(1) 爆破压力允差

爆破压力允差见表 34-6。

表 34-6　爆破压力允差

爆破片类型	标定爆破压力 p(表)/MPa	相对标定爆破压力的允差 ≤
平板形、正拱形、反拱形	$0.001 \leqslant p < 0.01$	±50%
	$0.01 \leqslant p < 0.1$	±25%
	$0.1 \leqslant p < 0.3$	±0.015 MPa
	$0.3 \leqslant p < 100$	±5%
	$100 \leqslant p < 500$	±4%
石墨	< 0.05	±25%
	$0.05 \leqslant p < 0.3$	±15%
	$\geqslant 0.3$	±10%

(2) 爆破片制造范围

爆破片制造范围是设计爆破压力在制造时允许变动的压力幅度，须由供需双方协商确定，在制造范围内的标定爆破压力应符合本小节介绍的爆破压力允差（表 34-6）。

① 正拱形爆破片制造范围　分为全范围、1/2 范围、1/4 范围、0 范围。正拱形爆破片制造范围见表 34-7。

② 反拱形爆破片制造范围　按设计爆破压力的百分数计算，分为−10%、−5%、0。

③ 制造范围说明　爆破片的制造范围与爆破压力允差不同，前者规定了一个批次爆破片的标定爆破压力相对于设计爆破压力的偏差范围，表明标定爆破压力的偏离程度，而后者是实际的试验爆破压力相对于标定爆破压力的偏差范围，表明爆破压力的分散程度。

(3) 爆破片的设计爆破压力

根据 GB 150—2011《压力容器》附录 B，压力容器安装有爆破片安全装置时，容器的设计压力不小于所选爆破片的设计爆破压力加上其制造范围的上限，而爆破片的设计爆破压力等于爆破片的最小爆破压力加上所选爆破片制造范围的下限（取绝对值）。容器工作压力与最小爆破压力的关系见表 34-8。

对于新设计的压力容器，首先根据所选择的爆破片型式和表 34-8，确定爆破片的最小爆破压力，继而确定爆破片的设计爆破压力，最后确定容器的设计压力。

旧设备新安装爆破片，容器的设计压力和最高压力已知时，按选定爆破片的制造范围确定设计爆破压力，查表 34-8，确定合适的爆破片型式。

(4) 压力关系图和表

① 爆破片相关的压力关系如图 34-4 所示。该图表示了爆破片的最高压力（即被保护容器的最高压力）与爆破片设计、制造时的各类爆破压力的关系。

② 爆破片与容器相关的压力关系见表 34-9。该表表明了不同情况下被保护系统设置爆破片的最大设计爆破压力、最大标定爆破压力的数值与被保护容器的设计压力或最大允许工作压力数值的比例关系。

(5) 设计计算举例

例 2　订购一批爆破片，设计爆破压力为 1MPa(表)。试确定最大、最小设计爆破压力范围。

解

① 情况一：按全范围选用正拱形爆破片。

表 34-7　正拱形爆破片制造范围　　单位：MPa（表）

设计爆破压力 p	全范围		1/2 范围		1/4 范围		0 范围	
	上限(正)	下限(负)	上限(正)	下限(负)	上限(正)	下限(负)	上限	下限
$0.30 \leqslant p < 0.40$	0.045	0.025	0.025	0.015	0.010	0.010	0	0
$0.40 \leqslant p < 0.70$	0.065	0.035	0.030	0.020	0.020	0.010	0	0
$0.70 \leqslant p < 1.00$	0.085	0.045	0.040	0.020	0.020	0.010	0	0
$1.00 \leqslant p < 1.40$	0.110	0.065	0.060	0.040	0.040	0.020	0	0
$1.40 \leqslant p < 2.50$	0.160	0.085	0.080	0.040	0.040	0.020	0	0
$2.50 \leqslant p < 3.50$	0.210	0.105	0.100	0.050	0.040	0.025	0	0
$\geqslant 3.50$	6%	3%	3%	1.5%	1.5%	0.8%	0	0

表 34-8　容器工作压力与最小爆破压力的关系

爆破片型式	载荷性质	最小爆破压力 p_{bmin}
正拱(普通)	静载荷	$\geqslant 1.43p_w$
正拱开缝(带槽)	静载荷	$\geqslant 1.25p_w$
正拱	脉冲载荷	$\geqslant 1.7p_w$
反拱	静载荷、脉冲载荷	$\geqslant 1.1p_w$
平板	静载荷	$\geqslant 2.0p_w$
石墨	静载荷	$\geqslant 1.25p_w$

注：p_w表示工作压力。

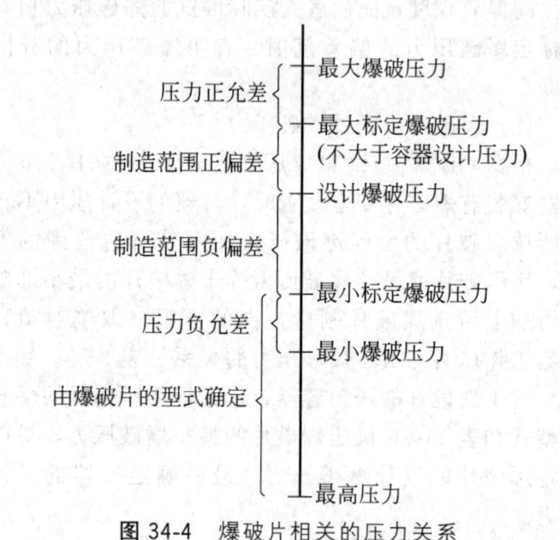

图 34-4　爆破片相关的压力关系

表 34-9　爆破片与容器相关的压力关系

爆破片特性	爆破片爆破压力/容器设计压力
火灾情况下最大设计爆破压力	121%
多个爆破片用于非火灾情况下的最大设计爆破压力	116%
多个爆破片用于火灾情况下的最大标定爆破压力	110%
单个爆破片用于非火灾情况下的最大设计爆破压力	110%
多个爆破片用于非火灾情况下的最大标定爆破压力	105%
最大标定爆破压力(单个爆破片)	100%

查表 34-7，此爆破压力的标准制造范围为$-0.045 \sim +0.085$MPa（表），制造厂可按爆破压力交货，即$0.955 \sim 1.085$MPa（表）范围内的任何一个值作为该批爆破片的标定爆破压力交货。若提供的标定爆破压力为1.05MPa（表），规定压力允差为±5%，则该批爆破片的实际爆破压力为（1.0500±0.0525）MPa（表）；若提供的标定爆破压力为0.955MPa（表），规定压力允差为±5%，则该批爆破片的实际爆破压力为（0.955±0.0478）MPa（表）。

② 情况二：按1/2范围选用正拱形爆破片。

查表 34-7，此爆破压力标准制造范围为$-0.02 \sim +0.04$MPa，即规定爆破压力的范围为$0.98 \sim 1.04$MPa（表），制造厂只能在此范围内确定该批爆破片的标定爆破压力。压力允差按规定计算。

③ 情况三：按0范围选用反拱形爆破片。

制造范围为0表示该批爆破片的标定爆破压力不允许变动。因压力允差为±5%MPa（表），故制造厂将按用户要求提供实际爆破压力为（1.00±0.05）MPa（表）的反拱形爆破片。

④ 情况四：按制造范围为−10%选用反拱形爆破片。

制造范围为−10%的反拱形爆破片，标定爆破压力可在$0.9 \sim 1.0$MPa（表）范围内由制造厂确定。若提供的标定爆破压力为0.95MPa（表），规定压力允差为±5%，则该批爆破片的实际爆破压力为（0.9500±0.0475）MPa（表）。

例 3　设计一个非易燃液化气体容器，其为椭圆形封头的卧式容器，直径$D_0=2$m，容器总长$L=5$m，无保温。因考虑到现场有可能发生火灾，拟在容器上安装爆破片安全装置，泄放至大气，最高压力为1.5MPa（表），工作温度为0～30℃，试进行选用。

解

① 确定爆破片的爆破压力及容器设计压力，拟选择正拱普通型爆破片，其最小爆破压力为设备工作压力的1.43倍，所以，爆破片的最小爆破压力为

$$p_{b_{min}}=1.5\times1.43=2.15(\text{MPa})(\text{表})$$

若制造范围为全范围，查表 34-7 为$-0.085 \sim +0.16$MPa。

容器的设计压力不能低于$2.15+0.16+|-0.085|=2.395$（MPa），因此确定容器的设计压

力为 2.4MPa（表）。

② 确定爆破温度。此液化气体在 2.15MPa（表）时，对应的饱和温度为 60℃，故取 60℃为爆破片的爆破温度。

③ 泄放口径的确定。根据《压力容器　第 1 部分：通用要求》(GB 150.1，2012 年 3 月 1 日施行）计算，泄放量为 5.65×10^4kg/h，可按式（34-10）计算。

$$A\geqslant\frac{W}{55.8C_0CP}\sqrt{\frac{ZT}{M}}$$

已知：$M=17$，$k=c_p/c_V=1.36$，$C=0.44$，$C_0=0.62$，$Z=0.72$，$T=273+60=333$，$p=2.15+0.1=2.25$（MPa）（绝），所以

$$A\geqslant\frac{5.65\times10^4}{55.8\times0.62\times0.44\times2.25}\times\sqrt{\frac{0.72\times333}{17}}$$

$$A\geqslant6195\text{mm}^2$$

$$D\geqslant\sqrt{\frac{4A}{3.14}}=89.0\text{mm}$$

泄放口径应≥89mm。选公称直径为 100mm 的爆破片。

④ 确定爆破片爆破压力允差。查《爆破片安全装置　第 1 部分：基本要求》(GB 567.1—2012)，爆破压力允差为 +5%，得最大设计爆破压力 $p_B=2.395\times105\%=2.515$（MPa）（表）。

⑤ 爆破片材料选择。考虑介质有轻微腐蚀性，故选用不锈钢材料。

⑥ 按表 34-9 要求，单个爆破片最大设计爆破压力不大于设备的设计压力的 121%。

设备设计压力的 121% = 2.4 × 121% = 2.9（MPa）（表），而从④计算的最大设计爆破压力 $p_B=2.515$MPa（表），故计算结果满足表 34-9 的要求。

2.5　爆破片的选择

(1) 爆破片型式的确定

选择爆破片型式时，应考虑以下几个因素。

① 压力

a. 压力较高时，爆破片宜选择正拱形。

b. 压力较低时，爆破片宜选用开缝型或反拱形。

c. 系统有可能出现真空或爆破片可能承受背压时，要配置背压托架。

d. 有循环压力或脉冲压力时选用反拱形。

② 温度　高温对金属材料和密封膜的影响。

③ 使用场合

a. 在安全阀前使用，爆破片爆破后不能有碎片。

b. 用于液体介质，不能选用反拱形爆破片。

各种爆破片的特性汇总，见表 34-10。

(2) 爆破片材料的选择

① 制造爆破片的常用材料为铝、铜、镍、奥氏体不锈钢、因康镍、蒙乃尔。特殊用途时，可以采用金、银、钛、哈氏合金、石墨等。

表 34-10　各种爆破片的特性汇总

类型名称	正拱普通型	正拱刻槽型	正拱开缝型	反拱带刀型	反拱鳄齿型	反拱刻槽型
内力类型	拉伸	拉伸	拉伸	压缩	压缩	压缩
抗压力疲劳能力	一般	好	好	优良	优良	优良
爆破时有无碎片	有	无	有,但很少	无	无	无
是否引起撞击火花	可能	否	可能性很小	可能	可能性小	否
是否与安全阀串联使用	否	可	否	可	可	可
背压托架	可加	可加	已加	不加	不加	不加

② 爆破片材料的选择，主要有以下因素。

a. 不允许爆破片被介质腐蚀，必要时，要在爆破片上涂盖覆层或用聚四氟乙烯等衬里来保护。

b. 使用温度和材料的抗疲劳特性。

③ 爆破片材料的最高使用温度见表 34-11，部分材料的抗疲劳性能比较见表 34-12。

表 34-11　爆破片材料的最高使用温度

爆破片材料	最高使用温度/℃		
	无保护膜	有保护膜	
		聚四氟乙烯	氟化乙丙烯
铝	100	100	100
银	120	120	120
铜	200	200	200
镍	400	260	200
钛	350	—	—
奥氏体不锈钢	400	260	200
蒙乃尔	430	260	200
因康镍	480	260	200
哈氏合金	480	—	—
石墨	200	—	—

表 34-12　部分材料的抗疲劳性能比较

爆破片材料	性能比较
镍	1000
厚铝板(≥0.25mm)	1000
因康镍	700
316 不锈钢	700
蒙乃尔	400
厚铝板(≤0.127mm)	7
铜	2
银	2

(3) 爆破片与安全阀的组合使用

① 爆破片安全装置串联在安全阀入口侧　为避免因爆破片的破裂而损失大量的工艺物料或盛装介质的，在安全阀不能直接使用场合（如介质腐蚀、不允许泄漏等）的，使用移动式压力容器装运毒性程度为

极度、高度危害或强腐蚀性介质的，一般在安全阀的入口侧串联安装一个爆破片。

爆破片安全装置与安全阀组合装置的泄放量应不小于被保护承压设备的安全泄放量；爆破片安全装置的公称直径应不小于安全阀入口侧管径，并应设置在距离安全阀入口侧5倍管径内，且安全阀入口管线压力损失（包括爆破片安全装置导致的）应不超过其设定压力的3%；爆破片爆破后的泄放面积应大于安全阀的进口截面积；爆破片在爆破时不应产生碎片、脱落或火花，以免妨碍安全阀的正常排放功能；爆破片安全装置与安全阀之间的腔体应设置压力指示装置、排气口及合适的报警指示器。入口侧串联爆破片安全装置的安全阀，其额定泄放量应以单个安全阀额定泄放量乘以0.9为组合装置泄放量。

② 爆破片安全装置串联在安全阀出口侧　如果泄放总管有可能存在腐蚀性气体环境或存在外来压力源的干扰时，爆破片安全装置应设置在安全阀出口侧，以保护安全阀的正常工作。

爆破片安全装置与安全阀组合装置的泄放量应不小于被保护承压设备的安全泄放量；爆破片安全装置与安全阀之间的腔体应设置压力指示装置、排气口及合适的报警指示器；在爆破温度下，爆破片设计爆破压力与泄放管内存在的压力之和应不超过：

a. 安全阀的设定压力；

b. 在爆破片安全装置与安全阀之间的任何管路或管件的设计压力；

c. 被保护承压设备的设计压力。

爆破片爆破后的泄放面积应足够大，以使流量与安全阀额定泄放量相等；在爆破片以外的任何管道不应因爆破片爆破而堵塞。

③ 爆破片安全装置与安全阀并联使用　为防止在异常工况下压力容器内的压力迅速升高，或作为辅助安全泄放装置，在可能遇到火灾或接近不可预料的外来热源需要增加泄放面积时，设置一个或多个爆破片安全装置与安全阀并联使用。

爆破片的设计爆破压力应大于安全阀的设定压力，并不得大于容器的1.05倍设计压力。安全阀及爆破片安全装置各自的泄放量均应不小于被保护承压设备的安全泄放量。

(4) 安全阀与爆破片性能比较

安全阀与爆破片性能比较见表34-13。

2.6 爆破片的安装原则

① 爆破片在安装时应保持清洁，并检验有无破损、锈蚀、气泡和夹渣。铭牌朝向泄放侧。

② 爆破片的入口管道应短而直，管径不小于爆破片的公称直径。

③ 爆破片的出口管道应泄向安全场所或密闭回收系统。出口管道应有足够的支撑。要考虑爆破时的反冲力和振动。出口管道的管径要保证管内流速不大于0.5倍声速。对易燃、毒性为极度、高度或中度危害介质的压力容器，应将排放介质引至安全地点，进行妥善处理，不得直接排入大气。

④ 爆破片单独用作泄压装置时，有时需要及时更换，爆破片的入口管设置一个切断阀。切断阀应在开启状态加铅封（CSO）。

表34-13　安全阀与爆破片性能比较

内容	对比项目	爆破片	安全阀
结构型式	品种	多	较少
	基本结构	简单	复杂
适用范围	口径范围	ϕ3～1000mm	大口径或小口径均困难
	压力范围	几十毫米水柱至几千大气压力	很低压力或很高压力均困难
	温度范围	−250～500℃	低温或高温均困难
	介质腐蚀性	可选用各种耐腐蚀材料或可做简单防护	选用耐腐蚀材料有限，防护结构复杂
	介质黏稠，有沉淀结晶	不影响动作	明显影响动作
	对温度敏感性	高温时动作压力降低 低温时动作压力升高	不很敏感
	工作压力与动作压力差	较大	较小
	经常超压的场合	不适用	适用
防超压动作	动作特点	一次性爆破	泄压后可以复位，多次使用
	灵敏性	惯性时或急剧超压时反应迅速	不很及时
	正确性	一般±5%	波动幅度大
	可靠性	一旦受损伤，则爆破压力降低	甚至不起跳，或不闭合
	密闭性	无泄漏	可能泄漏
	动作后对生产造成损失	较大，必须更换后恢复生产	较小，复位后正常进行生产
维护与更换		不需要特殊维护，更换简单	要定期检验

注：1mmH_2O＝9.81Pa；1atm＝101325Pa。

⑤ 爆破片在安全阀前串联使用时，应在爆破片与安全阀之间设置压力指示装置、排气口及合适的报警指示器。压力表和放空阀可设置在夹持器上，订货时要说明。

⑥ 爆破片在安全阀出口侧串联使用时，应在安全阀与爆破片之间设置放空管或排污管，以防止压力累积。

3 安全阀、爆破片泄放能力的计算

3.1 安全阀有效通过面积的计算

(1) 全启式安全阀（安全阀阀芯开启高度大于或等于 1/4 喷嘴的喉径）

$$A=0.785D^2 \tag{34-7}$$

式中 A——安全阀的有效通过面积，cm^2；

D——安全阀喷嘴的喉径，cm。

(2) 微启式安全阀（安全阀阀芯开启高度小于 1/4 喷嘴的喉径）

$$A=\pi DL \tag{34-8}$$

式中 A——安全阀的有效通过面积，cm^2；

D——安全阀的阀座直径，cm；

L——阀芯开启高度，cm。

当阀座为斜面时

$$A=\pi DL\sin\theta \tag{34-9}$$

式中 A——安全阀的有效通过面积，cm^2；

D——安全阀的阀座直径，cm；

L——阀芯开启高度，cm；

θ——斜面角度，(°)。

3.2 单个安全阀、爆破片泄放能力的计算

(1) 气体

① 临界条件，即 $\frac{p_0}{p_f}\leqslant\left(\frac{2}{k+1}\right)^{\frac{k}{k-1}}$。

$$A=13.16\frac{W_s}{CKp_f}\sqrt{\frac{ZT_f}{M}} \tag{34-10}$$

式中 W_s——安全阀、爆破片所需的泄放量，kg/h；

A——安全阀、爆破片的最小泄放面积，mm^2；

p_0——安全阀、爆破片出口侧压力，MPa（绝）；

p_f——安全阀、爆破片的泄放压力，MPa（绝）；

T_f——安全阀、爆破片的泄放温度，K；

M——气体的摩尔质量，kg/kmol；

K——泄放系数，与安全阀、爆破片安全装置入口管道形状有关的系数，由表 34-16 查取，当管道形状不易确定时，可按实测值确定或取 $K=0.62$；

C——气体特性系数，由表 34-14 查取或按式（34-11）计算；

Z——在安全阀、爆破片的泄放压力和泄放温度下气体的压缩系数，由图 34-5 查取或按式（34-12）计算，对于空气 $Z=1.0$；

k——气体绝热指数（c_p/c_V），由表 34-17 查取，情况不明时取 $k=1.0$。

$$C=520\sqrt{k\left(\frac{2}{k+1}\right)^{\frac{k+1}{k-1}}} \tag{34-11}$$

$$Z=10^6 p_f v\frac{M}{RT_f} \tag{34-12}$$

式中 R——通用气体常数，$R=8.314$J/(kmol·K)；

v——在爆破片的泄放压力和泄放温度下气体的比容，m^3/kg。

② 亚临界条件，即 $\frac{p_0}{p_f}>\left(\frac{2}{k+1}\right)^{\frac{k}{k-1}}$。

$$A=1.79\times10^{-2}\frac{W_s}{Kp_f\sqrt{\frac{k}{k-1}\left[\left(\frac{p_0}{p_f}\right)^{\frac{2}{k}}-\left(\frac{p_0}{p_f}\right)^{\frac{k+1}{k}}\right]}}\sqrt{\frac{ZT_f}{M}} \tag{34-13}$$

式中符号同式（34-10）。

(2) 蒸气

① 饱和蒸气　饱和蒸气中蒸气含量不小于 98%，过热度不大于 11℃。

a. 当 $p_f\leqslant10$MPa（表）时

$$A=0.19\frac{W_s}{Kp_f} \tag{34-14}$$

式中符号同式（34-10）。

b. 当 10MPa(表)$<p_f\leqslant$22MPa(表) 时

$$A=0.19\frac{W_s}{Kp_f}\times\frac{33.2p_f-1061}{27.6p_f-1000} \tag{34-15}$$

式中符号同式（34-10）。

② 水蒸气（饱和与过热）　水蒸气（饱和与过热）的泄放量按式（34-16）计算。

$$W=5.25KC_sAp_f \tag{34-16}$$

式中 C_s——水蒸气特性系数，蒸汽压力小于 11MPa（表）的饱和水蒸气，$C_s\approx1$，过热水蒸气随过热温度增加而减小，由表 34-15 查取。

式中其余符号同式（34-10）。

(3) 液体

$$A=0.196\frac{W_s}{\zeta K\sqrt{\rho\Delta p}} \tag{34-17}$$

式中 ζ——液体动力黏度校正系数，由图 34-6 查取，当液体黏度不大于 20℃ 水的黏度时，取 $\zeta=1.0$；

ρ——泄放条件下的介质密度，kg/m^3；

Δp——安全阀、爆破片泄放时内外侧的压力差，MPa。

式中其余符号同式(34-10)。

对于黏滞性流体的泄放面积计算步骤如下。

① 先假设为非黏滞性流体，取 $\zeta=1.0$，按式(34-17)计算出初始的泄放面积与相应的直径，并向上圆整至安全阀产品系列化规格最近的公称直径及相对应的泄放面积。

② 根据①计算得到的圆整后泄放面积，按式(34-17)及 $\zeta=1.0$ 计算泄放量 W。

③ 根据②计算得到的泄放量 W 及①计算得到的圆整后泄放面积，按式 $Re=0.3134\dfrac{W}{\mu\sqrt{A}}$ 计算雷诺数(μ 为液体动力黏度，单位为 Pa·s)，查图 34-6 得 ζ 值，然后按式(34-17)重新计算泄放量 W。

若 $W \geqslant W_s$，则该直径(面积)即为所求；若 $W < W_s$，则采用大一档的产品公称直径相对应的泄放面积代替①计算出的圆整后泄放面积，重复②和③的计算，直至 $W \geqslant W_s$。

表 34-14 气体特性系数 C

k	C	k	C	k	C	k	C
1.00	315	1.20	337	1.40	356	1.60	372
1.02	318	1.22	339	1.42	358	1.62	374
1.04	320	1.24	341	1.44	359	1.64	376
1.06	322	1.26	343	1.46	361	1.66	377
1.08	324	1.28	345	1.48	363	1.68	379
1.10	327	1.30	347	1.50	364	1.70	380
1.12	329	1.32	349	1.52	366	2.00	400
1.14	331	1.34	351	1.54	368	2.20	412
1.16	333	1.36	352	1.56	369	—	—
1.18	335	1.38	354	1.58	371	—	—

表 34-15 水蒸气特性系数 C_s

绝对压力/MPa	温度/℃													
	饱和	200	220	260	300	340	380	420	460	500	560	600	660	700
	系数(C_s)													
0.5	1.005	0.996	0.972	0.931	0.896	0.864	0.835							
1	0.978	0.981	0.983	0.938	0.901	0.868	0.838							
1.5	0.977	0.976	0.970	0.947	0.906	0.872	0.841							
2	0.972		0.967	0.955	0.912	0.876	0.845	0.817	0.792	0.768				
2.5	0.969			0.961	0.918	0.880	0.848	0.819	0.793	0.770				
3	0.967			0.957	0.924	0.885	0.851	0.822	0.795	0.774	0.742	0.721	0.695	0.679
4	0.965			0.958	0.934	0.894	0.857	0.826	0.799	0.775	0.744	0.725	0.696	0.680
5	0.966				0.953	0.904	0.865	0.832	0.803	0.778	0.747	0.723	0.697	0.681
6	0.968				0.953	0.911	0.872	0.838	0.808	0.781	0.747	0.729	0.698	0.682
7	0.971				0.958	0.924	0.881	0.844	0.812	0.785	0.749	0.731	0.702	0.683
8	0.975				0.967	0.937	0.888	0.850	0.817	0.789	0.752	0.731	0.701	0.684
9	0.980					0.957	0.897	0.856	0.822	0.792	0.754	0.733	0.702	0.685
10	0.986					0.961	0.909	0.863	0.827	0.796	0.757	0.735	0.703	0.686
12	0.999					0.975	0.926	0.876	0.838	0.805	0.762	0.739	0.706	0.688
14	1.016					1.002	0.956	0.893	0.846	0.811	0.768	0.743	0.711	0.691
16	1.036						0.988	0.907	0.858	0.819	0.774	0.748	0.714	0.693
18	1.063						1.004	0.929	0.873	0.828	0.779	0.752	0.717	0.697
20	1.094						1.028	0.953	0.885	0.835	0.786	0.757	0.720	0.700
22	1.129						1.072	0.982	0.900	0.849	0.793	0.761	0.724	0.702
24								1.016	0.915	0.861	0.797	0.766	0.727	0.705
26								1.055	0.935	0.871	0.804	0.772	0.731	0.708
28								1.096	0.956	0.883	0.811	0.776	0.735	0.710
30								1.132	0.977	0.895	0.821	0.781	0.735	0.715
32								1.169	1.009	0.908	0.824	0.787	0.742	0.714

注：压力和温度处于中间值时，C_s 可由内插法计算。

表 34-16　泄放系数 K

编号	接管示意图	接管形状	泄放系数 K
1	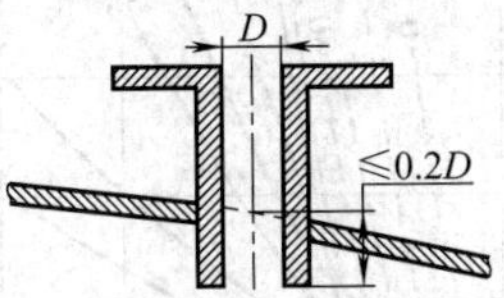 D　$\leqslant 0.2D$	插入式接管	0.68
2	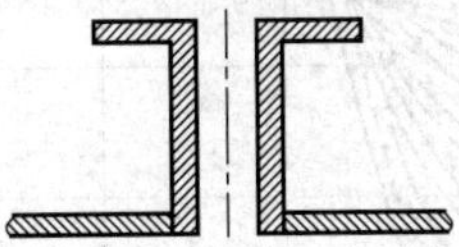	平齐式接管	0.73
3	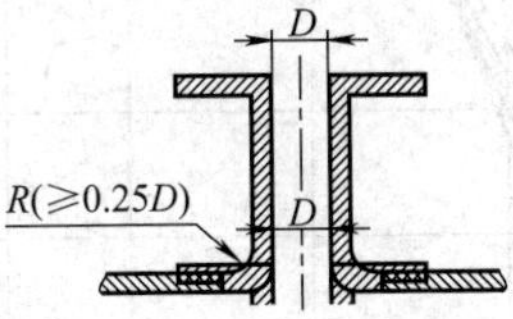 D　$R(\geqslant 0.25D)$　D	带过渡圆角接管	0.80

表 34-17　部分气体的性质

气体	分子式	摩尔质量 M /(kg/kmol)	绝热指数 k (0.013MPa,15℃时)	临界压力 p_c(绝) /MPa	临界温度 T_c /K
空气	—	28.97	1.40	3.769	132.45
氮气	N_2	28.01	1.40	3.394	126.05
氧气	O_2	32.00	1.40	5.036	154.35
氢气	H_2	2.02	1.41	1.297	33.25
氯气	Cl_2	70.91	1.35	7.711	417.15
一氧化碳	CO	28.01	1.40	3.546	134.15
二氧化碳	CO_2	44.01	1.30	7.397	304.25
氨	NH_3	17.03	1.31	11.298	405.55
氯化氢	HCl	36.46	1.41	8.268	324.55
硫化氢	H_2S	34.08	1.32	9.008	373.55
一氧化二氮	N_2O	44.01	1.30	7.265	309.65
二氧化硫	SO_2	64.06	1.29	7.873	430.35
甲烷	CH_4	16.04	1.31	4.641	190.65
乙炔	C_2H_2	26.02	1.26	6.282	309.15
乙烯	C_2H_4	28.05	1.25	5.157	282.85
乙烷	C_2H_6	30.05	1.22	4.945	305.25
丙烯	C_3H_6	42.08	1.15	4.560	365.45
丙烷	C_3H_8	44.10	1.13	4.357	368.75
正丁烷	C_4H_{10}	58.12	1.11	3.648	426.15
异丁烷	$CH(CH_2)_3$	58.12	1.11	3.749	407.15

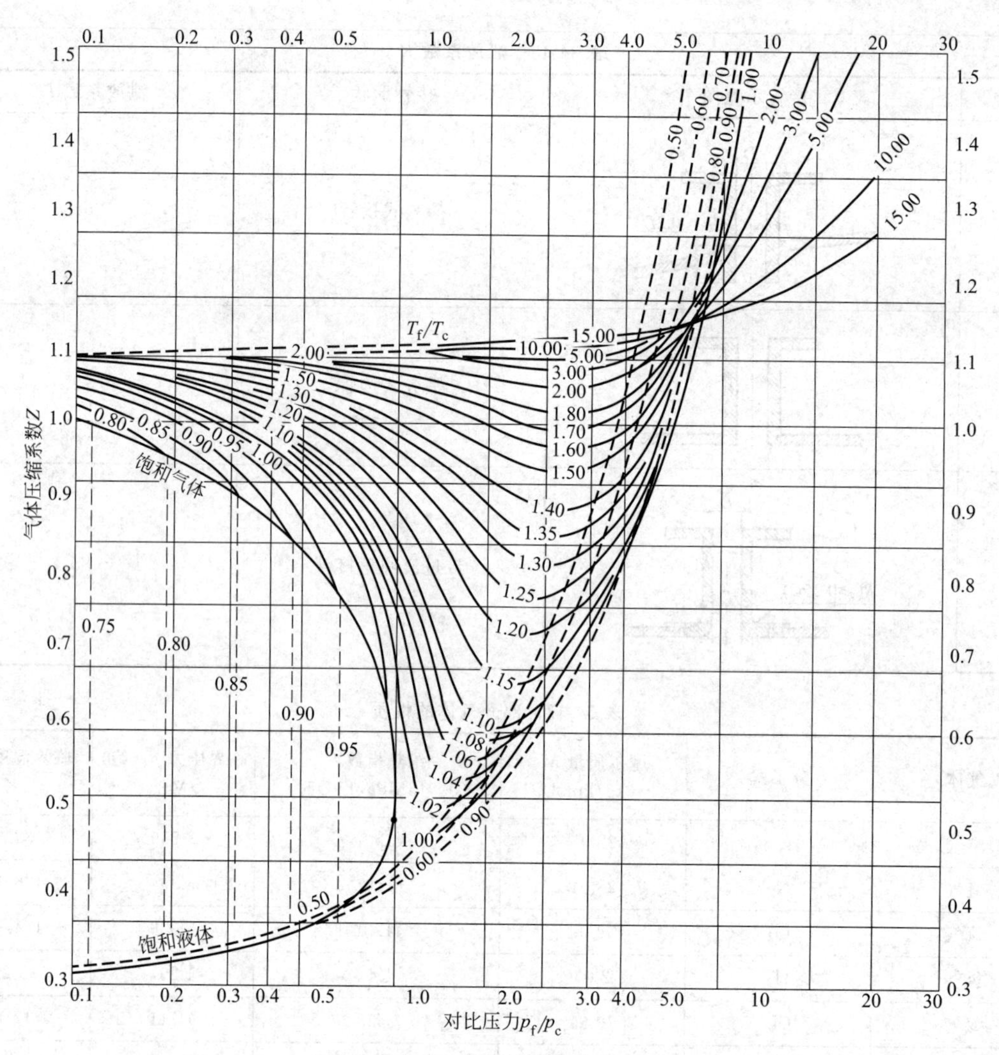

图 34-5 气体压缩系数 Z

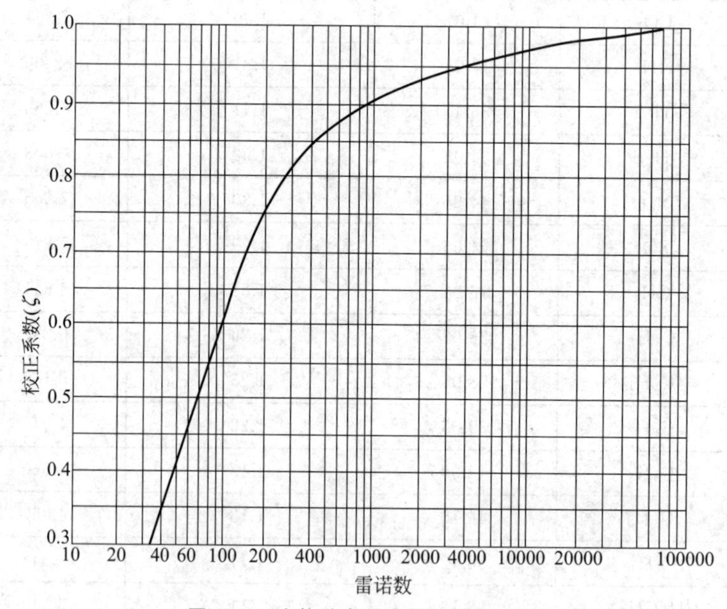

图 34-6 液体动力黏度校正系数（ζ）

4 呼吸阀工艺设计

4.1 呼吸阀的用途和分类

呼吸阀是一种用于常压或低压储罐［注：操作压力范围在全真空到 103.4kPa（表）之间］的安全设施。它可以保持常压或低压储罐中的压力始终处于正常状态，用来降低常压或低压储罐内挥发性液体的蒸发损失，并保护储罐免受超压或超真空度的破坏。

呼吸阀的内部结构是由一个低压安全阀（即呼气阀）和一个真空阀（即吸气阀）组合而成的，习惯上把它称为呼吸阀。

目前石油化工行业中常用的呼吸阀可分为两种基本类型：重力式呼吸阀（或称阀盘式）和先导式呼吸阀。重力式呼吸阀结构比较简单，压力阀和真空阀的阀盘是互不干涉、独立工作的。罐内压力升高时，呼气阀动作，向罐外排放气体；罐内压力降到设定的负压以下时，吸气阀动作，向罐内吸入空气。在任何时候，呼气阀和吸气阀不能同时处于开启状态。先导式呼吸阀由一个主阀和一个导阀组成，两阀先后动作来联合完成呼气和吸气动作。由于导阀采用薄膜结构，薄膜面积大，故在很低的工作压力下，仍可输出足够的作用力来控制主阀的动作。在导阀开启前，主阀不受控制流的作用，关闭严密，无泄漏现象。

实际应用中呼吸阀分为以下几种基本型式。

① 标准型呼吸阀　安装在储罐上，能保持罐内压力正常，不出现超压或负压状态。但没有防冻、防火功能。

② 防冻型呼吸阀　安装在储罐上，对罐内压力的保持功能同标准型呼吸阀，又具有防冻功能，能用于寒冷地区。

③ 防冻型防火呼吸阀　安装在储罐上，对罐内压力的保持功能同上一款的内容，又具有防冻、防火功能，能用于寒冷地区。当发生火灾事故时，安装了这种呼吸阀的储罐能阻挡火苗蹿入罐内，相当于安装了一个阻火器。

④ 呼吸人孔　只适用于常压罐，可直接安装在人孔盖上，而且对罐内介质要求是，在常温下基本不挥发或有少量挥发物也不会对环境造成污染。它也能保证罐内不出现超压或负压状态。

⑤ 真空泄压阀　只适用于防止储罐不出现真空状态。

⑥ 泄压阀　只适用于防止储罐不出现超压状态。

4.2 呼吸阀的计算

(1) 确定呼吸量

呼吸阀的计算的内容主要是确定呼吸量，呼吸量按下列条件确定。

① 储罐向外输出物料时，造成储罐内压力降低，需要吸入气体保持储罐内压力平衡。

② 向储罐内灌装物料时，造成储罐内压力升高，需要排出气体保持储罐内压力平衡。

③ 由于气候等影响引起储罐内物料蒸气压因温度变化而增大或减少，造成的呼出和吸入（通称热效应）。

④ 发生火灾时储罐受热，引起蒸发量骤增而造成的呼出。

前三个原因引起的呼吸量称正常呼吸量，后一个原因引起的呼吸量称火灾呼吸量。

(2) 正常呼吸量的计算

根据 API 2000“常压和低压储罐的通气”［2014 年 3 月（第七版）］中的规定，呼吸阀的正常呼吸量确定如下。

① 储罐向外输出物料和向储罐内灌装物料时，呼吸量的确定。

a. 呼出量

ⓐ 对于非挥发性液体［饱和蒸气压等于或小于 5.0kPa（表）］

$$V_{op}=V_{pf}$$

式中 V_{op}——呼出量（对应于储罐气相空间的实际压力和温度条件下的气体体积），m^3/h；

V_{pf}——非挥发性液体的最大灌装流量，m^3/h。

ⓑ 对于挥发性液体［饱和蒸气压大于 5.0kPa（表）］

$$V_{op}=2V_{pf}$$

式中 V_{op}——呼出量（对应于储罐气相空间的实际压力和温度条件下的气体体积），m^3/h；

V_{pf}——挥发性液体的最大灌装流量，m^3/h。

ⓒ 对于闪蒸液体，由于进入储罐液体的饱和蒸气压比储罐的操作压力高，液体通常都会发生闪蒸，导致所需的呼出量为液体的最大灌装流量的数倍。那些高温或溶解有气体的液体，也可能发生闪蒸，同样也要做平衡闪蒸计算，并提高所需的呼出量。

b. 吸入量　所需吸入量为

$$V_{ip}=V_{pe}$$

式中 V_{ip}——所需的吸入量（一般对应于标准状态下的空气体积流量；如果吸入的是空气以外的其他气体，要把它转化为空气的体积流量），m^3/h；

V_{pe}——储罐向外输出物料的最大流量，m^3/h。

② 热效应引起的呼吸量的确定。

a. 呼出量

$$V_{ot}=YV_{tk}{}^{0.9}R_i$$

式中 V_{ot}——气温升高的热效应引起的呼出量（一般对应于标准状态下的空气体积流量），m^3/h；

Y——Y-因子，取值见表34-18；

V_{tk}——储罐体积，m^3；

R_i——保温折算因子。

储罐无保温时 $R_i=1$；储罐部分保温时，用式(34-19)计算，$R_i=R_{inp}$；储罐全部保温时，用式(34-18)计算，$R_i=R_{in}$。

表34-18　不同纬度下的Y-因子

纬　度	Y-因子
低于42°	0.32
42°～58°	0.25
高于58°	0.2

b. 吸入量

$$V_{it}=CV_{tk}^{0.7}R_i$$

式中　V_{it}——气温降低的热效应引起的吸入量（一般对应于标准状态下的空气体积流量），m^3/h；

C——C-因子，其值与物料的饱和蒸气压、平均储存温度和纬度有关，取值见表34-19；

V_{tk}——储罐体积，m^3；

R_i——保温折算因子。

储罐无保温时 $R_i=1$；储罐部分保温时，用式(34-19)计算，$R_i=R_{inp}$；储罐全部保温时，用式(34-18)计算，$R_i=R_{in}$。

表34-19　C-因子的取值

纬度	不同条件下的C-因子			
	与己烷类似的饱和蒸气压		比己烷饱和蒸气压高，或饱和蒸气压未知	
	平均储存温度/℃			
	<25	≥25	<25	≥25
低于42°	4	6.5	6.5	6.5
42°～58°	3	5	5	5
高于58°	2.5	4	4	4

c. 储罐保温折算因子的计算

ⓐ 储罐全部保温时，保温折算因子确定如下。

$$R_{in}=\frac{1}{1+\frac{hl}{\lambda}} \tag{34-18}$$

式中　R_{in}——储罐全部保温时的保温折算因子；

h——储罐内的传热系数，$W/(m^2\cdot K)$，对于典型储罐，h 通常取 $4W/(m^2\cdot K)$；

l——保温厚度，m；

λ——保温材料的热导率，$W/(m\cdot K)$。

ⓑ 储罐部分保温时，保温折算因子确定如下。

$$R_{inp}=\frac{A_{inp}}{A_{TTS}}R_{in}+\left(1-\frac{A_{inp}}{A_{TTS}}\right) \tag{34-19}$$

式中　R_{inp}——储罐部分保温时的保温折算因子；

A_{inp}——储罐被部分保温的面积，m^2；

A_{TTS}——储罐的全部外表面积（包括筒体和封头），m^2。

其他符号同上。

ⓒ 对于双壁容器，折算因子 R_i 可用式(34-20)确定。

$$R_i=0.25+0.75\frac{A_c}{A} \tag{34-20}$$

式中　A——储罐内层的全部表面积（包括筒体和封头），m^2；

A_c——储罐外层的表面积，m^2。

根据API 2000—2014（第七版）“常压和低压储罐的通气”，确定操作压力范围在全真空到103.4kPa（表）之间，体积不大于30000m^3的地上非低温储罐的热效应引起的正常通气量，可以用表34-20中的替代方法确定。

表34-20　热效应引起的呼吸量

储罐的容积/m^3	热效应引起的吸入量(适用于各种闪点,标准状况)/(m^3空气/h)	热效应引起的呼出量(标准状况)/(m^3空气/h)	
		37.8℃闪点及以上或者149℃标准沸点及以上	37.8℃闪点以下或者149℃标准沸点以下
10	1.69	1.01	1.69
20	3.38	2.02	3.38
100	16.9	10.1	16.9
200	33.8	20.3	33.8
300	50.4	30.4	50.4
500	84.5	50.7	84.5
700	118	71.0	118
1000	169	101	169
1500	254	152	254
2000	338	203	338
3000	507	304	507
3180	537	322	537
4000	647	388	647
5000	787	472	787
6000	896	538	896
7000	1003	602	1003
8000	1077	646	1077
9000	1136	682	1136
10000	1210	726	1210
12000	1345	807	1345
14000	1480	888	1480
16000	1615	969	1615
18000	1750	1047	1750
20000	1877	1126	1877
25000	2179	1307	2179
30000	2495	1497	2495

(3) 火灾紧急排放量计算

尽管 API 2000—2014（第七版）允许对于具有弱顶结构设计的储罐在考虑了足够的正常工况下的呼吸量时可以不考虑额外的火灾紧急排放量，但是出于对发生火灾时完全依赖于弱顶结构的排放可靠性考虑，本手册仍建议考虑这部分额外的火灾紧急排放量。

如果储罐未按照弱顶结构设计，则应按式(34-21)计算火灾紧急排放量：

$$q=906.6\frac{QF}{L}\left(\frac{T}{M}\right)^{0.5} \tag{34-21}$$

式中　q——以空气计的火灾紧急排放量（标准状态），m^3/h；

Q——按表 34-21 确定的火灾热量输入，W；

F——环境影响系数，按本章 1.4 小节第 (16) 条计取；

L——排放温度压力下储存液体的气化潜热，J/kg；

T——排放蒸气的温度（通常假设排放蒸气的温度等于储存液体在排放压力下的泡点温度），K；

M——排放蒸气的分子量。

表 34-21　火灾热量输入 Q

湿润表面积 A_{TWS} /m²	储罐设计压力 p(表) /kPa	热量输入 Q /W
<18.6	≤103.4	$63150A_{TWS}$
$18.6\leqslant A_{TWS}<93$	≤103.4	$224200A_{TWS}^{0.566}$
$93\leqslant A_{TWS}<260$	≤103.4	$630400A_{TWS}^{0.338}$
≥260	$7<p\leqslant103.4$	$43200A_{TWS}^{0.82}$
≥260	≤7	4129700

对于不设保护设施（如喷淋、保温等），储存介质类似于己烷（己烷的常压下气化潜热为 334900J/kg、分子量为 86.17），设计压力不超过 103.4kPa（表）的储罐，发生火灾时的排气量可查表 34-22。表中排气量是以空气计的，并假设己烷蒸气温度为 15.6℃。

对于表 34-22 中湿润面积的取值，应按如下方法计算。

① 球罐　取 55%球罐总表面积或离地面 9.14m 高处球罐下部表面积两者中的最大值。

② 卧式罐　取 75%卧式罐总表面积或离地面 9.14m 高处卧式罐下部表面积两者中的最大值。

③ 立式罐　取至 9.14m 高处为止的立式罐壁表面积。对于直接立于地面的立式罐，底部面积不计入湿润面积。对于支承在地面以上的立式罐，应计入部分罐底面积。罐底湿润面积的取值与支承高度和罐的直径有关，需要按工程经验进行判断。

表 34-22　发生火灾时紧急排气量与湿润面积的关系

湿润面积 /m²	排气量（标准状态）/(m³/h)	湿润面积 /m²	排气量（标准状态）/(m³/h)	湿润面积 /m²	排气量（标准状态）/(m³/h)
2	608	17	5172	80	12911
3	913	19	5780	90	13801
4	1217	22	6217	110	15461
5	1521	25	6684	130	15751
6	1825	30	7411	150	16532
7	2130	35	8086	175	17416
8	2434	40	8721	200	18220
9	2738	45	9322	230	19102
11	3347	50	9895	260	19910
13	3955	60	10971	260 以上	—
15	4563	70	11971		

对于湿润表面积大于 260m² 的不设保护设施、储存介质类似于己烷的储罐，如设计压力小于等于 7kPa（表），所需排放量（标准状态）按 19910m³/h 计；如设计压力大于 7kPa（表）并小于等于 103.4kPa（表），发生火灾时的总排气量按式(34-22)计算。

$$q=208.2FA_{TWS}^{0.82} \tag{34-22}$$

式中　q——以空气计的排气量（标准状态），m^3/h；

F——环境因子，按本章 1.4 小节第 (16) 条计取；

A_{TWS}——湿润表面积，m²。

由上述方法计算的以空气计的火灾紧急排放量在实际使用中需要转化为实际储存液体的蒸气排放量，可按下式计算。

$$W_{fl}=\frac{q_{空气}M_{空气}}{22.4C_1}\sqrt{\frac{T_{空气}M}{Z_iT_iM_{空气}}}$$

式中　W_{fl}——实际需要的排气量，kg/h；

$q_{空气}$——以空气计的排气量（标准状态），m^3/h；

Z_i——流体的压缩系数；

T_i——流体的温度，K；

M——流体的分子量；

$M_{空气}$——空气的分子量，$M_{空气}=29$；

$T_{空气}$——空气的温度，$T_{空气}=273.15K$。

C_1 按图 34-7 取值。

4.3　呼吸阀的选用和安装

(1) 呼吸阀的选用步骤和注意事项

呼吸阀的选用步骤应先计算和确定呼吸量，然后根据样本提供的不同定压值的性能曲线选用呼吸阀尺寸，也就决定了呼吸阀的起跳压力和通气压力。

当单个呼吸阀的呼吸量不能满足要求时，可安装两个甚至两个以上的呼吸阀。

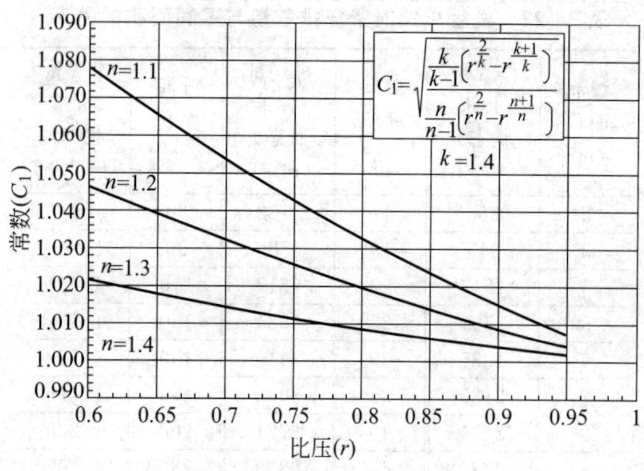

图 34-7 C_1的计算图

r—泄放口下游压力与上游压力之比；

k—绝热指数；n—等熵指数

呼吸阀的选用还和气候有关，在冬季会结冰的地区，要选用防水型呼吸阀；而在非冰冻地区，可选用标准型呼吸阀。呼吸阀必须配备阻火器。选用呼吸阀时还应选用呼吸挡板。

(2) 呼吸阀的安装及注意事项

呼吸阀还可以和气封系统同时使用。常用的气封气有氮气、燃料气等。当罐内物料被泵抽出或由于温度降低导致罐内的气体冷凝收缩时，需要补入气封气以防止空气进入罐内。当向罐内送料或温度升高使罐内压力升高时，呼吸阀自动打开，将超压的气体排入大气。当罐内压力低于大气压，而气封系统又不能正常工作时，呼吸阀内的真空阀开启，空气进入罐内保证储罐不受破坏。呼吸阀和气封系统一同使用时的流程图如图 34-8 所示。

呼吸阀应安装在储罐的顶部高点，最好是最高点。对于立式罐，呼吸阀应尽量安装在罐顶中央顶板范围内，对于罐顶需设隔热层的储罐，可安装在梯子平台附近。

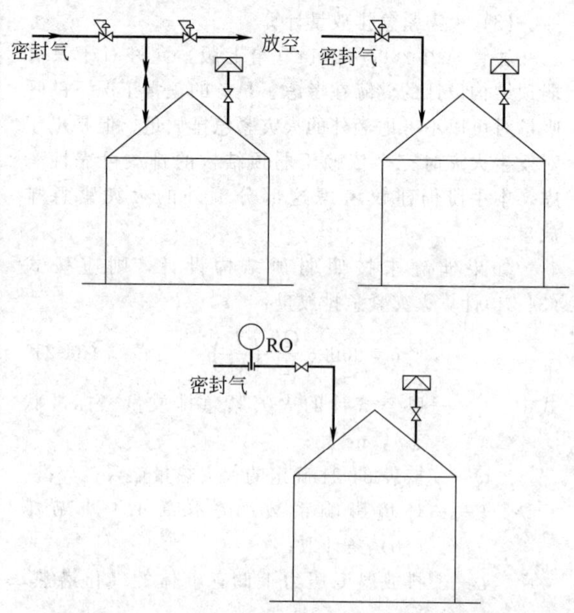

图 34-8 呼吸阀和气封系统一同使用时的流程图

当需要安装两个呼吸阀时，它们与罐顶的中心距离应相等。

若呼吸阀用在氮封罐上，则氮气供气管的接管位置一定要远离呼吸阀接口，并由罐顶部插入储罐内约200mm，这样氮气进罐后不直接排出，达到氮封目的。

参考文献

[1] API 521—2014.

[2] HG/T 20570—95.

[3] GB 150. 1—2011.

[4] 王松汉. 石油化工设计手册. 第4卷. 北京：化学工业出版社，2002.

[5] GB 567. 1/. 2/. 3—2012.

[6] API 2000—2014.

第35章 火炬系统设计

1 火炬系统概述

1.1 火炬作用

在石油化学工业迅猛发展的今天，炼油、化工、塑料等石化及后衍生产装置更加呈现出生产规模扩大、联建联产和公用工程集中供应的特点。由于这些装置的规模化和相互连带关系，在开停车、日常运行，特别是突发事故时，装置将排放一定量的易燃易爆物料。为了防止火灾及爆炸事故发生，保证设备和人身安全，均需设置火炬系统处理排放出的易燃易爆物质。火炬系统由火炬气收集管网和火炬装置（简称火炬）组成。一般来说，各火炬支干管汇入火炬总管，通过火炬总管将气体送到界区外经过燃烧处理后向大气排放。

火炬的主要作用如下。

① 将工厂或装置在正常生产过程中产生的易燃、有毒、有腐蚀性气体通过燃烧变成无害或无毒、毒性较小的其他物质。

② 处理装置试车、开车、停车时产出的易燃易爆气体。为了保证试车、开车、停车的安全进行和减少环境污染，一般都将这部分气体排放到火炬系统。

③ 作为装置紧急事故停车时的安全措施。事故造成无法继续生产或者部分流程中断，在这种情况下，必须采取有效措施。一方面将整个流程或主要设备中的可燃气体紧急排放到火炬系统；另一方面通入不燃性气体，如氮气、蒸汽等，以保证人身和装置的安全，不使事故的影响程度继续扩大。

为保证生产装置系统的稳定和安全，使排气操作尽可能不影响装置自身及周边的正常生产运行，保护周边生态环境，在大型石油化工装置中设置火炬系统和火炬气回收系统，用于处理来自各生产装置排放的火炬气的做法是十分必要的。火炬系统兼顾了稳定生产、安全和环保三大作用。尽管人们对火炬烧掉大量可燃气体感到可惜，希望将这些气体加以利用，去掉火炬系统，但由于火炬气排放量变化很大，从几乎为零到每小时几百吨，气体组成变化也很大，很难将这些气体全部回收利用，所以目前阶段火炬应视为生产流程的有机组成部分。

1.2 火炬系统设计范围、设计原则和设置要求

1.2.1 火炬系统设计范围

火炬系统的设计内容一般包括火炬气排放管网和火炬装置两部分。火炬气排放管网的设计内容包括火炬气管道、凝液回收输送设备和管道的设计。火炬装置的设计内容包括火炬头、分液罐、水封罐、点火器等设备及相应公用工程和处理设施的设计。

1.2.2 火炬系统设计原则

(1) 一般规定

① 可燃气体排放系统的设计不宜考虑不可抗力引起事故的影响。

② 当装置采用自动控制联锁减排系统时，应至少考虑一个最大排放量联锁失效对排放系统排放能力的影响。

③ 各类液体不得排入全厂可燃性气体排放系统。

④ 含有沥青、渣油、粉末或固体颗粒的可燃性气体排出装置之前，应在装置内分离处理。

⑤ 含有C_5及以上烃类或水蒸气的可燃性气体排出装置之前，应经分液罐分液，除去粒径大于或等于600μm的液滴。

⑥ 装置内应有自行吹扫可燃性气体和排放的措施；可燃性气体排出装置前应设切断阀并铅封。

⑦ 设计全厂可燃性气体排放系统时，装置内外宜统一进行水力、热力及应力计算。

⑧ 全厂可燃性气体排放系统宜在下列各处设置取样点：

a. 装置可燃性排放气体进入排放总管前；

b. 可燃性排放气体进入火炬前；

c. 可燃性排放气体进入气柜前。

⑨ 装置可燃性排放气体进入排放总管前宜设压力监控。

⑩ 高架火炬筒体应设氮气快速置换设施，置换时间不宜超过10min，快速置换宜采用遥控阀控制。

(2) 全厂可燃性气体排放系统的设置原则

① 应保证工艺装置、压力储罐等设施发生各种事故时可燃性气体能安全排放。

② 应保证可燃性气体排放系统本身能安全运行。

③ 正常生产条件下排放的可燃性气体宜回收

利用。

④ 应单独设置酸性气体排放系统。

(3) 可排入全厂可燃性气体排放系统的气体

① 下列不同来源的气体可排入全厂可燃性气体排放系统。

a. 生产装置无法利用而必须排出的可燃性气体；

b. 事故泄压或安全阀排出的可燃性气体；

c. 开停工及检修时排出的可燃性气体；

d. 液化石油气泵等短时间间断排出的可燃性气体；

e. 生产装置、容器等排出的有毒有害可燃性气体。

② 热值低于 $7880kJ/m^3$ 的气体（标准状态），在排入全厂可燃性气体排放系统前，应进行热值调整。

(4) 不应排入全厂可燃性气体排放系统的气体

① 下列气体不应排入全厂可燃性气体排放系统，应排入专用的排放系统或另行处理。

a. 能与可燃性气体排放系统内的介质发生化学反应的气体；

b. 易聚合、对排放系统管道的通过能力有不利影响的可燃性气体；

c. 氧气含量大于2%（体积分数）的可燃性气体；

d. 含剧毒介质（如氢氰酸）或腐蚀性介质（如酸性气）的气体；

e. 在装置内处理比排入全厂可燃性气体排放系统更经济、更有利于安全的可燃性气体；

f. 最大允许排放背压较低，排入全厂可燃性气体排放系统存在安全隐患的气体。

② 全厂只有个别装置排放含少量剧毒介质或腐蚀性介质的气体时，宜在装置内设处理设施。

(5) 全厂可燃性气体排放系统管网的设置要求

① 低温可燃性气体排入全厂可燃性气体排放系统时，应确保含有水分的可燃性气体排放系统管网不产生冰冻。

② 酸性气体应单独设置一个排放系统管网。

③ 排放可燃性气体的装置多、排放量大、排放压力及温度有较大差别时，应进行技术经济比较和装置排放安全分析，在满足各种排放工况的条件下，可设置两个或多个不同压力的排放系统管网。

④ 在发生紧急事故时，各装置排入可燃性气体排放系统管网的可燃性气体，在装置边界处的压力不宜低于0.15MPa（表）。

1.2.3 火炬系统设置要求

火炬系统能同时检修的生产装置，宜共用一个火炬。大型炼油厂或石油化工厂设置的火炬不宜少于2套。

当全厂可燃性气体排放系统中设置的火炬气回收设施不能完全回收装置正常生产所排放的可燃性气体时，且该排放系统所对应装置组的检修周期大于2年的，可设置备用火炬或小型操作火炬。备用火炬的处理能力要能满足任何一个操作火炬检修停工的需求，小型操作火炬只处理正常生产所排放的可燃性气体。

在满足可燃性气体安全排放的前提下，几座火炬之间可进行切换操作；火炬之间的切换连通管道应设置在水封罐前，并应设置双切断阀及盲板。

若放空油气的热值过低，无法回收利用，排至火炬顶部不能燃烧，扩散至大气中，将污染空气。对于处理放热燃烧气体的火炬，通常要求被处理的气体具有足够高的热值以维持其自身燃烧，热值大于等于 $7880kJ/m^3$（标准状态）的气体才能够维持自身燃烧，否则在排入全厂可燃气体排放系统前应进行热值调整。

大型炼油和石油化工厂的装置数量多且单套装置处理能力大，按照装置的允许排放背压分别设置高压系统和低压系统，在经济上更趋于合理。

如果火炬气回收设施能够保证正常生产时排放到某个火炬系统的可燃性气体得到全部回收，则正常生产时火炬基本是不燃烧的，仅是用于开停车和紧急事故工况，其使用寿命都可以达到4年以上；如果火炬经常燃烧，火炬头及其高空点火系统的寿命很难超过2年。

1.3 火炬系统规范标准

与火炬系统设计相关的规范和标准见表35-1。

表35-1 与火炬系统设计相关的规范和标准

标准编号	标准名称	版本	简介
ANSI/API Standard 537	Flare Details for General Refinery and Petrochemical Service	2nd Edition 2008	火炬系统的规范标准，火炬设计数据表，等同于ISO 25457:2008
ANSI/API Standard 521	Pressure-relieving and Depressuring Systems	5th Edition 2014	API 537的附属，详细计算标准，等同于ISO 23251
ISO 23251	对应API 521	2008	对应API 521
ISO 25457	对应API 537	2008	对应API 521
SH 3009	石油化工可燃性气体排放系统设计规范	2013	规定了石油化工可燃气体排放系统的设计要求，适用于上述系统新建、扩建和改建工程的设计

续表

标准编号	标准名称	版本	简介
HG/T 20570.12	火炬系统设置	1995	工艺系统工程设计技术规定
SH/T 3029	石油化工排气筒和火炬塔架设计规范	2014	

注：API表示美国石油协会（American Petroleum Institute）；SH表示石油化工行业标准；HG表示化工行业标准。

1.4　火炬系统典型图

火炬系统典型图如图35-1所示。见本书文后插页。

2　火炬气泄放系统设计

2.1　工艺装置至火炬系统排放条件

(1) 每个装置的排放条件应包括的工况

① 工艺装置开工、停工。

② 火灾事故。

③ 停电及冷却水、蒸汽、仪表空气供应中断等公用工程事故，以及由一种事故引起的其他事故（比如停电引起的冷却水或仪表空气供应中断）。

④ 其他事故。

(2) 每种排放工况应包括的数据

① 气体组成。

② 装置边界处的气体温度。

③ 装置边界处的最大允许背压。

④ 气体流量。

⑤ 装置最大单点排放量。

⑥ 流量-时间曲线。

(3) 多套工艺装置可燃性气体排放量叠加原则

炼油厂和石油化工厂事故工况下可燃性气体排放是一种无组织排放，通过分析、计算确定每个装置事故排放的“流量-时间曲线”，排放系统设计中应对同一事故工况进行叠加处理，取最大值为该事故发生时的最大排放量。这是相对准确确定火炬排放量的方法，但对于工艺过程较长、排放点较多的工艺装置来讲，要分析、计算出十分准确的“流量-时间曲线”很困难。无“流量-时间曲线”时，宜按照如下叠加原则确定各排放系统和全厂的最大排放量：

① 每个排放系统在同一事故中的最大排放量，按影响系统尺寸最大的某个装置排放量的100%与其余装置排放量的30%之和计算（体积流量），但不应低于该系统中两个不同装置最大单点排放的总量；

② 按上述原则对不同的事故排放量分别叠加后，应取其中总排放量（体积流量）的最大值为该排放系统的设计排放量；

③ 最大装置排放量的100%与全厂其余装置排放量的30%之和（质量流量）作为确定火炬高度及火炬安全区域的设计排放量；

④ 按上述叠加原则对应的加权平均温度、加权平均分子量及加权平均组成作为火炬及管道系统工艺设计的其他设计参数；

⑤ 不考虑同时发生两种相互独立的事故；

⑥ 当装置采用安全联锁减排系统时，应至少考虑一个最大排放量联锁失效对排放系统能力的影响。

从国内几十年的实践经验看，全厂性停电、局部停电、停水等事故偶有发生，但不同的工厂在发生事故时表现出的排放情况差别很大，有出现多个装置发生排放的，也有没出现大量排放的。但从以往的事故情况看，同一事故排放量100%叠加是十分保守的，只考虑一个最大装置发生事故时的排放量又太过于激进（国内某厂曾发生过由于火炬系统按一个最大装置发生事故时的排放量设计，发生全厂停电时在约20min内大多数装置陆续发生排放，虽然全厂可燃性气体排放系统没有发生事故，但因系统偏小而导致高噪声和部分装置明显憋压）。

2.2　火炬气排放管网的组成

确定火炬气排放管网时，应考虑以下几个因素的影响。

排放物料的化学性质，例如，混合后能够起化学反应的物料，有腐蚀性和无腐蚀性的物料，以及某种气体物料能对排入同一系统的其他物料发生化学反应起催化作用时，均不能排放到同一系统中。

排放物料的物理性质，例如，常压下气化温度在常温以上和常温以下的物料，含有和不含有粉尘的物料，均不要排放到同一系统中。

高压气体直接排放到低压火炬气管网噪声大时，可分级排放。

火炬系统的排放管网组成根据工厂的具体情况而定，一般单个装置的排放管网比较简单，但对较大规模的大型装置（如乙烯装置），其排放管网比较复杂，需要分类、分级考虑设置。

2.3　至火炬系统的排放系统管网设计

2.3.1　排放管道条件选择

管材的选择主要根据工厂各种生产事故状态下，管内可能达到的最不利参数（压力和温度等）对管材性能的影响来确定。化工厂和炼油厂火炬气管道的压力一般都低于1.0MPa（表），温度一般为100～150℃，因此，管材的选取主要取决于火炬气可能达到的最低温度。

通常建议采用的管材：火炬气最低温度低于－40℃时，用低温不锈钢；高于－40℃时，用“16Mn”钢；高于－19℃时，用碳钢。如果总管与总管相接或总管与支管相接，其接头处材质取两者材质高者，且其长度在上游至少要有5m。

2.3.2 管网系统设计

应从火炬头开始反算全厂可燃性气体排放系统管网装置边界处的各节点的排放背压，各节点的排放背压应低于该点的允许背压；管道摩阻损失采用式(35-1)计算。

$$\frac{fL}{d}=\frac{1}{M_a^2}\left(\frac{p_1}{p_2}\right)^2\left[1-\left(\frac{p_2}{p_1}\right)^2\right]-\ln\left(\frac{p_1}{p_2}\right)^2 \tag{35-1}$$

式中 f——水力摩擦系数；
L——管道当量长度，m；
d——管道内径，m；
M_a——管道出口马赫数；
p_1——管道入口压力（绝），kPa；
p_2——管道出口压力（绝），kPa。

水力摩擦系数按式(35-2)计算。

$$f=0.0055\left[1+\left(20000\frac{e}{d}+\frac{10^6}{Re}\right)^{\frac{1}{3}}\right] \tag{35-2}$$

式中 e——管道绝对粗糙度，m；
Re——雷诺数。

管道出口马赫数按式(35-3)计算。

$$M_a=3.23\times10^{-5}\frac{q_m}{p_2d^2}\left(\frac{ZT}{kM}\right)^{0.5} \tag{35-3}$$

式中 q_m——气体质量流量，kg/h；
Z——气体压缩系数，取相对分段计算的平均值；
T——排放气体的温度，K；
k——排放气体的绝热指数；
M——排放气体的平均分子量。

排放系统管网的马赫数不应大于0.7；可能出现凝结液的可燃性气体排放管道末端的马赫数不宜大于0.5。全厂可燃性气体排放系统管网压力应保持不低于1kPa（表）。

2.3.3 管道设计

① 火炬排放气排放管道的敷设应符合下列要求。

a. 管道应架空敷设。

b. 新建工程管道应采用自然补偿方式，扩建、改建工程管道宜采用自然补偿方式，且补偿器宜水平安装。

c. 火炬气不同于一般气体物料，管网的存液直接影响管网的安全运行，管道应坡向分液罐、水封罐，管道坡度不应小于2‰；管道沿线出现低点，应设置分液罐或集液罐。

d. 当管道不是一个坡向，在管网中有最低点出现时，则必须在管网的最低点设置凝液收集和转送设施，以排除可能产生的凝液在最低点积存，从而堵塞管道而破坏火炬系统的安全排放。位于厂区管道上的凝液收集和输送设施，均不设专职的操作工，为此，可以考虑设置凝液泵自动启动和自动停止的控制系统。为了便于及时掌握凝液泵的故障情况，还应设置收集罐的高液位报警，报警信号送到控制室或相应的管理岗位。凝液收集和转送设施的管理一般由火炬装置或附近其他岗位的操作工兼顾，每班进行1～2次巡回检查。

e. 为了避免各生产装置排出的火炬气把烃冷凝液带入总管，管道支管应由上方接入总管，支管与总管应成45°斜接。

f. 阀门的安装。为了保证工厂各种工况（如个别装置开、停车或发生事故，其他装置维持正常生产或进行检修）下的运行，应在各装置排出火炬气的管道上设切断阀，并在靠装置管网侧设盲板。

g. 如果厂区管网很大，跨越几个界区，而每个界区又由几个装置组成，界区有隔断要求时，也应设切断阀。所有阀门上都应设有阀门所处位置（即开、关或开的程度）的标志。

h. 在管网施工和检修完毕，投入运行前，应用吹扫气体赶走管网中的空气。火炬气排放管网停止运行准备检修前，同样要用吹扫气体将火炬气吹扫至火炬燃尽，直至符合动火或检修要求时，方可停止吹扫，进行检修。

i. 火炬气管道宜尽量选用弯曲半径大的弯头，以减少局部阻力损失。

j. 管道宜设管托或垫板；管道公称直径大于等于DN800时，滑动管托或垫板应采取减小摩擦系数的措施。

k. 管道有振动、跳动可能时，应在适当位置采取径向限位措施。

l. 管道活动支架间的允许跨距，取决于管道本身的强度、刚度及管道要求的敷设坡度。设计中应该注意，由于火炬气管道直径一般较大，当直径大于600mm时，在选用公式计算时，必须考虑风荷载的影响；同时还必须进行径向稳定性的计算。

② 为了保证火炬气排放管网的安全运行，火炬气总管的上游最远端设有固定的吹扫设施，该吹扫设施包括一个流量计、一个止回阀和一个手动调节阀。所有的火炬总管都应设吹扫用软管接口。火炬排放气管道应设吹扫措施。吹扫介质应优先选用氮气，无氮气时也可选用蒸汽。但对于低温管道，吹扫气在最低温度时不应发生部分或全部冷凝，对此一般采用氮气吹扫，吹扫气速在最大火炬管内为0.03m/s，如果火炬系统设有水（液）封，则水封上游吹扫气速为0.01m/s。对于低火炬和富氢排放气则要提高吹扫气

速。若无水封，则吹扫气应优先选用可用的最重气体，并要安装低流量报警和指示真空度的低压报警，以防空气倒流入火炬系统。

③ 火炬排放气管道应进行应力计算，应力计算温度应符合下列规定。

a. 高温排放管道取各项排放条件中的最高排放温度；

b. 常温排放管道采用蒸汽吹扫时取120℃；

c. 低温排放管道取各项排放条件中的最低排放温度。

④ 有凝结液的可燃性气体排放管道对固定管架的水平推力取值，不应小于表35-2中所列的数值。当固定管架上有几根有凝结液的可燃性气体排放管道时，水平推力的作用点应分别考虑，推力值不应叠加。

表35-2　固定管架水平推力

管道公称直径/mm	固定管架的推力/t
200	1.9
250	2.3
300	3.2
400	5.7
500	9.0
600～1000	13.0
≥1000	15.0

⑤ 工厂的火炬气管网一般不进行保温，但排放管道中凝结液的凝固点等于或高于该地区最冷月平均温度10℃以内时，宜对管道进行保温；凝结液的凝固点高于该地区最冷月平均温度10℃以上时，管道应进行保温并设伴热措施。设伴热保温时，应注意由于伴热可能引起火炬气温度升高，要防止由于温升而引起火炬气的化学反应的产生。

⑥ 火炬气管网的防腐与一般管道一样，并无特殊要求。对具有腐蚀性的火炬气，可考虑加厚管壁厚度，或进行管内刷防腐涂料防腐。

⑦ 分期投产的可燃性气体排放管道在前期设计时，应预留后期管道的敷设位置及有关接口。

⑧ 当可燃性气体排放温度大于60℃时，水封罐之前的可燃性气体排放管道应按GB 150进行抗外压设计，最大外压应大于或等于30kPa。

⑨ 水封罐前的管道设计压力不得低于分液罐的设计压力，水封罐后的管道设计压力不得低于水封罐的设计压力。

2.4　火炬防辐射间距

根据高架火炬高度选择必要的防辐射热间距。

①《石油化工企业防火设计规范》规定高架火炬与各装置的防火间距为60～90m。

② 火炬装置应避免布置在窝风地段，以利排放物的扩散。

③ 两个火炬集中布置时，火炬的间距应使一个火炬燃烧最大气量时产生的热辐射不影响另外一个火炬检修工作的进行。

④ 在保证人身与生产安全的前提下，火炬装置宜靠近主要排放装置布置。

⑤ 地面火炬周围最小无障碍区的半径为76～152m。

⑥ 火炬高度除满足热辐射强度要求外，还应符合现行有关环境保护标准的排放要求、防空标志和灯光保护的有关规定。

⑦ 根据现场调查情况，高架火炬与周围其他设施，如生产装置、铁路、架空输电线路应保持不小于其高度的间距是需要的。高架火炬距住宅区应尽可能不小于1.5km，最好相距2km，距人员较多的办公室也不宜小于500m。

2.5　火炬管网计算软件介绍

火炬管网系统计算软件主要有Flarenet、Visual Flow与Inplant三种。

(1) Flarenet

Flarenet可以完成单一或多重火炬系统的稳态设计、计算以及消除瓶颈，也可以计算新的火炬系统的最小标准或消除已有的泄压网络的瓶颈。在设计相位或物流操作时，Flarenet还可以用来确定可能的泄压危险。在控制压力和噪声时可以用Flarenet对整个火炬和放空系统进行调整。

Flarenet具备了直观的工艺流程图的操作环境，可以呈现整个火炬网络，如泄压阀、控制阀、管道、连接器（包括扩颈、缩颈、三通等）、分离器和火炬头。

(2) Visual Flow

Visual Flow可对工厂安全系统和泄压系统进行严格的稳态模拟计算，包括流体达到临界流的工况。Visual Flow用工业标准Beggs和Brill Moddy或Lockhart和Martinelli多相方法计算压降。对于高速流的计算，专门改进的Beggs和Brill方法结合在一起，以保证在临界流动应用中的准确度。在火炬系统的背压计算时，对于安全阀核算和尺寸，该软件计算精度较高。

(3) Inplant

Inplant是一种严格的、稳态的流体力学计算软件，用于对工厂管网系统进行设计、核算和分析。应用Inplant，工程师能快速地对工厂的管网系统进行评价和分析。Inplant能用于设计新的管网，也能用于改造现有系统。从管线的尺寸设计，一直到大型的、复杂环状管网的多相流管网系统的核算等，其应用十分广泛。

Inplant 拥有和 PRO/Ⅱ相同的物性数据库和友好的用户界面，可处理混合物、单相气体、单相液体、蒸汽、水等各种流体类型。

3 火炬主要设备

3.1 火炬的分类及选择

3.1.1 火炬的分类

火炬按照燃烧器离地面高低不同可分为高架火炬和地面火炬。

高架火炬指的是为减少热辐射强度和有助于扩散将火炬头安装在地面之上一定高度的火炬。

地面火炬可分为开放式地面火炬和封闭式地面火炬两类。开放式地面火炬是指在透风式围栏内阵列排布多个燃烧器并分级燃烧的火炬。封闭式地面火炬是指具有燃烧室和烟囱，燃烧室内设置一个或多个燃烧器的火炬。

3.1.2 火炬的选择

火炬的选择需要考虑以下因素。

(1) 场地大小与布置

火炬是有明火的设施。根据 GB 50160《石油化工企业设计防火规范》要求，高架火炬的防火间距应根据人或设备允许的辐射热强度计算确定（参见本章第3.2.3小节）。对于可能携带可燃液体的高架火炬，其与相邻工厂或设施的防火间距不应小于表35-3中的规定。

根据 GB 50160《石油化工企业设计防火规范》要求，高架火炬的防火间距应根据人或设备允许的辐射热强度计算确定（参见本章第3.2.3小节）。对于可能携带可燃液体的高架火炬的防火间距不应小于表35-4中的规定。

表35-3 可能携带可燃液体的高架火炬与企业外相邻工厂或设施的防火间距

相邻工厂或设施		防火间距/m				
		液化烃罐组(罐外壁)	甲、乙类液体罐组(罐外壁)	可能携带可燃液体的高架火炬(火炬中心)	甲、乙类工艺装置或设施(最外侧设备外缘或建筑物的最外轴线)	全厂性或区域性重要设施(最外侧设备外缘或建筑物的最外轴线)
居民区、公共福利设施、村庄		150	100	120	100	25
相邻工厂(围墙或用地边界线)		120	70	120	50	70
厂外铁路	国家铁路线(中心线)	55	45	80	35	—
	厂外企业铁路线(中心线)	45	35	80	30	—
国家或工业区铁路编组站(铁路中心线或建筑物)		55	45	80	35	25
厂外公路	高速公路、一级公路(路边)	35	30	80	30	—
	其他公路(路边)	25	20	60	20	—
变配电站(围墙)		80	50	120	40	25
架空电力线路(中心线)		1.5倍塔杆高度	1.5倍塔杆高度	80	1.5倍塔杆高度	—
Ⅰ、Ⅱ级国家架空通信线路(中心线)		50	40	80	40	—
通航江、河、海岸边		25	25	80	20	—
地区埋地输油管道	原油及成品油(管道中心)	30	30	60	30	30
	液化烃(管道中心)	60	60	80	60	60
地区埋地输气管道(管道中心)		30	30	60	30	30
装卸油品码头(码头前沿)		70	60	120	60	60

注：1. 本表中相邻工厂指除石油化工企业和油库以外的工厂。

2. 括号内指防火间距起止点。

3. 当相邻设施为港区陆域、重要物品仓库和堆场、军事设施、机场等，对石油化工企业的安全距离有特殊要求时，应按有关规定执行。

4. 丙类可燃液体罐组的防火距离，可按甲、乙类可燃液体罐组的规定减少25%。

5. 丙类工艺装置或设施的防火距离，可按甲、乙类工艺装置或设备的规定减少25%。

6. 地面铺设的地区输油（气）管道的防火距离，可按地区埋设输油（气）管道的规定增加50%。

7. 相邻工厂周围墙内为非火灾危险性设施时，其与全厂性或区域性重要设施防火间距最小可为25m。

8. 表中“—”表示无防火间距要求或执行相关规范。

表 35-4　可能携带可燃液体的高架火炬的防火间距

项　目	防火间距/m				
	液化烃罐组(罐外壁)	甲、乙类液体罐组(罐外壁)	可能携带可燃液体的高架火炬(火炬中心)	甲、乙类工艺装置或设施(最外侧设备外缘或建筑物的最外轴线)	全厂性或区域性重要设施(最外侧设备外缘或建筑物的最外轴线)
液化烃罐组(罐外壁)	60	60	90	70	90
甲、乙类液体罐组(罐外壁)	60	1.5D(见注 2)	90	50	60
可能携带可燃液体的高架火炬(火炬中心)	90	90	(见注 4)	90	90
甲、乙类工艺装置或设施(最外侧设备外缘或建筑物的最外轴线)	70	50	90	40	40
全厂性或区域性重要设施(最外侧设备外缘或建筑物的最外轴线)	90	60	90	40	20
明火地点	70	40	60	40	20

注：1. 括号内指防火间距起止点。

2. 表中 D 表示较大罐的直径。当 1.5D 小于 30m 时，取 30m；当 1.5D 大于 60m 时，可取 60m；当丙类可燃液体罐相邻布置时，防火间距可取 30m。

3. 与散发火花地点的防火间距，可按与明火地点的防火间距减少 50%，但散发火花地点应布置在火灾爆炸危险区域之外。

4. 辐射热不应影响相邻火炬的检修和运行。

5. 丙类工艺装置或设施的防火间距，可按甲、乙类工艺装置或设施的规定减少 10m（火炬除外），但不应小于 30m。

6. 石油化工工业园区内公用的输油（气）管道可布置在石油化工企业围墙或用地边界线外。

工程实践中，往往根据 GB 50160《石油化工企业设计防火规范》确定的防火间距，以及人或设备允许的辐射强度，来确定高架火炬的高度。这样，高架火炬的占地面积就可由 GB 50160《石油化工企业设计防火规范》规定的最小防火间距来确定。

地面火炬的防火间距应根据人或设备允许的辐射热强度计算确定，同时不应小于 GB 50160《石油化工企业设计防火规范》对于明火设备的防火间距要求。因此，对于开放式地面火炬，由于其燃烧器接近地面，占地面积相较于高架火炬并无优势；而封闭式地面火炬则因其燃烧室和烟囱可以有效阻隔辐射热，在确保人或设备安全的前提下，其占地面积远小于高架火炬或开放式地面火炬，适用于建设场地有限的场合。

(2) 排放介质的特性

排放介质的特性包括组成、排放量和排放压力等。

地面火炬可用于处理毒性为轻度危害和无毒可燃性气体，不宜用于处理毒性为中度危害的可燃性气体，不得用于处理毒性为极度或高度危害的有毒可燃气体。

为确保稳定燃烧和处理弹性，地面火炬设置了分级燃烧系统。各级分级管道前排放总管的排放背压要满足各级燃烧系统之间压差的需求。

单套封闭式地面火炬的处理量不宜大于 100t/h。高架火炬无上述限制。对于在石化生产中的脱硫塔、酸性水汽提等装置排放的含有硫化氢等酸性气体，应设置酸性气火炬进行单独处理，硫化氢的燃尽率需大于 99%，以减少对环境的污染。为保证硫化氢完全燃烧，并考虑二氧化硫的落地浓度，此类酸性火炬气需要通过设置高架火炬系统燃烧排放：火炬高度增加，二氧化硫落地浓度减少，因此酸性气火炬通常设计高度在 130m 左右。

(3) 经济性

由于地面火炬由多个燃烧器、多级分级管道分级控制阀爆破片旁路、分级控制系统、安全联锁系统、燃烧室（对于封闭式地面火炬）或防辐射金属围栏（对于开放式地面火炬）等部分组成，一次性投资与操作维护费用一般均高于相同处理能力的高架火炬。

(4) 安全性

地面火炬可用于处理开停工及正常生产时排放的可燃性气体，不宜用于处理紧急事故下排放的可燃性气体。

(5) 公共关系

如果高架火炬设置在居民区或可航行的水道附近，高架火炬燃烧所发出的光、热辐射和噪声可能对居民生活或船只正确导航造成影响。

(6) 地理环境

对于布置在低洼地区的工厂，采用高架火炬更有利于燃烧废气的扩散。

3.2 火炬头与筒体

火炬头的主要作用是按照设计要求将泄放系统的火炬排放气尽可能燃烧干净，不能下火雨、不能冒黑烟、不能熄灭。根据处理的排放气组成及选用火炬型式不同，火炬头主要分为以下几种型式。

高架火炬：蒸汽消烟型、伴热扩散型、酸性气蓄热型。

地面火炬：普通燃烧型、蒸汽助燃型。

但对火炬头设计的基本要求如下。

① 能安全燃烧掉各种工况（指不同流量、不同参数和不同组成成分）的火炬气。

② 将火炬气完全燃烧，燃烧产物对周围环境的污染符合有关规定。

③ 在保证火炬气完全燃烧的前提下，要求能耗（蒸汽、电或水）低。

④ 结构简单，制造容易，选材得当，使用寿命长，重量轻，便于安装和维护检修。

⑤ 燃烧中产生的噪声和光害小。

3.2.1 高架火炬头

高架火炬由自控系统、点火系统、钢结构支撑以及一个直立上升管道组成。火焰远离地面，在顶端远程自动点火燃烧。高空燃烧塔可调整其高度，从最低5m到最高200m。火炬头部配有长明灯，长明灯经点火器点燃后将一直燃烧，当排放气到达火炬头部时，立即被长明灯点燃。火炬头安装在火炬塔顶端，这样能减少对环境的辐射和减少毒性扩散范围。自支撑式、绷绳支撑式与塔支撑式是常见的火炬塔支撑方式。

(1) 火炬头的主要型式

① 直筒式　用于易燃且不需要消烟的排放气，常见的是天然气火炬、焦炉煤气火炬。

② 倒锥形　用于热值较低且不需要消烟的排放气；常见的是以水煤浆为原料制甲醇、制合成氨的火炬。

③ 消烟蒸汽管火炬　用于需要消烟的火炬。这种火炬头又有很多的不同结构，常见的是石油化工、炼油企业的火炬。

④ 带防风罩的倒锥形火炬头　用于热值较低且不需要消烟的排放气，常见的是钢厂火炬。

(2) 高架火炬头设置要求

① 火炬头顶部设置火焰挡板，目的在于提高高速排放时火焰的稳定性，其限流面积通常为2%～10%，设有这种稳火装置的火炬头其出口压降允许达到14kPa，超出14kPa时火焰的稳定性难以保证。

② 排放气体在火炬头出口处允许的马赫数大小取决于系统允许的压降、环境噪声标准、火焰稳定性以及气体的燃烧特性。对于系统排放压力较低以及环境噪声要求严格的火炬，短时间的事故排放时应该控制在0.5以下，工厂正常生产的连续或频繁排放最好维持在0.2；对于系统排放压力足够高，且环境噪声要求不严时，适于采用音速。火炬头出口气体速度太低时，火焰受风的影响较大，火焰有可能在下风向的低压区沿火炬头下落数米，会引起火炬头过热和腐蚀，有关火炬研究文献发表的数据表明火炬稳定燃烧的马赫数为0.2～0.5。

③ 对于酸性气火炬主要关注的是气体中有毒、有害物质的燃尽率。石油化工企业的酸性气主要是含硫化氢的气体，目前在酸性气火炬设计上普遍采用低速并维持适当燃烧温度的方法，也可以采用0.5马赫数以上的高速火炬头，使酸性气体与空气充分混合达到硫化氢燃尽率的要求。

④ 火炬头出口至钢塔架顶层平台应该保持一定的距离，尽量避免低排放量工况时火焰在风的作用下对火炬塔架顶层平台的损害。烃类化合物燃烧时温度高，酸性气、纯氢气等低热值气体燃烧时温度相对较低。

3.2.2 地面火炬

地面火炬由地面燃烧炉、地面燃烧炉支柱、地面燃烧器、防风消音墙、分级燃烧系统以及长明灯自动点火装置、安全措施、控制系统、放空气系统组成。火炬气的燃烧是在圆柱形地面燃烧炉的本体内完成的。燃烧过程封闭，外界看不见火光，没有光污染，低热辐射。圆柱形地面燃烧炉内设有一定数量的、特殊结构的地面燃烧器。地面燃烧器采用梅花形多孔结构，可将大股火炬气分成许多小股，以利其和空气的混合，增加与空气的接触面积，达到无烟燃烧。空气与火炬气的混合主要是依靠火炬气自身的压力和特殊设计的燃烧器完成的。

(1) 地面火炬的设计原则

地面火炬可用于处理毒性为轻度危害和无毒的可燃性气体，不宜用于处理毒性为中度危害的有毒可燃性气体。地面火炬不得用于处理毒性为极度或高度危害的有毒可燃性气体。地面火炬宜用于处理开停工及正常生产时排放的可燃性气体，不宜用于处理紧急事故下排放的可燃性气体。

应根据各分级管道前排放总管的最大允许排放背压值确定各分级管道的操作压力，分级控制阀旁路的爆破压力不得高于排放总管的最大允许排放背压；分级控制阀旁路使用爆破针阀时，最大操作压力宜取排放总管最大允许排放背压的90%，分级控制阀旁路使用爆破片时，最大操作压力宜取排放总管最大允许排放背压的75%；根据最大操作压力并结合可燃性气体排放条件及燃烧器的性能曲线进行合理分级，每级的操作压力应在燃烧器的最佳操作弹性范围内，避免各级之间发生跳跃；各分级管道前排放总管的最大允许排放背压值及分级数量应根据排放总管、分级系统的投资及公用工程介质消耗等因素通过经济比较后确定。

各分级管道上的控制阀应设置爆破针阀或爆破片旁路，爆破针阀或爆破片的爆破压力不得高于各分级管道前的最大允许背压。当各分级管道前的最大允许背压值较低时，旁路上宜选用爆破针阀。各分级管道的截面积之和不得小于排放总管的截面积。爆破针阀或爆破片旁路的公称直径可比分级管道小一级，但应保证各分级管道前的压力小于等于最大允许背压。

各分级管道上压力开关阀宜选用金属硬密封蝶阀，其开启时间不宜大于 1s。各分级管道上压力开关阀和旁路上爆破针阀的泄漏等级不应低于 ANSI Ⅴ级。控制系统除应具有逐级开启的功能外，还应具有跨级开启的功能。除前两级排放系统每个燃烧器配置一个长明灯外，其他各级长明灯的数量应不少于 2 个，长明灯应保持长明；蒸汽助燃型燃烧器，每个燃烧器均需配置一个长明灯。

火炬应采取足够的消烟措施，烟气排放应符合相关环保要求。地面火炬各分级压力开关阀后应设氮气吹扫系统。常燃级系统应设连续氮气吹扫系统，防止回火。对于低压力级排放系统宜采用蒸汽助燃型燃烧器，蒸汽宜根据火炬气的排放量及分子量进行调节。各分级压力开关阀前后应设置凝结液密闭排放设施。

地面火炬对周边区域的热辐射强度允许值与高架火炬的要求相同（参见本章 3.2.3 小节）。

(2) 封闭式地面火炬

单套封闭式地面火炬的处理量不宜大于 100t/h。

排气筒高度应满足下列要求：

① 烟气扩散后应满足环保要求；

② 不得低于燃烧器火焰高度的 3 倍。

燃烧室内的热流密度宜控制在 275～335kW/m^3（标准状态）。设计时应选用防结焦、堵塞及高温不易产生变形的燃烧器。应避免燃烧室中心出现贫氧现象。燃烧器的布置应保证其压力均衡，防止火焰爆冲，火焰蹿烧。燃烧室的内侧应采用耐火保护衬里，燃烧室外侧温度不应高于 60℃。

(3) 开放式地面火炬

防热辐射金属围栏高度应高于各燃烧器火焰顶部 2m。低压力级燃烧器宜布置在防热辐射金属围栏的中间，高压力级燃烧器宜布置在两侧。防热辐射金属围栏内的分级管道应采取防热辐射措施。靠近分级控制阀的一侧应设置观火窗及检修门。同级管道上的燃烧器的安装距离应能确保接力点火，不同级管道间的距离应满足无烟燃烧的要求。靠防辐射金属围栏布置的燃烧器距金属围栏的距离应确保火焰不能直接烧到金属围栏上。燃烧器及支撑立管应选用耐高温金属材料。

3.2.3　高架火炬头设计要求及计算

(1) 辐射强度的要求

火炬设施安全区域的大小取决于允许的热辐射强度。火炬气最大排放量的确定原则考虑到一定安全性，最大排放持续的时间通常不超过 30min，一天中太阳的热辐射强度最高值为 0.79～1.04kW/m^2，且受天气的影响较大；装置开、停工期间由于操作不稳定或下游装置不能同步开车，会有大量的可燃性气体连续数天排放到火炬燃烧。因此，太阳的热辐射是否叠加到火炬产生的热辐射中，在不同的工况下应该区别对待。

以下是辐射强度的设置要求。

① 按最大排放负荷计算确定火炬设施安全区域时，允许热辐射强度不考虑太阳热辐射强度。

② 按装置开、停工的排放负荷核算火炬设施安全区域，此工况下的允许热辐射强度应考虑太阳热辐射强度。

③ 厂外居民区、公共福利设施、村庄等公众人员活动的区域，允许热辐射强度应小于或等于 1.58kW/m^2。

④ 相邻同类企业及油库的人员密集区域、石油化工企业内的行政管理区域的允许热辐射强度应小于等于 2.33kW/m^2。

⑤ 相邻同类企业及油库的人员稀少区域、厂外树木等植被的允许热辐射强度应小于或等于 3.00kW/m^2。

⑥ 石油化工厂内部的各生产装置的允许热辐射强度应小于或等于 3.20kW/m^2。

⑦ 火炬检修时其塔架顶部平台的允许热辐射强度不应大于 4.73kW/m^2。

⑧ 火炬设施的分液罐、水封罐、泵等布置区域允许热辐射强度应小于或等于 9.00kW/m^2，当该区域的热辐射强度大于 6.31kW/m^2时，应有操作或检修人员安全躲避的场所。

允许的热辐射强度是暴露持续时间的函数，它应该包含人的反应时间和灵活性等因素。在 API 521 中建议考虑操作人员或检修人员的总暴露时间为 8～10s。热辐射强度大于 6.31kW/m^2时，在此区域的操作或检修人员没有足够时间逃跑，因此应就地设置安全躲避场所。安全躲避场所可以是附近 60m 范围以内的机柜间等建筑物，也可以是专设的遮蔽辐射热的棚子。

(2) 火炬头及火炬本体的要求

火炬头应满足装置正常操作和开停工时无烟燃烧的要求。火炬头顶部应设火焰挡板，其限流面积宜为 2%～10%；火炬头上部 3m 部分（包括内件）应使用 ANSI 310SS 或等同材料制造，3m 以下部分宜使用 304 或等同材料制造。同时火炬头上部设计温度不应低于 1200℃。

全厂紧急事故最大排放工况火炬头出口的马赫数应小于或等于 0.5；无烟燃烧时火炬头出口的马赫数宜取 0.2；处理酸性气体的火炬头出口马赫数宜小于

或等于0.2。

另外处理酸性气体的火炬头宜设置防风罩。

火炬燃烧时火炬头产生的地面噪声应满足下列要求：

① 正常操作工况（包括开工、停工）时小于或等于90dB；

② 全厂紧急事故最大排放工况时小于或等于115dB。

(3) 辅助设施的设计要求

① 钢塔架的附属设计应满足下列要求：

a. 应分节设置梯子平台，采用直梯时，每节直梯高度宜为5～10m；

b. 钢塔架应按相关规范设置航空障碍灯；

c. 最高层平台应有满足火炬头检修的面积及通道，并宜设置便于吊装火炬头的设施。

② 敷设于钢塔架或火炬筒体的工艺热力管道安装应符合下列要求：

a. 蒸汽管道、有保温伴热的管道、引火管及燃料气管道应设计热补偿措施，并设相应的固定支架；

b. 敷设于钢塔架或火炬筒体上的工艺热力管道不应存在积液点；

c. 常温管道至少应设1处固定支架；

d. 引火管及燃料气管道在火炬底部应使用三通与水平管道连接，并应在垂直管道的末端设法兰和法兰盖。

③ 用于燃烧烃类化合物的火炬头出口至钢塔架顶层的距离不宜小于7m，燃烧酸性气、纯氢气等低热值的火炬头出口至钢塔架顶层的距离不宜小于5m。

④ 火炬筒体底部应设有积存雨水、凝液、锈渣等空间，并设置手孔、排污孔、凝液排出口及液位计。

(4) 火炬头设计计算

① 火炬头出口有效截面积 火炬头出口有效截面积应按式（35-4）计算。

$$A=3.047\times10^{-6}\times\frac{q_{\rm m}}{\rho_{\rm v}M_{\rm a}}\times\sqrt{\frac{M}{kT}} \tag{35-4}$$

式中 A——火炬头出口有效截面积，m^2；

M_a——火炬头出口马赫数。

计算出的是火炬头出口有效截面积，火炬头出口的实际面积还应该包括其内部其他构件的当量面积，此部分面积由火炬头供货商考虑。

火炬筒体直径应由压力降计算确定。不同压力的排放管道接至同一个火炬筒体时，应核算不同压力系统同时排放的工况，保证压力较低系统的排放不受阻碍。

② 消烟计算 除酸性气火炬外宜使用蒸汽控制烟雾生成，对酸性气火炬、寒冷地区的火炬及低温条件下使用的火炬可采用压缩空气控制烟雾生成。

消烟蒸汽的压力宜控制在0.7～1.0MPa（表），消烟压缩空气的压力不宜低于0.7MPa（表）。

计算火炬的消烟蒸汽和压缩空气量时，可燃性气体排放量应取装置开工、停工排放量的最大值。

消烟蒸汽量可按式（35-5）计算，压缩空气量可取蒸汽量的1.2～2倍。

$$G_{\rm st}=q_{\rm cm}\left(0.68-\frac{10.8}{M_{\rm c}}\right) \tag{35-5}$$

式中 G_{st}——消烟蒸汽量，kg/h；

q_{cm}——排放气体中烃类化合物的质量流量，kg/h；

M_c——排放气体中烃类化合物的平均分子量。

计算火炬的消烟蒸汽和压缩空气时，可燃性气体排放量应取装置开工、停工排放量的最大值。当无法取得装置开工、停工的排放量时，可以按最大事故排放量的15%～20%计算，如果事故排放量较小或者事故排放量很大，考虑消烟的蒸汽或空气的数量时应该结合工厂的蒸汽产能以及提供所需数量空气的可能性。消烟蒸汽耗量以排放气体中烃类化合物的质量流量计算。

③ 火炬高度的确定 火炬高度的确定应符合下列规定。

a. 按受热点的允许热辐射强度计算火炬高度；

b. 根据GB/T 3840对按允许热辐射强度计算出的火炬高度进行核算。如不符合要求，应增加火炬高度再进行核算，直到满足大气污染物排放标准的要求为止。

火焰产生的热量按式（35-6）计算。

$$Q_{\rm f}=2.78\times10^{-4}H_{\rm y}q_{\rm m} \tag{35-6}$$

式中 Q_f——火焰产生的热量，kW；

H_y——排放气体的低发热值，kJ/kg。

(5) 火焰长度计算

① 当火炬头出口气体马赫数 $M_a\geqslant0.2$ 时，按式（35-7）计算。

$$L_{\rm f}=118D_{\rm fl} \tag{35-7}$$

② 当火炬头出口气体马赫数 $M_a<0.2$ 时，按式（35-8）计算。

$$L_{\rm f}=23D_{\rm fl}\ln M_{\rm a}+155D_{\rm fl} \tag{35-8}$$

式中 L_f——火焰长度，m；

D_{ft}——火炬头出口直径，m。

(6) 火炬高度计算

$$h_{\rm s}=\sqrt{\frac{\varepsilon Q_{\rm f}}{4\pi K}-(X-X_{\rm c})^2}-Y_{\rm c} \tag{35-9}$$

式中 h_s——火炬高度，m；

ε——热辐射系数；

K——允许的火炬热辐射强度，kW/m^2；

X——火炬筒体中心线至计算点的水平距离，m；

X_c——在风速作用下火焰中心的水平位移，根据$\frac{E_r^{1.3}}{D_{fl}^2}$和$\frac{L_f}{3}$的值从图 35-2 查取，m；

Y_c——在风速作用下火焰中心的垂直位移，根据$\frac{E_r^{1.3}}{D_{fl}^2}$和$\frac{L_f}{3}$的值从图 35-3 查取，m。

热辐射系数 ε 按式（35-10）计算。

$$\varepsilon=5.846\ 10^{-3}H_v^{0.2964}\left(\frac{100}{R_H}\right)^{\frac{1}{16}}\times\left(\frac{30}{D_R}\right)^{\frac{1}{16}} \tag{35-10}$$

式中　H_v——排放气体的体积低发热值（标准状态），kJ/m^3；

R_H——空气相对湿度，%；

D_R——火焰中心至受热点的距离，m。

火焰中心至受热点的距离按式（35-11）计算。

$$D_R=\sqrt{\frac{\varepsilon Q_f}{4\pi K}} \tag{35-11}$$

空气与排放气体的动量比值 E_r 按式（35-12）计算。

$$E_r=\frac{\rho_a v_w^2}{\rho_e v_e^2} \tag{35-12}$$

式中　ρ_a——空气密度，kg/m^3；

ρ_e——排放气体出口处的密度，kg/m^3；

v_w——火炬出口处风速（最大取 8.9），m/s；

v_e——排放气体出口速度，m/s。

3.3　分液罐

3.3.1　分液罐的作用

火炬气分液罐是火炬系统的重要组成部分，每根火炬排放总管都应设分液罐，以分离气体夹带的液滴或可能发生的两相流中的液相。通常情况下，在装置内设有分液罐以减少火炬气总管的凝液量。当火炬设置在距装置有一定距离的地点时，火炬气会在输送过程中产生凝液，因而在火炬气进入火炬筒前也要设置分液罐，再次分离凝液，以免液滴夹带到火炬头，造成火雨现象。

火炬分液罐主要有卧式和立式两种。其中卧式分液罐分为以下两种。

① 气体从分液罐的一端顶部进入，从另一端的顶部排出（内部无挡板），称为单流式。

② 气体在水平轴向两端进入，在中间有一个出口；或气体在中间进入，从水平轴的两端排出，称为双流式。当分液罐直径大于 3.6m 时，通常采用双流式。

而立式分液罐的气体入口设在容器中部的直径方向，出口设在容器顶部的竖直方向，入口处应加挡板使气体向下方流动。

除酸性气排放系统外，可燃性气体排放总管进入火炬前应设置分液罐。含凝结液的可燃性气体（C_5 及 C_5 以上）排放管道宜每 1000～1500m 进行一次分液处理。凝结液应送入全厂轻污油罐或生产装置进行回收利用。对于含有在环境温度下呈固态或不易流动液体组分的火炬排放气的分液罐应设置必要的加热设施。

3.3.2　分液罐的设计原则

计算分液罐尺寸时，被分离液滴直径宜取 600μm。分液罐应设液位计、液相温度计、压力表、高低压和高低液位报警。凝结液输送泵宜人工启泵，

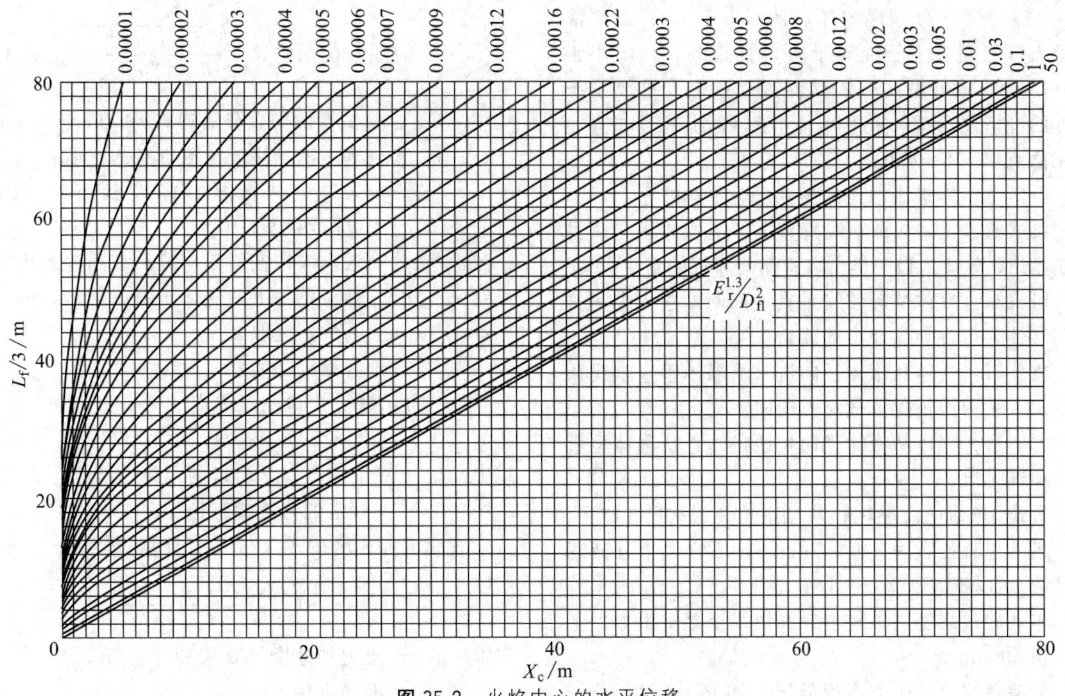

图 35-2　火焰中心的水平位移

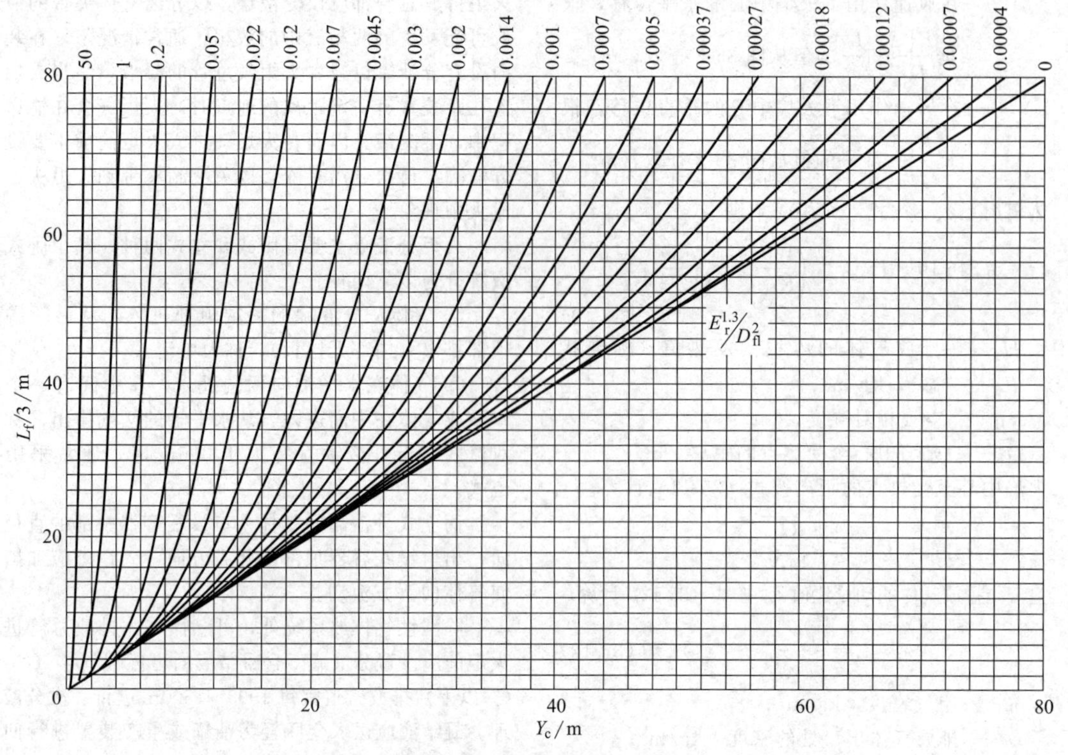

图 35-3　火焰中心的垂直位移

并应设置低液位联锁停泵。分液罐的容积应为气液分离所需的容积和火炬气连续排放20～30min所产生的凝结液所需的容积之和。卧式分液罐内最高液面之上气体流动的截面积（沿罐的径向）应大于或等于入口管道横截面积的3倍。立式分液罐内气相空间的高度应大于或等于分液罐内径，且不小于1m；最高液位距入口管底应大于或等于入口管直径，且不小于0.3m。分液罐的型式应依据容器及火炬气排放系统设计的经济性选择，采用卧式分液罐时其长度与直径的比值宜取2.5～6.0。

分液罐气体进出通道的型式可为下列之一。

卧式罐：气体从罐轴线垂直上部一端进入，从另一端排出，气体入口与排出口宜朝向邻近的罐封头端。

卧式罐：气体从罐轴线垂直上部两端进入中间排出，气体入口宜朝向邻近的罐封头端。

立式罐：气体从罐体径向进入从罐体垂直轴线顶部排出，采用挡板保证气流方向向下。

立式罐：气体从罐体径向切线进入，从罐体垂直轴线顶部排出。

卧式分液罐应设置集液包，集液包的结构尺寸如下。

集液包直径宜为500～800mm，不宜大于分液罐直径的1/3，但不宜小于300mm。

集液的包高度（集液包封头切线至罐壁距离）不宜小于500mm。

分液罐的设计压力不得低于350kPa（表），外压不得小于30kPa（表）。

(1) 卧式分液罐的尺寸计算

卧式分液罐的直径应按式（35-13）通过试算确定，当满足$D_{sk} \leqslant D_k$时，假定的D_k即为卧式分液罐的直径。

$$D_{sk}=0.0115\times\sqrt{\frac{(a-1)q_v T}{(b-1)p\varphi U_c}} \tag{35-13}$$

式中　D_{sk}——试算的卧式分液罐直径，m；

a——罐内液面高度与罐直径的比值；

q_v——入口气体流量（标准状态），m^3/h（标准状态）；

b——罐内液体截面积与罐总截面积的比值；

p——操作条件下的气体压力（绝），kPa；

φ——系数，宜取2.5～3.0；

U_c——液滴沉降速度，m/s。

卧式分液罐进出口距离按式（35-14）计算。

$$L_k=\varphi D_k \tag{35-14}$$

式中　L_k——气体入口至出口的距离，m；

D_k——假定的分液罐直径，m。

液滴沉降速度按式（35-15）计算。

$$U_c=1.15\times\sqrt{\frac{g d_1(\rho_1-\rho_v)}{\rho_v C}} \tag{35-15}$$

式中　g——重力加速度，取9.81，m/s^2；

d_1——液滴直径，m；

ρ_l——操作条件下的液滴密度，kg/m³；

ρ_v——操作条件下的气体密度，kg/m³；

C——液滴在气体中的阻力系数。

罐内液体截面积与罐总截面积比值 b 按式（35-16）计算。

$$b=1.273\times\frac{q_l}{\varphi D_k^3}\tag{35-16}$$

式中　q_l——分液罐内储存的凝结液量，m³。

罐内液面高度与罐直径比值 a 按式（35-17）计算。

$$a=1.8506b^5-4.6265b^4+4.7628b^3-2.5177b^2+1.4714b+0.0297\tag{35-17}$$

操作条件下的气体密度按式（35-18）计算。

$$\rho_v=\frac{1000Mp}{RT}\tag{35-18}$$

式中　R——气体常数，取 8314N·m/(kg·K)。

液滴在气体中的阻力系数 C 根据 $C(Re)^2$ 由图 35-4 查得，$C(Re)^2$ 按式（35-19）计算。

$$C(Re)^2=\frac{1.307\times10^7 d_1^3\rho_v(\rho_l-\rho_v)}{\mu^2}\tag{35-19}$$

式中　μ——气体黏度，mPa·s。

(2) 卧式分液罐直径的核算

按式（35-13）计算出卧式分液罐的直径后，应按式（35-20）对其进行核算，分液罐的直径应满足式（35-20）的核算结果。

$$卧式分液罐直径\geqslant1.13\times\sqrt{\frac{q}{v_c}+\frac{q_l}{\varphi D_k}}\tag{35-20}$$

式中　q——操作状态下入口气体体积流量，m³/s；

v_c——卧式分液罐内气体水平流动的临界流速，m/s，其值可由图 35-5 查得。

3.4 水封罐

3.4.1 水封罐的作用

火炬气密封系统包括水（液）封和气封，都是为了防止排放气倒流和空气倒入火炬系统发生爆炸燃烧事故而设的。

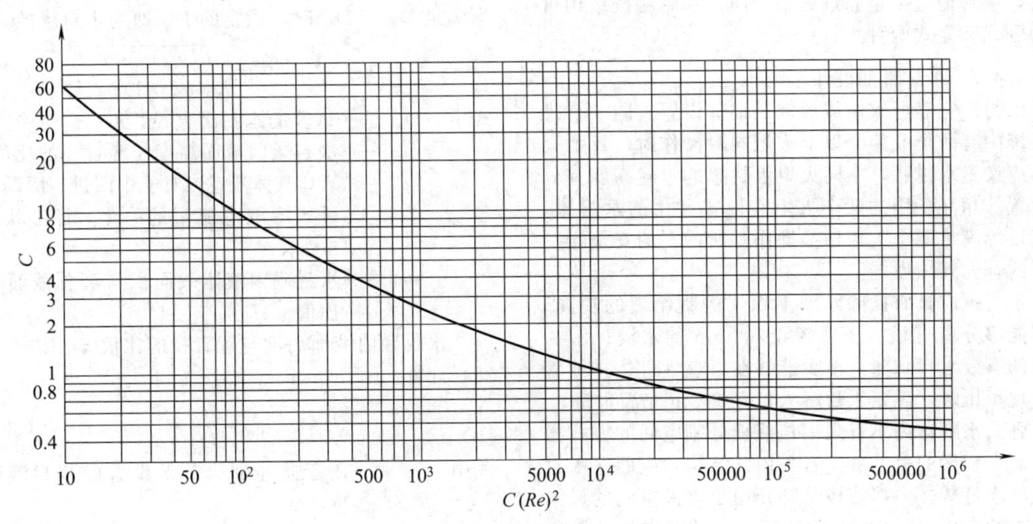

图 35-4　液滴在气体中的阻力系数

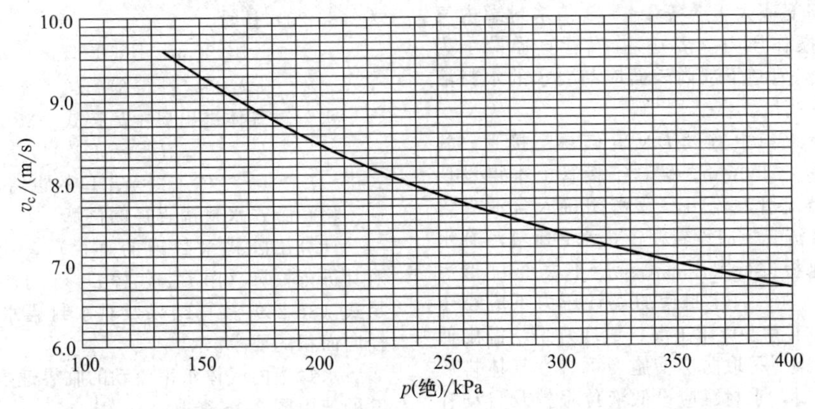

图 35-5　卧式分液罐内气体水平流动临界流速

在特殊情况下火炬系统存在负压工况，通常采用水封罐作为防止负压回火造成火炬系统大面积破坏的手段。当可燃气体排放接近结束时，水封罐中的水量必须满足有效密封水量的需求，以阻止空气由火炬头倒流进入火炬系统发生爆炸事故。水封罐水量的保持，除正常操作补水外，还可以采用当火炬排放压力接近常压时瞬时大量补水，或采用合适的水封罐尺寸，防止罐内水量大量流失的方法，以满足水封罐内必须保持足够水量的要求。虽然这两种方法都可以满足水封罐保持水量的要求，但后者是不需要借助仪表控制系统的本质安全手段。从水封罐的重要性方面考虑，本质安全应该成为设计的首选。

下述情况可不设水封：

① 排气设备背压允许值很低，以至于入口插入管的深度小于100mm；

② 排放气温度很低，以至于可能引起水封冻结(无加热站)。

水封槽内要留有一定的气相空间，以防水夹带。水封水补充速度要适当，不能太快。水封槽溢流口排出水应回收。水封槽在严寒地区要采取防冻设施，并防止烃类化合物覆盖液面。水封槽与火炬基础合并设置时，水封槽应尽量靠近火炬烟囱。水封罐按结构可分为卧式和立式两种。

3.4.2 水封罐的设计原则

水封罐宜靠近火炬或放散塔根部设置。同一个排放系统中有两个或两个以上火炬同时操作时，每个火炬均应设置水封罐，不同火炬水封罐的水封高度宜分层设置。相互备用的两个火炬宜设置共用的水封罐，但应设置满足两个火炬切换操作时所需要的安全吹扫气体的补充气体设施。

水封罐应具有撇除水面上积聚的凝结液的功能，并应能够分离直径大于或等于600μm的水滴。水封罐内的有效水封水量应至少能够在可燃性气体排放管网出现负压时，满足水封罐入口立管3m充满水量。

卧式水封罐内不宜采用挡液板分割空间的方式撇除水面上积聚的凝结液。若采用此结构，应确保水封罐内的水量减去由挡液板分割开用于撇液空间的最大容积后的有效水封水量，以满足水封设计要求。

水封罐应设置U形溢流管（不得设切断阀门），溢流管的水封高度应大于或等于1.75倍水封罐内气相空间的最大操作压力（表），溢流管直径最小为*DN*50。其高点处管道下部内表面应与要求的水封液面处于同一水平高度。

U形溢流管高点上宜设*DN*25破真空接管，其高度宜大于或等于300mm。破真空接管上不得设切断阀门。U形溢流管溢流出口宜密闭接入含油或含硫污水系统，溢流管上应设置视镜。水封罐溢流补水量应使用限流孔板进行限制，流量应不大于U形溢流管自流能力的50%。水封罐的设计压力不应小于0.7MPa（表），不考虑负压工况。最冷月平均温度低于5℃时，水封罐应采取防冻措施。可燃性气体排放温度大于100℃时，水封罐应设低液位报警及自动补水措施，保持水封水量。水封罐还应设液位、温度、压力仪表和高液位报警。水封罐宜选用卧式罐，其长度与直径的比值宜为2.5～6.0。

卧式水封罐内气体流动的径向截面积应大于或等于入口管道横截面积的3倍。立式水封罐内气相空间的高度应大于或等于水封罐内径，且不得小于1m。

水封罐气体进出通道的型式宜为下列之一。

① 卧式罐 气体从罐轴线垂直上部一端进入，从另一端排出。

② 卧式罐 气体从罐轴线垂直上部中间进入，从两端排出。

③ 立式罐 气体从罐体径向进入，从罐体垂直轴线顶部排出。

水封罐气体入口应采用有效的气体分布结构，以防止由于密封水波动造成火炬脉冲式燃烧。当水封罐气体入口底部采用齿状端面时，入口管底部至水封罐底的距离宜大于或等于0.25倍气体进口的内径。

水封罐内宜设置防止由于放空气体冲击而产生密封水的剧烈波动的措施。

3.4.3 水封罐的计算

卧式水封罐的尺寸应按式（35-21）试算确定，当满足$D_{sw} \leqslant D_w$时，假定的D_w即为水封罐的直径。

$$D_{sw}=0.0115\times\sqrt{\frac{(a_w-1)q_vT}{(b_w-1)p\varphi U_c}} \tag{35-21}$$

式中 D_{sw}——试算的水封罐直径，m；

a_w——水封罐内液面高度与罐直径的比值；

q_v——入口气体流量（对于中间进、两端出的卧式罐取总流量的一半，标准状态），m^3/h；

b_w——水封罐内液体截面积与罐总截面积的比值。

水封罐内液面高度与罐直径的比值a_w按式（35-22）计算。

$$a_w=\frac{h_1}{D_w} \tag{35-22}$$

式中 h_1——用于防止回火工况设置的水封液面高度，m；

D_w——假定的水封罐直径，m。

水封罐内液体截面积与罐总截面积的比值b_w按式（35-23）计算。

$$b_w=-1.2305a_w^5+3.0761a_w^4-3.8174a_w^3+2.65a_w^2+0.3294a_w-0.0038 \tag{35-23}$$

水封罐气体进出口距离按式（35-24）计算。

$$L_w=\varphi D_w \tag{35-24}$$

式中 L_w——气体入口至出口的距离，m。

(1) 卧式水封罐直径的核算

计算出卧式水封罐的直径后，应按式（35-25）对其进行核算（用D_w代替D_k），水封罐的直径应满足式（35-25）核算结果及对水封罐水量和气体流动径向面积的要求。

水封罐内气体水平流动的临界速度v_c根据MP/T的值由图35-6查取。

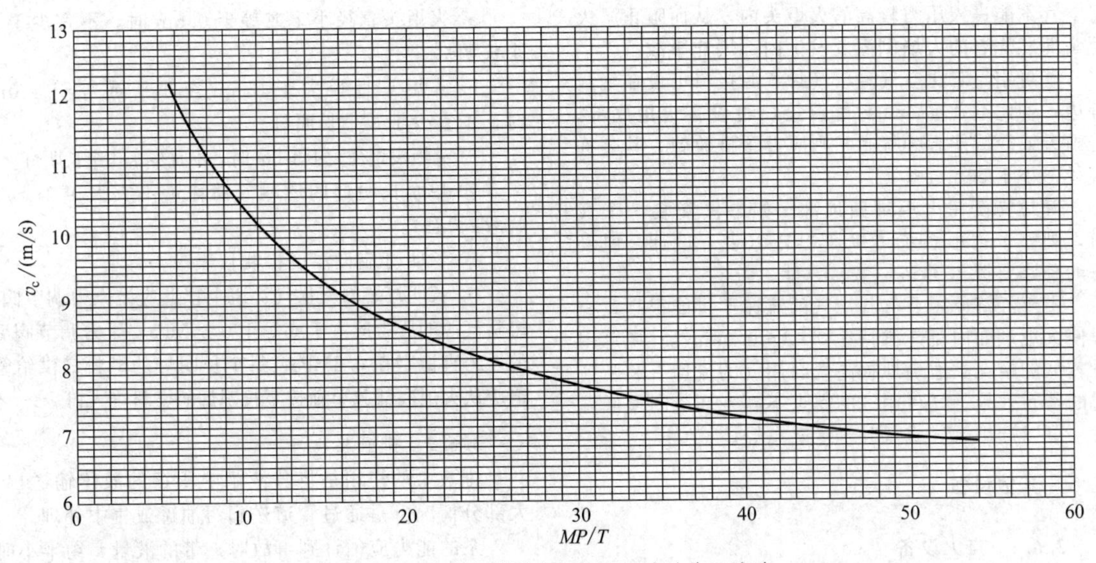

图 35-6　卧式水封罐内气体水平流动临界流速

(2) 立式水封罐的计算

立式水封罐的直径应按式（35-25）计算。

$$D_w = 0.0128 \times \sqrt{\frac{q_v T}{p U_c}} \tag{35-25}$$

(3) 水封高度的计算

水封高度应满足下列要求。

① 能满足排放系统在正常生产条件下有效阻止火炬回火，并确保排放气体在事故排放时能冲破。

② 水封排入火炬。

③ 对于含有大量氢气、乙炔、环氧乙烷等燃烧速率异常快的可燃性气体，水封高度应按式（35-26）计算，且不应小于 300mm。

④ 对于密度小于空气的可燃性气体，水封高度应按式（35-26）计算，且不应小于 200mm。

⑤ 对于密度大于或等于空气的可燃性气体，水封高度应大于或等于 150mm。

$$h_w \geqslant 1000\left[\frac{p_1}{g\rho_w} - \frac{F_1(F_2 - H)}{g\rho_w T_a} - \frac{phM}{\rho_w RT}\right] \tag{35-26}$$

式中　h_w——水封高度，m；

p_1——水封前管网需保持的压力（绝），kPa；

ρ_w——水封液体密度，水取 1000，kg/m^3；

F_1——系数，取 3.30826，kPa·K/m；

F_2——系数，取 8361.4，m；

H——火炬头出口至地面的垂直距离，m；

T_a——环境日平均最低温度，K；

p——火炬头出口处的压力（绝），kPa；

h——火炬水封液面至火炬头出口的垂直距离，m。

3.5　气体密封

火炬气密封系统气封，是在火炬内无气体排放时，用一定量的吹扫气通过火炬，使火炬维持正压，防止空气倒流入火炬系统，保证安全操作。

采用气体密封时可以大大减少吹扫气体的用量，气体密封通常分为静态密封和速度密封，静态密封的主要型式为分子密封。

分子密封器是一个单独的设备，如图 35-7 所示，分子密封器安装在火炬头和火炬筒体之间，其工作原理是当火炬处于停工和小流量运行状态时，连续从火炬筒体的入口管道上或水封罐气相部分通入分子量较空气低的吹扫气体（如氮气、甲烷或天然气），利用吹扫气体的浮力在钟罩内形成一个压力高于大气压的区域，这样使得空气不能进入压力较高的火炬内，从而阻止火炬头部燃烧着的火焰倒灌及发生内部爆炸事故。

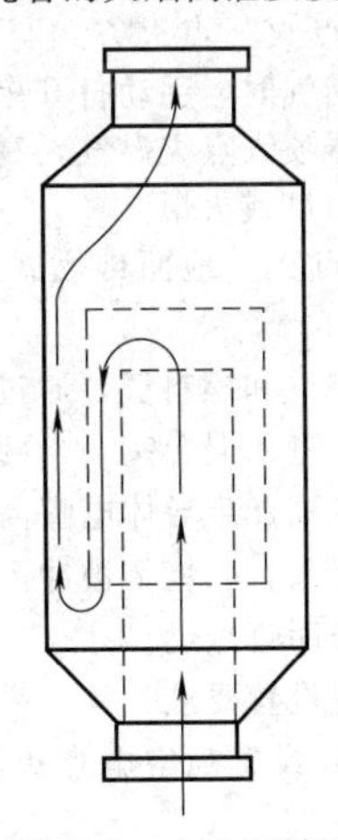

图 35-7　分子密封器

火炬头中带有挡板的密封型式称为流体密封，其工作原理是火炬筒体的入口管道上或水封罐气相部分通入分子量较空气低的吹扫气体，向上流动的气体形成速度梯度，使得空气向下流动的阻力增大，这样使得空气不能进入压力较高的火炬头内，从而阻止了火炬头部燃烧着的火焰倒灌及发生内部爆炸事故。

气封用气若比空气轻，气封气源接口可设在气封旁边；若比空气重，气封气源接口可设在火炬底部。若雨天或冷凝能影响气封，则应设置排放管，其公称直径不小于50mm。

气封要设在火炬烟囱顶部。如果仅安装一个气封，则整个火炬系统可按350kPa（表）设计，但设备的壁厚要按700kPa（表）设计。

由于经济原因，气封用气的流速不可能很高，一般使火炬烟面内流速维持在0.03～0.06m/s，在总用量较低的情况下适当地提高气封用气的流速有利于气封的密封效果。气封用气的露点不高于环境的最低温度，可以选用氮气或低分子量气态烃。

3.6 其他设备

3.6.1 点火设备

点火设备是安全可靠地点燃火炬气，保证火炬气安全燃烧的必不可少的设备。点火设备若不能及时点燃排放的火炬气，使火炬气在大气中和某处的地面（火炬气中重度比空气大的组分有可能落于下风向的某地）集聚，将是造成火灾危险因素之一。

(1) 点火手段

① 高空自动点火　高空自动点火是火炬点火的首要方法。安装在火炬主管上的排放信号检测仪作为启动点火信号源，安装于地面的火焰遥测器探测火炬的火焰，火炬头上的热电偶检测火炬头的温度，这样形成了闭环控制系统。当火炬一直处于排放状态，但因某种原因长明灯或火炬自动熄灭时，系统会自动再将火炬点燃。同时系统还提供半自动、硬手动点火操作模式，供现场调试或特殊情况下使用。火炬自动点火要求及时可靠，噪声小，燃烧完全，满足环保要求。

② 高空手动点火　点火方式与高空自动点火相同，当火炬排放燃气时，手动打开燃料气管线上的阀门，向高空点火器喷入点火燃气，高空点火器顶部喷出的火焰引燃长明灯或火炬。

③ 地面手动点火　地面传燃式点火器是火炬点火的备用手段。

点火用仪表空气和燃料气，通过各自管道及限流孔板（或减压阀）进入混合室，当两者的浓度达到化学浓度范围时，被高能半导体电嘴高压放电产生的电火花引燃并发生爆轰，燃烧物被冲击波在传焰管内冲到长明灯，并将长明灯点燃。

(2) 点火装置设置要求

① 高架火炬应设置高空电点火器和地面传燃式点火器。

② 点火器应配备不间断电源。

③ 高空电点火器的数量应与长明灯的数量相同；每个火炬头应设置1台地面传燃式点火器，其引火管应从点火器至每个长明灯单独设置。

④ 火炬长明灯的数量应满足下列要求：

a. 火炬头直径小于或等于0.5m时，不宜少于2个长明灯；

b. 火炬头直径大于0.5m至小于或等于1.0m时，不宜少于3个长明灯；

c. 火炬头直径大于1.0m时，不宜少于4个长明灯。

⑤ 单个长明灯的燃料气消耗量不宜大于4m³/h（标准状态）。

⑥ 长明灯应设温度检测仪表。

⑦ 长明灯燃料气供气管道主管上应设压力调节阀，燃料气源的压力应大于或等于0.35MPa，压力调节阀后的压力宜稳定在0.2MPa；每个长明灯的燃料气供给管道应从火炬底部起单独接至长明灯的燃料气入口。

3.6.2 排液泵

排液泵的作用是将分液罐中积存的液体输送出，大部分情况下是通过管道送到污油罐或集中处理。

泵的能力应估计到事故时夹带的液量，约半小时内能将分液罐中的液体排完。在实际生产中，连续发生紧急事故的情况可能存在，但事故导致火炬气排放量连续两次都达到或接近全厂可燃性气体排放系统的设计能力的可能性是不存在的，从这个角度来说，凝结液泵流量的大小仅取决于预计的运转时间长短，25～50m³/h的流量是设计上的典型流量范围；由于凝结液泵大部分时间里是不运转的，人工启动要比自动联锁启动更安全稳妥。为避免高温凝结液进入轻污油系统而引起事故，应控制其送出温度小于或等于70℃；为防止高压力的轻污油倒流进入分液罐，要求在凝结液泵出口管道上设置两个止回阀，以确保安全。

一般建议选用卧式离心泵。但当操作温度下液体黏度比较大时，容积泵可能比卧式离心泵要经济。排液泵的电动机建议配备事故电源系统。

4 火炬系统安全设计

火炬是石油、石化企业重要的安全设施，它的正常运行对石化企业的生产和安全至关重要。火炬系统的安全性主要包括两个方面：一是火炬系统的自身安全性，包括火炬处理能力是否满足工厂可燃气体及有害气体安全排放的需求，有害气体的燃尽率、噪声、消烟效果，点火设施、防止回火设施的可靠性，系统材质选用是否满足要求等；二是火炬系统的操作安全，包括凝结液的及时清理，水封液位的监控，点火设施的维护和定期检测，消烟蒸汽的控制，油气回收联锁控制系统的定期维护和检测，长明灯燃烧状况的监测等。设计上的本质安全与生产操作安全的有效结合，才能确保火炬系统的安全运行。

火炬系统是炼油企业安全保护层的重要一环，特别是在事故状态下可以燃烧掉可燃及有毒气体，减轻事故后果，因此确保火炬系统的工艺安全是非常重要的。

火炬系统安全分析见表35-5。

表 35-5　火炬系统安全分析

序号	现象	原因	后果	保护措施
1.1	筒体火焰无	(1)长明灯无火焰或点火不成功 (2)排放气中含有不燃气体(吹扫氮气)	(1)烃类火炬气事故排放,遇明火可能发生闪爆 (2)频繁点火导致点火设备损坏	(1)配置可靠的自动点火系统并定期试点 (2)定期清理摄像头,并配备有望远镜 (3)调度协调装置吹扫置换过程控制不燃气体排放
1.2	筒体火焰大	放空量大	(1)热辐射大 (2)燃烧不完全,火炬产生黑烟 (3)噪声大 (4)光污染 (5)损坏火炬头	(1)设有消烟蒸汽、引射蒸汽、中心蒸汽系统 (2)火炬头下方 10m 涂有硅油保护火炬头 (3)火炬头装有蒸汽消音罩
1.3	筒体火焰小	(1)排放气量少且外界风速较大 (2)焖烧或筒体内燃烧	(1)焖烧烧坏火炬头 (2)筒体内燃烧易导致回火	(1)中心蒸汽及引射蒸汽抬高火焰,防止焖烧 (2)火炬头采用 310SS 材质
2.1	烟雾大	(1)装置泄放量大 (2)消烟蒸汽量不足 (3)燃烧气组分偏重 (4)分液罐分离效果不好,有液态烃排放至火炬头	(1)污染环境 (2)可能发生火雨 (3)可能烧坏火炬头或其他附件	(1)及时调节蒸汽量,保证蒸汽平衡 (2)分液罐定期排凝,保证良好的分液效果;可采取两级分液(一级在出装置处,二级在进火炬前)
3.1	蒸汽流量大	(1)阀门误开大 (2)仪表错误或损坏	(1)泄放量小时,可能吹灭火炬 (2)噪声大 (3)造成不必要的蒸汽损耗	(1)严格执行操作规程,及时监测火焰烟雾情况,并及时调整蒸汽量 (2)火炬头装有蒸汽消音罩
3.2	蒸汽流量小或无	(1)阀门误关闭或关小 (2)无蒸汽或蒸汽压力低(管线泄漏等) (3)蒸汽管线本身能力不足 (4)蒸汽管线冻凝	烟雾大,冒黑烟,冷却效果不好,造成火炬头烧坏及污染环境	(1)调节阀有复线 (2)蒸汽管线保温,及时排凝 (3)严格执行冬季防冻凝措施
4.1	高空点火器点火不成功	(1)停电 (2)高压点火电极老化(外部腐蚀)或积炭(长时燃烧或重复打火),不能产生电火花 (3)高压点火器打火电极接线故障(接线松动或误接地等) (4)高压点火器电极安装不规范(角度及距离) (5)高压发生器高压端达不到额定电压或低压端电压低 (6)无燃料气,或燃料气浓度不够,或压力过高或过低,或大量带液 (7)点火信号错误或无法有效传递	无法点燃长明灯,可能造成事故排放	(1)备有 UPS 电源 (2)高压发生器增加密封防护箱及在防护箱内增加干燥剂(定期更换) (3)按要求正确安装电极(角度及距离) (4)加强电磁阀维护检查 (5)燃料气电磁阀故障开 (6)高空点火燃料管定期吹扫(1 周 1 次),燃料气分液罐定期排凝,定期试点火(1 周 1 次) (7)燃料气管路保温及冬季伴热 (8)定期巡检(燃料气压力)及校验仪表 (9)仪表风每次巡检时排凝
4.2	高空点火器滞后点燃	(1)燃料气供气慢(阀门卡塞) (2)燃料气少量带液	可能造成闪爆	(1)燃料气定期排凝 (2)阀门定期维护

续表

序号	现象	原因	后果	保护措施
5.1	地面爆燃点火系统点火不成功	(1)无净化风 (2)停电 (3)燃料气带液、堵塞或压力低 (4)净化风、燃料气配比不合适 (5)火花塞故障或老化 (6)明火管积液	无法点燃长明灯,事故状态下导致火炬气排放	(1)配置有UPS电源 (2)燃料气电磁阀故障打开 (3)净化风有手调式压力调节器 (4)燃料气分液罐定期排凝,爆燃管氮气吹扫(1周1次),地面爆燃点火系统定期试点 (5)定期巡检(燃料气压力)及校验仪表
6.1	长明灯点火不成功	(1)高空点火器点火不成功,见4.1 (2)地面爆燃式点火不成功,见5.1 (3)高空点火器与长明灯的相对位置不合适 (4)长明灯燃料气管线堵塞或无燃料气 (5)恶劣环境使长明灯熄灭 (6)长明灯热电偶烧坏,无法检测温度信号,不能触发点火信号	无法点燃火炬,可能造成事故排放	(1)见4.1高空点火器点火不成功及5.1地面爆燃点火系统点火不成功 (2)对高空点火器的安装质量进行检查 (3)定期吹扫燃料气管线 (4)采用可抵抗一定风速及雨量的长明灯 (5)采用铠装式热电偶,或其他可靠的长明灯火焰燃烧监控系统
7.1	氮气流量小	(1)氮气管路堵塞或阀门故障 (2)无氮气或氮气流量不足 (3)氮气限流孔板过小	(1)泄放时可能造成回火 (2)日常情况下可能在火炬筒体内形成爆炸性气体环境	(1)氮气管路安装压力表,及时监测氮气压力 (2)泄放之后及时用氮气对火炬筒体进行吹扫

根据以上分析内容,为确保火炬系统的安全运行,需要针对以下方面进行安全控制设计。

4.1 火炬的点火与燃烧情况监控

(1) 确保高空点火器点火成功率

高空点火器点火不成功的原因很多,针对本次分析,高空点火系统在工艺设计及运行上的隐患主要是长明灯燃料气不稳定和高空点火器积炭的问题。解决长明灯燃料气不稳定的问题,首先建议将过滤器后的燃料气管路压力表信号远传至控制室,并增加低压报警,在燃料气管路压力低时能及时发现并采取措施,如更换过滤器。其次建议增加备用燃料气,如天然气或液化气,确保长明灯燃料气来源可靠和稳定。解决高空点火器积炭的问题,可选用防积炭功能的高空点火器。确保地面爆燃式点火成功率。

地面爆燃式点火系统是在高空点火系统失效后的紧急应对系统,需要人员至火炬塔架下进行手动操作,危险性较大,特别是酸性气泄放时,由于重力作用向下扩散,容易对酸性气火炬附近的人员造成中毒伤害,因此酸性气火炬不能依赖地面爆燃式点火系统。建议酸性气火炬采取长明灯长明的方式,或由手动点火系统改为自动爆燃点火系统。

(2) 长明灯和火炬燃烧状态的监测

为了保证火炬系统的安全运转,在火炬头上设置热电偶测温,温度达到低限时报警,现场点火器上有长明灯的燃烧状态指示灯,并从点火器上引出长明灯的开关状态信号到控制室的DCS系统。

在控制室设置电视监视器,及时观测火炬的燃烧情况及消烟效果,可从火焰的颜色和高低等来判断火炬的燃烧程度,从火焰长度的变化也可看出火炬气流量的变化,从而也反映出有关装置的运行情况。

(3) 蒸汽流量的控制

在消烟蒸汽及引射蒸汽量不足时,会导致火炬气不完全燃烧,产生大量烟雾。为解决这一问题,可采取及时调整消烟蒸汽及引射蒸汽量的方法。喷入蒸汽而产生吸热作用,从而降低火焰燃烧区温度,延长烃类介质的氧化时间,并减小其分子量。

适量的蒸汽能促进燃烧反应,从而达到无烟燃烧;而过量的蒸汽不仅造成浪费,噪声也显著增加,并且还会导致火焰脉动使燃烧不稳定甚至熄灭,为此应尽量避免或防止蒸汽过量。

同时火炬在点燃的情况下,在火炬头处保持连续供应一定量蒸汽,对火炬头起冷却保护作用,即使无排放气体时,也不允许停止保护蒸汽的供应。当排放量较大时,应及时调节控制阀,加大蒸汽量。

根据泄放火炬气量确定蒸汽流量,既可以解决泄放火炬气量大时燃烧不充分的问题,也可以解决火炬气量小时火焰容易被蒸汽吹灭的问题。因此建议考虑火炬气的分子量，增设火炬气排放量与蒸汽量比值控制，自动调整蒸汽量。

(4) 燃料气和空气流量的调节

燃料气用于引火和长明灯，空气的作用是引火。火炬装置投入运行时，首先要引燃长明灯，通过调节空气和燃料气流量比例用点火器产生火花，以便迅速、可靠地引燃长明灯。长明灯的作用是用来及时点燃火炬筒中排出的火炬气。生产装置在正常运行过程中，为了平衡生产，可能排放少部分气体。虽然生产装置的开停车是预知的，但生产装置的事故则是难以预测的。为了维持生产装置的正常运行和事故的迅速排除，长明灯的燃灭是十分关键的，故设置了燃料气流量定值调节系统，燃料气管道上还设有压力检测仪表，压力低于定值时报警，以便操作人员在控制室内对运行情况进行监视并采取适当措施，保证火炬装置的正常运行。

4.2 防止回火措施

火炬系统是保证工厂正常生产和发生事故时的重要设施，采取防止回火措施可防止火炬系统自身发生回火爆炸，以确保工厂的安全生产。注入吹扫气体是防止火炬回火的重要手段。

水封罐和阻火器是防止火炬回火爆炸，导致可燃性气体排放管网及其连接的设备被破坏的重要设施和手段，设置的位置越靠近火炬或放散塔根部，回火爆炸对系统造成破坏的范围越小，设计中应首选水封罐，不宜使用阻火器（阻火器极易被堵塞）。当阻火器距离火炬头出口大于 $20d$ 时，阻爆燃型阻火器将失去阻止火焰传播的作用，此时必须使用阻爆轰型阻火器。

4.2.1 气体吹扫

在火炬环境条件下，不会达到露点的无氧气体都可用作吹扫气体，如氮气、天然气、富甲烷燃料气等都是理想的吹扫气。若吹扫气体的分子量小于 28，那么吹扫气的体积要增加。另外，不推荐蒸汽作吹扫气体，因为蒸汽冷凝时体积会缩小，这样会将空气抽入火炬系统，且蒸汽的冷凝水会留在火炬系统内，将使部分系统堵塞，存在结冰的危险，同时潮湿将加快材料的腐蚀。

对高速燃烧或宽爆炸限特性介质（如氢气、乙炔和环氧乙烷等含量较高的介质）的火炬、酸性气的火炬和有毒介质的火炬，使用燃料气作为吹扫气有利于改善其燃烧特性，以进一步提高火炬运行的安全性。

分层设置防回火吹扫气体的供给，目的在于减少燃料气的消耗量。

速度密封器安装在火炬头下半部靠近入口法兰处，既可以避免其长期处于高温区被损坏，也可以避免空气进入火炬头以下部分过深，同时便于检修。

但当火炬气流量减小到一定值时，火炬气先热后紧接着被冷却以及由于夜晚比白天的气温低时火炬气中的重组分将发生冷凝作用，有可能产生真空，引起空气从筒体顶端倒流入筒体内，或当火炬气中夹带有氧气，在一定条件下将造成火炬系统内达到爆炸极限范围。此时若遇到燃着的长明灯或有其他足够能量的火源时，即将发生爆炸或产生回火。因此火炬头出口要保持一定流量的吹扫气体。

吹扫气体管道上设置压力调节阀和孔板，也设置压力检测仪表，压力低于定值时报警，保证火炬装置的正常运行。

4.2.2 水封

水封罐的设计应能保证在发生回火爆炸事故时不被破坏。理论上烃类气体在密闭空间内发生爆炸产生的压力为气体压力（绝）的 7～8 倍，火炬发生爆炸通常发生在排放结束时，此时水封罐内的压力接近常压，同时考虑到设备设计的许用应力与金属的强度极限有很大的差距，因此水封罐的设计压力应不低于 0.7MPa（表）。

随着石油化工厂的大型化，火炬排放气体量越来越大，相应的水封罐尺寸也变得较大，使用立式罐可能会影响到系统管廊的高度增加；另外，排放气体量较大时，立式罐水封液面的稳定性远不如卧式罐，容易造成溢流水量过大的问题。

可燃性气体排放管网在特定的条件下存在两种负压工况：一种负压工况是高温气体排放停止时遇到降雨，管道内气体温度大幅降低，导致整个管网出现负压，如果密封水量不足，则会导致空气由火炬头进入管网系统；另一种负压工况是在大气压高程差作用下，密度小于空气密度的排放气体处于缓慢流动或不流动时，水封罐至火炬出口的任意点处均处于不同的负压状态，如果此时水封水量不足及系统管网维持正压措施失灵，则整个可燃性气体排放系统会出现负压。这种负压是自平衡的，不会造成空气由火炬头进入管网系统，但可以导致空气由放空管道或设备上的腐蚀等形成的孔洞进入系统。

对于含有大量氢气、乙炔、环氧乙烷等燃烧速率异常快的可燃性气体，一旦氧气进入系统管网形成爆炸气体，当火炬水封罐后发生回火闪爆时，水封阻挡不了火焰向水封罐前系统的传播。

同一个放空系统中有两个或两个以上火炬同时操作时，不同火炬之间会存在压力差，当火炬气排放量较小时有可能发生火炬之间的互吸现象，而导致空气进入火炬筒内发生爆炸事故（含氢量较高时极易发生）。因此，火炬之间必须采用水封罐以阻断气体在火炬筒内的倒流。分层设置水封高度有利于减少小气量工况时火炬头的焖烧问题。

相互备用的两个火炬仅是在切换时存在短时间同时使用的工况，备用的火炬在切换完毕后使用阀门和盲板与在用火炬隔离，共用水封罐是经济合理的。但为避免切换期间两个火炬连通时出现事故，应在两个火炬切换操作时提供足够的安全吹扫气体。

由分液罐里的液位控制凝液泵的开停，液位高时泵自动启动，液位低时泵自动停止，泵自动开停失灵，液位达到高限和低限时报警，以便操作人员及时采取适当措施，防止事故发生。

水封罐的液位靠液流保持。也可在控制室内监视水封罐的液位和温度，在气候寒冷的天气条件下或有可能排放低温气体的情况下，为了防止水封结冰，根据温度参数自动控制通入加热蒸汽或采取其他加热措施。

4.3　防止火炬带液下火雨

火炬下火雨是火炬气中带液燃烧造成的，这种情况极易引起事故，尤其是火炬设在装置区内时。防止下火雨的根本方法是严格控制装置的排放，可燃液体必须经蒸发器后才允许排入火炬系统，同时严格禁止向火炬系统排放重烃液体。在设计分液罐时应保证有足够的容积，还应经常检查凝液泵入口滤网，防止杂物、聚合物堵塞泵入口，并经常检查分液罐的液位。

(1) 航标灯的控制

火炬的防空标志和灯光保护应按有关规定执行。航标灯的启动要求自动控制，并将其运行信号送到控制室内。

(2) 其他

火炬应避免布置在窝风地段，以利排放物的扩散。火炬产生的热辐射、光辐射、噪声及污染物浓度应不超过有关标准规定值。高架火炬应按规定设置航标灯。厂外火炬及其附属设备应用铁丝网或围墙围起来。

5　火炬气回收系统及环保措施

5.1　火炬气回收系统

在火炬中被燃烧的烃类等可燃气体量相当可观，近十多年来，世界各国由于能源紧张和为了降低产品成本及减轻环境污染，开始对火炬系统进行改造，把火炬气回收利用。这样做不仅可以提高经济效益，而且可以消除由于火炬燃烧引起的烟、噪声及排出废气对环境的污染，并延长火炬头的使用寿命。现在我国已有不少装置都把火炬气加以回收利用，并取得了明显的经济效益。大多数情况下，回收的火炬气被处理和输送到总厂的燃料气系统。

火炬气回收系统由两部分组成：水封系统和火炬气压缩机组。

5.1.1　水封系统

火炬通常设在工艺装置界区外，来自火炬气总管的火炬气进入火炬燃烧前一般先进入火炬分液罐，再次分离火炬气中夹带的直径较大液滴，然后进入水封罐，水封罐一般设在火炬前，既作为防止火炬系统回火的安全设施，也作为火炬气回收和压力控制设备，防止压缩机抽空。水封罐通常作为火炬系统的设备组成之一，其控制由火炬系统统一考虑。

正常情况下，火炬气压力低时火炬气被水封封住，火炬气进入火炬气回收装置回收利用。在装置非正常或重大事故紧急排放状况下，火炬气冲破水封排向火炬，气体从火炬筒排出到火炬头燃烧后放空。

5.1.2　火炬气压缩机组

过去有采用气柜回收利用火炬气的，但气柜操作不稳定，投资高，占地面积大，近几年来开始采用压缩机直接抽吸将可燃气体即火炬气压缩后送往燃料气系统，流程简单，占地面积小，操作方便，效益也不错。火炬气回收压缩机组由压缩机和有关辅助设备及管路系统组成。

(1) 火炬气压缩机典型设计

典型的火炬气回收系统如图35-8所示。该典型系统由一个或多个往复式压缩机组成，压缩机的入口与火炬总管直接相连。被压缩的气体通常被输到适于气体组分的处理系统中，然后输到燃料气或处理系统中。

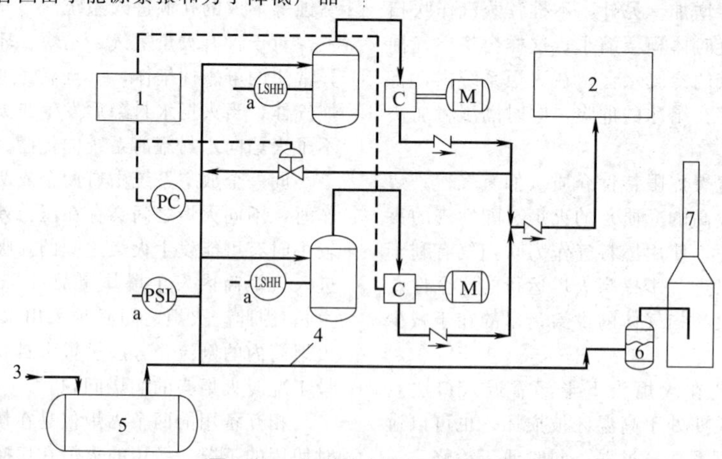

图35-8　典型的火炬气回收系统

1—压缩机加载控制；2—火炬气处理系统；3—来自工艺装置火炬分液罐；4—火炬气总管；5—火炬分液罐；6—水封；7—火炬；a—压缩机停车

(2) 回收系统载荷

火炬回收系统很少用紧急火炬载荷进行计算。通常，经济因素决定了用正常火炬流量提供处理量，多余的气体被火炬燃烧。火炬载荷随时间变化很大。如是已建装置，在选择压缩机回收火炬气以前，就应对火炬气的流量和组成进行长期测定，然后求其平均值。根据平均值选择压缩机，若压缩机选择过小，则火炬气不能充分回收；若选择过大，由于部分气体要经常进行循环而多耗电。对新建装置，则只能根据同类装置的经验选择压缩机。一般烃类的压缩系数变化不大，但由于密度和绝热指数 K 的变化，会影响压缩机的功率和压缩机出口温度。

(3) 回收系统设计要求

工艺装置的火炬气，一般来自不平衡物料的排放、泄漏物料的排放、安全阀的排放、紧急事故的排放。这些排放的物料都是易燃、易爆的介质，因此，在处理时要特别注意，火炬气回收系统是在确保火炬系统能安全排放基础上考虑增设火炬气回收装置的，做到既能回收火炬气，又必须确保火炬系统的安全。火炬气回收采取以下几种措施来保证安全。

典型的火炬气回收系统应位于所有装置总管连接的主火炬总管的下游和总管压力大体上不随载荷变化的位置。

火炬气中可能夹带有氧气，当氧气含量达到一定值时可能形成爆炸性混合气体，为了防止爆炸，确保安全，在压缩机入口管线上安装连续氧含量分析仪，当氧含量高于一定值进行报警，压缩机联锁停车，并安装临时取样口，定期分析火炬气中的氧气含量，以便校对氧气含量分析仪的准确性。

在火炬前的火炬总管上设置水封罐，一是作为防止火炬回火的措施；二是作为火炬气回收系统的压力控制设备，防止压缩机抽空。并将火炬头气封（分子封或流体密封）的补氮点设在或移到水封罐后火炬气总管上，既保证火炬顶部气封的正常使用，又防止回收火炬气中含有大量氮气。

火炬气回收系统必须被设计成作为一个来自火炬总管的旁路。主火炬气流不能经过任何压缩机分离或进口管线。到火炬气回收系统的连接管线应从火炬管线的顶部引出，以减少液体进入的可能性。在火炬系统中携带大量液体的可能性通常很高。应给压缩机提供液体分离容器，并在达到高进口分液罐液位时自动关断压缩机。压缩机也需要其他机械保护系统，这些系统可关断压缩机，或合理地进行压缩机卸载。

同时火炬气回收系统必须保持正压。必须采取措施以预防空气从火炬进入火炬气回收系统的回流。所有压缩机都应装配高可靠性、低进口压力的关断控制器，也应考虑在火炬和压缩机入口之间的总管上安装辅助仪表，用于探测逆流和自动关断火炬气回收系统。为防止压缩机抽空，在压缩机的入口管线上设置低压报警联锁和压缩机进出口压力调节设施。为保证燃料气管网的安全，当压缩机出口压力达到一定值时压缩机进口阀关闭，压缩机内部进行回流，出口压力超过一定值时，压缩机联锁停车。

火炬气回收设施中所有现场仪表、电气设施都应选用防爆型的，此外还应考虑防雷措施。现场还安装可燃气体检测器，可及时发现可燃气体泄漏。

压缩机组的气液分离罐上设置安全阀，压力超过设定值时安全阀启跳，燃料气排到火炬系统。

在寒冷和湿热的地方，为了延长设备的使用寿命和操作维修方便，火炬气回收压缩机组需要封闭厂房或遮雨棚。

5.2　火炬气回收环保措施

火炬气回收设施本身就具有环境保护的作用，所处理的火炬气经压缩机升压分离液滴后送入燃料气系统，减少了火炬燃烧后对大气造成的污染。但回收火炬气的同时也产生含油污水。

如果把火炬气回收设施布置在乙烯装置或其他工艺装置界区内或附近，则回收火炬气时产生的含油污水也返回到附近有关工艺装置的排污系统。否则，要采取其他措施，如设废油罐，油水分离后，废水进入污水系统，废油进行回收利用。

火炬气排向水封罐时可能夹带一些烃类凝液，因而水封罐排水一般排入生产污水管中，由污水处理设施统一处理。

参考文献

[1]　GB 50160—2008.
[2]　SY/T 10043— 2002.
[3]　SH 3009—2013.
[4]　白永忠．HAZOP 技术在炼油火炬系统工艺危害分析中的应用讨论. 中国安全生产科学技术，2011，7 (10)：106-111.
[5]　API STD 521 2014.
[6]　牛晓旭，孙伟．火炬系统分液罐的工艺设计. 化工设计，2010，20 (3)：28-30.
[7]　王松汉. 乙烯装置技术与运行．北京：中国石化出版社，2009.
[8]　刘书华．高架火炬与地面火炬的比较. 化工设计，2012，22 (3)：28-30，50.
[9]　陆林军．大型石油化工装置火炬系统的设置. 上海化工，2006，31 (11)：26-28.
[10]　王松汉. 石油化工设计手册：第 4 卷. 北京：化学工业出版社，2002.

第36章 典型管道配件的工艺设计

1 阀门的工艺设计

1.1 阀门的选用原则

1.1.1 选用时需考虑的因素

选择阀门是根据操作和安全及经济的合理性，综合平衡比较的经验结果。在选择阀门之前必须考虑下列因素。

(1) 物流性质

① 物料状态

a. 气体物料的物料状态包括有关物性数据，纯气体还是混合物，是否有液滴或固体微粒，是否有易凝结的成分。

b. 液体物料的物料状态包括有关物性数据，纯组分或混合物，是否含易挥发组分或溶解有气体（压力降低时可析出形成两相流），是否含固体悬浮物，以及液体的黏稠度、凝固点或倾点等。

② 其他性质　包括腐蚀性、毒性，对阀门结构材料的溶解性，是否易燃易爆等性能。这些性能有时不只影响材质，还会引起结构上的特殊要求，或需要提高等级。

(2) 工艺操作条件

① 正常工作条件下的温度、压力以及特殊操作，如开停车或再生、烧焦时的操作条件。

a. 泵的出口阀门应考虑泵的最大关闭压力等。

b. 当系统再生温度高出正常温度很多，而压力却有所降低时，对这种类型的系统，要考虑温度和压力的综合影响。

c. 操作的连续程度，即阀门开闭的频率，也影响到对耐磨损程度的要求，开关较频繁的系统，应考虑是否安装双阀。

② 系统允许的压力降。

a. 系统允许压力降较小时，应选用压力降较小的阀型，如闸阀、直通的球阀等。

b. 需要调节流量时，应选择调节性能较好的截止阀等。

c. 阀门所处的环境：易燃易爆、有毒化学物料、寒冷地区的室外，不应选用铸铁阀体。

(3) 阀门功能

① 切断　几乎所有的阀门都具有切断功能。单纯用于切断而不需调节流量时，可选用闸阀、球阀等；要求迅速切断时，则以旋塞、球阀、蝶阀等较为适宜。截止阀则既可调节流量，又可用于切断。蝶阀也可用于大流量的调节。

② 改变流向　选用两通（通道为L形）或三通（通道为T形）球阀或旋塞，可以迅速改变物料流向，且由于一个阀门起到两个以上直通阀门的作用，可简化操作，使切换准确无误，并能减少所占空间。

③ 调控　截止阀、柱塞阀可以满足一般的流量调节，针形阀可用于微小流量的调节；在较大流量范围进行稳定（压力、流量）的调节，则以节流阀为宜。

④ 止回　需防止物料倒流时可选用止回阀。

某些特殊情况可以选择有附加功能的阀门，如带夹套、带排净口和带旁路的阀门，防止固体微粒沉降的带吹气口的阀门等。

(4) 开关阀门的动力

就地操作的阀门绝大多数用手轮，由于安装条件限制导致手够不着的，可采用链轮或加长杆。大口径的阀门应采用电动阀，在防爆区内要采用相应等级的防爆电动机。

遥控阀门：采用的动力种类有气动、液压、电动等，其中电动又分为电磁阀与电动机带动的阀。应根据需要和所能提供的能源来选择。

1.1.2 各种类型阀门的特点及适用范围

(1) 闸阀

闸阀又称闸板阀，其特点是利用闸板进行启闭。按阀杆上螺纹的位置分为暗杆式与明杆式两种；按闸板结构又可分为楔式与平行式两种。

闸阀的优点是阻力小，开闭缓慢，无水锤现象，而且适用的口径范围、压力温度范围都很宽。其缺点是结构比较复杂，制造和维修也比较困难，价格较贵，且阀体高，占地面积大。当闸阀半开时，阀芯易产生振动，所以闸阀只适用于全开或全闭的情况，不适用于需要调节流量的场合。闸阀阀体内有刻槽，不适用于含固体微粒的流体。近年来带有吹气口的闸阀可适用于这种情况。

单闸板闸阀可安装在水平或垂直管路上，有传动装置的闸阀和无传动装置的双闸板闸阀应直立安装于水平管线上。

(2) 截止阀

截止阀是化工装置广泛应用的阀型。按其结构型式分为标准式、流线式和直通式三种。应用最多的是标准式截止阀。

截止阀的优点是流量调节平稳，严密不漏，很少检修，可耐较高压力和温度，适用于多种流体，一般多装在泵出口、调节阀旁路、流量计上游等需调节流量之处。其缺点是构造复杂，价格较贵，流体经过阀门时局部阻力较大。

此外，截止阀与同口径的闸阀相比，体积较大，因而限制了它的最大口径（DN150～200）。

截止阀用途很广，常用于输送油品、水蒸气和压缩空气的管路中，也可用于高温高压管路。由于对流体的局部阻力较大，不适用于高黏性油品的输送管路，也不适用于含固体物料的液体输送管路。

截止阀的安装应使流体由阀体内经阀盘下面往上流。对于公称直径大于等于150mm的截止阀，则常设计成流体由阀盘内经上面往下流。安装时，应注意液流方向与阀体上箭头方向一致。无传动装置的截止阀，可安装于管路的任一位置上，带有传动装置的截止阀应垂直安装于水平管线上。

Y形截止阀和角式截止阀与普通直通阀相比，压降较小，且角式阀兼有改变流向的功能。针型阀也是截止阀的一种，其阀芯为锥形，可用于小流量微调或用作取样阀。

(3) 旋塞、柱塞阀和球阀

三者功能相似，都是可以迅速启闭的阀门。阀芯有横向开孔，流体直流通过，压力降小，适用于悬浮液或黏稠液。阀芯又可做成L形或T形通道而成为三通阀和四通阀。外形规整，易于做成夹套阀门用于需保温的情况，这几类阀门可较方便地制成气动或电动阀进行遥控。

旋塞阀的优点是构造简单，价格便宜，开闭较快，占地面积小，容易检修和维护，完全开启时流体阻力小。其缺点是不能精密调节流量，大口径时开关很费力。它主要用于输送温度低于120℃、压力为0.3～1.6MPa（表）的流体管路上。

与旋塞阀一样，球阀开闭快捷，操作方便，流体阻力小，零部件重量轻，密封面比旋塞阀易加工，且不易擦伤。它适用于低温、高压、黏度较大的流体，但不宜作调节流量用。

(4) 蝶阀

其特点是口径大，重量轻，开闭迅速，开启力小。因密封性较差，只适用于调节流量，不能用于完全切断。因使用温度受密封材料的限制，它常用于温度低于80℃、压力小于1MPa（表）的原油、水、空气、烟道气等大口径管道。

(5) 止回阀

止回阀是用以防止流体逆向流动的阀门。一般用于防止由于流体倒流造成的污染、温升或机械损坏。常用的有旋启式、升降式和球式三类。旋启式的直径比后两种大，可安装在水平、垂直或倾斜的管道上，安装在垂直管道上时流体应自下而上流动。升降式和球式口径较小，一般只能安装在水平管道上（特殊形式的除外）。止回阀只能用以防止突然倒流，但密封性能欠佳，因此对严格禁止倒流的物料，还应采取其他措施。离心泵进口为吸上状态时，为防止泵内液体流出泵体造成吸上困难，在进口管端装设的底阀也是一种止回阀。当容器为敞口时，底阀可带滤网。止回阀一般适用于清净介质，不适用于含固体颗粒和黏度较大的介质。

(6) 隔膜阀及管夹阀

这两种阀门在使用时，流体只与隔膜或软管接触而不触及阀体其他部位，特别适用于腐蚀性流体、不允许泄漏的流体或黏稠液、悬浮液等，但使用范围受隔膜或软管的材质所限。

1.1.3 阀门与管路的连接方式

各种阀门与化工管路的连接方式有三种。

(1) 螺纹连接

螺纹连接密封性较差，拆装困难，一般适用于小直径和低压管路。通常在管子上加工阳纹丝扣，阀门两端车上阴纹丝扣，互相套接。也有在阀门上加工阳纹丝扣的，称外螺纹连接。

螺纹连接有几种形式，一种是锥管螺纹，直接利用螺纹面的接触与压紧进行密封，这种连接一般还需要适当的螺纹填充料，大多数应用于水等非危险性介质；另一种是圆柱形螺纹，螺纹仅提供垫片的压紧力，利用密封垫片密封；还有一种是卡套连接，利用螺纹产生的卡套与管子金属的变形形成密封。

(2) 法兰连接

大直径管路、高压管路和需要经常拆卸清理的管路，常用法兰连接。高温管路，因法兰螺钉受热伸长，降低了垫片的压紧力而产生泄漏，所以，需要选用适当的螺栓材料和采用高温工况下的再紧固措施。

(3) 焊接连接

一般高压管路常用焊接连接，以确保安全。但焊接连接是一种永久性连接，如要拆卸，只能将两端管子一起割掉重焊。

1.2 阀门的设置

1.2.1 边界处阀门设置

① 工艺物料和公用物料管道在装置边界处（通常在装置界区内侧）应设切断阀，但下列两种情况例外：

a. 排气系统；

b. 紧急排放槽设于边界外时的泄放管。

这两种情况如必须设阀门时，也需铅封开启

(CSO)。

② 边界处阀门设置如图36-1所示。其中图36-1(a)所示适用于一般物料的切断；当串料可能引起爆炸、着火等安全事故或重要产品质量事故的地方，为防止阀门内漏，采用图36-1(b)、(d)、(e)所示的形式；图36-1(c)和(e)中，阀a可兼作吹扫、排净、检查泄漏之用，也可将检测计量仪表装在串联的两个阀门之间。图36-1(e)所示适用于压力变化可能较大之处，止回阀可起瞬间的切断作用。

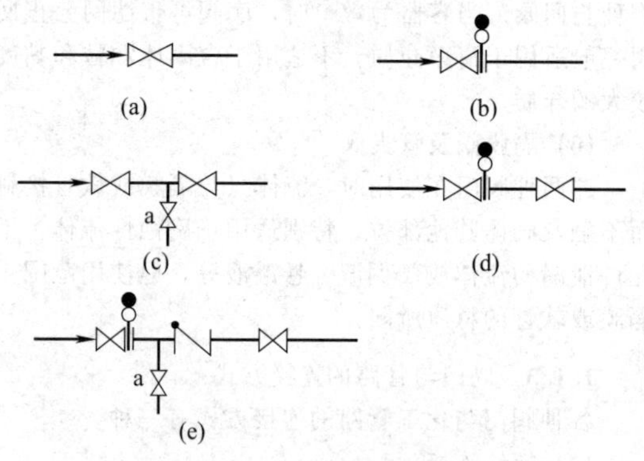

图36-1　边界处阀门设置

1.2.2　根部阀的设置

① 一种介质需输送至多个用户时，为了便于检修或节能、防冻，除在设备附近设置切断阀外，在分支管上紧靠总管处加装一个切断阀，称为根部阀，通常用于公用物料系统(如蒸汽、压缩空气、氮气等)。当一种工艺物料通向多个用户时(例如溶剂)，需作同样设置。图36-2所示的阀门即为根部阀。在有节能防冻等要求时，根部阀与主管的距离应尽量小。

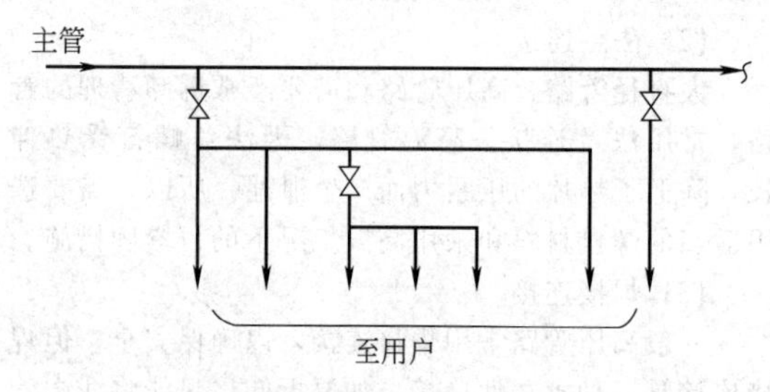

图36-2　根部阀设置示意图

② 化工装置内所有的公用物料管道分支管上都应装根部阀，以免因个别阀门损坏引起装置或全厂停车。

③ 蒸汽和架空的水管道，即使只通向一个装置或一台设备，当支管超过一定长度时，也需设置根部阀以减少死区，降低能耗，防止冻结。

④ 两台以上互为备用的用气设备应根据在生产中的重要程度确定是否分别设置分支管根部阀。

1.2.3　双阀

① 液化石油气，其他可燃、有毒、贵重液体，有强腐蚀性(如浓酸、烧碱)和有特殊要求的(如有恶臭的介质等对环境造成严重污染的)介质的储罐，在其底部通向其他设备的管道上，不论靠近其他设备处有无阀门，都应安装串联的两个阀门即双阀，其中一个应紧贴储罐接管口。当储罐容量较大或距离较远时，此阀门最好是遥控阀。为了减少阀门数量，在操作允许的情况下，将数根管道合并接到一个管口上。

装有上述介质的容器的排净阀，也应是双阀，如图36-3所示。

上述介质管道上的取样阀及排净阀应按操作频繁程度及其他条件来决定是否采用双阀。

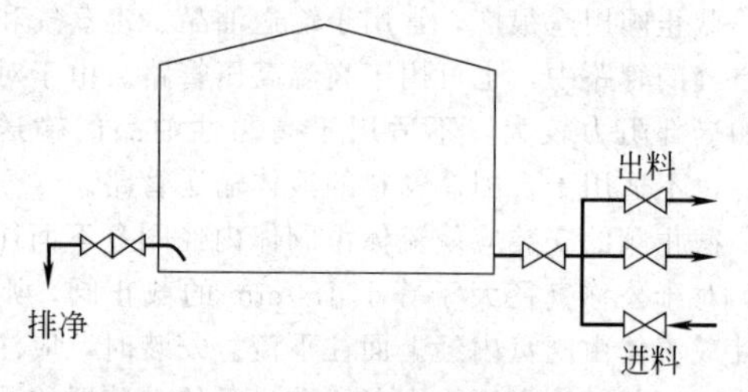

图36-3　储罐底部进出料共用阀门的双阀设置及排净管双阀设置

② 在装置运行中需切断进行检修、清扫或再生的设备，应设双阀，并在两阀之间设检查阀。设备从系统切断时，双阀关闭，检查阀打开。

可采取其他措施代替双阀。备用的再沸器因阀门直径较大，且对压降有严格要求，此时可装单阀(一般为明杆闸阀)并配以“8”字盲板，在再沸器一侧应设有各自的排净阀。对需切换再生的设备，由于再生温度往往比工作温度高出许多，此时若安装可转换方向的回转弯头，则既可安全切换，又可避免巨大的热应力，如图36-4所示。

③ 吹扫用公用物料管道尽可能不与工艺物料管道固定连接，应通过软管站以快速接头方式连接。当操作需要直连时则应以双阀连接，中间设检查阀，检查阀在停止进料时打开，或加铅封开启(CSO)。在压力可能有波动的场合再加上止回阀，如图36-5所示。

若公用物料的压力计距此阀组较远时，可在此双阀间设一个压力计以便在使用时能就地监视该公用物料的压力。

这种连接方式也适用于氧气、氢气等辅助物料较频繁地向工艺系统输入的场合。

为避免液体物料对水系统的污染，在需经常加入水时，应将水管接至设备的气相空间，这种情况下也可不设双阀。

④ 设计高压废热锅炉及蒸汽系统时，可参照执行电力工业部电力建设总局的有关规定(规定可能会有变化，应用时应查阅届时有效标准)。

《火力发电厂汽水管道设计技术规定》(DL/T

5054—1996）中规定如下。

第8.2.5.1条：$PN \geqslant 4MPa$（表）的管道的疏水和放水应串联设置两个截止阀。

第8.2.6条：$PN \geqslant 4MPa$（表）的管道的放气装置，应串联设置两个截止阀。

⑤ 对于烃类和有毒、有害化学药剂等物料与其他工艺物料连接处的上游和放空、放净管道上设置双阀，可参照表36-1。

表36-1　应用双阀的温度和压力条件

介质名称	工作温度/℃	工作压力(表)/$\times 10^5$Pa
重烃类(灯油、润滑油、沥青等)	≥200	≥20
雷特蒸气压低于1.05×10^5Pa(表)、闪点低于37.8℃的烃类(粗汽油等)	≥180	≥20
雷特蒸气压高于1.05×10^5Pa(表)、低于4.57×10^5Pa(表)的烃类(丁烷、轻质粗汽油等)	≥150	≥18
雷特蒸气压高于4.57×10^5Pa(表)的烃类(丙烷等)	≥120	≥18
H_2、液化石油气	任意	任意
任何可燃气体	≥120	≥25
有毒气体及有害化学药剂	任意	≥3.5

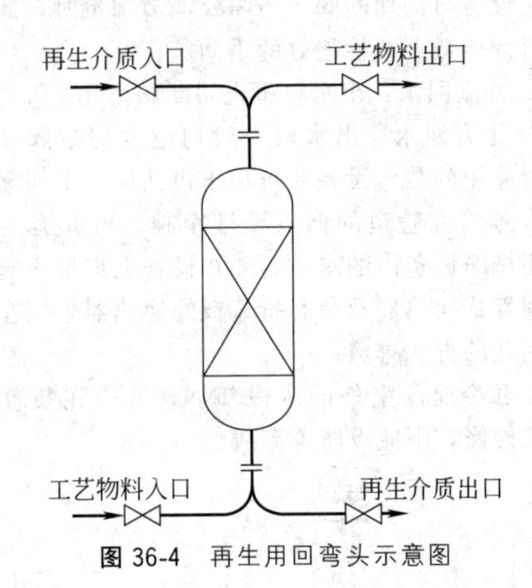

图36-4　再生用回弯头示意图

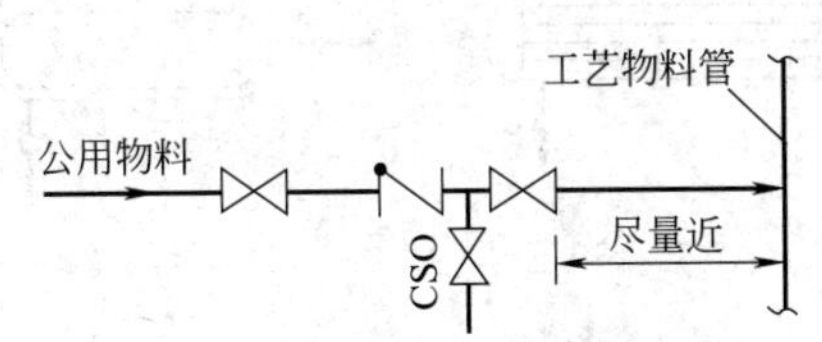

图36-5　公用物料与工艺物料管道连接

1.2.4　公用工程站

① 化工装置内的公用工程站可按覆盖半径约15m的区域来设置，装置区外的厂区公用工程站则根据需要设置。

② 各介质的切断阀规格自*DN*15至*DN*50视装置特点而定。

公用物料的阀门、接头的型号规格可有意地不一致，防止接错，而各公用工程站同一介质的接头应一致，便于通用统一配置；各公用工程站介质排列的顺序也应一致，这样可避免紧急情况下接错介质，扩大事故。

③ 寒冷地区室外公用工程站的水管可按下述操作方法。

a. 多层框架：按常规配管设置阀门，在底层地面附近截断并设快速接头，用水时从附近阀门井内引出。若采用固定管道加排净阀的方式，则排净阀应设于阀门井内。

b. 储罐区或装卸站台等，可与给排水专业协商，适当调整阀门井位置，将供水阀门设在阀门井内。

c. 与蒸汽管一起保温。

④ 为适应维修时使用风动工具，可将公用工程站上压缩空气管的管径及切断阀适当加大，例如由*DN*25加大为*DN*50。

⑤ 设备、管道与公用工程站相匹配的管接头，对小型装置，可与设备管道的排净放空口共用；对大型装置，可在设备上设专用的公用物料连接口(UC)，此连接口和放空阀应分别设在立式设备的下部和上部，或卧式设备长度方向的两端。

⑥ 公用物料管道可能由于工艺流体倒流而受到污染时，则在公用物料管切断阀下游设止回阀。

1.2.5　塔

① 保持塔顶冷凝器内冷凝的蒸汽压力尽可能与塔顶压力相同，应把塔顶管道的压力降限至最小，除工艺控制的特殊需要外，塔顶至冷凝器的管道上不设置切断阀。

② 再沸器（包括中间再沸器）与塔体的连接管道，除工艺控制需要或需在装置运行中清理者外，均不设置切断阀。

热虹吸式再沸器与塔体的连接管上需装阀门时，应采用与连接管直径相同的闸阀。在阀门与再沸器间设置“8”字盲板，同时，再沸器应设置各自的排净阀，如图36-6所示。

一次通过式热虹吸式再沸器应在再沸器物料入口和塔底出料口之间加连通管并设置切断阀，如图36-7所示，此阀门的口径应至少比塔底出料管大0.25in（1in≈2.54cm）。

强制循环的再沸器在再沸器至塔的管道上，靠近塔体处安装一个节流阀。此阀门可用限流孔板代替。但当过量闪蒸不会降低由于强制循环而提高的效率或降低对数平均温差的情况下，可取消此节流阀，如图36-8所示。

③ 汽提塔侧线出料及蒸汽返回管道除因工艺控制需要外，不设置切断阀。

④ 进料组成可能有变化的塔，应按设计变化幅度增

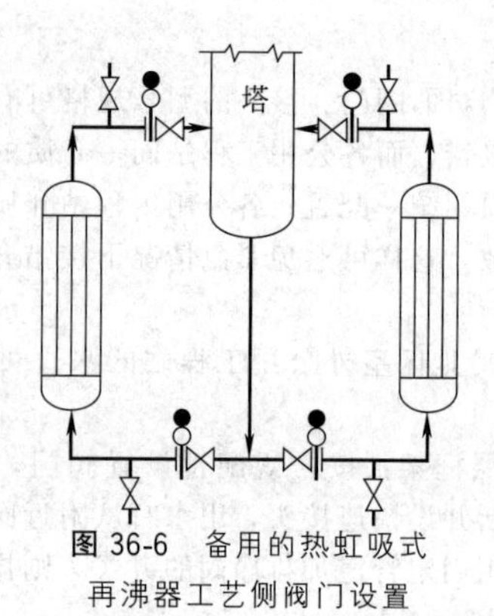

图 36-6　备用的热虹吸式再沸器工艺侧阀门设置

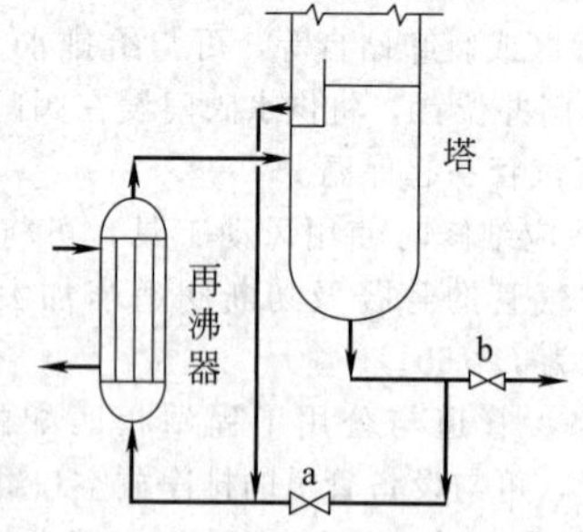

图 36-7　一次通过式再沸器阀门设置
a—连通阀；b—出料阀

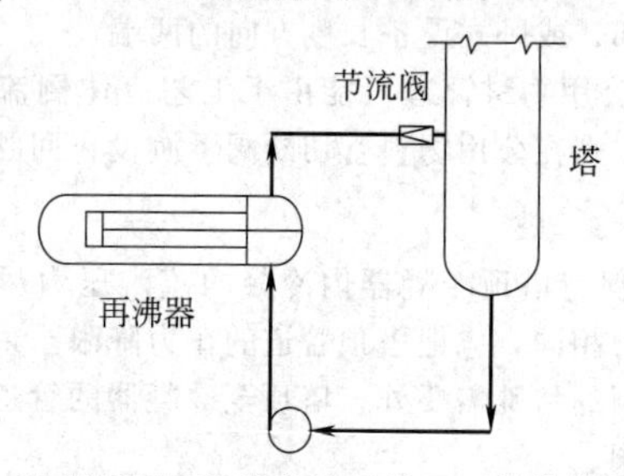

图 36-8　强制循环再沸器节流阀设置（其他常规阀门略）

设进料口，各进料口的切断阀应贴近塔体的进料管口。

由于减压会产生两相流的物料（液化气或饱和吸收液），进料切断阀也应尽量接近塔的进料管口。

⑤ 塔板数多、塔身过长而分为两段串联的塔顶部至另一塔底的气相管道上不设置切断阀。釜液因工艺控制需要而加的切断阀或控制阀应尽量接近受料塔的管口，如图 36-9 所示。

1.2.6　换热器

① 除控制需要或在装置运行中需（可）切断的换热器，一般在工艺物料侧不装切断阀。

② 换热器两侧均为工艺流体，则按操作和控制的情况只在一侧装切断阀。

③ 换热器因生产或维修需设置旁路时，则进出管道及旁路均设切断阀。通常在下列情况需设旁路：

a. 生产周期中某些过程不需传热，需切断换热器；

b. 自动或人工调节工艺温度；

c. 因维修需要需临时切断换热器。

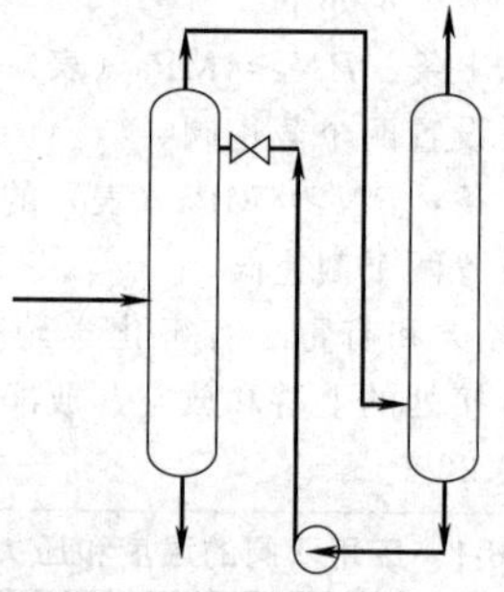

图 36-9　串联塔阀门设置示意图

④ 蒸汽加热设备。

a. 加热蒸汽进口管应设调节性能较好的手动调节阀或自动控制阀。

b. 必须在适当位置设不凝气排放阀，此阀应位于设备上远离蒸汽进口一侧的最高处，如图 36-10 所示。

c. 用蛇管加热时，采用疏水阀前的检查阀排除不凝气，不另设不凝气排除阀。

⑤ 水冷却设备。

a. 冷却水在运行中被加热并释放出溶解气，需在换热设备的适当位置设排气阀。此阀门也用于开工时排出设备内的气体，或停工排净时进气。

b. 每台设备的进水口以及机泵的各冷却回路进口均应设各自的切断阀。当需要调节水量时，此阀门应是自控阀或调节性能好的手动阀。

c. 自流回水：出水口不设切断阀。

d. 压力回水：出水口一般均应设切断阀。只有可同时停用的数台设备才可在出口共用一个切断阀。

e. 通常在管道的低点设排净阀。当管道上排净阀不能排净设备内的水时，才在设备上加排净阀。多管程列管式换热器及装有折流板的换热器采用在隔板上开泪孔的方式排液。

f. 寒冷地区室外的水冷却器，若需在装置运行中停工检修，则应设防冻副线。

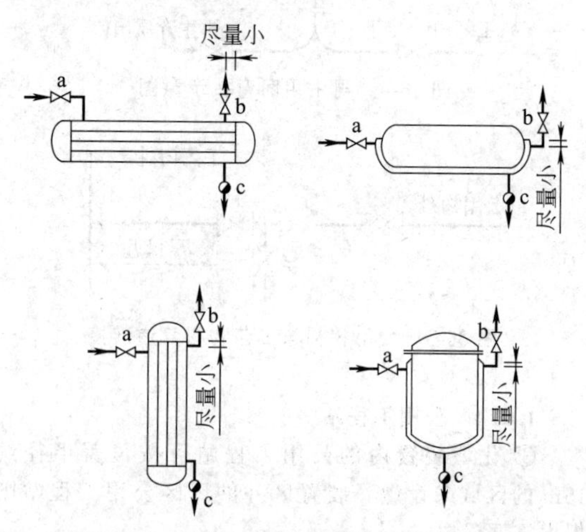

图 36-10　蒸汽加热设备不凝气排放阀设置
a—进气阀；b—不凝气，排放阀；c—疏水阀组

⑥ 空冷器。

空冷器进出口管道上一般不设置切断阀，但进料是两相流的情况居多，所以要特别注意每组冷却管束的压力降分布，在设计中对进出口管道要采取对称布置。工艺过程需要隔断操作或需在运行中维修的空冷器，应在其进出口设切断阀、排净阀和放空阀等。

1.2.7 容器

包括装置内容器及储罐两大类，下列情况应装阀门。

① 有多个进口或出口需更替操作的，在管口处装阀门。

② 盛装易燃、有毒、有腐蚀性物料的容器出口的管口处装阀门，装置内容器一般装单阀，中间或全厂罐区的储罐装双阀。应在工程设计中针对特殊情况做出工程规定。

③ 最低点设排净阀，出料管位置应略高于排净阀。

④ 除体积小（不设检修用人孔）或可与系统一起置换的容器之外，均需在容器下部设公用物料接管（UC）且装切断阀，并在容器顶部离公用物料管口较远的一端设放空阀。

⑤ 对需做惰性气体保护的容器和储槽应设自力式控制阀并串接止回阀。

⑥ 大型锥顶、拱顶常压储罐在储存易挥发物料时应装呼吸阀。在有条件或放空组分量超出环境保护和卫生标准的场所，采用低温冷凝系统代替呼吸阀。

1.2.8 压缩机

① 除了从大气中吸气的空压机不装进口阀门之外，所有压缩机进出口均需装切断阀。在装置运行中有可能检修的压缩机，还应在进出口内侧加“8”字盲板。并联的空压机应各有独立的吸风口。

② 压缩机进出口阀门间应有旁通管路并设连通阀。

往复式压缩机设置旁通管路用以在启动时保持低负荷，在检修后的试车时可与系统切断不致憋压，同时也用来保持进口处的正压，这在操作过程中介质为易爆气体时特别重要。

多级往复式压缩机的旁通管路可逐级连通，这样除节省能量外，还可以在调试过程中调节各级负荷使其均衡运转。当工艺或安全有需要时，可再设一个终段与进口间的旁路。

空压机只需在出口阀上游加一个带切断阀的直通大气的出口。

对离心式压缩机，旁路的通过能力应至少相当于压缩机喘振点的负荷。

③ 压缩机的辅助系统。

a. 辅助系统一般包括冷却水、润滑油、密封油、冲洗油、放空及排净等。

为充分利用冷却水，可按温度要求串联使用，冷却水先至后冷器，再到汽缸夹套。

每个冷却水回路进口均应设各自的切断阀，并在出口采取措施：常压回水出水口要高出回水漏斗的上沿，压力回水处安装视镜等，以便观察水流情况。压力回水的冷却水出口必须设切断阀，以便停车检修。同一台设备的各出水口可合并后装一个切断阀。

b. 压缩机产品资料说明不随机配带润滑油、密封油及冲洗油系统时，应按资料要求配置管道、阀门。对重要部位（例如轴承处的润滑）必须有独立的回路。

c. 压缩机各级间分离罐应设各自的排净阀。当所有的液体排向一根总管时，应核算压力降，确保总管处压力低于各级的压力，并在各段分离液体出口加止回阀。

1.2.9 泵

泵按结构形式可分为多种类型，从对配管及阀门设置的角度分为两大类，即叶片式（包括离心泵、轴流泵和漩涡泵）及容积式（包括往复式泵和回转式泵）。

(1) 进出口切断阀

每台泵的进出口均应设切断阀。

泵入口切断阀应与管道口径相同。当吸入管道比泵入口大两级或以上时，可选用比管道口径小一级的阀门。此时必须核算各种条件下的有效净正吸入压头。

泵出口切断阀应与管道大小相同。当管径比泵出口大两级时，则阀门可比泵出口大一级。

(2) 止回阀

① 容积式泵 在容积式泵（如往复式泵）入口通常有内装的止回阀，因而不需要在管道上另设止回阀来防止流体倒流。设计时应对所选用的泵资料进行检查，如泵制造厂未提供内装止回阀则应加上此阀。

② 叶片式泵 液体的倒流将导致发生下述各种情况时，在泵的出口管道上应设止回阀。

a. 液体温度升高，比正常输送温度高90℃以上。

b. 输出流体温度与压力综合情况超过泵壳体的设计条件。

c. 叶轮会由于倒转而损坏。

d. 工艺操作不能允许的各种变化。

③ 止回阀大小应与泵出口切断阀相同。

④ 并联的泵应在每台泵出口分别装止回阀。

(3) 进出口连通阀

① 离心泵通常不设此阀。

② 容积式泵及漩涡泵因在启动或单台试车时不允许憋压，必须在泵的进出口阀门之间设连通阀，如图36-11(a)所示。

③ 对小型往复式计量泵可只设安全阀，不设进出口连通阀。

(4) 排气阀

离心泵在启动前应注满液体，需设排气阀。大型的卧式离心泵在壳体上方设置排气阀，一般离心泵可在泵出口止回阀和泵之间略高于泵体的位置设此阀；对较小的泵，可把止回阀和切断阀之间的排净阀当作排气阀。立式离心泵（包括液下泵）需按产品资料所示结构决定是否设此阀，如图 36-11（b）所示。容积式泵不需设此阀。

(5) 底阀

离心泵的吸入液位低于泵进口时，需在泵进口管底部设底阀（有时需加滤网），以便向泵体充装液体时不致泄漏。

(6) 低流量保护管道

离心泵在流量较低的条件下操作时效率很低，甚至不能运转，需设低流量保护管道。

① 泵有可能短期内在小于它额定流量的 20％的条件下操作，应装一个带限流孔板的旁路，不设阀门，该孔板的大小应按通过泵的流量至少保持在流量的 20％（或按泵的操作曲线另定）。当液体通过旁路孔板可能产生闪蒸时，旁路管道要返回泵的上游吸液设备，并使孔板贴近该设备，如图 36-11（c）所示。

② 泵有可能长期处在额定流量的 40％以下操作，应设一个带有孔板式控制阀的旁路或手动阀门。

③ 泵长期在低流量下操作，旁路管道应返回泵的上游吸液设备。

(7) 泵的放空、排净

放空阀可参照规定合并设置。对于液化气或饱和吸收液，需在泵的进口设排气线。当所释放的气体为易燃易爆或有毒害气体时，排气管道应就近与储罐气相空间或火炬管道连通。真空系统泵的放空均应返回至上游吸液设备的气相空间，如图 36-11（d）所示。此管道也用于检修前排除泵内的液化气。

从管道上的排净阀可以将泵内的液化气排净时，或所输送的是无害液体（无毒、无腐蚀性、无污染）时，可不在泵体上设排净阀；反之应按泵产品资料上所给排液孔大小配置排净阀。

(8) 暖泵及防凝旁路

下列情况下，泵应设置暖泵及防凝旁路，如图 36-11（e）所示。

① 输送温度超过 200℃。

② 气温可能低于物料的倾点或凝点；防凝用旁路应采用蒸汽伴热或电伴热保温。

③ 可用在止回阀阀瓣上钻孔的方式取代此旁路。

(9) 高压旁路

高扬程泵的出口切断阀两侧压差较大，尺寸较大的阀门阀瓣单向受压太大，不易开启，需在阀门前后设 $DN20$ 的旁路，在阀门开启前先打开旁路，使阀门两侧压力平衡，如图 36-11（f）所示。

(10) 其他

冷却水、冲洗液、密封液管道：一般情况下数个进口管可合用一个进口切断阀，但在重要的场合（例如高温或高速泵的轴承）则应每一回路各设一个进口阀，且出口应有分别观察冷却水等介质流动状况的措施。

蒸汽往复泵的蒸汽管道在管道低点设疏水阀，在进口阀和乏汽出口外侧均应设排净阀。

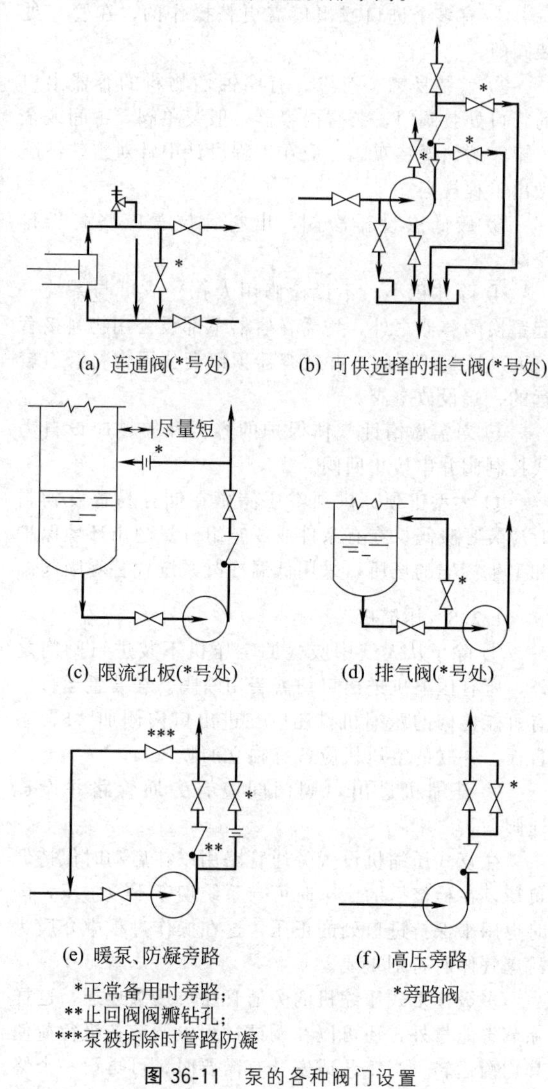

(a) 连通阀(*号处)　(b) 可供选择的排气阀(*号处)

(c) 限流孔板(*号处)　(d) 排气阀(*号处)

(e) 暖泵、防凝旁路
*正常备用时旁路；
**止回阀阀瓣钻孔；
***泵被拆除时管路防凝

(f) 高压旁路
*旁路阀

图 36-11 泵的各种阀门设置

2 管道限流孔板的工艺设计

2.1 管道限流孔板的应用场合

限流孔板设置在管道中需限制流体流量或降低流体压力的地方，大致有以下几个方面。

① 工艺物料需要降压且精度要求不高。

② 在管道中阀门上、下游需要有较大压降时，为减少流体对阀门的冲蚀，当经孔板节流不会产生气相时，可在阀门上游串联孔板。

③ 流体需要小流量且连续流通的地方，如泵的冲洗管道、热备用泵的旁路管道（低流量保护管道）、分析取样管等场所。

④ 需要降压以减少噪声或磨损的地方，如放空系统。

2.2 管道限流孔板的选型要点

2.2.1　分类

限流孔板按孔板上开孔数分为单孔板和多孔板；按板数可分为单板和多板。

2.2.2　选型要点

(1) 气体、蒸汽

为避免使用限流孔板的管路出现喳塞流，限流孔板后压力（p_2）不能小于孔板前压力（p_1）的 55%，即 $p_2 \geqslant 0.55p_1$，因此当 $p_2 < 0.55p_1$ 时，不能用单板，要选择多板，其板数要保证每板的板后压力大于板前压力的 55%。

(2) 液体

当液体压降小于或等于 2.5MPa 时，选择单板孔板。

当液体压降大于 2.5MPa 时，选择多板孔板，且使每块孔板的压降小于 2.5MPa。

2.2.3　孔数的确定

管道公称直径小于或等于 150mm 的管路，通常采用单孔孔板；大于 150mm 时，则采用多孔孔板。

多孔孔板的孔径（d_0），一般可选用 12.5mm、20mm、25mm、40mm。

在计算多孔孔板时，首先按单孔孔板求出孔径（d），然后按式（36-1）求取选用的多孔孔板的孔数（N）。

$$N=\frac{d^2}{d_0^2} \tag{36-1}$$

式中　N——多孔限流孔板的孔数，个；
d——单孔限流孔板的孔径，m；
d_0——多孔限流孔板的孔径，m。

2.2.4　计算方法

(1) 单板孔板

① 气体、蒸汽　气体、蒸汽的单板孔板按式（36-2）计算。

$$W=43.78Cd_0^2p_1\sqrt{\frac{M}{ZT}\times\frac{k}{k-1}\times\left[\left(\frac{p_2}{p_1}\right)^{\frac{2}{k}}-\left(\frac{p_2}{p_1}\right)^{\frac{k+1}{k}}\right]} \tag{36-2}$$

式中　W——流体的质量流量，kg/h；
C——孔板流量系数；
d_0——孔板孔径，m；
p_1——孔板前压力（绝），Pa；
p_2——孔板后压力或临界限流压力（绝），取其大者，Pa；
M——分子量；
Z——压缩系数；
T——孔板前流体温度，K；
k——绝热指数，$k=c_p/c_V$；
c_p——流体比定压热容，kJ/(kg·K)；
c_V——流体比定容热容，kJ/(kg·K)。

临界限流压力（p_c）的推荐值如下。

饱和蒸汽：$p_c=0.58p_1$。

过热蒸汽及多原子气体：$p_c=0.55p_1$。

空气及双原子气体：$p_c=0.53p_1$。

上述三式中 p_1 为孔板前的压力。

② 液体　液体的单板孔板按式（36-3）计算。

$$Q=128.45Cd_0^2\sqrt{\frac{\Delta p}{\gamma}} \tag{36-3}$$

式中　Q——工作状态下体积流量，m^3/h；
C——孔板流量系数；
d_0——孔板孔径，m；
Δp——通过孔板的压降，Pa；
γ——工作状态下的相对密度（与 4℃水的密度相比）。

(2) 多孔孔板

① 气体、蒸汽　先计算出孔板总数及每块孔板前后的压力。

p_1 | 1 | p_1' | 2 | p_2' … p_{m-1}' | m | p_m' … p_{n-2}' | $n-1$ | p_{n-1}' | n | p_2

以过热蒸汽为例：

$$p_1'=0.55p_1$$
$$p_2'=0.55p_1'$$
$$\cdots$$
$$p_2=0.55p_{n-1}'$$

所以

$$p_2=(0.55)^np_1$$

$$n=\frac{\lg\left(\frac{p_2}{p_1}\right)}{\lg 0.55}=-3.85\lg\left(\frac{p_2}{p_1}\right) \tag{36-4}$$

n 圆整为整数后重新分配各板前后的压力，按式（36-5）求取某一板板后的压力。

$$p_m'=\left(\frac{p_2}{p_1}\right)^{\frac{1}{n}}p_{m-1}' \tag{36-5}$$

式中　n——总板数；
p_1——多板孔板第一块板板前的压力（绝），Pa；
p_2——多板孔板最后一块板板后的压力（绝），Pa；

p'_m——多板孔板中第 m 块板板后的压力（绝），Pa。

根据每块孔板前后的压力，计算出每块孔板孔径，计算方法同单板孔板。同样 n 圆整为整数后，重新分配各板前后的压力。

② 液体　先计算孔板总数（n）及每块孔板前后的压力。

按式（36-6）计算出 n，然后圆整为整数，再按每块孔板上压降相等，以整数（n）来平均分配每块板前后的压力。

$$n=\frac{p_1-p_2}{2.5\times10^6} \tag{36-6}$$

式中，n、p_1、p_2 定义同前。

计算每块孔板孔径，同单板孔板计算方法。

(3) 气-液两相流

先分别按气-液流量用各自公式计算出 d_L 和 d_V，然后用下列公式求出两相流孔板孔径。

$$d=\sqrt{d_L^2+d_V^2} \tag{36-7}$$

式中　d——两相流孔板孔径，m；

d_L——液相孔板孔径，m；

d_V——气相孔板孔径，m。

(4) 限流作用的孔板计算

按式（36-2）、式（36-3）或式（36-7）计算孔板的孔径（d_0），然后根据 d_0/D 值和 k 值由表查临界流率压力比（γ_c），当每块孔板前后的压力比 $p_2/p_1\leqslant\gamma_c$ 时，可使流体流量限制在一定数值，说明计算出的 d_0 有效，否则需改变压降或调整管道的管径，再重新计算，直到满足要求为止。

3　管道过滤器的工艺设计

管道过滤器是清除流体中固体杂质的管道附件，用以保护工艺设备与特殊管件（如压缩机、泵、燃油喷嘴、疏水器等），防止杂物进入设备、管件，损坏部件或堵塞管件，影响正常生产运行，起到稳定工艺过程、保障安全生产的作用。一般设置在润滑油进入设备之前；燃料油进入喷嘴之前；原料油或密封油进入泵之前；蒸汽凝液进入疏水阀之前的各类管道上。

3.1　管道过滤器的分类

3.1.1　按用途分类

(1) 永久性过滤器

永久性过滤器与所保护的设备一同投入正常运行。

① 设计要求

a. 网式永久性过滤器滤网的有效面积不得小于操作管道横截面积的3倍。

b. 永久性过滤器的器体材料相当于同一用途的管道材料。

c. 设置永久性过滤器的具体位置应在P&ID上注明，并标注特殊管件号。

② 结构型式　永久性过滤器按结构型式可分为网式、线隙式、烧结式、磁滤式等。

(2) 临时性过滤器

临时过滤器仅在开工试运转或停车较久后开车时使用，初始操作完毕后可拆除。

① 设计要求

a. 临时性过滤器滤网的有效面积不得小于操作管道横截面积的2倍。

b. 临时过滤器材料，一般采用碳钢，如物料有严格要求，可考虑选用特殊材质。

c. 如果工程需要，设置临时过滤器的具体位置可在P&ID上标明，并注以缩写字母TS（temporary strainer）标注特殊管件号。

② 结构型式　临时过滤器按结构可分为平板型、篮型、T型、Y型等。平板（多孔）型过滤器通常用于离心泵的吸入管道上。篮型、T型、Y型过滤器通常用于往复式压缩机或油类等黏度较大的液体的吸入管道上。临时过滤器使用的过滤网，一般选用100孔/cm^{2}的滤网。

3.1.2　按结构分类

(1) 网式过滤器

网式过滤器在化工装置中应用较为普遍，可作为临时过滤器或永久过滤器设于离心泵、齿轮泵、螺杆泵、蒸汽往复泵及工业炉燃料喷嘴之前。用于泵前的过滤器网孔数一般为144～256孔/cm^2，按泵和喷嘴产品资料要求来定。网孔数最大可达400孔/cm^2。

网式过滤器可分为SY型、ST型、SC型、SD型及其他型式，其外壳可以是铸铁、碳钢、低合金钢、不锈钢或其他材料，滤网可分为铜丝网或不锈钢丝网。特殊情况还可与制造厂商定材质。

选用时可参照行业标准《化工管道过滤器》（HG/T 21637—91）。

不锈钢丝网结构参数见表36-2。

表36-2　不锈钢丝网结构参数

网目/(目数/in)	可截粒径/μm	丝径/mm	开孔面积比例/%
10	2032	0.508	64
20	955	0.315	57
30	614	0.234	53
40	442	0.193	49
50	356	0.152	50
60	301	0.122	51
80	216	0.102	47
100	173	0.081	46

注：表中所指丝网均为正方形纺织网，网目是指每英寸长度上的孔（目）数，1in≈2.54cm。

网式管道过滤器公称直径（DN）与当量直管段长度（L）的关系见表 36-3。

表 36-3　网式管道过滤器公称直径（DN）与当量直管段长度（L）的关系

DN/mm	50	80	100	150	200
L/m	38～45	22～35	19～27	34～46	41～55
DN/mm	250	300	350	400	450
L/m	38～64	70～89	54～98	75～105	75～108

注：1. 表中数据仅用于网式管道过滤器。
2. 当采用 20 目/in 滤网时，L 取最小值。
3. 当采用 100 目/in 滤网时，L 取最大值。

(2) 线隙式过滤器

线隙式过滤器的主要特点是过滤器可在过滤工作中清除机械杂质。特别适合于要求不间断的精细过滤油品的场合，不需另设备用过滤器。过滤的结构较为复杂，制造精度要求较高。

线隙式过滤器一般用于过滤液压油系统及燃油系统中的颗粒杂质，多作为泵吸入口、回油管路、炉前燃油等过滤器使用。目前国内产品有一般式和压差超过允许值可发信号式两种。

(3) 烧结式过滤器

该型过滤器是用金属粉末（不锈钢、纯镍、纯铁）烧结成多孔材料作过滤元件，目前主要用于导热油的过滤，可将导热油在热运过程中生成的少量的但用一般网式过滤器过滤不掉的高聚物及焦炭（粒）过滤掉，以减少导热油在热传导过程中的热阻，提高传热效果。该型过滤器还可用于多种牌号的变压器油的过滤以及气体和液体的过滤、净化、分离等过程，其主要技术性能见表 36-4。

表 36-4　烧结式过滤器主要技术性能

规格	技术性能			
	使用压力(表)/MPa	使用温度/℃	流量/(m^3/h)	允许压差/MPa
DL-8	0.6	300	8	≤0.25
DL-14	0.6	300	14	≤0.25

(4) 磁滤式过滤器

该型过滤器是选用高磁场强度的永磁材料和反铁磁材料组合而成的。其外罩为不锈钢套管，特点是吸附力强、可在线清洗。适用于对液压油箱、润滑油箱、齿轮油箱中的各种油液进行净化，可滤除 5μm 以下的铁磁性微粒。同时，可吸附混入油箱的各种铁磁性有害颗粒。

(5) 纸质、化纤过滤器

纸质、化纤过滤器精度较高，可用于压力管路和回油管路中。有些系列回油滤油器还设有旁通阀、止回阀、液流扩散器、积污盅等装置，并配有永久磁铁，能滤除铁性颗粒。

线隙式过滤器、烧结式过滤器、磁滤式过滤器以及纸质、化纤过滤器的型号和特性可参见制造厂有关资料。

3.2　管道过滤器的安装

① 过滤器的安装应按生产厂提供的产品样本和安装说明中所示的流向及推荐安装方式、安装要求等进行。

② 过滤器上下游可根据工艺生产的需要设置压差计或压力表，以判断堵塞情况，并应按工艺需要配置反吹清洗管道。

③ 管道配管时应考虑永久和临时过滤器的安装及拆除的方便。

④ 管道过滤器对管道设计要求如下。

装有过滤器的管道在工作时可分为间断操作与连续操作。间断操作时，在过滤器前后设置切断阀，以便清理过滤器。连续操作时，对永久性过滤器需设置并联的两套过滤器，分别在过滤器前后设置切断阀（线隙式过滤器除外）。

4　疏水器的工艺设计

4.1　疏水器的设置场合

疏水器的作用是自动地排除加热设备或蒸汽管道中的蒸汽凝结水及空气等不凝气体而不漏出蒸汽。由于它具有阻汽排水的作用，可减少蒸汽加热设备的蒸汽损失，并可防止凝结水对设备的腐蚀以及蒸汽管道中的水锤、振动、结冰胀裂等现象。

下列各处均应设置疏水器。

① 饱和蒸汽管（包括用来伴热的蒸汽管）的末端或最低点。

② 长距离输送的蒸汽管的中途；饱和蒸汽的蒸汽管的每个补偿弯前或最低点；立管的下部。

③ 蒸汽管上的减压阀和控制阀的阀前。

④ 蒸汽管不经常流动的死端且最低点处，如公用工程站的蒸汽管的阀门前。

⑤ 蒸汽分水器、蒸汽分配罐或管、蒸汽减压增湿器的低点以及闪蒸罐的水位控制处。

⑥ 蒸汽加热设备、夹套、盘管的凝结水出口。

⑦ 经常处于热备用状态的设备和机泵；间断操作的设备和机泵；以及现场备用的设备和机泵的进汽管的最低点。

⑧ 其他需要疏水的场合。

4.2　疏水器的种类及主要技术性能

4.2.1　疏水器的种类

根据疏水器的动作原理分类，常见的有机械型、热静力型和热动力型三大类。此外还有特殊型疏水器，其动作原理与上述三类完全不同，一般很少使用。

疏水器的分类见表36-5。

表36-5　疏水器的分类

基础分类	动作原理	中分类	小分类
机械型	蒸汽和凝结水的密度差	浮球式	杠杆浮球式
			自由浮球式
			自由浮球先导活塞式
		开口向上浮子式	浮桶式
			差压式双阀瓣浮桶式
		开口向下浮子式	倒吊桶式(钟形浮子式)
			差压双阀瓣吊桶式
热静力型	蒸汽和凝结水的温度差	蒸汽压力式	波纹管式
		双金属片式(热弹性元件式)	圆板双金属式
			双金属式温调
热动力型	蒸汽和凝结水的热力学及流体力学特性	圆盘式	大气冷却圆盘式
			空气保温圆盘式
			蒸汽加热凝结水冷却圆盘式
		孔板式	脉冲式
特殊疏水器	蒸汽和凝结水的密度差及气体操作	吊桶式	泵式
		浮球式电极式	真空式

4.2.2　疏水器的工作原理和主要技术性能

(1) 机械型疏水器

机械型疏水器是利用蒸汽和凝结水的密度差使浮子发挥作用，从而启闭疏水器。该型疏水器噪声小，凝结水排除快，外形较其他类型的疏水器要大，适用于大排水量的情况。疏水器的允许背压度不低于80%。机械型疏水器的阀体必须水平安装，按其结构可分为浮球式和浮子式。

① 浮球式疏水器

a. 杠杆浮球式疏水器　杠杆浮球式疏水器如图36-12所示。随着疏水器内凝结水量的变化，浮球有时上升，有时下降，依靠浮球杠杆的增幅装置，开关排水阀瓣，且能控制其开度。装有空气排气阀，不会产生气阻，结构有单阀座和双阀座两种。其结构较为复杂，灵敏度稍低，连续排水，漏汽量小。该疏水器分为具有自动排气功能和不具有自动排气功能两种，当选用后者时，需选用附加热静力型排气阀或设置手动放空阀。

b. 自由浮球式疏水器　这类疏水器又称为“自由浮子式”或“无杠杆浮球式”。因为是将球形浮子无约束地放置在疏水器的阀体内部，浮球本身作为完成开关动作的阀瓣。如图36-13所示，球形浮子可自由开关而起到阀瓣的作用；利用它的上升或下降从而实现启、闭疏水器动作。该疏水器分为具有自动排汽功能与不具有自动排汽功能两种，当选用后者时，需选用附加热静力型排气阀或设置手动放空阀。最大工作压力9.0MPa（表），允许背压度较大，可达80%。

c. 自由浮球先导活塞式疏水器　这种疏水器是用小浮球的浮力打开大的排放口，从而排除大量的凝结水，提高了排放能力。它设有自由浮球先导活塞机构，即自由浮球把小口径的先导阀打开，排出的凝结水先蒸发，形成蒸汽，依靠再蒸发蒸汽的压力打开大口径主阀，从而提高排放能力。

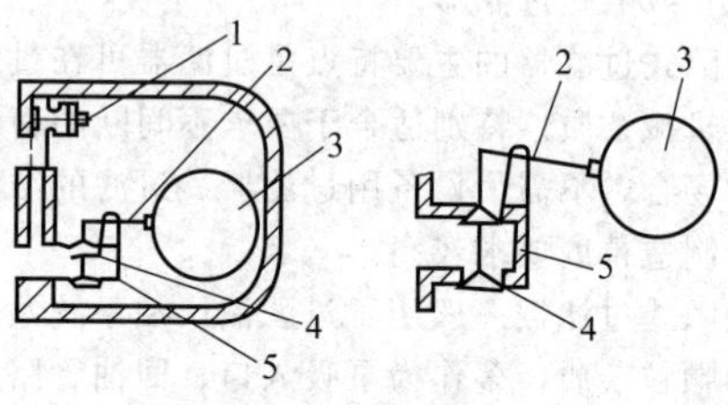

图36-12　杠杆浮球式疏水器
1—排放阀；2—杠杆；3—浮球；4—双座阀；5—阀座

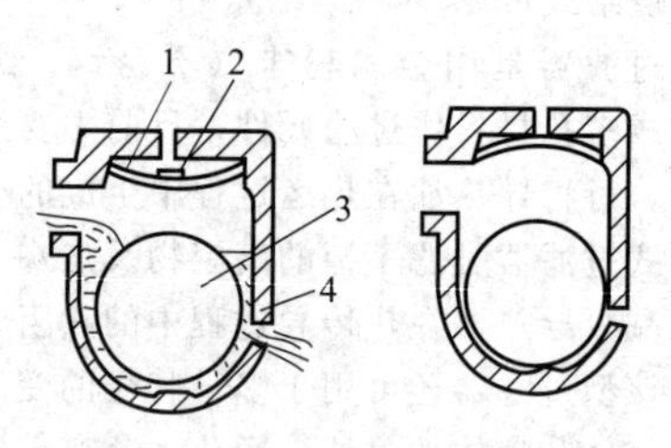

图36-13　自由浮球式疏水器
1—双金属片；2—空气排放阀；3—浮球；4—阀座

② 开口向上浮子式疏水器　疏水器的浮子为桶状，又称吊桶式疏水器。其动作原理是浮子内凝结水的液位变化导致启闭件的开关动作，其结构如图36-14所示。

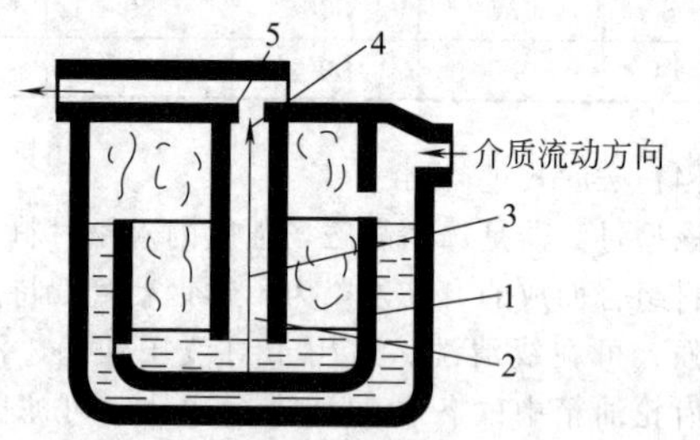

图36-14　开口向上浮子式疏水器
1—浮子（桶形）；2—虹吸管；3—顶杆；4—启闭件；5—阀座

a. 浮桶式疏水器　桶状浮子的开口朝上配置，其结构如图 36-15 所示。疏水器开始通蒸汽时，产生的凝结水被蒸汽压力推动，流入疏水器内部吊桶的四周，随着凝结水量的增加又逐渐流入桶内。当桶内储存的凝结水达到所规定的数量时，浮桶失去了浮力，便下沉，从而打开连接在浮桶上的阀瓣，桶内的水通过集水管，由疏水器的出口排出。当浮桶内的凝结水大部分被排出之后，浮桶又恢复了浮力，向上浮起，关闭疏水器。阀瓣为直通式。

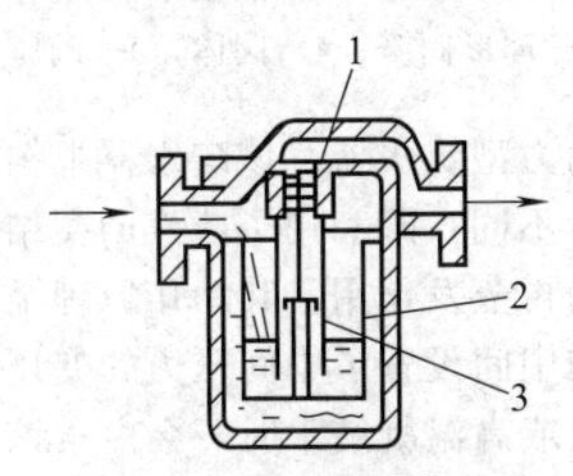

图 36-15　浮桶式疏水器

1—排水阀；2—浮桶；3—集水管

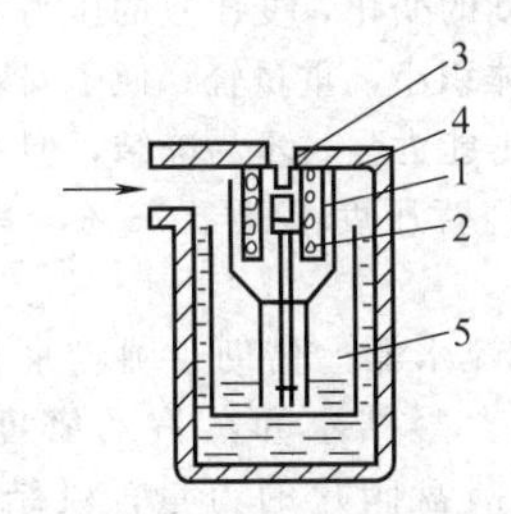

图 36-16　差压式双阀瓣浮桶式疏水器

1—先导阀；2—活塞缸；3—主阀座；4—主阀；5—浮桶

b. 差压式双阀瓣浮桶式疏水器　差压式双阀瓣浮桶式疏水器为双阀瓣结构，使用活塞作为双阀瓣压力差的传感机构，依靠先导阀的作用打开较大的主阀；与直通式相比，同一尺寸、同一重量的浮桶，可产生较大的排水能力，其结构如图 36-16 所示。

③ 开口向下浮子式疏水器　这种结构的浮桶开口朝下，其结构如图 36-17 所示。

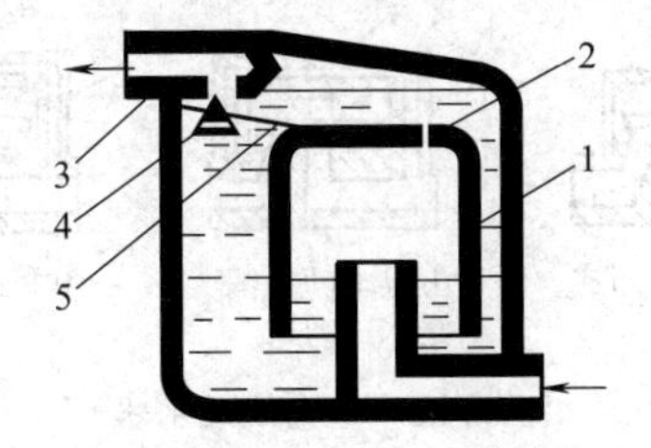

图 36-17　开口向下浮子式疏水器

1—浮子；2—放气孔；3—闭座；4—启闭件；5—杠杆

a. 倒吊桶式疏水器　疏水器的浮桶开口朝下，所以称为“倒吊桶式”或“反浮桶式”。倒吊桶的形状正好呈吊钟形，所以也称为“钟形浮子式”，其结构如图 36-18 所示。在吊桶上设置有空气排放口。开始排气时，吊桶下沉，打开与吊桶连接在一起的阀瓣密封处，使其全开；开始通入蒸汽后，蒸汽使设备内的空气进入疏水器，经排气孔自排水阀排出；接着如果有凝结水流入，先在吊桶内蓄满，然后通过吊桶下缘流到外部，由排水阀排出。凝结水排出后，蒸汽进入蒸汽吊桶，使吊桶恢复浮力，开始上浮，于是关闭疏水器。因桶内经常处于水封状态，所以不会泄漏蒸汽。其特点是间歇排放凝结水，漏汽量为 2%～3%，可排空气，额定工作压力范围小于 1.6MPa（表），使用条件可自动适应。允许背压度为 80%，但进出口压差不能小于 0.05MPa。工作压力必须与浮筒的体积和重量相适应，阀的结构较复杂，阀座及钉尖易磨损，使用前应充水。

b. 差压式双阀瓣倒吊桶式疏水器　因倒吊桶疏水器外形尺寸比较大，同时也为了提高性能，因而采用了差压式双阀瓣结构，如图 36-19 所示。它采用了“自动关阀、自动定心和自动落座阀芯”的关闭系统，寿命长，动作灵活，阻汽排水性能好，能自动排除空气，与同类疏水器相比，体积小、排量大、强度高。采用双重关闭方式，使操作振动小，主副阀动作平稳，克服了撞击磨损的缺点。

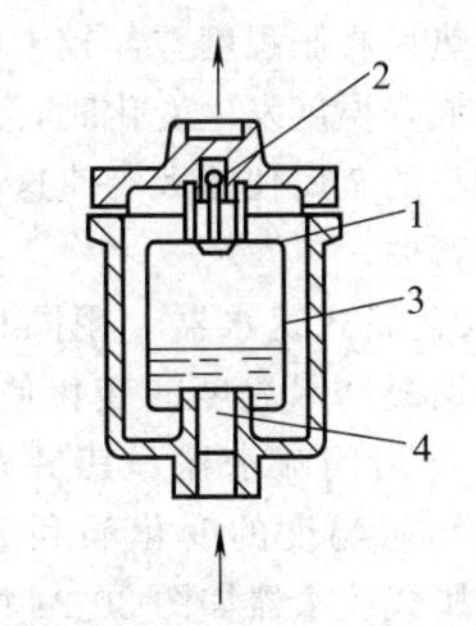

图 36-18　倒吊桶式疏水器

1—空气排放口；2—排水阀；3—倒吊桶；4—流入管

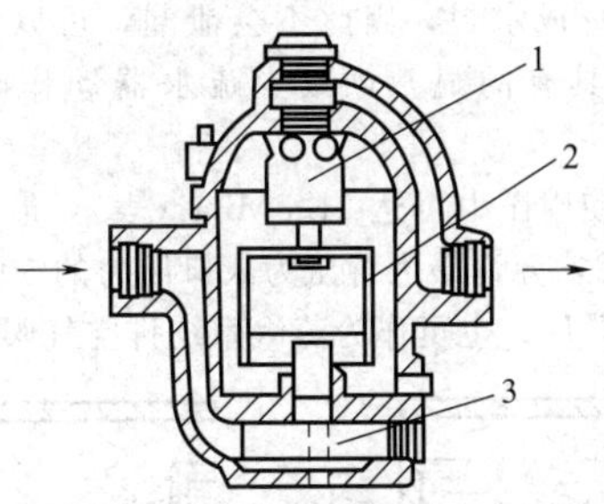

图 36-19　差压式双阀瓣倒吊桶式疏水器

1—差压双阀瓣机构；2—倒吊桶；3—过滤网

(2) 热静力型疏水器

热静力型疏水器由温度决定疏水器的启闭。它利用蒸汽（高温）和凝结水（低温）的温差原理，使用双金属或波纹管作为感温元件（感温体），它可以随温度的变化而改变其形状（波纹管产生膨胀或收缩，双金属产生弯曲），利用这种感温体的变化，达到启闭疏水器的目的。它的结构简单，能连续排水、排空气。微孔式适用于小排量，迷宫式适用于特大排量。但都不能适应压力流量变化较大的情况，而且要注意防止流道的阻塞和冲蚀。

① 蒸汽压力式疏水器　蒸汽压力式疏水器的动作元件即感温元件是波纹管，又称波纹管式疏水器。这种波纹管为可自由伸缩的壁厚为0.1～0.2mm的密封金属容器。其动作原理是开始通蒸汽时为常温状态，波纹管内部封闭的液体没有汽化，波纹管收缩呈开阀状态，因此，流入疏水器内的空气和大量的低温凝结水通过阀座孔经出口排出，如图36-20（a）所示。凝结水的温度很快上升，随着温度的变化，波纹管感温，同时其内部封闭的液体汽化产生蒸汽压力，使体积膨胀，波纹管伸长，使得阀瓣接近阀座。于是，当疏水器内流入近似饱和温度的水或高温凝结水后，波纹管进一步膨胀，呈关阀状态。如图36-20（b）所示。这种动作反复进行，就实现开闭阀动作，从而排除凝结水。它能间断性排水，过冷5～20℃，工作压力受波纹管材料的限制，一般为1.6MPa（表）。

② 双金属式疏水器　疏水器的感温体采用双金属。双金属由受热后膨胀程度差异较大的两种金属薄板黏合在一起制成，温度发生变化时，热胀系数大的金属比热胀系数小的金属伸缩大，使这种黏合的金属薄板产生较大的弯曲。

a. 圆板形双金属式疏水器　用圆板形的双金属作为感温体。根据凝结水温度的变化使双金属呈凹、凸式弯曲，并以此启闭疏水器。其最大特点是强度高，并且能随凝结水温度的变化顺利完成开闭阀动作。圆形板双金属式疏水器如图36-21所示。

b. 双金属式温调疏水器　该疏水器是根据疏水器的使用目的，在圆板形双金属式疏水器上设置可以调节凝结水温度的调节装置。疏水器内经常滞留凝结水而形成水封，因此不会泄漏，可以充分利用凝结水所具有的显热，减少疏水器动作时产生的噪声。

最大使用压力可达21.5MPa（表），最高使用温度为550℃，允许最大背压为入口压力的50%，经调整可提高背压，也可作为蒸汽系统排空气阀。

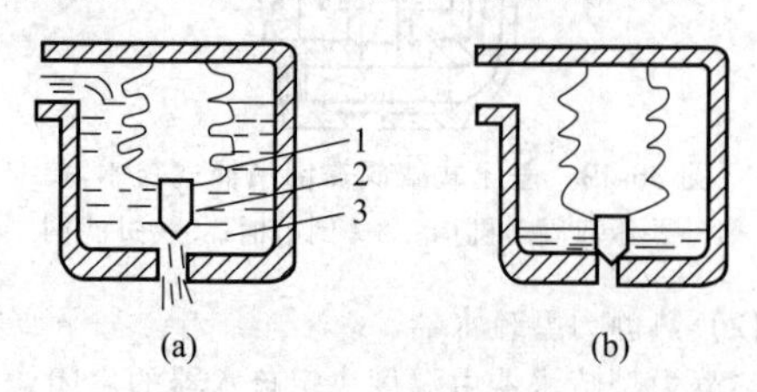

图36-20　波纹管式疏水器
1—波纹管；2—阀瓣；3—阀座

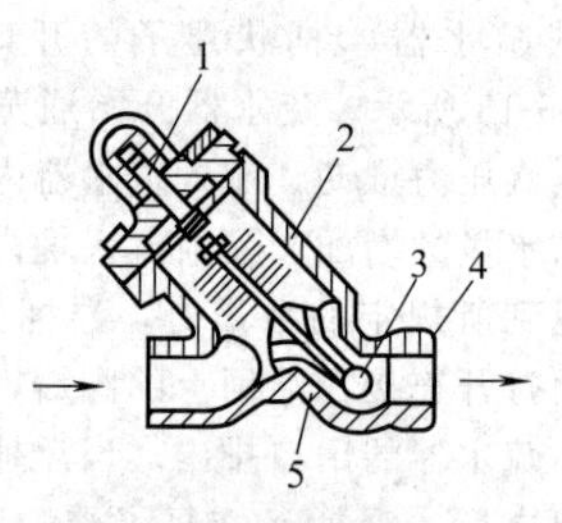

图36-21　圆板形双金属式疏水器
1—调节装置；2—圆板形双金属；
3—球形阀瓣；4—阀体；5—阀座

（3）热动力型疏水器　该疏水器根据蒸汽和凝结水的运动速度不同，既利用了蒸汽的凝结作用，又利用了凝结水的再蒸发作用。其动作原理是在入口压力和出口压力的中间设置了中间压力的变压室。当变压室内流入蒸汽或高温凝结水时，会由于该蒸汽压力或凝结水产生的再蒸发蒸汽的压力而关闭疏水器。若变压室的温度因凝结水下降，或自然冷却至某一温度以下时，基于温度的变化，变压室的压力下降，从而开启疏水器。其体积小，重量轻，便于安装和维修，价格低廉，抗水击能力强，不易冻结，但不适用于大排水量。阀的允许背压度不低于50%，其中脉冲式不低于25%。

① 圆盘式疏水器　借助于圆盘来开闭疏水器，以排除凝结水。凝结水和蒸汽的密度差——形成开启时向上推圆盘阀片的力量；凝结水和蒸汽的运动黏性系数差——转变关闭状态时对圆盘阀片正反两面产生作用，是关闭疏水器的最主要的因素；温度降低使蒸汽凝结成水，造成压力下降——使变压室内的压力降低。圆盘式疏水器如图36-22所示。

过冷条件为6～8℃，有一定的漏汽量（大约3%），其背压不可超过最低入口压力的50%，最小工作压差为$\Delta p=0.05$MPa，需防冻时可出口向下垂直安装。

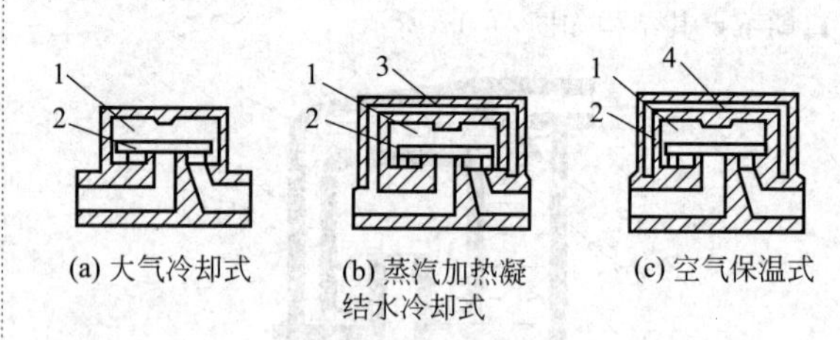

图36-22　圆盘式疏水器
1—变压室；2—圆盘阀片；
3—蒸汽室；4—空气室

a. 大气冷却式圆盘式疏水器　大气冷却式圆盘式疏水器如图36-22（a）所示。由于变压室是靠大气（自然）而不是靠凝结水来冷却，因此冷却速度太快，动作过于灵敏，阀片空打而造成蒸汽的浪费和空气气堵，使疏水器失灵。

b. 蒸汽加热凝结水冷却式圆盘式疏水器　这种疏水器也称为“蒸汽夹套型圆盘式疏水器”，如图 36-22 (b)所示。其呈双阀盖结构，两盖之间靠循环孔与疏水器入口处相通，因此，在没有凝结水时，在两盖之间，即套盖里充满了蒸汽，所以变压室可以由外面的蒸汽加热，其压力不会下降，套盖也不会开启。当疏水器入口滞留了凝结水时，套盖之间也充满了凝结水，变压室由于凝结水的冷却而引起压力下降，从而套盖开启。

c. 空气保温式圆盘式疏水器　这种疏水器也称为“空气夹套型圆盘式疏水器”，呈双阀盖结构，其间充满了空气，即设置“空气夹套”，使变压室因有空气夹套而隔热，这就不会受外界气温的影响，如图 36-22 (c)所示。

② 孔板式疏水器　孔板式疏水器是在阀瓣上设置了孔板，接通疏水器出口，所以称孔板式，又称脉冲式，如图 36-23 所示。借助于孔板的作用可以自动排出空气，从而可防止空气气阻和蒸汽汽锁。

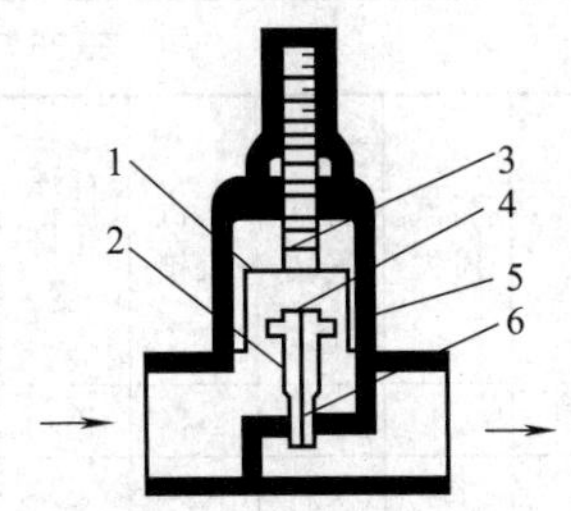

图 36-23　孔板式疏水器

1—控制缸；2—阀瓣；3—调整螺纹；4—第二孔板；5—第一孔板；6—主阀口

(4) 特殊疏水器

蒸汽设备上使用的特殊疏水器是泵式疏水器，因为它兼备泵的功能而得名。当蒸汽设备上使用一般疏水器不能排除设备内部的凝结水时，或者向不可输送凝结水的特殊场合输送凝结水时，可以用泵式疏水器。

(5) 各种疏水器的主要技术性能

各种疏水器的主要技术性能见表 36-6～表 36-8。

表 36-6　各种疏水器的主要技术性能（一）

型式		优点	缺点
机械型	浮桶式	动作准确、排放量大、不泄漏蒸汽、抗水击能力强	排除空气能力差，体积大，有冻结的可能，疏水器内的蒸汽层有热量损失
	倒吊桶式	排除空气能力强，没有空气气堵和蒸汽汽锁现象，排量大，抗水击能力强，性能稳定可靠	体积大，有冻结的可能，动作迟缓
	杠杆浮球式	排量大，排空气性能好，能连续（按比例动作）排除凝结水，体积小，结构简单，浮球和阀座易互换	体积大，抗水击能力差，疏水器内的蒸汽层有热损失，排除凝结水时有蒸汽卷入
	自由浮球式	排量大，排空气性能好，能连续（按比例动作）排除凝结水，体积小，结构简单，浮球和阀座易互换	抗水击能力比较差，疏水器内的蒸汽有热损失，排除凝结水时有蒸汽卷入，动作迟缓
热静力型	波纹管式（蒸汽压力式）	排量大，排空气性能良好，不泄漏蒸汽，不会冻结，可控制凝结水温度，结构简单，体积小	反应迟钝，不能适应负荷的突变及蒸汽压力的变化，不能用于过热蒸汽，抗水击能力差，只适用于低压的场合
	圆板双金属式	排量大，排空气性能良好，不会冻结，不泄漏蒸汽，动作噪声小，无阀瓣堵塞事故，抗水击能力强，可利用凝结水的显热	很难适合负荷的急剧变化，不适应蒸汽压力变动大的场合，在使用中双金属的特性有变化
	圆板金属温调式	凝结水显热利用好，节省蒸汽，不泄漏蒸汽，动作噪声小，灵敏度高，抗污垢，抗水击，随蒸汽压力变化应动性能好	不适用于大排量
热动力型	孔板式	体积小，重量轻，排空气性能良好，不易冻结，可用于过热蒸汽，结构简单，连续排水	不适用于大排量，泄漏蒸汽，易有故障，背压允许度低(背压限制在 30%)
	圆盘式	结构简单，体积小，重量轻，不易冻结，维修简单，可用于过热蒸汽，安装角度自由，抗水击能力强，可排饱和温度的凝结水	空气流入后不能动作，空气气堵多，动作噪声大，背压允许度低（背压限制在 50%），不能在低压[0.03MPa(表)以下]使用，阀片有空打现象，蒸汽层放热有热损失，蒸汽有泄漏，不适用于大排量

表 36-7 各种疏水器的主要技术性能（二）

疏水器名称	蒸汽损失	空气气堵	蒸汽汽锁	背压允许度	动作检查	耐水击性能	凝结水排量	需要时间		比例控制	排放特性	安装	冻冻	耐久性	凝结水显热的利用
								开启	关闭						
浮桶式	○	×	×	○	○	○	○	△	△	×	×	×	×	○	×
倒吊桶式	○	○	○	○	○	○	○	△	△	×	×	×	×	○	×
浮球式	×	△	×	○	×	×	○	○	○	○	○	×	×	×	×
波纹管式	○	○	×	○	×	×	○	×	×	×	×	×	○	×	○
圆板双金属式	○	○	×	○	×	×	○	×	×	×	×	×	○	○	○
圆板双金属温调式	○	○	×	○	×	×	○	×	×	×	×	×	○	○	○
孔板式	×	○	○	×	×	○	×	×	○	×	×	×	○	×	×
圆盘式	×	×	×	×	○	○	×	×	○	×	×	○	○	×	×
判定记号	○难 ×易	○ 没有 ×有 △ 高温 空气 时有	○ 没有 ×有	○高 ×低	○容易 ×难	○大 ×小	○大 ×小	○不需要时间 △需要一点儿时间 ×需要长时间		○可 ×否	○连续 ×间歇	○ 角度自由 × 只限水平安装	○难 ×易	○大 ×小	○可 ×否

表 36-8 各种疏水器蒸汽损失的难易

蒸汽损失原因	易损失蒸汽的型式	不易损失蒸汽的型式
动作特点决定了在闭阀之前要泄漏蒸汽，因此造成蒸汽损失	圆盘式	双金属式 浮桶式 倒吊桶式
排放凝结水时有可能卷入蒸汽，造成蒸汽损失	圆盘式 浮球式	双金属式 浮桶式 倒吊桶式
疏水器内部的蒸汽层散热，造成蒸汽损失	圆盘式 浮球式 浮桶式	双金属式 倒吊桶式
不能利用凝结水的显热，造成蒸汽损失	圆盘式 浮球式 吊桶式	双金属式 波纹管式

4.3 疏水器的选型

4.3.1 疏水器的选用要点

在某一压差下排除同量的凝结水，可采用不同型式的疏水器。各种疏水器都具有一定的技术性能和最适宜的工作范围。要根据使用条件进行选择，不能单纯地从最大排水量的观点去选用，更不应只根据凝结水管径的大小去套用疏水器。

一般在使用时，首先要根据使用条件、安装位置参照各种疏水器的技术性能选用最为适宜的疏水器型式。再根据疏水器前后的工作压差和凝结水量，从制造厂样本中选定疏水器的规格和数量。

(1) 选型要点

① 能及时排除凝结水（有过冷要求的除外）。

② 尽量减少蒸汽泄漏损失。

③ 工作压力范围大，压力变化后不影响其正常工作。

④ 背压影响小，允许背压大（凝结水不回收的除外）。

⑤ 能自动排除不凝性气体。

⑥ 动作敏感，性能可靠、耐用，噪声小，抗水击、抗污垢能力强。

⑦ 安装方便、容易维修。

⑧ 外形尺寸小，重量轻，价格便宜。

⑨ 具体的选型参数如下：

a. 疏水器的型式（工作特性）；

b. 疏水器的容量（凝结水排量）；

c. 疏水器的最大使用压力；

d. 疏水器的最高使用温度；

e. 正常工况下疏水器的进口压力；

f. 正常工况下疏水器的出口压力（背压）；

g. 疏水器的阀体材料；

h. 疏水器的连接管径（配管尺寸）；

i. 疏水器的进口和出口的连接方式。

(2) 选型注意事项

选择疏水器时，应选择符合国家标准的优质节能疏水器。这种疏水器在阀门代号 S 前都冠以“C”字代号，其使用寿命≥8000h，漏汽率≤3%。有关疏水器性能应以制造厂说明书或样本为准。

在负荷不稳定的系统中，如果排水量可能低于额定最大排水量 15%时，不应选用脉冲式疏水器，以免在低负荷下引起蒸汽泄漏。

在凝结水一经形成，必须立即排除的情况下，不宜选用脉冲式和波纹管式疏水器（两者均要求有一定的过冷度），可选用浮球式 ES 型和 ER 型等机械型疏水器，也可选用圆盘式疏水器。

对于蒸汽泵、带分水器的蒸汽主管及透平机外壳等工作场合，可选用浮球式疏水器，必要时可选用热动力式疏水器，不可选用脉冲式和恒温型疏水器。

热动力式疏水器有接近连续排水的性能，其应用范围较广，一般都可选用，但最大允许背压不得超过入口压力的 50%，最低进出口压差不得低于 0.05MPa。

间歇工作的室内蒸汽加热设备或管道，可选用机械型疏水器。

机械型疏水器在寒冷地区不宜室外使用，否则应有防冻措施。

疏水器的选型要结合安装位置考虑，如图 36-24 所示。

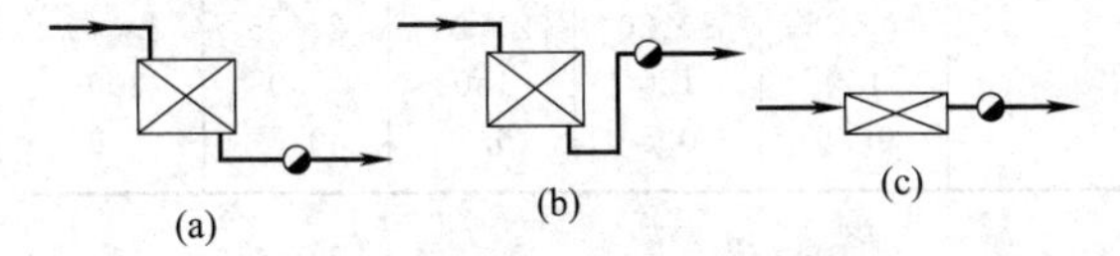

图 36-24　疏水器的不同安装位置

如图 36-24（a）所示为可选任何型式的疏水器，疏水器安装位置低于加热设备。

如图 36-24（b）所示为不可选用浮筒式疏水器，可选用双金属式疏水器，疏水器安装位置高于加热设备。

如图 36-24（c）所示为可选用浮筒式疏水器、热动力式疏水器和双金属式疏水器，疏水器安装位置标高与加热设备基本一致。

对于易发生蒸汽汽锁的蒸汽使用设备，可选用倒吊桶式疏水器或安装与解锁阀（安装在疏水器内的强行开阀排气的装置）并用的浮球式疏水器。

管路伴热管道、蒸汽夹套加热管道，各类热交换器、散热器，以及一些需要根据操作要求选择排水温度的用汽设备，可选用温度调整型等热静力型疏水器。要求用汽设备恒温的可选用温度调整型疏水器。

4.3.2　疏水器的分类

按使用设备和用途分类，疏水器可按表 36-9 选择。

表 36-9　疏水器的选择

用途	适用型式	备注
蒸汽输送管	圆盘式、自由浮球式、倒吊桶式	凝结水量少时，用双金属式温调疏水器
热交换器	浮球式、倒吊桶式	加热温度在 100℃以下，凝结水量少时用双金属式温调疏水器
加热釜	浮球式、倒吊桶式、圆盘式	用圆盘式时，最好与自动空气排放阀并列安装
暖气（散热器和对流加热器）	散热器疏水器、温调疏水器	对流散热器，使用 0.1～0.3MPa（表）的蒸汽时，用浮球式疏水器或倒吊桶式疏水器比较恰当
空气加热器（组合加热器、电加热器）	浮球式、倒吊桶式、圆盘式	
筒式干燥器	浮球式、倒吊桶式	
干燥器（管道干燥器）	浮球式、圆盘式、倒吊桶式	
直接加热装置（蒸馏甑、硫化器）	浮球式、倒吊桶式	
热板压力机	浮球式、倒吊桶式	
蒸汽伴热器	双金属式温调疏水器、圆盘式	加热温度在 100℃以下时，用双金属式温调疏水器最合适

4.3.3　疏水器的规格参数确定

(1) 排水量的确定

① 凝结水量

a. 对于连续操作的用汽设备，计算凝结水量（G_{cal}）应采用工艺计算的最大连续用汽量；对于间断操作的用汽设备，G_{cal} 应采用操作周期中的最大用汽量。

b. 当开工时的用汽量大于上述数值时，可按具体情况加大安全系数，或通过排污阀排放凝结水，或再并联一个疏水器。

c. 蒸汽管道、蒸汽伴热器的疏水量可取正常运行时产生的凝结水量计算值。如果在开工时产生的凝结水量大于计算值，可通过排污阀排放。

d. 蒸汽管道及阀门在开工时所产生的凝结水量如下。

$$G_{cal}=\frac{W_1c_1\Delta t_1+W_2c_2\Delta t_2}{i_1-i_2}\times 60 \qquad (36\text{-}8)$$

式中　G_{cal}——计算的凝结水量，kg/h；

W_1——钢管和阀门的总重，kg；

W_2——用于钢管和阀门的保温材料质量，kg；

c_1——钢管的比热容，kJ/(kg·℃)，碳素钢 $c_1=0.469$kJ/(kg·℃)，合金钢 $c_1=0.486$kJ/(kg·℃)；

c_2——保温材料的比热容，kJ/(kg·℃)，取 $c_2=0.837$kJ/(kg·℃)；

Δt_1——管材的升温速率，℃/min，一般取 $\Delta t_1=5$℃/min；

Δt_2——保温材料的升温速率，℃/min，一般取 $\Delta t_2=\Delta t_1/2$；

i_1——工作条件下过热蒸汽的焓或饱和蒸汽的焓，kJ/kg；

i_2——工作条件下饱和水的焓，kJ/kg。

e. 正常工作时蒸汽管道的凝结水量如下。

$$G_{cal}=\frac{Q}{i_1-i_2} \tag{36-9}$$

式中 Q——蒸汽管道的散热量，kJ/h。

G_{cal}、i_1、i_2 同式（36-8）。

f. 蒸汽伴管用汽量见表36-10。

表36-10 蒸汽伴热管用汽量［蒸汽压力1MPa（表）］

环境温度/℃	保持介质温度/℃	项　目	工艺物料管公称直径DN				
			40～50	80～100	150～200	250～350	450～500
≥－20	≤60	根数×伴热管公称直径 最大放水距离/m 用汽量/[kg/(m·h)]	1×15 100 0.2	1×15 100 0.2	1×20 120 0.25	1×25 150 0.35	2×20 120 0.5
	61～100	根数×伴热管公称直径 最大放水距离/m 用汽量/[kg/(m·h)]	1×20 120 0.25	1×25 150 0.35	2×20 120 0.5	2×20 120 0.5	2×25 150 0.7
－30～－21	≤60	根数×伴热管公称直径 最大放水距离/m 用汽量/[kg/(m·h)]	1×20 120 0.25	1×20 120 0.25	1×25 150 0.35	2×20 120 0.5	2×25 150 0.7
	61～100	根数×伴热管公称直径 最大放水距离/m 用汽量/[kg/(m·h)]	1×25 150 0.35	2×20 120 0.5	2×25 150 0.7	2×25 150 0.7	2×40 200 0.9

② 安全系数　由于疏水器的最大排水能力是按照连续正常排水测得的，计算求得的设备或管道凝结水应乘以安全系数（n）。安全系数受下列因素影响：

a. 疏水器的操作特性；

b. 估计或计算凝结水量的准确性；

c. 疏水器的进出口压力。

如果凝结水量及压力条件可以准确确定，安全系数可以取小一些，以避免选用大尺寸的疏水器，否则操作效率低，背压不正常，会降低使用寿命。

疏水器安全系数（n）的推荐值见表36-11。

③ 需要的排水量　计算的凝结水水量（G_{cal}）乘以安全系数（n）为需要的排水量（G_r），以此作为选择疏水器的依据，即

$$G_r=G_{cal}n \tag{36-10}$$

式中 G_r——需要的排水量，kg/h；

G_{cal}——计算的凝结水量，kg/h；

n——安全系数。

表36-11 疏水器安全系数（n）的推荐值

序号	使用部位	使用要求	n值
1	分汽缸下部排水	在各种压力下，能进行快速排除凝结水	3
2	蒸汽主管疏水	每100m或控制阀前，管路拐弯、主管末端等设疏水点	3
3	支管	支管长度大于5m处的各种控制阀的前面设疏水点	3
4	汽水分离器	在汽水分离器的下部设疏水点	3
5	伴热管	伴热管径为DN15，≤50m处设疏水点	2
6	暖风机	压力不变时 压力可调时 　0～0.1MPa(表) 　0.2～0.6MPa(表)	3 2 3

续表

序号	使用部位	使用要求	n 值
7	单路盘管加热(液体)	快速加热 不需快速加热	3 2
8	多路并联盘管加热(液体)		2
9	烘干室(箱)	压力不变时 压力可调时	2 3
10	溴化锂制冷设备蒸发器疏水	单效:压力≤0.1MPa(表) 双效:压力≤1.0MPa(表)	2 3
11	浸在液体中的加热盘管	压力不变时 压力可调时 0.1～0.2MPa(表) >0.2MPa(表) 虹吸排水	2 2 3 5
12	列管式热交换器	压力不变时 压力可调时 ≤0.1MPa(表) >0.2MPa(表)	2 2 3
13	夹套锅	必须在夹套锅上方设排空气阀	3
14	单效、多效蒸发器	凝结水量 <20t/h >20t/h	 3 2
15	层压机	应分层疏水,注意水击	3
16	间歇,需快速加热设备		4
17	回转干燥圆筒	表面线速度 ≤30m/s ≤80m/s ≤100m/s	 5 8 10
18	二次蒸汽罐	罐体直径应保证二次蒸汽速度≤5m/s,且罐体上部要设排空气阀	3
19	淋浴	单独热交换器 多喷头	2 4
20	采暖	压力≥0.1MPa(表) 压力<0.1MPa(表)	2～3 4

(2) 疏水器使用压力的确定

① 最大使用压力　疏水器的最大使用压力应根据疏水器前管或用汽设备的最大压力来确定，疏水器公称压力应满足管系的设计压力。

② 入口压力（p_1）　疏水器的入口压力（p_1）是指疏水器入口处的压力，它比蒸汽压力低 0.05～0.1MPa。疏水器的公称压力按工程设计规定的管道等级选用，而疏水器的疏水能力应按入口压力（p_1）进行选择。

③ 出口压力（p_2）　疏水器的出口压力（p_2）也称为背压，它由疏水器后的系统压力决定。如果凝结水不回收，就地排放时，出口压力为零。当凝结水经管网集中回收时，疏水器的出口压力是管道系统的压力降、位差及凝结水槽或界区要求压力的总和，见式（36-11）。

$$p_2=\frac{H}{96.8}+p_3+L\Delta p_e \tag{36-11}$$

式中　H——疏水器与凝结水槽之间的位差，或疏水器与出口最高管系之间的位差（两者取大值），m；

p_3——凝结水槽内的压力或界区要求的压力（表），MPa；

Δp_e——每米管道的摩擦阻力，MPa/m；

L——管道长度及管件当量长度之和，m。

④ 疏水器的工作压差（Δp）

$$\Delta p=p_1-p_2 \tag{36-12}$$

式中　Δp——疏水器的工作压差，MPa；

p_1——疏水器的入口压力（表），MPa；

p_2——疏水器的出口压力（表），MPa。

疏水器的排水量与 $\sqrt{\Delta p}$ 成正比。

⑤ 背压度

$$背压度=\frac{疏水器出口压力(p_2)}{疏水器入口压力(p_1)}\times 100\% \tag{36-13}$$

⑥ 背压对排水量的影响　由于疏水器的排水量

多是在不同的入口压力、出口为排大气条件下而测得的，在有背压的条件下使用时，必须校正排水量。背压度越大，疏水器排水量下降得越多，校正时可参照表36-12。

表 36-12 背压使疏水器排水量下降的比例

单位：%

背压度	入口压力(表)/MPa			
	0.035	0.17	0.69	1.38
25	6	3	0	0
50	20	12	10	5
75	38	30	28	23

(3) 疏水器公称直径的选择

疏水器一般以需要的凝结水排水量及压差为依据，对照所选型号的疏水器的排水量曲线或表，选择公称直径，以此为参考，决定进、出口管径。

(4) 排水能力的核对

根据所选的公称直径、计算的压差及疏水器的凝结水排水量曲线或表，确定疏水器的凝结水最大排水量，并与需要的排水量比较，要求如下。

$$G_{max}(1-f)\geqslant G_r \quad (36\text{-}14)$$

式中 G_{max}——疏水器的最大排水量，kg/h；

f——背压使疏水器排水量下降率，%；

G_r——需要的排水量，kg/h。

当需要的排水量大于单个疏水器的排水量时，可以将两个或两个以上的疏水器并联使用，此时疏水器的型号应一致，规格应尽可能相同。如果需要较多的疏水器并联，应与采用分水罐自动控制液位的方法做经济比较，以选用更合适的排水方案。

4.4 疏水器系统的设计要求

疏水器不允许串联使用，必要时可以并联使用。多台用汽设备不能共用一个疏水器，以防短路。

4.4.1 疏水器的入口管

① 疏水器的入口管应设在用汽设备的最低点。对于蒸汽管道的疏水，应在管道底部设置一个集液包，由集液包底部接至疏水器。集液包的管径一般比主管径小两级，但最大不超过$DN250$。

② 从凝结水的出口至疏水器的入口管段应尽可能短，使凝结水自然流下进入疏水器。对于热静力型疏水器要留有1m长管段，不设绝热层。在寒冷环境中，由于停车或间断操作，会有冻结危险，或在需要对人身采取保护的情况下，凝结水管可适当设绝热层或防护层。

③ 疏水器一般都带有过滤器。如果不带，应在疏水器前安装过滤器，过滤器的滤网是网孔为ϕ0.7～1.0mm的不锈钢丝网，过滤面积不得小于管道截面积的2～3倍。

④ 对于凝结水回收的系统，疏水器前要设置切断阀和排污阀，排污阀一般设在凝结水出口管的最低点，除特别要求外，一般不设旁路。

⑤ 从用汽设备到疏水器这段管道，沿流向应有4%的坡度，尽量少用弯头。管道的公称直径等于或大于所选定容量的疏水器的公称直径，以免形成汽阻或加大阻力，降低疏水器的排水能力。

⑥ 疏水器安装的位置一般都比用汽设备的凝结水出口低。必要时，在采取防止积水和防止汽锁措施后，才能将疏水器安装在比凝结水出口高的位置上，如图36-25所示。在蒸汽管的低点设置返水接头，靠它的作用把凝结水吸上来。另外，在这种情况下，为了使立管内被隔离的蒸汽迅速凝结，防止汽锁，便于凝结水顺利吸升，立管的尺寸宜小一级或用带散热片的管子作立管。也可将加热管末端做成U形并密封，虹吸管下端插入U形管底，虹吸管上部设置疏水器，如图36-26所示。

注意：返水接头后立管（吸升凝结水的高度）一般以600mm左右为宜。如果需要进一步提高，可用2段或3段组合，高度可达600～1000mm。返水接头会使管内的空气排放受阻，因此要尽量避免使用及使用过高的吸升高度。

⑦ 疏水器安装位置不得远离用汽设备。

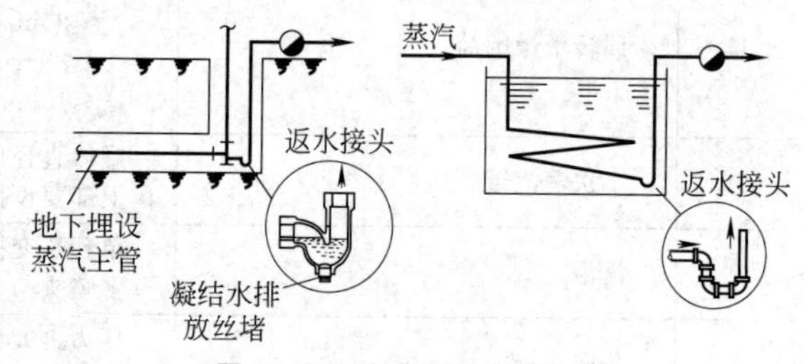

图 36-25 疏水器的安装位置

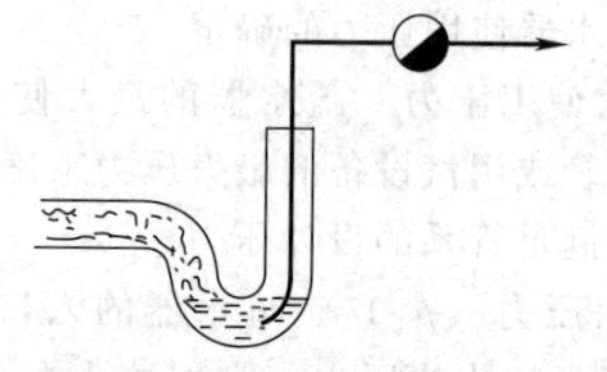

图 36-26 疏水器的虹吸管安装位置

4.4.2 疏水器的出口管

① 疏水器的出口管应少弯曲，尽量减少向上的立管，管径按汽-液混合相计算，一般比所选定容量的疏水器的公称直径大1～2级。

② 疏水器后凝结水管允许抬升高度，应根据疏水器在最低入口压力时所提供的背压及凝结水管的压力降和凝结水回收设备或界区要求的压力来确定。

③ 如果出口管有向上的立管时，在疏水器后应设置止回阀，有止回功能的疏水器后可以不设置止回阀。

④ 对于凝结水回收的系统，疏水器后要设置切断阀、检查阀或窥视镜。

⑤ 若出水管插入水槽的水面以下，为防止疏水器在停止动作时出口管形成真空，将泥沙等异物吸进，引起疏水器故障，可在出口管的弯头处开一个小孔（ϕ4mm），如图 36-27 所示。

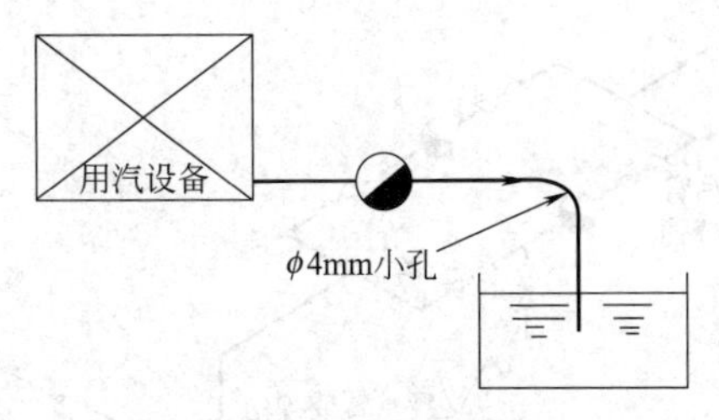

图 36-27　防止产生真空示意图

⑥ 凝结水集合管应坡向回收设备的方向。为了不增加静压和防止水锤现象的产生，集合管不宜向上升，如图 36-28 所示。

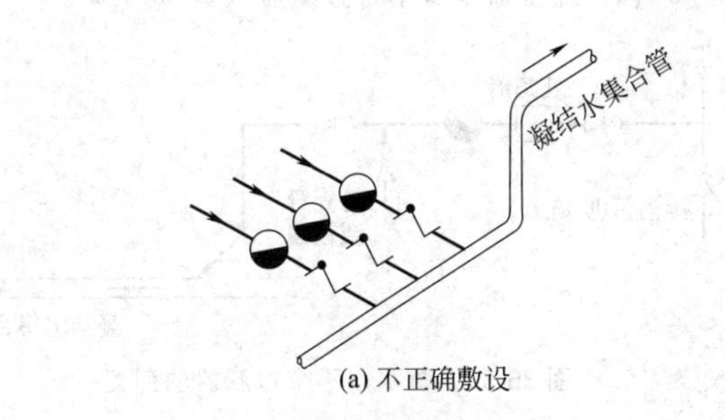

(a) 不正确敷设

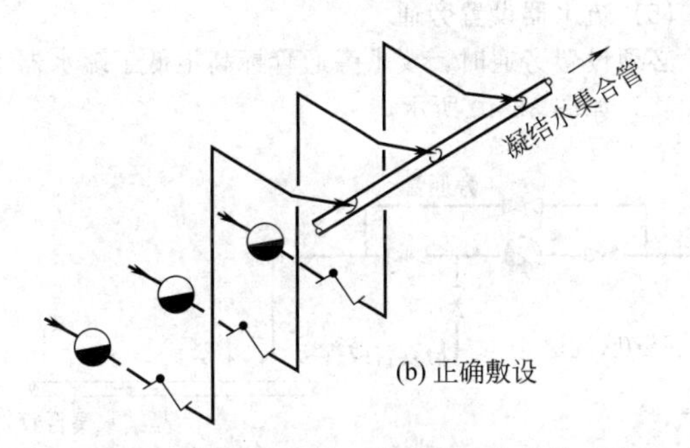

(b) 正确敷设

图 36-28　凝结水管（集合管）的敷设示意图

⑦ 为保证凝结水畅通，各支管与集合管相接宜顺流由管上方 45°斜交，如图 36-29 所示。

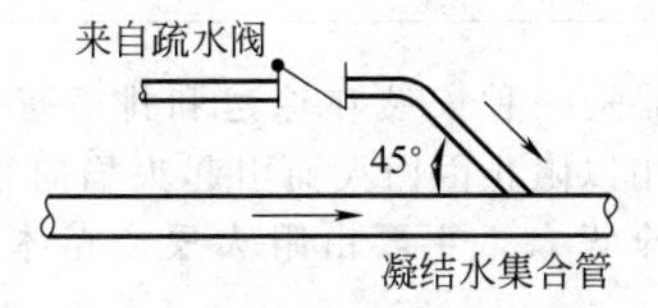

图 36-29　疏水器出口管与凝结水管斜交示意图

⑧ 疏水器的出口压力取决于疏水器后的系统压力，因此，高、低压蒸汽系统的疏水器可合用一个凝结水系统，不会干扰。但当疏水器设置旁通管时，必须将凝结水排入两个系统，如图 36-30 所示。

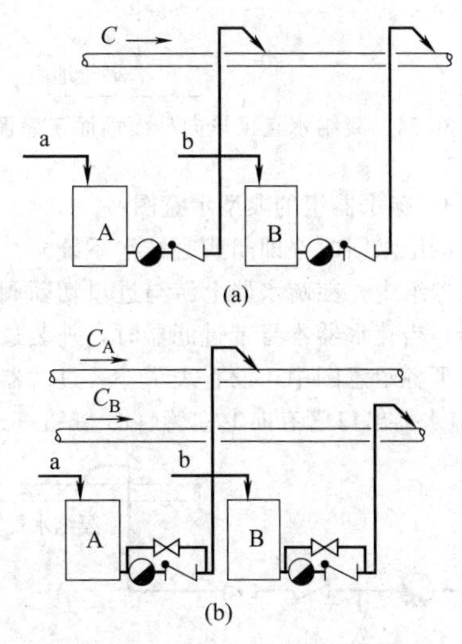

图 36-30　凝结水系统选用示意图

⑨ 当疏水器向大气排放凝结水时，由于疏水器排放动作的声音，有时会产生噪声，为抑制噪声，可采取下列措施：

a. 采用可低温排水的热静力型疏水器；

b. 把出口管末端插入排水槽或排水沟的水面以下，如图 36-27 所示；

c. 凝结水的压力较低时，采用较长的出口管（2m 以上），使二次蒸汽能在管内凝结，如图 36-31 所示；

d. 出口管通过排水沟的底部，使再蒸发蒸汽凝结，但这时出口管的末端应露出水面，如图 36-32 所示；

e. 出口管上安装消声器，如图 36-33 所示；

f. 凝结水直接排向砂土地面，如图 36-34 所示。但在疏水器停止动作时出口管也会形成真空，使砂土倒流进入疏水器，因而必须采用如图 36-27 所示的办法防止故障。

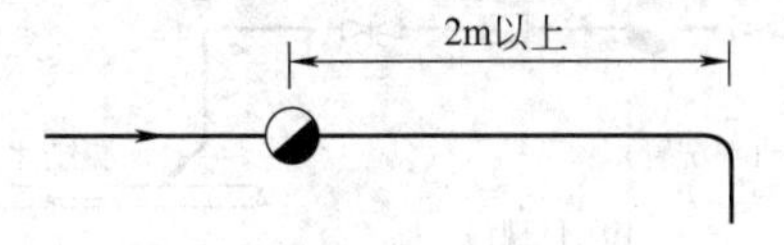

图 36-31　长出口管示意图

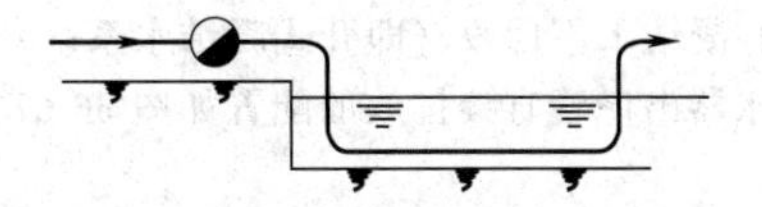

图 36-32　出口管通过水沟示意图

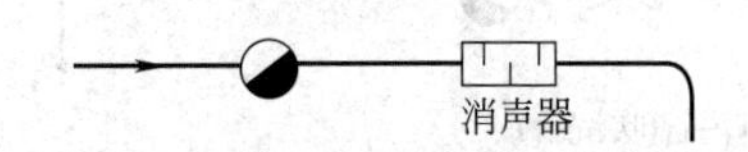

图 36-33　出口管装消声器示意图

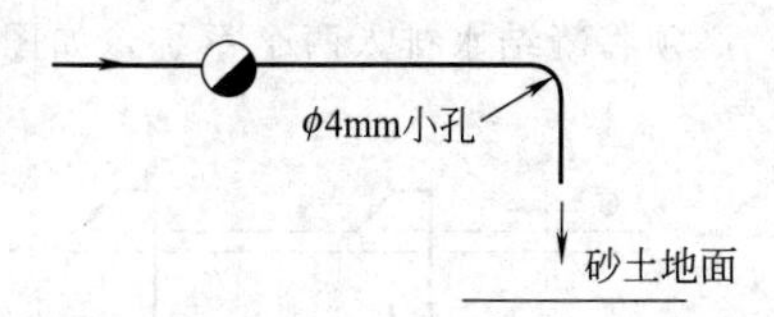

图 36-34 凝结水直接排向砂土地面示意图

4.4.3 疏水器组的典型示意图

(1) 凝结水回收（即闭式凝结水系统）

疏水器组中，在疏水器上游与进口切断阀间应装有过滤器，当疏水器本身带过滤器时，外装过滤器可省略，以下各示意图中，没有表示外装过滤器。

① 疏水器出口管有向上立管（图 36-35）。

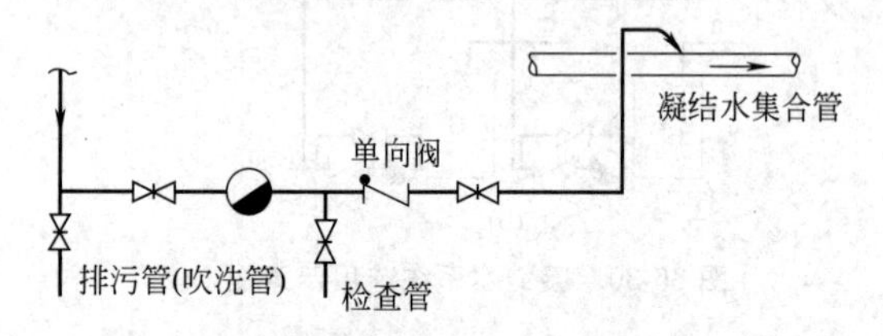

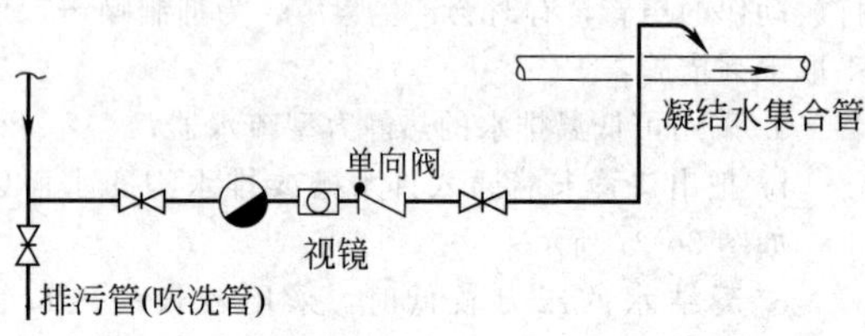

图 36-35 疏水器出口管有向上立管的配置

② 疏水器出口管没有向上立管（图 36-36）

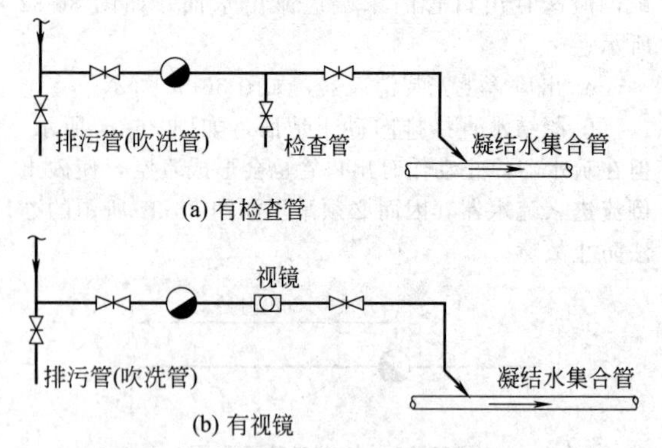

图 36-36 疏水器出口管没有向上立管的配置

(2) 凝结水不回收（即开式凝结水系统）

疏水器出口管直接排放的配置如图 36-37 所示。

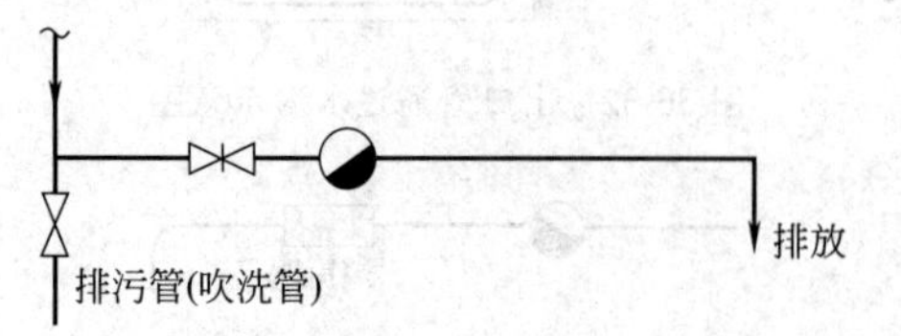

图 36-37 疏水器出口管直接排放的配置

(3) 需要两个或多个疏水器并联

两个或两个以上疏水器并联时，疏水器应处于同一标高且配管尽量对称，使阻力降分布均匀，如图 36-38 所示。

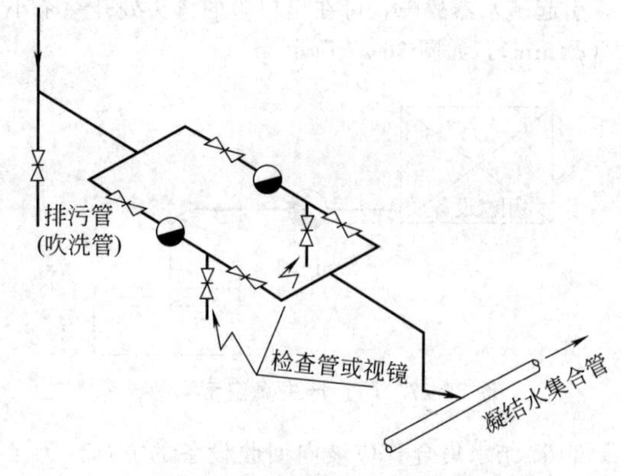

图 36-38 疏水器并联的配置

(4) 疏水器本身不带过滤器（图 36-39）

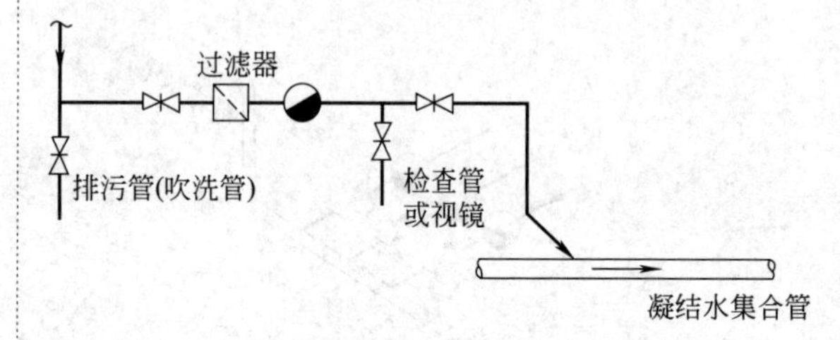

图 36-39 疏水器不带过滤器的配置

(5) 疏水器设置旁通

必须设置旁通时，要求旁通管标高不低于疏水器的标高，如图 36-40 所示。

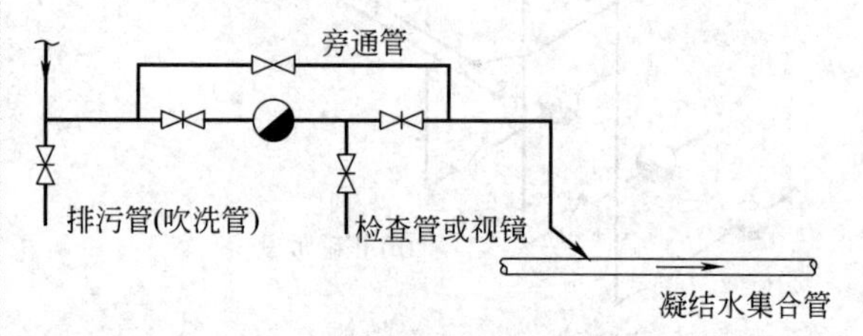

图 36-40 疏水器设置旁通的配置

5 阻火器的工艺设计

阻火器是一种安装在输送和排放可燃气体的管道上，用以阻止因回火而引起火焰向管道传播、蔓延的安全设备，主要由阻火层、壳体和连接件组成。

阻火层由一种能够通过气体的、具有许多细小通道或缝隙的材料组成。当火焰进入阻火器后，被阻火元件分成许多细小的火焰流，由于传热效应（气体被冷却）和器壁效应，使火焰流猝灭。

5.1 阻火器的分类

(1) 按性能分类

① 阻爆燃型阻火器　用于阻止亚音速传播的火焰蔓延。

② 阻爆轰型阻火器　用于阻止音速或超音速传播的火焰蔓延。

(2) 按使用场所分类

① 放空阻火器　安装在储罐（或槽车）的放空管道上，用以防止外部火焰传入储罐（或槽车）内，分为管端型和普通型。

a. 管端型　一端与大气相通，为防止灰尘和雨水进入阻火器内部，顶部安装由温度控制开启的防风雨帽。管端型放空阻火器为阻爆燃型。

b. 普通型　两端与管道相连，通过下游管道与大气相通。分为阻爆燃型和阻爆轰型。

② 管道阻火器　安装在密闭管路系统中，用以防止管路系统一端的火焰蔓延到管路系统的另一端。分为阻爆燃型和阻爆轰型。

(3) 按结构分类

① 充填型阻火器　充填型阻火器又称填料型阻火器。

② 板型阻火器　板型阻火器有平行板型和多孔板型两种。

③ 金属网型阻火器　这种类型的阻火器熄灭火焰的能力有限，目前已很少使用。

④ 液封型阻火器　这类阻火器的特点是可以用于含有少量固体粉粒的物料体系。

⑤ 波纹型阻火器　在工业实践过程中，波纹型阻火器由于其稳定的性能而得到广泛的应用。本手册以波纹型阻火器为例来说明阻火器的选用、安装和维护。

5.2 阻火器的设置场合

(1) 放空阻火器的设置

① 石油油品储罐阻火器的设置按《石油库设计规范》(GB 50074) 的规定执行。

② 闪点≤43℃的油品、化学品储罐和槽车，其直接放空管道（含带有呼吸阀的放空管道）上应设置阻火器。

③ 储罐和槽车内物料的最高工作温度大于或等于该物料的闪点时，其直接放空管道（含带有呼吸阀的放空管道）上应设置阻火器。最高工作温度要考虑到环境温度变化、日光照射、加热管失控等因素。

④ 可燃气体在线分析设备的放空汇总管上应设置阻火器。

⑤ 进入爆炸危险场所的内燃发动机排气口管道上应设置阻火器。

⑥ 其他有必要设置阻火器的场合。

(2) 管道阻火器的设置

① 输送有可能产生爆燃或爆轰的爆炸性混合气体的管道（应考虑可能的事故工况），应在接收设备的入口处设置管道阻火器。

② 输送能自行分解爆炸并引起火焰蔓延的气体物料的管道（如乙炔），在接收设备的入口或由试验确定的阻止爆炸最佳位置上，应设置管道阻火器。

③ 火炬排放气进入火炬头前应设置管道阻火器或阻火装置。

④ 其他有必要设置管道阻火器的场合。

5.3 阻火器的选用

(1) 阻火器的选用步骤

① 根据使用场所决定采用放空阻火器还是管道阻火器。

② 确定采用阻爆燃型阻火器还是阻爆轰型阻火器。

火焰波在管道内的传播速度不仅与介质种类、所在管道的温度、压力有关外，还与阻火器与点火源之间的距离、安装位置、阻火器与点火源间的管道形状有关。因此选用的阻火器阻火元件的通道直径要能阻止这种情况下的火焰蔓延，这就需要确定是采用阻爆燃型阻火器还是阻爆轰型阻火器，通常由试验或根据经验来确定。

③ 根据介质在实际工况条件下的 MESG 值来选用合适规格的阻火器。

国标《爆炸性环境　第 12 部分：气体或蒸气混合物按照其最大试验安全间隙和最小点燃电流的分级》(GB 3836.12) 中，对爆炸性气体混合物按最大试验安全间隙（MESG）进行了分类，见表 36-13。

表 36-13　MESG 分级表

级别	最大试验安全间隙(MESG)/mm
ⅡA	MESG≥0.9
ⅡB	0.5<MESG<0.9
ⅡC	MESG≤0.5

各种介质的 MESG 值与工作压力、工作温度及安装位置距点火源的距离和配管情况有关，但标准状况（1×10^5Pa、20℃）下由标准试验装置测得的 MESG 值可在有关资料中查到。

阻火器的鉴定书上已注明该产品适用的 MESG 值。因此，选用阻火器的原则是要求阻火器鉴定书上标明的 MESG 值必须小于介质在操作工况下的 MESG 值。

例如阻火器的鉴定书上标明适用的 MESG 值为 0.65mm，表明该产品仅适用于在操作工况（温度、压力和管径大小、管道长度、配管形状及安装位置等）下 MESG 值大于 0.65mm 的介质。MESG 值比

0.65mm 小的介质不能选用该产品。

对于由多种可燃性气体组成的混合气，选用阻火器时要进行试验，以确定混合气体的 MESG 值。若没有试验条件，则应按混合气各组分中最小的 MESG 值来确定阻火器。

④ 根据介质的火焰速度确定阻火器。

火焰速度是指阻火器入口处的速度，火焰速度与介质和操作工况（温度、压力、管径大小、管道长度、形状及安装位置等）有关，若在资料中查找不到，则需要进行实际测试。

阻火器的鉴定书中一般会注明该产品能阻止的最大火焰速度。确定阻火器的原则是介质在阻火器安装位置处可能达到的火焰速度应小于鉴定书上注明的最大火焰速度。

(2) 阻火器的压力降校核

根据初选的阻火器的型号和管内介质的流量，查阅阻火器产品资料中的“流量主压力降曲线”，以判断是否满足工艺过程的要求。

5.4 阻火器安装的注意事项

① 阻火器应安装在接近点火源的部位。

② 放空阻火器应尽量靠近管道末端设置，同时要考虑检修方便。一般选用管端型放空阻火器，如果选用普通型放空阻火器，应考虑到由于阻火器下游接管的配管长度、形状对阻火器性能选型（阻爆燃型还是阻爆轰型）的影响，并根据介质工况和安装条件来确定普通型放空阻火器的规格。

安装阻爆轰型阻火器时，要注意其“爆轰波吸收器”应朝向有可能产生爆轰的方向，否则将失去阻爆轰的作用，如图 36-41 所示。

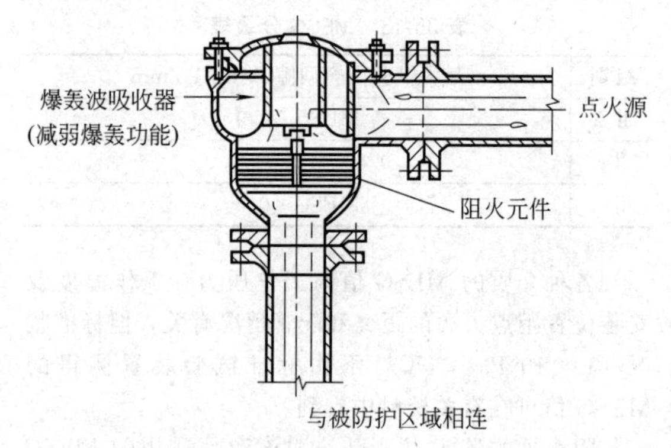

图 36-41 阻爆轰型阻火器的安装方向

③ 阻火器与管道的连接一般为法兰形式，小直径的管道采用螺纹连接。

④ 阻火器的保养。

a. 为了确保阻火器的性能，达到安全使用的目的，阻火器应定期进行检查和清洗，及时更换已堵塞、变形、腐蚀的阻火元件。

b. 放空阻火器的放空端头应安装防风雨帽，以防灰尘和雨水进入阻火元件中。

⑤ 阻火器的防冻。

阻火器具有散发热量的能力，当物料通过时会由于冷却而降温。对于凝固点高或易结晶的物料，在通过阻火器时有时会发生凝固和结晶，使阻火器的阻力增加；若物料含水（汽），在寒冷地区或冬季，可能会发生冻结，堵塞阻火器。因此，有上述可能性存在的场合，应配有防冻或解冻措施，如电伴热、蒸汽盘管、夹套加热和定期蒸汽吹扫等。对于水封型阻火器，可采用连续流动水溢流或在水中加防冻剂的办法。

6 盲板的工艺设计

6.1 盲板的分类及作用

盲板主要是用于将生产介质完全分离，防止由于切断阀关闭不严，影响生产，甚至造成事故。从外观上看，一般分为“8”字盲板、插板以及垫环（插板和垫环互为盲通）。

盲板应设置在要求分离（切断）的部位，如设备接管口处、切断阀前后或两个法兰之间。通常推荐使用“8”字盲板；打压、吹扫等一次性使用的部位也可使用插板（圆形盲板）。

6.2 盲板设置的场合

(1) 需要设置盲板的部位

① 原始开车准备阶段，在进行管道的强度试验或严密性试验时，不能和所相连的设备（如透平、压缩机、气化炉、反应器等）同时进行的情况下，需在设备与管道的连接处设置盲板。

② 界区外连接到界区内的各种工艺物料管道，当装置停车时，若该管道仍在运行之中，则在切断阀处设置盲板。

③ 装置为多系列时，从界区外来的总管道分为若干分管道进入每一系列，在各分管道的切断阀处设置盲板。

④ 装置要定期维修、检查或互相切换时，以及所涉及的设备需完全隔离时，在切断阀处设置盲板。

⑤ 充压管道、置换气管道（如氮气管道、压缩空气管道）、工艺管道与设备相连时，在切断阀处设置盲板。

⑥ 设备、管道的低点排净，若工艺介质需集中到统一的收集系统，则在切断阀后设置盲板。

⑦ 设备和管道的排气管、排液管、取样管在阀后应设置盲板或丝堵。无毒、无危害健康和非爆炸危险的物料除外。

⑧ 装置分期建设时，有互相联系的管道在切断

阀处设置盲板，以便后续工程施工。

⑨ 装置正常生产时，需完全切断的一些辅助管道，一般也应设置盲板。

⑩ 其他工艺要求需设置盲板的场合。

(2) 盲板设置举例

盲板在 P&ID 上的图形，应按照行业标准《管道及仪表流程图管道和管件的图形符号》（HG 20559.3）表示。

本书采用的“8”字盲板图形，如图 36-42 所示。

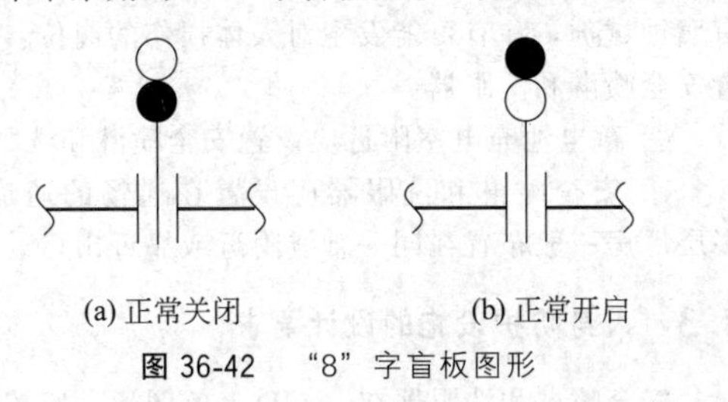

图 36-42　“8”字盲板图形

① 装置为多系列生产时，盲板设置如图 36-43 所示。

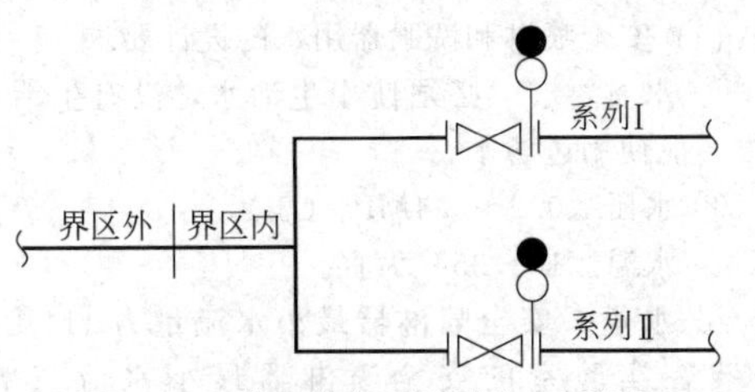

图 36-43　装置为多系列时的盲板设置

② 充压管线、置换管线的盲板设置，如图 36-44 所示。

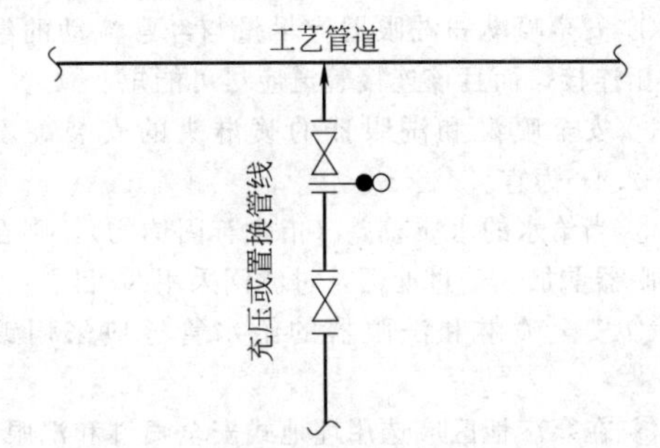

图 36-44　充压管线、置换管线的盲板设置

③ 设备管道低点排净的盲板设置，如图 36-45 所示。

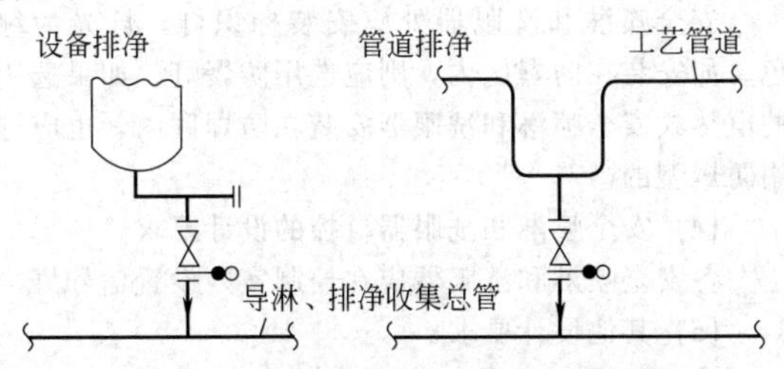

图 36-45　设备管道低点排净的盲板设置

④ 装置分期建设时，盲板设置如图 36-46 所示。

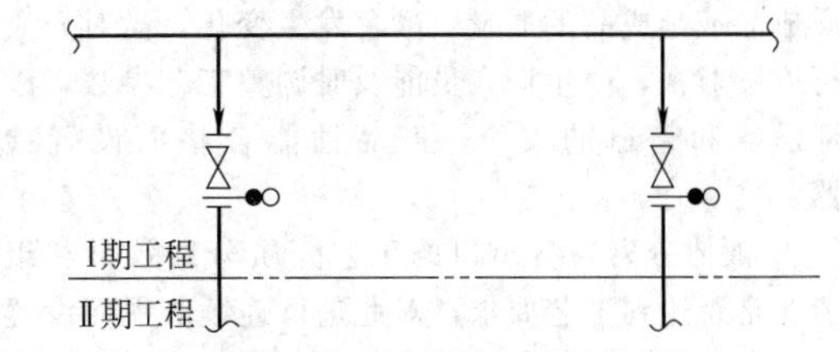

图 36-46　装置分期建设时的盲板设置

6.3　盲板设置应注意的事项

① 在满足工艺要求的前提下，应尽可能少设盲板。

② 所设置的盲板必须注明正常开启或正常关闭。

③ 盲板所设置的部位在切断阀的上游还是下游，应根据切断效果、安全和工艺要求来决定。

7　检流器的工艺设计

7.1　检流器的类型

常用检流器的类型有直流式、摇板式、浮球式、叶轮式、灯笼式、框式等种类。每种类型均由若干种不同结构或连接形式组成。检流器的部件材质随介质性质和参数的不同而变化，按工艺参数要求而定。

不同类型的检流器的适用范围如下。

① 精（蒸）馏塔气相（或气液相）出口经冷凝冷却器至油（或不溶于水的液体）水分离器，当出口物料温度较高且有逸出气时，既需监视物料流动情况，又能使逸出气得以回收处理，通常设置三通式检流器。

② 进出装置的液体物料管，当管内物料满管流动时，设置的检流器可采用浮球式、叶轮式、摇板式；当管内物料是不满管流动时，可采用直流式、摇板式和灯笼式。

③ 流动介质压力较低时，如要在多方向均能看到介质的流动情况，选用灯笼式检流器。

④ 流动介质压力较高，需监视其流动情况时，选用框式检流器。

⑤ 流动介质中含有微量结晶或其他微粒，需监视其流动情况时，宜选用直流式或灯笼式检流器。

7.2　检流器的设置场合

① 对工艺管道和公用工程管道的流体流动情况进行必要的监视，需设置检流器。

② 对工艺介质的组成情况（如黏稠程度或所含颗粒的大小与多少）在管道上进行连续监视，设置必要的检流器。

③ 在生产过程中，工艺介质有可能与设备和管

道进行化学反应或冲刷，造成设备和管道被腐蚀，使介质成品或半成品的质量、颜色发生变化，需对介质进行连续监视，使生产人员能及时调整工艺参数，以保证设备和管道的安全、产品性能合格而设置检流器。

④ 液体分离器各出口的工艺介质分离效果和组成情况是否达到工艺要求，对此进行连续监视而设置检流器。

⑤ 为使有逸出气体的液体能回收其逸出气体，在设备出口处，既能排除气体，又能监视液体流动情况，通常设置三通式检流器。

⑥ 对进出某些设备的不间断液体进行监视而设置检流器。如监视压缩机各段所需的冷却水；精馏塔连续回流液、连续排出液；某些反应釜（塔）的连续加料、连续排料等，以免造成设备内满溢或缺料。

7.3 检流器的安装

① 由于检流器玻璃零件自身性能所限，检流器的使用温度和耐受急变温度，按检流器产品资料上的数据选定。

② 介质在冬季或降温条件下有可能凝固时，所设置的检流器应采用蒸汽夹套式。

③ 介质易于黏附于玻璃，且又难于观察物料流动情况者，不宜采用检流器监视其流动情况。

④ 检流器设置位置：一般情况将检流器设置于水平管道上（三通式和灯笼式除外），利于对介质流动的监视。

⑤ 检流器是定型生产产品，按产品资料规定的压力、温度和允许使用的介质进行选用。检流器的壳体材质通常为碳钢、不锈钢、铝、塑料等材料。

8 人身防护设施的工艺设计

8.1 人身防护设施的应用范围

化工厂和石油化工厂人身防护设施包括安全喷淋和洗眼器、防护面罩、应急氧气呼吸系统、专用药剂、机械损伤保护等，本手册重点介绍安全喷淋和洗眼器的设计内容。

凡是对人体产生灼伤（俗称腐蚀），对人体皮肤（包括黏膜和眼睛）有刺激、渗透作用，容易被皮肤组织吸收，损害内部器官组织（俗称有毒）的化工装置，都应设置应急安全喷淋和洗眼器。

8.2 人身防护设施的设置场所

① 安全喷淋和洗眼器的设置位置与可能发生事故点的距离，与使用或生产的化学品的毒性、腐蚀性及其温度有关。

a. 毒性一般、有腐蚀性的化学品的生产和使用区域内，包括装卸、储存和分析取样点附近，安全喷淋和洗眼器按 20～30m 的距离进行设置。

b. 在剧毒、强腐蚀性及温度高于 70℃ 的化学品及酸性、碱性物料的生产和使用区域内，包括装卸、储存和分析取样点附近，需要设置安全喷淋和洗眼器，其位置距离事故发生处（危险处）应为 3～6m，但不得小于 3m，并应避开化学品喷射方向布置，以免事故发生时影响其正常使用。

② 化学分析实验室中，如有使用频繁的有毒、有腐蚀试剂，并有可能发生对人体损伤的岗位，应设置安全喷淋和洗眼器。

③ 蓄电池充电室附近应设置安全喷淋和洗眼器。

④ 安全喷淋和洗眼器应设置在通畅的通道上，多层厂房一般布置在同一轴线附近或靠近出口处。

8.3 人身防护设施的设计要求

安全喷淋和洗眼器在 P&ID 上的图形，应按照行业标准《管道及仪表流程图管道和管件的图形符号》（HG 20559.3）表示。

(1) 安全喷淋和洗眼器用水的设计要求

① 水质要求　必须使用生活水，没有生活水的地方，应使用过滤水。

② 水压　0.2～0.4MPa（表）。

③ 水温　10～35℃为宜。

④ 水量　安全喷淋器最小水流量为 114 L/min（安装在实验室的安全喷淋器最小水流量为 76 L/min），安全洗眼器最小水流量为 12L/min（每用一次需要冲水洗 15min）。水量要求连续而充足地供应。

(2) 安全喷淋和洗眼器管道布置的设计要求

① 安全喷淋和洗眼器应尽量与经常流动的给水管道相连接，而且该连接管道应尽可能短。

② 安全喷淋和洗眼器的喷淋头的安装高度以 2.0～2.4m为宜。

③ 当给水的水质较差（指含有固体物），则在安全洗眼器前加一个过滤器，过滤网采用 80 目。

④ 安全喷淋和洗眼器的给水管道应采用镀锌钢管。

⑤ 在寒冷地区应选用埋地式安全喷淋和洗眼器，它的进水口与排水口的位置必须埋在冻土层以下 200mm，并选用电热式安全喷淋和洗眼器。

(3) 安全喷淋和洗眼器电气的设计要求

安全喷淋和洗眼器处应安装标识灯，灯光为绿色。如安装在防爆区内，则应选用防爆灯。如果选用的电热式安全喷淋和洗眼器安装在防爆区内，也应选用防爆型的。

(4) 安全喷淋和洗眼器自控的设计要求

各安全喷淋和洗眼器应在控制室内设置信号灯。

(5) 其他设计要求

① 每星期至少使用两次。

② 安全喷淋和洗眼器处应设置醒目的安全标识牌，底色为绿色，字体为白色。

③ 埋地式安全喷淋和洗眼器在进水口和排水口周围约 0.5m 用 ϕ10～30mm 的卵石回填，以保证排水畅通。通常每个安全喷淋器处要设置一个地漏。

④ 如果安全喷淋和洗眼器设在室内，地面应坡向就近的排水沟或排水地漏，有利于排水。

8.4 人身防护设施的性能数据

安全喷淋和洗眼器的性能数据见表 36-14。

表 36-14 安全喷淋和洗眼器的性能数据

序号	型号	名称	功能	特点	安装要求			
					供水压力（表压）/MPa	供水流量/(L/s)	连接尺寸 管螺纹(内螺纹)连接	其他
1	X－Ⅰ	安全喷淋和洗眼器	喷淋、洗眼	设备中有滞留积水，适用于气候较温暖的地区	0.2～0.4	2～3	1.5″(或1.25″)	地脚螺钉固定
2	X－X－Ⅰ	安全洗眼器	洗眼		0.2～0.4	0.2～0.3	1.5″(或1.25″)	地脚螺钉固定
3	X－L－Ⅰ	安全喷淋器	喷淋		0.2～0.4	2～3	1.5″(或1.25″)	地脚螺钉固定
4	X－H	安全喷淋和洗眼器	喷淋、洗眼	设备中的水能自行排净，无滞留积水，适用于气温较低的地区	0.2～0.4	2～3	1.5″(或1.25″)	地脚螺钉固定
5	X－X－Ⅱ	安全洗眼器	洗眼		0.2～0.4	0.2～0.3	1.5″(或1.25″)	地脚螺钉固定
6	X－L－Ⅱ	安全喷淋器	喷淋		0.2～0.4	2～3	1.5″(或1.25″)	地脚螺钉固定
7	X－Ⅲ	埋地式安全喷淋和洗眼器	喷淋、洗眼	采用三通球阀作进水总阀，安装在冻土层以下，避免冻结，关闭进水口即开启排水口，排除设备内的积水，适用于气候较寒冷的地区	0.2～0.4	2～3	1.5″(或1.25″)	进水口位于冻土层下200mm，排水口周围约0.5m用ϕ10～30mm卵石回填
8	X－D－Ⅰ	电热式安全喷淋和洗眼器	喷淋、洗眼	用电热带加热，温控仪表控制温度，适用于气候较寒冷的地区	0.2～0.4	2～3		出水温度为15～30℃，220V，80～100W，地脚螺钉固定

9 静态混合器的工艺设计

9.1 静态混合器的应用范围

静态混合器可用在液-液、液-气、液-固、气-气的混合、乳化、中和、吸收、萃取、反应和强化传热等工艺过程，可以在很宽的流体黏度范围（约 10^6mPa·s）以内，在不同的流型（层流、过渡流、湍流、完全湍流）状态下应用，既可间歇操作，也可连续操作，且容易放大。以下为各种场合静态混合器的适用范围。

① 液-液混合 从层流至湍流，黏度不超过 10^6mPa·s的流体都能达到良好的混合，分散液滴最小直径可达到 1～2μm，且大小分布均匀。

② 液-气混合 静态混合器可以使液-气两相组分的相界面连续更新和充分接触，在特定条件下可替代鼓泡塔或部分筛板塔。

③ 液-固混合 当少量固体颗粒或粉末（固体占液体体积的 5%左右）和液体在湍流条件下混合时，静态混合器可强制固体颗粒或粉末充分分散，达到使液体萃取或脱色的目的。

④ 气-气混合 用于冷、热气体掺混，不同气体组分的混合。

⑤ 强化传热 由于静态混合器可增大流体的接触面积，对于传热系数很小的气体冷却或加热，可使气体的传热系数提高 8 倍；对于黏性流体加热，传热系数可提高 5 倍；对于大量不凝性气体存在下的冷凝过程，传热系数可提高 8.5 倍；对于高分子熔融体的冷却或加热，可以减少管截面上熔融体的温度梯度和

黏度梯度。

9.2 静态混合器的类型

根据行业标准《静态混合器》(JB/T 7660)，静态混合器一般分为五类：SV型、SX型、SL型、SH型和SK型。

由于混合单元内件的结构各异，应用场合和效果也有差异，应根据不同应用场合和技术要求进行选择。五种类型静态混合器产品用途和性能比较见表36-15及表36-16，其结构示意图如图36-47所示。静态混合器由外壳、混合单元内件和连接法兰三部分组成。

表36-15 五类静态混合器产品用途

型号	产品用途
SV	适用于黏度≤10^2mPa·s的液-液、液-气、气-气的混合、乳化、反应、吸收、萃取、强化传热过程 d_h①≤3.5，适用于清洁介质 d_h≥5，应用介质可伴有少量非黏结性杂质
SX	适用于黏度≤10^4mPa·s的中高黏度液-液混合，反应吸收过程或生产高聚物流体的混合，反应过程，处理量较大时效果更佳
SL	适用于化工、石油、油脂等行业，黏度≤10^6mPa·s，或伴有高聚物流体的混合，同时进行传热、混合和传热反应的热交换器，加热或冷却黏性产品等单元操作
SH	适用于精细化工、塑料、合成纤维、矿冶等部门的混合、乳化、配色、注塑纺丝、传热等过程，对流量小、混合要求高的中、高黏度(≤10^4mPa·s)的清洁介质尤为适合
SK	适用于化工、石油、炼油、精细化工、塑料挤出、环保、矿冶等部门的中、高黏度(≤10^6mPa·s)流体或液-固混合、反应、萃取、吸收、塑料配色、挤出、传热等过程，对小流量并伴有杂质的黏性介质尤为适用

① d_h表示单元水力直径，mm。

表36-16 五类静态混合器产品性能比较

内容	SV型	SX型	SL型	SH型	SK型	空管
分散、混合效果①(强化倍数)	8.7～15.2	6.0～14.3	2.1～6.9	4.7～11.9	2.6～7.5	1
适用介质情况	清洁流体	可伴杂质的流体	可伴杂质的流体	清洁流体	可伴杂质的流体	—
黏度/mPa·s	≤10^2	≤10^4	≤10^6	≤10^4	≤10^6	—
压力降比较(Δp倍数)	$\frac{\Delta p_{sk}}{\Delta p_{空管}}$=7～8倍					
层流状态压力降(Δp倍数)	18.6～23.5②	11.6	1.85	8.14	1	—
完全湍流压力降(Δp倍数)	2.43～4.47	11.1	2.07	8.66	1	—

① 比较条件是相同介质、长度(混合设备)、规格相同或相近，不考虑压力降的情况下，流速取0.15～0.6m/s时与空管比较的强化倍数。

② 18.6倍是指d_h≥5时的Δp，23.5倍是指d_h<5时的Δp。

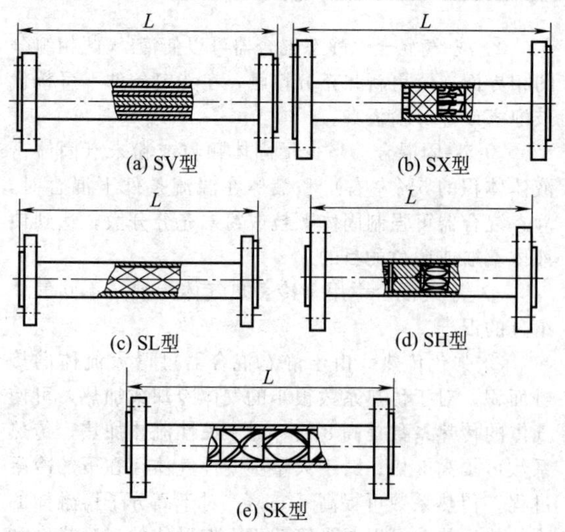

图36-47 五类静态混合器的结构示意图

9.3 主要技术参数的确定

9.3.1 流型选择

根据流体物性和混合要求来确定流体流型。流型受表观的空管内径流速控制。

① 对于中、高黏度流体的混合、传热、慢化学反应，适宜于在层流条件下操作，流体流速控制在0.1～0.3m/s。

② 对于低、中黏度流体的混合、萃取、中和、传热、中速反应，适宜于在过渡流或湍流条件下工作，流体流速控制在0.3～0.8m/s。

③ 对于低黏度难混合流体的混合、乳化、快速反应、预反应等过程，适宜于在湍流条件下工作，流体流速控制在0.8～1.2m/s。

④ 对于气-气、液-气的混合、萃取、吸收、强化

传热过程，控制气体流速在 1.2～14m/s 的完全湍流条件下工作。

⑤ 对于液-固混合、萃取，适宜于在湍流条件下工作，设计选型时，原则上取液体流速大于固体最大颗粒在液体中的沉降速度。固体颗粒在液体中的沉降速度用斯托克斯（Stokes）定律来计算。

$$v_{颗粒}=\frac{d^2 g\left(\frac{\rho_{颗粒}}{\rho_{液体}}-1\right)}{18\sqrt{\mu}} \tag{36-15}$$

式中 $v_{颗粒}$——颗粒的沉降速度，m/s；

d——颗粒最大直径，m；

$\rho_{颗粒}$，$\rho_{液体}$——操作工况条件下，颗粒和液体的密度，kg/m^3；

μ——操作工况条件下的液体动力黏度，mPa·s；

g——重力加速度，9.81m/s^2。

9.3.2 静态混合器的混合效果与长度的关系

静态混合器的混合效果与其长度有一定的关系。流体的流型不同，长度对混合效果的影响也不同。

① 对气-气混合过程，混合比较容易，在完全湍流条件下，推荐的静态混合器长度与管径之比 $L/D=2\sim5$。

② 对液-液、液-气、液-固混合过程，要根据不同流型采用不同的长度与管径之比。在湍流条件下，混合效果与混合器长度无关。推荐的 $L/D=7\sim10$（对 SK 型取 $L/D=10\sim15$）。

③ 过渡流条件下，推荐长度与管径之比 $L/D=10\sim15$。

④ 层流条件下，混合效果与混合器长度有关，一般推荐长度与管径之比为 $L/D=10\sim30$。

⑤ 对于既要混合均匀，又要很快分层的萃取过程，在控制流型情况下，混合器长度与管径之比取 $L/D=7\sim10$。

⑥ 对于萃取过程使用的静态混合器，如果流体的连续相与分散相的体积分数和黏度比相差悬殊，混合效果与混合器长度有关，一般取上述推荐长度的上限（大值）。

⑦ 对于乳化、传质、传热过程使用的静态混合器，混合器长度应根据工艺要求另行确定。

9.3.3 静态混合器的压力降计算

对于系统压力较高的工艺过程，静态混合器产生的压力降相对比较小，对工艺压力不会产生大的影响。但对系统压力较低的工艺过程，设置静态混合器后要进行压力降校核，以适应工艺要求。

(1) SV 型、SX 型、SL 型压力降计算公式

$$\Delta p=f\frac{\rho_c}{2\xi^2}u^2\frac{L}{d_h} \tag{36-16}$$

$$Re_\xi=\frac{d_h\rho_c u}{\mu\xi} \tag{36-17}$$

水力直径（d_h）定义为混合单元空隙体积的 4 倍与润湿表面积（混合单元和管壁面积）之比。

$$d_h=\frac{4\left(\frac{\pi}{4}D^2L-\Delta A\delta\right)}{2\Delta A+\pi DL} \tag{36-18}$$

式中 Δp——单位长度静态混合器压力降，Pa；

f——摩擦系数；

ρ_c——工作条件下连续相的流体密度，kg/m^3；

u——混合流体流速（以空管内径计），m/s；

ξ——静态混合器空隙率，$\xi=1-A\delta$；

d_h——水力直径，m；

Re_ξ——雷诺数；

μ——工作条件下连续相的黏度，Pa·s；

L——静态混合器的长度，m；

ΔA——混合单元的总单位面积，m^2；

A——SV 型，每立方米体积中的混合单元单位面积（表 36-17），m^2/m^3；

δ——混合单元材料厚度，m，一般 $\delta=0.0002$m；

D——管内径，m。

表 36-17 d_h 与 A 的关系

d_h/mm	2.3	3.5	5	7	15	20
$A/(m^2/m^3)$	700	475	350	260	125	90

摩擦因数（f）与雷诺数（Re_ξ）的关系式见表 36-18 和图 36-48 所示。

(2) SH 型、SK 型压力降计算公式

$$\Delta p=f\frac{\rho_c}{2}u^2\frac{L}{D} \tag{36-19}$$

$$Re_D=\frac{D\rho_c u}{\mu} \tag{36-20}$$

摩擦系数（f）与雷诺数（Re_D）的关系式见表 36-19 和图 36-48 所示。关系式的压力降计算值允许偏差±30%，适用于液-液、液-气、液-固混合。

表 36-18 SV 型、SX 型、SL 型静态混合器 f 与 Re_ξ 的关系式

项目	混合器类型				
	SV-2.3/D 型	SV-3.5/D 型	SV-5～15/D 型	SX 型	SL 型
层流区	$Re_\xi\leqslant23$ $f=139/Re_\xi$	$Re_\xi\leqslant23$ $f=139/Re_\xi$	$Re_\xi\leqslant150$ $f=150/Re_\xi$	$Re_\xi\leqslant13$ $f=235/Re_\xi$	$Re_\xi\leqslant10$ $f=156/Re_\xi$
过渡流区	$23<Re_\xi\leqslant150$ $f=23.1Re_\xi^{-0.428}$	$23<Re_\xi\leqslant150$ $f=43.7Re_\xi^{-0.631}$	— —	$13<Re_\xi\leqslant70$ $f=74.7Re_\xi^{-0.476}$	$10<Re_\xi\leqslant100$ $f=57.7Re_\xi^{-0.568}$

续表

项目	混合器类型				
	SV-2.3/D型	SV-3.5/D型	SV-5～15/D型	SX型	SL型
湍流区	$150 < Re_\xi \leqslant 2400$ $f=14.1\ Re_\xi^{-0.329}$	$150 < Re_\xi \leqslant 2400$ $f=10.3\ Re_\xi^{-0.351}$	$Re_\xi > 150$ $f \approx 1.0$	$70 < Re_\xi \leqslant 2000$ $f=22.3Re_\xi^{-0.194}$	$100 < Re_\xi \leqslant 3000$ $f=10.8Re_\xi^{-0.205}$
完全湍流区	$Re_\xi > 2400$ $f \approx 1.09$	$Re_\xi > 2400$ $f \approx 0.702$	— —	$Re_\xi > 2000$ $f \approx 5.11$	$Re_\xi > 3000$ $f \approx 2.10$

表 36-19 SH型、SK型静态混合器 f 与 Re_D 的关系式

项目	混合器类型	
	SH型	SK型
层流区	$Re_D \leqslant 30$ $f=3500/Re_D$	$Re_D \leqslant 23$ $f=430/Re_D$
过渡流区	$30 < Re_D \leqslant 320$ $f=646Re_D^{-0.503}$	$23 < Re_D \leqslant 300$ $f=87.2\ Re_D^{-0.491}$
湍流区	$Re_D > 320$ $f=80.1Re_D^{-0.141}$	$300 < Re_D \leqslant 11000$ $f=17.0Re_D^{-0.205}$
完全湍流区	— —	$Re_D > 11000$ $f \approx 2.53$

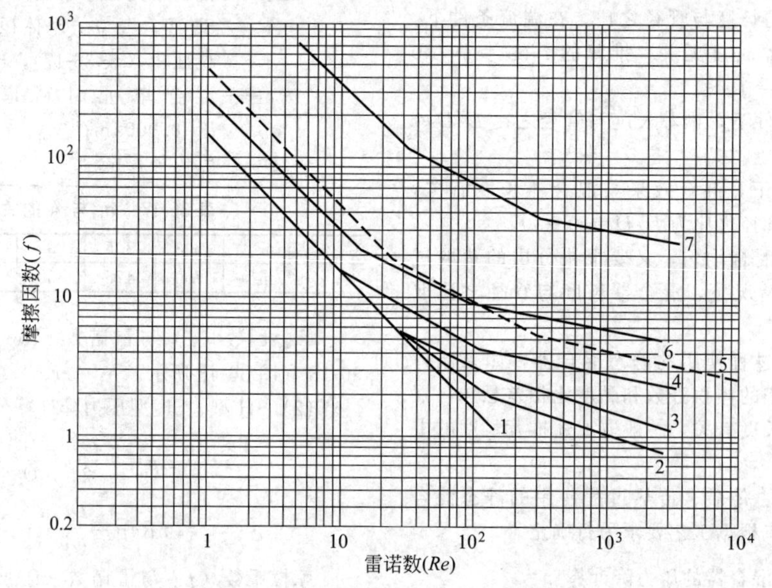

图 36-48 各种类型静态混合器摩擦因数（f）与雷诺数（Re）的关系

1—SV-5-15/D型；2—SV-3.5/D型；3—SV-2.3/D型；4—SL型；5—SK型；6—SX型；7—SH型

(3) 气-气混合压力降计算公式

气-气混合一般均采用SV型静态混合器，其压力降与静态混合器长度和流速成正比，与混合单元水力直径成反比。对不同规格SV型静态混合器测试，关联成以下经验计算公式。

$$\Delta p=0.0502(u\sqrt{\rho_c})^{1.5339}\frac{L}{d_h} \qquad (36\text{-}21)$$

式中 Δp——单位长度静态混合器的压力降，Pa；

u——混合气工作条件下的流速，m/s；

ρ_c——工作条件下混合气的密度，kg/m³；

L——静态混合器的长度，m；

d_h——水力直径，mm。

9.3.4 五类静态混合器参数表

五类静态混合器参数表见表 36-20～表 36-24。

表 36-20　SV 型参数表

型号	公称直径(DN)/mm	水力直径(d_h)/mm	空隙率(ε)	混合器长度(L)/mm	处理量(V)/(m^3/h)
SV-2.3/20	20	2.3	0.88	1000	0.5～1.2
SV-2.3/25	25	2.3	0.88	1000	0.9～1.8
SV-3.5/32	32	3.5	0.909	1000	1.4～2.8
SV-3.5/40	40	3.5	0.909	1000	2.2～4.4
SV-3.5/50	50	3.5	0.909	1000	3.5～7.0
SV-5/80	80	5	约 1.0	1000	9.0～18.0
SV-5/100	100	5	约 1.0	1000	14～28
SV-5～7/150	150	5～7	约 1.0	1000	30～60
SV-5～15/200	200	5～15	约 1.0	1000	56～110
SV-5～20/250	250	5～20	约 1.0	1000	88～176
SV-7～30/300	300	7～30	约 1.0	1000	120～250
SV-7～30/500	500	7～30	约 1.0	1000	353～706
SV-7～50/1000	1000	7～50	约 1.0	1000	1413～2826

表 36-21　SX 型参数表

型号	公称直径(DN)/mm	水力直径(d_h)/mm	空隙率(ε)	混合器长度(L)/mm	处理量(V)/(m^3/h)
SX-12.5/50	50	12.5	约 1.0	1000	3.5～7.0
SX-20/80	80	20	约 1.0	1000	9.0～18.0
SX-25/100	100	25	约 1.0	1000	14～28
SX-37.5/150	150	37.5	约 1.0	1000	30～60
SX-50/200	200	50	约 1.0	1000	56～110
SX-62.5/250	250	62.5	约 1.0	1000	88～176
SX-75/300	300	75	约 1.0	1000	125～250
SX-125/500	500	125	约 1.0	1000	353～706
SX-250/1000	1000	250	约 1.0	1000	1413～2826

表 36-22　SL 型参数表

型号	公称直径(DN)/mm	水力直径(d_h)/mm	空隙率(ε)	混合器长度(L)/mm	处理量(V)/(m^3/h)
SL-12.5/25	25	12.5	0.937	1000	0.7～1.4
SL-25/50	50	25	0.937	1000	3.5～7.0
SL-40/80	80	40	约 1.0	1000	9～18
SL-50/100	100	50	约 1.0	1000	14～28
SL-75/150	150	75	约 1.0	1000	30～60
SL-100/200	200	100	约 1.0	1000	56～110
SL-125/250	250	125	约 1.0	1000	88～176
SL-150/300	300	150	约 1.0	1000	125～250
SL-250/500	500	250	约 1.0	1000	357～706

表 36-23　SH 型参数表

型号	公称直径(DN)/mm	水力直径(d_h)/mm	空隙率(ε)	混合器长度(L)/mm	处理量(V)/(m^3/h)
SH-3/15	15	3	约 1.0	1000	0.1～0.2
SH-4.5/20	20	4.5	约 1.0	1000	0.2～0.4
SH-7/30	30	7	约 1.0	1000	0.5～1.1
SH-12/50	50	12	约 1.0	1000	1.6～3.2
SH-19/80	80	19	约 1.0	1000	4.0～8.0
SH-24/100	100	24	约 1.0	1000	6.5～13
SH-49/200	200	49	约 1.0	1000	26～52

表 36-24 SK 型参数表

型号	公称直径(DN)/mm	水力直径(d_h)/mm	空隙率(ε)	混合器长度(L)/mm	处理量(V)/(m^3/h)
SK-5/10	10	5	约1.0	1000	0.1～0.3
SK-7.5/15	15	7.5	约1.0	1000	0.3～0.6
SK-10/20	20	10	约1.0	1000	0.6～1.2
SK-12.5/25	25	12.5	约1.0	1000	0.9～1.8
SK-25/50	50	25	约1.0	1000	3.5～7.0
SK-40/80	80	40	约1.0	1000	9.0～18
SK-50/100	100	50	约1.0	1000	14～24
SK-75/150	150	75	约1.0	1000	30～60
SK-100/200	200	100	约1.0	1000	56～110
SK-125/250	250	125	约1.0	1000	88～176
SK-150/300	300	150	约1.0	1000	120～250

9.4 静态混合器的安装要求

(1) 安装型式

五类静态混合器安装在工艺管线上时，应尽量靠近两股或多股流体初始混合处。除特殊注明外，通常设备两端均可作进、出口。使用场合不同，五大系列静态混合器安装型式也有一定的差异，见表 36-25。

表 36-25 五类静态混合器安装型式

型号	安装型式
SV	气-液相：垂直安装(并流) 液-气相：水平或垂直(自下而上)安装 气-气相：水平或垂直(气相密度差小，方向不限)安装
SX	液-液相：水平或垂直(自下向上)安装
SL	液-液相：水平或垂直(自下而上)安装 液-固相：水平或垂直(自上而下)安装
SH	两端法兰尺寸按产品公称直径放大一级来定，采用SL型安装型式
SK	以可拆内件不固定的一端为进口端

(2) 工程设计中的注意事项

① 设计工况下连接管道因受温度、压力影响而产生应力，引起管道膨胀、收缩，应在系统管道本身解决。计算时，可将静态混合器作为一段管道来考虑。

② 静态混合器的进、出口阀门（包括放净、放空阀）可根据工艺要求确定。

③ 工程设计一般以单台或串联静态混合器来达到混合目的。若以两台静态混合器并联操作使用时，配管设计应确保流体分配均匀。

④ 当使用小规格SV型静态混合器时，如果介质中含有杂物，应在混合器前设置两个并联切换操作的过滤器，滤网规格一般选用40～20目的不锈钢滤网。

⑤ 静态混合器上尽量不安装流量、温度、压力等指示仪表和检测点，特殊情况在订货时出图指明。

⑥ 需要在混合器外壳设置换热夹套管时，应在订货时加以说明。

⑦ 静态混合器连接法兰，采用相应的化工行业标准。特殊要求订货时注明。

⑧ 清洗：拆卸后从出口进水冲洗，如遇胶聚物，采用溶剂浸泡或竖起来加热处理。

10 消声器的工艺设计

10.1 消声器的分类

消声器按消声原理和结构的不同，可分为五大类，每个大类里又分为不同的型式。实际工程中，按使用场合又可分为风机消声器、空压机消声器、排气喷流消声器等。

(1) 阻性消声器

阻性消声器利用声波在多孔性吸声材料中传播时，因摩擦作用将声能转化为热能而达到消声的目的，对中高频消声效果好。根据其几何形状可分为管式、蜂窝式、列管式、片式、折板式、迷宫式和声流式，消声量在20～30dB (A)。

(2) 抗性消声器

抗性消声器以控制生抗大小来消声，即利用声波的反射、干涉及共振的原理，吸收或阻碍声能向外传播，适用于消除中低频噪声或窄带噪声。根据作用原理的不同可分为扩张式、共振式和干涉式等多种，消声量在15～25dB (A)。

(3) 阻抗复合消声器

把阻性消声器和抗性消声器组合在一起构成阻抗复合消声器。该消声器既具有阻性特点——消除中高频噪声，又具有抗性特点——消除中低频及特殊频率的噪声。结构中既有阻性材料，又具有共振器、扩张室等声学滤波器。通常将抗性段放在气流入口端。消声量：低频段为 10～15dB，中高频段为 20～35dB，经 A 计权后平均消声量在 20～30dB（A）。

(4) 微穿孔板消声器

微穿孔板消声器是一种新型的阻抗复合式消声器。利用微孔结构的阻性和抗性双重作用来降低噪声，消声量在 20～25dB（A）。

(5) 小孔消声器

小孔消声器又称孔群消声器，是利用气体从小孔中高速喷射达到升频效应来消声。气体喷射时的压力比一般大于临界压力比 1.89，消声量高达 35～40dB（A）。

10.2 消声器的选用原则

① 消声器适用于降低空气动力机械（如风机、压缩机、内燃机）的进、排气口，管道排气、放空所辐射的空气动力性噪声。

② 空气动力机械和排气放空管道除产生气流噪声外，同时产生固体传声，所以除采用消声器外，同时还应配合相应的隔声、隔振、阻尼减振等措施。

③ 进、排气口敞开的动力机械，均需在敞口处加装消声器。

④ 在设计或选用消声器时，应从经济和效果两方面平衡考虑，其消声量一般不超过 50dB（A）。

⑤ 在设计和选用消声器时，应控制气流速度，使再生噪声小于环境噪声。消声器（或管道）中气流速度推荐值如下。

a. 鼓风机、压缩机、燃气轮机的进入排气消声器处流速应≤30m/s。

b. 内燃机的进入排气消声器处流速应≤50m/s。

c. 高压大流量排气放空消声器流速应控制在≤60m/s（管道中）。

⑥ 选用消声器时应核对其压力降，使消声器的阻力损失控制在工艺操作的许可范围内。

⑦ 消声器除满足降噪要求外，还需满足工程上对防潮、防火、耐油、耐腐蚀、耐高温、耐高压的工艺要求。

⑧ 对尚无系列产品供应，并有一定要求的消声器，可作为特殊管件设计制造。在选用和设计消声器时推荐考虑以下几点。

a. 选用阻性消声器时，应防止高频失效的影响。当管径＞400mm 时，不可选用直管式消声器。

b. 当噪声频谱特性呈现明显的低中频脉动时，选用扩张式消声器。

c. 当噪声频谱呈现中低频特性但无脉动时，选用共振消声器。

d. 高温、高压排气放空噪声，选用小孔消声器。

e. 大流量放空噪声，选用扩散缓冲型消声器。

f. 具有火焰喷射和阻力降要求很小的放空噪声，采用微穿孔金属板消声器。

10.3 排气消声器的性能数据

根据行业标准《化工厂常用设备消声器标准系列》（HG/T 21616），排气消声器分三个系列：HP-QP-1 型、HP-QP-2 型、HP-QP-3 型。

(1) HP-QP-1 型消声器系列（表 36-26）

(2) HP-QP-2 型消声器系列（表 36-27）

HP-QP-2 型消声器系列适用于工业锅炉、压力罐、喷射器、鼓风机、反应器等气体排放消声。

(3) HP-QP-3 型消声器系列（表 36-28）

表 36-26　HP-QP-1 型消声器系列性能数据表

型号	适用压力(表)/(kg/cm^2)	流量/(t/h)	外形尺寸/mm		消声值(A)/dB
			外径 A	有效长度 B	
P1	1～8	0.5～10	300	600	30～40
P2	1～8	11～100	900	2200	30～40
P3	9～25	1～20	500	1000	30～40
P4	9～25	21～100	1000	2200	30～40
P5	26～41	5～30	600	1200	30～40
P6	26～41	30～100	1000	2300	30～40
P7	42～99	5～70	700	1500	30～40
P8	100～130	10～50	700	1750	30～40
P9	100～130	51～150	1000	2500	30～40
P10	131～141	50～200	1200	3000	30～40
P11	142～180	80～250	1300	3500	30～40

注：$1kg/cm^2=9.806\times10000Pa$，下同。

表 36-27　HP-QP-2 型消声器系列性能数据表

消声器类别	消声器型号	适用锅炉参数			消声器特性					
		容量/(t/h)	压力(表)/(kg/cm^2)	温度/℃	设计排放量/(t/h)	消声量(A)/dB	总高度 L/mm	最大直径 D/mm	接管直径×厚度 $(D\times h)$/mm	质量/kg
中压	1	35	39	450	10	36.4	1175	108	57×3	29
	2	35			10	36.4	1079	260	57×3.5	37
	3	65 75			25	40.4	1604	219	57×3	64
	4	65 75			25	40.4	1578	260	57×3.5	49
	5	130			40	36.7	1976	273	108×4.5	126
	6	130			40	36.7	2040	260	108×4.5	86
	7	220			60	36.5	2394	273	108×4.5	142
高压	8	220	100	540	60	36.3	2284	516	133×10	194
	9	410			85	39	2644	516	133×10	217
	10	410			100	39.7	2848	516	133×10	232
超临界	11	410	140	540	100	40.7	2831	516	133×16	242
	12	670			2×100	—	—	—	—	—
亚临界	13	1000	170	555	150	42.4	3492	516	133×16	288

表 36-28　HP-QP-3 型消声器系列性能数据表

消声器型号	配管规格/mm	设计排量/(t/h)	适用锅炉参数			外形尺寸/mm		质量/kg
			容量/(t/h)	压力(表)/(kg/cm^2)	温度/℃	外径 ϕ	长度 L	
PX-1	57	7	20	8	250	500	800	140
PX-2	57	15	40	13	350	600	1200	230
PX-3	78	18	40	25	400	600	1400	280
PX-4	89	20	60	25	400	700	1500	320
PX-5	78	25	70	39	450	700	1600	360
PX-6	89	45	130	39	450	800	1600	460
PX-7	78	25	75	54	485	800	1800	500
PX-8	108	45	130	54	485	900	2000	610
PX-9	108	75	220	100	540	1000	2100	720
PX-10	133	130	410	100	540	1100	2200	850
PX-11	133	75	220	140	550	1200	2400	1050
PX-12	133	130	410	140	550	1300	2800	1340
PX-13	159	220	870	140	550	1400	2800	1440
PX-14	219	350	1000	170	555	1800	2900	1680

11　气封的工艺设计

11.1　气封装置的作用和组成

(1) 作用

气封就是用某种气体（常用氮气）将容器内的液体与空气隔绝，防止空气进入容器而与介质起化学反应，使得介质受到污染或形成爆炸性混合物。气封多用于常压和微压系统。气源来的高压气体经减压后送入储罐，并维持罐内一定的压力；当罐内储存的介质被泵抽出，或由于温度的降低致使罐内的气体冷凝或收缩时，补入气封气，以避免罐外空气的进入；当向罐内进料及气温升高而导致罐内压力升高时，装在罐顶的泄压真空阀自动打开，把超压的气体排放至大气中；当罐内压力低于大气压，而气封系统由于故障不能保证罐内的正压时，真空阀打开，从而保护储罐不被抽成真空。常用的气封气有氮气、燃料气、天然气等，可根据工艺过程的需要、现场气源情况和经济性决定气体的选用。

(2) 气封装置的组成

① 气封装置组成示意图如图 36-49 所示。它由气封阀（又称主阀）、信号阀（又称控制阀）、减压阀和针形阀四部分组成。

储罐内压力低于设定值时，信号阀打开，气封阀也相应打开。高压气封气经气封阀减压后进入储罐内，使储罐内压力逐渐恢复到设定值。当达到设定值时，信号阀关闭，气封阀也相应关闭。如储罐内压力高于设定值时，储罐上带阻火器的泄压阀打开，泄放罐内气体，使罐内压力降至设定值。

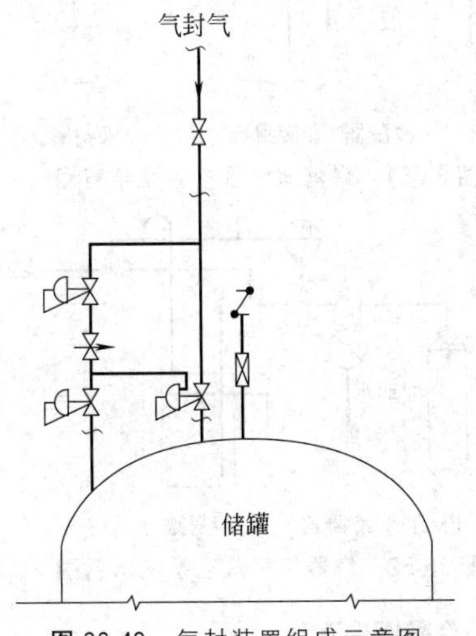

图 36-49　气封装置组成示意图

② 为防止泄压阀和（或）气封装置失灵而出现储罐内超压或负压情况，可采用液封和气封装置相结合的系统，其组成示意图如图 36-50 所示。

气封装置配备液封的作用如下。

当泄压阀失灵时，液封可起到呼出气体的作用。即当储罐内的压力超过设定值时，储罐内的气体可通过液封泄压。

当气封装置发生故障时，如储罐内压力高于设定值时，可通过液封泄压，减轻泄压阀负荷。

当泄压阀和气封装置同时出现故障，而储罐内出现负压时，可通过液封吸入空气，保护储罐不致变形损坏。

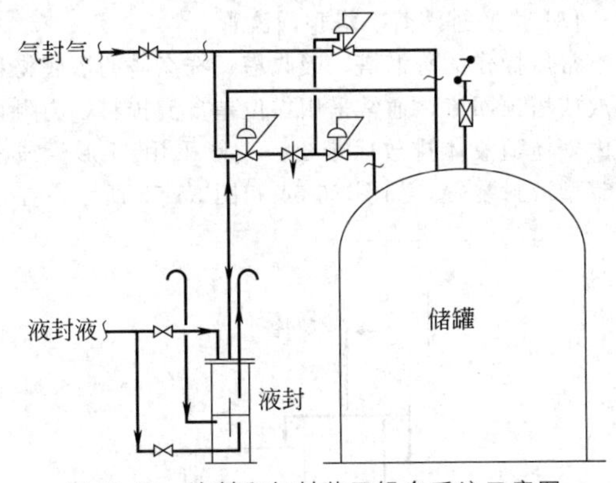

图 36-50　液封和气封装置组合系统示意图

11.2　气封装置的选择计算

(1) 供气量计算

储罐气封系统的供气量必须满足由于泵抽出储罐内储存液体所需的补充气量和由于气温变化而产生的罐内气体冷凝、收缩所需气量之和。

① 泵抽出储存液体所需的补充气量等于泵的最大排量。

② 由于气温变化引起储罐内气体冷凝或收缩所需的气体量在美国石油协会标准 API 2000 中有明确规定，对容积为 $3180m^3$ 及以上的储罐，对防止由于温度变化而造成储罐真空损坏所需的气量与储罐外壳和罐顶的表面积有关，即每平方米罐外壳和罐顶表面积，每小时需补入 $0.61m^3$ 的气封气；对容积小于 $3180m^3$ 的储罐，每立方米罐容积每小时需补入气封气 $0.169m^3$。上述气量可以满足罐内气体每小时温度变化 56K，是偏安全的。

表 36-29 列出了常用储罐由于温度变化所需的供气量。

表 36-29　常用储罐由于温度变化所需的供气量

罐容积 /m^3	气量（标准状态）/(m^3/h)	罐容积 /m^3	气量（标准状态）/(m^3/h)	罐容积 /m^3	气量（标准状态）/(m^3/h)
10	1.69	2000	338	10000	1210
20	3.38	3000	507	12000	1345
100	16.9	3180	537	14000	1480
200	33.8	4000	647	16000	1615
300	50.4	5000	787	18000	1750
500	84.5	6000	896	20000	1877
700	118	7000	1003	25000	2179
1000	169	8000	1077	30000	2495
1500	254	9000	1136		

注：当储罐容积与表中不一致时，可用插值法求出所需气量。

把①、②两项的气量相加，就可得到气封系统所需的供气量。

(2) 气封阀选用计算

气封阀制造厂不同，推荐的计算公式也不相同，根据选定的产品制造厂所提供的计算公式和尺寸系数，按所需工况进行气量及阀门选型计算。

对带呼吸阀的常压罐，为防止空气进入，气封压力值一般可取 0.0005～0.001MPa（表），这是经验值。

12　液封的工艺设计

12.1　液封的类型

就是用某种液体形成一定高度的液面，阻止气体倒流或气体随液体一起流动。液封装置的常用类型有以下几种。

(1) 液封罐型液封装置

此种液封装置是通过液封管插入液封罐液面下的深度来维持设备系统内一定压力，从而防止空气进入系统内或介质外泄。为避免封液倒灌入系统内，同时采用惰性气体通过液封或压力调节阀向系统内充气，保持系统内压力恒定，如图 36-51 和图 36-52 所示。液封液通常采用水或其他不与物料发生化学反应的液体。此种类型液封在常压、微压蒸馏塔和储槽的放空系统中应用较多。

(2) U形管型液封装置

U形管型液封装置是利用U形管内充满液体，依靠U形管的液封高度阻止设备系统内物料排放时带出气体，并维持系统内一定压力。

液封介质通常是系统本身的物料液体。此类型液封装置应用场合较多，如图 36-53 和图 36-54 所示。

(3) Ⅱ形管型液封装置

此类型液封装置主要是通过Ⅱ形管高度维持设备内一定液面，并阻止气体不随排出液体而带出，它是依靠Ⅱ形管液封高度来实现的。Ⅱ形管高度应根据工艺要求的液面高度确定。此类型多用于设备内需要控制一定液面高度的场合，如乳化塔等。

(4) 自动排液器型液封装置

此类型多应用于系统压力较高的气-液分离系统的排液场合，如压缩机储气罐、分离罐等自动排放凝析液。它是利用浮球在流体中所受到的浮力原理而随液改变沉浮，同时启闭喷嘴孔，实现自动排液并防止气体外漏。此类装置广泛应用于各种压缩机中间冷却器、气-液分离器、气体储罐内凝析液的排放。

12.2 液封的设置

12.2.1 需要设置液封的场合

① 储存易燃液体或闪点低于或等于场地环境温度的可燃液体的设备，例如在储槽的排液或排气管处设置液封。

② 正常生产或事故及系统内物料未全部放尽时的停车检修动火的情况下，如有空气进入系统可与物料形成爆炸混合气体的系统设备，或如有湿空气进入系统影响产品质量的系统设备。

③ 需要连续或间断排放液体并使系统内气体不随液体带出或外漏的设备的排放液体口处。

④ 需要维持一定液面高度的设备，在出液口加上液封管。

⑤ 其他工艺要求需设置液封的场合。

12.2.2 液封设置举例

(1) 塔器尾气的放空系统

常压、微压蒸馏塔，放空系统需设置液封装置，使系统维持一定压力，阻止空气倒灌，如图 36-51 和图 36-52所示。为防止氮气压力突然降低，使封液倒流到氮气系统，液封管上部应维持一定高度和管直径容量。

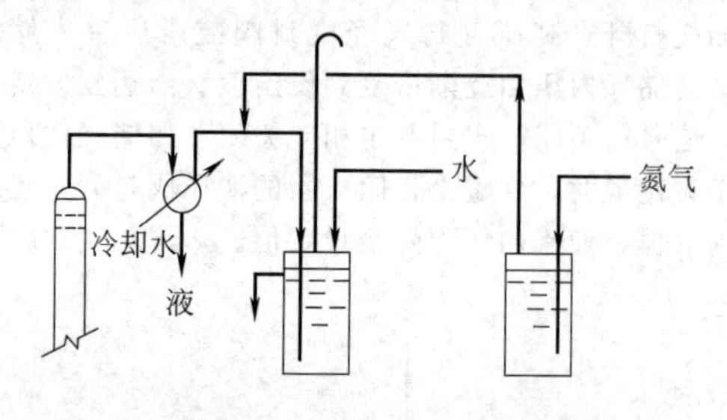

图 36-51 塔器尾气放空系统示意图（一）

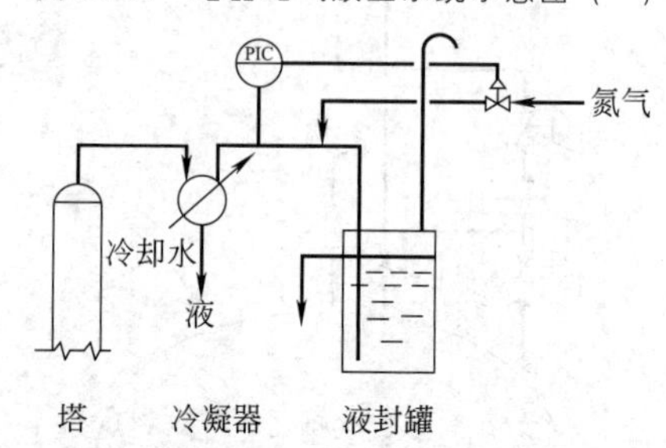

图 36-52 塔器尾气放空系统示意图（二）

(2) 冷凝器排液管

为提高冷凝效率，阻止气体随冷凝液排放而带出，一般在冷凝器排液管上设置U形管液封装置，冷凝液经U形管排到中间槽，如图 36-53 所示。

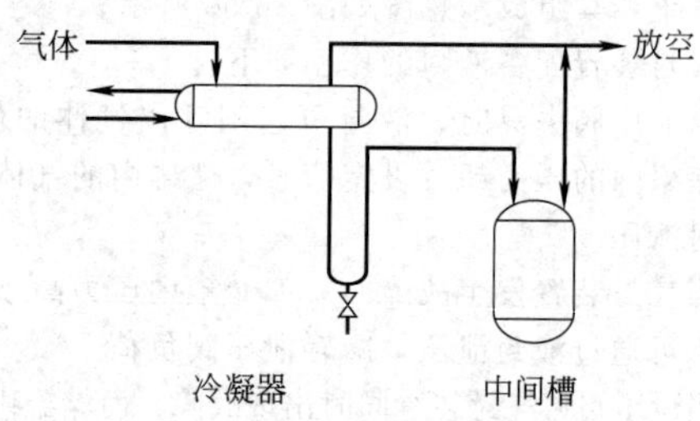

图 36-53 冷凝器排液液封管示意图

(3) 塔底排液管、塔顶回流管

常压操作的蒸馏塔、吸收塔、洗涤塔的塔底物料排放或塔顶回流，通常采用靠位差自流排料，为阻止塔内气体随液体排放而带出，一般采用U形管或液封罐型液封装置，如图 36-54 和图 36-55 所示。在塔

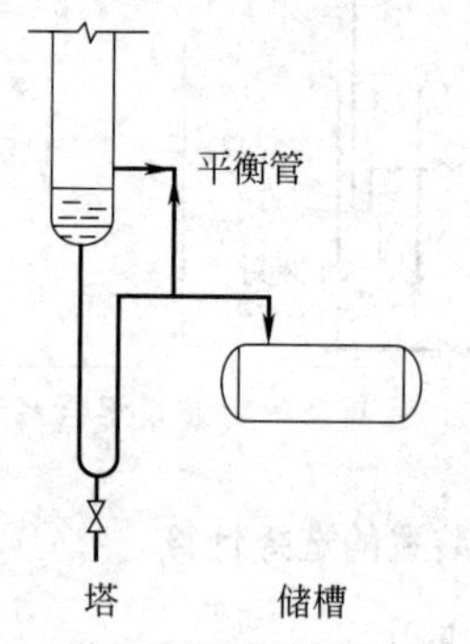

图 36 54 塔底排液液封管示意图（一）

顶回流是自然回流的情况下，要考虑其液封高度，如图 36-56 所示。

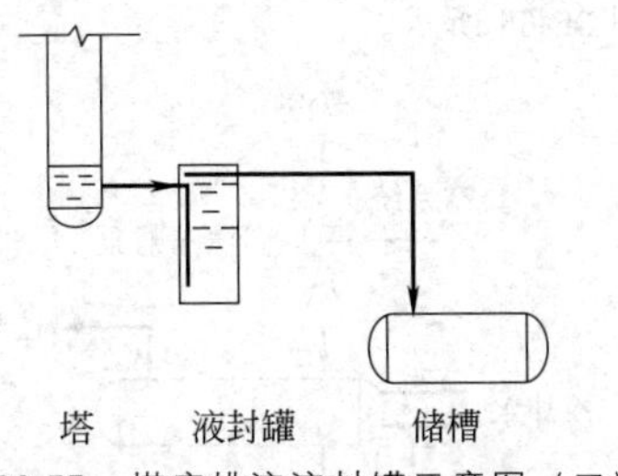

图 36-55　塔底排液液封罐示意图（二）

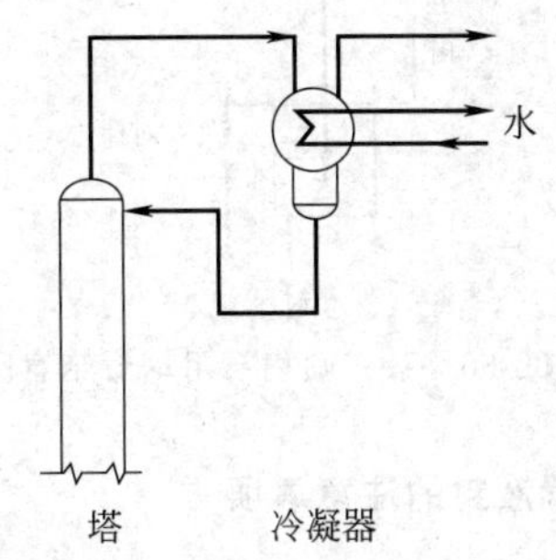

图 36-56　塔顶回流液封管示意图

(4) 气-液分离罐排液管

为了提高分离效率或防止液体倒入压缩机入口，需及时排走分离凝析下来的液体，保持一定的气-液分离空间；同时又要防止气体外漏，一般应设置 U 形管液封装置，如果分离罐内压力较高，采用 U 形管液封高度太大时，采用自动排液器作为液封装置较合适，如图 36-57 和图 36-58 所示。当然也可采用液面调节装置（LIC）。

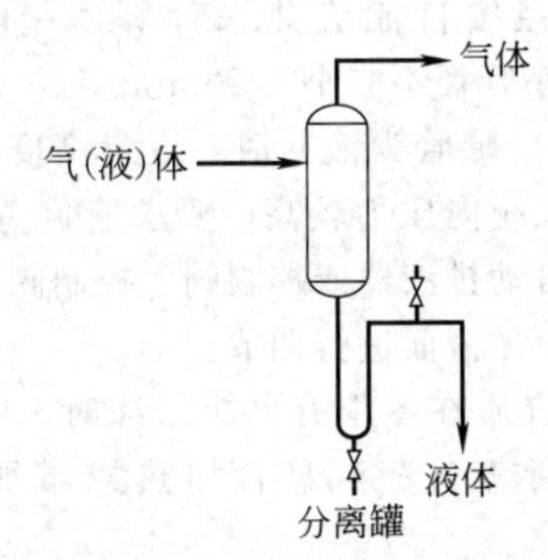

图 36-57　分离罐液封管示意图

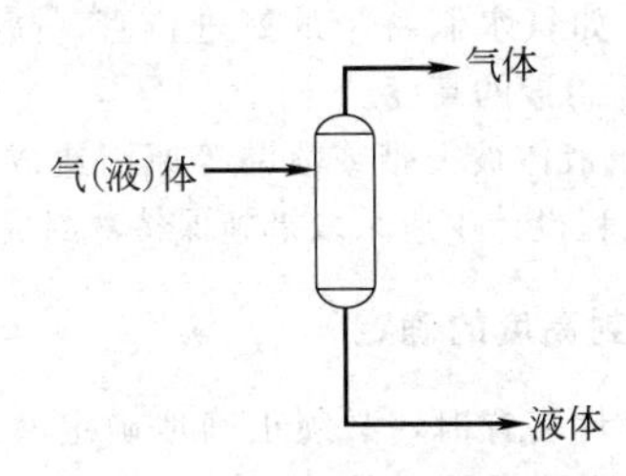

图 36-58　自动排液器液封示意图

(5) 乳化塔、反应釜排液管

根据工艺要求需要维持设备内一定的液面高度，且排料时又不使气体外漏，通常在排料管上应设置 Π 形管液封装置，如图 36-59 和图 36-60 所示，图中字母 NC 表示正常状态下阀门关闭。

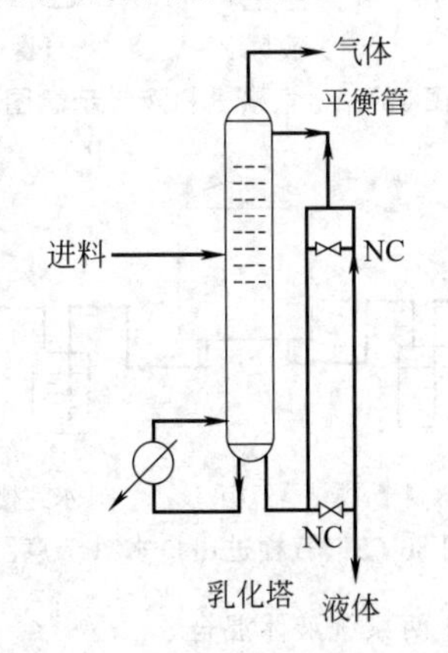

图 36-59　乳化塔 Π 形管排液示意图

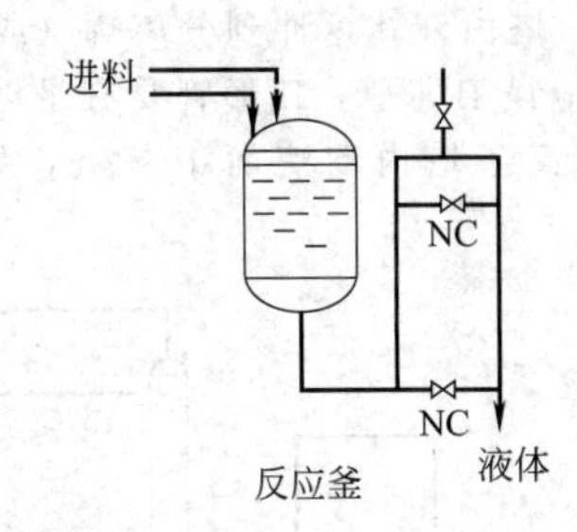

图 36-60　反应釜 Π 形管排液示意图

(6) 氢气放空管和气囊氮气（或氧气）进料管系统

氢气是易燃易爆气体，与空气混合后易形成爆炸性气体，为防止空气进入系统内，保证安全生产，应在氢气放空管系统设置液封，如图 36-61 所示。储存氮气（或氧气）的气囊一般耐内压值较小，为保护气囊，氮气（或氧气）进料管系统通常应设置液封装置，如图 36-62 所示。

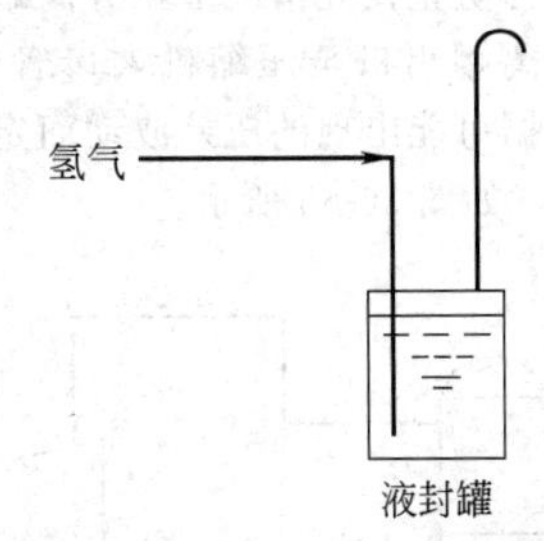

图 36-61　氢气放空管液封罐示意图

(7) 燃料气柜进出口

为使设备系统内维持一定压力，保证安全生产，在燃料气柜进出口应设置水封，如图 36-63 所示。

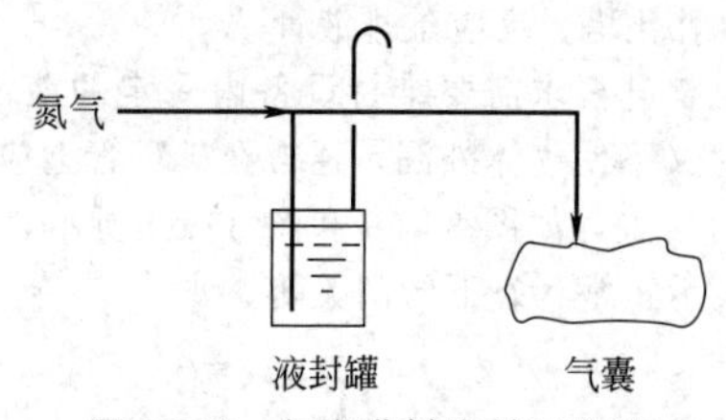

图 36-62　气囊进料液封示意图

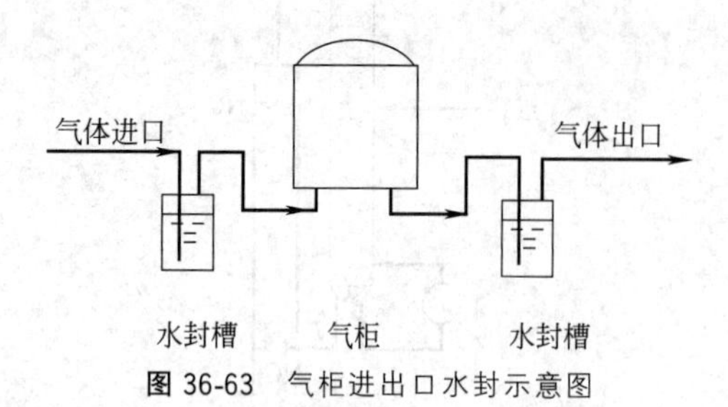

图 36-63　气柜进出口水封示意图

(8) 防止两系统液体混合

当塔（吸收塔）为气体进料时，为防止因前面系统压差波动，塔内液体返冲到分离罐（或缓冲罐），气体进料管应设Ⅱ形管，Ⅱ形管要有足够高度，通常其高度应高于塔内动液面1～2m，如图36-64所示。

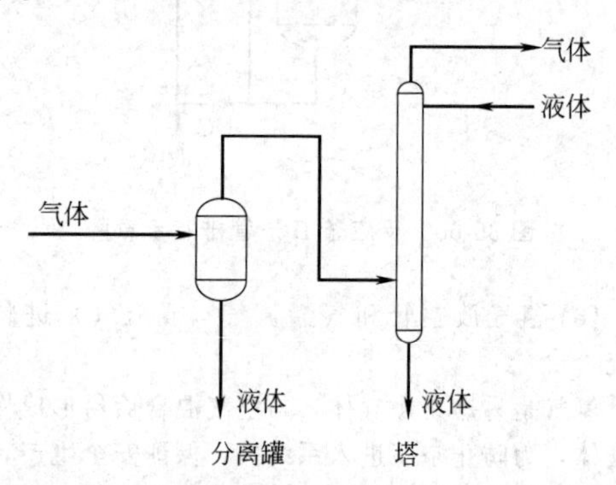

图 36-64　防止两系统液体混合的气体进料Ⅱ形管示意图

(9) 防止液体进压缩机

压缩机入口管前设置的分离罐，其液位与压差可能发生波动，为防止在此情况下将分离罐的内液体吸入压缩机，分离罐出口至压缩机入口管道应设Ⅱ形管，其高度根据可能出现的压差波动而定，一般其高度在2m以上，如图36-65所示。

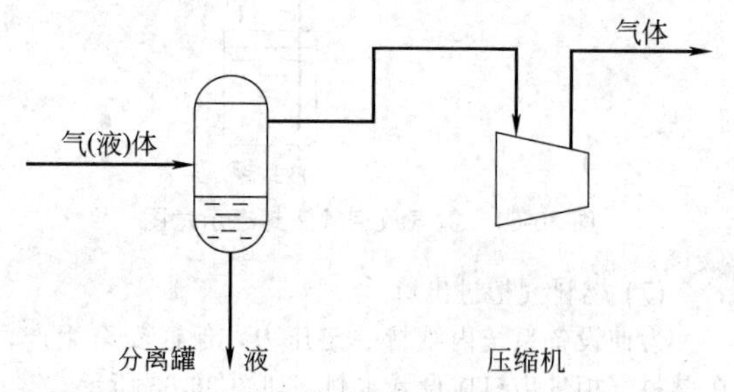

图 36-65　防止液体进压缩机入口的Ⅱ形管示意图

(10) 蒸汽喷射泵

用蒸汽喷射泵抽真空时，排除冷凝液需设置液封，如图36-66所示。

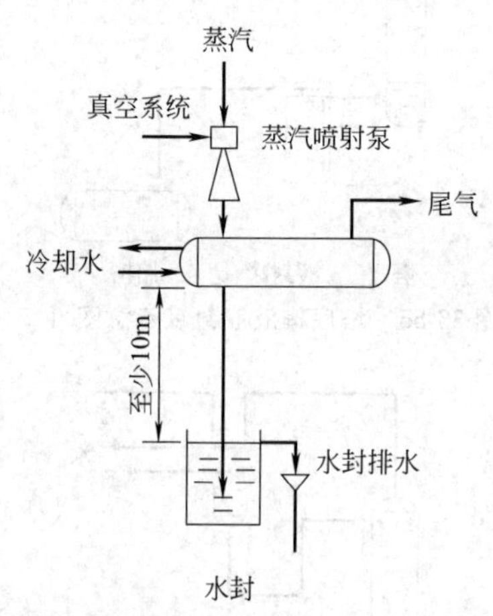

图 36-66　蒸汽喷射泵用水封示意图

12.3　设置液封的注意事项

① 采用Ⅱ形管作为液封时，为便于调节液位，可在Ⅱ形管上部设置1～2个旁通管并加设阀门。

② 采用U形管、Ⅱ形管作为液封时，为防止管顶部积存气体，影响液体排放，应在最高点处设置放空阀或设置与系统相连接的平衡管道。

③ 为了能在停车时能放净管内液体，一般在U形管最低点设置放净阀。当需要观察管内液体流动情况时，在出料管一侧可设置视镜。

④ U形管、Ⅱ形管进出料主要是靠位差自流进出料，其管径按自流流速来计算，一般取0.1～0.3m/s，最小管径不应小于20mm。

⑤ 采用U形管为液封时，液封高度小于3m应用较广。当系统内压力较高，要求液封高度大于3m时，应采用自动排液器或控制阀。控制阀排出液体量根据容器内所需液面进行调节。

⑥ 液封介质在冬季有可能结冻时，应采取防冻措施，如加保温、蒸汽盘管加热或添加防冻剂等方法。

⑦ Ⅱ形管液封多用于介质溶于液封液的常压或微压场合，如氨水制备中的氨进口管，高度应大于101325Pa下封液的高度。

⑧ 由于液体被夹带或泄漏等原因造成液封液损失时，在工程设计中应采取措施保持液封高度。

12.4　液封高度的确定

设置液封装置时，必须正确地确定液封所需高度，才能达到液封的目的。U形管液封所需高度是由系统内压力 p_1、受液槽或排料出口压力 p_2 及管道压力降 h_n 等参数计算确定的。可按式（36-22）

计算。

$$H_{\min}=\frac{(p_1-p_2)\times 10.2}{\gamma}-h_n \quad (36\text{-}22)$$

其中

$$h_n=\lambda \frac{L}{d}\times\frac{u_L^2}{2g} \quad (36\text{-}23)$$

式中　$H_{\min}$——最小液封高度，m；

p_1——系统内压力（表），10^5 Pa；

p_2——受液槽内压力（表），10^5 Pa；

γ——液体相对密度；

h_n——管道压力降，m；

λ——摩擦因子；

L——U 形管长度的一半；

d——管子内径，m；

u_L——液体流速，m/s；

g——重力加速度，9.81 m/s^2。

一般情况下，管道压力降 h_n 值较小，可忽略不计，因此式（36-23）可简化为式（36-24）来计算液封高度。

$$H_{\min}=\frac{(p_1-p_2)\times 10.2}{\gamma} \quad (36\text{-}24)$$

为保证液封效果，液封高度一般选取比计算所需高度加 0.3～0.5m 余量为宜。

参考文献

[1]　HG/T 20570—95.

[2]　吴德荣. 化工装置工艺设计（下册）. 上海：华东理工大学出版社，2014.

[3]　SH/T 3413—1999.

[4]　王松汉. 石油化工设计手册：第 4 卷. 北京：化学工业出版社，2002.

第5篇

配管设计

第37章 装置（车间）布置设计

装置（车间）布置是设计工作中很重要的一环。装置（车间）布置得好坏直接关系到建成后是否符合工艺要求，能否有良好的操作条件，对生产正常、安全地运行，设备的维护检修方便可行，以及对建设投资、经济效益等都有着很大影响。所以在进行装置（车间）布置前必须充分掌握有关生产、安全、卫生等资料，在布置时应严格执行有关标准、规范，根据当地地形及气象条件，进行深思熟虑、仔细推敲、多方案比较，以取得最佳布置。

装置（车间）布置设计是以工艺（工艺包设计阶段）、配管（基础设计及详细设计阶段）为主导专业，经管道机械、总图、土建、自控、电力、设备、冷冻、暖风等有关专业的密切配合，并征求建设单位和有关职能部门的意见，最后由配管专业集中各方面意见完成的。

装置一般以生产某种产品（如苯乙烯装置）或完成某项完整工艺过程（如乙烯装置、常减压装置）所需的设备、系统进行划分。装置有大有小，设备也有多有少，工艺要求也差别很大。医药及一般中、小型化工装置多布置在一幢建筑物内，而石化、炼油等大型装置由于设备尺寸大、防火要求高，一般均采用分成若干个区的露天框架布置，这些框架和区块就形成了装置界区。

由于石化装置原料、产品上下游联系紧密，有时会把几个装置组合在一起形成一个联合装置，以节约储运措施、管线、电缆和占地面积，也会采用合建的中央控制室。

车间是一级行政管理机构，通常会将若干同系列产品生产装置纳入同一车间以方便管理。而近年流行的扁平化管理则倾向于不设车间，由厂部（事业部）直接管理各装置。

1 一般装置（车间）

1.1 设计依据

1.1.1 标准、规范和规定

本小节仅列出设计应遵循的主要标准、规范及规定的名称，详细内容见本手册上册第9章。

GB 50016—2014 建筑设计防火规范
GB 50160—2008 石油化工企业设计防火规范
GBZ 1—2002 工业企业设计卫生标准
GB 50984—2014 石油化工工厂布置设计规范
GBJ 87—1985 工业企业噪声控制设计规范
GB 12348—2008 工业企业厂界环境噪声排放标准
GB 50058—2014 爆炸危险环境电力装置设计规范
SH 3011—2011 石油化工工艺装置布置设计规范
HG/T 20546—2009 化工装置设备布置设计规定

1.1.2 基础资料

① 工艺和公用工程管道及仪表流程图。

② 物料衡算数据及物料性质，包括原料、中间体、副产品、成品的数量及性质，“三废”的数量及处理方法。

③ 设备一览表（包括设备外形尺寸、重量、支承形式及保温情况）。

④ 公用系统耗用量，包括供排水、供电、供热、冷冻、压缩空气、外管资料等。

⑤ 车间定员表（除技术人员、管理人员、车间化验人员、岗位操作人员外，还要掌握最大班人数和男女比例的资料）。

⑥ 厂区总平面布置图［包括装置（车间）之间、辅助部门、生活部门的相互联系，厂内人流、物流的情况和数量］。

⑦ 建厂地形和气象等资料。

1.2 装置（车间）布置

1.2.1 装置（车间）组成

装置（车间）组成包括生产、辅助、生活三部分，设计时应根据生产流程，原料、中间体、产品的物化性质，以及它们之间的关系，确定应该设几个生产工段，需要哪些辅助、生活部门。

生产、辅助、生活三部分常见的划分如下。

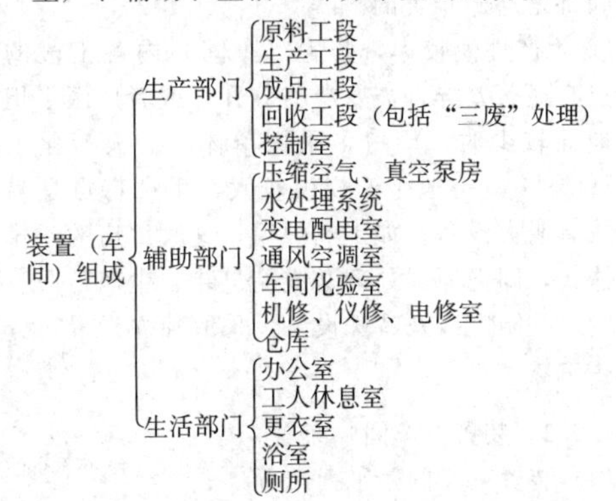

1.2.2 装置（车间）布置的原则

① 从经济和压降观点出发，设备布置应顺从工艺流程，但若与安全、维修和施工有矛盾时，允许有所调整。

② 根据地形、主导风向等条件进行设备布置，有效地利用车间建筑面积（包括空间）和土地（尽量采用露天布置及构筑物能合并者尽量合并）。

③ 明火设备必须布置在处理可燃液体或气体设备的全年最小频率风向的下侧，并集中布置在装置（车间）边缘。

④ 控制室和配电室应布置在生产区域的中心部位，并在危险区之外。控制室还应远离振动设备。

⑤ 充分考虑本装置（车间）与其他部门在总平面布置图上的位置，力求紧凑、联系方便、缩短输送管道，以节省管材费用及运行费用。

⑥ 留有发展余地。

⑦ 所采取的劳动保护、防火要求、防腐蚀措施要符合有关标准、规范要求。

⑧ 有毒、有腐蚀性介质的设备应分别集中布置，并设围堰，以便集中处理。围堰高为150～200mm。

⑨ 设置安全通道，人流、物流方向应错开。

⑩ 设备布置应整齐，尽量使主要管架布置与管道走向一致。

⑪ 综合考虑工艺管道、公用工程总管、仪表、电气电缆桥架、消防水管、排液管、污水管、管沟、阴井等设置位置及其要求。

1.3 装置（车间）布置的技术要素

1.3.1 装置（车间）内各工段的安排

① 装置（车间）内各工段的安排主要根据生产规模、生产特点、厂区面积、厂区地形以及地质等条件而定。

② 生产规模较小，装置（车间）中各工段联系频繁，生产特点无显著差异时，在符合建筑设计防火规范及工业企业设计卫生标准的前提下，结合建厂地点的具体情况 ，可将车间的生产、辅助、生活部门集中布置在一幢厂房内。医药、农药、一般化工的生产车间都是这样布置的。

③ 生产规模较大，装置（车间）内各工段的生产特点有显著差异，需要严格分开，或者厂区平坦地形的地面较少时，厂房多采用单体式。大型化工厂（如石油化工）一般生产规模较大，生产特点是易燃易爆或有明火设备，如工业炉等，这时厂房的安排采用单体式，即把原料处理、成品包装、生产工段、回收工段、控制室以及特殊设备，采取独立设置，分散为许多单体。

1.3.2 装置（车间）布置

(1) 装置（车间）平面布置

厂房平面布置，按其外形一般分为长方形、L形、T形和Π形等。长方形便于总平面图的布置，节约用地，有利于设备排列，缩短管线，易于安排交通出入口，有较多可供自然采光和通风的墙面；但有时由于厂房总长度较长，在总图布置有困难时，为了适应地形的要求或者生产的需要，也有采用L形、T形或Π形的，此时应充分考虑采光、通风、通道和立面等各方面的因素。

厂房的柱网布置，要根据厂房结构而定，生产类别为甲、乙类生产及大型石化装置，宜采用框架结构，采用的柱网间距一般为6m，也可采用9m、12m。丙、丁、戊类生产装置可采用混合结构或框架结构，开间采用4m、5m或6m。但不论框架结构或混合结构，在一幢厂房中不宜采用多种柱距。柱距要尽可能符合建筑模数的要求，这样可以充分利用建筑结构上的标准预制构件，节约设计和施工力量，加速基建进度。多层厂房的柱网布置如图37-1所示。

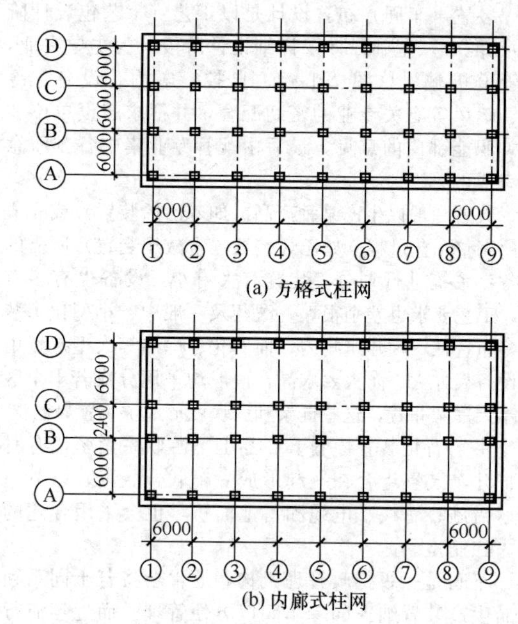

图37-1 多层厂房的柱网布置

为了尽可能利用自然采光和通风以及符合建筑经济上的要求，一般单层厂房宽度不宜超过30m，多层厂房宽度不宜超过24m，厂房常用宽度有9m、12m、15m、18m、21m，也有用24m的。厂房中的柱子要便于设备排列和工人操作。跨度等于厂房宽度时厂房内没有柱子。多层厂房若跨度为9m，厂房中间如不立柱子，所用的梁就要很大，因而不经济。一般较经济厂房的常用跨度控制在6m左右，例如12m、15m、18m、21m宽度的厂房，常分别布置成6-6，6-2.4-6，6-3-6，6-6-6形式等，6-2.4-6表示三跨，跨度为6m，2.4m，6m，中间的2.4m是内走廊的宽度[图37-1 (b)]。

一般车间的短边（即宽度）常为 2～3 跨，其长边（即长度）则根据生产规模及工艺要求确定。

在进行车间布置时，要考虑厂房安全出入口，一般不应少于 2 个。如车间面积小，生产人数少，可设 1 个，但应慎重考虑防火安全等问题（具体数量详见建筑设计防火规范）。

装置（车间）内的道路、通道的宽度及其上方高度应执行 HG/T 20546—2009 和 GB 50160 中的相关规定。

(2) 装置（车间）立面布置

化工厂厂房可根据工艺流程的需要设计成单层、多层或单层与多层相结合的形式。一般来说单层厂房建设费用较低，因此除了由于工艺流程的需要必须设计为多层外，工程设计中一般多采用单层。有时因受建设场地的限制或者为了节约用地，也有设计成多层的。对于为新产品工业化生产而设计的厂房，由于在生产过程中对于工艺路线还需不断地改进、完善，所以一般都设计成一个高单层厂房，利用便于移动、拆装、改建的钢操作台代替钢筋混凝土操作台或多层厂房的楼板，以适应工艺流程变化的需要。

厂房层数的设计要根据工艺流程的要求、投资、用地的条件等各种因素，进行综合的比较后才能最后确定。

化工厂厂房的高度，主要由工艺设备布置要求所决定。厂房的垂直布置要充分利用空间，每层高度取决于设备的高低、安装的位置、检修要求及安全卫生等条件。一般框架或混合结构的多层厂房，层高多采用 5m、6m，最低不得低于 4.5m；每层高度尽量相同，不宜变化过多。装配式厂房层高采用 300mm 的模数。在有高温及有毒害性气体的厂房中，要适当加高建筑物的层高或设置拔风式气楼（即天窗），以利于自然通风、采光和散热。

有爆炸危险的车间宜采用单层厂房，其内设置多层操作台以满足工艺设备位差的要求；如必须设在多层厂房内，则应布置在厂房顶层。如整个厂房均有爆炸危险，则在每层楼板上设置一定面积的泄爆孔。这类厂房还应设置必要的轻质屋面，或增加外墙以及门窗的泄压面积。泄压面积与厂房体积的比值应符合建筑设计防火规范要求。泄压面积应布置合理，并应靠近爆炸部位，不应面对人员集中的地方和主要交通道路。车间内防爆区与非防爆区（生活、辅助及控制室等）间应设防火墙分隔。如两个区域需要互通时，中间应设双门斗，即设两道弹簧门隔开。上下层防火墙应设在同一轴线处。防爆区上层不应布置非防爆区。有爆炸危险车间的楼梯间宜采用封闭式楼梯间。

1.3.3 设备布置

化工厂的设备布置，在气温较低的地区或有特殊要求者，均将设备布置在室内，一般情况可采用室内与露天联合布置，在条件许可的情况下，采取有效措施，最大限度地实现化工厂的联合露天化布置。

设备露天布置有下列优点：可以节约建筑面积，节省基建投资；可节约土建施工工程量，加快基建进度；有火灾及爆炸危险性的设备，露天布置可降低厂房耐火等级，降低厂房造价；有利于化工生产的防火、防爆和防毒（对毒性较大或剧毒的化工生产除外）；对厂房的扩建、改建具有较大的灵活性。

生产中一般不需要经常操作的或可用自动化仪表控制的设备，如塔、换热器、液体原料储罐、成品储罐、气柜等都可布置在室外。需要大气调节温湿度的设备，如凉水塔、空气冷却器等也都露天布置或半露天布置。

不允许有显著温度变化，不能受大气影响的一些设备，如反应罐、各种机械传动的设备、装有精密度极高仪表的设备及其他应该布置在室内的设备，则应布置在室内。

(1) 生产工艺对设备布置的要求

① 在布置设备时一定要满足工艺流程顺序，要保证水平方向和垂直方向的连续性。对于有压差的设备，应充分利用高低位差布置，以节省动力设备及费用。在不影响流程顺序的原则下，将各层设备尽量集中布置，充分利用空间，简化厂房体形。通常把计量槽、高位槽布置在最高层，主要设备如反应器等布置在中层，储槽等布置在底层。这样既可利用位差进出物料，又可减少各层楼面的荷重，降低造价。但在保证垂直方向连续性的同时，应注意在多层厂房中要避免操作人员在生产过程中过多地往返于楼层之间。

② 凡属相同的几套设备或同类型的设备或操作性质相似的有关设备，应尽可能布置在一起，这样可以统一管理，集中操作，还可减少备用设备，即互为备用。

为了考虑整齐美观，可采取下列方式布置。

成排布置的塔，如可能时可设置联合平台。

换热器并排布置时，推荐靠管廊侧管程按管中心线取齐。

离心泵的排列应以泵出口管中心线取齐。

卧式容器推荐以靠管廊侧封头切线取齐；加热炉、反应器等推荐以中心线取齐。

③ 布置设备时，除要考虑设备本身所占的位置外，还需有足够的操作、通行及检修需要的位置。

④ 要考虑相同设备或相似设备互换使用的可能性，设备排列要整齐，避免过松或过紧。

⑤ 除热膨胀有要求的管道外，要尽可能地缩短设备间管线。

⑥ 车间内要留有堆放原料、成品和包装材料的空地（能堆放一批或一天的量），以及必要的运输通道及起吊位置，且尽可能地避免物料的交叉运输（输送）。

⑦ 传动设备要有安装安全防护设施的位置。

⑧ 要考虑物料特性对防火、防爆、防毒及控制

噪声的要求，譬如对噪声大的设备，宜采用封闭式间隔等；生产剧毒物及处理剧毒物料的场所，要和其他部分完全隔开，并单独设置生活辅助用室；对于可燃液体及气体场所应集中布置，便于处理；操作压力超过3.5MPa的反应器宜集中布置在装置（车间）的一端。

⑨ 根据生产发展的需要和可能，适当预留扩建余地。

⑩ 设备之间或设备与墙之间的净间距大小，虽无统一规定，但设计者应结合上述布置要求及设备的大小，设备上连接管线的多少，管径的粗细，检修的频繁程度等各种因素，再根据生产经验，确定安全间距。中小型生产的设备布置的安全距离见表37-1，可供一般设备布置时参考。如图37-2所示为工人操作设备所需的最小间距示例，这是根据原建工部建筑科学研究院对人体尺度的研究，按照化工车间工人操作的具体情况确定的。

(2) 设备安装对设备布置的要求

① 要根据设备大小及结构，考虑设备安装、检修及拆卸所需要的空间和面积。

② 要考虑设备能顺利进出车间。经常搬动的设备应在设备附近设置大门或安装孔，大门宽度比最大设备宽0.5m，不经常检修的设备，可在墙上设置安装孔。

③ 通过楼层的设备，楼面上要设置吊装孔（图37-3）。厂房比较短时，吊装孔设在靠山墙的一端，厂房长度超过36m时，则吊装孔应设在厂房中央。

多层楼面的吊装孔应在每一层相同的平面位置。在底层吊装孔附近要有大门，使需要吊装的设备由此进出。吊装孔不宜开得过大（一般控制在2.7m以内，对于外形尺寸特别大的设备的吊装，可采用安装墙或安装门，设备可直接从安装墙或安装门进入）。

④ 必须考虑设备检修、拆卸以及运送物料所需要的起重运输设备。起重设备的形式可根据使用要求确定。如不设永久性起重运输设备，则应考虑有安装临时起重运输设备的场地及预埋吊钩，以便悬挂起重葫芦。如在厂房内设置永久性起重运输设备，则要考虑起重运输设备本身的高度，并使设备起吊运输高度大于运输途中最高设备的高度。

⑤ 大型设备（如塔、储罐、反应器等）应布置在装置（车间）的一侧，并靠通道，周围无障碍物，以便起重运输设备的进出及设备的吊装，通道宽度应大于最大起吊设备的宽度。

(3) 厂房建筑对设备布置的要求

① 凡是笨重设备或运转时会产生很大振动的设备，如压缩机、真空泵、粉碎机等，应该尽可能地布置在厂房的底层，并和其他生产部分隔开，以减少厂房楼面的荷重和振动。如离心机由于工艺要求或者其他原因不能布置在底层时，应由土建专业在结构设计

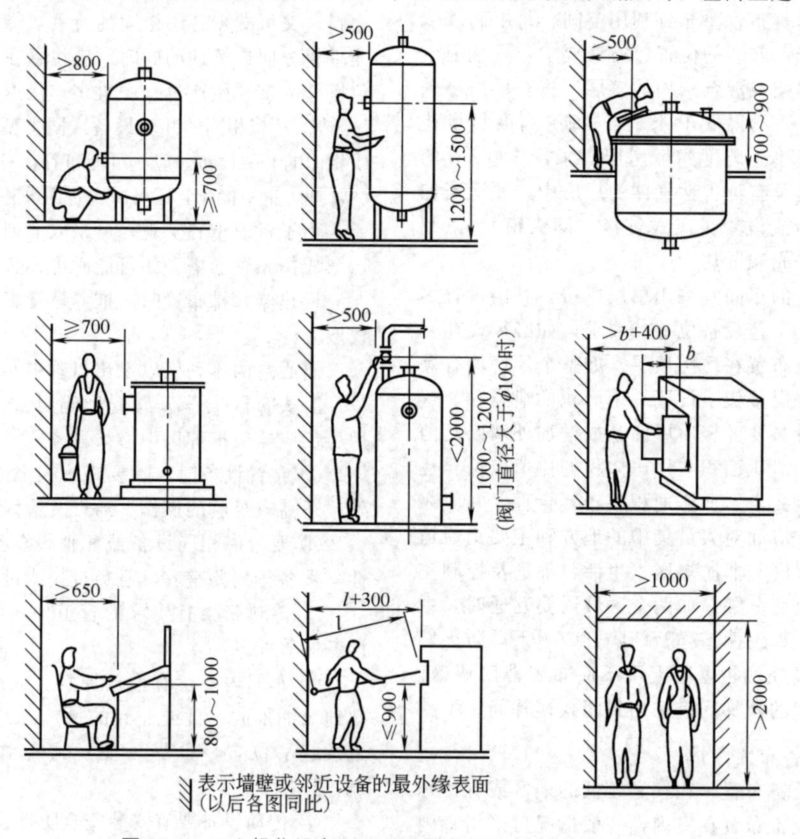

图37-2 工人操作设备所需的最小间距示例（单位：mm）

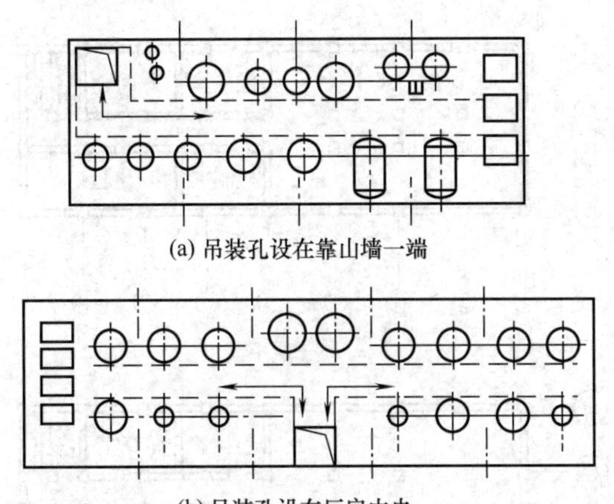

(a) 吊装孔设在靠山墙一端

(b) 吊装孔设在厂房中央

图 37-3　通过楼层的设备吊装孔布置

上采取有效的防振措施。

② 有剧烈振动的设备，其操作台和基础不得与建筑物的柱、墙连在一起，以免影响建筑物的安全。

表 37-1　中小型生产的设备布置的安全距离

<table>
<tr><th>序号</th><th colspan="2">项　目</th><th>净安全距离/m</th></tr>
<tr><td>1</td><td colspan="2">泵和泵的间距</td><td>不小于 0.7</td></tr>
<tr><td>2</td><td colspan="2">泵离墙的距离</td><td>至少 1.2</td></tr>
<tr><td>3</td><td colspan="2">泵列和泵列间的距离(双排泵间)</td><td>不小于 2.0</td></tr>
<tr><td>4</td><td colspan="2">计量罐和计量罐间的距离</td><td>0.4～0.6</td></tr>
<tr><td>5</td><td colspan="2">储槽和储槽间的距离(指车间中一般的小容器)</td><td>0.4～0.6</td></tr>
<tr><td>6</td><td colspan="2">换热器和换热器的间距</td><td>至少 1.0</td></tr>
<tr><td>7</td><td colspan="2">塔和塔的间距</td><td>1.0～2.0</td></tr>
<tr><td>8</td><td colspan="2">离心机周围通道</td><td>不小于 1.5</td></tr>
<tr><td>9</td><td colspan="2">过滤机周围通道</td><td>1.0～1.8</td></tr>
<tr><td>10</td><td colspan="2">反应罐盖上传动装置至天花板的距离(如搅拌轴拆装有困难时,距离还需加大)</td><td>不小于 0.8</td></tr>
<tr><td>11</td><td colspan="2">反应罐底部和人行通道的距离</td><td>不小于 1.8～2.0</td></tr>
<tr><td>12</td><td colspan="2">反应罐卸料口至离心机的距离</td><td>不小于 1.0～1.5</td></tr>
<tr><td>13</td><td colspan="2">起吊物品和设备最高点的距离</td><td>不小于 0.4</td></tr>
<tr><td>14</td><td colspan="2">往复运动机械的运动部件离墙的距离</td><td>不小于 1.5</td></tr>
<tr><td>15</td><td colspan="2">回转机械离墙的距离</td><td>不小于 0.8～1.0</td></tr>
<tr><td>16</td><td colspan="2">回转机械相互间的距离</td><td>不小于 0.8～1.2</td></tr>
<tr><td>17</td><td colspan="2">通廊、操作台通行部分的最小净空高度</td><td>不小于 2.2～2.5</td></tr>
<tr><td>18</td><td colspan="2">不常通行的地方(净高)</td><td>不小于 2.2</td></tr>
<tr><td rowspan="2">19</td><td rowspan="2">操作台梯子的斜度</td><td>一般情况</td><td>不大于 45°</td></tr>
<tr><td>特殊情况</td><td>60°</td></tr>
<tr><td>20</td><td colspan="2">散发可燃气体及蒸气的设备与变配电室、自控仪表室、分析化验室等之间的距离</td><td>不少于 15.0</td></tr>
<tr><td>21</td><td colspan="2">散发可燃气体及蒸气的设备与炉子间的距离</td><td>不少于 18.0</td></tr>
<tr><td>22</td><td colspan="2">工艺设备和道路间的距离</td><td>不小于 1.0</td></tr>
</table>

③ 布置设备时，要避开建筑物的柱子及主梁，如设备支承在柱子或梁上，其荷重及吊装方式需事先告知土建人员，并与其商议。

④ 厂房中操作台必须统一考虑，防止平台支柱林立重复，既有碍于整齐美观，又影响生产操作及检修。

⑤ 设备不应布置在建筑物的沉降缝或伸缩缝处。

⑥ 在厂房的大门或楼梯旁布置设备时，要求不影响开门和妨碍行人出入畅通。

⑦ 设备应尽可能避免布置在窗前，以免影响采光和开窗；如必须布置在窗前时，设备与墙间的净距应大于 600mm。

⑧ 设备布置时应考虑其运输线路、安装、检修方式，以确定安装孔、吊钩及设备间距等。

⑨ 凡有腐蚀介质的设备，通常集中布置并设围堰，以便其地面做耐腐蚀铺砌处理和设酸性下水系统。

⑩ 可燃易爆设备应与其他工艺设备分开布置，并集中布置在装置（车间）一处，以便土建设置隔爆墙等有关措施。

1.3.4　罐区布置

① 可燃物质的火灾危险性分类，详见《石油化工企业设计防火规范》（GB 50160—2008）。

a. 可燃气体的火灾危险性分类，见表 37-2。

表 37-2　可燃气体的火灾危险性分类

类别	可燃气体与空气混合物的爆炸下限(体积分数)/%
甲	<10
乙	≥10

b. 液化烃、可燃液体的火灾危险性分类，见表 37-3。

表 37-3　液化烃、可燃液体的火灾危险性分类

<table>
<tr><th colspan="2">类别</th><th>名称</th><th>特　征</th></tr>
<tr><td rowspan="2">甲</td><td>A</td><td>液化烃</td><td>15℃时的蒸气压力大于 0.1MPa 的烃类液体及其他类似的液体</td></tr>
<tr><td>B</td><td rowspan="5">可燃液体</td><td>除甲 A 类以外,闪点小于 28℃</td></tr>
<tr><td rowspan="2">乙</td><td>A</td><td>闪点 28～45℃</td></tr>
<tr><td>B</td><td>闪点 45～60℃</td></tr>
<tr><td rowspan="2">丙</td><td>A</td><td>闪点 60～120℃</td></tr>
<tr><td>B</td><td>闪点大于 120℃</td></tr>
</table>

② 固体的火灾危险性分类，应按现行国家标准《建筑设计防火规范》（GB 50016—2014）的有关规定执行。

③ 爆炸性气体（液体挥发）、粉尘（固体尘埃）和电气设备的防爆要求详见《爆炸危险环境电力设计规范》（GB 50058—2014）中的有关规定。

④ 甲、乙、丙类液体罐区、储气罐宜布置在厂区边缘，且不应在明火或散发火花地点的全年最小频率风向的下风侧。

⑤ 罐区应设置静电接地和防雷设施。

⑥ 甲、乙、丙类液体储罐宜露天布置。

⑦ 甲、乙、丙类液体或可燃气体、液化石油气储罐之间或与建筑物的防火间距及其要求，应遵守《建筑设计防火规范》（GB 50016—2014）中的有关规定，以便于操作、安装和检修。

1.3.5 外管架的设置

当一个车间分别布置有多幢厂房，且来往管线密切时，或车间与车间之间输送物料的管线相互往来时，并且间距又较大，则应设置外管架。

① 外管架的布置要力求经济合理，管线长度要尽可能短，走向合理，避免造成不必要的浪费。

② 外管架应尽量避免对装置（车间）形成环状布置。

③ 布置外管架时应考虑扩建区的运输、预留出足够空间及通道，留有余地以利发展。在管架宽度上也应考虑扩建需要，留有一定余量。

④ 外管架的形式，一般分为单柱（T形）式和双柱（Ⅱ形）式。

⑤ 管架净空高度如下。

高管架	净空高度不小于4.5m
中管架	净空高度2.5～3.5m
低管架	净空高度1.5m
管墩或管枕等	净空高度300～500mm

⑥ 管架断面宽度如下。

小型管架	管架宽度小于3m
大型管架	管架宽度大于3m

⑦ 小型管架与建、构筑物之间的最小水平净距，应符合《化工企业总图运输设计规定》（GB 50489—2009）中的有关规定。

⑧ 一般管架坡度为0.2%～0.5%。当无特殊要求时可不设坡度。

⑨ 多种物性管道在同一管架多层敷设时，宜将介质温度高者布置在上层，腐蚀性介质及液化烃管道布置在下层。在同一层敷设时，热管道及需经常检修的管道布置在外侧，但液化烃管道应避开热管道。

1.3.6 辅助和生活设施的布置

① 生产规模较小的车间，多数是将辅助室、生活室集中布置在车间中的一个区域内，如图37-4所示。

一般情况下，将辅助设施布置在其中间，如配电室布置在电负荷的中心，控制室设在靠近生产区域

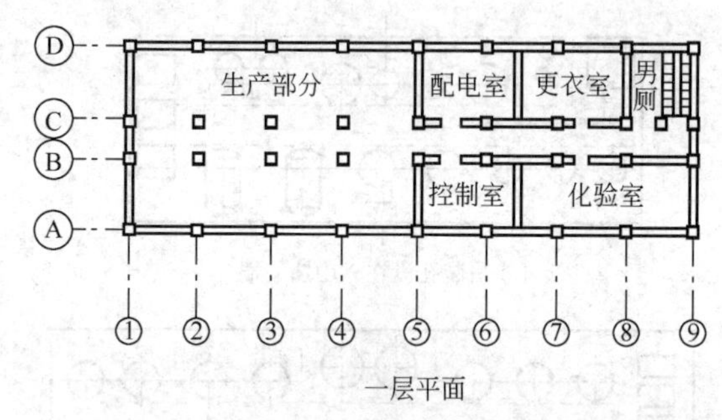

一层平面

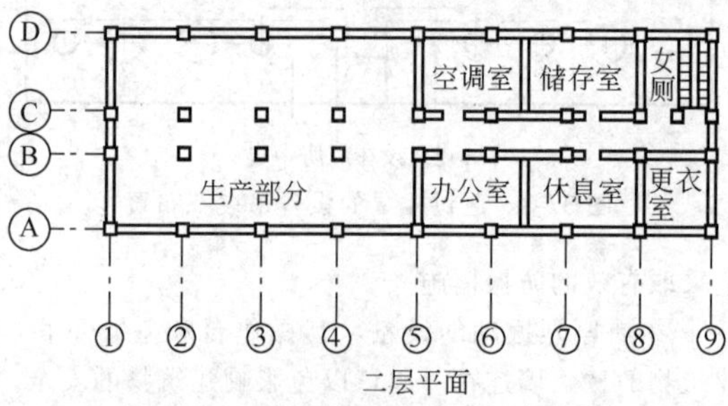

二层平面

图37-4 辅助室（生活室）布置

处，空调机房布置在需要空调的房间的附近等。这些房间一般布置在车间的北侧。

② 生活室中的办公室、化验室、休息室等宜布置在厂房南侧，以充分利用太阳光采暖，更衣室、厕所、浴室等可布置在厂房北侧。

③ 生产规模较大时，辅助室和生活室可根据需要布置在有关的单体建筑物内或单独设立。

④ 有毒的或者对卫生方面有特殊要求的工段必须设置专用的浴室。

1.3.7 安全和卫生

① 要为工人操作创造良好的采光条件。布置设备时尽可能做到工人背光操作，高大设备避免靠窗布置，以免影响采光。

② 要最有效地利用自然对流通风，车间南北向不宜隔断。放热量大，有毒害性气体或粉尘的工段，如不能露天布置时，需要有机械送排风装置或采取其他措施，以满足卫生标准的要求。

③ 凡火灾危险性为甲、乙类生产的厂房，除上面已提到的一些注意事项外，还需考虑如下。

a. 在通风上必须保证厂房中易燃气体或粉尘的浓度不超过允许极限，送排风设备不应布置在同一个通风机室内，且排风设备不应和其他房间的送排风设备布置在一起。

b. 必须采取必要的措施，防止产生静电、放电以及着火的可能性。

c. 凡产生腐蚀性介质的设备，其基础、设备周围地面、墙、梁、柱都需要采取防护措施。

④ 任何烟囱或连续排放的放空管，其高度及周围设置物的要求详见《化工装置设备布置设计规定》

（HG/T 20546—2009）中的要求。

1.4　装置（车间）布置方法和步骤

① 工艺设计人员（工艺包设计阶段）根据生产流程、生产性质、各专业的要求、有关标准规范的规定及车间在总平面图上的位置，初步划分生产、辅助生产和生活区的分隔及位置，确定厂房柱距和宽度。

② 车间布置图常用比例为 1∶100，也可用 1∶200或 1∶50，视设备布置密集程度而定。

③ 绘制厂房建筑平、立面轮廓草图。

④ 根据工艺流程划分工段，把同一个工段的设备，尽量布置在同一幢厂房中。

⑤ 将设备按比例在计算机绘制系统中制成设备模型或用塑料片制成图案（也可用硬模型），在画有建筑平、立面轮廓图上布置设备，得到满意的方案后，制成车间平、立面布置草图。

⑥ 辅助及生活设施在布置设备时应统筹考虑，一般将这些房间集中布置在规定区域内，不能在车间内任意隔置，防止厂房零乱、不整齐，以及影响厂房通风条件。

⑦ 车间平、立面布置草图完成后，要广泛征求有关专业的意见，一般至少考虑两个方案，从各方面比较其优缺点，经集思广益后，选择一个较为理想的方案。根据讨论意见做必要的调整，修正后提交建筑设计人员设计建筑图。

⑧ 配管设计人员（基础设计和详细工程设计阶段）在取得建筑设计图后，根据布置的草图绘制正式的车间平、立面布置图。

⑨ 在专业分工较细的大型设计单位，基础工程设计阶段设备布置图共出 4 版，详细工程设计阶段共出 3 版。

a. 基础工程设计阶段

ⓐ 初版设备布置图（简称“A”版）。根据工艺流程、专利商布置建议及布置规定，结合工程的具体情况形成的初步概念，编制设备布置图。

ⓑ 内部审查版设备布置图（简称“B”版）。

ⓒ 用户审查版设备布置图（简称“C”版）。

ⓓ 确认版设备布置图（简称“D”版）。

b. 详细工程设计阶段

ⓐ 研究版或详 1 版设备布置图（简称“E”版）　在详细工程设计开始，各专业开展工作，经多方研究改进后的设备布置图，此布置已成定局，将作为下一步设计及提条件的重要依据。

ⓑ 设计版或详 2 版设备布置图（简称“F”版）　此版用于开展正式施工图的设计，布置图上应标注出全部设备定位尺寸，并表示出所有操作平台等。

ⓒ 施工版设备布置图（简称“G”版）　根据管道设计的要求和其他问题的处理而对设计版设备布置图做出修改，成为最终施工版设备布置图。

1.5　装置（车间）布置成品图

车间布置的最终成品是车间平、立面布置图。如规模大时，还需要有一张联系各建筑物的装置总平面图及分区索引图，比例一般为 1∶100，图幅一般采用 A0，超过者比例可采用 1∶150 或 1∶200。

1.5.1　装置（车间）平面布置图

车间平面布置图包括以下内容。

① 厂房建筑平面图，注有厂房边墙轮廓线、门窗位置、楼梯位置、柱网间距和编号以及各层相对标高，并标上具体尺寸。

② 设备外形尺寸俯视图和设备编号。

③ 设备定位尺寸，设备管口方位、大小及典型管口代号。

④ 操作台平面示意图，主要尺寸和台面相对标高。

⑤ 吊车及吊车梁的平面位置。

⑥ 地坑和地沟的位置与尺寸，以及地坑和地沟的相对标高。

⑦ 吊装孔的位置和尺寸。

⑧ 辅助室、生活室的位置、尺寸及室内设备器具等的示意图和尺寸。

⑨ 卧式换热设备的固定端。

1.5.2　装置（车间）立面布置图

车间立面布置图包括以下内容。

① 厂房建筑立面图，包括厂房边墙轮廓线、门及楼梯位置、柱网间距和编号，以及各层相对标高、梁的高度等，并标上具体尺寸。

② 设备外形尺寸侧视图和设备编号。

③ 设备高度定位尺寸和尺寸线。

④ 设备支承形式。

⑤ 操作台立面示意图和主要尺寸。

⑥ 吊车梁的立面位置及高度。

⑦ 地坑、地沟的位置及深度。

1.5.3　装置总平面图

大型装置布置图如分单体绘制时，还需增加总平面图，作为整个装置全貌的介绍及各个单体的索引。总平面图包括如下内容。

① 各建、构筑物轮廓线，门及楼梯位置，柱网编号和尺寸，室外设备外形尺寸，设备编号和定位尺寸。

② 操作控制室及辅助设施示意图，界区内道路、铁路专用线、运搬设施、管廊、管沟、地坑、消防设施的位置及尺寸。

③ 以总界区左下角为基准点，标出基准点的坐标，即相当于在总图上的坐标。

1.5.4　设备布置分区索引图

对于联合布置（或小装置）或独立的主项（或车间），若设备平面布置图按所选定的比例不能在一张图纸上绘制完成时，需将装置（车间）分区进行设计。为了解分区情况，方便查找，应绘制分区索引图。

分区索引图可按化工单元分区（如精馏区、干燥区等），也可按功能分区（如压缩区、急冷区等），并在该区的右下角标上分区名称，左下角应标注基准点，如图 37-5 所示。

1.6　典型设备布置

1.6.1　塔、立式容器和反应器

(1) 塔

① 应以塔为中心，把与塔有关的设备如中间槽、冷凝器、回流泵、进料泵等就近布置，尽量做到流程顺、管线短、占地少、操作维修方便。

② 根据生产要求来布置配管侧和维修侧，配管侧应靠近管廊，而维修侧则布置在有人孔并应靠近通道和吊装空地处；爬梯宜位于两者之间，常与仪表协调布置，如图 37-6 所示。

③ 大直径塔宜采用裙座式立地安装，用法兰连接的多节组合塔以及直径不大于 600mm 的塔一般安装在框架内。

④ 塔的安装高度必须考虑塔釜泵的净正吸入压头、热虹吸式再沸器的吸入压头、自然流出的压头及管道、阀门、控制仪表等的压头损失。

⑤ 塔的冷凝器、冷却器、中间槽、回流罐等一般可在框架上和塔在一起联合布置（图 37-7），也可隔一管廊和塔分开布置（图 37-8）。

⑥ 成组布置的塔，一般以塔的外壁或中心线排成一行，并设置联合平台，各塔平台连接走道的结构应能满足各塔不同伸缩量及基础沉降不同的要求，各塔人孔方位宜一致（每个单塔有多个人孔时，尽量使人孔方位一致），并位于检修侧。塔身上的每个人孔处需设置操作平台，以便检修塔板。

⑦ 再沸器应尽量靠近塔布置，使管道最短，减少管道阻力降，通常安装在单独的支架或框架上，若安装在塔体上，应与设备专业协商。有关设备、管道热膨胀及支架结构问题应经应力分析后选择最佳布置方案。塔底与再沸器连接的气相管中心与再沸器管板的距离不应太大，以免造成热虹吸不好而影响再沸器效率。

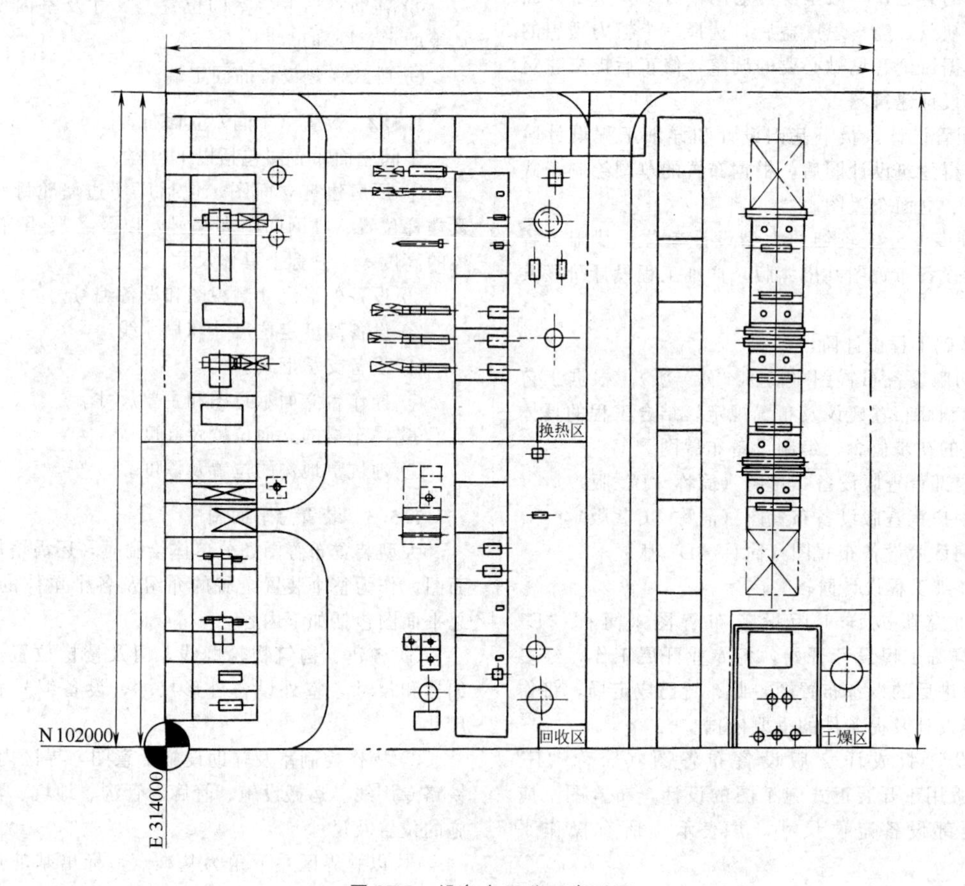

图 37-5　设备布置分区索引图

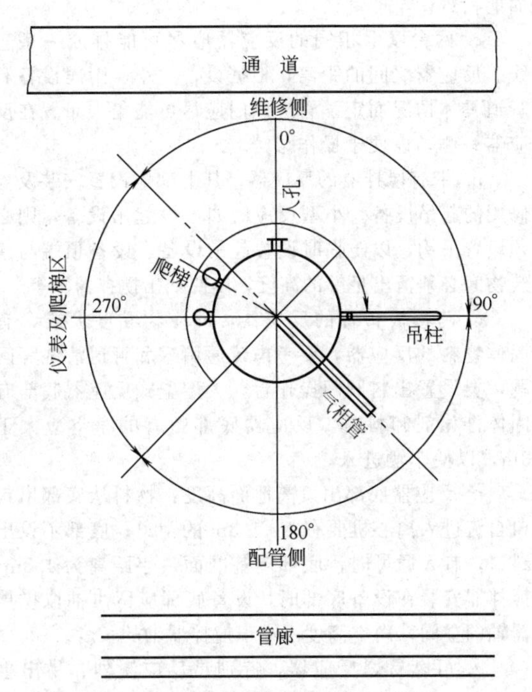

图 37-6　塔的维修侧和配管侧布置

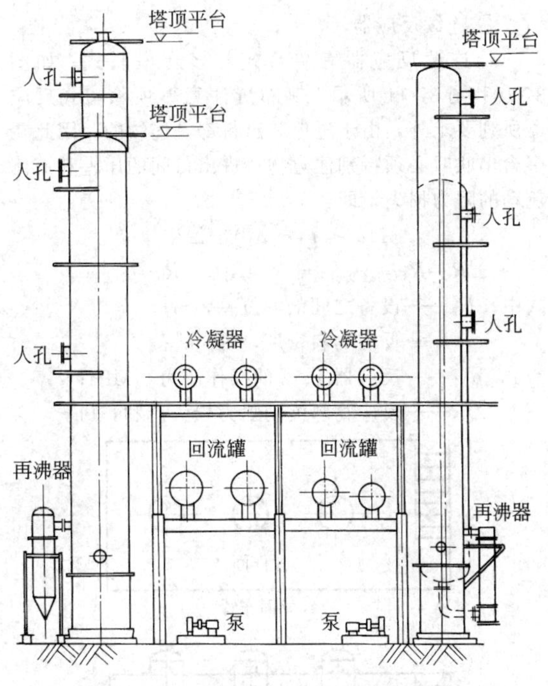

图 37-7　塔和框架联合布置（立面）

⑧ 对于中小型生产，塔顶冷凝器回流罐都置于塔顶，靠重力回流，这样蒸气上升管管线较短。对于大型塔，如安装在塔顶，会增加结构设计的困难，宜布置于低处用泵打回流。

有强烈腐蚀性的物料及特别贵重的物料，为了解决泵的腐蚀问题和泄漏，不得已时采用将冷凝器架高

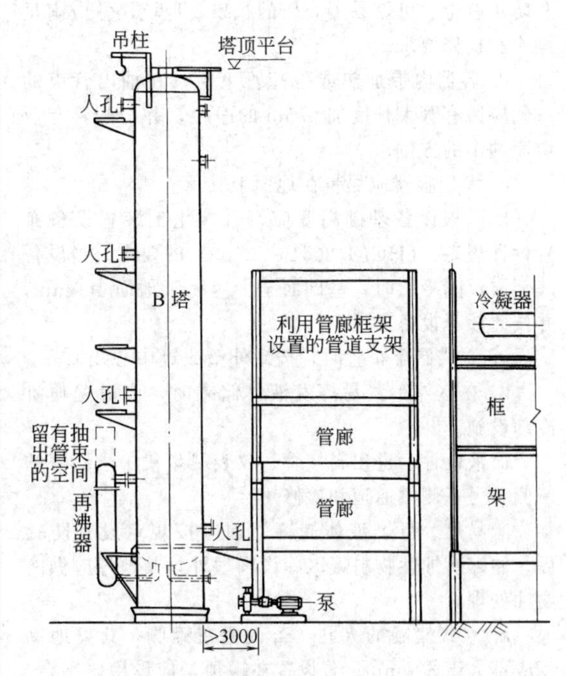

图 37-8　塔和框架分开布置（立面）

的办法而省去回流泵，这是特例。

⑨ 大塔塔顶需设置吊柱，以吊起或悬挂人孔盖，以及吊装塔内填料与零部件等。

⑩ 确定塔的管口方位时，要首先确定人孔的方位及位置，然后根据塔盘位置，明确奇数板和偶数板的降液管位置，再从上到下依次确定各管口的位置和方位。回流管口应设在距离降液板最远的位置。

⑪ 是否采用塔压或重力出料，应由塔内压力和被连接设备的压力来确定。同时应结合被连接设备的高度、液体的密度和管道的阻力进行必要的水力计算。用泵出料时，塔底标高由泵的净正吸入压头和吸入管道压力降来确定，应考虑泵的吸入压头和釜液在输送条件下的蒸气压，以免发生气蚀。从塔底抽出接近沸点的液体，管道上设置孔板等流量计时，为了防止流量计前液体的闪蒸，塔必须安装得高一些，以保持管道中有一定的静压头。

⑫ 一个塔设有 2 台再沸器时，应对称安装，使其处于同一中心线上，并留出切换操作的余地。一个塔需要 3 台或 3 台以上的立式再沸器时，其位置应考虑便于操作和配管，可将再沸器入口管和蒸气出口管的支管汇总后再与塔连接。

(2) 立式容器和反应器

① 立式容器

a. 立式容器特别是大型立式容器布置应考虑运输、吊装等因素，留有余地。

b. 容器位于泵前时，其安装高度应符合泵的 NPSH 的要求。

c. 布置在地坑内的容器，应妥善处理坑内积水

和防止有毒、可燃易爆介质的积累，地坑尺寸应满足操作和检修要求。

d. 容器内带加热或冷却管束时，在抽出管束的一侧应留有管束长度加 0.5m 的净距，并与配管专业协商抽出的方位。

e. 大型容器应尽量在地面上支承。

f. 一般设备基础高度应符合《化工装置设备布置设计规定》(HG/T 20546—2009) 的要求。当设备底部需设隔冷层时，基础面至少应高于地面 100mm，并按此核算设备支承点标高。

g. 立式储罐布置时，按罐外壁或罐中心线取齐。

h. 在室外布置易挥发液体储罐时，应设置喷淋冷却设施。

i. 液位计、进出料接管、仪表尽量集中于储罐的一侧，另一侧供通道和检修用。

j. 易燃、可燃液体储罐周围应按规定设置防火堤，储存腐蚀性物料罐区除设围堰外，其地坪应做防腐蚀处理。

k. 立式储罐的人孔，若设置在罐侧，其离地高度应不大于 800mm；若设置在罐顶，应设检修平台，多个储罐设联合检修平台，单个储罐设直爬梯上下。

② 釜式反应器

a. 釜式反应器通常是间歇操作的。布置时要考虑便于加料和出料。液体物料通常是经高位槽计量后依靠位差加入釜中。固体物料大多是用吊车从人孔或加料口加入釜内，因此人孔或加料口离地面、楼面或操作平台面的高度以 800mm 为宜，如图 37-9 所示。

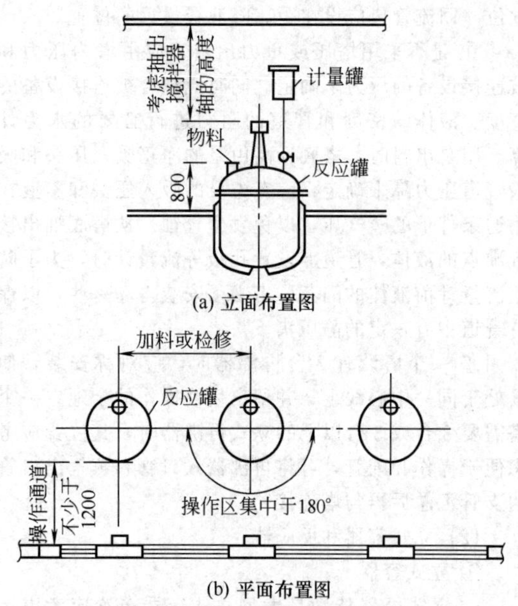

图 37-9 釜式反应器布置示意

b. 釜式反应器一般用耳架支承在建、构筑物上或操作台的梁上。对大型、重量大或振动大的设备，要用支脚直接支承在地面上，以减少设备的振动和楼面的荷载。

c. 两台以上相同的反应器应尽可能排成一条直线。反应器之间的距离，根据设备大小、附属设备和管道具体情况而定。管道阀门应尽可能集中布置在反应器一侧，以便于操作。

d. 带有搅拌器的反应器，其上部应设置安装及检修用的起吊设备。小型反应器如不设起吊设备，则必须设置吊钩，以便临时设置起吊设备。设备顶端与建筑物间必须留出足够的高度，以便抽出搅拌器轴等。

e. 跨楼板布置的反应器，反应物黏度大或含有固体物料的反应器，要考虑疏通堵塞和管道清洗等问题，要设置出料阀门操作台。大型釜式反应器底部有固体催化剂卸料时，反应器底部留有的净空应大于 3m，以便车辆进入。

f. 反应器底部出口离地面高度：物料从底部出料口自流进入离心机要有 1～1.5m 的距离；底部不设出料口，有人通过时，底部离基准面最小距离为 1.8m。搅拌器安装在设备底部时，设备底部应留出抽取搅拌器轴的空间，净空高度不小于搅拌器轴的长度。

g. 可燃易爆反应器，特别是反应激烈、易出事故的反应器，布置时要考虑足够的安全措施，包括泄压及排放方向。

③ 连续反应器

a. 连续反应器有单台式和多台串联式，如图 37-10和图 37-11 所示。其布置注意事项除釜式反应器所列要求外，由于进料和出料都是连续的，因此在多台串联时必须特别注意物料进出口间的压差和流体流动的阻力损失，即

$$H\rho>(p_2-p_1)+\sum R$$

$$\sum R=R_{流动速度损失}+R_{摩擦损失}+R_{局部阻力损失}$$

式中 H ——设备之间的液位差，m；

ρ ——反应物料密度，kg/m^3；

p_1，p_2 ——反应器 1、2 的操作压力，MPa；

$\sum R$——反应物料流动阻力损失总和，Pa。

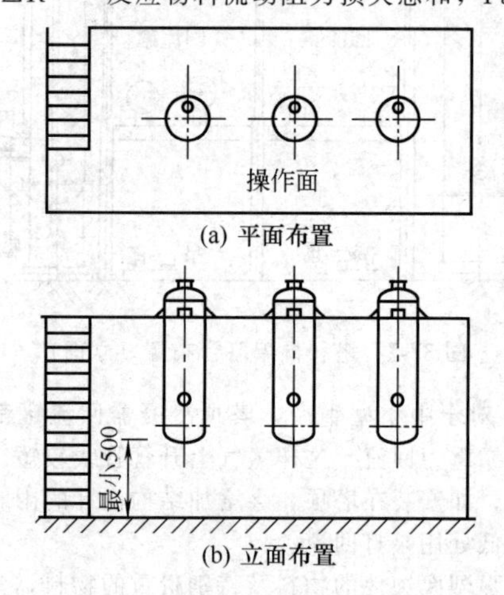

图 37-10 单台式连续反应器布置示意

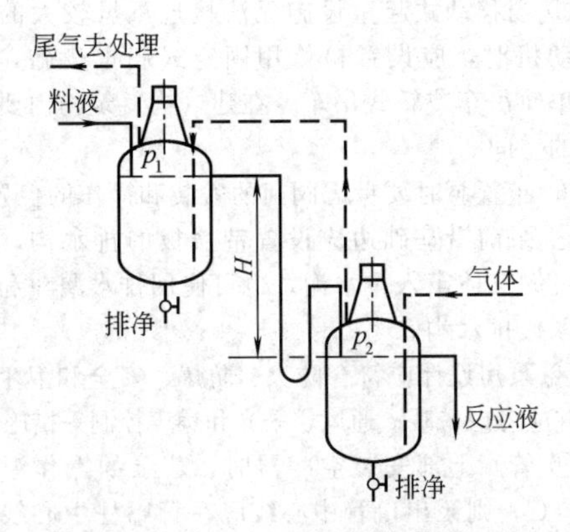

图 37-11　多台串联式反应器布置示意

b. 如果出料用加压泵循环时，除反应器为加压操作外，反应器还必须有足够的位差，以满足加压泵净正吸入压头的需要。

c. 多台串联反应器可并排排列或排成一圈。

④ 固定床反应器

a. 催化剂可以由反应器的顶部加入或用真空抽入，装料口离操作台 800mm 左右，超过 800mm 时要设置工作平台。

b. 反应器上部要留出足够净空，供检修或吊装催化剂篮筐用。

c. 催化剂如从反应器底部（或侧面出料口）卸料时，应根据催化剂接受设备的高度，留有足够的净空。当底部离地面大于 1.5m 时，应设置操作平台。底部离地面最小距离不得小于 500mm。

d. 多台反应器应布置在一条中心线上，周围留有放置催化剂盛器和必要的检修场地。

e. 操作阀门和取样口应尽量集中在一侧，并与加料口不在同一侧，以免相互干扰。

⑤ 流化床反应器

a. 布置要求和固定床反应器基本相同，此外，应同时考虑与其相配的流体输送设备、附属设备的布置。设备间的距离在满足管线连接安装要求下，应尽可能缩短。

b. 催化剂进出反应器的角度，应能使得固体物料流动通畅，有时还应保持足够的料封。

c. 对于体积大、反应压力较高的反应器，应该采用坚固的结构支承。

d. 反应器支座（或裙座）应有足够的散热长度，使支座与建筑物或地面的接触面上的温度不致过高。要求钢筋混凝土不高于 100℃，钢结构不高于 150℃。

1.6.2　换热器和卧式容器

(1) 换热器

① 多台换热器通常是按流程成组安装的。多组卧式换热器应排列成行，并使管箱管口处于同一垂直面上，既便于配管和节约清管检修用地，又保持整齐美观。

② 布置时要考虑换热器抽管束或检修所需的场地（包括空间）和设施。如检修时，汽车吊不能接近换热器，则应设吊车梁、地面轨道或其他检修用设施。

③ 卧式换热器管束抽出端可布置在检修通道侧，所需净距按 HG/T 20546—2009（第 3 章）的规定。

④ 尽量避免直径较大的两个以上的卧式换热器叠放在一起布置，若工艺有特殊要求或为了节省占地面积，可考虑将换热器重叠布置，但不应存在维修困难的问题。

⑤ 操作温度高于物料自燃点的换热器上方如无楼板或平台隔开，不应布置其他设备。

⑥ 换热器与相邻换热器或卧式容器之间，支座基础或外壳之间，以及法兰的周围最小净距应符合 HG/T 20546—2009（第 3 章）的规定。

⑦ 卧式换热器的安装高度应保证其底部连接管道的最低点净空不小于 150mm。

(2) 卧式容器

① 多台卧式容器集中布置时，可按支座中心线或封头顶端对齐的方式布置。地面上的容器以封头顶端对齐的方式布置为宜。

② 卧式容器的安装高度应根据下列情况之一确定。

a. 容器位于泵前时，应注意泵的净正吸入压头（NPSH）的要求。

b. 底部带集液包的卧式容器，其安装高度应保证操作和检测仪表所需的足够空间；底部排液管线最低点和地面或平台的距离应不小于 150mm。对多台不同大小的储罐，其底部宜布置在同一标高上。

③ 为便于操作、检修等要求应设置平台，多台布置在一起可设置联合平台。

④ 有关卧式容器支座（鞍座）的滑动侧和固定侧应按有利于容器上所连接的主要管线的柔性计算来确定，如图 37-12 所示。

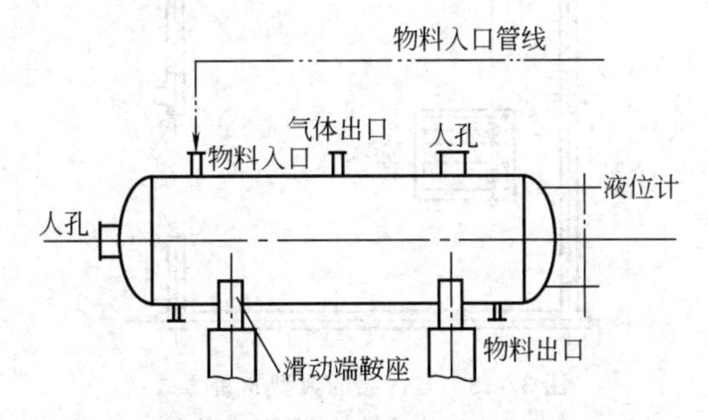

图 37-12　卧式容器的滑动端鞍座

1.6.3 转动机械

(1) 泵

① 年极端最低温度在－38℃以下的地区，宜在室内布置泵。其他地区可根据雨雪量和风沙情况等采用敞开或半敞开布置。敞开或半敞开布置泵时，其配套的电气、仪表设施均采用户外型。

输送高温介质的热油泵和输送易燃易爆的或有害介质（如氨等）的泵，要求有通风的环境，一般宜采用敞开或半敞开布置。

② 集中布置是将泵集中布置在泵房或露天、半露天的管廊下或者框架下，呈单排或双排布置形式。当工艺流程中塔类设备较多时，常将泵集中布置在管廊下面，在寒冷地区则集中布置在泵房内。

③ 分散布置是按工艺流程将泵直接布置在塔或容器附近。泵的数量较少时，从经济上考虑，集中布置是不合理的，其他如工艺上的特殊要求，或因安全方面等原因，也要采用分散布置。

④ 泵的布置首先要考虑方便操作和检修，其次是注意整齐美观。离心泵的排出口应取齐，并列布置，以使泵的出口管整齐美观，也便于操作。如图37-13所示为室内泵的典型布置方式。当泵的排出口不能取齐时，则可采用泵的一端基础取齐，这种布置方式便于设置排污管或排污沟。

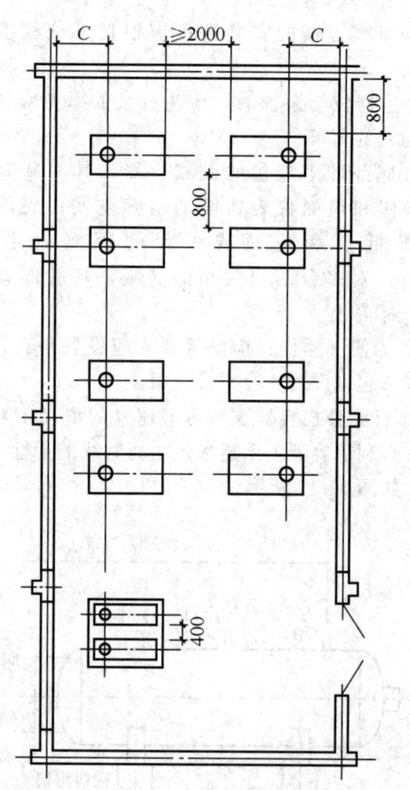

图37-13 室内泵的典型布置方式
（尺寸C按阀门布置情况确定）

⑤ 当移动式起重设施无法接近重量较大的泵及其驱动机时，应设置检修用固定式起重设施，如吊梁、单轨吊车或轿式吊车。在建（构）筑物内要留有足够的空间。

⑥ 布置泵时要考虑阀门的安装和操作的位置。

⑦ 泵前沿基础边应设置带盖板的排水沟，为了防止可燃气体窜入排水沟，也可使用排水漏斗和埋地管以取代排水沟。

⑧ 泵房设计应符合防火、防爆、安全和卫生等规定，并应考虑采暖、通风、采光和噪声控制等措施。

⑨ 管廊上部安装空冷器时，若泵的操作温度小于340℃，则泵出口管中心线应在管廊柱中心线外侧600mm，如图37-14所示。若泵的操作温度不小于340℃，则泵不应布置在管廊下面。

⑩ 管廊上部不安装空冷器时，泵出口管中心线一般在管廊柱中心线内侧600mm，如图37-15所示。但对于大的装置，当管廊的跨度很大时，则泵出口管中心线可不受此限制。

⑪ 泵的检修通道，若考虑用小型叉车搬运零件，其宽度一般不应小于1250mm，但对于大泵，应适当加大净距。

⑫ 两台相同的小泵可布置在同一基础上，相邻泵的突出部位之间最小距离为400mm。

⑬ 如泵房靠管廊时，柱距宜与管廊的柱距相同，一般为4m和6m。跨距一般采用4.5m、6m、9m和12m。

⑭ 泵房的层高（梁底标高）应由进出口管线和设备检修用起重设施所需的高度确定，一般层高为4.0～5.0m。

⑮ 罐区泵房一般设置在防火堤外，距防火堤外侧的距离不应小于5m。与易燃易爆液体的储罐的距离应满足防火要求。

⑯ 泵的吸入口管线尽可能短，同时泵的吸入口标高和储罐或塔类设备的标高的关系应满足净正吸入压头（NPSH）的要求。

⑰ 泵的吸入口标高，一般要求吸入管线应无袋形（指露天布置时）。因此要求吸入管带有坡度，并坡向泵的方向，并按此要求确定泵的标高。

⑱ 地下槽用离心泵，应放在地下槽的同层高度。

⑲ 对于需设置移动式泵的场合，应考虑集中布置同类型泵，使移动泵处在易通行又不妨碍操作与检修作业的区域。如需要以移动式泵来替代泵群中某台泵时，该泵应留有切换管道作业的位置。

(2) 离心式压缩机

① 离心式压缩机一般安装在敞开或半敞开的建筑物内，在严寒地区（冬季气温在－40℃以下）或在风沙大的地区采用封闭式厂房。

② 离心式压缩机（由电动机驱动时）是装置中电负荷最大的关键设备，布置时应同时考虑变、配电

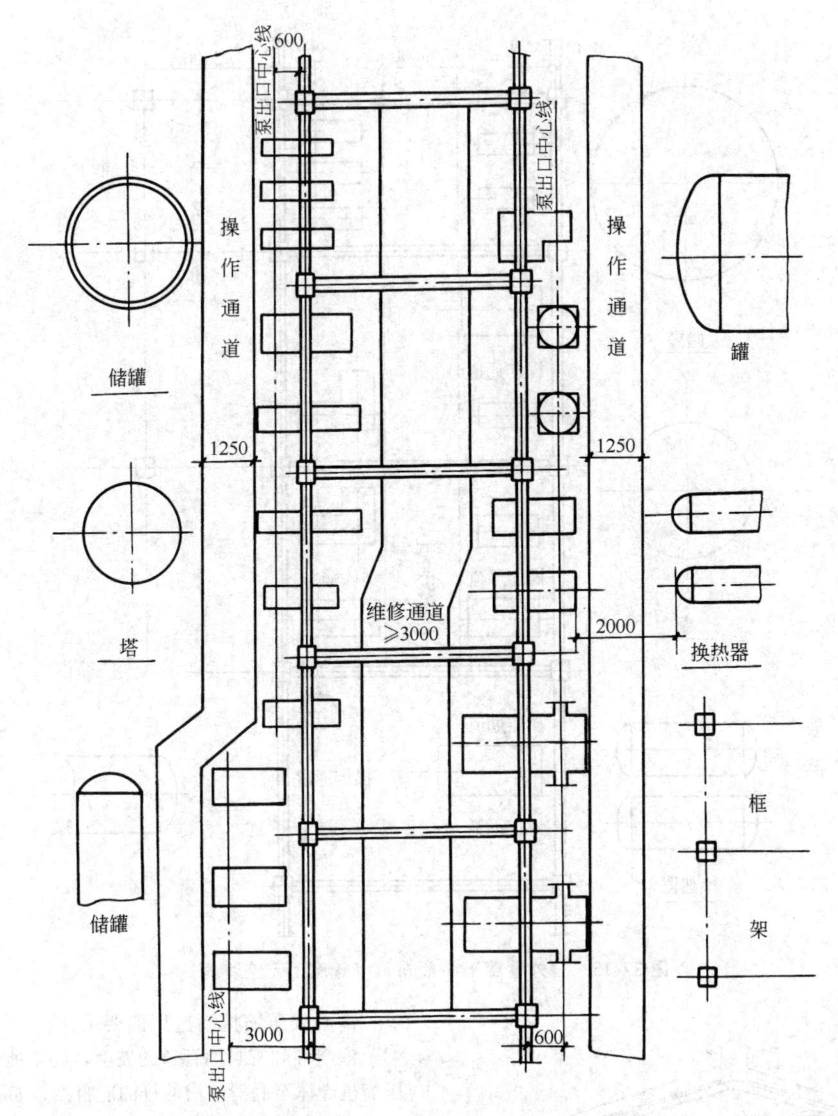

图 37-14　室外管廊下泵的布置（管廊上有空冷器）

室的位置。

③ 离心式压缩机机组及其附属设备的布置应满足制造厂的要求。

④ 离心式压缩机布置在厂房内二楼时，应设置起吊设施（图 37-16）。

⑤ 离心式压缩机布置在室外时，为了大型组合件的检修和运输，应考虑所需检修通道，并与厂区道路相通。

⑥ 室内布置的离心式压缩机，其基础应考虑隔振，并与厂房的基础隔开，如图 37-16 所示。

⑦ 为便于进出厂房，楼梯应靠近通道，并设置第二楼梯或直爬梯，便于紧急情况时疏散（图 37-17）。

⑧ 输送易燃性气体的离心式压缩机与明火设备、非防爆的电气设备的间距，应符合国家现行的《爆炸危险环境电力装置设计规范》（GB 50058—2014）和《石油化工企业设计防火规范》（GB 50160—2008）的有关规定。

⑨ 为了安全，离心式压缩机与分馏设备的距离应大于 10m，其厂房外缘与道路边缘的距离应大于 5m（图 37-18）。

⑩ 在厂房内布置离心式压缩机时，应满足下列要求。

a. 机组和厂房墙壁的净距应满足压缩机或驱动机的活塞、曲轴、转子等的检修要求，并且不应小于 2m（图 37-18）。

b. 机组一侧有放置最大部件及进行检修作业部件的场地。

c. 压缩机两侧应有消防通道（图 37-17）。

⑪ 离心式压缩机基础的最小高度应由以下因素确定。

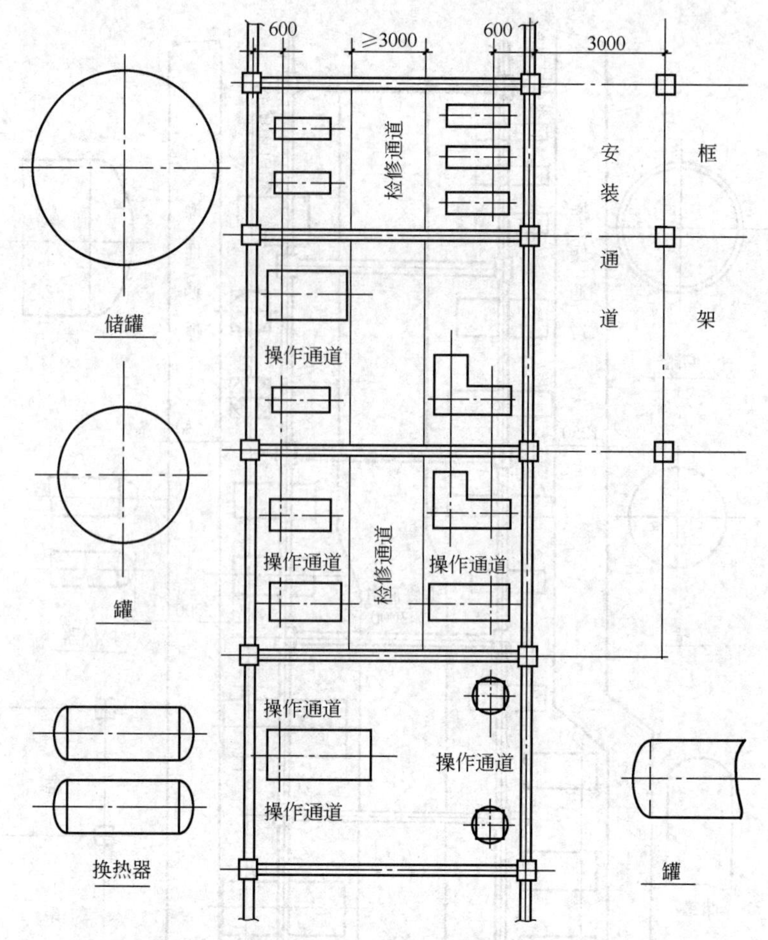

图 37-15 室外管廊下泵的布置（管廊上无空冷器）

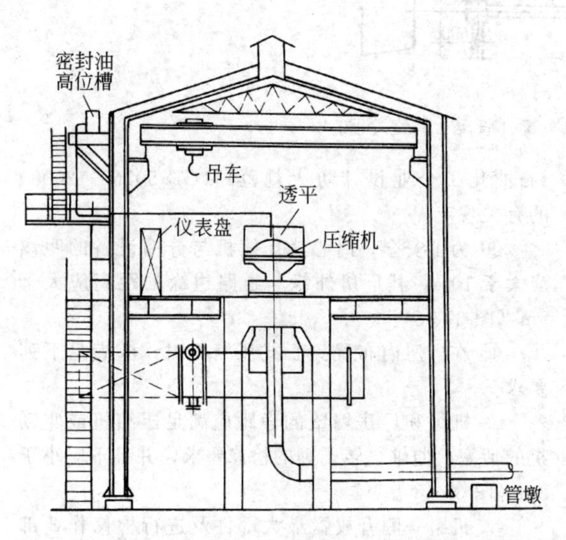

图 37-16 离心式压缩机的立面布置（进出管口在下部）

冷凝器的外形尺寸，冷凝液泵的净正吸入压头（NPSH）的要求，冷凝器出口安全阀管道的净空要求，离心式压缩机制造厂的要求。

润滑油和密封油管道的坡度，要求能保证从离心式压缩机壳体至润滑油槽的排油能自流，如图 37-16 所示。

⑫ 厂房内必须通风良好以利散热。

a. 处理比空气轻的气体时或散热量大的压缩机，半敞开式厂房上部要设置风帽或天窗，以排出积聚在厂房上部的危险气体或热量，如图 37-16 所示。

b. 处理比空气重的可燃性气体时，厂房内要避免有地沟和地坑，以免气体积聚造成爆炸危险，并应有防爆的安全措施，如事故通风、事故照明、安全出入口等。

c. 为使空气压缩机吸入较清洁的空气，空气压缩机厂房必须布置在散发有害气体的设备或散发灰尘场所的全年最小频率风向的下方位置。

⑬ 离心式压缩机的附属设备布置，应满足下列要求。

a. 对于多级离心式压缩机，应综合考虑进出口的受力影响，合理确定各级气液分离器和冷却器的相对位置，如图 37-17 所示。

b. 高位油箱的安装高度，应满足制造厂的要求，

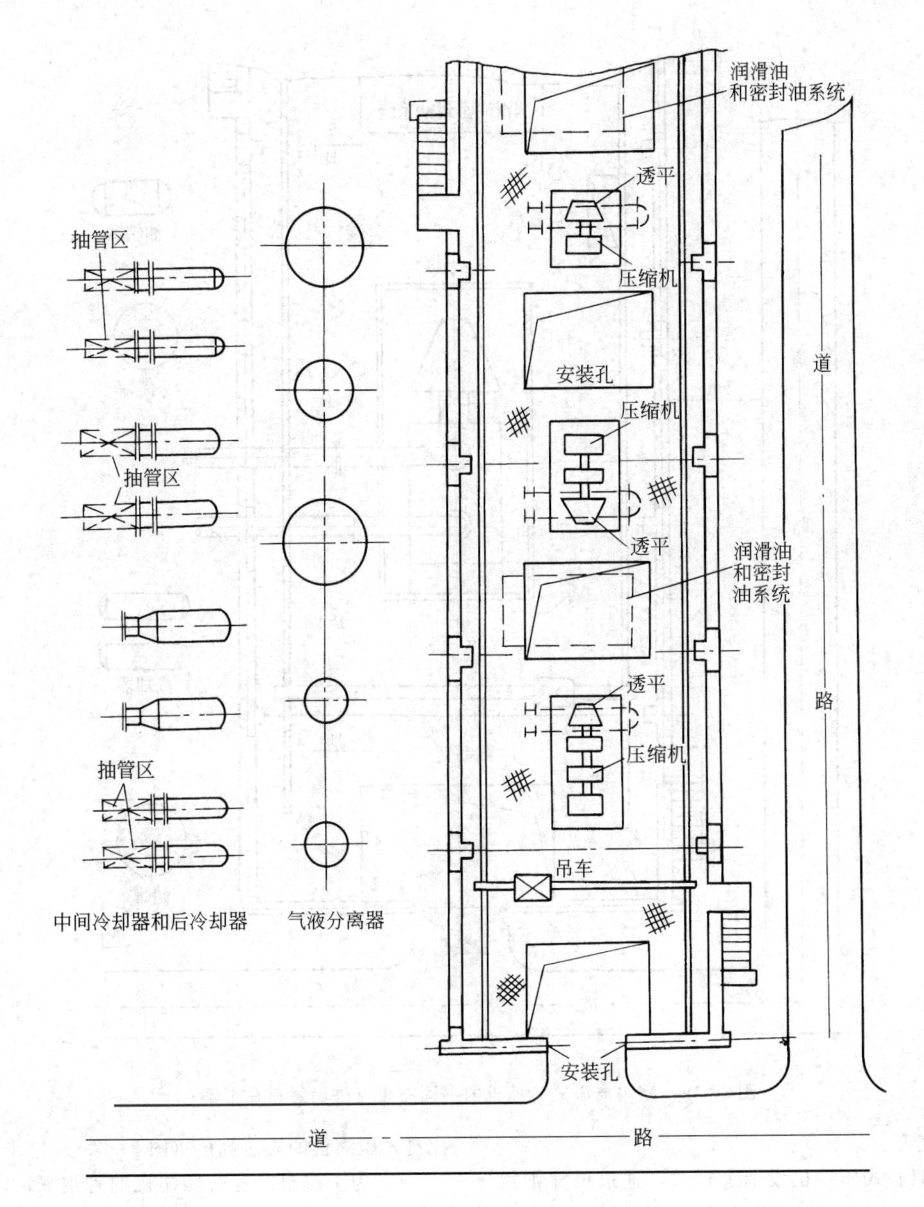

图 37-17 多台离心式压缩机的平面布置

并设置平台和直梯（图 37-16）。

c. 润滑油和密封油系统宜靠近离心式压缩机，并满足油冷却器的检修要求。

⑭ 离心式压缩机的驱动机为蒸汽汽轮机时，汽轮机的附属设备的布置应考虑下列因素。

a. 蒸汽汽轮机采用空冷器作为凝汽设备时，空冷器的位置应靠近汽轮机，空冷器的安装高度应能满足凝结水泵的吸入高度的要求。

b. 蒸汽汽轮机采用冷凝冷却器作为凝汽设备时，冷凝冷却器宜布置在汽轮机的下方，也可布置在透平机的侧面。冷凝冷却器管箱外应考虑检修场地。凝结水泵的位置应满足吸入高度的要求。

⑮ 对于布置在二层楼的离心式压缩机，二层楼面的荷重（检修荷重）应不小于 5000Pa。

⑯ 离心式压缩机之间的最突出部分的距离一般不小于 2.4～3m。

⑰ 对厂房尺寸的考虑。厂房的跨度及长度与压缩机布置的方位、台数、辅机、安装孔及梯子等有关。压缩机横向总尺寸，由离心式压缩机的尺寸和通道的净宽而定，通道净宽一般为自底座边缘算起不小于 2m。每台压缩机轴向的总尺寸根据离心式压缩机的类型而定，离心式压缩机壳体有垂直分开式与水平分开式两种。如为垂直分开式，其水平方向抽轴所需的净距大于 2m 时，则应增加通道宽度。如为水平分开式时，转子向上吊起，不占通道的空间。当驱动机为电动机，抽电动机转子所需净距大于 2m 时，则应

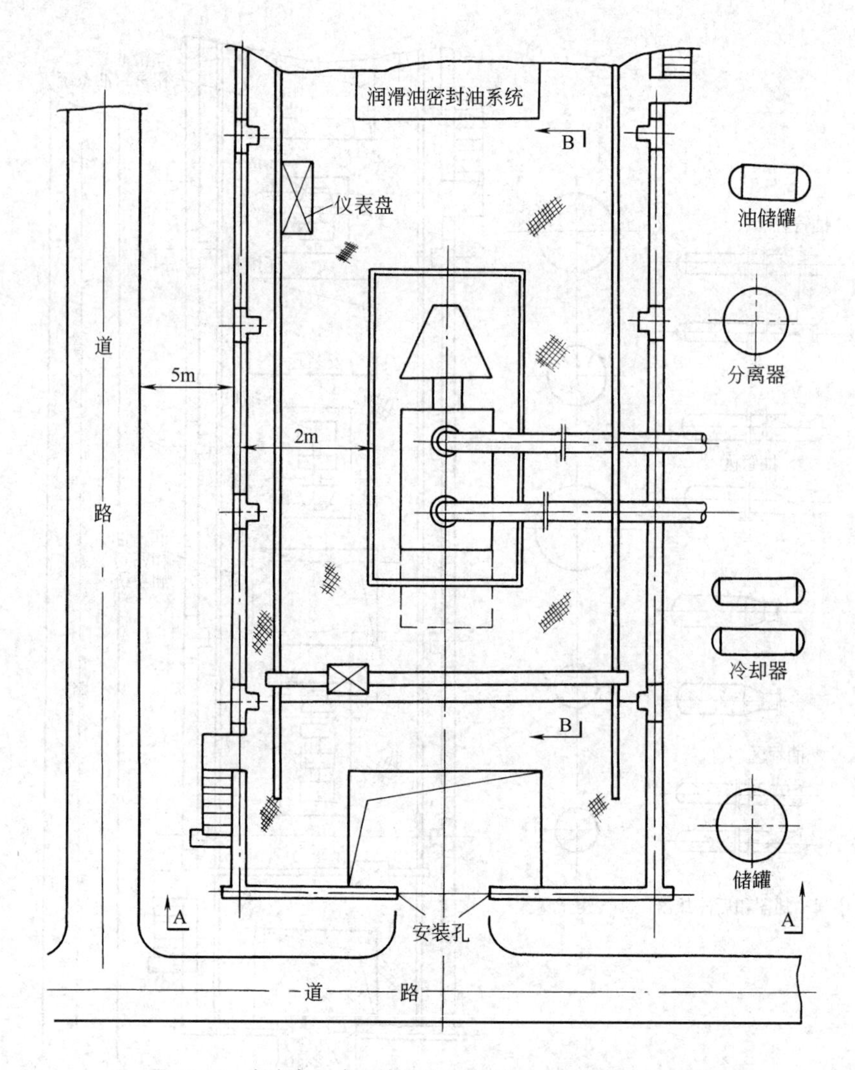

图 37-18 室内离心式压缩机的平面布置（进出管口在上部）

增加通道宽度。

⑱ 当离心式压缩机设消音罩时，通道尺寸则相应增加。

⑲ 根据最大部件重量并加上安全余量（300～600kg）确定起重机的能力；根据厂房宽度及起重机的标准跨度（L_R、L_Q）确定起重机轨距。

根据离心式压缩机制造厂提供的外形尺寸及配管情况确定起重机的起吊高度。

(3) 往复式压缩机

① 往复式压缩机的布置原则可参照离心式压缩机的布置。

② 往复式压缩机布置在控制室或其他建筑物附近时，往复式压缩机的驱动机（用蒸汽透平时）需设消声措施等。

③ 缓冲罐、中间冷却、气液分离器应靠近往复式压缩机，以减少管道长度（图 37-19）。

④ 根据减振系统管道所需要的最小净空，确定往复式压缩机的安装高度（图 37-20）。

⑤ 为了控制往复式压缩机的管道振动，通常将吸入和排出管道敷设在管墩上，一般采用防振支架。参见离心式压缩机的布置（图 37-16）。

⑥ 空气压缩机的吸入口应布置在厂房外高于地面、能吸入干净和冷空气的位置。

⑦ 往复式压缩机的室外布置，如图 37-21 所示。

(4) 风机

① 大型装置的鼓风机可以露天或半露天布置在框架旁、管廊下或其他构筑物下面。风机布置在封闭式厂房内时，应配置必要的消声设施。如不能有效地控制噪声，通常将其安装在隔断的鼓风机房内，以减少对周围的影响。

② 风机的安装位置要考虑操作和维修的方便，并使进出口接管简单；要避免风管弯曲和交叉，在转弯处应留有较大的回转半径。

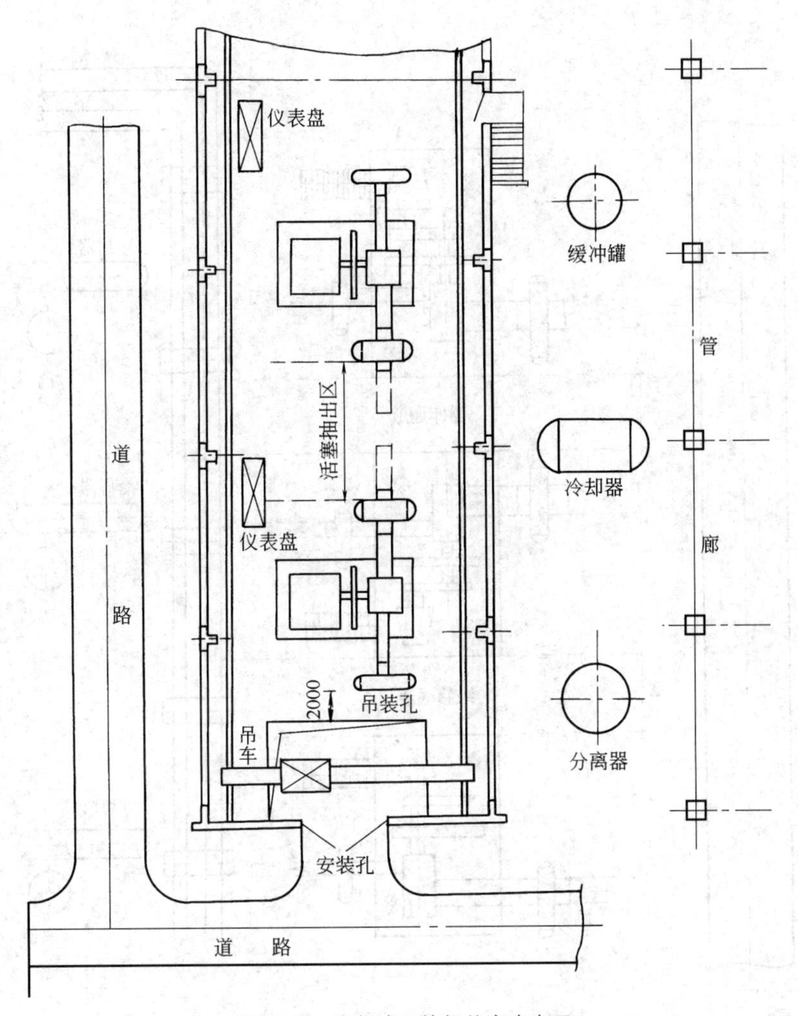

图 37-19 往复式压缩机的室内布置

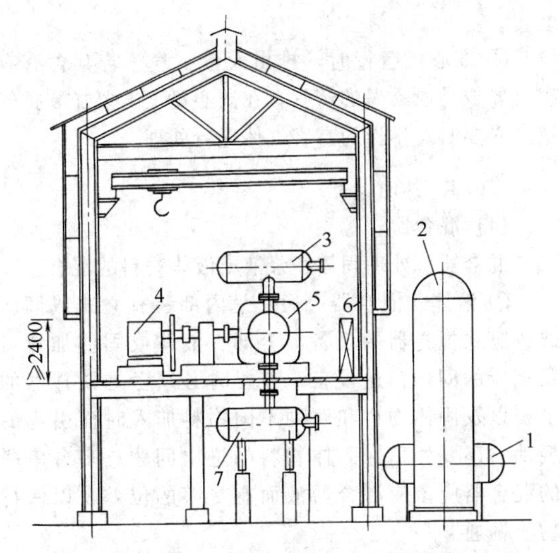

图 37-20 往复式压缩机的安装高度
1—冷却器；2—气液分离器；3—入口脉冲减振器；4—驱动机；5—压缩机；6—仪表盘；7—出口脉冲减振器

③ 风机的基础要考虑隔振，并与建筑物的基础完全脱开，还要防止风管将振动传递到建筑物上。

④ 鼓风机组的监控仪表宜设在单独的或集中的控制室内，控制室要有隔音设施和必要的通风设备。

⑤ 为了便于安装检修，鼓风机房需设置适当的吊装设备。

(5) 离心机

① 离心机为转动设备，由于转鼓载荷不均匀会引起很大振动，故一般均布置在厂房的底层，并且安装在坚固的基础上，基础和建筑物应完全脱开。小型离心机布置在楼板上时，需布置在梁上或在建筑设计上采取必要的措施。大型离心机需考虑减振措施。

② 离心机周围要有足够的操作和检修场地，通道宽度不得小于 1.5m。三足式离心机安装检修所需的间距如图 37-22 所示。

③ 离心机的安装高度根据出料方式确定。底部卸料的离心机，要按照固体物料的输送方式确定所需要的空间。

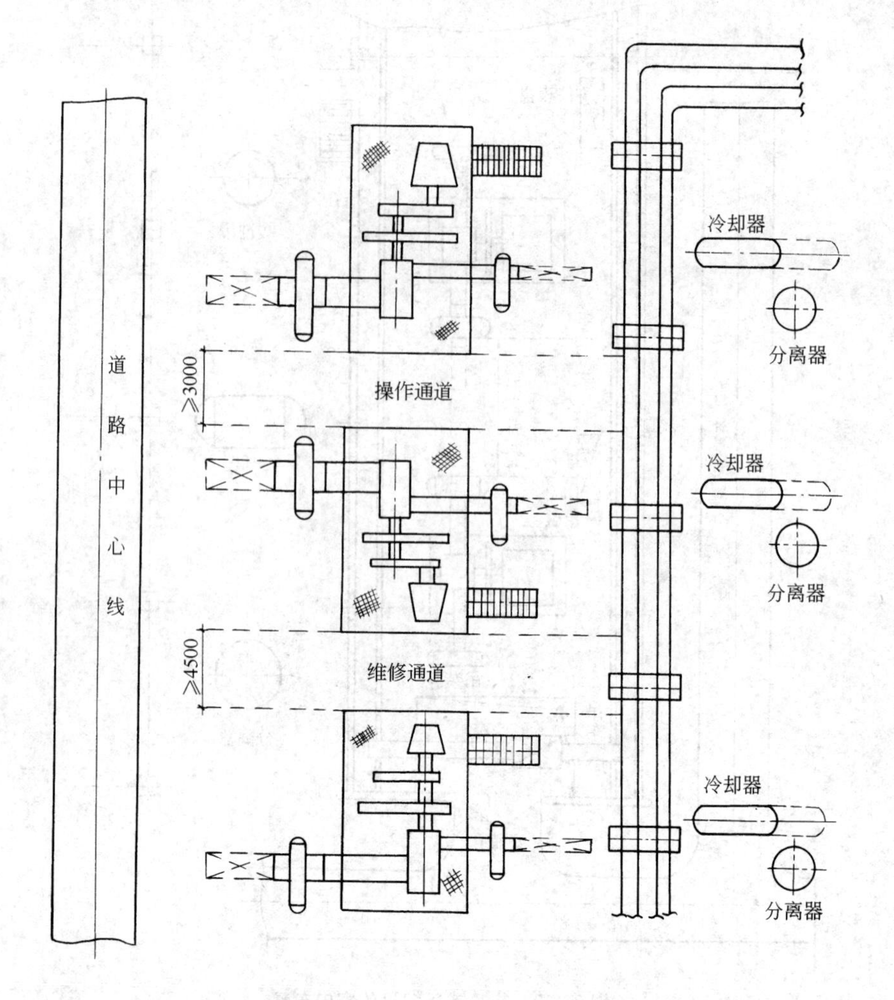

图 37-21 往复式压缩机的室外布置

④ 设置供检修用的起吊梁时，多台离心机可排列成一行，以减少梁的数量。离心机周围的配管，应不妨碍取出电动机和转鼓。

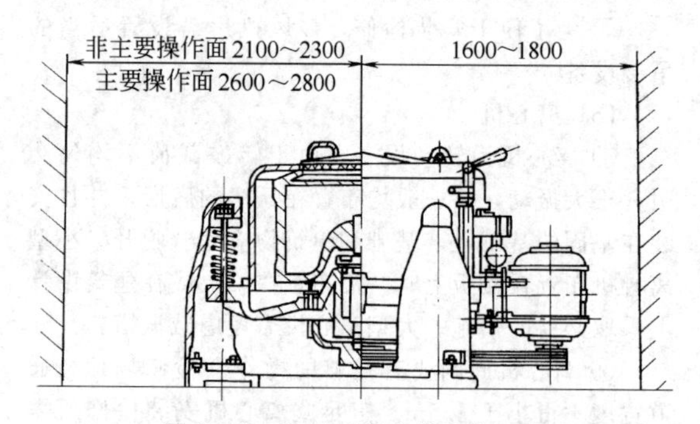

图 37-22 三足式离心机安装示意

⑤ 离心机不应布置在有腐蚀的区域或管道下面。离心机的泄漏物应收集在有围堤的区域内，且有一定的坡度，使漏出物流向地沟，排入废液处理装置。

⑥ 离心机运行时，排出大量空气，若其含有有害气体或易燃易爆的蒸气，在离心机上方要加装排气罩，必要时对排出的有害气体进行处理。

1.6.4 其他设备

(1) 混合器

混合器可处理固体、浆液或液体物料的混合。

① 液体式混合器 通常是内部装有立式或倾斜式或卧式搅拌器的设备，上部有液体或固体加料口及相应的固体输送设备，布置时必须考虑搅拌器的平衡以及固体物料和两种不同物料加入时而引起的振动，还要处理好固体物料的进出问题。多台串联的混合器应该使混合器液面有足够的位差，以保持物流畅通。

② 固体式混合器 包括螺旋式混合器、单转子或双转子混合器以及行星式混合器等。这类混合器，物料是从混合器顶部或一端加入，产品从中部或底部

排出。进、出物料的输送机可以布置成任何水平角度，输送机和混合器之间用溜槽衔接；溜槽要保持一定角度，以保证物流畅通，角度大小视固体物料性质而定。用气流输送物料时，需在混合器上安装旋风分离器。

回转式混合器为转动设备，布置时应考虑安装检修所需要的空间。出料口与地面之间应该留有设置物料受器的足够净空。采用输送机传送物料时，其布置要求有足够的操作、检修与安装的空间。

带碾轮的混合器一般比较沉重，通常布置在厂房底层。

③ 浆料式混合器　一般是带有慢速搅拌器的槽，搅拌形式有桨式或耙式，搓揉式混合器及密闭式混炼器等可处理更黏性的物料。这类混合器都必须有坚固的基础，最好布置在底层。

(2) 蒸发器

① 蒸发器及其附属设备（包括加热器、气液分离器、冷凝器、盐析器、真空泵及料液输送泵等）应成组布置，如图 37-23 所示。

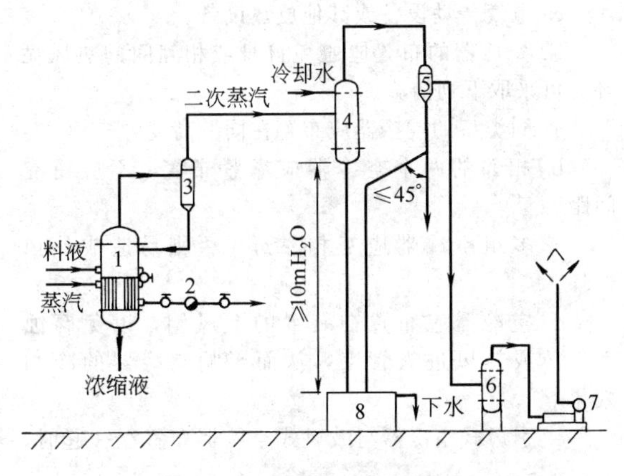

图 37-23　蒸发器成组布置示意

1—蒸发器；2—疏水阀；3，5—分离器；4—混合冷凝器；6—缓冲罐；7—真空泵；8—水槽

$1mH_2O=9806.65Pa$

② 多台蒸发器可成一条直线布置，也可成组布置。

③ 蒸发器视镜、仪表和取样点应相对集中。

④ 考虑蒸发器内（外）加热器的检修清洗或更换加热管，需设置能安装起吊设备的设施。

⑤ 通常蒸发器之间的蒸汽管管径较大，在满足管道安装、检修工作的要求下，应尽量缩小蒸发器之间的距离。

⑥ 蒸发器的最小安装高度决定于料液输送泵的净正吸入高度。

⑦ 混合冷凝器的布置高度应保持气压大于 10m H_2O 高度（冷凝器底至水池中水面的垂直高度），气压柱管道应垂直，若需倾斜，其角度不得大于 45°。

⑧ 容易溅漏的蒸发器，在设备周围地面上要砌设围堰及考虑排液措施，便于料液集中处理，地面需铺砌瓷砖或做适当处理。

⑨ 蒸发器布置在室内时，散热量较大，在建筑上应采取措施，加强自然通风或设置通风设施。

⑩ 有固体结晶析出的蒸发器，还需考虑固体出料及输送。

(3) 干燥器

① 喷雾干燥器、流化床干燥器　通常是用鼓风机将加热空气送入器内，与湿物料接触后水分被蒸发并随热空气带走，所以布置好鼓风机和加料器是非常重要的。

a. 鼓风机和加热器通常布置在同一单独的厂房内，以免鼓风机噪声和加热器的高温影响车间环境。

b. 喷雾干燥器与其附属设备（包括料液进料设备、成品出料包装设备、旋风分离器、布袋除尘器、加热器、风机等）成组布置，因所有进出口风管的管径都较大，布置时要统一考虑。

c. 喷雾干燥器一般可半露天布置，若布置在室内，需考虑防尘和防高温等措施。

d. 必须很好地处理好物料进出，使其进出便利，减少固体物料堵塞。

② 回转干燥器　包括内回转式、转鼓式和回转窑炉等，其附属设备有加热器、进出料装置和旋风分离器等。

a. 回转干燥器应单独布置，以减少对其他生产装置的影响。

b. 要合理安排进出固体物料输送设备，以便防尘、防热和操作、维护、检修。

c. 回转干燥器通常布置在建筑物的底层，设备基础应与建筑物基础安全分开。

③ 箱式干燥器　设备前要留有足够的空地，用以堆放湿料、干料，盘的周转和洗盘等操作，以及推送物料的通道，并要考虑通风、排风和降温措施。

(4) 过滤机

① 间歇式过滤机　通常在压力下或真空下操作，有板框压滤机、叶滤机、床层式过滤器及真空吸滤器等几种型式。

a. 间歇式过滤机通常布置在室内，多台过滤机采用并列布置，以便过滤、清洗、出料等操作能交替进行。

b. 设备布置所占用的面积，因出料方式而异。必须将过滤机拆开后才能取出滤饼的，以考虑操作方便为主；用压缩空气或其他方法可把滤饼取出的，则从考虑维修方便的角度确定占用面积。一般在过滤机周围至少要留出一个过滤机宽度的位置。

用小车运送滤布、滤饼或滤板时，至少在其一侧留出1.8m的净空位置。

c. 一般是将过滤机安装在楼面上或操作平台上，而将滤饼卸在下一层楼面上或受器里；也有直接卸在小推车中，装满后即运走。下料用的溜槽尺寸要大些，并且尽可能近于垂直以便下料通畅。

d. 如果滤液是有毒的或易燃的，要设专门的通风装置（如排气罩、抽风机等）。通风装置不应妨碍卸出滤饼的操作。

e. 大型压滤机（有较重的内件）要设置吊车梁。

f. 布置过滤机应同时考虑其他辅助设施，如真空泵、空气压缩机和水泵等的布置。

g. 地面设计应考虑冲洗排净。使用腐蚀介质的地方，地面应考虑防腐蚀措施。

h. 要设置滤布的清洗槽，并考虑清洗液的排放和处理。

② 连续式过滤机　包括回转真空过滤机、带式过滤机和链板式过滤机等。

a. 连续式过滤机可露天、半露天布置。如天气对浆液或滤饼有不利影响，也可布置在室内。

b. 由于固体物料输送比液体物料输送困难，一般将过滤机布置在靠近固体物料的最终卸出处。

c. 过滤机布置在进料槽的上部为宜，这样便于过滤机的排净，溢流物可以靠重力回流到进料槽。溢流管的管径要大，管道要考虑能够进行清洗。

d. 过滤机尽量安装在高处，如在厂房二楼或操作平台上，便于固体物料的卸出。卸料溜槽也应宽而直，避免堵塞。

e. 过滤机四周要留出操作、清洗、检修的位置，其通道宽度不得小于1m。

f. 过滤机的真空管路要采用大管径、短管线，以减少阻力。

g. 为了便于安装检修，厂房中要设置起吊设备。

(5) 运输设备

① 皮带运输机

a. 皮带拉紧装置通常装在皮带输送机的尾部，常采用拉紧螺钉或重锤式拉紧装置来完成。

b. 物料输送距离较长时，可采用两根或两根以上的皮带相接输送。

c. 每台皮带输送机应至少有0.6m宽的通道。两台皮带输送机平行排列时，中间至少要有0.75m宽的通道。

② 气流输送设备　气流输送的配套设备包括鼓风机、进出料装置、气流输送管、旋风分离器和袋式过滤器等，布置时要统一考虑。

气流输送管要根据物料特性选取合适的流化速度，速度太快，浪费能源，增加设备磨损；速度太慢，物料输送不畅。气流输送管最好为垂直上升，垂直下降。倾斜布置时要很好地考虑物料的下沉问题，下沉管角度最好不要小于45°，以免物料堵塞并便于清洗。特别容易堵塞的物料，输送管要考虑通堵措施。

1.6.5　空冷器

① 空冷器宜布置在管廊上方或框架顶层。布置在管廊上方时，应与管廊的布置统一考虑，空冷器支腿的间距和管廊或框架的柱子跨距尽可能选取一致。

当防爆规范不允许在输送液态或气态烃管道的管廊上方安装某些空冷器时，则应将其安装在单独框架上，与管廊分开。

② 布置空冷器的框架或管廊的一侧地面上应留有必要的检修空地和通道，以便吊车通行和吊装设备。

③ 空冷器不宜布置在下列设备的上方。

a. 操作温度高于介质自燃点或高于340℃的液体输送泵。

b. 易燃液体泄漏时将产生闪蒸气体的液体输送泵。

c. 电气传动设备或其他放热设备。

④ 空冷器的布置应避免自身或相互间的热风循环，可采取下列措施。

a. 同类型的空冷器应布置在同一高度。

b. 相邻的两个空冷器应靠紧布置，不应留有间距。

c. 多组空冷器应互相靠近，否则易造成热风循环。

d. 空冷器应布置在装置的上风侧，以免腐蚀性气体或热风进入管束，从而影响空冷器的冷却效果。

e. 引风式空冷器与鼓风式空冷器布置在一起时，

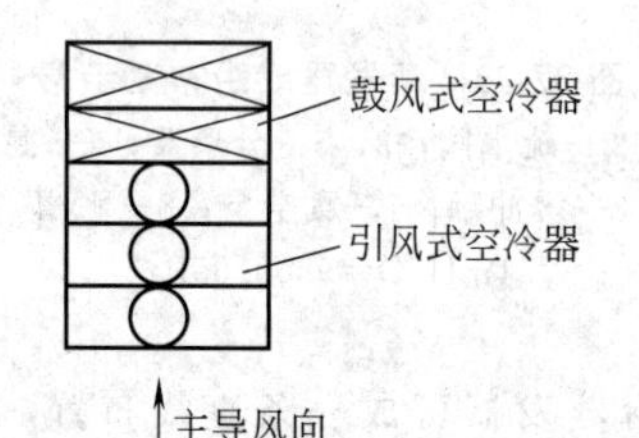

图37-24　引风式空冷器与鼓风式空冷器的相邻位置

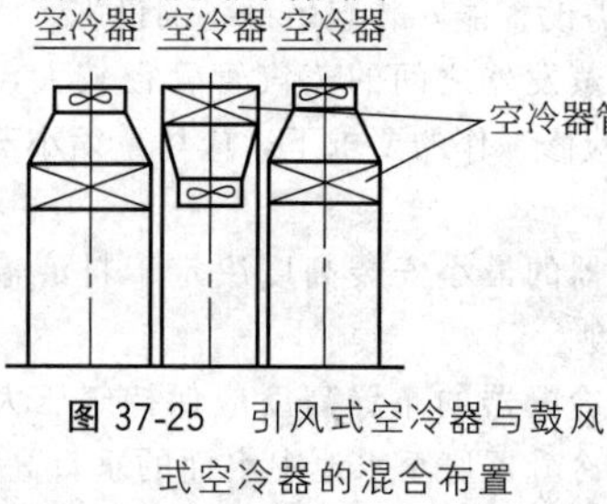

引风式空冷器　鼓风式空冷器　引风式空冷器　空冷器管束

图37-25　引风式空冷器与鼓风式空冷器的混合布置

应将引风式空冷器布置在鼓风式空冷器的上风侧，如图37-24所示。引风式空冷器与鼓风式空冷器混合布置时，其管束的安装高度应比鼓风式空冷器低，如图37-25所示。

⑤ 干式鼓风式空冷器应与引风式空冷器分开布置，且引风式空冷器应布置在鼓风式空冷器的常年最小频率风向的下风侧。

⑥ 在空冷器的上风侧不应有锅炉等高温设备，下风侧20～25m范围内不应有高于空冷器的建、构筑物或大型设备，如不可避免，则应提高空冷器的设计温度1.5～2℃。

⑦ 空冷器与加热炉之间的距离不应小于15m。

⑧ 空冷器管束两端管箱和传动机械处应设置平台。

⑨ 空冷器布置时，要考虑空冷器运行时产生的噪声对操作人员的影响，噪声应限制在90dB以下。

⑩ 采用空冷器样本或设备图纸校核空冷器的管程数，以便确定与其相关的设备位置。通常管程为偶数时，进口和出口接管位于空冷器的同一侧；为奇数时，进口和出口接管分别位于两侧。

⑪ 空冷器管口的柔性需与管道应力分析人员一起进行校核。

⑫ 热位移数据和方向应由管道应力分析人员计算确定后标注在图上，提供给空冷器制造厂考虑设置活动支架。

1.6.6 加热炉

① 加热炉应集中布置在装置的一端或一侧，位于主导风向的上风地带，以避免装置可能泄漏的可燃气体或蒸气被加热炉的明火引爆而发生事故。

② 加热炉周围需要有消防设施和一定的消防空间，以保证发生火灾时能进行消防作业和疏散人员。

③ 加热炉要有适当的防爆措施，如防爆门等。防爆门必须避开平台、操作地带及其他设备，确保人身安全。

④ 加热炉与建筑物、罐区（储罐）和各类生产单元或设备等的防火距离见《建筑设计防火规范》（GB 50016—2014）和《石油化工企业设计防火规范》（GB 50160—2008）的规定。

⑤ 箱式加热炉一侧必须有抽出炉管的空间，所需的空地长度通常是管长再加上2m。

⑥ 加热炉看火孔（门）距操作平台的高度一般为1.3～1.4m，最大为1.5m。加热炉平台的最小宽度为900mm，以保证看火孔（门）前有足够的通道。

⑦ 加热炉炉底的安装高度，要考虑底部烧嘴的配管及检修所需净空，一般为2.1～2.2m，最小为2m。

⑧ 两个立式加热炉外壁之间的最小距离通常为3m，但必须校核平台和加热炉基础的间距，以免碰撞。

⑨ 多台加热炉宜成排布置，可设置联合平台并可合用一个烟囱。

⑩ 为了检修和更换炉管，加热炉侧应留有移动式吊车的通道。

⑪ 加热炉附近12m内所有地下排水沟、水井、管沟都必须密封，以防止可燃气体在沟内聚积而引起火灾。

⑫ 清焦收集坑（或箱）位于卡车可靠近的地方，以便清理。

⑬ 如果加热炉对流段用于产生蒸汽，则加热炉的有关蒸汽系统的设备如汽包、水泵等均可布置在加热炉周围。

1.6.7 罐区

① 甲、乙、丙类液体（或气体）罐区、装卸站，应布置在装置（车间）区边缘一侧，并需在明火或散发火花地点的侧风或下风向。其装卸站应靠近道路（或铁路），既利于安全，又为今后发展留有场地。

② 甲、乙、丙类液体储罐宜露天按物料类别和储量成排、成组排列布置，一组储罐不应超过两行。

③ 甲、乙、丙类液体储罐四周应设防火堤，并根据物料性质类别设置分隔堤。防火堤、分隔堤内有效容积大小根据储罐大小及台数而定，一般单个储罐的堤内容积应略大于储罐容积。对于多台储罐，在采取足够措施后，容积可酌减，但不得小于最大罐的容积及储罐总容积的一半，并取得消防部门同意。

堤高一般为1～2.2m，其实际高度应比计算高度高0.2m。

④ 储罐区四周应设消防通道和消防设施。

⑤ 防火堤或分隔堤内侧应设排水沟，并坡向集水点，从集水点引出的排水管上应装阀门予以控制，根据排出污水的性质分别排至相应排水处理系统。

⑥ 输送所有进出物料用的泵不应布置在防火堤或分隔堤内。

⑦ 生产操作需要的缓冲罐、中间储罐不宜大量储存甲、乙、丙类液体。

⑧ 按照防爆规范的要求，罐区应设置静电接地和防雷设施。

⑨ 甲、乙、丙类液体储罐、储气罐与电气设备的防爆安全距离见《爆炸危险环境电力装置设计规范》（GB 50058—2014）中的有关规定。

⑩ 甲、乙、丙类液体储罐（或储气罐）与建筑物、道路、铁路、泵房、装卸鹤管以及罐与罐之间的防火距离见《建筑设计防火规范》（GB 50016—2014）。

1.6.8 管廊

① 装置内管廊应处于易与各类主要设备联系的位置上，要考虑能使多数管线布置合理、少绕行，以

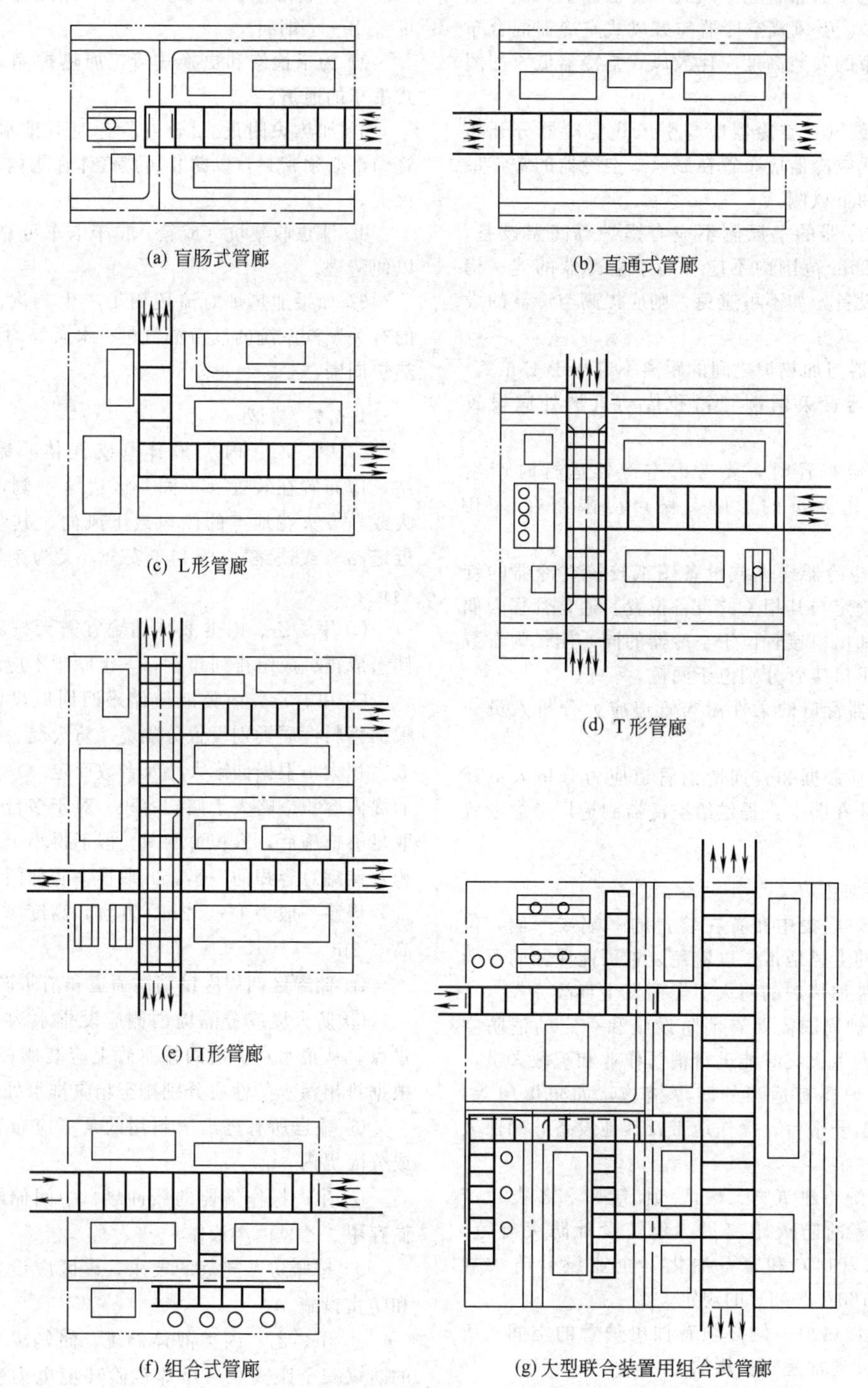

图 37-26 管廊的布置型式

减少管线长度。典型的位置是在两排设备的中间或一排设备的旁侧。

② 布置管廊时要综合考虑道路、消防的需要，以及电线杆、地下管道和电缆布置和临近建、构筑物等情况，并避开大、中型设备的检修场地。

③ 管廊上部可以布置空冷器、仪表和电气电缆槽等，下部可以布置泵等设备。

④ 管廊上设有阀门，需要操作或检修时，应设置人行走道或局部的操作平台和梯子。

⑤ 管廊的布置型式如图 37-26 所示。

a. 对于小型装置，通常采用盲肠式或直通式管廊。

b. 对于大型装置，可采用“L”形、“T”形和“Π”形等型式的管廊。

c. 对于大型联合装置，一般采用主管廊、支管廊组合的形式。

⑥ 装置内管廊的管架形式一般分为单柱独立式、双柱连系梁式和纵梁式等。

a. 单柱独立式管架　宽度不大于 1.8m，一般为单层，如图 37-27 所示。

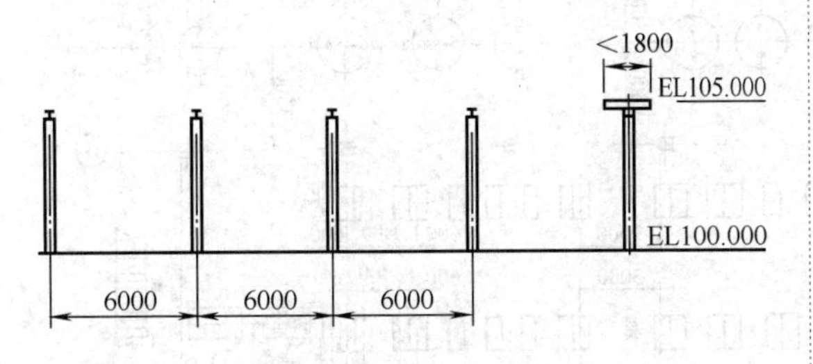

图 37-27　单柱独立式管架

b. 双柱连系梁式管架　宽度大于 2m，分单层和双层两种，根据需要也可以为多层。如果管廊两侧进出管线较多时，一般在该层横梁顶部以下 750～1250mm 处加纵向连系梁，以支撑侧向进出管线，如图 37-28 所示。

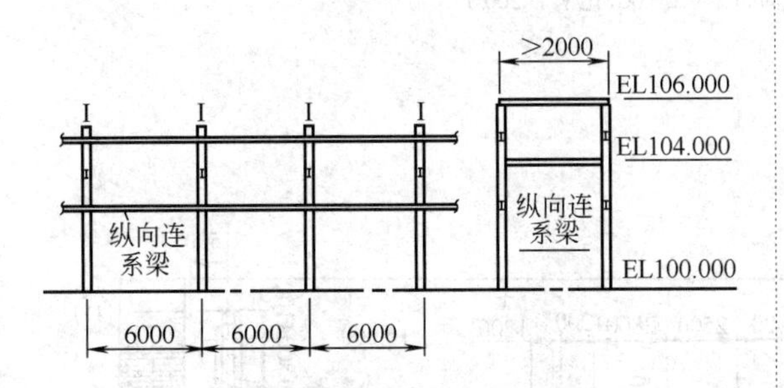

图 37-28　双柱连系梁式管架

c. 纵梁式管架　分单柱和双柱结构。双柱纵梁式管架一般为多层结构，这种管架的特点是管架之间设有纵梁，可以根据管道允许跨距在纵梁间加支撑用次梁，如图 37-29 所示。

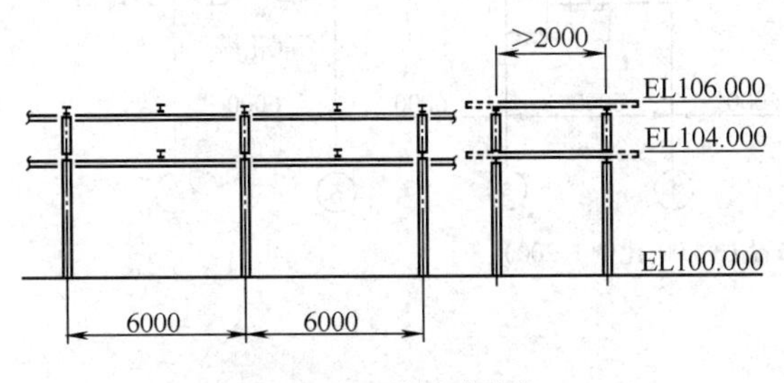

图 37-29　纵梁式管架

⑦ 管廊的结构材料。一般采用混凝土柱与钢梁的混合结构，也可全部采用钢结构。

⑧ 管廊的宽度应根据管道直径、数量及管道间距来决定，同时要考虑仪表和电气电缆槽（架）所需的位置。提供土建条件时，要考虑预留 20%～30% 的增添管道所需宽度余量，以备后期配管需要时可利用此余量。管廊下维修通道的宽度参见 HG/T 20546—2009。

⑨ 管廊的高度。

a. 管廊底层净高主要考虑下列因素。

ⓐ 管廊下面布置的设备所需要的净高。

ⓑ 管廊下面有检修通道时，要考虑有汽车或吊车通过的要求，一般通道最小净高及底层梁至地面最小净空见 HG/T 20546—2009。

b. 管廊两层之间的距离。应根据管道直径的大小及管架结构尺寸、检修要求等具体情况而定，但最小净距为 1.5m。管道较多时，常用的两层之间的距离为 2m。

c. 两管廊“T”形相交时应取不同的标高，其高差可根据管道直径确定；一般以 750～1000mm 为宜。

⑩ 管架柱间距，一般为 4～9m，最常见为 6m，因有些管道必须采用柱子支承。

⑪ 管廊第一个柱子和最后一个柱子应设在距离装置边界线 1m 处，一般情况为固定管架，以便于装置内、外热力管道的热补偿计算。

⑫ 直爬梯应紧靠管廊柱子设置。

⑬ 多层管廊上如需要人行过道，宜设在顶层。

1.7　装置（车间）布置图示例

本小节介绍某石油化工厂乙酸装置的布置示例（图 37-30）。生产流程采用乙醛氧化法生成乙酸，主要设备有反应器、塔、换热器、储槽及泵。生产过程中使用乙醛为原料，闪点为－27℃，是易燃液体。根据建筑设计防火规范，该装置属于甲类生产，宜采用敞开式厂房。设备平面采用三列布置，塔类设备为第一列完全露天布置，塔顶冷凝器及回流罐布置在框架屋面上，泵安装在框架底层为第二列，回收及副产物中间储罐布置在第三列。整个厂区的主导风向是东南风，所以主要反应器、塔等布置在南面，而中间储槽布置在北面。所有管道沿框架柱子布置，既整齐美观，又不需要单独敷设管架，节约投资费用。

催化剂的配制是间歇人工操作，所以布置在有墙的房间内。整个装置根据各类设备特点、操作要求，采用露天、框架及室内相结合的方式布置，满足了生产工艺的要求，并有效地利用了建筑面积和土地，节约基建投资。

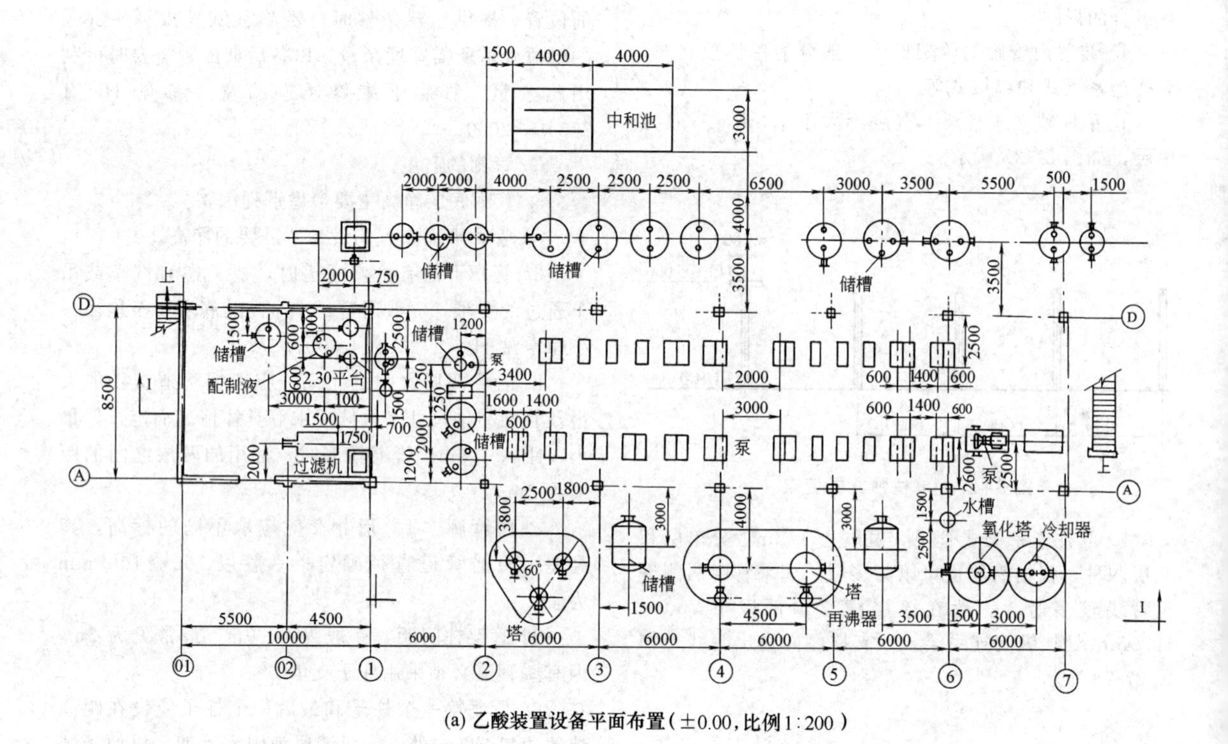

(a) 乙酸装置设备平面布置(±0.00,比例1:200)

(b) 乙酸装置设备平面布置(+6.00,比例1:200)

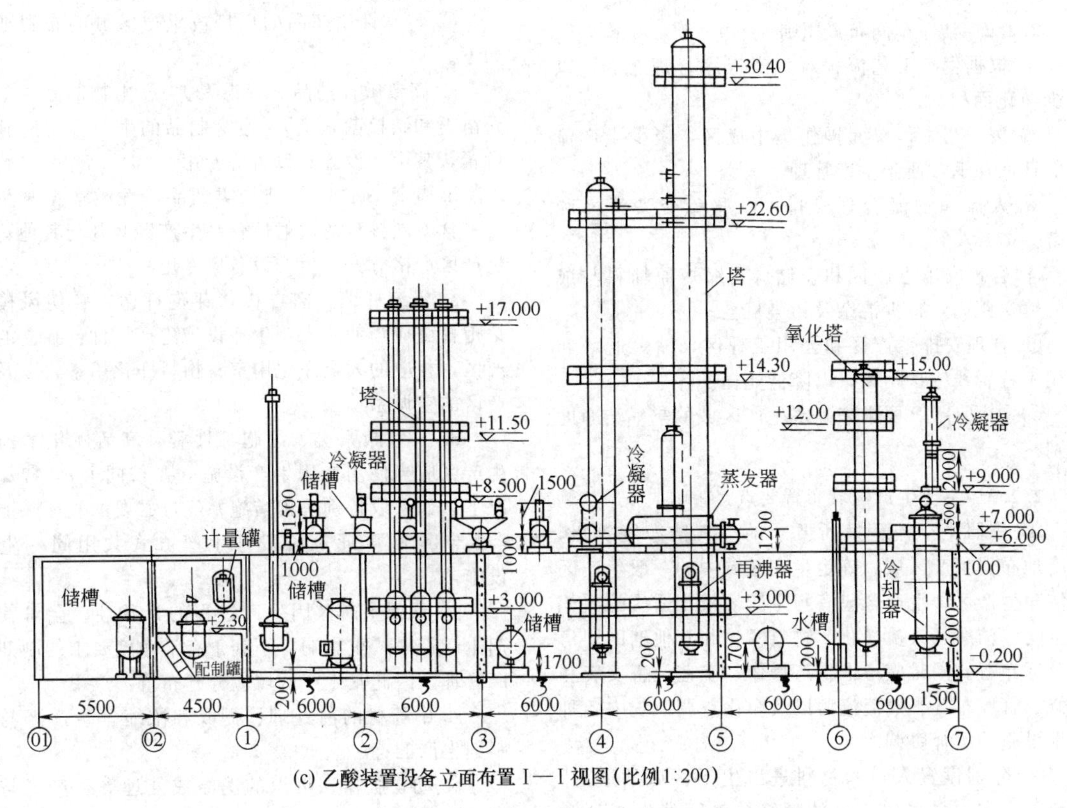

(c) 乙酸装置设备立面布置 Ⅰ—Ⅰ视图(比例1:200)

图 37-30　乙酸装置布置

2 医药工业洁净车间

人们日常生活中所使用的药品，包括口服固体制剂、口服液体制剂、注射剂、外用药品、生物制品、放射性药品、中药制剂等，这些药品的制剂生产及其作为生产原料的原料药最终精制、干燥、包装等生产工序，以及药用辅料、直接接触药品的药用包装材料等生产，都有空气洁净度级别要求。医药工业洁净车间是指用于药品生产，其生产环境对空气悬浮粒子和微生物浓度，以及温度、湿度、压力等参数受控，即有空气洁净度级别要求的生产车间。药品生产洁净区域空气洁净度级别划分为四个：A 级、B 级、C 级和 D 级，不同的药品应按产品要求和生产工艺在相应的洁净区域内生产。

2.1 常用设计规范和标准

医药工业洁净车间设计除需遵循一般车间常用的设计规范和规定（见本章 1.1.1 小节）以外，还需遵循下列规范和标准：《药品生产质量管理规范》和《医药洁净厂房设计规范》(GB 50457)。

2.2 洁净车间布置

2.2.1 洁净车间组成

医药工业洁净车间通常由生产区域、辅助生产区域、仓储区域、公用工程区域和生活区域组成。

(1) 生产区域

按照工艺流程各生产工序所需的洁净区/洁净室及普通生产用房。

(2) 辅助生产区域

① 物料净化用室：原料、辅料、包装材料等外包装清洁室、气锁等，半成品、成品、废弃物出入口。

② 设备容器、工器具清洗、存放用室，清洁工具洗涤存放室。

③ 洁净工作服洗涤、干燥和灭菌用室。

④ 中间分析控制室。

(3) 仓储区域

原料、辅料、包装材料、成品中转库。

(4) 公用工程区域

空调机房、空压冷冻机房、循环水制备、真空泵房、气体处理室、变配电室、维修保养室、工艺用水制备室等。

(5) 生活区域

① 人员净化用室　雨具存放间、管理间、总更衣室、更洁净工作服室、气锁等。

② 生活用室　办公室、休息室、厕所、淋浴室等。

2.2.2　洁净车间布置原则

① 根据生产工艺流程对生产工序合理布局，以减少净化面积。

② 按工艺流程单元操作集中成区，减少生产流程的迂回往返，便于生产管理。

③ 人流和物流合理安排，以避免交叉污染和混杂。

④ 合理安排生产区和仓储区，缩短原辅料与成品的输送距离，减少混杂及污染机会。

⑤ 合理安排生产区和公用工程区，缩短通风和公用工程管线输送距离，以降低能耗。

⑥ 按照GMP要求来确定生产区域的空气洁净度级别。

2.2.3　主要生产区域布置要点

① 按照生产流程及所要求的空气洁净度等级，紧凑地布置生产区域，确定生产区域中的一般生产区及洁净生产区。生产区应有与生产规模相适应的面积和空间。洁净区人员净化、物料净化和其他辅助用房应分区布置。同时应考虑生产操作、工艺设备安装和维修、管线布置、气流流型以及净化空调系统中各种技术设施的综合协调。

② 分别设置人员和物料进出生产区域的通道，避免人员和物料在出入口的频繁接触而发生交叉污染。极易造成污染的物料（如部分散装原辅料、外包装表面难以清洁的物料、生产中产生的废弃物等）应就近设置专用出入口，以免污染或影响其他药品生产区。洁净厂房内的物料传递路线应符合工艺生产流程需要，尽量要短。

③ 生产操作区内应只设置必要的工艺设备以及有空气洁净度级别要求的工序和工作室。用于生产、储存的区域不得用作非本区域内工作人员的通道。

④ 洁净室内不应设置带封闭井道和轿厢的电梯。如因工艺过程需要物料必须跨楼层垂直输送，可采用无封闭井道的液压层间提升机（或其他能有效避免交叉污染的方式），并设置前室以使上下气流互不干扰，确保医药洁净室的空气洁净度级别不受影响并避免交叉污染。

⑤ 在满足工艺条件和噪声等级的前提下，为提高净化效果、节约能源，有空气洁净度级别要求的房间按下列要求布置。

a. 空气洁净度级别高的洁净室，宜布置在人员最少到达的地方，并宜靠近空调机房。

b. 空气洁净度级别相同的工序和医药洁净室的布置宜相对集中。

c. 洁净室与非洁净室之间、不同空气洁净度级别房间之间相互联系应有防止污染措施，如气锁或传递窗（柜）等。气锁或传递窗（柜）两边的门应有防止同时被打开的措施。

⑥ 特殊性质药品的厂房或生产区域的布置要求如下。

a. 高致敏性药品（青霉素类）、生物制品（如卡介苗类和结核菌素类）、血液制品的生产厂房应独立设置，其生产设施和设备应专用。

b. 生产β-内酰胺结构类药品、性激素类避孕药品、含不同核素的放射性药品生产区必须与其他药品生产区严格分开，生产设备应专用。

c. 炭疽杆菌、肉毒梭状芽孢杆菌、破伤风梭状芽孢杆菌应当使用专用生产设施生产，即：独立的生产区，相应的人员净化用室、物料净化用室，以及生产区的空调系统。

d. 某些激素类、细胞毒性类、高活性化学药品生产区应当使用专用生产设施（要求同上）：特殊情况下，如采取特别防护措施并经过必要的验证，上述药品制剂则可通过阶段性生产方式共用同一生产设施。

⑦ 下列生产区因生产过程的特殊性，会对其制剂生产带来严重影响，不利于有洁净度要求的制剂生产管理，因此其生产区域应分开布置：

a. 中药材的前处理、提取和浓缩等生产区与其制剂生产区；

b. 动物脏器、组织的洗涤或处理等生产区与其制剂生产区；

c. 原料药生产区与其制剂生产区。

⑧ 下列生物制品的原料和成品，不得同时在同一生产区域内加工和灌装：

a. 生产用菌毒种与非生产用菌毒种；

b. 生产用细胞与非生产用细胞；

c. 强毒制品与非强毒制品；

d. 死毒制品与活毒制品；

e. 脱毒前制品与脱毒后制品；

f. 活疫苗与灭活疫苗；

g. 不同种类的人血液制品；

h. 不同种类的预防制品。

⑨ 无菌生产洁净室的布置要点如下。

a. 无菌生产洁净室应专用于采用无菌生产工艺的药品的生产，不得应用于其他药品的生产。

b. 无菌生产洁净室应根据无菌生产工艺要求，按照下列原则确定核心生产区，并且设置A级单向流空气保护，以免无菌操作过程受到微生物污染：

ⓐ 无菌药品的分装、灌装区；

ⓑ 灭菌后的小瓶、胶塞进入无菌操作的区域；

ⓒ 产品、容器在无菌操作区内暴露的区域；

ⓓ 任何与产品容器相连接的区域；

ⓔ 灭菌后的容器、包装物以及设备接触表面在无菌操作区内的停留区域；

ⓕ 采用热力灭菌的容器、包装物以及设备接触表面经过灭菌后在无菌操作区内的冷却区域；

ⓖ 灭菌后的设备的打开、连接和组装区域；

ⓗ 容器、包装物和设备接触表面清洗后等待灭菌以进入无菌操作区。

c. 无菌生产洁净室应根据无菌生产工艺要求，确定核心生产区并设置必要的防护措施，避免生产过程受到污染。

d. 无菌生产洁净室的人流和物流设计必须合理，以减少不必要的交叉影响。

e. 无菌生产洁净室内不应设置与无菌生产无关的房间。

f. 无菌生产洁净室应设置物品传递的通道。传入无菌生产洁净室的物品应有灭菌和消毒设施，如双扉灭菌柜、气化过氧化氢（VHP）灭菌柜或气锁、γ射线灭菌以及其他有效的灭菌措施。

g. 无菌生产洁净室内不应设置地漏和水斗。无菌生产洁净室所用的水应经过灭菌处理。无菌生产洁净室内的设备、器具使用完毕后应移出本区域清洗，并经过灭菌后移入。采用在线清洗、在线消毒的生产设备其下水、凝水应直接排出无菌生产洁净室外。无菌生产洁净室内设备通气口应设置除菌过滤器。灭菌产生的水蒸气宜直接排出无菌生产洁净室。

h. 无菌生产洁净室应设置环境消毒、灭菌设施，以降低环境的微生物负荷。无菌生产洁净室内使用的清洗剂、消毒剂应经过灭菌/除菌处理。

⑩ 洁净厂房每一生产层或每个相对独立的洁净区，都应按国家《建筑设计防火规范》（GB 50016）的规定设置安全出口，满足规定的数量及疏散距离的要求；人员进入洁净生产区的净化路线不得作为安全出口使用；安全疏散门应采用平开门，宜向疏散方向开启，并加闭门器。

⑪ 有爆炸危险的甲、乙类生产区域应布置在靠建筑外墙或建筑顶层，并应采取防爆泄压措施，应有足够的泄压面积；防爆区和非防爆区的分隔应设防爆墙，隔墙应包括技术夹层的分隔；与其他火灾类别的生产区域连接时应设门斗，以避免危险源扩散到相邻区域。

⑫ 在满足生产工艺和空气洁净度等级要求的条件下，洁净区内各种固定技术设施如送风口、照明器、回风口、各种管线等的布置，应优先考虑净化空调系统的要求。洁净区应设置技术夹层或技术夹道、技术竖井，用以布置送、回风管和其他管线。

⑬ 洁净区内通道应有适当宽度，以利于运输、设备安装、检修，并在物料主要输送的通道边安装防撞栏杆。

⑭ 在工艺许可条件下洁净室尽可能地降低净高，以降低空调净化处理的空气量，一般净高可控制在2.6m以下，对于高设备及设备上搅拌器等检修所需空间，可采用局部提高吊顶高度的方法予以满足。

⑮ 药品包装分内包装和外包装，直接接触药品的内包装区域环境应与药品生产区域空气洁净度级别一致，外包装可设置在设有舒适性空调的普通生产环境中。

⑯ 医药工业洁净车间要采取防止昆虫和其他动物进入的措施。这些措施可包括捕鼠器、挡鼠板、电子猫、电击杀虫灯、捕蝇罩、风幕、过滤器、防鸟网、水封井等。

2.2.4 生产辅助用室布置要点

(1) 原材料取样室

① 取样区应单独设置并靠近仓储区，取样环境的空气洁净度级别应与被取样物料的生产环境相同。

② 无菌物料的取样应满足无菌生产工艺的要求，并设置相应的物料和人员净化用室。

③ 特殊药品（如青霉素、头孢菌素、激素、抗癌药、活性或毒性生产制品）应设置专用的取样室。

(2) 原辅料称量室

医药洁净车间内应设计原辅料称量室，其空气洁净度级别应与使用被称量物料的生产区相同。对于粉尘散发较大的原辅料称量室，应设置专用称量柜并有控制粉尘散发的措施。多品种、多批号生产的称量间的数量和面积应满足生产要求，避免称量过程产生交叉污染和物料混杂。称量前后物料的储存场地应分开，储存面积应足够。

(3) 设备及容器具清洗室

① 需要在洁净室区内清洗的设备及容器具，其清洗室应单独设置，空气洁净度级别不应低于D级；空气洁净度为A、B级的无菌洁净室内不得设置清洗间。

② 不便移动的设备应设置在线清洗/在线灭菌设施。无菌级洁净室内的在线清洗、在线灭菌系统的下水及蒸汽凝水必须排出本区域外。

③ 清洗后的物品应有专门的场所存放，存放条件应与使用该物品的医药洁净室环境条件相同。存放间应通风良好，必要时可设置干燥措施。

④ 无菌洁净室内使用的物品清洗后应及时灭菌，灭菌后应密闭存放或在A级单向流保护下存放，保证其无菌状态不被破坏。

⑤ 无菌洁净室内使用的清洗剂和消毒剂应在专门的设备内进行配置。

(4) 清洁工具洗涤、存放室

清洁工具洗涤、存放室宜设在洁净区域外；如需设在洁净区内，应设置单独的房间，其空气洁净度级别不应低于D级。A、B级洁净区内不应设置清洁工具的洗涤间，清洁工具不宜在A、B级医药洁净室内存放，如需存放则必须经过灭菌处理。

(5) 洁净工作服的洗涤、干燥室

洁净工作服的洗涤、干燥、整理及必要时灭菌的房间应设在洁净室区内，其空气洁净度等级不应低于D级；不同空气洁净度级别的医药洁净室内使用的工作服，应分别清洗、整理；无菌洁净室内使用的工作服洗涤干燥后，应在A级单向流保护下整理，并及时灭菌。

(6) 中间分析控制室

生产区内可设置中间分析控制室，但检验室、中药标本室、留样观察室以及其他各类实验室应与药品生产区域分开；当原料药中间产品质量检验对生产环境有影响时，其检验室不应设在该生产区域内。

(7) 存放区域

洁净厂房内应设置与生产规模相适应的原辅材料、半成品、成品存放区域，且尽可能靠近与其相联系的生产区域，以减少过程中的混杂与污染。存放区域内宜设置待验区、合格品区，或采取能有效控制物料待检、合格状态的措施。不合格品必须设置专区存放。

2.2.5 人员净化用室、生活用室布置要点

① 为确保生产环境所需要的空气洁净度级别，对进入医药洁净室的人员要进行净化，以限制人员携带和产生微粒及微生物，应根据药品生产工艺和空气洁净度等级要求布置人员净化用室。

② 人员净化用室入口处，应设置净鞋设施。

③ 人员净化用室应设置雨具存放、换鞋、存外衣、盥洗、消毒、更换洁净工作服等设施。厕所、淋浴室、盥洗室、休息室等生活用室可根据需要设置，厕所和淋浴室不得设置在医药洁净室内，且不得与生产区和仓储区直接相通。对某些特殊药品（如高致敏性）生产区，为防止污染物带出洁净区而需在人员净化用室区内设置浴室时，应采取有效措施防止对人员净化区造成污染，如设置前室、加强排风、限制区域人数、加强清洁管理等措施。

④ 盥洗室应设洗手和消毒设施，宜装手烘干器。水龙头按最大班人数每10人设一个。

水龙头开启方式以不直接用手为宜。

⑤ 存外衣区域应单独设置，存衣柜应根据设计人数每人一柜。

⑥ 进入不同空气洁净度级别洁净区的人员净化用室宜分别设置。

⑦ 人员净化用室应按气锁设计，脱外衣和穿洁净衣的区域应分开。无菌生产的人员净化用室宜设置退出更衣通道。洗手设施应位于穿洁净衣之前。

⑧ 青霉素等高致敏性药品、某些甾体药品、高活性药品及其他有毒有害药品的人员净化用室，应采取正压或负压气锁设计，防止有毒有害物质被人体带出，更衣区应设有专门的退出通道。生物制品生产的有毒有活性操作区的人员退出时还需设置衣服的灭活设施，以便脱下的受污染工作服及时得到灭活处理，避免二次污染。

⑨ 人员净化用室和生活室的建筑面积，应根据不同生产工艺要求和工作人员数量确定，通常可按洁净区设计人数平均2～4m²/人考虑。

⑩ 人员净化用室的设置需满足药品GMP的要求，遵循更衣的前后阶段分开的原则，如图37-31和图37-32所示。

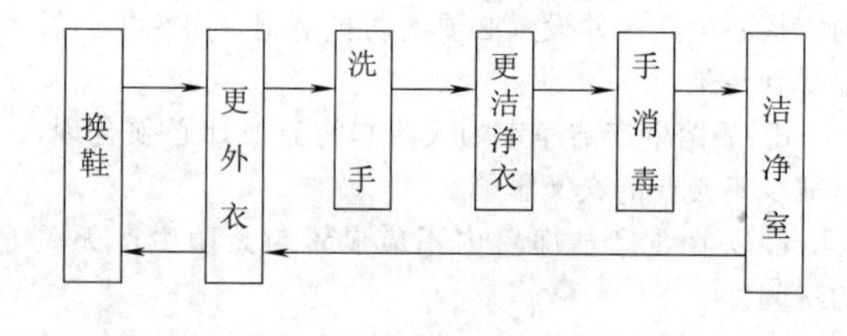

图37-31 医药洁净室人员净化基本程序（非无菌生产洁净室）

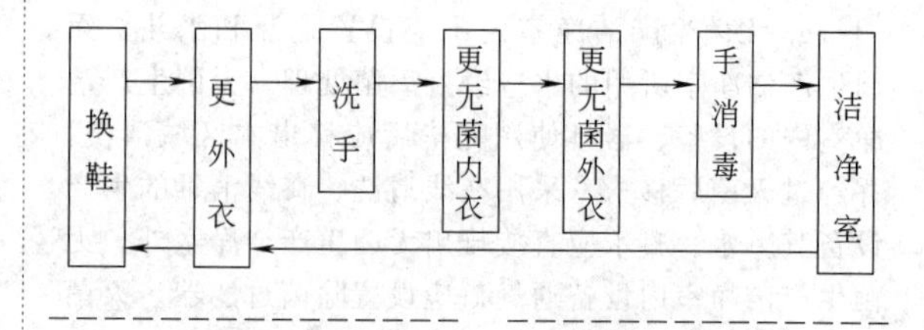

图37-32 医药洁净室人员净化基本程序（无菌生产洁净室）

2.2.6 物料净化用室布置要点

① 医药工业洁净车间应设置供进入洁净室的原辅料、包装材料等清洁用的原辅料外包装清洁室、包装材料清洁室。对需自行清洁处理的包装材料应设置清洗、消毒或灭菌设施。对进入无菌生产洁净室的原辅料、包装材料和其他物品，还应设置供物料、物品消毒或灭菌用的灭菌室和灭菌设施。

② 物料清洁室或灭菌室与洁净室之间应设置气锁或传递窗（柜），用于传递清洁或灭菌后的原辅料、包装材料和其他物品。气锁的静态净化级别应与其相邻高级别医药洁净室一致。传递窗（柜）两边的传递门，应有防止同时被打开的措施，密封性好并易于清洁。传递柜的尺寸和结构，应满足传递物品的要求。传送至无菌生产洁净室的传递窗（柜）应设置净化设施或其他防污染设施。

③ 洁净室产生的废弃物应设置传出通道。易产生污染的废弃物应设置单独的出口，不宜与物料入口合用气锁间或传递柜。具有活性或毒性的生物废弃物应灭活后传出。对于无菌生产洁净室，如废弃物不多，包装良好，不会产生污染，也可通过相邻低级别区将废弃物传出，而不必从无菌洁净室直接对外设置专用的废弃物传递通道。

2.2.7 设备布置及安装

① 洁净室内只设置必要的工艺设备。易造成污染的工艺设备应布置在靠近排风口位置。粉尘大、噪

声杂的生产工序宜设置独立的操作间或设置机械室，并采取消声隔音装置。对带有附机的工艺设备可采取设置机械室的方式。

② 洁净区内设备周围布置应考虑必要的操作空间和物料输送通道及中间品班存量。

③ 合理考虑设备起吊、搬运、安装、路线。门窗留孔要能容纳进场设备通过，必要时把间隔墙设计成可拆卸的轻质墙。需设置吊装孔时，其位置布置在电梯进道旁侧，每层吊装孔布置在同一垂线位置上。

④ 当设备在不同洁净度级别的医药洁净室之间安装时，应采用密封隔断措施。当确实无法密封时，应严格控制不同空气洁净度级别的医药洁净室之间的压差，满足药品 GMP 规定的不同空气洁净度级别之间的压差不小于 10Pa 的要求，以防止高级别洁净室受到污染。

⑤ 空气洁净度 A、B 级的医药洁净室内使用的传送带不得穿越较低级别区域，而应在隔墙两边分段传送，除非传送带本身能连续灭菌。

⑥ 医药洁净室内设备的安装方式，应确保不影响洁净室的清洁和消毒，不存在物料积聚或无法清洁的部位。

2.3　洁净车间布置示例

如图 37-33 所示为某药厂冻干制剂车间平面布置图（见本书后插页）。生产流程为原药液经称量、配制后灌装于西林瓶中，经冻干后轧盖，再经灯检后包装。车间建有 C、D 级洁净生产区，核心部分为 A、B 级无菌生产区。车间布置将洁净生产区、辅助生产区、公用工程区和仓储区融合在一起，布置紧凑，便于生产管理。见本书文后插页。

参考文献

[1]　GB 50457.

[2]　《医药洁净生产工艺设计技术规定》中石化炼化工程（集团）股份有限公司标准 DEP-SPT-PP2002，中石化上海工程有限公司编制.

第38章 管道布置和设计

1 管道设计基础

自1996年4月国家劳动部颁布《压力管道安全管理与监察规定》后，压力管道的安全问题已引起各方面的重视。

中华人民共和国第十二届全国人民代表大会常务委员会第三次会议于2013年6月29日通过了《中华人民共和国特种设备安全法》，自2014年1月1日起施行。

本法所指的特种设备，是指对人身和财产安全有较大危险性的锅炉、压力容器（含气瓶）、压力管道、电梯、起重机械、客运索道、大型游乐设施、场（厂）内专用机动车辆，以及法律、行政法规规定适用本法的其他特种设备。

《中华人民共和国特种设备安全法》明确国家对特种设备实行目录管理。特种设备目录由国务院负责特种设备安全监督管理的部门制定，报国务院批准后执行。据此，国家质量检验检疫总局以国质检[2004] 31号文公布了《特种设备目录》。

由于压力管道分布极广，而管道又是工程的主体，为了保证管道的安全运行，必须在设计、制造、安装、检验、生产等各个环节进行严格管理，其中首先应在设计上引起足够重视。

1.1 压力管道定义

压力管道，是指利用一定的压力，用于输送气体或者液体的管状设备，其范围规定为最高工作压力大于或者等于0.1MPa（表），介质为气体、液化气体、蒸汽或者可燃、易爆、有毒、有腐蚀性、最高工作温度高于或者等于标准沸点的液体，且公称直径大于或者等于50mm的管道。公称直径小于150mm，且其最高工作压力小于或者等于1.6MPa（表），输送无毒、不可燃、无腐蚀性气体的管道和设备本体所属管道除外。其中，石油天然气管道的安全监督管理还应按照《安全生产法》《石油天然气管道保护法》等法律法规实施。

可见压力管道的分布极为广泛，若管理不善，极易发生事故而造成人身伤亡和经济损失，故压力管道已与锅炉压力容器并列为特种设备，实行国家安全监察。

1.2 压力管道设计类别、级别的划分

根据国家质量监督检验检疫总局2008年制定的《压力容器压力管道设计许可规则》（TSG R1001—2008），将压力管道划分为四类九级。

(1) GA类（长输管道）

长输（油气）管道是指产地、储存库、使用单位之间的用于输送商品介质的管道，划分为GA1级和GA2级。

① GA1级　符合下列条件之一的长输管道为GA1级：

a. 输送有毒、可燃、易爆气体介质，最高工作压力大于4.0MPa的长输管道；

b. 输送有毒、可燃、易爆液体介质，最高工作压力大于或者等于6.4MPa，并且输送距离（指产地、储存地、用户间的用于输送商品介质管道的长度）大于或者等于200km的长输管道。

② GA2级　GA1级以外的长输（油气）管道为GA2级。

(2) GB类（公用管道）

公用管道是指城市或乡镇范围内的用于公用事业或民用的燃气管道和热力管道，划分为GB1级和GB2级。

① GB1级　城镇燃气管道。

② GB2级　城镇热力管道。

(3) GC类（工业管道）

工业管道是指企业、事业单位所属的用于输送工艺介质的工艺管道、公用工程管道及其他辅助管道，划分为GC1级、GC2级、GC3级。

① GC1级　符合下列条件之一的工业管道为GC1级：

a. 输送GB 5044—85《职业性接触毒物危害程度分级》中规定的毒性程度为极度危害介质、高度危害气体介质和工作温度高于标准沸点的高度危害液体介质的管道；

b. 输送GB 50160—2008《石油化工企业设计防火规范》及GB 50016—2014《建筑设计防火规范》中规定的火灾危险性为甲、乙类可燃气体或甲类可燃液体（包括液化烃），并且设计压力大于或者等于

4.0MPa 的管道；

c. 输送流体介质并且设计压力大于或者等于 10.0MPa，或者设计压力大于或者等于 4.0MPa，并且设计温度大于或者等于 400℃的管道。

② GC2 级　除 GC3 级管道外，介质毒性危害程度、火灾危险性（可燃性）、设计压力和设计温度低于 GC1 级的管道。

③ GC3 级　输送无毒、非可燃流体介质，设计压力小于或者等于 1.0MPa，并且设计温度高于 -20℃但不高于 185℃的管道。

(4) GD 类（动力管道）

火力发电厂用于输送蒸汽、汽水两相介质的管道，划分为 GD1 级、GD2 级。

① GD1 级　设计压力大于或者等于 6.3MPa，或者设计温度大于或者等于 400℃的管道。

② GD2 级　设计压力小于 6.3MPa，且设计温度小于 400℃的管道。

1.3　压力管道检验

《压力容器压力管道设计许可规则》（TSG R1001—2008）属于管理性规定，不涉及具体技术。压力管道设计、施工、检验方面的具体技术要求仍按相关技术标准。常用的施工及验收规范有 GB 50235《工业金属管道工程施工规范》、SH 3501《石油化工有毒、可燃介质钢制管道工程施工及验收规范》；石化行业通常采用 SH 3501—2011，由于该规范只覆盖可燃和有毒介质，故输送非可燃和无毒介质的管道可采用 GB 50235 中的规定。

考虑到四类（GA、GB、GC、GD）压力管道在石化行业及化工行业中以 GC 类（工业管道）为主，故编制 GC 类压力管道对照（详见表 38-1），供设计时参考。

1.4　常用标准规范

(1) GB 50160—2008　石油化工企业设计防火规范

(2) GB 50058—2014　爆炸危险环境电力装置设计规范

(3) GB 50251—2015　输气管道工程设计规范

(4) GB 50041—2008　锅炉房设计规范

(5) GB 5044—1985　职业性接触毒物危害程度分级

(6) GB 50030—2013　氢气站设计规范

(7) GB 50253—2014　输油管道工程设计规范

(8) GB 50316—2000　工业金属管道设计规范（2008 版）

(9) GB 50074—2014　石油库设计规范

(10) HG/T 20549.5—1998　化工装置管道布置设计规定

(11) GB/T 50265—2010　泵站设计规范

(12) HG/T 20667—2005　化工建设项目环境保护设计规定

(13) HG 20519—2009　化工工艺设计施工图内容和深度统一规定

(14) SH 3009—2013　石油化工可燃性气体排放系统设计规范

(15) HG 20571—2014　化工企业安全卫生设计规范

(16) SH/T 3054—2005　石油化工企业厂区管线综合设计规范

(17) SH 3012—2011　石油化工金属管道布置设计规范

(18) SH/T 3039—2003　石油化工非埋地管道抗震设计通则

(19) SH/T 3040—2012　石油化工管道伴管及夹套管设计规范

(20) SH/T 3041—2016　石油化工管道柔性设计规范

(21) GB 50028—2006　城镇燃气设计规范

(22) SH/T 3073—2016　石油化工管道支吊架设计规范

(23) SH/T 3043—2014　石油化工设备管道钢结构表面色和标志规定

(24) HG/T 20675—90　化工企业静电接地设计规程

(25) SH 3010—2013　石油化工设备和管道隔热技术规范

(26) GB 50264—2013　工业设备及管道绝热工程设计规范

(27) SH/T 3022—2011　石油化工设备和管道涂料防腐蚀设计规范

(28) GB/T 17116.1～3—1997　管道支吊架

(29) GB 7231—2003　工业管道的基本识别色、识别符号和安全标识

(30) GB 50030—2013　氧气站设计规范

(31) GB 50031—91　乙炔站设计规范

(32) GB 50072—2010　冷库设计规范

(33) SH/T 3405—2012　石油化工钢管尺寸系列

(34) HG/T 20553—2011　化工配管用无缝及焊接钢管尺寸选用系列

(35) HG/T 20537.3—92　化工装置用奥氏体不锈钢焊接钢管技术要求

(36) HG/T 20537.4—92　化工装置用奥氏体不锈钢大口径焊接钢管技术要求

(37) GB/T 8163—2008　输送流体用无缝钢管

表 38-1 GC类压力管道的分类分级对照

<table>
<tr><td colspan="4">国家质量技术监督局关于压力管道类别的划分</td><td colspan="2" rowspan="2">对应于SH 3501《石油化工有毒、可燃介质钢管道工程施工及验收规范》的分级</td><td rowspan="2">对应于HG 20225《化工金属管道工程施工及验收规范》的分类</td></tr>
<tr><td>分类</td><td colspan="2">分级</td><td>代号</td></tr>
<tr><td rowspan="12">工业管道GC类</td><td rowspan="7">GC1级</td><td>(1)输送GB 5044《职业性接触毒物危害程度分级》中规定的毒性程度为极度危害介质、高度危害气体介质和工作温度高于标准沸点的高度危害液体介质的管道</td><td>GC1(1)</td><td colspan="2">SHA</td><td>A</td></tr>
<tr><td rowspan="2">(2)输送GB 50160《石油化工企业设计防火规范》及GB 50016《建筑设计防火规范》中规定的火灾危险性为甲、乙类可燃气体或甲类可燃液体(包括液化烃)介质、设计压力p大于或等于4.0MPa的管道</td><td rowspan="2">GC1(2)</td><td>$p \geq 10.0$MPa</td><td>SHA</td><td rowspan="2">B</td></tr>
<tr><td>10.0MPa$>p\geq$4.0MPa</td><td>SHB Ⅰ</td></tr>
<tr><td rowspan="4">(3)输送流体介质并且设计压力大于或者等于10.0MPa，或者设计压力p大于或等于4.0MPa，设计温度大于或等于400℃的管道</td><td rowspan="4">GC1(3)</td><td>$p \geq 10.0$MPa，可燃、有毒介质</td><td>SHA</td><td rowspan="3">B</td></tr>
<tr><td>10.0MPa$>p\geq$4.0MPa，乙$_A$类液体、高度危害介质</td><td>SHB Ⅰ</td></tr>
<tr><td>10.0MPa$>p\geq$4.0MPa，乙$_B$类液体、丙类液体</td><td>SHB Ⅱ</td></tr>
<tr><td></td><td></td><td>$p \geq 10.0$MPa，非可燃、无毒介质
C</td></tr>
<tr><td rowspan="4">GC2级</td><td rowspan="4">除GC3级管道外，介质毒性危害程度、火灾危险性(可燃性)、设计压力和设计温度低于GC1级的管道</td><td rowspan="4">GC2</td><td>$p<4.0$MPa，甲、乙类可燃气体或甲类可燃液体</td><td>SHB Ⅰ</td><td>B</td></tr>
<tr><td>$T\geq400$℃，$p<4.0$MPa，乙$_A$类液体、高度危害介质</td><td>SHB Ⅰ</td><td rowspan="2">B</td></tr>
<tr><td>$p<4.0$MPa，乙$_B$类液体、丙类液体</td><td>SHB Ⅱ</td></tr>
<tr><td></td><td></td><td>1.0MPa$<p<$10.0MPa，非可燃、无毒介质
C</td></tr>
<tr><td>GC3级</td><td>输送无毒、非可燃流体介质，设计压力小于或等于1.0MPa，并且设计温度高于−20℃但不高于185℃的管道</td><td>GC3</td><td colspan="2"></td><td>D</td></tr>
</table>

(38) GB/T 14976—2012 流体输送用不锈钢无缝钢管

(39) GB/T 12771—2008 流体输送用不锈钢焊接钢管

(40) GB/T 3091—2015 低压流体输送用焊接钢管

(41) GB 3087—2008 低中压锅炉用无缝钢管

(42) GB 5310—2008 高压锅炉用无缝钢管

(43) GB 6479—2013 高压化肥设备用无缝钢管

(44) GB 9948—2013 石油裂化用无缝钢管

(45) GB/T 13793—2008 直缝电焊钢管

(46) GB 13296—2013 锅炉、热交换器用不锈钢无缝钢管

(47) GB/T 12459—2005 钢制对焊无缝管件

(48) GB/T 14383—2008 锻制承插焊和螺纹管件

(49) HG/T 21632—90 锻钢承插焊、螺纹和对焊接管台

(50) HG/T 21635—87 碳钢、低合金钢无缝对焊管件

(51) HG/T 21631—90 钢制有缝对焊管件

(52) GB/T 13401—2017 钢制对焊管件 技术规范

(53) GB/T 17185—2012 钢制法兰管件

(54) SH/T 3407—2013 石油化工钢制管法兰用缠绕式垫片

(55) SH/T 3408—2012 石油化工钢制对焊管件

(56) SH 3410—2012 石油化工锻钢制承插焊和螺纹管件

(57) GB 50235—2010 工业金属管道工程施工规范

(58) GB 50236—2011 现场设备、工业管道焊接工程施工规范

(59) SH 3501—2011 石油化工有毒、可燃介质钢制管道工程施工及验收规范

(60) GB/T 12221—2005 金属阀门 结构长度

(61) GB/T 12224—2005 钢制阀门 一般要求

(62) GB/T 13927—2008 工业阀门 压力试验

(63) SH 3064—2003 石油化工钢制通用阀门选用、检验及验收

1.5 特殊说明

为了选材的正确与统一，在基础设计（初步设计）阶段应编制管道材料等级表，对选材要求、采用标准、管道壁厚等予以明确规定（详见本章第 8 节）。以下第 1.7～1.13 小节内容可供不具备管道材料等级表时选材的参考。由于我国的历史原因，目前管道外径存在着两种系列：国际通用系列（HG/T 20553 A 系列和 SH/T 3405）及国内沿用系列（HG/T 20553 B系列），其中国内沿用系列将被淘汰，设计时应尽可能采用 HG/T 20553 A 系列。从公称压力及管法兰、阀门来讲，又有欧洲系列（*PN*2.5、*PN*6、*PN*10、*PN*16、*PN*25、*PN*40 等）以及美洲系列（*PN*20、*PN*50、*PN*110、*PN*150、*PN*260、*PN*420 即 class 150、class300、class600、class900、class1500、class2500）之分。这两个系列的法兰、阀门不能互换，因此，除了已注明体系外，凡未注明体系的表格，在参用时应特别注意，以免出错。

1.6 钢管壁厚

1.6.1 钢管壁厚表示方法

钢管壁厚的表示方法，不同标准中各不相同，但主要有三种。

(1) 以管子表号表示壁厚

ASME B36.10M《焊接和无缝钢管》规定以管子表号“Sch.”表示壁厚。管子表号是管子设计压力 p 与设计温度下材料许用应力 $[\sigma]^t$ 的比值乘以 1000，并经圆整后的数值，即

$$\text{Sch.}=\frac{p}{[\sigma]^t}\times 1000 \qquad (38\text{-}1)$$

此公式用于编制钢管规格系列。

ASME B36.10M 和 JIS 标准中，管子表号为 Sch.10、Sch.20、Sch.30、Sch.40、Sch.60、Sch.80、Sch.100、Sch.120、Sch.140、Sch.160。

ANSI/ASME B36.19M 中不锈钢管管子表号为 5S、10S、40S、80S。

化工行业标准 HG/T 20553 及石化标准 SH/T 3405 也采用“Sch.”表示钢管壁厚系列。

(2) 以管子质量表示管壁厚度

美国 MSS 和 ANSI 也规定了以管子质量表示壁厚的方法，将管子壁厚分为三种。

① 标准质量管，以 STD 表示。

② 加厚管，以 XS 表示。

③ 特厚管，以 XXS 表示。

对于 $DN \leqslant 250$mm 的管子，Sch.40 相当于 STD；对于 $DN < 200$mm 的管子，Sch.80 相当于 XS。

(3) 以钢管壁厚尺寸表示壁厚

中国、ISO 和日本部分钢管标准采用壁厚尺寸表示钢管壁厚。

(4) 以压力等级表示壁厚

螺纹、管件、承插管件的压力等级和配用钢管壁厚等级对应关系见表 38-2。

1.6.2 常用公称压力下管道壁厚选用（表 38-3～表 38-5）

表 38-2 压力等级和壁厚等级对照

压力等级代号(lb)		管子壁厚等级	
螺纹管件	承插管件		
2000	3000	Sch.80	XS
3000	6000	Sch.160	—
6000	9000	—	XXS

注：1lb=0.45kg。

表 38-3 无缝碳钢和合金钢管壁厚

材料	*PN* /MPa	*DN*/mm																			
		10	15	20	25	32	40	50	65	80	100	125	150	200	250	300	350	400	450	500	600
20 12CrMo 15CrMo 12Cr1MoV	≤1.6	2.5	3	3	3	3	3.5	3.5	4	4	4	4	4.5	5	6	7	7	8	8	8	9
	2.5	2.5	3	3	3	3	3.5	3.5	4	4	4	4	4.5	5	6	7	7	8	8	9	10
	4.0	2.5	3	3	3	3	3.5	3.5	4	4	4.5	5	5.5	7	8	9	10	11	12	13	15
	6.4	3	3	3	3.5	3.5	3.5	4	4.5	5	6	7	8	9	11	12	14	16	17	19	22
	10.0	3	3.5	3.5	4	4.5	4.5	5	6	7	8	9	10	13	15	18	20	22			
	16.0	4	4.5	5	5	6	6	7	8	9	11	13	15	19	24	26	30	34			
	20.0	4	4.5	5	6	6	7	8	9	11	13	15	18	22	28	32	36				
	4.0*T*	3.5	4	4	4.5	5	5	5.5													
10 Cr5Mo	≤1.6	2.5	3	3	3	3	3.5	3.5	4	4.5	4	4	4.5	5.5	7	7	8	8	8	8	9
	2.5	2.5	3	3	3	3	3.5	3.5	4	4.5	4	5	4.5	5.5	7	7	8	9	9	10	12
	4.0	2.5	3	3	3	3	3.5	3.5	4	4.5	5	5.5	6	8	9	10	11	12	14	15	18
	6.4	3	3	3	3.5	4	4	4.5	5	6	7	8	9	11	13	14	16	18	20	22	26
	10.0	3	3.5	4	4	4.5	5	5.5	7	8	9	10	12	15	18	22	24	26			
	16.0	4	4.5	5	5	6	7	8	9	10	12	15	18	22	28	32	36	40			
	20.0	4	4.5	5	6	7	8	9	11	12	15	18	22	26	34	38					
	4.0*T*	3.5	4	4	4.5	5	5	5.5													
16Mn 15MnV	≤1.6	2.5	2.5	2.5	3	3	3	3	3.5	3.5	3.5	3.5	4	4.5	5	5.5	6	6	6	6	7
	2.5	2.5	2.5	2.5	3	3	3	3	3.5	3.5	3.5	3.5	4	4.5	5	5.5	6	7	7	8	9
	4.0	2.5	2.5	2.5	3	3	3	3	3.5	3.5	4	4.5	5	6	7	8	8	9	10	11	12
	6.4	2.5	3	3	3	3.5	3.5	3.5	4	4.5	5	6	7	8	9	11	12	13	14	16	18
	10.0	3	3	3.5	3.5	4	4	4.5	5	6	7	8	9	11	13	15	17	19			
	16.0	3.5	3.5	4	4.5	5	5	6	7	8	9	11	12	16	19	22	25	28			
	20.0	3.5	4	4.5	5	5.5	6	7	8	9	11	13	15	19	24	26	30				

注：表中"4.0*T*"表示外径加工螺纹的管道，适用于 *PN*≤4.0MPa 的阀件连接，下同。

表 38-4 无缝不锈钢管壁厚

材料	*PN* /MPa	*DN*/mm																			
		10	15	20	25	32	40	50	65	80	100	125	150	200	250	300	350	400	450	500	600
1Cr18Ni9Ti 含 Mo 不锈钢	≤1.0	2	2	2	2.5	2.5	2.5	2.5	2.5	2.5	3	3	3.5	3.5	3.5	4	4	4.5			
	1.6	2	2.5	2.5	2.5	2.5	2.5	3	3	3	3	3	3.5	3.5	4	4.5	5	5			
	2.5	2	2.5	2.5	2.5	2.5	2.5	3	3	3	3.5	3.5	4	4.5	5	6	6	7			
	4.0	2	2.5	2.5	2.5	2.5	2.5	3	3	3.5	4	4.5	5	6	7	8	9	10			
	6.4	2.5	2.5	2.5	3	3	3	3.5	4	4.5	5	6	7	8	10	11	13	14			
	4.0*T*	3	3.5	3.5	4	4	4	4.5													

表 38-5 焊接钢管壁厚

材料	*PN* /MPa	*DN*/mm															
		200	250	300	350	400	450	500	600	700	800	900	1000	1100	1200	1400	1600
焊接碳钢管 (Q235A、20)	0.25	5	5	5	5	5	5	5	6	6	6	6	6	6	7	7	7
	0.6	5	5	6	6	6	6	6	7	7	7	7	8	8	8	9	10
	1.0	5	5	6	6	6	7	7	8	8	9	9	10	11	11	12	
	1.6	6	6	7	7	8	8	9	10	11	12	13	14	15	16		
	2.5	7	8	9	9	10	11	12	13	15	16						

续表

材料	PN /MPa	DN/mm 200	250	300	350	400	450	500	600	700	800	900	1000	1100	1200	1400	1600
焊接不锈钢管	0.25	3	3	3	3	3.5	3.5	3.5	4	4	4	4.5	4.5				
	0.6	3	3	3.5	3.5	3.5	4	4	4.5	5	5	6	6				
	1.0	3.5	3.5	4	4.5	4.5	5	5.5	6	7	7	8					
	1.6	4	4.5	5	6	6	7	7	8	9	10						
	2.5	5	6	7	8	9	9	10	12	13	15						

注：1. $DN \geqslant 25$mm 的“大腐蚀余量”的碳钢管的壁厚应按表中数值再增加 3mm。
2. 本表数据按承受内压计算。
3. 计算中采用以下许用应力值：
20、12CrMo、15CrMo、12Cr1MoV 无缝钢管取 120.0MPa；
10、Cr5Mo 无缝钢管取 100.0MPa；
16Mn、15MnV 无缝碳钢管取 150.0MPa；
无缝不锈钢管及焊接钢管取 120.0MPa。
4. 焊接钢管采用螺旋缝电焊钢管时，最小厚度为 6mm，系列应按产品标准。

1.7 阀门型式选用（表 38-6）

表 38-6 阀门型式

流体名称	管道材料	操作压力 /MPa	连接方式	阀门型式 支管	阀门型式 主管	推荐阀门型号	保温方式
上水	焊接钢管	0.1～0.4	≤2in,螺纹连接；≥2½in,法兰连接	≤2in,球阀；≥2½in,蝶阀	蝶阀	Q11F-1.6C DTD71F-1.6C	
清下水	焊接钢管	0.1～0.3			闸阀	Q41F-1.6C	
生产污水	焊接钢管，铸铁管	常压	承插,法兰,焊接			根据污水性质定	
热水	焊接钢管	0.1～0.3	法兰,焊接,螺纹	球阀	球阀	Q11F-1.6 Q41F-1.6	岩棉、矿物棉、硅酸铝纤维玻璃棉
热回水	焊接钢管	0.1～0.3					
自来水	镀锌焊接钢管	0.1～0.3	螺纹				
冷凝水	焊接钢管	0.1～0.8	法兰,焊接	截止阀 柱塞阀		J41T-1.6 U41S-1.6C	
蒸馏水	无毒 PVC、PE、ABS 管，玻璃管，不锈钢管（有保温要求）	0.1～0.8	法兰,卡箍	球阀		Q41F-1.6C	

续表

流体名称	管道材料	操作压力/MPa	连接方式	阀门型式		推荐阀门型号	保温方式
				支管	主管		
蒸汽	3in 以下，焊接钢管；3in 以上，无缝钢管	0.1～0.2	法兰，焊接	柱塞阀	柱塞阀	U41S-1.6(C)	岩棉、矿物棉、硅酸铝纤维玻璃棉
	3in 以下，焊接钢管；3in 以上，无缝钢管	0.1～0.4	法兰，焊接				
	3in 以下，焊接钢管；3in 以上，无缝钢管	0.1～0.6	法兰，焊接				
压缩空气	＜1.0MPa 焊接钢管；＞1.0MPa 无缝钢管	0.1～1.5	法兰，焊接	球阀	球阀	Q41F-1.6C	
惰性气体	焊接钢管	0.1～1.0	法兰，焊接				
真空	无缝钢管或硬聚氯乙烯管	真空	法兰，焊接				
排气		常压	法兰，焊接				
盐水	无缝钢管	0.3～0.5	法兰，焊接				软木、矿渣棉、泡沫聚苯乙烯、聚氨酯
回盐水		0.3～0.5	法兰，焊接				
酸性下水	陶瓷管、衬胶管、硬聚氯乙烯管	常压	承插，法兰			PVC、衬胶	
碱性下水	无缝钢管	常压	法兰、焊接			Q41F-1.6C	
生产物料	按生产性质选择管材	≤42.0	承插、焊接、法兰				
气体(暂时通过)	橡胶管	＜1.0					
液体(暂时通过)	橡胶管	＜0.25					

注：1. “焊接钢管”是 GB/T 3091—2015《低压流体输送用焊接钢管》的简称。

2. 截止阀将逐步由球阀取代。操作温度在100℃以下的蒸馏水、盐水（回盐水）及碱液尽量选用 Q11F-1.6 或 Q41F-1.6，蒸汽尽量选用 U41S-1.6（C）。

3. 此表主要适用于医药及小型精细化工项目。

4. 1in＝0.0254m。

1.8 法兰型式选用（表 38-7）

表 38-7 法兰型式选用（欧洲体系）

介质或用途	管道的公称压力/MPa	法兰的公称压力	法兰型式	密封面代号	管法兰标准号	法兰盖标准号
水、空气、$PN\leqslant0.3$MPa 低压蒸汽等公用工程	≤0.6 1.0	6 10	板式平焊法兰	RF	HG 20593	HG 20601
真空	绝压＞8kPa（＞60mmHg）	10	带颈平焊法兰	RF	HG 20594	HG 20601
	绝压 0.1～8kPa（1～60mmHg）	16	带颈平焊法兰	RF	HG 20594	HG 20601
工艺介质、蒸汽	≤1.0 1.6 2.5	10 16 25	带颈平焊法兰	RF	HG 20594	HG 20601
工艺介质、蒸汽	4.0 6.3 10.0	40 63 100	带颈对焊法兰	凹面 FM 凸面 M	HG 20595	HG 20601
一般易燃、易爆、中度危害（有毒）介质	≤1.0 1.6 2.5	10 16 25	带颈对焊法兰	RF	HG 20595	HG 20601
	4.0 6.3 10.0	40 63 100	带颈对焊法兰	凹面 FM 凸面 M	HG 20595	HG 20601
极度和高度危害（剧毒）介质	≤1.6 2.5	25 40	带颈对焊法兰	RF 凹面 FM 凸面 M	HG 20595	HG 20601
不锈钢管道用	≤1.6 1.0 1.6 2.5	6 10 16 25	对焊环松套法兰（PJ/SE）	RF	HG 20599	HG 20602（RF）

注：此表主要适用于医药及小型精细化工项目。

1.9 垫片型式选用（表 38-8）

表 38-8 垫片型式选用（欧洲体系）

垫片标准号	名称	材料	型式（代号）	用途
HG 20606	非金属平垫片	橡胶 石棉橡胶 合成纤维橡胶 聚四氟乙烯	FF（全平面法兰用） RF（突面法兰用） MFM（凹凸面法兰用） TG（榫槽面法兰用）	公称压力 $PN\leqslant40$MPa，温度 $t\leqslant290$℃，根据不同介质的要求选用

续表

垫片标准号	名　称	材　料	型式(代号)	用　途
HG 20608	柔性石墨复合垫	碳素钢管道用 304(不锈钢管道用)	RF(突面法兰用) MFM(凹凸面法兰用) TG(榫槽面法兰用)	公称压力 $PN \leqslant 63\text{MPa}$,温度 $t \leqslant 450℃$(当用于非氧化性介质时,如蒸汽等,温度可达650℃),各种腐蚀性介质(不适用于有洁净要求的部位)
HG 20607	聚四氟乙烯包覆垫(只适用于突面法兰)	包覆层:聚四氟乙烯 嵌入层:石棉橡胶板	$DN \leqslant 350\text{mm}$ PMF及PMS型 $DN \geqslant 200\text{mm}$ PFT型	公称压力 $PN \leqslant 40\text{MPa}$,温度 $t \leqslant 150℃$(具有使用经验时,可使用至200℃),各种腐蚀性介质或有洁净要求的介质
HG 20610	缠绕式垫片	见 HG 20610 中表6.02	C型:突面法兰用(带外环) D型:突面法兰用(带内外环) B型:凹凸面法兰用(带内环) A型:榫槽面法兰用(不带内外环)	公称压力 PN 为16～160MPa,温度 $t \leqslant 450℃$(当用于非氧化性介质时,如蒸汽等,温度可达450℃),各种介质
HG 20612	金属环垫	10或08、0Cr13 304、316	八角垫、椭圆垫	公称压力 PN 为63～250MPa,温度 t 为450～600℃
HG 20609	金属包覆垫	见 HG 20609 中表3-1		公称压力 PN 为25～100MPa,温度 t 为200～500℃,各种介质
HG 20611	齿形组合垫	见 HG 20611 中表3-1	RF型(突面法兰用) MFM型(凹凸面法兰用)	公称压力 PN 为16～250MPa,温度 t 为200～650℃(用于氧化性介质时≤450℃)

注:此表主要适用于医药及小型精细化工项目。

1.10 紧固件型式选用(表38-9)

表38-9 紧固件型式选用(欧洲体系)

紧固件型式	材料或性能等级	适 用 范 围	配用螺母
六角螺栓 (HG 20613)	8.8级	$PN \leqslant 16\text{MPa}$ $t = -20 \sim 250℃$ $d \leqslant \text{M27}$ 公用工程等非易燃介质,配用垫片为非金属平垫片	8级 (HG 20613)
双头螺柱 (HG 20613)	8.8级	$PN \leqslant 40\text{MPa}$ $t = -20 \sim 250℃$ 配用垫片为非金属平垫片、聚四氟乙烯包覆垫、柔性石墨复合垫	8级 (HG 20613)
双头螺柱 (HG 20613)	35CrMoA	$PN \leqslant 100\text{MPa}$ $t = 100 \sim 500℃$ 配用垫片为缠绕垫片	30CrMo (HG 20613)
全螺纹螺柱 (HG 20613)	35CrMoA	$PN \leqslant 250\text{MPa}$ $t = -100 \sim 500℃$ 配用垫片为缠绕垫片	30CrMo (HG 20613)

1.11 法兰、垫片、紧固件选配（表 38-10 和表 38-11）

表 38-10 法兰、垫片、紧固件选配（适用于美洲体系）

垫片型式	公称压力 PN/MPa	密封面型式[1]	密封面表面粗糙度	法兰型式	垫片最高使用温度/℃	紧固件型式	紧固件性能等级或材料牌号[2]~[4]				
							200℃	250℃	300℃	500℃	550℃
橡胶垫片[5]	20	突面、全平面	密纹水线或 Ra=6.3～12.5	各种型式	200	六角螺栓 双头螺柱 全螺纹螺柱	8.8 级 35CrMoA 25Cr2MoVA				
石棉橡胶板垫片[6]	20	突面、全平面	密纹水线或 Ra=6.3～12.5	各种型式	300	六角螺栓 双头螺柱 全螺纹螺柱		8.8 级 35CrMoA 25Cr2MoVA	35CrMoA 25Cr2MoVA		
合成纤维橡胶垫片	20～50	突面、凹凸面、榫槽面、全平面	密纹水线或 Ra=6.3～12.5	各种型式	290	六角螺栓 双头螺柱 全螺纹螺柱		8.8 级 35CrMoA 25Cr2MoVA	35CrMoA 25Cr2MoVA		
聚四氟乙烯垫片(改性或填充)	20～50	突面、凹凸面、榫槽面、全平面	密纹水线或 Ra=6.3～12.5	各种型式	260	六角螺栓 双头螺柱 全螺纹螺柱		8.8 级 35CrMoA 25Cr2MoVA	35CrMoA 25Cr2MoVA		
柔性石墨复合垫	20～110	突面、凹凸面、榫槽面	密纹水线或 Ra=6.3～12.5	各种型式	650(450)	六角螺栓 双头螺柱 全螺纹螺柱		8.8 级 35CrMoA 25Cr2MoVA		35CrMoA 25Cr2MoVA	25Cr2MoVA
聚四氟乙烯包覆垫	20～50	突面	密纹水线或 Ra=6.3～12.5	各种型式	150(200)	六角螺栓 双头螺柱 全螺纹螺柱	8.8 级 35CrMoA 25Cr2MoVA				
缠绕垫	20～260	突面、凹凸面、榫槽面	Ra=3.2～6.3	带颈平焊法兰 带颈对焊法兰 整体法兰 承插焊法兰 对焊环松套法兰 法兰盖	650	双头螺柱 全螺纹螺柱				35CrMoA 25Cr2MoVA	25Cr2MoVA

续表

垫片型式	公称压力 PN/MPa	密封面型式[1]	密封面表面粗糙度	法兰型式	垫片最高使用温度/℃	紧固件型式	紧固件性能等级或材料牌号[2]~[4]				
							200℃	250℃	300℃	500℃	550℃
金属包覆垫	50～150	突面	Ra=1.6～3.2（碳钢） Ra=0.8～1.6（不锈钢）	带颈对焊法兰 整体法兰 法兰盖	500	双头螺柱 全螺纹螺柱				35CrMoA 25Cr2MoVA	
齿形组合垫	50～420	突面	Ra=3.2～6.3	带颈平焊法兰 带颈对焊法兰 整体法兰 承插焊法兰 法兰盖	650	双头螺柱 全螺纹螺柱				35CrMoA 25Cr2MoVA	25Cr2MoVA
金属环垫	110～420	环连接面	Ra=0.8～1.6(碳钢、铬钼钢) Ra=0.4～0.8(不锈钢)	带颈对焊法兰 整体法兰 承插焊法兰 法兰盖	600	双头螺柱 全螺纹螺柱				35CrMoA 25Cr2MoVA	25Cr2MoVA

① 凹凸面、榫槽面仅用于 $PN\geqslant50$MPa(class 300)、DN15～600mm 的整体法兰、带颈对焊法兰、带颈平焊法兰、承插焊法兰和法兰盖。

② 表列紧固件使用温度是指紧固件的金属温度。

③ 表列螺栓、螺柱材料可使用在比表列温度低的温度范围（不低于 −20℃），但不宜使用在比表列温度高的温度范围。

④ 表列紧固件材料，除 35CrMoA 外，使用温度下限为 −20℃，35CrMoA 使用温度低于 −20℃ 时应进行低温夏比冲击试验。最低使用温度为 −100℃。

⑤ 各种天然橡胶及合成橡胶使用温度范围不同，详见 HG 20627。

⑥ 石棉橡胶板的 $pt\leqslant650$MPa·℃。

表 38-11 法兰、垫片、紧固件选配（适用于欧洲体系）

垫片型式	公称压力 PN/MPa	密封面型式[①]	密封面表面粗糙度	法兰型式	垫片最高使用温度/℃	紧固件型式	紧固件性能等级或材料牌号[②~④]				
							200℃	250℃	300℃	500℃	550℃
橡胶垫片[⑤]	≤16	突面、凹凸面、榫槽面、全平面	密纹水线或 Ra=6.3~12.5	各种型式	200	六角螺栓 双头螺柱 全螺纹螺柱	8.8 级 35CrMoA 25Cr2MoVA				
石棉橡胶板垫片[⑥]	≤25	突面、凹凸面、榫槽面、全平面	密纹水线或 Ra=6.3~12.5	各种型式	300	六角螺栓 双头螺柱 全螺纹螺柱		8.8 级 35CrMoA 25Cr2MoVA	35CrMoA 25Cr2MoVA		
合成纤维橡胶垫片	≤40	突面、凹凸面、榫槽面、全平面	密纹水线或 Ra=6.3~12.5	各种型式	290	六角螺栓 双头螺柱 全螺纹螺柱		8.8 级 35CrMoA 25Cr2MoVA	35CrMoA 25Cr2MoVA		
聚四氟乙烯垫片（改性或填充）	≤40	突面、凹凸面、榫槽面、全平面	密纹水线或 Ra=6.3~12.5	各种型式	260	六角螺栓 双头螺柱 全螺纹螺柱		8.8 级 35CrMoA 25Cr2MoVA	35CrMoA 25Cr2MoVA		
柔性石墨复合垫	10~63	突面、凹凸面、榫槽面	密纹水线或 Ra=6.3~12.5	各种型式	650(450)	六角螺栓 双头螺柱 全螺纹螺柱		8.8 级 35CrMoA 25Cr2MoVA		35CrMoA 25Cr2MoVA	25Cr2MoVA
聚四氟乙烯包覆垫	6~40	突面	密纹水线或 Ra=6.3~12.5	各种型式	150(200)	六角螺栓 双头螺柱 全螺纹螺柱	8.8 级 35CrMoA 25Cr2MoVA				
缠绕垫	16~160	突面、凹凸面、榫槽面	Ra=3.2~6.3	带颈平焊法兰 带颈对焊法兰 整体法兰 承插焊法兰 对焊环松套法兰 法兰盖	650	双头螺柱 全螺纹螺柱				35CrMoA 25Cr2MoVA	25Cr2MoVA

续表

垫片型式	公称压力 PN/MPa	密封面型式[①]	密封面表面粗糙度	法兰型式	垫片最高使用温度/℃	紧固件型式	紧固件性能等级或材料牌号[②~④]				
							200℃	250℃	300℃	500℃	550℃
金属包覆垫	25～100	突面	Ra=1.6～3.2（碳钢） Ra=0.8～1.6（不锈钢）	带颈对焊法兰 整体法兰 法兰盖	500	双头螺柱 全螺纹螺柱				35CrMoA 25Cr2MoVA	
齿形组合垫	16～250	突面、凹凸面	Ra=3.2～6.3	带颈对焊法兰 整体法兰 法兰盖	650	双头螺柱 全螺纹螺柱				35CrMoA 25Cr2MoVA	25Cr2MoVA
金属环垫	63～250	环连接面	Ra=0.8～1.6（碳钢、铬钼钢） Ra=0.4～0.8（不锈钢）	带颈对焊法兰 整体法兰 法兰盖	600	双头螺柱 全螺纹螺柱				35CrMoA 25Cr2MoVA	25Cr2MoVA

① 凹凸面、榫槽面仅用于 PN10～16MPa、DN10～600mm 的整体法兰、带颈对焊法兰、带颈平焊法兰、承插焊法兰、平焊环松套法兰、法兰盖和衬里法兰盖。

② 表列紧固件使用温度是指紧固件的金属温度。

③ 表列螺栓、螺柱材料可使用在比表列温度低的温度范围（不低于 −20℃），但不宜使用在比表列温度高的温度范围。

④ 表列紧固件材料，除 35CrMoA 外，使用温度下限为 −20℃，35CrMoA 使用温度低于 −20℃ 时应进行低温夏比冲击试验。最低使用温度为−100℃。

⑤ 各种天然橡胶及合成橡胶使用温度范围不同，详见 HG 20606。

⑥ 石棉橡胶板的 $pt \leqslant 650$MPa·℃。

1.12 常用管道的类型、选材和用途（表 38-12）

表 38-12　常用管道的类型、选材和用途

序号	管道类型		选用材料	一般用途	标准号
1	无缝钢管	中低压用	普通碳素钢、优质碳素钢、低合金钢、合金结构钢	输送对碳钢无腐蚀或腐蚀速率很小的各种流体	GB 8163 GB 3087 GB 9948
		高温高压用	20G、15CrMo、12Cr2Mo 等	合成氨、尿素、甲醇生产中大量使用	GB 5310 GB 6479
		不锈钢	1Cr18Ni9Ti 等	碱、丁醛、丁醇、液氮、硝酸、硝酸铵溶液的输送	GB/T 14976
2	焊接钢管	水煤气输送钢管	Q235-A	适用于输送水、压缩空气、煤气、冷凝水和采暖系统的管路	GB 3091
		双面埋弧自动焊大直径焊接钢管			GB 9771.1
		螺旋缝电焊钢管	Q235、16Mn 等		SY 5036
		不锈钢焊接钢管	1Cr18Ni9Ti 等		HG 20537-3.4
3	金属软管	钎焊不锈钢软管	1Cr18Ni9Ti	一般用于输送带有腐蚀性的气体	
		P2 型耐压软管	低碳镀锌钢带	一般用于输送中性液体、气体及混合物	
		P3 型吸尘管	低碳镀锌钢带	一般用于通风、吸尘的管道	
		PM1 型耐压管	低碳镀锌钢带	一般用于输送中性液体	
4	有色金属	铜管和黄铜管	T2、T3、T4、TUP、TU1、TU2、H68、H62	适用于一般工业部门，用作机器和真空设备上的管路及压力小于 10MPa 时的氧气管道	GB 1527～1530
		铅及其合金管	纯铅，Pb4、Pb5、Pb6、铅锑合金（硬铅），PbSb4、PbSb6、PbSb8	适用于化学、染料、制药及其他工业部门作为耐酸材料的管道，如输送 15%～65%的硫酸、干或湿的二氧化硫、60%的氢氟酸、浓度小于 80%的乙酸，铅管的最高使用温度为 200℃，但温度高于 140℃时，不宜在压力下使用	GB 1472
		铝及其合金	L2、L3、工业纯铝	铝管用于输送脂肪酸、硫化氢及二氧化碳，铝管最高使用温度为 200℃，温度高于 160℃时，不宜在压力下使用。铝管还可以用于输送浓硝酸、乙酸、蚁酸、硫的化合物及硫酸盐，不能用于盐酸、碱液，特别是含氯离子的化合物的输送。铝管不可用对铝有腐蚀的碳酸镁、含碱玻璃棉保温	GB 6893 GB 4436
5	纤维缠绕玻璃钢管	承插胶黏直管、对接直管和 O 形环承插连接直管	玻璃钢	一般用在公称压力为 6～16MPa、公称直径大于 50mm 的管道上	HG/T 21633
		玻璃钢管	玻璃钢	低压接触成型直管公称压力小于或等于 6MPa，长丝缠绕直管公称压力小于或等于 16MPa	
6	增强聚丙烯管		聚丙烯	具有轻质高强、耐腐蚀性好、致密性好、价格低等特点。使用温度为 120℃，公称压力为小于或等于 10MPa	HG 20539

续表

序号	管道类型	选用材料	一般用途	标准号
7	玻璃钢增强聚丙烯复合管	玻璃钢、聚丙烯	一般用于公称直径15～400mm、公称压力小于或等于16MPa的管道上	HG/T 21579
8	玻璃钢增强聚氯乙烯复合管	玻璃钢、聚氯乙烯	公称压力小于等于16MPa	HG/T 21636（规格尺寸） HG 20520（设计规定）
9	钢衬改性聚丙烯管	钢、聚丙烯	公称压力可大于16MPa	
10	钢衬聚四氟乙烯推压管	钢、聚四氟乙烯	公称压力可大于16MPa	HG/T 21562
11	钢衬高性能聚乙烯管	钢、聚乙烯	具有耐腐蚀、耐磨损等特点	
12	钢喷涂聚乙烯管	钢、聚乙烯	公称压力小于或等于6MPa	
13	钢衬橡胶管	钢、橡胶	公称压力可大于16MPa	HG 21501
14	钢衬玻璃管	钢、玻璃	公称压力可大于16MPa	
15	搪玻璃管	钢、瓷釉	公称压力小于6MPa	HG/T 2130
16	化工用硬聚氯乙烯管(UPVC)	聚氯乙烯	公称压力小于或等于16MPa	GB/T 4219
17	ABS管	ABS	公称压力小于或等于6MPa	
18	耐酸陶瓷管	陶瓷	公称压力小于或等于6MPa	
19	聚丙烯管	聚丙烯	一般用于化工防腐蚀管道上	
20	氟塑料管	聚四氟乙烯	耐腐蚀且耐负压	
21	输水、吸水胶管	橡胶	①夹套输水胶管，输送常温水和一般中性液体，公称压力小于或等于6MPa ②纤维缠绕输水胶管，输送常温水，工作压力小于或等于1.0MPa ③吸水胶管，适用于常温水和一般中性液体	HG 2184
22	夹布输气管	橡胶	一般适用输送压缩空气和惰性气体	
23	输油、吸油胶管	耐油橡胶	①夹布吸油胶管，适用于输送40℃以下的汽油、煤油、柴油、机油、润滑油及其他矿物油类。工作压力小于或等于1.0MPa ②吸油胶管，适用于抽吸40℃以下的汽油、煤油、柴油以及其他矿物油类	
24	输酸、吸酸胶管	耐酸胶	①夹布输稀酸（碱）胶管，适用于输送浓度在40%以下的稀酸（碱）溶液（硝酸除外） ②吸稀酸（碱）胶管，适用于抽吸浓度在40%以下的稀酸（碱）溶液（硝酸除外） ③吸浓硫酸管，适用于抽吸浓度在95%以下的浓硫酸及40%以下的硝酸	
25	蒸气胶管	合成胶	①夹布蒸气胶管，适用于输送压力小于或等于0.4MPa的饱和蒸气或温度小于或等于150℃的热水 ②钢丝编织蒸气胶管，适用于供输送压力小于或等于1.0MPa的饱和蒸气	

续表

序号	管道类型	选用材料	一般用途	标准号
26	耐磨吸引胶管	合成胶	适用于输送含固体颗粒的液体和气体	
27	合成树脂复合排吸压力软管	合成树脂	适用于输送或抽吸燃料油、变压器油、润滑油以及化学药品、有机溶剂	

注：摘自《压力管道安全技术》，东南大学出版社出版（局部有修正）。

1.13　弯管最小弯曲半径

高压钢管的弯曲半径宜大于管外径的 5 倍，其他管的弯曲半径宜大于管外径的 3.5 倍。

弯管宜采用壁厚为正公差的管制作。当采用负公差的管制作弯管时，管弯曲半径与弯管前管壁厚的关系宜符合表 38-13 的规定。

表 38-13　管弯曲半径与弯管前管壁厚的关系

弯曲半径 R	弯管前管壁厚
$R\geqslant 6DN$	$1.06T_m$
$6DN>R\geqslant 5DN$	$1.08T_m$
$5DN>R\geqslant 4DN$	$1.14T_m$
$4DN>R\geqslant 3DN$	$1.25T_m$

注：1. DN 表示公称直径；T_m 表示设计壁厚。

2. 摘自 GB 50235—2010《工业金属管道工程施工规范》。

1.14　热力管道地沟的敷设尺寸（图 38-1、表 38-14）

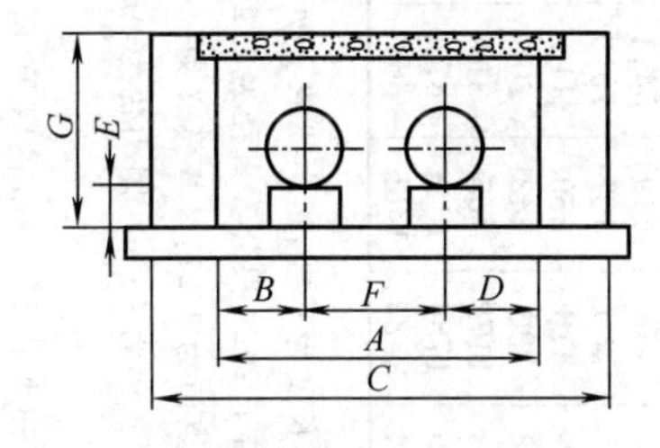

图 38-1　热力管道地沟的敷设尺寸

表 38-14　热力管道地沟的敷设尺寸数值

单位：mm

地沟尺寸	管道直径 DN										
	25	32	40	50	70	80	100	125	150	200	250
C	890	890	890	890	1040	1040	1040	1040	1040	1450	1600
A	650	650	650	650	800	800	800	800	800	950	1100
G	300	300	300	300	375	375	450	525	525	600	675
B、D	175	175	175	175	220	220	220	220	220	245	290
F	300	300	300	300	360	360	400	400	400	460	520
E	125	125	125	125	160	160	200	200	200	250	300

注：坡度：大于 0.002；最低部分距最高水位 500mm。

地沟材料：砌砖 75 号以上；砂浆 25 号以上。

混凝土：壁 100 号；底 50 号；基础 200 号。

钢筋混凝土：支架 150 号；固定结构 150 号；盖板、底板、基础 100 号。

1.15　管道连接

(1) 焊接

所有压力管道，如煤气、蒸汽、空气、真空等管道尽量采用焊接。管径大于 32mm，厚度在 4mm 以上者采用电焊；厚度在 3.5mm 以下者采用气焊。补偿器顶部不能电焊。

(2) 承插焊

密封性要求高的管子连接，应尽量用承插焊代替螺纹连接。该结构可靠，耐压高，施工方便。

(3) 法兰连接

适用于大管径、密封性要求高的管子连接，如真空管等；也适于玻璃、塑料、阀门与管道或设备的连接。

(4) 螺纹连接

一般适用于管径≤50mm（室内明敷上水管道可采取≤150mm），工作压力低于 1.0MPa，介质温度≤100℃的焊接钢管、镀锌焊接钢管，或硬聚氯乙烯塑料管与管或带螺纹的阀门、管件相连接。

(5) 承插连接

适用于埋地或沿墙敷设的给排水管，如铸铁管、陶瓷管、石棉水泥管与管或管件、阀门的连接。采用石棉水泥、沥青玛𤥻脂、水泥砂浆等作为封口，工作压力≤0.3MPa，介质温度≤60℃。

(6) 承插粘接

适用于各种塑料管（如 ABS 管、玻璃钢管等）与管或阀门、管件的连接。采用胶黏剂涂覆于插入管的外表面，然后插入承口，经固化后即成一体，施工方便，密闭性好。

(7) 卡套连接

适用于管径≤42mm 的金属管与金属管件或与非金属管件、阀门的连接。中间加一个垫片，施工方便，拆卸容易，一般用于仪表、控制系统等处。

(8) 卡箍连接

适用于洁净物料，具有装拆方便、安全可靠、经济耐用等优点。

1.16 管径当量换算（表 38-15 和表 38-16）

表 38-15 管径当量换算（适用于空气、蒸汽、气体）

管径/in	1/2	3/4	1	1½	2	2½	3	4	5	6	7	8	9	10	11	12	13	14	15	16	17	管径/in
1/2		2.27	4.88	15.8	31.7	52.9	96.9	205	377	620	918	1292	1767	2488	3014	3786	4904	5927	7321	8535	9717	1/2
3/4	2.60		2.05	6.97	14.0	23.3	42.5	90.4	166	273	405	569	779	1069	1328	1668	2161	2615	3226	3761	4282	3/4
1	7.55	2.90		3.45	6.82	11.4	20.9	44.1	81.1	133	198	278	380	536	649	815	1070	1263	1576	1837	2092	1
1½	24.2	9.30	3.20		2.00	3.34	6.13	13.0	23.8	39.2	58.1	81.7	112	157	190	239	310	375	463	539	614	1½
2	54.8	21.0	7.25	2.26		1.67	3.06	6.47	11.9	19.6	29.0	40.8	55.8	78.5	95.1	119	155	187	231	269	307	2
2½	102	39.4	13.6	4.23	1.87		1.83	3.87	7.12	11.7	17.4	24.4	33.4	47.0	56.9	71.5	92.6	112	138	161	184	2½
3	170	65.4	22.6	7.03	3.11	1.66		2.12	3.89	6.39	9.48	13.3	20.9	23.7	31.2	39.1	50.6	61.1	75.5	88.0	100	3
4	376	144	49.8	15.5	6.87	3.67	2.21		1.84	3.02	4.48	6.30	8.61	12.1	14.7	18.5	23.9	28.9	35.7	41.6	47.4	4
5	686	263	90.9	28.3	12.5	6.70	4.03	1.83		1.65	2.44	3.43	4.69	6.60	8.00	10.0	13.0	15.7	19.4	22.6	25.8	5
6	1116	429	148	46.0	20.4	10.9	6.56	2.97	1.63		1.48	2.09	2.85	4.02	4.86	6.11	7.91	9.56	11.8	13.8	15.6	6
7	1707	656	226	70.5	31.2	16.6	10.0	4.54	2.49	1.51		1.41	1.93	2.71	3.28	4.12	5.34	6.45	7.97	9.31	10.6	7
8	2435	936	322	101	44.5	23.8	14.3	6.48	3.54	2.18	1.43		1.35	1.93	2.33	2.92	3.79	4.57	5.67	6.60	7.52	8
9	3335	1281	440	137	60.8	32.5	19.5	8.85	4.85	2.98	1.95	1.37		1.41	1.71	2.14	2.77	3.35	4.14	4.83	5.50	9
10	4393	1688	582	181	80.4	42.9	25.8	11.7	6.40	3.93	2.57	1.30	1.32		1.21	1.52	1.97	2.38	2.94	3.43	3.91	10
11	5642	2168	747	233	103	55.1	33.1	15.0	8.22	5.05	3.31	2.32	1.70	1.28		1.26	1.63	1.88	2.43	2.83	3.22	11
12	7087	2723	938	293	129	69.2	41.6	18.8	10.3	6.34	4.15	2.91	2.13	1.61	1.26		1.30	1.57	1.93	2.26	2.58	12
13	8657	3326	1146	358	158	84.5	50.7	23.0	12.6	7.75	5.07	3.56	2.60	1.98	1.53	1.22		1.21	1.49	1.74	1.98	13
14	10600	4070	1403	438	193	103	62.2	28.2	15.4	9.48	6.21	4.35	3.18	2.41	1.88	1.50	1.22		1.24	1.44	1.64	14
15	12824	4927	1698	530	234	125	75.3	34.1	18.7	11.5	7.52	5.27	3.85	2.92	2.27	1.81	1.48	1.21		1.17	1.35	15
16	14978	5758	1984	619	274	146	88.0	39.9	21.8	13.4	8.78	6.15	4.51	3.41	2.66	2.12	1.73	1.42	1.18		1.14	16
17	17537	6738	2322	724	320	171	103	46.6	25.6	15.7	10.3	7.20	5.27	3.99	3.11	2.47	2.03	1.66	1.37	1.17		
18	20327	7 810	2691	840	371	198	119	54.1	29.6	18.2	11.9	8.35	6.11	4.63	3.60	2.87	2.35	1.92	1.59	1.36	1.16	
20	26676	10249	3532	1102	487	260	157	70.9	38.9	23.9	15.6	10.9	8.02	6.07	4.73	3.76	3.08	2.52	2.08	1.78	1.52	
24	42624	16376	5644	1761	778	416	250	113	62.1	38.2	25.0	17.5	12.8	9.70	7.55	6.01	4.92	4.02	3.32	2.84	2.43	
30	75453	28990	9990	3117	1378	736	443	201	110	67.6	44.2	31.0	22.7	17.2	13.4	10.7	8.72	7.14	5.88	5.03	4.30	
36	120100	46143	15902	4961	2193	1172	705	319	175	108	70.4	49.3	36.1	27.3	21.3	16.9	13.9	11.3	9.37	8.01	6.85	
42	177724	68282	23531	7341	3245	1734	1044	473	259	159	104	73.0	53.4	40.5	31.5	25.1	20.5	16.8	13.9	11.9	10.1	
48	249351	95818	33020	10301	4554	2434	1465	663	363	223	146	102	75.0	56.8	44.2	35.2	28.8	23.5	19.4	16.6	14.2	

注：1. 本表中不同管径的换算数值以等长度为基准，粗实线的上面部分为公称直径的管数，下面部分为实际内径的管数，1in=0.0254m。

例 1：一根公称直径为 3/4in 的管子相当于 2.27 根公称直径为 1/2in 的管子。

由表横列中 3/4in 对纵列中 1/2in 其交点值为 2.27，换算意义为一根公称直径为 ϕ3/4in 的管子用于输送空气（或蒸汽）时，设其输气量为 Q(kg/min)，管子为 L(m)，阻力为 Δh(m 气柱)，如改采用 ϕ1/2in 管子并联，每根管管长仍为 L(m)，阻力仍为 Δh(m 气柱)，则每根 ϕ1/2in 管输气量只有 $Q/2.27$(kg/min)。换言之，用 ϕ1/2in 管子输气 Q(kg/min)需要 2.27 根管子。

例 2：一根内径为 13in 的管子相当于 3.56 根内径为 8in 的管子（由表纵列对横列查得）。

2. 摘自 Grocker，Piping Handbook。

表 38-16 管径当量换算（适用于水）

公称管径/in	1/8	1/4	3/8	1/2	3/4	1	1¼	1½	2	2½	3	3½	4	5	6	8	10	12
1/3	1	0.475	0.222	0.122	0.0625	0.0333	0.0167	0.0114	0.0061	0.00392	0.00228	0.00158	0.00115	0.000655	0.000415	0.000209	0.000118	0.000075
1/4	2.1	1	0.475	0.263	0.130	0.0714	0.0357	0.0244	0.0130	0.00833	0.00485	0.00336	0.00246	0.00139	0.000882	0.000445	0.000252	0.000160
3/8	4.5	2.1	1	0.555	0.278	0.151	0.077	0.0526	0.0278	0.0178	0.0103	0.0072	0.00523	0.00298	0.00188	0.000948	0.000536	0.000342
1/2	8.2	3.8	1.8	1	0.500	0.270	0.139	0.091	0.050	0.0322	0.0185	0.0128	0.00934	0.00532	0.00336	0.00169	0.000959	0.000611
3/4	16	7.7	3.6	2	1	0.555	0.278	0.189	0.100	0.0645	0.0370	0.0263	0.0189	0.01075	0.00680	0.00342	0.00194	0.00124
1	30	14	6.6	3.7	1.8	1	0.500	0.344	0.182	0.1180	0.0666	0.0476	0.0345	0.0196	0.0125	0.00625	0.00355	0.00226
1¼	60	28	13	7.2	3.6	2	1	0.666	0.357	0.232	0.143	0.0910	0.0666	0.0384	0.0244	0.0125	0.00705	0.00449
1½	88	41	19	11	5.3	2.9	1.5	1	0.526	0.345	0.200	0.139	0.1010	0.0588	0.0357	0.0185	0.0103	0.00657
2	164	77	36	20	10	5.5	2.8	1.9	1	0.625	0.370	0.256	0.1887	0.1075	0.0666	0.0345	0.0192	0.0123
2½	255	120	56	31	15.5	8.5	4.3	2.9	1.6	1	0.588	0.400	0.294	0.1665	0.1050	0.0526	0.0303	0.0192
3	439	206	97	54	27	15	7	5	2.7	1.7	1	0.715	0.500	0.296	0.182	0.0917	0.0526	0.0333
3½	652	297	139	78	38	21	11	7.2	3.9	2.5	1.4	1	0.715	0.417	0.263	0.1315	0.0746	0.0476
4	867	407	191	107	53	29	15	9.9	5.3	3.4	2	1.4	1	0.555	0.357	0.1820	0.1020	0.0666
5	1.525	716	335	188	93	51	26	17	9.3	6	3.5	2.4	1.8	1	0.625	0.322	0.1785	0.1150
6	2414	1133	531	297	147	80	41	28	15	9.5	5.5	3.8	2.8	1.6	1	0.500	0.286	0.1820
8	4795	2251	1054	590	292	160	80	54	29	19	10.9	7.6	5.5	3.1	2	1	0.555	0.3570
10	8468	3976	1862	1042	516	282	142	97	52	33	19	13.4	9.8	5.6	3.5	1.8	1	0.6250
12	13292	6240	2923	1635	809	443	223	152	81	52	30	21	15	8.7	5.5	2.8	1.5	1

注：1. 本表不同管径的换算数值以等长度为基准，1in=0.0254m。

例：一根 2in管径输水管相当于 10 根 3/4in 管径的管子或 0.1887 根 4in 管径的管子(由表中纵列对横列查得)。

2. 摘自 Grocker，Piping Handbook 第四版。

1.17 埋地管道

禁止埋地敷设管道的地区：黄土类土壤；侵蚀性土壤；终年冻结区；八级地震区。

埋深：地沟——与地面最小距离 0.5m；无沟埋地——与地面最小距离 0.7m(热力管道)。

半通行地沟内部最小尺寸：高 1.4m，通道宽 0.4m。

通行地沟内部最小尺寸：高 1.8～2.0m，通道宽 0.7m。

各种设施之间的间距（最小净距）如下。

设施	水平距离/m	空间距离/m
蒸汽管与轨道	4	1
蒸汽管与煤气上下水管道	2	0.15
蒸汽管与 35kV 电缆	2	
管道之间	0.4	0.15
管道与沟壁	0.1～0.15	0.15～0.2（离地）

1.18 管道刷油面积计算（表 38-17）

表 38-17 每 100m 长管道刷油面积 单位：m^2

保温厚度 S/mm	管径/mm								
	14	18	25	32	38	45	57	76	89
0	4.40	5.66	7.85	10.05	11.94	13.98	17.91	23.88	27.96
20	16.97	18.22	20.42	22.62	24.50	26.55	30.47	36.44	40.53
25	20.11	21.36	23.56	25.76	27.65	29.69	33.62	39.58	43.67
30	23.25	24.50	26.70	28.90	30.79	32.83	36.76	42.73	46.81
40	29.53	30.79	32.99	35.19	37.07	39.11	48.04	49.01	53.09
50	35.81	37.07	39.27	41.47	43.35	45.40	49.32	55.29	59.38
60	42.10	43.35	45.55	47.75	49.64	51.63	55.61	61.58	65.66
70	—	—	—	54.04	55.92	57.96	61.89	67.86	71.94
80	—	—	—	—	62.20	64.25	68.17	74.14	78.23
90	—	—	—	—	—	70.53	74.46	80.43	84.51
100	—	—	—	—	—	—	80.74	86.71	90.79
120	—	—	—	—	—	—	—	99.28	103.36
140	—	—	—	—	—	—	—	—	115.93
160	—	—	—	—	—	—	—	—	—
180									
200									

保温厚度 S/mm	管径/mm								
	108	133	159	168	194	219	273	299	325
0	33.93	41.78	49.95	52.78	60.95	68.80	85.77	93.93	102.10
20	46.50								
25	49.64	57.49	—	—	—	—	—	—	—
30	52.78	60.63	68.81	—	—	—	—	—	—
40	59.06	66.92	75.08	77.91	—	—	—	—	—
50	65.35	76.03	81.37	84.20	92.36	—	—	—	—
60	71.63	79.48	87.65	90.43	98.65	106.50	123.47	131.63	139.80
70	77.91	85.77	93.93	96.76	104.93	112.78	129.75	137.92	146.08
80	84.20	92.05	100.22	103.04	111.21	119.07	136.03	144.20	152.50
90	90.48	98.33	106.50	109.33	117.50	125.35	142.31	150.48	158.65
100	96.76	104.62	112.78	115.61	123.78	131.63	148.60	156.77	164.93
120	109.33	117.18	125.35	137.92	136.35	144.20	161.16	169.33	177.50
140	121.89	129.75	137.92	140.74	148.91	156.77	173.73	181.90	190.07
160	134.46	142.31	150.48	153.31	161.48	169.33	186.30	194.47	202.63
180		154.88	163.05	165.88	174.05	181.90	198.86	207.03	215.20
200		—	175.62	178.44	186.61	194.47	211.43	219.60	228.00

1.19　管道系统试验

管道系统试验详见GB 50235—2010《工业金属管道工程施工规范》。

1.20　管道留孔

管道穿越楼板、屋顶、地基及其他混凝土构件，应在土建施工时预留管孔。管孔大小，对于螺纹连接的管道来说，一般是管外径加10mm即可；对于法兰和保温管道来说，一般应大于其外径加10mm。现以*PN*1.6MPa法兰为例，其管孔尺寸如下。

公称直径 *DN*/mm	25	40	50	65	80	100	125	150	200
管孔尺寸 /mm	130	160	175	195	210	230	260	300	350

管道留孔尺寸示意如图38-2所示。

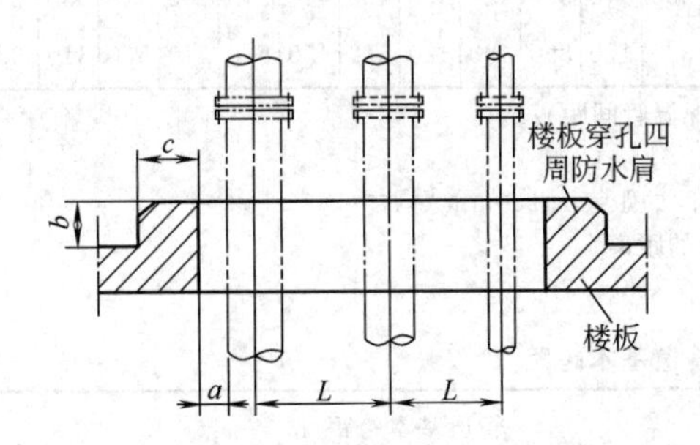

图38-2　管道留孔尺寸示意

L—管道跨距，见表38-20～表38-23；
a—管边与孔边间距，一般取法兰外径的一半加10mm（若位置有限，10mm可以不加）；
b——一般车间取50～80mm，防爆车间取100～150mm；*c*——一般为60mm

1.21　管道坡度

管道敷设应有坡度，坡度方向一般均沿着介质流动方向，但也有与介质流动方向相反者。坡度一般为3/1000～1/100。输送黏度大的介质的管道，坡度则要求大些，可达1/100。埋地管道及敷设在地沟中的管道，如在停止生产时其积存介质不考虑排尽，则不考虑敷设坡度。

一般采用的管道坡度如下。

蒸汽	5/1000
蒸汽冷凝水	3/1000
清水	3/1000
冷冻水及冷冻回水	3/1000
生产废水	1/1000
压缩空气，氮气	4/1000
真空	3/1000

1.22　管道间距（图38-3，表38-18、表38-19）

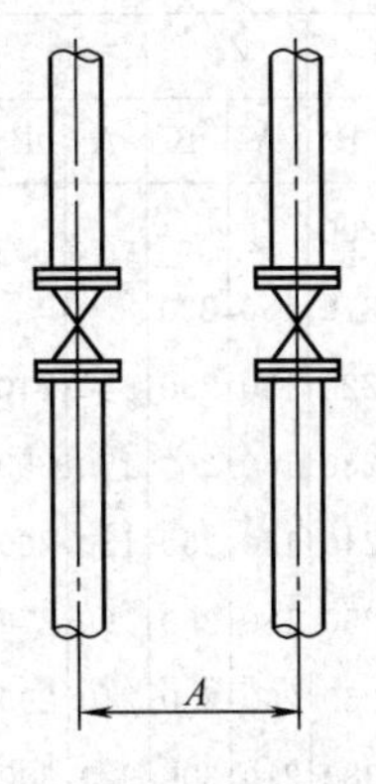

图38-3　管道间距

表38-18　管道并排且阀的位置对齐时的管道间距

单位：mm

DN	25	40	50	80	100	150	200	250
25	250							
40	270	280						
50	280	290	300					
80	300	320	330	350				
100	320	330	340	360	375			
150	350	370	380	400	410	450		
200	400	420	430	450	460	500	550	
250	430	440	450	480	490	530	580	600

注：适用于*PN*≤2.5MPa的管道。

1.23　管架跨距

(1) 水平管道的跨距（表38-20～表38-23）

(2) 垂直管道的管架间距

垂直管道管架的设置，除了考虑承重的因素外，还要注意防止风载引起的共振以及垂直管道的轴向失稳，因此在考虑承重架的同时，还应适当考虑增设必要的导向架。

一般垂直管道（钢管）的管架间距可按表38-24选用。对于高温垂直管道的管架间距，同样可按表38-24选用，但应适当减小。

(3) 水平管道的导向架间距

水平管道与垂直管道一样，除了考虑承重的因素外，还应注意到当管道需要约束，限制风载、地震、温差变形等引起的横向位移，或要避免因不平衡内压、热胀推力以及支承点摩擦力造成管道轴向失稳时，应适当地设置些必要的导向架。特别是在管道很长的情况下，更不能避免。水平管道（钢管）的最大导向架间距见表38-25。

表 38-19 管道并排、法兰错排时的管道间距 单位：mm

DN	公称直径 DN																									
	25		40		50		70		80		100		125		150		200		250		300		*d*	
	A	B	A	B	A	B	A	B	A	B	A	B	A	B	A	B	A	B	A	B	A	B	A	B
25	120	200																							110	130
40	140	216	150	230																					120	140
50	150	220	150	230	160	240																			150	150
70	160	230	160	240	170	250	180	260																	140	170
80	170	240	170	250	180	260	190	270	200	280															150	170
100	180	250	180	260	190	270	200	280	210	310	220	300													160	190
125	190	260	200	280	210	290	220	300	230	310	240	320	250	330											170	210
150	210	280	210	300	220	300	230	300	240	320	250	330	260	340	280	360									190	230
200	230	310	240	320	250	330	260	340	270	350	280	360	290	370	300	390	300	420							220	260
250	270	340	270	350	280	360	290	370	300	380	310	390	320	410	340	420	360	450	390	480					250	290
300	290	370	300	380	310	390	320	400	330	410	340	420	350	440	360	450	390	480	410	510	400	540			280	320
350	390	400	330	410	340	420	350	430	360	440	370	450	380	470	390	480	420	510	450	540	470	570			310	350

注：1. 不保温管与保温管相邻排列时，间距=(不保温管间距+保温管间距)/2。

2. 若为螺纹连接的管子，间距可按本表的数值减去 20mm。

3. 管沟中管壁与管壁之间的净距在 160～180mm，壁管与沟壁之间的距离为 200mm 左右。

4. 表中 A 表示不保温管，B 表示保温管，*d* 表示管子轴线离墙面的距离。

5. 本表适用于室内管道安装，不适用于室外长距离管道安装。

表 38-20 装置内不保温管道基本跨距

管子公称直径/mm	外径×壁厚/mm×mm	管道计算质量/(kg/m)		管道基本跨距/m			
				管道设计温度 $t\leqslant 200℃$		管道设计温度 $t\leqslant 350℃$	
		气体管	液体管	气体管	液体管	气体管	液体管
15	21.25×2.75	1.55	1.74	3.43	3.33	3.37	3.28
	18×2.5	1.18	1.31	3.15	3.07	3.09	3.01
	18×3	1.36	1.47	3.11	3.05	3.06	3.00
20	26.75×2.75	2.04	2.38	3.89	3.74	3.82	3.67
	25×2.5	1.74	2.04	3.76	3.61	3.70	3.55
	25×3	2.02	2.29	3.73	3.61	3.62	3.56
25	33.5×3.25	3.05	3.60	4.36	4.18	4.28	4.11
	32×2.5	2.32	2.87	4.28	4.06	4.21	3.99
	32×3.5	3.07	3.54	4.24	4.09	4.17	4.02
32	42.25×3.25	3.99	4.95	4.92	4.66	4.84	4.58
	38×2.5	2.83	3.65	4.68	4.39	4.60	4.31
	38×3.5	3.75	4.48	4.65	4.45	4.57	4.37
40	48×3.5	4.93	6.19	5.25	4.96	5.16	4.87
	45×3	4.02	5.16	5.09	4.78	5.00	4.70
	45×3.5	4.57	4.66	5.08	4.81	4.99	4.73

续表

管子公称直径/mm	外径×壁厚/mm×mm	管道计算质量/(kg/m)		管道基本跨距/m			
				管道设计温度 $t \leqslant 200$℃		管道设计温度 $t \leqslant 350$℃	
		气体管	液体管	气体管	液体管	气体管	液体管
50	60×3.5	6.38	8.50	5.89	5.48	5.78	5.38
	57×3.5	6.01	7.90	5.74	5.36	5.63	5.26
	57×4	6.73	8.54	5.73	5.40	5.63	5.30
70	73×3.75	8.83	12.32	6.60	6.08	6.49	5.97
	76×4	9.39	12.88	6.63	6.12	6.51	6.02
	76×6	13.20	16.29	6.60	6.26	6.48	6.15
80	88.9×4	11.22	16.11	7.14	6.53	7.02	6.41
	89×4	11.30	16.24	7.16	6.54	7.04	6.43
	89×6	15.85	20.32	7.16	6.73	7.04	6.61
100	114×4	15.14	23.60	8.06	7.23	7.93	7.10
	108×4	14.19	21.73	7.87	7.08	7.73	6.95
	108×6	19.85	26.79	7.90	7.33	7.76	7.20
125	140×4.5	21.28	34.21	8.93	7.93	8.78	7.80
	133×4	18.21	29.99	8.69	7.67	8.54	7.54
	133×6	25.31	36.34	8.76	8.00	8.60	7.86
150	168×4.5	25.96	44.30	9.65	8.44	9.48	8.29
	159×4.5	24.81	44.77	9.48	8.33	9.32	8.18
	159×6	31.24	47.52	9.56	8.60	9.39	8.45
200	219×6	45.89	78.18	11.12	9.73	10.92	9.56
	219×8	57.72	88.77	11.20	10.06	11.01	9.88
250	273×6	60.24	111.58	12.31	10.55	12.09	10.36
	273×8	75.18	124.95	12.44	10.96	12.22	10.76
	273×10	89.89	138.12	12.51	11.24	12.29	11.04
300	325×6	75.10	148.93	13.31	11.21	13.07	11.02
	273×8	93.03	164.99	13.49	11.09	13.25	11.49
	273×10	110.74	180.84	13.59	12.03	13.36	11.81
350	377×6	90.97	191.37	14.21	11.80	13.96	11.59
	377×8	111.91	210.12	14.44	12.33	14.18	12.12
	377×10	132.61	228.66	14.57	12.72	14.32	12.49
400	426×6	106.86	236.03	14.96	12.28	14.71	12.07
	426×8	130.63	257.31	15.25	12.87	14.98	12.65
	426×10	154.16	278.38	15.42	13.30	15.15	13.07
450	480×6	125.42	290.46	15.75	12.77	15.48	12.55
	480×10	178.95	338.41	18.28	13.88	15.99	13.63
	486×12	205.36	362.06	16.41	14.24	16.12	13.99
500	530×6	143.89	345.80	16.42	13.18	16.13	12.76
	530×9	188.14	385.70	16.91	14.13	16.61	13.89
	530×12	232.18	425.13	17.19	14.76	16.87	14.50
600	630×6	182.75	470.56	17.62	13.91	17.31	13.03
	630×9	235.95	518.21	18.23	14.97	17.91	14.71
700	720×6	221.21	598.96	18.59	14.49	18.26	13.23
	720×9	282.20	653.59	19.29	15.64	18.96	15.37

续表

管子公称直径/mm	外径×壁厚/mm×mm	管道计算质量/(kg/m)		管道基本跨距/m			
				管道设计温度 $t \leqslant 200℃$		管道设计温度 $t \leqslant 350℃$	
		气体管	液体管	气体管	液体管	气体管	液体管
800	820×6	267.53	759.53	19.55	14.71	19.21	13.40
	820×9	337.17	821.89	20.37	16.30	20.01	15.69
900	920×6	317.61	938.93	20.43	14.86	20.080	13.54
	920×9	395.91	1009.94	21.35	16.90	20.97	15.92
1000	1020×6	323.91	1137.17	21.98	14.98	21.59	13.65
	1020×9	411.42	1215.03	22.86	17.44	22.46	16.10
1200	1220×6	422.18	1590.17	23.55	15.18	23.13	13.83
	1220×8	492.19	1652.46	24.32	17.15	23.89	15.63
1400	1420×8	613.40	2191.16	25.81	17.36	25.36	15.82
	1420×10	694.78	2263.57	26.43	19.05	25.96	17.36
1600	1620×8	745.93	2805.21	27.15	17.52	26.67	15.96
	1620×10	838.93	2887.95	27.85	19.27	27.36	17.56

表 38-21 装置内保温管道基本跨距

管子公称直径/mm	外径×壁厚/mm×mm	管道设计温度 $t \leqslant 200℃$					管道设计温度 $t \leqslant 350℃$				
		保温厚度/mm	气体管道计算质量/(kg/m)	液体管道计算质量/(kg/m)	管道基本跨距/m		保温厚度/mm	气体管道计算质量/(kg/m)	液体管道计算质量/(kg/m)	管道基本跨距/m	
					气体管	液体管				气体管	液体管
25	33.5×3.25	45	9.54	10.09	3.44	3.31	65	14.06	14.61	2.58	2.53
	32×2.5	45	8.70	9.25	3.11	3.01	65	13.18	13.73	2.30	2.28
	32×3.5	45	9.45	9.92	3.36	3.28	65	13.93	14.40	2.52	2.48
32	42.25×3.25	50	12.24	13.20	3.95	3.81	65	15.91	16.36	3.16	3.07
	38×2.5	50	10.72	11.55	3.39	3.27	65	14.31	16.14	2.67	2.60
	38×3.5	50	11.65	12.37	3.70	3.59	65	15.24	15.96	2.94	2.88
40	48×3.5	50	13.64	14.91	4.44	4.25	70	16.85	20.12	3.44	3.33
	45×3	50	12.49	13.63	4.07	3.89	70	17.61	18.75	3.12	3.02
	45×3.5	50	13.04	14.13	4.23	4.06	70	18.16	19.25	3.26	3.17
50	60×3.5	50	16.09	18.21	5.23	4.91	70	21.63	23.75	4.11	3.92
	57×3.5	50	15.47	17.36	5.04	4.76	70	20.93	22.82	3.95	3.78
	57×4	50	16.19	18.00	5.20	4.93	70	21.65	23.46	4.10	3.93
70	73×3.75	55	21.21	24.70	6.01	5.57	75	27.47	30.95	4.81	4.53
	76×4	55	21.82	25.30	6.13	5.69	75	28.09	31.57	4.92	4.64
	76×6	55	25.62	28.71	6.66	6.29	75	31.89	34.98	5.20	5.08
80	88.9×4	55	24.77	29.65	6.78	6.19	80	33.22	38.10	5.33	4.98
	89×4	55	24.89	29.83	6.80	6.21	80	33.35	38.30	5.35	5.00
	89×6	55	29.44	33.91	7.40	6.90	80	37.91	42.38	5.66	5.50
100	114×4	60	32.69	41.16	7.72	6.88	80	40.31	48.77	6.21	5.76
	108×4	60	31.17	38.71	7.46	6.70	80	38.62	46.15	6.02	5.59
	108×6	60	36.82	43.77	8.18	7.50	80	44.27	51.21	6.35	6.12

续表

管子公称直径/mm	外径×壁厚/mm×mm	管道设计温度 t≤200℃ 保温厚度/mm	气体管道计算质量/(kg/m)	液体管道计算质量/(kg/m)	管道基本跨距/m 气体管	液体管	管道设计温度 t≤350℃ 保温厚度/mm	气体管道计算质量/(kg/m)	液体管道计算质量/(kg/m)	管道基本跨距/m 气体管	液体管
125	140×4.5	60	41.34	54.27	8.98	7.84	85	49.68	62.62	7.10	6.65
	133×4	60	37.60	49.38	8.46	7.38	85	47.96	59.74	6.70	6.11
	133×6	60	44.70	55.73	9.29	8.32	85	55.06	56.09	7.08	6.77
150	168×4.5	60	48.44	66.78	9.85	8.39	90	62.52	80.76	7.51	6.95
	159×4.5	60	46.71	63.67	9.65	8.26	90	60.44	77.40	7.46	6.83
	159×6	60	53.14	69.42	10.30	9.01	90	60.87	88.15	7.76	7.35
200	219×6	65	76.12	108.40	12.04	10.10	95	92.79	125.08	9.16	8.50
	219×8	65	87.94	118.99	12.51	10.961	95	104.61	135.67	9.49	8.80
250	273×6	65	96.06	147.40	13.47	10.87	95	115.00	166.34	10.28	9.33
	273×8	65	111.00	160.77	14.00	11.83	95	129.94	179.91	10.66	9.83
	273×10	65	125.71	173.94	14.27	12.54	95	144.65	192.88	10.91	10.15
300	325×6	70	119.65	193.48	14.44	11.36	100	141.19	215.02	11.16	9.82
	325×8	70	137.58	209.54	15.18	12.48	100	159.13	231.08	11.59	10.56
	325×10	70	158.71	228.81	15.42	13.23	100	176.83	246.94	11.88	10.93
350	377×8	70	141.27	241.67	15.48	11.83	100	165.00	265.40	12.03	10.29
	377×8	70	162.21	260.42	16.33	13.06	100	185.99	284.15	12.49	11.24
	377×10	70	182.91	278.96	16.68	13.99	100	205.64	302.69	12.81	11.65
400	426×6	70	162.58	291.74	16.35	12.20	105	192.91	322.07	12.69	10.58
	426×8	70	186.34	313.02	17.31	13.51	105	216.67	343.35	13.20	11.75
	426×10	70	209.87	334.10	17.71	14.51	105	240.20	364.42	13.56	12.21
450	480×6	70	187.11	352.17	17.21	12.54	105	220.09	385.14	13.45	10.95
	480×10	70	240.64	400.10	18.75	15.00	105	273.61	433.07	14.38	12.83
	480×12	70	287.05	423.75	19.07	15.87	105	300.02	456.73	14.66	13.20
500	530×8	70	210.80	413.01	17.94	12.81	105	246.23	448.44	14.10	11.20
	530×9	70	255.36	452.91	19.44	14.86	105	290.78	488.34	14.90	13.04
	530×12	70	299.40	492.34	19.99	16.32	105	334.82	527.78	15.39	13.74
600	630×6	75	266.57	554.39	19.01	13.18	110	307.38	595.20	15.20	11.59
	630×9	75	319.78	602.03	20.96	15.38	110	306.59	642.85	16.11	13.56
700	720×6	75	315.61	693.37	20.00	13.50	110	380.84	738.59	16.16	11.91
	720×9	75	376.61	747.98	22.27	15.81	110	421.83	793.21	17.14	13.99
800	820×6	75	373.69	865.68	20.97	13.78	110	423.81	915.81	17.12	12.20
	820×9	75	443.33	928.05	23.45	16.21	110	493.45	918.17	18.19	14.38
900	920×6	75	435.53	1056.84	21.82	14.01	110	490.55	1111.87	18.01	12.44
	920×9	75	513.82	1126.95	24.48	16.53	110	568.85	1181.98	19.16	14.71
1000	1020×6	80	461.93	1272.19	23.51	14.15	125	540.24	1353.10	19.00	12.51
	1020×9	80	549.45	1353.05	26.28	16.75	125	627.75	1431.36	20.21	14.84
1200	1220×6	80	585.11	1753.11	25.02	14.45	125	676.02	1844.01	20.56	12.84
	1220×8	80	655.12	1815.40	27.24	16.36	125	746.03	1906.30	21.53	14.55
1400	1420×8	80	801.24	2379.00	28.71	16.66	125	904.75	2484.51	23.01	14.86
	1420×10	80	882.63	2451.41	30.51	18.31	122	986.13	2554.92	23.79	16.34
1600	1620×8	80	958.69	3017.97	29.79	16.89	125	1074.79	3134.07	24.34	15.01
	1620×10	80	1051.68	3100.71	31.93	18.60	125	1167.79	3216.81	25.19	16.64

表 38-22 装置外不保温管道基本跨距

管子公称直径/mm	外径×壁厚/mm×mm	管道计算质量/(kg/m)		管道基本跨距/m			
				管道设计温度 t≤200℃		管道设计温度 t≤350℃	
		气体管	液体管	气体管	液体管	气体管	液体管
15	21.25×2.75	1.55	1.74	4.26	4.14	4.18	4.07
	18×2.5	1.18	1.31	3.90	3.80	3.84	3.74
	18×3	1.36	1.47	3.86	3.79	3.79	3.71
20	26.75×2.75	2.04	2.38	4.62	4.64	4.74	4.56
	25×2.5	1.74	2.04	4.67	4.84	4.59	4.41
	25×3	2.02	2.29	4.63	4.49	4.55	4.41
25	33.5×3.25	3.05	3.60	5.41	5.19	5.31	5.10
	32×2.5	2.32	2.87	5.32	5.04	5.22	4.93
	32×3.5	3.07	3.54	5.26	5.08	5.17	4.99
32	42.25×3.25	3.99	4.95	6.11	5.79	6.00	5.66
	38×2.5	2.83	3.65	5.81	5.42	5.71	5.29
	38×3.5	3.75	4.48	5.77	5.52	5.67	5.42
40	48×3.5	4.93	6.19	6.52	6.16	6.40	6.01
	45×3	4.02	5.16	6.32	5.93	6.21	5.77
	45×3.5	4.57	5.66	6.30	5.98	6.19	5.85
50	60×3.5	6.38	8.50	7.30	6.80	7.18	6.55
	57×3.5	6.01	7.90	7.12	6.65	6.99	6.43
	57×4	6.73	8.54	7.11	6.70	6.98	6.52
70	73×3.75	8.83	12.32	8.19	7.54	8.05	7.18
	76×4	9.39	12.88	8.22	7.60	8.08	7.27
	76×6	13.20	16.29	8.19	7.77	8.05	7.61
80	88.9×4	11.22	16.11	8.86	8.10	8.71	7.66
	89×4	11.30	16.24	8.89	8.12	8.73	7.67
	89×6	15.85	20.32	8.89	8.35	8.73	8.12
100	114×4	15.14	23.60	10.02	8.97	9.85	8.27
	108×4	14.19	21.73	9.77	8.78	9.59	8.15
	108×6	19.85	26.79	9.80	9.09	9.63	8.74
125	140×4.5	21.28	34.21	11.08	9.84	10.89	8.99
	133×4	18.21	29.99	10.78	9.47	10.59	8.63
	133×6	25.31	36.34	10.87	9.93	10.68	9.38
150	168×4.5	25.96	44.30	11.97	10.30	11.76	9.38
	159×4.5	24.81	44.77	11.77	10.20	11.56	9.30
	159×6	31.24	47.52	11.85	10.67	11.65	9.92
200	219×6	45.89	78.18	13.80	11.88	13.55	10.82
	219×8	57.72	88.77	13.90	12.48	13.66	11.57
250	273×6	60.24	111.58	15.27	12.50	15.00	11.39
	273×8	75.18	124.95	15.44	13.48	15.17	12.29
	273×10	89.89	138.12	15.52	13.94	15.25	12.92
300	325×6	75.10	148.93	16.51	12.94	16.22	11.79
	325×8	93.03	164.99	16.74	14.07	16.45	12.82
	325×10	110.74	180.84	16.87	14.89	16.57	13.56

续表

管子公称直径/mm	外径×壁厚/mm×mm	管道计算质量/(kg/m)		管道基本跨距/m			
				管道设计温度 $t \leqslant 200$℃		管道设计温度 $t \leqslant 350$℃	
		气体管	液体管	气体管	液体管	气体管	液体管
350	377×6	90.97	191.37	17.63	13.30	17.32	12.12
	377×8	111.91	210.12	17.91	14.54	17.59	13.25
	377×10	132.61	228.66	18.08	15.46	17.76	14.09
400	426×6	106.86	236.03	18.58	13.57	18.25	12.36
	426×8	130.63	257.31	18.92	14.90	18.59	13.57
	426×10	154.16	278.38	19.13	15.90	18.79	14.49
450	480×6	125.42	290.46	19.55	13.81	19.15	12.52
	480×10	178.95	338.41	20.19	16.31	19.84	14.87
	486×12	205.36	362.06	20.36	17.17	19.99	15.64
500	530×6	143.89	345.80	20.37	14.00	19.80	12.76
	530×9	188.14	385.70	20.98	16.10	20.62	14.67
	530×12	232.18	425.13	21.30	17.56	20.93	15.00
600	630×6	182.75	470.56	21.87	14.31	20.92	13.04
	630×9	235.95	518.21	22.62	16.58	22.22	15.11
700	720×6	221.21	598.96	23.06	14.52	21.77	13.23
	720×9	282.20	653.59	23.49	16.92	23.46	15.41
800	820×6	267.53	759.53	24.26	14.71	22.58	13.40
	820×9	337.17	821.89	25.27	17.22	24.50	15.69
900	920×6	317.61	938.93	25.36	14.86	23.28	13.54
	920×9	395.91	1009.94	26.49	17.47	25.41	15.92
1000	1020×6	323.91	1137.17	27.27	14.98	25.58	13.65
	1020×9	411.42	1215.03	28.37	17.67	27.68	16.10
1200	1220×6	422.18	1590.17	29.22	15.18	26.84	13.83
	1220×8	492.19	1652.46	30.18	17.15	28.63	15.63
1400	1420×8	613.40	2191.16	32.03	17.36	29.89	15.82
	1420×10	694.78	2263.57	32.79	19.05	31.34	17.36
1600	1620×8	745.93	2805.21	33.68	17.52	30.96	15.96
	1620×10	838.93	2887.95	34.55	19.27	32.58	17.56

表 38-23　装置外保温管道基本跨距

管子公称直径/mm	外径×壁厚/mm×mm	管道设计温度 $t \leqslant 200$℃					管道设计温度 $t \leqslant 350$℃				
		保温厚度/mm	气体管道计算质量/(kg/m)	液体管道计算质量/(kg/m)	管道基本跨距/m		保温厚度/mm	气体管道计算质量/(kg/m)	液体管道计算质量/(kg/m)	管道基本跨距/m	
					气体管	液体管				气体管	液体管
25	33.5×3.25	45	9.54	10.09	3.44	3.31	65	14.06	14.01	2.50	2.53
	32×2.5	45	8.70	9.25	3.11	3.01	65	13.18	13.73	2.30	2.25
	32×3.5	45	9.45	9.92	3.36	3.28	65	13.93	14.40	2.52	2.48
32	42.25×3.25	50	12.24	13.20	3.95	3.81	65	15.91	16.88	3.16	3.07
	38×2.5	50	10.72	11.55	3.39	3.27	65	14.31	16.14	2.67	2.60
	38×3.5	50	11.65	12.37	3.70	3.59	65	15.24	15.96	2.94	2.88

续表

管子公称直径/mm	外径×壁厚/mm×mm	管道设计温度 t≤200℃					管道设计温度 t≤350℃				
		保温厚度/mm	气体管道计算质量/(kg/m)	液体管道计算质量/(kg/m)	管道基本跨距/m		保温厚度/mm	气体管道计算质量/(kg/m)	液体管道计算质量/(kg/m)	管道基本跨距/m	
					气体管	液体管				气体管	液体管
40	48×3.5	50	13.64	14.91	4.44	4.25	70	18.85	20.12	3.44	3.33
	45×3	50	12.49	13.63	4.07	3.89	70	17.61	18.75	3.12	3.02
	45×3.5	50	13.04	14.13	4.23	4.06	70	18.16	19.25	3.26	3.17
50	60×3.5	50	16.09	18.21	5.23	4.91	70	21.63	23.75	4.11	3.92
	57×3.5	50	15.47	17.36	5.04	4.76	70	20.93	22.82	3.95	3.78
	57×4	50	16.19	18.00	5.20	4.93	70	21.65	23.46	4.10	3.93
70	73×3.75	55	21.21	24.70	6.01	5.57	75	27.47	30.95	4.81	4.53
	76×4	55	21.82	25.30	6.13	5.69	75	28.09	31.57	4.92	4.64
	76×6	55	25.62	28.71	6.66	6.29	75	31.89	34.98	5.44	5.19
80	88.9×4	55	24.77	29.65	6.78	6.19	80	33.22	38.10	5.33	4.98
	89×4	55	24.89	29.83	6.80	6.21	80	33.35	38.30	5.35	5.00
	89×6	55	29.44	33.91	7.40	6.90	80	37.91	42.38	5.94	5.62
100	114×4	60	32.69	41.16	7.76	6.88	80	40.31	48.77	6.33	5.76
	108×4	60	31.17	38.71	7.46	6.70	80	38.62	46.15	6.11	5.59
	108×6	60	36.82	43.77	8.18	7.50	80	44.27	51.21	6.79	6.32
125	140×4.5	60	41.34	54.27	8.98	7.84	85	49.68	62.62	7.46	6.65
	133×4	60	37.60	49.38	8.46	7.38	85	47.96	53.74	6.82	6.11
	133×6	60	44.70	55.73	9.29	8.32	85	55.06	66.09	7.62	6.96
150	168×4.5	60	48.44	66.78	9.85	8.39	90	62.52	80.76	7.90	6.95
	159×4.5	60	46.71	63.67	9.65	8.26	90	60.44	77.40	7.73	6.83
	159×6	60	53.14	69.42	10.30	9.01	90	66.87	88.15	8.36	7.59
200	219×6	65	76.12	108.40	12.04	10.10	95	92.79	125.08	9.93	8.56
	219×8	65	87.94	118.99	12.51	10.961	95	104.61	135.67	10.65	9.36
250	273×6	65	96.06	147.40	13.47	10.87	95	115.00	166.34	11.21	9.33
	273×8	65	111.00	160.77	14.00	11.89	95	129.94	179.91	12.05	10.25
	273×10	65	125.71	173.94	14.27	12.64	95	144.65	192.88	12.63	10.93
300	325×6	70	119.65	193.48	14.44	11.36	100	141.19	215.02	12.11	9.82
	325×8	70	137.58	209.54	15.18	12.48	100	159.13	231.08	13.05	10.83
	325×10	70	158.71	228.81	15.42	13.23	100	176.83	246.96	13.72	11.61
350	377×6	70	141.27	241.67	15.48	11.83	100	165.00	265.40	13.05	10.29
	377×8	70	162.21	260.42	16.33	13.06	100	185.94	284.15	14.08	11.39
	377×10	70	182.81	278.96	16.68	13.99	100	206.64	302.69	14.81	12.24
400	426×6	70	162.58	291.74	16.35	12.20	105	192.91	322.07	13.67	10.58
	426×8	70	186.34	313.02	17.31	13.51	105	216.67	343.35	14.79	11.75
	426×10	70	209.87	334.10	17.71	14.51	105	240.20	364.42	15.60	12.66
450	480×6	70	187.11	352.17	17.21	12.54	105	220.09	385.14	14.46	10.93
	480×10	70	240.64	400.10	18.75	15.00	105	273.61	433.01	16.53	13.14
	480×12	70	287.05	423.86	19.07	15.87	105	300.02	456.73	17.19	13.93

续表

管子公称直径/mm	外径×壁厚/mm×mm	管道设计温度 $t\leqslant200$℃					管道设计温度 $t\leqslant350$℃				
		保温厚度/mm	气体管道计算质量/(kg/m)	液体管道计算质量/(kg/m)	管道基本跨距/m		保温厚度/mm	气体管道计算质量/(kg/m)	液体管道计算质量/(kg/m)	管道基本跨距/m	
					气体管	液体管				气体管	液体管
500	530×6	70	210.80	413.01	17.94	12.81	105	246.23	448.44	15.12	11.20
	530×9	70	255.36	452.91	19.44	14.86	105	290.78	488.34	16.90	13.04
	530×12	70	299.40	492.34	19.99	16.32	105	334.82	527.78	18.03	14.36
600	630×6	75	266.57	554.39	19.01	13.18	110	307.30	595.20	16.13	11.59
	630×9	75	319.78	602.03	20.96	15.38	110	306.59	642.85	18.11	13.56
700	720×6	75	315.61	693.31	20.00	13.50	110	380.84	738.59	17.04	11.91
	720×9	75	376.61	717.88	22.27	15.81	110	421.83	793.21	19.19	13.99
800	820×6	75	373.69	865.68	20.97	13.78	110	423.81	915.81	17.94	12.20
	820×9	75	443.33	928.05	23.45	16.21	110	493.95	978.17	20.20	14.38
900	920×6	75	435.53	1056.84	21.82	14.01	110	490.55	1111.87	18.73	12.44
	920×9	75	513.82	1126.95	24.48	16.53	110	568.85	1181.98	21.20	14.71
1000	1020×6	80	461.83	1275.19	23.51	14.15	125	540.24	1353.50	19.81	12.51
	1020×9	80	549.45	1353.05	26.28	16.75	125	627.75	1431.36	22.40	14.84
1200	1220×6	80	585.11	1753.11	25.02	14.45	125	676.02	1844.01	21.21	12.84
	1220×8	80	655.12	1815.40	27.24	16.36	125	746.03	1906.30	23.26	14.55
1400	1420×8	80	801.24	2379.00	28.71	16.66	125	904.75	2484.51	24.61	14.86
	1420×10	80	882.63	2451.41	30.51	18.31	122	986.13	2554.92	26.30	16.34
1600	1620×8	80	958.69	3017.97	29.79	16.89	125	1074.79	3134.07	25.79	15.10
	1620×10	80	1051.68	3100.71	31.93	18.60	125	1167.79	3216.81	27.61	16.64

表 38-24 垂直管道管架最大间距

DN/mm	15	20	25	32	40	50	65	80	100	125
管架最大间距/m	3.5	4	4.5	5	5.5	6	6.5	7	8	8.5
DN/mm	150	200	250	300	350	400	450	500	600	
管架最大间距/m	9	10	11	12	12.5	13	13.5	14	15	

表 38-25 水平管道导向架最大间距

DN/mm	15	20	25	32	40	50	65	80	100	125
导向架最大间距/m	10	11	12.7	13	13.7	15.2	18.3	19.8	22.9	23.5
DN/mm	150	200	250	300	350	400	450	500	600	
导向架最大间距/m	24.4	27.4	30.5	33.5	36.6	38.1	41.4	42.7	45.7	

(4) 有脉动影响的管道的管架间距

有脉动影响的管道的管架间距要以避免管道产生共振为依据来考虑，一般均要在管道基本跨距的基础上减小一个相应倍数的距离，该倍数是管道的固有频率和机器的脉动频率的函数，由设计工程师酌情确定。

1.24 地漏的安装尺寸（图 38-4～图 38-6，表 38-26～表 38-28）

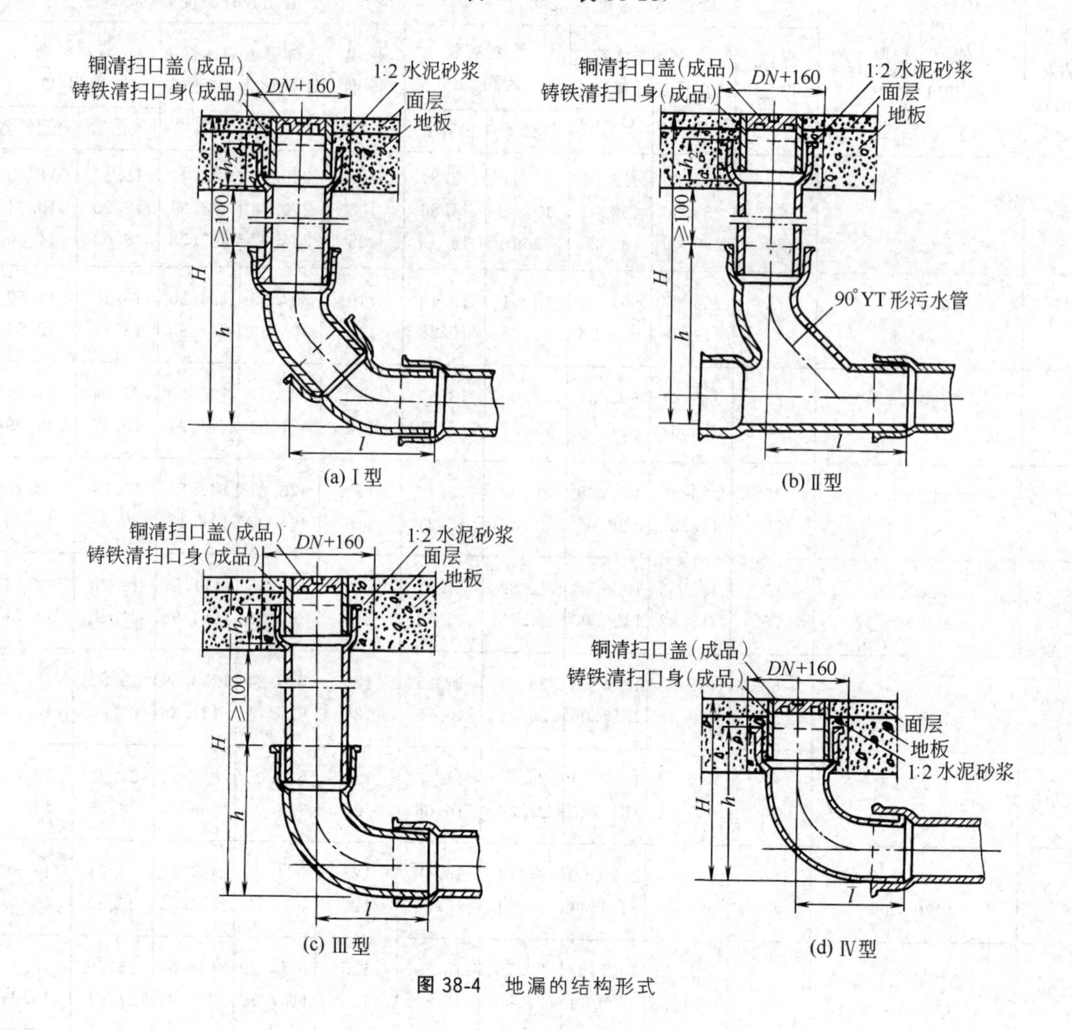

图 38-4 地漏的结构形式

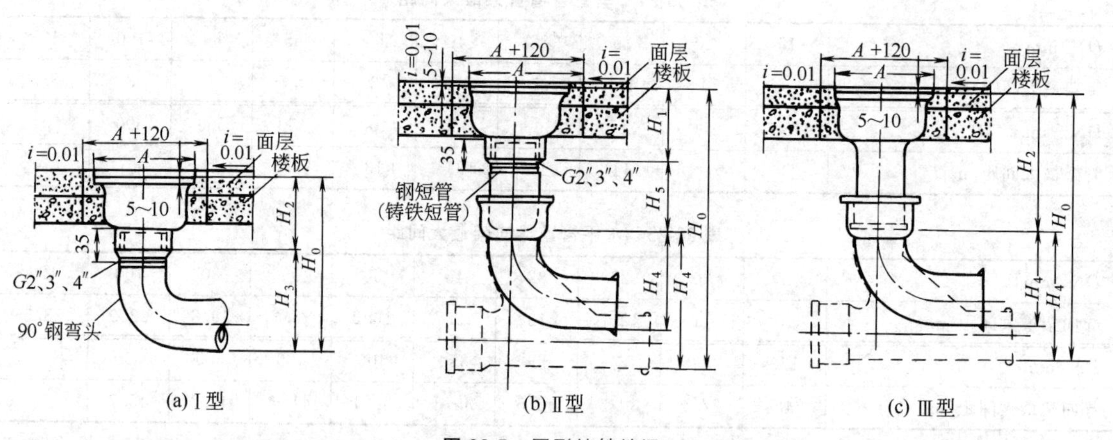

图 38-5 圆形铸铁地漏

本图尺寸除管螺纹外，均以 mm 计，1in＝0.0254m。H_0 为埋地的最小深度。地漏装设在楼板上，应预留安装孔（A＋120）；如装设在地面上，应先安装地漏，后做地面。Ⅰ型的 90°弯头，R≥1.5D（D 表示管外径），螺纹及其邻近部分要保留适当的直线段

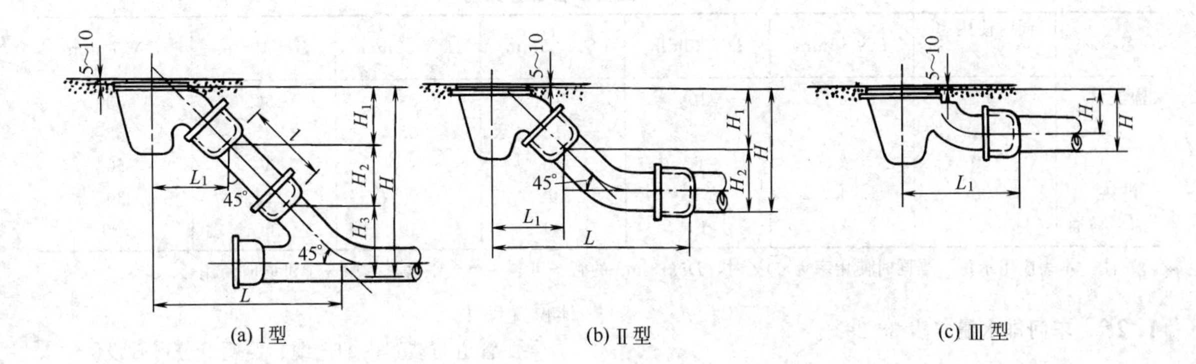

(a) Ⅰ型　　(b) Ⅱ型　　(c) Ⅲ型

图 38-6　方形铸铁地漏

表 38-26　地漏安装尺寸　　单位：mm

DN	h_2	Ⅰ型			Ⅱ型			Ⅲ型			Ⅳ型		
		$H\geqslant$	h	l	$H\geqslant$	h	l	$H\geqslant$	h	l	$H=$	h	l
50	60	450	248	223	400	195	175	390	190	175	220	190	175
75	65	480	283	244	470	273	220	420	220	187	250	220	187
100	70	510	314	264	520	323	264	450	250	210	280	250	210
125	75	540	337	266	570	369	297	480	280	222	310	280	222
150	75	570	371	310	610	413	335	500	305	235	335	305	235

注：1. 清扫口装设在楼板上，应预留安装孔（DN＋160mm）；如装设在地面上，应先安装清扫口，后做地面。

2. 资料摘自《全国通用给水排水标准图集》。

表 38-27　圆形铸铁地漏安装尺寸　　单位：mm

DN	Ⅰ型			Ⅱ型						Ⅲ型				
	$H_0\geqslant$	H_1	$H_3\geqslant$	H_0		H_1	$H_5\geqslant$	H_4		H_0		H_2	H_4	
				三通	弯头			三通	弯头	三通	弯头		三通	弯头
50	285	145	140	390	385	145	110	135	130	435	480	350	135	130
75	359	159	200	482	429	159	115	208	155	558	505	350	208	155
100	423	173	250	546	473	173	120	253	180	603	530	350	253	180

表 38-28　方形铸铁地漏安装尺寸　　单位：mm

DN	Ⅰ型							Ⅱ型					Ⅲ型		
	H	H_1	H_2	H_3	l	L	L_1	H	H_1	H_2	L	L_1	H	H_1	L_1
50	305	115	70	120	100	320	155	175	115	60	300	155	115	90	240
75	385	140	105	140	150	410	200	220	140	80	360	200	150	110	280
100	455	170	105	180	150	475	240	265	170	95	415	240	180	130	340

表 38-29　车间排水量

名　称	水量/(L/s)	管径 DN/mm	坡度 i	名　称	水量/(L/s)	管径 DN/mm	坡度 i
水槽	0.33	50	0.035～0.025	地漏(小)	0.50	50	0.035～0.025
洗脸盆	0.17	50	0.035～0.025	地漏(大)	10	100	0.020～0.012

表 38-30　卫生设备配置数量　　单位：个

名　称	同时使用率/%	DN 15mm	DN 20mm	DN 25mm	DN 32mm	DN 40mm	DN 50mm
盥洗盆	60	5	10	16	33	50	83
	80	4	7	12	25	37	62
	100	3	6	10	20	30	50
淋浴	100	1	3	6	10	16	30
抽水马桶		3	16	20	40	60	100

注：本表应用示例：当同时使用率为 60%时，DN15mm 的管子可装 5 个盥洗盆，其中 3 个可同时使用。

1.25　车间排水量（表 38-29）

1.26　支管上卫生设备配置数量（表 38-30）

1.27　环焊缝间距

① 直管段上两相邻环焊缝的中心间距：

a. 对于公称直径小于 50mm 的管道，不应小于 3 倍管壁厚，且不小于 50mm；

b. 对于公称直径大于或等于 50mm 的管道，不应小于 100mm。

② 环焊缝及需热处理的焊缝距支、吊架边缘的净距应大于焊缝宽度的 5 倍，且不得小于 100mm。

2　装置（车间）内管道设计的依据和要求

2.1　设计依据

在下列图表提供后可以开展配管设计。

① 管道仪表流程图（即 P&ID）和公用工程系统流程图。

② 工程设计规范、规定及管路等级表。

③ 设备平、立面布置图，设备基础图和支架图。

④ 设备简图、询价图及定型设备样本或详细安装图。

⑤ 仪表变送器位置图及电气、仪表的电缆槽架条件。

⑥ 设备一览表。

⑦ 建（构）筑物平、立面图（条件版）。

⑧ 仪表条件图（或数据表）。

⑨ 相关专业的条件。

⑩ 管道界区条件表。

2.2　基本要求

① 符合 P&ID 以及工艺对配管的要求。

② 进出装置的管道应与外管道连接相吻合。

③ 孔板、流量计、压力表、温度计及变送器等仪表在管道上的安装位置应符合工艺要求，并注上具体位置尺寸。

④ 管道与装置内的电缆、照明灯分区敷设。

⑤ 管道不挡吊车轨及不穿吊装孔，不穿防爆墙。

⑥ 管道应沿墙、柱、梁敷设，并应避开门、窗。

⑦ 管道布置应保证安全生产和满足操作、维修方便及人货道路畅通。

⑧ 操作阀高度以 800～1500mm 为妥。

⑨ 取样阀的设置高度应在 1000mm 左右，压力表、温度计设置在 1600mm 左右为妥。

⑩ 管道布置应整齐美观，横平竖直，纵横错开，成组成排布置。

3　装置（车间）内管道设计的分区原则和绘制方法

(1) 分区原则

装置（车间）内管道平面布置图按所给的比例不能在一张图纸上绘制完成时，需将装置（车间）分区进行管道设计。为了了解分区情况，方便查找，应绘制分区索引图。

以区为基本单位，将装置划分为若干区。每一区的范围以使该区的管道平面布置图能在一张图纸上绘制完成为原则。

(2) 绘制方法

装置（车间）分区图如图 38-7 所示，利用设备布置图添加分区界线，注明该界线坐标及各区的编号。分区界线用粗双点划线（线宽 0.9～1.2mm）表示。分区号应写在分区界线的右下角 16mm×6mm 的矩形框内，字高为 4mm。

分区索引图可利用设备布置图复制而成，作为管道布置图的首页图，为设计文件之一，或在管道布置图的右上角用缩小的并加阴影线的索引图表示该图所在区的位置。

装置内地下管道及蒸汽伴管的分区与地上管道相同。

分区号的编写应体现以下三个内容：分区号；配管图图号；图纸的层次（标高）。

例：

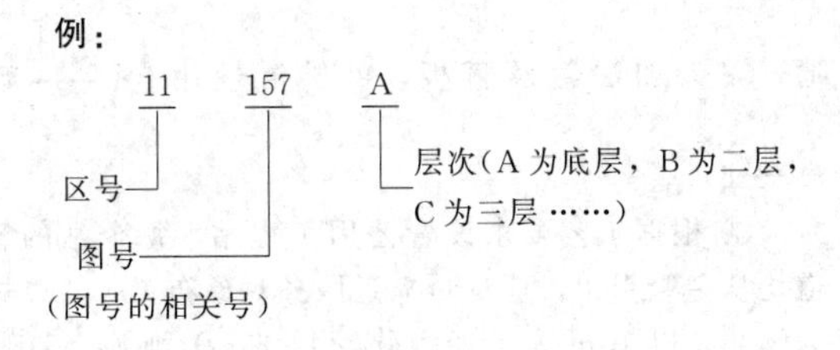

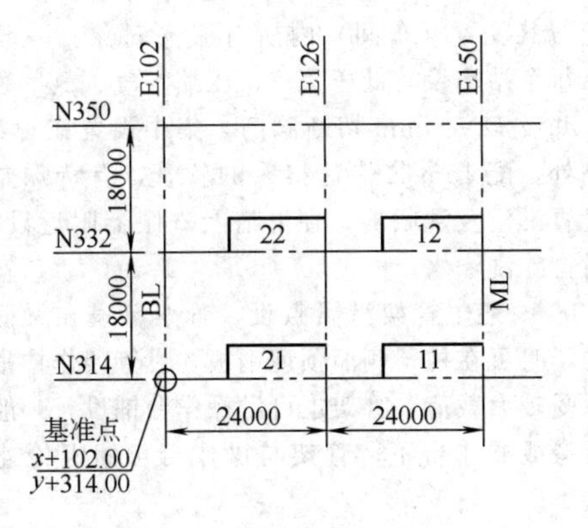

图 38-7 装置（车间）分区图

4 管道设计的一般原则

① 管道应成列平行敷设，尽量走直线，少拐弯（因作自然补偿、方便安装、检修、操作除外），少交叉，以减少管架的数量，节省管架材料，并做到整齐美观、便于施工。

整个装置（车间）的管道，纵向与横向的标高应错开，一般情况下改变方向同时改变标高。

② 设备间的管道连接，应尽可能的短而直，尤其用合金钢的管道和工艺要求压降小的管道，如泵的进口管道。加热炉的出口管道、真空管道等，又要有一定的柔性，以减少人工补偿和由热胀位移所产生的力和力矩。

③ 当管道改变标高或走向时，尽量做到“步步高”或“步步低”，避免管道形成积聚气体的“气袋”或积聚液体的“液袋”和“盲肠”，如不可避免时应于高点设放空（气）阀，低点设放净（液）阀。

④ 不得在人行通道和机泵上方设置法兰，以免法兰渗漏时介质落于人身上而发生工伤事故。输送腐蚀介质的管道上的法兰应设安全防护罩。

⑤ 易燃易爆介质的管道，不得敷设在生活间、楼梯间和走廊等处。

⑥ 管道布置不应挡门、窗，应避免通过电动机、配电盘、仪表盘的上空，在有吊车的情况下，管道布置应不妨碍吊车工作。

⑦ 气体或蒸汽管道应从主管上部引出支管，以减少冷凝液的携带，管道要有坡向，以免管内或设备内积液。

⑧ 由于管法兰处易泄漏，故管道除与法兰连接的设备、阀门、特殊管件连接处必须采用法兰连接外，其他均应采用对焊连接（$DN\leqslant40$mm 时用承插焊连接或卡套连接）。

$PN\leqslant0.8$MPa、$DN\geqslant50$mm 的管道，除法兰连接阀门和设备接口处采用法兰连接外，其他均采用对焊连接（包括焊接钢管）。但对镀锌焊接管除特别要求外，不允许用焊接，$DN<50$mm 时允许用螺纹连接（若阀门为法兰时除外），但在阀与设备连接之间，必须要加活接头以便检修。

⑨ 不保温、不保冷的常温管道除有坡度要求外，一般不设管托；金属或非金属衬管道，一般不用焊接管托，而用卡箍型管托。对较长的直管要使用导向支架，以控制热胀时可能发生的横向位移。为避免管托与管子焊接处的应力集中，大口径和薄壁管常用鞍座，以利管壁上应力分布均匀，鞍座也可用于管道移动时可能发生旋转之处，以阻管道旋转。

管托高度应能满足保温、保冷后，有 50mm 外露的要求。

⑩ 采用成型无缝管件（弯头、异径管、三通）时，不宜直接与平焊法兰焊接（可与对焊法兰直接焊接），其间要加一段直管，直管长度一般不小于其公称直径，最小不得低于 100mm。

5 主管设计

① 设计装置（车间）内的主管时应对装置内所有管道（工艺管道、公用系统管道）、仪表电缆、动力电缆、采暖通风管道统一规划，各就其位。

② 装置（车间）内的主管布置可分为环状和树枝状两种，根据装置的大小和设备布置情况来选择。

长条形的装置，宽度不大于 15m 时，可选用树枝状布置（图 38-8），将主管布置在两柱子中间、在梁侧设柱吊架，支管从主管接出后，向两边接至各设备。

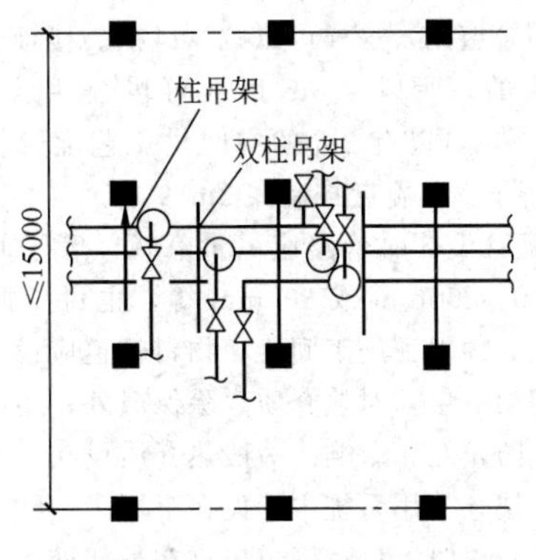

图 38-8 树枝状布置

方形装置（车间）或宽度不大于18m时可选择环状布置（图38-9），此时环状管径应与进入主管径一致，以保证流量。环状主管布置是将管道沿四周柱子设计，使四周的主管接至设备都为最近，其管架可直接抱箍在柱子上，也可选用柱吊架，在两柱中间增设双柱吊架，以使每3m有一个管架，保证小口径管道的管架间距。

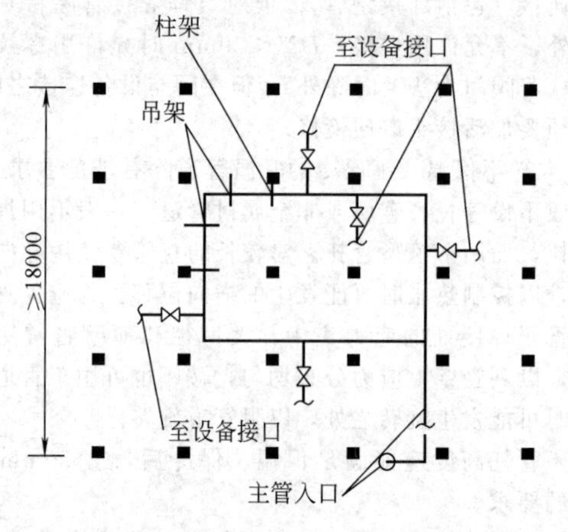

图38-9 环状布置

③ 在主管的末端或环状管的中间设置附带阀门的排净口，且加法兰盲板（供排净用，口径为 *DN*20mm）。

④ 当装置（车间）为多层结构时，进入每层的主管尽可能在同一个坐标方位和不同的高度（有利于安装维修和管理），且设置切断阀，以便各层维修时互不影响。在垂直管的最低点，气、液相管均应设排净口（附 *DN*20mm 放净阀）。垂直管在每层楼板处设支承管架或管箍，以支承竖管重量。注意切勿设于屋顶排水管的位置（应与建筑专业协商解决）。

⑤ 绘制主管管道布置图时应将空间区域进行规划，与仪表、配电等专业划分空间或区域，以减少碰撞。如可将空间划分为几个标高，如4.2m以下、4.2m以上和4.8m以上。可将4.2m以下划为工艺配管用，4.2m以上划为给电和仪表用，4.8m以上可作公用管道用，这样可以减少碰撞。楼板面是依靠地漏排水的，所以4.8m以上可供公用管道专用，4.2m以下，可以有2m的空间供工艺配管用，可设2～4层管子，其宽度控制在2m左右。

⑥ 配管设计时管路应尽量靠拢，管子间距取整数200mm、250mm或300mm等，也可参照管路间距表，但必须保证施工间距。物料管道应设置在管架的上层即第一层，对热介质，除保温外，还应与冷介质隔开，防止互相影响。一般热介质设在上层，冷介质设在下层，公用系统主管设在下层。

主管布置时大口径管道应靠在吊架处，小口径管道可设在吊架中间，对易堵介质可在转弯处采用三通，端头加法兰及盲板，可供清理用（ 改 ）。

⑦ 根据工艺要求设置公用工程站，每个站的管道均从主管引出，应尽量靠近服务对象布置，并以站为圆心，以15m为半径（软管长15m）画圆，这些圆应覆盖装置（车间）内所有服务对象。一般情况下，每个站均设有低压蒸汽、压缩空气、氮气和水管道，并设 *DN*20mm 切断阀门，集中设置在＋1.00m标高处，配15m带快速接头的软管，有特殊要求时应设置淋浴及洗眼器，在淋浴及洗眼器附近设地漏，及时排除洗涤水。

⑧ 一般主管架沿梁敷设，管架可设在梁侧，在遇柱子时可在柱子侧面预埋钢板，设管架作柱吊架时可承受较大载荷。管架也可沿操作台铺设，一般在操作台旁或操作台下，管架与操作台可用螺栓连接或焊接。

6 管道布置图的绘制

6.1 一般规定

① 管道布置图图幅一般采用A0，比较简单的也可采用A1或A2，同区的图宜采用同一种图幅，图幅不宜加长或加宽。同一个装置（车间）也不应采用多种图幅。

② 用比例为1∶25、1∶30、1∶50，也可用1∶100，但同区的或各分层的平面图应采用同一比例。

③ 管道布置图中标高、坐标以米为单位，其他尺寸（如管段长度、管道间距）以毫米为单位，只注数字，不注单位。管道公称直径以毫米表示，如采用英制单位时应加注英寸符号，如2″、3/4″。

④ 尺寸线始末应标绘箭头，或打杠，不按比例画图的尺寸应在尺寸数字下面画一道横线（轴测图除外）。尺寸一般写在尺寸线的上方中间，并且平行于尺寸线。

⑤ 在平面布置图的右上角应绘制一个与设备布置图设计方向一致的方向标。在每张管道布置图标题栏上方用缩小的并加阴影线的分区索引图（图38-7）表示本图所在装置的位置。

⑥ 每张管道布置图均应独立编号，一套图纸用同一个编号，图纸总张数为分母，顺序号为分子，如I-1234-1/3、I-1234-2/3、I-1234-3/3。

6.2 设计规定

图线宽度及字体应符合HG/T 20549的规定。

管道布置图和轴测图上管子、管件、阀门及管道特殊件图例应符合 HG/T 20549 的规定。

管道布置图上用的图例应符合 HG 20546 的规定。

管道常用缩写词应符合 HG 20519·27 的规定。

6.3　管道平立面布置图的绘制方法

① 对于多层建（构）筑物，建（构）筑物的管道平面布置图应分层绘制，如在一张图纸上绘制几层平面图时，应从最底层起在图纸上由下至上或由左至右依次排列，并于平面图下注明 El. ＋×. ××平面图。

② 管道平面布置图按比例用细实线绘出建（构）筑物柱梁、楼板、门、窗、楼梯、管沟等。根据设备布置图画出设备、操作台、安装孔、吊车梁等，画出电缆桥架、电缆沟、仪表管缆等外形尺寸并标出底面标高，标注建（构）筑物的轴线号、轴线间的尺寸，标注地面、楼面、平台面、吊车梁底面的标高以及生活间和辅助间的组成。

③ 按设备布置标注设备的定位尺寸。按设备图（样本或制造厂提供的图纸）标注设备管口或机泵及其他机械设备的管口定位尺寸（或角度）并给定管口符号。按比例画出卧式设备的支撑底座，应标注固定支座的位置及基础的大小，立式容器还应表示出裙座、人孔的位置及标记符号，凡是与工业炉平台有关的柱子及炉子外壳和总管联箱的外形、风道、烟道等均应表示出，并均以细实线绘制。

④ 根据 P&ID 图及公用系统流程图和主管布置图对每台设备作逐根管道的绘制，先绘制物料管，后绘制公用系统管。在平面图上将有关管件（弯头、三通、阻火器、视镜、过滤器）、阀门或阀组按比例及图例作合理的配管设计。对每台设备、每个接管口做出有利于操作的配管设计，如发现某设备接管口需转动角度，或需移动位置时，给予合理调整后，重作配管设计。

⑤ 管道平面布置图是指导绘制立面和轴测图的，所以必须精心设计，绘制时除按设计规定外，还应考虑管道支架的固定方式以及操作阀组设置形式（水平、垂直及操作方位）。

管道上的检测元件（压力、温度、流量、液面、分析、取样等）在图上用 ϕ10mm 圆表示。圆内按 P&ID 图检测元件的符号和编号书写，用细实线将检测元件与圆连接。

管道穿操作台和楼板是否碰梁，管道是否有碰撞门、窗、照明灯的可能，对设备检修孔的进出和传动部件的维修是否有影响，尤其对吊车通道是否有挡道，对电缆槽、仪表管缆是否有影响，这些都应在设计时一起考虑。

管道平面图上应将主管位置示出，各支管引出处也应标注，安装定位尺寸与轴测图尺寸应一致，管道平面图上应标注每根管道的支吊架位置，并标上定位尺寸。

⑥ 公称直径 $DN\leqslant$300mm 的管道、弯头、三通用粗单实线绘制。公称直径 $DN\geqslant$350mm 的管道用中粗双实线绘制。物料流向箭头画在中心线上。

⑦ 对于 P&ID 图、管道布置上的特殊件，如消声器、爆破膜、洗眼器、分析设备等，应在管道布置图上用细线 ϕ10mm 圆形标注，在圆内注明标准号或特殊件编号（图 38-10），对分析取样接口应引至根部阀。

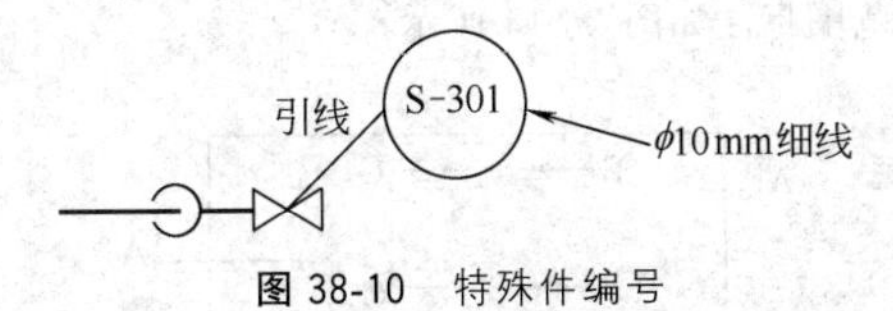

图 38-10　特殊件编号

⑧ 管道平面布置图中表示不清楚的管道，可在图纸四周的空白处用局部放大轴测图（简称详图）表示。该局部放大轴测图也可画在另一张图上。

在管道平面图上需画轴测图时，应在该处适当位置加上标记，其标记箭头为轴测图所视方向，标记编号如图 38-11 所示。并在轴测图下方注明编号及对应管道布置图图号的尾位两位数及网格号，以便查找该轴测图在平面图上的位置（图 38-12）。

对于放空管及排液管，可在管道平面布置图中该管道的附近标示节点（图 38-13）。

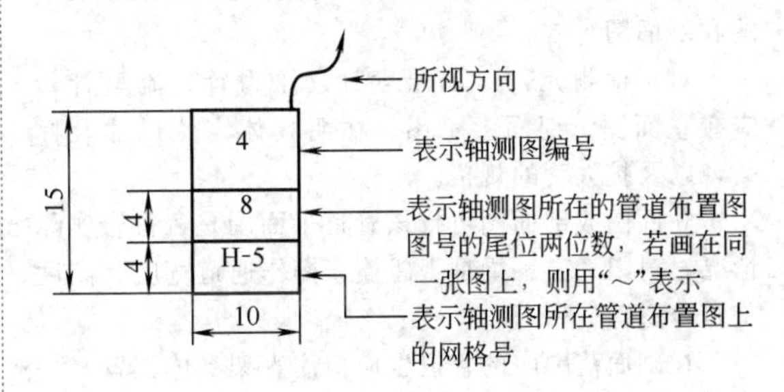

图 38-11　标记编号

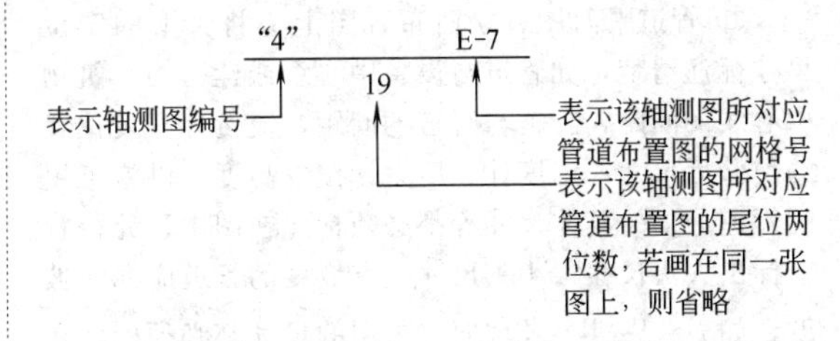

图 38-12　轴测图位置标记

⑨ 管道平面图上分别用剖切线、剖视方向、剖视符号（A—A、B—B 或Ⅰ—Ⅰ、Ⅱ—Ⅱ等）表示位置，在同一小区域内符号不得重复。如管道繁复、剖面范围内的管道无法全部表示清楚时，可用“剖面纵向范围”符号剖视，对纵向范围外的管道可以从略，

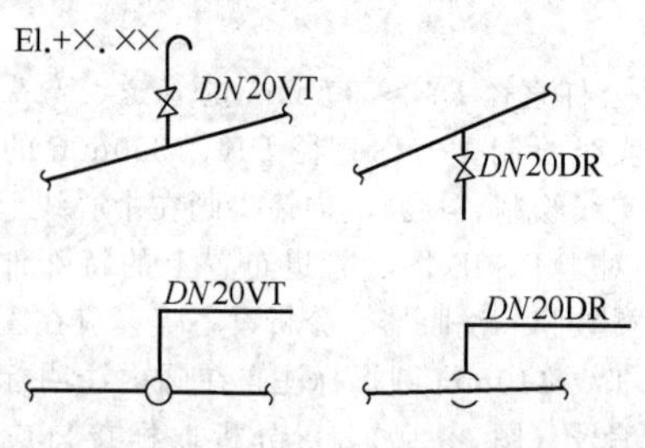

图 38-13 放空管、排液管表示方法

剖视范围标注如图 38-14 所示。

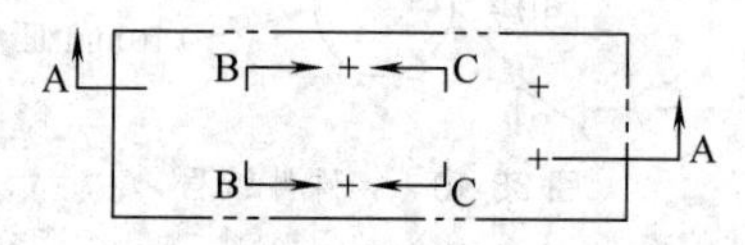

图 38-14 剖视范围标注示意

⑩ 对于管道立面图或剖面图，应将装置结构、梁、柱、门、窗、操作台、设备及传动部件、减速机、仪表盘、变送器等按比例绘制（以细线绘制）。

除设备进出口不标注定位尺寸外，凡管道阀门标高、管道间距、阀门、变头、三通位置均应一一标注其尺寸线。

调节阀组、减压阀组、疏水阀组等均应按比例绘制，并应与管道平面图一致，绘制立面图或剖面图过程中应及时调整或修改平面图，以保持平面图、立面图和剖面图统一。

对于检测元件（如温度计、压力计、流量计），应在立面图、剖面上示出，注明具体定位尺寸及标高，以及扩大管的规格。

立面图或剖面图可校核管道平面图是否符合实际情况，对门、窗、梁是否碰撞，操作通道宽度、高度是否合适等。

在剖面范围内的管道也应标注管架具体位置（平面图上无法标出者），并标上定位尺寸，以便校核与平面图是否统一，并确定管架预埋件位置。

⑪ 管道平面图、立面布置图上应将管道的定位尺寸标注清楚，如管道与设备中心线或建（构）筑物中心线的间距，管道与管道的间距，流量计安装位置的前、后尺寸，温度计、压力计位置高度，供施工用的管道分支的具体尺寸等都必须标注在图中，异径管应标出大头尺寸×小头尺寸，有坡度的管道应标注坡度，如 $i=\xrightarrow{0.003}$ 及坡向。公用的尺寸都必须标注在图中，为了避免在间隔很小的管道之间标注管道编号，允许用细实线引至空白处集中、顺序地标注标高的管道号。当管道倾斜时应标注工作点标高（WP El.），并把尺寸引向可以定位的地方，如图 38-15 所示。

⑫ 当管道重叠时，可断开上面管道以表示下面

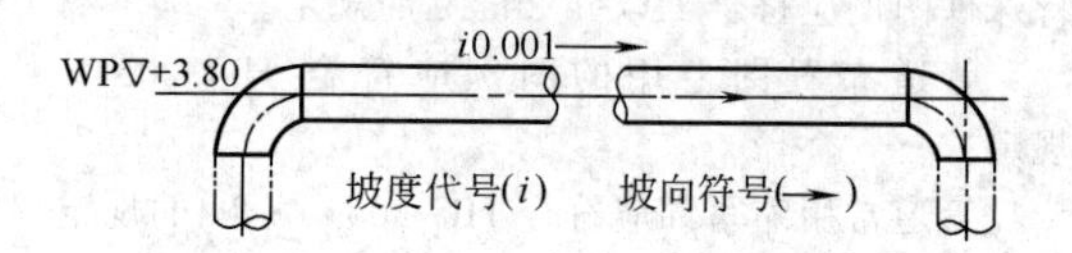

图 38-15 工作点标高与坡度标注

管道上的管件。例如为表示下面第四根管道上的阀门时，采用断开上面三根管道的方法，即分别断开第一、二、三根管道以—≀、—≀≀、—≀≀≀（左侧）和≀≀≀—、≀≀—、≀—（右侧）表示，如图 38-16 所示。这种表示法只在为了表示最下面一根管道上有阀门、管件时采用。如果没有特殊件要表达时，只需如图 38-16 左侧标注即可全部表达清楚，不必繁复剖切。

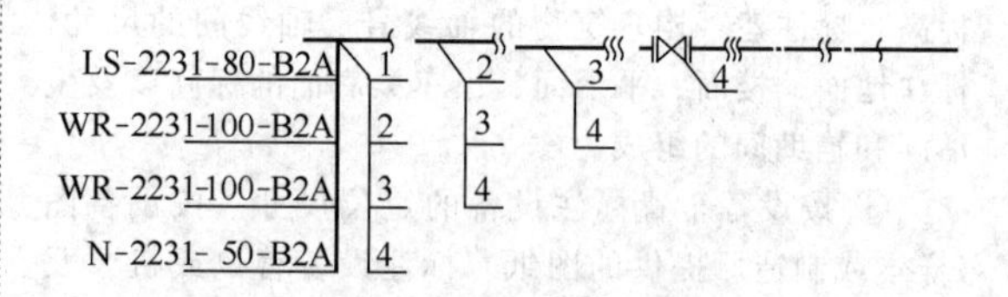

图 38-16 管道断开绘制管件

⑬ 根据 P&ID 图的要求，用管路等级分隔符号在管道布置图上表示出具体位置，以供统计材料和施工定位用。

⑭ 管道的标注由介质代号、管道编号、公称直径和管道等级四部分组成，隔热管道还应增加隔热代号（图 38-17）。

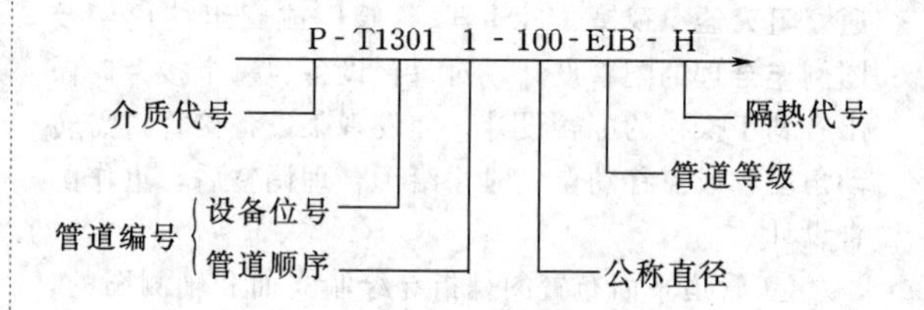

图 38-17 管道标注示意

管道编号可以采用设备位号加一位数字的方法表示，即每个设备位号后可加 0～9 共 10 个编号，当超过 10 根管道时，可将管道编号列入前或后设备，如 $\frac{\text{T1011}}{\text{设备位号}}\frac{3}{\text{管号}}$ 即可知道是塔 T1011 上的第三根管道。一看此塔流程，即可知道是该塔上的管道。当塔前或后设备的管道均超过 10 根时，可用两位数标示。另一种以同一种物料代号来编号，即

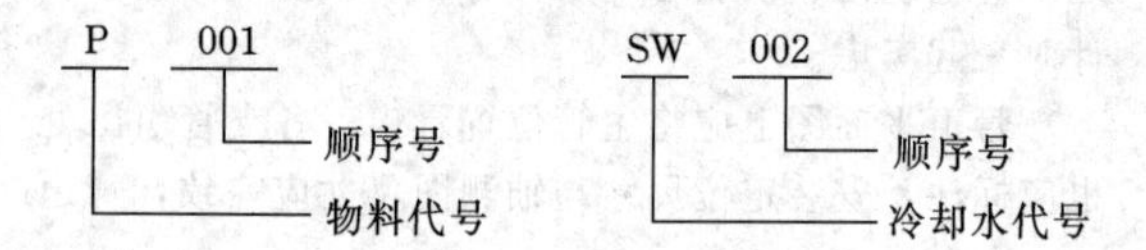

管道布置图一般应按分区索引图所划的区域绘制。区域分界线用细线（0.7mm）表示，仅在区域分界线的四角用粗线（1.2mm），分界线外侧标注相邻图号或边界代号，对角处标注坐标，坐标的基准点（0 点）可由项目来定（如以装置的某一端点作为 0 点），也可按总图坐标来定（图 38-18）。

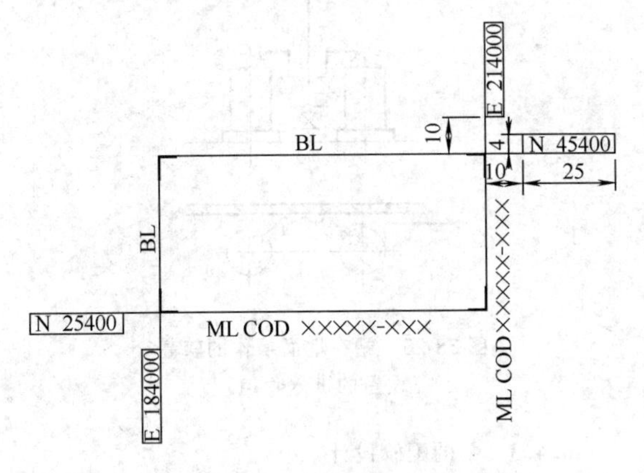

图 38-18　管道总图坐标

BL—装置边界；ML—接续线；COD—接续图

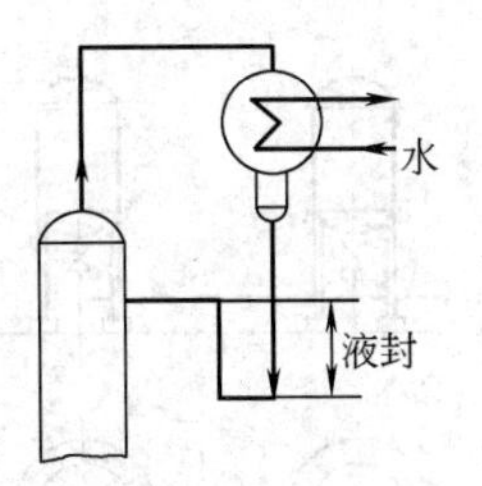

图 38-20　回流管

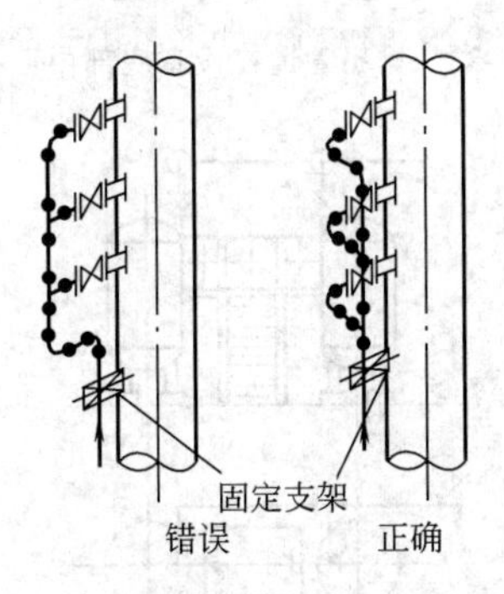

图 38-21　进料管

6.4　单元配管设计

6.4.1　塔的配管设计

① 塔周围原则上分操作侧（或维修侧）和配管侧，操作侧主要有臂吊、人孔、梯子、平台；配管侧主要敷设管道，不设平台，平台用于人孔、液面计、阀门等操作（图 38-19）。除最上层外，不需设全平台，平台宽度一般为 0.7～1.5m，每层平台间高度通常为 6～10m。

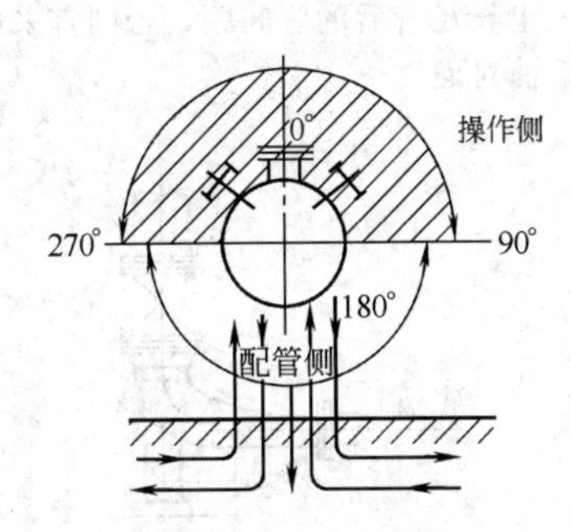

图 38-19　单塔的平面布置示意

② 进料、回流、出料等管口方位由塔内结构以及与塔有关的泵、冷凝器、回流罐、再沸器等设备的位置决定（图 38-20 和图 38-21）。

③ 塔顶出气管道（或侧面进料管道）应从塔顶引出（或侧面引出），沿塔的侧面直线向下敷设。

④ 沿塔敷设管道时，垂直管道应在热应力最小处设固定管架，以减少管道作用在管口的荷载。当塔径较小而塔较高时，塔体一般置于钢架结构中，此时塔的管道则不沿塔敷设，而置于钢架的外侧为宜。

⑤ 塔底管道上的法兰接口和阀门，不应设在狭小的裙座内，以防操作人员在泄漏物料时躲不及而造成事故。回流罐往往要在开工前先装入物料，因此要考虑安装和相应的装料管道。

6.4.2　立式容器的配管设计

① 排出管道沿墙敷设时离墙距离可以小些，以节省占地面积，设备间距要求大些，两设备出口管道对称排出，出口阀门在两设备间操作，以便操作人员能进入切换阀门（图 38-22）。

② 排出管道在设备前引出。设备间距离及设备离墙距离均可以小些，排出管道经阀门后一般引至地面或地沟，或平台下，或楼板下（图 38-22）。

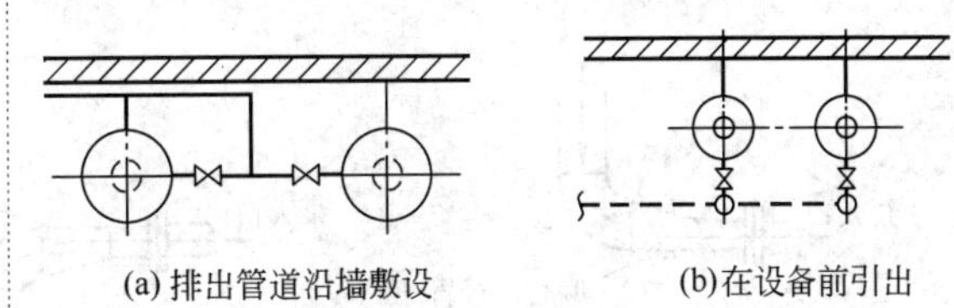

(a) 排出管道沿墙敷设　　(b)在设备前引出

图 38-22　排出管道敷设

③ 排出管道在设备底部中心引出，适用于设备底离地面较高的情况，有足够距离安装与操作阀门。这样敷设管道短，占地面积小，布置紧凑，但限于设备直径不宜过大的场合，否则开启阀门不方便，如图 38-23 所示。

④ 进入管道为对称安装时（图 38-24），适用于需在操作台上安置启闭阀门的设备。

⑤ 进入管道敷设在设备前部，适用于能站在地（楼）面上操作阀门（图 38-25）。

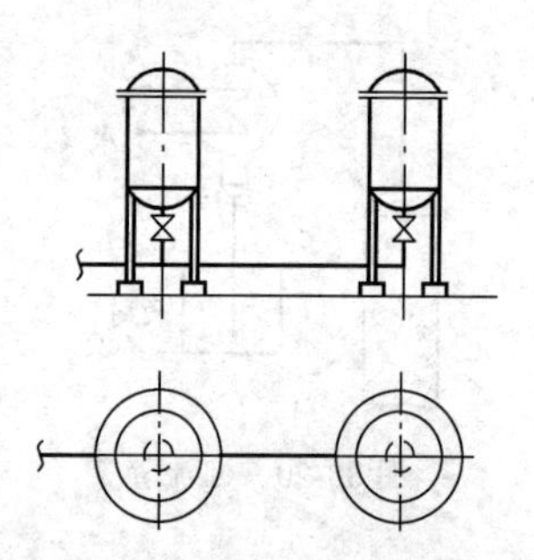

图 38-23 排出管道在设备底部中心引出

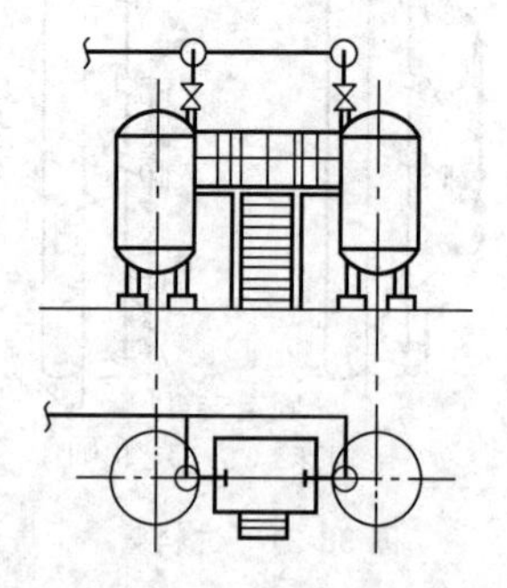

图 38-24 进入管道对称安装

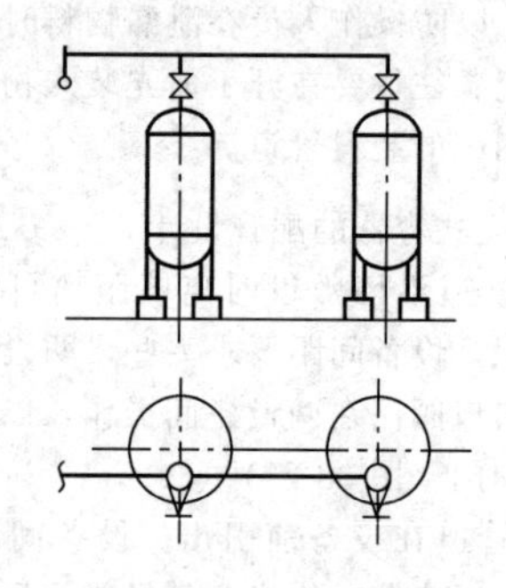

图 38-25 进入管道敷设在设备前部

⑥ 站在地面上操作的较高进（出）料管道的阀门敷设方法如图 38-26 所示。最低处必须设置排净阀。卧式槽的进出料口位置应分别在两端，一般进料在顶部、出料在底部。

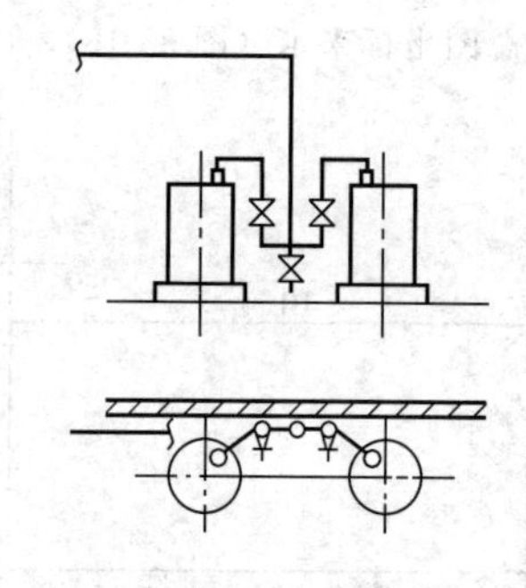

图 38-26 站在地面操作的较高设备的进入管道

6.4.3 泵的配管设计

① 泵体不宜承受进、出口管道和阀门的重量，故进泵前和出泵后的管道必须设支架，尽可能做到泵移走时不设临时支架。

② 吸入管道应尽可能短且少拐弯（弯头要用长曲率半径的），避免突然缩小管径。

③ 吸入管道的直径不应小于泵的吸入口。当泵的吸入口为水平方向时，吸入管道上应配置偏心异径管；当吸入管从上而下进泵时，宜选择底平异径管；当吸入管从下而上进泵时，宜选择顶平异径管（图 38-27）；当吸入口为垂直方向时，可配置同心异径管；当泵出、入口皆为垂直方向时，应校核泵出入口间距是否大于异径管后的管间距，否则宜采用偏心异径管，平端面对面。

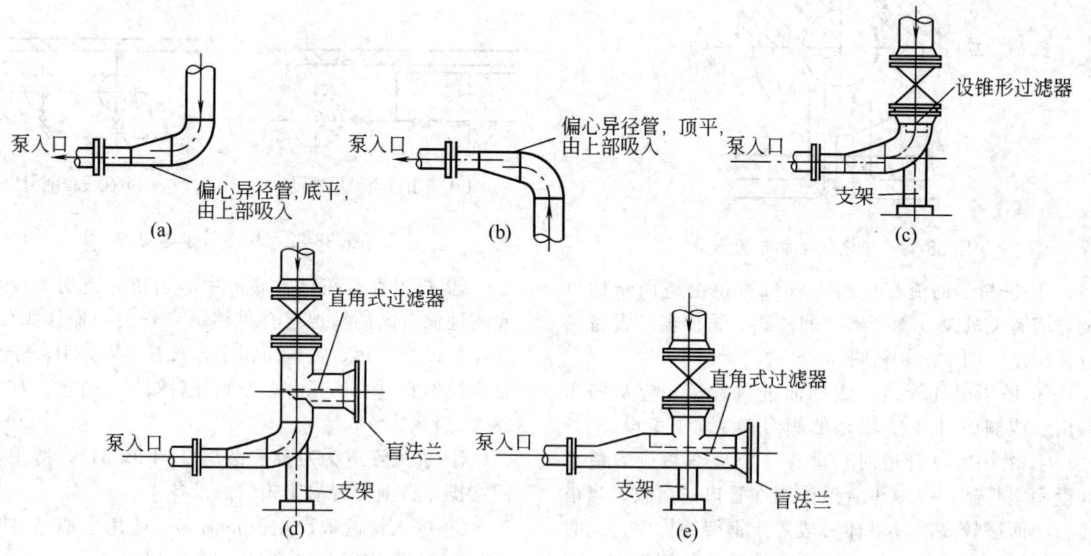

图 38-27 泵的吸入管道布置

④ 吸入管道要有约 2/100 的坡度，当泵比水源低时坡向泵，当泵比水源高时则相反。

⑤ 如果要在双吸泵的吸入口前装弯头，必须装在垂直方向，使流体均匀入泵（图 38-28）。

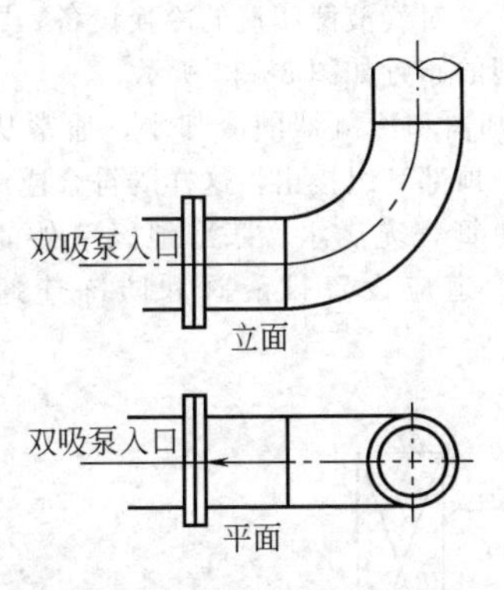

图 38-28　双吸泵吸入口的弯头

⑥ 泵的排出管上应设止回阀，防止泵停时物料倒冲。止回阀应设在切断阀之前，停车后将切断阀关闭，以免止回阀阀板长期受压损坏。往复泵、漩涡泵、齿轮泵一般在排出管上（切断阀前）设安全阀（齿轮泵一般随带安全阀），防止因超压发生事故。安全阀排出管与吸入管连通，如图 38-29(b) 所示。

⑦ 悬臂式离心泵的吸入口配管应配合拆修叶轮的方便，如图 38-29(a) 所示。

⑧ 蒸汽往复泵的排汽管应少拐弯，不设阀门，在可能积聚冷凝水的部位设排放管，放空量大的还要装设消声器，乏气应排至户外安全地点，进汽管应在进汽阀前设冷凝水排放管，防止水击汽缸。

⑨ 蒸汽往复泵、计量泵、非金属泵离心泵等泵吸入口须设过滤器，避免杂物进入泵内（图38-27）。

6.4.4　冷换设备的配管设计

① 冷换设备管道的布置应方便操作、不妨碍设备的检修和不应影响设备抽出管束或内管，如图 38-30 所示。

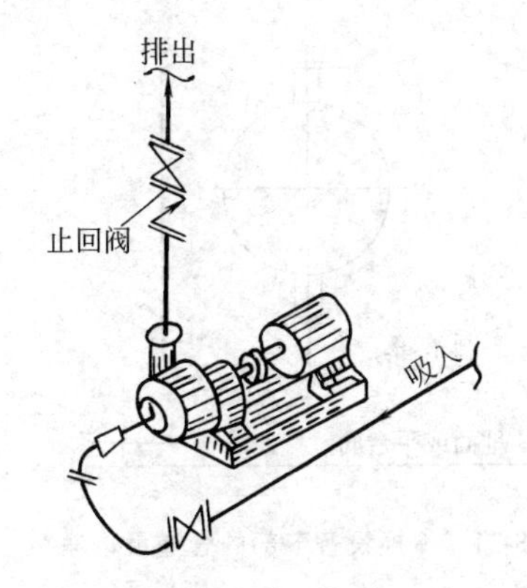

(a) 悬臂式离心泵的吸入管

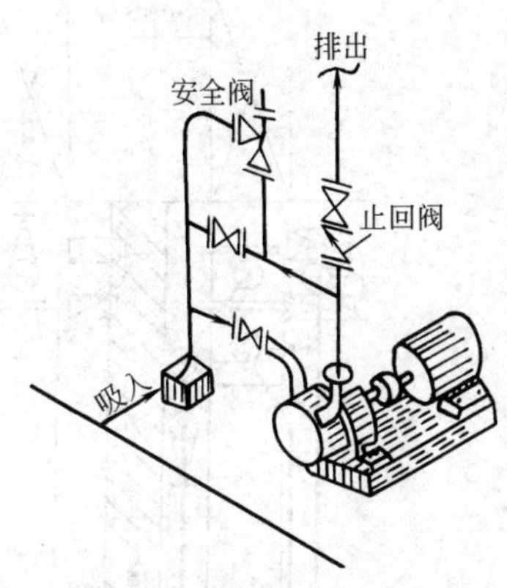

(b) 泵排出管道上的旁路及安全阀

图 38-29　泵的吸入、排出管设计

② 管道和阀门的布置，不应妨碍设备法兰和阀门自身法兰的拆卸及安装。通常在图 38-30 所示的检修范围内不得布置管道和阀门。

③ 冷换设备的基础标高，应满足冷换设备下部管道或管道上的导淋管距平台或地面的净空应大于等于 100mm，如图 38-31 所示。

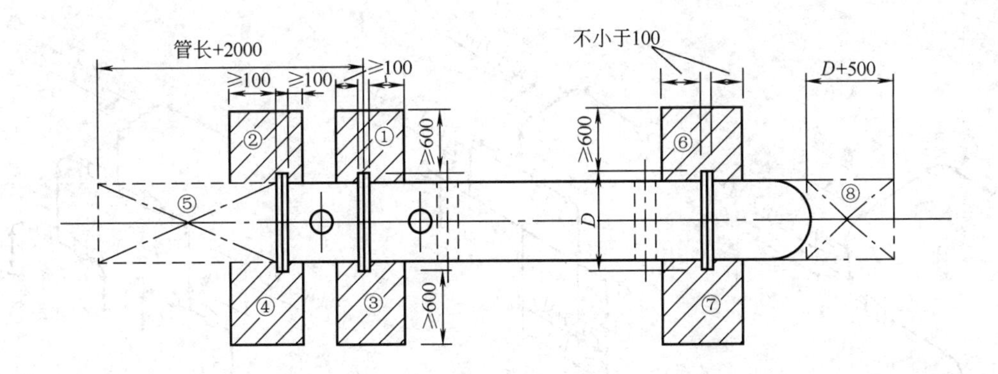

图 38-30　管壳式冷换设备的检修空间示意

①～⑧表示检修空间，对于 U 形管冷换设备，不必考虑⑥～⑧

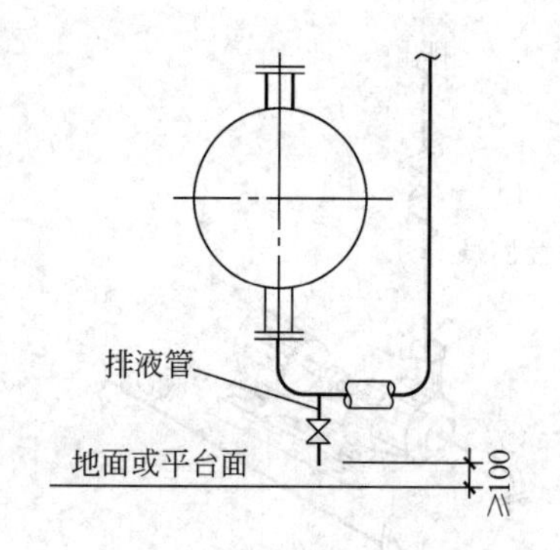

图 38-31 冷换设备下部的管道最小净距

④ 成组布置的冷换设备区域内，可在地面（或平台）上敷设管道，但不应妨碍通行和操作，如图38-32所示。

⑤ 两台或两台以上并联的冷换设备的入口管道宜对称布置，对气液两相流的冷换设备，则必须对称布置，典型的布置如图38-33所示。

⑥ 冷却器和冷凝器的冷却水，通常从管程下部管组接入，顶部管组接出，这样既符合逆流换热的原则，又能使管程充满水。寒冷地区室外的水冷却器上、下水管道应设置排液阀和防冻连通管，如图38-34所示。

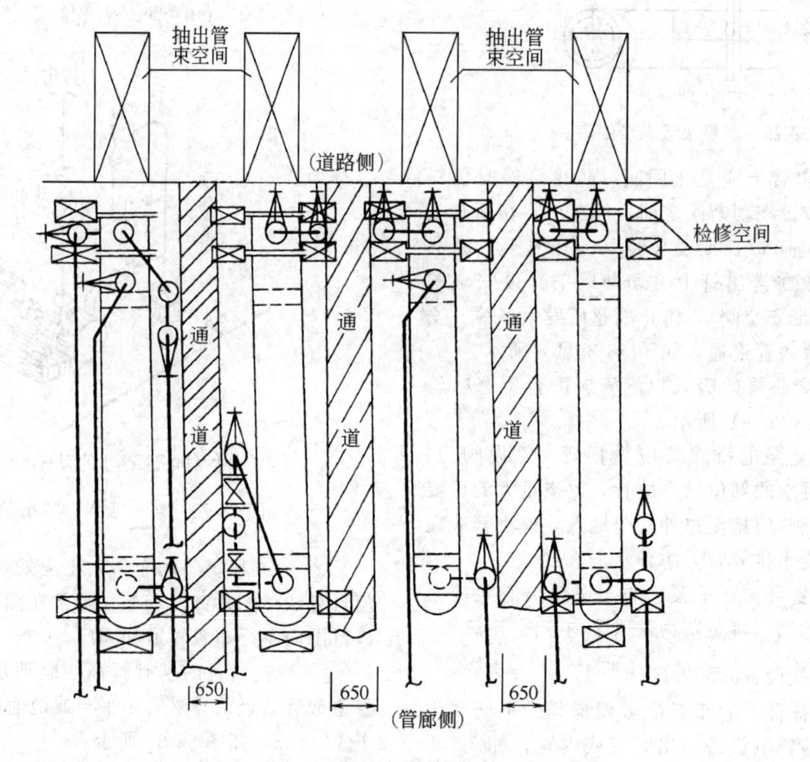

图 38-32 成组冷换设备的管道布置

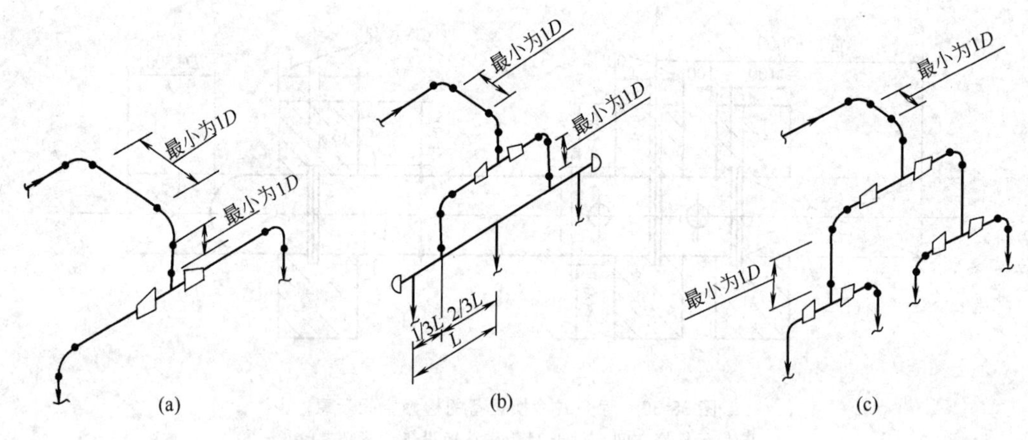

图 38-33 并联的冷换设备入口管道的对称布置示例

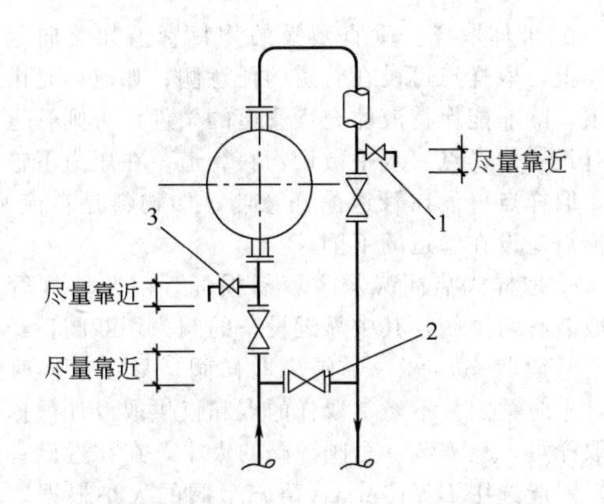

图 38-34　上、下水管道的排液阀布置
1,3—排液阀；2—连通管

6.4.5　压缩机的配管设计

① 离心式和轴流式压缩机的进出口管道布置，在满足热补偿和压缩机管嘴允许受力的条件下，应尽量减少弯头数量，以减少压降。

② 管道设计时应首先按自补偿的方式考虑。当自补偿无法减少压缩机管嘴的推力时，方可在管道上设置补偿器。

③ 厂房内布置的上进、上出的离心式或轴流式压缩机的进出口管道上必须设置可拆卸短节，以便检修压缩机。

④ 离心式或轴流式压缩机进出口均应设置切断阀，出口管道还应设置止回阀，以防压缩机切换或事故停机时物流倒回机体内。

⑤ 压缩机应尽量靠近上游设备，使压缩机入口管道短而直，弯头最小；入口管道上应设置人孔或可拆卸短节，以便安装临时过滤器和清扫管道。

⑥ 多台可燃气体压缩机的各入口管应从总管顶部接出；当吸入介质为饱和气体时，入口管道应保温或伴热，且在入口处设置切断阀；供开、停工使用时，应设置惰性气体置换设施，如图 38-35 所示为典型的惰性气体三阀组。

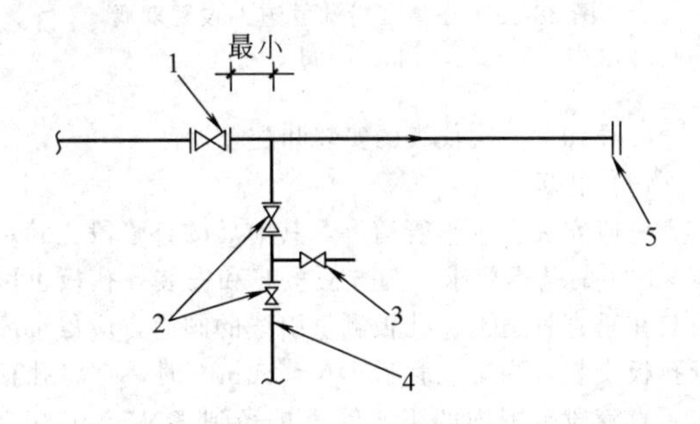

图 38-35　典型的惰性气体三阀组
1—压缩机入口切断阀；2—切断阀；3—检查阀；
4—惰性气体管道；5—压缩机入口法兰

⑦ 两台或数台离心式压缩机并联操作时，为减少并机效率损失，以及避免由于每台压缩机的流量与压力不同，管道合流处应按图 38-36 所示连接，以防止“顶牛”现象。

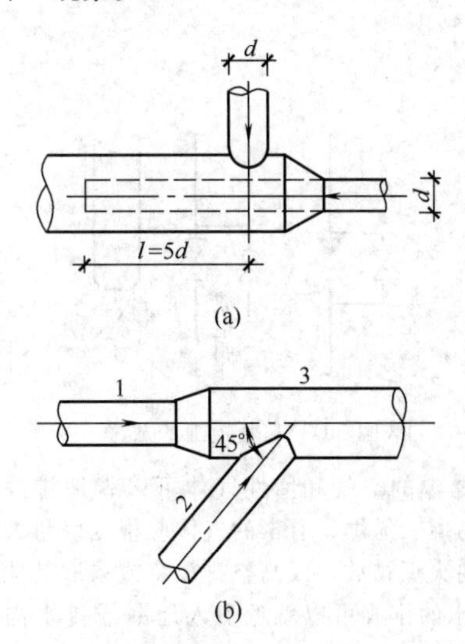

图 38-36　压缩机出口管道合流连接示意
1,2—支管；3—主管

⑧ 可燃气体压缩机的出口管道应以自补偿为原则，不宜设置波纹管补偿器。

⑨ 为防止离心式压缩机的小流时喘振（即飞动），在出口管道切断阀前应设置反飞动控制管道。

6.4.6　蒸汽轮机的配管设计

蒸汽轮机属于高转速机器，受力敏感，因此在冷热态情况下，进出口管道作用于蒸汽轮机进出口管嘴上的力和力矩均应小于蒸汽机进出口管嘴所允许承受的力和力矩。

由于蒸汽轮机是精密复杂的机器，因此，蒸汽轮机的进出口管道、疏水管道、润滑油管道的布置均不应妨碍操作及检修。蒸汽轮机进出口的切断阀和疏水阀应尽可能集中布置，以便于操作。

① 入口管道上应有排凝设施，防止凝结水带入透平造成叶片的损坏。

② 入口管道的切断阀应设预热旁通阀。旁通阀的直径要使通过的蒸汽量既能达到预热目的，又不会使透平转动。

③ 背压透平出口管道上应设止回阀，同时在出口切断阀前应设安全阀。

6.4.7　排放管的设计

① 管道最高点应设放气阀，最低点应设放净阀，在停车后可能积聚液体的部位也应设放净阀，所有排放管道上的阀都应尽量靠近主管（图 38-37）。排放管

直径（单位：mm）如下。

主管管径 DN	排放管直径 DN
≤150	20
150～200	25
＞200	40

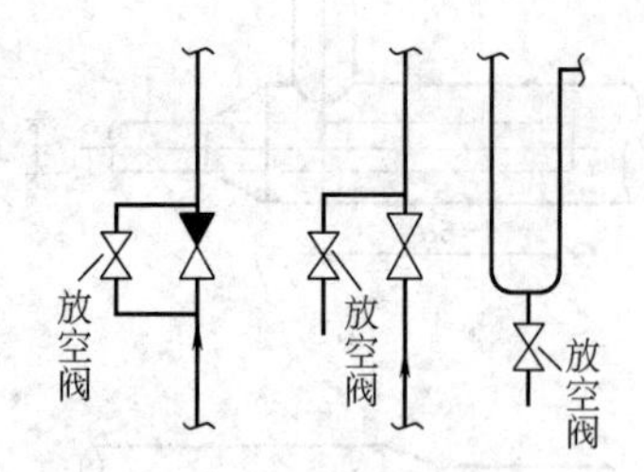

图 38-37 管道上的放净

② 常温的空气和惰性气体可以就地排放；蒸汽和其他易燃、易爆、有毒的气体应根据气量大小等情况确定向火炬排放，或高空排放，或采取其他措施。

③ 水的排放可以就近引入地漏或排水沟；其他液体介质的排放则必须引至规定的排放系统。

④ 设备的放净管应装在底部，能将液体排放尽。排气管应装在顶部，能将气体放尽。放空排气阀最好与设备本体直接连接，如无可能，可装在与设备相连的管道上，但也以靠近设备为宜（图 38-38）。

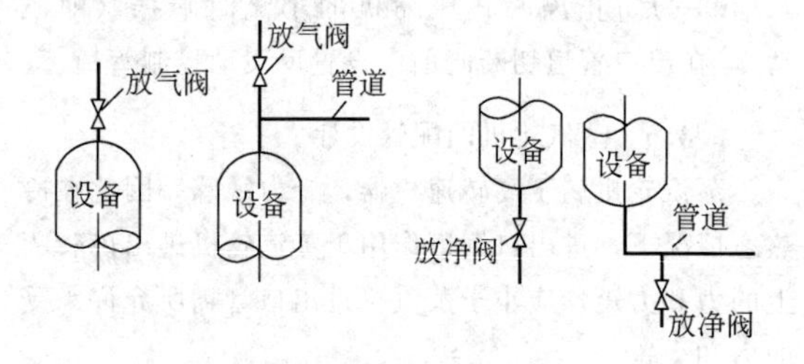

图 38-38 设备的放净阀和放气阀的位置

⑤ 排放易燃、易爆气体的管道上应设置阻火器。室外容器的排气管上的阻火器宜放置在距排气管接口（与设备相接的口）500mm 处，室内容器的排气必须接出屋顶，阻火器放在屋面上或靠近屋面，便于固定及检修，阻火器至排放口之间距不宜超过 1m。

6.4.8 取样管的设计

① 在设备、管道上设置取样点时，应慎重选择便于操作和取出样品有代表性、真实性的位置。

② 设备上取样。对于连续操作、体积又较大的设备，取样点应设在物料经常流动的管道上。

在设备上设置取样点时，考虑出现非均相状态，因此找出相间分界线的位置后，方可设置取样点。

③ 管道上取样。

a. 气体取样。水平敷设管道上的取样点、取样管应由管顶引出。垂直敷设管道上的取样点应与管道成 45°倾斜向上引出。

b. 液体取样。垂直敷设的物料管道如流向是由下向上，取样点可设在管道的任意侧；如流向是由上向下，除非能保持液体充满管道的条件，否则管道上不宜设置取样点。水平敷设物料管道，在压力下输送时，取样点可设在管道的任意侧；如物料是自流时，取样点应设在管道的下侧。

c. 取样阀启闭频繁，容易损坏，因此取样管上一般装有两个阀，其中靠近设备的阀为切断阀，经常处于开放状态，另一个阀为取样阀，只在取样时开放，平时关闭。不经常取样的点和仅供取设计数据用的取样点，只需装一个阀。阀的大小，在靠近设备的阀，一般选用 DN15mm，第二个阀的大小根据取样要求确定，可采用 DN15mm，也可采用 DN6mm，气体取样一般选用 DN6mm。

d. 取样阀宜选用针形阀，对于黏稠物料，可按其性质选用适当形式的阀门（如球阀）。

e. 就地取样点尽可能设在离地面较低的操作面上，但不应采取延伸取样管段的办法将高处的取样点引至低处来。设备管道与取样阀间的管段应尽量短，以减少取样时置换该管段内物料的损失和污染。

f. 高温物料取样应装设取样冷却设施。

6.4.9 双阀的设计

① 在需要严格切断设备或管道时，可设置双阀，但应尽量少用，特别在采用合金钢阀或公称直径大于 150mm 的阀门时，更应慎重考虑。

② 在某些间断的生产过程，如果漏进某种介质，有可能引起爆炸、着火或严重的质量事故，则应在该介质的管道上设置双阀，并在两阀间的连接管上设放空阀，如图 38-39 所示。在生产时，阀 1 均关闭，阀 2 打开。当一批物料生产完毕，准备另一批生产进料时，关闭阀 2，打开阀 1。

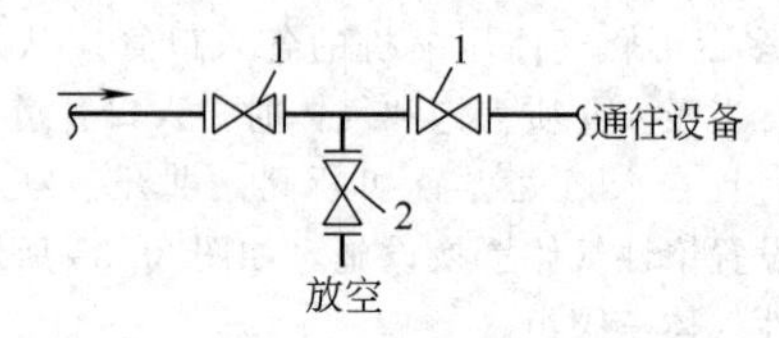

图 38-39 在某些特殊管道上设置双阀
1，2—阀

6.4.10 一次仪表的安装和配管设计

(1) 孔板

一般安装在水平管道上，其前后的直管段应满足表 38-31 的基本要求。为方便检修和安装，孔板也可安装在垂直管道上。孔板测量引线的阀门，应尽量靠近孔板安装。当工艺管道 DN＜50mm 时，宜将孔板前后直管段范围内的工艺管道扩径到 DN50mm。当调节阀与孔板组装时，为了便于操作一次阀和仪表引线，孔板与地面（或平台面）距离一般取 1.8～2m，安装尺寸参见图 38-40 和表 38-32。

表 38-31　法兰取压孔板前后要求直管段长度

孔板前管件情况	孔板前 d/D						孔板后
	0.3	0.4	0.5	0.6	0.7	0.8	
弯头、三通、四通、分支	6D	6D	7D	9D	14D	20D	3D
两个转弯在一个平面上	8D	9D	10D	14D	18D	25D	3D
全开闸阀	5D	6D	7D	8D	9D	12D	2D
两个转弯不在一个平面上	16D	18D	20D	25D	31D	40D	3D
截止阀、调节阀、不全开闸阀	19D	22D	25D	30D	38D	50D	5D

注：d 表示孔板的锐孔直径；D 表示工艺管道的内径；粗定直管段时一般以 $d/D=0.7$ 为准。

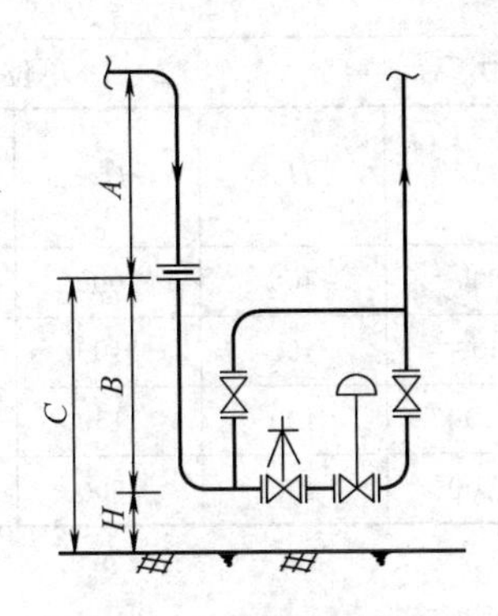

图 38-40　调节阀与孔板组装

表 38-32　调节阀与孔板组装尺寸　单位：mm

DN	A	B	C	H
50	>700	1400	1800	400
80	>1200	1400	1800	400
100	>1400	1400	1800	400
150	>2000	1300	1800	500
200	>2000	1300	1800	500
250	>2500	1300	1800	500
300	>3000	1500	2000	500
350	>3500	1500	2000	500

(2) 转子流量计

必须安装在垂直、无震动的管道上，介质流向从下往上，安装示意见图 38-41。

为了在转子流量计拆下清洗或检修时，系统管道仍可继续运行。转子流量计要设旁路，同时为保证测量精度，安装时要保证流量计前有 5D 的直管段（D 为工艺管道的内径），且不小于 300mm。

(3) 靶式流量计

可以水平安装或垂直安装，当垂直安装时，介质流向应从下往上，为了提高测量精度，靶式流量计入口端前直管段不应小于 5D，出口端后直管段不应小于 3D，同时靶式流量计应设旁路，以便于调整校表及维修，见图 38-42。当靶式流量计与调节阀一起组装时，典型的安装见图 38-43，安装尺寸见表 38-33。

(4) 常规压力表

应安装在直管段上，并设切断阀，见图 38-44 (a)；使用腐蚀性介质和重油时，可在压力表和阀门间装隔离器；当工艺介质比隔离液重时，采用图 38-44 (b) 所示的接法；当工艺介质比隔离液轻时，采用图38-44 (c)所示的接法；高温管道的压力表要设管圈，见图 38-44 (d)，介质脉动的地方，要设脉冲缓冲器，以免脉动传给压力表，见图 38-44 (e)；对于腐蚀性介质，应设置隔离膜片式压力表，以免介质进入压力表内，见图 38-44 (f)。压力表的安装高度最好不高于操作面 1800mm。

(5) 温度计、热电偶

应安装在直管上，其安装的最小管径（单位：mm）如下。

工业水银温度计	DN50
热电偶、热电阻、双金属温度计	DN80
压力式温度计	DN150

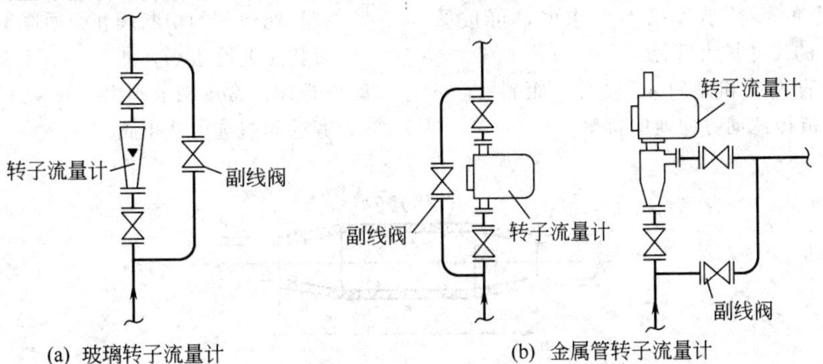

(a) 玻璃转子流量计　(b) 金属管转子流量计

图 38-41　转子流量计的安装

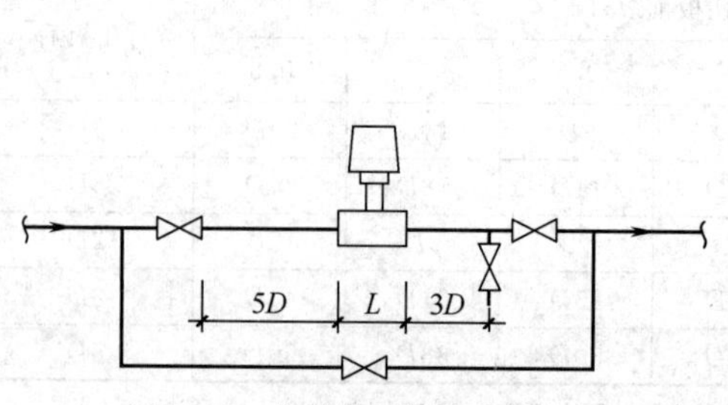

图 38-42 靶式流量计的安装要求

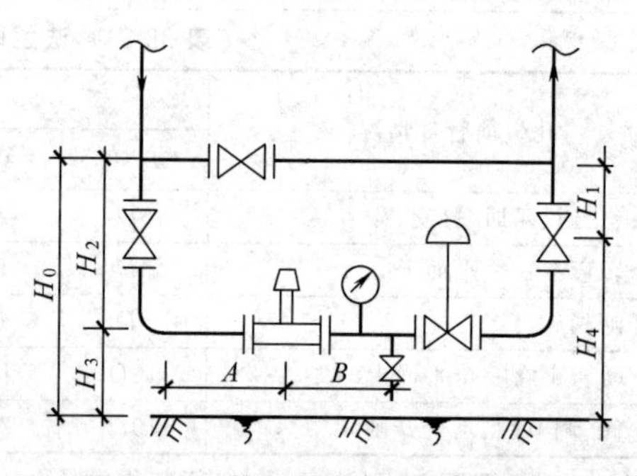

图 38-43 水平管道上的靶式流量计

表 38-33 靶式流量计的安装尺寸

单位：mm

工艺管道 DN	靶径 d	A	B	L	H_1	H_2	H_3	H_4	H_0
15	15	>300	100	1200	200	800	400	1000	1200
20	20	>300	150	1200	250	900	400	1100	1400
25	25	>300	150	1200	250	1000	400	1150	1400
40	40	>400	200	1500	300	1400	400	1500	1800

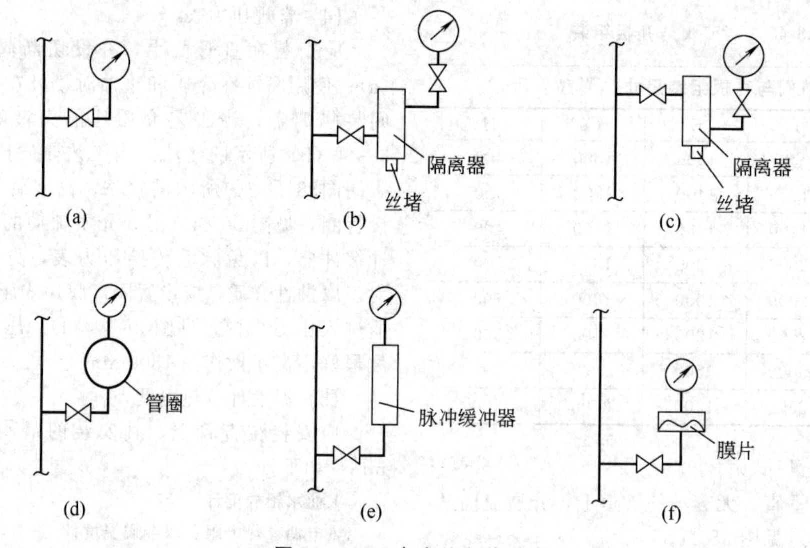

图 38-44 压力表的安装形式

当工艺管道的管径小于以上要求时，可按图 38-45和表 38-34 的尺寸扩大管径。

温度计可垂直安装和倾斜 45°安装，倾斜 45°安装时，应与管内流体流动方向逆向接触。

(6) 调节阀的切断阀和旁通阀

可比工艺管道小，如 P&ID 无要求，具体可按表 38-35 选用。常规调节阀组的安装见图 38-46 和表 38-36，旁通阀应选用截止阀。

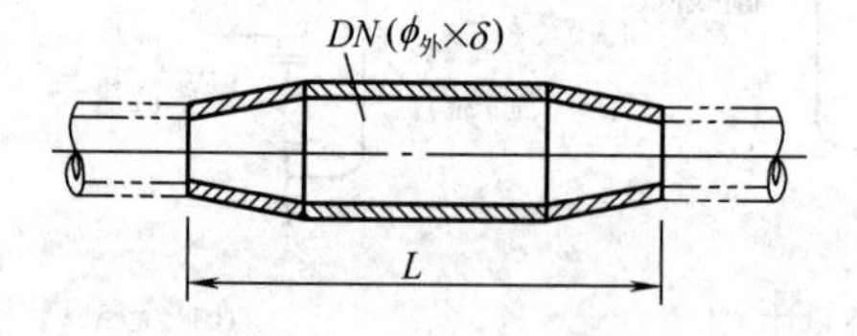

图 38-45 温度计、热电偶的扩大管

表 38-34　温度计、热电偶的扩大管尺寸 L　单位：mm

$\phi_{外}\times\delta$	DN							
	10	15	20	25	32	40	50	65
$\phi60\times3.5$	550	500	500	400	400	400		
$\phi89\times4.5$	550	500	500	500	500	450	450	450

表 38-35　调节阀组隔断阀和旁通阀直径选用　单位：mm

调节阀 DN	主管 DN										
	15	20	25	40	50	80	100	150	200	250	300
	隔断阀直径/旁通阀直径										
15	15/15	20/20	25/25	40/40							
20		20/20	25/25	40/40	50/50						
25			25/25	40/40	50/50	50/50					
32				40/40	50/50	50/50					
40				40/40	50/50	50/50	80/80				
50					50/50	80/50	80/80	100/100			
65						80/80	100/80	100/100			
80						80/80	100/80	100/100	150/150		
100							100/100	150/100	150/150	200/200	
125								150/150	200/150	200/200	
150								150/150	200/150	200/200	250/250
200									200/200	250/200	250/250
250										250/250	300/250
300											300/300

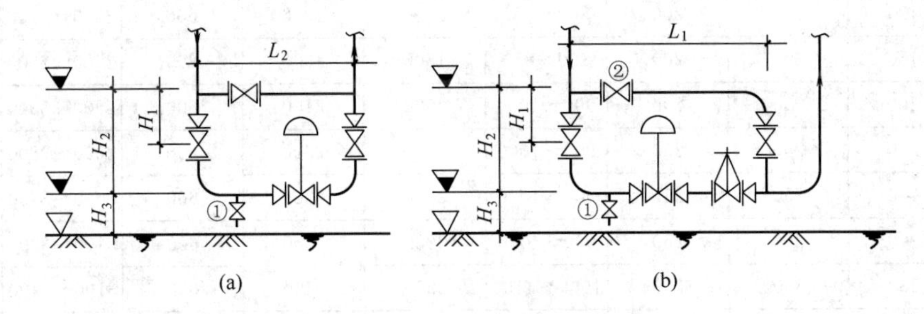

图 38-46　调节阀组安装

① 对于 HF 管道系统，排液阀应设在调节阀后，即出口侧；② 易凝、有腐蚀性介质旁通阀应设在水平管道上

表 38-36　调节阀组安装尺寸　单位：mm

主管 DN	调节阀 DN	隔断阀 DN	副线阀 DN	$H_1$①	H_2		H_3	$L_1$①	L_2
					不带散热片	带散热片			
25	25	25	25	250	1000	1200	400	1000	600
40	25	40	40	250	1000	1200	400	1250	750
40	32	40	40	250	1000	1200	400	1250	750

续表

主管 DN	调节阀 DN	隔断阀 DN	副线阀 DN	$H_1$①	H_2		H_3	$L_1$①	L_2
					不带散热片	带散热片			
40	40	40	40	250	1000	1200	400	1150	650
50	25	50	50	300	1000	1200	500	1350	750
50	32	50	50	300	1000	1200	500	1350	850
50	40	50	50	300	1000	1250	500	1350	850
50	50	50	50	300	1000	1250	500	1350	750
80	40	50	50	450	1000	1250	500	1450	850
80	50	80	50	400	1000	1250	500	1350	750
80	65	80	80	400	1250	1500	500	1600	1050
80	80	80	80	350	1250	1500	500	1400	850
100	50	80	80	450	1000	1250	500	1700	1050
100	65	100	80	450	1250	1500	500	1700～1750	1150
100	80	100	80	450	1250	1500	500	1700～1750	1150
100	100	100	100	400	1300	1550	500	1500～1550	950
150	80	100	100	600	1250	1500	500	1900～1950	1150
150	100	150	100	550	1300	1550	600	1950～2050	1500
150	125	150	150	650～700	1450	1700	600	2100～2200	1600
150	150	150	150	650～700	1450	1750	600	2050～2150	1400
200	100	150	150	650～700	1450	1550	600	2200～2300	1500
200	125	200	150	650～700	1700	1800	600	2250～1450	1800
200	150	200	150	650～700	1700	1800	600	2350～2550	1900
200	200	200	200	800～850	1800	1900	600	2250～2450	1600
250	125	200	200	800～850	1800	1900	600	2550～2750	1800
250	150	200	200	800～850	1800	1900	600	2700～2800	1900
250	200	250	200	900～1000	2000	2100	600	2800～3000	2300
250	250	250	250	900～1000	2200	2300	600	2600～2800	1900
300	150	250	250	900～1000	2200	2300	600	3000～3200	2200
300	200	250	250	900～1000	2200	2300	600	3100～3300	2300
300	250	300	250	1000～1150	2350	2450	600	3100～3400	2600
300	300	300	300	1000～1150	2500	2600	600	2850～3100	2200

① H_1 用于 PN16MPa、PN25MPa 的阀门，L_1 用于 PN40MPa 的阀门（调节阀均按 PN64MPa 考虑）。

注：主管 $DN \leqslant 100$mm 推荐采用图 38-46（a）所示型式；主管 $DN \geqslant 150$mm 推荐采用图 38-46（b）所示型式。

6.4.11 防静电设计

① 静电的产生。

a. 生产过程中输送易燃易爆液体或气体的管道。

b. 带粉尘的气体以及固体物料沿管道流动以及从管道中抽出或注入容器。

② 防止静电的措施是将设备和管道可靠地接地。在防爆厂房内，最好采用环形接地网，用金属丝或扁钢将各个设备、管道的接地线连接起来。接地可以采用专用的接地装置或利用电气设备的保护接地。

③ 接地总电阻一般不应超过 10Ω。

④ 安装在室内外用来输送易燃液体或可燃气体、可燃粉尘等的各种管道应是一个连续电路，与接地装置相连接。

⑤ 法兰之间的接触电阻不应大于 0.03Ω，在法

兰螺栓正常扭紧后即可满足此项要求。当有特殊要求时可加金属线跨接。

⑥ 非导电性材料制成的管道要用缠在管外或放在管内的铜丝或铝丝进行接地。

⑦ 软管接头必须用在有冲击时不产生火花的金属（如青铜、铝等）制造，防止产生静电。

⑧ 各种架空管道引入装置区时，应在架空管道引进防爆厂房前接地。输送易燃、易爆介质的大型管道在其始端、末端以及各个分岔处均应接地。

⑨ 向储罐输送易燃液体的管道严禁采用自由降落的方式，应将管道插到液面之下或使液体沿容器的内壁缓慢流下，以免产生静电，如图 38-47 所示。

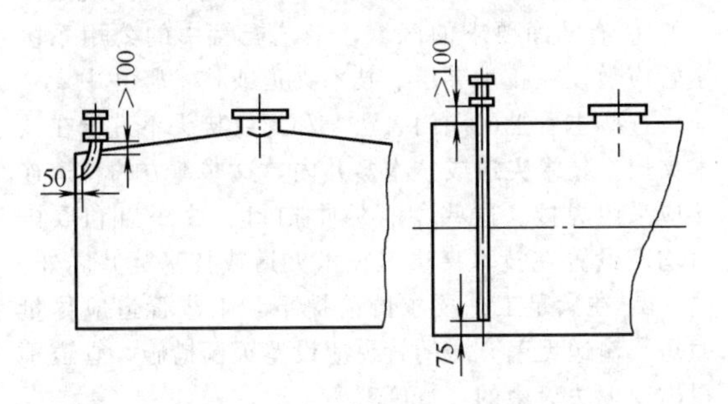

图 38-47　储罐的进料管

⑩ 有静电接地的情况下，苯及其同类性质的液体在管道内流动的速度不应超过 1m/s，汽油及其同类性质的液体在管道内流动的速度不应超过 2～3m/s。

6.5　公用工程管道的设计

6.5.1　蒸汽管道

① 一般从车间外部架空引进，经过或不经过减压计量后分送至各用户。

② 管道应根据热伸长量和具体位置选择补偿形式和固定点，首先考虑自然补偿，然后考虑各种类型的伸缩器。

③ 从总管接出支管时，应选择总管热伸长的位移量小的地方，且支管应从总管的上面或侧面接出。

④ 蒸汽管道要适当设置疏水点。中途疏水点采用三通接头，可防止冷凝水未经分离而直接过去。末端也要设疏水点，疏水管一般应设置疏水阀，过热蒸汽管道疏水可不设疏水点而设置双阀（图 38-48 和表 38-37）。

⑤ 蒸汽冷凝水的支管与主管的连接，应倾斜接入主管的上侧或旁侧（图 38-49），切不要将不同压力的冷凝水接入同一个主管中。

⑥ 当蒸汽冷凝产生负压时，为保证真空稳定，此蒸汽应由总管单独引出。

⑦ 灭火、吹洗及伴热用蒸汽管道应由总管单独引出各自的分总管，以便停工检修时，这些管道仍能分别继续操作。在容易发生火灾的厂房内，一般设有灭火蒸汽管道。大的厂房一般只在门旁设立半固定式消防蒸汽管，其口径不得小于 DN50mm。小的厂房一般设有固定灭火蒸汽管，应尽量靠墙敷设，离地面不高于 300mm，在管道朝向室内空间侧，开有 4～5mm 的孔，孔距为 50mm。阀门应安装在室外便于操作的地方。

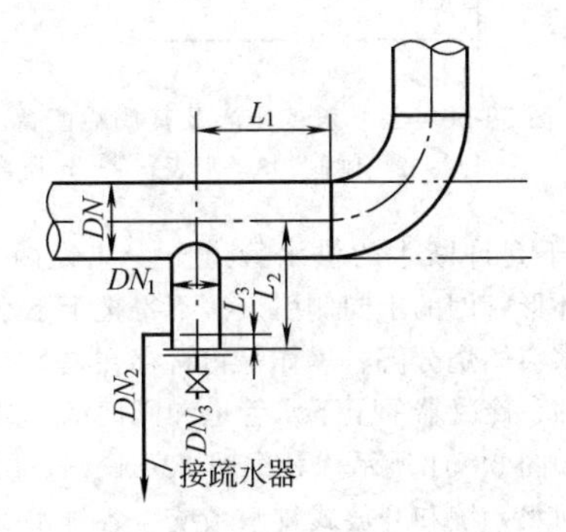

图 38-48　蒸汽管道中途疏水装置

表 38-37　蒸汽管道中途疏水装置尺寸　单位：mm

DN	DN_1	DN_2	DN_3	L_1	L_2	L_3
25	25	15	25	200	150	40
32	32	15	25	200	150	40
40	40	15	25	200	150	40
50	50	15	25	200	150	40
65	65	15	25	250	150	40
80	80	15	25	250	150	40
100	100	20	25	300	150	40
125	100	20	25	300	200	40
150	100	20	25	350	200	40
200	100	20	40	350	200	40
250	150	25	40	400	200	50
300	150	25	40	400	200	50
350	150	25	40	450	200	50
400	150	25	40	450	200	50

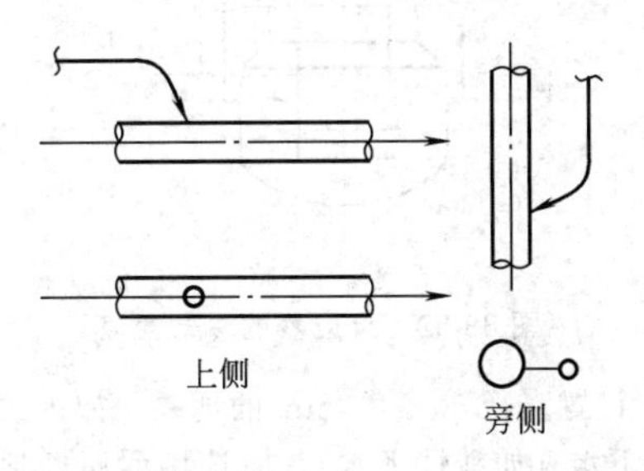

图 38-49　蒸汽冷凝水支管与主管的连接

6.5.2 上下水管道

① 生产用的上水管进入车间后，为防止停止供水或压力不足时倒流至全厂管网中，应先装止回阀，再装水表（图38-50）。

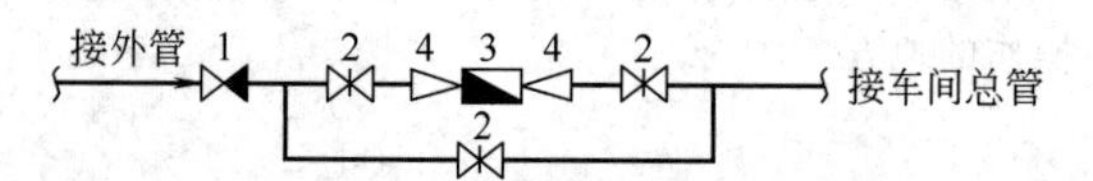

图38-50 上水管的水表及其阀组配置

1—止回阀；2—闸阀；3—水表；4—异径管

② 不允许断水的供水管道至少应设两个系统，从室外环形管网的不同侧引入。不得把上下水管道布置在遇水会燃烧分解、爆炸等物料存在之处。

冷却、冷凝器的上下水管道和阀门的安装形式有三种，如图38-51所示。其中图38-51（a）所示用于开放式回水系统和开放式排水系统，各排水点的排水漏斗应设置在操作阀门能观察到的地方，各排水漏斗的标高应统一考虑，漏斗下的排水管管径一般应比进漏斗的排水管加大一级或更大，以防外溢，图38-51（b）、（c）所示用于密闭式回水系统。如图38-51（c）所示，在上下水管之间装一根连通管，当冬季设备停运时，水能循环，不致冻结。

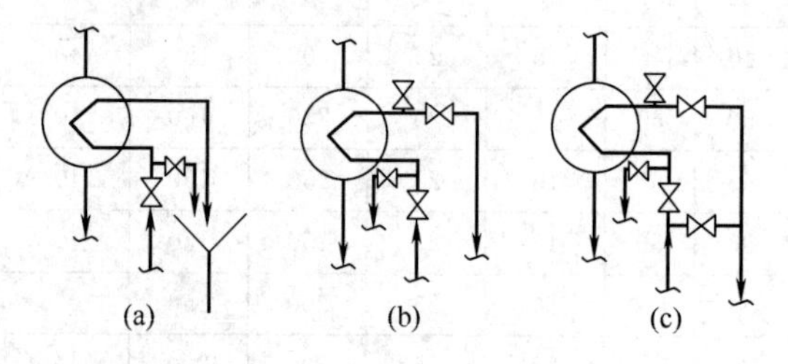

图38-51 冷却、冷凝器的上下水管道和阀门的安装型式

③ 反应器冷却盘管的接管和阀门安装，必须不妨碍开启反应器的盖子。上下水管道与反应器外壁（包括保温层）净距不小于100mm（图38-52）。

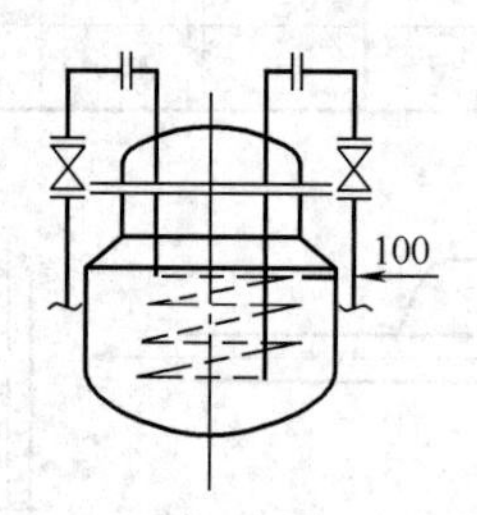

图38-52 反应器的冷却盘管

④ 设置直径50～100mm的地漏。如排放含腐蚀性介质下水（如酸性下水），应选用耐腐蚀地漏，再接至规定的下水系统。

6.5.3 压缩空气管道

① 压缩空气管道上的排水采取人工定期排放。排水管设在容器的底部、管道的末端和停车后能积聚凝结水的部位。车间内用气设备较多时，为彼此不受干扰及便于集中操作，可设分气罐，分气罐的底部应装排水管。

② 在严寒地区，对于含湿量大的压缩空气管道，应进行保温。

6.6 洁净厂房的管道设计

6.6.1 设计规定

除按化工生产一般规定外，尚需遵守下列规定。

① 有洁净要求的区域，工艺配管中的公用系统主管应敷设在技术夹层、技术夹道或技术竖井中。

这些主管上的阀门、法兰和螺纹接头不宜设在技术夹层、技术夹道或技术竖井内，这些地方的管道连接应采用焊接。这些主管的吹扫口、放净口和取样口均应设置在技术夹层、技术夹道或技术竖井之外。

② 在满足工艺要求的前提下，工艺管道应尽量缩短。输送无菌介质的管道应设置灭菌措施，管道不得出现无法灭菌的“盲区”。

③ 输送纯水、注射用水的主管应采用环形布置，不应出现“盲管”等死角。

④ 洁净室内的管道应排列整齐，管道应少敷设，引入非无菌室的支管可明敷，引入无菌室的支管不可明敷。应尽量减少洁净室的内阀门、管件和管道支架。

⑤ 排水主管不应穿过洁净度要求高的房间，100级的洁净室内不宜设置地漏，10000级和100000级的洁净室内也应根据工艺要求尽量少设或不设地漏。如干剂生产区内不设地漏和水嘴，采用局部吸尘器除尘后用湿净布揩擦墙面和地面（因干剂生产中湿度控制要求较高的缘故）。湿剂生产工序如设地漏，必须使用带水封、带格栅和塞子的全不锈钢、内抛光的洁净室地漏，此地漏供碎瓶后小范围冲洗用，宜设置于楼板上，楼板要留孔和设坡度，要与土建专业密切配合。

⑥ 洁净区的排水总管顶部设置排气罩，设备排水口应设水封装置，各层地漏均需带水封装置，防止室外窨井污气倒灌至洁净区，影响洁净要求。推荐选用DL-B标准系列地漏。

6.6.2 管道和管件材料规定

① 管道材料根据所输送的物料理化性质和使用工况选用，采用的管材应保证工艺要求，使用可靠、不吸附和污染介质，施工和维护方便，采用的阀门、管件除满足工艺要求外，还应选用拆卸、清洗、检修均方便的卡箍连接形式的管配件。

② 输送纯水、注射用水、无菌介质和半成品、成品的管材宜采用低碳优质不锈钢或其他不污染介质

材料。引入洁净室的各支管应采用不锈钢管。

③ 对法兰、螺纹的连接，其密封用的垫片或垫圈宜采用聚四氟乙烯垫片和聚四氟乙烯包覆垫或食品橡胶密封垫。

④ 穿越洁净室的墙、楼板或硬吊顶的管道，应敷设在预埋的金属套管中，套管内的管段不应有焊缝、螺纹和法兰。管道与套管之间应有可靠的密封措施。

⑤ 穿越软吊顶的管道，应在管道设计时与有关专业密切配合，定出管道穿软吊顶的方位和坐标，防止管道穿龙骨，影响吊顶的结构强度。

⑥ 洁净室内的管道应根据其表面温度、发热或吸热量及环境的温度和湿度确定保温形式（保热、保冷、防结露、防烫等形式）。冷保温管道的外壁温度不得低于环境露点温度。

⑦ 保温材料应选用整体性能好、不易脱落、不散发颗粒、保温性能好、易施工的材料，洁净室内的保温层应加金属外壳保护。

6.7 管道轴测图

管道轴测图应按 HG/T 20549 中的相关规定绘制。

6.7.1 图面表示

① 管道轴测图按正等轴测投影绘制，管道的走向按方向标的规定，这个方向标的北（N）向与管道布置图上的方向标的北向应保持一致（图 38-53）。

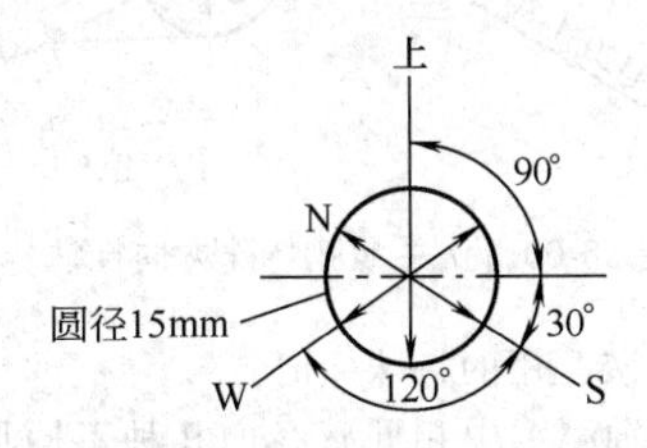

图 38-53　轴测图的方向标

管道轴测图在印好格式的纸上绘制，图侧附有材料表。对所选用的标准件材料，应符合管道等级和材料选用表的规定。

② 管道轴测图图线宽度及字体应符合 HG/T 20549 中的相关规定。管道管件、阀门和管道特殊件图例应符合 HG/T 20549 中的相关规定。

③ 管道轴测图不必按比例绘制，但各种阀门、管件之间的比例在管段中的位置的相对比例均要协调，如图 38-54 所示的阀门，应清楚地标示它紧接弯头而离三通较远。

④ 管道一律用单线表示，在管道的适当位置上画流向箭头。管道号和管径注在管道的上方。水平向管道的标高“El.”注在管道的下方（图 38-54）。

⑤ 管道上的环焊缝以圆点表示。水平走向的管段中的法兰以垂直双短线表示，垂直走向的管段中的法兰一般以与邻近的水平走向管段相平行的双短线表示（图 38-55）。

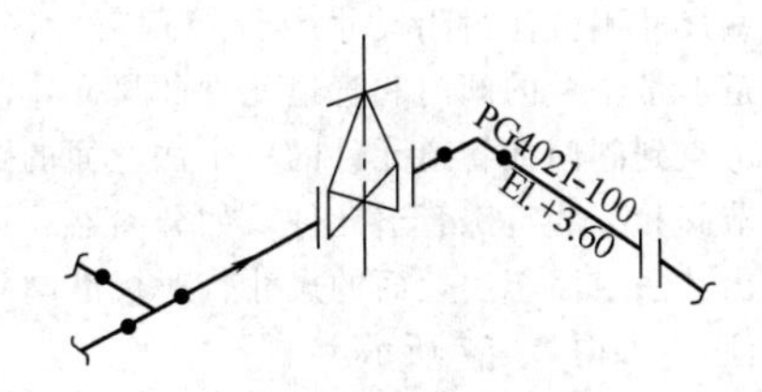

图 38-54　管道代号标注

螺纹连接与承插焊连接均用短线表示，在水平管段上此短线为垂直线，在垂直管段上，此短线与邻近的水平走向的管段相平行（图 38-55）。

⑥ 阀门的手轮用短线表示，短线与管道平行。阀杆中心线按所设计的方向画出（图 38-54）。

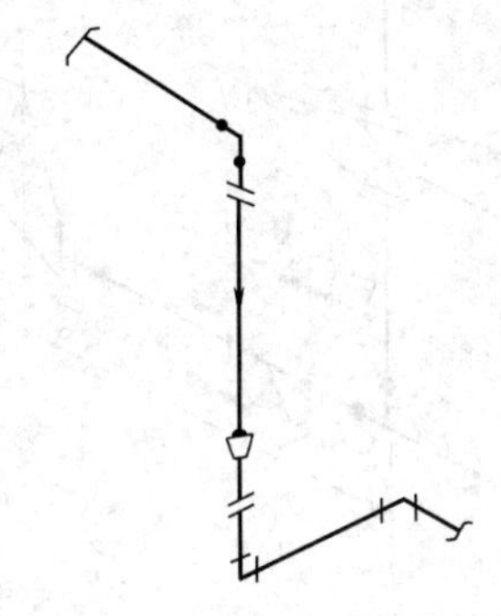

图 38-55　法兰、螺纹的绘制

6.7.2 尺寸和方位的标注

① 除标高以米计外，其余尺寸均以毫米为单位，只注数字，不注单位。垂直管道不注长度尺寸，而以水平管道的标高“El.”表示。

标注水平管道的有关尺寸的尺寸线应与管道相平行，尺寸界线为垂直线，从基准点到等径支管、管道改变走向处、图形的接续分界线的尺寸，如图 38-56 中的尺寸 *A*、*B*、*C* 所示。基准点尽可能与管道布置图一致，以便于校对。

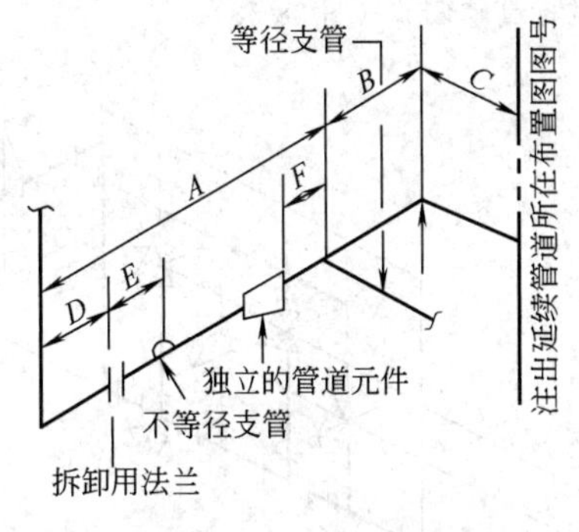

图 38-56　水平管道尺寸标注

从最邻近的主要基准点到各个独立的管道元件和孔板法兰、异径管、拆卸用的法兰、代表接口、不等径支管的尺寸，如图 38-56 中的尺寸 *D*、*E*、*F* 等所示，这些尺寸不应注封闭尺寸。

管道上带法兰的阀门和管道元件的尺寸，注出从主要基准点到阀门或管道元件的一个法兰面的距离。

调节阀和某些特殊管道元件，如分离器和过滤器等需注出其法兰面至法兰面的尺寸（对标准阀门和管件可不注），如图 38-57 所示。

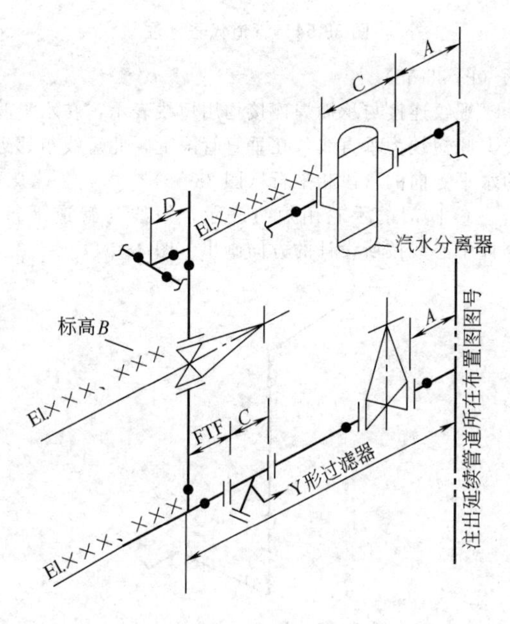

图 38-57 管件标注

管道上用法兰、对焊、承插焊、螺纹连接的阀门或其他独立的管道元件的位置是由管件与管件直接相接（FTF）的尺寸所决定时，不要注出它们的定位尺寸（图 38-57）。

定型的管件与管件直接相接时，其长度尺寸一般可不必标注，如涉及至管道或支管的位置时，也应注出。

螺纹连接和承插焊连接的阀门，其定位尺寸在水平管道上应注到阀门中心线，在垂直管道上应注阀门中心线的标高“El.”（图 38-58）。

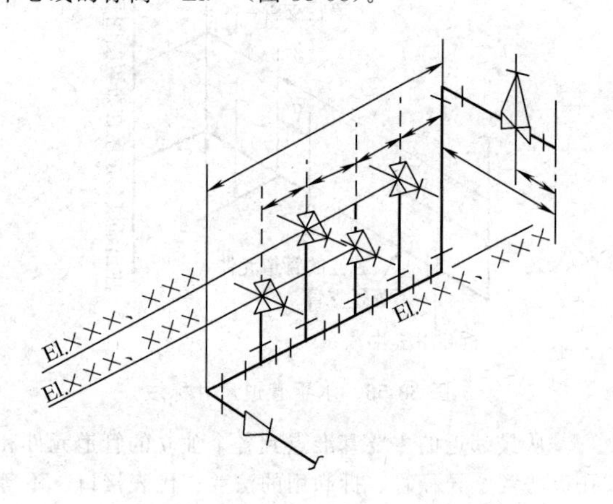

图 38-58 螺纹承插焊连接阀门标注

不是管件与管件直连时，异径管和锻制异径短管一律以大端标注位置尺寸（图 38-56）。

② 所有用法兰、螺纹、承插焊和对焊连接的阀门的阀杆都应明确表示方向。如阀杆不是在 N（北）、S（南）、E（东）、W（西）、UP（上）、DN（下）方位上，应注出角度（图 38-59）。

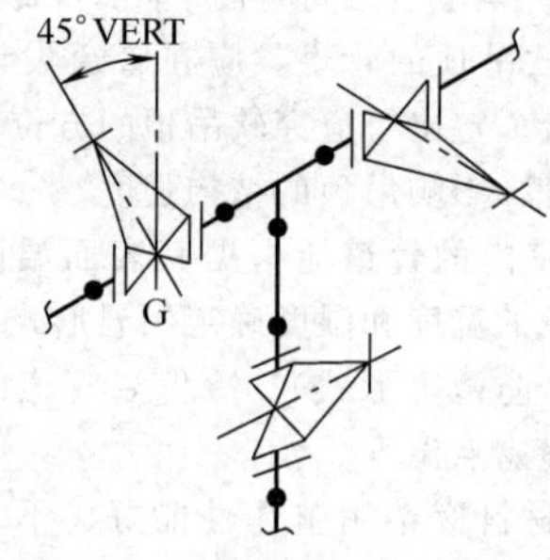

图 38-59 阀门手轮方向标注

③ 设备管口法兰的螺栓孔的方位，有特殊要求（如不是跨中布置）时，应在轴测图上表示清楚，并核对设备条件（图 38-60）。

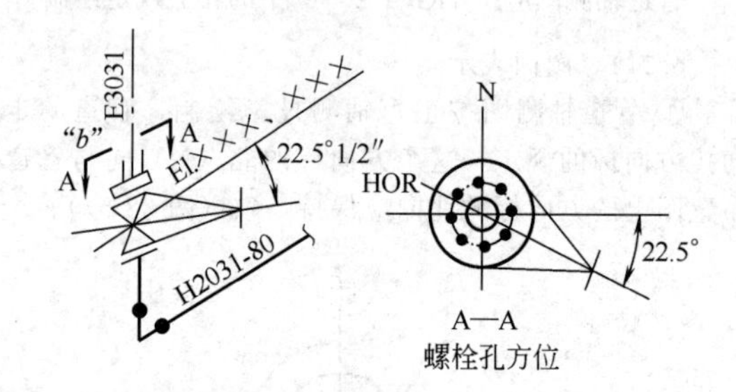

图 38-60 法兰螺孔特殊方向标注

6.7.3 装配用的特殊标记

① 一张轴测图中相同管径的几种不同形式的法兰，为避免安装错误，应在法兰近旁注明法兰的形式，并用规定的缩写词在轴测图中注出短半径无缝弯头、管帽（焊接管帽、螺纹管帽、承插焊管帽）、螺纹法兰、螺纹短管、管接头、堵头、活接头及现场焊焊缝。

② 在 5mm×5mm 方格内标注特殊件的编号（图 38-61），将所用材料列在材料表的特殊件栏内，注出与管道布置图一致的控制点的种类和编号。

一张轴测图中，相同品种和规格的阀门有两个或两个以上且所选用的型号不同时，应在阀门近旁注出其型号（数量最多的一种可不注出），以免安装错误（图 38-62）。注出直接焊在管道上的管架的编号，该编号应与管架表中的编号一致，管架材料不列入轴测图的材料表中。

③ 弯管应画圆弧，并注出弯曲半径，例如弯曲半径为 5 倍管子公称直径的弯管标注 $R=5D$，对无缝或冲压弯头（$R\leqslant1.5D$），可画成直角形，并标示出焊缝，见图 38-63。

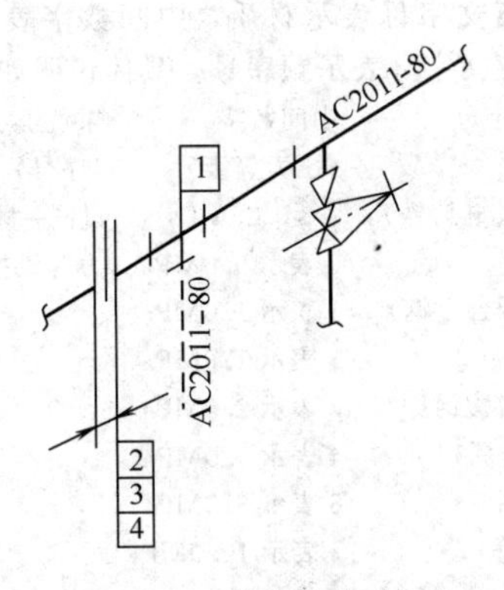

图 38-61　特殊件装配标注

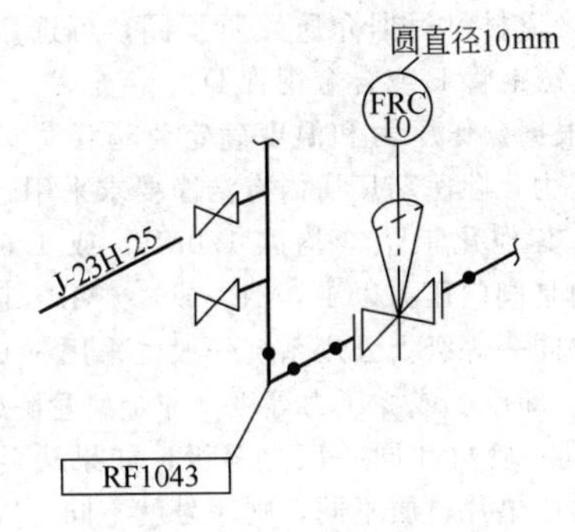

图 38-62　阀门装配标记

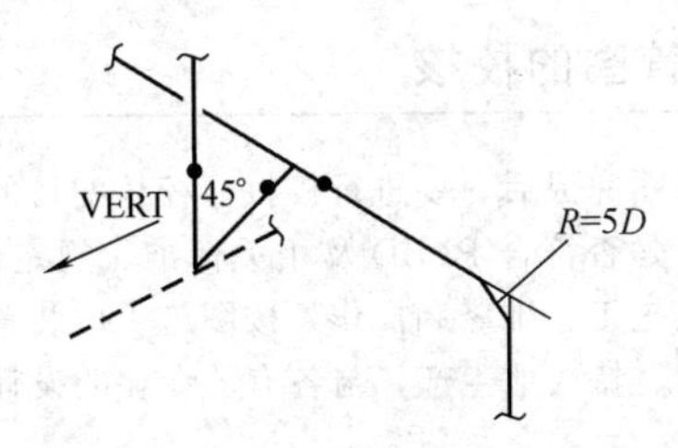

图 38-63　弯头装配标记

组合附件（如软管接头）和承插焊、管座、螺纹、管座、异径管等特殊件的标记及编号，详见图 38-64。

不同形式的短管端部都应注明缩写词，必要时注出端面的标高。

6.7.4　隔热（隔音）分界

① 在管道的不同类型的隔热与不隔热的分界处应按隔热的规定标注隔热分界，在分界点两侧注出各自的隔热类型或是否隔热。如果分界处与某些容易识别的部位（如法兰或管件端部）一致时，则可只表示隔热分界，不表示定位尺寸（图 38-65）。

② 输送气体的不隔热管道与隔热管道连接，以最靠近隔热管道的阀门或设备（管道附件）处定为分界（图 38-65）。

输送液体的不隔热管道与隔热管道连接，以距离

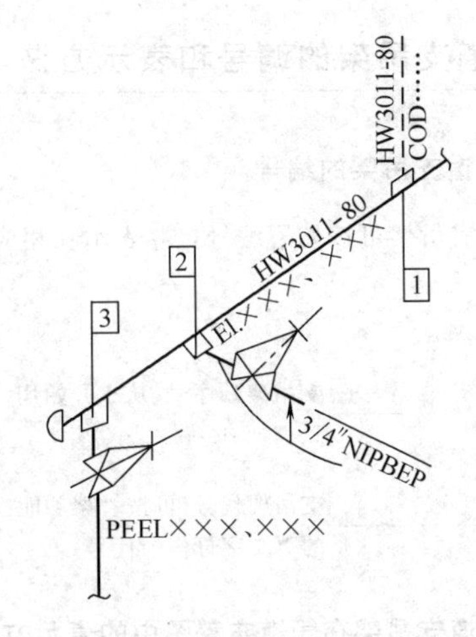

图 38-64　特殊件装配标记

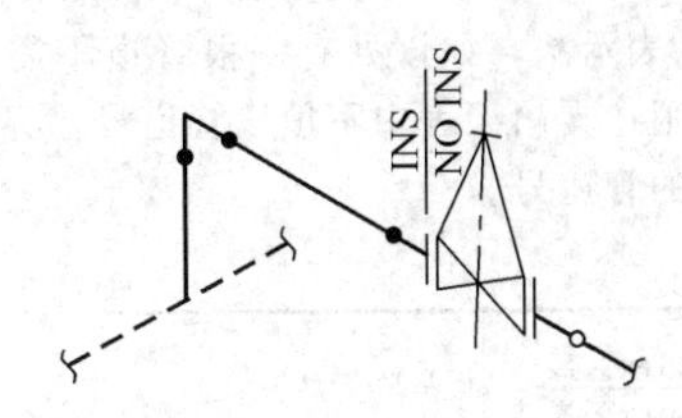

图 38-65　阀门或管件为分界的隔热标记

热管道 1000mm 或第一个阀门处为分界，取两者中较近者（图 38-66）。

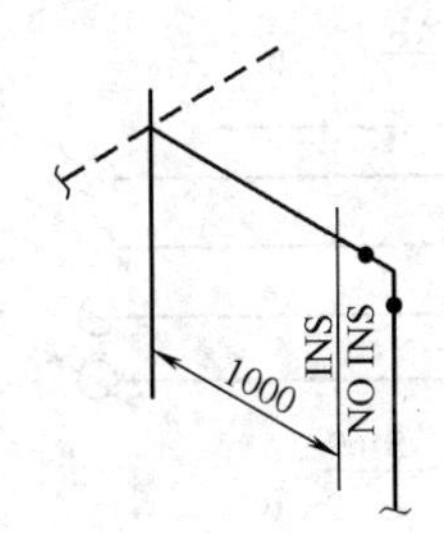

图 38-66　隔热分界标记

③ 对于人身保护的隔热的分界点，不在轴测图中表示，这种类型隔热的形式和要求，由设计与生产单位在现场决定。

6.7.5　轴测图上材料表填写要求

① 垫片应按法兰的公称压力 PN 和公称直径 DN 填写相应的垫片代号，垫片密封代号按相关规定填写。不需要填写垫片的具体规格和尺寸。

② 对特殊长度的螺柱，将其长度填在特殊长度栏内，填写螺柱、螺母数量时，应优先选用按法兰的连接套数计。

③ 非标准的螺栓、螺母、垫片，填在特殊件栏内。

④ 在隔热栏内，按设计规定填写代号。

7　管道支吊架的编号和表示方法

7.1　管道支吊架的编号

管道支吊架可按如下编号，并表示在相应的管道布置图中。

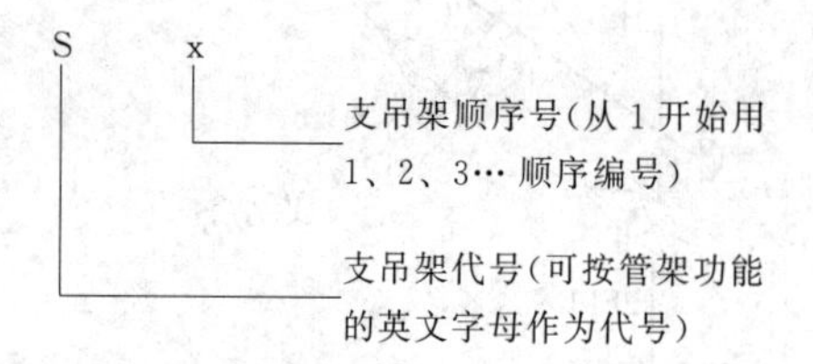

7.2　管道支吊架在管道布置图中的表示方法

成排的水平管道的支吊架可以用图 38-67 中“S169”的表示法，如该处有一根管道不需在该管架上支撑，则在支吊架表中不填该管道号，只填写需支撑的管道的管道号。

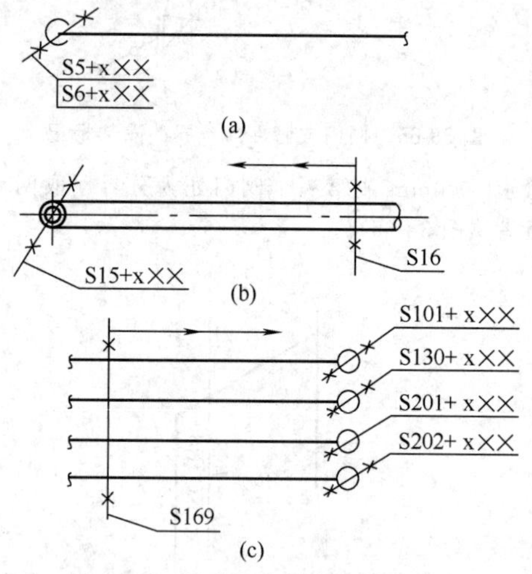

图 38-67　管道支吊架在管道布置图中位置的表示方法

7.3　管道支吊架的定位

水平向管道的支吊架标注定位尺寸，垂直向管道的支吊架标注支架顶面或支承面（如平台面、楼板面、梁顶面）的标高。

8　管道等级号和管道材料等级表

管道等级号及管道材料等级表按相应符合规定。

8.1　管道等级号说明（管道等级的编制方法不一，下列说明也不一）

管道等级号由两个英文字母及一个或两个数字组成，首位英文字母表示材质，中间数字表示压力等级，末位英文字母表示顺序号。具体说明如下。

首位英文字母（材质）	中间数字（压力等级）	末位英文字母（序号）
A（铸铁及硅铸铁）	$\phi \leqslant$0.25MPa	随同一材料、同一压力等级按序编排
B（碳素钢）	0 表示 0.6MPa	
C（普通低合金钢）	1 表示 1.0MPa	
D（合金钢）	2 表示 1.6MPa	
E（不锈耐酸钢）	3 表示 2.5MPa	
F（有色金属）	4 表示 4.0MPa	
G（非金属）	6 表示 6.3MPa	
H（衬里管）	7 表示 10.0MPa	

8.2　选用原则

① 管道材料根据介质性质不同，可选用碳素钢管 B、不锈钢管 E 或合金钢管 D。

② 根据操作压力和温度确定管道压力。生产物料管道压力，除医药厂房内有洁净要求采用轻便拆卸式除外，其他化工生产均以 1.0MPa 或 1.6MPa 开始，原因是阀门压力以 1.0MPa 或 1.6MPa 起步，为配法兰取同一等级。公用系统一般也采用 1.0MPa 或 1.6MPa，即取 1 或 2 压力等级（非金属管除外）。

③ 同一管材和同一压力等级，如果法兰密封面形式不同或垫片材质不同，则序号就不同。因此序号可以有很多个。

9　配管图的校核

配管图完成后，要进行校核。校核的目的是检查配管设计是否符合 P&ID 及相关标准、规定的要求，能否满足施工、维修和操作，按图施工后装置能否安全、顺利、持久地生产，与各有关专业的设计图是否统一等。

9.1　图面的校核

① 图面的划分是否合理，采用的比例是否统一。

② 检查剖面符号位置方向与平剖面是否统一。

③ 图例、符号是否统一。指北针方向、设备编号与名称是否一致。

④ 介质代号、管道编号、管道直径、管道等级、隔热代号是否正确、合理。

⑤ 图签是否填对，签署是否符合规定。

⑥ 图纸的边界线、相接图号是否正确。

⑦ 文字说明是否交代清楚，特殊要求是否提出。

9.2　配管图与各专业设计条件的校核

9.2.1　与土建专业建筑图、结构图的校核

① 与建筑平、立面图核对轴线号、轴间距、门、窗、梁宽高、柱宽、墙厚、地坪及楼层标高是否一致，防爆墙、沉降缝等特殊要求的位置、尺寸。

② 核对结构图主、次梁宽、高和具体位置，吊装孔、预留孔的方位、尺寸及标高。

a. 大型设备基础的坐标及基础具体尺寸与配管的埋地管道是否会碰撞。

b. 梁、柱上的预埋件（二次土建条件）的坐标标高及数量的核对，避免漏项（包括穿楼板预埋套管等）。

c. 定型及非定型设备的基础标高，以及基础上的预埋钢板或两次灌浆，预留孔的坐标、尺寸是否符合。

d. 对有搅拌减速器的设备，其安装、维修高度能否满足要求。

e. 地漏及地面坡度是否一致。

f. 室外垂直管道与屋面雨水管道是否互相碰撞，并注意坐标方位。

g. 结构基础与地下管道是否会碰撞。

h. 有防腐、防尘等要求的墙面及地面是否符合要求。

9.2.2 与工艺流程图的校核

① 平面、立面、剖面是否符合 P&ID 的要求，管道编号、管径、管道等级是否与 P&ID 一致。

② 主管的布置是否合理，是否集中于同一管架上分层敷设。

③ 管道是否集中穿楼板，与结构图的留孔是否一致，大小、位置能否满足要求。

④ 当管道改变走向时，是否改变标高。

⑤ 管道的标高、间距是否齐全，能否满足安装的需要。

⑥ 沿墙敷设的水平管道和垂直管道与墙间距是否不同，以避免相交或绕弯。

⑦ 高温和低温的管道是否采用波纹管或其他形式的补偿器来增加管道的柔性，使管系的热应力不超过允许值。

⑧ 管道等级是否正确，重点检查高温、高压或特殊流体管道的等级及等级分隔符号左、右或上、下的等级号。

⑨ 阀门选用是否符合 P&ID 的规定，安装位置或高度是否符合操作要求。

⑩ 管道的固定支架、导向支架和活动支架的配置是否合适。

⑪ 管架编号是否正确、管架间距是否超过极限。

⑫ 管道保温、保冷要求与 P&ID 是否一致。

⑬ 并排排列的管间距能否满足保温管需要的空间。

⑭ 与振动设备相接的管道是否有减振支架或软接管隔振。

9.2.3 与设备安装图的校核

① 核对设备管嘴的位置、尺寸是否统一。管口、人孔、平台、爬梯的位置与配管图是否一致。

② 核对定型设备或制造厂提供的设备管嘴的位置、尺寸与配管图一致否。

③ 定型设备如机泵类的基础与制造厂提供的尺寸是否统一。

④ 与设备管嘴连接的阀门，其法兰与设备管嘴法兰的规格、密封垫形式是否一致。

⑤ 与设备管嘴连接的管道有无合适的固定点和支架，要避免管道的自重和热胀推力作用在管嘴上面损坏设备，特别要注意泵的出入口和铸铁设备的管嘴。

9.2.4 与仪表专业的校核

① 在 P&ID 上的仪表接口在工艺配管图上是否表示出具体位置，这些位置是否正确。

② 是否满足仪表对配管的要求，如孔板前后室的直管段长度要求，调节阀组的阀芯检修距离等。

③ 仪表变送器（保温箱）的布置，是否影响操作、维修和安全。

④ 仪表管缆与工艺配管是否分层分区、各行其道，有无碰撞配管的可能。

⑤ 气体监测报警仪的设置位置、标高、数量是否符合工艺要求。

⑥ 报警装置、安全阀等设置位置是否满足工艺要求。

⑦ 仪表用气和保温用汽的设置位置、标高、管径等是否能满足仪表要求。

9.2.5 与暖风专业的校核

① 配管是否遮挡送风口或回风口。

② 风管与配管是否分层分区行驶，分支处是否有碰撞的可能。

③ 对有洁净要求的生产工序，其空调能否满足洁净级别的要求。

9.2.6 与电力专业的校核

① 电缆槽与配管是否分层分区、各行其道，是否保持一定间距。

② 照明是否被配管挡光，局部照明方位、标高、开关是否符合操作要求。

③ 核对电动机型号及数量。

④ 静电接地网、避雷装置是否符合规定。

⑤ 电动机开关、照明开关是否影响生产操作，或影响维修工作。

9.2.7 与给排水专业的校核

① 地面明沟排水与室外窨井的标高是否符合。

② 消防水系统的管道是否与工艺管道碰撞。

③ 各楼面的地漏排水管是否符合生产要求，洁净室的地漏与土建的地面坡向是否一致。

10 计算机配管设计

配管在化工和石化类装置的工程设计中是最主要的专业之一。专业设计的质量提升对整个装置的设计和建设起着举足轻重的作用。为了提高配管专业的设计水平和设计质量，加快设计进度，国内外的工程公司或设计院在管道设计中已广泛采用计算机辅助设计（CAD）技术，进行配管三维软模型设计同时进行质量、进度和费用控制，最终自动抽取有关详细设计图纸和材料汇总工作，效果显著。

10.1 计算机配管设计软件的功能和应用

随着计算机技术的迅猛发展，管道设计的计算机硬件已从工作站转向了计算机化。软件更加智能化，操作更界面化。三维模型由图形文件加数据文件转变为仅是数据文件，可上网交流，异地工作，我国一些大中型工程公司和设计院在配管设计中，应用三维管道设计软件，已相当成熟，可以说已基本与国际接轨。

10.1.1 配管设计软件的功能

(1) 三维软模型设计特点

三维设计软件一般是由项目建立、工程数据库、设备、管道、钢结构、采暖通风、电气和仪表电缆桥架等模块组成的三维工厂化设计软件（图38-68）。

利用它设计出的三维装置模型非常逼真、直观。若由于某些原因不进行全模块的应用，则可以只做管道、设备和钢结构模型或者管道加设备模型（图38-69）。

管道模块一般具有对模型进行软、硬碰撞检查的功能。硬碰撞检查是指管道之间及管道与其他专业的设备、风管、梁、柱、基础、钢结构和电缆桥架的碰撞检查。软碰撞检查是指管道与绝热层、维修预留空间的碰撞检查。这样能尽早发现问题，及时修改，提高设计质量，减少施工返工，避免时间和经济上的损失。

一些著名工厂的设计软件均配有“漫游”功能（Review），使人有身临其境之感。设计方案讨论和设计质量审查可直接在计算机上进行，比用图纸审查更直观、更逼真、更容易发现问题。

有些管道软件具有与管道应力分析软件的接口。输出一定格式的文件，导入应力软件，可进行管道的应力计算。

还有的管道软件具有与工艺流程图（P&ID图）核对的功能，有的软件还可根据P&ID图或管道特性一览表进行智能管道铺设。

(2) 三维软模型配管施工图图纸的输出

管道软件能在管道软模型的基础上产生施工图成品、管道轴测图、管道综合材料表、管道材料汇总表等。

通过自动标注软件，能在管道软模型上切出管道平立面图，并自动标注设备、管道的定位尺寸及属性，建筑轴线号，柱间距等相关信息，大大节省了人力。

10.1.2 工程项目中配管设计人员的组织

以往配管专业利用管道软件从事项目设计时，管道平面图设计人员与管道模型设计人员是分开的，一个专业的工作，分成两部分人来完成，人为因素影响

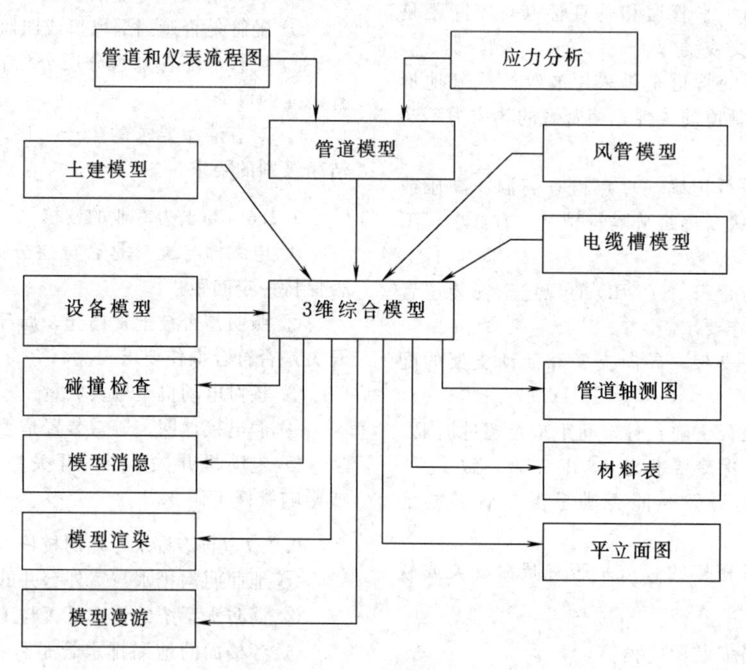

图38-68 管道模型功能框图

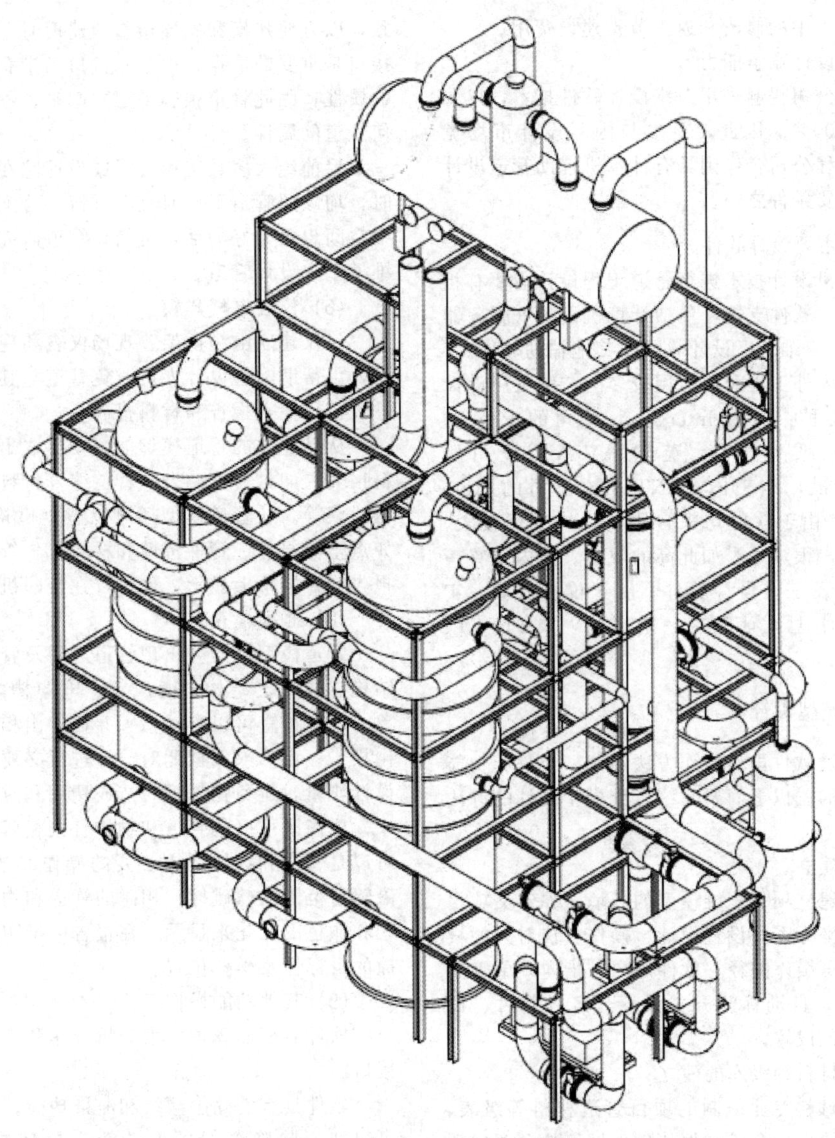

图 38-69　三维工厂化设计实例

了设计质量。而目前平面图设计与模型设计已开始融合为一个整体。针对项目的大小规模，配管负责人可配备一名专职或兼职的软件管理者，制定统一的软件执行规定，以及解决软件操作中出的问题，配备一名 IT 工程师，负责软件系统管理和文件、数据的备份工作。若干设计人员组成一个小组，共同完成从管道研究到模型设计直至最终完成配管设计成品。

10.1.3　配管专业应用三维设计技术的效果

(1) 提高设计质量

以三维软模型为基础进行一系列质量检查后，可大大减少一些低级错误和常见病。由于三维模型的直观和逼真，可避免操作空间不够，阀门手轮方向不正确等错误。配管布置图、轴测图和材料表来自于同一源——模型数据库，因此不会产生不一致和矛盾，大大提高了设计质量。

(2) 加快设计进度和工程建设进度

由于采用三维设计，设计和修改极其方便，统计材料由计算机自动产生。因此，大大节省了手工绘图与统计所需的时间，缩短设计周期。现场设计代表人数也大大降低。据国外某工程公司介绍，人工做 2 万英尺（1ft＝0.30m）管道工程需 9 个月，采用三维软件设计，包括建数据库和分析计算，只花 3 个月时间。

此外，三维设计数据准确，提高了管段预制量，从而加快施工进度，缩短施工周期。

(3) 节省工程投资

应用软件后能精确统计材料，较好地控制材料，避免浪费。一般统计材料可节省 1%～3%。国内一个石油化工装置，10 万米管道按轴测图落料，最后施工余量不到 10m。模型经质量检查后及时更正，也能极大减少施工中的修改和返工节省建设费用。

(4) 提高设计竞争能力

国外工程公司普遍采用三维设计软件技术，出图率甚至高达100%。因此，要参与国际设计市场竞争，与国外工程公司合作则具有计算机辅助管道设计能力已成为主要条件之一。

10.1.4 主要设计软件

采用计算机设计技术进行管道工程设计需要有相应的计算机硬、软件支持，包括计算机设备（服务器和终端微机）、三维工厂设计软件和其他辅助软件。

目前，国内外工程公司应用较多的三维工厂设计软件有如下几种：美国Intergraph公司的PDS和Smart PLANT系列产品，英国AVEVA公司的PDMS系列产品，和美国BENTLEY公司的Auto PLANT产品。由于软件均来自国外，故投资较大，若不是大项目，很难承受如此高的成本。国内也有一些单位自行开发三维设计软件，由于价格低廉、实用，在我国中小型设计院有一定影响，如PDSFT、PDA等。

10.2 三维模型设计

不同的管道软件虽然操作方法不同，但是其功能和原理是相似的。以下简要介绍三维模型设计的方法和过程。

(1) 项目建立

首先必须建立项目三维模型的环境，如定义项目名称、模型的坐标系，设置设计、操作、校对人的权限，管道材料等级库路径，软件用户号指向，单管图自动生成设置，自动标注开关设置，各种管件、设备、构筑物颜色设置。

(2) 管道材料等级库的建立

根据配管材料专业编制的项目管道材料等级表，应用软件自有的生成器或文件从软件域筛选和调用项目中所需要的管道材料，包括外形尺寸、管件编码和管件描述，目前各软件工程库中较完整的数据资料有ANSI、DIN标准。中国标准正在不断完善之中。

(3) 设备模型建立

在已设定好坐标系的设备模型中，根据设备平立面图、设备小样图上外形尺寸和管口方位输入所建各种设备的数据信息。

(4) 钢结构模型建立

根据土建结构计算出的柱梁型钢规格，输入设定好坐标系的钢结构模型中，可快速地建立钢结构框架模型，同时生成型钢材料表。目前一些钢结构计算软件已与三维设计软件有接口，三维设计软件可直接读取计算结果，生成钢结构模型。

(5) 管道模型建立

管道模型的建立应事先规划好，可依照管道平面分区图设置。设备模型范围一般与管道模型范围相一致，以方便建模和碰撞检查。建模时，设备及设备管接口是重要的依据。由于管接口已带有与其相接管道的属性，因此管道很容易建立起来，不需要再输入任何管道的属性。

目前绝大多数工程公司或设计院在建立管道模型时，均参照管道平面研究图进行，若配管设计人员三维空间想象力好的话，可简化管道研究图，直接在三维模型中设计管道。

(6) 仪表电气建模

仅仅建立电缆桥架、现场仪表和现场电气柜的模型，可帮助配管设计人员避免管道与其相碰。

(7) 检查报告和材料报表

从已建立的管道模型能自动提取出各种所需的材料报表，如材料汇总表、管道综合材料表、区域管道材料表等。从管道模型还可以产生供检查用的报告，如点坐标报告、管件特性和材料报告等。以上报表和报告能在屏幕上显示，也可以在打印机输出。

(8) 碰撞检查

管道模型可能会出现管道之间及管道和设备、钢结构、混凝土结构、通风管、电缆槽之间的碰撞现象。干扰检查可以自动检查并显示出相碰的位置并产生报告。设计人员据此对设计进行必要修改，以确保设计质量，避免在施工时造成费用和时间的浪费。

碰撞既可以是管道和物体直接相碰的硬碰撞，也可以是管道和物体周围必要的操作、维修空间和热、磁辐射范围的软碰撞。相碰的管道和物体通过屏幕闪耀和颜色的变化来显示。在报告中指明碰撞类型、碰撞的目标体及坐标位置。

(9) 其他功能操作

软件有配套管道应力分析程序和其他分析程序的接口。

软件具有消除隐藏线和渲染功能。经命令操作后可得到消除隐藏线图像的管道模型或渲染的管道模型。

软件还有和相应工艺仪表流程图核对的功能。通过命令操作可产生管道模型和流程图偏差的报告，指出多余的、遗漏的和不符合的部件。

(10) 三维模型漫游软件

目前一些大型工程公司已取消常规的、我们所熟悉的核对，即审核管道图不是在三维图纸上进行，而是直接运用模型漫游软件在屏幕上进行。检查的内容有：可操作性、安全性，并考虑维修、施工及安装等要求。

(11) 管道轴测图

一般管道布置软件都配套有轴测图生成器，能从建立的管道模型中产生施工所需的管道轴测图。该图包括尺寸、管件标记、物料流向、端点坐标及连接信息等，同时生成管段材料表、管段切割长度表等，如图38-70所示。

（12）管道平面图（图 38-71）

软件生成的管道布置图尚不能满足施工和安装要求，需进行人工编辑。人工编辑平面图是一件很费时间的工作，估计完成一张 A0 图纸要花一个星期左右。现在各种三维软件均有自动编辑和标注软件与其配套，自动编辑和标注后，再对图面进行检查和人工修饰，所用时间可比原先人工节省 70％工时。

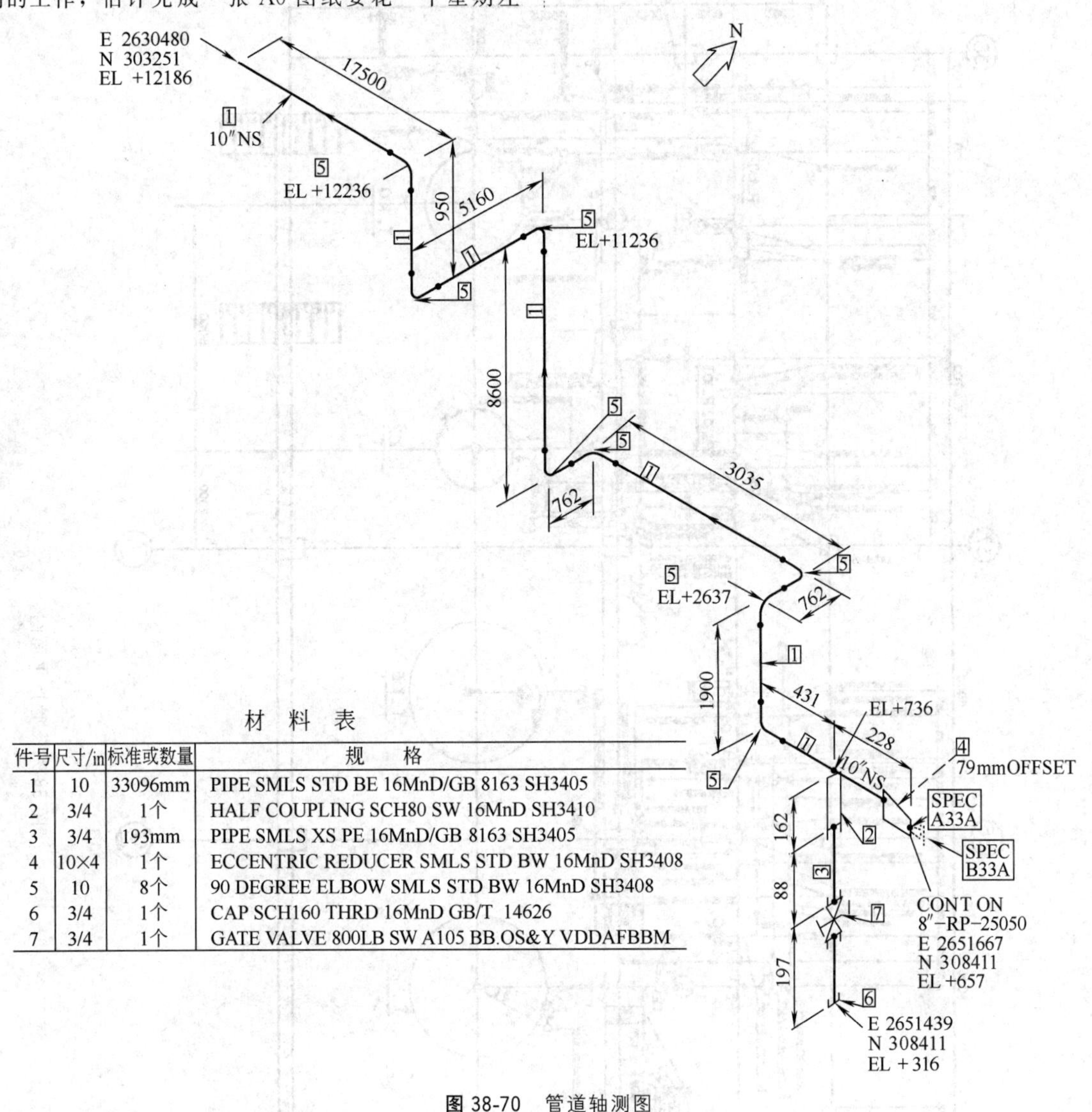

材　料　表

件号	尺寸/in	标准或数量	规　格
1	10	33096mm	PIPE SMLS STD BE 16MnD/GB 8163 SH3405
2	3/4	1个	HALF COUPLING SCH80 SW 16MnD SH3410
3	3/4	193mm	PIPE SMLS XS PE 16MnD/GB 8163 SH3405
4	10×4	1个	ECCENTRIC REDUCER SMLS STD BW 16MnD SH3408
5	10	8个	90 DEGREE ELBOW SMLS STD BW 16MnD SH3408
6	3/4	1个	CAP SCH160 THRD 16MnD GB/T 14626
7	3/4	1个	GATE VALVE 800LB SW A105 BB.OS&Y VDDAFBBM

图 38-70　管道轴测图

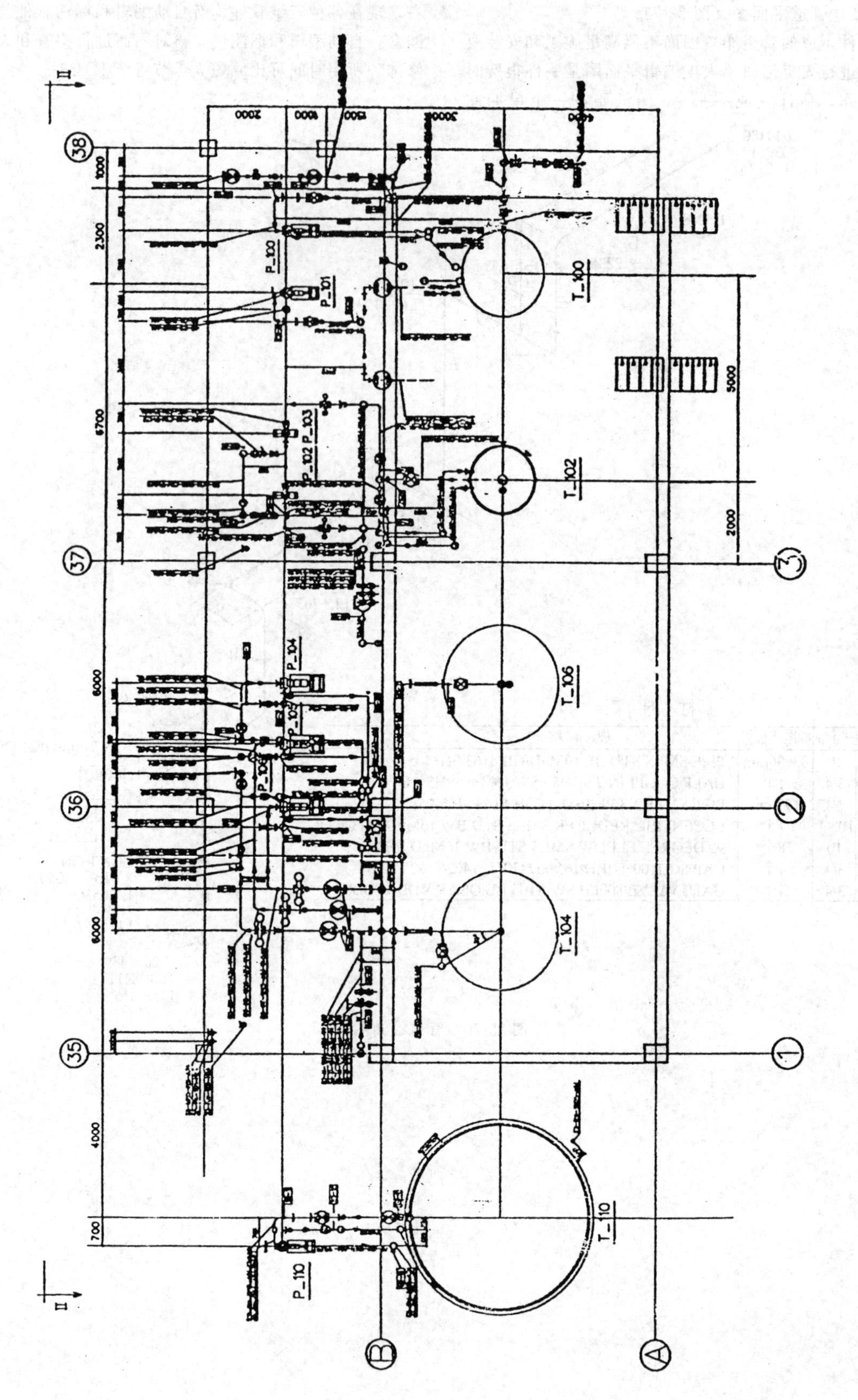

38
37
36
35
A
B
1
2
3
T_100
T_102
T_106
T_104
T_10
P_100
P_101
P_102
P_103
P_104
P_110
1000
2300
6700
6000
6000
4000
700
5000
2000

图 38-71 管道平面图

第39章 金属管道和管件

1 金属管

1.1 钢管的外径和壁厚系列（表 39-1～表 39-3）

表 39-1 中国 HG/T 20553、SH/T 3405、GB/T 17395 系列尺寸

公称直径 DN		外径 /mm	壁厚/mm / 质量/(kg/m)														
A/mm	B/in		5S	10S	10	20	30	40S	40	60	80S	80	100	120	140	160	XXS
6	1/8	10.2	1.0/0.23	1.2/0.27				1.8/0.37	1.8/0.37		2.3/0.45	2.3/0.45					
8	1/4	13.5	1.2/0.36	1.6/0.47				1.8/0.52	2.3/0.64		2.9/0.76	2.9/0.76					
10	3/8	17.2	1.2/0.47	1.6/0.62				2.3/0.85	2.3/0.85		3.2/1.10	3.2/1.10					
15	1/2	21.3	1.6/0.78	2.0/0.95				2.9/1.32	2.9/1.32		3.6/1.57	3.6/1.57				4.5/1.86	
20	3/4	26.9	1.6/1.00	2.0/1.23				2.9/1.72	2.9/1.72		4.0/2.26	4.0/2.26				5.6/2.94	
25	1	33.7	1.6/1.27	2.0/2.20				3.2/2.41	3.2/2.41		4.5/3.24	4.5/3.24				6.3/4.26	
(32)	1¼	42.4	1.6/1.61	2.9/2.82				3.6/3.44	3.6/3.44		5.0/4.61	5.0/4.61				6.3/5.61	
40	1½	48.3	1.6/1.84	2.9/3.25				3.6/3.97	3.6/3.97		5.0/5.34	5.0/5.34				7.1/7.21	
50	2	60.3	1.6/2.32	2.9/4.10		3.2/4.51		4.0/5.55	4.0/5.55		5.6/7.55	5.6/7.55				8.8/11.18	
(65)	2½	76.1	2.0/3.65	3.2/5.75		4.5/7.95		5.0/8.77	5.0/8.77		7.1/12.08	7.1/12.08				10.0/16.30	
80	3	88.9	2.0/4.29	3.2/6.76		4.5/9.37		5.6/11.50	5.6/11.50		8.0/15.96	8.0/15.96				11.0/21.13	
100	4	114.3	2.0/5.54	3.2/8.76		5.0/13.48		6.3/16.78	6.3/16.78		8.8/22.89	8.8/22.89		11.0/28.02		14.2/35.05	
(125)	5	139.7	2.9/9.78	3.6/12.08		5.0/16.61		6.3/20.72	6.3/20.72		10.0/31.98	10.0/31.98		12.5/39.21		16.0/48.81	
150	6	168.3	2.9/11.83	3.6/14.62		5.6/22.47		7.1/28.22	7.1/28.22		11.0/42.67	11.0/42.67		14.2/53.96		17.5/65.08	
200	8	219.1	2.9/16.46	4.0/21.22		6.3/33.06	7.1/37.12	8.0/41.65	8.0/41.65	10.0/51.56	12.5/63.68	12.5/63.68	16.0/80.14	17.5/87.00	20.0/98.20	22.2/107.79	
250	10	273.0	3.6/23.92	4.0/26.53		6.3/41.43	8.0/52.28	8.8/57.33	8.8/57.33	12.5/80.30	12.5/80.30	16.0/101.40	17.5/110.26	22.2/137.30	25.0/137.48	28.0/169.17	
300	12	323.9	4.0/31.55	4.5/35.44		6.3/49.34	8.8/68.38	10.0/77.41	10.0/77.41	14.2/108.45	12.5/95.99	17.5/132.23	22.2/165.17	25.0/184.27	28.0/204.31	32.0/230.34	
350	14	355.6	4.0/34.68	5.0/43.23	6.3/54.27	8.0/68.57	10.0/85.22	10.0/85.22	11.0/93.48	16.0/133.99	12.5/105.76	20.0/165.52	25.0/203.81	28.0/226.20	32.0/255.36	36.0/283.73	

续表

公称直径 DN		外径/mm	壁厚/mm 质量/(kg/m)														
A/mm	B/in		5S	10S	10	20	30	40S	40	60	80S	80	100	120	140	160	XXS
400	16	406.4	4.0/39.69	5.0/49.49	6.3/62.16	8.0/78.60	10.0/97.75	10.0/97.75	12.5/121.42	17.5/167.83	12.5/121.42	22.2/210.33	28.0/261.28	30.0/278.45	36.0/328.83	40.0/361.42	
450	18	457.0	4.0/44.68	5.0/55.73	6.3/70.02	8.0/88.58	11.0/120.98	10.0/110.23	14.2/155.06	20.0/215.53	12.5/137.02	25.0/266.33	30.0/315.89	36.0/373.75	40.0/411.33	45.0/457.20	
500	20	508.0	5.0/62.02	5.6/69.38	6.3/77.94	10.0/122.81	12.5/152.74	10.0/122.81	16.0/194.12	20.0/240.68	12.5/152.74	28.0/331.43	32.0/375.62	40.0/461.64	45.0/513.79	50.0/564.71	
(550)	22	559.0	5.0/68.31	5.6/76.42	6.3/85.87	10.0/135.38	12.5/168.46	10.0/135.38	—/—	25.0/329.21	12.5/168.46	28.0/366.64	36.0/464.30	40.0/511.94	50.0/627.60	55.0/683.58	
600	24	610.0	5.6/83.47	6.3/93.79	6.3/93.79	10.0/147.96	14.2/208.63	10.0/147.96	17.5/255.69	25.0/360.65	12.5/184.18	32.0/456.11	40.0/562.25	45.0/626.98	55.0/752.75	60.0/813.78	

注：1. 本表为 HG/T 20553—2011 的数据，SH/T 3405—2012 与本表数据只是小数点后的差异，SH/T 3405—2012 与 ASME B36.10M 和 ASME B36.19M 一致，不圆整。

2. 表中括号内为不推荐使用的规格尺寸。

表 39-2 美国 ASME B36.10M、B36.19M 系列尺寸

公称直径 DN		外径/mm	壁厚/mm 质量/(kg/m)														
A/mm	B/in		5S	10S	10	20	30	40	Std 40S	60	80	XS 80S	100	120	140	160	XXS
6	1/8	10.29		1.25/0.28	1.25/0.28			1.73/0.37	1.73/0.37		2.41/0.48	2.41/0.48					
8	1/4	13.72		1.65/0.48	1.65/0.48			2.24/0.64	2.24/0.64		3.02/0.81	3.02/0.81					
10	3/8	17.15		1.65/0.64	1.65/0.64			2.31/0.86	2.31/0.86		3.20/1.12	3.20/1.12					
15	1/2	21.34	1.65/0.81	2.11/1.01	2.11/1.01			2.77/1.29	2.77/1.29		3.73/1.64	3.73/1.64				4.78/1.96	7.47/2.65
20	3/4	26.67	1.65/1.03	2.11/1.30	2.11/1.30			2.87/1.71	2.87/1.71		3.91/2.23	3.91/2.23				5.56/2.94	7.82/3.69
25	1	33.40	1.65/1.31	2.77/2.12	2.77/2.12			3.38/2.54	3.38/2.54		4.55/3.28	4.55/3.28				6.35/4.30	9.09/5.75
(32)	(1¼)	42.16	1.65/1.67	2.77/2.73	2.77/2.73			3.56/3.43	3.56/3.43		4.85/4.53	4.85/4.53				6.35/5.69	9.70/7.88
40	1½	48.26	1.65/1.93	2.77/3.15	2.77/3.15			3.68/4.11	3.68/4.11		5.08/5.49	5.08/5.49				7.14/7.37	10.16/9.69
50	2	60.33	1.65/2.42	2.77/3.98	2.77/3.98			3.91/5.52	3.91/5.52		5.54/7.59	5.54/7.59				8.74/11.28	11.07/13.65
(65)	(2½)	73.03	2.11/3.74	3.05/5.34	3.05/5.34			5.16/8.76	5.16/8.76		7.01/11.58	7.01/11.58				9.53/15.14	14.02/20.70
80	3	88.90	2.11/4.58	3.05/6.54	3.05/6.54			5.49/11.45	5.49/11.45		7.62/15.50	7.62/15.50				11.13/21.65	15.24/28.09

续表

公称直径 DN		外径/mm	壁厚/mm / 质量/(kg/m)														
A/mm	B/in		5S	10S	10	20	30	40	Std 40S	60	80	XS 80S	100	120	140	160	XXS
(90)	(3½)	101.60	2.11/5.25	3.05/7.52	3.05/7.52			5.74/13.77	5.74/13.77		8.08/18.90	8.08/18.90					
100	4	114.30	2.11/5.92	3.05/8.48	3.05/8.48			6.02/16.31	6.02/16.31		8.56/22.65	8.56/22.65		11.13/28.32		13.49/34.02	17.12/41.63
(125)	(5)	141.30	2.77/9.50	3.40/11.74	3.40/11.74			6.55/22.10	6.55/22.10		9.52/31.41	9.52/31.41		12.70/40.28		15.88/49.83	19.05/58.28
150	6	168.28	2.77/11.47	3.40/14.04	3.40/14.04			7.11/28.68	7.11/28.68		10.97/43.19	10.97/43.19		14.27/54.20		18.26/66.56	21.95/80.36
200	8	219.08	2.77/14.99	3.76/20.25	3.76/20.25	6.35/33.31	7.04/36.81	8.18/43.16	8.18/43.16	10.31/53.08	12.70/65.59	12.70/65.59	15.09/75.92	18.26/90.44	20.62/100.92	23.01/112.90	22.23/109.48
250	10	273.05	3.40/22.97	4.19/28.20	4.19/28.20	6.35/41.77	7.78/51.03	9.27/61.20	9.27/61.20	12.70/81.55	15.09/97.40	12.70/81.55	18.26/114.75	21.44/133.06	25.40/155.15	28.58/174.82	25.40/157.41
300	12	323.85	3.96/31.72	4.57/36.53	4.57/36.53	6.35/49.73	8.38/65.20	10.31/80.91	9.53/74.92	14.28/108.96	17.48/133.98	12.70/97.46	21.44/159.91	25.40/186.97	28.58/208.14	33.52/242.26	25.40/189.70
350	14	355.60	3.96/34.87	4.78/41.92	6.35/55.56	7.93/67.90	9.53/81.33	11.09/95.50	9.53/81.33	15.09/126.71	19.05/160.44	12.70/107.39	23.83/194.96	27.79/224.65	31.75/253.56	35.71/285.88	
400	16	406.40	4.19/42.18	4.78/47.99	6.35/63.57	7.93/77.83	9.53/93.27	12.70/125.12	9.53/93.27	16.66/160.12	21.44/206.52	12.70/123.30	26.19/245.56	30.96/286.64	36.53/333.19	40.49/370.73	
450	18	457.20	4.19/47.15	4.78/54.06	6.35/71.64	7.93/87.71	11.13/122.38	14.28/158.22	9.53/105.16	19.05/205.74	23.83/258.38	12.70/139.15	29.36/309.62	34.93/363.56	39.67/408.26	45.24/466.35	
500	20	508.00	4.77/60.13	5.53/69.62	6.35/79.71	9.53/117.15	12.70/155.12	15.09/186.10	9.53/117.15	20.63/247.83	26.19/315.74	12.70/155.12	32.54/381.53	38.10/441.49	44.45/508.11	50.01/573.18	
(550)	(22)	558.80	4.77/66.20	5.53/76.66	6.35/87.79	9.53/129.13	12.70/171.09		9.53/129.13	22.23/294.25	28.58/379.14	12.70/171.09	34.93/451.42	41.28/527.02	47.63/600.63	53.96/681.82	
600	24	609.60	5.53/83.70	6.35/95.86	6.35/95.86	9.53/141.12	14.28/209.64	17.48/258.94	9.53/141.12	24.61/355.26	30.96/448.34	12.70/187.06	38.89/547.71	46.02/640.03	52.37/720.15	59.54/819.55	
(650)	(26)	660.40			7.93/129.39	12.70/202.72			9.53/125.87			12.70/202.72					
700	28	711.20			7.93/139.46	12.70/218.69	15.88/271.21		9.53/164.85			12.70/218.69					
(750)	(30)	762.00	6.35/120.08	7.92/1253.85	7.93/149.54	12.70/234.67	15.88/292.18		9.53/176.84			12.70/234.67					
800	32	812.80			7.93/159.62	12.70/250.64	15.88/312.15		9.53/188.82			12.70/250.64					
(850)	(34)	863.60			7.93/169.69	12.70/266.61	15.88/332.12		9.53/200.31			12.70/266.61					
900	36	914.40			7.93/179.76	12.70/282.27	15.88/351.70		9.53/212.56			12.70/282.27					
(950)	(38)	965.00							9.53/224.54			12.70/298.24					
1000	40	1016.00							9.53/238.53			12.70/314.22					
(1050)	(42)	1067.00							9.53/248.52			12.70/330.19					
(1200)	48	1219.00							9.53/284.24			12.70/377.80					
1400	56	1422.00							9.53/331.94			12.70/441.37					
1500	60	1524.00							9.53/355.92			12.70/473.31					
1800	72	1829.00							9.53/372.87			12.70/568.83					

注：表中括号内为不推荐使用的规格尺寸。

表 39-3 日本 JIS 系列尺寸

公称直径 DN A/mm	公称直径 DN B/in	外径 /mm	壁厚/mm 质量/(kg/m) 5S	10S	20S	SGP	LG	10	20	30	Std	40S	40	60	XS	80S	80	100	120	140	160	XXS
6	1/8	10.5	1.0/0.234	1.2/0.275	1.5/0.333	2.0/0.419	—	—	—	—	1.7/0.369	1.7/0.369	1.7/0.369	2.2/0.45	2.4/0.479	2.4/0.479	2.4/0.479	—	—	—	—	—
8	1/4	13.8	1.2/0.376	1.65/0.494	2.0/0.587	2.3/0.652	—	—	—	—	2.2/0.629	2.2/0.629	2.2/0.629	2.4/0.675	3.0/0.799	3.0/0.799	3.0/0.799	—	—	—	—	—
10	3/8	17.3	1.2/0.476	1.65/0.637	2.0/0.755	2.3/0.851	—	—	—	—	2.3/0.851	2.3/0.851	2.3/0.851	2.8/1.00	3.2/1.11	3.2/1.11	3.2/1.11	—	—	—	—	—
15	1/2	21.7	1.65/0.816	2.1/1.02	2.5/1.18	2.8/1.31	—	—	—	—	2.8/1.28	2.8/1.28	2.8/1.28	3.2/1.46	3.7/1.61	3.7/1.61	3.7/1.61	—	—	—	4.7/1.97	7.5/2.55
20	3/4	27.2	1.65/1.04	2.1/1.3	2.5/1.52	2.8/1.68	—	—	—	—	2.9/1.7	2.9/1.7	2.9/1.7	3.4/2.0	3.9/2.19	3.9/2.19	3.9/2.19	—	—	—	5.5/2.88	7.8/3.68
25	1	34	1.65/1.32	2.8/2.15	3.0/2.29	3.2/2.43	—	—	—	—	3.4/2.52	3.4/2.52	3.4/2.52	3.9/2.89	4.5/3.21	4.5/3.21	4.5/3.21	—	—	—	6.4/4.36	9.1/5.45
(32)	(1¼)	42.7	1.65/1.67	2.8/2.76	3.0/2.94	3.5/3.38	—	—	—	—	3.6/3.43	3.6/3.43	3.6/3.43	4.5/4.24	4.9/4.51	4.9/4.51	4.9/4.51	—	—	—	6.4/5.65	9.7/7.77
40	1½	48.6	1.65/1.91	2.8/3.16	3.0/3.37	3.5/3.89	—	—	—	—	3.7/4.07	3.7/4.07	3.7/4.07	4.5/4.89	5.1/5.43	5.1/5.43	5.1/5.43	—	—	—	7.1/7.27	10.2/9.58
50	2	60.5	1.65/2.39	2.8/3.98	3.5/4.92	3.8/5.31	—	—	3.2/4.52	—	3.9/5.42	3.9/5.42	3.9/5.42	4.9/6.72	5.5/7.43	5.5/7.43	5.5/7.43	—	—	—	8.7/11.1	11.1/13.3
(65)	(2½)	76.3	2.1/3.84	3.0/5.42	3.5/6.28	4.2/7.47	—	—	4.5/7.97	—	5.2/8.67	5.2/8.67	5.2/8.67	6.0/10.4	7.0/11.4	7.0/11.4	7.0/11.4	—	—	—	9.5/14.9	14.0/20.4
80	3	89.1	2.1/4.51	3.0/6.37	4.0/8.39	4.2/8.79	—	—	4.5/9.39	—	5.5/11.3	5.5/11.3	5.5/11.3	6.6/13.4	7.6/15.2	7.6/15.2	7.6/15.2	—	—	—	11.1/21.4	15.2/27.6
(90)	(3½)	101.6	2.1/5.15	3.0/7.29	4.0/9.63	4.2/10.1	—	—	4.5/10.8	—	5.7/13.5	5.7/13.5	5.7/13.5	7.0/16.3	8.1/18.7	8.1/18.7	8.1/18.7	—	—	—	12.7/27.8	—
100	4	114.3	2.1/5.81	3.0/8.23	4.0/10.9	4.5/12.2	—	—	4.9/13.2	—	6.0/16.0	6.0/16.0	6.0/16.0	7.1/18.8	8.6/22.4	8.6/22.4	8.6/22.4	—	11.1/28.2	—	13.5/33.6	17.1/41.0
(125)	(5)	139.8	2.8/9.46	3.4/11.4	5.0/16.9	4.5/15.0	—	—	5.1/16.9	—	6.6/21.9	6.6/21.9	6.6/21.9	8.1/26.3	9.5/30.9	9.5/30.9	9.5/30.9	—	12.7/39.8	—	15.9/49.2	19.0/57.6
150	6	165.2	2.8/11.2	3.4/13.6	5.0/19.8	5.0/19.8	5.0/—	—	5.5/21.7	—	7.1/28.2	7.1/28.2	7.1/28.2	9.3/35.8	11.0/42.7	11.0/42.7	11.0/42.7	—	14.3/53.2	—	18.2/67.4	21.9/79.1
(175)	(7)	190.7	—	—	—	5.3/24.2	—	—	—	—	—	—	—	—	—	—	—	—	—	—	—	—
200	8	216.3	2.8/14.7	4.0/20.9	6.5/33.6	5.8/30.1	5.8/—	—	6.4/33.1	7.0/36.1	8.2/42.6	8.2/42.6	8.2/42.6	10.3/52.3	12.7/64.6	12.7/64.6	12.7/64.6	15.1/74.9	18.2/88.9	20.6/99.4	23.0/111.0	22.2/108
(225)	(9)	241.8	—	—	—	6.2/36.0	—	—	—	—	—	—	—	—	—	—	—	—	—	—	—	—
250	10	267.4	3.4/22.1	4.0/26.0	6.5/41.8	6.6/42.4	6.6/—	—	6.4/41.2	7.8/49.9	9.3/60.5	9.3/60.5	9.3/60.5	12.7/79.8	12.7/81.6	12.7/81.6	15.1/96.1	18.3/112	21.4/130	25.4/152	28.6/172	25.4/152
300	12	318.5	4.0/31.0	4.5/34.8	6.5/50.0	6.9/53.0	6.9/—	—	6.4/49.3	8.4/64.2	9.5/73.7	10.3/79.1	10.3/79.7	14.3/107	12.7/97.5	12.7/97.5	17.4/132	21.4/157	25.4/184	28.6/204	33.3/239	25.4/184
350	14	355.6	4.0/35.0	4.8/43.7	7.9/69.3	7.9/67.7	7.9/67.7	6.4/55.1	7.9/67.7	9.5/81.1	9.5/81.1	11.1/95.3	11.1/94.3	15.1/127	12.7/107	—	19.0/158	23.8/195	27.8/225	31.8/254	35.7/282	—
400	16	406.4	4.2/45.1	4.8/50.0	7.9/79.4	7.9/77.6	7.9/77.6	6.4/63.1	7.9/77.6	9.5/93.0	9.5/93.0	12.7/125	12.7/123	16.7/160	12.7/123	—	21.4/203	26.2/246	30.9/286	36.5/333	40.5/359	—
450	18	457.2	4.2/50.7	4.8/56.3	7.9/89.5	7.9/87.5	7.9/87.5	6.4/71.1	7.9/87.5	11.1/122	9.5/105	14.3/158	14.3/156	19.0/205	12.7/139	—	23.8/254	29.4/310	34.9/363	39.7/409	45.2/459	—
500	20	508.0	4.8/62.6	5.5/68.6	9.5/118	7.9/97.4	7.9/97.4	6.4/79.2	9.5/117	12.7/155	9.5/117	15.1/185	15.1/183	20.6/248	12.7/155	—	26.2/311	32.5/381	38.1/441	44.4/508	50.0/565	—

续表

公称直径 DN		外径 /mm	壁厚/mm 质量/(kg/m)																			
A/mm	B/in		5S	10S	20S	SGP	LG	10	20	30	Std	40S	40	60	XS	80S	80	100	120	140	160	XXS
(550)	(22)	558.8	4.8/69.0	5.5/75.8	9.5/130	—/—	7.9/107	6.4/87.2	9.5/129	12.7/171	9.5/129	15.9/215	15.9/213	22.2/294	12.7/171	—/—	28.6/374	34.9/451	41.3/527	47.6/600	54.0/672	—/—
600	24	609.6	5.5/82.8	6.5/97.7	9.5/142	—/—	7.9/117	6.4/95.2	9.5/141	14.3/210	9.5/141	17.5/258	17.4/256	24.6/355	12.7/187	—/—	31.0/442	38.9/547	46/639	52.4/720	59.5/807	—/—
(650)	(26)	660.4	5.5/89.7	8.0/130	12.7/205	—/—	7.9/127	7.9/103	12.7/203	—/—	9.5/152	17.5/280	18.9/299	—/413	12.7/203	—/—	—/525	—/635	—/740	—/843	—/944	—/—
700	28	711.2	5.5/96.7	8.0/140	12.7/221	—/—	7.9/137	7.9/137	12.7/219	15.9/272	9.5/164	17.5/302	—/326	—/—	12.7/219	—/—	—/—	—/—	—/—	—/—	—/—	—/—
(750)	(30)	762	6.5/122	8.0/150	12.7/237	—/—	7.9/147	7.9/147	12.7/235	15.9/292	9.5/176	17.5/325	—/—	—/—	12.7/235	—/—	—/—	—/—	—/—	—/—	—/—	—/—
800	32	812.8	—/—	8.0/160	12.7/253	—/—	7.9/157	7.9/157	12.7/251	15.9/312	9.5/188	17.5/347	17.4/—	—/—	12.7/251	—/—	—/—	—/—	—/—	—/—	—/—	—/—
(850)	(34)	863.6	—/—	8.0/171	12.7/269	—/—	7.9/167	7.9/167	12.7/266	15.9/332	9.5/200	17.5/369	17.4/341	—/—	12.7/266	—/—	—/—	—/—	—/—	—/—	—/—	—/—
900	36	914.4	—/—	8.0/181	12.7/285	—/—	7.9/177	7.9/177	12.7/282	15.9/352	9.5/212	19.1/426	19.0/363	—/—	12.7/282	—/—	—/—	—/—	—/—	—/—	—/—	—/—
(950)	(38)	965.2	—/—	—/—	—/—	—/—	7.9/187	—/—	—/—	—/—	9.5/224	—/—	—/420	—/—	12.7/298	—/—	—/—	—/—	—/—	—/—	—/—	—/—
1000	40	1016.0	—/—	9.5/238	14.3/357	—/—	7.9/196	—/—	—/—	—/—	9.5/236	26.2/646	—/—	—/—	12.7/314	—/—	—/—	—/—	—/—	—/—	—/—	—/—
(1050)	(42)	1066.8	—/—	—/—	—/—	—/—	7.9/206	—/—	—/—	—/—	9.5/248	—/—	—/—	—/—	12.7/330	—/—	—/—	—/—	—/—	—/—	—/—	—/—
1100	44	1117.6	—/—	—/—	—/—	—/—	7.9/216	—/—	—/—	—/—	9.5/260	—/—	—/—	—/—	12.7/346	—/—	—/—	—/—	—/—	—/—	—/—	—/—
(1150)	(46)	1168.4	—/—	—/—	—/—	—/—	7.9/226	—/—	—/—	—/—	9.5/272	—/—	—/—	—/—	12.7/362	—/—	—/—	—/—	—/—	—/—	—/—	—/—
1200	48	1219.2	—/—	—/—	—/—	—/—	7.9/236	—/—	—/—	—/—	9.5/283	—/—	—/—	—/—	12.7/378	—/—	—/—	—/—	—/—	—/—	—/—	—/—

注：表中括号内为不推荐使用的规格尺寸。

1.2 钢管的技术参数（表 39-4）

表 39-4 钢管技术参数

公称直径/外径 /in	管表号①			壁厚 /in	内径 /in	内截面积 /in²	金属截面积 /in²	外表面面积 /(ft²/ft)	内表面面积 /(ft²/ft)	质量② /(lb/ft)	质量（充水）/(lb/ft)	转动惯量 /in⁴	弹性截面模量 /in³	回转半径 /in	塑性截面模量 /in³
	a	b	c												
½/0.840	5	—	5S	0.065	0.710	0.396	0.158	0.220	0.186	0.538	0.171	0.012	0.029	0.275	0.039
	10	—	10S	0.083	0.674	0.357	0.197	0.220	0.177	0.671	0.155	0.014	0.034	0.269	0.048
	40	Std	40S	0.109	0.622	0.304	0.250	0.220	0.163	0.851	0.132	0.017	0.041	0.261	0.059
	80	XS	80S	0.147	0.546	0.234	0.320	0.220	0.143	1.088	0.101	0.020	0.048	0.251	0.072
	160	—	—	0.187	0.466	0.171	0.383	0.220	0.122	1.304	0.074	0.022	0.053	0.240	0.082
	—	XXS	—	0.294	0.252	0.050	0.504	0.220	0.066	1.714	0.022	0.024	0.058	0.220	0.096

续表

公称直径 外径/in	管表号① a	 b	 c	壁厚 /in	内径 /in	内截面积 /in²	金属截面积 /in²	外表面面积 /(ft²/ft)	内表面面积 /(ft²/ft)	质量② /(lb/ft)	质量（充水） /(lb/ft)	转动惯量 /in⁴	弹性截面模量 /in³	回转半径 /in	塑性截面模量 /in³
	5	—	5S	0.065	0.920	0.665	0.201	0.275	0.241	0.684	0.288	0.025	0.047	0.349	0.063
	10	—	10S	0.083	0.884	0.614	0.252	0.275	0.231	0.857	0.266	0.030	0.057	0.343	0.078
¾ 1.050	40	Std	40S	0.113	0.824	0.533	0.333	0.275	0.216	1.131	0.230	0.037	0.071	0.334	0.100
	80	XS	80S	0.154	0.742	0.432	0.435	0.275	0.194	1.474	0.188	0.045	0.085	0.321	0.125
	160	—	—	0.218	0.614	0.296	0.570	0.275	0.161	1.937	0.128	0.053	0.100	0.304	0.154
	—	XXS	—	0.308	0.434	0.148	0.718	0.275	0.114	2.441	0.064	0.058	0.110	0.284	0.179
	5	—	5S	0.065	1.185	1.103	0.2553	0.344	0.310	0.868	0.478	0.0500	0.0760	0.443	0.102
	10	—	10S	0.109	1.097	0.945	0.413	0.344	0.2872	1.404	0.409	0.0757	0.1151	0.428	0.159
1 1.315	40	Std	40S	0.133	1.049	0.864	0.494	0.344	0.2746	1.679	0.374	0.0874	0.1329	0.421	0.187
	80	XS	80S	0.179	0.957	0.719	0.639	0.344	0.2520	2.172	0.311	0.1056	0.1606	0.407	0.233
	160	—	—	0.250	0.815	0.522	0.836	0.344	0.2134	2.844	0.2261	0.1252	0.1903	0.387	0.289
	—	XXS	—	0.358	0.599	0.2818	1.076	0.344	0.1570	3.659	0.1221	0.1405	0.2137	0.361	0.343
	5	—	5S	0.065	1.770	2.461	0.375	0.497	0.463	1.274	1.067	0.1580	0.1663	0.649	0.219
	10	—	10S	0.109	1.682	2.222	0.613	0.497	0.440	2.085	0.962	0.2469	0.2599	0.634	0.350
1½ 1.900	40	Std	40S	0.145	1.610	2.036	0.799	0.497	0.421	2.718	0.882	0.310	0.326	0.623	0.448
	80	XS	80S	0.200	1.500	1.767	1.068	0.497	0.393	3.631	0.765	0.391	0.412	0.605	0.581
	160	—	—	0.281	1.338	1.406	1.429	0.497	0.350	4.859	0.608	0.483	0.508	0.581	0.744
	—	XXS	—	0.400	1.100	0.950	1.885	0.497	0.288	6.408	0.412	0.568	0.598	0.549	0.921
	5	—	5S	0.065	2.245	3.96	0.472	0.622	0.588	1.604	1.716	0.315	0.2652	0.817	0.347
	10	—	10S	0.109	2.157	3.65	0.776	0.622	0.565	2.638	1.582	0.499	0.420	0.802	0.560
2 2.375	40	Std	40S	0.154	2.067	3.36	1.075	0.622	0.541	3.653	1.455	0.666	0.561	0.787	0.761
	80	XS	80S	0.218	1.939	2.953	1.477	0.622	0.508	5.022	1.280	0.868	0.731	0.766	1.018
	160	—	—	0.343	1.689	2.240	2.190	0.622	0.422	7.444	0.971	1.163	0.979	0.729	1.430
	—	XXS	—	0.436	1.503	1.774	2.656	0.622	0.393	9.029	0.769	1.312	1.104	0.703	1.667
	5	—	5S	0.083	3.334	8.73	0.891	0.916	0.873	3.03	3.78	1.301	0.744	1.208	0.969
	10	—	10S	0.120	3.260	8.35	1.274	0.916	0.853	4.33	3.61	1.822	1.041	1.196	1.372
3 3.500	40	Std	40S	0.216	3.068	7.39	2.228	0.916	0.803	7.58	3.20	3.02	1.724	1.164	2.333
	80	XS	80S	0.300	2.900	6.61	3.02	0.916	0.759	10.25	2.864	3.90	2.226	1.136	3.081
	160	—	—	0.437	2.626	5.42	4.21	0.916	0.687	14.32	2.348	5.03	2.876	1.094	4.128
	—	XXS	—	0.600	2.300	4.15	5.47	0.916	0.602	18.58	1.801	5.99	3.43	1.047	5.118
	5	—	5S	0.083	4.334	14.75	1.152	1.178	1.135	3.92	6.40	2.811	1.249	1.562	1.620
	10	—	10S	0.120	4.260	14.25	1.651	1.178	1.115	5.61	6.17	3.96	1.762	1.549	2.303
	40	Std	40S	0.237	4.026	12.73	3.17	1.178	1.054	10.79	5.51	7.23	3.21	1.510	4.312
4 4.500	80	XS	80S	0.337	3.826	11.50	4.41	1.178	1.002	14.98	4.98	9.61	4.27	1.477	5.853
	120	—	—	0.437	3.626	10.33	5.58	1.178	0.949	18.96	4.48	11.65	5.18	1.445	7.242
	160	—	—	0.531	3.438	9.28	6.62	1.178	0.900	22.51	4.02	13.27	5.90	1.416	8.415
	—	XXS	—	0.674	3.152	7.80	8.10	1.178	0.825	27.54	3.38	15.29	6.79	1.374	9.968

续表

公称直径/外径/in	管表号① a	管表号① b	管表号① c	壁厚/in	内径/in	内截面积/in^2	金属截面积/in^2	外表面面积/(ft^2/ft)	内表面面积/(ft^2/ft)	质量②/(lb/ft)	质量(充水)/(lb/ft)	转动惯量/in^4	弹性截面模量/in^3	回转半径/in	塑性截面模量/in^3
6/6.625	5	—	5S	0.109	6.407	32.2	2.231	1.734	1.677	5.37	13.98	11.85	3.58	2.304	4.628
	10	—	10S	0.134	6.357	31.7	2.733	1.734	1.664	9.29	13.74	14.40	4.35	2.295	5.647
	40	Std	40S	0.280	6.065	28.89	5.58	1.734	1.588	18.97	12.51	28.14	8.50	2.245	11.280
	80	XS	80S	0.432	5.761	26.07	8.40	1.734	1.508	28.57	11.29	40.5	12.23	2.195	16.600
	120	—	—	0.562	5.501	23.77	10.70	1.734	1.440	36.39	10.30	49.6	14.98	2.153	20.718
	160	—	—	0.718	5.189	21.15	13.33	1.734	1.358	45.30	9.16	59.0	17.81	2.104	25.176
	—	XXS	—	0.864	4.897	18.83	15.64	1.734	1.282	53.16	8.17	66.3	20.03	2.060	28.890
8/8.625	5	—	5S	0.109	8.407	55.5	2.916	2.258	2.201	9.91	24.07	26.45	6.13	3.01	7.905
	10	—	10S	0.148	8.329	54.5	3.94	2.258	2.180	13.40	23.59	35.4	8.21	3.00	10.636
	20	—	—	0.250	8.125	51.8	6.58	2.258	2.127	22.36	22.48	57.7	13.39	2.962	17.540
	30	—	—	0.277	8.071	51.2	7.26	2.258	2.113	24.70	22.18	63.4	14.69	2.953	19.311
	40	Std	40S	0.322	7.981	50.0	8.40	2.258	2.089	28.55	21.69	72.5	16.81	2.938	22.210
	60	—	—	0.406	7.813	47.9	10.48	2.258	2.045	35.64	20.79	88.8	20.58	2.909	27.448
	80	XS	80S	0.500	7.625	45.7	12.76	2.258	1.996	43.39	19.80	105.7	24.52	2.878	33.050
	100	—	—	0.593	7.439	43.5	14.96	2.258	1.948	50.87	18.84	121.4	28.14	2.847	38.326
	120	—	—	0.718	7.189	40.6	17.84	2.258	1.882	60.63	17.60	140.6	32.6	2.807	45.013
	140	—	—	0.812	7.001	38.5	19.93	2.258	1.833	67.76	16.69	153.8	35.7	2.777	49.745
	—	XXS	—	0.875	6.875	37.1	21.30	2.258	1.800	72.42	16.09	162.0	37.6	2.757	52.778
	160	—	—	0.906	6.813	36.5	21.97	2.258	1.784	74.69	15.80	165.9	38.5	2.748	54.230
10/10.750	5	—	5S	0.134	10.482	86.3	4.52	2.815	2.744	15.15	37.4	63.7	11.85	3.75	15.103
	10	—	10S	0.165	10.420	85.3	5.49	2.815	2.728	18.70	36.9	76.9	14.30	3.74	18.489
	20	—	—	0.250	10.250	82.5	8.26	2.815	2.683	28.04	35.8	113.7	21.16	3.71	27.568
	—	—	—	0.279	10.192	81.6	9.18	2.815	2.668	31.20	35.3	125.9	23.42	3.70	30.597
	30	—	—	0.307	10.136	80.7	10.07	2.815	2.654	34.24	35.0	137.5	25.57	3.69	33.490
	40	Std	40S	0.365	10.020	78.9	11.91	2.815	2.623	40.48	34.1	160.8	29.90	3.67	39.381
	60	XS	80S	0.500	9.750	74.7	16.10	2.815	2.553	54.74	32.3	212.0	39.4	3.63	52.573
	80	—	—	0.593	9.564	71.8	18.92	2.815	2.504	64.33	31.1	244.9	45.6	3.60	61.246
	100	—	—	0.718	9.314	68.1	22.63	2.815	2.438	76.93	29.5	286.2	53.2	3.56	72.384
	120	—	—	0.843	9.064	64.5	26.24	2.815	2.373	89.20	28.0	324	60.3	3.52	82.939
	140	XXS	—	1.000	8.750	60.1	30.6	2.815	2.291	104.13	26.1	368	68.4	3.47	95.396
	160	—	—	1.125	8.500	56.7	34.0	2.815	2.225	115.65	24.6	399	74.3	3.43	104.695
12/12.750	5	—	5S	0.156	12.438	121.4	6.17	3.34	3.26	20.99	52.7	122.2	19.20	4.45	24.744
	10	—	10S	0.180	12.390	120.6	7.11	3.34	3.24	24.20	52.2	140.5	22.03	4.44	28.443
	20	—	—	0.250	12.250	117.9	9.84	3.34	3.21	33.38	51.1	191.9	30.1	4.42	39.068
	30	—	—	0.330	12.090	114.8	12.88	3.34	3.17	43.77	49.7	248.5	39.0	4.39	50.917
	—	Std	40S	0.375	12.000	113.1	14.58	3.34	3.14	49.56	49.0	279.3	43.8	4.38	57.445
	40	—	—	0.406	11.938	111.9	15.74	3.34	3.13	53.53	48.5	300	47.1	4.37	61.886
	—	XS	80S	0.500	11.750	108.4	19.24	3.34	3.08	65.42	47.0	362	56.7	4.33	75.073
	60	—	—	0.562	11.626	106.2	21.52	3.34	3.04	73.16	46.0	401	62.8	4.31	83.543
	80	—	—	0.687	11.376	101.6	26.04	3.34	2.978	88.51	44.0	475	74.5	4.27	100.078
	100	—	—	0.843	11.064	96.1	31.5	3.34	2.897	107.20	41.6	562	88.1	4.22	119.717
	120	XXS	—	1.000	10.750	90.8	36.9	3.34	2.814	125.49	39.3	642	100.7	4.17	138.396
	140	—	—	1.125	10.500	86.6	41.1	3.34	2.749	139.68	37.5	701	109.9	4.13	152.508
	160	—	—	1.312	10.126	80.5	47.1	3.34	2.651	160.27	34.9	781	122.6	4.07	172.399

续表

公称直径/外径/in	管表号① a	管表号① b	管表号① c	壁厚/in	内径/in	内截面积/in²	金属截面积/in²	外表面面积/(ft²/ft)	内表面面积/(ft²/ft)	质量②/(lb/ft)	质量(充水)/(lb/ft)	转动惯量/in⁴	弹性截面模量/in³	回转半径/in	塑性截面模量/in³
14/14.000	5	—	5S	0.156	13.688	147.20	6.78	3.67	3.58	23.0	63.7	162.6	23.2	4.90	29.900
	—	—	10S	0.188	13.624	145.80	8.16	3.67	3.57	27.7	63.1	194.6	27.8	4.88	35.867
	10	—	—	0.250	13.500	143.1	10.80	3.67	3.53	36.71	62.1	255.4	36.5	4.86	47.271
	20	—	—	0.312	13.376	140.5	13.42	3.67	3.50	45.68	60.9	314	44.9	4.84	58.467
	30	Std	—	0.375	13.250	137.9	16.05	3.67	3.47	54.57	59.7	373	53.3	4.82	69.633
	40	—	—	0.437	13.126	135.3	18.62	3.67	3.44	63.37	58.7	429	61.2	4.80	80.416
	—	XS	—	0.500	13.000	132.7	21.21	3.67	3.40	72.09	57.5	484	69.1	4.78	91.167
	—	—	—	0.562	12.876	130.2	23.73	3.67	3.37	80.66	56.5	537	76.7	4.76	101.545
	60	—	—	0.593	12.814	129.0	24.98	3.67	3.35	84.91	55.9	562	80.3	4.74	106.660
	—	—	—	0.625	12.750	127.7	26.26	3.67	3.34	89.28	55.3	589	84.1	4.73	111.889
	—	—	—	0.687	12.626	125.2	28.73	3.67	3.31	97.68	54.3	638	91.2	4.71	121.869
	80	—	—	0.750	12.500	122.7	31.2	3.67	3.27	106.13	53.2	687	98.2	4.69	131.813
	—	—	—	0.875	12.250	117.9	36.1	3.67	3.21	122.66	51.1	781	111.5	4.65	150.956
	100	—	—	0.937	12.126	115.5	38.5	3.67	3.17	130.73	50.0	825	117.8	4.63	160.166
	120	—	—	1.093	11.814	109.6	44.3	3.67	3.09	150.67	47.5	930	132.8	4.58	182.519
	140	—	—	1.250	11.500	103.9	50.1	3.67	3.01	170.22	45.0	1127	146.8	4.53	203.854
	160	—	—	1.406	11.188	98.3	55.6	3.67	2.929	189.12	42.6	1017	159.6	4.48	223.931
16/16.000	5	—	5S	0.165	15.670	192.90	8.21	4.19	4.10	28.00	83.5	257	32.2	5.60	41.375
	—	—	10S	0.188	15.624	191.7	9.34	4.19	4.09	32.00	83.0	292	36.5	5.59	47.006
	10	—	—	0.250	15.500	188.7	12.37	4.19	4.06	42.05	81.8	384	48.0	5.57	62.021
	20	—	—	0.312	15.376	185.7	15.38	4.19	4.03	52.36	80.5	473	59.2	5.55	76.798
	30	Std	—	0.375	15.250	182.6	18.41	4.19	3.99	62.58	79.1	562	70.3	5.53	91.570
	—	—	—	0.437	15.126	179.7	21.37	4.19	3.96	72.64	77.9	648	80.9	5.50	105.872
	40	XS	—	0.500	15.000	176.7	24.35	4.19	3.93	82.77	76.5	732	91.5	5.48	120.167
	—	—	—	0.562	14.876	173.8	27.26	4.19	3.89	92.66	75.4	813	106.6	5.46	134.002
	—	—	—	0.625	14.750	170.9	30.2	4.19	3.86	102.63	74.1	894	112.2	5.44	147.826
	60	—	—	0.656	14.688	169.4	31.6	4.19	3.85	107.50	73.4	933	116.6	5.43	154.542
	—	—	—	0.687	14.626	168.0	33.0	4.19	3.83	112.36	72.7	971	121.4	5. 42	161.201
	—	—	—	0.750	14.500	165.1	35.9	4.19	3.80	122.15	71.5	1047	130.9	5.40	174.563
	80	—	—	0.843	14.314	160.9	40.1	4.19	3.75	136.46	69.7	1157	144.6	5.37	193.866
	—	—	—	0.875	14.250	159.5	41.6	4.19	3.73	141.35	69.1	1193	154.1	5.36	200.393
	100	—	—	1.031	13.938	152.5	48.5	4.19	3.65	164.83	66.1	1365	170.6	5.30	231.383
	120	—	—	1.218	13.564	144.5	56.6	4.19	3.55	192.29	62.6	1556	194.5	5.24	266.745
	140	—	—	1.437	13.126	135.3	65.7	4.19	3.44	223.64	58.6	1760	220.0	5.17	305.750
	160	—	—	1.593	12.814	129.0	72.1	4.19	3.35	245.11	55.9	1894	236.7	5.12	331.993
18/18.000	5	—	5S	0.165	17.670	245.20	9.24	4.71	4.63	31.00	106.2	368	40.8	6.31	52.486
	—	—	10S	0.188	17.624	243.90	10.52	4.71	4.61	36.00	105.7	417	46.4	6.30	59.649
	10	—	—	0.250	17.500	240.5	13.94	4.71	4.58	47.39	104.3	549	61.0	6.28	78.771
	20	—	—	0.312	17.376	237.1	17.34	4.71	4.55	59.03	102.8	678	75.5	6.25	97.624
	—	Std	—	0.375	17.250	233.7	20.76	4.71	4.52	70.59	101.2	807	89.6	6.23	116.508
	30	—	—	0.437	17.126	230.4	24.11	4.71	4.48	82.06	99.9	931	103.4	6.21	134.824
	—	XS	—	0.500	17.000	227.0	27.49	4.71	4.45	93.45	98.4	1053	117.0	6.19	153.167
	40	—	—	0.562	16.876	223.7	30.8	4.71	4.42	104.75	97.0	1172	130.2	6.17	170.954
	—	—	—	0.625	16.750	220.5	34.1	4.71	4.39	115.98	95.5	1289	143.3	6.15	188.763
	—	—	—	0.687	16.626	217.1	37.4	4.71	4.35	127.03	94.1	1403	156.3	6.13	206.029
	60	—	—	0.750	16.500	213.8	40.6	4.71	4.32	138.17	92.7	1515	168.3	6.10	223.313
	—	—	—	0.875	16.250	207.4	47.1	4.71	4.25	160.04	89.9	1731	192.8	6.06	256.831
	80	—	—	0.937	16.126	204.2	50.2	4.71	4.22	170.75	88.5	1834	203.8	6.04	273.078
	100	—	—	1.156	15.688	193.3	61.2	4.71	4.11	207.96	83.7	2180	242.2	5.97	328.496
	120	—	—	1.375	15.250	182.6	71.8	4.71	3.99	244.14	79.2	2499	277.6	5.90	380.904
	140	—	—	1.562	14.876	173.8	80.7	4.71	3.89	274.23	75.3	2750	306	5.84	423.335
	160	—	—	1.781	14.438	163.7	90.7	4.71	3.78	308.51	71.0	3020	336	5.77	470.386

续表

公称直径 外径 /in	管表号①			壁厚 /in	内径 /in	内截面积 /in²	金属截面积 /in²	外表面面积 /(ft²/ft)	内表面面积 /(ft²/ft)	质量② /(lb/ft)	质量(充水) /(lb/ft)	转动惯量 /in⁴	弹性截面模量 /in³	回转半径 /in	塑性截面模量 /in³
	a	b	c												
20/20.000	5	—	5S	0.188	19.634	302.40	11.70	5.24	5.14	40	131.0	574	57.4	7.00	71.869
	—	—	10S	0.218	19.564	300.6	13.55	5.24	5.12	46	130.2	663	66.3	6.99	85.313
	10	—	—	0.250	19.500	298.6	15.51	5.24	5.11	52.73	129.5	757	75.7	6.98	97.521
	—	—	—	0.312	19.376	294.9	19.30	5.24	5.07	65.40	128.1	935	93.5	6.96	120.947
	20	Std	—	0.375	19.250	291.0	23.12	5.24	5.04	78.60	126.0	1114	111.4	6.94	144.445
	—	—	—	0.437	19.126	287.3	26.86	5.24	5.01	91.31	124.6	1286	128.6	6.92	167.273
	30	XS	—	0.500	19.000	283.5	30.6	5.24	4.97	104.13	122.8	1457	145.7	6.90	190.167
	—	—	—	0.562	18.876	279.8	34.3	5.24	4.94	116.67	121.3	1624	162.4	6.88	212.403
	40	—	—	0.593	18.814	278.0	36.2	5.24	4.93	122.91	120.4	1704	170.4	6.86	223.412
	—	—	—	0.625	18.750	276.1	38.0	5.24	4.91	129.33	119.7	1787	178.7	6.85	234.701
	—	—	—	0.687	18.626	272.5	41.7	5.24	4.88	141.71	118.1	1946	194.6	6.83	256.354
	—	—	—	0.750	18.500	268.8	45.4	5.24	4.84	154.20	116.5	2105	210.5	6.81	278.063
	60	—	—	0.812	18.376	265.2	48.9	5.24	4.81	166.40	115.0	2257	225.7	6.79	299.140
	—	—	—	0.875	18.250	261.6	52.6	5.24	4.78	178.73	113.4	2409	240.9	6.77	320.268
	80	—	—	1.031	17.938	252.7	61.4	5.24	4.70	208.87	109.4	2772	277.2	6.72	371.343
	100	—	—	1.281	17.438	238.8	75.3	5.24	4.57	256.10	103.4	3320	332	6.63	449.564
	120	—	—	1.500	17.000	227.0	87.2	5.24	4.45	296.37	98.3	3760	376	6.56	514.500
	140	—	—	1.750	16.500	213.8	100.3	5.24	4.32	341.10	92.6	4220	422	6.48	584.646
	160	—	—	1.968	16.064	202.7	111.5	5.24	4.21	379.01	87.9	4590	459	6.41	642.442
22/22.000	5	—	5S	0.188	21.624	367.3	12.88	5.76	5.66	44	159.1	766	69.7	7.71	89.446
	—	—	10S	0.218	21.564	365.2	14.92	5.76	5.65	51	158.2	885	80.4	7.70	103.435
	10	—	—	0.250	21.500	363.1	17.16	5.76	5.63	58	157.4	1010	91.8	7.69	118.271
	20	Std	—	0.375	21.250	354.7	25.48	5.76	5.56	87	153.7	1490	135.4	7.65	175.383
	30	XS	—	0.500	21.000	346.4	33.77	5.76	5.50	115	150.2	1953	177.5	7.61	231.167
	—	—	—	0.625	20.750	338.2	41.97	5.76	5.43	143	146.6	2400	218.2	7.56	285.638
	—	—	—	0.750	20.500	330.1	50.07	5.76	5.37	170	143.1	2829	257.2	7.52	338.813
	60	—	—	0.875	20.250	322.1	58.07	5.76	5.30	197	139.6	3245	295.0	7.47	390.706
	80	—	—	1.125	19.750	306.4	73.78	5.76	5.17	251	132.8	4029	366.3	7.39	490.711
	100	—	—	1.375	19.250	291.0	89.09	5.76	5.04	303	126.2	4758	432.6	7.31	585.779
	120	—	—	1.625	18.750	276.1	104.02	5.76	4.91	354	119.6	5432	493.8	7.23	676.034
	140	—	—	1.875	18.250	261.6	118.55	5.76	4.78	403	113.3	6054	550.3	7.15	761.602
	160	—	—	2.125	17.750	247.4	132.68	5.76	4.65	451	107.2	6626	602.4	7.07	842.607
24/24.000	5	—	5S	0.218	23.564	436.1	16.29	6.28	6.17	55	188.9	1152	96.0	8.41	123.301
	10	—	10S	0.250	23.500	434	18.65	6.28	6.15	63.41	188.0	1316	109.6	8.40	141.021
	—	—	—	0.312	23.376	430	23.20	6.28	6.12	78.93	186.1	1629	135.8	8.38	175.080
	20	Std	—	0.375	23.250	425	27.83	6.28	6.09	94.62	183.8	1943	161.9	8.35	209.320
	—	—	—	0.437	23.126	420	32.4	6.28	6.05	109.97	182.1	2246	187.4	8.33	242.657
	—	XS	—	0.500	23.000	415	36.9	6.28	6.02	125.49	180.1	2550	212.5	8.31	276.167
	30	—	—	0.562	22.876	411	41.4	6.28	5.99	140.80	178.1	2840	237.0	8.29	308.788
	—	—	—	0.625	22.750	406	45.9	6.28	5.96	156.03	176.2	3140	261.4	8.27	341.576
	40	—	—	0.687	22.626	402	50.3	6.28	5.92	171.17	174.3	3420	285.2	8.25	373.490
	—	—	—	0.750	22.500	398	54.8	6.28	5.89	186.24	172.4	3710	309	8.22	405.563
	60	—	—	0.968	22.064	382	70.0	6.28	5.78	238.11	165.8	4650	388	8.15	513.800
	80	—	—	1.218	21.564	365	87.2	6.28	5.65	296.36	158.3	5670	473	8.07	632.768
	100	—	—	1.531	20.938	344	108.1	6.28	5.48	367.40	149.3	6850	571	7.96	774.131
	120	—	—	1.812	20.376	326	126.3	6.28	5.33	429.39	141.4	7830	652	7.87	894.044
	140	—	—	2.062	19.876	310	142.1	6.28	5.20	483.13	134.5	8630	719	7.79	995.313
	160	—	—	2.343	19.314	293	159.4	6.28	5.06	541.94	127.0	9460	788	7.70	1103.215

续表

公称直径 外径/in	管表号① a	管表号① b	管表号① c	壁厚/in	内径/in	内截面积/in²	金属截面积/in²	外表面面积/(ft²/ft)	内表面面积/(ft²/ft)	质量②/(lb/ft)	质量（充水）/(lb/ft)	转动惯量/in⁴	弹性截面模量/in³	回转半径/in	塑性截面模量/in³
26 26.000	—	—	—	0.250	25.500	510.7	19.85	6.81	6.68	67	221.4	1646	126.6	9.10	165.771
	10	—	—	0.312	25.376	505.8	25.18	6.81	6.64	86	219.2	2076	159.7	9.08	205.891
	—	Std	—	0.375	25.250	500.7	30.19	6.81	6.61	103	217.1	2478	190.6	9.06	246.258
	20	XS	—	0.500	25.000	490.9	40.06	6.91	6.54	136	212.8	3259	250.7	9.02	325.167
	—	—	—	0.625	24.750	481.1	49.82	6.81	6.48	169	208.6	4013	308.7	8.98	402.513
	—	—	—	0.750	24.500	471.4	59.49	6.81	6.41	202	204.4	4744	364.9	8.93	478.313
	—	—	—	0.875	24.250	461.9	69.07	6.81	6.35	235	200.2	5458	419.9	8.89	552.581
	—	—	—	1.00	24.000	452.4	78.54	6.81	6.28	267	196.1	6149	473.0	8.85	625.333
	—	—	—	1.125	23.750	443.0	87.91	6.81	6.22	299	192.1	6813	524.1	8.80	696.586
28 28.000	—	—	—	0.250	27.500	594.0	21.80	7.33	7.20	74	257.3	2098	149.8	9.81	192.521
	10	—	—	0.312	27.376	588.6	27.14	7.33	7.17	92	255.0	2601	185.8	9.78	239.197
	—	Std	—	0.375	27.250	583.2	32.54	7.33	7.13	111	252.6	3105	221.8	9.77	286.195
	20	XS	—	0.500	27.000	572.6	43.20	7.33	7.07	147	248.0	4085	291.8	9.72	378.167
	30	—	—	0.625	26.750	562.0	53.75	7.33	7.00	183	243.4	5038	359.8	9.68	468.451
	—	—	—	0.750	26.500	551.6	64.21	7.33	6.94	218	238.9	5964	426.0	9.64	557.063
	—	—	—	0.875	26.250	541.2	74.56	7.36	6.87	253	234.4	6865	490.3	9.60	644.018
	—	—	—	1.000	26.000	530.9	84.82	7.33	6.81	288	230.0	7740	552.8	9.55	729.333
	—	—	—	1.125	25.750	520.8	94.98	7.33	6.74	323	225.6	8590	613.6	9.51	813.023
30 30.000	—	—	5S	0.250	29.500	683.4	23.37	7.85	7.72	79	296.3	2585	172.3	10.52	221.271
	10	—	10S	0.312	29.376	677.8	29.19	7.85	7.69	99	293.7	3201	213.4	10.50	275.000
	—	Std	—	0.375	29.250	672.0	34.90	7.85	7.66	119	291.2	3823	254.8	10.48	329.133
	20	XS	—	0.500	29.000	660.5	46.34	7.85	7.59	158	286.2	5033	335.5	10.43	435.167
	30	—	—	0.625	28.750	649.2	57.68	7.85	7.53	196	281.3	6213	414.2	10.39	539.388
	40	—	—	0.750	28.500	637.9	68.92	7.85	7.46	234	276.6	7371	491.4	10.34	641.813
	—	—	—	0.875	28.250	620.7	90.06	7.85	7.39	272	271.8	8494	566.2	10.30	742.456
	—	—	—	1.000	28.000	615.7	91.11	7.85	7.33	310	267.0	9591	639.4	10.26	841.333
	—	—	—	1.125	27.750	604.7	102.05	7.85	7.26	347	262.2	10653	710.2	10.22	938.461
32 32.000	—	—	—	0.250	31.500	779.2	24.93	8.38	8.25	85	337.8	3141	196.3	11.22	252.021
	10	—	—	0.312	31.376	773.2	31.02	8.38	8.21	106	335.2	3891	243.2	11.20	313.299
	—	Std	—	0.375	31.250	766.9	37.25	8.38	8.18	127	332.5	4656	291.0	11.18	375.070
	20	XS	—	0.500	31.000	754.7	49.48	8.38	8.11	168	327.2	6140	383.8	11.14	496.167
	30	—	—	0.625	30.750	742.5	61.59	8.38	8.05	209	321.9	7578	473.6	11.09	615.326
	40	—	—	0.688	30.624	736.6	67.68	8.38	8.02	230	319.0	8298	518.6	11.07	674.652
	—	—	—	0.750	30.500	730.5	73.63	8.38	7.98	250	316.7	8990	561.9	11.05	732.563
	—	—	—	0.875	30.250	718.3	85.52	8.38	7.92	291	311.6	10372	648.2	11.01	847.893
	—	—	—	1.000	30.000	706.8	97.38	8.38	7.85	331	306.4	11680	730.0	10.95	961.333
	—	—	—	1.125	29.750	694.7	109.0	8.38	7.79	371	301.3	13023	814.0	10.92	1072.898
34 34.000	—	—	—	0.250	33.500	881.2	26.50	8.90	8.77	90	382.0	3773	221.9	11.93	284.771
	10	—	—	0.312	33.376	874.9	32.99	8.90	8.74	112	379.3	4680	275.3	11.91	354.093
	—	Std	—	0.375	33.250	867.8	39.61	8.90	8.70	135	376.2	5597	329.2	11.89	424.008
	20	XS	—	0.500	33.000	855.3	52.62	8.90	8.64	179	370.8	7385	434.4	11.85	561.167
	30	—	—	0.625	32.750	841.9	65.53	8.90	8.57	223	365.0	9124	536.7	11.80	696.263
	40	—	—	0.688	32.624	835.9	72.00	8.90	8.54	245	362.1	9992	587.8	11.78	763.575
	—	—	—	0.750	32.500	829.3	78.34	8.90	8.51	266	359.5	10829	637.0	11.76	829.313
	—	—	—	0.875	32.250	816.4	91.01	8.90	8.44	310	354.1	12501	735.4	11.72	960.331
	—	—	—	1.000	32.000	804.2	103.67	8.90	8.38	353	348.6	14114	830.2	11.67	1089.333
	—	—	—	1.125	31.750	791.3	116.13	8.90	8.31	395	343.2	15719	924.7	11.63	1216.336
36 36.000	—	—	—	0.250	35.500	989.7	28.11	9.42	9.29	96	429.1	4491	249.5	12.64	319.521
	10	—	—	0.312	35.376	982.9	34.95	9.42	9.26	119	426.1	5565	309.1	12.62	397.384
	—	Std	—	0.375	35.250	975.8	42.01	9.42	9.23	143	423.1	6664	370.2	12.59	475.945
	20	XS	—	0.500	35.000	962.1	55.76	9.42	9.16	190	417.1	8785	488.1	12.55	630.167
	30	—	—	0.625	34.750	948.3	69.50	9.42	9.10	236	411.1	10872	604.0	12.51	782.201
	40	—	—	0.750	34.500	934.7	83.01	9.42	9.03	282	405.3	12898	716.5	12.46	932.063
	—	—	—	0.875	34.250	920.6	96.50	9.42	8.97	328	399.4	14903	827.9	12.42	1079.768
	—	—	—	1.000	34.000	907.9	109.96	9.42	8.90	374	393.6	16851	936.2	12.38	1225.333
	—	—	—	1.125	33.750	894.2	123.19	9.42	8.89	419	387.9	18763	1042.4	12.34	1368.773

续表

公称直径/外径/in	管表号①			壁厚/in	内径/in	内截面积/in²	金属截面积/in²	外表面面积/(ft²/ft)	内表面面积/(ft²/ft)	质量②/(lb/ft)	质量(充水)/(lb/ft)	转动惯量/in⁴	弹性截面模量/in³	回转半径/in	塑性截面模量/in³
	a	b	c												
42/42.000	—	—	—	0.250	41.500	1352.6	32.82	10.99	10.86	112	586.4	7126	339.3	14.73	435.771
	—	Std	—	0.375	41.250	1336.3	49.08	10.99	10.80	167	579.3	10627	506.1	14.71	649.758
	20	XS	—	0.500	41.000	1320.2	65.18	10.99	10.73	222	572.3	14037	668.4	14.67	861.167
	30	—	—	0.625	40.750	1304.1	81.28	10.99	10.67	276	565.4	17373	827.3	14.62	1070.013
	40	—	—	0.750	40.500	1288.2	97.23	10.99	10.60	330	558.4	20689	985.2	14.59	1276.313
	—	—	—	1.000	40.000	1256.6	128.81	10.99	10.47	438	544.9	27080	1289.5	14.50	1681.333
	—	—	—	1.250	39.500	1225.3	160.03	10.99	10.34	544	531.2	33233	1582.5	14.41	2076.554
	—	—	—	1.500	39.000	1194.5	190.85	10.99	10.21	649	517.9	39181	1865.7	14.33	2461.500

① 管表号：对于 $DN\leqslant 10$in 的管子，标准质量管（Std）的壁厚与管表号 40（Sch40）相同，DN12～24in 的标准质量管壁厚都是 3/8in，加厚管（XS）和管表号 80（Sch80）的 $DN\leqslant 8$in 具有相同壁厚，DN8～24in 的加厚管（XS）壁厚都是 1/2in，特厚管（XXS）没有对应的管壁号。

a——ANSI/ASME B36.10 钢管的管表号。

b——ANSI/ASME B36.10 钢管的公称壁厚标志（质量等级）。

c——ANSI/ASME B36.19 不锈钢管的管表号。

② 表中所示数据是按碳钢的质量计，铁素体不锈钢约轻 5%，奥氏体不锈钢约重 2%。

注：1. 表中数据由下式计算求得。

管子质量 $=10.6802t(D-t)$ lb/ft

管子充水后质量 $=0.3405d^2$ lb/ft

外表面面积 $=0.2618D$ ft²/ft

内表面面积 $=0.2618d$ ft²/ft

内截面积 $=0.785d^2$ in²

金属截面积 $=0.785(D^2-d^2)$ in²

转动惯量 $=0.0491(D^4-d^4)=A_M R_g^2$ in⁴

弹性截面模量 $=0.0982\dfrac{D^4-d^4}{D}$ in³

塑性截面模量 $=\dfrac{D^3-d^3}{6}$ in³

回转半径 $=0.25\sqrt{D^2+d^2}$ in

式中　A_M——金属截面积，in²；

d——内径，in；

D——外径，in；

R_g——回转半径，in；

t——管壁厚，in。

2. 表中英制单位的数据，可按下列关系换算为法定单位数据。

1in=25.4mm，1in²=6.45cm²，1ft²/ft=0.3048m²/m，1lb/ft=1.49kg/in，1in⁴=416.3cm⁴，1in³=16.39 cm³。

1.3 管螺纹

(1) 种类

工程管道常用的管螺纹有以下三种（图 39-1）。

① ISO 7/1　是国际通用螺纹密封管螺纹，牙型角 55°，锥度 1∶16。内螺纹有 R_p（平行）和 R_c（锥形）两种；外螺纹只有锥形 R，工程中常用为 R_p-R 相配，而 R_c-R 相配使用较不普遍。

② ISO 228　是国际通用的非螺纹密封管螺纹，牙型角 55°。内、外螺纹均为平行。

③ ANSI B1.20.1　是美国密封管螺纹，牙型角 60°(NPT)，锥度 1∶16。内、外螺纹均为锥形，是高温高压管道中常用的管螺纹。ASME B16.11 螺纹管件采用 NPT 螺纹，NPT 与 ISO 7/1（俗称 BSP），虽然牙型角不同，但 1/2 和 3/4 两档的螺距相同，可以互相连接。

(2) 各国螺纹密封标准（表 39-5）

(3) 管螺纹基本尺寸（表 39-6）

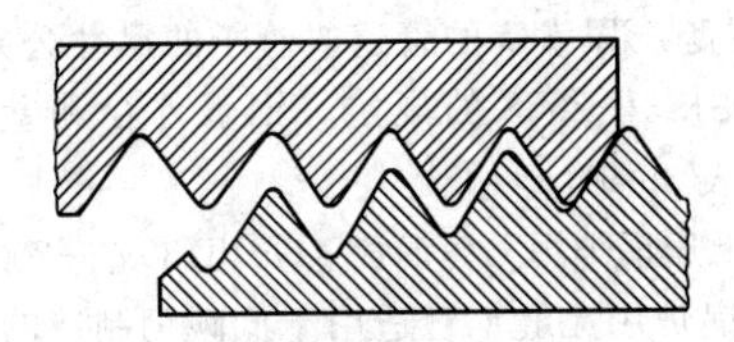

R_p-R(ISO 7/1)

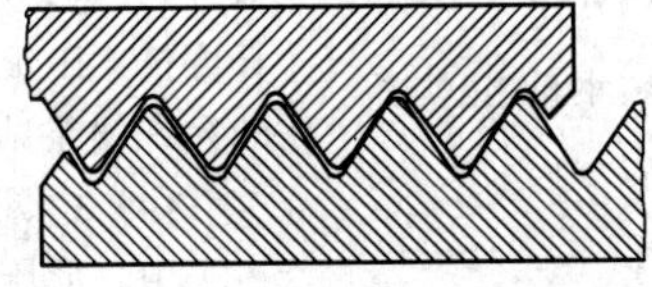

G(ISO 228)

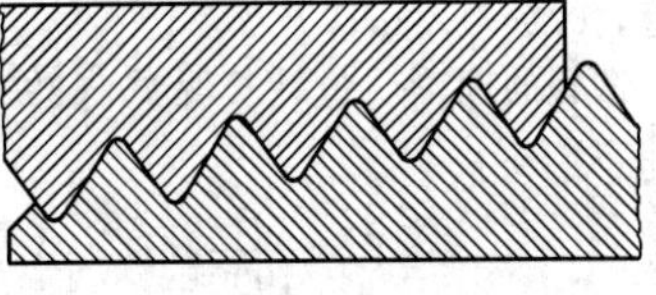

NPT

图 39-1　工程管道常用的管螺纹

表 39-5 各国螺纹密封标准

螺纹种类	各国标准					
	ISO 7/1	中国 GB/T 7306	德国 DIN 2999	英国 BS 21	法国 NF E03-004	日本 JIS B0203
ISO 7/1（55°螺纹密封）	R_p-R R_c-R	R_p-R R_c-R	R-R	R_p-R R_c-R R_p-R_L	R_p-R R_c-R	PS-PT PT-PT
ISO 228（55°非螺纹密封）	228/1	7307	259	2779	E03-005	B0202
	G	G	R-K	G	G	PF
ANSI BI.20.1（60°螺纹密封）	美国 ANSI			中国 GB/T		
	B1.20.1(B2.1)			12716		
	NPT			NPT		

表 39-6 管螺纹基本尺寸

螺纹尺寸/in	ISO 7/1 系列					NPT 系列				
	每英寸牙数	螺距/mm	基准长度/mm	装配余量/mm	牙型角/(°)	每英寸牙数	螺距/mm	手旋合长度/mm	扳动拧紧长度/mm	牙型角/(°)
1/8	28	0.907	4.0	2.5		27	0.9408	4.1	2.8	
1/4	19	1.337	6.0	3.7		18	1.4112	5.8	4.2	
3/8	19	1.337	6.4	3.7		18	1.4112	6.1	4.2	
1/2	14	1.814	8.2	5.0		14	1.814	8.1	5.4	
3/4	14	1.814	9.5	5.0		14	1.814	8.6	5.4	
1	11	2.309	10.4	6.4		11½	2.2088	10.2	6.6	
1¼	11	2.309	12.7	6.4	55	11½	2.2088	10.7	6.6	60
1½	11	2.309	12.7	6.4		11½	2.2088	10.7	6.6	
2	11	2.309	15.9	7.5		11½	2.2088	11.1	6.6	
2½	11	2.309	17.5	9.2		8	3.175	17.3	6.4	
3	11	2.309	20.6	9.2		8	3.175	19.5	6.4	
4	11	2.309	25.4	10.4		8	3.175	21.4	6.4	
6	11	2.309	28.6	11.5		8	3.175	24.3	6.4	

注：1. ISO 228 系列的牙数、螺距、牙型角与 ISO 7/1 系列相同。

2. 装配总长度：ISO 7/1 系列为基准长度和装配余量之和，NPT 系列为手旋合长度与扳动拧紧长度之和。

1.4 钢管

1.4.1 无缝钢管

(1) 流体输送用无缝钢管（GB/T 8163—2008）

热轧和冷拔（冷轧）普通碳素钢、优质碳素钢、低合金钢和普通合金结构无缝钢管，可用作输送各种流体的管道。

钢管的外径和壁厚的允许偏差见表 39-7。

通常长度：热轧钢管，3～12m；冷拔（冷轧）钢管，3～10.5m。

定尺长度和倍尺长度，应在通常长度范围内。定尺长度允许偏差规定如下：长度不大于 6000mm，为 +10mm；长度大于 6000mm，为 +15mm。倍尺全长允许偏差为 +20mm。每个倍尺长度，当直径不大于 159mm 时，应留 5～10mm 的切口余量；当直径大于 159mm 时，应留10～15mm 的切口余量。

短尺长度：热轧钢管，1.5～3m；冷拔（冷轧）钢管，0.5～1.5m。

钢管的理论质量计算见式（39-1），钢的相对密度计为 7.85。

$$W=\frac{\pi}{1000}\rho(D-s)s \tag{39-1}$$

式中 W——钢管的理论质量，kg/m；

ρ——钢的相对密度；

D——钢管公称外径，mm；

s——钢管公称壁厚，mm。

无缝钢管的钢号有 10、20、Q295、Q345。

(2) 石油裂化用无缝钢管（GB/T 9948—2013）

石油裂化用无缝钢管适用于炉管、换热器管和管道用管。

炉管和换热器管的尺寸规格见表 39-8。管道用管按所规定的一般规格确定，质量与 GB/T 8163 相同。

钢管按定尺长度供应，长度范围为 6～12m。钢管的外径与壁厚偏差按表 39-7 的规定。钢管用下列钢号制造：10、20、12CrMo、15CrMo、1Cr5Mo、1Cr2Mo、1Cr18Ni9、1Cr19Ni11Nb。

(3) 化肥用高压无缝钢管（GB/T 6479—2013）

化肥用高压无缝钢管的尺寸和质量可见 GB/T 17395—2008，钢管适用于公称压力 10～32MPa、工作温度 −40～400℃、输送介质为合成氨原料气（氢、氮气）、氨、甲醇、尿素等的管道。管子的尺寸公差、长度按 GB/T 8163—2008 的规定。钢管外径和壁厚的允许偏差见表 39-9。

(4) 中、低压锅炉用无缝钢管（GB/T 3087—2008）

中、低压锅炉用无缝钢管适用于低碳钢制造的各种结构的低、中压锅炉用的过热蒸汽管、沸水管等。

钢管的尺寸和质量可见 GB/T 17395—2008，常用材料有 10 钢、20 钢。

(5) 高压锅炉用无缝钢管（GB/T 5310—2008）

适用于制造高压及其以上压力的管道用的优质碳素结构钢、合金结构钢和不锈耐热钢无缝钢管。热轧（挤、扩）钢管外径为 22～530mm，壁厚为 2.0～70mm，冷拔（轧）钢管外径为 10～114mm，壁厚为 2.0～13mm，钢管长度要求同 GB/T 8163，钢的牌号和化学成分见表 39-10；钢管的力学性能见表 39-11。

(6) 不锈钢无缝钢管（GB/T 14976—2012）

不锈钢热轧、热挤压和冷拔（冷轧）无缝钢管，适用于化工、石油工业中具有强腐蚀性介质的管道。钢管的尺寸应符合表 39-12 和表 39-13 的规定，钢管质量要求同无缝钢管（GB/T 8163）。

表 39-7 钢管的外径和壁厚的允许偏差 单位：mm

钢管种类	钢管尺寸		允许偏差	
			普通级	高 级
热轧(挤压、扩)管	外径 D	全部	±1%(最小±0.50)	
	壁厚 s	全部	+15% −12.5%(最小 +0.45 −0.40)	—
冷拔(轧)管	外径 D	6～10	±0.20	±0.15
		10～30	±0.40	±0.20
		30～50	±0.45	±0.30
		>50	±1%	±0.8%
	壁厚 s	≤1	±0.15	±0.12
		1～3	+15% −10%	+12% −10%
		>3	+12.5% −10%	±10%

注：对外径不小于 351mm 的热扩管壁厚允许偏差为±18%。

表 39-8 炉管和换热管的尺寸规格

外 径 /mm	壁厚/mm												
	2	2.5	3	4	5	6	8	10	12	14	16	18	20
18	×												
19	×	×											
25		×											
38			×										
60				×	×	×	×	×					
89						×	×	×	×				
102						×	×	×	×				
114						×	×	×	×	×			
127						×	×	×	×	×			
152						×	×	×	×	×	×		
219							×	×	×	×	×		
273											×	×	×

注："×"表示已有的生产规格。

表 39-9 钢管外径和壁厚的允许偏差（GB/T 6479—2013）

钢管种类	钢管尺寸 /mm		允许偏差	
			普通级	高 级
热轧(挤压)钢管	外径 D	≤159	±1.0% (最小值为±0.5mm)	±0.75% (最小值为±0.3mm)
		>159	±1.0%	±0.90%
	壁厚 s	≤20	+15% −10%	±10%
		>20	+12.5% −10.0%	±10%
冷拔(轧)钢管	外径 D	14～30 30～50 >50	±0.20mm ±0.30mm ±0.75%	±0.15mm ±0.25mm ±0.6%
	壁厚 s	≤3.0	+12.5% −10%	±10%
		>3.6	±10%	±7.5%

注：1. 热扩钢管的外径允许偏差为±1.0%，壁厚允许偏差为±15%。

2. 当需方未在合同中注明钢管尺寸允许偏差级别时，钢管外径和壁厚的允许偏差应符合普通级的规定。根据需方要求经供需双方协商，并在合同中注明，可生产本表规定以外尺寸允许偏差的钢管。

表 39-10 钢的牌号和化学成分

序号	钢类	牌号	化学成分/%													
			C	Mn	Si	Cr	Mo	V	Ti	B	W	Ni	Al	Nb	N	S	P
																不大于	
1	优质碳素结构钢	20G	0.17～0.24	0.35～0.65	0.17～0.37	—	—	—	—	—	—	—	—	—	—	0.030	0.030
2		20MnG	0.17～0.24	0.70～1.00	0.17～0.37	—	—	—	—	—	—	—	—	—	—	0.030	0.030
3		25MnG	0.22～0.30	0.70～1.00	0.17～0.37	—	—	—	—	—	—	—	—	—	—	0.030	0.030
4	合金结构钢	15MoG	0.12～0.20	0.40～0.80	0.17～0.37	—	0.25～0.35	—	—	—	—	—	—	—	—	0.030	0.030
5		20MoG	0.15～0.25	0.40～0.80	0.17～0.37	—	0.44～0.65	—	—	—	—	—	—	—	—	0.030	0.030
6		12CrMoG	0.08～0.15	0.40～0.70	0.17～0.37	0.40～0.70	0.40～0.55	—	—	—	—	—	—	—	—	0.030	0.030
7		15CrMoG	0.12～0.18	0.40～0.70	0.17～0.37	0.80～1.10	0.40～0.55	—	—	—	—	—	—	—	—	0.030	0.030

续表

序号	钢类	牌号	化学成分/%														
			C	Mn	Si	Cr	Mo	V	Ti	B	W	Ni	Al	Nb	N	S	P
																不大于	
8	合金结构钢	12Cr2MoG	0.08～0.15	0.40～0.70	≤0.50	2.00～2.50	0.90～1.20	—	—	—	—	—	—	—	—	0.030	0.030
9	合金结构钢	12Cr1MoVG	0.08～0.15	0.40～0.70	0.17～0.37	0.90～1.20	0.25～0.35	0.15～0.30	—	—	—	—	—	—	—	0.030	0.030
10	合金结构钢	12Cr2MoWVTiB	0.08～0.15	0.45～0.65	0.45～0.75	1.60～2.10	0.50～0.65	0.28～0.42	0.08～0.18	0.002～0.008	0.30～0.55	—	—	—	—	0.030	0.030
11	合金结构钢	12Cr3MoVSiTiB	0.09～0.15	0.50～0.80	0.60～0.90	2.50～3.00	1.00～1.20	0.25～0.35	0.22～0.38	0.005～0.011	—	—	—	—	—	0.030	0.030
12	合金结构钢	10Cr9Mo1VNb	0.08～0.12	0.30～0.60	0.20～0.50	8.00～9.50	0.85～1.05	0.18～0.25	—	—	—	≤0.40	≤0.040	0.06～0.10	0.030～0.070	0.010	0.020
13	不锈耐热钢	1Cr18Ni9	≤0.15	≤2.00	≤1.00	17.00～19.00	—	—	—	—	—	8.00～10.00	—	—	—	0.030	0.035
14	不锈耐热钢	1Cr19Ni11Nb	0.04～0.10	≤2.00	≤1.00	17.00～20.00	—	—	—	—	—	9.00～13.00	—	Nb+Ta ≥8×c%～1.00%	—	0.030	0.030

注：1．20G、20MnG　25MnG 的残余元素含量要求：Cu≤0.20%、Cr≤0.25%、Ni≤0.25%、V≤0.08%、Mo≤0.15%。其余钢号：Cu≤0.20%、Cr≤0.30%、Ni≤0.30%。

2．20G 钢中酸溶铝含量不大于 0.010%，暂不作为交货依据，但应填入质量证明书中。

3．用氧气转炉加炉外精炼制造的钢，氮含量不大于 0.008%。

表 39-11　钢管的力学性能

序号	钢类	牌号	纵向力学性能				横向力学性能			
			抗拉强度 σ_b /MPa	屈服点 σ_s /MPa	伸长率 δ_5 /%	冲击功 A_{kv} /J	抗拉强度 σ_b /MPa	屈服点 σ_s /MPa	伸长率 δ_5 /%	冲击功 A_{kv} /J
				不小于			不小于			
1	优质碳素结构钢	20G	410～550	245	24	35	400	215	22	27
2		20MnG	≥415	240	22	35	—	—	—	27
3		25MnG	≥485	275	20	35	—	—	—	27
4	合金结构钢	15MoG	450～600	270	22	35	—	—	20	27
5		20MoG	≥415	220	22	35	—	—	—	27
6		12CrMoG	410～560	205	21	35	—	—	—	27
7		15CrMoG	440～640	235	21	35	440	225	20	27
8		12Cr2MoG①	450～600	280	20	35	—	—	18	27
9		12Cr1MoVG	470～640	255	21	35	440	255	19	27
10		12Cr2MoWVTiB	540～735	345	18	35	—	—	—	27
11		12Cr3MoVSiTiB	610～805	440	16	35	—	—	—	27
12		10Cr9Mo1VNb	≥585	415	20	35	—	—	—	27
13	不锈耐热钢	1Cr18Ni9	≥520	205	35	—	—	—	—	—
14		1Cr19Ni11Nb	≥520	205	35	—	—	—	—	—

① 用12Cr2MoG钢制造的钢管，当壁厚不大于3mm且外径不大于30mm，或当壁厚为16～40mm时，屈服点允许降低10MPa；当壁厚大于40mm时，屈服点允许降低20MPa。

表 39-12　热轧钢管尺寸　　单位：mm

外径	壁厚													
	4.5	5	6	7	8	9	10	11	12	13	14	15	16	17	18
68	◎	◎	◎	◎	◎	◎	◎	◎	◎						
70	◎	◎	◎	◎	◎	◎	◎	◎	◎						
73	◎	◎	◎	◎	◎	◎	◎	◎	◎						
76	◎	◎	◎	◎	◎	◎	◎	◎	◎						
80	◎	◎	◎	◎	◎	◎	◎	◎	◎						
83	◎	◎	◎	◎	◎	◎	◎	◎	◎						
89	◎	◎	◎	◎	◎	◎	◎	◎	◎						
95	◎	◎	◎	◎	◎	◎	◎	◎	◎	◎	◎				
102	◎	◎	◎	◎	◎	◎	◎	◎	◎	◎	◎				
108	◎	◎	◎	◎	◎	◎	◎	◎	◎	◎	◎				
114		◎	◎	◎	◎	◎	◎	◎	◎	◎	◎				
121		◎	◎	◎	◎	◎	◎	◎	◎	◎	◎				
127		◎	◎	◎	◎	◎	◎	◎	◎	◎	◎				
133		◎	◎	◎	◎	◎	◎	◎	◎	◎	◎				

续表

外径	壁厚														
	4.5	5	6	7	8	9	10	11	12	13	14	15	16	17	18
140			◎	◎	◎	◎	◎	◎	◎	◎	◎	◎	◎		
146			◎	◎	◎	◎	◎	◎	◎	◎	◎	◎	◎		
152			◎	◎	◎	◎	◎	◎	◎	◎	◎	◎	◎		
159			◎	◎	◎	◎	◎	◎	◎	◎	◎	◎	◎		
168				◎	◎	◎	◎	◎	◎	◎	◎	◎	◎	◎	◎
180					◎	◎	◎	◎	◎	◎	◎	◎	◎	◎	◎
194					◎	◎	◎	◎	◎	◎	◎	◎	◎	◎	◎
219					◎	◎	◎	◎	◎	◎	◎	◎	◎	◎	◎
245							◎	◎	◎	◎	◎	◎	◎	◎	◎
237									◎	◎	◎	◎	◎	◎	◎
325									◎	◎	◎	◎	◎	◎	◎
351									◎	◎	◎	◎	◎	◎	◎
377									◎	◎	◎	◎	◎	◎	◎
426									◎	◎	◎	◎	◎	◎	◎

注：◎表示已有生产的热轧管规格。

表 39-13　冷拔（轧）钢管尺寸　　单位：mm

外径	壁厚																																
	0.5	0.6	0.8	1.0	1.2	1.4	1.5	1.6	2.0	2.2	2.5	2.8	3.0	3.2	3.5	4.0	4.5	5.0	5.5	6.0	6.5	7.0	7.5	8.0	8.5	9.0	9.5	10	11	12	13	14	15
6	●	●	●	●	●	●	●	●	●																								
7	●	●	●	●	●	●	●	●	●																								
8	●	●	●	●	●	●	●	●	●																								
9	●	●	●	●	●	●	●	●	●	●	●																						
10	●	●	●	●	●	●	●	●	●	●	●																						
11	●	●	●	●	●	●	●	●	●	●	●																						
12	●	●	●	●	●	●	●	●	●	●	●	●	●																				
13	●	●	●	●	●	●	●	●	●	●	●	●	●																				
14	●	●	●	●	●	●	●	●	●	●	●	●	●	●	●																		
15	●	●	●	●	●	●	●	●	●	●	●	●	●	●	●																		
16	●	●	●	●	●	●	●	●	●	●	●	●	●	●	●	●																	
17	●	●	●	●	●	●	●	●	●	●	●	●	●	●	●	●																	
18	●	●	●	●	●	●	●	●	●	●	●	●	●	●	●	●	●																
19	●	●	●	●	●	●	●	●	●	●	●	●	●	●	●	●	●																
20	●	●	●	●	●	●	●	●	●	●	●	●	●	●	●	●	●																
21	●	●	●	●	●	●	●	●	●	●	●	●	●	●	●	●	●	●															
22	●	●	●	●	●	●	●	●	●	●	●	●	●	●	●	●	●	●															
23	●	●	●	●	●	●	●	●	●	●	●	●	●	●	●	●	●	●															

续表

外径	壁厚																															
	0.5	0.6	0.8	1.0	1.2	1.4	1.5	1.6	2.0	2.2	2.5	2.8	3.0	3.2	3.5	4.0	4.5	5.0	5.5	6.0	6.5	7.0	7.5	8.0	8.5	9.0	9.5	10	11	12	13	14	15
24	●	●	●	●	●	●	●	●	●	●	●	●	●	●	●	●	●	●	●														
25	●	●	●	●	●	●	●	●	●	●	●	●	●	●	●	●	●	●	●	●													
27	●	●	●	●	●	●	●	●	●	●	●	●	●	●	●	●	●	●	●	●													
28	●	●	●	●	●	●	●	●	●	●	●	●	●	●	●	●	●	●	●	●	●												
30	●	●	●	●	●	●	●	●	●	●	●	●	●	●	●	●	●	●	●	●	●	●											
32	●	●	●	●	●	●	●	●	●	●	●	●	●	●	●	●	●	●	●	●	●	●											
34	●	●	●	●	●	●	●	●	●	●	●	●	●	●	●	●	●	●	●	●	●	●											
35	●	●	●	●	●	●	●	●	●	●	●	●	●	●	●	●	●	●	●	●	●	●											
36	●	●	●	●	●	●	●	●	●	●	●	●	●	●	●	●	●	●	●	●	●	●											
38	●	●	●	●	●	●	●	●	●	●	●	●	●	●	●	●	●	●	●	●	●	●											
40	●	●	●	●	●	●	●	●	●	●	●	●	●	●	●	●	●	●	●	●	●	●											
42	●	●	●	●	●	●	●	●	●	●	●	●	●	●	●	●	●	●	●	●	●	●	●										
45	●	●	●	●	●	●	●	●	●	●	●	●	●	●	●	●	●	●	●	●	●	●	●	●	●								
48	●	●	●	●	●	●	●	●	●	●	●	●	●	●	●	●	●	●	●	●	●	●	●	●	●								
50	●	●	●	●	●	●	●	●	●	●	●	●	●	●	●	●	●	●	●	●	●	●	●	●	●	●							
51	●	●	●	●	●	●	●	●	●	●	●	●	●	●	●	●	●	●	●	●	●	●	●	●	●	●							
53	●	●	●	●	●	●	●	●	●	●	●	●	●	●	●	●	●	●	●	●	●	●	●	●	●	●	●						
54	●	●	●	●	●	●	●	●	●	●	●	●	●	●	●	●	●	●	●	●	●	●	●	●	●	●	●	●					
56	●	●	●	●	●	●	●	●	●	●	●	●	●	●	●	●	●	●	●	●	●	●	●	●	●	●	●	●					
57	●	●	●	●	●	●	●	●	●	●	●	●	●	●	●	●	●	●	●	●	●	●	●	●	●	●	●	●					
60	●	●	●	●	●	●	●	●	●	●	●	●	●	●	●	●	●	●	●	●	●	●	●	●	●	●	●	●					
63							●	●	●	●	●	●	●	●	●	●	●	●	●	●	●	●	●	●	●	●	●	●					
65							●	●	●	●	●	●	●	●	●	●	●	●	●	●	●	●	●	●	●	●	●	●					
68							●	●	●	●	●	●	●	●	●	●	●	●	●	●	●	●	●	●	●	●	●	●	●	●			
70								●	●	●	●	●	●	●	●	●	●	●	●	●	●	●	●	●	●	●	●	●	●	●			
73											●	●	●	●	●	●	●	●	●	●	●	●	●	●	●	●	●	●	●	●			
75											●	●	●	●	●	●	●	●	●	●	●	●	●	●	●	●	●	●					
76											●	●	●	●	●	●	●	●	●	●	●	●	●	●	●	●	●	●	●	●			
80											●	●	●	●	●	●	●	●	●	●	●	●	●	●	●	●	●	●	●	●	●	●	●
83											●	●	●	●	●	●	●	●	●	●	●	●	●	●	●	●	●	●	●	●	●	●	●
85											●	●	●	●	●	●	●	●	●	●	●	●	●	●	●	●	●	●	●	●	●	●	●
89											●	●	●	●	●	●	●	●	●	●	●	●	●	●	●	●	●	●	●	●	●	●	●
90													●	●	●	●	●	●	●	●	●	●	●	●	●	●	●	●	●	●	●	●	●
95													●	●	●	●	●	●	●	●	●	●	●	●	●	●	●	●	●	●	●	●	●
100													●	●	●	●	●	●	●	●	●	●	●	●	●	●	●	●	●	●	●	●	●
102															●	●	●	●	●	●	●	●	●	●	●	●	●	●	●	●	●	●	●

续表

外径	壁厚																															
	0.5	0.6	0.8	1.0	1.2	1.4	1.5	1.6	2.0	2.2	2.5	2.8	3.0	3.2	3.5	4.0	4.5	5.0	5.5	6.0	6.5	7.0	7.5	8.0	8.5	9.0	9.5	10	11	12	13	14	15
108															●	●	●	●	●	●	●	●	●	●	●	●	●	●	●	●	●	●	●
114															●	●	●	●	●	●	●	●	●	●	●	●	●	●	●	●	●	●	●
127															●	●	●	●	●	●	●	●	●	●	●	●	●	●	●	●	●	●	●
133															●	●	●	●	●	●	●	●	●	●	●	●	●	●	●	●	●	●	●
140															●	●	●	●	●	●	●	●	●	●	●	●	●	●	●	●	●	●	●
146															●	●	●	●	●	●	●	●	●	●	●	●	●	●	●	●	●	●	●
159															●	●	●	●	●	●	●	●	●	●	●	●	●	●	●	●	●	●	●
168																																	
180																																	
194																																	
219																																	
245																																	
273																																	
325																																	
351																																	
377																																	
426																																	

注：●表示已有生产的冷拔（轧）钢管规格。

1.4.2 焊接钢管

(1) 低压流体输送用焊接钢管（GB/T 3091—2008）

本标准代替GB/T 3091—93《低压流体输送用镀锌焊接钢管》、GB/T 3092—93《低压流体输送用焊接钢管》和GB/T 14980—94《低压流体输送用大直径电焊钢管》。本标准适用于水、污水、燃气、空气、采暖蒸汽等低压流体输送用和其他结构用的直缝焊接钢管。

① 外径和壁厚 公称外径不大于168.3mm的钢管，其公称口径、公称外径、公称壁厚及理论质量应符合表39-14的规定。公称外径大于168.3mm的钢管，其公称口径、公称外径、公称壁厚及理论质量应符合表39-15的规定。

表39-14 钢管的公称口径、公称外径、公称壁厚和理论质量

公称口径/mm	公称外径/mm	普通钢管		加厚钢管	
		公称壁厚/mm	理论质量/(kg/m)	公称壁厚/mm	理论质量/(kg/m)
6	10.2	2.0	0.40	2.5	0.47
8	13.5	2.5	0.68	2.8	0.74
10	17.2	2.5	0.91	2.8	0.99
15	21.3	2.8	1.28	3.5	1.54
20	26.9	2.8	1.66	3.5	2.02
25	33.7	3.2	2.41	4.0	2.93
32	42.4	3.5	3.36	4.0	3.79
40	48.3	3.5	3.87	4.5	4.86
50	60.3	3.8	5.29	4.5	6.19
65	76.1	4.0	7.11	4.5	7.95
80	88.9	4.0	8.38	5.0	10.35
100	114.3	4.0	10.88	5.0	13.48
125	139.7	4.0	13.39	5.5	18.20
150	168.3	4.5	18.18	6.0	24.02

注：1. 表中的公称口径是近似内径的名义尺寸，不表示公称外径减去两个公称壁厚所得的内径。

2. 根据需方要求，经供需双方协议，并在合同中注明，可供表中规定以外尺寸的钢管。

表39-15 钢管的公称外径、公称壁厚和理论质量

公称外径/mm	公称壁厚/mm														
	4.0	4.5	5.0	5.5	6.0	6.5	7.0	8.0	9.0	10.0	11.0	12.5	14.0	15.0	16.0
	理论质量/(kg/m)														
177.8	17.14	19.23	21.31	23.37	25.42										
193.7	18.71	21.00	23.27	25.53	27.77										
219.1	21.22	23.82	26.40	28.97	31.53	34.08	36.61	41.65	46.63	51.57					
244.5	23.72	26.63	29.53	32.42	35.29	38.15	41.00	46.66	52.27	57.83					
273.0			33.05	36.28	39.51	42.72	45.92	52.28	58.60	64.86					
323.9			39.32	43.19	47.04	50.88	54.71	62.32	69.89	77.41	84.88	95.99			
355.6				47.49	51.73	55.96	60.18	68.58	76.93	85.23	93.48	105.77			
406.4				54.38	59.25	64.10	68.95	78.60	88.20	97.76	107.26	121.43			
457.2				61.27	66.76	72.25	77.72	88.62	99.48	110.29	121.04	137.09			
508				68.16	74.28	80.39	86.49	98.65	110.75	122.31	134.82	152.75			
559				75.08	81.83	88.57	95.29	108.71	122.07	135.39	148.66	168.47	188.17	201.24	214.26
610				81.99	89.37	96.74	104.10	118.77	133.39	147.97	162.49	184.19	205.78	220.10	234.38

续表

<table>
<tr><th rowspan="3">公称外径/mm</th><th colspan="16">公 称 壁 厚/mm</th></tr>
<tr><th>6.0</th><th>6.5</th><th>7.0</th><th>8.0</th><th>9.0</th><th>10.0</th><th>11.0</th><th>13.0</th><th>14.0</th><th>15.0</th><th>16.0</th><th>18.0</th><th>19.0</th><th>20.0</th><th>22.0</th><th>25.0</th></tr>
<tr><th colspan="16">理 论 质 量/(kg/m)</th></tr>
<tr><td>660</td><td>96.77</td><td>104.76</td><td>112.73</td><td>128.63</td><td>144.49</td><td>160.30</td><td>176.06</td><td>207.43</td><td>223.04</td><td>238.60</td><td>254.11</td><td>284.99</td><td>300.35</td><td>315.67</td><td>346.15</td><td>391.50</td></tr>
<tr><td>711</td><td>104.32</td><td>112.93</td><td>121.53</td><td>138.70</td><td>155.81</td><td>172.88</td><td>189.89</td><td>223.78</td><td>240.65</td><td>257.47</td><td>274.24</td><td>307.63</td><td>324.25</td><td>340.82</td><td>373.82</td><td>422.94</td></tr>
<tr><td>762</td><td>111.86</td><td>121.11</td><td>130.34</td><td>148.76</td><td>167.13</td><td>185.45</td><td>203.73</td><td>240.13</td><td>258.26</td><td>276.33</td><td>294.36</td><td>330.27</td><td>348.15</td><td>365.98</td><td>401.49</td><td>454.39</td></tr>
<tr><td>813</td><td>119.41</td><td>129.28</td><td>139.14</td><td>158.82</td><td>178.45</td><td>198.03</td><td>217.56</td><td>256.48</td><td>275.86</td><td>295.20</td><td>314.48</td><td>352.91</td><td>372.04</td><td>391.13</td><td>429.16</td><td>485.83</td></tr>
<tr><td>864</td><td>126.96</td><td>137.46</td><td>147.94</td><td>168.88</td><td>189.77</td><td>210.61</td><td>231.40</td><td>272.83</td><td>293.47</td><td>314.06</td><td>334.61</td><td>375.55</td><td>395.94</td><td>416.29</td><td>456.83</td><td>517.27</td></tr>
<tr><td>914</td><td>134.36</td><td>145.47</td><td>156.58</td><td>178.55</td><td>200.87</td><td>222.94</td><td>244.96</td><td>288.86</td><td>310.73</td><td>332.56</td><td>354.34</td><td>397.74</td><td>419.37</td><td>440.95</td><td>483.96</td><td>548.10</td></tr>
<tr><td>1016</td><td>149.45</td><td>161.82</td><td>174.18</td><td>198.87</td><td>223.51</td><td>248.09</td><td>272.63</td><td>321.56</td><td>345.95</td><td>370.29</td><td>394.58</td><td>443.02</td><td>467.16</td><td>491.26</td><td>539.30</td><td>610.99</td></tr>
<tr><td>1067</td><td>157.00</td><td>170.00</td><td>182.99</td><td>208.93</td><td>234.83</td><td>260.67</td><td>286.47</td><td>337.91</td><td>363.56</td><td>389.16</td><td>414.71</td><td>465.66</td><td>491.06</td><td>516.41</td><td>566.97</td><td>642.43</td></tr>
<tr><td>1118</td><td>164.54</td><td>178.17</td><td>191.79</td><td>218.99</td><td>246.15</td><td>273.25</td><td>300.30</td><td>354.26</td><td>381.17</td><td>408.02</td><td>434.83</td><td>488.30</td><td>514.96</td><td>541.57</td><td>594.64</td><td>673.88</td></tr>
<tr><td>1168</td><td>171.94</td><td>186.19</td><td>200.42</td><td>228.86</td><td>257.24</td><td>285.58</td><td>313.87</td><td>370.29</td><td>398.43</td><td>426.52</td><td>454.56</td><td>510.49</td><td>538.39</td><td>566.23</td><td>621.77</td><td>704.70</td></tr>
<tr><td>1219</td><td>179.49</td><td>194.36</td><td>209.23</td><td>238.92</td><td>268.56</td><td>298.16</td><td>327.70</td><td>386.64</td><td>416.04</td><td>445.39</td><td>474.68</td><td>533.13</td><td>562.28</td><td>591.38</td><td>649.44</td><td>736.15</td></tr>
<tr><td>1321</td><td>194.58</td><td>210.71</td><td>226.84</td><td>259.04</td><td>291.20</td><td>323.31</td><td>355.37</td><td>419.34</td><td>451.26</td><td>483.12</td><td>514.93</td><td>578.41</td><td>610.08</td><td>641.69</td><td>704.78</td><td>799.03</td></tr>
<tr><td>1422</td><td>209.52</td><td>226.90</td><td>244.27</td><td>278.97</td><td>313.62</td><td>348.22</td><td>382.77</td><td>451.72</td><td>486.13</td><td>520.48</td><td>554.79</td><td>623.25</td><td>657.40</td><td>691.51</td><td>759.57</td><td>861.30</td></tr>
<tr><td>1524</td><td>224.62</td><td>243.25</td><td>261.88</td><td>299.09</td><td>336.26</td><td>373.38</td><td>410.44</td><td>484.43</td><td>521.34</td><td>558.21</td><td>595.03</td><td>668.52</td><td>705.20</td><td>741.82</td><td>814.91</td><td>924.19</td></tr>
<tr><td>1626</td><td>239.71</td><td>259.61</td><td>279.49</td><td>319.22</td><td>358.90</td><td>398.53</td><td>438.11</td><td>517.13</td><td>556.56</td><td>595.95</td><td>635.28</td><td>713.80</td><td>752.99</td><td>792.13</td><td>870.26</td><td>987.08</td></tr>
</table>

注：根据需方要求，经供需双方协议，并在合同中注明，可供表中规定以外尺寸的钢管。

表 39-16　钢管的力学性能

<table>
<tr><th rowspan="2">牌　号</th><th rowspan="2">抗拉强度 σ_b/MPa
不小于</th><th rowspan="2">屈服点 σ_s/MPa
不小于</th><th colspan="2">断后伸长率 δ_s/%　不小于</th></tr>
<tr><th>$D\leqslant168.3$</th><th>$D>168.3$</th></tr>
<tr><td>Q215A、Q215B</td><td>335</td><td>215</td><td rowspan="2">15</td><td rowspan="2">20</td></tr>
<tr><td>Q235A、Q235B</td><td>375</td><td>235</td></tr>
<tr><td>Q295A、Q295B</td><td>390</td><td>295</td><td rowspan="2">13</td><td rowspan="2">18</td></tr>
<tr><td>Q345A、Q345B</td><td>510</td><td>345</td></tr>
</table>

注：1. 公称外径不大于 114.3mm 的钢管，不测定屈服强度。

2. 公称外径大于 114.3mm 的钢管，测定屈服强度做参考，不作为交货条件。

② 力学性能　应符合表 39-16 的规定。

(2) 双面埋弧自动焊大直径焊接钢管（摘自 GB/T 9711—2011）

① 制造工艺　直缝埋弧自动焊的内外焊缝应各不少于一道，大直径时，允许采用双直缝，两条焊缝的位置相距约 180°。对每条焊缝，内外焊缝均不得少于一道。钢管单根长度不小于 6m。除另有协议，一般不包括环形焊缝，除非另有规定，制造厂可对钢管采用冷扩径工艺。

② 化学成分　见表 39-17。

③ 力学性能　应符合表 39-18 的规定。热处理方式按合同规定，可为轧态（焊态），正火＋回火，消除应力状态。

④ 无损检验　埋弧焊焊缝应进行全长（100%）射线检验，且符合 GB/T 9711 中的有关要求；或者在管两端最小长度 203mm 内进行射线检验，其余采用超声波探伤检验（N5 或 ϕ1.6mm 当量孔）。

表 39-17　化学成分　　单位：%

钢　号	C	Mn	P	S
L245	≤0.26	≤1.15	≤0.030	≤0.030

注：1. GB/T 9711 标准是参照美国 API 5L 而制定的，主要用于输油及输气长输管线，共有 11 种钢号，但化工管道中习惯上仅采用其中 L245 一种钢号（相当于 API 5LGrade B）。

2. 钢管制造厂应对每批熔炼的材料，取两个试样进行分析。

3. 经双方协议，可添加 Nb、V、Ti 中的一种，或其组合。

焊缝（内、外）的咬边、错边及余高应符合 GB/T 9711 附录 G 的要求。

表 39-18 力学性能

钢号	σ_b/MPa	$\sigma_{t0.5}$/MPa	δ_5/%	焊缝冷弯 180°
L245	≥415	≥245	21	完好

注：1. 对冷扩径钢管屈强比不得大于 0.93。

2. 焊缝导向弯曲的弯模尺寸 *A* 按 GB/T 9711—2011 中表 E1 的规定。

⑤ 水压试验　每根钢管均应进行水压试验，试验压力按 GB/T 9711 中表 9B 的规定，且不得以无损检验代替水压试验。

⑥ 尺寸公差　见表 39-19。

⑦ 规格尺寸　见表 39-20。

(3) 螺旋电焊钢管（SY/T 5037）

又称螺旋焊缝钢管，适用作蒸汽、水、空气、油及油气管道。目前国内可生产的范围为 ϕ219～2220mm，质量与钢板卷管相同。宝鸡、葫芦岛、沙市钢管厂均有生产。管长 6～12m，钢管的公称外径、公称壁厚和每米理论质量见表 39-21。

常用材料：Q235B、SS400、SM400B、St52-3，16Mn。

(4) 配管用奥氏体不锈钢焊接钢管（HG/T 20537.3、HG/T 20537.4）

奥氏体不锈钢焊接钢管适用于管道压力等级不大于 5.0MPa 的化工、医药、石化、轻工、纺织等工程配管和管件，也可用于压力容器壳体、接管、盘管等。钢管采用热轧或冷轧带钢、钢板，采用连续工艺成形，并采用表 39-22 的焊接工艺进行焊接，如采用电阻焊，必须清除内毛刺。HG/T 20537.3—(1992) 2009 适用于不加焊丝钢管，HG/T 20537.4—(1992) 2009 适用于大口径或壁厚较大的加焊丝焊管，用于内压计算时的焊缝系数见表 39-22。配管常用规格见表 39-23～表 39-26。常用钢号有 0Cr18Ni9（304）、1Cr18Ni9Ti、00Cr19Ni10（304L）、0Cr18Ni10Ti（321）、0Cr17Ni12Mo2(316) 和 00Cr17Ni14Mo2（316L）等。

表 39-19 尺寸公差

<table>
<tr><th colspan="2">外径/mm</th><th>外径偏差</th><th>椭圆度</th><th>管端外径偏差</th><th>壁厚偏差</th><th>质量公差</th></tr>
<tr><td colspan="2">457</td><td>±0.75%</td><td rowspan="5">±1%</td><td rowspan="5">+2.38mm
−0.79mm</td><td>+15%
−12.5%</td><td rowspan="5">+10%
−3.5%</td></tr>
<tr><td rowspan="2">508
～
914</td><td>不扩径</td><td>±1.00%</td><td rowspan="4">+17.5%
−10.0%</td></tr>
<tr><td>冷扩径</td><td>+0.75%
−0.25%</td></tr>
<tr><td rowspan="2">>914</td><td>不扩径</td><td>±1.00%</td></tr>
<tr><td>冷扩径</td><td>+6.35mm
−3.20mm</td></tr>
</table>

注：1. 理论质量按下式计算（相对密度按 7.85 计）。

$$M=0.0246615\ (D-T)T \qquad (39\text{-}2)$$

式中　M ——每米质量，kg/m；

D ——外径，mm；

T ——壁厚，mm。

2. 一般应以管端带坡口（30°）和钝边（1.6mm）状态交货。

3. 符合本标准的焊接钢管即相当于 API 5L GrB 大直径埋弧焊（直缝）钢管。

奥氏体不锈钢焊管应焊后进行固溶处理，酸洗钝化后进行交货。焊管一般焊后不做热处理。奥氏体不锈钢焊管水压试验压力见表 39-27 和表 39-28。

表 39-20 规格尺寸

NPS	规格		NPS	规格	
	外径/mm	壁厚/mm		外径/mm	壁厚/mm
18	457	4.8～31.8	42	1067	8.7～31.8
20	508	5.6～34.9	44	1118	8.7～31.8
22	559	5.6～38.1	46	1168	8.7～31.8
24	610	6.4～39.7	48	1219	8.7～31.8
26	660	6.4～25.4	52	1321	9.5～31.8
28	711	6.4～25.4	56	1422	9.5～31.8
30	762	6.4～31.8	60	1524	9.5～31.8
32	813	6.4～31.8	64	1626	9.5～31.8
34	864	6.4～31.8	68	1727	11.9～31.8
36	914	6.4～31.8	72	1829	12.7～31.8
38	965	7.9～31.8	76	1930	12.7～31.8
40	1016	7.9～31.8	80	2032	14.3～31.8

注：钢管的壁厚等级为 4.8、5.6、6.4、7.1、7.9、8.7、9.5、10.3、11.1、11.9、12.7、14.3、15.9、17.5、19.1、20.6、22.2、23.8、25.4、27.0、28.6、30.2、31.8（英寸制）。

钢管壁厚等级也可为 5、5.6、6.3、7.1、8、8.8、10、11、12.5、14.2、16、17.5、20、22.2、25、28、30、32（SI 制，mm）。

表 39-21　钢管的公称外径、公称壁厚和每米理论质量

公称外径 D/mm	公称壁厚 t/mm										
	6	7	8	9	10	11	12	13	14	15	16
	每米理论质量/(kg/m)										
323.9	47.54	55.21	62.82	70.39							
355.6	52.23	60.68	69.08	77.43							
(377)	55.40	64.37	73.30	82.18							
406.4	59.75	69.45	79.10	88.70	98.26						
(426)	62.65	72.83	82.97	93.05	103.09						
457	67.23	78.18	89.08	99.94	110.74	121.49	132.19	142.85			
508	74.78	86.99	99.15	111.25	123.31	135.32	147.29	159.20			
(529)	77.89	90.61	103.29	115.92	128.49	141.02	153.50	165.93			
559	82.33	95.79	109.21	122.57	135.89	149.16	162.38	175.55			
610	89.87	104.60	119.27	133.89	148.47	162.99	177.47	191.90			
(630)	92.83	108.05	123.22	138.33	153.40	168.42	183.39	198.31			
660	97.27	113.23	129.13	144.99	160.80	176.56	192.27	207.93			
711	104.82	122.03	139.20	156.31	173.38	190.39	207.36	224.28			
(720)	106.15	123.59	140.97	158.31	175.60	192.84	210.02	227.16			
762		130.84	149.26	167.63	185.95	204.23	222.45	240.63	258.76		
813		139.64	159.32	178.95	198.53	218.06	237.55	256.98	276.36		
(820)		140.85	160.70	180.50	200.26	219.96	239.62	259.22	278.78	298.29	317.75
914			179.25	201.37	223.44	245.46	267.44	289.36	311.23	333.06	354.84
(920)			180.43	202.70	224.92	247.09	269.21	291.28	313.31	335.28	357.20
1016			199.37	224.01	248.59	273.13	297.62	322.06	346.45	370.79	395.08
(1020)			200.16	224.89	249.58	274.22	298.81	323.34	347.83	372.27	396.66
1220					298.90	328.47	357.99	387.46	416.88	446.26	475.58
1420					348.23	382.73	417.18	451.58	485.94	520.24	554.50
1620					397.55	436.98	476.37	515.70	554.99	594.23	633.41
1820					446.87	491.24	535.56	579.82	624.04	668.21	712.33
2020					496.20	545.49	594.74	643.94	693.09	742.19	791.25
2220					545.52	599.75	653.93	708.06	762.15	816.18	870.16

注：1. 表中未加括号的钢管公称外径采纳了 ISO 336 标准中的系列 1 直径，并按 API 5LS 增补了 559、660 两个直径，加括号者为不包括在 ISO 336 标准中的保留直径。

2. 根据需方的要求，经供需双方协议，可供应：

a. 介于本表所列最大与最小尺寸（包括公称外径和公称壁厚）之间的其他尺寸钢管；

b. 不在本表所列最大与最小尺寸之间的其他尺寸钢管。

3. D>1420mm 的钢管的订货须经供需双方协议确定。

表 39-22　钢管纵向焊缝的焊接工艺

名　称	标　准	焊接工艺	探　伤	焊缝系数 ϕ	级别
化工装置用焊接钢管	按 HG/T 20537.3	不加丝自动电弧焊或电阻焊	100%涡流探伤	0.85	
化工装置用大口径焊接钢管	按 HG/T 20537.4	加丝的双面电弧焊或相当于双面焊的全焊透单面自动电弧焊	100%射线探伤	1.00	Ⅰ
			局部射线探伤（20%）	0.85	Ⅱ
			不拍片	0.70	Ⅲ
		加丝的单面自动电弧焊	局部射线探伤（每 15m，150mm）	0.70	Ⅳ
			不拍片	0.60	Ⅴ

表 39-23 国际通用系列奥氏体不锈钢焊接钢管规格和质量（HG/T 20537.3）

公称直径 *DN* /mm	焊管外径 /mm	壁厚系列号									
		5S		10S		20		40S		80S	
		壁厚 /mm	质量 /(kg/m)	壁厚 /mm	质量 /(kg/m)	壁厚 /mm	质量 /(kg/m)	壁厚 /mm	质量 /(kg/m)	壁厚 /mm	质量 /(kg/m)
10	17.2	1.2	0.478	1.6	0.622			2.3	0.854	3.2	1.12
15	21.3	1.6	0.785	2.0	0.962			2.9	1.33	3.6	1.59
20	26.9	1.6	1.01	2.0	1.24			2.9	1.73	4.0	2.28
25	33.7	1.6	1.28	2.9	2.22			3.2	2.43	4.5	3.27
32	42.4	1.6	1.63	2.9	2.85			3.6	3.48	5.0	4.66
40	48.3	1.6	1.86	2.9	3.28			3.6	4.01	5.0	5.39
50	60.3	1.6	2.34	2.9	4.15	3.2	4.55	4	5.61	5.6	7.63
65	76.1	2	3.69	3.2	5.81	4.5	8.03	5	8.86	7.1	12.20
	(73.0)	2	3.54	3.2	5.56	4.5	7.68	5	8.47	7.1	11.66
80	88.9	2	4.33	3.2	6.83	4.5	9.46	5.6	11.62	8.0	16.20
100	114.3	2	5.59	3.2	8.86	5	13.61	6.3	16.95	8.8	23.13
125	139.7	2.9	9.88	3.6	12.20	5	16.78	6.3	20.93	10.0	32.31
	(141.3)	2.9	10.00	3.6	12.35	5	16.98	6.3	21.19	10.0	32.71
150	168.3	2.9	11.95	3.6	14.77	5.6	22.70	7.1	28.51	11.0	43.10
200	219.1	2.9	15.62	4	21.43	6.3	33.40	8	42.07	12.5	64.33
250	273	3.6	24.16	4	26.80	6.3	41.85	8.8	57.91	12.5	81.11
300	323.9	4.0	31.87	4.5	35.80	6.3	49.84	10	78.19	12.5	96.96

注：括号内数据表示符合美国 ASME B36.19 的钢管外径。

表 39-24 中国沿用系列奥氏体不锈钢焊接钢管规格和质量（HG/T 20537.3）

公称直径 *DN* /mm	焊管外径 /mm	壁厚系列号									
		5S		10S		20		40S		80S	
		壁厚 /mm	质量 /(kg/m)	壁厚 /mm	质量 /(kg/m)	壁厚 /mm	质量 /(kg/m)	壁厚 /mm	质量 /(kg/m)	壁厚 /mm	质量 /(kg/m)
10	14	1.2	0.383	1.6	0.494			2.3	0.670	3.2	0.86
15	18	1.6	0.654	2.0	0.797			2.9	1.09	3.6	1.29
20	25	1.6	0.933	2.0	1.15			2.9	1.60	4.0	2.09
25	32	1.6	1.21	2.9	2.10			3.2	2.30	4.5	3.08
32	38	1.6	1.45	2.9	2.54			3.6	3.08	5.0	4.11
40	45	1.6	1.73	2.9	3.04			3.6	3.71	5.0	4.98
50	57	1.6	2.21	2.9	3.91	3.2	4.29	4	5.28	5.6	7.17
65	76	2	3.69	3.2	5.80	4.5	8.01	5	8.84	7.1	12.19
80	89	2	4.33	3.2	6.84	4.5	9.47	5.6	11.63	8.0	16.14
100	108	2	5.28	3.2	3.35	5	12.83	6.3	15.96	8.8	21.75
125	133	2.9	9.40	3.6	11.60	5	15.94	6.3	19.88	10.0	30.64
150	159	2.9	11.28	3.6	13.94	5.6	21.40	7.1	26.87	11.0	40.55
200	219	2.9	15.61	4	21.42	6.3	33.38	8	42.05	12.5	64.30
250	273	3.6	24.16	4	26.80	6.3	41.85	8.8	57.91	12.5	81.11
300	325	4.0	31.98	4.5	35.93	6.3	50.01	10	78.47	12.5	97.30

注：表中部分壁厚较大的焊管，如采用添加填充金属的连续自动电弧焊工艺时，应符合 HG/T 20537.4 中关于焊接材料、焊接工艺评定、分级和焊缝无损检查的要求。

表 39-25　国际通用系列奥氏体不锈钢大口径焊管规格和质量（HG/T 20537.4—2009）

公称直径 DN /mm	外径 /mm	壁厚系列号							
		5S		10S		20		40S	
		壁厚 /mm	质量 /(kg/m)	壁厚 /mm	质量 /(kg/m)	壁厚 /mm	质量 /(kg/m)	壁厚 /mm	质量 /(kg/m)
350	355.6	4	35.03	5	43.67	8	69.27	12	102.71
400	406.4	4	40.10	5	49.99	8	79.39	12	117.89
450	457	4	45.14	5	56.30	8	89.48	14	154.49
500	508	5	62.65	6	75.03	10	124.05	16	196.09
600	610	6	90.27	6	90.27	10	149.46	18	265.44
700	711	6	105.37	7	140.29	12	208.95	20	344.26
800	813	7	160.62	8	160.42	12	239.43	22	433.48
900	914	8	180.55	9	202.89	14	313.87	25	553.62
1000	1016	9	225.76	10	250.59	14	349.44	28	689.11

表 39-26　中国沿用系列奥氏体不锈钢大口径焊管规格和质量（HG/T 20537.4—2009）

公称直径 DN /mm	外径 /mm	壁厚系列号							
		5S		10S		20		40S	
		壁厚 /mm	质量 /(kg/m)	壁厚 /mm	质量 /(kg/m)	壁厚 /mm	质量 /(kg/m)	壁厚 /mm	质量 /(kg/m)
350	377	4	37.17	5	46.33	8	75.53	12	109.11
400	426	4	42.05	5	52.44	8	83.30	12	123.75
450	480	4	47.43	5	59.16	8	94.06	14	162.51
500	530	5	65.39	6	78.32	10	129.53	16	204.86
600	630	6	93.26	6	93.26	10	154.44	18	274.41
700	720	6	106.71	7	142.09	12	211.64	20	348.74
800	820	7	162.01	8	161.82	12	241.53	22	437.32
900	920	8	181.74	9	204.24	14	315.96	25	557.36
1000	1020	9	226.66	10	251.59	14	350.83	28	691.90

表 39-27　奥氏体不锈钢焊管水压试验压力（HG/T 20537.3—2009）

壁厚系列	5S	10S	20	40S
水压试验压力/MPa	1.5	2.4	3.5	6.0

表 39-28　奥氏体不锈钢焊管水压试验压力（HG/T 20537.4—2009）

壁厚系列	5S	10S	20	40S
水压试验压力/MPa	1.5	2.0	2.5	2.4

1.5　许用应力和焊缝系数（表 39-29 和表 39-30）

表 39-29　常用钢管许用应力（GB 50316—2000，2008 年版）

钢号	标准号	使用状态	厚度 /mm	常温强度指标		在下列温度(℃)下的许用应力/MPa																使用温度下限 /℃	注
				σ_b /MPa	σ_s /MPa	≤20	100	150	200	250	300	350	400	425	450	475	500	525	550	575	600		
碳素钢钢管(焊接管)																							
Q235-A Q235-B	GB/T 14980 GB/T 13793		≤12	375	235	113	113	113	105	94	86	77	—	—	—	—	—	—	—	—	—	0	①
20	GB/T 13793		≤12.7	390	(235)	130	130	125	116	104	95	86	—	—	—	—	—	—	—	—	—	−20	①、⑤
碳素钢钢管(无缝管)																							
10	GB/T 9948	热轧、正火	≤16	330	205	110	110	106	101	92	83	77	71	69	61	—	—	—	—	—	—	−29 正火状态	③
10	GB/T 6479 GB/T 8163	热轧、正火	≤15	335	205	112	112	108	101	92	83	77	71	69	61	—	—	—	—	—	—		
			16～40	335	195	112	110	104	98	89	79	74	68	66	61	—	—	—	—	—	—		
10	GB/T 3087	热轧、正火	≤26	333	196	111	110	104	98	89	79	74	68	66	61	—	—	—	—	—	—		
碳素钢钢管(无缝管)																							
20	GB/T 8163	热轧、正火	≤15	390	245	130	130	130	123	110	101	92	86	83	61	—	—	—	—	—	—	−20	⑤、③
			16～40	390	235	130	130	125	116	104	95	86	79	78	61	—	—	—	—	—	—		

续表

钢号	标准号	使用状态	厚度/mm	常温强度指标 σ_b/MPa	常温强度指标 σ_s/MPa	在下列温度(℃)下的许用应力/MPa ≤20	100	150	200	250	300	350	400	425	450	475	500	525	550	575	600	使用温度下限/℃	注
碳素钢钢管(无缝管)																							
20	GB/T 3087	热轧、正火	≤15	392	245	131	130	130	123	110	101	92	86	83	61	—	—	—	—	—	—	−20	③、⑤
			16~26	392	226	131	130	124	113	101	93	84	77	75	61	—	—	—	—	—	—		
20	GB/T 9948	热轧、正火	≤16	410	245	137	137	132	123	110	101	92	86	83	61	—	—	—	—	—	—		
20G	GB/T 6479 GB/T 5310	正火	≤16	410	245	137	137	132	123	110	101	92	86	83	61	—	—	—	—	—	—		
			17~40	410	235	137	132	126	116	104	95	86	79	78	61	—	—	—	—	—	—		
低合金钢钢管(无缝管)																							
16Mn	GB/T 6479 GB/T 8163	正火	≤15	490	320	163	163	163	159	147	135	126	119	93	66	43	—	—	—	—	—	−40	
			16~40	490	310	163	163	163	153	141	129	119	116	93	66	43	—	—	—	—	—		
15MnV	GB/T 6479	正火	≤16	510	350	170	170	170	170	166	153	141	129	—	—	—	—	—	—	—	—	−20	⑤
			17~40	510	340	170	170	170	170	159	147	135	126	—	—	—	—	—	—	—	—		
09MnD	—	正火	≤16	400	240	133	133	128	119	106	97	88	—	—	—	—	—	—	—	—	—	−50	④
12CrMo 12CrMoG	GB/T 6479 GB/T 5310	正火加回火	≤16	410	205	128	113	108	101	95	89	83	77	75	74	72	71	50	—	—	—	−20	⑤
			17~40	410	195	122	110	104	98	92	86	79	74	72	71	69	68	50	—	—	—		
12CrMo	GB/T 9948	正火加回火	≤16	410	205	128	113	108	101	95	89	83	77	75	74	72	71	50	—	—	—	−20	⑤
15CrMo	GB/T 9948	正火加回火	≤16	440	235	147	132	123	116	110	101	95	89	87	86	84	83	58	37	—	—		
15CrMo 15CrMoG	GB/T 6479 GB/T 5310	正火加回火	≤16	440	235	147	132	123	116	110	101	95	89	87	86	84	83	58	37	—	—		
			17~40	440	225	141	126	116	110	104	95	89	86	84	83	81	79	58	37	—	—		
12Cr1MoVG	GB/T 5310	正火加回火	≤16	470	255	147	144	135	126	119	110	104	98	96	95	92	89	82	57	35	—		
12Cr2Mo 12Cr2MoG	GB/T 6479 GB/T 5310	正火加回火	≤16	450	280	150	150	150	147	144	141	138	134	131	128	119	89	61	46	37	—		
			17~40	450	270	150	150	147	141	138	134	131	128	126	123	119	89	61	46	37	—		
1Cr5Mo	GB/T 6479 GB/T 9948	退火	≤16	390	195	122	110	104	101	98	95	92	89	87	86	83	62	46	35	26	18		
	GB/T 6479		17~40	390	185	116	104	98	95	92	89	86	83	81	79	78	62	46	35	26	18		
10MoWVNb	GB/T 6479	正火加回火	≤16	470	295	157	157	157	156	153	147	141	135	130	126	121	97	—	—	—	—		
			17~40	470	285	157	157	156	150	147	141	135	129	121	119	111	97	—	—	—	—		

续表

钢号	标准号	使用状态	厚度/mm	在下列温度(℃)下的许用应力/MPa																				使用温度下限/℃	注
				≤20	100	150	200	250	300	350	400	425	450	475	500	525	550	575	600	625	650	675	700		
高合金钢钢管																									
0Cr13	GB/T 14976	退火	≤18	137	126	123	120	119	117	112	109	105	100	89	72	53	38	26	16	—	—	—	—	−20	⑤
0Cr19Ni9	GB/T 12771	固溶	≤14	137	137	137	130	122	114	111	107	105	103	101	100	98	91	79	64	52	42	32	27	−196	①、②
0Cr18Ni9	GB/T 14976		≤18	137	114	103	96	90	85	82	79	78	76	75	74	73	71	67	62	52	42	32	27		
0Cr18Ni11Ti	GB/T 12771	固溶或稳定化	≤14	137	137	137	130	122	114	111	108	106	105	104	103	101	83	58	44	33	25	18	13		①、②
0Cr18Ni10Ti	GB/T 14976		≤18	137	114	103	96	90	85	82	80	79	78	77	76	75	74	58	44	33	25	18	13		
0Cr17Ni12Mo2	GB/T 12771	固溶	≤14	137	137	137	134	125	118	113	111	110	109	108	107	106	105	96	81	65	50	38	30		①、②
	GB/T 14976		≤18	137	117	107	99	93	87	84	82	81	81	80	79	78	78	76	73	65	50	38	30		
0Cr18Ni12Mo2Ti	GB/T 14976	固溶	≤18	137	137	137	134	125	118	113	111	110	109	108	107	—	—	—	—	—	—	—	—		②
				137	117	107	99	93	87	84	82	81	81	80	79	—	—	—	—	—	—	—	—		
0Cr19Ni13Mo3	GB/T 14976	固溶	≤18	137	137	137	134	125	118	113	111	110	109	108	107	106	105	96	81	65	50	38	30		②
				137	117	107	99	93	87	84	82	81	81	80	79	78	78	76	73	65	50	38	30		
00Cr19Ni11	GB/T 12771	固溶	≤14	118	118	118	110	103	98	94	91	89	—	—	—	—	—	—	—	—	—	—	—		①、②
00Cr19Ni10	GB/T 14976		≤18	118	97	87	81	76	73	69	67	66	—	—	—	—	—	—	—	—	—	—	—		
00Cr17Ni14Mo2	GB/T 12771	固溶	≤14	118	118	117	108	100	95	90	86	85	84	—	—	—	—	—	—	—	—	—	—		①、②
	GB/T 14976		≤18	118	97	87	80	74	70	67	64	63	62	—	—	—	—	—	—	—	—	—	—		
00Cr19Ni13Mo3	GB/T 14976	固溶	≤18	118	118	118	118	118	118	113	111	110	109	—	—	—	—	—	—	—	—	—	—		②
				118	117	107	99	93	87	84	82	81	81	—	—	—	—	—	—	—	—	—	—		

① GB/T 12771、GB/T 13793、GB/T 14980 中规定的焊接钢管的许用应力，未计入焊接接头系数，见 GB 50316—2000（2008 年版）第 3.2.3 条规定。

② 该行许用应力，仅适用于允许产生微量永久变形的元件。

③ 使用温度上限不宜超过粗线的界限。粗线以上的数值仅用于特殊条件或短期使用。

④ 钢管的技术要求应符合《钢制压力容器》(GB 150）附录 A 的规定。

⑤ 使用温度下限为−20℃的材料，根据本规范第 4.3.1 条的规定，宜在温度高于−20℃的条件下使用，不需做低温韧性试验。

注：中间温度的许用应力，可按本表的数值用内插法求得。

表 39-30　焊缝系数（GB 50316—2000，2008 年版）

焊接方法及检测要求		单面对接焊	双面对接焊
电熔焊	100%无损检测	0.90	1.00
	局部无损检测	0.80	0.85
	不作无损检测	0.60	0.70
电阻焊		0.65(不作无损检测) 0.85(100%涡流检测)	
加热炉焊		0.60	
螺旋缝自动焊		0.80～0.85(无损检测)	
GB 9711.1 焊管		0.95(100%XT 或 两端 XT+100%超探)	

注：无损检测指采用射线或超声波检测。

1.6　使用限制（表 39-31）

表 39-31　Sch10S、Sch5S 对焊管件的压力使用限制（摘自 MSS SP43）

温度/℃	压力/bar	
	Sch10S	Sch5S
38	18.9	15.5
50	18.3	15.2
100	16.3	13.6
125	15.4	12.9
150	14.4	12.0
175	13.5	11.4
200	12.6	10.5
225	11.6	—
250	10.7	—
275	9.9	—
300	9.3	—
325	8.7	—
350	8.1	—
375	7.5	—
400	6.8	—

注：具有交叉焊缝的三通，使用压力应不大于表列压力的 70%。$1bar=10^5Pa$。

1.7 铝和铝合金管

1.7.1 挤压无缝圆管

① 规格尺寸 见 GB/T 4436—2012。

② 力学性能 见 GB/T 4437.1—2000。

③ 许用应力 见 JB/T 4734—2002。

1.7.2 拉（轧）无缝圆管

① 规格尺寸 见 GB/T 4436—2012。

② 力学性能 见 GB/T 6893—2000。

③ 许用应力 见 JB/T 4734—2012。

1.7.3 焊接圆管

① 规格尺寸 见表 39-32。

② 力学性能 详见 GB/T 3880.1—2012。

③ 许用应力 详见 JB/T 4734—2002。

1.7.4 化学成分（表 39-33 和表 39-34）

表 39-32 焊接圆管规格（GB 3880.1—2012） 单位：mm

外径	壁厚									外径	壁厚								
	0.5	0.8	1.0	1.2	1.5	1.8	2.0	2.5	3.0		0.5	0.8	1.0	1.2	1.5	1.8	2.0	2.5	3.0
9.5	○	○	○	○	—	—	—	—	—	33	—	—	—	○	○	○	○	○	—
12.7	○	○	○	○	—	—	—	—	—	36	—	—	—	○	○	○	○	○	—
15.9	○	○	○	○	—	—	—	—	—	40	—	—	—	○	○	○	○	○	—
16	○	○	○	○	—	—	—	—	—	50.8	—	—	—	○	○	○	○	○	○
19.1	○	○	○	○	—	—	—	—	—	65	—	—	—	○	○	○	○	○	○
20	○	○	○	○	—	—	—	—	—	75	—	—	—	○	○	○	○	○	○
22	○	○	○	○	○	○	—	—	—	76.2	—	—	—	○	○	○	○	○	○
22.2	○	○	○	○	○	○	—	—	—	80	—	—	—	○	○	○	○	○	○
25	—	○	○	○	○	○	○	—	—	85	—	—	—	○	○	○	○	○	○
25.4	—	○	○	○	○	○	○	—	—	96	—	—	—	○	○	○	○	○	○
28	—	—	○	○	○	○	○	—	—	100	—	—	—	—	○	○	○	○	○
30	—	—	—	○	○	○	○	—	—	105	—	—	—	—	○	○	○	○	○
31.8	—	—	—	○	○	○	○	—	—	120	—	—	—	—	○	○	○	○	○
32	—	—	—	○	○	○	○	○	—										

注：1.“○”表示供货规格。

2. 如需其他规格可由供需双方另行协商，并在合同中注明。

表 39-33 铝和铝合金化学成分（GB/T 3190—2008） 单位：%

牌号	化学成分													
	Si	Fe	Cu	Mn	Mg	Cr	Ni	Zn		Ti	Zr	其他		Al
												单个	合计	
1060	0.25	0.35	0.05	0.03	0.03	—	—	0.05	V:0.05	0.03	—	0.03	—	99.60
1050	0.25	0.40	0.05	0.05	0.05	—	—	0.05	V:0.05	0.03	—	0.03	—	99.50
1050A	0.25	0.40	0.05	0.05	0.05	—	—	0.07	—	0.05	—	0.03	—	99.50
1200	Si+Fe:1.00		0.05	0.05	—	—	—	0.10	—	0.05	—	0.05	0.15	99.00
3003	0.6	0.7	0.05~0.20	1.0~1.5	—	—	—	0.10	—	—	—	0.05	0.15	余量

续表

牌号	化学成分													
	Si	Fe	Cu	Mn	Mg	Cr	Ni	Zn		Ti	Zr	其他		Al
												单个	合计	
5A02	0.40	0.40	0.10	或Cr 0.15～0.40	2.0～2.8	—	—	—	Si+Fe:0.6	0.15	—	0.05	0.15	余量
5A03	0.50～0.8	0.50	0.10	0.30～0.6	3.2～3.8	—	—	0.20	—	0.15	—	0.05	0.10	余量
5A05	0.50	0.50	0.10	0.30～0.6	4.8～5.5	—	—	0.20	—	—	—	0.05	0.10	余量
5052	0.25	0.40	0.10	0.10	2.2～2.8	0.15～0.35	—	0.10	—	—	—	0.05	0.15	余量
5754	0.40	0.40	0.10	0.50	2.6～3.6	0.30	—	0.20	Mn+Cr:0.10～0.6	0.15	—	0.05	0.15	余量
5083	0.40	0.40	0.10	0.40～1.0	4.0～4.9	0.05～0.25	—	0.25	—	0.15	—	0.05	0.15	余量
5086	0.40	0.50	0.10	0.20～0.7	3.5～4.5	0.05～0.25	—	0.25	—	0.15	—	0.05	0.15	余量
6A02	0.50～1.2	0.50	0.20～0.6	或Cr 0.15～0.35	0.45～0.9	—	—	0.20	—	0.15	—	0.05	0.10	余量
6061	0.40～0.8	0.7	0.15～0.40	0.15	0.8～1.2	0.04～0.35	—	0.25	—	0.15	—	0.05	0.15	余量
6063	0.20～0.6	0.35	0.10	0.10	0.45～0.9	0.10	—	0.10	—	0.10	—	0.05	0.15	余量

表39-34 铝和铝合金新旧牌号对照

新牌号	旧牌号	新牌号	旧牌号	新牌号	旧牌号
1060	代L2	5A02	原LF2	5083	原LF4
1050		5A03	原LF3	5086	
1050A	代L3	5A05	原LF5	6A02	原LD2
1200	代L5	5052		6061	原LD30
3003		5454		6063	原LD31

注：1. "原"是指化学成分与新牌号等同，且都符合GB 3190—2008规定的旧牌号。

2. "代"是指与新牌号的化学成分相近似，且符合GB 3190—2008规定的旧牌号。

1.8 钛和钛合金管

(1) 规格尺寸 见表39-35。

(2) 力学性能 见GB/T 3624—2010。

(3) 许用应力 见JB/T 4745—2002。

(4) 化学成分 见表39-37。

表 39-35　钛和钛合金管规格尺寸（GB/T 3624—2010）

牌号	供应状态	制造方法	外径/mm	壁厚/mm 0.2	0.3	0.5	0.6	0.8	1.0	1.25	1.5	2.0	2.5	3.0	3.5	4.0	4.5
TA0 TA1 TA2 TA9 TA10	退火状态(M)	冷轧(冷拔)	3～5	○	○	○	○	—	—	—	—	—	—	—	—	—	—
			5～10	—	○	○	○	○	○	○	—	—	—	—	—	—	—
			10～15	—	—	○	○	○	○	○	○	○	—	—	—	—	—
			15～20	—	—	—	○	○	○	○	○	○	○	—	—	—	—
			20～30	—	—	—	○	○	○	○	○	○	○	○	—	—	—
			30～40	—	—	—	—	—	○	○	○	○	○	○	○	—	—
			40～50	—	—	—	—	—	—	○	○	○	○	○	○	—	—
			50～60	—	—	—	—	—	—	—	○	○	○	○	○	○	—
			60～80	—	—	—	—	—	—	—	○	○	○	○	○	○	○
			80～110	—	—	—	—	—	—	—	—	—	○	○	○	○	○
		焊接	16	—	—	○	○	○	○	—	—	—	—	—	—	—	—
			19	—	—	○	○	○	○	○	—	—	—	—	—	—	—
			25、27	—	—	○	○	○	○	○	○	—	—	—	—	—	—
			31、32、33	—	—	—	—	○	○	○	○	○	—	—	—	—	—
			38	—	—	—	—	—	—	—	○	○	○	—	—	—	—
			50	—	—	—	—	—	—	—	—	○	○	—	—	—	—
			63	—	—	—	—	—	—	—	—	○	○	—	—	—	—
		焊接轧制	6～10	—	—	○	○	○	○	○	—	—	—	—	—	—	—
			10～15	—	—	○	○	○	○	○	○	—	—	—	—	—	—
			15～20	—	—	○	○	○	○	○	○	○	—	—	—	—	—
			20～30	—	—	○	○	○	○	○	○	○	—	—	—	—	—

注：1.“○”表示可以生产的规格。

2. 产品的不定尺长度见表 39-36。

表 39-36　管材的不定尺长度　　单位：mm

无缝管		焊接管			焊接-轧制管	
外径		壁厚			壁厚	
≤15	>15	0.5～1.25	1.25～2.0	2.0～2.5	0.5～0.8	0.8～2.0
500～4000	500～9000	500～15000	500～6000	500～4000	500～8000	500～5000

注：管材的定尺或倍尺长度应在其不定尺长度范围内。定尺长度的允许偏差为+10mm，倍尺长度还应计入管材切断时的切口量，每个切口量为5mm。

(5) 工艺性能（GB/T 3624—2010）

① 压扁试验　当需方要求并在合同中注明时，可进行压扁试验。试样压扁后应完好，其压板间距 H 值按式（39-3）计算

$$H=\frac{(1+e)t}{e+\frac{t}{D}} \tag{39-3}$$

式中　H——压板间距，mm；

t——管材名义壁厚，mm；

D——管材名义外径，mm；

e——常数，其值对 TA0、TA1 取 0.07，TA2、TA9 取 0.06。对 TA10，当外径不大于 25mm 时，取 0.04；当外径大于 25mm 时，取 0.06。

焊接管的压扁方向和焊缝位置如图 39-2 所示。

表 39-37 钛和钛合金牌号和化学成分（GB/T 3620.1—2007）

合金牌号	化学成分	化学成分/%																					
		主要成分															杂质，不大于						
		Ti	Al	Sn	Mo	V	Cr	Fe	Mn	Zr	Pd	Ni	Cu	Nb	Si	B	Fe	C	N	H	O	其他元素 单一	其他元素 总和
TA0	工业纯钛	余量	—	—	—	—	—	—	—	—	—	—	—	—	—	—	0.15	0.10	0.03	0.015	0.15	0.1	0.4
TA1	工业纯钛	余量	—	—	—	—	—	—	—	—	—	—	—	—	—	—	0.25	0.10	0.03	0.015	0.20	0.1	0.4
TA2	工业纯钛	余量	—	—	—	—	—	—	—	—	—	—	—	—	—	—	0.30	0.10	0.05	0.015	0.25	0.1	0.4
TA9	Ti-0.2Pd	余量	—	—	—	—	—	—	—	—	0.12～0.25	—	—	—	—	—	0.25	0.10	0.03	0.015	0.20	0.1	0.4
TA10	Ti-0.3Mo-0.8Ni	余量	—	—	0.2～0.4	—	—	—	—	—	—	0.6～0.9	—	—	—	—	0.30	0.08	0.03	0.015	0.25	0.1	0.4

注：钛及钛合金管材的化学成分应符合 GB/T 3620.1 的规定。需方复验时，化学成分允许偏差应符合 GB/T 3620.2 的规定。

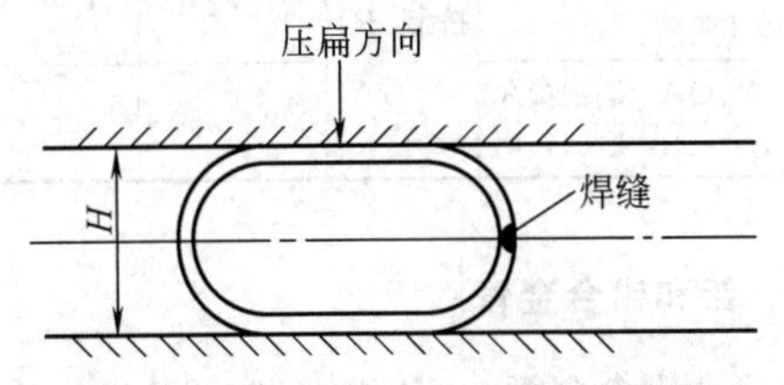

图 39-2 焊接管的压扁方向和焊缝位置

② 水（气）压试验 需方要求并在合同中注明时，管材可进行水压或气压试验。选择的试验方式和水压试验压力应在合同中注明。合同中未注明时，供方可不进行试验，但必须保证其符合式（39-4）中最低水压或气压试验要求。

水压试验的压力 p 值按式（39-4）计算；或由供需双方协商，选用 5MPa 或 1.5 倍工作压力或其他压力。

$$p=\frac{SEt}{\frac{D}{2}-0.4t} \tag{39-4}$$

式中 p——试验压力，MPa；

t——管材名义壁厚，mm；

S——允许应力，对 TA0、TA1、TA2、TA9 其值取该牌号最小规定残余伸长应力的 50%，对 TA10 其值取最小抗拉强度的 40%，MPa；

D——管材的名义外径，mm；

E——常数，焊接管和焊接-轧制管取 $E=0.85$，无缝管取 $E=1.0$。

试验时，压力保持时间为 5s，管材不应发生畸变或泄漏。对外径不大于 76mm 的管材，其水压试验的最大压力应不大于 17.2MPa；对外径大于 76mm 的管材，其水压试验的最大压力应不大于 19.3MPa。

管材内部气压试验的压力为 0.7MPa，试验时压力保持时间为 5s，管材应不泄漏。

1.9 铜和铜合金管

1.9.1 铜和铜合金拉制管（GB/T 1527—2006）

(1) 规格尺寸（表 39-38）

表 39-38 管材的牌号、状态、规格

牌号	状态	规格/mm 外径	规格/mm 壁厚
T2、T3、TU1、TU2、TP1、TP2	硬(Y)	3～360	0.5～10
	半硬(Y_2)	3～100	0.5～10
	软(M)	3～360	0.5～10
H96	硬(Y)	3～200	0.15～10
	软(M)	3～200	0.15～10
H68	硬(Y)	3.2～30	0.15～0.90
	半硬(Y_2)	3～60	0.15～10
	软(M)	3～60	0.15～10
H62	硬(Y)	3.2～30	0.15～0.90
	半硬(Y_2)	3～200	0.15～10
	软(M)	3～200	0.15～10
HSn70-1、HSn62-1	半硬(Y_2)	3～60	0.5～10
	软(M)	3～60	0.5～10
BZn15-20	硬(Y)	4～40	0.5～4.0
	半硬(Y_2)	4～40	0.5～4.0
	软(M)	4～40	0.5～4.0

注：黄铜薄壁管须在合同中注明，否则按一般黄铜管供应。

(2) 化学成分

管材的化学成分应符合 GB/T 5231、GB/T 5232 和 GB/T 5234 标准中相应牌号的规定。

(3) 尺寸和允许偏差

管材的尺寸及其允许偏差应符合《一般用途的加工铜及铜合金无缝圆形管材外形尺寸及允许偏差》(GB/T 16866) 的规定。

(4) 工艺性能

① 管材的液压试验　用于压力下工作的 T2、T3、TP1 和 TP2 管材应进行液压试验，试验压力按下式计算，试验持续时间为 10～15s。但是，除特殊指定压力外，管材不必在大于 6.86MPa 的压力下进行试验。

$$p=\frac{2St}{D-0.8t} \tag{39-5}$$

式中　p ——试验水压力，MPa；

t ——管材壁厚，mm；

D ——管材外径，mm；

S ——材料的允许应力，纯铜的允许应力为 41.2MPa。

HSn 62-1 和 HSn 70-1 管材的液压试验压力为 4.9MPa，试验持续时间为 10～15s。

BZn 15-20 管材的液压试验，需方无特殊要求时最大压力不得大于 6.86MPa，试验持续时间为 10s。

管材经液压试验后，应无渗漏和永久变形。供方可不进行此项试验，但必须保证。

② 管材的扩口试验　壁厚不大于 2.5mm 的 BZn 15-20 软管在经受扩口试验时，应不产生裂纹。扩口率为 20%。顶心锥度规定如下。

管材内径为 5～15mm 者，顶心锥度为 30°。

管材内径大于 15mm 者，顶心锥度为 60°。

根据需方要求并在合同中注明，方可进行此项试验。

③ 管材的压扁试验　T2、T3 管材于退火后做压扁试验，压扁后内壁距离等于壁厚。半硬管和硬态管的退火温度为 550～650℃，时间为 1～2h，供方可不进行此项试验，但必须保证合格。

TP1、TP2 的软管或硬态管在氢气中退火后做压扁试验，压扁后内壁距离等于壁厚，退火温度为 750～800℃，时间为 40min。供方可不进行此项试验，但必须保证合格。

壁厚不大于 2.5mm 的 HSn 62-1 和 HSn 70-1 管材进行压扁试验时，软管压扁后内壁距离等于壁厚，半硬管压扁后内壁距离等于 3 倍壁厚。

经压扁后的管材不应有肉眼可见的裂纹或裂口。

1.9.2 铜和铜合金挤制管 (YS/T 662—2007)

(1) 规格

管材的牌号、状态和规格见表 39-39。

(2) 化学成分

管材的化学成分应符合 GB/T 5231、GB/T 5232 和 GB 5233 标准中相应牌号的规定。

(3) 尺寸及尺寸允许偏差

管材的尺寸及其允许偏差应符合 GB/T 16866 的规定。

表 39-39　管材的牌号、状态和规格

牌　号	状态	规　格/mm	
		外径	壁厚
T2、T3、TP2、TU1、TU2	挤制(R)	30～300	5～30
H96、H62、HPb 59-1、HFe 59-1-1		21～280	1.5～42.5
QA 19-2、QA 19-4、QA 110-3-1.5、QA 110-4-4		20～250	3～50

1.10　铅和铅合金管

铅管和铅合金管 (GB/T 1472—2014)　适用于化学、染料、制药及其他工业部门作耐酸材料的管道，如输送 15%～65%的硫酸、干的或湿的二氧化硫、60%的氢氟酸、浓度小于 80%的醋酸。铅管的最高使用温度为 200℃，温度高于 140℃时不宜在压力下使用。硝酸、次氯酸盐及高锰酸盐类等介质，不可采用铅管。铅和铅锑合金管的规格见表 39-40 和表 39-41。

铅和铅合金管的长度：内径等于或小于 110mm 的铅管，长度不小于 2.5m；内径大于 110mm 的铅管，长度不小于 1.5m。铅合金管长度不小于 0.5m。管材以卷状供应时，长度由双方协议。

常用材料纯铅牌号为 Pb1、Pb2、Pb3；铅锑合金(硬铅) 牌号为 PbSb4、PbSb6、PbSb8。

表 39-40　纯铅管 (GB/T 1472)

管材内径/mm	管壁厚度/mm										管内径偏差/mm ≤
	2	3	4	5	6	7	8	9	10	12	
	理论质量/(kg/m)(相对密度 11.34)										
5	0.5	0.9	1.3	1.8	2.3	3.0	3.7	4.7	5.3	7.3	±0.75
6	0.6	1.0	1.4	1.9	2.6	3.2	4.1	4.8	5.7	7.7	
8	0.7	1.2	1.7	2.3	3.0	3.7	4.5	5.4	6.4	8.5	
10	0.8	1.4	2.0	2.7	3.4	4.2	5.1	6.3	7.1	9.4	

续表

管材内径/mm	管壁厚度/mm										管内径偏差/mm ≤
	2	3	4	5	6	7	8	9	10	12	
	理论质量/(kg/m)(相对密度 11.34)										
13	1.1	1.7	2.4	3.2	4.1	5.0	6.0	7.0	8.2	10.7	±1.5
16	1.3	2.0	2.8	3.7	4.7	5.7	6.8	8.0	9.3	12.0	
20	1.6	2.5	3.4	4.4	5.5	6.7	8.0	9.3	10.7	13.7	
25		3.0	4.1	5.4	6.6	8.0	9.4	10.9	12.5	15.8	±2.25
30		3.5	4.9	6.2	7.7	9.2	10.8	12.5	14.2	17.9	
35		4.1	5.6	7.1	8.8	10.5	12.3	14.1	16.0	20.1	±3.0
(38)		4.4	6.0	7.6	9.4	11.2	13.1	15.1	17.1	21.4	
40		4.6	6.3	8.0	9.8	11.7	13.7	15.7	17.8	22.2	
45		5.1	7.0	8.9	10.9	13.0	15.1	17.3	19.6	21.3	±4.0
50		5.7	7.7	9.8	12.0	14.2	16.5	18.9	21.4	26.5	
55			8.4	10.7	13.1	15.5	18.0	20.5	23.1	28.6	
60			9.1	11.6	14.1	16.7	19.4	22.1	24.9	30.8	±5.0
65			9.8	12.4	15.2	18.8	20.8	24.6	26.9	32.9	
70			10.5	13.3	16.2	19.1	22.2	25.3	28.5	35.0	
75			11.3	14.2	17.3	20.4	23.6	27.1	30.3	37.2	
80			12.0	15.1	18.3	21.7	26.0	28.5	32.0	39.3	±5.0
90			13.4	16.9	20.5	24.2	27.9	31.8	35.6	43.6	
100			14.8	18.7	22.6	26.7	30.8	35.0	39.2	47.9	
110				20.5	24.8	29.2	33.6	38.2	42.7	52.1	
125					28.0	32.9	37.9	42.9	48.1	58.6	±7.5
150					33.3	39.1	45.0	50.9	57.1	69.3	
180							53.6	60.5	67.7	82.2	±10.0
200							59.3	67.0	74.8	90.7	
230							67.8	76.5	85.5	103.5	±12.5

注：表中括号内数据表示不推荐使用的规格。

表 39-41　铅锑合金管（GB/T 1472）

管材内径/mm	管壁厚度/mm										管内径偏差/mm ≤
	3	4	5	6	(7)	8	9	10	12	14	
10	╳	╳	╳	╳	╳	╳	╳	╳	╳	╳	±0.75
15	╳	╳	╳	╳	╳	╳	╳	╳	╳	╳	±1.5
17	╳	╳	╳	╳	╳	╳	╳	╳	╳	╳	
20	╳	╳	╳	╳	╳	╳	╳	╳	╳	╳	
25	╳	╳	╳	╳	╳	╳	╳	╳	╳	╳	±2.25
30	╳	╳	╳	╳	╳	╳	╳	╳	╳	╳	
35	╳	╳	╳	╳	╳	╳	╳	╳	╳	╳	±3.0
40	╳	╳	╳	╳	╳	╳	╳	╳	╳	╳	
45	╳	╳	╳	╳	╳	╳	╳	╳	╳	╳	±4.0
50	╳	╳	╳	╳	╳	╳	╳	╳	╳	╳	
55		╳	╳	╳	╳	╳	╳	╳	╳	╳	
60	╳	╳	╳	╳	╳	╳	╳	╳	╳	╳	±5.0
65	╳	╳	╳	╳	╳	╳	╳	╳	╳	╳	
70	╳	╳	╳	╳	╳	╳	╳	╳	╳	╳	
75		╳	╳	╳	╳	╳	╳	╳	╳	╳	
80		╳	╳	╳	╳	╳	╳	╳	╳	╳	
90		╳	╳	╳	╳	╳	╳	╳	╳	╳	
100		╳	╳	╳	╳	╳	╳	╳	╳	╳	
110				╳	╳	╳	╳	╳	╳	╳	
125					╳	╳	╳	╳	╳	╳	±7.5
150					╳	╳	╳	╳	╳	╳	
180						╳	╳	╳	╳	╳	±10.0
200						╳	╳	╳	╳	╳	

注：1. 符号“╳”表示有此规格产品。

2. 铅锑合金管的质量可用纯铅管质量乘以换算系数而得，换算系数见表 39-42。

3. 表中括号内的数据表示不推荐使用的规格。

表 39-42 换算系数

牌 号	相对密度	换算系数
PbSb4	11.15	0.9850
PbSb	11.06	0.9753
PbSb8	10.97	0.9674

1.11 金属管常用规格、材料及适用温度（表39-43）

2 标准管件

2.1 可锻铸铁管件（GB/T 3287—2011）

GB/T 3287—2011 标准同时代替了 GB/T 3287—82《可锻铸铁管路连接件技术条件》、GB/T 3288—82《可锻铸铁管路连接件验收规则》及 GB/T 3289.1～3289.39—82《可锻铸铁管路连接件型式尺寸》。

本标准增加了产品分类和标记，见表 39-44，该表概括了所有管件型式，每种型式均有英文代号（如弯头为 A、三通为 B……），并用符号（代号）来区别每种型式的不同类型，如符号 A1 表示等径弯头，A4 表示异径弯头，其规格尺寸和安装长度可按该管件的符号从本标准附录 A 中查得。

2.2 对焊管件

应符合 GB/T 12459—2005、GB/T 13401—2005、SH/T 3408—2012、ASME B16.9、B16.28 中的相关规定。

2.2.1 弯头

(1) 长半径弯头（1.5*D*）

尺寸系列见表 39-45 和图 39-3。

(2) 短半径弯头（1.0*D*）

尺寸系列见表 39-46 和图 39-3。

表 39-43 金属管常用规格、材料及适用温度

名 称	标准号	常用规格/mm	常用材料	适用温度/℃
流体输送用无缝钢管	GB/T 8163—2008	按 GB/T 17395—2008	20、10、09MnD	−20～450 −40～450 −46～200
中、低压锅炉用无缝钢管	GB/T 3087—2008	按 GB/T 17395—2008	20、10	−20～450
高压锅炉管	GB/T 5310—2008	按 GB/T 17395—2008	20G 20MnG 10MoWVNb 15CrMoG 12Cr2MoG 1Cr5Mo 12CrMoG	−20～450 −46～450 −20～400(抗氢) −20～560 −20～580 −20～600 −20～540
高压无缝钢管	GB/T 6479—2013			
石油裂化管	GB/T 9948—2013			
不锈钢无缝钢管	GB/T 14976—2012	按 GB/T 14976—2012	0Cr18Ni9 00Cr19Ni10 00Cr17Ni14Mo2 0Cr18Ni12Mo2Ti 0Cr18Ni10Ti	−196～700
不锈钢焊接钢管(EFW)	HG/T 20537—2009	按 HG/T 20537		
低压流体输送用焊接钢管(ERW)	GB/T 3091—2015 (镀锌)	1/2″,3/4″,1″,1½″,1½″,2″,2½″,3″,4″,5″,6″按标准规定外径及壁厚	Q215A Q215AF, Q235AF,Q235A	0～200
普通流体输送用埋弧焊钢管	SY/T 5037—2012	8″～24″	Q235AF,Q235A SS400,St52-3	0～300
低压流体输送用大直径电焊钢管(ERW)	GB/T 3091—2015	按 GB/T 17395—2008(ERW)6″～20″	Q215A Q235A	0～300
石油天然气工业输送钢管(大直径埋弧焊直缝焊管)	GB/T 9711—2011	按 GB 9711.1—1998 中的大直径直缝埋弧焊钢管 18″～80″(EFW)	L245	−20～450

续表

名　　称	标准号	常用规格/mm	常用材料	适用温度/℃
铜管	GB/T 1527—2006 YS/T 622—2007	5×1,7×1,10×1,15×1,18×1.5,24×1.5,28×1.5,35×1.5,45×1.5,55×1.5,75×2,85×2,104×2,129×2,156×3	T2、T3、T4、TU1、TU2(紫铜)TP1、TP2	≤250 (受压时,≤200)
黄铜管	GB 1529—1997 GB 1530—1997	5×1,7×1,10×1,15×1,15×1.5,18×1.5,24×2,28×1.5,28×2,35×1.5,45×1.5,45×2,55×2,75×2.5,80×2,96×3,100×3	H62、H68 (黄铜) HPb 50-1	≤250 (受压时,≤200)
铅和铅合金管	GB/T 1472—2014	20×2,22×2,31×3,50×5,62×6,94×7,118×9	Pb3、PbSb4 PbSb6	≤200 (受压时,≤140)
	GB/T 6893—2010 挤压管	ϕ25×6～ϕ155×40 ϕ120×5～ϕ200×7.5	1050A、1060、1200、3003、5052、5A03、5083、5086、5454、6A02、6061、6063	－269～200
	GB/T 4437.1—2000 拉制管	ϕ6×0.5～ϕ120×3		
一般工业用铝及铝合金板	GB/T 3880.1—2012	ϕ9.5×0.5～ϕ120×3		
钛和钛合金管	GB/T 3624—2010 无缝(冷拔、轧)焊接 焊接-轧制	ϕ3×0.2～ϕ110×4.5 ϕ16×0.5～ϕ63×2.5 ϕ6×0.5～ϕ30×2.0	TA0、TA1、TA2、TA9、TA10	－269～300

表 39-44　可锻铸铁管件（GB/T 3287—2011）

型式	外形图和符号(代号)			
A 弯头	A1(90) 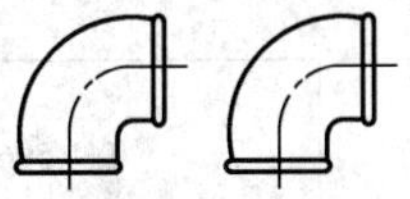	A1/45°(120) 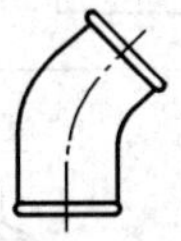	A4(92) 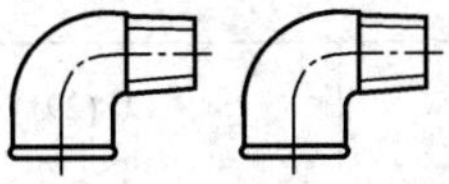	A4/45°(121) 
B 三通	B1(130) 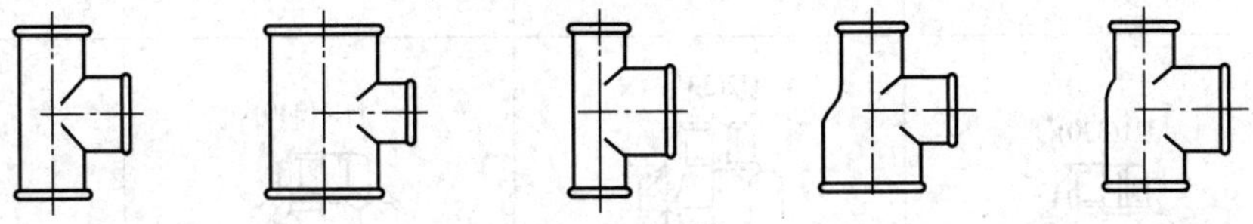			
C 四通	C1(180) 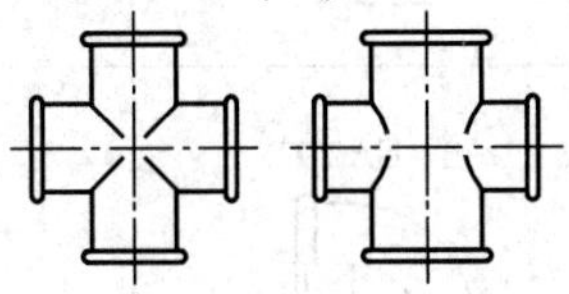			
D 短月弯	D1(2a) 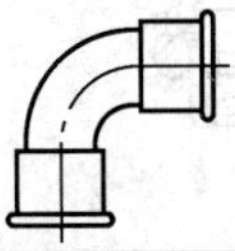		D4(1a) 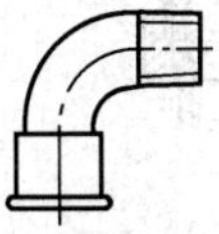	

续表

型式	外形图和符号(代号)
E 单弯三通及双弯弯头	E1(131) 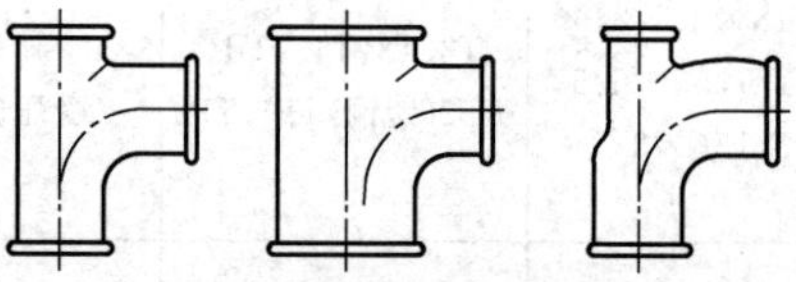　E2(132) 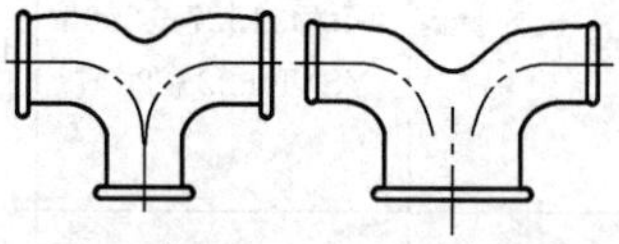
G 长月弯	G1(2) 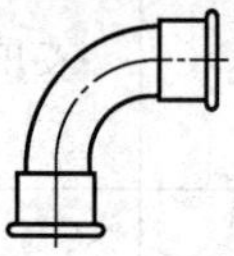　G1/45°(41) 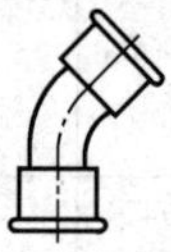　G4(1) 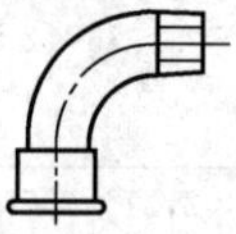　G4/45°(40) 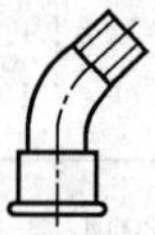　G8(3) 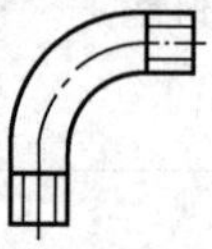
M 外接头	M2(270) M2R－L(271) 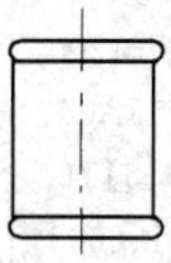　M2(240) 　M4(529a) 　M4(246) 
N 内外螺纹内接头	N4(241) 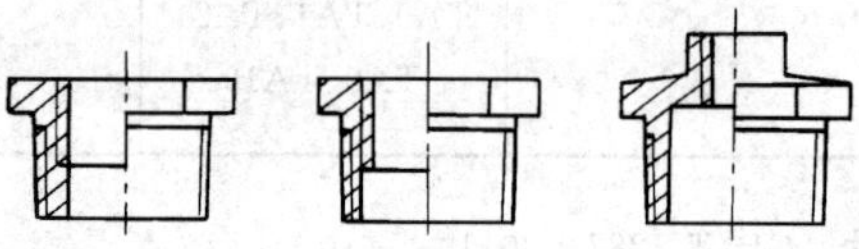　N8(280) N8R－L(281) 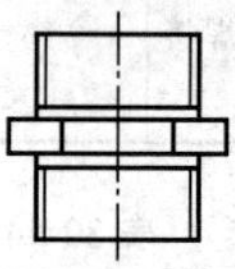　N8(245) 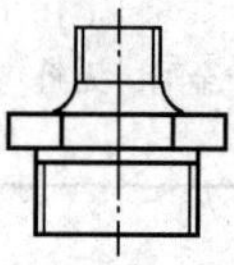
P 锁紧螺母	P4(310) 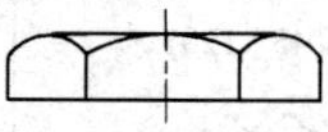
T 管帽管堵	T1(300) 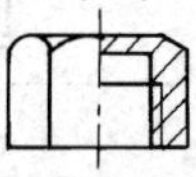　T8(291) 　T9(290) 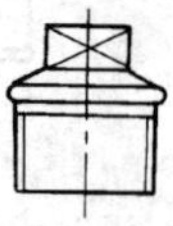　T11(596) 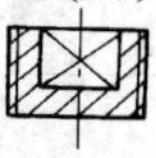
U 活接头	U1(330) 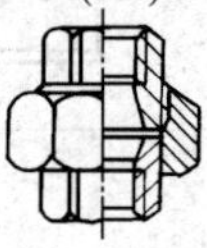　U2(331) 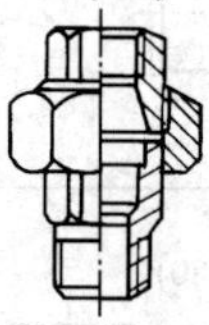　U11(340) 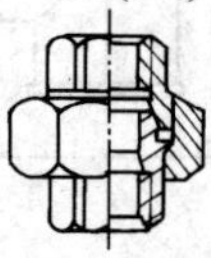　U12(341) 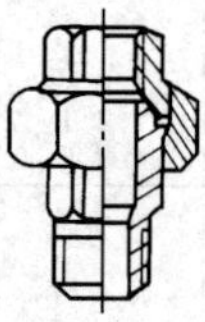
UA 活接弯头	UA1(95) 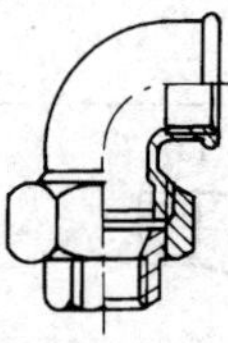　UA2(97) 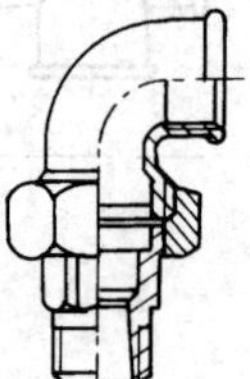　UA11(96) 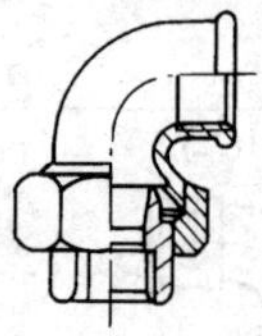　UA12(98) 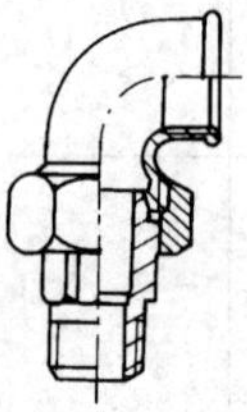

续表

型式	外形图和符号(代号)
Za 侧孔弯头侧孔三通	Za1(221)　Za2(223)

注：管件规格详见 GB/T 3287—2011 中附录 A。

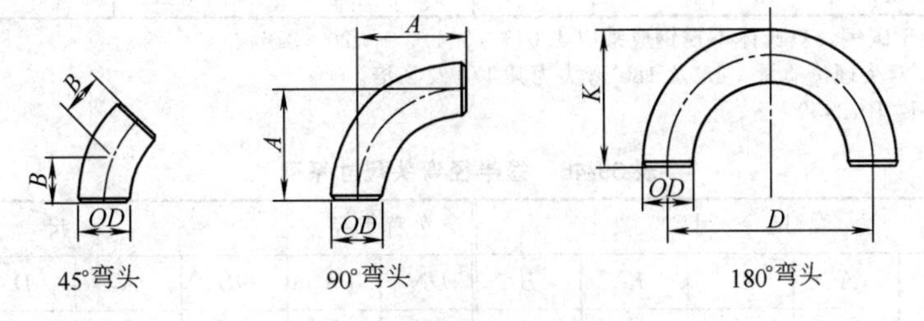

图 39-3　弯头型式

表 39-45　长半径弯头尺寸系列　单位：mm

公称直径		尺寸				不同壁厚下的理论质量(90°弯头)					
DN	NPS/in	*A*	*B*	*D*	*K*	5S	10S	Std	Sch40	XS	Sch80
15	1/2	38	16	76	48	0.05	0.06	0.08	0.08	0.10	0.10
20	3/4	38	16	76	51	0.06	0.08	0.11	0.08	0.10	0.10
25	1	38	16	76	56	0.08	0.13	0.15	0.15	0.19	0.19
32	1¼	48	20	95	70	0.13	0.21	0.25	0.25	0.33	0.33
40	1½	57	24	114	83	0.17	0.28	0.36	0.36	0.49	0.49
50	2	76	32	152	106	0.29	0.47	0.65	0.65	0.90	0.90
65	2½	95	40	191	132	0.57	0.83	1.36	1.29	1.71	1.71
80	3	114	47	229	159	0.80	1.17	2.03	2.03	2.74	2.74
90	3½	133	55	267	184	1.08	1.57	2.74	2.74	3.82	3.82
100	4	152	63	305	210	1.39	2.03	3.85	3.85	5.34	5.34
125	5	190	79	381	262	2.82	3.45	6.51	6.51	9.27	9.27
150	6	229	95	457	313	3.85	4.69	10.1	10.1	15.3	15.3
200	8	305	126	610	414	7.15	9.65	20.4	20.4	30.9	30.9
250	10	381	158	762	518	13.7	16.7	36.1	36.1	48.8	57.3
300	12	457	189	914	619	226	260	531	578	70.0	94.7
350	14	533	221	1067	711	29.0	34.7	68.1	79.2	90.0	132
400	16	610	253	1219	813	39.9	45.5	89.3	118	118	195
450	18	686	284	1372	914	50.5	57.7	113	168	150	274
500	20	762	316	1524	1016	71.3	81.5	140	219	186	372
550	22	838	347	1676	1118	86.3	98.8	170	—	225	492
600	24	914	379	1829	1219	118	137	202	366	269	634
650	26	991	410	—	—	—	—	238	—	316	—
700	28	1067	442	—	—	—	—	276	—	367	—
750	30	1143	473	—	—	214	264	318	—	421	—
800	32	1219	505	—	—	—	—	362	656	480	—
850	34	1295	537	—	—	—	—	408	742	542	—

续表

公称直径		尺寸				不同壁厚下的理论质量(90°弯头)					
DN	NPS/in	A	B	D	K	5S	10S	Std	Sch40	XS	Sch80
900	36	1372	568	—	—	—	—	458	906	608	—
950	38	1448	600	—	—	—	—	509	—	678	202
1000	40	1524	631	—	—	—	—	564	—	752	—
1050	42	1600	663	—	—	—	—	622	—	829	—
1100	44	1676	694	—	—	—	—	683	—	910	—
1150	46	1753	726	—	—	—	—	747	—	995	—
1200	48	1829	758	—	—	—	—	813	—	1084	—

注：1. 表列质量用于碳钢，奥氏体不锈钢应乘以 1.015（304）、1.020（316）。

2. 表列为 1.5*D* 90°弯头理论质量。45°及 180°弯头为其 1/2 及 2 倍。

3. 管件规格详见 GB/T 12459。

表 39-46 短半径弯头尺寸系列 单位：mm

公称直径		尺寸					公称直径		尺寸				
DN	NPS/in	OD	A	D	K	B	DN	NPS/in	OD	A	D	K	B
25	1	33	25	51	41	10	200	8	219	203	406	313	84
32	1¼	42	32	64	52	13	250	10	273	254	508	391	105
40	1½	48	38	76	62	16	300	12	324	305	610	467	126
50	2	60	51	102	81	21	350	14	356	356	711	533	148
65	2½	73	64	127	100	26	400	16	406	406	813	610	168
80	3	89	76	152	121	32	450	18	457	457	914	686	189
90	3½	102	89	178	140	—	500	20	508	508	1016	762	210
100	4	114	102	203	159	42	550	22	559	559	1118	838	—
125	5	141	127	254	197	53	600	24	610	610	1219	914	253
150	6	168	152	305	237	63							

2.2.2 异径管（图 39-4 和表 39-47）

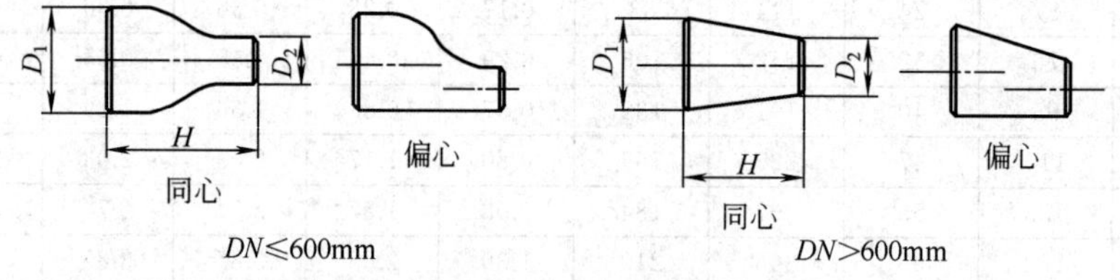

图 39-4 异径管型式

表 39-47 异径管尺寸系列

公称直径		长度 H /mm	不同壁厚下的理论质量/kg					
DN/mm	NPS/in		5S	10S	Std	Sch40	XS	Sch80
50×25	2×1	76	0.17	0.27	0.41	0.41	0.56	0.56
50×32	2×1¼				0.41		0.56	
50×40	2×1½				0.41		0.56	
65×32	2½×1¼	89	0.30	0.43	0.77	0.77	1.01	1.01
65×40	2½×1½				0.77		1.01	
65×50	2½×2				0.77		1.01	
80×40	3×1½	89	0.37	0.53	1.00	1.00	1.36	1.36
80×50	3×2				1.00		1.36	
80×65	3×2½				1.00		1.36	
100×50	4×2	102	0.57	0.82	1.63	1.63	2.27	2.27
100×65	4×2½				1.63		2.27	
100×80	4×3				1.63		2.27	

续表

公称直径		长度 H /mm	不同壁厚下的理论质量/kg					
DN/mm	NPS/in		5S	10S	Std	Sch40	XS	Sch80
125×65	5×2½	127	1.11	1.35	2.77	2.77	3.92	3.92
125×80	5×3				2.77		3.92	
125×100	5×4				2.77		3.92	
150×80	6×3	140	1.48	1.81	3.95	3.95	5.94	5.94
150×100	6×4				3.95		5.94	
150×125	6×5				3.95		5.94	
200×100	8×4	152	2.04	2.75	6.49	6.49	9.84	9.84
200×125	8×5				6.49		9.84	
200×150	8×6				6.49		9.84	
250×125	10×5	178	3.43	4.21	10.7	10.7	14.5	16.3
250×150	10×6				10.7		14.5	16.3
250×200	10×8				10.7		14.5	16.3
300×150	12×6	203	5.97	6.88	15.0	16.2	19.8	27.3
300×200	12×8				15.0		19.8	
300×250	12×10				15.0		19.8	
350×200	14×8	330	11.0	13.2	26.8	29.5	35.5	49.2
350×250	14×10				26.8		35.5	
350×300	14×12				26.8		35.5	
400×200	16×8	356	14.1	16.1	33.1	41.0	44.0	67.5
400×250	16×10				33.1		44.0	
400×300	16×12				33.1		44.0	
400×350	16×14				33.2		44.0	
450×250	18×10	381	17.1	19.5	39.9	50.0	56.0	91.2
450×300	18×12				39.9		56.0	
450×350	18×14				39.9		56.0	
450×400	18×16				39.9		56.0	

公称直径		长度 H /mm	不同壁厚下的理论质量/kg						
DN/mm	NPS/in		5S	10S	7.9	Std 9.53	XS 12.70	Sch40	Sch80
500×250	20×10	508	24.0	27.8	37.6	45	59.7	70.5	119
500×300	20×12		25.4	29.4	40.1	48	63.7	75.3	127
500×350	20×14		26.3	30.4	42.0	50.3	66.7	81.7	133
500×400	20×16		27.7	32.0	44.5	53.3	70.7	83.6	141
500×450	20×18		29.1	33.7	47.0	56.3	74.5	88.4	150
550×300	22×12	508	26.8	31.7	42.6	51.1	67.8	85	147
550×350	22×14		28.1	32.7	44.5	53.3	70.7	89	154
550×400	22×16		29.4	34.0	47.0	56.3	74.8	94	163
550×450	22×18		30.8	35	49.5	59.3	78.8	99	172
550×500	22×20		32.1	37.3	52.0	62.4	82.8	104	181
600×300	24×12	508	33.1	37.7	45.1	54.1	71.8	97.4	168
600×350	24×14		34.6	39.5	47.0	56.3	74.7	101	175
600×400	24×16		36.1	41.3	49.5	59.3	78.8	107	185
600×450	24×18		37.6	43.1	52.0	62.4	82.8	112	195
600×500	24×20		39.2	44.9	54.5	65.4	86.7	118	205
600×550	24×22		40.9	46.8	57.0	68.4	90.9	125	215
650×350	26×14	610	—	—	59.4	71.2	94.6	—	—
650×400	26×16		—	—	62.4	74.8	99.4	—	—
650×450	26×18		—	—	65.4	78.5	104	—	—
650×500	26×20		—	—	68.4	82.1	109	—	—
650×550	26×22		—	—	71.5	85.7	114	—	—
650×600	26×24		—	—	74.5	89.3	119	—	—

续表

公称直径		长度 H /mm	不同壁厚下的理论质量/kg						
DN/mm	NPS/in		5S	10S	7.9	Std 9.53	XS 12.70	Sch40	Sch80
700×350	26×14	610	—	—	62.4	74.8	99.4	—	—
700×400	26×16		—	—	65.4	78.4	104	—	—
700×450	26×18		—	—	68.4	82.1	109	—	—
700×500	26×20		—	—	71.5	85.7	114	—	—
700×550	26×22		—	—	74.5	89.3	119	—	—
700×600	26×24		—	—	77.5	93.0	124	—	—
700×650	26×26		—	—	80.5	96.6	129	—	—
750×400	30×16	610	56.4	71.9	68.4	82.9	109	—	—
750×450	30×18		58.9	74.6	71.4	85.7	116	—	—
750×500	30×20		61.4	77.5	74.5	89.3	119	—	—
750×550	30×22		63.9	80.0	77.5	93.0	124	—	—
750×600	30×24		66.4	82.7	80.5	96.6	129	—	—
750×650	30×26		—	—	83.5	100	133	—	—
750×700	30×28		—	—	86.5	104	138	—	—
800×400	32×16	610	—	—	72.4	87	116	—	—
800×450	32×18		—	—	74.5	89.3	119	—	—
800×500	32×20		—	—	77.5	92.9	124	—	—
800×550	32×22		—	—	80.5	96.6	126	—	—
800×600	32×24		—	—	83.5	100	133	—	—
800×650	32×26		—	—	86.5	104	138	—	—
800×700	32×28		—	—	89.6	107	143	—	—
800×750	32×30		—	—	92.0	111	148	—	—
850×450	34×18	610	—	—	77.4	93.0	124	—	—
850×500	34×20		—	—	80.5	96.6	129	—	—
850×550	34×22		—	—	83.5	100	133	—	—
850×600	34×24		—	—	86.5	104	138	—	—
850×650	34×26		—	—	89.6	107	143	—	—
850×700	34×28		—	—	92.6	111	148	—	—
850×750	34×30		—	—	95.6	115	153	—	—
850×800	34×32		—	—	98.6	118	156	—	—
900×450	36×18	610	—	—	80.5	96.6	129	—	—
900×500	36×20		—	—	83.5	100	133	—	—
900×550	36×22		—	—	86.5	104	138	—	—
900×600	36×24		—	—	89.6	107	143	—	—
900×650	36×26		—	—	92.6	111	148	—	—
900×700	36×28		—	—	95.6	115	153	—	—
900×750	36×30		—	—	98.6	118	158	—	—
900×800	36×32		—	—	102	122	162	—	—
900×850	36×34		—	—	105	126	167	—	—
950×500	38×20	610	—	—	87.5	105	140	—	—
950×550	38×22		—	—	89.6	107	144	—	—
950×600	38×24		—	—	92.6	111	147	—	—
950×650	38×26		—	—	95.6	115	153	—	—
950×700	38×28		—	—	98.5	118	158	—	—
950×750	38×30		—	—	102	122	162	—	—
950×800	38×32		—	—	105	126	167	—	—
950×850	38×34		—	—	108	127	172	—	—
950×900	38×36		—	—	111	133	177	—	—
1000×500	40×20	610	—	—	89.6	107	143	—	—
1000×600	40×24		—	—	95.6	115	153	—	—
1000×650	40×26			—	98.6	118	158	—	—

续表

公称直径		长度 H /mm	不同壁厚下的理论质量/kg						
DN/mm	NPS/in		5S	10S	7.9	Std 9.53	XS 12.70	Sch40	Sch80
1000×700	40×28	610	—	—	102	122	162	—	—
1000×750	40×30		—	—	105	126	167	—	—
1000×800	40×32		—	—	108	129	172	—	—
1000×850	40×34		—	—	111	133	177	—	—
1000×900	40×36		—	—	114	136	182	—	—
1000×950	40×38		—	—	117	140	187	—	—
1050×550	42×22	610	—	—	95.6	115	153	—	—
1050×600	42×24		—	—	98.6	118	158	—	—
1050×650	42×26		—	—	102	122	162	—	—
1050×700	42×28		—	—	105	126	167	—	—
1050×750	42×30		—	—	108	129	172	—	—
1050×800	42×32		—	—	111	133	177	—	—
1050×850	42×34		—	—	114	136	182	—	—
1050×900	42×36		—	—	117	140	187	—	—
1050×950	42×38		—	—	120	144	192	—	—
1050×1000	42×40		—	—	123	147	196	—	—
1100×550	44×22	610	—	—	98.6	118	158	—	—
1100×600	44×24		—	—	102	122	162	—	—
1100×650	44×26		—	—	105	126	167	—	—
1100×700	44×28		—	—	108	129	172	—	—
1100×750	44×30		—	—	111	133	177	—	—
1100×800	44×32		—	—	114	136	182	—	—
1100×850	44×34		—	—	117	140	187	—	—
1100×900	44×36		—	—	120	144	192	—	—
1100×950	44×38		—	—	123	147	196	—	—
1100×1000	44×40		—	—	126	151	201	—	—
1100×1050	44×42		—	—	129	155	206	—	—
1150×600	46×24	711	—	—	106	147	195	—	—
1150×650	46×26		—	—	126	151	201	—	—
1150×700	46×28		—	—	129	155	206	—	—
1150×750	46×30		—	—	133	159	212	—	—
1150×800	46×32		—	—	136	163	218	—	—
1150×850	46×34		—	—	140	168	223	—	—
1150×900	46×36		—	—	143	172	229	—	—
1150×950	46×38		—	—	147	176	235	—	—
1150×1000	46×40		—	—	150	180	240	—	—
1150×1050	46×42		—	—	154	185	246	—	—
1150×1100	46×44		—	—	157	187	252	—	—
1200×600	48×24	711	—	—	126	151	201	—	—
1200×650	48×26		—	—	129	155	206	—	—
1200×700	48×28		—	—	133	159	212	—	—
1200×750	48×30		—	—	136	163	218	—	—
1200×800	48×32		—	—	140	168	223	—	—
1200×850	48×34		—	—	143	172	229	—	—
1200×900	48×36		—	—	147	176	235	—	—
1200×950	48×38		—	—	150	180	240	—	—
1200×1000	48×40		—	—	154	185	246	—	—
1200×1050	48×42		—	—	157	189	252	—	—
1200×1100	48×44		—	—	161	183	257	—	—
1200×1150	48×46		—	—	164	197	263	—	—

2.2.3 等径三通、异径三通尺寸系列（图 39-5、表 39-48 和表 39-49）

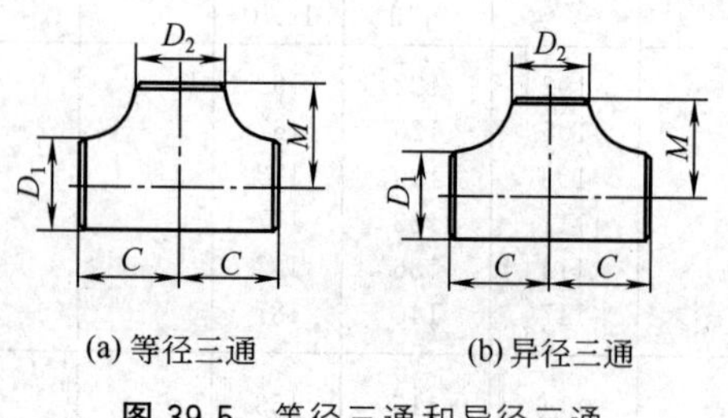

图 39-5 等径三通和异径三通

2.2.4 管帽（图 39-6 和表 39-50）

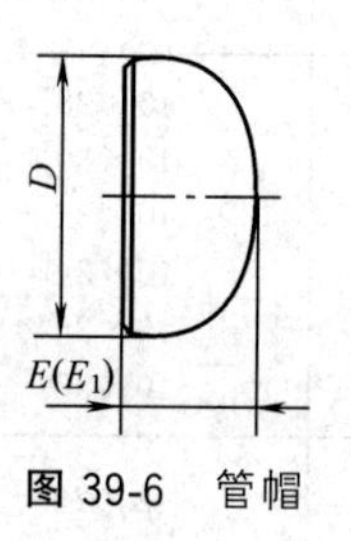

图 39-6 管帽

表 39-48 等径三通尺寸系列 单位：mm

公称直径		中心至端面尺寸 C、M	不同壁厚下的理论质量/kg					
DN	NPS/in		5S	10S	Std	Sch40	XS	Sch80
15	1/2	25	0.05	0.07	0.16	0.16	0.20	0.20
20	3/4	29	0.08	0.10	0.20	0.20	0.27	0.27
25	1	38	0.13	0.21	0.29	0.29	0.35	0.35
32	1¼	48	0.21	0.34	0.53	0.53	0.65	0.65
40	1½	57	0.28	0.47	0.77	0.77	0.96	0.96
50	2	64	0.40	0.64	1.29	1.29	1.87	1.87
65	2½	76	0.74	1.03	2.68	2.68	3.08	3.08
80	3	86	0.96	1.35	3.82	3.82	4.50	4.50
90	3½	95	1.22	1.71				
100	4	105	1.49	2.12	6.00	6.00	8.44	8.44
125	5	124	2.85	3.45	9.93	9.93	12.9	12.9
150	6	143	3.88	4.70	16.5	16.5	19.3	19.3
200	8	178	6.27	8.91	27.7	27.7	34.5	34.50
250	10	216	11.4	13.4	41.3	41.3	58.5	67.50
300	12	254	18.7	21.0	66.7	70.5	84.8	115.0
350	14	279	25.7	31.7	102	105	108.9	162.30
400	16	305	31.4	36.1	110	129.8	167	195.0
450	18	343	39.8	45.5	908	136	120.5	226
500	20	381	56.3	65.3	112.4	178	149.4	308
550	22	419	73.5	85.2	146.6	—	195.5	440
600	24	432	93.9	107	161.4	296	215	524
650	26	495	—	—	176	—	235	—
700	28	521	—	—	198	—	264	—
750	30	559	176	200	228	—	304	—
800	32	597	—	—	260	—	346	—
850	34	635	—	—	295	—	392	—
900	36	673	—	—	331	—	441	—
950	38	711	—	—	370	—	492	—
1000	40	749	—	—	411	—	541	—
1050	42	762/711	—	—	422	—	562	—
1100	44	813/762	—	—	479	—	637	—
1150	46	851/809	—	—	520	—	694	—
1200	48	889/838	—	—	568	—	758	—

注：NPS1/2～16 Std～Sch80 为内坡口增强挤压成形三通的质量。

表 39-49　异径三通尺寸系列　　单位：mm

公称直径		C	M	不同壁厚下的理论质量/kg					
$D_1 \times D_2$	NPS/in			5S	10S	Std	Sch40	XS	Sch80
50×25	2×1	64	51	0.40	0.84	0.94	0.94	1.34	1.34
80×50	3×2	86	76	1.07	1.55	2.79	2.79	3.85	3.85
100×50	4×2	105	89	1.57	2.29	4.41	4.41	6.12	6.12
100×80	4×3		98	1.61	2.33	4.60	4.60	6.52	6.52
125×100	5×4	124	117	3.15	3.90	7.52	7.52	10.8	10.8
150×80	6×3	143	124	3.93	4.82	10.0	10.0	15.3	15.3
150×100	6×4		130	3.95	4.87	10.2	10.2	15.6	15.6
150×125	6×5		137	4.13	5.08	10.6	10.6	16.3	16.3
200×100	8×4	178	156	6.84	9.39	20.2	20.2	31.3	31.3
200×125	8×5		162	7.03	9.55	20.7	20.7	32.2	32.2
200×150	8×6		168	7.17	9.74	21.1	21.1	32.8	32.8
250×100	10×4	216	184	11.7	14.4	32.2	32.2	43.8	52.1
250×125	10×5		191	11.9	14.6	32.7	32.7	44.5	52.9
250×150	10×6		194	12.1	15.0	33.4	33.4	45.4	54.0
250×200	10×8		203	13.3	16.4	36.4	36.4	49.8	59.0
300×125	12×5	254	216	19.1	22.1	46.4	50.2	61.4	84.6
300×150	12×6		219	19.5	22.7	47.1	51.0	62.8	86.4
300×200	12×8		229	20.0	23.1	48.2	52.2	64.2	88.4
300×250	12×10		241	20.3	23.4	49.0	53.1	65.5	90.2
350×150	14×6	279.4	238.1	22.3	27.1	55.5	64.8	73.3	110
350×200	14×8		247.7	23.1	27.9	55.8	65.2	74.0	111
350×250	14×10		257.2	23.7	28.6	57.1	66.7	76	114
350×300	14×12		269.9	24.2	29.2	58.4	68.2	77.3	116
400×150	16×6	304.8	263.5	27.7	31.8	58.4	85.8	77.5	155
400×200	16×8		273.1	28.1	32.3	59.6	86.8	79.5	157
400×250	16×10		282.6	28.7	33	61.4	88.7	81.3	161
400×300	16×12		295.8	28.2	34.4	63.4	90.8	83.8	168
400×350	16×14		304.8	30.4	34.9	64.9	93.4	85.9	170
450×250	18×10	342.9	308	37.3	42.6	76.7	127	102	212
450×300	18×12		320.7	37.3	42.6	78.7	127	104	212
450×350	18×14		330.2	38.3	43.8	80.2	130	106	218
450×400	18×16		330.2	39	44.5	81.5	133	108	222
500×300	20×12	381	346.1	52.8	61.2	95.9	167	127	289
500×350	20×14		355.6	53.7	62.3	97.4	170	129	294
500×400	20×16		355.6	54.7	63.4	98.7	173	131	299
500×450	20×18		368.3	55.4	64.2	101	175	134	303
550×300	22×12	419.1	371.5	64.0	74.2	115	—	152	382
550×350	22×14		381	65.5	75.9	116	—	154	391
550×400	22×16		381	66.2	76.7	117	—	156	395
550×450	22×18		393.7	67.7	78.5	120	—	159	404
550×500	22×20		406.4	70.7	81.9	123	—	163	422
600×350	24×14	431.8	406.4	81.7	93.5	130	257	172	456
600×400	24×16		406.4	83.2	95.7	131	263	174	466
600×450	24×18		419.1	84.5	96.9	134	266	177	473
600×500	24×20		431.8	86.4	99.4	137	272	181	482
600×550	24×22		431.8	90.1	103	138	—	183	503
650×400	26×16	495.3	431.8	—	—	160	—	213	—
650×450	26×18		444.5	—	—	163	—	217	—
650×500	26×20		457.2	—	—	166	—	221	—
650×550	26×22		469.9	—	—	169	—	225	—
650×600	26×24		482.6	—	—	172	—	230	—

续表

公称直径		C	M	不同壁厚下的理论质量/kg					
$D_1 \times D_2$	NPS/in			5S	10S	Std	Sch40	XS	Sch80
700×450	28×18	520.7	469.9	—	—	183	—	244	—
700×500	28×20		482.6	—	—	186	—	248	—
700×550	28×22		495.3	—	—	189	—	252	—
700×600	28×24		508	—	—	193	—	257	—
700×650	28×26		520.7	—	—	196	—	262	—
750×500	30×20	558.8	508	153	174	212	—	283	—
750×550	30×22		520.7	157	195	215	—	287	—
750×600	30×24		533.4	158	197	219	—	292	—
750×650	30×26		546.1	—	—	222	—	297	—
750×700	30×28		546.1	—	—	224	—	299	—
800×550	32×22	596.9	546.1	—	—	242	—	322	—
800×600	32×24		558.8	—	—	246	475	327	—
800×650	32×26		571.5	—	—	249	—	332	—
800×700	32×28		571.5	—	—	251	—	334	—
800×750	32×30		584.2	—	—	255	—	340	—
850×600	34×24	635	584.2	—	—	276	545	367	—
850×650	34×26		596.9	—	—	279	—	372	—
850×700	34×28		596.9	—	—	281	—	374	—
850×750	34×30		609.6	—	—	285	—	380	—
850×800	34×32		622.3	—	—	290	601	386	—
900×650	36×26	673.1	622.3	—	—	310	667	414	—
900×700	36×28		622.3	—	—	312	—	416	—
900×750	36×30		635	—	—	316	—	422	—
900×800	36×32		647.7	—	—	321	690	428	—
900×850	36×34		660.4	—	—	326	736	434	—
950×700	38×28	711.2	647.7	—	—	346	—	460	—
950×750	38×30		673.1	—	—	353	—	469	—
950×800	38×32		685.8	—	—	357	—	475	—
950×850	38×34		698.5	—	—	362	—	481	—
950×900	38×36		711.2	—	—	368	—	492	—
1000×750	40×30	749.3	698.5	—	—	388	—	516	—
1000×800	40×32		711.2	—	—	392	—	522	—
1000×850	40×34		723.9	—	—	397	—	528	—
1000×900	40×36		736.6	—	—	403	—	536	—
1000×950	40×38		749.3	—	—	408	—	543	—
1050×800	42×32	762	711.2	—	—	411	—	548	—
1050×850	42×34		711.2	—	—	414	—	550	—
1050×900	42×36		711.2	—	—	416	—	553	—
1050×950	42×38		711.2	—	—	418	—	556	—
1050×1000	42×40		711.2	—	—	420	—	559	—
1100×850	44×34	812.8	723.9	—	—	456	—	606	—
1100×900	44×36		723.9	—	—	458	—	609	—
1100×950	44×38		736.6	—	—	463	—	615	—
1100×1000	44×40		749.3	—	—	468	—	622	—
1100×1050	44×42		762	—	—	473	—	629	—
1150×900	46×36	850.9	762	—	—	499	—	666	—
1150×950	46×38		762	—	—	501	—	669	—
1150×1000	46×40		774.7	—	—	506	—	676	—
1150×1050	46×42		787.4	—	—	511	—	683	—
1150×1100	46×44		800.1	—	—	517	—	691	—
1200×950	48×38	889	812.8	—	—	549	—	733	—
1200×1000	48×40		812.8	—	—	551	—	736	—
1200×1050	48×42		812.8	—	—	553	—	739	—
1200×1100	48×44		838.2	—	—	562	—	751	—
1200×1150	48×46		838.2	—	—	565	—	755	—

表 39-50　管帽尺寸系列

公称直径		高度/mm		不同壁厚下的理论质量/kg					
DN	NPS/in	*E*(*T*)	E_1	5S	10S	Std	Sch40	XS	Sch80
15	1/2	25	25	0.022	0.028	0.032	0.032	0.045	0.045
20	3/4	25	25	0.029	0.035	0.059	0.059	0.073	0.073
25	1	38	38	0.052	0.087	0.10	0.10	0.13	0.13
32	1¼	38	38	0.065	0.11	0.14	0.14	0.18	0.18
40	1½	38	38	0.076	0.127	0.17	0.17	0.22	0.22
50	2	38(5.5)	44	0.10	0.17	0.23	0.23	0.32	0.32
65	2½	38(7.0)	51	0.16	0.23	0.37	0.37	0.47	0.47
80	3	51(7.6)	64	0.25	0.37	0.64	0.64	0.85	0.85
90	3½	64(8.1)	76	0.36	0.51	0.90	0.96	1.36	1.36
100	4	64(8.6)	76	0.41	0.59	1.15	1.15	1.57	1.57
125	5	76(9.5)	89	0.80	0.99	1.90	1.90	2.65	2.65
150	6	89(11)	102	1.13	1.39	2.92	2.92	4.28	4.28
200	8	102(12.7)	127	1.74	2.38	5.08	5.08	2.58	7.58
250	10	127(12.7)	152	3.26	4.14	9.07	9.07	12.0	16.4
300	12	152(12.7)	178	5.41	6.15	13.4	14.4	17.2	26.4
350	14	165(12.7)	191	6.70	8.02	16.1	18.8	20.5	34.9
400	16	178(12.7)	203	8.83	10.1	20.3	26.2	26.2	49
450	18	203(12.7)	229	11.3	12.9	25.9	41.5	33.6	69
500	20	229(12.7)	254	16.0	18.4	32.2	54	42.6	93.7
550	22	254(12.7)	254	19.4	22.5	38.7	78.3	51.8	116
600	24	267(12.7)	325	26.9	30.9	46.3	90.1	59.4	160
650	26	267	—	—	—	52.5	—	62.3	—
700	28	267	—	—	—	56.2	—	67.3	—
750	30	267	—	41.4	51.6	62.1	—	89	—
800	32	267	—	—	—	68.4	126	97	—
850	34	267	—	—	—	75	137	100	—
900	36	267	—	—	—	31.9	163	109	—
950	38	305	—	—	—	94.4	—	126	—
1000	40	305	—	—	—	102	—	137	—
1050	42	305	—	—	—	110	—	147	—
1100	44	343	—	—	—	125	—	167	—
1150	46	343	—	—	—	134	—	179	—
1200	48	343	—	—	—	141	—	191	—

注：高度 *E* 适用于壁厚 *T* 不超过括号内数字时，否则应采用 E_1 高度。

2.2.5 对焊管件形位偏差（ASME/ANSI B16.9、B16.28）

形位偏差值见图 39-7、表 39-51 和表 39-52。

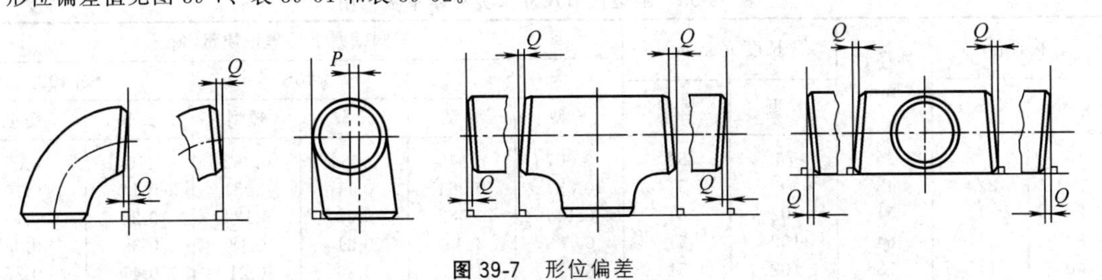

图 39-7　形位偏差

表 39-51　对焊管件形位偏差（一）　　单位：mm

<table>
<tr><th colspan="2">公称直径</th><th rowspan="2">坡口处外径</th><th rowspan="2">端部内径</th><th rowspan="2">壁厚</th><th rowspan="2">90°、45°弯头 A、B</th><th rowspan="2">三通 C、M</th><th rowspan="2">异径管 H</th><th rowspan="2">管端 E</th><th colspan="3">180°弯头</th></tr>
<tr><th>DN</th><th>NPS/in</th><th>D</th><th>K</th><th>不平度</th></tr>
<tr><td>15～65</td><td>½～2½</td><td>+1.6
−0.8</td><td>±0.8</td><td rowspan="12">−12.5%</td><td rowspan="3">±1.6</td><td rowspan="3">±1.6</td><td rowspan="3">±1.6</td><td rowspan="2">±3.2</td><td rowspan="3">±6.4</td><td rowspan="5">±6.4</td><td rowspan="5">±0.8</td></tr>
<tr><td>80～100</td><td>3～4</td><td>±1.6</td><td rowspan="2">±1.6</td></tr>
<tr><td>125～200</td><td>5～8</td><td>+2.4
−1.6</td><td rowspan="3">±6.4</td></tr>
<tr><td>250～450</td><td>10～18</td><td>+4.0
−3.2</td><td>±3.2</td><td rowspan="2">±2.4</td><td rowspan="2">±2.4</td><td rowspan="2">±2.4</td><td rowspan="2">±9.6</td></tr>
<tr><td>500～600</td><td>20～24</td><td rowspan="3">+6.4
−4.8</td><td rowspan="3">±4.8</td></tr>
<tr><td>650～750</td><td>26～30</td><td>±3.2</td><td>±3.2</td><td rowspan="2">±4.8</td><td rowspan="2">±9.6</td><td rowspan="5">—</td><td rowspan="5">—</td><td rowspan="5">—</td></tr>
<tr><td>800～1200</td><td>32～48</td><td>±4.8</td><td>±4.8</td></tr>
<tr><td>1250～1500</td><td>50～60</td><td>+9.6
−6.4</td><td>±6.4</td><td>±9.6</td><td>±9.6</td><td>±9.6</td><td rowspan="3">—</td></tr>
<tr><td>1550～1750</td><td>62～70</td><td>+12.7
−9.6</td><td>±9.6</td><td>±12.7</td><td rowspan="2">—</td><td rowspan="2">—</td></tr>
<tr><td>1800～2000</td><td>72～80</td><td>+16
−12</td><td>±12</td><td>±16</td></tr>
</table>

注：尺寸 C、M、H、E、D、K 见图 39-3、图 39-5、图 39-6。

表 39-52　对焊管件形位偏差（二）　　单位：mm

<table>
<tr><th colspan="2">公称直径</th><th rowspan="2">Q 角度偏差</th><th rowspan="2">P 平面偏差</th><th colspan="2">公称直径</th><th rowspan="2">Q 角度偏差</th><th rowspan="2">P 平面偏差</th></tr>
<tr><th>DN</th><th>NPS/in</th><th>DN</th><th>NPS/in</th></tr>
<tr><td>15～100</td><td>1/2～4</td><td>0.8</td><td>1.6</td><td>800～1050</td><td>32～42</td><td rowspan="2">4.8</td><td>12.7</td></tr>
<tr><td>125～200</td><td>5～8</td><td>1.6</td><td>3.2</td><td>1100～1200</td><td>44～48</td><td>19</td></tr>
<tr><td>250～300</td><td>10～12</td><td rowspan="2">2.4</td><td>4.8</td><td>1250～1500</td><td>50～60</td><td>6.4</td><td>6.4</td></tr>
<tr><td>350～400</td><td>14～16</td><td>6.4</td><td>1550～1750</td><td>62～70</td><td>9.6</td><td>9.6</td></tr>
<tr><td>450～600</td><td>18～24</td><td>3.2</td><td rowspan="2">9.6</td><td rowspan="2">1800～2000</td><td rowspan="2">72～80</td><td rowspan="2">12</td><td rowspan="2">12</td></tr>
<tr><td>650～750</td><td>26～30</td><td>4.8</td></tr>
</table>

2.3 翻边短节

翻边短节的尺寸系列有美洲体系法兰用（表 39-53）及欧洲体系法兰用（表 39-54）两种，翻边短节外形见图 39-8。

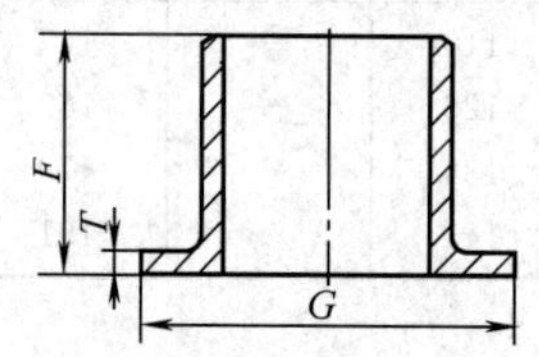

图 39-8　翻边短节外形

2.4 管法兰

2.4.1 欧洲体系管法兰

① 密封面型式代号和尺寸代号　见图 39-9。

② 密封面尺寸　见表 39-55 和图 39-9。

③ 法兰尺寸　见表 39-56～表 39-62。

表 39-53　翻边短节尺寸（美洲体系法兰用）

<table>
<tr><th colspan="2">公称直径</th><th rowspan="3">外径 G /mm</th><th colspan="2" rowspan="2">长度 F/mm</th><th colspan="6">不同壁厚下的理论质量/kg</th></tr>
<tr><th rowspan="2">DN/mm</th><th rowspan="2">NPS/in</th><th colspan="2">5S</th><th colspan="2">10S</th><th colspan="2">Sch40</th></tr>
<tr><th>长型</th><th>短型</th><th>长型</th><th>短型</th><th>长型</th><th>短型</th><th>长型</th><th>短型</th></tr>
<tr><td>15</td><td>1/2</td><td>35</td><td>76</td><td>51</td><td>0.067</td><td>0.049</td><td>0.084</td><td>0.062</td><td>0.106</td><td>0.08</td></tr>
<tr><td>20</td><td>3/4</td><td>43</td><td>76</td><td>51</td><td>0.087</td><td>0.064</td><td>0.11</td><td>0.081</td><td>0.14</td><td>0.10</td></tr>
<tr><td>25</td><td>1</td><td>51</td><td>102</td><td>51</td><td>0.144</td><td>0.082</td><td>0.23</td><td>0.134</td><td>0.28</td><td>0.16</td></tr>
<tr><td>32</td><td>1¼</td><td>64</td><td>102</td><td>51</td><td>0.188</td><td>0.11</td><td>0.31</td><td>0.18</td><td>0.39</td><td>0.23</td></tr>
<tr><td>40</td><td>1½</td><td>73</td><td>102</td><td>51</td><td>0.219</td><td>0.13</td><td>0.36</td><td>0.21</td><td>0.47</td><td>0.28</td></tr>
</table>

续表

公称直径		外径 G /mm	长度 F/mm		不同壁厚下的理论质量/kg					
					5S		10S		Sch40	
DN/mm	NPS/in		长型	短型	长型	短型	长型	短型	长型	短型
50	2	92	152	64	0.406	0.20	0.67	0.34	0.92	0.47
65	2½	105	152	64	0.626	0.31	0.90	0.45	1.47	0.74
80	3	127	152	64	0.781	0.40	1.1	0.57	1.95	1.01
90	3½	140	152	76	0.896	0.52	1.3	0.65	2.35	1.38
100	4	157	152	76	1.024	0.61	1.5	0.87	2.82	1.68
125	5	186	203	76	2.153	0.99	2.6	1.21	4.96	2.08
150	6	216	203	89	2.59	1.34	3.2	1.64	6.48	3.37
200	8	270	203	102	3.41	1.96	4.6	2.65	9.82	5.67
250	10	324	254	127	6.39	3.6	7.8	4.38	17.0	9.55
300	12	381	254	152	8.9	5.9	10.3	6.74	21	13.8
350	14	413	305	152	11.6	6.6	13.9	7.49	—	16.88
400	16	470	305	152	14.2	7.8	16.1	8.80		
450	18	533	305	152	16.2	9.0	18.5	10.5		
500	20	584	305	152	20.0	11.1	33.8	13.2		
550	22	641	305	—	22.8	12.8	26.4	14.8		
600	24	692	305	152	28.8	16.13	33	18.5		

表 39-54 翻边短节尺寸（欧洲体系法兰用） 单位：mm

公称直径		PN6 MPa			PN10 MPa			PN16 MPa			PN25 MPa			PN40 MPa		
DN	NPS/in	F	G	T	F	G	T	F	G	T	F	G	T	F	G	T
10	3/8	28	33	1.8	35	41	1.8	35	41	1.8	35	41	1.8	35	41	1.8
15	1/2	30	38	2.0	38	46	2.0	38	46	2.0	38	46	2.0	38	46	2.0
20	3/4	32	48	2.3	40	56	2.3	40	56	2.3	40	56	2.3	40	56	2.3
25	1	35	58	2.6	40	65	2.6	40	65	2.6	40	65	2.6	40	65	2.6
32	1¼	35	69	2.6	42	76	2.6	42	76	2.6	42	76	2.6	42	76	2.6
40	1½	38	78	2.6	45	84	2.6	45	84	2.6	45	84	2.6	45	84	2.6
50	2	38	88	2.9	48	99	2.9	48	99	2.9	48	99	2.9	48	99	2.9
65	2½	38	108	2.9	48	118	2.9	48	118	2.9	52	118	2.9	52	118	2.9
80	3	42	124	3.2	50	132	3.2	50	132	3.2	58	132	3.2	58	132	3.2
100	4	45	144	3.6	52	156	3.6	52	156	3.6	65	156	3.6	65	156	3.6
125	5	48	174	4.0	55	184	4.0	55	184	4.0	68	184	4.0	68	184	4.0
150	6	48	199	4.5	55	211	4.5	55	211	4.5	75	211	4.5	75	211	4.5
200	8	55	254	5.9	62	266	5.9	62	266	5.9	80	274	6.3	88	284	6.3
250	10	60	309	6.3	68	319	6.3	70	319	6.3	88	330	7.1	105	345	7.1
300	12	62	363	7.1	68	370	7.1	78	370	7.1	92	389	8.0	115	409	8.0
350	14	62	413	7.1	68	429	7.1	82	429	8.0	100	448	8.0	125	465	8.8
400	16	65	463	7.1	72	480	7.1	85	480	8.0	110	503	8.8	135	535	11.0
450	18	65	518	7.1	72	530	7.1	87	548	8.0	110	548	8.8	135	560	12.5
500	20	68	568	7.1	75	582	7.1	90	609	8.0	125	609	10.0	140	615	14.2
600	24	70	667	7.1	80	682	7.1	95	720	8.8	125	720	11.0	150	735	16.0

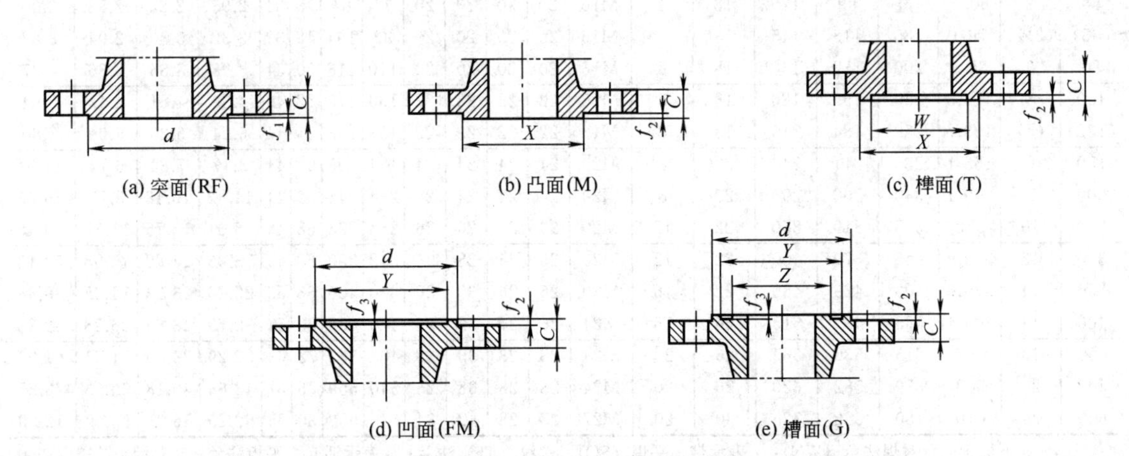

(a) 突面(RF) (b) 凸面(M) (c) 榫面(T)

(d) 凹面(FM) (e) 槽面(G)

图 39-9 管法兰密封面型式代号和尺寸代号

表 39-55 管法兰密封面尺寸 单位：mm

公称直径		f_1	f_2	f_3	W	X	Y	Z
DN	NPS/in							
10	3/8				24	34	35	23
15	1/2				29	39	40	28
20	3/4				36	50	51	35
25	1				43	57	58	42
32	1¼		4	3	51	65	66	50
40	1½				61	75	76	60
50	2				73	87	88	72
65	2½				95	109	110	94
80	3				106	120	121	105
100	4	2			129	149	150	128
125	5				155	175	176	154
150	6		4.5	3.5	183	203	204	182
200	8				239	259	260	238
250	10				292	312	313	291
300	12				343	363	364	342
350	14				395	421	422	394
400	16				447	473	474	446
450	18		5	4	497	523	524	496
500	20				549	575	576	548
600	24				649	675	676	648

注：法兰突台直径 d 见欧洲体系管法兰的尺寸表。

表 39-56 PN10MPa 法兰尺寸

公称直径		钢管外径 A /mm	法兰外径 D /mm	突台直径 d /mm	螺栓中心圆直径 K /mm	螺栓孔直径 L /mm	螺栓孔数 /个	螺栓尺寸 /mm	法兰厚度 /mm				颈部直径 /mm		法兰高度 /mm		法兰近似质量 /kg			
DN /mm	NPS /in								C_1	C_2	C_3	C_4	N_1	N_2	H_1	H_2	W_1	W_2	W_3	W_4
10	3/8	17.2	90	41	60	14	4	M12	14	14	14	14	28	30	35	22	0.59	0.56	0.53	0.56
15	1/2	21.3	95	46	65	14	4	M12	14	14	14	14	32	35	38	22	0.68	0.63	0.59	0.64
20	3/4	26.9	105	56	75	14	4	M12	16	16	16	16	40	45	40	26	0.97	0.93	0.85	0.92
25	1	33.7	115	65	85	14	4	M12	16	16	16	16	46	52	40	28	1.16	1.12	1.01	1.13
(32)	(1¼)	42.4	140	76	100	18	4	M16	18	18	18	18	56	60	42	30	1.89	1.79	1.67	1.88
40	1½	48.3	150	84	110	18	4	M16	18	18	18	18	64	70	45	32	2.20	2.12	1.91	2.18
50	2	60.3	165	99	125	18	4	M16	20	20	20	20	74	84	48	34	2.93	2.82	2.53	3.00
(65)	(2½)	76.1	185	118	145	18	4	M16	20	20	20	20	92	104	48	32	3.32	3.30	2.94	3.68
80	3	88.9	200	132	160	18	8	M16	20	20	20	20	110	118	50	34	3.98	3.85	3.36	4.37
100	4	114.3	220	156	180	18	8	M16	22	22	22	22	130	140	52	40	4.89	4.81	4.12	5.94
(125)	(5)	139.7	250	184	210	18	8	M16	22	22	22	22	158	168	55	44	6.24	6.20	5.09	7.80
150	6	168.1	285	211	240	22	8	M20	24	24	24	24	184	195	55	44	8.17	7.84	6.74	11.04
200	8	219.1	340	266	295	22	8	M20	24	24	24	24	234	246	62	44	11.42	10.18	8.77	16.03
250	10	273	395	319	350	22	12	M20	26	26	26	26	288	298	68	46	15.01	12.75	11.23	23.48
300	12	323.9	445	370	400	22	12	M20	26	26	28	26	342	350	68	46	18.03	14.82	13.98	30.13
350	14	355.6	505	429	460	22	16	M20	26	26	30	26	390	400	68	53	25.26	23.26	21.05	38.86
400	16	406.4	565	480	515	26	16	M24	26	26	32	26	440	456	72	57	30.79	28.85	26.58	52.28
450	18	457	615	530	565	26	20	M24	28	28	35	28	488	502	72	63	36.29	33.40	31.61	61.93
500	20	508	670	582	620	26	20	M24	28	28	38	28	540	559	75	67	42.68	40.18	39.03	73.87
600	24	610	780	682	725	30	20	M27	28	28	42	34	640	658	80	75	62.25	56.03	53.07	122.3

注：1. 下标1表示对焊法兰（WN）；2表示带颈平焊（SO）、螺纹（Th）法兰；3表示活套、平板法兰；4表示法兰盖（BL）。
2. 表中括号内为不推荐使用的规格。

表 39-57　*PN*16MPa 法兰尺寸　单位：mm

公称直径		钢管外径 A	法兰外径 D	突台直径 d	螺栓中心圆直径 K	螺栓孔直径 L	螺栓孔数/个	螺栓尺寸	法兰厚度				颈部直径		法兰高度		法兰近似质量/kg			
DN	NPS/in								C_1	C_2	C_3	C_4	N_1	N_2	H_1	H_2	W_1	W_2	W_3	W_4
10	3/8	17.2	90	41	60	14	4	M12	14	14	14	14	28	30	35	22	0.59	0.56	0.53	0.56
15	1/2	21.3	95	46	65	14	4	M12	14	14	14	14	32	35	38	22	0.68	0.63	0.59	0.64
20	3/4	26.9	105	56	75	14	4	M12	16	16	16	16	40	45	40	26	0.97	0.93	0.85	0.92
25	1	33.7	115	65	85	14	4	M12	16	16	16	16	46	52	40	28	1.16	1.12	1.01	1.13
(32)	(1¼)	42.4	140	76	100	18	4	M16	18	18	18	18	56	60	42	30	1.89	1.79	1.67	1.88
40	1½	48.3	150	84	110	18	4	M16	18	18	18	18	64	70	45	32	2.20	2.12	1.91	2.18
50	2	60.3	165	99	125	18	4	M16	20	20	20	20	74	84	48	34	2.93	2.82	2.53	3.00
(65)	(2½)	76.1	185	118	145	18	8	M16	20	20	20	20	92	104	48	32	3.32	3.30	2.94	3.68
80	3	88.9	200	132	160	18	8	M16	20	20	20	20	110	118	50	34	3.98	3.85	3.36	4.37
100	4	114.3	220	156	180	18	8	M16	22	22	22	22	130	140	52	40	4.89	4.81	4.12	5.94
(125)	(5)	139.7	250	184	210	18	8	M16	22	22	22	22	158	168	55	44	6.24	6.20	5.09	7.80
150	6	168.1	285	211	240	22	8	M20	24	24	24	24	184	195	55	44	8.17	7.84	6.74	11.04
200	8	219.1	340	266	295	22	12	M20	24	24	26	24	234	246	62	44	11.16	9.92	9.25	16.76
250	10	273	405	319	355	26	12	M24	26	26	28	26	288	298	70	46	15.99	13.59	13.05	24.33
300	12	323.9	460	370	410	26	12	M24	28	28	32	28	342	350	78	53	21.76	18.14	18.17	34.31
350	14	355.6	520	429	470	26	16	M24	30	30	35	30	390	400	82	57	32.10	28.30	27.2	47.08
400	16	406.4	580	480	525	30	16	M27	32	32	38	32	444	456	85	63	40.81	36.62	34.84	62.49
450	18	457	640	530	585	30	20	M27	34	34	42	36	490	502	87	68	56.60	49.61	45.15	95.59
500	20	508	715	582	650	33	20	M30	34	34	46	36	546	559	90	73	77.23	68.68	62.74	131.5
600	24	610	840	682	770	36	20	M33	36	36	52	44	650	658	95	83	90.60	107.4	94.29	224.5

注：1. 下标 1 表示对焊法兰（WN）；2 表示带颈平焊（SO）、螺纹（Th）法兰；3 表示活套、平板法兰；4 表示法兰盖（BL）。
2. 表中括号内为不推荐使用的规格。

表 39-58　*PN*25MPa 法兰尺寸　单位：mm

公称直径		钢管外径 A	法兰外径 D	突台直径 d	螺栓中心圆直径 K	螺栓孔直径 L	螺栓孔数/个	螺栓尺寸	法兰厚度				颈部直径		法兰高度		法兰近似质量/kg			
DN	NPS/in								C_1	C_2	C_3	C_4	N_1	N_2	H_1	H_2	W_1	W_2	W_3	W_4
10	3/8	17.2	90	41	60	14	4	M12	14	14	14	14	28	30	35	22	0.59	0.56	0.53	0.56
15	1/2	21.3	95	46	65	14	4	M12	14	14	14	14	32	35	38	22	0.68	0.63	0.59	0.64
20	3/4	26.9	105	56	75	14	4	M12	16	16	16	16	40	45	40	26	0.97	0.93	0.85	0.92
25	1	33.7	115	65	85	14	4	M12	16	16	16	16	46	52	40	28	1.16	1.12	1.01	1.13
(32)	(1¼)	42.4	140	76	100	18	4	M16	18	18	18	18	56	60	42	30	1.89	1.79	1.67	1.88
40	1½	48.3	150	84	110	18	4	M16	18	18	18	18	64	70	45	32	2.20	2.12	1.91	2.18
50	2	60.3	165	99	125	18	4	M16	20	20	20	20	74	84	48	34	2.93	2.82	2.53	3.00
(65)	(2½)	76.1	185	118	145	18	8	M16	22	22	22	22	92	104	52	38	3.90	3.73	3.26	4.07
80	3	88.9	200	132	160	18	8	M16	24	24	24	24	110	118	58	40	5.08	4.64	4.08	5.29
100	4	114.3	235	156	190	22	8	M20	24	24	26	24	134	145	65	44	6.85	6.21	5.74	7.27
(125)	(5)	139.7	270	184	220	26	8	M24	26	26	28	26	162	170	68	48	9.29	8.40	7.78	10.40
150	6	168.1	300	211	250	26	8	M24	28	28	30	28	190	200	75	52	12.15	10.71	9.77	14.11
200	8	219.1	360	274	310	26	12	M24	30	30	32	30	244	256	80	52	16.84	15.06	13.72	21.90
250	10	273	425	330	370	30	12	M27	32	32	35	32	296	310	88	60	23.26	21.13	19.48	32.82
300	12	323.9	485	389	430	30	16	M27	34	34	38	34	350	364	92	67	30.76	28.18	25.86	45.53
350	14	355.6	555	448	490	33	16	M30	38	38	42	38	398	418	100	72	48.36	46.35	40.80	67.09
400	16	406.4	620	503	550	36	16	M33	40	40	46	40	452	472	110	78	63.11	59.42	54.02	88.46
450	18	457	670	548	600	36	20	M33	42	42	50	46	500	520	110	84	77	71.45	63.29	118.6
500	20	508	730	609	660	36	20	M33	44	44	56	48	558	580	125	90	98.21	89.36	82.56	148.6
600	24	610	845	720	770	39	20	M36	46	46	68	58	660	684	125	100	114.4	129.2	125.2	242.4

注：1. 下标 1 表示对焊法兰（WN）；2 表示带颈平焊（SO）、螺纹（Th）法兰；3 表示活套、平板法兰；4 表示法兰盖（BL）。
2. 表中括号内为不推荐使用的规格。

表 39-59 *PN*40MPa 法兰尺寸

单位：mm

公称直径		钢管外径 A	法兰外径 D	突台直径 d	螺栓中心圆直径 K	螺栓孔直径 L	螺栓孔数/个	螺栓尺寸	法兰厚度				颈部直径		法兰高度		法兰近似质量/kg			
DN	NPS/in								C_1	C_2	C_3	C_4	N_1	N_2	H_1	H_2	W_1	W_2	W_3	W_4
10	3/8	17.2	90	41	60	14	4	M12	14	14	14	14	28	30	35	22	0.59	0.56	0.53	0.56
15	1/2	21.3	95	46	65	14	4	M12	14	14	14	14	32	35	38	22	0.68	0.63	0.59	0.64
20	3/4	26.9	105	56	75	14	4	M12	16	16	16	16	40	45	40	26	0.97	0.93	0.85	0.92
25	1	33.7	115	65	85	14	4	M12	16	16	16	16	46	52	40	28	1.16	1.12	1.01	1.13
(32)	(1¼)	42.4	140	76	100	18	4	M16	18	18	18	18	56	60	42	30	1.89	1.79	1.67	1.88
40	1½	48.3	150	84	110	18	4	M16	18	18	18	18	64	70	45	32	2.20	2.12	1.91	2.18
50	2	60.3	165	99	125	18	4	M16	20	20	20	20	74	84	48	34	2.93	2.82	2.53	3.00
(65)	(2½)	76.1	185	118	145	18	8	M16	22	22	22	22	92	104	52	38	3.9	3.73	3.26	4.07
80	3	88.9	200	132	160	18	8	M16	24	24	24	24	110	118	58	40	5.08	4.64	4.08	5.29
100	4	114.3	235	156	190	22	8	M20	24	24	26	24	134	145	65	44	6.85	6.21	5.74	7.27
(125)	(5)	139.7	270	184	220	26	8	M24	26	26	28	26	162	170	68	48	9.29	8.40	7.78	10.40
150	6	168.1	300	211	250	26	8	M24	28	28	30	28	190	200	75	52	12.15	10.71	9.77	14.11
200	8	219.1	375	284	320	30	12	M27	34	34	36	34	244	260	88	56	21.6	15.39	17.39	26.68
250	10	273	450	345	385	33	12	M30	38	38	42	38	306	318	105	64	35.76	22.54	28.48	43.60
300	12	323.9	515	409	450	33	16	M30	42	42	48	42	362	380	115	71	49.36	31.38	40.75	63.30
350	14	355.6	580	465	510	36	16	M33	46	46	55	46	408	432	125	78	71.35	48.50	62.18	88.45
400	16	406.4	660	535	585	39	16	M36	50	50	60	50	462	498	135	86	100.1	71.58	88.11	125.2
450	18	457	685	560	610	39	20	M36	57	57	66	57	500	522	135	94	107.4	83.00	90.16	152.7
500	20	508	755	615	670	42	20	M39	57	57	72	57	562	576	140	100	133.4	100.2	118.4	186.0
600	24	610	890	735	795	48	20	M45	72	72	84	72	666	686	150	106	214.3	201.8	187	328.6

注：1. 下标1表示对焊法兰（WN）；2表示带颈平焊（SO）、螺纹（Th）法兰；3表示活套、平板法兰；4表示法兰盖（BL）。

2. 表中括号内为不推荐使用的规格。

表 39-60 *PN*63MPa 法兰尺寸

单位：mm

公称直径		钢管外径 A	法兰外径 D	突台直径 d	螺栓中心圆直径 K	螺栓孔直径 L	螺栓孔数/个	螺栓尺寸	法兰厚度		颈部直径 N_1	法兰高度 H_1	法兰近似质量/kg	
DN	NPS/in								C_1	C_4			W_1	W_4
10	3/8	17.2	100	41	70	14	4	M12	20	20	32	45	1.18	1.00
15	1/2	21.3	105	46	75	14	4	M12	20	20	34	45	1.30	1.22
20	3/4	26.9	130	56	90	18	4	M16	20	20	42	52	2.00	1.92
25	1	33.7	140	65	100	18	4	M16	24	24	52	58	2.79	2.65
(32)	(1¼)	42.4	155	76	110	22	4	M20	24	24	60	60	3.38	3.24
40	(1½)	48.3	170	84	125	22	4	M20	26	26	70	62	4.40	4.09
50	2	60.3	180	99	135	22	4	M20	26	26	82	62	4.86	4.51
(65)	(2½)	76.1	205	118	160	22	8	M20	26	26	98	68	5.92	5.71
80	3	88.9	215	132	170	22	8	M20	28	28	112	72	6.93	6.92
100	4	114.3	250	156	200	26	8	M24	30	30	138	78	9.98	10.10
(125)	(5)	139.7	295	184	240	30	8	M27	34	34	168	88	15.6	16.0
150	6	168.1	345	211	280	33	8	M30	36	36	202	95	23.0	23.5
200	8	219.1	415	284	345	36	12	M33	42	42	256	110	35.0	39.7
250	10	273	470	345	400	36	12	M33	46	46	316	125	48.9	57.4
300	12	323.9	530	409	460	36	16	M33	52	52	372	140	68.3	81
350	14	355.6	600	465	525	39	16	M36	56	56	420	150	95.4	114
400	16	406.4	670	535	585	42	16	M39	60	60	475	160	141.3	153

注：1. 下标1表示对焊法兰（WN）；4表示法兰盖（BL）。

2. 表中括号内为不推荐使用的规格。

表 39-61　*PN*100MPa 法兰尺寸　单位：mm

公称直径		钢管外径 *A*	法兰外径 *D*	突台直径 *d*	螺栓中心圆直径 *K*	螺栓孔直径 *L*	螺栓孔数/个	螺栓尺寸	法兰厚度		颈部直径 N_1	法兰高度 H_1	法兰近似质量/kg	
DN	NPS/in								C_1	C_4			W_1	W_4
10	3/8	17.2	100	41	70	14	4	M12	20	20	32	45	1.18	1.00
15	1/2	21.3	105	46	75	14	4	M12	20	20	34	45	1.30	1.22
20	3/4	26.9	130	56	90	18	4	M16	20	20	42	52	2.00	1.92
25	1	33.7	140	65	100	18	4	M16	24	24	52	58	2.79	2.65
(32)	(1¼)	42.4	155	76	110	22	4	M20	24	24	60	60	3.38	3.24
40	1½	48.3	170	84	125	22	4	M20	26	26	70	62	4.40	4.09
50	2	60.3	195	99	145	26	4	M24	28	28	90	68	6.24	5.84
(65)	(2½)	76.1	220	118	170	26	8	M24	30	30	108	76	7.95	8.03
80	3	88.9	230	132	180	26	8	M24	32	32	120	78	9.10	9.43
100	4	114.3	265	156	210	30	8	M27	36	36	150	90	13.9	14.3
(125)	(5)	139.7	315	184	250	33	8	M30	40	40	180	105	22.3	22.6
150	6	168.1	355	211	290	33	12	M30	44	44	210	115	30.1	31.8
200	8	219.1	430	284	360	36	12	M33	52	52	278	130	51.0	56.1
250	10	273	505	345	430	39	12	M36	60	60	340	157	82.2	89.6
300	12	323.9	585	409	500	42	16	M39	68	68	400	170	119.4	119
350	14	355.6	655	465	560	48	16	M45	74	74	460	189	166.2	175
400	16	406.4	715	535	620	48	16	M45	82	82	510	205	214.5	239.7

注：1. 下标 1 表示对焊法兰（WN）；4 表示法兰盖（BL）。

2. 表中括号内为不推荐使用的规格。

表 39-62　*PN*160MPa 法兰尺寸　单位：mm

公称直径		钢管外径 *A*	法兰外径 *D*	突台直径 *d*	螺栓中心圆直径 *K*	螺栓孔直径 *L*	螺栓孔数/个	螺栓尺寸	法兰厚度		颈部直径 N_1	法兰高度 H_1	法兰近似质量/kg	
DN	NPS/in								C_1	C_4			W_1	W_4
10	3/8	17.2	100	41	70	14	4	M12	24	24	32	45	1.39	1.36
15	1/2	21.3	105	46	75	14	4	M12	26	26	34	45	1.65	1.64
20	3/4	26.9	130	56	90	18	4	M16	30	30	42	52	2.90	2.88
25	1	33.7	140	65	100	18	4	M16	32	32	52	58	3.61	3.61
(32)	(1¼)	42.4	155	76	110	22	4	M20	34	34	60	60	4.60	4.63
40	1½	48.3	170	84	125	22	4	M20	36	36	70	64	5.92	5.98
50	2	60.3	195	99	145	26	4	M24	38	38	90	75	8.28	8.27
(65)	(2½)	76.1	220	118	170	26	8	M24	42	42	108	82	10.8	11.10
80	3	88.9	230	132	180	26	8	M24	46	46	120	86	12.9	13.5
100	4	114.3	265	156	210	30	8	M27	52	52	150	100	19.6	20.2
(125)	(5)	139.7	315	184	250	33	8	M30	56	56	180	115	30.6	31.2
150	6	168.1	355	211	290	3.3	12	M30	62	62	210	128	42.2	43.2
200	8	219.1	430	284	360	36	12	M33	66	66	278	140	65.6	68.9
250	10	273	515	345	430	42	12	M39	76	76	340	155	106.4	114.3
300	12	323.9	585	409	500	42	16	M39	88	88	400	175	153.2	170.3

注：1. 下标 1 表示对焊法兰（WN）；4 表示法兰盖（BL）。

2. 表中括号内为不推荐使用的规格。

2.4.2 美洲体系管法兰

① 密封面型式和代号　见图 39-10～图39-12。

② 密封面尺寸　见表 39-63～表 39-66，图 39-10～图 39-12。

③ 法兰尺寸　见表 39-67～表 39-71。

④ 大直径法兰　见表 39-72～表 39-80。

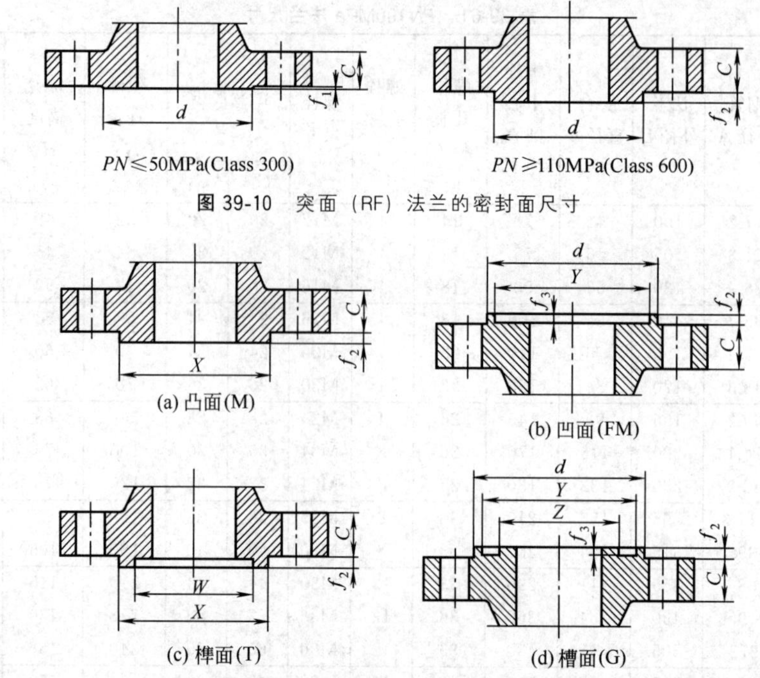

图 39-10　突面（RF）法兰的密封面尺寸

图 39-11　*PN*≥5.0MPa（Class 300）凹凸面（MFM）、榫槽面（TG）法兰的密封面尺寸

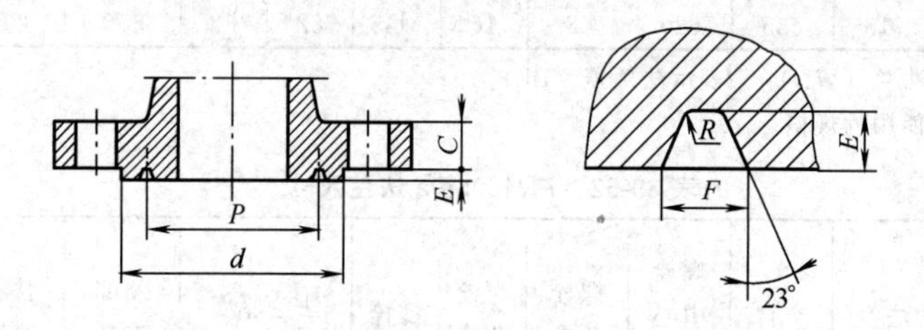

图 39-12　环连接面（RJ）法兰的密封面尺寸

表 39-63　*DN*≤600mm 突面法兰的密封面尺寸　　单位：mm

<table>
<tr><th colspan="2">公称直径</th><th rowspan="2">突台外径
d</th><th colspan="2">突台高度</th></tr>
<tr><th rowspan="2">NPS/in</th><th rowspan="2">DN</th><th>f_1</th><th>f_2</th></tr>
<tr><th></th><th>PN≤50MPa(Class 300)</th><th>PN≥110MPa(Class 600)</th></tr>
<tr><td>1/2</td><td>15</td><td>35</td><td rowspan="20">1.6</td><td rowspan="20">6.4</td></tr>
<tr><td>3/4</td><td>20</td><td>43</td></tr>
<tr><td>1</td><td>25</td><td>51</td></tr>
<tr><td>1¼</td><td>32</td><td>63.5</td></tr>
<tr><td>1½</td><td>40</td><td>73</td></tr>
<tr><td>2</td><td>50</td><td>92</td></tr>
<tr><td>2½</td><td>65</td><td>105</td></tr>
<tr><td>3</td><td>80</td><td>127</td></tr>
<tr><td>4</td><td>100</td><td>157.5</td></tr>
<tr><td>5</td><td>125</td><td>186</td></tr>
<tr><td>6</td><td>150</td><td>216</td></tr>
<tr><td>8</td><td>200</td><td>270</td></tr>
<tr><td>10</td><td>250</td><td>324</td></tr>
<tr><td>12</td><td>300</td><td>381</td></tr>
<tr><td>14</td><td>350</td><td>413</td></tr>
<tr><td>16</td><td>400</td><td>470</td></tr>
<tr><td>18</td><td>450</td><td>533.5</td></tr>
<tr><td>20</td><td>500</td><td>584</td></tr>
<tr><td>22</td><td>550</td><td>641</td></tr>
<tr><td>24</td><td>600</td><td>692</td></tr>
</table>

表 39-64　大直径突面法兰的密封面尺寸　单位：mm

公称直径		公称压力 PN/MPa				突台高度	
NPS/in	DN	20 (Class 150)	50 (Class 300)	110 (Class 600)	150 (Class 900)	PN≤50MPa (Class 300)	PN≥110MPa (Class 600)
		突台外径 d				f_1	f_2
26	650	711	737	727	762	1.6	6.4
28	700	762	787	784	819		
30	750	813	845	841	876		
32	800	864	902	895	927		
34	850	921	953	953	991		
36	900	972	1010	1010	1029		
38	950	1022	1060				
40	1000	1080	1114				
42	1050	1130	1168				
44	1100	1181	1219				
46	1150	1235	1270				
48	1200	1289	1327				
50	1250	1340	1378				
52	1300	1391	1429				
54	1350	1441	1480				
56	1400	1492	1537				
58	1450	1543	1594				
60	1500	1600	1651				

表 39-65　PN≥50MPa（Class 300）凹凸面（MFM）、榫槽面（TG）法兰密封面尺寸　单位：mm

公称直径		d	W	X	Y	Z	f_2	f_3
NPS/in	DN							
1/2	15	46	25.5	35	36.5	24	6.4	5
3/4	20	54	33.5	43	44.5	32		
1	25	62	38	51	52.5	36.5		
1¼	32	75	47.5	63.5	65	46		
1½	40	84	54	73	74.5	52.5		
2	50	103	73	92	93.5	71.5		
2½	65	116	85.5	105	106.5	84		
3	80	138	108	127	128.5	106.5		
4	100	168	132	157.5	159	130.5		
5	125	197	160.5	186	187.5	159		
6	150	227	190.5	216	217.5	189		
8	200	281	238	270	271.5	236.5		
10	250	335	285.5	324	325.5	284		
12	300	392	343	381	382.5	341.5		
14	350	424	374.5	413	414.5	373		
16	400	481	425.5	470	471.5	424		
18	450	544	489	533.5	535	487.5		
20	500	595	533.5	584.5	586	532		
24	600	703	641.5	692	693.5	640		

表 39-66 环连接面尺寸

单位：mm

公称直径		PN20MPa(Class 150)						PN50MPa(Class 300)和PN110MPa(Class 600)					
NPS/in	DN	环号	d_{min}	P	E	F	R_{max}	环号	d_{min}	P	E	F	R_{max}
1/2	15							R11	51	34.14	5.56	7.14	0.8
3/4	20							R13	63.5	42.88	6.35	8.74	0.8
1	25	R15	63.5	47.62	6.35	8.74	0.8	R16	70	50.8	6.35	8.74	0.8
1¼	32	R17	73	57.15	6.35	8.74	0.8	R18	79.5	60.32	6.35	8.74	0.8
1½	40	R19	82.5	65.07	6.35	8.74	0.8	R20	90.5	68.27	6.35	8.74	0.8
2	50	R22	102	82.55	6.35	8.74	0.8	R23	108	82.55	7.92	11.91	0.8
2½	65	R25	121	101.6	6.35	8.74	0.8	R26	127	101.6	7.92	11.91	0.8
3	80	R29	133	114.3	6.35	8.74	0.8	R31	146	123.82	7.92	11.91	0.8
4	100	R36	171	149.22	6.35	8.74	0.8	R37	175	149.22	7.92	11.91	0.8
5	125	R40	194	171.45	6.35	8.74	0.8	R41	210	180.98	7.92	11.91	0.8
6	150	R43	219	193.68	6.35	8.74	0.8	R45	241	211.12	7.92	11.91	0.8
8	200	R48	273	247.65	6.35	8.74	0.8	R49	302	269.88	7.92	11.91	0.8
10	250	R52	330	304.8	6.35	8.74	0.8	R53	356	323.85	7.92	11.91	0.8
12	300	R56	406	381	6.35	8.74	0.8	R57	413	381	7.92	11.91	0.8
14	350	R59	425	396.88	6.35	8.74	0.8	R61	457	419.1	7.92	11.91	0.8
16	400	R64	483	454.03	6.35	8.74	0.8	R65	508	469.9	7.92	11.91	0.8
18	450	R68	546	517.53	6.35	8.74	0.8	R69	575	533.4	7.92	11.91	0.8
20	500	R72	597	558.8	6.35	8.74	0.8	R73	635	584.2	9.52	13.49	1.5
22	550							R81	686	635	11.13	15.09	1.5
24	600	R76	744	673.1	6.35	8.74	0.8	R77	749	692.15	11.13	16.66	1.5
公称直径		PN150MPa(Class 900)						PN260MPa(Class 1500)					
NPS/in	DN	环号	d_{min}	P	E	F	R_{max}	环号	d_{min}	P	E	F	R_{max}
1/2	15	R12	60.5	39.67	6.35	8.74	0.8	R12	60.5	39.67	6.35	8.74	0.8
3/4	20	R14	66.5	44.45	6.35	8.74	0.8	R14	66.5	44.45	6.35	8.74	0.8
1	25	R16	71.5	50.8	6.35	8.74	0.8	R16	71.5	50.8	6.35	8.74	0.8
1¼	32	R18	81	60.32	6.35	8.74	0.8	R18	81	60.32	6.35	8.74	0.8
1½	40	R20	92	68.27	6.35	8.74	0.8	R20	92	68.27	6.35	8.74	0.8
2	50	R24	124	95.25	7.92	11.91	0.8	R24	124	95.25	7.92	11.91	0.8
2½	65	R27	137	107.95	7.92	11.91	0.8	R27	137	107.95	7.92	11.91	0.8
3	80	R31	156	123.82	7.92	11.91	0.8	R35	168	136.52	7.92	11.91	0.8
4	100	R37	181	149.22	7.92	11.91	0.8	R39	194	161.92	7.92	11.91	0.8
5	125	R41	216	180.98	7.92	11.91	0.8	R44	229	193.68	7.92	11.91	0.8
6	150	R45	241	211.12	7.92	11.91	0.8	R46	248	211.12	9.52	13.49	1.5
8	200	R49	308	269.88	7.92	11.91	0.8	R50	318	269.88	11.13	16.66	1.5
10	250	R53	362	323.85	7.92	11.91	0.8	R54	371	323.85	11.13	16.66	1.5
12	300	R57	419	381	7.92	11.91	0.8	R58	438	381	14.27	23.01	1.5

续表

公称直径		PN150MPa(Class 900)						PN260MPa(Class 1500)					
NPS/in	DN	环号	d_{min}	P	E	F	R_{max}	环号	d_{min}	P	E	F	R_{max}
14	350	R62	467	419.1	11.13	16.66	1.5	R63	489	419.1	15.88	26.97	2.4
16	400	R66	524	469.9	11.13	16.66	1.5	R67	546	469.9	17.48	30.18	2.4
18	450	R70	594	533.4	12.7	19.84	1.5	R71	613	533.4	17.48	30.18	2.4
20	500	R74	648	584.2	12.7	19.84	1.5	R75	673	584.2	17.48	33.32	2.4
24	600	R78	772	692.15	15.88	26.97	2.4	R79	794	692.15	20.62	36.53	2.4

公称直径		PN420MPa(Class 2500)					
NPS/in	DN	环号	d_{min}	P	E	F	R_{max}
1/2	15	R13	65	42.88	6.35	8.74	0.8
3/4	20	R16	73	50.8	6.35	8.74	0.8
1	25	R18	82.5	60.32	6.35	8.74	0.8
1¼	32	R21	102	72.24	7.92	11.91	0.8
1½	40	R23	114	82.55	7.92	11.91	0.8
2	50	R26	133	101.6	7.92	11.91	0.8
2½	65	R28	149	111.12	9.52	13.49	1.5
3	80	R32	168	127	9.52	13.49	1.5
4	100	R38	203	157.18	11.13	16.66	1.5
5	125	R42	241	190.5	12.7	19.84	1.5
6	150	R47	279	228.6	12.7	19.84	1.5
8	200	R51	340	279.4	14.27	23.01	1.5
10	250	R55	425	342.9	17.48	30.18	2.4
12	300	R60	495	406.4	17.48	33.32	2.4

表 39-67 美洲体系 PN20MPa（ASME B16.5Class 150）法兰尺寸 单位：mm

公称直径		钢管外径 A	法兰外径 D	突台直径 d	螺栓中心圆直径 K	螺栓孔直径 L	螺栓孔数/个	螺栓尺寸	法兰厚度 C_1	颈部直径 N	法兰高度			法兰近似质量/kg			
DN	NPS/in										H_1	H_2	H_3	W_1	W_2	W_3	W_4
15	1/2	21.3	90	35	60.5	16	4	M14	11.5	30	48	16	16	0.54	0.42	0.53	0.43
20	3/4	26.9	100	43	70	16	4	M14	13	38	52	16	16	0.78	0.60	0.73	0.63
25	1	33.7	110	51	79.5	16	4	M14	14.5	49	56	17	17	1.12	0.83	0.89	0.89
(32)	(1¼)	42.4	120	63.5	89	16	4	M14	16	59	57	21	21	1.46	1.12	1.17	1.20
40	1½	48.3	130	73	98.5	16	4	M14	17.5	65	62	22	22	1.86	1.43	1.48	1.58
50	2	60.3	150	92	120.5	18	4	M16	19.5	78	64	25	25	2.69	2.07	2.10	2.39
(65)	(2½)	76.1	180	105	139.5	18	4	M16	22.5	90	70	29	29	4.40	3.53	3.56	4.07
80	3	88.9	190	127	152.5	18	4	M16	24	108	70	30	30	5.11	4.01	3.96	4.92
(90)	(3½)	101.6	216	140	178	18	8	M16	24	122	71	32	32	5.45	4.99	4.99	5.90
100	4	114.3	230	157.5	190.5	18	8	M16	24	135	76	33	33	7.29	5.40	5.57	7.13
(125)	(5)	139.7	255	186	216	22	8	M20	24	164	89	36	36	9.43	6.29	6.33	9.31
150	6	168.1	280	216	241.5	22	8	M20	25.5	192	89	40	40	11.59	7.82	7.67	11.70
200	8	219.1	345	270	298.5	22	8	M20	29	246	102	44	44	19.17	12.75	12.67	20.46
250	10	273	405	324	362	26	12	M24	30.5	305	102	49	49	25.67	16.78	16.56	29.19

续表

公称直径		钢管外径 A	法兰外径 D	突台直径 d	螺栓中心圆直径 K	螺栓孔直径 L	螺栓孔数/个	螺栓尺寸	法兰厚度 C_1	颈部直径 N	法兰高度			法兰近似质量/kg			
DN	NPS/in										H_1	H_2	H_3	W_1	W_2	W_3	W_4
300	12	323.9	485	381	432	26	12	M24	32	365	114	56	56	38.99	26.91	27.20	44.11
350	14	355.6	535	413	476	29.5	12	M27	35	400	127	57	79	53.30	35.24	39.29	58.83
400	16	406.4	600	470	540	29.5	16	M27	37	457	127	64	87	68.50	46.46	52.00	78.19
450	18	457	635	533.5	578	32.5	16	M30	40	505	140	68	97	79.99	49.26	56.21	94.72
500	20	508	700	584	635	32.5	20	M30	43	559	145	73	103	101.0	62.94	73.40	123.6
(550)	(22)	559	750	641	692	35.5	20	M33	46	610	149	—	—	113.5	—	—	150.7
600	24	610	815	692	749.5	35.5	20	M33	48	664	152	83	111	139.0	88.11	99.83	187.1

注：1. 下标1表示对焊法兰（WN）；2表示带颈平焊（SO）、螺纹（Th）、承插（SW）法兰；3表示活套法兰；4表示法兰盖（BL）。

2. 表中括号内为不推荐使用的规格。

表 39-68 美洲体系 *PN*50MPa（ASME B16.5 Class 300）法兰尺寸 单位：mm

公称直径		钢管外径 A	法兰外径 D	突台直径 d	螺栓中心圆直径 K	螺栓孔直径 L	螺栓孔数/个	螺栓尺寸	法兰厚度		孔板法兰孔径 TT	颈部直径 N	法兰高度				法兰近似质量/kg			
DN	NPS/in								$C_1 \sim C_4$	C_0			H_0	H_1	H_2	H_3	W_1	W_2	W_3	W_4
15	1/2	21.3	96	35	66.5	16	4	M14	14.5	—		38	—	52	22	22	0.80	0.64	0.71	0.63
20	3/4	26.9	120	43	82.5	18	4	M16	16	—		48	—	57	25	25	1.41	1.15	1.26	1.15
25	1	33.7	125	51	89	18	4	M16	175	38	6.35	54	82.5	62	27	27	1.72	1.37	1.47	1.40
(32)	(1¼)	42.4	135	63.5	98.5	18	4	M16	19.5	—	—	64	—	65	27	27	2.25	1.76	1.86	1.88
40	1½	48.3	155	73	114.5	22	4	M20	21	38	6.35	70	85	68	30	30	3.11	2.53	2.65	2.65
50	2	60.3	165	92	127	18	8	M16	22.5	38	6.35	84	85	70	33	33	3.79	2.91	2.98	3.38
(65)	(2½)	76.1	190	105	149	22	8	M20	25.5	38	6.35	100	89	76	38	38	5.74	4.43	4.47	5.09
80	3	88.9	210	127	168.5	22	8	M20	29	38	9.53	118	89	79	43	43	7.74	6.16	6.14	7.22
(90)	(3½)	101.6	229	140	184	22	8	M20	30	—	—	140	—	81	45	45	9.10	7.72	7.26	9.53
100	4	114.3	255	157.5	200	22	8	M20	32	38	12.7	146	92	86	48	48	12.00	9.74	10.05	11.62
(125)	(5)	139.7	280	186	235	22	8	M20	35	—	—	178	—	98	51	51	16.05	12.39	12.56	15.76
150	6	168.1	320	216	270	22	12	M20	37	38	12.7	206	100	98	52	52	21.29	16.76	16.42	22.16
200	8	219.1	380	270	330	26	12	M24	41.5	41.5	12.7	260	111	111	62	62	32.20	24.93	24.42	35.14
250	10	273	445	324	387.5	29.5	16	M27	48	48	12.7	321	117	117	67	95	47.01	35.59	38.85	54.99
300	12	323.9	520	381	451	32.5	16	M30	51	51	12.7	375	130	130	73	102	66.64	50.91	55.75	79.96
350	14	355.6	585	413	514.5	32.5	20	M30	54	54	12.7	426	143	143	76	111	95.69	72.60	81.00	108.4
400	16	406.4	650	470	571.5	35.5	20	M33	57.5	57.5	12.7	483	146	146	83	121	121.0	91.63	104.90	141.2
450	18	457	710	533.5	628.5	35.5	24	M33	60.5	60.5	12.7	533	159	159	89	130	150.2	111.6	128.6	178.8
500	20	508	775	584	686	35.5	24	M33	63.5	63.5	12.7	587	162	162	95	140	181.6	136.0	156.0	223.3
(550)	(22)	559	840	641	743	42	24	M39	66.5	—	—	640	—	165	—	—	199.4	—	—	268.7
600	24	610	915	692	813	42	24	M39	70	70	12.7	702	168	168	104	152	265.0	202.1	235.1	342.1

注：1. 下标0表示孔板法兰（对焊）；1表示对焊法兰（WN）；2表示带颈平焊（SO）、螺纹（Th）、承插（SW）法兰；3表示活套法兰；4表示法兰盖（BL）。

2. 表中括号内为不推荐使用的规格。

表 39-69 美洲体系 *PN*110MPa（ASME B16.5 Class 600）法兰尺寸 单位：mm

公称直径		钢管外径 *A*	法兰外径 *D*	突台直径 *d*	螺栓中心圆直径 *K*	螺栓孔直径 *L*	螺栓孔数/个	螺栓尺寸	法兰厚度		孔板法兰孔径 *TT*	颈部直径 *N*	法兰高度				法兰近似质量/kg			
DN	NPS/in								$C_1 \sim C_4$	C_0			H_0	H_1	H_2	H_3	W_1	W_2	W_3	W_4
15	1/2	21.3	96	35	66.5	16	4	M14	14.5	—		38	—	52	22	22	0.87	0.75	0.71	0.77
20	3/4	26.9	120	43	82.5	18	4	M16	16	—		48	—	57	25	25	1.53	1.35	1.30	1.37
25	1	33.7	125	51	89	18	4	M16	17.5	38	6.35	54	82.5	62	27	27	1.86	1.58	1.51	1.66
(32)	(1¼)	42.4	135	63.5	98.5	18	4	M16	21	—	—	64	—	67	29	29	2.57	2.15	2.06	2.37
40	1½	48.3	155	73	114.5	22	4	M20	22.5	38	6.35	70	85	70	32	32	3.48	2.99	2.86	3.29
50	2	60.3	165	92	127	18	8	M16	25.5	38	6.35	84	85	73	37	37	4.35	3.71	3.48	4.24
(65)	(2½)	76.1	190	105	149	22	8	M20	29	38	6.35	100	89	79	41	41	6.39	5.20	5.06	6.24
80	3	88.9	210	127	168.5	22	8	M20	32	38	9.53	117	89	83	46	46	8.49	7.13	6.74	8.63
(90)	(3½)	101.6	229	140	184	26	8	M24	35	—	—	133	—	86	49	49	11.80	9.53	9.08	13.17
100	4	114.3	275	157.5	216	26	8	M24	38.5	38	12.7	152	102	102	54	54	17.46	14.89	14.32	17.74
(125)	(5)	139.7	330	186	267	29.5	8	M27	44.5	—	—	189	—	114	60	60	28.68	24.89	23.60	29.98
150	6	168.1	355	216	292	29.5	12	M27	48	48	12.7	222	117	117	67	67	33.96	29.96	27.83	37.35
200	8	219.1	420	270	349	32.5	12	M30	55.5	55.5	12.7	273	133	133	76	76	52.23	44.87	42.04	60.55
250	10	273	510	324	432	35.5	16	M33	63.5	63.5	12.7	343	152	152	86	111	86.02	72.84	75.69	100.2
300	12	323.9	560	381	489	35.5	20	M33	67	67	12.7	400	156	156	92	117	102.9	85.89	90.85	126.5
350	14	355.6	605	413	527	39	20	M36	70	70	12.7	432	165	165	94	127	124.0	101.7	108.9	154.3
400	16	406.4	685	470	603	42	20	M39	76.5	76.5	12.7	495	178	178	106	140	174.9	144.1	154.8	216.9
450	18	457	745	533.5	654	45	20	M42	83	83	12.7	546	184	184	117	152	214.4	177.4	218.5	278
500	20	508	815	584	724	45	24	M42	89	89	12.7	610	190	190	127	165	288.9	225.3	275.7	355.5
(550)	(22)	559	870	641	778	48	24	M45	95	—	—	665	—	197	—	—	356.5	—	—	428.5
600	24	610	940	692	838	51	24	M48	102	102	12.7	718	203	203	140	184	380.8	314.0	346.6	537.1

注：1. 下标 0 表示孔板法兰（对焊）；1 表示对焊法兰（WN）；2 表示带颈平焊（SO）、承插（SW）法兰；3 表示活套法兰；4 表示法兰盖（BL）。

2. 表中括号内为不推荐使用的规格。

表 39-70 美洲体系 *PN*150MPa（ASME B16.5 Class 900）法兰尺寸 单位：mm

公称直径		钢管外径 *A*	法兰外径 *D*	突台直径 *d*	螺栓中心圆直径 *K*	螺栓孔直径 *L*	螺栓孔数/个	螺栓尺寸	法兰厚度		孔板法兰孔径 *TT*	颈部直径 *N*	法兰高度			法兰近似质量/kg		
DN	NPS/in								$C_1 \sim C_4$	C_0			H_0	H_1	H_2	W_1	W_2	W_4
15	1/2	21.3	120	35	82.5	22	4	M20	22.5	—		38	—	60	32	1.87	1.75	1.78
20	3/4	26.9	130	43	89	22	4	M20	25.5	—		44	—	70	35	2.55	2.35	2.43
25	1	33.7	150	51	101.5	26	4	M24	29	38	6.35	52	82.5	73	41	3.78	3.50	3.65
(30)	(1¼)	42.4	160	63.5	111	26	4	M24	29	—	—	64	—	73	41	4.39	4.01	4.27
40	1½	48.3	180	73	124	29.5	4	M27	32	38	6.35	70	89	83	44	6.06	5.52	5.94
50	2	60.3	215	92	165	26	8	M24	38.5	38	6.35	105	102	102	57	10.80	9.81	10.05
(65)	(2½)	76.1	245	105	190.5	29.5	8	M27	41.5	41.5	6.35	124	105	105	64	14.07	13.5	14.05
80	3	88.9	240	127	190.5	26	8	M24	38.5	38	9.53	127	102	102	54	13.44	11.5	18.09
100	4	114.3	290	157.5	235	32.5	8	M30	44.5	44.5	12.7	159	114	114	—	21.81	—	21.83
(125)	(5)	139.7	350	186	279.5	35.5	8	M33	51	—	—	190	—	127	—	35.92	—	37.36
150	6	168.1	380	216	317.5	32.5	12	M30	56	56	12.7	235	140	140	—	46.70	—	48.63
200	8	219.1	470	270	393.5	39	12	M36	63.5	63.5	12.7	298	162	162	—	86.91	—	91.0
250	10	273	545	324	470	39	16	M36	70	70	12.7	368	184	184	—	117.4	—	124
300	12	323.9	610	381	533.5	39	20	M36	79.5	79.5	12.7	419	200	200	—	156.6	—	174.8
350	14	355.6	640	413	559	42	20	M39	86	86	12.7	451	213	213	—	181.2	—	208
400	16	406.4	705	470	616	45	20	M42	89	89	12.7	508	216	216	—	223.3	—	262.8
450	18	457	785	533.5	686	51	20	M48	102	102	12.7	565	229	229	—	302.7	—	369.6
500	20	508	855	584	749.5	55	20	M52	108	108	12.7	672	248	248	—	378.6	—	464.2
600	24	610	1040	692	901.5	68	20	M64	140	140	12.7	749	267	267	—	674.2	—	874.5

注：1. 下标 0 表示孔板法兰（对焊）；1 表示对焊法兰（WN）；2 表示承插（SW）法兰；3 表示活套法兰；4 表示法兰盖（BL）。

2. 表中括号内为不推荐使用的规格。

表 39-71　美洲体系 PN260MPa（ASME B16.5 Class 1500）法兰尺寸　单位：mm

公称直径		钢管外径 A	法兰外径 D	突台直径 d	螺栓中心圆直径 K	螺栓孔直径 L	螺栓孔数/个	螺栓尺寸	法兰厚度		孔板法兰孔径 TT	颈部直径 N	法兰高度		法兰近似质量/kg	
DN	NPS/in								C_1、C_4	C_0			H_1	H_0	W_1	W_4
15	1/2	21.3	120	35	82.5	22	4	M20	22.5	—		38	60	—	1.87	1.78
20	3/4	26.9	130	43	89	22	4	M20	25.5	—		44	70	—	2.55	2.43
25	1	33.7	150	51	101.5	26	4	M24	29	38	6.35	52	73	82.5	3.78	3.65
(32)	(1¼)	42.4	160	63.5	111	26	4	M24	29	—	—	64	73	—	4.39	4.27
40	1½	48.3	180	73	124	29.5	4	M27	32	38	6.35	70	83	89	6.06	5.94
50	2	60.3	215	92	165	26	8	M24	38.5	38	6.35	105	102	102	10.80	5.94
(65)	(2½)	76.1	245	105	190.5	29.5	8	M27	41.5	41.5	6.35	124	105	105	14.07	10.05
80	3	88.9	265	127	203	32.5	8	M30	48	48	9.53	133	117	117	14.82	18.98
100	4	114.3	310	157.5	241.5	35.5	8	M33	54	54	12.7	162	124	124	22.55	29.71
(125)	(5)	139.7	375	186	292	42	8	M39	73.5	—	—	197	155	—	44.61	58.82
150	6	168.1	395	216	317.5	39	12	M36	83	83	12.7	229	171	171	50.60	72.50
200	8	219.1	485	270	393.5	45	12	M42	92	92	12.7	292	213	213	82.93	122.8
250	10	273	585	324	482.5	51	12	M48	108	108	12.7	368	254	254	138.6	211.6
300	12	323.9	675	381	571.5	55	16	M52	124	124	12.7	451	283	283	195.6	317.6
350	14	355.6	750	413	635	60	16	M56	133.5	133.5	12.7	495	298	298	265.4	422.9
400	16	406.4	825	470	705	68	16	M64	146.5	146.5	12.7	552	311	311	339.1	557.5
450	18	457	915	533.5	774.5	74	16	M70	162	162	12.7	597	327	327	470.8	761
500	20	508	985	584	832	80	16	M76	178	178	12.7	641	356	356	590.1	967
600	24	610	1170	692	990.5	94	16	M90	203.5	203.5	12.7	762	406	406	949.3	1561

注：1. 下标 0 表示孔板法兰（对焊）；1 表示对焊法兰（WN）；4 表示法兰盖（BL）。

2. 表中括号内为不推荐使用的规格。

表 39-72　美洲体系 PN20MPa（ASME B16.47A Class 150）大直径法兰尺寸　单位：mm

公称直径		钢管外径 A	法兰外径 D	突台直径 d	螺栓中心圆直径 K	螺栓孔直径 L	螺栓孔数/个	螺栓尺寸	法兰厚度		颈部直径 N	法兰高度 H	法兰近似质量/kg	
DN	NPS/in								C_1	C_2			W_1	W_2
650	26	660	870	749	806	36	24	M33(1¼)	68.5	68.5	675	121	—	—
700	28	711	925	800	863	36	28	M33(1¼)	71.5	71.5	725	125	—	—
750	30	762	985	857	914	36	28	M33(1¼)	74.5	74.5	780	137	—	—
800	32	813	1060	914	978	42	28	M39(1½)	81	81	830	144	—	—
850	34	864	1110	965	1029	42	32	M39(1½)	82.5	82.5	880	149	—	—
900	36	914	1170	1022	1086	42	32	M39(1½)	90.5	90.5	935	157	—	—
950	38	965	1240	1073	1150	42	32	M39(1½)	87.5	87.5	990	157	—	—
1000	40	1016	1290	1124	1200	42	36	M39(1½)	90.5	90.5	1040	164	—	—
1050	42	1067	1345	1194	1257	42	36	M39(1½)	97	97	1090	171	—	—
1100	44	1118	1405	1245	1314	42	40	M39(1½)	102	102	1145	178	—	—
1150	46	1168	1455	1295	1365	42	40	M39(1½)	103	103	1195	186	—	—
1200	48	1217	1510	1359	1422	42	44	M39(1½)	108	108	1250	192	—	—
1250	50	1270	1570	1410	1480	48	44	M45(1¾)	111	111	1300	203	—	—
1300	52	1321	1625	1460	1537	48	44	M45(1¾)	116	116	1355	210	—	—
1350	54	1372	1685	1511	1594	48	44	M45(1¾)	121	121	1405	216	—	—
1400	56	1422	1745	1575	1651	48	48	M45(1¾)	124	124	1455	229	—	—
1450	58	1473	1805	1626	1708	48	48	M45(1¾)	129	129	1510	235	—	—
1500	60	1524	1855	1676	1759	48	52	M45(1¾)	132	132	1560	240	—	—

注：1. 下标 1 表示对焊法兰（WN）；2 表示法兰盖（BL）。

2. 表中螺栓尺寸栏中，括号内的数值单位为英寸。

表 39-73　美洲体系 *PN*50MPa（ASME B16.47A Class 300）大直径法兰尺寸　　单位：mm

公称直径		钢管外径 *A*	法兰外径 *D*	突台直径 *d*	螺栓中心圆直径 *K*	螺栓孔直径 *L*	螺栓孔数/个	螺栓尺寸	法兰厚度		颈部直径 *N*	法兰高度 *H*	法兰近似质量/kg	
DN	NPS/in								C_1	C_2			W_1	W_2
650	26	660	970	749	876	45	28	M42($1\frac{5}{8}$)	79.5	84	720	184	—	—
700	28	711	1035	800	940	45	28	M42($1\frac{5}{8}$)	85.5	90.5	775	197	—	—
750	30	762	1090	857	997	48	28	M45($1\frac{3}{4}$)	92	95	825	210	—	—
800	32	813	1150	914	1054	51	28	M48($1\frac{7}{8}$)	98.5	100	880	222	—	—
850	34	864	1205	965	1105	51	28	M48($1\frac{7}{8}$)	102	105	935	232	—	—
900	36	914	1270	1022	1168	55	32	M52(2)	105	111	990	241	—	—
950	38	965	1170	1029	1092	42	32	M39($1\frac{1}{2}$)	108	108	995	181	—	—
1000	40	1016	1240	1086	1156	45	32	M42($1\frac{5}{8}$)	114	114	1050	194	—	—
1050	42	1067	1290	1137	1206	45	32	M42($1\frac{5}{8}$)	119	119	1100	200	—	—
1100	44	1118	1355	1194	1264	48	32	M45($1\frac{3}{4}$)	124	124	1150	206	—	—
1150	46	1168	1415	1245	1321	51	28	M48($1\frac{7}{8}$)	129	129	1205	216	—	—
1200	48	1217	1465	1308	1372	51	32	M48($1\frac{7}{8}$)	133	133	1255	224	—	—
1250	50	1270	1530	1359	1429	55	32	M52(2)	140	140	1305	232	—	—
1300	52	1321	1580	1410	1480	55	32	M52(2)	144	144	1355	238	—	—
1350	54	1372	1660	1467	1549	60	28	M56($2\frac{1}{4}$)	152	152	1410	252	—	—
1400	56	1422	1710	1518	1600	60	28	M56($2\frac{1}{4}$)	154	154	1465	260	—	—
1450	58	1473	1760	1575	1651	60	32	M56($2\frac{1}{4}$)	159	159	1515	267	—	—
1500	60	1524	1810	1626	1702	60	32	M56($2\frac{1}{4}$)	164	164	1565	273	—	—

注：1. 下标 1 表示对焊法兰（WN）；2 表示法兰盖（BL）。

2. 表内螺栓尺寸栏中，括号内的数值单位为英寸。

表 39-74　美洲体系 *PN*110MPa（ASME B16.47A Class 600）大直径法兰尺寸　　单位：mm

公称直径		钢管外径 *A*	法兰外径 *D*	突台直径 *d*	螺栓中心圆直径 *K*	螺栓孔直径 *L*	螺栓孔数/个	螺栓尺寸	法兰厚度		颈部直径 *N*	法兰高度 *H*	法兰近似质量/kg	
DN	NPS/in								C_1	C_2			W_1	W_2
650	26	660	1015	749	914	51	28	M48($1\frac{7}{8}$)	108	125	750	222	—	—
700	28	711	1075	800	965	55	28	M52(2)	111	132	805	235	—	—
750	30	762	1130	857	1022	55	28	M52(2)	114	140	860	248	—	—
800	32	813	1195	914	1080	60	28	M56($2\frac{1}{4}$)	117	148	920	260	—	—
850	34	864	1245	965	1130	60	28	M56($2\frac{1}{4}$)	121	154	975	270	—	—
900	36	914	1315	1022	1194	68	28	M64($2\frac{1}{2}$)	124	162	1030	283	—	—
950	38	965	1270	1054	1162	60	28	M56($2\frac{1}{4}$)	152	156	1020	254	—	—
1000	40	1016	1320	1111	1213	60	32	M56($2\frac{1}{4}$)	159	162	1075	264	—	—
1050	42	1067	1405	1168	1283	68	28	M64($2\frac{1}{2}$)	168	171	1125	279	—	—
1100	44	1118	1455	1226	1334	68	32	M64($2\frac{1}{2}$)	173	178	1180	289	—	—
1150	46	1168	1510	1276	1391	68	32	M64($2\frac{1}{2}$)	179	186	1235	300	—	—
1200	48	1217	1595	1334	1460	74	32	M70($2\frac{3}{4}$)	189	195	1290	316	—	—
1250	50	1270	1670	1384	1524	80	28	M76(3)	197	203	1345	329	—	—
1300	52	1321	1720	1435	1575	80	32	M76(3)	203	210	1395	337	—	—
1350	54	1372	1780	1492	1632	80	32	M76(3)	210	217	1450	349	—	—
1400	56	1422	1855	1543	1695	86	32	M82($3\frac{1}{4}$)	217	225	1500	362	—	—
1450	58	1473	1905	1600	1746	86	32	M82($3\frac{1}{4}$)	222	232	1555	370	—	—
1500	60	1524	1995	1657	1822	94	28	M90($3\frac{1}{2}$)	233	243	1610	389	—	—

注：1. 下标 1 表示对焊法兰（WN）；2 表示法兰盖（BL）。

2. 表内螺栓尺寸栏中，括号内的数值单位为英寸。

表 39-75 美洲体系 *PN*150MPa（ASME B16.47A Class 900）大直径法兰尺寸 单位：mm

公称直径		钢管外径 *A*	法兰外径 *D*	突台直径 *d*	螺栓中心圆直径 *K*	螺栓孔直径 *L*	螺栓孔数/个	螺栓尺寸	法兰厚度		颈部直径 *N*	法兰高度 *H*	法兰近似质量/kg	
DN	NPS/in								C_1	C_2			W_1	W_2
650	26	660	1085	749	952	74	20	M70(2¾)	140	160	775	286	—	—
700	28	711	1170	800	1022	80	20	M76(3)	143	171	830	298	—	—
750	30	762	1230	857	1086	80	20	M76(3)	149	183	890	311	—	—
800	32	813	1315	914	1156	86	20	M82(3¼)	159	194	945	330	—	—
850	34	864	1395	965	1226	94	20	M90(3½)	165	205	1005	349	—	—
900	36	914	1460	1022	1289	94	20	M90(3½)	171	214	1065	362	—	—
950	38	965	1460	1099	1289	94	20	M90(3½)	190	216	1075	352	—	—
1000	40	1016	1510	1162	1340	94	24	M90(3½)	197	224	1125	364	—	—
1050	42	1067	1560	1213	1391	94	24	M90(3½)	206	232	1175	371	—	—
1100	44	1118	1650	1270	1464	99	24	M95(3¾)	214	243	1235	391	—	—
1150	46	1168	1735	1334	1537	105	24	M100(4)	225	256	1290	411	—	—
1200	48	1217	1785	1384	1588	105	24	M100(4)	233	264	1345	419	—	—

注：1. 下标1表示对焊法兰（WN）；2表示法兰盖（BL）。

2. 表内螺栓尺寸栏中，括号内的数值单位为英寸。

表 39-76 美洲体系 *PN*10MPa（ASME B16.47 B Class 75）大直径法兰尺寸 单位：mm

公称直径		钢管外径 *A*	法兰外径 *D*	突台直径 *d*	螺栓中心圆直径 *K*	螺栓孔直径 *L*	螺栓孔数/个	螺栓尺寸	法兰厚度 $C_1 \sim C_2$	颈部直径 *N*	法兰高度 *H*	法兰近似质量/kg	
DN	NPS/in											W_1	W_2
650	26	660	762	705	724	18	36	M16(⅝)	33.5	684	59	29	—
700	28	711	813	756	775	18	40	M16(⅝)	33.5	735	62	31	—
750	30	762	864	806	826	18	44	M16(⅝)	33.5	787	65	35	—
800	32	813	914	857	876	18	48	M16(⅝)	35	840	70	48	—
850	34	864	965	908	927	18	52	M16(⅝)	35	892	73	50	—
900	36	914	1033	965	992	22	40	M20(¾)	36.5	945	86	62	—
950	38	965	1084	1016	1043	22	40	M20(¾)	38	997	89	70	—
1000	40	1016	1135	1067	1094	22	44	M20(¾)	38	1049	92	74	—
1050	42	1067	1186	1118	1145	22	48	M20(¾)	40	1102	95	77	—
1100	44	1118	1251	1175	1203	26	36	M24(⅞)	43	1153	105	82	—
1150	46	1168	1302	1226	1254	26	40	M24(⅞)	44.5	1205	108	105	—
1200	48	1217	1353	1276	1305	26	44	M24(⅞)	46	1257	111	120	—
1250	50	1270	1403	1327	1356	26	44	M24(⅞)	48	1308	116	120	—
1300	52	1321	1457	1378	1410	26	48	M24(⅞)	48	1370	121	120	—
1350	54	1372	1508	1429	1460	26	48	M24(⅞)	49	1413	125	180	—
1400	56	1422	1575	1486	1521	30	40	M27(1)	51	1465	135	180	—
1450	58	1473	1626	1537	1572	30	44	M27(1)	52.5	1516	138	180	—
1500	60	1524	1676	1588	1622	30	44	M27(1)	56	1570	145	210	—

注：1. 下标1表示对焊法兰（WN）；2表示法兰盖（BL）。

2. 表内螺栓尺寸栏中，括号内的数值单位为英寸。

表 39-77 美洲体系 *PN*20MPa（ASME B16.47B Class 150）大直径法兰尺寸 单位：mm

公称直径		钢管外径 *A*	法兰外径 *D*	突台直径 *d*	螺栓中心圆直径 *K*	螺栓孔直径 *L*	螺栓孔数/个	螺栓尺寸	法兰厚度 C_1	颈部直径 *N*	法兰高度 *H*	法兰近似质量 W_1/kg
DN	NPS/in											
650	26	660	786	711	745	22	36	M20(¾)	41.5	684	89	52
700	28	711	837	762	795	22	40	M20(¾)	44.5	735	95	58
750	30	762	887	813	846	22	44	M20(¾)	44.5	787	100	65
800	32	813	941	864	900	22	48	M20(¾)	46	840	108	85
850	34	864	1005	921	957	26	40	M24(⅞)	49	892	110	100
900	36	914	1057	972	1010	26	44	M24(⅞)	52.5	945	117	115

续表

公称直径		钢管外径 *A*	法兰外径 *D*	突台直径 *d*	螺栓中心圆直径 *K*	螺栓孔直径 *L*	螺栓孔数/个	螺栓尺寸	法兰厚度 C_1	颈部直径 *N*	法兰高度 *H*	法兰近似质量 W_1/kg
DN	NPS/in											
950	38	965	1124	1022	1070	30	40	M27(1)	54	997	124	135
1000	40	1016	1175	1080	1121	30	44	M27(1)	56	1049	129	150
1050	42	1067	1226	1130	1172	30	48	M27(1)	59	1102	133	165
1100	44	1118	1276	1181	1222	30	52	M27(1)	60	1153	137	200
1150	46	1168	1341	1235	1284	33	40	M30(1⅛)	62	1205	145	210
1200	48	1217	1392	1289	1335	33	44	M30(1⅛)	65	1257	149	240
1250	50	1270	1443	1340	1386	33	48	M30(1⅛)	68.5	1308	154	240
1300	52	1321	1494	1391	1437	33	52	M30(1⅛)	70	1370	157	240
1350	54	1372	1549	1441	1492	33	56	M30(1⅛)	71.5	1413	162	310
1400	56	1422	1600	1492	1543	33	60	M30(1⅛)	73	1465	167	310
1450	58	1473	1675	1543	1611	36	48	M33(1¼)	74.5	1516	175	310
1500	60	1524	1726	1600	1662	36	52	M33(1¼)	76.5	1570	179	410

注：1. 下标 1 表示对焊法兰（WN）。

2. 表内螺栓尺寸栏中，括号内的数值单位为英寸。

表 39-78 美洲体系 *PN*50MPa（ASME B16.47B Class 300）大直径法兰尺寸 单位：mm

公称直径		钢管外径 *A*	法兰外径 *D*	突台直径 *d*	螺栓中心圆直径 *K*	螺栓孔直径 *L*	螺栓孔数/个	螺栓尺寸	法兰厚度 C_1	颈部直径 *N*	法兰高度 *H*	法兰近似质量 W_1/kg
DN	NPS/in											
650	26	660	867	737	803	36	32	M33(1¼)	89	702	144	200
700	28	711	921	787	857	36	36	M33(1¼)	89	756	149	210
750	30	762	991	845	921	39	36	M36(1⅜)	94	813	158	270
800	32	813	1054	902	978	42	32	M39(1½)	103	864	168	330
850	34	864	1108	953	1032	42	36	M39(1½)	103	918	173	360
900	36	914	1172	1010	1089	45	32	M42(1⅝)	103	965	181	410
950	38	965	1222	1060	1140	45	36	M42(1⅝)	111	1016	192	570
1000	40	1016	1273	1114	1191	45	40	M42(1⅝)	116	1067	198	660
1050	42	1067	1334	1165	1245	48	36	M45(1¾)	119	1118	205	720
1100	44	1118	1384	1219	1295	48	40	M45(1¾)	127	1173	214	800
1150	46	1168	1460	1270	1365	52	36	M48(1⅞)	128.5	1229	222	970
1200	48	1217	1511	1327	1416	52	40	M48(1⅞)	128.5	1278	224	990
1250	50	1270	1562	1378	1467	52	44	M48(1⅞)	138	1330	235	990
1300	52	1321	1613	1429	1518	52	48	M48(1⅞)	143	1383	243	990
1350	54	1372	1673	1480	1578	52	48	M48(1⅞)	146.5	1435	240	1160
1400	56	1422	1765	1537	1651	60	36	M56(2¼)	154	1494	268	1160
1450	58	1473	1827	1594	1713	60	40	M56(2¼)	154	1548	275	1160
1500	60	1524	1878	1651	1764	60	40	M56(2¼)	151	1599	272	1450

注：1. 下标 1 表示对焊法兰（WN）。

2. 表内螺栓尺寸栏中，括号内的数值单位为英寸。

表 39-79 美洲体系 *PN*110MPa（ASME B16.47B Class 600）大直径法兰尺寸 单位：mm

公称直径		钢管外径 *A*	法兰外径 *D*	突台直径 *d*	螺栓中心圆直径 *K*	螺栓孔直径 *L*	螺栓孔数/个	螺栓尺寸	法兰厚度 C_1	颈部直径 *N*	法兰高度 *H*	法兰近似质量 W_1/kg
DN	NPS/in											
650	26	660	889	727	806.5	45	28	M42(1⅝)	111	699	181	—
700	28	711	953	784	863.5	48	28	M45(1¾)	116	752	191	—
750	30	762	1022	841	927	52	28	M48(1⅞)	125	806	205	—
800	32	813	1086	895	984.5	56	28	M52(2)	130	860	216	—
850	34	864	1162	953	1054	60	24	M56(2¼)	141	914	233	—
900	36	914	1213	1010	1105	60	28	M56(2¼)	146	968	243	—

注：1. 下标 1 表示对焊法兰（WN）。

2. 表内螺栓尺寸栏中，括号内的数值单位为英寸。

表 39-80　美洲体系 *PN*150MPa（ASME B16.47B Class 900）大直径法兰尺寸　　单位：mm

公称直径		钢管外径 *A*	法兰外径 *D*	突台直径 *d*	螺栓中心圆直径 *K*	螺栓孔直径 *L*	螺栓孔数/个	螺栓尺寸	法兰厚度 C_1	颈部直径 *N*	法兰高度 *H*	法兰近似质量 W_1/kg
DN	NPS/in											
650	26	660	1022	762	901.5	68	20	M64(2½)	135	743	259	—
700	28	711	1105	819	971.5	76	20	M72(2¾)	148	797	276	—
750	30	762	1181	876	1035	80	20	M76(3)	155	851	289	—
800	32	813	1238	927	1092	80	20	M76(3)	160	908	303	—
850	34	864	1314	991	1155.5	89	20	M85(3¼)	171	962	319	—
900	36	914	1346	1029	1200	80	24	M76(3)	173	1016	325	—

注：1. 下标1表示对焊法兰（WN）。

2. 表内螺栓尺寸栏中，括号中的数值单位为英寸。

2.4.3　法兰材料和标准（表 39-81 和表 39-82）

表 39-81　欧洲体系管法兰用材料和标准

类别	钢板		锻件		铸件		钢管	
	钢号	标准号	钢号	标准号	钢号	标准号	钢号	标准号
Q235	Q235A Q235B	GB/T 3274 (GB/T 700)	—	—	—	—	—	—
20	20	GB/T 711	20	JB 4726	WCA	ASTM 216，GB 12229		
	20R	GB 6654						
	09Mn2VDR 09MnNiDR	GB/T 3531	09Mn2VD 09MnNiD	JB 4727				
16Mn	16MnR	GB 6654	16Mn	JB 4726	ZG240/450AG ZG280/520G	GB/T 16253		
					WCB WCC	ASTM A216 GB 12229		
	16MnDR	GB/T 3531	16MnD	JB 4727	LCC LCB	ASTM A352		
1Cr-0.5Mo	15CrMoR	GB 6654	15CrMo	JB 4726	ZG15Cr1Mo	GB/T 16253		
2¼Cr-1Mo			12Cr2Mol	JB 4726	ZG12Cr2Mo1G	GB/T 16253		
5Cr-0.5Mo	—	—	1Cr5Mo	JB 4726	ZG16Cr5MoG	GB/T 16253		
304L	00Cr19Ni10		00Cr19Ni10		ZG03Cr18Ni10	GB/T 16253	00Cr19Ni10	
					CF3	ASTM A351 GB 12230		
304	0Cr18Ni9		0Cr18Ni9		ZG07Cr20Ni10	GB/T 16253	0Cr18Ni9	
					CF8	ASTM A351 GB 12230		
321	0Cr18Ni10Ti (1Cr18Ni9Ti)	GB/T 4237	0Cr18Ni10Ti (1Cr18Ni9Ti)	JB 4728	ZG08Cr20Ni10Nb	GB/T 16253	0Cr18Ni10Ti (1Cr18Ni9Ti)	GB/T 14976 HG 20537
					CF8C	ASTM A351 GB 12230		
316L	00Cr17Ni 14Mo2		00Cr17Ni14Mo2		ZG03Cr19Ni11Mo2	GB/T 16253	00Cr17Ni14Mo2	
					CF3M	ASTM A351 GB 12230		
316	0Cr17Ni 12Mo2		0Cr17Ni12Mo2		ZG07Cr19Ni11Mo2	GB/T 16253	0Cr17Ni12Mo2	
					CF8M	ASTM A351 GB 12230		

注：1. 管法兰材料一般应采用锻制，不推荐用钢板或型钢制造，钢板仅可用于法兰盖、衬里法兰盖、板式平焊法兰、对焊环松套法兰和平焊环松套法兰。

2. 表列铸件仅适用于整体法兰，并不适用于带焊接的铸造法兰。

3. 表列钢管仅适用于采用钢管制造的奥氏体不锈钢对焊环。

表 39-82　美洲体系管法兰用材料和标准

类别号	类别	钢板		锻件		铸件		钢管	
		钢号	标准号	钢号	标准号	钢号	标准号	钢号	标准号
1.0	Q235	Q235B	GB/T 3274 (GB/T 700)	—	—	—	—	—	—
	20	20 20R	GB/T 711 GB 6654	20	JB 4726	WCA	GB 12229		
1.1	WCB	—				WCB	GB 12229	—	—
1.2	WCC	—				WCC	GB 12229		
						ZG 280/520G	GB/T 16253		
1.3	16Mn	16MnR	GB 6654	16Mn	JB 4726	ZG240/450AG	GB/T 16253		
		16MnDR	GB/T 3531	16MnD	JB 4727	—	—		
1.4	09Mn	09Mn2VDR	GB/T 3531	09Mn2VD	JB 4727	—	—		
		09MnNiDR		09MnNiD					
1.9a	1Cr-0.5Mo	15CrMoR	GB 6654	15CrMo	JB 4726	ZG15Cr1Mo	GB/T 16253		
1.10	2¼Cr-1Mo			12Cr2Mo1	JB 4726	ZG12Cr2Mo1G	GB/T 16253		
1.13	5Cr-0.5Mo	—	—	1Cr5Mo	JB 4726	ZG16Cr5MoG	GB/T 16253		
2.1	304	0Cr18Ni9	GB/T 4237	0Cr18Ni9	JB 4728	ZG07Cr20Ni10	GB/T 16253	0Cr18Ni9	GB/T 14976 HG 20537
						CF8	GB 12230		
2.2	316	0Cr17Ni12Mo2		0Cr17Ni12Mo2		ZG07Cr19Ni11Mo2	GB/T 16253	0Cr17Ni12Mo2	
						CF8M	GB 12230		
2.3	304L	00Cr19Ni10		00Cr19Ni10		ZG03Cr18Ni10	GB/T 16253	00Cr19Ni10	
						CF3	GB 12230		
	316L	00Cr17Ni14Mo2		00Cr17Ni14Mo2		ZG03Cr19Ni11Mo2	GB/T 16253	00Cr17Ni14Mo2	
						CF3M	GB 12230		
2.4	321	0Cr18Ni10Ti (1Cr18Ni9Ti)		0Cr18Ni10Ti (1Cr18Ni9Ti)		ZG08Cr20Ni10Nb	GB/T 16253	0Cr18Ni10Ti (1Cr18Ni9Ti)	
						CF8C	GB 12230		

注：1. 管法兰材料应采用锻制，不得用钢板制造，钢板仅可用于法兰盖。

2. 表列铸件仅适用于整体法兰，并不适用于带焊接法兰的铸件。

3. 表列钢管仅适用于采用钢管制造的奥氏体不锈钢对焊环。

2.4.4 法兰压力-温度等级

① 欧洲体系　见表 39-83～表 39-92。

② 美洲体系　见表 39-93～表 39-99。

表 39-83　欧洲体系最高无冲击工作压力（一）

公称压力 PN/MPa	法兰材料类别	工作温度/℃														
		≤20	100	150	200	250	300	350	400	425	450	475	500	510	520	530
2.5	Q235	0.25	0.25	0.225	0.2	0.175	0.15									
	20	0.25	0.25	0.225	0.2	0.175	0.15	0.125	0.088							
	16Mn	0.25	0.25	0.245	0.238	0.225	0.2	0.175	0.138	0.113						
	1Cr-0.5Mo	0.25	0.25	0.25	0.25	0.25	0.25	0.238	0.228	0.223	0.218	0.205	0.185	0.155	0.123	0.095
	2¼Cr-1Mo	0.25	0.25	0.25	0.25	0.25	0.25	0.25	0.228	0.223	0.218	0.2	0.138	0.125	0.11	0.095
	5Cr-0.5Mo	0.25	0.25	0.25	0.25	0.25	0.25	0.25	0.25							

续表

公称压力 PN/MPa	法兰材料类别	工作温度/℃														
		≤20	100	150	200	250	300	350	400	425	450	475	500	510	520	530
2.5	304L	0.223	0.201	0.18	0.163	0.152	0.141	0.134	0.129		0.124					
	304	0.234	0.212	0.191	0.174	0.161	0.15	0.143	0.139		0.136		0.133			
	321	0.247	0.231	0.217	0.206	0.194	0.186	0.179	0.173		0.169		0.166			
	316L	0.241	0.221	0.201	0.186	0.174	0.161	0.154	0.15		0.144					
	316	0.25	0.234	0.212	0.197	0.186	0.173	0.167	0.16		0.157		0.154			

注：工作温度高于表列温度时，缺乏确切的数值。

表 39-84 欧洲体系最高无冲击工作压力（二）

公称压力 PN/MPa	法兰材料类别	工作温度/℃														
		≤20	100	150	200	250	300	350	400	425	450	475	500	510	520	530
6	Q235	0.60	0.60	0.54	0.48	0.42	0.36									
	20	0.60	0.60	0.54	0.48	0.42	0.36	0.3	0.21							
	16Mn	0.60	0.60	0.59	0.57	0.54	0.48	0.42	0.33	0.27						
	1Cr-0.5Mo	0.60	0.60	0.60	0.60	0.60	0.60	0.57	0.546	0.534	0.522	0.492	0.444	0.372	0.294	0.228
	2¼Cr-1Mo	0.60	0.60	0.60	0.60	0.60	0.60	0.60	0.546	0.534	0.522	0.48	0.33	0.3	0.264	0.228
	5Cr-0.5Mo	0.60	0.60	0.60	0.60	0.60	0.60	0.60	0.60							
	304L	0.54	0.48	0.43	0.39	0.37	0.34	0.32	0.31		0.3					
	304	0.56	0.51	0.46	0.42	0.39	0.36	0.34	0.33		0.33		0.32			
	321	0.59	0.55	0.52	0.49	0.47	0.45	0.43	0.42		0.41		0.4			
	316L	0.58	0.53	0.48	0.45	0.42	0.39	0.37	0.36		0.35					
	316	0.6	0.56	0.51	0.47	0.45	0.42	0.4	0.38		0.38		0.37			

注：工作温度高于表列温度时，缺乏确切的数值。

表 39-85 欧洲体系最高无冲击工作压力（三）

公称压力 PN/MPa	法兰材料类别	工作温度/℃														
		≤20	100	150	200	250	300	350	400	425	450	475	500	510	520	530
10	Q235	1.0	1.0	0.9	0.8	0.7	0.6									
	20	1.0	1.0	0.9	0.8	0.7	0.6	0.5	0.35							
	16Mn	1.0	1.0	0.98	0.95	0.9	0.8	0.7	0.55	0.45						
	1Cr-0.5Mo	1.0	1.0	1.0	1.0	1.0	1.0	0.95	0.91	0.89	0.87	0.82	0.74	0.62	0.49	0.38
	2¼Cr-1Mo	1.0	1.0	1.0	1.0	1.0	1.0	1.0	0.91	0.89	0.87	0.8	0.55	0.5	0.44	0.38
	5Cr-0.5Mo	1.0	1.0	1.0	1.0	1.0	1.0	1.0	1.0							
	304L	0.89	0.8	0.72	0.65	0.61	0.56	0.54	0.52		0.5					
	304	0.94	0.85	0.76	0.7	0.64	0.6	0.57	0.56		0.54		0.53			
	321	0.99	0.92	0.87	0.82	0.78	0.74	0.72	0.69		0.68		0.66			
	316L	0.96	0.88	0.8	0.74	0.7	0.64	0.62	0.6		0.58					
	316	1.0	0.94	0.85	0.79	0.74	0.69	0.67	0.64		0.63		0.62			

注：工作温度高于表列温度时，缺乏确切的数值。

表 39-86　欧洲体系最高无冲击工作压力（四）

公称压力 PN/MPa	法兰材料类别	工作温度/℃														
		≤20	100	150	200	250	300	350	400	425	450	475	500	510	520	530
16	Q235	1.6	1.6	1.44	1.28	1.12	0.96									
	20	1.6	1.6	1.44	1.28	1.12	0.96	0.8	0.56							
	16Mn	1.6	1.6	1.57	1.52	1.44	1.28	1.12	0.88	0.72						
	1Cr-0.5Mo	1.6	1.6	1.6	1.6	1.6	1.6	1.52	1.456	1.424	1.392	1.312	1.184	0.992	0.784	0.608
	2¼Cr-1Mo	1.6	1.6	1.6	1.6	1.6	1.6	1.6	1.456	1.424	1.392	1.28	0.88	0.8	0.704	0.608
	5Cr-0.5Mo	1.6	1.6	1.6	1.6	1.6	1.6	1.6	1.6							
	304L	1.43	1.29	1.15	1.05	0.97	0.9	0.86	0.82		0.8					
	304	1.5	1.36	1.22	1.12	1.03	0.96	0.92	0.89		0.87		0.85			
	321	1.58	1.48	1.39	1.32	1.24	1.19	1.14	1.11		1.08		1.06			
	316L	1.54	1.42	1.29	1.19	1.12	1.03	0.99	0.96		0.92					
	316	1.6	1.5	1.36	1.26	1.19	1.11	1.07	1.02		1.0		0.99			

注：工作温度高于表列温度时，缺乏确切的数值。

表 39-87　欧洲体系最高无冲击工作压力（五）

公称压力 PN/MPa	法兰材料类别	工作温度/℃														
		≤20	100	150	200	250	300	350	400	425	450	475	500	510	520	530
25	20	2.5	2.5	2.25	2.0	1.75	1.5	1.25	0.88							
	16Mn	2.5	2.5	2.45	2.38	2.25	2.0	1.75	1.38	1.13						
	1Cr-0.5Mo	2.5	2.5	2.5	2.5	2.5	2.5	2.38	2.28	2.23	2.18	2.05	1.85	1.55	1.23	0.95
	2¼Cr-1Mo	2.5	2.5	2.5	2.5	2.5	2.5	2.5	2.28	2.23	2.18	2.0	1.88	1.25	1.1	0.95
	5Cr-0.5Mo	2.5	2.5	2.5	2.5	2.5	2.5	2.5	2.5							
	304L	2.23	2.01	1.8	1.63	1.52	1.41	1.34	1.29		1.24					
	304	2.34	2.12	1.91	1.74	1.61	1.5	1.43	1.39		1.36		1.33			
	321	2.47	2.31	2.17	2.06	1.94	1.86	1.79	1.73		1.69		1.66			
	316L	2.41	2.21	2.01	1.86	1.74	1.61	1.54	1.5		1.44					
	316	2.5	2.34	2.12	1.97	1.86	1.73	1.67	1.6		1.57		1.54			

注：工作温度高于表列温度时，缺乏确切的数值。

表 39-88　欧洲体系最高无冲击工作压力（六）

公称压力 PN/MPa	法兰材料类别	工作温度/℃														
		≤20	100	150	200	250	300	350	400	425	450	475	500	510	520	530
40	20	4.0	4.0	3.6	3.2	2.8	2.4	2.0	1.4							
	16Mn	4.0	4.0	3.92	3.8	3.6	3.2	2.8	2.2	1.8						
	1Cr-0.5Mo	4.0	4.0	4.0	4.0	4.0	4.0	3.8	3.64	3.56	3.48	3.28	2.96	2.48	1.96	1.52
	2¼Cr-1Mo	4.0	4.0	4.0	4.0	4.0	4.0	4.0	3.64	3.56	3.48	3.2	2.2	2.0	1.76	1.52
	5Cr-0.5Mo	4.0	4.0	4.0	4.0	4.0	4.0	4.0	4.0							
	304L	3.57	3.22	2.88	2.61	2.44	2.26	2.15	2.06		1.99					
	304	3.75	3.4	3.06	2.79	2.58	2.4	2.29	2.22		2.17		2.13			
	321	3.95	3.7	3.47	3.29	3.11	2.97	2.86	2.77		2.7		2.65			
	316L	3.86	3.54	3.22	2.97	2.79	2.58	2.47	2.4		2.31					
	316	4.0	3.75	3.4	3.15	2.97	2.77	2.67	2.56		2.51		2.47			

注：工作温度高于表列温度时，缺乏确切的数值。

表 39-89 欧洲体系最高无冲击工作压力（七）

公称压力 *PN*/MPa	法兰材料类别	工作温度/℃														
		≤20	100	150	200	250	300	350	400	425	450	475	500	510	520	530
63	20	5.28	5.10	4.85	4.47	4.10	3.72	3.15	2.21							
	16Mn	6.3	6.3	6.17	5.99	5.67	5.04	4.41	3.47	2.84						
	1Cr-0.5Mo	6.3	6.3	6.3	6.3	6.3	6.3	5.99	5.73	5.61	5.48	5.17	4.66	3.91	3.09	2.39
	2¼Cr-1Mo	6.3	6.3	6.3	6.3	6.3	6.3	6.3	5.73	5.61	5.48	5.04	3.47	3.15	2.77	2.39
	5Cr-0.5Mo	6.3	6.3	6.3	6.3	6.3	6.3	6.3	6.3							
	304L	5.61	5.04	4.54	4.1	3.84	3.53	3.4	3.28		3.15					
	304	5.92	5.36	4.79	4.41	4.03	3.78	3.59	3.53		3.4		3.34			
	321	6.24	5.8	5.48	5.17	4.91	4.66	4.54	4.35		4.28		4.16			
	316L	6.05	5.54	5.04	4.66	4.41	4.03	3.91	3.78		3.65					
	316	6.3	6.11	5.8	5.48	5.23	4.91	4.73	4.6		4.47		4.41			

注：工作温度高于表列温度时，缺乏确切的数值。

表 39-90 欧洲体系最高无冲击工作压力（八）

公称压力 *PN*/MPa	法兰材料类别	工作温度/℃														
		≤20	100	150	200	250	300	350	400	425	450	475	500	510	520	530
100	20	8.4	8.1	7.7	7.1	6.5	5.9	5.0	3.5							
	16Mn	10.0	10.0	9.8	9.5	9.0	8.0	7.0	5.5	4.5						
	1Cr-0.5Mo	10.0	10.0	10.0	10.0	10.0	10.0	9.5	9.1	8.9	8.7	8.2	7.4	6.2	4.9	3.8
	2¼Cr-1Mo	10.0	10.0	10.0	10.0	10.0	10.0	10.0	9.1	8.9	8.7	8.0	5.5	5.0	4.4	3.8
	5Cr-0.5Mo	10.0	10.0	10.0	10.0	10.0	10.0	10.0	10.0							
	304L	8.9	8.0	7.2	6.5	6.1	5.6	5.4	5.2		5.0					
	304	9.4	8.5	7.6	7.0	6.4	6.0	5.7	5.6		5.4		5.3			
	321	9.9	9.2	8.7	8.2	7.8	7.4	7.2	6.9		6.8		6.6			
	316L	9.6	8.8	8.0	7.4	7.0	6.4	6.2	6.0		5.8					
	316	10.0	9.4	8.5	7.9	7.4	6.9	6.7	6.4		6.3		6.2			

注：工作温度高于表列温度时，缺乏确切的数值。

表 39-91 欧洲体系最高无冲击工作压力（九）

公称压力 *PN*/MPa	法兰材料类别	工作温度/℃														
		≤20	100	150	200	250	300	350	400	425	450	475	500	510	520	530
160	20	13.4	13.0	12.3	11.4	10.4	9.4	8.0	5.6							
	16Mn	16.0	16.0	15.7	15.2	14.4	12.8	11.2	8.8	7.2						
	1Cr-0.5Mo	16.0	16.0	16.0	16.0	16.0	16.0	15.2	14.6	14.2	13.9	13.1	11.8	9.9	7.8	6.1
	2¼Cr-1Mo	16.0	16.0	16.0	16.0	16.0	16.0	16.0	14.6	14.2	13.9	12.8	8.8	8.0	7.0	6.1
	5Cr-0.5Mo	16.0	16.0	16.0	16.0	16.0	16.0	16.0	16.0							
	304L	14.3	12.9	11.5	10.5	9.7	9.0	8.6	8.2		8.0		7.8			
	304	15.0	13.6	12.2	11.2	10.3	9.6	9.2	8.9		8.7		8.5			
	321	15.8	14.8	13.9	13.2	12.4	11.9	11.4	11.1		10.8		10.6			
	316L	15.4	14.2	12.9	11.9	11.2	10.3	9.9	9.6		9.2		9.1			
	316	16.0	15.0	13.6	12.6	11.9	11.1	10.7	10.2		10.0		9.9			

注：工作温度高于表列温度时，缺乏确切的数值。

表 39-92　欧洲体系最高无冲击工作压力（十）

公称压力 *PN*/MPa	法兰材料类别	工作温度/℃														
		≤20	100	150	200	250	300	350	400	425	450	475	500	510	520	530
250	20	21.0	20.25	19.25	17.75	16.25	14.75	12.5	8.8							
	16Mn	25.0	25.0	24.5	23.8	22.5	20.0	17.5	13.8	11.3						
	1Cr-0.5Mo	25.0	25.0	25.0	25.0	25.0	25.0	23.8	22.8	22.3	21.8	20.5	18.5	15.5	12.3	9.5
	2¼Cr-1Mo	25.0	25.0	25.0	25.0	25.0	25.0	25.0	22.8	22.3	21.8	20.0	13.8	12.5	11.0	9.5
	5Cr-0.5Mo	25.0	25.0	25.0	25.0	25.0	25.0	25.0	25.0							
	304L	22.3	20.1	18.0	16.3	15.2	14.1	13.4	12.9		12.4					
	304	23.4	21.2	19.1	17.4	16.1	15.0	14.3	13.9		13.6		13.3			
	321	24.7	23.1	21.7	20.6	19.4	18.6	17.9	17.3		16.9		16.6			
	316L	24.1	22.1	20.1	18.6	17.4	16.1	15.4	15.0		14.4					
	316	25.0	23.4	21.2	19.7	18.6	17.3	16.7	16.0		15.7		15.4			

注：工作温度高于表列温度时，缺乏确切的数值。

表 39-93　美洲体系最高无冲击工作压力（一）　　单位：MPa

工作温度/℃	*PN*20MPa(Class 150)											
	法兰材料类别											
	1.0	1.1	1.2	1.3	1.4	1.9a	1.10	1.13	2.1	2.2	2.3	2.4
≤38	1.58	1.96	2.0	1.84	1.63	1.83	2.0	2.0	1.9	1.9	1.59	1.9
50	1.53	1.92	1.92	1.81	1.6	1.76	1.92	1.92	1.84	1.84	1.53	1.84
100	1.42	1.77	1.77	1.73	1.48	1.67	1.77	1.77	1.57	1.62	1.32	1.59
150	1.35	1.58	1.58	1.58	1.45	1.58	1.58	1.58	1.39	1.48	1.2	1.44
200	1.27	1.4	1.4	1.4	1.4	1.4	1.4	1.4	1.26	1.37	1.1	1.32
250	1.15	1.21	1.21	1.21	1.21	1.21	1.21	1.21	1.17	1.21	1.02	1.21
300	1.02	1.02	1.02	1.02	1.02	1.02	1.02	1.02	1.02	1.02	0.97	1.02
350	0.84	0.84	0.84	0.84	0.84	0.84	0.84	0.84	0.84	0.84	0.84	0.84
375	0.74	0.74	0.74	0.74	0.74	0.74	0.74	0.74	0.74	0.74	0.74	0.74
400	0.65	0.65	0.65	0.65	0.65	0.65	0.65	0.65	0.65	0.65	0.65	0.65
425	0.56	0.56	0.56	0.56	0.56	0.56	0.56	0.56	0.56	0.56	0.56	0.56
450	0.47	0.47	0.47	0.47	0.47	0.47	0.47	0.47	0.47	0.47	0.47	0.47
475	0.37	0.37	0.37	0.37	0.37	0.37	0.37	0.37	0.37	0.37		0.37
500						0.28	0.28	0.28	0.28	0.28		0.28
525						0.19	0.19	0.19	0.19	0.19		0.19
540						0.13	0.13	0.13	0.13	0.13		0.13

注：法兰材料类别说明详见表 39-82。

表 39-94　美洲体系最高无冲击工作压力（二）　　单位：MPa

工作温度/℃	*PN*50MPa(Class 300)											
	法兰材料类别											
	1.0	1.1	1.2	1.3	1.4	1.9a	1.10	1.13	2.1	2.2	2.3	2.4
≤38	3.95	5.11	5.17	4.79	4.25	4.74	5.17	5.17	4.96	4.96	4.14	4.96
50	3.85	5.01	5.17	4.73	4.17	4.68	5.12	5.17	4.78	4.81	4.0	4.8
100	3.56	4.64	5.15	4.51	3.86	4.66	4.9	5.15	4.09	4.22	3.45	4.15

续表

工作温度/℃	PN50MPa(Class 300)											
	法兰材料类别											
	1.0	1.1	1.2	1.3	1.4	1.9a	1.10	1.13	2.1	2.2	2.3	2.4
150	3.39	4.52	5.02	4.4	3.77	4.64	4.66	5.02	3.63	3.85	3.12	3.75
200	3.18	4.38	4.88	4.27	3.66	4.55	4.48	4.88	3.28	3.57	2.87	3.44
250	2.88	4.17	4.63	4.06	3.47	4.45	4.42	4.63	3.05	3.34	2.67	3.21
300	2.57	3.87	4.24	3.77	3.23	4.24	4.24	4.24	2.91	3.16	2.52	3.05
350	2.39	3.7	4.02	3.6	3.09	4.02	4.02	4.02	2.81	3.04	2.4	2.93
375	2.29	3.65	3.88	3.53	3.09	3.88	3.88	3.88	2.78	2.97	2.36	2.89
400	2.19	3.45	3.45	3.24	3.03	3.66	3.66	3.66	2.75	2.91	2.32	2.86
425	2.12	2.88	2.88	2.73	2.58	3.51	3.51	3.45	2.72	2.87	2.27	2.85
450	1.96	2.0	2.0	1.98	1.96	3.38	3.38	3.09	2.69	2.81	2.23	2.82
475	1.35	1.35	1.35	1.35	1.35	3.17	3.17	2.59	2.66	2.74		2.8
500						2.78	2.78	2.03	2.61	2.68		2.78
525						2.03	2.19	1.54	2.39	2.58		2.58
550						1.28	1.64	1.17	2.18	2.5		2.5
575						0.85	1.17	0.88	2.01	2.41		2.28
600						0.59	0.76	0.65	1.67	2.14		1.98
625									1.31	1.83		1.58
650									1.05	1.41		1.25
675									0.78	1.26		0.98
700									0.6	0.99		0.77
725									0.46	0.77		0.62
750									0.37	0.59		0.48
775									0.28	0.46		0.38
800									0.21	0.35		0.3

表 39-95　美洲体系最高无冲击工作压力（三）　　单位：MPa

工作温度/℃	PN110MPa(Class 600)											
	法兰材料类别											
	1.0	1.1	1.2	1.3	1.4	1.9a	1.10	1.13	2.1	2.2	2.3	2.4
≤38	7.9	10.21	10.34	9.57	8.51	9.48	10.34	10.34	9.93	9.93	8.27	9.93
50	7.75	10.02	10.34	9.46	8.34	9.38	10.24	10.34	9.57	9.63	7.99	9.6
100	7.12	9.28	10.31	9.02	7.72	9.32	9.81	10.31	8.18	8.44	6.9	8.3
150	6.78	9.05	10.04	8.79	7.54	9.27	9.33	10.04	7.27	7.7	6.25	7.5
200	6.36	8.76	9.76	8.54	7.31	9.1	8.97	9.76	6.55	7.13	5.74	6.87
250	5.76	8.34	9.27	8.12	6.94	8.89	8.84	9.27	6.11	6.68	5.34	6.41
300	5.14	7.75	8.49	7.54	6.46	8.49	8.49	8.49	5.81	6.33	5.05	6.11
350	4.78	7.39	8.05	7.19	6.19	8.05	8.05	8.05	5.61	6.08	4.81	5.87
375	4.58	7.29	7.76	7.06	6.17	7.76	7.76	7.76	5.55	5.94	4.72	5.78
400	4.38	6.9	6.9	6.48	6.06	7.32	7.32	7.32	5.49	5.82	4.63	5.73
425	4.24	5.75	5.75	5.46	5.16	7.02	7.02	6.9	5.43	5.73	4.54	5.7
450	3.92	4.01	4.01	3.96	3.92	6.76	6.76	6.18	5.37	5.62	4.45	5.64

续表

工作温度/℃	PN110MPa(Class 600)											
	法兰材料类别											
	1.0	1.1	1.2	1.3	1.4	1.9a	1.10	1.13	2.1	2.2	2.3	2.4
475	2.71	2.71	2.71	2.71	2.71	6.33	6.33	5.18	5.31	5.47		5.6
500						5.56	5.56	4.05	5.21	5.37		5.56
525						4.05	4.38	3.08	4.78	5.16		5.16
550						2.55	3.27	2.34	4.36	4.99		4.99
575						1.7	2.34	1.76	4.01	4.82		4.56
600						1.18	1.53	1.31	3.34	4.29		3.96
625									2.62	3.65		3.16
650									2.1	2.82		2.5
675									1.55	2.53		1.97
700									1.2	1.99		1.54
725									0.93	1.54		1.24
750									0.73	1.1		0.96
775									0.56	0.91		0.75
800									0.41	0.7		0.61

表 39-96　美洲体系最高无冲击工作压力（四）　　单位：MPa

工作温度/℃	PN150MPa(Class 900)											
	法兰材料类别											
	1.0	1.1	1.2	1.3	1.4	1.9a	1.10	1.13	2.1	2.2	2.3	2.4
≤38	11.85	15.32	15.52	14.36	12.76	14.23	15.52	15.52	14.89	14.89	12.41	14.89
50	11.6	15.02	15.52	14.19	12.52	14.06	15.36	15.52	14.35	14.44	11.99	14.39
100	10.68	13.91	15.46	13.53	11.58	13.99	14.71	15.46	12.26	12.66	10.35	12.45
150	10.17	13.57	15.06	13.19	11.31	13.91	13.99	15.06	10.9	11.55	9.37	11.25
200	9.54	13.15	14.64	12.8	10.97	13.64	13.45	14.64	9.83	10.7	8.61	10.31
250	8.64	12.52	13.9	12.18	10.41	13.34	13.27	13.9	9.16	10.02	8.01	9.62
300	7.71	11.62	12.73	11.31	9.69	12.73	12.73	12.73	8.72	9.49	7.57	9.16
350	7.17	11.09	12.07	10.79	9.28	12.07	12.07	12.07	8.42	9.13	7.21	8.8
375	6.87	10.94	11.64	10.59	9.26	11.64	11.64	11.64	8.33	8.91	7.08	8.68
400	6.57	10.35	10.35	9.72	9.09	10.98	10.98	10.98	8.24	8.73	6.95	8.59
425	6.36	8.63	8.63	8.19	7.74	10.53	10.53	10.35	8.15	8.6	6.81	8.54
450	5.87	6.01	6.01	5.94	5.87	10.14	10.14	9.27	8.06	8.42	6.68	8.46
475	4.06	4.06	4.06	4.06	4.06	9.5	9.5	7.77	7.97	8.21		8.4
500						8.34	8.34	6.08	7.82	8.05		8.34
525						6.08	6.58	4.63	7.16	7.74		7.74
550						3.83	4.91	3.5	6.54	7.49		7.49
575						2.55	3.51	2.64	6.02	7.23		6.84
600						1.76	2.29	1.96	5.01	6.43		5.94
625									3.92	5.48		4.74
650									3.16	4.24		3.74
675									2.33	3.79		2.95
700									1.79	2.98		2.3
725									1.39	2.31		1.86
750									1.1	1.76		1.44
775									0.84	1.37		1.13
800									0.62	1.05		0.91

表 39-97 美洲体系最高无冲击工作压力（五） 单位：MPa

工作温度/℃	PN260MPa(Class 1500)											
	法兰材料类别											
	1.0	1.1	1.2	1.3	1.4	1.9a	1.10	1.13	2.1	2.2	2.3	2.4
≤38	19.75	25.53	25.86	23.94	21.27	23.7	25.86	25.86	24.82	24.82	20.68	24.82
50	19.3	25.04	25.86	23.65	20.86	23.43	25.6	25.86	23.92	24.06	19.98	23.99
100	17.8	23.19	25.77	22.55	19.31	23.31	24.52	25.77	20.44	21.1	17.24	20.75
150	16.9	22.61	25.1	21.98	18.86	23.19	23.32	25.1	18.17	19.25	15.61	18.75
200	15.9	21.91	24.39	21.34	18.28	22.74	22.42	24.39	16.38	17.84	14.35	17.19
250	14.35	20.86	23.17	20.29	17.36	22.23	22.11	23.17	15.27	16.69	13.35	16.03
300	12.85	19.37	21.21	18.85	16.15	21.21	21.21	21.21	14.53	15.81	12.62	15.27
350	11.95	18.48	20.12	17.98	15.46	20.12	20.12	20.12	14.03	15.21	12.02	14.67
375	11.45	18.23	19.4	17.66	15.43	19.4	19.4	19.4	13.88	14.85	11.8	14.46
400	10.9	17.25	17.25	16.2	15.15	18.29	18.29	18.29	13.73	14.56	11.58	14.31
425	10.6	14.38	14.38	13.65	12.89	17.55	17.55	17.25	13.58	14.33	11.35	14.24
450	9.79	10.02	10.02	9.9	9.79	16.9	16.9	15.45	13.43	14.04	11.13	14.1
475	6.77	6.77	6.77	6.77	6.77	15.83	15.83	12.95	13.28	13.68		14.01
500						13.9	13.9	10.13	13.03	13.41		13.9
525						10.13	10.96	7.71	11.94	12.9		12.9
550						6.38	8.18	5.84	10.91	12.48		12.48
575						4.25	5.85	4.41	10.04	12.05		11.39
600						2.94	3.82	3.26	8.36	10.72		9.9
625									6.54	9.13		7.9
650									5.26	7.06		6.24
675									3.88	6.32		4.92
700									2.99	4.97		3.84
725									2.31	3.85		3.1
750									1.83	2.94		2.4
775									1.4	2.28		1.88
800									1.03	1.75		1.52

表 39-98 美洲体系最高无冲击工作压力（六） 单位：MPa

工作温度/℃	PN420MPa(Class 2500)											
	法兰材料类别											
	1.0	1.1	1.2	1.3	1.4	1.9a	1.10	1.13	2.1	2.2	2.3	2.4
≤38	33.15	42.55	43.1	38.89	35.46	39.51	43.1	43.1	41.36	41.36	34.46	41.36
50	32.6	41.73	43.1	39.42	34.77	39.07	42.67	43.1	39.86	40.1	33.3	39.98
100	29.95	38.65	42.95	37.59	32.18	38.85	40.87	42.95	34.07	35.17	28.74	34.59
150	28.4	37.69	41.83	36.63	31.43	38.64	38.86	41.83	30.28	32.09	26.02	31.25
200	26.7	36.52	40.66	35.56	30.47	37.9	37.37	40.66	27.3	29.73	23.91	28.65
250	24.15	34.77	38.61	33.82	28.93	37.06	36.85	38.61	25.45	27.82	22.25	26.72
300	21.6	32.28	35.35	31.42	26.91	35.35	35.35	35.35	24.21	26.36	21.04	25.45
350	20.05	30.8	33.53	29.97	25.77	33.53	33.53	33.53	23.38	25.38	20.04	24.45
375	19.2	30.39	32.34	29.43	25.52	32.34	32.34	32.34	23.13	24.75	19.67	24.1

续表

工作温度/℃	PN420MPa(Class 2500)											
	法兰材料类别											
	1.0	1.1	1.2	1.3	1.4	1.9a	1.10	1.13	2.1	2.2	2.3	2.4
400	18.35	28.75	28.75	27.0	25.25	30.49	30.49	30.49	22.89	24.26	19.29	23.86
425	17.8	23.96	23.96	22.75	21.49	29.25	29.25	28.75	22.64	23.89	18.92	23.73
450	16.32	16.69	16.69	16.5	16.32	28.17	28.17	25.76	22.39	23.4	18.55	23.49
475	11.29	11.29	11.29	11.29	11.29	26.38	26.38	21.58	22.14	22.8		23.35
500						23.16	23.16	16.89	21.72	22.36		23.16
525						16.89	18.27	12.85	19.9	21.49		21.49
550						10.64	13.64	9.73	18.18	20.8		20.8
575						7.08	9.75	7.34	16.73	20.08		18.99
600						4.9	6.36	5.44	13.93	17.86		16.51
625									10.9	15.21		13.16
650									8.76	11.77		10.4
675									6.46	10.53		8.19
700									4.98	8.29		6.4
725									3.85	6.42		5.16
750									3.04	4.9		4.0
775									2.33	3.8		3.13
800									1.71	2.92		2.52

表 39-99　美洲体系最高工作压力额定值　　单位：MPa

温度/℃	PN20 (Class 150)	PN50 (Class 300)	PN110 (Class 600)	PN150 (Class 900)	PN260 (Class 1500)	PN420 (Class 2500)
≤38	2.0	5.17	10.34	15.52	25.86	43.1
50	1.92	5.17	10.34	15.52	25.86	43.1
100	1.77	5.15	10.31	15.46	25.77	42.95
150	1.58	5.02	10.04	15.06	25.1	41.83
200	1.4	4.88	9.76	14.64	24.39	40.66
250	1.21	4.63	9.27	13.9	23.17	38.61
300	1.02	4.24	8.49	12.73	21.21	35.35
350	0.84	4.02	8.05	12.07	20.12	33.53
375	0.74	3.88	7.76	11.64	19.4	32.34
400	0.65	3.66	7.32	10.98	18.29	30.49
425	0.56	3.51	7.02	10.53	17.55	29.25
450	0.47	3.38	6.76	10.14	16.9	28.17
475	0.37	3.17	6.33	9.5	15.83	26.38
500	0.28	2.78	5.56	8.34	13.9	23.16
525	0.19	2.58	5.16	7.74	12.9	21.49
550	0.13[注]	2.5	4.99	7.49	12.48	20.8
575		2.41	4.82	7.23	12.05	20.08

续表

温度/℃	PN20 (Class 150)	PN50 (Class 300)	PN110 (Class 600)	PN150 (Class 900)	PN260 (Class 1500)	PN420 (Class 2500)
600		2.14	4.29	6.43	10.72	17.86
625		1.83	3.65	5.48	9.13	15.21
650		1.41	2.82	4.24	7.06	11.77
675		1.26	2.53	3.79	6.32	10.53
700		0.99	1.99	2.98	4.97	8.29
725		0.77	1.54	2.31	3.85	6.42
750		0.59	1.1	1.76	2.94	4.9
775		0.46	0.91	1.37	2.28	3.8
800		0.35	0.7	1.05	1.75	2.92

注：PN20MPa（Class 150）的最高额定工作压力值为540℃时的值。

2.5 螺纹、承插焊及其他管件

2.5.1 螺纹管件（GB/T 14383—2008、ASME B16.11）

① 90°弯头　见图39-13和表39-100。

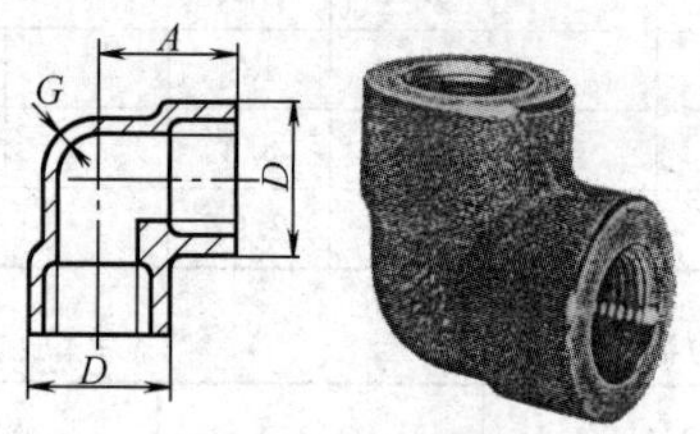

图39-13　90°弯头

表39-100　90°弯头尺寸　单位：mm

公称直径		A		D		G		质量/kg	
DN	NPS/in	3000	6000	3000	6000	3000	6000	3000	6000
8	1/4	25	29	25	33	3.5	6.5	0.14	0.30
10	3/8	29	33	33	38	3.5	7.0	0.27	0.45
15	1/2	33	38	38	46	4.0	8.0	0.40	0.72
20	3/4	38	44	46	56	4.5	8.5	0.63	1.15
25	1	44	51	56	62	5.0	10.0	1.10	1.61
32	1¼	51	60	62	75	5.5	10.5	1.22	2.67
40	1½	60	64	75	84	5.5	11.0	2.35	3.20
50	2	64	83	84	102	7.0	12.0	3.30	5.90

② 45°弯头　见图39-14和表39-101。

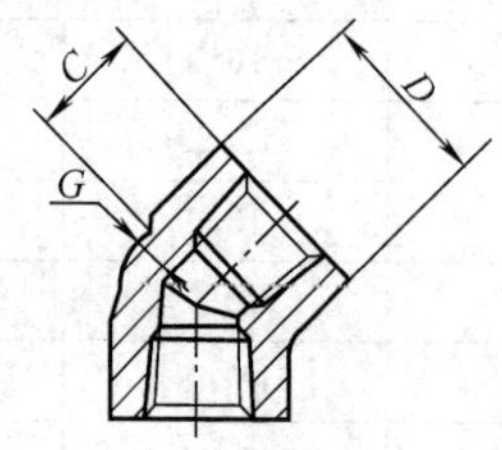

图39-14　45°弯头

表39-101　45°弯头尺寸　单位：mm

公称直径		C		D		G		质量/kg	
DN	NPS/in	3000	6000	3000	6000	3000	6000	3000	6000
8	1/4	19	22	25	33	3.5	6.5	0.12	0.27
10	3/8	22	25	33	38	3.5	7.0	0.24	0.39
15	1/2	25	29	38	46	4.0	8.0	0.34	0.61
20	3/4	29	33	46	56	4.5	8.5	0.54	1.02
25	1	37	35	56	62	5.0	10.0	0.92	1.17
32	1¼	35	43	62	75	5.5	10.5	0.97	2.61
40	1½	43	44	75	84	5.5	11.0	1.84	2.67
50	2	45	52	84	102	7.0	12.0	1.93	4.37

③ 等径、异径三通　见图39-15和表39-102。

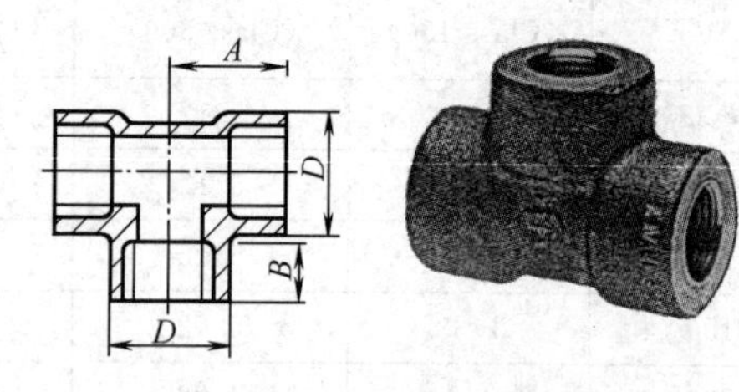

图39-15　等径、异径三通

表39-102　等径、异径三通尺寸　单位：mm

公称直径		A		D		B	质量/kg	
DN	NPS/in	3000	6000	3000	6000	3000,6000	3000	6000
8	1/4	25	29	25	33	10	0.19	0.42
10	3/8	29	33	33	38	10.5	0.39	0.63
15	1/2	33	38	38	46	13.5	0.32	0.98
20	3/4	38	44	46	56	14.0	0.83	1.05
25	1	44	51	56	62	17.5	1.38	2.19
32	1¼	51	60	62	75	18.0	1.66	3.52
40	1½	60	64	75	84	18.5	3.12	4.42
50	2	64	83	84	102	19.0	4.00	7.88

注：1. B为NPT螺纹长度。

2. 异径三通与等径三通尺寸相同。

④ 双头管箍　见图39-16和表39-103。

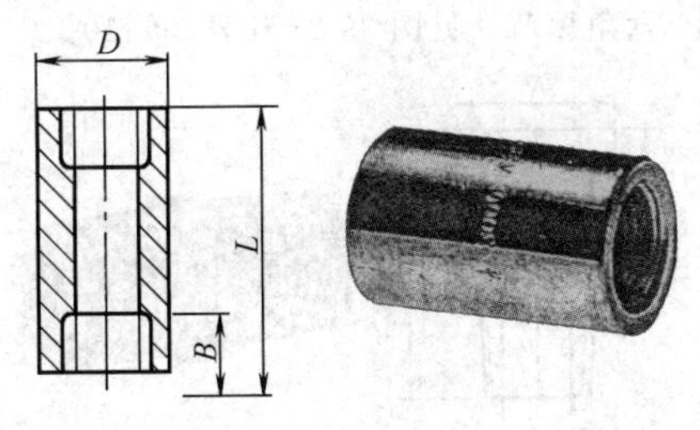

图 39-16　双头管箍

表 39-103　双头管箍尺寸　单位：mm

公称直径		L	D		B	质量/kg	
DN	NPS/in	3000，6000	3000	6000	3000，6000	3000	6000
8	1/4	35	19	25	10	0.05	0.06
10	3/8	38	22	32	10.5	0.06	0.18
15	1/2	48	29	38	13.5	0.14	0.31
20	3/4	51	35	44	14.0	0.20	0.41
25	1	60	44	57	17.5	0.40	0.85
32	1¼	67	57	64	18.0	0.70	1.05
40	1½	79	64	76	18.5	1.0	1.87
50	2	86	76	92	19.0	1.9	3.40

⑤ 单头管箍　见图 39-17 和表 39-104。

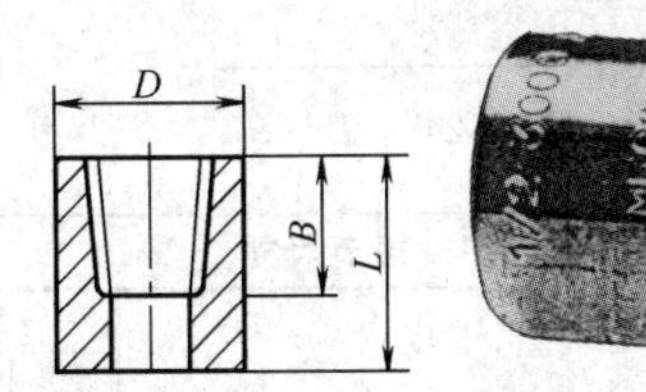

图 39-17　单头管箍

表 39-104　单头管箍尺寸　单位：mm

公称直径		L	D		B	质量/kg	
DN	NPS/in	3000，6000	3000	6000	3000，6000	3000	6000
8	1/4	17.5	19	35	10	0.03	0.04
10	3/8	19	22	32	10.5	0.05	0.09
15	1/2	24	29	38	13.5	0.07	0.16
20	3/4	25.5	35	44	14.0	0.10	0.20
25	1	30	44	57	17.5	0.20	0.43
32	1¼	33.5	57	64	18.0	0.32	0.53
40	1½	39.5	64	70	18.5	0.50	0.91
50	2	43	76	92	19.0	0.95	1.70

⑥ 螺纹管台　见图 39-18 和表 39-105。

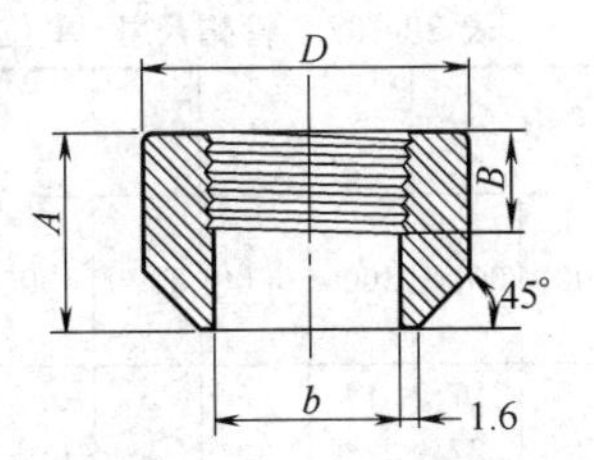

图 39-18　螺纹管台

表 39-105　螺纹管台尺寸　单位：mm

公称直径		A	D		b	B
DN	NPS/in		3000	6000		
8	1/4	41	19	26	11.1	10
10	3/8	45	22	32	14.2	10.5
15	1/2	51	29	38	18	13.5
20	3/4	51	35	45	23	14
25	1	51	45	60	29	17.5
32	1¼	—	—	—	—	18.0
40	1½	51	64	76	44	18.5
50	2	51	76	95	56	19.0

⑦ 异径管箍　见图 39-19 和表 39-106。

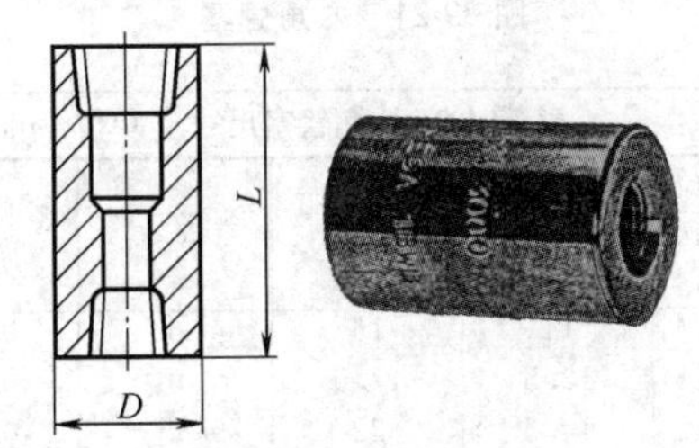

图 39-19　异径管箍

表 39-106　异径管箍尺寸　单位：mm

NPS/in	L	D		质量/kg	
		3000	6000	3000	6000
½×¼	48	29	38	0.05	0.06
¾×½	51	35	44	0.06	0.18
1×½	60	44	57	0.13	0.31
1×¾	60	44	57	0.19	0.41
1¼×1	67	57	64	0.39	0.85
1½×1	79	64	76	0.68	1.05
1½×1¼	79	64	76	0.99	1.81
2×1½	86	76	92	1.37	3.40

⑧ 管帽　见图 39-20 和表 39-107。

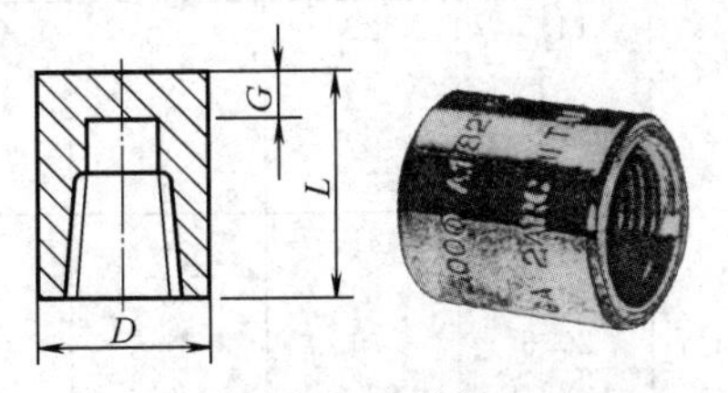

图 39-20　管帽

表 39-107 管帽尺寸 单位：mm

公称直径		L		D		G		质量/kg	
DN	NPS/in	3000	6000	3000	6000	3000	6000	3000	6000
8	1/4	25	27	19	25	5	6.5	0.05	0.06
10	3/8	25	27	22	32	5	6.5	0.06	0.09
15	1/2	32	33	29	38	6.5	8	0.12	0.14
20	3/4	37	38	35	44	6.5	8	0.19	0.20
25	1	41	43	44	57	9.5	11	0.35	0.35
32	1¼	44	46	57	64	9.5	11	0.56	0.59
40	1½	44	48	64	76	11	12.5	0.75	0.77
50	2	48	51	76	92	12.5	16	1.45	1.47

⑨ 六角管塞 见图 39-21 和表 39-108。

⑩ 六角丝套（6000lb，1lb＝0.45kg） 见图 39-22 和表 39-109。

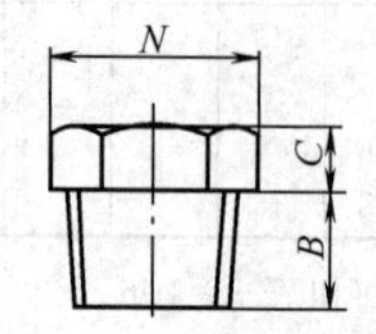

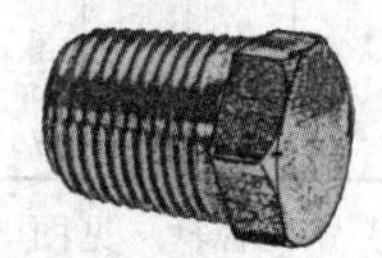

图 39-21 六角管塞

表 39-108 六角管塞尺寸 单位：mm

公称直径		B	N	C	质量/kg
DN	NPS/in				
8	1/4	11	16	6	0.03
10	3/8	12.5	17.5	8	0.05
15	1/2	14.5	22	8	0.08
20	3/4	16	27	10	0.15
25	1	19	35	10	0.25
32	1¼	20.5	44.5	14	0.50
40	1½	20.5	51	16	0.65
50	2	22	63.5	17	1.10

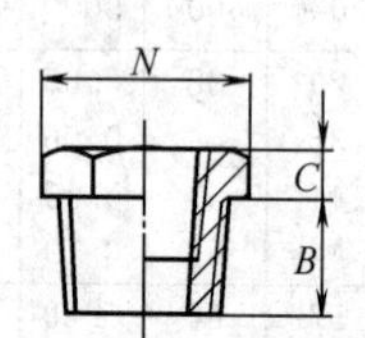

图 39-22 六角丝套

表 39-109 六角丝套尺寸 单位：mm

公称直径/in	B	N	C	质量/kg
½×¼	14.5	22	5	0.04
¾×½	16	27	6	0.06
1×½	19	35	6	0.13
1×¾	19	35	6	0.14
1¼×1	20.5	44.5	7	0.32
1½×1	20.5	51	8	0.35
1½×1¼	20.5	51	8	0.38
2×1½	22	63.5	9	0.60

⑪ 六角短节 见图 39-23 和表 39-110。

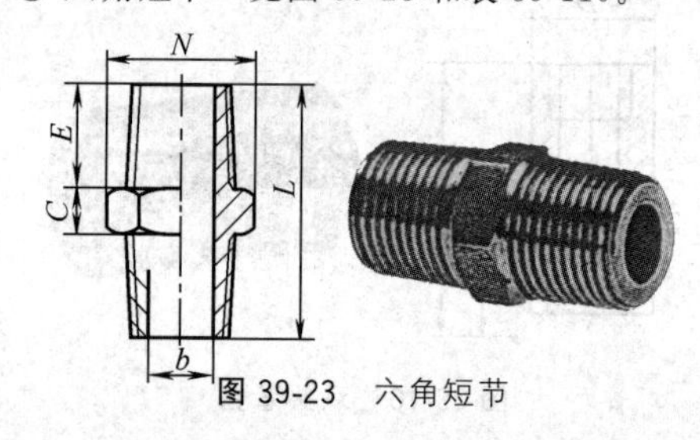

图 39-23 六角短节

表 39-110 六角短节尺寸 单位：mm

公称直径		N	L	E	C	b	
DN	NPS/in					3000	6000
8	1/4	15	36	15	6	8	6
10	3/8	18	40	16	8	11	8
15	1/2	22	48	20	8	14	11
20	3/4	27	52	21	10	19	13
25	1	35	60	25	10	24	17
40	1½	50	68	26	16	38	30
50	2	62	71	27	17	49	39

注：表中尺寸 b 为短节内径。

⑫ 短节 见图 39-24 和表 39-111。

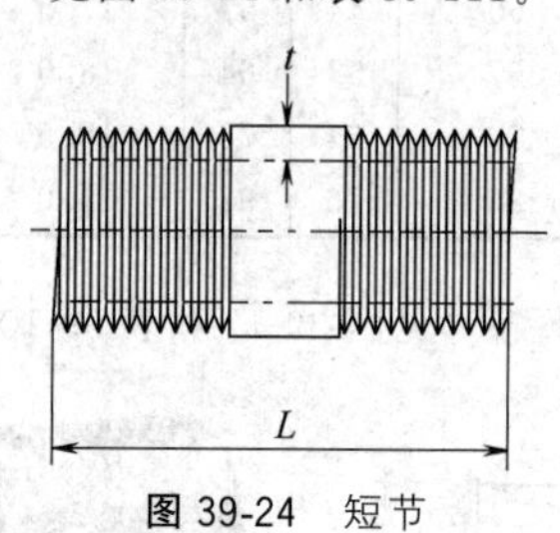

图 39-24 短节

表 39-111 短节尺寸

公称直径		长度 L/mm				等级	
DN	NPS/in					3000	6000
8	1/4	50	75	100	150	Sch 80	XXS
10	3/8	50	75	100	150		
15	1/2		75	100	150		
20	3/4		75	100	150		
25	1		75	100	150		
32	1¼		75	100	150		
40	1½		75	100	150		
50	2		75	100	150		

⑬ 异径六角短节 见图 39-25 和表 39-112。

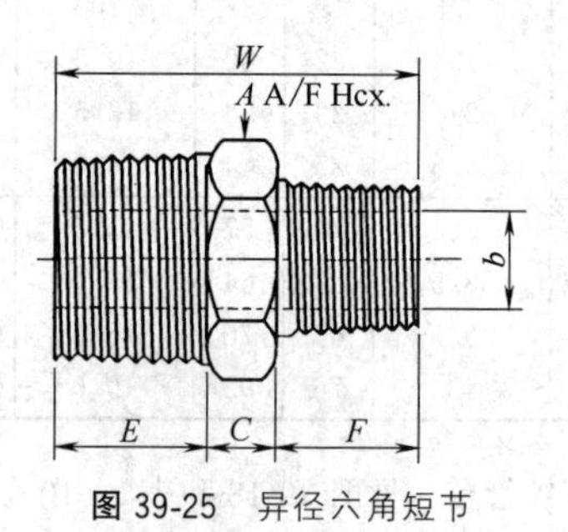

图 39-25 异径六角短节

表 39-112　异径六角短节尺寸　单位：mm

公称直径 NPS/in	A	W	E	C	b		F
					3000	6000	
⅜×¼	18	39	16	8	6	8	15
½×⅜	22	44	20	11	8	8	16
½×¾	22	43	20	8	6	8	15
¾×½	27	50	21	14	11	9	20
¾×⅜	27	46	21	11	8	9	16
1×¾	35	56	25	19	13	10	21
1×½	35	55	25	14	11	10	20
1½×1	50	67	26	24	17	16	25
1½×¾	50	63	26	19	13	16	21
1½×½	50	62	26	14	11	16	20
2×1½	62	70	27	38	30	17	26
2×1	62	70	27	24	17	18	25
2×¾	62	65	27	19	13	17	21
2×½	62	65	27	14	11	18	20

⑭ 内外丝 90°弯头　见图 39-26 和表 39-113。

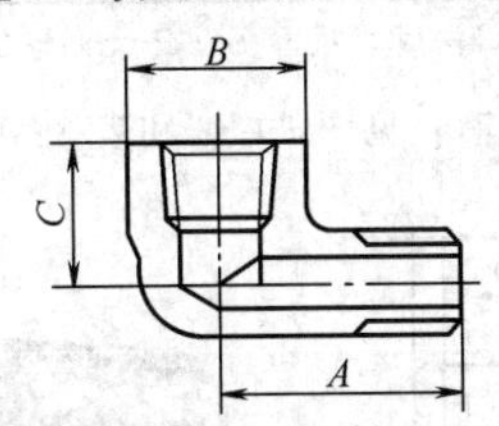

图 39-26　内外丝 90°弯头

表 39-113　内外丝 90°弯头尺寸　单位：mm

公称直径 DN	NPS/in	A	B	C
8	1/4	31.8	26.9	22.2
10	3/8	38.1	31.8	25.4
15	1/2	41.4	38.1	28.6
20	3/4	47.6	44.5	34.9
25	1	57.2	50.8	44.5
32	1¼	60.3	66.5	50.8
40	1½	68.3	71.4	57.2
50	2	82.6	84.1	63.5

⑮ 六角螺母　见图 39-27 和表 39-114。

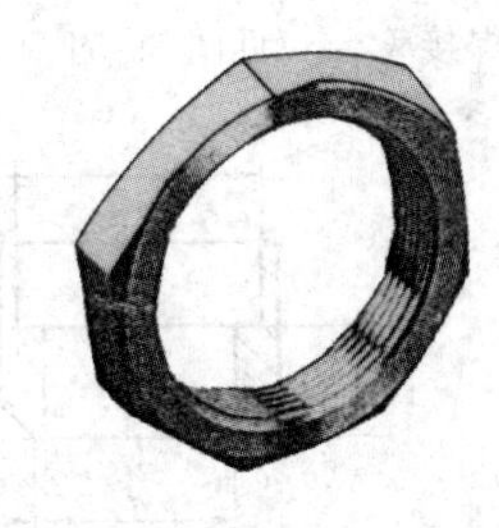

图 39-27　六角螺母

表 39-114　六角螺母尺寸　单位：mm

公称直径 DN	NPS/in	L	N
8	1/4	8	22
10	3/8	9	27
15	1/2	9	32
20	3/4	10	36
25	1	11	46
32	1¼	13	55
40	1½	13	60
50	2	14	75

注：仅适用于外螺纹为 BS21 R_L 的长平行管螺纹上。

⑯ BS 3799、MSS SP83 活接头　见图 39-28 和表 39-115。

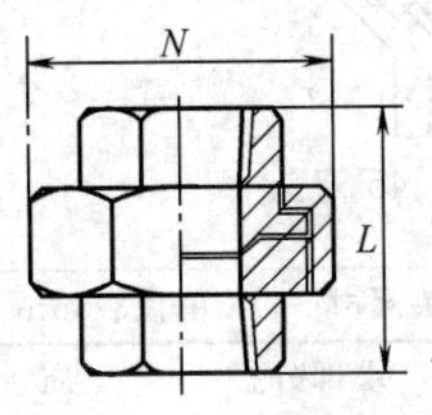

图 39-28　活接头

表 39-115　活接头尺寸

公称直径 DN	NPS/in	L/mm	N/mm	质量/kg
8	1/4	43	32	0.13
10	3/8	48	36	0.20
15	1/2	51	43	0.40
20	3/4	57	50	0.50
25	1	64	60	1.00
32	1¼	70	70	1.45
40	1½	79	78	1.60
50	2	89	95	2.50

2.5.2　承插焊管件（GB/T 14383—2008、ASME B16.11）

① 90°弯头　见图 39-29 和表 39-116。

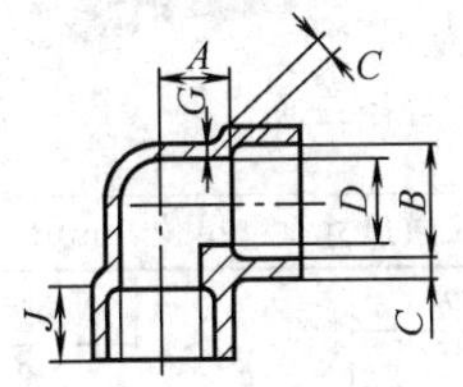

图 39-29　90°弯头

表 39-116　90°弯头尺寸　单位：mm

公称直径 DN	NPS/in	A 3000	A 6000	C 3000	C 6000	B	J	质量/kg 3000	质量/kg 6000
8	1/4	11	—	3.3	—	14.1	10	0.09	—
10	3/8	14	—	3.5	—	17.6	10	0.13	—
15	1/2	16	19	4.1	5.2	21.8	10	0.25	0.40
20	3/4	19	22	4.3	6.1	27.4	13	0.32	0.63

续表

公称直径		A		C		B	J	质量/kg	
DN	NPS/in	3000	6000	3000	6000			3000	6000
25	1	22	27	5.0	7.0	34.1	13	0.52	1.19
32	1¼	27	32	5.3	7.0	42.9	13	0.86	1.36
40	1½	32	38	5.6	7.8	49	13	1.12	2.41
50	2	38	41	6.1	9.5	61	16	1.80	2.72

注：J 表示插口深度；D 见三通。

② 45°弯头 见图 39-30 和表 39-117。

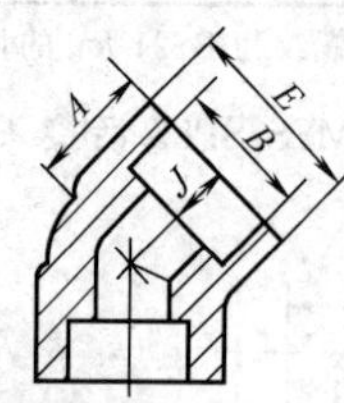

图 39-30 45°弯头

表 39-117 45°弯头尺寸 单位：mm

公称直径		中心至端部尺寸 A		端部外径 E		质量/kg	
DN	NPS/in	3000	6000	3000	6000	3000	6000
8	1/4	18	—	21	—	0.06	—
10	3/8	18	—	25	—	0.09	—
15	1/2	21	23	30	33	0.20	0.30
20	3/4	26	27	36	40	0.26	0.57
25	1	28	31	45	49	0.40	0.88
32	1¼	31	34	54	57	0.64	1.11
40	1½	34	39	61	65	0.77	2.01
50	2	42	45	73	80	1.22	2.15

注：尺寸 B、J 与 90°弯头相同。

③ 异径三通（等径） 见图 39-31 和表 39-118。

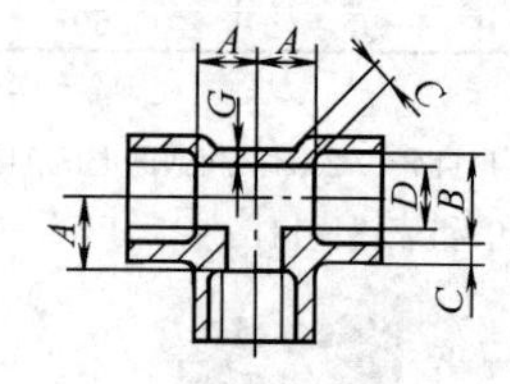

图 39-31 异径三通

表 39-118 异径三通尺寸 单位：mm

公称直径		A		D		B	质量/kg	
DN	NPS/in	3000	6000	3000	6000		3000	6000
8	1/4	11	—	9.2	—	14.1	0.11	—
10	3/8	14	—	12.5	—	17.6	0.16	—
15	1/2	16	19	15.5	11.8	21.8	0.34	0.54
20	3/4	19	22	21	15.5	27.4	0.41	0.88
25	1	22	29	26.5	20.5	34.1	0.65	1.44
32	1¼	27	32	35	29.5	42.9	0.95	1.85
40	1½	32	38	40.5	34	49	1.33	3.27
50	2	38	41	52	43	61	2.2	3.60

注：其余同 90°弯头。

异径三通与等径三通尺寸相同，但缩口处 D 按相应尺寸。

④ 双头管箍 见图 39-32 和表 39-119。

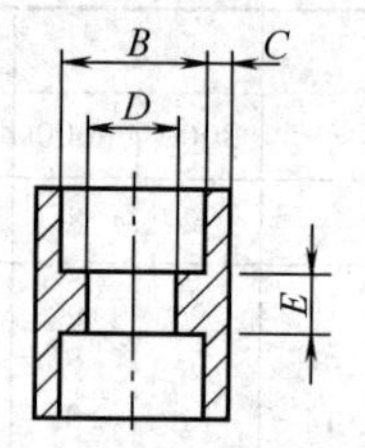

图 39-32 双头管箍

表 39-119 双头管箍尺寸 单位：mm

公称直径		J	E	质量/kg	
DN	NPS/in			3000	6000
8	1/4	10	6	0.05	—
10	3/8	10	6	0.10	—
15	1/2	10	10	0.14	0.24
20	3/4	13	10	0.20	0.33
25	1	13	13	0.30	0.65
32	1¼	13	13	0.45	0.75
40	1½	13	13	0.60	1.20
50	2	16	19	0.95	2.12

注：J 为插口深度，尺寸 B、C、D 与 90°弯头相同。

⑤ 单头管箍 见图 39-33 和表 39-120。

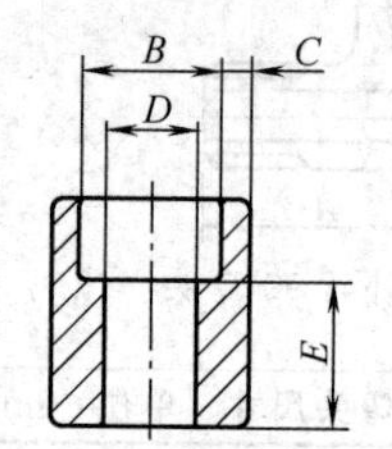

图 39-33 单头管箍

表 39-120 单头管箍尺寸 单位：mm

公称直径		E	J	质量/kg	
DN	NPS/in			3000	6000
8	1/4	16	10	0.06	—
10	3/8	17	10	0.11	—
15	1/2	22	10	0.15	0.24
20	3/4	24	13	0.21	0.33
25	1	29	13	0.35	0.65
32	1¼	30	13	0.50	0.75
40	1½	32	13	0.65	1.20
50	2	41	16	1.10	2.12

注：其余同双头管箍，J 为插口深度。

⑥ 焊接管台 见图 39-34 和表 39-121。

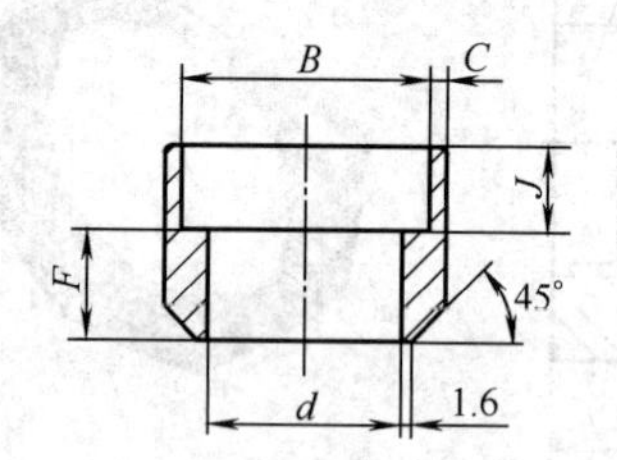

图 39-34 焊接管台

表 39-121　焊接管台尺寸　单位：mm

公称直径		F	J	C		B
DN	NPS/in			3000	6000	
8	1/4	32	10	3.3	—	14.1
10	3/8	34	11	3.5	—	17.6
15	1/2	38	13	4.1	5.2	21.8
20	3/4	38	13	4.3	6.1	27.4
25	1	35	16	5.0	7.0	34.1
40	1½	32	19	5.6	7.8	49
50	2	29	22	6.1	9.5	61

注：d 按钢管内径确定。

⑦ 异径管箍　见图 39-35 和表 39-122。

⑧ 管帽　见图 39-36 和表 39-123。

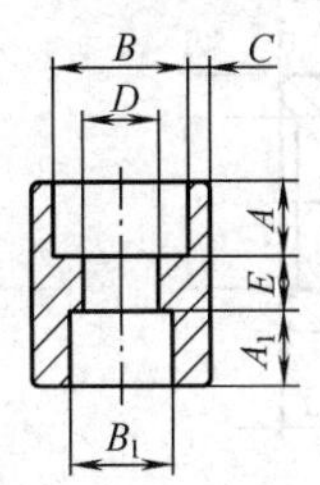

图 39-35　异径管箍

表 39-122　异径管箍尺寸

NPS/in	E/mm	质量/kg	
		3000	6000
⅜×¼	6	0.08	—
½×⅜	10	0.12	—
¾×½	10	0.20	0.24
1×¾	10	0.30	0.33
1¼×1	13	0.40	0.65
1½×1¼	13	0.55	0.75
2×1½	19	0.95	1.20

注：插口尺寸分别按两端尺寸。孔径 D 按小端尺寸，管箍外径按大端尺寸。

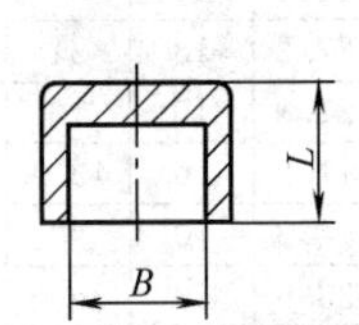

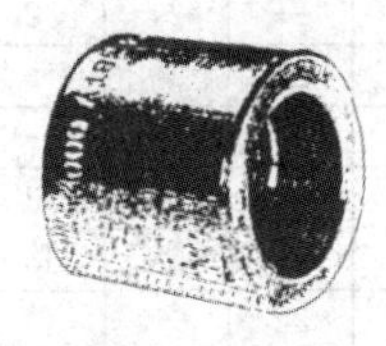

图 39-36　管帽

表 39-123　管帽尺寸　单位：mm

公称直径		L		J	质量/kg	
DN	NPS/in	3000	6000		3000	6000
8	1/4	17	—	10	0.06	—
10	3/8	17	—	10	0.07	—
15	1/2	18	21	10	0.14	0.19
20	3/4	23	26	13	0.16	0.26
25	1	24	27	13	0.30	0.54
32	1¼	26	31	13	0.45	0.64
40	1½	27	32	13	0.55	0.97
50	2	34	40	16	1.00	1.64

注：其余同 90°弯头。

⑨ 高压管台　见图 39-37 和表 39-124。

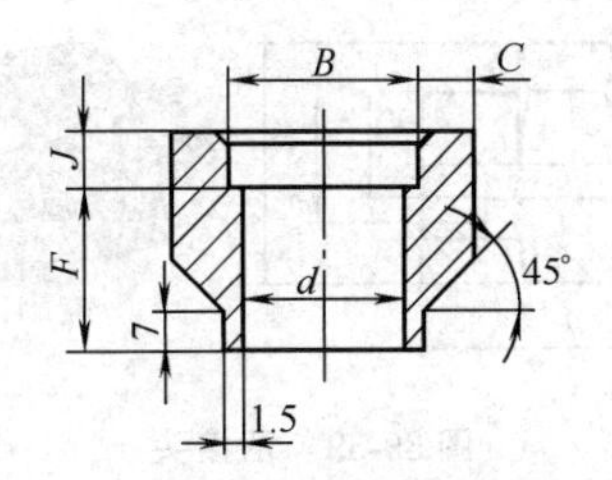

图 39-37　高压管台

表 39-124　高压管台尺寸　单位：mm

公称直径		F	J	C	B	d
DN	NPS/in					
8	1/4	—				
10	3/8	—				
15	1/2	24	10	5.2	21.8	12.3
20	3/4	24	13	6.1	27.4	16
25	1	29	13	7	34.1	21
32	1¼	30	13	7	42.9	30
40	1½	32	13	8	49	34
50	2	41	16	10	61	43

注：直边段插入主管壁。

⑩ 45°斜接管台（3000）　见图 39-38 和表 39-125。

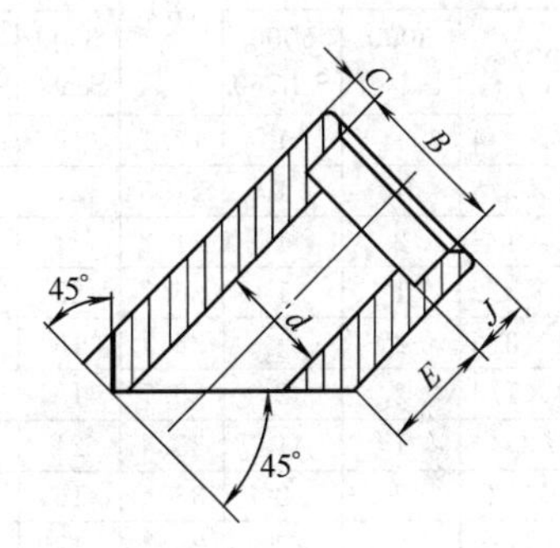

图 39-38　45°斜接管台

表 39-125　45°斜接管台尺寸　单位：mm

公称直径		E	J	C	d
DN	NPS/in				
8	1/4	6	10	3.3	9.2
10	3/8	6	10	3.5	12.5
15	1/2	10	10	4.1	15.5
20	3/4	10	13	4.3	21
25	1	13	13	5.0	26.5
32	1¼	13	13	5.3	34
40	1½	13	13	5.6	40.5
50	2	19	16	6.1	52

注：尺寸 B 与 90°弯头相同。

⑪ 活接头　见图 39-39 和表 39-126。

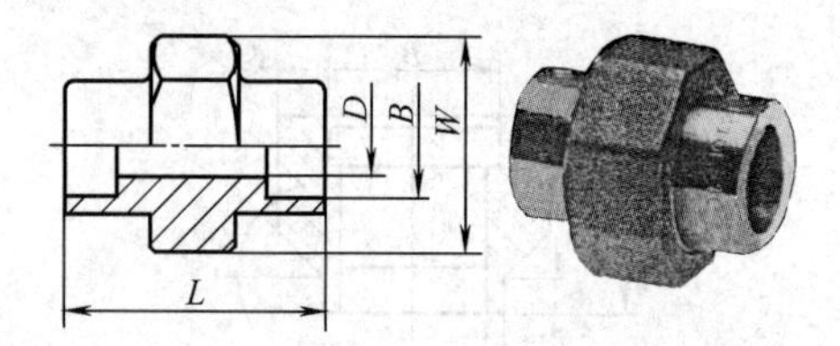

图 39-39　活接头

表 39-126　活接头尺寸　单位：mm

公称直径		L	W	J	质量
DN	NPS /in				/kg
8	1/4	37	32	10	0.20
10	3/8	37	36	10	0.35
15	1/2	38	43	10	0.40
20	3/4	46	50	13	0.45
25	1	52	60	13	1.0
32	1¼	54	70	13	1.3
40	1½	56	78	13	1.7
50	2	68	95	16	3.0

注：密封面为金属/金属（锥面）。也可按平垫片密封面。其余尺寸与 90°弯头相同。

⑫ 变径承插接头　见图 39-40 和表 39-127。

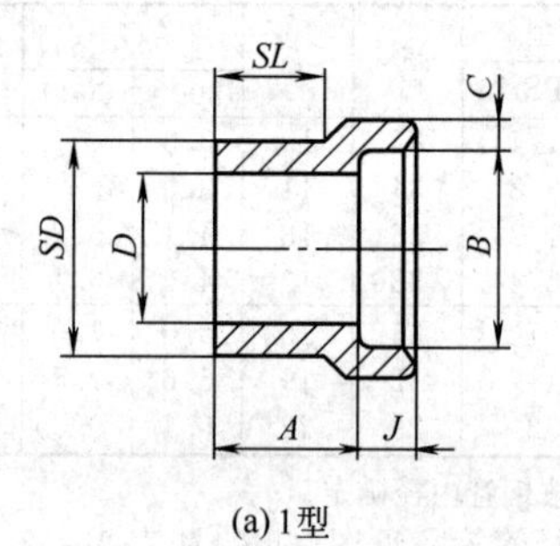

(a) 1型

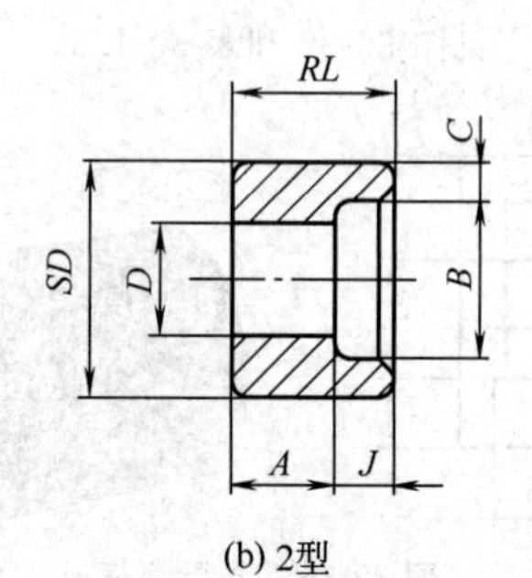

(b) 2型

图 39-40　变径承插接头

表 39-127　变径承插接头尺寸　单位：mm

公称直径		类型		SD	A		C(最小)		SL		RL		插口直径	插口深度	孔径 D	
DN	NPS/in	3000 Sch80	6000 Sch160		3000 Sch80	6000 Sch160	3000 Sch80	6000 Sch160	3000 Sch80	6000 Sch160	3000 Sch80	6000 Sch160	B	J	3000 Sch80	6000 Sch160
10×8	3/8×1/4	1	1	17.1	19	21	3.8	4.6	14	16	—	—	14.2	10	9	6.5
15×10	1/2×3/8	1	1	21.3	21	23	4.0	5.0	16	16	—	—	17.7	10	12.5	9
15×8	1/2×1/4	2	1	21.3	21	21	3.8	4.6	16	16	—	—	14.2	10	9	6
20×15	3/4×1/2	1	1	26.7	22	25	4.7	6.0	17	19	—	—	21.8	10	16	11.5
20×10	3/4×3/8	2	1	26.7	16	22	4.0	5.0	—	19	21	—	17.7	10	12.5	9
20×8	3/4×1/4	2	2	26.7	18	22	3.8	4.6	—	—	21	32	14.2	10	9	6.5
25×20	1×3/4	1	1	33.4	24	28	4.9	7.0	19	21	—	—	27.2	13	21	15.5
25×15	1×1/2	2	2	33.4	16	28	4.7	6.0	—	21	28	—	21.8	10	16	11.5
25×10	1×3/8	2	2	33.4	18	22	4.0	5.0	—	—	28	33	17.9	10	12.5	9
25×8	1×1/4	2	2	33.4	19	24	3.8	4.6	—	—	28	33	14.2	10	9	6
32×25	1¼×1	1	1	42.4	25	30	5.7	7.9	21	22	—	—	33.9	13	26.5	20.5
32×20	1¼×3/4	2	2	42.2	18	21	4.9	7.0	—	—	32	35	27.2	13	21	15.5
32×15	1¼×1/2	2	2	42.2	19	22	4.7	6.0	—	—	32	35	21.8	10	16	11.5
32×10	1¼×3/8	2	2	42.2	21	24	4.0	5.0	—	—	32	35	17.7	10	12.5	9
32×8	1¼×1/4	2	2	42.2	22	25	3.8	4.6	—	—	32	35	14.2	10	9	6
40×32	1½×1¼	1	1	48.3	28	35	6.1	7.9	22	25	—	—	42.7	13	35	29.5
40×25	1½×1	2	1	48.3	18	29	5.7	7.9	—	25	33	—	33.9	13	26.5	20.5
40×20	1½×3/4	2	2	48.3	19	25	4.9	7.0	—	—	33	40	27.2	13	21	15.5
40×15	1½×1/2	2	2	48.3	21	27	4.7	6.0	—	—	33	40	21.8	10	16	11.5
40×10	1½×3/8	2	2	48.3	22	28	4.0	5.0	—	—	33	40	17.7	10	12.5	9
50×40	2×1½	1	1	60.3	32	47	6.4	8.9	25	40	—	—	48.8	13	41	34
50×32	2×1¼	2	2	60.3	21	24	6.1	7.9	—	—	38	41	42.9	13	35	29.5
50×25	2×1	2	2	60.3	22	25	5.7	7.9	—	—	38	41	33.9	13	26.5	21
50×20	2×3/4	2	2	60.3	24	27	4.9	7.0	—	—	38	41	27.2	13	21	15.5
50×15	2×1/2	2	2	60.3	25	28	4.7	6.0	—	—	38	41	21.8	10	16	11.5

2.5.3 其他管件

(1) 支管台（MSS SP97）

支管台是用于支管连接的补强型管件，代替传统使用的异径三通、补强板、加强管段等支管连接型式，具有安全可靠，降低造价；施工简单；改善介质流道；系列化、标准化，设计选用方便等突出优点，尤其在高压、高温、大口径、厚壁管道中使用日益广泛，取代了传统的支管连接方法。

支管台本体采用优质锻件，用材与管道材料相同，目前有碳钢、合金钢、低温钢（－45～101℃）、不锈钢、蒙乃尔钢、镍基合金钢等多种材质供用户选用。

支管台与主管均采用焊接，支管台与支管或其他管件（如短管、丝堵等）、仪表、阀门的连接有对焊、承插焊、螺纹等多种型式。

支管台型式有标准型、短管型、斜接型、弯头型，详见表 39-128。

表 39-128　支管台型式

型式	支管台与支管连接型		
	承　插　焊	管　螺　纹	对　　焊
标准型	SOL(MSS SP97、Q/DG11)	TOL(MSS SP97、Q/DG12 标准)	WOL(MSS SP97、Q/DG13)
短管型	SNL (Q/DG14)	TNL(Q/DG14、SHB—P01)	WNL (Q/DG14)
斜接型(45°)	SLL (Q/DG15)	TLL(Q/DG15、SHB-P01)	WLL (Q/DG15)
弯头型(1.5D)	SEL (Q/DG16)	TEL(Q/DG16、SHB-P01)	WEL (Q/DG16)

注：1. 表中所列均为用于英制管的支管台产品系列，适用于公制管的支管台产品（管螺纹型除外），用户在订货时应予说明。

2. Q/DG11～Q/DG16 为浙江瑞安市东海管件制造公司厂标。

① 承插焊支管台（图 39-41 和表 39-129）。

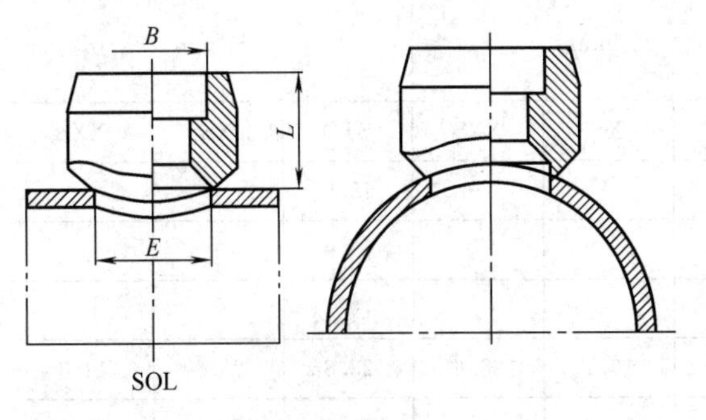

图 39-41　承插焊支管台（SOL 型）

表 39-129　承插焊支管台尺寸（MSS-SP97）

支管公称直径		适用主管公称直径≥		L/mm		E/mm	
/mm	/in	/mm	/in	3000	6000	3000	6000
6	1/8	20	3/4	19.1	—	15.9	—
8	1/4	20	3/4	19.1	—	15.9	—
10	3/8	25	1	20.6	—	19.1	—
15	1/2	32	1¼	25.4	31.8	23.8	19.1
20	3/4	40	1½	27.0	36.5	30.2	25.4
25	1	50	2	33.3	39.7	36.5	33.3
32	1¼	65	2½	33.3	41.3	44.5	38.1
40	1½	65	2½	34.9	42.9	50.8	49.2
50	2	80	3	38.1	52.4	65.1	69.9
65	2½	100	4	39.7	—	76.2	—
80	3	125	5	44.5	—	93.7	—
100	4	150	6	47.6	—	120.7	—

注：1. 承插口尺寸 B 根据支管尺寸（英制管或公制管）的规定确定。

2. 表列“适用主管公称直径”指为一般用途，如需用于更小的主管尺寸，应与制造厂协商。

3. 按表 39-130 选用支管台的压力等级，如用于公制管，用户应注明支管壁厚尺寸。

4. 表列 E 值适用于国际通用系列的钢管尺寸（英制管），如需用于国内沿用系列钢管（公制管），E 值将有所调整，但 L 值不变。

5. 订货时必须注明主管和支管公称尺寸、压力等级和材料牌号，如用于公制管，应注明主管及支管外径尺寸和壁厚。

SOL　4×1　3000LB　20
SOL　108×32　6×3　20

表 39-130　支管台压力等级

压力等级/lb	适用支管壁厚等级
3000	Sch40、Sch80、STD、XS
6000	Sch160、XXS

注：1lb＝0.45kg，下同。

② 螺纹支管台（图 39-42 和表 39-131）。

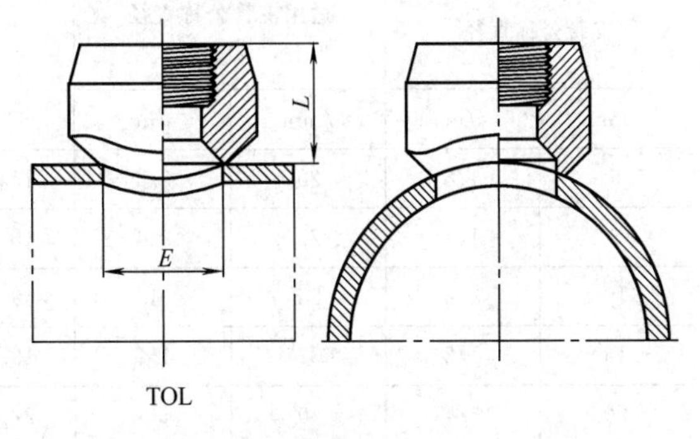

图 39-42　螺纹支管台（TOL 型）

表 39-131 螺纹支管台尺寸（MSS-SP97）

支管公称直径		适用主管公称直径≥		L/mm		E/mm		支管公称直径		适用主管公称直径≥		L/mm		E/mm	
/mm	/in	/mm	/in	3000	6000	3000	6000	/mm	/in	/mm	/in	3000	6000	3000	6000
6	1/8	20	3/4	19.1	—	15.9	—	32	1¼	65	2½	33.3	41.3	44.5	38.1
8	1/4	20	3/4	19.1	—	15.9	—	40	1½	65	2½	34.9	42.9	50.8	49.2
10	3/8	25	1	20.6	—	19.1	—	50	2	80	3	38.1	52.4	65.1	69.9
15	1/2	32	1¼	25.4	31.8	23.8	19.1	65	2½	100	4	46.0	—	76.2	—
20	3/4	40	1½	27.0	36.5	30.2	25.4	80	3	125	5	50.8	—	93.7	—
25	1	50	2	33.3	39.7	36.5	33.3	100	4	150	6	57.2	—	120.7	—

注：1. 锥管螺纹可按 ANSI B1.20.1 NPT 或 ISO7/1R_P 或 R_C 锥管螺纹的要求确定，尺寸同支管公称直径（in），用户需注明锥管螺纹代号。

2. 表列“适用主管公称直径”指为一般用途，如需用于更小的主管尺寸，应与制造厂协商。

3. 按表 39-132 选用支管台的压力等级。

4. 螺纹支管台仅适用于国际通用系列的钢管（英制管）。

5. 订货时必须注明主管及支管公称尺寸、压力等级、材料牌号、螺纹代号。

表 39-132 支管台压力等级

压力等级/lb	适用支管壁厚等级
3000	Sch40、Sch80、STD、XS
6000	Sch160、XXS

③ 对焊支管台（图 39-43 和表 39-133）

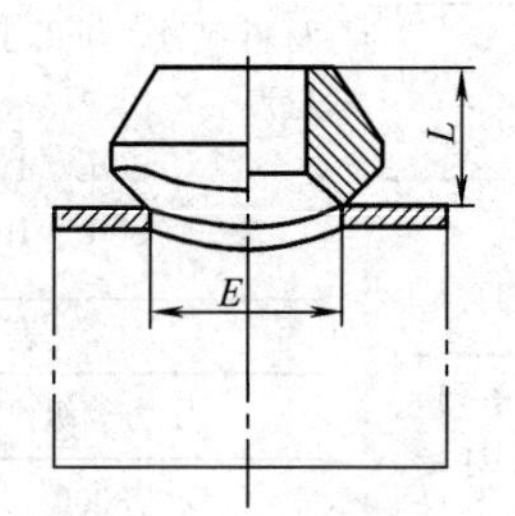

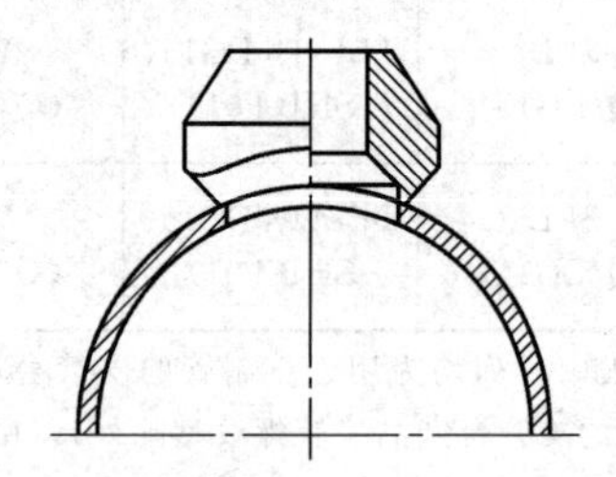

图 39-43 对焊支管台（WOL 型）

表 39-133 对焊支管台尺寸（MSS-SP97）

支管公称直径		适用主管公称直径≥		L/mm			E/mm		
/mm	/in	/mm	/in	STD	XS	XXS	STD	XS	XXS
6	1/8	20	3/4	15.9	—	—	15.9	—	—
8	1/4	20	3/4	15.9	—	—	15.9	—	—
10	3/8	25	1	19.1	—	—	19.1	—	—
15	1/2	32	1¼	19.1	19.1	28.6	23.8	23.8	14.3
20	3/4	40	1½	22.2	22.2	31.8	30.2	30.2	19.1

续表

支管公称直径		适用主管公称直径 ≥		L/mm			E/mm		
/mm	/in	/mm	/in	STD	XS	XXS	STD	XS	XXS
25	1	40	1½	27.0	27.0	38.1	36.5	36.5	25.4
32	1¼	65	2½	31.8	31.8	44.5	44.5	44.5	33.3
40	1½	65	2½	33.3	33.3	50.8	50.8	50.8	38.1
50	2	80	3	38.1	38.1	55.6	65.1	65.1	42.9
65	2½	100	4	41.3	41.3	61.9	76.2	76.2	54.0
80	3	125	5	44.5	44.5	73.0	93.7	93.7	73.0
90	3½	150	6	47.0	47.0	—	101.6	101.6	—
100	4	150	6	50.8	50.8	84.1	120.7	120.7	98.4
125	5	200	8	57.2	57.2	93.7	141.3	141.3	122.2
150	6	200	8	60.3	77.8	104.8	169.9	169.9	146.1
200	8	250	10	69.9	98.4	—	220.7	220.7	—
250	10	300	12	77.8	93.7	—	274.6	265.1	—
300	12	350	14	85.7	103.2	—	325.4	317.5	—
350	14	400	16	88.9	100.0	—	357.2	350.9	—
400	16	450	18	93.7	106.4	—	408.0	403.2	—
450	18	500	20	96.8	111.1	—	458.8	455.6	—
500	20	600	24	101.6	119.1	—	508.8	509.6	—
600	24	650	26	115.9	139.7	—	614.4	614.4	—

注：1. 表列“适用主管公称直径”指为一般用途，如需用于更小的主管尺寸，应与制造厂协商。

2. 表列 E 值适用于国际通用系列的钢管尺寸（英制管），如需用于国内沿用系列钢管（公制管）。E 值将有所调整，但 L 值不变。

3. 表中所列对焊支管台有 STD、XS、XXS 三种等级，选用较为复杂，为此，用户选用时，必须将主管及支管的公称直径及壁厚等级注明，再根据上述参数确定符合用户需要的支管台等级及有关结构尺寸，如用于公制管，用户应注明主管及支管的外径和壁厚尺寸。

4. 订货时必须注明主管及支管尺寸、压力等级及材料牌号，如下所示。

WOL 14″×4″ Sch40×STD 16Mn（用于英制管）

WOL 377×108 12×8 16Mn（用于公制管）

④ 短管支管台（图 39-44 和表 39-134）

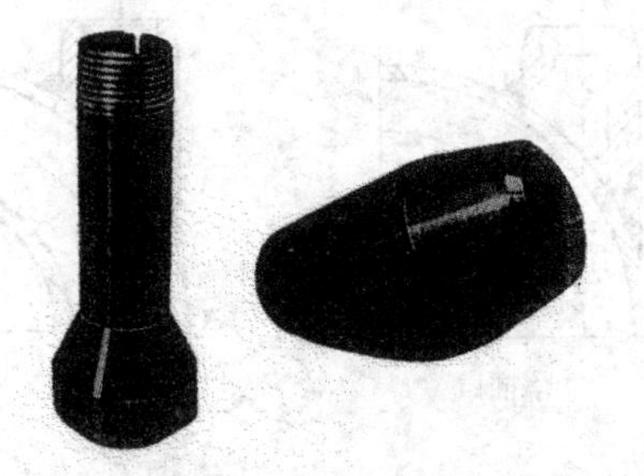

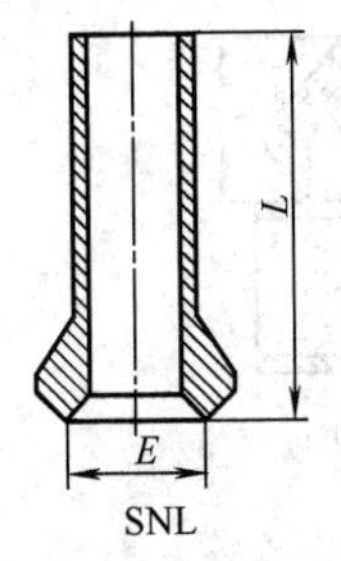

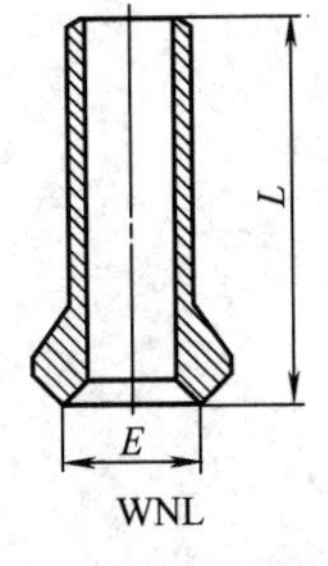

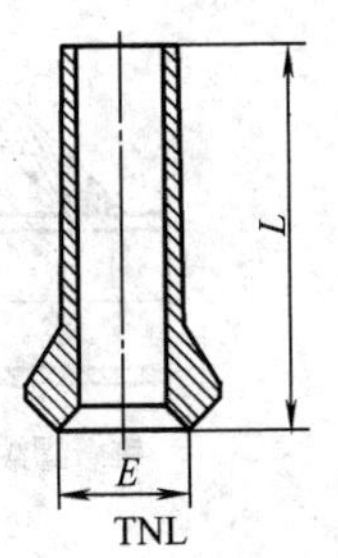

图 39-44 短管支管台

表 39-134 短管支管台尺寸（Q/DG14）

支管公称直径		适用主管公称直径 ≥		E/mm		L/mm
/mm	/in	/mm	/in	3000	6000	
15	1/2	32	1¼	23.8	14.3	100 150
20	3/4	40	1½	30.2	19.1	
25	1	50	2	36.5	25.4	
32	1¼	65	2½	44.5	33.3	
40	1½	65	2½	50.8	38.1	
50	2	80	3	65.1	42.9	

注：1. 短管支管台长度 L 应在订货时说明。

2. 短管支管台上端的型式如下。

SNL 平端 用于承插焊

WNL 坡口端 用于对焊

TNL 锥管螺纹(外) NPT或R(订货时应予说明)

3. 按表 39-135 选用支管台的压力等级（用于英制管）。

4. 表列 E 值适用于国际通用系列的钢管尺寸（英制管），如需用于国内沿用系列钢管（公制管），E 值将有所调整。

5. 订货时必须注明主管及支管公称尺寸、压力等级、长度及材料牌号，如用于公制管，应注明主管及支管外径和壁厚尺寸。

SNL 10″×1½″ 3000 L100 304（用于英制管）

TNL 159×25 8×3 L150 20（用于公制管）

表 39-135 支管台压力等级

压力等级/lb	适用支管壁厚等级
3000	Sch40、Sch80、STD、XS
6000	Sch160、XXS

⑤ 斜接支管台（图 39-45 和表 39-136）

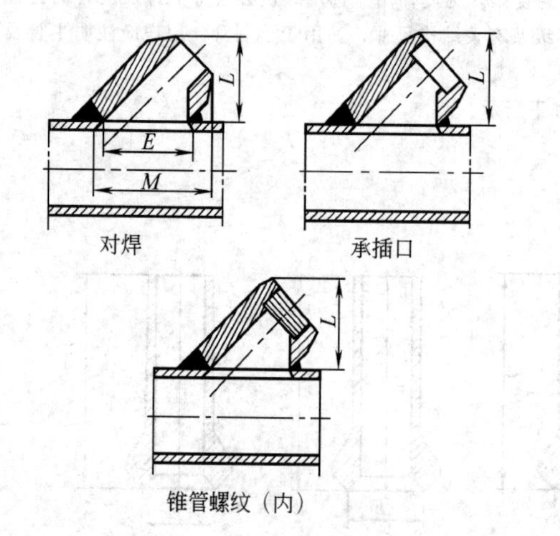

图 39-45 斜接支管台

表 39-136 斜接支管台尺寸（Q/DG15）

支管公称直径		适用主管公称直径 ≥		L/mm	E/mm	M/mm
/mm	/in	/mm	/in	3000		
8	1/4	32	1¼	40	37	59
10	3/8	32	1¼	40	37	59
15	1/2	32	1¼	40	37	59
20	3/4	40	1½	46	44	70
25	1	50	2	54	54	83
32	1¼	65	2½	64	67	97
40	1½	80	3	70	78	108
50	2	100	4	86	105	137

注：1. 斜接支管台上端型式有三种，选用时应注明。

2. 3000lb 级斜接支管台用于英制管，适用的支管壁厚等级为 Sch40、Sch80、STD、XS。

3. 订货时必须注明主管及支管公称尺寸、压力等级、材料牌号，如用于公制管，应注明主管及支管外径和壁厚尺寸。

SLL 4″×1/2″ 3000 20（用于英制管）

WLL 108×18 6×3 20（用于公制管）

⑥ 弯头支管台（Q/DG16）（图 39-46、表 39-137 和表 39-138）

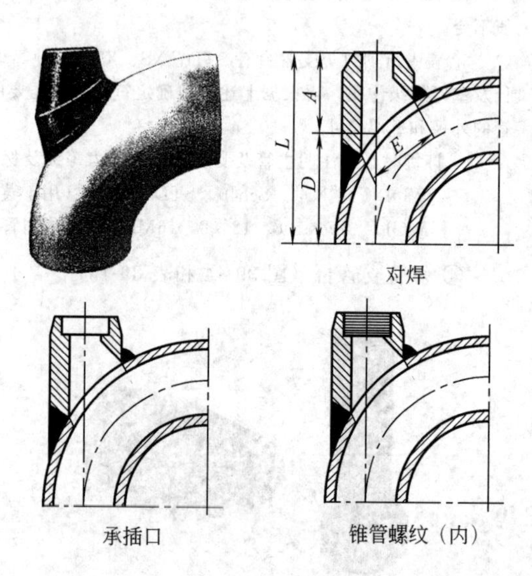

图 39-46 弯头支管台

表 39-137　弯头支管台尺寸（一）

支管公称直径		适用主管公称直径 ≥		E /mm	A /mm	L /mm
/mm	/in	/mm	/in			3000
8	1/4	32	1¼	38	40	A+D
10	3/8	32	1¼	38	40	
15	1/2	32	1¼	38	40	
20	3/4	40	1½	44	48	
25	1	52	2	57	57	
32	1¼	65	2½	73	64	
40	1½	80	3	79	68	
50	2	100	1	106	83	

表 39-138　弯头支管台尺寸（二）

弯头公称直径	/mm	32	40	50	65	80	100	150	200	250	300
	/in	1¼	1½	2	2½	3	4	6	8	10	12
D/mm		50	54	72	93	108	144	218	290	362	434

注：1. 尺寸 D 用于符号 ANSI B16.9 的长半径 90°弯头。

2. 弯头支管台的上端有对焊、承插口和锥管螺纹三种型式，选用时应注明。

3. 3000L 级弯头支管台适用的支管壁厚等级为：Sch40、Sch80、STD、XS。

4. 订货时必须注明弯头及支管公称尺寸、压力等级、材料编号，如用于公制管，应注明主管及支管外径和壁厚尺寸。

TEL　4″×1/2″　3000　20（用于英制管）

SEL　108×18　6×3　20（用于英制管）

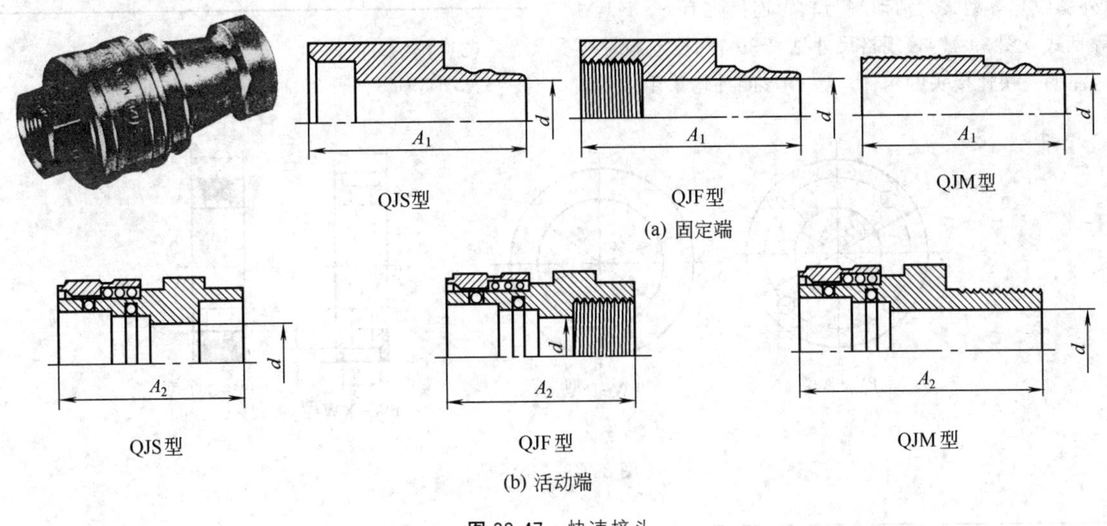

图 39-47　快速接头

表 39-139　快速接头尺寸　　单位：mm

公称直径		固定端				活动端		
DN	NPS/in	型式	螺纹	A_1	d	型式	螺纹	A_2
15	1/2	F	1/2	46.5	12.7	F	1/2	43.9
		M	1/2	46.7	12.7	M	1/2	52.8
		S	—	46.5	12.7	S	—	43.9
20	3/4	F	3/4	52.8	18.3	F	3/4	48.0
		M	3/4	51.6	18.3	M	3/4	59.2
		S	—	52.8	18.3	S	—	48.0
25	1	F	1	63.5	22.4	F	1	54.1
		M	1	59.4	22.4	M	1	67.0
		S	—	63.5	22.4	S	—	54.1

注：1. 快速（吹扫）接头由固定端及活动端两件组成，根据其端部不同，可选择 F（内螺纹）、M（外螺纹）、S（承插口）三种型式，并按需要任意组合，但应在订货时注明。

2. 螺纹连接可为 NPT（60°锥管螺纹）、R/R_P 或 R/R_C（55°锥管螺纹）或 G（55°平行管螺纹），均应在订货时注明。

3. 使用压力等级按 2.0MPa 的管法兰压力-温度等级，但最高使用温度受橡胶 O 形圈材料限制（表 39-140）。

4. QJS/FL/M 为浙江瑞安市东海管件制造公司产品型号。

(2) 快速接头

快速接头（QJS/F/M）一般用于公用工程站，其固定端安装在空气、氮气、蒸汽、水等管道的端部，活动端连接于软管端部。

① 使用方法

a. 将活动端的套圈向后推动。

b. 将活动端用力套入固定端的接口。

c. 放松活动端的套圈，套圈在弹簧力推动下，向前复位。

② 拆卸步骤　将活动端的套圈向后推动；将活动端用力从固定端拉出；放松活动端的套圈，套圈在弹簧力推动下，向前复位。

固定端的连接有S（承插）、F（内螺纹）和M（外螺纹）等型式，活动端与软管连接也有S、F、M等型式（图39-47），规格尺寸见表39-139。定购时均应注明。快速接头的构件，除O形圈外均采用20钢以及2Cr13、H62、316优质不锈钢等材料，如有其他要求，可与制造厂协商，O形圈材料使用温度范围见表39-140。

表39-140　O形圈材料使用温度范围

材　料	代　号	使用温度范围/℃
乙丙橡胶	EP	−50～150
丁腈橡胶	NBR	−40～120
硅橡胶	Si	−70～250
氟橡胶	FKM	−20～250
氯丁橡胶	CR	−40～80

(3) 排污环

见图39-48、表39-141和表39-142。

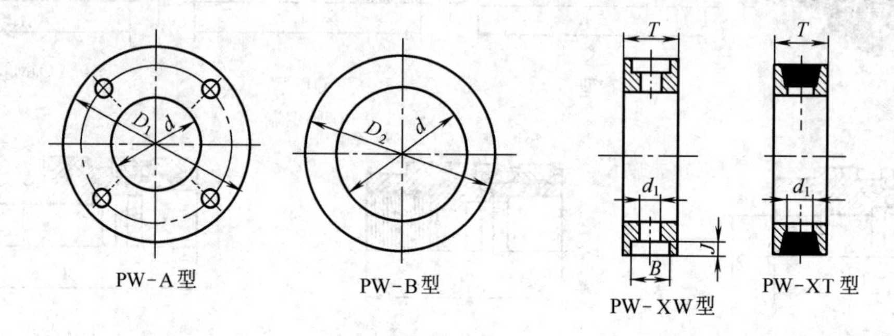

图39-48　排污环

表39-141　排污环尺寸　　单位：mm

公称直径 DN	公称直径 NPS/in	d	D_1 150，2.0MPa	D_1 300，5.0MPa	D_1 600，10.0MPa	D_1 900，15.0MPa	D_1 1500，25.0MPa	D_1 2500，42.0MPa	D_2 150，2.0MPa	D_2 300，5.0MPa	D_2 600，10.0MPa	D_2 900，15.0MPa	D_2 1500，25.0MPa	D_2 2500，42.0MPa
25	1	33	108	124	124	149	149	159	63.5	69	69	75.5	75.5	82
32	1¼	42	118	133	133	159	159	184	73	78.5	78.5	85	85	100
40	1½	48	127	156	156	178	178	203	82.5	92.5	92.5	94	94	113
50	2	60	152	165[2]	165[2]	216[1]	216[1]	235[1]	100.5	107	107	139	139	141.5
65	2½	73	178	191	191	245	245	267	119.5	127	127	160.5	160.5	164
80	3	89	191	210	210	241	267	305	132.5	146.5	146.5	164.5	170	192.5
100	4	114	229	254	273	292	311	356	170.5	178	190	202	205.5	231
125	5	141	254	279	330	349	375	394	191	213	237	243	250	276
150	6	168	279	318	356	381	394	483	219.5	248	262	284.5	278.5	313.5
200	8	219	343	381	419	470	483	553	276.5	304	316	354.5	348.5	383
250	10	273	406	445	508	546	584	673	336	357	396	431	430.5	471.5

续表

公称直径		d	D_1						D_2					
DN	NPS /in		150，2.0 MPa	300，5.0 MPa	600，10.0 MPa	900，15.0 MPa	1500，25.0 MPa	2500，42.0 MPa	150，2.0 MPa	300，5.0 MPa	600，10.0 MPa	900，15.0 MPa	1500，25.0 MPa	2500，42.0 MPa
300	12	324	483	521	559	610	673	762	406	418	453	494.5	515.5	543
350	14	355	533	584	603	641	749		446	481.5	488	517	575	
400	16	406	597	648	686	705	826		510	535.5	561	571	637	
450	18	457	635	711	743	787	914		545	592.5	609	634	698.5	
500	20	508	699	775	813	857	984		602	650	679	693.5	752	
600	24	609	813	914	940	1041	1168		713.5	771	786	833.5	896.5	

① 仅适用于排污口尺寸为$\frac{1}{2}$in 和 1in。

② 仅适用于排污口尺寸为$\frac{1}{2}$in。

表 39-142　排污口尺寸　　单位：mm

排污口尺寸/in	类型	厚度 T	管螺纹 NPT 或 Rc /in	d_1	排污口尺寸/in	类型	厚度 T	B_{min}	d_1	J_{min}
1/2	T-1	38	1/2	15	1/2	W-1	38	21.8	15	10
3/4	T-2	38	3/4	15	3/4	W-2	38	27.4	15	13
1	T-3	45	1	25	1	W-3	45	34.2	25	13

注：1. 排污环夹持于两法兰之间的型式有 AT、BT、AW、BW 四种。A 型外径较大，带螺栓孔；B 型外径较小，不带螺栓孔；T 型为管螺纹有 NPT Rc 及 G，订货时应注明；W 型为承插焊。根据接管（排污放空口）大小，从$\frac{1}{2}$～1in，有 1、2、3 类型。

型号示例：AT-2 型　NPT　2.0MPa　DN150　　BW-1 型　5.0MPa　DN300

2. 排污口一般用于 RF 法兰密封面，材料同法兰两侧密封面，加工粗糙度一般为 R_a6.3。

3. 排污环开孔为 180°分布两个：T 型应包括螺纹管塞两个；W 型应包括圆柱管塞一个。

4. 螺栓中心圆、螺栓孔按相应法兰要求。

5. PWA/B/W/T 为浙江瑞安市东海管件制造公司产品型号。

(4) 盲板、插环、8 字盲板

见图 39-49、表 39-143 和表 39-144。

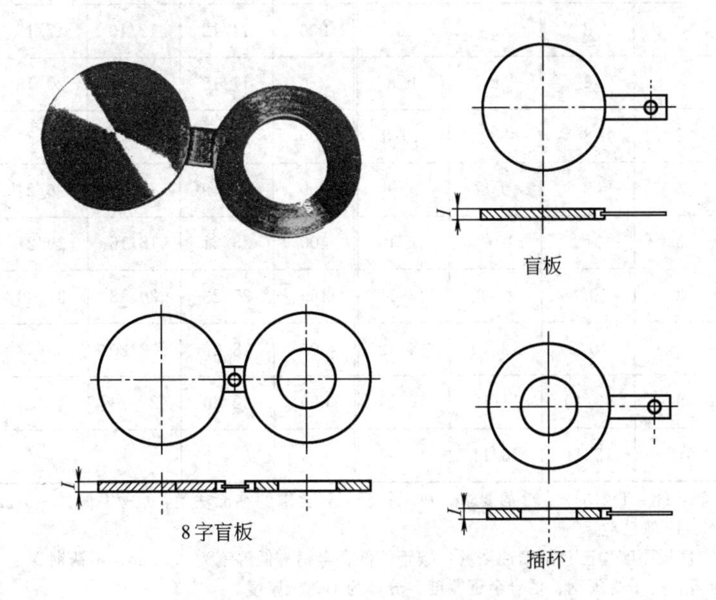

图 39-49　盲板、插环和 8 字盲板

表 39-143 盲板、插环、八字盲板尺寸（美国体系管法兰用） 单位：mm

公称直径 DN	NPS /in	I 150，PN 20MPa	300，PN 50MPa	600，PN 100MPa	900，PN 150MPa	1500，PN 250MPa	2500，PN 420MPa	公称直径 DN	NPS /in	I 150，PN 20MPa	300，PN 50MPa	600，PN 100MPa	900，PN 150MPa	1500，PN 250MPa	2500，PN 420MPa
15	1/2	3	6	6	6	6	10	125	5	10	16	19	22	28	35
20	3/4	3	6	6	6	10	10	150	6	13	16	22	25	35	41
25	1	3	6	6	6	10	10	200	8	13	22	28	35	41	54
32	1¼	6	6	10	10	10	13	250	10	16	25	35	41	51	67
40	1½	6	6	10	10	13	16	300	12	19	28	41	48	60	79
50	2	6	10	10	13	13	16	350	14	19	32	44	54	67	—
65	2½	6	10	13	13	16	19	400	16	22	38	51	60	76	—
80	3	6	10	13	16	19	22	450	18	25	41	54	67	86	—
90	3½	10	13	16	—	—	—	500	20	28	44	64	73	95	—
100	4	10	13	16	19	22	28	600	24	32	51	73	89	111	—

注：1. 本系列产品符合 AP1590 的要求，用于符合下列要求的突面法兰：ANSI B16.5，SH/T 3406，ISO 7005-1，GB/T 9112～9124，HG/T 20615（美洲体系）。

2. 盲板、插环及 8 字盲板厚度均已包括腐蚀裕量；碳钢、低合金钢、低温钢为 1.3mm；不锈钢为 0。

3. 本系列产品适用于平垫片，如用于其他型式垫片（如八角垫等），应与制造厂协商，并调整厚度。

4. 也可按 HG 21547—93 要求生产。

表 39-144 盲板、插环、8 字盲板尺寸（欧洲体系管法兰用） 单位：mm

公称直径 DN	I PN 6MPa	PN 10MPa	PN 16MPa	PN 25MPa	PN 40MPa	公称直径 DN	I PN 6MPa	PN 10MPa	PN 16MPa	PN 25MPa	PN 40MPa
15	8	8	8	8	8	150	12/10	10/8	15/13	17/15	21/19
20	8	8	8	8	8	200	14/12	12/10	17/15	21/19	27/25
25	8	8	8	8	9/8	250	17/15	13/11	20/18	25/23	32/30
32	8	8	8	8	10/8	300	19/17	15/13	23/21	29/27	37/35
40	8	8	8	9/8	10/8	350	21/19	17/15	26/24	33/31	42/40
50	8	8	9/8	10/8	12/10	400	23/21	18/16	29/27	36/34	48/46
65	8	8	10/8	11/9	13/11	450	25/23	20/18	32/30	39/37	50/48
80	8	8	10/8	12/10	14/12	500	28/26	22/20	35/33	43/41	54/52
100	10/8	8	12/10	14/12	16/14	600	32/30	25/23	41/39	51/49	65/62
125	11/9	9/8	13/11	16/14	19/17						

注：1. 本系列产品符合 HG/T 21547—93 的要求，用于符合下列要求的突面法兰：GB/T 9113～9122、HG/T 20592（欧洲体系）、ISO 7005-1、DIN、JB 管法兰。

2. 盲板、插环及 8 字盲板厚度均已包括腐蚀裕量；碳钢、低合金钢、低温钢为 2.0mm；不锈钢为 0。

3. 表中有分子/分母者，分子为碳钢、低合金钢厚度；分母为不锈钢厚度。

4. 本系列产品适用于平垫片，如用于其他型式垫片（如八角垫等），应与制造厂协商，并调整厚度。

(5) 异径短节（MSS SP95、BS3799）

见图 39-50、表 39-145 和表 39-146。

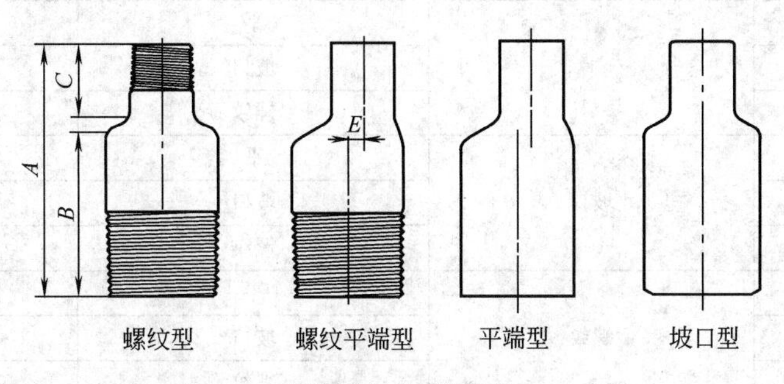

图 39-50　异径短节

表 39-145　异径短节尺寸　　单位：mm

公称直径		A	B	C	E	公称直径		A	B	C	E
DN	NPS/in					DN	NPS/in				
10×8	3/8×1/4	64	36	16	1.7	50×25	2×1	165	108	29	13.0
15×8	1/2×1/4	70	37	19	1.9	50×32	2×1¼	165	108	29	9.1
15×10	1/2×3/8	70	37	19	1.05	50×40	2×1½	165	108	29	6.0
20×8	3/4×1/4	76	37	22	6.5	65×15	2½×1/2	178	114	32	25.1
20×10	3/4×3/8	76	37	22	4.8	65×20	2½×3/4	178	114	32	23.2
20×15	3/4×1/2	76	37	22	2.7	65×25	2½×1	178	114	32	19.4
25×8	1×1/4	89	51	22	10.2	65×32	2½×1¼	178	114	32	15.5
25×10	1×3/8	89	51	22	8.6	65×40	2½×1½	178	114	32	12.4
25×15	1×1/2	89	51	22	6.5	65×50	2½×2	178	114	32	6.4
25×20	1×3/4	89	51	22	3.0	80×15	3×1/2	203	133	41	33.8
32×8	1¼×1/4	102	64	22	14.2	80×20	3×3/4	203	133	41	31.1
32×10	1¼×3/8	102	64	22	12.5	80×25	3×1	203	133	41	27.3
32×15	1¼×1/2	102	64	22	10.4	80×32	3×1¼	203	133	41	23.4
32×20	1¼×3/4	102	64	22	7.7	80×40	3×1½	203	133	41	20.3
32×25	1¼×1	102	64	22	3.9	80×50	3×2	203	133	41	14.3
32×8	1½×1/4	114	70	25	17.3	80×65	3×2½	203	133	41	7.9
40×10	1½×3/8	114	70	25	15.6	100×15	4×1/2	229	140	48	46.5
40×15	1½×1/2	114	70	25	13.5	100×20	4×3/4	229	140	48	43.8
40×20	1½×3/4	114	70	25	12.6	100×25	4×1	229	140	48	40.0
40×25	1½×1	114	70	25	6.9	100×32	4×1¼	229	140	48	36.1
40×32	1½×1¼	114	70	25	3.0	100×40	4×1½	229	140	48	33.0
50×8	2×1/4	165	108	29	23.3	100×50	4×2	229	140	48	27.0
50×10	2×3/8	165	108	29	21.6	100×65	4×2½	229	140	48	20.6
50×15	2×1/2	165	108	29	19.5	100×80	4×3	229	140	48	12.7
50×20	2×3/4	165	108	29	16.8						

注：选用时，应予注明，对锥管螺纹还应注明 NPT 或 R。

表 39-146 异径短节型式

型式	大端	小端	代号
A	平	平	BEP
B		坡口	SEB
C		螺纹	SET
D	坡口	平	LEB
E		坡口	BEB
F		螺纹	LEB/SET
G	螺纹	平	LET
H		坡口	LET/SEB
I		螺纹	BET

注：1. 异型短节大端及小端型式分别有平端、坡口端、锥管外螺纹端三种：大、小端的各种组合共计有九种配合可能。
2. 异型短节壁厚一般为 Sch80（3000）、Sch160（6000），平端、坡口端或管螺纹端。
3. 本系列产品符合 MSS SP95 和 BS3799 要求。

(6) 短节

见图 39-51 和表 39-147（HG/T 20553、SH/T 3405、GB/T 3091、GB/T 3092）。

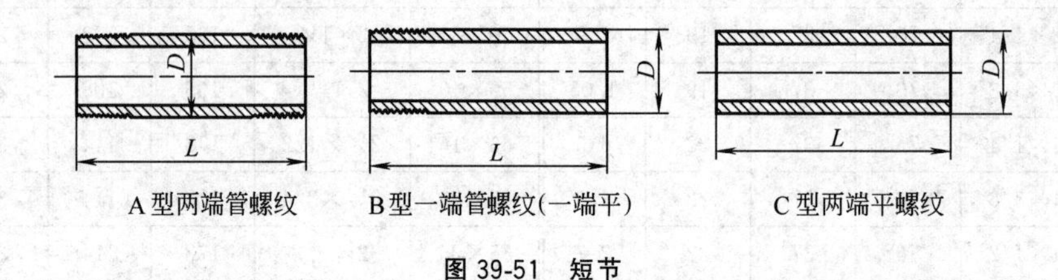

图 39-51 短节

表 39-147 短节尺寸 单位：mm

国际通用系列短节(英制管)						中国沿用系列短节(公制管)			
公称直径 DN	公称直径 NPS /in	外径	Sch40 STD Sch80 XS	Sch160 XXS	*L*	公称直径 *DN*	外径 *D*	厚度	*L*
8	1/4	13.5	○		100 150 200	10	14	2～5	100 150 200
10	3/8	17.2	○			15	18		
15	1/2	21.3	○	○		20	25		
20	3/4	26.7	○	○		25	32		
25	1	33.4	○	○		32	38		
32	1¼	42.2	○	○		40	45		
40	1½	48.3	○	○					
50	2	60.3	○	○		50	57		

注：1. 短管（英制管）有 A、B、C 三种型式，短管（公制管）仅有 C 型。"○" 表示有此规格产品。
2. 订货示例：A（NPT）1/2″Sch80 L150 304 不锈钢（英制管），ϕ18×2 L100 20 钢（公制管）。

2.6 垫片

2.6.1 欧洲体系垫片

① 非金属平垫片 详见 HG/T 20606—2009。
② 聚四氟乙烯包覆垫片 详见 HG/T 20607—2009。
③ 柔性石墨复合垫片 详见 HG/T 20608—2009。
④ 金属包覆垫片 详见 HG/T 20609—2009。
⑤ 缠绕式垫片 详见 HG/T 20610—2009。
⑥ 齿形组合垫 详见 HG/T 20611—2009。
⑦ 金属环垫 详见 HG/T 20612—2009。

2.6.2 美洲体系垫片

① 非金属平垫片 详见 HG/T 20627—2009。

② 聚四氟乙烯包覆垫片　详见 HG/T 20628—2009。

③ 柔性石墨复合垫片　详见 HG/T 20629—2009。

④ 金属包覆垫片　详见 HG/T 20630—2009。

⑤ 缠绕式垫片　详见 HG/T 20631—2009。

⑥ 齿形组合垫　详见 HG/T 20632—2009。

⑦ 金属环垫　详见 HG/T 20633—2009。

2.7 紧固件

2.7.1 欧洲体系紧固件

见 HG/T 20613—2009。

2.7.2 美洲体系紧固件

见 HG/T 20634—2009。

3 管道附件

3.1 过滤器

3.1.1 过滤器选用原则

① 一般根据介质的性质和温度、压力选用过滤器的类型。

② 过滤器承受的压力等级一般比管子内介质压力高一个档次。

③ 对于凝固点较高、黏度较大、含悬浮物较多、停输时需经常吹扫的介质，宜选用卧式安装的反冲洗过滤器。

④ 对固体杂质含量较多、黏度较大的介质，宜选用篮式过滤器。

⑤ 对易燃、易爆、有毒的介质，宜采用对焊连接的过滤器，当直径小于 *DN*40mm 时，宜采用承插焊连接的过滤器。

⑥ 介质流向有 90°变化处宜选用折流式 T 形过滤器。

⑦ 设置在泵入口管道上的临时性过滤器，宜选用锥形过滤器。

⑧ 管道直径小于 *DN*400mm 时，宜选用 Y 形及 T 形过滤器；管道直径大于或等于 *DN*400mm 时，宜选用篮式过滤器。

⑨ 永久性过滤器，当 *DN*≤80mm 时选用 Y 形，当 *DN*＞80mm 时选用 T 形。临时过滤器，当 *DN*≤100mm 时选用锥形，当 *DN*＞100mm 时用 I 形。

3.1.2 过滤器常用标准和主要技术参数

(1) 常用标准

① 美洲体系（SH/T 3411—1999）。

② 欧洲体系（HG/T 21637—91）。

(2) 过滤器主要技术参数

① 美洲体系

a. 公称压力　2.0MPa、5.0MPa、10.0MPa。

b. 公称直径　15～600mm。

c. 适用温度　－80～540℃。

② 欧洲体系

a. 公称压力　0.6MPa、1.0MPa、2.5MPa、4.0MPa。

b. 公称直径　15～600mm。

c. 适用温度　－196～400℃。

3.1.3 过滤器的结构型式和特性

见表 39-149 和表 39-150。

3.2 阻火器（SH/T 3413—1999）

3.2.1 阻火器的选用原则

① 阻火器壳体应能承受介质的压力和允许温度，还要能耐介质的腐蚀。

② 填料应有一定强度，且不能和介质起化学反应。

③ 阻火器的结构类型主要根据介质的化学性质、温度和压力等选用。

一般介质的使用压力不大于 1.0MPa，温度小于 80℃时，均采用碳钢镀锌铁丝网阻火器。特殊的介质如乙炔气管道，特别是压力大于 0.15MPa 的高压乙炔气管道，应采用特殊的阻火器，工作压力允许达到 2.5MPa 时，制造要求较高。

3.2.2 阻火器主要技术参数

见表 39-148 和表 39-151。

表 39-148　阻火器结构、材料和密封面代号

阻火元件类型/代号	结构型式/代号	主体材料/代号		密封面型式/代号
波纹式/W	通风罩式/H	20 钢/Ⅰ	0Cr17Ni12Mo2 (316)/Ⅶ	凸面/RF
		0Cr19Ni9 (304)/Ⅳ	00Cr17Ni14Mo2 (316L)/Ⅷ	
圆片式/P	两端法兰(管道用)/L_1	00Cr19Ni11 (304L)/Ⅴ	ZL102/Ⅸ	平面/FF
	两端法兰式/L			锥管内螺纹/PT
	两端法兰(抽屉)式/LA	0Cr18Ni11Ti (321)/Ⅵ		

表 39-149 过滤器的结构型式和特性（美洲体系）

特性	铸制 Y 形	正折流式 T 形 异径正折流式 T 形	反折流式 T 形	直流式 T 形	尖顶锥型	平顶锥型	直通平底篮式 直通封头篮式	高低接管平板篮式 高低接管封头篮式 高低接管重叠式篮式	卧式反冲洗式	导流反冲洗式
型式/代号	SRY	SRT Ⅰ SRT Ⅲ	SRT Ⅱ	SRT Ⅳ	SRZ Ⅰ	SRZ Ⅱ	SRB Ⅰ SRB Ⅱ	SRB Ⅲ SRB Ⅳ SRB Ⅴ	SRF Ⅰ	SRF Ⅱ
推荐安装方式及流向（水平管线、垂直管线）	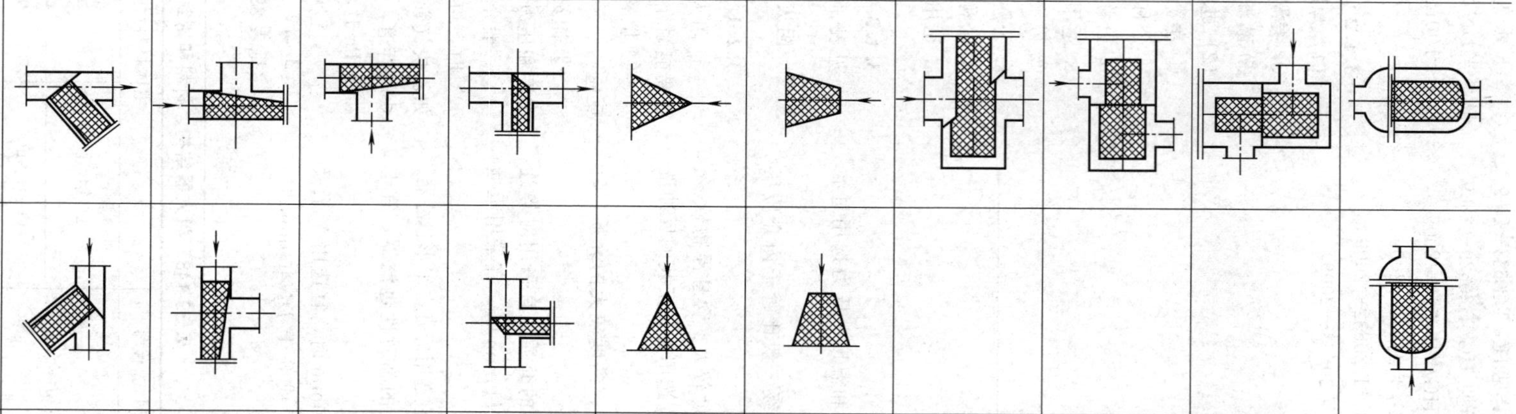									
结构	简单	较简单	较简单	较复杂	简单	简单	较复杂	较复杂	较复杂	较复杂
体积	中	中	中	较小	小	小	大	大	较大	较大
重量	中	中	中	中	轻	轻	重	重	较重	较重
过滤面积	中	中	中	小	小	较小	较大	大	大	大
流体阻力	中	中	中	大	大	较大	较小	小	小	小
滤筒装拆	方便	方便	方便	方便	较方便	较方便	方便	方便	较不方便	较不方便
滤筒清洗	方便	方便	方便	方便	方便	方便	方便	较不方便	方便	方便

注：1. 结构长度详见 SH/T 3411—1999。

2. 生产厂：温州四方化工机械厂、无锡市石化通用件厂生产等。

表 39-150　过滤器的结构型式和特性（欧洲体系）

<table>
<tr><th rowspan="2" colspan="2">特性</th><th colspan="8">型式/代号</th></tr>
<tr><th>铸制 Y 形</th><th>正折流式
T 形</th><th>反折流式
T 形</th><th>直流式
T 形</th><th>尖顶锥型</th><th>平顶锥型</th><th>双滤筒式罐型</th><th>多滤筒式
罐型</th></tr>
<tr><th colspan="2"></th><th>SY_1</th><th>ST_1</th><th>ST_2</th><th>ST_3</th><th>SC_1</th><th>SC_2</th><th>SD_1</th><th>SD_2</th></tr>
<tr><td rowspan="2">允许的安装方式及流向</td><td>水平</td><td>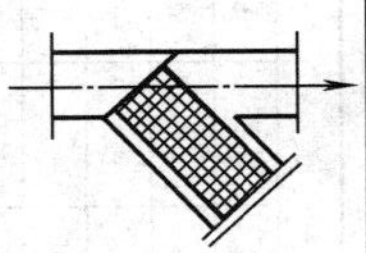</td><td>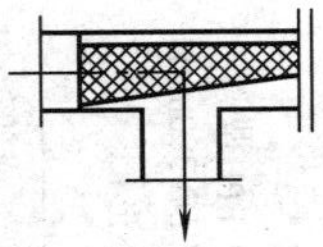</td><td>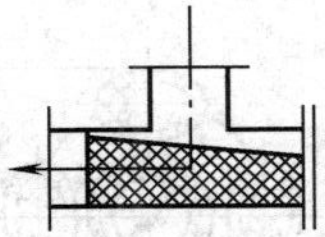</td><td>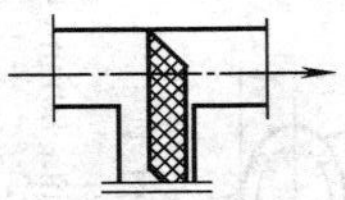</td><td>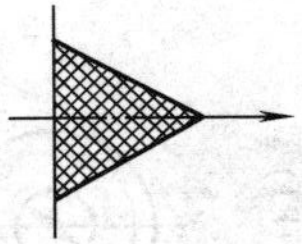</td><td>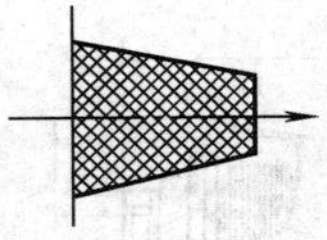</td><td>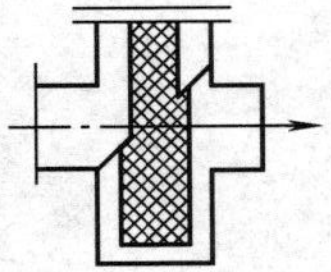</td><td>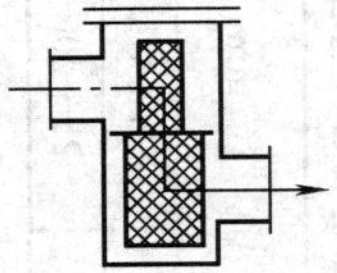</td></tr>
<tr><td>垂直</td><td>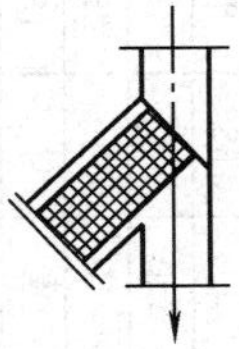</td><td></td><td></td><td>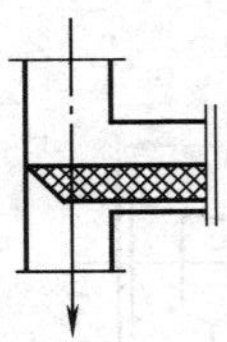</td><td>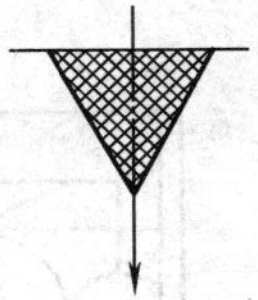</td><td>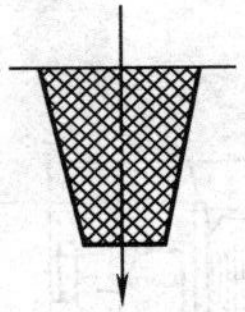</td><td></td><td></td></tr>
<tr><td colspan="2">结构</td><td>简单</td><td>较简单</td><td>较简单</td><td>较复杂</td><td>简单</td><td>简单</td><td>较复杂</td><td>较复杂</td></tr>
<tr><td colspan="2">体积</td><td>中</td><td>中</td><td>中</td><td>较小</td><td>小</td><td>小</td><td>大</td><td>大</td></tr>
<tr><td colspan="2">重量</td><td>较重</td><td>中</td><td>中</td><td>中</td><td>轻</td><td>轻</td><td>重</td><td>重</td></tr>
<tr><td colspan="2">过滤面积</td><td>中</td><td>中</td><td>中</td><td>小</td><td>小</td><td>较小</td><td>较大</td><td>大</td></tr>
<tr><td colspan="2">流体阻力</td><td>中</td><td>中</td><td>中</td><td>大</td><td>大</td><td>较大</td><td>较小</td><td>小</td></tr>
<tr><td colspan="2">滤筒装拆</td><td>方便</td><td>方便</td><td>方便</td><td>方便</td><td>较方便</td><td>较方便</td><td>方便</td><td>方便</td></tr>
<tr><td colspan="2">滤筒清洗</td><td>方便</td><td>方便</td><td>方便</td><td>方便</td><td>方便</td><td>方便</td><td>方便</td><td>较不方便</td></tr>
</table>

注：1. 结构尺寸详见 HG/T 21637—1991。

2. 生产厂：温州四方化工机械厂、无锡市石化通用件厂等。

表 39-151　阻火器工作压力、工作温度和公称直径

工作压力/MPa	工作温度/℃	公称直径/mm					
		FWH 型	FPH 型	FWL 型	FWLA 型	FPL 型	FWL1 型
0.6∶1.0	≤200	40～200	25～100	25～250	25～200	25～300	20～350

3.2.3　阻火器结构长度

见图 39-52 和表 39-152。

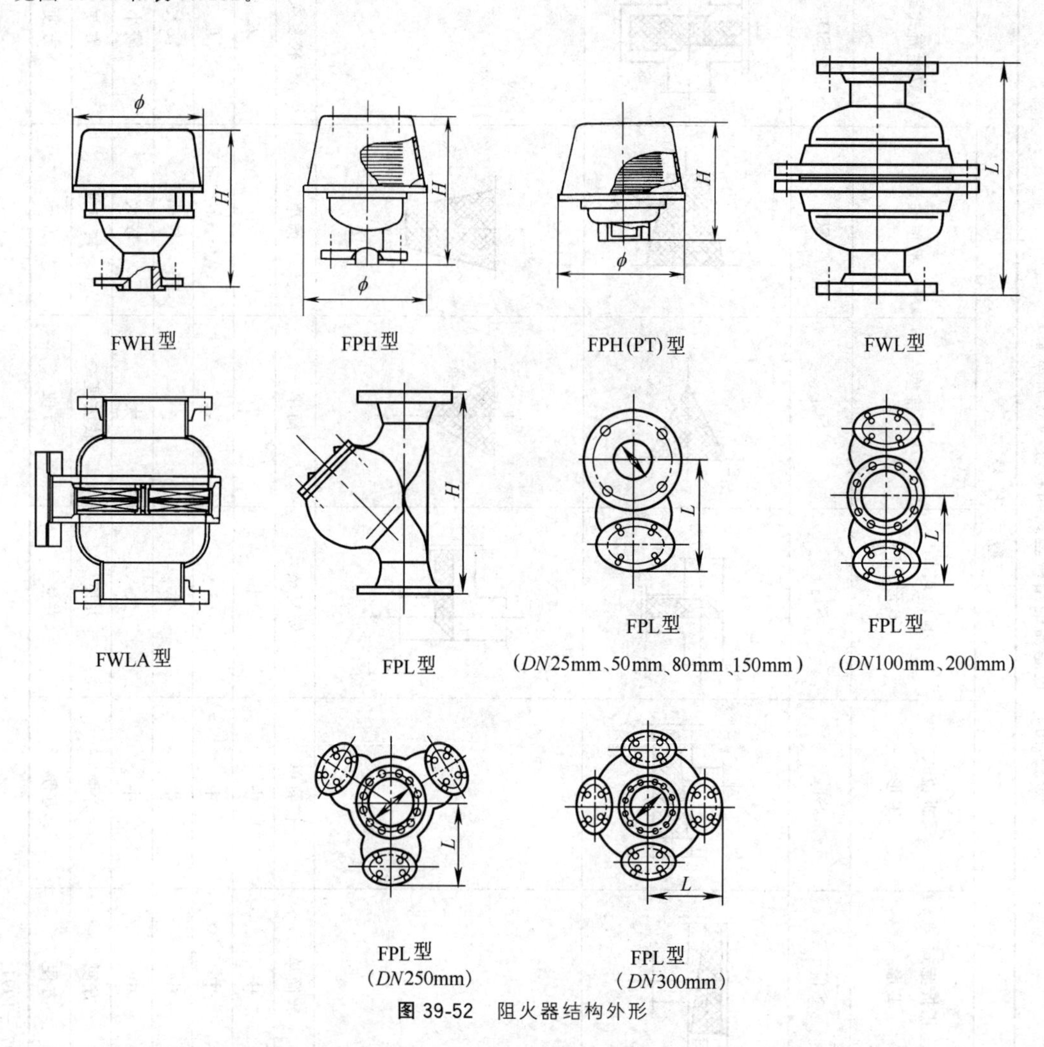

图 39-52　阻火器结构外形

表 39-152　阻火器结构长度 H（或 L）　　单位：mm

型号	公称直径													
	20	25	32	40	50	65	80	100	125	150	200	250	300	350
FWH				235	250		315	328		395	430			
FPH		150			210		260	290						
FPH(PT)		130			150		180	260						
FWL							302	348		385	460	490		
FWLA		180			210		230	310		400	445			
FPL		180			280		340	370		540	605	615	715	
FWL1	180	220	250	320	336	370	430	530	656	720	730	860	920	920

注：生产厂为温州四方化工机械厂、上海喷嘴厂生产等。

3.3 视镜

视镜根据输送介质的化学性质、物理状态及工艺要求来选用。视镜的材料基本和管子材料相同，如碳钢管采用钢制视镜，不锈钢管采用不锈钢视镜，硬聚氯乙烯管采用硬聚氯乙烯视镜。需要变径的可采用异径视镜，需要多面窥视的可采用双面视镜，需要代替三通功能的可选用三通视镜。

① 视镜类型和代号　见表 39-153。

② 视镜结构型式和代号　见表 39-154。

表 39-153　视镜类型和代号

视镜类型	代号
对夹式	S1
单压式	S2
衬套式	S3
螺纹压紧式	S4
框式对夹式	S5
框式单压式	S6
管式	S7

③ 视镜主体材料和代号　见表 39-155。

④ 视镜密封面型式和代号　见表 39-156。

⑤ 视镜主要技术参数　见表 39-157。

表 39-154　视镜结构型式和代号

结构型式	示意图	代号	结构型式	示意图	代号
直径式		A	摆板式	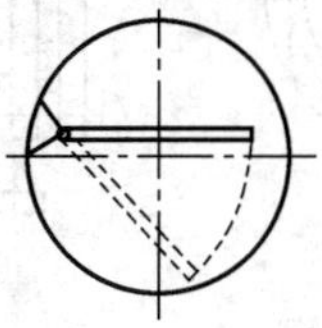	P
缩颈式	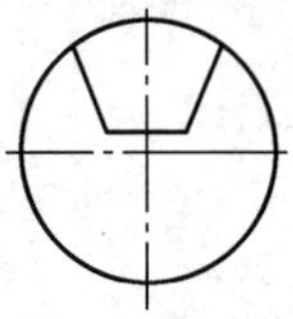	B	叶轮式		R
偏颈式	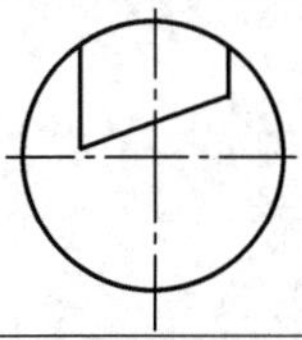	C	浮球式		F
无颈式	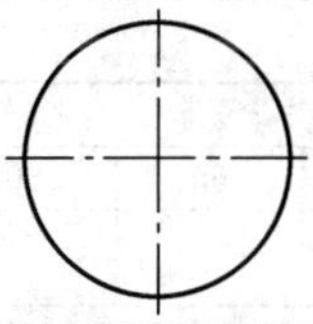	D			

注：若是铸造应在结构型式代号后加“Z”。

表 39-155　视镜主体材料和代号

主体材料	代号
20 钢	Ⅰ
0Cr19Ni9(304)	Ⅳ
00Cr19Ni11(304L)	Ⅴ
0Cr18Ni11Ti(321)	Ⅵ
0Cr17Ni12Mo2(316)	Ⅶ
00Cr17Ni12Mo2(316L)	Ⅷ
铝合金	Ⅸ
钢合金	Ⅱ

表 39-156　视镜密封面型式和代号

密封面型式	代号
突面(凸台面)	RF
凹凸面	M/FM
环槽面	RJ
全平面	FF
锥管内螺纹	RC
榫槽面	T/G

表 39-157　视镜主要技术参数

设计压力/MPa	公称直径/mm	工作温度/℃	主体材料
0.6～2.5	8～150	0～180	见表 39-155

⑥ 视镜的结构长度　见图 39-53 和表 39-158。

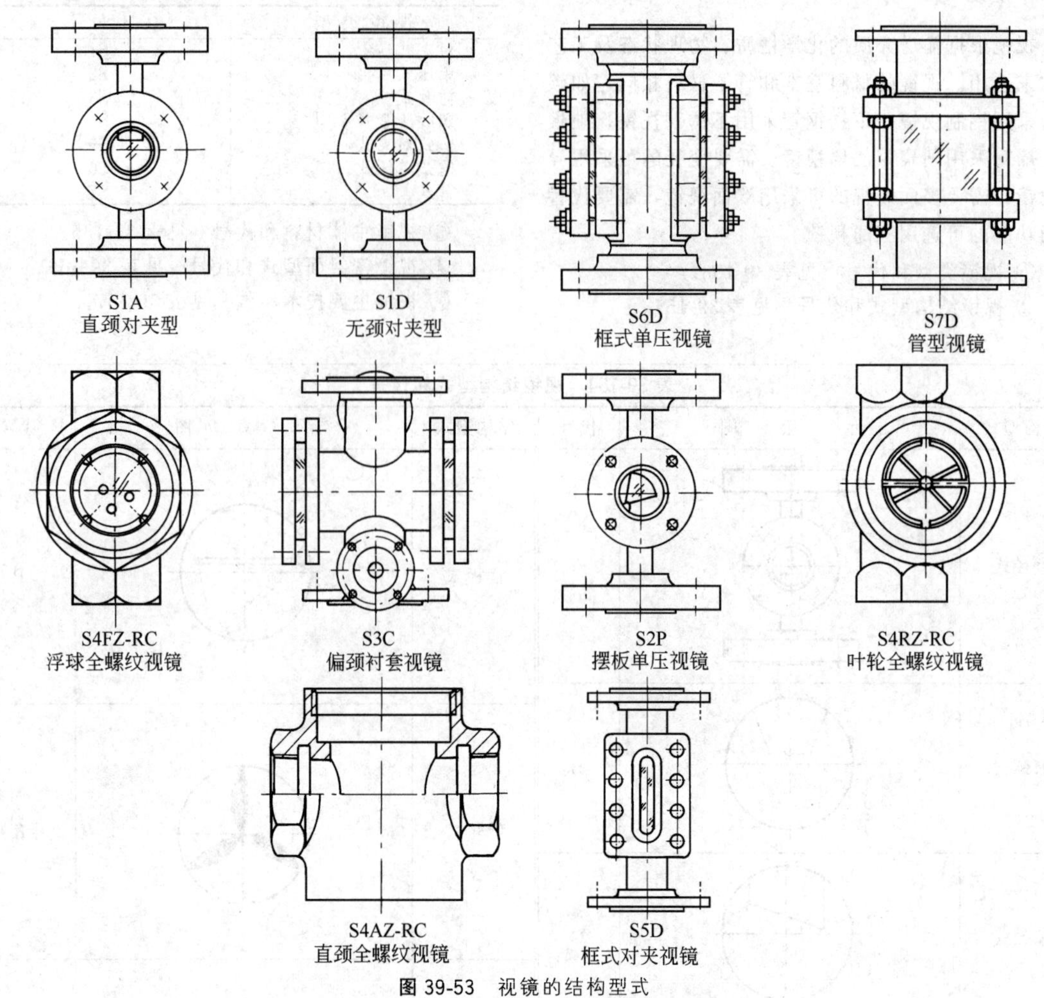

图 39-53　视镜的结构型式

表 39-158　视镜的结构长度

型号	公称直径/mm											
	8	10	15	20	25	40	50	65	80	100	125	150
S1A		140/160	140/160	160/180	160/180	180/200						
S1D		140/160	140/160	160/180	160/180	180/200						
S6D							210/230	220/250	230/250	230/260		
S7D			220	220	220	220	240	240				
S4FZ-RC		76	85	95	110	135	160					
S3C			195/195	195/195	205/205	225/225	250/250	270/270	300/300	330		
S2P							250/270	270/320	270/380	320		
S4RZ-RC			100/100	100/100								
S4AZ-RC			89/89	89/89	89/89							
S5D			200/200	200/200	210/210	210/230						

注：1. 公称直径栏中，分子表示 $PN \leqslant 1.6$MPa 长度，分母表示 $PN2.5$MPa 长度。
2. 型号 S7D 的 $PN=0.25$MPa。
3. 生产厂：温州四方化工机械厂、无锡市石化通用件厂等。

3.4 喷嘴

(1) 型号标记示例

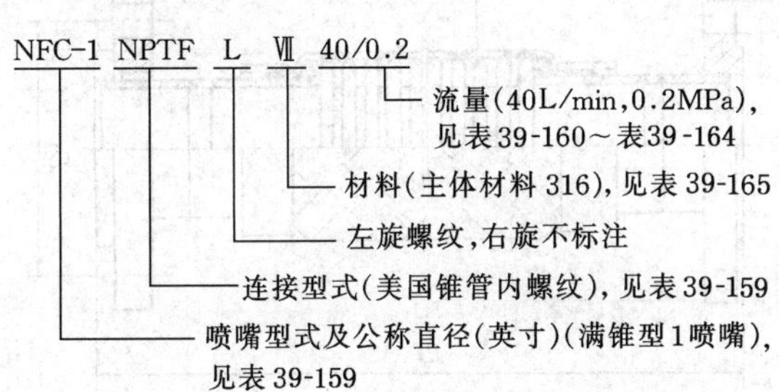

表 39-159　喷嘴型式及连接型式

喷嘴型式/代号	连接型式/代号
满锥型/NFC	锥管内螺纹(55°)/RC
空锥型/NHC	锥管外螺纹(55°)/R
大水幕型/NDF	锥管内螺纹(60°)/NPTF
	锥管外螺纹(60°)/NPT

(2) 技术参数示例（图 39-54、表 39-160～表 39-164）

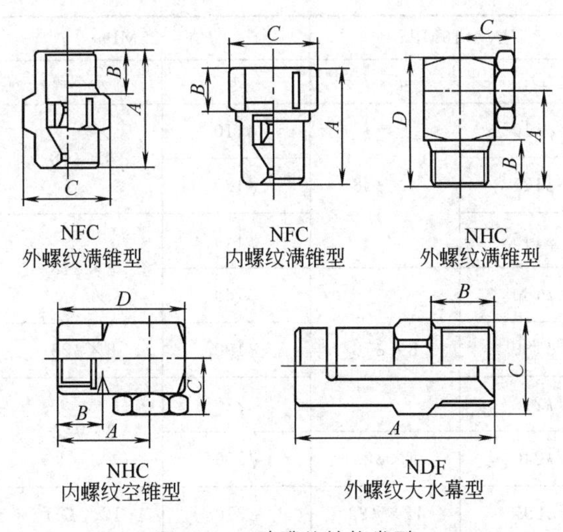

图 39-54　喷嘴的结构类型

表 39-160　NFC（TM）外螺纹满锥型

型　号	A /mm	B /mm	C 面距 /mm	Q (0.2MPa) /(L/min)	α 喷散角 /(°)
NFC-1/4R	28	12	17	3～5	85～90
NFC-3/8R	37	15	21	5～10	85～90
NFC-1/2R	44	17	26	10～20	85～90
NFC-3/4R	52	20	32	20～35	85～90
NFC-1R	65	21	38	35～65	85～90
NFC-1½R	80	25	52	65～120	85～90

注：表 39-159～表 39-163 所列型号为温州四方化工机械厂产品。

表 39-161　NFC（TF）内螺纹满锥型

型　号	A /mm	B /mm	C 面距 /mm	Q (0.2MPa) /(L/min)	α 喷散角 /(°)
NFC-1/2RC	46	19	26	10～20	85～90
NFC-3/4RC	54	22	32	20～35	85～90
NFC-1RC	67	24	42	35～65	85～90
NFC-1½RC	82	27	56	65～120	85～90

表 39-162　NHC（TM）外螺纹空锥型

型　号	A /mm	B /mm	C /mm	D /mm	Q(0.2MPa) /(L/min)	α 喷散角 /(°)
NHC-1/4R	25	13	16	36	2～5	75～85
NHC-3/8R	30	16	19	44	5～15	75～85
NHC-1/2R	37	17	23	52	15～30	75～85
HHC-3/4R	43	19	28	62	30～45	75～85
NHC-1R	50	21	30	72	45～60	75～85
NHC-1¼R	52	23	38	78	60～120	75～85

表 39-163　NHC（TF）内螺纹空锥型

型　号	A /mm	B /mm	C /mm	D /mm	Q(0.2MPa) /(L/min)	α 喷散角 /(°)
NHC-1/2RC	37	17	23	52	15～30	75～85
NHC-3/4RC	43	19	28	52	30～45	75～85
NHC-1RC	50	21	30	72	45～60	75～85
NHC-1½RC	52	23	38	78	60～120	75～85

表 39-164　NDF（TM）外螺纹大水幕型

型号	A/ mm	B/ mm	C/ mm	额定压力下流量 Q/(L/min)				α 喷散角 /(°)
				0.125 MPa	0.15 MPa	0.175 MPa	0.20 MPa	
NDF-1/4R	30	12	15	2～4	2.2～4.4	2.5～5	2.7～5.5	90～120
NDF-3/8R	36	13	18	4～6	4.4～6.6	5～7	5.5～7.5	100～120
NDF-1/2R	42	16	22	6～26	6.6～28	7～30	7.5～32	120～130
NDF-3/4R	52	18	30	26～50	28～55	30～65	32～65	120～130

(3) 材料（表 39-165）

表 39-165　材料

材料/代号	材料/代号
20 钢/Ⅰ	0Cr18Ni11Ti(321)/Ⅵ
0Cr19Ni9(304)/Ⅳ	0Cr17Ni12Mo2(316)/Ⅶ
00Cr19Ni11(304L)/Ⅴ	00Cr17Ni14Mo2(316L)/Ⅷ

3.5 软管（SH/T 3412—2017）

3.5.1 金属软管

(1) 储罐抗震金属软管

安装于储罐的进出口管系，主要作用是减轻储罐的地震破坏、补偿储罐的地基下沉、管线的热胀冷缩以及施工时的安装偏差。

其结构外形和规格尺寸见图 39-55、表 39-166 和表 39-167。

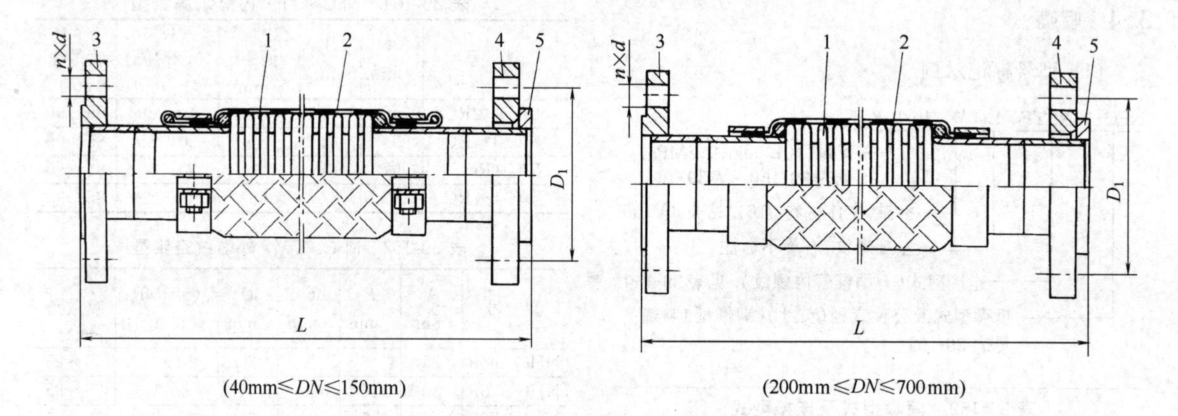

(40mm≤DN≤150mm) (200mm≤DN≤700mm)

图 39-55 结构外形

1—波纹管；2—网套；3—平焊法兰；4—松套法兰；5—密封座

1. 软管结构特点：采用钢带网套；ϕ40～150mm 采用机械夹固结构，ϕ200～700mm 采用焊接式结构；两端为法兰连接，一端平焊，一端松套

2. 产品代号标注方法

公称压力 KZJR 公称直径 法兰材料 - 软管长度

法兰材料：A 表示碳钢，F 表示不锈钢

表 39-166 储罐抗震金属软管尺寸 单位：mm

<table>
<tr><th rowspan="2">公称直径 DN</th><th rowspan="2">公称压力 /MPa</th><th colspan="2">PN＝10MPa</th><th colspan="2">PN＝16MPa</th><th colspan="2">PN＝25MPa</th></tr>
<tr><th>D_1</th><th>$n\times d$</th><th>D_1</th><th>$n\times d$</th><th>D_1</th><th>$n\times d$</th></tr>
<tr><td>40</td><td rowspan="14">10
16
25</td><td>ϕ110</td><td rowspan="4">4×ϕ18</td><td>ϕ110</td><td rowspan="3">4×ϕ18</td><td>ϕ110</td><td rowspan="2">4×ϕ18</td></tr>
<tr><td>50</td><td>ϕ125</td><td>ϕ125</td><td>ϕ125</td></tr>
<tr><td>65</td><td>ϕ145</td><td>ϕ145</td><td>ϕ145</td><td rowspan="2">8×ϕ18</td></tr>
<tr><td>80</td><td>ϕ160</td><td>ϕ160</td><td rowspan="3">8×ϕ18</td><td>ϕ160</td></tr>
<tr><td>100</td><td>ϕ180</td><td rowspan="2">8×ϕ18</td><td>ϕ180</td><td>ϕ190</td><td>8×ϕ23</td></tr>
<tr><td>125</td><td>ϕ210</td><td>ϕ210</td><td>ϕ220</td><td rowspan="2">8×ϕ25</td></tr>
<tr><td>150</td><td>ϕ240</td><td rowspan="2">8×ϕ23</td><td>ϕ240</td><td>8×ϕ23</td><td>ϕ250</td></tr>
<tr><td>200</td><td>ϕ295</td><td>ϕ295</td><td>12×ϕ23</td><td>ϕ310</td><td>12×ϕ25</td></tr>
<tr><td>250</td><td>ϕ350</td><td rowspan="2">12×ϕ23</td><td>ϕ355</td><td rowspan="2">12×ϕ25</td><td>ϕ370</td><td>12×ϕ30</td></tr>
<tr><td>300</td><td>ϕ400</td><td>ϕ410</td><td>ϕ430</td><td>16×ϕ30</td></tr>
<tr><td>350</td><td>ϕ460</td><td>16×ϕ23</td><td>ϕ470</td><td>16×ϕ25</td><td>ϕ490</td><td rowspan="2">16×ϕ34</td></tr>
<tr><td>400</td><td>ϕ515</td><td>16×ϕ25</td><td>ϕ525</td><td>16×ϕ30</td><td>ϕ550</td></tr>
<tr><td>450</td><td>ϕ565</td><td rowspan="2">20×ϕ25</td><td>ϕ585</td><td>20×ϕ30</td><td>ϕ600</td><td>20×ϕ34</td></tr>
<tr><td>500</td><td>ϕ620</td><td>ϕ650</td><td>20×ϕ34</td><td>ϕ660</td><td>20×ϕ41</td></tr>
<tr><td>600</td><td>10～16</td><td>ϕ725</td><td>20×ϕ30</td><td>ϕ770</td><td>20×ϕ41</td><td>—</td><td>—</td></tr>
<tr><td>700</td><td>10</td><td>ϕ840</td><td>24×ϕ30</td><td>—</td><td>—</td><td>—</td><td>—</td></tr>
</table>

表 39-167　储罐抗震金属软管产品长度　　单位：mm

<table>
<tr><th rowspan="3">公称直径
DN</th><th colspan="8">最大横向位移量 Y</th></tr>
<tr><th>50</th><th>100</th><th>150</th><th>200</th><th>250</th><th>300</th><th>350</th><th>400</th></tr>
<tr><th colspan="8">金属软管全长 L</th></tr>
<tr><td>40</td><td>500</td><td>700</td><td>900</td><td>1000</td><td>1100</td><td>1200</td><td>1300</td><td>1400</td></tr>
<tr><td>50</td><td>600</td><td>800</td><td>1000</td><td>1100</td><td>1200</td><td>1300</td><td>1400</td><td>1500</td></tr>
<tr><td>65</td><td>700</td><td>900</td><td>1100</td><td>1200</td><td>1300</td><td>1400</td><td>1500</td><td>1600</td></tr>
<tr><td>80</td><td>800</td><td>1000</td><td>1200</td><td>1300</td><td>1400</td><td>1500</td><td>1600</td><td>1700</td></tr>
<tr><td>100</td><td>900</td><td rowspan="2">1200</td><td>1300</td><td>1500</td><td>1600</td><td>1700</td><td>1800</td><td>1900</td></tr>
<tr><td>125</td><td rowspan="2">1000</td><td>1400</td><td rowspan="2">1600</td><td>1700</td><td rowspan="2">1900</td><td>2000</td><td>2100</td></tr>
<tr><td>150</td><td>1300</td><td>1500</td><td>1800</td><td>2100</td><td>2200</td></tr>
<tr><td>200</td><td>1200</td><td>1500</td><td>1700</td><td>1800</td><td>2000</td><td>2200</td><td>2400</td><td>2500</td></tr>
<tr><td>250</td><td>1300</td><td>1700</td><td>1900</td><td>2100</td><td>2300</td><td>2500</td><td>2700</td><td>2900</td></tr>
<tr><td>300</td><td>1500</td><td>1900</td><td>2200</td><td>2400</td><td>2600</td><td>2800</td><td>3000</td><td>3200</td></tr>
<tr><td>350</td><td>1600</td><td>2000</td><td>2300</td><td>2600</td><td>2800</td><td>3000</td><td>3200</td><td>3400</td></tr>
<tr><td>400</td><td rowspan="2">1700</td><td rowspan="2">2100</td><td rowspan="2">2500</td><td rowspan="2">2800</td><td rowspan="2">3100</td><td rowspan="2">3300</td><td rowspan="2">3600</td><td rowspan="2">3800</td></tr>
<tr><td>450</td></tr>
<tr><td>500</td><td>1800</td><td>2200</td><td>2600</td><td>2900</td><td>3200</td><td>3400</td><td>3700</td><td>4000</td></tr>
<tr><td>600</td><td>1900</td><td>2400</td><td>2800</td><td>3100</td><td>3400</td><td>3700</td><td>3900</td><td>4200</td></tr>
<tr><td>700</td><td>2100</td><td>2600</td><td>3000</td><td>3400</td><td>3600</td><td>4000</td><td>4200</td><td>4500</td></tr>
</table>

(2) 泵连接管

无接管泵连接管见图 39-56 和表 39-168，有接管连接管见表 39-169 和图 39-57。

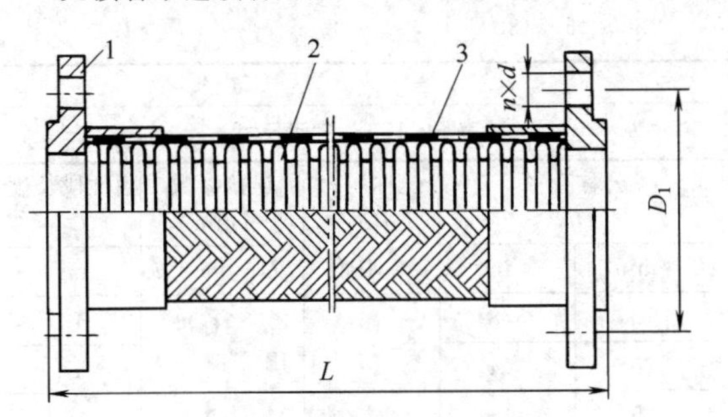

图 39-56　无接管泵连接管

1—法兰；2—波纹管；3—网套

产品代号标注方法如下

[公称压力] JRH [公称直径] — [A] 11

A 表示碳钢法兰；F 表示不锈钢法兰

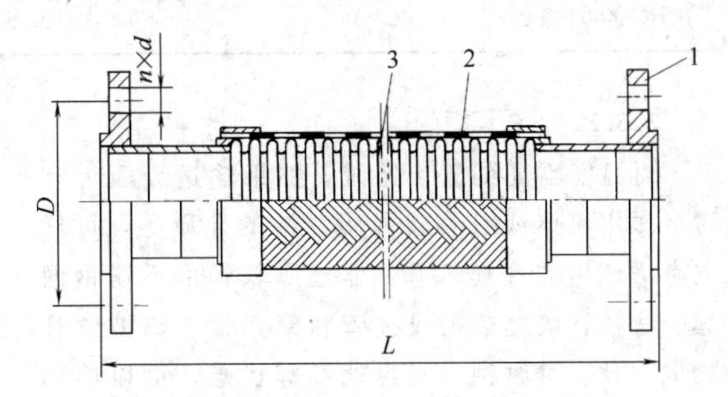

图 39-57　有接管泵连接管

1—法兰；2—网套；3—波纹管

产品代号标注方法如下

[压力等级] JRH [公称直径] — [A] 21

A 表示碳钢法兰；F 表示不锈钢法兰

表 39-168　无接管泵连接管规格尺寸

<table>
<tr><th rowspan="2">产 品 代 号</th><th rowspan="2">公称直径
DN/mm</th><th rowspan="2">公称压力
/MPa</th><th colspan="2">平 焊 法 兰/mm</th><th rowspan="2">产品长度 L(推荐值)/mm</th></tr>
<tr><th>D₁</th><th>n×d</th></tr>
<tr><td>25JRH50A/F11</td><td>50</td><td rowspan="3">≤2.5</td><td>125</td><td>4×φ18</td><td>250</td></tr>
<tr><td>25JRH65A/F11</td><td>65</td><td>145</td><td>8×φ18</td><td>255</td></tr>
<tr><td>25JRH80A/F11</td><td>80</td><td>160</td><td>8×φ18</td><td>265</td></tr>
<tr><td>16JRH100A/F11</td><td>100</td><td rowspan="5">≤1.6</td><td>180</td><td>8×φ18</td><td>295</td></tr>
<tr><td>16JRH125A/F11</td><td>125</td><td>210</td><td>8×φ18</td><td>340</td></tr>
<tr><td>16JRH150A/F11</td><td>150</td><td>240</td><td>8×φ23</td><td>355</td></tr>
<tr><td>16JRH200A/F11</td><td>200</td><td>295</td><td>12×φ23</td><td>385</td></tr>
<tr><td>16JRH250A/F11</td><td>250</td><td>355</td><td>12×φ25</td><td>445</td></tr>
<tr><td>10JRH300A/F11</td><td>300</td><td rowspan="3">≤1.0</td><td>410</td><td>12×φ25</td><td>460</td></tr>
<tr><td>10JRH350A/F11</td><td>350</td><td>470</td><td>16×φ25</td><td>500</td></tr>
<tr><td>10JRH400A/F11</td><td>400</td><td>525</td><td>16×φ30</td><td>550</td></tr>
</table>

表 39-169 有接管泵连接管规格尺寸 单位：mm

产品代号	公称直径 DN	公称压力/MPa	法兰			产品长度(推荐值) L
			D	n×d	法兰标准	
40JRH50A/F21	50	40	125	4×ϕ18	JB/T 82.2—94	350
40JRH65A/F21	65		145	8×ϕ18		390
40JRH80A/F21	80		160	8×ϕ18		410
25JRH100A/F21	100	25	190	8×ϕ23	JB/T 81—94	450
25JRH125A/F21	125		220	8×ϕ25		500
25JRH150A/F21	150		250	8×ϕ25		510
25JRH200A/F21	200	16	310	12×ϕ25		580
25JRH250A/F21	250		370	12×ϕ30		640
16JRH300A/F21	300		410	12×ϕ25		710
16JRH350A/F21	350		470	16×ϕ25		770
16JRH400A/F21	400		525	16×ϕ30		840

3.5.2 非金属软管

对温度不高的管道系统，如果输送介质为有毒、医用流体或具有较强腐蚀性的介质等，可优先考虑使用非金属软管。非金属软管由不锈钢网套、法兰、快速接头或接管和聚四氟乙烯波纹管构成。具有耐腐蚀、密封性好等优点，可以起到补偿位移、吸振、补偿安装偏差的作用。工作温度范围：－50～180℃，已广泛应用于医药、食品、化工等行业。

(1) F型结构（图39-58和表39-170）

(2) K型结构（图39-59和表39-171）

表 39-170 F型尺寸

公称直径 DN /mm	公称直径 DN /in	公称压力 PN /MPa	连接参数/mm D_1	连接参数/mm n×d	刚性段长度 L_1 /mm
15	5/8	10 16	法兰标准 JB/T 83—94		47
20	3/4				47
25	1	10 16	法兰标准 JB/T 83—94		60
32	1¼				60
40	1½				65
50	2				70
65	2¼				71
80	3				77
100	4				117

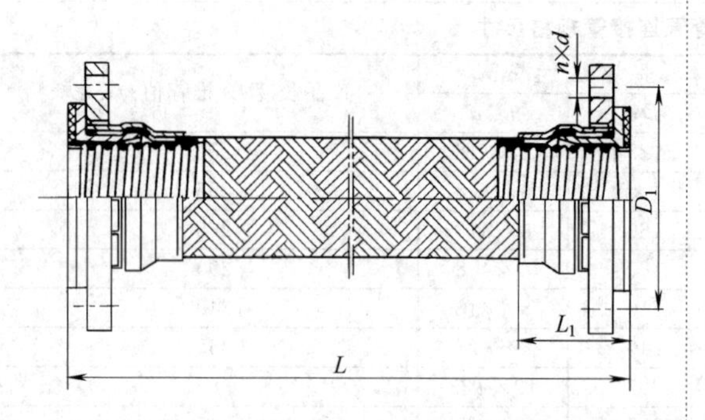

图 39-58 F型结构

产品代号标注方法如下（F为不锈钢法兰）

工作压力 FSJR 公称直径 F— 产品长度

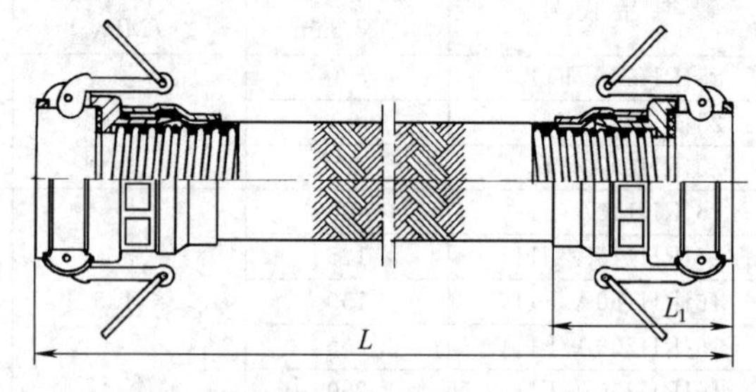

图 39-59 K型结构

产品代号标注方法如下

工作压力 FSJR 公称直径 K— 产品长度

表 39-171　K 型尺寸

公称直径		公称压力 *PN* /MPa	刚性段长度 L_1 /mm
/mm	/in		
15	5/8	10 16	75
20	3/4		73
25	1		92
32	1¼		92
40	1½		101
50	2		108
65	2¼		113
80	3		117
100	4		164

(3) FK 型结构（图 39-60 和表 39-172）

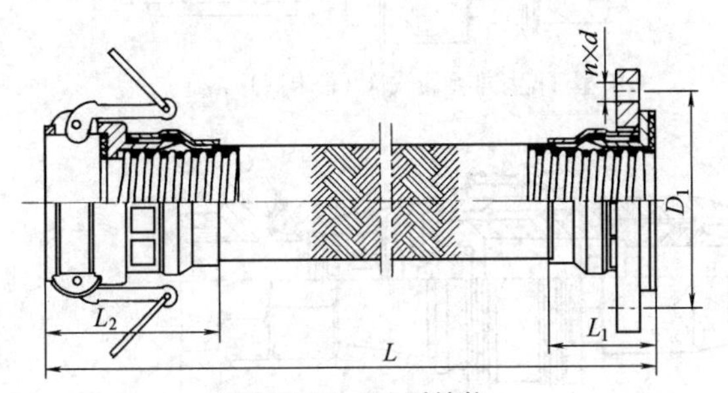

图 39-60　FK 型结构

产品代号标注方法如下

[工作压力] [FSJR] [公称直径] FK—[产品长度]

表 39-172　FK 型尺寸

公称直径		公称压力 *PN* /MPa	连接参数 /mm		刚性段长度 /mm	
/mm	/in		D_1	$n\times d$	L_1	L_2
15	5/8	10 16	法兰标准 JB/T 83—2015		47	75
20	3/4				47	73
25	1				60	92
32	1¼				60	92
40	1½				65	101
50	2				70	108
65	2¼				71	113
80	3				77	117
100	4				117	164

(4) J 型结构（图 39-61 和表 39-173）

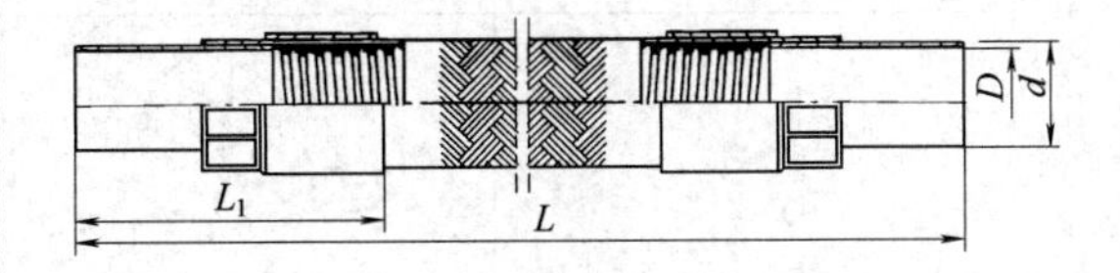

图 39-61　J 型结构

产品代号标注方法如下

[工作压力] [FSJR] [公称直径] J—[产品长度]

表 39-173　J 型尺寸

公称直径		公称压力 *PN* /MPa	连接参数 /mm		刚性段长度 /mm
/mm	/in		*d*	*D*	L_1
15	5/8	10 16	26	15	150
20	3/4		29	20	150
25	1		34	25	170
32	1¼		41	32	170
40	1½		48	40	190
50	2		63.5	50	200

3.6　快速接头

(1) 技术参数（表 39-174）

(2) 型号标记说明

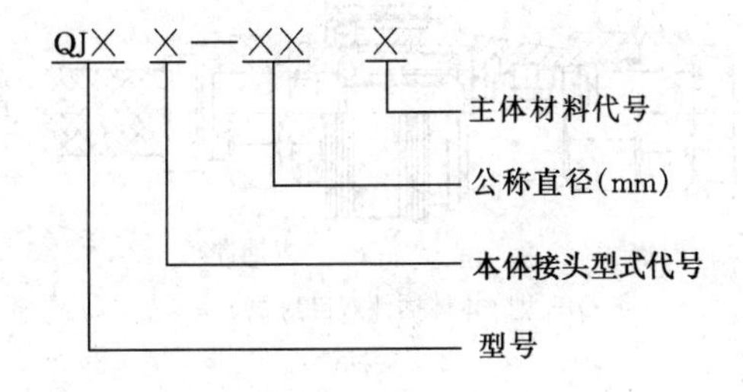

(3) 接头型式代号（表 39-175）

表 39-174　快速接头技术参数

型号	类　型	材　料	公称直径/mm	公称压力/MPa	工作温度/℃	适用介质
QJA	配金属软管直通式	Ⅰ　20 钢	15～80	6～25	≤100	水、气、酸、碱、有机物
QJB	非金属软管直通式	Ⅱ　H62				
QJC	钢球直通式	Ⅲ　1Cr13	8～50			
QJD	钢球本体单自封式	Ⅳ　0Cr19Ni9				
QJE	钢球双自封式	Ⅴ　00Cr19Ni10				
QJF	按钮直通式	Ⅵ　0Cr18Ni11Ti	5～25			
QJG	按钮本体单自封式	Ⅶ　0Cr17Ni12Mo2				
QJH	按钮双自封式	Ⅷ　00Cr17Ni14Mo2				
QJI	拉杆式快换接头式		25～65			
QJK	密封座活扣套式		40～150			

表 39-175　接头型式代号

代　号	接头型式
A	不带卡箍软管连接
B	带卡箍软管连接
C	承插焊连接
D	内螺纹连接
E	外螺纹连接

(4) 结构型式（图 39-62）

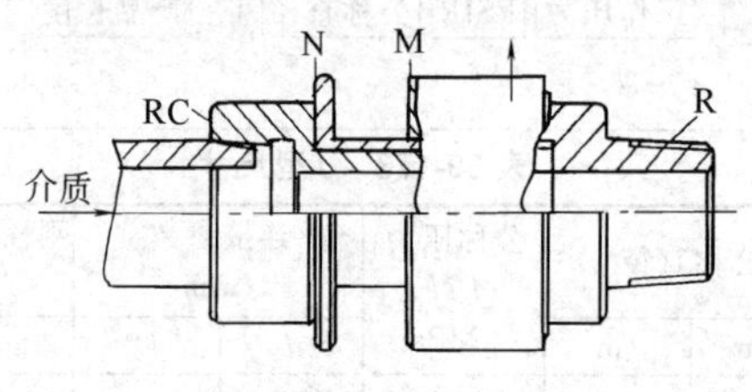

QJA 型（配接金属软管）

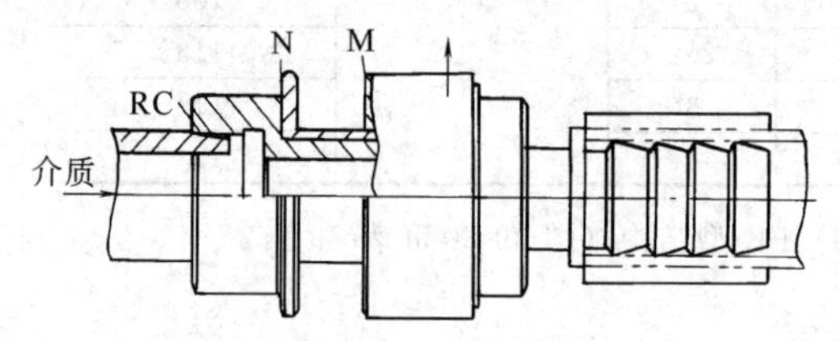

QJB 型［配接非金属软管（带卡箍）］

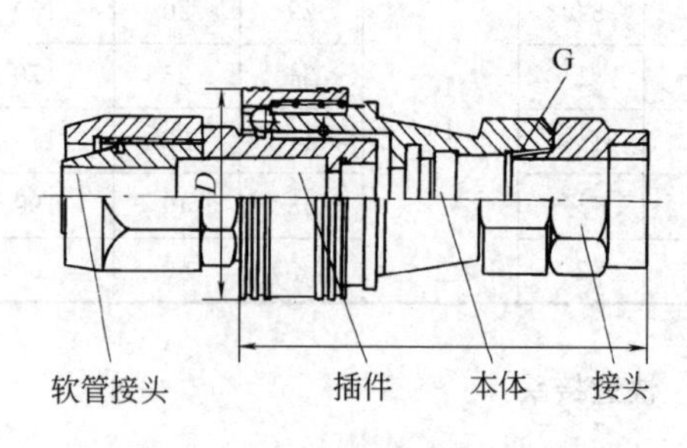

QJC 型（软管直通式）

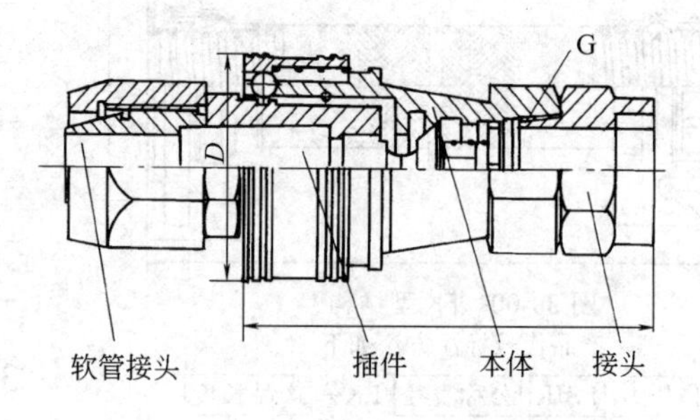

QJD 型（本体单自封式）

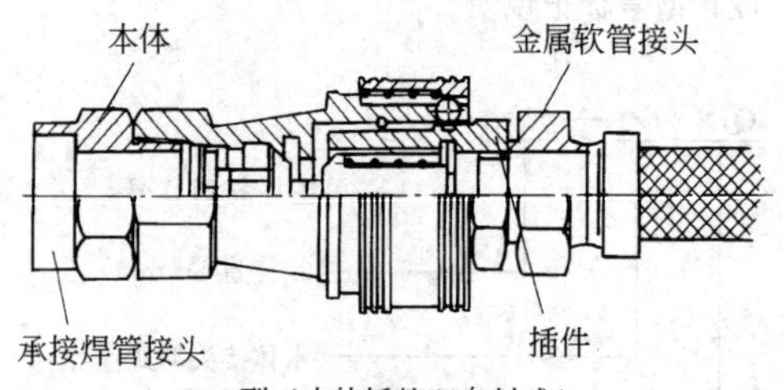

QJE 型（本体插件双自封式）

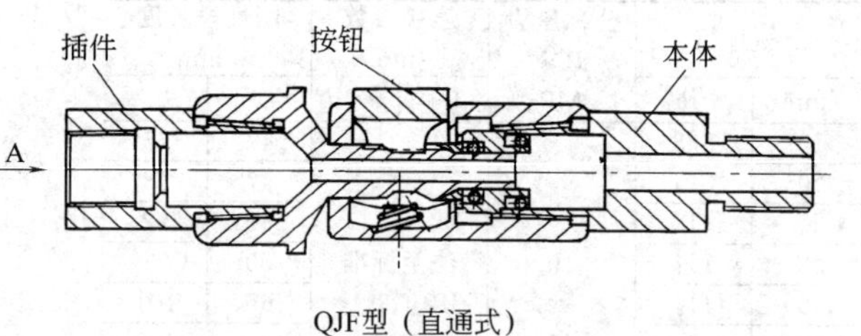

QJF 型（直通式）

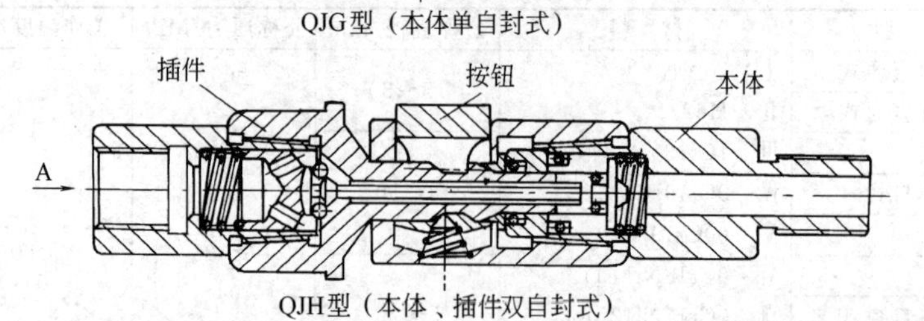

QJG 型（本体单自封式）

QJH 型（本体、插件双自封式）

图 39-62

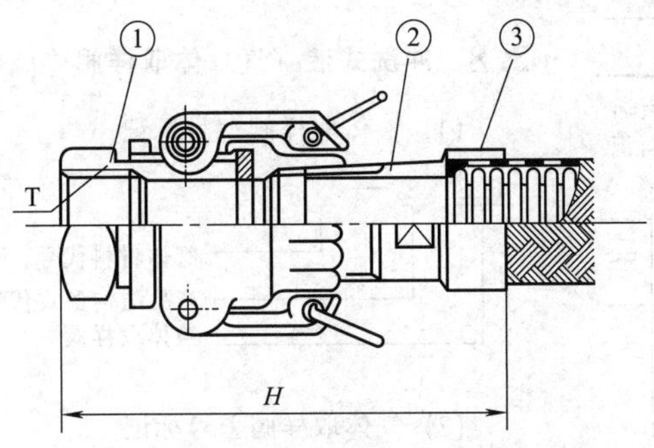

结构：拉杆式快换接头与外锥管螺纹(SM)接头组合

特点：快换接头快速简便，出端为通用性强的内锥管螺纹

材质：①铜/铝/碳钢/不锈钢
②、③不锈钢

QJI型　(拉杆式快换接头式)

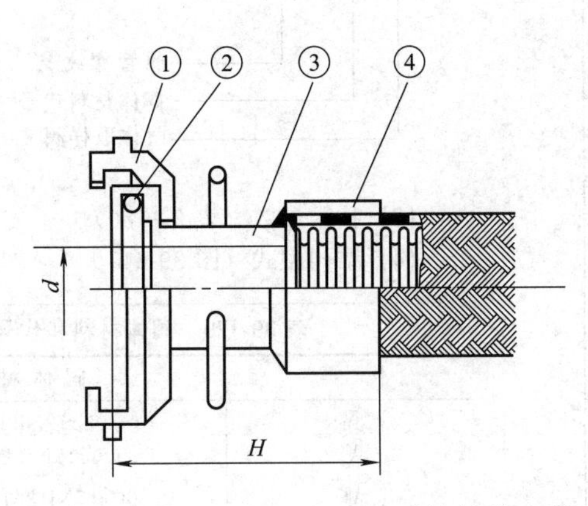

结构：密封座带有两爪或三爪的活扣套与锥面接头的螺旋面扣接，密封座内有密封橡胶圈

特点：实现螺旋式快速扣接、密封可靠

材质：①、③、④不锈钢
②橡胶

QJK型　(密封座活扣套式)

图 39-62　快速接头结构型式

3.7　取样冷却器

(1) 型号标记

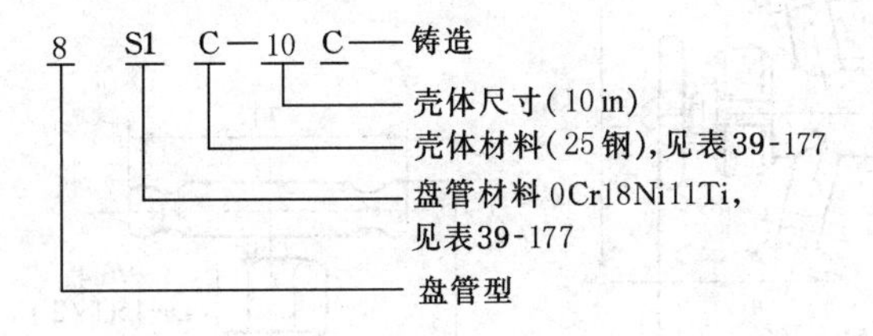

(2) 技术参数（表 39-176）

表 39-176　技术参数

介质温度/℃				工作压力/MPa	
冷却水入口	冷却水进口	物料入口	物料出口	壳程	管程
≤32	≤40	≤520	≤60	≤1.0	≤10.0

注：一般物料入口温度不大于 350℃；当物料凝固点较高时物料出口温度可不大于 90℃。温州四方化工机械厂生产。

(3) 材料（表 39-177）

(4) 外形结构（图 39-63）

(5) 取样冷却器规格参数（表 39-178）

表 39-177　取样冷却器材料

代号/壳体材料	代号/盘管材料	新材料代号
C/铸造(盘管20 钢,壳体 25 钢)	S1/0Cr18Ni11Ti(321)	Ⅵ
	S4/0Cr19Ni9(304)	Ⅳ
D/可锻铸铁	S6/0Cr17Ni12Mo2(316)	Ⅶ
	L4/00Cr19Ni11(304L)	Ⅴ
G/灰铸铁	L6/00Cr17Ni14Mo2(316L)	Ⅷ

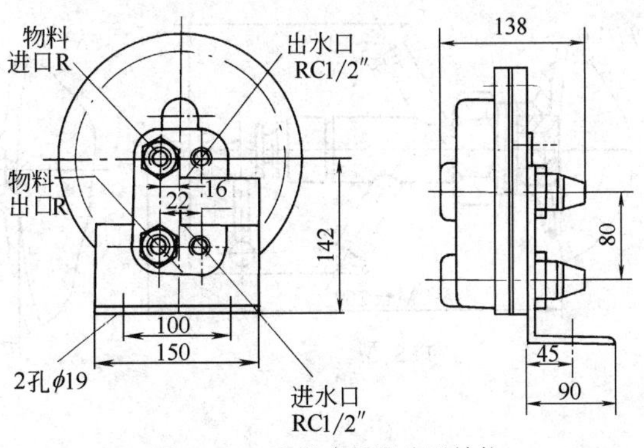

图 39-63　取样冷却器外形结构

表 39-178 取样冷却器规格参数

型号	材料		PN /MPa		传热面积 /m²	管程流通总截面积 /cm²	
	管程	壳程	管程	壳程		CS	SS
8CG-10C	20 钢	灰铸铁 GCi	10.0	1.0	0.22	1.01	0.57
8CD-10C	20 钢	可锻铸铁 MI		1.0			
8CC-10C	20 钢	铸钢 CAS		1.0			
8SiG-10C	0Cr18-Ni11Ti	灰铸铁 GCI		1.0			
8SID-10C	0Cr18-Ni11Ti	可锻铸铁 MI		1.0			
8SIC-10C	0Cr18-Ni11Ti	铸钢 CAS		1.0			
8S6G-10C	0Cr17-Ni12Mo2	灰铸铁 GCI		1.0			
8S6D-10C	0Cr17-Ni12Mo2	可锻铸铁 M.I		1.0			
8S6C-10C	0Cr17-Ni12Mo2	铸钢 CAS		1.0			

3.8 冲洗式液（气）体取样阀

(1) 液体取样阀型号标记

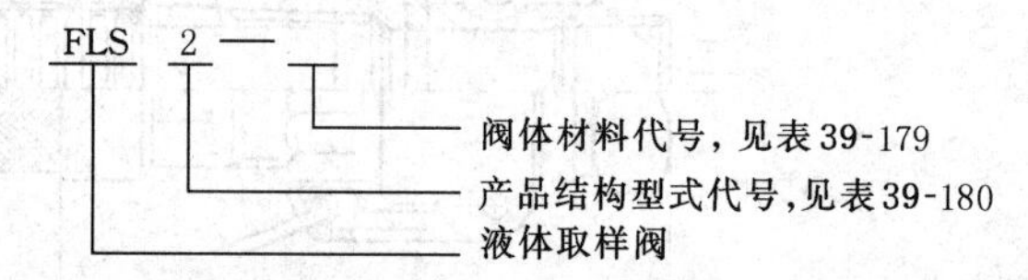

(2) 气体取样阀型号标记

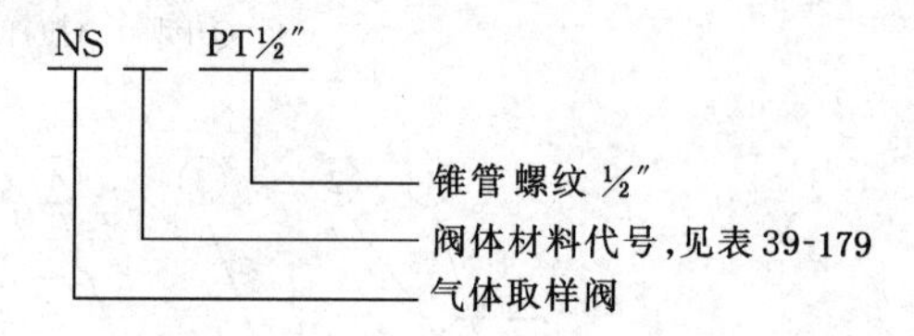

(3) 技术参数（表 39-180）

(4) 结构型式（图 39-64）

表 39-179 阀体材料和代号

代 号	阀 体 材 料
Ⅳ	0Cr19Ni9(304)
Ⅴ	00Cr19Ni11(304L)
Ⅶ	0Cr17Ni12Mo2(316)
Ⅷ	00Cr17Ni14Mo2(316L)

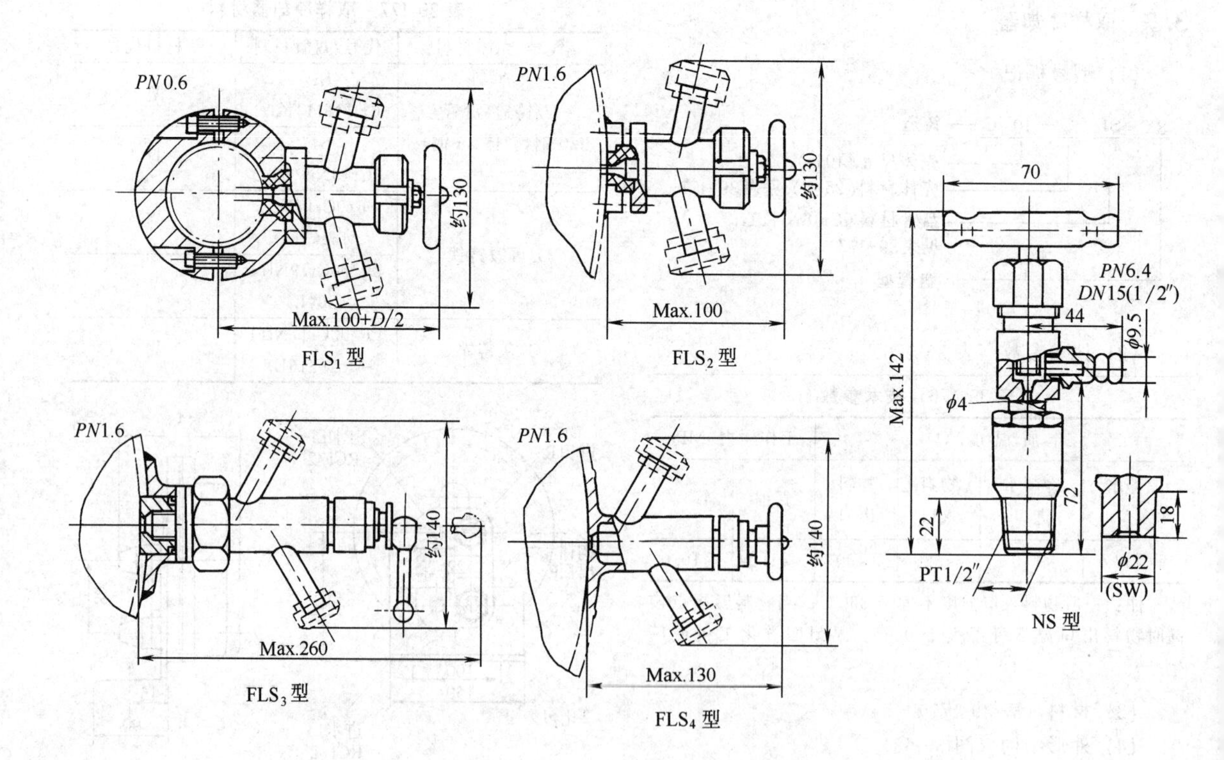

图 39-64 冲洗式液（气）体取样阀结构型式

表 39-180　技术参数

型号	结构代号	结构型式	公称压力/MPa	工作温度/℃	工作介质	适用管径/mm	管壁钻孔直径/mm
FLS	1	管卡型	≤0.6	≤180	无固体颗粒液体	DN20～50	ϕ8
	2	法兰型	≤1.6			DN≥100	
	3	鞍座型				DN≥100	ϕ30
	4	镶入型				DN≥200	ϕ81
NS		锥管螺纹用户自定	≤6.4	≤200	气体		根据螺纹定

注：生产厂为温州四方化工机械厂等。

3.9　排液放空闸阀

DV 型排液放空闸阀是参照美国 API 602 标准中 800lb 级设计制造的。该阀是管道的高点放空和低点排液的专用阀门。该阀进口端为承插焊连接（也可改为锥管螺纹连接），出口端为螺纹连接并配以实心丝堵。该阀具有结构紧凑、外形小、密封性能好等特点。

（1）型号标记

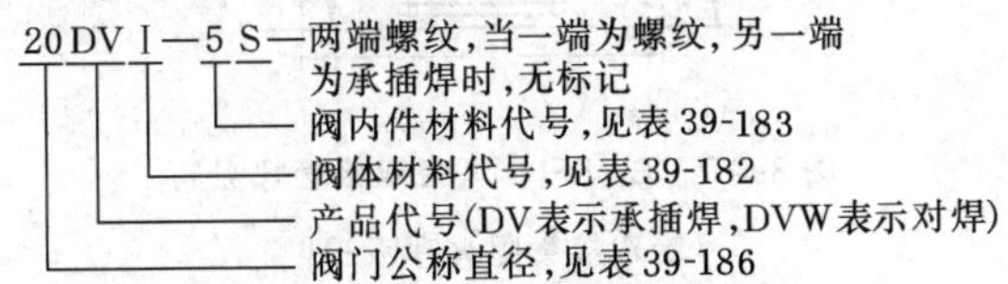

（2）技术参数（表 39-181～表 39-183）

表 39-181　技术参数（一）

主体材料	碳钢、低合金钢	耐热合金钢	不锈钢
公称压力/MPa	≤10.0		
工作温度/℃	400	530	540
公称直径/mm	15、20、25		
适用介质	油品、水、蒸汽		腐蚀性流体

表 39-182　技术参数（二）

阀体材料/代号	阀体材料/代号
20 钢/Ⅰ	1Cr 5Mo/Ⅰ-6
16Mn/Ⅰ-1	0Cr 19Ni9(304)/Ⅳ
16Mo/Ⅰ-2	00Cr19Ni11(304L)/Ⅴ
12CrMo/Ⅰ-3	0Cr17Ni12Mo2(316)/Ⅶ
15CrMo/Ⅰ-4	00Cr17Ni14Mo2(316L)/Ⅷ
12Cr1MoV/Ⅰ-5	

表 39-183　技术参数（三）

内件代号/内件材料	内件代号/内件材料
1/碳钢＋Cr13	4/304
2/碳钢＋304	5/同阀体材料
3/Cr13	9/同阀体材料堆焊硬质合金

（3）DVW 型与 DV 型规格尺寸（图 39-65 和表 39-184）

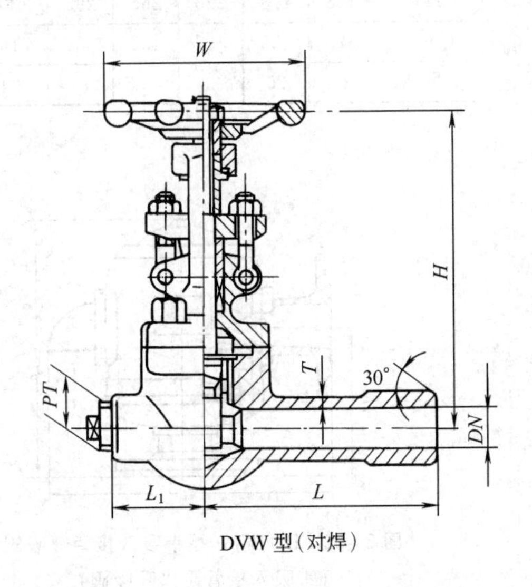

DVW 型（对焊）

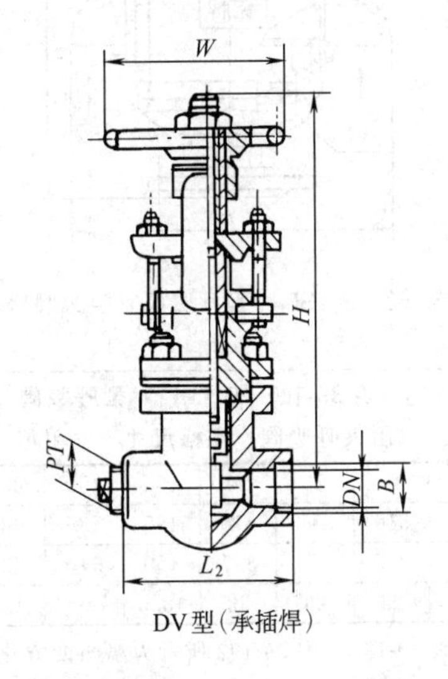

DV 型（承插焊）

图 39-65　排液放空闸阀结构

表 39-184　规格尺寸　单位：mm

DN	PT	W	H	L	L_1	L_2	T	B	质量/kg	
									DVW 型	DV 型
15	1/2″	100	173	120	46	82	3	22.3	4.3	2.9
20	3/4″	100	175	120	46	88	3	27.7	5.1	3.2
25	1″	120	178	120	46	114	3	34.5	5.9	3.6
40	1½″	145	282	150	65	142	4	49.2	10.7	5.7
50	2″	185	318	150	70	152	5	61.5	13.9	6.4

注：本产品由温州四方化工机械厂生产。

3.10　呼吸阀、阻火呼吸阀

根据（GB 50160—2008）石油化工企业设计防火规范的规定，甲、乙类液体的固定顶罐，应设置阻火器和呼吸阀。这不仅可使罐内压力保持正常状态，防止罐内超压或超真空度，且可减少罐内液体挥发损耗，是不可缺少的安全设施。

（1）性能参数（表 39-185）

表 39-185　性能参数

工作压力（表）/Pa	呼出压力　B. +980(+100mmH_2O) C. +1750(+178.5mmH_2O) 吸入压力　B. −295(−30mmH_2O) C. −295(−30mmH_2O)
环境温度/℃	−30～60

注：工作压力也可由客户指定。

（2）外形和结构尺寸（表 39-186～表 39-192，图 39-66～图 39-75）

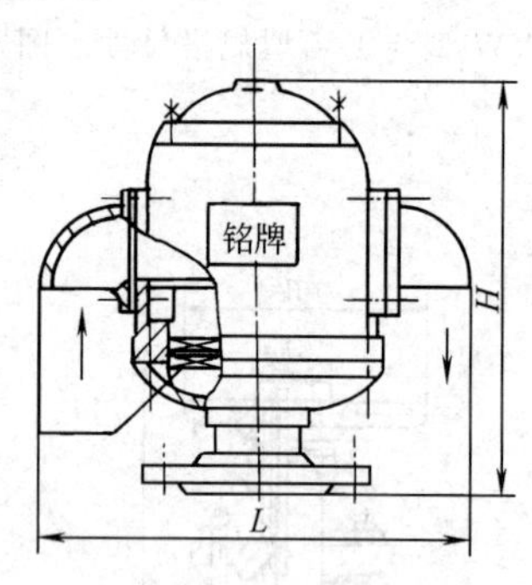

图 39-66　$B_1(BF_1)$ 型呼吸阀（阻火呼吸阀）

表 39-186　$B_1(BF_1)$ 型呼吸阀（阻火呼吸阀）规格尺寸　单位：mm

DN	40	50	80	100	150	200	250
H	310	310	410	485	585	680	835
L	275	275	397	450	640	835	1060
质量/kg	22	24	32	43.5	70	120	183

注：表 39-186～表 39-192 所示为温州四方化工机械厂产品示例。

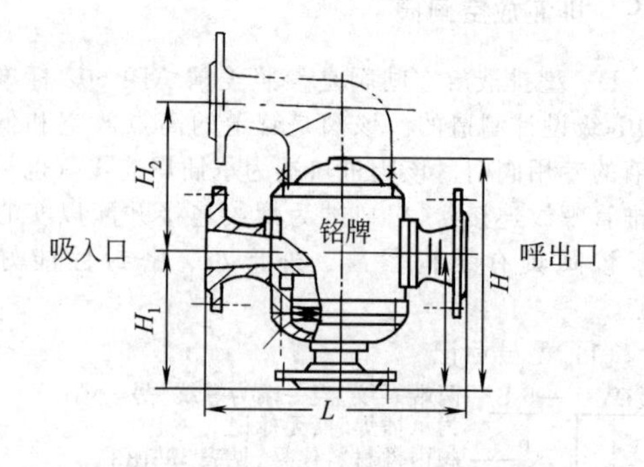

图 39-67　$B_4(BF_4)$ 型带双接管呼吸阀（带双接管阻火呼吸阀）

表 39-187　$B_4(BF_4)$ 型带双接管呼吸阀（带双接管阻火呼吸阀）规格尺寸

单位：mm

DN	40	50	80	100	150	200	250
H_2	175	220	250	280	345	420	480
H	310	310	410	485	585	680	835
H_1	178	178	220	265	295	320	405
L	325	325	397	435	584	715	860
质量/kg	23	25	33	44.5	74	124	185

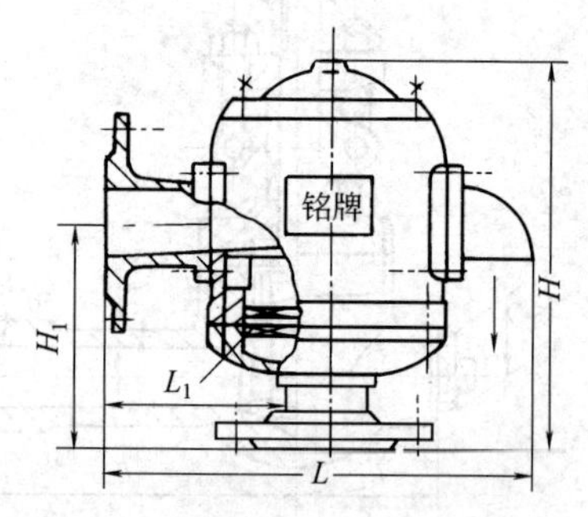

图 39-68　$B_2(BF_2)$ 型带吸入接管呼吸阀（带吸入接管阻火呼吸阀）

表 39-188　B_2（BF_2）型带吸入接管呼吸阀（带吸入接管阻火呼吸阀）规格尺寸

单位：mm

DN	40	50	80	100	150	200	250
H	310	310	410	485	585	680	835
H_1	178	178	220	265	295	320	405
L	300	300	397	443	612	775	960
L_1	162	162	198	218	292	358	430
质量/kg	22.5	24.5	32.5	44	72	122	184

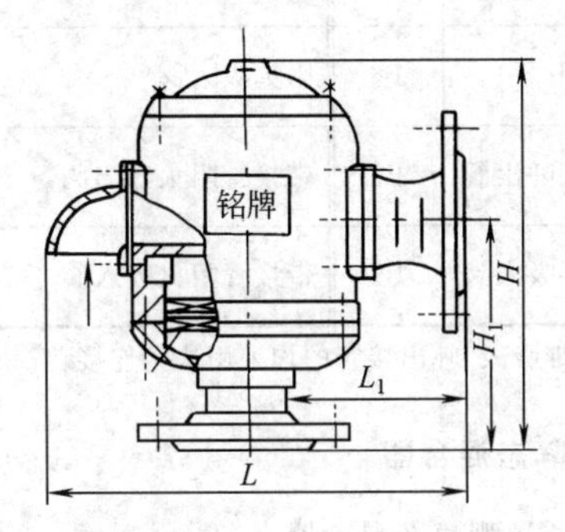

图 39-69　B_3(BF_3) 型带呼出接管呼吸阀（带接管阻火呼吸阀）

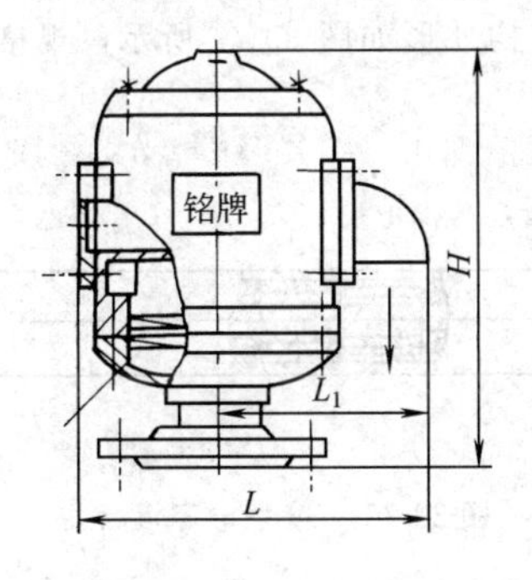

图 39-70　B_5(BF_5) 型呼出阀（阻火呼出阀）

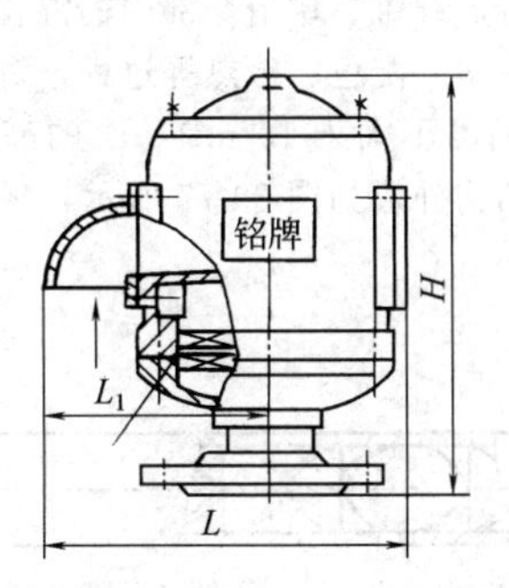

图 39-71　B_6(BF_6) 型吸入阀（阻火吸入阀）

表 39-189　B_6（BF_6）型吸入阀（阻火吸入阀）规格尺寸　单位：mm

DN	40	50	80	100	150	200	250
H	310	310	410	485	585	680	885
L	240	240	330	367	540	700	880
L_1	138	138	200	225	320	418	530
质量/kg	22	23	30	41.5	68	118	179

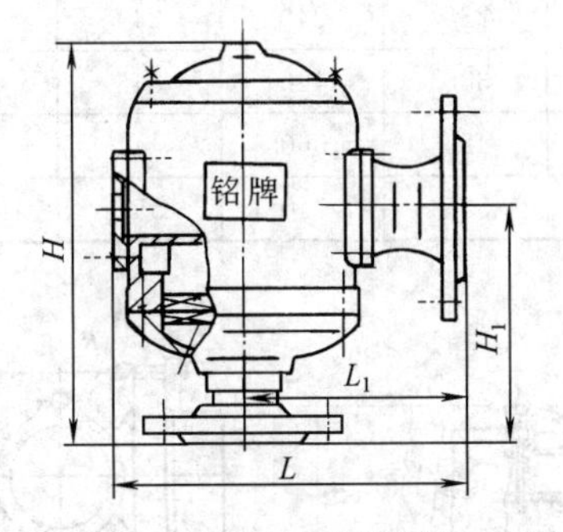

图 39-72　B_7(BF_7) 型带接管呼出阀（带接管阻火呼出阀）

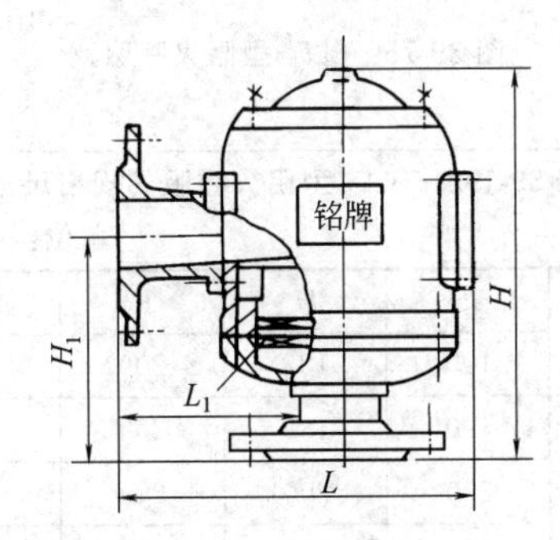

图 39-73　B_8(BF_8) 型带接管吸入阀（带接管阻火吸入阀）

表 39-190　B_8（BF_8）型带接管吸入阀（带接管阻火吸入阀）规格尺寸　单位：mm

DN	40	50	80	100	150	200	250
H	310	310	410	485	585	680	885
H_1	178	178	220	265	295	320	405
L	263	263	330	370	508	640	780
L_1	163	163	200	218	292	358	430
质量/kg	22.5	23.5	30.5	42	70	128	180

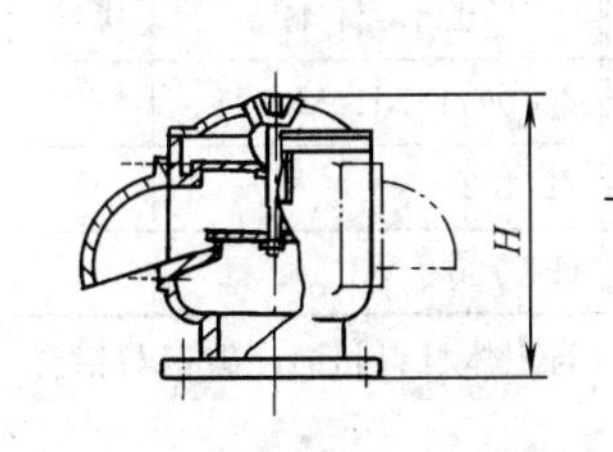

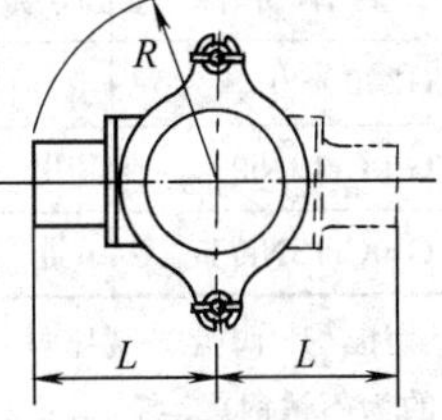

图 39-74　BL_1 型呼吸阀

表 39-191 BL_1 型呼吸阀规格尺寸

单位：mm

DN	*L*	*H*	*R*	质量/kg
40	162	185	166	20
50	162	185	166	22
80	203	200	210	29
100	235	240	244	39
150	330	460	343	63
200	425	560	444	108
250	535	740	557	165

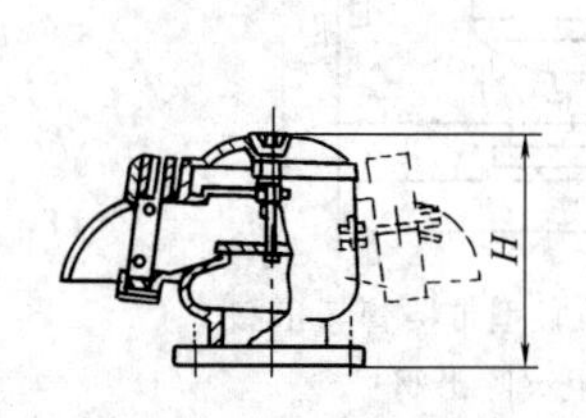

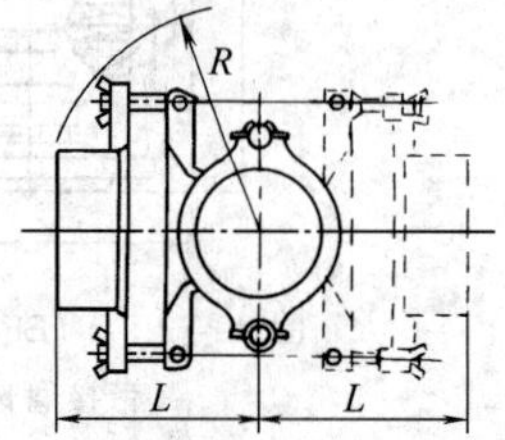

图 39-75 BLF_1 型阻火呼吸阀

表 39-192 BLF_1 型阻火呼吸阀规格尺寸

单位：mm

DN	*L*	*H*	*R*	质量/kg
40	190	185	200	24
50	190	185	200	26
80	220	200	240	35
100	235	240	290	48
150	410	460	450	77
200	460	560	505	132
250	590	740	690	201

(3) 型号标记示例

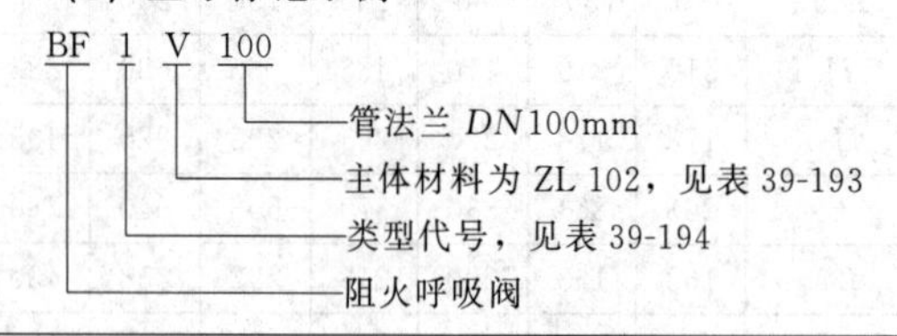

表 39-193 主体材料

主体材料	代号	主体材料	代号
ZG200-400	Ⅰ	ZG 0Cr18Ni12Mo2Ti	Ⅳ
ZG 0Cr18Ni9	Ⅱ	ZL 102	Ⅴ
ZG 0Cr18Ni9Ti	Ⅲ	HT 150	Ⅵ

注：1. 阀盘、阀座材料与主体材料相同（碳钢与铝合金的为不锈钢）。

2. 阀密封件为聚四氟乙烯。

表 39-194 类型代号

类型	代号	类型	代号
呼吸阀	B1 (BL1)	阻火呼吸阀	BF1 (BLF1)
带吸入接管呼吸阀	B2	带吸入接管阻火呼吸阀	BF2
带呼出接管呼吸阀	B3	带呼出接管阻火呼吸阀	BF3
带双接管呼吸阀	B4	带双接管阻火呼吸阀	BF4
呼出阀	B5	阻火呼出阀	BF5
吸入阀	B6	阻火吸入阀	BF6
带接管呼出阀	B7	带接管阻火呼出阀	BF7
带接管吸入阀	B8	带接管阻火吸入阀	BF8

注：带吸入/呼出接管的均采用法兰连接。

3.11 静态混合器

(1) SV 型静态混合器

适用于黏度不大于 10^2mPa·s 的液液、液气、气气的混合、乳化、反应、吸收、萃取、强化传热等过程，其结构外形如图 39-76 所示，规格尺寸见表 39-195。

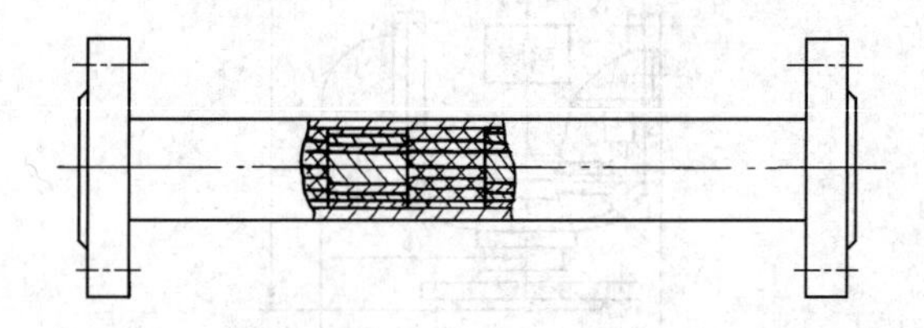

图 39-76 SV 型静态混合器

(2) SK 型静态混合器

适用于化工、石油、制药、食品、精细化工、塑料、环保、合成纤维、矿冶等部门的混合、反应、萃取、吸收、注塑、配色、传热等过程，对较小流量并伴有杂质或黏度不大于 10^6mPa·s 的高黏性介质尤为适用。其结构外形如图 39-77 所示，规格尺寸见表 39-196。

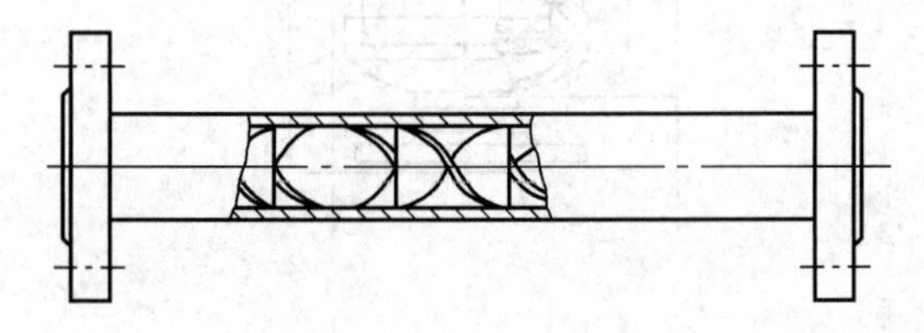

图 39-77 SK 型静态混合器

表 39-195　SV 型静态混合器规格尺寸

单位：mm

型　号	DN	d_h	Q/(m³/h)	型　号	DN	d_h	Q/(m³/h)
SV-2.3/20	20	2.3	0.5～1.2	SV-5-20/200	200	5～20	56～110
SV-2.3/25	25	2.3	0.9～1.8	SV-5-20/250	250	5～20	88～176
SV-3.5/32	32	3.5	1.4～2.9	SV-5-30/300	300	5～30	125～250
SV-3.5/40	40	3.5	2.2～4.5	SV-7-30/350	350	7～30	173～346
SV-3.5/50	50	3.5	3.5～7	SV-7-30/400	400	7～30	226～452
SV-3.5/65	65	3.5	5～12	SV-7-30/450	450	7～30	286～572
SV-5/80	80	5	9～18	SV-7-30/500	500	7～30	353～706
SV-5/100	100	5	14～28	SV-7-30/600	600	7～30	505～1010
SV-5-7/125	125	5～7	24～34	SV-7-30/1000	1000	7～30	1413～2826
SV-5-7/150	150	5～7	30～60	SV-15-30/1200	1200	15～30	1630～3260

注：d_h表示水力直径；Q 表示流量，下同。

表 39-196　SK 型静态混合器规格尺寸

单位：mm

型　号	DN	d_h	Q/(m³/h)	型　号	DN	d_h	Q/(m³/h)
SK-5/10	10	5	0.15～0.3	SK-50/100	100	50	14～28
SK-7.5/15	15	7.5	0.3～0.6	SK-62.5/125	125	62.5	22～44
SK-10/20	20	10	0.6～1.2	SK-75/150	150	75	31～64
SK-12.5/25	25	12.5	0.9～1.8	SK-100/200	200	100	56～110
SK-16/32	32	16	1.4～3.2	SK-125/250	250	125	88～177
SK-20/40	40	20	2.2～4.5	SK-150/300	300	150	127～255
SK-25/50	50	25	3.5～7.0	SK-175/350	350	175	173～346
SK-32.5/65	65	32.5	5.9～12	SK-200/400	400	200	226～452
SK-40/80	80	40	9～18	SK-250/500	500	250	353～706

(3) SX 型静态混合器

适用于黏度不大于 10^4 mPa·s 的中高黏度液液反应、混合、吸收过程或生产高聚物流体的混合、反应过程，处理量较大时使用效果更佳。其结构外形如图 39-78 所示，规格尺寸见表 39-197。

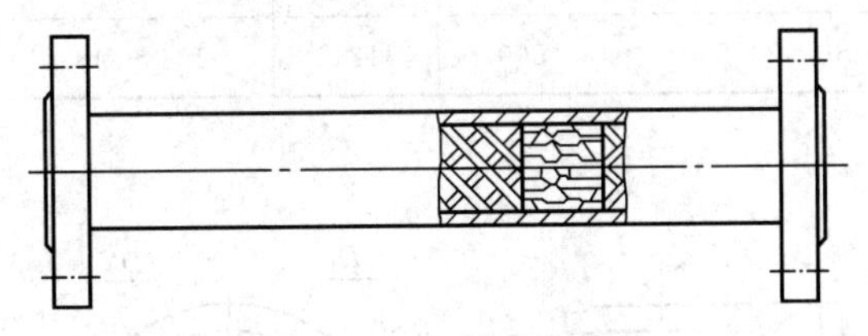

图 39-78　SX 型静态混合器

(4) SL 型静态混合器

适用于化工、石油、油脂等行业，黏度不大于 10^6 mPa·s或伴有高聚物介质的混合，同时进行传热、混合和传热反应的热交换器，加热或冷却黏性产品等单元操作。其结构外形如图39-79所示，规格尺寸见表 39-198。

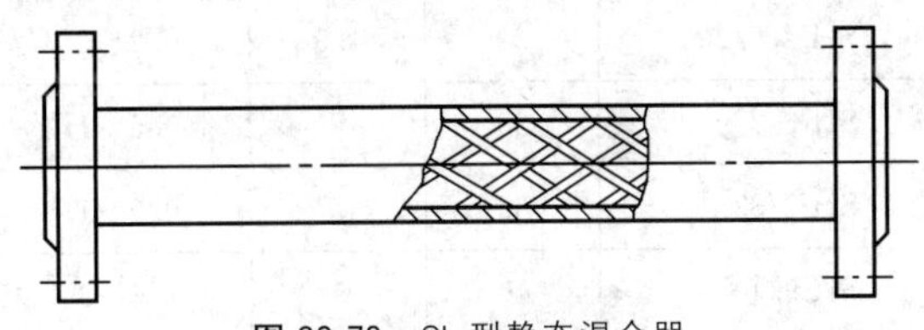

图 39-79　SL 型静态混合器

(5) SH 型静态混合器

适用于精细加工、塑料、合成纤维、矿冶等部门的混合、乳化、配色、注塑纺丝、传热等过程，对流量小、混合要求高、黏度不大于 10^6 mPa·s 的清洁介质尤为适合。其结构外形如图 39-80 所示，规格尺寸见表 39-199。

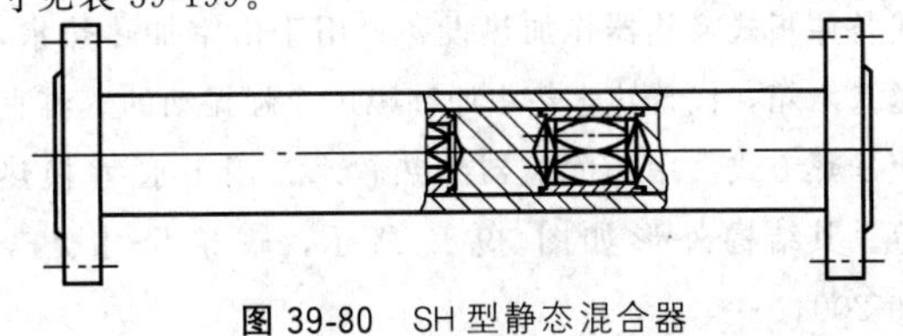

图 39-80　SH 型静态混合器

表 39-197 SX 型静态混合器规格尺寸 单位：mm

型号	DN	d_h	$Q/(m^3/h)$	型号	DN	d_h	$Q/(m^3/h)$
SX-12.5/50	50	12.5	3.5～7.0	SX-50/200	200	50	56～110
SX-16.25/65	65	16.25	6～12	SX-62.5/250	250	62.5	88～176
SX-20/80	80	20	9～18	SX-75/300	300	75	125～250
SX-25/100	100	25	14～28	SX-87.5/350	350	87.5	173～346
SX-31.25/125	125	31.25	22～44	SX-100/400	400	100	226～452
SX-37.5/150	150	37.5	30～60	SX-125/500	500	125	353～706

表 39-198 SL 型静态混合器规格尺寸 单位：mm

型号	DN	d_h	$Q/(m^3/h)$	型号	DN	d_h	$Q/(m^3/h)$
SL-12.5/25	25	12.5	0.7～1.4	SL-100/200	200	100	56～110
SL-16/32	32	16	1.4～2.9	SL-125/250	250	125	88～176
SL-20/40	40	20	2.3～4.6	SL-150/300	300	150	127～255
SL-25/50	50	25	3.5～7	SL-175/350	350	175	173～346
SL-40/80	80	40	9～18	SL-200/400	400	200	226～452
SL-50/100	100	50	14～28	SL-250/500	500	250	353～706
SL-75/150	150	75	32～64	SL-300/600	600	300	410～814

表 39-199 SH 型静态混合器规格尺寸 单位：mm

型号	DN	d_h	$Q/(m^3/h)$	型号	DN	d_h	$Q/(m^3/h)$
SH-3/15	15	3	0.1～0.2	SH-19/80	80	19	4.0～8.0
SH-4.5/20	20	4.5	0.2～0.4	SH-24/100	100	24	6.5～13.0
SH-5/25	25	5	0.5～1.1	SH-36/150	150	36	31～63
SH-7/32	32	7	0.9～1.8	SH-49/200	200	49	54～108
SH-9/40	40	9	1.6～3.2	SH-74/300	300	74	124～248
SH-12/50	50	12	2.3～4.6	SH-124/500	500	124	174～348

注：两端法兰尺寸按产品公称直径放大一挡。

3.12 SQS 系列汽水混合器

SQS 系列汽水混合器用于热水采暖系统中，代替原板式换热器作加热设备；用于浴室加热热水，送入水箱，代替热水箱中原高噪声、强振动的蒸汽直接加热方式；用于除氧器预热软水；用于水-水换热等。其结构外形如图 39-81 所示，规格尺寸见表 39-200。

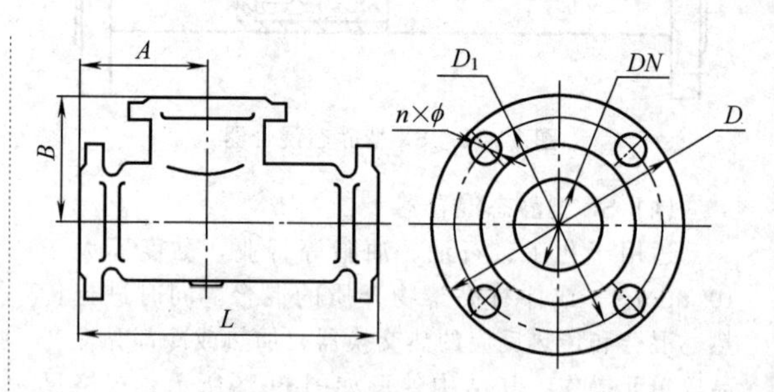

图 39-81 SQS 系列汽水混合器

表 39-200　SQS 系列汽水混合器规格尺寸　单位：mm

规格尺寸		SQS-4	SQS-6	SQS-8	SQS-10	SQS-12	SQS-16	SQS-20	SQS-24	SQS-24	SQS-32	SQS-40	SQS-48
安装尺寸	A	105		130			220			450			
	B	105		130			170			300			
	L	240		360			660			1200			
水侧连接法兰	DN	30		50			100			200			
	D_1	110		145			210			350			
	D	145		180			245			405			
	$n\times\phi$	4×18		4×18			8×18			12×22			
汽侧连接法兰	DN	40		65			125			250			
	D_1	110		145			210			350			
	D	145		180			245			405			
	$n\times\phi$	4×18		4×18			8×18			12×22			

3.13　疏水阀

3.13.1　疏水阀的选用原则

① 一般在选用时，首先要根据使用条件（凝结水量、蒸汽温度和最低压力、设备所需温度、凝结水回收系统的最高压力）和安装位置，参照各种疏水阀的技术性能，根据疏水阀前后的工作压差和凝结水量，选用最为适宜的疏水阀型号，最好选择有调节排水温度的疏水阀和有利于冷凝水回收或可蒸汽二次利用的疏水阀。

② 各种疏水阀都具有一定的技术性能和最适宜的工作范围，要根据使用条件进行选择，不能单纯地从最大排水量的观点去选用，更不应只根据凝结水管径的大小去套用疏水阀。

③ 应选择优质节能的疏水阀，其使用寿命不小于 8000h，漏汽率不大于 3%。

④ 在凝结水一经形成后，必须立即排除的情况下，不宜选用脉冲式或波纹管式疏水阀（因两者均要求一定的过冷度，17～5℃），而应选用可调恒温疏水阀或浮球式疏水阀。

⑤ 在凝结水负荷变动到低于额定最大排水量的15%时，不应选用脉冲式疏水阀，因它在低负荷下，将引起部分新鲜蒸汽的泄漏损失。

⑥ 间歇工作的室内蒸汽加热设备或管道，可选用机械型疏水阀，但在寒冷地区不宜室外使用，否则应有防冻措施。

⑦ 疏水阀的选型要结合安装位置考虑。

a. 当安装位置低于加热设备时（图39-82），可选任何型式的疏水阀。

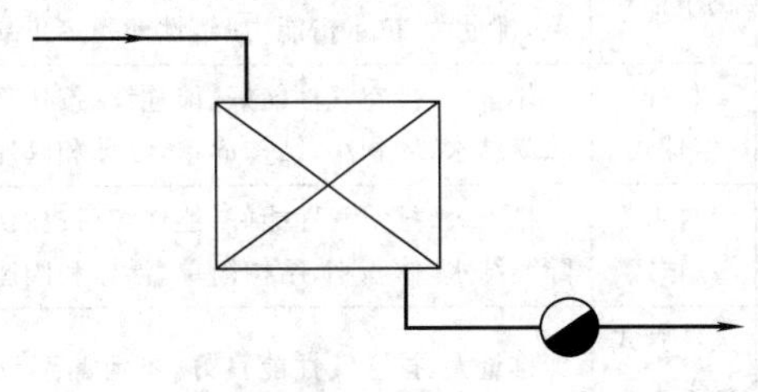

图 39-82　安装位置（一）

b. 当安装位置高于加热设备时（图39-83），不可选用浮筒式，可选双金属式疏水阀。

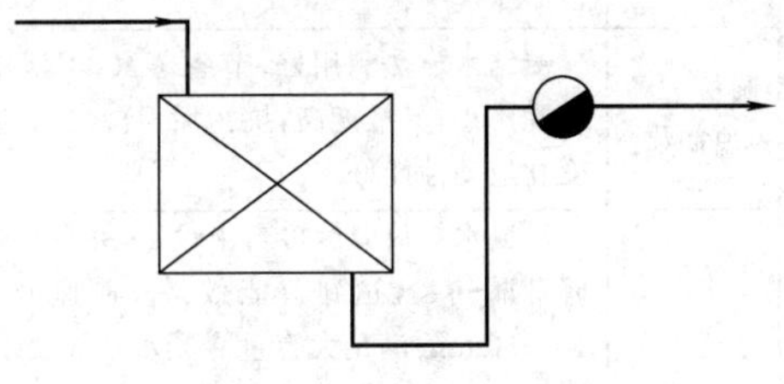

图 39-83　安装位置（二）

c. 当安装位置与加热设备基本一致时（图39-84），可选用浮筒式、热动力式和可调恒温疏水阀。

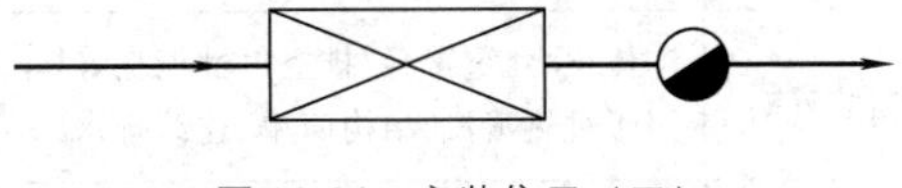

图 39-84　安装位置（三）

⑧ 当疏出的凝结水管道位置高于加热设备时（图 39-85），应选背压率高的疏水阀，如自由浮球、可调恒温疏水阀。

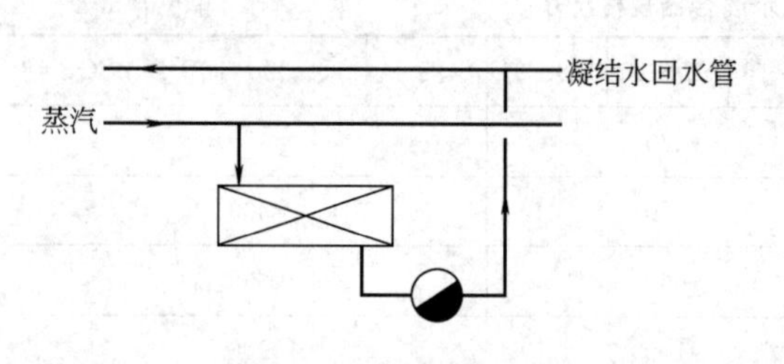

图 39-85 安装位置（四）

3.13.2 疏水阀的类型和工作原理（表 39-201）

3.13.3 疏水阀的主要特征（表 39-202）

表 39-201 疏水阀的类型和工作原理

类型		工作原理
机械型	浮桶式	蒸汽和凝结水的密度差
	倒吊桶式	
	杠杆浮球式	
	自由浮球式	
热静力型	波纹管式	蒸汽和凝结水的温度差
	圆板双金属式	
	圆板式金属温调式	
	可调恒温式	
热动力型	孔板式	蒸汽和凝结水的热力学特性
	圆盘式	

表 39-202 疏水阀的主要特征

型式		优点	缺点
机械型	浮桶式	动作准确、排放量大、不泄漏蒸汽、抗水击能力强	排除空气能力差，体积大，有冻结的可能，疏水阀内的蒸汽层有热量损失
	倒吊桶式	排除空气能力强，没有空气气堵和蒸汽汽锁现象，排量大，抗水击能力强，性能稳定可靠	体积大，有冻结的可能，动作迟缓
	杠杆浮球式	排量大，排空气性能好，能连续（按比例动作）排除凝结水，体积小，结构简单，浮球和阀座易互换	体积大，抗水击能力差，疏水阀内蒸汽层有热损失，排除凝结水时有蒸汽卷入
	自由浮球式	排量大，排空气性能好，能连续（按比例动作）排除凝结水，体积小，结构简单，浮球和阀座易互换	抗水击能力比较差，疏水阀内蒸汽有热损失，排除凝结水时有蒸汽卷入，动作迟缓
热静力型	波纹管式（蒸汽压力式）	排量大，排空气性能良好，不泄漏蒸汽，不会冻结，可控制凝结水温度，结构简单，体积小	反应迟钝，不能适应负荷的突变及蒸汽压力的变化，不能用于过热蒸汽，抗水击能力差，只适用于低压的场合
	圆板双金属式	排量大，排空气性能良好，不会冻结，不泄漏蒸汽，动作噪声小，无阀瓣堵塞事故，抗水击能力强，可利用凝结水的显热	很难适合负荷的急剧变化，不适应蒸汽压力变动大的场合，在使用中双金属的特性有变化
	圆板金属温调式	凝结水显热利用好，节省蒸汽，不泄漏蒸汽，动作噪声小，灵敏度高，抗污垢，抗水击，随蒸汽压力变化应动性能好	不适用于大排量
	可调恒温式	冷凝水排放温度可自由设定，并自动保持恒定，降低漏气率，达到节能效果。阀座孔径尺寸为10～80mm，满足大容量冷凝水排放要求 及时排放冷凝水、冷热空气、二氧化碳等气体，提高传热率，保障系统安全。感温元件工作温度为－50～450℃，具有防冻、过热自保功能 排放冷凝水不受压力控制，排水量大小不受背压影响，有利于系统冷凝水回收	不能自动控制高于200℃饱和温度的冷凝水，压力大于15.0MPa的场合的使用尚待开发
热动力型	孔板式	体积小，重量轻，排空气性能良好，不易冻结，可用于过热蒸汽，结构简单、连续排水	不适用于大排量，泄漏蒸汽，易有故障，背压允许度低（背压限制在30%）
	圆盘式	结构简单，体积小，重量轻，不易冻结，维修简单，可用于过热蒸汽，安装角度自由，抗水击能力强，可排饱和温度的凝结水	空气流入后不能动作，空气气堵多，动作噪声大，背压允许度低（背压限制在50%），不能在低压（0.03MPa以下）使用，阀片有空打现象，蒸汽层放热有热损失，蒸汽有泄漏，不适用于大排量

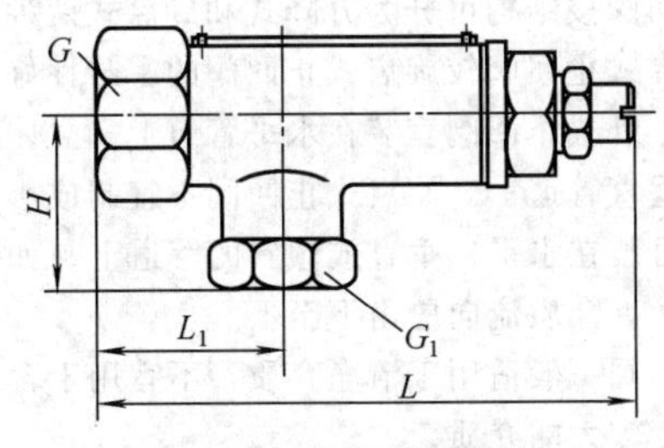

图 39-86　螺纹连接疏水阀

表 39-203　ST 角式螺纹连接疏水阀

型　号	公称直径 DN/mm	公称压力 PN/MPa	管螺纹/in		外形尺寸/mm		
			G	G_1	L	L_1	H
ST16-15	15		$\frac{1}{2}$		130	47	41
ST16-20	20	16	$\frac{3}{4}$	$\frac{1}{2}$	130	47	41
ST16-25	25		1		140	52	41
ST10-40	40	10	$1\frac{1}{2}$	$\frac{3}{4}$	145	55	47
ST10-50	50		2		145	55	47

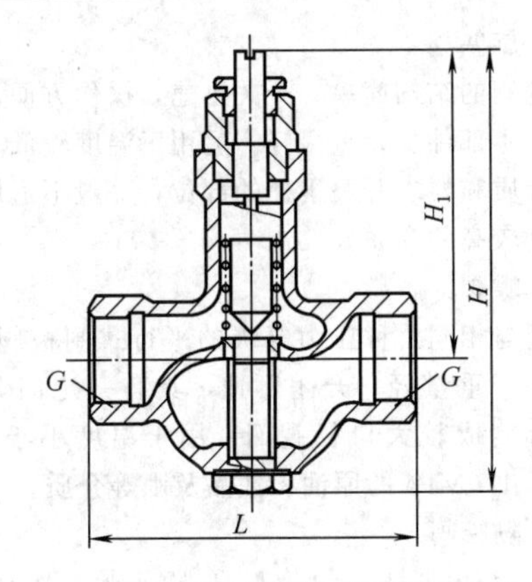

图 39-87　承插连接疏水阀

表 39-204　STB 螺纹/STE 承插焊连接疏水阀

公称直径 DN/mm	公称压力 PN/MPa	管螺纹 G/in	外形尺寸/mm		
			L	H_1	H
15	10（STB/STE） 16（STB/STE） 25（STB/STE） 40（STE） 64（STE）	$\frac{1}{2}$	90	38	116
20		$\frac{3}{4}$	100	45	116
25		1	120	50	116
32		$1\frac{1}{4}$	130	45	120
40		$1\frac{1}{2}$	140	48	126
50		2	160	65	130

ST 系列可调恒温疏水阀的阀体内装有滑动感温元件（阀瓣），感温元件内装有感温混合物，在设定的排水温度以下为固态，这时疏水阀的开度最大，可使空气和冷凝水迅速排出，随着温度的升高，感温混合物由固态变为液态，产生了巨大的膨胀力，通过弹性密封件推动顶杆，使阀门关闭，使蒸汽不得逸出，当冷凝水温度降低后，感温物质冷凝，阀门又打开。

排水温度分为三组：A 组为 65～100℃，可供采暖、传热系统使用；B 组为 95～135℃、C 组为130～165℃，可供各种换热设备选用。使用压力为 0.01～15.0MPa，使用温度为－45～450℃。阀座孔径 ϕ10～80mm，故排量大。水流流向是低进高出，其优点是不受背压影响，水可排净。可自由安装（水平或垂直），故使用范围比同类产品广泛。

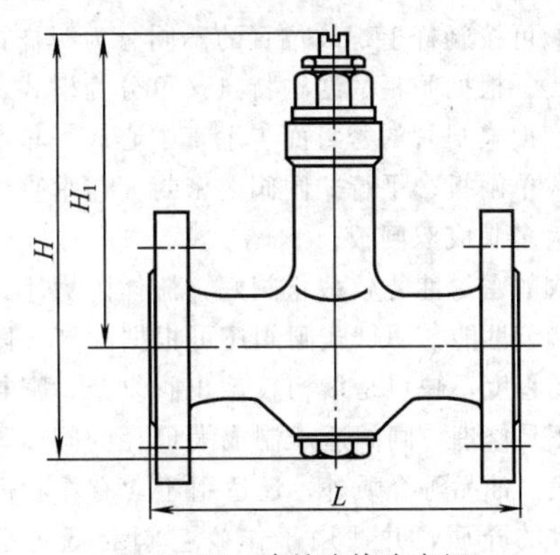

图 39-88　法兰连接疏水阀

表 39-205　STC 法兰连接疏水阀

公称直径 DN /mm	公称压力 PN/MPa	外形尺寸/mm			
		L		H_1	H
		GB	ANSI 美标		
15	10 16 25 40 64	150	165	125	170
20		150	190	125	175
25		160	216	130	180
32		230	229	132	190
40		230	241	135	200
50		230	292	140	215
65		245	330	238	280
80		260	356	238	325
100		310	406	250	350

该产品的另一特点是：能做到不添任何设备、不费任何能源就可将不同压力的加热设备上所产生的冷凝水集中回收，以满足回收冷凝液的要求。

由于体积小，结构简单合理，不易损坏，可稳定运行两年以上，可充分利用蒸汽的显热和潜热来排放冷凝水，在排放过程中无噪声，不漏汽，而且是恒定、及时、连续地排放，故节能效果十分明显。

可调恒温疏水阀的外形尺寸见表39-203～表39-205和图39-86～图39-88。

4 阀门

4.1 常用阀门的选用说明

(1) 闸阀

闸阀可按阀杆上螺纹位置的不同分为明杆式和暗杆式两类。根据闸板的结构特点又可分为楔式、平行式两类。楔式闸阀的密封面与垂直中心成一角度，并大多制成单闸板；平行式闸阀的密封面与垂直中心平行，并大多制成双闸板。

闸阀的密封性能较截止阀好，流体阻力小。具有一定的调节性能，明杆式闸阀还可根据阀杆升降高低调节启闭程度，缺点是结构较截止阀复杂，密封面易磨损，不易修理。闸阀适于制成大口径的阀门，除适用于蒸汽、油品等介质外，还适用于含有粒状固体及黏度较大的介质，并适用于作放空阀和低真空系统阀门。

弹性闸阀不易在受热后被卡住，适用于蒸汽、高温油品、油气等介质，以及开关频繁的部位，不宜用于易结焦的介质。楔式单闸板闸阀较弹性闸阀结构简单，在较高温度下密封性能不如弹性闸阀或双闸板闸阀好，适用于易结焦的高温介质。

楔式闸阀中的双闸板式闸阀密封性好，密封面磨损后易修理，其零部件比其他型式多。适用于蒸汽、油品和对密封面磨损较大的介质，或开关频繁部位，不宜用于易结焦的介质。

(2) 截止阀

截止阀与闸阀相比，其调节性能好，密封性能差，结构简单，制造维修方便，流体阻力较大。适用于蒸汽等介质，不宜用于黏度大、含有颗粒易沉淀的介质，也不宜作放空阀及低真空系统的阀门。

(3) 节流阀

节流阀的外形尺寸小、重量轻，调节性能较盘形截止阀和针形阀好，但调节精度不高，由于流速较大，易冲蚀密封面。适用于温度较低、压力较高的介质，以及需要调节流量和压力的部位，不适用于黏度大和含有固体颗粒的介质。不宜作隔断阀。

(4) 止回阀

止回阀按结构可分为升降式和旋启式两种。

升降式止回阀较旋启式止回阀的密封性好，流体阻力大。卧式止回阀宜装在水平管道上。立体止回阀应装在垂直管道上。旋启式止回阀不宜制成小口径阀门。它可装在水平、垂直或倾斜的管道上。如装在垂直管道上，介质流向应由下至上。

止回阀一般适用于清净介质，不宜用于含固体颗粒和黏度较大的介质。

(5) 球阀

球阀的结构简单、开关迅速、操作方便、体积小、重量轻、零部件少、流体阻力小，结构比闸阀、截止阀简单，密封面比旋塞阀易加工且不易擦伤。适用于低温、高压及黏度大的介质，不能作调节流量用。

(6) 柱塞阀

柱塞与密封圈间采用过盈配合，通过调节阀盖上连接螺栓的压紧力，使密封圈被压缩，内圈紧包柱塞，外圈紧贴阀腔内壁，这样在密封圈上所产生的径向分力将大于流体的压力，从而保证了密封性，杜绝了外泄漏。柱塞阀是国际上近代发展的新颖结构阀门，具有结构紧凑、启闭灵活、寿命长、维修方便等特点。

(7) 旋塞阀

旋塞阀的结构简单，开关迅速，操作方便，流体阻力小，零部件少，重量轻。适用于温度较低、黏度较大的介质和要求开关迅速的部位，一般不适用于蒸汽和温度较高的介质。

(8) 蝶阀

蝶阀与相同公称压力等级的平行式闸板阀比较，其尺寸小、重量轻、开闭迅速，具有一定的调节性能，适合制成较大口径阀门，用于温度小于80℃、压力小于1.0MPa的原油、油品及水等介质。

(9) 隔膜阀

阀的启闭件是一块橡胶隔膜，夹于阀体与阀盖之间。隔膜中间突出部分固定在阀杆上，阀体内衬有橡胶，由于介质不进入阀盖内腔，因此无需填料箱。

隔膜阀结构简单，密封性能好，便于维修，流体阻力小，适用于温度小于200℃、压力小于1.0MPa的油品、水、酸性介质和含悬浮物的介质，不适用于有机溶剂和强氧化剂的介质。

4.2 阀门结构长度

GB/T 12221—2005 规定了法兰连接金属阀门（直通式和角式）的结构长度。本标准适用于公称压力 $PN0.1$～16MPa，公称通径 $DN10$～3000mm 的闸阀、截止阀、球阀、蝶阀、旋塞阀、隔膜阀、止回阀的结构长度。

表 39-206 结构长度基本系列

单位：mm

公称直径 DN	基本系列代号																								
	1	2	3	4	5	6	7	8[①]	9[①]	10	11[①]	12	13	14	15	16	17	18	19	20	21	22	23	24[①]	25
	结构长度																								
10	130	210	102	—	—		108	85	105	—	—	130						80			—		—	—	
15	130	210	108	140	165		108	90	105	108	57	130			—			80			152		170	83	
20	150	230	117	152	190		117	95	115	117	64	130	—	—		—		90	—	—	178	—	190	95	
25	160	230	127	165	216		127	100	115	127	70	140			120			100			216		210	108	—
32	180	260	140	178	229		146	105	130	140	76	165			140			110			229		230	114	
40	200	260	165	190	241		159	115	130	165	82	165	106	140	240	33		120		33	241		260	121	
50	230	300	178	216	292		190	125	150	203	102	203	108	150	250	43		135	216	43	267	250	300	146	
65	290	340	190	241	330		216	145	170	216	108	222	112	170	270	46		165	241	46	292	280	340	165	
80	310	380	203	283	356		254	155	190	241	121	241	114	180	280	64		185	283	46	318	310	390	178	49
100	350	430	229	305	432		305	175	215	292	146	305	127	190	300	64			305	52	356	350	450	216	56
125	400	500	254	381	508		356	200	250	330	178	356	140	200	325	70			381	56	400	400	525	254	64
150	480	550	267	403	559		406	225	275	356	203	394	140	210	350	76			403	56	444	450	600	279	70
200	600	650	292	419	660		521	275	325	495	248	457	152	230	400	89			419	60	533	550	750	330	71
250	730	775	330	457	787		635	325		622	311	533	165	250	450	114			457	68	622	650		394	76
300	850	900	356	502	838	—	749	375		698	350	610	178	270	500	114	—		502	78	711	750		419	83
350	980	1025	381	762	889			425		787	394	686	190	290	550	127			572	78	838	850			92
400	1100	1150	406	838	991			475		914	457	762	216	310	600	140			610	102	864	950			102
450	1200	1275	432	914	1092					978		864	222	330	650	152			660	114	978	1050			114
500	1250	1400	457	991	1194					978		914	229	350	700	152		—	711	127	1016	1150			127
600	1450	1650	508	1143	1397					1295		1067	267	390	800	178			787	154	1346	1350			154
700	1650		610	1346	1549				—	1448			292	430	900	229				165	1499	1450	—		
800	1850		660				—			1956			318	470	1000	241				190	1778	1650		—	
900	2050		711					—			—		330	510	1100	241				203	2083				
1000	2250		811										410	550	1200	300			—	216					
1200		—		—	—							—	470	630		350				254					—
1400										—			530	710		390				279	—	—			
1600	—		—										600	790	—	420				318					
1800													670	870		490				356					
2000													760	950		540				406					

① 角式阀门结构长度。

4.2.1 结构长度基本系列（表39-206）

4.2.2 同型系列闸阀结构长度（表39-207）

4.2.3 等压系列结构长度（表39-208～表39-216）

表39-207 同型系列闸阀结构长度

公称直径 DN/mm	结构长度 /mm	灰铸铁阀门在20℃下的最高工作压力/MPa
40	140	
50	150	
65	170	
80	180	1
100	190	
125	200	
150	210	
200	230	
250	250	0.6
300	270	
350	290	
400	310	0.4
450	330	
500	**350**	
600	**390**	0.25
700	**430**	
800	**470**	0.16
900	**510**	0.1
1000	**550**	
基本系列	14	—

注：1. 同型系列是指具有规定形状的一系列低压闸阀的总称，对于某一公称直径来说，它具有满足铸造工艺或加工要求的最小壁厚（与在20℃下具有相同的最高操作压力的“等压系列”不同），由于受阀体和阀盖制造材料的影响，这种系列阀门在20℃下的最高允许压力随公称直径的增大而减小，因此该闸阀只能在表中所列的最高工作压力下使用。

2. 表39-207～表39-214中黑体字表示为优先选用尺寸。

表39-208 法兰连接闸阀结构长度 单位：mm

公称直径 DN	公称压力/MPa							
	*PN*10,16（*PN*20,25）		*PN* 25,40（*PN*50）	仅适用于*PN*25	（*PN*40）	（*PN*100）	*PN*63,100	*PN*160
	结构长度							
	短	长	常规					
10	**102**		—		—	—		—
15	**108**		**140**		140	165		**170**
20	**117**	—	**152**	—	152	190		**190**
25	**127**		**165**		165	216	—	**210**
32	**140**		**178**		178	229		**230**
40	**165**	**240**	**190**	**240**	190	241		**260**
50	**178**	**250**	216	**250**	216	292	**250**	**300**
65	**190**	**270**	241	**270**	241	330	**280**	**340**
80	**203**	**280**	283	**280**	283	356	**310**	**390**
100	**229**	**300**	305	**300**	305	432	**350**	**450**
125	**254**	**325**	381	**325**	381	508	**400**	**525**
150	**267**	**350**	403	**350**	403	559	**450**	**600**
200	**292**	**400**	419	**400**	419	660	**550**	**750**
250	**330**	**450**	457	**450**	457	787	**650**	
300	**356**	**500**	502	**500**	502	838	**750**	
350	**381**	**550**	762	**550**	572	889	**850**	
400	**406**	**600**	838	**600**	610	991	**950**	
450	**432**	**650**	914	**650**	660	1092	**1050**	
500	**457**	**700**	991	**700**	711	1194	**1150**	—
600	**508**	**800**	1143	**800**	787	1397	**1350**	
700	**610**	**900**					**1450**	
800	**660**	**1000**	—	—	—	—	**1650**	
900	**711**	**1100**					—	
1000	**811**	**1200**						
基本系列	3	15	4	15	19	5	22	23

表 39-209 双法兰连接蝶阀和双法兰连接蝶式止回阀结构长度　　单位：mm

公称直径 DN	公称压力/MPa		公称直径 DN	公称压力/MPa	
	PN≤16 (PN20/25)	PN≤25 (PN20/25)		PN≤16 (PN20/25)	PN≤25 (PN20/25)
	结构长度			结构长度	
	短	长		短	长
40	**106**	140	700	292	**430**
50	**108**	150	800	318	**470**
65	**112**	170	900	330	**510**
80	**114**	180	1000	410	**550**
100	**127**	190	1200	470	**630**
125	**140**	200	1400	530	**710**
150	**140**	210	1600	600	**790**
200	**152**	230	1800	670	**870**
250	165	**250**	2000	760	**950**
300	178	**270**	2200	—	**1000**
350	190	**290**	2400		**1100**
400	216	**310**	2600		**1200**
450	222	**330**	2800		**1300**
500	229	**350**	3000		**1400**
600	267	**390**	基本系列	13	14

表 39-210 对夹式蝶阀和对夹式蝶式止回阀结构长度　　单位：mm

公称直径 DN	公称压力/MPa			公称直径 DN	公称压力/MPa		
	PN≤16(PN20/25)				PN≤16(PN20/25)		
	结构长度				结构长度		
	短	中	长		短	中	长
40	**33**	—	33	500	**127**	127	152
50	**43**		43	600	**154**	154	178
65	**46**		46	700	**165**	—	229
80		49	64	800	**190**		241
100	**52**	56		900	**203**		
125	**56**	64	70	1000	**216**		300
150		70	76	1200	**254**		360
200	**60**	71	89	1400	—		390
250	**68**	76	114	1600			440
300	**78**	83		1800			490
350		92	127	2000			540
400	**102**	102	140	基本系列	20	25	16
450	**114**	114	152				

表 39-211 旋塞阀和球阀结构长度　　单位：mm

公称直径 DN	公称压力/MPa						公称直径 DN	公称压力/MPa					
	PN10/16 (PN20/25)			PN25/40 (PN40/50)		PN 100		PN10/16 (PN20/25)			PN25/40 (PN40/50)		PN 100
	结构长度							结构长度					
	短	中	长	短	长	常规		短	中	长	短	长	常规
10	102	**130**	130	—	130	—	150	267	**394**	480	**403**	480	**559**
15	108	**130**	130	140	130	**165**	200	292	**457**	600	**419**(502)①	600	**660**
20	117	**130**	150	152	150	**190**	250	330	**533**	730	**457**(568)①	730	**787**
25	127	**140**	160	165	160	**216**	300	356	**610**	850	**502**(648)①	850	**838**
32	140	**165**	180	178	**180**	**229**	350	381	**686**	980	**762**	980	**889**
40	165	**165**	200	190	**200**	**241**	400	406	**762**	1100	**838**	1100	**991**
50	178	**203**	230	216	**230**	**292**	450	432	**864**	1200	**914**	1200	**1092**
65	190	**222**	290	241	**290**	**330**	500	457	**914**	1250	**991**	1250	**1194**
80	203	**241**	310	283	**310**	**356**	600	508	**1067**	1450	**1143**	1450	**1397**
100	**229**	**305**	350	305	**350**	**432**	700	—	—	—	—	—	**1700**
125	254	**356**	400	**381**	**400**	**508**	基本系列	3	12	1	4	1	5

① 适用于全通径的球阀。

注：不适用于公称直径大于 40mm 以上的上装式全通径球阀以及公称直径大于 300mm 的旋塞阀和全通径球阀。

表 39-212 隔膜阀结构长度 单位：mm

公称直径 DN	公称压力/MPa			
	PN0.6	PN10/16 (PN20/25)		PN25/40 (PN50)
	结构长度			
	常规	短	长	常规
10 15	**108**	**108**	130	130
20	**117**	**117**	150	150
25	**127**	**127**	160	160
32	**146**	**146**	180	180
40	**159**	**159**	200	200
50	**190**	**190**	230	230
65	**216**	**216**	290	290
80	**254**	**254**	310	310
100	**305**	**305**	350	350
125	**356**	**356**	400	400
150	**406**	**406**	480	480
200	**521**	**521**	600	600
250	**635**	**635**	730	730
300	**749**	**749**	850	850
基本系列	7	7	1	1

表 39-213 截止阀及止回阀（直通型）结构长度

单位：mm

公称直径 DN	公称压力/MPa					
	PN10/16 (PN20/25)		PN25/40 (PN40/50)		PN100	
	结构长度					
	短	长	短	长	短	长
10	—	**130**	—	**130**	—	210
15	108	**130**	152	**130**	165	
20	117	**150**	178	**150**	190	230
25	127	**160**	216	**160**	216	
32	140	**180**	229	**180**	229	260
40	165	**200**	241	**200**	241	
50	203	**230**	267	**230**	292	**300**
65	216	**290**	292	**290**	350	**340**
80	241	**310**	318	**310**	356	**380**
100	292	**350**	356	**350**	432	**430**
125	330	**400**	400	**400**	508	**500**
150	356	**480**	444	**480**	559	**550**
200	**495**	600	**533**	600	660	**650**
250	**622**	730	**622**	730	787	**775**
300	**698**	850	**711**	850	338	**900**
350	**787**	980	**838**	980	889	**1025**
400	**914**	1100	**864**①	1100	991	**1150**
450	**978**	1200	**978**	1200	1092	**1275**
500	**978**	1250	**1016**	1250	1194	**1400**
600	**1295**	1450	**1346**	1450	1397	**1650**
700	1448(900)②	1650	**1499**	1650	1651	
800	(1000)②	1850	—	1850		
900	1956(1100)②	2050	**2083**	2050	—	
1000	(1200)②	2250	—	2250		
基本系列	10	1	21	1	5	2

① 仅用于旋启式止回阀。

② 仅用于多瓣旋启式止回阀。

表 39-214 角式截止阀及角式升降止回阀结构长度

单位：mm

公称直径 DN	公称压力/MPa				
	PN10/16 (PN20/25)		PN25/40 (PN40/60)	PN100	
	结构长度				
	短	长	常规	短	长
10	—	**85**	**85**	—	105
15	57	**90**	**90**	**83**	
20	64	**95**	**95**	**95**	115
25	70	**100**	**100**	**108**	
32	76	**105**	**105**	**114**	130
40	82	**115**	**115**	121	**130**
50	102	**125**	**125**	146	**150**
65	108	**145**	**145**	165	**170**
80	121	**155**	**155**	178	**190**
100	146	**175**	**175**	216	**215**
125	178	**200**	**200**	254	**250**
150	203	**225**	**225**	279	**275**
200	248	275	275	330	**325**
250	311	325	325	394	
300	350	375	375	419	
350	394	425	425		—
400	457	475	475	—	
450	483	500	500		
基本系列	11	8	8	24	9

表 39-215 铜合金闸阀、截止阀及止回阀结构长度

单位：mm

公称直径 DN	公称压力/MPa	
	PN10/16 和 PN25/40(PN25/50)	
	结构长度	
	短	长
10 15	80	108
20	90	117
25	100	127
32	110	146
40	120	159
50	135	190
65	165	216
80	185	254
基本系列	18	7

注：1. 短系列用于所有 PN16MPa 及 PN25MPa 带螺纹阀盖和整体阀座的阀门。

2. 长系列用于：

a. 所有 PN40MPa 的阀门；

b. 平行滑板及双闸板闸阀；

c. 可更换阀座的阀门；

d. 带连接管或螺栓连接阀盖的阀门。

表 39-216 非衬里阀门的结构长度公差

单位：mm

公称直径 *DN*	公差	公称直径 *DN*	公差
≤250	±2	800～1000	±5
250～500	±3	1000～1600	±6
500～800	±4	1600～2250	±8

4.3 阀门材料

(1) 欧洲体系（表 39-217）

(2) 美洲体系（表 39-218）

4.4 压力-温度等级（GB/T 9124—2010）

(1) 欧洲体系（表 39-219～表 39-227）

(2) 美洲体系（表 39-228～表 39-234）

表 39-217 欧洲体系的阀门用材料（*PN*2.5、6、10、16、25、40、63、100、160，MPa）

材料组号	材料类别	锻件		铸件	
		钢号	标准号	钢号	标准号
2.0	25（低碳钢）	20	JB 4726	WCA	GB/T 12229
		09Mn2VD	JB 4727	—	—
		09MnNiD			
3.0	16Mn 15MnV	16Mn	JB 4726	ZG240/450AG	GB/T 16253
		16MnD	JB 4727	LCB	JB/T 7248
		15MnV	JB 4726	WCB	GB/T 12229
		—	—	WCC	GB/T 12229
5.0	1Cr-0.5Mo	15CrMo	JB 4726	ZG15Cr1Mo	GB/T 16253
6.0	2¼Cr-1Mo	12Cr2Mo1	JB 4726	ZG12Cr2Mo1G	GB/T 16253
6.1	5Cr-0.5Mo	1Cr5Mo	JB 4726	ZG16Cr5MoG	GB/T 16253
10.0	304L	00Cr19Ni10	JB 4728	ZG03Cr18Ni10	GB/T 16253
				CF3	GB/T 12230
11.0	304	0Cr18Ni9		ZG07Cr20Ni10	GB/T 16253
				CF8	GB/T 12230
12.0	321	0Cr18Ni10Ti（1Cr18Ni9Ti）		ZG08Cr20Ni10Nb	GB/T 16253
				CF8C	GB/T 12230
13.0	316L	00Cr17Ni14Mo2	JB 4728	ZG03Cr19Ni11Mo2	GB/T 16253
				CF3M	GB/T 12230
14.0	316	0Cr17Ni12Mo2		ZG07Cr19Ni11Mo2	GB/T 16253
				CF8M	GB/T 12230

表 39-218 美洲体系的阀门用材料（Class150、300、600、900、1500、2500，lb）

材料组号	材料类别	锻件		铸件	
		钢号	标准号	钢号	标准号
1.0	WCA	20	JB 4726	WCA	GB/T 12229
1.1	WCB	—	—	WCB	GB/T 12229
1.2	WCC	—	—	WCC	GB/T 12229
1.3	16Mn	16Mn	JB 4726	ZG240/450AG	GB/T 16253
		16MnD	JB 4727	LCB	JB/T 7248

续表

材料组号	材料类别	锻件		铸件	
		钢号	标准号	钢号	标准号
1.4	09Mn	09Mn2VD	JB 4727	—	—
		09MnNiD			
1.9a	1Cr-0.5Mo	15CrMo	JB 4726	ZG15Cr1Mo	GB/T 16253
1.10	2¼Cr-1Mo	12Cr2Mo1	JB 4726	ZG12Cr2Mo1G	GB/T 16253
1.13	5Cr-0.5Mo	1Cr5Mo	JB 4726	ZG16Cr5MoG	GB/T 16253
2.1	304	0Cr18Ni9	JB 4728	ZG07Cr20Ni10	GB/T 16253
				CF8	GB/T 12230
2.2	316	0Cr17Ni12Mo2		ZG07Cr19Ni11Mo2	GB/T 16253
				CF8M	GB/T 12230
	304L	00Cr19Ni10		ZG03Cr18Ni10	GB/T 16253
				CF3	GB/T 12230
2.3	316L	00Cr17Ni14Mo2		ZG03Cr19Ni11Mo2	GB/T 16253
				CF3M	GB/T 12230
2.4	321	0Cr18Ni10Ti (1Cr18Ni9Ti)		ZG08Cr20Ni10Nb	GB/T 16253
				CF8C	GB/T 12230

表 39-219　*PN*2.5MPa 法兰最高无冲击工作压力　　单位：MPa

材料组号	工作温度/℃													
	≤20	100	150	200	250	300	350	400	425	450	475	500	510	520	530
2.0	0.25	0.25	0.225	0.2	0.175	0.15	0.125	0.088							
3.0	0.25	0.25	0.245	0.238	0.225	0.2	0.175	0.138	0.113						
5.0	0.25	0.25	0.25	0.25	0.25	0.25	0.238	0.228	0.223	0.218	0.205	0.185	0.155	0.123	0.095
6.0	0.25	0.25	0.25	0.25	0.25	0.25	0.25	0.228	0.223	0.218	0.2	0.138	0.125	0.11	0.095
6.1	0.25	0.25	0.25	0.25	0.25	0.25	0.25	0.25	—	—	—	—	—	—	—
10.0	0.223	0.201	0.18	0.163	0.152	0.141	0.134	0.129	—	0.124	—	0.21	—	—	—
11.0	0.234	0.212	0.191	0.174	0.161	0.15	0.143	0.139	—	0.136	—	0.133	—	—	—
12.0	0.247	0.231	0.217	0.206	0.194	0.186	0.179	0.173	—	0.169	—	0.166	—	—	—
13.0	0.241	0.221	0.201	0.186	0.174	0.161	0.154	0.15	—	0.144	—	0.142	—	—	—
14.0	0.25	0.234	0.212	0.197	0.186	0.173	0.167	0.16	—	0.157	—	0.154	—	—	—

注：工作温度高于表列温度时，缺乏确切的数值。

表 39-220　*PN*6MPa 法兰最高无冲击工作压力　　单位：MPa

材料组号	工作温度/℃													
	≤20	100	150	200	250	300	350	400	425	450	475	500	510	520	530
2.0	0.60	0.60	0.54	0.48	0.42	0.36	0.3	0.21							
3.0	0.60	0.60	0.59	0.57	0.54	0.48	0.42	0.33	0.27						
5.0	0.60	0.60	0.60	0.60	0.60	0.60	0.57	0.546	0.534	0.522	0.492	0.444	0.372	0.294	0.228

续表

材料组号	工作温度/℃														
	≤20	100	150	200	250	300	350	400	425	450	475	500	510	520	530
6.0	0.60	0.60	0.60	0.60	0.60	0.60	0.60	0.546	0.534	0.522	0.48	0.33	0.3	0.264	0.228
6.1	0.60	0.60	0.60	0.60	0.60	0.60	0.60	0.60	—	—	—	—	—	—	—
10.0	0.54	0.48	0.43	0.39	0.37	0.34	0.32	0.31	—	0.3	—	0.29	—	—	—
11.0	0.56	0.51	0.46	0.42	0.39	0.36	0.34	0.33	—	0.33	—	0.32	—	—	—
12.0	0.59	0.55	0.52	0.49	0.47	0.45	0.43	0.42	—	0.41	—	0.4	—	—	—
13.0	0.58	0.53	0.48	0.45	0.42	0.39	0.37	0.36	—	0.35	—	0.34	—	—	—
14.0	0.6	0.56	0.51	0.47	0.45	0.42	0.4	0.38	—	0.38	—	0.37	—	—	—

注：工作温度高于表列温度时，缺乏确切的数值。

表 39-221　*PN*10MPa 法兰最高无冲击工作压力　　单位：MPa

材料组号	工作温度/℃														
	≤20	100	150	200	250	300	350	400	425	450	475	500	510	520	530
2.0	1.0	1.0	0.9	0.8	0.7	0.6	0.5	0.35							
3.0	1.0	1.0	0.98	0.95	0.9	0.8	0.7	0.55	0.45						
5.0	1.0	1.0	1.0	1.0	1.0	1.0	0.95	0.91	0.89	0.87	0.82	0.74	0.62	0.49	0.38
6.0	1.0	1.0	1.0	1.0	1.0	1.0	1.0	0.91	0.89	0.87	0.8	0.55	0.5	0.44	0.38
6.1	1.0	1.0	1.0	1.0	1.0	1.0	1.0	1.0	—	—	—	—	—	—	—
10.0	0.89	0.8	0.72	0.65	0.61	0.56	0.54	0.52	—	0.5	—	0.48	—	—	—
11.0	0.94	0.85	0.76	0.7	0.64	0.6	0.57	0.56	—	0.54	—	0.53	—	—	—
12.0	0.99	0.92	0.87	0.82	0.78	0.74	0.72	0.69	—	0.68	—	0.66	—	—	—
13.0	0.96	0.88	0.8	0.74	0.7	0.64	0.62	0.6	—	0.58	—	0.57	—	—	—
14.0	1.0	0.94	0.85	0.79	0.74	0.69	0.67	0.64	—	0.63	—	0.62	—	—	—

注：工作温度高于表列温度时，缺乏确切的数值。

表 39-222　*PN*16MPa 法兰最高无冲击工作压力　　单位：MPa

材料组号	工作温度/℃														
	≤20	100	150	200	250	300	350	400	425	450	475	500	510	520	530
2.0	1.6	1.6	1.44	1.28	1.12	0.96	0.8	0.56							
3.0	1.6	1.6	1.57	1.52	1.44	1.28	1.12	0.88	0.72						
5.0	1.6	1.6	1.6	1.6	1.6	1.6	1.52	1.456	1.424	1.392	1.312	1.184	0.992	0.784	0.608
6.0	1.6	1.6	1.6	1.6	1.6	1.6	1.6	1.456	1.424	1.392	1.28	0.88	0.8	0.704	0.608
6.1	1.6	1.6	1.6	1.6	1.6	1.6	1.6	1.6	—	—	—	—	—	—	—
10.0	1.43	1.29	1.15	1.05	0.97	0.9	0.86	0.82	—	0.8	—	0.78	—	—	—
11.0	1.5	1.36	1.22	1.12	1.03	0.96	0.92	0.89	—	0.87	—	0.85	—	—	—
12.0	1.58	1.48	1.39	1.32	1.24	1.19	1.14	1.11	—	1.08	—	1.06	—	—	—
13.0	1.54	1.42	1.29	1.19	1.12	1.03	0.99	0.96	—	0.92	—	0.91	—	—	—
14.0	1.6	1.5	1.36	1.26	1.19	1.11	1.07	1.02	—	1.0	—	0.99	—	—	—

注：工作温度高于表列温度时，缺乏确切的数值。

表 39-223 *PN*25MPa 法兰最高无冲击工作压力 单位：MPa

材料组号	工作温度/℃														
	≤20	100	150	200	250	300	350	400	425	450	475	500	510	520	530
2.0	2.5	2.5	2.25	2.0	1.75	1.5	1.25	0.88							
3.0	2.5	2.5	2.45	2.38	2.25	2.0	1.75	1.38	1.13						
5.0	2.5	2.5	2.5	2.5	2.5	2.5	2.38	2.28	2.23	2.18	2.05	1.85	1.55	1.23	0.95
6.0	2.5	2.5	2.5	2.5	2.5	2.5	2.5	2.28	2.23	2.18	2.0	1.38	1.25	1.1	0.95
6.1	2.5	2.5	2.5	2.5	2.5	2.5	2.5	2.5	—	—	—	—	—	—	—
10.0	2.23	2.01	1.8	1.63	1.52	1.41	1.34	1.29	—	1.24	—	1.21	—	—	—
11.0	2.34	2.12	1.91	1.74	1.61	1.5	1.43	1.39	—	1.36	—	1.33	—	—	—
12.0	2.47	2.31	2.17	2.06	1.94	1.86	1.79	1.73	—	1.69	—	1.66	—	—	—
13.0	2.41	2.21	2.01	1.86	1.74	1.61	1.54	1.5	—	1.44	—	1.42	—	—	—
14.0	2.5	2.34	2.12	1.97	1.86	1.73	1.67	1.6	—	1.57	—	1.54	—	—	—

注：工作温度高于表列温度时，缺乏确切的数值。

表 39-224 *PN*40MPa 法兰最高无冲击工作压力 单位：MPa

材料组号	工作温度/℃														
	≤20	100	150	200	250	300	350	400	425	450	475	500	510	520	530
2.0	4.0	4.0	3.6	3.2	2.8	2.4	2.0	1.4							
3.0	4.0	4.0	3.92	3.8	3.6	3.2	2.8	2.2	1.8						
5.0	4.0	4.0	4.0	4.0	4.0	4.0	3.8	3.64	3.56	3.48	3.28	2.96	2.48	1.96	1.52
6.0	4.0	4.0	4.0	4.0	4.0	4.0	4.0	3.64	3.56	3.48	3.2	2.2	2.0	1.76	1.52
6.1	4.0	4.0	4.0	4.0	4.0	4.0	4.0	4.0	—	—	—	—	—	—	—
10.0	3.57	3.22	2.88	2.61	2.44	2.26	2.15	2.06	—	1.99	—	1.94	—	—	—
11.0	3.75	3.4	3.06	2.79	2.58	2.4	2.29	2.22	—	2.17	—	2.13	—	—	—
12.0	3.95	3.7	3.47	3.29	3.11	2.97	2.86	2.77	—	2.7	—	2.65	—	—	—
13.0	3.86	3.54	3.22	2.97	2.79	2.58	2.47	2.4	—	2.31	—	2.28	—	—	—
14.0	4.0	3.75	3.4	3.15	2.97	2.77	2.67	2.56	—	2.51	—	2.47	—	—	—

注：工作温度高于表列温度时，缺乏确切的数值。

表 39-225 *PN*63MPa 法兰最高无冲击工作压力 单位：MPa

材料组号	工作温度/℃														
	≤20	100	150	200	250	300	350	400	425	450	475	500	510	520	530
2.0	5.28	5.10	4.85	4.47	4.10	3.72	3.15	2.21							
3.0	6.3	6.3	6.17	5.99	5.67	5.04	4.41	3.47	2.84						
5.0	6.3	6.3	6.3	6.3	6.3	6.3	5.99	5.73	5.61	5.48	5.17	4.66	3.91	3.09	2.39
6.0	6.3	6.3	6.3	6.3	6.3	6.3	6.3	5.73	5.61	5.48	5.04	3.47	3.15	2.77	2.39
6.1	6.3	6.3	6.3	6.3	6.3	6.3	6.3	6.3	—	—	—	—	—	—	—
10.0	5.61	5.04	4.54	4.1	38.4	3.53	3.4	3.28	—	3.15	—	3.13	—	—	—
11.0	5.92	5.36	4.79	4.41	4.03	3.78	3.59	3.53	—	3.4	—	3.34	—	—	—
12.0	6.24	5.8	5.48	5.17	4.91	4.66	4.54	4.35	—	4.28	—	4.16	—	—	—
13.0	6.05	5.54	5.04	4.66	4.41	4.03	3.91	3.78	—	3.65	—	3.59	—	—	—
14.0	6.3	6.11	5.8	5.48	5.23	4.90	4.73	4.6	—	4.47	—	4.41	—	—	—

注：工作温度高于表列温度时，缺乏确切的数值。

表 39-226　*PN*100MPa 法兰最高无冲击工作压力　单位：MPa

材料组号	工作温度/℃													
	≤20	100	150	200	250	300	350	400	425	450	475	500	510	520	530
2.0	8.4	8.1	7.7	7.1	6.5	5.9	5.0	3.5							
3.0	10.0	10.0	9.8	9.5	9.0	8.0	7.0	5.5	4.5						
5.0	10.0	10.0	10.0	10.0	10.0	10.0	9.5	9.1	8.9	8.7	8.2	7.4	6.2	4.9	3.8
6.0	10.0	10.0	10.0	10.0	10.0	10.0	10.0	9.1	8.9	8.7	8.0	5.5	5.0	4.4	3.8
6.1	10.0	10.0	10.0	10.0	10.0	10.0	10.0	10.0	—	—	—	—	—	—	—
10.0	8.9	8.0	7.2	6.5	6.1	5.6	5.4	5.2	—	5.0	—	4.8	—	—	—
11.0	9.4	8.5	7.6	7.0	6.4	6.0	5.7	5.6	—	5.4	—	5.3	—	—	—
12.0	9.9	9.2	8.7	8.2	7.8	7.4	7.2	6.9	—	6.8	—	6.6	—	—	—
13.0	9.6	8.8	8.0	7.4	7.0	6.4	6.2	6.0	—	5.8	—	5.7	—	—	—
14.0	10.0	9.4	8.5	7.9	7.4	6.9	6.7	6.4	—	6.3	—	6.2	—	—	—

注：工作温度高于表列温度时，缺乏确切的数值。

表 39-227　*PN*160MPa 法兰最高无冲击工作压力　单位：MPa

材料组号	工作温度/℃													
	≤20	100	150	200	250	300	350	400	425	450	475	500	510	520	530
2.0	13.4	13.0	12.3	11.4	10.4	9.4	8.0	5.6							
3.0	16.0	16.0	15.7	15.2	14.4	12.8	11.2	8.8	7.2						
5.0	16.0	16.0	16.0	16.0	16.0	16.0	15.2	14.6	14.2	13.9	13.1	11.8	9.9	7.8	6.1
6.0	16.0	16.0	16.0	16.0	16.0	16.0	16.0	14.6	14.2	13.9	12.8	8.8	8.0	7.0	6.1
6.1	16.0	16.0	16.0	16.0	16.0	16.0	16.0	16.0	—	—	—	—	—	—	—
10.0	14.3	12.9	11.5	10.5	9.7	9.0	8.6	8.2	—	8.0	—	7.8	—	—	—
11.0	15.0	13.6	12.2	11.2	10.3	9.6	9.2	8.9	—	8.7	—	8.5	—	—	—
12.0	15.8	14.8	13.9	13.2	12.4	11.9	11.4	11.1	—	10.8	—	10.6	—	—	—
13.0	15.4	14.2	12.9	11.9	11.2	10.3	9.9	9.6	—	9.2	—	9.1	—	—	—
14.0	16.0	15.0	13.6	12.6	11.9	11.1	10.7	10.2	—	10.0	—	9.9	—	—	—

注：工作温度高于表列温度时，缺乏确切的数值。

表 39-228　*PN*20MPa 法兰最高无冲击工作压力（Class 150lb）　单位：MPa

工作温度/℃	材料组号											
	1.0	1.1	1.2	1.3	1.4	1.9a	1.10	1.13	2.1	2.2	2.3	2.4
≤38	1.58	1.96	2.0	1.84	1.63	1.83	2.0	2.0	1.9	1.9	1.59	1.9
50	1.53	1.92	1.92	1.81	1.6	1.76	1.92	1.92	1.84	1.84	1.53	1.84
100	1.42	1.77	1.77	1.73	1.48	1.67	1.77	1.77	1.57	1.62	1.32	1.59
150	1.35	1.58	1.58	1.58	1.45	1.58	1.58	1.58	1.39	1.48	1.2	1.44
200	1.27	1.4	1.4	1.4	1.4	1.4	1.4	1.4	1.26	1.37	1.1	1.32
250	1.15	1.21	1.21	1.21	1.21	1.21	1.21	1.21	1.17	1.21	1.02	1.21
300	1.02	1.02	1.02	1.02	1.02	1.02	1.02	1.02	1.02	1.02	0.97	1.02

续表

工作温度/℃	材料组号											
	1.0	1.1	1.2	1.3	1.4	1.9a	1.10	1.13	2.1	2.2	2.3	2.4
350	0.84	0.84	0.84	0.84	0.84	0.84	0.84	0.84	0.84	0.84	0.84	0.84
375	0.74	0.74	0.74	0.74	0.74	0.74	0.74	0.74	0.74	0.74	0.74	0.74
400	0.65	0.65	0.65	0.65	0.65	0.65	0.65	0.65	0.65	0.65	0.65	0.65
425	0.56	0.56	0.56	0.56	0.56	0.56	0.56	0.56	0.56	0.56	0.56	0.56
450	0.47	0.47	0.47	0.47	0.47	0.47	0.47	0.47	0.47	0.47	0.47	0.47
475	0.37	0.37	0.37	0.37	0.37	0.37	0.37	0.37	0.37	0.37		0.37
500						0.28	0.28	0.28	0.28	0.28		0.28
525						0.19	0.19	0.19	0.19	0.19		0.19
540						0.13	0.13	0.13	0.13	0.13		0.13

表 39-229 *PN*50MPa 法兰最高无冲击工作压力（Class 300lb） 单位：MPa

工作温度/℃	材料组号											
	1.0	1.1	1.2	1.3	1.4	1.9a	1.10	1.13	2.1	2.2	2.3	2.4
≤38	3.95	5.11	5.17	4.79	4.25	4.74	5.17	5.17	4.96	4.96	4.14	4.96
50	3.85	5.01	5.17	4.73	4.17	4.68	5.12	5.17	4.78	4.81	4.0	4.8
100	3.56	4.64	5.15	4.51	3.86	4.66	4.9	5.15	4.09	4.22	3.45	4.15
150	3.39	4.52	5.02	4.4	3.77	4.64	4.66	5.02	3.63	3.85	3.12	3.75
200	3.18	4.38	4.88	4.27	3.66	4.55	4.48	4.88	3.28	3.57	2.87	3.44
250	2.88	4.17	4.63	4.06	3.47	4.45	4.42	4.63	3.05	3.34	2.67	3.21
300	2.57	3.87	4.24	3.77	3.23	4.24	4.24	4.24	2.91	3.16	2.52	3.05
350	2.39	3.7	4.02	3.6	3.09	4.02	4.02	4.02	2.81	3.04	2.4	2.93
375	2.29	3.65	3.88	3.53	3.09	3.88	3.88	3.88	2.78	2.97	2.36	2.89
400	2.19	3.45	3.45	3.24	3.03	3.66	3.66	3.66	2.75	2.91	2.32	2.86
425	2.12	2.88	2.88	2.73	2.58	3.51	3.51	3.45	2.72	2.87	2.27	2.85
450	1.96	2.0	2.0	1.98	1.96	3.38	3.38	3.09	2.69	2.81	2.23	2.82
475	1.35	1.35	1.35	1.35	1.35	3.17	3.17	2.59	2.66	2.74		2.8
500						2.78	2.78	2.03	2.61	2.68		2.78
525						2.03	2.19	1.54	2.39	2.58		2.58
550						1.28	1.64	1.17	2.18	2.5		2.5
575						0.85	1.17	0.88	2.01	2.41		2.28
600						0.59	0.76	0.65	1.67	2.14		1.98
625									1.31	1.83		1.58
650									1.05	1.41		1.25
675									0.78	1.26		0.98
700									0.6	0.99		0.77
725									0.46	0.77		0.62
750									0.37	0.59		0.48
775									0.28	0.46		0.38
800									0.21	0.35		0.3

表 39-230　*PN*110MPa 法兰最高无冲击工作压力（Class 600lb）　单位：MPa

工作温度/℃	材料组号											
	1.0	1.1	1.2	1.3	1.4	1.9a	1.10	1.13	2.1	2.2	2.3	2.4
≤38	7.9	10.21	10.34	9.57	8.51	9.48	10.34	10.34	9.93	9.93	8.27	9.93
50	7.75	10.02	10.34	9.46	8.34	9.38	10.24	10.34	9.57	9.63	7.99	9.6
100	7.12	9.28	10.31	9.02	7.72	9.32	9.81	10.31	8.18	8.44	6.9	8.3
150	6.78	9.05	10.04	8.79	7.54	9.27	9.33	10.04	7.27	7.7	6.25	7.5
200	6.36	8.76	9.76	8.54	7.31	9.1	8.97	9.76	6.55	7.13	5.74	6.87
250	5.76	8.34	9.27	8.12	6.94	8.89	8.84	9.27	6.11	6.68	5.34	6.41
300	5.14	7.75	8.49	7.54	6.46	8.49	8.49	8.49	5.81	6.33	5.05	6.11
350	4.78	7.39	8.05	7.19	6.19	8.05	8.05	8.05	5.61	6.08	4.81	5.87
375	4.58	7.29	7.76	7.06	6.17	7.76	7.76	7.76	5.55	5.94	4.72	5.78
400	4.38	6.9	6.9	6.48	6.06	7.32	7.32	7.32	5.49	5.82	4.63	5.73
425	4.24	5.75	5.75	5.46	5.16	7.02	7.02	6.9	5.43	5.73	4.54	5.7
450	3.92	4.01	4.01	3.96	3.92	6.76	6.76	6.18	5.37	5.62	4.45	5.64
475	2.71	2.71	2.71	2.71	2.71	6.33	6.33	5.18	5.31	5.47		5.6
500						5.56	5.56	4.05	5.21	5.37		5.56
525						4.05	4.38	3.08	4.78	5.16		5.16
550						2.55	3.27	2.34	4.36	4.99		4.99
575						1.7	2.34	1.76	4.01	4.82		4.56
600						1.18	1.53	1.31	3.34	4.29		3.96
625									2.62	3.65		3.16
650									2.1	2.82		2.5
675									1.55	2.53		1.97
700									1.2	1.99		1.54
725									0.93	1.54		1.24
750									0.73	1.1		0.96
775									0.56	0.91		0.75
800									0.41	0.7		0.61

表 39-231　*PN*150MPa 法兰最高无冲击工作压力（Class 900lb）　单位：MPa

工作温度/℃	材料组号											
	1.0	1.1	1.2	1.3	1.4	1.9a	1.10	1.13	2.1	2.2	2.3	2.4
≤38	11.85	15.32	15.52	14.36	12.76	14.23	15.52	15.52	14.89	14.89	12.41	14.89
50	11.6	15.02	15.52	14.19	12.52	14.06	15.36	15.52	14.35	14.44	11.99	14.39
100	10.68	13.91	15.46	13.53	11.58	13.99	14.71	15.46	12.26	12.66	10.35	12.45
150	10.17	13.57	15.06	13.19	11.31	13.91	13.99	15.06	10.9	11.55	9.37	11.25
200	9.54	13.15	14.64	12.8	10.97	13.64	13.45	14.64	9.83	10.7	8.61	10.31
250	8.64	12.52	13.9	12.18	10.41	13.34	13.27	13.9	9.16	10.02	8.01	9.62

续表

工作温度/℃	材料组号											
	1.0	1.1	1.2	1.3	1.4	1.9a	1.10	1.13	2.1	2.2	2.3	2.4
300	7.71	11.62	12.73	11.31	9.69	12.73	12.73	12.73	8.72	9.49	7.57	9.16
350	7.17	11.09	12.07	10.79	9.28	12.07	12.07	12.07	8.42	9.13	7.21	8.8
375	6.87	10.94	11.64	10.59	9.26	11.64	11.64	11.64	8.33	8.91	7.08	8.68
400	6.57	10.35	10.35	9.72	9.09	10.98	10.98	10.98	8.24	8.73	6.95	8.59
425	6.36	8.63	8.63	8.19	7.74	10.53	10.53	10.35	8.15	8.6	6.81	8.54
450	5.87	6.01	6.01	5.94	5.87	10.14	10.14	9.27	8.06	8.42	6.68	8.46
475	4.06	4.06	4.06	4.06	4.06	9.5	9.5	7.77	7.97	8.21		8.4
500						8.34	8.34	6.08	7.82	8.05		8.34
525						6.08	6.58	4.63	7.16	7.74		7.74
550						3.83	4.91	3.5	6.54	7.49		7.49
575						2.55	3.51	2.64	6.02	7.23		6.84
600						1.76	2.29	1.96	5.01	6.43		5.94
625									3.92	5.48		4.74
650									3.16	4.24		3.74
675									2.33	3.79		2.95
700									1.79	2.98		2.3
725									1.39	2.31		1.86
750									1.1	1.76		1.44
775									0.84	1.37		1.13
800									0.62	1.05		0.91

表 39-232 *PN*260MPa 法兰最高无冲击工作压力（Class 1500lb） 单位：MPa

工作温度/℃	材料组号											
	1.0	1.1	1.2	1.3	1.4	1.9a	1.10	1.13	2.1	2.2	2.3	2.4
≤38	19.75	25.53	25.86	23.94	21.27	23.7	25.86	25.86	24.82	24.82	20.68	24.82
50	19.3	25.04	25.86	23.65	20.86	23.43	25.6	25.86	23.92	24.06	19.98	23.99
100	17.8	23.19	25.77	22.55	19.31	23.31	24.52	25.77	20.44	21.1	17.24	20.75
150	16.9	22.61	25.1	21.98	18.86	23.19	23.32	25.1	18.17	19.25	15.61	18.75
200	15.9	21.91	24.39	21.34	18.28	22.74	22.42	24.39	16.38	17.84	14.35	17.19
250	14.35	20.86	23.17	20.29	17.36	22.23	22.11	23.17	15.27	16.69	13.35	16.03
300	12.85	19.37	21.21	18.85	16.15	21.21	21.21	21.21	14.53	15.81	12.62	15.27
350	11.95	18.48	20.12	17.98	15.46	20.12	20.12	20.12	14.03	15.21	12.02	14.67
375	11.45	18.23	19.4	17.66	15.43	19.4	19.4	19.4	13.88	14.85	11.8	14.46
400	10.9	17.25	17.25	16.2	15.15	18.29	18.29	18.29	13.73	14.56	11.58	14.31
425	10.6	14.38	14.38	13.65	12.89	17.55	17.55	17.25	13.58	14.33	11.35	14.24
450	9.79	10.02	10.02	9.9	9.79	16.9	16.9	15.45	13.43	14.04	11.13	14.1
475	6.77	6.77	6.77	6.77	6.77	15.83	15.83	12.95	13.28	13.68		14.01

续表

工作温度/℃	材料组号											
	1.0	1.1	1.2	1.3	1.4	1.9a	1.10	1.13	2.1	2.2	2.3	2.4
500						13.9	13.9	10.13	13.03	13.41		13.9
525						10.13	10.96	7.71	11.94	12.9		12.9
550						6.38	8.18	5.84	10.91	12.48		12.48
575						4.25	5.85	4.41	10.04	12.05		11.39
600						2.94	3.82	3.26	8.36	10.72		9.9
625									6.54	9.13		7.9
650									5.26	7.06		6.24
675									3.88	6.32		4.92
700									2.99	4.97		3.84
725									2.31	3.85		3.1
750									1.83	2.94		2.4
775									1.4	2.28		1.88
800									1.03	1.75		1.52

表 39-233　*PN*420MPa 法兰最高无冲击工作压力（Class 2500lb）　单位：MPa

工作温度/℃	材料组号											
	1.0	1.1	1.2	1.3	1.4	1.9a	1.10	1.13	2.1	2.2	2.3	2.4
≤38	33.15	42.55	43.1	39.89	35.46	39.51	43.1	43.1	41.36	41.36	34.46	41.36
50	32.6	41.73	43.1	39.42	34.77	39.07	42.67	43.1	39.86	40.1	33.3	39.98
100	29.95	38.65	42.95	37.59	32.18	38.85	40.87	42.95	34.07	35.17	28.74	34.59
150	28.4	37.69	41.83	36.63	31.43	38.64	38.86	41.83	30.28	32.09	26.02	31.25
200	26.7	36.52	40.66	35.56	30.47	37.9	37.37	40.66	27.3	29.73	23.91	28.65
250	24.15	34.77	38.61	33.82	28.93	37.06	36.85	38.61	25.45	27.82	22.25	26.72
300	21.6	32.28	35.35	31.42	26.91	35.35	35.35	35.35	24.21	26.36	21.04	25.45
350	20.05	30.8	33.53	29.97	25.77	33.53	33.53	33.53	23.38	25.38	20.04	24.45
375	19.2	30.39	32.34	29.43	25.52	32.34	32.34	32.34	23.13	24.75	19.67	24.1
400	18.35	28.75	28.75	27.0	25.25	30.49	30.49	30.49	22.89	24.26	19.29	23.86
425	17.8	23.96	23.96	22.75	21.49	29.25	29.25	28.75	22.64	23.89	18.92	23.73
450	16.32	16.69	16.69	16.5	16.32	28.17	28.17	25.76	22.39	23.4	18.55	23.49
475	11.29	11.29	11.29	11.29	11.29	26.38	26.38	21.38	22.14	22.8		23.35
500						23.16	23.16	16.89	21.72	22.36		23.16
525						16.89	18.27	12.85	19.9	21.49		21.49
550						10.64	13.64	9.73	18.18	20.8		20.8
575						7.08	9.75	7.34	16.73	20.08		18.99
600						4.9	6.36	5.44	13.93	17.86		16.51
625									10.9	15.21		13.16

续表

工作温度/℃	材料组号											
	1.0	1.1	1.2	1.3	1.4	1.9a	1.10	1.13	2.1	2.2	2.3	2.4
650									8.76	11.77		10.4
675									6.46	10.53		8.19
700									4.98	8.29		6.4
725									3.85	6.42		5.16
750									3.04	4.9		4.0
775									2.33	3.8		3.13
800									1.71	2.92		2.52

表 39-234 钢制管法兰最高工作压力额定值 单位：MPa

温度/℃	*PN*20	*PN*50	*PN*110	*PN*150	*PN*260	*PN*420
≤38	2.0	5.17	10.34	15.52	25.86	43.1
50	1.92	5.17	10.34	15.52	25.86	43.1
100	1.77	5.15	10.31	15.46	25.77	42.95
150	1.58	5.02	10.04	15.06	25.1	41.83
200	1.4	4.88	9.76	14.64	24.39	40.66
250	1.21	4.63	9.27	13.9	23.17	38.61
300	1.02	4.24	8.49	12.73	21.21	35.35
350	0.84	4.02	8.05	12.07	20.12	33.53
375	0.74	3.88	7.76	11.64	19.4	32.34
400	0.65	3.66	7.32	10.98	18.29	30.49
425	0.56	3.51	7.02	10.53	17.55	29.25
450	0.47	3.38	6.76	10.14	16.9	28.17
475	0.37	3.17	6.33	9.5	15.83	26.38
500	0.28	2.78	5.56	8.34	13.9	23.16
525	0.19	2.58	5.16	7.74	12.9	21.49
550	0.13①	2.5	4.99	7.49	12.48	20.8
575		2.41	4.82	7.23	12.05	20.08
600		2.14	4.29	6.43	10.72	17.86
625		1.83	3.65	5.48	9.13	15.21
650		1.41	2.82	4.24	7.06	11.77
675		1.26	2.53	3.79	6.32	10.53
700		0.99	1.99	2.98	4.97	8.29
725		0.77	1.54	2.31	3.85	6.42
750		0.59	1.1	1.76	2.94	4.9
775		0.46	0.91	1.37	2.28	3.8
800		0.35	0.7	1.05	1.75	2.92

① *PN*20MPa 的最高额定工作压力值为 540℃时的值。

4.5　阀门压力试验（GB/T 13927—2008）

（1）试验压力

试验压力应符合表 39-235 和表 39-236 的规定，试验压力在试验持续时间内应维持不变。

表 39-235　壳体试验的试验压力

公称压力 PN/MPa	试验介质	试验压力
<0.25	液体	0.1MPa+20℃下最大允许工作压力
≥0.25	液体	20℃下最大允许工作压力的 1.5 倍

注：20℃下最大允许工作压力值，按有关产品标准的规定。当有关标准未作规定时，可按 GB/T 13927—2008 附录 A（参考件）确定。

表 39-236　密封和上密封试验的试验压力

公称直径 DN/mm	公称压力 PN/MPa	试验介质	试验压力
≤80	所有压力	液体或气体	20℃下最大允许工作压力的 1.1 倍（液体）或 0.6MPa（气体）
100～200	≤5		
	>5	液体	20℃下最大允许工作压力的 1.1 倍
≥250	所有压力		

（2）试验的持续时间

试验的持续时间应符合表 39-237 和表 39-238 的规定，且还应满足具体的检漏方法对试验持续时间的要求。

表 39-237　壳体试验的试验持续时间

公称直径 DN/mm	≤50	65～200	≥250
最短试验持续时间/s	15	60	180

表 39-238　密封和上密封试验的试验持续时间

公称直径 DN/mm	最短试验持续时间/s		
	密封试验		上密封试验
	金属密封	非金属弹性密封	
≤50	15	15	10
65～200	30	15	15
250～450	60	30	20
≥500	120	60	30

（3）试验方法和步骤

应先进行上密封试验和壳体试验，然后进行密封试验。

① 上密封试验　封闭阀门进口和出口，放松填料压盖（如果阀门设有上密封检查装置，且在不放松填料压盖的情况下能够可靠地检查上密封的性能，则不必放松填料压盖），阀门处于全开状态，使上密封关闭，给体腔充满试验介质，并逐渐加压到规定的试验压力，然后检查上密封性能。

② 壳体试验　封闭阀门进口和出口，压紧填料压盖以便保持试验压力，启闭件处于部分开启状态。给体腔充满试验介质，并逐渐加压到试验压力（止回阀应从进口端加压），然后对壳体（包括填料函及阀体与阀盖联结处）进行检查。

③ 密封试验　主要阀类的加压方法按表 39-239 的规定。但对于规定了介质流通方向的阀门，应按规定的流通方向加压（止回阀除外）。试验时应逐渐加压到规定的试验压力，然后检查密封副的密封性能。

表 39-239　主要阀类的加压方法

阀类	加压方法
闸阀 球阀 旋塞阀	封闭阀门两端，启闭件处于微开启状态，给体腔充满试验介质，并逐渐加压到试验压力；关闭启闭件，释放阀门一端的压力。阀门另一端也按同样方法加压 有两个独立密封副的阀门也可以向两个密封副之间的体腔引入介质并施加压力
截止阀 隔膜阀	应在对阀座密封最不利的方向上向启闭件加压，例如：对于截止阀和角式隔膜阀，应沿着使阀瓣打开的方向引入介质并施加压力
蝶阀	应沿着对密封最不利的方向引入介质并施加压力。对称阀座的蝶阀可沿任一方向加压
止回阀	应沿着使阀瓣关闭的方向引入介质并施加压力

（4）评定指标

① 壳体试验　试验时，承压壁及阀体与阀盖连接处不得有可见渗漏，壳体（包括填料函及阀体与阀盖联结处）不应有结构损伤。如无特殊规定，在壳体试验压力下允许填料处泄漏，但当试验压力降到密封试验压力时，应无可见泄漏。

② 上密封试验　在试验持续时间内无可见泄漏。

③ 密封试验　其最大允许泄漏量见表 39-240 的规定。表中的泄漏量只适用于向大气排放的情况。A 级适用于非金属弹性密封阀门，B～D 级适用于金属密封阀门。其中：B 级适用于比较关键的阀门，D 级适用于一般的阀门。各类阀门的最大允许泄漏量（等级）应按有关产品标准的规定。如果有关标准未作具体规定，则非金属弹性密封阀门按 A 级要求，金属密封阀门按 D 级要求。如用户要求按 B 级或 C 级时，应在订货合同中规定。

表 39-240　最大允许泄漏量

试验介质	最大允许泄漏量/(mm^3/s)			
	A 级	B 级	C 级	D 级
液体	在试验持续时间内无可见泄漏	0.01×DN	0.03×DN	0.1×DN
气体		0.3×DN	3×DN	30×DN

第40章 非金属管道和管件

1 非金属管道

1.1 纤维缠绕增强热固性树脂压力（RTRP-FW）管（JC/T 552—2011）

1.1.1 承插胶粘直管、对接直管和O形环承插连接直管（图40-1和表40-1）

1.1.2 玻璃钢管和管件（HG/T 21633—91）

① 低压接触成型直管（表40-2）

② 长丝缠绕直管（表40-3）

③ 90°弯头、45°弯头和三通（图40-2和表40-4）

④ 异径管（图40-3和表40-5）

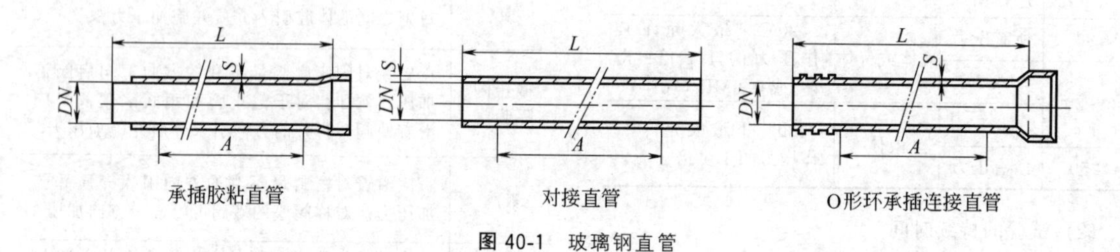

图40-1 玻璃钢直管

表40-1 玻璃钢直管尺寸

单位：mm

公称直径 *DN*	公称压力 *PN*/MPa									管道长度 *L*
	0.6			1.0			1.6			
	壁厚 *S*	质量/(kg/m)	中心支撑距 *A*	壁厚 *S*	质量/(kg/m)	中心支撑距 *A*	壁厚 *S*	质量/(kg/m)	中心支撑距 *A*	
50	4.0	1.1	3000	4.0	1.1	3000	4.0	1.1	3000	6000
65	4.0	1.5	3000	4.0	1.5	3000	4.0	1.5	3000	6000
80	4.0	1.8	3000	4.0	1.8	3000	4.0	1.8	3000	6000
100	4.0	2.3	3000	4.0	2.3	3000	4.0	2.3	3000	6000
125	4.0	2.8	3000	4.0	2.8	3000	4.0	2.8	3000	6000
150	4.0	3.4	3000	4.0	3.4	3000	4.3	3.6	3000	6000
200	4.0	4.6	4000	4.0	4.6	4000	5.3	6.2	4000	12000
250	4.0	5.7	4000	4.5	6.5	4000	6.2	9.1	4000	12000
300	4.0	6.8	4000	5.1	8.9	4000	7.2	12.9	4000	12000
350	4.0	8.0	4000	5.7	11.7	4000	8.1	17.9	4000	12000
400	4.4	10.1	4000	6.3	14.7	4000	9.1	21.0	4000	12000
450	4.7	12.2	4000	6.8	18.2	4000	10.0	27.2	4000	12000
500	5.1	14.8	4000	7.4	22.1	4000	11.0	33.4	4000	12000
600	6.0	21.2	6000	8.7	30.9	6000	13.0	47.6	6000	12000

注：“*A*”是指管道安装时支撑中心距。

表 40-2　低压接触成型直管尺寸

公称直径 DN/mm	受内压条件下最小壁厚/mm			长度/m
	0.25MPa	0.4MPa	0.6MPa	
50	5.0	5.0	5.0	4,6,12
80	5.0	5.0	5.0	
100	5.0	5.0	5.0	
150	5.0	5.0	6.5	
200	5.0	6.5	8.0	
250	6.5	6.5	8.0	
300	6.5	8.0	10.0	
350	6.5	8.0	10.0	
400	6.5	10.0	12.0	
450	8.0	10.0	14.0	
500	8.0	10.0	14.0	
600	10.0	12.0	17.0	

注：由于承压低，已不常用。

表 40-3　长丝缠绕直管尺寸

公称直径 DN/mm	受内压条件下最小壁厚/mm			长度/m
	0.6MPa	1.0MPa	1.6MPa	
50	4.5	4.5	4.5	4,6,12
80	4.5	4.5	4.5	
100	4.5	4.5	4.5	
150	4.5	4.5	4.5	
200	4.5	4.5	6.0	
250	4.5	4.5	7.5	
300	4.5	6.0	9.0	
350	4.5	6.0	10.5	
400	4.5	7.5	12.0	
450	6.0	9.0	13.5	
500	6.0	9.0	13.5	
600	7.5	10.5	16.5	

表 40-4　90°弯头、45°弯头和三通尺寸

单位：mm

公称直径 DN	中心至端面距离			受内压条件下最小壁厚		
	A	*R*	*C*	0.6MPa	1.0MPa	1.6MPa
50	150	150	65	6	6	6
80	175	150	95	6	6	6
100	200	150	95	6	6	8
150	250	225	125	6	8	10
200	300	300	125	6	8	14
250	350	375	155	8	10	16
300	400	450	185	8	12	19
350	450	525	215	10	14	22
400	500	600	250	10	16	25
450	525	675	280	12	18	28
500	550	750	310	12	20	31
600	600	900	375	15	24	38

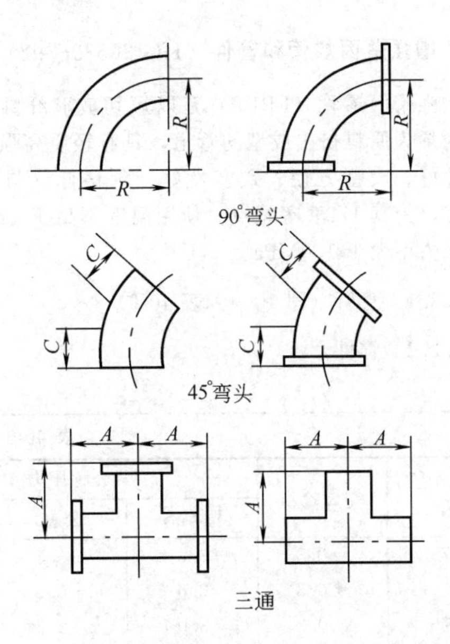

图 40-2　90°弯头、45°弯头和三通

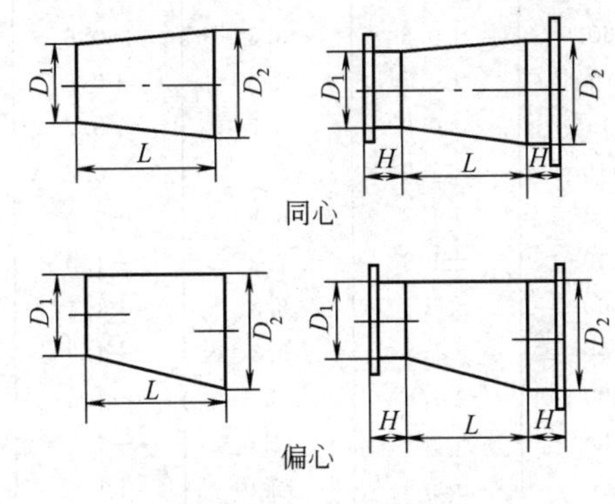

图 40-3　异径管

表 40-5　异径管尺寸　单位：mm

公称直径 $D_1 \times D_2$	端面至端面长度 *L*	直管段长度 *H*	公称直径 $D_1 \times D_2$	端面至端面长度 *L*	直管段长度 *H*
80×50	150	150	350×250	400	300
100×50	155	150	350×300	400	300
100×80	150	150	400×300	450	300
150×80	200	150	400×350	450	300
150×100	200	150	450×350	500	300
200×100	250	200	450×400	500	300
200×150	250	200	500×400	550	300
250×150	300	250	500×450	550	300
250×200	300	250	600×450	600	300
300×200	350	250	600×500	600	300
300×250	350	250			

注：异径管的壁厚可参照与大端相应的弯头或三通厚度。

1.2 增强聚丙烯管和管件（HG 20539—92）

增强聚丙烯管（FRPP）是以短切玻璃纤维内增强聚丙烯为原料挤出成型的管道，具有轻质高强、耐腐蚀性好、成型方便、致密性好、价格低（与FRP管相比，为其1/2）等特点。使用温度不高于120℃，使用压力不大于1.0MPa。

1.2.1 直管（图40-4和表40-6）

1.2.2 管件

① 90°弯头、45°弯头和三通（平口）（图40-5、表40-7）

② 虾米腰焊接弯头（图40-6、表40-8）

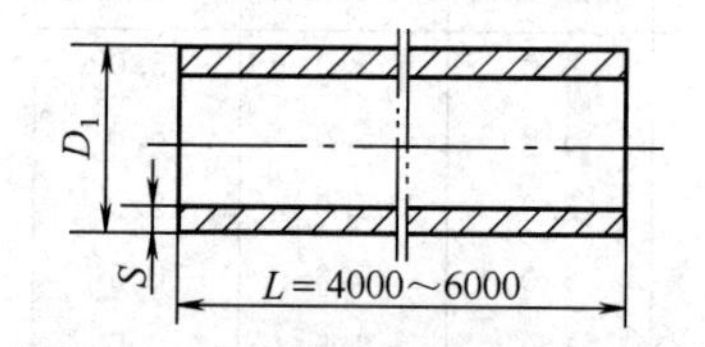

图40-4 直管

表40-6 增强聚丙烯直管尺寸

单位：mm

公称外径 D_1	外径公差	公称压力0.6MPa			公称压力1.0MPa		
		壁厚 S	公差	近似质量/(kg/m)	壁厚 S	公差	近似质量/(kg/m)
17	±0.3	3.0	+0.5	0.13	3.0	+0.5	0.13
21	±0.3	3.0	+0.5	0.16	3.0	+0.5	0.16
27	±0.3	3.0	+0.5	0.22	3.5	+0.6	0.32
34	±0.3	3.5	+0.6	0.32	4.5	+0.7	0.52
48	±0.4	3.5	+0.6	0.47	5.5	+0.8	0.89
60	±0.5	3.5	+0.6	0.60	6.0	+0.8	1.19
75	±0.7	3.9	+0.6	0.88	6.2	+0.9	1.35
90	±0.9	4.7	+0.7	1.27	7.5	+1.0	1.96
110	±1.0	5.7	+0.8	1.89	9.1	+1.2	2.91
125	±1.2	6.5	+0.9	2.44	10.4	+1.3	3.78
140	±1.3	7.2	+1.0	3.03	11.6	+1.4	4.73
160	±1.5	8.3	+1.1	4.00	13.3	+1.6	6.19
180	±1.7	9.3	+1.2	5.04	14.9	+1.7	7.81
200	±1.8	10.3	+1.3	6.20	16.6	+1.9	9.66
225	±2.1	11.6	+1.4	7.85	18.7	+2.1	12.24
250	±2.3	12.9	+1.5	9.70	20.7	+2.3	15.06
280	±2.6	14.4	+1.7	12.14	23.2	+2.6	18.90
315	±2.9	16.2	+1.9	15.36	26.1	+2.9	23.93
355	±3.2	18.3	+2.1	19.55	29.4	+3.2	30.37
400	±3.6	20.6	+2.3	24.80	33.2	+3.6	38.64
450	±4.1	23.2	+3.7	31.42			
500	±4.5	25.7	+4.1	38.68			

注：管道连接方式为，公称外径 $D_1$17～60mm，采用螺纹连接；公称外径 $D_1$75～500mm，采用热熔挤压焊接和法兰连接两种，也可采用承插法连接。

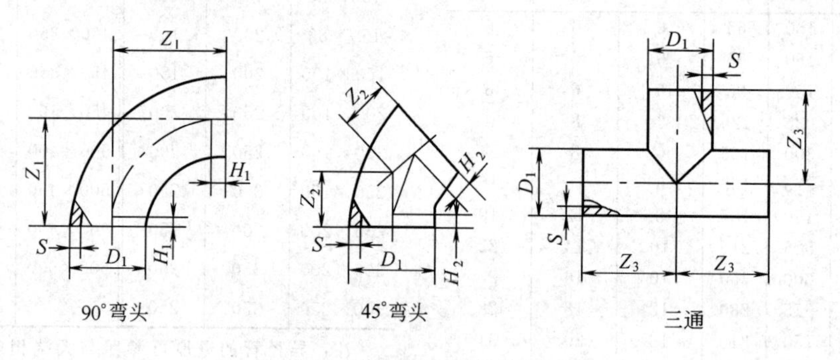

图40-5 90°弯头、45°弯头和三通

表 40-7　90°弯头、45°弯头，三通（平口）尺寸　单位：mm

公称外径 D_1	壁厚 S		90°弯头		45°弯头		三通
	0.6MPa	1.0MPa	直管长 H_1	中心至端面 Z_1(最小)	直管长 H_2	中心至端面 Z_2(最小)	中心至端面 Z_3(最小)
75	4.5	7.2	6	78	19	49	75
90	5.4	8.6	6	93	22	57	90
110	6.6	10.5	8	115	28	70	110
125	7.5	11.9	8	130	32	79	125
140	8.3	13.3	8	145	35	88	140
160	9.5	15.2	8	165	40	95	145
180	10.7	17.2	8	184	45	100	155
200	11.9	19.0	8	204	50	110	170
225	13.4	21.4	10	231	55	140	220
250	14.9	23.8	10	256	60	156	220
280	16.6	26.7	10	286	70	175	250
315	18.7	30.0	10	320	80	198	275
355	21.1	33.8	10	360	80	221	300
400	23.8	38.1	12	405	90	249	325
450	26.7		12	455	100	280	350
500	29.7		12	505	100	311	400

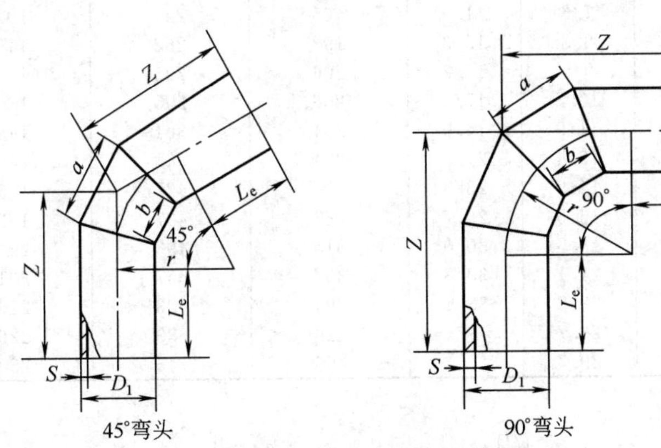

图 40-6　虾米腰焊接弯头

表 40-8　虾米腰焊接弯头尺寸　单位：mm

公称外径 D_1	直管长 L_e	弯曲半径 r	90°弯头			45°弯头			壁厚 S	
			Z(最小)	a	b	Z(最小)	a	b	0.6MPa	1.0MPa
110	150	165	315	118	59	218	88	44	6.6	10.5
125		188	338	134	67	228	100	50	7.5	11.9
140		210	360	150	75	237	112	56	8.3	13.3
160		240	390	172	86	249	128	64	9.5	15.2
180		270	420	193	97	262	143	72	10.7	17.2
200		300	450	214	107	274	159	80	11.9	19.0
225		338	488	242	121	290	179	90	13.4	21.4
250	250	375	625	268	134	412	199	99	14.9	23.8
280		420	670	300	150	424	223	112	16.6	26.7
315	300	473	773	338	169	498	251	126	18.7	30.0
355		533	833	381	191	520	283	141	21.1	33.8
400		600	900	429	214	548	318	159	23.8	38.1
450		675	975	482	241	580	358	179	26.7	
500	350	750	1100	536	268	665	406	203	297	

③ 法兰连接90°弯头、45°弯头、三通及异径管等（图40-7和表40-9）

④ 螺纹连接弯头、三通、异径管（图40-8～图40-11、表40-10～表40-13）

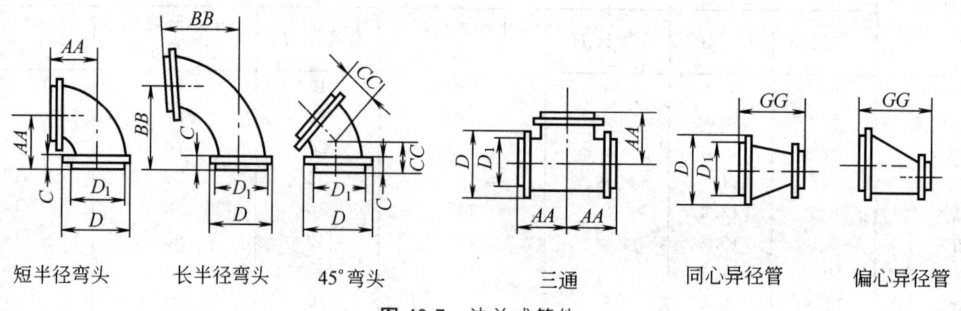

图40-7 法兰式管件

表40-9 法兰式管件尺寸

单位：mm

管件外径 D_1	法兰外径 D	法兰厚度 C	壁厚 S		短半径弯头、三通的中心至端面 AA	长半径弯头的中心至端面 BB	45°弯头的中心至端面 CC	异径管的端面至端面 GG
			0.6MPa	1.0MPa				
75	185	22	4.5	7.2	132	183	81	149
90	200	24	5.4	8.6	145	202	81	161
110	220	24	6.6	10.5	165	229	102	178
125	220	24	7.5	11.9	165	229	102	178
140	250	26	8.3	13.3	192	262	116	207
160	285	28	9.5	15.2	206	295	130	234
180	285	28	10.7	17.2	206	295	130	234
200	340	34	11.9	19.0	234	361	145	289
225	340	34	13.4	21.4	234	361	145	289
250	395	38	14.9	23.8	287	427	173	320
280	395	38	16.6	26.7	287	427	173	320
315	445	42	18.7	30.0	315	493	200	376
355	505	46	21.1	33.8	367	557	201	428
400	565	50	23.8	38.1	394	623	216	483
450	615	50	26.7		429	683	226	503
500	670	52	29.7		466	746	250	526

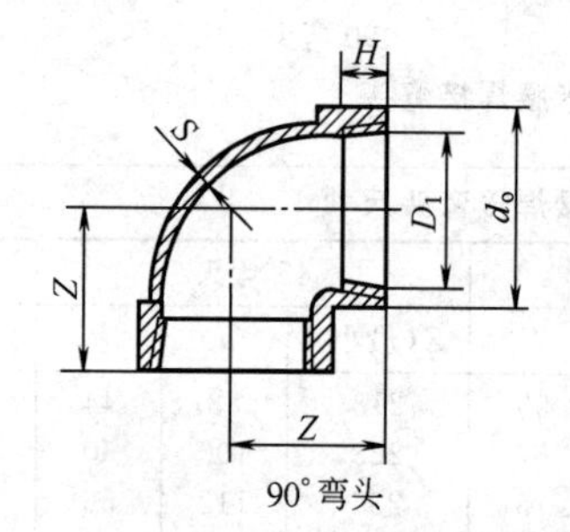

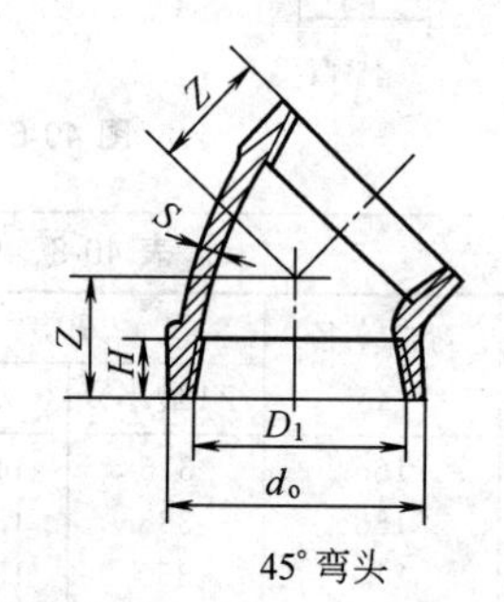

图40-8 螺纹连接弯头

表40-10 螺纹连接弯头尺寸

单位：mm

公称外径 D_1	端面外径 d_o		锥管螺纹 (ZG)/in	直管长 H	中心至端面 Z		壁厚 S(最小)	
	0.6MPa	1.0MPa			90°	45°	0.6MPa	1.0MPa
17	23	23	3/8	18	28	22	3.0	3.0
21	27	27	1/2	18	33	25	3.0	3.0
27	33	34	3/4	20	38	28	3.0	3.5
34	41	43	1	21	42	30	3.5	4.5
48	55	59	1½	25	56	37	3.5	5.5
60	67	72	2	26	61	41	3.5	6.0

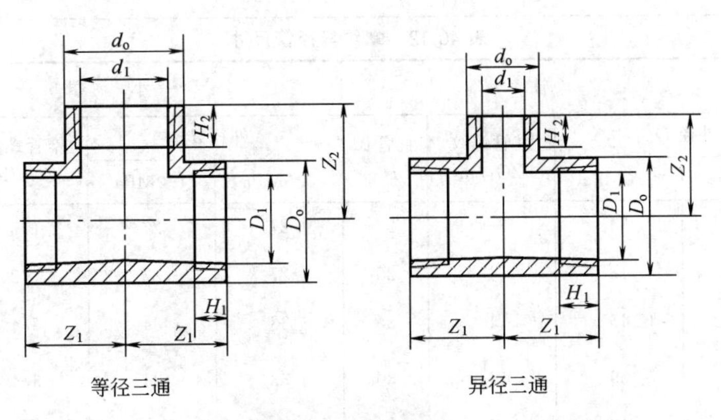

图 40-9　螺纹三通

表 40-11　螺纹三通尺寸　单位：mm

公称外径 $D_1 \times d_1$	端面外径 $D_o \times d_o$		主管		支管		中心至端面	
	0.6MPa	1.0MPa	锥管螺纹 ZG_1/in	直管长 H_1	锥管螺纹 ZG_2/in	直管长 H_2	Z_1(最小)	Z_2(最小)
17×17	23×23	23×23	3/8	18	3/8	18	31	31
21×21	27×27	27×27	1/2	18	1/2	18	33	33
21×17	27×23	27×23	1/2	18	3/8	18	31	33
27×27	33×33	34×34	3/4	20	3/4	20	38	38
27×21	33×27	34×27	3/4	20	1/2	18	36	36
34×34	41×41	43×43	1	21	1	21	42	42
34×27	41×33	43×34	1	21	3/4	20	39	41
34×21	41×27	43×27	1	21	1/2	18	36	39
48×48	55×55	59×59	$1\frac{1}{2}$	25	$1\frac{1}{2}$	25	54	54
48×34	55×41	59×43	$1\frac{1}{2}$	25	1	21	46	50
48×27	55×33	59×34	$1\frac{1}{2}$	25	3/4	20	43	50
60×60	67×67	72×72	2	26	2	26	61	61
60×48	67×55	72×59	2	26	$1\frac{1}{2}$	25	55	60
60×34	67×41	72×43	2	26	1	21	47	56

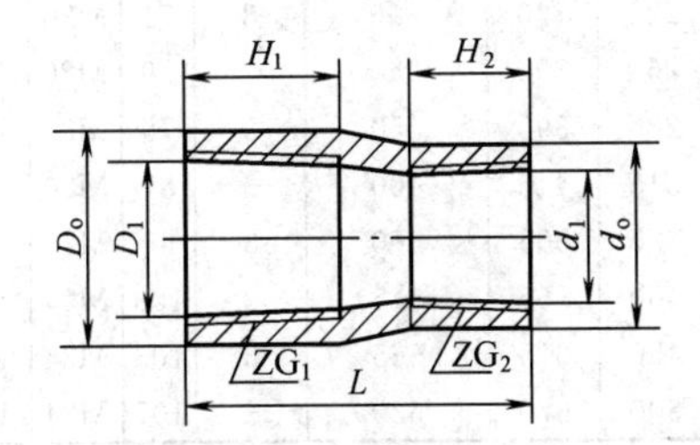

图 40-10　螺纹异径管

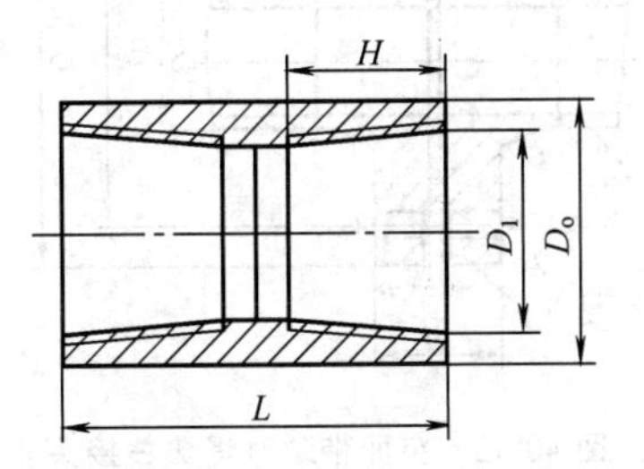

图 40-11　螺纹管接头

表 40-12 螺纹异径管尺寸

单位：mm

公称外径 $D_1 \times d_1$	大端				小端				总长 L
	外径 D_o		锥管螺纹 ZG_1/in	直管长 H_1	外径 d_o		锥管螺纹 ZG_2/in	直管长 H_2	
	0.6MPa	1.0MPa			0.6MPa	1.0MPa			
27×21	33	34	3/4	20	27	27	1/2	20	55
34×21	41	43	1	25	27	27	1/2	20	60
34×27	41	43	1	25	33	34	3/4	20	60
48×27	55	59	$1\frac{1}{2}$	30	33	34	3/4	20	70
48×34	55	59	$1\frac{1}{2}$	30	41	43	1	25	70
60×34	67	72	2	30	41	43	1	25	80
60×48	67	72	2	30	55	59	$1\frac{1}{2}$	30	80

表 40-13 螺纹管接头尺寸

单位：mm

公称外径 D_1	端面外径 D_o		锥管螺纹 ZG/in	直管长 H	总长 L
	0.6MPa	1.0MPa			
17	23	23	3/8	18	46
21	27	27	1/2	19	48
27	33	34	3/4	21	52
34	41	43	1	23	58
48	55	59	$1\frac{1}{2}$	27	66
60	67	72	2	29	70

⑤ 法兰

a. 突面带颈对焊法兰和法兰接头（图 40-12、图 40-13，表 40-14、表 40-15）。

b. 松套法兰和法兰接头（表 40-16～表 40-18、图 40-14～图 40-16）。

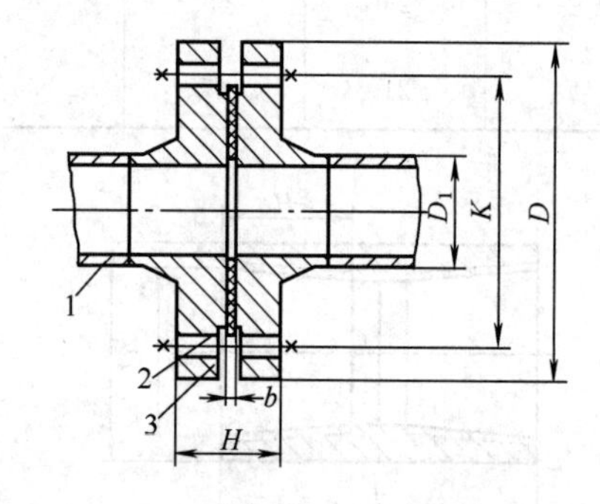

图 40-12 突面带颈对焊法兰接头

1—管子；2—垫片；3—法兰

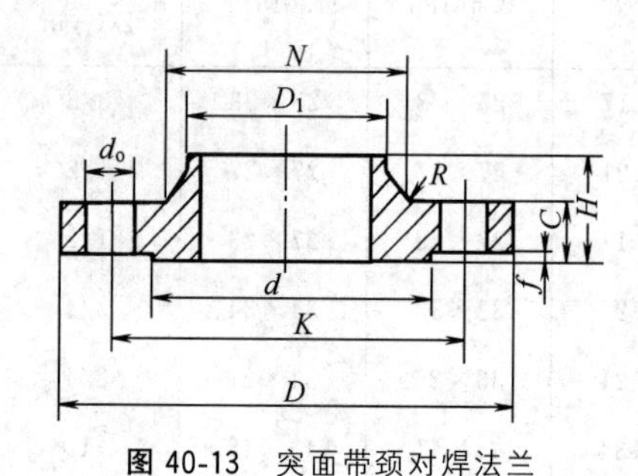

图 40-13 突面带颈对焊法兰

表 40-14 突面带颈对焊法兰接头尺寸

单位：mm

公称直径 DN	接管外径 D_1	法兰外径 D	螺栓孔中心圆直径 K	垫片厚度 b	H	双头螺柱		
						直径	长度	数量/个
65	75	185	145	3	47	M16	85	4
80	90	200	160	3	51	M16	90	8
100	110	220	180	3	51	M16	90	8
100	125	220	180	3	51	M16	90	8
125	140	250	210	3	55	M16	100	8
150	160	285	240	3	59	M20	110	8
150	180	285	240	3	59	M20	110	8
200	200	340	295	3	71	M20	120	8
200	225	340	295	3	71	M20	120	12
250	250	395	350	3	79	M20	130	12
250	280	395	350	3	79	M20	130	12
300	315	445	400	3	87	M20	140	12
350	355	505	460	3	95	M20	140	12
400	400	565	515	3	103	M24	160	16
450	450	615	565	3	103	M24	160	20
500	500	670	620	3	107	M24	170	20

注：公称压力为 1.0MPa。

表 40-15　突面带颈对焊法兰尺寸　单位：mm

公称直径 DN	接管外径 D_1	法兰外径 D	螺栓孔中心圆直径 K	螺栓孔直径 d_o	螺栓孔数 n	法兰厚度 C	法兰高度 H	密封面		法兰颈	
								d	f	N	R
65	75	185	145	18	4	22	80	122	3	104	6
80	90	200	160	18	8	24	80	138	3	118	6
100	110	220	180	18	8	24	80	158	3	140	6
100	125	220	180	18	8	24	80	158	3	140	6
125	140	250	210	18	8	26	80	188	3	168	6
150	160	285	240	22	8	28	80	212	3	195	8
150	180	285	240	22	8	28	80	212	3	195	8
200	200	340	295	22	8	34	100	268	3	246	8
200	225	340	295	22	8	34	100	268	3	246	8
250	250	395	350	22	12	38	100	320	3	298	10
250	280	395	350	22	12	38	100	320	4	298	10
300	315	445	400	22	12	42	100	370	4	350	10
350	355	505	460	22	16	46	120	430	4	400	10
400	400	565	515	26	16	50	120	482	4	456	10
450	450	615	565	26	20	50	120	530	4	502	12
500	500	670	620	26	20	52	120	585	4	559	12

注：材料为 FRPP。公称压力为 1.0MPa。

表 40-16　松套法兰接头尺寸（一）　单位：mm

公称直径 DN	接管外径 D_1	法兰外径 D	螺栓孔中心圆直径 K	垫片厚度 b	H	双头螺柱		
						直径	长度	数量/个
65	75	185	145	3	71	M16	120	4
80	90	200	160	3	73	M16	120	8
100	110	220	180	3	75	M16	120	8
100	125	220	180	3	89	M16	130	8
125	140	250	210	3	89	M16	130	8
150	160	285	240	3	89	M20	130	8
150	180	285	240	3	99	M20	140	8
200	200	340	295	3	107	M20	150	8
200	225	340	295	3	107	M20	150	8
250	250	395	350	3	117	M20	160	12
250	280	395	350	3	117	M20	160	12
300	315	445	400	3	125	M20	170	12
350	355	505	460	3	139	M20	180	16
400	400	565	515	3	159	M24	210	16
450	450	615	565	3	195	M24	250	20
500	500	670	620	3	199	M24	260	20

注：公称压力为 1.0MPa。选用 GB 9121.2 中规定的法兰或 ANSI B16.5 中规定的 150lb 法兰。

表 40-17　松套法兰尺寸（二）　单位：mm

公称直径 DN	接管外径 D_1	法兰外径 D	法兰内径 B	法兰厚度 C	螺栓孔中心圆直径 K	E	螺栓孔	
							孔径 d_o	数量/个
65	75	185	92	18	145	6	18	4
80	90	200	108	18	160	6	18	8
100	110	220	128	18	180	6	18	8
100	125	220	135	18	180	6	18	8
125	140	250	158	18	210	6	18	8
150	160	285	178	18	240	6	22	8
150	180	285	188	18	240	8	22	8
200	200	340	235	20	295	8	22	8
200	225	340	238	20	295	8	22	8
250	250	395	288	22	350	11	22	12
250	280	395	294	22	350	11	22	12
300	315	445	338	26	400	11	22	12
350	355	505	376	28	460	12	22	16
400	400	565	430	32	515	12	26	16
450	450	615	517	36	565	12	26	20
500	500	670	533	38	620	12	26	20

注：材料为 20 钢或 FRPP。公称压力为 1.0MPa。

表 40-18 松套法兰尺寸（连接尺寸 ANSI B16.5 150lb） 单位：mm

公称直径 DN /mm	公称直径 DN /in	接管外径 D_1	法兰外径 D	法兰内径 B	法兰厚度 C	螺栓孔中心圆直径 K	r	螺栓孔 孔径 d_o	螺栓孔 数量/个
65	$2\frac{1}{2}$	75	178	92	18	139.5	8	20	4
80	3	90	190	108	18	152.5	10	20	4
100	4	110	230	128	18	190.5	11	20	8
100	4	125	230	135	18	190.5	11	20	8
125	5	140	255	158	18	216	11	22	8
150	6	160	280	178	18	241.5	13	22	8
150	6	180	280	188	18	241.5	13	22	8
200	8	200	345	235	20	298.5	13	22	8
200	8	225	345	238	20	298.5	13	22	8
250	10	250	405	288	22	362	13	26	12
250	10	280	405	294	22	362	13	26	12
300	12	315	485	338	26	432	13	26	12
350	14	355	535	376	28	476	13	30	12
400	16	400	600	430	32	540	13	30	16
450	18	450	635	517	36	578	13	33	16
500	20	500	700	533	38	635	13	33	20

注：材料为20钢或FRPP。公称压力为150lb。

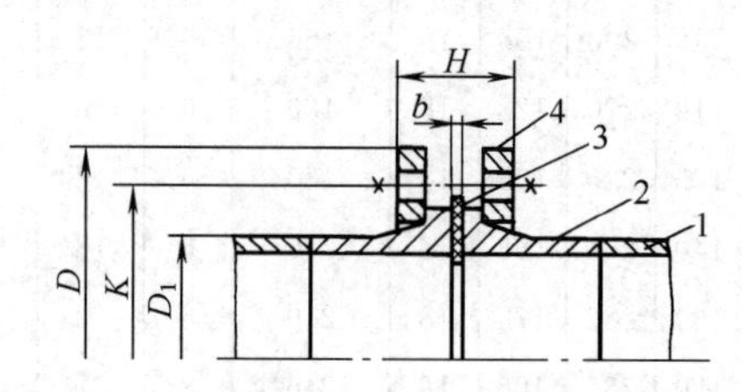

图 40-14 松套法兰接头
1—管子；2—管端突缘；
3—垫片；4—法兰

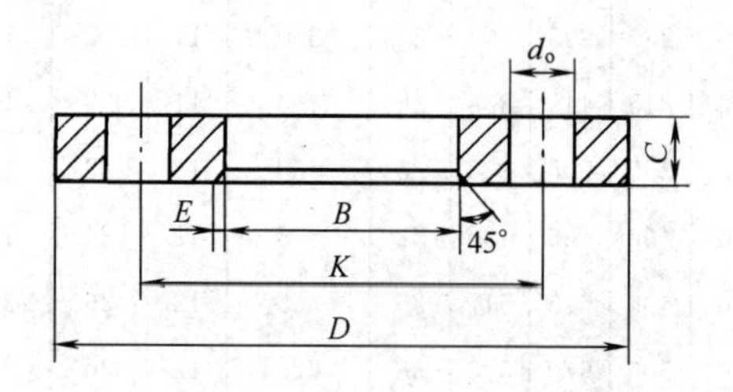

图 40-15 松套法兰（一）

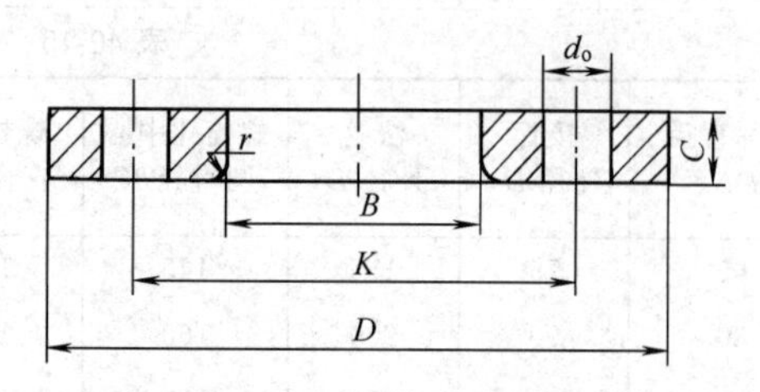

图 40-16 松套法兰（二）

1.3 玻璃钢增强聚丙烯（FRP/PP）复合管（HG/T 21579—1995）

1.3.1 承插式直管、法兰式直管（图 40-17 和表 40-19）

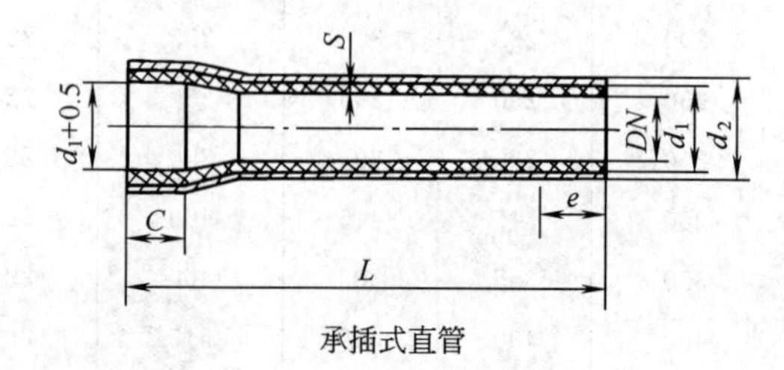

承插式直管

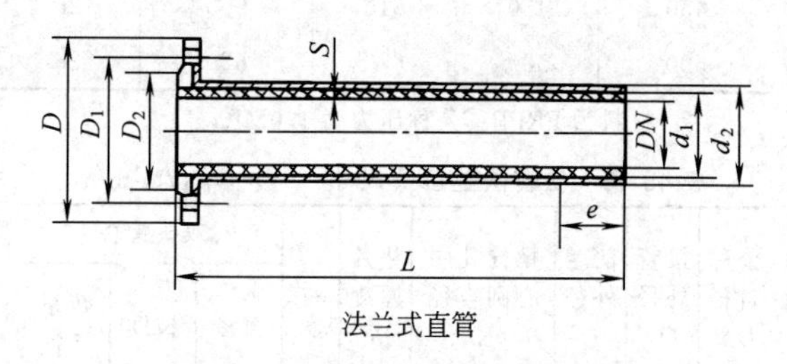

法兰式直管

图 40-17 承插式直管和法兰式直管

表 40-19 承插式直管和法兰式直管尺寸

单位：mm

公称直径 DN	PN /MPa	d_1	d_2	S	C	e	D_1	D	L	D_2
15	1.6	20	25	2	20	25	65	95	(4000～6000)±50	45
20		25	30	2	23	28	75	105		55
25		32	37	2	25	30	85	115		64
32		40	45	2	30	35	100	140		76
40		50	55	2	40	45	110	150		86
50		63	68	2	50	55	125	165		102
65	1.0	75	80	2	50	55	145	185		120
80		90	95	2	50	55	180	200		136
100		110	115	2	56	61	180	220		156
125		140	145	2	69	74	210	250		186
150		160	165	2	89	88	240	285		212
200	0.6	225	230	2	108	116	295	320		266
250		280	286	3	131	141	350	375		320
300		315	321	3	156	166	400	440		370
350		355	362	3	186	201	460	490		430
400		400	408	3	210	215	515	540		482

1.3.2　管件

① 90°双承口虾米弯头、法兰式成形弯头（图 40-18 和表 40-20）

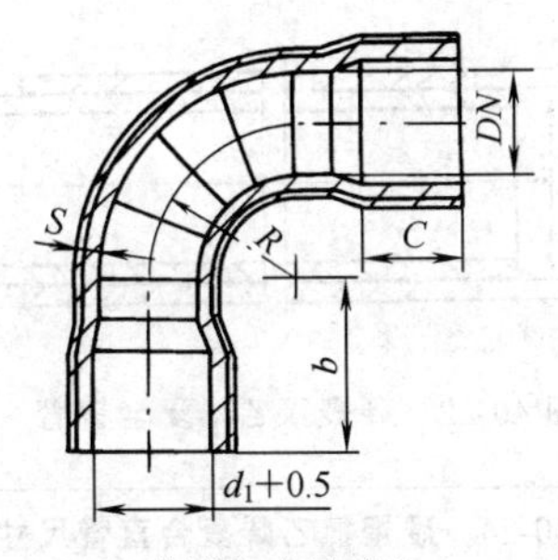

90°双承口虾米弯头

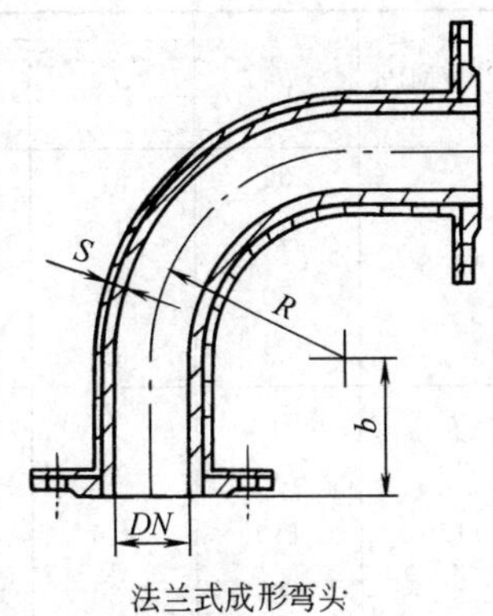

法兰式成形弯头

图 40-18　弯头

表 40-20　弯头尺寸　　单位：mm

公称直径 DN	PN /MPa	d_1	C	成形 R	虾米 R	S
15	1.6	20	20	45		2
20		25	23	60		2
25		32	25	75		2
32		40	30	96		2
40		50	40	120		2
50		63	50	150	75	2
65	1.0	75	50	195	95	2
80		90	50	240	120	2
100		110	56	300	150	2
125		140	69	400	180	3
150		160	89	600	220	3
200	0.6	225	106		300	4
250		280	131		370	5
300		315	156		450	6
350		355	186		600	6
400		400	210		600	6

注：根据用户需要可制作 45°弯管及大口径管。

② 承口三通和法兰式三通（图 40-19 和表 40-21）

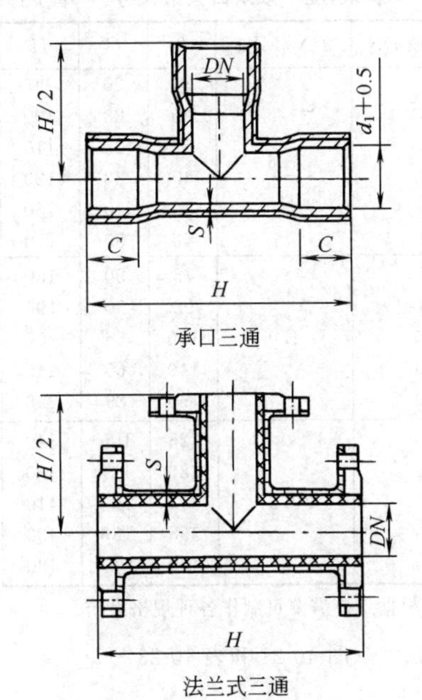

承口三通

法兰式三通

图 40-19　三通

表 40-21　三通尺寸　　单位：mm

公称直径 DN	PN/MPa	d_1	C	S	H
15	1.6	20	20	2	125
20		25	23	2	130
25		32	25	2	145
32		40	30	2	170
40		50	40	2	205
50		63	50	2	250
65	1.0	75	50	2	280
80		90	50	2	295
100		110	56	3	340
125		140	69	3	400
150		160	89	3	450
200	0.6	225	106	4	570
250		280	131	5	650
300		315	156	6	740
350		355	186	6	980
400		400	210	6	980

③ 双承口束节（图 40-20 和表 40-22）

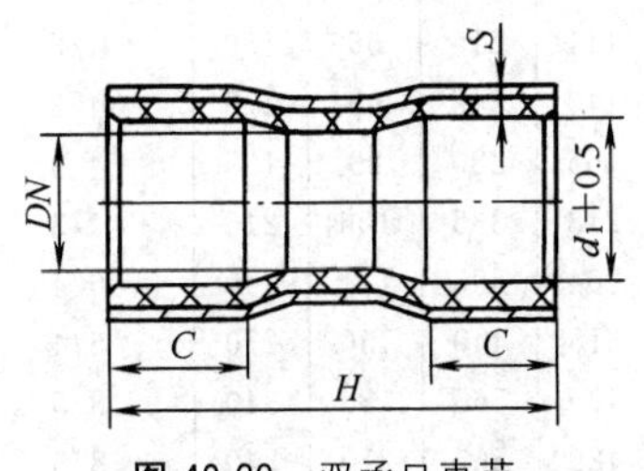

图 40-20　双承口束节

表 40-22 双承口束节尺寸 单位：mm

公称直径 DN	PN/MPa	d_1	C	H	S
15	1.6	30	20	90	2
20		25	23	100	2
25		32	25	110	2
32		40	30	120	2
40		50	40	150	2
50		63	50	170	2
65	1.0	75	50	180	2
80		90	50	190	2
100		110	56	200	2
125		140	69	245	2
150		160	89	290	2
200	0.6	225	106	340	2
250		280	131	380	3
300		315	156	410	3
350		355	186	430	4
400		400	210	430	4

注：根据用户需要可制作各种规格束节。

④ 法兰（图 40-21 和表 40-23）

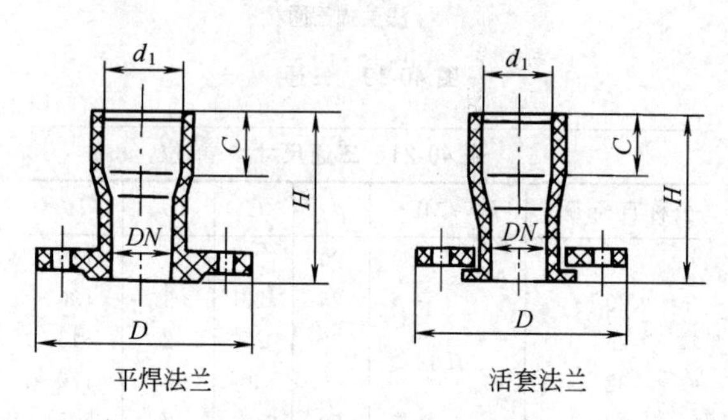

图 40-21 法兰

表 40-23 法兰尺寸 单位：mm

公称直径 DN	d_1	D	C	H	FRP 法兰/管道厚度	PN/MPa
15	20	95	20	60	4/2	1.0
20	25	105	23	70	4/2	1.0
25	32	115	25	85	4/2	1.0
32	40	135	30	90	4/2	1.0
40	50	145	40	100	4/2	1.0
50 (55)	60 (65)	160	50	110	4/2	1.0
65	76	180	50	120	4/2	1.0
80	90	195	50	130	4/2	1.0
100	114	215	56	150	4/2	1.0
125	140	245	69	175	4/2	1.0
150	166	280	89	195	4/3	1.0
200	218	335	106	215	4/3	1.0
250	264	395	131	240	6/4	1.0
300	315	440	156	270	6/4	1.0
375	400	565	186	340	8/5	1.0
400	425	565	210	340	8/5	1.0

1.4 玻璃钢增强硬聚氯乙烯（FRP/PVC）复合管（HG/T 21636—87）

1.4.1 硬聚氯乙烯复合直管（图 40-22 和表 40-24）

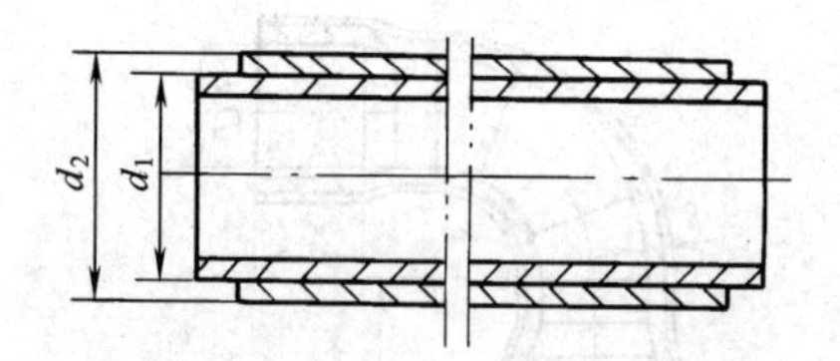

图 40-22 硬聚氯乙烯复合直管

表 40-24 硬聚氯乙烯复合直管尺寸

单位：mm

公称直径 DN	PN/MPa	d_1	d_2	允许偏差
25	1.6	32	37	+0.3 −0
32		40	45	
40		50	55	
50		63	68	
65	1.0	75	80	+0.4 −0
80		90	95	
100		110	115	
125		125	130	
150		160	165	
200	0.6	200	205	+0.5 −0
250		250	255	
300		300	305.5	
350	0.4	355	360	+0.7 −0
400		400	405.5	
500		500	506	
600		600	607	

1.4.2 复合平焊法兰（图 40-23 和表 40-25）

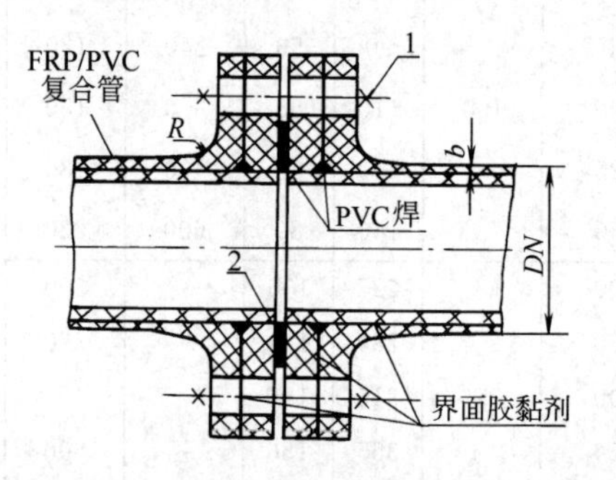

图 40-23 复合平焊法兰

1—螺栓、螺母；2—垫片

表 40-25　复合平焊法兰尺寸　单位：mm

公称直径 *DN*	*PN*/MPa	FRP 厚度 *b*	*R*
25	1.6	8	10
32			
40			
50			
65	1.0	10	15
80			
100		12	
125			
150			20
200	0.6		
250		14	
300			

1.5　塑料衬里复合管（HG/T 2437—2006）

1.5.1　螺纹法兰连接直管（图 40-24 和表 40-26）

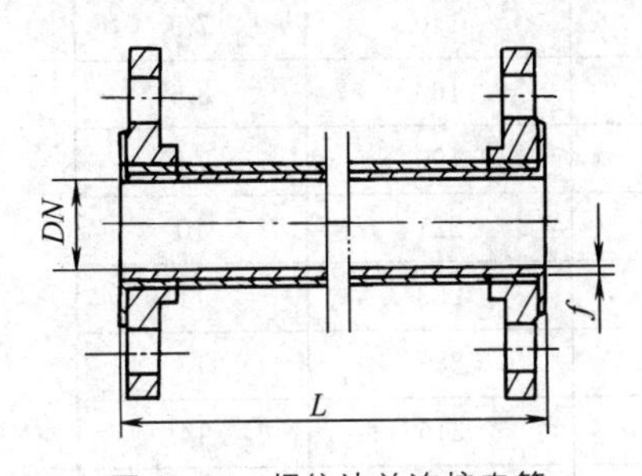

图 40-24　螺纹法兰连接直管

表 40-26　螺纹法兰连接直管尺寸　单位：mm

公称尺寸 *DN*	衬层厚度 *f* PTFE、FEP、PFA	衬层厚度 *f* PP-R、PE-D、PVC	钢管规格	法兰标准	长度 *L*
25	2.5	3	ϕ35×3.5	GB/T 9113.1或GB/T 9120.1	3000
32			ϕ38×3		
40			ϕ48×4		
50	3		ϕ57×3.5		
65		4	ϕ76×4		
80	3.5		ϕ89×4		
100	4		ϕ108×4		
125		5	ϕ133×4		
150			ϕ159×4.5		
200			ϕ219×6		
250	4.5		ϕ273×8		
300		6	ϕ325×9		
350			ϕ377×9		
400	5		ϕ426×9		
450			ϕ480×9		
500			ϕ530×10		
600			ϕ618×10		
700			ϕ718×11		
800			ϕ818×11		
900			ϕ918×12		
1000			ϕ1018×12		

1.5.2　管件

① 90°弯头和 45°弯头（法兰式）（图 40-25 和表 40-27）

② 法兰式异径管和法兰三通（图 40-26 和表 40-28）

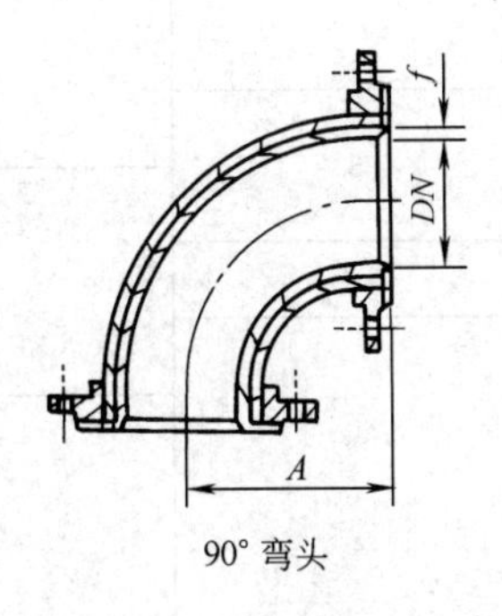

90° 弯头

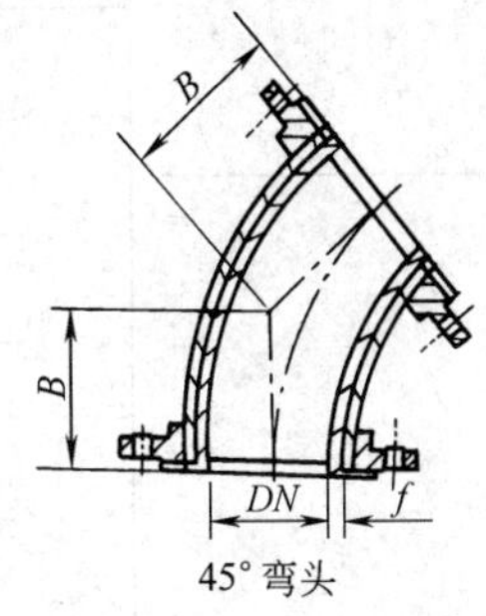

45° 弯头

图 40-25　90°弯头和 45°弯头（法兰式）

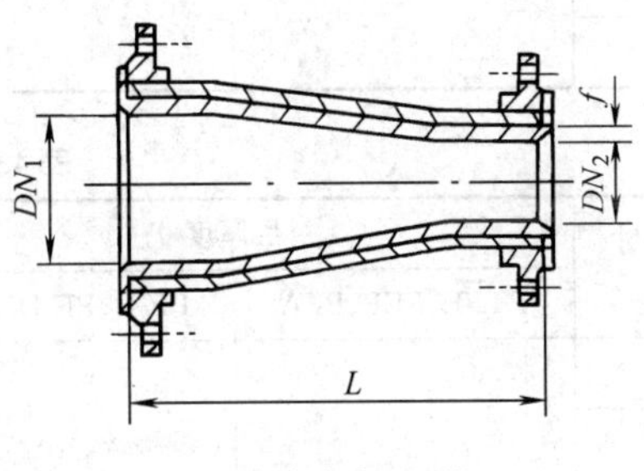

法兰式异径管

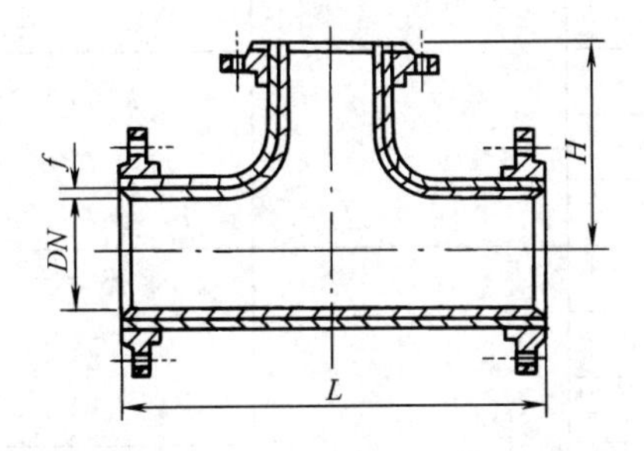

法兰三通

图 40-26　法兰式异径管和法兰三通

表 40-27 90°弯头和45°弯头（法兰式）尺寸 单位：mm

公称尺寸 DN	衬层厚度 f		弯头结构参数		管件最小壁厚	法兰标准
	PTFE、FEP、PFA	PP-R、PE-D、PVC	90°弯头 A	45°弯头 B		
25	2.5	3	89	44	3.0	GB/T 9113.1或GB/T 9120.1
32			95	51	4.8	
40			102	57		
50	3		114	64	5.6	
65		4	127	76		
80	3.5		140			
100	4		165	102	6.3	
125		5	190	114	7.1	
150			203	127		
200			229	140	7.9	
250		6	279	165	8.6	
300			305	190	9.5	
350	5		356	221	10	
400			406	253	11	
450			457	284	13	
500			508	316	14	
600			610	374	16	
700			710	430	18	
800			810	488	20	
900			910	548	20	
1000			1010	608	22	

表 40-28（a） 法兰三通尺寸 单位：mm

公称尺寸 DN	衬层厚度 f		三通结构参数		管件最小壁厚	法兰标准
	PTFE、FEP、PFA	PP-R、PE-D、PVC	横长 L	垂直高 H		
25	3	3	200	100	4	GB/T 9113.1或GB/T 9120.1
32						
40						
50						
65		4	300	150		
80					5	
100						
125	4	5				
150			400	200		
200						
250		6	500	250	6	
300			600	300		

续表

公称尺寸 DN	衬层厚度 f		三通结构参数		管件最小壁厚	法兰标准
	PTFE、FEP、PFA	PP-R、PE-D、PVC	横长 L	垂直高 H		
350	5	6	700	350	8	GB/T 9113.1或GB/T 9120.1
400			800	400		
450			900	450	10	
500			1000	500		
600			1200	600	12	
700			1400	700		
800			1600	800	14	
900			1800	900		
1000			2000	1000		

表 40-28（b）　异径管尺寸　　单位：mm

公称尺寸 DN		衬层厚度 f		长度 L	管件最小壁厚	法兰标准
DN_1	DN_2	PTFE、FEP、PFA	PP-R、PE-D、PVC			
40	25	3	3	150	3	GB/T 9113.1或GB/T 9120.1
50	25					
50	40					
65	40					
65	50					
80	50					
80	65					
100	50		5			
100	65					
100	80	4			4	
125	65					
125	80					
125	100					
150	80					
150	100					
150	125		6			
200	100					
200	150					
250	150					
250	200					
300	200					
300	250					
350	300	5		250	8	
400	300				10	
400	350					
450	350					
450	400					
500	400					
500	450					

续表

公称尺寸 DN		衬层厚度 f		长度 L	管件最小壁厚	法兰标准
DN_1	DN_2	PTFE、FEP、PFA	PP-R、PE-D、PVC			
600	450	5	6	300	12	GB/T 9113.1或GB/T 9120.1
600	500					
700	500					
700	600					
800	600					
800	700				15	
900	700					
900	800					
1000	800					
1000	900					

1.6 钢衬聚四氟乙烯（CS/PTFE）推压管（HG/T 21562—94）

1.6.1 法兰式直管（图 40-27 和表 40-29）

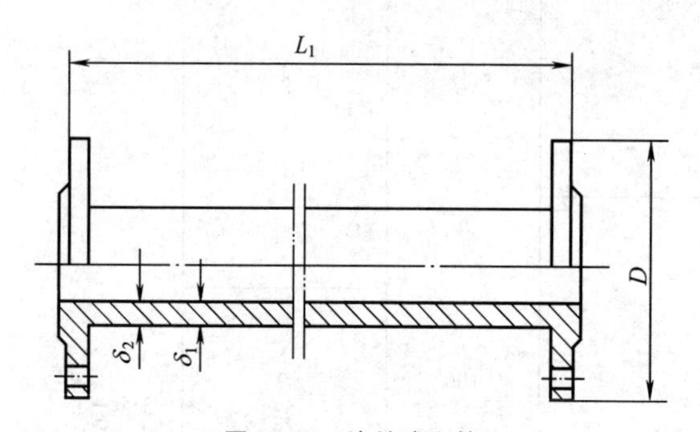

图 40-27 法兰式直管

表 40-29 法兰式直管尺寸 单位：mm

公称直径 DN	L_1	D	δ_1	δ_2
25	100～6000	115	3	2
32	100～6000	135	3	2
40	100～6000	145	3.5	2.5
50	100～6000	160	3.5	2.5
65	100～6000	180	4	3
80	100～6000	195	4	3
100	100～6000	215	4	3.5
125	100～6000	245	4	3.5
150	100～6000	280	4.5	4
(200)	100～6000	335	6	4.5
(250)	100～6000	405	6	5
(300)	100～6000	460	7	6

注：带括号者因承压能力小，不推荐使用。

1.6.2 管件

① 90°弯头和45°弯头（法兰式）（图 40-28 和表 40-30）

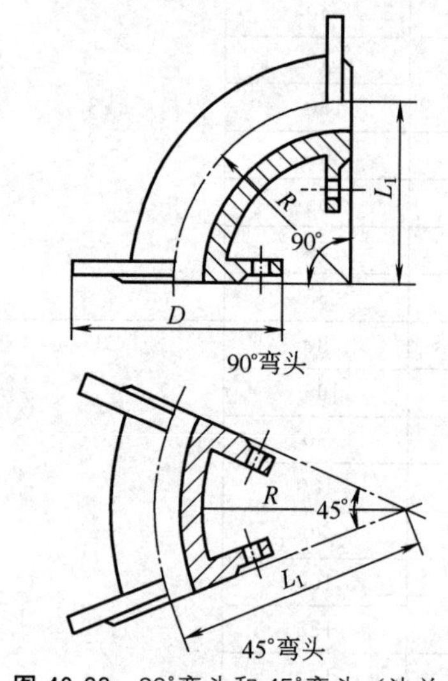

图 40-28 90°弯头和45°弯头（法兰式）

表 40-30 90°弯头和45°弯头（法兰式）尺寸

单位：mm

公称直径	45°弯头		90°弯头		D
DN	L_1	R	L_1	R	
25	95	95	95	95	115
32	105	105	105	105	135
40	120	120	120	120	145
50	150	150	150	150	160
65	210	210	210	210	180
80	255	255	255	255	195
100	310	310	310	310	215
125	375	375	375	375	245
150	450	450	450	450	280
200	490	490	490	490	335
250	550	550	535	535	405
300	620	620	600	600	460

② 法兰式三通（图 40-29 和表 40-31）

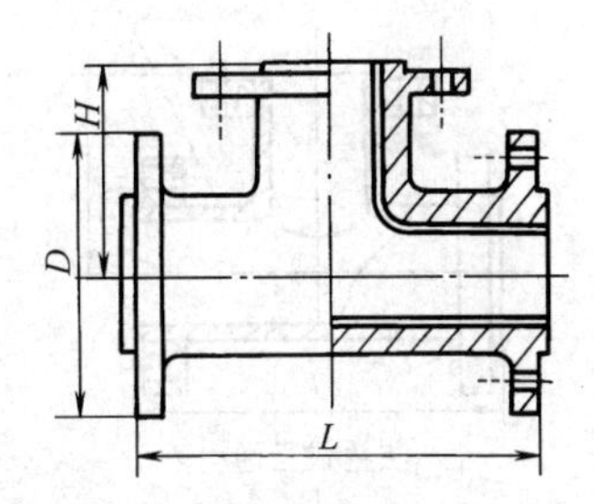

图 40-29　法兰式三通

表 40-31　法兰式三通尺寸　单位：mm

公称直径 DN	L	H	D
25	180	90	115
32	200	100	135
40	220	110	145
50	230	115	160
65	250	125	180
80	290	145	195
100	310	155	215
125	370	185	245
150	390	195	280
200	430	215	335
250	460	230	405
300	530	265	460

③ 法兰式四通（图 40-30 和表 40-32）

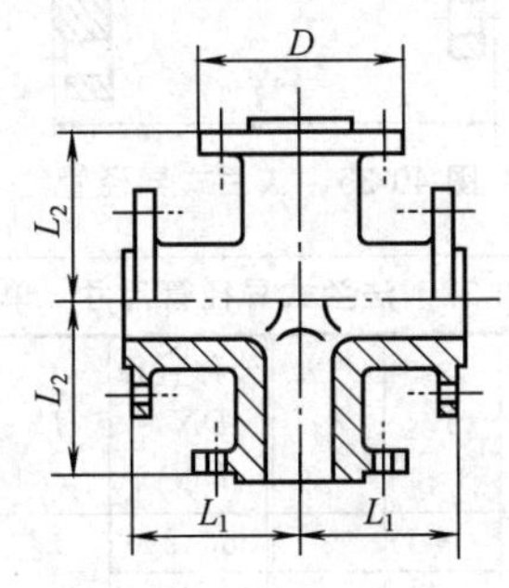

图 40-30　法兰式四通

表 40-32　法兰式四通尺寸　单位：mm

公称直径 DN	L_1	L_2	D
25	90	90	115
32	100	100	135
40	110	110	145
50	120	120	160
65	130	130	180
80	150	150	195
100	160	160	215
125	185	185	245
150	195	195	280
200	215	215	335
250	230	230	405
300	265	265	460

④ 法兰式异径管（图 40-31 和表 40-33）

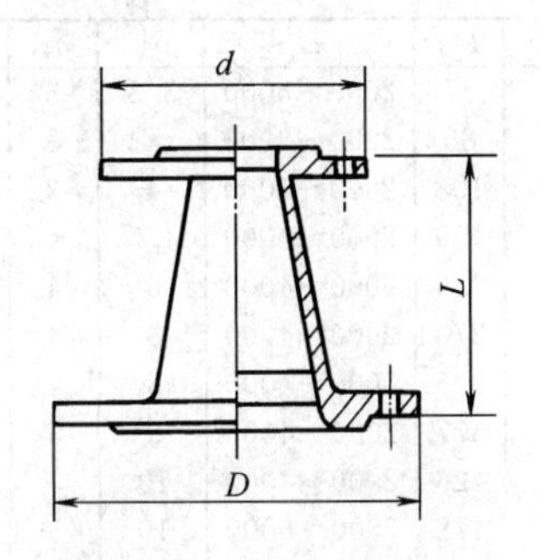

图 40-31　法兰式异径管

表 40-33　法兰式异径管尺寸　单位：mm

公称直径 DN/dN	L	D	d
40/25	80	145	115
50/25	90	160	115
50/32	100	160	135
50/40	110	160	145
65/50	130	180	160
80/50	150	195	180
80/65	150	195	180
100/65	170	215	180
100/80	170	215	195
125/80	200	245	195
125/100	200	245	215
150/100	225	280	215
200/150	250	335	280
250/150	280	405	280
250/200	310	405	335
300/250	310	460	405

1.7　钢滚衬聚乙烯管

1.7.1　法兰式直管（图 40-32 和表 40-34）

钢滚衬法制作的内衬聚乙烯管（CS/RUDPE），其聚乙烯粉末层厚度为 2～6mm，可视设计要求而定。高性能聚乙烯指线型低密度聚乙烯（LDPE）或高密度聚乙烯（HDPE）。其特点是耐腐蚀、耐磨损、耐真空。

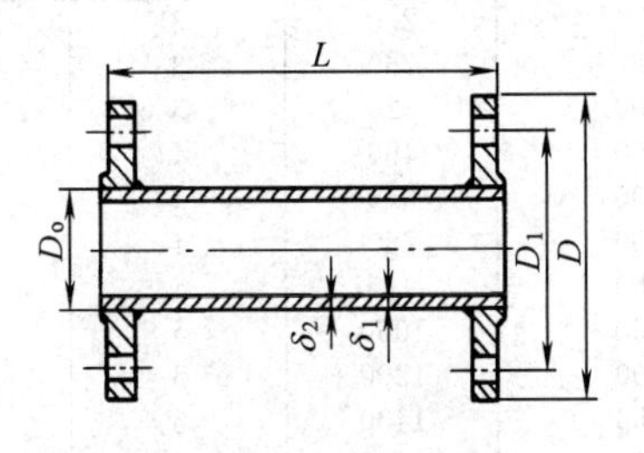

图 40-32　法兰式直管

表 40-34 法兰式直管尺寸 单位：mm

公称直径 DN	D_o	L	δ_1	δ_2	D_1	D
50	57	2000～3000	3.5	3	125	160
80	89	2000～3000	4	3	160	195
100	108	2000～4000	4	3	180	215
150	159	2000～4000	4.5	4	240	280
200	219	2000～4000	6	4	295	335
250	273	2000～4000	8	4	350	390
300	325	2000～4000	8	4	400	440
350	377	2000～4000	9	5	460	500
400	426	2000～4000	10	5	515	565
450	478	2000～6000	10	5	565	615
500	530	2000～6000	12	5	620	670
600	630	2000～6000	12	5	725	780

1.7.2 管件

① 90°法兰式弯头（图 40-33 和表 40-35）

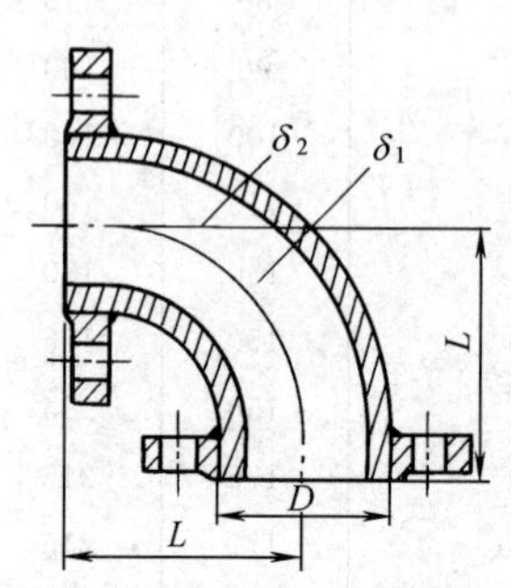

图 40-33 90°法兰式弯头

表 40-35 90°法兰式弯头尺寸 单位：mm

公称直径 DN	D	L		δ_1	δ_2
		45°	90°		
50	57	32	126	3.5	3
80	89	47	137	4	3
100	108	63	158	4	3
150	159	95	208	4.5	4
200	219	126	242	6	4
250	273	158	286	8.0	4
300	325	189	330	8	4
350	377	221	356	9	5
400	426	253	406	10	5
450	478	284	457	10	5
500	530	316	508	12	5
600	630	387	561	12	5

表 40-36 法兰式三通、四通尺寸 单位：mm

公称直径 DN	L	δ_1	L_1
50	200	3	100
80	260	3	130
100	320	3	160
150	460	4	230
200	610	4	305
250	760	4	380
300	910	4	455
350	1060	5	530
400	1200	5	600
450	1400	5	700
500	1600	5	800
600	1800	5	900

② 法兰式三通、四通（图 40-34 和表 40-36）

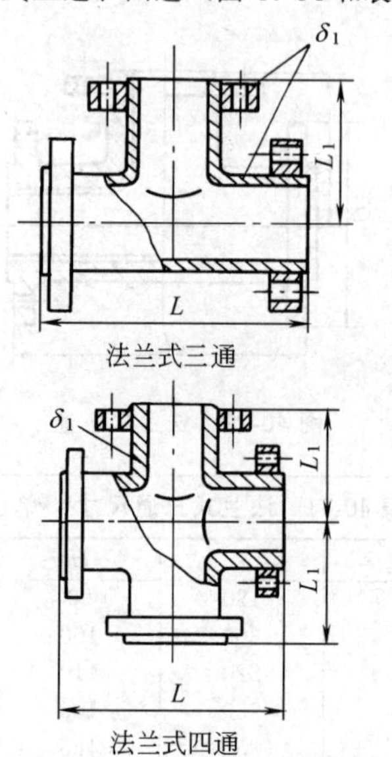

图 40-34 法兰式三通、四通

③ 法兰式异径管（图 40-35 和表 40-37）

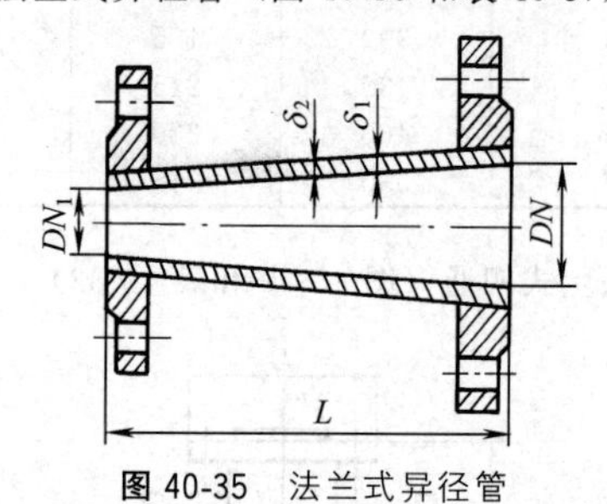

图 40-35 法兰式异径管

表 40-37 法兰式异径管尺寸 单位：mm

公称直径 DN/DN_1	L	δ_1	δ_2	公称直径 DN/DN_1	L	δ_1	δ_2
80/50	150	4	3	350/200			
100/50	150	4	3	350/250	250	9	5
100/80				350/300			
150/80				400/250			
150/100	180	4.5	4	400/300	250	10	5
200/100				400/350			
200/150	250	6	4	500/300			
250/150				500/350	300	12	5
250/200	250	8	4	500/400			
300/150				600/400			
300/200	250	8	4	600/450	400	12	5
300/250				600/500			

1.8 工业用硬聚氯乙烯管材（GB/T 4219.1—2008）

工业用硬聚氯乙烯直管材（PVC-U）的规格尺寸见表 40-38，物理力学性能见表 40-39。

表 40-38 工业用硬聚氯乙烯直管材的规格尺寸 单位：mm

公称外径 d_n	管系列 S 和标准尺寸比 SDR													
	S20 SDR41		S16 SDR33		S12.5 SDR26		S10 SDR21		S8 SDR17		S6.3 SDR13.6		S5 SDR11	
	e_{min}	偏差	e_{min}	偏差	e_{min}	偏差	e_{min}	偏差	e_{min}	偏差	e_{min}	偏差	e_{min}	偏差
16	—	—	—	—	—	—	—	—	—	—	—	—	2.0	+0.4
20	—	—	—	—	—	—	—	—	—	—	—	—	2.0	+0.4
25	—	—	—	—	—	—	—	—	—	—	2.0	+0.4	2.3	+0.5
32	—	—	—	—	—	—	—	—	2.0	+0.4	2.4	+0.5	2.9	+0.5
40	—	—	—	—	—	—	2.0	+0.4	2.4	+0.5	3.0	+0.5	3.7	+0.6
50	—	—	—	—	2.0	+0.4	2.4	+0.5	3.0	+0.5	3.7	+0.6	4.6	+0.7
63	—	—	2.0	+0.4	2.5	+0.5	3.0	+0.5	3.8	+0.6	4.7	+0.7	5.8	+0.8
75	—	—	2.3	+0.5	2.9	+0.5	3.6	+0.6	4.5	+0.7	5.6	+0.8	6.8	+0.9
90	—	—	2.8	+0.5	3.5	+0.6	4.3	+0.7	5.4	+0.8	6.7	+0.9	8.2	+1.1
110	—	—	3.4	+0.6	4.2	+0.7	5.3	+0.8	6.6	+0.9	8.1	+1.1	10.0	+1.2
125	—	—	3.9	+0.6	4.8	+0.7	6.0	+0.8	7.4	+1.0	9.2	+1.2	11.4	+1.4
140	—	—	4.3	+0.7	5.4	+0.8	6.7	+0.9	8.3	+1.1	10.3	+1.3	12.7	+1.5
160	4.0	+0.6	4.9	+0.7	6.2	+0.9	7.7	+1.0	9.5	+1.2	11.8	+1.4	14.6	+1.7
180	4.4	+0.7	5.5	+0.8	6.9	+0.9	8.6	+1.1	10.7	+1.3	13.3	+1.6	16.4	+1.9
200	4.9	+0.7	6.2	+0.9	7.7	+1.0	9.6	+1.2	11.9	+1.4	14.7	+1.7	18.2	+2.1
225	5.5	+0.8	6.9	+0.9	8.6	+1.1	10.8	+1.3	13.4	+1.6	16.6	+1.9	—	—
250	6.2	+0.9	7.7	+1.0	9.6	+1.2	11.9	+1.4	14.8	+1.7	18.4	+2.1	—	—
280	6.9	+0.9	8.6	+1.1	10.7	+1.3	13.4	+1.6	16.6	+1.9	20.6	+2.3	—	—
315	7.7	+1.0	9.7	+1.2	12.1	+1.5	15.0	+1.7	18.7	+2.1	23.2	+2.6	—	—
355	8.7	+1.1	10.9	+1.3	13.6	+1.6	16.9	+1.9	21.1	+2.4	26.1	+2.9	—	—
400	9.8	+1.2	12.3	+1.5	15.3	+1.8	19.1	+2.2	23.7	+2.6	29.4	+3.2	—	—

注：1. 考虑到安全性，最小壁厚应不小于 2.0mm。

2. 除了有其他规定之外，尺寸应与 GB/T 10798 一致。

3. 长度为 4m、6m 或 8m，颜色一般为灰色。

表 40-39 工业用硬聚氯乙烯直管材的物理力学性能

物理性能

项　目	指　标
密度 $\rho/(kg/m^3)$	1330～1460
维卡软化温度(VST)/℃	≥80
纵向回缩率/%	≤5
二氯甲烷浸渍试验	试样表面无破坏

力学性能

项目	试验参数			要求
	温度/℃	环应力/MPa	时间/h	
静液压试验	20	40.0	1	无破裂、无渗漏
	20	34.0	100	
	20	30.0	1000	
	60	10.0	1000	
落锤冲击性能	0℃(−5℃)			TIR≤10%

系统适用性

项目	试验参数			要求
	温度/℃	环应力/MPa	时间/h	
系统液压试验	20	16.8	1000	无破裂、无渗漏
	60	5.8	1000	

1.9 高密度聚乙烯管

1.9.1 高密度聚乙烯直管

高密度聚乙烯直管（图 40-36）应符合 ISO 4427—2007 标准。

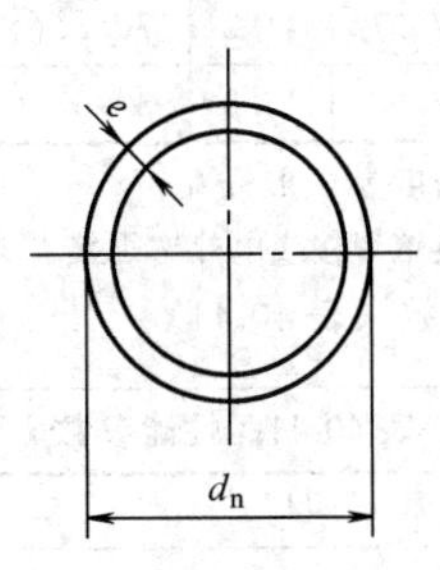

图 40-36 高密度聚乙烯直管

(1) 特点

具有优异的慢速裂纹增长抵抗能力，长期强度高(MRS 为 10MPa)；卓越的快速裂纹扩展抵抗能力；较好地改善刮痕敏感度；较高的刚度等。可广泛应用于各种领域，特别是作为大口径、高压力或寒冷地区使用的输气管和给水管，以及作为穿插更新管道等，具有独特的性能。

(2) 尺寸（表 40-40）

表 40-40 高密度聚乙烯直管尺寸

公称外径 dN/mm	标准尺寸比					
	SDR17		SDR13.6		SDR11	
	公称压力等级					
	1.00MPa		1.25MPa		1.60MPa	
	壁厚 e/mm	单重 /(kg/m)	壁厚 e/mm	单重 /(kg/m)	壁厚 e/mm	单重 /(kg/m)
32					3.0	0.282
40					3.7	0.434
50					4.6	0.672
63			4.7	0.890	5.8	1.07
75	4.5	1.03	5.6	1.26	6.8	1.50
90	5.4	1.48	6.7	1.81	8.2	2.17
110	6.6	2.20	8.1	2.67	10.0	3.22
125	7.4	2.82	9.2	3.43	11.4	4.18
140	8.3	3.53	10.3	4.31	12.7	5.22
160	9.5	4.63	11.8	5.64	14.6	6.83
180	10.7	5.86	13.3	7.14	16.4	8.79
200	11.9	7.22	14.7	8.80	18.2	10.85
225	13.4	9.17	16.6	11.37	20.5	13.73
250	14.8	11.25	18.4	13.99	22.7	16.92
280	16.6	14.36	20.6	17.55	25.4	21.23
315	18.7	18.23	23.2	22.25	28.6	26.88
355	21.1	23.19	26.1	28.22	32.2	34.10
400	23.7	29.35	29.4	35.79	36.3	43.30
450	26.7	37.20	33.1	45.37	40.9	54.87
500	29.7	45.98	36.8	56.02	45.4	67.69
560	33.2	57.57	41.2	70.26	50.8	84.78
630	37.4	72.93	46.3	88.67	57.2	108.0

注：1. 平均密度为 0.955g/cm³。

2. 管件采用热熔焊接或电热熔焊接。

(3) 性能参数（表 40-41）

表 40-41 性能参数

项 目		指 标
断裂伸长率/%		≥350
纵向回缩率/%		≤3
静液压强度	温度 20℃ 时间 100h 环向应力 12.4MPa，PE100	无破裂 无渗漏
	温度 80℃ 时间 1000h(165h) 环向应力 5.0MPa(5.5MPa)，PE100	无破裂 无渗漏

1.9.2 高密度聚乙烯管件

(1) 热熔管件（表 40-42 和表 40-43）

表 40-42 注塑管件尺寸 单位：mm

管件名称	公称直径 *DN*
凸缘	32、40、50、63、75、90、110、125、140、160、180、200、225、250、315
异径管	25/20、32/25、40/32、50/25、50/32、50/40、63/32、63/40、63/50、75/63、90/50、90/63、90/75、110/50、110/63、110/90、125/63、125/90、125/110、140/125、160/90、160/110、160/125、160/140、180/160、200/160、200/180、225/160、225/200、250/160、250/200、250/225、315/220、315/250
等径三通	25、32、40、50、63、75、90、110、125、160
异径三通	110/63、110/32
90°弯头	32、40、50、63、75、90、110、125、160
管帽	63、110、160、200、250

表 40-43 焊制管件尺寸 单位：mm

管件名称	公称直径 *DN*
90°弯头	90、110、125、140、160、180、200、225、250、280、315、355、400、450、500、560、630、710、800、900
45°弯头	
22.5°弯头	
三通	
四通	90、110、125、140、160、180、200、225、250、315

(2) 高密度聚乙烯内埋丝专用电热熔管件

内埋的隐蔽螺旋电热丝能抗氧化及受潮锈蚀，保证焊接性能稳定，插入深度大，焊接带宽，两端和中间有足够阻挡熔化材料流动的冷却带，使其在无固定装置时也可焊接操作。

① 内埋丝电热熔套管（图 40-37 和表 40-44）

② 内埋丝电热熔 90°弯头（图 40-38 和表 40-45）

③ 内埋丝电热熔异径管（图 40-39 和表 40-46）

④ 内埋丝电热熔同径三通(图 40-40 和表 40-47)

⑤ 内埋丝电热熔旁通鞍型管座(图 40-41 和表 40-48)

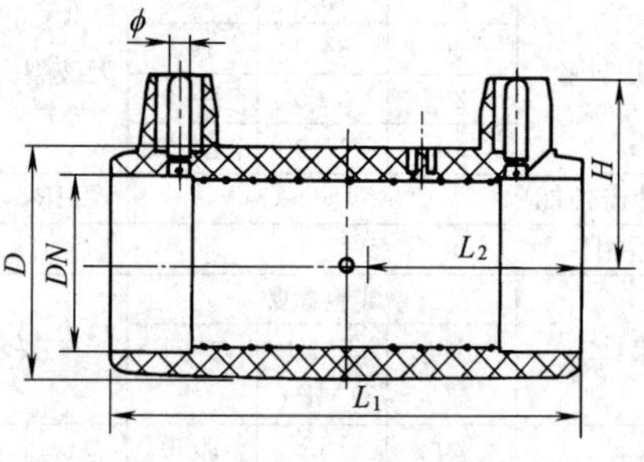

图 40-37 内埋丝电热熔套管

表 40-44　内埋丝电热熔套管尺寸　单位：mm

公称直径 DN	插入深度 L_2	最大外径 D	管件总长 L_1	电极距中心高 H	电极直径 ϕ
20	40	33	89	31.5	4
25	40	38	89	33.5	4
32	45	44	93	36.5	4
40	50	54	105	41.5	4
50	52	68	109	48.5	4
63	54	84	112	56.5	4
75	61	100	126	64.5	4
90	73	117	154	73.5	4
110	83	142	172	85.5	4
125	89	162	182	95.5	4
160	112	208	230	118.5	4
200	137	250	280	140.5	4
250	137	312	290	170.5	4

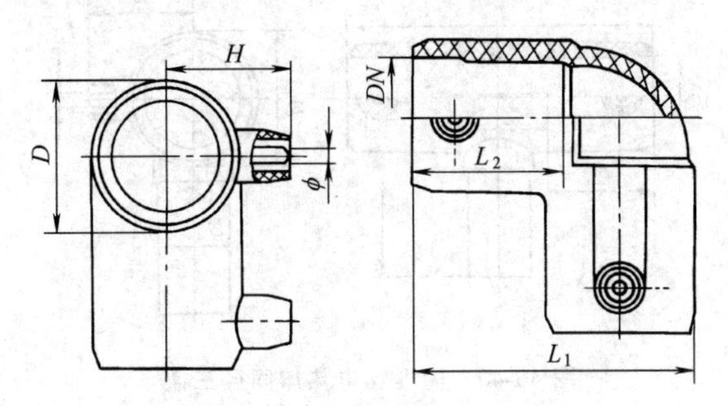

图 40-38　内埋丝电热熔 90°弯头

表 40-45　内埋丝电热熔 90°弯头尺寸　单位：mm

公称直径 DN	插入深度 L_2	最大外径 D	管件总长 L_1	电极距中心高 H	电极直径 ϕ
20	40	33	76.5	31.5	4
25	42	38	79	33.5	4
32	45	44	84	36.5	4
40	50	54	105	41.5	4
50	52	68	120	48.5	4
63	54	84	140	56.5	4
75	61	100	160	64.5	4
90	73	117	193	73.5	4
110	83	142	236	85.5	4

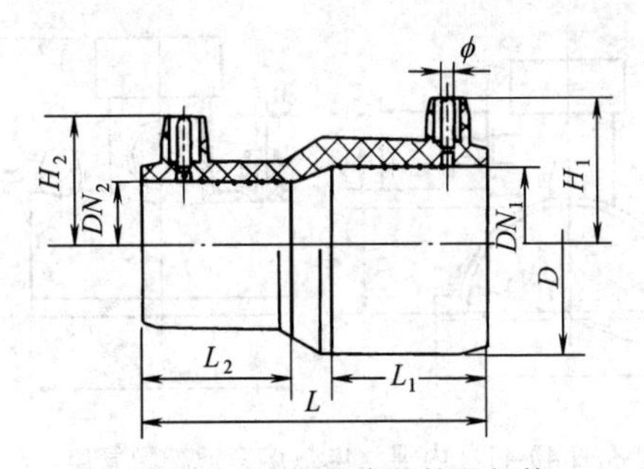

图 40-39　内埋丝电热熔异径管

表 40-46　内埋丝电热熔异径管尺寸　单位：mm

公称直径 $DN_1 \times DN_2$	插入深度 L_1	插入深度 L_2	最大外径 D	管件总长 L	电极距中心高 H_1	电极距中心高 H_2	电极直径 ϕ
25×20	42	40	38	90	33.5	31.5	4
32×25	45	40	44	95	36.5	33.5	4
40×32	50	45	54	110	41.5	36.5	4
50×40	50	45	68	110	48.5	41.5	4

续表

公称直径 $DN_1 \times DN_2$	插入深度		最大外径 D	管件总长 L	电极距中心高		电极直径 ϕ
	L_1	L_2			H_1	H_2	
63×32	60	45	84	130	56.5	36.5	4
63×40	60	45	84	130	56.5	41.5	4
63×50	60	50	84	130	56.5	48.5	4
75×63	70	50	100	150	64.5	56.5	4
90×63	70	50	117	155	73.5	56.5	4
90×75	70	60	117	155	73.5	64.5	4
110×63	100	50	142	210	85.5	56.5	4
110×75	100	60	142	210	85.5	64.5	4
110×90	100	70	142	210	85.5	73.5	4
125×110	100	90	162	220	95.5	85.5	4
160×125	112	85	208	230	118.5	95.5	4

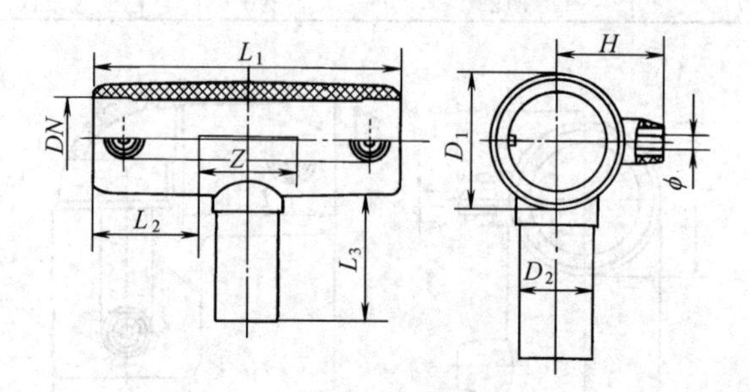

图 40-40 内埋丝电热熔同径三通

表 40-47 内埋丝电热熔同径三通尺寸 单位：mm

公称直径 DN	插入深度 L_2	最大外径 D_1	管件总长 L_1	分支长度 L_3	分支外径 D_2	电极距中心高 H	电极直径 ϕ	中心挡距 Z
20	40	33	100	45	20	31.5	4	18
25	40	38	105	46	25	33.5	4	21
32	45	44	125	49	32	36.5	4	27
40	50	54	145	50	40	41.5	4	35
50	52	68	149	60	50	48.5	4	44
63	54	84	176	60	63	56.5	4	53
75	61	100	189	64	75	64.5	4	65
90	73	117	245	81	90	73.5	4	78
110	83	142	258	95	110	85.5	4	94

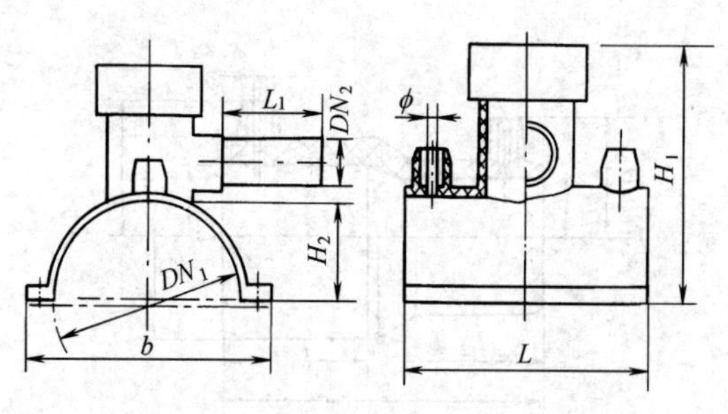

图 40-41 内埋丝电热熔旁通鞍型管座

表 40-48 内埋丝电热熔旁通鞍型管座尺寸 单位：mm

公称直径 $DN_1 \times DN_2$	管件长度 L	管件高度 H_1	管件宽度 b	骑入深度 H_2	分支长度 L_1	电极直径 ϕ
63×32	111	130	80	30	50	4
90×63	182	175	145	145	80	4
110×63	182	187	170	170	115	4
110×40	182	187	170	170	90	4
160×63	190	209	220	220	115	4

⑥ 内埋丝电热熔异径三通（图 40-42 和表 40-49）

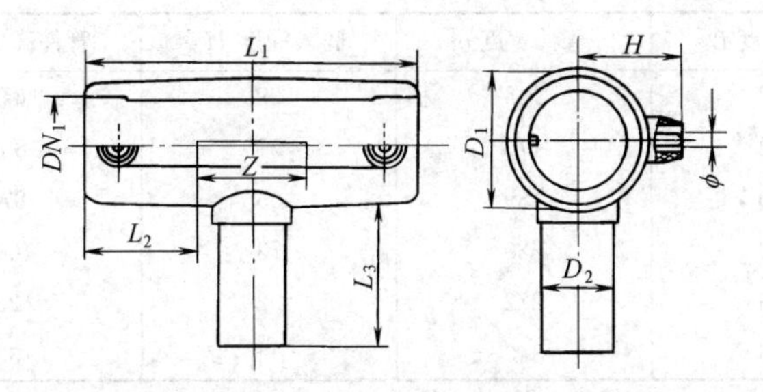

图 40-42　内埋丝电热熔异径三通

表 40-49　内埋丝电热熔异径三通尺寸　单位：mm

公称直径 $DN_1 \times DN_2 \times DN_1$	分支外径 D_2	插入深度 L_2	最大外径 D_1	管件总长 L_1	分支长度 L_3	电极距中心高 H	电极直径 ϕ	中心挡距 Z
25×20×25	20	40	38	105	46	33.5	4	21
32×20×25	20	45	44	125	49	36.5	4	27
32×25×32	25	45	44	125	49	36.5	4	27
40×20×40	20	50	54	145	50	41.5	4	35
40×25×40	25	50	54	145	50	41.5	4	35
40×32×40	32	50	54	145	50	41.5	4	35
50×25×50	25	52	68	149	60	48.5	4	44
50×32×50	32	52	68	149	60	48.5	4	44
50×40×50	40	52	68	149	60	48.5	4	44
63×32×63	32	54	84	176	60	56.5	4	53
63×40×63	40	54	84	176	60	56.5	4	53
63×50×63	50	54	84	176	60	56.5	4	53
75×32×75	32	61	100	187	64	64.5	4	65
75×40×75	40	61	100	187	64	64.5	4	53
75×50×75	50	61	100	187	64	64.5	4	53
75×63×75	63	61	100	187	64	64.5	4	53
90×32×90	32	73	117	244	81	73	4	56
90×40×90	40	73	117	244	81	73	4	56
90×50×90	50	73	117	244	81	73	4	56
90×63×90	63	73	117	244	81	73	4	56
90×75×90	75	73	117	244	81	73	4	73
110×32×110	32	83	142	244	84	85.5	4	56
110×40×110	40	83	142	244	84	85.5	4	56
110×50×110	50	83	142	244	84	85.5	4	56
110×63×110	63	83	142	244	84	85.5	4	56
110×75×110	75	83	142	244	84	85.5	4	78
110×90×110	90	83	142	244	84	85.5	4	78

⑦ 内埋丝电热熔修补用鞍型管座（图 40-43 和表 40-50）

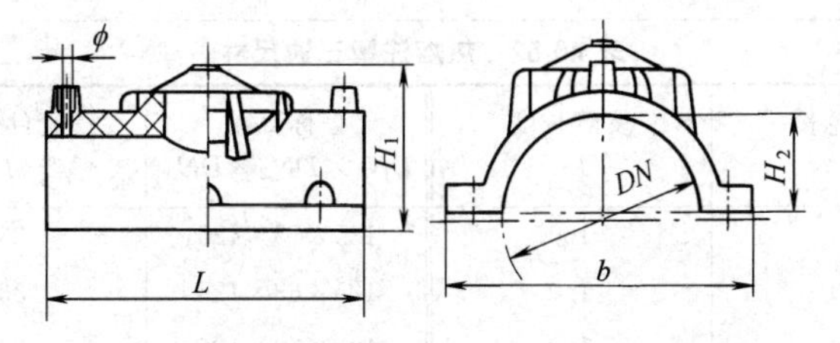

图 40-43　内埋丝电热熔修补用鞍型管座

表 40-50　内埋丝电热熔修补用鞍型管座尺寸　单位：mm

公称直径 DN	管件长度 L	管件宽度 b	骑入深度 H_2	管件高度 H_1	电极直径 ϕ
90	182	145	39	61	4
110	182	170	51	83	4
125	190	189	56	87	4
160	200	220	73	100	4
200	246	272	92	123	4
250	246	340	105	135	4

⑧ 内埋丝电热熔直通鞍型管座（图 40-44 和表 40-51）

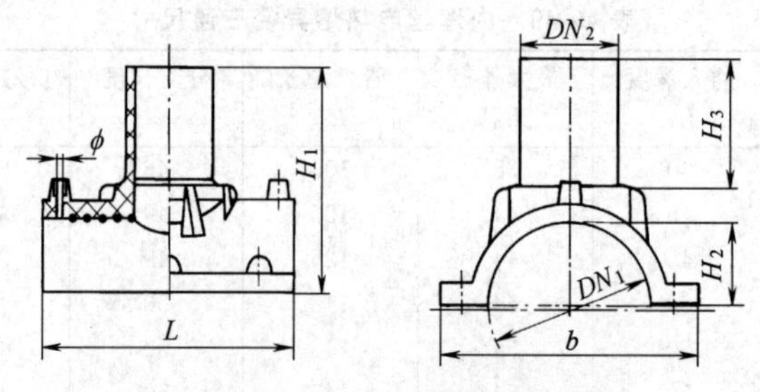

图 40-44　内埋丝电热熔直通鞍型管座

表 40-51　内埋丝电热熔直通鞍型管座尺寸　单位：mm

公称直径 $DN_1 \times DN_2$	管件长度 L	管件高度 H_1	管件宽度 b	骑入深度 H_2	分支长度 H_3	电极直径 ϕ
90×63	170	143.5	147	39	83	4
110×63	182	159	170	51	83	4
125×63	182	170	189	56	83	4
160×63	200	183	220	73	83	4
200×63	246	211	272	92	88	4
200×90	246	211	272	92	88	4
250×63	246	225	340	105	90	4
250×90	246	225	340	105	90	4

⑨ 热熔注塑三通（图 40-45 和表 40-52）

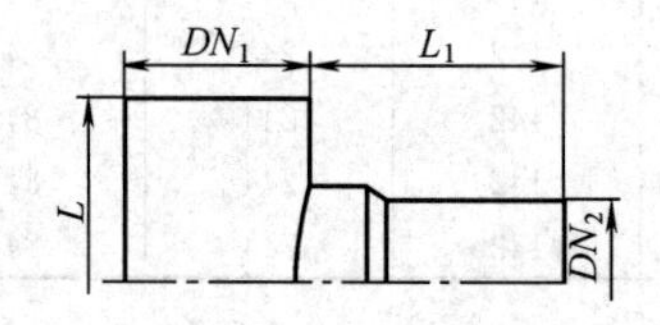

图 40-45　热熔注塑三通

表 40-52　热熔注塑三通尺寸　单位：mm

公称直径 $DN_1 \times DN_2 \times DN_1$	管件总长 L	支管长度 L_1	公称直径 $DN_1 \times DN_2 \times DN_1$	管件总长 L	支管长度 L_1
110×110×110	320	160	125×75×125	336	168
110×90×110	320	160	125×63×125	336	168
110×75×110	320	160	125×50×125	336	168

续表

公称直径 $DN_1 \times DN_2 \times DN_1$	管件总长 L	支管长度 L_1	公称直径 $DN_1 \times DN_2 \times DN_1$	管件总长 L	支管长度 L_1
110×63×110	320	160	160×160×160	420	210
110×50×110	320	160	160×125×160	420	210
110×40×110	320	160	160×110×160	420	210
125×125×125	336	168	160×90×160	420	210
125×110×125	336	168	160×75×160	420	210
125×90×125	336	168	160×63×160	420	210

⑩ 热熔注塑异径管（图 40-46 和表 40-53）

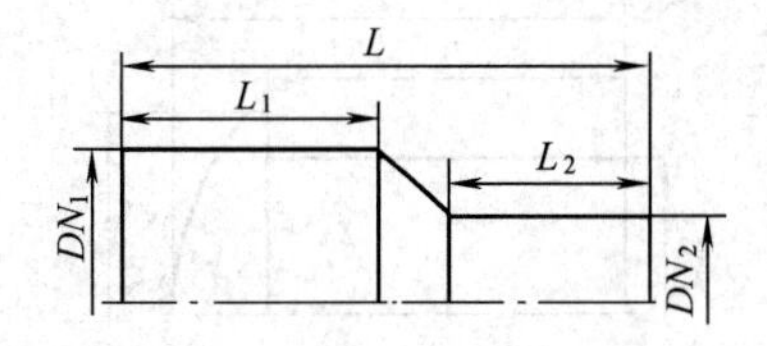

图 40-46　热熔注塑异径管

表 40-53　热熔注塑异径管尺寸　单位：mm

公称直径 $DN_1 \times DN_2$	管件总长 L	大头长度 L_1	小头长度 L_2	公称直径 $DN_1 \times DN_2$	管件总长 L	大头长度 L_1	小头长度 L_2
110×40	198	96	65	160×125	225	115	92.5
110×50	198	96	72	200×63	270	135	74
110×63	198	96	75	200×75	270	135	80
110×75	198	96	79	200×90	270	135	92
110×90	198	96	83	200×110	270	135	95
125×50	200	100	66	200×125	270	135	100
125×63	200	100	74	200×160	270	135	115
125×75	200	100	80	250×63	300	145	85
125×90	200	100	82	250×75	300	145	90
125×110	200	100	88	250×90	300	145	92
160×63	225	225	70	250×110	300	145	95
160×75	225	225	74.5	250×125	300	145	100
160×90	225	115	78	250×160	300	145	115
160×110	225	115	82	250×200	300	145	130

注：进口燃气管专用聚乙烯注塑管件，可用电热熔套管与管材或其他管件连接。

⑪ 热熔注塑 90°弯头（图 40-47 和表 40-54）

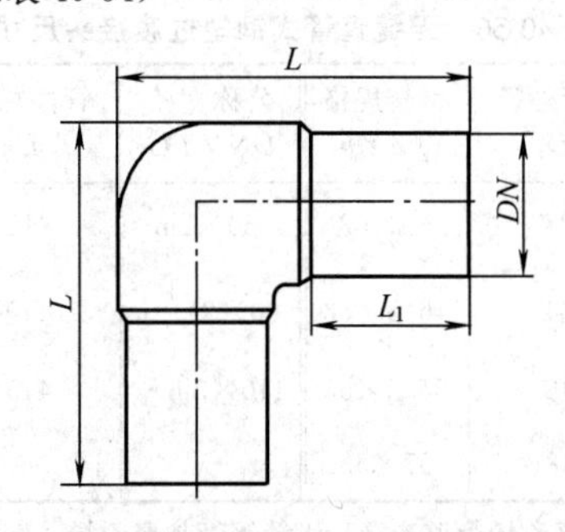

图 40-47　热熔注塑 90°弯头

表 40-54 热熔注塑 90°弯头尺寸　　单位：mm

公称直径 DN	管件总长 L	直管长度 L_1	公称直径 DN	管件总长 L	直管长度 L_1
20	76	50	75	156	75
25	78	50	90	176	78
32	89	50	110	208	87
40	102	55	125	226	93
50	117	60	160	260	98
63	136	65			

注：进口燃气管专用聚乙烯注塑管件，可用电热熔套管与管材或其他管件连接。

⑫ 管堵（图 40-48 和表 40-55）

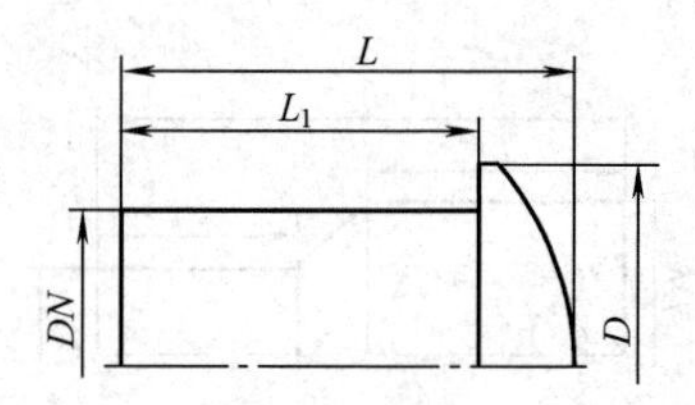

图 40-48 管堵

表 40-55 管堵尺寸　　单位：mm

公称直径 DN	管件总长 L	管段长度 L_1	最大外径 D	公称直径 DN	管件总长 L	管段长度 L_1	最大外径 D
20	48	40	25	90	96.1	73	107
25	50	42	31	110	111	83	130
32	54.5	45	38	125	127	89	150
40	61.5	50	48	160	152.4	112	190
50	65.5	52	61	200	178	137	237
63	72	54	77	250	212.5	164	297
75	79.2	61	89				

注：进口燃气管专用聚乙烯注塑管件，可用电热熔套管与管材或其他管件连接。

⑬ 无缝直管式钢塑过渡接头（图 40-49 和表 40-56）

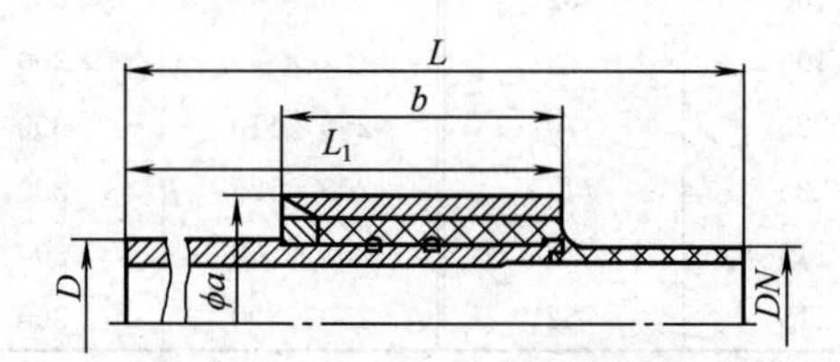

图 40-49 无缝直管式钢塑过渡接头

表 40-56 无缝直管式钢塑过渡接头尺寸　　单位：mm

公称直径 $DN\times DG$	管件总长 L	钢管长度 L_1	钢管外径 D	钢套规格 $\phi a\times b$	公称直径 $DN\times DG$	管件总长 L	钢管长度 L_1	钢管外径 D	钢套规格 $\phi a\times b$
$25\times\frac{3}{4}$in	385	285	27	40×53	60×2in	412	285	60	80.5×53
32×1in	412	285	34	46.5×53	$90\times2\frac{1}{2}$in	440	320	76	103×90
$40\times1\frac{1}{4}$in	412	285	42	55.5×53	110×3in	445	320	90	121
$50\times1\frac{1}{2}$in	412	285	48	67×53					

注：整体成型管件，可用电热熔套管与聚乙烯管道连接。无缝钢管与聚乙烯一端牢固连接，具有抗传动措施及加强套防护。

⑭ 热熔注塑法兰（图 40-50 和表 40-57）

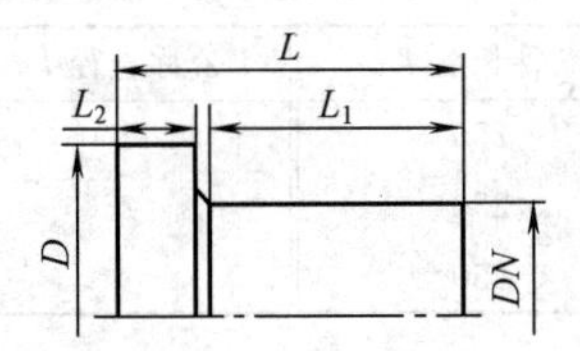

图 40-50　热熔注塑法兰

表 40-57　热熔注塑法兰尺寸　单位：mm

公称直径 DN	管件总长 L	管段总长 L_1	垫环厚度 L_2	垫环外径 D	公称直径 DN	管件总长 L	管段总长 L_1	垫环厚度 L_2	垫环外径 D
63	100	65	8.5	85	125	160	85	21	158
75	118	78	10	104	160	182	115	25	212
90	125	80	13	115	200	203	128	32	264
110	135	85	18	136	250	220	150	32	313

注：进口燃气管专用聚乙烯注塑管件，可用电热熔套管与管材或其他管件连接。注意焊接前将法兰盘装在法兰头上。

⑮ 内埋丝电热熔丝扣式钢塑过渡接头（图 40-51 和表 40-58）

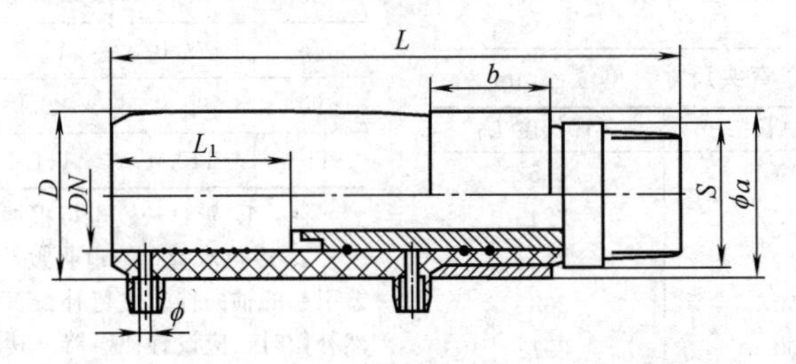

图 40-51　内埋丝电热熔丝扣式钢塑过渡接头

表 40-58　内埋丝电热熔丝扣式钢塑过渡接头尺寸　单位：mm

公称直径 DN×dN	管件总长 L	管件外径 D	插入深度 L_1	钢套规格 $\phi a \times b$	对边 S	电极直径 ϕ
32×1in	128	45	47	46×38	36	4
$40\times1\frac{1}{4}$in	185	54	53	55×45	46	4
$50\times1\frac{1}{2}$in	199	68	55	65×47	52	4
63×2in	208	84	59	81×51	64	4

注：整体注塑管件。聚乙烯一端内埋的隐蔽螺旋电热丝能抗氧化及受潮锈蚀，保证焊接性能稳定，插入深度大，焊接带宽，端口和过渡区有足够阻挡熔化材料流动的冷却带，并能使用户减少管网的管件用量。独特的设计使钢管一端与聚乙烯牢固连接在一起，具有抗传动措施及加强套防护。

⑯ 热熔焊制三通（图 40-52 和表 40-59）

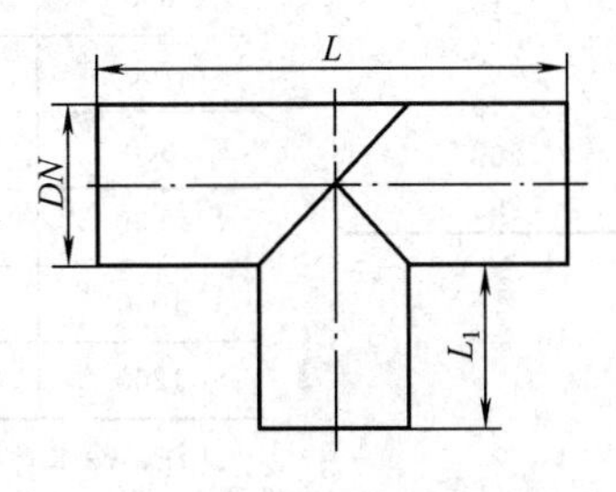

图 40-52　热熔焊制三通

表 40-59 热熔焊制三通尺寸 单位：mm

公称直径 *DN*	管件总长 *L*	支管长度 L_1	公称直径 *DN*	管件总长 *L*	支管长度 L_1
110	610	250	200	700	250
125	625	250	250	750	250
160	660	250			

⑰ 热熔焊制 90°弯头（图 40-53 和表 40-60）

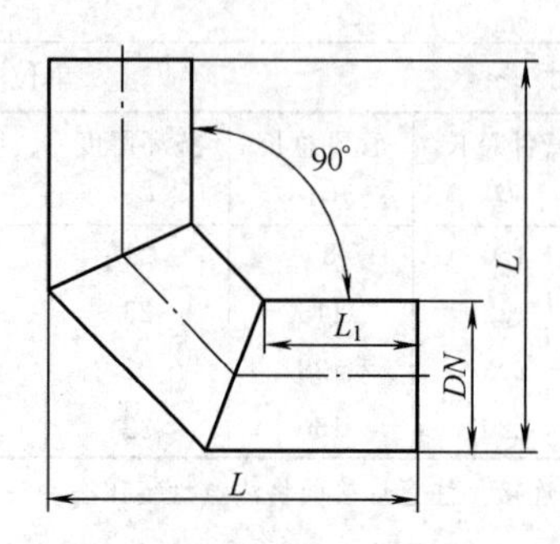

图 40-53 热熔焊制 90°弯头

表 40-60 热熔焊制 90°弯头尺寸 单位：mm

公称直径 *DN*	管件总长 *L*	直管长度 L_1
110	334	215
125	474.5	224
160	414	244
200	550	268
250	600	297

⑱ 热熔焊制 45°弯头（图 40-54 和表 40-61）

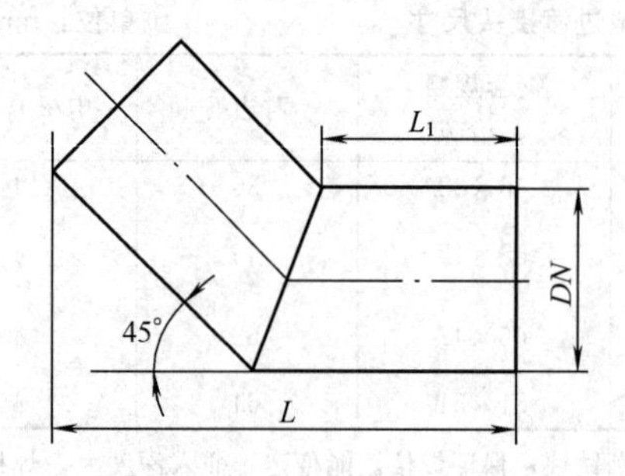

图 40-54 热熔焊制 45°弯头

表 40-61 热熔焊制 45°弯头尺寸 单位：mm

公称直径 *DN*	管件总长 *L*	直管长度 L_1
110	445	216
125	470	225
160	530	245
200	600	267
250	683	296

1.10 无规聚丙烯（PPR）管

1.10.1 无规聚丙烯直管

(1) 规格尺寸（表 40-62）

表 40-62 无规聚丙烯直管尺寸 单位：mm

公称外径 *DN*	平均外径		管系列		
			S5	S4	S3.2
	d_e(最小)	d_e(最大)	公称壁厚 δ		
20	20.0	20.3	2.0	2.3	2.8
25	25.0	25.3	2.3	2.8	3.5
32	32.0	32.3	2.9	3.6	4.4
40	40.0	40.4	3.7	4.5	5.5
50	50.0	50.5	4.6	5.6	6.9
63	63.0	63.6	5.8	7.1	8.6
75	75.0	75.7	6.8	8.4	10.3
90	90.0	90.9	8.2	10.1	12.3
110	110.0	111.0	10.0	12.3	15.1

注：1. 管材长度也可根据需方要求而定。

2. 冷热水管在管道明敷及管井、管沟中暗设时，应对温差引起的轴向伸缩进行补偿，优先采用自然补偿，当不能自然补偿时，应设置补偿器。其温差引起的轴向伸缩量应进行计算。

(2) 管系列和公称压力 *PN*（表 40-63）

表 40-63 管系列和公称压力

管系列		S5	S4	S3.2
公称压力 *PN*/MPa	*C*=1.25	1.25	1.6	2.0
	C=1.5	1.0	1.25	1.6

注：*C* 表示管道系统总使用（设计）系数。

(3) 管道温差引起的轴向伸缩量（表 40-64）

表 40-64 轴向伸缩量 单位：mm

管道长度	冷水管	热水管	管道长度	冷水管	热水管
500	1.5	4.9	1400	4.2	13.7
600	1.8	5.9	1600	4.8	15.6
700	2.1	6.8	1800	5.4	17.6
800	2.4	7.8	2000	6.0	19.5
900	2.7	8.8	2500	7.5	24.4
1000	3.0	9.8	3000	9.0	29.3
1200	3.6	11.7	3500	10.5	34.1

注：冷水管计算温差 ΔT 取 20℃，热水管取 65℃，线膨胀系数 α 取 0.15mm/(m·℃)。

1.10.2　无规聚丙烯管件

(1) 熔接操作技术参数（表 40-65）

(2) 热熔连接操作要点

① 用切管刀将管材切成所需长度，在管材上标出焊接深度，确保焊接工具上的指示灯指示焊具已足够热（260℃）且处于待用状态。

② 将管材和管件压入焊接头中，在两端同时加压力。加压时不要将管材和管件扭曲或折弯，保持压力直至加热过程完成。

③ 当加热过程完成后，同时取下管材和管件，注意不要扭曲、折弯。

④ 取出后，立即将管材和管件压紧直至所标的结合深度。在此期间，可以在小范围内调整连接处的角度。

(3) 规格尺寸（表 40-66）

表 40-65　熔接操作技术参数

公称外径 *DN*/mm	熔接深度 /mm	加热时间 /s	插接时间 /s	冷却时间 /min
20	14	5	4	3
25	15	7	4	3
32	17	8	6	4
40	19	12	6	4
50	21	18	6	5
63	25	24	8	6
75	28	30	10	8
90	32	40	12	9
110	38	50	15	10

注：若环境温度低于 5℃，则加热时间延长 50%。

表 40-66　无规聚丙烯管件尺寸　　单位：mm

管件名称	公称直径 *DN*
直通	20、25、32、40、50、63、75、90、110
异径直通	25/20、32/20、32/25、40/20、40/25、40/32、50/20、50/25、50/32、50/40、63/20、63/25、63/32、63/40、63/50、75/25、75/32、75/40、75/50、75/63、90/75、110/90
90°弯头	20、25、32、40、50、63、75、90、110
45°弯头	20、25、32、40、50、63、75
等径三通	20、25、32、40、50、63、75、90、110
异径三通	25/20、32/20、32/25、40/20、40/25、40/32、50/20、50/25、50/32、50/40、63/25、63/32、63/40、63/50、75/32、75/40、75/50、75/63、90/75、110/75、110/90
管帽	20、25、32、40、50、63、75
法兰连接件	40、50、63、75、90、110
外螺纹直通	20、25、32、40、50、63、75(1/2in、3/4in、1in、1¼in、1½in、2in、2½in)
内螺纹直通	20、25、32、40、50、63、(1/2in、3/4in、1in、1¼in、1½in、2in、2½in)
外螺纹 90°弯头	20、25、32
内螺纹 90°弯头	20、25、32
外螺纹三通	20、25、32
内螺纹三通	20、25、32
外螺纹活接头	20、25、32、40、50、63(1/2in、3/4in、1in、1¼in、1½in、2in)
内螺纹活接头	20、25、32、40、50、63(1/2in、3/4in、1in、1¼in、1½in、2in)
截止阀	20、25、32、40、50、63(1/2in、3/4in、1in、1¼in、1½in、2in)
双活接头铜球阀	20、25、32、40、50、63(1/2in、3/4in、1in、1¼in、1½in、2in)
过桥弯	20、25、32
管卡	20、25、32

(4) 冷水管支吊架最大间距（表 40-67）

表 40-67 冷水管支吊架最大间距 单位：mm

公称外径 *DN*	20	25	32	40	50	63	75	90	110
横管	600	750	900	1000	1200	1400	1600	1600	1800
立管	1000	1200	1500	1700	1800	2000	2000	2100	2500

(5) 热水管支吊架最大间距（表 40-68）

表 40-68 热水管支吊架最大间距 单位：mm

公称外径 *DN*	20	25	32	40	50	63	75	90	110
横管	500	600	700	800	900	1000	1100	1200	1500
立管	900	1000	1200	1400	1600	1700	1700	1800	2000

注：冷、热管共用支、吊架时应根据热水管支吊架间距确定。暗敷直埋管道的支架间距可采用 1000～1500mm。

1.11 其他

1.11.1 钢骨架高分子聚合物复合软管

复合软管具有密封性能好、抗拉强度大、耐酸碱、重量轻、挠性好、耐压力、使用寿命长等特点。

① 复合软管种类（表 40-69）

② 型号表示方法（表 40-70）

③ 规格尺寸（表 40-71）

表 40-69 复合软管种类

种类代号	输 送 介 质	管体颜色
A	油类：原油、成品油、植物油等	橙黄
B	溶剂类：苯、醇、丙酮、液氨、120# 汽油等	深绿
C	液化气类	浅绿
D	酸、碱类	浅蓝

表 40-70 复合软管型号表示方法

基本型号	管种类	管内径	管长度	最高工作压力	最高使用温度	表示意义
FSG	-□	-□	-□	-□	-□	型谱
↓	A					油类
	B					溶剂类
	C					液化气类
	D					酸碱类
	↓	ϕ				mm
		↓	L			m
			↓	PN		MPa
				↓	T	℃
					↓	
FSG	-A	-ϕ102	-L8	-PN1.6	-T80	选型示例

注：型号标记示例：FSG-A-ϕ102-L8-PN1.6-T80。

表 40-71 复合软管尺寸

内径 *DN* /mm	外径($\phi\pm3$) /mm	曲率半径 ($R\pm10$)/mm	标准长度 ($L\pm0.15$)/m	工作压力 /MPa	使用温度 /℃	管体电阻 /Ω	参考质量($G\pm1.0$) /(kg/m)
32	58	240	6.00				3.5
38	63	280	6.00				4.0
51	76	310	8.00				4.5
102	128	450	12.00				8.0
127	152	560	12.00				10.0
152	180	720	12.00	1.0～4.0	−60～245	≤3	12.0
204	240	860	12.00				18.0
254	295	900	12.00				22.0
300	340	950	10.00				28.0
350	390	1050	10.00				36.0
400	445	1200	10.00				45.0

1.11.2　网孔钢管骨架增强复合塑料管

适用于设计压力小于 1.6MPa（*DN*50mm、*DN*200mm）、1.0MPa（*DN*250mm、*DN*500mm）的流体介质，温度−40～120℃条件下的化工、石油、电力、矿山、食品、医药等领域的腐蚀性气相、液相的输送管道。基材主体材料为聚乙烯、聚氯乙烯、聚丙烯。

直管的结构形式和尺寸应分别符合图 40-55 和表 40-72 的规定。

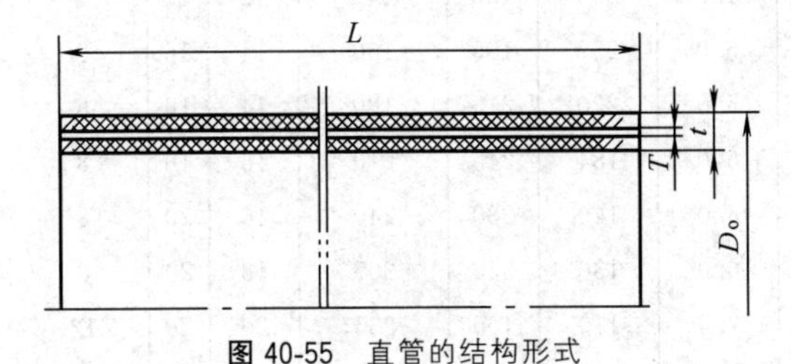

图 40-55　直管的结构形式

表 40-72　复合塑料直管尺寸　单位：mm

公称直径 *DN*	D_o	*t*	*T*	*L*
50	66	8	1.5	100～6000
65	88	8	1.5	
80	96	9	1.5	
100	116	9	1.75	
125	150	10	1.75	
150	171	10	2	
200	228	12	2	
250	276	14	2.5	
300	333	16	3	
350	383	16	3.5	
400	445	18	4	
450	490	20	4.5	

注：另有各种管件（弯头、三通、异径管等）配套供应。连接方式主要为承插熔融方式。

1.11.3　聚四氟乙烯波纹软管尺寸（表 40-73）

1.11.4　聚四氟乙烯膨胀节

聚四氟乙烯膨胀节可用于消除管道、设备因变形引起的伸缩或热膨胀位移等，也可作为缓冲器，如安装在泵的进出口，以减轻或消除振动，提高管道的使用寿命与密封性能。此外，还可以吸收安装偏差。其结构和规格尺寸见图 40-56 和表 40-74。

表 40-73　聚四氟乙烯波纹管尺寸　单位：mm

公称直径 *DN*	连接口内径	连接部长度	波纹管			耐负压/MPa	最小挠曲半径	工作温度/℃	管长度	试验压力/MPa
			内径	外径	厚度					
12	13	40～60	8	15	1.0	−0.092	50	<180	200～10000	0.80
15	15		10	17						
20	20		15	22	1.2～2.0					
25	25		15	28						0.75
32	32	50～70	20	35			60			0.72
35	34		25	36		−0.086		<150		0.68
40	38		30	41			70			0.64
50	51	60～80	40	54			80			0.60
65	63		50	66		−0.079	90			0.54
73	73		60	76			95	<120	200～8000	0.50
76	76		65	79			100			
90	86	70～90	75	92		−0.074	110			0.45
100	100		85	103			120			0.40
114	114		100	117			130			0.38
125	125		105	128						

表 40-74　聚四氟乙烯膨胀节尺寸　　单位：mm

公称直径 DN	标准长度 L	伸缩范围			波纹数/个	膨胀节厚度	加强圈直径	承受真空度/mmHg	法兰			螺栓孔	
		轴向(±)	径向(±)	角向/(°)					D	D_1	S	直径	数量/个
25	65	12	8	20	3	1.5	3.0	440	115	85	10	14	4
32	70	14	12	20	3	1.5	3.0	400	135	100	10	16	4
40	75	17	16	25	3	1.7	4.0	360	145	110	10	16	4
50	82	20	20	25	3	1.7	4.0	330	160	125	12	16	4
65	88	22	20	30	3	1.7	4.0	290	180	145	12	16	4
80	92	24	20	30	3	1.7	5.0	257	195	160	14	16	8
100	95	26	20	30	3	2.0	5.0	220	215	180	14	16	8
125	105	29	20	30	3	2.0	5.0	184	245	210	16	16	8
150	115	32	20	25	3	2.0	6.0	140	280	240	16	20	8
200	125	34	20	25	3	2.0	6.0	130	335	295	18	20	8
250	135	36	12	15	3	2.3	7.0	110	405	335	20	20	12
300	145	38	10	10	3	2.3	7.0	100	460	400	22	20	12
350	150	40	5	10	3	2.5	7.0	100	500	460	22	20	16
400	160	40	5	10	3	2.5	8.0	90	565	515	22	22	16
450	180	42	5	10	3	3.0	8.0	90	615	565	28	26	20
500	200	42	5	10	3	3.0	8.0	90	670	620	30	26	20
600	220	44	5	10	3	3.0	8.0	80	780	685	30	30	20
700	240	44	5	10	3	3.0	8.0	80	860	810	32	30	24
800	260	46	5	10	3	3.0	8.0	80	975	920	32	30	24
900	280	46	5	10	3	3.0	8.0	70	1075	1020	34	30	24
1000	300	48	5	5	3	3.0	10	70	1175	1120	34	30	28
1200	320	48	5	5	3	3.0	10	60	1375	1320	36	30	32
1400	340	50	5	5	3	3.0	10	60	1575	1520	36	30	36
1600	360	50	5	5	3	3.0	10	60	1785	1730	36	30	40

注：1mmHg＝133.32Pa。

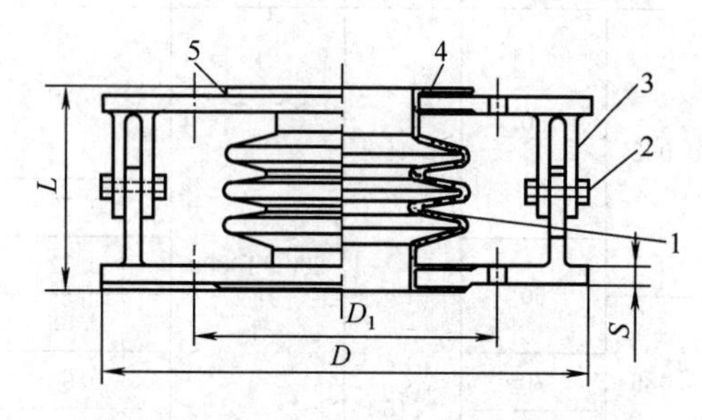

图 40-56　聚四氟乙烯膨胀节

1—不锈钢加强圈；2—铰接轴；3—铰接板；4—聚四氟乙烯膨胀节；5—橡胶石棉板

2　非金属阀门

2.1　球阀

常用非金属球阀有酚醛玻璃钢球阀、增强聚丙烯球阀、硬聚氯乙烯球阀、衬氟塑料球阀等，结构如图 40-57 所示，规格尺寸参见表 40-75。

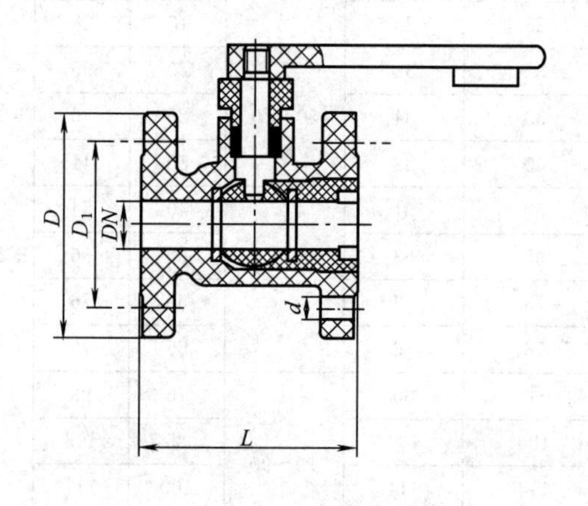

图 40-57　非金属球阀

表 40-75　非金属球阀尺寸　单位：mm

公称直径 DN	D	D_1	L	公称直径 DN	D	D_1	L
15	95	65	90	65	180	145	265
20	105	75	100	80	195	160	280
25	115	85	115	100	215	180	350
32	135	100	120	125	245	210	400
40	145	110	130	150	280	240	460
50	160	125	150	200	335	295	575

2.2　隔膜阀

常用非金属隔膜阀有增强聚丙烯隔膜阀、衬氟塑料隔膜阀、衬橡胶隔膜阀等，其结构和尺寸可参见图 40-58、表 40-76。

2.3　截止阀

① 衬氟塑料截止阀 J41CF46-16（图 40-59 和表 40-77）

② 硬聚氯乙烯截止阀（45°）（图 40-60 和表 40-78）

2.4　衬氟塑料旋塞阀

衬氟塑料旋塞阀 X43F46-10（图 40-61 和表 40-79）。

2.5　止回阀

① 衬氟塑料止回阀 H41CF46-16（图 40-62 和表 40-80）。

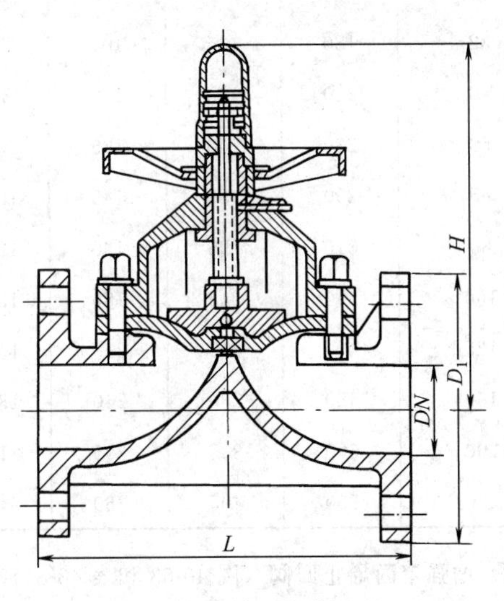

图 40-58　隔膜阀

表 40-76　隔膜阀尺寸　单位：mm

公称直径 DN	D_1	L	H	质量/kg
15	95	125	125	0.7
20	105	135	130	0.8
25	115	145	145	1.0
40	145	180	190	1.7
50	160	210	215	2.3
65	180	250	280	4.8
80	195	300	300	5.6
100	215	350	340	6.8
125	245	400	420	17
150	280	460	480	26
200	335	570	625	45

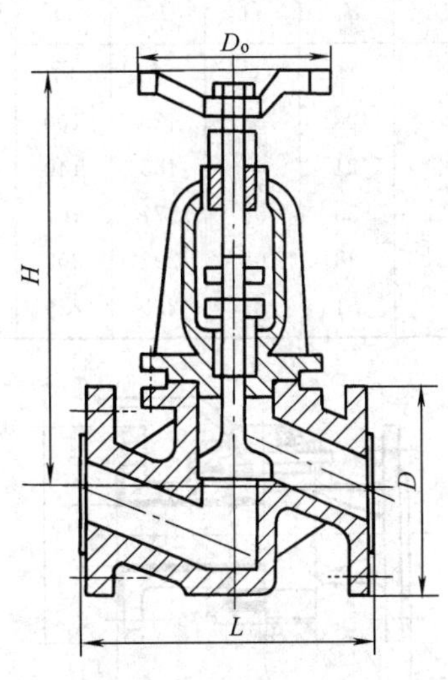

图 40-59　衬氟塑料截止阀

表 40-77 衬氟塑料截止阀尺寸 单位：mm

公称直径 DN	L	D	D_o	H
15	130	95	80	171
20	150	105	80	201
25	160	115	100	221
32	180	135	120	258
40	200	145	140	286
50	230	160	160	324
65	290	180	180	368
80	310	195	200	445
100	350	215	240	510
125	400	245	280	578
150	480	280	320	650
200	600	335	360	725
250	730	390	400	880
300	850	440	500	1040

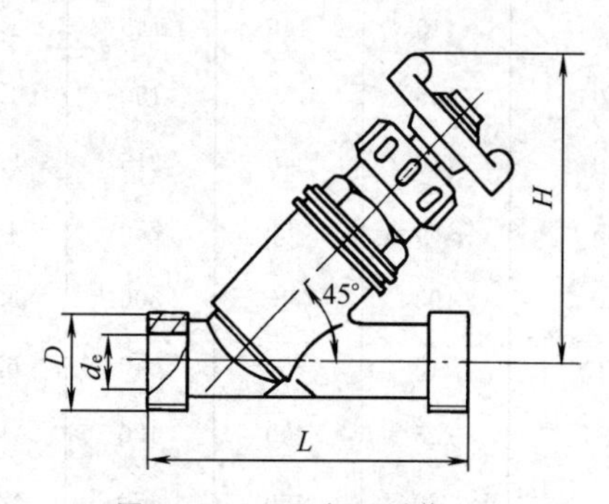

图 40-60 硬聚氯乙烯截止阀

表 40-78 硬聚氯乙烯截止阀尺寸 单位：mm

公称直径 DN	d_e	D	L	H	压力/MPa
15	15	30	105	87	0.3～0.4
20	20	38	125	100	
25	24	44	155	140	
32	30	54	177	167	
40	38	68	202	202	
50	51	83	230	236	

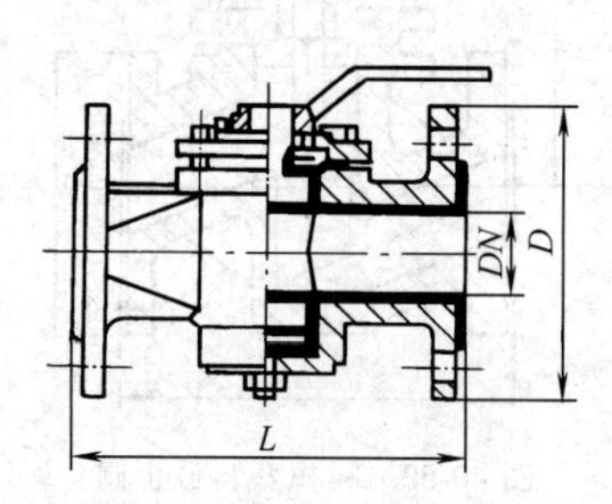

图 40-61 衬氟塑料旋塞阀

表 40-79 衬氟塑料旋塞阀尺寸 单位：mm

公称直径 DN	L	D	质量/kg
20	150	105	4
25	160	115	5
32	170	135	7
40	180	145	9
50	210	160	12
65	220	180	18
80	250	195	25
100	275	215	35
125	310	245	47
150	350	280	58

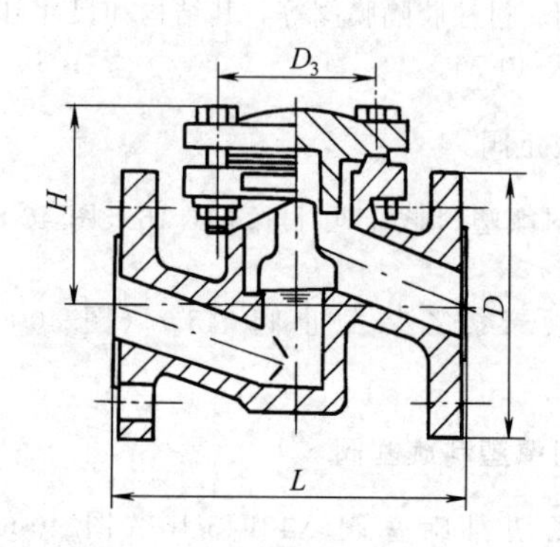

图 40-62 衬氟塑料止回阀

表 40-80 衬氟塑料止回阀尺寸 单位：mm

公称直径 DN	L	D	D_3	H
25	160	115	85	60
32	180	135	100	75
40	200	145	110	82
50	230	160	125	94
65	290	180	145	104
80	310	195	160	120
100	350	215	180	135
125	400	245	210	157
150	480	280	240	180
200	600	335	295	212
250	750	405	360	240

② 增强聚丙烯止回阀（图 40-63 和表 40-81） 在液体介质管道系统中，可直接在水平或垂直的管道上安装使用。

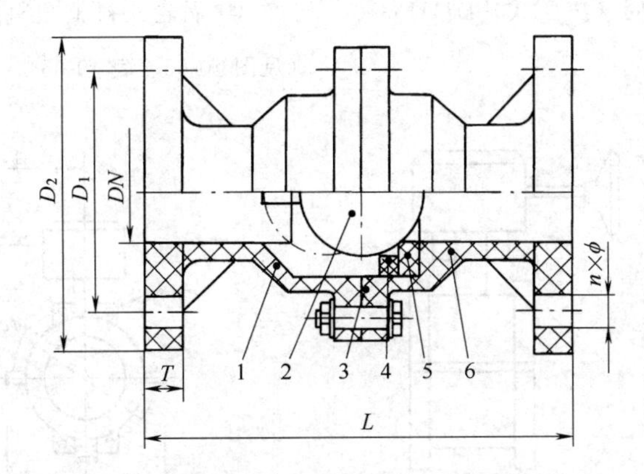

图 40-63 增强聚丙烯止回阀

1—阀体（FRPP、PVDF）；2—阀球（钢包塑 FRPP、PVDF）；3—O 形圈（橡胶、EPDM）；4—压片（FRPP、PVDF）；5—密封座（氟橡胶、EPDM）；6—下阀体（FRPP、PVDF）

表 40-81 增强聚丙烯止回阀尺寸

公称直径 DN /mm	尺寸/mm						球启动近似压力 /MPa	工作压力 /MPa
	D_1	D_2	L	T	n	ϕ		
25	85	115	160	16	4	14	0.005	0.7
32	100	140	180	18	4	18	0.005	0.7
40	110	150	200	18	4	18	0.005	0.7
50	125	165	230	20	4	18	0.005	0.7
65	145	185	290	22	4	18	0.005	0.7
80	160	200	310	25	8	18	0.005	0.7
100	180	220	350	25	8	18	0.005	0.6
125	210	250	400	35	8	18	0.005	0.5
150	240	285	480	35	8	22	0.005	0.5
200	295	340	495	40	12	22	0.005	0.4

注：1. 工作温度：PVDF 为－40～125℃；FRPP 为－14～90℃。

2. D_1、D_2、$n\times\phi$ 按 HGJ 44 PN1.0MPa 标准，L 结构长度按 GB 12221 标准。

2.6 蝶阀

2.6.1 衬氟塑料蝶阀

① 技术参数（表 40-82）

表 40-82 技术参数

公称直径 /mm	DN40～DN800(1.5～32in)
公称压力 /MPa	GB PN1.0MPa PN1.6MPa PN2.5MPa ANSI 150lb JIS10K
法兰标准	JB、HG、ANSI、JIS
适用温度 /℃	－40～200
驱动方式	手动、涡轮动、气动、电动

② 手动衬氟塑料蝶阀（D71F$_4$-10）（图 40-64 和表 40-83）

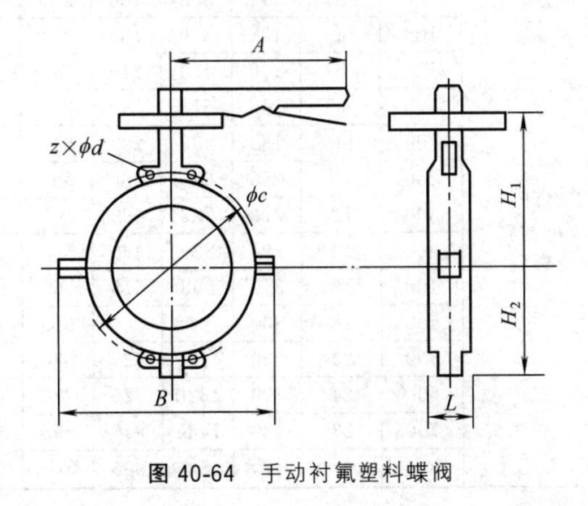

图 40-64 手动衬氟塑料蝶阀

③ 涡轮式衬氟塑料蝶阀（法兰式）D341F_4-10（图40-65和表40-84）

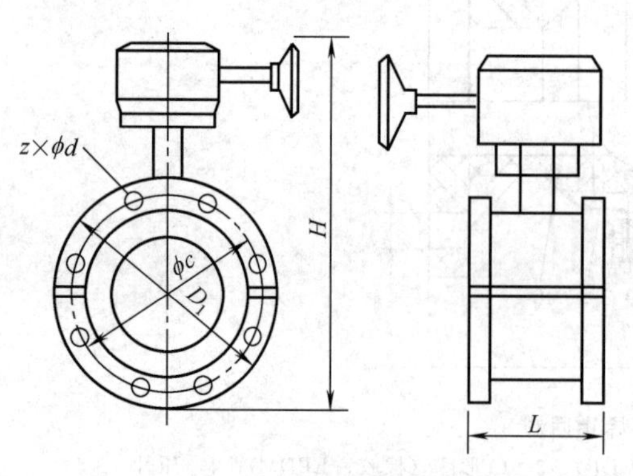

图40-65　涡轮式衬氟塑料蝶阀（法兰式）

④ 涡轮式衬氟塑料蝶阀（对夹式）D371F_4-10（见图40-66、表40-85）

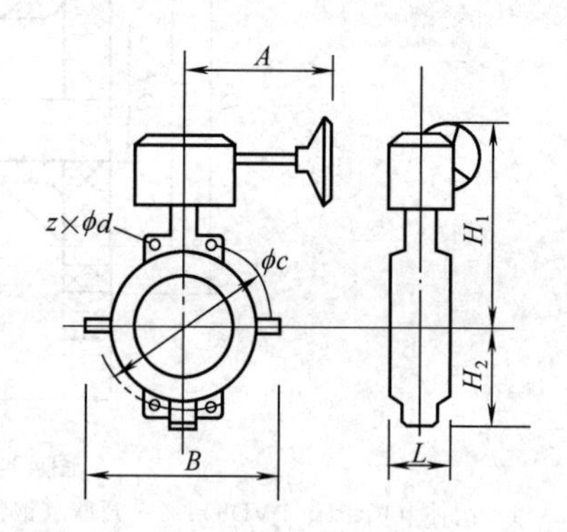

图40-66　涡轮式衬氟塑料蝶阀（对夹式）

表40-83　手动衬氟塑料蝶阀尺寸　　单位：mm

公称直径DN		主要尺寸					法兰尺寸						质量/kg
							JBHGPN1.0MPa		ANSI150lb		JIS10K		
/mm	/in	L	A	B	H_1	H_2	φc	z×φd	φc	z×φd	φc	z×φd	
40	1.5	40	240	132	122	60	110	4×18	98.5	4×15	105	4×19	3.65
50	2	43	240	150	148	70	125	4×18	120.7	4×19	120	4×19	4.2
65	2.5	46	266	170	158	70	145	4×18	139.7	4×19	140	4×19	5.05
80	3	46	266	196	167	85	160	4×18	152.4	4×19	150	8×19	6.15
100	4	52	320	210	175	110	180	8×18	190.5	8×19	175	8×19	7.5
125	5	56	320	236	196	124	210	8×18	215.9	8×22	210	8×23	10.65
150	6	56	360	276	230	144	240	8×23	241.3	8×22	240	8×23	14
200	8	60	360	340	280	175	295	8×23	298.5	8×22	290	12×23	17

表40-84　涡轮式衬氟塑料蝶阀（法兰式）尺寸

产品型号	公称直径DN		主要结构尺寸/mm						产品性能		阀体材料	衬氟材料	选用标准
	/mm	/in	L	H	φc	D_1	z	φd	适用温度/℃	适用介质			
D41F_4-10型衬氟蝶阀	80	3	114	225	160	200	4	18	−150～200	强腐蚀性介质	不锈钢或铸钢	聚四氟乙烯(PTFE)	GB/T 12238—2008
	100	4	120	285	180	215	8	18					
	125	5	130	320	210	245	8	18					
	150	6	140	360	240	285	8	22					
	200	8	150	393	295	340	8	22					
D341F_4-10型衬氟蝶阀	80	3	114	338	160	200	4	18					
	100	4	120	370	180	215	8	18					
	125	5	130	405	210	245	8	18					
	150	6	140	512	240	285	8	22					
	200	8	150	593	295	340	8	22					
	250	10	250	680	350	390	12	22					
	300	12	270	733	400	445	12	22					
	350	14	290	820	460	505	16	23					
	400	16	310	968	515	565	16	26					
	450	18	330	1088	565	615	20	26					
	500	20	350	1130	620	670	20	26					
	600	24	390	1320	725	780	20	30					
	700	28	430	1460	840	895	24	30					
	800	32	470	1585	950	1015	24	33					

表 40-85 涡轮式衬氟塑料蝶阀（对夹式）尺寸 单位：mm

公称直径 DN		主要尺寸					法兰尺寸						质量/kg
							JBHGPN1.0MPa		ANSI 150lb		JIS10K		
/mm	/in	L	A	B	H_1	H_2	ϕc	$z\times\phi d$	ϕc	$z\times\phi d$	ϕc	$z\times\phi d$	
40	1.5	40	84	132	201	60	110	4×18	98.5	4×15	105	4×19	5.8
50	2	43	84	150	223	70	125	4×18	120.7	4×19	120	4×19	6.4
65	2.5	46	84	170	242	70	145	4×18	139.7	4×19	140	4×19	7.3
80	3	46	84	196	253	85	160	4×18	152.4	4×19	150	8×19	10.4
100	4	52	157	210	260	110	180	8×18	190.5	8×19	175	8×19	11.7
125	5	56	157	236	281	124	210	8×18	215.9	8×22	210	8×23	14.5
150	6	56	225	276	368	144	240	8×23	241.3	8×22	240	8×23	23.8
200	8	60	225	340	418	175	295	8×23	298.5	8×22	290	12×23	30.4
250	10	68	225	390	469	211	350	12×23	362	12×25	355	12×25	68.2
300	12	78	225	447	503	230	400	12×23	431.8	12×25	400	16×25	91.8
350	14	78	225	500	563	257	460	16×23	476.3	12×29	445	16×25	172
400	16	102	225	565	670	298	515	16×23	539.8	16×29	510	16×27	258
450	18	114	225	600	743	345	565	20×26	577.9	16×32	565	20×27	270
500	20	127	286	625	780	350	620	20×26	635	20×32	620	20×27	290
600	24	154	295	836	845	425	725	20×30	749.3	20×35	730	24×33	310
700	28	165	320	900	675	500	840	24×30			840	24×33	330
800	32	190	320	1005	875	540	950	24×34			950	28×33	370

⑤ 气动式衬氟塑料蝶阀 D671F_4-10（见图 40-67、表 40-86）

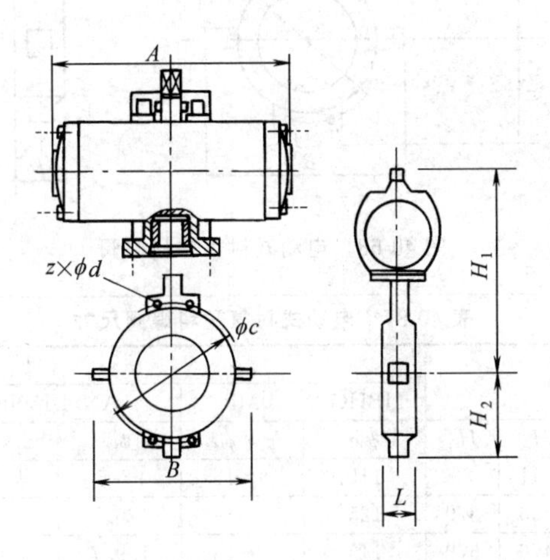

图 40-67 气动式衬氟塑料蝶阀

表 40-86 气动式衬氟塑料蝶阀尺寸 单位：mm

公称直径 DN		主要尺寸					法兰尺寸						质量/kg
							JBHGPN1.0MPa		ANSI 150lb		JIS10K		
/mm	/in	L	A	B	H_1	H_2	ϕc	$z\times\phi d$	ϕc	$z\times\phi d$	ϕc	$z\times\phi d$	
40	1.5	40	165	132	240	60	110	4×18	98.5	4×15	105	4×19	10
50	2	43	225	150	313	70	125	4×18	120.7	4×19	120	4×19	12
65	2.5	46	225	170	323	70	145	4×18	139.7	4×19	140	4×19	14
80	3	46	255	196	352	85	160	4×18	152.4	4×19	150	8×19	18.5
100	4	52	255	210	360	110	180	8×18	190.5	8×19	175	8×19	20
125	5	56	330	236	416	124	210	8×18	215.9	8×22	210	8×23	22
150	6	56	330	276	450	144	240	8×23	241.3	8×22	240	8×23	25
200	8	60	380	340	515	175	295	8×23	298.5	8×22	290	12×23	46

续表

公称直径 DN		主要尺寸					法兰尺寸						质量/kg
							JBHGPN1.0MPa		ANSI 150lb		JIS10K		
/mm	/in	L	A	B	H_1	H_2	ϕc	$z\times\phi d$	ϕc	$z\times\phi d$	ϕc	$z\times\phi d$	
250	10	68	380	390	526	211	350	12×23	362	12×25	355	12×25	58
300	12	78	380	447	530	230	400	12×23	431.8	12×25	400	16×25	63
350	14	78	460	500	645	257	460	16×23	476.3	12×29	445	16×25	82
400	16	102	460	565	690	298	515	16×25	539.8	16×29	510	16×27	120
450	18	114	460	600	743	345	565	20×26	577.9	16×32	565	20×27	150
500	20	127	880	625	800	350	620	20×26	635	20×32	620	20×27	173
600	24	154	880	836	855	425	725	20×30	749.3	20×35	730	24×33	240
700	28	165	1100	900	935	500	840	24×30			840	24×33	270
800	32	190	1100	1005	980	540	950	24×34			950	28×33	340

⑥ 电动式衬氟塑料蝶阀 D971F_4-10（见图 40-68、表 40-87）

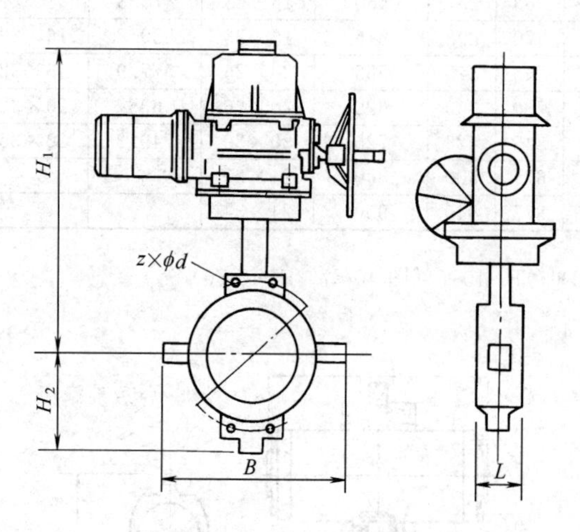

图 40-68　电动式衬氟塑料蝶阀

表 40-87　电动式衬氟塑料蝶阀尺寸　　单位：mm

公称直径 DN		主要尺寸					法兰尺寸						质量/kg
							JBHGPN1.0MPa		ANSI 150lb		JIS10K		
/mm	/in	L	A	B	H_1	H_2	ϕc	$z\times\phi d$	ϕc	$z\times\phi d$	ϕc	$z\times\phi d$	
40	1.5	40	220	132	417	60	110	4×18	98.5	4×15	105	4×19	23
50	2	43	220	150	453	370	125	4×18	120.7	4×19	120	4×19	24
65	2.5	46	220	170	476	670	145	4×18	139.7	4×19	140	4×19	25.5
80	3	46	220	196	510	85	160	4×18	152.4	4×19	150	8×19	27
100	4	52	220	210	525	110	180	8×18	190.5	4×19	175	8×19	28
125	5	56	360	236	534	124	210	8×18	215.9	8×22	210	8×23	50
150	6	56	360	276	550	144	240	8×18	241.3	8×22	240	8×23	53
200	8	60	360	340	563	175	295	8×18	298.5	8×22	290	12×23	55
250	10	68	360	390	570	211	350	12×23	362	12×25	355	12×25	60
300	12	78	360	447	595	230	400	12×23	431.8	12×25	400	16×25	75
350	14	78	500	500	618	257	460	16×23	476.3	12×29	445	16×25	84
400	16	102	500	565	625	298	515	16×25	539.8	16×29	510	16×27	90
450	18	114	500	600	630	345	565	20×26	577.9	16×32	565	20×27	160
500	20	127	500	625	645	350	620	20×26	635	20×32	620	20×27	190
600	24	154	500	836	660	425	725	20×30	749.3	20×35	730	24×33	230
700	28	165	630	900	690	500	840	24×30			840	28×33	285
800	32	190	630	1005	710	540	950	24×34			950	28×33	330

2.6.2　增强聚丙烯（FRPP）蝶阀

① 蝶阀流量特性曲线（图 40-69）。

② 手动蝶阀（D71×F_2-1.0S、D71×S-1.0S）其结构和规格尺寸见图 40-70 和表 40-88。

③ 涡轮传动蝶阀（D371×F_2-1.0S、D371×S-1.0S）其结构和规格尺寸见图 40-71 和表 40-89。

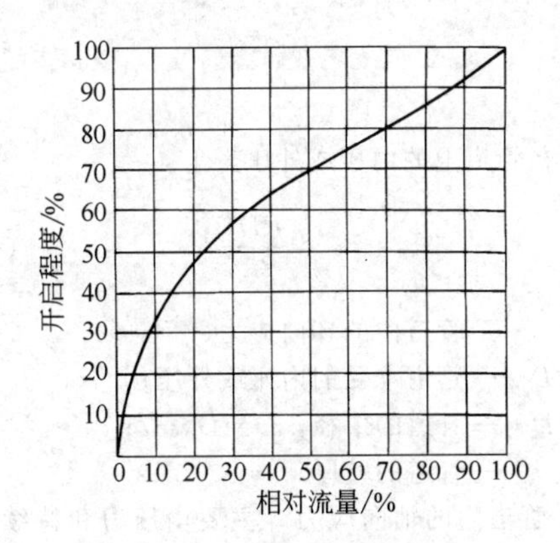

图 40-69　蝶阀流量特性曲线

表 40-88　手动蝶阀尺寸

公称直径 DN /mm	尺寸/mm							工作压力 /MPa
	D_1	D_2	D_3	L_1	L	H	$n\times\phi$	
25	36	85	125	150	30	135	4×14	0.7
32	36	100	125	150	30	135	4×18	0.7
40	47	110	150	220	39	155	4×18	0.7
50	55	125	165	220	40	158	4×18	0.7
65	71	145	185	220	45	170	4×18	0.7
80	85	160	200	280	45	190	8×18	0.7
100	105	180	220	280	75	203	8×18	0.6
125	131	210	250	300	70	256	8×18	0.5
150	153	240	285	300	74	269	8×22	0.5

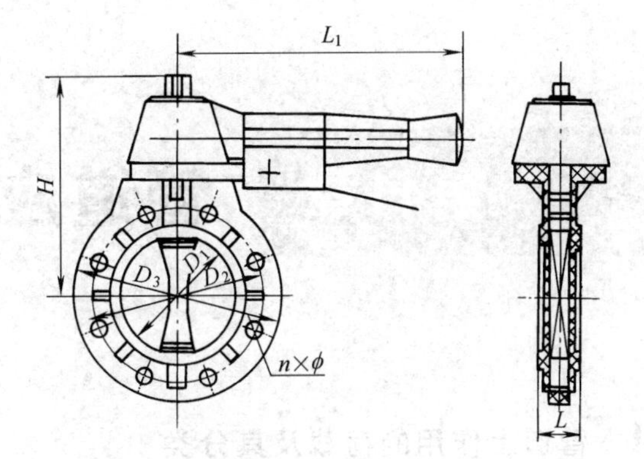

图 40-70　手动蝶阀

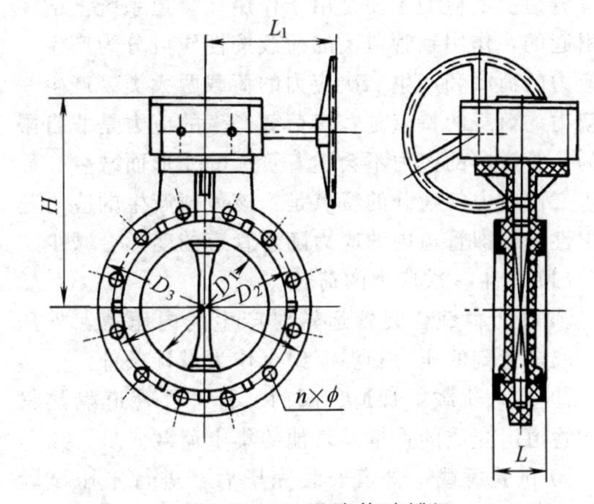

图 40-71　涡流传动蝶阀

表 40-89　涡轮传动蝶阀尺寸

公称直径 DN /mm	尺寸/mm							工作压力 /MPa
	D_1	D_2	D_3	L_1	L	H	$n\times\phi$	
125	131	210	250	180	70	256	8×18	0.5
150	153	240	285	180	74	269	8×22	0.5
200	204	295	340	180	87	303	8×22	0.4
250	255	350	395	180	114	333	12×22	0.3
300	307	400	445	180	114	363	12×22	0.3
350	358	460	505	180	127	393	16×22	0.3
400	398	515	565	240	140	458	16×26	0.3
450	446	565	615	240	152	478	20×26	0.2
500	494	620	670	260	152	508	20×26	0.2
600	590	725	780	260	178	573	20×30	0.2

注：1. D_1 阀座通径按 GB/T 12238—2008 标准；D_2、D_3、$n\times\phi$ 按 HG/T 20592—2009 中 PN1.0MPa 标准；L 结构长度按 GB 12221 标准。

2. 工作温度 FRPP，－14～90℃；PVDF，－40～125℃。

第41章 管道应力分析设计

1 管道上作用的荷载及其分类

管道上的应力主要是由于作用在管道系统上的荷载引起的，作用到管道上的荷载按性质可分为产生一次应力的荷载和产生二次应力的荷载两大类。产生一次应力的荷载的特点是：该荷载产生的应力是非自限性的，管道内的应力不会随着管道的变形而减少。而产生二次应力的荷载的特点是：该荷载产生的应力是自限性的，即管道内的应力随着管道的变形会减少。

(1) 产生一次应力的荷载

① 压力荷载：装置运转时产生的内压力、外压力，取最苛刻的压力和温度组合作为设计条件。

② 重力荷载：管道、阀门、管件、管道隔热材料和管道内介质的重量及其他的集中荷载。

③ 试验荷载：管道安装完毕后，进行水压试验或气压试验时产生的荷载。

④ 风及地震荷载：由于风或地震作用产生的荷载。一般可按当量的静荷载计算。

⑤ 雪荷载。

⑥ 冲击荷载：如机、泵快速启动和关闭，阀门的快速启动和关闭，以及蒸汽管道暖管时产生的水锤等。

(2) 产生二次应力的荷载

① 热膨胀变形产生的荷载。

② 安装时冷紧产生的荷载。

③ 与管道相连的设备热膨胀产生的荷载。

④ 与管道相连的设备不均匀沉降产生的荷载。

2 管道应力分析的内容

管道应力分析包括静力分析和动力分析两部分。

2.1 静力分析

(1) 一次应力分析

管道上承受上述一次应力荷载（也称持续荷载）作用产生的应力属于一次应力。一次应力是非自限性的，超过屈服强度将使管道系统整体变形，直至破坏。管道在工作状态时管壁将产生环向应力、轴向应力和径向应力。

① 管道内的环向应力　管道内的环向应力主要由作用在管道上的内压或外压产生。

$$\sigma_c=\frac{PD}{2t} \tag{41-1}$$

式中　σ_c——管道内的环向应力；

P——管道承受的内压或外压；

D——管道的中径，$D=D_o-t$；

t——管道的壁厚。

② 管道内的轴向应力　主要由压力和持续荷载产生，它主要由三部分组成。

$$\sigma_l=\sigma_1+\sigma_2+\sigma_3 \tag{41-2}$$

式中　σ_l——管道内的轴向应力；

σ_1——由管道的内压或外压产生的轴向应力，$\sigma_1=pD_i^2/(D_0^2-D_i^2)$；

σ_2——由管道外荷载产生的轴向弯曲应力，$\sigma_2=M/W$；

M——由管道外荷载引起的力矩；

W——管道的截面模量，$W=\frac{\pi}{32}\times\frac{D_o^4-D_i^4}{D_o}$；

σ_3——由管道外荷载引起的轴向拉伸应力，$\sigma_3=F/A$；

F——由管道外荷载引起的轴向外力；

A——管道的截面积。

③ 管道的径向应力　管道的径向应力 σ_r 由管道的内压或外压产生。当管道承受内压时，内壁的径向应力等于内压，外壁的径向应力为零。由于管道的径向应力与环向应力和轴向应力比较相对较小，除管道外径与内径的比值大于 1.1 的高压管道以外，一般可忽略不计。

(2) 二次应力分析

管道由于热胀冷缩等引起二次应力荷载的作用而产生的应力属于二次应力，其特征是具有自限性，当管道发生局部屈服和小量变形时应力就会自动降低下来。二次应力产生的破坏，是在反复交变应力作用下引起的疲劳破坏。对于二次应力的限定，采用的是许用应力范围和控制一定的交变循环次数。

因热胀而产生的合成应力 σ_E 是按照最大剪切应力理论合成的，即热应力是由于轴向力、剪切力、弯曲力矩和扭矩而产生的合应力，在普通形状的管系中，轴向力和剪切力同弯曲力矩和扭矩相比甚小，可以忽略不计，按最大剪切应力理论简化，热应力近似计算如下。

$$\sigma_E=\sqrt{(|\sigma_a|+\sigma_b)^2+4\tau^2} \quad (41\text{-}3)$$

$$\sigma_a=\frac{i_a F_a}{A} \quad (41\text{-}4)$$

$$\sigma_b=\frac{\sqrt{(i_i M_i)^2+(i_o M_o)^2}}{W} \quad (41\text{-}5)$$

$$\tau=\frac{i_t M_t}{2W} \quad (41\text{-}6)$$

式中　σ_E——计算的位移应力（二次应力）范围值，MPa；

σ_a——由二次应力的荷载产生轴向拉伸（压缩）应力，MPa；

i_a——轴向应力增强因子；

F_a——二次应力的荷载产生的轴向力，N；

σ_b——由二次应力的荷载产生的轴向弯曲应力，MPa；

i_i——平面内应力增强因子；

M_i——平面内弯曲力矩，N·m；

i_o——平面外应力增强因子；

M_o——平面外弯曲力矩，N·m；

W——管道的截面模量；

A——管道的截面面积，mm^2；

i_t——扭曲应力增强因子；

M_t——扭矩，N·m。

弯头及支管上的力矩示意图如图 41-1 所示。

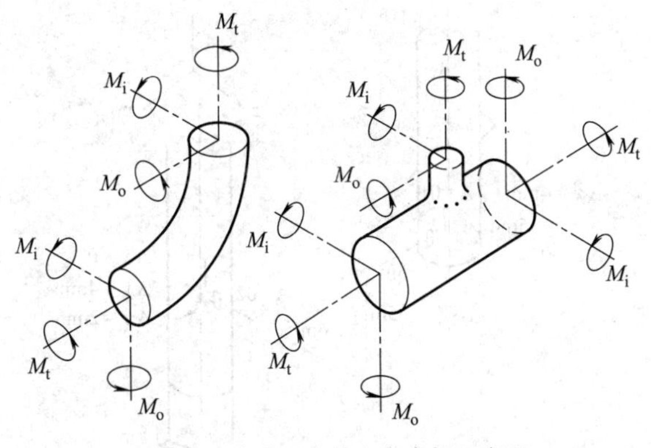

图 41-1　弯头及支管上的力矩示意图

(3) 管道系统对设备和固定点的作用力

管道系统对端点（设备和固定点）的推力（力和力矩），由引起一次应力的持续外载、支座摩擦力和引起二次应力的荷载（热胀冷缩）等联合作用在端点上。

$$N=N_p+N_f+N_E \quad (41\text{-}7)$$

式中　N——作用在端点的合成力；

N_p——持续外载作用在端点的力；

N_f——摩擦力反作用在端点的力；

N_E——引起二次应力的荷载作用在端点的力（弹性力等）。

各种不同摩擦副的滑动支座摩擦系数如下。

钢对钢滑动摩擦 $\mu=0.3$。

钢对钢滚动摩擦 $\mu=0.1$。

不锈钢对聚四氟乙烯滑动摩擦 $\mu=0.1$。

钢对混凝土滑动摩擦 $\mu=0.6$。

(4) 管道支吊架的受力

管道对支吊架的作用力（力和力矩），由引起一次应力的持续外载，引起二次应力的荷载（热胀冷缩），支座摩擦力，及设备、支座的沉降等联合作用在支吊架上，可以通过计算机计算出管系对各支吊架的作用力。

2.2　动力分析

化工管道的振动，经常会引起管道和管架的疲劳破坏，建筑物诱发振动和噪声等，严重地影响整个装置的正常运行。化工管道中常遇到的振动有往复式压缩机及往复泵进出口管道的振动，两相流管道呈柱塞流时的振动，水锤现象，安全阀排气系统产生的振动，风载荷、地震载荷引起的振动等。

管道设计时要考虑防止或控制管道发生振动和共振，对振动管道特别是往复式压缩机、往复式泵的管道，重点进行以下动力分析。

① 气（液）柱固有频率分析，使其避开激振力的频率。

② 压力脉动不均匀度分析，将压力不均匀度控制在允许范围内。

③ 管道系统结构振动固有频率、振动和各节点的振幅及动应力分析。通过设置防振支架，优化管道布置，消除过大管道振动。

为避免发生管道共振，应使气（液）柱固有频率、管道的结构固有频率与激振力频率错开。

3　管道应力分析的目的

管道应力分析应保证管道在设计条件下具有足够的柔性，防止管道因热胀冷缩、端点附加位移、管道支承设置不当等原因造成的下列问题：

① 管道应力过大或金属疲劳引起的管道或支架破坏；

② 管道连接处产生泄漏；

③ 管道推力和力矩过大，使与其相连接的设备产生过大的应力或变形，影响设备正常运行。

4　管道应力分析

4.1　管道应力分析方法

管道应力分析的方法一般分为经验判断法、简单分析法和详细分析法三种。

① 经验判断法通常是指如下。

a. 与运行良好的管道相比较，其形状、尺寸、操作条件均基本相当的管道。

b. 与已分析的管道相比较，确认有足够柔性的管道。

② 简单分析法通常是指利用图、表等方法对几何形状相对简单的管道进行近似解析计算。简单分析法仅能用于计算L形、Z形等简单的管道系统，简单分析法在计算机尚未普及时被广泛应用在工程设计中，国际上各个大型的工程公司均根据经验制定了供简单分析的图、表及经验公式。目前随着计算机软件和技术的快速发展，简单分析法已经逐渐被计算机分析所取代。本书着重介绍ASME B31.3中的简单分析法。

ASME B31.3中规定：对于具有统一的尺寸、不多于两个固定点、无中间约束的简单管道系统（如L形管系、空间Z形管系等），如果满足式(41-8)，则认为该管道系统是安全的。

$$\frac{D\delta}{(L-U)^2} \leqslant K_1 \tag{41-8}$$

式中 D——管道外径，mm；

δ——管道系统内由热膨胀产生的总位移，$\delta=\sqrt{\Delta x^2+\Delta y^2+\Delta z^2}$，mm；

U——管道系统两固定点的直线距离，m；

L——管道系统在两固定点间的展开长度，m；

K_1——$K_1=208000[\sigma]_A/E_a$，$(mm/m)^2$；

$[\sigma]_A$——许用的位移应力范围，MPa；

E_a——常温下的金属材料弹性模量，MPa。

对于式（41-8），ASME B31.3特别注释指出该公式为经验公式，无法提供全面的证据来说明这个公式会得出准确或一贯保守的结果，且该公式不适用于下列管道系统。

a. 在剧烈循环条件下运行，有疲劳危险的管道。

b. 大直径薄壁管道。

c. 端点附加位移量占总位移量大部分的管道。

d. $L/U>2.5$的不等腿U形弯管管道，或近似直线的锯齿形管道。

例 如图41-2所示的管道，公称直径150mm，材质为20钢管，设计温度325℃，管口A-01下降5mm，并在x方向位移4mm；管口B-02上升4mm，并在z方向位移2mm。试判断其可靠性。

解 选定如图41-2所示的坐标及A-01和A-02两端。

a. 管道两固定点间的展开长度为

$$L=3+5+6=14 \text{ (m)}$$

b. 管道两固定点间的直线距离为

$$U=\sqrt{3^2+5^2+6^2}=8.4 \text{ (m)}$$

c. 计算端点位移Δx_1、Δy_1、Δz_1：

$$\Delta x_1=0-4=-4 \text{ (mm)} \quad \Delta y_1=4-(-5)=9 \text{ (mm)}$$

$$\Delta z_1=2-0=2 \text{ (mm)}$$

d. 计算端点A-02放松后由于热膨胀引起的A-02端位移值Δx_2、Δy_2、Δz_2。

由GB/T 20801中表B.1查得20钢在325℃时的单位膨胀量为4mm/m。

$$\Delta x_2=4\times3=12 \text{ (mm)} \quad \Delta y_2=4\times(-5)=-20 \text{ (mm)}$$

$$\Delta z_2=4\times(-6)=-24 \text{ (mm)}$$

e. 总变形量δ为

$$\Delta x=12-(-4)=16 \text{ (mm)}$$

$$\Delta y=-20-9=-29 \text{ (mm)}$$

$$\Delta z=-24-2=-26 \text{ (mm)}$$

$$\delta=\sqrt{16^2+(-29)^2+(-26)^2}=42.1 \text{ (mm)}$$

f. 计算右端项。

根据式（41-9）计算$[\sigma]_A$。

由GB/T 20801中表B.3查得20钢在常温下的弹性模量$E_a=203\times10^3$MPa。

由GB/T 20801中表A.1查得20钢在20℃的冷态许用应力$[\sigma]_c=137$MPa；在325℃的热态许用应力为$[\sigma]_h=119$MPa；f取1。

$$[\sigma]_A=1\times(1.25\times137+0.25\times119)=201 \text{ (MPa)}$$

$$K_1=\frac{208000\times201}{203\times10^3}=205.95 \ [(mm/m)^2]$$

g. 利用式（41-8）进行核算。

$$\frac{D\delta}{(L-U)^2}=\frac{150\times42.1}{(14-8.4)^2}=201.37\leqslant205.95。$$

所以，管道的柔性是可靠的。

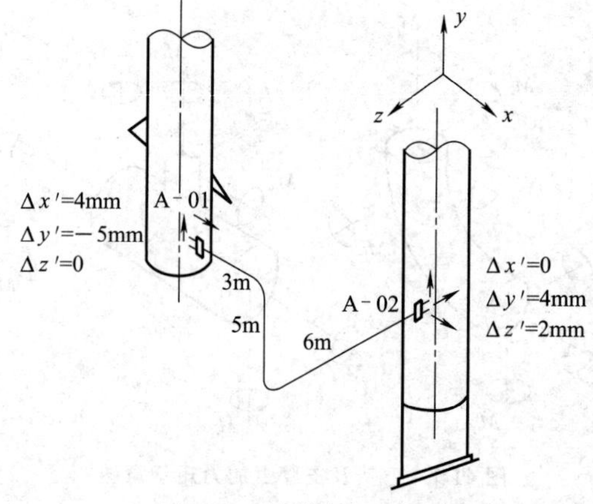

图41-2 管道走向示意图

③ 详细分析法是指利用特定的管道应力分析软件，对管道系统进行详细的力、力矩和应力的计算。其计算的过程一般如下。

a. 准备应力计算轴测图，在应力计算轴测图上首先确定管道应力计算的坐标系，然后将管道系统按不同的特性分段（如在管道的弯头、三通、大小头、阀门、法兰、支吊架等处），每一段都用不同的节点编号加以区分。

b. 对每一段管道的参数进行输入，包括：管道材料、管径、壁厚、温度、压力、弯头、三通、不同的支吊架约束形式等。

c. 进行计算。

d. 对计算结果进行分析，如符合规定要求，则输出计算结果。如不符合规定，应对管道系统进行调整（包括支吊架约束形式和管道走向的调整），然后重新分析，直到计算结果符合规定要求为止。

e. 准备应力计算报告，将计算结果返回给相关的专业。

目前国际上较为流行的管道应力分析软件有：CAESAR Ⅱ Autopipe 等。

4.2　管道应力分析方法的选择

根据上面所述，管道应力计算的方法分为经验判断法、简单分析法和详细分析法。在工程设计中，一般前两种方法可由管道工程师完成，而详细分析法则需要由专业的应力计算工程师来完成。因此确定哪些管道需要进行详细的应力分析，则特别重要。如果对所有的管道进行分析，既不现实也没有必要，而进行详细应力分析的管道过少，则有可能漏掉某些重要的管道，造成安全隐患。因此，恰到好处地确定需要进行详细分析的应力计算管道范围十分必要。一般来讲，管道是否需要进行详细的应力分析与管径、温度和所连接的设备有关。管径较大、温度较高以及与重要机器设备相连的管道需要进行详细的应力分析。对于不同的行业和不同的工程公司，对哪些管道需要进行详细的应力分析有着不同的规定。

(1)《工业金属管道设计规范》[GB 50316—2000(2008 版)] 对于管道应力计算的范围和方法规定

① 管道的设计温度小于等于－50℃或大于等于100℃时，均为管道应力计算的范围。

② 对应力计算的公称直径范围应按设计温度和管道布置的具体情况在工程设计时确定。

③ 对第①条的规定以外，满足下列条件之一的管道，也应列入管道应力计算的范围。

a. 受室外环境温度影响的无隔热层长距离管道。

b. 管道端点附加位移量大，不能用经验公式判断的管道。

c. 小支管与大管道连接，且大管道有位移并会影响小管道的柔性时，小管道应与大管道一起计算。

④ 具备下列条件的管道，可不做管道应力分析。

a. 该管道与某一运行情况良好的管道完全相同。

b. 该管道与已经经过管道应力分析的管道相比较，几乎没有变化。

⑤ 管道应力计算方法应符合下列规定：

a. 对于与敏感机器、设备相连的或高温、高压或循环当量数大于 7000 等重要的以及工程设计有严格要求的管道，应采用计算机程序进行管道应力计算；

b. 对于简单的 L 形、Π 形、Z 形等管道，可采用表格法、图解法等验算，但所采用的表和图必须是经过计算验证的；

c. 无分支管道或管道系统的局部作为计算机计算前的初步判断时，可采用简化的分析方法。

(2)《压力管道规范——工业管道》(GB/T 20801—2006) 对于管道应力计算的范围和方法规定

① 符合以下条件之一的管道系统应进行管道应力分析：

a. 设备管口有特殊的要求；

b. 预期寿命内热循环次数超过 7000 的管道；

c. 操作温度大于等于 400℃，或小于等于－70℃的管道。

② 符合以下条件之一的管道系统可免除应力分析：

a. 与运行良好的管道系统相比，基本相同或相当的管道系统；

b. 与已通过应力分析的管道系统相比，确认有足够强度和柔性的管道系统。

5　管道系统安全性的评定

5.1　管道系统内应力的评定

根据 GB 50316—2000 (2008 版)《工业金属管道设计规范》规定：管道中由于压力、重力和其他持续载荷所产生的轴向应力之和 σ_L，不应超过管道材料在设计温度下的许用应力 $[\sigma]_h$。

管道内由热膨胀、设备端点位移产生的最大位移应力范围 σ_E 不应超过许用的位移应力范围 $[\sigma]_A$。

其中：

$$[\sigma]_A = f(1.25[\sigma]_c + 0.25[\sigma]_h) \quad (41\text{-}9)$$

若 $[\sigma]_h$ 大于 σ_L，其差值可以加到上式中的 0.25 $[\sigma]_h$ 项上，则许用应力范围为

$$[\sigma]_A = f[1.25([\sigma]_c + [\sigma]_h) - \sigma_L] \quad (41\text{-}10)$$

式中　$[\sigma]_c$——在分析中的位移循环内，金属材料在冷态（预计最低温度）下的许用应力，MPa；

$[\sigma]_h$——在分析中的位移循环内，金属材料在热态（预计最高温度）下的许用应力，MPa；

σ_L——管道中由于压力、重力和其他持续载荷所产生的轴向应力之和，MPa；

$[\sigma]_A$——许用的位移应力范围，MPa；

f——管道位移应力范围减少系数，由表 41-1 确定。

表 41-1 管道位移应力范围减少系数

循环当量数 N	系数 f
$N \leqslant 7000$	1.0
$7000 < N \leqslant 14000$	0.9
$14000 < N \leqslant 22000$	0.8
$22000 < N \leqslant 45000$	0.7
$45000 < N \leqslant 100000$	0.6
$100000 < N \leqslant 200000$	0.5
$200000 < N \leqslant 700000$	0.4
$700000 < N \leqslant 2000000$	0.3

管道在工作状态下，受到内压、自重、其他持续载荷和偶发载荷所产生的轴向应力之和，应符合下式规定，且式中应力增强因子 i 的 0.75 倍不得小于 1。

$$\frac{pD_i^2}{D_o^2-D_i^2}+0.75i\frac{M_A}{W}+0.75i\frac{M_B}{W}\leqslant K_T[\sigma]_h \tag{41-11}$$

式中 K_T——许用应力系数，当偶然荷载作用时间每次不超过 10h，每年累计不超过 100h 时，$K_T=1.33$，当偶然荷载作用时间每次不超过 50h，每年累计不超过 500h 时，$K_T=1.2$；

M_A——由于自重和其他持续载荷作用在管道横截面上的合成力矩，N·mm；

M_B——由安全阀或释放阀的反座推力、管道内流量和压力的瞬时变化、风力或地震等产生的偶然荷载作用于管道横截面上的合成力矩，N·mm；

W——截面系数，mm^3；

i——应力增大系数；

p——设计压力，MPa；

D_i——管子或管件的内径，mm；

D_o——管子或管件的外径，mm。

风载和地震载荷不需要考虑同时发生。

5.2 设备管口荷载的评定

管道系统的应力分析除要保证管道内的应力符合第 5.1 小节中的应力规定以外，还应使管道对设备管口的作用力小于设备管口的许用值，以保证设备能够顺利运行。设备管口的许用荷载一般由制造商提出，当制造商无数据时，可按下列规定进行评定。

(1) 容器和热交换器上的管口许用载荷

压力容器（如塔、储罐、换热器和反应器）上的管口载荷原则上应提交给设备专业，由设备专业用 WRC107 或其他局部应力分析软件对管口的应力进行校核。但是实际上设备专业不可能对每一个管口都进行校核，而是通常用一个较为保守的经验值作为压力容器上管口的许用载荷。当实际计算的管口载荷小于此经验值时，可认为管口是安全的。通常，各个大型的工程公司均有自己相应的经验值或经验公式。本书推荐一个目前在国际上大型工程公司中较为流行的经验公式，供大家参考，详见表 41-2。

表 41-2 中各许用力和许用力矩方向如图 41-3 所示。

其中：

$$V_R=\sqrt{V_L^2+V_C^2} \quad M_R=\sqrt{M_L^2+M_C^2} \tag{41-12}$$

(2) 离心泵管口的许用载荷

大型化工装置中，最常用泵的形式一般有 API 泵和 ISO 泵，两者有不同的管口许用载荷值。用于 API 泵，其管口的许用载荷应符合 API 610 规定，详见表 41-4。

表 41-2 压力容器和热交换器管口的许用载荷

项 目	管口位于筒体侧	管口位于封头侧
轴向拉伸或压缩力 P/kN	$2bD$	$2bD$
轴向剪切力 V_L/kN	$2bD$	
周向剪切力 V_C/kN	$1.5bD$	
合成剪切力 V_R/kN	$2.5bD$	$2.5bD$
扭矩 M_T/kN·m	$0.15bD^2$	$0.15bD^2$
轴向弯矩 M_L/kN·m	$0.13bD^2$	
周向弯矩 M_C/kN·m	$0.1bD^2$	
合成弯矩 M_R/kN·m	$0.164bD^2$	$0.164bD^2$

注：b 值按表 41-3 选取。D 为管道的公称直径，in。

表 41-3　*b* 值

法兰等级	容　器	热交换器
150#	0.6	0.75
300#	0.7	0.75
600#	0.8	1.25
900#	1.8	3
1500#	3	4
2500#	3.3	5.6

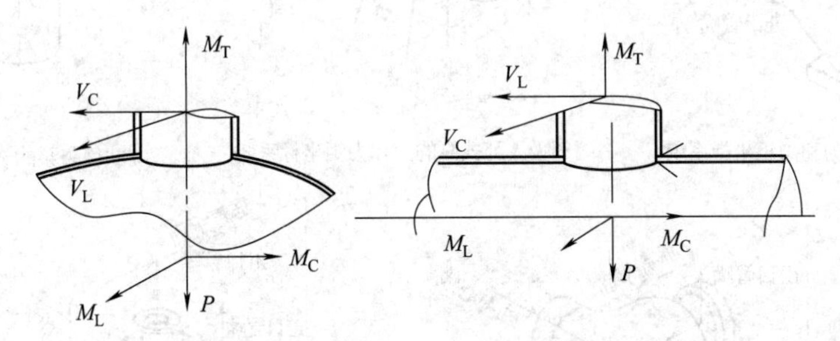

图 41-3　设备管口各许用力和许用力矩的方向

表 41-4　API 610 泵的管口载荷　　单位：N/(N·m)

力/力矩	管口法兰的名义口径/in								
	2	3	4	6	8	10	12	14	16
每个顶部管口									
F_x	710	1070	1420	2490	3780	5340	6670	7120	8450
F_y	580	890	1160	2050	3110	4450	5340	5780	6670
F_z	890	1330	1780	3110	4890	6670	8000	8900	10230
F_R	1280	1930	2560	4480	6920	9630	11700	12780	14850
每个侧面管口									
F_x	710	1070	1420	2490	3780	5340	6670	7120	8450
F_y	890	1330	1780	3110	4890	6670	8000	8900	10230
F_z	580	890	1160	2050	3110	4450	5340	5780	6670
F_R	1280	1930	2560	4480	6920	9630	11700	12780	14850
每个端部管口									
F_x	890	1330	1780	3110	4890	6670	8000	8900	10230
F_y	710	1070	1420	2490	3780	5340	6670	7120	8450
F_z	580	890	1160	2050	3110	4450	5340	5780	6670
F_R	1280	1930	2560	4480	6920	9630	11700	12780	14850
每个管口									
M_x	460	950	1330	2300	3530	5020	6100	6370	7320
M_y	230	470	680	1180	1760	2440	2980	3120	3660
M_z	350	720	1000	1760	2580	3800	4610	4750	5420
M_R	620	1280	1800	3130	4710	6750	8210	8540	9820

如果实际计算的管口载荷小于表 41-4 中的许用载荷，则认为泵的管口是安全的。如果实际计算的管口载荷大于表 41-4 中的许用载荷而在两倍的许用载荷以内，对于重型泵，可按 API 附录 F 提供的公式对泵的进出口进行校核，如果校核通过，仍可认为该泵是安全的。

泵的力和力矩坐标图如图 41-4 所示。

对于 ISO 泵，其管口的许用载荷应符合表 41-5 中的规定。

(3) 离心式压缩机管口的许用载荷

离心式压缩机进出口的许用载荷应符合 API 617 中的规定，如图 41-5 所示。

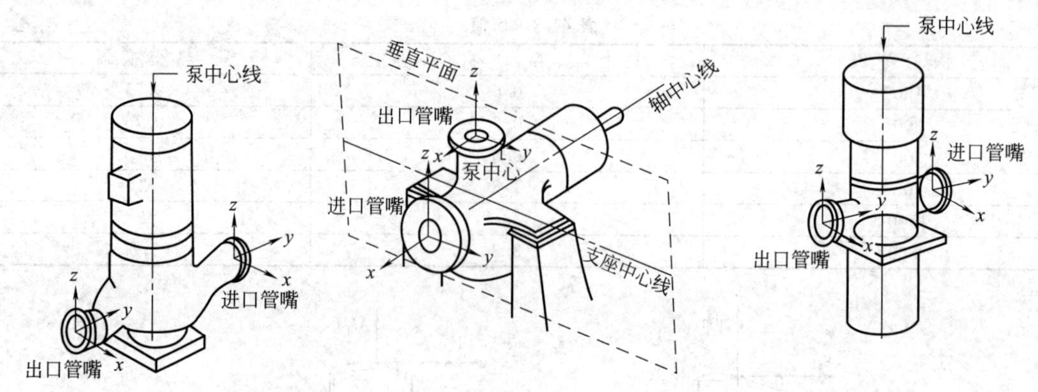

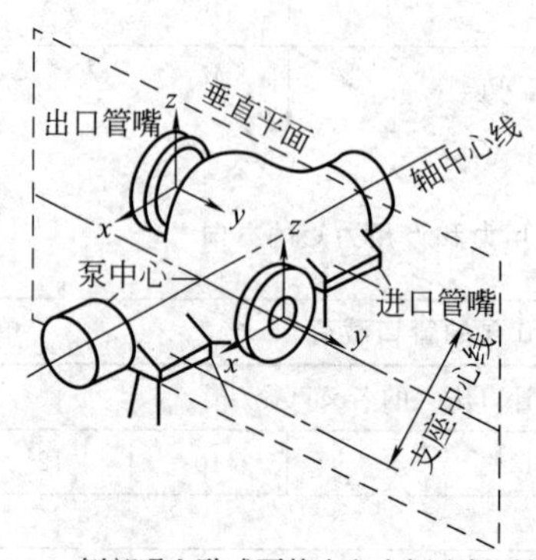

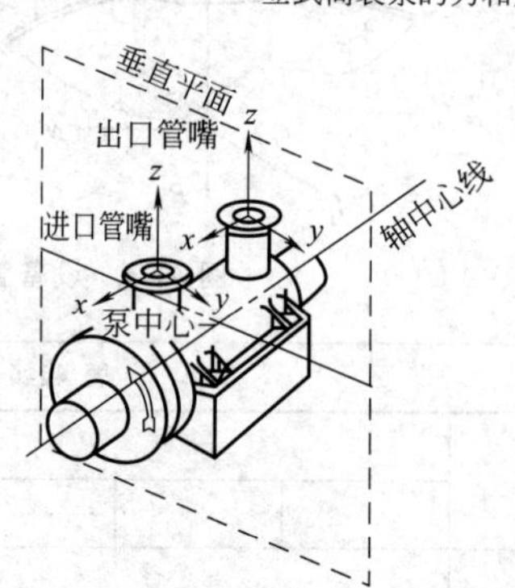

图 41-4　泵的力和力矩坐标图

表 41-5　ISO 5199 泵的管口许用载荷　　单位：N/(N·m)

力/力矩	管口法兰的名义口径/in								
	2	3	4	6	8	10	12	14	16
每个顶部管口									
F_x	1500	2250	3000	4500	6000	7450	8950	10450	11950
F_y	1350	2050	2700	4050	5400	6750	8050	9400	10750
F_z	1650	2500	3350	5000	6700	8350	10000	11650	13300
F_R	2600	3950	5250	7850	10450	13050	15650	18250	20850
每个侧面管口									
F_x	1500	2250	3000	4500	6000	7450	8950	10450	11950
F_y	1650	2500	3350	5000	6700	8350	10000	11650	13300
F_z	1350	2050	2700	4050	5400	6750	8050	9400	10750
F_R	2600	3950	5250	7850	10450	13050	15650	18250	20850
每个端部管口									
F_x	1650	2500	3350	5000	6700	8350	10000	11650	13300
F_y	1500	2250	3000	4500	6000	7450	8950	10450	11950
F_z	1350	2050	2700	4050	5400	6750	8050	9400	10750
F_R	2600	3950	5250	7850	10450	13050	15650	18250	20850
每个管口									
M_x	1400	1600	1750	2500	3250	4450	6050	7750	9700
M_y	1000	1150	1250	1750	2300	3150	4300	5500	6900
M_z	1150	1300	1450	2050	2650	3650	4950	6350	7950
M_R	2050	2350	2600	3650	4800	6550	8900	11400	14300

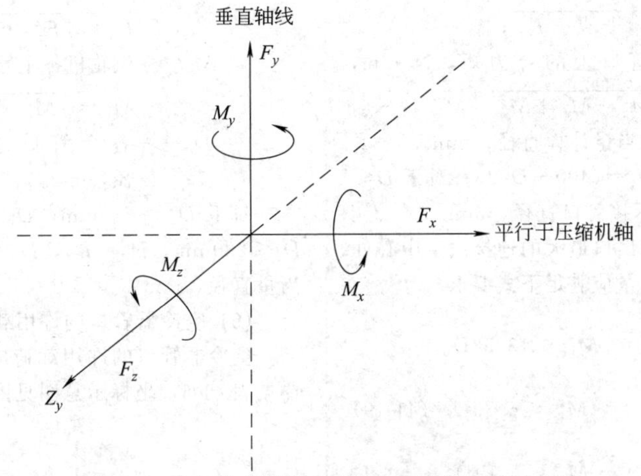

图 41-5　离心式或轴流式压缩机管嘴的坐标示意图

作用在压缩机任一接管口上的合力和合力矩应满足下式要求。

$$F_R + 1.09M_R \leqslant 54.1D_e \tag{41-13}$$

$$F_R = \sqrt{F_x^2 + F_y^2 + F_z^2} \tag{41-14}$$

$$M_R = \sqrt{M_x^2 + M_y^2 + M_z^2} \tag{41-15}$$

式中　F_R——作用在管口上的合力，N；

M_R——作用在管口上的合力矩，N·m；

D_e——接管口的当量计算直径，mm。

对于 $D>200$mm，$D_e=(400+D)/3$；对于 $D\leqslant 200$mm，$D_e=D$，D 表示接管口直径。

在进口、抽加气口和出口最大的连接法兰中心处的合力和合力矩的各个分量应满足下式。

$$F_{cx} \leqslant 16.1D_c \qquad M_{cx} \leqslant 24.6D_c$$
$$F_{cy} \leqslant 40.5D_c \qquad M_{cy} \leqslant 12.3D_c \tag{41-16}$$
$$F_{cz} \leqslant 32.4D_c \qquad M_{cz} \leqslant 12.3D_c$$

式中　F_{cx}——与压缩机轴平行的水平合力分量，N；

F_{cy}——垂直方向的合力分量，N；

F_{cz}——与压缩机轴垂直的水平合力分量，N；

M_{cx}——围绕压缩机轴平行的水平轴线的合力矩分量，N·m；

M_{cy}——围绕垂直轴线的合力矩分量，N·m；

M_{cz}——围绕压缩机轴垂直的水平轴线的合力矩分量，N·m。

在进口、抽加气口和出口最大的连接法兰中心处的合力和合力矩应满足下式要求。

$$F_c + 1.64M_c \leqslant 40.4D_c \tag{41-17}$$

式中　F_c——压缩机各个管口总的合力，N，$F_c=\sqrt{F_{cx}^2+F_{cy}^2+F_{cz}^2}$；

M_c——压缩机各个管口总的合力矩，N·m，$M_c=\sqrt{M_{cx}^2+M_{cy}^2+M_{cz}^2}$；

D_c——各个管口总面积的当量计算直径，mm。

对于 $D_e>230$mm，$D_c=(460+D_r)/3$；对于 $D_e\leqslant 230$mm，$D_c=D_r$，D_r 表示各个管口总面积的当量直径，mm。

(4) 往复式压缩机管口的许用载荷

对于往复式压缩机（包括往复泵）来说，API 618 没有特别强调管口的许用载荷，因此在管道应力分析时不需加以特别考虑。实际上对于往复式压缩机（往复泵），由往复载荷产生的振动进行控制是最重要的，这就需要管道系统具有尽量大的刚性。目前，有关往复式压缩机进出口管线的振动分析一般均由压缩机厂方完成，因此，建议在进行压缩机进出口管线的走向设计时应多与压缩机厂方联系，使管道系统在满足柔性分析的基础上有尽量大的刚性。

(5) 汽轮机管口的许用载荷

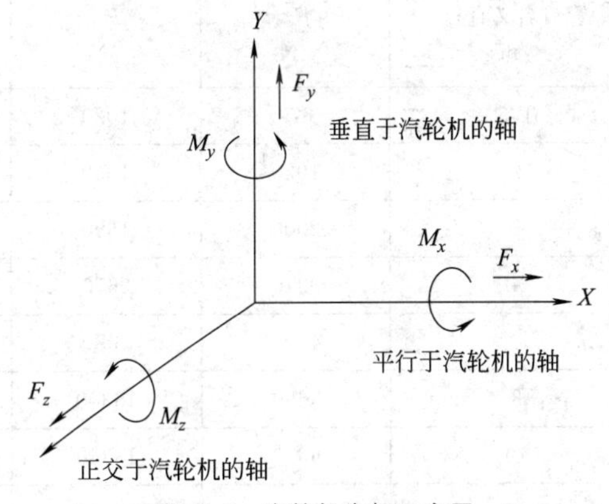

图 41-6　汽轮机坐标示意图

作用在汽轮机管口上的合力和合力矩应满足标准 NEMA SM23，详见下式。其示意图见图 41-6。作用在汽轮机任一接管口上的合力和合力矩应满足下式要求。

$$F_R + 1.09M_R \leqslant 29.8D_e \tag{41-18}$$

式中　F_R——作用在管口上的合力，N，

$F_R=\sqrt{F_x^2+F_y^2+F_z^2}$；

M_R——作用在管口上的合力矩，N·m，

$M_R=\sqrt{M_x^2+M_y^2+M_z^2}$

D_e——接管口的当量计算直径，mm。

对于 $D>200$mm，$D_e=(400+D)/3$；对于 $D\leqslant 200$mm，$D_e=D$，D 表示接管口直径，mm。

在进口、抽加气口和出口最大的连接法兰中心处的合力及合力矩的各个分量应满足下式要求。

$$F_{cx}\leqslant 8.93D_c \qquad M_{cx}\leqslant 13.58D_c$$

$$F_{cy}\leqslant 22.33D_c \qquad M_{cy}\leqslant 6.79D_c \tag{41-19}$$

$$F_{cz}\leqslant 17.86D_c \qquad M_{cz}\leqslant 6.79D_c$$

式中　F_{cx}——与汽轮机轴平行的水平合力分量，N；

F_{cy}——垂直方向的合力分量，N；

F_{cz}——与汽轮机轴垂直的水平合力分量，N；

M_{cx}——围绕蒸汽轮机轴平行的水平轴线的合力矩分量，N·m；

M_{cy}——围绕垂直轴线的合力矩分量，N·m；

M_{cz}——围绕汽轮机轴垂直的水平轴线的合力矩分量，N·m。

在进口、抽加气口和出口最大的连接法兰中心处的合力及合力矩应满足下式要求。

$$F_c+1.64M_c\leqslant 22.32D_c \tag{41-20}$$

式中　F_c——汽轮机各个管口总的合力，N，

$F_c=\sqrt{F_{cx}^2+F_{cy}^2+F_{cz}^2}$；

M_c——汽轮机各个管口总的合力矩，N·m，

$M_c=\sqrt{M_{cx}^2+M_{cy}^2+M_{cz}^2}$；

D_c——各个管口总面积的当量计算直径，mm。

对于 $D_e>230$mm，$D_c=(460+D_r)/3$；对于 $D_e\leqslant 230$mm，$D_e=D_r$，D_r 表示各个管口总面积的当量直径，mm。

(6) 空冷器管口的许用载荷

空冷器管口的许用载荷应符合 API 661 的规定，详见表 41-6，坐标示意图见图 41-7。

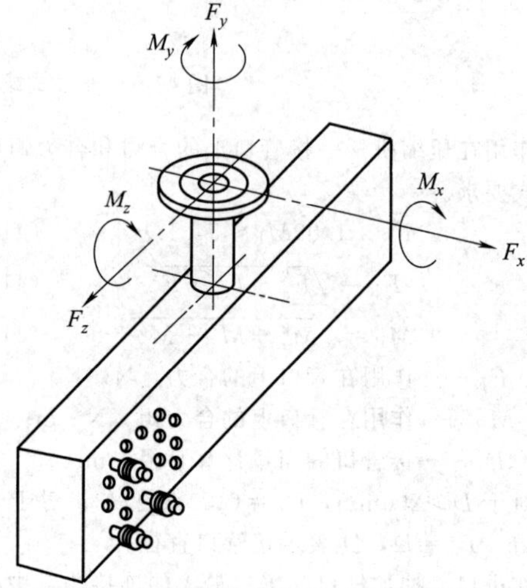

图 41-7　空冷器集箱坐标示意图

表 41-6　空冷器的管口许用载荷

管口名义直径 /in	F_x /N	F_y /N	F_z /N	M_x /N·m	M_y /N·m	M_z /N·m
1.5	670	1020	670	110	150	110
2	1020	1330	1020	150	240	150
3	2000	1690	2000	410	610	410
4	3340	2670	3340	810	1220	810
6	4000	5030	5030	2140	3050	1630
8	5690	13340	8010	3050	6100	2240
10	6670	13340	10010	4070	6100	2550
12	8360	13340	13340	5080	6100	3050
14	10010	16680	16680	6100	7120	3570

每个集箱上各个管嘴载荷的总和不应超过下列数值。

$$F_x\leqslant 10033\text{N} \quad F_y\leqslant 20065\text{N} \quad F_z\leqslant 16221\text{N}$$

$$M_x\leqslant 6118\text{N·m} \quad M_y\leqslant 8157\text{N·m} \quad M_z\leqslant 4078\text{N·m} \tag{41-21}$$

(7) 加热炉管口的许用载荷

加热炉管口的许用载荷应符合 API 560 的规定，详见表 41-7。加热炉管嘴受力和力矩坐标示意图见图 41-8。

表 41-7　加热炉的管口许用载荷

管口名义直径 /in	F_x /N	F_y /N	F_z /N	M_x /N·m	M_y /N·m	M_z /N·m
2	445	890	890	475	339	339
3	667	1334	1334	610	475	475
4	890	1779	1779	813	610	610
5	1001	2002	2002	895	678	678
6	1112	2224	2224	990	746	746
8	1334	2669	2669	1166	881	881
10	1557	2891	2891	1261	949	949
12	1779	3114	3114	1356	1017	1017

许用的位移量

项　目	水平管			垂直管		
	Δx /mm	Δy /mm	Δz /mm	Δx /mm	Δy /mm	Δz /mm
辐射段	0	25	25	0	25	25
对流段	0	13	13	—	—	—

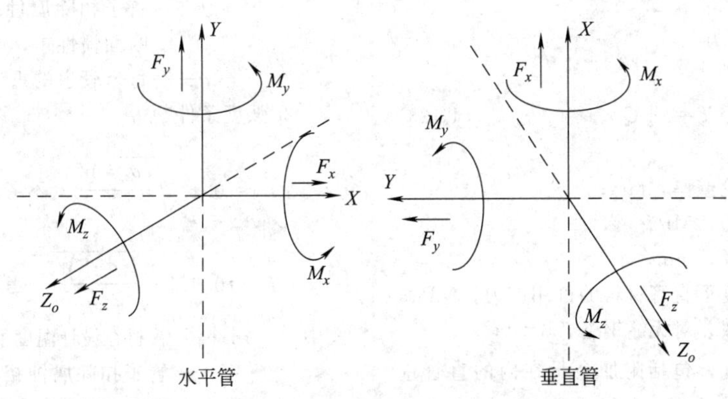

图 41-8　加热炉管嘴受力和力矩坐标示意图

6　管道系统应力分析的调整

6.1　调整支吊架

经过应力分析后，发现整个管道系统或局部柔性不足，产生应力过大，或对设备和固定点的推力超过许用值时，首先应考虑改变支吊架的位置和型式，通过增加限位支架或弹簧支架来改变管道系统的应力分布。

6.2　增加自然补偿

当管道系统通过调整支吊架型式已经无法满足要求时，应考虑改变管道走向，管道布置应尽量利用弯管及Ⅱ形弯等自然补偿的方法来增加管道系统的柔性，增加管道自然补偿的能力。

6.3　增设柔性补偿装置

当管道系统的柔性很差，且无法改变管道走向时，可考虑设置补偿器。

对于管道设计者来说，如果管道系统不能满足要求，首先应考虑用改变支吊架的位置和型式来改变管道的柔性，其次考虑改变管道的走向，最后才考虑采用膨胀节等柔性补偿设施，因为柔性补偿设施的壁厚一般很薄，很容易发生泄漏。

6.4　冷紧

冷紧是指在冷态安装时，使管道产生一个初位移和初应力的一种方法。

冷紧的目的是将管道的热应变一部分集中在冷态，从而降低管道在热态下的热胀应力和对端点的推力及力矩，也可防止法兰连接处弯矩过大而发生泄漏。但冷紧不改变热胀应力范围。

冷紧比为冷紧值与全补偿量的比值。对于材料在蠕变温度下工作的管道，冷紧比宜取为0.7。对于材料在非蠕变温度下工作的管道，冷紧比宜取为0.5。

与敏感设备相连的管道不宜采用冷紧安装方法。

7 其他

7.1 金属直管的壁厚确定

(1) 内压直管

根据SH 3059—2012《石油化工管道设计器材选用规范》确定其壁厚。

① 当 $t<D_o/6$ 时，直管理论壁厚为

$$t=\frac{pD_o}{2[\sigma]^t\phi w+2pY} \tag{41-22}$$

直管的选用壁厚为

$$\overline{T}=t+C \tag{41-23}$$

式中 t——直管理论壁厚，mm；
p——设计压力，MPa；
D_o——直管外径，mm；
$[\sigma]^t$——设计温度下直管材料的许用应力，MPa；
ϕ——焊缝系数，对无缝钢管，$\phi=1$；
$\overline{T}$——名义厚度，包括附加余量在内的直管壁厚，mm；
C——直管壁厚的附加余量，mm，包括负偏差、腐蚀裕量、机加工裕量、圆整值等；
Y——温度对计算管子壁厚公式的修正系数，应按表41-8取值；
w——焊缝接头强度降低系数。

② 当 $t\geqslant D_o/6$ 或 $p/[\sigma]^t>0.385$ 时，直管壁厚应根据断裂理论、疲劳、热应力及材料特性等因素综合考虑确定。

(2) 外压直管的壁厚

应根据GB 150—1998《钢制压力容器》中规定的方法确定。

7.2 管道跨距

(1) 水平管道

一般连续敷设的管道允许跨距 L 按三跨连续梁承受均布荷载时的刚度条件计算，按强度条件校核，取 L_1 和 L_2 两者之间的较小值。

① 刚度条件

$$L_1=0.039\sqrt[4]{\frac{E_tI}{q}}\ \text{（装置内）}$$
$$L_1'=0.048\sqrt[4]{\frac{E_tI}{q}}\ \text{（装置外）} \tag{41-24}$$

式中 L_1，L_1'——装置内（外）由刚度条件决定的跨距，m；
E_t——管材在设计温度下的弱性模数，MPa；
I——管子扣除腐蚀裕量及负偏差后的断面惯性矩，mm^4；
q——每米管道的重量，N/m。

② 强度条件

$$L_2=0.1\sqrt{\frac{[\sigma]^tW}{q}}\ \text{（不考虑内压）}$$
$$L_2'=0.071\sqrt{\frac{[\sigma]^tW}{q}}\ \text{（考虑内压）} \tag{41-25}$$

式中 $[\sigma]^t$——管材在设计温度下的许用应力，MPa；
W——管子扣除腐蚀裕量及负偏差后的抗弯断面模数，mm^3。

各种管道允许最大跨距详见本书第5篇第38章表38-20～表38-25。

(2) 垂直管道

为了约束由风载、地震、温度变化等引起的横向位移。沿直立设备布置的立管应设置导向支架。立管导向支架间的允许间距应符合表41-9规定。

表41-8 温度对计算管子壁厚公式的修正系数

材料	温度/℃					
	≤482	510	538	566	593	≥621
铁素体钢	0.4	0.5	0.7	0.7	0.7	0.7
奥氏体钢	0.4	0.4	0.4	0.4	0.5	0.7

表 41-9　立管导向支架间的允许间距

管道公称直径/mm	气体管道/m		液体管道/m	
	光管	隔热	光管	隔热
25	4.3	3.4	4.0	3.4
40	5.2	4.0	4.6	3.7
50	5.8	4.6	4.9	4.3
80	7.0	6.1	6.1	5.5
100	7.9	7.0	6.7	6.1
150	9.8	8.8	7.9	7.3
200	11.3	10.1	8.8	8.2
250	12.5	11.6	9.8	9.4
300	13.7	12.8	10.4	10.1
350	14.6	13.4	10.7	10.4
400	15.5	14.3	11.3	11.0
450	16.5	15.2	11.6	11.6
500	17.4	16.2	12.5	12.2
600	19.2	18.0	13.4	13.4

参考文献

[1] 吴德荣. 石油化工装置配管工程设计. 上海：华东理工大学出版社，2013.
[2] 王致祥，梁志钊，孙国模，文启鼎. 管道应力分析与计算. 北京：水利电力出版社，1983.
[3] 唐永进. 压力管道应力分析. 第 2 版. 北京：中国石化出版社，2010.
[4] 蔡尔辅. 石油化工管道设计. 北京：化学工业出版社，2002.
[5] 张德姜，赵勇. 石油化工工艺管道设计与安装. 北京：中国石化出版社，2002.
[6] 王怀义，张德姜. 石油化工管道安装设计便查手册. 第 4 版. 北京：中国石化出版社，2014.

第42章 设备及管道的绝热、伴热、防腐和标识

1 设备与管道的绝热

1.1 设备与管道的绝热的功能及目的

所谓设备与管道的绝热，也称管道的隔热、保温或保冷，是指减少工业生产中的设备与管道向周围环境散发热量或冷量而进行的隔热工程。在实际应用中工业设备与管道外表面温度在－196～850℃是通常的绝热设计的范围。绝热工程已成为生产和建设过程中不可缺少的部分。我国已制定绝热工程的各种标准及规定，以便统一和应用。绝热的功能及目的如下。

① 减少设备与管道及其附件的热（冷）量损失，节约能源。

② 保证操作人员安全，改善劳动条件，防止烫伤和减少热量散发到操作区。

③ 控制长距离输送介质时的热量损失或防止敏感介质在输送中温度降低，以满足生产上所需要的温度。

④ 在冬季，采用保温方式来延缓或防止管道内液体的冻结，以免管道产生故障。

⑤ 当设备与管道内的介质温度低于周围空气露点温度时，采用绝热方式可防止管道的表面结露，减少冷量损失及保护管道的安全运行。

1.2 绝热的要求及应用范围

为了保护操作人员的安全及维护设备与管道生产安全和减少冷热损失，均需进行绝热。

在生产中工艺需要进行绝热（包括保温和保冷）的情况占绝大多数，具体情况如下。

(1) 设备与管道及其附件的表面温度高于50℃者（除工艺上不需或不能绝热的以外）

① 生产和输送过程中，由于介质的凝固点、结冰点或结晶点等要求采用伴热措施者。

② 因日晒或外界温度影响会引起介质气化或蒸发，而影响生产和安全者。

③ 工艺生产中需要减少介质的温度降或延迟介质凝结的部位。

④ 为减少冷介质及载冷介质在生产和输送过程中温度升高者。

⑤ 为防止或降低冷介质及载冷介质在生产和输送过程中温度升高者。

⑥ 为防止0℃以上、常温以下的设备与管道外表面凝露者。

(2) 在工业生产中对操作人员的安全及维护设备与管道生产安全方面保温的情况

① 工业生产中不需保温的设备与管道及其附件，其外表面温度超过60℃，又需经常操作维护者。在无法采用其他措施防止烫伤时，需进行防烫绝热来保护操作人员不被烫伤。

② 防烫绝热设置范围为：距离地面或工作平台的高度小于2.1m；靠近操作平台的距离小于0.75m。

在一些情况下，为了满足生产需要是不需要绝热的，具有下列情况之一的设备与管道和管件通常不需要绝热。

① 要求散热而不回收热量的设备与管道。

② 输送易燃、易爆、有毒等危险物料的管道系统中，要求及时发现泄漏的管道上的人孔、手孔、阀门、法兰等。

③ 要求经常监测，防止发生损坏的部位。

④ 工艺上无特殊要求的防空、排凝管道。

(3) 绝热结构的种类

石油化工装置中，其管道、容器、反应器、塔器、加热炉、泵和鼓风机等的绝热结构组成如下。

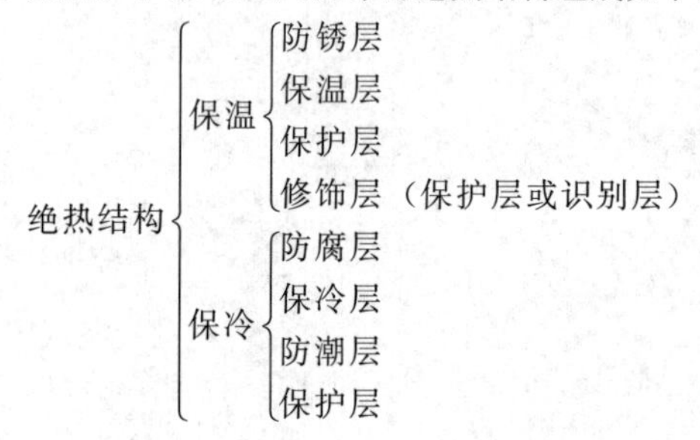

1.3 绝热材料的要求

工业生产中对设备与管道进行绝热，采用的绝热材料必须满足工业生产的要求，同时也需结合我国的实际情况，采用我国实际易生产又满足要求的材料。

绝热材料的基本性能要求应是，具有密度小、机械强度大、热导率小、化学性能稳定、对管道没有腐蚀以及能长期在工作温度下运行等性能。

对于热保温来说，绝热材料包括绝热层材料和保

护层材料。对于冷保温来说，绝热材料包括绝热层材料、防潮层材料和保护层材料及黏结剂、密封剂和耐磨剂等。

(1) 绝热层材料的性能及要求

绝热层材料应具有明确的随温度变化的热导率方程式或图表。对于松散或可压缩的绝热材料，应提供在使用密度下的热导率方程式或图表。

保温材料在平均温度低于 25℃时，热导率不得大于 0.08W/(m·℃)。泡沫塑料保冷材料在平均温度低于 25℃时，热导率不得大于 0.044W/(m·℃)。泡沫橡胶保冷材料在平均温度低于 0℃时，热导率不得大于 0.036W/(m·℃)。泡沫玻璃保冷材料在平均温度低于 25℃时，热导率应不得大于 0.064W/(m·℃)。

保温硬质材料密度一般不得大于 300kg/m³；软质材料及半硬质制品密度不得大于 220kg/m³；保冷材料密度不得大于 180kg/m³；对强度要求特殊的除外。

耐振动硬质材料抗压强度不得小于 0.4MPa；用于保冷的硬质材料抗压强度不得小于 0.15MPa。如需要，还需提供抗折强度。

保冷材料的吸水率要求为：泡沫塑料保冷材料吸水率不大于 4%，泡沫橡胶保冷材料真空吸水率不大于 10%，泡沫玻璃保冷材料吸水率不大于 0.5%。

绝热层材料及其制品允许使用的最高或最低温度要高于或低于流体温度，绝热材料应具有安全使用温度的性能和燃烧性能（包括不燃性、难燃性和可燃烧性等）资料。

对于化工和石化企业，阻燃型保冷材料及其制品的氧指数不应小于 30%。

用于与奥氏体不锈钢表面接触的绝热材料，其氯化物、氟化物、硅酸根、钠离子的含量应符合《覆盖奥氏体不锈钢用绝热材料规范》（GB/T 17393—2008）的要求。

(2) 防潮层材料的性能要求

抗蒸汽渗透性好，防水防潮力强，吸水率不大于 1%。

防潮层材料的防火性能：阻燃，火焰离开后在 1～2s 内自熄，其氧指数不小于 30%。

化学稳定性好，无毒或低毒耐腐蚀，并不得对绝热层和保护层材料产生腐蚀或溶解作用。

(3) 保护层材料的性能要求

保护层材料应具有一定的强度。在使用环境下不软化、不脆裂、外表整齐美观、抗老化、使用寿命长（至少应达到经济使用年限），重要工程或难检修部位保护层材料使用寿命应在 10 年以上。

保护层材料应有防水、防潮、抗大气腐蚀性能，宜采用不燃材料。化学稳定好，对接触的防潮层或绝热层不产生腐蚀或溶解作用。

(4) 黏结剂、密封剂和耐磨剂的主要性能要求

保冷用黏结剂能在使用的低温范围内保持良好的黏结性，黏结强度在常温时大于 0.15MPa，软化温度大于 65℃。泡沫玻璃用黏结剂在－190℃时的黏结强度应大于 0.05MPa。

对金属壁不腐蚀，对保冷材料不溶解。

固化时间短，密封性好，长期使用（至少在经济使用年限内）不开裂。

有明确的使用温度范围和有关性能数据。

在我国，绝热材料种类很多，各种绝热制品也很多，常用绝热材料的性能见表 42-1。

表 42-1 常用绝热材料的性能

材料名称		使用密度/(kg/m³)	极限使用温度/℃	最高使用温度/℃	常温热导率(70℃时)λ_0/[W/(m·℃)]	热导率参考方程	抗压强度/MPa	备注
岩棉、矿渣棉制品		原棉≤150	约 650	600	≤0.044	$\lambda=\lambda_0+0.00018(T_m-70)$		
		毡 60～80	约 400	400	≤0.049			
		毡 100～120	约 600	400	≤0.049			
		板管 80	约 400	350	≤0.044			
		板管 100～120	约 600	350	≤0.046			
		板管 150～160	约 600	350	≤0.048			
		≤200(管壳)	约 600	350	≤0.044			
玻璃棉制品	$\phi\leqslant5\mu m$	60	约 400	300	0.042	$\lambda=\lambda_0+0.00023(T_m-70)$		
	$\phi\leqslant8\mu m$	40	约 350	300	≤0.044	$\lambda=\lambda_0+0.00017(T_m-70)$		
		64～120	约 400	300	≤0.042			
普通硅酸铝纤维制品		64～192	1200(原棉)	1200	0.056	$T_m\leqslant400$℃时 $\lambda_L=\lambda_0+0.0002(T_m-70)$；$T_m>400$℃时 $\lambda_H=\lambda_L+0.00036(T_m-400)$		式中 λ_L 取 $T_m=400$℃时的结果
			600(毡、毯)	600				

续表

材料名称		使用密度/(kg/m³)	极限使用温度/℃	最高使用温度/℃	常温热导率(70℃时)λ_0/[W/(m·℃)]	热导率参考方程	抗压强度/MPa	备注
复合硅酸盐制品	毯	60～110	约500		≤0.050W·m/K	$\lambda=\lambda_0+0.00015(T_m-70)$		
	管壳	80～130	约500		≤0.055W·m/K	$\lambda=\lambda_0+0.00015(T_m-70)$		
硬质聚氨酯泡沫塑料		30～60	−80～100	−65～80	0.0275(25℃时)	保温时 $\lambda=\lambda_0+0.00014(T_m-25)$ 保冷时 $\lambda=\lambda_0+0.00009T_m$		氧指数应不小于30%;用于−65℃以下的特级聚氨酯,性能应与产品生产厂商协商
泡沫玻璃	Ⅰ类	120±8	−200～400		≤0.045W·m/K(25℃时)	$\lambda=\lambda_0+0.000150(T_m-25)+3.21\times10^{-7}(T_m-25)^2$		
	Ⅱ类	160±10			≤0.064W·m/K(25℃时)	$\lambda=\lambda_0+0.000155(T_m-25)+1.60\times10^{-7}(T_m-25)^2$		
硅酸钙制品		170 220 240	650	550	0.055 0.062 0.064	$\lambda=\lambda_0+0.00011(T_m-70)$	≥0.6	

注：1. 热导率参考方程中，(T_m-70)、(T_m-400) 等表示该方程的常数项：如λ_0、λ_H等代入T_m为70℃、400℃时的数值。
2. 本表数据仅供参考。
3. 设计采用的各种绝热材料，其物理化学性能及数据应符合各自的产品标准规定。
4. T_m表示保温层平均温度。

1.4 绝热计算

1.4.1 保温计算的工艺要求

在满足保温工程需要和各种工艺要求的情况下，为了简化保温计算，需做几点说明。

① 不论管道及设备直径大小如何，管道及设备的计算都视为圆筒面计算，平壁设备及管道（即平壁面）的计算按平面型计算。

② 计算原则：无特别工艺要求时，应以“经济厚度”的方法计算保温厚度，并且其散热损失不得超过最大允许热损失量标准。

③ 防止烫伤的保温层厚度，按表面温度法计算，保温层外表面不得超过60℃。

1.4.2 保温层厚度计算

(1) 经济厚度计算

① 圆筒型设备及管道绝热层厚度计算经济厚度δ，详见式（42-1）。保冷计算时，式（42-1）中的(T_o-T_a)改用为(T_a-T_o)。保冷经济厚度必须用防结露厚度校核。

$$\left.\begin{aligned} D_1\ln\frac{D_1}{D_0}&=3.795\times10^{-3}\sqrt{\frac{P_R\lambda t(T_o-T_a)}{P_T S}}-\frac{2\lambda}{\alpha_s}\\ \delta&=\frac{1}{2}(D_1-D_0)\end{aligned}\right\}\tag{42-1}$$

式中 D_0——管道外径，m；

D_1——绝热层外径，m；

P_R——能价，元/10^3kJ，保温中，$P_R=P_H$，P_H称“热价”，保冷中，$P_R=P_C$，P_C称“冷价”；

P_T——绝热结构单位造价，元/m³；

λ——绝热材料在平均温度下的热导率，W/(m·℃)；

α_s——绝热层（最）外表面周围空气的放热系数，W/(m²·℃)；

T_o——管道的外表面温度，金属管道外表面温度，无衬里时取介质的正常运行温度，保冷时取介质的最低操作温度，当要求用热介质吹扫管道时，取吹扫介质的最高温度,℃；

T_a——环境温度；

S——绝热投资年分摊率，$S=\dfrac{i(1+i)^n}{(1+i)^n-1}$,%；

i——年利率（复利率）,%；

n——计息年数，年；

δ——绝热层厚度，m；

t——年运行时间，h（常年运行的按8000h计算，其余按实际情况计算）。

求出$D_1\ln\dfrac{D_1}{D_0}$值后，查表42-2可得经济厚度δ。

② 平面型绝热层经济厚度按式（42-2）计算。

$$\delta=1.8975\times10^{-3}\sqrt{\frac{P_H\lambda t(T_o-T_a)}{P_T S}}-\frac{\lambda}{\alpha_s} \tag{42-2}$$

式中，各符号意义及有关说明和式（42-1）相同。

(2) 允许热（冷）损失下的保温厚度计算

① 圆筒型单层绝热层厚度。按允许热（冷）损失量计算。

$$\left.\begin{aligned}&D_1\ln\frac{D_1}{D_0}=2\lambda\left(\frac{T_o-T_a}{[Q]}-\frac{1}{\alpha_s}\right)\\&\delta=\frac{1}{2}(D_1-D_0)(\text{保温时})\\&\delta=\frac{\chi}{2}(D_1-D_0)(\text{保冷时})\end{aligned}\right\} \tag{42-3}$$

式中 χ——修正值，取 $\chi=1.1\sim1.4$；

[Q]——绝热层外表面单位面积的最大允许热（冷）损失量，W/m^2。

保温时按国家标准取［Q］值；保冷时，最大允许冷损失量分不同情况，按下列两式分别计算［Q］。

当 $T_a-T_d\leqslant4.5$ 时，$[Q]=-(T_a-T_d)\alpha_s$。

当 $T_a-T_d\geqslant4.5$ 时，$[Q]=-4.5\alpha_s$。

式中 T_d——当地气象条件下（最热月的）的露点温度，℃。

其余符号同前。

② 圆筒型双层绝热层厚度计算。绝热层总厚为 δ，外层绝热层外径为 D_2，在双层绝热层总厚度 δ 计算中，应使外层绝热层外径 D_2 满足式（42-4）的要求。

$$\left.\begin{aligned}&D_2\ln\frac{D_2}{D_0}=2\left[\frac{\lambda_1(T_o-T_1)+\lambda_2(T_1-T_a)}{[Q]}-\frac{\lambda_2}{\alpha_s}\right]\\&\delta=\frac{1}{2}(D_2-D_0)(\text{保温时})\\&\delta=\frac{\chi}{2}(D_2-D_0)(\text{保冷时})\end{aligned}\right\} \tag{42-4}$$

在内层厚度 δ_1 计算中，应使内层绝热层外径 D_1 满足式（42-5）的要求。

$$\left.\begin{aligned}&\ln\frac{D_1}{D_0}=\frac{2\lambda_1}{D_2}\times\frac{(T_o-T_1)}{[Q]}\\&\delta=\frac{1}{2}(D_1-D_0)(\text{保温时})\\&\delta=\frac{\chi}{2}(D_1-D_0)(\text{保冷时})\end{aligned}\right\} \tag{42-5}$$

式中 T_1——内层绝热层外表面温度，要求 $T_1<0.9$ [T_2]，其正负号与［T_2］的符号一致；

[T_2]——外层绝热材料的允许使用温度，℃；

T_a——环境温度，℃；

λ_1——内层绝热材料热导率，W/(m·℃)；

λ_2——外层绝热材料热导率，W/(m·℃)。

［Q］的取值与式（42-3）相同。

③ 平面型单层绝热层，在最大允许放热（冷）损失下，绝热层厚度应按式（42-6）计算。

$$\delta=\lambda\left(\frac{T_o-T_a}{[Q]}-\frac{1}{\alpha_s}\right) \tag{42-6}$$

④ 平面型异材双层绝热层在最大允许热、冷损失下，绝热层厚度应按式（42-7）和式（42-8）计算。

a. 内层厚度 δ_1 按式（42-7）计算。

$$\delta_1=\frac{\lambda_1(T_o-T_1)}{[Q]} \tag{42-7}$$

b. 外层厚度 δ_2 按式（42-8）计算。

$$\delta_2=\lambda_2\left(\frac{T_1-T_a}{[Q]}-\frac{1}{\alpha_s}\right) \tag{42-8}$$

［Q］的取值同式（42-3）相同。

(3) 防结露、防烫伤厚度计算

① 管道防止单层绝热层外表面结露的绝热层厚度计算中，应使绝热层外径 D_1 满足式（42-9）的要求。

$$\left.\begin{aligned}&D_1\ln\frac{D_1}{D_0}=\frac{2\lambda}{\alpha_s}\times\frac{T_d-T_o}{T_a-T_d}\\&\delta=\frac{\chi}{2}(D_1-D_0)\end{aligned}\right\} \tag{42-9}$$

② 管道防止异材双层结露绝热层厚度计算中，应使绝热外径 D_2 满足式（42-10）的要求。

a. 在双绝热层总厚度 δ 的计算中，应使外层绝热层外径 D_2 满足式（42-10）的要求。

$$D_2\ln\frac{D_2}{D_0}=\frac{2}{\alpha_s}\times\frac{\lambda_1(T_1-T_o)+\lambda_2(T_d-T_1)}{T_a-T_d} \tag{42-10}$$

b. 在内层厚度 δ_1 的计算中，应使内层绝热层外径 D_1 满足式（42-11）的要求。

$$\ln\frac{D_1}{D_0}=\frac{2\lambda_1}{D_2\alpha_s}\times\frac{T_1-T_o}{T_a-T_d} \tag{42-11}$$

c. 在外层厚度 δ_2 的计算中，应使内层绝热层外径 D_1 满足式（42-12）的要求。

$$\ln\frac{D_2}{D_1}=\frac{2\lambda_2}{D_2\alpha_s}\times\frac{T_d-T_1}{T_a-T_d} \tag{42-12}$$

式中 T_d——当地气象条件下，最热月份的露点温度，T_d 的取值可查相关资料得到，℃。

③ 平面型单层防结露保冷层厚度，按式（42-13）计算。

$$\delta=\frac{K\lambda}{\alpha_s}\times\frac{T_d-T_o}{T_a-T_d} \tag{42-13}$$

④ 平面型异材双层防结露绝热层厚度，按式（42-14）和式（42-15）计算。

a. 内层厚度 δ_1，按式（42-14）计算。

$$\delta_1=\frac{K\lambda_1}{\alpha_s}\times\frac{T_1-T_o}{T_a-T_d} \tag{42-14}$$

b. 外层厚度 δ_2，按式（42-15）计算。

$$\delta_2=\frac{K\lambda_2}{\alpha_s}\times\frac{T_d-T_1}{T_a-T_d} \quad (42\text{-}15)$$

式中，界面温度 T_1 取值为第 2 层保冷材料安全使用温度 $[T_2]$ 的 0.9 倍。

⑤ 在圆筒型设备及管道防止人身烫伤的绝热层厚度计算中，绝热层外径 D_1 应满足式（42-16）的要求。

$$\left.\begin{aligned}D_1\ln\frac{D_1}{D_0}&=\frac{2\lambda}{\alpha_s}\times\frac{T_o-T_s}{T_s-T_a}\\ \delta&=\frac{1}{2}(D_1-D_0)\end{aligned}\right\} \quad (42\text{-}16)$$

式中　T_s——绝热层外表面温度，取 $T_s=60℃$。

⑥ 平面型防烫伤绝热层厚度，按式（42-17）计算。

$$\delta=\frac{\lambda}{\alpha_s}\times\frac{T_o-T_s}{T_s-T_a} \quad (42\text{-}17)$$

式中，取 $T_s=60℃$。

1.5　绝热层典型结构和典型图

目前国内常用的管道的保温层施工结构如图 42-1～图 42-11 所示。

表 42-2　绝热层厚度 δ 速查表　　单位：mm

$D_1\ln\frac{D_1}{D_0}$	D_0											
	18	25	32	38	45	67	76	89	108	133	169	219
0	0	0	0	0	0	0	0	0	0	0	0	0
0.05	16	17	18	18	19	19	20	21	21	22	22	23
0.1	27	29	31	32	33	35	36	37	39	40	41	43
0.2	40	50	53	55	57	60	64	68	68	71	73	77
0.3	63	68	72	75	78	82	88	91	94	99	102	108
0.4	79	85	90	93	97	103	109	113	118	124	128	137
0.5	94	101	107	111	115	122	130	135	141	147	153	164
0.6	108	116	123	128	133	140	150	155	162	170	177	189
0.7	122	131	138	144	150	158	169	175	183	192	199	214
0.8	135	145	153	160	168	176	187	194	203	212	221	237
0.9	148	159	168	175	182	192	205	212	222	233	242	260
1.0	161	173	183	190	197	208	222	230	241	262	263	283
1.1	174	186	197	204	212	224	239	248	259	272	283	304
1.2	180	199	210	219	227	239	256	265	277	291	303	325
1.3	198	212	224	233	241	255	272	182	295	309	322	346
1.4	210	225	237	248	258	270	289	298	312	327	341	367
1.5	222	238	251	260	270	284	304	315	329	346	359	387
1.6	234	250	264	274	284	299	319	331	346	363	378	407
1.7	245	262	277	287	298	314	334	347	362	380	396	426
1.8	257	275	289	300	311	328	350	362	379	397	414	446
1.9	268	287	302	313	325	342	365	378	396	414	431	464
2.0	279	299	314	326	338	358	379	393	411	431	449	480

$D_1\ln\frac{D_1}{D_0}$	D_0												
	273	325	377	426	480	530	630	720	820	920	1020	2020	平壁
0	0	0	0	0	0	0	0	0	0	0	0	0	0
0.05	23	23	24	24	24	24	24	24	24	24	24	25	25
0.1	44	44	45	45	46	46	47	47	47	48	48	49	50
0.2	80	82	84	85	86	87	89	90	91	91	92	98	100
0.3	113	116	119	121	123	124	127	129	131	133	134	141	150
0.4	143	147	151	154	157	159	163	166	169	171	173	184	200
0.5	171	177	182	186	190	193	198	202	205	209	211	226	250
0.6	198	205	211	216	220	224	231	236	240	244	248	267	300
0.7	224	232	239	245	250	255	262	268	274	279	283	307	350
0.8	249	258	206	273	279	284	293	300	307	312	317	346	400
0.9	273	283	292	300	307	313	323	331	338	345	350	385	450
1.0	297	308	318	326	334	340	352	361	389	376	383	422	500
1.1	319	332	343	341	360	367	380	390	399	407	415	459	550
1.2	342	355	367	376	386	394	408	418	429	438	446	495	600
1.3	364	378	391	401	411	420	435	446	457	467	476	530	650

续表

$D_1\ln\frac{D_1}{D_0}$	D_0												
	273	325	377	426	480	530	630	720	820	920	1020	2020	平壁
1.4	385	401	414	426	436	445	461	474	486	496	506	565	700
1.5	407	423	437	449	460	470	487	501	514	525	535	600	750
1.6	427	445	459	472	484	495	613	527	514	553	564	633	800
1.7	448	466	482	495	508	519	538	553	568	581	593	667	850
1.8	468	487	504	517	531	543	563	579	594	608	621	700	900
1.9	488	508	525	540	554	566	588	6.04	621	635	648	732	950
2.0	508	528	546	562	577	599	612	629	646	662	676	764	1000

注：D_0表示裸管外径，mm；D_1表示绝热层外径，mm；δ表示绝热层厚度，mm。

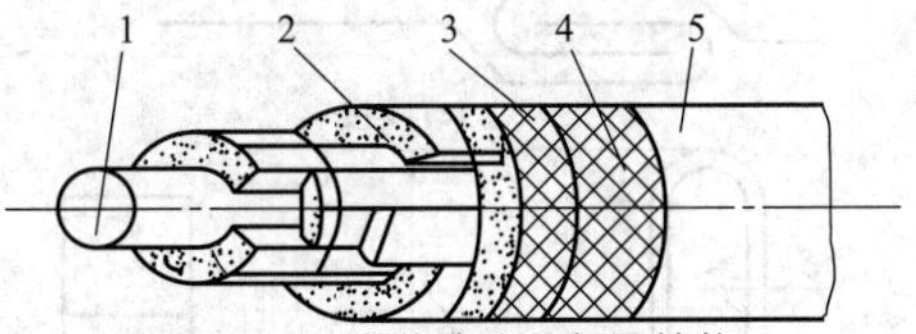

图 42-1　绑扎法分层保温结构
1—管道；2—保温毡或布；3—镀锌铁丝；
4—镀锌铁丝网；5—保护层

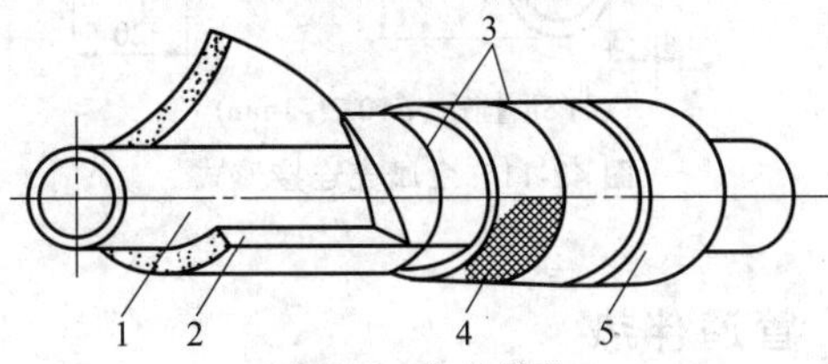

图 42-2　包扎结构
1—管道；2—保温毡或布；3—镀锌铁丝；
4—镀锌铁丝网；5—保护层

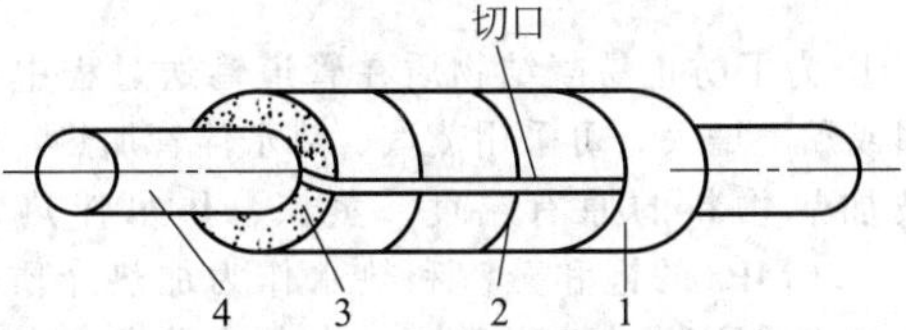

图 42-3　管壳式保温结构
1—金属护壳；2—镀锌铁丝；
3—保温层管壳；4—管道

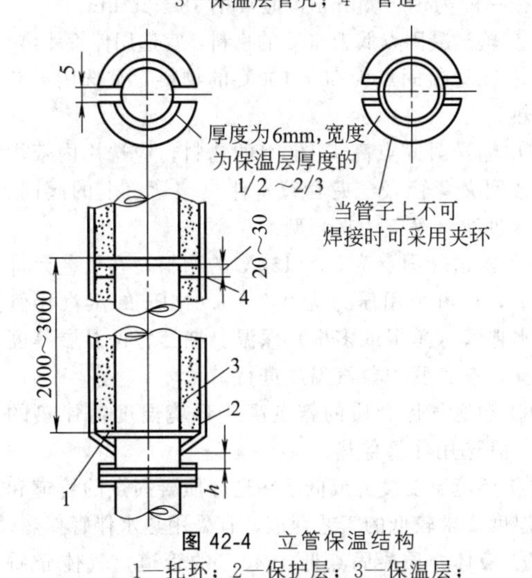

图 42-4　立管保温结构
1—托环；2—保护层；3—保温层；
4—填充硅酸铝绳或其他软质材料

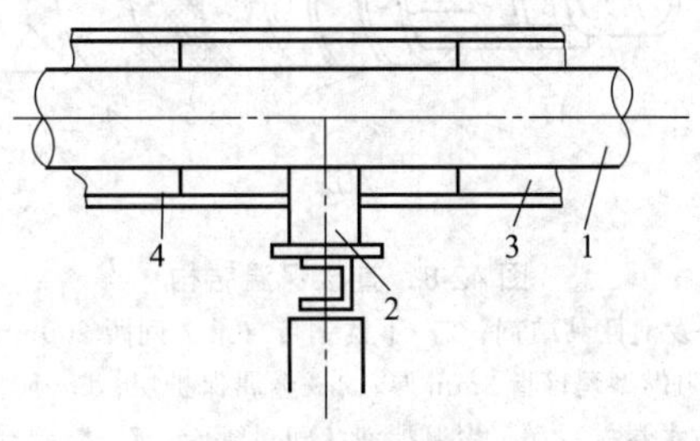

图 42-5　活动支架保温
1—管道；2—管托；3—保温层；4—保护层

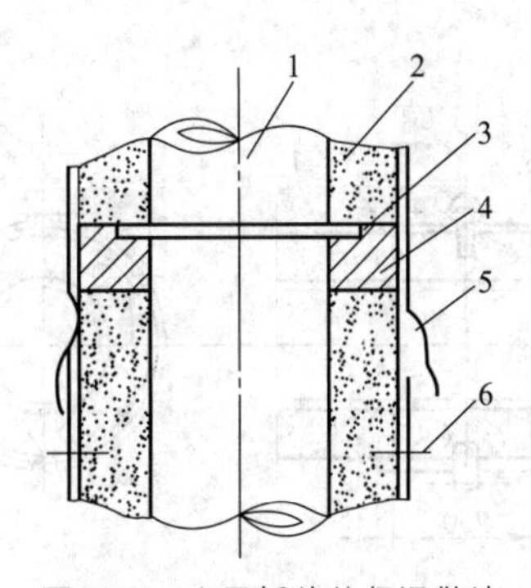

图 42-6　支承板处的保温做法
1—管道；2—保温层；3—支承板；4—填充保温材料；
5—镀锌铁皮保护层；6—自攻螺钉

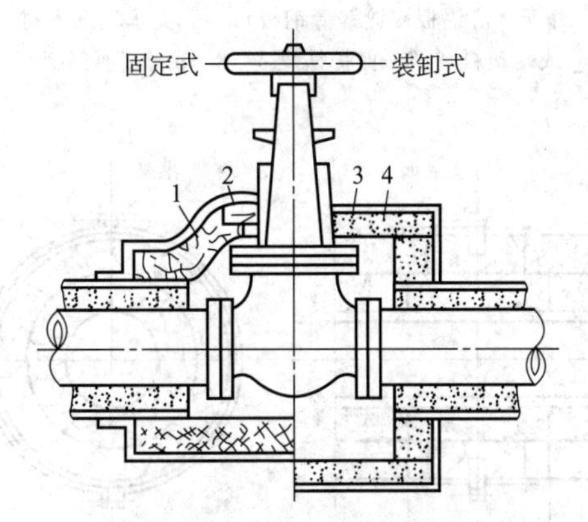

图 42-7　阀门保温结构
1—玻璃棉毡；2—玻璃布保护层；
3—铁壳保护层；4—保温板

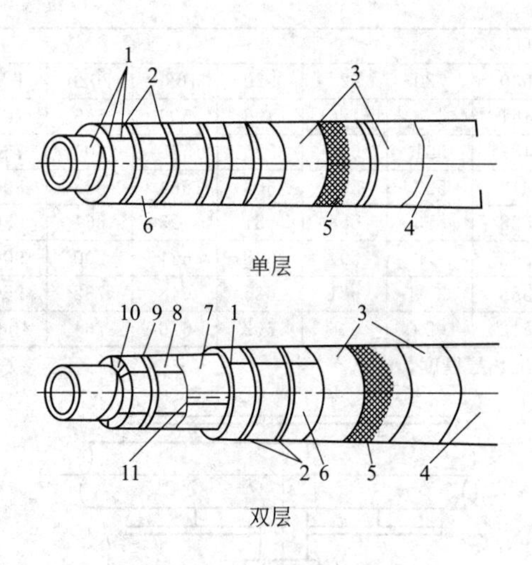

图 42-8 直接保温结构

1—发泡性黏结剂；2—不锈钢带（最大间距 200mm）；3—阻燃型玛琋脂 3mm 厚；4—金属保护层；5—防潮层（或防水卷材）；6—聚氨酯泡沫塑料管壳；7—防潮层（或防水卷材）；8—泡沫玻璃管壳；9—不锈钢带或丝（间距 225mm）；10—耐磨涂料；11—防潮层搭接

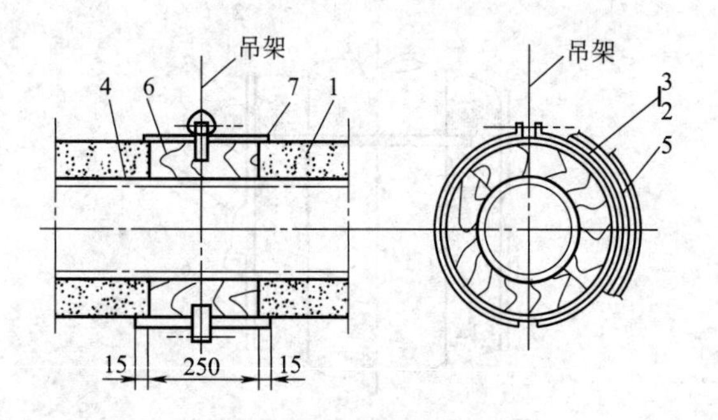

图 42-9 单层保冷时低温管道吊架保冷结构

1—保冷层（硬质泡沫塑料或泡沫玻璃）；2—防潮层 $\delta=3$mm（沥青玛琋脂）；3—防潮层（平纹玻璃布）；4—黏结剂、密封剂；5—金属外壳（薄铝板或镀锌薄钢板）；6—支承块（木材或硬塑料）；7—保护铁皮 $\delta=8.6$mm（薄钢板）

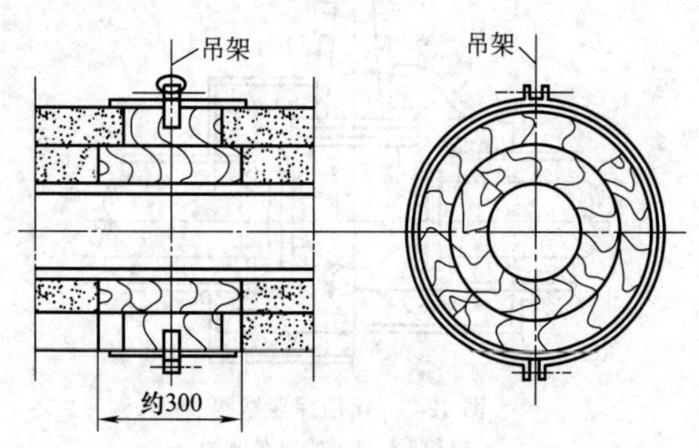

图 42-10 双层保冷时低温管道吊架保冷结构

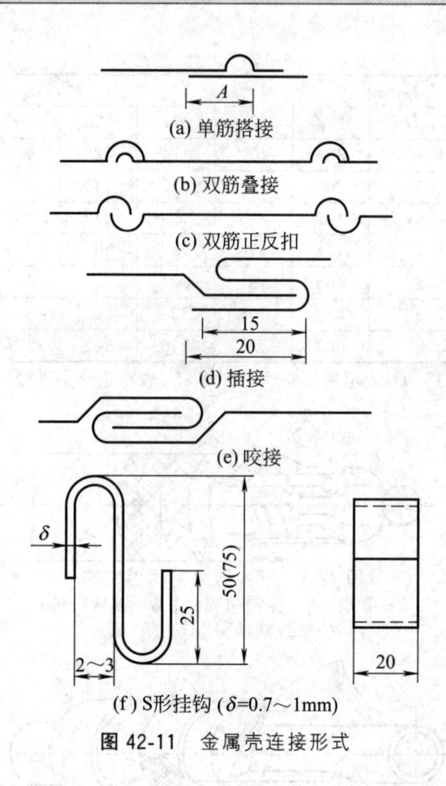

图 42-11 金属壳连接形式

2 管道伴热

2.1 管道伴热的类型及选用原则

① 为了防止易凝结物质在管道输送过程中产生凝固或黏度增大，可采用蒸汽、热水伴管加热，以维持被加热物料的原有温度。蒸汽、热水伴热常以 0.3～1.0MPa 的饱和蒸汽和热水作为加热介质，热水伴热应采用闭式循环系统，热水的供水压力宜为 0.3～1.0MPa。回水压力宜控制在 0.2～0.3MPa。伴管直径一般为 10～40mm，但常用 18～25mm。

② 输送凝固点低于 50℃的物料，宜选用伴管伴热。

③ 输送凝固点为 50～100℃的物料，宜选用夹套管伴热。

④ 输送凝固点高于 100℃的物料，应选用内管焊缝隐蔽型夹套管（全夹套管）伴热。管道上的阀门、法兰、过滤器等应为夹套型。

⑤ 输送凝固点为 50～150℃的物料，在工艺允许条件下，也可采用压力为 0.3～1.0MPa 的蒸汽伴管和热水伴管（单根或多根）保温。夹套管保温层厚度的计算，按夹套中蒸汽温度进行。

⑥ 输送气体介质的露点高于环境温度需伴热的管道，宜选用伴管伴热。

⑦ 环境温度接近或低于输送介质凝固点的管道和介质温度要求较低的工艺管道，宜采用热水伴管伴热。

⑧ 液体介质凝固点低于 40℃的管道，气体介质露点高于环境温度且低于 40℃的管道，以及热敏性

介质管道，宜采用热水伴管伴热。

⑨ 输送有毒介质且需夹套管伴热的管道应选用内管焊缝外露型夹套管（半夹套）伴热。

⑩ 经常处于重力自流或停滞状态的易凝介质管道，宜选用夹套管伴热或带导热胶泥的蒸汽伴管伴热。

2.2　管道伴热介质的温度确定原则

① 伴管的介质温度宜高于被伴热介质温度 30℃以上，当采用导热胶泥时宜高于被伴热介质温度 10℃以上。

② 伴热热水温度宜低于 100℃，当被伴热介质温度较高时，热水（蒸汽）温度可高于 100℃，但不得高于 130℃。当利用高温热水伴热时，被伴热介质温度可相应提高。伴热热水回水温度不宜低于 70℃。

③ 夹套管的介质温度可等于或高于被伴热介质温度，但温差不宜超过 50℃。

④ 对于控制温降或最终温度的夹套管伴热管道，伴热介质的温度应根据被伴热介质的凝固点或最终温度要求确定。

2.3　管道伴管伴热

① 管道伴管系统典型示意图如图 42-12 所示。

② 带蒸汽、热水伴管的物料管道，常采用软质保温材料，将其一并包裹保温，如超细玻璃棉毡、矿渣棉席等。为提高加热效果，在伴管与物料管间应形成加热空间，使热空气易于产生对流传热。伴管结构如图 42-13 所示。

③ 当输送物料为腐蚀性介质，或热敏性强、易分解的介质，不允许将伴热管紧贴于物料管管壁，应在伴管上焊一个隔离板或在物料管和伴热管之间衬垫一个绝热片。带隔离块的伴管结构如图 42-14 所示。

④ 带导热胶泥的伴热结构如图 42-15 所示。

⑤ 蒸汽伴管和热水伴管最大允许有效伴热长度见表 42-3 和表 42-4。

⑥ 蒸汽伴管允许 U 形弯累计上升高度见表 42-5。

2.4　管道夹套管伴热

(1) 管道夹套管系统的典型示意图

如图 42-16 所示。

(2) 夹套管型式

根据工艺要求，夹套管分为全夹套和半夹套两种。全夹套型式用特殊法兰来连接，其内管完全被外管包围，且外管与法兰焊接，如图 42-17 所示。

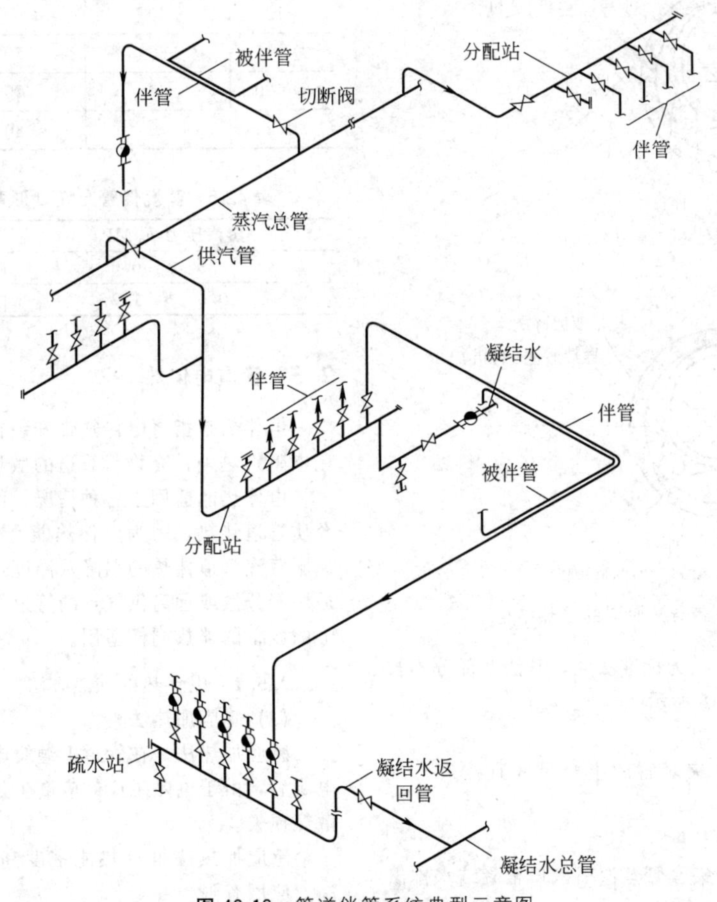

图 42-12　管道伴管系统典型示意图

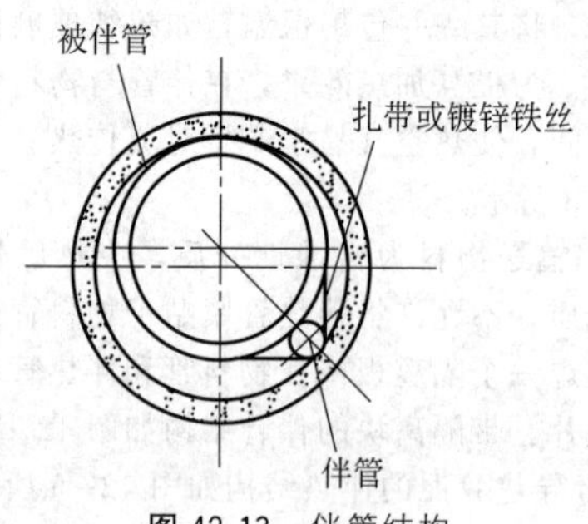

图 42-13　伴管结构

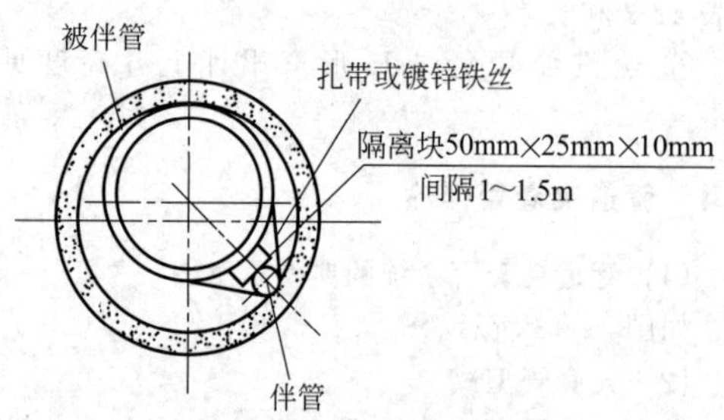

图 42-14　带隔离块的伴管结构

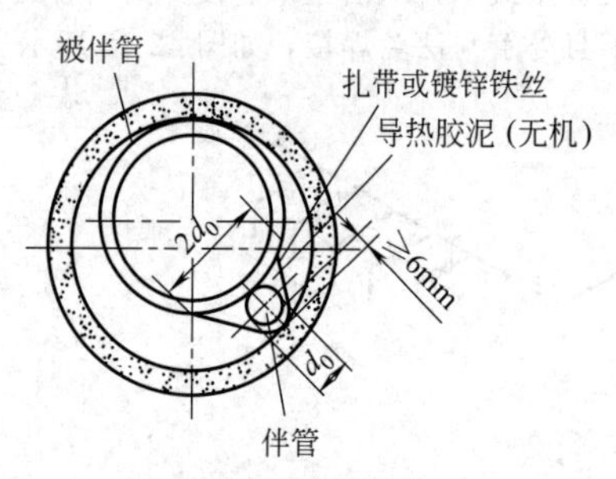

(a) 无机导热胶泥的伴管结构

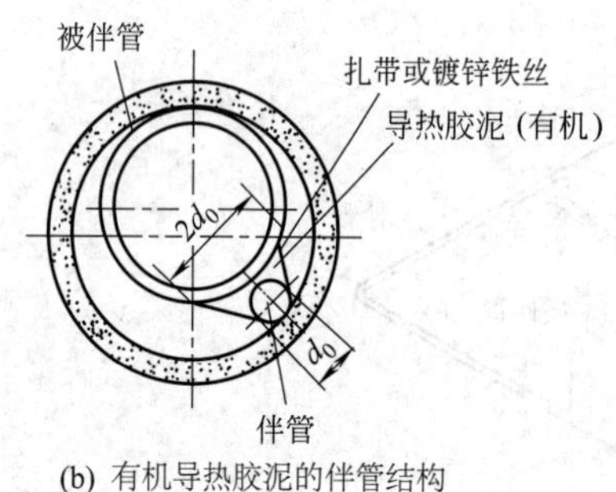

(b) 有机导热胶泥的伴管结构

图 42-15　带导热胶泥的伴热结构

半夹套型式的法兰为标准法兰，其法兰部分不被外管包围，如图 42-18 所示。

(3) 夹套管尺寸组合

除另有规定外，夹套管的组合尺寸宜按表 42-6 选用。

(4) 夹套管伴热长度

除非另有规定，夹套管蒸汽引入口至凝结水排出口的距离（即夹套管有效伴热长度）可根据蒸汽压力按表 42-7 确定。

表 42-3　蒸汽伴管最大允许有效伴热长度

伴管直径/mm	蒸汽压力 p/MPa	
	$0.3\leqslant p\leqslant 0.6$	$0.6<p\leqslant 1.0$
	最大允许有效伴热长度/m	
ϕ10	30	40
ϕ12	40	50
DN15	50	60
DN20	60	70
DN25	70	80

注：1. 当伴热蒸汽的凝结水不回收时，表中最大允许有效伴热长度可延长 20%。

2. 采用导热胶泥后伴管的最大允许有效伴热长度宜缩短 20%。

3. 当伴管在最大允许伴热长度内出现 U 形弯时，累计上升高度不宜大于表 42-5 中规定。

表 42-4　热水伴管最大允许有效伴热长度

伴管直径/mm	热水压力 p/MPa		
	$0.3\leqslant p\leqslant 0.5$	$0.5<p\leqslant 0.7$	$0.7<p\leqslant 1.0$
	最大允许有效伴热长度/m		
ϕ10	40	50	60
ϕ12	40	50	60
DN15	60	70	80
DN20	60	70	80
DN25	70	80	90

表 42-5　蒸汽伴管允许 U 形弯累计上升高度

蒸汽压力 p/MPa	累计上升高度/m
$0.3\leqslant p\leqslant 0.6$	4
$0.6<p\leqslant 1.0$	6

2.5　管道电伴热

电伴热是指将电伴热带安装在物料管道外部，利用电阻发热来补充物料管道的散热损失。

电伴热能适用于各种情况，而且尤其适用于热敏介质管道伴热，因为电伴热能有效地控制伴热温度，克服蒸汽管道伴热的温降及温度过热。同时电伴热还适用于分散或远离供气点的管道及设备，对无规则外形的设备的伴热同样适用。

2.5.1　电伴热的加热方法

(1) 感应加热法

感应加热法是在管道上缠绕电线或电缆，当接通电源后，由于电磁感应效应产生热量，以补偿管道的散热损失。

感应加热法虽有热能密度高的优点，但费用太高，应用有限。

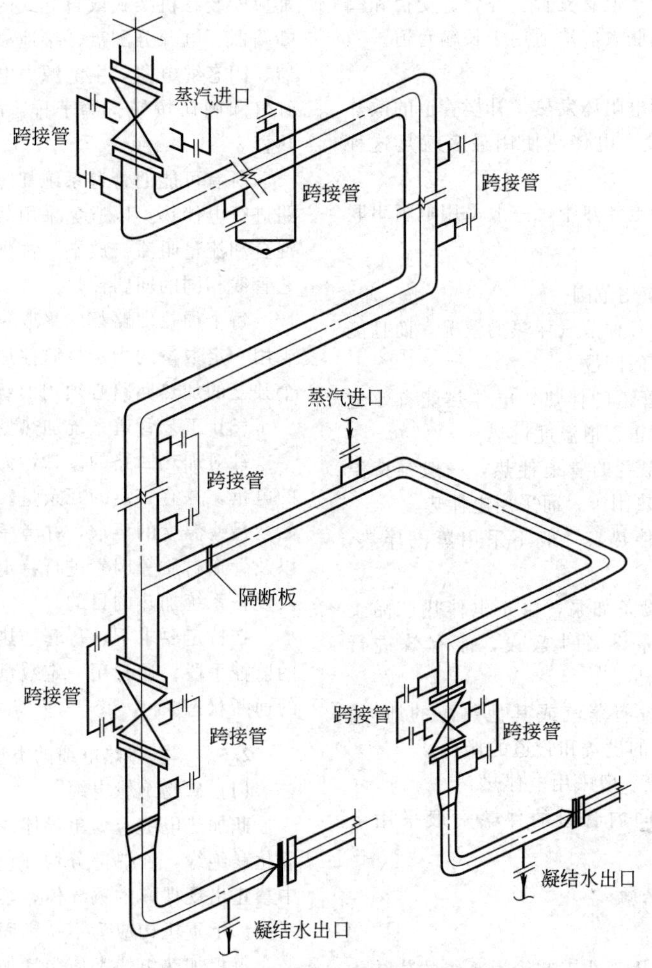

图 42-16　管道夹套管系统的典型示意图

表 42-6　夹套管组合尺寸　　单位：mm

组合尺寸	内管公称直径 DN												
	15	20	25	40	50	80	100	150	200	250	300	350	350
套管公称直径	40	40	50	80	80	150	150	200	250	350	400	400	450
供汽或排液管公称直径	15	15	15	15	15	20	20	20	25	25	40	40	50
跨接管公称直径	15	15	15	15	15	20	20	20	25	25	40	40	50

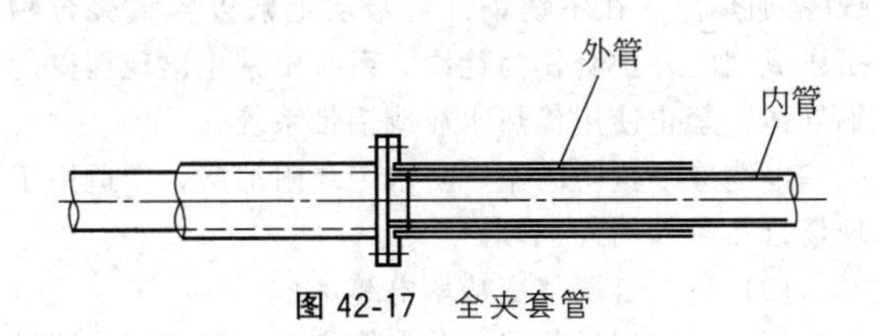

图 42-17　全夹套管

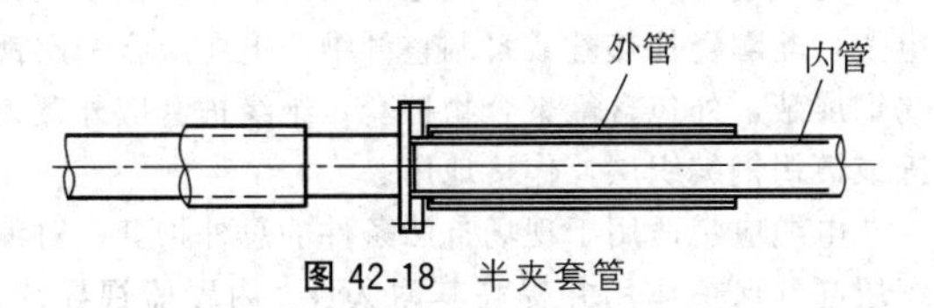

图 42-18　半夹套管

表 42-7　套管伴热长度

套管公称直径 DN/mm	供汽管公称直径 DN/mm	蒸汽压力 p/MPa	
		$0.3<p\leqslant0.6$	$0.6<p\leqslant1.0$
		最大允许有效伴热长度/m	
≤100	15	45	55
125～200	20	55	65
250～350	25	55	65
400	40	100	110
450	50	100	110

(2) 集肤效应法

集肤效应法是在管道上通低压交流电，利用交流电的表面效应产生热量，补偿管道的散热损失。其优点是投资省，加热均匀。但有支管、环管、变径和阀门的管道施工困难。集肤效应法适用于长输管道。

(3) 电阻加热法

电阻加热法是利用电阻体发热，补偿管道的散热损失，维持其操作温度。电伴热使用最多就是这种方法。

利用电阻体发热的电伴热带，一般采用电阻串联或并联的方法连接。

2.5.2 电伴热的应用范围

电伴热不仅适用于各种蒸汽伴热的情况，而且能解决蒸汽伴热不易解决的问题。

① 对于热敏介质管道的伴热，电伴热能有效地进行温度控制，可以防止管道温度过热。

② 需要维持较高温度的管道伴热，一般维持温度超过150℃，蒸汽伴热困难，而采用电伴热。

③ 非金属管道的伴热，一般不采用蒸汽伴热，而采用电伴热。

④ 不规则外形的设备如泵，由于电伴热产品柔软，体积小，可以紧靠设备外敷设，能有效进行伴热。

⑤ 较偏远地区，没有蒸汽或其他热源的地方，如油田井场，井口装置的设备和管道的伴热。

⑥ 长输管道的伴热一般采用电伴热。

⑦ 较小、较窄空间内管道的伴热一般采用电伴热。

2.5.3 电伴热的类型

(1) 防管道结冰型

防管道结冰型主要用于非工艺管道系统的防结冰伴热。管线上含液体的仪表应伴热，压力表仅引线需伴热。所有加热回路都应由与温度控制器相连的"环境传感"(RTD) 控制。控制器的输出应设手动旁路方式，以便进行系统的操作试验。规格和类型相似的管道可采用串联的方式接入电源。

防管道结冰的伴热电缆应为自限温型，禁止使用传热水泥系统。管道系统的支撑应为适合系统最高操作温度的固定带，大直径设备的支撑应采用铝带捆扎在固定卡上。仪表管线应根据项目要求进行伴热。仪表应配备与伴热系统相容的仪表外壳。防管道结冰伴热系统应成套提供所有的电源接头、端接工具、分线工具、支撑设备、与温度控制器相连的 RTD 以及系统安装必需的其他项目。每个回路配备一个信号灯和监控电缆，用来显示回路的完好性，并具有对伴热系统中故障回路进行指示性的报警作用。

(2) 维持工艺管道系统温度型

维持工艺管道系统温度型适用于工艺管道和可能通入蒸汽的管道，或需要较高维持温度的防结冰保护管线和设备。管道的 RTD 应连接到单独控制每个回路管道温度的温度控制器上。每一块温度维持控制盘都应安装在机架式或自立式的外壳内，应包括主回路断路器、电源分配盘、接地故障保护、多点温度控制器、固态继电器、主电源失电继电器、公共报警指示红灯和确认按钮、端子排、配温度控制器的空间加热器。

所有可能的管道系统都应采用独立控制的加热回路进行电伴热，以避免采用共同控制回路时产生介质混合和流量阻滞。放空、排凝等应采用与其安装的工艺管线相同的回路伴热。

每个加热回路都应采取一套可视的监控手段，至少用一定数量的指示灯监控加热回路的通断状态。每个独立的加热回路必须用 B 级 GFI 断路器保护。

(3) 工艺管道系统加热型

针对加热回路的设计，为具体管道加热提供足够的电量，并有一定的冗余量。针对预期加热时间、初始及最终温度的要求，并考虑产品量、比热容、密度以及管道材质等因素进行特定的设计，达到工艺管道及设备系统加热的目的。

在特定要求下，每套加热回路都可采取一套可视的监控手段。通常用一定数量的指示灯监控加热回路的通断状态。

2.5.4 电伴热电缆的类型

(1) 矿物绝缘电缆

此加热电缆应为单导体或双导体电阻元件型，以氧化镁绝缘，冷热部分均外包 304 不锈钢护套。系统中禁止出现裸露的铜导体，禁止使用传热水泥或铝带系统。承重机构应为不锈钢固定带。

每根加热电缆都应包括加热（热态）部分和导入（冷态）部分。导入部分通过一个绝缘导体与电缆的加热部分相连，接合点为不漏液连接。整根电缆应为工厂制作成型且不带有拼接点。矿物绝缘应用环氧化合物进行密封。连接器应成套提供一个绝缘导体，以便于电源线路在接线盒内进行连接。

(2) 高温恒功率电缆

此加热电缆应为并列双股镀镍铜导体，外缠高阻镍-铬加热丝，在不锈钢外屏蔽层上敷以含氟聚合物挤压成型的外护套作为绝缘。系统中禁止出现裸露的铜导体，禁止使用传热水泥或铝带系统。

电缆应外覆防高温、防水绝缘附加层，带适用于现场自然条件的外护套。

(3) 高温自调整变功率电缆

为了适应高温状况，此电缆应为双股镍铠装铜排电缆，配陶瓷加热丝或自调整纤维。电缆应含一层镀锡铜屏蔽，外包含氟聚合物护套。绝缘护套应外覆镀镍或镀锡铜编织层，作接地用。

电缆应带适用于现场自然条件的总外护套，对编织层起到保护作用并提高其耐久性。内置监视导线，对导体的连续性进行监视。

2.5.5　电伴热加热电缆的表面温度

所需热量输出由计算所得的热量损失确定。加热电缆的最高连续允许表面温度应当根据管道或容器的设计温度选择。设计温度宜接近最高预期操作温度。如果设计温度显著高于操作温度，且在装置设计使用周期中仅能少数几次短时间达到设计温度，则应根据加热电缆断续的表面温度进行选择。每个加热回路的设计都应使加热电缆运行于最高允许表面温度范围内。用于危险区域伴热装置的加热电缆表面温度不应超过危险介质自燃温度的 80%。

2.5.6　电伴热的典型图示

① 管道、法兰、孔板的电伴热安装如图 42-19 所示。

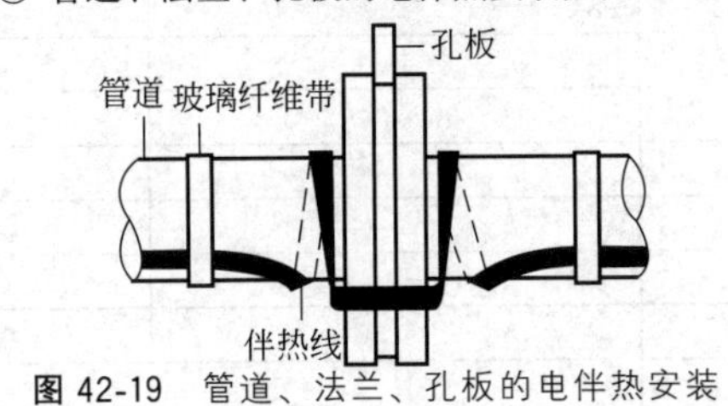

图 42-19　管道、法兰、孔板的电伴热安装

② 阀门的电伴热安装如图 42-20 所示。

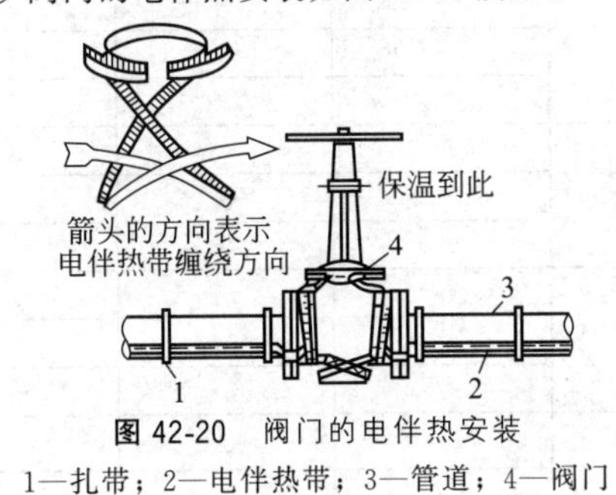

图 42-20　阀门的电伴热安装

1—扎带；2—电伴热带；3—管道；4—阀门

③ 支架处的电伴热安装如图 42-21 所示。

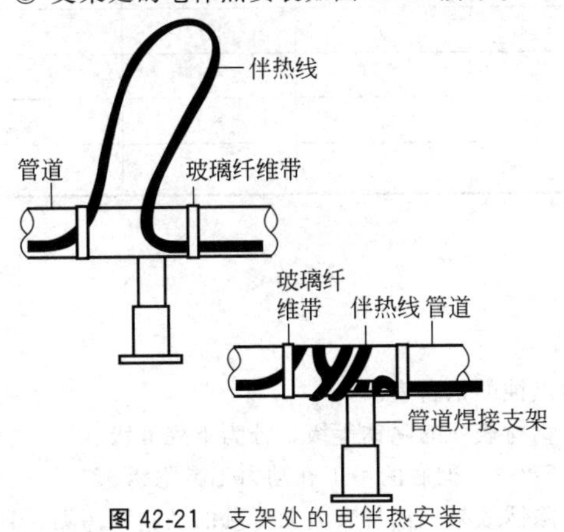

图 42-21　支架处的电伴热安装

3　设备和管道的防腐

管道的防腐又称为管道的油漆或管道的涂料，为了减少管道的外表面受大气腐蚀，延长管道的使用寿命，因此需对工程中易产生腐蚀的金属材料进行防腐。

金属的腐蚀是金属在所处的环境，因化学或电化学反应，引起金属表面耗损现象的总称。

金属的腐蚀按照环境的不同可分为干腐蚀和湿腐蚀两种，从腐蚀的表面来分可分为全面腐蚀和局部腐蚀。常见的晶间腐蚀和应力腐蚀为局部腐蚀。有一种常见的湿腐蚀是管道在土壤中的腐蚀，也叫埋地管道的腐蚀。有一种湿腐蚀叫电腐蚀，在工程中很少遇到。

3.1　防腐涂料选用及要求

油漆与涂料的选用，通常应遵守下列原则：

① 与被涂物的使用环境相适应；

② 与被涂物表面的材质相适应；

③ 各层涂料正确配套；

④ 安全可靠，经济合理；

⑤ 具备施工条件。

通常情况下，在工程中碳素钢、低合金钢的管道及其附属钢结构表面都应涂漆，需特别说明的是埋地管道必须进行涂料防腐蚀。

除设计另有规定外，在我国现阶段下列情况不需涂漆：

① 奥氏体不锈钢的表面；

② 镀锌表面；

③已精加工的表面；

④ 涂塑料或涂变色漆的表面；

⑤ 铭牌、标志板或标签。

在制造厂制造的管道及其附属钢结构需按设计要求在制造厂完成涂漆。

通常有下列情况需在现场涂漆：

① 在施工现场组装的管道及其附属钢结构；

② 在制造厂只涂了底漆，需在施工现场修整和涂面漆的管道及其附属钢结构；

③ 在制造厂已涂面漆，需在施工现场对损坏的部位进行补漆的管道及其附属钢结构。

3.2　钢材表面腐蚀的分类

在工程实践中为了做好管道的防腐，需对钢材表面的防腐程度进行分级。大气中腐蚀性物质对钢材表面的腐蚀，可按其腐蚀程度分为强腐蚀、中等腐蚀、弱腐蚀三类，见表 42-8。

3.3　钢材表面预表面处理锈蚀等级

在对钢材进行油漆前必须对钢材进行预处理，在预处理前需进行锈蚀等级的划分。钢材表面锈蚀等级和防锈等级的划分在我国采用与《涂装前钢材表面锈蚀等级和除锈等级》（GB 8923）中典型样板照片对比的办法来确定。

表 42-8 大气中腐蚀性物质对钢材表面的腐蚀程度

腐蚀性物质及作用条件				腐蚀程度		
类别		作用量	空气相对湿度/%	强腐蚀	中等腐蚀	弱腐蚀
腐蚀性气体①	A	—	<60	—	—	√
	B	—		—	—	√
	C	—		—	√	—
	D	—		√	—	—
	A	—	60～70	—	—	√
	B	—		—	√	—
	C	—		—	√	—
	D	—		√	—	—
	A	—	>75	—	√	—
	B	—		—	√	—
	C	—		√	—	—
	D	—		√	—	—
酸雾	无机酸	大量	>75	√	—	—
		少量	>75	√	—	—
			≤75	—	√	—
	有机酸	大量	>75	√	—	—
		少量	>75	√	—	—
			≤75	—	√	—
颗粒物②	难溶解	大量	<60	—	—	√
	易溶解、难吸湿			—	—	√
	易溶解、易吸湿			—	√	—
	难溶解	大量	60～70	—	—	√
	易溶解、难吸湿			—	√	—
	易溶解、易吸湿			—	√	—
	难溶解	大量	>75	—	—	√
	易溶解、难吸湿			√	—	—
	易溶解、易吸湿			√	—	—
滴溅液体	工业水	pH>3	—	—	√	—
		pH≤3	—	√	—	—
	盐溶液	—	—	√	—	—
	无机酸	—	—	√	—	—
	有机酸	—	—	√	—	—
	碱溶液	—	—	√	—	—
	一般有机液体	—	—	—	—	√

① 大气中腐蚀性气体的分类，见表 42-9。

② 大气中颗粒物的特性，见表 42-10。

注：表中“√”表示所在条件下的腐蚀程度。

钢材表面的锈蚀等级，分为下列四级：

A 级——全面地覆盖着氧化皮而几乎没有铁锈的钢材表面；

B 级——已发生锈蚀，且部分氧化皮已经剥落的钢材表面；

C 级——氧化皮已因锈蚀而剥落或可以刮除，且有少量点蚀的钢材表面；

D 级——氧化皮已因锈蚀而完全剥离，且已普遍发生点蚀的钢材表面。

钢材表面的除锈等级，分为下列五级。

St2——彻底的手工和动力工具除锈。

除锈效果：钢材表面无可见的油脂和污垢，且没有附着不牢的氧化皮、铁锈和油漆涂层等附着物。

St3——非常彻底的手工和动力工具除锈。

除锈效果：钢材表面无可见的油脂和污垢，且没有附着不牢的氧化皮、铁锈和油漆涂层等附着物，除

表 42-9　大气中腐蚀性气体的分类

类　别	名　称	含　量/(mg/m^3)
A	氯化氢	＜0.05
	氯	＜0.1
	氮氧化物(折合二氧化氮)	＜0.1
	硫化氢	＜0.01
	氟化氢	＜0.05
	二氧化硫	＜0.5
	二氧化碳	＜2000
B	氯化氢	0.05～5
	氯	0.1～1
	氮氧化物(折合二氧化氮)	0.01～5
	硫化氢	0.05～5
	氟化氢	0.5～10
	二氧化硫	＞2000
	二氧化碳	
C	氯化氢	5～10
	氯	1～5
	氮氧化物(折合二氧化氮)	5～25
	硫化氢	5～100
	氟化氢	5～10
	二氧化硫	10～200
	二氧化碳	＞2000
D	氯化氢	5～10
	氯	1～5
	氮氧化物(折合二氧化氮)	5～25
	硫化氢	5～100
	氟化氢	5～10
	二氧化硫	200～1000
	二氧化碳	＞2000

注：多种腐蚀性气体同时作用时，腐蚀程度取最高者。

表 42-10　大气中颗粒物的特性

特　性	名　称
难溶解	硅酸盐，铝酸盐，磷酸盐，钙、钡、铅的碳酸盐和硫酸盐，镁、铁、铬、铝、硅的氧化物和氢氧化物
易溶解、难吸湿	钠、钾、锂、铵的氯化物，硫酸盐和亚硫酸盐，铵、镁、钠、钾、钡、铅的硝酸盐，钠、钾、铵的碳酸盐和碳酸氢盐
易溶解、易吸湿	钙、镁、锌、铁、铟的氯化物，镉、镁、镍、锰、锌、铜、铁的硫酸盐，钠、锌的亚硝酸盐，钠、钾的氢氧化物，尿素

锈应比 St2 更为彻底，底材显露部分的表面应具有金属光泽。

Sa2——彻底的喷射或抛射除锈。

除锈效果：钢材表面无可见的油脂和污垢，且氧化皮、铁锈和油漆涂层等附着物已基本清除，其残留物应是牢固附着的。

Sa2.5——非常彻底的喷射或抛射除锈。

除锈效果：钢材表面无可见的油脂、污垢、氧化皮、铁锈和涂料涂层等附着物，任何残留的痕迹都应是点状或条纹状的轻微色斑。

Sa3——使金属表面洁净的喷射或抛射除锈。

除锈效果：钢材表面无可见的油脂、污垢、氧化皮、铁锈和涂料涂层等附着物，该表面应显示均匀的金属色泽。

3.4　地上管道及设备防腐蚀

地上管道及设备在符合要求的情况下均需进行防腐。

地上管道及设备防腐蚀涂料，可按表 42-11 选用。

表 42-11　防腐蚀涂料性能和用途

涂料性能和用途		沥青涂料	高氯化聚乙烯涂料	醇酸树脂涂料	环氧磷酸锌涂料	环氧富锌涂料	无机富锌涂料	环氧树脂涂料	环氧酚醛树脂涂料	聚氨酯涂料	聚硅氧烷涂料	有机硅涂料	冷喷铝涂料	热喷铝(锌)
一般防腐		√	√	√	√	√	△	√	√	√	△	△	△	△
耐化工大气		√	√	○	√	√	√	√	√	√	√	○	√	√
耐无机酸	酸性气体	○	√	○	○	○	○	√	√	○	√	○	○	○
	酸雾	○	√	×	○	○	○	○	√	○	√	×	○	○
耐有机酸酸雾及飞沫		√	○	×	○	○	○	○	√	○	√	×	○	○
耐碱		○	√	×	○	○	×	√	√	○	√	√	○	×
耐盐类		○	√	○	√	√	√	√	√	√	√	○	√	√
耐油	汽油、煤油等	×	√	×	○	√	√	√	√	√	√	×	√	√
	机油	×	√	○	○	√	√	√	√	√	√	○	√	√
耐溶剂	烃类溶剂	×	×	×	○	○	○	√	√	√	√	○	○	○
	脂、酮类溶剂	×	×	×	×	×	○	×	○	×	○	×	○	○
	氯化溶剂	×	×	×	×	×	×	○	√	○	√	×	×	×
耐潮湿		√	○	○	√	√	√	√	√	√	√	√	√	√
耐水		√	○	×	○	○	○	√	√	√	√	○	√	○
耐热/℃	常　温	√	√	√	√	√	√	√	√	√	√	△	△	√
	≤100	×	×	○	√	√	√	√	√	√	√	△	△	√
	101～200	×	×	×	×	○	√	○[a]	○	○[a]	○[a]	△	√	√
	201～350	×	×	×	×	×	√	×	×	×	×	√	√	√
	351～500	×	×	×	×	×	○[b]	×	×	×	×	√	○[c]	○[b]
耐候性		×	○	×	○	×	√	×	×	√	√	√	○	○
附着力		√	○	○	√	√	○	√	√	√	√	○	√	√

注："√"表示性能良好，推荐使用；"○"表示性能一般，可选用；"×"表示性能差，不宜选用；"△"表示由于价格、施工等原因，不宜选用；a 表示最高使用温度 120℃；b 表示最高使用温度 400℃；c 表示最高使用温度 550℃。

保冷的管道及设备可选用冷底子油，石油沥青或沥青底漆且宜涂 1～2 道。

地上管道及设备防腐蚀效果与底漆的附着能力有极大关系，因此底漆涂料对钢材表面除锈等级有一定的要求，底层涂料对钢材表面除锈等级推荐采用表 42-12 的要求。对锈蚀等级为 D 级的钢材表面，需采用喷射或抛射除锈。

表 42-12　底层涂料对钢材表面除锈等级的要求

底层涂料种类	除锈等级		
	强腐蚀	中等腐蚀	弱腐蚀
醇酸树脂底漆	Sa2.5	Sa2 或 St3	St3
环氧铁红底漆	Sa2.5	Sa2	Sa2 或 St3
环氧磷酸锌底漆	Sa2.5 或 Sa2	Sa2	Sa2
环氧酚醛底漆	Sa2.5	Sa2.5	Sa2.5
环氧富锌底漆	Sa2.5	Sa2.5	Sa2.5
无机富锌底漆	Sa2.5	Sa2.5	Sa2.5
聚氨酯底漆	Sa2.5	Sa2.5	Sa2.5 或 St3
有机硅耐热底漆	Sa3	Sa2.5	Sa2.5
热喷铝(锌)	Sa3	Sa3	Sa3
冷喷铝	Sa2.5	Sa2.5	Sa2.5

注：不便于喷射除锈的部位，手工和动力工具除锈等级不低于 St3 级。

3.5　埋地管道及设备防腐蚀

由于电化学作用造成金属在土壤中腐蚀，其腐蚀速率主要由土壤的成分（如含盐的种类、pH 值、含水率、电阻率、透气性、温度等因素）确定。由于防腐的效果与除锈及预处理有直接的关系，故首先确定埋地管道及设备表面处理的防锈等级，在工程实践中埋地管道及设备表面处理的防锈等级通常采用 St3 级。同时需确定埋地管道防腐蚀等级。

土壤腐蚀性等级及防腐蚀等级见表 42-13。

表 42-13　土壤腐蚀性等级及防腐蚀等级

土壤腐蚀性等级	土壤腐蚀性质					防腐蚀等级
	电阻率/Ω	含盐量(质量分数)/%	含水量(质量分数)/%	电流密度/(mA/cm²)	pH 值	
强	<50	>0.75	>12	>0.3	<3.5	特加强级
中	100～50	0.05～0.75	5～12	0.025～0.3	3.5～4.5	加强级
弱	>100	<0.05	<5	<0.025	4.5～5.5	普通级

注：1. 其中任何一项超过表列指标者，防腐蚀等级应提高一级。

2. 埋地管道穿越铁路、道路、沟渠以及改变埋设深度时的弯管处，防腐蚀等级需为特加强级。

埋地及设备管道防腐蚀涂层可选用石油沥青或环氧煤沥青防腐漆。防腐蚀涂层结构，推荐采用表 42-14和表 42-15 的要求。

表 42-14　石油沥青防腐蚀涂层结构

防腐蚀等级	土壤腐蚀性质	每层沥青厚度/mm	涂层总厚度/mm
特加强级	沥青底漆-沥青-玻璃布-沥青-玻璃布-沥青-玻璃布-沥青-玻璃布-沥青-聚氯乙烯工业膜	约 1.5	≥7.0
加强级	沥青底漆-沥青-玻璃布-沥青-玻璃布-沥青-玻璃布-沥青-聚氯乙烯工业膜	约 1.5	≥5.5
普通级	沥青底漆-沥青-玻璃布-沥青-玻璃布-沥青-聚氯乙烯工业膜	约 1.5	≥4.0

表 42-15　环氧煤沥青防腐蚀涂层结构

防腐蚀等级	土壤腐蚀性质	涂层总厚度/mm
特加强级	底漆-面漆-玻璃布-面漆-玻璃布-面漆-玻璃布-两层面漆	≥0.8
加强级	底漆-面漆-玻璃布-面漆-玻璃布-两层面漆	≥0.6
普通级	底漆-面漆-玻璃布-两层面漆	≥0.4

为了符合石油沥青对防腐的要求，石油沥青防腐蚀涂层对沥青性能的要求需符合表 42-16 的要求。石油沥青性能需符合表 42-17 的要求。

表 42-16　石油沥青防腐蚀涂层对沥青性能的要求

介质温度/℃	性能要求			说明
	软化点(环球法)/℃	针入度(25℃)/(1/10mm)	延度(25℃)/cm	
常温	≥75	15～30	>2	可用 30 号沥青或 30 号与 10 号沥青调配
25～50	≥95	5～20	>1	可用 10 号沥青或 10 号与 2 号、3 号专业沥青调配
51～70	≥120	5～15	>1	可用 2 号或 3 号专业沥青调配
71～75	≥115	<25	>2	专用改性沥青

注：防腐蚀涂层的沥青软化点应比管道内介质的正常操作温度高 45℃以上，沥青的针入度宜小于 20（1/10mm）。

为了提高埋地管道及设备的防腐结构的绝缘性和热稳定性，在防腐结构中需要采用玻璃布，为了适应防腐要求，因此对玻璃布必须有相应的要求，玻璃布宜采用含碱量不大于 12%的中碱布，经纬密度为 10×10根/cm^2，厚度为 0.10～0.12mm，无捻、平纹、两边封边、带芯轴玻璃布卷。不同管径的玻璃布适宜宽度见表 42-18。

表 42-17　石油沥青性能

牌号	软化点(环球法)/℃	针入度(25℃)/(1/10mm)	延度(25℃)/cm
2 号沥青	135±5	17	1.0
3 号沥青	125～140	7～10	1.0
10 号沥青	≥95	10～25	1.5
30 号沥青	≥70	25～40	3.0
专用改性沥青	≥115	<25	>2

表 42-18　不同管径的玻璃布适宜宽度

单位：mm

管径(DN)	<250	250～500	>500
布宽	100～250	400	500

如在埋地管道及设备的防腐中采用聚氯乙烯工业膜，聚氯乙烯工业膜也需采用防腐蚀专用聚氯乙烯薄膜，耐热 70℃，耐寒－30℃，拉伸强度（纵、横）不小于 14.7MPa，断裂伸长率（纵、横）不小于 200%，宽 400～800mm，厚（0.20±0.03）mm。

3.6　设备及管道防腐施工的要求

3.6.1　设备及管道防腐施工的前期要求

在工程实践中，管道的防腐施工也是重要的一个环节，因此在对管道进行防腐时必须有一定程序及要求。应按要求对被涂表面进行表面处理，经检查合格后方可涂装。

① 涂装表面的温度至少应比露点温度高 3℃，但不应高于 50℃。

② 管道防腐蚀涂装宜在焊接施工（包括热处理和焊缝检验等）完毕、系统试验合格后进行。

③ 当改变涂料的品种或型号时，需征得设计部门同意，并按新的涂料技术性能和施工要求制定相应的涂装技术方案。

④ 底漆、中间漆、面漆需根据设计文件规定或产品说明书配套使用。不同厂家、不同品种的防腐蚀涂料，不宜配套使用。如需配套使用，需经试验确定。

⑤ 防腐蚀涂料需有产品质量证明书，且需符合出厂质量标准。

⑥ 使用稀释剂时，其种类和用量需符合涂料生产厂标准的规定。进行防腐蚀涂料施工时，通常需先进行试涂。

3.6.2　表面预处理方法

① 干喷射法。宜采用石英砂为磨料，以 0.4～

0.7MPa、清洁干燥的压缩空气喷射，喷射后的金属表面不得受潮。当金属表面温度低于露点以上3℃时，喷射作业应停止。

② 手动工具除锈法。采用敲锈榔头等工具除掉钢表面上的厚锈和焊接飞溅物，再用钢丝刷、铲刀等工具刷、刮或磨，除掉金属表面上松动的氧化皮、疏松的锈和旧涂层。

③ 动力工具除锈法。用动力驱动旋转式或冲击式除锈工具，如旋转钢丝刷等，除去金属表面上松动的氧化皮、锈和旧涂层。当采用冲击式工具除锈时，不应造成金属表面损伤；采用旋转式工具除锈时，不宜将表面磨得过光。金属表面上动力工具不能达到的地方，必须用手动工具做补充清理。

④ 被油脂污染的金属表面，除锈前可先除油污。除油污后应用水或蒸汽冲洗。

3.6.3 地上管道防腐蚀施工

对于地上管道防腐蚀施工的方法，宜采用手工刷涂、滚涂或喷涂。刷涂或滚涂时，层间应纵横交错，每层往复进行（快干漆除外），涂匀为止。喷涂时，喷嘴与被喷面的距离，平面为250～350mm，圆弧面为400mm，并与被喷面成70°～80°角。压缩空气压力为0.3～0.6MPa。大面积施工时，可采用高压无气喷涂；喷涂压力宜为11.8～16.7MPa，喷嘴与被喷涂表面的距离不得小于400mm。刷涂、滚涂或喷涂应均匀，不得漏涂。

防腐质量好坏的一个主要指标是漆膜厚度和漆膜质量，因此涂层总厚度和涂装道数需符合设计要求；表面应平滑无痕，颜色一致，无针孔、起泡、流坠、粉化和破损等现象。

施工环境也是保证施工质量的一个因素，因此施工环境需通风良好，并符合下列要求：

① 温度以13～30℃为宜，但不宜低于5℃；

② 相对湿度不宜大于80%；

③ 遇雨、雾、雪、强风天气不宜进行室外施工；

④ 不宜在强烈日光照射下施工。

3.6.4 埋地管道防腐蚀施工

对于埋地管道防腐蚀施工，首先埋地管道防腐蚀等级和选用材料由设计规定，防腐蚀涂层结构和厚度需符合相应防腐蚀涂料及等级要求。埋地管道防腐蚀应做好隐蔽工程记录，必要时需由业主或总承包方验收签字确认。

埋地管道采用石油沥青涂料的，石油沥青涂料的配制需符合相关要求。底漆需涂在洁净和干燥的表面上，涂抹应均匀，不得有空白、凝块和流坠等缺陷。底漆干燥后方可浇涂沥青及缠玻璃布。在常温下涂沥青应在涂底漆后48h内进行。沥青应在已干和未受沾污的底漆层上浇涂。浇涂时，沥青涂料的温度应保持在150～160℃。浇涂沥青后，应立即缠绕玻璃布。已涂沥青涂料的管道，在炎热天气应避免阳光直接照射。

埋地管道采用环氧煤沥青时，环氧煤沥青的配制需符合相关要求。底漆表干后即可涂下一道面漆，且应在不流淌的前提下将漆层涂厚，并立即缠绕玻璃布。玻璃布绕完后应立即涂下一道面漆。最后一道面漆应在前一道面漆实干后涂装。缠绕用玻璃布必须干燥、清洁。缠绕时应紧密无褶皱，压边应均匀，压边宽度宜为30～40mm，玻璃布接头的搭边长度宜为100～150mm。玻璃布的沥青浸透率应达95%以上，不能出现大于50mm×50mm空白。管子两端应按管径大小预留出一段，不涂沥青，管端预留长度应符合表42-19的规定。钢管两端各防腐蚀涂层，需做成阶梯形接茬，阶梯宽度应为50mm。

表42-19 管端预留长度 单位：mm

公称直径	管端预留长度
<200	150
200～350	150～200
>350	200～250

在埋地管道的防腐中采用聚氯乙烯工业膜时，聚氯乙烯工业膜包扎应待沥青涂层冷却到100℃以下时进行，外包聚氯乙烯工业膜应紧密适宜，无褶皱、脱壳等现象。压边应均匀，压边宽度宜为30～40mm，搭接长度宜为100～150mm。管道涂层补口和补伤的防腐蚀涂层结构及所用材料，应与原管道防腐蚀涂层相同。当损伤面长度大于100mm时，应按该防腐蚀涂层结构进行补伤，小于100mm时可用涂料修补。补口、补伤处的泥土、油污、铁锈等应清除干净，呈现钢灰色。补口时每层玻璃布及最后一层聚氯乙烯工业膜应在原管涂层接茬处搭接50mm以上。

对于埋地管道防腐蚀施工，气温低于5℃时，防腐蚀施工需按冬季施工处理，应测定沥青涂料的脆化温度，达到脆化温度时，不能作业。在气温低于−5℃且不下雪时，如空气相对湿度小于75%，管子不需要预热即可进行防腐蚀施工；如空气相对湿度大于75%，管子上凝有霜露时，管子应先经干燥及加热后方可进行防腐蚀施工；在气温低于−25℃时，不能进行管子的防腐蚀施工。

石油沥青防腐蚀涂层结构应采用电火花检漏仪进行检测，以不打火花为合格，检漏电压见表42-20。

表42-20 检漏电压 单位：kV

防腐蚀等级	石油沥青防腐蚀结构	环氧煤沥青防腐蚀结构
特加强级	26	5
加强级	22	3
普通级	16～18	2

4 设备和管道的表面色和标识

设备和管道的表面色（包括标识）的作用是在工业生产中容易识别设备位号、管道的管线号、管道物料、管道中物料的流向等管道的运行特性，便于操作人员操作、检查、维修生产装置，确保生产装置的安全运行。

设备和管道表面色是指在设备和管道等设施的外表面涂刷的颜色。

设备和管道标志（又称标识）是指在设备和管道外表面局部范围涂刷或采用挂牌形式的关于设备位号、管线号、介质名称或代号、流向箭头等信息的标识。

4.1 设备和管道表面色的设置要求及规定

① 采用有色金属、不锈钢、陶瓷、塑料（含玻璃钢）、铝合金板、石棉、水泥等材料制成的管道或表面已采用搪瓷、镀锌处理的管道宜保持制造厂出厂色或材料本色，不应再刷表面色，但应刷标志。

② 刷变色漆的设备及管道表面严禁再刷表面色，但可刷标志，且标志不得妨碍对变色漆的观察。

③ 厚型防火涂料外表面不宜刷表面色，如因防腐等需要进行涂装时，应与钢结构表面色一致。

④ 有隔热层的设备及管道以金属外保护层颜色（一般为铝色）为表面色，不再刷其他颜色，但应有标志。

⑤ 在外径或保护层外径小于等于 50mm 的管道上刷标志有困难时，可采用标志牌（矩形，尺寸为 250mm×100mm，指向尖角为 90°），标志牌上应标明流体名称，并用标志牌的尖端指示流体流向。

⑥ 当表面色有两种或两种以上可供选择时，原则上同一单位内所有装置的管道和设施表面色应一致。

⑦ 消防设备、消防管道的表面色和标志应符合 GB 13495 的有关规定。

⑧ 烟囱的飞行障碍警示标志设置应符合 GB 50051 的有关规定。

⑨ 塔、火炬筒等高耸设备及结构的飞行障碍警示标志设置，应符合航空管理部门的要求。

⑩ 防护罩等安全装置的安全色和安全标志设置应符合 GB 2893 和 GB 2894 的有关规定。

⑪ 标志字体应为印刷体，位置和尺寸应符合本标准相关条款的规定。

⑫ 石油化工企业中自备电厂设备和管道的表面色可按 DL/T 5072 规定执行。

⑬ 漆膜颜色应符合 GB/T 3181 的有关规定。

4.2 设备和管道表面色及标志色的标识方法

4.2.1 设备标志的标识方法

① 标志应以设备位号或名称表示。

② 消防设备标志应以消防设备名称表示，并应符合 GB 13495 的有关规定。

③ 标志应刷在设备朝向操作通道一侧的醒目部位。小型设备或形状复杂、平整表面较小的设备可采用挂牌形式或涂刷在基础上。

④ 装置内设备的标志字体高度宜符合表 42-21 的规定，机械类设备采用标志牌时，标志字体高度宜为 100～150mm。

表 42-21　标志字体高度

操作观察距离 /m	字高 /mm
2～5	100～150
5～10	150～300
10～25	300～500

⑤ 大型立式储罐的标志字体高度宜为罐高的 1/20～1/10，其底边宜位于罐顶以下 1/3～1/2 罐高处。

⑥ 塔、烟囱等特殊形体设备的字体大小可根据设备调整。

4.2.2 管道标志的标识方法

① 管道标志色宜采用局部色带表示，色带宽度宜比文字内容两端各增加 20～30cm。管道标志的设置应符合下列规定：

a. 管道穿过楼板、墙等视线隔离物的两侧；

b. 管道进、出装置处；

c. 装置内管道直管段的色带间隔不宜超过 20m，系统管廊上管道的色带间隔不宜超过 50m。

② 当标志色与表面色相同时，可直接标注文字。

③ 介质名称可为介质化学名、商品名或惯用名、通用的英文缩写、化学分子式。立管文字采用中文时，文字应从上至下排列；采用英文单词或分子式时，字母宜从右侧方向看为正；采用缩写词或构成单词的字母较少时，字母可从上至下排列。

④ 箭头应位于介质名称的下游。若介质双向流动时，应采用双向箭头；箭头颜色应与文字相同。

⑤ 字体高度应符合表 42-22 的规定，字宽可为字体高度的 0.6～1 倍。

表 42-22　字体高度

管道(含保护层)外径 /mm	字体高度 /mm
20～50	≥15
51～100	≥30
101～200	≥50
201～400	≥70
>400	≥100

⑥ 管道外径或含绝热材料及保护层的外径小于或等于 50mm，且刷标志色有困难时，可采用悬挂标志牌

的方式。标志牌的短边尺寸宜为标志字体的1.5～2倍，且不应小于75mm；长边尺寸应比标志内容长。标志牌应采用金属材料，并用镀锌铁丝或不锈钢丝悬挂。

⑦ 箭头宽度宜与字体高度相当，箭头长度宜为箭头宽度 b 的1.5～2倍，箭体的宽度宜为箭头宽度的0.5倍，箭体长度宜与箭头长度相当。箭头示意如图42-22所示。

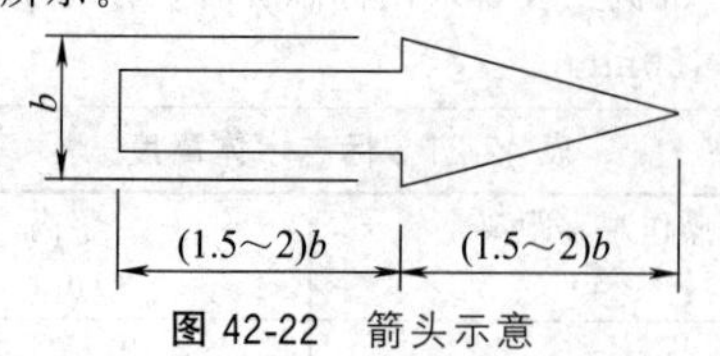

图42-22 箭头示意

4.3 设备和管道表面色及标志色一览表

4.3.1 设备的表面色和标志文字色（表42-23）

4.3.2 电气、仪表设备的表面色和标志文字色(表42-24)

4.3.3 管道表面色（表42-25）

4.3.4 管道标志

应包括介质流向、标志色、文字色及文字。标志色和文字色应反映输送物料的特性，并应符合表42-26的规定；标志文字应注明介质名称。

4.3.5 阀门和管道附件的表面色（表42-27）

表42-23 设备的表面色和标志文字色

序号	设备类别		表面色	标志文字色	备注
1	静设备		银	大红R03	—
2	工业炉		银	大红R03	—
3	锅炉		银	大红R03	—
4	机械设备	泵	银	大红R03	或出厂色
		电动机	苹果绿G01		
		压缩机、离心机	苹果绿G01		
		风机	天酞蓝PB09		
5	输油臂		大红R03	白	—
6	鹤管		银	大红R03	—
7	消防设备		大红R03	白	—
8	钢烟囱		银	—	—
9	火炬		银	—	—
10	联轴器防护罩		淡黄Y06	—	—

注：表面色和标志文字色名后的R03、G01等代号与GB/T 3181标准中对应颜色的代号一致。

表42-24 电气、仪表设备的表面色和标志文字色

序号	名称	表面色	标志文字颜色	备注
1	开关柜、配电盘	海灰B05或苹果绿G01	大红R03	内表面象牙色Y04
2	变压器	海灰B05	大红R03	—
3	配电箱	海灰B05	大红R03	—
4	操作台	海灰B05或苹果绿G01	—	内表面象牙色Y04
5	仪表盘	海灰B05或苹果绿G01	大红R03	内表面象牙色Y04
6	现场仪表箱	海灰B05或苹果绿G01	大红R03	—
7	盘装仪表	海灰B05	大红R03	—
8	就地仪表	海灰B05	大红R03	—
9	电缆桥架、电缆槽	海灰B05	—	镀锌或铝合金表面不涂漆

表42-25 管道表面色

序号	名称		表面色
1	物料管道	一般物料	银
		酸、碱	紫P02
2	公用物料管道	水	艳绿G03
		污水	黑
		蒸汽	银
		空气及氧	天酞蓝PB09
		氮	淡黄Y06
		氨	中黄Y07
3	排大气紧急放空管		大红R03

续表

序号	名　称		表面色
4	消防管道		大红 R03
5	电气、仪表保护管		黑
6	仪表管道	仪表风管	天酞蓝 PB09
		气动信号管、导压管	银

表 42-26　管道标志色和文字色

序号	物　料		标志色	文字色	备注
1	气体	可燃	黄 Y07	大红 R03	—
		非可燃	黄 Y07	黑	—
2	液体	可燃液体	棕 YR07	白	—
		非可燃、无害液体	—	—	无标识
3	酸碱	酸、有毒	橙色 YR04	黑	—
		碱	紫色 P02	白	—
4	水(消防水除外)		绿 G03	白	—
	污水		黑	白	—
	蒸汽		大红 R03	白	—
	空气		浅灰 B03	黑	—
5	氧气		浅蓝 PB06	白	—
6	消防管道		大红 R03	白	包括各种消防灭火介质，标志文字应注明介质名称

表 42-27　阀门和管道附件的表面色

序号	名　称		表面色	备　注
1	阀门阀体	灰铸铁、可锻铸铁	黑	或出厂色
		球墨铸铁	银	
		碳素钢	中灰 B02	
		耐酸钢	海蓝 PB05	
		合金钢	中酞蓝 PB04	
2	阀门手轮、手柄	钢阀门	海蓝 PB05	
		铸铁阀门	大红 R03	
3	调节阀	铸铁阀体	黑	
		铸钢阀体	中灰 B02	
		锻钢阀体	银	
		膜头	大红 R03	
4	安全阀		大红 R03	
5	管道附件		银	

参考文献

[1] 李景田等．管道与设备保温．北京：中国建筑工业出版社，1984.

[2] 贾其森等．绝热工程应用技术．北京：国家建筑材料工业局标准化研究所出版，1990.

[3] 周新南．绝热工程中热保温计算浅析．医药工程设计，1995（3）.

[4] 王怀义，张德姜．石油化工管道安装设计便查手册．第 4 版．北京：中国石化出版社，2014.

[5] 张德江等．石油化工压力管道设计审批人员考核教材．第 2 版．北京：中国石化出版社，2011.

[6] GB 126—1989.

[7] GB 50264—2013.

[8] GB 50726—2011.

[9] SH/T 3010—2013.

[10] SH/T 3022—2011.

[11] SH/T 3040—2012.

[12] SH/T 3043—2014.

[13] SH/T 3606—2011.

[14] Q/SH 0700—2008.

第6篇

相关专业设计和设备选型

第43章 自动控制

1 工业自动化仪表的文字代号和图形符号

本节的目的是为检测和控制所用的仪表装置建立统一的命名方法。适用于任何场合对仪表或控制系统在符号及标志上的要求，主要适用于下述用途中的需要：工艺管道及仪表流程图（P&ID）、管道平面布置图、管道单线图、仪表索引表、仪表规格书（数据表）、仪表安装图、仪表回路图、联锁逻辑图、复杂控制功能块图、顺序控制逻辑图等。

1.1 字母代号（表 43-1）

表 43-1 被测变量和仪表功能的字母代号

字母代号	第一位字母[4]		后继字母[3]		
	被测变量或引发变量	修饰词	读出功能	输出功能	修饰词
A	分析[5]		报警		
B	烧嘴、火焰		供选用[1]	供选用[1]	供选用[1]
C	电导率			控制	
D	密度	差[4]			
E	电压(电动势)		检测元件		
F	流量	比(分数)[4]			
G	供选用[1]		视镜、观察[9]		
H	手动				高[14][15]
I	电流		指示[10]		
J	功率	扫描			
K	时间、时间程序	变化速率[4][19]		操作器[20]	
L	物位		灯[11]		低[14][15]
M	水分或湿度	瞬动[4]			中、中间[14]
N	供选用[1]		供选用[1]	供选用[1]	供选用[1]
O	供选用[1]		节流孔		
P	压力、真空		检测点、取样点		
Q	数量	积算、累计[4]			
R	核辐射		记录[16]		
S	速度、频率	安全[8]		开关、联锁[12]	
T	温度			传送	
U	多变量[6]		多功能[7]	多功能[7]	多功能[7]
V	振动、机械监视[17]			阀、风门、百叶窗[21]	
W	质量、力		套管		

续表

字母代号	第一位字母④		后继字母③		
	被测变量或引发变量	修饰词	读出功能	输出功能	修饰词
X	未分类②	X轴	未分类②	未分类②	未分类②
Y	事件、状态⑱	Y轴		继电器、计算器、转换器⑫⑬	
Z	位置、尺寸	Z轴		驱动器、执行机构未分类的最终执行元件	

①“供选用”的字母，指的是在个别设计中多次使用，而表43-1中未予规定其含义。使用时该字母含义需在具体工程的设计图例中作出规定，第一位字母表示一种含义，而作为后继字母则表示另一种含义。例如，字母N作为第一位字母时，含义可为应力；而作为后继字母时，含义可为示波器。

②“未分类”的字母X，表43-1中未予规定其含义，适用于在一个设计中仅一次或有限的几次使用，它在不同地点作为第一位字母或作为后继字母均可有任何含义。例如，XR-1可以是应力记录，XX-2则可以是应力示波器，但是要求在仪表圆圈之外注明“未分类”字母X的含义。

③ 后继字母的确切含义，根据实际需要可以有不同的解释。例如，I可以是指示仪、指示或指示的；T可以是变送器、变送或变送的。

④ 被测变量的任何第一位字母若与修饰字母D（差）、F（比）、M（瞬动）、K（变化速率）、Q（积算、累计）中任何一个组合在一起，则表示另外一种含义的被测变量。因此应把被测变量字母与修饰字母的组合视为一体来看待。例如，TDI和TI分别表示温差指示和温度指示。这些修饰字母仅在特定情况下使用。

⑤ 分析变量的字母A，包括表中未予规定的分析项目。当有必要表明具体的分析项目时，仪表圆圈中仍写A，一般在圆圈外右上方写出具体的分析项目。例如，分析二氧化碳含量，应在圆圈外标注CO_2，而不能用CO_2代替圆圈内的字母A。

⑥ 第一位字母的U表示多变量，用来表示代替多个变量的字母组合。

⑦ 后继字母U表示多功能，用来表示代替多个功能的字母组合。

⑧ 修饰字母S表示安全，仅用于紧急保护的检测仪表或检测元件及最终控制元件。例如，PSV表示异常状态下起保护作用的压力泄放阀或切断阀，也可用于事故压力条件下进行安全保护的阀门，而爆破膜则用PSE来标识（此符号不表示专业分工，仅用来说明符号的使用）。

⑨ 后继字母G表示用于对过程检测观察而无标度的仪表，例如视镜、电视监视器等。

⑩ 后继字母I适用于可读出模拟量或数字被测值的场合，就手动操作器而言，它可用于标度盘或设定值的指示。它不适用于无被测量输入的标尺。

⑪ 后继字母L表示单独设置的指示灯，用于显示正常的工作状态，它不同于表示正常状态的A报警灯。如果L指示灯是回路的一部分，则应与第一位字母组合使用，例如表示一个时间周期终了的指示灯应标注为KQL。如果不是回路的一部分，可单独用一个字母L标注。例如，电动机的指示灯，若电压是被测变量，则可记为EL，若用来监视运行状态，则为YL。未分类变量X，仅在有限场合应用。不要用XL来表示电动机的指示灯，允许由用户定义的供选用的字母N或O来表示电动机的运行指示灯。

⑫ 用来接通、断开、选择或切换的装置可以是开关、继电器、位式控制器，其具体的功能则取决于应用。

用于非流体的场合，如果它是自动的，并且在回路中是检测装置，其中用于报警、指示灯、选择或联锁的，则使用术语“开关”；而用于正常操作控制的则通常使用术语“位式控制器”。

用于非流体的场合，凡是自动的，但是在回路中不是检测装置，其动作是由开关或位式控制器带动的，则使用术语“继电器”。

⑬ 后继字母Y表示继动或计算功能时，应在仪表圆圈外（一般在右上方）标注它的具体功能，但是如果功能明显时，也可以不加标注，例如执行机构信号线上的电磁阀就无需附加标注。

⑭ 后继字母修饰词H（高）、M（中）、L（低）可分别写在仪表圆圈外的右上方。H、M、L应与被测量值相对应，而并非与仪表输出的信号值相对应。

当表示有H（高）和HH（高高）、L（低）和LL（低低）两级时，则H（高）和L（低）可以省略不再标注。

⑮ 当H（高）、L（低）用来表示阀或其他开关装置的位置时，H表示阀在全开或接近全开位置；L表示阀在全关或接近全关位置。

⑯ 后继字母R适用于能用任何方法进行检索的，且能以任何形式的信息长期存储。

⑰ 第一位字母V表示振动或机械量的监视，除振动外，应将所监视的机械量在仪表圆圈外加以标注。

⑱ 第一位字母Y表示由事件驱动的控制或监视响应（不同于时间或时间程序驱动），也可表示存在或状态。

⑲ 修饰字母K在与第一位字母L、T或W组合时，表示测量或引发变量的变化速率。例如变量WKIC可表示失重率控制器。

⑳ 后继字母K表示设置在控制回路内的自动-手动操作器。例如，流量控制回路的自动-手动操作器为FK，它区别于HC——手动操作器。

㉑ 用来控制流体的装置，如果不是手动操作的切断阀，则将其标注为控制阀，自力式控制阀应使用后继字母CV标注，以区别于一般控制阀。

1.2 被测变量和仪表功能字母组合示例（表 43-2）

表 43-2 被测变量和仪表功能字母组合示例

第一位字母	被测变量或引发变量	控制器				读出仪表		开关和报警装置①			变送器			电磁阀继电器计算器	检测元件	检测点	套管或探头	视镜观察	安全装置	最终执行元件
		记录	指示	无指示	自力式控制阀	记录	指示	高②	低	高低组合	记录	指示	无指示							
A	分析	ARC	AIC	AC		AR	AI	ASH	ASL	ASHL	ART	AIT	AT	AY	AE	AP	AW			AV
B	烧嘴、火焰	BRC	BIC	BC		BR	BI	BSH	BSL	BSHL	BRT	BIT	BT	BY	BE		BW	BG		BZ
C	电导率	CRC	CIC			CR	CI	CSH	CSL	CSHL		CIT	CT	CY	CE					CV
D	密度	DRC	DIC	DC		DR	DI	DSH	DSL	DSHL		DIT	DT	DY	DE					DV
E	电压(电动势)	ERC	EIC	EC		ER	EI	ESH	ESL	ESHL	ERT	EIT	ET	EY	EE					EZ
F	流量	FRC	FIC	FC	FCV FICV	FR	FI	FSH	FSL	FSHL	FRT	FIT	FT	FY	FE	FP		FG		FV
FQ	流量累计	FQRC	FQIC			FQR	FQI	FQSH	FQSL			FQIT	FQT	FQY	FQE					FQV
FF	流量比	FFRC	FFIC	FFC		FFR	FFI	FFSH	FFSL						FE					FFV
G	供选用																			
H	手动		HIC	HC						HS										HV
I	电流	IRC	IIC			IR	II	ISH	ISL	ISHL	IRT	IIT	IT	IY	IE					IZ
J	功率	JRC	JIC			JR	JI	JSH	JSL	JSHL	JRT	JIT	JT	JY	JE					JV
K	时间、时间程序	KRC	KIC	KC	KCV	KR	KI	KSH	KSL	KSHL	KRT	KIT	KT	KY	KE					KV
L	物位	LRC	LIC	LC	LCV	LR	LI	LSH	LSL	LSHL	LRT	LIT	LT	LY	LE		LW	LG		LV
M	水分或湿度	MRC	MIC			MR	MI	MSH	MSL	MSHL		MIT	MT		ME		MW			MV
N	供选用																			
O	供选用																			
P	压力、真空	PRC	PIC	PC	PCV	PR	PI	PSH	PSL	PSHL	PRT	PIT	PT	PY	PE	PP			PSV PSE	PV
PD	压力差	PDRC	PDIC	PDC	PDCV	PDR	PDI	PDSH	PDSL		PDRT	PDIT	PDT	PDY	PE	PP				PDV
Q	数量	QRC	QIC			QR	QI	QSH	QSL	QSHL	QRT	QIT	QT	QY	QE					QZ
R	核辐射	RRC	RIC	RC		RR	RI	RSH	RSL	RSHL	RRT	RIT	RT	RY	RE		RW			RZ
S	速度、频率	SRC	SIC	SC	SCV	SR	SI	SSH	SSL	SSHL	SRT	SIT	ST	SY	SE					SV
T	温度	TRC	TIC	TC	TCV	TR	TI	TSH	TSL	TSHL	TRT	TIT	TT	TY	TE	TP	TW		TSE	TV
TD	温度差	TDRC	TDIC	TDC	TDCV	TDR	TDI	TDXH	TDSL		TDRT	TDIT	TDT	TDY	TE	TP	TW			TDV
U	多变量					UR	UI							UY						UV
V	振动、机械监视					VR	VI	VSH	VSL	VSHL	VRT	VIT	VT	VY	VE					VZ
W	重量、力	WRC	WIC	WC	WCV	WR	WI	WSH	WSL	WSHL	WRT	WIT	WT	WY	WE					WZ
WD	重量差、力差	WDRC	WDIC	WDC	WDCV	WDR	WDI	WDSH	WDSL		WDRT	WDIT	WDT	WDY	WE					WDZ
X	未分类																			
Y	事件、状态		YIC	YC		YR	YI	YSH	YSL				YT	YY	YE					YZ

续表

第一位字母	被测变量或引发变量	控制器				读出仪表		开关和报警装置①			变送器			电磁阀继电器计算器	检测元件	检测点	套管或探头	视镜观察	安全装置	最终执行元件
		记录	指示	无指示	自力式控制阀	记录	指示	高②	低②	高低组合	记录	指示	无指示							
Z	位置、尺寸	ZRC	ZIC	ZC	ZCV	ZR	ZI	ZSH	ZSL	ZSHL	ZRT	ZIT	ZT	ZY	ZE					ZV
ZD	位置、尺寸差	ZDRC	ZDIC	ZDC	ZDCV	ZDR	ZDI	ZDSH	ZDSL		ZDRT	ZDIT	ZDT	ZDY	ZDE					ZDV
其他		FIK	带流量指示自动-手动操作						PFI	压缩比指示					QQI	数量积算指示				
		FO	限流孔板						TJI	温度扫描指示					WKIC	失重率、指示控制				
		HMS	手动瞬动开关						TJIA	温度扫描指示、报警										
		KQI	时间或时间程序指示						TJR	温度扫描记录										
		LCT	液位控制、变送						TJRA	温度扫描记录、报警										
		LLH	液位指示灯																	

① A报警（信号装置），可以采用与表中S开关（驱动装置）相同的字母组合方式。

② 在含义不确切时，字母H和L可暂不标注。

1.3 仪表及其安装位置的图形符号（表43-3）

表43-3 仪表及其安装位置的图形符号

仪表类型	主要位置操作员监视用③	现场安装正常情况下，操作员不监视	辅助位置操作员监视用
离散仪表	(1) ① IP1②	(2)	(3)
共用显示 共用控制	(4)	(5)	(6)
计算机功能	(7)	(8)	(9)
可编程序逻辑控制功能	(10)	(11)	(12)

① 图形符号的尺寸根据使用者的需要可以改变，在较大的图纸文件中推荐应用表中的实际尺寸。

② 在需要时标注仪表盘号或操作台号。

③ 正常情况下操作员不监视的盘后安装、架装的仪表设备或功能，仪表图形符号可表示为

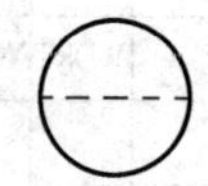
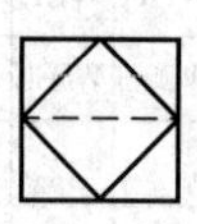
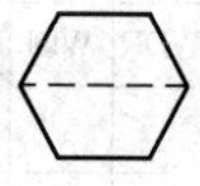

1.4 逻辑功能块图例符号

逻辑功能块用于构成生产过程联锁或顺序控制逻辑图。工艺专业提供的功能分析（functional analysis）中包含其详细内容说明，通常采用因果表加文字说明的方式。

联锁逻辑图和顺序控制逻辑图是提供给自动化控制系统集成商（automation-integrated manufacturing）进行DCS/SIS/PLC软件组态、编制、生成的条件。常用的逻辑功能块如下：与门（AND）；或门（OR）；非门（NOT）；与非门（NAND）；或非门（NOR）；异或门（XOR）；延时门（DELAY）；延时合上（ONDLY）；延时断开（OFFDLY）；双稳态触发（FLIPFLOP）。

(1) 与门

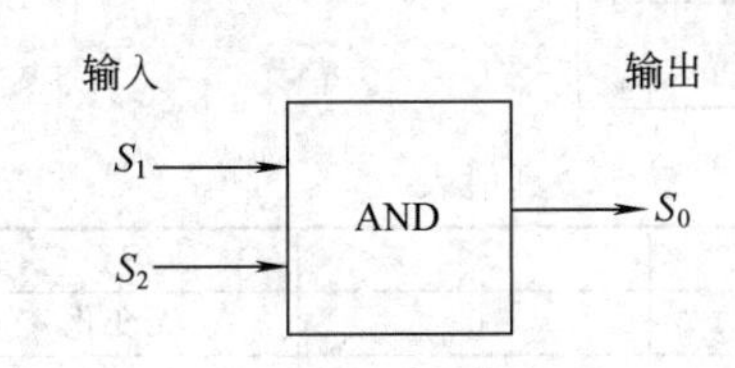

真值表

S_1	S_2	S_0
0	0	0
0	1	0
1	0	0
1	1	1

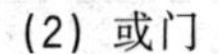

(2) 或门

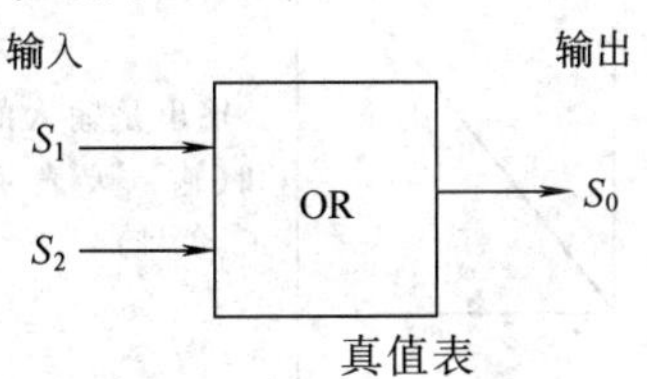

真值表

S_1	S_2	S_0
0	0	0
0	1	1
1	0	1
1	1	1

(3) 非门

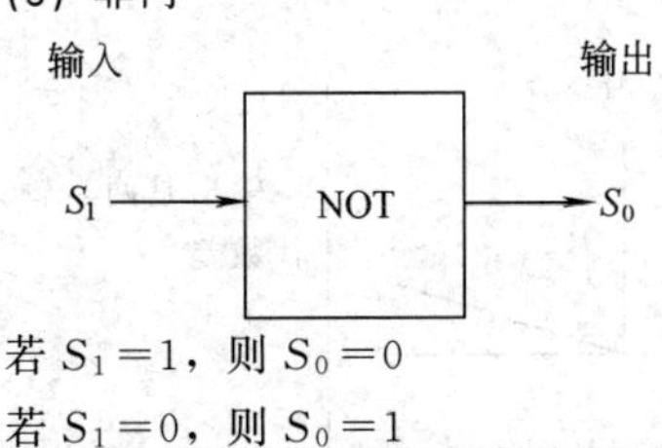

若 $S_1=1$，则 $S_0=0$

若 $S_1=0$，则 $S_0=1$

(4) 与非门

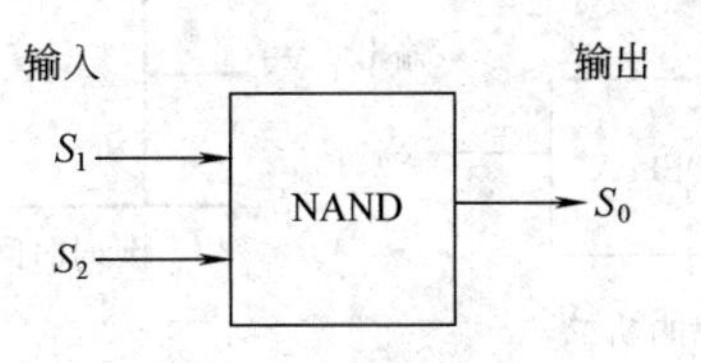

真值表

S_1	S_2	S_0
0	0	1
0	1	1
1	0	1
1	1	0

(5) 或非门

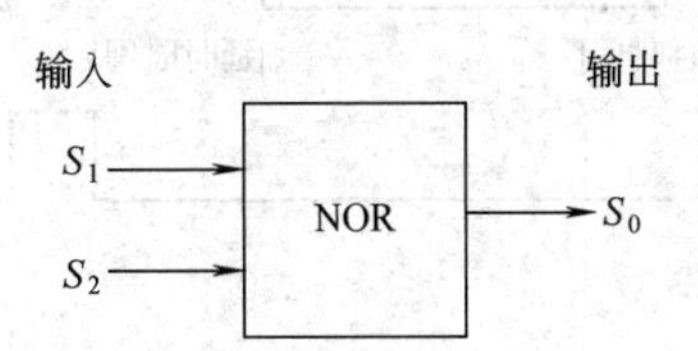

真值表

S_1	S_2	S_0
0	0	1
0	1	0
1	0	0
1	1	0

(6) 异或门

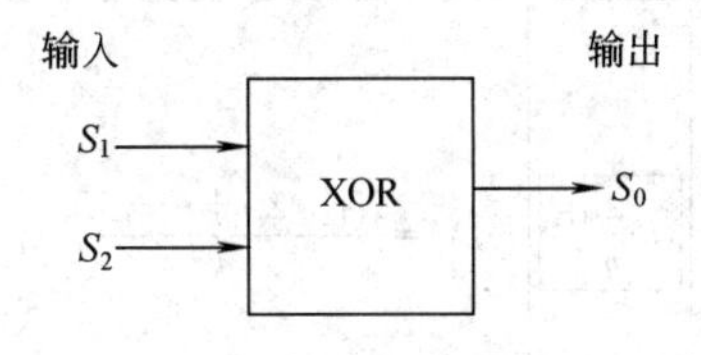

真值表

S_1	S_2	S_0
0	0	0
0	1	1
1	0	1
1	1	0

(7) 延时门

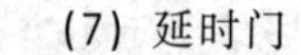

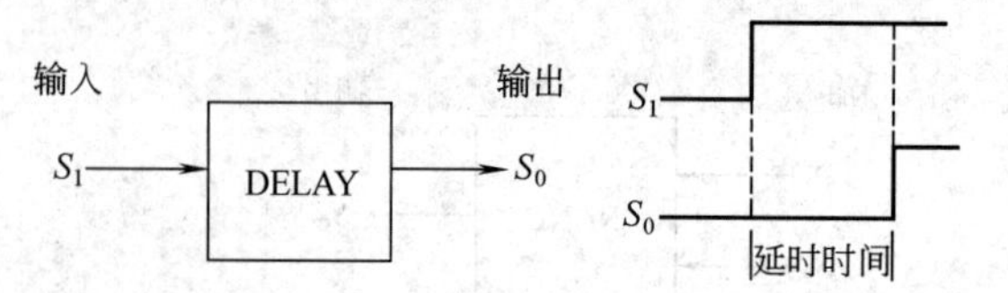

S_0=经过延时后的 S_1

(8) 延时合上

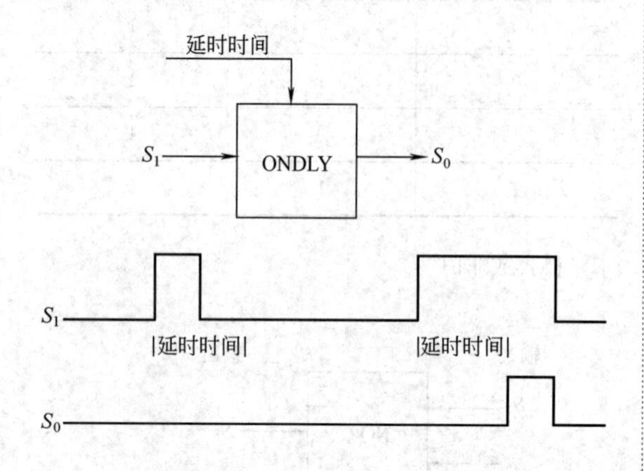

(9) 延时断开

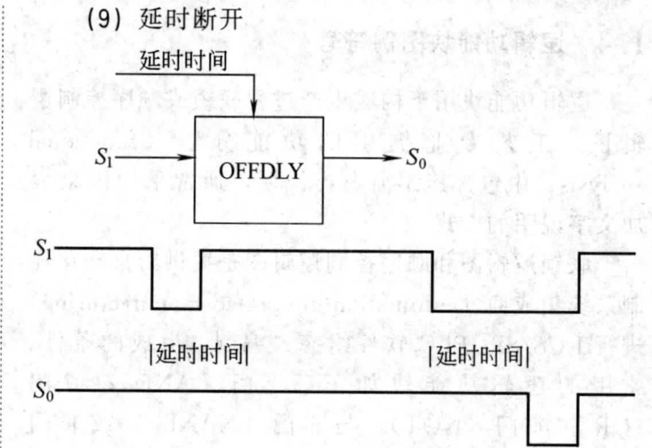

(10) 双稳态触发

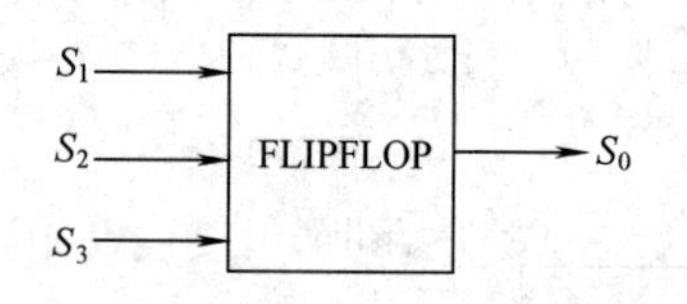

真值表

S_1	S_2	S_0
0	0	无变化
1	0	0
0	1	1
1	1	S_3 输入

1.5　控制、运算功能块图例符号（表 43-4）

表 43-4　控制、运算功能块图例符号①

序号	功　能	符　号	数学公式	图　　示	定　　义
1	和	Σ	$M=X_1+X_2+\cdots+X_n$		输出是输入的代数和(输入要表示为带正、负号)
2	平均值	$\frac{\Sigma}{n}$	$M=\frac{X_1+X_2+\cdots+X_n}{n}$		输出是输入的代数和与被输入个数相除的值
3	差	Δ	$M=X_1-X_2$		输出是两个输入的代数差

续表

序号	功 能	符 号	数学公式	图 示	定 义
4	比	K 1∶1 2∶1	$M=KX$	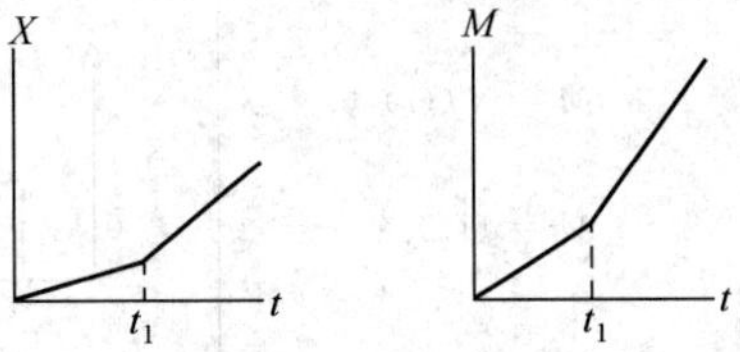	输出与输入成正比，对于容积升压器，K可取1∶1；对于整体增益，2∶1和3∶1等可代替K
5	积分	$\int$	$M=\frac{1}{T_1}\int X\mathrm{d}t$	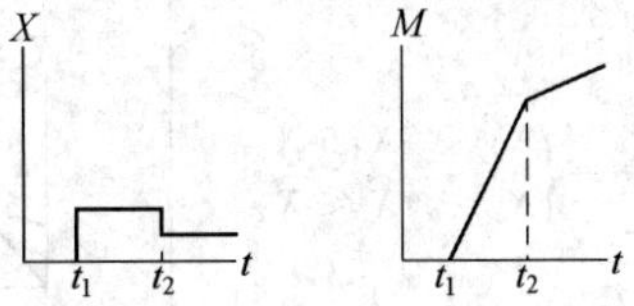	输出与随输入的大小和存在时间而变化，输出与输入的积分成比例
6	微分	$\frac{\mathrm{d}}{\mathrm{d}t}$	$M=T_\mathrm{D}\frac{\mathrm{d}X}{\mathrm{d}t}$	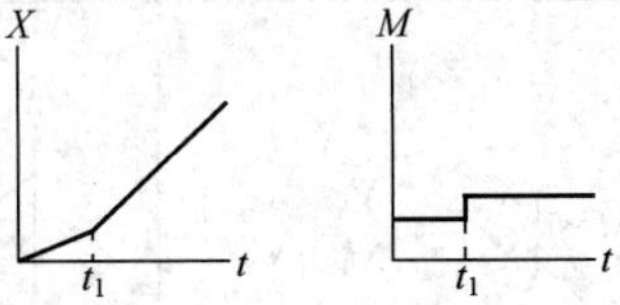	输出与输入的变化率(微分)成比例
7	乘	×	$M=X_1X_2$	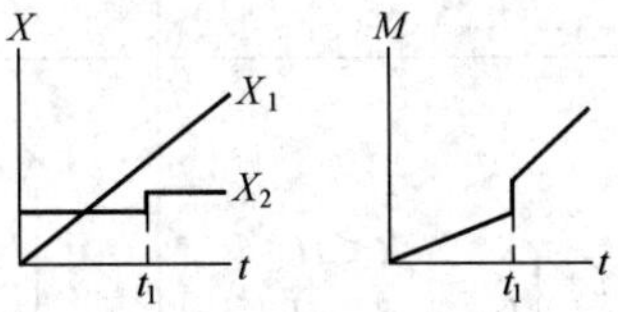	输出为两个输入的乘积
8	除	÷	$M=\frac{X_1}{X_2}$	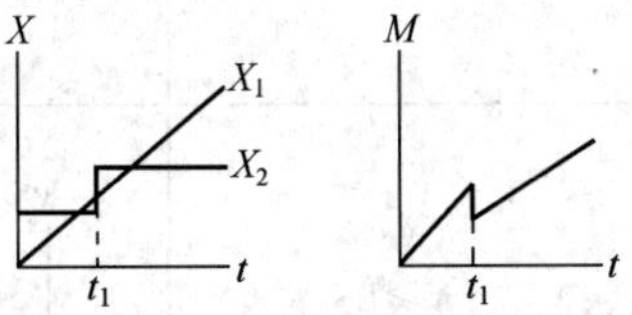	输出为两个输入的商
9	开方	$\sqrt[n]{\ }$	$M=\sqrt[n]{X}$	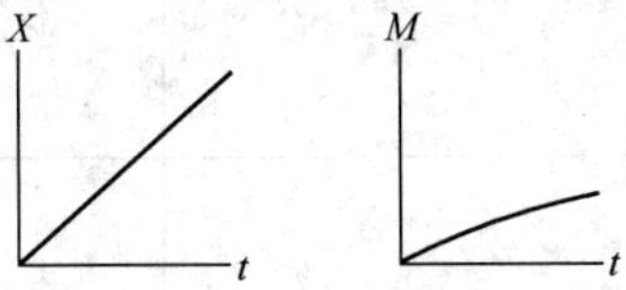	输出为输入的方根(如立方根，1/4次方根，3/2次方根等)，如果省略n，表示为平方根
10	幂	X^n	$M=X^n$	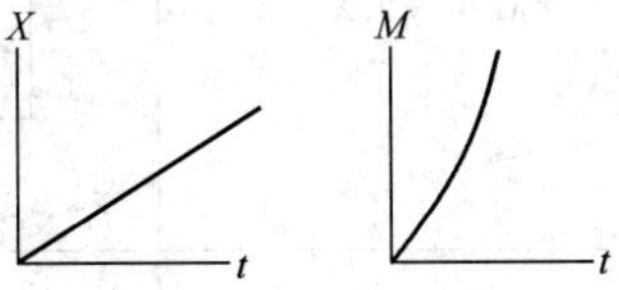	输出为输入自乘到某次(例如2次、3次、4次等)
11	非线性或未确定函数	$f(X)$	$M=f(X)$	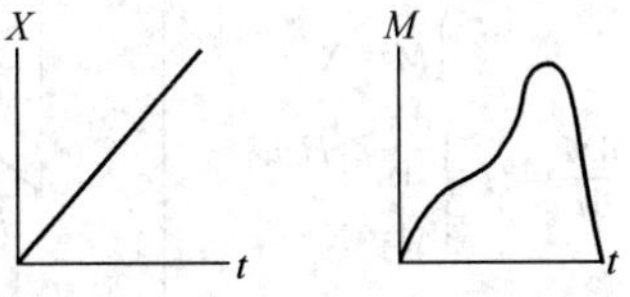	输出与输入成某种非线性关系或未确定函数关系

续表

序号	功能	符号	数学公式	图示	定义
12	时间函数	$f(t)$	$M=Xf(t)$ $M=f(t)$	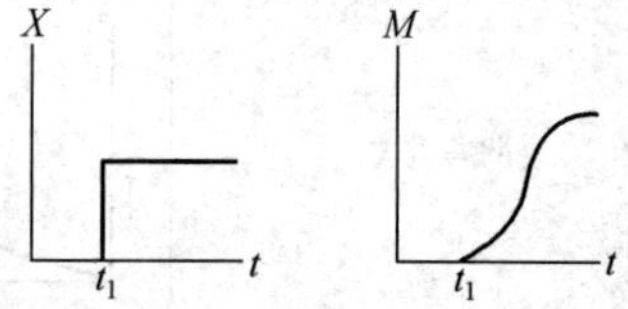	输出是输入与某些时间函数的乘积或仅与某时间函数相关
13	高选	$>$	$M=\begin{cases}X_1 & X_1\geqslant X_2\\X_2 & X_1\leqslant X_2\end{cases}$	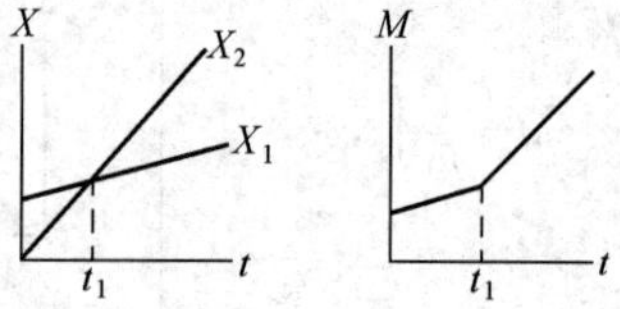	输出为诸输入中的最大者
14	低选	$<$	$M=\begin{cases}X_1 & X_1\leqslant X_2\\X_2 & X_1\geqslant X_2\end{cases}$	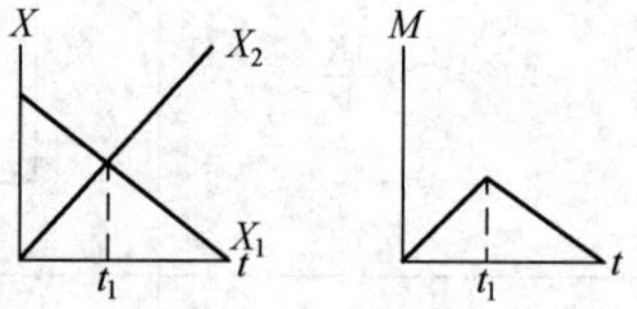	输出为诸输入中的最小者
15	高限	≯	$M=\begin{cases}X & X\leqslant H\\H & X\geqslant H\end{cases}$	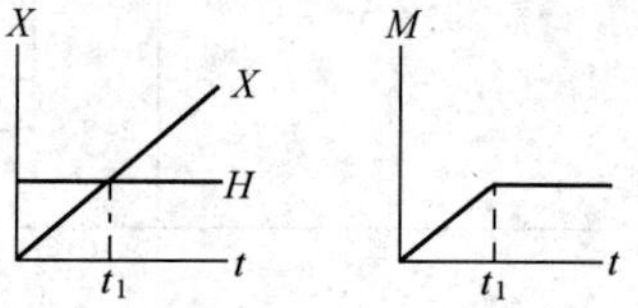	输出为输入或高限值，但无论哪个都是一个较小值
16	低限	≮	$M\begin{cases}X & X\geqslant L\\L & X\leqslant L\end{cases}$	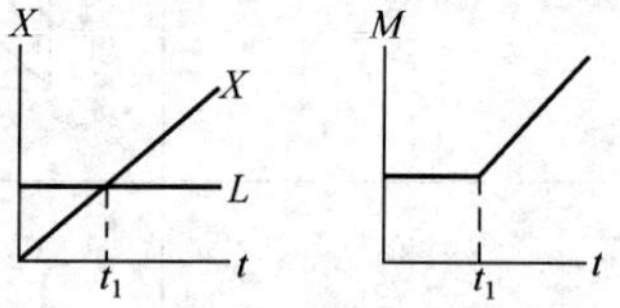	输出为输入或低限值，但无论哪个都是一个较大值
17	反相比例	$-X$	$M=-KX$	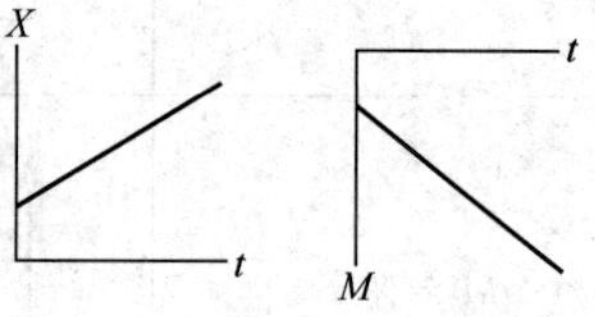	输出与输入成反相比例
18	速率限制器	∀	$\frac{\mathrm{d}M}{\mathrm{d}t}=\frac{\mathrm{d}X}{\mathrm{d}t}\begin{cases}\frac{\mathrm{d}X}{\mathrm{d}t}\leqslant H \text{ 和}\\M=X\end{cases}$ $\frac{\mathrm{d}M}{\mathrm{d}t}=H\begin{cases}\frac{\mathrm{d}X}{\mathrm{d}t}\geqslant H \text{ 或}\\M\neq X\end{cases}$	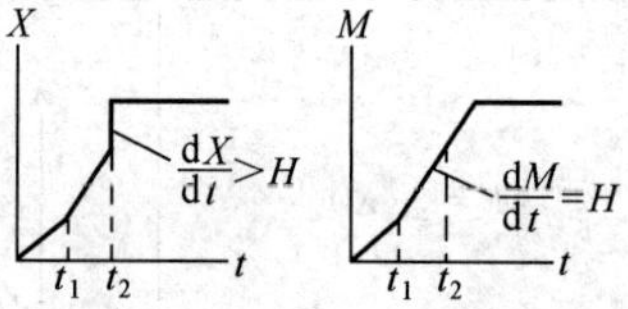	只要输出的变化率不超过某一限值，则输出就是输入；在限值附近，输出按确定的比率变化，直到输出又一次等于输入

续表

序号	功能	符号	数学公式	图示	定义
19	偏置	+ − ±	$M=X\pm b$	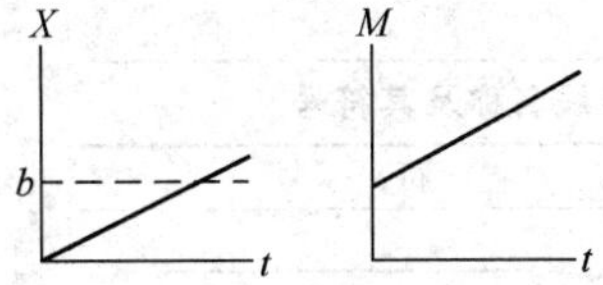 X, b, t; M, t	输出为输入加(或减)若干任意的值(偏置)
20	转换	*/*	输出=f(输入)		输出信号形式不同于输入，*E表示电压；*H表示液压的；I表示电流；O表示电磁的，声波；P表示气动的；R表示电阻；A表示模拟；D表示数字；B表示二进制量
21	信号监视器	H**	状态1，$X\leqslant H$ 状态2，$X>H$ (励磁或报警状态)	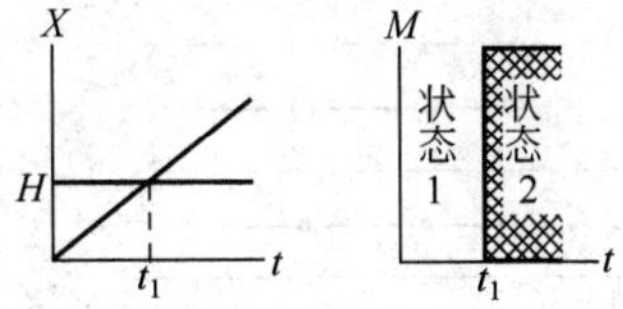 X, H, t_1, t; M, 状态1, 状态2, t_1, t	
		**L	状态1，$X<L$ (励磁或报警状态) 状态2，$X\geqslant L$	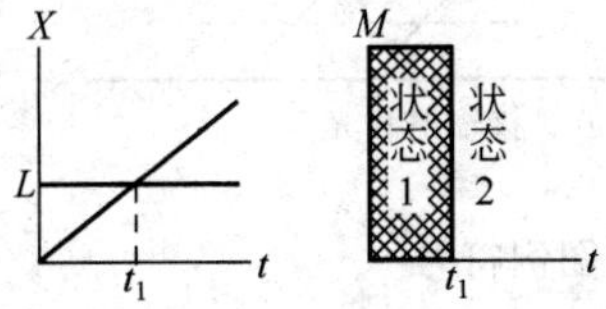 X, L, t_1, t; M, 状态1, 状态2, t_1, t	
		**HL	状态1，$X<L$ (第1输出M_1励磁或报警状态) 状态2，$L\leqslant X\leqslant H$ (2个输出不起作用或励磁) 状态3，$X>H$ (第2输出M_2励磁或报警状态)	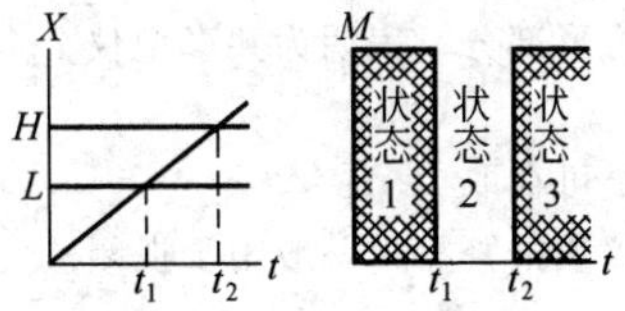 X, H, L, t_1, t_2, t; M, 状态1, 状态2, 状态3, t_1, t_2, t	过(或不到)一个任意的限值时输出改变状态

① 本表所列参照ISA-S 5.1表3。

注：1. 表中各变量说明如下。

b表示模拟偏置值；d/dt表示对时间求导；H表示一个任意的模拟高限值；$1/T_1$表示积分率；L表示一个任意的模拟低限值；M表示模拟输出变量；n表示模拟输入数或指数值；t表示时间；T_D表示微分时间；X表示模拟输出变量；X_1，X_2，$X_3\cdots X_n$表示模拟输入变量（1～n为个数）；*表示字母标志符。

2. 说明：正方形可作标志用，如：I-O表示开关；REV表示反作用。

1.6　仪表连接线符号

P&ID图上全部仪表连接线符号都应比工艺连接线细，详见表43-5。

表43-5　仪表连接线名称及其符号

序号	连接线名称	符　号
1	仪表能源或连到工艺的连接线	————————
2	不确定信号	——/——/——
3	气动信号	——//——//——
4	电信号线	- - - - - - - - - -
5	液压信号	——L——L——
6	毛细管	——X——X——
7	电磁或声波信号①（有配线）	————————
8	电磁或声波信号（无配线）	∼
9	内部系统线（软件或数据通信线）	——O——O——
10	机械连线	——•——•——
选择的二位（开-关）信号		
11	气动二进制信号	——※——※——
12	电动二进制信号	- - -\\- - -\\- - -

① 电磁现象包括热无线电波、核辐射和光。

1.7　分散控制/计算机用图例符号

1.7.1　分散控制/集中显示符号

以微处理机为基础的仪表控制系统的先进性允许功能共享，如显示、控制和信号连接。因此，这里定义的符号规则应是“共享仪表”，这意味着共享显示和共享控制。符号外边的方形部分，表明为共享型仪表功能。

(1) 正常情况下操作员可存取

指示器/调节器/记录仪或报警点，一般用于视频显示方式指示。

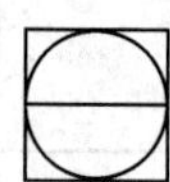

① 共享显示。

② 共享显示和共享控制。

③ 仅限于通信总线的存取。

④ 在通信总线上的操作员接口。

(2) 辅助操作员接口设备

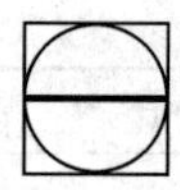

① 一般采用盘装方式并有模拟面板，不装在主操作台上。

② 可以是一个后备调节器或手操站。

③ 存储仅限于通信总线内。

④ 通过通信总线的操作员接口。

(3) 正常情况下操作员不能存取

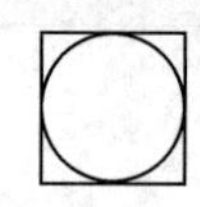

① 分散无显示调节器。

② 安装在现场的集中显示器。

③ 在分散调节器中的计算、信号处理。

④ 可在通信总线上。

⑤ 一般无显示操作。

⑥ 可通过组态变更。

1.7.2　计算机符号

下列符号用于称为“计算机”的组件组成的系统中，以便与整体处理器相区别。

该系统可完成各种“分散控制系统”的功能，通过数据连接，这些计算机组件可以组成一个系统，即它是一个独立的计算机。

(1) 操作员一般可存取

指示器/控制器/记录仪或报警点，一般用于视频显示方式指示。

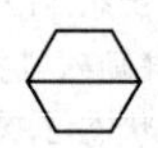

(2) 操作员一般不能存取

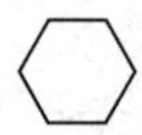

① 输入/输出接口。

② 在计算机内的计算/信号处理。

③ 可用来作为无显示的调节器或软件计算模块。

1.7.3　逻辑和顺序控制符号

(1) 通用符号，用于未定义的复杂和互连逻辑或顺控（见ISA-S5.1）

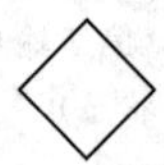

(2) 具有二位式或顺序逻辑功能与逻辑控制器互连的分散控制

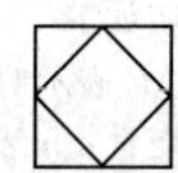

① 成套可编程逻辑控制器或与分散控制设备一体化的数字逻辑控制。

② 操作员一般不能存取。

(3) 具有二位式或顺序逻辑功能与逻辑控制器互连的分散控制

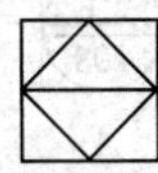

① 成套可编程逻辑控制器或与分散控制设备一体化的数字逻辑控制。

② 操作员一般能存取。

1.7.4 内部系统功能符号

计算/信号处理如下。

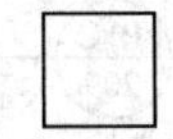

① 参考表 43-4 控制、运算功能块图例符号。

② 对广义的计算要求，使用符号“C”并在文件中加以解释。

1.7.5 标识符

使用标准 ISA-S5.3，除增加软件报警项外，标识符应与表 43-1 一致。

软件报警可用表 43-1 的符号，在控制或其他特定系统组件的输入/输出信号线上用字母标识符进行标识，见标准 ISA-S5.3 的第 6 节“报警”。

在大部分系统中可提供多个报警能力，标准 ISA-S5.3 表示的报警应如图 43-1 和图 43-2 举例中的方式标注。

① 被测变量的报警应包括变量标识符，如下所示。

压力：	PAH	高
	PAL	低
	dp/dT	变化率
	PDA	设定点偏差

② 在调节器输出上的报警应使用未定义变量标识符，如下所示。

XAH	高
XAL	低
d/dt	变化率

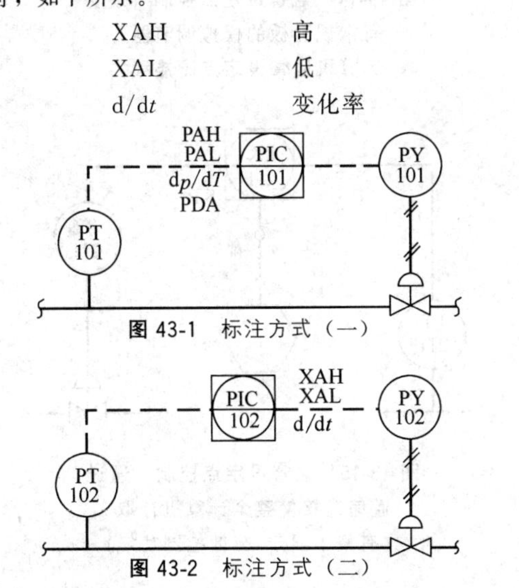

图 43-1 标注方式（一）

图 43-2 标注方式（二）

1.8 应用举例及典型流程图

1.8.1 应用举例

图 43-3～图 43-15 所示图例是对在标准 ISA-S5.3 和 ISA-S5.1 中给出的符号进行各种组合的一些例子，这些符号可以根据需要加以组合以满足用户需要。在图 43-7～图 43-15 中，主要信息线上的调节器是主调节器，在主要信息线外的所用设备是提供后备和附属功能。

图 43-3 计算机控制（无后备，集中指示）

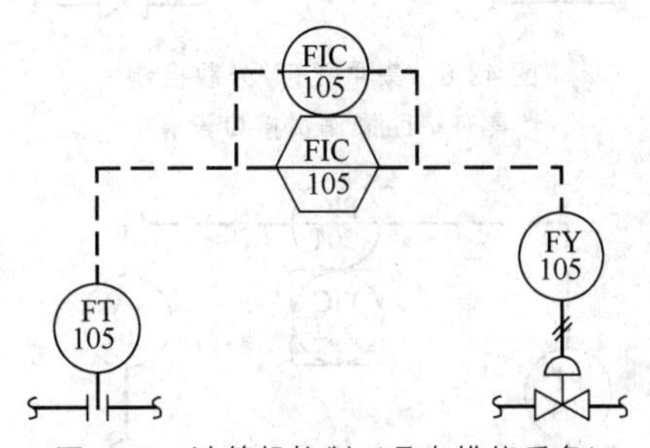

图 43-4 计算机控制（具有模拟后备）

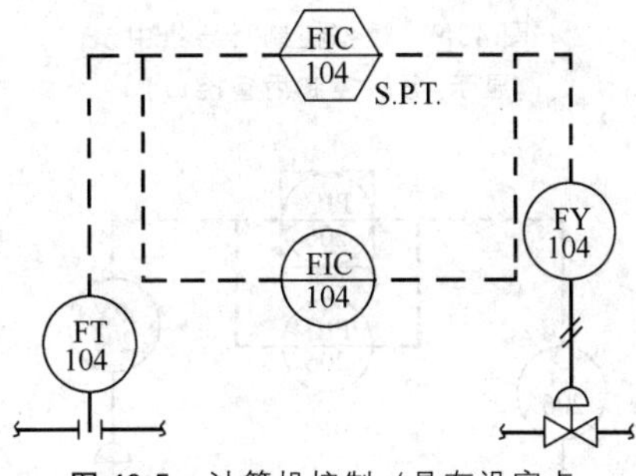

图 43-5 计算机控制（具有设定点跟踪 SPT 的全部模拟后备）

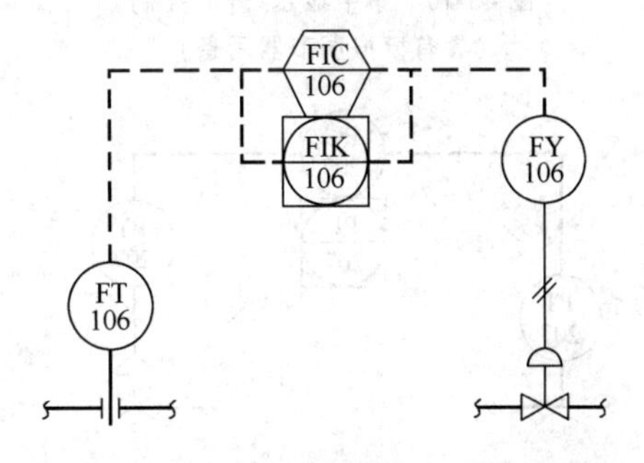

图 43-6 计算机控制（从集散控制仪表开始全部后备，计算机使用仪表系统通信总线）

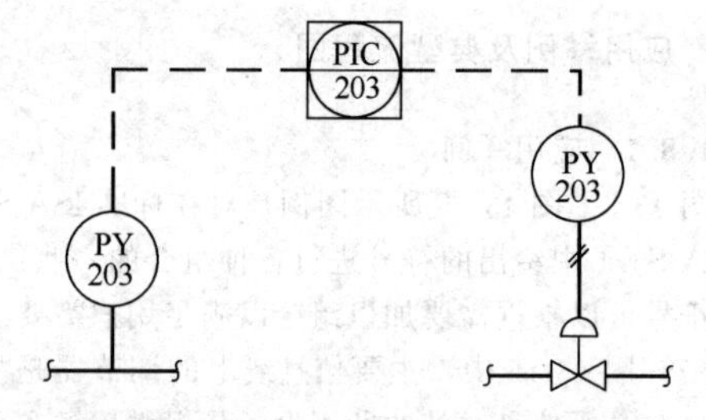

图 43-7 集中显示/分散控制（无后备）

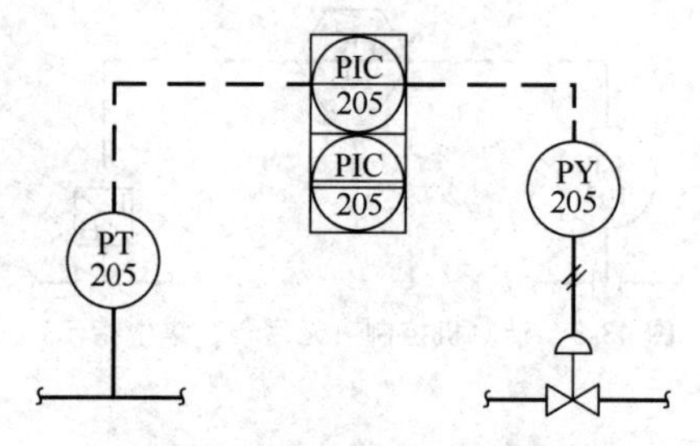

图 43-8 集中显示/分散控制（具有辅助操作员接口设备）

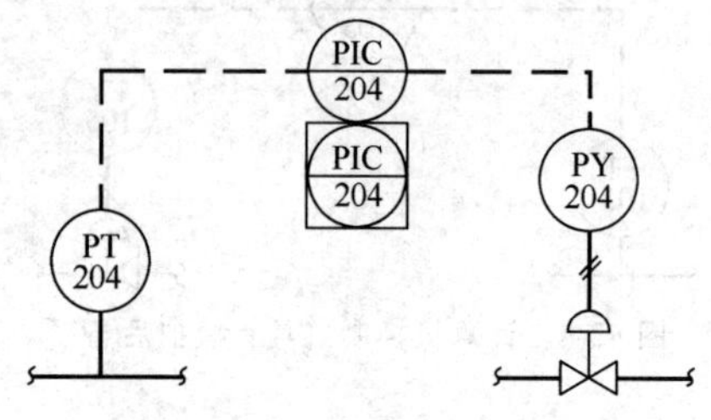

图 43-9 模拟控制（与集中显示/分散控制后备接口）

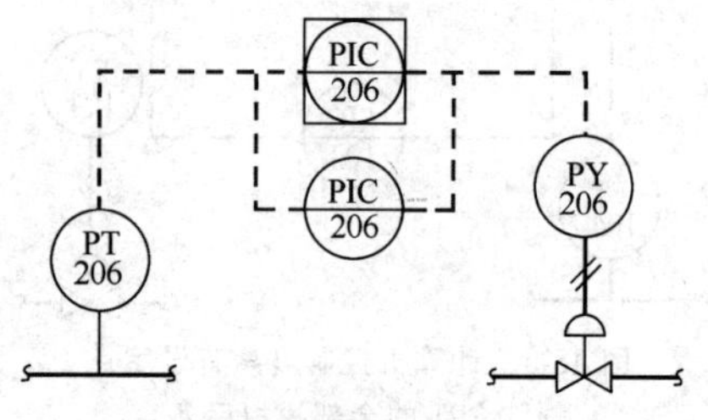

图 43-10 集中显示/分散控制（具有模拟调节器后备）

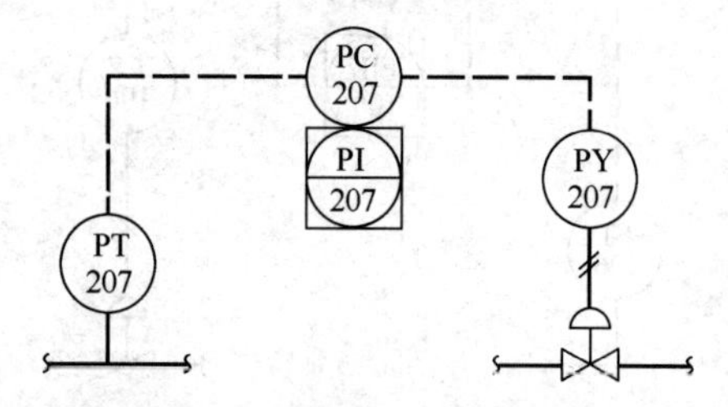

图 43-11 模拟控制（无显示调节器、集中显示）

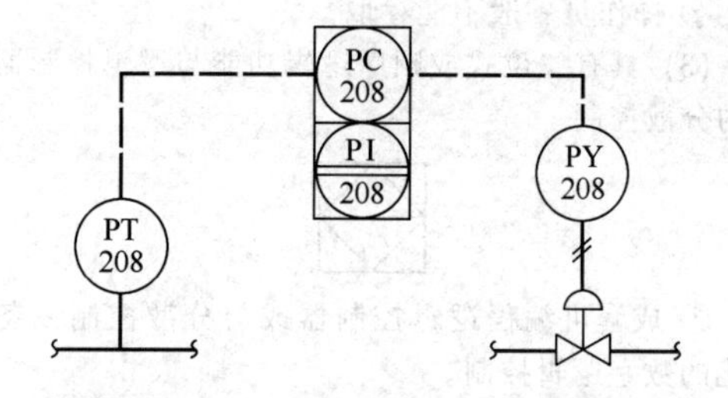

图 43-12 无显示分散控制（具有辅助操作员接口后备）

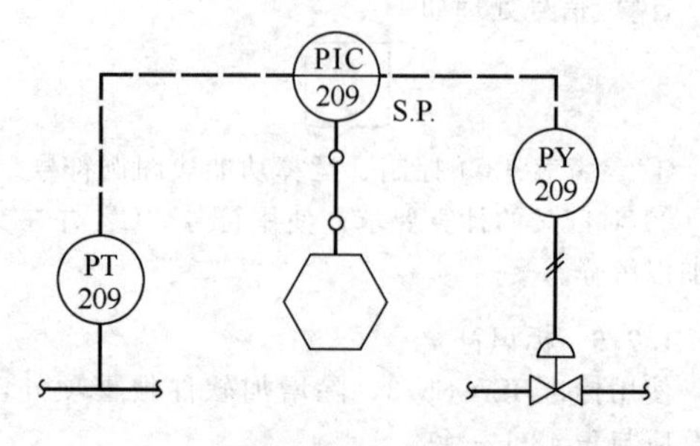

图 43-13 监督设定点控制（带常规面板的模拟调节器，通过通信连接的计算机监督设定点）

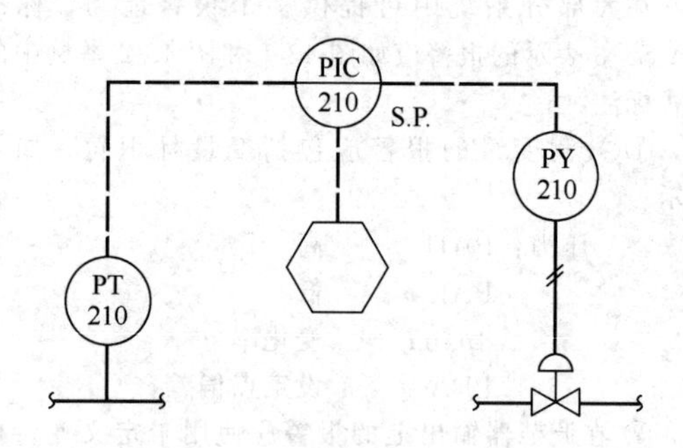

图 43-14 监督设定点控制（装备有常规面板的模拟调节器，计算机监督设定点硬接线）

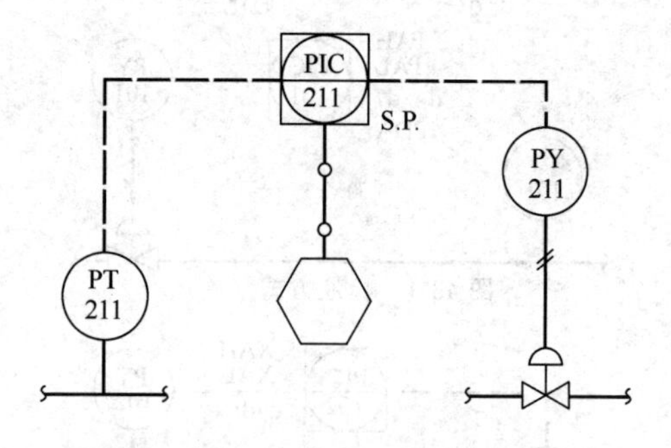

图 43-15 监督设定点控制（通过通信连接使整个计算机存取具有集中显示/分散控制功能）

1.8.2 典型流程图

如图 43-16 所示为流程简化图示例，图中用标准 ISA-S5.3 的基本符号进行组合，通过提供一个假想的例子启发使用者的思路，以便正确使用这些符号。图 43-16 中的布置方式说明如下。

① 燃料气和空气流量是燃烧系统的输入，通过分散控制仪表提供燃烧系统的燃料气和燃烧空气比值。此比值的设定点可由计算机给出。

② 燃烧空气和燃料气体压力由压力开关监视，压力开关通过 UC-600“分散控制互连逻辑”控制气体安全切断阀。

③ 物料湿度可测，输入物料的净重可以计算，进料率可由 MT-300 和 WC-301 控制，排放物料湿度可由 MT-302 读出，因此，燃烧率和/或进料率可由分散型控制系统（DCS）仪表或由考虑到其他工艺变量的计算机加以控制。

④ 英国热量单位（BTU）分析（AT-97）是计算机系统的输入，并产生前馈控制来调整以 BTU/h 为单位的燃烧率，设定点由计算机根据进料率、质量和湿度进行计算。

⑤ 内部系统连接由可选择的计算机输入/输出表达，其中包含有燃料率和比率设定点的含义。在系统连接符号中表示比值控制中的流量补偿时可以用同样方法，在计算模块和调节器之间的连接由邻接符号来

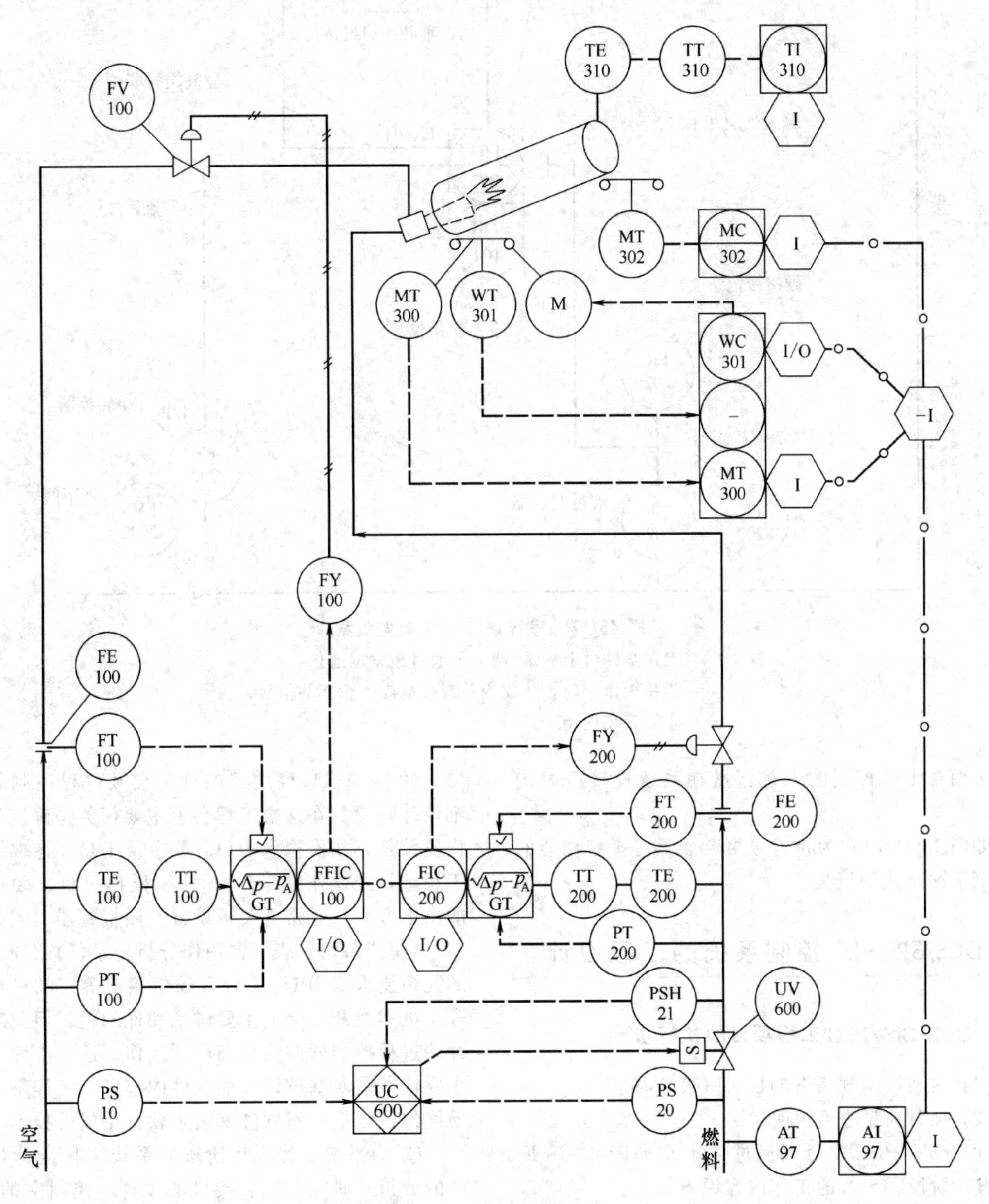

图 43-16 流程简化图示例

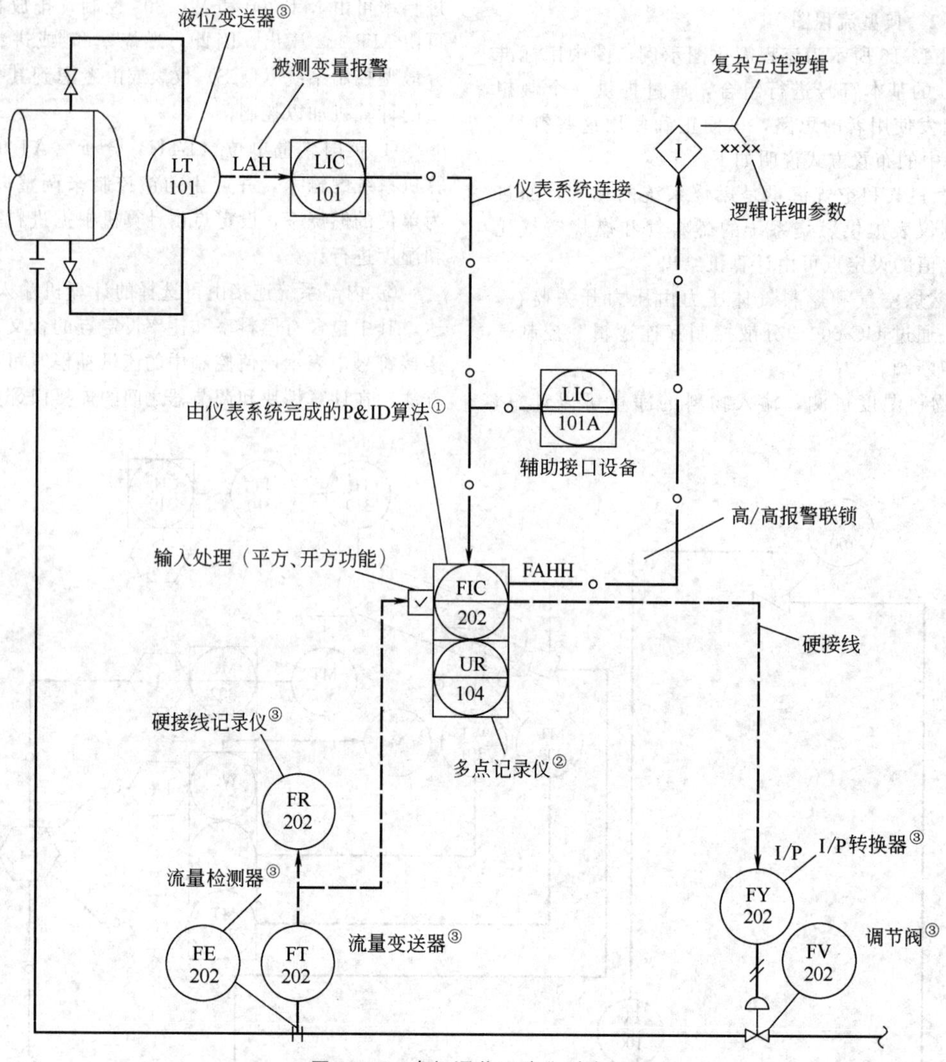

图 43-17　串级调节回路典型流程

①在操作台上显示/调节，通过数据网通信；

②在操作台内，从仪表系统数据库中选择的信号；

③安装在现场

表现，而对比值控制的干扰流量在系统连接符号内表明。

如图 43-17 所示为将符号组合成具有报警功能的串级调节回路典型流程。

2　DCS/SIS/PLC 控制系统的工程设计

2.1　DCS/SIS/PLC 工程项目的执行步骤

(1) 典型技术规格书的目录（表 43-6）

(2) 项目典型进度说明

DCS/SIS/PLC 项目典型进度示意如图 43-18 所示，其中阶段②～⑩的工作内容说明如下。

② 为评议报价和选定供应商阶段。

③ 为与供应商之间的开工会及过程控制软件详细设计阶段。在这次工程会上主要任务是确定硬件规格及数量，如模拟量 I/O、数字量 I/O、终端（包括工程师站及操作站）、打印机、硬拷贝机、硬件系统的供电方案、旁路开关柜设置、硬报警器（闪光报警器）、模拟备用仪表（常用作分析记录仪）、硬件系统的冗余要求（CPU、I/O 及通信接口等）及机柜尺寸等。虽然在开工会上主要讨论硬件问题，但此时即可开始过程控制软件的详细设计工作。这一阶段工作的主要任务是对基础设计的软件内容进一步详细研究并最终作为制造厂商软件编制及软件生成的技术文件。

④ 为系统工程设计阶段。系统工程设计包括系统的分析及研究，仪表接口的设计，控制室的布置，空调、土建、供电照明及消防系统的设计。

表 43-6　典型技术规格书的目录

1.0　总则	4.2　操作系统及工具软件
1.1　概述	4.3　工程组态软件
1.2　工厂及装置简况	4.4　高级控制和优化软件
1.3　卖方的责任	4.5　生产管理软件
1.4　供货及服务范围	4.6　软件的版本更新
1.5　报价技术文件要求	4.7　汉字系统
1.6　无效报价	5.0　备品备件及辅助工具
1.7　关于招标及投标的修改	5.1　备品备件
1.8　本规格书程度用词	5.2　专用仪器和工具
2.0　系统技术规格	6.0　文件资料
2.1　概述	6.1　工程文件资料
2.2　过程控制和检测	6.2　应用手册文件
2.3　操作环境与人机接口	6.3　中间文件资料
2.4　系统管理及工程实施	6.4　组态培训资料
2.5　系统的可靠性和可用性	6.5　文件资料的文字
2.6　通信网络	7.0　技术服务
2.7　高级控制及生产管理	7.1　概述
2.8　仪表设备管理系统	7.2　项目管理
2.9　可燃气体及有毒气体检测报警系统	7.3　工程条件会
3.0　硬件配置的基本要求	7.4　现场技术服务
3.1　设备配置条件	7.5　操作运行服务
3.2　冗余原则	8.0　技术培训及软件组态
3.3　控制回路及检测点统计（I/O 清单）	8.1　系统技术培训
3.4　控制站配置	8.2　软件组态培训
3.5　操作站配置	8.3　组态
3.6　工程师站配置	8.4　维护培训
3.7　历史数据工作站	8.5　操作培训
3.8　电视监控站配置	9.0　测试与验收
3.9　通信网络及设备	9.1　工厂测试与出厂验收
3.10　DCS 与 SIS 等设备的通信连接	9.2　现场验收
3.11　系统机柜	10.0　性能保证
3.12　辅助机柜	10.1　性能保证
3.13　电缆及连接配件	10.2　备件
3.14　电源及接地	11.0　特殊要求
4.0　软件配置的基本要求	
4.1　过程控制和检测软件	

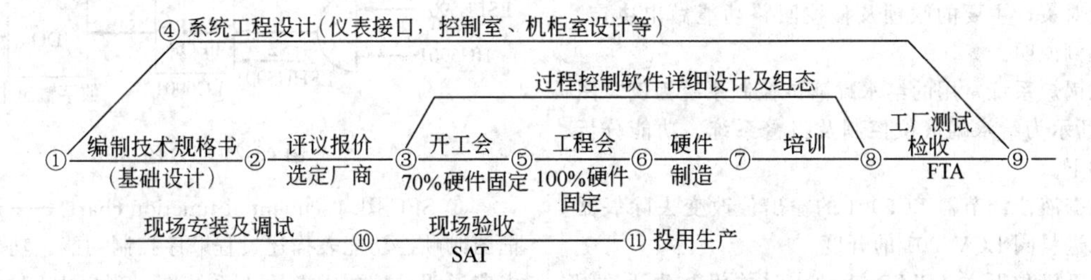

图 43-18　DCS/SIS/PLC 项目典型进度示意

⑤ 为与供应商之间的工程会阶段。通常工程会在开工会后1～2月召开，也可根据工程系统内容及工程公司内部准备情况适当延时。工程会上主要确定软件设计内容，当然也可适当修正硬件的若干非关键性技术问题（如I/O点数修正等）。在这次会上也应详细讨论系统检验大纲（包括出厂验收FTA及现场验收STA两个阶段）。

⑥ 为制造厂硬件制造开始阶段。

⑦ 为参加制造厂培训阶段（如对厂商提供的系统原先已比较熟悉，这一阶段可不必考虑）。

⑧ 为制造厂系统软件制造生成、调试、纠错直至出厂阶段。通常，出厂前工程公司/设计方会同业主参加FTA验收。

⑨ 为现场安装及调试阶段。

⑩ 为现场验收（STA）阶段。

2.2 系统工程设计的执行步骤

2.2.1 项目人员配备

通常大多数工程项目的成功取决于承担该任务人员的能力。要求主要负责人员必须具备化工单元自动化、控制工程、计算机及外语方面的扎实基础。对于大型石油化工企业更需配备项目经理、工艺工程师、控制系统工程师、计算机系统设计工程师及电气工程师，而对中小型企业人员配备可以从简。

2.2.2 软件设计

在试图制定详细的系统技术规格书之前，必须勾画出表征计算机控制对策的带控制点流程图（P&ID）。除此之外，还应为系统配备一份操作说明书，以对在流程上不能明确说明的比较复杂的控制方法及算法作进一步补充。

过程控制软件设计通常应包括以下两个阶段：基础设计阶段，该阶段工艺提供系统功能分析说明；软件详细设计阶段，该阶段要完成过程控制的功能块图（FBD）及其说明和联锁逻辑图（LD），顺序控制逻辑框图/时序图（SFC），产生I/O点表，设计报表和记录格式表，各种用户画面定义。

(1) 基础设计阶段

基础设计阶段应包括工艺编写并完成过程的功能分析（functional analysis），对所有单元的特定控制方式及对策，主要的联锁及程控回路功能做出决定。下面举例说明。

以锅炉系统常用的给水罐液位控制系统为例，图43-19所示为给水罐液位控制及报警系统。功能分析说明如下。

根据液位调节器LC5901的输出值改变去除氧器脱盐水进料阀LCV5901的开度。

低低液位开关LSLL5901动作时关闭电动开关阀MOV5501，同时停止给水泵P5501。高高液位开关

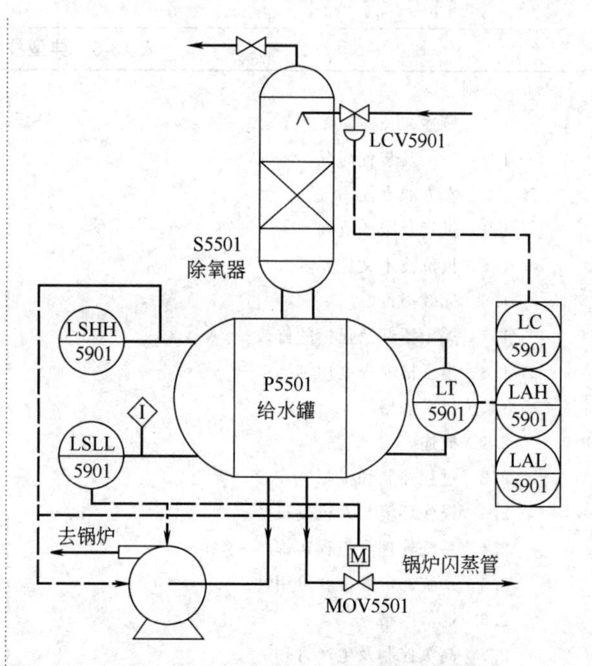

图43-19　给水罐液位控制及报警系统

LSHH5901动作，打开电动开关阀MOV5501及水泵。

(2) 软件详细设计阶段

从上例可知，工艺对除氧器及给水罐的功能分析文件中对控制及联锁要求已作了十分详细的说明。自控专业据此作出能给系统集成商（或DCS，PLC厂商）编制软件的标准技术图表，通常包含以下几类。

① FBD图（functional block diagram）——用软件结构功能描述连续控制功能（图43-20）。

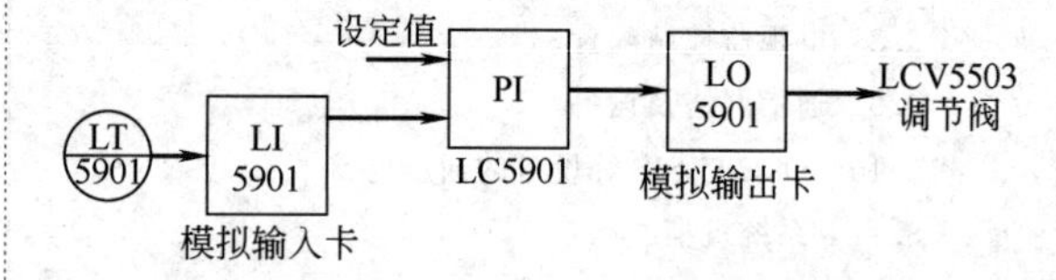

图43-20　FBD图

② LD图（logic diagram）——用逻辑运算块描述过程联锁功能（图43-21）。HU5901为旁路（BY-PASS）开关，用作低低液位联锁解除。

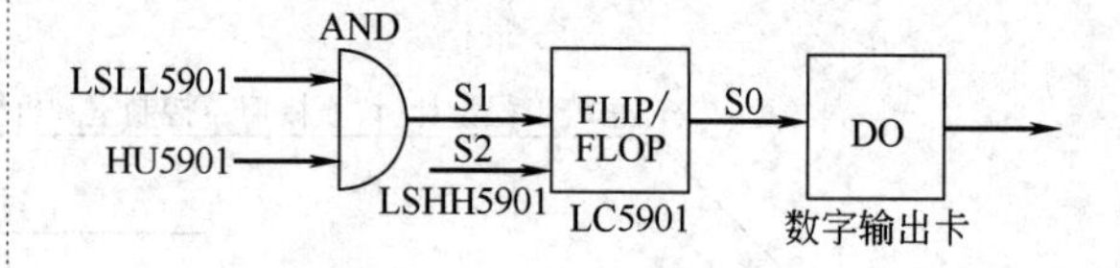

图43-21　LD图

③ SFC图（sequential function chart）——用编程框图或顺控功能表描述过程顺序控制功能。功能分析中应说明顺控要求并附上系统图，现以PTA装置催化剂调整槽为例（图43-22），说明顺控要求如下。

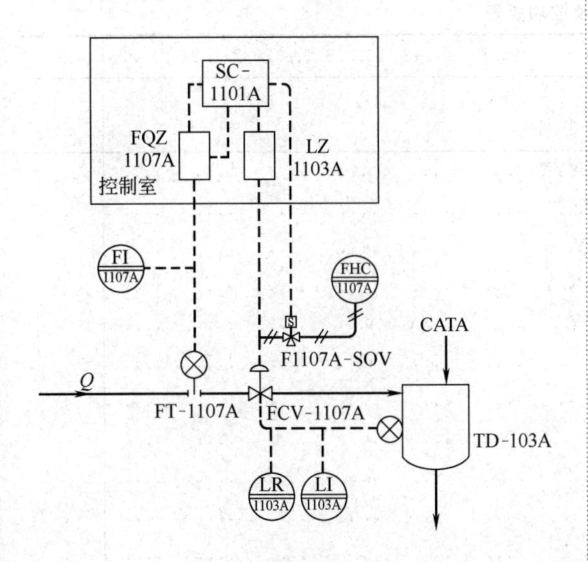

图 43-22　PTA 装置催化剂调整槽系统

a. 现场设置复位按钮 HSF1107AR1 或在控制室设置复位按钮 HSF1107AR2。合上使 F1107A-SOV 通电，打开 FCV-1107A 调节阀，并开到一定开度。

b. 当进入催化剂调整槽的催化剂量经流量计算器 FQZ-1107A 到设定值时关 FCV-1107A。

c. 顺序执行中当催化剂调整槽液位高于规定值时，LZ1103A 动作，关调节阀 FCV-1107A，并发出报警信号。

d. HS-F1107A 置于停止侧时，FCV-1107A 关闭。

自控专业根据工艺提供的上述功能分析可以分别做成顺序控制逻辑框图或顺控功能表，提交给供应商制作软件。

图 43-23 所示为顺序控制逻辑框图。表 43-7 所示为顺控功能表。

表 43-7 中 C 表示动作条件（condition），A 表示执行动作（action）。

作成上述几类图表为软件设计阶段极其重要的工作，是对 DCS/SIS/PLC 系统进行正确组态和编程的基础文件。

④ 人机界面（HMI）的软件设计　在软件详细设计阶段还必须完成人机界面（HMI）的设计。这部分内容涉及操作者必须从 CRT 屏幕上获得足够信息，以便于操作生产过程。屏幕及打印机为系统的主要记录设备，屏幕的显示图表及打印格式的设计也必须在该设计阶段完成。尽管系统各异，但常用的显示画面分类大致如下：总貌显示；详细（点）画面；组画面；历史趋势画面；实时趋势画面；系统状态显示画面；报警画面；流程画面。

打印格式可采用系统约定的格式，也可由用户自

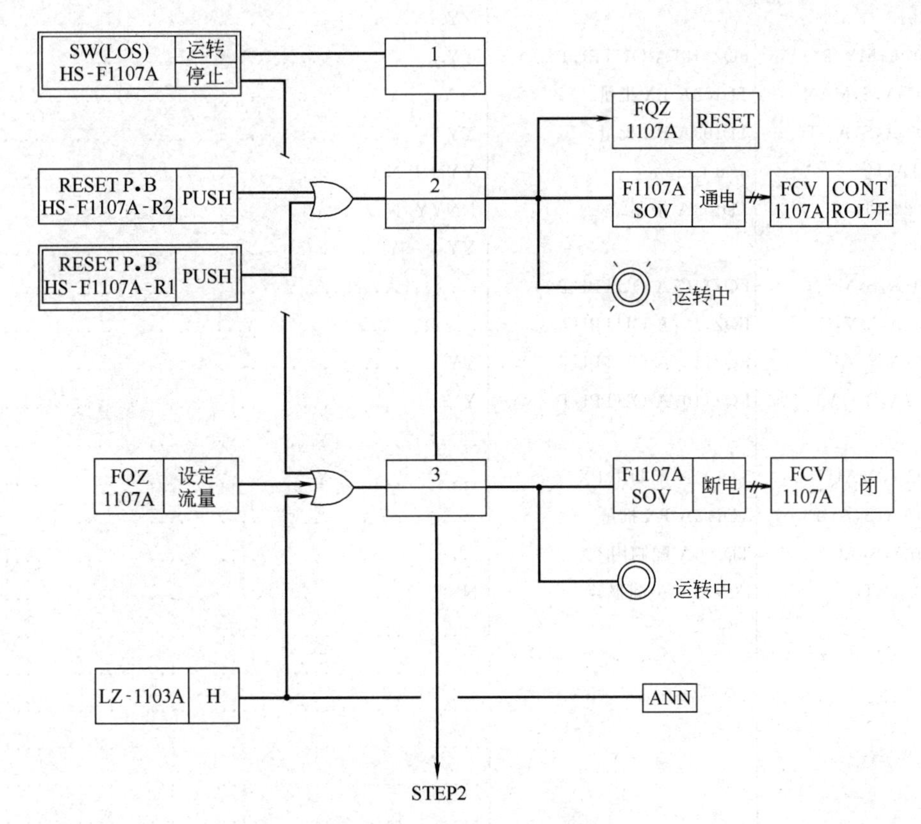

图 43-23　顺序控制逻辑框图

表 43-7 顺控功能表

SYMBOL	RULE No. / STEP No. COMMENTS	1..4	5..8	9..12	13..16	17..20	21..24	25..28	29
C01 HSF1107A	F1107A 现场启动	YYYY	N...	....	....	....	....	....	.
C02 F1107AR1	F1107A 现场复位	Y...	....	....	....	....	....	....	.
C03 F1107AR2	F1107A 复位	.Y..	....	....	....	....	....	....	.
C04 LIZ1103A,S,HH	TD103A 液位	NN.Y	....	....	....	....	....	....	.
C05 FY1107-A,S,MAN	TD103A PX 批量	YY..	....	...Y	Y...	....	....	....	.
C06 SW1107A,S,MAN	FQZ1107A OUTPUT	....	....	....	Y...	....	....	....	.
C07 SW1107A,MV,O	FQZ1107A OUTPUT	..Y.	....	....	..Y.	....	....	....	.
C08 FY1107-A,S,AOF	TD103A PX 批量	....	.N..	....	....	....	....	....	.
C09 FY1107A,S,AOF	TD103A 配制用 PX	....	..N.	....	....	....	....	....	.
C10 FY1107-A,S,+BDV	TD103A PX 批量	....	....	....	..Y.	....	....	....	.
C11		....	....	....	....	....	....	....	.
C12		....	....	....	....	....	....	....	.
C13		....	....	....	....	....	....	....	.
C14		....	....	....	....	....	....	....	.
C15		....	....	....	....	....	....	....	.
C16		....	....	....	....	....	....	....	.
A01 FY1107-A,P1,1	TD103A PX 批量	YY..	....	....	....	....	....	....	.
A02 FY1107-A,P1,4	TD103A PX 批量	...Y	....	....	....	....	....	....	.
A03 %CL101		YY..	....	....	....	....	....	....	.
A04 SW1107A,MV,2	FQZ1107A OUTPUT	YY..	....	....	....	....	....	....	.
A05 FY1107-A,S,MAN	TD103A PX 批量	..Y.	Y...	....	....	....	....	....	.
A06 FY1107-A,S,AUT	TD103A PX 批量	YY..	....	....	....	....	....	....	.
A07 SC1101A,H	field lamp a	YYNN	N...	....	....	....	....	....	.
A08 %AN0228.H	TD103A 配制结束	NNYY	N...	....	....	....	....	....	.
A09 %CL100		YY..	Y...	....	....	....	....	....	.
A10 SW1107A,S,MAN	FQZ1107A OUTPUT	....	....	...Y	....	....	....	....	.
A11 SW1107A,MV,O	FQZ1107A OUTPUT	...Y	Y...	....	Y...	....	....	....	.
A12 SW1107A,S,AUT	FQZ1107A OUTPUT	YY..	....	....	....	....	....	....	.
A13 SW1107A,S,CAS	FQZ1107A OUTPUT	YY..	....	....	....	....	....	....	.
A14 %CL104		....	....	Y...	....	....	....	....	.
A15 FY1107A,S,AUT	TD103A 配制用 PX	....	....	Y...	....	....	....	....	.
A16 FY1107-A,S,AOF	TD103A PX 批量	....	.Y..	....	....	....	....	....	.
A17 FY1107A,S,AOF	TD103A 配制用 PX	....	..Y.	....	....	....	....	....	.
A18 %AN0230,H	FCV1107A 漏报警	NN..	....	....	..Y.	....	....	....	.
A19		....	....	....	....	....	....	....	.
A20		....	....	....	....	....	....	....	.
A21		....	....	....	....	....	....	....	.
A22		....	....	....	....	....	....	....	.
A23		....	....	....	....	....	....	....	.
A24		....	....	....	....	....	....	....	.

已定义自由格式打印，一般分为：小时报表；班报表；日报表；月报表；报警报表。

⑤ 屏幕底色为淡绿色情况下画面显示的色标推荐（表 43-8 和表 43-9）。

⑥ 符号说明。图中每个符号都要用名称及位号来描述。在用英文版说明情况下，由于屏幕空间的限制不可能用全文说明，当需要时推荐使用表 43-10 所列标准缩号字符串。

表 43-8　仪表符号及信号线推荐色

符　号	颜　色	符　号	颜　色
仪表外壳	中绿	仪表连接信号线(气动)	银色
表示方向箭头	中绿	仪表连接信号线(电动)	黑色

表 43-9　CRT 屏幕画面工艺物料色标推荐

工艺流体名	颜　色	工艺流体名	颜　色	工艺流体名	颜　色
水	深蓝色	药剂或阻燃剂	金色	催化剂	深红色
蒸汽	淡蓝色	硫化氢	橙色	溶解液	中棕色
气相烃	淡黄色	还原脱氧剂	中蓝色	酸	中绿色
液相烃	淡红色	氢	深绿色	焦油	黑色
燃料气	棕黄色	硫	深黄色	氨	紫色
燃料油	深棕色	空气	白色		
碱	淡灰色	烟气或惰性气	淡棕色		

表 43-10　推荐使用的标准缩号字符串

英 文 全 名	缩号字符串	英 文 全 名	缩号字符串
absorber or absolute	ABS	condenser or condensate	COND
accumulator	ACCUM	converter	CONV
alkylation	ALKY	debutanizer	DEBUT
blowdown	BLWDN	deethanizer	DEETH
blower	BLWR	depentanizer	DEPENT
bottoms	BTMS	depropanizer	DEPROP
catalytic	CAT	desulfurizer	DESULF
coalescer	COLSCR	diesel	DIESEL
column	COL	discharge	DISCH
compressor	COMP	exchanger	EXCH
fractionator	FRACT	pressure	PRESS
gasoline	GASO	pumparound	PA
gas Oil	GO	pumpout	PO
header	HDR	reactor	REACTOR
heavy	H or HVY	solution	SOLN
hydrogen sulfide	H_2S	splitter	SPLIT
injection	INJECTN	stabilizer	STAB
kerosene	KERO	storage	STG
light	L or LT	stripper	STRIP
liquid	LIQ	superheater	SUPHTR
overhead product	OH	temperature	TEMP
oxygen	O_2	tower	TWR
polymerization	POLY	175＃ steam	175＃ STM

⑦ 常用工程单位如下。

质量浓度	mg/L
体积浓度	μL/L
电导率	μS/cm
密度	kg/m^3
动力黏度	Pa·s(cP)
液体流量	t/h，kg/h
蒸汽流量	t/h，kg/h
气体流量	m^3/h，m^3(标)/h
热量	kJ
温度	℃
压力	Pa，kPa，MPa，bar
速度	m/s
体积	m^3
功率	kW
长度	m
噪声	dB

人机界面的软件设计要很好地熟悉工艺设备的操作方法。如果工艺已有很好的运转历史，必须考虑以往的操作经验；如果为新工艺，必须考虑操作灵活性。

每个供应厂商对上述人机界面的完成都能提供标准表格或有某些约定（也称为图形构成软件 Picture Build），设计人员必须在正式填写有关图表或勾画草图前要熟悉这些资料才能很好地完成任务，避免重复修改，影响进度。此外，设计人员在设计 HMI 前必须与工艺及熟悉操作的人员充分讨论，倾听他们的意见，使其具有很合理的可操作性。通常动态流程画面的完成应有工艺人员参与。

2.2.3 软件生成

这阶段的主要任务是把已完成的 FBD、LD、SFC 及 HMI 图表装载在 DCS/PLC 系统数据库中。

大部分 DCS/PLC 控制系统提供数据采集、过程控制、报警、联锁逻辑及操作界面等组态用的标准格式。数据库的生成要对每一点的过程和控制信息按填字的表格进行收集及识别。这些组态数据包括硬件地址、输入信号预处理要求、报警极值、控制算法、数学运算等信息。

对于大型装置，数据库生成需花费很多时间去填写组态表，并根据组态表通过计算机操作键入系统，进行系统软件调试，最终完成出厂验收(FAT)。

在软件生成阶段通常有两种不同的工作方式。

① 工程公司提供详细的软件设计文件，由供应商完成软件生成。这方面的要求应在工程项目初期阶段就明确，以便供应商能在投标时就这部分工作定出有关报价。这种工作方式一般适用于新装置或引进装置，因为这种情况下工程公司能有比较充裕的时间及人员安排来完成详细软件设计文件并提交给供应商。有时引进装置专利商已委托国外工程公司完成，并提交了软件详细设计的功能分析文件给供应商，完成软件生成工作。这种情况下工程公司不参与这部分工作。

② 供应商不参与的情况下由工程公司与原装置厂方专业人员完成软件生成工作。这种工作方式一般适用于旧装置技改情况。

在最终进行系统验收时要按 JB/T 5234—2001《工业计算机系统验收大纲》进行验收。

2.2.4 硬件设计及选定

在开展详细的硬件设计前，首先要根据装置流程的便于操作及管理的原则进行划分，如乙烯装置一般可分为裂解区、急冷区、压缩区、分离区及公用工程区，可分别设置相对独立的操作岗位。其次要考虑装置的运转环境，如防爆等级、电磁场干扰等，选定能适合这种要求的硬件结构。另外还应从系统安全性方面考虑必要的冗余结构，通常应考虑的是 CPU、通信网络、I/O 卡件及 UPS 的冗余结构。

有关防爆规范要遵守 GB 50058《爆炸和火灾危险环境电力装置设计规范》、GB 3836.1《爆炸性环境用防爆电气设备通用要求》。

在存在较强电磁干扰的环境下工作的硬件设备必须满足电磁兼容性 EMC 级别要求，达到 EN50082-2、IEC6100-6 或 GB/T 13926.1～13926.4 要求。

恶劣环境下的硬件柜必须满足至少达到 NEMA4X 要求，以防止潮湿或腐蚀性气体侵入。关于机柜的防护等级要求应遵守 IEC 60529 标准。

(1) 本地 I/O 和远程 I/O

无论是 DCS 系统或是由 PLC 组成的控制系统都离不开主控制器和输入输出 I/O 执行模块（卡件）。对输入输出 I/O 执行模块来说有本地和远程之分。本地和远程 I/O 一般是以输入输出 I/O 执行模块到主控制器所在物理位置的距离或连接形式来划分的。虽然随着通信控制网络的发展和普及，仅以距离来划分已不尽严格和全面，但一般对于用硬接线电缆连接的 I/O 总被认为是本地的 I/O。习惯上本地 I/O 一般在几十米范围内，远程 I/O 可达几百米甚至千米以上。它们在功能和使用上的区别如图 43-24 所示。

本地 I/O 由于 I/O 卡件和主控制器在一起，它们和被控制设备之间需大量的电缆连接；远程 I/O 则往往被安装于被控设备所在的就地控制箱内，它们和主控制器之间只需一条通信电缆就可实现连接。当然，就地控制箱和被控制设备间仍需要电缆连接，但其数量和长度已减少到了最省程度，同时这种方式增加了特定的通信器件。除此之外，远程 I/O 在可靠性、故障率、抗干扰能力上都要优于本地 I/O。远程

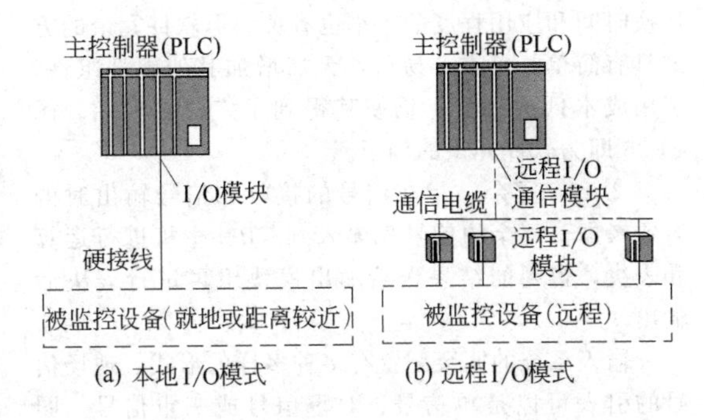

图 43-24　本地 I/O 模式与远程 I/O 模式

I/O 站一般均由智能通信接口模块和远程 I/O 模块组成，智能通信接口模块又分为可编程和不可编程两种，这里的编程是指对被控设备的逻辑编程。具有此功能的远程 I/O 站实际上是一个小型可编程控制器，它可节省主系统的软件开销，加强系统实时性。

一个远程 I/O 站的控制点数一般低于 256 点。远程 I/O 由于往往被安装在现场，因此它们具有很高的可靠性和抗干扰能力，通常设计得较为紧凑，易于维护和使用。在控制系统硬件的设计选型时，根据受监控对象与其控制器之间的距离和特点，决定采用本地或远程 I/O，也可两者兼用，一般来说，以下几方面因素是主要考虑的因素。

① I/O 的数量　一般的控制系统，其控制点数少的可以是几十到几百点，大的到几千甚至上万点。单就数量上看，大多数控制系统都能满足要求，可根据实际情况选择小型、中型或大型的控制器，选择本地或远程 I/O。控制系统主控制器的点数一般都要包括所有下属的 I/O 点，而不论其是本地或远程 I/O。

② 设备的分布　采用硬接线的本地 I/O，其控制器和被控设备之间大都在几十米之内，距离过远则应考虑施工上的难易、信号的衰减、受干扰的可能性等因素。往往这种情况下选用远程 I/O 可能比较合理。如果部分设备在控制功能上联系比较密切，相当于一个独立回路或调节环节，实时性要求较高等，则可采用可编程的远程 I/O 站。

③ 整体性的考虑　在控制领域，网络、通信的发展和应用越来越多，越来越广泛，许多设备的控制器本身已具有上网通信的功能。如一个智能化仪表、一台变频器到一台带控制器的泵、一套调节阀、一台除尘设备等甚至本身就是一套控制系统。它们除对本身具有的控制功能外，往往还留有通信接口以致可方便地与其他设备通过通信方式联网并构成系统，其通信接口一般为某一通用标准接口，如 RS232、RS485、Profibus、DeviceNet、工业 EtherNet 等。而远程 I/O 的通信接口往往是各厂商自己的标准，或虽是某硬件为标准接口，但协议的深层面上有所不同。所以要和这些设备通信需要另加通用通信模块或可编程智能通信模块。这样，实际最终的控制系统可能已不是一个单一的本地 I/O 或远程 I/O 构成的系统，而是一个综合性的包含多种结构形式的系统。图 43-25 所示便是一种常见的 PLC 控制系统，它包含了本地和远程 I/O 及各类其他智能设备。

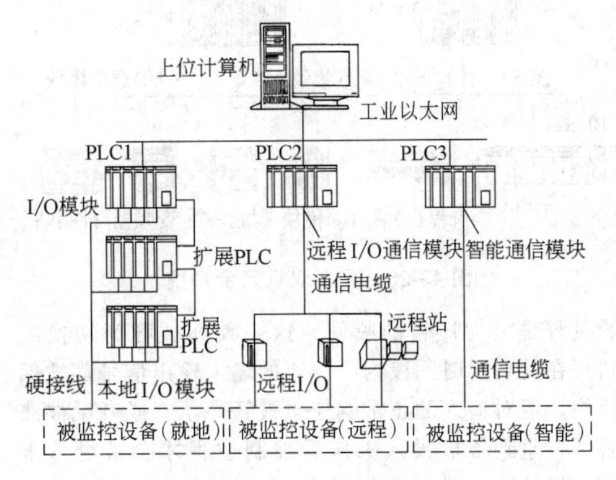

图 43-25　常见 PLC 控制系统

另外，系统的可靠性、经济性、兼容性、可扩展性等也是在控制系统硬件的设计选型时必须考虑的因素。

(2) 冗余考虑

在许多重要的场合，工厂、工艺或设备对系统运行的连续性、不间断性及可靠性要求较高。这就要求自动控制系统有一定的容错能力，这时候的设计应考虑采用冗余系统或热备系统。DCS/PLC 控制系统采用冗余系统后，当主控制器、控制器件（I/O 模块）或电源发生故障不能继续正常工作时，另有相应的冗余设备会及时投入工作，从而保证整个控制系统不间断地正常运行。

① 主机冗余　指 CPU 的热备冗余，是最常用也是最基本的冗余方式。根据冗余主机的数量有双重冗余和三重冗余之分，三重冗余由于大都采用二对一表决方式来决定谁是正确的，因此也被称作三重表决系统。它由于成本高且系统复杂，通常被用于较为重要的场合。常见的多数为双机冗余系统。图 43-26 所示即为一个典型的双机冗余系统。在此方式下两台 CPU 主机和备机同时运行相同的程序，但仅当前的主机对系统实施控制，只有主机才会发控制命令或者说它发出的输出指令才会经由各种 I/O 执行装置到控制现场设备。为和主机的冗余相对应，在与上位计算机和下级 I/O 控制器联网时有时采用双网结构（虚线部分），当然这样同时要求挂在网上的所有部件也具有支持双网形式的功能。上位计算机上的应用组态软件平台也必须支持 CPU 和双网冗余。事实上许多上位机组态软件均支持双网冗余。

在两台冗余的 CPU 主机和备机间发生主备切换

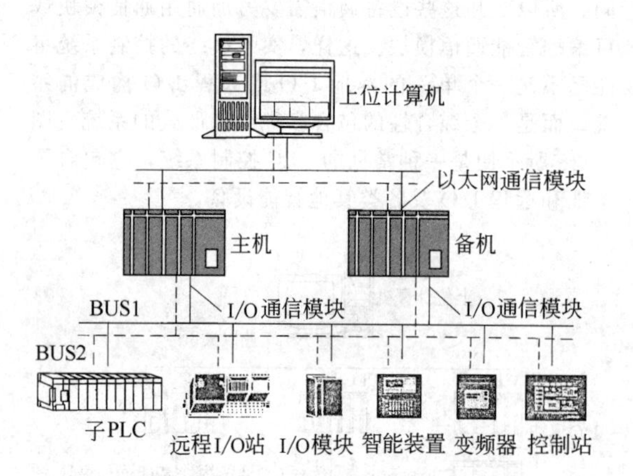

图 43-26 典型双机冗余系统

的过程是极为短暂的瞬间，这一瞬间被称为切换时间。在此切换时间段内，所有的输入输出信号都被保持住，但对输入的正常响应也被暂停了，或者说被滞后了，直到备机投入工作后控制过程才会被继续下去。虽然这一瞬间极为短暂，且对系统不会产生什么影响，但显然这一切换时间的长短是衡量冗余系统的最重要指标之一。

从冗余功能实现的方式上看，有以硬件方式实现和以软件方式实现两种，即通常所说的硬冗余和软冗余。图 43-27 所示为 GE90-70HSB 双机热备系统，它是以硬件实现的冗余系统，具有以下特点。

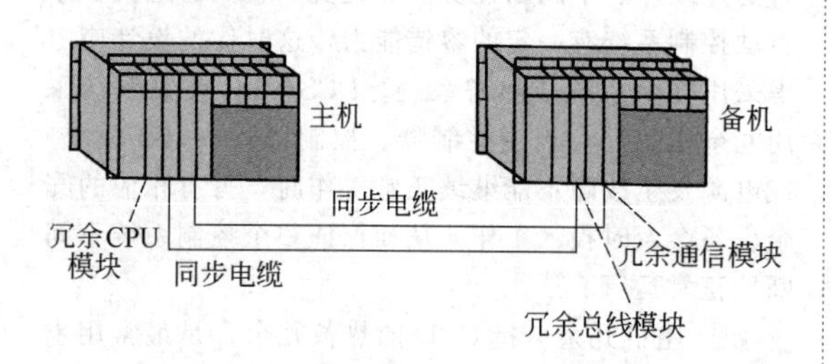

图 43-27 GE90-70HSB 双机热备系统

a. 专用的冗余 CPU。

b. 特定的冗余通信模块和总线模块，主、备机之间由专门的同步电缆连接，在运行过程中始终保持状态控制数据的同步传输。

c. 在每一扫描周期内进行两次数据传输检查和一次完整性检查。

由于两个 CPU 的扫描过程都是同步化进行的，保持着主、备 CPU 的同步工作，从而在两个 CPU 切换时对系统的影响和扰动降到最低限度，即实现无扰动切换。用软件方式实现冗余则完全不同，软件冗余通常是在原 CPU 内存加入专门的冗余软件程序，由此软件程序来判断主、备 CPU 是否需切换，并控制切换的过程。因此，软件冗余方式相对来说其切换时间要长，切换的无扰动性能也就较差一些。软件冗余切换时间和应用程度的大小也有关。但软件冗余的方式具有简单、可靠、易行，无需增加其他硬件组件，费用成本低的特点，仍使其得到了广泛的应用。图 43-26 即为软件冗余的例子。

② I/O 冗余　指在信号的接收和信号输出时的容错考虑。冗余的信号先输入到 CPU 主机进行运算和表决，得到的结果送给输出模块组再进行表决后输出。

输入系统的冗余配置有多种多样的形式，现场信号的引入可以是单信号、双重信号或三重信号。图 43-28 所示是两种不同的冗余信号输入系统，其中 BUS1 和 BUS2 分别连在两台有冗余功能的主控制器上。

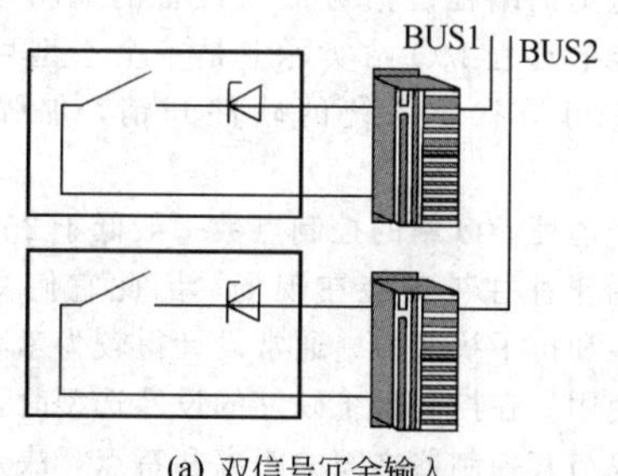

(a) 双信号冗余输入

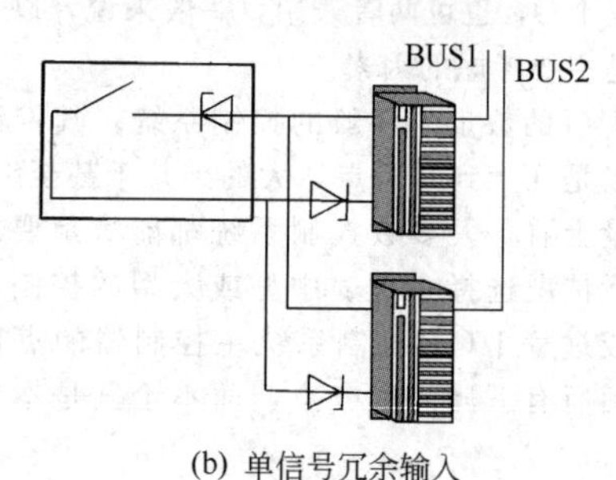

(b) 单信号冗余输入

图 43-28 两种不同的冗余信号输入系统

输出系统的冗余配置包括四模块的 H 型、两模块的 I 型和 T 型等。模块组中每个在系统应用程序中的相同的参考地址使每个模块都会接收到相同的输出数据，在收到 CPU 来的输出信号后，模块组再进行表决，其结果作为最后的物理输出。图 43-29 所示为 H 型系统，四块模块通过三条 I/O 通信线控制，并分别从三个冗余 CPU 上得到输出指令。这种容错结构为故障安全（fail safety）型。同样，图 43-30 中的 I 型系统是一种用于双冗余系统的故障安全型结构，而与此不同，图 43-31 所示的 T 型系统则为应用于双冗余系统的成功安全型结构。在上述例子中，用于 Source 侧和 Sink 侧的模块虽同为输出模块，但功能有很大区别，其型号也不同，在选型时应注意。

③ 电源冗余　与上述 CPU 主机的冗余不同，电源冗余或称热备电源是指对电源或电源系统的热备冗

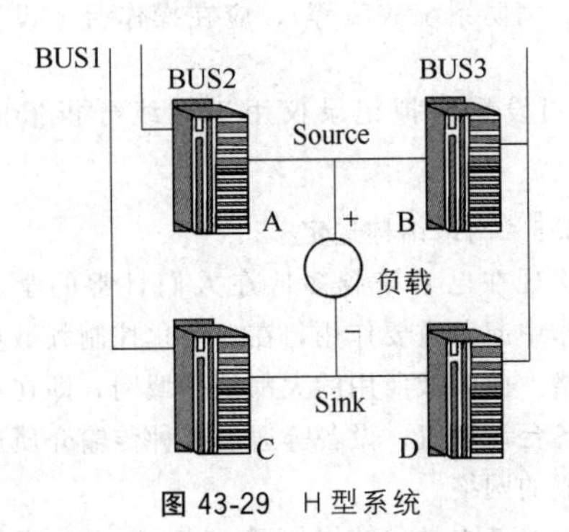

图 43-29 H 型系统

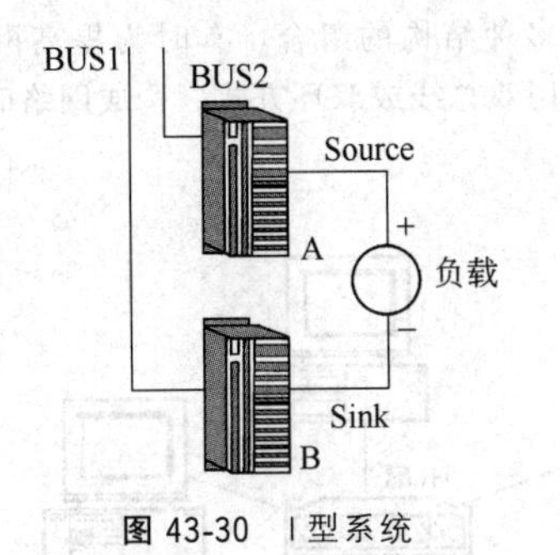

图 43-30 I 型系统

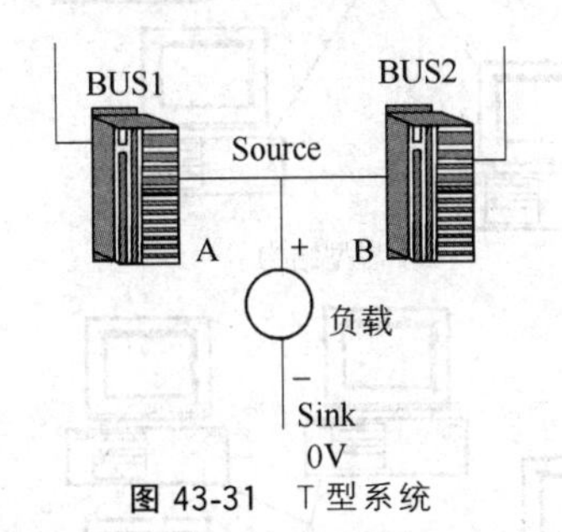

图 43-31 T 型系统

余。在电源易受到干扰或不稳等场合应用较多。由于这类电源所提供的功率较小，所以它一般仅针对控制系统中核心部分供电，图 43-32 中两个电源为普通电源，它们互为热备，控制器在检测到一个电源发生故障，如电压低于某一值时关闭故障电源，并抽入备用电源，进行无扰动切换，同时报警，从而保证供电的连续。两路电源输入，如有条件，宜分别取自两路不同的供电来源。

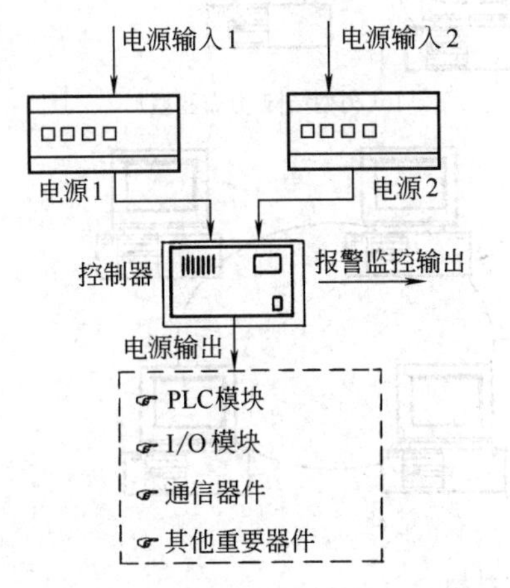

图 43-32 两个电源互为热备

现有的控制器中也可支持双电源热备的形式（图 43-33），一般用于仅对 CPU 或主机架有电源冗余要求的场合。此电源不对主机架以外的设备供电。

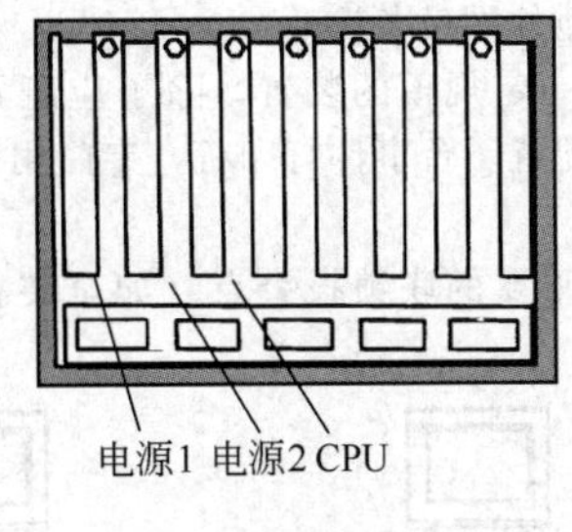

图 43-33 双电源热备

(3) 备品及空间的考虑

在设计控制系统时，由于在设计阶段存在着众多的不确定因素，这些因素有客观上的原因，如规划、计划、后期的发展和分阶段投入等方面的考虑，也有主观上的原因，如设计考虑不周全等，因此，通常在设计时都或多或少考虑留有一定的空间，以备不时之需。

对一般备用空间的考虑，如 I/O 卡件等，除去已知的日后计划肯定要加的设备外，习惯上考虑是另留有 10%的余地。现使用的控制装置，如 DCS/PLC 等的 I/O 卡件几乎都是以 16 点或 32 点（模拟量以 4 点或 8 点）等作为基本的最小单位。在实现具体设计和分配每一卡件的使用时往往是宁用下一卡件而不用足它们本身的 16 点或 32 点，最后再考虑留出一定的余量。在这种情况下笔者认为要求 I/O 点的余量不低于 5%作为备用一般已够用。这里应注意，余量是指 I/O 点而非指 I/O 卡件。

对于整体方面，设计考虑时往往也要在系统兼容性，控制系统对外的通信接口和协议等方面留有余地，这方面的要求对控制系统来说也是基本要求之一。如果系统将和某些不太了解或熟悉的系统（如进口设备、特殊的专用系统）有联系，则更应该注意事先做好足够的技术准备。

需要特别注意的是，随着自动控制系统的完善和大型化，系统 I/O 和系统应用软件余量及兼容方面的考虑也不容忽视。现在许多商业化的应用组态软件和点数是有关的。

(4) 操作站的设计

带 CRT 操作台是 DCS/PLC 控制系统操作用人机接口。究竟配置多少台取决于装置控制系统、流程复杂程度、操作区域划分及操作人员对系统的熟悉程度和水平。

据报道，在美国及日本每个操作工可在一个操作台上监控100～200个简单控制回路。1990年引进的乙烯装置，每个操作站监控60～70个控制回路。总之，提供适量的操作站要便于操作者对装置进行有效的监控。

对大型系统应配置工程师站以对系统进行软件修改及进一步开发。

对于一定规模的装置，建议至少考虑配置2台操作台，为安全起见，也可考虑两用一备方案。

(5) 其他外围设备设计

① 对于一定规模的装置，除了应配置记录打印机外，还应配置1台事件打印机，专门用来打印重大事件。

② 对于重要的联锁报警点（如全装置停车、供电故障、消防系统故障等），应在操作台上设置闪光报警器。

③ 可设置模拟记录仪用于在线分析量的连续记录。

2.2.5 网络结构选定

网络现在已越来越多地在人们日常的学习、生活、工作中起着重要作用，在自动化控制领域更是离不开网络。此领域所用的大都为局域网，即在一小区域内将各台计算机、设备等通过某种传输介质连接在一起组成的网络。

网络的基本常见结构如图43-34所示。实际应用中有时是多种结构的组合，有时为提高网络的可靠性，常采用双总线或双环方式。构成网络时，以下基

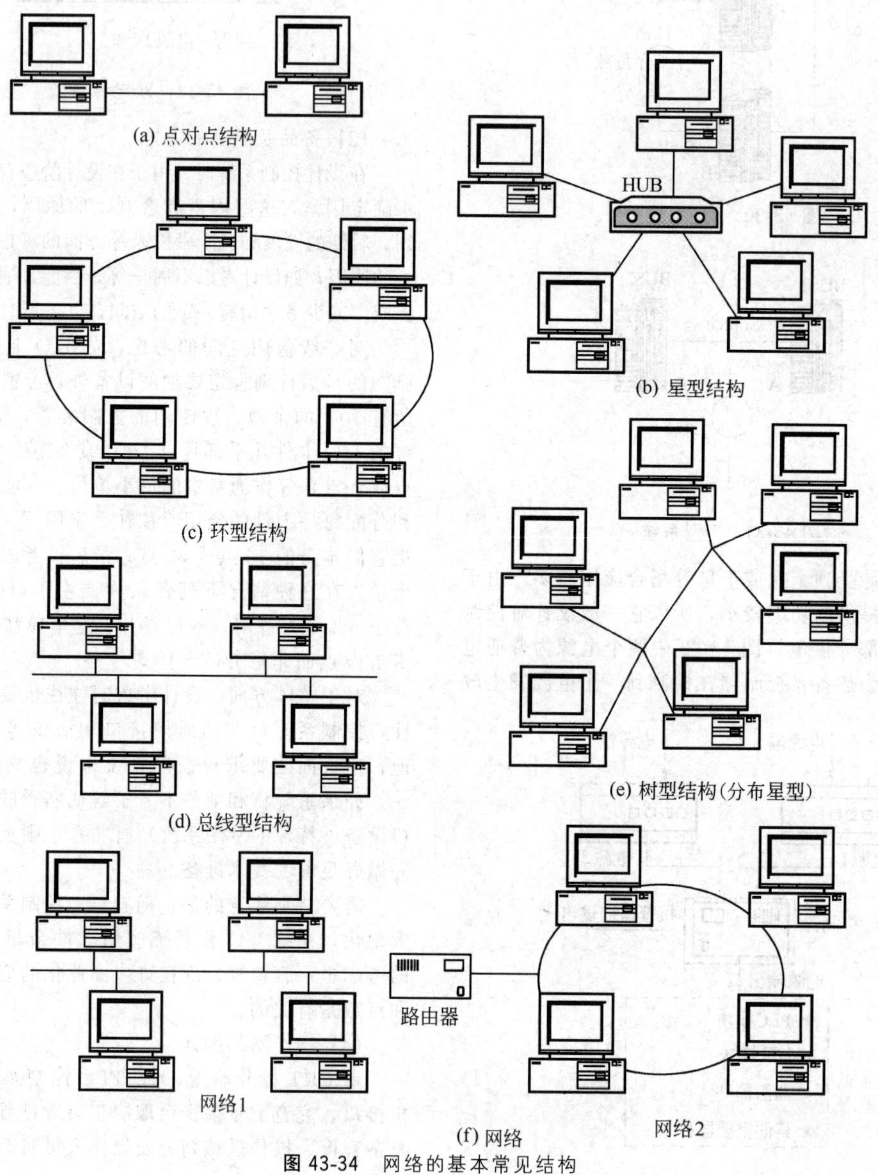

图43-34 网络的基本常见结构

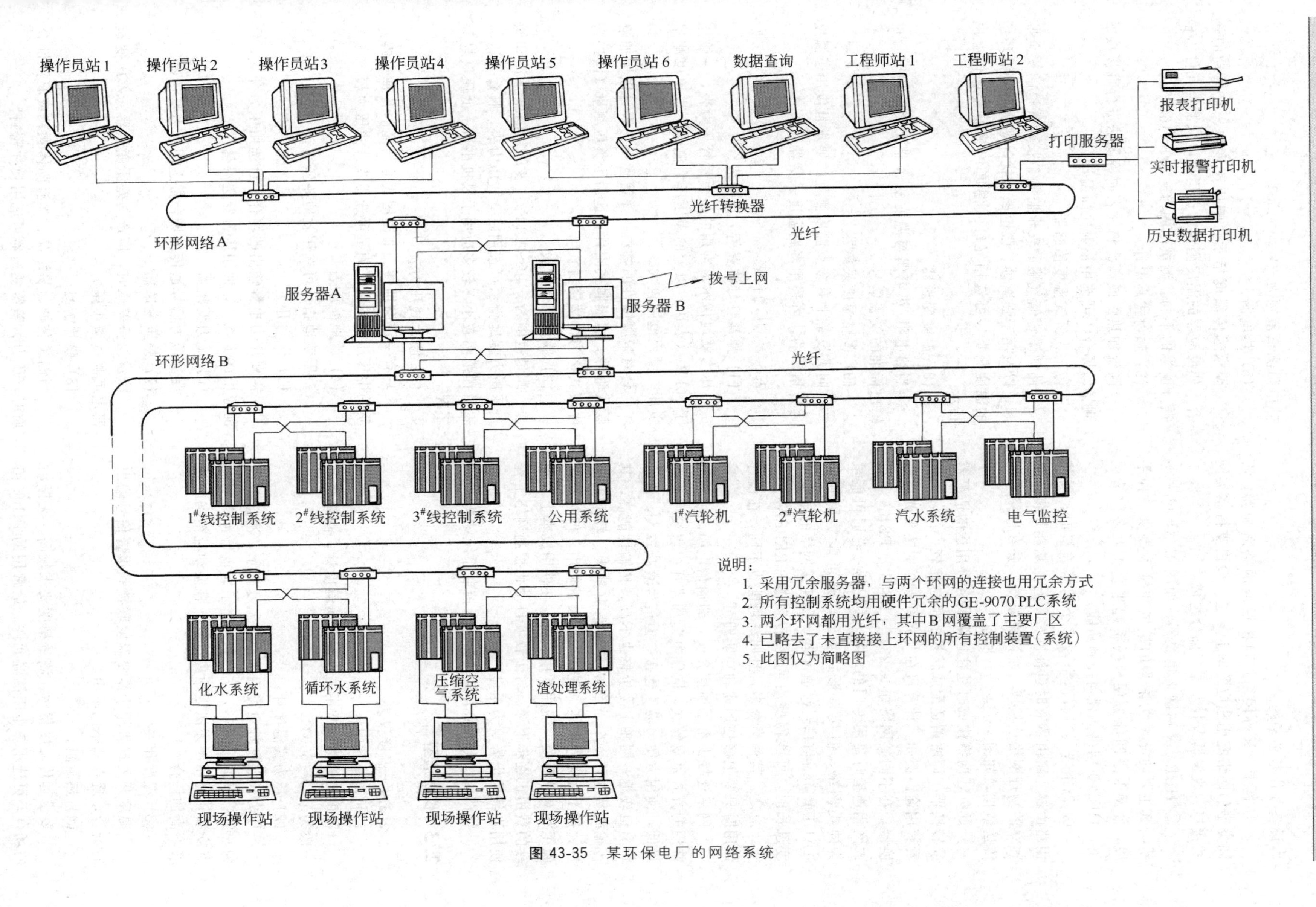

图 43-35 某环保电厂的网络系统

本设备往往是必备的。

① 网卡　又称网络接口模块或网络适配器，不同类型的网络配用相应的网卡。它一般由支持本类网的接口、收发器及控制器三部分组成。

② HUB　又称网络集线器，如图 43-34（b）所示，其主要功能是为网络的扩展和接入提供一种手段，使网卡之间能方便地联系起来。在大多数情况下，HUB 对网络无任何控制功能。

③ 路由器　当有两个或多个网络连接时，需使用路由器。路由器有时也称网关，它的功能是将几个独立的物理网络连接成一个网络系统，并在网络之间传送数据，如图 43-34（f）所示。

此外，网络构成时往往还需要各种用途的适配器或转换器。而所谓适配或转换的概念比较广泛，关键看其用途。例如，计算机在与光纤连接时需要光纤转换器；在不同类网络如 RS232 与 RS485、RS485 与以太网相连接时要用专门的转换/适配器；有时可能虽为同类网络，但接口形式不同，则可能要用到像 AAUI/RJ45 接口转换/适配器；当连接网络的电缆长度过长时，可能需要用重复/转发器（REPEATER）等。总之，其种类繁多，且叫法可能也不同，在设计使用时只要把握住用途和功能即可。

网络连接少不了通信介质，即通信电缆。三种最常用的方式是双绞线、同轴电缆和光纤。双绞线价格最低，使用方便，易于连接，但信号衰减较大，传输距离也较近；同轴电缆价格也不高，传输性能高，其传输距离也不远；光纤的传输距离最大，数据安全性、抗干扰性等俱佳，现在正被大量使用，但其焊接施工相对较麻烦，需用专用设备。在使用成本上，光纤的费用正逐步下降。对于较大自动化控制网络工程使用光纤的优势更为明显。

如图 43-35 所示为某环保电厂控制系统结构。

2.3 仪表选型

2.3.1 温度仪表

(1) 双金属温度计

温度就地指示常用的是双金属温度计，测量范围一般为－80～500℃。

(2) 压力式温度计

压力式温度计也可用于现场温度指示，测量范围为－200～50℃或－80～500℃，指示表盘可远离测温点安装，适用于无法近距离读数、有振动且精确度要求不高的场合。

(3) 温度开关

温度开关过去用于需要温度联锁和报警信号输出的场合，现在基本已不用。

(4) 热电阻

要求远传温度指示、测量精度要求较高、无振动的场合，可选用热电阻测温元件。最常用的 Pt100 铂热电阻测量范围为－200～450℃。

(5) 热电偶

要求远传温度指示、响应速度快、有振动的场合，如反应器的温度测量常选用热电偶测温元件。根据分度号的不同，测量范围为－200～1600℃。

(6) 辐射式高温计

高温加热炉或高温物体表面等无法进行直接接触测量的场合，可选用辐射式高温计。

(7) 光纤式温度传感器

储油罐、储气罐的安全监测、长输管道的安全监测，以及用于强腐蚀、强电磁干扰等恶劣的测温环境的温度测量，可选用光纤式温度传感器作远传温度指示。

(8) 温度变送器

当热电阻/热电偶与温度变送器配套使用时，可输出标准的仪表信号。

(9) 多路温度采集器

同类设备上有多点温度测量的要求且仅用于温度远传指示的，可采用多路温度采集器。

2.3.2 压力仪表

(1) 弹簧管（波登管）压力表

压力就地指示最常用的是弹簧管压力表，一般用于 40kPa（表压）以上的表压压力测量，也可以测量负压，量程范围较大。

针对带腐蚀性的物料，弹簧管压力表可以增加隔膜式附件，但隔膜式附件不适用于负压测量（国外将隔膜式称为化学密封）。

(2) 膜盒式压力表

测量范围为－40～40kPa（表压）的微正压和微负压压力就地指示可选用膜盒式压力表，膜盒式压力表量程范围较小，较多应用于风机出口、低压氮封等工况。

(3) 膜片式压力表

具有一定腐蚀性、非凝固或非结晶的各种流体介质的中压压力或负压测量可选用膜片式压力表。

(4) 就地差压表

差压就地指示可选用就地差压表。

(5) 压力开关

需要压力报警输出的场合，可选用压力开关，目前应用逐步减少，使用压力变送器替代。

(6) 压力变送器

要求压力信号远传的场合常选用压力变送器。

(7) 差压变送器

测量设备差压时，应选用差压变送器。差压变送器也可测量微小压力。

(8) 膜片密封

当测量黏稠、易结晶、含有固体颗粒或腐蚀性介质时，压力、差压变送器可选用膜片密封。

2.3.3 流量仪表

(1) 流量测量

测量连续充满管道的气体、蒸汽、液体或均匀多相流的流量，主要采用以下种类的流量计：差压式流量计；可变面积式流量计（转子流量计）；速度式流量计；容积式流量计；质量流量计。通常采用以下流量单位：

① 体积流量：m^3/h、L/h。

② 质量流量：kg/h、t/h。

③ 气体体积流量：m^3/h（标准状态），标准状态的条件为 0℃，0.1013MPa（绝压）。

确定流量计的型式应考虑（但不限于）量程比、精度、流体特性、管径、雷诺数、永久压损、温度、压力、价格等因素。在满足测量要求的情况下，应首选差压式流量计。

用于贸易交接的计量仪表，应符合现行国家标准《用能单位能源计量器具配备和管理通则》（GB 17167）的要求，准确度的等级要求应符合表 43-11 的规定，蒸汽、气体的测量宜设置温压补偿。

(2) 差压式流量计

差压式流量计应首选标准节流装置，标准节流装置指符合国家标准《用安装在圆形截面管道中的差压装置测量满管流体流量》（GB/T 2624）中规定的标准孔板、标准喷嘴、经典文丘里管和文丘里喷嘴这四种型式，如图 43-36 所示。

① 符合下列要求应选用标准节流装置。

a. 要求的量程比不大于 3∶1。

b. 管道雷诺数 Re_D 大于 5000，且管道内径 $50mm \leqslant D \leqslant 600mm$ 的场合，可选用标准孔板。

c. 流速较高的蒸汽、气体场合，宜选用标准喷嘴。

d. 大管径且要求永久压损较小的场合，宜选用文丘里管和文丘里喷嘴。

② 在下列情况下可选用非标准节流装置。

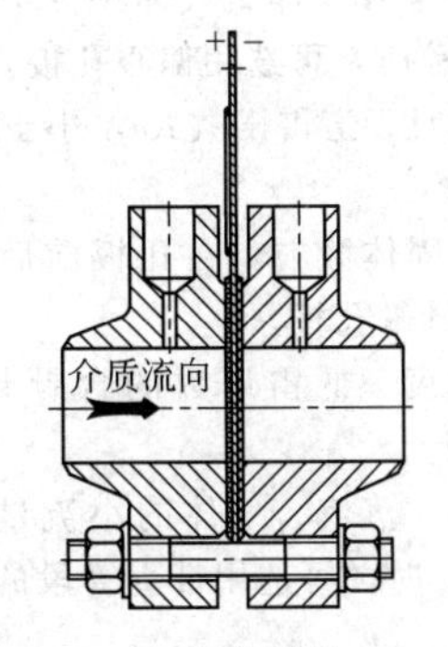

(a) 标准孔板

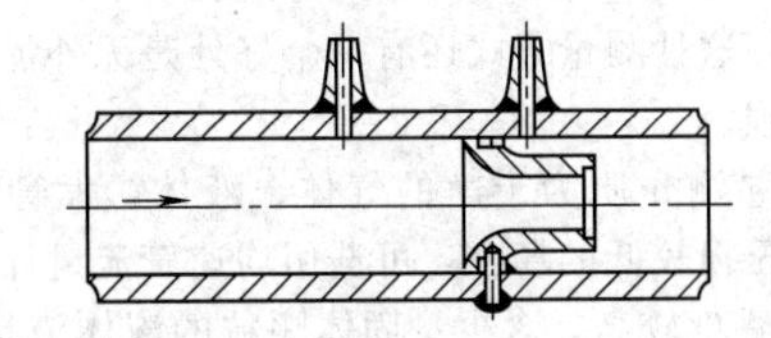
(b) 标准喷嘴

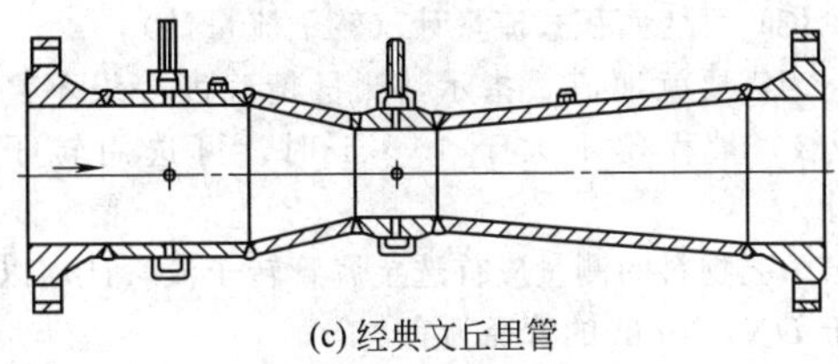
(c) 经典文丘里管

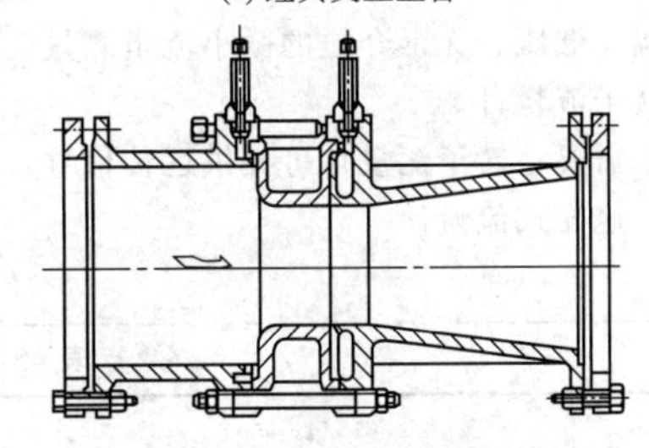
(d) 文丘里喷嘴

图 43-36 标准节流装置

表 43-11 用能单位能源计量器具准确度等级要求

计量器具类别	计量目的		准确度等级要求
衡器	进出用能单位燃料的静态计量		0.1
	进出用能单位燃料的动态计量		0.5
油流量表(装置)	进出用能单位的液体能源计量		成品油 0.5
			重油、渣油及其他 1.0
气体流量表(装置)	进出用能单位的气体能源计量		煤气 2.0
			天然气 2.0
			水蒸气 2.5
水流量表(装置)	进出用能单位水量计量	管径不大于 250mm	2.5
		管径大于 250mm	1.5

注：1. 当计量器具是由传感器（变送器）、二次仪表组成的测量装置或系统时，表中给出的准确度等级应是装置或系统的准确度等级。装置或系统未明确给出其准确度等级时，可用传感器与二次仪表的准确度等级按误差合成方法合成。

2. 用于成品油贸易结算的计量器具的准确度等级不应低于 0.2。

3. 用于天然气贸易结算的计量器具的准确度等级应符合现行国家标准《天然气计量系统技术要求》（GB/T 18603）中附录 A 和附录 B 的要求。

a. 当液体中含有气体、气体中含有液滴或者液体中含有固体颗粒时，可选用偏心孔板。

b. 干净介质且管道雷诺数 Re_D 小于3000时，宜选用1/4圆喷嘴。

c. 介质含有固体微粒，在孔板前后可能积存沉淀物时，可选用圆缺孔板。

d. 测量高黏度、低雷诺数的含颗粒液体流量，宜选用楔形流量计。

e. 洁净液体、蒸汽、气体的小流量测量，当管径小于 DN50mm 时，可选用带直管段的一体化小孔板流量计。

f. 管道为大口径或者为特殊材料时可采用弯管流量计，这种测量方式还有一个好处是无外加测量引起的压损。

g. 被测介质为干净的气体、液体，大管径管道且要求压损较低的场合，可选用均速管流量计。

h. 黏度较高，含少量固体颗粒的液体流量测量，可选用靶式流量计。

(3) 可变面积式流量计（转子流量计）

当需要就地流量指示，测量精确度等级不高于1.5级，量程比不大于10∶1时，可选用转子流量计。

工艺物料的测量应首选金属管转子流量计，以不大于 DN100mm 的管径为宜。

常温、低压、无毒介质的微小流量测量，可选用玻璃管转子流量计。

根据需要，转子流量计可提供远传信号。

(4) 速度式流量计

洁净气体、蒸汽和液体且雷诺数大于20000的流量测量，可选用涡街流量计。该类流量计的量程比大，但不宜使用在低密度气体工况。

洁净气体及运动黏度不大的洁净液体的流量测量，可选用涡轮流量计，该类流量计精度较高，量程比接近10∶1。

酸、碱、盐等大电导率介质的流量测量，可选用电磁流量计。该类流量计的可测流速较低，也可使用于大管径循环水的测量。

对强腐蚀性、放射性等恶劣条件下工作的介质，当无法采用接触式测量方式时，宜采用超声波流量计。该类流量计也可用于大管径流体测量。

洗眼器等设备的流量状态指示宜采用流量开关。

(5) 容积式流量计

洁净、黏度较高的液体精确测量且量程比小于10∶1，可选用椭圆齿轮流量计。

洁净气体或液体，特别是润滑性好、黏度较高的油品流量测量，可选用腰轮流量计。

各种油品的精确计量（含贸易计量）可选用刮板流量计。

容积式流量计应设置过滤器和消气器。

(6) 质量流量计

液体质量的精确测量（含贸易计量）可选用科氏力质量流量计，其价格稍高。该类流量计也可用于高密度气体的场合。

低分子量、组分稳定、宽量程比或大管径干气体流量测量，可选用热导式质量流量计。

(7) 流量仪表选用（表43-12）

表43-12　流量仪表选型参考表

流量计选型				精确度/%	工艺介质								
					洁净液体	蒸汽或气体	脏污液体	黏性液体	带颗粒、导电 腐蚀性液体	带颗粒、导电 磨损悬浮体	微小流量	低速流体	大管道
差压		标准孔板		1.5	√	√	×	×	√	×	×	×	×
差压		标准喷嘴		1.5	√	√	×	×	√	×	×	√	×
差压		文丘里		1.5	√	√	×	×	√	×	×	×	√
差压	非标准	偏心孔板		1.5～2.0	√	√	√	×	×	×	×	×	×
差压	非标准	1/4圆喷嘴		1.5	√	√	×	×	√	×	×	√	×
差压	非标准	圆缺孔板		1.5	√	√	√	×	×	×	×	×	×
差压	非标准	均速管流量计		1.0～4.0	√	√	×	×	×	×	×	×	√
差压	特殊	带直管段的一体化小孔板		1.0～2.0	√	√	×	√	×	×	√	×	×
差压	特殊	楔形		1.0～5.0	√	√	√	√	×	√	×	×	×
差压	特殊	弯管		1.0、1.5、2.0、2.5	√	√	×	×	×	×	×	×	×
差压	特殊	靶式		1.0～4.0	√	√/×	√	√	√	√	×	×	×
可变面积	金属管转子	普通		1.6、2.5	×	√/×	×	×	×	×	×	×	×
可变面积	金属管转子	特殊	蒸汽夹套	1.6、2.5	×	√/×	×	×	×	×	×	×	×
可变面积	金属管转子	特殊	防腐型	1.6、2.5	×	√/×	×	×	√	×	×	×	×
可变面积	玻璃管转子			1.0～5.0	√	√/×	×	×	√	×	√	×	×

续表

流量计选型			精确度/%	工艺介质								
				洁净液体	蒸汽或气体	脏污液体	黏性液体	带颗粒、导电		微小流量	低速流体	大管道
								腐蚀性液体	磨损悬浮体			
速度	涡街	管道式	0.1、0.5	√	√	×	×	×	×	×	×	×
		插入式	0.1、0.5	√	√	×	×	×	×	×	×	×
	涡轮	管道式	0.1、0.5	√	√	×	×	×	×	×	×	√
		插入式	0.1、0.5	√	√	×	×	×	×	×	×	√
	电磁流量计		0.2、0.25、0.5、1.0、1.5、1.0、2.5	√	×	√	√	√	√	×	×	√
	超声波流量计		0.5～3.0	√	×	√	√	√	√	√	√	√
容积	椭圆齿轮流量计		0.1～1.0	√	×	×	√	√	×	×	×	×
	腰轮流量计		0.2～2.5	√	×	×	√	×	×	×	×	×
	刮板流量计		0.1、0.2、0.5、1.0、1.5	√	×	×	√	√	×	×	×	×
质量	科氏力质量流量计		0.2～1.0	√	×	√	√	√	√	√	√	×
	热导式质量流量计		1.0	√	√	√	×	√	×	√	√	√

注：√表示宜选用；×表示不宜选用。

2.3.4 物位仪表

(1) 液位测量

① 磁翻板液位计（磁浮子液位计） 液位、界面的就地指示可用磁翻板液位计。侧装式磁翻板液位计的法兰间距不宜大于3000mm。磁翻板液位计可以加装发信号装置输出远传信号。

② 玻璃板液位计 液位、界面的就地指示可选用玻璃板液位计。洁净、透明的介质宜选用反射式，其他场合使用透光式，玻璃板液位计的长度不宜大于1700mm。高温、高压及剧毒介质不应使用玻璃板液位计。

③ 差压液位变送器 常规容器、塔的液位测量应选用差压变送器，当测量黏稠、易结晶、含有固体颗粒或腐蚀性介质时，差压液位变送器可选用法兰式膜片密封。

④ 雷达式液位计 大型固定顶罐、浮顶罐、球形罐的液位连续测量可选用雷达式液位计，该类仪表对测量介质有最小介电常数的要求。

⑤ 浮筒式液位计 一般液位的界面测量及小量程的液位测量，宜选用浮筒式液位计。

⑥ 浮子（球）式液位计 低压、常温的大型储槽内清洁液体液位的连续测量，用于现场指示的可采用钢带式液位计，用于远传指示的可采用伺服式液位计与磁致伸缩式液位计。

⑦ 电容式液位计、射频式液位计 腐蚀性液体、浆料等的液位的连续测量和位式测量，可选用电容式液位计或射频式液位计。

⑧ 超声波式液位计 常压下敞开的液位测量场合，可选用超声波式液位计。

⑨ 静压式液位计 敞口水池、水井的液位连续测量，可选用静压式液位计。

⑩ 辐射式液位计 高温、高压、高黏度、有毒性物料的液位测量，当其他测量仪表不能适用时，可采用辐射式液位计。

⑪ 浮子/浮球式液位开关 需要液位报警输出的低温、常温或高温应用场合，可选用浮子/浮球式液位开关。

⑫ 音叉式液位开关 需要液位报警输出的非高温的应用场合，可选用音叉式液位开关。

(2) 料位测量仪表

① 超声波式料位计 粉粒、微粉粒状物料的料位测量，可选用超声波式料位计。

② 重锤式料位计 料位高度大、变化范围宽的大型料仓、散装仓库以及附着性不大的粉粒状物料储罐的料位测量，可选用重锤式料位计。

③ 音叉式料位开关 粒状物粒的料位报警，宜选用音叉式料位开关。

④ 旋桨式料位开关 颗粒状、粉粒状以及片状物料的料位报警，宜选用旋桨式料位开关。

⑤ 电容式料位开关、射频式料位开关 颗粒状和粉粒状物料（如煤、聚合物粒、肥料、砂子等）或块状固体物料的料位报警，宜选用电容式料位开关或射频式料位开关。

2.3.5 在线分析仪

(1) 气体分析仪

① 气相色谱分析仪 气相色谱分析仪测量混合气体中浓度范围为10^{-6}级到10^{-2}级的单组分、多组分的含量，应用最为广泛，常用检测器分为热导式

(TCD) 和氢焰式 (FID)。

② 红外线分析仪　红外线分析仪测量混合气体中 CO、CO_2、NO、NO_2、SO_2、NH_3 等无机物，CH_4、C_2H_4 等烷烃、烯烃和其他烃类及有机物，但不能测量单原子惰性气体如 He、Ar 和无极性双原子气体如 N_2、H_2、O_2、Cl_2。

③ 氧分析仪　常用的氧分析仪有电化学式、顺磁式和氧化锆式，其中氧化锆式氧分析仪用于测量工业炉烟道气或炉膛气的氧含量，不宜测量背景气中含烃类的样品。

④ 微量水分析仪　微量水分析仪用于测量空气、N_2、H_2、O_2、CO、CO_2、天然气、惰性气体、饱和烃类等混合气体中微量水分，有电容式和电解式两种检测方式。

⑤ 热导式气体分析仪　不同气体具有不同的热传导能力，通过测定混合气体热导率来推算其中某种组分的含量，热导式分析仪用于测量混合气中 H_2、CO_2、SO_2、Ar、O_2 等含量。

⑥ 硫分析仪　常用的有硫化氢分析仪和总硫分析仪。总硫分析仪用于测量气体或烃类液体中无机硫和有机硫总含量。

⑦ 激光分析仪　激光分析仪用于测量混合气体中的 O_2、CO、CO_2、H_2O、NH_3，HCl、HF、H_2S、CH_4 等，常用的检测方式有光纤式和非光纤式。

⑧ 质谱分析仪　质谱分析仪测量混合气体中浓度范围为 10^{-6} 级到 10^{-2} 级的单组分、多组分的含量，响应速度快，但价格高。

⑨ 连续排放监测系统 (CEMS)　连续排放监测系统用于测量烟气中烟尘浓度、SO_2、氮氧化合物等的浓度，以及烟气温度、压力、流量、湿度、氧含量等。常用光学法测量烟尘浓度，红外分析仪或紫外分析仪用于测量 SO_2、氮氧化物。

⑩ 可燃气体和有毒气体的选用　见 GB 50493《石油化工企业可燃气体和有毒气体检测报警设计规范》。

(2) 液体/水体 (水质) 分析仪

① 余氯分析仪　余氯分析仪的测量原理有电化学法和分光光度法两大类，工业上常使用覆膜探头 (电极) 测量游离余氯，而分光光度法可测量游离余氯或者总余氯，计算出化合余氯。

② 联氨分析仪　联氨分析仪用于测量水中的残余联氨，其检测方法有电化学法和分光光度法两大类。

③ 硅酸根分析仪　硅酸根分析仪用于测量脱盐水、蒸汽冷凝水中的微量 SiO_3^{2-} 含量，其检测方法为分光光度法。

④ 磷酸根分析仪　磷酸根分析仪用于测量磷酸盐含量，其检测方法为分光光度法。

⑤ pH 计/ORP 计　pH 电极将溶液中的氢离子活度转化为电动势并转换成 pH 值，ORP 即氧化还原电位，是水溶液氧化还原能力的指标。

⑥ 密度计　常用的密度计有振动式密度计和放射性密度计。

⑦ 电导仪　电导仪主要用于监测锅炉给水和其他工业用水的质量指标，常用的电导率仪有电极式和电磁感应式。

⑧ COD 分析仪　COD 分析仪用测量水中有机污染物的含量，其检测方法主要有重铬酸钾消解光度检测法、UV 检测法、羟电化学检测法以及臭氧氧化电化学检测法等。

⑨ TOC 分析仪　TOC 分析仪的测定原理基于把有机碳通过氧化转化为二氧化碳，利用二氧化碳与总有机碳之间碳含量的对应关系对 TOC 进行定量测定。主要检测方法有燃烧氧化-非色散红外吸收法、电导法、湿法氧化-非色散红外吸收法等。

⑩ 溶解氧分析仪　溶解氧分析仪是指溶解在水里氧含量，是衡量水体自净能力的一个指标。溶解氧分析仪的检测方法有隔膜电极法和荧光法。

⑪ 氨氮分析仪　氨氮分析仪用于检测水中以游离氨 (NH_3) 和铵离子 (NH_4^+) 形式存在的氮，方法有电化学法和分光光度法。

⑫ 浊度计　浊度计利用光学方法测量水的浑浊程度，按测量方法可分为投射式和散射式两大类。

2.3.6 其他仪表

(1) 称重仪表

容器、料仓的称重可选用称重仪表系统，它由秤体、称重传感器、显示控制单元组成。

(2) 机械量测量

除了流量、温度、压力和液位等工艺参数测量外，根据要求，可对转动设备或特殊设备的机械参数进行精密测量。比如转动设备的位移、振动、转速、键相等，这些仪表应由设备厂商成套供货。

3 安全仪表系统

安全仪表系统 (SIS) 是为防止生产装置发生故障引发人身伤亡或设备损坏导致装置重大事故而设置的安全保护装置，一般采用可编程 PLC。

随着生产技术的发展，设计的操作指标离安全临界点越来越近，造成发生危险的可能性也增加，所以越来越多的用户对生产过程的安全性十分重视，根据工艺装置的安全等级对安全仪表系统提出了等级要求。

(1) 安全仪表系统的要求

① 系统本身结构是"故障安全型"。

② 系统必须具有事故 (硬件及软件) 自诊断及报警功能。

③ 系统必须具有在线软件组态及修改功能。

④ 系统必须具有与DCS通信的功能。原则上，安全仪表系统与基本控制系统（例如DCS）应该分开设置。

⑤ 系统必须具有按不同生产岗位及安全重要性设置不同的使用人权限功能，如设置权限密码等。

⑥ 系统必须具有快速事件扫描功能及第一事故分辨记录功能。

⑦ 系统的软件方面也应遵守IEC 61508-3标准，软件结构本身要满足生产安全的特殊要求。

（2）安全完整性等级（SIL）

不同的生产过程有不同的生产安全要求，IEC 61508-5给出了确定安全完整性等级方法的若干例子。作为工艺人员，在提交自控设计人员开始设计安全仪表系统前应明确工艺生产装置的SIL等级，必须设计相应SIL等级的系统结构（硬件及软件）。SIL3的安全等级比SIL1高，因此系统价格也很昂贵。表43-13及表43-14可以确定不同的系统安全等级（按IEC 61508-1标准规定）。

表43-13 低频率要求操作方式下的SIL等级划分

SIL等级	低频率要求下实现安全功能的平均故障概率
4	$10^{-5}\sim10^{-4}$
3	$10^{-4}\sim10^{-3}$
2	$10^{-3}\sim10^{-2}$
1	$10^{-2}\sim10^{-1}$

SIL等级体现了要求停车而不动作的概率，以SIL3的数值为例，平均每10万次装置要求停车，安全仪表系统不动作的次数为1～10次。

表43-14 高频率要求或连续操作方式下的SIL等级划分

SIL等级	高频率要求或连续操作方式下每小时危险故障概率
4	$10^{-9}\sim10^{-8}$
3	$10^{-8}\sim10^{-7}$
2	$10^{-7}\sim10^{-6}$
1	$10^{-6}\sim10^{-5}$

① 低频率要求操作方式（low demand operation mode） 即对安全系统的运作频率每年不多于1次且测试频率每年不超过2次的操作方式。

② 高频率要求或连续操作方式（high demand or continuous operation mode） 即对安全系统的运作频率每年多于1次且测试频率每年多于2次的操作方式。

关于安全系统的定期测试要求详细参阅IEC 61508-1。为了使安全系统长期安全可靠运转，定期对系统进行测试是十分重要的。

（3）安全系统的认证

随着安全标准的推出及对安全系统的选用，安全系统的认证也变得重要起来。表43-15列出了DIN、IEC和ISA三个标准的安全要求等级对比情况。德国的TÜV（Technischer Überwachungs Verein）机构为国际上著名的具有权威性的系统安全等级论证机构之一。在设计或选用安全仪表系统时，必须使系统的安全完整性等级能满足工艺生产装置的安全要求，这是至关重要的设计准则。根据经验，石化生产装置一般选用的安全仪表系统的等级为SIL3级。

表43-15 安全等级对照

DINVDE0801	IEC-61508	ISA-S84.01
AK1	SIL1	SIL1
AK2	SIL1	SIL1
AK3	SIL1	SIL1
AK4	SIL2	SIL2
AK5	SIL3	SIL3
AK6	SIL3	SIL3
AK7	SIL4	
AK8	SIL4	

（4）相关标准

① IEC 61508针对由电气、电子和可编程电子部件构成的安全仪表系统，提出了对其进行风险定量评估的通用方法。该标准的修订版已将变送器、执行器纳入“安全仪表系统”的范围。

IEC 61508-1 一般要求

IEC 61508-2 安全系统的要求

IEC 61508-3 软件要求

IEC 61508-4 定义及缩号

IEC 61508-5 确定安全完整性等级方法的例子

IEC 61508-6 IEC 61508-2及IEC 61508-3应用指南

IEC 61508-7 技术和方法概述

② 对工艺流程领域的运用，IEC 61508有些不灵活。IEC推出了IEC 61511“过程工业领域安全仪表系统的功能安全”，为过程工业的应用提供了灵活性，同时又完全符合IEC 61508规定的基本要求。

IEC 61511-1 框架、定义、系统、硬件和软件要求

IEC 61511-2 第1部分的应用指南

IEC 61511-3 确定要求的安全完整性等级指南

4 控制系统

在生产过程的控制系统中大多数选用单回路反馈控制系统完全能解决问题。所谓单回路反馈控制系统，即为单变量（单输入、单输出）控制系统。这种控制系统仅考虑过程中某个单一过程变量的变化，通过调节一个操作变量使该过程变量达到预期要求的稳定值。实际上由于生产过程的高速度及高质量要求，又由于事实上从生产对象内部机理出发，影响某个过程变量改变的不仅仅也不可能是一个干扰，且有时要

使过程变量保持稳定，也不仅仅是依靠一个操作变量，这就引出了多输入、多输出的复杂调节系统的概念。以下将重点对各种复杂控制系统进行说明。

4.1 串级控制系统

4.1.1 原理

串级控制系统是由两个控制器串联组成的系统，通常的主控制回路及副控制回路，主回路控制器输出作为副回路控制器的设定值，对副回路控制器来说，这种设定方式并非取自本机，故常称为外设定方式（remote set mode），而主控制器的设定方式则取自本机，称为内设定方式（local set mode）。

下面以加热炉出口被加热物料温度为主环、加热燃料流量为副环组成的串级控制系统来说明串级控制系统原理。图 43-37 所示为典型的串级控制方式。图中加热炉出料温度为被控制变量，加热燃料流量为操作变量。工艺要求通过改变加热燃料量保持出料温度稳定。

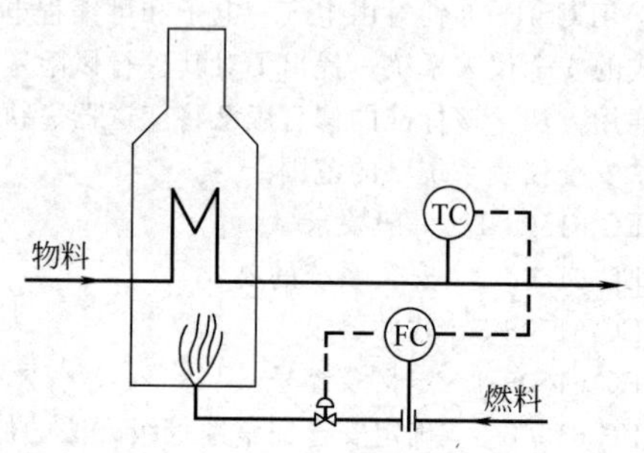

图 43-37 典型的串级控制方式

根据工艺热量及物料平衡计算，从静态方面考虑要保持出料温度为稳定值，对应加热燃料量也为某一个流量值（假定加热燃料的热值不变）。可以想象，当来自加热燃料系统的干扰（如燃料泵出口压力波动等）造成燃料流量波动时必然会引起炉出口物料温度波动，如果不设置燃料流量控制回路作为副环控制回路，由于加热炉热交换过程较慢（由过程热容量大引起），当出口温度控制器发生偏差再去改变燃料流量，必然会引起出口温度动态偏差较大。如果考虑了把燃料流量控制回路作为副环串入物料出口温度控制回路中，此时燃料流量不仅可按主环控制器要求进行改变，也可通过副环控制器克服来自燃料系统的干扰，使炉出口物料温度保持稳定。且由于作为串级控制系统副环的燃料流量控制回路的过程响应速度比主环要快得多，有利于把来自副环的干扰通过副环回路快速校正，而不至于过量影响到主环的控制品质。图 43-38所示为串级控制系统框图。

图 43-38 中，c_1 称为主被控变量，使它保持平衡是控制的主要目标，r_1 称为主设定值，控制器 G_{c_1} 称为主控制器；c_2 称为副被控变量，G_{c_2} 称为副控制器。副控制器 G_{c_2} 的设定值 r_2 就是主控制器 G_{c_1} 的输出 u_1。显然，副控制器 G_{c_2} 是在外设定情况下工作的，它的输出 u_2 操纵执行器 G_v。H_{m_1} 和 H_{m_2} 分别为主、副被控变量的检测变送单元，y_1 和 y_2 分别是主、副被控变量的测量值。

习惯上把副控制器 G_{c_2} 与 G_v、G_{p_2}、H_{m_2} 等环节构成的回路称为副回路，把主控制器 G_{c_1} 与 G_{c_2}、G_v、G_{p_2}、G_{p_1}、H_{m_1} 等环节构成的回路称为主回路。这里的 G_{p_2} 称为副对象，G_{p_1} 有时称为主对象。

f_1 和 f_2 分别为主、副环对象的外界干扰。

4.1.2 工程设计应考虑的问题

(1) 回路广义对象特性的匹配

应把引起主环回路被控量不稳定的工艺变量包含在副环回路中与主环组成串级控制系统，且应使副环回路的广义对象时间常数比主环回路的广义对象时间常数要快 3 倍以上，才能获得较理想的调节品质。

(2) 防积分饱和问题

通常主环回路被控量（如图 43-37 中的炉出口物料温度）保持稳定是工艺过程的要求，因为主环控制器通常引入积分调节功能。在串级系统投运时，通常先投运副环，使副环控制器由手动逐步切换到自动方式（图 43-39），这时副环控制器处于本机内设定 LSP 模式（图中位置 LSP_2），而主环控制器的输出未投入副环控制器而处于开环状态。调节阀 GV 的开度仅受副环控制器控制，而使副环被控制量获得稳定（即 $LSP_2=PV_2$）。显然，这种控制阀开度未考虑主

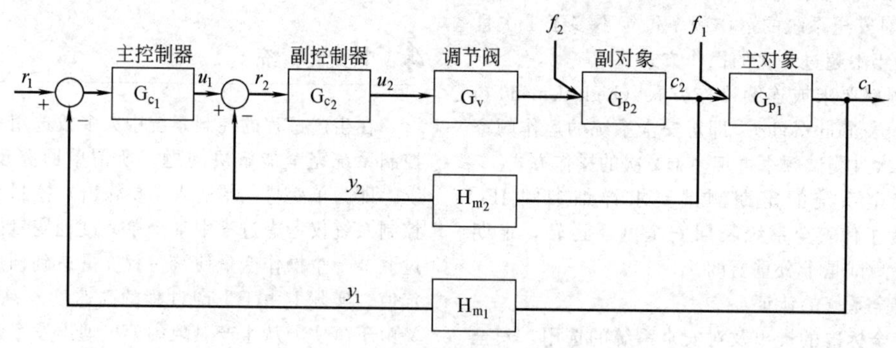

图 43-38 串级控制系统框图

环控制器的操作要求，致使主回路的工艺变量 PV_1 无法达到主环设定值 LSP_1（即 $LSP_1 \neq PV_1$），也即此时主控制器存在偏差，由于积分作用的存在会使主控制器的输出出现所谓积分饱和问题。因此主环控制器必须具有抗积分饱和功能。选用 DCS/PLC 系统对主环控制器进行控制软件组态必须有所考虑。

(3) 无扰动切换问题

① 测量值跟踪（PV 跟踪） 以上提及串级控制系统的投运是先副环后主环的原则。副环投运过程是先把副环控制器置于手动方式（图 43-39 中 1 位置），这时副环控制器开环，调节阀由操作者用手动方式驱动控制阀使副环变量 PV_2 改变到满意值。为使副环控制器由手动方式切换到自动方式控制器不产生扰动，显然应使副环控制器的本机设定值 LSP_2 始终跟踪手动方式时的工艺变量（即 LSP_2 跟踪 PV_2），副环控制器才能在无偏差（无扰动）状态下完成由手动方式到自动方式的切换。这种 LSP 跟踪 PV 的功能称为 PV 跟踪功能。在用 DCS/PLC 对串级控制回路副环控制器进行控制软件组态时必须予以考虑。

② 设定值跟踪（SP 跟踪） 当副环投入自动状态时（图 43-39 中 2 位置），主环控制器输出 C_1 未连接副环控制器。此时副环控制器在本机设定值 LSP_2 下进行自动控制（即副环处于自动模式），使主环控制器的输出 C_1 跟踪副环控制器 LSP_2，即 $C_1 = LSP_2$，才能实现副环控制器由自动方式到串级方式的无扰动切换。这种功能称为设定值跟踪功能。

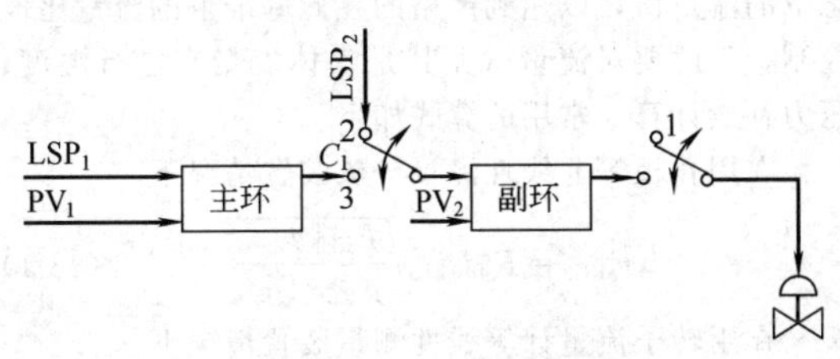

图 43-39 无扰动切换

4.2 均匀控制系统

均匀控制系统可以是简单控制系统，也可以是串级控制系统。其目的是使两个相互有关的工艺被控变量达到兼顾均匀控制，故称均匀控制系统。

比较典型的均匀控制系统应用如二塔串联流程的前塔液位和后塔进料流量的串级控制系统（图 43-40）。

从过程生产要求出发，保持塔的液位及进料恒定对塔的平稳操作有益。从图 43-40 可知，塔 1 的出料即为塔 2 的进料，对塔 1 保持液位恒定是其要求，但对塔 2 来说进塔的流量力求平衡。图中的液位及流量串级均匀控制系统就兼顾这种控制要求。

可以将两个控制回路的控制器的控制参数整定到适当范围，如对液位控制器比例度及积分时间设置大些，使该控制回路不那么强调液位严格稳定，使液位

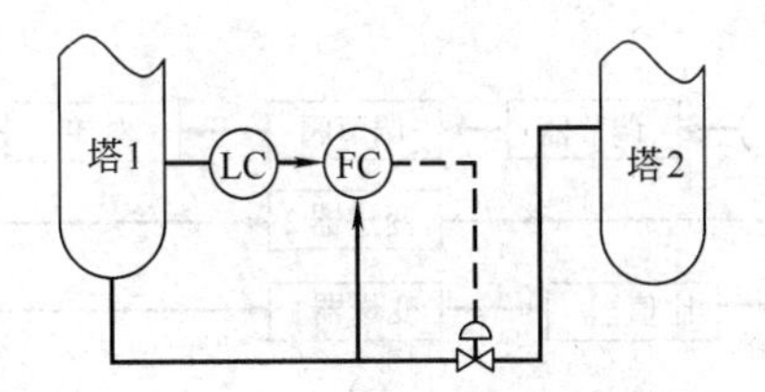

图 43-40 二塔串联流程的均匀串级控制系统

允许存在一定波动且不影响塔 1 的稳定操作。而此时塔 2 的流量控制器又能保持塔 2 的进料稳定，利于塔 2 的平衡操作。

至于简单回路组成的均匀控制系统，也是通过参数整定来实现的，当然控制效果不如串级均匀控制系统，且应用实例不多，这里不作详细说明。

4.3 比值控制系统

4.3.1 控制原理

比值控制系统一般是为了保持两个流量值达到一定的比值关系，这种系统被广泛应用在生产过程中。比值控制系统通常有以下两种形式。

(1) 单闭环比值控制系统

控制系统及框图分别见图 43-41 和图 43-42。

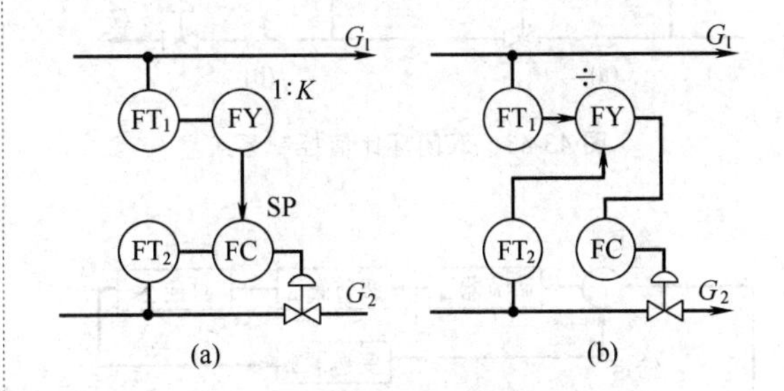

图 43-41 单闭环比值控制系统

图 43-42（a）中比值控制系统调节器设定值为流量值，而图 43-42（b）中调节器的设定值为两个流量的比值。由于这两种控制系统中的流量 G_1 回路无调节器，所以这是个开环回路。这种控制系统只能保证两个流量比值稳定，并不能保持两个流量的负荷稳定。大多数场合下这种控制系统可作为串级控制系统的副环回路，而其他热工参数如温度、分析量的控制回路作为主环回路，构成串级比值控制系统。

(2) 双闭环比值控制系统

控制系统及框图分别见图 43-43 和图 43-44。

图 43-44（a）中调节器 2 的设定值为流量值，而图 43-44（b）中的设定值为两个流量的比值。图中两个流量控制系统都为闭环回路，所以这种双闭环比值控制系统不仅能使两个流量比值稳定，而且还能保持系统的负荷稳定。

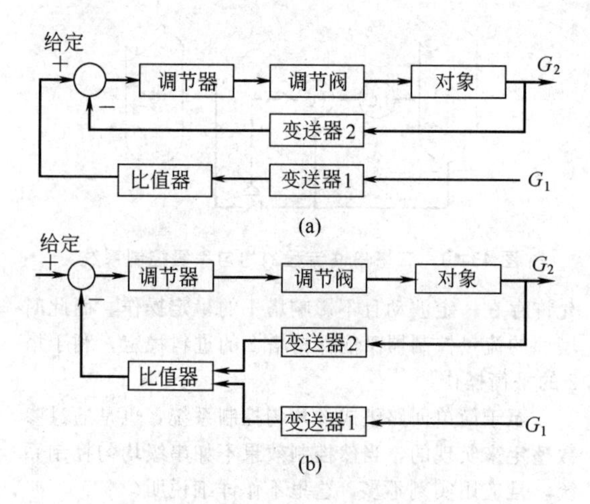

图 43-42 单闭环比值控制系统框图

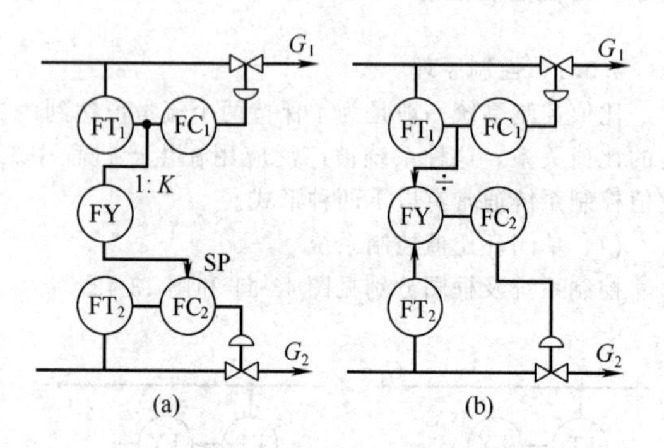

图 43-43 双闭环比值控制系统

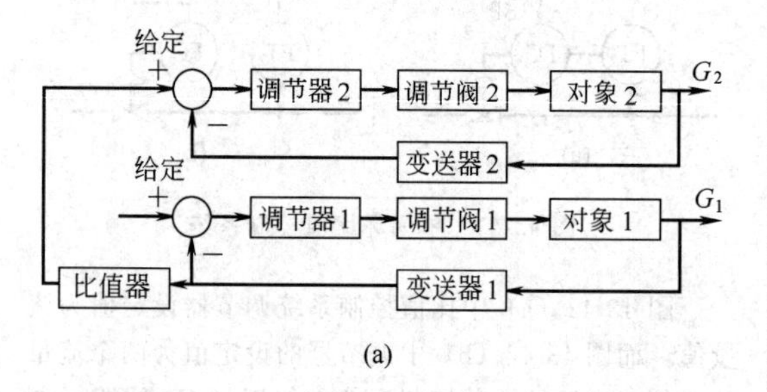

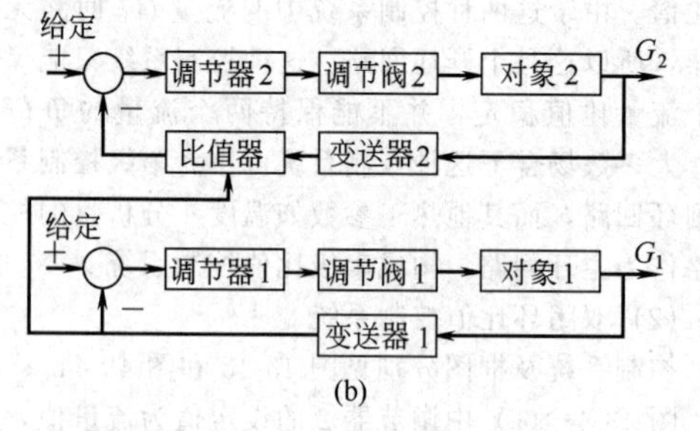

图 43-44 双闭环比值控制系统框图

4.3.2 工程设计应考虑的问题

(1) 主动量和从动量的选择

在单闭环系统中，G_1 流量不控制，而 G_2 流量可控的情况下，用 G_1 作为主动量，G_2 作为从动量。

在双闭环系统中，G_1 流量和 G_2 流量都进行控制，但必须从生产安全角度出发选定主动量。如乙烯装置裂解炉中的裂解原料量及稀释蒸汽量的配比控制系统，为了获得所需的烃分压以得到预期的裂解气中乙烯收率，显然进入裂解炉的原料量决定了裂解炉负荷即乙烯的产量，应为主动量；稀释蒸汽流量应以比值关系按裂解气原料要求进行控制，应为从动量，组成的比值控制系统见图 43-45。

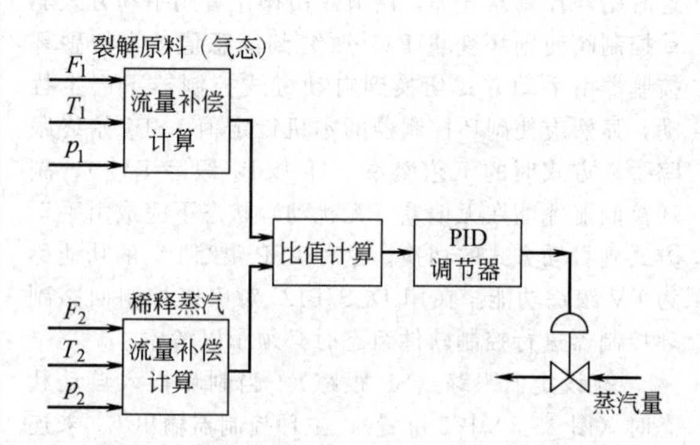

图 43-45 乙烯裂解炉油/汽比值控制系统框图

(2) 流量温度、压力补偿问题

在生产过程中，为了考虑物料平衡及热量平衡，要把各种不同工况下的流量值换算为某个设计基准状态下的流量值，以达到严格的在此基准下的流量比值控制，为此要对流量（尤其是气体流量）进行温度、压力补偿计算，常用的算式如下。

在用孔板等非线性测量节流装置情况下

$$F_{\mathrm{REF}}=F_{\mathrm{TAG}}\sqrt{\frac{T_{\mathrm{REF}}\,p_{\mathrm{TAG}}}{p_{\mathrm{REF}}\,T_{\mathrm{TAG}}}} \tag{43-1}$$

在用转子流量计等线性测量装置情况下

$$F_{\mathrm{REF}}=F_{\mathrm{TAG}}\frac{T_{\mathrm{REF}}\,p_{\mathrm{TAG}}}{p_{\mathrm{REF}}\,T_{\mathrm{TAG}}} \tag{43-2}$$

式中 F_{REF}——设计基准下（通常考虑为标准状态下）的流量值；
T_{REF}——设计基准温度值，K；
p_{REF}——设计基准压力值，kPa；
F_{TAG}——运转状态下的流量值；
T_{TAG}——运转状态下的温度值，K；
p_{TAG}——运转状态下的压力值，kPa。

4.4 分程控制系统

4.4.1 控制原理

个控制器的输出同时操作两个或两个以上执行机构，而这些执行机构的工作范围又不相同，这种系统称为分程控制系统。在生产装置中一般都用两个执行机构，下面以真空蒸馏为例进行说明（图43-46）。

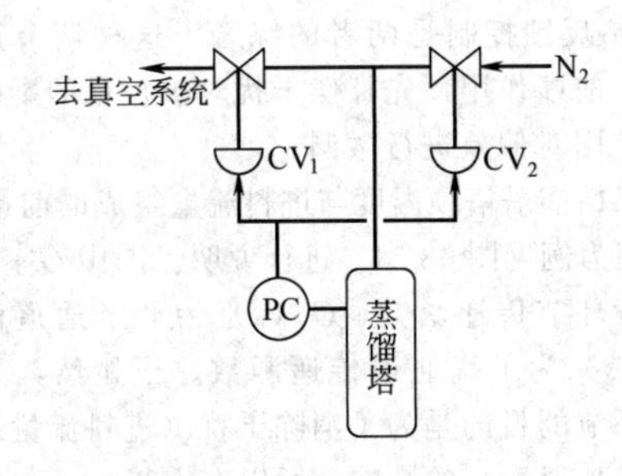

图 43-46　蒸馏塔塔顶真空压力分程控制系统

蒸馏塔塔顶真空压力分程控制系统中，塔顶压力控制器输出同时操作两个调节阀 CV_1 及 CV_2。当塔顶压力大于压力设定值时，把 CV_1 开度增大，把 CV_2 开度关小；反之，当塔顶压力小于压力设定值时，把 CV_1 开度关小，把 CV_2 开度增大。

图 43-47 所示为调节器输出特性，假如调节器为正作用调节器，则当过程变量（塔顶压力）增加时调节器输出也增加。

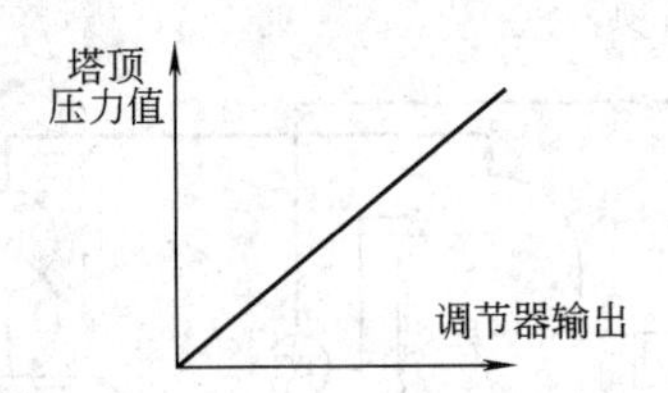

图 43-47　调节器输出特性

图 43-48 所示为阀分程动作，当压力增加时开大真空系统 CV_1 开度，同时关小 N_2 加入量 CV_2 的开度。通过两个调节阀操作可使压力恢复到调节器设定点上。

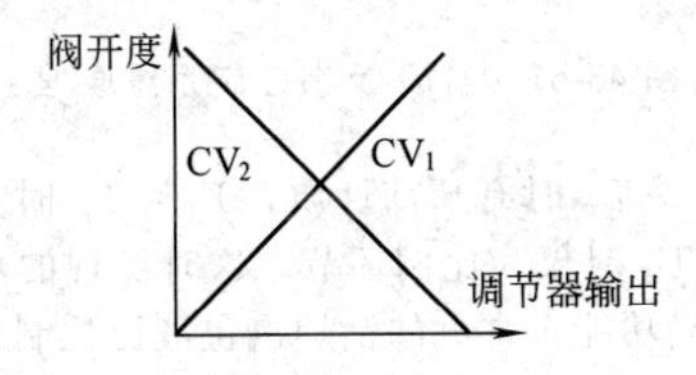

图 43-48　阀分程动作

4.4.2　工程设计应考虑的问题

(1) 调节器及执行机构正反作用的匹配问题

从生产过程控制机理出发，要对调节器的正反作用模式及执行机构正反作用特性进行正确选定。图 43-47 的调节器输出特性为正作用模式（DIRECT），即工艺变量 PV 增加时调节器输出也增加，这种情况下执行机构 CV_1 应选正作用方式，即输入增加（对应调节器输出增加），阀门开度增加，而执行机构应选用反作用方式，即其输入增加，开度减少。如果上例调节器为反作用模式（REVERSE）的场合，两个执行机构的作用方式应另作考虑。

(2) 控制分程功能的实现

通过执行机构定位器实现分程控制功能，这是一种通过硬件的调整的手法。采用这种方法时要对两个执行机构的不同工作范围进行较严格的分析，因为定位器的分程范围是通过定位器机械部件调整而得到的，一般比较难改变，如果选用智能定位器调整较方便。

通过 DCS/PLC 输出卡件调整两个执行机构的分程工作范围，这是一种通过软件调整的方法，修改比较方便。

4.5　选择性（超驰）控制系统

4.5.1　控制原理

生产过程中一个被控量往往会受到多种条件的约束，根据此约束条件，为使被控量保持稳定，对几个操作量进行选择性的控制，这就构成了选择性控制系统。

现以乙烯裂解炉燃料气的热值指数（WOBBE）及燃料气压力选择性控制系统为例，控制系统见图 43-49。

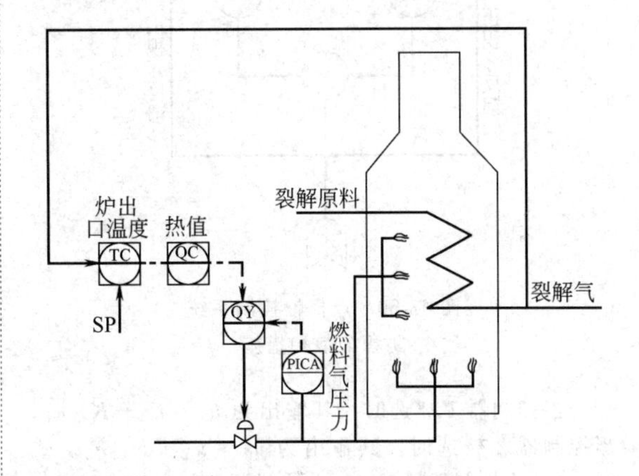

图 43-49　乙烯裂解炉燃料气压力选择性控制系统

维持裂解气出口温度稳定是工艺生产的要求，操作量为燃料气量（也可为燃料气压力）。燃料气的热值指数（WOBBE）变化是影响炉出口温度变化的主要干扰，所以组成一个以炉出口温度为主环、热值为副环的串级控制系统。但当燃料气压力过低时，裂解炉无法正常运转，甚至会发生炉膛熄火引起裂解炉停炉事故，这种情况下燃料气压力控制器通 PICA 过选择器（图中为高值选择器 QY）将自身选择为副环，而把热值控制器 QC 去掉，这时炉子处在出口温度 TC 为主环、燃料气压力为副环的串级系统控制中。上例中，通常把燃料气热值控制器 QC 称为正常控制器，把燃料气压力控制器称为超驰控制器。

4.5.2　工程设计应考虑的问题

(1) 选择器逻辑功能的正确选定

图 43-49 所示的例子即为这种类型。这种类型的

选择性控制系统在生产中应用较为普遍。选择器在系统中要根据被控量之间存在的正常运转及事故状态下的约束条件进行逻辑运算。从生产操作机理出发确定可行的逻辑运算关系是实现选择性控制的必要条件。

(2) 防积分饱和措施

两个控制器都具有比例积分 PI 功能时，当一个控制器被另一个控制器切换后，偏差依然存在，且在开环状态下存在一段较长时间，这个被切换的控制器对偏差长时间积分运算将出现积分饱和现象。这里所说的积分饱和现象是指，当偏差恢复为零后，控制器的输出仍然要超出规定的上下限范围，这是一般定义的积分饱和现象。

在选择性控制系统中，上述现象会导致偏差为零时两个控制器的输出不能同步，以致无法及时切换，使控制系统产生严重后果。为了防止这种现象产生，可把选择器的输出作为两个控制器的积分正反馈信号，如图 43-50 所示。

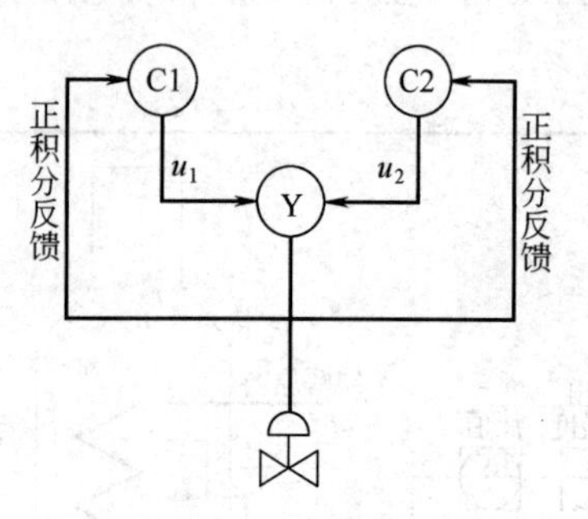

图 43-50 选择性控制系统防积分饱和措施

当控制器 1 被选时，其输出为 $u_1=u_2+K_{c1}e_1$；当控制器 2 被选时，其输出为 $u_2=u_1+K_{c2}e_2$。式中，K_c 为控制器增益；e 为控制器偏差（SP－PV）。

由上面两式可知，$e_1=0$ 或 $e_2=0$ 时，$u_1=u_2$，可以达到及时同步切换的目的。在 DCS 控制系统中也是按此原理通过软件组态来实现同步切换功能的。

4.6 前馈控制系统

4.6.1 控制原理

反馈控制系统的功能是，当被控量与设定值存在偏差时，控制器调整操作量使上述偏差趋向于零。由于反馈回路有其自然的特性周期，当干扰产生的时间间隔很小，即产生比较频繁时（如小于其特性周期 3 倍），反馈系统无法达到稳态。又由于当干扰产生时，直至影响到被控量变化产生偏差后，反馈控制系统才能改变操作量，所以存在不及时响应的控制特性，尤其在存在频度高且影响大的干扰情况下，反馈控制系统的调节品质很差，甚至不能满足生产要求。前馈控制是这样一种过程，能把校正作用产生在干扰引起被控量偏差出现之前，从而超前抑制了偏差幅度。

前馈-反馈控制是两者的综合。这种调节过程的特点是，前馈作用预先补偿干扰对被控量的影响，然后反馈作用对偏差进行微调。

现以精馏塔塔顶温度与进料流量组成的前馈-反馈系统原理为例（图 43-51）进行说明。图中 $G_{FF}(s)$ 为前馈补偿环节传递函数，$G_C(s)$ 为调节通道传递函数，$G_D(s)$ 为干扰通道传递函数。很显然，采用前馈校正环节的目的是为了消除干扰（进料流量）对被控量（塔顶温度）的影响，所以有方程

$$G_{FF}(s)\times G_C(s)=-G_D(s)$$

即

$$G_{FF}(s)=-\frac{G_D(s)}{G_C(s)} \tag{43-3}$$

在工程上，动态前馈补偿环节 $G_{FF}(s)$ 可用一阶超前-滞后形式，即

$$G_{FF}(s)=K_d\frac{1+T_1s}{1+T_2s} \tag{43-4}$$

式中，K_d 为静态增益；$1+T_1s$ 为超前项；$1+T_2s$ 为滞后项。

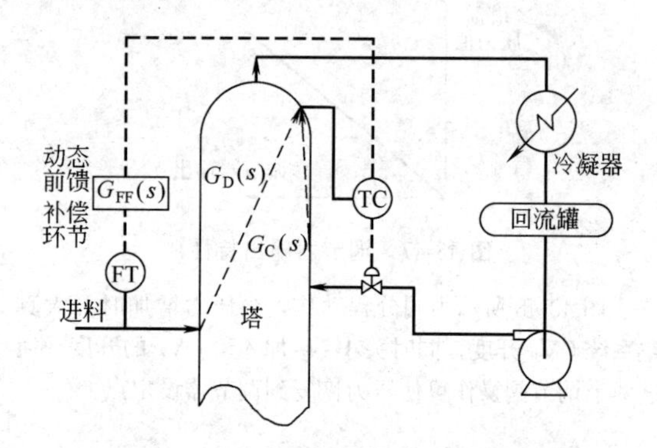

图 43-51 前馈-反馈控制系统原理

当 $T_1>T_2$ 时有超前性质，$T_1<T_2$ 时有滞后性质，$T_1=T_2$ 时仅为比例环节，这时实现的功能为静态前馈补偿功能。常见的锅炉汽包液位控制系统就是静态前馈补偿的典型例子（图 43-53）。

图 43-52 说明前馈-反馈控制在精馏塔控制中的应用。在这种情况下，控制作用的前馈部件由进料成分分析器和进料流量变送器组成，这两个部件分析和感受由于进料成分及流量的变化所引起的干扰。如果进料的流量及/或成分发生变化，前馈的输出便改变塔顶和塔底的采出量，使塔顶和塔底产品成分近似地达到规定值。然后，塔顶和塔底产品分析器再修正塔顶和塔底的采出量，使塔顶和塔底成分精确地达到规定值。进料的流量和成分的超前-滞后函数对塔顶和塔底是不相同的。

图 43-53 中，蒸汽流量为前馈信号 W_S，与液位反馈控制组成串级前馈-反馈控制系统，操作量为 W_F，W_L 为液位控制器的输出。且作为干扰量的蒸汽质量流量和作为操作量的给水质量流量的动态特性近乎相同

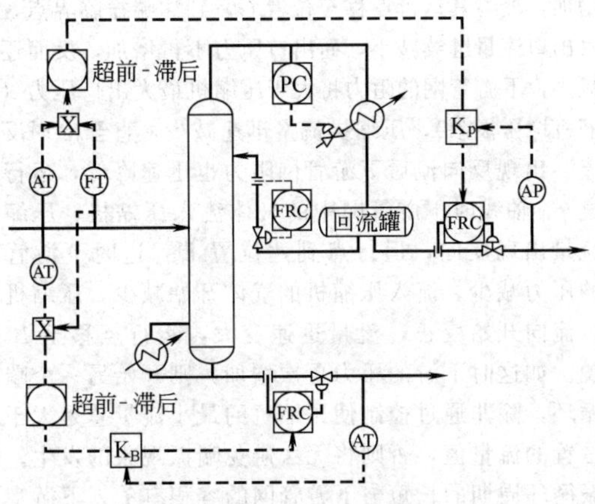

图 43-52 前馈-反馈控制在精馏塔控制中的应用

($T_1=T_2$)，所以不必考虑动态补偿因素而构成的静态前馈补偿回路已能满足生产控制的要求。

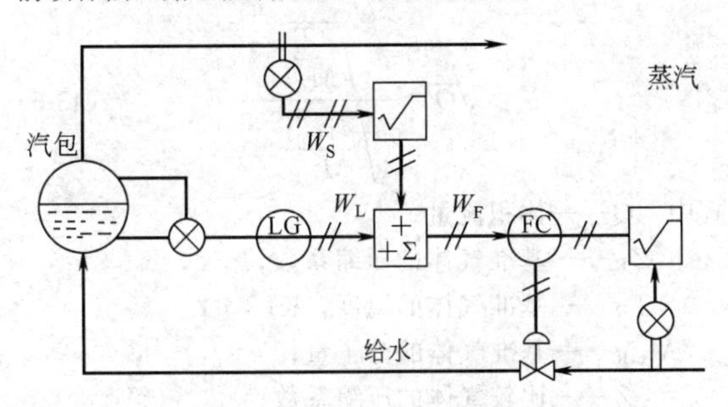

图 43-53 具有静态前馈补偿功能的锅炉汽包液位控制系统

从图中可得

$$W_F=W_S+W_L-K$$

式中，K 为正常液位时液位调节器的输出值。

由于该控制方案建立在物料平衡的原则上，前馈系统输出信号作为串级给水流量回路的设定值，而不是直接送至调节阀上，因为阀位并不能非常精确地代表流量。

4.6.2 工程设计应考虑的问题

① 前馈控制是按干扰进行控制的，因此选择对被控变量稳定性影响大的干扰量作为前馈信号引入控制系统。一般来说，这种前馈信号是可测但无法调节的。

② 前馈信号回路是开环回路，因此，必须引入被控变量的反馈回路组成前馈-反馈控制系统才能获得较好的控制品质。

5 典型化工单元的控制

5.1 泵及压缩机的控制

5.1.1 离心泵的控制

(1) 改变出口调节阀开度调节出口流量

图 43-54 所示为离心泵的流量特性曲线，图 43-55所示为控制方案。

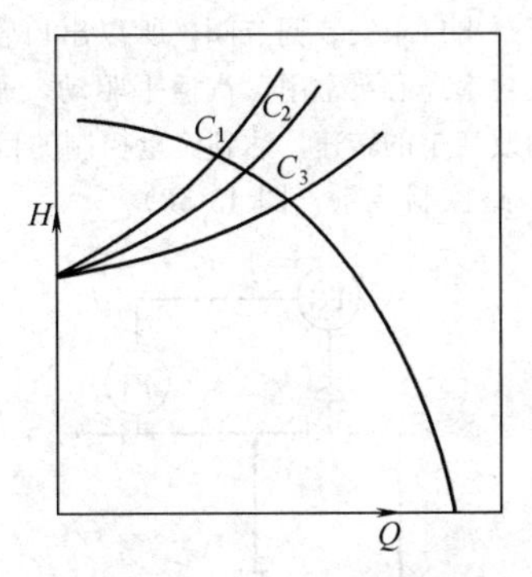

图 43-54 流量特性曲线（一）

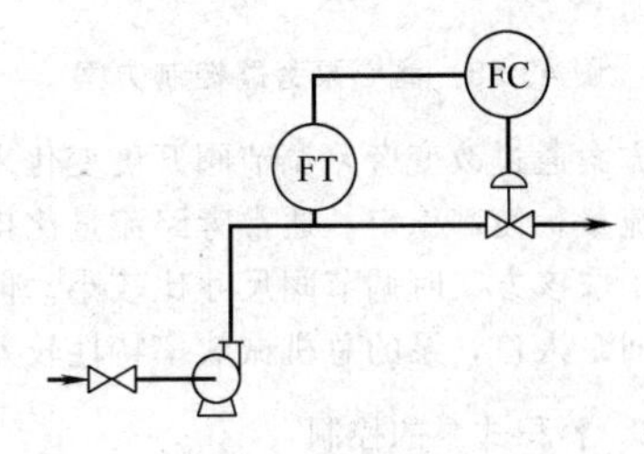

图 43-55 控制方案（一）

改变出口调节阀开度即改变管路阻力特性，也即改变了流量特性曲线上的工作点 C。

(2) 改变泵转速调节出口流量

图 43-56 所示为离心泵的流量特性曲线，图 43-57 所示为控制方案。

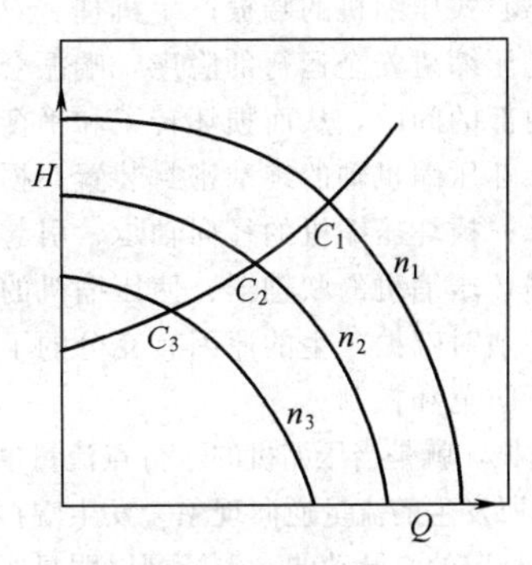

图 43-56 流量特性曲线（二）

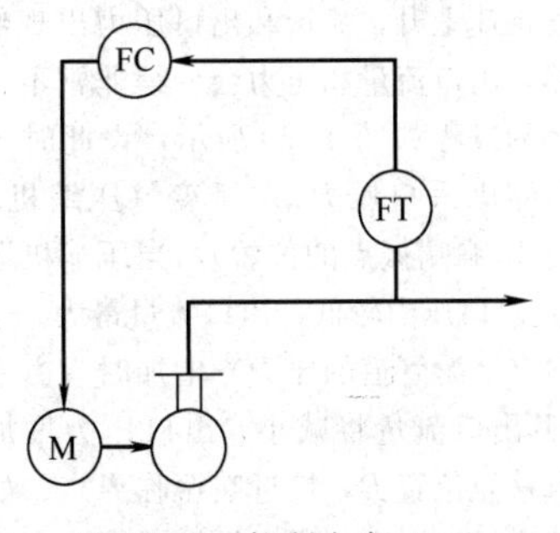

图 43-57 控制方案（二）

改变泵转速控制流量的方案，一般用电动机驱动离心泵，较多见的是通过变频装置改变电动机即离心泵的转速。由于泵出口未安装调节阀，所以出口管路阻力损失较小。大功率离心泵常用蒸汽透平驱动，通过改变透平蒸汽量而改变泵的转速，达到流量控制的目的。

(3) 旁路控制流量（图 43-58）

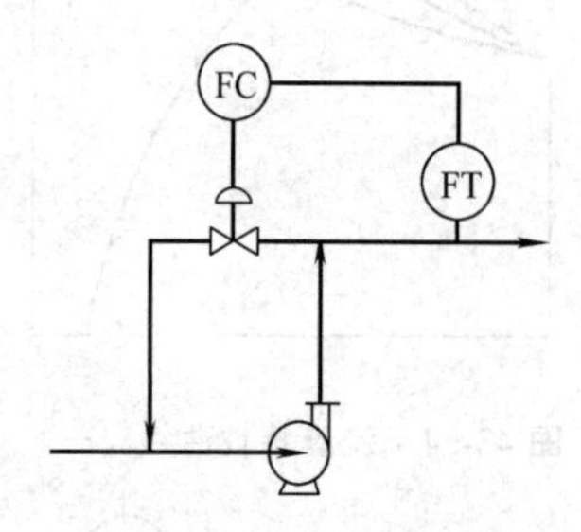

图 43-58 离心泵旁路控制方案

这种方案通过改变旁路调节阀开度变化来改变离心泵排出流量，使其稳定。通常旁路流量比排出量要小，所以采取该方案时调节阀尺寸比较小。但旁路流量重新返回泵入口，泵的总机械效率特性较差。

5.1.2 容积式泵的控制

往复泵、椭圆齿轮泵及螺杆泵都属于容积式泵，这种泵也称正位移式泵。这种泵的排出流量与管路阻力变化无关，即不能通过出口阀开度变化来改变泵的排出流量。常用的控制方法有：改变泵的转速；改变泵的冲程；旁路控制法。

5.1.3 压缩机的喘振控制

(1) 离心式压缩机的喘振产生机理

喘振是压缩机安全运行的隐患，喘振会造成：增加压缩机内部的间隙，从而损坏转子和平衡活塞的密封装置；损坏压缩机轴的终端密封装置；损坏压缩机的推力轴承；损坏压缩机的径向轴承；引起转子叶片的磨损；损坏压缩机的联轴器；使压缩机的驱动轴断裂。因此必须对喘振产生的原因有充分的了解，才能对喘振进行防范和控制。

所谓喘振，就是当压缩机的运行点流量值低于其极限流量值时所发生的流量逆向现象。发生喘振时压缩机的流量是不稳定的、脉动的，现场可以明显听见压缩机喘振的轰鸣声，可看见与压缩机相连管网的振动，压缩机出口温度迅速上升，流量和出口压力出现颤振，随着喘振的持续，出口流量和压力会变得非常不稳定。喘振产生和循环的过程如图 43-59 所示，设此时压缩机的转速恒定，压缩机入口压力 p_s 不变（压缩机转速变化、p_s 变化均会影响喘振点的位置），当压缩机运行点在位置 A 时，其出口压力较低，出口流量最大。当压缩机下游管网阻力（下游管道的压力）增加时（由于干扰或其他原因），其出口流量将减小，出口压力增加，这时压缩机运行点移至位置 B，接近喘振临界点。如果这时下游阻力继续增加，则出口流量继续减少，出口压力继续增加，最终其运行点移至位置 C，到达喘振临界点，这时出口流量继续减小，而出口压力不再增加，反而逐渐减小，下游管网的阻力将大于压缩机最大出口压力（压缩机增压极限），压缩机流量迅速减少，直至出现反向流。出现反向流后下游管网阻力也迅速降低，运行点过 p_d 轴线时下游管网中的气体流入压缩机，压缩机流量出现反向，运行点到达位置 D，这时下游管网的压力减少，流入压缩机的气体开始减少，压缩机出口流向开始变正，流量迅速变大，运行点移至 B 位置。如这时下游的压力再次增加，则开始另一个喘振循环，除非通过控制使压缩机的最小流量总是大于 C 位置的流量值，否则将无法避免喘振现象的发生。喘振循环周期的长短与下游管网的容积有关，下游管网容积越大，喘振循环周期越长。通过检测压缩机的流量，入口及出口压力，可计算出压缩机运行的喘振临界点，将不同转速的喘振临界点连起来就称为喘振线，如图43-60所示。

$$\sqrt{Q}=\frac{\sqrt{\dfrac{ZT}{M_r}}}{\sqrt{\dfrac{Z_R T_R}{M_{r,R}}}} \tag{43-5}$$

式中 Q——体积流量；

Z_R——基准气体的压缩系数；

T_R——基准气体的温度，K；

$M_{r,R}$——基准气体的分子量；

Z——比较气体的压缩系数；

T——比较气体的温度，K；

M_r——比较气体的分子量。

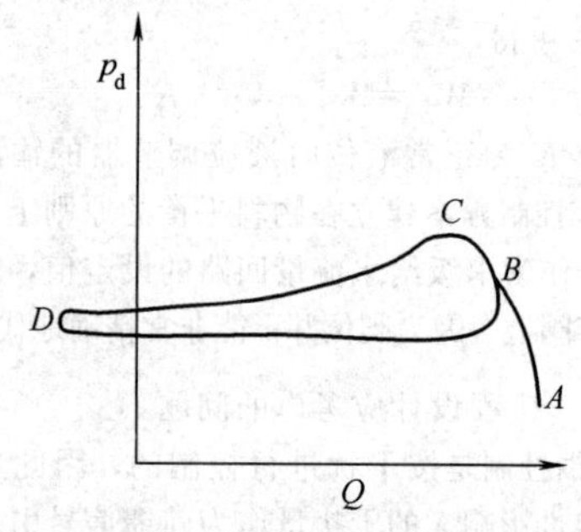

图 43-59 喘振产生和循环的过程

喘振线的特性显示压缩机的多变压头正比于压缩机转速的平方，压缩机的流量正比于压缩机转速。介质不同时（M_r 不同），其喘振线的位置就会移动，如图 43-61 所示。转速不变时，气体的分子量越小，压缩机越易进入喘振区域，两个不同分子量的气体流量关系为

$$\frac{Q_{Mr16}}{Q_{Mr19.9}}=\sqrt{\frac{\dfrac{1}{M_r}}{1+M_{r,R}}}=\sqrt{\frac{\dfrac{1}{16.0}}{\dfrac{1}{19.9}}}=1.115$$

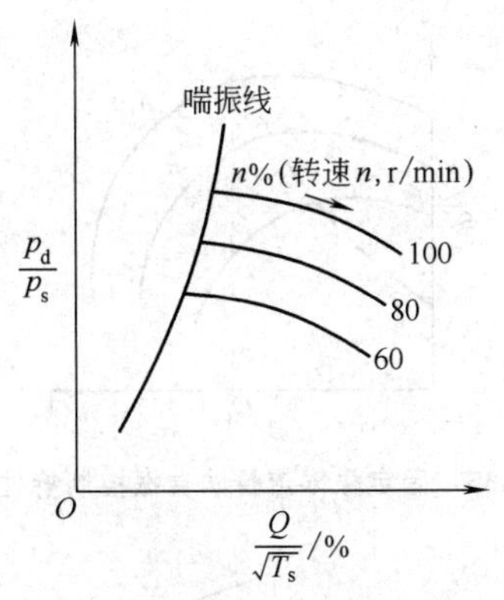

图 43-60 不同转速下喘振线的特性曲线

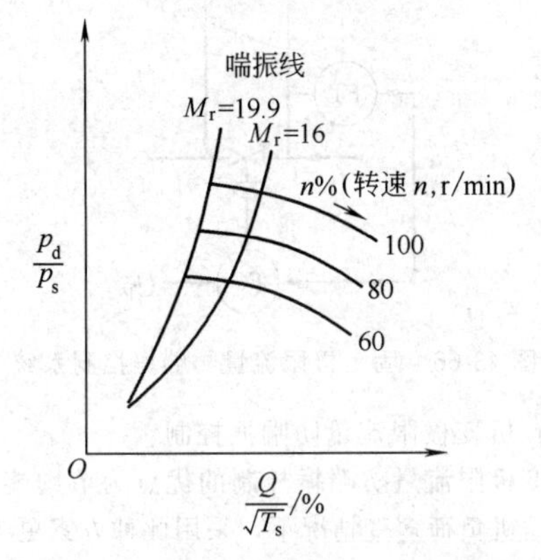

图 43-61 不同介质对应的喘振线的特性曲线

所以每台压缩机的工艺气体是不能任意变化的。压缩机吸入口气体的温度也会影响喘振线的位置，如图 43-62 所示。转速不变时，温度越高，越容易进入喘振区域，两个不同温度下气体流量的关系为

$$\frac{Q_{20℃}}{Q_{0℃}}=\sqrt{\frac{T}{T_R}}=\sqrt{\frac{273+20}{273+0}}=103.6\%$$

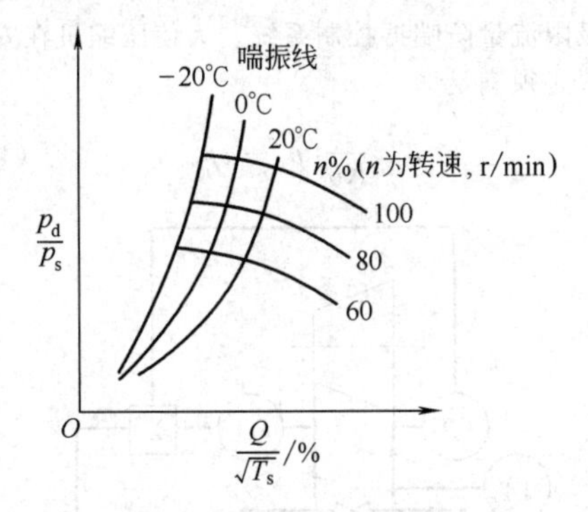

图 43-62 不同温度对应的喘振线的特性曲线

所以，为降低喘振点的流量值，应尽可能降低吸入口气体的温度。在实际情况下，由于压缩机流量测量值的准确性，使喘振线的位置发生偏移，因此，确定喘振点的最好办法是在现场实测。为了防止压缩机运行在喘振状态，需对压缩机的转速，进、出口压力，介质温度，流量进行检测，根据这些参数进行计算，得出压缩机的运行点和喘振控制点。运行点的计算如下。

如果流量是用一般孔板或文丘利测量，可得

$$Q^2=\frac{hZ_sT_s}{M_rp_s} \tag{43-6}$$

式中 Q——流量，acfm（1acfm＝0.589m³/h）；

h——孔板压差；

Z_s——压缩系数；

T_s——吸入端温度，°R$\left(1°R=\frac{9}{5}K\right)$；

M_r——分子量；

p_s——吸入端压力，psi（1psi＝1.45×10⁻⁴Pa）。

$$h_p=\frac{1545Z_aT_s(R_c^\sigma-1)}{M_r\sigma} \tag{43-7}$$

式中 h_p——多变压头；

Z_a——平均压缩系数；

T_s——吸入端温度（热力学温度）；

M_r——分子量；

R_c——压缩比 $R_c=p_d/p_s$；

σ——多变指数，$\sigma=\frac{K-1}{K\eta_\rho}$；

K——比热容比，$K=\frac{c_p}{c_V}$；

η_ρ——多变率，%。

由式（43-7）可知，因压缩机的多变压头 h_p 正比于透平转速的平方，所以需计算一些不同转速下的喘振控制点值，形成喘振控制线，如图 43-63 所示。喘振控制线的流量一般是发生喘振时流量的 1.05～1.1 倍（即裕度 Morgin 为 0.05～0.10），当压缩机运行点流量与喘振控制点流量相比，比值大于 1 时，压缩机运行在安全范围；比值等于 1 时，压缩机运行在喘振控制线；比值小于 1 时，压缩机运行在喘振控制线之间。利用计算所得结果对压缩机的运行状态进行控制，使压缩机的运行点处于安全运行范围。传统的防喘振控制就是喘振控制线控制，当运行点移至喘振控制线时，防喘振控制回路就开始打开回流阀。因为压缩机系统的滞后较大，所以要求回流阀的打开速度较快，开始打开时，回流阀的开度也较大，这样才能使运行点在达到喘振线前就停止向喘振线移动，然后逐渐向右移动，离开喘振线回到安全运行范围。

以上控制过程中，最初的回流流量是由工艺过程的流量产生的，而且回流量较大，这将造成压缩机出口压力降低，工艺流量减少。这时透平的转速控制回路就会通过增加透平的转速来增加压缩机的流量，补偿回流量，稳定工艺流量。但在回流阀刚打开时，工艺过程的流量迅速减少，然后通过透平的转速的增

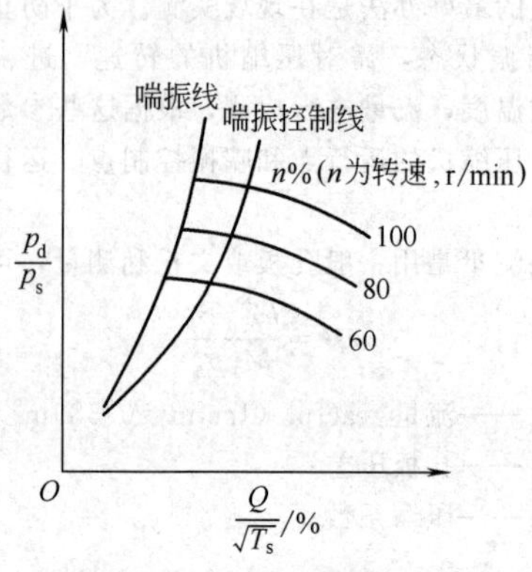

图 43-63　喘振控制线（一）

加，压缩机的吸入量逐渐增加，工艺过程的流量也逐渐增加，直至达到回流阀打开前的状态。这个过程从对工艺过程的扰动开始，至扰动逐渐消除，因此对正常生产造成了相当大的损失，但为了消除压缩机的喘振，也常采用传统的防喘振控制方法。

(2) 固定极限流量防喘振控制

从图 43-64 可知，喘振线近似一条抛物线，如果以 p_d/p_s 与 Q^2/T_s 为坐标，喘振点轨迹接近一条直线，如图 43-64 所示。喘振线可用式（43-8）表示。

$$\frac{p_d}{p_s}=a+b\frac{Q^2}{T_s} \tag{43-8}$$

如果 $\frac{p_d}{p_s}<\left(a+b\frac{Q^2}{T_s}\right)$，为安全操作区；反之，如果 $\frac{p_d}{p_s}>\left(a+b\frac{Q^2}{T_s}\right)$，进入喘振区。

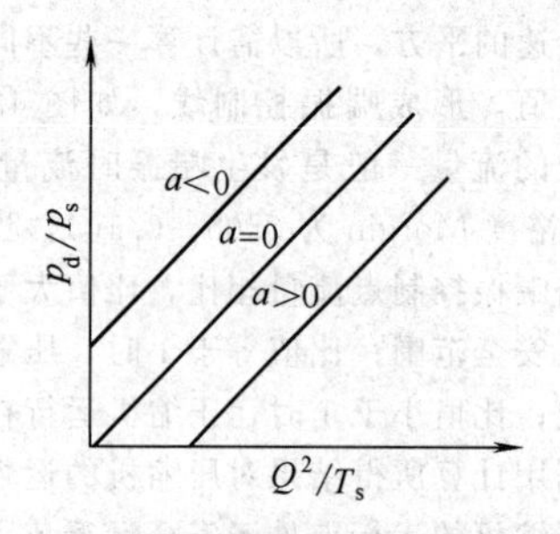

图 43-64　喘振控制线（二）

这种防喘振控制方案是使压缩机的流量始终保持大于某一固定值，即正常可以达到最高转速下的临界流量 Q_P，从而避免进入喘振区运行。图 43-65 中所示的 Q_P 就是正常情况下可以达到的最高转速下的极限流量。显然压缩机不论运行在哪一种转速下，只要满足压缩机流量大于 Q_P 的条件，压缩机就不会产生喘振，其控制方案如图 43-66 所示。压缩机正常运行时，测量值大于设定值 Q_P，则旁路阀完全关闭。如果测量值小于 Q_P，则旁路阀打开，使一部分气体返回，直到压缩机的流量达到 Q_P 为止，这样压缩机向外供气量减少了，但可以防止发生喘振。

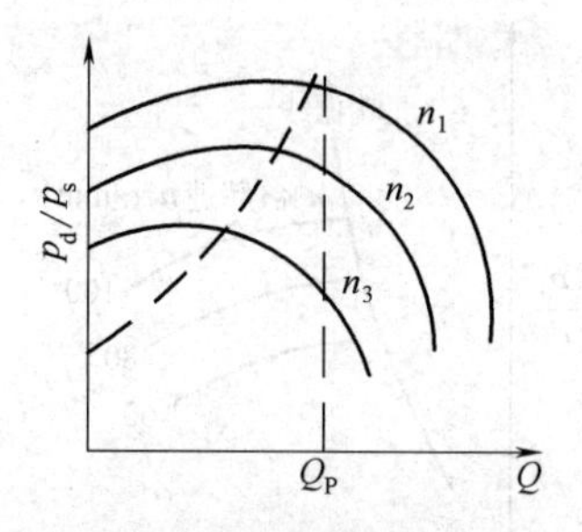

图 43-65　固定极限流量防喘振控制特性曲线

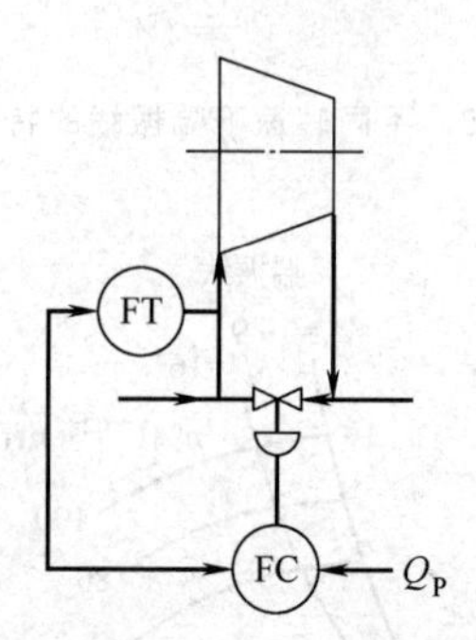

图 43-66　固定极限流量防喘振控制系统

(3) 可变极限流量防喘振控制

可变极限流量防喘振控制的优点为节约能耗，尤其在压缩机负荷多变情况下，采用此种方案更为合理。

从式（43-6）可知，$Q^2=\frac{hZ_sT_s}{M_rp_s}$，代入公式（43-8）得

$$\frac{p_d}{p_s}=a+b\frac{hZ_s}{M_rp_s} \tag{43-9}$$

其中 Z_s/M_r 为常数，设为 K，得

$$\frac{p_d}{p_s}=a+Kb\frac{h}{p_s} \tag{43-10}$$

按式（43-10）构成的图 43-67 的控制系统即为可变极限流量防喘振控制系统。为使压缩机在安全区运转，必须满足

$$h\geqslant\frac{1}{Kb}(p_d-ap_s) \tag{43-11}$$

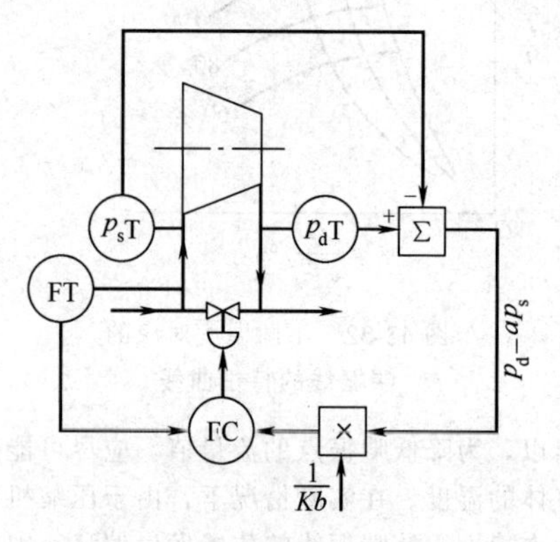

图 43-67　可变极限流量防喘振控制系统

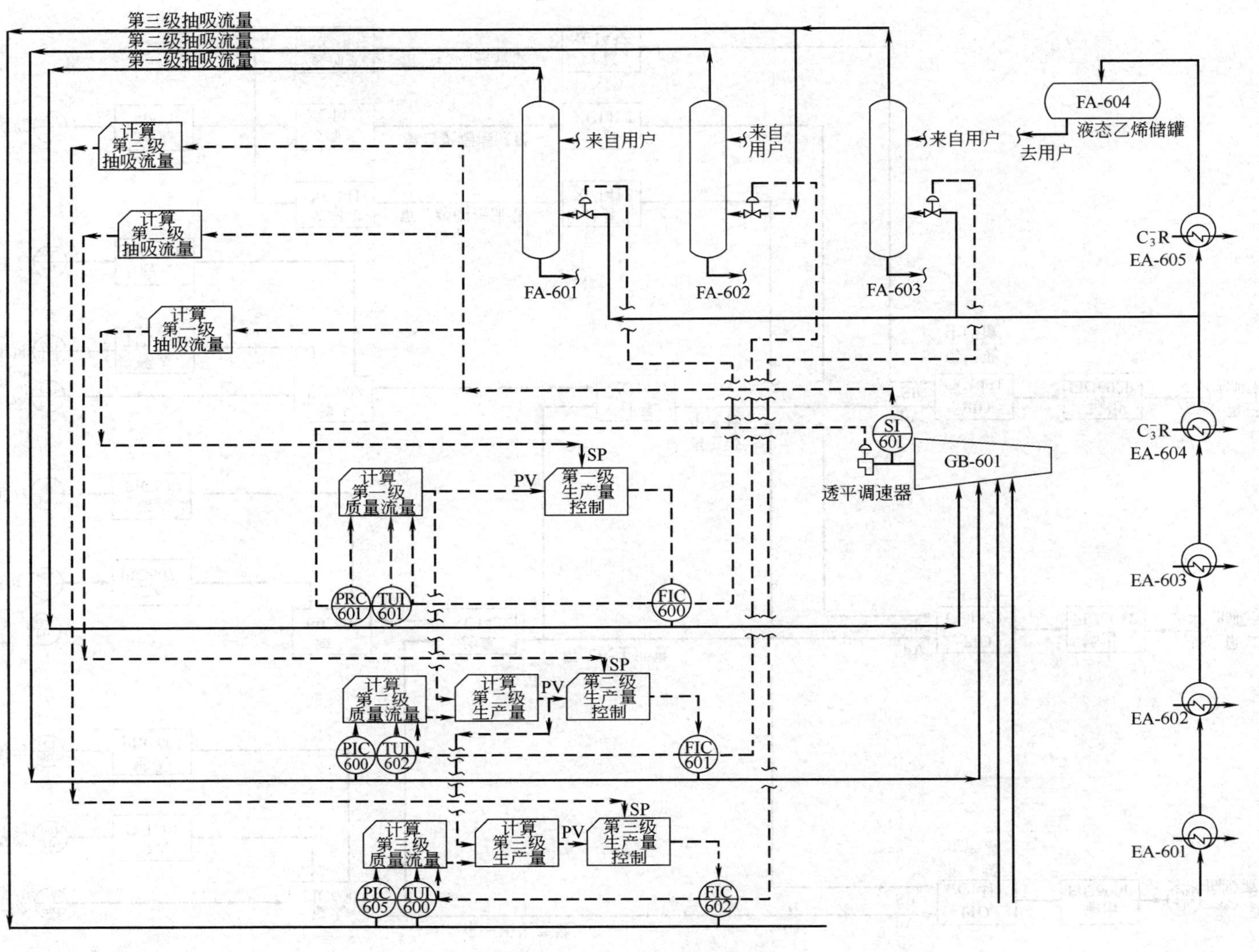

图 43-68　乙烯压缩机控制方案

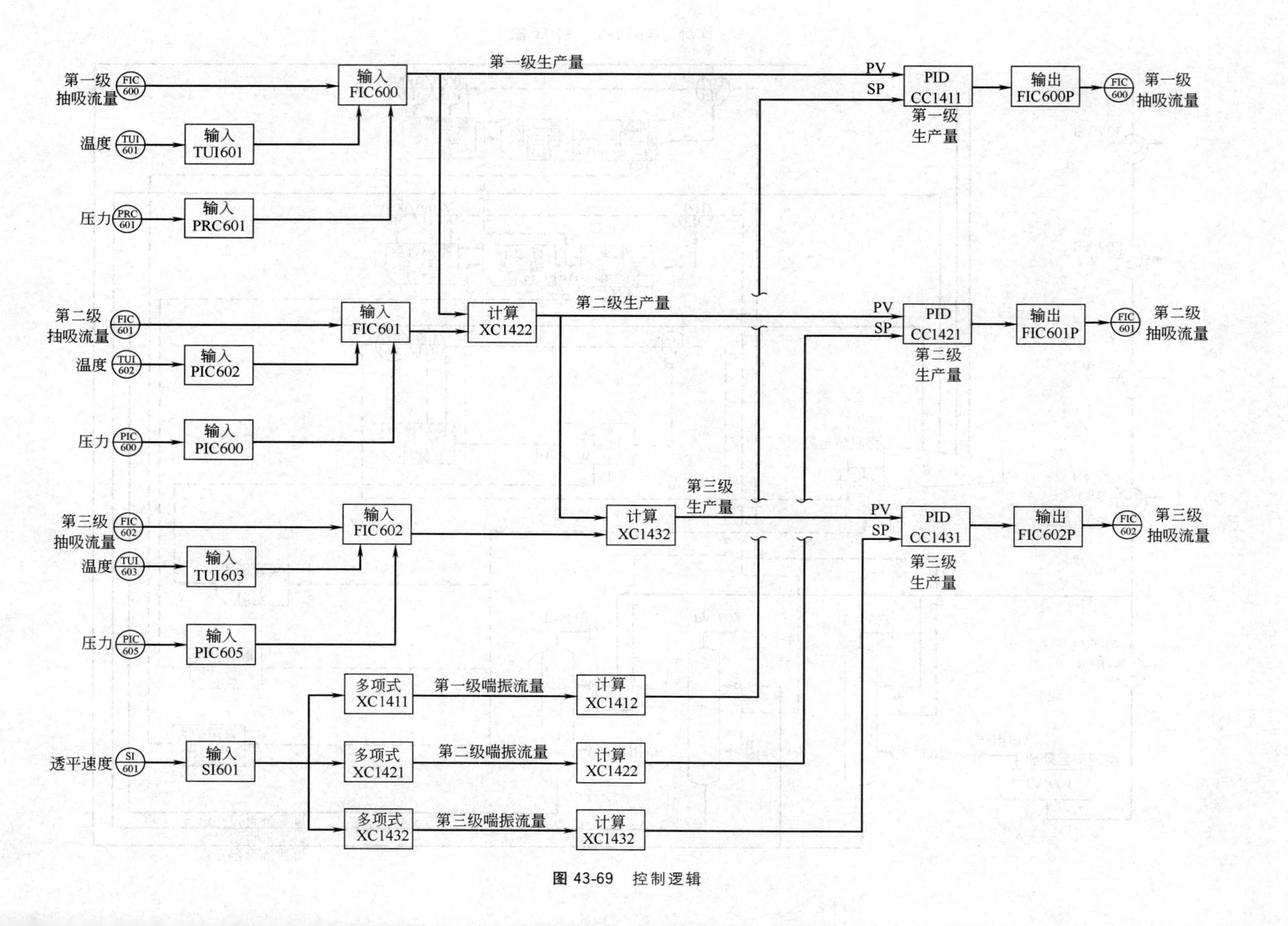
第一级
抽吸流量
FIC 600
温度
TUI 601
压力
PRC 601
输入
FIC600
输入
TUI601
输入
PRC601
第一级生产量
PV
SP
PID
CC1411
第一级
生产量
输出
FIC600P
FIC 600
第一级
抽吸流量
第二级
抽吸流量
FIC 601
温度
TUI 602
压力
PIC 600
输入
FIC601
输入
PIC602
输入
PIC600
计算
XC1422
第二级生产量
PV
SP
PID
CC1421
第二级
生产量
输出
FIC601P
FIC 601
第二级
抽吸流量
第三级
抽吸流量
FIC 602
温度
TUI 603
压力
PIC 605
输入
FIC602
输入
TUI603
输入
PIC605
计算
XC1432
第三级
生产量
PV
SP
PID
CC1431
第三级
生产量
输出
FIC602P
FIC 602
第三级
抽吸流量
透平速度
SI 601
输入
SI601
多项式
XC1411
第一级喘振流量
计算
XC1412
多项式
XC1421
第二级喘振流量
计算
XC1422
多项式
XC1432
第三级喘振流量
计算
XC1432

图 43-69 控制逻辑

(4) 工程应用实例

乙烯装置有裂解气、丙烯及乙烯压缩机三台。30万吨规模的压缩机功率高达18000kW，能耗相当可观。为了达到安全及节能目的，用计算机实现防喘振控制逻辑。这里以乙烯压缩机为例进行说明，控制方案见图43-68。

乙烯压缩机为单缸三段离心式压缩机，它为乙烯制冷系统提供−101℃、−75℃、−62℃三级制冷剂，三段都有旁路调节阀。

计算机利用压缩机制造厂提供的与最小喘振流量相关联的压缩机速度曲线，计算出加入安全系数（一般为15%）后的各段最小喘振流量，经过压力及温度补偿折算为各段标准体积流量，作为各段防喘振控制块的给定值，调节各段旁路调节阀。计算机能获得节能2%的效益。

控制逻辑见图43-69。

① 第一段旁路控制　SI601读取压缩机的透平转速。多项输入块XC1411利用压缩机转速和下列公式计算第一最小喘振流量。

$$XC1411=A+B\times SI601+C\times SI601^2 \quad (43\text{-}12)$$

式中，$A=4704$；$B=-0.7966$；$C=0.00007523$。

XC1412计算块把实际最小喘振流量换算成标准体积流量，其输出作为控制块CC1411的设定值。

输入块FIC600、TUI601及PRC601分别测定第一段体积吸入流量、温度及压力，由FIC600换算为一段标准体积吸入流量，其输出作为控制块CC1411的测量值。

控制块CC1411输出操纵安装在一段旁路上的调节阀。

② 第二、三段旁路控制　控制逻辑原理同第一段。多项输入块XC1421完成第二段最小喘振流量计算。公式同第一段，常数$A=-21.55$，$B=0.1819$，$C=0.00001445$。多项输入块XC1431完成第三段最小喘振流量计算，公式中$A=1792$，$B=-1.69$，$C=0.000128$。

(5) 工程上需考虑的问题

新型透平、压缩机、工艺过程复合控制系统，将这三个控制功能融合成一体。通过调节透平的转速、压缩机的回流量使压缩机系统满足上、下游工艺流程的需要和防止压缩机喘振，不但能使工艺过程平衡进行，而且能最大限度地节约能源。这个系统的防喘振控制功能是由闭环喘振控制线（surge control line）控制、闭环速率控制、开环阶跃控制构成，当运行点到达喘振控制线时，该控制系统将同时调节回流阀的开度和透平的转速，增加压缩机的入口流量，使压缩运行离开喘振控制线，增加透平转速、提高压缩机流量来稳定工艺流量。在进行闭环喘振控制线控制的同时，该控制系统将检测到的透平转速、压缩机压力、介质流量及温度进行微分，计算出运行点移动速率及移动趋势，根据计算结果调节回流阀的开度和透平的转速，减慢运行点移动速率，使运行点离开喘振控制线，回到安全运行范围。实施了闭环喘振控制线控制和闭环速率控制后，通常工况下防喘振控制不会产生超调和回流阀过早打开现象，克服了传统防喘振控制法和最小流量控制的缺陷。当闭环喘振控制线控制和闭环速率控制无法使运行点回到安全运行范围时，开环阶跃控制立即发挥作用，迅速打开回流阀，并增加透平转速，使运行点回到安全运行范围。

喘振控制的有效控制方法是监视运行点的移动方向和移动速率，得出运行点的变化趋势，从而确定回流阀的开启大小和开度变化速率，确定透平转速的变化范围和变化速率，实现压缩机长期无超调、节省能源的防喘振控制，最大限度提高压缩机系统的运行效率。

压缩机系统是一个大惯量系统，其正常转速从每分钟几千转至上万转，所以对压缩机系统的检测、控制仪表有一定的要求。现场仪表必须工作稳定，故障率低，能长期正常运行；反应灵敏，测量精度合适，能及时测量到对象的变化，做出相应反应。调节器（控制系统）应具有高速运算、处理数据功能，尽可能短的扫描时间和循环周期，具体的扫描时间、循环周期可根据压缩机系统的大小、所采用防喘振控制方法、压缩机系统供应商的要求而定，通常的扫描时间应小于20ms，循环周期应小于300ms。调节器（控制系统）还必须有抗积分饱和功能，压缩机正常运行时调节器（控制系统）的流量给定值总是小于测量值，调节器（控制系统）处于积分饱和状态，当给定值大于测量值时，调节器（控制系统）必须迅速运行，否则会因调节器（控制系统）反应不及时而造成损失。可采用通用型电动传感器、变送器测量压力、差压、温度信号，采用节流装置测量流量信号，采用专用传感器测量转速信号，采用专用防喘振控制器或专用的压缩机控制系统（CCS）进行防喘振控制。

5.2 传热设备的控制

传热（热交换）过程是利用各种传热设备（如热交换器）进行的。传热设备简况如表43-16所示。

表43-16　传热设备简况

传热方式	有无相变	载热体举例	设备类型举例
以对流为主	两侧没有相变	热水、冷水、空气	换热器
以对流为主	两侧均有相变	加热蒸汽	再沸器
以对流为主	一侧无相变，载热体汽化	液氨	氨冷器
以对流为主	一侧无相变，介质冷凝	水、盐水	冷凝器
以对流为主	一侧无相变，载热体冷凝	蒸汽	蒸汽加热器
以对流为主	一侧无相变，介质汽化	热水或过热水	再沸器
以辐射为主		燃料油或气、煤	加热炉、锅炉

5.2.1 一般传热设备的控制

一般传热设备如热交换换热器、再沸器、空冷器等都是以对流传热原理进行工作的。通常被控变量为经换热后传热设备的出口被加热工艺物料温度，操作变量通常为载热体流量。常用的控制方案有如下几种情况。

(1) 调节载热体流量

图43-70所示为单回路控制方案，当载热体上游压力不稳定时可采用图43-71所示的串级控制方案。

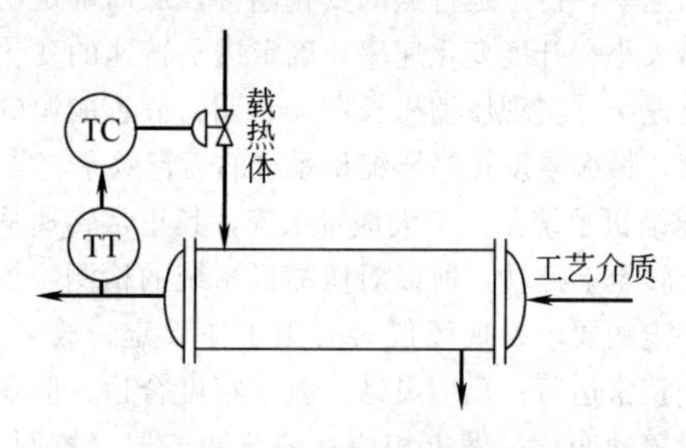

图43-70 单回路控制方案

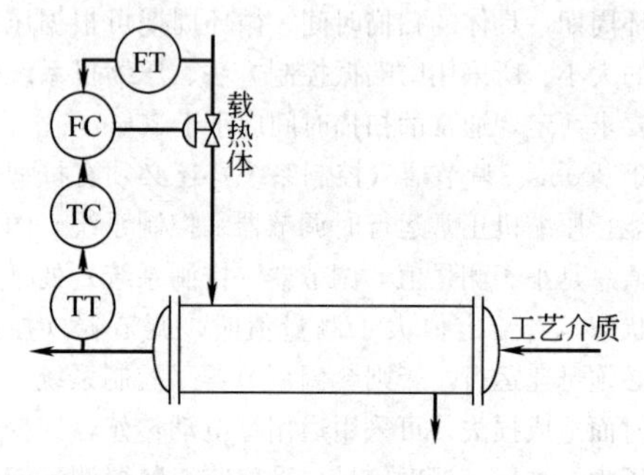

图43-71 串级控制方案

(2) 调节载热体汽化温度

图43-72所示为通过调节热交换器出口阀来调节载热体的汽化温度的例子。当阀门开度变化时，气氨压力也随之变化，相应的液氨汽化温度也发生变化，从而调节传热量，使被加热物料在换热器出口温度获得稳定。

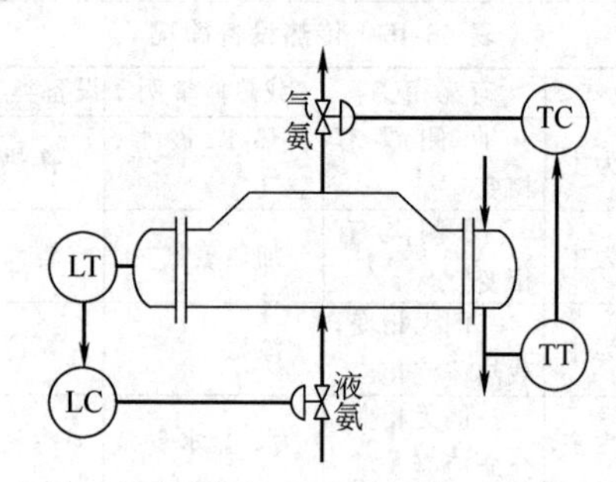

图43-72 调节载热体汽化温度方案

(3) 工艺介质分流

图43-73所示控制方案是将工艺介质分为两路，其中一路流经换热器，另一路不流经换热器，通过旁路与经换热后的一路在换热器出口混合。调节阀可选用1台三通阀，也可选用2台直通阀。

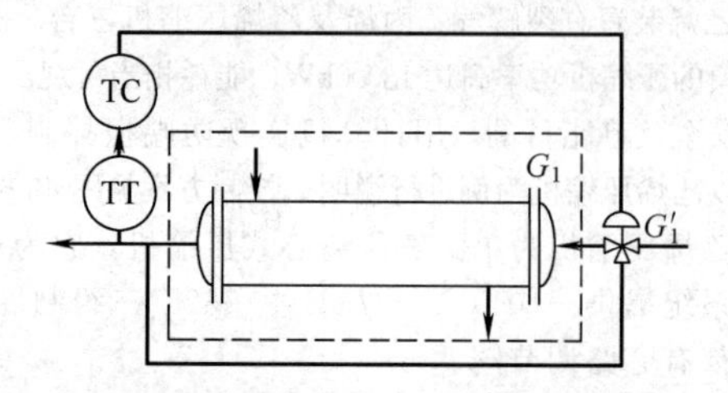

图43-73 工艺介质分流的控制方案

(4) 改变传热面积

这种方案也称换热器凝液控制方案，控制方案见图43-74及图43-75。

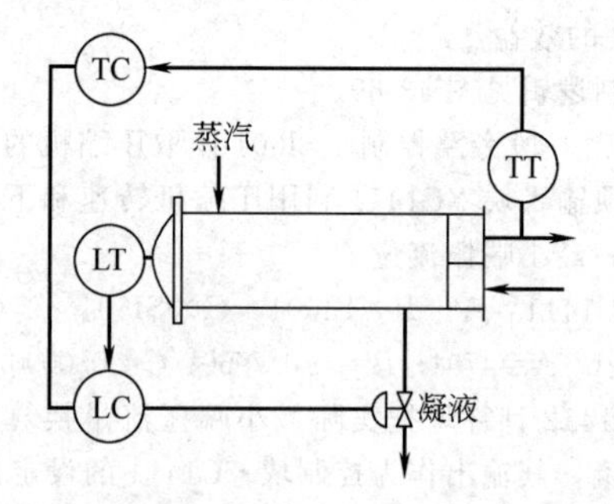

图43-74 凝液控制方案（一）

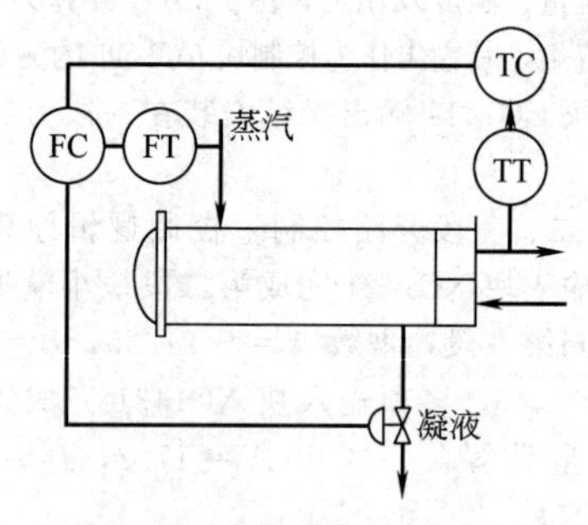

图43-75 凝液控制方案（二）

凝液控制方案将调节阀安装在凝液管上，可使调节阀的尺寸变小，材质要求也可降低（尤其在用蒸汽作为载热体情况下）。但由于这是一个冷凝液积累改变传热面积的过程，是一种比较迟后的过程，所以控制品质不太好，为此常采用如图43-72及图43-73所示的串级控制方案。

5.2.2 复杂控制系统

为了改善传热设备控制系统的品质，复杂控制系统如前馈控制、选择性控制及热量控制已被广泛应用在传热设备的生产过程中。

(1) 前馈控制

从静态前馈角度考虑，影响换热器出口被加热物料温度的主要干扰为其流量及入口温度。基于蒸汽加热器热量平衡，可得公式 $G_2\lambda=G_1c_1(T_o-T_i)$。

控制系统见图43-76。把主要干扰 G_1 及 T_i 作为前馈信号引入控制系统，将$\frac{c_1}{\lambda}G_1c_1(T_o-T_i)$作为流量调节器设定值，通过改变蒸汽加入量 G_2 使 T_o 保持恒定。

图 43-76 所示为动态前馈-反馈控制系统。前馈补偿环节一般采用超前-滞后环节。详细请参阅 5.3 小节控制系统中前馈控制的说明。

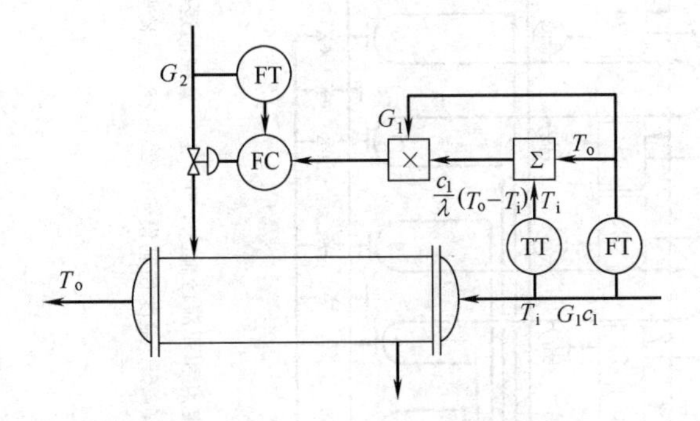

图 43-76 蒸汽加热器静态前馈控制方案

(2) 选择性控制

图 43-77 所示为丙烯冷却器选择性控制例子。正常情况下，根据被冷却物料出口温度改变进入冷却器的液态丙烯量进行调节。为防止冷却器中丙烯液位过高使液态丙烯夹带在气相中，造成后面压缩机吸入液态丙烯而产生事故，故又增设了另一个液位控制系统，当液位过高时选择液位控制器，调节进入冷却器的液态丙烯。当液位达到安全值时，液位调节器又被温度调节器取代。

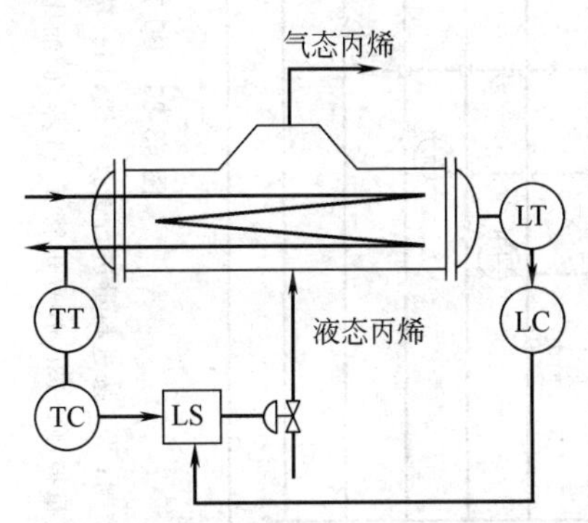

图 43-77 丙烯冷却器温度与液位选择性控制

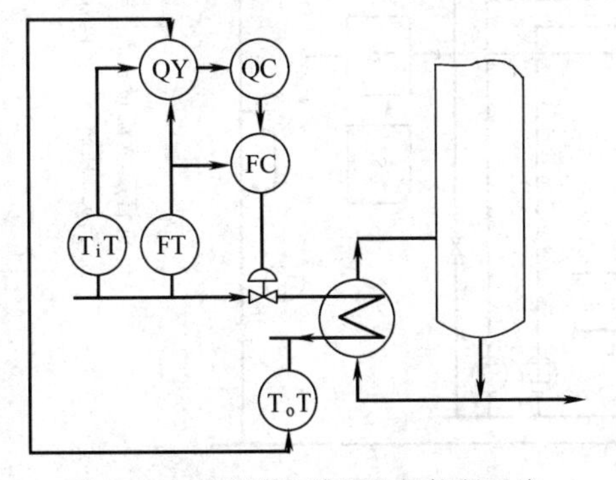

图 43-78 蒸馏塔再沸器热量控制系统

(3) 热量控制

这种控制被广泛应用于蒸馏塔再沸器的控制系统中，如图 43-78 所示。传热过程中如果热载体未发生相变，可得热量恒等式。

$$Q=Gc(T_o-T_i) \tag{43-13}$$

式中 Q——热量，J；

G——载热体流量，kg/h；

c——载热体比热容，J/(kg·℃)；

T_o——载热体出口温度，℃；

T_i——载热体进口温度，℃。

在该控制系统，通过对流量 G 及进、出口温度 T_i 和 T_o 的测量即可计算出热量 Q（公式中比热容可查表得到），设定值即被调变量为热量、操作变量为进入再沸器的载热体流量。

5.3 乙烯裂解炉的控制

裂解炉由多根炉管组成，其主要功能为把原料（如乙烷、石脑油）经过加热裂解生成乙烯及丙烯等产品和其他产品。炉子的底部布置了底部烧嘴，炉子的侧壁烧嘴成排布置在两侧，通过改变燃料气量保持炉管出口温度恒定，以得到预期的裂解深度。裂解炉管出口温度是重要的被控变量，不允许过度波动，通常维持在±2℃左右。由于存在热耦合问题（每排烧嘴的燃料气改变对每根炉管的出口温度都有不同程度的影响），对炉子的控制则显得比较复杂。

5.3.1 简单乙烯裂解炉控制方案

比较简单的裂解炉控制方案介绍如下。

裂解炉内只布置 4 根炉管，每根炉管比较对称地与每组侧壁烧嘴一一对应排列，如图 43-79 所示。

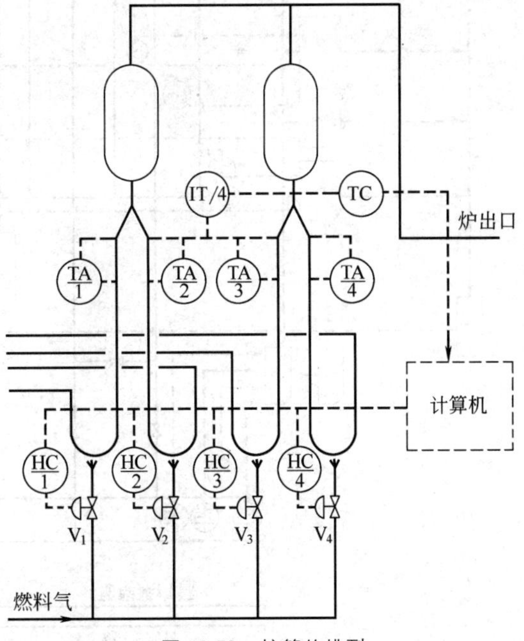

图 43-79 炉管的排列

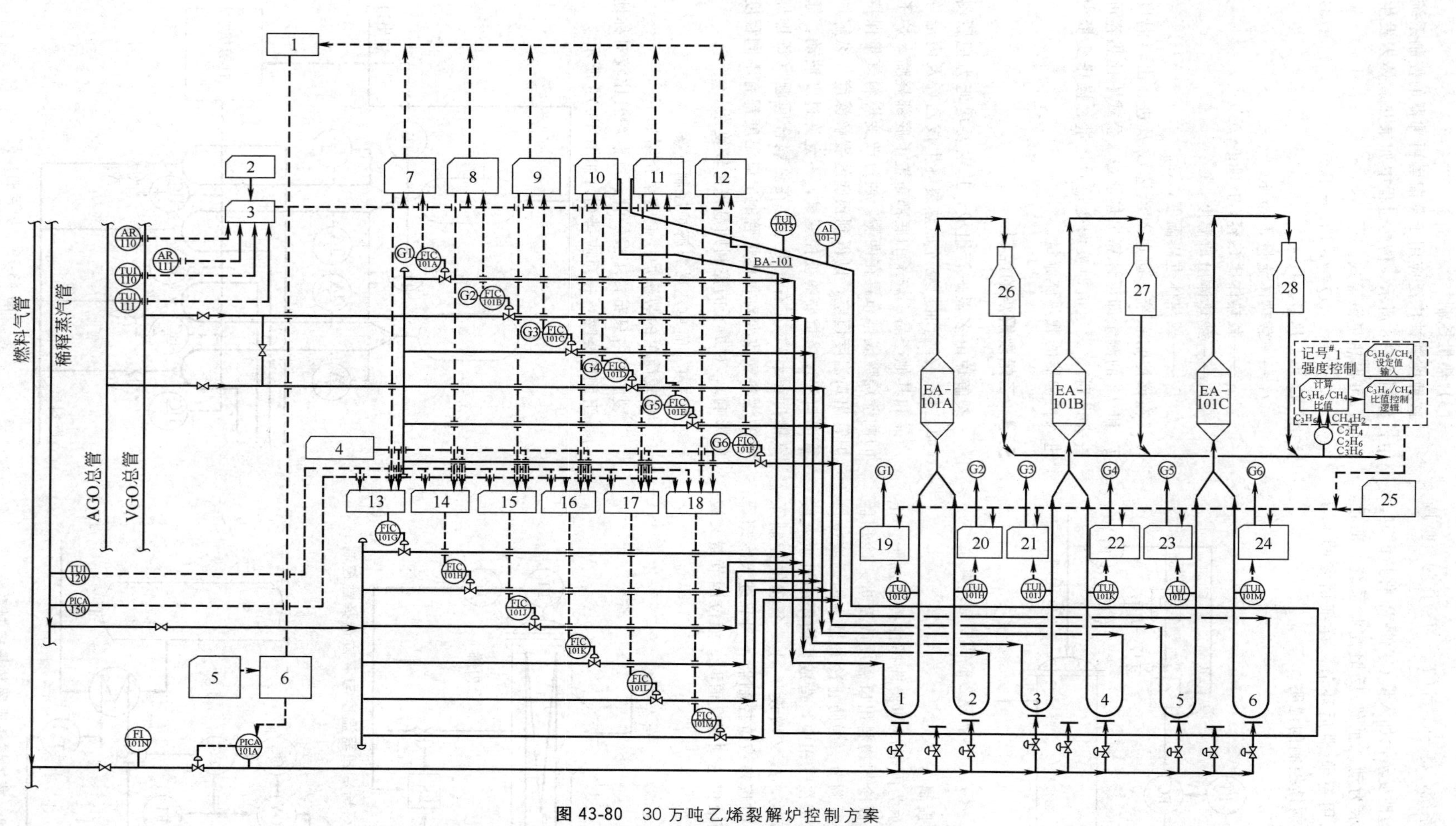

图 43-80　30 万吨乙烯裂解炉控制方案

1—总管质量流量；2—选择控制；3—按进料量进行选择补偿；4—蒸汽/油比值设定点输入；5—生产量设定点和死滞区输入；6—生产量控制逻辑；7～12—炉管 1～6 烃质量流量控制；13～18—炉管 1～6 蒸汽/油比值控制；19～24—炉管 1～6 温度控制；25—温度控制设定；26～28—急冷器

从图 43-79 中可知，虽然使一侧壁烧嘴燃料气阀门开度变化，不仅对与其排列最近的炉管出口物料温度有影响，同时对其他几根炉管出口物料温度也有影响。由于炉管排列对称，可以推导出一组热耦合矩阵关联式。

令 ΔFG_1、ΔFG_2、ΔFG_3、ΔFG_4 为第 1～4 组侧壁燃料气量的变化值；a_{11}、a_{12}、a_{13} 及 a_{14} 分别为第一组烧嘴燃料气变化对第 1～4 组炉管出口温度变化的相关系数；a_{41}、a_{42}、a_{43} 及 a_{44} 分别为第 4 组烧嘴燃料气变化对第 1～4 组炉管出口温度变化的相关系数，可得

$$\Delta t_1 = a_{11}\times\Delta FG_1 + a_{21}\times\Delta FG_2 + a_{31}\times\Delta FG_3 + a_{41}\times\Delta FG_4$$
$$\Delta t_2 = a_{12}\times\Delta FG_1 + a_{22}\times\Delta FG_2 + a_{32}\times\Delta FG_3 + a_{42}\times\Delta FG_4$$
$$\Delta t_3 = a_{13}\times\Delta FG_1 + a_{23}\times\Delta FG_2 + a_{33}\times\Delta FG_3 + a_{43}\times\Delta FG_4$$
$$\Delta t_4 = a_{14}\times\Delta FG_1 + a_{24}\times\Delta FG_2 + a_{34}\times\Delta FG_3 + a_{44}\times\Delta FG_4$$

可写为

$$\begin{pmatrix}\Delta t_1\\ \Delta t_2\\ \Delta t_3\\ \Delta t_4\end{pmatrix} = \begin{pmatrix} a_{11} & a_{21} & a_{31} & a_{41}\\ a_{12} & a_{22} & a_{32} & a_{42}\\ a_{13} & a_{23} & a_{33} & a_{43}\\ a_{14} & a_{24} & a_{34} & a_{44}\end{pmatrix} \times \begin{pmatrix}\Delta FG_1\\ \Delta FG_2\\ \Delta FG_3\\ \Delta FG_4\end{pmatrix}$$

改写为

$$\Delta T = \boldsymbol{A}\Delta FG \tag{43-14}$$

$\boldsymbol{A}$ 为耦合矩阵。为了实现解耦控制，需求取矩阵 $\boldsymbol{A}$ 的逆矩阵 $\boldsymbol{D}$。

$$\boldsymbol{D} = \boldsymbol{A}^{-1}$$

把解耦矩阵式存入计算机。选择 4 根炉管出口温度的一根炉管出口温度作为基准温度，通过计算机计算自动进行各组燃料气量的偏置设定，即可实现静态解耦控制。

5.3.2　复杂乙烯裂解炉控制方案

随着乙烯装置生产规模的扩大，裂解炉的炉管组数也增加。现介绍某大型裂解炉，有 6 组炉管，炉内布置 9 排侧壁烧嘴。对这种炉管与侧壁烧嘴非对称一一对应排列结构炉型，要建立解耦矩阵是比较困难的，控制系统见图 43-80。

从图 43-80 中可见，除与每根炉管对应排列着一组侧壁烧嘴外，在每两根炉管之间还排列着一组侧壁烧嘴，因此耦合关系比较复杂，较难用一组矩阵关联式来描述并建立解耦矩阵。这就需要从过程的内在机理出发，通过其他控制手段来解决依然存在的耦合问题。

控制系统的目的为：控制乙烯裂解深度；控制和平衡炉管出口温度；控制裂解炉总处理量；控制汽/油比。

(1) 控制乙烯裂解深度

裂解炉的一个重要指标为乙烯收率（yield），而乙烯收率又与裂解深度（severity）及芳烃指数（BNCI）有关，即

$$\text{yield} = f(\text{severity}, \text{BNCI})$$

如图 43-81 所示，随着裂解深度加深，乙烯 C_2^- 收率先增加后减少，丙烯 C_3^- 总是减少，而甲烷 C_1^0 则总是增加。可见可用 C_3^-/C_1^0 的比值来确定乙烯收率。如图 43-82 所示，在原料芳烃指数已定的情况下，C_2^- 收率可用 C_3^-/C_1^0 的比值来表示。

计算机把乙烯收率与 C_3^-/C_1^0 及 BNCI 的关系曲线的回归方程存放在数据文件库中。对应一定原料的 BNCI 值，C_2^- 收率与 C_3^-/C_1^0 比值呈线性关系，见图 43-82，控制 C_3^-/C_1^0 比值即可获得 C_2^- 收率为恒定期望值。控制原理见图 43-83。

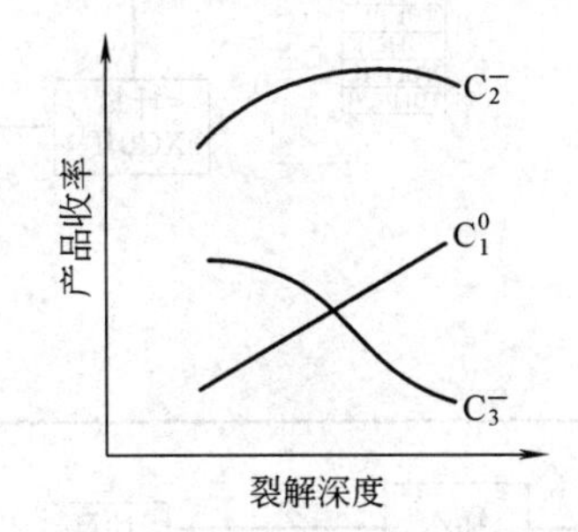

图 43-81　产品收率与裂解深度关系曲线

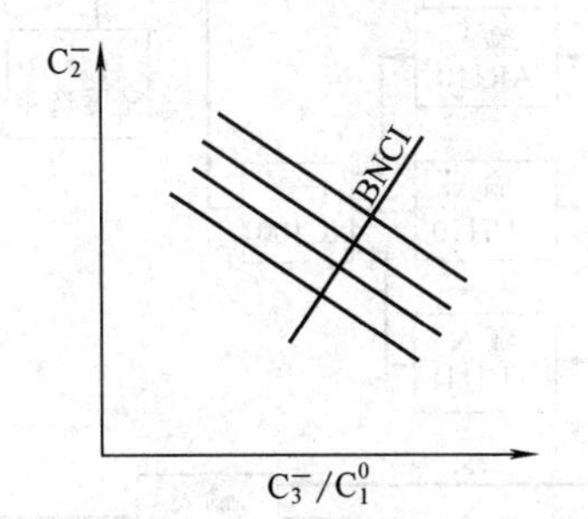

图 43-82　C_2^- 与 C_3^-/C_1^0 的关系曲线

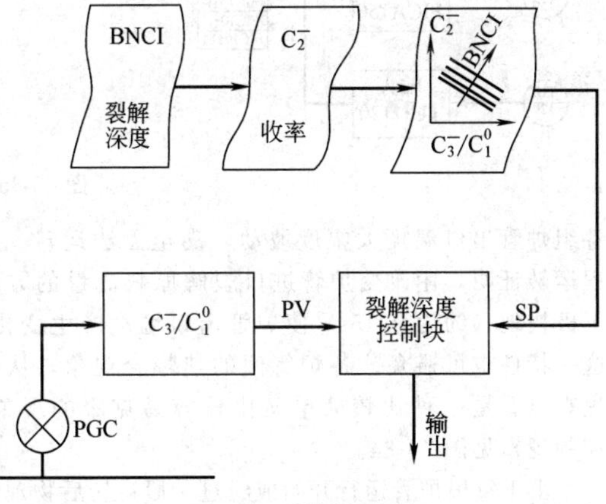

图 43-83　控制原理

(2) 炉出口平均温度偏置值与裂解原料质量流量串级控制系统

由于燃料气改变要经过较长时间（约为 45min），才能引起炉出口温度变化，这种控制方式会产生很难克服的炉管间的热耦合问题，如果操作不好，将引起

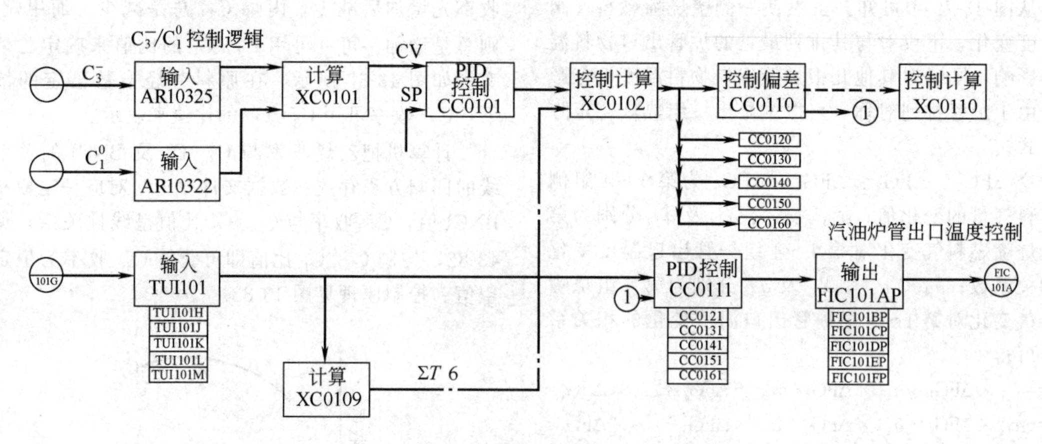

图 43-84　控制逻辑（一）

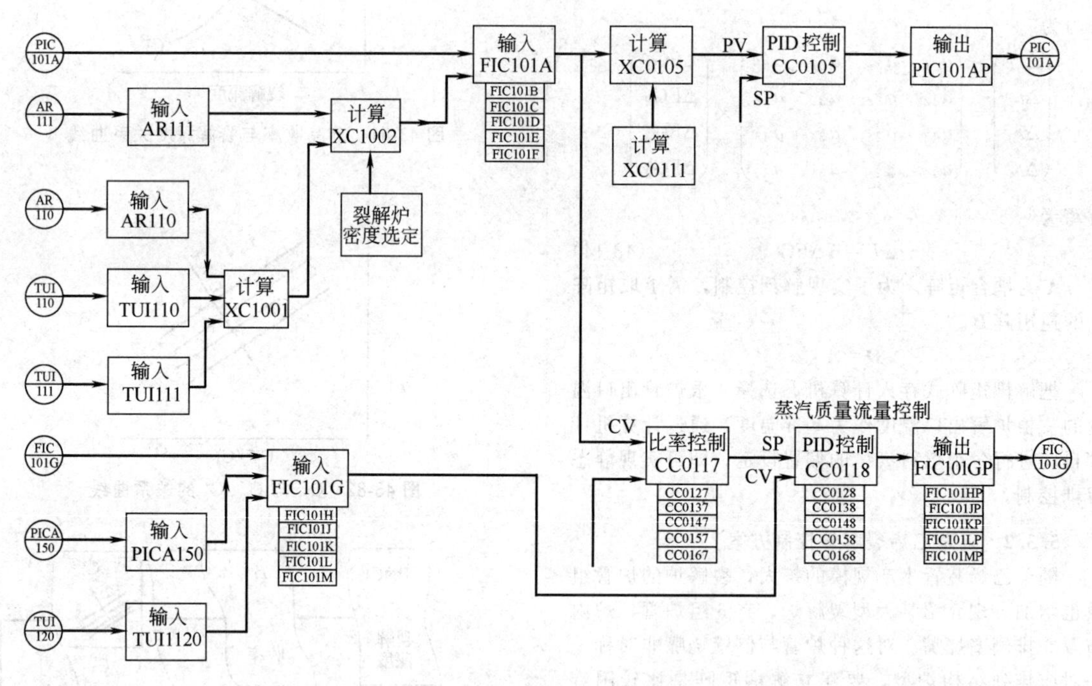

图 43-85　控制逻辑（二）

各组炉管出口温度大幅度波动，甚至无法运转。工程运转证明，用改变炉管进口裂解原料流量的方法可极快地（约为 0.45s）使炉管出口温度产生变化，这一特性也可避免。各炉管间的热耦合现象，从工程观点看是一种比较简单又比较容易克服的现象。控制逻辑见图 43-84。

由于每根炉管运行开始或经过一段运转后物理性能不尽相同（如由于结焦引起），因此，对每根炉管来说，表征最佳乙烯裂解深度的炉出口温度不可能完全相同。计算机取 6 根炉管出口温度的平均值，再加上不同的温度偏置值作为每根炉管出口温度的给定值。图 43-84 中 XC0109 为计算块，它完成 6 根炉管出口温度的平均值计算，并把该信号送至控制计算块 XC0102。计算块 XC0102 具有状态判断功能，在乙烯裂解深度控制块 CC0101 未投入自动状态时把 6 根炉管出口温度平均值送给 6 个偏置块 CC0110～CC0160，偏置块的输出作为每个炉出口温度控制块 CC0111～CC0161 的设定值。如果裂解深度控制块 CC0101 投入自动，则 XC0102 的输出作为裂解深度块 CC0101 的输出。每根炉管出口温度控制块的输出作为炉管进料裂解原料质量流量调节器的设定值。

（3）裂解原料质量流量与稀释蒸汽质量流量串级控制系统

控制逻辑见图 43-85，这就是通常说的汽/油比定值调节系统。汽/油比值直接影响裂解深度，所以保持其恒定比值具有重要作用。

图 43-85 中 AR110 为原料油密度变送器的输入块，TUI110 为原料油温度输入块，通过计算块 XC1001 进行密度温度补偿。经过输入块 FIC101A 进行质量流量计算。以往多数用振动式密度计来测定原料密度，如采用质量流量计的推出可直接输出质量流量信号，由于这种仪表内装计算机，可以很方便地进行温度补偿，测量精度高，且安装方便，今后有可能广为使用。

稀释蒸汽部分通过输入块 FIC101G～FIC101M 完成质量流量运算，与原料质量流量信号一起送到计算块 CC0117～CC0167。

计算块 CC0117～CC0167 完成汽/油比值运算后作为控制块 CC0118～CC0168 测量值（控制块内设定值为 0.75 左右），通过改变稀释蒸汽流量来维持汽/油比值恒定。

(4) 裂解炉总负荷与燃料气总管压力串级控制系统

从炉出口温度调节机理可知，为了保持炉出口温度恒定，每根炉管的进料量作为调节手段必然会出现波动，从保证产品质量来看是可行的，但势必影响炉子的总产量。为了同时保证炉子的产量不会波动过大，计算软件必须考虑总产量监控系统，控制逻辑见图 43-85。

图中计算块 XC0105 完成炉总负荷计算，其输出为 6 根炉管总量之和，作为控制块 CC0105 的测量值，该控制块用非线性 PI 算法（带死区为±2%），当总量高于+2%或低于−2%时，控制块进行 PI 控制，也即改变燃料气总管压力调节器的设定值。总管压力调节器 PIC101A 输出改变燃料气总管调节阀开度，进而影响每根炉管出口温度，再调整每根炉管原料流量，使炉出口温度及炉管总量重新稳定在新的工况下。

本控制逻辑不把炉管总量设定为恒值，减少了总量控制与炉出口温度控制逻辑之间的耦合作用。

5.4 精馏塔的控制

5.4.1 精馏塔的常规控制

精馏塔控制是一个多变量控制过程，如何在许多被控变量及操纵变量中选择配对，实现塔的常规控制是很重要的问题。美国控制工程专家欣斯基（Shinskey）提出了精馏塔控制中变量配对的三点原则。

① 当仅需要控制塔的一端产品时，应当选用物料平衡方式来控制该产品的质量。

② 塔两端产品流量较小者，应作为操纵变量用于控制塔的产品质量。

③ 当塔的两端产品均需质量控制时，一般对含纯产品较少、杂质较多的一端的质量控制选用物料平衡控制；而含纯产品较多、杂质较少的一端的质量控制选用能量平衡控制。当选用塔顶部产品馏出物流量 D 或塔底采出液量 B 来作为操纵变量控制产品质量时，称为物料平衡控制；而当选用塔顶部回流或再沸器加热量来作为操纵变量时，则称为能量平衡控制。

(1) 精馏段产品指标的控制

精馏段控制的主要目的是为了使塔顶馏出物产品质量达到要求。这时取精馏段表征塔顶产品质量且比较灵敏的点（又称灵敏板）的温度作为间接质量指标调节进塔的回流量，组成塔的主要控制回路。此外，为了塔的平衡操作，也应对塔底液位、再沸器加热蒸汽流量及回流罐液位分别设置控制回路（图 43-86）。

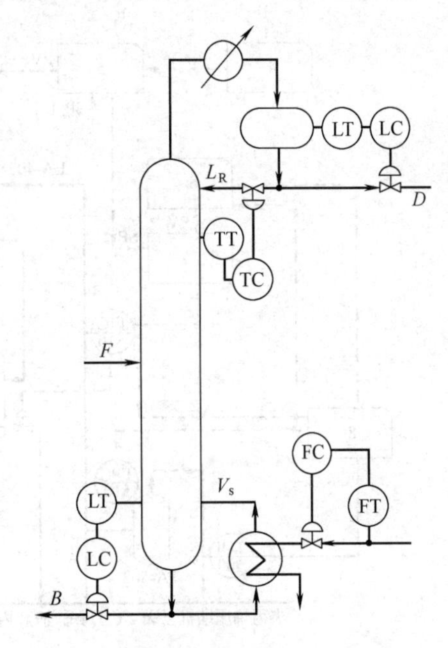

图 43-86　精馏段温度控制系统

但是用灵敏板温度不能真正表征精馏塔馏出物的质量，尤其对要求高的情况下，如乙烯精馏塔。乙烯精馏侧线馏出物对乙烯的纯度要求很高，只允许很少量杂质夹带其中，这种要求已无法通过温度测量反映出来，所以采用成分分析组成闭环控制系统，详见图 43-87 所示精馏段控制方案。

乙烯精馏塔从精馏段第 71 块塔板抽出侧线上安装气相色谱仪。控制侧线出料中乙烯浓度符合产品规格达到 99.95%（摩尔分数）。

计算机从在线气相色谱仪读入侧线出料中的乙烯浓度，并通过改变侧线出料量来控制乙烯浓度。计算机执行前馈和反馈算法来操作侧线出料（图 43-87）。反馈算法比较输入的乙烯浓度和设定值，并计算为消除任何偏差所需改变的侧线出料流量。为了使侧线出料中乙烯浓度偏差最小，前馈算法输入塔的进料流量，并计算因为进料流量变化所需补偿的侧线出料流量。

侧线出料中乙烯浓度控制见图 43-88 所示的控制功能块。

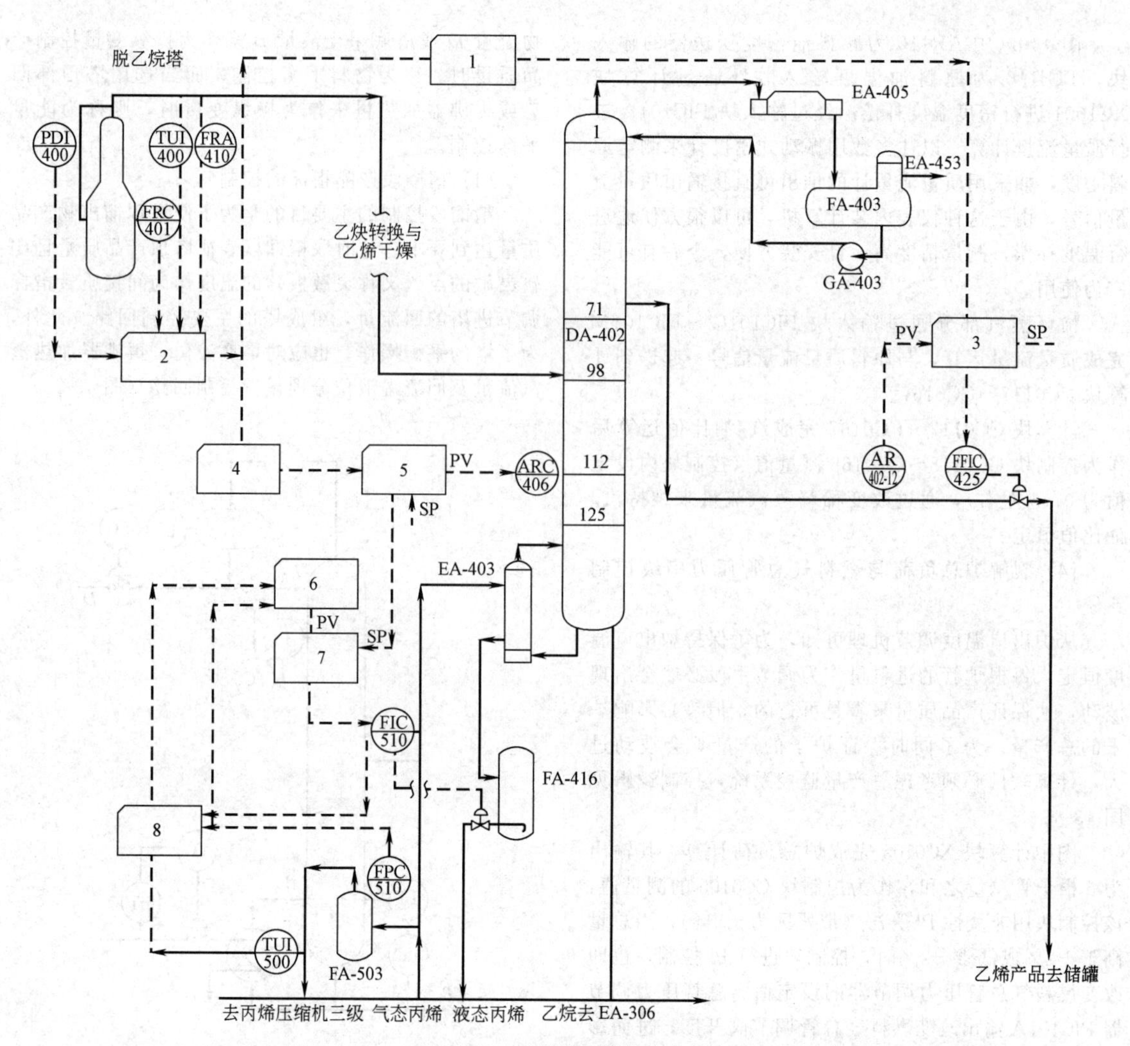

图 43-87　乙烯精馏塔控制方案

1,4—动态进料流量补偿；2—脱乙烷塔过热质量流量补偿；3—产品质量控制；5—乙烯补偿控制；6—计算再沸器热负荷；7—再沸器热负荷控制；8—丙烯质量流量补偿

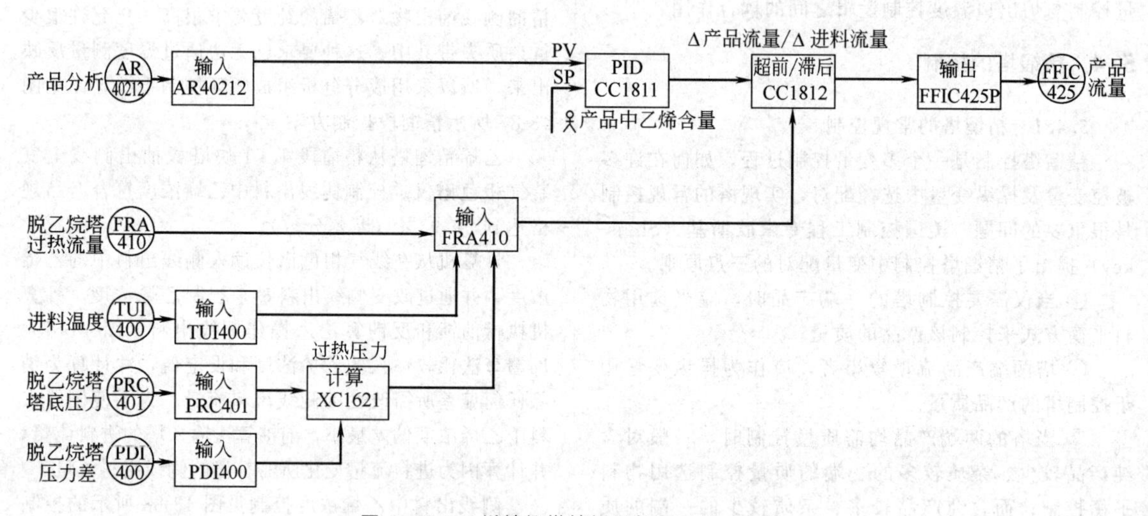

图 43-88　乙烯精馏塔精馏段控制系统功能块

AR40212 为气相色谱仪测定侧线乙烯浓度的输入块，它的输出作为乙烯浓度调节块 CC1811 的测量值。输入块 FRA410 计算出塔的进料质量流量，作为动态前馈（超前/滞后）控制块 CC1812 的前馈信号，CC1812 输出作为现场调节器 FFIC425 的设定信号。

(2) 提馏段产品指标的控制

在塔底产品质量指标要求高的情况下，必须对塔提馏段组成有效的控制系统。常用的方法是，取提馏段灵敏点温度作为间接质量控制指标，组成温度控制回路。常用的全塔控制方案见图 43-89。

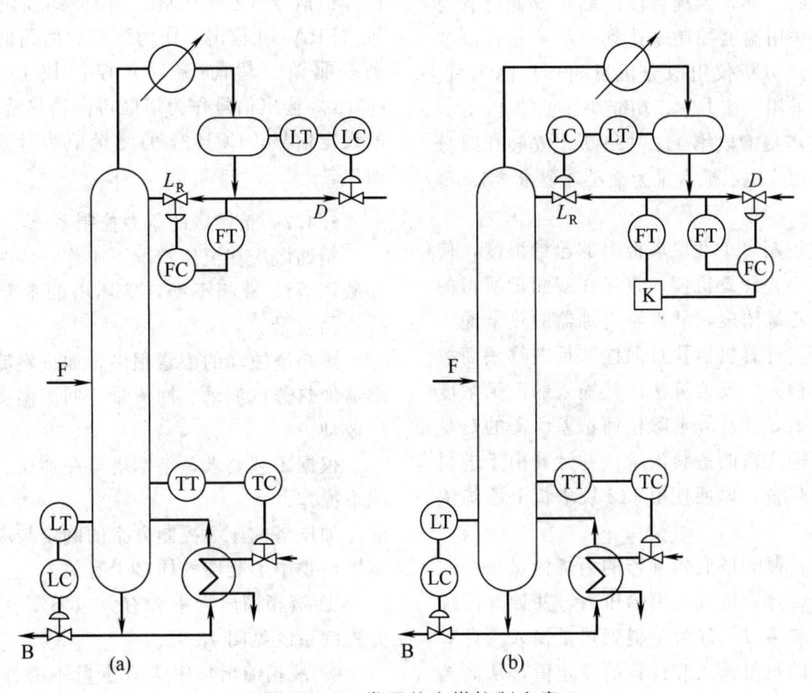

图 43-89 常用的全塔控制方案

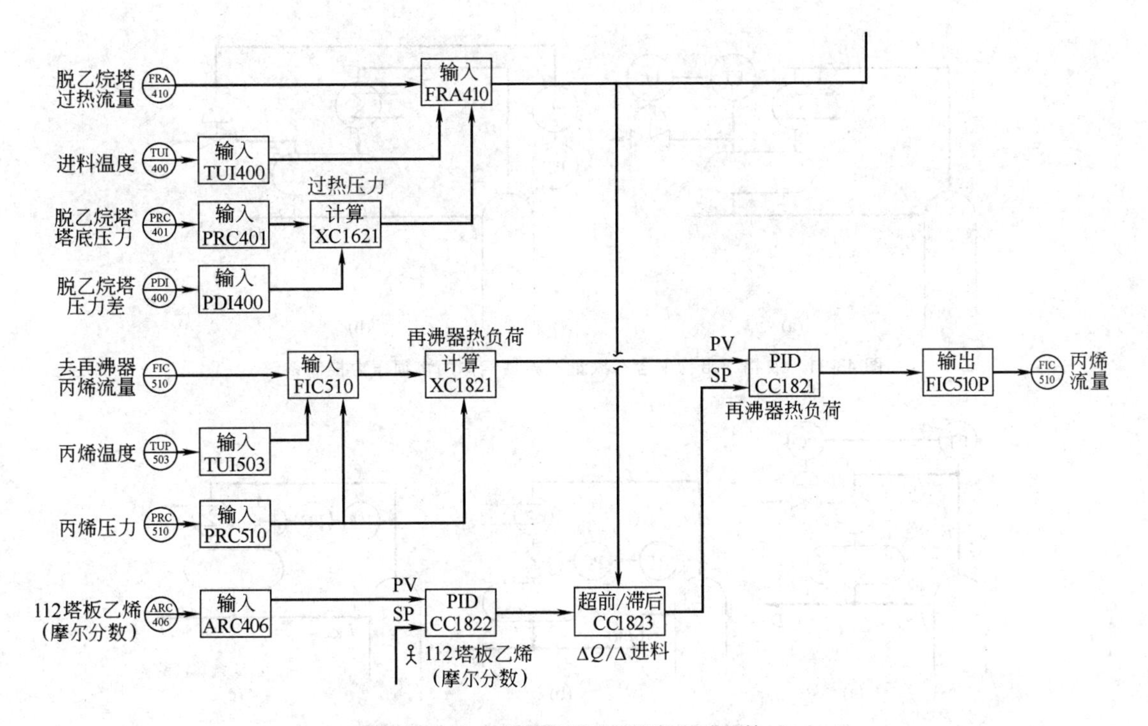

图 43-90 乙烯精馏塔提馏段控制功能块

图 43-89 中提馏段温度是通过调节再沸器加热蒸汽量来控制的，塔底及回流冷凝罐还设置液位控制回路。所不同是，图 43-89（a）设置了恒回流控制回路，而图 43-89（b）则设置了回流比控制回路。这两种方案已被广泛应用在精馏塔提馏段控制中。

和精馏段控制一样，当提馏段产品中仅允许含有少量杂质时，无法用温度控制来达到产品质量控制要求，也应采用在线分析仪组成分析量闭环控制系统。乙烯精馏塔就是采用了该方案，功能块详见图 43-90。

在乙烯精馏塔提馏段第 112 块塔板上安装在线分析仪，控制塔底物流中乙烯含量为最小［要求≤1.5%(摩尔分数)］。

计算机通过控制第 112 块塔板上的乙烯浓度，使塔底乙烯损失最小，计算机读入直接在线测量所得的第 112 块塔板上乙烯浓度，并控制再沸器的热量输入来控制乙烯浓度。计算机也执行前馈和反馈算法而控制再沸器的热量输入，反馈算法比较输入的乙烯浓度和操作员的设定值，并计算消除任何偏差所需的热量输入；前馈算法输入塔的进料流量，并计算由于进料变化所需补偿的热量，以便使第 112 块塔板上乙烯浓度偏差减到最小。

计算机通过控制到塔底再沸器的丙烯流量来控制热量输入。首先，计算机读入丙烯压力，并计算丙烯的气化热，气化热乘以丙烯流量得到热量输入。计算机比较这个计算的热量输入和计算的设定值，从而控制丙烯的流量。

塔底出料乙烯损失的控制方案如下。

塔的第 112 块塔板为乙烯浓度变化最灵敏点，控制该塔板的乙烯浓度即可使塔底出料乙烯损失达到最小值。

CC1822 为乙烯浓度控制块，它的输入来自色谱仪分析信号（乙烯浓度）的输入块，进料质量流量信号（FRA410 输出）作为该控制回路的前馈信号送到动态前馈（超前/滞后）控制块 CC1823。控制块 CC1823 输出信号作为塔底再沸器热量调节块 CC1821 的设定信号，CC1821 的测量值为计算块 XC1821 的输出。

5.4.2 精馏塔的压力控制系统

精馏塔应在恒压情况下工作，因为塔的压力波动会破坏塔汽-液相平衡，破坏塔的平衡操作，进而影响产品质量。

影响塔波动的因素很多，如进料流量、组分、再沸器加热蒸汽波动、回流量、回流温度等都会引起塔压波动。

根据工艺要求，精馏塔可在加压、常压或负压情况下操作。

加压塔的压力控制方案的确定与塔顶馏出物状态及馏出物中不凝性气体多少有关。

① 液相馏出物中含有大量不凝性气体的塔顶压力控制系统见图 43-91。

② 液相馏出物中含有少量不凝性气体压力控制见图 43-92。

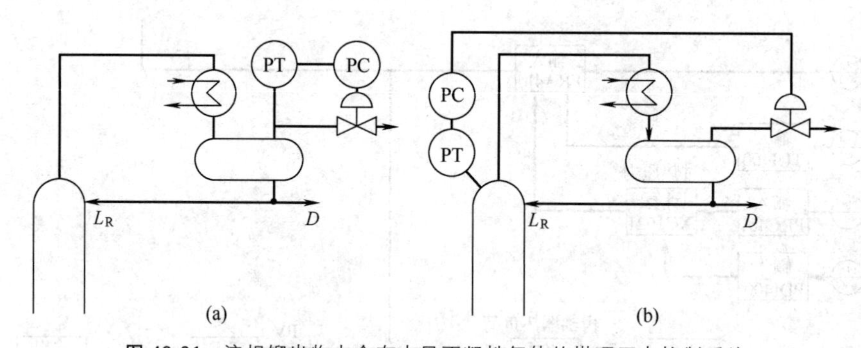

图 43-91 液相馏出物中含有大量不凝性气体的塔顶压力控制系统

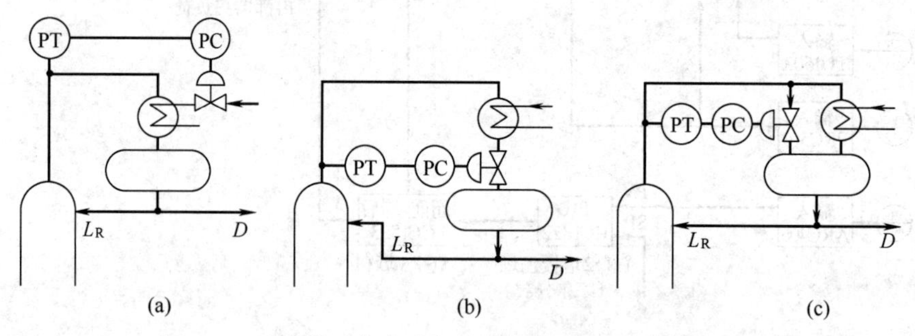

图 43-92 液相馏出物中含有少量不凝性气体压力控制方案

图 43-92 中，方案（a）操作变量为冷却水流量；方案（b）为改变传热面积；方案（c）为热旁路控制方法。

③ 气相馏出物塔顶压力控制系统见图 43-93。

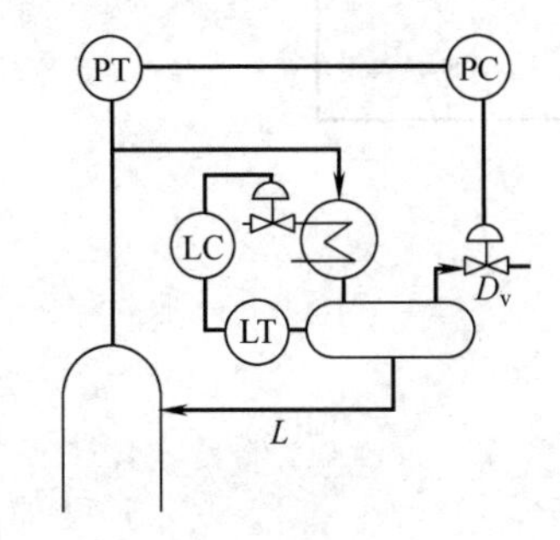

图 43-93　气相馏出物塔顶压力控制系统

当气相馏出物为下工序进料，可考虑压力及气相馏出物流量串级控制方案，见图 43-94。

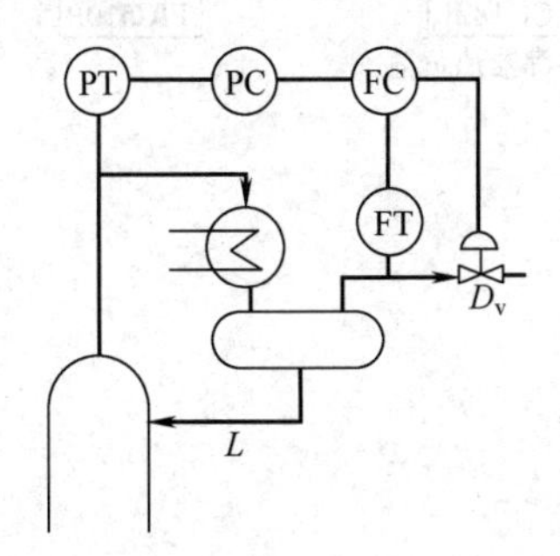

图 43-94　气相馏出物压力-流量串级控制系统

5.4.3　精馏塔的复杂控制系统

(1) 内回流控制系统

当塔顶采用风冷式冷凝器时，由于大气温度受季节和昼夜变化的影响，作为制冷剂的空气温度变化致使冷凝器出口回流液温度变化，在这种状态下即使外回流恒定，但通过回流进入塔中的热量并不恒定，这样会破坏塔内的热量平衡，影响塔的平衡操作。内回流是指精馏段内上层塔板流向下层塔板的液体流量，显然内回流无法直接测定，但可以按下列算式间接推算。

$$L_i=L_R\left(1+\frac{c_p\Delta T}{\lambda}\right) \tag{43-15}$$

式中　L_i ——内回流量；

L_R——外回流量；

c_p——外回流液比热容；

λ ——外回流汽化潜热；

ΔT ——冷凝器进、出口物料温度差。

从式（43-15）可知，ΔT 及 L_R 可直接测得，从而也可知道内回流量。内回流控制系统已被广泛应用于精馏塔的塔顶控制系统，组成塔顶温度（或组分）为主环的内回流串级控制系统。

内回流控制系统如图 43-95 所示，DCS/PLC 的软件功能很容易对内回流量进行计算。

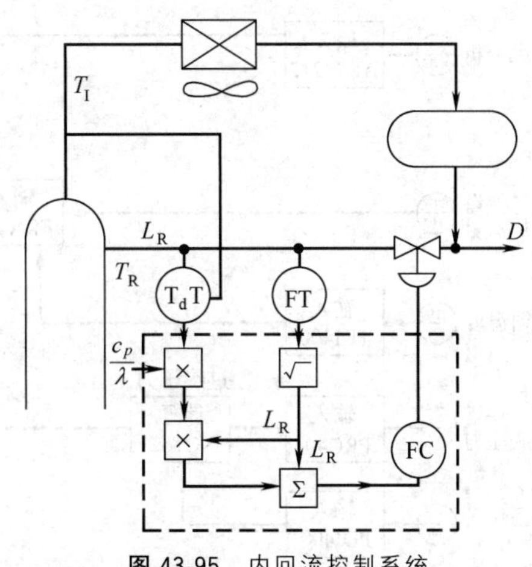

图 43-95　内回流控制系统

(2) 热负荷控制系统

常规控制系统中再沸器常采用恒定加热（或制冷）剂流量恒定的控制方案。实际上这种方案并不能保证再沸器热负荷稳定，所以会导致塔的操作不稳定，尤其当加热（或制冷）剂为气相且压力不稳定时更为严重。因此，对成品精馏塔往往采用热负荷控制系统。乙烯精馏塔为乙烯装置的关键设备，该塔的乙烯馏出物为装置的最终产品，对产品的纯度要求极高，因而对塔底再沸器考虑了热负荷控制系统，如图 43-96 所示。

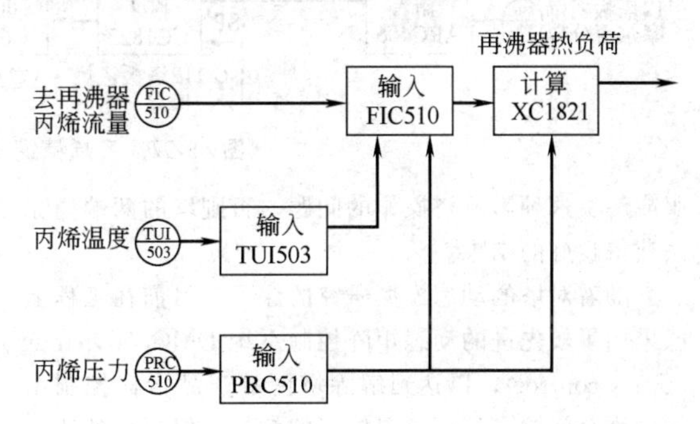

图 43-96　乙烯精馏塔再沸器热负荷控制系统功能块

计算公式为

XC1821＝H×FIC510

FIC510＝A[(B－PRC510)/C]N

式中，A、B、C、N 及 H 为回归方程系数。

(3) 塔两端产品指标控制系统

乙烯精馏塔第 9 块塔板侧线抽出物要求乙烯纯度不低于 99.95%(摩尔分数)，达到生产聚合级乙烯质量规格。塔底排出物中乙烯损失≤1.5%(摩尔分数)。采用塔的两端产品指标控制系统如图 43-87 所示，控制功能块如图 43-97 所示。

从塔的动态特性分析，两端产品指标控制系统之间存在着相互关联的耦合作用，在设计时必须尽量克

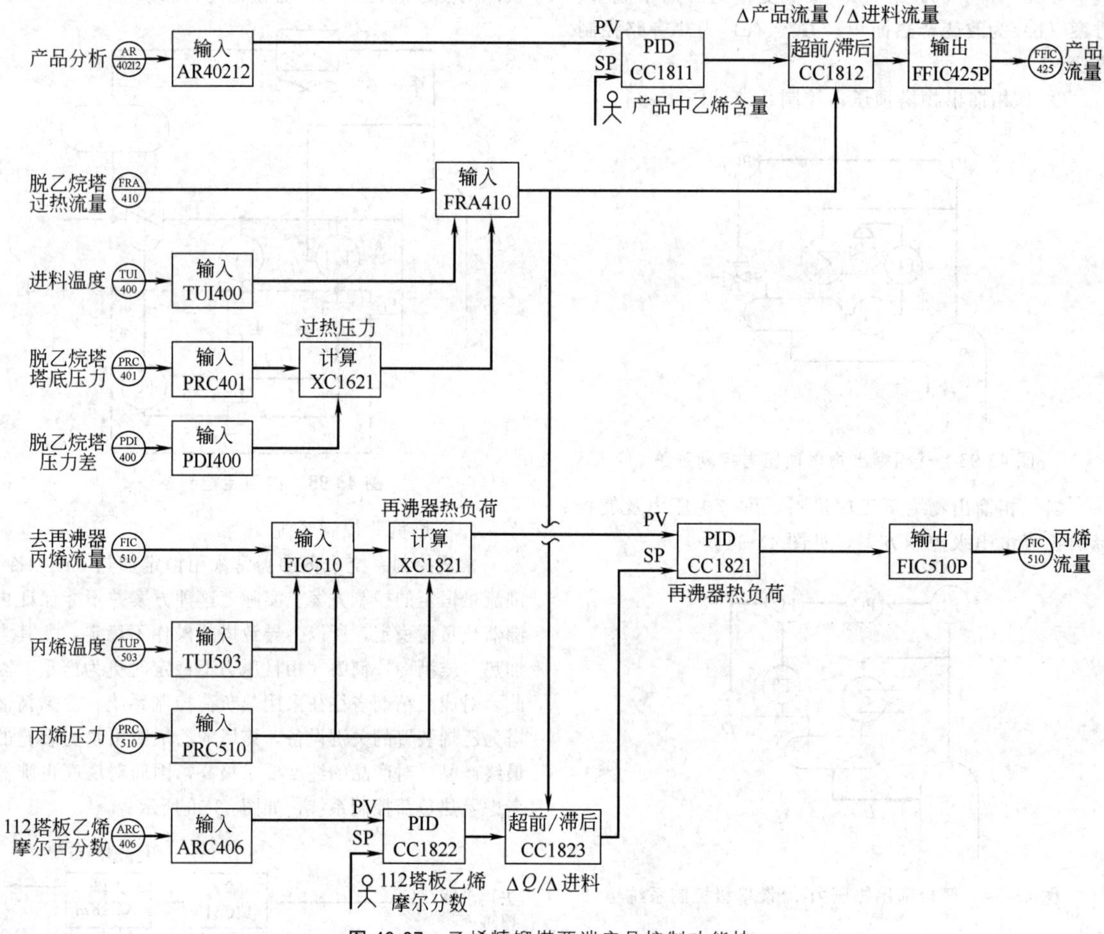

图 43-97 乙烯精馏塔两端产品控制功能块

服或解决这种影响塔操作的问题，否则塔的两端均无法获得良好的结果。

随着对塔的动态模型研究的深入，目前在工程上已采用了较先进的动态矩阵控制系统 DMC（dynamic matrix control），以达到解除塔两端产品指标控制系统的耦合问题，从而获得较好的效果。但要做到这一点必定要花费较多的人力，并要借助计算机仿真技术，因此还不能普遍推广应用。

从工程生产实际需要出发，也可采取简单的手段解决这一问题，常规的做法是通过两端调节回路的参数调整，如放宽一端规格要求（如乙烯塔底部产品规格调节器具有死区非线性功能）以保证另一端产品质量稳定。

(4) 塔的前馈控制系统

精馏塔的进料量或组分波动是影响塔平衡操作的主要干扰，由于进料组分波动不可能频繁出现，因此常把进料流量引入前馈回路中。从图 43-87 乙烯精馏塔的控制方案及图 43-97 控制功能块中可见，通过计算块 XC1621 及输入块 FRA410 计算出来自脱乙烷塔的乙烯精馏塔进料质量流量，通过两个前馈动态补偿超前-滞后环节 CC1812 及 CC1823 分别引入塔顶第 9 块侧线乙烯产品质量控制回路和第 112 块塔板质量控制回路，组成两个前馈-反馈控制系统。塔的精馏段操作变量为外回流量，而提馏段的操作变量为液态丙烯排出量。

6 调节阀的选用要点

6.1 调节阀的作用

调节阀作为最终执行元件，在控制系统中起着关键作用。合理的选型和正确的计算，是阀门长期稳定运行的基础。调节阀的作用是，通过流通面积的变化来改变调节阀的管路阻力系数，从而达到调节流量的目的。

6.2 调节阀的分类

一台调节阀由阀体、执行机构及阀门附件组成（图 43-98）。按执行机构分类，可分为气动、电动、液压三大类，其中以气动应用最为普遍。气动执行机构又分为气动薄膜式（图 43-99）和气缸式（图 43-

100）两大类，由于后者输出力矩大，通常应用于高压差和开关切断场合。

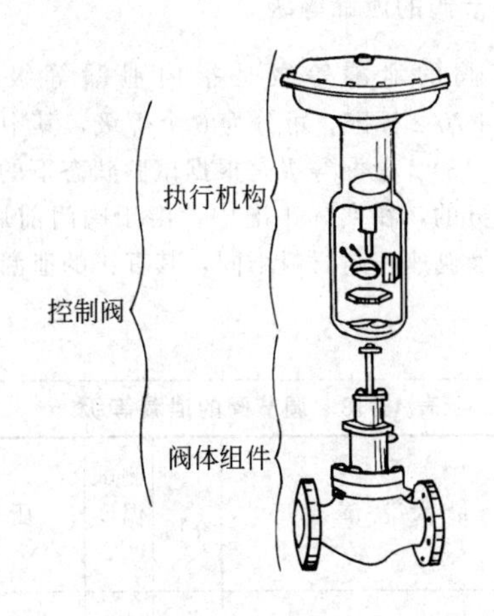

图 43-98 调节阀结构

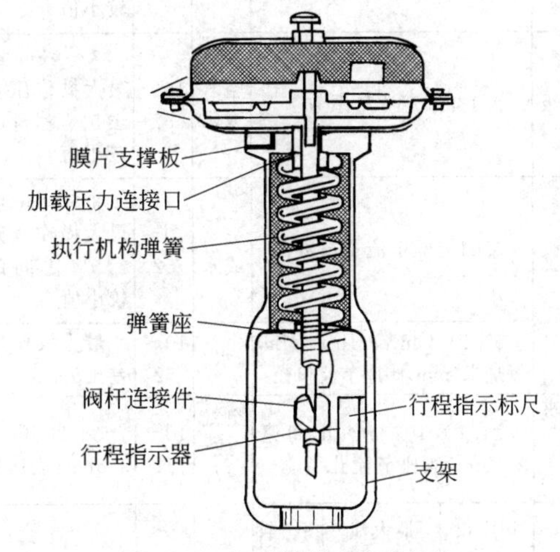

图 43-99 气动薄膜式执行机构

调节阀是根据阀体的类型进行常规分类的。从以往的经验来看，阀体的选型（包括阀内件）是调节阀选用中最重要的一个环节。随着阀门设计和实践应用的发展，人们对各类调节阀的应用场合积累了大量的经验，表 43-17 列出常用调节阀的优缺点和应用场合。

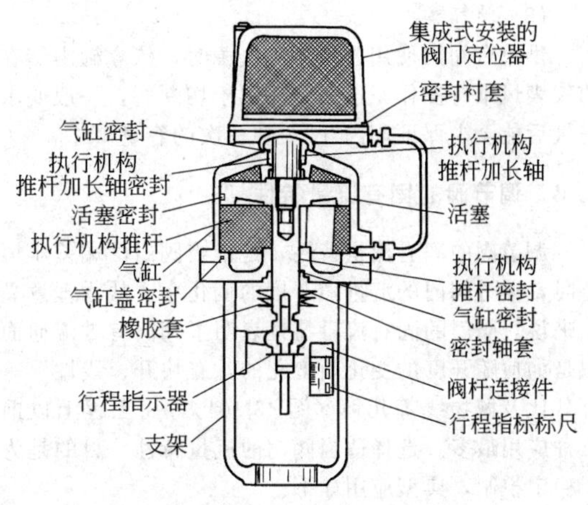

图 43-100 气缸式执行机构

6.3 调节阀的附件

阀门的附件是为了操作功能需要而设置的，以下分别说明。

(1) 手轮

手动操作。

(2) 气动或电动定位器

可以提高执行机构输出力，改善阀门的动态特性。

(3) 电磁阀

使阀门迅速达到联锁要求位置（阀开或阀关）。手动复位型应用于安全等级高的联锁回路，如燃料气切断阀需待工艺恢复正常，现场人工手动复位进行确认后方可打开。

(4) 阀位开关

阀门到位后的信号反馈，一般指开到位和/或关到位的状态。

(5) 阀位变送器

阀位连续信号反馈，一般应用于关键阀门。

(6) 保位阀

失气后，阀门保持在失气前的工作位置。

(7) 机械限位

为工艺安全而设置的阀位锁定机构，如锅炉给水阀设最小限位，保证任何操作阀门不被关死，有一定流量通过。

表 43-17 常用调节阀的优缺点和应用场合

类型	泄漏量	流量系数	允许压差	应用场合	口径范围/in
直通单座阀	小	小	中等	3in 及以下阀门，强负荷工况	1～16
双座阀	大	大	大	压差大，但对泄漏量要求不高	1～12
套筒阀	中等	中等	中等	介质干净，无颗粒	1～16
角阀	小	小	很大	高压差，悬浮物工况	1～6
三通阀	中等	大	小	代替两个单座阀，如旁路流量控制	1～10
偏心旋转阀 V形球阀	中等	大	中等	有冲刷、浆料、高黏度工况	1～12
蝶阀	中等	很大	小	大口径，低压差	2～96
球阀	很小	大	中等	开关切断场合	1～24

注：1in＝0.0254m。

(8) 储气罐

供单台阀门使用。当失去气源时，依靠罐内储存的仪表风维持操作一段时间。对于切断阀，一般要求失气后能至少保证阀门开/关各一次的容量。

6.4 调节阀的固有流量特性

调节阀的固有流量特性，是指当阀门两端差压恒定时，通过阀门的流量随开度的变化率。从物理意义上来说，阀门的固有流量特性表明了阀门有效流通面积是如何随开度的变化而变化的，有快开、线性、等百分比及抛物线等几种（图 43-101），而工程上以前三种应用最多。选择适当阀门的流量特性，目的是为了稳定控制，典型应用如下。

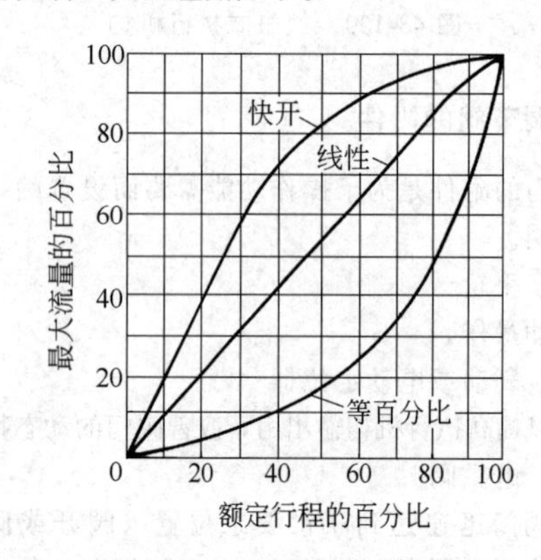

图 43-101 调节阀特性曲线

(1) 快开特性

在小开度范围内，流量随开度的变化率最大，而随着开度的增大，流量的变化率急剧减小。从图 43-101看，在小开度时阀门的流通能力已经相当大，而在接近全开时，流通能力几乎无变化，所以快开特性阀门主要应用于开关切断场合。

(2) 线性特性

在 0～100％开度内，流量随开度的变化率为常数。也就是说，50％开度下阀门的流通能力是全开时的 50％，依此类推。对于线性阀，正常流量时阀门的相对开度最好为 50％～60％。线性特性的阀门主要适用于系统增益为常数的控制回路，如液位控制阀往往选择线性特性，另外，压缩机防喘振阀门一般也选用线性阀。

(3) 等百分比特性

在小开度范围内，流量随开度变化率增加得很少，但随着阀门开度的增加，其变化率急剧增加。对于等百分比特性阀，正常流量时阀门的相对开度最好为 70％～80％。等百分比特性阀主要应用于压力、流量和温度的控制场合。如换热器温度控制，其负荷越大，温度饱和特性越严重，即系统增益随负荷增大而减小，而等百分比特性正好补偿了这个系统特性。另外，负荷变化较大的系统，如果阀门上的压降随流量增大而减小得严重，也应选择等百分比特性。

6.5 调节阀的泄漏等级

调节阀的泄漏等级是指内泄漏等级，参照 ANSI/FCI-70-2 标准，可分为 6 个等级，其中Ⅰ级不用（表 43-18）。泄漏等级是根据试验状态下的泄漏量大小来划分的，在实际工况中，由于阀门前后压差、操作温度及阀座密封材料不同，其真正的泄漏量是很难确定的。

表 43-18 调节阀的泄漏等级

<table>
<tr><th>泄漏等级</th><th colspan="3">最大泄漏量</th><th>测试介质</th><th>测试温度/℃</th><th>压力</th></tr>
<tr><td>Ⅱ级</td><td colspan="3">0.5％额定流量系数</td><td>空气或水</td><td>10～52</td><td>3～4bar 或最大操作压差±5％之间的较小值</td></tr>
<tr><td>Ⅲ级</td><td colspan="3">0.1％额定流量系数</td><td>空气或水</td><td>10～52</td><td>3～4bar 或最大操作压差±5％之间的较小值</td></tr>
<tr><td>Ⅳ级</td><td colspan="3">0.01％额定流量系数</td><td>空气或水</td><td>10～52</td><td>3～4bar 或最大操作压差±5％之间的较小值</td></tr>
<tr><td rowspan="2">Ⅴ级</td><td colspan="3">$5\times10^{-12}m^3/s$，1bar 差压，每毫米(mm)阀座节流口径</td><td>水</td><td>10～52</td><td>最大操作压差±5％</td></tr>
<tr><td colspan="3">$11.1\times10^{-6}m^3/h$，每毫米(mm)阀座节流孔径</td><td>空气或氮气</td><td>10～52</td><td>入口压力3.5bar(表压)</td></tr>
<tr><td rowspan="13">Ⅵ级</td><td>阀座口径/mm(in)</td><td>最大泄漏量/(mL/min)</td><td>每分钟气泡数/个</td><td rowspan="13">空气或氮气</td><td rowspan="13">10～52</td><td rowspan="13">最大额定压差或 3.5bar 之间的较小值</td></tr>
<tr><td>≤25(≤1)</td><td>0.15</td><td>1</td></tr>
<tr><td>38(1.5)</td><td>0.30</td><td>2</td></tr>
<tr><td>51(2)</td><td>0.45</td><td>3</td></tr>
<tr><td>64(2.5)</td><td>0.60</td><td>4</td></tr>
<tr><td>76(3)</td><td>0.90</td><td>6</td></tr>
<tr><td>102(4)</td><td>1.70</td><td>11</td></tr>
<tr><td>152(6)</td><td>4.00</td><td>27</td></tr>
<tr><td>203(8)</td><td>6.75</td><td>45</td></tr>
<tr><td>250(10)</td><td>11.1</td><td>—</td></tr>
<tr><td>300(12)</td><td>16.0</td><td>—</td></tr>
<tr><td>350(14)</td><td>21.6</td><td>—</td></tr>
<tr><td>400(16)</td><td>28.4</td><td>—</td></tr>
</table>

注：1in＝0.0254cm；1bar＝10^5Pa。

对泄漏等级影响最大的是操作温度和切断压差大小，因为只有软密封（弹性阀座）才可以达到Ⅵ级密封，但如果操作温度较高或压差过大，只有选择硬密封（金属阀座），这样往往达不到Ⅵ级密封。

对调节阀提出过高的泄漏等级要求是不必要的。如果阀门不要求切断功能，上游又有手动切断阀，那么Ⅲ级密封适合于大多数工况，过高的泄漏等级要求不仅增加了投资，而且增加了备件种类和维护工作量。在高压差操作工况下的调节阀可考虑提高泄漏等级，因为高压差时泄漏量较大，易导致阀座损坏。

以下说明典型阀门可达到的泄漏等级。

Ⅱ级　普通双座阀，平衡阀芯的单座阀

Ⅲ级　同Ⅱ级，但阀门密封性能更好

Ⅳ级　普通不平衡阀芯的直通单座阀，平衡阀芯的直通单座阀（多级密封）

Ⅴ级　少量不平衡阀芯的直通单座阀，平衡阀芯的直通单座阀（特殊设计阀座），该等级主要应用于要求紧密切断场合

Ⅵ级　软密封阀座，该等级应用于要求严密切断场合

6.6　气开和气关

气动调节阀有气开和气关类型。气开阀指进执行机构的气压越高，阀门开度越大，而在失气时阀门关闭，也称为FC（fail close）；气关阀指进执行机构的气压越高，阀门开度越小，而在失气时阀门全开，也称为FO（fail open）。

气开和气关类型的选择主要考虑失气时阀门的位置能保证装置安全。

6.7　液体流量系数计算

（1）流量系数的定义

控制阀流量系数C_V无单位量，数值上等于温度为15℃的水在控制阀两端压差为1psi（$1psi=1.45\times10^{-4}Pa$）时，1min内流过阀门的体积加仑数（美制加仑，$1US\ gal=3.78541dm^3$）。一台控制阀在不同开度时C_V值是不同的，C_V值随着阀门开度的增加而增加，阀门全开时的C_V值称为该阀门的额定C_V值。计算C_V值的目的在于选择适当口径的控制阀。

（2）液体C_V值的计算公式

$$C_V=1.17Q\sqrt{\frac{G_f}{\Delta p}} \tag{43-16}$$

式中　G_f——操作状态下的相对密度；

Q——体积流量，m^3/h；

Δp——阀前后的压差，bar（$1bar=10^5Pa$）。

（3）液体的阻塞流

从式（43-16）看，通过阀门的流量随着阀两端压差增加可一直增加，但实际上不是这样。根据能量守恒定律，液体流过阀门时，由于节流作用，流速增加而静压减少，在缩脉处（最小截面处）的流速最高而静压（p_{VC}）最小，缩脉后流速又减小，至阀后p_2处静压得到恢复（图43-102）。如果阀压差Δp足够大，会出现极限流量，再增大压差流量也不再增加，这种现象称为液体阻塞流。

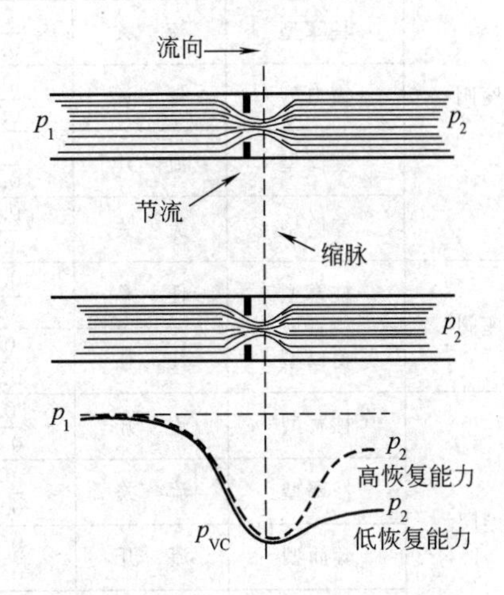

图43-102　阀内压力恢复特性

p_1—上游压力；p_2—下游压力；

p_{VC}—缩脉处压力；$\Delta p=p_1-p_2$；

$\Delta p_{VC}=p_1-p_{VC}$

（4）压力恢复系数

为了计算液体发生阻塞流时的起始压差Δp_C，引入压力恢复系数F_L，其定义见式（43-17）。

$$F_L=\sqrt{\frac{p_1-p_2}{p_1-p_{VC}}} \tag{43-17}$$

F_L是一个实验数据，代表了液体流过阀门时的静压恢复能力，与阀形式、流向和阀开度有关。几何形状相同的阀门不管大小，F_L值都相同。表43-19为典型阀门F_L/χ_T参考值。

$$\Delta p_C=F_L^2(p_1-r_c p_V) \tag{43-18}$$

式中，$r_c=0.96-0.28\sqrt{\frac{p_V}{p_C}}$。

一旦操作压差大于Δp_C，表明已发生阻塞流。此时式（43-16）中Δp要用Δp_C代入后计算液体C_V值。

单座阀的F_L比蝶阀或球阀要大，也就是p_2恢复得少，故称为低恢复能力阀。

（5）阻塞流工况

发生阻塞流后，再根据p_2与p_V大小，分闪蒸和气蚀两种工况。若下游压力$p_2<p_V$，就称为闪蒸工况；如果$p_2>p_V$，就称为气蚀工况。闪蒸工况不可避免，因为这是工艺的要求，如液体气化变作冷剂。气蚀工况应尽量避免，因为这时阀内部发生了液变气、气再变液的过程，而当气变回液时，由于气泡

表 43-19 典型阀门 F_L/χ_T 参考值

阀门形式	阀芯类型	流 向	$\frac{F_L}{\chi_T}$
单座阀	柱塞型	流 开	$\frac{0.9}{0.72}$
	柱塞型	流 关	$\frac{0.8}{0.55}$
	窗口型	任 意	$\frac{0.9}{0.75}$
	套筒型	流 开	$\frac{0.9}{0.75}$
	套筒型	流 关	$\frac{0.85}{0.7}$
双座阀	柱塞型	任 意	$\frac{0.85}{0.7}$
	窗口型	任 意	$\frac{0.9}{0.75}$
角型阀	柱塞型	流 开	$\frac{0.9}{0.72}$
	柱塞型	流 关	$\frac{0.8}{0.65}$
	套筒型	流 开	$\frac{0.85}{0.65}$
	套筒型	流 关	$\frac{0.8}{0.6}$
球阀	O形球阀	任 意	$\frac{0.55}{0.15}$
	V形球阀	任 意	$\frac{0.6}{0.25}$
偏心旋转阀	柱塞型	流 开	$\frac{0.85}{0.61}$
	柱塞型	流 关	$\frac{0.68}{0.4}$
蝶阀	60°全开	任 意	$\frac{0.68}{0.38}$
	90°全开	任 意	$\frac{0.6}{0.35}$

破裂而释放大量能量，噪声、振动和冲蚀也同时产生，这种情况下阀门的寿命将大大缩短。典型的工况如锅炉给水泵的旁路阀。

要避免气蚀，可以选择低恢复能力阀。从公式(43-17)来看，如果 F_L 比较大，则 p_{VC} 更接近 p_2，这样 p_{VC} 能大于 p_V，而不发生液体气化的过程，从而避免了阻塞流。所以，抗气蚀阀门大多数为柱塞阀。

6.8 气体和蒸汽流量系数计算

气体为可压缩流体，其产生阻塞流的机理与液体不同，当操作压差比 χ 很小时，通过阀门的流量随着阀两端压差的增加而增加，χ 逐渐增大到一定数值 χ_T 后，阀后缩脉处达到声速，这时再增加压差流量 χ_T 也不会随着增加，产生了气体阻塞流。

(1) 气体 C_V 值的计算公式

$$C_V=\frac{Q_n}{2250p_1Y}\times\sqrt{\frac{MT_1Z}{\chi}} \tag{43-19}$$

$$Y=1-\frac{\chi}{3F_\kappa\chi_T}$$

$$\chi=\frac{p_1-p_2}{p_1}$$

式中 Q_n——体积流量（标准状态），m^3/h；

p_1——上游压力，bar（绝压），$1bar=10^5Pa$；

M——分子量；

T_1——上游温度，K；

Z——气体压缩系数；

Y——气体膨胀系数；

χ——操作压差比；

F_κ——比热比系数，$F_\kappa=\frac{\kappa}{1.4}$；

χ_T——气体极限压差比（表 43-17）；

κ——等熵指数。

气体通过阀门时，最大（极限）压差比为 χ_T，如果操作压差比 χ 大于 $F_\kappa\chi_T$，可认为产生了阻塞流，此时公式(43-19)中的 χ 要用 $F_\kappa\chi_T$ 替代来计算气体 C_V 值。

(2) 蒸汽流量系数计算公式

$$C_V=\frac{W(1+0.00126T_{SH})}{6.6p_1(3-\frac{\chi}{\chi_T})\sqrt{\chi}} \tag{43-20}$$

式中 W——蒸汽质量流量，kg/h；

T_{SH}——蒸汽过热度，℃；

p_1——上游压力，bar（绝压）。

一旦 $\chi_T>\chi$，便可认为产生了阻塞流，用 χ_T 替代式(43-20)中 χ 来计算蒸汽 C_V 值。

(3) 流量系数计算小结

在流体可能发生阻塞流工况时，工艺必须提供 p_V、p_C、κ 等物性参数作为计算判断是否发生阻塞流的依据，如果确实发生，以上参数还将用于 C_V 值的计算。

尽量要避免液体汽蚀工况，因为此时阀门寿命极短。对于气体应用实际工况，单座阀的极限压差比 χ_T 为0.5左右，而蝶阀接近0.15，也就是说，蝶阀容易产生阻塞流。扩大阀门口径并不能避免阻塞流，但可降低阀内流速，从而减少冲蚀。

6.9 调节阀推荐流速

对于液体，一般调节阀入口流速应小于10m/s，而蝶阀小于7m/s。如果发生阻塞流则要求更小，以减少阀门内件磨损。

对于气体，连续工况的调节阀入口流速应小于 $0.3v_s$，而间歇工况小于 $0.5v_s$。但计算噪声都不应大于110dB（A）。

$$v_s=91\sqrt{\frac{\kappa T}{M}} \tag{43-21}$$

式中 κ——等熵指数；

M ——分子量；

T ——操作温度，K。

6.10　调节阀口径的选择

首先，调节阀应保证能通过工艺要求的最大流量，并保留一定富余量。根据工艺操作的负荷变化，一般至少考虑 15%。其次，根据所选调节阀流量特性，使阀门在正常流量时工作在适当的开度，这时的阀门工作特性较好。但最终选定阀门只有一个，如果要求阀门在最小/正常/最大流量下都保证适当开度，这是不符合实际的。要求控制的流量范围较大，分程控制是最好的选择；对于放空调节阀，考虑最大流量能通过即可，不必考虑开度要求。所以，口径选择要了解工艺特性，最好能提出最小/正常/最大流量下的操作参数和操作要求。值得注意的是，一些压力控制回路，正常流量和最大流量下的阀上压降差别很大，有时达 2 倍以上，这时如果误认为压降不变，所选阀门可能偏小。

从静态角度看，调节阀能通过工艺最大流量即可，阀门口径越大越保险，但过大口径的阀门实际开度偏小，阀门动态特性不好，系统调节品质差。

调节阀能通过的流量受制于管路阻力分布。随着流量增大，管路压力损失也急剧增加，阀门上相应分配的压差减少，所以全开时通过阀门的实际流量与理论值相差很多。

6.11　调节阀的手轮和阀组

是否设置手轮和阀组，应根据装置和单元的操作要求，结合物性和操作安全规程，不能一概而论。以下说明可作参考。

① 安装在 2in（1in=0.0254m）及以上管道上的调节阀应设置手轮。

② 如果设置了手轮，可不设操作旁路，两者取一。旁路阀的作用是在开车或调节阀失灵时，手动控制流量。

③ 三通阀应设置手轮。

④ 锅炉给水阀应设开车旁路。

⑤ 物料含颗粒，或开车状态时物料黏度大，需设旁路。

⑥ 正常操作压差大于 10bar（$1\text{bar}=10^5\text{Pa}$）时，考虑设置旁路。

⑦ 蒸汽操作压差大于 8bar（$1\text{bar}=10^5\text{Pa}$）时，考虑设置旁路。

⑧ 并联调节阀，操作为一开一备的，可不设手轮和旁路。

⑨ 放空调节阀，不应设手轮和旁路。

⑩ 紧急停车切断阀，不应设手轮和旁路。

⑪ 燃料调节阀，不应设手轮。

6.12　调节阀的噪声

调节阀的噪声受多方面因素影响，本小节不涉及由于机械振动、反射/谐振而产生的噪声，只根据 VDMA 24422 标准，对液体流体动力学噪声和气体空气动力学噪声做出分析。

一般认为离开管道 1m 处小于 85dB（A）的噪声是可以接受的。调节阀在大多数工况下都小于这个数值。对于液体工况，噪声水平通常不高，计算参见式（43-22），即使在闪蒸工况下，保守估计也不会超过 90dB（A）。但如果发生汽蚀（$X_F>z$），噪声急剧增加，计算参见公式（43-23）。

$$L_A=10\lg C_V+18\lg(p_1-p_V)-5\lg\rho+18\lg(X_F/z)+39+\Delta L_P \tag{43-22}$$

$$L_A=10\lg C_V+18\lg(p_1-p_V)-5\lg\rho+292(X_F-z)^{0.75}-(268+38z)(X_F-z)^{0.935}+39+\Delta L_F+\Delta L_P \tag{43-23}$$

$$X_F=\frac{\Delta p}{p_1-p_V}$$

式中　L_A ——噪声水平，dB（A）；

p_1 ——上游压力，bar（绝）；

p_V ——液体饱和蒸气压，bar（绝）；

ρ ——液体密度，kg/m^3；

z ——噪声特性压降比系数，见表 43-20；

ΔL_P ——管壁修正系数，见表 43-21；

ΔL_F ——液体噪声计算阀门修正系数。

表 43-20　噪声特性压降比系数 z

阀门型式	阀门开度/%									
	10	20	30	40	50	60	70	80	90	100
直通单座阀	0.60	0.49	0.37	0.32	0.30	0.30	0.30	0.30	0.30	0.30
套筒降噪阀	0.64	0.64	0.54	0.45	0.39	0.37	0.35	0.34	0.34	0.33
偏心旋转阀	0.44	0.43	0.41	0.38	0.35	0.31	0.28	0.25	0.20	0.16
蝶阀	0.38	0.34	0.31	0.28	0.25	0.23	0.20	0.17	0.14	0.11
球阀	0.52	0.51	0.47	0.42	0.36	0.29	0.22	0.16	0.09	0.06

表 43-21 管壁修正系数 ΔL_P

口径/mm	壁厚/mm															
	2.9	3.2	3.6	4	4.5	5.6	6.3	7.1	8	10	11	12.5	14.2	16	20	25	30
50	0	−0.5	−1	−2	−3.5	−6	−7.5	−9	−11	−13							
80		0.5	0	−0.5	−1	−2	−3.5	−5	−6.5	−10	−12	−14					
100			0.5	0	−0.5	−1.5	−2.5	−3.5	−5	−8	−9	−11.5	−13	−15			
150					0.9	0	−1	−2	−3	−5	−6	−7	−9	−10	−11.5	−17	
200						0.5	0	−0.5	−1.5	−3.5	−4.5	−6	−7	−8.5	−11	−15	−17
250						1	0.5	0	−1	−3	−4	−5.5	−6.5	−8	−10	−13	−15.5
300							1	0.5	0	−2.5	−4	−5.5	−6.5	−8	−10	−13	−15.5
400								0.5	0	−2.5	−4	−6	−7	−8	−10.5	−13.5	−16
500									0	−2.5	−4	−6	−7	−8.5	−11	−13.5	−16.5
600									0	−2.5	−4	−6	−7	−8.5	−11.5	−14	−17
800									0	−2.5	−4	−6	−7	−9	−12	−15	−17

对于气体，在低压降比时，阀门引起噪声的主要原因是湍流，在高压降比时，冲击湍流成为主要的噪声源。而一旦形成阻塞流，噪声将超过 95dB（A）。气体比液体更容易产生噪声是因为气体的操作流速一般比液体高，而高流速是产生噪声的主要因素。气体噪声计算参见公式（43-24）。

$$L_A = 14\lg C_V + 18\lg p_1 + 5\lg T_1 - 5\lg\rho_n + 20\lg[\lg(p_1/p_2)] + 51 + \Delta L_P + \Delta L_G + \Delta L_{p2} \tag{43-24}$$

式中 L_A——噪声水平，dB（A）；

p_1——上游压力，bar（绝）；

p_2——下游压力，bar（绝）；

T_1——上游温度，K；

ρ_n——标准状态下的气体密度，kg/m³；

ΔL_P——管壁修正系数；

ΔL_G——气体噪声计算阀门修正系数；

ΔL_{p2}——下游压力修正因子，$p_2<30$bar（绝），取0；30bar（绝压）$<p_2<55$bar（绝），取$(30-p_2)/2.5$；$p_2>55$bar（绝），取−10。

减少噪声有几种方法，管道增加壁厚及增加绝热保护层是可行方法，同时可选择低噪声阀、阀后增加管道降噪元件等。工艺设计也应考虑相应设备，如高压气体放空一般有消声器等，这样从各个环节降低整个管路的噪声。

6.13 调节阀的气源要求

调节阀的附件，如电/气转换（或定位）器、气动放大器、保位阀等，都属于气动元件，因此调节阀的气源质量可根据仪表净化空气的要求确定。

（1）露点温度

指操作压力下的露点温度，要求至少比环境最低温度低 10℃。例如，干燥器出口压力为 7bar，环境最低温度为−15℃，那么露点温度要求 7bar 时为−25℃。

（2）含尘量

含尘粒径不大于 3μm。

（3）含油量

应尽量小，不大于 1μg/g（或 μL/L）。

（4）压力

应根据最终仪表用气要求统一考虑，一般选用 7bar。

（5）耗气量

单台调节阀的稳态耗气量为 1.6～2.5m³（标准状态）/h。开关阀应根据气缸大小和动作频率估算，最大耗量可考虑调节阀耗气量的 3～5 倍。

（6）停气保用时间

为避免因气源中断而造成装置停车，应设置仪表空气储罐。容量根据工艺操作要求，一般保用时间为 20～30min。

6.14 调节阀的安装

调节阀安装尽量靠近相关设备安装，例如液位调节阀最好安装在就地液位计附近；加热炉的原料和燃料调节阀应远离设备；防喘振阀最好安装在管路的最高点；如果阀后流体为气/液两相，安装位置离设备进口越近越好。

安装地点要考虑维修和操作，要求在地面或平台上。如果在平面上，要留出维修通道。执行机构上方要留出足够空间，以便维修执行机构和阀门内件。如果调节阀有手轮，必须考虑操作面和操作空间。

大多数调节阀可安装在任何方位，优先考虑方位是执行机构垂直于地面。如果受安装空间局限，执行机构也可水平于地面安装，这时要考虑为执行机构增加垂直支撑。

一般调节阀的流向为单一的，应根据阀体上流向标记进行安装。但有些开关球阀为双向密封，正反安装均可。

对于三通阀和角型阀，应该早确定进、出口方位，以便管道设计走向。

调节阀组的配管布置可参照图 43-103 和图 43-104 所示。

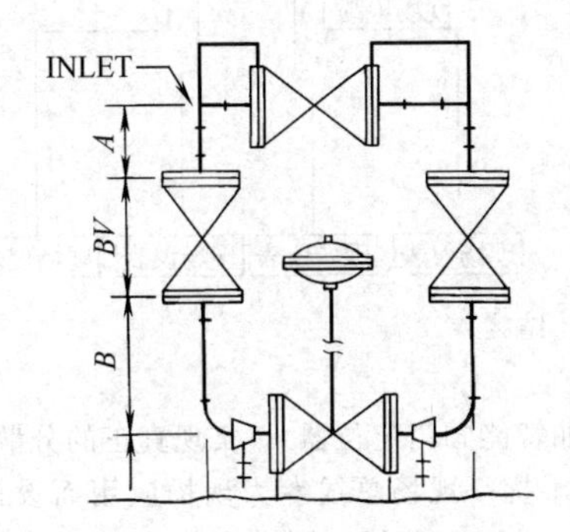

图 43-103　调节阀组的配管布置（一）

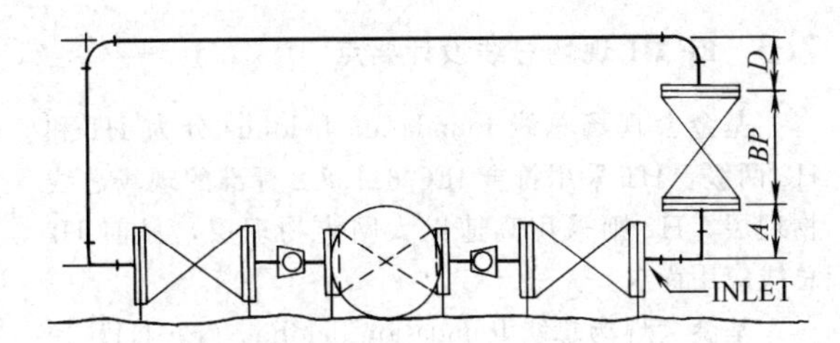

图 43-104　调节阀组的配管布置（二）

7　现场总线

现场总线（fieldbus）是一种应用于生产现场，在现场设备之间、现场设备和控制装置之间实行双向、串形、多结点的数字通信技术。作为自动化应用领域最为先进的技术，它与计算机技术、通信技术、网络技术、信息技术和控制技术等高新科技的发展是分不开的，是实现工厂管理控制一体化的基础。现场总线技术从工业研究到实际应用的发展已有 30 年历史，正日趋成熟。1984 年，现场总线的概念得到正式提出，IEC（International Electrotechnical Commission，国际电工委员会）对现场总线（fieldbus）进行了定义，2003 年 4 月，IEC 61158 Ed. 3 现场总线标准第 3 版正式成为国际标准，共规定 10 种类型的现场总线。各种类型的现场总线都有其不同特点和适用的领域。其中 FF（基金会现场总线 foundation fiedbus）、PROFIBUS 现场总线更适用于石油、化工、医药、冶金等行业的过程控制领域。

由于世界范围内现场总线尚未得到广泛应用，正处在完善和发展过程中。国内不少工厂在 2000 年开始尝试采用该先进技术，但在应用上还是较为谨慎。以下仅针对应用于石化、化工行业的主流现场总线 FF、profibus 展开说明。

7.1　现场总线控制系统（FCS）与分散控制系统（DCS）

现场总线控制系统（FCS）（图 43-105）和分散控制系统（DCS）（图 43-106）都是用于过程控制的

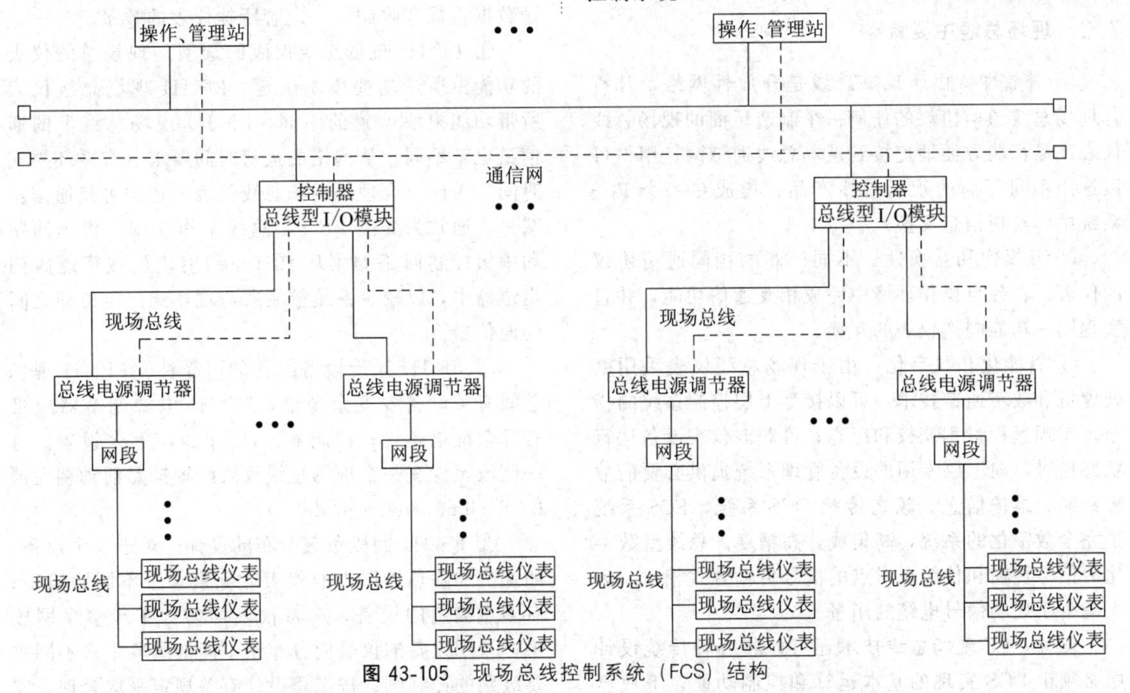

图 43-105　现场总线控制系统（FCS）结构

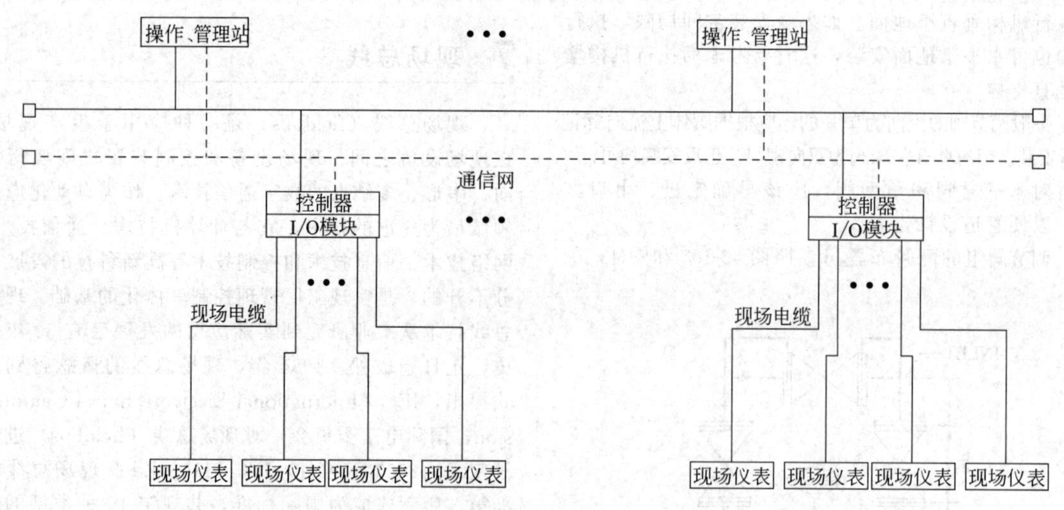

图43-106　分散控制系统（DCS）结构

计算机系统，其在企业管理控制一体化的地位都是处在基础自动化层。两者的主要比较如下。

① 管理和控制的集中与分散。都是基于集中管理和分散控制的理念，DCS系统将控制功能分散到控制系统的不同CPU，FCS采用现场通信总线的方式进行数据交换，通过一条通信总线，将各个分散的控制单元连接为一体。从管理的角度，FCS系统获取的管理信息更多，能更好地服务于企业的管理需求。

② 信号传输技术。DCS系统采集的变量为单一的模拟量或开关量信号，FCS则采用数字传输技术，实现多变量、双向信号传输。

③ 系统结构比较见图43-105和图43-106。

7.2　现场总线主要特点

① 开放性　由于现场总线是开放性网络，凡符合现场总线通信协议的任何一个制造厂商的现场总线仪表产品都能方便地连接到现场总线通信网，用户可以选用不同厂商的现场总线产品，集成在一个FCS系统中，实现信息交换。

② 互操作和互换性　不同厂商的相同通信协议的仪表，在各自操作环境中完成相互通信功能，并且实现同一功能同类仪表的互换。

③ 智能化和数字化　由于现场总线仪表采用微处理机和数字通信技术，可以接受上层控制系统的指令，实现远程量程调校和组态；可获取仪表设备运行状态信号，向上层专用的设备管理系统提供必要的故障诊断、维护信息。较之传统DCS系统，FCS系统是完全数字化的系统，高集成，高精度。总线型数字化的信号传输和传统点对点的信号传输方式相比，大大减少了现场信号电缆的用量。

此外，FF现场总线技术还可以将各种传统设计中必须由DCS实现的基本运算和控制功能，下放至现场级（如智能阀门定位器），实现真正的分散控制。

④ 抗干扰　现场总线专为现场应用而设计，数字化通信可采用双绞线、同轴电缆和光缆等多种类型，有很强的抗电磁干扰能力。

7.3　FF H1现场总线设计要点

基金会现场总线foundation fieldbus分为H1和H2两级，H1采用符合IEC 61158-2标准的现场总线物理层，H2则采用高速以太网为物理层，目前H2总线应用尚少。

基金会现场总线foundation fieldbus（FF H1）控制系统对于每个网段上功能块的容量、规定时间内传输数据量都有限制，决定着所挂仪表的数量。

① FF H1现场总线仪表的选型　现场总线仪表的功能由所带功能模块决定。FF H1现场总线仪表所带功能模块位置的不同，FF H1现场总线上的通信量也就不同。从网络的运行时间要求（宏循环周期时间）考虑，合理的现场总线仪表的选型可使通信量减少。通常为提高FF H1总线工作效率，将单回路和串级控制回路的副环PID控制模块放在智能阀门定位器中，以减少系统控制器与现场阀门定位器之间的通信量。

② FF H1系统设备配置的可靠性　FF H1现场总线有关设备要冗余考虑，FF H1电源调节器应带有冗余配电模块；控制器、H1卡也应冗余设置。每一网段至少有一个现场总线仪表配置链路活动调度器LAS（link active scheduler）。

③ FF H1网段负载分布的设计　对于一个设备，如加热和除热管段中的仪表应分别置于不同网段中；有多点测量的设备，应将仪表均匀分布于多个网段中；备用设备的仪表应分布于不同的网段中；不同重要级别的控制阀，按工程设计有关规定采取合理、安

全的分布方式。

④ FF H1 电压压降和电流限制的计算 现场总线仪表的驱动电压为 9～32V（DC），也即现场仪表的工作电压至少要达到 9V（DC）。所以，FF H1 总线网段上仪表数量依据电压、电缆的直流电阻及每台仪表所消耗的电流进行计算。对于选用的 FF H1 电源调节器需考虑其配电能力，它决定可挂仪表的数量和总线电缆长度。

⑤ FF H1 系统通信时间的约束 为了减少通信量，控制回路中相关的测量仪表和阀门最好位于同一网段中，以便加快运算速度。由于宏循环周期一般设置为 500ms～1s，如果一个网段中的功能块处理时间达到 0.25s，则其仪表最多只能有 3 个，网段的非周期时间（用于对现场总线仪表功能块中的参数设计或调整的时间）应不小于宏循环周期时间的 50%。

每个网段的负载中的阀门理论上可接 2～4 个。

7.4 PROFIBUS 现场总线设计要点

PROFIBUS 现场总线是服务于整个工厂的总线协议，它包括：PROFIBUS DP、PROFIBUS PA、PROFISAFE、PROFIDRIVE 和 PROFINET。目前 PROFISAFE、PROFIDRIVE 和 PROFINET 在石化、化工行业中尚缺乏相应的应用，PROFIBUS 现场总线控制系统网络通常由 PROFIBUS DP 和 PA 网段构成，通过耦合器将 PROFIBUS PA 上挂接的现场仪表连接到 DP 网段上，实现现场仪表和控制系统的通信。由于 PROFIBUS 现场总线产品种类比 FF H1 现场总线多，故其网段配置方案多，灵活性也较高。

7.4.1 PROFIBUS PA 网段

① PROFIBUS PA 现场总线仪表选型 PROFIBUS PA 仪表制造商需提供 GSD、EDD 文件，版本应该与控制系统的软件版本一致。PROFIBUS PA 网段的总线仪表的转化块、功能块的数量受 DP/PA 链接器的通信字节数（244 字节输入/244 字节输出）的限制。合理的 PROFIBUS PA 仪表的选型可有效控制输入/输出字节的数量。

② PROFIBUS PA 网段负载分布 对于一个设备，如加热和除热管段中的仪表应分别置于不同网段中；有多点测量的设备，应将仪表均匀分布于多个网段中；备用设备的仪表应分布于不同的网段中；不同重要级别的控制阀，按工程设计有关规定采取合理、安全的分布方式。

③ PROFIBUS PA 网段电压压降和电流的限制 PROFIBUS PA 仪表的驱动电压为 9～32V（DC），也即现场仪表的工作电压至少要达到 9V(DC)。所以，PROFIBUS PA 总线网段上仪表数量依据电压、电缆的直流电阻及每台仪表所消耗的电流进行计算。所有现场总线设备的电流之和不应超过 DP/PA 耦合器的额定值，对于选用的 DP/PA 耦合器需考虑其配电能力，它决定可挂仪表的数量和总线电缆长度。

④ 控制系统通信时间的约束 控制回路中相关的测量仪表和阀门最好位于同一网段中，以便加快运算速度。每个网段的周期时间缺省值宜为 1s：当周期时间为 1s（即 1000ms）时，网段的工艺数据通信占 70%，网段的报警数据通信占 30%；对于周期时间所示的网段，最大的 PROFIBUS PA 仪表数如下。

对要求宏周期时间为 1s 的网段，最大的 PROFIBUS PA 仪表数不宜大于 24 台。

对要求宏周期时间为 0.5s 的网段，最大的 PROFIBUS PA 仪表数不宜大于 16 台。

对要求宏周期时间为 0.25s 的网段，最大的 PROFIBUS PA 仪表数不宜大于 8 台。

⑤ 现场防爆区域对 PROFIBUS PA 网段设计的约束 对于非本安型干线 PROFIBUS PA 网段设计，每个 PROFIBUS PA 网段宜分配 9 台现场总线设备，不得超过 16 台：对于本安型干线 PROFIBUS PA 网段设计，每个 PROFIBUS PA 网段宜分配 5 台现场总线设备，不得超过 8 台。

7.4.2 PROFIBUS DP 网段

① PROFIBUS DP 通信波特率为 9.6kbit/s～12Mbit/s。PROFIBUS DP 网络的连接设备类型应与所选择的波特率需相匹配。

② PROFIBUS DP 电缆的通信距离受其数据传输速率的限制。常用电缆为 A 类电缆，其通信距离参见表 43-22。

表 43-22 PROFIBUS DP A 类电缆通信距离

传输速率/(kbit/s)	9.6～187.5	500	1500	3000～12000
总线长度/m*	1000	400	200	100

参考文献

[1] 俞金寿，顾幸生. 过程控制工程. 第 4 版. 北京：高等教育出版社，2012.

[2] 欣斯基. FG. 蒸馏控制. 北京：中国石化出版社，1992.

[3] 周春晖. 过程控制工程手册. 北京：化学工业出版社，1991.

[4] 斯克罗科夫. MR. 工业过程的小型微型计算机控制系统和应用手册. 北京：化学工业出版社，1987.

[5] Cordova G J et al. MICROPROCESSOR-BASED DISTRIBUTED. CONTROL SYSTEM. C. E. JAN., 1985.

[6] Seitz D R. PROFILE OF A SUCCESSFUL COMPUTER CONTROL. PROJECTS. CEP. OCT., 1983.

[7] ISA S75. 01-2007. FLOW EQUATIONS FOR SIZING CONTROL VALVES.

[8] API 553-1998. REFINING CONTROL VALVES.

[9] ANSI/FCI 70-2-2006. CONTROL VALVE SEAT LEA-

KAGE.
［10］ 俞金寿，何衍庆，邱宣振．化工自控工程设计．上海：华东化工学院出版社，1991.
［11］ 陆德民．石油化工自控设计手册．北京：化学工业出版社，2000.
［12］ SEMINOR ON CONTROLS FOR STEAM TURBINE IN PETROCHEMICAL INDUSTRY. WOODWARD GEVERNOR Ltd. 1994.
［13］ Foundation Fieldbus 系统工程指南．版本 2.0．现场总线基金会© 2003—2004 Fieldbus Foundation，2004.
［14］ 王慧锋．何衍庆．现场总线控制系统原理及应用．北京：化学工业出版社，2006.

第44章 电气设计

1 用电负荷分级及对电源系统的要求

1.1 用电负荷分级

用电负荷应根据对供电可靠性的要求及中断供电对人身安全、经济损失所造成的影响程度进行分级，化工企业用电负荷等级应根据企业内大部分生产装置用电负荷等级来划分，联合型化工企业用电负荷的分级还应考虑企业内生产装置流程上存在的上下游的紧密联系。

化工企业各生产装置在生产过程中的重要性是不一样的。有的生产装置，在中断供电时，其产品和中间物料会大量报废或跑损，余料如果不排放或烧掉，会引起催化剂中毒、设备或管线堵塞等，同时需要长时间来恢复生产或达到稳定运行状态，也有可能引起生产流程紊乱、恢复困难，或波及其他生产装置的停车，这样的生产装置称为重要的生产装置，其用电负荷应划为一级企业用电负荷，与现行国家标准 GB 50052《供配电系统设计规范》规定的一级负荷相对应；也有的生产装置，在中断供电时，其生产过程的停车和再开车相对比较容易，设备和管路系统中积留的物料还能再使用，引起的损失相对不大，这样的生产装置称为非重要的生产装置，其用电负荷应划为二级企业用电负荷，与现行国家标准 GB 50052《供配电系统设计规范》规定的二级负荷相对应。

化工企业的生产装置用电负荷级别（表 44-1）是最基本的用电负荷分级，一般还需根据生产方式和流程的变化、负荷的重要性及在企业中所起的作用来决定。

1.2 对电源系统的要求

化工企业应根据自身的规模和供电电源条件来确定供电方式，同时应符合现行国家标准 GB 50052《供配电系统设计规范》的相关规定。当供电电源条件充分时，应采用外供电为主的供电方式；当供电电源条件差时，可采用外供电和自发电相结合的综合供电方式；联合型化工企业宜采用自发电为主的供电方式。

一级企业用电负荷应由专用的双重电源供电，其电源分别来自不同变电站的同级电压母线，或来自同一变电站运行时电路不可能相连、连接不紧密的同级电压母线，且每回电源线路均应具备输送全部用电负荷的能力；二级企业用电负荷宜由两回线路供电，当一回线路发生故障时，另一回线路不应同时中断供电，同时保证有一回线路立即重合闸，并能保持正常运行的电压水平。

表 44-1 化工企业生产装置用电负荷级别举例

用电负荷级别	生产装置名称	重要的单元（工段）
一级企业用电负荷	乙烯装置	裂解区、压缩区、热区、冷区
	聚乙烯装置（注：高压法、非高压法）	压缩、聚合、挤压造粒
	聚丙烯装置（注：气相法、液相本体法）	聚合和干燥工段、挤压造粒
	聚苯乙烯装置	聚合工段
	乙二醇装置	压缩工段
	空分装置（注：提供其他生产装置原料）	氮气和氧气工段
二级企业用电负荷	苯乙烯装置	
	PTA 装置	
	制苯装置	
	一般的公用设施	

2 爆炸危险环境及电力装置设计

2.1 一般规定

爆炸危险环境电力装置设计应符合现行国家标准GB 50058《爆炸危险环境电力装置设计规范》的相关规定，贯彻预防为主的方针，充分考虑人身和财产的安全，根据生产装置的具体情况、生产运行实践及工作经验，通过分析判断，划分爆炸危险环境的等级和范围，因地制宜地采取防范措施，但不考虑间接危害对于爆炸危险区域划分及相关电力装置设计的影响，如加工容器破碎、管线破裂等。爆炸危险区域的划分应由负责生产工艺加工介质性能、设备和工艺性能的专业人员，以及安全、电气专业的工程技术人员共同商议完成。

在防止产生气体、粉尘爆炸条件的措施中，在采取电气预防之前，首先应考虑工艺流程及布置优化等措施，包括采取较低的压力和温度将可燃物质限制在密闭容器内，限制和缩小爆炸危险区域的范围，且将危险区和非危险区分隔在各自的区域内，在设备内采用氮气或其他惰性气体加以覆盖，将产生爆炸的条件同时出现的可能性降低到最小程度，采取安全联锁等，即称为“第一次预防措施”。

另外还可采取措施消除或减少爆炸性混合物的产生和集聚，或缩短其滞留时间，包括工艺装置采取露天或开敞式布置、设置机械通风装置、设置正压室、设置自动测量仪器装置等。

2.2 气体环境危险区域

爆炸性气体环境应根据爆炸性气体混合物出现的频繁程度和持续时间分为0区（连续出现或长期出现爆炸性气体混合物的环境）、1区（在正常运行时可能出现爆炸性气体混合物的环境）和2区（在正常运行时不太可能出现爆炸性气体混合物的环境），其释放源应按可燃物质的释放频繁程度和持续时间长短分为连续级释放源（连续释放或预计长期释放的释放源）、一级释放源（在正常运行时预计可能周期性或偶尔释放的释放源）、二级释放源（在正常运行时预计不可能释放，当出现释放时仅是短期或偶尔释放的释放源）。

爆炸危险区域应按释放源级别和通风条件确定，存在连续级释放源的区域为0区，存在一级释放源的区域为1区，存在二级释放源的区域为2区。当通风良好时，包括采用局部机械通风等措施，可降低区域爆炸危险等级；当通风不良时，包括障碍物、凹坑和死角处，应提高爆炸危险区域等级；利用堤或墙等，来限制比空气重的爆炸性气体混合物的扩散，还可缩小爆炸危险区域的范围。

符合一些条件的区域，包括可燃物质可能出现的最高浓度不超过爆炸下限值的10%、在生产过程中使用明火的设备附近或炽热部件的表面温度超过区域内可燃物质引燃温度的设备附近（与明火设备相连管线上的阀门处按具体情况确定）、露天放置的生产装置或开敞设置的输送可燃物质的架空管道地带（其阀门处按具体情况确定）等，可视为非爆炸危险区域。

爆炸危险区域的等级和范围需根据可燃物质的释放量、释放速率、沸点、温度、闪点、相对密度、爆炸下限、障碍等条件并结合可燃物质容器（主要是法兰和阀）的密闭性、通风情况等条件来确定。

爆炸性气体混合物应按其最大试验安全间隙（MESG）或最小点燃电流比（MICR）分级（表44-2）。

表44-2 爆炸性气体混合物分级

级别	最大试验安全间隙（MESG）/mm	最小点燃电流比（MICR）	物质类型
ⅡA	≥0.9	>0.8	烃类：链烷类（甲烷、环丁烷等）、链烯类（丙烯等）、芳烃类（苯乙烯等）、苯类（苯、二甲苯等）、混合烃类（石脑油、燃料油等） 含氧化合物：醇类和酚类（甲醇、苯酚等）、醛类（乙醛、聚乙醛）、酮类（丙酮、环己酮等）、酯类（甲酸甲酯、醋酸甲酯等）、酸类（醋酸等） 含卤化合物：无氧化合物（氯甲烷、氯乙烯等）、含氧化合物（二氯甲烷、氯乙醇等） 含硫化合物：乙硫醇、噻吩等 含氮化合物：氨、甲胺、吡啶等 其他：醋酸酐、异丁醇、吗啉等
ⅡB	0.5<MESG<0.9	0.45≤MICR≤0.8	烃类：丙炔、乙烯等 含氮化合物：丙烯腈、氰化氢等 含氧化合物：二甲醚、环氧乙烷等 混合气：焦炉煤气等 含卤化合物：四氟乙烯、硫化氢等 其他：甲醛、石蜡、乙二醇等
ⅡC	≤0.5	<0.45	氢、乙炔、水煤气等

注：爆炸性气体混合物的分级，包括引燃温度、闪点、爆炸极限和相对密度等参数，需按照现行国家标准GB 50058附录C“可燃性气体或蒸气爆炸性混合物分级、分组”采用，或见本手册表9-15。

2.3 粉尘环境危险区域

爆炸性粉尘环境应根据爆炸性粉尘混合物出现的频繁程度和持续时间分为20区（空气中的可燃性粉尘云持续地或长期地或频繁地出现于爆炸危险环境中）、21区（在正常运行时空气中的可燃性粉尘云很可能偶尔出现于爆炸危险环境中）和22区（在正常运行时空气中的可燃性粉尘云一般不可能出现于爆炸危险环境中，即使出现，持续时间也是短暂的），其释放源应按爆炸性粉尘的释放频繁程度和持续时间长短分为连续级释放源（粉尘云持续存在释放或预计长期或短期经常出现的部位）、一级释放源（在正常运行时预计可能周期性或偶尔释放的释放源）、二级释放源（在正常运行时预计不可能释放，如果释放也仅是不经常地并且是短期释放的释放源）。

爆炸危险区域应通过评价涉及该环境的释放源的级别而引起环境的可能来确定，存在连续级释放源的区域为20区，存在一级释放源的区域为21区，存在二级释放源的区域为22区。部分条件可不被视为释放源，包括压力容器外壳主体结构及其封闭的管口和人孔、全部焊接的输送管和溜槽、在结构方面对防粉尘泄漏进行了适当处理的阀门压盖和法兰接合面等。

符合一些条件的区域，包括装有良好除尘效果且与工艺机组能联锁停车的除尘装置、设有用墙隔绝且为爆炸性粉尘环境服务的送风机室、区域内爆炸性粉尘量不大且在排风柜内或风罩下进行操作等，可视为非爆炸危险区域。

爆炸危险区域的等级和范围需根据爆炸性粉尘的量、爆炸极限、通风情况等条件来确定。

爆炸性粉尘环境中粉尘的分级见表44-3。

表44-3　爆炸性粉尘环境中粉尘的分级

级别	粉尘特性	物质类型
ⅢA	可燃性飞絮	纤维鱼粉：烟草纤维、纸纤维、木质纤维等
ⅢB	非导电性粉尘	金属：红磷、电石等 化学药品：己二酸、阿司匹林等 合成树脂：聚乙烯、聚丙烯、聚苯乙烯、聚氯乙烯等 天然树脂：硬质橡胶、松香等 沥青蜡类：硬蜡、煤焦油沥青等 农产品：小麦粉、乳糖、玉米淀粉等 纤维鱼粉：软木粉、椰子粉等 燃料：褐煤粉（生褐煤）等
ⅢC	导电性粉尘	金属：铝、铁、镁、炭黑、黄铁矿等 燃料：瓦斯煤粉、焦炭用煤粉等

注：爆炸性粉尘混合物的分级，包括引燃温度、爆炸极限和粒径等参数，需按照现行国家标准GB 50058附录E“可燃性粉尘特性举例”采用，或见本手册表9-16。

2.4 电力装置设计

在生产、加工、处理、转运或储存过程中出现或可能出现爆炸性气体混合物或爆炸性粉尘混合物环境时，应进行爆炸性环境的电力装置设计。

爆炸性环境内电气设备应有“Ex”警示标志，且符合周围环境内化学、机械、热、霉菌以及风沙等不同环境条件对电气设备的要求，其类别、型式、级别、组别应符合现行国家标准GB 50058《爆炸危险环境电力装置设计规范》和GB 3836《爆炸性环境》的相关规定，并在铭牌上标明国家指定的检验单位经检验合格后发给的防爆合格证号。

防爆电气设备的级别和组别不应低于该爆炸性环境内爆炸性混合物的级别和组别，爆炸性环境内引燃温度分组（表44-4）及其电气设备保护级别的选择（表44-5）须符合相关规定。

表44-4　爆炸性环境内引燃温度分组

组别	引燃温度 t/℃
T1	$450<t$
T2	$300<t\leqslant450$
T3	$200<t\leqslant300$
T4	$135<t\leqslant200$
T5	$100<t\leqslant135$
T6	$85<t\leqslant100$

表44-5　爆炸性环境内电气设备保护级别的选择

危险区域	设备保护级别(EPL)
0区	Ga
1区	Ga或Gb
2区	Ga、Gb或Gc
20区	Da
21区	Da或Db
22区	Da、Db或Dc

3 变电所布置的基本要求

按现行国家标准GB 50053《20kV及以下变电所设计规范》的相关要求选择布置变电所，做到保障人身和财产的安全、供电可靠、技术先进、经济合理、安装和维护方便等。

3.1 对变电所位置的要求

① 宜接近负荷中心。

② 应方便进出线。

③ 宜接近电源侧。

④ 应方便设备运输。

⑤ 不应设在有剧烈振动或高温的场所。

⑥ 不宜设在多尘或有腐蚀性物质的场所，当无法远离时，不应设在污染源盛行风向的下风侧，或应采取有效的防护措施。

⑦ 不应设在厕所、浴室、厨房或其他经常积水场所的正下方处，也不宜设在与上述场所相贴邻的地方，当贴邻时，相邻的隔墙应做无渗漏、无结露的防水处理。

⑧ 当与有爆炸或火灾危险的建筑物毗连时，变电所的布置应符合现行国家标准 GB 50058《爆炸危险环境电力装置设计规范》、GB 50016《建筑设计防火规范》和 GB 50229《火力发电厂与变电站设计防火规范》的有关规定，变电所一般应布置在爆炸危险环境以外，当为正压室时，可布置在1区、2区内，对于在可燃物质比空气重的爆炸性气体环境附加2区内的变电所，其设备层地面应高出室外地面 0.6m。

⑨ 不应设在地势低洼和可能积水的场所。

⑩ 不宜设在对防电磁干扰有较高要求的设备机房的正上方、正下方或与其贴邻的场所，当需要设在上述场所时，应采取防电磁干扰的措施。

3.2　对配电装置布置的要求

配电装置的布置和导体、电器、架构的选择，应符合正常运行、检修以及过电流和过电压等故障情况的要求。

4　照明

按现行国家标准 SH/T 3027《石油化工企业照度设计标准》和 GB 50034《建筑照明设计标准》的相关要求进行照明设计。

4.1　照明方式和种类

4.1.1　照明方式

照明方式可分为一般照明、分区一般照明、局部照明、混合照明和重点照明。

4.1.2　照明种类

照明种类可分为正常照明、应急照明、值班照明、警卫照明和障碍照明。其中应急照明包括备用照明、安全照明和疏散照明，其适用原则应符合下列规定。

① 当正常照明电源失效时，对需要确保正常工作或活动继续进行的场所，应装设备用照明。

② 当正常照明电源失效时，对需要确保处于潜在危险之中的人员安全的场所，应装设安全照明。

③ 当正常照明电源失效时，对需要确保人员安全疏散的出口和通道，应装设疏散照明。

④ 值班照明宜利用正常照明中能单独控制的一部分或利用应急照明，且对电源没有特殊要求，一般为需要夜间值守或巡视值班的装置、车间等场所提供照明。

⑤ 警卫照明应根据防范的需要，按照警戒范围的要求装设，一般为重要的厂区、库区等场所提供照明。

⑥ 障碍照明一般装设在对飞机的安全起降和船舶的安全航行等可能构成威胁的地方，且应严格执行所在地区航空或交通部门的有关规定。

4.2　光源种类

照明光源一般采用荧光灯、高强度气体放电灯、金属卤化物灯、发光二极管（LED）等。各类光源的特点见表44-6。应急照明应选用能快速点亮的光源。

4.3　照度标准

照度标准见表44-7。

表44-6　各类光源的特点

序号	类别	最大发光效率/(lm/W)	平均寿命/h	特点	典型应用
1	荧光灯	30～80	1500～5000	使用范围较广，高照明水平，使用经济	各种照明，包括公共建筑照明、办公室、生活设施及一般工业照明
2	高强度气体放电灯	40～140	5000～12000	光效较高，寿命较长，显色性较差	道路及一般工业照明
3	发光二极管	约100	约30000	光效高，寿命极长，显色性好，节能效果好	道路及一般工业照明
4	金属卤化灯	60～100	7000～10000	光效较高，寿命较长，显色性极好	一般工业照明

表44-7 照度标准

名称	照度标准值/lx	照度计算点
一、室内		
主控制室	500 300 200	控制屏的屏面(距地面1.7m) 控制屏的水平面(距地面0.75m) 控制屏的背面(有观察仪表者距地面1.5m)
泵房	100	距地面
一般厂房及风机房	100	距地面
与主控制室及配电室相邻的主要走廊	50	距地面
电气控制室	300 250 200	控制屏的屏面(距地面1.7m) 控制屏的水平面(距地面0.75m) 控制屏的背面(距地面1.5m)
高、低压配电室	200 100	柜前距地面0.75m(水平面) 柜后距地面0.75m(水平面)
蓄电池室	200	距地面0.75m(水平面)
变压器室	100	距地面
实验室、分析室、化验室、计量间	300	距工作台面
维修间	200	距工作台面
车间、办公室、值班室	150	距地面0.75m(水平面)
洁净区	300	距地面0.75m(水平面)
与洁净区相邻的走廊	200	距地面
设计室、阅览室	500	距工作台面
一般控制室	300 200 150	控制屏的屏面(距地面1.7m) 控制屏的水平面(距地面0.75m) 控制屏的背面(距地面1.5m)
主压缩机房	150	距地面
办公室、医务室	300	距地面0.75m(水平面)
食堂、车间休息室	200	距地面
浴室、更衣室、厕所	150	距地面
二、室外		
管架下泵区	100	距操作位高度
炉区、塔区	50	距地面
操作平台	75	距测控点
栈桥	30	距地面
设备区及框架区	50	距地面
罐区操作区	75	距地面
罐区非操作区	30	距地面
污水处理场循环水场的池区及通道	30	距地面
装卸车台		
栈台	30	距平台
站场	10	距地面
道路		
主干道	20	距地面
次干道、通道	10	距地面

5 电动机

5.1 Y系列三相交流异步电动机

鼠笼型三相异步电动机是我国统一设计推荐使用的基本系列产品，用于代替JO_2系列和JO_3系列产品。Y系列电动机在化工行业使用最为广泛，一般可分为：Y系列普通电动机（户内型及户外型）；YB系列隔爆型电动机（户内型及户外型）；YA系列增安型电动机（户内一般型及防腐型、户外一般型及防腐型）等。

Y系列电动机是一般用途的全封闭自扇冷式鼠笼型三相异步电动机，采用B级或F级，外壳防护等级一般为IP44，冷却方法一般为IC411。Y系列电动机具有高效、节能、启动转矩大、性能好、噪声低、振动小、可靠性高、功率等级和安装尺寸符合国际电工委员会IEC标准及使用维护方便等优点。

后续又相继推出了Y2系列和Y3系列电动机，虽然在部分性能方面发生了变化，包括F级绝缘和IP54防护等级，大功率电动机的效率和功率因数提高等，但其结构组成形式还是与Y系列电动机基本相同。

三相异步电动机绕组的常用联结方式有星形（Y）和三角形（△）两种。对于功率小于等于3kW的电动机，一般采用星形（Y）联结；功率大于3kW的电动机，一般采用三角形（△）联结。

Y系列电动机型号的标记示例如下。

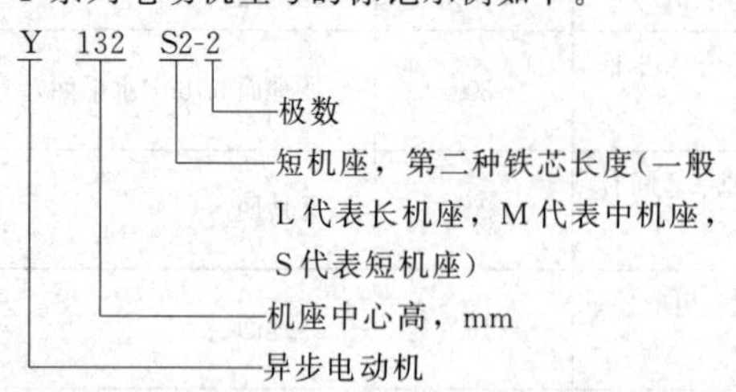

电动机的端子接线盒具有良好的密封性能，盒内有较大空腔便于接线，出线口有锁紧装置，可从与电动机轴线平行或垂直的4个方向任意出线。

防护等级的标记示例应符合现行国家标准GB 4208《外壳防护等级（IP代码）》的有关规定。

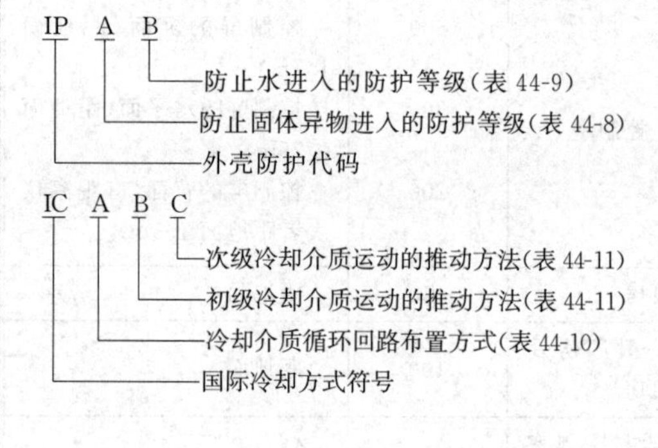

表44-8 防止固体异物进入的防护等级

防护等级	简 称	定 义
0	无防护	没有专门的防护
1	防护直径不小于50mm的固体异物	直径50mm的球形物体试具不得完全进入壳内①
2	防护直径不小于12.5mm的固体异物	直径12.5mm的球形物体试具不得完全进入壳内①
3	防护直径不小于2.5mm的固体异物	直径2.5mm的物体试具完全不得进入壳内①
4	防护直径不小于1mm的固体异物	直径1mm的物体试具完全不得进入壳内①
5	防尘	不能完全防止灰尘进入，但进入的灰尘量不得影响设备的正常运行，不得影响安全
6	尘密	无灰尘进入

① 物体试具的直径部分不得进入外壳的开口。

表44-9 防止水进入的防护等级

防护等级	简 称	定 义
0	无防护	没有专门的防护
1	防止垂直方向滴水	垂直方向应无有害影响
2	防止当外壳在15°范围内倾斜时垂直方向滴水	当外壳的各垂直面在15°范围内倾斜时，垂直滴水应无有害影响
3	防淋水	各垂直面在60°范围内淋水，无有害影响
4	防溅水	向外壳各方向溅水无有害影响
5	防喷水	向外壳各方向喷水无有害影响
6	防强烈喷水	向外壳各方向强烈喷水无有害影响
7	防短时间浸水	浸入规定压力的水中经规定时间后外壳进水量不致达有害程度
8	防持续潜水	按生产厂和用户双方同意的条件(应比防护等级为7时严酷)持续潜水后外壳进水量不致达有害程度

表44-10 电动机常用冷却介质循环回路布置方式

数字	表示意义
0	自由循环，冷却介质从周围介质自由吸入，再直接返回到周围介质
4	机壳表面冷却，初级冷却介质在电动机内的闭合回路内循环，并通过机壳表面把热量(包括经定子铁芯和其他热传导部件传递到机壳表面的热量)传递到最终冷却介质，即周围环境介质，机壳外部表面可以是光滑的或带肋的，也可以带外罩
6	外装式冷却器(用周围介质)，初级冷却介质在闭合回路内循环，并通过安装在电动机上的外装式冷却器把热量传递给最终冷却介质，后者为周围环境介质
8	外装式冷却器(用远方介质)，初级冷却介质在闭合回路内循环，并通过直接安装在电动机上的外装式冷却器把热量传递给次级冷却介质，后者为远方介质

表44-11 电动机常用冷却介质运动的推动方法

数字	表示意义
0	自由对流，依靠温度差促使冷却介质运动，转子的风扇作用可忽略不计
1	自循环，冷却介质运动与电动机转速有关，转子本身作用(如内外隔片)或安装在转子上的部件(如风扇)使介质运动
6	外装式独立部件，由安装在电动机上的独立部件驱动介质运动，该部件所需动力与主机转速无关，例如自带驱动电动机的风扇或泵
7	分装式独立部件或冷却介质系统压力，与电动机分开安装的电气或机械部件驱动冷却介质运动，或者是依靠冷却介质循环系统中的压力驱动冷却介质，例如有压力的给水系统或供气系统

(1) Y系列电动机的结构型式

Y系列电动机有三种基本结构型式，即B3（机座带底脚，端盖无凸缘）、B5（机座不带底脚，端盖有凸缘）和B35（机座带底脚，端盖有凸缘），见表44-12。

(2) Y系列电动机的技术数据

① 同步转速3000r/min（2极），频率50Hz，额定电压380V（表44-13）。

② 同步转速1500r/min（4极），频率50Hz，额定电压380V（表44-14）。

③ 同步转速1000r/min（6极），频率50Hz，额定电压380V（表44-15）。

④ 同步转速750r/min（8极），频率50Hz，额定电压380V（表44-16）。

表44-12 安装结构型式

基本结构型式	B3					
安装结构型式	B3	B6	B7	B8	V5	V6
示意图						
制造范围(中心高)/mm	80～355	80～160				
基本结构型式	B5			B35		
安装结构型式	B5	V1	V3	V35	V15	V36
示意图						
制造范围(中心高)/mm	80～225	80～315	80～160	80～315	80～160	

表 44-13　Y 系列电动机的技术数据（同步转速 3000r/min，2 极）

型　号	功　率 /kW	功率因数 cosϕ	电　流 /A	转　速 /(r/min)	效　率 /%	堵转转矩/额定转矩	堵转电流/额定电流	最大转矩/额定转矩
Y801-2	0.75	0.84	1.8	2825	75	2.2	7.0	2.2
Y802-2	1.1	0.86	2.5	2825	77	2.2	7.0	2.2
Y90S-2	1.5	0.85	3.4	2840	78	2.2	7.0	2.2
Y90L-2	2.2	0.86	4.7	2840	82	2.2	7.0	2.2
Y100L-2	3	0.87	6.4	2880	82	2.2	7.0	2.2
Y112M-2	4	0.87	8.2	2890	85.5	2.2	7.0	2.2
Y132S1-2	5.5	0.88	11.1	2900	85.5	2.0	7.0	2.2
Y132S2-2	7.5	0.88	15.0	2900	86.2	2.0	7.0	2.2
Y160M1-2	11	0.88	21.8	2930	87.2	2.0	7.0	2.2
Y160M2-2	15	0.88	29.4	2930	88.2	2.0	7.0	2.2
Y160L-2	18.5	0.89	35.5	2930	89	2.0	7.0	2.2
Y180M-2	22	0.89	42.2	2940	89	2.0	7.0	2.2
Y200L1-2	30	0.89	56.9	2950	90	2.0	7.0	2.2
Y200L2-2	37	0.89	69.8	2950	90.5	2.0	7.0	2.2
Y225M-2	45	0.89	83.9	2970	91.5	2.0	7.0	2.2
Y250M-2	55	0.89	102.7	2970	91.5	2.0	7.0	2.2
Y280S-2	75	0.89	140.1	2970	91.5	2.0	7.0	2.2
Y280M-2	90	0.89	167	2970	92	2.0	7.0	2.2
Y315S-2	110	0.89	206.4	2970	91	1.6	7.0	2.2
Y315M1-2	132	0.89	247.6	2970	91	1.6	7.0	2.2
Y315M2-2	160	0.89	298.5	2970	91.5	1.6	7.0	2.2

表 44-14　Y 系列电动机的技术数据（同步转速 1500r/min，4 极）

型　号	功　率 /kW	功率因数 cosϕ	电　流 /A	转　速 /(r/min)	效　率 /%	堵转转矩/额定转矩	堵转电流/额定电流	最大转矩/额定转矩
Y801-4	0.55	0.76	1.5	1390	73	2.2	6.5	2.2
Y802-4	0.75	0.76	2.0	1390	74.5	2.2	6.5	2.2
Y90S-4	1.1	0.78	2.7	1400	78	2.2	6.5	2.2
Y90L-4	1.5	0.79	3.7	1400	79	2.2	6.5	2.2
Y100L1-4	2.2	0.82	5.0	1420	81	2.2	7.0	2.2
Y100L2-4	3	0.81	6.8	1420	82.5	2.2	7.0	2.2
Y112M-4	4	0.82	8.8	1440	84.5	2.2	7.0	2.2
Y132S-4	5.5	0.84	11.6	1440	85.5	2.2	7.0	2.2
Y132M-4	7.5	0.85	15.4	1440	87	2.2	7.0	2.2
Y160M-4	11	0.84	22.6	1460	88	2.2	7.0	2.2
Y160L-4	15	0.85	30.3	1460	88.5	2.2	7.0	2.2
Y180M-4	18.5	0.86	35.9	1470	91	2.0	7.0	2.2
Y180L-4	22	0.86	42.5	1470	91.5	2.0	7.0	2.2
Y200L-4	30	0.87	56.8	1470	92.2	2.0	7.0	2.2
Y225S-4	37	0.87	69.8	1480	91.8	1.9	7.0	2.2
Y225M-4	45	0.88	84.2	1480	92.3	1.9	7.0	2.2
Y250M-4	55	0.88	102.5	1480	92.6	2.0	7.0	2.2
Y280S-4	75	0.88	139.7	1480	92.7	1.9	7.0	2.2
Y280M-4	90	0.89	164.3	1480	93.6	1.9	7.0	2.2
Y315S-4	110	0.89	201.9	1480	93	1.8	7.0	2.2
Y315M1-4	132	0.89	242.3	1480	93	1.8	7.0	2.2
Y315M2-4	160	0.89	293.7	1480	93	1.8	7.0	2.2

表44-15 Y系列电动机的技术数据（同步转速1000r/min，6极）

型号	功率 /kW	功率因数 cosϕ	电流 /A	转速 /(r/min)	效率 /%	堵转转矩/额定转矩	堵转电流/额定电流	最大转矩/额定转矩
Y90S-6	0.75	0.70	2.3	910	72.5	2.0	6.0	2.0
Y90L-6	1.1	0.72	3.2	910	73.5	2.0	6.0	2.0
Y100L-6	1.5	0.74	4.0	940	77.5	2.0	6.0	2.0
Y112M-6	2.2	0.74	5.6	940	80.5	2.0	6.0	2.0
Y132S-6	3	0.76	7.2	960	83	2.0	6.5	2.0
Y132M1-6	4	0.77	9.4	960	84	2.0	6.5	2.0
Y132M2-6	5.5	0.78	12.6	960	85.3	2.0	6.5	2.0
Y160M-6	7.5	0.78	17.0	970	86	2.0	6.5	2.0
Y160L-6	11	0.78	24.6	970	87	2.0	6.5	2.0
Y180L-6	15	0.81	31.6	970	89.5	1.8	6.5	2.0
Y200L1-6	18.5	0.83	37.7	970	89.8	1.8	6.5	2.0
Y200L2-6	22	0.83	44.6	970	90.2	1.8	6.5	2.0
Y225M-6	30	0.85	59.5	980	90.2	1.7	6.5	2.0
Y250M-6	37	0.86	72	980	90.8	1.8	6.5	2.0
Y280S-6	45	0.87	85.4	980	92	1.8	6.5	2.0
Y280M-6	55	0.87	104.9	980	92	1.8	6.5	2.0
Y315S-6	75	0.87	142.4	980	92	1.6	7.0	2.0
Y315M1-6	90	0.87	170.8	980	92	1.6	7.0	2.0
Y315M2-6	110	0.87	207.7	980	92.5	1.6	7.0	2.0
Y315M3-6	132	0.87	249.2	980	92.5	1.6	7.0	2.0
Y355S2-6	160	0.87	303	980	93.8	1.6	7.0	2.0

表44-16 Y系列电动机的技术数据（同步转速750r/min，8极）

型号	功率 /kW	功率因数 cosϕ	电流 /A	转速 /(r/min)	效率 /%	堵转转矩/额定转矩	堵转电流/额定电流	最大转矩/额定转矩
Y132S-8	2.2	0.71	5.8	710	81	2.0	5.5	2.0
Y132M-8	3	0.72	7.7	710	82	2.0	5.5	2.0
Y160M1-8	4	0.73	9.9	720	84	2.0	6.0	2.0
Y160M2-8	5.5	0.74	13.3	720	85	2.0	6.0	2.0
Y160L-8	7.5	0.75	17.7	720	86	2.0	5.5	2.0
Y180L-8	11	0.77	25.1	730	86.5	1.7	6.0	2.0
Y200L-8	15	0.76	34.1	730	88	1.8	6.0	2.0
Y225S-8	18.5	0.76	41.3	730	89.5	1.7	6.0	2.0
Y225M-8	22	0.78	47.6	730	90	1.8	6.0	2.0
Y250M-8	30	0.80	63	730	90.5	1.8	6.0	2.0
Y280S-8	37	0.79	78.7	740	91	1.8	6.0	2.0
Y280M-8	45	0.80	93.2	740	91.7	1.8	6.0	2.0
Y315S-8	55	0.81	112.1	740	92	1.6	6.5	2.0
Y315M1-8	75	0.81	152.9	740	92	1.6	6.5	2.0
Y315M2-8	90	0.82	180.3	740	92.5	1.6	6.5	2.0
Y315M3-8	110	0.82	220.3	740	92.5	1.6	6.5	2.0
Y355S2-8	132	0.82	269	740	93.3	1.6	6.5	2.0
Y355S4-8	160	0.82	324	740	93.5	1.6	6.5	2.0

(3) Y系列电动机的安装和外形尺寸

① B3、B6、B7、B8、V5、V6型（机座带底脚，端盖无凸缘）（图44-1和表44-17）。

② B5、V1、V3型（机座不带底脚，端盖有凸缘）（图44-2和表44-18）。

③ B35、B8、V15、V36型（机座带底脚，端盖有凸缘）（图44-3和表44-19）。

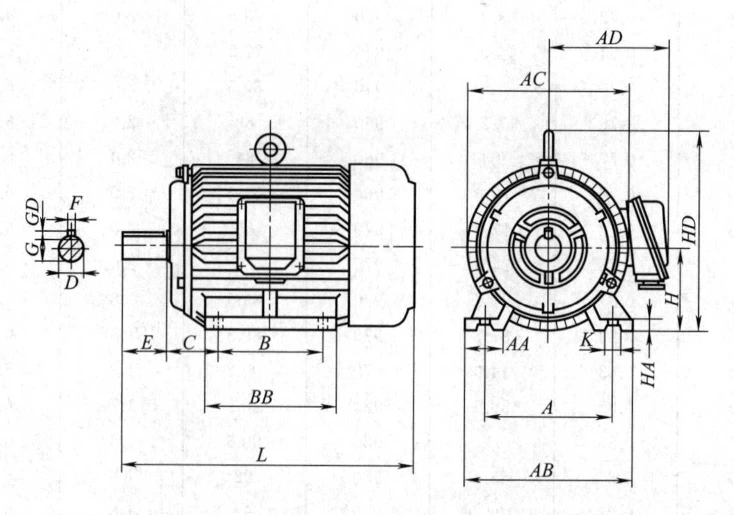

图44-1　B3、B6、B7、B8、V5、V6型Y系列电动机

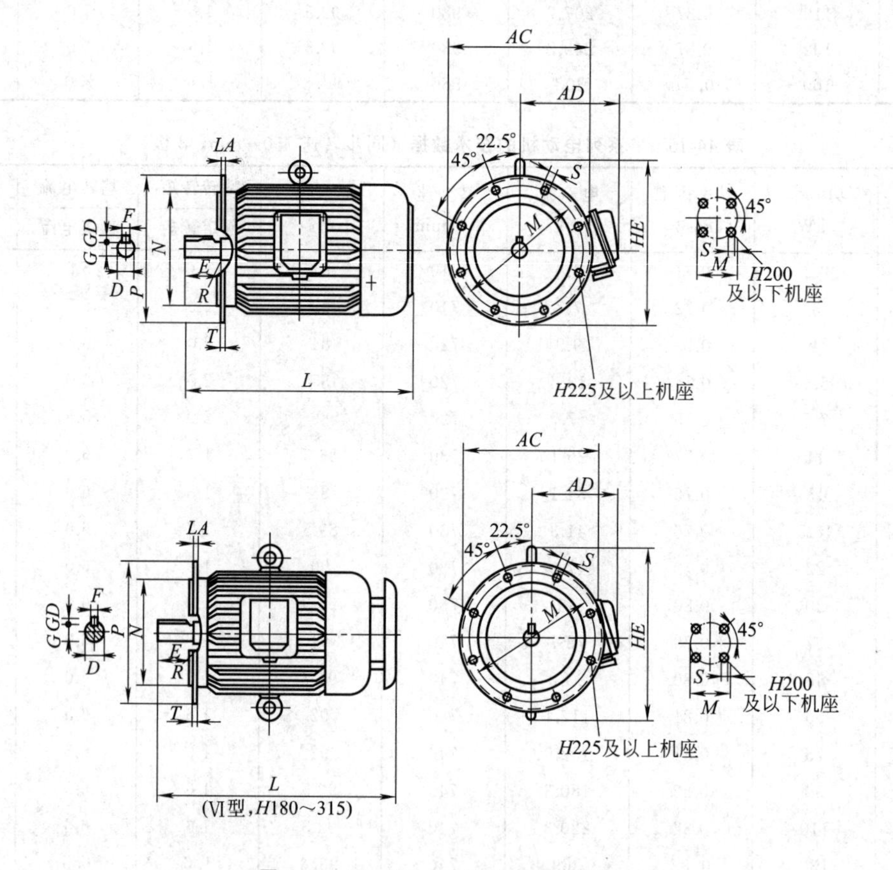

图44-2　B5、V1、V3型Y系列电动机

表 44-17 B3、B6、B7、B8、V5、V6 型 Y 系列电动机安装和外形尺寸

单位：mm

型号	H	A	B	C	D		E		$F\times GD$		G		K	AB	AC	AD	HD	AA	BB	HA	L		制造范围	
					2 极	4极、6极、8极	2 极	4极、6极、8极	2 极	4极、6极、8极	2 极	4极、6极、8极									2 极	4极、6极、8极	B3	B6、B7、B8、V5、V6
Y80	80	125	100	50	19		40		6×6		15.5		10	165	165	150	170	34	130	10	285			
Y90S	90	140	100	56	24		50		8×7		20		10	180	175	155	190	36	130	12	310			
Y90L	90	140	125	56	24		50		8×7		20		10	180	175	155	190	36	155	12	335			
Y100L	100	160	140	63	28		60		8×7		24		12	205	205	180	245	40	176	14	380			
Y112M	112	190	140	70	28		60		8×7		24		12	245	230	190	265	50	180	15	400			
Y132S	132	216	140	89	38		80		10×8		33		12	280	270	210	315	60	200	18	475			
Y132M	132	216	178	89	38		80		10×8		33		12	280	270	210	315	60	238	18	515			
Y160M	160	254	210	108	42		110		12×8		37		15	330	325	255	385	70	270	20	600			
Y160L	160	254	254	108	42		110		12×8		37		15	330	325	255	385	70	314	20	645			
Y180M	180	279	241	121	48		110		14×9		42.5		15	355	360	285	430	70	311	22	670			
Y180L	180	279	279	121	48		110		14×9		42.5		15	355	360	285	430	70	349	22	710			
Y200L	200	318	305	133	55		110		16×10		49		19	395	400	310	475	70	379	25	775			
Y225S	225	356	286	149	55	60	110	140	16×10	18×11	49	53	19	435	450	345	530	75	368	28		820		
Y225M	225	356	311	149	55	60	110	140	16×10	18×11	49	53	19	435	450	345	530	75	393	28	815	845		
Y250M	250	406	349	168	60	65	140		18×11		53	58	24	490	495	385	575	80	455	30	930			
Y280S	280	457	368	190	65	75	140		18×11	20×12	58	67.5	24	550	555	410	640	85	530	35	1000			
Y280M	280	457	419	190	65	75	140		18×11	20×12	58	67.5	24	550	555	410	640	85	581	35	1050			
Y315S	315	508	406	216	65	80	140	170	18×11	22×14	58	71	28	635	640	530	770	125	620	50	1170	1200		
Y315M	315	508	457	216	65	80	140	170	18×11	22×14	58	71	28	635	640	530	770	125	670	50	1220	1250		
Y355M	355	610	560	254	75	100	140	210	20×11	28×14	68	90	28	—	980	630	1120	—	—	—	1550	1620		

表 44-18 B5、V1、V3 型 Y 系列电动机安装和外形尺寸

单位：mm

型号	D		E		F×GD		G		T	M	N	P	R	S	AC	AD	LA	HE	L		制造范围		
	2极	4极、6极、8极	2极	4极、6极、8极	2极	4极、6极、8极	2极	4极、6极、8极											2极	4极、6极、8极	B5	V1	V3
Y80	19		40		6×6		15.5		3.5	165	130	200	0	4×ϕ12	165	150	12	185	285				
Y90S	24		50		8×7		20		3.5	165	130	200	0	4×ϕ12	175	155	12	195	310				
Y90L	24		50		8×7		20		3.5	165	130	200	0	4×ϕ12	175	155	12	195	335				
Y100L	28		60		8×7		24		4	215	180	250	0	4×ϕ15	205	180	14	245	380				
Y112M	28		60		8×7		24		4	215	180	250	0	4×ϕ15	230	190	14	265	400				
Y132S	38		80		10×8		33		4	265	230	300	0	4×ϕ15	270	210	14	315	475				
Y132M	38		80		10×8		33		4	265	230	300	0	4×ϕ15	270	210	14	315	515				
Y160M	42		110		12×8		37		5	300	250	350	0	4×ϕ19	325	255	16	385	600				
Y160L	42		110		12×8		37		5	300	250	350	0	4×ϕ19	325	255	16	385	645				
Y180M	48		110		14×9		42.5		5	300	250	350	0	4×ϕ19	360	285	18	430 (500)	670	(670)			
Y180L	48		110		14×9		42.5		5	300	250	350	0	4×ϕ19	360	285	18	430 (500)	710	(740)			
Y200L	55		110		16×10		49		5	350	300	400	0	4×ϕ19	400	310	18	480 (550)	775	(775)			
Y225S	55	60	110	140	16×10	18×11	49	53	5	400	350	450	0	8×ϕ19	450	345	20	535 (610)	—	820 (910)			
Y225M	55	60	110	140	16×10	18×11	49	53	5	400	350	450	0	8×ϕ19	450	345	20	535 (610)	815 (905)	845 (935)			
Y250M	60	65	140		18×11		53	58	5	500	450	550	0	8×ϕ19	495	385	22	(650)	(1035)				
Y280S	65	75	140		18×11	20×12	58	67.5	5	500	450	550	0	8×ϕ19	555	410	22	(720)	(1120)				
Y280M	65	75	140		18×11	20×12	58	67.5	5	500	450	550	0	8×ϕ19	555	410	22	(720)	(1170)				
Y315S	65	80	140	170	18×11	22×14	58	71	6	600	550	660	0	8×ϕ24	640	530	25	(890)	(1270)	(1300)			
Y315M	65	80	140	170	18×11	22×14	58	71	6	600	550	660	0	8×ϕ24	640	530	25	(890)	(1320)	(1350)			

表 44-19 B35、B8、V15、V36 型 Y 系列电动机安装和外形尺寸

单位：mm

型号	H	A	B	C1	D		E		F×GD		G		K	T	M	N	P	R	S	AB	AC	AD	HD	AA	BB	HA	LA	L		制造范围	
					2 极	4极、6极、8极	2 极	4极、6极、8极	2 极	4极、6极、8极	2 极	4极、6极、8极																2 极	4极、6极、8极	B35	V15 V36
Y80	80	125	100	50	19		40		6×6		15.5		10	4	165	130	200	0	4×ϕ12	165	165	150	170	34	130	10	12	285			
Y90S	90	140	100	56	24		50		8×7		20		10	4	165	130	200	0	4×ϕ12	180	175	155	190	36	130	12	12	310			
Y90L	90	140	125	56	24		50		8×7		20		10	4	165	130	200	0	4×ϕ12	180	175	155	190	36	155	12	12	335			
Y100L	100	160	140	63	28		60		8×7		24		12	4	215	180	250	0	4×ϕ15	205	205	180	245	40	176	14	14	380			
Y112M	112	190	140	70	28		60		8×7		24		12	4	215	180	250	0	4×ϕ15	245	230	190	265	50	180	15	14	400			
Y132S	132	216	140	89	38		80		10×8		33		12	4	265	230	300	0	4×ϕ15	280	270	210	315	60	200	18	14	475			
Y132M	132	216	178	89	38		80		10×8		33		12	4	265	230	300	0	4×ϕ15	280	270	210	315	60	236	18	14	515			
Y160M	160	254	210	108	42		110		12×8		37		15	5	300	250	350	0	4×ϕ19	330	325	255	385	70	270	20	16	600			
Y160L	160	254	254	108	42		110		12×8		37		15	5	300	250	350	0	4×ϕ19	330	325	255	385	70	314	20	16	645			
Y180M	180	279	241	121	48		110		14×9		42.5		15	5	300	250	350	0	4×ϕ19	355	360	285	430	70	311	22	18	670			
Y180L	180	279	279	121	48		110		14×9		42.5		15	5	300	250	350	0	4×ϕ19	355	360	285	430	70	349	22	18	710			
Y200L	200	318	305	133	55		110		16×10		49		19	5	350	300	400	0	4×ϕ19	395	400	310	475	70	379	25	18	775			
Y225S	225	356	286	149	55	60	110	140	16×10	18×11	49	53	19	5	400	350	450	0	8×ϕ19	435	450	345	530	75	368	28	20	—	820		
Y225M	225	356	311	149	55	60	110	140	16×10	18×11	49	53	19	5	400	350	450	0	8×ϕ19	435	450	345	530	75	393	28	20	815	845		
Y250M	250	406	349	168	60	65	140		18×11		53	58	24	5	500	450	550	0	8×ϕ19	490	495	385	575	80	455	30	22	930			
Y280S	280	457	368	190	65	75	140		18×11	20×12	58	67.5	24	5	500	450	550	0	8×ϕ19	550	555	410	640	85	530	35	22	1000			
Y280M	280	457	419	190	65	75	140		18×11	20×12	58	67.5	24	5	500	450	550	0	8×ϕ19	550	555	410	640	85	581	35	22	1050			
Y315S	315	508	406	216	65	80	140	170	18×11	22×14	58	71	28	6	600	550	660	0	8×ϕ24	635	640	530	770	125	620	50	25	1170	1200		
Y315M	315	508	457	216	65	80	140	170	18×11	22×14	58	71	28	6	600	550	660	0	8×ϕ24	635	640	530	770	125	670	50	25	1220	1250		

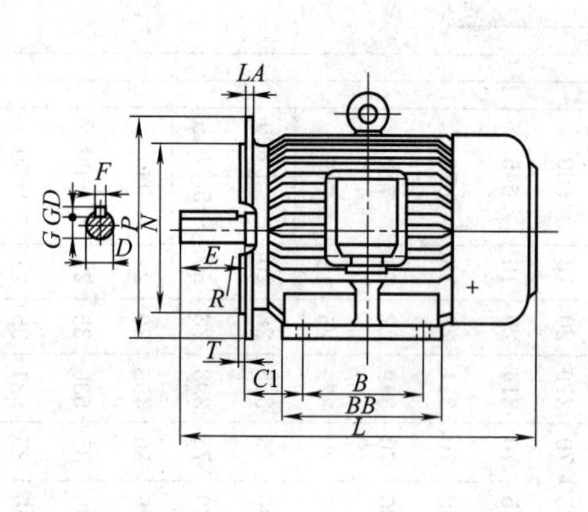

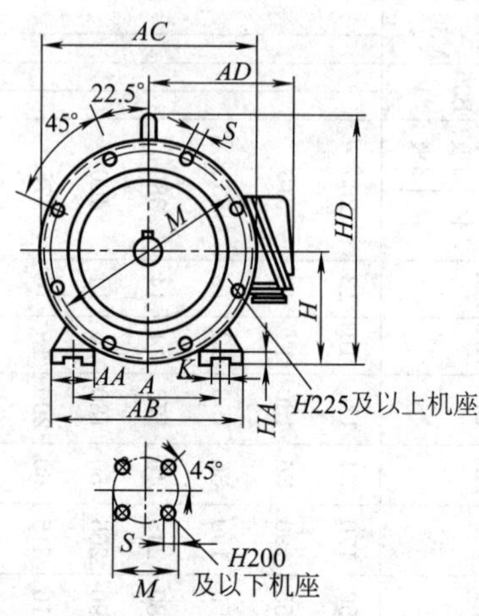

图 44-3 B35、B8、V15、V36 型 Y 系列电动机

(4) Y 系列电动机订货说明

① 订货时须注明电动机名称、型号、外壳防护等级、绝缘等级、功率、同步转速、电压、接法、频率，安装结构型式等。如订购 5.5kW、2 极、机座带底脚、端盖无凸缘的标准电动机，标注为三相异步电动机，Y132S-2（IP44），B 级绝缘，5.5kW，3000r/min，380V，△接，50Hz，B3。

② 有特殊要求的，须在合同中详细说明，并事先与制造厂联系。如接线盒置于左侧、双轴伸的电动机，标注为三相异步电动机，Y132S-2（IP44），B 级绝缘，5.5kW，3000r/min，380V，△接，50Hz，B3，左出线，双轴伸。

(5) Y2 系列电动机的技术数据

① 同步转速 3000r/min（2 极），频率 50Hz，额定电压 380V（表 44-20）。

② 同步转速 1500r/min（4 极），频率 50Hz，额定电压 380V（表 44-21）。

③ 同步转速 1000r/min（6 极），频率 50Hz，额定电压 380V（表 44-22）。

④ 同步转速 750r/min（8 极），频率 50Hz，额定电压 380V（表 44-23）。

表 44-20 Y2 系列电动机的技术数据（同步转速 3000r/min，2 极）

型号	功率/kW	功率因数 cosφ	电流/A	转速/(r/min)	效率/%	堵转转矩/额定转矩	堵转电流/额定电流	最大转矩/额定转矩
Y2-801-2	0.75	0.83	1.8	2830	75	2.2	6.1	2.3
Y2-802-2	1.1	0.84	2.5	2830	77	2.2	7.0	2.3
Y2-90S-2	1.5	0.84	3.4	2840	79	2.2	7.0	2.3
Y2-90L-2	2.2	0.85	4.7	2840	81	2.2	7.0	2.3
Y2-100L-2	3	0.87	6.2	2870	83	2.2	7.5	2.3
Y2-112M-2	4	0.88	7.8	2890	85	2.2	7.5	2.3
Y2-132S1-2	5.5	0.88	10.7	2900	86	2.2	7.5	2.3
Y2-132S2-2	7.5	0.88	14.2	2900	87	2.2	7.5	2.3
Y2-160M1-2	11	0.89	20.9	2930	88	2.2	7.5	2.3
Y2-160M2-2	15	0.89	27.9	2930	89	2.2	7.5	2.3
Y2-160L-2	18.5	0.9	34.0	2930	90	2.2	7.5	2.3
Y2-180M-2	22	0.9	40.5	2940	90.5	2.0	7.5	2.3
Y2-200L1-2	30	0.9	54.8	2950	91.2	2.0	7.5	2.3
Y2-200L2-2	37	0.9	66.6	2950	92	2.0	7.5	2.3
Y2-225M-2	45	0.9	81.0	2970	92.3	2.0	7.5	2.3
Y2-250M-2	55	0.9	99.6	2970	92.5	2.0	7.5	2.3
Y2-280S-2	75	0.91	133.3	2970	93.2	2.0	7.5	2.3
Y2-280M-2	90	0.91	158.2	2970	93.8	2.0	7.5	2.3
Y2-315S-2	110	0.91	195.5	2980	94	1.8	7.1	2.2
Y2-315M-2	132	0.91	231.6	2980	94.5	1.8	7.1	2.2
Y2-315L1-2	160	0.92	279.4	2980	94.6	1.8	7.1	2.2

表 44-21 Y2 系列电动机的技术数据（同步转速 1500r/min，4 极）

型号	功率 /kW	功率因数 cosϕ	电流 /A	转速 /（r/min）	效率 /%	堵转转矩/额定转矩	堵转电流/额定电流	最大转矩/额定转矩
Y2-801-4	0.55	0.75	1.6	1390	71	2.4	5.2	2.3
Y2-802-4	0.75	0.76	2.0	1390	73	2.3	6.0	2.3
Y2-90S-4	1.1	0.77	2.8	1400	75	2.3	6.0	2.3
Y2-90L-4	1.5	0.79	3.7	1400	78	2.3	6.0	2.3
Y2-100L1-4	2.2	0.81	5.2	1430	80	2.3	7.0	2.3
Y2-100L2-4	3	0.82	6.6	1430	82	2.3	7.0	2.3
Y2-112M-4	4	0.82	8.6	1440	84	2.3	7.0	2.3
Y2-132S-4	5.5	0.83	11.5	1440	85	2.3	7.0	2.3
Y2-132M-4	7.5	0.84	15.3	1440	87	2.2	7.5	2.3
Y2-160M-4	11	0.84	22.4	1460	88	2.2	7.0	2.3
Y2-160L-4	15	0.85	29.8	1460	89	2.2	7.5	2.3
Y2-180M-4	18.5	0.86	36.1	1470	90.5	2.2	7.5	2.3
Y2-180L-4	22	0.86	42.6	1470	91	2.2	7.5	2.3
Y2-200L-4	30	0.86	57.6	1470	92	2.2	7.2	2.3
Y2-225S-4	37	0.87	69.6	1480	92.5	2.2	7.2	2.3
Y2-225M-4	45	0.87	84.5	1480	92.8	2.2	7.2	2.3
Y2-250M-4	55	0.87	103.1	1480	93	2.2	7.2	2.3
Y2-280S-4	75	0.87	138.7	1480	93.8	2.2	7.2	2.3
Y2-280M-4	90	0.87	165.6	1490	94.2	2.2	6.9	2.3
Y2-315S-4	110	0.88	200.2	1490	94.5	2.1	6.9	2.2
Y2-315M-4	132	0.88	239.6	1490	94.8	2.1	6.9	2.2
Y2-315L1-4	160	0.89	288.0	1490	94.9	2.1	6.9	2.2

表 44-22 Y2 系列电动机的技术数据（同步转速 1000r/min，6 极）

型号	功率 /kW	功率因数 cosϕ	电流 /A	转速 /（r/min）	效率 /%	堵转转矩/额定转矩	堵转电流/额定电流	最大转矩/额定转矩
Y2-90S-6	0.75	0.72	2.3	910	69	2.0	5.5	2.1
Y2-90L-6	1.1	0.73	3.1	910	72	2.0	5.5	2.1
Y2-100L-6	1.5	0.75	4.0	940	76	2.0	5.5	2.1
Y2-112M-6	2.2	0.76	5.6	940	79	2.0	6.5	2.1
Y2-132S-6	3	0.76	7.1	960	81	2.1	6.5	2.1
Y2-132M1-6	4	0.76	9.3	960	82	2.1	6.5	2.1
Y2-132M2-6	5.5	0.77	12.3	960	84	2.1	6.5	2.1
Y2-160M-6	7.5	0.77	16.7	970	86	2.0	6.5	2.1
Y2-160L-6	11	0.78	23.6	970	87.5	2.0	6.5	2.1
Y2-180L-6	15	0.81	30.7	970	89	2.0	7.0	2.1
Y2-200L1-6	18.5	0.81	38.1	970	90	2.1	7.0	2.1
Y2-200L2-6	22	0.83	44.5	970	90	2.1	7.0	2.1
Y2-225M-6	30	0.84	58.4	980	91.5	2.0	7.0	2.1
Y2-250M-6	37	0.86	70.4	980	92	2.1	7.0	2.1
Y2-280S-6	45	0.86	85.4	980	92.5	2.1	7.0	2.0
Y2-280M-6	55	0.86	103.3	980	92.8	2.1	7.0	2.0
Y2-315S-6	75	0.86	140.2	990	93.5	2.0	7.0	2.0
Y2-315M-6	90	0.86	167.0	990	93.8	2.0	7.0	2.0
Y2-315L1-6	110	0.86	202.3	990	94	2.0	6.7	2.0
Y2-315L2-6	132	0.87	242.3	990	94.2	2.0	6.7	2.0
Y2-355M1-6	160	0.88	287.9	990	94.5	1.9	6.7	2.0

表 44-23 Y2系列电动机的技术数据（同步转速750r/min，8极）

型 号	功 率 /kW	功率因数 cosϕ	电 流 /A	转 速 /（r/min）	效 率 /%	堵转转矩/额定转矩	堵转电流/额定电流	最大转矩/额定转矩
Y2-132S-8	2.2	0.71	6.0	710	78	1.8	6.0	2.0
Y2-132M-8	3	0.73	7.6	710	79	1.8	6.0	2.0
Y2-160M1-8	4	0.73	10.3	720	81	1.9	6.0	2.0
Y2-160M2-8	5.5	0.74	13.6	720	83	2.0	6.0	2.0
Y2-160L-8	7.5	0.75	17.8	720	85.5	2.0	6.0	2.0
Y2-180L-8	11	0.76	24.9	730	87.5	2.0	6.6	2.0
Y2-200L-8	15	0.76	33.3	730	88	2.0	6.6	2.0
Y2-225S-8	18.5	0.76	40.1	730	90	1.9	6.6	2.0
Y2-225M-8	22	0.78	46.8	740	90.5	1.9	6.6	2.0
Y2-250M-8	30	0.79	63.0	740	91	1.9	6.6	2.0
Y2-280S-8	37	0.79	76.2	740	91.5	1.9	6.6	2.0
Y2-280M-8	45	0.79	92.5	740	92	1.9	6.6	2.0
Y2-315S-8	55	0.81	110.4	740	92.8	1.8	6.6	2.0
Y2-315M-8	75	0.81	148.1	740	93	1.8	6.6	2.0
Y2-315L1-8	90	0.82	177.6	740	93.8	1.8	6.6	2.0
Y2-315L2-8	110	0.82	215.8	740	94	1.8	6.4	2.0
Y2-355M1-8	132	0.82	256.8	740	93.7	1.8	6.4	2.0
Y2-355M2-8	160	0.82	307.8	740	94.2	1.8	6.4	2.0

(6) Y3系列电动机的技术数据

① 同步转速3000r/min（2极），频率50Hz，额定电压380V（表44-24）。

② 同步转速1500r/min（4极），频率50Hz，额定电压380V（表44-25）。

③ 同步转速1000r/min（6极），频率50Hz，额定电压380V（表44-26）。

④ 同步转速750r/min（8极），频率50Hz，额定电压380V（表44-27）。

表 44-24 Y3系列电动机的技术数据（同步转速3000r/min，2极）

型 号	功 率 /kW	功率因数 cosϕ	电 流 /A	转 速 /（r/min）	效 率 /%	堵转转矩/额定转矩	堵转电流/额定电流	最大转矩/额定转矩
Y3-80M1-2	0.75	0.83	1.8	2845	75	2.2	6.1	2.3
Y3-80M2-2	1.1	0.84	2.6	2835	76.2	2.2	6.9	2.3
Y3-90S-2	1.5	0.84	3.5	2850	78.5	2.2	7.0	2.3
Y3-90L-2	2.2	0.85	4.9	2855	81	2.2	7.0	2.3
Y3-100L-2	3	0.87	6.3	2870	83.6	2.2	7.5	2.3
Y3-112M-2	4	0.88	8.2	2880	84.2	2.2	7.5	2.3
Y3-132S1-2	5.5	0.88	11.1	2900	85.7	2.2	7.5	2.3
Y3-132S2-2	7.5	0.88	14.9	2900	87	2.2	7.5	2.3
Y3-160M1-2	11	0.89	21.2	2930	88.4	2.2	7.5	2.3
Y3-160M2-2	15	0.89	28.6	2930	89.4	2.2	7.5	2.3
Y3-160L-2	18.5	0.9	34.7	2930	90	2.2	7.5	2.3
Y3-180M-2	22	0.9	41.0	2940	90.5	2.0	7.5	2.3
Y3-200L1-2	30	0.9	55.4	2950	91.4	2.0	7.5	2.3
Y3-200L2-2	37	0.9	67.9	2950	92	2.0	7.5	2.3
Y3-225M-2	45	0.9	82.1	2960	92.5	2.0	7.5	2.3
Y3-250M-2	55	0.9	100.0	2970	93	2.0	7.5	2.3
Y3-280S-2	75	0.9	135.0	2975	93.6	2.0	7.0	2.3
Y3-280M-2	90	0.91	160.0	2975	93.9	2.0	7.1	2.3
Y3-315S-2	110	0.91	195.0	2975	94	1.8	7.1	2.2
Y3-315M-2	132	0.91	233.0	2975	94.5	1.8	7.1	2.2
Y3-315L1-2	160	0.91	282.0	2975	94.6	1.8	7.1	2.2

表 44-25 Y3 系列电动机的技术数据（同步转速 1500r/min，4 极）

型号	功率/kW	功率因数 cosϕ	电流/A	转速/(r/min)	效率/%	堵转转矩/额定转矩	堵转电流/额定电流	最大转矩/额定转矩
Y3-80M1-4	0.55	0.75	1.6	1390	71	2.4	5.2	2.3
Y3-80M2-4	0.75	0.76	2.1	1380	73	2.3	6.0	2.3
Y3-90S-4	1.1	0.77	2.9	1390	76.2	2.3	6.0	2.3
Y3-90L-4	1.5	0.78	3.7	1400	78.5	2.3	6.0	2.3
Y3-100L1-4	2.2	0.81	5.1	1420	80	2.3	7.0	2.3
Y3-100L2-4	3	0.82	6.8	1410	82.6	2.3	7.0	2.3
Y3-112M-4	4	0.82	8.8	1435	84.2	2.3	7.0	2.3
Y3-132S-4	5.5	0.83	11.7	1440	85.7	2.3	7.0	2.3
Y3-132M-4	7.5	0.84	15.6	1450	87	2.3	7.0	2.3
Y3-160M-4	11	0.84	22.5	1460	88.4	2.2	7.0	2.3
Y3-160L-4	15	0.85	30.0	1460	89.4	2.2	7.5	2.3
Y3-180M-4	18.5	0.86	36.3	1470	90	2.2	7.5	2.3
Y3-180L-4	22	0.86	43.2	1470	90.5	2.2	7.5	2.3
Y3-200L-4	30	0.86	57.6	1470	91.4	2.2	7.2	2.3
Y3-225S-4	37	0.87	70.2	1475	92	2.2	7.2	2.3
Y3-225M-4	45	0.87	84.9	1475	92.5	2.2	7.2	2.3
Y3-250M-4	55	0.87	103.0	1480	93	2.2	7.2	2.3
Y3-280S-4	75	0.88	138.3	1340	93.6	2.2	6.8	2.3
Y3-280M-4	90	0.88	165.0	1340	93.9	2.2	6.8	2.3
Y3-315S-4	110	0.88	201.0	1480	94.5	2.1	6.9	2.2
Y3-315M-4	132	0.88	240.0	1480	94.8	2.1	6.9	2.2
Y3-315L1-4	160	0.89	288.0	1480	94.9	2.1	6.9	2.2

表 44-26 Y3 系列电动机的技术数据（同步转速 1000r/min，6 极）

型号	功率/kW	功率因数 cosϕ	电流/A	转速/(r/min)	效率/%	堵转转矩/额定转矩	堵转电流/额定电流	最大转矩/额定转矩
Y3-90S-6	0.75	0.72	2.3	905	69	2.0	5.3	2.1
Y3-90L-6	1.1	0.73	3.2	905	72	2.0	5.5	2.1
Y3-100L-6	1.5	0.75	4.0	920	76	2.0	5.5	2.1
Y3-112M-6	2.2	0.76	5.6	935	79	2.0	6.5	2.1
Y3-132S-6	3	0.76	7.4	960	81	2.1	6.5	2.1
Y3-132M1-6	4	0.76	9.8	960	82	2.1	6.5	2.1
Y3-132M2-6	5.5	0.77	12.9	960	84	2.1	6.5	2.1
Y3-160M-6	7.5	0.77	17.2	970	86	2.0	6.5	2.1
Y3-160L-6	11	0.78	24.5	970	87.5	2.0	6.5	2.1
Y3-180L-6	15	0.81	31.6	970	89	2.0	7.0	2.1
Y3-200L1-6	18.5	0.81	38.6	980	90	2.1	7.0	2.1
Y3-200L2-6	22	0.83	44.7	980	90	2.0	7.0	2.1
Y3-225M-6	30	0.84	59.3	980	91.5	2.0	7.0	2.1
Y3-250M-6	37	0.86	71.0	980	92	2.1	7.0	2.1
Y3-280S-6	45	0.86	86.0	980	92.5	2.1	7.0	2.0
Y3-280M-6	55	0.86	104.0	980	92.8	2.1	7.0	2.0
Y3-315S-6	75	0.86	142.0	935	93.5	2.0	6.7	2.0
Y3-315M-6	90	0.86	169.0	935	93.8	2.0	6.7	2.0
Y3-315L1-6	110	0.86	207.0	935	94	2.0	6.7	2.0
Y3-315L2-6	132	0.87	245.0	935	94.2	2.0	6.7	2.0
Y3-315M1-6	160	0.88	292.0	990	94.5	1.9	6.7	2.0

表 44-27　Y3 系列电动机的技术数据（同步转速 750r/min，8 极）

型　号	功　率 /kW	功率因数 cosϕ	电　流 /A	转　速 /(r/min)	效　率 /%	堵转转矩/额定转矩	堵转电流/额定电流	最大转矩/额定转矩
Y3-132S-8	2.2	0.71	6.0	710	79	1.8	6.0	2.0
Y3-132M-8	3	0.73	7.8	710	80	1.8	6.0	2.0
Y3-160M1-8	4	0.73	10.3	720	81	1.9	6.0	2.0
Y3-160M2-8	5.5	0.74	13.6	720	83	1.9	6.0	2.0
Y3-160L-8	7.5	0.75	17.8	720	85.5	1.9	6.0	2.0
Y3-180L-8	11	0.75	25.5	730	87.5	2.0	6.5	2.0
Y3-200L-8	15	0.76	34.1	730	88	2.0	6.6	2.0
Y3-225S-8	18.5	0.76	41.1	730	90	1.9	6.6	2.0
Y3-225M-8	22	0.78	48.9	730	90.5	1.9	6.6	2.0
Y3-250M-8	30	0.79	63.0	735	91	1.9	6.5	2.0
Y3-280S-8	37	0.79	78.0	740	91.5	1.9	6.6	2.0
Y3-280M-8	45	0.79	94.0	740	92	1.9	6.6	2.0
Y3-315S-8	55	0.81	111.0	735	92.8	1.8	6.6	2.0
Y3-315M-8	75	0.81	150.0	735	93.5	1.8	6.2	2.0
Y3-315L1-8	90	0.82	178.0	735	93.8	1.8	6.4	2.0
Y3-315L2-8	110	0.82	217.0	735	94	1.8	6.4	2.0
Y3-355M1-8	132	0.82	261.0	740	93.7	1.8	6.4	2.0
Y3-355M2-8	160	0.82	315.0	740	94.2	1.8	6.4	2.0

5.2　YB 系列隔爆型三相交流异步电动机

YB系列是Y系列派生的全封闭自扇冷式鼠笼型隔爆型三相异步电动机。YB系列电动机适用于有甲烷或煤尘的煤矿井下固定式设备和存在ⅡA、ⅡB、ⅡC级，T_1、T_2、T_3、T_4 组别爆炸性气体混合物的其他工业场所，作一般传动使用。

YB系列电动机型号标记示例

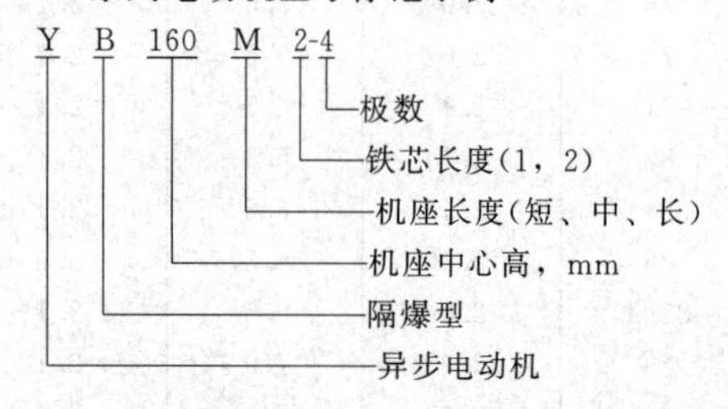

5.2.1　YB系列隔爆型电动机的选用要求

① 按 GB 3836.1《爆炸性环境　第1部分设备通用要求》，爆炸性气体混合物，按其最大试验安全间隙（MESG）或最小点燃电流比（MICR）分级，按其引燃温度分组。

② 所选用的隔爆型电动机的级别和组别，不应低于该爆炸危险场所内爆炸性气体混合物的级别和组别。当存在有两种或两种以上爆炸性气体混合物时，应按危险程度较高的级别和组别选用。

③ 电动机主体外壳防护等级一般为IP54，冷却方式一般为IC411，绝缘等级一般为B级或F级。

④ 防爆类型标记举例：Ⅱ类隔爆型B级 T_3 组，其标记为 dⅡBT_3，d 代表隔爆型。

⑤ 后续又相继推出了YB2和YB3等系列电动机，与YB系列相比又有一些新的技术经济优势和特点，包括形成了完整的低压隔爆型三相异步电动机的系列，电动机的功率等级与安装尺寸符合IEC标准，降低了产品的噪声和振动，提高了电动机运行的经济性，改善了电动机的使用维护性，延长了电动机的使用寿命等。

5.2.2　安装结构型式

YB型电动机的基本结构型式有三种，即B3型（机座带底脚、端盖无凸缘）、B5型（机座不带底脚、端盖有凸缘）和B35型（机座带底脚、端盖有凸缘）。其安装结构型式符合IEC 34-7的规定，见表44-28。

5.2.3　端子接线盒

电动机的端子接线盒具有良好的隔爆性能，位于电动机的顶部，可以左右进线，盒内有较大空腔，便于接线且与机座主空腔之间采用螺纹隔爆结构。进线方式分为橡套电缆和钢管布线两种，按不同启动要求，分别制成单进线口和双进线口两种。单进线口适用于电动机直接启动，双进线口适用于Y-△启动。防护等级为IP54。盒内配有接地端子，安全可靠。

表 44-28　安装结构型式

基本结构型式	B3					
安装结构型式	B3	B6	B7	B8	V5	V6
示意图	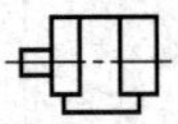				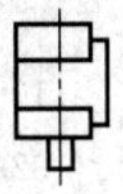	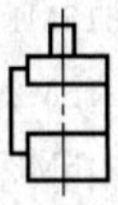
制造范围（中心高）/mm	80～280	80～160				
基本结构型式	B5			B35		
安装结构型式	B5	V1	V3	B35	V15	V36
示意图	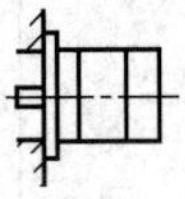	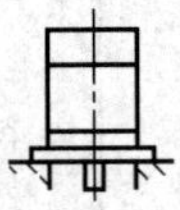	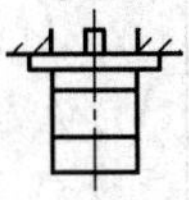	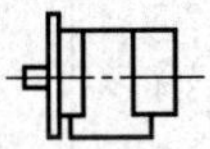	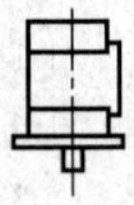	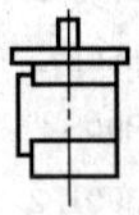
制造范围（中心高）/mm	80～225	80～280	80～160	80～280	80～160	

5.2.4　技术数据

① 同步转速 1000r/min（6 极），频率 50Hz，额定电压 380V（表 44-29）。

② 同步转速 3000r/min（2 极），频率 50Hz，额定电压 380V（表 44-30）。

③ 同步转速 750r/min（8 极），频率 50Hz，额定电压 380V（表 44-31）。

④ 同步转速 1500r/min（4 极），频率 50Hz，额定电压 380V（表 44-32）。

表 44-29　YB 系列电动机的技术数据（同步转速 1000r/min，6 极）

型　号	额定功率/kW	额定电流/A	额定转速/（r/min）	堵转转矩/额定转矩	堵转电流/额定电流	最大转矩/额定转矩	效　率/%	功率因数 $\cos\phi$	质　量/kg
YB90S-6	0.75	2.3	910	2.0	6.0	2.0	72.5	0.70	34
YB90L-6	1.1	3.2	910	2.0	6.0	2.0	73.5	0.72	37
YB100L-6	1.5	4.0	940	2.0	6.0	2.0	77.5	0.74	43
YB112M-6	2.2	5.6	940	2.0	6.0	2.0	80.5	0.74	54
YB132S-6	3	7.2	960	2.0	6.5	2.0	83	0.76	79
YB132M1-6	4	9.4	960	2.0	6.5	2.0	84	0.77	90
YB132M2-6	5.5	12.6	960	2.0	6.5	2.0	85.3	0.78	100
YB160M-6	7.5	17.0	970	2.0	6.5	2.0	86	0.78	144
YB160L-6	11	24.6	970	2.0	6.5	2.0	87	0.78	166
YB180L-6	15	31.6	970	1.8	6.5	2.0	89.5	0.81	215
YB200L1-6	18.5	37.7	970	1.8	6.5	2.0	89.8	0.83	275
YB200L2-6	22	44.6	970	1.8	6.5	2.0	90.2	0.83	300
YB225M-6	30	59.5	980	1.7	6.5	2.0	90.2	0.85	368
YB250M-6	37	72	980	1.8	6.5	2.0	90.8	0.86	516
YB280S-6	45	85.4	980	1.8	6.5	2.0	92	0.87	620
YB280M-6	55	104.9	980	1.8	6.5	2.0	92	0.87	700
YB315S-6	75	142	989	1.6	6.5	2.0	93	0.87	—

续表

型 号	额定功率/kW	额定电流/A	额定转速/(r/min)	堵转转矩/额定转矩	堵转电流/额定电流	最大转矩/额定转矩	效 率/%	功率因数 cosφ	质 量/kg
YB315M1-6	90	169	989	1.6	6.5	2.0	93.4	0.87	—
YB315M2-6	110	206	989	1.6	6.5	2.0	93.7	0.87	—
YB315M3-6	132	246	989	1.6	6.5	2.0	94	0.87	—
YB355S2-6	160	296	989	1.6	6.5	2.1	94	0.87	—

表 44-30 YB 系列电动机的技术数据（同步转速 3000r/min，2 极）

型 号	额定功率/kW	额定电流/A	额定转速/(r/min)	堵转转矩/额定转矩	堵转电流/额定电流	最大转矩/额定转矩	效 率/%	功率因数 cosφ	质 量/kg
YB801-2	0.75	1.8	2825	2.2	7.0	2.2	75	0.84	22
YB802-2	1.1	2.5	2825	2.2	7.0	2.2	77	0.86	24
YB90S-2	1.5	3.4	2840	2.2	7.0	2.2	78	0.85	33
YB90L-2	2.2	4.7	2840	2.2	7.0	2.2	82	0.86	37
YB100L-2	3	6.4	2880	2.2	7.0	2.2	82	0.87	43
YB112M-2	4	8.2	2890	2.2	7.0	2.2	85.5	0.87	54
YB132S1-2	5.5	11.1	2900	2.0	7.0	2.2	85.5	0.88	79
YB132S2-2	7.5	15.0	2900	2.0	7.0	2.2	86.2	0.88	87
YB160M1-2	11	21.8	2930	2.0	7.0	2.2	87.2	0.88	134
YB160M2-2	15	29.4	2930	2.0	7.0	2.2	88.2	0.88	149
YB160L-2	18.5	35.5	2930	2.0	7.0	2.2	89	0.89	167
YB180M-2	22	42.2	2940	2.0	7.0	2.2	89	0.89	210
YB200L1-2	30	56.9	2950	2.0	7.0	2.2	90	0.89	290
YB200L2-2	37	69.8	2950	2.0	7.0	2.2	90.5	0.89	304
YB225M-2	45	83.9	2970	2.0	7.0	2.2	91.5	0.89	380
YB250M-2	55	102.7	2970	2.0	7.0	2.2	91.5	0.89	449
YB280S-2	75	140.1	2970	2.0	7.0	2.2	91.5	0.89	640
YB280M-2	90	167	2970	2.0	7.0	2.2	92	0.89	710
YB315S-2	110	203	2982	1.8	7.0	2.2	92.5	0.89	—
YB315M1-2	132	242	2982	1.8	7.0	2.2	93	0.89	—
YB315M2-2	160	292	2982	1.8	7.0	2.2	93.5	0.89	—

表 44-31 YB 系列电动机的技术数据（同步转速 750r/min，8 极）

型 号	额定功率/kW	额定电流/A	额定转速/(r/min)	堵转转矩/额定转矩	堵转电流/额定电流	最大转矩/额定转矩	效 率/%	功率因数 cosφ	质 量/kg
YB132S-8	2.2	5.8	710	2.0	5.5	2.0	81	0.71	79
YB132M-8	3	7.7	710	2.0	5.5	2.0	82	0.72	90
YB160M1-8	4	9.9	720	2.0	6.0	2.0	84	0.73	130
YB160M2-8	5.5	13.3	720	2.0	6.0	2.0	85	0.74	144
YB160L-8	7.5	17.7	720	2.0	5.5	2.0	86	0.75	166
YB180L-8	11	25.1	730	1.7	6.0	2.0	86.5	0.77	215
YB200L-8	15	34.1	730	1.8	6.0	2.0	88	0.76	288
YB225S-8	18.5	41.3	730	1.7	6.0	2.0	89.5	0.76	337
YB225M-8	22	47.6	730	1.8	6.0	2.0	90	0.78	365
YB250M-8	30	63	730	1.8	6.0	2.0	90.5	0.80	515

续表

型　　号	额定功率/kW	额定电流/A	额定转速/(r/min)	堵转转矩/额定转矩	堵转电流/额定电流	最大转矩/额定转矩	效　率/%	功率因数 cosϕ	质　量/kg
YB280S-8	37	78.7	740	1.8	6.0	2.0	91	0.79	620
YB280M-8	45	93.2	740	1.8	6.0	2.0	91.7	0.80	700
YB315S-8	55	110	741	1.6	6.5	2.0	92.5	0.80	—
YB315M1-8	75	148	741	1.6	6.5	2.0	93	0.81	—
YB315M2-8	90	175	741	1.6	6.5	2.0	93	0.82	—
YB315M3-8	110	214	741	1.6	6.5	2.0	93.5	0.82	—

表 44-32　YB 系列电动机的技术数据（同步转速 1500r/min，4 极）

型　　号	额定功率/kW	额定电流/A	额定转速/(r/min)	堵转转矩/额定转矩	堵转电流/额定电流	最大转矩/额定转矩	效　率/%	功率因数 cosϕ	质　量/kg
YB801-4	0.55	1.5	1390	2.2	6.5	2.2	73	0.76	22
YB802-4	0.75	2.0	1390	2.2	6.5	2.2	74.5	0.76	24
YB90S-4	1.1	2.7	1400	2.2	6.6	2.2	78	0.78	33
YB90L-4	1.5	3.7	1400	2.2	6.5	2.2	79	0.79	37
YB100L1-4	2.2	5.0	1420	2.2	7.0	2.2	81	0.82	43
YB100L2-4	3	6.8	1420	2.2	7.0	2.2	82.5	0.81	47
YB112M-4	4	8.8	1440	2.2	7.0	2.2	84.5	0.82	58
YB132S-4	5.5	11.6	1440	2.2	7.0	2.2	85.5	0.84	80
YB132M-4	7.5	15.4	1440	2.2	7.0	2.2	87	0.85	95
YB160M-4	11	22.6	1460	2.2	7.0	2.2	88	0.84	148
YB160L-4	15	30.3	1460	2.2	7.0	2.2	88.5	0.85	166
YB180M-4	18.5	35.9	1470	2.0	7.0	2.2	91	0.86	210
YB180L-4	22	42.5	1470	2.0	7.0	2.2	91.5	0.86	234
YB200L-4	30	56.8	1470	2.0	7.0	2.2	92.2	0.87	320
YB225S-4	37	69.8	1480	1.9	7.0	2.2	91.8	0.87	360
YB225M-4	45	84.2	1480	1.9	7.0	2.2	92.3	0.88	388
YB250M-4	55	102.5	1480	2.0	7.0	2.2	92.6	0.88	530
YB280S-4	75	139.7	1480	1.9	7.0	2.2	92.7	0.88	650
YB280M-4	90	164.3	1480	1.9	7.0	2.2	93.5	0.89	780
YB315S-4	110	200	1480	1.8	7.0	2.2	93.5	0.89	—
YB315M1-4	132	237	1480	1.8	7.0	2.2	94	0.89	—
YB315M2-4	160	287	1480	1.8	7.0	2.2	94.5	0.89	—

5.2.5　安装和外形尺寸

① B3、B6、B7、B8、V5、V6 型（机座带底脚，端盖无凸缘）（图 44-4 和表 44-33）。

② B35、V15、V36 型（机座带底脚，端盖有凸缘）（图 44-5 和表 44-34）。

③ B5、V1、V3 型（机座不带底脚，端盖有凸缘）（图 44-6 和表 44-35）。

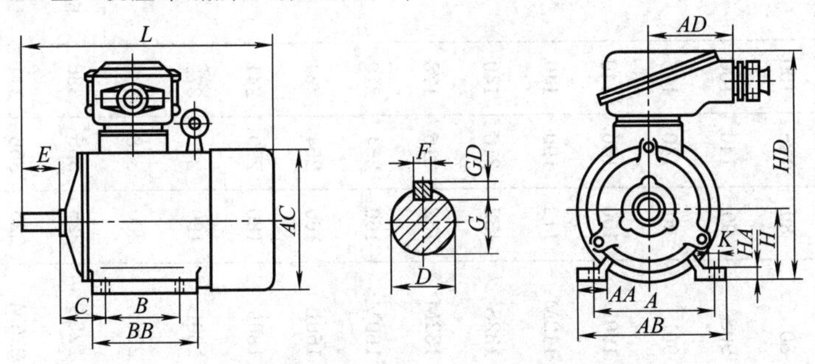

图 44-4　B3、B6、B7、B8、V5、V6 型 YB 系列电动机

表 44-33 B3、B6、B7、B8、V5、V6 型 YB 系列电动机安装和外形尺寸

单位：mm

机座号	H	A	B	D		E		$F\times GD$		G		AB	AD	AC	HD	BB	L		C	K	AA	HA
				2 极	4极、6极、8极	2 极	4极、6极、8极	2 极	4极、6极、8极	2 极	4极、6极、8极						2 极	4极、6极、8极				
80	80	125	100	19		40		6×6		15.5		165	225	160	340	135	330		50	10	34	10
90S	90	140	100	24		50		8×7		20		180	225	180	355	135	360		56	10	36	14
90L	90	140	125	24		50		8×7		20		180	225	180	355	160	385		56	10	36	14
100L	100	160	140	28		60		8×7		24		205	225	200	380	180	430		63	12	40	14
112M	112	190	140	28		60		8×7		24		245	225	225	400	185	460		70	12	50	16
132S	132	216	140	38		80		10×8		33		280	240	265	470	205	510		89	12	60	18
132M	132	216	178	38		80		10×8		33		280	240	265	470	242	550		89	12	60	18
160M	160	254	210	42		110		12×8		37		330	240	320	530	275	655		108	15	70	20
160L	160	254	254	42		110		12×8		37		330	240	320	530	320	695		108	15	70	20
180M	180	279	241	48		110		14×9		42.5		355	240	360	565	325	730		121	15	70	22
180L	180	279	279	48		110		14×9		42.5		355	240	360	565	365	750		121	15	70	22
200L	200	318	305	55		110		16×10		49		395	290	400	625	385	805		133	19	70	25
225S	225	356	286	55	60	110	140	16×10	18×11	—	53	435	290	450	670	375	—	845	149	19	75	28
225M	225	356	311	55	60	110	140	16×10	18×11	49	53	435	290	450	670	400	840	870	149	19	75	28
250M	250	406	349	60	65	140		18×11		53	58	490	330	500	770	430	935		168	24	80	30
280S	280	457	368	65	75	140		18×11	20×12	58	67.5	545	330	560	830	455	1010		190	24	85	35
280M	280	457	419	65	75	140		18×11	20×12	68	67.5	545	330	560	830	505	1060		190	24	85	35

表 44-34 B35、V15、V36 型 YB 系列电动机安装和外形尺寸

单位：mm

机座号	H	A	B	D		E		F×GD		G		T	M	N	P	R	n×s	AB	AD	AE	HD	BB	AC	LA	L		C	K	AA	HA
				2极	4极、6极、8极	2极	4极、6极、8极	2极	4极、6极、8极	2极	4极、6极、8极														2极	4极、6极、8极				
80	80	125	100	19		40		6×6		15.5		3.5	165	130	200	0	4×ϕ12	165	225	105	340	135	160	12	330		50	10	34	10
90S	90	140	100	24		50		8×7		20		3.5	165	130	200	0	4×ϕ12	180	225	105	355	135	180	12	360		56	10	36	14
90L	90	140	125	24		50		8×7		20		3.5	165	130	200	0	4×ϕ12	180	225	105	355	160	180	12	385		56	10	36	14
100L	100	160	140	28		60		8×7		24		4	215	180	250	0	4×ϕ15	205	225	130	380	180	200	14	430		63	12	40	14
112M	112	190	140	28		60		8×7		24		4	215	180	250	0	4×ϕ15	245	225	130	400	185	225	14	460		70	12	50	16
132S	132	216	140	38		80		10×8		33		4	265	230	300	0	4×ϕ15	280	240	155	470	205	265	14	510		89	12	60	18
132M	132	216	178	38		80		10×8		33		4	265	230	300	0	4×ϕ15	280	240	155	470	242	265	14	550		89	12	60	18
160M	160	254	210	42		110		12×8		37		5	300	250	350	0	4×ϕ19	330	240	180	530	275	320	16	655		108	15	70	20
160L	160	254	254	42		110		12×8		37		5	300	250	350	0	4×ϕ19	330	240	180	530	320	320	16	695		108	15	70	20
180M	180	279	241	48		110		14×9		42.5		5	300	250	350	0	4×ϕ19	355	240	180	565	325	360	18	730		121	15	70	22
180L	180	279	279	48		110		14×9		42.5		5	300	250	350	0	4×ϕ19	355	240	180	565	365	360	18	750		121	15	70	22
200L	200	318	305	55		110		16×10		49		5	350	300	400	0	4×ϕ19	390	290	200	625	385	400	18	805		133	19	70	25
225S	225	356	386	55	60	110	140	16×10	18×11	49	53	5	400	350	450	0	8×ϕ19	435	290	225	670	375	450	20	—	845	149	19	75	28
225M	225	356	311	55	60	110	140	16×10	18×11	49	53	5	400	350	450	0	8×ϕ19	435	290	225	670	400	450	20	840	870	149	19	75	28
250M	250	406	349	60	65	140		18×11		53	58	5	500	450	550	0	8×ϕ19	490	330	250	770	430	500	22	935		168	24	80	30
280S	280	457	368	65	75	140		18×11	20×12	58	67.5	5	500	450	550	0	8×ϕ19	545	330	280	830	455	560	22	1010		190	24	85	35
280M	280	457	419	65	75	140		18×11	20×12	58	67.5	5	500	450	550	0	8×ϕ19	545	330	280	830	505	560	22	1060		190	24	85	35

表 44-35 B5、V1、V3 型 YB 系列电动机安装和外形尺寸

单位：mm

机座号	D		E		F×GD		G		P	n×s	AD	AE	AC	HE	L		T	M	N
	2极	4极、6极、8极	2极	4极、6极、8极	2极	4极、6极、8极	2极	4极、6极、8极							2极	4极、6极、8极			
80	19		40		6×6		15.5		200	4×ϕ12	225	105	160	345	330		3.5	165	130
90S	24		50		8×7		20		200	4×ϕ12	225	105	180	355	360		3.5	165	130
90L	24		50		8×7		20		200	4×ϕ12	225	105	180	355	385		3.5	165	130
100L	28		60		8×7		24		250	4×ϕ15	225	130	200	395	430		4	215	180
112M	28		60		8×7		24		250	4×ϕ15	225	130	225	400	460		4	215	180
132M	38		80		10×8		33		300	4×ϕ15	240	155	265	470	510		4	265	230
132L	38		80		10×8		33		300	4×ϕ15	240	155	265	470	550		4	265	230
160M	42		110		12×8		37		350	4×ϕ19	240	180	320	530	655		5	300	250
160L	42		110		12×8		37		350	4×ϕ19	240	180	320	530	695		5	300	250
180M	48		110		14×9		42.5		350	4×ϕ19	240	180	360	565(645)	730(800)		5	300	250
180L	48		110		14×9		42.5		350	4×ϕ19	240	180	360	565(645)	750(820)		5	300	250
200L	55		110		16×10		49		400	4×ϕ19	290	205	400	625(705)	805(875)		5	350	300
225S	55	60	110	140	16×10	18×11	49	53	450	8×ϕ19	290	225	450	670(750)	—	845(915)	5	400	350
225M	55	60	110	140	16×10	18×11	49	53	450	8×ϕ19	290	225	450	670(750)	840(910)	870(940)	5	400	350
250M	65	75	140		18×11		53	58	550	8×ϕ19	330	280	500	(880)	(1025)		5	500	450
280S	65	75	140		18×11	20×12	58	67.5	550	8×ϕ19	330	280	560	(910)	(1120)		5	500	450
280M	65	75	140		18×11	20×12	58	67.5	550	8×ϕ19	330	280	560	(910)	(1150)		5	500	450

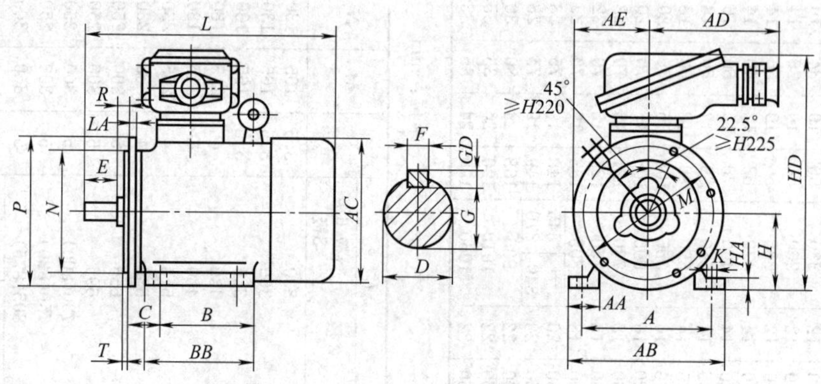

图 44-5　B35、V15、V36 型 YB 系列电动机

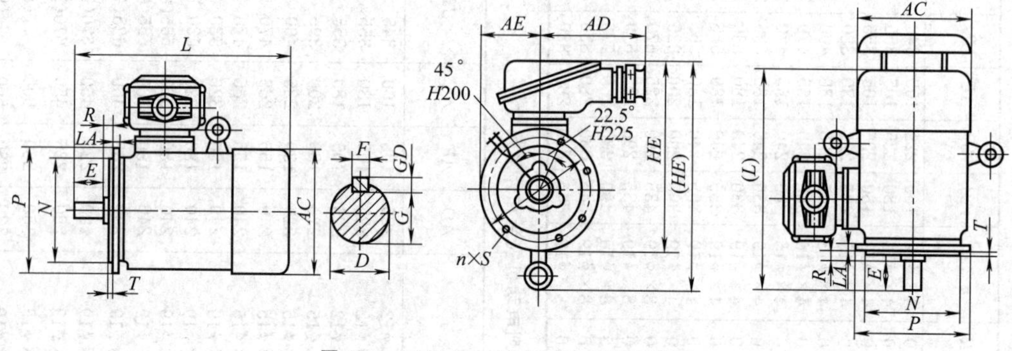

图 44-6　B5、V1、V3 型 YB 系列电动机

5.2.6　订货说明

订货时须详细说明电动机名称、电动机型号、外壳防护等级、绝缘等级、功率、同步转速或极对数、电压、接法、频率、安装方式、防爆标记、进线方式。

订购标注如下：隔爆型三相异步电动机，YB160M1-2（IP54），B 级绝缘，11kW，3000r/min，380V，△接，50Hz，B3，dⅡAT$_1$，电缆进线。

5.2.7　YB2 系列电动机的技术数据

① 同步转速 3000r/min（2 极），频率 50Hz，额定电压 380V（表 44-36）。

② 同步转速 1500r/min（4 极），频率 50Hz，额定电压 380V（表 44-37）。

③ 同步转速 1000r/min（6 极），频率 50Hz，额定电压 380V（表 44-38）。

④ 同步转速 750r/min（8 极），频率 50Hz，额定电压 380V（表 44-39）。

表 44-36　YB2 系列电动机的技术数据（同步转速 3000r/min，2 极）

型号	功率 /kW	功率因数 cosϕ	电流 /A	转速 /(r/min)	效率 /%	堵转转矩/额定转矩	堵转电流/额定电流	最大转矩/额定转矩
YB2-801-2	0.75	0.83	1.8	2840	75	2.2	6.0	2.3
YB2-802-2	1.1	0.84	2.6	2840	78	2.2	6.0	2.3
YB2-90S-2	1.5	0.84	3.4	2850	79	2.2	7.0	2.3
YB2-90L-2	2.2	0.85	4.8	2850	81	2.2	7.0	2.3
YB2-100L-2	3	0.88	6.2	2870	83	2.2	7.0	2.3
YB2-112M-2	4	0.88	8.1	2890	85	2.2	7.0	2.3
YB2-132S1-2	5.5	0.88	11.1	2900	86	2.2	7.0	2.3
YB2-132S2-2	7.5	0.88	14.8	2900	87	2.2	7.5	2.3
YB2-160M1-2	11	0.88	21.6	2940	88	2.2	7.5	2.4
YB2-160M2-2	15	0.89	28.8	2940	89	2.2	7.5	2.4
YB2-160L-2	18.5	0.89	35.5	2940	89	2.2	7.5	2.4

续表

型号	功率/kW	功率因数cosϕ	电流/A	转速/(r/min)	效率/%	堵转转矩/额定转矩	堵转电流/额定电流	最大转矩/额定转矩
YB2-180M-2	22	0.9	41.0	2950	90.5	2.0	7.5	2.3
YB2-200L1-2	30	0.9	55.5	2950	91.2	2.0	7.5	2.4
YB2-200L2-2	37	0.9	67.9	2950	92	2.0	7.5	2.4
YB2-225M-2	45	0.9	82.1	2960	92.5	2.0	7.5	2.3
YB2-250M-2	55	0.9	100.4	2970	92.5	2.1	7.5	2.3
YB2-280S-2	75	0.91	134.4	2970	93.2	2.0	7.5	2.3
YB2-280M-2	90	0.91	160.2	2970	93.8	2.1	7.5	2.3
YB2-315S-2	110	0.91	195.4	2980	94	1.8	7.0	2.3
YB2-315M-2	132	0.91	233.2	2980	94.5	1.8	7.0	2.3
YB2-315L1-2	160	0.92	279.3	2980	94.6	1.8	7.0	2.3

表 44-37 YB2 系列电动机的技术数据（同步转速 1500r/min，4 极）

型号	功率/kW	功率因数cosϕ	电流/A	转速/(r/min)	效率/%	堵转转矩/额定转矩	堵转电流/额定电流	最大转矩/额定转矩
YB2-801-4	0.55	0.75	1.6	1390	71	2.4	5.0	2.3
YB2-802-4	0.75	0.77	2.0	1390	73	2.4	5.0	2.3
YB2-90S-4	1.1	0.77	2.9	1390	75	2.3	6.0	2.3
YB2-90L-4	1.5	0.79	3.7	1390	78	2.3	6.0	2.3
YB2-100L1-4	2.2	0.81	5.2	1420	80	2.3	6.0	2.4
YB2-100L2-4	3	0.82	6.8	1420	82	2.3	6.0	2.4
YB2-112M-4	4	0.82	8.8	1430	84	2.3	6.0	2.4
YB2-132S-4	5.5	0.84	11.6	1450	86	2.3	7.0	2.4
YB2-132M-4	7.5	0.85	15.4	1450	87	2.3	7.0	2.4
YB2-160M-4	11	0.85	22.3	1460	88	2.2	7.0	2.4
YB2-160L-4	15	0.85	30.1	1460	89	2.2	7.0	2.4
YB2-180M-4	18.5	0.85	36.5	1470	90.5	2.2	7.0	2.3
YB2-180L-4	22	0.85	43.1	1470	91.2	2.2	7.0	2.3
YB2-200L-4	30	0.86	57.6	1470	92	2.2	7.2	2.4
YB2-225S-4	37	0.87	69.9	1480	92.5	2.2	7.2	2.4
YB2-225M-4	45	0.87	84.7	1480	92.8	2.2	7.2	2.4
YB2-250M-4	55	0.87	103.3	1480	93	2.2	7.2	2.4
YB2-280S-4	75	0.87	139.6	1480	93.8	2.2	7.2	2.4
YB2-280M-4	90	0.87	166.8	1480	94.2	2.2	7.2	2.4
YB2-315S-4	110	0.89	198.7	1480	94.5	2.1	7.0	2.4
YB2-315M-4	132	0.89	237.7	1480	94.8	2.1	7.0	2.4
YB2-315L1-4	160	0.90	284.3	1480	95	2.1	7.0	2.4

表 44-38 YB2 系列电动机的技术数据（同步转速 1000r/min，6 极）

型号	功率/kW	功率因数cosϕ	电流/A	转速/(r/min)	效率/%	堵转转矩/额定转矩	堵转电流/额定电流	最大转矩/额定转矩
YB2-90S-6	0.75	0.72	2.3	910	69	2.1	4.0	2.1
YB2-90L-6	1.1	0.73	3.1	910	73	2.1	5.0	2.1
YB2-100L-6	1.5	0.76	3.9	930	76	2.1	5.0	2.1
YB2-112M-6	2.2	0.76	5.6	940	79	2.1	5.0	2.1
YB2-132S-6	3	0.77	7.3	970	81	2.1	6.0	2.4
YB2-132M1-6	4	0.78	9.4	970	83	2.1	6.0	2.4
YB2-132M2-6	5.5	0.78	12.6	970	85	2.1	6.5	2.4
YB2-160M-6	7.5	0.79	16.8	970	86	2.1	6.5	2.4
YB2-160L-6	11	0.79	24.2	970	87.5	2.1	6.5	2.4

续表

型号	功率/kW	功率因数 cosϕ	电流/A	转速/(r/min)	效率/%	堵转转矩/额定转矩	堵转电流/额定电流	最大转矩/额定转矩
YB2-180L-6	15	0.81	31.6	980	89	2.1	7.0	2.1
YB2-200L1-6	18.5	0.83	37.6	980	90	2.2	7.0	2.4
YB2-200L2-6	22	0.83	44.7	980	90	2.2	7.0	2.4
YB2-225M-6	30	0.86	57.6	980	92	2.1	7.0	2.4
YB2-250M-6	37	0.86	71.0	980	92	2.1	7.0	2.4
YB2-280S-6	45	0.86	85.9	990	92.5	2.1	7.0	2.4
YB2-280M-6	55	0.86	104.7	990	92.8	2.1	7.0	2.3
YB2-315S-6	75	0.86	141.7	990	93.5	2.0	7.0	2.2
YB2-315M-6	90	0.86	169.5	990	93.8	2.0	7.0	2.2
YB2-315L1-6	110	0.86	206.7	990	94	2.0	7.0	2.2
YB2-315L2-6	132	0.87	244.7	990	94.2	2.0	7.0	2.2
YB2-355S-6	160	0.88	292.3	990	94.5	2.0	7.0	2.2

表 44-39 YB2 系列电动机的技术数据（同步转速 750r/min，8 极）

型号	功率/kW	功率因数 cosϕ	电流/A	转速/(r/min)	效率/%	堵转转矩/额定转矩	堵转电流/额定电流	最大转矩/额定转矩
YB2-132S-8	2.2	0.73	5.8	710	79	1.8	5.5	2.2
YB2-132M-8	3	0.73	7.7	710	81	1.8	5.5	2.2
YB2-160M1-8	4	0.73	10.3	720	81	1.9	6.0	2.2
YB2-160M2-8	5.5	0.75	13.4	720	83	1.9	6.0	2.2
YB2-160L-8	7.5	0.76	17.6	720	85	1.9	6.0	2.2
YB2-180L-8	11	0.76	25.3	720	87	1.9	6.0	2.2
YB2-200L-8	15	0.76	33.7	730	89	2.0	6.5	2.2
YB2-225S-8	18.5	0.78	40.0	740	90	2.0	6.5	2.2
YB2-225M-8	22	0.78	47.4	740	90.5	2.0	6.5	2.2
YB2-250M-8	30	0.79	63.4	740	91	1.9	6.0	2.2
YB2-280S-8	37	0.79	77.8	740	91.5	1.8	6.0	2.2
YB2-280M-8	45	0.79	94.1	740	92	1.8	6.5	2.2
YB2-315S-8	55	0.81	111.1	740	92.8	1.9	6.5	2.2
YB2-315M-8	75	0.81	151.3	740	93	1.9	6.5	2.2
YB2-315L1-8	90	0.82	177.8	740	93.8	1.9	6.5	2.2
YB2-315L2-8	110	0.82	216.8	740	94	1.9	6.5	2.2

5.2.8 YB3 系列电动机的技术数据

① 同步转速 3000r/min（2 极），频率 50Hz，额定电压 380V（表 44-40）。

② 同步转速 1500r/min（4 极），频率 50Hz，额定电压 380V（表 44-41）。

③ 同步转速 1000r/min（6 极），频率 50Hz，额定电压 380V（表 44-42）。

④ 同步转速 750r/min（8 极），频率 50Hz，额定电压 380V（表 44-43）。

表 44-40 YB3 系列电动机的技术数据（同步转速 3000r/min，2 极）

型号	功率/kW	功率因数 cosϕ	电流/A	转速/(r/min)	效率/%	堵转转矩/额定转矩	堵转电流/额定电流	最大转矩/额定转矩
YB3-80M1-2	0.75	0.83	1.8	2825	77.5	2.3	6.8	2.3
YB3-80M2-2	1.1	0.83	2.4	2825	82.8	2.3	7.3	2.3
YB3-90S-2	1.5	0.84	3.2	2840	84.1	2.3	7.6	2.3
YB3-90L-2	2.2	0.85	4.6	2840	85.6	2.3	7.8	2.3
YB3-100L-2	3	0.88	6.0	2880	86.7	2.3	8.1	2.3
YB3-112M-2	4	0.88	7.9	2890	87.6	2.2	8.3	2.3
YB3-132S1-2	5.5	0.88	10.7	2900	88.6	2.2	8.0	2.3

续表

型号	功率/kW	功率因数 cosϕ	电流/A	转速/(r/min)	效率/%	堵转转矩/额定转矩	堵转电流/额定电流	最大转矩/额定转矩
YB3-132S2-2	7.5	0.89	14.3	2900	89.5	2.2	7.8	2.3
YB3-160M1-2	11	0.89	20.8	2930	90.5	2.2	7.9	2.3
YB3-160M2-2	15	0.89	28.1	2930	91.3	2.2	8.0	2.3
YB3-160L-2	18.5	0.89	34.4	2930	91.8	2.2	8.1	2.3
YB3-180M-2	22	0.89	40.7	2940	92.2	2.2	8.2	2.3
YB3-200L1-2	30	0.89	55.1	2950	92.9	2.2	7.5	2.3
YB3-200L2-2	37	0.89	67.7	2950	93.3	2.2	7.5	2.3
YB3-225M-2	45	0.89	82.0	2970	93.7	2.2	7.6	2.3
YB3-250M-2	55	0.89	100.0	2970	94	2.2	7.6	2.3
YB3-280S-2	75	0.89	135.4	2970	94.6	2.0	6.9	2.3
YB3-280M-2	90	0.89	161.7	2970	95	2.0	7.0	2.3
YB3-315S-2	110	0.90	195.5	2980	95	2.0	7.1	2.2
YB3-315M-2	132	0.90	233.6	2980	95.4	2.0	7.1	2.2
YB3-315L1-2	160	0.92	280.0	2980	95.4	2.0	7.1	2.2

表 44-41　YB3 系列电动机的技术数据（同步转速 1500r/min，4 极）

型号	功率/kW	功率因数 cosϕ	电流/A	转速/(r/min)	效率/%	堵转转矩/额定转矩	堵转电流/额定电流	最大转矩/额定转矩
YB3-80M1-4	0.55	0.75	1.4	1390	80.7	2.3	6.3	2.3
YB3-80M2-4	0.75	0.75	1.9	1390	82.3	2.3	6.5	2.3
YB3-90S-4	1.1	0.75	2.7	1400	83.8	2.3	6.6	2.3
YB3-90L-4	1.5	0.75	3.6	1400	85	2.3	6.9	2.3
YB3-100L1-4	2.2	0.81	4.8	1420	86.4	2.3	7.5	2.3
YB3-100L2-4	3	0.82	6.4	1420	87.4	2.3	7.6	2.3
YB3-112M-4	4	0.82	8.4	1440	88.3	2.3	7.7	2.3
YB3-132S-4	5.5	0.82	11.4	1440	89.2	2.0	7.5	2.3
YB3-132M-4	7.5	0.83	15.3	1440	90.1	2.0	7.4	2.3
YB3-160M-4	11	0.85	21,6	1460	91	2.2	7.5	2.3
YB3-160L-4	15	0.86	28.9	1460	91.8	2.2	7.5	2.3
YB3-180M-4	18.5	0.86	35.5	1470	92.2	2.2	7.7	2.3
YB3-180L-4	22	0.86	42.0	1470	92.6	2.2	7.8	2.3
YB3-200L-4	30	0.86	56.9	1470	93.2	2.2	7.2	2.3
YB3-225S-4	37	0.86	69.8	1480	93.6	2.2	7.3	2.3
YB3-225M-4	45	0.86	84.7	1480	93.9	2.2	7.4	2.3
YB3-250M-4	55	0.86	103.2	1480	94.2	2.2	7.4	2.3
YB3-280S-4	75	0.88	136.7	1480	94.7	2.0	6.7	2.3
YB3-280M-4	90	0.88	163.6	1485	95	2.0	6.9	2.3
YB3-315S-4	110	0.88	199.1	1485	95.4	2.0	6.9	2.2
YB3-315M-4	132	0.88	238.9	1485	95.4	2.0	6.9	2.2
YB3-315L1-4	160	0.89	286.3	1485	95.4	2.0	6.9	2.2

表 44-42 YB3系列电动机的技术数据（同步转速 1000r/min，6极）

型号	功率/kW	功率因数 cosϕ	电流/A	转速/(r/min)	效率/%	堵转转矩/额定转矩	堵转电流/额定电流	最大转矩/额定转矩
YB3-90S-6	0.75	0.72	2.1	910	77.7	2.1	5.8	2.1
YB3-90L-6	1.1	0.73	2.9	910	79.9	2.1	5.9	2.1
YB3-100L-6	1.5	0.74	3.8	940	81.5	2.1	6.0	2.1
YB3-112M-6	2.2	0.74	5.4	940	83.4	2.1	6.0	2.1
YB3-132S-6	3	0.74	7.3	960	84.9	2.0	6.2	2.1
YB3-132M1-6	4	0.74	9.5	960	86.1	2.0	6.8	2.1
YB3-132M2-6	5.5	0.75	12.8	960	87.4	2.0	7.1	2.1
YB3-160M-6	7.5	0.78	16.4	970	89	2.1	6.7	2.1
YB3-160L-6	11	0.79	23.5	970	90	2.1	6.9	2.1
YB3-180L-6	15	0.81	30.9	970	91	2.0	7.2	2.1
YB3-200L1-6	18.5	0.81	37.9	970	91.5	2.1	7.2	2.1
YB3-200L2-6	22	0.82	44.3	970	92	2.1	7.3	2.1
YB3-225M-6	30	0.81	60.8	980	92.5	2.0	7.1	2.1
YB3-250M-6	37	0.84	72.0	980	93	2.1	7.1	2.1
YB3-280S-6	45	0.86	85.0	980	93.5	2.1	7.2	2.0
YB3-280M-6	55	0.86	103.6	980	93.8	2.1	7.2	2.0
YB3-315S-6	75	0.85	142.3	985	94.2	2.0	6.7	2.0
YB3-315M-6	90	0.86	168.3	985	94.5	2.0	6.7	2.0
YB3-315L1-6	110	0.85	207.0	985	95	2.0	6.7	2.0
YB3-315L2-6	132	0.86	245.5	985	95	2.0	6.7	2.0
YB3-355S-6	160	0.87	294.1	985	95	2.0	6.7	2.0

表 44-43 YB3系列电动机的技术数据（同步转速 750r/min，8极）

型号	功率/kW	功率因数 cosϕ	电流/A	转速/(r/min)	效率/%	堵转转矩/额定转矩	堵转电流/额定电流	最大转矩/额定转矩
YB3-132S-8	2.2	0.73	5.8	710	79	1.8	6.0	2.0
YB3-132M-8	3	0.73	7.7	710	81	1.8	6.0	2.0
YB3-160M1-8	4	0.73	10.3	720	81	1.9	6.0	2.0
YB3-160M2-8	5.5	0.75	13.4	720	83	1.9	6.0	2.0
YB3-160L-8	7.5	0.76	17.6	720	85	1.9	6.0	2.0
YB3-180L-8	11	0.76	25.3	730	87	2.0	6.5	2.0
YB3-200L-8	15	0.76	33.7	730	89	2.0	6.6	2.0
YB3-225S-8	18.5	0.78	40.0	730	90	1.9	6.6	2.0
YB3-225M-8	22	0.78	47.4	730	90.5	1.9	6.6	2.0
YB3-250M-8	30	0.79	63.4	730	91	1.9	6.5	2.0
YB3-280S-8	37	0.79	77.8	740	91.5	1.9	6.6	2.0
YB3-280M-8	45	0.79	94.1	740	92	1.9	6.6	2.0
YB3-315S-8	55	0.81	111.2	740	92.8	1.8	6.6	2.0
YB3-315M-8	75	0.81	150.5	740	93	1.8	6.2	2.0
YB3-315L1-8	90	0.82	177.8	740	93.8	1.8	6.4	2.0
YB3-315L2-8	110	0.82	216.8	740	94	1.8	6.4	2.0

5.3 YA系列增安型三相交流异步电动机

YA系列增安型三相异步电动机分为户内外一般型和户内外防腐增安型两类，均是Y系列三相异步电动机的派生系列，其功率等级、安装尺寸对于eⅡT_2组，与Y系列电动机相同；对于eⅡT_3组，考虑到增安型电动机有降低温升及t_e时间不得小于5s的实际需要，2极电机从机座中心高160mm起，4极电机从机座中心高180mm起较Y系列电动机降低一级功率，其余与Y系列电动机保持一致。其性能参数如下。

功率范围：0.55～90kW、110～400kW。

同步转速：3000r/min、1500r/min、1000r/min、750r/min。

电动机中心高：80～280mm、315～450mm。

防爆级别：eⅡT_1、eⅡT_2、eⅡT_3级。

YA系列增安型电动机适用于2区爆炸危险环境；eⅡT_1级适用于工厂中有T_1组爆炸性混合物的环境；eⅡT_2级适用于工厂中有T_1～T_2组爆炸性混合物的环境；eⅡT_3级适用于工厂中有T_1～T_3组爆炸性混合物的环境。

YA系列电动机主体外壳的防护等级一般为IP54，冷却方式一般为IC411，绝缘等级一般为B级或F级，接线盒外壳防护等级一般为IP55，进线方式有钢管进线及电缆进线。

户内外防腐增安型电动机的功率等级、安装尺寸与一般型YA系列增安型电动机相同。YA系列电动机的使用条件见表44-44。

型号标记示例

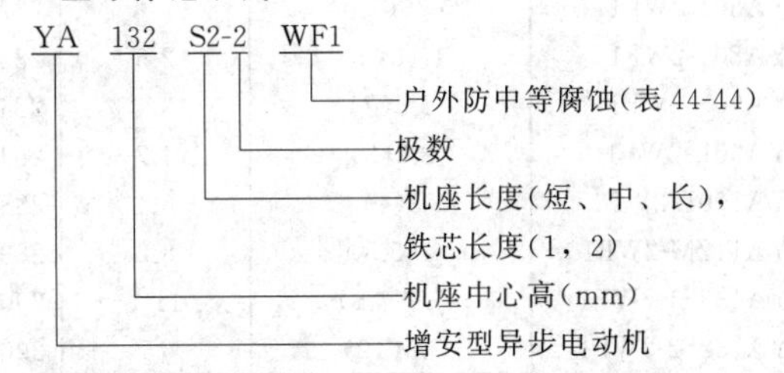

5.3.1 技术数据

户内外一般型YA系列增安型三相异步电动机的技术数据与户内外防腐增安型异步电动机相同，见表44-45。

表44-44 YA系列电动机的使用条件

项目	腐蚀程度分级				
	户外防轻腐蚀	户外防中等腐蚀	户外防强腐蚀	户内防中等腐蚀	户内防强腐蚀
电动机防护类型	W	WF1	WF2	F1	F2
1. 气候环境参数					
低温/℃	－20	－20	－20	－5	－5
高温/℃	＋40	＋40	＋40	＋40	＋40
高相对湿度/%	100	100	100	95	95
太阳辐射/(W/m²)	1120	1120	1120	—	—
周围空气运动/(m/s)	30	30	30	10	10
凝露条件	有凝露条件				
降雨强度/(mm/min)	6	6	6	—	—
结冰和结霜条件	有结冰结霜条件				
2. 化学活性物质环境参数					
盐雾	有				
平均值 二氧化硫/(mg/m³)	0.3	5.0	13	5.0	13
平均值 硫化氢/(mg/m³)	0.1	3.0	14	3.0	14
平均值 氯气/(mg/m³)	0.1	0.3	0.6	0.3	0.6
平均值 氯化氢/(mg/m³)	0.1	1.0	3.0	1.0	3.0
平均值 氟化氢/(mg/m³)	0.01	0.05	0.01	0.05	0.01
平均值 氨气/(mg/m³)	1.0	10	35	10	35
平均值 氧化氮/(mg/m³)	0.5	3.0	10	3.0	10

表 44-45　YA 系列电动机的技术数据

型号	额定功率/kW(HP)		满载时							堵转转矩/额定转矩		堵转电流/额定电流	最大转矩/额定转矩	质量/kg
	温度组别		电流		转速/(r/min)	效率/%		功率因数 cosϕ						
	T_1、T_2	T_3	T_1、T_2	T_3		T_1、T_2	T_3	T_1、T_2	T_3	T_1、T_2	T_3			
同步转速 3000r/min(2极),频率 50Hz,额定电压 380V														
YA801-2WF1	0.75(1.0)		1.8		2825	75		0.84		2.2		7.0	2.2	16
YA802-2WF1	1.1(1.5)		2.5		2825	77		0.86		2.2		7.0	2.2	17
YA90S-2WF1	1.5(2)		3.4		2840	78		0.85		2.2		7.0	2.2	22
YA90L-2WF1	2.2(3)		4.7		2840	82		0.86		2.2		7.0	2.2	25
YA100L-2WF1	3(4)		6.4		2880	82		0.87		2.2		7.0	2.2	34
YA112M-2WF1	4(5.5)		8.2		2890	85.5		0.87		2.2		7.0	2.2	45
YA132S1-2WF1	5.5(7.5)		11.1		2900	85.5		0.88		2.0		7.0	2.2	66
YA132S2-2WF1	7.5(10)		15		2900	86.2		0.88		2.0		7.0	2.2	71
YA160M1-2WF1	11(15)	—	21.8	—	2930	87.2	—	0.88	—	2.0	—	7.0	2.2	121
YA160M3-2WF1	15(20)	11(15)	29.4	21.2	2930	88.2	87.5	0.88	0.9	2.0	1.8	7.0	2.2	131
YA160L-2WF1	18.5(25)	15(20)	35.5	28.6	2930	89	88.5	0.89	0.9	2.0	1.8	7.0	2.2	145
YA180M-2WF1	22(30)	18.5(25)	42.2	34.9	2940	89	88.5	0.89	0.91	2.0	1.5	7.0	2.2	178
YA200L1-2WF1	30(40)	22(30)	56.9	41.5	2950	90	88.5	0.89	0.91	2.0	1.5	7.0	2.2	240
YA200L2-2WF1	37(50)	30(40)	69.8	56	2950	90.5	89.5	0.89	0.91	2.0	1.5	7.0	2.2	256
YA225M-2WF1	45(60)	37/50	84	68.3	2970	91.5	90.5	0.89	0.91	2.0	1.5	7.0	2.2	322
YA250M-2WF1	55(75)	45(60)	102.6	83	2970	91.5	90.5	0.89	0.91	2.0	1.5	7.0	2.2	400
YA280S-2WF1	75(100)	55(75)	137.6	100.9	2970	91	91	0.91	0.91	1.9	1.5	7.0	2.2	535
YA280M-2WF1	90(125)	75(100)	164.2	137.6	2970	91.5	91	0.91	0.91	1.9	1.5	7.0	2.2	590
YA315S2-2WF1	110	90	205.3	168	2970	92.5	92.5	0.88	0.88	1.1	1.2	7.0	2.2	1040
YA315M-2	132	110	242.3	205.3	2980	93	92.5	0.89	0.89	1.1	1.2	7.0	2.2	1400
YA315L-2	160	132	292.0	242.3	2980	93.5	93	0.89	0.89	1.1	1.2	7.0	2.2	1650
同步转速 1500r/min(4极),频率 50Hz,额定电压 380V														
YA801-4WF1	0.55(0.75)		1.5		1390	73		0.74		2.2		6.5	2.2	17
YA802-4WF1	0.75(1)		2.1		1390	74.5		0.74		2.2		6.5	2.2	18
YA90S-4WF1	1.1(1.5)		2.8		1400	77.5		0.76		2.2		6.5	2.2	22
YA90L-4WF1	1.5(2)		3.7		1400	78.5		0.78		2.2		6.5	2.2	27
YA100L1-4WF1	2.2(3)		5.1		1420	81		0.81		2.2		7.0	2.2	33
YA100L3-4WF1	3(4)		6.9		1420	82.5		0.80		2.2		7.0	2.2	38
YA112M-4WF1	4(5.5)		8.9		1440	84.5		0.81		2.2		7.0	2.2	49
YA132S-4WF1	5.5(7.5)		11.8		1440	85.5		0.83		2.2		7.0	2.2	67
YA132M-4WF1	7.5(10)		15.6		1440	87		0.84		2.2		7.0	2.2	80
YA180M-4WF1	18.5(25)	—	35.9	—	1470	91	—	0.86	—	2.0	—	7.0	2.2	180
YA180L-4WF1	22(30)	18.5(25)	42.5	35.7	1470	91.5	90.5	0.86	0.87	2.0	1.9	7.0	2.2	198
YA200L-4WF1	30(40)	22(30)	56.8	42.5	1470	92.2	91.5	0.87	0.86	2.0	1.9	7.0	2.2	258
YA225S-4WF1	37(50)	30(40)	70.4	57.5	1480	91.8	91.2	0.87	0.87	1.9	1.9	7.0	2.2	303
YA225M-4WF1	45(60)	37(50)	84.2	69.8	1480	92.3	91.5	0.88	0.88	1.9	1.8	7.0	2.2	338
YA250M-4WF1	55(75)	45(60)	102.6	84.5	1480	92.6	92	0.88	0.88	2.0	1.7	7.0	2.2	425
YA280S-4WF1	75(100)	55(75)	139.7	101.8	1480	92.7	92.2	0.88	0.89	1.9	1.7	7.0	2.2	550
YA280M-4WF1	90(125)	75(100)	164.3	136.1	1480	93.5	93	0.89	0.9	1.9	1.7	7.0	2.2	565
YA315S2-4WF1	110	90	204.2	167.1	1485	93.0	93.0	0.88	0.88	0.9	1.0	6.8	2.2	1000
YA315M-4WF1	132	110	242.3	204.2	1485	93.0	93.0	0.89	0.89	0.9	1.0	6.8	2.2	1100
YA315L-4WF1	160	132	292.1	242.3	1485	93.5	93.0	0.89	0.89	0.9	1.0	6.8	2.2	1450

续表

型号	额定功率/kW(HP)		满载时							堵转转矩/额定转矩		堵转电流/额定电流	最大转矩/额定转矩	质量/kg
	温度组别		电流		转速/(r/min)	效率/%		功率因数 cosϕ						
	T_1、T_2	T_3	T_1、T_2	T_3		T_1、T_2	T_3	T_1、T_2	T_3	T_1、T_2	T_3			
同步转速1000r/min(6极),频率50Hz,额定电压380V														
YA90S-6WF1	0.75(1)		2.2		910	72		0.7		2.0		6.0	2.0	23
YA90L-6WF1	1.1(1.5)		3.2		910	73		0.72		2.0		6.0	2.0	25
YA100L-6WF1	1.5(2)		4.1		940	77		0.73		2.0		6.0	2.0	33
YA112M-6WF1	2.2(3)		5.7		940	80		0.73		2.0		6.0	2.0	45
YA132S-6WF1	3(4)		7.3		960	83		0.75		2.0		6.5	2.0	63
YA132M1-6WF1	4(5.5)		9.4		960	84		0.77		2.0		6.5	2.0	73
YA132M2-6WF1	5.5(7.5)		12.6		960	85.3		0.78		2.0		6.5	2.0	80
YA160M-6WF1	7.5(10)		17.2		970	86		0.77		2.0		6.5	2.0	121
YA160L-6WF1	11(15)		25		970	87		0.77		2.0		6.5	2.0	139
YA180L-6WF1	15(20)		31.4		970	89.5		0.81		1.8		6.5	2.0	185
YA200L1-6WF1	18.5(25)		37.7		970	89.8		0.83		1.8		6.5	2.0	235
YA200L2-6WF1	22(30)		44.6		970	90.2		0.83		1.8		6.5	2.0	250
YA225M-6WF1	30(40)		60.2		980	90.2		0.84		1.7		6.5	2.0	303
YA250M-6WF1	37(50)		72		980	90.8		0.86		1.8		6.5	2.0	403
YA280S-6WF1	45(60)		85.4		980	92		0.87		1.8		6.5	2.0	527
YA280M-6WF1	55(75)		104.4		980	92		0.87		1.8		6.5	2.0	585
YA315S2-6WF1	75		143.2		990	92.5		0.87		1.5		6.8	1.5	1010
YA315M-6WF1	90		169.9		990	92.5		0.87		1.5		6.8	1.5	1100
YA315L-6WF1	110		207.7		990	92.5		0.87		1.5		6.8	1.5	1200
YA355M1-6WF1	132		246.5		990	93.5		0.87		1.5		6.8	1.5	1690
YA355M2-6WF1	160		298.8		990	93.5		0.87		1.5		7.0	1.5	1800
同步转速750r/min(8极),频率50Hz														
YA132S-8WF1	2.2(3)		5.8		710	80.5		0.71		2.0		5.5	2.0	63
YA132M-8WF1	3(4)		7.8		710	81.5		0.72		2.0		5.5	2.0	79
YA160M1-8WF1	4(5.5)		10		720	84		0.72		2.0		6.0	2.0	120
YA160M2-8WF1	5.5(7.5)		13.3		720	85		0.74		2.0		6.0	2.0	131
YA200L-8WF1	15(20)		34.1		730	88		0.76		1.8		6.0	2.0	235
YA225S-8WF1	18.5(25)		41.3		730	89.5		0.76		1.7		6.0	2.0	276
YA225M-8WF1	22(30)		47.6		730	90		0.78		1.8		6.0	2.0	303
YA250M-8WF1	30(40)		63		730	90.5		0.80		1.8		6.0	2.0	402
YA280S-8WF1	37(50)		78.2		740	91		0.79		1.8		6.0	2.0	520
YA280M-8WF1	45(60)		93.4		740	91.5		0.80		1.8		6.0	2.0	581
YA315S1-8WF1	55		113.5		740	92.0		0.80		1.0		6.5	2.0	—
YA315M-8WF1	75		154.8		740	92.0		0.80		1.0		6.5	2.0	—
YA315L-8WF1	90		185.5		740	92.0		0.80		1.0		6.5	2.0	—
YA355M1-8WF1	110		225.8		740	92.5		0.80		1.0		6.5	2.0	—
YA355M2-8WF1	132		266.3		740	93.0		0.81		0.9		6.5	2.0	—
YA355L1-8WF1	160		321.0		740	93.5		0.81		0.9		6.5	2.0	—

5.3.2　安装结构型式

YA系列增安型三相异步电动机安装结构型式有三种，即B3型（机座带底脚，端盖无凸缘）、B5型（机座不带底脚，端盖有凸缘）和B35型（机座带底脚，端盖有凸缘），见表44-46。

5.3.3　安装和外形尺寸

① B3型（机座带底脚，端盖无凸缘）（图44-7和表44-47）。

② B5型（机座不带底脚，端盖有凸缘）（图44-8和表44-48）。

③ B35型（机座带底脚，端盖有凸缘）（图44-9和表44-49）。

5.3.4　订货说明

订货时须注明电动机名称、电动机型号、外壳防护等级、绝缘等级、功率、同步转速、电压、接法、频率、防爆标记、防腐等级、安装结构型式、进线方式。如订购5.5kW，2极，机座带底脚，端盖无凸缘，防爆温度组别为T_3组，防中等腐蚀的标准电动机可以写为：增安型三相异步电动机，YA132S-2WF1（IP54），B级绝缘，5.5kW，3000r/min，380V，△接，50Hz，eⅡT_3，户外防中等腐蚀，B3，电缆进线。

表44-46　安装结构型式

基本结构型式	B3					
安装结构型式	B3	B6	B7	B8	V5	V6
示意图						
制造范围（中心高）/mm	80～280	80～160				
基本结构型式	B5			B35		
安装结构型式	B5	V1	V3	B35	V15	V36
示意图						
制造范围（中心高）/mm	80～225	80～280	80～160	80～280	80～160	

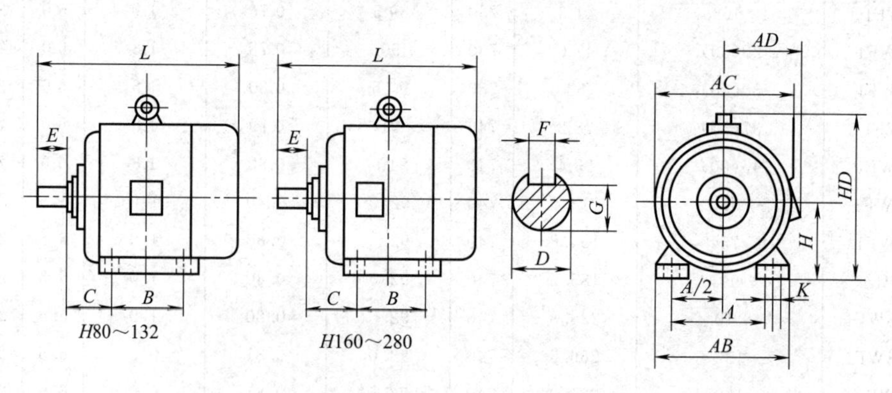

图44-7　B3型YA系列电动机

表 44-47 B3 型 YA 系列电动机安装和外形尺寸

单位：mm

机座号	极数/个	A	A/2	B	C	D	E	F	G	H	K	AB	AC	AD	HD	L
80	2、4	125	62.5	100	50	19	40	6	15.5	80	10	165	165	190	170	300
90S	2、4、6	140	70	100	56	24	50	8	20	90		180	175	195	190	325
90L				125												350
100L	2、4、6	160	80	140	63	28	60		24	100	12	205	205	220	245	395
112M		190	95	140	70					112		245	230	230	265	415
132S	2、4、6	216	108	140	89	38	80	10	33	132	12	280	270	250	315	495
132M				178												530
160M	2、4、6、8	254	127	210	108	42	110	12	37	160	15	330	325	295	385	615
160L				254												660
180M	2、4、6、8	279	139.5	241	121	48		14	42.5	180		355	360	345	430	700
180L				279												740
200L	2、4、6、8	318	159	305	133	55		16	49	200	19	395	400	370	475	805
225S	4、8	356	178	286	149	60	140	18	53	225		435	450	405	530	850
225M	2			311		55	110	16	49							845
	4、6、8					60	140	18	53							875
250M	2	406	203	349	168					250	24	490	495	445	575	960
	4、6、8					65			58							
280S	2	457	228.5	368	190					280		550	555	470	640	1030
	4、6、8					75		20	67.5							
280M	2			419		65		18	58							1080
	4、6、8					75		20	67.5							

表 44-48 B5 型 YA 系列电动机安装和外形尺寸

单位：mm

机座号	极数/个	D	E	F	G	M	N	P	S	T	AC	AD	HE	L
80	2、4	19	40	6	15.5	165	130	200	12	3.5	165	190	185	300
90S	2、4、6	24	50	8	20						175	195	195	325
90L														350
100L	2、4、6	28	60		24	215	180	250	15	4	205	220	245	395
112M	2、4、6										230	230	265	415
132S	2、4、6、8	38	80	10	33	265	230	300			270	250	315	490
132M														530
160M	2、4、6、8	42	110	12	37	300	250	350	19	5	325	295	385	615
160L														660
180M	2、4、6、8	48		14	42.5						360	345	430	700
180L														740
200L	2、4、6、8	55		16	49	350	300	400			400	370	480	805
225S	4、8	60	140	18	53	400	350	450			450	405	535	850
225M	2	55	110	16	49						450	405	535	875
	4、6、8	60	140	18	53									960

表 44-49 B35 型 YA 系列电动机安装和外形尺寸

单位：mm

机座号	极数/个	A	A/2	B	C1	D	E	F	G	H	K	M	N	P	S	T	AB	AC	AD	HD	L
80	2、4	125	62.5	100	50	19	40	6	15.5	80	10	165	130	200	12	3.5	165	165	190	170	300
90S	2、4、6	140	70	100	56	24	50	8	20	90							180	175	195	190	325
90L				125																	350
100L	2、4、6	160	80	140	63	28	60		24	100	12	215	180	250	15	4	205	205	220	245	395
112M	2、4、6	190	95	140	70					112							245	230	230	265	415
132S	2、4、6、8	216	108	140	89	38	80	10	33	132		265	230	300			280	270	250	315	490
132M				178																	530
160M	2、4、6、8	254	127	210	108	42	110	12	37	160	15	300	250	350	19	5	330	325	295	385	615
160L				254																	660
180M	2、4、6、8	279	139.5	241	121	48		14	42.5	180							355	360	345	430	705
180L				279																	740
200L	2、4、6、8	318	159	305	133	55		16	49	200	19	350	300	400			395	400	370	475	805
225S	4、8	356	178	286	149	60	140	18	53	225		400	350	450			435	450	405	530	850
225M	2			311		55	110	16	49												845
	4、6、8					60	140	18	53												875
250M	2	406	203	349	168					250	24	500	450	550			490	495	445	575	960
	4、6、8					65			58												
280S	2	457	228.5	368	190					280							550	550	470	640	1030
	4、6、8					75		20	67.5												
280M	2			419		65		18	58												1080
	4、6、8					75		20	67.5												

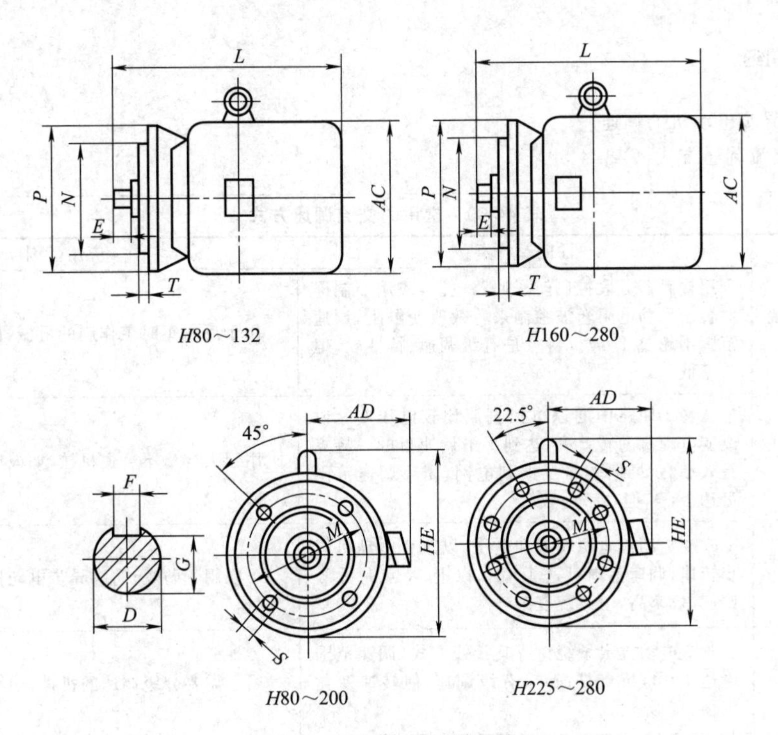

图 44-8　B5 型 YA 系列电动机

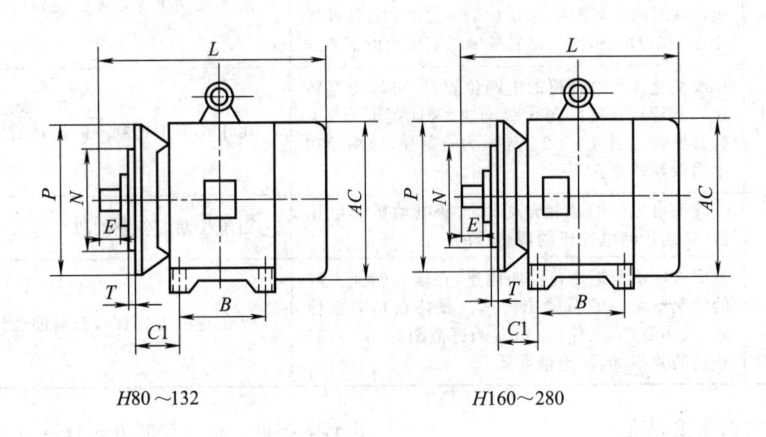

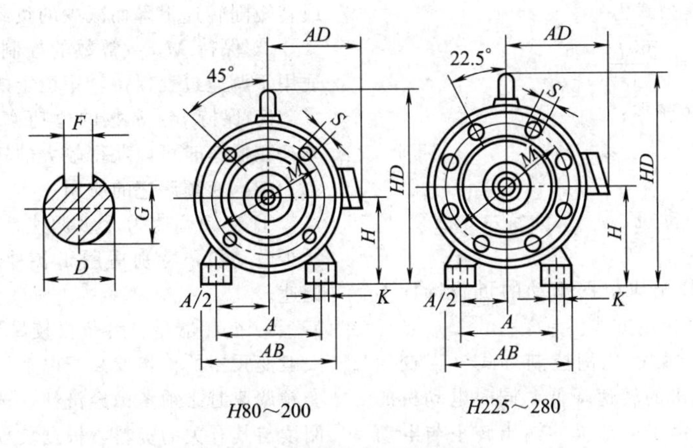

图 44-9　B35 型 YA 系列电动机

5.4 电动机的调速

5.4.1 交流异步电动机的调速

(1) 常用的交流调速方式（表44-50）

表44-50 常用的交流调速方式

调速方式	性能及特点	应用范围
调节转子回路（绕线式电动机）	用接触器分段控制转子回路电阻，或用控制屏对转子回路电阻斩波控制来等效改变电阻，调速范围不超过1∶2。特点是有级调速、特性软，但效率低	用于反复短时工作制的机械，如起重机等
串级调速（绕线式电动机）	在转子回路中通以可控直流比较电压U_h，以改变电动机的转差率，达到平滑调速目的。特点是效率高，可把能量反馈到电网，闭环调速范围可达1∶4，但功率因数低	用于大容量不可逆机械，如鼓风机、水泵
变频调速（鼠笼式电动机）	改变电动机电源频率和电压，以改变电动机同步转速，调速范围可达1∶10以上，特点是无级调速、效率高，但系统复杂	可以用于防爆、防腐异步电动机
变极调速（鼠笼式电动机）	改变电动机定子绕组或其接线方式，调速范围可达1∶4，特点是简单、有级调速，但转速变化率小	用于需要分级调速的机械，如给料机
电磁转差调速（感应电动机）	调节电磁转差离合器的励磁电流，以调节从动轴（负荷端）的转速。特点是平滑无级调速，恒转矩负载时调速范围可达(1∶ 0)～(1∶30)，特性硬度在5%以内，但效率随转速降低而成比例下降	用于长期工作制不需逆转的机械
交流整流子电动机	改变整流子电动机的电刷位置，即可改变其转速。其特点是能均匀无级调速，调速范围为1∶3，必要时可制成1∶20，为恒力矩特性，效率及功率因数都较高	用于长期工作制不需逆转的机械
可控硅交流调压调速	改变可控硅的移相角可以改变电动机的电压值，从而达到电动机的调速目的	用于长期工作制的机械
液力耦合器调速	靠液体动量矩变化传递能量，在输入转速不变的情况下无级调节输出转速。其特点是柔性传动、结构简单、工作寿命长，调速范围为1∶5，有较高的效率，但调速精度低	可在有粉尘、潮湿、有腐蚀性气体等环境下使用

(2) 异步电动机的变频调速

交流电动机的转速公式为

$$n=\frac{60f_1}{p(1-s)}$$

式中 f_1——供电电源频率；

p——极对数；

s——转差率。

对于选定的一台电动机，p、s为常数，改变f_1则可改变电动机的转速。

异步电动机的变频调速根据驱动的负载特性不同，可以选用以下几种控制方式。

① 保持u_1/f_1=常数的比例控制方式 当变频器的f_1降低时，电动机的转速降低，同时电动机的输入电压u_1也降低，由于电动机的输出转矩与电动机定子端电压的平方成正比，因此在低速时电动机输出转矩很低，这种控制方式只适用于调速范围不太大或转矩随转速下降而减少的负载（如风机、泵等）。

② 保持M_m=常数的控制方式 这种控制方式适用于调速过程保持转矩恒定的负载。

③ 保持p=常数的恒功率控制方式 这种控制方式在低速时可以获得较大的转矩。

(3) 变频调速的应用

① 变频调速为无级调速，可以适用各种防爆型异步电动机，特别适用于各种爆炸危险环境的无级调速。

② 变频器是一种价格较昂贵、技术复杂的设备，一般变频器的价格要高于电动机本体价格，因此选择变频调速时必须考虑经济性，选择变频器时必须仔细阅读与其有关的资料，根据负载特性及启动特性选择合适的变频器。

5.4.2 直流电动机的调速

直流电动机一般用改变直流电动机输入电压进行调速。其主要优点是：能平滑地无级调速，调速精度高，适用于对调速要求较高的场合；调速过程中电动机的输出转矩恒定；调速过程效率高。缺点是有整流子及电刷，维护工作量大，不适用于有腐蚀性和爆炸性介质的场所。

5.5 电动机的节能

电动机是化工企业中用得最多的电气设备，减少电动机损耗和提高电动机的经济运行水平是必须要做好的节能工作。从近几年电动机节能工作的实践证明来看，大中型三相异步电动机的重点是实施风机和水泵类机械的变速运行，小型电动机除实施各种调速装置应用外，主要是提高其运行效率。

电动机的工作制、额定功率、堵转转矩、最小转矩、最大转矩、转速及其调节范围等电气和机械参数应满足电动机所拖动的负载在各种运行方式下的要求。

异步电动机经济运行是指电动机在满足其拖动负载工作特性要求的前提下，安全可靠、不影响生产、不带来负面影响，以节约电能和运行维护费用等提高综合经济效益为原则，选择电动机类型、运行方式及功率匹配，使电动机在效率高、损耗低的经济效益最佳状态下运行。

选择电动机的基本原则如下。

① 根据负载的特性（一般包括启动、调速及制动等）选出最适合的电动机，以满足生产工艺的各种要求；负载无特殊要求时，可采用异步电动机，但功率较大且连续工作的负载，为了稳速和提高功率因数，宜采用同步电动机；负载有特殊要求时，有多种方案可供选择，包括串级调速、变频调速等，这些方案各有优缺点，可根据技术经济比较来确定。

② 选择与使用环境（一般包括易燃、易爆、粉尘污染、腐蚀性气体、温度、海拔、湿度等）相适应的防护方式和冷却方式的电动机，一般海拔不超过1000m，环境空气最高温度不超过40℃，最低温度不低于−15℃，月平均最高相对湿度不超过90%。

③ 电动机的定额是以连续工作制（S1）为基准的连续定额（表44-51），电动机的工作制表明其在不同负载下的允许循环时间不同，且应符合现行国家标准GB 755《旋转电机 定额和性能》的相关规定。

④ 确定合适的电动机额定功率，除了满足负载的轴功率要求外，还需考虑负载特性与运行方式（一般包括经济负载率、备用系数等），在75%～100%额定负载时效率最佳；当为重载启动时，异步电动机的额定功率还需按启动条件进行校验；对同步电动机，尚应校验其牵入转矩。

⑤ 为使整个系统高效运行，要综合考虑电动机的极数和电压等级；一般在满足传动要求的前提下，选择转速时尽量减少机械传动级数；电动机的工作电压应与供电电压相适应。

⑥ 电动机应能胜任负载所需的转矩（一般包括堵转转矩和最大转矩等），启动转矩应不小于负载启动转矩的1.3倍，同时与负载的机械特性匹配。

⑦ 所选电动机的可靠性高且便于维护，优先选用节能电动机；考虑电动机的互换性，尽量选择标准产品；电动机的结构及安装形式应与负载相适应。

电动机的选择、安装、经济运行管理和维修等均应符合现行国家标准GB 12497《三相异步电动机经济运行》的相关规定，同时电动机的能效等级和能效限定值也应符合现行国家标准GB 18613《中小型三相异步电动机能效限定值及能效等级》的相关规定。

电动机的能效等级分为3级，其中1级能效最高。电动机在额定输出功率下的实际效率应不低于表44-52中的规定，同时电动机的能效限定值在额定输出功率的效率应不低于表44-52中的3级规定，电动机目标能效限定值在额定输出功率的效率应不低于表44-52中的2级规定。

表44-51 电动机定额类别

定额名称	说明
连续工作制定额	在满足规定要求的同时，电动机作长期运行，相当于连续工作制(S1)
短时工作制定额	在满足规定要求的同时，电动机在环境温度下启动并在规定的时间内运行，相当于短时工作制(S2)
周期工作制定额	在满足规定要求的同时，电动机按指定的工作周期运行，相当于断续周期工作制(S3)，包括启动的断续周期工作制(S4)、电制动的断续周期工作制(S5)；连续周期工作制(S6)，包括电制动的连续周期工作制(S7)、负载-转速相应变化的连续周期工作制(S8)
非周期工作制定额	在满足规定要求的同时，电动机作非周期运行，相当于负载和转速作非周期变化的工作制(S9)
离散恒定负载和转速工作制定额	在满足规定要求的同时，电动机能承受联合负载和转速作长期运行，相当于离散恒定负载和转速工作制(S10)
等效负载定额	为试验目的而规定的定额，在满足规定要求的同时，电动机在恒定负载下运行直至达到热稳定，且考虑了一个工作周期内负载、转速和冷却的变化，一般标志为“equ”

表 44-52 电动机能效等级

额定功率/kW	效率/%								
	1级			2级			3级		
	2极	4极	6极	2极	4极	6极	2极	4极	6极
0.75	84.9	85.6	83.1	80.7	82.5	78.9	77.4	79.6	75.9
1.1	86.7	87.4	84.1	82.7	84.1	81.0	79.6	81.4	78.1
1.5	87.5	88.1	86.2	84.2	85.3	82.5	81.3	82.8	79.8
2.2	89.1	89.7	87.1	85.9	86.7	84.3	83.2	84.3	81.8
3	89.7	90.3	88.7	87.1	87.7	85.6	84.6	85.5	83.3
4	90.3	90.9	89.7	88.1	88.6	86.8	85.8	86.6	84.6
5.5	91.5	92.1	89.5	89.2	89.6	88.0	87.0	87.7	86.0
7.5	92.1	92.6	90.2	90.1	90.4	89.1	88.1	88.7	87.2
11	93	93.6	91.5	91.2	91.4	90.3	89.4	89.8	88.7
15	93.4	94.0	92.5	91.9	92.1	91.2	90.3	90.6	89.7
18.5	93.8	94.3	93.1	92.4	92.6	91.7	90.9	91.2	90.4
22	94.4	94.7	93.9	92.7	93.0	92.2	91.3	91.6	90.9
30	94.5	95.0	94.3	93.3	93.6	92.9	92.0	92.3	91.7
37	94.8	95.3	94.6	93.7	93.9	93.3	92.5	92.7	92.2
45	95.1	95.6	94.9	94.0	94.2	93.7	92.9	93.1	92.7
55	95.4	95.8	95.2	94.3	94.6	94.1	93.2	93.5	93.1
75	95.6	96.0	95.4	94.7	95.0	94.6	93.8	94.0	93.7
90	95.8	96.2	95.6	95.0	95.2	94.9	94.1	94.2	94.0
110	96.0	96.4	95.6	95.2	95.4	95.1	94.3	94.5	94.3
132	96.0	96.5	95.8	95.4	95.6	95.4	94.6	94.7	94.6
160	96.2	96.5	96.0	95.6	95.8	95.6	94.8	94.9	94.8
200	96.3	96.6	96.1	95.8	96.0	95.8	95.0	95.1	95.0
250	96.4	96.7	96.1	95.8	96.0	95.8	95.0	95.1	95.0
315	96.5	96.8	96.1	95.8	96.0	95.8	95.0	95.1	95.0
355～375	96.6	96.8	96.1	95.8	96.0	95.8	95.0	95.1	95.0

参考文献

刘光启，于立涛. 电工手册（电动机卷）. 北京：化学工业出版社，2014.

第45章 电信设计

1 火灾报警系统的设计要求

1.1 一般规定

火灾报警的设计内容主要包括火灾自动探测器(包括感烟探测器、感温探测器、火焰探测器等)、火灾手动报警按钮、声和/或光报警器（含消防应急广播）以及与相关消防安全设施的联锁等，如图 45-1所示。

火灾自动探测器的选择一般依据被保护对象或场所可能引起火灾的燃烧特点、所在的环境特点和火灾探测器的报警原理综合考虑而确定。化工企业中的绝大多数环境场所可参照现行国家标准 GB 50116《火灾自动报警系统设计规范》第 5 章“火灾探测器的选择”中的以下方法来选择对应的探测器类型。

① 对火灾初期有阴燃阶段，产生大量的烟和少量的热，很少或没有火焰辐射的场所，如化工装置的控制室、设备机房等，应选择感烟探测器。感烟探测器一般分为点型、线型光束（红外对射型）和吸气式等几种。点型感烟探测器主要分为离子型和光电型，由于离子型感烟探测器的探测原理需要射线发光源，易造成环境污染，目前一般环境中均采用光电型点型感烟探测器。在化工企业的防爆环境中使用的点型感烟探测器一般为本安型，但本安型感烟探测器的防护等级比较低，不适合在有水雾、蒸汽和油雾滞留的场所使用。线型光束感烟探测器适用于无遮挡的大空间或有特殊要求的房间，但同样不适合在有粉尘、水雾、蒸汽的环境或正常情况下有烟滞留的场所中使用。线型光束感烟探测器目前无防爆型产品。吸气式感烟探测器适用于报警灵敏度要求高、具有高速气流的场所，或点型感烟探测器不适宜探测的特殊场所，但灰尘比较大的场所应避免使用。

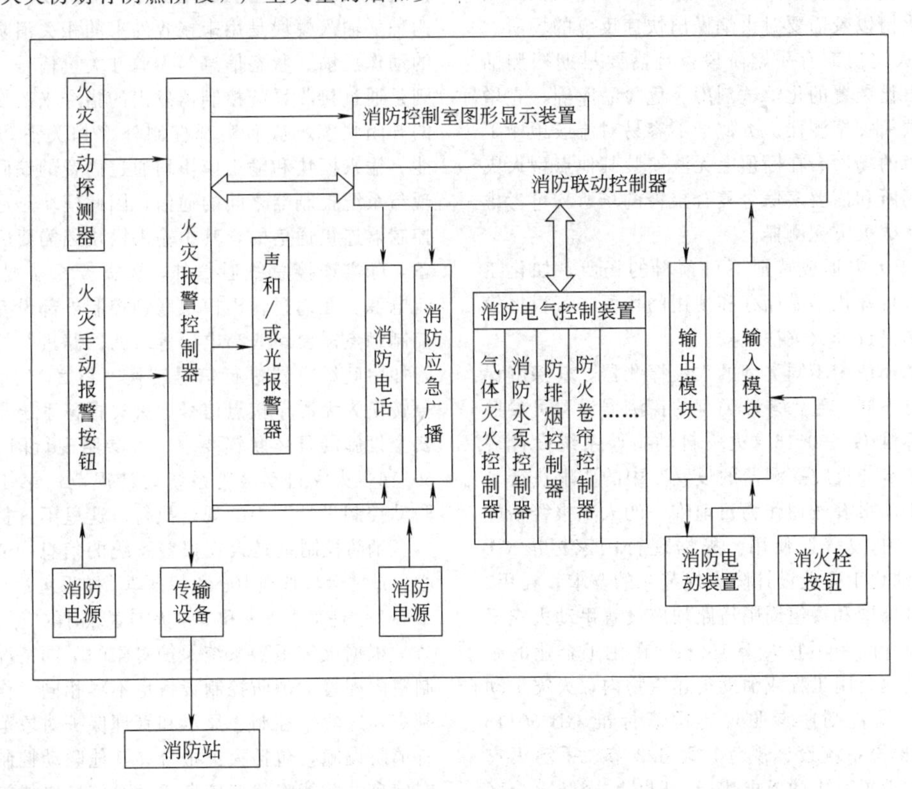

图 45-1　火灾自动报警系统组成示意图

② 对火灾发展迅速，可产生大量热、烟和火焰辐射的场所，如化工装置的锅炉房、物料仓库、发电机房等，可选择感温探测器、感烟探测器、火焰探测器或其组合。感温探测器一般分为点型、缆式线型和线型光纤感温探测器等几种。点型感温探测器主要分为定温探测器和差温探测器两种，温度在0℃以下的场所，不宜选择定温探测器；平常温度变化比较大的场所，不宜选择具有差温特性的探测器。缆式线型感温探测器一般适用于电缆竖井、电缆夹层、电缆桥架、各种皮带输送装置或其他环境恶劣且不适合安装点型感温探测器的场所。在大型石油储罐、需要设置线型感温探测器的易燃易爆场所宜选择线型光纤感温探测器，对需要监测环境温度的场所宜设置具有实时温度监测功能的线型光纤感温探测器。

③ 对火灾发展迅速，有强烈的火焰辐射和少量烟、热的场所，如化工装置的碳氢化合物仓库、物料罐或容器存放场所，应选择火焰探测器。火焰探测器主要分为点型红外火焰探测器、紫外火焰探测器或红外紫外复合型火焰探测器。其中应用最为广泛的是红外火焰探测器，因单波段的红外火焰探测器极易受室外阳光或附近高温物体的干扰造成误报，目前大多情况下选用双波段或多波段的红外火焰探测器。紫外火焰探测器和红外火焰探测器的应用类似，但在正常情况下有明火作业，探测器易受X射线、弧光和闪电等影响的场所不宜使用。红外紫外复合型火焰探测器和图像型火焰探测器多用于依靠单个类型探测器难以准确判断火情以及需要对火焰做出快速反应的场所。

④ 对火灾初期有阴燃阶段，且需要早期探测的场所，如石化装置的化学试剂库、危险品库等，宜增设一氧化碳火灾探测器。类似烟不容易对流或顶棚下方有热屏障的场所、在棚顶上无法安装其他点型火灾探测器的场所和需要多信号复合报警的场所均可考虑设置一氧化碳火灾探测器。

⑤ 对于火灾形成特征不可预料的场所，如化工装置中一些特殊化学品储存和使用的场所，可根据模拟试验的结果选择火灾探测器。

对于选择使用不同类型的火灾探测器，其探测保护范围均有不同。绝大多数类型的探测器设置可参照现行国家标准GB 50116《火灾自动报警系统设计规范》第6.2节“火灾探测器的设置”中的要求执行。

火灾手动报警按钮作为目前唯一的人工报警措施在化工企业中被普遍使用。根据现行国家标准GB 50160《石油化工企业设计防火规范》的要求，在甲、乙类装置区周围和罐组周围道路均应设置手动火灾报警按钮，设计间距不宜大于100m。在化工企业的生产厂房和其他公用工程或辅助类建筑物内，火灾手动报警按钮的设置则应参照现行国家标准GB 50116《火灾自动报警系统设计规范》第6.3节“手动火灾报警按钮的设置”中的要求执行，即从一个防火分区内的任何位置到最邻近的手动火灾报警按钮的步行距离不应大于30m。手动报警按钮应设置在明显和便于操作的部位，例如建筑物的主要出入口、楼梯口、走廊以及化工装置的周围道路、操作岗位和人员通道附近，便于发生火情时或人员疏散过程中报警。

火灾警报装置主要分为声警报器和光警报器两种。声报警器分为警铃、警笛、警号、扬声器等几种，除消防广播扬声器可播放语音外，其他几种均只能播放火灾警报信号声。按照现行国家标准GB 50116《火灾自动报警系统设计规范》第6.5节“火灾警报器的设置”要求，每个报警区域内应均匀设置火灾警报器，其声压级不应小于60dB；在环境噪声大于60dB的场所，其声压级应高于背景噪声15dB。化工企业中消防广播扬声器可利用扩音对讲系统的扬声器替代，但必须满足在火灾等紧急情况下系统具备强行切换至消防应急广播状态的功能。消防应急广播扬声器的设置同样要求在其播放范围内最远点的播放声压级应高于背景噪声15dB。光报警器主要为报警闪灯，化工企业中光报警器主要设置在楼梯口、消防电梯前室、建筑内部拐角等处的明显部位和背景噪声较高导致无法明显分辨火灾警报信号声的场所。

火灾报警系统与相关消防安全设施均有联锁要求，例如消防泵、喷淋泵、排烟风机、常开防火门、防火卷帘、应急照明、疏散灯光指示等。火灾报警系统与这些相关消防设施的联动均通过系统特定的接口模块来实现，根据功能主要分为输入模块和输出模块两种。输入模块是用来接收外来的相关消防设施发出的动作反馈、状态信息等无源开关量信号，输出模块则是通过接收系统控制器发出的指令来改变输出触点的开闭状态，从而实现控制外部相关消防设施的功能。输入模块和输出模块均通过内置的编码地址来实现与系统控制器之间的通信，因此模块是通过总线与控制器连接通信的，其中输出模块因需要驱动外部设备，除需连接总线通信外，还需要系统提供24V直流电源。在通过输出模块联锁控制外部设备时，如果控制触点需要串入高电压等级的回路进行控制，则要附加中间继电器进行信号转换，将24V直流开关信号转换为无源干接点信号。火灾报警系统与相关消防安全设施的具体联锁要求，可参照现行国家标准GB 50116《火灾自动报警系统设计规范》第4章“消防联动控制设计”中的规定执行，这里不再赘述。

消防控制室是火灾报警系统的信息中心、控制中心、日常运行管理中心和各自动消防系统运行状态监视中心，也是发生火灾和日常火灾演练时的应急指挥中心。

根据火灾报警系统保护对象的不同情况，消防控制室内配置的消防控制设备也不尽相同。作为消防控制室，应集中控制、显示和管理保护对象范围内的所有消防设施，包括火灾报警和其他联动控制装置的状态信息，并能将状态信息通过通信接口传输至附近的消防站。消防控制室内设置的消防设备应包括火灾报警控制器、消防联动控制器、消防控制室图形显示装置、消防专用电话总机、消防应急广播控制装置、消防应急照明和疏散指示系统控制装置、消防电源监控器等设备，或具有相应功能的组合设备。消防控制室的显示与控制，应符合现行国家标准 GB 25506《消防控制室通用技术要求》中的有关规定。《消防控制室通用技术要求》适用于 GB 50116《火灾自动报警系统设计规范》中规定的集中报警系统、控制中心报警系统中的消防控制室或消防控制中心。消防控制室内的设备布置要求，应保证设备面盘前的操作距离，单列布置时不应小于 1.5m，双列布置时不应小于 2m；在值班人员经常工作的一面，设备面盘至墙的距离不应小于 3m；设备面盘后的维修距离不宜小于 1m；设备面盘的排列长度大于 4m 时，其两端应设置宽度不小于 1m 的通道；与建筑其他弱电系统合用的消防控制室内，消防设备应集中设置，并应与其他设备间有明显间隔。对消防控制室的管理，应实行每天 24h 专人值班制度。消防控制室应设有用于火灾报警的外线电话，以便于确认火灾后及时报警得到消防部门的救援。消防控制室是平常以及发生火灾时都必须保证运行的地方，为了确保消防控制室的安全，应尽量避免和减少各种可能影响消防设备运行的安全隐患。强电线路电压等级比火灾自动报警系统等电子设备高，应尽量隔离，水管的隐患更是不言而喻。因此，不是直接服务于消防控制室的管线（包括电缆、电线、水管、风管）都不应穿过。电磁场可能干扰火灾自动报警系统设备的正常工作，所以，为保证系统设备正常运行，要求消防控制室周围不布置场强超过消防控制室设备承受能力的其他设备用房。

1.2　火灾报警设备选型

在设计过程中对火灾报警设备的选型应着重考虑设备是否为通过项目所在地区相关专业机构认证许可使用的产品、设备的功能是否满足所有的技术要求、设备的技术参数是否满足所使用的环境要求、设备与系统之间的匹配和兼容性等几方面内容。

① 因为消防产品是保护人民生命和财产安全的重要产品，其性能和质量至关重要。我国《消防法》规定消防产品必须符合国家标准；没有国家标准的，必须符合行业标准。在化工行业的设计中选择火灾报警设备必须选择实行强制性产品认证的消防产品，经强制性产品认证合格或者技术鉴定合格的消防产品的相关信息，在中国消防产品信息网上予以公布。

② 火灾报警设备的功能选择主要取决于设计上的技术要求，具体可参考前面的一般规定内容。

③ 根据火灾报警设备所安装位置的环境温度变化范围来选择设备的极限工作温度，根据安装在室内还是室外来选择设备的防护等级，根据设备安装的环境危险性程度来选择设备的防爆、防腐蚀或防尘的等级，以确保选择的设备能够在所处的安装环境中安全和正常地工作。

④ 火灾报警设备与系统及与其连接的各类设备之间的接口和通信协议的兼容性应符合现行国家标准 GB 22134《火灾自动报警系统组件兼容性要求》等的规定，保证系统的兼容性和可靠性。

2　工业电视系统的设计要求

2.1　一般规定

工业电视的设计主要包括前端摄像监控点的布置、后端信号处理系统的配置和信号传输方式的选择，如图 45-2 所示。

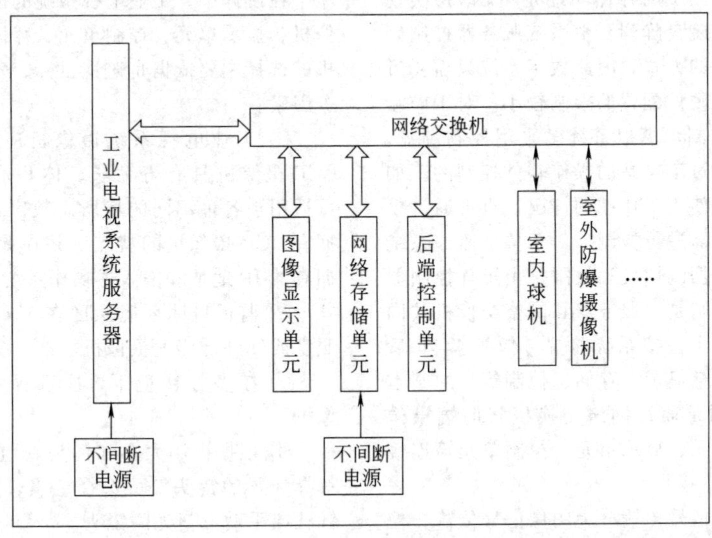

图 45-2　工业电视系统组成示意图

前端监控摄像机的选择和布置主要取决于被监控对象的特征及所处的环境因素。在确定了被监控对象后，首先需要选择摄像机的合适安装点，以保证摄像机能够完全地监控到被监控对象的需要监控部位。确定了摄像机安装点后，再根据安装点距被监控对象的距离来选择摄像机的型式、配备的镜头的焦距范围，根据被监控对象的数量和特征状况来选择是否配置云台，根据安装点的周边情况来选择安装支架的型式，根据安装点周围的照明情况来确定是否采用低照度摄像机或加装红外灯，根据安装点所在区域的爆炸危险等级确定选用摄像机及其配套设备的防爆和防护等级，还需要根据安装点所在区域的天气温度变化等因素考虑是否配置加热器、除湿器和雨刷、遮阳罩等设施。

后端信号处理系统的配置主要取决于对系统应用的需求。一般来说，工业电视后台的应用主要包括对图像的实时显示，存储，调取以往的录像档案，对前端监控摄像机的远程控制，包括接收一些外在的信号实现联锁控制等。首先，对于目前绝大多数的数字监控系统来说，图像的显示方式不像以往的模拟系统只有单一监视器可选择，数字系统可以根据不同的应用选择网络工作站、显示器或大屏等多种方式实现图像显示。数字监控系统的图像多画面显示和画面巡检等功能均可通过软件设置实现。图像的存储和调用对于模拟系统是由硬盘录像机来实现的，硬盘录像机根据录像的质量要求，输入图像的路数，采用的数据压缩方式来选择，一般输入图像路数不宜超过16路，否则同时录入的数据量太大，录像机的处理速度跟不上。录像的质量和压缩方式有很大关系，一般使用压缩程度高的方式比较节约硬盘容量，但回放的图像质量要下降，因此这两方面的因素在实际使用中需要综合考虑，以保证实际回放效果达到使用的最低要求以上的水平为宜。数字系统的存储功能是由NVR实现的，实际的硬件就是磁盘阵列，由系统服务器控制码流的走向和压缩存储的方式。因此数字系统只需要考虑总的存储容量，受硬件配置的限制较小。对于前端监控摄像机的后端控制，模拟系统多采用控制键盘，而数字系统一般是通过工作站的操作软件控制的。如果有操作人员不习惯使用工作站的情况，也可通过模转数的接口连接服务器进行控制。对于整个监控系统来说，模拟系统的数据流切换和控制是由矩阵控制器实现的，而数字系统则是由服务器和网络交换机共同完成的。这样就形成了模拟系统前端摄像机-矩阵-后端信号处理单元（包括显示、存储、控制等）的基本构架，而数字系统则是通过网络交换机将前端摄像机、服务器、存储单元、显示单元、控制单元等连接起来的树形结构。

模拟监控系统的信号传输分为图像信号传输、控制信号传输和供电。对于图像信号，在电缆的选择上，当传输距离小于500m时选择同轴电缆，大于500m时则选择光缆。控制信号多为低压24V信号，一般距离在300m以内考虑使用信号电缆，大于300m则考虑使用光缆。因化工装置中大多模拟摄像机使用云台，功率比较大，因此大多情况下供电采用220V到现场变压的方式。数字监控系统的图像和控制信号统一使用网络数据线传输，当传输距离大于100m后就需要选择光缆传输。供电的方式同模拟系统，除了使用距离近、功率低的室内摄像机外，一般均采用220V到现场变压的方式。对于数字系统来说，在传输的环节除了需要选择电缆外，更重要的是选择网络交换机。网络交换机的选择取决于前端摄像机的分辨率，即一般俗称的高清或标清，例如目前标清摄像机的数据量一般为100M/s，而高清摄像机的数据量则至少为200M/s，更高的可达到800M/s。如果确定了摄像机的分辨率，即确定了需要传输的码流容量，也需要选择相匹配的网络交换机才能够保证系统的正常和稳定运行。

对于化工装置中使用的工业电视系统，因大部分前端摄像机都安装在室外和危险性环境中，系统的防雷接地设计不可忽视。按照现行国家标准GB 50115《工业电视系统工程设计规范》的要求，推荐工业电视系统采用共用接地，接地电阻值不应大于1Ω。接地线宜采用截面积大于或等于16mm^{2}的铜芯绝缘导线。在工业电视系统的机房或控制室内应设置接地汇流排，并进行等电位连接。工业电视系统的设备和机柜金属外壳、线缆的金属屏蔽层、室外穿电缆的钢管桥架、光缆的金属构件等均应接地。另外在室外安装的设备进线端、由室外进入室内的线缆入室端均应按照相应的防雷设计规范设置防浪涌保护装置。

2.2 工业电视设备选型

在设计中，工业电视系统的设备选型主要包括摄像机、显示单元、控制单元、存储单元的选择。摄像机的选择主要依据是监视目标、安装环境、成像要求等因素。

① 工业电视系统摄像机应选择CCD摄像机，CCD摄像机具有寿命长、体积小和能耗低的特点，可适用于各种不同的场所。数字系统中的IP摄像机拥有CCD摄像机的特点，并在此基础上增加了自身拥有的IP地址和嵌入式操作系统。

② 监视目标环境照度在1lx以下的场合选择低照度或红外低照度摄像机。

③ 在多雾环境下，应选择具有透雾功能的摄像机。

④ 根据视场大小和镜头到监视目标的距离不同选择配置的镜头，可选择定焦、变焦、长焦、广角、针孔或手动可变光圈镜头。

⑤ 监视目标环境照度变化范围高低相差100倍

以上或昼夜使用的摄像机，应采用自动光圈镜头。

⑥ 变焦距镜头，其变焦和聚焦响应速度应与移动目标的活动速度以及云台的移动速度同步。

⑦ 监视多场景目标时，摄像机应采用电动云台。

显示单元的选择可参考以下规定。

① 现场级监控室，宜采用 43.18cm 及以上的 PDP 显示屏、LCD 显示屏、CRT 显示屏等或其单元组合。

② 车间（分厂）级监控室，宜采用 101.6cm 及以上的 DLP 投影显示屏、PDP 显示屏、LCD 显示屏等或其单元组合。

③ 公司（总厂）级监控室，宜采用 127cm 及以上的 DLP 投影显示屏、PDP 显示屏等或其单元组合。

对图像信息保存的存储单元选择应符合以下规定。

① 应保存原始场景的监视记录。

② 监视记录应有原始监视日期和时间等信息。

③ 重要系统或重要场所的图像信息存储或复制备份的资料，其保存时间应在 30 天以上。

④ 一般系统的图像信息存储或复制备份的资料，其保持时间应在 7 天以上。

⑤ 对工业电视系统中有需同步监听现场声音要求的，应设置拾音装置；对监视目标的图像信息有切换、画面有合成等要求的，应配置画面分割器或合成器；有数据分析和处理要求的，应设置数据存储分析处理设备。

3 通信系统的设计要求

3.1 一般规定

化工企业中通信系统的设计分为有线系统和无线系统，有线系统又分为调度电话通信和扩音对讲通信。调度电话主要用于固定岗位之间的通信，而且对设置场所要求大多是室内或比较安静的场所，它的优点在于反应快，功能强。扩音对讲主要用于半固定或不固定岗位之间的通信，同时又可兼做广播使用，适合环境恶劣、噪声比较大的场所。无线通信系统的优点是机动性好，使用方便，但通信质量受场所限制比较大，远低于有线系统。应该说是因为这三个系统各有优缺点，可以相互补偿，才会同时在化工企业中使用。

调度电话系统组成示意图如图 45-3 所示。化工企业调度电话系统的组织体系可采用一级或多级调度，可分为总厂（公司）调度、分厂车间调度、车间调度或专业调度。调度电话的分级应根据企业的生产规模、生产管理体制及生产联系等因素确定。大中型企业、联合企业可设二级或三级调度，企业的规模较小、生产管理的层次较少，可只设一级调度。调度电话系统应采用辐射式，调度电话总机应采用程控数字调度电话交换机。调度电话的总机容量应按远期用户数量确定，当远期用户数量不易确定时，宜根据近期用户数量及 30%～50%的备用量确定。调度电话总机应与上级调度电话总机、行政电话交换机建立中继联系。根据生产管理和操作的需要，调度电话总机可与无线通信系统、扩音对讲系统联网。调度电话站的位置应选择在便于生产指挥和噪声小的地点。各级别的调度电话站应设在相应级别的调度中心或调度室、控制室内。调度电话站的设备除调度电话总机和调度台外，还应包括相应的辅助设备。辅助设备包括电源设备、配线架等。根据调度工作的需要和全厂电信系统的设置情况，调度室除安装调度台外，还应安装其他通信设备，一般包括传真机、无线电话、电视监控的监视和控制终端、信息系统的终端设备等。设备布局应便于调度人员的操作和使用。调度电话站与行政电话站如设在同一建筑物内，宜合用电源设备、配线设备。调度电话设置在调度台需要调度联系的各级生产岗位，应有明显的标志区别于一般行政电话。

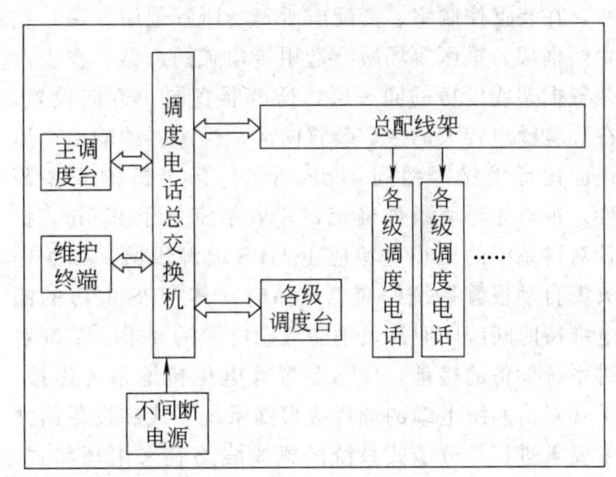

图 45-3 调度电话系统组成示意图

扩音对讲系统组成示意图如图 45-4 所示。扩音对讲通信系统分为分散式和集中式，主要由通话站、扬声器，以及放大器设备、电源装置、均衡器、信号发生器、接线箱等附属设备和电缆组成。化工装置的扩音对讲系统，必须具备呼叫和通话的基本功能。扩音对讲系统应具有全呼、组呼和点间通话的功能。两个用户通话时，其对应的扬声器应有禁声功能。扩音对讲的扬声器，在兼作火灾自动报警系统应急广播时，应设置火警优先级功能。扩音对讲的通话站必须具备呼叫和通话开关，通话站的手柄应具有自动消除噪声的功能。通话站的设置位置应根据工艺要求，临近操作岗位，方便使用和维护，宜设置在装置区内的道路边、人员出入口、框架楼梯口、操作平台、罐区四周、物料传输人行走道、控制室、变配电所等处。应根据不同的场所选择台式通话站、普通型墙挂式通话站和防爆型墙挂式通话站。两个通话站之间的距离，不宜超过 50m，通话站安装的位置应背向噪声源。通话站安装高度为中心距地面 1.3～1.5m，并面

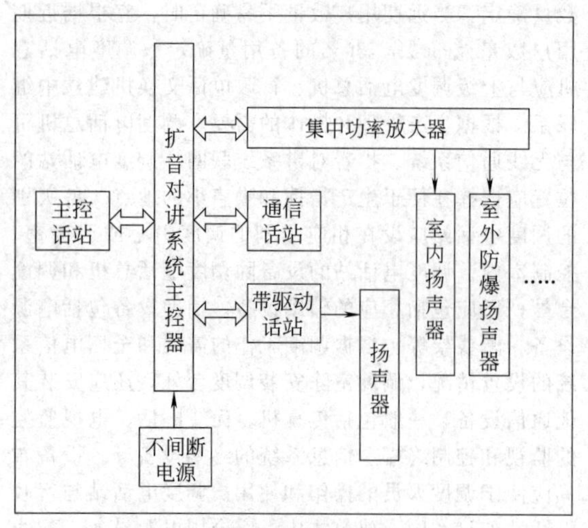

图 45-4 扩音对讲系统组成示意图

向操作通道。扬声器的选择应考虑所安装的不同场所，在装置控制室、变配电所等场所宜选用音箱；在生产框架、罐区等场所宜选用号角式扬声器。在生产装置框架或厂房的同一层，扬声器宜同一方向设置。在环境噪声较大的生产装置内部，扬声器的输出声压级应比环境噪声级高 10dB 以上。扬声器的安装高度，视具体环境条件确定，一般不宜低于 2.5m。扩音对讲系统的工作电源应由 UPS 电源供给，如兼作火灾自动报警系统的应急广播时，其 UPS 电源的断电维持时间应同时满足消防应急电源的要求。扩音对讲系统设备的接地，应与装置等电位接地系统连接。扩音对讲系统电缆的选择应根据系统型式和设备的技术要求进行，分散式系统的电缆线路宜采用环状式，集中式系统的电缆线路宜采用辐射式。

化工装置区的无线通信系统主要适用于控制室与现场流动操作人员的通信联络，室外岗位之间巡检人员的通信联络，以及开车、检修、事故处理等现场人员的通信联络。无线通信系统由基站设备、收发天线、不间断电源、车载终端及无线手持终端等设备组成（图 45-5）。无线通信一般多采用点对点的通信方式。根据不同通信要求的需要，系统宜采用单频单工、多频双工等型式。无线通信系统的通话频段宜选择在 VHF 频段，对于电磁干扰较强的场所可考虑选择 UHF 频段。无线通信系统的频段使用均应报当地无线电管理委员会批准，避免本地区同频干扰和异频干扰，以保证使用的通话频段的合法性。对于规模较大，无线通信用户数超过 20 个且不同用户之间距离比较远（一般在 500m 以上）的系统，宜设置基站进行信号放大。对于一些受建筑结构因素制约而无法保证信号覆盖的区域，可通过设置直放站来补偿。无线通信系统的基站或直放站，宜设置在控制室。基站的工作电源，应由 UPS 电源供给。基站设备的接地，应与装置接地系统连接。基站的天线部分，应有防雷措施。化工企业爆炸危险区内使用的无线手持终端，必须是防爆型的产品，防爆等级必须满足无线对讲机使用区域内爆炸危险等级最高的级别。

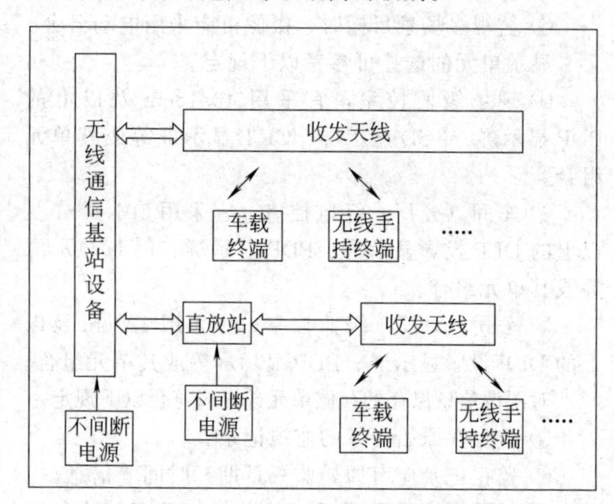

图 45-5 无线通信系统组成示意图

3.2 通信设备选型

① 调度台在选型时应具有以下功能：调度台可随时呼叫任意分机用户，在分机用户通话时，调度台可强插、监听或强拆分机用户话路；调度台可进行组呼和全呼；进行电话会议；调度台上设有分机用户状态显示；根据调度通信业务的性质和需要，配备通话录音装置。

② 扩音对讲通话站的选型首先考虑应同时具备呼叫和通话的功能；其次是根据安装环境情况选择适合的防护等级、防爆等级和安装方式的类型；再次是根据使用者的具体习惯选择一些辅助功能，例如是否设置手柄，是否设置辅助功能键盘，是否设置报警提示灯等。

③ 扩音对讲扬声器的选型应根据安装场所和环境要求选择型式及防爆、防护等级。应根据系统放大器的配置要求选择工作电压、输出功率、终端阻抗等。其中需要考虑规范要求的输出声压级高于背景噪声 10dB，以此来计算扬声器的最小输出功率。

④ 无线基站的频段选择首先要满足当地无线电管理部门的技术要求，工作方式宜选用双频双工收发间隔制，频道间隔 25kHz。基站的发射功率应能覆盖全厂范围，其输出功率宜控制在 5～10W。基站的设备选型应考虑信号速率、调制方式和码型。基站天线的选择应满足：a. 服务区为面状时选择共轴天线阵；b. 服务区为带状时选择定向天线，并宜采用收发各一根的方式。

⑤ 无线手持终端的频道数可根据实际使用的需求确定，一般均可最多设置 16 个频道。无线手持终端的技术参数应与基站一致，生产用无线手持终端的工作方式宜为异频单工制，保安用无线手持终端的工作方式宜为异频双工制。

第46章 给排水设计

1 给排水系统划分

1.1 系统划分

化工、石化生产离不开水的供应，水不仅用来冷却带走生产中需要除去的热量，在大多数化工、石化生产中水也是一种工艺介质，工艺过程中也会排出含有各种化学成分的废水、污水。因此一般化工、石化工厂都有以下几种水系统。

① 循环冷却水系统　用以带出工艺过程中的热量；供给工艺换热器、冷凝冷却器、机泵、汽轮机等的冷却用水，回水返回冷却塔冷却后循环使用。系统主要组成：冷却塔、水泵、加药装置、加氯装置（或其他氧化性杀菌剂装置）、监测换热器等。

② 工艺用水系统　用以为工艺生产提供所需纯度的水，例如一般生产用水、软化水、除盐水等，去离子水、纯净水等特殊要求的工艺用水一般在装置内自建相关净化装置，成为工艺装置和流程的一部分。

③ 生活水系统　生活水系统包括办公室卫生用水（生活饮用、生活洗涤、淋浴、冲厕），也包括事故紧急喷淋和洗眼器用水的供水及排水。事故紧急喷淋和洗眼器的排水应排至污水处理系统。涉及剧毒、放射性等特殊控制化学品的还应专门收集处理，不能直接排放。

④ 稳高压消防水系统　平时采用稳压设施维持高压消防水管网的压力。发生火灾时，依靠压力变化自动启动消防水泵供生产装置区、罐区及辅助生产区等火灾时消防用水（包括消防冷却、消防灭火、泡沫液配制等用水）。系统管道压力一般为0.7～1.2MPa（表）。消防水的流量及持续供水量须满足相关消防规范的要求。

⑤ 生产污水系统　用以处理工艺生产过程中排出的各种废水、污水。根据污水性质有时需要分成若干个不同的系统，例如含油污水系统、含硫污水系统、含碱污水系统等。总之，不可混在一起的污水都需要单独设立一个系统，经过处理达到能够混合的基本要求后才能混合。而混合后的污水必须经过环保处理，达到排放标准后才能排出工厂。有些高浓、高盐、高毒污水需要在工艺装置内预处理，达到污水处理装置的接纳要求后才能排入污水处理系统，而这些预处理系统通常是工艺流程的一部分。

⑥ 雨水系统　包括防洪、排涝、清净雨水和污染雨水系统等。由于装置中难免会有化学品的泄漏、洒落、溅出、飞散等，工艺装置的初期雨水应作为污染雨水收集并排放到污水处理系统。

⑦ 事故水收集处理系统　主要是考虑火灾情况下，大量消防水成为化学污水，不能直接排放，必须收集经处理达标后才能排出工厂，因此必须有事故水收集处理系统。一般利用雨水管网收集，排至事故收集池。

1.2 水量计算

工厂或单元的设计给水量一般包括生产给水量、生活给水量、稳高压消防水量、循环冷却水量；设计排水量一般包括生产污水量、生活污水量、初期雨水量、清净雨水量和事故排水量。各种水量均应根据工厂或单元设计能力按系统分别计算。

(1) 生产给水量

全厂生产量最高时设计给水量（除循环水系统外）应按同时生产的各单元最高生产量时用水量与系统未预见水量之和计算。未预见水量可分别按各种系统水量的15%～20%计算；在计算单元生产给水量时，不计算未预见水量。

生产用水量应按工艺生产需要计算，下列几种用水量可按“用水量指标”计算。

① 储罐喷淋冷却用水量指标，可按表46-1计算。

表46-1　储罐喷淋冷却用水量指标

储罐种类	每小时用水量指标
球罐或卧式罐	$0.18m^3/m^2$
拱顶罐	$0.4 \sim 0.6m^3/m$

注：1. 球罐或卧式罐的冷却用水量按罐的半个表面积计算。

2. 拱顶罐的冷却用水量按罐的周长计算。

② 冲洗储罐用水量指标，可按表46-2～表46-4计算。

表 46-2　冲洗储罐用水量　单位：m^3

储罐容积	一次冲洗用水量
100	9
200	13
300	16
500	25
700	30
1000	45
2000	70
3000	100
5000	160
10000	300

表 46-3　冲洗储罐用水量指标

储罐容积		一次用水量指标/(m^3/m^2)
大于 $10000m^3$	罐底一次冲洗用水量	0.3～0.5
	罐内壁一次冲洗用水量	0.1～0.2

表 46-4　罐车人工洗刷用水量指标

罐车类型		一次用水量指标/(m^3/辆)
重油车	冷水用水量	0.5～1.0
	热水用水量	3.0～5.0
轻油车		0.5～1.0
其他		3.0～7.0

注：1. 当采用洗罐器洗刷时，洗一辆汽油车或煤油车时间为10～15min，其用水量可按4.5～6.75m^3/辆计算；洗一辆柴油车时间为20～25min，其用水量可按9～11.25m^3/辆计算；洗一辆润滑油车时间为20～30min，其用水量可按9～13.5m^3/辆计算。

2. 罐车洗涤站用洗罐器洗刷车辆时，洗罐器的同时作业率按25%～50%设计。每一台洗罐器的耗用水量为27m^3/h。

③ 冲洗汽车用水量指标，可按表46-5计算。

表 46-5　冲洗汽车用水量指标（有洗车台）

汽车类型	每天用水量指标/（L/辆）
小客车	250～400
大客车、货运车	400～600
消防车	400～600

注：1. 在沥青路面、混凝土路面或块石路面上行驶时沾污程度较轻的车采用低值。

2. 每日冲洗汽车的数量按汽车总数的80%～90%计算。

3. 每辆汽车冲洗时间为10min，同时冲洗的汽车数量按洗车台数量决定。

④ 水质处理离子交换剂再生用水量指标，可按表46-6计算。

表 46-6　水质处理离子交换剂再生用水量指标

项目			每立方米交换剂用水量指标/m^3
树脂再生	固定床	阳性	3.0～6.0
		阴性	17.0
	浮床反逆流	阳性	10.0
		阴性	13.5
	移动床	阳性	11.5
		阴性	17.0
磺化煤再生	固定床	阳性	11.0

⑤ 取样冷却器用水量指标，可按表46-7计算。

表 46-7　取样冷却器用水量指标

项目	每小时用水量指标/(m^3/个)
过热蒸汽取样冷却器	1.5～2.5
饱和蒸汽取样冷却器	1.5～2.5
锅炉水取样冷却器	1.5～2.0
给水(150℃)取样冷却器	0.7～1.0
给水(105℃)取样冷却器	0.5～0.7
油品取样冷却器	1.0

注：锅炉取样冷却器的用水指标是根据样品出口最高温度不超过40℃、流量为30～40L/h、冷却水进出口温差为6～12℃等条件确定的。若不符合上述条件，应经计算确定。

⑥ 浇洒道路和工厂绿化用水量指标，可按表46-8计算。

表 46-8　浇洒道路和工厂绿化用水量指标

项目	一次用水量指标/[L/(m^2·d)]
浇洒道路	2.0～3.0
工厂绿化	1.0～3.0

⑦ 循环冷却水补充水量可按下式计算。

$$Q_m = Q_e + Q_w + Q_b \text{ 或 } Q_m = \frac{Q_e N}{N-1}$$

式中　Q_m——循环冷却水补充水量，m^3/h；

Q_e——循环冷却水蒸发损失水量，m^3/h；

Q_w——循环冷却水风吹损失水量，m^3/h；

Q_b——循环冷却水排污水量，m^3/h；

N——循环冷却水的设计浓缩倍数。

冷却塔的蒸发损失水量可按下式计算。

$$Q_e = K_{ZF} \Delta t Q$$

式中　Q_e——蒸发损失水量，m^3/h；

Δt——冷却塔进、出水温度差，℃；

Q——循环水量，m^3/h；

K_{ZF}——蒸发损失系数，$℃^{-1}$，可按表46-9取值，气温为中间值时可用内插法计算。

表 46-9　蒸发损失系数 K_{ZF} 值表

进塔空气温度/℃	−10	0	10	20	30	40
K_{ZF}/$℃^{-1}$	0.0008	0.0010	0.0012	0.0014	0.0015	0.0016

注：表中气温指冷却塔周围的设计干球温度。

冷却塔的风吹损失水量应采用同类型冷却塔的实测数据。当无实测数据时，机械通风冷却塔可按 0.1%计算，自然通风冷却塔可按 0.05%计算。

循环水系统的排污水量可按下式计算。

$$Q_b=\frac{Q_e}{N-1}-Q_w$$

式中　Q_b——排污水量，m^3/h；

Q_e——蒸发损失水量，m^3/h；

Q_w——风吹损失水量，m^3/h；

N——循环冷却水的设计浓缩倍数。

(2) 生活给水量

① 全厂生活用水量最高时设计给水量应按同时生产的各单元最高用水量与系统未预见水量之和计算。未预见水量可分别按各种系统水量的 15%～20%计算；在计算单元生活给水量时，不计算未预见水量。

② 工业企业建筑、管理人员的生活用水定额可取 30～50L/(人·班)，车间工人的生活用水定额应根据车间性质确定，宜采用 30～50L/(人·班)；用水时间宜取 8h，小时变化系数宜取 2.5～1.5。

③ 工业企业建筑淋浴用水定额，应根据现行国家标准《工业企业设计卫生标准》中车间的卫生特征分级确定，可采用 40～60L/(人·次)，延续供水时间宜取 1h。

(3) 稳高压消防水量

① 工艺装置的消防用水量应根据规模、火灾危险类别及消防设施的设置情况等综合考虑确定。也可参照表 46-10 选定。

表 46-10　工艺装置的消防用水量表　单位：L/s

装置类型	装置规模	
	中型	大型
石油化工	150～300	300～600
炼油	150～230	230～450
合成氨及氨加工	90～120	120～200

② 可燃液体罐区的消防用水量为发生火灾时罐区内最大地上立式罐组配置泡沫用水及储罐（含着火罐、邻近罐）的冷却用水量之和；消防冷却设施一般分为固定式和移动式两种：对于罐壁高度 $H>17m$ 或储罐容量$\geqslant 10000m^3$ 的储罐采用固定式消防冷却，其余可采用移动式消防冷却；容量$\geqslant 50000m^3$ 的大型外浮顶储罐，除固定消防冷却设施外，在罐顶平台及对称位置上，应设置二分水器。二分水器可由 $DN100mm$ 管道引至防火堤外，并设半固定式管牙接口；地上立式储罐冷却水的供水范围和供水强度见表 46-11。

当储罐采用固定式冷却水系统时，室外消火栓设计流量不应小于表 46-12 的规定；当采用移动式冷却水系统时，室外消火栓流量应按表 46-11 规定的设计参数经计算确定，且不应小于 15L/s。

③ 可燃液体地上卧式储罐宜采用移动式水枪冷却，冷却面积应按罐表面积计算。供水强度为 6.0L/(min·m²)，当计算出的冷却水系统设计流量小于 15 L/s 时，应采用 15 L/s。着火罐直径与长度之和的一半范围内的临近卧式储罐应进行冷却，临近罐供水强度为 6.0L/(min·m²)。当临近罐超过 4 个时，冷却水系统可按 4 个罐的设计流量计算。当临近罐采用不燃材料作绝热层时，其冷却水系统喷水强度可减少 50%，但设计流量不应小于 7.5 L/s。

④ 液化烃罐区的消防用水量：液化烃罐区（含压力式及半冷冻式和全冷冻式两大类）的固定式和移动式消防冷却用水量之和即是罐区的总消防冷却用水量。

压力式及半冷冻式储罐的固定式消防冷却用水量计算如下。着火罐：冷却水供水强度$\geqslant$9L/(min·m²)，冷却面积按罐体表面积计算。邻近罐（距着火罐罐壁 1.5 倍着火罐直径范围内的邻近罐）：冷却水供水强度$\geqslant$9L/(min·m²)，冷却面积按半个罐体表面积计算。当储罐有泄漏物的截留与排放措施时，距着火罐罐壁 1.5 倍着火罐直径范围内的邻罐超过 3 个时，邻罐冷却可按 3 个罐考虑。当采用消防水炮作为固定冷却设施时，其用水量不宜小于计算值的 1.3 倍。

表 46-11　地上立式储罐冷却水的供水范围和供水强度

项目	储罐型式		供水范围	供水强度	附注
移动式水枪冷却	着火罐	固定顶罐	罐周全长	0.8L/(s·m)	含浅盘式浮顶罐
		浮顶罐、内浮顶罐	罐周全长	0.6L/(s·m)	除钢制单盘式、双盘式与敞口隔舱式以外的内浮顶罐按固定顶罐计算
	邻近罐		罐周半长	0.7L/(s·m)	
固定式冷却	着火罐	固定顶罐	罐壁表面积	2.5L/(min·m²)	含浅盘式浮顶罐
		浮顶罐、内浮顶罐	罐壁表面积	2.0L/(min·m²)	除钢制单盘式、双盘式与敞口隔舱式以外的内浮顶罐按固定顶罐计算
	邻近罐		罐壁表面积的 1/2	与着火罐相同	按实际冷却面积，但不得小于罐壁表面积的 1/2

注：地上卧式罐宜采用移动式水枪冷却，冷却面积按罐表面积计算，着火罐供水强度 $q\geqslant 6.0L/(min\cdot m^2)$，邻近罐供水强度 $q\geqslant 3.0L/(min\cdot m^2)$。

表 46-12 甲、乙、丙类可燃液体地上立式储罐区的室外消火栓设计流量

单罐储存容积 W/m^3	室外消火栓设计流量/(L/s)
$W \leqslant 5000$	15
$5000 < W \leqslant 30000$	30
$30000 < W \leqslant 100000$	45
$W > 100000$	60

全冷冻式储罐的固定式消防冷却水量计算如下：当单防罐罐外壁为钢制时，其中着火罐罐壁冷却供水强度≥2.5L/(min·m²)，罐顶冷却强度≥4.0L/(min·m²)，冷却面积按罐体表面积计算；邻近罐（距着火罐1.5倍着火罐直径范围内的邻近罐）罐壁冷却供水强度≥2.5L/(min·m²)，邻近罐冷却面积按半个罐壁考虑；当双防罐、全防罐罐外壁为钢筋混凝土结构时，管道进出口等局部危险处应设置水喷雾系统，冷却水供给强度为20.0L/(min·m²)。罐顶和罐壁可不考虑冷却。储罐除了固定消防冷却外，罐组四周还应设固定水炮及消火栓。

移动消防用水量按罐组内最大一个储罐确定，具体见表46-13。

表 46-13 液化烃罐区的室外移动消防设计流量

单罐储存容积 W/m^3	室外消火栓设计流量/(L/s)
$W \leqslant 100$	15
$100 < W \leqslant 400$	30
$400 < W \leqslant 650$	45
$650 < W \leqslant 1000$	60
$W > 1000$	80

移动消防用水，可采用水枪或移动式水炮。

⑤ 辅助生产设施的消防用水量可按50L/s计算。

⑥ 建筑物的消防用水量：厂房室外消火栓设计流量可按表46-14选定。

厂房室内消火栓设计流量可按表46-15选定。

⑦ 火灾延续时间：工艺装置不应小于3h；辅助生产设施不应小于2h；可燃液体储罐直径大于20m的固定顶罐和浮盘是易熔材料的内浮顶罐应为6h，其余为4h；装卸站台为2h；液化烃储罐及其装卸站台按火灾时压力储罐安全放空所需时间计算，超过6h时，按6h计算，其装卸站台为2h；甲、乙、丙类厂房火灾为3h；丁、戊类厂房为2h。

⑧ 泡沫消防给水量应符合《泡沫灭火系统设计规范》的规定。

(4) 循环冷却水量

全厂循环冷却水量最高时设计给水量应按所供给用户要求的最大连续小时用水量之和加上用户可能同时发生的最大间断小时用水量确定。

循环冷却水系统计算水量平衡时，水量损失应包括冷却塔蒸发损失水量、风吹损失水量和排污水量。

(5) 生产污水量

工艺装置内的生产污水量和变化系数应根据工艺特点确定。

(6) 生活污水量

工厂生活排水设计排水量应按工厂生活设计用水量的90%～100%确定。

(7) 初期雨水量

一次降雨污染雨水总量宜按污染区面积与其15～30mm降水深度的乘积计算。污染雨水折算成提升泵连续流量的时间可按8～24h选取。

表 46-14 厂房室外消火栓设计流量 单位：L/s

<table>
<tr><th rowspan="2">耐火等级</th><th rowspan="2">厂房类别</th><th colspan="6">建筑体积 V/m³</th></tr>
<tr><th>V≤1500</th><th>1500<V≤3000</th><th>3000<V≤5000</th><th>5000<V≤20000</th><th>20000<V≤50000</th><th>V>50000</th></tr>
<tr><td rowspan="3">一级、二级</td><td>甲、乙</td><td colspan="2">15</td><td>20</td><td>25</td><td>30</td><td>35</td></tr>
<tr><td>丙</td><td colspan="2">15</td><td>20</td><td>25</td><td>30</td><td>40</td></tr>
<tr><td>丁、戊</td><td colspan="5">15</td><td>20</td></tr>
<tr><td rowspan="2">三级</td><td>乙、丙</td><td>15</td><td>20</td><td>30</td><td>40</td><td>45</td><td>—</td></tr>
<tr><td>丁、戊</td><td colspan="3">15</td><td>20</td><td>25</td><td>35</td></tr>
<tr><td>四级</td><td>丁、戊</td><td colspan="2">15</td><td>20</td><td>25</td><td colspan="2">—</td></tr>
</table>

表 46-15 厂房室内消火栓设计流量

<table>
<tr><th colspan="3">厂房高度 h(m)和体积 V(m³)</th><th>消火栓设计流量/(L/s)</th><th>同时使用消防水枪数/支</th><th>每根竖管最小流量/(L/s)</th></tr>
<tr><td rowspan="3">h≤24</td><td colspan="2">甲、乙、丁、戊</td><td>10</td><td>2</td><td>10</td></tr>
<tr><td rowspan="2">丙</td><td>V≤5000</td><td>10</td><td>2</td><td>10</td></tr>
<tr><td>V>5000</td><td>20</td><td>4</td><td>15</td></tr>
<tr><td rowspan="2">24<h≤50</td><td colspan="2">乙、丁、戊</td><td>25</td><td>5</td><td>15</td></tr>
<tr><td colspan="2">丙</td><td>30</td><td>6</td><td>15</td></tr>
<tr><td rowspan="2">h>50</td><td colspan="2">乙、丁、戊</td><td>30</td><td>6</td><td>15</td></tr>
<tr><td colspan="2">丙</td><td>40</td><td>8</td><td>15</td></tr>
</table>

(8) 清净雨水量

雨水设计流量应按下式计算。

$$Q_s=q\Psi F$$

式中　Q_s——雨水设计流量，L/s；

q——设计暴雨强度，L/(s·hm^2)；

Ψ——径流系数（化工装置中可取 0.85）；

F——汇水面积，hm^2。

$$q=\frac{167A_1(1+C\lg P)}{(t+b)^n}$$

式中　t——降雨历时，min，$t=t_1+t_2$；

t_1——地面集水时间（化工装置一般取 10min）；

t_2——管渠内雨水流动时间，min；

P——设计重现期，年，一般选取 2～5 年；

A_1，C，b，n——参数，各地根据统计方法计算确定。

(9) 事故排水量

事故排水量可按下式计算。

$$V_{总}=(V_1+V_2-V_3)_{max}+V_4+V_5$$

式中　$(V_1+V_2-V_3)_{max}$——指对收集系统范围内不同罐组或装置分别计算 $V_1+V_2-V_3$，取其中最大值；

V_1——收集系统范围内发生事故的一个罐组或一个装置的物料量（储存相同物料的罐组按一个最大储罐计，装置物料量按存留最大物料量的一台反应器或中间储罐计）；

V_2——发生事故的储罐或装置的消防水量，m^3，$V_2=\sum Q_{消}\ t_{消}$；

$Q_{消}$——发生事故的储罐和装置同时使用的消防设施给水流量，m^3/h；

$t_{消}$——消防设施对应的设计消防历时，h；

V_3——发生事故时可以转输到其他储存或处理设施的物料量，m^3；

V_4——发生事故时仍必须进入该收集系统的生产废水量，m^3；

V_5——发生事故时可能进入该收集系统的降雨量，m^3，$V_5=10qF$；

q——降雨强度，mm，按平均日降雨量，$q=q_a/n$；

q_a——年平均降雨量，mm；

n——年平均降雨天数，天；

F——必须进入事故废水收集系统的雨水汇水面积，ha。

1.3　污水、初期雨水的收集与储存系统

污染区或可能污染区四周应设置围堰，下雨时有组织地将这部分污染雨水收集到初期污染雨水收集池中。初期污染雨水收集池的有效容积应大于污染区地面 15mm 的水量。进入初期雨水收集池内的初期污染雨水经提升送入生产污水系统，统一送污水处理场处理。

1.4　事故排水的收集与储存系统

事故排水主要是指发生事故时物料泄漏、消防后的消防水、喷淋水及设备的冷却水。当发生一般事故时，事故排水主要通过各工艺装置污染区或罐区四周围堰，将这部分污水收集到初期污染雨水收集池，事故后再送入生产污水系统处理。当发生较大事故时，产生大量事故排水，主要通过工艺装置区四周设置的清净雨水排水系统，将事故排水送到事故缓冲池中储存，并限流送到污水处理场处理。

① 事故排水收集。应结合全厂总平面布局、场地竖向、道路及排雨水系统现状，以自流排放为原则，合理划分事故排水收集系统；当雨水必须进入事故排水收集系统时，应采取措施尽量减少进入该系统的雨水汇水面积；事故排水可利用污水系统、清净水系统收集，排放总管宜采用密闭形式，难以采用密闭形式时应采取安全防范措施；事故排水收集系统的排水能力应按事故排水流量进行校核。事故排水流量包括物料泄漏流量、消防水流量、清净水流量、雨水流量等；事故排水收集系统的自流管道可按满流校核；事故排水收集系统在各装置排水接入处宜设置水封，防止挥发性气体蔓延。

② 事故排水储存。

a. 应设置能够储存事故排水的储存设施。储存设施包括事故池、事故罐及防火堤内或围堰内区域等。

b. 罐区防火堤内容积可作为事故排水储存有效容积。

c. 排至事故池的排水管道在自流进水的事故池最高液位以下的容积可作为事故排水储存有效容积。

d. 在现有储存设施不能满足事故排水储存容量要求时，应设置事故池。

$$V_{事故池}=V_{总}-V_{现有}$$

式中 $V_{现有}$——用于储存事故排水的现有储存设施的总有效容积。

e. 应设置迅速切断事故排水直接外排并使其进入储存设施的措施。

f. 事故池收集挥发性有害物质时应采取安全措施。

g. 事故池非事故状态下需占用时，占用容积不得超过1/3，并应设有在事故时紧急排空的技术措施。

h. 自流进水的事故池内最高液位不应高于该收集系统范围内的最低地面标高，并留有适当的保护高度。

i. 当自流进水的事故池容积不能满足事故排水储存容量要求，须加压外排到其他储存设施时，用电设备的电源应满足现行国家标准《供配电系统设计规范》所规定的一级负荷供电要求。

③ 根据事故时产生不同的环境危害物质，制定合理的后处理措施。

2 给排水及消防管道设计

2.1 一般规定

给排水及消防管道材料按输送方式可分为两类：一类为有压管道；另一类为无压管道，即重力流管道。

2.1.1 设计压力

管道及其组成件设计压力应不低于操作过程中可能出现的由内压（或外压）与温度一起构成的最苛刻条件下的压力。最苛刻条件是指导致管道及其组成件最大壁厚或最高压力等级的条件。

所有与设备或容器连接的管道，其设计压力都应与所连接设备或容器的设计压力一致，并应满足下列要求。

① 系统设有安全泄压装置时，设计压力应不低于安全泄压装置的定压加静液柱压力和安全阀达到最大排放能力时的排放压差。

② 系统未设置安全泄压装置时，设计压力应不低于考虑控制阀失灵、泵切断和阀门误操作等因素可能引起的最高压力与静压头之和。

无安全泄压装置的离心泵排出管道设计压力应取以下两项的较高值。

① 离心泵的正常吸入压力加1.2倍泵的额定排出压力。

② 离心泵的最大吸入压力加泵的额定排出压力。

真空系统管道设计压力（表）取为0.098MPa外压。

2.1.2 试验压力

当管道设计压力（表）大于或等于0.1MPa时，按压力管道强度和严密性试验。当设计压力（表）小于0.1MPa时，进行无压管道闭水试验。压力管道水压试验压力和充满水后的浸泡时间应符合表46-16规定。

2.2 管道设计

2.2.1 一般规定

① 根据全厂性或装置管道总体设计规划布置给水排水管道。全厂性给排水主管带应考虑有1～2条发展空位。

② 给排水及消防管道不应穿越工厂发展用地、露天堆场及与其无关的单元和建（构）筑物以及塔、炉、容器、泵、油罐基础。

③ 全厂性给排水及消防管道宜集中布置在道路的一侧，以便于联合开挖。给排水及消防管道不应沿道路敷设在路面或路肩下，特殊情况时，可在路面或路肩下布置重力流雨水管道、生活污水管道、清净生产废水管道。

④ 布置给排水及消防管道时，主干管应尽量靠近用水量或排水量较大的设备或装置。生产用水、消防用水管道应布置在靠近道路一侧。为了方便，水质、水量监测装置或单元的各个排水系统宜分别设置一个排出口。装置、单元管道的给水管进口处和压力排水管出口需加计量设施。

⑤ 土壤具有较强腐蚀性、地质条件恶劣、改建工程中原有地下管道较多、较复杂时，压力管道可考虑在地上敷设。

⑥ 铁路下不得平行敷设给排水管道，给排水及消防管道应避免穿越装卸油栈台和道岔咽喉区。

表46-16 压力管道水压试验压力和充满水后的浸泡时间

管材名称	设计压力 p/MPa	试验压力 p_t/MPa	公称直径 DN/mm	充满水浸泡时间/h
钢管	任意	$1.5p$,且大于或等于0.9	任意	—(48)①
铸铁管	≤0.5	$2p$	任意	24(48)①
	>0.5	$p+0.5$	任意	
混凝土管	≤0.6	$1.5p$	≤1000	48
	>0.6	$p+0.3$	>1000	72
UPVC管	任意	$1.0p$,且大于或等于0.8	任意	—
玻璃钢管、玻璃钢塑料复合管和钢骨架聚乙烯复合管	—	$1.5p$	—	—

① 充满水浸泡时间栏中，括号内数字仅用于有水泥砂浆内衬的管道。

⑦ 埋地给排水及消防管道不应重叠布置。

⑧ 埋地给排水及消防管道不宜布置在建（构）筑物的基础压力线范围以内，并应考虑管道检修、开挖时对建（构）筑物基础的影响。水管道（管线）带布置一般按管道的埋设深度自建（构）筑物向外由浅至深排列。

⑨ 当任一管段发生故障需要切断而该管道的其余部分仍需保证供水时，则管道应考虑环状布置。

⑩ 装置内生产污水主干管不应沿管带中心线走向敷设在管廊下；管带下不应设检查井、水封井。

2.2.2 压力流管道设计

① 压力流管道的管径选择应结合经济比较确定，一般可按表 46-17 选用。

表 46-17　压力流管道的管径选择

管径/mm	流速/(m/s)
$DN\leqslant 80$	0.7
$DN=100\sim150$	0.7～1.2
$DN=200\sim300$	0.8～1.5
$DN=350\sim500$	1.2～1.7
$DN\geqslant 600$	1.5～2.0
$DN\geqslant 1200$	2.0～3.0

注：当发生事故或进行消防时，上述流速可加大到 2.5～3.5m/s。

② 压力流管道装置室外最小设计管径宜采用 $DN\geqslant 25$mm。全厂性管道管径 $DN\geqslant 50$mm。

2.2.3 重力流管道设计

① 流量。排水管道的流量应按下式计算。

$$Q=Av$$

式中 Q——设计流量，m^3/s；

A——水流有效断面面积，m^2；

v——流速，m/s。

② 流速。重力流管道流速应按下式计算。

$$v=\frac{1}{n}R^{\frac{2}{3}}I^{\frac{1}{2}}$$

式中 v——流速，m/s（重力流管道最大设计流速应符合下列规定：金属管道 10.0m/s；非金属管道 5.0m/s。重力流管道最小设计流速应符合下列规定：污水管道在设计充满度下为 0.6m/s；雨水管道和合流管道在满流时为 0.75m/s）；

R——水力半径，m；

I——水力坡降；

n——粗糙系数，重力流管道的粗糙系数宜按表 46-18 选取。

表 46-18　管道粗糙系数 n

管道类别	粗糙系数 n
UPVC 管、PE 管、玻璃钢管	0.009～0.011
石棉水泥管、钢管	0.012
陶土管、铸铁管	0.013
混凝土管、钢筋混凝土管	0.013～0.014

③ 重力流污水管道应按非满流计算，其最大设计充满度，应按表 46-19 的规定取值。雨水管道和合流管道应按满流计算。

表 46-19　最大设计充满度

管径/mm	最大设计充满度
200～300	0.55
350～450	0.65
500～900	0.70
≥1000	0.75

注：在计算污水管道充满度时，不包括短时突然增加的污水量，但当管径小于或等于 300mm 时，应按满流复核。

④ 重力流管道的最小管径与相应最小设计坡度，宜按表 46-20 的规定取值。管道在坡度变陡处，其管径可根据水力计算确定由大改小，但不得超过二挡，并不得小于相应条件下的最小管径。装置围堰排水管道的最小管径视围堰面积而定，一般面积≤100m^2 时，取 DN100mm；面积＞100m^2 时，DN150mm。以上规定的是最小管径，因各地降雨强度相差较大，设计时应相应调整。

表 46-20　最小管径与相应最小设计坡度

管道类别	最小管径/mm	相应最小设计坡度
污水管	200	塑料管 0.003，其他管 0.004
雨水管和合流管	300	塑料管 0.002，其他管 0.003
雨水口连接管	200	0.01

2.2.4 埋地管道间距

① 给排水及消防管道地下平行敷设时，管道间距应根据地质条件、管径、管道标高、管材、管道基础、支墩、管道施工及检修等因素综合考虑确定。管道外壁与平行相邻管道上给排水井外壁尺寸的净距一般不得小于 0.2m，且接口不得与井壁相邻。当两个平行管道无阀门时，室外管道 $DN\leqslant 200$mm，净距采用 0.5m；室外管道 $DN\geqslant 250$mm，净距采用 0.6～1.0m。需设置基础或支架的管道间距，应根据基础尺寸实际确定（表 46-21）。

表 46-21　埋地给水及消防管道与排水管道间的最小水平净距　单位：m

类别		排水管道/mm					
		生产废水管与雨水管			生产与生活污水管		
		＜800	800～1500	＞1500	＜300	400～600	＞600
给水、循环水、消防管道/mm	＜75	0.7	0.8	1.0	0.7	0.8	1.0
	75～150	0.8	1.0	1.2	0.8	1.0	1.2
	200～400	1.0	1.2	1.5	1.0	1.2	1.5
	＞400	1.0	1.2	1.5	1.2	1.5	2.0

注：污染雨水、污油、药剂管线按污水考虑。

表 46-22 埋地给排水及消防管道与其他管道、电缆的最小水平净距 单位：m

类别			热力管道	燃气管道/MPa					压缩空气管	乙炔管	氧气管	电力电缆/kV			电缆沟	控制与电信电缆或光缆	
				$p<0.005$	$0.005<p<0.2$	$0.2<p<0.4$	$0.4<p<0.8$	$0.8<p<1.6$				<1	1~10	<35		直埋	管道
给水、循环水、消防管道/mm		<75	0.8	0.8	0.8	0.8	1.0	1.2	0.8	0.8	0.8	0.6	0.8	1.0	0.8	0.5	0.5
		75~150	1.0	0.8	1.0	1.0	1.2	1.2	1.0	1.0	1.0	0.6	0.8	1.0	1.0	0.5	0.5
		200~400	1.2	0.8	1.0	1.2	1.2	1.5	1.2	1.2	1.2	0.8	1.0	1.0	1.2	1.0	1.0
		>400	1.5	1.0	1.2	1.2	1.5	2.0	1.5	1.5	1.5	0.8	1.0	1.0	1.5	1.2	1.2
排水管道/mm	生产废水与雨水管	<800	1.0	0.8	0.8	0.8	1.0	1.2	0.8	0.8	0.8	0.6	0.8	1.0	1.0	0.8	0.8
		800~1500	1.2	0.8	1.0	1.0	1.2	1.5	1.0	1.0	1.0	0.8	1.0	1.0	1.2	1.0	1.0
		>1500	1.5	1.0	1.2	1.2	1.5	2.0	1.2	1.2	1.2	1.0	1.0	1.0	1.5	1.0	1.0
	生产、生活污水管	<300	1.0	0.8	0.8	0.8	1.0	1.2	0.8	0.8	0.8	0.6	0.8	1.0	1.0	0.8	0.8
		400~600	1.2	0.8	1.0	1.0	1.2	1.5	1.0	1.0	1.0	0.8	1.0	1.0	1.2	1.0	1.0
		>600	1.5	1.0	1.2	1.2	1.5	2.0	1.2	1.2	1.2	1.0	1.0	1.0	1.5	1.0	1.0

② 埋地给排水及消防管道与其他管道、电缆的最小水平净距按表 46-22 确定。

③ 给排水及消防管道交叉相碰时，压力流管道让重力流管道，小管径管道让大管径管道；当两根重力流管道交叉相碰时，应做交叉井或倒虹吸管以错开两根管道。

④ 给排水及消防管道（不含生活给水管道）交叉时的最小垂直净距应不小于 0.1m。

⑤ 生活给水管道与污水管道交叉时，生活给水管道应敷设在污水管道的上面，管外壁的净距不得小于 0.4m，且不允许有接口重叠。生活给水管道采用钢管时，净距可适当缩小。如遇污水管道敷设在生活饮用水管道上面时，生活给水管道应加套管，其长度距交叉点每边不得小于 3m。

⑥ 给排水及消防管道与工艺管架基础外缘相邻，给排水管道埋深浅于基础时，间距以满足施工及检修即可。当管道与管架基础的杯口部分相碰，而管道标高又不能抬高时，可采取管架基础下降的措施。

⑦ 埋地给排水及消防管道与其他管道、电缆交叉时的最小垂直净距按表 46-23 确定。

⑧ 给排水及消防管道与铁路平行敷设，其最小水平净距为 1.5m（铁路为路堤或路堑时，以坡脚或坡顶边起计。当路堤高或路堑深在 1m 以下时，以路肩起计）。

⑨ 给排水及消防管道与排水明沟、管沟交叉时，其最小垂直净距为 0.25m。

⑩ 给排水及消防管道与排水明沟、管沟平行敷设时，管道外壁与沟外壁的最小水平净距为 1m，且管道应敷设在沟壁的土壤安息角之外。

2.2.5 管道埋深

① 给排水管道的埋设深度，应根据土壤冰冻深度、外部荷载、管径、管材、管内介质温度及管道交叉等因素确定。

② 给水管道管顶最小覆土深度不得小于土壤冰冻线以下 0.15m（其中消防管不得小于土壤冰冻线以下 0.30m），行车道下的管线覆土深度不宜小于 0.7m（其中消防管覆土深度不宜小于 0.9m）。

③ 排水管道管顶最小覆土深度宜为：人行道下 0.6m，车行道下 0.7m。

④ 一般情况下，排水管道宜埋设在冰冻线以下。当该地区或条件相似地区有浅埋经验或采取相应措施时，也可埋设在冰冻线以上，其浅埋数值应根据该地区经验确定，但应保证排水管道安全运行。

⑤ 管道穿越铁路时，管顶与铁路轨底之间的垂直距离应不小于 1.2m；管道穿越厂区主要道路、公路时，管顶与路面的垂直距离应不小于 0.7m，且管道宜采取相应的保护措施。

2.2.6 地上给排水管道的涂色

地上给排水管道的涂色见表 46-24。

表 46-23 埋地给排水及消防管道与其他管道、电缆交叉时的最小垂直净距 单位：m

名称	热力管道	易燃及可燃液体管道	压缩空气管道	电力电缆(电压在 35kV 以下)		电信电缆	
				电缆管	直埋电缆	电缆管	直埋电缆
压力流管道	0.15	0.15	0.15	0.25	0.5	0.15	0.5
重力流管道	0.15	0.25	0.15	0.25	0.5	0.15	0.5

表46-24 地上给排水管道的涂色

序号	名称	表面色	标志色
1	水	艳绿	白
2	污水	黑	白
3	消防管道	大红	白

2.2.7 管道的保温

① 在室外明设的给水管道，应避免受阳光直接照射，塑料给水管还应有有效保护措施；在结冻地区应做保温层，保温层的外壳，应密封防渗。

② 敷设在有可能结冻的房间、地下室及管井、管沟等地方的给水管道应有防冻措施。

③ 管道保温的型式、厚度等具体措施按照图集03S401的规定。

2.3 管材选择

(1) 管材的一般规定

① 应根据管道级别、设计温度、设计压力、输送介质等设计条件以及材料性能和经济合理性等选用管道材料并制定管道等级表。

② 设计压力值不大于2.0MPa（表），温度取0～350℃。采用焊接钢管时材质为碳素钢板（即Q235B）；采用无缝钢管时用20钢；采用铸铁管时为QT450或HT200。

③ 对重力流管道，根据介质、温度、水质等情况可采用钢管、连续铸铁管、球墨铸铁管、混凝土管、钢筋混凝土管或非金属管材。

④ 凡是与工艺管道连接的管，选用管材时应尽量与其保持一致。

(2) 管道公称直径

应按以下系列优先选用（mm）：15，20，25，32，40，50，65，80，100，150，200，250，300，350，400，450，500，600，700，800，900，1000，1200，1400，1600，1800，2000。

(3) 管材的选用规定

① 对于消防给水管道、配泡沫混合液用水管道、泡沫混合液管道、循环供回水管道、生产和生活给水管道及含油污水压力管道，当管道公称直径$DN \geqslant$ 250mm时采用螺旋缝埋弧焊钢管或其他能满足压力、温度及防腐等要求的管材；当管道公称直径$DN \leqslant$ 200mm时采用低压流体输送用焊接钢管、无缝钢管或其他能满足压力、温度及防腐等要求的管材。

② 埋地污水和初期雨水管材，当管道公称直径不大于500mm时，应采用无缝钢管；当管道公称直径大于500mm时，宜采用直缝埋弧焊焊接钢管（管道设计壁厚的腐蚀余量不小于2mm或采用管道内防腐）。

③ 泡沫原液管道采用流体输送用不锈钢无缝管。

④ 生活污水的自流管道，井与井之间连接管道，可采用球墨铸铁管、连续铸铁管或非金属管材。

⑤ 雨水管道采用混凝土管、钢筋混凝土管、铸铁管或非金属管材。

⑥ 报警阀后喷淋管道和罐区控制阀后消防冷却水管道应采用热浸镀锌钢管或内涂塑热浸镀锌钢管。

⑦ 建筑给水采用塑料给水管、塑料和金属复合管、铜管、不锈钢管及经可靠防腐处理的钢管；建筑排水采用建筑排水塑料管及相应管件、柔性接口机制排水铸铁管及相应管件。

(4) 管件材料的选用

弯头、三通、异径管及法兰等管件的压力等级、材质及壁厚应与连接管道相一致或相匹配。

(5) 阀门选用

① 阀门的压力等级应与连接管道相一致或相匹配。

② 阀门可用闸阀、蝶阀、截止阀、球阀、止回阀，阀门按实际使用要求选用或与项目要求一致。

③ 干管、支干管上的阀门或考虑检修等因素的阀门，宜采用闸阀或蝶阀。安装在阀门井内的阀门采用明杆闸阀或蝶阀。

(6) 管道接口型式

① 地下埋设的钢管可采用焊接或螺纹连接，不宜采用法兰或卡箍连接；室外地上安装的钢管可采用焊接连接、法兰连接或螺纹连接；室内地上安装的钢管可采用焊接、法兰连接、螺纹连接或卡箍连接。

② 给水铸铁管采用柔性接口，分为机械式（N1型、K型和S型）和T型滑入式两类；排水铸铁管（重力流）一般采用刚性接口（纯水泥接口）。

③ 混凝土管道和钢筋混凝土管道在地基条件比较良好的地方采用水泥砂浆刚性接口；在地基条件差的地方采用橡胶圈柔性接口。

④ 塑料管和复合管采用橡胶圈接口、粘接接口、热熔连接、专用管件连接及法兰连接等型式。塑料管和复合管与金属管件、阀门等的连接应使用专用管件，塑料管上不得采用螺纹。

2.4 井类设计

2.4.1 一般规定

① 下列情况应采用混凝土井或钢筋混凝土井。

a. 含油污水、含碱污水、酸碱污水等管道上的检查井、水封井等。

b. 阀门井、仪表井和消火栓井。

c. 对地下水位高的寒冷地区，其雨水管道、生产清净废水管道和生活污水管道的检查井。

② 雨水管道和生活污水管道的检查井宜采用砖砌井。

③ 井盖材质选择要求如下。

a. 阀门井采用钢筋混凝土井盖、钢井盖或铸铁井盖。

b. 排水检查井、水封井、跌水井、倒虹吸井在铺砌地面上一般采用铸铁井盖，在非铺砌地面上一般采用钢筋混凝土井盖或铸铁井盖。

c. 设在车行道上的井应采用重型铸铁井盖或钢筋混凝土井盖。

d. 甲、乙类工艺装置内，生产污水管道的下水井井盖与盖座接缝处应密封，且井盖不得有孔洞。

④ 含碱污水、含酸污水等管道的井可不设爬梯，井内壁应防腐；穿越混凝土井或钢筋混凝土井的给排水金属管道，应设穿壁套管。

⑤ 检查井及水封井一般采用内径为1.0m的圆形井。当管道直径等于或大于500m时，可采用内径为1.5m的圆形井或矩形井。

⑥ 在铺砌地面，给排水井井顶标高应高出所在设计地面0.05m，在非铺砌地面，宜高出设计地面0.1m；在车行道上，井顶应与路面平，井的结构应考虑车荷载。

2.4.2 检查井的设置

① 在重力流管道上应设检查井，检查井一般设置在管道的交接处、转弯处、管径或坡度变换处、跌水处及直线管段每隔一定的距离处。

② 直线管段两检查井的最大间距一般按表46-25确定。

表46-25 检查井最大间距

管径或暗渠净高/mm	最大间距/m	
	污水管道	雨水(合流)管道
200～400	30	40
500～700	50	60
800～1000	70	80
1100～1500	90	100
1600～2000	100	120

③ 在排水管道每隔适当距离的检查井内和泵站前一检查井内，应设置沉泥槽，深度宜为0.3～0.5m。

2.4.3 水封井的设置

① 生产污水管道的下列部位应设水封。

a. 工艺装置内的塔、炉、泵、换热设备等区围堰的排水出口。

b. 工艺装置、罐组或其他设施及建（构）筑物、管沟等的排水出口。

c. 全厂性的支干管与干管交汇处的支干管上。

d. 全厂性的支干管、干管的管段长度超过300m时，应用水封井隔开。

② 重力流循环回水管道在工艺装置总出口处，应设水封。

③ 隔油池、集油池进出水管道，应设水封。

④ 罐组内的生产污水管道应有独立的排出口，且应在防火堤外设置水封，并宜在防火堤与水封之间的管道上设置易开关的隔断阀。

⑤ 水封井和加热炉外壁间距不宜小于5m。

⑥ 水封高度不得小于250mm。水封井底部宜设置沉泥槽，其净深不宜小于250mm。水封井的水头损失可取0.05m。

⑦ 水封井不得设在车行道上，井应远离可能产生明火的地点。

2.4.4 沉砂井的设置

重力流污水管道每隔250～300m宜设沉砂井，沉砂高度为0.2m。

2.4.5 跌水井的设置

① 跌水井型式：排水干管跌水水头大于1m时，宜设跌水井，其型式同检查井。

② 跌水井进水管直径≤400mm时，一般用竖管跌水。竖管直径一般等于进水管直径，也可比进水管直径小一号。

③ 跌水井进水管直径>400mm时，其一次跌水水头高度及跌水方式按水力计算确定。

④ 跌水井进水管直径为150～200mm时，一次跌水水头不宜大于6m。管径为250～400mm时，一次跌水水头不宜大于4m。

⑤ 跌水井不宜设在管道转弯处。

⑥ 跌水井井底需设置水垫，水垫深度为0.25～0.5m。

2.4.6 阀门井和仪表井的设置

① 阀门井的安装尺寸除应保证施工及检修方便外，阀门井内阀门法兰外缘至井内壁或井内底距离不得小于0.3m，阀门直径≥400mm时，其距离不得小于0.45m；阀门井内装有2个或2个以上阀门时，两个阀门的法兰外缘距离不得小于0.3m；阀门井内应设置集水坑，尺寸一般为0.3m×0.3m×0.3m。

② 当阀门直径≥200mm时，阀下应设支墩。

③ 阀门井内应设置爬梯。

2.4.7 倒虹吸井的设置

凡需设置倒虹吸管的重力流管道，在倒虹吸管的始末均应设置倒虹吸井。倒虹吸管应采用金属管材，管径不得小于200mm；管内设计流速应大于0.9m/s，并应大于进水管内的流速。当管内设计不能满足上述要求时，应增加定期冲洗措施，冲洗时流速不应小于1.2m/s。倒虹管进水井的前一检查井，应设置沉泥槽，倒虹吸井的规格及沉泥槽与检查井相同。

2.4.8　化粪池的设置

化粪池一般根据使用人数采用圆形或矩形；化粪池有效水深不得小于 1.5m；化粪池结构及规格参见《给水排水标准图集》。

2.4.9　保温井的设置

采暖计算温度＜－20℃的地区应做保温井，其井盖为木制保温井盖，且需浸热沥青防腐，井筒高度必须≥800mm，具体结构详见《室外给水管道附属构筑物》(05S502)。

2.5　管道防腐

(1) 一般规定

① 对于碳钢管道，根据水质要求不同，采取不同方式的内防腐处理措施，如水泥砂浆衬里、涂塑、衬塑或涂防腐涂料等。碳钢管道外防腐宜采用环氧煤沥青、胶黏带、涂塑、石油沥青等涂料。

② 埋地铸铁管道无外防腐层时，应刷两道环氧煤沥青防腐。

③ 生活给水管道的内防腐涂料中，严禁掺和有毒的有机溶剂和胶黏剂。

④ 埋地金属管道敷设在腐蚀性土中以及电气化铁路附近或其他有杂散电流存在的地区时，为防止发生电化学腐蚀，应采取阴极保护措施（外加电流阴极保护或牺牲阳极）。

⑤ 复合材料管道埋地时一般不在外表面设置防腐涂料。

(2) 管道的内防腐

① 钢管和铸铁管的内防腐：当水的饱和指数小于－0.25，稳定指数大于 7.5 时，宜做内防腐处理；当水的饱和指数≥－0.25，稳定指数≤7.5 时，参照当地给水管的结垢、防腐状况综合考虑确定；经过水质稳定处理的循环水管道，可不做管道的内防腐蚀处理。

② 水泥砂浆内防腐衬里技术要求和施工及验收见 SY/T 0321。

(3) 管道的外防腐

① 对于埋地管道的外防腐，涂刷前埋地钢管道外表面应进行除锈处理。埋地管道的防腐蚀等级，应根据土壤的腐蚀性等级确定。土壤的腐蚀性等级和管道的防腐蚀等级应按表 46-26 确定。埋地钢管道外防腐层的结构参照表 46-27 选用。

表 46-26　土壤的腐蚀性等级和管道的防腐蚀等级

土壤腐蚀性等级	土壤腐蚀性质					防腐蚀等级
	电阻率/Ω·m	含盐量（质量分数）/%	含水量（质量分数）/%	电流密度/(mA/cm^2)	pH 值	
强	＜50	＞0.75	＞12	＞0.3	＜3.5	特加强级
中	50～100	0.05～0.75	5～12	0.025～0.3	3.5～4.5	加强级
弱	＞100	＜0.05	＜5	＜0.025	4.5～5.5	普通级

注：其中任何一项超过表列指标时，防腐蚀等级都应提高一级。

表 46-27　埋地钢管道外防腐层的结构　单位：mm

项　目	外防腐层结构					
	普通级	总厚度	加强级	总厚度	特加强级	总厚度
石油沥青涂料	第 1 层底漆 第 2、4、6 层沥青 第 3、5 层玻璃布 第 7 层外保护层	≥4.0	第 1 层底漆 第 2、4、6、8 层沥青 第 3、5、7 层玻璃布 第 9 层外保护层	≥5.5	第 1 层底漆 第 2、4、6、8、10 层沥青 第 3、5、7、9 层玻璃布 第 11 层外保护层	≥7.0
环氧煤沥青涂料	第 1 层底漆 第 2、4、5 层面漆 第 3 层玻璃布	≥0.4	第 1 层底漆 第 2、4、6、7 层面漆 第 3、5 层玻璃布	≥0.6	第 1 层底漆 第 2、4、6、8、9 层面漆 第 3、5、7 层玻璃布	≥0.8
聚乙烯胶黏带	—	—	第 1 层底漆 第 2 层内带，缠绕成两层厚度 第 3 层外带，缠绕成两层厚度 胶带搭接，内、外层压缝，搭接量为 50%～55%	≥1.0	第 1 层底漆 第 2 层内带，缠绕成两层厚度 第 3 层外带，缠绕成两层厚度 胶带搭接，内、外层压缝，搭接量为 50%～55%	≥1.4

注：1. 搭接宽度 b' 按胶带宽度 b 确定：b≤75mm 时，b'≥10mm；b≥230mm 时，b'≥20mm。

2. 特加强级与加强级使用聚乙烯胶黏带厚度不同。

② 地上管道防腐措施应符合 SH 3022 的规定。

2.6　管道基础和支架设计

管道基础应根据管道材质、接口形式和地质条件确定，对地基松软和不均匀沉降地段，管道基础应采取加固措施。

(1) 埋地管道基础

① 埋地管道的基础处理，应根据土壤性质、管道材质、外部荷载及地下水水位等因素确定，并应符合下列规定。

② 压力流管道，当地基为原土时，可直接敷设；当地基为基岩时，应做 15～20cm 厚的砂垫层；当为回填土、淤泥、流沙软弱土质或其他承载能力达不到设计要求的地基时，应进行地基和基础处理。

③ 重力流排水管道采用混凝土、钢筋混凝土管及其他非金属管时，宜做管道基础，具体做法参照《混凝土排水管道基础及接口》(04S516) 和《埋地塑料排水管道施工》(04S520)。

④ 压力流承插式管道在垂直或水平方向转弯处支（挡）墩的设置，应根据管径、转弯角度、试压标准、接口摩擦力和土壤承载力等因素，通过计算确定。具体做法参照《刚性接口给水承插式铸铁管道支墩》(03S504) 和《柔性接口给水管道支墩》(10S505)。

(2) 地上管道的支架设计

具体做法参照《室内管道支架和吊架》(03S402)。

2.7　装置室外给排水附件选用

2.7.1　地漏

① 装置内的地漏一般设置在生产设备污染区(一般在围堰内)。

② 地漏直径一般按服务对象和排水量确定。

③ 地漏顶标高应低于所在设计地面 0.005～0.01m。

④ 重油泵及易造成地漏堵塞的排水点，不应设置地漏。

2.7.2　漏斗

① 漏斗一般采用钢制。漏斗内应设置活动箅子，以隔留杂物。漏斗顶标高应高于所在设计地面 0.1～0.15m。

② 排水漏斗可兼做清扫口，以代替专门的清扫口。

③ 工艺管道公称直径与漏斗公称直径的关系见表 46-28。

2.7.3　清扫口

① 在转弯角度小于 135°的生产污水横管上应设置清扫口。

② 在生产污水直线管段上，视污水性质及沉淀情况，一般每隔 6～15m 设置一个清扫口。

表 46-28　工艺管道公称直径与漏斗公称直径的关系

工艺管道公称直径/mm	漏斗公称直径/mm
泵前自流循环热水 15～20	50
其他 15～32	80
40～50	100
65～100	150
150	200，或做集水坑、排水井
≥200	做集水坑或排水井

注：漏斗公称直径为所接地下排水管直径（即漏斗下口直径）。

③ 在生产污水系统中，清扫口直径应不超过 150mm。

2.7.4　排气管

甲、乙类工艺装置内生产污水管道的支干管、干管的最高处检查井宜设排气管。排气管的管径不宜小于 100mm；排气管的出口，应高出地面 2.5m 以上，并应高出距排气管 3m 范围内的操作平台和空气冷却塔顶平面 2.5m 以上；距明火、散发火花地点 15m 半径范围内，不应设排气管。

2.7.5　排气阀

在压力管道的最高点及管段的适当隆起点，应设置自动排气阀或手动阀。自动排气阀及手动阀直径一般可按表 46-29 选用。自动排气阀及手动阀应垂直安装在横管上方。

表 46-29　自动排气阀及手动阀直径选用

干管直径/mm	100～150	200～250	300～350
自动排气阀直径/mm	15	20	25
手动阀直径/mm	15	20	25
干管直径/mm	400～500	600～800	900～1200
自动排气阀直径/mm	50	75	100
手动阀直径/mm	50	75	100

2.7.6　泄水阀

在管线的最低点须安装泄水阀，用以排除管中的沉淀物以及检修时放空管内的存水。泄水阀的口径由所需放空时间决定。

3　生产装置消防设施设计

3.1　一般规定

当装置区（或罐区）消防用水由全厂独立消防管网供给时，其进水管不得少于两条，每条进水管均应满足 100%的消防用水；当消防用水由全厂工业水管网供给时，也应不少于两条进水管，当其中一条发生事故时，另一条应能满足 100%的消防用水和 70%的生产用水。

① 稳高压消防给水管道应为独立的给水系统。

② 消防给水管道应呈环状布置。环状管网的进水管，不应少于两条。

③ 环状管网应用阀门分成若干独立管段，每段消火栓数量不宜超过 5 个（不含水炮）。

④ 当某个环状管段损坏或检修时，独立消防管网的其余环段，应仍能通过 100％的消防用水量，与生产生活合用的消防给水管，应仍能通过 100％消防用水量和 70％生产、生活用水量的总和。

⑤ 埋地的独立消防给水管，应埋设在冰冻线以下，管顶距冰冻线不应小于 150mm，金属管道应考虑与土壤侵蚀程度相适应的防腐措施。

⑥ 独立的消防给水管道设计流速不宜大于 3.5m/s。

3.2 消防设施的组成

(1) 生产装置区的消防设施的组成

一般包括消防水炮（手动或遥控）、室外消火栓、消防竖管、消防软管卷盘、蒸汽灭火、泡沫灭火、灭火器（推车式或手提式），特殊情况下还可采用固定水喷淋、水喷雾、固定干粉或气体灭火设施。

装置区的火灾主要依靠装置区范围内及装置周围道路边的消防水炮和室外消火栓提供消防冷却水，并利用消防车提供的泡沫和干粉进行控火及灭火。

(2) 可燃液体储罐区的消防设施的组成

可燃液体储罐区的消防设施一般包括：室外消火栓、泡沫灭火系统（固定式、半固定式、移动式）、消防冷却水系统（固定式、移动式）、灭火器等灭火设施。

可燃液体储罐的灭火手段主要为低倍数泡沫，并辅以对着火罐和相邻罐实施的消防冷却；除了罐区自身的灭火设施外，也需利用消防车提供额外的泡沫、干粉和水进行消防灭火和冷却。

(3) 液化烃罐区的消防设施的组成

液化烃罐区包括压力式、半冷冻式和全冷冻式三大类。该类储罐区的消防设施一般包括：室外消火栓、消防水炮、消防冷却系统（固定式、移动式）、高倍数泡沫灭火系统、灭火器等设施。

液化烃储罐的根本灭火措施是切断气源，在气源尚未切断或无法切断时，要维持其稳定燃烧，同时由固定式或移动式消防冷却设施对其进行水冷却，以确保罐体强度不降低，罐内压力不升高，事故不扩大。

3.3 消防水炮

可燃气体、可燃液体量大的甲乙类设备的高大框架和设备群、中间储罐等均属于水炮的主要保护对象。在普通消防水炮不能有效保护特殊危险设备及场所时，可设水喷淋（或水喷雾）系统、高架消防水炮和遥控水炮进行保护，或者用以上几种措施的不同组合（特殊设备及场所一般指：着火后若不及时给予水冷却保护会造成重大事故的设备或损失，人员又难以靠近的设备及场所）。

消防水炮应设置在稳高压消防给水管路上，其设置位置距保护对象不宜小于 15m，用于保护罐壁时，距罐壁宜为 15～40m。水炮出水量宜为 30～50L/s，喷嘴应为直流-水雾两用喷嘴，每个消防水炮都应设检修用的阀门；其操作手轮离地宜在 1.0～1.2m 之间。寒冷地区其检修阀门前的地上明露部分应考虑防冻。消防水炮的间距应按保护对象和水炮水力特性决定，一般宜为 30～50m。

3.4 消火栓

室外消火栓是生产装置发生火灾时的火灾扑救、设备冷却等的重要设施，应在生产装置周围沿道路边均应布置消火栓。当装置内设有消防通道时，也应在通道边设置消火栓，以便在需要时从不同方向对装置实施有效的保护。室外消火栓宜由稳高压消防给水系统供水。工艺装置区及罐区的消火栓应在其四周设置，消火栓间距不宜超过 60m，当装置内设有消防通道时，也应在通道边设置消火栓。工艺装置区及罐区距被保护对象 15m 以内的消火栓，不应计算在该保护对象可使用的数量之内。应选用地上式消火栓，保护半径不应超过 120m，装置区和罐区宜选用 *DN*150mm 的消火栓，其余地区可选用 *DN*100mm 的消火栓。*DN*150mm 和 *DN*100mm 低压消防给水管道上的消火栓出水量可分别按 30L/s 和 15L/s 计算［稳高压消防给水管道（含高压）上的消火栓出水量应根据水压计算确定］。消火栓的大口径出水口（*DN*150mm 和 *DN*100mm）应面向道路，当其位置有可能受车辆冲撞时，应在其周围设置防护栏，但不应阻碍出水口连接水带。消火栓应沿道路敷设，距城市型道路路边≥1.0m，距单车道中心线≥3.0m；消火栓距路边应≤5.0m，距建筑物外墙应≥5.0m。

3.5 消防给水竖管

工艺装置内的甲乙类设备的框架平台高于 15m 时，应沿梯子设半固定消防给水竖管，该竖管一般供专职消防人员使用，由消防车供水或供给泡沫混合液。消防给水竖管直径应根据框架平台大小尺寸选取：框架平台面积≤50m^2，取 *DN*≥80mm；框架平台面积>50m^2，取 *DN*≥100mm。消防给水竖管一般设置在框架梯子附近，框架平台长度大于 25m 时，应在另一侧梯子处增设竖管，即消防竖管间距一般不大于 50m。消防给水竖管应在每层设带阀门管牙接口和闷盖（KY65/KM65）或 *DN*65mm 的消火栓，高度距地面或平台为 1.2m。

3.6　消防软管卷盘

装置区内的加热设备、甲类气体压缩机、介质温度超过自燃点的热油泵及换热设备、长度小于30m的油泵房附近，宜设消防软管卷盘。该设施可由岗位操作人员操作，对少量泄漏的初期火灾进行扑灭或控制。消防软管卷盘宜由稳高压消防给水系统供水。消防软盘卷管应由DN25mm的输水短管和阀门，内径19mm、长度20～25m的输水胶管，小口径开关水枪喷嘴（口径9mm），以及软盘等配套组成。其箱体尺寸为800mm×650mm×240mm，箱底安装高度距地面1000mm。

3.7　固定消防冷却设施

在消防水炮不能有效保护的特殊危险设备及场所，可设水喷淋或水喷雾固定消防冷却系统。可燃液体罐区、液化烃罐区水喷淋或水喷雾固定消防冷却系统要求详见《石油化工企业设计防火规范》和《水喷雾灭火系统技术规范》。

装置内布置在管架、可燃液体设备、空冷器等下方的液态烃泵，操作温度等于或高于自燃点的可燃液体泵，应设置固定消防冷却系统（水喷雾或水喷淋），当这些设备可由消防水炮保护时可不设。

3.8　固定干粉灭火设施

干粉灭火系统按应用方式可分为全淹没灭火系统和局部应用灭火系统。全淹没灭火系统应用于扑救封闭空间内的火灾；局部应用灭火系统应用于扑救具体保护对象的火灾。化工装置中具有较大火灾危险性的催化剂配置间（如烷基铝类）宜设局部喷射式干粉灭火设施。

3.9　固定式泡沫灭火设施

(1) 固定式泡沫灭火系统

泡沫液采用3%或6%的水成膜或氟蛋白泡沫灭火剂。以下储罐可采用固定式泡沫灭火系统。

① 甲乙类、闪点≤90℃的丙类可燃液体的固定顶罐及浮盘为易熔材料的内浮顶罐：单罐$V \geq 10000m^3$的非水溶性可燃液体储罐；单罐$V \geq 500m^3$的水溶性可燃液体储罐。

② 甲乙类、闪点≤90℃的丙类可燃液体的浮顶罐及浮盘为非易熔材料的内浮顶罐：单罐$V \geq 50000m^3$的非水溶性可燃液体储罐。

③移动消防设施不能进行有效保护的可燃液体储罐；地形复杂、消防车扑救困难的可燃液体储罐。

(2) 泡沫站

泡沫站用于向着火区域提供灭火用泡沫混合液，应布置在非防爆区，与保护对象距离不应小于20m，距服务区域的着火罐的混合液输送时间不应超过5min。泡沫站流程可根据混合液流量的大小选用压力比例混合装置或平衡压力式混合装置，当单台泡沫液储罐大于10m³时，可优先采用平衡压力式；压力比例混合装置应选用隔膜型。泡沫站设置要求详见《泡沫灭火系统设计规范》。

(3) 泡沫产生器

固定顶储罐泡沫产生器的型号及数量，应根据计算所需要的混合液流量确定，且数量不应小于表46-30的规定。

表46-30　泡沫产生器型号及数量

储罐直径 ϕ/m	泡沫产生器数量/个
$\phi \leq 10$	1
$10 < \phi \leq 25$	2
$25 < \phi \leq 30$	3
$30 < \phi \leq 35$	4

注：直径大于35m时，其横截面积每增加300m²，至少增加1个泡沫产生器。

水溶性甲、乙、丙类液体的固定顶罐应设泡沫降落槽或泡沫溜槽等缓冲装置，当该类液体为浅盘式和易熔浮盘的内浮顶罐未设缓冲装置时，则混合液的连续供给时间应增加50%。

(4) 泡沫混合液的管道

固定顶、浅盘式和易熔浮盘的内浮顶罐，每个泡沫产生器应使用单独的混合液管道引至防火堤外。

顶部设喷射口的外浮顶储罐，可每两个产生器为一组在混合液立管下端合用一根管道引至防火堤外。当三个或三个以上合用一根时，宜在每根立管上设控制阀。

泡沫混合液立管应用管卡固定在储罐上，间距不宜大于3m，立管下端应有锈渣清扫口，与水平管连接应用金属软管。外浮顶罐可不设金属软管。

外浮顶罐顶部梯子平台上，应设带闷盖的管牙接口（KY65/KM65），并用管道沿罐壁引至防火堤外距地面0.7m处，且设置相应的管牙接口和闷盖（KY65/KM65）。

防火堤内管道一般为地面用管墩或管架敷设，但不应固定在管墩（架）上，以避免立管与水平管受力不均而破裂，以及便于维修和更换。地面管道应有3‰的坡度坡向防火堤。

防火堤外管道可埋在地下或敷设在管墩上，低点设放空设施。半固定式系统混合液管道过防火堤应采用堤顶跨越方式。在防火堤外侧的水平管道上应设置压力表，以供泡沫产生器的压力检测。

防火堤外应设置泡沫消火栓，与保护对象的距离不超过15m，泡沫消火栓间距不应大于60m，每个泡沫消火栓都应具备2个带阀门的DN65mm快速接口。

固定泡沫灭火系统的防火堤外控制阀后应设置KY65快速接口，以便输送消防车载或其他来源的泡沫液，快速接口数量应为通过该管道负担的全部混合液流量。

3.10 移动式泡沫灭火设施

下列场所可采用移动式泡沫灭火系统：

① 罐壁高度 $H<7\mathrm{m}$ 或 $V\leqslant200\mathrm{m}^3$ 的非水溶性可燃液体储罐；

② 润滑油储罐；

③ 可燃液体的地面流淌火灾或油池火灾。

3.11 半固定泡沫灭火设施

工艺装置及单元内火灾危险性大的局部场所，宜采用半固定式泡沫灭火系统。

除设置固定式泡沫灭火设施和移动式泡沫灭火设施外的可燃液体储罐，采用半固定式泡沫灭火系统。

3.12 灭火器

装置区应配置灭火器材，在底层和危险的重要场所宜设推车式灭火器，其他区域或框架各层应设手提式灭火器。

① 灭火器的选择应符合下列要求：

a. 可燃液体火灾应选用泡沫灭火器、干粉灭火器；

b. 水溶性可燃液体（极性溶剂）火灾可选用机械泡沫灭火器；

c. 可燃气体火灾应选用干粉灭火器、二氧化碳灭火器；

d. 可燃固体表面火灾应选用干粉灭火器；

e. 电气火灾应选用干粉灭火器、二氧化碳灭火器；

f. 烷基铝金属火灾宜采用D类干粉灭火器。

② 单个灭火器的规格，按表46-31选用。

表46-31 单个灭火器的规格

灭火剂充装量	灭火器类型					
	干粉型（碳酸氢钠、磷酸铵盐）		水型（清水、酸碱）	泡沫型（机械泡沫）		二氧化碳
	手提式	推车式	手提式	手提式	推车式	手提式
容量/L	—	—	9	9	60	—
质量/kg	6或8	20或50	—	—	—	5或7

③ 灭火器的配置要求见《石油化工企业设计防火规范》和《建筑灭火器配置设计规范》。

④ 在同一灭火器配置场所，当选用两种或两种以上类型灭火器时，不得选用不相容的灭火剂。不相容的灭火剂可参见国家标准GB 50140。

⑤ 灭火器的选用应考虑配置场所的环境温度，灭火器的使用温度范围如表46-32所示。

表46-32 灭火器的使用温度范围

灭火器类型	使用温度范围/℃	
	不加防冻剂	添加防冻剂
清水灭火器	5～55	−10～55
机械泡沫灭火器	5～55	−10～55
储压式干粉灭火器	−10～55（二氧化碳驱动）	−20～55（氮气驱动）
二氧化碳灭火器	−10～55	

4 变配电间、控制室、仪表机柜间消防设施设计

4.1 一般规定

① 变配电间、控制室、仪表机柜间应按现行国家标准《建筑灭火器配置设计规范》（GB 50140）的要求设置手提式和推车式气体灭火器。

② 化工厂中央控制室应设置自动灭火系统，并宜采用气体灭火系统。

4.2 灭火器设计

控制室危险等级为严重危险级，变配电间危险等级为中危险级，要求如下。

① 灭火器应设置在位置明显和便于取用的地点，且不得影响安全疏散。

② 灭火器的摆放应稳固，其铭牌应朝外。手提式灭火器宜设置在灭火器箱内。灭火器箱不得上锁。

4.3 气体灭火系统设计

① 推荐使用七氟丙烷和惰性气体（IG541）等洁净气体及气溶胶灭火剂。

② 应采用全淹没灭火系统，并宜采用预制系统。

③ 防护区宜为单个封闭空间，当同一区间的吊顶和地板下空间需同时保护时，可作为一个防护区。

④ 当采用预制灭火系统时，一个防护区的面积不宜大于 $100\mathrm{m}^2$，容积不宜大于 $300\mathrm{m}^3$。

⑤ 防护区的最低环境温度不应低于−10℃，且防护区的最高环境温度不应高于50℃。

⑥ 防护区灭火时应保持封闭条件，除泄压口以外的其他开口（如排烟口、通风口等），应能在喷放洁净气体前自动关闭。

4.4 室外消火栓设计

变电站室外消火栓设计流量见表46-33，当室外变压器采用水喷雾灭火系统全保护时，其室外消火栓给水设计流量可按表46-33规定值的50%计算，但不

应小于15L/s。

表46-33 变电站室外消火栓设计流量

名称		室外消火栓设计流量/(L/s)
变电站单台油浸变压器含油量 w/t	5＜w≤10	15
	10＜w≤50	20
	w＞50	30

5 循环冷却水系统

5.1 一般规定

① 应根据全厂水量平衡、水质要求、水压要求、总图布置等确定循环水场和循环冷却水系统的划分及各系统的设计规模、补充水量和排污量。

② 循环冷却水系统的规模应根据服务生产装置和用户的最大连续小时用水量之和，加上用户可能同时发生的最大间断小时用水量，并结合设备选型及总图布置等条件确定。

③ 循环水系统的旁滤宜采用循环回水旁滤的方式，并应具有处理循环冷却给水的切换设施。

④ 循环水系统应设有水池充水、单机试运、系统管道清洗预膜等排放措施。

⑤ 循环水场给排水管道宜埋地敷设；蒸汽、压缩空气、化学药剂等管道应架空或管沟敷设。

⑥ 循环水场的旁滤、泵等设备和设施宜采用露天布置。

⑦ 循环水场冷却塔、泵站和旁滤池（罐）的四周地坪应铺砌，平行布置的冷却塔应在其两侧设检修道路；氯瓶间、氯气蒸发器室、药剂库、循环水泵前应有运输通道，其余空地应植草皮，在冷却塔附近不得种植落叶树。

5.2 系统组成

循环冷却水系统一般由冷却塔、集水池、循环水泵、循环水处理（加药装置、旁滤等）、循环管道、放空装置、补水装置和控制仪表（温度、压力、流量）等组成。

5.3 循环水场布置原则

① 循环水场的建（构）筑物应充分利用地形，并根据常年风向进行合理布置。

② 循环水场宜靠近最大的用水装置（或单元），同时宜布置在生产装置的防爆区以外。

③ 循环水场不应靠近加热炉、焦炭塔等热源体和空压站吸入口，也不得建在污水处理场、化学品堆场、散装库及煤炭、灰渣等易产生大量粉尘的露天堆场附近。

5.4 循环水场平面布置设计

① 机械通风冷却塔与生产装置边界线或独立的明火设备的净距不应小于30m。

② 冷却塔宜建于邻近建筑物、变电站的最小频率风向的上风侧。

③ 冷却塔组在同一列布置时，相邻塔组之间净距不宜小于4m。

④ 平行并列布置冷却塔组，其净距不应小于冷却塔进风口高度的4倍。

⑤ 进风的冷却塔，塔间净距不应小于冷却塔进风口高度的4倍。

⑥ 单侧进风的冷却塔的进风面宜垂直于夏季最大频率风向，双侧进风的冷却塔的进风面宜平行于夏季最大频率风向。

⑦ 冷却塔进风口与建筑物之间净距不应小于进风口高度与建筑物高度平均值的2倍。

⑧ 冷却塔不考虑备用，但应考虑检修时不影响生产的措施。

5.5 循环水场控制及配电要求

① 循环冷却给水和回水管道应设流量、温度和压力检测装置；补充水管道、旁滤水管道、排污水管道应设流量仪表；冷却塔风机的油温、油位、振动等参数应在控制室显示，同时油温、振动等参数宜在控制室设置报警。

② 循环水泵的吸水池应设液位计，并设高低液位报警，吸水池的水位与补充水进水阀应采用联锁控制。

③ 循环水场用电负荷等级应等同于所服务的装置。露天布置的泵、风机所配电动机防护等级为IP55，绝缘等级为F级。腐蚀性环境应考虑电动机的防腐要求。

④ 循环水泵及冷却塔风机应设置就地开停按钮，设有远程控制功能时，现场应设手/自动转换开关，并宜在控制室实现远程停止和运行状态显示。

5.6 冷却塔设计

(1) 一般规定

① 冷却塔所在地区气象参数（空气干球温度、湿球温度或相对湿度、大气压力）应按当地气象台（站）的近期不少于连续五年、夏季最热三个月观测的统计资料确定，或按已建厂采用的相关数据确定。

② 设计进塔湿球温度当缺少环境影响因素数据时，在环境大气湿球温度的基础上，逆流冷却塔宜增加0.2～0.3℃，横流冷却塔宜增加0.3～0.5℃。

(2) 冷却塔塔型和结构设计规定

① 宜采用大、中型逆流式机械通风冷却塔。

② 冷却塔框架宜采用钢筋混凝土结构，特殊条件下可用钢结构，当框架采用钢结构时，应采用防腐措施。

③ 逆流式机械通风冷却塔单塔设计能力不宜大于 5500m³/h。

(3) 冷却塔内部构件、风机和风筒设计要求

见《石油化工循环水场设计规范》中的相关规定。

5.7　循环水泵选择

5.7.1　循环水泵的流量和扬程确定

(1) 循环水泵的流量确定

采用循环给水旁滤，循环水最大时用水量加旁滤水量应为循环水泵最大时设计水量。

采用循环回水旁滤，循环水最大时用水量应为循环水泵最大时设计水量。

(2) 循环水泵的扬程确定

循环水泵总扬程应包括下列各项数值之和。

① 水泵吸水管处的允许最低水位标高（或最低水压标高）与系统内最不利点处地形标高的标高差。注：最不利点是指按此点要求所计算出的所需水泵总扬程为最高。

② 最不利点处所要求的工作水压。

③ 水泵吸水管及出水管（包括系统管道）的水头损失。

5.7.2　循环水泵的选型和有关规定

① 循环水泵宜采用露天布置，在寒冷地区，可设在泵房内。

② 循环水泵的设置应满足用户对水量和水压的要求。宜设同型号的水泵，运行大于 4 台时应备用 2 台，不大于 4 台时应备用 1 台。当水泵流量不同时，备用泵宜按最大流量泵确定。

5.8　循环冷却水水质处理设计

应符合《石油化工循环水场设计规范》和《工业循环冷却水处理设计规范》要求。

5.9　循环水水质分析项目

① 水质日常检测项目：pH、硬度、电导率、浊度、悬浮物、碱度、游离氯、药剂浓度。

② 根据具体要求增加检测项目：腐蚀速率测定、微生物分析、垢层与腐蚀产物的成分分析、污垢热阻值测定、生物粘泥量测定、药剂质量分析。

5.10　循环水管道

① 循环冷却水管道采用钢管，一般埋地敷设。管道高点设排气阀，低点设放空设施。循环水管道接点原则上一进一出（特殊情况除外），在进各装置界区的入口一般安装截断阀、流量计、压力表和温度计等测量仪表。在进各装置界区的循环水管道上应考虑管道检修、清洗和预膜时短路跨接设施。

② 循环冷却水管道截断阀建议：$DN \leqslant 400$mm 时采用闸阀；$DN > 400$mm 时采用蝶阀。

③ 循环冷却水管道的管径选择一般可按表 46-17 确定。

5.11　循环水场环境保护

循环水场设计中要注意环境保护内容。

① 应考虑系统的药剂选择（阻垢缓蚀、杀菌剂）对环境的影响。

② 应考虑当循环水系统的排污水、清洗和预膜的排水、旁滤池（罐）反冲洗水其水质超过排放标准时，能根据具体情况采取相应处理措施的手段。

③ 应结合全厂排水设施统一考虑，循环水系统因停车或紧急情况排出有高浓度物料冷却水的应急排放措施，不允许直接排放。

④ 冷却塔风机和水泵宜选用低噪声的产品，必要时冷却塔应有降低噪声的措施。

⑤ 循环排污水应优先考虑作为回用水的水源。

6　装置区排水防渗设计

6.1　石油化工装置区给排水典型污染区防治类别

① 石油化工装置区给排水典型污染区防治分区见表 46-34。

表 46-34　石油化工装置区给排水典型污染区防治分区

装置、单元名称	污染防治区域及部位	污染防治区类别
地下管道	生产污水（初期雨水）、污油、各种废溶剂等地下管道	重点
生产污水井及各种污水池	生产污水的检查井、水封井、渗漏液检查井、污水池和初期雨水提升池底板及壁板	重点
生产污水预处理	生产污水预处理池的底板及壁板	重点
生产污水沟	机泵边沟、油站、除盐水站边沟和生产污水明沟的底板及壁板	一般

② 石油化工公用工程区给排水典型污染区防治分区见表 46-35。

表 46-35 石油化工公用工程区给排水典型污染区防治分区

装置、单元名称		污染防治区域及部位	污染防治区类别
循环水场	排污水池	排污水池的底板及壁板	重点
	冷却塔底水池及吸水池	塔底水池及吸水池的底板及壁板	一般
	加药间	房间内的地面	一般
雨水监控池		雨水监控池的底板及壁板	重点
事故水池		事故水池的底板及壁板	重点
初期雨水池		初期雨水池的底板及壁板	重点

6.2 石油化工装置区地下排水管道防渗设计

① 一级和二级污水（包括初期雨水）宜采用钢制管道，三级地管应采用钢制管道。

② 管道设计壁厚的腐蚀余量不应小于2mm或采用管道内防腐。

③ 管道的外防腐等级应采用特加强级。

④ 管道的连接方式应采用焊接。

⑤ 钢制管道同一焊工的同一管线编号的焊接接头无损探伤检测比例不应低于10%，且不应少于一个接头。

⑥ 钢制重力流管道进行闭水试验时不应出现渗漏。

参考文献

[1] SH 3012.
[2] SH 3015.
[3] SH/T 3022.
[4] SH/T 3533.
[5] SH 3034.
[6] SH/T 3043.
[7] GB/T 50102.
[8] GB/T 50934.
[9] GB 50013.
[10] GB 50014.
[11] GB 50015.
[12] GB 50016.
[13] GB 50050.
[14] GB 50084.
[15] GB 50140.
[16] GB 50151.
[17] GB 50160.
[18] GB 50347.
[19] GB 50746.
[20] GB 50974.

第47章 热力设计

1 锅炉房热负荷确定

热负荷是指单位时间内热用户所需热量的总和，通常用“GJ/h”或“GJ/a”作为单位来表示。在工业应用上，也常采用“t 蒸汽/h”来表示。采用“t 蒸汽/h”作为单位来表示时，应注明蒸汽压力等级。这两种表示方法，前一种对热负荷的表示精确，后一种则更直观，简单实用。

热负荷按其用途可分为生产性热负荷（含生产工艺性热负荷，生产性采暖、通风空调热负荷）、热水负荷、采暖热负荷、制冷热负荷等。生产性热负荷也称工业性热负荷，其他则称民用性热负荷。

热负荷按其使用时间分为常年性热负荷和季节性热负荷。常年性热负荷是一年四季都有的热负荷，如热水负荷、大部分的生产工艺性热负荷。季节性热负荷是一年中只有某个季节才产生的热负荷，如榨糖、粮食烘干等生产性热负荷，以及采暖、制冷热负荷。

锅炉房供热负荷的确定，首先应正确统计、处理工业性热负荷和民用性热负荷数据，然后再根据锅炉房的供热负荷特点确定锅炉房供热设施的装机方案，使锅炉房的供热效率最高。

1.1 根据热负荷曲线定规模

对于大型的供热设施，应绘制年热负荷持续曲线图，以便确定合理的装机方案。在绘制曲线前，则应取得各热用户的热负荷，并对其进行统计、计算处理。

1.1.1 热负荷计算

(1) 生产性热负荷计算

各热用户一般应提供小时平均热负荷、最大热负荷、最小热负荷，最值出现的周期及频率等信息。

(2) 采暖热负荷计算

采暖热负荷（Q_n）的大小和变化的情况取决于建筑物的体积及室外空气温度。

$$Q_n = XV(t_B - t_H)\times 10^{-6} \tag{47-1}$$

式中 Q_n——采暖热负荷，GJ/h；

X——建筑物采暖指标，kJ/(m³·h·℃)；

V——建筑物外围体积，m³；

t_B——室内需要保持的采暖温度，一般为18℃；

t_H——室外温度，℃。

从式（47-1）可以看出，采暖量与室内外温差是成正比的，最大采暖量与室外最低温度相对应。为了不使采暖尖峰热负荷值过大，同时考虑到冬季极冷时间段持续时间很短，因此在选择室外计算温度 t_H 时，故意忽视极冷室外温度，而把持续最冷5天的室外平均温度值作为设计室外计算温度 t_{HP}。因此在采暖年持续热负荷曲线图上，采暖最大热负荷持续了120h。

采暖热负荷也可根据建筑物的建筑面积乘以各类建筑物的采暖热指标求出。

$$Q_n = q_n S\times 10^{-6} \tag{47-2}$$

式中 q_n——采暖热指标，与建筑物性质有关［《城镇供热管网设计规范》（CJJ 34—2010）第3.1.2条有具体参考值，见表47-1所列，表中数据包含5%的管网损失］；

S——建筑面积，m²。

表47-1 采暖热指标推荐值

建筑物类型	住宅	居住区综合	学校、办公	医院、托幼	旅馆
热指标/[kJ/(m²·h)]	209～230	216～241	216～288	234～288	216～252

建筑物类型	商店	食堂、餐厅	影剧院、展览馆	大礼堂、体育馆
热指标/[kJ/(m²·h)]	234～288	414～504	342～414	414～594

(3) 通风、空调冬季新风加热负荷

$$Q_{tk} = K_1 Q_n \tag{47-3}$$

式中 Q_{tk}——通风、空调新风加热负荷，GJ/h；

K_1——新风加热负荷系数，一般取0.3～0.5；

Q_n——通风、空调建筑物的采暖热负荷，GJ/h。

(4) 溴化锂制冷热负荷

溴化锂制冷热负荷计算见式（47-4）。

$$q_L = K_2 q_{OL} \tag{47-4}$$

式中 q_L——溴化锂制冷热负荷，kJ/(m²·h)；

q_{OL}——旅馆的溴化锂制冷热负荷，取 260kJ/(m²·h)；

K_2——以旅馆的溴化锂制冷热负荷 q_{OL} 为基础，对其他建筑物的修正系数，具体如下。

办公楼 $K_2=1.2$

图书馆 $K_2=0.5$

商店 $K_2=0.8$（营业厅）

$K_2=1.5$（全部）

体育馆 $K_2=3$（按比赛馆面积）

$K_2=1.5$（按总建筑面积）

大会堂 $K_2=2\sim2.5$

影剧院 $K_2=1.2$（电影厅）

$K_2=1.5\sim1.6$（大剧院）

医院 $K_2=0.8\sim1$

整个制冷建筑物总制冷热负荷 Q_L 见式（47-5）。

$$Q_L=mq_LS \tag{47-5}$$

式（47-5）中，计算建筑物最大制冷热负荷时 m 取 1，计算最小制冷热负荷时 m 取 0.7。

(5) 生活热水负荷

居民区生活热水平均负荷 Q_{shp}(GJ/h) 的计算方法见式（47-6）。

$$Q_{shp}=q_{shp}S\times10^{-6} \tag{47-6}$$

式中 q_{shp}——生活热水热指标，见表 47-2（表中热水指标已包含 10%管网损失在内，冷水温度较高，采用较小值；冷水温度较低，采用较大值）。

表 47-2 生活热水热指标

用水情况	热指标(q_{shp})/[kJ/(m²·h)]
住宅无生活热水设备，只对公共建筑供热水	9～10.8
全部住宅有浴室并供给生活热水	54～72

生活热水最大负荷 $Q_{shp.max}$ 计算见式（47-7）。

$$Q_{shp.max}=K_3Q_{shp} \tag{47-7}$$

式中 K_3——生活热水负荷修正系数，一般取 2～3；生活热水最小负荷计算时，取 0.1。

1.1.2 关于热负荷的几个系数计算

(1) 热负荷折减系数 K_4

锅炉房一般要供多个热用户，在统计热用户最大、平均、最小热负荷时各自的累加值往往要大于锅炉房实际运行值。为了矫正这种现象，设计者在决定设计热负荷时，应考虑热负荷的折减系数 K_4。

$$K_4=\frac{\text{设计热负荷(最大、平均、最小)}}{\text{各热用户热负荷累加值(最大、平均、最小)}} \tag{47-8}$$

造成这一现象的原因是由于热负荷的不同时性，以及生产班制与检修时间安排的不同，使总热负荷减少所致。对于平均热负荷，一般取 0.7～0.9 为宜。

(2) 最大热负荷利用小时数 H_1

计算时段内，累加的热负荷总量相对于在该时段内最大热负荷值下的运行小时数，称为最大热负荷利用小时数 H_1(h)。

$$H_1=\frac{\text{计算时段内累加的热负荷总量}}{\text{该计算时段内最大热负荷值}} \tag{47-9}$$

(3) 汽轮机年供热利用小时数 H_2

汽轮机年供热利用小时数 H_2(h) 指标适合锅炉房设置供热式汽轮机时使用。它指汽轮机年供热量与同期内汽轮机额定供热量（扣除自用汽）之比。

$$H_2=\frac{\text{汽轮机年供热量}}{\text{汽轮机额定供热量}} \tag{47-10}$$

(4) 发电设备年利用小时数 H_3

发电设备年利用小时数 H_3(h) 指标适合锅炉房设置供热式汽轮机时使用。它指供热机组的年发电量与供热机组额定功率的比值。

$$H_3=\frac{\text{供热机组的年发电量}}{\text{供热机组额定功率}} \tag{47-11}$$

(5) 热化系数 α

热化系数 α 是指供热汽轮机额定供热量与最大设计热负荷之比。一般情况下，该值应<1，使锅炉房内热电机组的热效率提高。

1.1.3 热负荷的统计与整理

热负荷统计与整理的目的是要找出热用户的用热规律、负荷变化的大小以及锅炉房供热的联系与差异，使锅炉房的设计热负荷和实际运行值基本一致。

热负荷统计计算中得到的一般是平均热负荷和最大热负荷。如果有季节性热负荷出现，则在热负荷统计中需要按照季节性分别统计，求出最大值、平均值、最小值。对于生产性热负荷，如果热用户热负荷变化较大，或者有按班制变化出现跳跃式用热变化时，还需要按照这些变化的时间段求出热负荷数值。

1.1.4 年持续热负荷曲线

年持续热负荷曲线能反映出不同装机方案的供热机组间的负荷分配情况，并能直观地表达出供热机组年供热量与尖峰供热量的大小。

年持续热负荷曲线实际是年持续采暖负荷曲线和生产工艺热负荷的年持续热负荷曲线的叠加。采暖热负荷曲线一般如图 47-1 所示。一般情况下，只需绘制第一象限的曲线，当采用热水采暖时应配套第二象限曲线。采暖热负荷曲线绘制，依据热负荷统计数据完成。生产工艺热负荷的年持续热负荷曲线是按照生产性热负荷统计数据为基础进行绘制的，一般以原点为 0，以热负荷为纵坐标，并在轴上取最大负荷。横坐标为运行时间，在最大运行时长处取最小热负荷。该曲线示例如图 47-2 所示。两条曲线合并成的年持续热负荷曲线如图 47-3 所示。

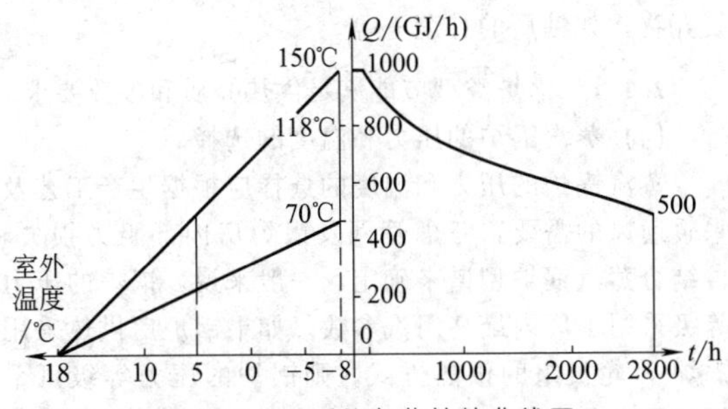

图 47-1 采暖热负荷持续曲线图

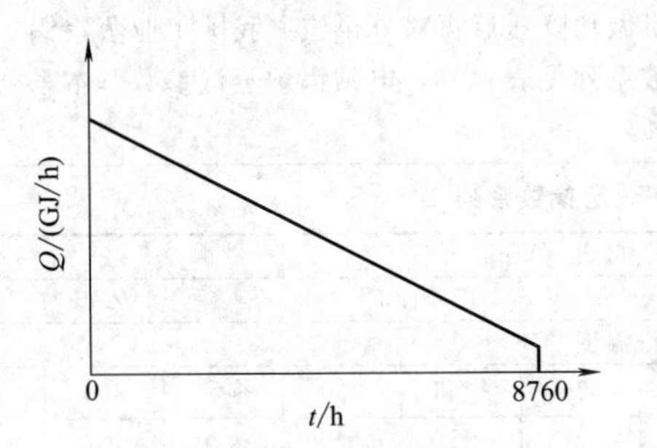

图 47-2 生产工艺热负荷持续曲线图

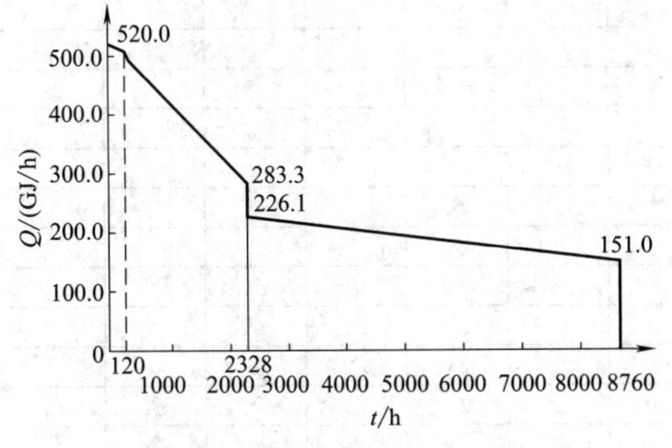

图 47-3 年持续热负荷持续曲线图

1.2 根据热负荷资料计算定规模

在实际设计过程中，收集到的热负荷资料往往只有小时平均热负荷、小时最大热负荷，热用户出现最大热负荷的时间、周期、频率一般无法取得。这种情况下，则需要按照收集到的热负荷进行计算，确定设计热负荷。这种方法一般用于小型供热系统，例如制药厂、食品厂等供热系统。在供热工程中一般采用"GJ"作为热量单位，在某些供热系统中，也采用"t蒸汽/h"作为供热单位。

1.2.1 最大计算热负荷 Q_{max}

$$Q_{max}=K(k_1Q_1+k_2Q_2+k_3Q_3+k_4Q_4) \tag{47-12}$$

式中 K——锅炉房自用汽及管网热损失系数，一般可采用1.1～1.2，锅炉房自用汽一般可经过计算取得，这时管网热损失系数可取1.03～1.05；

k_1——生产热负荷同时使用系数，视情况采用0.7～0.9；

k_2——采暖热负荷同时使用系数，一般取1.0；

k_3——通风热负荷同时使用系数，视情况采用0.7～1.0；

k_4——生活热负荷同时使用系数，可采用0.5，若生产、生活热负荷使用时间可完全错开，则 k_4 可取0；

Q_1——生产最大热负荷，GJ/h；

Q_2——采暖最大热负荷，GJ/h；

Q_3——通风最大热负荷，GJ/h；

Q_4——生活最大热负荷，GJ/h。

1.2.2 平均热负荷 Q_{av}

$$Q_{av}=K(Q_1^{av}+Q_2^{av}+Q_3^{av}+Q_4^{av}) \tag{47-13}$$

式中 Q_1^{av}——生产平均热负荷，一般应根据热用户的实际用热情况确定，GJ/h；

Q_2^{av}——采暖平均热负荷，GJ/h；

Q_3^{av}——通风平均热负荷，GJ/h；

Q_4^{av}——生活平均热负荷，GJ/h。

$$Q_2^{av}=\frac{t_n-t_{pj}}{t_n-t_w}Q_2 \tag{47-14}$$

式中 t_n——采暖或通风室内计算温度，℃；

t_{pj}——冬季或夏季室外平均温度，℃；

t_w——冬季或夏季室外计算温度，℃。

$$Q_3^{av}=\frac{t_n-t_{pj}}{t_n-t_w}Q_3 \tag{47-15}$$

$$Q_4^{av}=\frac{1}{8}Q_4 \tag{47-16}$$

1.2.3 全年热负荷 Q_a

$$Q_a=K(h_1Q_1^{av}+h_2Q_2^{av}+h_3Q_3^{av}+h_4Q_4^{av}) \tag{47-17}$$

式中 h_1——生产热负荷年利用小时数，h；

h_2——采暖热负荷年利用小时数，h；

h_3——通风热负荷年利用小时数，h；

h_4——生活热负荷年利用小时数，h。

2 锅炉选型

一般来说，工业企业中小型的供热系统只设锅炉作为供热源，大型的供热系统则往往设置锅炉-汽轮机作为供热源。近年来，随着国家对大气环境污染的重视，天然气作为清洁能源在供热中的应用越来越广泛，供热行业出现了燃气轮机-余热锅炉的供热方式。

对于工业企业来说，燃料成本占了供热成本中的大部分，因此对于大型供热系统，往往采用煤作为供热用燃料。而对于小型供热系统，如制药厂、食品厂类型的供热系统，更关注占地面积、厂区环境、污染物排放等方面，因此常采用燃气、轻柴油等清洁能源作为燃料，或者采用电加热锅炉，以减少锅炉房占地面积和投资。

对于锅炉-汽轮机作为供热源的系统，需要进行热经济分析，才能选定汽轮机类型、参数。由于篇幅的限制，本小节内容只介绍锅炉的选择方法，汽轮机的详细计算、选择方法见《热电联产项目可行性研究技术规定》(2001 年 1 月 11 日版）的相关要求。

2.1 锅炉类型选择原则

锅炉选型前首先应确定锅炉燃料，然后再根据燃料种类选择炉型。目前锅炉燃料用得最多的是煤炭、燃气（包括天然气、煤气、沼气、液化气等)、燃料油（包括轻柴油、重油、乙焦等)，以及某些工厂的废弃物，如糖厂的甘蔗渣等。

2.1.1 锅炉类型应能满足供热介质和参数要求

(1) 蒸汽锅炉的压力和温度的选择

蒸汽锅炉的压力和温度的选择应根据生产工艺及采暖通风的需要，考虑管网及锅炉房内部阻力损失，再结合蒸汽锅炉型谱来确定。一般来说，锅炉的压力等级采用工厂内最高用汽参数。如果锅炉房供热采用锅炉-汽轮机组的供热方式，则锅炉的压力等级可采用比厂内最高用汽等级更高的压力，锅炉发汽经过汽轮机做功降压后再对外供汽。我国工业蒸汽锅炉额定参数系列见表 47-3，电站锅炉蒸汽参数基本系列见表 47-4。

表 47-3 我国工业蒸汽锅炉额定参数系列

额定蒸发量/(t/h)	额定蒸汽压力(表)/MPa											
	0.1	0.4	0.7	1.0	1.25			1.6		2.5		
	额定蒸汽温度/℃											
	饱和	饱和	饱和	饱和	饱和	250	350	饱和	350	饱和	350	400
0.1	△	△										
0.2	△	△	△									
0.3	△	△	△									
0.5	△	△	△	△								
0.7		△	△	△								
1		△	△	△								
1.5			△	△								
2			△	△	△			△				
3			△	△	△			△				
4			△	△				△		△		
6				△	△	△	△	△	△	△		
8				△	△	△	△	△	△	△		
10				△	△	△	△	△	△	△	△	△
12					△	△	△	△	△	△	△	△
15					△	△	△	△	△	△	△	△
20					△	△	△	△	△	△	△	△
25					△		△	△	△	△	△	△
35					△		△	△	△	△	△	△
65											△	△

注：△表示优先选用。

表 47-4 电站锅炉蒸汽参数基本系列

序号	锅炉压力类别	过热蒸汽		再热蒸汽
		额定压力(表)/MPa	额定温度/℃	额定温度/℃
1	中压	3.8	440	—
2	次高压	5.3	440、475	—
3	高压	9.8	540	—
4	超高压	13.7	540	540
5	亚临界	17.5	541	541

(2) 热水锅炉水温的选择

热水锅炉水温的选择，取决于热用户的要求、供热系统的方式（如直接供热系统或间接供热系统)、热水锅炉型谱。设计中应尽量采用水温较高的锅炉。我国热水锅炉额定参数系列见表 47-5。

表 47-5　我国热水锅炉额定参数系列

额定热功率/MW	额定出水压力(表)/MPa											
	0.4	0.7	1.0	1.25	0.7	1.0	1.25	1.0	1.25	1.25	1.6	2.5
	额定出水温度/进水温度/℃											
	95/70				115/70			130/70		150/90		180/110
0.05	△											
0.1	△											
0.2	△											
0.35	△	△										
0.5	△	△										
0.7	△	△	△	△	△							
1.05	△	△	△	△	△							
1.4	△	△	△	△	△							
2.1	△	△	△	△	△							
2.8	△	△	△	△	△	△	△	△	△	△		
4.2		△	△	△	△	△	△	△	△	△		
5.6		△	△	△	△	△	△	△	△	△		
7.0		△	△	△	△	△	△	△	△	△		
8.4				△		△	△	△	△	△		
10.5				△		△	△	△	△	△		
14.0				△		△	△	△	△	△	△	
17.5						△	△	△	△	△	△	
29.0						△	△	△	△	△	△	△
46.0						△	△	△	△	△	△	△
58.0						△	△	△	△	△	△	△
116.0									△	△	△	△
174.0											△	△

注：△表示优先选用。

(3) 不同类型锅炉的设置原则

为了方便设计、安装、运行和维护，同一锅炉房内宜选用容量和燃烧设备相同的锅炉，当选用不同容量和不同类型的锅炉时，其容量和类型均不宜超过2种。

2.1.2　应能有效地燃烧所采用的燃料

锅炉燃烧方式的选择，应根据采用的燃料性质决定。油气锅炉一般采用油气专用燃烧器，其炉型结构紧凑，热效率高。以煤为燃料时，炉型的选择尤其重要。按照煤的燃烧方式，锅炉可分为链条炉排锅炉、抛煤机链条炉排锅炉、煤粉炉、沸腾炉、旋风炉及循环流化床锅炉。在选择锅炉具体的燃烧方式时，应根据所采用的煤种及锅炉适应的煤种范围综合考虑。在实际供热工程中，链条炉排锅炉、煤粉炉、循环流化床锅炉的应用最为广泛，下文对这三种炉型的选用做介绍。

(1) 链条炉排锅炉

在中小型供热系统中，链条炉排锅炉应用较多。由于受炉排结构的限制，这类炉型的热负荷也受到限制，其额定蒸发量一般不大于35t/h，最大不超过65t/h。煤主要在炉排上燃烧，燃尽的炉渣由炉排转动带出炉膛。这种燃烧方式使锅炉热效率一般在80%左右徘徊。但是这种炉型的烟、风、煤渣系统简单，用钢量少，使用广泛。链条炉排锅炉的用煤分为块煤和混煤，块煤的技术要求应满足表47-6的规定，混煤的技术要求应满足表47-7的规定。

表 47-6　链条炉排锅炉用块煤的技术要求和试验方法

项　目	符号	单位	技术要求	试验方法
粒度	—	mm	6～25	GB/T 17608
限下率	—	%	<30.00	MT/T 1
全水分	M_t	%	≤12.0	GB/T 211

续表

项 目	符号	单位	技术要求	试验方法
挥发分	V_{daf}	%	≥22.00	GB/T 212
灰分	A_d	%	≤25.00	GB/T 212
发热量	$Q_{net.ar}$	MJ/kg	≥21.00	GB/T 213
全硫	$S_{t.d}$	%	≤0.75 >0.75～1.00 >1.00～1.50	GB/T 214
煤灰熔融性软化温度	ST	℃	≥1250 ≥1150(A_d≤18.00%时)	GB/T 219
焦渣特征	CRC	—	≤5	GB/T 212

表47-7 链条炉排锅炉用混煤的技术要求和试验方法

项 目	符号	单位	技术要求	试验方法
粒度	—	mm	<50(6mm的不大于30%) <30(3mm的不大于25%)	GB/T 17608
挥发分	V_{daf}	%	≥20.00 >8.00～20.00($Q_{net.ar}$ >18.50MJ/kg)	GB/T 212
灰分	A_d	%	≤30.00	GB/T 212
发热量	$Q_{net.ar}$	MJ/kg	≥21.50 >20.00～21.50 >16.50～20.00	GB/T 213
全硫①	$S_{t.d}$	%	≤0.75 >0.75～1.00 >1.00～1.50	GB/T 214
煤灰熔融性软化温度	ST	℃	≥1250 ≥1150(A_d≤18.00%时)	GB/T 219
焦渣特征	CRC	—	≤5	GB/T 212

① 全硫（$S_{t.d}$）大于1.5%时，应添加固硫剂或有脱硫装置。

(2) 煤粉炉

煤粉炉一般应用在中大型供热系统中，在某些小型系统中也有应用。实际应用中，热负荷大于65t/h则用煤粉炉。目前锅炉制造商也提供35t/h级别的煤粉炉，供某些特殊地区使用。比如富产无烟煤的地区，链条炉排锅炉的应用就会受到限制。煤粉炉采用悬浮燃烧方式，经制粉系统处理的煤粉由燃烧器喷入炉膛燃烧。由于煤粉炉燃烧的是煤粉，因此各种煤炭都能在炉膛内有很高的燃尽率，它能燃用的煤炭种类广泛，而且煤粉炉的热效率也很高，可达到88%～93%。

但是煤粉炉需要复杂的风粉系统、上煤除渣系统、烟气处理系统，因此它耗钢量大，投资高。由于采用悬浮燃烧，它的负荷调节比小。

(3) 循环流化床锅炉

循环流化床锅炉采用循环流化床（CFB）技术，它的燃烧系统较简单，当进炉燃料粒度<12mm时，物料在炉膛内呈流态化燃烧，在循环燃烧中有从烟气中分离出来的物料通过返料口返回炉膛内，一方面使未燃尽的炭再次燃烧放热；另一方面维持炉膛的低温燃烧条件，方便脱硫。这类炉型燃烧效率高，特别对于劣质燃料，燃烧效率高于煤粉炉。燃料适应性广，在其他炉型中无法燃烧的劣质燃料也能使用。采用低温燃烧，NO_x 排放低，并且可以采用炉内脱硫技术，允许锅炉燃用高硫煤。负荷调节比大，在无辅助燃料时，最低负荷可达25% MCR，负荷变化率可达每分钟5%MCR，但是这类炉型耗电量要高于煤粉炉。

2.2 锅炉台数选择方法

锅炉台数的选择应遵循以下几个原则。

① 锅炉台数应按所有运行锅炉在额定蒸发量工

作时，能满足锅炉房最大设计热负荷的原则来确定。

② 应有较高的热效率，并应使锅炉的出力、台数和其他性能均能有效地适应热负荷变化的需要。热负荷大小及其发展趋势与选择锅炉容量、台数有极大关系。热负荷大者，单台锅炉容量应较大。如近期内热负荷可能有较大增长，也可选择较大容量的锅炉，将发展负荷考虑进去。如仅考虑远期热负荷的增长，则可在锅炉房的发展端留有安装扩建锅炉的富余位置，或在总图上留有空地。

③ 锅炉台数应根据热负荷的调度、锅炉的检修和扩建的可能性确定。一般不少于两台，不超过五台。改扩建时，总台数一般不超过七台。

④ 以生产负荷为主或常年供热的锅炉房，可以设置一台备用锅炉。以采暖通风和生活热负荷为主的锅炉房，一般不设备用锅炉。

3 锅炉设备

3.1 燃料及燃烧计算

3.1.1 燃料的成分

(1) 元素分析

燃料的元素成分可用四种不同的计算基数表示，分别称为干燥无灰基、干基、空气干燥基和收到基，每一种燃料基的元素等成分均用相应的角码表示，见表 47-8。

用表达式表示各种基下的组成见式（47-18）～式（47-21）。

$$C_{daf}+H_{daf}+O_{daf}+N_{daf}+S_{daf}=100\% \tag{47-18}$$

$$C_{d}+H_{d}+O_{d}+N_{d}+S_{d}+A_{d}=100\% \tag{47-19}$$

$$C_{ad}+H_{ad}+O_{ad}+N_{ad}+S_{ad}+A_{ad}+M_{ad}=100\% \tag{47-20}$$

$$C_{ar}+H_{ar}+O_{ar}+N_{ar}+S_{ar}+A_{ar}+M_{ar}=100\% \tag{47-21}$$

不同基的换算系数见表 47-9。

(2) 工业分析

煤质分析除了元素分析方法外，还有工业分析方法。工业分析方法一般测定煤中的水分、灰分、挥发分、发热量、灰熔点、剩余焦炭特性及可磨性系数等，其中挥发分 V、固定碳 C、灰分 A、水分 M 也可以同元素分析一样，用四种"基"来表示，见式（47-22）～式（47-25）。各种基之间的转换同表 47-9。

$$V_{daf}+FC_{daf}=100\% \tag{47-22}$$

$$V_{d}+FC_{d}+A_{d}=100\% \tag{47-23}$$

$$V_{ad}+FC_{ad}+A_{ad}+M_{ad}=100\% \tag{47-24}$$

$$V_{ar}+FC_{ar}+A_{ar}+M_{ar}=100\% \tag{47-25}$$

3.1.2 发热量

燃料的发热量计算见本手册第 25 章第 4 节"燃料和燃烧计算"部分的内容。

燃料的各种"基"之间的低位发热量的换算见表 47-10。

表 47-8 各种燃料基及其元素成分

<table>
<tr><th rowspan="2">角码</th><th rowspan="2">碳
(C)</th><th rowspan="2">氢
(H)</th><th rowspan="2">氧
(O)</th><th rowspan="2">氮
(N)</th><th colspan="2">可燃硫 S_{daf}</th><th colspan="2">杂质</th><th colspan="2">水分 M</th></tr>
<tr><th>有机硫
S_O</th><th>硫化铁硫
S_P</th><th>硫酸盐硫
S_S</th><th>灰分
A</th><th>内在水分
M_{ad}</th><th>外在水分
M_f</th></tr>
<tr><td>daf</td><td colspan="6">干燥无灰基</td><td></td><td></td><td></td><td></td></tr>
<tr><td>d</td><td colspan="8">干基</td><td></td><td></td></tr>
<tr><td>ad</td><td colspan="9">空气干燥基</td><td></td></tr>
<tr><td>ar</td><td colspan="10">收到基</td></tr>
</table>

表 47-9 不同基的换算系数

已知基	欲求基 收到基(ar)	空气干燥基(ad)	干燥基(d)	干燥无灰基(daf)
	换算系数			
收到基(ar)	1	$\frac{100-M_{ad}}{100-M_{ar}}$	$\frac{100}{100-M_{ar}}$	$\frac{100}{100-A_{ar}-M_{ar}}$
空气干燥基(ad)	$\frac{100-M_{ar}}{100-M_{ad}}$	1	$\frac{100}{100-M_{ad}}$	$\frac{100}{100-A_{ad}-M_{ad}}$
干燥基(d)	$\frac{100-M_{ar}}{100}$	$\frac{100-M_{ad}}{100}$	1	$\frac{100}{100-A_{d}}$
干燥无灰基(daf)	$\frac{100-A_{ar}-M_{ar}}{100}$	$\frac{100-A_{ad}-M_{ad}}{100}$	$\frac{100-A_{d}}{100}$	1

表 47-10　燃料的各种“基”之间低位发热量的换算

已知基	欲求基			
	收到基(ar)	空气干燥基(ad)	干燥基(d)	干燥无灰基(daf)
收到基(ar)	1	$Q_{net.ad}=(Q_{net.ar}+25M_{ar})\times\frac{100-M_{ad}}{100-M_{ar}}-25M_{ad}$	$Q_{net.d}=(Q_{net.ar}+25M_{ar})\times\frac{100}{100-M_{ar}}$	$Q_{net.daf}=(Q_{net.ar}+25M_{ar})\times\frac{100}{100-A_{ar}-M_{ar}}$
空气干燥基(ad)	$Q_{net.ar}=(Q_{net.ad}+25M_{ad})\times\frac{100-M_{ar}}{100-M_{ad}}-25M_{ar}$	1	$Q_{net.d}=(Q_{net.ad}+25M_{ad})\times\frac{100}{100-M_{ad}}$	$Q_{net.daf}=(Q_{net.ad}+25M_{ad})\times\frac{100}{100-A_{ad}-M_{ad}}$
干燥基(d)	$Q_{net.ar}=Q_{net.d}\times\frac{100-M_{ar}}{100}-25M_{ar}$	$Q_{net.ad}=Q_{net.d}\times\frac{100-M_{ad}}{100}-25M_{ad}$	1	$Q_{net.daf}=Q_{net.d}\times\frac{100}{100-A_d}$
干燥无灰基(daf)	$Q_{net.ar}=Q_{net.daf}\times\frac{100-A_{ar}-M_{ar}}{100}-25M_{ar}$	$Q_{net.ad}=Q_{net.daf}\times\frac{100-A_{ad}-M_{ad}}{100}-25M_{ad}$	$Q_{net.d}=Q_{net.daf}\frac{100-A_d}{100}$	1

3.1.3　锅炉常用的燃料（见第25章第4节“燃料和燃烧计算”部分的内容）

在制药厂、食品厂等企业中，一般以天然气和轻柴油作为燃料。在某些企业中，比如油库等，还有使用重油作为锅炉燃料的锅炉房。工业锅炉房设计用代表性燃料油质见表47-11。

表 47-11　工业锅炉房设计用代表性燃料油质

名称	W_{ar}/%	A_{ar}/%	C_{ar}/%	H_{ar}/%	O_{ar}/%	S_{ar}/%
200号重油	2	0.026	83.976	12.23	0.568	1
100号重油	1.05	0.05	82.5	12.5	1.91	1.5
0号轻柴油	0	0.01	85.55	13.49	0.66	0.25
名称	N_{ar}/%	$Q_{net.ar}$/(kJ/kg)	密度/(g/m³)	黏度/°E	闪点/℃	凝点/℃
200号重油	0.2	41860	0.92～1.01	5.5～9.5(100℃)	130(开口)	36
100号重油	0.49	40600	0.92～1.01	15.5(80℃)	120(开口)	25
0号轻柴油	0.04	42900	实测	1.2～1.67(20℃)	55(闭口)	0

按照《石油化工企业设计防火规范》(GB 50160—2008)的规定，闪点高于60℃的可燃液体属于丙类，低于60℃的可燃液体属于乙类。表47-11中0号轻柴油闪点为55℃，应属于乙B类可燃液体；而重油则属于丙类可燃液体。考虑到在实际应用中，轻柴油在锅炉房中作为燃料使用时，操作温度基本不高于40℃，《石油化工企业设计防火规范》(GB 50160—2008)在条文说明中允许将操作温度不高于40℃、闪点不低于55℃的轻柴油视为丙A类可燃液体。

3.1.4　空气需要量及烟气量

(1) 理论空气需要量

① 固体及液体燃料理论空气需要量　1kg固体或液体燃料完全燃烧，并且燃烧产物中无富余氧气存在，所需要的干空气量称为理论空气需要量，单位为m³/kg。固体或液体燃料理论空气量计算见式(47-26)或式(47-27)。对于煤炭，也可根据工业分析的低位发热量来计算理论空气量，对于贫煤及无烟煤($V_{daf}<15\%$)，可按式(47-28)计算。对于$V_{daf}<15\%$的烟煤，可按式(47-29)计算。对于劣质烟煤，可按式(47-30)计算。对于燃油，可按式(47-31)计算。表47-12为《中国煤炭分类》(GB/T 5751—2009)规定的煤炭分类简表。

$$V^0=0.0889C_{ar}+0.265H_{ar}+0.0333S_{ar}-0.0333O_{ar} \quad (47\text{-}26)$$

$$L^0=0.1149C_{ar}+0.3426H_{ar}+0.0431S_{ar}-0.0431O_{ar} \quad (47\text{-}27)$$

$$V^0=0.238\frac{Q_{net.ar}+600}{900} \quad (47\text{-}28)$$

$$V^0=1.05\times0.238\frac{Q_{net.ar}}{1000}+0.278 \quad (47\text{-}29)$$

$$V^0=0.238\frac{Q_{net.ar}+450}{990} \quad (47\text{-}30)$$

$$V^0=0.85\frac{Q_{net.ar}}{4186}+2 \quad (47\text{-}31)$$

式中　V^0，L^0——需要的理论空气量，m³/kg、kg/kg；
$Q_{net.ar}$——燃料低位发热量，kJ/kg；
C_{ar}——燃料中碳元素的含量，%；
H_{ar}——燃料中氢元素的含量，%；
O_{ar}——燃料中氧元素的含量，%；
S_{ar}——燃料中硫元素的含量，%。

表 47-12　煤炭分类简表

类别		代号	编码	分类指标					
				V_{daf}/%	G	Y/mm	b/%	$P_m^{②}$/%	$Q_{gr.maf}^{③}$/(MJ/kg)
无烟煤		WY	01,02,03	≤10.0					
烟煤	贫煤	PM	11	>10.0～20.0	≤5				
	贫瘦煤	PS	12	>10.0～20.0	>5～20				
	瘦煤	SM	13,14	>10.0～20.0	>20～65				
	焦煤	JM	24 15,25	>20.0～28.0 >10.0～28.0	>50～65 >65①	≤25.0	≤150		
	肥煤	FM	16,26,36	>10.0～37.0	>85①	>25.0			
	1/3 焦煤	1/3JM	35	>28.0～37.0	>65①	≤25.0	≤220		
	气肥煤	QF	46	>37.0	>85①	>25.0	>220		
	气煤	QM	34 43,44,45	>28.0～37.0 >37.0	>50～65 >35	≤25.0	≤220		
	1/2 中黏煤	1/2ZN	23,33	>20.0～37.0	>30～50				
	弱黏煤	RN	22,32	>20.0～37.0	>5～30				
	不黏煤	BN	21,31	>20.0～37.0	≤5				
	长焰煤	CY	41,42	>37.0	≤35			>50	
褐煤		HM	51 52	>37.0 >37.0				≤30 >30～50	≤24

① 在 $G>85$ 的情况下，用 Y 值或 b 值来区分肥煤、气肥煤与其他煤类。当 $Y>25.0$mm 时，根据 V_{daf} 的大小可划分为肥煤或气肥煤；当 $Y\leqslant 25.0$mm 时，根据 V_{daf} 的大小可划分为焦煤/1/3 焦煤或气煤。

按 b 值划分类别，当 $V_{daf}<28.0\%$ 时，$b>150\%$ 的为肥煤；当 $V_{daf}>28.0\%$ 时，$b>220\%$ 的为肥煤或气肥煤。

如按 b 值和 Y 值划分有矛盾时，以 Y 值划分的类别为准。

② 对 $V_{daf}>37.0\%$、$G\leqslant 5$ 的煤，建议再以透光率 P_m 来区分其为长焰煤或褐煤。

③ 对 $V_{daf}>37.0\%$、$P_m=30\%\sim 50\%$ 的煤，再测得 $Q_{gr.maf}$，如其值大于 24MJ/kg，应划分为长焰煤，否则为褐煤。

② 气体燃料空气需要量　气体燃料的理论空气量指 $1m^3$ 干气体燃料（标准状态）完全燃烧所需的空气量，计算见式（47-32）和式（47-33）。在不知道气体组分时，可根据气体高、低位发热量来计算其理论空气量（标准状态）。

$$V^0=0.02381\varphi(H_2)+0.02381\varphi(CO)+0.04762\sum\left(m+\frac{n}{4}\right)\varphi(C_mH_n)+0.07143\varphi(H_2S)-0.04726\varphi(O_2) \tag{47-32}$$

$$L^0=0.03079\varphi(H_2)+0.03079\varphi(CO)+0.06517\sum\left(m+\frac{n}{4}\right)\varphi(C_mH_n)+0.09236\varphi(H_2S)-0.06157\varphi(O_2) \tag{47-33}$$

式中　$\varphi(H_2)$——气体中氢气的体积分数，%；

$\varphi(CO)$——气体中一氧化碳的体积分数，%；

$\varphi(C_mH_n)$——气体中烷烃的体积分数，%；

$\varphi(H_2S)$——气体中硫化氢的体积分数，%；

$\varphi(O_2)$——气体中氧气的体积分数，%；

$\varphi(N_2)$——气体中氮气的体积分数，%；

m，n——碳氢化合物中碳的原子数和氢的原子数。

气体燃料的理论空气量也可根据其低位发热量来计算（标准状态），见式（47-34）～式（47-37）。

燃气 $Q_{net.ar}<10500kJ/m^3$：

$$V^0=0.000209Q_{net.ar} \tag{47-34}$$

燃气 $Q_{net.ar}>10500kJ/m^3$：

$$V^0=0.00026Q_{net.ar}-0.25 \tag{47-35}$$

对烷烃类燃气（天然气、石油伴生气、液化石油气）：

$$V^0=0.000268Q_{net.ar} \tag{47-36}$$

$$V^0=0.00024Q_{gr.ar} \tag{47-37}$$

(2) 烟气量计算

① 理论烟气量　固体燃料和液体燃料的理论烟气量 V_y^0 由以下各部分组成。

$$V_{RO_2}=V_{CO_2}+V_{SO_2}=0.01866C_{ar}+0.007S_{ar} \tag{47-38}$$

$$V_{N_2}^0=0.008N_{ar}+0.79V^0 \tag{47-39}$$

$$V_{H_2O}^0=0.0124M_{ar}+0.111H_{ar}+0.0161V^0+1.24G_{wh} \tag{47-40}$$

$$V_y^0=V_{RO_2}+V_{N_2}^0+V_{H_2O}^0 \tag{47-41}$$

式中 V_{RO_2}——燃料中碳和硫元素产生的二氧化物（标准状态），m^3/kg；

$V_{N_2}^0$——燃料中所含的氮和理论空气量中的氮，m^3/kg；

$V_{H_2O}^0$——理论水蒸气，它由三部分构成，燃料中带来的水，燃料中氢元素燃烧产生的水，理论空气量中带入的水，当燃料采用蒸汽雾化时，烟气量中还需计入该部分雾化用汽量（标准状态），m^3/kg；

G_{wh}——燃料雾化用汽量，每千克燃料雾化所需的蒸汽量，kg/kg，一般取0.3～0.6。

气体燃料的理论烟气量，指含有1m³燃气（标准状态）的气体燃料完全燃烧时产生的烟气量，计算方法见式（47-42）。

$$V_y^0=V_{RO_2}+V_{N_2}^0+V_{H_2O}^0 \tag{47-42}$$

其中：

$$V_{RO_2}=V_{CO_2}+V_{SO_2}=0.01[\varphi(CO_2)+\varphi(CO)+\sum m\varphi(C_mH_n)+\varphi(H_2S)] \tag{47-43}$$

$$V_{H_2O}^0=0.01[\varphi(H_2)+\varphi(H_2S)+\sum\frac{n}{2}\varphi(C_mH_n)+120(d_g+V^0d_a)] \tag{47-44}$$

$$V_{N_2}^0=\varphi(N_2)+0.79V^0 \tag{47-45}$$

式中 d_g——标准状态下燃气含湿量，kg/m^3；

d_a——标准状态下空气含湿量，kg/m^3。

② 实际烟气量 V_y 由于过量空气的存在，实际烟气量要比理论烟气量大，其计算公式见式（47-46）和式（47-47）。

固体和液体燃料：

$$V_y=V_y^0+1.0161(\alpha-1)V^0=V_{RO_2}+V_{N_2}^0+V_{H_2O}^0+1.0161(\alpha-1)V^0 \tag{47-46}$$

气体燃料：

$$V_y=V_{RO_2}+V_{H_2O}+V_{N_2}+V_{O_2} \tag{47-47}$$

$$V_{H_2O}=0.01[\varphi(H_2)+\varphi(H_2S)+\sum\frac{n}{2}\varphi(C_mH_n)+120(d_g+\alpha V^0d_a)] \tag{47-48}$$

$$V_{N_2}=0.01\varphi(N_2)+0.79\alpha V^0 \tag{47-49}$$

$$V_{O_2}=0.21(\alpha-1)V^0 \tag{47-50}$$

式中 V_{N_2}——实际烟气中氮气的体积（标准状态），m^3/m^3；

V_{H_2O}——实际烟气中水蒸气的体积（标准状态），m^3/m^3；

V_{O_2}——实际烟气中氧气的体积（标准状态），m^3/m^3；

α——过量空气系数，实际供给的空气量与理论空气量之比。

对于油气锅炉，α一般取1.05～1.2。燃煤锅炉烟气流程长，各流经部件不可能完全密封，会漏入一部分空气，使各部件出口处的过量空气系数不同。外界漏入锅炉烟气侧的空气量与理论空气量之比称为漏风系数。炉膛出口过量空气系数 α_1 见表47-13。额定负荷下的锅炉烟道漏风系数 $\Delta\alpha$ 见表47-14。

表47-13 炉膛出口过量空气系数 α_1

燃烧室型式		燃料	炉膛出口过量空气系数 α_1
煤粉炉	固态排渣	无烟煤、贫煤	1.2～1.25(热风送粉)
		烟煤、褐煤	1.2
	液态排渣	无烟煤、贫煤	1.2～1.25(热风送粉)
		烟煤、褐煤	1.2
层燃炉	链条炉	无烟煤	1.5～1.6
		烟煤、褐煤	1.3
	抛煤机炉	烟煤、褐煤	1.3～1.4
循环流化床炉		各种煤	1.2～1.25
沸腾炉		各种煤	1.1～1.2(沸腾层锅炉空气系数)

表47-14 额定负荷下的锅炉烟道漏风系数 $\Delta\alpha$

烟道名称			漏风系数 $\Delta\alpha$
炉膛	煤粉炉	固态排渣、膜式水冷壁	0.05
		固态排渣、钢架支承炉墙	0.07
		固态排渣、无护板	0.1
	循环流化床炉		0.05
	层燃炉	机械、半机械化加煤	0.1
对流受热面烟道	凝渣管	第一对流蒸发管束(D>50t/h)	0
		第一对流蒸发管束($D\leqslant$50t/h)	0
	过热器		0.03

续表

<table>
<tr><th colspan="4">烟道名称</th><th>漏风系数 $\Delta\alpha$</th></tr>
<tr><td rowspan="8">对流受热面烟道</td><td rowspan="4">省煤器</td><td colspan="2">D>50t/h 每段</td><td>0.02</td></tr>
<tr><td rowspan="3">$D\leqslant$50t/h</td><td>钢管</td><td>0.08</td></tr>
<tr><td>铸铁、有护板</td><td>0.1</td></tr>
<tr><td>铸铁、无护板</td><td>0.2</td></tr>
<tr><td rowspan="4">空气预热器</td><td rowspan="2">管式</td><td>D>50t/h 每级</td><td>0.03</td></tr>
<tr><td>$D\leqslant$50t/h 每级</td><td>0.06</td></tr>
<tr><td rowspan="2">回转式</td><td>D>50t/h</td><td>0.2</td></tr>
<tr><td>$D\leqslant$50t/h</td><td>0.25</td></tr>
<tr><td>除尘器</td><td colspan="3">多管旋风分离器、水膜除尘器</td><td>0.05</td></tr>
<tr><td rowspan="2">锅炉后烟道</td><td colspan="3">钢制,每段 10m 长</td><td>0.01</td></tr>
<tr><td colspan="3">砖制,每段 10m 长</td><td>0.05</td></tr>
</table>

3.2 锅炉机组的热平衡及燃料消耗量计算

3.2.1 空气和烟气的比焓值

空气和烟气的比焓值均以每千克或每标准立方米燃料量来计算，且都从 0℃起算。空气比焓值可按式（47-51）计算。

$$h_k = \alpha v^0 h_k^0 \tag{47-51}$$

式中 h_k——空气的比焓值，kJ/kg；

α——过量空气系数；

v^0——空气比体积，m^3/kg；

h_k^0——每标准立方米干空气及其所含的蒸汽在温度 t 时的理论比焓，见表 47-15。

烟气的理论比焓值计算见式（47-52），实际烟气比焓按式（47-53）计算。

$$h_y^0 = V_{RO_2} h_{RO_2} + V_{N_2}^0 h_{N_2} + V_{H_2O}^0 h_{H_2O} \tag{47-52}$$

$$h_y = V_{RO_2} h_{RO_2} + V_{N_2}^0 h_{N_2} + V_{H_2O}^0 h_{H_2O} + (\alpha-1)V_k^0 h_k + \frac{A_{ar}}{100}\alpha_{fh} h_A \tag{47-53}$$

式（47-51）和式（47-53）中，$h_{RO_2}^0$、$h_{N_2}^0$、$h_{H_2O}^0$、h_k^0、h_A^0分别为烟气中各成分每标准立方米及每千克灰在温度 t（℃）时的比焓值，见表 47-15。式（47-53）中飞灰的焓值，在 $1000\times\frac{\alpha_{fh}A_{ar}}{Q_{net.ar}}>1.43$ 时才需计算，式中 α 为空气过量系数；

α_{fh}为烟气携带出炉膛的飞灰占总灰量的份额，其数值见表 47-16。

表 47-15 1m³ 空气和烟气（标准状态）的理论比焓［kJ/m³(kcal/m³)］及 1kg 灰的理论比焓［kJ/kg(kcal/kg)］

温度 t/℃	$h_{CO_2}^0$	$h_{N_2}^0$	$h_{O_2}^0$	$h_{H_2O}^0$	h_K^0	h_A^0
100	170(40.6)	130(31)	132(31.5)	151(36)	132(31.6)	80(19.3)
200	558(85.4)	260(62.1)	267(63.8)	305(72.7)	266(63.6)	168(40.4)
300	559(133.5)	392(93.6)	407(97.2)	463(110.5)	403(96.2)	260(63)
400	772(184.4)	527(125.8)	551(131.6)	526(149.6)	542(129.4)	357(86)
500	994(238)	664(158.6)	699(167)	795(169.8)	684(163.4)	461(109.5)
600	1225(292)	804(192)	850(203)	969(231)	830(198.2)	554(133.8)
700	1462(349)	948(226)	1004(240)	1149(274)	978(234)	665(158.2)
800	1705(407)	1094(261)	1160(277)	1334(319)	1129(270)	770(183.2)
900	1952(466)	1242(297)	1318(315)	1526(364)	1282(306)	882(209)
1000	2204(526)	1392(333)	1478(353)	1723(412)	1437(343)	1005(235)
1100	2458(587)	1544(369)	1638(391)	1925(460)	1595(381)	1128(262)
1200	2717(649)	1697(405)	1801(430)	2132(509)	1753(419)	1261(288)
1300	2977(711)	1853(442)	1964(469)	2344(560)	1914(457)	1426(325)
1400	3239(774)	2009(480)	2128(508)	2559(611)	2076(496)	1583(378)
1500	3503(837)	2166(517)	2294(548)	2779(664)	2239(535)	1774(420)
1600	3769(900)	2325(555)	2461(588)	3002(717)	2403(574)	1957(448)

续表

温度 t/℃	$h^0_{CO_2}$	$h^0_{N_2}$	$h^0_{O_2}$	$h^0_{H_2O}$	h^0_K	h^0_A
1700	4036(694)	2484(593)	2629(628)	3229(771)	2567(613)	2206(493)
1800	4305(1028)	2644(631)	2797(668)	3485(826)	2732(652)	2412(522)
1900	4574(1092)	2804(670)	2967(709)	3690(881)	2899(692)	2625(570)
2000	4844(1157)	2965(708)	3138(750)	3926(938)	3066(732)	2847(600)
2100	5115(1222)	3128(747)	3309(790)	4163(994)	3234(772)	—
2200	5387(1287)	3289(786)	3483(832)	4402(1051)	3402(812)	—

表 47-16 不同型式锅炉飞灰的份额的推荐

炉子型式	a_{fh}	炉子型式	a_{fh}
固态排渣煤粉炉	0.9	抛煤机炉	0.3
链条炉	0.2	油气炉	0.0

3.2.2 锅炉热平衡

锅炉的热平衡方程（标准状态）见式（47-54）。

$$Q_r = Q_1 + Q_2 + Q_3 + Q_4 + Q_5 + Q_6 \quad (47\text{-}54)$$

式中 Q_r——送入锅炉热量，kJ/kg 或 kJ/m³；

Q_1——锅炉机组有效利用热，kJ/kg 或 kJ/m³；

Q_2——排烟带走的热损失，kJ/kg 或 kJ/m³；

Q_3——化学未完全燃烧损失，kJ/kg 或 kJ/m³；

Q_4——机械未完全燃烧损失，kJ/kg 或 kJ/m³；

Q_5——锅炉散热损失，kJ/kg 或 kJ/m³；

Q_6——灰渣物理损失，kJ/kg。

$$q_1 + q_2 + q_3 + q_4 + q_5 + q_6 = 100\% \quad (47\text{-}55)$$

式中，$q_1 = \frac{Q_1}{Q_r} \times 100\%$，$q_2 = \frac{Q_2}{Q_r} \times 100\% \cdots$。

(1) 送入锅炉热量（标准状态）

$$Q_r = Q_{net.ar} + h_r + Q_w + Q_{zy} \quad (47\text{-}56)$$

式中 $Q_{net.ar}$——燃料收到基低位发热量，kJ/kg 或 kJ/m³；

h_r——燃料的物理热，kJ/kg 或 kJ/m³；

Q_w——用外部热源加热空气时带入锅炉的热量，kJ/kg 或 kJ/m³；

Q_{zy}——燃料雾化蒸汽热量，kJ/kg。

对于一般小型锅炉房而言，h_r、Q_w 一般可忽略不计。

式（47-56）中 h_r 可按式（47-57）计算。

$$h_r = c^m_{r.ar} t_r \quad (47\text{-}57)$$

式中 $c^m_{r.ar}$——燃料收到基比热容（标准状态），kJ/(kg·℃) 或 kJ/(m³·℃)；

t_r——燃料的温度，℃，一般取 20℃。

若燃料经过预热，则此项热量需要加以计算，否则只有当燃料水分 $M_{ar} \geqslant Q_{net.ar}/150$ 时才需要计算。燃料的收到基比热容可按式（47-58）计算。

$$c^m_{r.ar} = c_{r.d} \frac{100 - M_{ar}}{100} + \frac{M_{ar}}{100} \quad (47\text{-}58)$$

式中 $c_{r,d}$——燃料干基比热容（标准状态），kJ/(kg·℃) 或 kJ/(m³·℃)。

燃料干基比热容，对于无烟煤、贫煤可取 0.92kJ/(kg·℃)；对于烟煤可取 1.09kJ/(kg·℃)；对于褐煤可取 1.13kJ/(kg·℃)；对于油页岩可取 0.88kJ/(kg·℃)。燃料油按式（47-59）计算，燃料气按式（47-60）计算。

$$c^y_t = 1.73 + 0.0025t \quad (47\text{-}59)$$

式中 t——进锅炉燃料油温度，℃。

$$c_V = 0.01(\varphi_1 c_{V_1} + \varphi_2 c_{V_2} + \cdots + \varphi_n c_{V_n}) \quad (47\text{-}60)$$

式中 c_V——标准状态下燃气体积定压（定容）热容，kJ/(m³·K)；

φ_1，$\varphi_2 \cdots \varphi_n$——燃气中各组成成分体积分数，%；

c_{V_1}，$c_{V_2} \cdots c_{V_n}$——标准状态下燃气中各组成成分的体积定压（定容）热容，kJ/(m³·K)，可从本手册第 13 章物性数据查取。

外部热源加热空气带入锅炉的热量 Q_w 计算见式（47-61）。

$$Q_w = \beta'_{ky}(h^0_k - h^0_{lk}) \quad (47\text{-}61)$$

式中 β'_{ky}——空气预热器的过量空气系数，按式（47-62）计算；

h^0_k——锅炉进口处理论空气的比焓（标准状态），kJ/kg 或 kJ/m³；

h^0_{lk}——理论冷空气的比焓（标准状态），kJ/kg 或 kJ/m³，可按冷空气温度为 0℃ 计算，即按照 $h^0_{lk}=0$ 计算。

$$\beta'_{ky} = \beta''_{ky} - \Delta\alpha_{ky} \quad (47\text{-}62)$$

β''_{ky}——空气预热器出口过量空气系数；

$\Delta\alpha_{ky}$——空气预热器漏风系数，见表 47-14。

$$\beta''_{ky} = \alpha''_1 - \Delta\alpha_1 \quad (47\text{-}63)$$

α''_1——炉膛出口过量空气系数，见表 47-13；

$\Delta\alpha_1$——炉膛漏风系数，见表 47-14。

(2) 排烟热损失 q_2

排烟热损失率 q_2 计算见式（47-64）。

$$q_2 = \frac{Q_2}{Q_r} \times 100\% = \frac{(h_{py} - \alpha_{py} h^0_{lk}) \times \frac{100 - q_4}{100}}{Q_r} \times 100\% \quad (47\text{-}64)$$

式中 h_{py}——排烟的比焓（标准状态），kJ/kg 或 kJ/m^3，按式（47-53）计算，其中排烟温度，对小容量锅炉及燃用高硫燃料的锅炉可取 180～220℃，对大中型锅炉可取110～180℃；

α_{py}——排烟处过量空气系数；

q_4——机械未完全燃烧损失。

（3）化学未完全燃烧损失 q_3

化学未完全燃烧损失 q_3 可根据烟气成分分析，按式（47-65）计算。对于精度要求不高的场合，可用式（47-66）计算，或查表 47-17。

$$q_3=\frac{c_{ar}+0.37s_{ar}}{Q_r}\times\frac{236\varphi(CO)+201.5\varphi(H_2)+668\varphi(CH_4)}{\varphi(RO_2)+\varphi(CO)+\varphi(CH_4)}\times\frac{100-q_4}{100}\times100\% \quad (47\text{-}65)$$

$$q_3=3.2\alpha_{py}\varphi(CO) \quad (47\text{-}66)$$

式中，$\varphi(CO)$、$\varphi(H_2)$、$\varphi(CH_4)$、$\varphi(RO_2)$ 为烟气中 CO、H_2、CH_4、RO_2 的体积分数，单位为%。

（4）机械未完全燃烧损失 q_4

机械未完全燃烧损失包括灰渣和飞灰所携带的未完全燃烧的可燃固体及炉箅漏煤等。该项损失可查表 47-17，该表提供了一个取值范围，对于某台炉来说，应根据制造商的资料取值。

表 47-17 q_3 及 q_4 单位：%

项目	抛煤机炉	链条炉	振动炉排炉	推动炉排炉	煤粉炉
q_3	1～2	1～2	1～2	1～2	1
q_4	6～13	5～12	5～12	5～10	4～8

项目	沸腾炉	循环流化床炉	燃油炉	燃气炉
q_3	1	1	<1	<0.5
q_4	25～35	4～8	0	0

（5）散热损失 q_5

锅炉散热损失与炉型、炉墙质量、水冷壁敷设情况和管道的绝热情况等有关。在锅炉额定蒸发量时，其散热损失可按图 47-4 查取，或按表 47-18 选用。

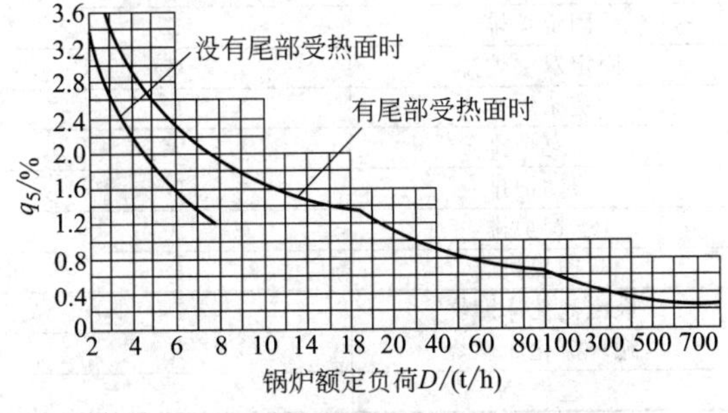

图 47-4 锅炉本体散热损失图

表 47-18 锅炉散热损失 q_5 单位：%

项目		锅炉额定蒸发量/(t/h)				
		1、2	4、6	10	20	35
蒸汽锅炉	燃煤	5	3	2	1.3	1.2
	燃油	4	2	1.5	1.3	1.2
	燃气	4	2	1.5	1.3	1.2
热水锅炉		3	2	1.5	1.3	1.2

（6）灰渣的物理热损失 q_6

灰渣的物理热损失只涉及燃用固体燃料的锅炉，对燃油气的锅炉，该项损失可为 0。燃煤锅炉灰渣的物理热损失可按式（47-67）计算。

$$q_6=\frac{A_{ar}\alpha_{hz}h_{hz}}{Q_r}\times100\% \quad (47\text{-}67)$$

式中 α_{hz}——锅炉排渣率，%，查表 47-19；

h_{hz}——灰渣在温度 t（℃）时的比焓，kJ/kg，可查表 47-15，t 可取 600℃。

表 47-19 锅炉排渣率 α_{hz}

燃烧方式	链条炉			抛煤机链条炉
	褐煤烟煤	块状无烟煤	无烟煤原煤	
排渣率/%	80	75	70	75

燃烧方式	煤粉炉		旋风燃烧炉		沸腾床炉	循环流化床炉
	固态排渣	液态排渣	立式	卧式		
排渣率/%	5～10	15～40	60～80	85～90	45～75	30～70

（7）锅炉机组反平衡效率 η_f

锅炉机组反平衡效率，可按式（47-68）计算。

$$\eta_f=100-(q_2+q_3+q_4+q_5+q_6) \quad (47\text{-}68)$$

（8）锅炉机组有效利用热 q_1 计算

锅炉机组的热有效利用率可按照式（47-69）计算。

$$q_1=\frac{Q_{g1}}{BQ_r}=\frac{D_{gq}(h_{gq}-h_{gs})+D_{bq}(h_{bq}-h_{gs})}{BQ_r}+\frac{D_{ps}(h_{ps}-h_{gs})+Q_{qt}}{BQ_r} \quad (47\text{-}69)$$

式中 Q_{g1}——锅炉机组总的有效利用热量，kJ/h；

B——锅炉实际燃料消耗量（标准状态），kg/h 或 m^3/h；

D_{gq}，D_{bq}——过热蒸汽、饱和蒸汽量，kg/h；

h_{gq}，h_{bq}——过热蒸汽、饱和蒸汽比焓，kJ/kg；

h_{gs}——锅炉机组入口给水比焓，kJ/kg；

h_{ps}——锅炉机组入口排污水比焓，kJ/kg；

D_{ps}——锅炉机组排污水量，kg/h；

Q_{qt}——其他利用热量，kJ/h。

对于一般工业锅炉和中小型供热机组而言，锅炉不设再热蒸汽段，因此式（47-69）中未计入再热蒸汽热量。如果采用的供热机组设有中间再热段，则需要在式（47-69）中计入该部分热量。

3.2.3 燃料的消耗量

锅炉的燃料消耗量B(kg/h或m^3/h，标准状态）可按式（47-70）计算。

$$B=\frac{D_{gq}(h_{gq}-h_{gs})+D_{bq}(h_{bq}-h_{gs})}{\eta_f Q_r}+\frac{D_{ps}(h_{ps}-h_{gs})+Q_{qt}}{\eta_f Q_r} \tag{47-70}$$

式（47-70）中，η_f为根据式（47-68）计算所得。在估算锅炉燃料量时可直接使用锅炉资料中提供的锅炉热效率。

式（47-70）中，对于燃用固体燃料的锅炉而言，它包括了机械未完全燃烧损失q_4。而在燃烧中计算获得燃烧空气量及烟气数据时，则应扣除q_4部分的燃料，使空气量及烟气数据符合实际。扣除机械未完全燃烧的燃料后，所得的燃料量称为计算燃料量B_j(kg/h或m^3/h，标准状态)，它与实际消耗燃料量之间的关系见式（47-71）。在计算燃料供应系统以及渣系统时，仍应按实际燃料量B计算。

$$B_j=B\left(1-\frac{q_4}{100}\right) \tag{47-71}$$

3.3 锅炉产品型号编制方法

3.3.1 工业锅炉产品型号编制方法

《工业锅炉产品型号编制方法》(JB/T 1626—2002)对于额定工作压力大于0.04MPa，但小于3.8MPa，且额定蒸发量不小于0.1t/h，以水为介质的固定式钢制蒸汽锅炉，和额定出水压力大于0.1MPa的固定式钢制热水锅炉产品型号编制方法做出了规定。

工业锅炉产品型号由三部分组成，各部分之间用短线相连，各部分表示内容如图47-5所示。

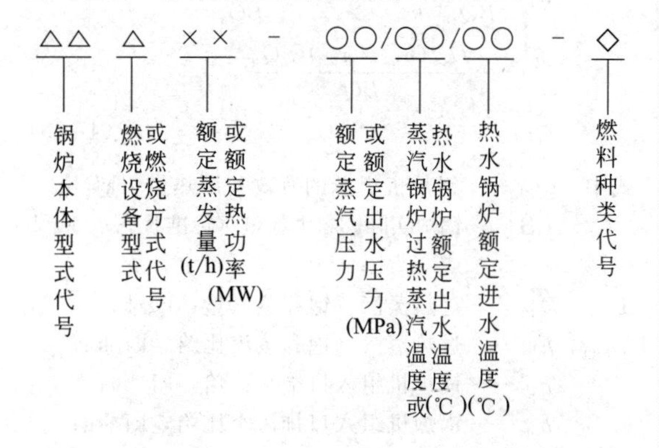

图47-5 工业锅炉产品型号组成示意图

① 第一部分表示锅炉本体型式和燃烧设备型式或燃烧方式及锅炉容量，分为三段。第一段用两个大写汉语拼音字母代表锅炉本体型式，见表47-20。第二段用一个大写汉语拼音字母代表燃烧设备型式或燃烧方式，见表47-21。第三段用阿拉伯数字表示蒸汽锅炉额定蒸发量为若干“t/h”或热水锅炉额定热功率为若干“MW”，各段连续写。

② 第二部分表示介质参数，对蒸汽锅炉分两部分，中间以斜线相连，第一段用阿拉伯数字表示额定蒸汽压力为若干“MPa”；第二段用阿拉伯数字表示过热蒸汽温度为若干“℃”，蒸汽温度为饱和温度时，型号第二部分无斜线和第二段。对热水锅炉分三段，中间也以斜线相连，第一段用阿拉伯数字表示额定出水压力为若干“MPa”；第二段和第三段分别用阿拉伯数字表示额定出水温度和额定进水温度为若干“℃”。

③ 第三部分表示燃料种类，用大写汉语拼音字母代表燃料品种，同时用罗马数字代表同一种燃料品种的不同类别与其并列，见表47-22。如果同时使用几种燃料，主要燃料放在前面，中间以顿号隔开。

表47-20 锅炉本体型式代号

锅炉类别	锅炉本体型式	代号
锅壳锅炉	立式水管	LS
	立式火管	LH
	立式无管	LW
	卧式外燃	WW
	卧式内燃	WN
水管锅炉	单锅筒立式	DL
	单锅筒纵置式	DZ
	单锅筒横置式	DH
	双锅筒纵置式	SZ
	双锅筒横置式	SH
	强制循环式	QX

注：水火管混合式锅炉，以锅炉主要受热面型式采用锅壳锅炉或水管锅炉本体型式代号，但在锅炉名称中应写明“水火管”字样。

表47-21 燃烧设备型式或燃烧方式代号

燃烧设备	代号
固定炉排	G
固定双层炉排	C
链条炉排	L
往复炉排	W
滚动炉排	D
下饲炉排	A
抛煤机	P
鼓泡流化床燃烧	F
循环流化床燃烧	X
室燃炉	S

注：抽板顶升采用下饲炉排的代号。

表47-22 燃料种类代号

燃料种类	代号
Ⅱ类无烟煤	WⅡ
Ⅲ类无烟煤	WⅢ
Ⅰ类烟煤	AⅠ
Ⅱ类烟煤	AⅡ
Ⅲ类烟煤	AⅢ
褐煤	H
贫煤	P
型煤	X
水煤浆	J
木柴	M
稻壳	D
甘蔗渣	G
油	Y
气	Q

例1 锅炉型号SZS10-1.6/350-Y、Q表示双锅筒纵置式室燃，额定蒸发量为10t/h，额定蒸汽压力为1.6MPa，过热蒸汽温度为350℃，燃油、燃气两用，以燃油为主的蒸汽锅炉。

3.3.2 电加热锅炉产品型号组成

电加热锅炉产品型号由两部分组成，各部分用短横线相连，如图47-6所示。

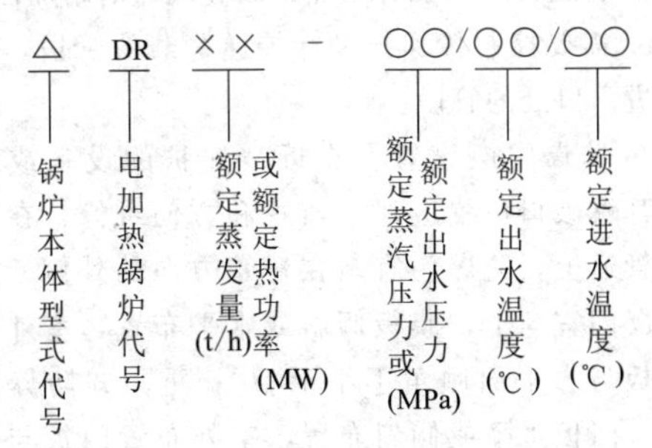

图47-6 电加热锅炉产品型号组成示意图

① 型号第一部分表示锅炉本体型式和电加热锅炉代号及锅炉容量。共分为三段，第一段用一个大写汉语拼音字母表示锅炉本体型式，锅炉本体型式分卧式和立式两种，用W表示卧式，L表示立式；第二段用汉语拼音字母DR表示电加热锅炉代号；第三段用阿拉伯数字表示蒸汽锅炉的额定蒸发量为若干“t/h”，或热水锅炉的额定热功率为若干“MW”。各段连续书写。

② 第二部分表示锅炉的介质参数。蒸汽锅炉用阿拉伯数字表示额定蒸汽压力为若干“MPa”；热水锅炉分三段，各段之间以斜线相连，第一段用阿拉伯数字表示额定出水压力为若干“MPa”；第二段和第三段分别用阿拉伯数字表示出水温度和进水温度为若干“℃”。

③ 汽水两用工业锅炉产品型号组成。工业锅炉如为蒸汽和热水两用锅炉，以锅炉主要功能来编制产品型号，但在锅炉名称上应写明“汽水两用”字样。

例2 锅炉型号LDR0.5-0.4表示立式电加热，额定蒸发量为0.5t/h，额定工作压力为0.4MPa的蒸汽锅炉。

3.3.3 电站锅炉产品型号编制方法

《电站锅炉产品型号编制方法》(JB/T 1617—1999）对电站锅炉的产品型号编制做出了规定。

电站锅炉产品型号由三部分组成，各部分之间用短横相连，如图47-7所示。

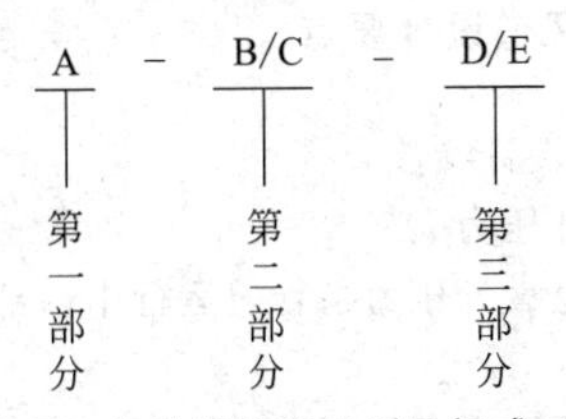

图47-7 电站锅炉产品型号组成示意图

(1) 第一部分

第一部分表示锅炉制造商代号，由若干大写汉语拼音字母组成。

(2) 第二部分

第二部分分两段，中间由斜线连接。第一段B表示锅炉额定蒸发量（或最大连续蒸发量），用阿拉伯数字表示，单位为t/h；第二段C表示锅炉额定介质出口压力，用阿拉伯数字表示，单位为MPa。

(3) 第三部分

第三部分分两段，中间由斜线连接。第一段D为锅炉设计燃料代号，用汉语拼音字母表示，燃煤锅炉用“M”表示；燃油锅炉用“Y”表示；燃气锅炉用“Q”表示；其他燃料锅炉用“T”表示。

对于原设计已考虑可燃用两种燃料的锅炉，可用燃料代号并列。例如燃用煤和油的锅炉，用“MY”表示。

第二段E表示制造商锅炉变形设计顺序号，一般用阿拉伯数字表示。

例3 型号DG-670/13.7-M表示东方锅炉厂生产，额定蒸发量为670t/h，锅炉出口压力为13.7MPa，以煤为设计燃料，原型设计的锅炉。

4 锅炉机组通风

锅炉机组通风的目的是为了保证燃料在炉内充分燃烧，并及时将燃烧产生的烟气排出锅炉。锅炉机组的通风计算，要按锅炉机组的额定负荷进行。

机械通风通常采用鼓风机和引风机配合运行。鼓风机用于克服风道与燃烧设备的阻力，引风机和烟囱用于克服锅炉本体、烟气处理设备和烟道的阻力。燃油及燃气锅炉一般为微正压燃烧，仅配用鼓风机。小型燃油（气）锅炉的鼓风机一般组合在燃烧器内，其作用是向燃料提供足够的燃烧用气。

锅炉通风系统实际上还包括燃料系统的通风，特别是对于煤粉炉来说，它有庞大的制粉系统，需要进行水力学计算，还需要进行热量平衡计算。本节只介绍风、烟管道的设计，制粉系统的设计可参考《中小型热电联产工程设计手册》（中国电力出版社）第7.3节制粉系统的内容。

4.1　烟、风道设计要点

4.1.1　设计参数

(1) 设计压力

烟、风道设计压力指管道运行中内部可能出现的最大压力。

烟、风系统设备、管道设计压力按正常运行及锅炉爆炸工况下可能出现的最大压力来确定。

(2) 设计温度

烟、风道设计温度指管道运行中内部介质可能出现的最高温度。

烟、风系统设备、管道的设计温度与燃料特性和系统形式有关，可按电力行业的相关规范执行。

4.1.2　烟、风道布置一般规定

① 烟、风道应采用焊接连接，仅当所连接的设备、部件为法兰接口或检修时需要拆卸的管段才采用螺栓连接。

② 当管道需要采用连续两弯头时，两弯头之间距离宜按表47-23所列。当不能满足上述要求时，宜设导流板或导向叶片。

$$D_{dl}=\frac{2ab}{a+b} \tag{47-72}$$

式中　D_{dl}——当量直径，mm；

a，b——矩形管道的两个边长，mm。

表47-23　两弯头内侧之间距离 L

弯管形式	"Z"形弯头	空间弯头	"Π"形弯头
图例	D_{dl}　L $L\geqslant 3D_{dl}$	D_{dl}　L $L\geqslant 3D_{dl}$	D_{dl}　L $L=(1.6\sim2.5)D_{dl}$ 最佳值为$2D_{dl}$

③ 当弯头后紧接收缩管时，宜采用缩形弯头；当弯头后紧接扩散管时，宜采用等截面弯头再接扩散管。在这些减速及转弯管段后宜装设足够长的直管段，并符合②的规定。

④ 单吸离心风机入口的直管段长度应不小于2.5～6倍管段当量直径；当直管段长度不能满足上述要求时应装设进风箱。在离心风机进风箱入口处应避免布置弯头，必须布置时，宜采用气流与转子旋转方向一致的弯头，否则应加装导流板。

⑤ 离心风机出口应紧接扩散管，扩散管长度及扩散角按本章4.1.8中第（4）点规定。如果弯管必须位于离心风机出口附近，则出口弯管布置需要优化，方法可参考《电站锅炉风机选型和使用导则》相关规定。

⑥ 离心风机出口扩散管后的弯头方向宜与风机叶轮的旋转方向一致。如果因操作检修需要，弯头方向与叶轮旋转方向可相反，但扩散管长度需满足要求，或者安装导向叶片。

⑦ 烟、风道的主管布置，要求在推荐速度时阻力最小；主管上应采用优化的异形件。对于剩余压头较大的支管，应采用较高流速，并允许装设阻力较大且便于制造的异形件。

⑧ 这些情况下应装设补偿器。

a. 管道自身不能补偿热膨胀和端点的附加位移。

b. 需要控制传递振动、传递荷载的管段，例如风机进出口处的管段。

⑨ 防爆门应设置在靠近被保护的设备或管道上，其爆破口位置应便于监视和方便维修，在制粉系统管道上，防爆门宜装在弯管方向的外侧。膜板式防爆门宜向上，膜板倾斜或水平布置，室外安装时膜板与水平面倾角不小于10°；重力式防爆门宜向上，门板水平或倾斜布置，室外布置门板与水平面的倾角应不小于10°，不大于45°。防爆门入口接管长度应不大于2倍防爆门当量直径，且不大于2m。

4.1.3　烟道布置特点

① 烟囱入口总烟道的结构形式应根据烟道运行压力确定，存在剩余静压的烟道应采用钢制烟道，否则采用钢筋混凝土或砖烟道。对于燃用高硫分燃料的烟道，应采取防腐措施。

② 在烟道接入烟囱时，如双侧引入，宜在烟囱中装设与烟道中心线成45°的垂直隔墙，隔墙每侧的底板做成斜坡，如图47-8（a）所示；烟气单侧引入，应装设沿气流向上倾斜的底板，如图47-8（b）、（c）所示。

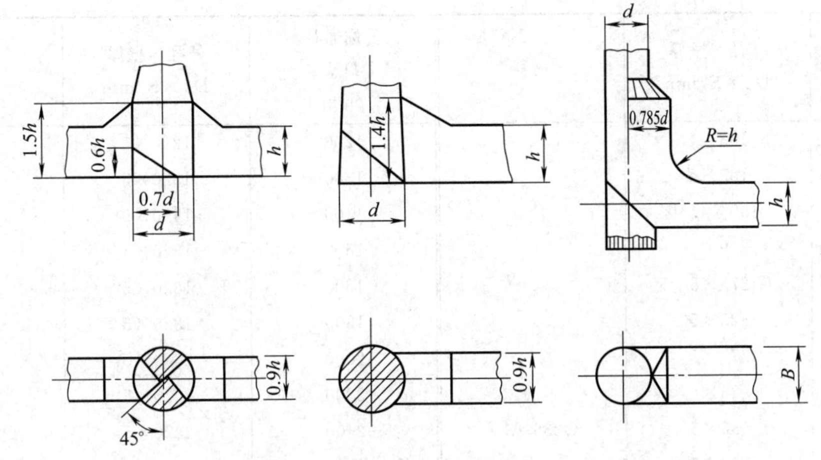

(a) 双侧引入烟道的底座　(b) 单侧引入烟道的底座　(c) 单侧引入带“分扇板”的底座

图 47-8　烟囱底座形式示意

③ 烟道布置应避免出现袋形、死角及局部流速过低的管段。除尘器进出口烟道走向应与设备的连接管方向一致，不应设置反向连续转弯。电气除尘器进口的气流应分布均匀。

④ 除尘器前后的烟道上一般不设隔离门，若系统运行需要隔离时，除尘器前宜采用插板式隔离门，除尘器后的引风机前宜采用挡板式隔离门。引风机出口处宜装设插板门或其他能起完全隔离作用的阀门。

⑤ 空气预热器出口的烟道联箱、湿式除尘器进口洗涤栅、文丘里除尘器喷嘴前的烟道、除尘器进口联箱、引风机进口烟道、烟囱进口的总烟道上应设置人孔，且应设置在便于人员出入的烟道侧壁底部。容易积灰处应设除灰孔。

4.1.4　冷风道

① 送风机吸风口的位置可靠近锅炉房的高温区域，一次风机可就地吸风。送风机吸风口也可设在需要保持室内负压的区域，如垃圾焚烧厂的垃圾坑及卸料大厅。

② 露天及半露天锅炉采用室外或就地吸风。室外吸风口位置应避免吸入雨水、废气等。

③ 采用低阻力的吸风口，吸风口应设置滤网。风机吸风口示意如图 47-9 所示。

④ 吸风口端部应装设由直径为 4mm 的镀锌铁丝制作的网格，网格孔宜为 30mm×30mm；网格后面（按气流方向）还应设置间距为 500mm 的支撑格栅。

⑤ 当风机噪声超过标准时，应在吸风管段上采取消声措施。

⑥ 送风机进口、空气预热器进口风道或联箱均应装设人孔门。

⑦ 当两台或多台风机并列运行时，每台风机的出口宜设插板门或其他能起完全隔离作用的阀门。

4.1.5　管道规格与材料

① 烟、风管道采用的壁厚

烟、风煤粉管道一般取如下数据：烟道为 5mm，送风机进口管道为 3mm，送风机出口管道为 3～4mm，热风道为 3～4mm。

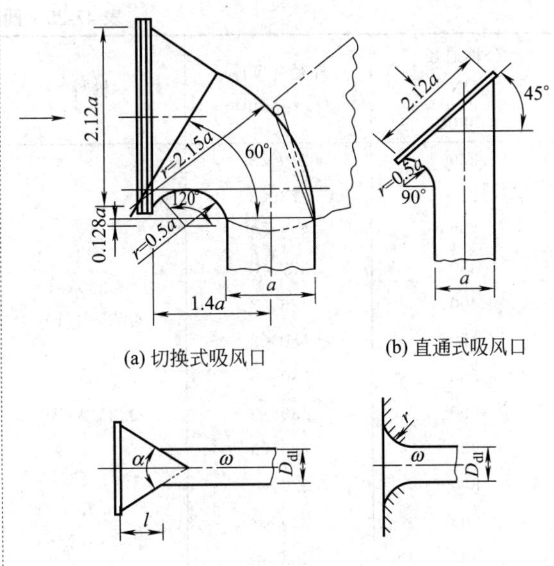

(a) 切换式吸风口　(b) 直通式吸风口

(c) 就地或设在墙壁开孔处的吸风口

图 47-9　风机吸风口示意

$\alpha=30°\sim90°$；$l\geqslant(0.2\sim0.3)\ d_{dl}$；$r/d_{dl}=0.1\sim0.2$

② 防爆门进口短管为 5mm，出口管为 3mm。

③ 管道界面宜采用圆形，当布置上有困难或由此而增加较多异形件时，可采用矩形，其边长之比不小于 0.4～0.5。常用烟、风煤粉管道的规格见表 47-24～表 47-26。

表 47-24　圆形烟道、制粉管道的规格

公称通径 DN /mm	外径×壁厚 $D_w \times S$/mm	材料	公称通径 DN /mm	外径×壁厚 $D_w \times S$/mm	材料
100	108×4	Q235-A. F	1200	1220×5	Q235-A. F
125	133×4		1300	1320×5	
150	159×4.5		1400	1420×5	
200	219×5		1500	1520×5	
250	273×5		1600	1620×5	
300	325×5		1800	1820×5	
350	377×5		2000	2020×5	
400	426×5		2200	2220×5	
450	480×5		2400	2420×5	
500	530×5		2600	2620×5	
550	580×5		2800	2820×5	
600	630×5		3000	3020×5	
700	720×5		3200	3220×5	
800	820×5		3400	3420×5	
900	920×5		3600	3620×5	
1000	1020×5		3800	3820×5	
1100	1120×5		4000	4020×5	

注：当为高温烟道时，其材料参照表 47-25。

表 47-25　圆形风道的规格

公称通径 DN /mm	外径×壁厚 $D_w \times S$/mm	材料	公称通径 DN /mm	外径×壁厚 $D_w \times S$/mm	材料
200	219×3	t≤300℃，Q235-A. F；t≤400℃，Q235-A/B；t≤475℃，10，Q345(16Mn)	1400	1420×3	t≤300℃，Q235-A. F；t≤400℃，Q235-A/B；t≤475℃，10，Q345(16Mn)
250	273×3		1500	1520×3	
300	325×3		1600	1620×3	
350	377×3		1800	1820×3	
400	426×3		2000	2020×3	
450	480×3		2200	2220×4	
500	530×3		2400	2420×4	
600	630×3		2600	2620×4	
700	720×3		2800	2820×4	
800	820×3		3000	3020×4	
900	920×3		3200	3220×4	
1000	1020×3		3400	3420×4	
1100	1120×3		3600	3620×4	
1200	1220×3		3800	3820×4	
1300	1320×3		4000	4020×4	

4.1.6　材料

烟、风管道及零部件和加固肋一般可采用 Q235-A. F 或 Q235A/B 钢制作。

不同种类钢材对应不同的适用温度，应根据情况使用。常用结构钢材及其使用温度按表 47-27 采用。

烟、风管道法兰间的衬垫材料，宜采用无石棉材料，如硅酸铝纤维、玻璃纤维等材料，并应符合使用温度等级。

表47-26　矩形管道典型规格

公称通径/mm									材料
300×400	600×900	1200×600	1600×1000	2200×1200	2800×1800	4000×3000	7000×4600	9000×7200	t≤300℃，Q235-A.F； t≤400℃，Q235-A/B； t≤475℃，10，Q345(16Mn)
300×500	700×500	1200×700	1600×1200	2200×1400	2800×2000	4000×3200	7000×5300	9500×5800	
300×600	700×700	1200×800	1600×1400	2200×1600	2800×2200	4500×3000	7000×6000	9500×6600	
300×700	700×800	1200×1000	1600×1600	2200×1800	2800×2400	4500×3400	7500×5000	9500×7600	
400×500	800×800	1200×1200	1800×900	2200×2000	3000×2000	4500×4000	7500×5500	10000×6000	
400×600	800×1200	1400×700	1800×1000	2400×1200	3000×2400	5000×3400	7500×6400	10000×7000	
400×700	800×1600	1400×800	1800×1200	2400×1400	3000×2600	5000×3800	8000×5000	10000×8000	
400×800	900×400	1400×900	1800×1400	2400×1600	3200×2200	5000×4200	8000×6000	10500×6200	
500×600	900×700	1400×1000	1800×1800	2400×1800	3200×2600	5500×3600	8000×6800	10500×7200	
500×800	900×1200	1400×1200	2000×1000	2400×2000	3200×3000	5500×4200	8500×5800	10500×8400	
500×900	1000×600	1500×800	2000×1300	2600×1600	3600×2400	5500×4800	8500×6400	11000×6600	
500×1000	1000×700	1500×900	2000×1600	2600×1800	3600×2800	6000×4000	8500×7200	11000×7600	
600×700	1000×800	1500×1000	2000×1800	2600×2000	3600×3200	6000×4600	9000×5400	11000×8800	
600×800	1000×1000	1500×1200	2000×2000	2600×2200	4000×2800	6000×5000	9000×6400	11000×9400	

表47-27　常用结构钢材及其使用温度

钢种与标准号	钢号	推荐使用温度/℃	允许的上下限温度/℃	使用限制条件	适用范围举例	备注
普通碳素钢、GB 700	Q215-A.F、Q215-A	0～200	>-20，200	仅用于非承重结构	中低温、低含尘烟风道	—
	Q235-A.F、Q235-B.F	0～200	>-20，250	不适用于承受动载荷的结构如单轨梁及支吊梁零部件	烟风煤及制粉管道、加固肋、支吊架、平台扶梯、单轨梁、金属煤斗、送粉管道、三次风管道等，按不同温度要求选用	除支吊架、平台扶梯、单轨梁、金属煤斗、螺栓、螺母等受力构件外，其他用于制作非承重结构的烟、风煤粉管道（如道体及加固肋），可按“允许的上限温度”提高50℃使用
	Q235-A	0～300	>-20，350	作动载荷结构如单轨梁及支吊架时，应有常温冲击及弯曲试验的合格保证		
	Q235-B			无使用限制		
	Q235-C		>-20，400			
	Q235-D	-20～300	≤-20，400			
低合金高强度结构钢，GB/T 1591	Q345(16Mn)-A	0～400	>-20，475	不宜作单轨梁及支吊架，否则应有常温冲击试验的合格保证	耐磨用，极低温、高温用结构材料，高温烟、风管道用材	—
	Q345(16Mn)-B			无使用限制		
	Q345(16Mn)-C					
	Q345(16Mn)-D	-20～400	≤-20，475			
	Q345(16Mn)-E	-40～400	≤-40，475			
优质碳素钢，GB 699	10、20	-20～425	≥-20，475	—	送粉管道，高温风道	—
不锈钢板，GB 4237（热轧）、GB 3280（冷轧）	0Cr13、1Cr13等	—	—	—	金属煤斗，煤斗内衬，给煤管道、落煤管道	高温使用时宜用1Cr18Ni9Ti牌号（GB 4238）

4.1.7 道体及加固肋

烟、风管道及其异形件必须具有足够的强度、刚度和整体稳定性，避免产生强烈振动，既经济安全，又便于制作运输。

设计烟、风管道加固肋，首先应确定下列基本设计参数：介质温度、介质设计压力、设计荷载。这些参数的确定和计算方法见《火力发电厂烟风煤粉管道设计技术规程》（DL/T 5121—2000）第6节的规定。对于一般工业锅炉，可参照标准图集《锅炉房风烟道及附件（06R403）》选用。

4.1.8 异形件优化选型

异形件应根据布置条件选择最佳形状，使介质流过这些部件时局部阻力最小。异形件的加固肋参照相当截面矩形烟、风道的加固肋设置。

(1) 矩形管道弯头设计

矩形管道的弯头，宜为同心圆缓转弯头或内外边均为圆角的急转弯头，弯曲半径或内外边弯曲半径与弯头进口径向宽度的比值如下。

缓转弯头（图47-10）：$R/b=1\sim2$。急转弯头（图47-11）：$r_w/b=r_n/b=0.4\sim0.6$。

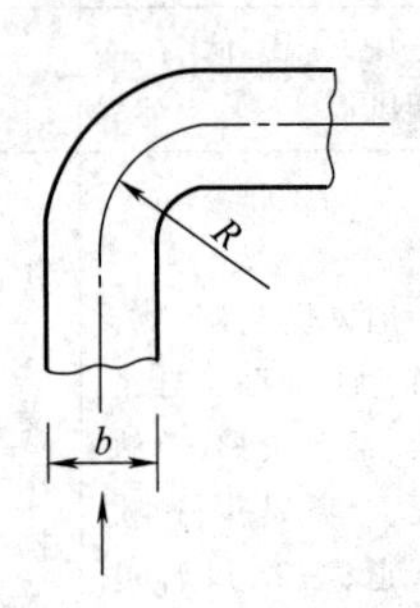

图47-10　缓转弯头

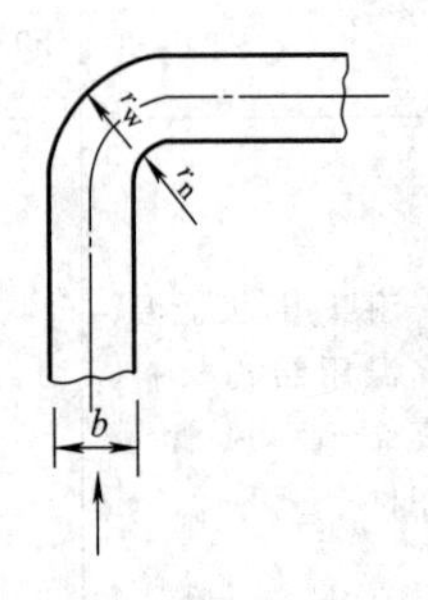

图47-11　急转弯头

当布置困难时可采用外削角急转弯头，见图47-12。

需要收缩并急转弯时，可采用收缩性弯头，并使$r_w/b=r_n/b\geqslant0.3$。需要扩散并急转弯时，宜在等截面转弯后再扩散，见图47-13。

(2) 烟、风管道宜装设导向叶片或导流板的条件

① 导向叶片　急转弯头的内边弯曲半径与弯头进口径向宽度的比值，等截面急转弯头$r_n/b\leqslant0.25$、扩散急转弯头$r_n/b_1\leqslant1$、收缩急转弯头$r_n/b_1<0.2$时可装设导向叶片。导向叶片数及其间距可按图47-14、图47-15和表47-28计算。

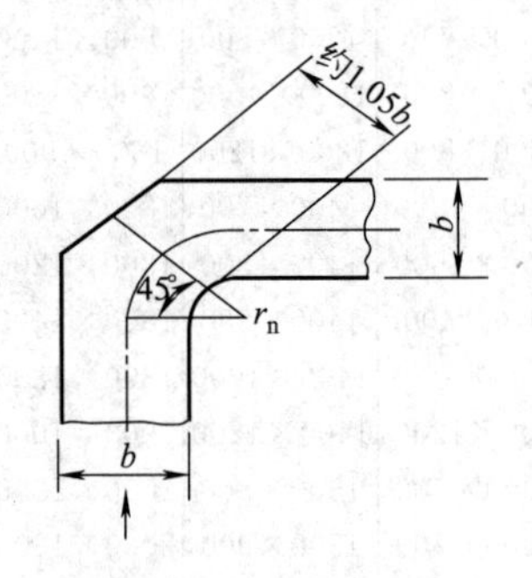

图47-12　外削角急转弯头

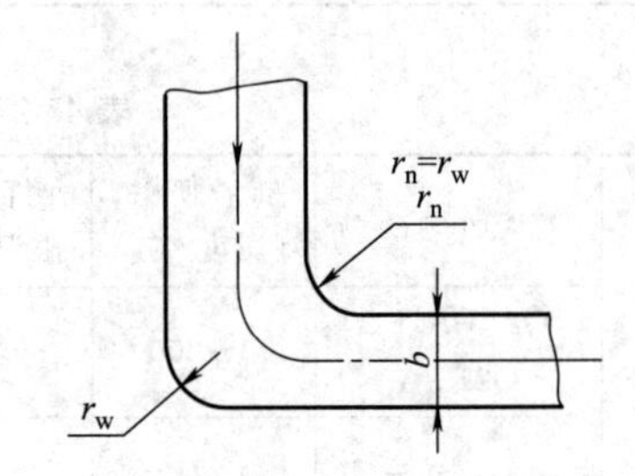

图47-13　变截面收缩急转弯头

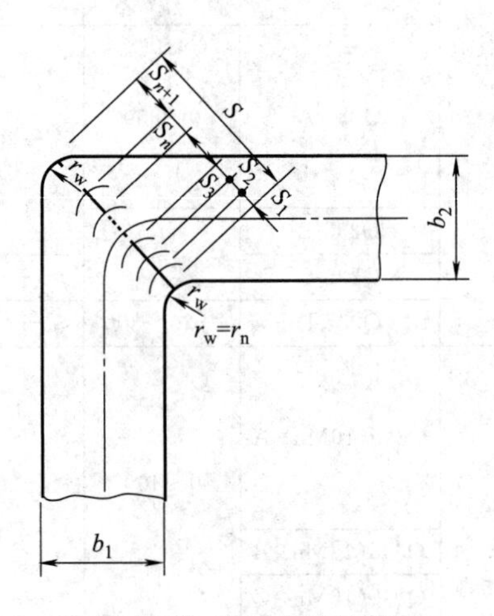

图47-14　带导向叶片弯头

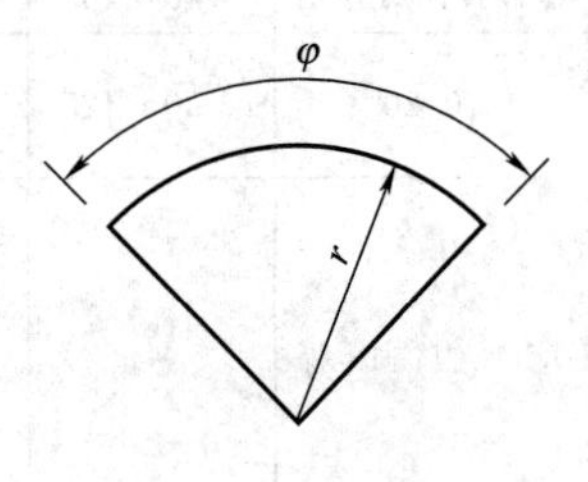

图47-15　导向叶片

表 47-28　导向叶片数及其间距的计算方法

序号	名　称	弯头前气流分布均匀时用最佳叶片数	降低弯头阻力时用最少叶片数
1	叶片数	$n \approx S/r_n$	$n \approx 0.65\dfrac{S}{r_n}$
2	S	$S=\sqrt{b_1+b_2}$	
3	外边第一个间距与内边第一个间距之比	$S_{n+1}/S_1=2$	$S_{n+1}/S_1=3$
4	内边第一个间距 S_1	$S_1=\dfrac{2S}{3(n+1)}$	$S_1=\dfrac{S}{2(n+1)}$
5	间距差值	$S_2-S_1=S_3-S_2=\cdots=S_{n+1}-S_n=S_1/n$	$S_2-S_1=S_3-S_2=\cdots=S_{n+1}-S_n=2S_1/n$
6	导向叶片中心角 φ	$A_2=A_1$ 的 90°弯头，$\varphi=95°$； $A_2/A_1=2$ 的 90°扩散弯头，$\varphi=75°$； $A_2/A_1=0.5$ 的 90°收缩弯头，$\varphi=115°$	

注：A_1、A_2 分别为管道进、出口截面面积。

导向叶片可采用与管道壁厚相等的薄钢板制成。其安装在弯头内、外两角顶点的连线上。为加强叶片刚度，当叶片宽度为 2～3.5m 时，可在叶片间及叶片与管道间，用扁钢与对角线平行方向连贯焊接，当叶片宽度超过 3.5m 时，焊接 2 根扁钢，且 2 根之间的间距不大于 2.5m。

② 导流板

在缓转弯头中，矩形管道两边比值 $a/b\leqslant 1.3$ 时宜设导流板。当 $a/b<0.8$ 时，设 1～2 片；当 $a/b=0.8\sim1.3$ 时，设 1 片。

导流板宜与弯头同圆心，沿径向等间距布置，见图 47-16。

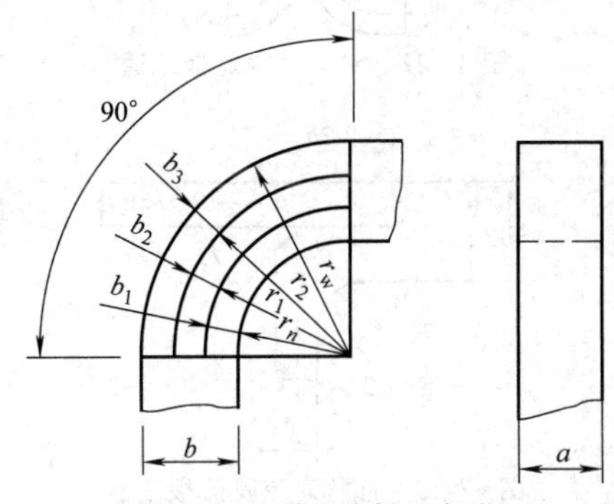

图 47-16　带导流板的弯头

装设导向叶片或导流板时，进口前气流应均匀。若烟气磨蚀、腐蚀性较大，应采取防磨及防腐措施，否则烟道不宜装设导向叶片或导流板。

(3) 变径管（扩散管、收缩管、方变圆）

① 扩散管　扩散角 α 宜为 7°～15°，但不宜大于 20°，见图 47-17 和图 47-18；当扩散角 $\alpha>20°$时，应采用阶梯形扩散管或曲线形扩散管，见图 47-19 和图 47-20。阶梯形扩散管后宜尽量避免直接布置弯头，当扩散角 $\alpha\geqslant30°$时，应加装导向板，其片数 n 根据扩散角 α 确定，$\alpha=30°$，$n=2$；$\alpha=45°$，$n=4$；$\alpha=60°\sim90°$，$n=6$；$\alpha=100°$，$n=8$。导向板宜均匀布置，见图 47-21。

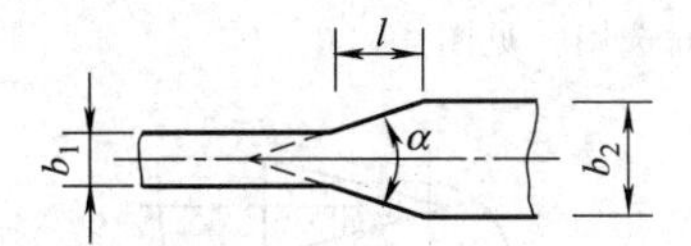

图 47-17　平面形或圆锥形扩散管

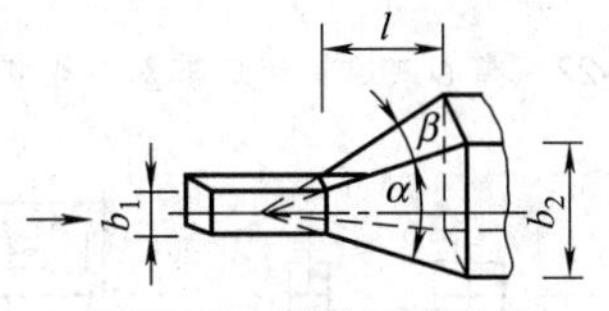

图 47-18　棱锥形扩散管

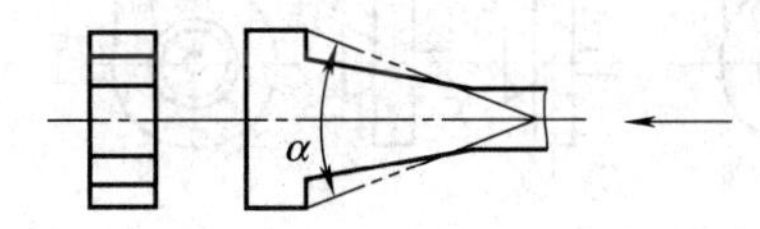

图 47-19　阶梯形扩散管

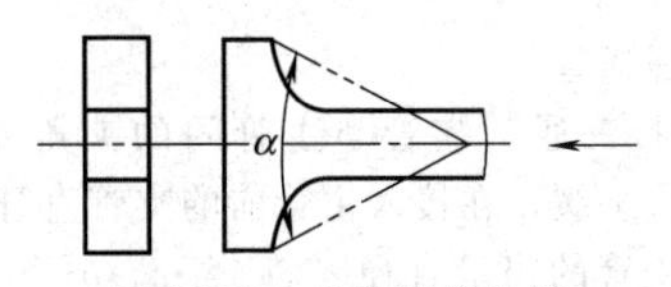

图 47-20　曲线形扩散管

② 收缩管与方变圆　收缩管最佳收缩角为 25°，一般不超过 60°。

方变圆收缩角度可参照收缩管或扩散管的要求确定。

(4) 离心式风机出口扩散管的扩散角度

① 非对称型扩散管　当 $\alpha>20°$时，扩散管中心线宜偏向叶轮旋转方向，并应使风机出口处外侧延长

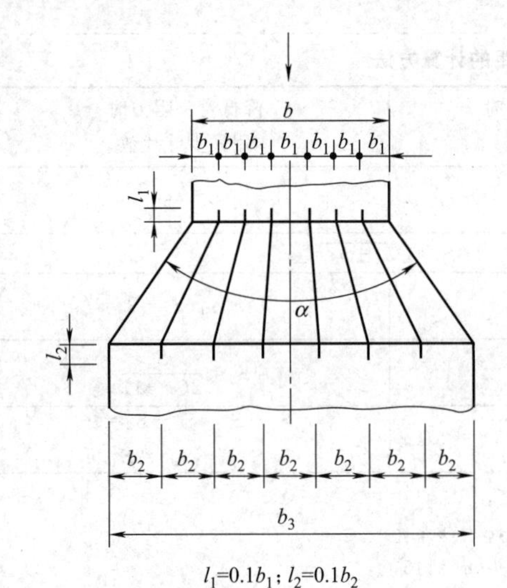

图 47-21　导向板布置

线与扩散管外侧边间夹角 $\beta\approx10^\circ$；当 $\alpha\leqslant20^\circ$ 时，应使 $\beta\approx0\sim\alpha/2$，见图 47-22。

② 对称型扩散管　扩散管宜尽量长，一般按 $l/b=2\sim6$ 选用，见图 47-23。

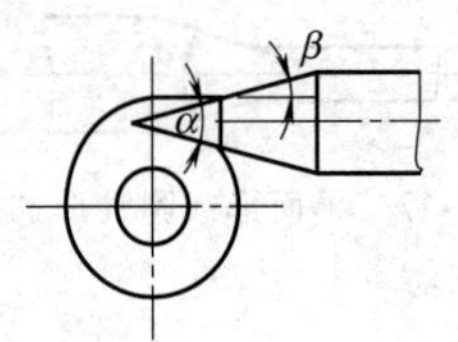

图 47-22　离心式风机出口非对称型扩散管

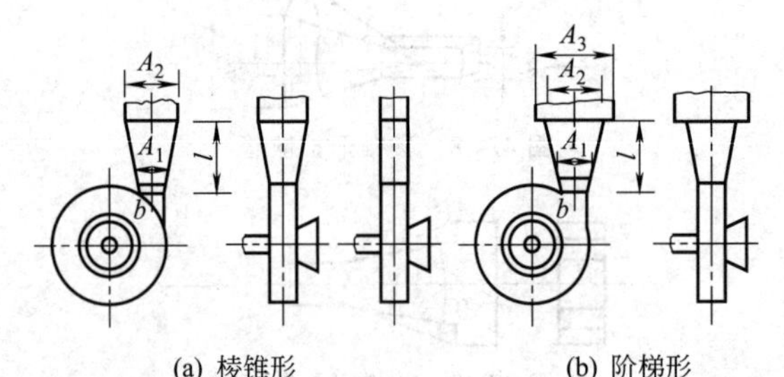

图 47-23　离心式风机出口对称型扩散管

(5) 三通管

① 斜接三通　支管与主管间的夹角 α 尽量小，支管转弯应平缓，在接入主管前的支管直管段长度不宜小于该支管的当量直径 $d_{\rm dl}$；当 $r_n/b<0.3$ 时，该管长度适当增大，见图 47-24 和图 47-25。

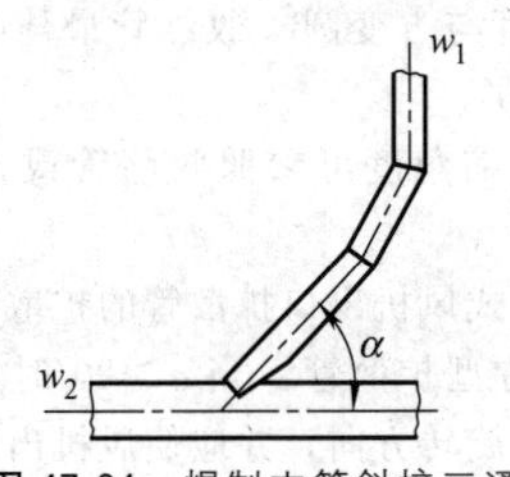

图 47-24　焊制支管斜接三通

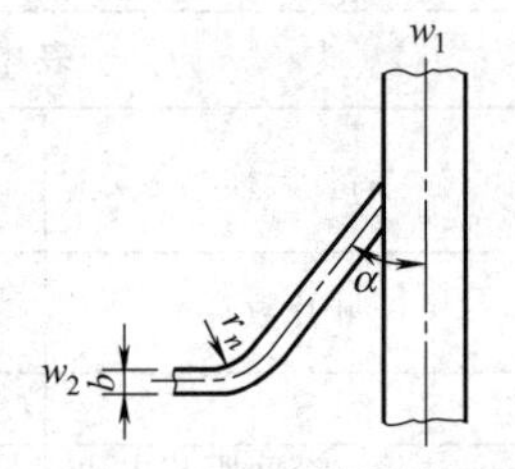

图 47-25　弯制支管斜接三通

② 带隔板的分流（合流）三通　支管转弯应平缓。当两支管中流速相等或接近时（$w_1/w_2=0.8\sim1.3$），隔板长度与其中主要支管（指决定系统阻力的管路）的当量直径之比为 $l/d_{\rm dl}=0.5\sim1.0$；当流速相差较大时，取 $l/d_{\rm dl}\geqslant2$，如图 47-26 和图 47-27 所示。

对于直角汇流的三通管，应内置隔流板，把气流全部分离开，消除碰撞，见图 47-28。

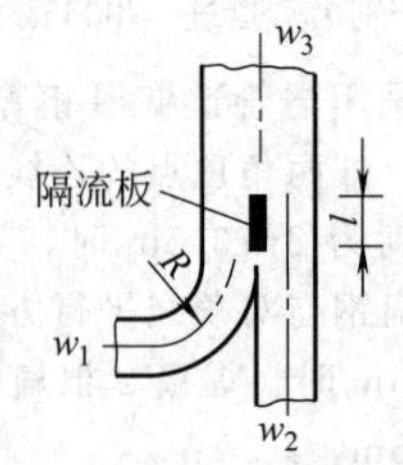

图 47-26　非对称型隔流板三通

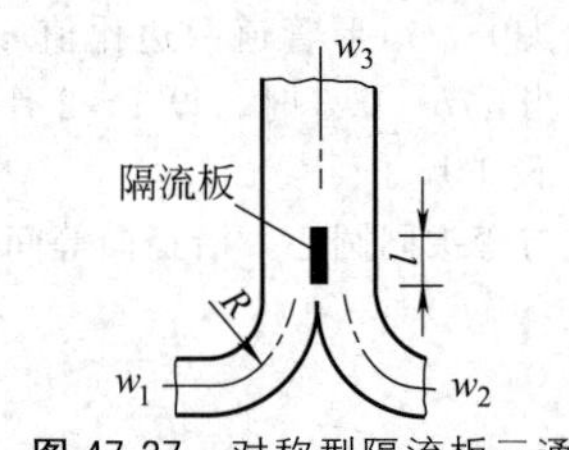

图 47-27　对称型隔流板三通

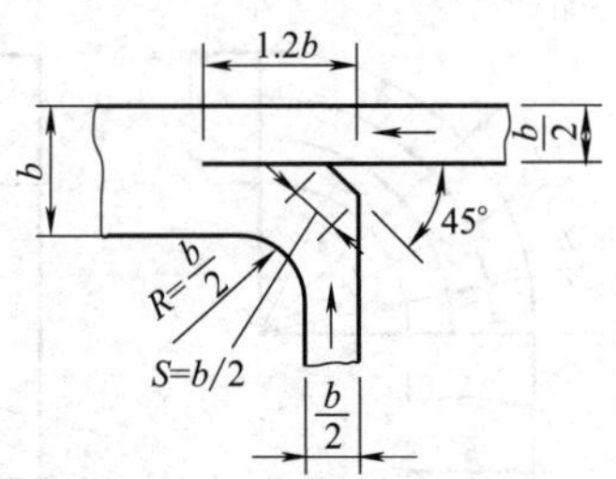

图 47-28　直角汇流隔流板三通

4.2　烟、风道流速及断面尺寸计算

烟、风煤粉管道截面积按照式（47-73）计算。

$$F=\frac{V}{3600\omega} \tag{47-73}$$

式中　F——烟、风煤粉管道截面积，m^2；

V——空气量或烟气量，m^3/h；

ω——选用流速，m/s。

常用烟、风道流速见表 47-29。对于砖或混凝土制风道取 8～12m/s，烟道取 8～12m/s。

表47-29 烟、风管道推荐设计流速

系统	管道名称	流速
烟风系统	送风机进、出口冷风道	10～12①
	热风(包括温风)总风道	15～25
	空气预热器热风再循环风道	25～35②
	干燥剂送粉、一次风机热风送粉及直吹式制粉系统的二次风道	15～25
	送风机热风送粉系统的二次风道	25～35②
	空气预热器后通往烟囱的烟道	10～15③
煤粉系统	通往磨煤机、高温干燥风机一次风总管和热一次风机的压力冷风道	15～25②
	一次风总管	15～25
	通往磨煤机、高温干燥风机、热一次风机和排粉机的热(温)风道	20～25④
	通往磨煤机的高温烟道和炉烟、热风混合烟道	12～28⑤
	冷炉烟风机通往混合室的低温烟道	10～15
	磨煤机至粗粉分离器或粗粉分离器至排粉机的制粉管道	15～18
	粗粉分离器至细粉分离器的制粉管道	14～17
	细粉分离器至排粉机的制粉管道	12～16
	储仓式系统干燥剂送粉的送粉管道	22～28⑥
	储仓式系统热风送粉的送粉管道	28～32⑥,⑦
	三次风管道	22～40
	干燥剂再循环风道	25～45⑧
	直吹式制粉系统的送粉管道	22～28⑥
	通往烟囱或炉膛上部的乏气管道	22～35
	密封风和火焰检测器冷却风管道	13～25⑨

① 对于非金属材料的吸风道宜取下限值。

② 核算剩余压头后取用。当剩余压头较大时，推荐流速取上限值。

③ 空气预热器通往除尘器的烟道，当燃用高灰分且磨损性较强的燃料时，宜取下限值。对于非金属材料的烟道，也宜取下限值。湿式除尘器后的烟道，宜取上限值。

④ 当校核煤质原煤水分比设计煤质大得多时流速宜取下限值。

⑤ 对于内壁敷设耐火砖的高温烟道和混合烟道，当煤粉系统抽吸能力允许时，宜选取较高流速；对内壁不敷设耐火砖的混合烟道，宜选取较低流速。对钢球磨煤机储仓式系统，应综合考虑布置、系统漏风和风机耗电等因素后选取。

⑥ 按锅炉磨煤机可能出现的较低负荷的运行方式，核算送粉管道流速是否满足《火力发电厂烟风煤粉管道设计技术规程》(DL/T 5121—2000) 中第9.4.9条规定的防爆要求。

⑦ 当气粉混合物温度超过260℃时，宜取上限值；在高海拔地区，经修正后的热风送粉流速，不宜超过35m/s。

⑧ 对于热风送粉系统，宜取下限值。

⑨ 密封风管道宜取中上值，火焰检测器冷却风管道宜取中下值流速。

4.3 烟、风管道阻力计算

烟、风管道阻力计算的目的是确定系统中的总阻力，以便正确选择送风机、引风机等。

空气和烟气在锅炉机组中流动时所产生的阻力有燃烧设备阻力、炉膛阻力、对流管束阻力、省煤器阻力、空气预热器阻力、除尘器阻力、风、烟管道摩擦阻力和局部抽力、烟囱阻力、自生通风力。

4.3.1 燃烧设备阻力 Δh_{fs}

对层燃炉，此项阻力包括炉排及煤层、渣层的阻力。炉排下所需风压与炉排结构型式及燃料种类有关，一般为1000～2000Pa，具体应按锅炉制造商提供的数据选用。

对煤粉炉，此项阻力是按照二次风计算的，燃烧器阻力一般为1200～2500Pa，具体应按锅炉制造商提供的数据选用。

对沸腾炉和循环流化床炉，此项包括风箱阻力、风帽阻力及物料在炉膛内流态化的阻力（炉膛底部正压）。进风箱所需风压与炉风箱、风帽型式及燃料种类有关，循环流化床还与循环倍率有关，一般为20000～22000Pa，具体应按锅炉制造商提供的数据选用。

4.3.2 炉膛负压 Δh_f

当锅炉配有送风机时，炉膛负压一般为－20～－40Pa。

4.3.3 对流管束阻力 Δh_{conv}

指烟气流过对流管束所产生的阻力，此项数据由锅炉制造商提供。

4.3.4 省煤器阻力 Δh_{ec}

此项数据由锅炉制造商提供。

4.3.5 空气预热器阻力 Δh_{ah}

此项阻力由锅炉制造商提供，它分空气侧 $\Delta h_{ah.a}$ 和烟气侧 $\Delta h_{ah.g}$ 两部分。

4.3.6 锅炉本体气固分离器阻力 Δh_{gss}

对循环流化床锅炉，其本体带有烟气与物料分离装置，根据分离器型式不同，阻力一般为500～1000Pa，具体数据由锅炉制造商提供。

4.3.7 除尘器阻力 Δh_c

干式旋风除尘器热态阻力为800～1200Pa，湿式文丘里除尘器热态阻力为400～600Pa，湿式水磨除尘器热态阻力为800～900Pa，静电除尘器热态阻力为200～300Pa，布袋除尘器热态阻力为1200～1600Pa，具体热态数据由制造商提供。

4.3.8 风烟管道摩擦阻力 Δh_d

此项阻力可由式（47-74）计算。

$$\Delta h_d=\lambda\frac{L}{d_{dl}}h_d=\lambda\frac{L}{d_{dl}}\times\frac{\omega^2}{2}\rho(\text{Pa}) \qquad (47\text{-}74)$$

式中 λ——摩擦阻力系数，对于金属风烟道取0.02，对于砖砌或混凝土风烟道取0.04；

L——风烟管道管段长度，m；

ω——空气或烟气流速，m/s；

d_{dl}——风烟道当量直径，m；

h_d——动压头，Pa；

ρ——空气或烟气密度，kg/m³，可按公式（47-75）计算。

$$\rho=\rho^0\times\frac{273}{273+t_{av}} \qquad (47\text{-}75)$$

式中 ρ^0——标准状态下空气或烟气密度，kg/m³，空气为1.294kg/m³，烟气近似为1.34kg/m³；

t_{av}——空气或烟气平均温度，℃。

动压头 $H_d=\frac{\omega^2}{2}\rho$ 也可从图47-29中快速查取。

4.3.9 局部阻力 Δh_j

局部阻力是指风烟管道截面变化或气流通道改变方向所造成的阻力，可按式（47-76）计算。

$$\Delta h_j=\xi\rho\cdot\frac{\omega^2}{2}(\text{Pa}) \qquad (47\text{-}76)$$

式中 ξ——局部阻力系数，可从表25-39和表25-41查得。

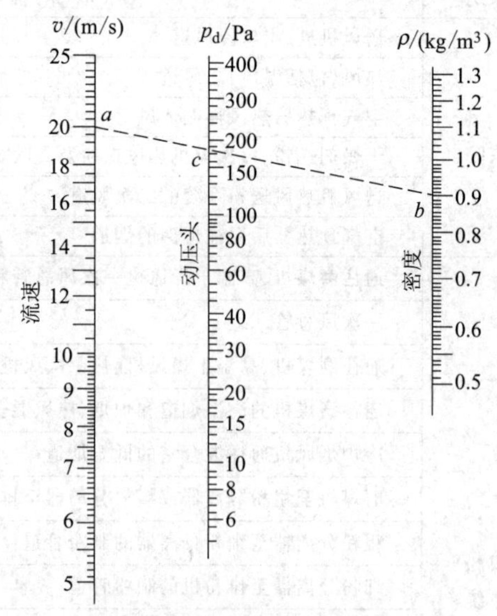

图47-29 动压头线算图

动压头 $H_d=\frac{\omega^2}{2}\rho$ 也可从图47-29中快速查取。

4.3.10 烟囱阻力 Δh_{ch}

带锥度的砖砌或钢筋混凝土烟囱的总阻力，即烟囱摩擦阻力及出口阻力的和，按式（47-77）计算。

$$\Delta h_{ch}=1.3\rho_g\frac{\omega_g^2}{2}(\text{Pa}) \qquad (47\text{-}77)$$

式中 ω_g——烟囱出口烟气流速，m/s；

ρ_g——烟囱出口烟气密度，kg/m³。

4.3.11 烟囱自生通风力

在垂直的烟道或烟囱中，由于高差而造成的自生通风力 Δh_{sd} 可按式（47-78）计算。

$$\Delta h_{sd}=\pm h\left(\rho_a^0\frac{273}{273+t_k}-\rho_y^0\frac{273}{273+t_{pj}}\right)g(\text{Pa}) \qquad (47\text{-}78)$$

式中 Δh_{sd}——烟囱抽力，Pa；

h——计算点之间的垂直距离，m；

ρ_a^0，ρ_y^0——标准状态下空气和烟气的密度，kg/m³，空气取1.293kg/m³，烟气取1.34kg/m³；

t_k——外界空气温度，℃；

t_{pj}——烟囱内烟气平均温度，℃；

g——重力加速度，取9.81m/s²。

式中，当烟气自下向上流动时取正值，自上向下流动时取负值。

烟囱内烟气平均温度 t_{pj} 可按（47-79）计算。

$$t_{pj}=t'-\frac{1}{2}\Delta th(℃) \qquad (47\text{-}79)$$

式中 t'——烟囱进口处烟气温度，℃；

Δt——烟气在烟囱中每米高度的温度降，℃/m，按式（47-80）计算。

$$\Delta t=\frac{A}{\sqrt{D}} \qquad (47\text{-}80)$$

式中 D——在最大负荷下，由一个烟囱负担的各锅炉蒸发量之和；

A——考虑烟囱种类不同的修正系数，见表47-30。

表47-30 修正系数 A

烟囱种类	无衬铁烟囱	有衬铁烟囱	砖烟囱壁厚小于0.5m	砖烟囱壁厚大于0.5m
修正系数 A	2	0.8	0.4	0.2

烟囱高度与抽力可从图47-30查取。

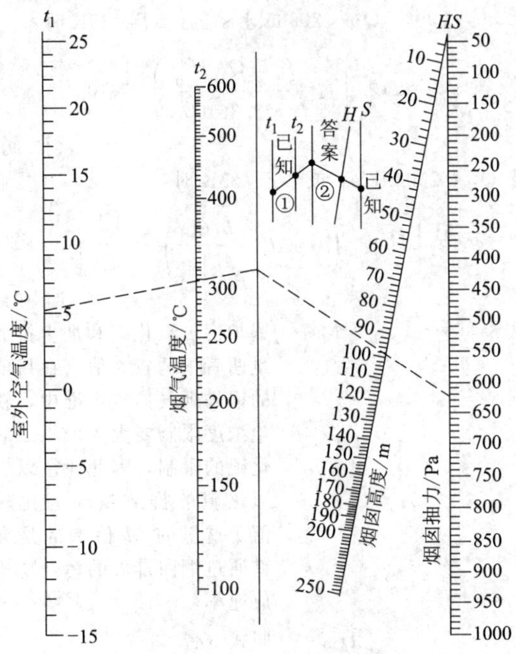

图47-30 烟囱高度与抽力线算图

4.3.12 风烟管道系统的计算总阻力及其修正

(1) 风道总阻力计算［见式（47-81）］

$$\sum\Delta h_{a}=\Delta h_{ha.a}+\Delta h_{fs}+\Delta h_{d}+\Delta h_{j} \qquad (47\text{-}81)$$

(2) 烟道总阻力计算［见式（47-82）］

$$\sum\Delta h_{g}=\Delta h_{f}+\Delta h_{conv}+\Delta h_{ec}+\Delta h_{ah.g}+\Delta h_{c}+\Delta h_{d}+\Delta h_{j}+\Delta h_{ch}-\Delta h_{sd}+\Delta h_{gss} \qquad (47\text{-}82)$$

(3) 阻力修正

对于海拔大于300m的地区，如果流量已进行低气压修正，其阻力及自生通风力应乘以 $p/101$。其中 p 的计算可按式（47-83）进行。

$$p=b+\frac{h_1+h_2}{2}(\mathrm{kPa}) \qquad (47\text{-}83)$$

式中 h_1——计算管段的始端压力，如为负值取负值，kPa；

h_2——计算管段的末端压力，如为负值取负值，kPa；

b——设备装置地点的大气压，kPa。

当 $h_1+h_2<5\mathrm{kPa}$ 时，则不需要进行阻力修正。

4.4 烟囱的计算

烟囱按照材质可分为砖烟囱、钢筋混凝土烟囱和钢板烟囱，具体使用哪一种应根据高度要求及使用场合来确定。

砖烟囱一般适用于高度小于50m和地震烈度为7度及以下的地震区。

钢筋混凝土烟囱适用于高度大于50m或地震烈度为7级以上的地震区。

钢板烟囱多用于油气炉及小型锅炉或临时性锅炉。

4.4.1 烟囱出口内径计算

(1) 烟囱出口内径

$$d=\sqrt{\frac{1000B_{g}V_{y}(t_{s}+273)}{3600\times273\times0.785\omega_{s}}}(\mathrm{m}) \qquad (47\text{-}84)$$

式中 d——烟囱出口内径，m；

B_g——接入该烟囱的所有运行锅炉在额定蒸发量时的总耗燃料量，如考虑锅炉扩建，应按扩建后所有接入该烟囱锅炉额定蒸发量下的总耗燃料量计算，t/h；

V_y——烟囱出口实际烟气量（标准状态），$\mathrm{m^3/kg}$；

t_s——烟囱出口处烟气温度，℃；

ω_s——烟囱出口处烟气流速，m/s，一般取值不超过25m/s，对大型锅炉宜采用较高烟速，但不宜超过35m/s，中小型锅炉烟囱出口烟气流速推荐值见表47-31。

表47-31 中小型锅炉烟囱出口烟气流速表

单位：m/s

运行情况	全负荷时	最小负荷时
机力通风	12～20	2.5～3
微正压燃烧	10～15	2.5～3

(2) 烟囱出口最小烟气流速计算

$$\omega_{s.min}=\frac{1000B_{g.min}V_{y}(t_{s}+273)}{3600\times273\times0.785d_{s}^{2}}(\mathrm{m/s}) \qquad (47\text{-}85)$$

式中 $\omega_{s.min}$——烟囱出口最小烟气流速，m/s；

$B_{g.min}$——锅炉房最小负荷运行时的燃料耗量，t/h；

d_s——设计选用口径，m。

表47-32为中小型燃煤锅炉烟囱出口内径参考值，表47-33为燃油、气锅炉烟囱（钢板制）出口内

径参考值。

表 47-32　中小型燃煤锅炉烟囱出口内径参考值

锅炉总容量/(t/h)	≤8	12	16	20	30	40	60	80	120	200
烟囱出口直径/m	0.8	0.8	1.0	1.0	1.2	1.4	1.7	2.0	2.5	3.0

表 47-33　燃油、气锅炉烟囱（钢板制）出口内径参考值

单台锅炉容量/(t/h)(MW)	1 (0.7)	1.5 (1.05)	2 (1.4)	3 (2.1)	4 (2.8)	5 (3.5)	
烟囱出口直径/m	0.25	0.30	0.35	0.45	0.5	0.55	
单台锅炉容量/(t/h)(MW)	6 (4.2)	8 (5.6)	10 (7.0)	12 (8.4)	15 (10.5)	18 (12.6)	20 (14)
烟囱出口直径/m	0.60	0.70	0.80	0.85	0.90	0.95	1.00

(3) 最小烟气流速校核

烟囱出口最小流速应经过校核，使其满足式(47-85)的要求。

$$\omega_{s.min} \geqslant 1.5\overline{U}_s \tag{47-86}$$

式中　$\overline{U}_s$——烟囱出口处平均风速，m/s，计算方法见式（47-87）及式（47-88）。

城市丘陵地区：

$$\overline{U}_s = \overline{U}_{10}\left(\frac{H_s}{10}\right)^{0.15} \text{(m/s)} \tag{47-87}$$

平原农村地区：

$$\overline{U}_s = \overline{U}_{10}\left(\frac{H_s}{10}\right)^{0.20} \text{(m/s)} \tag{47-88}$$

式中　$\overline{U}_{10}$——锅炉所在地距地面10m高处最近五年平均风速，当 $\overline{U}_{10}<1.5$m/s 时，取 $\overline{U}_{10}=1.5$m/s；

H_s——烟囱选用的实际几何高度，m。

当 $\omega_{s.min}<1.5\overline{U}_s$ 时，应考虑调整所选烟囱出口内径 d_s 和烟囱高度 H_s。

(4) 烟囱出口内径的计算

应执行《火力发电厂烟风煤粉管道设计技术规程》配套设计计算方法，结合烟囱高度、烟囱型式、排放口型式等方面综合计算，选择适合锅炉房设计工况的烟囱型式和排放口型式。

4.4.2　烟囱高度计算

(1) 所需烟囱最低几何高度

以计算得到的二氧化硫和烟尘排放量中的大值，并根据烟囱烟气热释放率的大小、污染物排放量与烟囱几何高度的关系采用不同的计算公式计算。

当 $Q_H \geqslant 20935$kJ/s，且 $\Delta T \geqslant 35$K 时：

$$M = p\,\overline{U}_{10}\left(H_{s_1}^{a_1} + \frac{b_1 Q_H^{\frac{1}{3}} H_{s_1}^{a_2}}{1.611\overline{U}_{10}}\right)^m \times 10^{-6} \tag{47-89}$$

当 $2094 \leqslant Q_H < 20935$kJ/s，且 $\Delta T \geqslant 35$K 时：

$$M = p\,\overline{U}_{10}\left(H_{s_1}^{a_1} + \frac{b_1 Q_H^{\frac{3}{5}} H_{s_1}^{a_2}}{2.361\overline{U}_{10}}\right)^m \times 10^{-6} \tag{47-90}$$

当 $Q_H < 2094$kJ/s，或 $\Delta T < 35$K 时：

$$M = p\,\overline{U}_{10}\left[H_{s_1}^{a_1} + \left(b_2\omega_s d_s + \frac{b_1 Q_H}{4.187}\right) \times \frac{H_{s_1}^{a_1}}{\overline{U}_{10}}\right]^m \times 10^{-6} \tag{47-91}$$

式中　M——锅炉房二氧化碳和烟尘排放量两者中的较大值（在目前的锅炉烟气排放标准中，粉尘浓度限制要大大低于二氧化硫的限制，因此往往以二氧化硫的排放量作为比较值。这里的 M 值指的是允许通过烟囱排放的污染物排放速率，t/h；

$\overline{U}_{10}$——同式（47-86）；

H_{s1}——根据污染物最大排放量计算的烟囱最低几何高度，m；

ω_s——烟囱出口处实际烟速，m/s；

d_s——烟囱出口内径，m；

p，a_1，a_2，b_1，b_2，m——计算系数，按表 47-34 选取。

表 47-34　计算系数

地区	Q_H(kJ/s)，ΔT(K)	p	a_1	a_2	b_1	b_2	m
城市	$Q_H \geqslant 20935$，且 $\Delta T \geqslant 35$	6.334	1.079	0.596	2.966	—	1.893
	$2094 \leqslant Q_H < 20935$，且 $\Delta T \geqslant 35$	6.334	1.079	0.329	0.975	—	1.893
	$Q_H < 2094$ 或 $\Delta T < 35$	6.334	1.079	−0.071	0.113	4.238	1.893
丘陵	$Q_H \geqslant 20935$，且 $\Delta T \geqslant 35$	9.501	1.079	0.596	2.966	—	1.893
	$2094 \leqslant Q_H < 20935$，且 $\Delta T \geqslant 35$	9.501	1.079	0.329	0.975	—	1.893
	$Q_H < 2094$ 或 $\Delta T < 35$	9.501	1.079	−0.071	0.113	4.278	1.893
平原农村	$Q_H \geqslant 20935$，且 $\Delta T \geqslant 35$	3.903	1.096	0.563	3.645	—	2.075
	$2094 \leqslant Q_H < 20935$，且 $\Delta T \geqslant 35$	3.903	1.096	0.296	1.243	—	2.075
	$Q_H < 2094$ 或 $\Delta T < 35$	3.903	1.096	−0.104	0.127	4.755	2.075

$$Q_H = c_p v_0 \Delta T\ (\text{kW}) \tag{47-92}$$

$$v_0 = 0.785 d_s^2 \omega_s \tag{47-93}$$

$$\Delta T = t_s - t_a \tag{47-94}$$

式中　c_p——标准状况下烟气平均定压比热容，取 $1.382\text{kJ}/(\text{m}^3 \cdot \text{K})$；

v_0——烟囱排烟速率（标准状况），m^3/s；

ΔT——烟囱出口处烟气温度与环境温度的差，K；

t_a——烟囱出口处环境平均温度，K，无此资料可采用所在地气象台最近 5 年地面平均气温代替。

(2) 避免烟气下洗所需烟囱最低几何高度

对"π"型炉 $H_{s_2} = 2.5H_h(\text{m})$　(47-95)

对塔型炉　$H_{s_2} = 2.0H_h(\text{m})$　(47-96)

式中　H_{s_2}——避免烟气下洗所需烟囱最低几何高度，m；

H_h——高炉房屋顶高度，m。

(3) 烟囱实际选取高度

烟囱最后选定的几何高度 H_s 应符合如下几条规定。

① H_s 应高于或等于 H_{s_1} 和 H_{s_2} 中的较大值。

② H_s 应符合烟囱设计模数系列，即 30、45、60、80、100、120、150 等。标准图集《砖烟囱（04G211）》和《钢筋混凝土烟囱（05G212）》提供了 100m 高度烟囱的标准图集供设计选用。标准图集《钢烟囱（08SG213-1）》提供了 30～60m 高自立式钢烟囱的标准图集供设计选用。

③ H_s 应满足项目《环境影响评价报告》的要求，并且烟囱周围 200m 半径内有建筑物时，应高出最高建筑物 3m 以上。燃油（轻柴油）、气锅炉烟囱不低于 8m。

4.4.3　烟气腐蚀性指数

烟气腐蚀性指数计算的目的是确定烟气的腐蚀等级，以便确定烟囱的型式，以及烟囱、烟道内的防腐方法等。当排放有腐蚀烟气时，允许提高出口流速，但当排放强腐蚀性烟气时，筒内不应存在正压；当排放中等腐蚀性烟气时，最大烟压不宜超过 49Pa；当排放腐蚀性烟气时，最大烟压不宜超过 98Pa。

$$K_c = \frac{100S_{ar}}{A_{ar} \times \sum R_x O} \tag{47-97}$$

$$\sum R_x O = CaO + MgO + Na_2O + K_2O \tag{47-98}$$

式中　K_c——烟气腐蚀性指数；

S_{ar}，A_{ar}——燃料收到基硫和灰分的含量，%；

$\sum R_x O$——燃料灰分中碱性氧化物总含量，%。

烟气腐蚀性分级可参考表 47-35 进行。

4.5　鼓、引风机选择及计算

4.5.1　风机选择要点

风机的经常工作区应在其效率最高的范围内。

表 47-35　烟气腐蚀性分级

烟气腐蚀分级	除尘方式	烟气腐蚀性指数 K_c			
		>2.0	1.5～2.0	1.0～1.5	0.5～1.0
强	湿式	△	△	—	—
	干式	△	—	—	—
中	湿式	—	—	△	—
	干式	—	△	—	—
弱	湿式	—	—	—	△
	干式	—	—	△	无侵蚀

注：1. 对于设有脱硫装置的烟囱，烟气对烟囱的腐蚀性按表中降低一级使用，但对于排放弱腐蚀性烟气时，不再降低。

2. 对于不设脱硫装置的烟囱，当计算为排放无腐蚀性烟气时，也应按排放弱腐蚀性烟气考虑。

3. △表示该参数下适用。

负压燃料的锅炉每台炉宜配置送风机及引风机各一台，风机容量应按锅炉额定蒸发量来计算。如果单炉配 2 台以上风机并列运行，风机必须具有宜于并列运行的特性。

选择风机时，必须符合其技术条件所规定的气体温度。

风机的调节装置应设在进口处。一般常用的调节装置有闸板、转动挡板、导向器三种。前两种设备简单但能量损失大，容量较大的风机采用进口导向器调节，能量损失较小。

单炉配 2 台以上风机并列运行时，每台风机出口管道上宜装设关闭用的闸门，以便检修其中一台时其他风机仍能运行。

尽量选择低噪声风机，同时还应采取有效消声措施，如入口处装设消音器、将风机包覆隔声材料，将风机设置在隔声小室等。

风机的旋向要符合项目的需要，使风烟道短直，阻力低。风机旋向一般规定为从电动机端（驱动端）向风机端看，叶轮顺时针旋转，称为右旋风机；叶轮逆时针旋转，称为左旋风机。一般风机旋转角度有七个，见图 47-31。

图 47-31　风机旋向示意图

表 47-36 风机流量与风压的备用系数

机型	送风机		引风机	
炉型	炉排锅炉、循环流化床炉	煤粉锅炉	炉排锅炉、循环流化床炉	煤粉锅炉
流量备用系数 k_1	1.10	1.05	1.10	1.05～1.10
风压备用系数 k_2	1.20	1.10	1.20	1.15～1.20

表 47-37 各海拔相应的大气压

海拔/m	≤200	300	400	600	800	1000	1200	1400	1600	1800
大气压力/kPa	101.32	97.33	95.99	93.73	91.86	89.46	87.46	85.89	83.73	81.86
大气压力/mmHg	760	730	720	403	689	671	656	642	628	614

4.5.2 鼓风机的计算

鼓风机送风量计算见式 47-98。

$$V_{ff}=k_1\alpha_1 B_j V^0\ \frac{273+t_k}{273}\times\frac{101}{b}\ (m^3/h) \tag{47-99}$$

式中 V_{ff}——送风机风量，m^3/h；

k_1——流量备用系数，查表 47-36；

α_1——炉膛过量空气系数，参见表 47-13 和表 47-14；

B_j——锅炉计算燃料量，kg/h，见式（47-70）；

V^0——每千克或每标准立方米燃料完全燃烧所需理论空气量，m^3/kg 或 m^3/m^3，计算方法见第 3.1 小节；

t_k——进入鼓风机的冷空气温度，℃；

b——当地大气压，kPa，根据当地海拔，由表 47-37 查得。

鼓风机风压计算见式（47-100）。

$$H_{ff}=k_2\sum\Delta h_a\ \frac{273+t_k}{273+t_g}\times\frac{101}{b}\times\frac{1.293}{\rho_a^0}\ (Pa) \tag{47-100}$$

式中 H_{ff}——鼓风机风压，Pa；

k_2——风压备用系数，由表 47-36 查得；

$\sum\Delta h_a$——风道总阻力，Pa，计算见式（47-81）；

t_g——送风机铭牌上标出的气体温度，一般为 20℃；

ρ_a^0——标准状态下的空气密度，kg/m^3，一般取 $1.293kg/m^3$。

4.5.3 引风机的计算

引风机风量按式（47-101）计算。

$$V_{if}=k_1 B_j\sum V_g^{i0}\ \frac{273+t_p}{273}\times\frac{101}{b}\ (m^3/h) \tag{47-101}$$

式中 V_{if}——引风机风量，m^3/h；

k_1——流量备用系数，查表 47-36；

$\sum V_g^{i0}$——引风机前计入过量空气系数的每千克或每标准立方米燃料产生的烟气总体积，m^3/kg 或 m^3/m^3，见第 3.1 小节；

t_p——引风机前的排烟温度，℃。

引风机风压按式（47-102）计算。

$$H_{if}=k_2\sum\Delta h_g\ \frac{273+t_p}{273+t_g}\times\frac{101}{b}\times\frac{1.293}{\rho_g^0}\ (Pa) \tag{47-102}$$

式中 H_{if}——引风机风压，Pa；

k_2——风压备用系数，由表 47-36 查得；

$\sum\Delta h_g$——烟道总阻力，Pa，计算见式（47-82）；

t_g——引风机铭牌上标出的气体温度，一般为 20℃；

ρ_g^0——标准状态下的烟气密度，kg/m^3，取 $1.34kg/m^3$。

4.5.4 风机轴功率计算

风机轴功率按式（47-103）计算。

$$N_f=\frac{VH}{3600\times9.81\times102\eta_1\eta_2}\ (kW) \tag{47-103}$$

式中 N_f——风机轴功率，kW；

V——风机风量，m^3/h；

H——风机风压，Pa；

η_1——风机在全压头时的效率，一般风机约为 0.6，高效风机约为 0.9；

η_2——机械传动效率，当风机与电动机直联时 η_2 取 1.0，采用联轴器联结时 η_2 取 0.95～0.98，用三角带传动时 η_2 取 0.90～0.95，用平皮带传动时 η_2 取 0.8。

电动机功率计算按式（47-104）计算。

$$N_d=N_f\beta/\eta_3\ (kW) \tag{47-104}$$

式中 N_d——电动机轴功率，kW；

β——电动机备用系数，按表 47-38 选取；

η_3——电动机效率，通常取 0.90。

表 47-38 电动机备用系数 β

电动机功率/kW	备用系数 β	
	带传动	同一转动轴或联轴器联结
至 0.5	2.0	1.15
至 1.0	1.5	1.15
至 2.0	1.3	1.15
至 2.5	1.2	1.10
＞5.0	1.1	1.10

5 烟气净化

5.1 锅炉大气污染物排放标准

5.1.1 工业锅炉大气污染物排放限制

《锅炉大气污染物排放标准》(GB 13271—2014)规定了工业锅炉烟气中颗粒物、二氧化硫、氮氧化物、汞及其化合物的最高排放浓度限制和黑度限制。它适用于以燃煤、燃油、燃气为燃料，单台锅炉额定出力65t/h及以下蒸汽锅炉、各种容量热水锅炉及有机热载体锅炉；各种容量层燃炉、抛煤机炉。使用型煤、水煤浆、煤矸石、石油焦、油页岩、生物质成型燃料等的锅炉，参照燃煤锅炉的排放控制要求。

新建的锅炉，其大气污染物排放限制执行表47-39的规定。重点地区执行表47-40规定的大气污染物特别排放限制，执行特别排放限制的地域和时间，由国务院环保主管部分或省级人民政府规定。

表47-39 新建锅炉大气污染物排放浓度限制（标准状态）

单位：mg/m^3

污染物项目	限值			污染物排放监控位置
	燃煤锅炉	燃油锅炉	燃气锅炉	
颗粒物	50	30	20	烟囱或烟道
二氧化硫	300	200	50	
氮氧化物	300	250	200	
汞及其化合物	0.05	—	—	
烟气黑度(林格曼黑度)/级	≤1			烟囱排放口

表47-40 大气污染物特别排放限制（标准状态）

单位：mg/m^3

污染物项目	限值			污染物排放监控位置
	燃煤锅炉	燃油锅炉	燃气锅炉	
颗粒物	30	30	20	烟囱或烟道
二氧化硫	200	100	50	
氮氧化物	200	200	150	
汞及其化合物	0.05	—	—	
烟气黑度(林格曼黑度)/级	≤1			烟囱排放口

表47-39和表47-40中烟气污染物浓度都是指标准状态下干烟气中的数据。这些浓度的烟气基准含氧量见表47-41，实测得到的污染物浓度应折算至基准含氧量，折算按照式(47-105)进行。

表47-41 基准含氧量

锅炉类型	基准氧含量(O_2)/%
燃煤锅炉	9
燃油、燃气锅炉	3.5

$$C=C'\times\frac{21-\varphi(O_2)}{21-\varphi'(O_2)}\ (mg/m^3) \tag{47-105}$$

式中 C——大气污染物基准氧含量排放浓度（标准状态），mg/m^3；

C'——实测的大气污染物排放浓度（标准状态），mg/m^3；

$\varphi(O_2)$——实测的氧含量；

$\varphi'(O_2)$——基准氧含量。

5.1.2 火电厂大气污染物排放标准

《火电厂大气污染物排放标准》(GB 13223—2011)规定了火电厂大气污染物排放浓度限值，它适用于现有火电厂大气污染物排放管理，以及新建火电厂的大气污染物排放管理。它适用于单台额定出力65t/h以上除层燃炉、抛煤机炉外的燃煤发电锅炉；单台额定出力65t/h以上燃油、燃气发电锅炉；各种容量的燃气轮机组的火电厂；单台额定出力65t/h以上采用煤矸石、生物质、油页岩、石油焦等燃料的发电锅炉。IGCC机组执行燃用天然气的燃气轮机组排放限值。

火力发电锅炉及燃气轮机组大气污染物排放浓度限值见表47-42。重点地区执行表47-43规定的大气污染物特别排放限值。火力发电锅炉大气污染物排放浓度表示方法同工业锅炉大气污染物排放浓度表示方法，也以标准状态下干烟气的浓度为表示方法，但是它执行的基准含氧量与表47-41不同，见表47-44，折算方法同式(47-105)。

表47-42 火力发电锅炉及燃气轮机组大气污染物排放浓度限值（标准状态） 单位：mg/m^3

序号	燃料和热能转化设施类型	污染物项目	适用条件	限值	污染物排放监控位置
1	燃煤锅炉	烟尘	全部	30	烟囱或烟道
		二氧化硫	新建锅炉	100 200①	
			现有锅炉	200 400①	
		氮氧化物(以NO_2计)	全部	100 200②	
		汞及其化合物	全部	0.03	

续表

序号	燃料和热能转化设施类型	污染物项目	适用条件	限值	污染物排放监控位置
2	以油为燃料的锅炉或燃气轮机组	烟尘	全部	30	烟囱或烟道
		二氧化硫	新建锅炉及燃气轮机组	100	
			现有锅炉及燃气轮机组	200	
		氮氧化物(以 NO_2 计)	新建燃油锅炉	100	
			现有燃油锅炉	200	
			燃气轮机组	120	
3	以气体为燃料的锅炉或燃气轮机组	烟尘	天然气锅炉及燃气轮机组	5	
			其他气体燃料锅炉及燃气轮机组	10	
		二氧化硫	天然气锅炉及燃气轮机组	35	
			其他气体燃料锅炉及燃气轮机组	100	
		氮氧化物(以 NO_2 计)	天然气锅炉	100	
			其他气体燃料锅炉	200	
			天然气燃气轮机组	50	
			其他气体燃料燃气轮机组	120	
4	燃煤锅炉，以油、气体为燃料的锅炉或燃气轮机组	烟气黑度(林格曼黑度)/级	全部	1	烟囱排放口

注：1. 位于广西壮族自治区、重庆市、四川省和贵州省的火力发电锅炉执行该限值。

2. 采用W型火焰炉膛的火力发电锅炉，现有循环流化床火力发电锅炉，以及2003年12月31日前建成投产或通过建设项目环境影响报告书审批的火力发电锅炉执行该限值。

表 47-43　大气污染物特别排放限值（标准状态）

单位：mg/m^3

序号	燃料和热能转化设施类型	污染物项目	适用条件	限值	污染物排放监控位置
1	燃煤锅炉	烟尘	全部	20	烟囱或烟道
		二氧化硫	全部	50	
		氮氧化物(以 NO_2 计)	全部	100	
		汞及其化合物	全部	0.03	
2	以油为燃料的锅炉或燃气轮机组	烟尘	全部	20	
		二氧化硫	全部	50	
		氮氧化物(以 NO_2 计)	燃油锅炉	100	
			燃气轮机组	120	
3	以气体为燃料的锅炉或燃气轮机组	烟尘	全部	5	
		二氧化硫	全部	35	
		氮氧化物(以 NO_2 计)	燃气锅炉	100	
			燃气轮机组	50	
4	燃煤锅炉，以油、气体为燃料的锅炉或燃气轮机组	烟气黑度(林格曼黑度)/级	全部	1	烟囱排放口

表 47-44　火电厂基准氧含量

序号	热能转化设施类型	基准氧含量(O_2)/%
1	燃煤锅炉	6
2	燃油锅炉及燃气锅炉	3
3	燃气轮机组	15

5.1.3　更严格的电站锅炉烟气污染物排放限制要求

国家发改委、环保部、国家能源局三部委于2014年9月12日下发了《煤电节能减排升级与改造行动计划（2014～2020年）》，规定了新建电站锅炉的主要大气污染物排放浓度限制，在基准含氧量6%的条件下（标准状态），粉尘、二氧化硫、氮氧化物排放浓度分别不高于$10mg/m^3$、$35mg/m^3$、$50mg/m^3$。它将我国电站锅炉大气污染物排放分为东、中、西部三个区域，东部地区要基本达到排放限值；中部地区要接近或达到排放限制；西部地区鼓励接近或达到排放限值。

5.2　烟气污染物排放浓度计算

5.2.1　烟气污染物排放量

(1) 二氧化硫排放量计算

二氧化硫排放量按式（47-106）计算。

$$M_{SO_2}=2B\times\left(1-\frac{q_4}{100}\right)\times\frac{S_{ar}}{100}\times\frac{\eta_1}{100}\times\left(1-\frac{\eta_{SO_2\text{-}1}}{100}\right)\times\left(1-\frac{\eta_{SO_2\text{-}2}}{100}\right)\times\left(1-\frac{\eta_{SO_2\text{-}3}}{100}\right)\ (t/h)\quad(47\text{-}106)$$

式中　M_{SO_2}——烟囱排入大气的二氧化硫排放量，t/h；

B——接入该烟囱的所有运行锅炉在额定出力时的总煤耗，如果考虑扩建锅炉也需要接入该烟囱，则扩建锅炉的煤耗量也应计入；

q_4——锅炉机械未完全燃烧热损失，%；

S_{ar}——燃料收到基全硫分，%；

η_1——燃料中的硫含量在炉内转变为二氧化硫的份额，根据炉型不同，链条炉可取0.8～0.85，煤粉炉可取0.9～0.92，沸腾炉可取0.8～0.85；

$\eta_{SO_2\text{-}1}$——锅炉炉内脱硫效率，%，按锅炉制造商资料取值；

$\eta_{SO_2\text{-}2}$——烟气采用湿式除尘器时，除尘的同时附带脱除烟气中部分二氧化硫的效率，%，可按表47-45选取；

$\eta_{SO_2\text{-}3}$——炉外烟气脱硫装置脱硫效率，%，按脱硫装置制造商资料取值。

表47-45 除尘器脱硫效率

除尘器形式	干式除尘器	水膜除尘器	文丘里式除尘器
除硫效率 η_{SO_2}/%	0	5	0

(2) 粉尘排放量计算

粉尘排放量计算按式(47-107)计算。

$$M_A=\left(1-\frac{q_c}{100}\right)\times m_a(t/h) \qquad (47\text{-}107)$$

$$m_a=B\times\left(\frac{A_{ar}}{100}+\frac{q_4}{100}\times\frac{Q_{net.ar}}{8100\times4.187}\right)\times\frac{\alpha_{fh}}{100}\ (t/h) \qquad (47\text{-}108)$$

式中 M_A——烟尘排放量，t/h；

m_a——除尘器进口烟尘量，t/h；

q_c——除尘器效率，%；

A_{ar}——燃料收到基灰分，%；

$Q_{net.ar}$——燃料收到基低位发热量，kJ/kg；

α_{fh}——锅炉排烟带出的烟尘份额，%，根据锅炉说明书选取，无资料时可按表47-46选取。

表47-46 锅炉带出的烟尘份额选用表

炉型	抛煤炉	链条炉	煤粉炉		旋风炉		沸腾炉	循环流化床炉
			固态排渣炉	液态排渣	立式	卧式		
α_{fh}	20	30	90	60	40	20	60	60～65

(3) 氮氧化物排放量计算

锅炉燃烧产生的氮氧化物影响因素很多，除与燃料中的氮元素有关外，还与空气过剩系数、炉型、燃烧器结构、燃烧温度等有关。它的产生量没有固定方法，可以通过经验公式和经验图表查取。一般锅炉排放的氮氧化物由锅炉制造商提供。

5.2.2 大气污染物排放浓度计算

无论是《锅炉大气污染物排放标准》(GB 13271—2014)还是《火电厂大气污染物排放标准》(GB 13223—2011)，它们对于污染物浓度的定义，都是以干烟气和规定的氧浓度作为基础的。这主要是为了避免被监测锅炉排烟时人为地向烟气中额外注入水蒸气和空气，降低污染物浓度。例4中，以工业锅炉设计代表性用煤山东良庄的Ⅱ类烟煤作为燃料，比较相同排放速率下，烟囱出口污染物在湿、干烟气中的浓度值。

例4 锅炉房设10t/h燃煤链条炉一台，操作压力1.0MPa，饱和温度，以山东良庄的Ⅱ类烟煤作为燃料，请为锅炉配置除尘设施，保证锅炉烟气粉尘达标排放。

已知条件如下。

山东良庄Ⅱ类烟煤煤质资料：V_{daf}—38.5%；C_{ar}—46.55%；H_{ar}—3.03%；O_{ar}—6.11%；N_{ar}—0.86%；S_{ar}—1.94%；A_{ar}—32.48%；M_{ar}—9.0%；$Q_{net.ar}$—17690kJ/kg。

燃烧空气温度选20℃；选用锅炉热效率76.9%；锅炉供汽焓2780.67kJ/kg；锅炉给水焓435.99kJ/kg；炉水焓781.20kJ/kg。

采用文丘里水膜除尘器，脱硫率不低于90%，除尘效率不低于98%。

计算过程如下。

$$\begin{aligned}V^0&=0.0889C_{ar}+0.265H_{ar}+0.0333S_{ar}-0.0333O_{ar}\\&=0.0889\times46.55+0.265\times3.03+0.0333\times1.94-0.03333\times6.11=4.80\ (m^3/kg)\end{aligned}$$

$$\begin{aligned}V_y^0&=V_{RO_2}+V_{N_2}^0+V_{H_2O}^0\\&=0.01866C_{ar}+0.007S_{ar}+0.008N_{ar}+0.79V^0+0.0124M_{ar}+0.111H_{ar}+0.0161V^0+1.24G_{wh}\\&=0.01866\times46.55+0.007\times1.94+0.008\times0.86+0.79\times4.80+0.0124\times9.0+0.111\times3.03+0.0161\times4.80+1.24\times0\\&=5.21\ (m^3/kg)\end{aligned}$$

烟囱出口处的空气过量系数α，根据表47-13和表47-14的数据，这里选$\alpha_1=1.3$。各部位漏风系数$\Delta\alpha$选择：炉膛0.1，放渣管0，省煤器0.08，空气预热器（管式）0.06，一级除尘器（多管式）0.05，二级除尘器（文丘里水膜式）0.05，总长20m炉后钢烟道0.02。烟囱排放口α总计1.56（α_1为炉膛出口过量空气系数，炉膛漏风系数已经包含在内）。

实际烟气体积如下。

$$\begin{aligned}V_y&=V_y^0+1.0161(\alpha-1)V^0\\&=5.21+1.0161\times(1.56-1)\times4.80\\&=7.94\ (m^3/kg)\end{aligned}$$

实际干烟气体积如下。

$$\begin{aligned}V_y^g&=V_y-V_{H_2O}\\&=V_y-[V_{H_2O}^0+0.0161\times(\alpha-1)V^0]\\&=V_y-[0.0124M_{ar}+0.111H_{ar}+0.0161V^0+1.24G_{wh}+0.0161\times(\alpha-1)\times4.80]\\&=7.94-[0.0124\times9.0+0.111\times3.03+0.0161\times4.80+1.24\times0+0.0161\times(1.56-1)\times4.80]\end{aligned}$$

$=7.37\ (m^3/kg)$

实际干烟气中氧气浓度如下。

$$\varphi(O_2)=\frac{0.21\times(\alpha-1)V^0}{V_y^g}=\frac{0.21\times(1.56-1)\times4.80}{7.37}$$

$$=7.7\%$$

$$Q_r=Q_{net.ar}+h_r+Q_w+Q_{zy}$$

$$=17690+0+0+0=17690\ (kJ/kg)$$

式中，由于锅炉为小型燃煤炉，因此燃料物理热 h_r、冷空气加热额外输入热量 Q_w 可忽略，也没有雾化蒸汽热量 Q_{zy} 输入，因此后三项为0。

初始粉尘排放量（按1kg燃料计算）如下。

$$m_a^0=B\times\left(\frac{A_{ar}}{100}+\frac{q_4}{100}\times\frac{Q_{net.ar}}{8100\times4.187}\right)\times\frac{\alpha_{fh}}{100}$$

$$=1\times\left(\frac{32.48}{100}+\frac{8}{100}\times\frac{17690}{8100\times4.187}\right)\times\frac{20}{100}$$

$$=0.073\ (kg/kg)$$

式中，q_4 取8%。

经过除尘器后烟囱排放量如下。

$$m_a=m_a^0\times\left(1-\frac{q_{fh.c}}{100}\right)$$

$$=0.073\times\left(1-\frac{98}{100}\right)$$

$$=1460\ (mg/kg 煤)$$

烟囱出口干烟气粉尘浓度（标准状态）如下。

$$C'_{fc}=\frac{m_a}{V_y^g}=\frac{1460}{7.37}=198.1\ (mg/m^3)$$

折合至GB 13271标准计算基准下，烟囱出口粉尘浓度为：

$$C_{fc}=C'_{fc}\times\frac{21-\varphi(O_2)}{21-\varphi'(O_2)}=198.1\times\frac{21-9.0}{21-7.7}$$

$$=178.7\ (mg/m^3)$$

二氧化硫初始排放量如下。

$$m_{SO_2}^0=2B\times\left(1-\frac{q_4}{100}\right)\times\frac{S_{ar}}{100}\times\frac{\eta_1}{100}$$

$$=2\times1\times\left(1-\frac{8}{100}\right)\times\frac{1.94}{100}\times\frac{80}{100}$$

$$=28556.8\ (mg/kg 煤)$$

式中，η_1 取80%。

经过除尘脱硫塔后烟囱排放量如下。

$$m_{SO_2}=m_{SO_2}^0\times\left(1-\frac{q_{SO_2\cdot c}}{100}\right)$$

$$=28556.8\times\left(1-\frac{90}{100}\right)$$

$$=2855.7\ (mg/kg 煤)$$

烟囱出口干烟气二氧化硫浓度（标准状态）如下。

$$c'_{SO_2}=\frac{m_{SO_2}}{V_y^g}=\frac{2855.7}{7.37}=387.48\ (mg/m^3)$$

折合至GB 13271标准计算基准下，烟囱出口二氧化硫浓度为：

$$c_{SO_2}=c'_{SO_2}\times\frac{21-\varphi(O_2)}{21-\varphi'(O_2)}=387.48\times\frac{21-9.0}{21-7.7}$$

$$=349.6\ (mg/m^3)$$

当脱硫效率取91.5%时，c_{SO_2} 计算结果为 297.2mg/m³。

GB 13271中规定燃煤炉的粉尘排放限制为50mg/m³，二氧化硫排放限值为300mg/m³，显然采用一级文丘里水膜除尘器粉尘排放达不到规范要求，需要提高除尘效率或者设置二级除尘器，使排放浓度能达到规范要求。文丘里水膜除尘器脱硫效率需要达到91.5%以上才能达标排放。

静电除尘器、袋式除尘器等除尘器可以做到99%以上的除尘效率。多管除尘器可以达到90%以上，XD型甚至能达到95%以上。就本例中采用的10t/h锅炉而言，采用静电除尘器和袋式除尘器相对多管除尘器来说投资额要高很多，这里只要在脱硫塔前再增加一级多管除尘器，即可将烟囱出口烟气中的飞灰浓度将至规范要求额限值以下。

$$m_{a2}=m_a^0\times\left(1-\frac{q_{fh.c1}}{100}\right)\times\left(1-\frac{q_{fh.c}}{100}\right)$$

$$=0.073\times\left(1-\frac{95}{100}\right)\times\left(1-\frac{90}{100}\right)$$

$$=365.0\ (mg/kg 煤)$$

$$c'_{fc2}=\frac{m_{a2}}{V_y^g}=\frac{365.0}{7.37}=49.5\ (mg/m^3)$$

$$c=c'_{fc2}\times\frac{21-\varphi(O_2)}{21-\varphi'(O_2)}=49.5\times\frac{21-9.0}{21-7.7}$$

$$=44.7\ (mg/m^3)$$

式中 $q_{fh.c1}$——第一级多管除尘器除尘效率，取95%；

$q_{fh.c}$——第二级文丘里管水膜除尘器的除尘效率，取90%。

两级除尘效率总计99.5%，这样计算得到烟囱排放口干烟气粉尘浓度为44.7mg/m³，可以满足排放限制50mg/m³的要求。

由于采用湿式除尘器，烟气在进脱硫塔之前需要在文丘里管内饱和降温，按照烟气降温60℃计算，1kg燃料需要降温水0.24kg，则烟囱出口处烟气实际湿烟气体积 $V_{y.s}$ 为：

$$V_{y.s}=V_y+V_{jws}=V_y+\gamma_w G_{jws}$$

$$=7.94+1.67\times0.24=8.34\ (m^3/kg)$$

在计算第一级多管除尘器时，设计除尘效率采用95%。实际运行中，锅炉负荷会根据用汽量变化而变化，如果锅炉负荷下降到70%以下，除尘器效率将下降1%，这时烟囱排烟口粉尘浓度为53.6mg/m³，已经超过了规范限值。如果采用湿烟气体积计算污染物浓度，则这时的粉尘浓度为47.4mg/m³，数值上是满足规范要求的，但实际上它已经超标了。

5.3　烟气处理技术

锅炉烟气污染物主要就是粉尘、氮氧化物、二氧化硫、汞及其化合物。

5.3.1　除尘

对于除尘器来说，一般有三个通用指标来表征设备的性能。

第一项为除尘效率。这是设备最重要的性能指标，它指除尘器在密闭不漏风的条件下，除尘器进出口（折算到标准状态下）烟气含尘浓度的比值。一般产品样本上提供的除尘效率是工程热态实验实测数据，由于锅炉烟气参数、燃料及进口风速不同，工程实际效率会有不同程度的变化。由于干式旋风除尘器对不同粒径和不同质量烟尘的集尘效果不同，选用时应尽可能获取产品的进口风速、效率和阻力变化曲线，以及除尘器分级效率和分割粒径。分级效率是指除尘器对烟气中不同的粉尘粒径所表现的不同的分离效率，用不同粒径范围对应不同的分离效率列表表示，分级效率为 50%所对应的烟尘粒径称为分割粒径，用 d_{c50} 表示。d_{c50} 越小，旋风除尘器性能越好。

第二项为烟气处理量。某一除尘器的处理烟气量是指除尘器在其整体设计时所确定的进口风速条件下，除尘器的处理容量，应与锅炉出口烟气量相适应，如有差异，应注意除尘器效率和阻力的变化。锅炉出口烟气量及其他参数应从制造厂烟、风计算书中获得，也可按表 47-47 估算。

表 47-47　产生 1t/h 蒸汽的烟气量估算

单位：m^3/h

燃烧方式	α	排烟温度/℃		
		150	200	250
层燃炉	1.7	2520	2820	3120
流化床炉	1.5	2300	2570	2840
煤粉炉	1.35	2100	2360	2620

若进除尘器烟气的过量空气系数与产品样本或表 47-47 不同，则烟气量需要按照式（47-109）进行换算。

$$Q'=\frac{\alpha'}{\alpha}Q\ (m^3/h) \qquad (47\text{-}109)$$

式中　Q'——经折算的实际烟气量，m^3/h；

α'——实测的过量空气系数；

α——过量空气系数，产品样本提供，或从表 47-47 查取；

Q——实际烟气量，产品样本提供，或从表 47-47 查取，m^3/h。

第三项为除尘器阻力。除尘器阻力在不同的入口风速下会有较大改变，产品样本提供的数值是在其设定的入口风速值时的折算阻力（标准大气压下，200℃），用 Pa 表示，湿式除尘器在计算除尘系统阻力时，应考虑烟气温降对阻力的影响。一般除尘器的阻力范围，干式旋风类为 600～1200Pa；静电式为 200～300Pa；布袋过滤式为 1200～1600Pa；湿式除尘为 500～1100Pa（带文丘里管）。

(1) 干式旋风除尘器

干式旋风除尘器一般在 35t/h 以下锅炉上使用，目前使用较多的型号性能见表 47-48。设备的详细性能参数、外形尺寸应按照制造商提供的资料选用。

(2) 湿式除尘器

湿式除尘器常用于蒸发量为 65t/h 及以下锅炉，常用的湿式除尘器分为单筒水膜、文丘里水膜和冲击水浴式三种。这三种方法都是以水来冲刷烟气或在烟气内喷淋来达到凝集粉尘进而除尘的目的。烟气中的硫、氯等会溶于水中，使水呈酸性，因此从防腐角度考虑，湿式除尘器一般都以花岗石作为砌筑材料，减少维护费用。为了规范湿式除尘器设计制造技术条件，国家环保总局发布了《环境保护产品技术要求花岗石类湿式烟气脱硫除尘装置》（HJ/T 319—2006），对这类设备的性能做出了规定，见表 47-49。湿式除尘器往往也被作为脱硫装置使用。设备的详细性能参数和外形尺寸应按照制造商提供的资料选用。

(3) 电除尘器

电除尘器是利用静电作用的原理捕集粉尘的设备，它和其他除尘器相比，具有除尘效率高、设备阻力小、适用范围广、可处理大风量烟气、一次投资较大的特点。电除尘器选择应依据锅炉排尘特性（烟气量、烟温、含尘浓度、粒径分布、黏性、粉尘比电阻）、当地排放标准、投资额和占地面积等因素综合评价后确定。对于循环流化床炉进行炉内脱硫后的烟气，要判断是否会发生反电晕现象，使电除尘器达不到设计效率。

表 47-48　干式旋风除尘器性能

序号	项目	单位	QT 型	FOS 型	99 陶瓷多管	KL 陶瓷多管	XD 型多管
1	适用锅炉容量	t/h	10～35				
2	热态除尘效率	%	≥92	92～94	≥93	≥9	93～95
3	阻力(200℃)	Pa	760	900～1200	800～1100	800～1000	751～883
4	分割粒径 d_{c50}	μm	7.2	2.5	3.4～4		2.9～3.5
5	结构特征		多筒组合,矩形或圆周布置	带预分离均流室,灰斗有抽气二次分离器	陶瓷多管平面组合	陶瓷多管平面组合,可两级串联	

表 47-49 湿式烟气脱硫除尘装置技术性能

类别	循环水利用率/%	脱硫效率/%	除尘效率/%	阻力/Pa	液气比/(L/m³)	漏风率/%	烟气含湿量/%
第Ⅰ类	≥85	>30	≥95	<1500	<2	<7	≤8
第Ⅱ类	≥85	>80	≥95	<1500	<1	<7	≤8

注：1. 第Ⅰ类定义为利用锅炉自身产生的碱性物质作为脱硫剂来降低烟气中二氧化硫排放浓度的脱硫除尘装置，如锅炉排污水等。

2. 第Ⅱ类定义为通过添加化学脱硫剂（碱性物质）降低烟气中二氧化硫排放浓度的脱硫除尘装置。

3. 对第Ⅱ类脱硫除尘装置，脱硫效率的测定应控制碱液的 pH 值≤10.0。

《电除尘器》（JB/T 5910—2013）规定了表征电除尘器的参数，包括入口烟气量（BMCR 工况状态，m^3/h）、入口烟尘浓度（g/m^3）、烟气温度（℃）及压力（Pa）、设计正/负压（Pa）、出口烟尘浓度（mg/m^3）、保证除尘率（%）、本体阻力（Pa）、本体漏风率（%）、灰样分析资料和煤质分析资料。另外还要求建设单位提供烟气露点温度（℃）、烟气含湿量（%）、建设地气象及地理条件。

对于锅炉烟气除尘用的电除尘器，制造商基本上都已经按照锅炉蒸发量制成了系列产品，在设计前期阶段，锅炉房设计人员可以按照厂家样本选用。在初步设计阶段及之后，需要与制造商沟通具体细节，签订技术协议之后才能最终选用。表 47-50 为 GD 型管极式电除尘器主要技术参数。如图 47-32 所示为 GD 型电除尘器外形示意图。

(4) 布袋（袋式）除尘器

布袋除尘器通过织物过滤方式集尘，因此除尘效率可以稳定在 99.95%以上。布袋除尘器目前比较先进的清灰方式为低压脉冲离线清灰方式，它采用外滤式除尘，压缩空气脉冲清灰，过滤区全封闭，离线维修时除尘器可保持正常运行。布袋式除尘器的关键部件为布袋，它采用聚苯硫醚（PPS）、聚四氟乙烯（PTFE）、聚酰亚胺（PI）三种材料制造，按照使用场合采用其中一种或几种复合制造，使用条件见表 47-51。

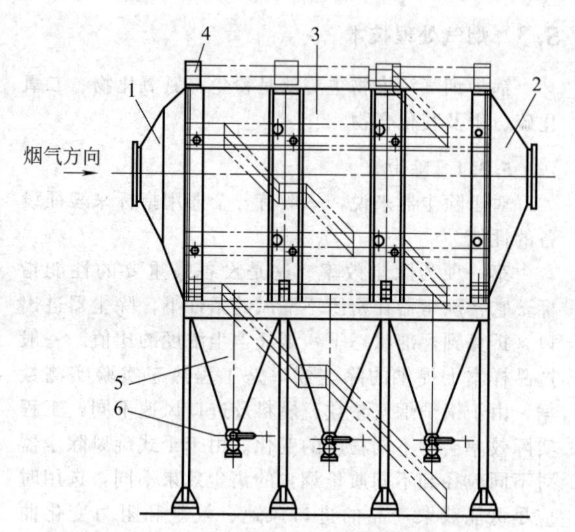

图 47-32 GD 型管极式电除尘器外形示意图
1—进口导流管；2—出口导流管；3—本体；4—电极振打装置；5—灰斗；6—出灰装置

在除尘器进口应设有紧急喷水系统，在进口烟气温度突然升高时喷水降温以保护滤袋。除尘器内部一般还设有旁路，在启动锅炉投油辅助燃烧的时候烟气走旁路，以保护滤袋。

35～220t/h 锅炉配用的低压脉冲布袋除尘器规格见表 47-52，如图 47-33 所示为低压脉冲布袋除尘器的外形图。

表 47-50 GD 型管极式电除尘器主要技术参数

序号	项目	单位	技术参数			
			35t/h 锅炉	75t/h 锅炉	130t/h 锅炉	220t/h 锅炉
1	规格型号		GD30-Ⅲ	GD50-Ⅲ	GD80-Ⅲ	GTD-120Ⅲ
2	处理烟气量	m^3/h	105000	175000	270000	460000
3	进口含尘浓度(标准状态)	g/m^3	≤25	≤35	≤35	≤35
4	出口含尘浓度(标准状态)	mg/m^3	≤100			
5	进口烟气温度	℃	140～160			
6	除尘器有效截面	m^2	30	50	80	120
7	烟气有效停留时间	s	9.3	9.26	8.65	8.49
8	电场风速	m/s	0.97	0.97	1.04	1.06
9	设备耐压	Pa	－5000～－6000			
10	设备总阻力	Pa	≤250～300			
11	同极间距	mm	400			
12	电场数/室数	个	4/1			
13	电晕极形式		鱼骨线＋辅助电极			
14	集尘极形式		管极式			

续表

序号	项 目	单位		技术参数			
				35t/h锅炉	75t/h锅炉	130t/h锅炉	220t/h锅炉
15	漏风率	%		≤3			
16	除尘效率	%		99.6	99.7	99.7	99.7
17	总装机容量	低压	kW	35	35	40	95
		高压	kV·A	75	110	160	265
18	除尘器有效长×宽×高	mm		18440×7500×12790	19460×9100×15200	21400×10800×18400	20920×13400×18120

表 47-51 滤袋使用条件

滤料代号	袋式除尘器入口烟气参数						
	长期运行温度/℃	瞬时运行温度/℃	氧气(O_2)	水分(H_2O)	二氧化硫(SO_2)	氮氧化物(NO_x)	二氧化氮(NO_2)
			/%(体积分数)		/(mg/m³)		
PPS/PPS	≤160	190	≤8	≤10	≤1500	≤400	≤15
PPS/PTFE	≤165	200	≤8	≤10	≤2000	≤400	≤20
PPS+PI/PPS	≤160	190	≤8	≤10	≤1500	≤400	≤15
PPS+PI/PTFE	≤165	200	≤8	≤10	≤2000	≤400	≤20
PTFE/PTFE	≤240	260	—	—	—	—	—
PTFE+PI/PTFE	≤240	260	≤21	≤15	≤3000	≤500	≤50
PTFE+PPS/PTFE	≤170	210	≤10	≤15	≤3500	≤500	≤50

表 47-52 低压脉冲布袋除尘器性能规格

序号	项 目	单位	技术参数			
			35t/h锅炉	75t/h锅炉	130t/h锅炉	220t/h锅炉
1	处理风量	m³/h	110000	168000	268350	42800
2	过滤风速	m/min	1.20	0.97	1	1
3	过滤面积	m²	1520	2900	4557	7150
4	气布比	m/(min·m²)	1.20	0.97	1	1
5	滤袋规格	mm	ϕ160×6000			
6	滤袋材质		PPS611CS17			
7	袋笼材质		20号钢	20号钢	不锈钢	不锈钢
8	滤袋数量	条	504	960	1512	2352
9	分仓室数	仓×室	1×3	1×8	2×6	2×6
10	单室滤袋数	条	168	120	126	196
11	设备总阻力	Pa	1200～1600			
12	除尘效率	%	≥99.98			
13	进口含尘浓度(标准状态)	g/m³	50			
14	出口含尘浓度(标准状态)	mg/m³	≤30			
15	进口烟气温度	℃	160～180			
16	漏风率	%	≤2			
17	清灰方式		低压脉冲离线清灰			
18	脉冲阀数量	个	36	64	108	168
19	喷吹时间	s	0.08			
20	喷吹压力	MPa	0.12			
21	压缩空气耗量	m³/阀次	0.2～0.3			
22	喷吹间隔	s	5～20			
23	卸灰阀数量	个	3	6	12	12
24	卸灰阀功率	kW	1.1			
25	设备质量	t	约58	约130	约165	约270
26	外形尺寸	mm	9300×4900×13755	17400×5500×15750	14400×9900×15300	22500×10700×18850

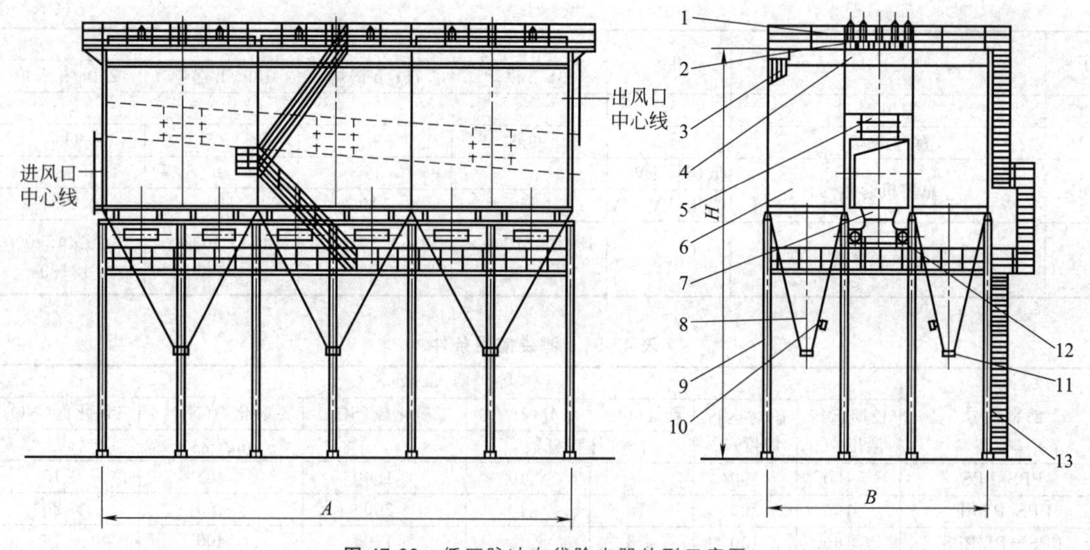

图47-33　低压脉冲布袋除尘器外形示意图

1—喷吹系统；2—离线装置；3—滤袋组合；4—上箱体；5—旁通阀；6—下箱体；7—分配烟道；8—灰斗；9—支架；10—清堵空气炮；11—插板阀；12—风量调节阀；13—扶梯平台

(5) 电袋除尘器

近几年由于雾霾的大面积爆发，国家对于大气污染物中粉尘排放的要求越来越高，目前对于电厂燃煤锅炉，GB 13223—2011 要求低于 $30mg/m^3$，2014 年环保部等三部委发布的《煤电节能减排升级与改造行动计划（2014～2020 年）》要求粉尘浓度低于 $10mg/m^3$，某些地方甚至要求低至 $5mg/m^3$。在这种情况下，单纯采用静电除尘所需要的设备将非常庞大；采用袋式除尘器则由于布袋阻力大，运行费用将增加。电袋复合式除尘器的出现，则将静电除尘器和布袋除尘器两种设备的优点结合在一起，在满足高标准排放、适应各种变工况的条件下，具有很高的先进性和经济性。

电袋复合除尘器是指在一个箱体内电场区和滤袋区，将静电和过滤两种除尘技术复合在一起的除尘器。它的除尘性能几乎不受煤种、烟灰特性影响，容易实现微量排放。运行阻力比常规布袋除尘器低，它的除尘工作 80%～90%在电场区完成，袋区负荷量小，更容易实现高的除尘效率。如图 47-34 所示为电袋除尘器设备结构及工作原理。

电袋除尘器使用条件为：

① 进口含尘气体温度不大于 250℃，这主要是考虑气体温度不超过滤料允许使用温度；

② 标准状态下进口气体含尘浓度（干基）不大于 $1500g/m^3$；

③ 工况条件下，含尘气体压力在 −20.0～10.0kPa范围内。

电袋除尘器使用性能要求为：

① 除尘器出口气体粉尘浓度应达到合同规定限值要求；

② 除尘器本体（进出口法兰间）压力降≤1200Pa（过滤风速≥1.3m/min 时）；

③ 除尘器漏风率应≤3%；

④ 滤袋使用寿命不低于 2 年，在 2 年内滤袋年破损率≤1%。

需要注意的是，除尘器出口的粉尘浓度并不一定是烟囱排放浓度。一般锅炉烟气处理流程中在除尘器之后还需烟气脱硫，由于烟气夹带的作用，脱硫塔出口的粉尘浓度要高于除尘器出口浓度。所以整个烟气处理流程需要统一考虑粉尘去除问题，以及各个烟气处理部件的处理能力，使烟囱排放的烟气粉尘浓度能够达到规范要求的限值。

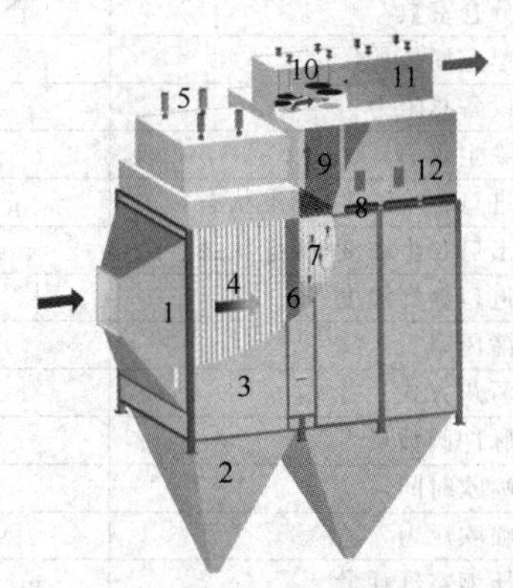

图47-34　电袋除尘器设备结构及工作原理

1—进气烟箱；2—灰斗；3—壳体；4—收尘极；5—振打装置；6—导流装置；7—滤袋；8—清灰系统；9—净气室；10—提升机构；11—出气烟箱；12—人孔门

5.3.2　脱硝

锅炉烟气中 NO_x 的来源有三个途径，第一个途径为空气中的氮在高温下氧化产生的氮氧化物，称为“热力氮”；第二个为碳化氢燃料过浓时燃烧产生的氮氧化物，称为“快速氮”；第三个为燃料中氮的化合物在燃烧过程中氧化而产生的氮氧化物。NO_x 的主要成分为 NO、NO_2，其中 NO 占到 90%以上。烟气 NO_x 脱除主要是从两个方面着手，第一个为从 NO_x 产生端来降低 NO_x 产生量，主要方法为采用低氮燃烧技术，诸如分段燃烧等方法；第二个为将烟气中已产生的 NO_x 转化为氮气，从而达到脱硝的目的，诸如 SCR 等方法。本小节中介绍的主要是第二个方面的脱除技术。

烟气脱硝技术最常用的有三种方法，分别是 SNCR 法、SCR 法、SNCR＋SCR 联合法。这三种方法从原理上来说都是氨与 NO_x 反应，将 NO_x 还原为氮气。

(1) SNCR 脱硝工艺

① SNCR 脱硝工艺过程化学　SNCR 的最佳反应温度为 870～1150℃这一狭窄区域内，在无催化剂作用下，NH_3 或尿素等还原剂选择性地还原烟气中的 NO_x。

当采用 NH_3 为还原剂，反应方程式为式（47-110）。

$$4NH_3+4NO+O_2 \longrightarrow 4N_2+6H_2O \quad (47\text{-}110)$$

当采用尿素为还原剂，反应方程式为式（47-111）～式（47-113）。

$$(NH_4)_2CO \longrightarrow 2NH_2+CO \quad (47\text{-}111)$$

$$NH_2+NO \longrightarrow N_2+H_2O \quad (47\text{-}112)$$

$$CO+NO \longrightarrow N_2+CO_2 \quad (47\text{-}113)$$

② SNCR 系统设计性能指标　SNCR 脱硝工艺的脱硝效率不宜高于 40%。对于电厂锅炉来说，其烟气 NO_x 浓度（标准状态，下同）普遍超过 400mg/m³，即使采用低氮燃烧技术，锅炉排放的 NO_x 浓度还超过 200mg/m³。显然以 SNCR 工艺 40%的脱除效率，最终排放浓度也是远远超过 GB 13223 的排放限值 100mg/m³ 的。但是对于工业锅炉，SNCR 是适用的。对于燃油锅炉来说，采用普通低氮技术的燃烧器，锅炉烟气 NO_x 不高于 250mg/m³，SNCR 系统只要有 20%的脱除效率就可以满足 GB 13271 规定的排放限制为 200mg/m³。

SNCR 系统应能满足锅炉正常运行工况下任何负荷安全连续运行，并能适应机组负荷变化和机组启停次数。

SNCR 工艺的氨逃逸浓度应控制在 8mg/m³ 以下。《火力发电厂烟气脱硝设计技术规程》对于燃料硫含量低于 1%的燃煤，氨逃逸度不宜大于 15μL/L，即 11.4mg/m³。

还原剂投加应在最佳烟气温度区间内，尿素作为还原剂时最佳反应温度为 900～1150℃；氨作为还原剂最佳反应温度为 870～1100℃。

③ 还原剂选用　还原剂宜采用尿素，也可采用液氨和氨水。在工程上，尿素一般以固体或者水溶液运输和储存，毒性和火灾危险性要远低于液氨和氨水，卫生防护和设备防火防爆的费用也低。尿素在炉膛内热分解，生成物为 NH_2 和 CO，两者都可以参与还原反应［见式（47-111）和式（47-112)］，还原剂利用率高。液氨和氨水一般适用于中小型锅炉，特别是燃油气锅炉。油气锅炉设计结构紧凑，适合尿素反应的温度窗口低，还原剂在最佳反应区停留时间短，它需要先分解再反应，对于油气炉来说，氨的逃逸率控制比煤炉要难得多。

④ 主要设备设计　尿素作为还原剂时，宜将其配成 50%浓度的溶液保存，并且储罐应保温，防止尿素结晶。如果采购的尿素为固体时，需要设置溶解设备，并且设备宜室内布置。

尿素罐总储存容积不宜小于锅炉额定工况下 5 天的耗量。

尿素罐至锅炉的输送系统，宜按多台炉合用一套尿素输送系统设计，输送系统需要设置伴热设施。输送泵宜采用离心泵，并设有备用泵。

计量分配和稀释系统宜按照一炉一套设置。稀释水宜采用除盐水。尿素系统宜采用不锈钢材料。

(2) SCR 脱硝工艺

SCR 脱硝工艺指的是利用还原剂在催化剂作用下有选择地与烟气中的 NO_x 发生化学反应，生成氮气和水的方法。目前常用的催化剂其主要成分为氧化钒和氧化钛，一般制成蜂窝状、波纹状或平板状填充入 SCR 反应器，安装在烟道中。

① SCR 脱硝工艺过程化学　SCR 的最佳反应温度为 300～420℃这一狭窄区域内，在催化剂作用下，还原剂选择性地还原烟气中的 NO_x。反应方程式如下。

$$4NH_4+4NO+O_2 \longrightarrow 4N_2+6H_2O \quad (47\text{-}114)$$

$$4NH_4+2NO_2+O_2 \longrightarrow 3N_2+6H_2O \quad (47\text{-}115)$$

② SCR 系统设计性能指标　在催化剂最大装入量情况下，SCR 工艺设计效率不应低于 80%。除此之外，经 SCR 系统的烟气 NO_x 浓度还应满足锅炉大气污染物排放限值的规定。

SCR 系统应能满足锅炉最低稳燃负荷和额定负荷之间的任何工况之间安全连续运行，当锅炉最低稳燃负荷工况下烟气温度不能达到催化剂运行温度时，应采取相应措施以提高反应器进口烟气温度。SCR 系统不得设置反应器旁路。当烟气温度低于最低喷氨温度时，喷氨系统能够自动解除运行。

SNCR 工艺的氨逃逸浓度（标准状态）应控制在 2.5mg/m³ 以下。SO_2/SO_3 转化率宜小于 1%。《火力发电厂烟气脱硝设计技术规程》对于燃料硫含量大于 2.5%的燃煤，要求 SO_2/SO_3 转化率宜小于 1%。

③ 催化剂选型 催化剂选择应根据烟气特性、飞灰特性、灰分含量、反应器型式、脱硝效率、氨逃逸度、SO_2/SO_3 转化率、压降以及使用寿命等条件，综合考虑经济性和安全性因素后确定。催化剂型式也应根据烟气特性、飞灰特性和飞灰含量确定。催化剂应制成模块，并在每层上设置可拆卸的催化剂测试元件。

④ 还原剂选用 SCR工艺中直接与 NO_x 起反应的还原剂是 NH_3，因此无论采用哪种还原剂，最终都是喷入烟道反应区的氨气和空气的混合物。一般作为SCR系统使用的还原剂有液氨、尿素、氨水。液氨需要设置气化设施；尿素需要设置热解或水解设施，将尿素分解成 NH_2 和 CO；氨水也需要设置气化设施，以将氨水转化为氨气。

⑤ 主要设备设计 采用液氨作为还原剂，液氨储存区应设置气体泄漏检测报警装置、防雷防静电装置、相应的消防设施、急救设施和泄漏应急处理设备等。储罐还应设置安全附件。液氨罐应设置防火堤保护，罐区应设有氨气二次污染控制设施。液氨储量宜按照额定工况3～5天的耗量设计。液氨蒸发器的设计负荷应按氨气消耗设计工况的120%计算。额定工况下单台炉纯氨小时消耗量按式（47-116）计算。

$$W_a=\left(\frac{V_q\times c_{NO}}{1.76\times 10^6}+\frac{V_q\times c_{NO_2}}{1.35\times 10^6}\right)m \quad kg/h \tag{47-116}$$

式中 W_a——纯氨的小时耗量，kg/h；

V_q——BMCR工况下SCR反应器进口烟气量（标准状态下实际测量干烟气量），m^3/h；

c_{NO}——SCR反应器进口烟气中NO浓度（标准状态下实际测量干烟气量），mg/m^3；

c_{NO_2}——SCR反应器进口烟气中 NO_2 浓度（标准状态下实际测量干烟气量），mg/m^3；

m——氨氮摩尔比，按式（47-117）计算。

$$m=\frac{\eta_{NO_x}}{100}=\frac{\frac{r_a}{22.4}}{\frac{c_{NO}}{30}+\frac{c_{NO_2}}{23}} \tag{47-117}$$

式中 η_{NO_x}——脱硝效率，%；

r_a——氨逃逸浓度（标准状态下实际测量干烟气量），$\mu L/L$。

尿素作为还原剂，其储存时间宜按BMCR工况3～5天的耗量设计。尿素溶解罐宜设于室内，整个系统应伴热，材料宜采用不锈钢。当尿素采用水解工艺时，水解反应器宜按BMCR工况下氨气耗量120%设计；采用热解工艺时，每套SCR反应器应设置1台绝热分解室，分解室进出口气体分配管宜设调节阀，分解室和计量分配装置应靠近反应器布置。

采用氨水作为还原剂时，宜采用20%～25%的浓度。

氨气/空气混合器出口的氨气浓度不得大于5%（体积分数），超过7%时应报警，超过12%时应切断还原剂供应系统。氨气稀释系统宜靠近反应器布置，每台反应器宜配置一台100%容量的氨/空气混合器。氨气入口管上宜加阻火器。

当氨气稀释采用稀释风机供风时，稀释风机风量宜按2×100%或3×50%设计，并加10%裕量。

喷氨混合设施一般采用喷氨格栅和静态混合器或涡流混合器时，喷氨格栅宜与烟气流方向垂直。这部分设施宜与反应器共同参与数值模拟和实物模型试验，以验证整个SCR系统流场的流形是否满足工艺要求。

SCR系统反应器中每层催化剂都应设置吹灰器，预留安装层应留出安装吹灰器的条件。

(3) SNCR/SCR联合脱硝工艺

SNCR/SCR联合脱硝工艺是SNCR工艺的还原剂喷入烟气高温区同SCR工艺利用SNCR工艺逸出的氨进行催化反应结合起来，进一步脱除 NO_x 的方法。这种方法的特点就是将SNCR工艺费用低的特点和SCR工艺脱硝效率高、氨逃逸率低的优点结合起来。这种方法一般脱硝效率高于40%，更高的效率取决于SCR系统催化剂的装填量。SNCR/SCR联合工艺中每一个单独系统的设计可分别参考SNCR及SCR工艺。

5.3.3 脱硫

目前常用的工业化烟气脱硫技术有湿法脱硫技术、干法脱硫技术、半干法脱硫技术、海水脱硫技术、电子束脱硫技术以及同时脱硝脱硫技术等，这其中湿法脱硫技术占到整个工业化脱硫装置85%以上。湿法中占主导地位的是石灰石/石膏法，它脱硫效率高，吸收剂利用率高，设备可用率高，但是它投资额大，设备容易腐蚀、结垢、堵塞。这种工艺往往用在大型工业锅炉及电厂锅炉上。工业锅炉上往往采用钠钙双碱法，它是在石灰石/石膏法的基础上进一步发展而来的技术，它克服了石灰石/石膏法易结垢堵塞的缺点，又有很高的脱硫效率。湿法脱硫用在工业锅炉上，还能起到除尘器的作用。

(1) 石灰石/石膏法

① 过程化学 石灰石/石膏法脱硫化学过程大致分为四步，采用石灰石做吸收剂整个过程可用总反应式（47-118）表示，采用生石灰时可用式（47-119）表示。

第一步，烟气中 SO_2 溶解于喷淋水中，离解出 H^+、HSO_3^-。

第二步，HSO_3^- 被通入的空气强制氧化成 SO_4^{2-}。

第三步，吸收剂溶解在水中，并离解出 Ca^{2+}。

第四步，在吸收塔中，SO_4^{2-}、Ca^{2+} 及水反应生成石膏。

$$SO_2+CaCO_3+\frac{1}{2}O_2+2H_2O \longrightarrow CaSO_4 \cdot 2H_2O+CO_2 \quad (47\text{-}118)$$

$$SO_2+Ca(OH)_2+\frac{1}{2}O_2+H_2O \longrightarrow CaSO_4 \cdot 2H_2O \quad (47\text{-}119)$$

② 脱硫效率　脱硫效率可用式（47-120）计算。《火电厂烟气脱硫工程技术规范　石灰石/石灰-石膏法》（HJ/T 179—2005）要求脱硫效率不低于95%，具体项目应根据燃料含硫量来确定，以保证烟囱排放口的浓度满足大气排放要求。

$$\eta_{SO_2\text{-}2}=\frac{c_{SO_2\text{-}1}-c_{SO_2\text{-}2}}{c_{SO_2\text{-}1}}\times 100\% \quad (47\text{-}120)$$

式中　$c_{SO_2\text{-}1}$——脱硫前烟气中 SO_2 的折算浓度，计算方法见式（47-105）。

$c_{SO_2\text{-}2}$——脱硫后烟气中 SO_2 的折算浓度，计算方法见式（47-105）。

③ 工艺参数确定　脱硫装置工艺参数要根据锅炉容量、调峰要求、煤质、环评要求的脱硫效率、脱硫工艺的工业化程度、脱硫剂的供应条件、水源情况、脱硫副产物的综合利用条件、脱硫废水废渣的排放方式、厂址场地布置等因素，综合考虑后确定。

脱硫装置的烟气设计参数宜采用锅炉额定工况、燃用设计燃料时的烟气参数，校核值宜采用锅炉经济运行工况燃用最大含硫量燃料时的烟气参数。脱硫装置应能保证运行温度超过设计温度50℃时，叠加后温度不超过180℃的条件下长期运行。烟气换热器下游的原烟气烟道和净烟气烟道需要控制30℃的超温。烟气中其他污染物成分如氯化氢、氟化氢等的设计数据宜依据燃料分析数据计算确定。

④ 吸收剂与副产物　在资源落实的条件下，优先采用石灰石作为吸收剂，其有效成分 $CaCO_3$ 含量宜高于90%。对于燃用低硫煤锅炉烟气，石灰石粉细度应保证250目90%过筛率；燃用高硫煤，石灰石粉细度应保证325目90%过筛率。

当厂址附近有可靠优质的生石灰粉供应来源时，可以采用生石灰粉作为吸收剂，纯度应高于85%。

脱硫副产物为脱硫石膏，应进行综合利用。如暂无综合利用条件，应经脱水再送储存场，并与灰渣等分别堆放。

⑤ 工艺流程　石灰石/石灰-石膏法脱硫装置应由吸收剂制备系统、烟气吸收及氧化系统、脱硫副产物处理系统、脱硫废水处理系统、烟气系统等工艺设备组成。

吸收剂浆液制备系统宜按公用系统设置，且不应少于两套。当只有一台锅炉机组需要脱硫时，可只设一套吸收剂浆液制备系统。吸收剂浆液制备系统出力应按脱硫装置烟气设计参数下石灰石耗量的150%选择，且不小于100%校核工况。吸收剂粉仓容量一般不小于3天的耗量。整个吸收剂储存运输环节应有密封及除尘设施，防止二次污染。浆液管道系统应充分考虑浆液对管材的磨蚀与腐蚀，一般采用内衬管材或玻璃钢管材。浆液管道宜采用较高流速，避免浆液沉淀，同时应兼顾管道磨损和降低管道阻力降。浆液管道还应设有排空和停运自动冲洗装置。

烟气及氧化吸收系统主要设备为吸收塔，吸收塔宜按照一炉一塔设置。如果采用两炉合用一塔的配置方式，应考虑脱硫系统检修对锅炉房供汽能力的影响。吸收塔应装设除雾器，在正常运行工况下除雾器出口烟气中雾滴浓度不大于75mg/m³。增压风机的设置及布置位置，应经综合技术经济比较，条件允许时宜与引风机合并。应装设烟气换热器，在设计工况下，烟气换热器后烟气温度应不低于80℃。在满足环保要求且烟囱和烟道有完善的防腐和排水措施，并经技术经济比较合理时也可不设烟气换热器。吸收塔不得设置旁路烟道。吸收塔应设置事故浆池，其数量应结合各吸收塔脱硫工艺的方式、距离及布置等因素综合考虑确定，一般全厂宜合用一套，其容量宜不小于一座吸收塔最低运行液位时的浆池容量。当设有石膏浆液抛弃系统时，事故浆池的容量也可按照不小于500m³ 设置。随着脱硫过程的进行，氯离子浓度逐渐富集，会降低浆液的碱度，因此需要排出一部分脱硫系统的水以保持塔内浆液中的氯离子浓度。氯离子浓度由制造商提供。浆液中氯离子来自两方面：一是燃料中的氯，进入吸收塔后被洗涤下来进入浆液；二是补充入脱硫系统的工业水中的氯离子，由于烟气湿饱和的过程，使补入的工业水不断蒸发造成氯离子富集。脱硫系统排放的废水量可按照氯离子平衡式［式(47-120)］计算（标准状态）。

$$Q_g c_g\times 10^3+V_y B_j(c_m-c_n)=Q_{fs}c_{fs}\times 10^3+Q_{sg}c_{sg} \quad (47\text{-}121)$$

式中　Q_g——补入脱硫系统的工业水量，m³/h；

c_g——工业水中氯离子浓度，mg/L；

V_y——脱硫系统进口实际烟气量，m³/kg，计算方法见式（47-45）或式（47-46）；

B_j——计算燃料量，kg/h，计算方法见式(47-70)；

c_m——吸收塔进口烟气中氯离子浓度，mg/m³；

c_n——吸收塔出口烟气中氯离子浓度，mg/m³，在没有数据的情况下，可按0计算；

Q_{fs}——废水流量，m³/h；

c_{fs}——废水中氯离子浓度，mg/L，按脱硫系统制造商资料资料取值；

Q_{sg}——石膏（干基）产量，kg/h；

c_{sg}——石膏中（干基）氯离子浓度，mg/kg，可按石膏一级品100mg/kg、二级品200mg/kg、三级品400mg/kg计算。

脱硫副产物处理系统宜全厂合用一套。每套石膏脱水系统宜设两台石膏脱水机，单台设备出力按照设计工况下石膏产量75%选择，且不小于50%校核工况下的石膏产量。对于多炉合用的脱水系统，脱水机宜按照$n+1$台设置，其中一套备用。脱水石膏可采用筒仓堆放，也可采用储存间堆放，其容量应根据运输方式确定，但不小于12h。石膏堆放处应采取防冻措施。

废水处理系统的设置应结合全厂水务管理、锅炉除灰方式及排放条件等综合因素确定。当锅炉采用干式除灰系统时，脱硫废水应处理达标后排放，或处理后在厂内复用。当锅炉采用水力除灰且灰水回收时，脱硫废水可作为冲灰水的补充水使用，不外排。废水处理系统设计处理量宜按脱硫塔设计烟气器确定。

脱硫废水处理工艺宜采用中和沉淀、混凝澄清以及pH值调整措施除去水中重金属和悬浮物。当脱硫废水COD超标时，还应有降COD的措施。脱硫废水处理装置应单独设置，并按连续运行方式设计，产生的泥浆应进行单独的脱水处理，脱水后的泥饼可送至干灰场处置。脱硫废水池总容量宜按一天考虑，并分为两格，内设曝气设施。废水脱硫处理装置详细设计要求见《火力发电厂废水治理设计技术规程》(DL/T 5046—2006)的要求。脱硫废水的排放指标见表47-53所列。

表47-53 脱硫废水处理系统出口的监测项目和污染物最高允许排放浓度

序号	监测项目	单位	控制值或最高允许排放浓度值
1	总汞	mg/L	0.05
2	总镉	mg/L	0.1
3	总铬	mg/L	1.5
4	总砷	mg/L	0.5
5	总铅	mg/L	1.0
6	总镍	mg/L	1.0
7	总锌	mg/L	2.0
8	悬浮物	mg/L	70
9	化学需氧量	mg/L	150
10	氟化物	mg/L	30
11	硫化物	mg/L	1.0
12	pH值		6～9

注：化学需氧量的数值要扣除随工艺水带入系统的部分。

(2) 钠钙双碱法

钠钙双碱法脱硫工艺是为了克服石灰石/石灰-石膏法容易结垢的缺点发展起来的，它先用易溶的碱金属盐类如NaOH、Na_2CO_3、$NaHCO_3$、Na_2SO_3等的水溶液来吸收SO_2，然后在另一台易维护的反应器中用石灰石/石灰来再生吸收了SO_2的水溶液，再生后的水溶液再循环使用，脱硫最终产物主要为亚硫酸钙和少量石膏。钠钙双碱法大多用在工业锅炉上。

① 过程化学 钠钙双碱法大致可分为2个反应步骤：第一步为SO_2在吸收塔内被循环使用的淋洗液吸收，见式(47-122)～式(47-124)；第二步为富含亚硫酸盐的淋洗液在再生池内的再生，见式(47-125)～式(47-127)。第一步还会产生副反应，将部分亚硫酸钠氧化成硫酸钠，见式(47-128)；第二步同时也会将第一步中产生的硫酸钠再生为硫酸钙，见式(47-129)及式(47-130)。

$$2NaOH+SO_2 \longrightarrow Na_2SO_3+H_2O \quad (47\text{-}122)$$

$$Na_2SO_3+SO_2+H_2O \longrightarrow 2NaHSO_3 \quad (47\text{-}123)$$

$$Na_2CO_3+SO_2 \longrightarrow Na_2SO_3+CO_2 \quad (47\text{-}124)$$

$$Ca(OH)_2+Na_2SO_3 \longrightarrow 2NaOH+CaSO_3 \quad (47\text{-}125)$$

$$Ca(OH)_2+2NaHSO_3 \longrightarrow Na_2SO_3+CaSO_3 \cdot \frac{1}{2}H_2O+\frac{3}{2}H_2O \quad (47\text{-}126)$$

$$CaCO_3+2NaHSO_3 \longrightarrow Na_2SO_3+CaSO_3 \cdot \frac{1}{2}H_2O+\frac{1}{2}H_2O+CO_2 \quad (47\text{-}127)$$

$$Na_2SO_3+\frac{1}{2}O_2 \longrightarrow Na_2SO_4 \quad (47\text{-}128)$$

$$Ca(OH)_2+Na_2SO_4+2H_2O \longrightarrow 2NaOH+CaSO_4 \cdot 2H_2O \quad (47\text{-}129)$$

$$2CaSO_3 \cdot \frac{1}{2}H_2O+Na_2SO_4+H_2SO_4+3H_2O \longrightarrow 2NaHSO_3+2CaSO_4 \cdot 2H_2O \quad (47\text{-}130)$$

式(47-122)为淋洗液pH值高时的主要反应式，式(47-123)为吸收塔运行时主要反应式；式(47-124)为脱硫装置启动时的反应式；式(47-125)和式(47-126)为以石灰(生石灰/熟石灰)为再生剂的再生反应式；式(47-127)为石灰石做再生剂的反应式。

② 脱硫效率 脱硫效率计算见式(47-120)。钠钙双碱法脱硫效率一般能达到90%，如果经烟气污染物计算需要更高的脱硫效率，需要与制造商沟通，再确定设计脱硫效率。

③ 烟气参数 烟气设计参数可参考石灰石/石灰-石膏法的设计方法。工业锅炉配用的湿式除尘/脱硫塔已经形成系列化，在确定了烟气设计参数后可按照烟气量选型使用。湿式除尘/脱硫塔的性能要求见表47-49。

④ 吸收剂与副产物 采用钠钙双碱法时，宜以石灰粉或石灰石粉作为吸收剂，在加入淋洗液前应先配制成乳浊液，再以连续投加的方式加入再生池。在锅炉启动时采用的吸收剂为碳酸钠粉，一次性加入淋洗液循环系统，浓度约为8%。

副产物为亚硫酸钙以及少量混于其中的石膏。如果采用塔外氧化工艺，则副产物为石膏。由于工业锅炉配置的湿式脱硫塔往往还承担一部分除尘的功能，其排出吸收塔的淋洗水中还有很高浓度的灰，造成副产物亚硫酸钙或者石膏的质量不高，不容易用于其他用途，常同锅炉除尘器排出的灰一同处理。

⑤ 工艺流程　钠钙双碱法的工艺流程基本同石灰石/石灰-石膏法。烟道上是否装设烟气换热器，需要依据环评结果来确定，一般来说，工业锅炉不设烟气换热器。

工业锅炉配用湿式脱硫系统时往往在它之前还需要设干式除尘器。干式除尘器采用湿式除灰，经激流冲灰排至沉灰池。湿式脱硫的吸收塔排水中含大量从烟气中洗出的灰，也同样进沉灰池。经过沉淀分离的淋洗水流入再生池，经配置的再生剂浆液流入池内，在搅拌器的搅拌下，再生剂与淋洗水内的钠盐反应，生成亚硫酸钙及石膏，然后流入循环池，由循环泵重新送至吸收塔喷淋洗涤烟气，进行烟气脱硫。这种处理工艺的优点是返回的淋洗/冲灰水先经过沉灰处理，进行再生反应时池内浆液密度低，池内不需要经常清理。但是这种工艺的循环池需要有较长的沉淀距离，以尽可能去除硫酸钙及石膏。也有返回淋洗/冲灰水先进再生池，然后进沉淀池，去除灰、硫酸钙及石膏，再进循环池。这种流程中脱硫产物完全与灰混合，无法单独利用，搅拌器的功率也需要大很多。

由于吸收塔内不设氧化风机，脱硫产物绝大部分都是亚硫酸钙。如果要将亚硫酸钙氧化成石膏，可以在再生池后再增加氧化池，使用风机将氧化空气鼓入池内强制氧化。

钠钙双碱法同样存在废水排放的问题，需要定期更换整个脱硫内的循环淋洗水，以维持系统内水的氯离子浓度。氯离子平衡计算见式（47-120）。

6　锅炉房水系统

6.1　锅炉给水系统

锅炉给水系统一般由除氧器、给水泵、回热加热器以及各类管道组成。给水系统按型式可分为集中母管制和切换母管制。在实际设计中，往往采用集中母管制的简化型式即单母管制，除氧器出水管和泵出水管都采用单母管，从实际运行情况来看，系统简单，可靠性也很高。

6.1.1　锅炉给水标准

对于额定蒸汽压力小于 3.8MPa，采用锅外水处理的自然循环锅炉，其给水和锅炉水质要求见表 47-54。采用锅外水处理的热水锅炉，其给水和锅炉水质要求见表 47-55。对于贯流和直流蒸汽锅炉，其给水和锅炉水质要求见表 47-56。对于额定蒸汽压力大于等于 3.8MPa 的锅炉，其给水要求见表 47-57。当它采用全挥发处理时，给水 pH 值、联氨和 TOC 标准见表 47-58。

表 47-54　采用锅外水处理的自然循环蒸汽锅炉水质

项目	额定蒸汽压力/MPa		$p\leqslant1.0$		$1.0<p\leqslant1.6$		$1.6<p\leqslant2.5$		$2.5<p<3.8$	
	补给水类型		软化水	除盐水	软化水	除盐水	软化水	除盐水	软化水	除盐水
给水	浊度/FTU		≤5.0	≤2.0	≤5.0	≤2.0	≤5.0	≤2.0	≤5.0	≤2.0
	硬度/(mmol/L)		≤0.030	≤0.030	≤0.030	≤0.030	≤0.030	≤0.030	≤5.0×10^{-3}	≤5.0×10^{-3}
	pH 值(25℃)		7.0～9.0	8.0～9.5	7.0～9.0	8.0～9.5	7.0～9.0	8.0～9.5	7.5～9.0	8.0～9.5
	溶解氧①/(mg/L)		≤0.10	≤0.10	≤0.10	≤0.050	≤0.050	≤0.050	≤0.050	≤0.050
	油/(mg/L)		≤2.0	≤2.0	≤2.0	≤2.0	≤2.0	≤2.0	≤2.0	≤2.0
	全铁/(mg/L)		≤0.30	≤0.30	≤0.30	≤0.30	≤0.30	≤0.10	≤0.10	≤0.10
	电导率(25℃)/(μS/cm)		—	—	≤5.5×10^2	≤1.1×10^2	≤5.0×10^2	≤1.0×10^2	≤3.5×10^2	≤80.0
锅炉水	全碱度②/(mmol/L)	无过热器	6.0～26.0	≤10.0	6.0～24.0	≤10.0	6.0～16.0	≤8.0	≤12.0	≤4.0
		有过热器	—	—	≤14.0	≤10.0	≤12.0	≤8.0	≤12.0	≤4.0
	酚酞碱度/(mmol/L)	无过热器	4.0～18.0	≤6.0	4.0～16.0	≤6.0	4.0～12.0	≤5.0	≤10.0	≤3.0
		有过热器	—	—	≤10.0	≤6.0	≤8.0	≤5.0	≤10.0	≤3.0
	pH 值(25℃)		10.0～12.0	10.0～12.0	10.0～12.0	10.0～12.0	10.0～12.0	10.0～12.0	9.0～12.0	9.0～11.0
	溶解固形物/(mg/L)	无过热器	≤4.0×10^3	≤4.0×10^3	≤3.5×10^3	≤3.5×10^3	≤3.0×10^3	≤3.0×10^3	≤2.5×10^3	≤2.5×10^3
		有过热器	—	—	≤3.0×10^3	≤3.0×10^3	≤2.5×10^3	≤2.5×10^3	≤2.0×10^3	≤2.0×10^3
	磷酸根③/(mg/L)		—	—	10.0～30.0	10.0～30.0	10.0～30.0	10.0～30.0	5.0～20.0	5.0～20.0
	亚硫酸根④/(mg/L)		—	—	10.0～30.0	10.0～30.0	10.0～30.0	10.0～30.0	5.0～10.0	5.0～10.0
	相对碱度⑤		<0.20	<0.20	<0.20	<0.20	<0.20	<0.20	<0.20	<0.20

① 溶解氧控制值适用于经过除氧装置处理后的给水，额定蒸发量大于或等于 10t/h 的锅炉，给水应除氧，额定蒸发量小于 10t/h 的锅炉如果发现局部氧腐蚀，也应采取除氧措施。对于供汽轮机用汽的锅炉给水含氧量应小于或等于 0.050mg/L。

② 对蒸汽质量要求不高，并且无过热器的锅炉，锅炉水全碱度上限值可适当放宽，但放宽后锅炉水的 pH 值（25℃）不应超过上限。

③ 适用于锅炉内加磷酸盐阻垢剂。采用其他阻垢剂时，阻垢剂残余量应符合药剂生产厂规定的指标。

④ 适用于给水加亚硫酸盐除氧剂。采用其他除氧剂时，除氧剂残余量应符合药剂生产厂规定的指标。

⑤ 全焊接结构锅炉，可不控制相对碱度。

注 1：对于供汽轮机用汽的锅炉，蒸汽质量应执行 GB/T 12415 规定的额定蒸汽压力 3.8～5.8MPa 汽包炉标准。

2. 硬度、碱度的计量单位为一价基本单元物质的量的浓度。

3. 停（备）用锅炉启动时，锅炉水的浓缩倍率达到正常后，锅炉水的水质应达到本标准的要求。

表 47-55　采用锅外水处理的热水锅炉水质

水样	项　目	标准值	水样	项　目	标准值
给水	浊度/FTU	≤5.0	给水	油/(mg/L)	≤2.0
	硬度/(mmol/L)	≤0.60		全铁/(mg/L)	≤0.30
	pH 值(25℃)	7.0～11.0	锅炉水	pH 值(25℃)②	9.0～11.0
	溶解氧①/(mg/L)	≤0.10		磷酸根③/(mg/L)	5.0～50.0

① 溶解氧控制值适用于经过除氧装置处理后的给水，额定功率大于或等于 7.0MW 的承压热水锅炉给水应除氧；额定功率小于 7.0MW 的承压热水锅炉如果发现局部氧腐蚀，也应采取除氧措施。

② 通过补加药剂使锅水 pH 值（25℃）控制在 9.0～11.0。

③ 适用于锅炉内加磷酸盐阻垢剂，采用其他阻垢剂时，阻垢剂残余量应符合药剂生产厂规定的指标。

注：硬度的计量单位为一价基本单元物质的量的浓度。

表 47-56　贯流和直流蒸汽锅炉水质

项目	锅炉类型	贯流锅炉			直流锅炉		
	额定蒸汽压力/MPa	$p\leqslant1.0$	$1.0<p\leqslant2.5$	$2.5<p<3.8$	$p\leqslant1.0$	$1.0<p\leqslant2.5$	$2.5<p<3.8$
给水	浊度/FTU	≤5.0	≤5.0	≤5.0	—	—	—
	硬度/(mmol/L)	≤0.030	≤0.030	$\leqslant5.0\times10^{-3}$	≤0.030	≤0.030	$\leqslant5.0\times10^{-2}$
	pH 值(25℃)	7.0～9.0	7.0～9.0	7.0～9.0	10.0～12.0	10.0～12.0	10.0～12.0
	溶解氧/(mg/L)	≤0.10	≤0.050	≤0.050	≤0.10	≤0.050	≤0.050
	油/(mg/L)	≤2.0	≤2.0	≤2.0	≤2.0	≤2.0	≤2.0
	全铁/(mg/L)	≤0.30	≤0.30	≤0.10	—	—	—
	全碱度①/(mmol/L)	—	—	—	6.0～15.0	6.0～12.0	≤12.0
	酚酞碱度/(mmol/L)	—	—	—	4.0～12.0	4.0～10.0	≤10.0
	溶解固形物/(mg/L)	—	—	—	$\leqslant3.5\times10^3$	$\leqslant3.0\times10^3$	$\leqslant2.5\times10^3$
	磷酸根/(mg/L)	—	—	—	10.0～50.0	10.0～50.0	5.0～30.0
	亚硫酸根/(mg/L)	—	—	—	10.0～50.0	10.0～30.0	10.0～20.0
锅炉水	全碱度②/(mmol/L)	2.0～16.0	2.0～12.0	≤12.0	—	—	—
	酚酞碱度/(mmol/L)	1.6～12.0	1.6～10.0	≤10.0	—	—	—
	pH 值(25℃)	10.0～12.0	10.0～12.0	10.0～12.0	—	—	—
	溶解固形物/(mg/L)	$\leqslant3.0\times10^3$	$\leqslant2.5\times10^3$	$\leqslant2.0\times10^3$	—	—	—
	磷酸根②/(mg/L)	10.0～50.0	10.0～50.0	10.0～20.0	—	—	—
	亚硫酸根③/(mg/L)	10.0～50.0	10.0～50.0	10.0～20.0	—	—	—

① 对蒸汽质量要求不高，并且无过热器的锅炉，锅炉水全碱度上限值可适当放宽，但放宽后锅炉水的 pH 值（25℃）不应超过上限。

② 适用于锅炉内加磷酸盐阻垢剂，采用其他阻垢剂时，阻垢剂残余量应符合药剂生产厂规定的指标。

③ 适用于给水加亚硫酸盐除氧剂，采用其他除氧剂时，除氧剂残余量应符合药剂生产厂规定的指标。

注 1：贯流锅炉汽水分离器中返回到下集箱的疏水量，应保证锅炉水符合本标准。

2. 直流锅炉汽水分离器中返回到除氧热水箱的疏水量，应保证给水符合本标准。

3. 直流锅炉给水取样点可设定在除氧热水箱出口处。

4. 硬度、碱度的计量单位为一价基本单元物质的量浓度。

表 47-57　锅炉给水质量

炉型	过热蒸汽压力/MPa	氢电导率(25℃)/(μS/cm)		硬度/(μmol/L)	溶解氧	铁		铜		钠		二氧化硅	
					/(μg/L)								
		标准值	期望值		标准值	标准值	期望值	标准值	期望值	标准值	期望值	标准值	期望值
汽包炉	3.8～5.8	—	—	≤2.0	≤15	≤50	—	≤10	—	—	—	应保证蒸汽二氧化硅符合标准	
	5.9～12.6	≤0.30	—	—	≤7	≤30	—	≤5	—	—	—		
	12.7～15.6	≤0.30	—	—	≤7	≤20	—	≤5	—	—	—		
	>15.6	≤0.15①	≤0.10	—	≤7	≤15	≤10	≤3	≤2	—	—	≤20	≤10
直流炉	5.9～18.3	≤0.15	≤0.10	—	≤7	≤10	≤5	≤3	≤2	≤5	≤2	≤15	≤10
	>18.3	≤0.15	≤0.10	—	≤7	≤5	≤3	≤2	≤1	≤3	≤2	≤10	≤5

① 没有凝结水精处理除盐装置的机组，给水氢电导率应不大于 0.30μS/cm。

表 47-58 全挥发处理给水 pH 值、联氨和 TOC 标准

炉型	锅炉过热蒸汽压力/MPa	pH 值(25℃)	联氨/(μg/L)	TOC/(μg/L)
汽包炉	3.8～5.8	8.8～9.3	—	—
	5.9～15.6	8.8～9.3(有铜给水系统)或 9.2～9.6①(无铜给水系统)	≤30	≤500②
	>15.6			≤200②
直流炉	>5.9			≤200

① 对于凝汽器管为铜管、其他换热器管均为钢管的机组，给水 pH 值控制范围为 9.1～9.4。

② 必要时监测。

6.1.2 除氧器

对于一般工业锅炉房，一般只设除氧器作为给水加热设备，有些还设有凝结水/锅炉补给水换热器，对除氧器进水进行初步升温，同时降低凝结水温度。对于设有汽轮机的锅炉房来说，锅炉给水系统由给水泵和多级汽轮机回热组成。本小节只介绍一般工业锅炉房的给水系统。

锅炉房设置除氧器的主要目的有两个：一个是为了去除锅炉给水中的氧；二是为了给水升温。给水中的溶氧是造成热力设备及其管道腐蚀的主要原因之一，另外所溶的二氧化碳会加剧氧的腐蚀。因此锅炉系统都会设置除氧设备，去除给水中的溶解气体。

除氧器从其工作原理来说可以分成两类，分别为化学除氧和热力除氧。常用的化学除氧有化学加药除氧和铁粉除氧。常用的热力除氧有淋水盘式除氧器、喷雾式除氧器、旋膜式除氧器、内置式除氧器。解析除氧也可理解为化学除氧的一种，锅炉房设计中采用的不多。真空除氧是热力除氧的一种，但是它提供的给水温度较低，使用并不多。

按照除氧器操作压力，热力式除氧器可分为大气式和压力式两类。大气式除氧器指操作压力大于 0 且小于 0.1MPa 的除氧器，压力式除氧器指不小于 0.1MPa 的除氧器。一般大气式除氧器出水残氧不大于 15μg/L，压力式除氧器出水残氧不大于 7μg/L。

(1) 化学除氧

化学加药除氧即把除氧剂通过泵送入给水，经过氧化还原反应去除水中溶氧。这部分内容见 6.2.1 小节。

铁粉除氧的原理是含氧水流过还原铁粉，溶氧与铁粉反应生成 $Fe(OH)_2$，并继续氧化生成 $Fe(OH)_3$，在反应器中截留下来。但是 Fe^{2+} 并不能完全氧化成 Fe^{3+}，部分 Fe^{2+} 溶于水中流出反应器，经过强酸型钠离子软化器，去除 Fe^{2+}。失效的铁粉需要定期更换，以保持反应器的还原能力。这套技术目前有很成熟的系列产品，可以根据处理水量选用。具体产品参数可从制造商技术资料上查取。

(2) 热力除氧器

① 除氧原理　热力除氧的理论基础为亨利定律，被液体吸收的气体量在饱和状态时与液面上气体的压力成正比。当气相空间的气体分压为零时，则液相空间溶解的气体就会完全逸出。图 47-35 说明在不同压力下氧气在水中的溶解度。图 47-36 说明了在大气压下，空气、氧气、水蒸气的分压力，以及氧气与溶解度与水温的关系。热力除氧就是利用蒸汽把给水加热到相应压力下的饱和温度时，蒸汽分压接近于气相空间全压，水中各项溶解气体的分压接近于零，水中溶解气体逸出，通过排放管排出气相空间。

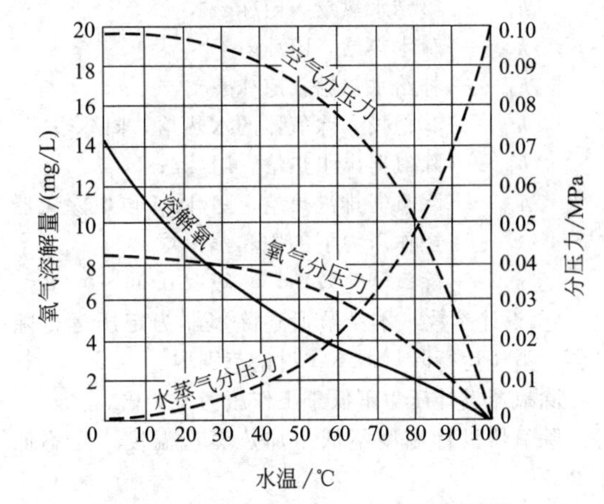

图 47-35 不同压力下氧气在水中的溶解度（一）

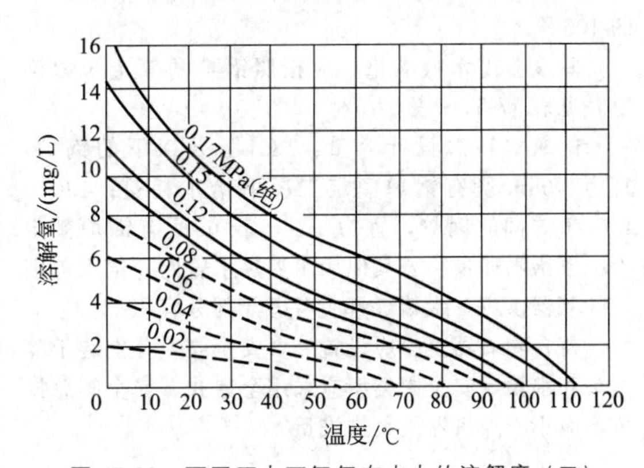

图 47-36 不同压力下氧气在水中的溶解度（二）

② 常用热力除氧器　热力式除氧器常见的型式一般由除氧头和除氧水箱组成，除氧头有立式和卧式之分。除氧头卧式布置的除氧器，相对来讲设备高度低，所需安装空间更小。目前无头除氧器应用也越来越广，它的除氧过程在水箱中进行。常用热力除氧器有淋水盘式、喷雾填料式、旋膜式以及内置式无头式。

除氧器的加热蒸汽耗量可按式 (47-131) 和式 (47-132) 计算。

$$D_{zq}+D_{ns}+D_{ss}+D_{bs}+D_{qt}=D_{gs}+D_{pq} \tag{47-131}$$

$$\eta_{cy}(D_{zq}h_{zq}+D_{ns}h_{ns}+D_{ss}h_{ss}+D_{bs}h_{bs}+D_{qt}h_{qt})=D_{gs}h_{gs}+D_{pq}h_{pq} \tag{47-132}$$

式中 D_{zq}——加热蒸汽耗量，kg/h；
D_{ns}——投入除氧器的凝结水量，kg/h；
D_{ss}——投入除氧器的疏水量，kg/h；
D_{bs}——投入除氧器的补给水量，kg/h；
D_{qt}——投入除氧器的其他水量，kg/h；
D_{gs}——除氧器供水量，kg/h；
D_{pq}——除氧器排汽量，kg/h，一般可按每吨出水 1～3kg 排汽计算；
h_{zq}——加热蒸汽热焓，kJ/kg；
h_{ns}——凝结水热焓，kJ/kg；
h_{ss}——疏水热焓，kJ/kg；
h_{bs}——补给水热焓，kJ/kg；
h_{qt}——其他投入除氧器的水热焓，kJ/kg；
h_{gs}——除氧器出水热焓，kJ/kg；
h_{pq}——除氧器排汽热焓，kJ/kg，可取除氧器操作压力下的饱和蒸汽焓；
η_{cy}——除氧器热效率，一般取 0.96～0.98。

③ 设计参数 本小节所述除氧器为定压运行除氧器，滑压运行除氧器不在讨论范围内。

除氧器设计压力不低于工作压力 1.3 倍。

除氧器设计温度不低于加热蒸汽温度，且不低于 205℃。

除氧器额定出力不低于锅炉额定出力时所需给水的 105%。

除氧器出水残氧量，应按照锅炉的额定压力确定，见表 47-54～表 47-57。

除氧水箱总设计容量：130t/h 及以下的锅炉，宜为 20min 所有锅炉额定工况下给水耗量；130～410t/h之间的锅炉，宜为 10～15min 所有锅炉额定工况下给水耗量。若其他用水如热水管网补给水等由该除氧器供应，水箱容量应考虑此部分容积。

每台除氧器至少应设置 2 台安全阀，分别装于除氧头和水箱，安全阀类型应采用全启式。安全阀总排量不应小于除氧器最大进汽量。

6.2 锅炉加药系统

锅炉加药是为了防止热力系统设备和管道腐蚀而采取的一种方法，应根据热力参数、水质标准和设备要求进行。按照加药部位不同，可分为锅炉给水水质调节和汽包锅炉炉水水质调节。加药对象的水质控制目标见表 47-54～表 47-58。

超高压锅炉给水宜采用加氨及化学除氧剂处理。

锅炉炉水宜采用磷酸盐处理，对于补给水采用了离子交换处理的机组，炉水应有采用氢氧化钠处理的可能。

加药点的位置：对于给水来说应设在每根除氧水箱下降管上；对于炉水来说，应从汽包中部进入，加药管在汽包轴向水平布置。

加药设备宜按公用设置，但每台炉应单独设置加药泵，备泵可公用。溶液罐不宜少于 2 台，单台容积不小于 8h 连续用量。溶液罐总容积宜按 2～4 天计算，大型锅炉可取下限值，小型锅炉取上限。整个加药设备系统应采用不锈钢材质。对于除氧剂的溶液罐需要采用密闭方式运行，避免除氧剂被空气氧化。

6.2.1 锅炉给水加药计算

(1) 除氧剂

这里讲的除氧剂加药，目的是为了去除经热力除氧器除氧后给水中的残氧，并不能替代热力除氧器而全部由加药来除氧。除氧剂一般采用联胺、丙酮肟、亚硫酸钠等。锅炉给水质标准中采用联胺来表示给水中的除氧剂富余量，由于联胺为有毒化学品，很多企业已经改用其他除氧剂。联胺加药量可按《锅炉房设计工艺计算规定》（HG/T 20680—2011）第 4.4.4 小节规定进行计算。其他除氧剂宜按生产商的使用标准设计。本小节介绍异抗坏血酸和丙酮肟的加药量计算。

① 异抗坏血酸钠除氧剂计算 正常运行工况下的锅炉给水异抗坏血酸钠加药量见式（47-133）。

$$D_{sy}=\frac{Q_{gs}c_{cy}}{10\varepsilon_{cy}} \tag{47-133}$$

式中 D_{sy}——市售异抗坏血酸钠加入量，g/h；
Q_{gs}——锅炉给水量，m^3/h；
c_{cy}——每升锅炉给水需要加入的异抗坏血酸钠（100%）量，可取 50～60μg/L；
ε_{cy}——异抗坏血酸钠纯度，可取 98%。

加入锅炉给水的异抗坏血酸钠溶液都是稀溶液，稀溶液加入量计算见式（47-134）。

$$Q_{xy}=\frac{D_{sy}\times10^{-6}}{\rho_{xy}c_{xy}} \tag{47-134}$$

式中 Q_{xy}——稀异抗坏血酸钠加入量，m^3/h；
D_{sy}——市售异抗坏血酸钠加入量，g/h；
ρ_{xy}——在该溶液浓度下稀溶液的密度，t/m^3；
c_{xy}——稀溶液浓度，一般取 0.1%～0.3%。

② 丙酮肟除氧剂计算 丙酮肟又叫二甲基酮肟，正常运行工况下的锅炉给水丙酮肟加药量见式（47-135）。

$$D_{tw}=\frac{Q_{gs}(\alpha_{tw}c_{cy}+\Delta A)}{10\times\varepsilon_{tw}} \tag{47-135}$$

式中 D_{tw}——市售丙酮肟加入量，g/h；
Q_{gs}——锅炉给水量，m^3/h；
α_{tw}——去除 1mol 氧需要的丙酮肟的物质的量，可取 4～5mol；
c_{cy}——给水中残氧浓度，μg/L；
ΔA——给水中丙酮肟过剩浓度，μg/L，可按照药品制造商资料选用，一般可取

15～40μg/L；

ε_{tw}——丙酮肟的产品纯度，%，一等品含量≥99%，二等品含量≥98%，三等品含量≥95%。

加入锅炉给水的联胺溶液都是稀溶液，稀溶液加入量计算见式（47-136）。

$$Q_{tw}=\frac{D_{tw}\times10^{-6}}{\rho_{tw}c_{tw}} \quad (47\text{-}136)$$

式中 Q_{tw}——稀丙酮肟加入量，m^3/h；

D_{tw}——市售丙酮肟加入量，g/h；

ρ_{tw}——在该溶液浓度下稀溶液的密度，t/m^3；

c_{tw}——稀溶液浓度，一般取质量分数0.1%～0.3%。

(2) 给水pH调整加药计算

给水pH调整加药一般采用氨，目的是为了提高水的pH值，防止给水管道腐蚀。

① 最大加氨量计算

$$D_a=c_aQ_{gs} \quad (47\text{-}137)$$

式中 D_a——给水加氨量（100% NH_3），g/h；

c_a——给水中最大氨浓度，g/m^3，一般可取1～2g/m^3，除盐水作补给水时取低值，软化水作补给水时取高值；

Q_{gs}——锅炉给水量，m^3/h。

② 稀氨量计算 加入给水中的氨都是以稀溶液型式注入，计算见式（47-138）。

$$Q_a=\frac{D_a\times10^{-6}}{\rho_a c_{xa}} \quad (47\text{-}138)$$

式中 Q_a——加入给水的稀溶液量，m^3/h；

c_{xa}——稀溶液浓度，取质量分数，一般为0.5%～5%；

ρ_a——c_{xa}浓度下稀溶液密度，t/m^3；

D_a——给水加氨量（100% NH_3），g/h。

6.2.2 炉水水质调整

炉水水质调整一般采用磷酸盐处理，即通过向汽包内投加磷酸三钠使炉水中磷酸根维持在一定范围内。

① 启动加药量

$$D_{lq}=\frac{V_{gl}(c_1+28.5H_{gs})}{0.25\times1000\varepsilon_1} \quad (47\text{-}139)$$

式中 D_{lp}——锅炉启动时的加药量，kg/h；

V_{gl}——锅炉水系统的容积，m^3，这里锅炉水系统容积指的是整个锅炉的水浸没空间；

c_1——炉水中应维持的磷酸根含量，mg/L；

H_{gs}——给水硬度，mmol/L；

ε_1——$Na_3PO_4\cdot12H_2O$的纯度，一般取92%～98%；

0.25——工业磷酸三钠中的磷酸根含量；

28.5——使1mmol的钙离子变为$Ca_{10}(OH)_2(PO_4)_b$所需的PO_4^{3-}质量，g/mmol。

公式中硬度、钙离子浓度都采用基本单元阳离子$1/2Ca^{2+}$、$1/2Mg^{2+}$的浓度计算。

② 运行时的加药量计算

$$D_{ly}=\frac{28.5H_{gs}D_{gs}}{0.25\times1000\times\varepsilon_1\times\rho_{gs}}+\frac{D_{lp}c_1}{0.25\times1000\times\varepsilon_1\times\rho_{ls}} \quad (47\text{-}140)$$

式中 D_{ly}——运行时磷酸盐加药量，kg/h；

D_{gs}——锅炉给水量，t/h；

D_{lp}——锅炉排污量，可取连排量计算，t/h，见式（47-143）；

ρ_{gs}——锅炉给水密度，kg/m^3；

ρ_{ls}——炉水密度，kg/m^3。

② 运行时稀溶液量计算

$$Q_l=\frac{D_{ly}\times10^{-3}}{\rho_{xl}c_{xl}} \quad (47\text{-}141)$$

式中 Q_l——加入给水的稀溶液量，m^3/h；

c_{xl}——稀溶液浓度，取质量分数，一般为1%～5%；

ρ_{xl}——c_{xl}浓度下的稀溶液密度，t/m^3。

6.3 锅炉排污系统

锅炉设有连续排污和定期排污。连续排污的目的是连续不断地将汽包中水面附近含高盐分的炉水排出炉，使炉水碱度、溶解固形物符合锅炉水质标准的要求。定期排污是指定期地从锅炉水循环系统最低点排放炉水中的悬浮物、水渣及其他沉积物。定期排污一般每班一次，排放时间为0.5～1min。

6.3.1 锅炉连续排污计算

连续排污扩容器台数和容积可根据锅炉台数和排污率选择，一般按2～4台炉配一台连续排污扩容器。

(1) 锅炉连续排污率计算

锅炉连续排污率计算指连续排污水量与锅炉额定蒸发量的比值，计算方法见式（47-142）。

$$P_{lp}=\frac{c_{gw}\alpha_{qs}}{c_{lw}-c_{gw}\alpha_{qs}}\times100\% \quad (47\text{-}142)$$

式中 P_{lp}——锅炉连续排污率，%；

c_{gw}——给水中溶解固形物含量（或碱度），mg/L(mmol/L)；

α_{qs}——汽水损失率，以小数表示，损失率计算可按照锅炉给水量与锅炉回用凝结水量的差值与锅炉给水量比值计算；

c_{lw}——炉水溶解固形物（碱度）控制指标，mg/L（mmol/L），见式（47-54）～式（47-56）。

以软化水为补给水的供热式发电锅炉和中压锅炉排污率不超过5%，凝汽式发电锅炉不超过2%，低压工业锅炉不超过10%；以除盐水为补给水的供热式发电锅炉和中压锅炉排污率不超过2%，凝汽式发电锅炉不超过1%。

(2) 锅炉连续排污量计算

$$D_{lp}=D_{gs}P_{lp} \tag{47-143}$$

式中 D_{lp}——锅炉连续排污量，t/h。

(3) 连续排污扩容器闪蒸汽量计算

$$D_{2s}=\frac{D_{lp}(h_{gs}\eta_{pg}-h_{2s})}{(h_{2q}-h_{2s})x} \tag{47-144}$$

式中 D_{2s}——连排扩容器二次闪蒸汽，t/h；

h_{gs}——炉水焓，kJ/kg；

h_{2s}——连排扩容器排水焓，kJ/kg；

h_{2q}——连排扩容器闪蒸汽焓，kJ/kg；

η_{pg}——锅炉排污管热效率，取0.98；

x——二次蒸汽干度，取0.97。

(4) 连续排污扩容器容积计算

$$V_{lp}=V_{lq}+V_{ls}=(1+\alpha_{ls})\times\frac{\gamma_{2s}D_{2s}}{W} \tag{47-145}$$

式中 V_{lp}——连排扩容器总容积，m^3；

V_{lq}——连排扩容器汽容积，m^3；

V_{ls}——连排扩容器水容积，m^3；

α_{ls}——水容积与汽容积的比例，一般取20%～30%；

γ_{2s}——二次闪蒸汽比容，m^3/kg；

W——汽水分离强度，$m^3/(m^3 \cdot h)$，一般可取800～1000$m^3/(m^3 \cdot h)$；

D_{2s}——连排扩容器二次闪蒸汽，t/h，见式(47-144)。

6.3.2 定期排污扩容器计算

当锅炉房共用一台定期排污扩容器，扩容器容量应按容量最大的一台锅炉计算，并要考虑其他锅炉紧急放水之用。对中压锅炉，当排污管直径为DN20mm时，选用容积3.5～4m^3的定排扩容器一台；当排污管为DN40mm时，选用7.5m^3一台。

(1) 定排排污量计算

$$D_{dp}=\eta_{qb}d_{qb}L_{qb}h_{\Delta qb}\rho_{ls} \tag{47-146}$$

式中 D_{dp}——单台炉每次排污量，kg；

n_{qb}——每台炉上部汽包数量；

d_{qb}——汽包直径，m；

L_{qb}——汽包长度，m；

$h_{\Delta qb}$——排污时汽包液位下降值，m；

ρ_{ls}——炉水密度，kg/m^3。

(2) 排放速率

$$S_{dp}=\frac{60N_{gl}D_{dp}}{n_{df}t_{dp}} \tag{47-147}$$

式中 S_{dp}——锅炉定排阀打开时的排污水流量，kg/h；

n_{df}——锅炉定排阀门个数；

N_{gl}——同时排入一台定排的锅炉数量；

t_{dp}——定排阀门打开时间，min，可取0.5min。

式(47-146)的计算结果只是每次排污的总量，它在很短时间内完成，因此在排放的瞬时，管道瞬时流量要远大于排污量。在计算定排降温水时，应以瞬时排放速率来计算降温水供水的流量。

(3) 定排扩容器闪蒸汽计算

$$D_{2s}=\frac{s_{dp}(h_{gs}\eta_{pg}-h_{2s})}{(h_{2p}-h_{2s})x} \tag{47-148}$$

式中 D_{2s}——定排扩容器二次闪蒸汽，kg/h；

h_{gs}——炉水焓，kJ/kg；

h_{2s}——定排扩容器排水焓，kJ/kg；

h_{2p}——定排扩容器闪蒸汽焓，kJ/kg；

η_{pg}——锅炉排污管热效率，取0.98；

x——二次蒸汽干度，取0.97。

(4) 定排扩容器容积计算

$$V_{dp}=\frac{K_{dp}D_{2s}\gamma_{2s}}{W} \tag{47-149}$$

式中 V_{dp}——定排扩容器总容积，m^3；

K_{dp}——富裕系数，一般取1.3～1.5；

D_{2s}——定排扩容器闪蒸汽量，kg/h；

γ_{2s}——定排二次蒸汽比容，m^3/kg；

W——汽水分离强度，$m^3/(m^3 \cdot h)$，定排扩容器一般可取2000$m^3/(m^3 \cdot h)$。

6.4 锅炉水系统泵的选择

锅炉给水泵总容量及台数，应保证在任何一台给水泵停用时，其余给水泵总出力，仍能满足所连接系统内全部锅炉额定蒸发量的110%。每台给水泵的容量，宜按对应的锅炉额定蒸发量的110%给水量来选择。锅炉给水泵的驱动机宜采用电动机，当蒸汽系统内有蒸汽持续减压使用，且锅炉给水流量较大时，可采用汽轮机驱动。

6.4.1 锅炉给水泵扬程计算

锅炉给水泵扬程计算，见式(47-150)。

$$H_{fw}=(p_{ec}+\Delta p-p_d)\times102+(\Delta p_{fw}+\Delta p_{in})\times1.2+H_y-H_{st} \tag{47-150}$$

式中 H_{fw}——给水泵扬程，m；

p_{ec}——省煤器入口进水压力，MPa；

Δp——压力裕量，MPa；

p_d——除氧器工作压力，MPa；

Δp_{fw}——给水管路的阻力，包括自给水泵出口至锅炉省煤器进口之间的所有加热器、阀门、调节器、管路及附件的阻力，m；

Δp_{in}——进水管路的阻力，包括自给水箱出口至给水泵进口的所有管路、阀门及附件的阻力，m；

H_y——水泵中心至锅炉汽包的正常水位的几何高度差，m；

H_{st}——由除氧器最低水位至水泵中心的几何高度差，m。

计算中管路流速，泵出口管路取2～3m/s，水泵进口取0.4～1m/s。

6.4.2 给水泵汽蚀余量校核计算

锅炉给水泵的装置有效汽蚀余量按式（47-151）至式（47-153）三式中较大值取用。

$$NPSH_a \geqslant NPSH_r(1+\alpha) \quad (47\text{-}151)$$

$$NPSH_a = NPSH_r + S_1 \quad (47\text{-}152)$$

$$NPSH_a \times \alpha \geqslant 0.6 \quad (47\text{-}153)$$

式中 $NPSH_a$——装置有效汽蚀余量，m；

$$NPSH_a = \frac{p_{sv}-p_v-p_{ls}}{\gamma_{gs}} \times 100 - H_{st} \quad (47\text{-}154)$$

$NPSH_r$——必需汽蚀余量，m，从泵制造商资料中选取；

α——有效汽蚀余量富裕系数，可取0.1～0.3；

S_1——安全裕量，m，一般取2.1m；

p_{sv}——除氧器液面压力（绝压），MPa；

p_v——输送温度下锅炉给水饱和蒸汽压，MPa；

p_{ls}——进口侧管路系统压降，MPa；

γ_{gs}——输送温度下锅炉给水相对密度；

H_{st}——锅炉给水泵进口静水头，m。

6.5 锅炉房给排水量计算

6.5.1 小时最大用水量

$$G_{max} = G_1 + G_2 + G_3 + G_4 + G_5 + G_6 \quad (47\text{-}155)$$

$$G_1 = (1+P_{lp})Q_{max} \quad (47\text{-}156)$$

$$G_3 = N_y Q_y \quad (47\text{-}157)$$

$$G_4 = N_{md} Q_{md} \quad (47\text{-}158)$$

$$G_5 = N_{gb} Q_{gb} \quad (47\text{-}159)$$

$$G_6 = K_{hz} D_{hz} \quad (47\text{-}160)$$

$$D_{hz} = B\left(\frac{A_{ar}}{100} + \frac{q_4 Q_{net.ar}}{32657 \times 100}\right) \quad (47\text{-}161)$$

式中 G_{max}——小时最大用水量，m^3/h；

G_1——小时最大补水量，m^3/h；

P_{lp}——锅炉连续排污率，计算见式（47-134）；

Q_{max}——最大计算热负荷（扣除凝结水回水），t/h；

G_2——离子交换器再生小时最大耗水量，m^3/h，可参照《锅炉房实用设计手册（第2版）》第十三章6.5.2小节内容计算，当锅炉补给水由锅炉房界外输入时，该数据为0；

G_3——引风机轴承冷却水，m^3/h；

N_y——引风机台数；

Q_y——每台引风机轴承冷却水量，$m^3/(h \cdot 台)$，按风机制造商资料选用，没有资料时可视风机容量取0.5～1.0$m^3/(h \cdot 台)$；

G_4——炉排和煤斗闸门冷却水量，m^3/h；

N_{md}——锅炉台数；

Q_{md}——每台锅炉炉排和煤斗闸门冷却水量，$m^3/(h \cdot 台)$，按锅炉制造商资料选用，没有资料时可视锅炉容量取1.5～3$m^3/(h \cdot 台)$；

G_5——锅炉给水泵冷却水量，m^3/h；

N_{gb}——给水泵台数；

Q_{gb}——每台给水泵冷却水量，$m^3/(h \cdot 台)$，按水泵制造商资料选用，没有资料时可视水泵容量取0.5～2$m^3/(h \cdot 台)$；

G_6——水力冲渣补充水量或浇灰渣水量，m^3/h；

K_{hz}——灰渣用水系数，水力冲渣取0.35，只浇灰渣用取0.15；

D_{hz}——灰渣量，t/h；

A_{ar}——燃料中灰分，%；

q_4——机械未完全燃烧热损失，%，取值见表47-17；

$Q_{net.ar}$——燃料低位发热量；

B——燃料量，t/h，见式（47-69）。

式（47-154）中，当冷却水采用循环水，冲灰渣补充水采用废水（如锅炉排污水）时，则G_3～G_6可不计入。

6.5.2 小时平均用水量

$$G_{av} = G_1^{av} + G_2^{av} + G_3 + G_4 + G_5 + G_6^{av} \quad (47\text{-}162)$$

$$G_1^{av} = (1+P_{lp})Q_{av} \quad (47\text{-}163)$$

$$G_6^{av} = K_{hz} D_{hz}^{av} \quad (47\text{-}164)$$

式中 G_1^{av}——小时平均补水量，m^3/h；

P_{lp}——锅炉连续排污率，计算见式（47-134）；

Q_{av}——平均热负荷（扣除凝结水回水），t/h；

G_2^{av}——离子交换器再生平均耗水量，m^3/h，可参照《锅炉房实用设计手册（第2版）》第十三章6.5.2小节内容计算，当锅炉补给水由锅炉房界外输入时，该数据为0；

G_6^{av}——水力冲渣平均补水量或浇灰渣平均水量，m^3/h；

D_{hz}^{av}——灰渣平均小时排量，t/h，灰渣量计算可采用式（47-161）计算。

6.5.3 小时最大排水量

$$G_p = G_2 + G_3 + G_4 + G_5 + P_{lp}Q_{max} \quad (47\text{-}165)$$

式（47-165）中，当冷却水采用循环冷却水时，G_3～G_5不计入。

参考文献

[1] 中国节能投资公司,《热电联产项目可行性研究技术规定》,2001年1月.
[2] 锅炉房实用设计手册编写组. 锅炉房实用设计手册. 第2版. 北京:机械工业出版社,2001.
[3] 中小型热电联产工程设计手册编写组. 中小型热电联产工程设计手册. 北京:中国电力出版社,2006.
[4] 原化工部热工设计技术中心站. 热能工程设计手册. 北京:化学工业出版社,1998.
[5] 钟秦. 燃煤烟气脱硫脱硝技术及工程实例. 北京:化学工业出版社,2002.
[6] 燃油燃气锅炉房设计手册编写组. 燃油燃气锅炉房设计手册. 北京:机械工业出版社,1998.
[7] JB/T 1626—2002.
[8] JB/T 1617—1999.
[9] DL/T 5121—2000.
[10] HG/T 20680—2011.
[11] GB 13271—2014.
[12] HJ 2529—2012.
[13] DL/T 5480—2013.
[14] HJ 563—2010.
[15] HJ 562—2010.
[16] DL/T 5196—2004.
[17] HJ/T 179—2005.
[18] DL/T 5068—2006.
[19] HG/T 20552—1994.
[20] Q/TYH 09—2006.
[21] GB/T 1921—2004.
[22] GB/T 753—2012.
[23] GB/T 3166—2004.
[24] GB/T 18342—2009.
[25] GB/T 483—2007.
[26] GB/T 5751.
[27] DL/T 5121—2000.
[28] DL/T 5046—2006.
[29] GB/T 1576—2008.
[30] GB/T 12145—2008.
[31] JB/T 11261—2012.
[32] DL/T 997—2006.

第48章 设备设计和常用设备系列

1 容器系列

1.1 容器型式

原JB标准已取消，下列基本参数可供参考。

① 常压平底、平盖容器见图48-1、表48-1。

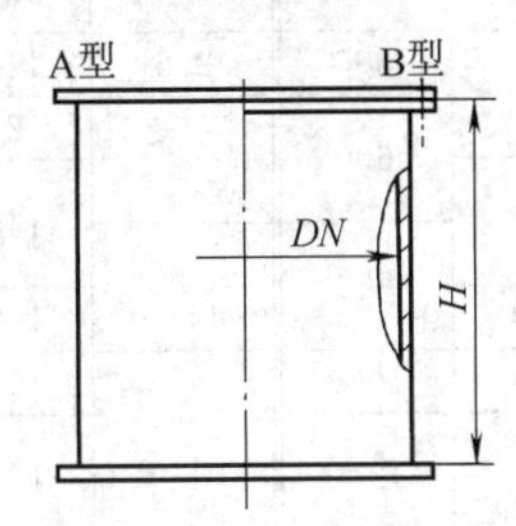

图48-1 常压平底、平盖容器

A型为不可拆式，B型为可拆式，B型适用 $DN \leqslant 1200$mm

表48-1 尺寸参数（一）

公称容积 VN /m³	公称直径 DN /mm	高度 H /mm
0.06	400	600
0.1		800
0.15	500	
0.2		1000
0.3	600	1200
0.5	700	1400
0.8	800	1600
1	900	
1.5	1000	2000
2	1200	1800
	1400	1400

公称容积 VN /m³	公称直径 DN /mm	高度 H /mm
2.5	1200	2200
	1400	1600
3		2200
	1600	1600
4		2200
	1800	1800
5	1600	2600
	1800	2000
6		2400
	2000	2000
8		2600
	2200	2200

② 常压平底、锥盖容器见图48-2、表48-2。

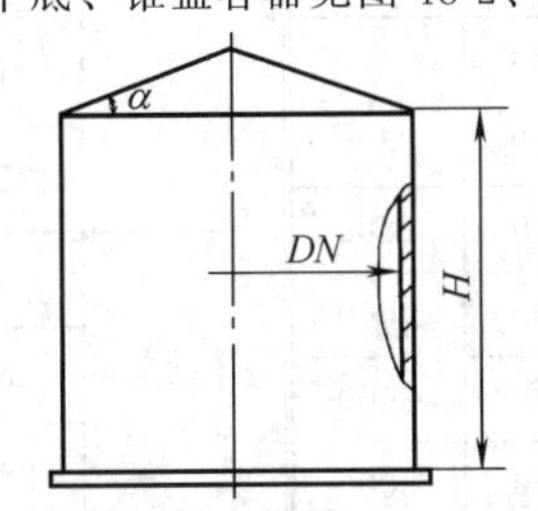

图48-2 常压平底、锥盖容器

表48-2 尺寸参数（二）

公称容积 VN/m³	筒体/mm 公称直径 DN	筒体/mm 高度 H
10	2000	3000
	2200	2600
12		3200
	2400	2600
16		3400
	2600	3000
20		3600

公称容积 VN/m³	筒体/mm 公称直径 DN	筒体/mm 高度 H
20	2800	3200
25		4000
	3000	3600
32		4400
40	3200	4800
50	3600	
63	3800	5400
80	4000	6200

③ 常压90°无折边锥形底、平盖容器见图48-3、表48-3。

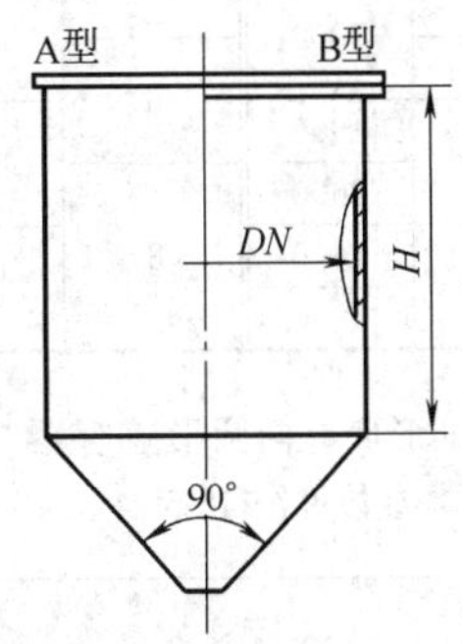

图48-3 常压90°无折边锥形底、平盖容器

A型为不可拆，B型为可拆，

B型适用于 $DN \leqslant 1200$mm

表48-3 尺寸参数（三）

公称容积 VN/m³	筒体/mm 公称直径 DN	筒体/mm 高度 H
0.06	400	450
0.1	500	500
0.15		700
0.2	600	600
0.3	700	700
0.5	800	800
0.8	900	1000
1	1000	
1.5	1200	1200
2	1000	2200
	1200	1400
2.5		2000

公称容积 VN/m³	筒体/mm 公称直径 DN	筒体/mm 高度 H
2.5	1400	1400
3	1200	2400
	1400	1600
4		2400
	1600	1600
5		2000
	1800	1600
6	1600	2600
	1800	2000
8		2800
	2000	2000

④ 立式无折边球形封头容器（$p \leqslant 0.07$MPa），容器的型式及基本参数见图 48-4、表 48-4。

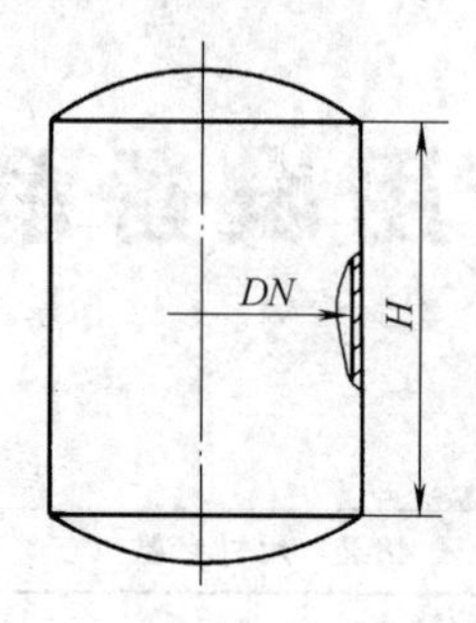

图 48-4 立式无折边球形封头容器

表 48-4 尺寸参数（四）

公称容积 VN/m³	筒体/mm		公称容积 VN/m³	筒体/mm	
	公称直径 DN	高度 H		公称直径 DN	高度 H
0.06	400	600	2.5	1400	1400
0.1		800	3	1200	2400
0.15	500	800	3	1400	1800
0.2		1000	4		2400
0.3	600			1600	1800
0.5	700	1200	5	1400	3000
0.3	800	1600		1600	2400
1	900		6		2800
1.5	1000	1800		1800	2200
2		2600			3000
	1200	1600	8	2000	2400
2.5		2000			

⑤ 90°折边锥形底、椭圆形盖容器（$p \leqslant 0.6$MPa），容器的型式及基本参数见图 48-5 及表 48-5。

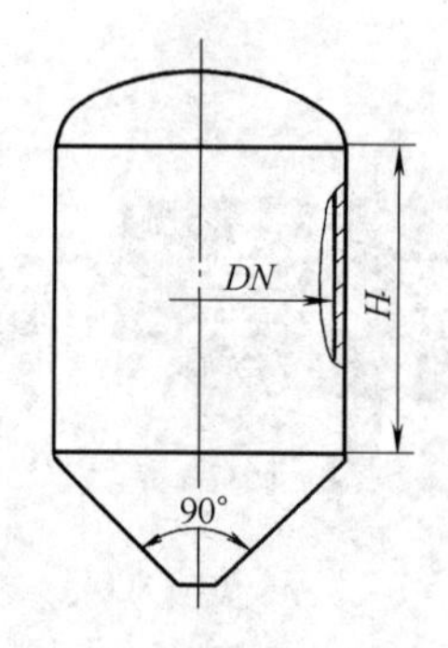

图 48-5 90°折边锥形底、椭圆形盖容器

表 48-5 尺寸参数（五）

公称容积 VN/m³	筒体/mm		公称容积 VN/m³	筒体/mm	
	公称直径 DN	高度 H		公称直径 DN	高度 H
0.06	400	400	2.5	1400	1200
0.1		600	3	1200	2200
0.15	500			1400	1400
0.2		800	4		2000
0.3	600			1600	1400
0.5	700	1000	5	1400	2600
0.8	800	1200		1600	1800
1	900		6		2400
1.5	1000	1600		1800	1800
2		2000			2400
	1200	1200	8	2000	1800
2.5		1800			

⑥ 立式椭圆形封头容器（$p \leqslant 4.0$MPa），容器的型式及基本参数见图 48-6、表 48-6。

表 48-6 尺寸参数（六）

公称容积 VN/m³	筒体/mm		公称容积 VN/m³	筒体/mm		公称容积 VN/m³	筒体/mm	
	公称直径 DN	高度 H		公称直径 DN	高度 H		公称直径 DN	高度 H
0.06	400	400	2.5	1200	1800	10	1800	3400
0.1		600		1400	1200		2000	2600
0.15	500		3	1200	2200	12	1800	4200
0.2		800		1400	1600		2000	3200
0.3	600		4	1200	3200		2200	2400
0.5	700	1000		1400	2200	16	2000	4400
0.8	800	1200	5		2800		2200	3400
1		1800		1600	2000		2400	2800
1.5	1000	1600	6	1400	3400	20	2200	4600
2		2200		1600	2600		2400	3600
	1200	1400	8	1800			2600	3000

公称容积 VN/m³	筒体/mm	
	公称直径 DN	高度 H
25	2200	5800
	2400	4800
	2600	3800
32	2200	7600
	2400	6200
	2600	5200
40	2400	8000
	2600	6600
	2800	5600

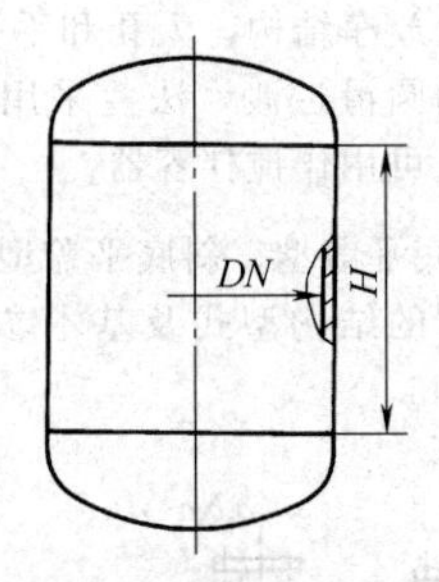

图 48-6　立式椭圆形封头容器

⑦ 卧式无折边球形封头容器（$p \leqslant 0.07$MPa），容器的型式及基本参数见图 48-7、表 48-7。

⑧ 卧式椭圆形封头容器（$p \leqslant 4$MPa），容器的型式及基本参数见图 48-8、表 48-8。

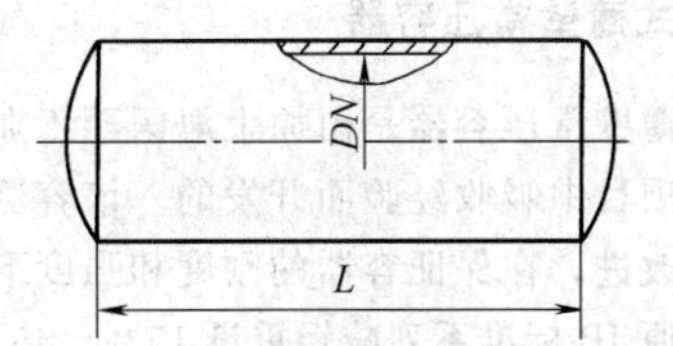

图 48-7　卧式无折边球形封头容器

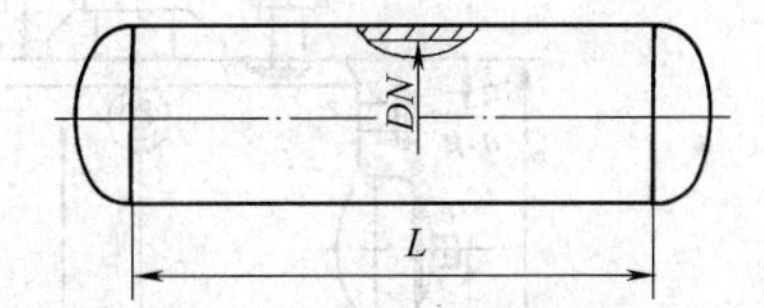

图 48-8　卧式椭圆形封头容器

表 48-7　尺寸参数（七）

公称容积 VN/m³	筒体/mm		公称容积 VN/m³	筒体/mm		公称容积 VN/m³	筒体/mm		公称容积 VN/m³	筒体/mm	
	公称直径 DN	长度 L		公称直径 DN	长度 L		公称直径 DN	长度 L		公称直径 DN	长度 L
0.5	600	1800	4	1200	4400	12	1600	5800	32	2400	7000
0.8	700	2000	5	1400	3000		1800	4400		2600	5600
1	800		6		3800	16		6000	40	2400	8600
1.5	900	2400		1600	2800		2000	4800		2800	6000
2	1000	2600	8	1400	5000	20		6000	50	2600	9000
2.5		3000		1600	3800		2200	5000		3000	7000
3		3800	10		4800	25		6400			
4	1200	3400		1800	3600		2400	5200			

表 48-8　尺寸参数（八）

公称容积 VN/m³	筒体/mm		公称容积 VN/m³	筒体/mm		公称容积 VN/m³	筒体/mm		公称容积 VN/m³	筒体/mm	
	公称直径 DN	长度 L		公称直径 DN	长度 L		公称直径 DN	长度 L		公称直径 DN	长度 L
0.5	600	1600	6	1600	2600	25	2000	7400	50	2800	7200
0.8	700	1800	8	1400	4800		2200	5800	63	2600	11000
1	800			1600	3600		2400	4800		2800	9400
1.5		2800	10		4400	32	2000	9400		3000	8000
2	900			1800	3400		2200	7600	80	2600	14200
2.5	1000		12	1600	5600		2400	6200		2800	12000
3		3400		1800	4200	40	2200	9800		3000	10200
4	1200	3200	16		5600		2400	8000	100	2800	15200
		4000		2000	4400		2600	6600		3000	13200
5	1400	2800	20		5800	50	2400	10200			
6		3400		2200	4600		2600	8400			

1.2　立式薄壁常压容器

立式薄壁常压容器是由原上海医药工业设计院从工程引进项目中吸收经验而开发的。该容器系列在结构上加以改进，在保证容器的刚度和强度下减薄容器壁厚，较原JB标准系列减轻重量15%～45%，另外，底部出料采用全放净结构，人孔和手孔为轻型快开结构，容器内壁均圆滑过渡，法兰采用翻边活套法兰。表达以上结构也可用作搅拌容器。

1.2.1　平底平盖型、斜底平盖型系列

该系列容器的结构型式及基本参数见图48-9和表48-9、表48-11。

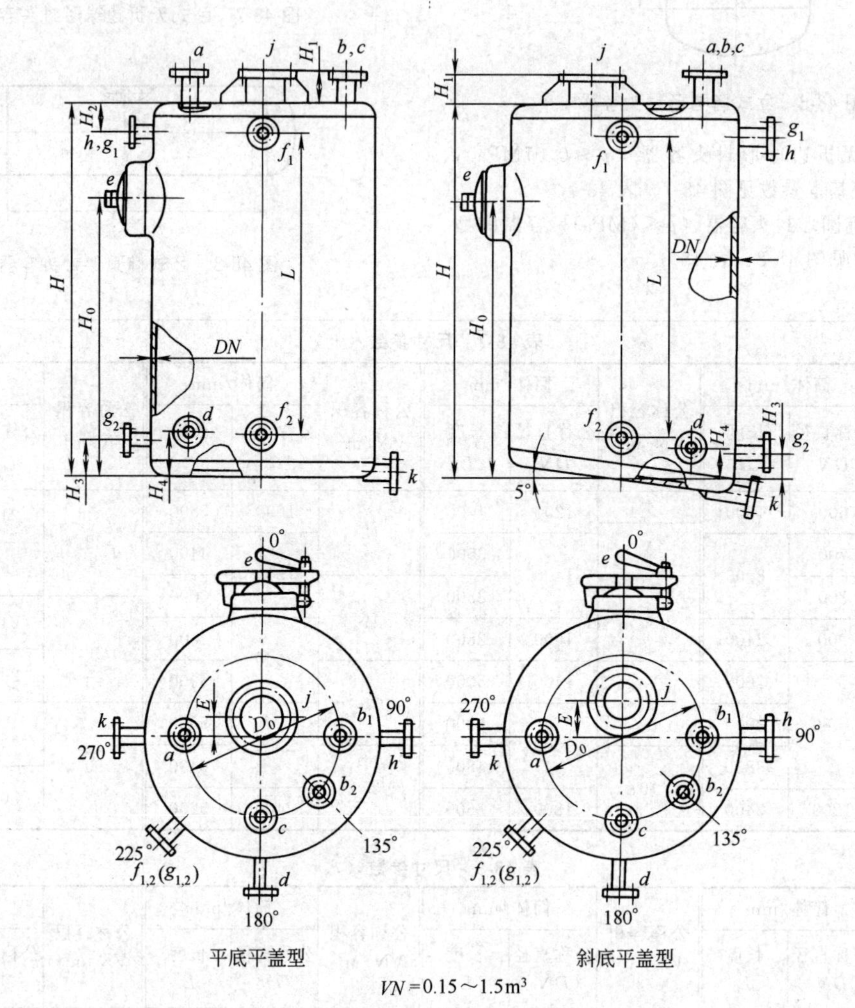

图48-9　立式薄壁常压容器结构型式（一）

表48-9　基本参数（一）

单位：mm

VN/m³	DN	H	H_0	H_1	H_2	H_3	H_4	D_0	E（偏心搅拌）	质量/kg	
										不锈钢	碳钢
0.15	500	800	—	80	120	150	60	350	80	38.5	52
0.2	500	1000	—	80	120	150	60	350	80	44	60
0.3	600	1200	—	80	120	150	60	420	100	58	80
0.5	700	1400	—	80	140	200	60	500	110	78	108
0.8	800	1600	—	80	150	200	60	550	130	140	150
1	900	1600	—	80	160	200	60	650	150	162	180
1.5	1000	2000	600	80	180	200	60	700	160	220	300

注：碳钢腐蚀裕度为1mm。

1.2.2　平底锥盖型、斜底锥盖型系列

该系列容器的结构型式及基本参数见图 48-10 和表 48-10、表 48-11。

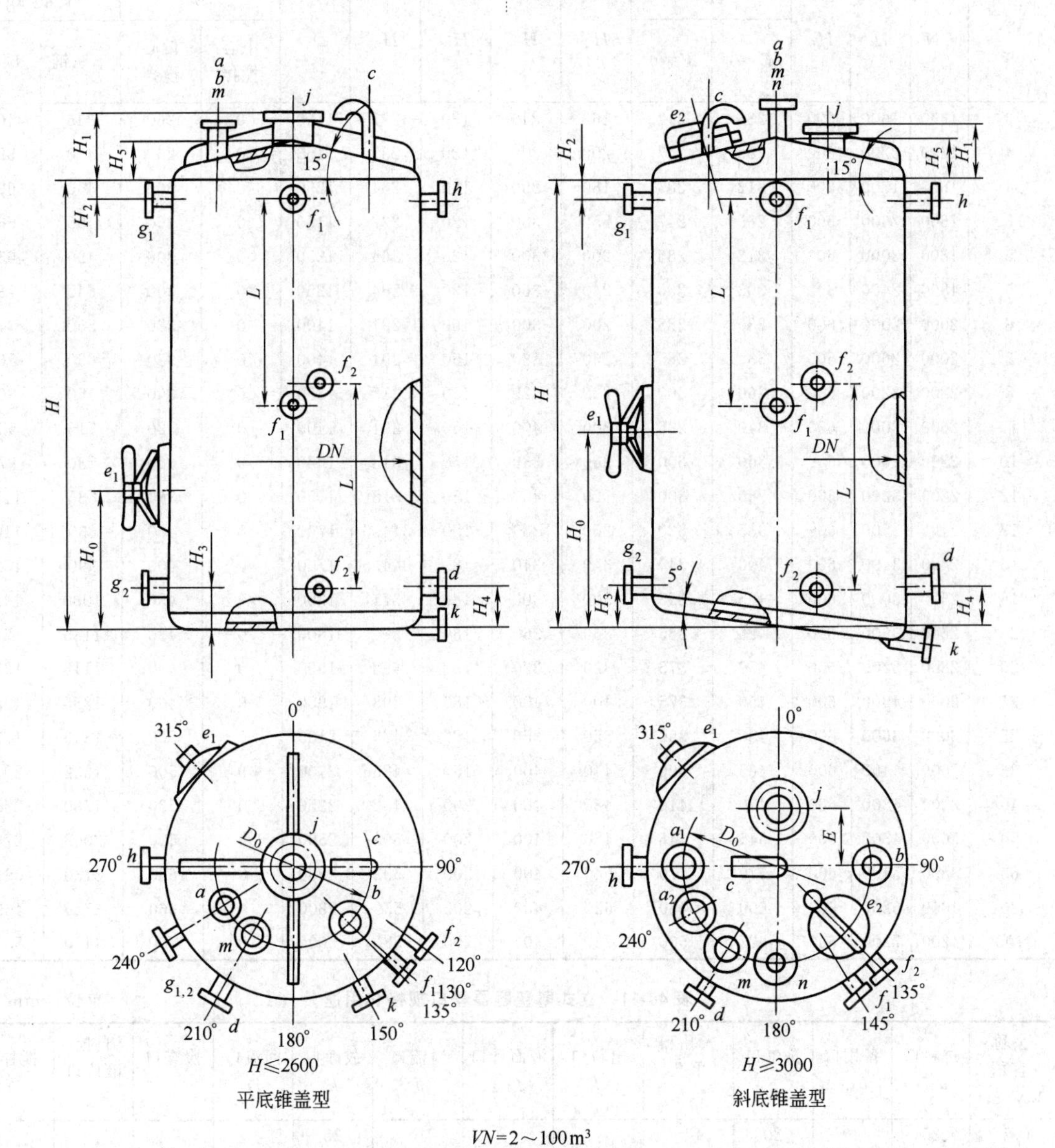

图 48-10　立式薄壁常压容器结构型式（二）

表 48-10　基本参数（二）　单位：mm

VN /m³	DN	H	H_0	H_1		H_2	H_3	H_4	H_5	D_0	E		质量/kg	
				$E=0$	$E\neq0$						中心搅拌	偏心搅拌	不锈钢	碳钢
2	1200	1800	600	260	210	180	250	100	183	850	0	200	250	330
2	1400	1400	600	260	230	120	200	100	210.5	1000	0	230	280	370
2.5	1200	2200	600	260	240	200	300	100	183	850	0	200	290	390
2.5	1400	1600	600	260	230	160	240	100	210.5	1000	0	230	310	415
3	1400	2200	600	260	230	200	300	100	210.5	1000	0	230	360	480

续表

VN /m³	DN	H	H_0	H_1		H_2	H_3	H_4	H_5	D_0	E		质量/kg	
				$E=0$	$E\neq0$						中心搅拌	偏心搅拌	不锈钢	碳钢
3	1600	1600	600	285	247	160	240	120	237	1150	0	260	345	460
4	1600	2200	600	285	247	200	300	120	237	1150	0	260	440	590
4	1800	1800	600	312	285	180	250	120	264	1250	0	300	450	600
5	1600	2600	600	285	247	250	380	120	237	1150	0	260	495	660
5	1800	2000	600	312	285	200	300	120	264	1250	0	300	490	650
6	1800	2400	600	305	265	240	360	120	264	1250	0	300	545	730
6	2000	2000	600	330	285	200	300	150	291	1400	0	320	550	740
8	2000	2600	600	330	285	260	380	150	291	1400	0	320	650	860
8	2200	2200	600	360	300	220	320	150	318	1550	0	360	650	860
10	2000	3000	600	340	295	300	400	150	291	1400	0	320	715	955
10	2200	2600	600	360	300	260	380	150	318	1550	0	360	730	975
12	2200	3200	600	360	300	320	400	150	318	1550	0	360	835	1115
12	2400	2500	600	385	320	260	380	180	344.5	1700	0	400	830	1105
16	2400	3400	600	400	340	340	340	180	344.5	1700	0	400	990	1320
16	2600	3000	600	425	355	300	300	180	371	1800	0	430	1000	1330
20	2600	3600	600	425	355	360	360	180	371	1800	0	430	1135	1515
20	2800	3200	600	450	375	320	320	180	398	1950	0	460	1115	1380
25	2800	4000	600	450	375	400	400	180	398	1950	0	460	1335	1980
25	3000	3600	600	480	390	360	360	180	425	2100	0	500	1345	1795
32	3000	4400	600	465	390	440	400	180	425	2100	0	500	1532	2040
40	3200	4800	600	490	410	480	400	200	452	2250	0	530	1760	2347
50	3600	4800	600	545	445	480	400	200	505	2500	0	600	2068	2760
63	3800	5400	600	570	470	540	400	200	532	2650	0	630	3130	3910
80	4000	6200	600	600	480	620	400	200	559	2800	0	660	3755	4690
100	4200	7300	600	625	500	730	400	200	580	3000	0	700	4440	5550

表 48-11 立式薄壁容器管口规格和用途 单位：mm

<table>
<tr><th>公称容积 VN/m³</th><th>进料口 $a_{1,2}$</th><th>备用口 $b_{1,2}$</th><th>排气口 c</th><th>人孔和手孔 $e_{1,2}$</th><th>出料口 d</th><th>液面计口 $f_{1,2}$</th><th>溢流口 h</th><th>放净口 k</th><th>回流口 m</th><th>检查口 n</th><th>自控液位口 $g_{1,2}$</th><th>搅拌口 j</th></tr>
<tr><td>0.15</td><td>25</td><td>40</td><td>20</td><td rowspan="4">$e_1=150$</td><td rowspan="6">—</td><td rowspan="15">20</td><td>40</td><td>25</td><td rowspan="14">—</td><td rowspan="14">—</td><td rowspan="4">—</td><td rowspan="15">按选用的减速机机座配</td></tr>
<tr><td>0.2</td><td rowspan="3">40</td><td rowspan="3">50</td><td rowspan="6">25</td><td rowspan="3">50</td><td rowspan="3">40</td></tr>
<tr><td>0.3</td></tr>
<tr><td>0.5</td></tr>
<tr><td>0.8</td><td rowspan="6">50</td><td rowspan="6">70</td><td rowspan="2">$e_1=200$</td><td rowspan="6">70</td><td rowspan="6">50</td><td rowspan="11">80</td></tr>
<tr><td>1.5</td></tr>
<tr><td>2.0</td><td rowspan="3">$e_1=400\times300$</td><td rowspan="4">50</td></tr>
<tr><td>2.5</td><td rowspan="3">40</td></tr>
<tr><td>3.0</td></tr>
<tr><td>4.0</td><td rowspan="6">$e_1=450\times350$
$e_2=500$</td></tr>
<tr><td>5.0</td><td rowspan="5">70</td><td rowspan="5">80</td><td rowspan="5">50</td><td rowspan="5">70</td><td rowspan="5">80</td><td rowspan="5">70</td></tr>
<tr><td>6.0</td></tr>
<tr><td>8.0</td></tr>
<tr><td>10.0</td></tr>
<tr><td>12</td><td>70</td><td>150</td></tr>
</table>

续表

公称容积 VN/m^3	进料口 $a_{1,2}$	备用口 $b_{1,2}$	排气口 c	人孔和手孔 $e_{1,2}$	出料口 d	液面计口 $f_{1,2}$	溢流口 h	放净口 k	回流口 m	检查口 n	自控液位口 $g_{1,2}$	搅拌口 j
16												
20												
25				e_1=500×400								按选用的减速机机座配
32			70									
40	80	100		e_2=500	80	20	100	80	80	150	80	
50												
63												
80				e_1=500×400								
100			80	e_2=600								

1.3　钢制立式圆筒形固定顶储罐系列［HG 21502.1—1992 (2014)］

本标准储罐适用于储存石油、石油产品及化工产品。

1.3.1　设计参数

① 设计压力　−0.3～1.8kPa。

② 设计温度　−19～150℃。

③ 公称容积　100～30000m^3。

④ 公称直径　5200～44000mm。

⑤ 腐蚀裕度　1mm。

⑥ 设计载荷　基本风压值 0.5kPa，雪载荷 0.45kPa，罐顶附加载荷 1.2kPa，抗震设防烈度 7 度。

⑦ 材料选择　根据建罐区的最低日平均温度加 13℃确定罐壁材料。

1.3.2　结构型式

固定顶储罐结构型式如图 48-11 所示。

1.3.3　基本参数及尺寸

储液密度 $\rho \leqslant 1000$kg/m^3 的储罐，其基本参数和尺寸见表 48-12。

储液密度 $\rho \leqslant 1200$kg/m^3 的储罐，其基本参数和尺寸见表 48-13。

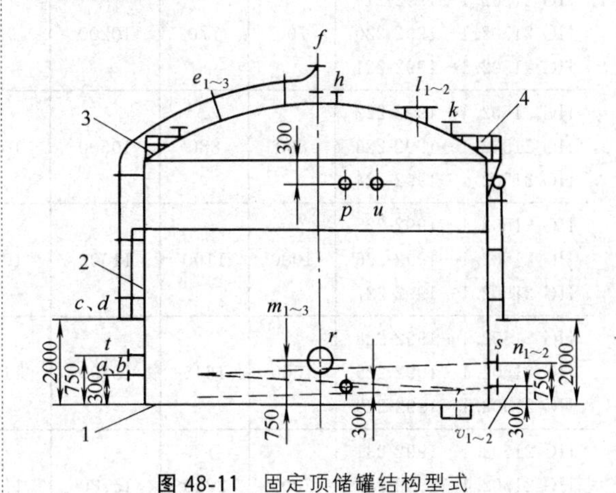

图 48-11　固定顶储罐结构型式

1—罐底；2—罐壁；3—罐顶；4—梯子平台

a—进料口；b—出料口；c—罐顶喷淋水入口；d—罐壁喷淋水入口；$e_{1\sim3}$—钢带液位计口；f—呼吸阀；h—液压安全阀；k—量油孔；$l_{1\sim2}$—透光孔；$m_{1\sim3}$—人孔；$n_{1\sim2}$—蒸汽进出口；p，r—压差液面计口；s—消防泡沫入口；t—温度计口；u—膨胀口；$v_{1\sim2}$—排污口

表 48-12　固定顶储罐基本参数和尺寸（一）

标准序号	公称容积 /m^3	计算容积 /m^3	储罐内径 ϕ/mm	高度/mm 罐壁高度	高度/mm 拱顶高度	高度/mm 总高	罐体材料	设计温度/设计压力 /(℃/kPa)	储罐总重 /kg
HG 21502.1—1992-201 HG 21502.1—1992-202 HG 21502.1—1992-203	100	110	5200	5200	554	5754	Q235-A.F	$\frac{-19\sim150}{-0.5\sim2}$	6135
HG 21502.1—1992-204 HG 21502.1—1992-205 HG 21502.1—1992-206	200	220	6550	6550	700	7250			9760

续表

标准序号	公称容积	计算容积	储罐内径 ϕ/mm	高度/mm			罐体材料	设计温度/设计压力 /(℃/kPa)	储罐总重 /kg
	/m³			罐壁高度	拱顶高度	总高			
HG 21502.1—1992-207 HG 21502.1—1992-208 HG 21502.1—1992-209	300	330	7500	7500	805	8305			12760
HG 21502.1—1992-210 HG 21502.1—1992-211 HG 21502.1—1992-212	400	440	8250	8250	887	9137			15290
HG 21502.1—1992-213 HG 21502.1—1992-214 HG 21502.1—1992-215	500	550	8920	8920	972	9892	Q235-A. F		17745
HG 21502.1—1992-216 HG 21502.1—1992-217 HG 21502.1—1992-218	600	660	9500	9315	1023	10338			21840
HG 21502.1—1992-219 HG 21502.1—1992-220 HG 21502.1—1992-221	700	770	10200	9425	1112	10537			23160
HG 21502.1—1992-222 HG 21502.1—1992-223 HG 21502.1—1992-224	800	880	10500	10165	1132	11297			25250
HG 21502.1—1992-225 HG 21502.1—1992-226 HG 21502.1—1992-227	1000	1100	11500	10650	1241	11891		$\frac{-19\sim150}{-0.5\sim2}$	30200
HG 21502.1—1992-228 HG 21502.1—1992-229 HG 21502.1—1992-230	1500	1645	13500	11500	1468	12968			40344
HG 21502.1—1992-231 HG 21502.1—1992-232 HG 21502.1—1992-233	2000	2220	15780	11370	1721	13091	Q235-A		52690
HG 21502.1—1992-234 HG 21502.1—1992-235 HG 21502.1—1992-236	3000	3300	18900	11760	2049	13809			76785
HG 21502.1—1992-237 HG 21502.1—1992-238 HG 21502.1—1992-239	5000	5500	23700	12530	2573	15103			126195
HG 21502.1—1992-240 HG 21502.1—1992-241 HG 21502.1—1992-242	10000	11000	31000	14580	3368	17948	20R		232035
HG 21502.1—1992-243 HG 21502.1—1992-244 HG 21502.1—1992-245	20000	23500	42000	17000	4546	21546			473430
HG 21502.1—1992-246 HG 21502.1—1992-247 HG 21502.1—1992-248	30000	31300	44000	20600	4788	25388	16MnR		642425

注：1. 计算容积为按罐壁高度和储罐内径计算所得的圆筒几何容积。

2. 储液密度 $\rho=1000\text{kg/m}^3$。

3. 由于本系列标准较老，罐体材料仅供参考，可参考储罐设计标准选用。

表 48-13 固定顶储罐基本参数和尺寸（二）

标准序号	公称容积	计算容积	储罐内径 ϕ/mm	高度/mm			罐体材料	设计温度 设计压力 /(℃/kPa)	储罐总重/kg
	/m³			罐壁高度	拱顶高度	总高			
HG 21502.1—1992-249 HG 21502.1—1992-250 HG 21502.1—1992-251	100	110	5200	5200	554	5754			6135
HG 21502.1—1992-252 HG 21502.1—1992-253 HG 21502.1—1992-254	200	220	6550	6550	700	7250			9760
HG 21502.1—1992-255 HG 21502.1—1992-256 HG 21502.1—1992-257	300	330	7500	7500	805	8305			12760
HG 21502.1—1992-258 HG 21502.1—1992-259 HG 21502.1—1992-260	400	440	8250	8250	887	9137	Q235-A. F		15290
HG 21502.1—1992-261 HG 21502.1—1992-262 HG 21502.1—1992-263	500	550	8920	8920	972	9892			17745
HG 21502.1—1992-264 HG 21502.1—1992-265 HG 21502.1—1992-266	600	660	9500	9315	1023	10338			21840
HG 21502.1—1992-267 HG 21502.1—1992-268 HG 21502.1—1992-269	700	770	10200	9425	1112	9425		$\frac{-19\sim150}{-0.5\sim2}$	23615
HG 21502.1—1992-270 HG 21502.1—1992-271 HG 21502.1—1992-272	800	880	10500	10165	1132	11297			25720
HG 21502.1—1992-273 HG 21502.1—1992-274 HG 21502.1—1992-275	1000	1100	11500	10650	1241	11891			31220
HG 21502.1—1992-276 HG 21502.1—1992-277 HG 21502.1—1992-278	1500	1645	13500	11500	1468	12968	Q235-A		42740
HG 21502.1—1992-279 HG 21502.1—1992-280 HG 21502.1—1992-281	2000	2220	15780	11370	1721	13091			56195
HG 21502.1—1992-282 HG 21502.1—1992-283 HG 21502.1—1992-284	3000	3300	18900	11760	2049	13809			80980
HG 21502.1—1992-285 HG 21502.1—1992-286 HG 21502.1—1992-287	5000	5500	23700	12530	2573	15103	20R		135665
HG 21502.1—1992-288 HG 21502.1—1992-289 HG 21502.1—1992-290	10000	11000	31000	14580	3368	17948			249820

续表

标准序号	公称容积	计算容积	储罐内径 ϕ/mm	高度/mm			罐体材料	设计温度 设计压力 /(℃/kPa)	储罐总重/kg
	/m^3			罐壁高度	拱顶高度	总高			
HG 21502.1—1992-291 HG 21502.1—1992-292 HG 21502.1—1992-293	20000	23500	42000	17000	4546	21546	16MnR	$\frac{-19\sim150}{-0.5\sim2}$	507205
HG 21502.1—1992-294 HG 21502.1—1992-295 HG 21502.1—1992-296	30000	31300	44000	20600	4788	25388			704910

注：1. 计算容积为按罐壁高度和内径计算所得的圆筒几何容积。

2. 储液密度 ρ＝1200kg/m^3。

3. 由于本系列标准较老，罐体材料仅供参考，可参考设计标准选用。

1.3.4　型号标记

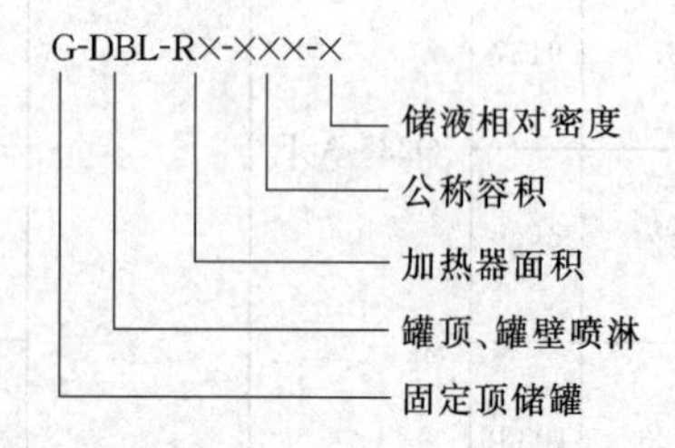

标记示例如下。

① 公称容积5000m^3，储液相对密度 $\gamma\leqslant1$，加热面积40m^2 的固定顶储罐，其标记代号为 G-R40-5000-1（HG 21502.1—1992-239）。

② 公称容积5000m^3，储液相对密度 $\gamma\leqslant1.2$，罐顶、罐壁喷淋的固定顶储罐，其标记代号为 G-DBL-5000-1.2（HG 21502.1—1992-286）。

③ 公称容积100m^3，储液相对密度 $\gamma\leqslant1.2$，罐顶喷淋的固定顶储罐，其标记代号为 G-DL-100-1.2（HG 21502.1—1992-250）。

1.4　钢制立式圆筒形内浮顶储罐系列［（HG 21502.2—1992（2014）］

本标准储罐适用于储存易挥发的石油及石油化工产品。

1.4.1　设计参数

① 设计压力　0kPa。

② 设计温度　−19～80℃。

③ 公称容积　100～30000m^3。

④ 公称直径　4500～44000mm。

⑤ 腐蚀裕度　1mm。

⑥ 设计载荷　基本风压0.5kPa，雪载荷0.45kPa，罐顶附加载荷0.7kPa，抗震设防烈度7度。

⑦ 材料选择　根据建罐区的最低日平均温度，加13℃确定罐壁材料

1.4.2　基本参数及尺寸

内浮顶储罐结构见图48-12。储液密度 $\rho\leqslant$ 1000kg/m^3 的储罐，其基本参数及尺寸见表48-14。

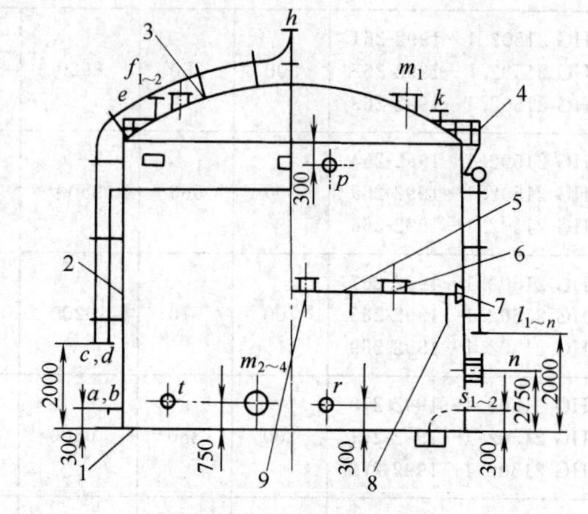

图48-12　内浮顶储罐结构

1—罐底；2—罐壁；3—罐顶；4—梯子、平台；5—内浮盘；6—浮盘人孔；7—软密封；8—浮盘立柱；9—自动通气阀

a—进料口；b—出料口；c—罐顶喷淋水入口；d—罐壁喷淋水入口；e—钢带液位计口；$f_{1\sim2}$—透光孔；h—通气孔；k—量油口；$l_{1\sim n}$—消防泡沫入口；m_1，$m_{2\sim4}$—罐顶罐壁人孔；n—带芯人孔；p，r—压差液面计口；$s_{1\sim2}$—排污口；t—温度计口

1.4.3　型号标记

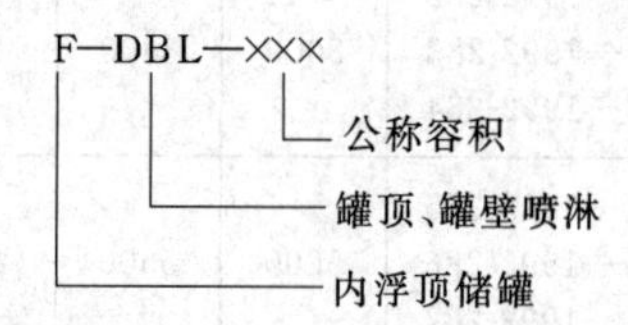

标记示例如下。

(1) 公称容积100m^3 的内浮顶储罐

F-100（HG 21502.2—1992-102）。

(2) 公称容积100m^3 的罐顶喷淋内浮储罐

表 48-14　内浮顶储罐基本参数及尺寸

标准序号	公称容积/m³	计算容积/m³	储罐内径 ϕ/mm	高度/mm			浮盘板厚/mm	罐体材料	设计温度设计压力/(℃/kPa)	储罐总重/kg
				罐壁高度	拱顶高度	总高				
HG 21502.2—1992-101 HG 21502.2—1992-102	100	110	4500	7850	477	8327	5			8170
HG 21502.2—1992-103 HG 21502.2—1992-104	200	220	5500	10260	587	10847	5			12620
HG 21502.2—1992-105 HG 21502.2—1992-106	300	320	6500	10650	695	11345	5			15980
HG 21502.2—1992-107 HG 21502.2—1992-108	400	430	7500	10650	805	11455	6	Q235-A. F		19280
HG 21502.2—1992-109 HG 21502.2—1992-110	500	530	8200	11000	881	11881	5			22220
HG 21502.2—1992-111 HG 21502.2—1992-112	600	635	9000	11000	969	11969	5		−19～80/0	25835
HG 21502.2—1992-113 HG 21502.2—1992-114	700	764	9200	12500	991	13491	5			28720
HG 21502.2—1992-115 HG 21502.2—1992-116	800	864	10000	12000	1078	13078	5			31925
HG 21502.2—1992-117 HG 21502.2—1992-118	1000	1140	11500	12000	1254	13254	5			39430
HG 21502.2—1992-119 HG 21502.2—1992-120	1500	1650	13000	13500	1405	14905	5			51425
HG 21502.2—1992-121 HG 21502.2—1992-122	2000	2186	14500	14350	1569	15919	5	Q235-A		60950
HG 21502.2—1992-123 HG 21502.2—1992-124	3000	3360	17000	15850	1841	17691	5			89485
HG 21502.2—1992-125 HG 21502.2—1992-126	5000	5360	21000	16500	2278	18778	5			134435
HG 21502.2—1992-127 HG 21502.2—1992-128	10000	10700	30000	16500	3260	19760	5	20R	−19～80/0	286520
HG 21502.2—1992-129 HG 21502.2—1992-130	20000	22400	42000	17500	4546	22046	5			510885
HG 21502.2—1992-131 HG 21502.2—1992-132	30000	31300	44000	22000	4788	26788	5	16MnR		690270

注：1. 计算容积为罐底上表面到罐壁气孔下沿的圆筒几何容积。

2. 内浮盘材料为 Q235-A。

3. 由于本系列标准较老，罐体材料仅供参考，可参照储罐设计标准选用。

F-DL-100（HG 21502.2—1992-101）。

(3) 公称容积 5000m³ 的罐顶、罐壁喷淋的内浮顶储罐

F-DBL-5000（HG 21502.2—1992-125）。

1.5 钢制低压湿式气柜［HG/T 21549—1995 (2014)，HG 20517—1992 (2014)］

本标准适用于化工、石油化工气体的储存、缓冲、稳压、混合等气柜的设计。

1.5.1 设计参数

① 设计压力　不大于 4000Pa。

② 公称容积　无外导架直升气柜：50～1000m³。有外导架直升气柜：200～30000m³。

③ 雪荷载　不大于 690Pa。

④ 风载荷　有外导架直升气柜：不大于 850Pa。无外导架直升气柜及螺旋气柜：不大于 500Pa。

⑤ 地震设防烈度 8度（Ⅱ类场地土）。

1.5.2 分类

(1) 按导轨型式分类

螺旋气柜（导轨为螺旋形的气柜）、外导架直升式气柜（导轨为带外导架的直导轨气柜）和无外导架直升式气柜（导轨焊接于活动节塔壁上的直导轨气柜）的结构如图48-13～图48-15所示。

(2) 按活动塔节的节数分类

气柜由水槽与各活动塔节组成，只有一个活动塔节的气柜为单节气柜，活动塔节为两个或两个以上的气柜为多节气柜。

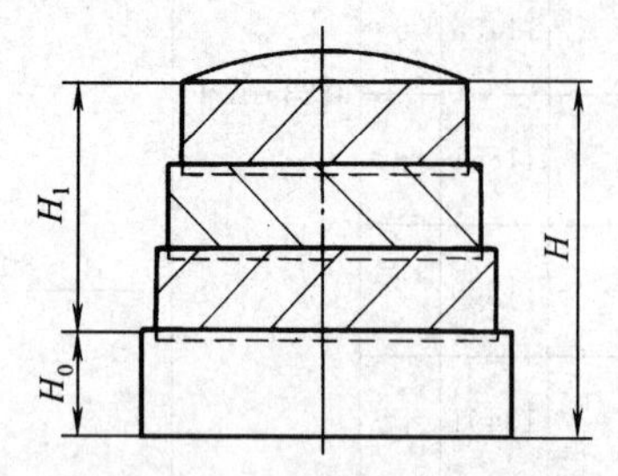

图48-13 螺旋气柜结构

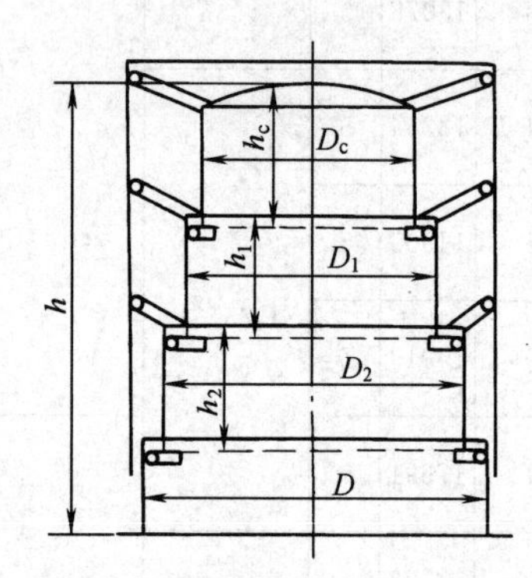

图48-14 外导架直升式气柜结构

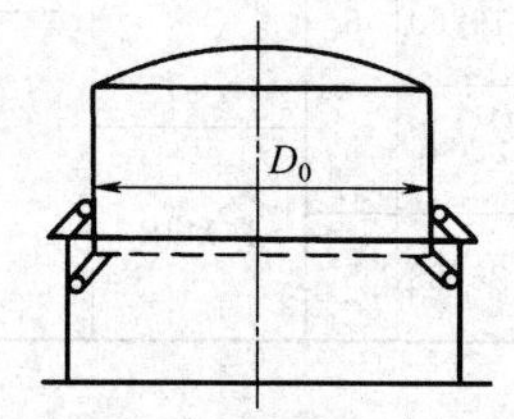

图48-15 无外导架直升式气柜结构

1.5.3 主要基本参数的确定

(1) 气柜有效容积计算（图48-16）

$$V=\frac{\pi}{4}[D_1^2(h_1-L_1)+D_2^2h_2+\cdots+D_n^2(h_n-f)] \tag{48-1}$$

式中 D_1，$D_2\cdots D_n$——钟罩、中节Ⅰ……中节n的内径，m；

h_1——钟罩浸入水槽的深度，m；

$h_2\cdots h_n$——中节Ⅰ……中节Ⅱ全开启后的有效高度，m；

L_1——安全罩帽插入深度（当不设安全罩帽时$L_1=0$），m；

f——最下一节活动节升至极限位置时，活动节底的液位，m。

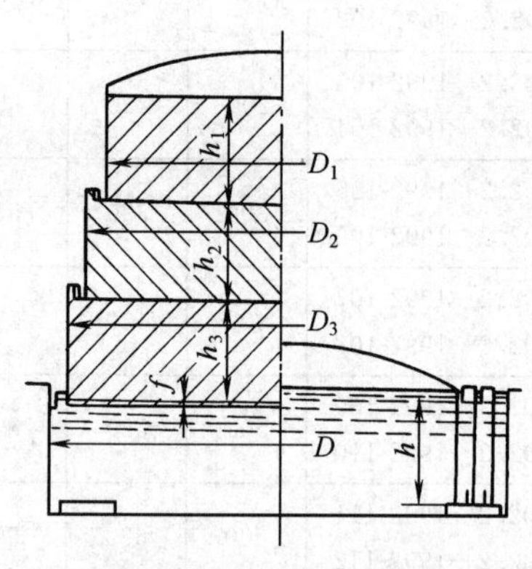

图48-16 气柜结构示意

(2) 径高比$D:H$（水槽直径比柜体总高度）

外导架直升式气柜，一般取$D:H=0.8\sim1.2$。螺旋气柜和无外导架直升气柜，一般取$D:H=1.0\sim1.65$。小型、单节气柜取小值，大中型、多节气柜可取较大值。

(3) 活动节最大升降速度

$$v_{max}=0.9\sim1.2\text{m/min}$$

(4) 气柜活动节节数n

按公称容积VN，确定活动节节数。

$VN\leqslant2500\text{m}^3$时，取$n=1$；

$2500\text{m}^3<VN<5000\text{m}^3$时，取$n=2$；

$5000\text{m}^3\leqslant VN<30000\text{m}^3$时，取$n=3$；

$30000\text{m}^3\leqslant VN<100000\text{m}^3$时，取$n=4$。

(5) 塔节间隙Δr（相邻两塔节内半径之差）

① 直导轨气柜 $\Delta r=400\sim450$mm，一般取$\Delta r=450$mm。

② 螺旋气柜 $\Delta r=450\sim500$mm，一般取$\Delta r=500$mm。

(6) 水封挂圈、安全帽插入水中深度、活动节升起的极限高度

由设计者按本标准确定。

1.5.4 气柜选用原则

(1) 无外导架直升气柜

① 结构简单，导轨制作容易。

② 钢材消耗比有外导架直升气柜少，与螺旋气柜相当。

③ 安装高度低，仅相当于水槽高度，施工方便、安全。

④ 抗倾覆性能差，台风区、高烈度地震区不宜采用。

⑤ 一般仅用于一节小型气柜。

(2) 有外导架直升气柜

① 有外导架，抗倾覆（主要是风和地震力）性能好，适用于高烈度地震区。

② 导轨制作、安装较容易。

③ 外导架高度大，施工需高空作业，需采用必要的安全措施。

④ 钢材消耗比螺旋气柜多 15%～25%。

⑤ 适用于大、中、小型气柜。

(3) 螺旋气柜

① 较有外导架直升气柜用钢量少，气柜越大，省材越多。

② 安装高度低，仅相当于水槽高度，施工方便、安全。

③ 抗倾覆性能虽不及有外导架直升气柜，但升起后的稳定性仍较好。

④ 导轨加工困难，制造、安装精度要求较高。

⑤ 广泛用于大、中、小型气柜。

1.5.5 标记

(1) 标记方法

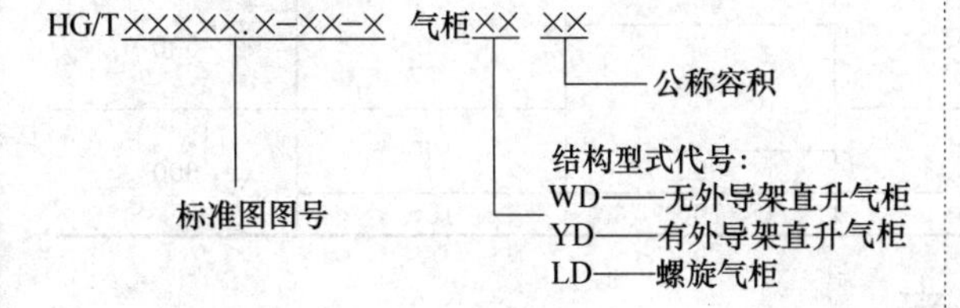

(2) 标记示例

例一：200m³ 无外导架直升气柜

HG/T 21549.2-95-3，气柜 WD200

例二：600m³ 有外导架直升气柜

HG/T 21549.3-95-3，气柜 WD600

例三：5000m³ 螺旋气柜

HG/T 21549.4-95-3，气柜 WD5000

1.5.6 结构型式和主要尺寸

(1) 无外导架直升气柜

本系列为无外导架直升气柜，设计风载荷 500Pa。其结构示意图见图 48-17，基本参数及主要尺寸见表 48-15，管口尺寸见表 48-16。

(2) 有外导架直升气柜

本系列为有外导架直升气柜，设计风载荷 850Pa。$VN=200\sim2500\text{m}^3$ 其结构示意图见图 48-18，$VN=5000\text{m}^3$ 其结构示意图见图 48-19，$VN=10000\sim30000\text{m}^3$ 其结构示意图见图 48-20，基本参数及主要尺寸见表 48-17，管口公称尺寸见表 48-18。

(3) 螺旋气柜

本系列为螺旋气柜，设计风载荷 500Pa。$VN=1000\sim2500\text{m}^3$ 的结构示意图见图 48-21，$VN=5000\text{m}^3$ 的结构示意图见图 48-22，$VN=10000\sim30000\text{m}^3$ 的结构示意图见图 48-23，$VN=50000\sim100000\text{m}^3$ 的结构示意图见图 48-24，基本参数及主要尺寸见表 48-19，管口公称尺寸见表 48-20。

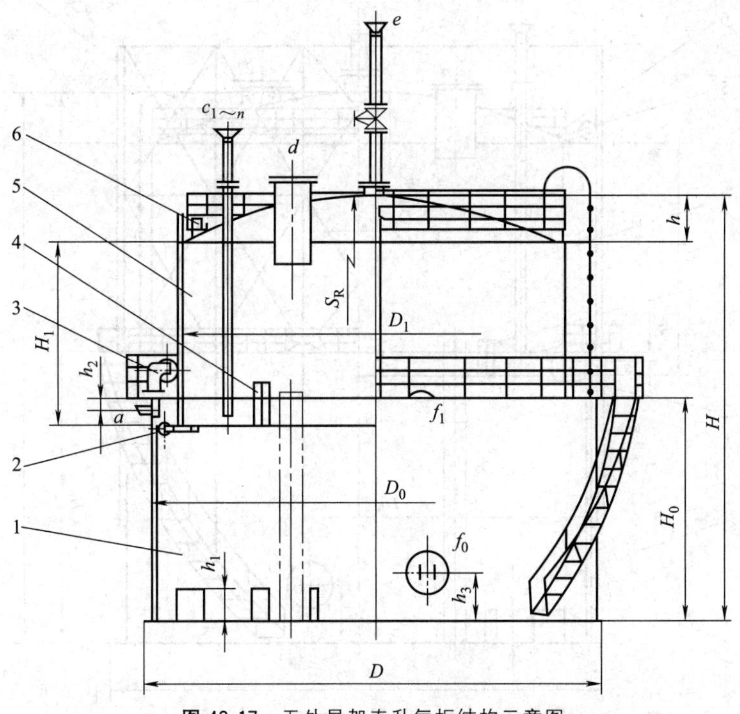

图 48-17 无外导架直升气柜结构示意图

1—钢水槽；2—下导轮；3—上导轮；4—下配重块；5—钟罩；6—上配重块

表 48-15 无外导架直升气柜主要尺寸

单位：mm

序号	容积/m^3		钢水槽		钟罩			工作压力/Pa		标准图图号
	公称	有效	D_0	H_0	D_1	H_1	S_R	无配重块	有配重块	
1	50	52	6100	3250	5200	2950	6240	1821	4000	HG/T 21549.2-95-1
2	100	102	7700	3650	6800	3300	8160	1700		HG/T 21549.2-95-2
3	200	203	9200	4600	8300	4250	9960	1612		HG/T 21549.2-95-3
4	400	404	11900	5200	11000	4750	13200	1457		HG/T 21549.2-95-4
5	600	607	13400	6000	12500	5450	15000	1488		HG/T 21549.2-95-5
6	1000	1042	15900	7050	15000	6400	18000	1481		HG/T 21549.2-95-6

序号	安装尺寸						质量/kg			
	D	H	h	h_1	h_2	h_3	钢结构	配重块		总计
								铸铁块	混凝土块	
1	6180	6217	567	200	320	600	8900	2370	2370	13640
2	7780	7142	742	250		640	12400	4030	4030	20460
3	9280	9206	906				17600	7190	7190	31980
4	19800	10550	1200	350		730	30000	13330	13330	56660
5	13480	12214	1364	450		830	40000	16430	16430	72860
6	15980	14487	1637	550		930	56600	23620	23620	103840

表 48-16 无外导架直升气柜管口公称尺寸

单位：mm

名称 / 符号 / 容积规格/m^3	溢流口	自动放空口	安全帽人孔	放空口	侧壁人孔
	a	c	d	e	f
50	50	50	400	50	500
100			500		
200					
400	65	100		100	600
600			600		
1000	80	150	700	150	

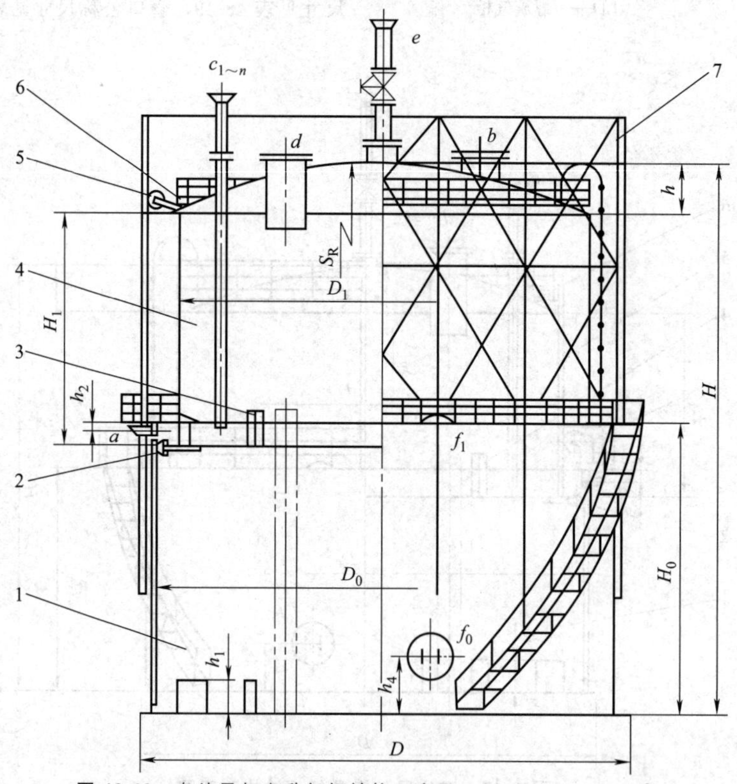

图 48-18 有外导架直升气柜结构示意图（$VN=200\sim2500m^3$）

1—钢水槽；2—下导轮；3—下配重块；4—钟罩；5—上导轮；6—上配重块；7—外导架

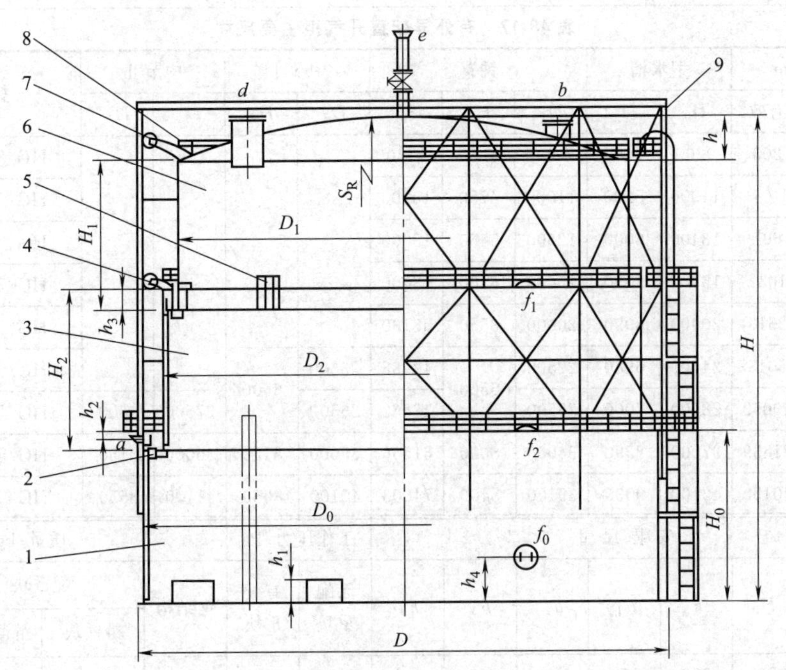

图 48-19　有外导架直升气柜结构示意图（$VN=5000m^3$）

1—钢水槽；2—下导轮；3—中节；4—中节上导轮；5—下配重块；6—钟罩；7—钟罩上导轮；8—上配重块；9—外导架

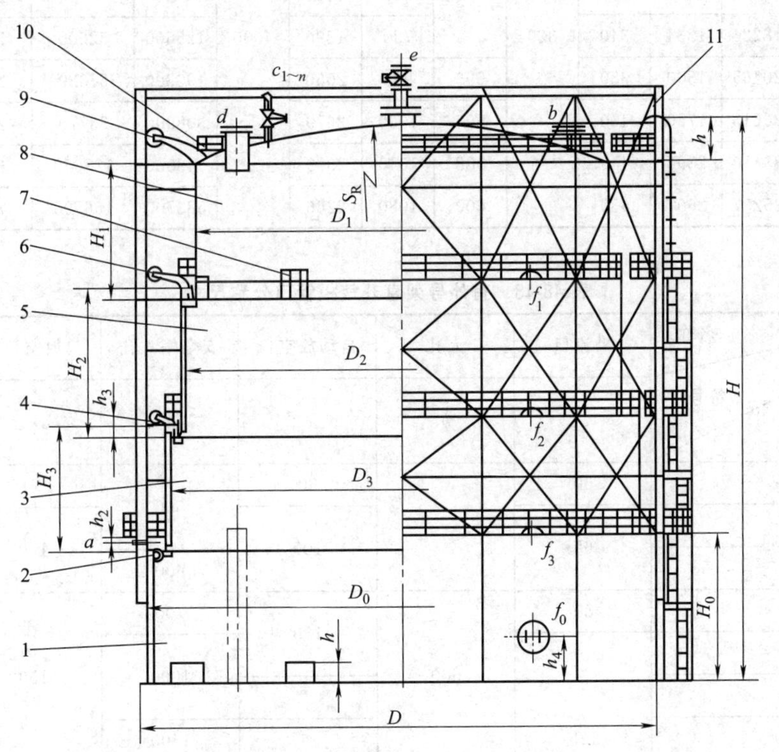

图 48-20　有外导架直升气柜结构示意图（$VN=10000\sim30000m^3$）

1—钢水槽；2—下导轮；3—中节Ⅱ；4—中节Ⅱ上导轮；5—中节Ⅰ；6—中节Ⅰ上导轮；7—下配重块；8—钟罩；9—钟罩上导轮；10—上配重块；11—外导架

表 48-17　有外导架直升气柜主要尺寸　　单位：mm

序号	容积/m³		钢水槽		钟罩			中节Ⅰ		中节Ⅱ		标准图图号
	公称	有效	D_0	H_0	D_1	H_2	S_R	D_2	H_2	D_3	H_3	
1	200	203	9200	4600	8300	4250	9960					HG/T 21549.3-95-1
2	400	404	11900	5200	11000	4750	13200					HG/T 21549.3-95-2
3	600	607	13400	6000	12500	5450	15000					HG/T 21549.3-95-3
4	1000	1042	15900	7050	15000	6400	18000					HG/T 21549.3-95-4
5	2500	2513	20900	8990	20000	8550	38160					HG/T 21549.3-95-5
6	5000	5013	24500	6980	22500	6500	42938	23500	6600			HG/T 21549.3-95-6
7	10000	10052	28500	7000	25500		48662	26500		27500	6600	HG/T 21549.3-95-7
8	20000	21839	37000	8590	34000	8000	61506	35000	8150	36000	8150	HG/T 21549.3-95-8
9	30000	30150	42100	9030	39100	8400	74603	40100	8550	41100	8550	HG/T 21549.3-95-9

序号	安装尺寸							工作压力/Pa		质量/kg			
	D	H	h	h_1	h_2	h_3	h_4	无配重块	有配重块	钢结构	配重块		总计
											铸铁块	混凝土块	
1	9280	9206	906	250			640	1612		25100	7190	7190	39480
2	11980	10550	1200	350			730	1457		33000	13330	13330	59660
3	13480	12214	1364	450			830	1488		49000	16430	16430	81860
4	15980	14487	1637	550			930	1481		70600	23520	23520	117640
5	21000	18224	1334	340	320		720	1390	4000	125600	52500	52500	230600
6	24600	20465	1500	380		595	980	2060		190300	57320	28610	276230
7	28600	26613	1750	400		593	1000	2679		308900	53770	26890	389560
8	37100	33410	2396	440		588	1040	2379		349000	127650	63880	540530
9	42200	35237	2607	480		600	1080	2266		583700	156590	78300	818590

表 48-18　有外导架直升气柜管口公称尺寸　　单位：mm

名称 \ 符号 \ 容积规格/m³	溢流口	人孔	自动放空口	安全帽人孔	放空口	侧壁人孔
	a	b	c	d	e	f
200	50		50	500	50	500
400	65		100		100	
600				600		
1000	80		150	700		
2500	125	500		1000	150	600
5000						
10000				1400		
20000		600	150①	600	250	
30000						

① 所注 c 管口为手动放空管口。

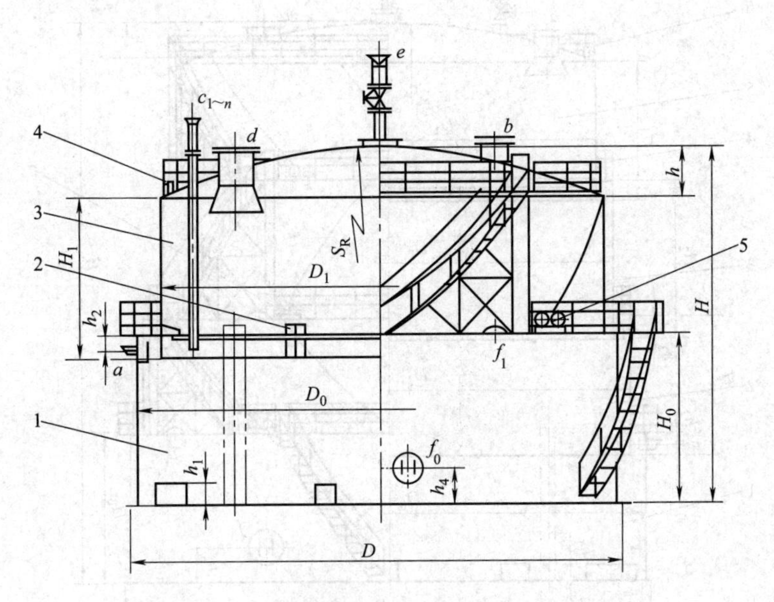

图 48-21　螺旋气柜结构示意图（VN＝1000～2500m³）

1—钢水槽；2—下配重块；3—钟罩；4—上配重块；5—导轮

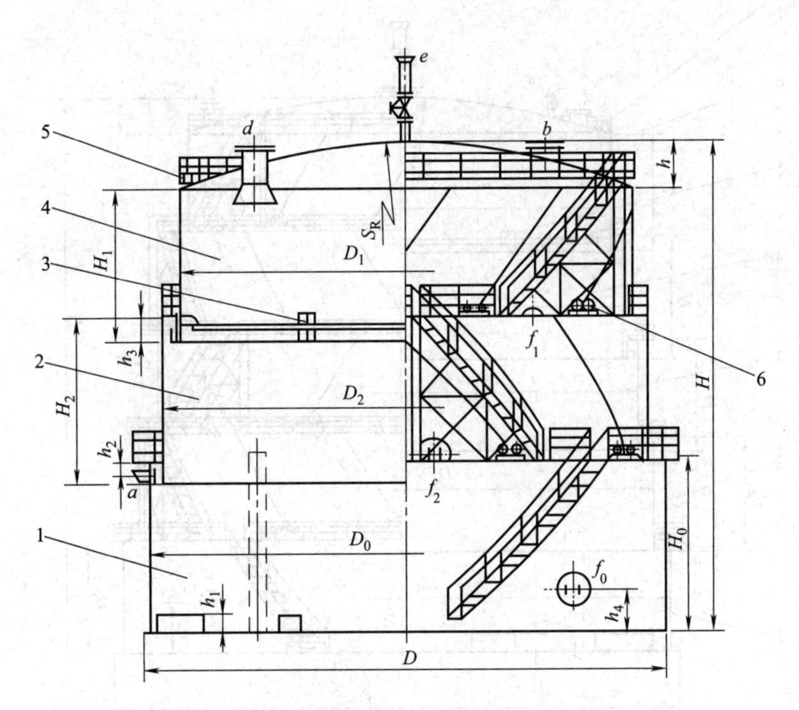

图 48-22　螺旋气柜结构示意图（VN＝5000m³）

1—钢水槽；2—中节；3—下配重块；4—钟罩；5—上配重块；6—导轮

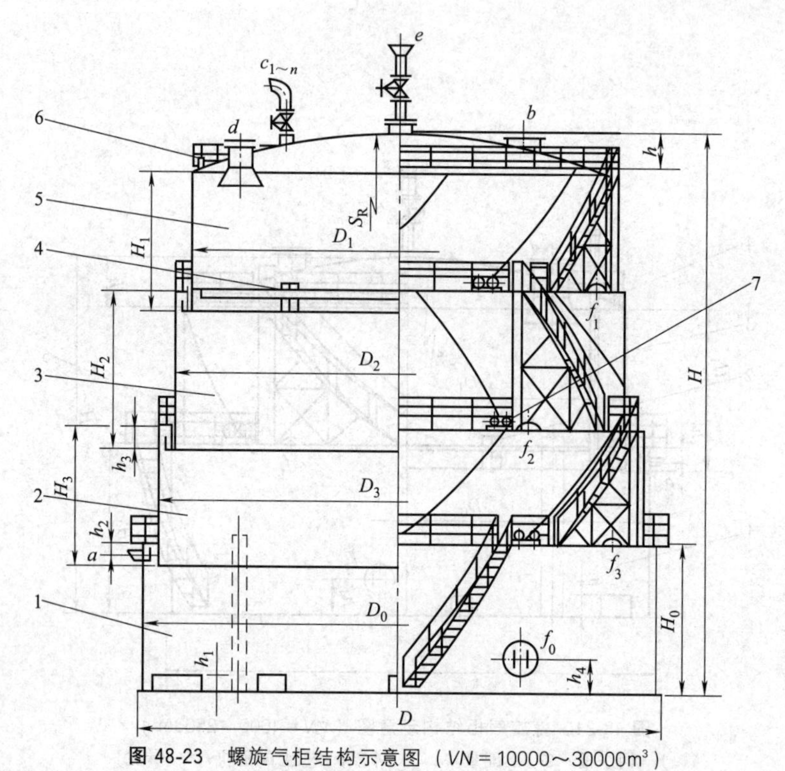

图 48-23 螺旋气柜结构示意图（$VN=10000\sim30000m^3$）

1—钢水槽；2—中节Ⅱ；3—中节Ⅰ；4—下配重块；5—钟罩；6—上配重块；7—导轮

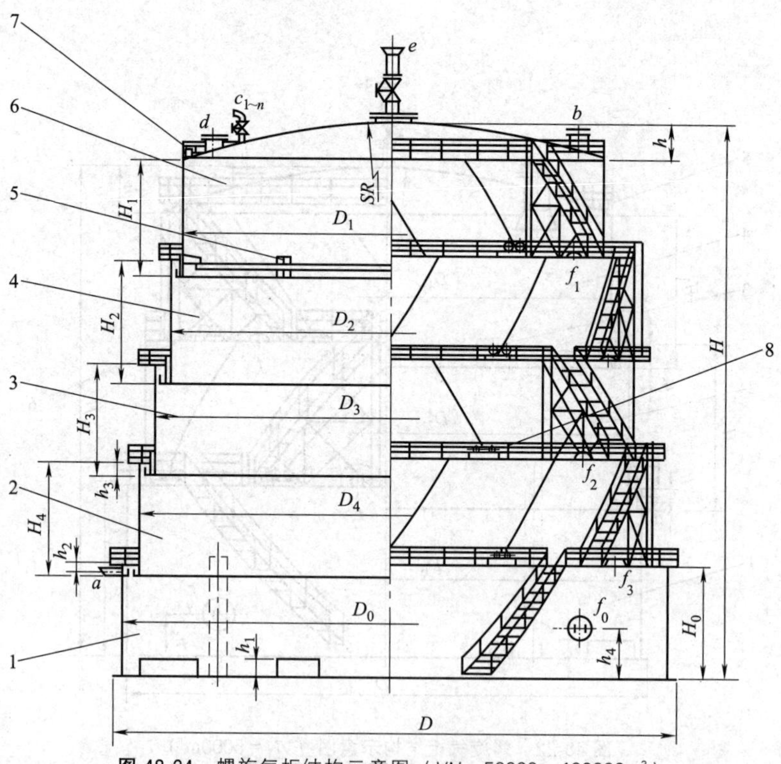

图 48-24 螺旋气柜结构示意图（$VN=50000\sim100000m^3$）

1—钢水槽；2—中节Ⅲ；3—中节Ⅱ；4—中节Ⅰ；

5—下配重块；6—钟罩；7—上配重块；8—导轮

表 48-19　螺旋气柜主要尺寸　　单位：mm

序号	容积/m^3		钢水槽		钟罩			中节Ⅰ		中节Ⅱ		中节Ⅲ		标准图图号
	公称	有效	D_0	H_0	D_1	H_1	S_R	D_2	H_2	D_3	H_3	D_4	H_4	
1	1000	1042	15900	7050	15000	6400	18000							HG/T 21549.4-95-1
2	2500	2513	20900	8990	20000	8550	38160							HG/T 21549.4-95-2
3	5000	5013	24500	6980	22500	6500	42938	23500	6710					HG/T 21549.4-95-3
4	10000	10052	28500	7000	25500	6500	48662	26500		27500	6710			HG/T 21549.4-95-4
5	20000	20739	38000	7690	35000	7100	53958	36000	7310	37000	7310			HG/T 21549.4-95-5
6	30000	30150	42100	9030	39100	8400	74603	40100	8610	41100	8610			HG/T 21549.4-95-6
7	50000	54450	46000	10200	42000	9550	87768	43000	9700	44000	9700	45000	7700	HG/T 21549.4-95-7
8	100000	105530	64000	10250	60000	9500	92500	61000	9650	62000	9650	63000	9650	HG/T 21549.4-95-8

序号	安装尺寸							工作压力/Pa		质量/kg			
	D	H	h	h_1	h_2	h_3	h_4	无配重块	有配重块	钢结构	配重块		总计
											铸铁块	混凝土块	
1	15980	14487	1627	550	320		930	1481	4000	56600	23620	23520	103740
2	21000	18224	1334	340			720	1390		109600	52500	52500	214600
3	24600	20445	1500	380		595	980	2060		150430	54800	27360	232590
4	28600	26834	1750	400		593	1000	2679		244900	53770	26690	325560
5	38124	30457	2923	440		588	1040	2251		367000	125410	64010	556420
6	42200	35357	2607	480		600	1080	2266		478700	156590	78300	713590
7	46100	49886	3500	500	400	588	1100	2812		693300	161620	80810	935730
8	64120	51150	5000	550		600	1150	2364		1109700	347050	173570	1630320

表 48-20　螺旋气柜管口公称尺寸　　单位：mm

名称 / 符号 / 容积规格/m^3	溢流口	人孔	自动放空口	安全帽人孔	放空口	侧壁人孔
	a	b	c	d	e	f
1000	80	500	150	700	150	600
2500	125			1000		
5000						
10000			150①	1400		
20000		600			250	
30000						
50000					300	
100000						

① 所注 c 管口为手动放空管口。

1.6 玻璃钢储罐标准系列［HG/T 21504.1—1992 (2014)］

本标准系列适用于化学、石油工业中作储存、计量和分离等用途的玻璃钢储槽，也适用于其他工业部门中类似用途的玻璃钢储槽。

1.6.1 基本参数

① 工作压力（指密闭储槽昼夜温度变化、进排物料所造成的气相压力工况）　−500～2000Pa。

② 工作温度　−10～80℃。

③ 公称容积　0.5～100m^3。

④ 公称直径　800～3400mm。

⑤ 介质相对密度　$\gamma \leqslant 1.2$。

⑥ 基本风压（10m 处）　550Pa。

⑦ 地震烈度　8 度。

⑧ 罐顶荷载　1100Pa。

⑨ 介质限制　适用于按 HG 20660—2000 介质毒性分类的中度危害（Ⅲ级）介质及轻度危害（Ⅳ）介质。

⑩ 基础要求　整体基础（必要时防腐）。

⑪ 成型方法　手糊法和机械缠绕法。

⑫ 特性　玻璃钢制品中加入了阻燃添加剂，使成型玻璃钢储槽具有滞燃自熄性。

1.6.2 结构型式

玻璃钢储罐结构型式如图 48-21 所示。

1.6.3 标准系列结构及主要尺寸

(1) 平底平盖储槽系列

本系列储罐按顶盖和筒体连接型式分为不可拆（A 型）和可拆（B 型）两种（B 型用于 $DN \leqslant 1200$mm），其结构型式见图 48-25，基本参数及主要尺寸见表 48-22。

表 48-21　玻璃钢储罐结构型式　　单位：m^3

<table>
<tr><th rowspan="2">公称容积/m^3</th><th colspan="6">立　式</th><th>卧式</th></tr>
<tr><th>平底平盖</th><th>平底锥顶</th><th>平底椭圆封头</th><th>锥底平顶</th><th>锥底椭圆封头</th><th>椭圆封头</th><th>椭圆封头</th></tr>
<tr><td>0.5</td><td rowspan="5">0.5～5</td><td rowspan="5"></td><td rowspan="5"></td><td rowspan="5">0.5～5</td><td rowspan="5">1～5</td><td rowspan="5">1～5</td><td rowspan="16">2～100</td></tr>
<tr><td>1</td></tr>
<tr><td>2</td></tr>
<tr><td>3</td></tr>
<tr><td>5</td></tr>
<tr><td>6</td><td rowspan="11"></td><td rowspan="11">6～100</td><td rowspan="11">6～100</td><td rowspan="11"></td><td rowspan="11"></td><td rowspan="11"></td></tr>
<tr><td>8</td></tr>
<tr><td>10</td></tr>
<tr><td>16</td></tr>
<tr><td>20</td></tr>
<tr><td>25</td></tr>
<tr><td>32</td></tr>
<tr><td>40</td></tr>
<tr><td>50</td></tr>
<tr><td>63</td></tr>
<tr><td>80</td></tr>
<tr><td>100</td></tr>
</table>

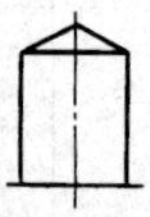

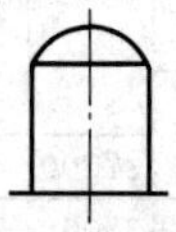

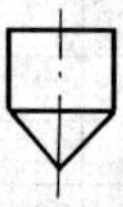

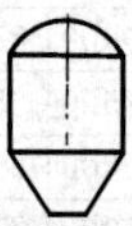

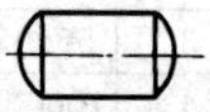

表 48-22　平底平盖储槽系列基本参数和尺寸

<table>
<tr><th colspan="2">容积/m^3</th><th colspan="2">筒体主要尺寸/mm</th><th rowspan="2">顶盖直径/mm</th><th colspan="5" rowspan="2">安　装　尺　寸/mm</th><th colspan="8">管口公称直径/mm</th><th rowspan="3">设备净重/kg</th><th rowspan="3">图　　号</th></tr>
<tr><th rowspan="2">公称容积 VN</th><th rowspan="2">全容积 V_1</th><th>公称直径</th><th>高度</th><th>出口</th><th>溢流口</th><th>排气口</th><th>进口</th><th>备用口</th><th>人孔</th><th>液面计口</th><th>放净口</th></tr>
<tr><th>DN</th><th>H</th><th>D_1</th><th>$\sim H_0$</th><th>D_0</th><th>D</th><th>L</th><th>a</th><th>b</th><th>c</th><th>d</th><th>e</th><th>f</th><th>g</th><th>h</th></tr>
<tr><td>0.5</td><td>0.6</td><td>800</td><td>1200</td><td>940</td><td>1377</td><td>896</td><td>550</td><td>1000</td><td rowspan="4">50</td><td rowspan="4">70</td><td rowspan="4">50</td><td rowspan="4">50</td><td rowspan="6">70</td><td rowspan="4"></td><td rowspan="6">25</td><td>40</td><td>75</td><td>HG 21504.1—1992-01</td></tr>
<tr><td rowspan="2">1</td><td>1.1</td><td>1000</td><td>1400</td><td>1140</td><td>1578</td><td>1100</td><td>700</td><td>1200</td><td rowspan="5">50</td><td>105</td><td>HG 21504.1—1992-02</td></tr>
<tr><td>1.36</td><td>1200</td><td>1200</td><td>1340</td><td>1378</td><td>1300</td><td>800</td><td>1000</td><td>120</td><td>HG 21504.1—1992-03</td></tr>
<tr><td>2</td><td>2.15</td><td>1400</td><td>1400</td><td></td><td>1655</td><td></td><td>800</td><td>1200</td><td>175</td><td>HG 21504.1—1992-04</td></tr>
<tr><td>3</td><td>3.22</td><td>1600</td><td>1600</td><td></td><td>1855</td><td></td><td>1000</td><td>1400</td><td></td><td></td><td></td><td></td><td>450</td><td>235</td><td>HG 21504.1—1992-05</td></tr>
<tr><td>5</td><td>5.09</td><td>1800</td><td>2000</td><td></td><td>2256</td><td></td><td>1100</td><td>1800</td><td></td><td></td><td></td><td></td><td>500</td><td>330</td><td>HG 21504.1—1992-06</td></tr>
</table>

标记示例：公称容积 $2m^3$，公称直径 1400mm，顶盖不可拆式平底平盖储槽，其代号为 A2/1400（HG 21504.1—1992-04）。

(2) 平底锥顶、平底椭圆封头储槽系列

本系列分平底锥顶（A 型）和平底椭圆封头（B 型）两种(图 48-26)，基本参数及主要尺寸见表 48-23。

标记示例：公称容积 $8m^3$、公称直径 2200mm 的平底椭圆封头储槽，其标记代号为

B 8/2200 HG 21504.1—1992-13。

(3) 锥底平顶储罐系列

本系列储罐按顶盖和筒体连接型式分为不可拆（A 型）和可拆（B 型）两种（B 型用于 $DN \leqslant$ 1200mm），其结构型式见图 48-27，基本参数及主要尺寸见表 48-24。

标记示例：公称容积 $2m^3$，公称直径 1200mm，顶盖不可拆式锥底平顶储罐，其标记代号为

A2/1200（HG 21504.1—1992-45）。

(4) 锥底椭圆封头储罐系列

本系列储罐结构型式见图 48-28，基本参数及主要尺寸见表 48-25。

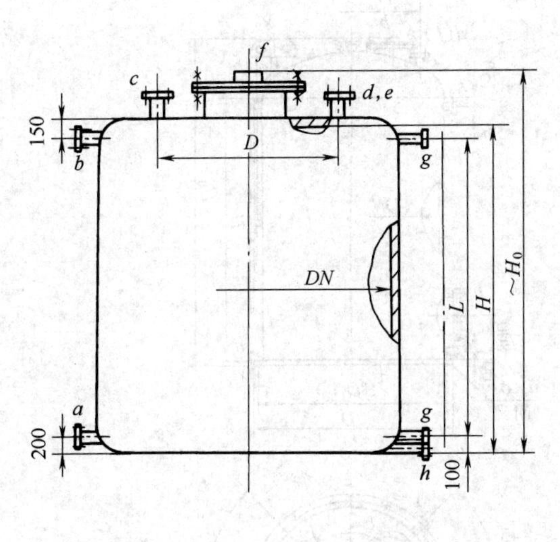

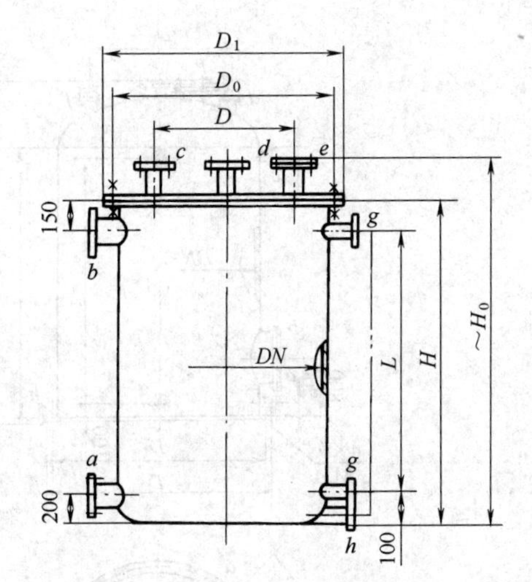

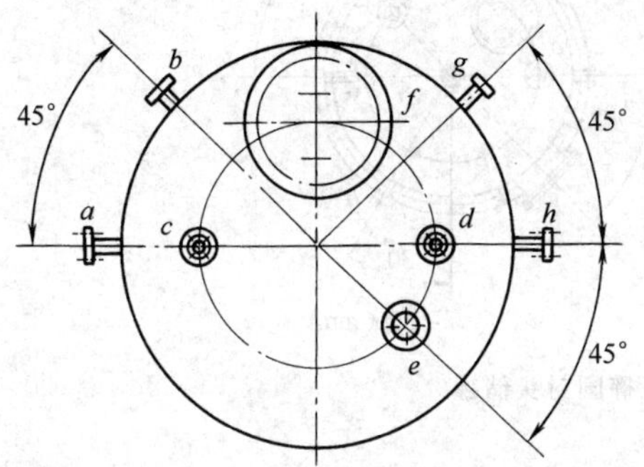

A型(VN=2～5m³)

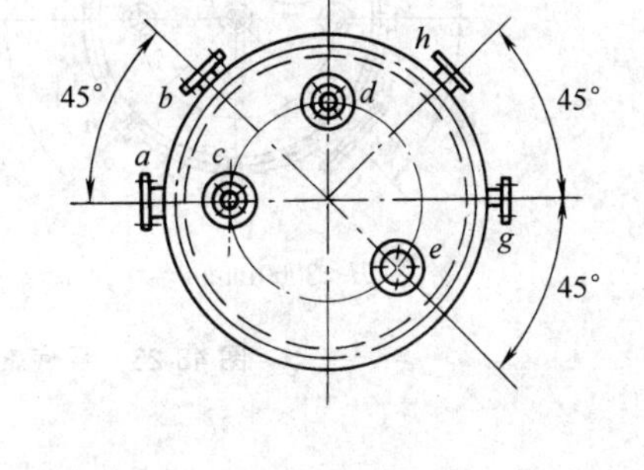

B型(VN=0.5～1m³)

图 48-25　平底平盖储槽

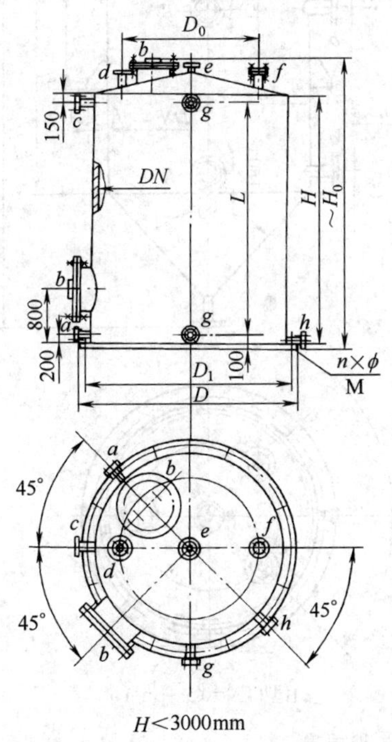

H<3000mm

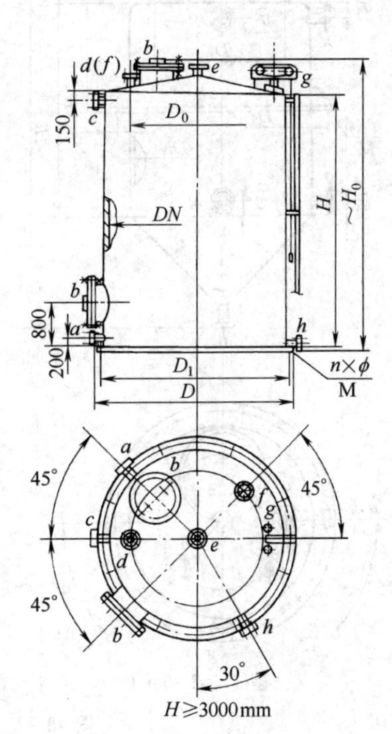

H≥3000mm

A型

图 48-26

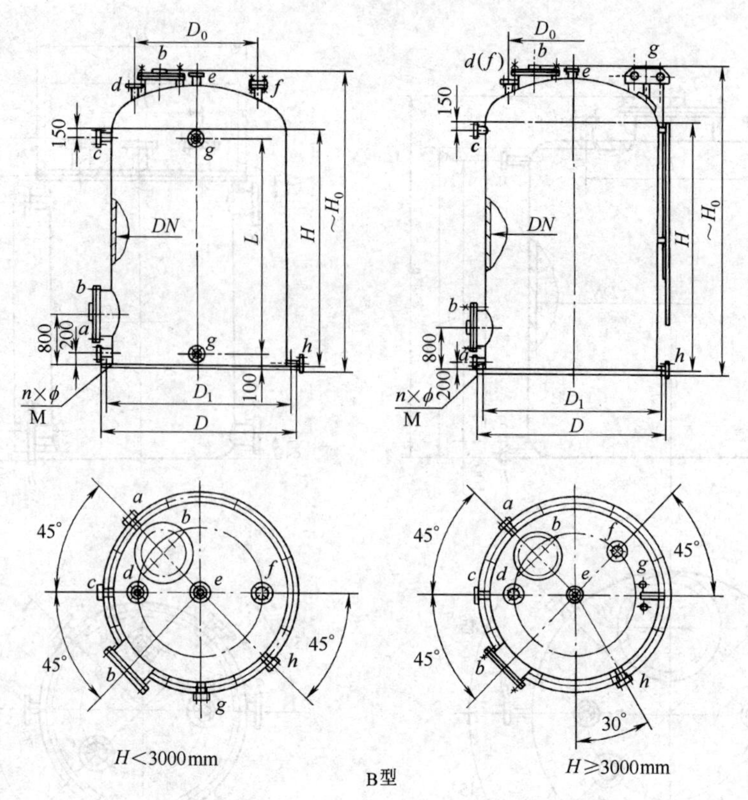

图 48-26 平底锥顶、平底椭圆封头储罐

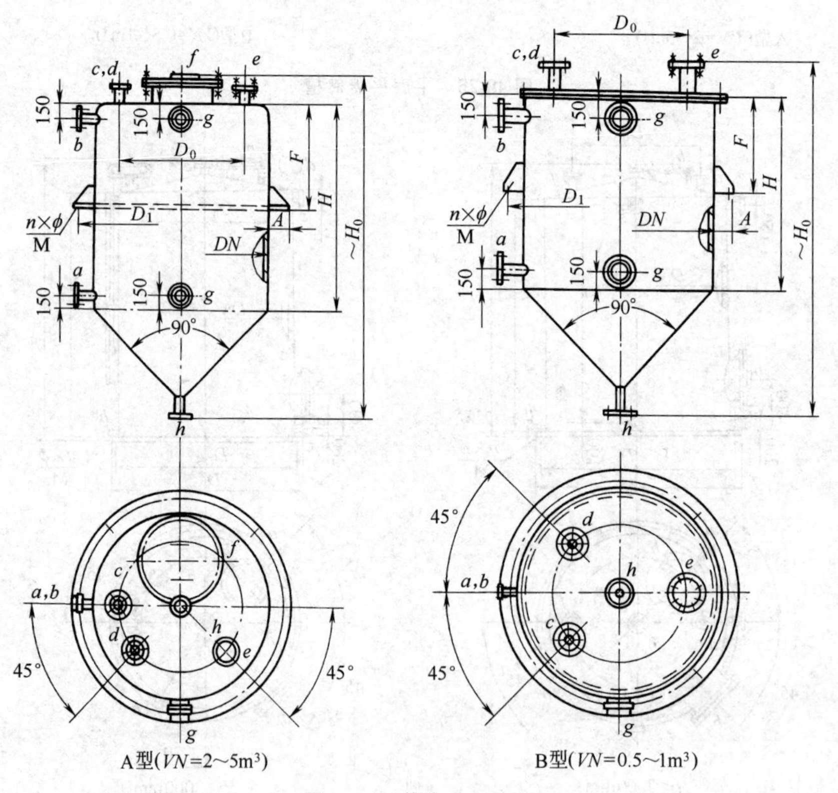

图 48-27 锥底平顶储罐

表 48-23　平底锥顶、平底椭圆封头储罐系列基本参数和尺寸

容积/m^3		筒体主要尺寸/mm		安装尺寸/mm						管口公称直径/mm								设备参考质量/kg	图号
公称容积 VN	全容积 V_1	公称直径 DN	高度 H	D_1	D	D_0	$\frac{n\times\phi}{M}$	L	$\sim H_0$	出口 a	人孔 b	溢流口 c	进口 d	排气口 e	备用口 f	液面计口 g	放净口 h		HG 21504.1—1992-椭圆封头 HG 21504.1—1992-锥顶
6	6.97	1800	2400	1930	2020	1250	$\frac{8\times\phi30}{M24}$	2200	3142	70	500	80	70	70	80	25	70	585	HG 21504.1—1992-07
	6.37								2852									595	HG 21504.1—1992-08
	7.48	2000	2000	2130	2200	1400	$\frac{8\times\phi30}{M24}$	1800	2787									620	HG 21504.1—1992-09
	6.66								2467									620	HG 21504.1—1992-10
8	9.37	2000	2600	2130	2220	1400	$\frac{8\times\phi30}{M24}$	2400	3388									690	HG 21504.1—1992-11
	8.55								3067									690	HG 21504.1—1992-12
	9.94	2200	2200	2330	2420	1550	$\frac{8\times\phi30}{M24}$	2000	3025									695	HG 21504.1—1992-13
	8.85								2675									700	HG 21504.1—1992-14
10	10.62	2000	3000	2130	2220	1400	$\frac{8\times\phi30}{M24}$	—	3788							—		780	HG 21504.1—1992-15
	9.80								3467									785	HG 21504.1—1992-16
	11.46	2200	2600	2330	2420	1550	$\frac{8\times\phi30}{M24}$	2400	3425	70	500	80	70	70	80	25	70	750	HG 21504.1—1992-17
	10.37								3075									755	HG 21504.1—1992-18
16	17.43	2400	3400	2530	2620	1700	$\frac{8\times\phi30}{M24}$	—	4253	80		100	80	80	100	—	80	1050	HG 21504.1—1992-19
	15.99								3879									1060	HG 21504.1—1992-20
	18.49	2600	3000	2730	2820	1800	$\frac{8\times\phi30}{M24}$		3889									980	HG 21504.1—1992-21
	16.68								3483									990	HG 21504.1—1992-22

续表

容积/m³		筒体主要尺寸/mm		安装尺寸/mm						管口公称直径/mm								设备参考质量/kg	图号
公称容积 VN	全容积 V_1	公称直径 DN	高度 H	D_1	D	D_0	$\frac{n\times\phi}{M}$	L	$\sim H_0$	出口 a	人孔 b	溢流口 c	进口 d	排气口 e	备用口 f	液面计口 g	放净口 h		HG 21504.1—1992-椭圆封头 HG 21504.1—1992-锥顶
20	21.67	2600	3600	2735	2825	1800	$\frac{8\times\phi30}{M24}$	—	4490	80	500	100	80	80	100	—	80	1205	HG 21504.1—1992-23
	19.87								4084									1215	HG 21504.1—1992-24
	22.88	2800	3200	2935	3025	1950	$\frac{8\times\phi30}{M24}$		4125									1245	HG 21504.1—1992-25
	20.78								3719									1240	HG 21504.1—1992-26
25	27.81	2800	4000	2935	3025	1950	$\frac{12\times\phi30}{M24}$		4926									1495	HG 21504.1—1992-27
	25.71								4519									1480	HG 21504.1—1992-28
	29.34	3000	3600	3135	3225	2100	$\frac{12\times\phi30}{M24}$		4557									1475	HG 21504.1—1992-29
	26.75								4125									1480	HG 21504.1—1992-30
32	34.99	3000	4400	3140	3230	2100	$\frac{12\times\phi30}{M24}$		5359									1755	HG 21504.1—1992-31
	32.4								4927									1755	HG 21504.1—1992-32
40	43.29	3200	4800	3340	3430	2250	$\frac{12\times\phi30}{M24}$		5796									2180	HG 21504.1—1992-33
	40.16								5336									2170	HG 21504.1—1992-34
50	55.54	3400	5500	3545	3635	2300	$\frac{12\times\phi30}{M24}$	—	6542									2610	HG 21504.1—1992-35
	51.77								6051									2605	HG 21504.1—1992-36
63	68.15	3400	7000	3550	3640	2300	$\frac{12\times\phi30}{M24}$		8044									3300	HG 21504.1—1992-37
	65.39								7553									3295	HG 21504.1—1992-38
80	85.50	3400	8800	3570	3660	2300	$\frac{12\times\phi30}{M24}$		9849									4445	HG 21504.1—1992-39
	81.73								9358									4435	HG 21504.1—1992-40
100	100.93	3400	10500	3580	3665	2300	$\frac{16\times\phi30}{M24}$		11552									5655	HG 21504.1—1992-41
	97.16								11062									5645	HG 21504.1—1992-42

注：设备参考质量包括直梯的质量。

表 48-24　锥底平顶储罐系列基本参数和尺寸

<table>
<tr><th colspan="2">容积/m^3</th><th colspan="2">筒体主要尺寸/mm</th><th colspan="6">安装尺寸/mm</th><th colspan="8">管口公称直径/mm</th><th rowspan="2">设备参考质量/kg</th><th rowspan="2">图号</th></tr>
<tr><th>公称容积 VN</th><th>全容积 V_1</th><th>公称直径 DN</th><th>高度 H</th><th>A</th><th>F</th><th>D_0</th><th>D_1</th><th>$\frac{n\times\phi}{M}$</th><th>$\sim H_0$</th><th>出口 a</th><th>溢流口 b</th><th>排气口 c</th><th>进口 d</th><th>备用口 e</th><th>人孔 f</th><th>视镜 g</th><th>放净口 h</th></tr>
<tr><td>0.5</td><td>0.51</td><td>800</td><td>800</td><td>100</td><td>400</td><td>550</td><td>590</td><td>2×φ25/M20</td><td>1505</td><td>40</td><td>50</td><td>40</td><td>40</td><td rowspan="4">80</td><td></td><td rowspan="4">80</td><td>50</td><td>70</td><td>HG 21504.1—1992-43</td></tr>
<tr><td>1</td><td>0.98</td><td>1000</td><td>1000</td><td>110</td><td>500</td><td>700</td><td>1170</td><td>4×φ25/M20</td><td>1795</td><td rowspan="3">50</td><td rowspan="3">70</td><td rowspan="3">50</td><td rowspan="3">50</td><td></td><td rowspan="3">70</td><td>105</td><td>HG 21504.1—1992-44</td></tr>
<tr><td>2</td><td>1.92</td><td>1200</td><td>1400</td><td>135</td><td>700</td><td>850</td><td>1390</td><td>4×φ30/M24</td><td>2374</td><td rowspan="2">450</td><td>170</td><td>HG 21504.1—1992-45</td></tr>
<tr><td>3</td><td>2.99</td><td>1400</td><td>1600</td><td>160</td><td>800</td><td>1000</td><td>1590</td><td>4×φ30/M24</td><td>2675</td><td>225</td><td>HG 21504.1—1992-46</td></tr>
<tr><td>5</td><td>5.21</td><td>1800</td><td>1600</td><td>200</td><td>800</td><td>1250</td><td>2010</td><td>4×φ30/M24</td><td>2871</td><td>70</td><td>80</td><td>70</td><td>70</td><td>125</td><td>500</td><td>125</td><td>80</td><td>415</td><td>HG 21504.1—1992-47</td></tr>
</table>

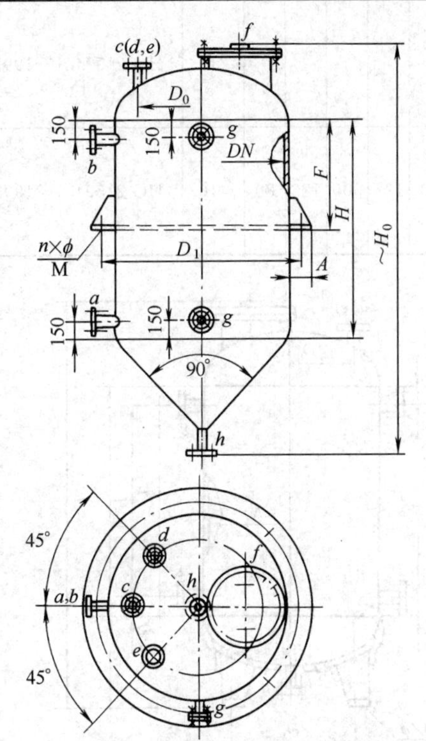

图 48-28　锥底椭圆封头储罐

标记示例：公称容积 $2m^3$、公称直径 1200mm 的锥底椭圆封头储罐，其标记代号为

2/1200（HG 21504.1—1992-49）。

(5) 立式椭圆封头储罐系列

本系列分 A、B 两种结构型式（图 48-29），基本参数及主要尺寸见表 48-26、表 48-27。

标记示例：公称容积 $2m^3$，公称直径 1200mm 的 A 型椭圆封头储罐，其标记代号为

A2/1200（HG 21504.1—1992-53）。

(6) 卧式储罐系列

本系列储罐结构型式见图 48-30，基本参数及主要尺寸见表 48-28。

1.7　拼装式玻璃钢储罐标准系列［HG/T 21504.2—1992（2014）］

本系列为拼装式耐化学腐蚀静止玻璃钢储罐；适用于储存化工、石油等工业中可用玻璃钢防腐的液体。

1.7.1　基本参数

① 工作压力（指密封储罐昼夜温度变化、进排物料所造成的气相压力工况）　−500～2000Pa。

② 工作温度　−10～80℃。

③ 公称容积　100～500m^3。

④ 公称直径　5400～8900mm。

⑤ 介质相对密度　$\gamma \leqslant 1.2$。

⑥ 基本风压（10m 处）　550Pa。

⑦ 地震烈度　8 度。

⑧ 罐顶荷载　1100Pa。

⑨ 介质限制　适用于按 HG 20660—2000 介质毒性分类的中度危害（Ⅲ级）介质、轻度危害（Ⅳ级）介质。

⑩ 基础要求　整体基础（必要时防腐）。

⑪ 成型方式　手糊法成型；制造厂内预制好板片，在现场组装。

⑫ 特性　玻璃钢制品中加入了阻燃添加剂，使成型的玻璃钢储罐具有滞燃自熄性。

1.7.2　结构型式

① 筒体立式拼装分两种型式，如图 48-31 所示。A 型：纵环向分片、现场组装，外部用钢丝绳加强。B 型：纵向分片、现场组装，外部型钢加强。

② 封头型式：自支承拼装锥顶。

③ 底板型式：拼装平底。

④ 基本参数及主要尺寸见表 48-29。

⑤ 标记示例：$100m^3$ B 型储罐，其标记为

100B（HG 21504.2—1992-102）。

表 48-25 锥底椭圆封头储罐系列基本参数和尺寸

容积/m³		筒体主要尺寸/mm		安装尺寸/mm						管口公称直径/mm								设备参考质量/kg	图号
公称容积 VN	全容积 V_1	公称直径 DN	高度 H	A	F	D_0	D_1	$\frac{n\times\phi}{M}$	$\sim H_0$	出口 a	溢流口 b	排气口 c	进口 d	备用口 e	人孔 f	视镜 g	放净口 h		
1	1.13	1000	1000	110	500	700	1170	$\frac{4\times\phi25}{M20}$	2156									110	HG 21504.1—1992-48
2	1.95	1200	1200	135	600	850	1390	$\frac{4\times\phi30}{M24}$	2577	50	70	50	50	80	450	80	70	160	HG 21504.1—1992-49
3	3.08	1400	1400	160	700	1000	1590	$\frac{4\times\phi30}{M24}$	2823									210	HG 21504.1—1992-50
5	5.82	1800	1500	200	750	1250	2010	$\frac{4\times\phi30}{M24}$	3227	70	80	70	70	125	500	125	80	410	HG 21504.1—1992-51

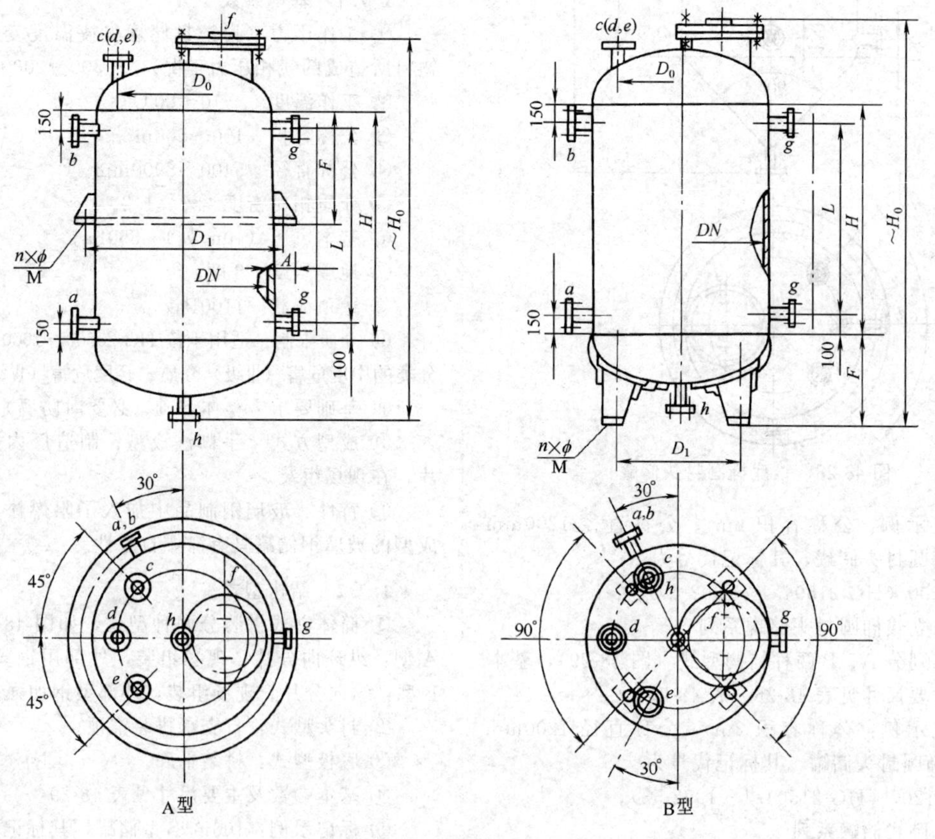

图 48-29 立式椭圆封头储罐

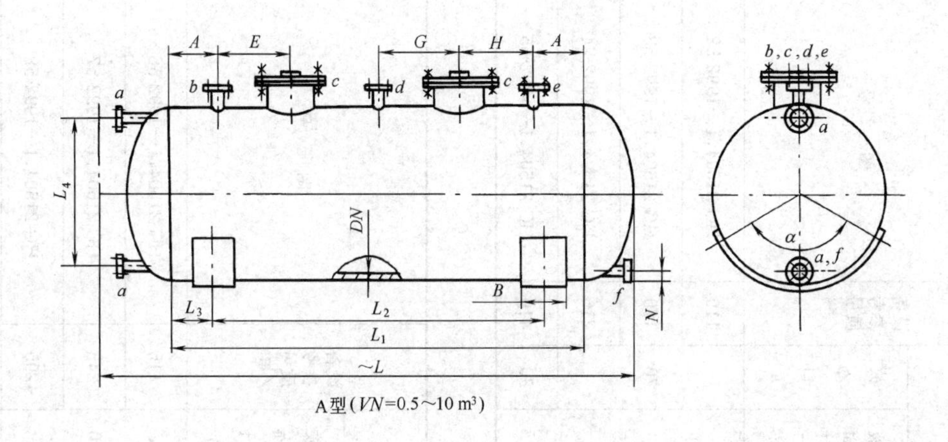

A 型（VN=0.5～10 m^3）

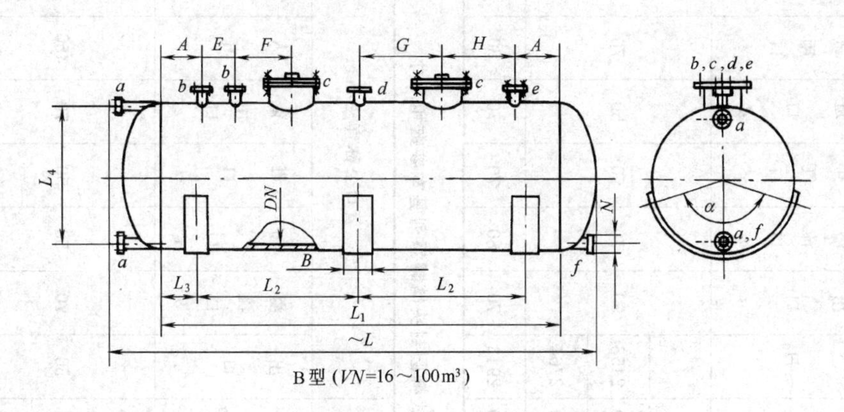

B 型（VN=16～100m^3）

图 48-30　卧式椭圆封头储罐

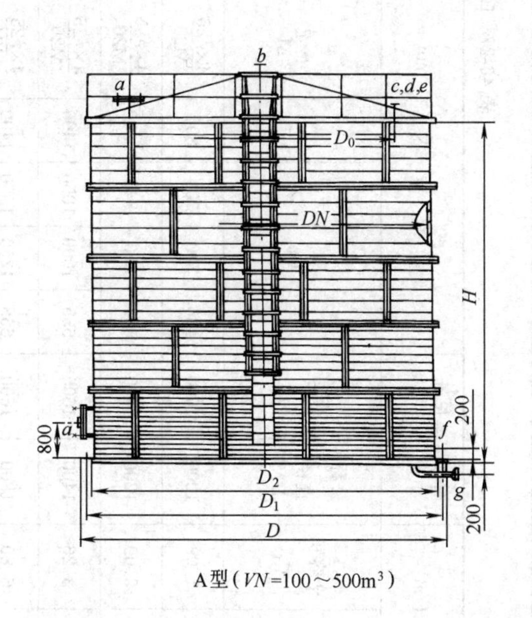

A 型（VN=100～500m^3）

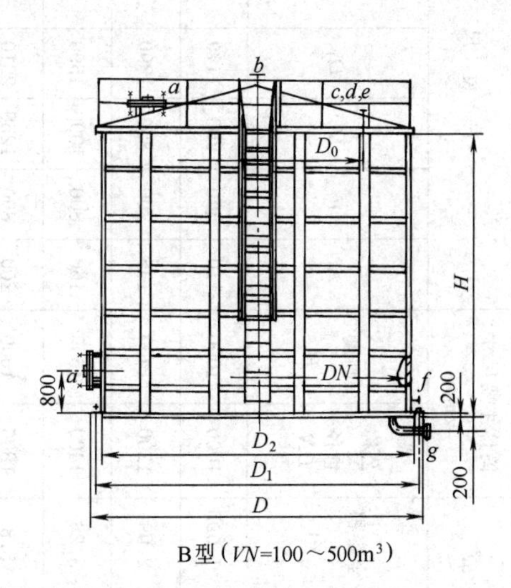

B 型（VN=100～500m^3）

图 48-31　拼装式玻璃钢储罐

表 48-26 A型立式椭圆封头储罐系列基本参数和尺寸

容积/m^3		筒体主要尺寸/mm		安装尺寸/mm							管口公称直径/mm								设备参考质量/kg	图号
公称容积 VN	全容积 V_1	公称直径 DN	高度 H	A	F	D_0	D_1	$\frac{n\times\phi}{M}$	L	$\sim H_0$	出口 a	溢流口 b	排气口 c	进口 d	备用口 e	人孔 f	液面计口 g	放净口 h		
1	1.09	1000	1000	110	500	700	1170	$\frac{4\times\phi25}{M20}$	800										110	HG 21504.1—1992-52
2	2.09	1200	1400	135	700	850	1390	$\frac{4\times\phi30}{M24}$	1200	2458	50	70	50	50	70	450	25	70	170	HG 21504.1—1992-53
3	3.26	1400	1600	160	800	1000	1590	$\frac{4\times\phi30}{M24}$	1400	2764									215	HG 21504.1—1992-54
5	5.8	1800	1600	200	800	1250	2010	$\frac{4\times\phi30}{M24}$	1400	2943	70	80	70	70	80	500		80	410	HG 21504.1—1992-55

表 48-27 B型立式椭圆封头储罐系列基本参数和尺寸

容积/m^3		筒体主要尺寸/mm		安装尺寸/mm						管口公称直径/mm								设备参考质量/kg	图号
公称容积 VN	全容积 V_1	公称直径 DN	高度 H	F	D_0	D_1	L	$\frac{n\times\phi}{M}$	$\sim H_0$	出口 a	溢流口 b	排气口 c	进口 d	备用口 e	人孔 f	液面计口 g	放净口 h		
1	1.09	1000	1000	436	700	700	800	$\frac{4\times\phi25}{M20}$	1950									115	HG 21504.1—1992-56
2	2.09	1200	1400	521	850	840	1200	$\frac{4\times\phi25}{M20}$	2474	50	70	50	50	70	450	25	70	245	HG 21504.1—1992-57
3	3.26	1400	1600	535	1000	1050	1400	$\frac{4\times\phi25}{M20}$	2724									295	HG 21504.1—1992-58
5	5.80	1800	1600	658	1250	1350	1400	$\frac{4\times\phi25}{M24}$	2940	70	80	70	70	80	500		80	445	HG 21504.1—1992-59

表 48-28　卧式椭圆封头储罐系列基本参数和尺寸

容积/m³		筒体主要尺寸/mm		安装尺寸/mm														管口公称直径/mm						支座数量	设备参考质量/kg	图号
公称容积 VN	全容积 V_1	公称直径 DN	长度 L_1	~L	L_2	L_3	B	L_4	$n\times\phi$	M	α/(°)	A	E	F	G	H	N	液面计口 a	进口 b	人(手)孔 c	放空口 d	备用口 e	出口 f			
2	2.03	1000	2200	2970	1750	225	200	800	2×ϕ25	M20	120	380	280	—	400	450	40	25	50	450/(200)	50	80	50	2	228	HG 21504.1—1992-60
3	2.97	1000	3400	4170	2950	225	200	800	2×ϕ25	M24	120	450	450	—	500	450	40			450					302	HG 21504.1—1992-61
5	5.03	1200	4000	4872	3450	275	300	1000	2×ϕ25	M20	120	550	450	—	600	450	57		70		70		80		480	HG 21504.1—1992-62
	5.11	1400	2800	3772	2150	325	300	1200	4×ϕ30	M24	120	100	650	—	450	650	57			450 (250)					482	HG 21504.1—1992-63
6	6.03	1400	3400	4374	2750	325	300	1200	4×ϕ30	M24	120	100	650	—	500	650	58			450					558	HG 21504.1—1992-64
	6.40	1600	2600	3673	1850	375	400	1400	4×ϕ30	M24	120	110	600	—	450	700	58			450/(250)				3	558	HG 21504.1—1992-65
8	8.18	1400	4800	5774	4150	325	300	1200	4×ϕ30	M24	150	600	500	—	800	500	58			450					733	HG 21504.1—1992-66
	8.41	1600	3600	4672	2850	375	400	1400	4×ϕ30	M24	150	600	450	—	500	450	57								654	HG 21504.1—1992-67
10	10.02	1600	4400	5475	3650	375	400	1400	4×ϕ30	M24	150	600	500	—	700	500	59								810	HG 21504.1—1992-68
	10.38	1800	3400	4604	2580	410	400	1600	4×ϕ30	M24	150	120	750	—	550	750	58			500					772	HG 21504.1—1992-69
16	15.98	1800	5600	6806	2390	410	400	1600	4×ϕ30	M24	150	650	500	—	1100	500	59		80		80	100			1244	HG 21504.1—1992-70
	16.22	2000	4400	5727	1750	450	500	1800	4×ϕ30	M24	150	700	500	—	600	500	60								1230	HG 21504.1—1992-71

续表

容积/m^3		筒体主要尺寸/mm		安装尺寸/mm														管口公称直径/mm						支座数量	设备参考质量/kg	图号
公称容积 VN	全容积 V_1	公称直径 DN	长度 L_1	~L	L_2	L_3	B	L_4	$n\times\phi$	M	α/(°)	A	E	F	G	H	N	液面计口 a	进口 b	人(手)孔 c	放空口 d	备用口 e	出口 f			
20	20.62	2000	5800	7130	2450	450	500	1800	4×ϕ30	M24	150	700	500	—	1200	500	61	25	80	500	80	100	80	3	1650	HG 21504.1—1992-72
	20.65	2200	4600	6031	1800	500	500	2000	4×ϕ30	M24	150	800	500	—	650	500	62								1605	HG 21504.1—1992-73
25	25.65	2200	5800	7233	2400	500	500	2000	4×ϕ30	M24	150	150	650	500	1400	900	74				100		100		2049	HG 21504.1—1992-74
	25.82	2400	4800	6334	1850	550	600	2200	4×ϕ30	M24	150	170	700	500	900	900	74								2005	HG 21504.1—1992-75
32	32.05	2200	7600	9036	3300	500	500	2000	4×ϕ30	M24	150	150	700	600	2000	1000	75								2602	HG 21504.1—1992-76
	32.15	2400	6200	7736	2550	550	600	2200	4×ϕ30	M24	150	170	700	500	1500	900	75								2580	HG 21504.1—1992-77
40	40.29	2400	8000	9539	3450	550	600	2200	4×ϕ30	M24	150	170	750	700	2000	1000	77								3027	HG 21504.1—1992-78
	40.16	2600	6600	8240	2700	600	600	2400	4×ϕ30	M24	150	200	750	550	1500	1000	77								3024	HG 21504.1—1992-79
50	49.72	2600	8400	10043	3600	600	600	2400	4×ϕ30	M24	150	200	750	700	2000	1000	79								3786	HG 21504.1—1992-80
	50.69	2800	7200	8943	2950	650	800	2600	4×ϕ30	M24	150	200	800	550	1700	1100	78								4065	HG 21504.1—1992-81
63	64.24	2800	9400	11145	4050	650	800	2600	4×ϕ30	M24	150	125	1150	700	2500	1300	80								5755	HG 21504.1—1992-82
	64.33	3000	8000	9845	3300	700	800	2800	4×ϕ30	M24	150	150	1150	550	1500	1500	80								5880	HG 21504.1—1992-83
80	79.88	3000	12049	10249	4400	700	800	2800	4×ϕ30	M24	150	150	1200	1400	1500	1350	82								7177	HG 21504.1—1992-84
	81.76	3200	9000	10949	3750	750	800	3000	4×ϕ30	M24	150	175	1200	650	2000	1400	82								7228	HG 21504.1—1992-85
100	101.87	3200	11500	13454	5000	750	800	3000	4×ϕ30	M24	150	175	1200	1800	1700	1500	97		100		100	125	125		9280	HG 21504.1—1992-86

注：若采用钢制鞍式支座，支座定位尺寸按照 JB/T 4712—1992 A 型选取。

表 48-29 拼装式玻璃钢储罐系列基本参数及尺寸

公称容积/m³	罐体主要尺寸/mm		安装尺寸/mm				管口公称直径/mm							储罐型式	设备净质量/kg	图号 HG 21504.2—1992-A 型 HG 21504.2—1992-B 型
	内径 *DN*	高度 *H*	D_2	D_1	$\sim D$	D_0	人孔 *a*	通气装置 *b*	进口 *c*	备用口 *d*	液面计口 *e*	出口 *f*	放净口 *g*			
100	5400	4500	5600	5700	5820	4600									5060	HG 21504.2—1992-101
															5200	HG 21504.2—1992-102
200	6600	6000	6800	6900	7020	5800									9300	HG 21504.2—1992-103
															8600	HG 21504.2—1992-104
300	7500	7000	7760	7860	7980	6700	500	150	100	80	150	100	50	A、B	13160	HG 21504.2—1992-105
															14130	HG 21504.2—1992-106
400	8000	8000	8300	8400	8520	7200									17000	HG 21504.2—1992-107
															18670	HG 21504.2—1992-108
500	8900	8100	9300	9400	9520	8100									18900	HG 21504.2—1992-109
															22190	HG 21504.2—1992-110

1.8 钢制球形储罐（GB/T 17261—2011，GB/T 12337—2014）

本标准适用于石油、化工、冶金、城镇燃气等工业用储存气体和液体物料的以赤道正切柱式支撑的球罐。

1.8.1 设计参数

① 设计压力 ≤6.4MPa。

② 设计温度 钢材允许使用温度。

③ 公称容积 桔瓣式球罐：50～10000m³。混合式球罐：1000～25000m³。

④ 球壳内直径 桔瓣式球罐：4600～26800mm。混合式球罐：12300～36300mm。

1.8.2 结构型式

球罐型式分桔瓣式和混合式。桔瓣式球罐型式、球壳各带名称及编号见图 48-32～图 48-36，混合式球罐型式、球壳各带名称及编号见图 48-37～图 48-41，桔瓣式球罐极带板见图 48-42，混合式球罐极带板见图 48-43。

1.8.3 基本参数及尺寸

桔瓣式球罐的基本参数应符合表 48-30 的规定。混合式球罐的基本参数应符合表 48-31 的规定。

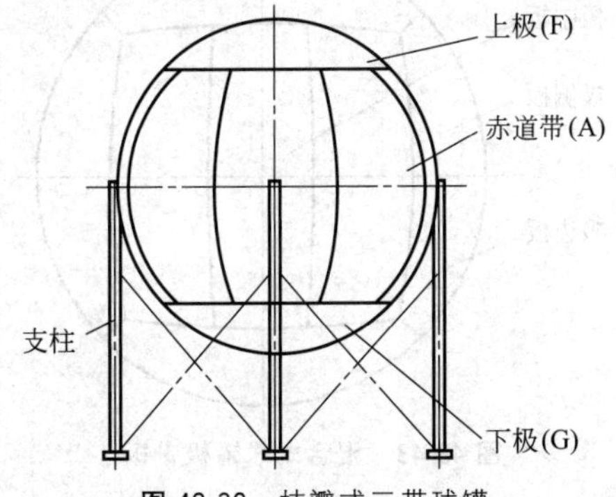

图 48-32 桔瓣式三带球罐

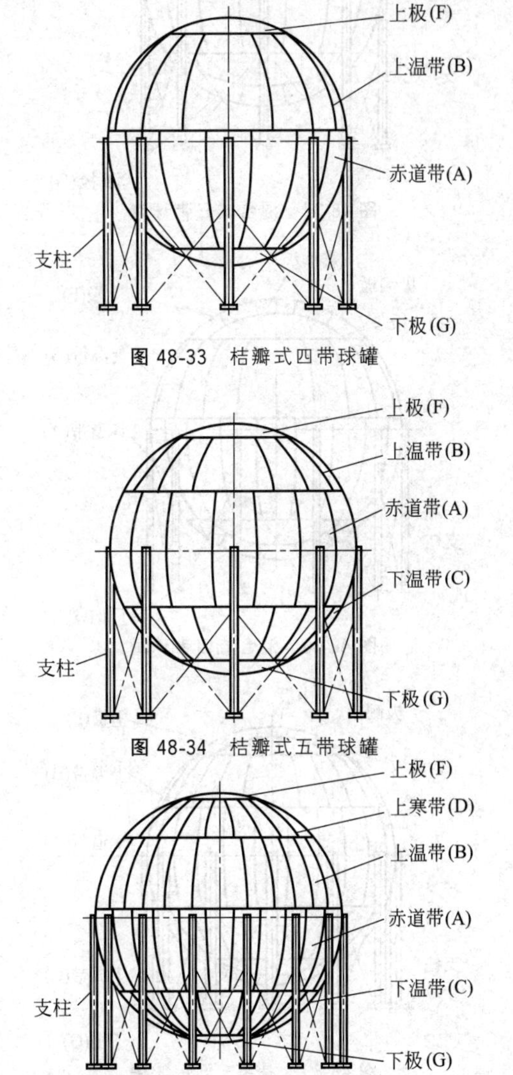

图 48-33 桔瓣式四带球罐

图 48-34 桔瓣式五带球罐

图 48-35 桔瓣式六带球罐

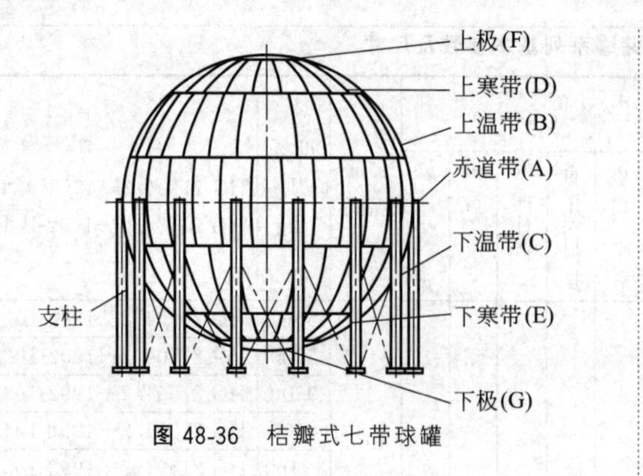

图 48-36 桔瓣式七带球罐

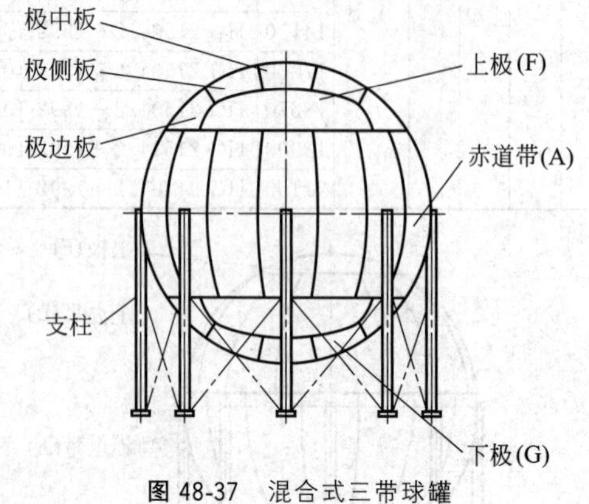

图 48-37 混合式三带球罐

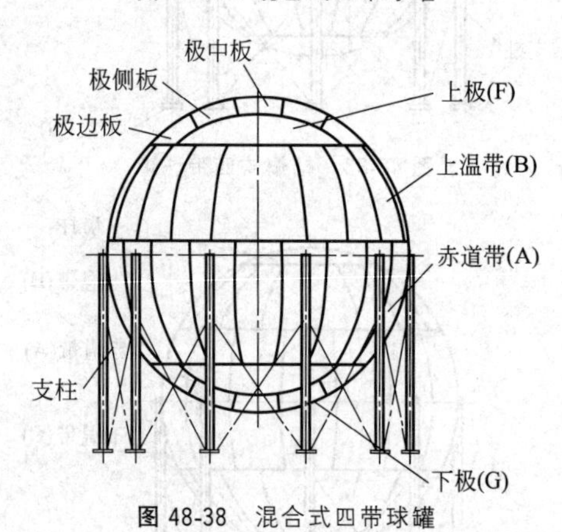

图 48-38 混合式四带球罐

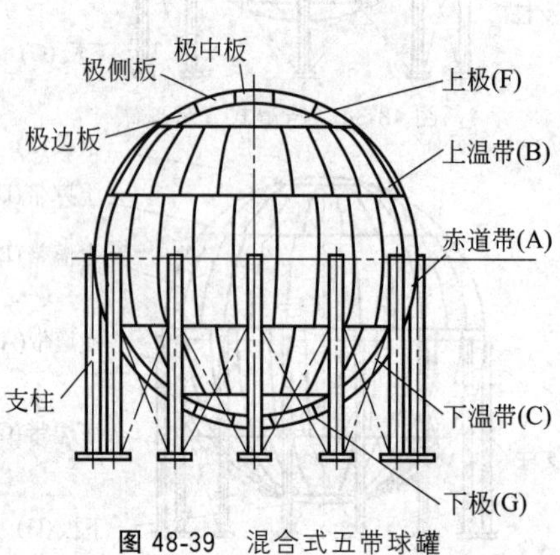

图 48-39 混合式五带球罐

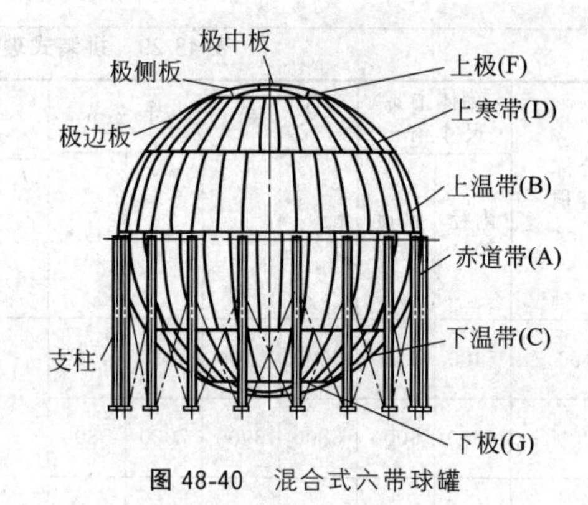

图 48-40 混合式六带球罐

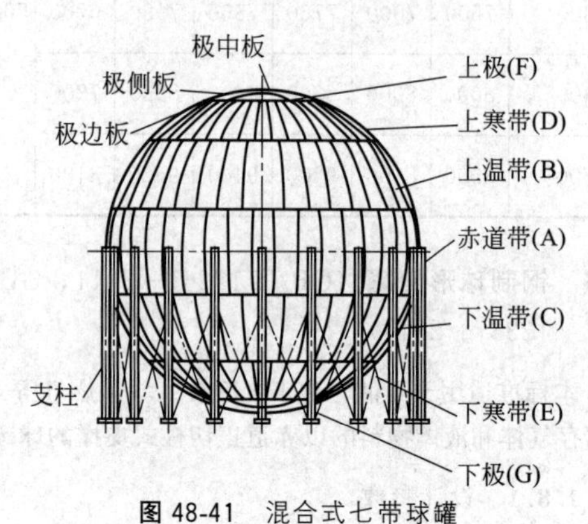

图 48-41 混合式七带球罐

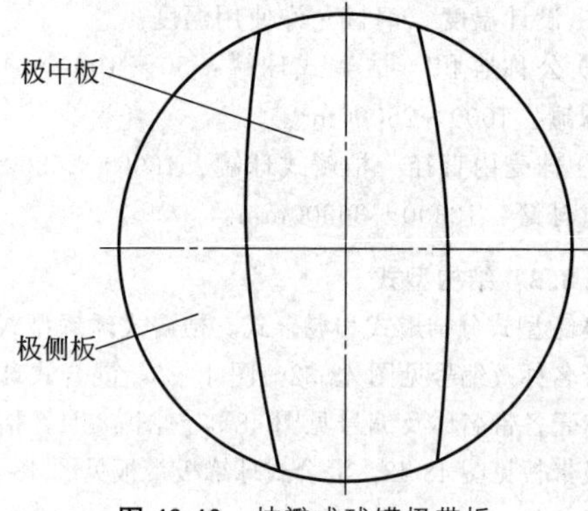

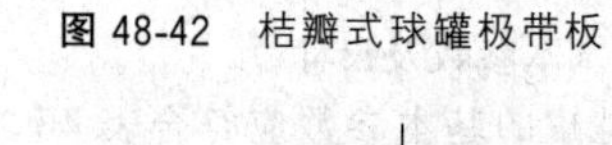

图 48-42 桔瓣式球罐极带板

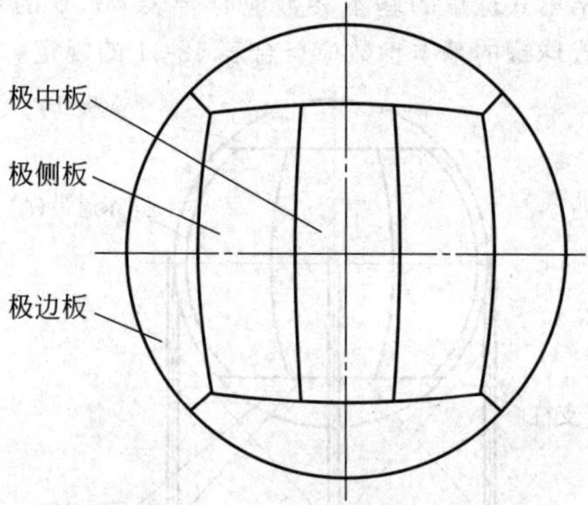

图 48-43 混合式球罐极带板

表 48-30　桔瓣式球罐的基本参数

公称容积/m³	球壳内直径或球罐基础中心圆直径/mm	几何容积/m³	支柱底板底面至球壳赤道平面的距离/mm	球壳分带数	支柱根数	各带球心角(°)/各带分块数						
						上极 F	上寒带 D	上温带 B	赤道带 A	下温带 C	下寒带 E	下极 G
50	4500	51	4200	3	4	90/3	—	—	90/8	—	—	90/3
120	6100	119	5000	3	4	90/3	—	—	90/8	—	—	90/3
200	7100	187	5600	3	4	90/3	—	—	90/8	—	—	90/3
					5	90/3	—	—	90/10	—	—	90/3
400	9200	408	6600	3	5	90/3	—	—	90/10	—	—	90/3
					6	90/3	—	—	90/12	—	—	90/3
650	10700	641	7400	3	6	90/3	—	—	90/12	—	—	90/3
				4	8	60/3	—	55/16	65/16	—	—	60/3
1000	12300	974	8200	4	8	60/3	—	55/16	65/16	—	—	60/3
				5	8	54/3	—	36/16	54/16	36/16	—	54/3
1500	14200	1499	9000	5	8	54/3	—	36/16	54/16	36/16	—	54/3
					10	54/3	—	36/20	54/20	36/20	—	54/3
2000	15700	2026	9800	5	8	54/3	—	36/16	54/16	36/16	—	54/3
					10	42/3	—	42/20	54/20	42/20	—	42/3
					12	42/3	—	42/24	54/24	42/24	—	42/3
3000	18000	3054	11000	5	10	42/3	—	42/20	54/20	42/20	—	42/3
					12	42/3	—	42/24	54/24	42/24	—	42/3
4000	19700	4003	11800	5	10	42/3	—	42/20	54/20	42/20	—	42/3
				6	12	36/3	32/18	36/24	40/24	36/24	—	36/3
5000	21200	4989	12500	6	12	36/3	32/18	36/24	40/24	36/24	—	36/3
					14	36/3	32/21	36/28	40/28	36/28	—	36/3
6000	22600	6044	13200	6	12	36/3	32/18	36/24	40/24	36/24	—	36/3
					14	36/3	32/21	36/28	40/28	36/28	—	36/3
8000	24800	7986	14400	6	14	36/3	32/21	36/28	40/28	36/28	—	36/3
				7	14	32/3	26/21	30/28	36/28	30/28	26/21	32/3
10000	26800	10079	15400	7	14	32/3	26/21	30/28	36/28	30/28	26/21	32/3

注：上、下极板分块数，根据需要可以是 2 块。

表 48-31　混合式球罐的基本参数

公称容积/m³	球壳内直径或球罐基础中心圆直径/mm	几何容积/m³	支柱底板底面至球壳赤道平面的距离/mm	球壳分带数	支柱根数	各带球心角(°)/各带分块数						
						上极 F	上寒带 D	上温带 B	赤道带 A	下温带 C	下寒带 E	下极 G
1000	12300	974	8200	3	8	112.5/7	—	—	67.5/16	—	—	112.5/7
1500	14200	1499	9000	3	8	112.5/7	—	—	67.5/16	—	—	112.5/7
				4	10	90/7	—	40/20	50/20	—	—	90/7
2000	15700	2026	9800	3	8	112.5/7	—	—	67.5/16	—	—	112.5/7
				3	10	107.5/7	—	—	72.5/20	—	—	107.5/7
				4	10	90/7	—	40/20	50/20	—	—	90/7
3000	18000	3054	11000	3	10	105/7	—	—	75/20	—	—	105/7
				4	10	90/7	—	40/20	50/20	—	—	90/7
				4	12	90/7	—	40/24	50/24	—	—	90/7
4000	19700	4003	11800	4	10	90/7	—	40/20	50/20	—	—	90/7
				4	12	90/7	—	40/24	50/24	—	—	90/7
				5	14	65/7	—	38/28	39/28	38/28	—	65/7
5000	21200	4989	12600	4	12	75/7	—	45/24	60/24	—	—	75/7
				5	12	75/7	—	30/24	45/24	30/24	—	75/7
					14	65/7	—	38/28	39/28	38/28	—	65/7

续表

公称容积/m^3	球壳内直径或球罐基础中心圆直径/mm	几何容积/m^3	支柱底板底面至球壳赤道平面的距离/mm	球壳分带数	支柱根数	各带球心角(°)/各带分块数						
						上极 F	上寒带 D	上温带 B	赤道带 A	下温带 C	下寒带 E	下极 G
6000	22600	6044	13200	5	12	75/7	—	30/24	45/24	30/24	—	75/7
					14	65/7	—	38/28	39/28	38/28	—	65/7
8000	24800	7986	14400	5	14	65/7	—	38/28	39/28	38/28	—	65/7
10000	26800	10079	15400	5	14	65/7	—	38/28	39/28	38/28	—	65/7
12000	28400	11994	16200	5	14	65/7	—	38/28	39/28	38/28	—	65/7
15000	30600	15002	17200	5	16	60/7	—	40/32	40/32	40/32	—	60/7
18000	32500	17974	18200	5	16	56/7	—	41/32	42/32	41/32	—	56/7
				6	18	50/7	30/36	32/36	36/36	32/36	—	50/7
20000	33700	20040	18800	6	18	50/7	30/36	32/36	36/36	32/36	—	50/7
23000	35300	23032	19600	6	18	50/7	30/36	32/36	36/36	30/36	—	50/7
25000	36300	25045	20200	6	18	50/7	30/36	32/36	36/36	32/36	—	50/7
				7	20	45/7	27/30	27/40	27/40	27/40	27/30	40/7

2 除尘器

2.1 除尘器的种类和选用

凡能将粉尘从气体中分离出来，使得气体得以净化，粉尘得到回收的设备，统称为气体的净化设备——除尘器。除尘器按除尘方式可分为干式除尘器和湿式除尘器。除尘器按其作用原理可分为机械除尘器（包括重力除尘器、惯性除尘器和离心除尘器等）、洗涤式除尘器（包括泡沫式除尘器、文丘里管除尘器和水膜式除尘器等）、过滤式除尘器（包括布袋式除尘器和颗粒层除尘器等）、静电除尘器和磁力除尘器。

尘粒的直径（即粒径）一般在 0.01～100μm 之间。100μm 以上的尘粒，由于重力作用将很快降落，不列为除尘对象；0.01μm 以下的超微粒子，不属于一般除尘对象。10μm 以上的粒子是易于分离的，0.1～10μm 的尘粒特别是 1μm 以下的微粒较难分离。

2.1.1 干式除尘器

(1) 重力除尘器

重力除尘器是利用粉尘与气体密度不同的原理，使粉尘靠本身的重力从气体中自然沉降下来的净化设备，如沉降室。一般用于 50μm 以上的尘粒。设备较庞大，无运动部件，适合处理中等气量的常温或高温气体，多作为袋式除尘的预除尘使用。

(2) 惯性除尘器

惯性除尘器是利用粉尘与气体在运动中的惯性不同，将粉尘从气体中分离出来的净化设备，如 CDQ 型百叶窗式除尘器。这类除尘器结构简单，阻力较小，净化效率低（40%～80%），一般多用于较粗大粒子的除尘。

(3) 离心式（旋风）除尘器

离心式除尘器是利用旋转的含尘气体所产生的离心力，将尘粒从气流中分离出来的一种气、固分离装置。其特点是结构简单，操作方便，除尘效率较高，价格低廉，维护管理工作量极少，适用于净化粒径为 5～10μm 的非黏性、非纤维性的干燥粉尘。

(4) 脉冲袋式除尘器

对细微尘粒（1～5μm）的除尘率可达 99%以上，还可以除去 1μm 甚至 0.1μm 的尘粒。目前袋式除尘器的清灰机已实现了连续操作，阻力稳定，气速高，不受风量波动影响，适应性强，目前在工业上应用最广泛。

(5) 干式静电除尘器

干式静电除尘器效率高，阻力低，适用于温度高（<500℃）、风量大和细微粉尘的除尘。干式静电除尘器投资较高，但其日常操作费用较低。

2.1.2 湿式除尘器

湿式除尘器是通过分散洗涤液体或分散含尘气流而生成的液滴、液膜或气泡，使含尘气体中的尘粒得以分离捕集的一种除尘设备。湿式除尘器的型式很多，最有代表性的有湍球塔、泡沫除尘器、自激式除尘器、文丘里管除尘器等。干式除尘器如能加上湿法操作，效率将有明显提高。湿式除尘器适用于非纤维性的、能受潮（受冷）且与水不发生化学作用的含尘气体，不适用于疏水性粉尘。

2.1.3 除尘器的选用

评定除尘器性能的指标有处理风量 Q、压力损失 Δp 与除尘效率 η。一台性能良好的旋风除尘器，在保证一定处理风量的前提下，应该是压降小、效率高。在选择净化设备时，还必须考虑到一次性投资、操作费用以及管理等综合指标的最优化。净化设备分类及技术指标见表 48-32。

表 48-32　净化设备分类及技术指标

净化设备			适用范围							技术指标		
型式	种类	名称	粉尘种类	粉尘粒度/μm	允许初含尘浓度/(g/m³) 做初净化时	允许初含尘浓度/(g/m³) 做终净化时	允许最高温度/℃	允许最大负压/Pa	适用情况	处理风量/(m³/h)	阻力/Pa	效率净化/%
干式净化设备	离心式除尘器	CLT/A 型	各种非纤维、非黏性干燥粉尘	5~10	一般小于 30	1.5	150~250	2940~4905	中净化	250~7130	755~913	80~90
		XLP/A 型								830~13900	589~1373	80~90
		XLP/B 型								700~104980	422~1422	80~90
		D250×(64~120 管)多管除尘器			60		<400			42000~92000	785~981	80~90
		扩散式旋风除尘器			60	1.5~20	150~250	2940~4905		820~8740	785~1570	80~90
	袋式除尘器	脉冲式除尘器	各种非纤维、非黏性干燥粉尘	>1.0	—	3~5	按滤布，一般小于 100	2940	中细净化	2340~21600	981~1177	99
		各种卧式电除尘器	各种非纤维、非黏性干燥粉尘	>0.01	30~60	5~10	150~300	1960~3920	各种净化		98~196	90~97
湿式净化设备	喷淋除尘器		烧结厂混合料粉尘	>5	10		<100		粗净化	40000~60000	很小	50~60
	离心水膜	CLS 型除尘器	各种非纤维、非水硬性、非黏性粉尘	>1		2	150	1960~2940	中细净化	1600~13200	540~746	90~95
		CLS/A 型除尘器		>1		2	150			1250~14000	570	90~95
		干湿一体除尘器		>1		4	150		各种净化	1300~10400	638~903	93~95
		卧式旋风水膜除尘器		>1		4~10	200			7000~25000	981~1177	93~95
	洗浴式	水浴除尘器	各种非纤维、非水硬性、非黏性粉尘	>1	30	3	不限	按设计	粗中净化	1000~24000	392~687	90
		泡沫除尘器		>1	30	5	<150	2940	各种净化	3400~14500	589~785	95~98
		CCJ 型除尘器组		>1	100	10~20	<300	2940		3500~60000	981~1570	98~99
		CCJ/A 型除尘器组		>1	100	10~20	<300	2940		3500~60000	981~1570	98~99

注：净化效率是对表中的粉尘种类和粒度而言，各种除尘器的净化效率无可靠计算方法，一般是参考类似条件下的工业实测值，将其作为净化效率值的概略依据。

2.2 干式净化设备

2.2.1 旋风除尘器

(1) 操作条件对旋风除尘器性能的影响

① 入口风速 入口风速 $v_入$ 对阻力和效率的影响很大。从降低阻力考虑，希望 $v_入$ 低些；从提高处理风量和效率考虑，$v_入$ 高些较好；但 $v_入$ 超过一定值时，阻力激增，而效率增加很小。最佳入口风速因除尘器的结构和处理气体温度不同而不同，设计中一般选取 $v_入=12\sim18m/s$。

② 气体温度 不同的气体温度将引起气体的密度和黏滞系数发生变化。当温度升高时，气体的密度减小，但黏滞系数增大。密度减小，使阻力降低；而黏滞系数增大，使粉尘粒子沉降速度降低，导致效率降低。因此，只在处理高温气体时选取较高的 $v_入$ 值。

③ 气体湿度 气体的湿度在露点以上时，对除尘器工作影响不大；如果在露点以下，则产生凝结水滴，使粉尘粘于壁上。因此，必须使气体的温度高于露点20～25℃。

④ 粉尘的密度和粒度 粉尘的密度和粒度对阻力几乎没有影响，但对效率影响极大。粉尘的密度大、粒度粗时，各种旋风除尘器都能得到较高的效率；而粉尘密度小、粒度细时，除尘器效率则大大降低。

⑤ 含尘气体的浓度 气体含尘浓度高时，一般情况下净化效率也高。此时，由于粉尘粒子摩擦损失增加，气流旋转速度降低，阻力也有下降趋势。可见，旋风除尘器用于净化高浓度的气体或第一级净化较为合适。

⑥ 漏风 旋风除尘器漏风时，特别是通过除尘器下部集尘箱和卸尘阀漏风时，其效率将急剧下降。当漏风率为5%时，净化效率将由90%降到50%；漏风率达15%时，效率将下降为零。为防止漏风获得较高的效率，在除尘器下部排尘口可设置集尘箱或隔离锥。

(2) 几种常用旋风除尘器的结构及主要参数（图48-44和表48-33）

① CLK扩散式旋风除尘器 适用于冶金、铸造、建材、化工、粮食、水泥等行业中，捕集干燥的非纤维性粉尘。其主要特点是筒身呈倒圆锥形，减少了含尘气体自筒身中心短路到出口的可能性。并装有倒圆锥形的反射屏，以防止二次气流将已分离下来的粉尘重新卷起而被上升气流带出，提高了除尘效率。除尘器的结构如图48-45所示，分逆时针方向（N）和顺时针方向（S）旋转，主要参数见表48-34，主要尺寸见表48-35。

② XLP型旋风除尘器 XLP型旋风除尘器包括XLP/A和XLP/B两种型式（图48-46）。它在一般除尘器的基础上增设旁路分离室，由于旁路作用，有利于含尘气体中较细粉尘的分离，属于高效旋风除尘器。其特点是具有螺旋线形的粉尘旁路分离室、较浅的排出管、螺旋蜗壳形的窄长入口及细长的外形。

根据处理气体量的不同，XLP/A和XLP/B型各有7种规格，按安装在风机前后位置不同，又各分为X型（吸出式）和Y型（压入式）。其中X型在除尘器本体上增加了出口蜗壳，对于除尘器，根据入口蜗壳旋转方向不同又分为N型（左回旋）和S型（右回旋）。主要参数见表48-36和表48-37，主要尺寸见表48-38。

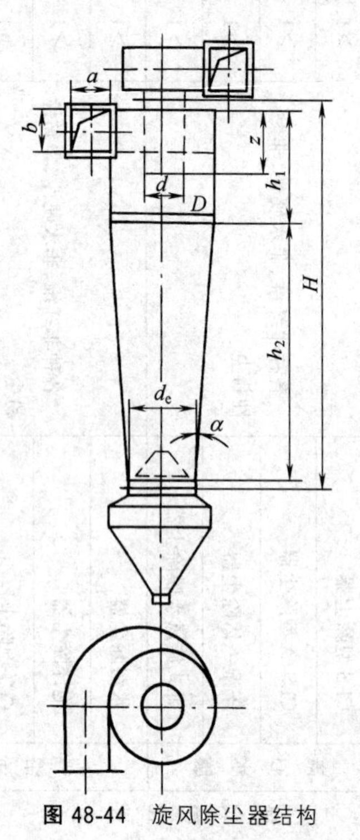

图48-44 旋风除尘器结构

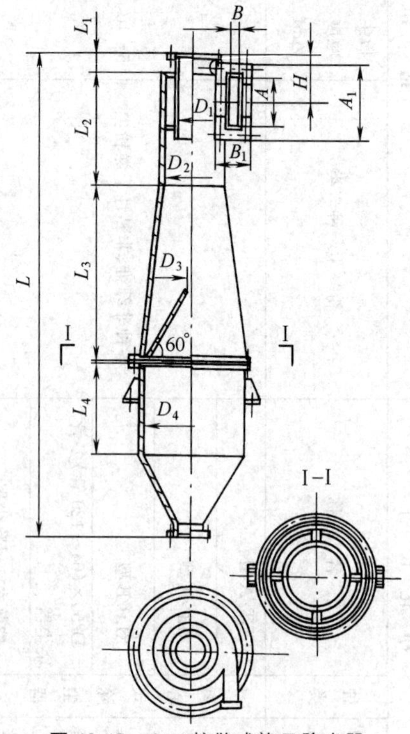

图48-45 CLK扩散式旋风除尘器

表 48-33　几种常用旋风除尘器的主要参数

参　数	CLT/A	蜗旋型	XLP/A	XLP/B	扩散式
入口型式	下倾螺旋切线型 $\alpha=15°$	蜗旋入口 $\beta=180°$	蜗旋入口 $\beta=180°$	蜗旋入口 $\beta=180°$	蜗旋入口 $\beta=180°$
入口宽度/m	0.4	0.79	0.375	0.5	0.26
排气管直径 d	$0.6D$	$0.4D$	$0.6D$	$0.6D$	$0.5D$
圆筒高度 h_1	$2.26D$	$0.9D$	上 $1.35D$ 下 $1.0D$	$1.7D$	$2.0D$
圆锥高度 h_2	$2.0D$	$2.0D$	上 $0.5D$ 下 $1.0D$	$2.3D$	$3.0D$
总高度 H	$4.26D$	$2.9D$	$3.85D$	$4.0D$	$5.0D$
排尘孔直径 d_e	$0.3D$	$0.16D$	$0.296D$	$0.43D$	$1.5D$
排气管插入深度 z	$1.5D$	$0.5D$	$0.5D$ +0.36mm	$0.28D$ +0.36mm	$1.1D$
锥体角度 α/(°)	20	24	上 37 下 23	14	−9.5
入口面积 $A_{入}$	$0.172D^2$	$0.1D^2$	$0.192D^2$	$0.175D^2$	$0.26D^2$

表 48-34　CLK 扩散式旋风除尘器主要参数

型　号	处理风量/(m^3/h)	进口风速/(m/s)	阻力/Pa	除尘效率/%	外形尺寸($D\times L$)/mm	质量/kg
CLK-150	210～420	10～20	540～2168	90～98	ϕ150×1210	31
CLK-200	370～735				ϕ200×1619	49
CLK-250	595～1190				ϕ250×2039	71
CLK-300	840～1680				ϕ300×2447	98
CLK-350	1130～2270				ϕ350×2866	136
CLK-400	1500～3000				ϕ400×3277	214
CLK-450	1900～3800				ϕ450×3695	266
CLK-500	2320～4650				ϕ500×4106	330
CLK-600	3370～6750				ϕ600×4934	583
CLK-700	4600～9200				ϕ700×5716	780

表 48-35　CLK 扩散式旋风除尘器主要尺寸　单位：mm

公称直径	$A=D$	A_1	$B=0.25D$	B_1	H	$D_1=0.5D$	$D_2=D$	$D_3=0.05D$	$D_4=1.65D$	$L_1=0.2D$	$L_2=2D$	$L_3=3D$	L_4	L
150	150	218	39	107	108	75	150	7.5	250	30	300	450	250	1210
200	200	268	59	119	143	100	200	10	330	40	400	600	330	1600
250	250	318	66	134	178	125	250	12.5	415	50	500	750	415	2050
300	300	368	78	146	213	150	300	12.5	495	60	600	900	495	2447
350	350	418	90	158	248	175	350	17.5	580	70	700	1050	580	2800
400	400	510	104	215	284	200	400	20	662	80	800	1200	660	3250
450	450	510	117	227	319	225	450	22.5	747	90	900	1035	745	3680
500	500	610	129	239	350	250	500	25	827	100	1000	1500	824	4100
600	600	712	158	268	425	300	600	30	992	120	1200	1800	990	4900
700	700	812	183	295	490	350	700	35	1157	140	1400	2155	1155	5700

注：尺寸 D 为圆筒内径。

表 48-36　XLP/A 型旋风除尘器主要参数

规　格	入口风速/(m/s)			外形尺寸 $\phi_1\times H$/mm	质量/kg	
	12	14	16		X 型	Y 型
	处理风量/(m^3/h)					
XLP/A-3.0	750	870	1000	ϕ300×1380	51.64	41.12
XLP/A-4.2	1460	1700	1940	ϕ420×1880	93.9	76.16
XLP/A-5.4	2280	2660	3040	ϕ540×2350	150.88	121.76
XLP/A-7.0	4020	4680	5360	ϕ700×3040	251.98	203.26
XLP/A-8.2	5500	6410	7330	ϕ820×3540	346.1	278.66
XLP/A-9.4	7520	8770	10040	ϕ940×4055	450.36	365.94
XLP/A-10.6	9520	11100	12700	ϕ1060×4545	600.73	460.05

表 48-37　XLP/B 型旋风除尘器主要参数

型号	入口风速/(m/s) 12	14	16	外形尺寸 $\phi_1 \times H$/mm	质量/kg X型	Y型
	处理风量/(m³/h)					
XLP/B-3.0	740	840	950	ϕ300×1360	45.92	35.4
XLP/B-4.2	1470	1700	1890	ϕ420×1875	83.16	65.42
XLP/B-5.4	2440	2780	3130	ϕ540×2395	134.26	105.14
XLP/B-7.0	4260	4860	5470	ϕ700×3080	221.96	173.24
XLP/B-8.2	5850	6710	7520	ϕ820×3600	309.07	241.63
XLP/B-9.4	7650	8740	9840	ϕ940×4110	396.56	312.14
XLP/B-10.6	9700	11170	12500	ϕ10600×4620	497.97	393.29

表 48-38　XLP 型旋风除尘器主要尺寸　　单位：mm

型号	上筒体直径 ϕ_1	器体全高 H	入口管宽×高 $a_1 \times b_1$	入口管法兰中心宽×高 $a_2 \times b_2$	排出管直径 ϕ_2	排出管法兰中心距 ϕ_3	排灰口直径 ϕ_4	排灰口法兰中心距离 ϕ_5	入口管中心至器体中心距离 c_1	入口管中心至支架平面距离 c_2	入口管中心至排出管上平面距离 c_3
XLP/A-3.0	300	1380	80×240	110×270	180	210	114	146	190	620	340
XLP/A-4.2	420	1880	110×330	140×360	250	280	114	146	265	845	445
XLP/A-5.4	540	2350	140×400	176×436	320	356	114	146	340	1060	540
XLP/A-7.0	700	3040	180×540	216×576	420	456	114	146	440	1370	690
XLP/A-8.2	820	3540	210×630	256×676	490	536	165	197	515	1595	795
XLP/A-9.4	940	4055	245×735	291×780	560	606	165	197	592.5	1827.5	907.5
XLP/A-10.6	1060	4545	275×825	321×871	630	676	165	197	667.5	2052.5	1012.5
XLP/B-3.0	300	1360	90×180	120×210	180	210	114	146	167.8	335	245
XLP/B-4.2	420	1875	125×250	155×280	250	280	114	146	234.5	475	310
XLP/B-5.4	540	2395	160×320	196×356	320	356	114	146	301	610	380
XLP/B-7.0	700	3080	210×420	246×456	420	456	114	146	391.5	785	475
XLP/B-8.2	820	3600	245×490	291×536	490	536	165	197	458.5	925	545
XLP/B-9.4	940	4110	280×560	326×606	560	606	165	197	525	1055	615
XLP/B-10.6	1060	4620	315×630	360×676	630	676	165	197	591.5	1185	685

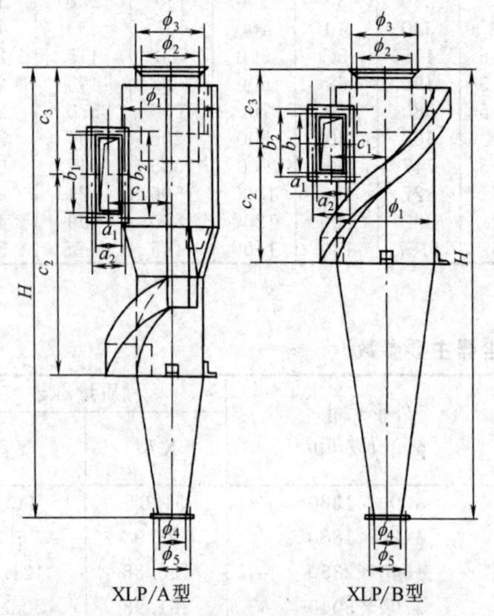

图 48-46　XLP 型旋风除尘器

③ CLT/A 型旋风除尘器　CLT/A 型旋风除尘器主要由旋风筒体、集灰斗和蜗壳（或集风帽）三部分组成。按筒体个数分有单筒、双筒、三筒、四筒和六筒五种组合。每种组合有两种出风形式，分Ⅰ型和Ⅱ型。Ⅰ型为水平出风，被处理的气体，经蜗壳由中间汇集后排出；Ⅱ型为上部出风，被处理的气体经集风帽汇集后由上部排出。对于Ⅰ型双筒组合，另有正中进风和旁侧进风两种，Ⅰ型单筒和三筒只有旁侧进风一种，四筒和六筒则只有正中进风。对Ⅱ型各种组合，可采用上述Ⅰ型中的任意一种进风位置。其主要参数见表 48-39。

④ 其他型式的旋风除尘器　除以上介绍的几种常用旋风除尘器以外，还有 XP 旋风除尘器、CLG 多管旋风除尘器、XZZ-Ⅲ高效旋风除尘器等，其中 XZZ-Ⅲ旋风除尘器用于锅炉烟气除尘。

2.2.2　脉冲袋式除尘器

脉冲袋式除尘器的特点是周期性地向滤袋内喷吹压缩空气，以清除滤袋积灰，使滤袋效率保持恒定，这种清灰方式效果好，不损伤滤袋。

表 48-39　CLT/A 型旋风除尘器主要参数

型式	型　号	处理风量/(m³/h)	设备阻力/Pa	外形尺寸/mm		质量/kg	
				Ⅰ型	Ⅱ型	Ⅰ型	Ⅱ型
单筒旋风除尘器	CLT/A-3.0	670～1000	Ⅰ型 844～1913 Ⅱ型 755～1707	717×2501	717×2106	37	29
	CLT/A-3.5	910～1360		792×2869	792×2442	53	43
	CLT/A-4.0	1180～1780		888×3241	888×2780	61	48
	CLT/A-4.5	1500～2250		963×3610	963×3116	102	81
	CLT/A-5.0	1860～2780		1079×3981	1079×3054	126	98
	CLT/A-5.5	2240～3360		1154×4350	1154×3790	152	120
	CLT/A-6.0	2670～4000		1230×4720	1230×4127	176	139
	CLT/A-6.5	3130～4700		1305×5093	1305×4464	201	158
	CLT/A-7.0	3630～5400		1380×5460	1380×4799	241	189
	CLT/A-7.5	4170～6250		1455×5829	1445×5135	267	209
	CLT/A-8.0	4750～7130		1572×6192	1572×5465	315	250
二筒旋风除尘器	CLT/A-2×3.0	1340～2000	844～1913	778×888×2777	778×818×2881	207	216
	CLT/A-2×3.5	1820～2720		903×893×3114	903×893×3312	268	280
	CLT/A-2×4	2360～3560		1028×928×3521	1028×928×3745	343	358
	CLT/A-2×4.5	3000～4500		1153×943×3925	1153×943×4175	434	449
	CLT/A-2×5	3720～5560		1279×1150×4331	1279×1120×4709	562	584
	CLT/A-2×5.5	4480～6720		1404×1195×4735	1404×1195×5100	694	718
	CLT/A-2×6	5340～8000		1529×1269×5140	1529×1269×5521	861	887
	CLT/A-2×6.5	6260～9400		1654×1344×5548	1654×1344×5904	1027	1062
	CLT/A-2×7	7260～10800		1780×1450×5950	1780×1420×6334	1217	1244
	CLT/A-2×7.5	8340～12500		1905×1525×6354	1905×1495×6765	1414	1456
	CLT/A-2×8	9500～24260		2032×1600×6752	2032×1572×7190	1870	1919
三筒旋风除尘器	CLT/A-3×3.5	2730～4080	844～1913	1753×894×3569	1753×893×3872	515	540
	CLT/A-3×4	3540～5340		1928×968×4041	1928×967×4485	652	688
	CLT/A-3×4.5	4500～6750		2105×1045×4510	2105×1045×4896	886	927
	CLT/A-3×5	5580～8340		2280×1120×4980	2280×1120×5400	1108	1160
	CLT/A-3×5.5	6720～10080		2455×1195×5450	2455×1195×5921	1336	1394
	CLT/A-3×6	8010～12000		2630×1270×5920	2630×1270×6432	1644	1706
	CLT/A-3×6.5	9390～14100		2805×1345×6393	2805×1345×6944	1948	2050
	CLT/A-3×7	10890～16320		2982×1422×6860	2982×1422×7454	2280	2400
	CLT/A-3×7.5	12510～18750		3157×1497×7329	3157×1497×7965	2579	2703
	CLT/A-3×8	14250～21390		3332×1572×7792	3332×1572×8472	3210	3356
四筒旋风除尘器	CLT/A-4×3.5	3640～5440	844～1913	1240×1104×3209	1240×1104×3407	596	615
	CLT/A-4×4	4720～7120		1390×1230×2641	1390×1230×3865	780	805
	CLT/A-4×4.5	6000～9000		1542×1357×4074	1542×1357×5321	1032	1053
	CLT/A-4×5	7440～11120		1692×1482×4581	1692×1482×4859	1285	1320
	CLT/A-4×5.5	8960～13440		1842×1607×5010	1842×1607×5315	1567	1630
	CLT/A-4×6	10680～16000		1992×1732×5440	1992×1732×5772	2011	2059
	CLT/A-4×6.5	12520～18800		2146×1860×5873	2146×1860×6229	2554	2608
	CLT/A-4×7.0	14250～21760		2300×1990×6300	2300×1990×6680	3127	3189
	CLT/A-4×7.5	16680～25000		2450×2115×6729	2450×2115×7140	3556	3626
	CLT/A-4×8	19000～28520		2600×2200×7152	2600×2200×7590	4334	4411
六筒旋风除尘器	CLT/A-6×4	7080～10680	844～1913	1756×1596×4041	1756×1596×4385	1364	1428
	CLT/A-6×4.5	9000～13500		1931×1771×4510	1931×1771×4896	1676	1749
	CLT/A-6×5	11160～16680		2006×1946×4981	2006×1946×5409	2062	2154
	CLT/A-6×5.5	13440～20160		2296×2146×5450	2296×2146×5920	2560	2672
	CLT/A-6×6	16020～24000		2460×2350×5920	2460×2350×6432	3395	3524
	CLT/A-6×6.5	18780～28200		2810×2475×6393	2640×2475×6944	4002	4156
	CLT/A-6×7	21780～32640		2810×2650×6860	2810×2650×7454	4709	4883
	CLT/A-6×7.5	25020～37500		2980×2824×7309	2985×2824×7965	5382	5577
	CLT/A-6×8	28500～42700		3160×3000×7792	3160×3000×8470	6245	6462

脉冲袋式除尘器的种类很多，如SCC型低压喷吹脉冲袋式除尘器、SSB型顺喷脉冲袋式除尘器、MC型国标脉冲袋式除尘器、YMC型圆筒脉冲袋式除尘器、SMC型各种规格脉冲袋式除尘器等。

MC24～120Ⅱ型脉冲袋式除尘器是在MC24～120Ⅰ型的基础上，经过不断改进、完善而成的。它除了具有Ⅰ型净化效率高、处理量大、性能稳定、使用寿命长的优点外，还具有比Ⅰ型技术性能高、应用范围广的特点。广泛应用于冶金、铸造、化工、建材、机械、轻工、橡胶等工矿企业的通风除尘，对改善环境、防止大气污染收到良好效果。技术参数见表48-40，常规装配方式见图48-47，外形结构及尺寸见图48-48和表48-41。

表48-40　MC24～120Ⅱ型脉冲袋式除尘器技术参数

技术参数	MC24Ⅱ	MC36Ⅱ	MC48Ⅱ	MC60Ⅱ	MC72Ⅱ	MC84Ⅱ	MC96Ⅱ	MC120Ⅱ
过滤面积/m^2	16	27	36	45	54	63	72	90
滤袋数量/个	24	36	48	60	72	84	96	120
滤袋规格/mm	ϕ120×2000	ϕ120×2000	ϕ120×2000	ϕ120×2000	ϕ120×2000	ϕ120×2000	ϕ120×2000	ϕ120×2000
处理风量/(m^3/h)	2160～4300	3250～6480	4320～3630	5400～10800	6450～12900	7560～15120	8640～17280	10800～21600
工作温度/℃	＜120	＜120	＜120	＜120	＜120	＜120	＜120	＜120
设备阻力/Pa	1200～1500	1200～1500	1200～1500	1200～1500	1200～1500	1200～1500	1200～1500	1200～1500
除尘效率/%	99～99.5	99～99.5	99～99.5	99～99.5	99～99.5	99～99.5	99～99.5	99～99.5
过滤风速/(m/min)	2～4	2～4	2～4	2～4	2～4	2～4	2～4	2～4
清灰喷吹压力/MPa	0.5～0.7	0.5～0.7	0.5～0.7	0.5～0.7	0.5～0.7	0.5～0.7	0.5～0.7	0.5～0.7
压缩空气耗量/(m^3/min)	0.1～0.3	0.1～0.5	0.2～0.7	0.2～0.8	0.25～1	0.3～1.2	0.3～1.3	0.4～1.7
电磁脉冲阀/个	4	6	8	10	12	14	16	20
脉冲控制仪	LMK	LMK	LMK	LMK	LMK	LMK	LMK	LMK
外形尺寸/mm	1400×1000×3609	1400×1400×3609	1400×1800×3646	1400×2200×3646	1400×2600×3646	1710×3000×3670	1710×3560×3670	1710×4360×3670
排灰电机功率/kW	0.75	0.75	1.1	1.1	1.1	1.1	1.1	1.1
设备质量/kg	865	1060	1334	1490	1680	1942	2184	2594

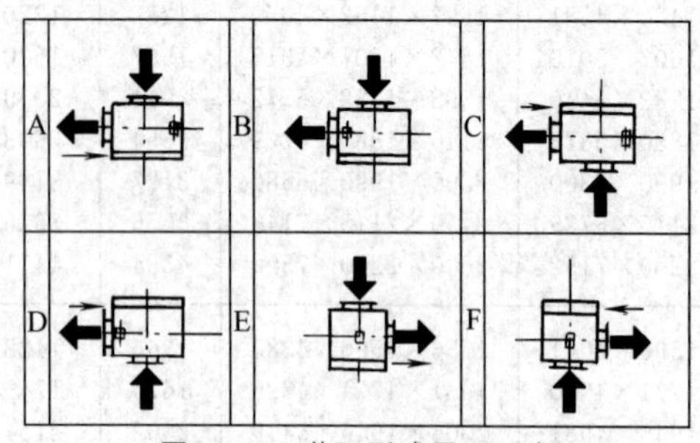

图48-47　装配形式平面示意

脉冲袋式除尘器；→压缩空气入口方向（左右）；

尘气入口方向（上下）；排灰阀出口；

净气出口方向（左右）

EF为MC24～36Ⅱ型装配形式

2.3　湿式净化设备

2.3.1　离心水膜除尘器

(1) CLS型水膜除尘器

本设备适用于清除空气中不起水化作用的粉尘，当含尘量小于2000mg/m^3时可直接采用，大于2000mg/m^3时可用于第二级除尘。

CLS型喷嘴有两种型式，X型用于通风机前，Y型用于通风机后。喷嘴前水压不小于0.03MPa，入口风速应保证在17～23m/s。主要参数见表48-42。

(2) 卧式旋风水膜除尘器

本设备适用于净化非纤维性、非黏结性及非腐蚀性气体。除尘器具有横置的筒形外壳和内壳，内外壳之间具有螺旋形的导流片，筒体下方安装水箱兼作灰

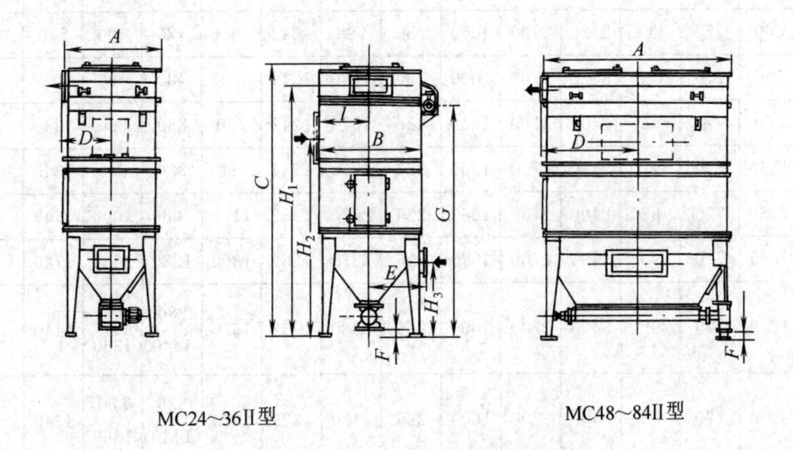

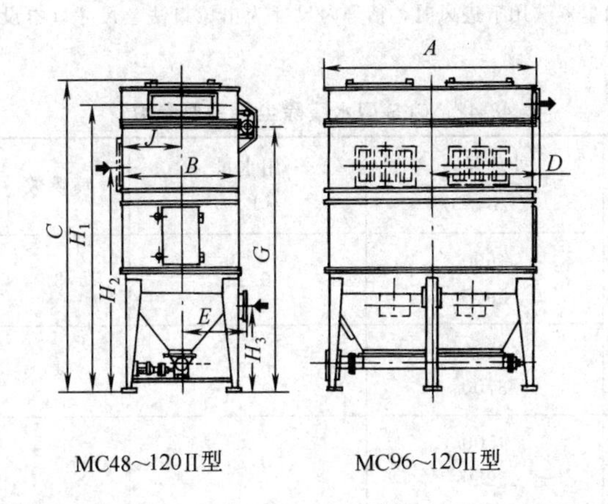

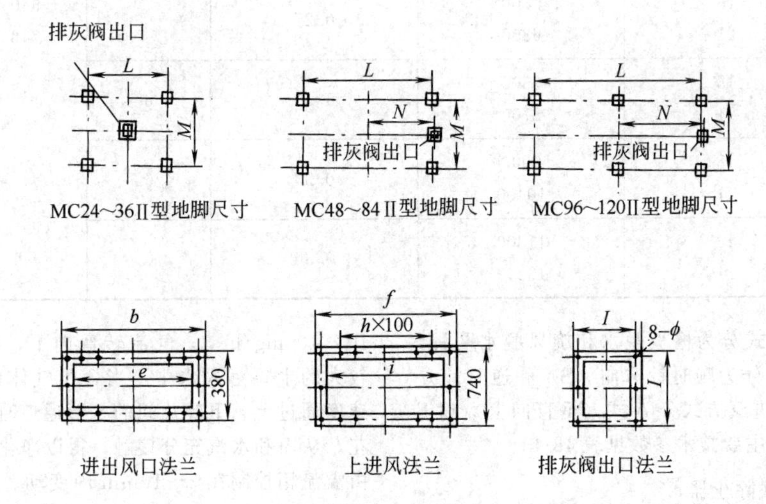

图 48-48　MC24～120Ⅱ型脉冲袋式除尘器安装外形结构

表 48-41　MC24～120Ⅱ型脉冲袋式除尘器安装外形尺寸　　单位：mm

型号	A	B	D	E	F	H_1	H_2	H_3	I	L	M	N	b	e	f	h	i	l
24	1000	1678	560	770	118	3420	2700	1000	280	790	1242		480	400	540	3	460	790
36	1318	1678	760	770	110	3420	2700	1000	280	1190	1242		480	400	940	7	860	790
48	1720	1678	960	770	93	3400	2700	1000	226	1570	1242	790	880	800	1340	11	1260	790
60	2121	1678	1160	770	93	3400	2700	1000	226	1970	1232	990	880	800	1340	11	1260	790
72	2520	1678	1360	770	93	3400	2700	1000	226	2370	1232	1190	1080	1000	1340	11	1260	790
84	2970	1678	1585	770	93	3400	2700	1000	226	2820	1232	1390	1280	1200	1740	5	1660	790
96	3480	1678	1840	770	93	3400	2700	1000	226	3330	1232	1670	880 (1440)	800 (1360)	1140	9	1060	790
120	4280	1678	2240	770	93	3400	2700	1000	226	4130	1220	2070	886 (1440)	800 (1360)	1340	11	1260	790

注：MC96～120Ⅱ型脉冲袋式除尘器选用下进风时，括号内尺寸为出风口法兰尺寸（本设备采用上进风或下进风方式，用户可根据需要选用）。

表 48-42　CLS型水膜除尘器主要参数

型号	入口风速/(m/s)	处理风量/(m³/h)	用水量/(L/s)	喷嘴数	阻力/Pa	
					X型	Y型
φ315	18 21	1600 1900	0.14	3	540 746	491 667
φ443	18 21	3200 3700	0.20	4		
φ570	18 21	4500 5250	0.24	5		
φ634	18 21	5800 6800	0.27			
φ730	18 21	7500 8700	0.30	6		
φ793	18 21	9000 10400	0.33	6		
φ888	18 21	11300 13200	0.36	6		

浆槽用。按脱水方式分为檐板脱水和旋风脱水两种，按导流片旋转方向分为顺时针方向（S）和逆时针方向（N）两种，按进气方式分A式（垂直向上）和B式（水平）两种。主要技术参数见表48-43。

2.3.2　洗浴式除尘器

(1) CCJ/A型冲激式除尘机组

本机组适用于净化无腐蚀性、温度不大于300℃的含尘气体，特别是对于含尘浓度较高的场合更为合适。对于净化具有一定黏性的粉尘，也能获得较好的效果。

含尘气体由入口进入除尘器（入口允许浓度为10×10^4mg/m³），气流转弯向下，冲击水面，部分较大的尘粒落入水中，当含尘气体以28～36m/s的速度通过上、下叶片间的S形通道时可激起大量的水花，从而和水汽充分接触，得以净化。本机组的水位由溢流箱控制在3～10mm内变动。主要技术参数及结构见表48-44及图48-49。

(2) JN-64型泡沫除尘器

JN-64型泡沫除尘器是立式单层筛板泡沫除尘器，适用于呈灰烟的气体及亲水性不强的灰尘，主要参数见表48-45，结构见图48-50。

表 48-43　卧式旋风水膜除尘器技术参数

风量/(m³/h)	耗水量		檐板脱水			旋风脱水		
	每次换水/kg	连续供水/(kg/h)	外形尺寸/mm	阻力/Pa	质量/kg	外形尺寸/mm	阻力/Pa	质量/kg
1200～1600	170	120	1430×365×1742	<736	194			
1600～2200	170	120	1420×515×2010	<785	231			
2200～3300	270	140	1680×635×2204	<834	310			
3300～4800	400	200	1980×785×2561	<883	405			
4800～6500	530	240	2285×905×2765	<932	503			
6500～8500	670	280	2620×1055×3033	<981	621			
8500～12000	1100	360	3140×1206×3420	<1030	969	3150×1206×2920	<981	895
12000～16500	1500	450	3850×1336×3678	<1079	1224	3820×1356×3113	<1030	1125
16500～21000	2340	560	4155×1656×4333	<1128	1604	4235×1656×3598	<1079	1504
21000～26000	2860	640	4740×1808×4560	<1177	2481	4760×1808×3790	<1128	
26000～33000	3770	700	5320×1958×4898	<1226	2926	5200×1958×4083	<1177	

表 48-44　CCJ/A 型冲激式除尘机组技术参数

型　号	处理风量/(m³/h)	阻力/Pa	耗水量/(t/h)	外形尺寸/mm	除尘效率/%	质量/kg
CCJ/A-5	4300～6000	981～1570	0.6	1568×1284×3124	>98	674
CCJ/A-7	6000～8450		0.8	1568×1634×3244		822
CCJ/A-10	8100～12000		1.2	1568×2012×3579		1010
CCJ/A-14	12000～17000		1.7	2600×1965×4488		1916
CCJ/A-20	17000～25000		2.4	2600×2513×4828		2322
CCJ/A-30	25000～36200		3.6	2600×3279×4828		2814
CCJ/A-40	35400～48200		4.7	2250×4200×5196		3714
CCJ/A-60	53800～72500		7.1	2250×5973×5566		4974

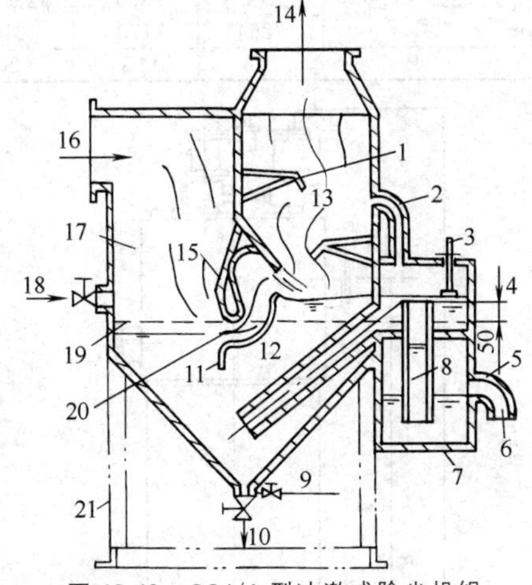

图 48-49　CCJ/A 型冲激式除尘机组

1—挡水板；2—通气管；3—水位自动控制装置；4—溢流堰；5—溢流管；6—溢流水；7—溢流箱；8—水封；9—冲洗；10—排泥浆；11—下叶片；12—连通管；13—净气分雾室；14—净气出口；15—上叶片；16—含尘气体入口；17—进气室；18—供水；19—充水水位（启动水位）；20—S 形通道；21—除尘器组支架

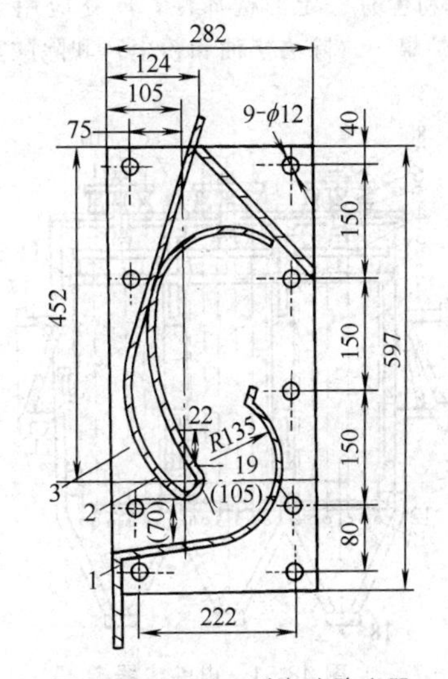

图 48-50　JN-64 型泡沫除尘器

1—下叶片；2—上叶片；3—端板

表 48-45　JN-64 型泡沫除尘器主要参数

型　号	进口风速/(m/s)	处理风量/(m³/h)	设备阻力/Pa	耗水量/(t/h)	除尘效率/%	外形尺寸/mm	质量/kg
JN-64-D500	17～23	1000～2500	245～540	0.25～0.6	95	1053×824×3014	253
JN-64-D600		2000～4500		0.5～1.1		1024×924×3094	301
JN-64-D800		4000～6500		1～1.6		1453×1124×3264	400
JN-64-D900		6000～8000		1.5～2.1		1603×1224×3364	461
JN-64-D1000		8000～11000		2～2.7		1753×6324×3464	519
JN-64-D1100		10000～14000		2.6～3.5		1903×1424×3564	584

2.4 电除尘器

2.4.1 电除尘器的工作原理

电除尘器（图48-51）由本体和高压静电发生器组成。含尘气体在接有高压直流电源的阴极线和接地的阳极板之间所形成的高压电场通过时，由于阴极发生电晕放电，气体被电离，此时，带负电的气体离子在电场力的作用下向阳极运动，在运动中与粉尘颗粒相碰，使尘粒带负电；带负电后的粉尘在电场力的作用下也向阳极运动，达到阳极后放出所带的电子，尘粒则沉积在阳极板上，得到净化的气体排出除尘器外。电除尘具有以下优缺点。

① 净化效率高，能捕集0.1μm以上的细颗粒粉尘。在设计中可以通过不同的操作参数来满足所要求的净化效率。

② 气体处理量大，可以完全自运控制，且阻力损失小（一般在196Pa以下），与旋风分离器相比，其供电机组和振打机构的总耗电能都较小。

③ 设备比较复杂，制造、安装和维护管理水平要求较高。

④ 受气体温度、湿度的影响较大。

⑤ 对粉尘有一定的选择性，广泛应用于发生炉煤气、焦炉煤气（除去焦油和粉尘）和除酸雾废气等的净化。

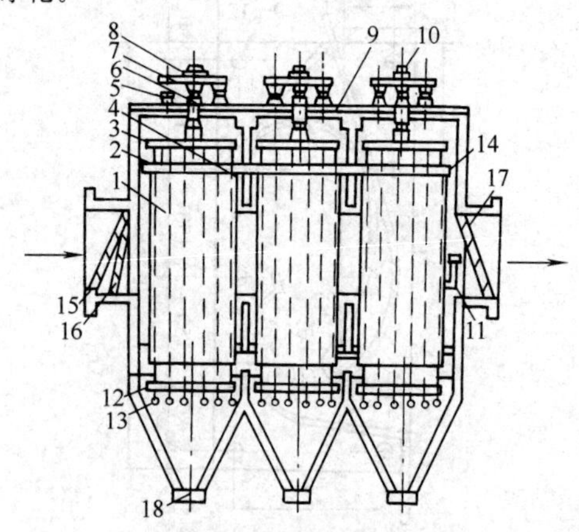

图48-51　电除尘器

1—阳极；2—阴极；3—阴极上架；4—阴极上部支架；5—绝缘支座；6—石英绝缘管；7—阴极悬吊管；8—阴极支承架；9—顶板；10—阴极振打装置；11—阳极振打装置；12—阳极下架；13—阴极吊锤；14—外壳；15—进口第一块分布板；16—进口第二块分布板；17—出口分布板；18—排灰装置

2.4.2 DCJ系列静电除焦器

静电除焦器是净化合成气和城市煤气的有效设备。其特点如下。

① 气量范围大，可适用于1万～3万吨/年产量的合成氨厂及中小城市煤气厂。

② 电场采用套筒结构，结构紧凑，重量轻，安装方便。

③ 电场极大、间距大，放电电压高（40～60kV），电场强度大（100～250mA），除焦效率高。

④ 电场长度大，有利于提高除焦效率，可延长再生周期。

⑤ 新型的HL-Ⅱ恒流直流电源配套，运行可靠性高，调试维修方便，配套电源品种齐全。

其技术参数见表48-46，外形及配管尺寸见图48-52和表48-47。

表48-46　技术参数

技术参数		DCJ-Ⅰ	DCJ-Ⅱ	DCJ-Ⅲ
工作压力/MPa		≤0.025		
设计压力/MPa		≤0.07		
工作温度/℃		≤50		
设计温度/℃		≤80		
处理气体		含焦油煤气		
处理气量/(m^3/h)		5000～7500	10000～13500	15000～20000
除焦蒸气压力/MPa		0.05～0.1		
设计除焦效率/%		≥95		
配用高压电源	额定电压/kV	40	60	60
	额定电源/mA	120	200	250
外形尺寸(直径×高度)/mm		ϕ1700×9364	ϕ2300×11700	ϕ2800×12100
质量/t		7.8	15	20

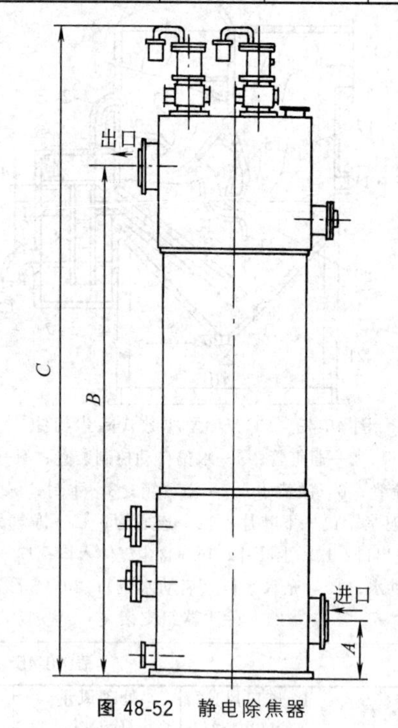

图48-52　静电除焦器

表48-47　配管尺寸　　单位：mm

配管尺寸	DCJ-Ⅰ	DCJ-Ⅱ	DCJ-Ⅲ
A	700	700	700
B	7516	9535	9826
C	9364	11700	12100

2.4.3　玻璃钢静电除雾器

(1) DWBY 型玻璃钢圆筒式电除雾器

该设备由高压静电发生器和玻璃钢圆筒组成，筒体选用优质玻璃钢，采用特殊工艺加工制成，能长时间经受 90℃左右高温，不变形，不老化，能经受各类酸雾的腐蚀。其技术参数及规格见表 48-48。

表 48-48　技术参数及规格

工作压力/Pa	工作温度/℃	气流速度/(m/s)	处理能力/(m^3/h)	效率/%
－490	≤90	0.3～0.6	1000～3000	97～99

变压器	风机(抽负压)/kW	电加热/kW	总体尺寸/m	质量/kg
0.02A/72kV	0.75	4.5	ϕ1.2×7(高)	2000

(2) DWBB 型玻璃钢板式电除雾器

该设备主要由电器部分和玻璃钢板本体组成。本体采用卧式双电场结构，可提高除酸雾效率；本体的优质玻璃钢经特殊工艺加工而成，能长期经受 60℃左右高温，热变形小，不易老化，能经受酸雾的长期腐蚀。其技术参数及规格见表 48-49。

表 48-49　DWBB 型玻璃钢板式电除雾器技术参数

技术参数	DWBB -7	DWBB -8
烟气有效流通面积/m^2	7	8
生产能力/(m^3/h)	8000	15000
效率/%	＞98	＞98
气流速度/(m/s)	0.5～1	0.5～1
工作压力/Pa	－3500～1000	－3500～1000
工作温度/℃	≤60	≤60
尺寸(长×宽×高)/m	6.7×1.9×6.7	6.6×4.3×6.7
配套电源/(A/kV)	0.1×60	0.1×60
技术参数	DWBB -9	DWBB -10
烟气有效流通面积/m^2	9	10
生产能力/(m^3/h)	20000	25000
效率/%	＞98	＞98
气流速度/(m/s)	0.5～1	0.5～1
工作压力/Pa	－3500～1000	－3500～1000
工作温度/℃	≤60	≤60
尺寸(长×宽×高)/m	9×2.5×6.7	10.4×2.8×6.7
配套电源/(A/kV)	0.2×60	0.2×60
技术参数	DWBB -12	DWBB -19
烟气有效流通面积/m^2	12	19
生产能力/(m^3/h)	30000	55000
效率/%	＞98	＞98
气流速度/(m/s)	0.5～1	0.5～1
工作压力/Pa	－3500～1000	－3500～1000
工作温度/℃	≤60	≤60
尺寸(长×宽×高)/m	10.5×3.1×6.7	12×5×6.7
配套电源/(A/kV)	0.2×60	0.2×60

3　搪玻璃设备

搪玻璃设备是由含硅量高的玻璃质釉喷涂在金属表面，经 920～960℃多次高温搪烧，使玻璃质釉密着于金属基体表面制成。它具有类似玻璃的化学稳定性和金属强度的双重优点。搪玻璃设备具有以下特点。

(1) 耐腐蚀性

能耐无机酸、有机酸、有机溶剂及 pH 值小于或等于 12 的碱溶液，但对强碱、氢氟酸及温度高于 180℃、浓度大于 30%的磷酸不适用。

(2) 不黏性

搪玻璃层表面光洁，不粘介质且容易清洗。

(3) 绝缘性

适用于介质易产生静电的场合。

(4) 隔离性

搪玻璃层将介质与容器金属基体隔离，使得铁离子或其他金属离子不会污染介质。

(5) 保鲜性

搪玻璃层对介质具有优良的保鲜性能。搪玻璃设备出厂前搪玻璃层均经 20kV 高压电检验，不导电为合格。搪玻璃层厚度一般为 0.8～2.0mm。成品搪玻璃面耐温差急变性能为：热冲击 120℃，冷冲击 110℃。

搪玻璃设备、管子、管件及人手孔等配套件系列已有新标准，选用时应注意说明。

3.1　搪玻璃开式搅拌容器（GB/T 25027—2010）

(1) 技术参数

内容器设计压力小于或等于 1.0MPa，公称容积大于或等于 50L、小于或等于 5000L，U 形夹套内设计压力小于或等于 0.6MPa，内容器及夹套内设计温度高于－20～200℃，详见表 48-50。

(2) 结构型式

搪玻璃开式搅拌容器的结构型式见图 48-53，管口尺寸及方位见图 48-54。其传动装置分 W 型、DZ 型和 SZ 型，按 HG/T 2052 选用。搅拌器型式有锚式、框式、叶轮式和桨式，按 HG/T 2051 选用。搅拌容器与温度计套管的配置形式见图 48-55，若选配叶轮式或桨式搅拌器时，应优选挡板型温度计套管，按 HG/T 2058 选用。根据使用要求，公称直径小于 1200mm 的开式搅拌容器可选配搪玻璃手孔，按 HG/T 2145 选用。公称直径大于或等于 1200mm 的开式搅拌容器可选配搪玻璃人孔，按 HG/T 2055 选用。容器轴密封分为机械密封和填料密封，按 HG/T 2057 和 HG/T 2048 选用。填料密封只适用于公称压力小于或等于 0.1MPa，设计温度小于或等于 100℃的搪玻璃搅拌容器。搅拌容器上封头管口按 HG/T 2143 中 *PN*1.0MPa 选用。搅拌容器夹套管法兰压力等级不小于 *PN*1.0MPa，应优选 HG/T 20592 标准系列法兰。夹套换热介质进口管口应设计防冲板或配置液体喷嘴，夹套的顶部应设计不凝性气体排放口，夹套的底部应设计冷凝液或残留液的排出口。安装支座分为耳式支座和支承式支座，耳式支座按 JB/T 4712.3

表 48-50　搪玻璃开式搅拌容器技术特性表

<table>
<tr><td colspan="2">公称容积 VN/L</td><td>50</td><td>100</td><td>200</td><td>300</td><td>400</td><td>500</td><td>800</td></tr>
<tr><td rowspan="2">公称直径 d_1/mm</td><td>L系列</td><td>—</td><td>—</td><td>—</td><td>—</td><td>800</td><td>900</td><td>1000</td></tr>
<tr><td>S系列</td><td>500</td><td>600</td><td>700</td><td>800</td><td>—</td><td>—</td><td>—</td></tr>
<tr><td colspan="2">计算容积 VJ/L</td><td>70</td><td>127</td><td>247</td><td>369</td><td>469</td><td>588</td><td>878</td></tr>
<tr><td colspan="2">全容积 VT/L</td><td>101</td><td>179</td><td>324</td><td>483</td><td>583</td><td>744</td><td>1082</td></tr>
<tr><td colspan="2">夹套换热面积/m²</td><td>0.54</td><td>0.84</td><td>1.50</td><td>1.90</td><td>2.40</td><td>2.60</td><td>3.70</td></tr>
<tr><td colspan="2">设计压力/MPa</td><td colspan="7">内容器:0.25、0.60、1.0　夹套:0.60</td></tr>
<tr><td colspan="2">设计温度/℃</td><td colspan="7">内容器:0～200、−20～200　夹套:0～200、−20～200</td></tr>
<tr><td colspan="2">搅拌轴公称直径 DN/mm</td><td>40</td><td colspan="2">50</td><td colspan="4">65</td></tr>
<tr><td colspan="2">电机功率/kW</td><td>0.55</td><td>0.75</td><td>1.1</td><td colspan="2">1.5</td><td>2.2</td><td>3.0</td></tr>
<tr><td colspan="2">电机型式</td><td colspan="7">Y型或YB型系列(同步转速 1500r/min)</td></tr>
<tr><td colspan="2">搅拌器轴转速</td><td colspan="7">锚式、框式搅拌器:50～80r/min。桨式、叶轮式搅拌器:70～125r/min</td></tr>
<tr><td colspan="2">传动装置型号</td><td>W1</td><td colspan="2">W2</td><td colspan="4">W3</td></tr>
<tr><td colspan="2">耳式支座</td><td>A1</td><td colspan="4">A2</td><td colspan="2">A3</td></tr>
<tr><td colspan="2">搅拌器和温度计套管组合形式</td><td colspan="7">见图 48-55 和相关标准</td></tr>
<tr><td colspan="2">搪玻璃搅拌轴密封</td><td colspan="7">按 HG/T 2048 或 HG/T 2057 规定的适用范围选择使用</td></tr>
<tr><td colspan="2">搪玻璃放料阀</td><td colspan="7">按 HG/T 3217 或 HG/T 3218 规定的适用范围选择使用</td></tr>
</table>

<table>
<tr><td colspan="2">公称容积 VN/L</td><td colspan="2">1000</td><td colspan="2">1500</td><td colspan="2">2000</td><td colspan="2">3000</td><td colspan="2">4000</td><td>5000</td></tr>
<tr><td rowspan="2">公称直径 d_1/mm</td><td>L系列</td><td>1100</td><td></td><td>1200</td><td></td><td>1300</td><td></td><td>1450</td><td></td><td>1600</td><td></td><td>1750</td></tr>
<tr><td>S系列</td><td></td><td>1200</td><td></td><td>1300</td><td></td><td>1450</td><td></td><td>1600</td><td></td><td>1750</td><td></td></tr>
<tr><td colspan="2">计算容积 VJ/L</td><td>1176</td><td>1245</td><td>1641</td><td>1714</td><td>2179</td><td>2197</td><td>3155</td><td>3380</td><td>4348</td><td>4340</td><td>5435</td></tr>
<tr><td colspan="2">全容积 VT/L</td><td>1440</td><td>1577</td><td>1973</td><td>2127</td><td>2591</td><td>2766</td><td>3723</td><td>4116</td><td>5081</td><td>5291</td><td>6397</td></tr>
<tr><td colspan="2">夹套换热面积/m²</td><td>4.6</td><td>4.5</td><td>5.8</td><td>5.2</td><td>7.2</td><td>6.7</td><td>9.3</td><td>9.3</td><td>11.7</td><td>10.9</td><td>13.4</td></tr>
<tr><td colspan="2">设计压力/MPa</td><td colspan="11">内容器:0.25、0.60、1.0　夹套:0.60</td></tr>
<tr><td colspan="2">设计温度/℃</td><td colspan="11">内容器:0～200、−20～200　夹套:0～200、−20～200</td></tr>
<tr><td colspan="2">搅拌轴公称直径 DN/mm</td><td colspan="6">80</td><td colspan="5">95</td></tr>
<tr><td rowspan="3">电机功率/kW</td><td>锚式、框式</td><td colspan="4" rowspan="2">3.0</td><td colspan="2" rowspan="3">4.0</td><td colspan="4" rowspan="3">5.5</td><td rowspan="2">5.5</td></tr>
<tr><td>桨式</td></tr>
<tr><td>叶轮式</td><td colspan="4">4.0</td><td>7.5</td></tr>
<tr><td colspan="2">电机型式</td><td colspan="11">Y型或YB型系列(同步转速 1500r/min)</td></tr>
<tr><td colspan="2">搅拌器轴转速</td><td colspan="11">锚式、框式:50～80r/min,且叶片端部线速度小于 5m/s。桨式、叶轮式:70～125r/min</td></tr>
<tr><td rowspan="3">传动装置型号</td><td>锚式、框式</td><td colspan="6">W4</td><td colspan="3">W5</td><td colspan="2">—</td></tr>
<tr><td>桨式、叶轮</td><td colspan="6">W4</td><td colspan="4">W5</td><td>—</td></tr>
<tr><td>型式不限</td><td colspan="6">DZ300 或 SZ300</td><td colspan="5">DZ400 或 SZ400</td></tr>
<tr><td rowspan="2">支座</td><td>耳式</td><td colspan="3">A3</td><td colspan="8">A4</td></tr>
<tr><td>支承式</td><td colspan="3">A2</td><td colspan="5">A3</td><td colspan="3">A4</td></tr>
<tr><td colspan="2">搅拌和温度套组合</td><td colspan="11">见图 48-55 和相关标准</td></tr>
<tr><td colspan="2">搪玻璃器轴密封</td><td colspan="11">按 HG/T 2048 或 HG/T 2057 规定的适用范围选择使用</td></tr>
<tr><td colspan="2">搪玻璃放料阀</td><td colspan="11">按 HG/T 3217 或 HG/T 3218 规定的适用范围选择使用</td></tr>
</table>

选用，支承式支座按 JB/T 4712.4 选用，当有较高温度要求时，可以按 JB/T 4712.3 的要求选择相应规格的B型或C型耳式支座。搪玻璃开式搅拌容器管口尺寸见表 48-51，搪玻璃开式搅拌容器主要尺寸见表 48-52。

(3) 标记

K①-②/③-④⑤⑥　GB/T 25027—2010

①——内容器设计压力（MPa）：0.25、0.6、1.0。

②——公称容积，L。

③——公称直径，mm。

④——传动装置代号：W 型用 W 表示，DZ 型用 D 表示，SZ 型用 S 表示。

⑤——搅拌器代号：锚式 M，框式 K，桨式 J，叶轮式 Y，其他 N。

⑥——轴密封代号：机械密封为 P，填料密封为 S。

K——搪玻璃开式搅拌容器代号。

标记示例：

内容器设计压力为 0.60MPa，公称容积为 2000L，容器的公称直径为 1300mm，传动装置采用机型为 W 型，搅拌器为框式，轴密封为机械密封的搪玻璃开

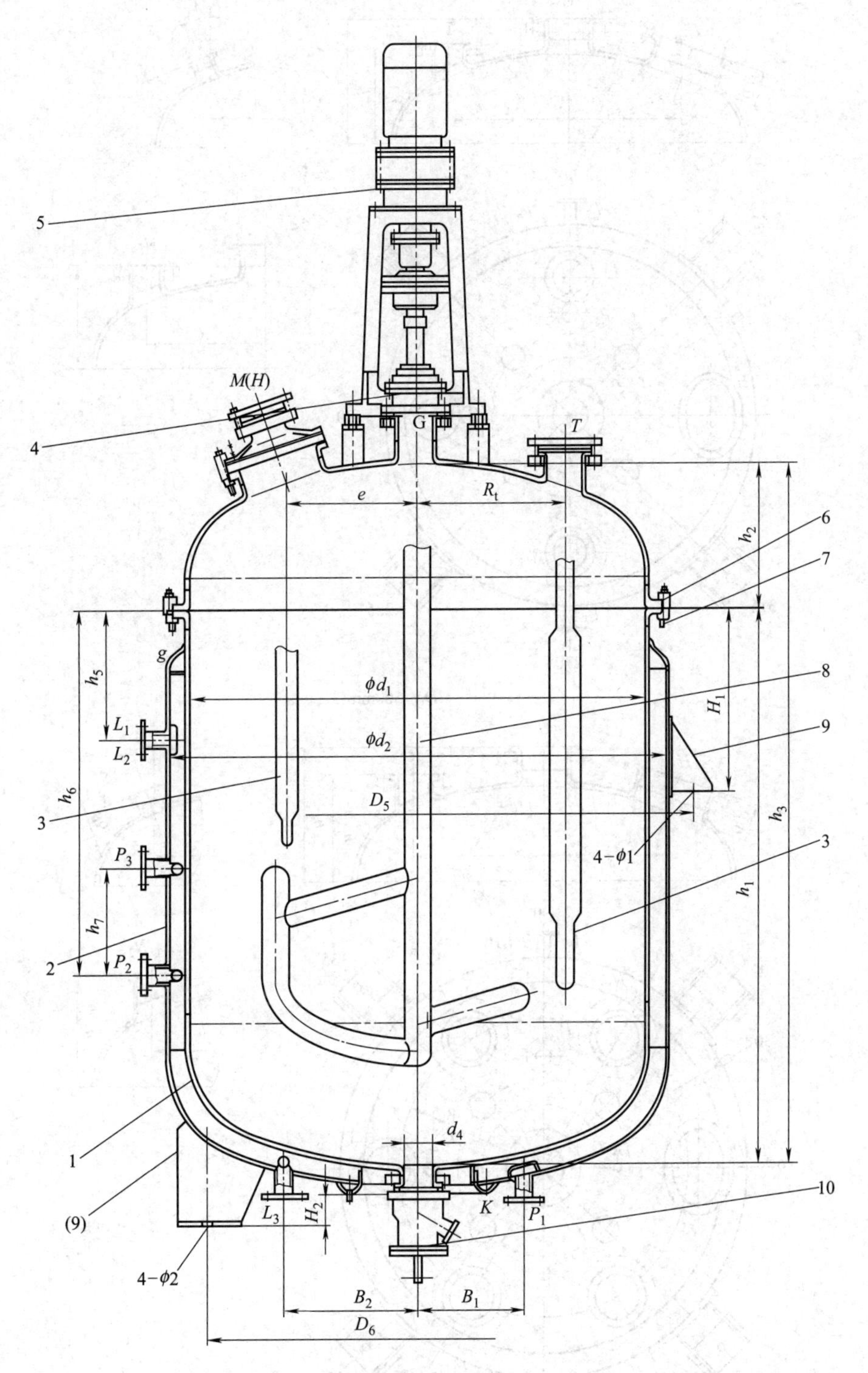

图 48-53　搪玻璃开式搅拌容器的结构型式

1—内容器；2—夹套；3—搪玻璃温度计套或挡板；4—搪玻璃填料箱或搪玻璃搅拌容器用机械密封；5—搪玻璃设备传动装置；6—搪玻璃垫片；7—搪玻璃卡子；8—搪玻璃搅拌器；9—耳式支座或支承式支座；10—搪玻璃上展式放料阀或下展式放料阀

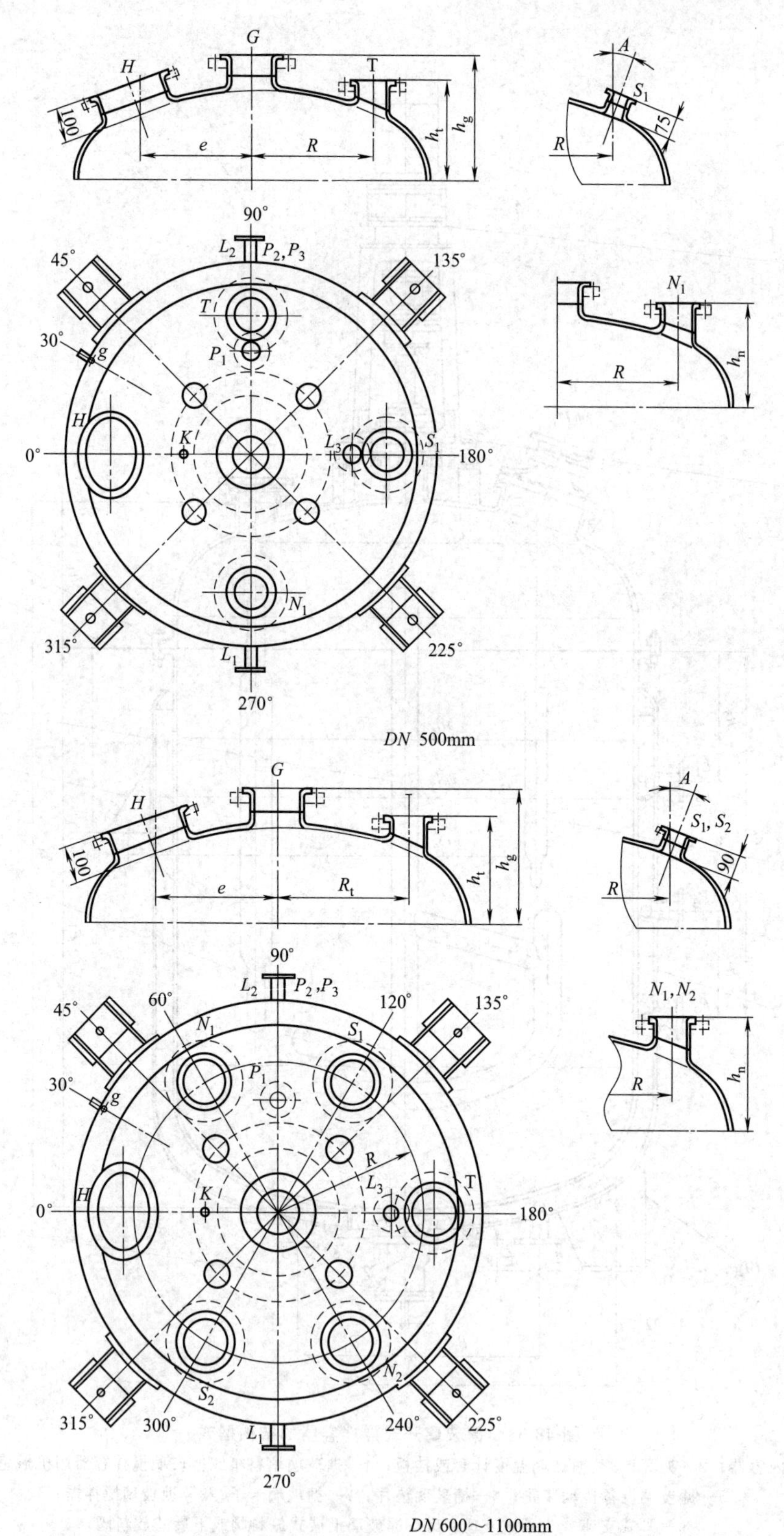
G
H
T
100
e
R
h_t
h_g
A
S_1
75
R
90°
L_2
P_2,P_3
45°
135°
T
P_1
30°
g
N_1
R
h_n
H
K
L_3
S
0°
180°
N_1
315°
225°
L_1
270°
DN 500mm
G
H
100
e
R_t
h_t
h_g
A
S_1, S_2
90
R
90°
L_2
P_2,P_3
N_1,N_2
45°
60°
120°
135°
N_1
S_1
P_1
30°
g
R
h_n
R
L_3
T
H
K
0°
180°
N_2
S_2
315°
300°
240°
225°
L_1
270°
DN 600～1100mm

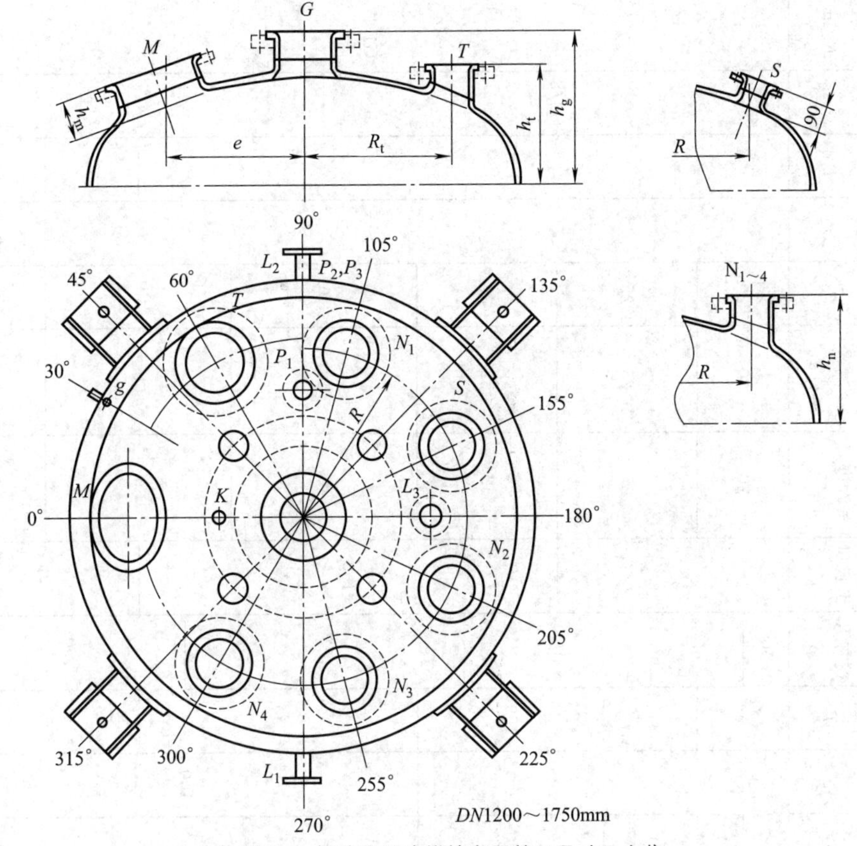

图 48-54　搪玻璃开式搅拌容器管口尺寸及方位

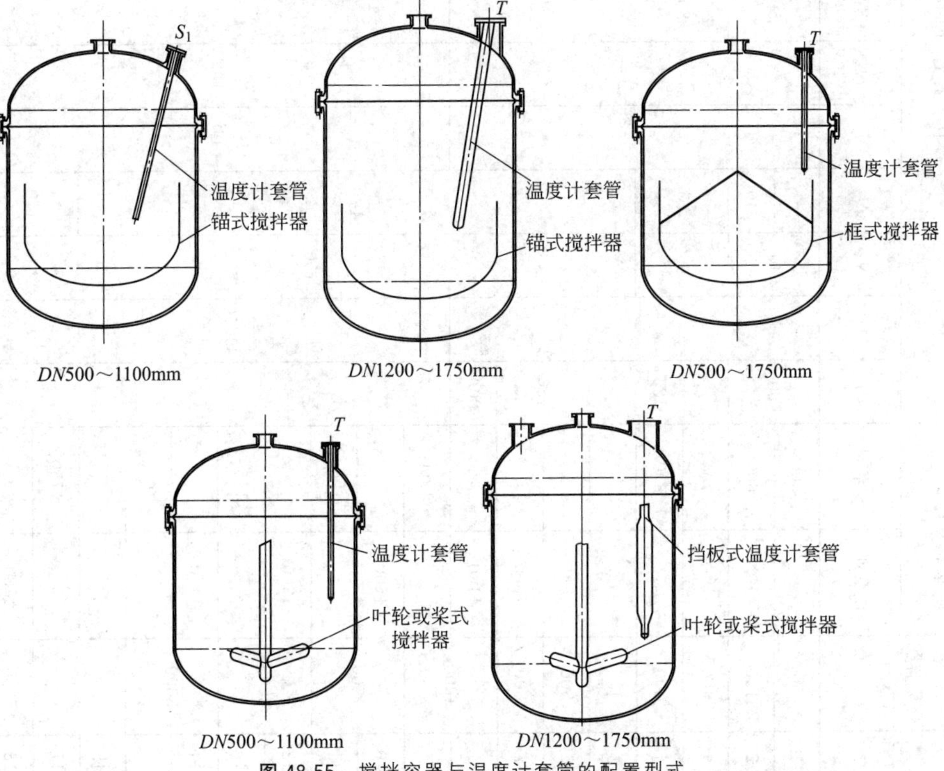

图 48-55　搅拌容器与温度计套管的配置型式

表 48-51 搪玻璃开式搅拌容器管口尺寸

单位：mm

<table>
<tr><th rowspan="2">序号</th><th rowspan="2">公称容积 VN/L</th><th colspan="2">公称直径 d_1</th><th colspan="12">搅拌容器上、下封头管口规格</th><th colspan="7">搅拌容器夹套管口规格</th></tr>
<tr><th>L系列</th><th>S系列</th><th>H</th><th>M</th><th>N_1</th><th>N_2</th><th>N_3</th><th>N_4</th><th>S_1</th><th>S_2</th><th>S</th><th>T</th><th>搅拌孔 G</th><th>出料口 d_4</th><th>蒸汽进口 L_1、L_2</th><th>冷凝水出口 L_3</th><th>P_1</th><th>P_2</th><th>P_3</th><th>g/in</th><th>K/in</th></tr>
<tr><td>1</td><td>50</td><td></td><td>500</td><td rowspan="2">80</td><td rowspan="8">—</td><td rowspan="2">40</td><td>—</td><td rowspan="8">—</td><td rowspan="8">—</td><td rowspan="2">50</td><td>—</td><td rowspan="8">—</td><td rowspan="2">50</td><td>50</td><td rowspan="5">80</td><td rowspan="2">20</td><td rowspan="2">20</td><td rowspan="2">20</td><td rowspan="9">—</td><td rowspan="14">—</td><td rowspan="10">G3/8</td><td rowspan="18">G1/2</td></tr>
<tr><td>2</td><td>100</td><td></td><td>600</td><td>40</td><td>50</td><td rowspan="2">65</td></tr>
<tr><td>3</td><td>200</td><td></td><td>700</td><td rowspan="3">125</td><td rowspan="2">65</td><td rowspan="2">65</td><td rowspan="2">80</td><td rowspan="2">80</td><td rowspan="2">80</td><td rowspan="3">25</td><td rowspan="3">25</td><td rowspan="3">25</td></tr>
<tr><td>4</td><td>300</td><td></td><td>800</td><td rowspan="4">100</td></tr>
<tr><td>5</td><td>400</td><td>800</td><td></td><td rowspan="14">100</td><td rowspan="12">100</td><td rowspan="4">100</td><td rowspan="4">100</td><td rowspan="4">100</td></tr>
<tr><td>6</td><td>500</td><td>900</td><td></td><td rowspan="2">150</td><td rowspan="9">100</td><td rowspan="3">32</td><td rowspan="3">32</td><td rowspan="3">32</td></tr>
<tr><td>7</td><td>800</td><td>1000</td><td></td></tr>
<tr><td>8</td><td rowspan="2">1000</td><td>1100</td><td></td><td>200</td><td rowspan="6">125</td></tr>
<tr><td>9</td><td></td><td>1200</td><td rowspan="10">—</td><td rowspan="10">300×400</td><td rowspan="10">100</td><td rowspan="10">100</td><td rowspan="10">—</td><td rowspan="10">—</td><td rowspan="10">100</td><td rowspan="6">150</td><td rowspan="4">40</td><td rowspan="4">40</td><td rowspan="4">40</td></tr>
<tr><td>10</td><td rowspan="2">1500</td><td>1200</td><td></td><td rowspan="7">50</td></tr>
<tr><td>11</td><td></td><td>1300</td><td rowspan="8">G3/4</td></tr>
<tr><td>12</td><td rowspan="2">2000</td><td>1300</td><td></td></tr>
<tr><td>13</td><td></td><td>1450</td><td rowspan="4">50</td><td rowspan="4">50</td><td rowspan="4">50</td></tr>
<tr><td>14</td><td rowspan="2">3000</td><td>1450</td><td></td><td rowspan="5">150</td></tr>
<tr><td>15</td><td></td><td>1600</td><td rowspan="4">200</td><td rowspan="4">125</td><td rowspan="2">50</td></tr>
<tr><td>16</td><td rowspan="2">4000</td><td>1600</td><td></td></tr>
<tr><td>17</td><td></td><td>1750</td><td rowspan="2">150</td><td rowspan="2">65</td><td rowspan="2">65</td><td rowspan="2">65</td><td rowspan="2">65</td><td rowspan="2">65</td></tr>
<tr><td>18</td><td>5000</td><td>1750</td><td></td></tr>
</table>

注：1. P_1～P_3 为液体进出口，P_2、P_3 可以配液体喷嘴，DN50mm 的管口配 32A 喷嘴，DN65mm 的管口配 40A 喷嘴。

2. 若夹套内为气、汽传热，不需液体喷嘴时，原安装液体喷嘴的接口内须安装蒸汽挡板。

表 48-52　搪玻璃开式搅拌容器主要尺寸

单位：mm

序号	公称容积 VN/L	公称直径 d_1		h_1	h_2	h_3	h_5	h_6	h_7	d_2	B_1	B_2	e	R	R_t	h_n	h_t	h_g	h_m	A	H_1	D_5	ϕ_1	H_2	D_6	ϕ_2
		L 系列	S 系列																							
1	50		**500**	400	200	675	210	—	—	600	250	250	200	190	—	170	175	200	—	15°	330	720	24	—	—	—
2	100		**600**	500	235	810	240			700	250	250	225	225		190	195	225			380	840	24			
3	200		**700**	700	265	1035	250			800	270	270	270	265		220	225	250		10°	380	940	24			
4	300		**800**	800	295	1180	250			900	270	270	300	300		240	245	285			380	1040	24			
5	400	**800**		1000	320	1380	250			900	270	270	300	300		240	245	285			380	1040	24			
6	500	**900**		1000	320	1405	270			1000	270	270	325	325		270	270	310			480	1172	24			
7	800	**1000**		1200	345	1630	270			1100	270	270	375	375		285	285	235			480	1276	30			
8	1000	1100		1330	370	1785	270			1200	270	270	400	400		310	310	260			480	1378	30	215	840	24
9			**1200**	1200	395	1680	270			1300	350	350	420	420	420	330	350	385	110	—	520	1478	30	215	950	24
10	1500	1200		1550	395	2030	270	1100		1300	350	350	420	420	420	330	350	385			520	1478	30	215	950	24
11			**1300**	1400	420	1905	310	950		1450	510	350	460	460	460	350	370	410	115		600	1658	30	215	1080	30
12	2000	1300		1750	420	2255	310	1300		1450	510	350	460	460	460	350	370	410			600	1658	30	215	1080	30
13			**1450**	1450	468	2002	310	950		1600	510	350	510	510	510	380	400	448			600	1810	30	215	1200	30
14	3000	1450		2030	468	2588	310	1500		1600	510	350	510	510	510	380	400	452			600	1810	30	215	1200	30
15			**1600**	1810	505	2410	310	1300	400	1750	510	400	600	580	600	405	430	490	120		600	1960	30	205	1300	30
16	4000	**1600**		2290	505	2890	310	1750	500	1750	510	400	600	580	600	405	430	490			600	1960	30	205	1300	30
17			**1750**	1950	542	2588	310	1400	450	1900	510	400	650	615	650	440/460	460	528			600	2112	30	205	1400	30
18	5000	**1750**		2410	542	3048	310	1850	600	1900	510	400	650	615	650	440/460	460	528			600	2112	30	205	1400	30

注：1. 直径系列中黑体字为优先选用。

2. h_3 不包括垫片厚度。

3. h_2 尺寸按压力等级为 $PN0.6$MPa 的高颈法兰（HG/T 2049）的尺寸进行计算。

式搅拌容器，其标记为：K0.6-2000/1300-WKP GB/T 25027—2010。

3.2 搪玻璃闭式搅拌容器（GB/T 25026—2010）

(1) 技术参数

内容器设计压力小于或等于1.0MPa，公称容积大于或等于3000L、小于或等于40000L，U形夹套内设计压力小于或等于0.6MPa，内容器及夹套内设计温度为−20～200℃，详见表48-53。

(2) 结构型式

搪玻璃闭式搅拌容器的结构型式见图48-56，管口尺寸及方位见图48-57。其传动装置分W型、DZ型和SZ型，按HG/T 2052选用。搅拌器型式有叶轮式和桨式，按HG/T 2051选用。温度计套管与搅拌容器的配置型式见图48-58，配叶轮式或桨式搅拌器时应优选挡板型温度计套管，当公称容积大于10000L时，宜选择2个挡板型温度计套管，温度计套管的选用按HG/T 2058。闭式搅拌容器用人孔按HG/T 2055选用。搅拌轴密封分为机械密封和填料密封，按HG/T 2057和HG/T 2048选用。填料密封只适用于公称压力小于或等于0.1MPa，设计温度小于或等于100℃的搪玻璃搅拌容器。搅拌容器用放料阀可按HG/T 3217或HG/T 3218进行选用。搅拌器上封头的管口按HG/T 2143中PN1.0MPa选用。搅拌容器夹套管口法兰压力等级不低于PN1.0MPa，优选HG/T 20592系列法兰。夹套换热介质进入管口应设计防冲板或配置液体喷嘴，夹套的顶部应设计不凝性气体排放口，夹套的底部应在最低处设计冷凝液或残留液的排出口。安装支座分为耳式支座和支承式支座，耳式支座按JB/T4712.3选用，支承式支座按JB/T4712.4选用，当有较高温度要求时，可以按JB/T4712.3的要求选择相应规格的B型或C型耳式支座，设备较大时还可以选择其他支承形式。搪玻璃闭式搅拌容器管口尺寸见表48-54，搪玻璃闭式搅拌容器主要尺寸见表48-55。

(3) 标记

F①-②/③-④⑤⑥　GB/T 25026—2010

①——内容器设计压力（MPa）：0.25、0.6、1.0。

②——公称容积，L。

③——公称直径，mm。

④——传动装置代号：W型用W表示，DZ型用D表示，SZ型用S表示。

⑤——搅拌器代号：桨式J，叶轮式Y，其他N。

⑥——搅拌轴密封代号：机械密封有两种（直接型为P，带过渡板型为PC）；填料密封有两种（直接型为S，带过渡板型为SC）。

F——搪玻璃闭式搅拌容器代号。

标记示例：

内容器设计压力为0.25MPa，公称容积为20000L，公称直径为2800mm，传动装置选用DZ型，叶轮式搅拌器，带过渡板型机械密封的搪玻璃闭式搅拌容器，其标记为：F0.25-20000/2800-DYPC GB/T 25026—2010。

表48-53　搪玻璃闭式搅拌容器技术特性

<table>
<tr><td colspan="2">公称容积 VN/L</td><td>3000</td><td colspan="2">4000</td><td colspan="2">5000</td><td colspan="2">6300</td><td colspan="2">8000</td></tr>
<tr><td rowspan="2">公称直径 d_1/mm</td><td>L系列</td><td></td><td>1600</td><td></td><td>1750</td><td></td><td>1750</td><td></td><td>2000</td><td></td></tr>
<tr><td>S系列</td><td>1600</td><td></td><td>1750</td><td></td><td>1900</td><td></td><td>1900</td><td></td><td>2200</td></tr>
<tr><td colspan="2">计算容积 VJ/L</td><td>3813</td><td>4778</td><td>4917</td><td>6023</td><td>5743</td><td>6878</td><td>6877</td><td>9083</td><td>8994</td></tr>
<tr><td colspan="2">全容积 VT/L</td><td>3825</td><td>4790</td><td>4930</td><td>6035</td><td>5762</td><td>6890</td><td>6895</td><td>9110</td><td>9020</td></tr>
<tr><td colspan="2">夹套换热面积/m²</td><td>9.74</td><td>12.16</td><td>11.76</td><td>14.89</td><td>12.41</td><td>19.89</td><td>14.79</td><td>18.38</td><td>16.52</td></tr>
<tr><td colspan="2">设计压力/MPa</td><td colspan="9">内容器：0.25、0.60、1.0　　夹套：0.60</td></tr>
<tr><td colspan="2">设计温度/℃</td><td colspan="9">内容器：0～200、−20～200　　夹套：0～200、−20～200</td></tr>
<tr><td colspan="2">搅拌轴公称直径 DN/mm</td><td colspan="9">95</td></tr>
<tr><td rowspan="2">电机功率/kW</td><td>叶轮式</td><td colspan="3" rowspan="2">5.5</td><td colspan="4">7.5</td><td colspan="2">11</td></tr>
<tr><td>桨式</td><td colspan="4">5.5</td><td colspan="2">7.5</td></tr>
<tr><td colspan="2">电机型式</td><td colspan="9">Y型或YB型系列(同步转速1500r/min)</td></tr>
<tr><td colspan="2">搅拌轴转速</td><td colspan="9">70～125r/min，且叶片端部线速度：桨式小于7m/s，叶轮式小于8m/s</td></tr>
<tr><td rowspan="2">传动装置型号</td><td>桨式、叶轮式</td><td colspan="3">W5</td><td colspan="6">—</td></tr>
<tr><td>桨式、叶轮式</td><td colspan="9">DZ400或SZ400</td></tr>
<tr><td rowspan="2">支座</td><td>耳式</td><td colspan="7">A4</td><td colspan="2">A5</td></tr>
<tr><td>支承式</td><td colspan="2">A3</td><td colspan="5">A4</td><td colspan="2">A5</td></tr>
<tr><td colspan="2">搅拌器和温度计套组合型式</td><td colspan="9">见图48-58和相关标准</td></tr>
</table>

续表

公称容积 *VN*/L		3000	4000		5000		6300		8000	
公称直径 d_1/mm	L 系列		1600		1750		1750		2000	
	S 系列	1600		1750		1900		1900		2200
搪玻璃搅拌器轴密封		按 HG/T 2048 或 HG/T 2057 规定的适用范围选择使用								
搪玻璃放料阀		按 HG/T 3217 或 HG/T 3218 规定的适用范围选择使用								

公称容积 *VN*/L		10000		12500		16000		20000		25000	
公称直径 d_1/mm	L 系列	2200		2200		2400		2600		2800	
	S 系列		2400		2400		2600		2800		3000
计算容积 *VJ*/L		11692	11430	13666	13489	17336	17464	21762	22773	27697	28475
全容积 *VT*/L		11720	11460	13695	13515	17365	17505	21800	22845	27770	28545
夹套换热面积/m^2		21.35	19.82	24.89	23.06	29.48	27.42	34.04	33.51	40.60	39.03
设计压力/MPa		内容器:0.25、0.60、1.0　夹套:0.60									
设计温度/℃		内容器:0～200、－20～200　夹套:0～200、－20～200									
搅拌轴公称直径 *DN*/mm		110				125		140			
电机功率/kW	桨式	11		15		18.5			22		30
	叶轮式	11		15		18.5			22	30	
电机型式		Y 型或 YB 型系列(同步转速 1500r/min)									
搅拌轴转速		70～125r/min,且叶片端部线速度:桨式搅拌器小于 7m/s,叶轮式搅拌器小于 8m/s									
传动装置型号		DZ500 或 SZ500				DZ501 或 SZ501		DZ700 或 SZ700			
支座	耳式	A5					A6	A6	A7		
	支承式	A5					A6	A6	B6		
搅拌器和温度计套组合型式		见图 48-58 和相关标准									
搪玻璃搅拌器轴密封		按 HG/T 2048 或 HG/T 2057 规定的适用范围选择使用									
搪玻璃放料阀		按 HG/T 3217 或 HG/T 3218 规定的适用范围选择使用									

公称容积 *VN*/L		30000		40000	
公称直径 d_1/mm	L 系列	3200	—	3400	—
	S 系列	—	3400	—	3600
计算容积 *VJ*/L		34430	35243	45225	46130
全容积 *VT*/L		34550	35360	45345	46250
夹套换热面积/m^2		44.15	42.63	54.46	52.59
设计压力/MPa		内容器:0.25、0.60、1.0　夹套:0.60			
设计温度/℃		内容器:0～200、－20～200　夹套:0～200、－20～200			
搅拌轴公称直径 *DN*/mm		160			
电机功率/kW	桨式	30	37		
	叶轮式	37		45	
电机型式		Y 型或 YB 型系列(同步转速 1500r/min 或 960r/min)			
搅拌轴转速		70～125r/min,且叶片端部线速度:桨式小于 7m/s,叶轮式小于 8m/s			
传动装置型号		DZ900 或 SZ900			
支座	耳式	A8			
	支承式	B7		B8	
搅拌器和温度计套组合型式		见图 48-58 和相关标准			
搪玻璃搅拌器轴密封		按 HG/T 2048 或 HG/T 2057 规定的适用范围选择使用			
搪玻璃放料阀		按 HG/T 3217 或 HG/T 3218 规定的适用范围选择使用			

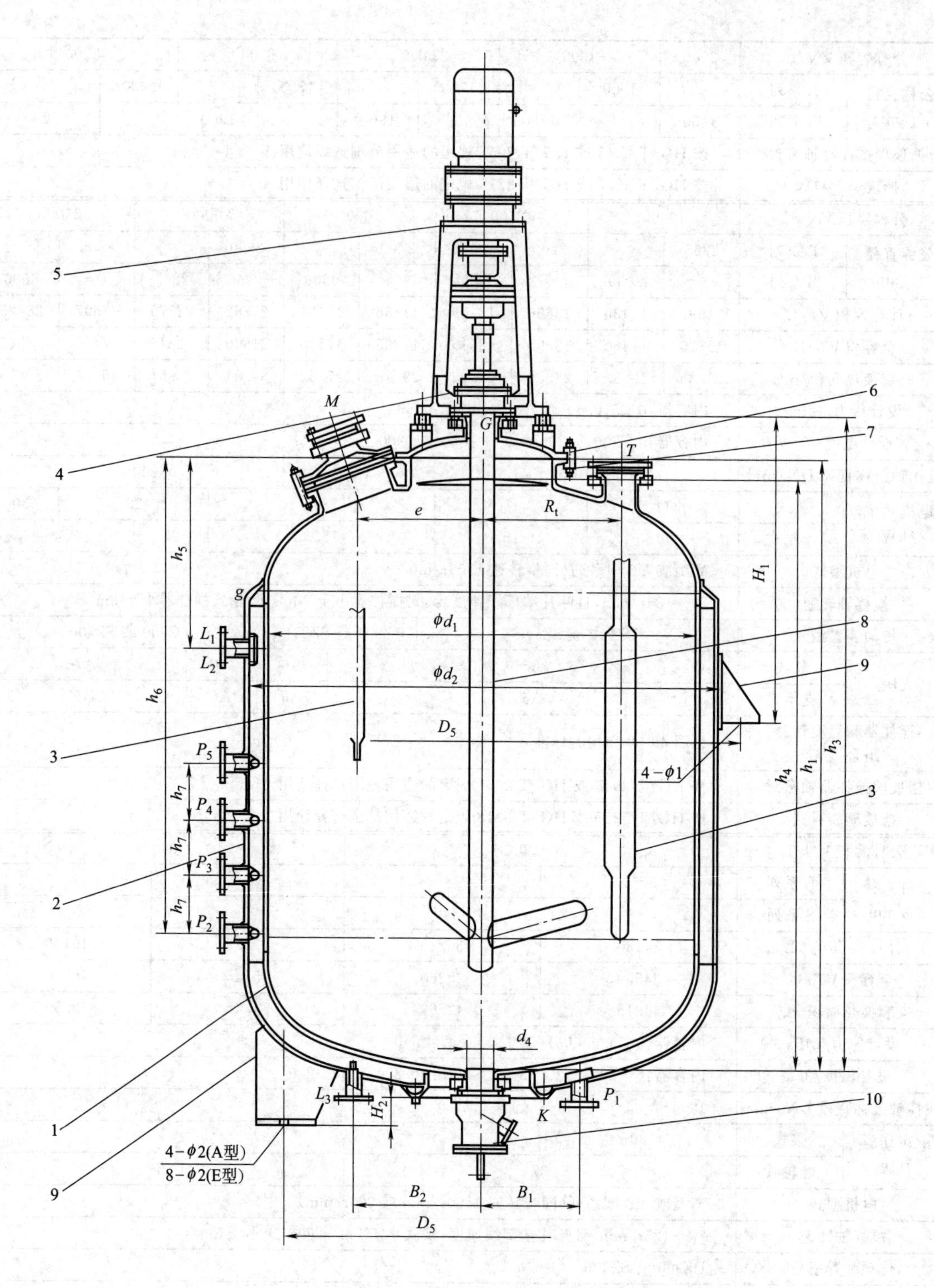

图 48-56 搪玻璃闭式搅拌容器的结构型式

1—内容器；2—夹套；3—搪玻璃温度计套；4—搪玻璃填料箱或搪玻璃搅拌容器用填料密封；5—搪玻璃设备传动装置；6—搪玻璃设备垫片；7—搪玻璃设备卡子；8—搪玻璃搅拌器；9—耳式支座或支承式支座；10—搪玻璃上展式放料阀或下展式放料阀

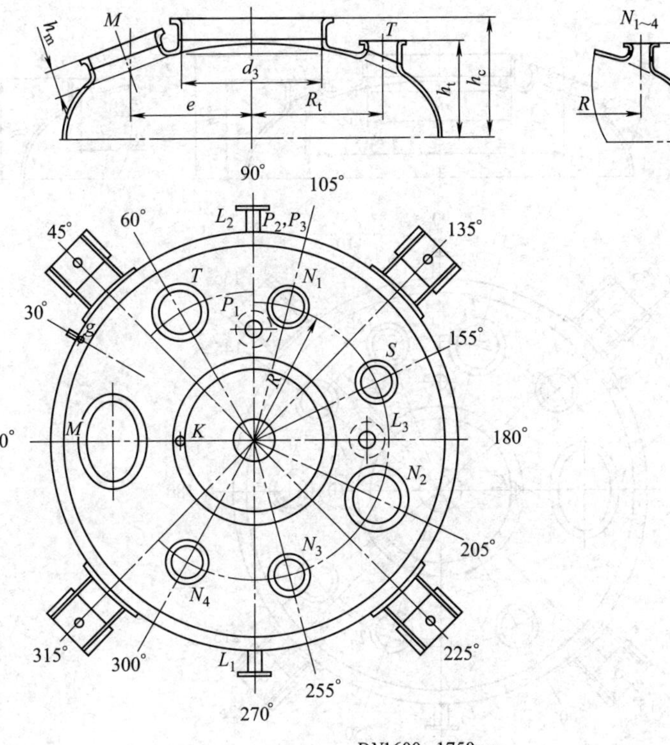

*DN*1600～1750mm

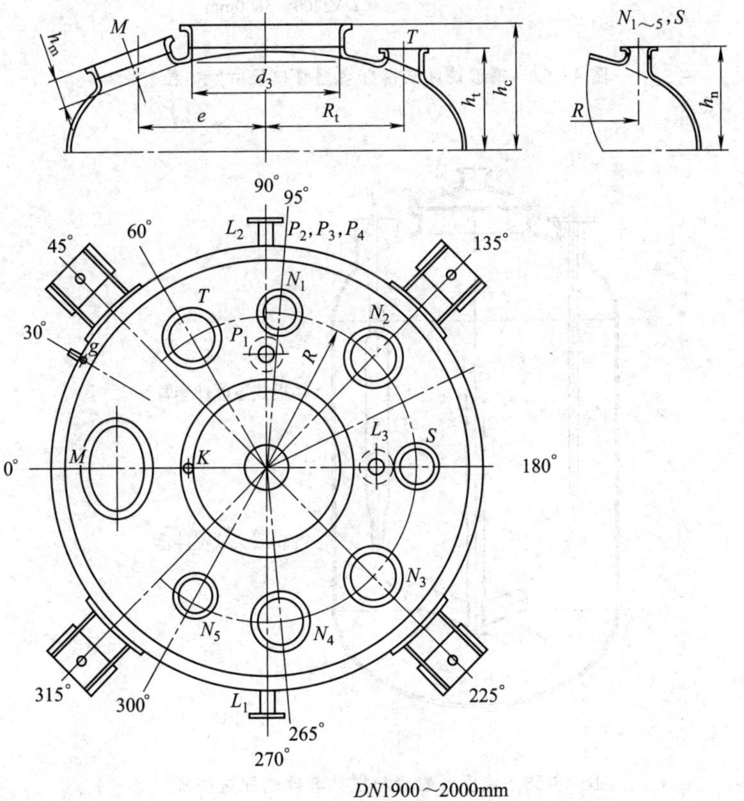

*DN*1900～2000mm

图 48-57

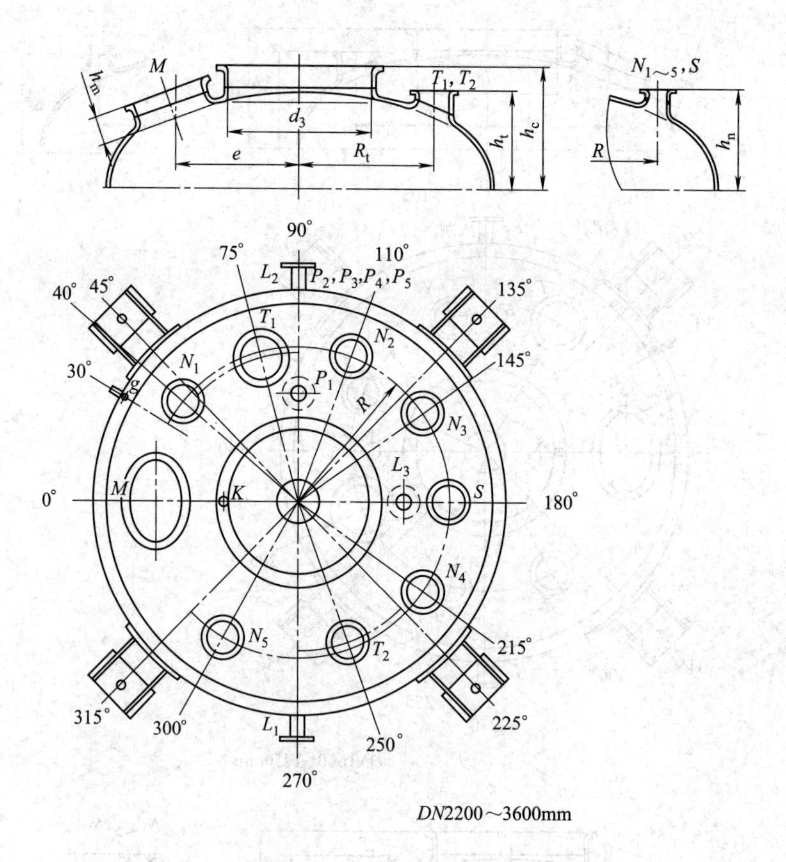

DN2200～3600mm

图 48-57 搪玻璃闭式搅拌容器管口尺寸及方位

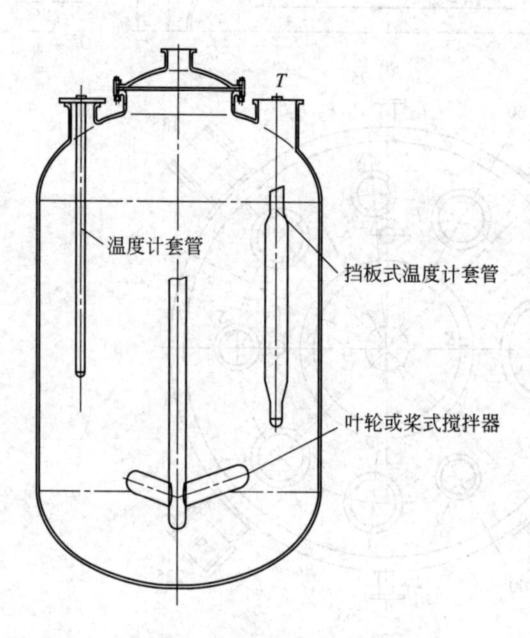

图 48-58 温度计套管与搅拌容器的配置型式

表 48-54　搪玻璃闭式搅拌容器管口尺寸

单位：mm

序号	公称容积 VN/L	公称直径 d_1		搅拌容器上、下封头管口规格												搅拌容器夹套管口规格							
		L系列	S系列	M	d_3	N_1	N_2	N_3	N_4	N_5	S	T	T_1、T_2	搅拌孔 G	出料口 d_4	蒸汽进口 L_1、L_2	冷凝水出口 L_3	P_1	P_2、P_3	P_4	P_5	g/in	k
1	3000		1600				100									50	50	50	50				
2	4000	1600			600			100	100	—													
3			1750																				
4	5000	1750				100					100	200	—							—			
5			1900	300×	700			150	150	100				150	125	65	65	65					
6	6300	1750		400	600			100	100	—													
7			1900		700					100											—		
8	8000	2000					150					250											
9			2200																				
10	10000	2200						150	150							80	80	80					
11			2400	450	800	150				150	150								65				
12	12500	2200		300×									250	200								G 3/4	G 1/2
13			2400																	65			
14	16000	2400		450																			
15			2600		900																		
16	20000	2600										—											
17			2800												150						65		
18	25000	2800		500	—								300			100	100	100					
19			3000			200	200	200	200	200	200			250									
20	30000	3200																					
21			3400		—								400						80	80	80		
22	40000	3400		600																			
23			3600																				

注：1. P_1～P_5 管口为流体进出口，P_2～P_5 管口可以配液体喷嘴，DN50mm 的管口配 40A 液体喷嘴，DN65mm 的管口配 50A 液体喷嘴，DN80mm 的管口配 65A 喷嘴。

2. 若夹套内为气、汽传热，不需液体喷嘴时，原安装液体喷嘴的接口内须安装蒸汽挡板。

表 48-55　搪玻璃闭式搅拌容器主要尺寸　　单位：mm

序号	公称容积 VN/L	公称直径 d_1		h_1	h_4	h_3	h_5	h_6	h_7	d_2	B_1	B_2	e	R_t	R
		L系列	S系列												
1	3000		1600	2250	2150	2420	700	1700	400	1750	510	400	600	600	580
2	4000	**1600**		2730	2630	2900	700	2200	500	1750			600	600	580
3			**1750**	2428	2325	2598	750	1880	450	1900			630	650	615
4	5000	**1750**		2888	2785	3058	750	2300	600	1900			630	650	615
5			**1900**	2428	2330	2610	770	1800	450	2050			680	700	700
6	6300	1750		3245	3140	3414	750	2650	850	1900			630	650	615
7			**1900**	2828	2730	3010	770	2200	450	2050			680	700	700
8	8000	**2000**		3310	3210	3508	800	2650	400	2150			725	725	750
9			**2200**	2825	2720	3010	850	2100	350	2350	550	470	800	800	800
10	10000	**2200**		3535	3430	3730	850	2800	450	2350			800	800	800
11			**2400**	3065	2940	3264	900	2300	350	2550			900	900	900
12	12500	2200		4055	3950	4250	850	3300	700	2350			800	800	800
13			**2400**	3495	3370	3694	900	2750	375	2550			900	900	900
14	16000	2400		4345	4220	4544	900	3550	600	2550			900	900	900
15			**2600**	3830	3710	4040	1000	3000	450	2750			975	950	975
16	20000	2600		4640	4520	4850	1000	3800	650	2750			975	950	975
17			**2800**	4260	4150	4520	1050	3350	500	2950			1100	1000	1050
18	25000	**2800**		5060	4950	5320	1050	4150	750	2950			1100	1000	1050
19			**3000**	4630	4515	4890	1100	3650	550	3150			1200	1075	1125
20	30000	3200		4900	4800	5200	1150	3850	600	3350			1200	1150	1200
21			**3400**	4540	4435	4840	1200	3400	450	3550			1250	1200	1275
22	40000	**3400**		5640	5535	5940	1200	4500	750	3550			1250	1200	1275
23			**3600**	5230	5120	5530	1250	4050	600	3750			1350	1300	1350

注：1. 直径系列中黑体字为优先选用。

2. h_3 不包括垫片厚度。

3. h_1 尺寸按压力等级为 PN0.6MPa 的高颈法兰（HG/T 2049）的尺寸进行计算。

4. d_1 为 1750mm 时，h_n 有两个值，460mm 为 N_2 的高度，440mm 为其他轴向管口的高度。

5. d_1 为 1900mm 时，h_n 有两个值，480mm 为 N_2、N_3 和 N_4 的高度，460mm 为其他轴向管口的高度。

3.3　搪玻璃开式储存容器（HG/T 2373—2011）

(1) 技术参数

设计压力小于等于 0.6MPa，公称容积 50～5000L，设计温度高于－20℃，低于或等于 200℃。

(2) 结构型式及尺寸

50～1000L 的开式储存容器的结构型式见图 48-59，1250～3000L 的开式储存容器的结构型式见图 48-60，4000～5000L 的开式储存容器的结构型式见图 48-61，其主要尺寸见表 48-56。

(3) 标记

搪玻璃开式储存容器的标记示例。以符合 HG/T 2373，设计压力为 0.6MPa、公称容积为 2000L 的搪玻璃开式储存容器为例，其标记为：搪玻璃开式储存容器 HG/T 2373-K0.6-2000。

标记中各要素的含义如下。

K0.6——设计压力为 0.6MPa 的搪玻璃开式储存容器。

2000——公称容积为 2000L。

3.4　搪玻璃闭式储存容器（HG/T 2374—2011）

(1) 技术参数

设计压力小于等于 0.6MPa，公称容积 3000～8000L，设计温度高于 20℃低于或等于 200℃。

(2) 结构型式及尺寸

3000～12500L 的闭式储存容器的结构型式见图 48-62，16000～50000L 的闭式储存容器的结构型式见图 48-63，63000～80000L 的闭式储存容器的结构型式见图 48-64，其主要尺寸见表 48-57。

(3) 标记

以符合 HG/T 2374，设计压力为 0.6MPa，公称容积为 5000L 的搪玻璃闭式储存容器为例，其标记为：搪玻璃闭式储存容器 HG/T 2374-F0.6-5000。

标记中各要素的含义如下。

F0.6——设计压力为 0.6MPa 的搪玻璃闭式储存容器。

5000——公称容积为 5000L。

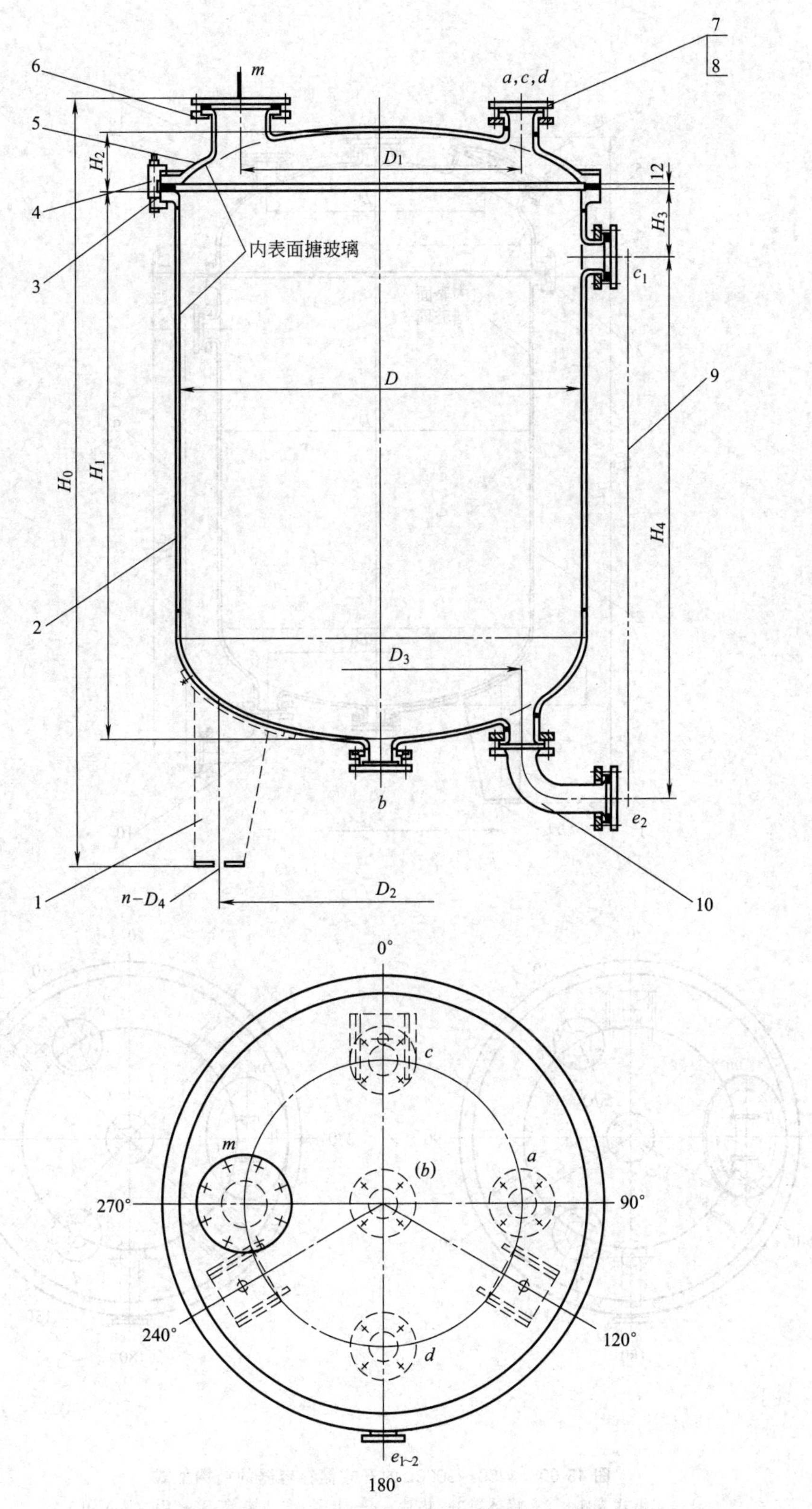

图 48-59　50～1000L 的开式储存容器的结构型式

1—支承式支座；2—罐体；3—垫片；4—卡子；5—罐盖；6—手（人）孔；7—垫片；8—活套法兰；9—搪玻璃液面计；10—90°弯头

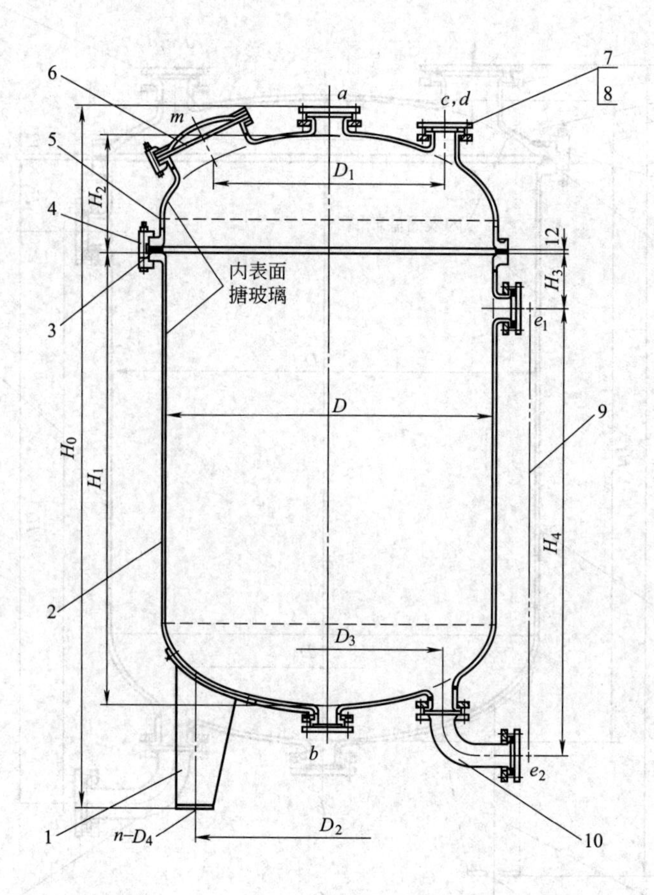

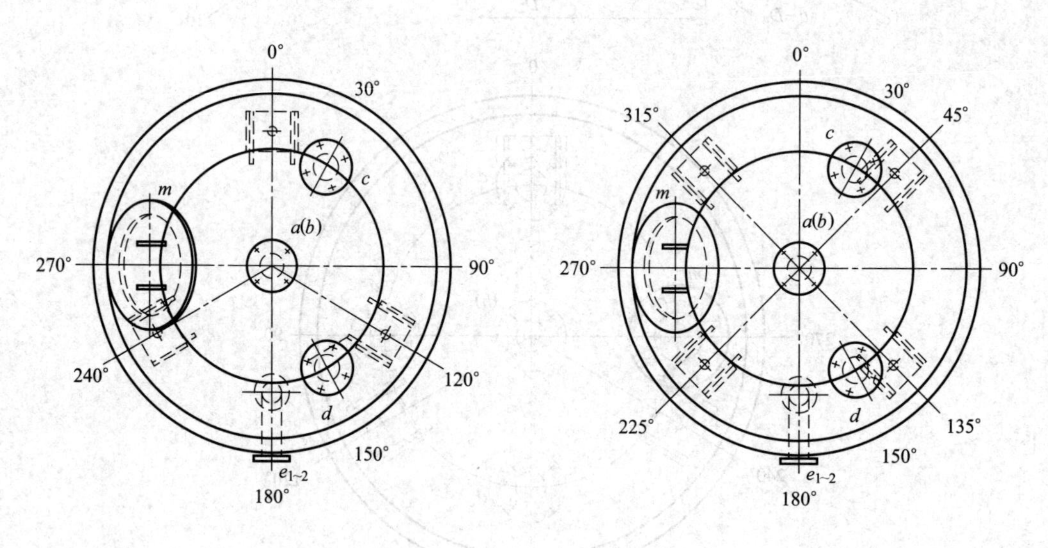

图 48-60　1250～3000L 的开式储存容器的结构型式

1—支承式支座；2—罐体；3—垫片；4—卡子；5—罐盖；6—手（人）孔；
7—垫片；8—活套法兰；9—搪玻璃液面计；10—90°弯头

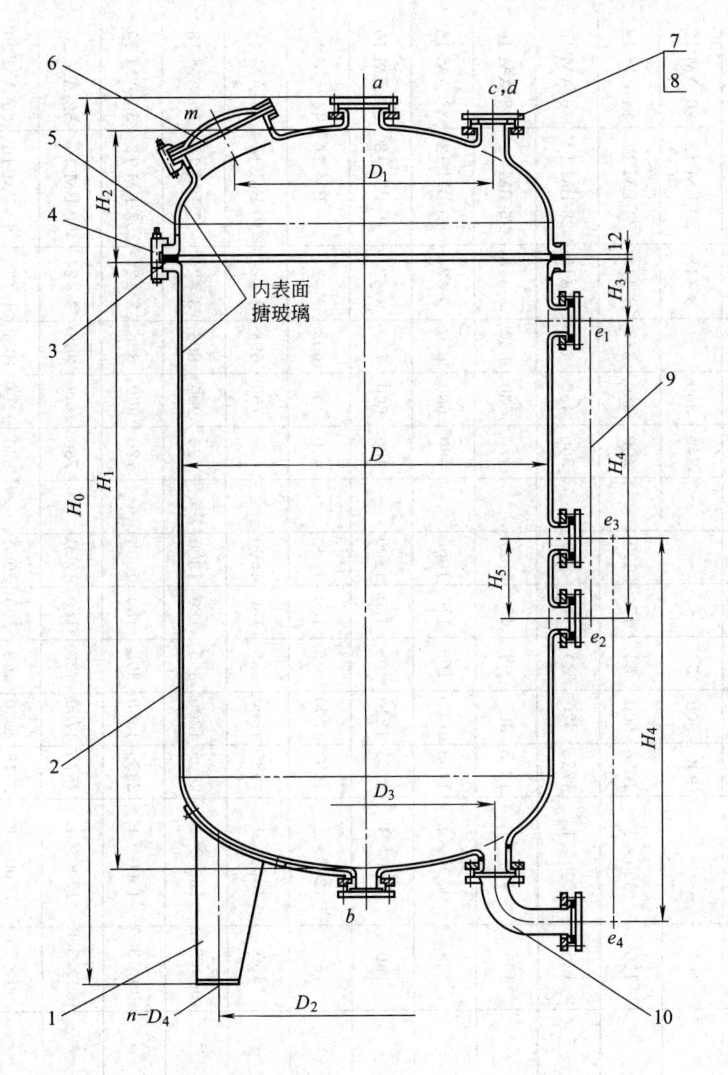

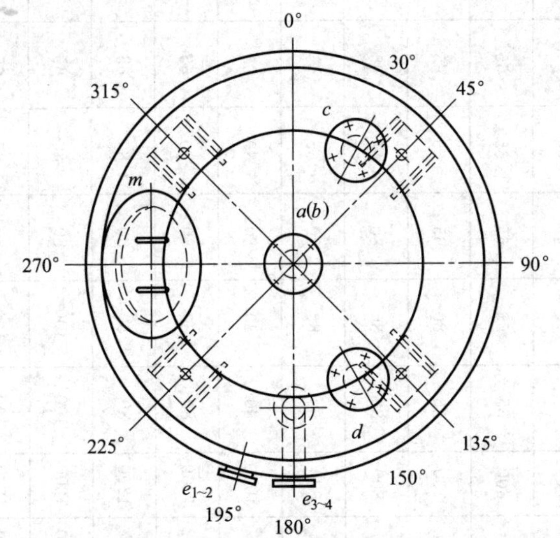

图 48-61　4000～5000L 的开式储存容器的结构型式

1—支承式支座；2—罐体；3—垫片；4—卡子；5—罐盖；6—手（人）孔；7—垫片；8—活套法兰；9—搪玻璃液面计；10—90°弯头

表 48-56　搪玻璃开式储存容器的主要尺寸

公称容积 VN/L	实际容积 V/L	直径 D /mm	管口公称直径 DN							液面计公称长度×数量 /mm×个	尺寸										卡子规格及数量/个	
			进口 a /mm	出口 b /mm	备用口 c /mm	备用口 d /mm	液面计 e_1、e_2 /mm	液面计 e_3、e_4 /mm	手(人)孔 m /mm		H_0 /mm	H_1 /mm	H_2 /mm	H_3 /mm	H_4 /mm	H_5 /mm	D_1 /mm	D_2 /mm	D_3 /mm	n-D_4 /mm	设计压力/MPa 0.25	设计压力/MPa 0.6
50	58.6	400	65	65	65	65	—	—	100	—	900	500	50	—	—	—	240	300	—	3-ϕ18	20-BM 12	20-AM 12
100	110	500	65	65	65	65	65	—	100	600×1	1000	600	65	170	600		300	380	330	3-ϕ18	24-BM 12	24-AM 12
200	218	600	65	65	65	65	65	—	125	800×1	1225	820	80	170	800		360	450	430	3-ϕ18	28-BM 12	36-AM 12
300	324	700	80	80	65	65	65	—	125	900×1	1315	900	95	170	900		420	530	530	3-ϕ18	36-BM 12	32-AM 16
400	469	800	80	80	80	65	65	—	125	1000×1	1465	1000	105	170	1000	—	480	600	630	3-ϕ24	40-BM 12	36-AM 16
500	590	800	80	80	80	65	65	—	150	1200×1	1705	1240	105	170	1200	—	480	600	730	3-ϕ24	40-BM 12	36-AM 16
800	877	1000	80	80	80	80	65	—	150	1200×1	1685	1200	135	180	1200		600	750	608	3-ϕ24	40-BM 16	44-AM 16
1000	1112	1000	80	80	80	80	65	—	150	1500×1	1985	1500	135	180	1500		600	750	608	3-ϕ24	40-BM 16	44-AM 16
1250	1357	1200	80	80	80	80	65	—	400×300	1300×1	2105	1300	395	180	1300	—	720	900	808	3-ϕ24	52-BM 16	56-AM 16
1500	1640	1200	100	100	80	80	65	—	400×300	1500×1	2355	1550	395	180	1500	—	720	900	808	3-ϕ24	52-BM 16	56-AM 16
2000	2179	1300	100	100	80	80	65	—	400×300	1700×1	2575	1750	420	180	1700	—	780	1000	908	3-ϕ24	52-BM 16	52-AM 20
3000	3153	1450	125	125	100	100	65	—	400×300	2000×1	2916	2030	468	200	2000	—	870	1100	1058	4-ϕ30	60-BM 16	60-AM 20
4000	4336	1600	125	125	100	100	65	65	400×300	1200×2	3208	2290	505	200	1200×2	300	960	1250	1208	4-ϕ30	60-BM 20	68-AM 20
5000	5542	1600	125	125	100	100	65	65	400×300	1500×2	3808	2890	505	200	1500×2	300	960	1250	1208	4-ϕ30	60-BM 20	68-AM 20

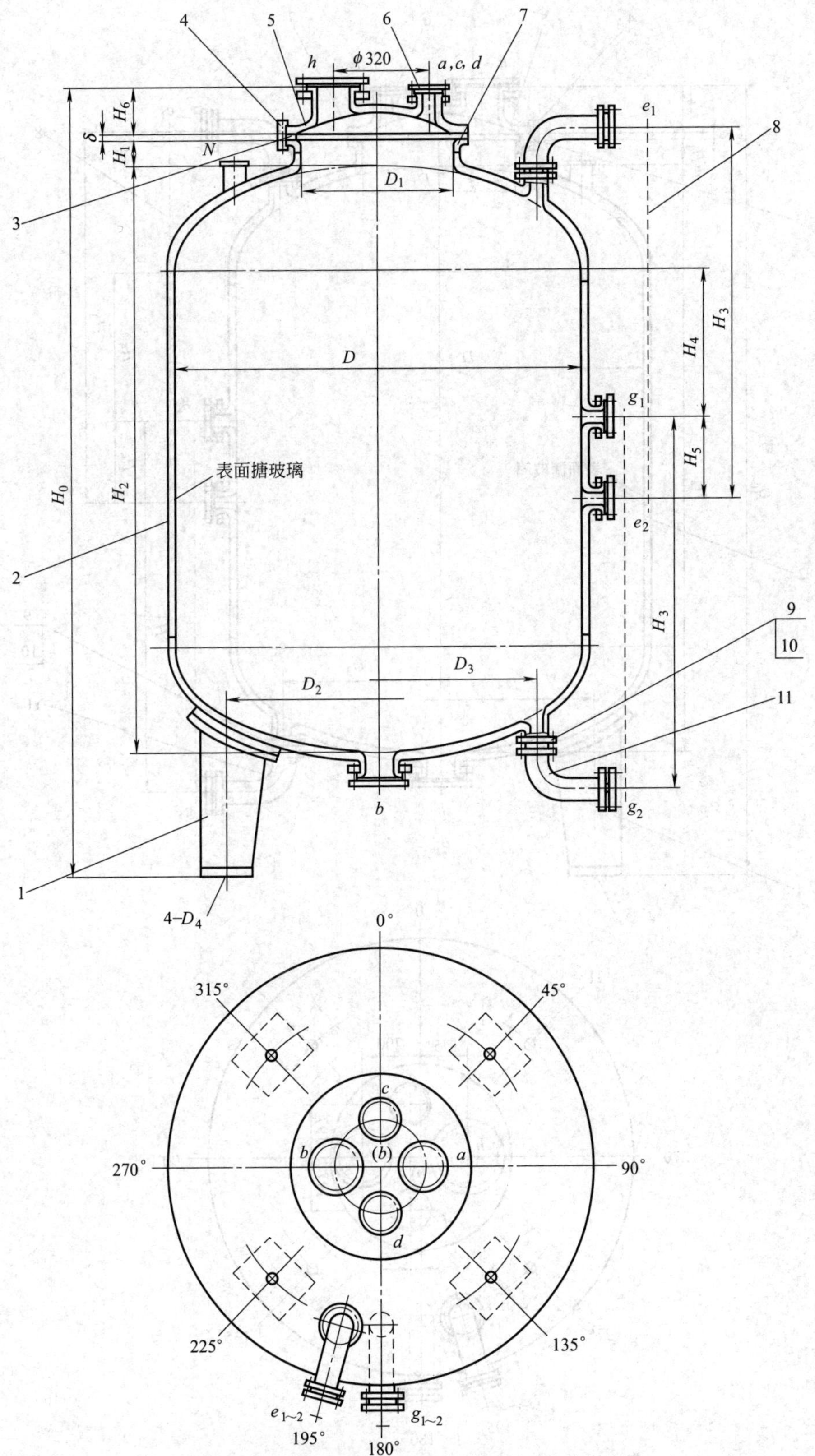

图 48-62　3000～12500L 的闭式储存容器的结构型式

1—支座；2—罐体；3—垫片；4—卡子；5—罐盖；6—管口；7—人孔法兰；8—搪玻璃液面计；9—活套法兰；10—垫片；11—90°不等长弯头

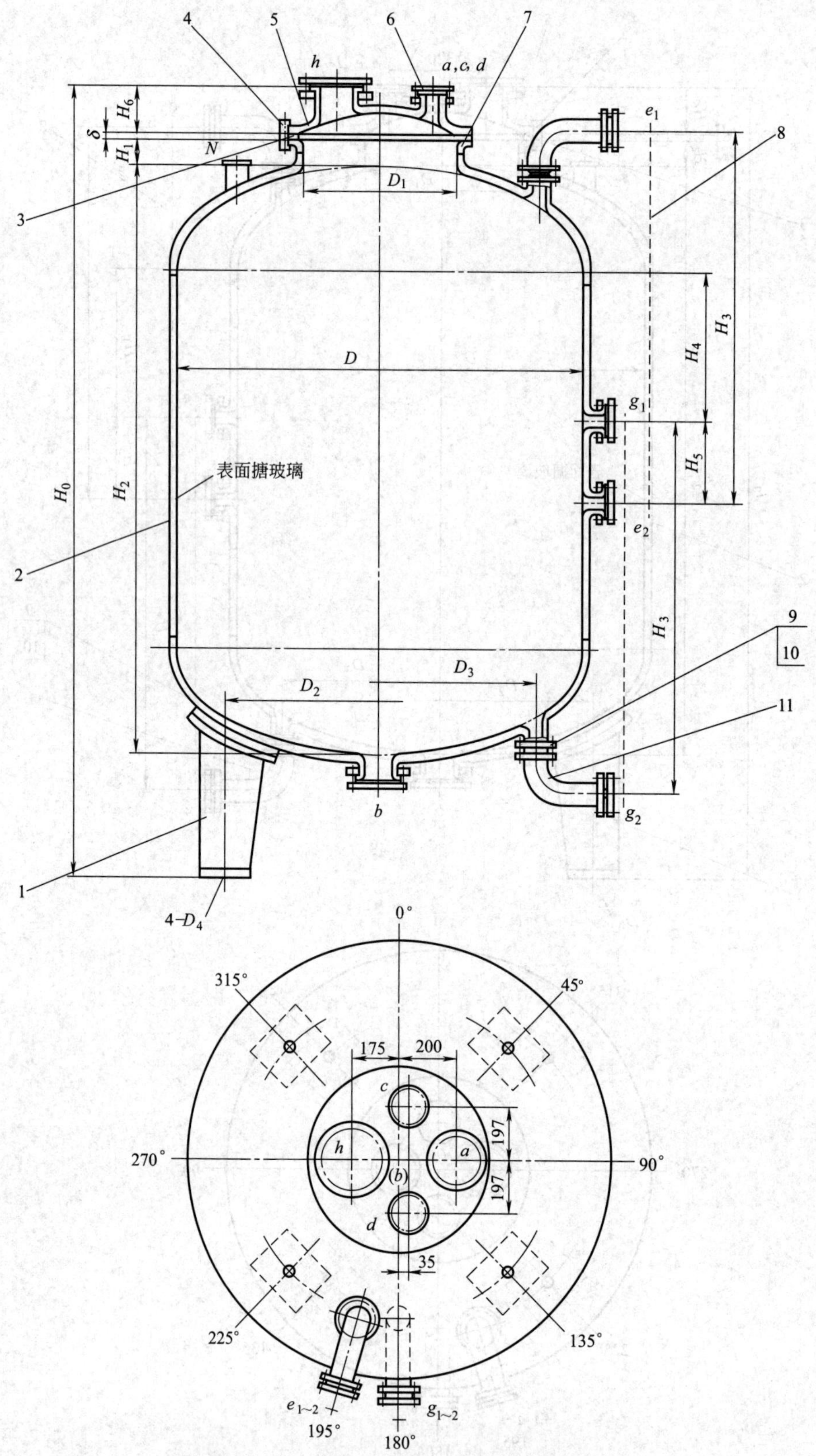

图 48-63　16000～50000L 的闭式储存容器的结构型式

1—支座；2—罐体；3—垫片；4—卡子；5—罐盖；6—管口；7—人孔法兰；8—搪玻璃液面计；9—活套法兰；10—垫片；11—90°不等长弯头

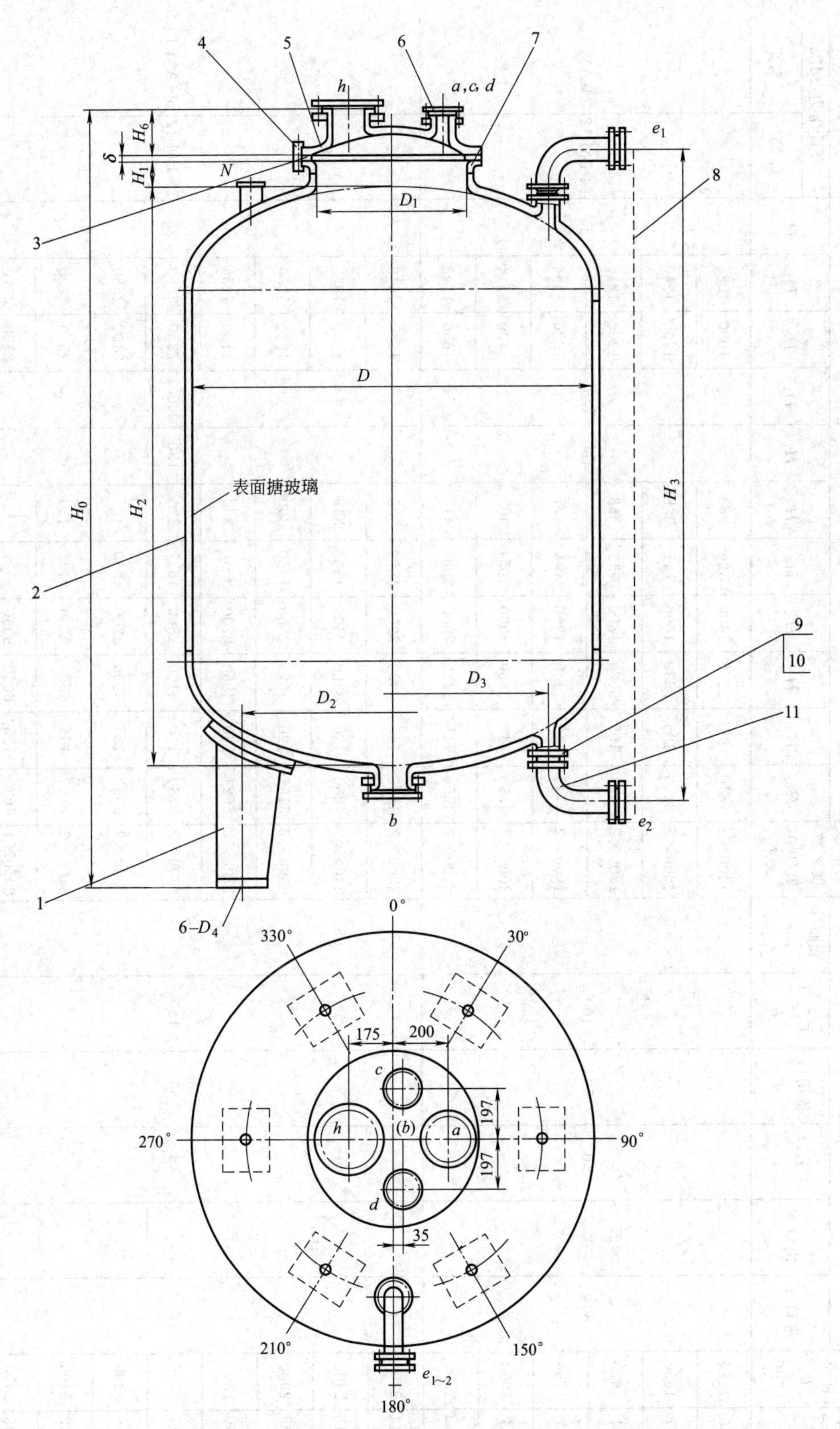

图 48-64 63000～80000L 的闭式储存容器的结构型式

1—支座；2—罐体；3—垫片；4—卡子；5—罐盖；6—管口；7—人孔法兰；8—搪玻璃液面计；9—活套法兰；10—垫片；11—90°不等长弯头

表 48-57 搪玻璃闭式储存容器主要尺寸

公称容积 VN/L	全容积 VT/L	公称直径 D/mm	管口公称直径 DN/mm						液面计公称长度×数量/mm×个	尺寸/mm											卡子规格及数量/个	
			进口 a	出口 b	工艺口 c	备用口 d	工艺口 h	液面计 e_1、e_2 g_1、g_2		H_0	H_1	H_2	H_3	H_4	H_5	H_6	D_1	D_2	D_3	D_4	设计压力/MPa 0.25	设计压力/MPa 0.6
3000	3355	1450	80	125	50	50	100	65	1400×2	2840	88	2260	1400	626	283	160	500	1090	1086	30	24-BM 12	24-AM 12
4000	4777	1600							1600×2	3243	105	2630	1600	741	348			1200	1240			
5000	5561	1600							1800×2	3633	105	3020	1800	931	358			1200	1240			
6300	6877	1750							1900×2	3745	110	3140	1900	894	477			1320	1394			
8000	8944	1900							2000×2	4093	115	3460	2000	1051	408			1430	1544			
10000	11668	2200		150					2000×2	4060	115	3430	2000	960	410			1650	1648			
12500	13644	2200	100		80	80	150		2200×2	4580	115	3950	2200	1280	290	180	600	1650	1648	36	28-BM 12	36-AM 12
1600	17318	2400							2400×2	4880	120	4220	2400	1336	348			1800	1852			
20000	21738	2600							2500×2	5167	120	4520	2500	1460	300			1950	2056			
25000	27640	2800							2700×2	5624	130	4950	2700	610	330			2100	2256			
30000	32547	3000							2800×2	5760	130	5100	2800	1637	326			2250	2256			
40000	43189	3200		200					3200×2	6550	135	5900	3200	1940	420			2400	2560			
50000	53892	3400							3400×2	7135	135	6500	3400	2175	450			2550	2720			
63000	67505	3400							8050×1	8635	135	8000	8050	—	—			2550	2720			
80000	85508	3600							9020×1	9630	145	9000	9020	—	—			2700	2880			

3.5 搪玻璃卧式储存容器（HG/T 2375—2011）

（1）技术参数

设计压力小于等于 0.6MPa，公称容积 3000～100000L，设计温度高于−20℃，低于或等于 200℃。

（2）结构型式及尺寸

搪玻璃卧式储存容器的结构型式见图 48-65，主要尺寸见表 48-58。

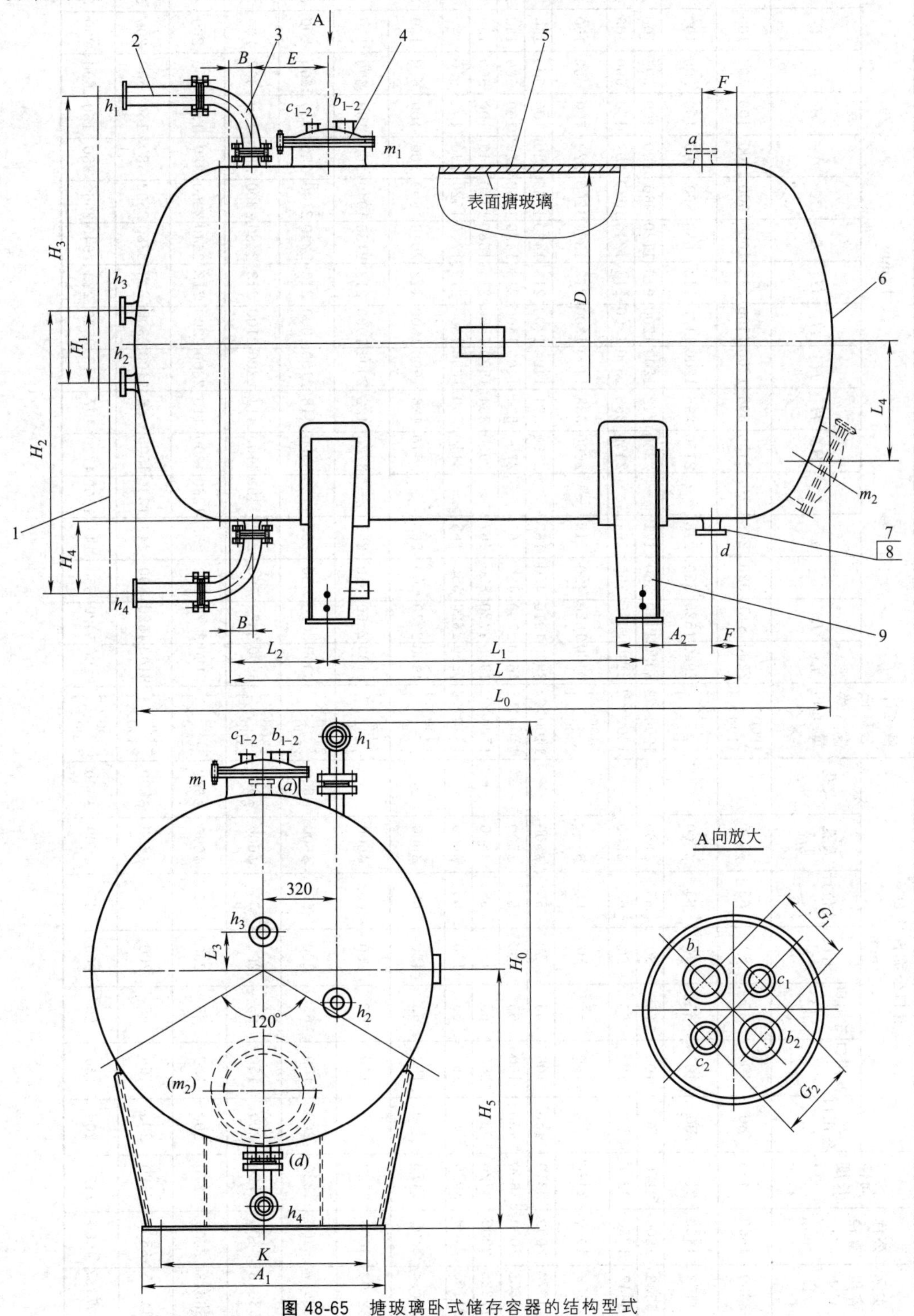

图 48-65 搪玻璃卧式储存容器的结构型式

1—搪玻璃液位计；2—搪玻璃管；3—搪玻璃 90°弯头 A 型；4—搪玻璃人孔；5—筒体；6—椭圆封头；7—搪玻璃管口 A 型；8—活套法兰；9—鞍座支座

表 48-58 搪玻璃卧式储存容器主要尺寸

公称容积 VN/L	实际容积 VN /L	公称直径 D /mm	筒体长度 L/mm	管口公称直径 DN /mm							液位计公称长度×数量/mm×个	尺寸/mm																		
				备用口 a	备用口 b_1、b_2	备用口 c_1、c_2	出口 d	液位计 $h_{1\sim4}$	人孔 m_1	人孔 m_2		L_0	L_1	L_2	L_3	L_4	H_0	H_1	H_2	H_3	H_4	A_1	K	A_2	B	E	F	G_1	G_2	H_5
3000	3330	1450	1485	80	100	65	80	65	ϕ500	—	1200×1 1100×1	2260	845	320	248	—	2150	396	1200	1100	213	1060	900	200	100	500	100	290	320	1089
4000	4453	1450	2165	80	100	65	80	65	ϕ500	—	1200×1 1100×1	2940	1525	320	248	—	2150	396	1200	1100	213	1030	890	200	100	500	100	290	320	1089
5000	5533	1600	2170	80	100	65	80	65	ϕ500	—	1200×2	3020	1450	360	171	—	2300	342	1200	1200	213	1120	960	200	100	500	100	290	320	1166
6300	6847	1750	2215	80	100	65	80	65	ϕ500	—	1300×2	3140	1435	390	194	—	2450	388	1300	1300	213	1240	1070	200	100	500	100	290	320	1243
8000	8909	1900	2460	80	100	65	80	65	ϕ500	—	1400×1 1300×1	3460	1620	420	219	—	2600	338	1400	1300	213	1360	1200	220	100	500	100	290	320	1318
10000	11074	2000	2810	150	100	65	150	55	ϕ500	—	1400×2	3860	1910	450	167	—	2700	334	1400	1400	213	1420	1260	220	100	500	150	290	320	1368
12500	13555	2000	3600	150	100	65	150	65	ϕ500	—	1400×2	4650	2700	450	167	—	2700	334	1400	1400	213	1420	1260	220	100	500	150	290	320	1368
16000	17225	2200	3720	150	150	65	150	65	ϕ600	—	1500×2	4900	2720	500	167	—	2900	334	1500	1500	213	1580	1380	240	100	500	150	300	390	1470
20000	21705	2400	3920	150	150	65	150	65	ϕ600	—	1600×2	5200	2820	550	165	—	3110	330	1600	1600	213	1720	1520	240	100	500	150	300	390	1572
25000	27595	2800	3470	150	150	65	150	65	ϕ600	—	1900×1 1800×1	4950	2270	600	263	—	3510	426	1900	1800	213	2040	1800	300	100	600	150	300	390	1774
30000	32502	3000	3520	150	150	65	150	65	ϕ600	—	2000×1 1900×1	5100	2260	630	261	—	3720	422	2000	1900	213	2180	1940	360	100	600	150	300	390	1876
40000	43947	3200	4320	200	150	65	200	65	ϕ600	ϕ600	2100×1 2000×1	6000	3020	650	259	1120	3900	418	2100	2000	213	2340	2100	360	150	600	200	300	390	1978
50000	53848	3400	4720	200	150	65	200	65	ϕ600	ϕ600	2200×1 2100×1	6500	3320	700	257	1190	4100	414	2200	2100	213	2480	2200	380	150	600	200	300	390	2080
63000	66643	3600	5270	200	150	65	200	65	ϕ600	ϕ600	2300×1 2200×1	7150	3770	750	255	1260	4300	410	2300	2200	213	2640	2360	380	150	600	200	300	390	2182
80000	84645	3800	6120	200	150	65	200	65	ϕ600	ϕ600	2400×1 2300×1	8100	4520	800	243	1330	4500	386	2400	2300	223	2780	2500	380	160	600	200	300	390	2284
100000	107187	4000	7120	200	150	80	200	65	ϕ600	ϕ600	2500×1 2400×1	9200	5420	850	141	1400	4720	407	357	2500	223	2940	2660	380	150	600	200	300	390	2386

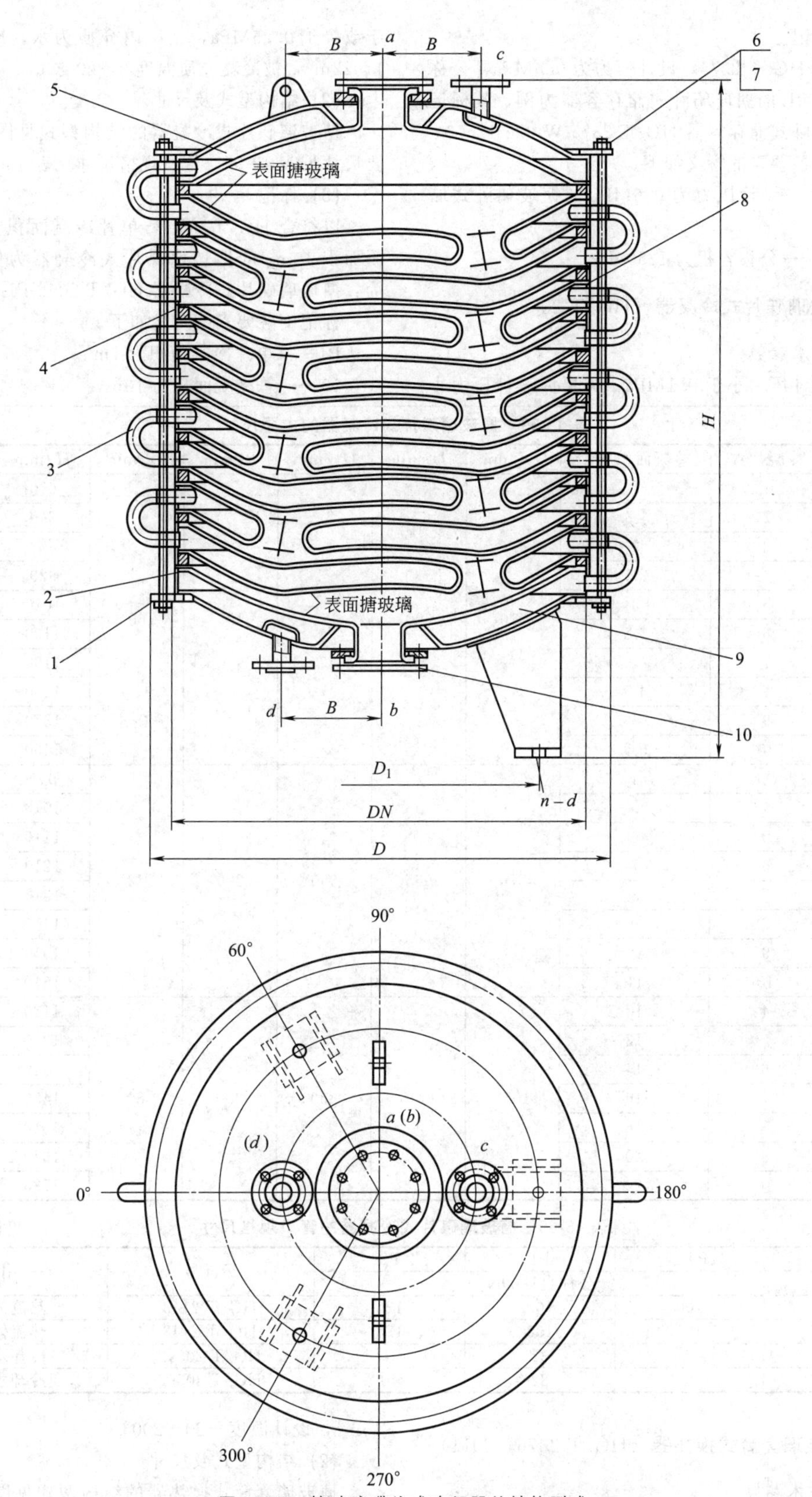

图 48-66　搪玻璃碟片式冷凝器的结构型式

1—紧固法兰；2—冷凝片；3—U 形管；4—垫片；5—器盖；6—双头螺柱；7—螺母；8—水力喷嘴；9—器底；10—管口附件

（3）标记

以符合 HG/T 2375，设计压力为 0.6MPa，公称容积为 12500L 的搪玻璃卧式储存容器为例，其标记为：搪玻璃卧式储存容器 HG/T 2375-W 0.6-12500。

标记中各要素的含义如下。

W0.6——设计压力为 0.6MPa 的搪玻璃卧式储存容器。

12500——公称容积为 12500L。

3.6 搪玻璃碟片式冷凝器（HG/T 2056—2011）

（1）技术参数

器内设计压力小于 0.1MPa，夹层内设计压力小于或等于 0.25MPa，夹层内介质为水，冷凝器面积 1～22m^2，被冷凝介质温度 0～200℃。

（2）结构型式及尺寸

搪玻璃碟片式冷凝器的结构型式见图 48-66，主要尺寸见表 48-59，管口规格尺寸见表 48-60。

（3）标记

以符合 HG/T 2056，单片冷凝面积 1m^2，总冷凝面积 10m^2 的搪玻璃碟片式冷凝器为例，其标记为：搪玻璃碟片式冷凝器 HG/T 2056-P1-10。

标记中各要素的含义如下。

P1——单片冷凝面积为 1m^2。

10——总冷凝面积为 10m^2。

表 48-59　搪玻璃碟片式冷凝器的主要尺寸

规格	冷凝片数	冷凝面积/m^2	DN/mm	D/mm	D_1/mm	B/mm	h_1/mm	H/mm	n-d
P0.5	1	1	610	690	450	175	66	650	3-ϕ23
	2	1.5						740	
	3	2						830	
	4	2.5						920	
	5	3						1010	
	6	3.5						1100	
	7	4						1190	
	8	4.5						1280	
	9	5						1370	
	10	5.5						1460	
P1	3	4	870	965	650	220	72	910	3-ϕ23
	4	5						1010	
	5	6						1110	
	6	7						1210	
	7	8						1310	
	8	9						1410	
	9	10						1510	
	10	11						1610	
P2	4	10	1050	1145	850	250	80	1120	3-ϕ23
	5	12						1230	
	6	14						1340	
	7	16						1450	
	8	18						1560	
	9	20						1670	
	10	22						1780	

表 48-60　搪玻璃碟片式冷凝器的管口规格尺寸　　单位：mm

规格	P0.5	P1	P2	标准号	用途
管口	公称直径 DN				
a	100	100	125	HG/T 2143	热流体进口
b	100	100	125	HG/T 2143	热流体出口
c	25	32	40	HG/T 20592	冷却水出口
d	25	32	40	HG/T 20592	冷却水进口

3.7 搪玻璃套筒式换热器（HG/T 2376—2011）

（1）技术参数

内层和外层设计压力小于或等于 0.6MPa，中层设计压力小于或等于 0.25MPa，传热面积 2.0～16m^2，设计温度－20～200℃。

（2）结构型式及尺寸

搪玻璃套筒式换热器的结构型式见图 48-67，主要尺寸见表 48-61，管口规格尺寸见表 48-62。

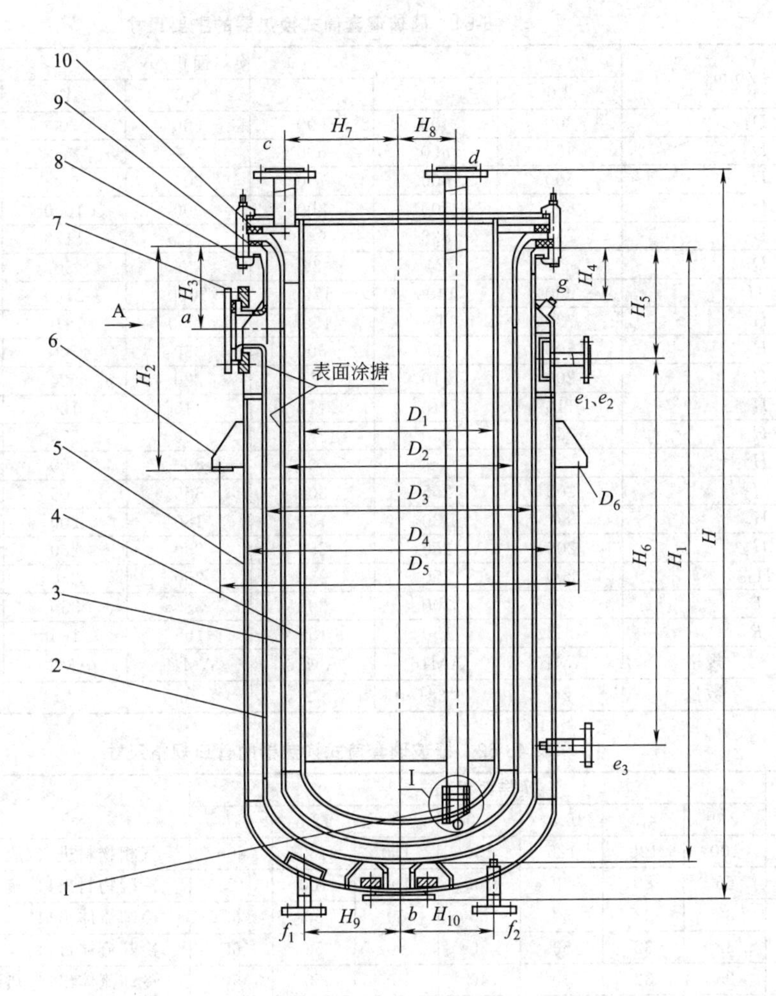

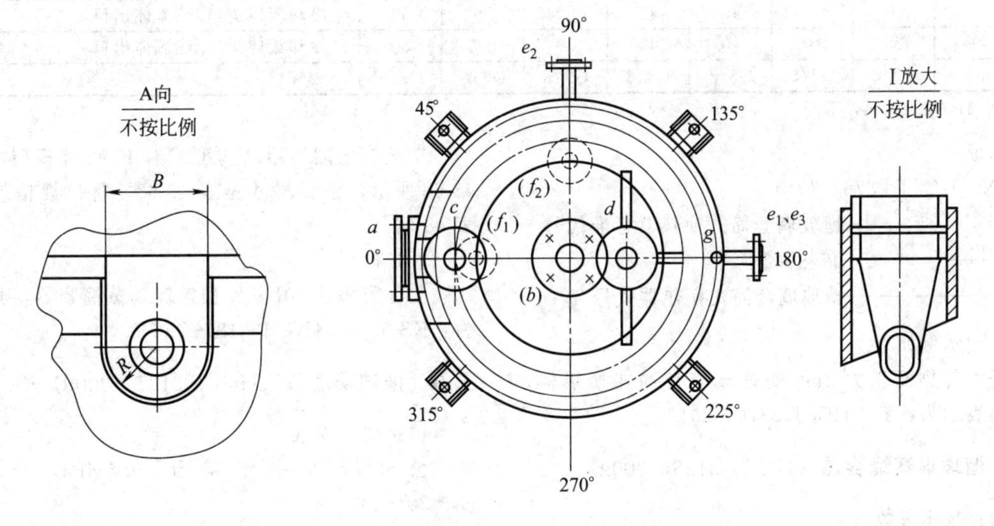

图 48-67 搪玻璃套筒式换热器的结构型式

1—喷嘴；2—器身；3—外筒；4—内筒；5—外夹套；6—耳式支座；

7—活套法兰；8—卡子；9,10—垫片

表 48-61　搪玻璃套筒式换热器的主要尺寸　　单位：mm

尺寸/mm		换热面积/m^2						
		2.0	4.0	6.3	8.0	10	12.5	16
D_1		300	400	500	600	700	800	900
D_2		400	500	600	700	800	900	1000
D_3		500	600	700	800	900	1000	1100
D_4		600	700	800	900	1000	1100	1200
D_5		737	838	947	1075	1176	1277	1377
D_6		24	24	24	30	30	30	30
H		960	1400	1750	2000	2160	2400	2500
H_1		730	1150	1500	1750	1910	2150	2250
H_2		500	500	600	650	700	750	800
H_3		200	210	210	220	220	220	250
H_4		110	110	110	110	120	120	120
H_5		250	250	250	250	270	270	280
H_6		—	—	600	800	900	1000	1100
H_7		205	255	305	355	405	455	505
H_8		80	130	150	180	200	250	300
H_9		200	250	250	250	260	260	260
H_{10}		200	250	250	250	260	260	260
B		270	300	300	330	330	330	380
R		135	150	150	165	165	165	190
卡子	规格	AM16	AM16	AM16	AM16	AM20	AM20	AM20
	数量	24	28	32	36	40	44	52

表 48-62　搪玻璃套筒式换热器的管口规格尺寸　　单位：mm

尺寸	换热面积/m^2							用途
	2.0	4.0	6.3	8.0	10	12.5	16	
a	100	125	125	150	150	150	200	气相物料进口/液相物料出口
b	65	80	80	100	100	100	125	冷凝物料出口/液相物料进口
c	32	32	50	50	50	50	65	冷却流体出口
d	32	32	50	50	50	50	65	冷却流体进口
e_1、e_2	25	32	40	40	50	50	50	冷却流体出口/热流体进口
e_3	—	—	40	40	50	50	50	冷却流体进口/热流体出口
f_1、f_2	25	40	40	40	50	50	50	冷却流体进口/热流体出口
g/in	G3/8	G3/8	G3/8	G3/8	G3/8	G3/8	G3/8	放气口

注：1in≈2.54cm，下同。

(3) 标记

T　X　HG/T 2376—2010

- HG/T 2376—2010：搪玻璃套筒式换热器标准代号
- X：传热面积
- T：搪玻璃套筒式换热器代号 T

标记示例如下。

公称传热面积为 $2m^2$ 的搪玻璃套筒式换热器，其标记表示为：T 2 HG/T 2376—2010。

3.8 搪玻璃蒸馏容器（HG/T 3126—2009）

(1) 技术参数

容器内设计压力不大于 0.25MPa，夹套内设计压力不大于 0.6MPa，容器及夹套内设计温度 0～200℃，公称容积 300～8000L。

(2) 结构型式及尺寸

搪玻璃蒸馏容器结构型式有 K 型和 F 型，如图 48-68 所示，主要尺寸见表 48-63，管口规格尺寸见表 48-64。

(3) 标记

公称容积 5000L，K 型搪玻璃蒸馏容器，其标记为：KS-5000L HG/T 3126—2009。

3.9 搪玻璃塔节（HG/T 3127—2009）

(1) 技术参数

公称压力小于等于 0.6MPa，介质温度－20～200℃。

(2) 塔节型式

搪玻璃塔节分为 A 型和 B 型，A 型为塔身，B 型为塔顶。其结构型式和主要尺寸见图 48-69 及表 48-65。

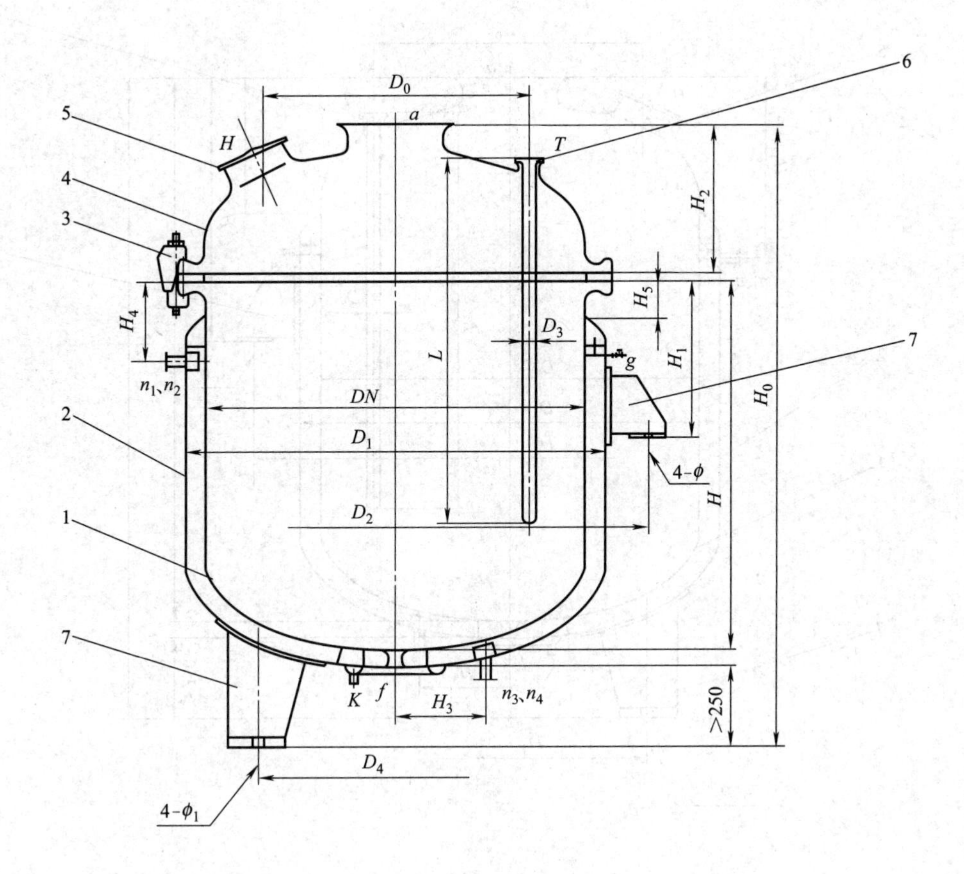
D0
a
6
5
H
T
4
3
H2
H5
H4
L
D3
g
7
H1
n1、n2
DN
D1
H0
2
4-φ
H
D2
1
7
K
f
H3
n3、n4
>250
D4
4-ϕ_1

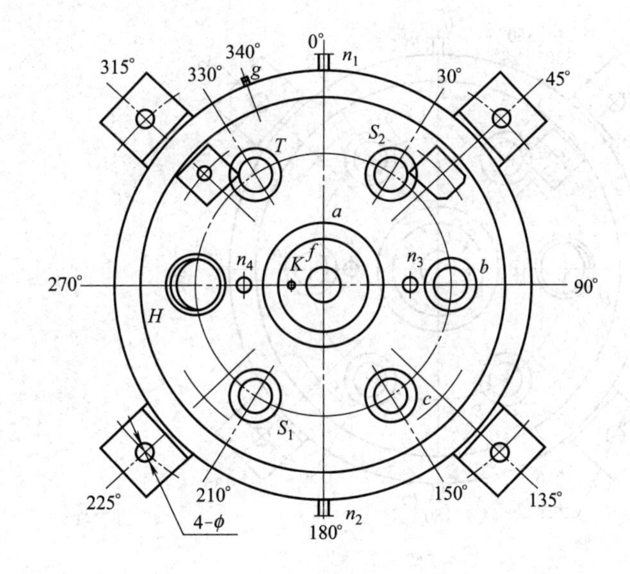
0°
n1
340°
g
315°
330°
30°
45°
T
S2
a
f
K
n4
n3
b
270°
90°
H
S1
c
210°
150°
225°
135°
4-φ
n2
180°

K型

图 48-68

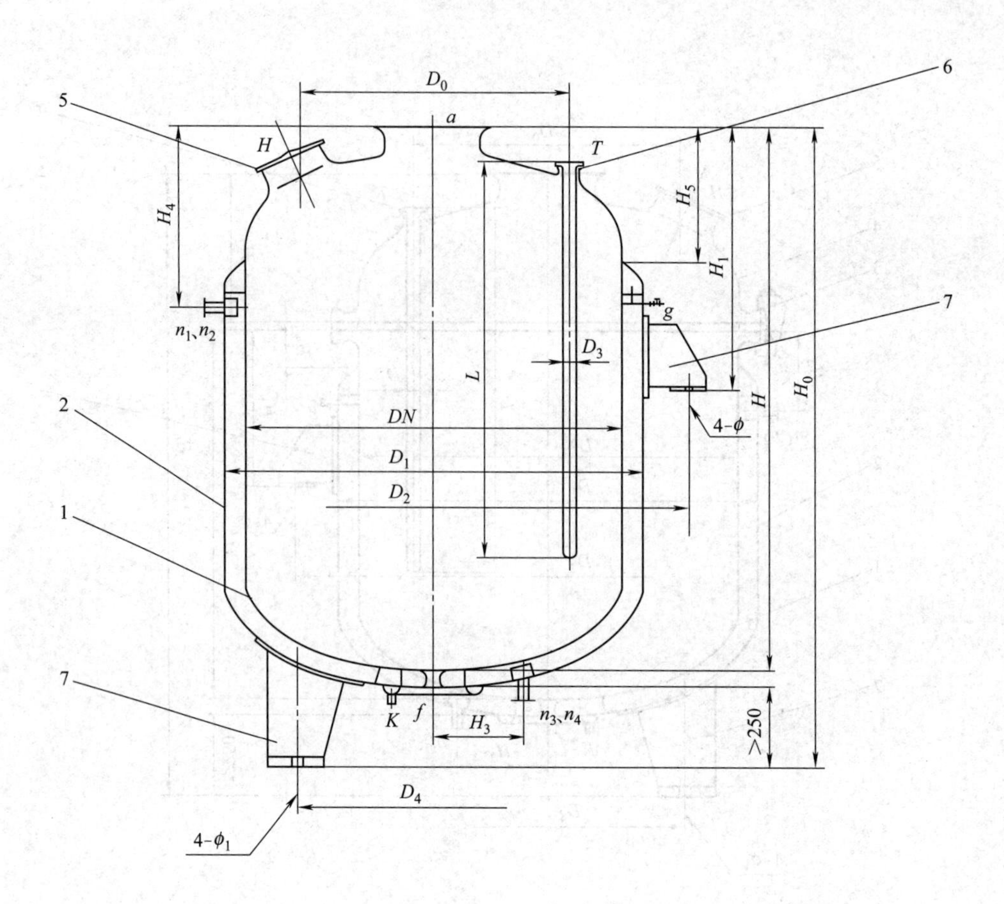

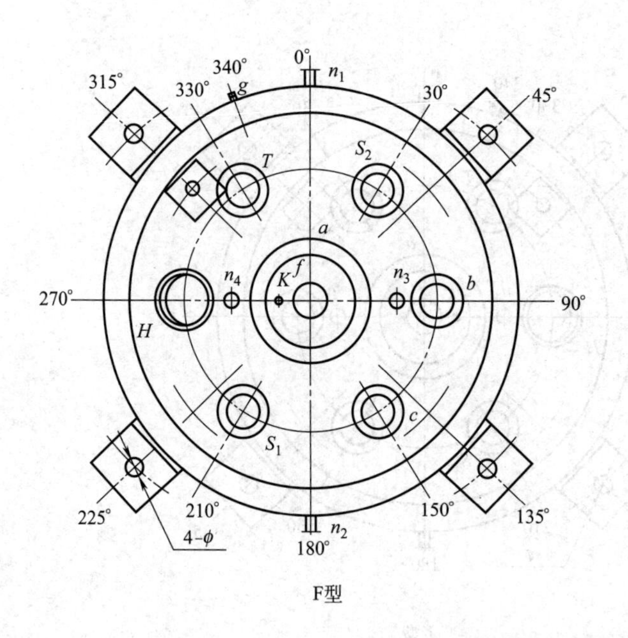

F型

图48-68　搪玻璃蒸馏容器的结构型式

1—本体；2—夹套；3—卡子；4—罐盖；5—人孔（手孔）；6—温度计套；7—耳式支座或支承式支座

表 48-63　搪玻璃蒸馏容器的主要尺寸

公称容积 VN/L	公称直径 DN/mm K型	公称直径 DN/mm F型	全容积 VJ/L	夹套换热面积/m²	D_0/mm	D_1/mm	D_2/mm	D_3/mm	D_4/mm	H_0/mm	H_1/mm	H_2/mm	H_3/mm	H_4/mm	H_5/mm	H/mm	L/mm
300	800		369	1.9	560	900	1200	32	—	1504	380	394	270	250	100	800	1000
500	900		573	2.6	630	1000	1300	50	—	1734	400	424	270	270	110	1000	1200
800	1000		878	3.7	700	1100	1405	50	740	1940	450	440	270	270	110	1200	1200
1000	1200		1132	4.5	840	1300	1640	50	950	1904	500	499	350	270	110	1100	1400
		1200	1132	3.9	840	1300	1640	50	950	1500	700	—	350	530	370	1200	1000
1500	1300		1714	5.2	910	1450	1790	65	1020	2234	650	524	350	310	120	1400	1600
		1300	1704	4.6	910	1450	1790	65	1020	1800	950	—	350	560	370	1500	1300
2000	1450		2530	6.7	1020	1600	2070	65	1200	2325	650	563	400	310	120	1405	1700
		1450	2300	7.4	1020	1600	2070	65	1200	2205	950	—	400	640	450	1905	1400
3000	1600		3380	9.3	1120	1750	2225	65	1300	2700	650	585	400	310	120	1810	1900
		1600	3811	9.74	1120	1750	2225	65	1300	2550	1060	—	400	700	510	2250	1700
5000	1750		5435	13.4	1220	1900	2420	80	1400	3335	700	625	400	350	140	2410	2100
		1900	5734	12.4	1330	2050	2570	80	1450	2730	1200	—	400	770	560	2430	1800
6300		1900	6868	14.8	1330	2050	2570	80	1450	3120	1200	—	400	770	560	2830	2400
8000		2200	8976	16.5	1540	2350	2870	80	1650	3120	1300	—	400	800	590	2820	2500

表 48-64　搪玻璃蒸馏容器的管口规格尺寸　　单位：mm

公称容积 VN/L	容器公称直径 K型	容器公称直径 F型	容器封头管口公称直径 蒸馏口 a	人、手孔 M	温度计口 T	视镜 S_1、S_2	备用孔 b	放料口 f	夹套管口公称直径 进出口 n_1、n_2	进出口 n_3、n_4	放气阀 g/in	放净口 K/in
300	800		150	125	65	80	80	80	25	25	G3/8	G1/2
500	900		200	150	125	100	80	80	32	32	G3/8	
800	1000		250	200	125	100	80	80	32	32	G3/8	
1000	1200		300	200	125	100	80	100	32	32	G3/8	
		1200	400	200	125	100	80	100	32	32	G3/8	
1500	1300		400	400×300	150	100	80	100	40	40	G3/8	
		1300	400	400×300	150	100	80	100	40	40	G3/8	
2000	1450		400	400×300	150	125	100	125	50	50	G3/4	
		1450	400	400×300	150	125	100	125	50	50	G3/4	
3000	1600		500	400×300	150	125	100	125	65	65	G3/4	
		1600	500	400×300	150	125	100	125	65	65	G3/4	
5000	1750		600	400×300	200	125	125	125	65	65	G3/4	
		1900	600	400×300	200	125	125	125	65	65	G3/4	
6300		1900	600	400×300	200	125	150	125	65	65	G3/4	
8000		2200	700	400×300	200	125	150	125	80	80	G3/4	

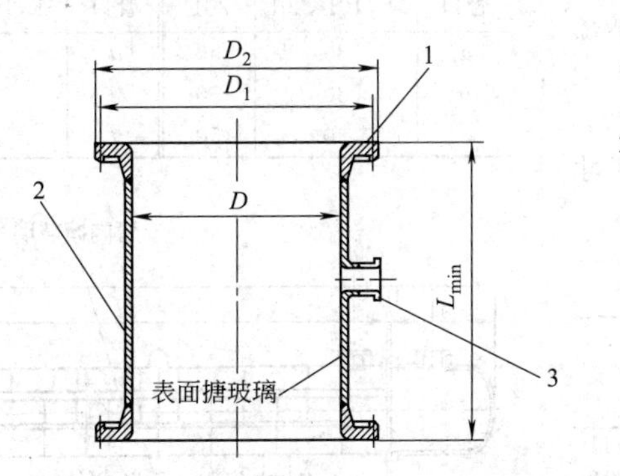

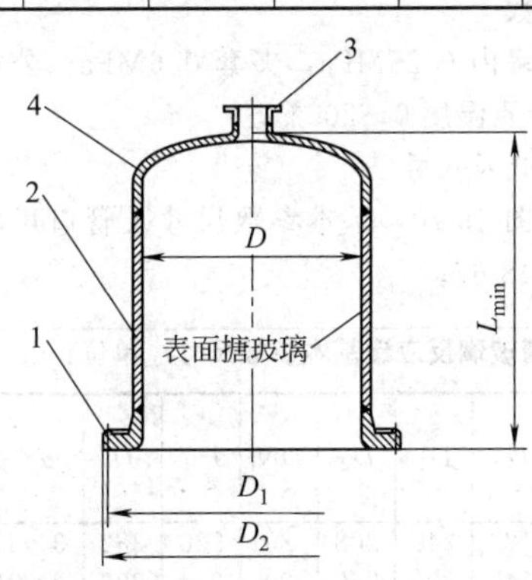

图 48-69　搪玻璃塔节结构型式

1—高颈法兰；2—塔体；3—管口；4—塔节封头

表 48-65　搪玻璃塔节主要尺寸　单位：mm

公称直径 DN	D	D_1	D_2	L_{min}
300	300	385	400	500
400	400	485	500	500
500	500	585	600	500
600	600	685	700	1000
700	700	785	800	1000
800	800	885	900	1000
900	900	985	1000	1000
1000	1000	1085	1100	1000
1100	1100	1195	1210	1000
1200	1200	1295	1310	1500
1300	1300	1405	1420	1500
1400	1400	1505	1520	1500
1450	1450	1555	1570	1500
1600	1600	1715	1730	1500

注：1. 本标准只规定了塔节的基本尺寸，其接管尺寸及方位，支座型式按用户要求。

2. 长度 L 规定了最小长度，实际长度供需双方协商确定。

3. 表中 DN300mm 为非标准高颈法兰。

(3) 标记

塔节①②-③④⑤

其中：

①——公称压力，用 PN××表示，单位为兆帕(MPa)；

②——公称直径，用 DN××表示，单位为毫米(mm)；

③——型式，用 A 或 B 表示；

④——长度，单位为毫米（mm）；

⑤——标准号，HG/T 3127。

示例：公称压力 PN0.6MPa，公称直径 DN1000mm，长度为 2000mm，A 型搪玻璃塔节，其标记为：PN0.6 DN1000-A 2000HG/T 3127。

3.10　小型搪玻璃反应罐

(1) 技术参数

公称压力，罐内 0.25MPa，夹套 0.6MPa；公称容积 5～30L；介质温度 0～200℃。

(2) 结构型式及尺寸

结构型式见图 48-70，基本参数尺寸及管口尺寸见表 48-66 和表 48-67。

表 48-66　小型搪玻璃反应罐基本参数尺寸　单位：mm

容积(开式)/L	传热面积/m^2	质量/kg	D_0	D_1	D_2	DN	H_1	H	$n\times\phi$
5	0.16	40	180	240	208	20	220	382	3×11
10	0.20	55	240	300	260	20	224	297	3×13
20	0.32	65	300	362	316	20	312	512	3×20
30	0.54	110	400	500	440	25	360	545	3×20

3.11　搪玻璃列管式换热器

(1) 技术参数

① 公称压力　壳程 0.6MPa 或常压，管程 0.6MPa 或常压。

② 允许温差　$\Delta t=100$℃。

③ 传热系数　$K=120\sim400$W/(m^2·℃)。

(2) 结构型式及尺寸

结构型式见图 48-71，基本尺寸见表 48-68。

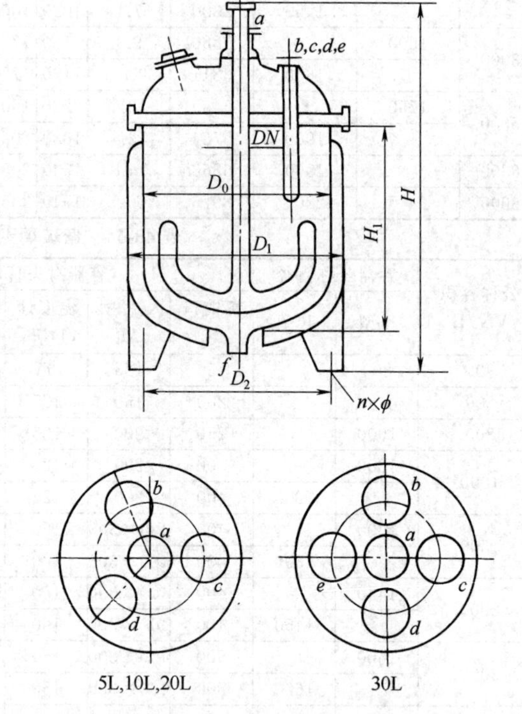

图 48-70　小型搪玻璃反应罐

表 48-67　小型搪玻璃反应罐管口尺寸　单位：mm

管口	5L,10L,20L	30L	管口	5L,10L,20L	30L
a	30	50	d	30	50
b	30	50	e	—	50
c	30	50	f	30	50

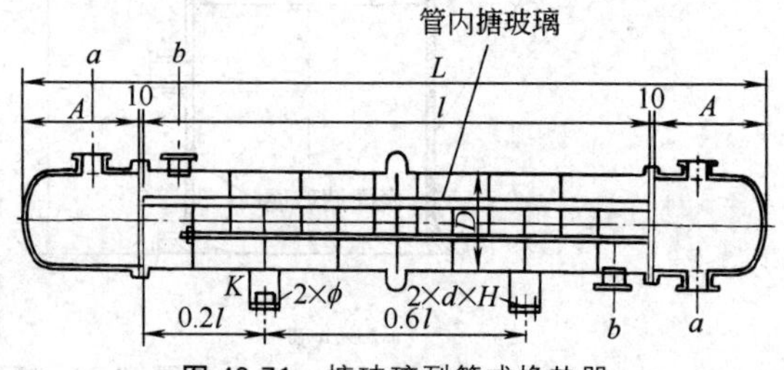

图 48-71　搪玻璃列管式换热器

表 48-68　搪玻璃列管式换热器基本尺寸　单位：mm

型号	D	L	A	l	钢管内面传热面积/m^2	接管口		安装尺寸			质量/kg
						a	b	K	ϕ	$d\times H$	
EG-3	DN325	2260	370	1500	2.9	DN80	DN50	200	20	20×36	320
EG-5	DN325	2760	370	2000	3.9	DN80	DN50				380
EG-6	DN400	2350	430	1500	4.9	DN80	DN50	280			500
EG-8	DN400	2890	430	2000	6.5	DN80	DN50				580
EG-10	DN500	2950	460	2000	8.5	DN100	DN80	330			800
EG-15	DN500	3950	460	3000	12.8	DN100	DN80				960
EG-20	DN600	4120	545	3000	18.5	DN125	DN100	420	25	25×45	1250
EG-25	DN600	4620	545	3500	21.6	DN125	DN100				1400

3.12 搪玻璃双锥形回转式真空干燥机（HG/T 3684—2000）

(1) 技术参数

① 装料容积　公称容积的（50%±10%）。

② 干燥强度　2.0～3.0kg（水）/(m^2·h)。

③ 极限真空度　−0.098MPa（表）。

④ 最大允许气体漏率　1.33×10^3Pa·L/s。

⑤ 夹套工作压力　0.3MPa（蒸汽为媒介），常压（热水为媒介）。

⑥ 工作温度　≤143℃（蒸汽为媒介），<100℃（热水为媒介）。

⑦ 罐体最大回转直径线速度　0.3～1.2m/s。

(2) 结构型式及尺寸

搪玻璃双锥形回转式真空干燥机的结构型式见图 48-72，主要尺寸见表 48-69，管口规格尺寸见表 48-70。

(3) 标记

型号由产品类目代号、型式代号、规格代号、类型代号组成，其编制规则如下。

类型代号分为普通型和防爆型两种，普通型代号为 A，防爆型代号为 B。

标记示例：公称容积 800L 普通型搪玻璃双锥形回转式真空干燥机，标记为 GSZ800-A。

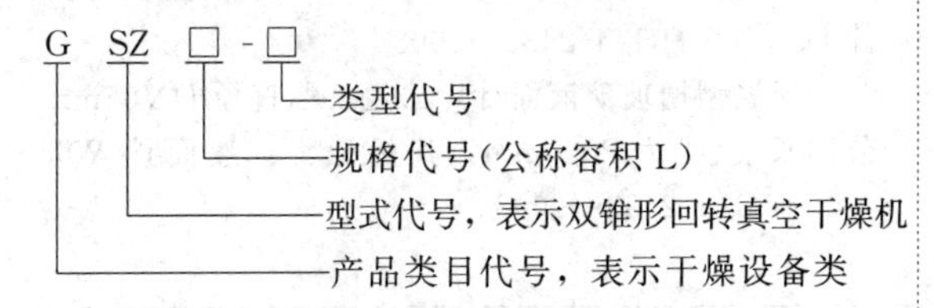

3.13 搪玻璃 VD 型振动流动真空干燥机

技术参数、结构型式及尺寸见图 48-73、表 48-71。

3.14 自动启闭搪玻璃过滤器

结构型式、技术参数及尺寸见图 48-74、表 48-72～表 48-74。

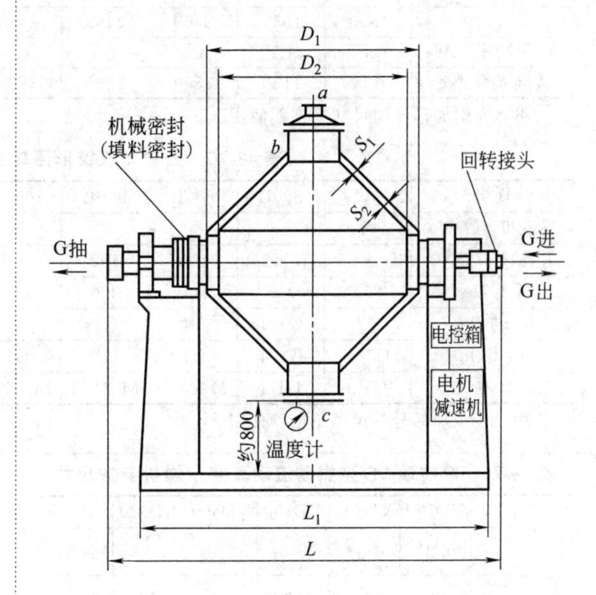

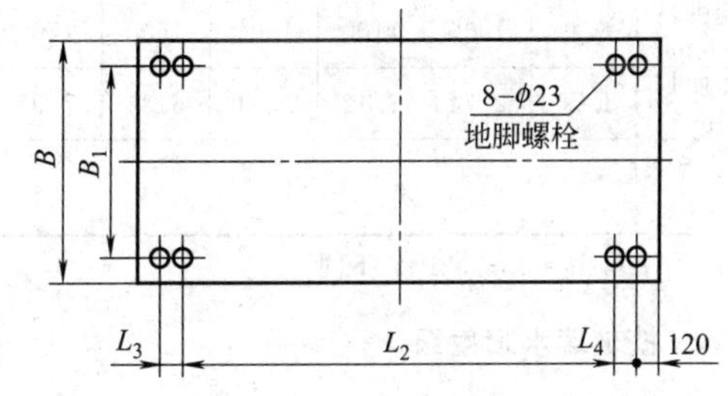

图 48-72　搪玻璃双锥形回转式真空干燥机的结构型式

3.15 搪玻璃过滤器

(1) 技术参数

器内公称压力真空或 0.25MPa，夹套公称压力 0.6MPa；介质温度 0～200℃。

(2) 结构型式及尺寸

结构型式分 A 型和 B 型，如图 48-75 和图 48-76 所示，各自基本参数及管口尺寸见表 48-75～表 48-78。

表 48-69 搪玻璃双锥形回转式真空干燥机主要尺寸 单位：mm

规格	200L	300L	500L	800L	1000L	1500L	2000L	3000L	4000L	(4500L)	5000L
D_1	ϕ800	ϕ900	ϕ1000	ϕ1200	ϕ1300	ϕ1600	ϕ1750	ϕ1900	ϕ1950	ϕ2100	ϕ2100
D_2	ϕ700	ϕ800	ϕ900	ϕ1100	ϕ1200	ϕ1450	ϕ1600	ϕ1750	ϕ1800	ϕ1900	ϕ1900
S_1	6	6	8	8	8	10	10	12	12	14	14
S_2	10	10	10	12	14	14	16	18	20	20	22
L	2425	2525	2550	2800	2850	3320	3470	4190	4830	4930	5300
L_1	1900	2000	2100	2722	2770	3000	3150	3950	4725	4775	4960
L_2	1290	1390	1440	1700	1700	2005	2155	2505	2575	2625	2725
L_3	—	—	—	260	260	260	260	705	955	955	955
L_4	375	375	375	550	550	550	550	705	955	955	955
B	1350	1350	1350	1350	1350	1500	1600	1650	1700	1750	1900
B_1	1300	1300	1300	1300	1300	1450	1540	1570	1620	1670	1820
H	1950	1950	2460	2460	2460	3240	3400	3500	3825	3880	4100
电机功率/kW	0.75	1.1	1.5	1.5	1.5	3	5.5	7.5	11	11	11
参考质量/kg	1050	1150	2550	2600	3200	3900	4100	5800	7200	7500	8200

注：表中加括号的尺寸不推荐使用。

表 48-70 搪玻璃双锥形回转式真空干燥机管口规格尺寸 单位：mm

规格	200L	300L	500L	800L	1000L	1500L	2000L	3000L	4000L	(4500L)	5000L
视镜口 a(DN)	—	—	80	80	80	100	100	125	125	125	125
人孔口 b(DN)	250×350	250×350	400	400	400	450	450	450	450	450	450
手孔口 c	200	200	200	200	200	250	250	250	250	250	250
G 进/in	G3/4	G3/4	G1	G1	G1	G2	G2	G2	G2	G2	G2½
G 出/in	G3/4	G3/4	G1	G1	G1	G1½	G1½	G2	G2	G2	G2
G 抽	G1in	G1in	M56×2	M56×2	M56×2	G2″	DN65	DN80	DN100	DN100	DN100

注：表中加括号的尺寸不推荐使用。

表 48-71 搪玻璃 VD 型振动流动真空干燥机参数尺寸

参数	VD100	VD200	VD300	VD500	VD800	VD1000
实际容积/m^3	0.21	0.41	0.58	0.96	1.46	2.04
罐体内径 A/mm	800	900	1000	1200	1400	1600
夹套内径 B/mm	900	1000	1100	1300	1500	1700
换热面积/m^2	1.76	2.74	3.42	4.81	6.34	7.95
罐内真空度/mmHg	<760					

注：1mmHg=133.32Pa，下同。

3.16 搪玻璃水喷射泵

结构型式、技术参数及尺寸见图 48-77 和表 48-79、表 48-80。

3.17 搪玻璃液面计（HG/T 2433—2009）

(1) 技术参数

设计压力不大于 0.6MPa，设计温度0～150℃。

(2) 结构型式及尺寸

搪玻璃液面计结构型式分 D 型 和 W 型，如图 48-78 所示，其主要尺寸见表 48-81。

(3) 标记

标记示例如下。

不保温型搪玻璃液面计，法兰公称直径 DN50mm，公称长度 L 为 800mm，其标记为：液面计 D50-800 HG/T 2433—2008。

保温型搪玻璃液面计，法兰公称直径 DN65mm，公称长度 L 为 2000mm，其标记为：液面计 W65-2000 HG/T 2433—2008。

表 48-72 自动启闭搪玻璃过滤器技术参数

型号	公称压力/MPa		介质温度/℃		过滤面积/m^2	传热面积/m^2	搅拌转速/(r/min)	电动机功率/kW	下盖升降速度/(mm/min)	下降行程/mm	质量/kg
	器内	夹套内	器内	夹套内							
TG-0.5	真空或	0.0	200	165	0.5	4.4	85	3	630	500	1630
TG-1.0	0.4				1.0	7.5		4			2500

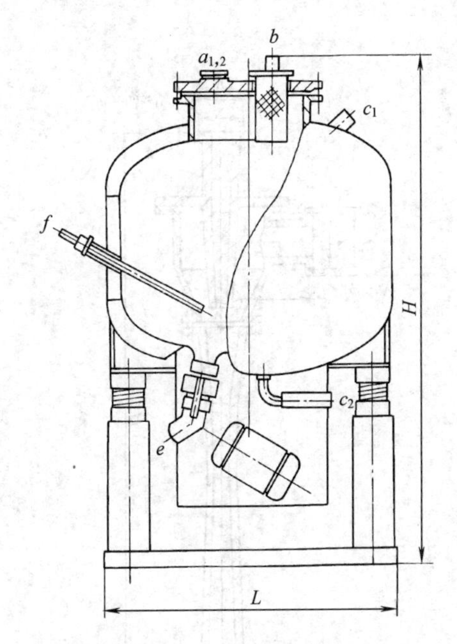

图 48-73　搪玻璃 VD 型振动流动真空干燥机

a_1—视镜孔；a_2—加料视镜孔；

c_1，c_2—汽水进出口；e—排料孔；f—测温孔

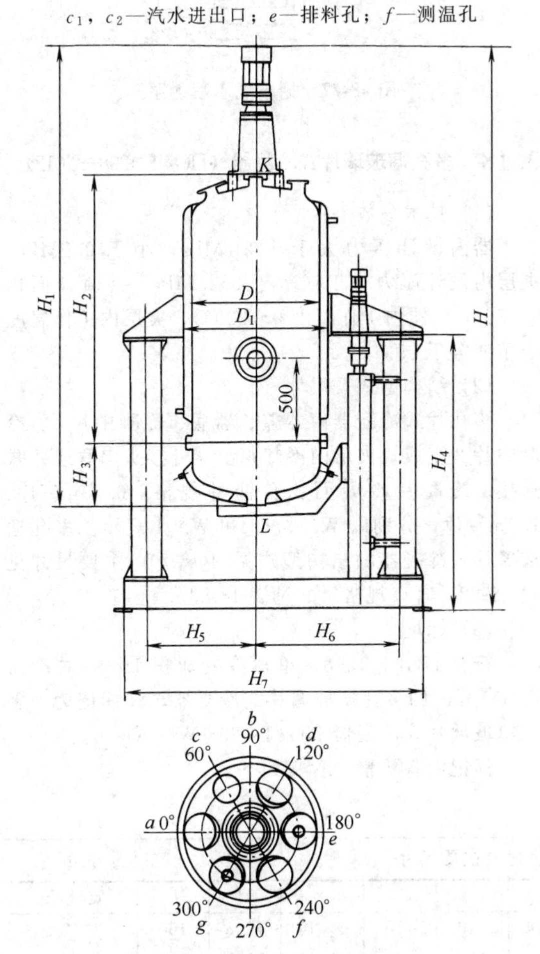

图 48-74　自动启闭搪玻璃过滤器

表 48-73　基本尺寸　　单位：mm

型号	D	D_1	H	H_1	H_2	H_3	H_4	H_5	H_6	H_7
TG-0.5	800	900	3410	2775	1600	380	1665	700	900	1875
TG-1.0	1150	1300	4460	3680	1800	470	1865	900	1100	2275

表 48-74　管口尺寸　　单位：mm

型号	a	b	c	d	e	f	g	L	K
TG-0.5	100	100	100	100	100	100	100	100	100
TG-1.0	250	150	70	100	100	100	100	100	125

表 48-75　A 型过滤器尺寸

公称容积 VN/L	全容积 V/L	传热面积 /m²	过滤面积 /m²	d /mm	d_1 /mm	h_1 /mm	h_2 /mm	h_3 /mm
50	90	0.50	0.12	400	500	860	175	450
100	170	0.90	0.20	500	600	1010	200	550
200	315	1.50	0.28	600	700	1285	235	750
300	570	2.00	0.50	800	900	1345	310	650
400	860	2.50	0.78	1000	1100	1355	360	550
500	1260	3.00	1.13	1200	1310	1415	410	500

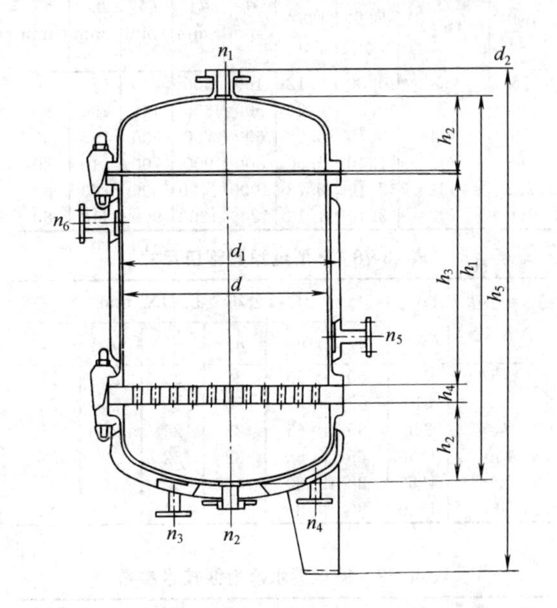

图 48-75　A 型过滤器

表 48-76　A 型过滤器管口尺寸　　单位：mm

公称容积 VN/L	h_4	h_5	管口公称直径 DN n_1	n_2	n_3	n_4	n_5	n_6
50	60	1145	50	50	25	25	25	25
100	60	1295	65	65	25	25	25	25
200	60	1565	65	65	25	25	25	25
300	80	1635	65	65	32	32	32	32
400	80	1735	80	80	40	40	40	40
500	80	1790	80	80	40	40	40	40

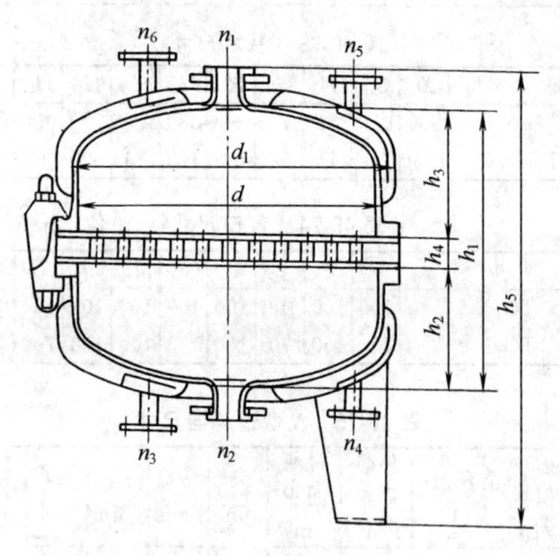

图 48-76　B型过滤器

表 48-77　B型过滤器尺寸

公称容积 VN/L	全容积 V/L	传热面积 /m²	过滤面积 /m²	d /mm	d_1 /mm	h_1 /mm	h_2 /mm	h_4 /mm
15	35	0.30	0.12	400	500	410	175	60
30	62	0.50	0.20	500	600	460	200	60
50	104	0.70	0.28	600	700	530	235	60
100	244	1.40	0.50	800	900	700	310	80
200	434	2.10	0.78	1000	1100	800	360	80
300	702	3.10	1.13	1200	1300	900	410	80

表 48-78　B型过滤器管口尺寸

公称容积 VN/L	h_5 /mm	管口公称直径 DN/mm					
		n_1	n_2	n_3	n_4	n_5	n_6
15	760	50	50	25	25	25	25
30	810	65	65	25	25	25	25
50	880	65	65	25	25	25	25
100	1050	65	65	32	32	32	32
200	1250	80	80	40	40	40	40
300	1350	80	80	40	40	40	40

表 48-79　搪玻璃水喷射泵技术参数

参　　数	ASB-30型	ASB-100型
水压(进口处)/MPa	>0.2	>0.3
水量/(m³/h)	30	52
真空度/mmHg	720	720
排气量/(m³/h)	40(27mmHg)	100(27mmHg)
离心泵	IS65-50-160	IS-65-160
电动机功率/kW	4	7.5

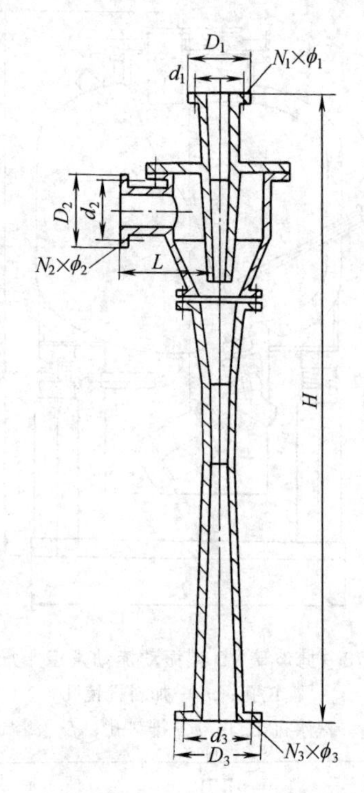

图 48-77　搪玻璃水喷射泵

3.18　多孔搪玻璃片式冷凝器（HG/T 4298—2012）

(1) 技术参数

器内设计压力大于－0.1MPa、小于0.1MPa，夹层内设计压力小于或等于0.25MPa，冷凝器面积3～30m²，器内工作温度0～200℃，夹层内工作温度小于或等于95℃。

(2) 结构型式及尺寸

多孔片式冷凝器由器盖、器底、冷凝中片1、冷凝中片2组成，夹层内冷却水由器外接头串联或并联连接。冷凝片冷凝面积分两种规格：0.63m²/片、1.0m²/片，分别以WN-0.63和WN-1表示。多孔搪玻璃片式冷凝器的结构型式见图48-79，主要尺寸见表48-82，管口规格尺寸见表48-83。

(3) 标记

符合HG/T 4298，单片冷凝面积1m²，总冷凝面积10m²的多孔搪玻璃片式冷凝器，其标记为：多孔搪玻璃片式冷凝器 HG/T 4298-WN-A1-10。

标记中各要素的含义如下。

表 48-80　搪玻璃水喷射泵主要尺寸　　单位：mm

型　　号	D_1	d_1	$N_1\times\phi_1$	D_2	d_2	$N_2\times\phi_2$	D_3	d_3	$N_3\times\phi_3$	H	L	质量/kg
ASB-30型	130	100	4×14	140	110	4×14	140	110	4×14	1046	160	42
ASB-100型	140	110	4×18	160	130	4×14	180	150	4×14	1355	200	75

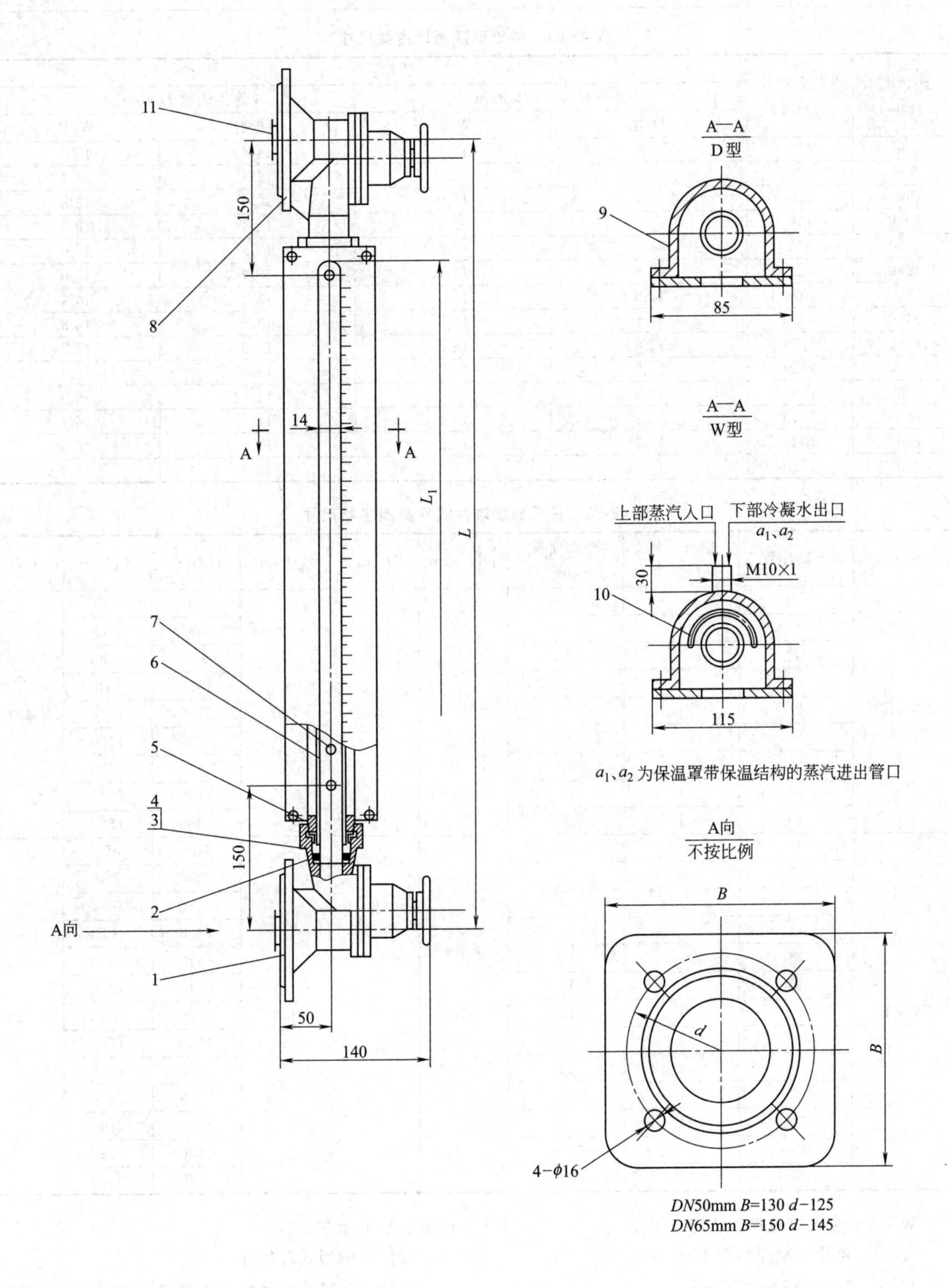

图 48-78　搪玻璃液面计的结构型式

1—下阀；2—下垫环；3—填料；4—压盖；5—压盖螺母；6—玻璃管 $\phi 19\times3$；7—浮标；8—上阀；9—保护罩；10—保温管；11—止漏球

表 48-81　搪玻璃液面计主要尺寸

公称长度 L /mm	透光长度 L_1 /mm	参考质量/kg			
		连接法兰 DN50mm		连接法兰 DN65mm	
		D型	W型	D型	W型
700	420	10.5	11.1	11.4	12.0
800	520	10.8	11.4	11.7	12.4
900	620	11.1	11.9	12.0	12.8
1000	720	11.4	12.3	12.3	13.2
1100	820	11.7	12.7	12.6	13.6
1200	920	12.0	13.1	12.9	14.0
1300	1020	12.3	13.5	13.2	14.4
1400	1120	12.6	13.9	13.5	14.8
1500	1220	12.9	14.3	13.8	15.2
1600	1320	13.2	14.7	14.1	15.6
1700	1420	13.5	15.1	14.4	16.0
1800	1520	13.8	15.5	14.7	16.4
1900	1620	14.1	15.9	15.0	16.8
2000	1720	14.4	16.3	15.3	17.2

表 48-82　多孔搪玻璃片式冷凝器主要尺寸

类别	冷凝片数	搪玻璃环数量/个	冷凝面积/m²	DN/mm	D/mm	B_1/mm	H/mm	H_1/mm	n-d
WN-0.63	3	—	2.4	695	670	190	660	460	3-ϕ23
	5	—	4				800	600	
	7	—	5				930	730	
	9	—	6				1070	870	
	11	—	7.5				1210	1010	
	13	—	9				1350	1150	
	15	—	10				1480	1280	
	17	1	11				1740	1540	
	19	1	12				1880	1680	
WN-1	5	—	6	860	810	200	850	650	4-ϕ23
	7	—	8				990	790	
	9	—	10				1130	930	
	11	—	12				1270	1070	
	13	—	14				1410	1210	
	15	—	16				1540	1340	
	17	1	18				1810	1610	
	19	1	20				1950	1750	
	21	1	22				2080	1880	
	23	1	24				2220	2020	
	25	1	26				2360	2160	
	27	2	28				2630	2130	
	29	2	30				2770	2570	

WN——多孔搪玻璃片式冷凝器。

A1——单片冷凝面积为1m²。

10——总冷凝面积为10m²。

3.19　搪玻璃薄膜蒸发器（HG/T 4299—2012）

(1) 技术参数

器内设计压力大于−0.1MPa、小于或等于0.25MPa，夹套内设计压力小于或等于0.6MPa，设计温度小于200℃。

(2) 结构型式及尺寸

搪玻璃薄膜蒸发器的结构型式、主要尺寸及管口规格尺寸见图48-80、表48-84、表48-85。其中分离筒结构和主要尺寸见图48-81和表48-86，蒸发筒体结构和主要尺寸见图48-82和表48-87，下筒体结构和主要尺寸见图48-83和表48-88。

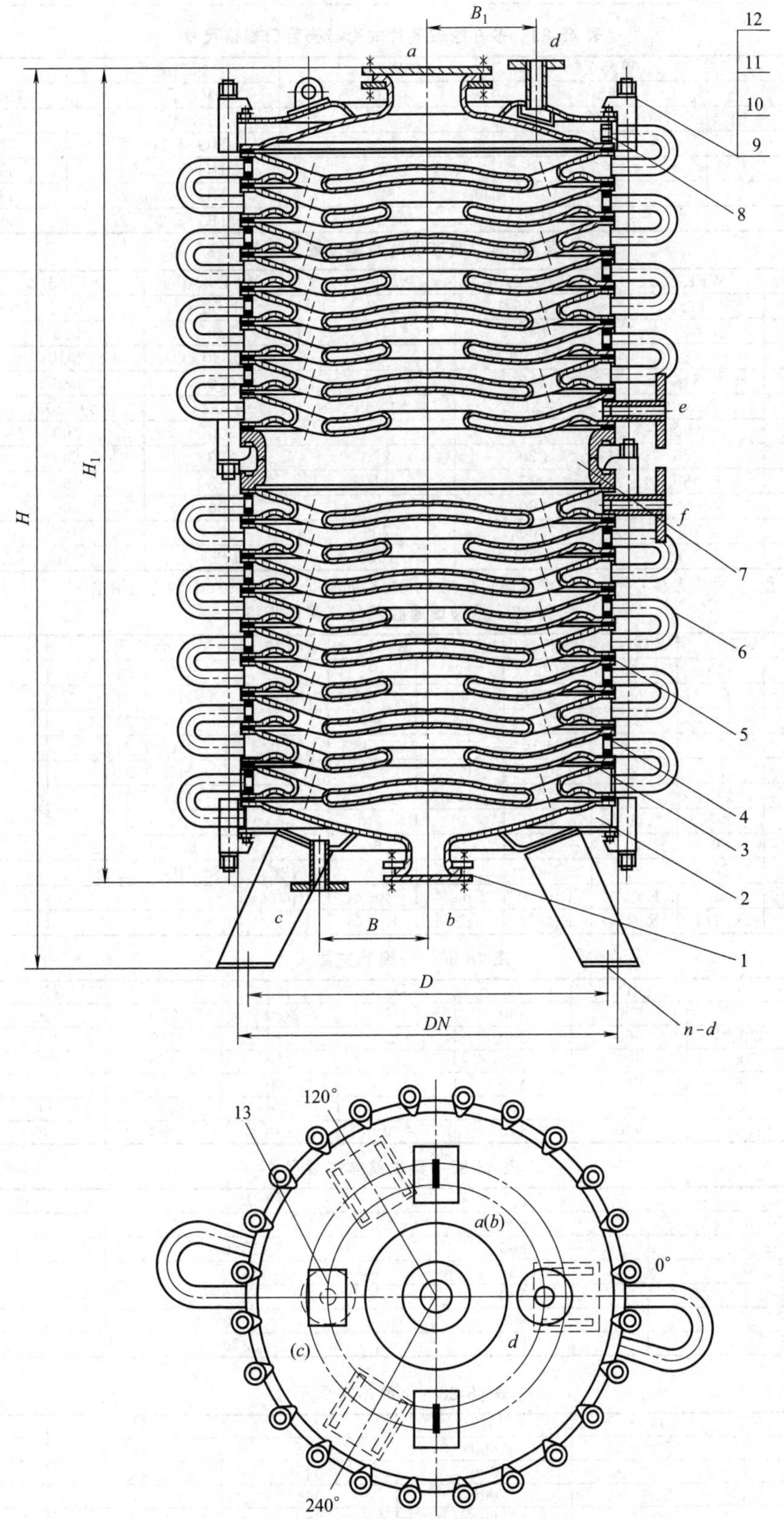

图 48-79 多孔搪玻璃片式冷凝器的结构型式

1—管口附件；2—器底；3—冷凝中片 1；4—冷凝中片 2；5—密封圈；6—接管组；7—搪玻璃环；8—器盖；9—卡子 AM20；10—螺母 M20；11—双头螺柱；12—弹性垫圈；13—铭牌

表 48-83 多孔搪玻璃片式冷凝器管口规格尺寸 单位：mm

管口	WN-0.63	WN-1	标准编号	用途
a	150	150	HG/T 2143	热流体进料口
b	80	100	HG/T 2143	热流体出料口
c	25	32	HG/T 20592	冷却水进口
d	25	32	HG/T 20592	冷却水出口
e	25	32	HG/T 20592	冷却水进口
f	25	32	HG/T 20592	冷却水出口

表 48-84 搪玻璃薄膜蒸发器主要尺寸 单位：mm

项目	WFE-1.0	WFE-2.0	WFE-3.0	WFE-4.0	WFE-5.0	WFE-6.0
L_1	1226	1226	1426	1168	1682	1682
L_2	845	845	845	880	905	905
L_3	780	1350	1850	1830	2010	2370
L_4	548	548	548	650	680	680
L	约 3423	约 3995	约 4695	约 4544	约 5293	约 5653
H_1	390	390	390	390	390	390
H_2	270	270	270	280	280	280
H_3	365	415	415	468	468	475
ID_1	600	600	600	800	900	900
ID_2	700	700	700	900	1000	1000
D	1002	1002	1002	1235	1335	1335

注：表中 L 和 L_1 尺寸为参考数据，在设计时可根据处理物料的不同和转速的大小做适当调整。

表 48-85 搪玻璃薄膜蒸发器管口规格尺寸 单位：mm

管口	WFE-1.0	WFE-2.0	WFE-3.0	WFE-4.0	WFE-5.0	WFE-6.0	标准号	用途
a	125	125	125	125	125	125	HG/T 2143	搅拌口
b_1	65	65	65	65	65	65	HG/T 2143	测温口
b_2	65	65	65	65	65	65	HG/T 2143	投料口
c	150	150	150	150	150	150	HG/T 2143	蒸发口
e_1	125	125	125	125	125	125	HG/T 2143	视镜口
e_2	125	125	125	125	125	125	HG/T 2143	视镜口
f_1、f_2	40	40	40	40	50	50	HG/T 20592	蒸汽进口
g_1、g_2	40	40	40	40	50	50	HG/T 20592	凝水出口
h	80	80	100	100	125	125	HG/T 2143	出料口
m_1、m_2/in	Rp3/4	Rp3/4	Rp3/4	Rp3/4	Rp3/4	Rp3/4	—	放气口
m_3/in	Rp3/4	Rp3/4	Rp3/4	Rp3/4	Rp3/4	Rp3/4	—	排水口

表 48-86 分离筒主要尺寸 单位：mm

项目	D	ID	D_1	D_2	B_1	B_2	H_1	L_2
WFE-1.0	700	600	360	320	210	230	390	845
WFE-2.0	700	600	360	320	210	230	390	845
WFE-3.0	700	600	360	320	210	230	390	845
WFE-4.0	900	800	470	400	290	290	390	880
WFE-5.0	1000	900	470	400	330	330	390	905
WFE-6.0	1000	900	470	400	330	330	390	905

表 48-87 蒸发筒体主要尺寸 单位：mm

项目	ϕ	L_3	H_3
WFE-1.0	600	780	365
WFE-2.0	600	1350	415
WFE-3.0	600	1850	415
WFE-4.0	800	1830	468
WFE-5.0	900	2010	468
WFE-6.0	900	2370	475

表 48-88 下筒体主要尺寸 单位：mm

项目	D	ID	L_4	H_3	B
WFE-1.0	700	600	548	270	210
WFE-2.0	700	600	548	270	210
WFE-3.0	900	600	548	270	210
WFE-4.0	900	800	650	280	210
WFE-5.0	1000	900	680	280	210
WFE-6.0	1000	900	680	280	210

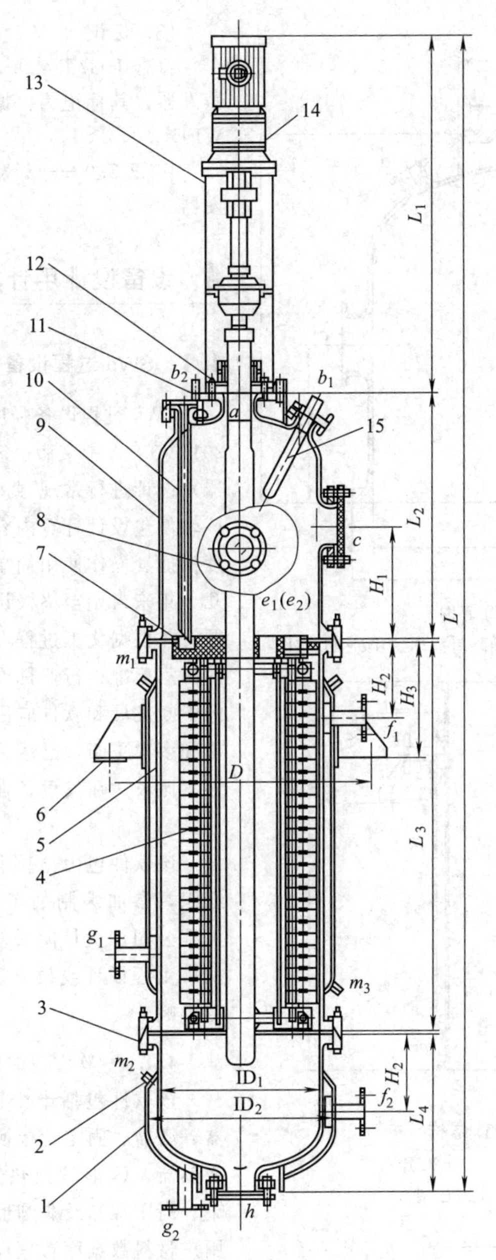

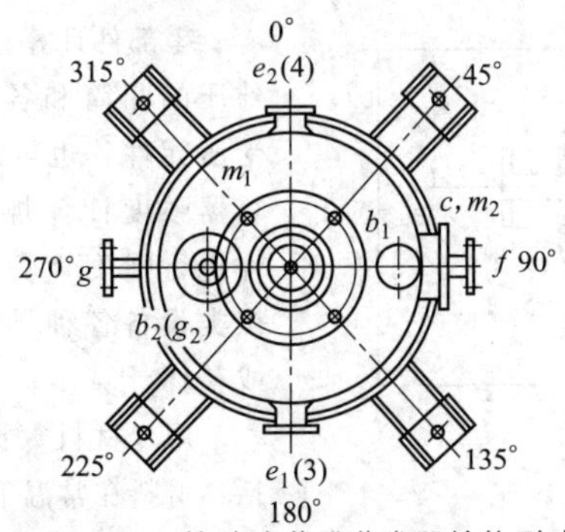

图 48-80　搪玻璃薄膜蒸发器结构型式

1—下筒体；2—M2O 放气孔；3—卡子 AM16；4—刮片总成；5—蒸发筒体；6—耳式支座（B 型）；7—分散盘；8—视镜；9—分离筒；10—投料管；11—减速机支座；12—机械密封；13—减速机支架；14—减速机；15—测温管

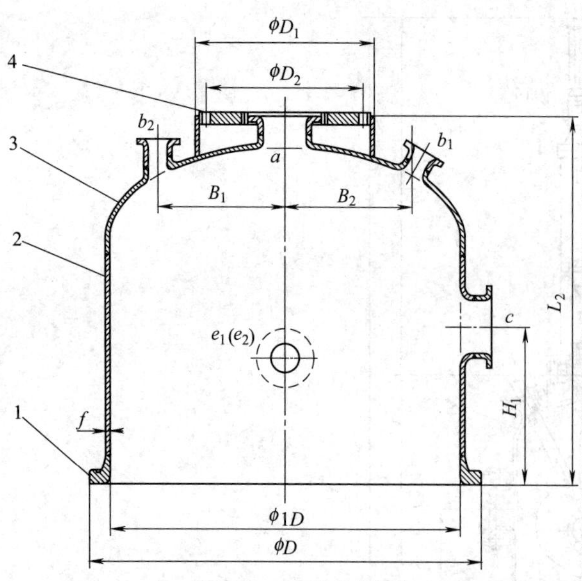

图 48-81 分离筒结构

1—高颈法兰；2—筒体；3—EHA 椭圆封头；4—减速机支座

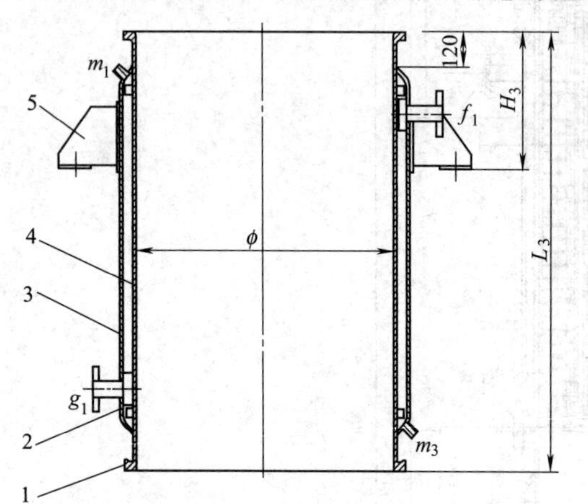

图 48-82 蒸发筒体结构

1—高颈法兰；2—挡板；3—夹套；

4—筒体；5—耳式支座（B 型）

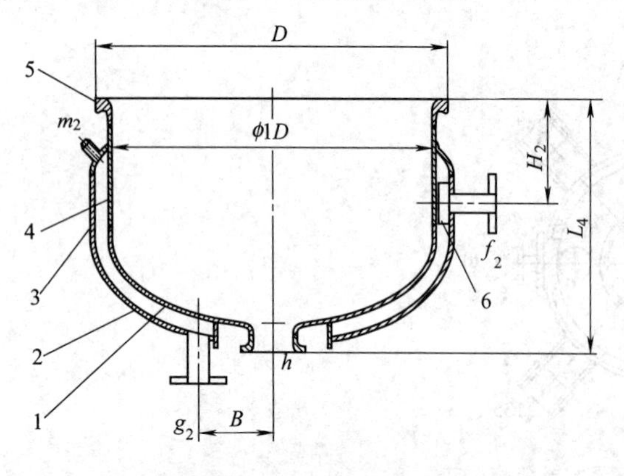

图 48-83 下筒体结构

1—EHA 椭圆封头；2—EHA 夹套椭圆封头；

3—夹套筒体；4—筒体；5—高颈法兰；6—挡板

(3) 标记

符合 HG/T 4299，蒸发面积为 $5m^2$ 搪玻璃薄膜蒸发器，其标记为：搪玻璃薄膜蒸发器 HG/T 4299-WFE-5.0。

WFE-5.0——蒸发面积为 $5m^2$ 的搪玻璃薄膜蒸发器。

4 设备设计用计算机软件

4.1 SW6 过程设备强度计算软件

SW6 过程设备强度计算软件，目前版本是 SW6-2011V3.1，中文版。SW6 是化工过程设备（压力容器）设计进行常规强度和刚度计算的专业应用程序。该软件包设计计算内容完整、计算结果正确、运算速度快捷、操作使用简单、符合设备设计人员的要求，几十年来自始至终极认真地处理用户使用中的各类问题，并根据化工过程设备（压力容器）设计计算有关的国家标准、行业标准更新和颁布，以及计算机技术的不断发展和软件应用平台的转变，对软件包进行完善和多次更新，已成为设备设计人员进行设备设计、方案比较、在役设备强度评定等工作不可缺少的重要工具。

该软件包由全国化工设备设计技术中心站负责组织，参加编制的工作单位包括：国内著名高校、工程公司、设计院及科研院所，这些单位都有长期从事工程设计或教学工作的资历，在行业中具有一定影响。

4.1.1 软件包的内容和编制依据

该软件包括十个设备计算程序，分别为卧式容器、塔器、固定管板换热器、浮头式换热器、填函式换热器、U 形管换热器、带夹套立式容器、球形储罐、高压容器及非圆形容器，以及零部件计算程序和用户材料数据库管理程序。

零部件计算程序可单独计算最为常用的受内、外压的圆筒和各种封头，以及开孔补强、法兰等受压元件，也可对 HG/T 20582—2011《钢制化工容器强度计算规定》中的一些较为特殊的受压元件进行强度计算。十个设备计算程序则几乎能对该类设备各种结构组合的受压元件进行逐个计算或整体计算。

用户材料数据管理库程序，库内提供的数据包括：材料在常温下的抗拉强度和屈服强度（或规定非比例延伸强度）、材料密度、在指定温度下的许用应力、屈服强度、弹性模量、平均线膨胀系数以及碳素钢和低合金钢的持久强度或高合金钢的高温抗拉强度等。

该软件包所涉及的压力容器受压元件和受压容器设计计算公式，采用我国相关专业标准或规范中的计算方法，确保软件包计算结果的准确性。该软件包引用的标准及参考资料主要有：GB/T 150.1～150.4—2011《压力容器》、GB/T 151—2014《热交换器》、NB/T 47041—2014《塔式容器》、NB/T 47042《卧式容器》、GB 12337—2014《钢制球形储罐》、JB/T 4734—2002《铝制焊接容器》、JB/T 4745—2002《钛制焊接容器》、JB/T 4755—2006《铜制压力容器》、JB/T 4756—2006《镍及镍合金制压力容器》、HG/T 20582—2011《钢制化工容器强度计算规定》、HG/T 20569—2013《机械搅拌容器》、指导性技术文件 CSCBPV-TD001—2013《内压与支管外载作用下圆柱壳开孔应力分析方法》、美国《WRC107 公报》和美国《WRC297 公报》等。

4.1.2　软件包的主要功能和特点

SW6 以 Windows 为操作平台，不少操作借鉴了类似于 Windows 的用户界面，因而允许用户分多次输入同一台设备原始数据、在同一台设备中对不同零部件原始数据的输入次序不作限制、输入原始数据时还可借助于示意图或帮助按钮给出提示等，极大地方便用户使用。一个设备中各个零部件的计算次序，既可由用户自行决定，也可由程序来决定。

SW6 的各个计算程序采用的用户界面几乎相同，便于化工设备专业人员上机使用。

SW6 运算快捷，计算结束后，分别以屏幕显示简要结果及直接采用 Word 表格形式形成按中、英文编排的《设计计算书》等多种方式，给出相应的计算结果，满足用户查阅简要结论或输出正式文件存档的不同需要。为了便于用户对图纸和计算结果进行校核，并符合压力容器管理制度原始数据存档的要求，用户可打印输入的原始数据。

SW6 有单台计算机使用的版本，也有局域网使用的网络版本，可满足用户多台计算机同时上机使用要求。

4.2　PVCAD V3 化工设备 CAD 施工图软件包

PVCAD V3 化工设备 CAD 施工图软件包是化工过程设备（压力容器）常用的专业应用程序。

PVCAD V3 软件是利用先进的计算机技术和装备，帮助化工设备（压力容器）设计工程师提高工程设计和制图的精确性及工作效率。十多年来自始至终极认真地处理用户使用中的各类问题，在行业中具有良好的声誉。

PVCAD V3 软件采用程控方式，用户一次输入数据，程序可自动绘制出整套施工图（总装图和零、部件图），几乎无需用户中间输入数据和中间干预。在形成施工图时，程序由符合工程实际的专家系统帮助判断零部件在施工图上的位置、施工图比例、布图、尺寸标注、自动排列、拉件号、列出材料明细表及管口表等。

该软件包由全国化工设备设计技术中心站负责组织开发。

4.2.1　软件包的内容

PVCAD V3 将现行化工设备设计行业标准中 GB、JB、HG、HGJ、CD 等标准编制在本软件包内，同时将一些常用的非标准零部件也收集在内，结合行业制图标准，形成一套能满足工程实际的卧式容器、立式容器、填料塔、板式塔（浮阀塔、筛板塔）、固定管板兼作法兰换热器（立式、卧式）、固定管板不兼作法兰换热器（立式、卧式）、U 形管换热器（立式、卧式）、浮头式换热器、带夹套搅拌反应器和球罐十大类设备绘图软件包。

4.2.2　软件包的功能和特点

PVCAD V3 软件所用的绘图元素，如点、线、面、块等均为自行开发，以 DXB 文件形式与 AutoCAD 接口，因而具有运行速度快（形成一张总图只需约一分钟）、生成文件小、软件兼容性强等优点，同时也为用户输出图形、增加非标准零部件及图面修改提供了必要手段。

PVCAD V3 软件采用程控方式，用户一次输入数据，程序即可自动绘制出整套施工图（总装图和零、部件图），几乎无需用户中间输入数据和中间干预。在形成施工图时，由符合工程实际的专家系统帮助判断零部件在施工图上的位置、施工图比例、布图、尺寸标注、自动排列、拉件号，以及形成材料明细表、技术特性表、管口表及技术要求等。

PVCAD V3 软件能全自动逐张生成成套的设备施工图图形，出图速度明显高于直接采用 AutoCAD 绘制的速度，该功能在工程设计与制图方面发挥了很好的作用。

PVCAD V3 软件编入了化工过程设备中大量标准零部件的图形和数据，可供各类设备程序调用，标准零部件有容器法兰（包括垫片和紧固件）、管法兰（包括法兰盖、垫片和紧固件）、各类人孔和手孔、视镜、液位计、补强圈、各类支座、除沫器、塔顶吊柱、膨胀节等。另外还有丰富的各种常用的化工设备非标准零部件，如：立式或卧式蛇管、进出料管和压料管、各类喷淋装置、液体分配器和再分配器、各类填料支承和压板、折流板、分程隔板等。

PVCAD V3 软件提供了和 SW6—1998《过程设备强度计算软件包》之间的数据接口，使得 PVCAD V3 软件可直接打开 SW6—1998 的数据文件，设计人员不再需要重复输入那些运行 SW6—1998 已输入或计算得到的数据。

PVCAD V3 软件提供了供用户灵活设计的接口，如空件号输入、特殊要求加入及显示图形后标注焊缝符号等，还增加了在设备总图形成以后，在不退出 AutoCAD 的情况下，直接在图纸上添加某些零部件的功能。如可在塔器底部添上 U 形管束作为再沸器、在容器中添上蛇形加热管等。

PVCAD V3 软件采用了相关数据联动、图形提示和在线帮助等方法，方便用户进行数据输入，帮助用户进一步理解结构数据的含义和避免可能出现的对数据含义的误解。

PVCAD V3 软件利用了 Windows 程序的许多先进功能，使得程序运行更为可靠，使用更为方便。对于化工设备设计、制造工程师而言，无需特别培训即能使用本软件进行化工设备施工图的设计。

4.3 PVDS-V3.0 压力容器设计技术条件专家系统

PVDS-V3.0《压力容器设计技术条件专家系统》是形成化工过程设备（压力容器）施工图中“技术特性表”“技术要求”等内容的文本文件，调入到施工图幅中，并经过一定的编辑、整理后，即与施工图构成一个有机的整体，确保“技术特性表”“技术要求”中列出的数据更规范、更正确。

PVDS-V3.0 由全国化工设备设计技术中心站内长期从事石油和化工工程的设计人员开发。

4.3.1 软件包的内容和编制依据

PVDS-V3.0 软件有卧式容器、立式容器、带夹套立式容器（带搅拌装置）、塔式容器、球形储罐和换热器六个模块。

PVDS-V3.0 软件是按《压力容器安全技术监察规程》、GB 150—1998《钢制压力容器》、GB 151—1999《管壳式换热器》、GB 12337—1998《钢制球形储罐》、JB/T 4710—2005《钢制塔式容器》、JB/T 4731—2005《钢制卧式容器》、JB/T 4735—1997《钢制焊接常压容器》、HG/T 20569—1994《机械搅拌设备》、HG 20580—1998《钢制化工容器设计基础规定》、HG 20584—1998《钢制化工容器制造技术规定》以及 TCED 41002《化工设备图样技术要求》等标准进行编制的。

4.3.2 软件包的功能和特点

PVDS-V3.0 软件是基于 Windows 平台的应用软件，用户操作都以图标、按钮、下拉框、编辑框等 Windows 常用的方式进行。提供了丰富的绘图参数设置，从而保证了将生成结果放入 AutoCAD 图形文件（包括总图和零部件图）的同时，保持原有图形文件的绘图风格。

对属于《压力容器安全技术监察规程》监察的设备进行容器类别的判定。确定设备的设计、制造及检验应采用的标准及规范。

对设备的主要受压元件所采用的材料进行鉴别，并提供所用钢材的标准号、使用状态以及各种附加要求（例如超声检测，冲击试验及其合格级别等）。

提供设备各主要受压元件之间焊接的焊缝结构要求，以及向用户推荐设备材料焊接时所使用的焊条牌号，确定设备主要焊缝的无损探伤要求及合格要求。

对于有晶间腐蚀试验要求的设备，提出晶间腐蚀的试验方法及合格标准。

判定设备是否需焊后热处理。

根据设备的工况条件，提出设备压力试验及致密性试验的要求。

根据设计温度和设备材料，向用户推荐设备底漆的品种、设备保温材料的选择。

依据设备的工况条件，提出设备焊接试板的要求等。判定设备是否需制备产品焊接试板。

对立式容器、带夹套立式容器和卧式容器，还将提供在设备上设置人、手孔的有关要求。

对于带有搅拌装置的设备，程序将提供有关搅拌系统的各项技术要求，同时对搅拌轴及搅拌器也将会提出相应的技术要求。

塔式容器的安装以及有关塔体、塔盘、塔板、栅板等零部件提出相应技术要求和喷淋装置的装配要求。

对于塔式容器的运输方式，程序也将提供参考性意见。

提供换热器的型号，以及对换热器中有关换热管、管板、折流板、支持板等零部件提出相应技术要求。

5 塔附件及其他

5.1 泡罩、浮阀、填料、丝网除沫器和吊柱

5.1.1 圆泡罩

圆泡罩（JB/T 1212—1999）的结构和基本尺寸

见图 48-84 及表 48-89。

标记示例：DN80mm，h = 25mm，材料为Ⅰ类的圆泡罩，标记为 DN80-25-Ⅰ　JB/T 1212—1999。

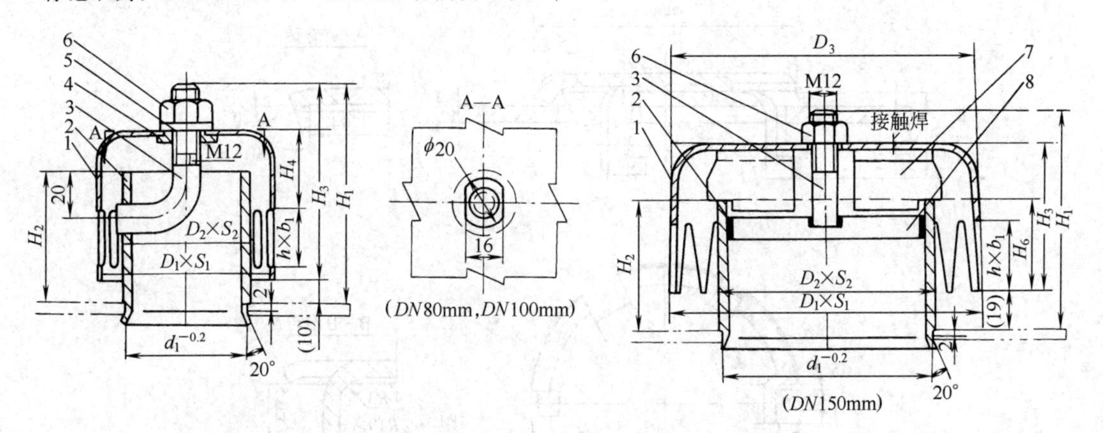

图 48-84　圆泡罩结构

1—泡帽；2—升气管；3—连接螺柱；4—异形螺母；5—垫圈；6—螺母；7—支架；8—横梁

表 48-89　圆泡罩基本尺寸　　单位：mm

尺　　寸		Ⅰ类(Q235AF)			Ⅱ类(0Cr18Ni9)		
公称直径 D_g		80	100	150	80	100	150
泡帽(外径×壁厚)$D_1 \times S_1$		80×2	100×3	158×3	80×1.5	100×1.5	158×1.5
泡帽顶部外径 D_3		—	—	152	—	—	152
升气管(外径×壁厚)$D_2 \times S_2$		57×3.5	70×4	108×4	57×2.75	70×3	108×4
总高度 H_1		95	105	107	95	105	107
升气管高度 H_2		57	62	64	57	62	64
泡帽高度 H_3		65	75	73	65	75	73
支架至泡帽底端高度 H_6		—	—	45	—	—	45
泡帽顶端至齿缝高度 H_4	1	40	45	—	40	45	—
	2	35	42	—	35	42	—
	3	30	38	—	30	38	—
齿缝高度 h	1	20	25	35	20	25	35
	2	25	28	—	25	28	—
	3	30	32	—	30	32	—
齿缝宽度 b_1		4	5	$R_4/\overset{\frown}{13.5}$	4	5	$R_4/\overset{\frown}{13.5}$
齿缝数目 n		30	32	28	30	32	28
齿缝节距 f		$\overset{\frown}{8.38}$	$\overset{\frown}{9.82}$	$\overset{\frown}{17.7}$	$\overset{\frown}{8.38}$	$\overset{\frown}{9.82}$	$\overset{\frown}{17.7}$
升气管孔径 d_1		55	68	106	55	68	106
升气管净面积 F_1/cm^2		16.06	25.85	73.05	17.16	27.75	73.05
回转面积 F_2/cm^2		25.12	38.94	78.50	26.68	43.21	78.90
环形面积 F_3/cm^2		19.84	30.90	80.00	21.04	35.39	85.10
齿缝总面积 F_4/cm^2	1	22.97	38.27	102.5	22.97	38.27	102.5
	2	28.97	43.07	—	28.97	43.07	—
	3	34.97	49.47	—	34.97	49.07	—
F_2/F_1		1.56	1.50	1.08	1.55	1.55	1.08
F_3/F_4		1.22	1.19	1.10	1.21	1.26	1.17
泡帽质量/kg	1	0.68	1.11	1.40	0.56	0.88	1.40
	2	0.67	1.09	—	0.55	0.87	—
	3	0.66	1.08	—	0.54	0.86	—

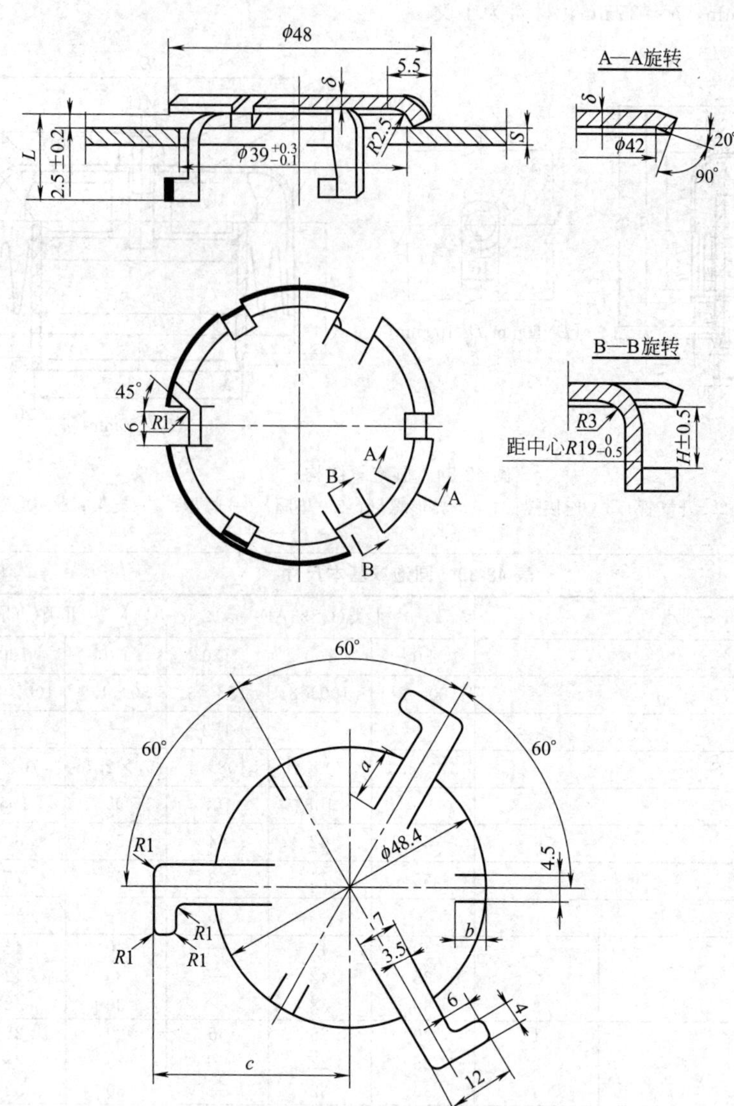

展开图

图 48-85 F_1 型浮阀

5.1.2 阀及浮阀塔盘

(1) F_1 型浮阀标准（JB/T 1118—2001）

① 品种规格 F_1 型浮阀分轻阀和重阀两种，轻阀用厚度 1.5mm 的薄钢板冲制，重阀用厚度 2.0mm 的薄钢板冲制。轻阀用“Q”表示。重阀用“Z”表示。

F_1 型浮阀的最小开度为 2.5mm，最大开度为 8.5mm，F_1 型浮阀用三种材料（0Cr13、0Cr18Ni19、0Cr17Ni12Mo2）制造，如需采用其他材料，应在图纸中注明，并在订货中提出。本标准的浮阀适用的塔盘厚度为 2mm、3mm、4mm，升气孔尺寸为 ϕ39mm。

② 基本参数和尺寸 见图 48-85，阀重见表 48-90。

表 48-90 阀重表

标记	F_1Q-4A	F_1Z-4A	F_1Q-4B	F_1Z-4B	F_1Q-4C	F_1Z-4C	F_1Q-3A	F_1Z-3A	F_1Q-3B	F_1Z-3B	F_1Q-3C	F_1Z-3C	F_1Q-2B	F_1Z-2B	F_1Q-2C	F_1Z-2C
阀厚/mm	1.5	2	1.5	2	1.5	2	1.5	2	1.5	2	1.5	2	1.5	2	1.5	2
阀重/kg	0.0246	0.0327	0.0251	0.0333	0.0253	0.0335	0.0243	0.0324	0.0248	0.0330	0.0250	0.0332	0.0246	0.0327	0.0247	0.0329

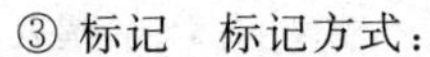

③ 标记 标记方式：

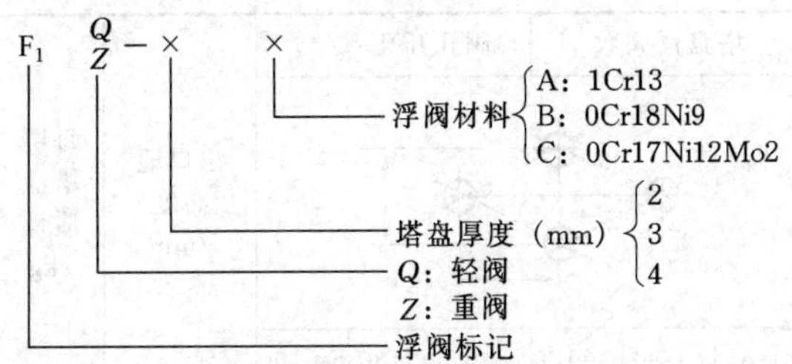

标记示例如下。

用于塔盘板厚度为 3mm，由 0Cr18Ni9 钢制的型重阀，其标记为：浮阀 F_1Z-3B JB/T 1118—2001。

(2) 浮阀塔盘系列

单流浮阀塔盘的系列及参数见表 48-91，双流浮阀塔盘的系列及参数见表 48-92。

浮阀塔盘按《塔盘技术条件》（JB/T 1205—2001）制造和验收。

表 48-91 单流浮阀塔盘的系列及参数

塔径 D /mm	塔截面总面积 A_T /cm^2	塔盘间距 /mm	弓形降液板		降液管总面积 A_D /cm^2	$\frac{A_D}{A_T}$ /%	塔盘浮阀数			阀孔开孔率/%			出口堰高度 /mm	每层塔盘质量 /kg
			L/mm	H/mm			$t=65$	$t=80$	$t=100$	$t=65$	$t=80$	$t=100$		
600	2610	300 350 450	406	77	188	7.2	28	22	17	11.75	9.32	7.2	30 或 40（固定）	17.6
			428	90	238	9.1	22	22	17	9.3	9.32	7.2		18.0
			440	103	289	11.02	22	19	17	9.3	8.05	7.2		18.5
700	3590	300 350 450	466	87	248	6.9	34	29	26	10.6	9.02	8.07	30 或 40（固定）	21
			500	105	325	9.06	33	26	26	10.25	8.07	8.07		21.6
			525	120	395	11	29	26	22	9.02	8.07	6.85		22
800	5027	350 450 500 600	529	100	363	7.22	46	28	28	10.9	6.65	6.65	25～50（可调）	39
			581	125	502	10	22	28	20	7.57	6.65	4.74		40
			640	160	717	14.2	32	20	20	7.57	4.74	4.74		40
1000	7854	350 450 500 600	650	120	534	6.8	76	64	46	11.6	9.76	7	25～50（可调）	51
			714	150	770	9.8	76	64	46	11.6	9.76	7		51
			800	200	1120	14.2	64	46	46	9.76		7		52

续表

塔径 D /mm	塔截面总面积 A_T /cm^2	塔盘间距 /mm	弓形降液板		降液管总面积 A_D /cm^2	$\frac{A_D}{A_T}$ /%	塔盘浮阀数			阀孔开孔率/%			出口堰高度 /mm	每层塔盘质量 /kg
			L/mm	H/mm			$t=65$	$t=80$	$t=100$	$t=65$	$t=80$	$t=100$		
1200	11310	350 450 500 600 800	794	150	816	7.32	118	96	80	12.45	10.13	8.46	25～50 (可调)	65
			876	190	1150	10.2	118	96	80	12.45	10.13	8.46		67
			960	240	1610	14.2	100	80	58	10.55	8.45	6.13		69
1400	15390	350 450 500 600 800	903	165	1020	6.63	168	140	112	13.03	10.86	8.7	25～50 (可调)	81
			1029	225	1610	10.45	168	116	96	13.05	9	7.48		83
			1104	270	2065	13.4	148	116	96	11.5	9	7.48		84
1600	20110	450 500 600 800	1056	199	1450	7.21	228	192	160	13.55	11.4	9.52	25～50 (可调)	114
			1171	255	2070	10.3	228	176	136	13.55	10.5	8.1		118
			1286	325	2918	14.5	200	144	112	11.9	8.57	6.67		126
1800	25450	450 500 600 800	1165	214	1710	6.74	318	244	214	14.9	11.4	10	25～50 (可调)	139
			1312	284	2570	10.1	288	214	190	13.5	10	8.9		146
			1434	354	3540	13.9	264	190	156	12.4	8.9	7.33		152
2000	31420	450 500 600 800	1308	244	2190	7	390	320	242	14.8	12.2	9.23	25～50 (可调)	146
			1456	314	3155	10	366	296	242	13.9	11.3	9.23		161
			1599	399	4457	14.2	304	258	214	11.6	9.83	8.15		171

续表

塔径 D /mm	塔截面总面积 A_T /cm^2	塔盘间距 /mm	弓形降液板		降液管总面积 A_D /cm^2	$\frac{A_D}{A_T}$ /%	塔盘浮阀数			阀孔开孔率/%			出口堰高度 /mm	每层塔盘质量 /kg
			L/mm	H/mm			$t=65$	$t=80$	$t=100$	$t=65$	$t=80$	$t=100$		
2200	38010	450 500 600 800	1598	344	3800	10	432	352	272	13.6	11.1	8.56	50 （固定）	180
			1686	394	4600	12.1	400	320	272	12.6	10.1	8.56		181
			1750	434	5320	14	360	320	240	11.3	10.1	7.55		182
2400	45240	450 500 600 800	1742	374	4524	10	530	438	338	14	11.6	8.94	50 （固定）	217
			1830	424	5430	12	490	398	298	12.95	10.5	7.9		221
			1916	479	6430	14.2	454	362	294	12	9.57	7.8		224

表 48-92　双流浮阀塔盘的系列及参数

塔径 D /mm	塔截面总面积 A_T /cm^2	塔盘间距 /mm	降液板			降液管总面积 A_D /cm^2	$\frac{A_D}{A_T}$ /%	塔盘浮阀数			阀孔开孔率/%			出口堰高度 /mm	每层塔盘质量 /kg	
			L/mm	H/mm	K/mm			$t=65$	$t=80$	$t=100$	$t=65$	$t=80$	$t=100$		中间降液（A）	两侧降液（B）
2200	38010	450 500 600 800	1287	208	200	3801	10.15	344	276	272	10.8	8.7	8.56	50	325	262
			1368	238	200	4561	11.8	348	276	192	10.95	8.7	6.04		326	261
			1462	278	240	5398	14.7	324	260	184	10.2	8.17	5.8		331	267

续表

塔径 D /mm	塔截面总面积 A_T /cm²	塔盘间距 /mm	降液板			降液管总面积 A_D /cm²	$\frac{A_D}{A_T}$ /%	塔盘浮阀数			阀孔开孔率/%			出口堰高度 /mm	每层塔盘质量/kg	
			L/mm	H/mm	K/mm			t=65	t=80	t=100	t=65	t=80	t=100		中间降液(A)	两侧降液(B)
2400	45230	450 500 600 800	1434	238	200	4523.9	10.1	480	388	304	12.7	10.25	8.03	50	336	272
			1486	258	240	5428.7	11.6	480	388	304	12.7	10.25	8.03		330	272
			1582	298	280	6423.9	14.2	392	312	212	10.4	8.25	6.2		337	290
2600	53090	450 500 600 800	1526	248	200	5309.3	9.7	588	412	328	13.2	9.7	7.38	50	374	323
			1606	278	240	6371.1	11.4	520	416	332	11.7	9.35	7.48		378	337
			1702	318	320	7539.2	14	524	420	332	11.8	9.45	7.48		383	349
2800	61580	450 500 600 800	1619	258	240	6157.5	9.3	640	552	448	12.4	10.7	8.69	50	416	368
			1752	308	280	7389	12.0	644	448	364	12.5	8.69	7.06		417	379
			1824	338	320	8743.7	13.75	560	452	356	10.9	8.77	6.9		416	365
3000	70690	450 500 600 800	1768	288	240	7068.6	9.8	812	600	480	13.7	10.1	8.12	50	460	407
			1896	338	280	8482.3	12.4	704	608	484	11.9	10.3	8.2		462	421
			1968	368	360	10037.4	14	704	492	392	11.9	8.31	6.64		452	421
3200	80430	600 800	1882	306	280	8042.5	9.75	876	744	516	13.0	11.0	7.67	50	584	510
			1987	346	320	9651	11.65	872	648	516	12.95	9.63	7.67		570	513
			2108	396	360	11420.3	14.2	752	644	516	11.2	9.58	7.67		589	526

续表

塔径 D /mm	塔截面总面积 A_T /cm²	塔盘间距 /mm	降液板 L/mm	降液板 H/mm	降液板 K/mm	降液管总面积 A_D /cm²	$\frac{A_D}{A_T}$ /%	塔盘浮阀数 $t=65$	塔盘浮阀数 $t=80$	塔盘浮阀数 $t=100$	阀孔开孔率/% $t=65$	阀孔开孔率/% $t=80$	阀孔开孔率/% $t=100$	出口堰高度 /mm	每层塔盘质量/kg 中间降液(A)	每层塔盘质量/kg 两侧降液(B)
3400	90790	600 800	2002	326	280	9079.2	9.8	1052	808	688	13.9	10.6	9.06	50	636	554
			2157	386	320	10895	12.5	948	808	560	12.5	10.6	7.37		640	575
			2252	426	400	12892.5	14.5	820	708	552	10.8	9.34	7.28		610	574
3600	101790	600 800	2148	356	280	10178.6	10.2	1120	996	736	13.1	11.68	8.65	50	713	625
			2227	386	360	12214.5	11.5	1116	860	736	13.0	10.1	8.65		698	642
			2372	446	400	14453.9	14.2	1020	860	600	11.96	10.1	7.05		735	679
3800	113410	600 800	2242	366	320	11340	9.94	1328	1048	896	14.0	11.07	9.44	50	764	724
			2374	416	360	13609.4	11.9	1188	1056	780	12.5	11.13	8.23		778	752
			2516	476	440	16104.4	14.5	1076	912	780	11.38	9.61	8.23		768	767
4200	138500	600 800	2482	406	360	13854	9.88	1624	1308	996	14.0	11.28	8.62	50	857	890
			2613	456	400	16625.3	11.7	1500	1180	996	12.95	10.2	8.62		878	923
			2781	526	480	19410	14.1	1336	1180	868	11.5	10.2	7.5		876	936

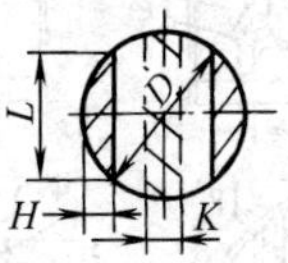

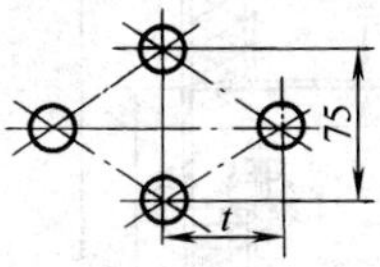

(3) 塔盘结构（图 48-86～图 48-88）

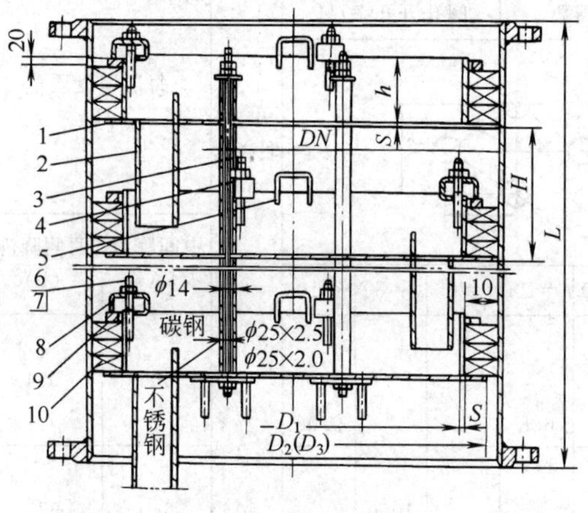
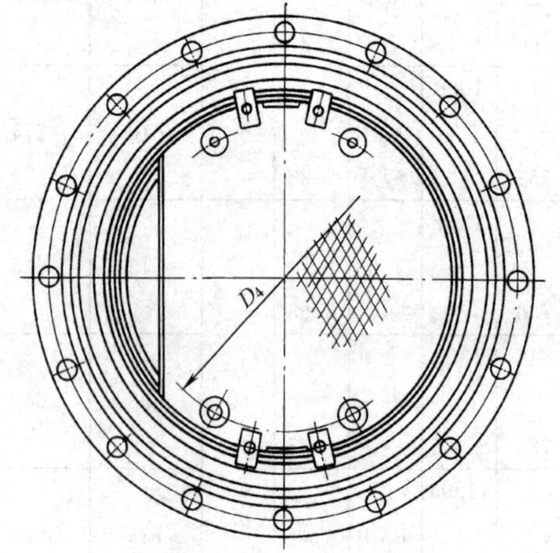

图 48-86　定距管式塔盘

1—塔盘板；2—降液管；3—拉杆；4—定距管；5—吊耳；6—螺柱；7—螺母；8—压板；9—压圈；10—填料

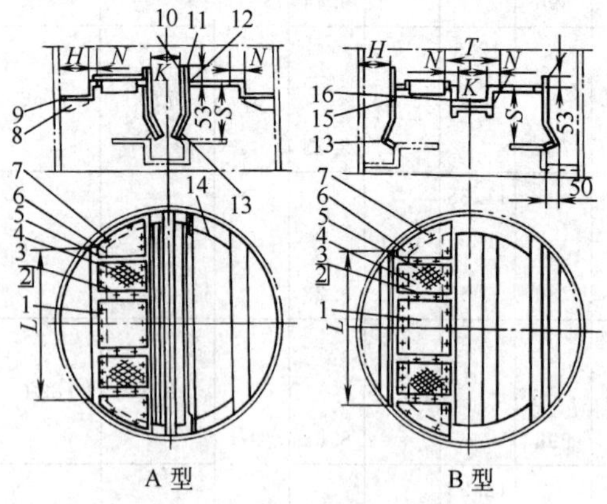

图 48-87　ϕ2200～4200mm 双流塔盘

1—通道板；2—龙门铁；3—楔子；4—矩形板；5—浮阀；6—弓形板；7—卡板；8—筋板；9—受液盘；10—中间降液板；11—连接板（左、右）；12—支持板；13—筋板；14—支持圈；15—侧降液板；16—中间受液槽

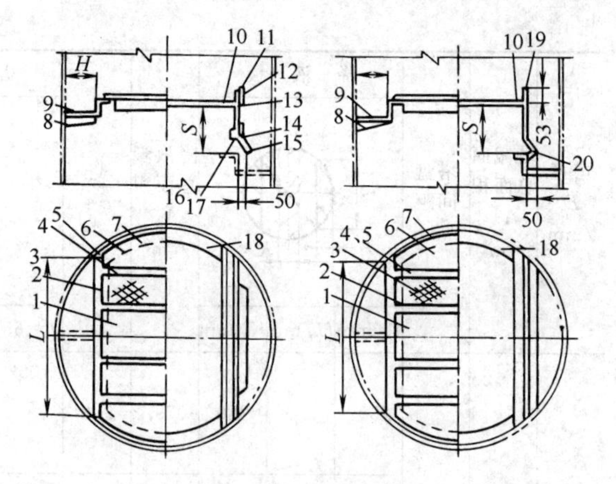

图 48-88　单流塔盘

1—通道板；2—矩形板；3—浮阀；4—龙门铁；5—楔子；6—弓形板；7—卡板；8—筋板；9—受液盘；10—支持板；11—可调堰板；12—固定降液板；13—螺柱；14—可拆降液板；15—连接板（左、右）；16—螺栓；17—螺母；18—支持圈；19—降液板；20—筋板

(4) 浮阀塔盘系列说明

① 塔盘间距　塔盘间距的选择是从减少雾沫夹带，避免液泛，并使塔设备有一定的操作弹性等方面来考虑的，另外结构设计上也要求有一定的塔盘间距，本系列的规定见表 48-93。

表 48-93　塔盘间距规定　单位：mm

塔盘直径	塔盘间距
600～700	300,350,450
800～1000	350,450,500,600
1200～1400	350,450,500,600,800
1600～3000	450,500,600,800
3200～4200	600,800

② 降液管截面积占塔截面积的比例　塔盘降液管尺寸与液相负荷有关，单流塔盘堰长一般为塔径的60%～80%；双流塔盘两侧降液管的堰长为塔径的50%～70%。中间受液槽的面积以等于两侧降液管面积为最好，宽度一般不小于 200mm。本系列规定降液管面积占塔截面积的比例（A_D/A_T）为：直径为600～700mm 时，其公称值为 7%、9%、11%；直径为 800～2000mm 时，其公称值为 7%、10%、14%；直径为 2200～4200mm 时，其公称值为 10%、12%、14%。

为了增加塔盘板的互换性，方便制造和检修，因此对上述规定的比例做了适当的调整，使塔板长度规格由原来的 60 种减少为 25 种。现实际设计的降液管面积占塔截面积的比例与系列公称值之间误差值在

±0.5%范围以内。

③ 降液板　本系列的降液板采用带垂直段和倾斜段的组合结构，这种结构可以缩小受液盘的面积，增加塔盘的有效面积。本系列规定，直径为 800～2000mm 时，降液板倾斜段为可拆结构；直径为 2200～4200mm 时，降液板倾斜阶段为固定结构。

④ 溢流堰　工艺设计中采用的溢流堰高度在加压和常压装置中一般为 50mm，在减压装置中一般为 20～30mm。本系列的规定见表 48-94。

表 48-94　溢流堰高度规定　单位：mm

塔盘直径	溢流堰高度
600～700	30,40(固定)
800～2000	25～50(可调)
2200～4200	50(固定)

当塔体直径为 800～2000mm 时，如工艺操作上负荷稳定，没有经常清洗的必要，塔盘的降液板与溢流堰均可采用固定结构。

⑤ 受液盘　塔体直径为 800～4200mm 时采用凹形受液盘。考虑制造厂的特点，往往需要有抽侧线的要求，规定单流塔盘受液盘深度为 50mm、125mm、160mm 三种，无侧线抽出的均为 50mm；规定双流塔盘中间受液盘深度：直径为 2200～3000mm 时为 100mm，直径为 3200～3400mm 时为 125mm，直径为 3600～3800mm 时为 140mm，直径为 4200mm 时为 160mm；双流塔盘两侧受液盘深度为 50mm。

⑥ 浮阀及排列　目前国内已使用的浮阀形式有 V-1 型（F1 型）、V-4 型、V-6 型、A 型、十字架型及 T 型等。其中 V-1 型浮阀由于有结构简单、安装制造方便、节省材料等优点，使用最普遍。对于其他形式的浮阀基本上是在我国的一些进口装置中采用。本系列选定 F1 型浮阀 JB/T 1118—2001。

目前常见的浮阀排列型式为三角形排列。而在三角形排列中，又分为顺排和叉排两种（图 48-89）。叉排时，相邻阀中的吹出气体搅拌液层的相互作用较顺排显著，鼓泡均匀，液面落差不显著，因此本系列选用三角形叉排形式。浮阀的排列尺寸，目前国内不统一，孔间距在 65～125mm 之间变化，这样冲压模具多，给制造带来困难。本系列规定塔板孔的排列尺寸为 75mm×65mm、75mm×80mm、75mm×100mm 三种。若确需其他排列尺寸，设计单位可在保证 75mm 尺寸不变的情况下，在订货时与制造厂协商解决。

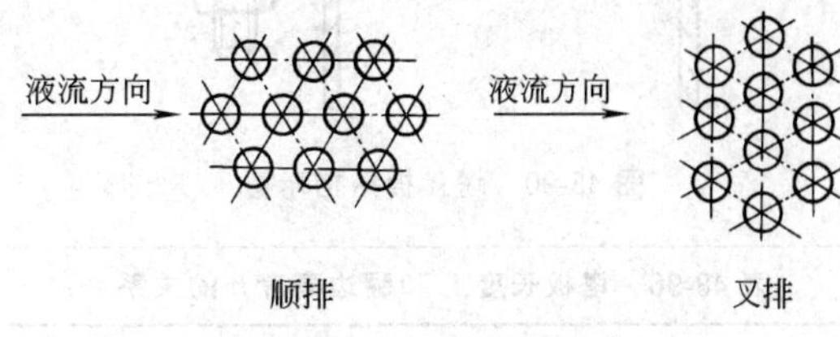

图 48-89　浮阀排列形式

⑦ 塔盘板　本系列规定，塔体直径为 600mm、700mm 时采用整体结构塔盘。此时，塔体应设计成分节塔体，分节长度及每一塔节塔盘数的规定见表 48-95。

塔体直径为 800～4200mm 时采用分块塔盘，塔板采用自身梁式，塔板宽度为 420mm，人孔通道板（平板）宽度为 400mm，塔板厚度均为 3mm。结构参数见图 48-90 及表 48-96、表 48-97。

表 48-95　塔盘板设计参数

板间距/mm	300	350	450
简图	上　下　100　200　1800	上　下　100　250　1750	上　下　100　350　1800
筒节长度/mm	1800	1750	1800
每节内塔盘数/个	6	5	4

注：若用户确需增长分节长度，设计单位在保证板间距不变的情况下可与制造厂协商解决。

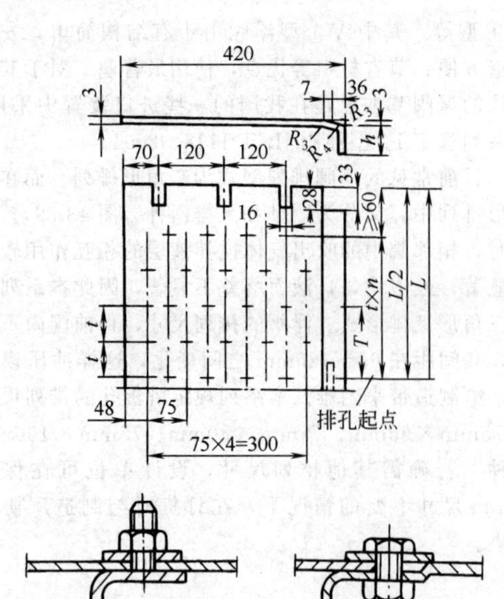

图 48-90　塔盘板结构示意

表 48-96　塔板长度 L 和翻边高度 h 的关系

L/mm	≤800	800～1200	>1200
h/mm	40	60	80

表 48-97　浮阀排列方式和焊接龙门铁间距 T 的关系

排列方式	75×65	75×80	75×100
T/mm	260	160	200

(5) 导向浮阀塔板

导向浮阀塔板是在 F_1 型浮阀塔板的基础上，由华东理工大学化学工程系开发研究出来的一种新型高效浮阀塔板。其结构见图 48-91。导向浮阀的结构特点如下。

① 液面梯度小。在导向浮阀上设有适当大小的导向孔，导向孔的开口方向与塔板上的液流方向一致。在操作中，借助从导向孔流出的少量气体推动塔板上液体前进，从而消除液面梯度。

② 塔板上返混较小。导向浮阀为长方形（约长 80mm、宽 35mm），两端设有阀腿。在操作中，气体从两侧流出，气体流出的方向与塔板上的液流方向互相垂直，可使塔板上液体的返混明显减小。

③ 液体滞留区小。在塔板两侧的弓形区域内，液体循环流动，称为液体滞留区。在液体滞留区中的部分导向浮阀上，设两个导向孔［图 48-91 (b)］，以加速液体流动，使塔板上的液体流速趋向均匀，消除液体滞留区。

④ 结构可靠，不易磨损，不会脱落，操作安全可靠。

以上特点，克服了 F_1 型浮阀塔板存在的液面梯度大，液体返混大，存在塔板弓形区内的液体滞留区，浮阀易磨损、易脱落的缺点。因此，导向浮阀塔板保留了 F_1 型浮阀塔盘的优点，克服了其缺点，为目前国内最佳塔板之一。导向浮阀塔板具有良好的流体力学和传质性能，塔板效率明显提高。用导向浮阀塔板代替 F_1 型浮阀塔板，无任何风险，对提高生产能力，改善产品质量和节能，都能获得明显的经济效果。

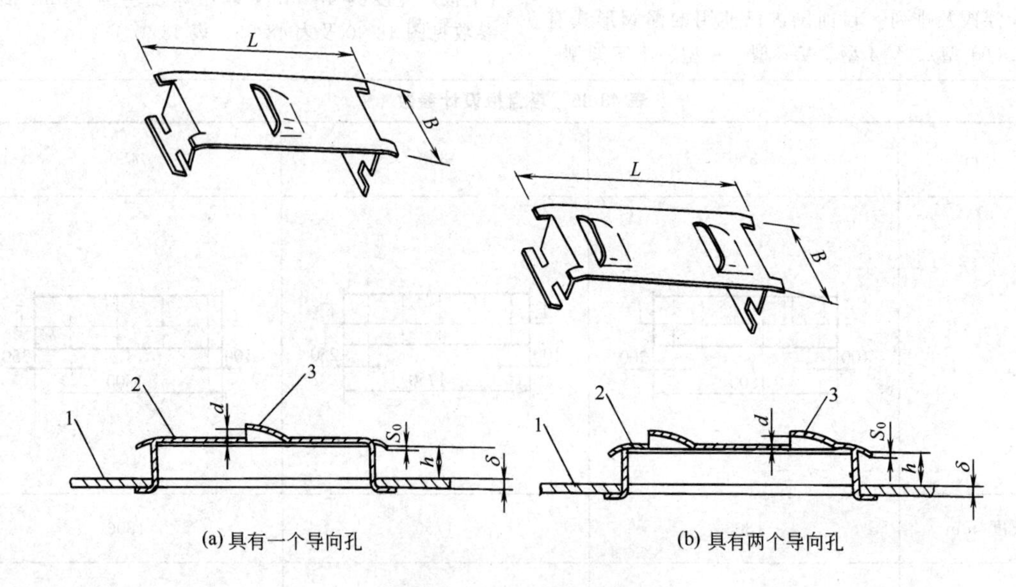

图 48-91　导向浮阀塔板

1—塔板；2—导向浮阀；3—导向孔

5.1.3　填料

本小节介绍国内填料塔中广泛应用的几种新型填料的外形尺寸，其技术参数和流体力学计算见本手册第 3 篇第 17 章。因国内生产填料的厂家很多，本小节内容仅供读者参考，使用时应结合实际选用。

(1) 矩鞍环填料系列

瓷矩鞍环填料的结构尺寸见图 48-92 及表 48-98，塑料矩鞍环填料的结构尺寸见图 48-93 及表 48-99。

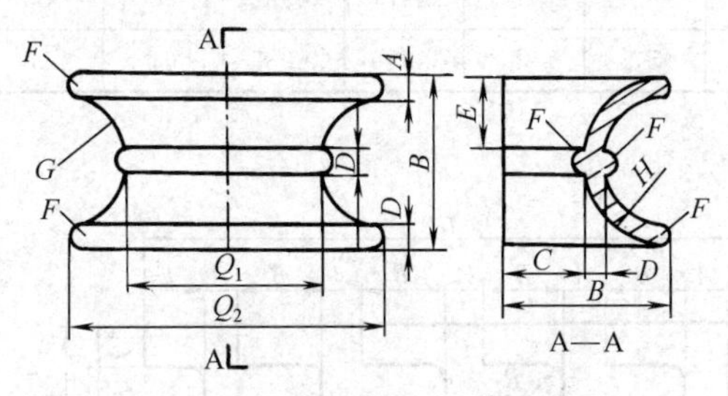

图 48-92　瓷矩鞍环填料的结构

碳钢矩鞍环填料（HG/T 21554.1—1995）及不锈钢矩鞍环填料（HG/T 21554.2—1995）的结构如图 48-94 所示，规格尺寸见表 48-100，几何特性参数见表 48-101。

(2) 鲍尔环系列

碳钢鲍尔环填料（HG/T 21556.1—1995）及不锈钢鲍尔环填料（HG/T 21556.2—1995）的结构见图 48-95，规格见表 48-102，几何特性参数见表 48-103。

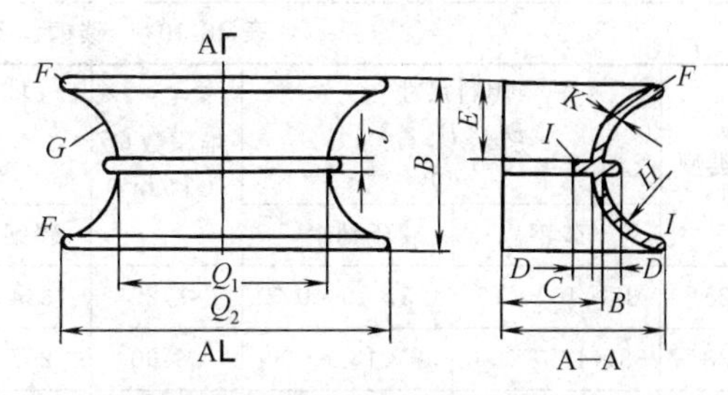

图 48-93　塑料矩鞍环填料的结构

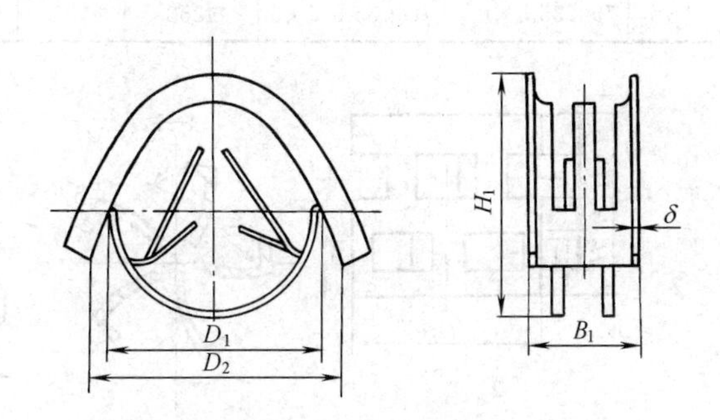

图 48-94　碳钢、不锈钢矩鞍环填料的结构

聚丙烯鲍尔环填料（HG/T 21556.3—1995）及玻纤增强聚丙烯鲍尔环填料（HG/T 21556.4—1995）的结构见图 48-96，规格见表 48-104，几何特性参数见表 48-105。

表 48-98　瓷矩鞍环填料尺寸　单位：mm

公称直径	Q_1	Q_2	B	C	D	E	F	G	H
76	76±3	114±5	57±2	28.5	9.5±1	28.75	4.75	19	28.5
50	50±2	80±3	40±2	20	5.0±0.5	17.5	2.5	15	20
38	38±2	60±2	30±1	15	4.0±0.4	13	2	11	15
25	25±1	38±2	19±1	9.5	3.0±0.3	8	1.5	6.5	9.5
16	16.0±0.5	24±1	12.0±0.5	6	2.0±0.2	5	1	4	6

表 48-99　塑料矩鞍环填料尺寸　单位：mm

公称直径	Q_1	Q_2	B	C	D	E	F	G	H	I	J	K
76	76.0±1.5	114.0±2.4	57.0±1.2	38.0±0.7	6	26	1.5	25	28	2.5	5	3.0±0.4
50	50±1	80.0±1.4	40.0±0.7	25.0±0.5	4	18.75	1	18	20	1.25	2.5	2.0±0.3
38	38.0±0.7	60.0±1.2	30.0±0.6	19.0±0.3	3	13.9	0.75	14	15.5	1.1	2.2	1.5±0.3
25	25.0±0.5	38±1	19.0±0.2	12.5±0.2	2	8.5	0.6	9.5	10.7	1	2	1.2±0.3
16	16.0±0.4	24.0±0.6	8.0±0.2	8.0±0.2	1.9	5.1	0.5	5	6	0.9	1.8	1.0±0.2

表 48-100　碳钢、不锈钢矩鞍环填料尺寸　单位：mm

类　型	内弧间距 D_1	外弧间距 D_2	宽　度 B_1	高　度 H_1		壁　厚 δ	
				碳　钢	不 锈 钢	碳　钢	不 锈 钢
25#	25.00±0.70	28.00±0.84	15.00±0.70	28.50±0.84	28.10±0.84	0.50±0.05	0.30±0.05
38#	38.0±1.0	42.0±1.0	16.50±0.84	42.2±1.0	41.8±1.0	0.60±0.07	0.40±0.05
50#	50.0±1.0	55.0±1.0	29.00±0.84	52.1±1.0	51.5±1.0	0.80±0.07	0.50±0.05
70#	70.0±1.2	76.5±1.2	35.5±1.0	76.0±1.2	75.2±1.2	1.0±0.1	0.60±0.07

表 48-101　碳钢、不锈钢矩鞍填料几何特性参数

类型	填料尺寸 $D_1 \times B_1 \times \delta$ /mm		堆积数量 /(个/m³)	堆积密度 γ_p /(kg/m³)		比表面积 a /(m²/m³)		空隙率 ε /(m³/m³)		干填料因子 a/ε^3 /m⁻¹	
	碳钢	不锈钢		碳钢	不锈钢	碳钢	不锈钢	碳钢	不锈钢	碳钢	不锈钢
25#	25×15×0.5	25×15×0.3	87720	314	188	179	171	0.960	0.976	202	184
38#	38×16.5×0.6	38×16.5×0.4	38160	267	181	127	123	0.966	0.977	141	132
50#	50×29×0.8	50×29×0.5	11310	228	141	82	79	0.971	0.982	90	83
70#	70×35.5×0.6	70×35.5×0.6	4250	197	118	57	55	0.975	0.985	61	58

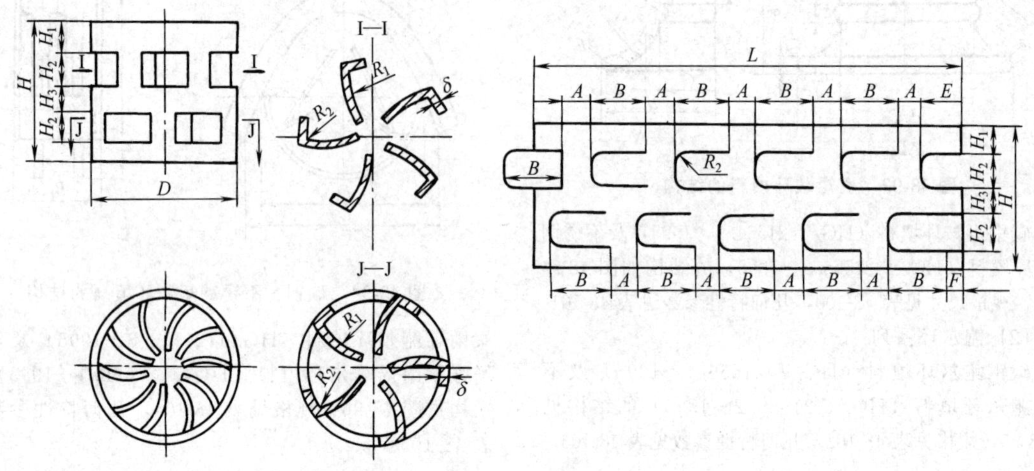

图 48-95　碳钢、不锈钢鲍尔环的结构

表 48-102　碳钢、不锈钢鲍尔环尺寸　　单位：mm

公称直径	D	B	A	E	H_1	H_2	H_3	F	R_1	R_2	δ PRCS	δ PRSS	L	H	圆度 ≤
DN16	16.0±0.4	5.4	4.0	2.7	3.0	3.5	3	2.0	4	0.5	0.40±0.05	0.30±0.05	235	16.0±0.3	0.4
DN25	25.0±0.4	10.5	4.7	5.4	4.5	6.0	4	2.5	6	1.0	0.60±0.06	0.20±0.05	154	25.0±0.3	0.4
DN38	38.0±0.5	17.5	5.7	9.4	7.0	8.0	8	3.5	10	1.5	0.80±0.07	0.60±0.07	117	38.0±0.4	0.5
DN50	50.0±0.5	22.5	8.3	11.5	9.0	12.0	8	4.4	12	2	1.00±0.09	0.80±0.07	77	50.0±0.4	0.5
DN76	76.0±0.7	35.5	11.7	18.5	14.0	16.0	16	6.6	20	2	1.50±0.10	1.20±0.01	49	76.0±0.5	0.7

表 48-103　碳钢、不锈钢鲍尔环填料几何特性参数

直径 D /mm	填料尺寸 $D \times H \times \delta$ /mm		堆积数量 /(个/m³)	堆积密度 γ_p /(kg/m³)		比表面积 a /(m²/m³)		空隙率 ε /(m³/m³)		干填料因子 a/ε^3 /m⁻¹	
	碳钢	不锈钢		碳钢	不锈钢	碳钢	不锈钢	碳钢	不锈钢	碳钢	不锈钢
16	16×16×0.4	16×16×0.3	214000	527	396	371	362	0.933	0.949	457	423
25	25×25×0.6	25×25×0.5	51940	471	393	223	219	0.940	0.950	268	255
38	38×38×0.8	38×38×0.6	15180	424	318	149	146	0.946	0.959	176	165
50	50×50×1.0	50×50×0.8	6500	393	314	110	109	0.950	0.960	128	124
76	76×76×1.5	76×76×1.2	1830	384	308	72	71	0.951	0.961	84	80

表 48-104　聚丙烯、玻纤增强聚丙烯鲍尔环尺寸　单位：mm

公称直径	D	H_1	H_2	H_3	B	H	δ	E	F	椭圆度≤
DN16	16.0±0.4	3	3.5	3	4	16.0±0.3	0.8±0.1	—	—	0.4
DN25	25.0±0.5	5	5	5	5	25.0±0.3	1.2±0.1	—	—	0.5
DN38	38.0±0.6	7	8	8	7	38.0±0.4	1.4±0.2	—	—	0.6
DN50	50.0±0.6	10	10	10	9	50.0±0.4	1.5±0.2	2	7	0.6
DN76	76.0±0.7	14	16	16	14	76.0±0.5	2.6±0.3	4	14	0.7

表 48-105　聚丙烯、玻纤增强聚丙烯鲍尔环填料几何特性参数

直径 D /mm	填料尺寸 $D\times H\times\delta$ /mm	堆积数量 /(个/m³)	堆积密度 γ_p/(kg/m³)		比表面积 a /(m²/m³)	空隙率 ε /(m³/m³)	干填料因子 a/ε^3 /m⁻¹
			聚丙烯	玻纤增强聚丙烯			
16	16×16×0.8	177600	91	97	274	0.900	376
25	25×25×1.2	48300	85	90	213	0.907	285
38	38×38×1.4	15800	82	87	151	0.910	200
50	50×50×1.5	6300	76	81	100	0.917	130
76	76×76×2.6	1830	73	78	72	0.920	92

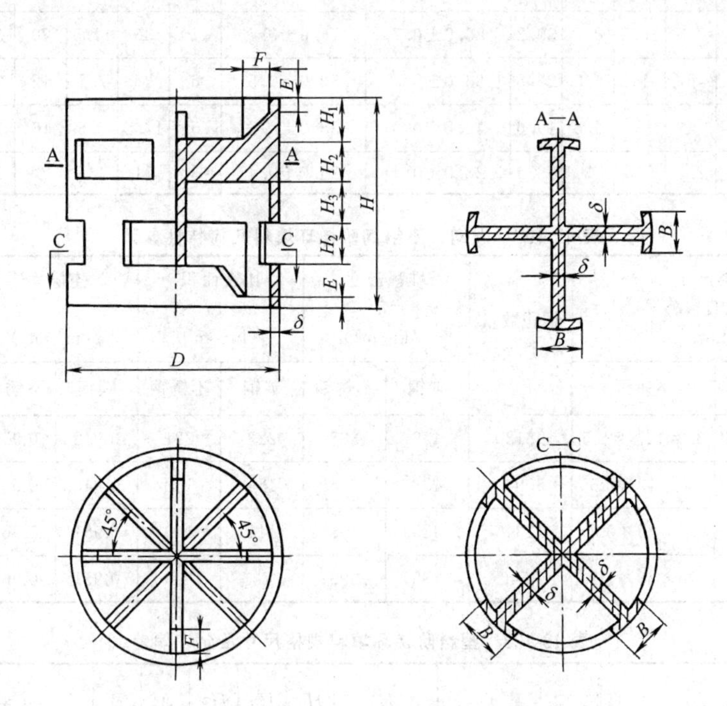

图 48-96　聚丙烯、玻纤增强聚丙烯鲍尔环的结构

(3) 阶梯环

碳钢阶梯环填料（HG/T 21557.1—1995）及不锈钢阶梯环填料（HG/T 21557.2—1995）的结构见图 48-97，规格尺寸见表 48-106，特性参数见表 48-107。塑料（聚丙烯树脂）阶梯环填料（HG/T 21557.3—2006）结构，DN100mm 和 DN76mm 见图 48-98，DN50mm、DN38mm 和 DN25mm 见图 48-99，DN16mm 见图 48-100，规格及尺寸见表 48-108，聚丙烯阶梯环特性参数见表 48-109。当使用玻璃纤维增强聚丙烯、氯化聚氯乙烯、聚四氟乙烯、聚偏氟乙烯等材料时，可参考 HG/T 21557.3—2006，在不改变填料外径及高度条件下，根据不同塑料物理化学特性及其注塑性能调整填料有关部分的壁厚，变更填料的其他相应几何特性数据。

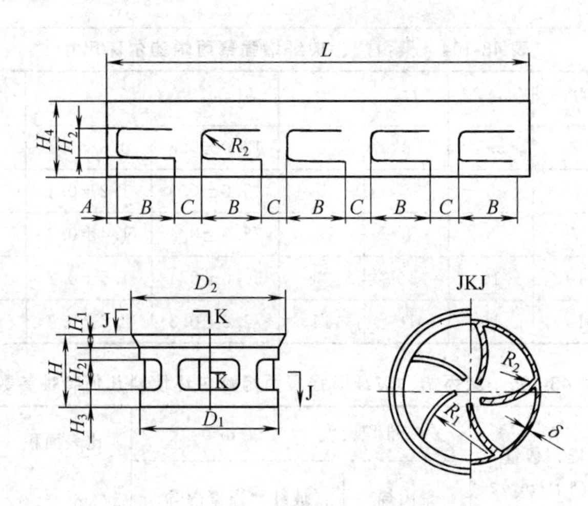

图 48-97　碳钢、不锈钢阶梯环的结构

表 48-106　碳钢、不锈钢阶梯环尺寸　　单位：mm

公称直径	H	H_1	H_2	H_3	H_4	D_2	D_1	A	B	C	R_1	R_2	δ	
													CRCS	CRSS
DN76	38.0±0.5	7.5	16.5	8.5	39.2	85.0±0.7	76.0±0.7	7	36	11.5	20	3.0	1.5	1.2
DN50	25.0±0.3	5	11	5.5	25.8	56.0±0.5	50.0±0.5	6	23	7.5	12	2.0	1.0	0.8
DN38	19.0±0.3	4	8	4.5	19.6	42.5±0.5	38.0±0.5	5	17.5	5.5	10	1.5	0.8	0.6
DN25	12.5±0.2	2.5	5.5	3	12.9	28.0±0.4	25.0±0.4	3	11	4.5	6	1.0	0.6	0.5

表 48-107　碳钢、不锈钢阶梯环填料几何特性参数

直径 D	填料尺寸 $D\times H\times\delta$ /mm		堆积数量 /(个/m³)	堆积密度 γ_p /(kg/m³)		比表面积 a /(m²/m³)		空隙率 ε /(m³/m³)		干填料因子 a/ε^3 /m⁻¹	
	碳钢	不锈钢		碳钢	不锈钢	碳钢	不锈钢	碳钢	不锈钢	碳钢	不锈钢
DN25	25×12.5×0.6	25×12.5×0.5	98120	459	383	222	221	0.942	0.951	266	257
DN38	38×19×0.8	38×19×0.6	30040	433	325	154	153	0.945	0.959	183	173
DN50	50×25×1.0	50×25×0.8	12340	385	308	111	109	0.951	0.961	129	123
DN76	76×38×1.5	76×38×1.2	3540	385	306	72	72	0.951	0.961	84	81

表 48-108　塑料阶梯环填料规格尺寸及允许偏差　　单位：mm

公称直径	D_1	D_2	δ_1	δ_2	H	H_1	H_2	H_3	A	B	C	h_1	h_2	l_1	l_2	T
100	118.0±0.6	100.0±0.6	3.2±0.3	2.7±0.3	50.0±0.5	8.5	9.5	10	13.5	10	11	9.5	7	10	10	10
76	88.0±0.6	76.0±0.6	2.6±0.3	2.4±0.3	38.0±0.5	7.5	7	7.5	10	8.5	11	3.5	5	6	9	7
50	58.0±0.5	50.0±0.5	1.5±0.2	1.5±0.2	25.0±0.3	6	9.5	6.5	3.5	6.5	6.5	2.5	2.5	4	4	5.5
38	44.0±0.4	38.0±0.4	1.4±0.2	1.4±0.2	19.0±0.3	4	7.5	5.5	3	5	5	2	2	4	4	4
25	29.0±0.3	25.0±0.3	1.2±0.2	1.2±0.2	12.5±0.2	3	5	3.5	2	3	3	1.5	1.5	3	3	3
16	19.0±0.2	16.0±0.2	1.0±0.1	1.0±0.1	8.0±0.2	2	3	2	1	2	2	—	—	—	—	2.5

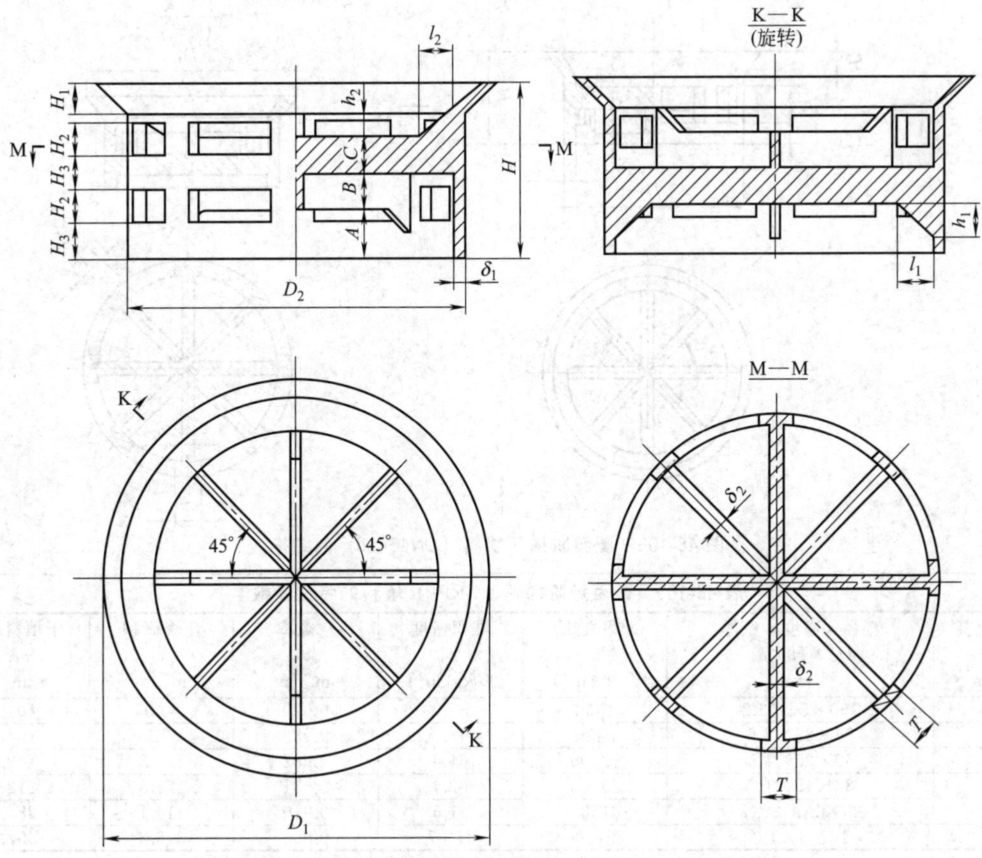

图 48-98 塑料阶梯环填料（*DN*100mm 和 *DN*76mm）的结构

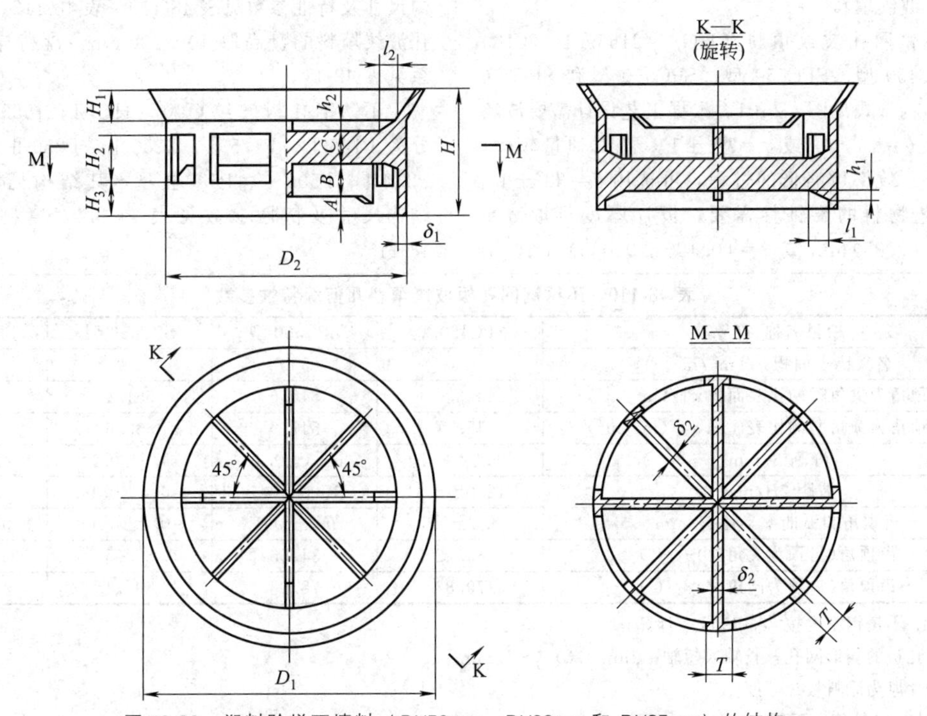

图 48-99 塑料阶梯环填料（*DN*50mm、*DN*38mm 和 *DN*25mm）的结构

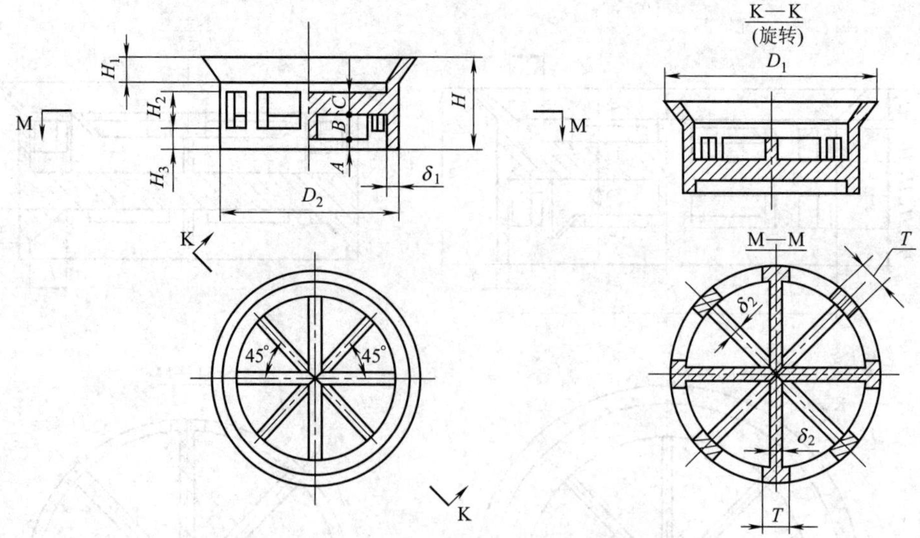

图 48-100 塑料阶梯环填料（DN16mm）的结构

表 48-109 聚丙烯阶梯环（CRPP）填料的特性参数

公称直径 DN /mm	直径×高度×壁厚 $D_2 \times H \times \delta_1$ /mm	堆积数量 n /(个/m³)	堆积密度 γ_p /(kg/m³)	空隙率 ε /(m³/m³)	比表面积 a /(m²/m³)	干填料因子 a/ε^3 /m⁻¹
100	100×50×3.2	1960	65.9	0.920	80.9	101.2
76	76×38×2.6	3420	63.3	0.930	83.7	104.1
50	50×25×1.5	12000	61.6	0.932	121.3	149.8
38	38×19×1.4	29000	62.4	0.931	171.8	212.9
25	25×12.5×1.2	81500	81.5	0.910	214.1	284.1
16	16×8×1.0	297000	133.7	0.853	346.2	557.8

注：聚丙烯的真密度按 910kg/m³ 计算。

(4) 波纹填料

不锈钢网孔波纹填料（HG/T 21559.1—2013）分为 SPC450 型、SPC550 型、SPC650 型和 SPC750 型，其结构型式见图 48-101。根据工艺设计需要波纹倾角可取 $\theta=45°\pm1°$ 或 $\theta=30°\pm1°$，相对通量较大、压降较小、效率可略低的过程，可选用 $\theta=30°\pm1°$。根据工艺物料的腐蚀性需要，板片厚度可取 $\delta=(0.100\pm0.005)$mm 或 $\delta=(0.120\pm0.005)$mm。结构尺寸及特性参数见表 48-110～表 48-112。不锈钢网孔波纹填料的盘高取 40～200mm，盘高与塔径的关系见表 48-113。

不锈钢孔板波纹填料（HG/T 21559.2—2005）分为 P125Ⅰ、P125Ⅱ、P250Ⅰ、P250Ⅱ、P350Ⅰ、P350Ⅱ、P500Ⅰ、P500Ⅱ型，其结构见图 48-102，结构尺寸及特性参数见表 48-114，填料尺寸见表 48-115。

表 48-110 不锈钢网孔板波纹填料几何级特性参数

项目名称、符号	SPC450 型	SPC550 型	SPC650 型	SPC750 型
名义比表面积 a/(m²/m³)	450	550	650	750
* 齿顶角为尖角时的比表面积 a_1/(m²/m³)	453.6	540.6	651.4	747.2
* 齿顶角为圆角时的比表面积 a_2/(m²/m³)	459.7	547.9	659.6	755.9
峰高 h/mm	6.5±0.1	5.5±0.1	4.5±0.1	4.0±0.1
波距 $2B$/mm	12.0±0.1	10.0±0.1	8.4±0.1	7.2±0.1
齿顶角圆弧曲率半径 R/mm	0.6±0.1	0.5±0.1	0.4±0.1	0.3±0.1
* 齿顶角(齿顶为尖角时)β_1/(°)	85.42	84.55	86.05	83.97
* 齿顶角(齿顶为圆角时)β_2/(°)	79.83	78.93	80.74	79.35

注：1. 不锈钢密度按 7850kg/m³ 计算。

2. 网孔板的菱形网孔：长轴×短轴＝2mm×(0.8～1)mm。

3. 板片厚为原料板片厚度。

4. * 表示计算值，下同。

5. 空隙率的计算以齿顶为圆角为基准。

表 48-111　不锈钢网孔板波纹填料板片厚 $\delta=(0.100\pm0.005)$mm 的特性参数

项目名称、符号	SPC450 型	SPC550 型	SPC650 型	SPC750 型
堆积密度 $\gamma/(kg/m^3)$	106×(1.00±0.04)	127×(1.00±0.04)	152×(1.00±0.04)	175×(1.00±0.04)
* 空隙率 $\varepsilon/(m^3/m^3)$	0.9865	0.9838	0.9806	0.9778
* 水力直径 d_b/mm	8.584	7.182	5.947	5.174

表 48-112　不锈钢网孔板波纹填料板片厚 $\delta=(0.120\pm0.005)$mm 的特性参数

项目名称、符号	SPC450 型	SPC550 型	SPC650 型	SPC750 型
堆积密度 $\gamma/(kg/m^3)$	127.2×(1.00±0.04)	153.0×(1.00±0.04)	182.5×(1.00±0.04)	209.1×(1.00±0.04)
* 空隙率 $\varepsilon/(m^3/m^3)$	0.9838	0.9805	0.9768	0.9734
* 水力直径 d_b/mm	8.560	7.158	5.923	5.151

表 48-113　不锈钢网孔板波纹填料盘高与塔径的关系

塔内径 D_1/mm	100～400	400～1000	>1000
盘高 H/mm	40～100	100～150	150～200

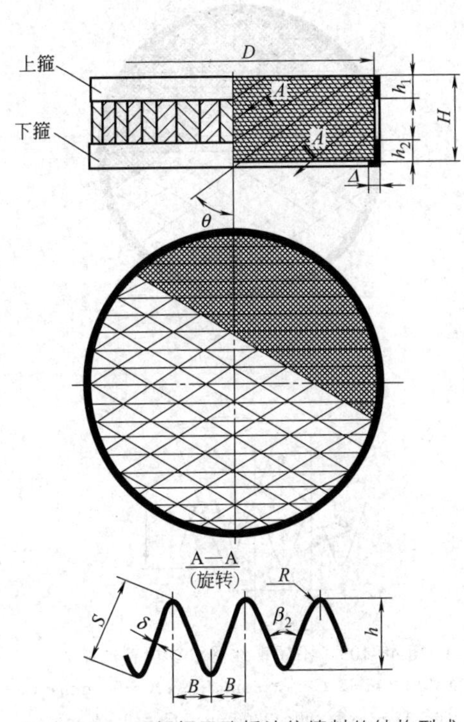

图 48-101　不锈钢网孔板波纹填料的结构型式

D—填料盘径；H—填料盘高；h_1—上箍或中箍宽；h_2—下箍直边宽；Δ—下箍翻边宽；θ—板片波纹倾角；波纹齿顶角；δ—板片厚；h—板片波纹峰高；B—板片波纹波距；S—波纹斜边长；R—齿顶角圆弧曲率半径

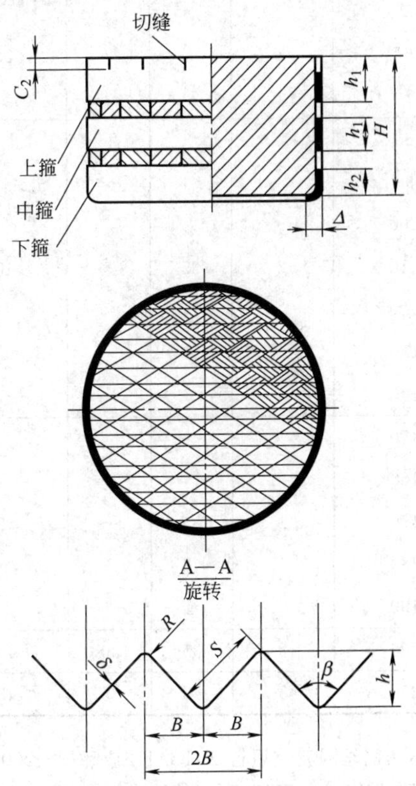

图 48-102　不锈钢孔板波纹填料的结构

塔径<ϕ400mm，C_2=3～8mm；

ϕ400～900mm，C_2=6～12mm；

ϕ900～3000mm，C_2=9～16mm；

>ϕ3000mm，C_2=12～24mm

表 48-114　不锈钢孔板波纹填料结构尺寸及特性参数

项　目	P125Ⅰ	P125Ⅱ	P250Ⅰ	P250Ⅱ	P350Ⅰ	P350Ⅱ	P500Ⅰ	P500Ⅱ
峰高 h/mm	24.0±0.2		11.5±0.1		8.4±0.1		6.00±0.06	
波纹倾角 θ/(°)	30^{+3}_{0}	45^{-3}_{0}	30^{+3}_{0}	45^{-3}_{0}	30^{+3}_{0}	45^{-3}_{0}	30^{+3}_{0}	45^{-3}_{0}
波距 $2B$/mm	39.6±0.2		19.0±0.1		14.0±0.08		9.9±0.06	
齿形角 β/(°)	79.0±0.1		79.1±1.0		79.6±1.0		79.0±1.0	
公称比表面积 $a/(m^2/m^3)$	130.9		273.0		371.9		523.6	
考虑 R 影响的比表面积 $a_1/(m^2/m^3)$	133.0		279.4		379.3		531.8	

续表

项　目		P125Ⅰ	P125Ⅱ	P250Ⅰ	P250Ⅱ	P350Ⅰ	P350Ⅱ	P500Ⅰ	P500Ⅱ
孔隙率 ε/%	板厚 δ=0.25mm	98.4		96.6		95.4		93.5	
	板厚 δ=0.17mm	98.9		97.7		96.8		95.6	
	板厚 δ=0.10mm	99.3		98.6		98.1		97.4	
板上小孔直径 d_0/mm		4.5		4.5		4.0		4.0	
板上小孔开孔率 σ/%		8.5～9.5		8.5～9.5		9.0～10.0		9.0～10.0	
齿形角顶端圆角曲率 4R		≤2.0		≤1.4		≤0.9		≤0.5	

表 48-115　不锈钢孔板波纹填料尺寸

盘高 H/mm	箍的根数	箍宽/mm		
		上箍 h_1	中箍 h_1	下箍 $h_2+\Delta$
40	2	18	—	20
50 60 70	2	25	—	28
80 90 100 110 120 130 140	2	35	—	40
150 160 170 180 190	2	35	—	45
200	3	35	30	45
250	3	40	35	45

不锈钢丝网波纹填料（HG/T 21559.3—2005）分为W250、W500、W700型，其结构见图48-103，结构尺寸及特性参数见表48-116，填料尺寸见表48-117。

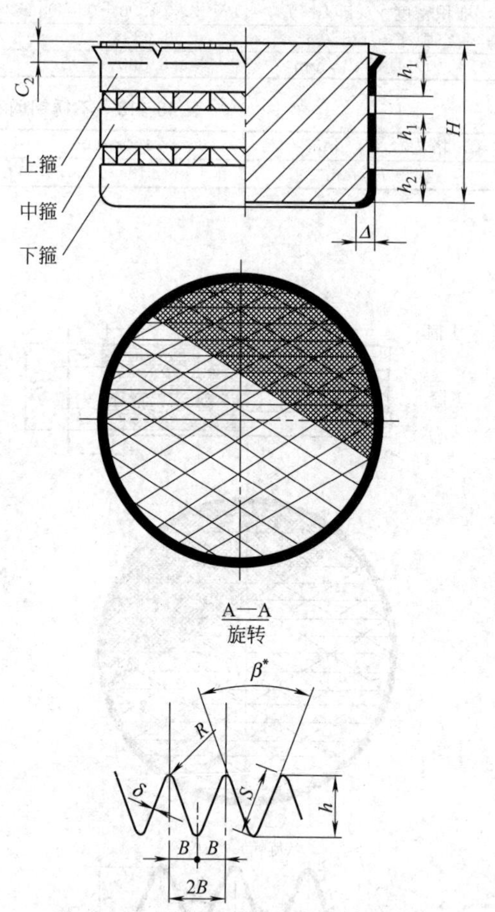

图 48-103　不锈钢丝网波纹填料的结构

塔径<ϕ400mm，C_2=3～8mm；ϕ400～900mm，C_2=6～12mm；ϕ900～3000mm，C_2=9～16mm；>ϕ3000mm，C_2=12～24mm

表 48-116　不锈钢丝网波纹填料结构尺寸及特性参数

序　号	项　目		单　位	W250	W500	W700
1	峰高 h		mm	13.20±0.14	6.20±0.07	4.50±0.05
2	波距 2B		mm	20.20±0.14	10.20±0.07	7.20±0.05
3	波纹倾角 θ		(°)	30^{+3}_{0}	30^{+3}_{0}	45^{-3}_{0}
4	齿形角 β^*		(°)	74.8±1.0	78.9±1.0	77.3±1.0
5	公称比表面积 a^*		m^2/m^3	249.3	507.9	711.4
6	考虑 R 影响的比表面积 a_1^*		m^2/m^3	253.3	515.0	727.4
7	丝径 δ 0.18mm	目数 N	目	55.22	55.22	55.22
		空隙率 ε^*	%	97.8	95.4	93.6
8	丝径 δ 0.16mm	目数 N	目	61.59	61.59	61.59
		空隙率 ε^*	%	98.0	96.0	94.3
9	丝径 δ 0.14mm	目数 N	目	65.12	65.12	65.12
		空隙率 ε^*	%	98.3	96.4	95.0
10	齿形角顶端圆角曲率半径 R		mm	≤1	≤0.5	≤0.5

表 48-117　不锈钢丝网波纹填料尺寸

盘高 H/mm	箍的根数	箍宽/mm		
		上箍 h_1	中箍 h_1	下箍 $h_2+\Delta$
40	2	18	—	20
50 60 70	2	25	—	28
80 90 100	2	35	—	40
110 120 130 140	2	40	—	45
150 160 170 180	3	35	30	45
190 200	3	40	30	45

5.1.4　丝网除沫器

丝网除沫器用于分离塔中气体夹带的液滴，以保证传质效率，降低有价值物料的损失和改善塔后压缩机的操作。一般多在塔顶设置丝网除沫器。塔盘间若设置除沫器，不仅可保证塔盘的传质效率，还可以减小板间距。丝网除沫器主要用于气液分离，但也可作为空气过滤器用于气固分离。此外，丝网还可以用作仪表工业中各类仪器的缓冲器，防止电波干涉的电子屏蔽器等。

(1) 丝网

丝网分为标准型丝网（图 48-104）、高效型丝网（图 48-105）和高穿透型丝网（图 48-106），丝网的技术特性见表 48-118。

(2) 丝网除沫器（HG/T 21618—1998）

本标准适用于气液分离，分离气体中夹带的液滴直径为 3～5μm 的雾沫。

① 结构型式　丝网除沫器由气液过滤网垫和支承件两部分构成（图 48-107）。上装式丝网除沫器见图 48-108，下装式丝网除沫器见图 48-109。

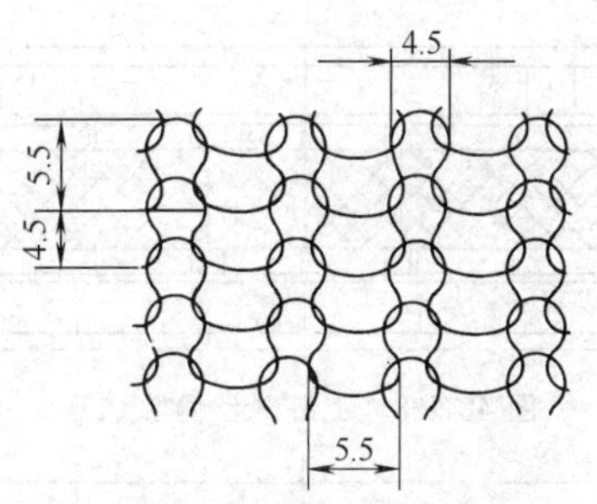

图 48-104　标准型丝网

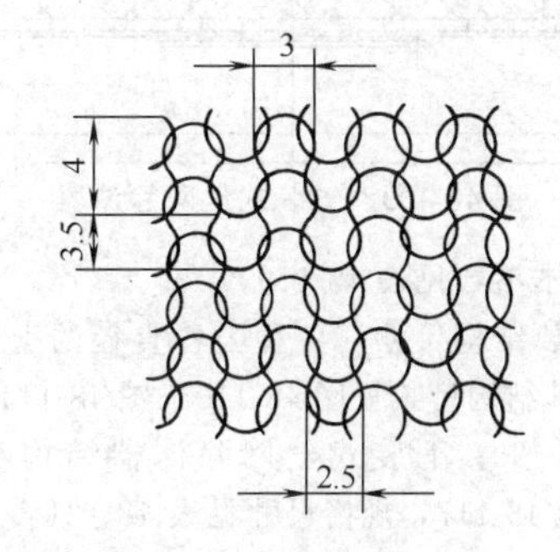

图 48-105　高效型丝网

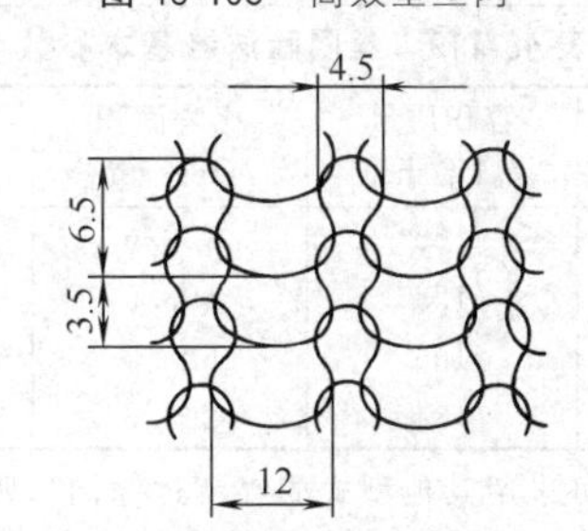

图 48-106　高穿透型丝网

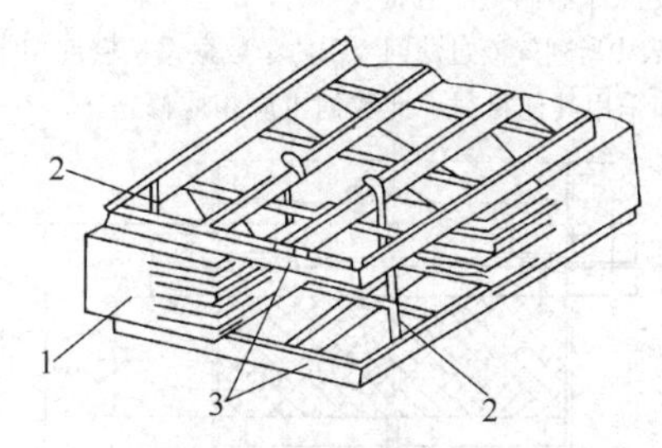

图 48-107　丝网除沫器

1—丝网；2—定距杆；3—格栅

表 48-118　丝网的技术特性

丝网型式	细丝尺寸 d_w/mm		网宽允差 /mm	容积密度 ρ /(kg/m³)	比表面积 a/(m²/m³)		空隙率 ε	每 100mm 厚的网垫
	扁　丝	圆丝直径			扁　丝	圆　丝		
标准	0.1×0.4	0.23	±20	150	475	330	0.981	25 层双幅丝网
高效	0.1×0.28	0.19		182	626	484	0.977	32 层双幅丝网
高穿透	0.1×0.4	0.23		98	313	217	0.9875	20 层双幅丝网

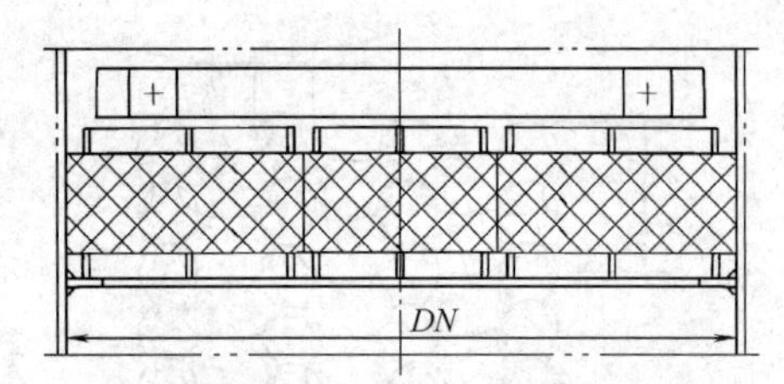

图 48-108　上装式丝网除沫器

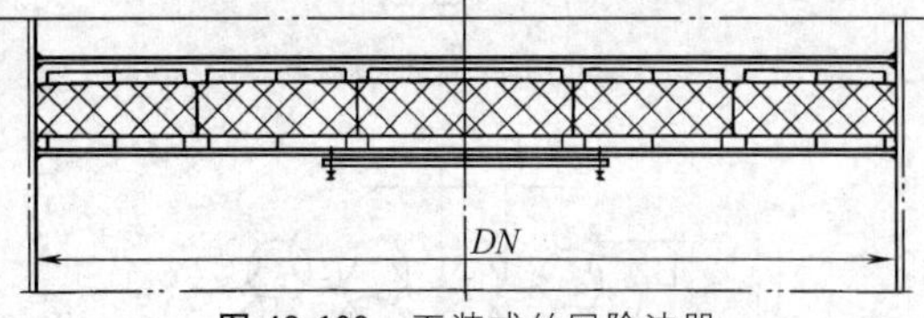

图 48-109　下装式丝网除沫器

② 基本参数见表 48-119。

③ 主要结构尺寸　各种公称直径的上装式丝网除沫器，其结构型式见图 48-110～图 48-114，规格尺寸见表 48-120；下装式丝网除沫器结构型式见图 48-115～图 48-117，规格尺寸见表 48-121。

表 48-119　丝网除沫器基本参数

型式代号	容积质量 /(kg/m³)	比表面积 /(m²/m³)	空隙率 ε
SP	168	529.6	0.9788
HP	128	403.5	0.9839
DP	186	625.5	0.9765
HR	134	291.6	0.9832

注：1. 可采用其他型式的气液过滤网，如非金属网、多股金属丝网、金属丝与非金属丝交织网等，其参数及性能可向专业除沫器制造厂查询。

2. 表中所列气液过滤网容积质量数据系按密度 7930kg/m³ 得到，如采用其他材料，此数据也应相应修正。

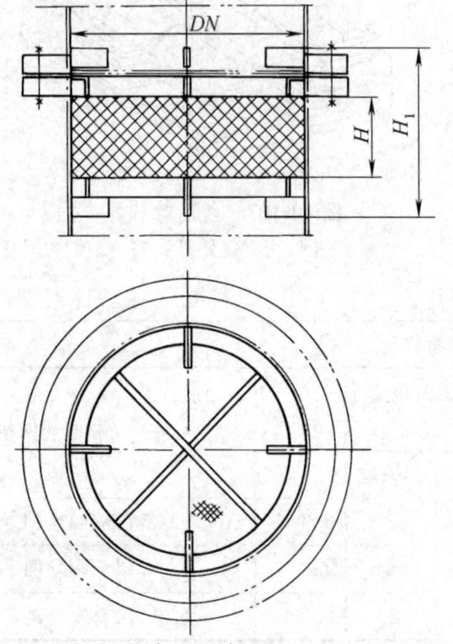

图 48-110　上装式丝网除沫器(*DN*300～600mm)

④ 材料　丝网除沫器的网块、格栅材料见表 48-122。

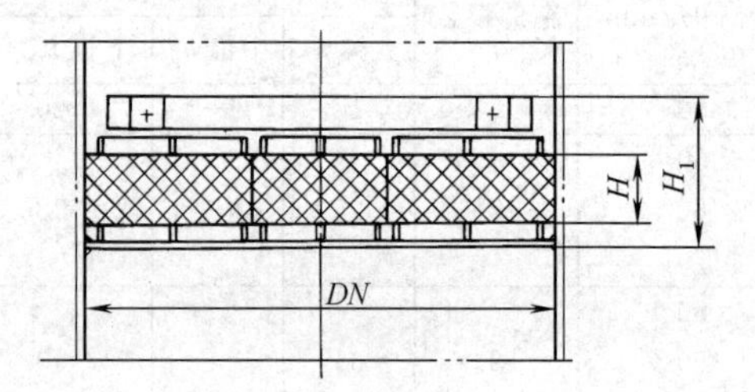

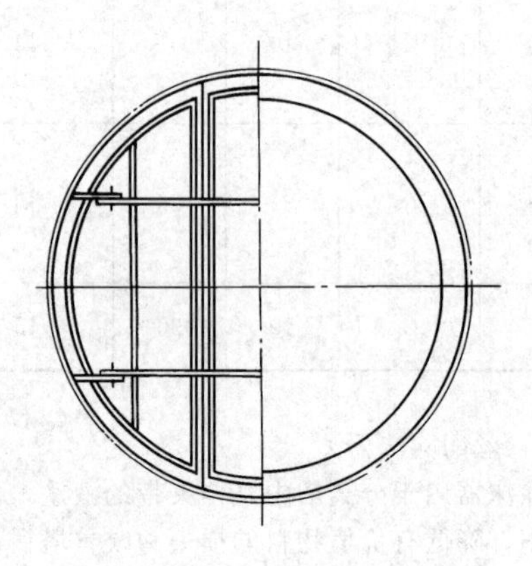
图 48-111　上装式丝网除沫器

(*DN*700～1600mm)

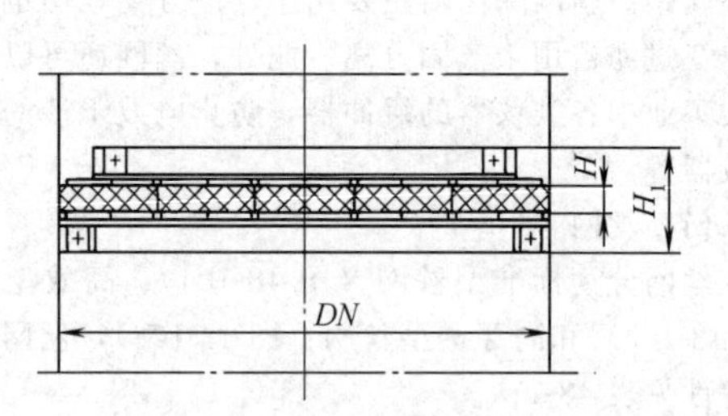

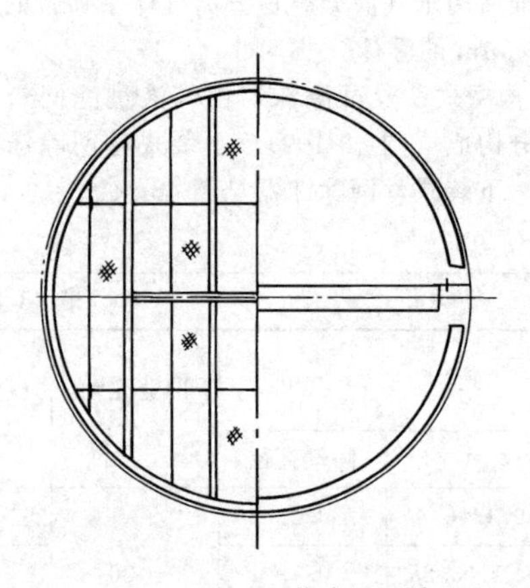
图 48-112　上装式丝网除沫器

(*DN*1700～3200mm)

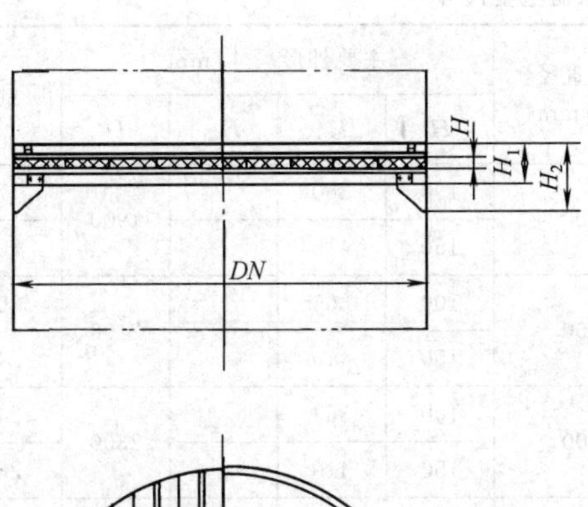

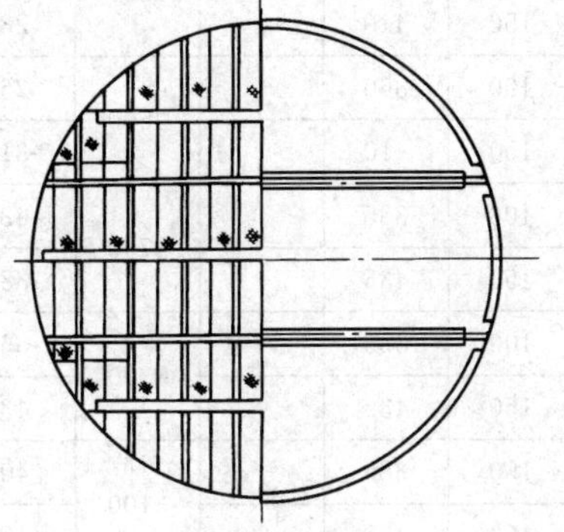

图 48-113　上装式丝网除沫器
（DN3400～4800mm）

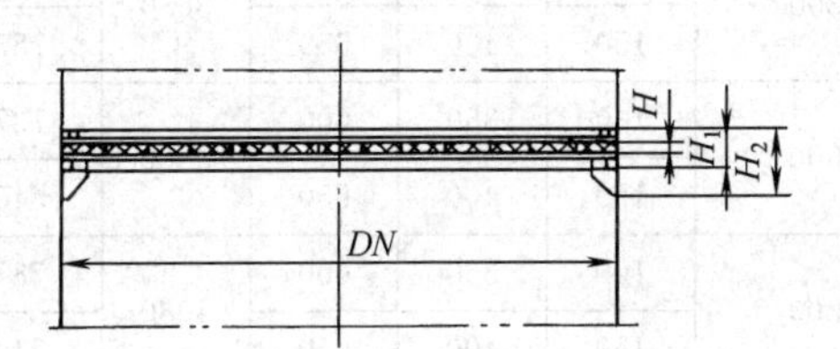

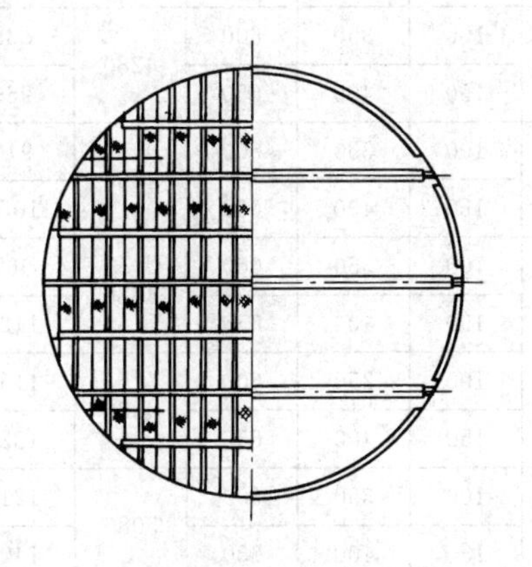

图 48-114　上装式丝网除沫器
（DN5000～5200mm）

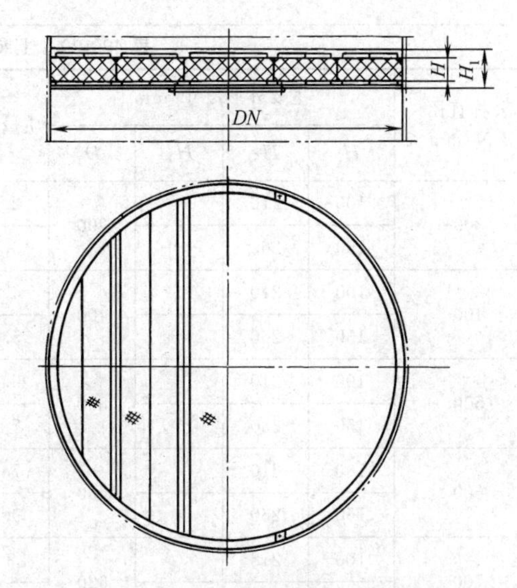

图 48-115　下装式丝网除沫器（DN700～1600mm）

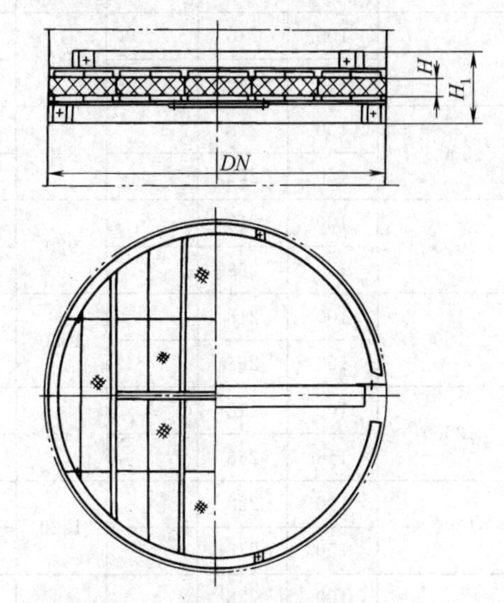

图 48-116　下装式丝网除沫器（DN1700～3200mm）

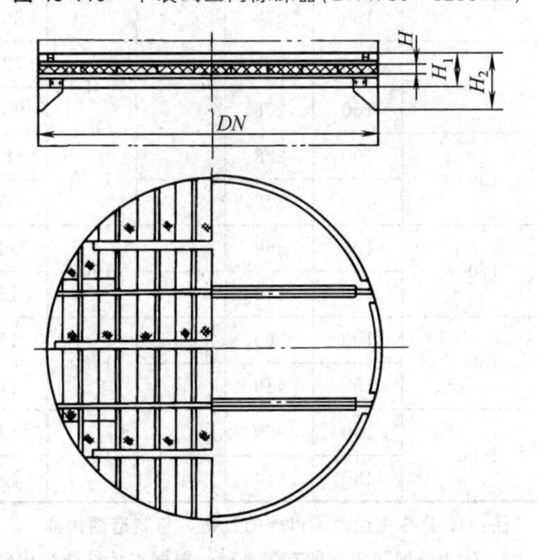

图 48-117　下装式丝网除沫器（DN3400～4600mm）

表 48-120 上装式丝网除沫器主要尺寸

公称直径 DN/mm	主要外形尺寸/mm				质量/kg	公称直径 DN/mm	主要外形尺寸/mm				质量/kg
	H	H_1	H_2	D			H	H_1	H_2	D	
300	100	210		300	2.9	2000	100	360		1900	176
	150	260			3.5		150	410			204
400	100	210		400	4.3	2200	100	360		2100	208
	150	260			5.3		150	410			242
500	100	210		500	5.9	2400	100	360		2300	240
	150	250			7.4		150	410			281
600	100	210		600	7.7	2600	100	360		2500	267
	150	260			9.7		150	410			313
700	100	218		620	23.0	2800	100	385		2700	330
	150	268			26.1		150	435			383
800	100	218		720	27.2	3000	100	385		2900	369
	150	268			31.8		150	435			431
900	100	218		820	33.5	3200	100	385		3100	408
	150	268			39.2		150	435			478
1000	100	218		920	38.2	3400	100	350	600	3280	594
	150	268			45.3		150	400	650		673
1100	100	218		1020	43.4	3600	100	350	600	3480	629
	150	268			51.7		150	400	650		718
1200	100	218		1120	49.6	3800	100	350	600	3680	682
	150	268			59.9		150	400	650		783
1300	100	228		1220	64.8	4000	100	350	600	3880	737
	150	278			76.6		150	400	650		845
1400	100	228		1320	71.6	4200	100	350	600	4080	787
	150	278			85.2		150	400	650		910
1500	100	228		1420	79.6	4400	100	350	600	4280	835
	150	278			95.1		150	400	650		969
1600	100	228		1520	88.3	4600	100	350	600	4480	910
	150	278			105.6		150	400	650		1055
1700	100	360		1600	141	4800	100	350	600	4680	967
	150	410			156		150	400	650		1124
1800	100	360		1700	151	5000	100	350	600	4880	1153
	150	410			174		150	400	650		1324
1900	100	360		1800	164	5200	100	350	600	5080	1216
	150	410			189		150	400	650		1401

注：1. 公称直径范围以外的规格，与制造商协商。

2. D 为丝网除沫器的有效直径，根据支承件的结构确定。

3. 丝网的质量是 SP 型气液过滤网网块的质量，如采用其他型式的气液过滤网，此值应进行调整。

表 48-121　下装式丝网除沫器主要尺寸

公称直径 DN/mm	主要外形尺寸/mm			质量/kg	公称直径 DN/mm	主要外形尺寸/mm				质量/kg
	H	H_1	D			H	H_1	H_2	D	
700	100	176	620	23.8	2200	100	370		2100	239
	150	226		29.9		150	420			273
800	100	176	720	31.9	2400	100	370		2300	273
	150	226		36.5		150	420			314
900	100	176	820	38.6	2600	100	370		2500	302
	150	226		44.3		150	420			348
1000	100	176	920	43.9	2800	100	395		2700	368
	150	226		50.9		150	445			426
1100	100	176	1020	49.5	3000	100	395		2900	379
	150	226		57.8		150	445			471
1200	100	176	1120	56	3200	100	395		3100	450
	150	226		66.2		150	445			520
1300	100	176	1220	68.4	3400	100	350	600	3280	651
	150	226		80.2		150	400	650		730
1400	100	176	1320	75.1	3600	100	350	600	3480	686
	150	226		88.7		150	400	650		775
1500	100	176	1420	82.9	3800	100	350	600	3680	742
	150	226		98.5		150	400	650		843
1600	100	176	1520	91.8	4000	100	350	600	3880	820
	150	226		109.1		150	400	650		928
1700	100	370	1600	165	4200	100	350	600	4080	862
	150	420		180		150	400	650		885
1800	100	370	1700	177	4400	100	350	600	4280	904
	150	420		200		150	400	650		1038
1900	100	370	1800	190	4600	100	350	600	4480	982
	150	420		215		150	400	650		1127
2000	100	370	1900	204						
	150	420		232						

注：1. 公称直径范围以外的规格，与制造商协商。

2. D 为丝网除沫器的有效直径，根据支承件的结构确定。

3. 丝网的质量是 SP 型气液过滤网网块的质量，如采用其他型式的气液过滤网，此值应进行调整。

表 48-122　丝网除沫器的网块、格栅材料

材料	代号	标准号
网块材料		
Q235-A	Q235	GB/T 342
20	20	GB/T 3206
0Cr18Ni9	304	
0Cr18Ni10Ti	321	
0Cr17Ni12Mo2	316	GB/T 4240
00Cr19Ni11	304L	
00Cr17Ni14Mo2	316L	
RS-2	RS-2	
NS-80	NS-80	厂商牌号
NS-80A	NS-80A	
黄铜线	H68、H65、H62	GB/T 14954
锡青铜	QSn	GB/T 14956
镍	N4、N6、N7、N8	GB/T 3120
钛及钛合金	TA2、TA3、TC3、TC4	GB/T 3623
格栅材料		
材料	代号	标准号
Q235-A	Q235	GB 3274
20	20	GB 711
0Cr18Ni9	304	
0Cr18Ni10Ti	321	
0Cr17Ni12Mo2	316	GB 4237
00Cr19Ni11	304L	
00Cr17Ni14Mo2	316L	

注：也可采用其他材料，但应在订货时注明。

⑤ 型号标记

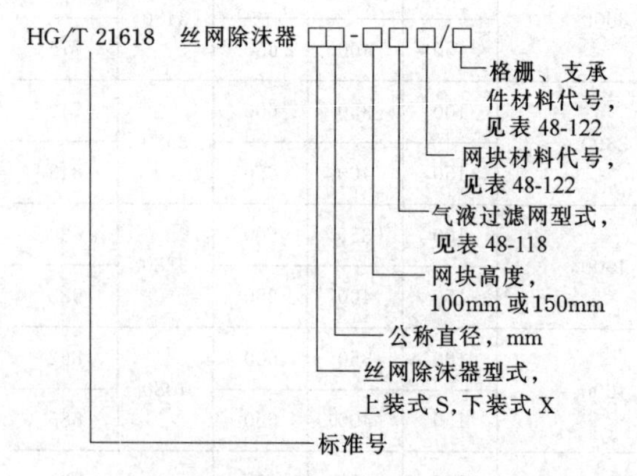

标记示例如下。

例 1　$DN=2000$mm，$H=150$mm，过滤网型式为 SP 型，材料为 NS-80，格栅、支承件材料为 316 的上装式丝网除沫器，其标记为

HG/T 21618　丝网除沫器 S2000-150　SP　NS-80/316

例 2　$DN=4000$mm，$H=100$mm，过滤网型式为 DP 型，材料为 316L，格栅、支承件材料为 304 的下装式丝网除沫器，其标记为

HG/T 21618　丝网除沫器　X4000-100　DP　316L/304

⑥ 丝网除沫器的设计计算

a. 操作气速　气体通过丝网的速度应选取适宜。气速过低，夹带的雾沫在气体中飘荡，未与丝网细丝碰撞就随着气流通过丝网而被气体带走；气速过高，聚集的液滴不易从丝网上落下，液体充满丝网，造成液泛，以致一度被捕集的液滴又飞溅起来，再次被气体携带出去，使分离效率急剧降低。

丝网除沫器的液泛气速（即丝网除沫器操作中的极限气速）按式（48-2）计算。

$$v_f=K\sqrt{\frac{\rho_l-\rho_g}{\rho_g}}\quad (\mathrm{m/s}) \tag{48-2}$$

式中　ρ_l——液滴的密度，kg/m^3；

ρ_g——进口气体的密度，kg/m^3；

K——气液过滤网常数，按表 48-123 选用。

表 48-123　气液过滤网常数 K

网型	K	网型	K
SP	0.201	DP	0.198
HP	0.233	HR	0.222

丝网除沫器的操作气速按式（48-3）计算。

$$v_g=0.50\sim0.80v_f\quad (\mathrm{m/s}) \tag{48-3}$$

b. 有效直径　处理气体所需的流通直径 D，按式（48-4）计算

$$D_1=\sqrt{\frac{4Q}{\pi v_g}}\quad (\mathrm{m}) \tag{48-4}$$

式中　Q——气体处理量，m^3；

v_g——操作气速，m/s。

根据计算的 D_1，按表 48-120 和表 48-121 中丝网除沫器的有效直径 D 值选取合适的丝网除沫器规格 DN，如果选取的丝网除沫器 DN 小于容器直径，可采用如图 48-118 和图 48-119 所示的结构进行安装。

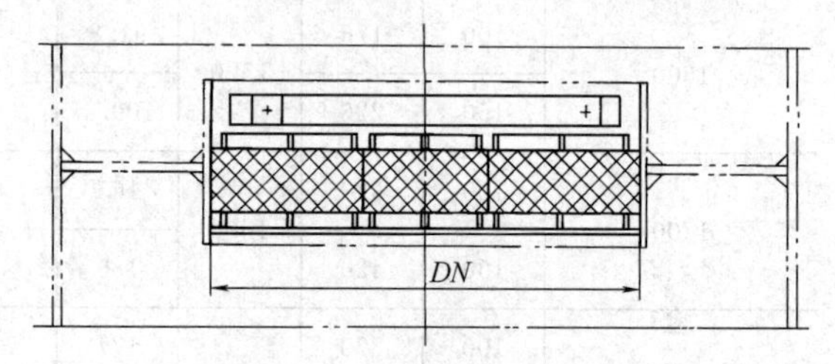

图 48-118　安装结构（一）

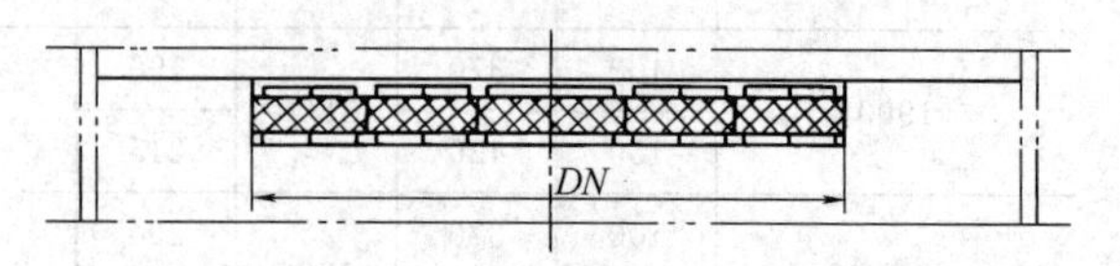

图 48-119　安装结构（二）

c. 压降　干燥气体通过丝网产生的压降，即干网压降，按图 48-120 计算；丝网中积聚了液滴后的总压降，即操作压降，按图 48-121 计算。

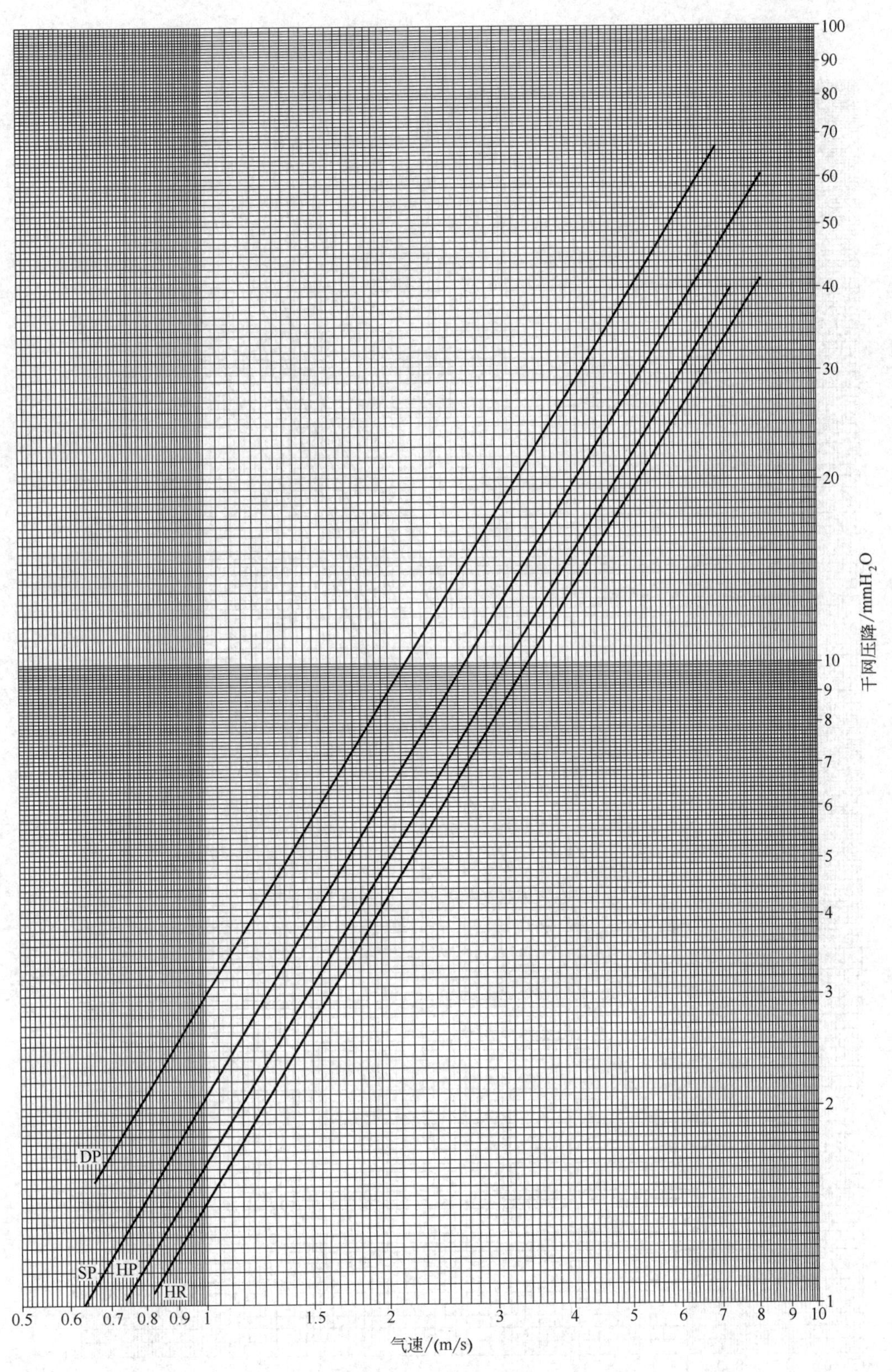

图 48-120　干网压降-气速

$1mmH_2O=9.81Pa$，下同

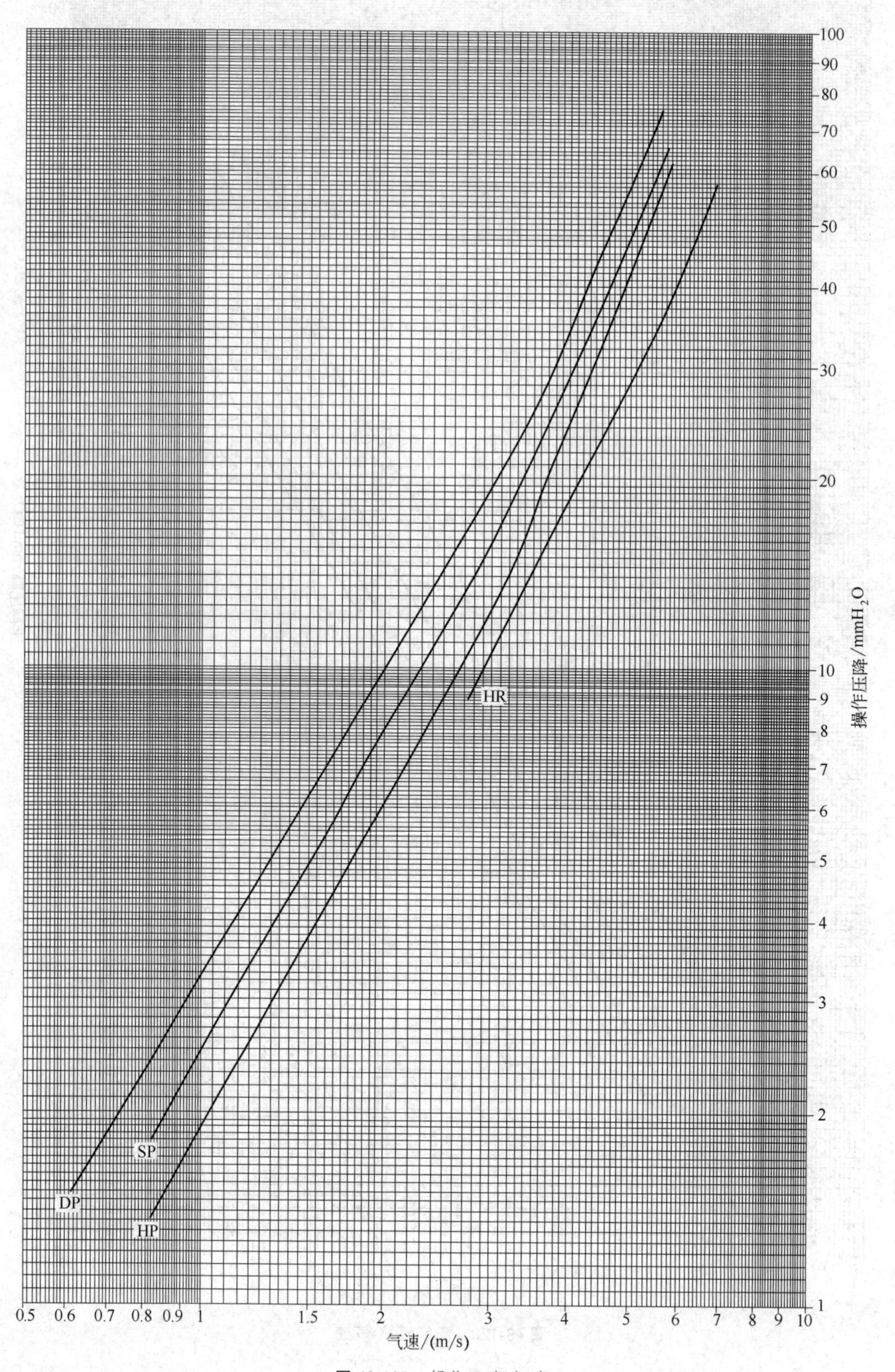

图 48-121　操作压降-气速

（3）抽屉式丝网除沫器（HG/T 21586—1998）

本标准系列适用于除去气体夹带的雾沫，气速（按气体通过除沫器有效横截面积计）2.5～4.5m/s（对硫酸工业为 3～4m/s），气体中雾沫粒径＞5μm，含雾沫浓度≤100g/m³。适用压力为常压，适用温度：不锈钢为不大于 400℃；碳钢为不大于 300℃。

① 结构型式　抽屉式丝网除沫器由若干块长方形网块、定距杆及格栅组成（图 48-108），再装入具有导轨及封板的筒体内。

② 主要结构尺寸　各种公称直径的抽屉式丝网除沫器，其结构型式分别见图 48-122～图 48-128，规格尺寸见表 48-124。

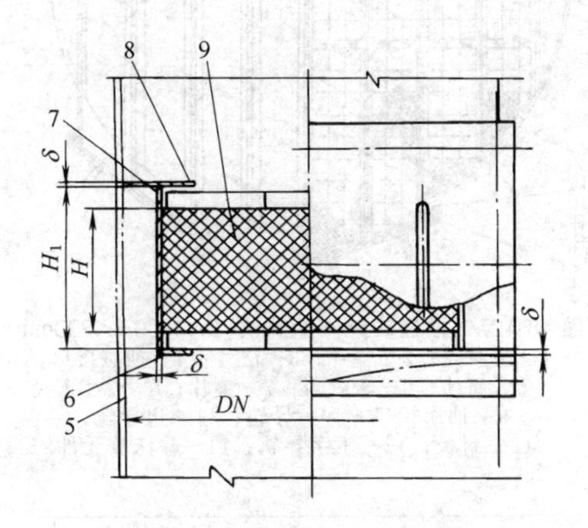

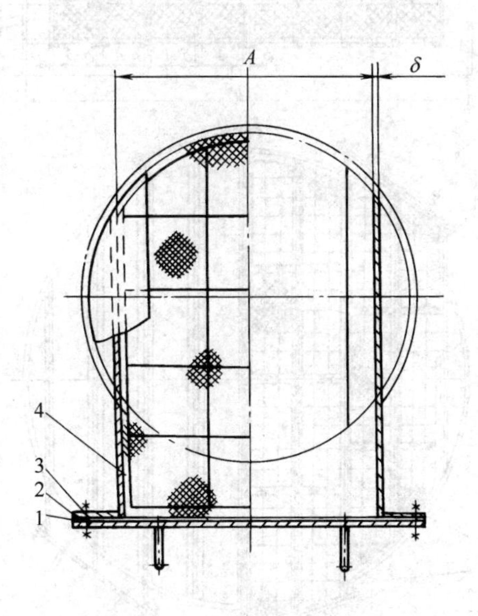

图 48-122　抽屉式丝网除沫器（DN300～800mm）

1—法兰盖；2—垫片；3—法兰；4—抽屉接口；5—筒体；6—导轨；7—边导轨；8—封板；9—除沫器元件

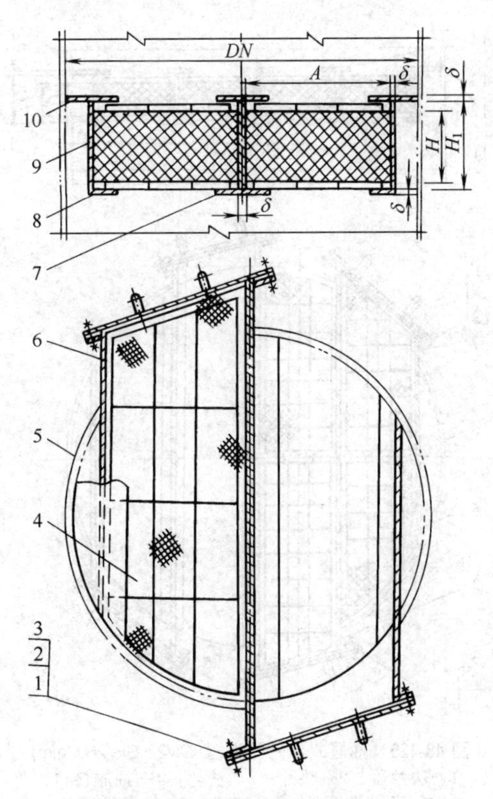

图 48-123　抽屉式丝网除沫器（DN900～1400mm）

1—法兰；2—垫片；3—法兰盖；4—除沫器元件；5—筒体；6—抽屉接口；7—工字导轨；8—导轨；9—边导轨；10—封板

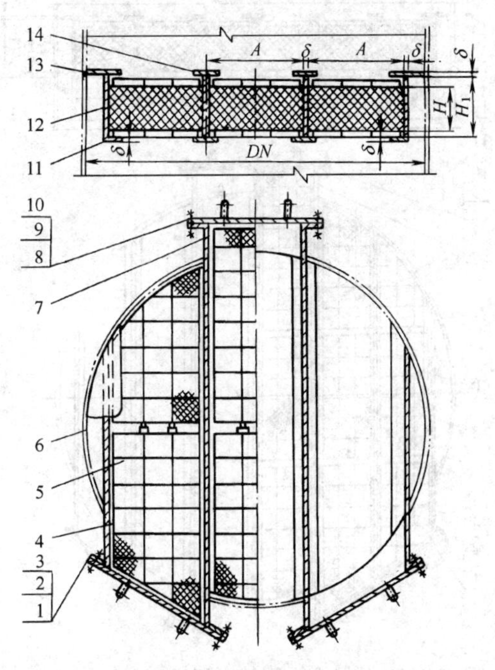

图 48-124　抽屉式丝网除沫器（DN1600～2000mm）

1—法兰盖；2—垫片；3—法兰；4—抽屉接口；5—除沫器元件；6—筒体；7—抽屉接口；8—法兰盖；9—垫片；10—法兰；11—导轨；12—边导轨；13—封板；14—工字导轨

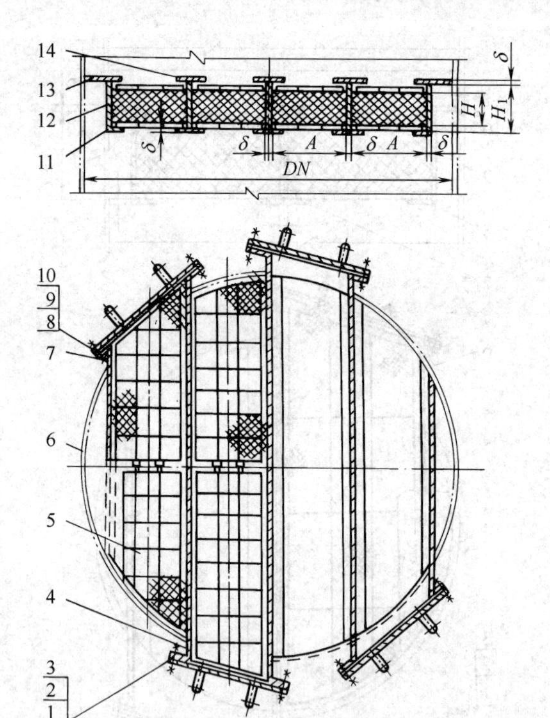

图 48-125 抽屉式丝网除沫器（*DN*2200～2600mm）
1—法兰盖；2—垫片；3—法兰；4—抽屉接口；5—除沫器元件；6—筒体；7—抽屉接口；8—法兰盖；9—垫片；10—法兰；11—导轨；12—边导轨；13—封板；14—工字导轨

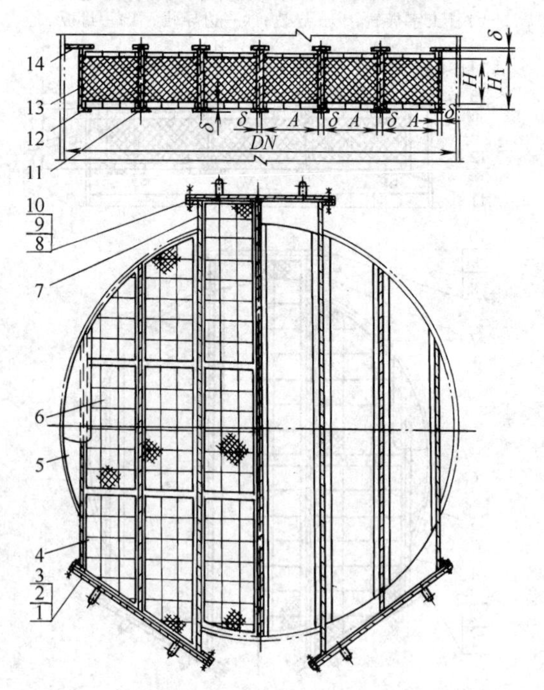

图 48-126 抽屉式丝网除沫器（*DN*2800～3600mm）
1—法兰盖；2—垫片；3—法兰；4—抽屉接口；5—筒体；6—除沫器元件；7—抽屉接口；8—法兰；9—垫片；10—法兰盖；11—工字导轨；12—导轨；13—边导轨；14—封板

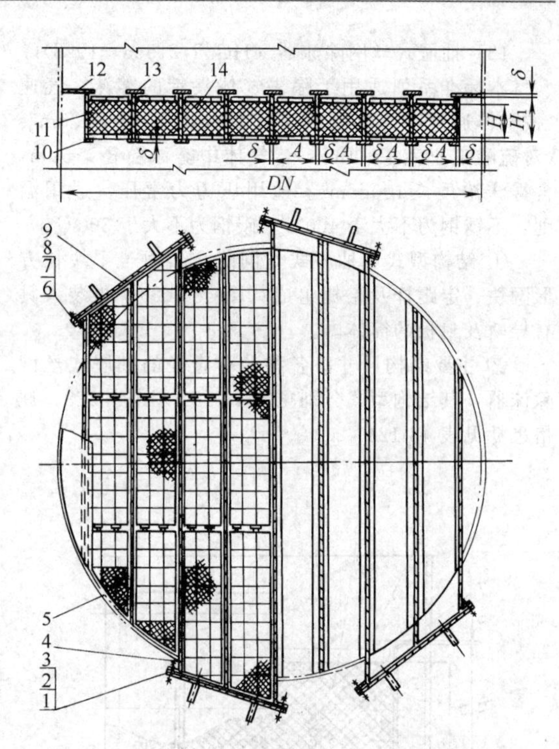

图 48-127 抽屉式丝网除沫器（*DN*3800～4200mm）
1—法兰盖；2—垫片；3—法兰；4—抽屉接口；5—筒体；6—法兰盖；7—垫片；8—法兰；9—抽屉接口；10—导轨；11—边导轨；12—封板；13—工字导轨；14—除沫器元件

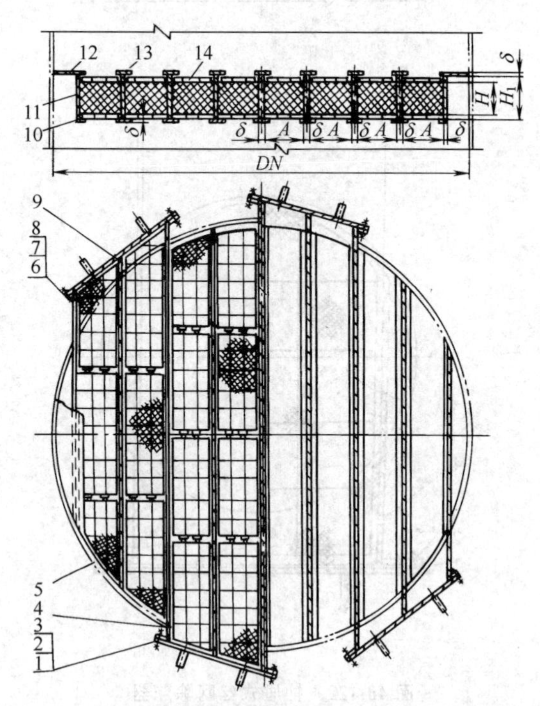

图 48-128 抽屉式丝网除沫器（*DN*4400～5000mm）
1—法兰盖；2—垫片；3—法兰；4—抽屉接口；5—筒体；6—法兰盖；7—垫片；8—法兰；9—抽屉接口；10—导轨；11—边导轨；12—封板；13—工字导轨；14—除沫器元件

表 48-124　抽屉式除沫器尺寸参数

公称直径 DN/mm	主要结构尺寸/mm				有效除沫面积 S/m²	分块数 N	标准号	质量[①] /kg
	H	H_1	A	δ				
300	100	160	200	6	0.04	1	HG/T 21586.01—1998	4.1
	150	210					HG/T 21586.29—1998	4.7
400	100	160	300	6	0.09	1	HG/T 21586.02—1998	5.9
	150	210					HG/T 21586.30—1998	6.8
500	100	160	400	6	0.15	1	HG/T 21586.03—1998	7.9
	150	210					HG/T 21586.31—1998	9.3
600	100	160	450	6	0.21	1	HG/T 21586.04—1998	11.2
	150	210					HG/T 21586.32—1998	13.3
700	100	160	500	6	0.27	1	HG/T 21586.05—1998	14.8
	150	210					HG/T 21586.33—1998	17.8
800	100	160	600	6	0.38	1	HG/T 21586.06—1998	17.3
	150	210					HG/T 21586.34—1998	21.3
900	100	160	380	8	0.47	2	HG/T 21586.07—1998	23.7
	150	210					HG/T 21586.35—1998	28.7
1000	100	160	400	8	0.57	2	HG/T 21586.08—1998	26.8
	150	210					HG/T 21586.36—1998	32.8
1200	100	160	470	8	0.83	2	HG/T 21586.09—1998	39.7
	150	210					HG/T 21586.37—1998	48.7
1400	100	160	550	8	1.17	2	HG/T 21586.10—1998	49.3
	150	210					HG/T 21586.38—1998	61.3
1600	100	160	450	8	1.56	3	HG/T 21586.11—1998	81.3
	150	210					HG/T 21586.39—1998	96.8
1800	100	160	490	10	1.98	3	HG/T 21586.12—1998	94.8
	150	210					HG/T 21586.40—1998	114.3
2000	100	160	560	10	2.54	3	HG/T 21586.13—1998	116.1
	150	210					HG/T 21586.41—1998	140.1
2200	100	160	470	10	2.94	4	HG/T 21586.14—1998	145.5
	150	210					HG/T 21586.42—1998	175

续表

公称直径 DN/mm	主要结构尺寸/mm				有效除沫面积 S/m²	分块数 N	标准号	质量①/kg
	H	H_1	A	δ				
2400	100	160	510	10	3.57	4	HG/T 21586.15—1998	163.4
	150	210					HG/T 21586.43—1998	198
2600	100	160	550	10	4.21	4	HG/T 21586.16—1998	183.7
	150	210					HG/T 21586.44—1998	224.2
2800	100	160	400	12	4.60	6	HG/T 21586.17—1998	221
	150	210					HG/T 21586.45—1998	268
3000	100	160	430	12	5.38	6	HG/T 21586.18—1998	244
	150	210					HG/T 21586.46—1998	298
3200	100	160	470	12	6.33	6	HG/T 21586.19—1998	306
	150	210					HG/T 21586.47—1998	367.5
3400	100	160	500	12	7.24	6	HG/T 21586.20—1998	343
	150	210					HG/T 21586.48—1998	414
3600	100	160	530	12	8.23	6	HG/T 21586.21—1998	362
	150	210					HG/T 21586.49—1998	440
3800	100	160	420	12	8.74	8	HG/T 21586.22—1998	439
	150	210					HG/T 21586.50—1998	526
4000	100	160	450	12	9.96	8	HG/T 21586.23—1998	480
	150	210					HG/T 21586.51—1998	576
4200	100	160	470	12	11.00	8	HG/T 21586.24—1998	511
	150	210					HG/T 21586.52—1998	617
4400	100	160	500	12	12.29	8	HG/T 21586.25—1998	545
	150	210					HG/T 21586.53—1998	661
4600	100	160	520	12	13050	8	HG/T 21586.26—1998	586
	150	210					HG/T 21586.54—1998	716
4800	100	160	550	12	14094	8	HG/T 21586.27—1998	624
	150	210					HG/T 21586.55—1998	762
5000	100	160	570	12	16.27	8	HG/T 21586.28—1998	667
	150	210					HG/T 21586.56—1998	818

① 质量按不锈钢材料计算。

③ 型号标记

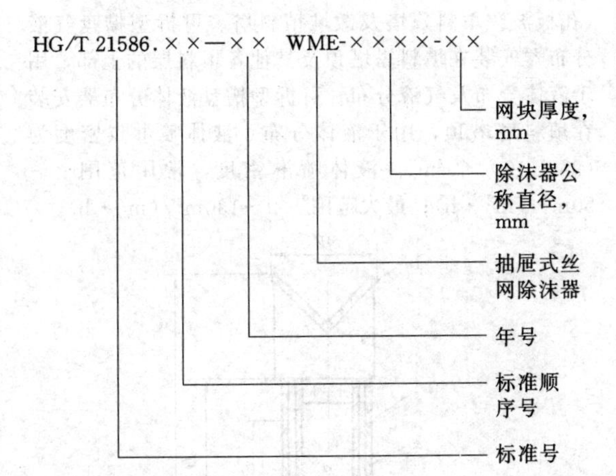

标记示例如下。

公称直径为 800mm、网块厚度为 100mm，全部为不锈钢材料的抽屉式丝网除沫器，其标记为：

HG/T 21586.06—1998　WME-800-100

④ 设计计算

a. 有效除沫面积计算

允许最大气速 v_{max}：

$$v_{max}=K\sqrt{\frac{\rho_l-\rho_g}{\rho_g}}\quad (m/s) \tag{48-5}$$

式中　K——系数（标准型丝网，$K=0.116$；高效型丝网，$K=0.108$；高穿透型丝网，$K=0.128$）；

ρ_l——液相密度，kg/m^3；

ρ_g——气相密度，kg/m^3。

通过除沫器气速 v_g：

$$v_g=(0.75\sim1.0)v_{max} \tag{48-6}$$

有效除沫面积 S：

$$S=\frac{Q}{v_g} \tag{48-7}$$

式中　Q——气体处理量，m^3/s。

b. 压降计算

气体通过丝网除沫器的压降按式（48-8）计算。

$$\Delta p=\frac{fv_g^2H\rho_g(1-\varepsilon)}{d_w}\quad (Pa) \tag{48-8}$$

式中　H——网块厚度，m；

ε——丝网空隙率，详见表 48-118；

d_w——当金丝径，m（0.1×0.4mm 扁丝，当金丝径为 0.16×10^{-3}m；0.1×0.28mm 扁丝，当金丝径为 0.147×10^{-3}m）；

f——摩擦系数。

$$f=5.3\left(\frac{d_wv_g\rho_g}{\mu_g}\right)^{-0.32}$$

对于硫酸装置，d_w 取 0.16×10^{-3}m 时，f 可采用经验公式。

$$f=2.3-0.16v_g$$

c. 效率计算

惯性分离数 K：

$$K=\frac{\rho_l d_e^2 v_g}{18\mu_g d'_w} \tag{48-9}$$

式中　d_e——雾滴粒径，m；

d'_w——丝径，m，对于扁丝取 $d'_w=0.6(t+w)$；

t——扁丝厚度，m；

w——扁丝宽度，m；

μ_g——气体黏度，kg/(m·s)。

对于粒径为 i 的雾沫，其靶效率按式（48-10）或式（48-11）计算。

圆丝的靶效率（$K=0.3\sim10$）：

$$\eta_i=\frac{K}{K+0.82} \tag{48-10}$$

扁丝的靶效率：

$$\eta_i=\left(\frac{K}{K+0.116}\right)^2 \tag{48-11}$$

通过丝网除沫器的粒级分效率：

$$E_i=1-\left(1-0.21\frac{aH}{N}\eta_i\right)^N\quad 分率 \tag{48-12}$$

若丝网的层数 N 未知，则

$$E_i=1-\exp(-0.21aH\eta_i)\quad 分率 \tag{48-13}$$

式中　a——丝网的比表面积，m^2/m^3；

H——网块厚度，m；

N——丝网层数（等于双幅网的层数×2）。

除沫器的总效率：

$$E_t=\sum E_iP_i\quad 分率 \tag{48-14}$$

式中　P_i——在雾沫群中粒级 i 出现的频率，分率。

⑤ 硫酸厂用抽屉式丝网除沫器　按硫酸生产规模及进转化系统中 SO_2 的体积分数，干燥塔用丝网除沫器公称直径可由图 48-129 查得；吸收塔用丝网除沫器公称直径按图 48-130 查得。例如，选择点位置在 DN800mm 的长方框与 DN1000mm 的长方框之间时，选用 DN900mm，其他照此类推。

除沫器的选用可按硫酸生产规模及进转化系统中 SO_2 的体积分数确定。干燥塔和吸收塔所用抽屉式丝网除沫器，其公称直径的确定分别由图 48-129 和图 48-130 查得。例如，当所确定的点的位置在 DN800mm 的长方框与 DN1000mm 的长方框之间时，即可选用 DN900mm 的丝网除沫器。

5.1.5　气液分布器

可拆型槽盘气液分布器的执行标准为 HG/T 21585.1—1998。

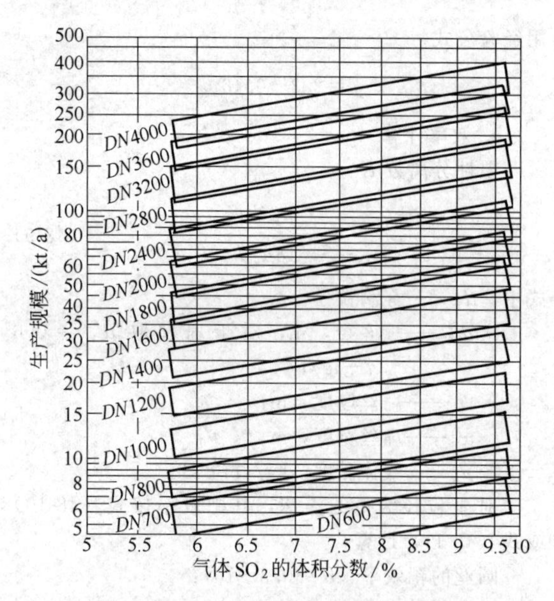

图 48-129 干燥塔用丝网除沫器的规格与生产规模和 SO_2 体积分数的关系

1. 气量是按年操作时数 8000h 算出的；
2. 转化率按 99.5%计算。如转化率非 99.5%，设为 x%，则 SO_2 的体积分数应校正为 SO_2%·(x/99.5)；
3. 按 0.952×10^5Pa(绝)，温度按 52℃计算；
4. 长方框的下面一根线按气速 3m/s，上面一根线按气速 4m/s

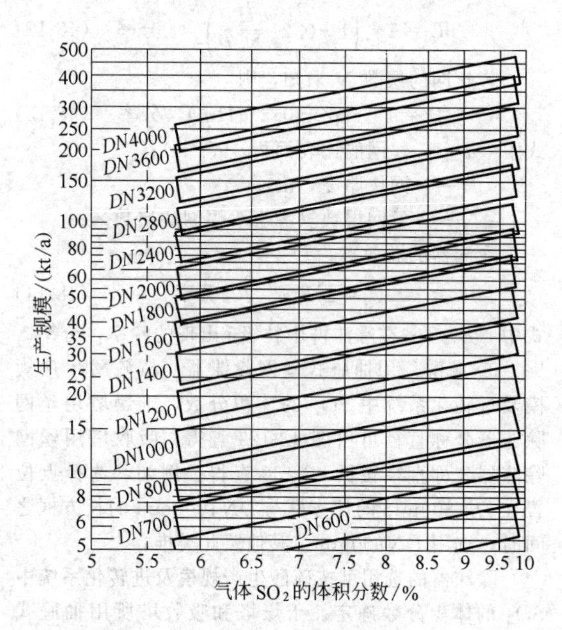

图 48-130 吸收塔用丝网除沫器的规格与生产规模和 SO_2 体积分数的关系

1. 气量是按年操作时数 8000h 算出的；
2. 转化率按 99.5%计算。如转化率不是 99.5%，设为 x%，则 SO_2 的体积分数应校正为 SO_2%·(x/99.5)；
3. 按 1.013×10^5Pa(绝)，温度按 62℃计算；
4. 长方框的下面一根线按气速 3m/s，上面一根线按气速 4m/s

本标准适用于 DN600～6000mm 的规整填料(孔板波纹填料)塔及散堆填料塔。可拆型槽盘气液分布器安装在填料塔塔顶及其他各填料层的上部，用于液体分布及气液分布。可拆型槽盘液体分布器安装在填料塔塔顶，用于液体分布。液体喷淋点密度为(95±10)个/m^2。液体喷淋密度：常用范围 2～50m^3/(m^2·h)；最大范围 1.0～130m^3/(m^2·h)。

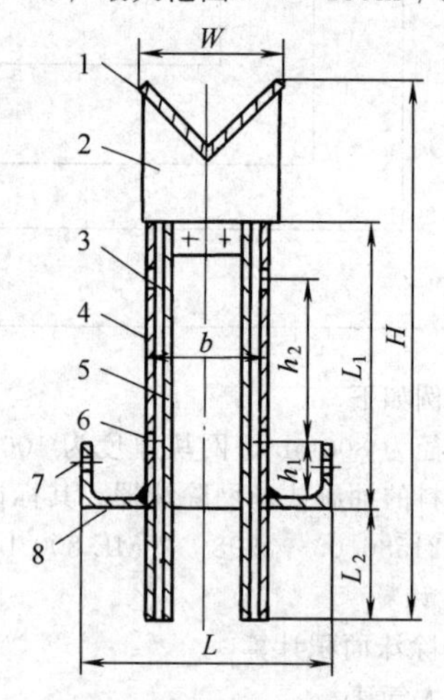

图 48-131 单升气管

1—挡液帽；2—支架；3—上层喷淋孔 d_2；4—升气管；5—导液角钢；6—下层喷淋孔 d_1；7—螺栓连接孔；8—分布板(底板)

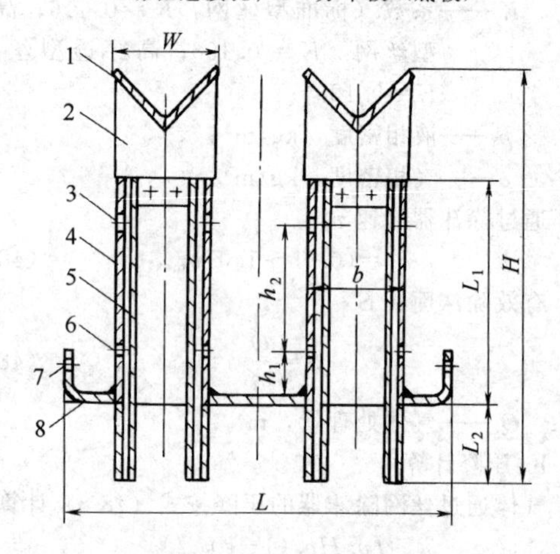

图 48-132 双升气管

1—挡液帽；2—支架；3—上层喷淋孔 d_2；4—升气管；5—导液角钢；6—下层喷淋孔；7—螺栓连接孔；8—分布板

(1) 结构型式和尺寸参数

本标准分布器分为标准升气管型和高升气管型，标准升气管型和高升气管型又分为带挡液帽的可拆型槽盘气液分布器及不带挡液帽的可拆型槽盘液体分布器。对于 DN600mm、DN700mm 的分布器，其底板为整板；分布板分为两种结构型式，单升气管型用于 800mm≤DN≤1800mm 的标准升气管型及高升气管型，其结构型式见图 48-131，双升气管型用于 $DN \geq$ 2000mm 的标准升气管型，其结构型式见图 48-132，尺寸参数见表 48-125。

(2) 分布器升气管布置（图 48-133）

表 48-125　可拆型槽盘气液分布器尺寸参数

塔内径 D/mm	型号	总高度 H/mm	升气管高度 L_1/mm	分布板底距下端高度 L_2/mm	分布板宽度 L/mm	挡液帽宽度 W/mm	升气管宽度 b/mm	孔数/个	标准图图号	质量/kg
600	GL-06S	458.4	254	96	570	110	100	26	HG/T 215851-06	30
700	GL-07S	458.4	254	96	670	110	100	36	HG/T 215851-07	40
800	GL-08S	468.5	254	96	222	120	110	42	HG/T 215851-08	50
1000	GL-10S	468.5	254	96	222	120	110	68	HG/T 215851-10	80
1200	GL-12S	468.5	254	96	222	120	110	100	HG/T 215851-12	110
1400	GL-14S	468.5	254	96	222	120	110	138	HG/T 215851-14	155
1600	GL-16S	468.5	254	96	222	120	110	180	HG/T 215851-16	200
1800	GL-18S	468.5	254	96	222	120	110	236	HG/T 215851-18	230
2000	GL-20S	468	255	95	452	120	110	280	HG/T 215851-20	335
2200	GL-22S	468	255	95	452	120	110	356	HG/T 215851-22	410
2400	GL-24S	468	255	95	452	120	110	424	HG/T 215851-24	475
2600	GL-26S	468	255	95	452	120	110	504	HG/T 215851-26	570
2600	GL-26A	573.5	389	66	222	120	110	480	G/T 215851-26A	645
2800	GL-28S	468	255	95	452	120	110	604	HG/T 215851-28	665
3000	GL-30S	468	255	95	452	120	110	708	HG/T 215851-30	780
3200	GL-32A	573.5	389	66	222	120	110	764	G/T 215851-32A	965
3400	GL-34S	468	255	95	452	120	110	852	HG/T 215851-34	940
3600	GL-36A	573.5	389	66	222	120	110	986	G/T 215851-36A	1230
3800	GL-38S	468	255	95	452	120	110	1064	HG/T 215851-38	1215
4000	GL-40S	468	255	95	452	120	110	1170	HG/T 215851-40	1340
4200	GL-42S	468	255	95	452	120	110	1308	HG/T 215851-42	1480
4600	GL-46S	468	255	95	452	120	110	1602	HG/T 215851-46	1765
5000	GL-50S	468	255	95	452	120	110	1832	HG/T 215851-50	2060
5200	GL-52S	468	255	95	452	120	110	1992	HG/T 215851-52	2220
5800	GL-58S	468	255	95	452	120	110	2568	HG/T 215851-58	2850
6000	GL-60S	468	255	95	452	120	110	2740	HG/T 215851-60	3000

注：当选用 LL 型时，按 GL 型对应标准图号，仅将图中挡液帽及支撑装置取消。

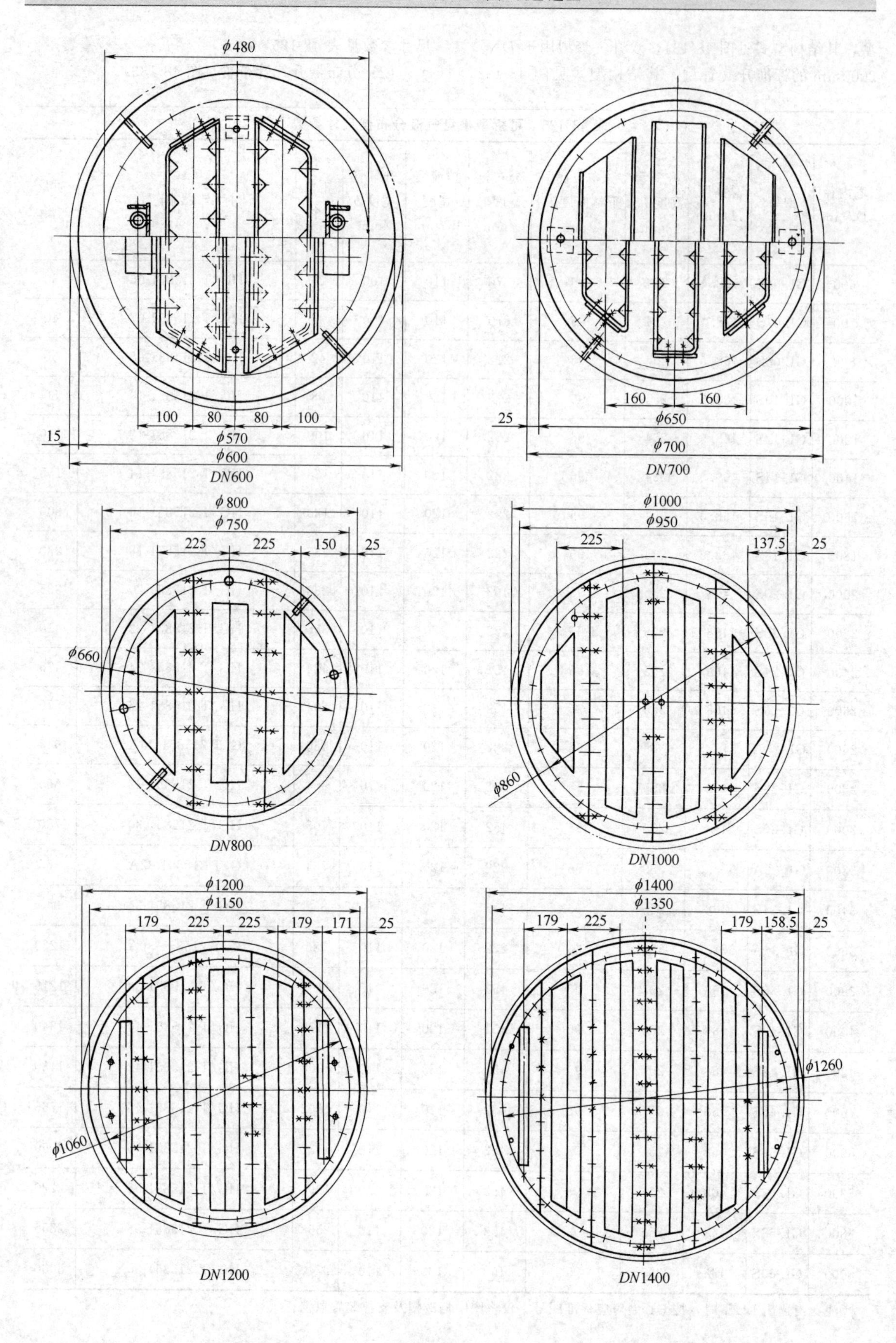
φ480
100
80
80
100
15
φ570
φ600
DN600
160
160
25
φ650
φ700
DN700
φ800
φ750
225
225
150
25
φ660
DN800
φ1000
φ950
225
137.5
25
φ860
DN1000
φ1200
φ1150
179
225
225
179
171
25
φ1060
DN1200
φ1400
φ1350
179
225
179
158.5
25
φ1260
DN1400

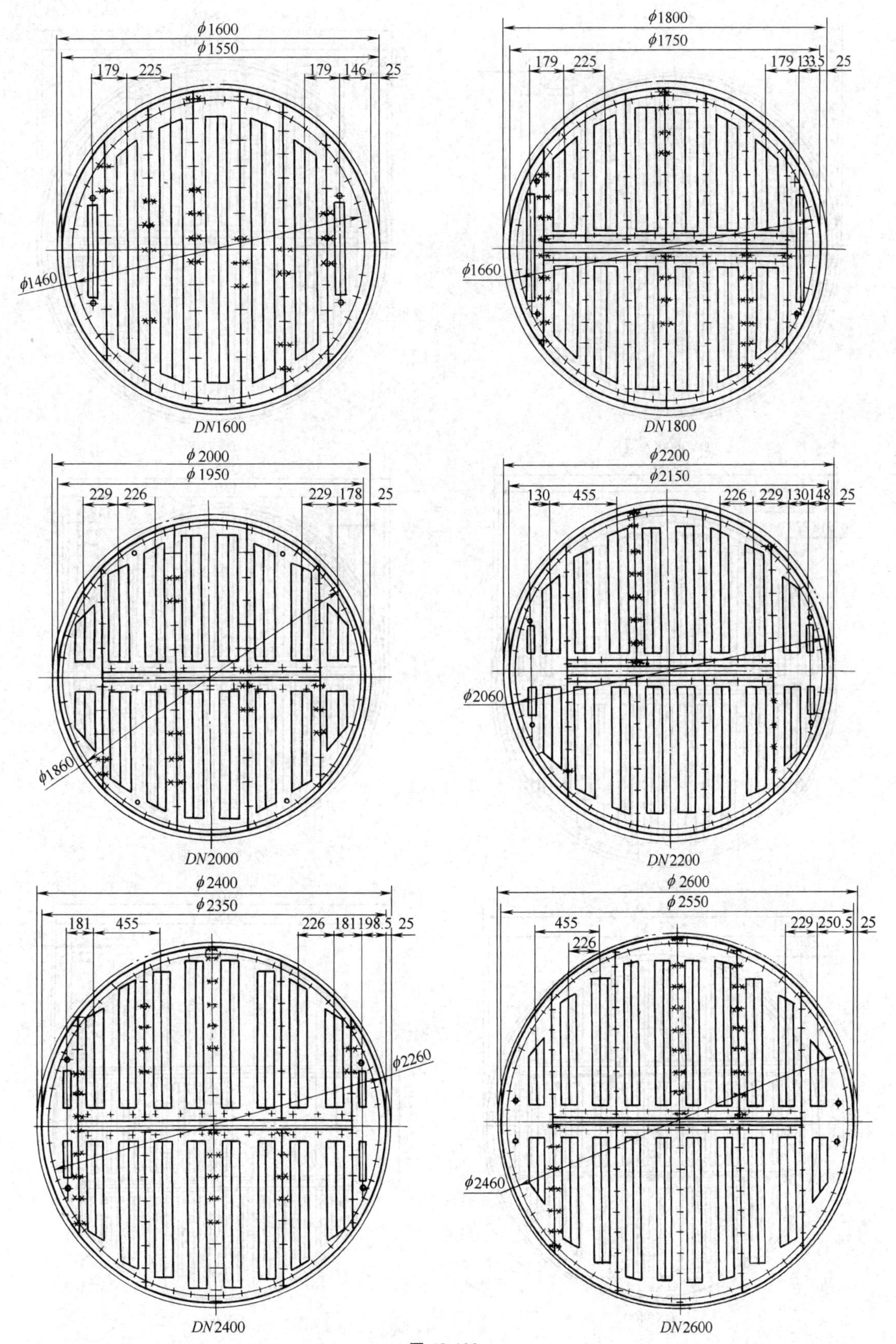

ϕ1600
ϕ1550
179
225
179
146
25
ϕ1460
DN1600
ϕ1800
ϕ1750
179
225
179
133.5
25
ϕ1660
DN1800
ϕ2000
ϕ1950
229
226
229
178
25
ϕ1860
DN2000
ϕ2200
ϕ2150
130
455
226
229
130
148
25
ϕ2060
DN2200
ϕ2400
ϕ2350
181
455
226
181
198.5
25
ϕ2260
DN2400
ϕ2600
ϕ2550
455
226
229
250.5
25
ϕ2460
DN2600

图 48-133

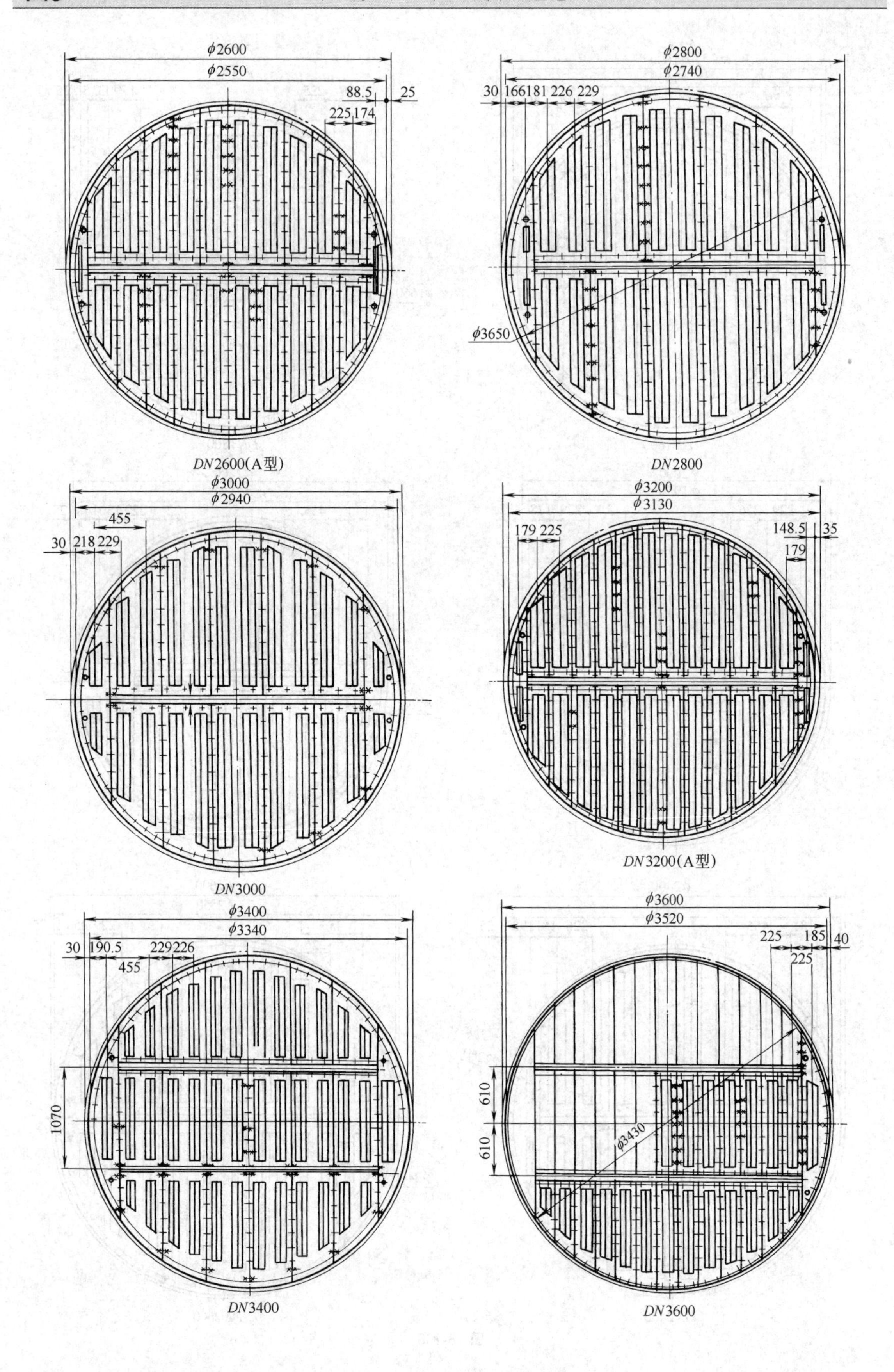

φ2600
φ2550
88.5
25
225
174
DN2600(A型)
φ2800
φ2740
30
166
181
226
229
φ3650
DN2800
φ3000
φ2940
455
30
218
229
DN3000
φ3200
φ3130
179
225
148.5
35
179
DN3200(A型)
φ3400
φ3340
30
190.5
229
226
455
1070
DN3400
φ3600
φ3520
225
185
40
225
610
610
φ3430
DN3600

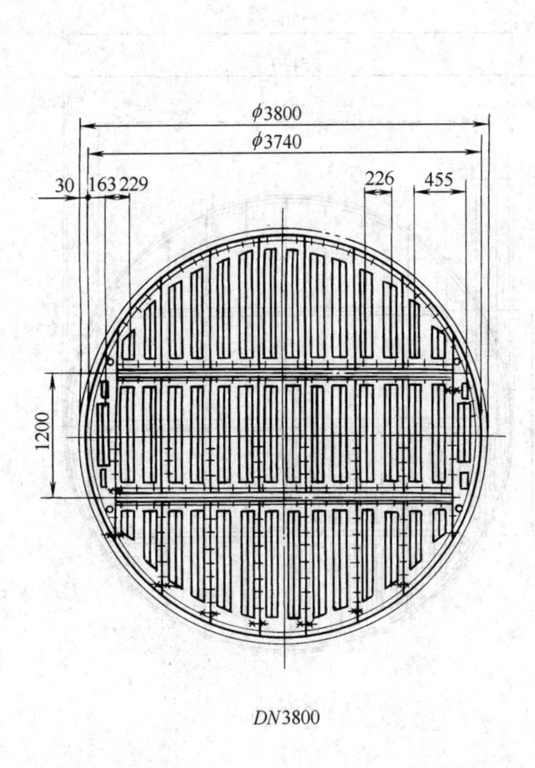
φ3800
φ3740
30
163
229
226
455
1200
DN3800

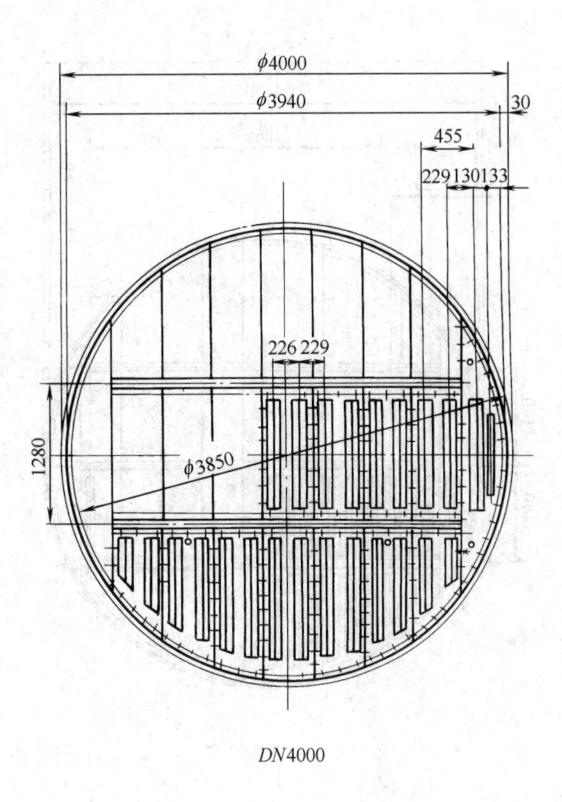
φ4000
φ3940
30
455
229
130
133
226
229
1280
φ3850
DN4000

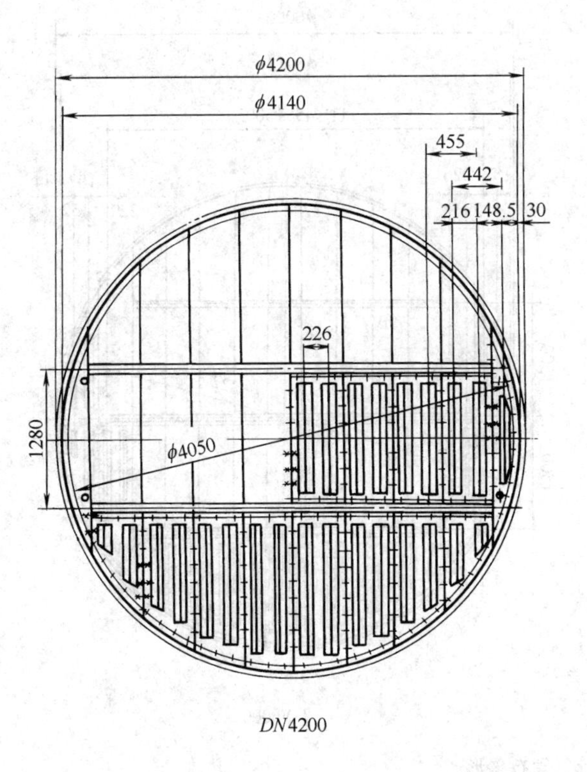
φ4200
φ4140
455
442
216
148.5
30
226
1280
φ4050
DN4200

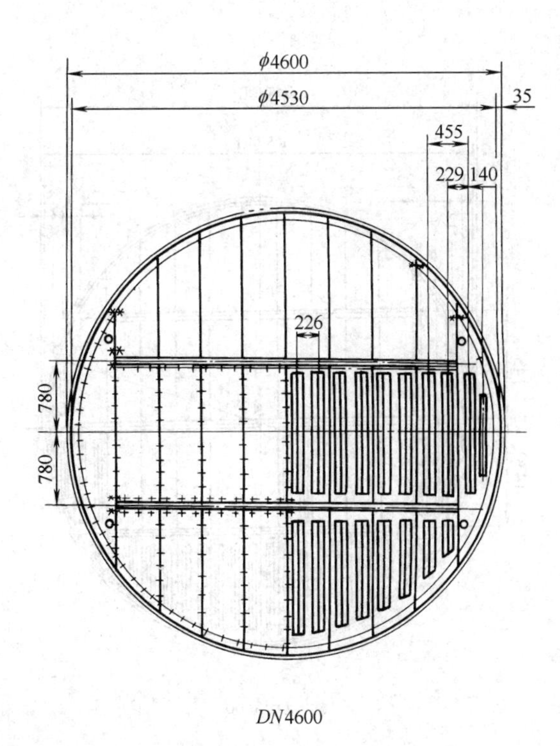
φ4600
φ4530
35
455
229
140
226
780
780
DN4600

图 48-133

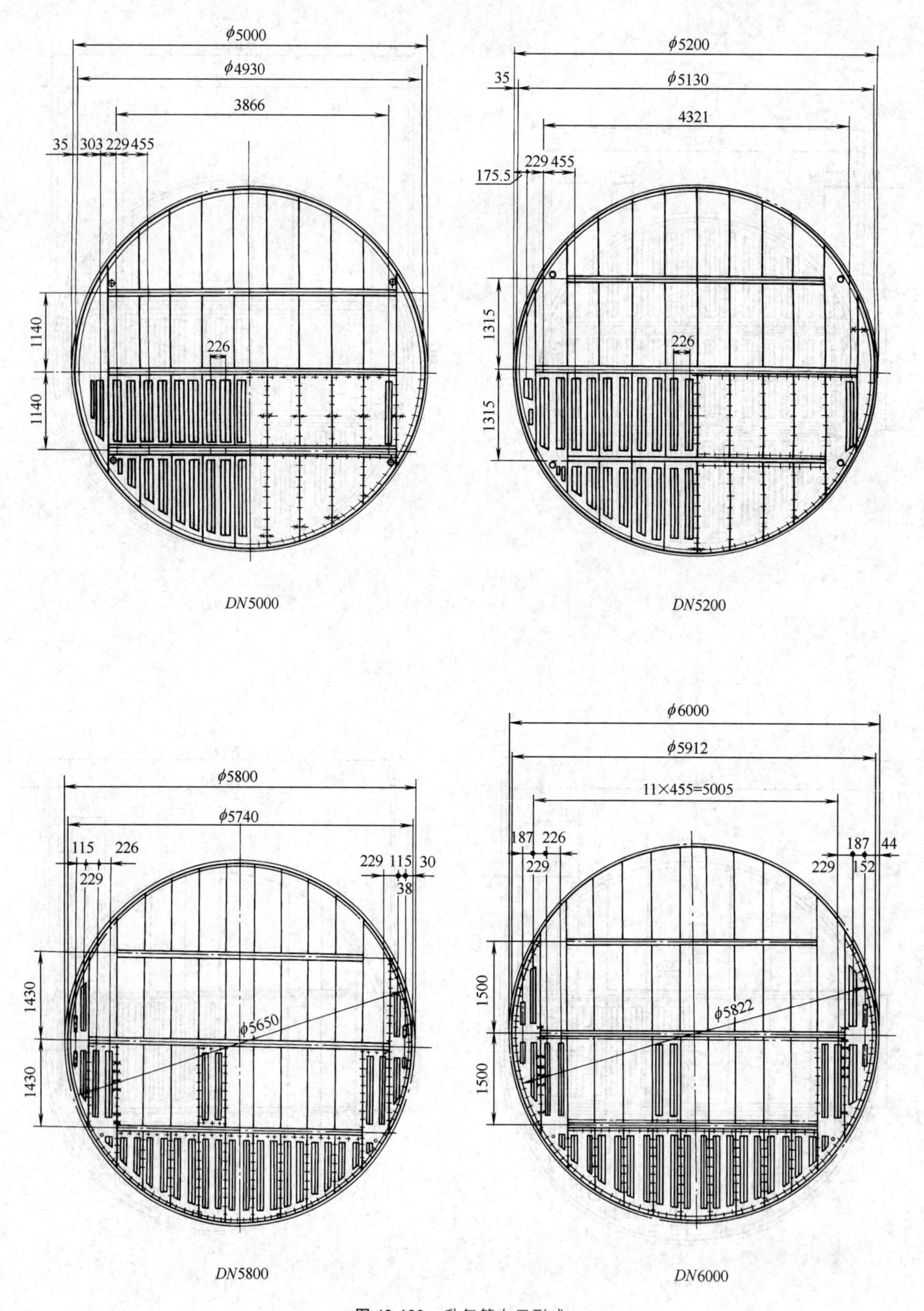

图48-133 升气管布置形式

(3) 分布器选用计算

① 升气管高度

标准升气管（S 型）：

$$h_1+h_2\leqslant 200 \quad (\text{mm}) \qquad (48\text{-}15)$$

式中　h_1——下层喷淋孔中心与底板距离，mm（一般 $h_1=50$mm；对于清洁物料，$h_1\geqslant$ 20mm；较多沉积物时，$h_1\geqslant$50mm）；

h_2——上、下层喷淋孔中心距，mm，上层孔 d_2 中心距升气管上缘一般为 50mm。

高升气管（A 型）用于大流量及工艺流体易起泡沫的场合。h_1、h_2 取值与 S 型相同，$L_1=389$mm。

② 喷淋孔数

根据工艺条件给出的塔径，按表 48-125 查得喷淋孔径为 d_1 的孔数，孔径 d_2 的孔数与 d_1 相同。

③ 分布器流量

$$Q=2827d^2 nC_d\sqrt{2gh} \quad (\text{m}^3/\text{h}) \qquad (48\text{-}16)$$

式中　d——喷淋孔径 d_1 或 d_2，m；

n——喷淋孔数，个；

h——液位高（液面距喷淋孔中心距），m；

C_d——喷淋孔流量系数，取 $C_d=0.5\sim0.7$；

g——重力加速度值，$g=9.8\text{m/s}^2$。

a. 最大流量 Q_{max}

喷淋量的最大液位高：

$$h=h_2+(0.5d_2+0.02) \quad (\text{m}) \qquad (48\text{-}17)$$

将计算所得的 h 代入式（48-16），即可求得最大流量 Q_{max}。

b. 最小流量 Q_{min}

此时仅下层喷淋孔喷流，喷淋量的液位高由下式确定：

$$h=0.5d_1+0.02 \quad (\text{m}) \qquad (48\text{-}18)$$

将所求 h 代入式（48-16），即得最小流量 Q_{min}。

c. 正常流量

此时仅下层喷淋孔喷流，喷淋量的液位高由下式确定：

$$h\approx 0.5h_2 \quad (\text{m}) \qquad (48\text{-}19)$$

将此 h 值代入式（48-16），即得分布器的正常流量。

通过对 d_1、d_2 的调整及试算，使 Q_{max}、Q_{min} 及 Q 满足工艺要求。

④ 喷淋孔径 d_1 及 d_2

对于标准升气管型，应满足：

$$\frac{\pi}{4}(d_1^2+d_2^2)\leqslant 200 \quad (\text{mm}^2) \qquad (48\text{-}20)$$

对于高升气管型，应满足：

$$\frac{\pi}{4}(d_1^2+d_2^2)\leqslant 450 \quad (\text{mm}^2) \qquad (48\text{-}21)$$

一般应以 d_1 满足 Q_{max}、Q_{min} 及 Q，此时公式（48-20）及公式（48-21）更改为：

$$\frac{\pi}{4}d_1^2\leqslant 200 \quad (\text{mm}^2) \qquad (48\text{-}22)$$

$$\frac{\pi}{4}d_1^2\leqslant 450 \quad (\text{mm}^2) \qquad (48\text{-}23)$$

d_1 最小值取 0.003m，$d_2\geqslant d_1$，可通过降低 h_2 及 h_1 调整流量，选择 d_1 及 d_2。

⑤ 喷淋密度

$$L=\frac{Q}{A} \quad [\text{m}^3/(\text{m}^2\cdot\text{h})] \qquad (48\text{-}24)$$

式中　Q——分布器液体总流量，m^3/h；

A——塔内径横截面积，m^2。

⑥ 塔的操作弹性

$$R=\frac{Q_{max}}{Q_{min}} \qquad (48\text{-}25)$$

(4) 材料

分布器所用材料见表 48-126。

表 48-126　分布器所用材料

材　料　牌　号	材料代号
0Cr19Ni9	Ⅰ
底板及泪孔导流板为碳钢，其余为 0Cr19Ni9	Ⅱ
其他材料	Ⅲ

(5) 标记

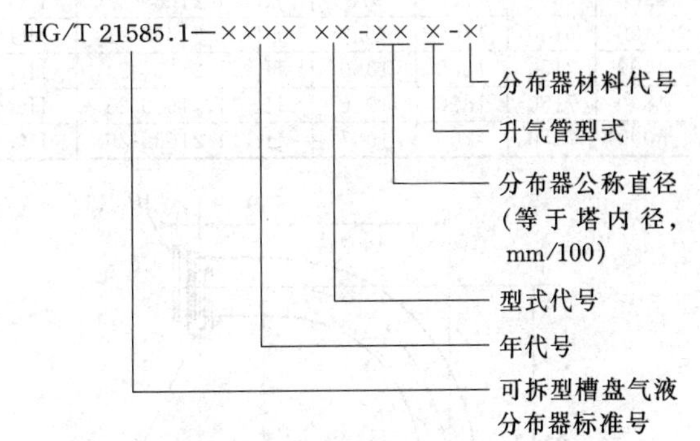

标记示例如下。

例 3　塔径 600mm，全部采用 0Cr18Ni9 材料，型式为可拆型槽盘气液分布器，其标记为

GL-06S-Ⅰ

例 4　塔径 2600mm，分布器底板及泪孔导流板采用硫钢，其余为不锈钢材料，型式为可拆型槽盘液体分布器，其标记为

LL-26S-Ⅱ，或 LL-26A-Ⅱ（高中气管型）

5.1.6　塔顶吊柱（HG/T 21639—2005）

对于室外无框架的整体塔，考虑安装检修时起吊塔盘板及其他零件，宜在塔顶设置一个可转动的吊柱。吊柱吊装质量分 500kg 和 1000kg 两挡，使用温度分大于－20℃和小于或等于－20℃两种情况。对于分节塔，塔盘板的拆卸往往在塔节拆开后进行，故不必设置吊柱。

吊柱的结构型式见图 48-134，基本参数见表 48-127。

表 48-127　基本参数　　　　单位：mm

S	L	H	W=500kg(α≤15°)			W=1000kg(α≤15°)		
			质量/kg	标准图号		质量/kg	标准图号	
				使用温度>−20℃	使用温度≤−20℃		使用温度>−20℃	使用温度≤−20℃
800	3150	900	236	HG/T 21639-1	HG/T 21639-41			
900	3400	1000	250	HG/T 21639-2	HG/T 21639-42			
1000	3400	1000	254	HG/T 21639-3	HG/T 21639-43	348	HG/T 21639-27	HG/T 21639-67
1100	3400	1000	258	HG/T 21639-4	HG/T 21639-44	353	HG/T 21639-28	HG/T 21639-68
1200	3400	1000	261	HG/T 21639-5	HG/T 21639-45	358	HG/T 21639-29	HG/T 21639-69
1300	3900	1100	285	HG/T 21639-6	HG/T 21639-46	389	HG/T 21639-30	HG/T 21639-70
1400	3900	1100	289	HG/T 21639-7	HG/T 21639-47	393	HG/T 21639-31	HG/T 21639-71
1500	3900	1100	293	HG/T 21639-8	HG/T 21639-48	399	HG/T 21639-32	HG/T 21639-72
1600	4250	1250	310	HG/T 21639-9	HG/T 21639-49	475	HG/T 21639-33	HG/T 21639-73
1800	4250	1250	359	HG/T 21639-10	HG/T 21639-50	487	HG/T 21639-34	HG/T 21639-74
2000	4250	1250	368	HG/T 21639-11	HG/T 21639-51	612	HG/T 21639-35	HG/T 21639-75
2200	4850	1350	480	HG/T 21639-12	HG/T 21639-52	691	HG/T 21639-36	HG/T 21639-76
2400	4850	1350	491	HG/T 21639-13	HG/T 21639-53	706	HG/T 21639-37	HG/T 21639-77
2600	4850	1350	501	HG/T 21639-14	HG/T 21639-54	722	HG/T 21639-38	HG/T 21639-78
2800	5450	1450	544	HG/T 21639-15	HG/T 21639-55	877	HG/T 21639-39	HG/T 21639-79
3000	5450	1450	632	HG/T 21639-16	HG/T 21639-56	895	HG/T 21639-40	HG/T 21639-80
3200	5450	1450	644	HG/T 21639-17	HG/T 21639-57			
3400	6050	1550	693	HG/T 21639-18	HG/T 21639-58			
3600	6050	1550	705	HG/T 21639-19	HG/T 21639-59			
3800	6050	1550	904	HG/T 21639-20	HG/T 21639-60			
4000	6550	1700	958	HG/T 21639-21	HG/T 21639-61			
4200	6550	1700	973	HG/T 21639-22	HG/T 21639-62			
4400	6550	1700	989	HG/T 21639-23	HG/T 21639-63			
4600	7150	1800	1050	HG/T 21639-24	HG/T 21639-64			
4800	7150	1800	1066	HG/T 21639-25	HG/T 21639-65			
5000	7150	1800	1087	HG/T 21639-26	HG/T 21639-66			

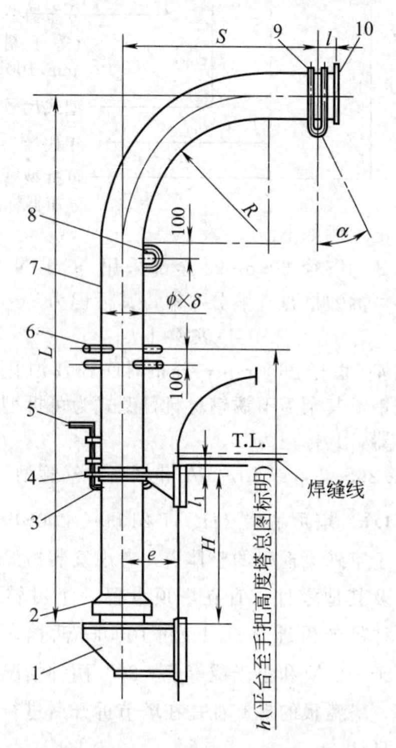

图 48-134　吊柱的结构型式

1—下支座；2—防雨罩；3—挡销；4—上支座；5—止动插销；6—手把；7—吊杆；8—耳环；9—吊钩；10—封板

标记示例如下。

使用温度大于−20℃，起吊质量 W=500kg，悬臂长度 S=1400mm 的吊柱。

标记：塔顶吊柱 W=500 S=1400 HG/T 21639-7。

使用温度小于或等于−20℃，起吊质量 W=500kg，悬臂长度 S=1400mm 的吊柱。

标记：塔顶吊柱 W=500 S=1400 HG/T 21639-47。

5.2　钢瓶

5.2.1　钢质无缝气瓶（GB 5099—1994）

钢质无缝气瓶的结构见图 48-135，公称容积和外径尺寸见表 48-128，使用环境温度为−40～60℃，工作压力、充装介质及充装系数见表 48-129。

5.2.2　钢质焊接气瓶（GB 5100—2011）

钢质焊接气瓶的结构见图 48-136，公称容积与公称直径见表 48-130，使用环境温度为−40～60℃，盛装低压液化气体钢瓶的公称工作压力不得低于其所盛介质在 60℃时的饱和蒸汽压，低压液化气体钢质焊接气瓶基本使用参数见表 48-131。

5.2.3　铝合金无缝气瓶（GB 11640—2011）

铝合金无缝气瓶的结构见图 48-137，公称容积和公称外径见表 48-132，使用温度为−40～60℃，公称工作压力不大于 30MPa，推荐充装的介质见表 48-133。

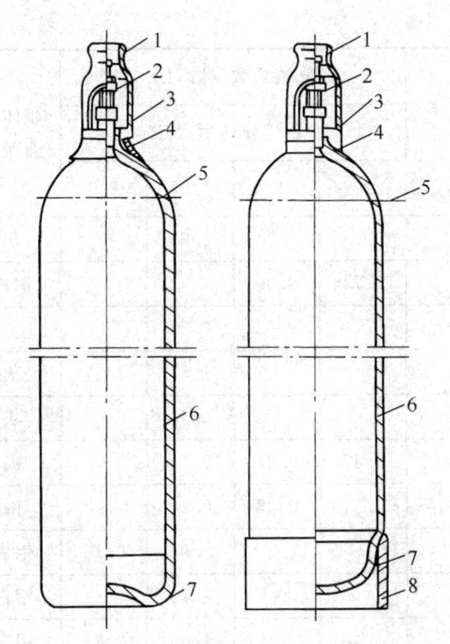

图 48-135　钢质无缝气瓶的结构

1—瓶帽；2—瓶阀；3—瓶口；4—颈圈；5—瓶肩；6—筒体；7—瓶底；8—底座

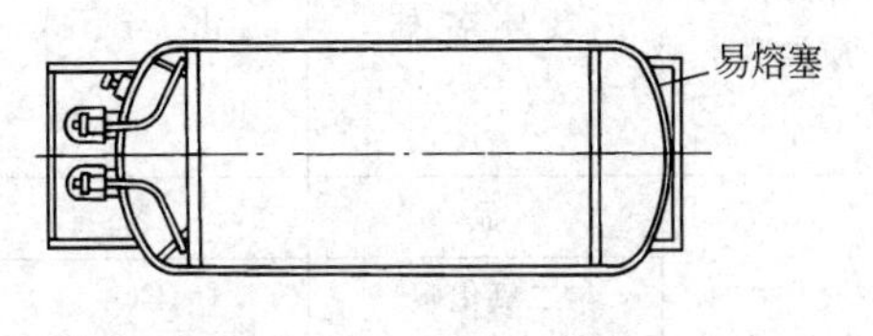

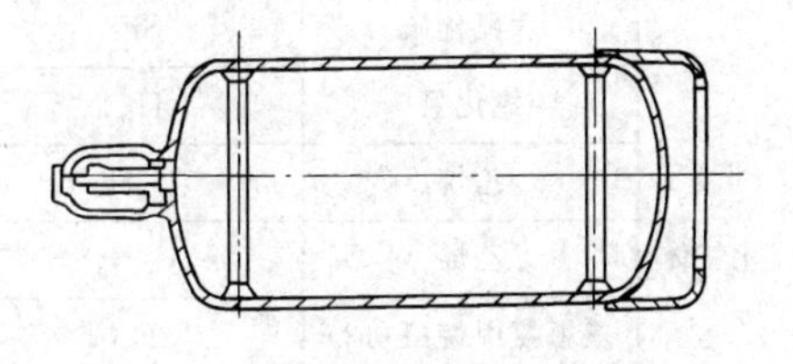

图 48-136　钢质焊接气瓶的结构

表 48-128　钢质无缝气瓶的公称容积和外径尺寸

公称容积/L	0.4	0.7	1.0	1.4	2.0	2.5	3.2	4.0	5.0	6.3	7.0	8.0	9.0	10.0	120	20	25	32	36	38	40	45	50	63	70	80
外径/mm	60,70	70	89		89,108	108,120,140	120,140				140,152			152 159	152,159 178,180	203,219				219,229,232				245,267,273		

表 48-129　钢质无缝气瓶基本参数

充装介质类型	气体名称	化学式	工作压力/MPa	充装系数/(kg/L) 公称工作压力/MPa 20	15	12.5	8.0	瓶体表面颜色
压缩气体	氢	H_2	30、20、15					深绿
	氧	O_2	30、20、15					天蓝
	空气		30、20、15					黑
	氮	N_2	30、20、15					黑
	氩	Ar	30、20、15					灰
	氦	He	30、20、15					灰
	氖	Ne	30、20、15					灰
	氪	Kr	30、20、15					灰
	甲烷	CH_4						褐
压缩气体	煤气							灰
	四氟甲烷(F-14)	CF_4						铝白
	三氟化硼	BF_3						灰

续表

充装介质类型	气体名称	化学式	工作压力/MPa	充装系数/(kg/L)				瓶体表面颜色
				公称工作压力/MPa				
				20	15	12.5	8.0	
高压液化气体	氙	Xe				1.23		灰
	二氧化碳	CO_2		0.74	0.60			铝白
	氧化亚氮(笑气)	N_2O			0.62	0.52		灰
	六氟化硫	SF_6				1.33	1.17	灰
	氯化氢	HCl				0.57		灰
	乙烷	C_2H_6		0.37	0.34	0.31		褐
	乙烯	C_2H_4		0.34	0.28	0.24		褐
	三氟氯甲烷(F-13)	CF_3Cl				0.94	0.73	铝白
	三氟甲烷(F-23)	CHF_3				0.76		铝白
	六氟乙烷(F-116)	C_2F_6				1.06	0.83	铝白
	偏二氟乙烯	$CH_2=CF_2$				0.66	0.46	灰
	氟乙烯	$CH_2=CHF$				0.54	0.47	灰
	三氟溴甲烷(F-13B1)	CF_3Br				1.45	1.33	铝白

表 48-130 钢质焊接气瓶公称容积和公称直径

公称容积 V/L	1～10	10～25	25～30	50～100	100～150	150～200	200～600	600～1000
公称直径 D/mm	70,100 150	200,230 217	250,300 314	300,350 314	400,350	400,500	600,700	800,900

表 48-131 低压液化气体钢质焊接气瓶基本使用参数

序号	气体名称	分子式	60℃时的饱和蒸气压力(表)/MPa	充装系数/(kg/L)
1	氨	NH_3	2.52	0.53
2	氯	Cl_2	1.68	1.25
3	溴化氢	HBr	4.86	1.19
4	硫化氢	H_2S	4.39	0.66
5	二氧化硫	SO_2	1.01	1.23
6	四氧化二氮	N_2O_4	0.41	1.30
7	碳酰二氯(光气)	$COCl_2$	0.43	1.25
8	氟化氢	HF	0.28	0.83
9	丙烷	C_3H_8	2.02	0.41
10	环丙烷	C_3H_6	1.57	0.53
11	正丁烷	C_4H_{10}	0.53	0.51
12	异丁烷	C_4H_{10}	0.76	0.49
13	丙烯	C_3H_6	2.42	0.42
14	异丁烯(2-甲基丙烯)	C_4H_6	0.67	0.53
15	1-丁烯	C_4H_6	0.66	0.53
16	1,3-丁二烯	C_4H_6	0.63	0.55
17	六氟丙烯(全氟丙烯)(R-1216)	C_3F_6	1.69	1.06

续表

序号	气体名称	分子式	60℃时的饱和蒸气压力(表)/MPa	充装系数/(kg/L)
18	二氯二氟甲烷(R-12)	CF_2Cl_2	1.42	1.14
19	二氯氟甲烷(R-21)	$CHFCl_2$	0.42	1.25
20	二氟氯甲烷(R-22)	CHF_2Cl	2.32	1.02
21	二氯四氟乙烷(R-114)	$C_2F_4Cl_2$	0.49	1.31
22	二氟氯乙烷(R-142b)	$C_2H_3F_2Cl$	0.76	0.99
23	1,1,1-三氟乙烷(R-143b)	$C_2H_3F_3$	2.77	0.66
24	偏二氟乙烷(R-152a)	$C_2H_4F_2$	1.37	0.79
25	二氟溴氯甲烷(R-12BI)	CF_2ClBr	0.62	1.62
26	三氟氯乙烯(R-1113)	C_2F_3Cl	1.49	1.10
27	氯甲烷(甲基氯)	CH_3Cl	1.27	0.81
28	氯乙烷(乙基氯)	C_2H_5Cl	0.35	0.80
29	氯乙烯(乙烯基氯)	C_2H_3Cl	0.91	0.82
30	溴甲烷(甲基溴)	CH_3Br	0.52	1.50
31	溴乙烯(乙烯基溴)	C_2H_3Br	0.35	1.28
32	甲胺	CH_3NH_2	0.94	0.60
33	二甲胺	$(CH_3)_2NH$	0.51	0.58
34	三甲胺	$(CH_3)_3N$	0.49	0.56
35	乙胺	$C_2H_5NH_2$	0.34	0.62
36	二甲醚(甲醚)	C_2H_6O	1.35	0.58
37	乙烯基甲醚(甲基乙烯基醚)	C_3H_6O	0.40	0.67
38	环氧乙烷(氧化乙烯)	C_2H_4O	0.44	0.79
39	顺 2-丁烯	C_4H_8	0.48	0.55
40	反 2-丁烯	C_4H_6	0.52	0.54
41	五氟氯乙烷(R-115)	CF_5Cl	1.97	1.03
42	八氟环丁烷(RC-318)	C_4F_8	0.76	1.31
43	三氯化硼(氯化硼)	BCl_3	0.32	1.20
44	甲硫醇(硫氢甲烷)	CH_3SH	0.47	0.78
45	三氟氯乙烷(R-133a)	$C_2H_2F_3Cl$	0.52	1.18

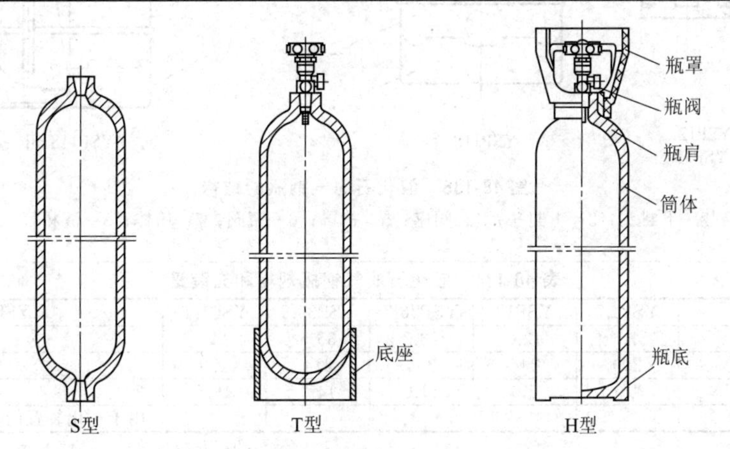

图 48-137　铝合金无缝气瓶的结构

沿气瓶轴线设计一个或两个瓶口

表 48-132　铝合金无缝气瓶公称容积和公称外径

类别	公称容积/L	公差/%	筒体公称外径/mm	公差/%
小容积	≤2.0	+10 0	60,70,89,108	+1.25 −2.00
	2.5～6.3		108,120,140	
	7.0～12.0		140,152,159,180	
中容积	13.0～36.0	+5 0	203,219	±1.25
	37.0～50.0		219,229,232	

注：也可采用其他规格容积和外径尺寸。

表 48-133 宜充装于铝合金无缝气瓶中的气体

永久气体	液化气体			
	高压液化气体	低压液化气体		
空气	三氟溴甲烷	氨	二甲胺	三甲胺
氩气	二氧化碳	砷化氢	二甲醚	丙二烯
一氧化碳	三氟氯甲烷	二氟溴氯甲烷	乙胺	丙烯
四氟甲烷	乙硼烷	1,3-丁二烯	六氟丙烯	丙烷
煤气	1,1-二氟乙烯	丁烷	氰化氢	
重氢	乙烷	1-丁烯	硫化氢	
氦	乙烯	2-丁烯	异丁烷	
氢	六氟乙烷	二氟一氯甲烷	异丁烯	
氪	一氧化氮	二氟氯乙烷	丙炔	
甲烷	一氧化二氮	五氟氯乙烷	甲胺	
氖	磷烷	三氟一氯乙烷	甲硫醇	
氧	硅烷	氰	八氟环丁烷	
氮	六氟化硫	环丙烷	四氟二氯乙烷	
	三氟甲烷	一氟二氯甲烷	二氧化硫	
	氙			

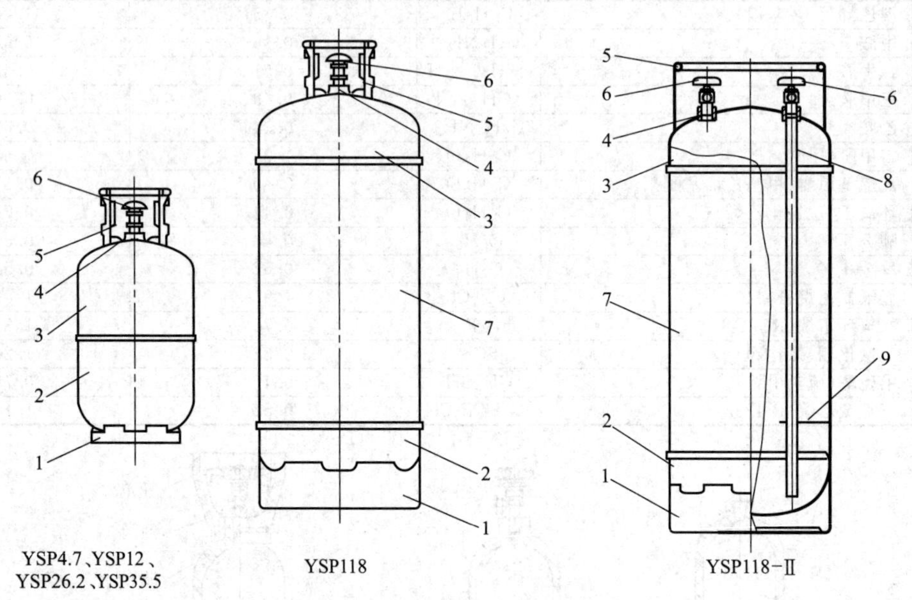

图 48-138 液化石油气钢瓶的结构

1—底座；2—下封头；3—上封头；4—阀座；5—护罩；6—瓶阀；7—筒体；8—液相管；9—支架

表 48-134 液化石油气钢瓶规格和充装量

参 数	YSP4.7	YSP12	YSP26.2	YSP35.5	YSP118	YSP118-Ⅱ
公称容积/L	4.7	12.0	26.2	35.5	118	118
钢瓶内直径/mm	200	244	294	314	400	400
最大充装量/kg	1.9	5.0	11.0	14.9	49.5	49.5
备注						用于气化装置的液化石油气储存设备

5.2.4 液化石油气钢瓶（GB 5842—2006）

液化石油气钢瓶的结构见图 48-138，规格和充装量见表 48-134，使用环境温度为－40～60℃。

6 热交换器系列

6.1 固定管板式热交换器（GB/T 28712.2—2012）

6.1.1 基本参数

① 公称压力 PN：0.25～6.40MPa。

② 公称直径 DN：钢管制圆筒 159～426mm，卷制圆筒 400～2400mm。

③ 换热管长度 L：1500～12000mm。

④ 换热管规格及排列形式见表 48-135。

⑤ 折流板（支持板）间距见表 48-136。

⑥ 换热管 ϕ19mm、ϕ25mm 的热交换器基本参数见表 48-137 和表 48-138。

⑦ 计算换热面积由式（48-26）确定。

$$A_1=\pi d(L-2\delta-2l_1)n\times10^{-6} \tag{48-26}$$

式中 A_1——计算换热面积，m^2；

d——换热管外径，mm；

L——换热管长度，mm；

l_1——换热管伸出管板长度（设定为 3），mm；

n——换热管根数；

δ——管板厚度（设定为 50），mm。

表 48-135　换热管规格及排列型式　　单位：mm

换热管外径×壁厚($d\times\delta_t$)				排列形式	管心距
碳素钢、低合金钢、铝	不锈钢	铜	钛		
19×2	19×2	19×2	19×1.25	正三角形	25
25×2.5	25×2	25×2	25×1.5		32

注：允许采用其他材料或规格的换热管。

表 48-136　折流板（支持板）间距　　单位：mm

公称直径 DN	管长	折流板间距					
≤500	≤3000	100	200	300	450	600	—
	4500～6000	—					
600～800	1500～6000	150	200	300	450	600	—
900～1300	≤6000	—	200	300	450	600	—
	7500,9000		—				750
1400～1600	6000	—	—	300	450	600	750
	7500,9000			—			
1700～1800	6000～9000	—	—	—	450	600	750
1900～2400	6000～12000	—	—	—	450	600	750

表 48-137　换热管 ϕ19mm 的换热器基本参数

公称直径 DN /mm	公称压力 PN /MPa	管程数 N	管子根数 n	中心排管数	管程流通面积 /m²	计算换热面积/m² 换热管长度 L/mm 1500	2000	3000	4500	6000	9000	12000
159	1.60 2.50 4.00 6.40	1	15	5	0.0027	1.3	1.7	2.6	—	—	—	—
219			33	7	0.0058	2.8	3.7	5.7	—	—	—	—
273	1.60 2.50 4.00 6.40	1	65	9	0.0115	5.4	7.4	11.3	17.1	22.9	—	—
		2	56	8	0.0049	4.7	6.4	9.7	14.7	19.7	—	—
325		1	99	11	0.0175	8.3	11.2	17.1	26.0	34.9	—	—
		2	88	10	0.0078	7.4	10.0	15.2	23.1	31.0	—	—
		4	68	11	0.0030	5.7	7.7	11.8	17.9	23.9	—	—
400	0.60 1.00 1.60 2.50 4.00	1	174	14	0.0307	14.5	19.7	30.1	45.7	61.3	—	—
		2	164	15	0.0145	13.7	18.6	28.4	43.1	57.8	—	—
		4	146	14	0.0065	12.2	16.6	25.3	38.3	51.4	—	—
450		1	237	17	0.0419	19.8	26.9	41.0	62.2	83.5	—	—
		2	220	16	0.0194	18.4	25.0	38.1	57.8	77.5	—	—
		4	200	16	0.0088	16.7	22.7	34.6	52.5	70.4	—	—
500		1	275	19	0.0486	—	31.2	47.6	72.2	96.8	—	—
		2	256	18	0.0226	—	29.0	44.3	67.2	90.2	—	—
		4	222	18	0.0098	—	25.2	38.4	58.3	78.2	—	—
600		1	430	22	0.0760	—	48.8	74.4	112.9	151.4	—	—
		2	416	23	0.0368	—	47.2	72.0	109.8	146.5	—	—
		4	370	22	0.0163	—	42.0	64.0	97.2	130.3	—	—
		6	360	20	0.0106	—	40.8	62.3	94.5	126.8	—	—
700		1	607	27	0.1073	—	—	105.1	159.4	213.8	—	—
		2	574	27	0.0507	—	—	99.4	150.8	202.1	—	—
		4	542	27	0.0239	—	—	93.8	142.3	190.9	—	—
		6	518	24	0.0153	—	—	89.7	136.0	182.4	—	—
800	0.60 1.00 1.60 2.50 4.00	1	797	31	0.1408	—	—	138.0	209.3	280.7	—	—
		2	776	31	0.0686	—	—	134.3	203.8	273.3	—	—
		4	722	31	0.0319	—	—	125.0	189.8	254.3	—	—
		6	710	30	0.0209	—	—	122.9	186.5	250.0	—	—
900		1	1009	35	0.1783	—	—	174.7	265.0	355.3	536.0	—
		2	988	35	0.0873	—	—	171.0	259.5	347.9	524.9	—
		4	938	35	0.0414	—	—	162.4	246.4	330.3	498.3	—

续表

公称直径 DN /mm	公称压力 PN /MPa	管程数 N	管子根数 n	中心排管数	管程流通面积 /m²	计算换热面积/m² 换热管长度 L/mm 1500	2000	3000	4500	6000	9000	12000
900	0.60 1.00 1.60 2.50 4.00	6	914	34	0.0269	—	—	158.2	240.0	321.9	485.6	—
1000		1	1267	39	0.2239	—	—	219.3	332.8	446.2	673.1	—
		2	1234	39	0.1090	—	—	213.6	324.1	434.6	655.6	—
		4	1186	39	0.0524	—	—	205.3	311.5	417.7	630.1	—
		6	1148	38	0.0338	—	—	198.7	301.5	404.3	609.9	—
1100		1	1501	43	0.2652	—	—	—	394.2	528.6	797.4	—
		2	1470	43	0.1299	—	—	—	386.1	517.7	780.9	—
		4	1450	43	0.0641	—	—	—	380.8	510.6	770.3	—
		6	1380	42	0.0406	—	—	—	362.4	486.0	733.1	—
1200		1	1837	47	0.3246	—	—	—	482.5	646.9	975.9	—
		2	1816	47	0.1605	—	—	—	476.9	639.5	964.7	—
		4	1732	47	0.0765	—	—	—	454.9	610.0	920.1	—
		6	1716	46	0.0505	—	—	—	450.7	604.3	911.6	—
1300	0.25 0.60 1.00 1.60 2.50	1	2123	51	0.3752	—	—	—	557.6	747.7	1127.8	—
		2	2080	51	0.1838	—	—	—	546.3	732.5	1105.0	—
		4	2074	50	0.0916	—	—	—	544.7	730.4	1101.8	—
		6	2028	48	0.0597	—	—	—	532.6	714.2	1077.4	—
1400		1	2557	55	0.4519	—	—	—	—	900.5	1358.4	—
		2	2502	54	0.2211	—	—	—	—	881.1	1329.2	—
		4	2404	55	0.1062	—	—	—	—	846.6	1277.1	—
		6	2378	54	0.0700	—	—	—	—	837.5	1263.3	—
1500		1	2929	59	0.5176	—	—	—	—	1031.5	1555.0	—
		2	2874	58	0.2539	—	—	—	—	1012.1	1526.8	—
		4	2768	58	0.1223	—	—	—	—	974.8	1470.5	—
		6	2692	56	0.0793	—	—	—	—	948.0	1430.1	—
1600		1	3339	61	0.5901	—	—	—	—	1175.9	1773.8	—
		2	3282	62	0.3382	—	—	—	—	1155.8	1743.5	—
		4	3176	62	0.1403	—	—	—	—	1118.5	1687.2	—
		6	3140	61	0.0925	—	—	—	—	1105.8	1668.1	—
1700		1	3721	65	0.6576	—	—	—	—	1310.4	1976.1	—
		2	3646	66	0.3131	—	—	—	—	1284.0	1936.9	—
		4	3544	66	0.1566	—	—	—	—	1248.1	1882.7	—
		6	3512	63	0.1034	—	—	—	—	1236.8	1869.7	—
1800		1	4247	71	0.7505	—	—	—	—	1495.7	2256.2	—
		2	4186	70	0.3699	—	—	—	—	1474.2	2223.8	—
		4	4070	69	0.1798	—	—	—	—	1433.3	2162.2	—
		6	4048	67	0.1192	—	—	—	—	1425.6	2150.5	—
1900		1	4673	75	0.8258	—	—	—	—	1644.0	2480.8	3317.6
		2	4618	75	0.4080	—	—	—	—	1624.7	2451.6	3278.6
		4	4566	75	0.2017	—	—	—	—	1606.4	2424.0	3241.7
		6	4528	74	0.1334	—	—	—	—	1593.0	2403.8	3214.7
2000		1	5281	79	0.9332	—	—	—	—	1857.9	2803.6	3749.3
		2	5200	79	0.4595	—	—	—	—	1829.4	2760.6	3691.8
		4	5084	79	0.2246	—	—	—	—	1788.6	2699.0	3609.4
		6	5042	78	0.1485	—	—	—	—	1773.8	2676.7	3579.6
2100	0.60	1	5739	83	1.0142	—	—	—	—	2019.1	3046.8	4074.4
		2	5680	83	0.5019	—	—	—	—	1998.3	3015.4	4032.5
		4	5628	83	0.2486	—	—	—	—	1980.0	2987.8	3995.6
		6	5580	82	0.1643	—	—	—	—	1963.1	2962.3	3961.6

续表

公称直径 DN /mm	公称压力 PN /MPa	管程数 N	管子根数 n	中心排管数	管程流通面积 /m²	计算换热面积/m² 换热管长度 L/mm						
						1500	2000	3000	4500	6000	9000	12000
2200	0.60	1	6401	87	1.1312	—	—	—	—	2252.0	3398.2	4544.4
		2	6336	87	0.5598	—	—	—	—	2229.1	3363.7	4498.3
		4	6186	87	0.2733	—	—	—	—	2176.3	3284.1	4391.8
		6	6144	86	0.1810	—	—	—	—	2161.5	3261.8	4362.0
2300		1	6927	91	1.2241	—	—	—	—	2437.0	3677.4	4917.9
		2	6828	91	0.6033	—	—	—	—	2402.2	3624.9	4847.6
		4	6762	91	0.2987	—	—	—	—	2379.0	3589.8	4800.7
		6	6746	90	0.1987	—	—	—	—	2373.3	3581.4	4789.4
2400		1	7649	95	1.3517	—	—	—	—	2691.0	4060.7	5430.5
		2	7564	95	0.6683	—	—	—	—	2661.1	4015.6	5370.1
		4	7414	95	0.3275	—	—	—	—	2608.4	3936.0	5263.6
		6	7362	94	0.2168	—	—	—	—	2590.1	3908.4	5226.7

注：管程流通面积为各程平均值。管程流通面积以碳钢管尺寸计算。

表 48-138　换热管 ϕ25mm 的换热器基本参数

公称直径 DN /mm	公称压力 PN /MPa	管程数 N	管子根数 n	中心排管数	管程流通面积 /m²	计算换热面积/m² 换热管长度 L/mm						
						1500	2000	3000	4500	6000	9000	12000
159	1.60 2.50 4.00 6.40	1	11	3	0.0035	1.2	1.6	2.5	—	—	—	—
219			25	5	0.0079	2.7	3.7	5.7	—	—	—	—
273		1	38	6	0.0119	4.2	5.7	8.7	13.1	17.6	—	—
		2	32	7	0.0050	3.5	4.8	7.3	11.1	14.8	—	—
325		1	57	9	0.0179	6.3	8.5	13.0	19.7	26.4	—	—
		2	56	9	0.0088	6.2	8.4	12.7	19.3	25.9	—	—
		4	40	9	0.0031	4.4	6.0	9.1	13.8	18.5	—	—
400	0.60 1.00 1.60 2.50 4.00	1	98	12	0.0308	10.8	14.6	22.3	33.8	45.4	—	—
		2	94	11	0.0148	10.3	14.0	21.4	32.5	43.5	—	—
		4	76	11	0.0060	8.4	11.3	17.3	26.3	35.2	—	—
450		1	135	13	0.0424	14.8	20.1	30.7	46.6	62.5	—	—
		2	126	12	0.0198	13.9	18.8	28.7	43.5	58.4	—	—
		4	106	13	0.0083	11.7	15.8	24.1	36.6	49.1	—	—
500		1	174	14	0.0546	—	26.0	39.6	60.1	80.6	—	—
		2	164	15	0.0257	—	24.5	37.3	56.6	76.0	—	—
		4	144	15	0.0113	—	21.4	32.8	49.7	66.7	—	—
600		1	245	17	0.0769	—	36.5	55.8	84.6	113.5	—	—
		2	232	16	0.0364	—	34.6	52.8	80.1	107.5	—	—
		4	222	17	0.0174	—	33.1	50.5	76.7	102.8	—	—
		6	216	16	0.0113	—	32.2	49.2	74.6	100.0	—	—
700		1	355	21	0.1115	—	—	80.0	122.6	164.4	—	—
		2	342	21	0.0537	—	—	77.9	118.1	158.4	—	—
		4	322	21	0.0253	—	—	73.3	111.2	149.1	—	—
		6	304	20	0.0159	—	—	69.2	105.0	140.8	—	—
800	0.60 1.00 1.60 2.50 4.00	1	467	23	0.1466	—	—	106.3	161.3	216.3	—	—
		2	450	23	0.0707	—	—	102.4	155.4	208.5	—	—
		4	442	23	0.0347	—	—	100.6	152.7	204.7	—	—
		6	430	24	0.0225	—	—	97.9	148.5	119.2	—	—
900		1	605	27	0.1900	—	—	137.8	209.0	280.2	422.7	—
		2	588	27	0.0923	—	—	133.9	203.1	272.3	410.8	—
		4	554	27	0.0435	—	—	126.1	191.4	256.6	387.1	—

续表

公称直径 DN /mm	公称压力 PN /MPa	管程数 N	管子根数 n	中心排管数	管程流通面积 /m²	计算换热面积/m² 换热管长度 L/mm 1500	2000	3000	4500	6000	9000	12000
900	0.60 1.00 1.60 2.50 4.00	6	538	26	0.0282	—	—	122.5	185.8	249.2	375.9	—
1000		1	749	30	0.2352	—	—	170.5	258.7	346.9	523.3	—
		2	742	29	0.1165	—	—	168.9	256.3	343.7	518.4	—
		4	710	29	0.0557	—	—	161.6	245.2	328.8	496.0	—
		6	698	30	0.0365	—	—	158.9	241.1	323.3	487.7	—
1100		1	931	33	0.2923	—	—	—	321.6	431.2	650.4	—
		2	894	33	0.1404	—	—	—	308.8	414.1	624.6	—
		4	848	33	0.0666	—	—	—	292.9	392.8	592.5	—
		6	830	32	0.0434	—	—	—	286.7	384.4	579.9	—
1200		1	1115	37	0.3501	—	—	—	385.1	516.4	779.0	—
		2	1102	37	0.1730	—	—	—	380.6	510.4	769.9	—
		4	1052	37	0.0826	—	—	—	363.4	487.2	735.0	—
		6	1026	36	0.0537	—	—	—	354.4	475.2	716.8	—
1300	0.25 0.60 1.00 1.60 2.50	1	1301	39	0.4085	—	—	—	449.4	602.6	908.9	—
		2	1274	40	0.2000	—	—	—	440.0	590.1	890.1	—
		4	1214	39	0.0953	—	—	—	419.3	562.3	848.2	—
		6	1192	38	0.0624	—	—	—	411.7	552.1	832.8	—
1400		1	1547	43	0.4858	—	—	—	—	716.5	1080.8	—
		2	1510	43	0.2371	—	—	—	—	699.4	1055.0	—
		4	1454	43	0.1141	—	—	—	—	673.4	1015.8	—
		6	1424	42	0.0745	—	—	—	—	659.5	994.9	—
1500		1	1753	45	0.5504	—	—	—	—	811.9	1224.7	—
		2	1700	45	0.2669	—	—	—	—	787.4	1187.7	—
		4	1688	45	0.1325	—	—	—	—	781.8	1179.3	—
		6	1590	44	0.0832	—	—	—	—	736.4	1110.9	—
1600		1	2023	47	0.6352	—	—	—	—	937.0	1413.4	—
		2	1982	48	0.3112	—	—	—	—	918.0	1384.7	—
		4	1900	48	0.1492	—	—	—	—	880.0	1327.4	—
		6	1884	47	0.0986	—	—	—	—	872.6	1316.3	—
1700		1	2245	51	0.7049	—	—	—	—	1039.8	1568.5	—
		2	2216	52	0.3479	—	—	—	—	1026.3	1548.2	—
		4	2180	50	0.1711	—	—	—	—	1009.7	1523.1	—
		6	2156	53	0.1128	—	—	—	—	998.6	1506.3	—
1800		1	2559	55	0.8035	—	—	—	—	1185.3	1787.7	—
		2	2512	55	0.3944	—	—	—	—	1163.4	1755.1	—
		4	2424	54	0.1903	—	—	—	—	1122.7	1693.2	—
		6	2404	53	0.1258	—	—	—	—	1113.4	1679.6	—
1900		1	2899	59	0.9107	—	—	—	—	1342.0	2025.0	2708.1
		2	2854	59	0.4483	—	—	—	—	1321.2	1993.6	2666.1
		4	2772	59	0.2177	—	—	—	—	1283.2	1936.3	2589.5
		6	2742	58	0.1436	—	—	—	—	1269.3	1915.4	2561.4
2000		1	3189	61	1.0019	—	—	—	—	1476.2	2227.6	2979.0
		2	3120	61	0.4901	—	—	—	—	1444.3	2179.4	2914.6
		4	3110	61	0.2443	—	—	—	—	1439.7	2172.4	2905.2
		6	3078	60	0.1612	—	—	—	—	1424.8	2150.1	2875.3
2100	0.6	1	3547	65	1.1143	—	—	—	—	1642.0	2477.7	3313.4
		2	3494	65	0.5488	—	—	—	—	1617.4	2440.7	3263.9
		4	3388	65	0.2661	—	—	—	—	1568.4	2366.6	3164.9
		6	3378	64	0.1769	—	—	—	—	1563.7	2359.6	3155.6

续表

公称直径 DN /mm	公称压力 PN /MPa	管程数 N	管子根数 n	中心排管数	管程流通面积 /m²	计算换热面积/m² 换热管长度 L/mm						
						1500	2000	3000	4500	6000	9000	12000
2200	0.6	1	3853	67	1.2104	—	—	—	—	1783.6	2691.4	3599.3
		2	3816	67	0.5994	—	—	—	—	1766.4	2665.6	3564.7
		4	3770	67	0.2961	—	—	—	—	1745.2	2633.5	3521.8
		6	3740	68	0.1958	—	—	—	—	1731.3	2612.5	3493.7
2300		1	4249	71	1.3349	—	—	—	—	1966.9	2968.1	3969.2
		2	4212	71	0.6616	—	—	—	—	1949.8	2942.2	3934.7
		4	4096	71	0.3217	—	—	—	—	1896.1	2861.2	3826.3
		6	4076	70	0.2134	—	—	—	—	1886.8	2847.2	3807.6
2400		1	4601	73	1.4454	—	—	—	—	2129.9	3214.0	4298.0
		2	4548	73	0.7144	—	—	—	—	2105.3	3176.9	4248.5
		4	4516	73	0.3547	—	—	—	—	2090.5	3154.6	4218.6
		6	4474	74	0.2342	—	—	—	—	2071.1	3125.2	4179.4

注：管程流通面积为各程平均值。管程流通面积以碳钢管尺寸计算。

6.1.2　结构型式

(1) 结构简图（图 48-139）

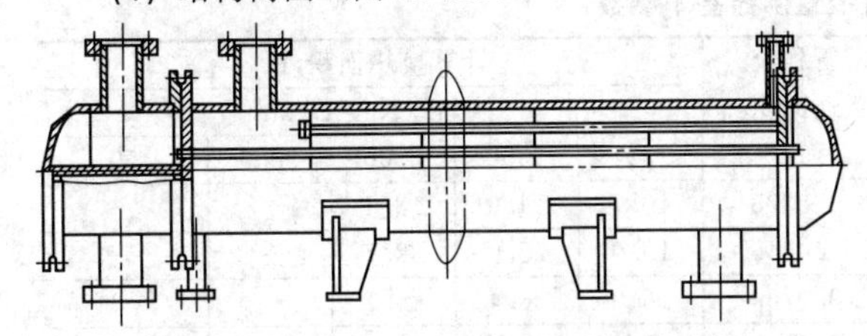

图 48-139　固定管板式热交换器结构简图

(2) 立式热交换器（图 48-140）

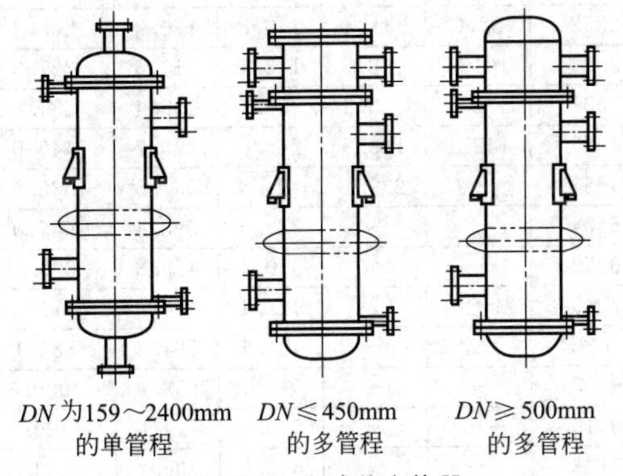

DN 为159～2400mm 的单管程　DN≤450mm 的多管程　DN≥500mm 的多管程

图 48-140　立式热交换器

(3) 卧式热交换器（图 48-141）

(4) 卧式重叠热交换器（图 48-142）

6.2　立式热虹吸式重沸器（GB/T 28712.4—2012）

6.2.1　基本参数

① 公称压力 PN0.25～2.50MPa。公称直径 DN400～2400mm。换热管长度 L1500～4500mm。

② 换热管规格和排列型式见表 48-139。ϕ25mm、ϕ38mm 管径重沸器的基本参数见表 48-140 和表 48-141。

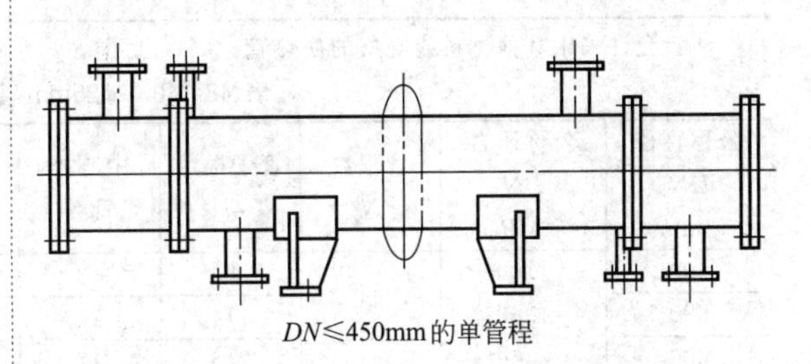

DN≤450mm的单管程

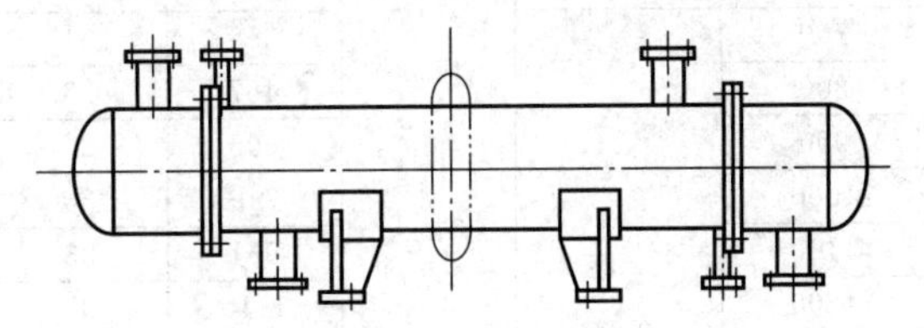

DN≥500mm的单管程

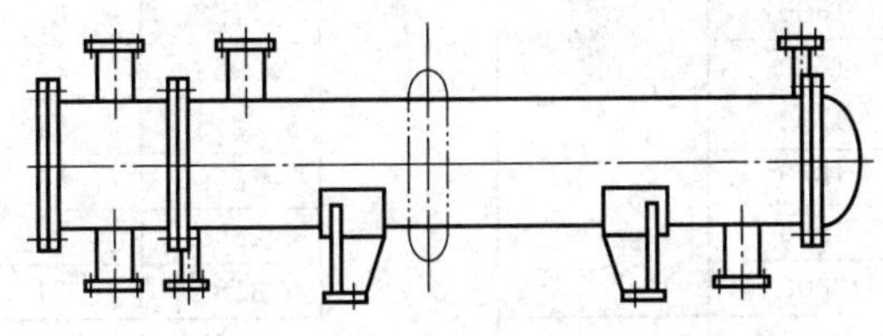

DN≤450mm的多管程

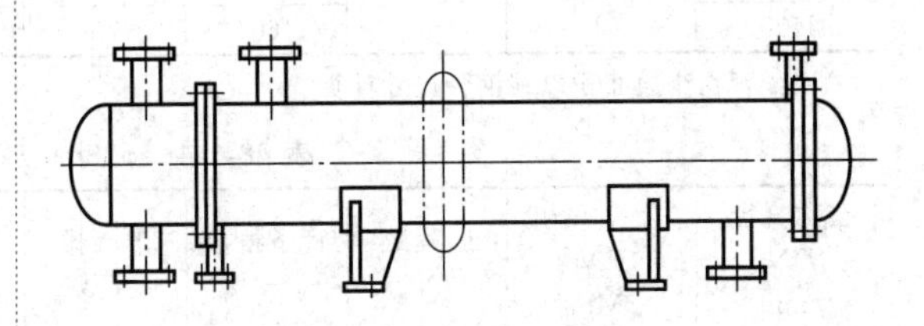

DN≥500mm的多管程

图 48-141　卧式热交换器

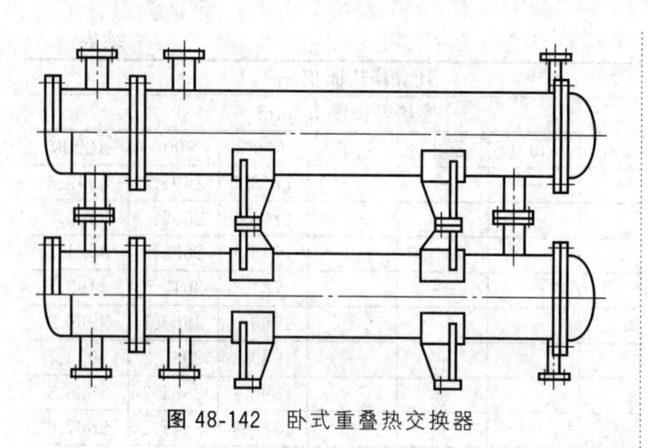

图 48-142　卧式重叠热交换器

③ $DN \leqslant 600$mm 的重沸器支持板间距取 300mm、500mm；$700\text{mm} \leqslant DN \leqslant 2400$mm 的重沸器支持板间距取 600mm、1000mm。

④ 计算换热面积由式（48-27）确定。

$$A_1 = \pi dn(L - 2\delta - 2l_1) \times 10^{-6} \tag{48-27}$$

式中　A_1——计算换热面积，m^2；

d——换热管外径，mm；

L——换热管长度，mm；

l_1——换热管伸出管板长度（设定为 3），mm；

n——换热管根数；

δ——管板厚度（设定为 50），mm。

表 48-139　换热管规格和排列型式　　单位：mm

换热管外径×壁厚($d \times \delta_t$)				排列型式	管心距
碳素钢、低合金钢、铝	不锈钢	铜	钛		
25×2.5	25×2	25×2	25×1.5	正三角形	32
38×3	38×2.5	—	—		48

注：允许采用其他材料或规格的换热管。

表 48-140　ϕ25mm 管径重沸器基本参数

公称直径 DN /mm	公称压力 PN /MPa	管程数 N	管子根数 n	中心排管数	管程流通面积 /m^2	计算换热面积/m^2 换热管长度 L/mm 1500	2000	2500	3000	4500
400	1.00 1.60 2.50	1	98	12	0.0308	10.7	14.6	18.4	—	—
500			174	14	0.0546	19.0	25.9	32.7	—	—
600			245	17	0.0769	26.8	36.4	46.1	—	—
700	0.25 0.60 1.00 1.60 2.50		355	21	0.1115	38.9	52.8	66.7	80.7	
800			467	23	0.1466	51.1	69.5	87.8	106.1	—
900			605	27	0.1900	66.2	90.0	113.8	137.5	—
1000			749	30	0.2352	82.0	111.4	140.8	170.2	258.5
1100			931	33	0.2923	101.9	138.5	175.1	211.6	321.3
1200			1115	37	0.3501	122.1	165.9	209.6	253.4	384.8
1300			1301	39	0.4085	142.4	193.5	244.6	295.7	449.0
1400			1547	43	0.4858	—	230.1	290.8	351.6	533.9
1500			1753	45	0.5504	—	—	329.6	398.4	605.0
1600			2023	47	0.6352	—	—	380.4	459.8	698.1
1700			2245	51	0.7049	—	—	422.1	510.3	774.8
1800			2559	55	0.8035	—	—	481.1	581.6	883.1
1900			2899	59	0.9107	—	—	545.1	658.9	1000.5
2000			3189	61	1.0019	—	—	599.6	724.8	1100.5
2100	0.60		3547	65	1.1143	—	—	666.9	806.2	1224.5
2200			3853	67	1.2104	—	—	724.5	875.8	1329.7
2300			4249	71	1.3349	—	—	798.9	965.8	1466.3
2400			4601	73	1.4454	—	—	865.1	1045.8	1587.8

注：管程流通面积以碳钢管尺寸计算。

表 48-141　ϕ38mm 管径重沸器基本参数

公称直径 DN /mm	公称压力 PN /MPa	管程数 N	管子根数 n	中心排管数	管程流通面积 /m^2	计算换热面积/m^2 换热管长度 L/mm 1500	2000	2500	3000	4500
400	1.00 1.60 2.50	1	51	7	0.0410	8.5	11.5	14.6	—	—
500			69	9	0.0555	11.5	15.6	19.7	—	—
600			115	11	0.0942	19.1	26.0	32.9	—	—

续表

公称直径 DN /mm	公称压力 PN /MPa	管程数 N	管子根数 n	中心排管数	管程流通面积 /m²	计算换热面积/m² 换热管长度 L/mm				
						1500	2000	2500	3000	4500
700	0.25 0.60 1.00 1.60 2.50	1	159	13	0.1280	26.6	36.0	45.5	54.9	—
800			205	15	0.1648	34.1	46.4	58.6	70.8	—
900			259	17	0.2083	43.1	58.6	74.0	89.5	—
1000			355	19	0.2855	59.1	80.3	101.5	122.6	186.2
1100			419	21	0.3370	69.7	94.7	119.7	144.8	219.8
1200			503	23	0.4045	83.7	113.7	143.8	173.8	263.9
1300			587	25	0.4721	97.7	132.7	167.8	202.8	307.9
1400			711	27	0.5718	—	160.8	203.2	245.6	373.0
1500			813	31	0.6539	—	—	232.4	280.9	426.5
1600			945	33	0.7600	—	—	270.1	326.5	495.7
1700			1059	35	0.8517	—	—	302.7	365.9	555.5
1800			1177	39	0.9466	—	—	336.4	406.6	617.4
1900			1265	39	1.0174	—	—	361.5	437.0	663.6
2000			1403	41	1.1284	—	—	401.0	484.7	736.0
2100	0.60		1545	43	1.2426	—	—	441.6	533.8	810.4
2200			1693	45	1.3616	—	—	483.9	584.9	888.1
2300			1849	47	1.4871	—	—	528.4	638.8	969.9
2400			2025	49	1.6286	—	—	578.3	699.6	1062.2

注：管程流通面积以碳钢管尺寸计算。

6.2.2 结构型式

立式热虹吸式重沸器的结构型式见图 48-143。

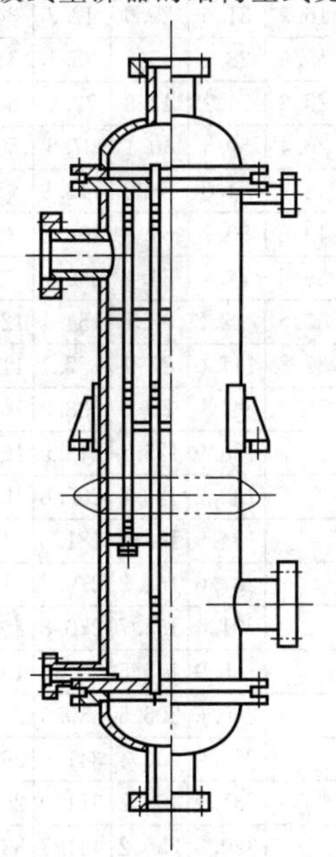

图 48-143 立式热虹吸式重沸器的结构

6.3 浮头式热交换器（GB/T 28712.1—2012）

6.3.1 基本参数

① 公称压力：换热器 1.0～6.4MPa，冷凝器 1.0～4.0MPa。

② 公称直径。

a. 内导流换热器 钢管制圆筒 325mm、426mm；卷制圆筒 400～1900mm。

b. 外导流换热器 卷制圆筒 500～1000mm。

c. 冷凝器 钢管制圆筒 426mm；卷制圆筒400～1800mm。

③ 换热管有光管和强化传热管。

④ 换热管长度为 3000～9000mm。

⑤ 换热管规格及排列形式见表 48-142。

⑥ 换热器折流板间距 BP 见表 48-143，冷凝器支持板间距为 450mm（或 480mm）、600mm。

⑦ 内导流换热器和冷凝器的主要参数见表 48-144。

⑧ 外导流换热器的主要参数见表 48-145。

⑨ 计算换热面积按式（48-28）确定。

$$A_1=\pi d(L-2\delta-2l_1)n\times10^{-6} \qquad (48\text{-}28)$$

式中 A_1——计算换热面积，m²；

d——换热管外径，mm；

L——换热管长度，mm；

δ——管板厚度，mm；

l_1——换热管伸出管板长度（设定为 3），mm；

n——换热管根数。

表 48-142　换热管规格及排列型式　　单位：mm

换热管外径×壁厚($d\times\delta_t$)					排列型式	管心距
碳素钢、低合金钢	不锈钢	铝、铝合金	铜、铜合金	钛、钛合金		
19×2	19×2	19×2	19×2	19×1.25	正三角形 正方形 转角正方形	25
25×2.5	25×2	25×2	25×2	25×1.5		32

注：当采用其他厚度时，应核算管程流通面积。

表 48-143　换热器折流板间距 BP　　单位：mm

公称直径 DN	换热管长 L	折流板间距 BP							
≤700	3000	100	150	200					
≤700	4500	100	150	200					
800～1200			150	200	250	300		450(或480)	
400～1100	6000		150	200	250	300	350	450(或480)	
1200～1800				200	250	300	350	450(或480)	
1900					250	300	350	450(或480)	
1200～1800	9000					300	350	450	600

表 48-144　内导流换热器和冷凝器的主要参数

DN/mm	N	n①		中心排管数		管程流通面积/m²					$A_1$②/m²							
		d/mm				$d\times\delta_t$/mm					$L=3000$mm		$L=4500$mm		$L=6000$mm		$L=9000$mm	
		19	25	19	25	19×1.25	19×2	25×1.5	25×2	25×2.5	19	25	19	25	19	25	19	25
325	2	60	32	7	5	0.0064	0.0053	0.00602	0.0055	0.0050	10.5	7.4	15.8	11.1				
	4	52	28	6	4	0.00278	0.0023	0.00263	0.0024	0.0022	9.1	6.4	13.7	9.7				
(426)	2	120	74	8	7	0.01283	0.0106	0.0138	0.0126	0.0116	20.9	16.9	31.6	25.6	42.3	34.4		
400	4	108	68	9	6	0.00581	0.0048	0.00646	0.0059	0.0053	18.8	15.6	28.4	23.6	38.1	31.6		
500	2	206	124	11	8	0.0220	0.0182	0.0235	0.0215	0.0194	35.7	28.3	54.1	42.8	72.5	57.4		
	4	192	116	10	9	0.01029	0.0085	0.01095	0.0100	0.0091	33.2	26.4	50.4	40.1	67.6	53.7		
600	2	324	198	14	11	0.03461	0.0286	0.03756	0.0343	0.0311	55.8	44.9	84.8	68.2	113.9	91.5		
	4	308	188	14	10	0.01646	0.0136	0.01785	0.0163	0.0148	53.1	42.6	80.7	64.8	108.2	86.9		
	6	284	158	14	10	0.010043	0.0083	0.00996	0.0091	0.0083	48.9	35.8	74.4	54.4	99.8	73.1		
700	2	468	268	16	13	0.05119	0.0414	0.05081	0.0464	0.0421	80.4	60.6	122.2	92.1	164.1	123.7		
	4	448	256	17	12	0.02396	0.0198	0.02431	0.0222	0.0201	76.9	57.8	117.0	87.9	157.1	118.1		
	6	382	224	15	10	0.01355	0.0112	0.01413	0.0129	0.0116	65.6	50.6	99.8	76.9	133.9	103.4		
800	2	610	366	19	15	0.06522	0.0539	0.0694	0.0634	0.0575			158.9	125.4	213.5	168.5		
	4	588	352	18	14	0.03146	0.0260	0.0324	0.0305	0.0276			153.2	120.6	205.8	162.1		
	6	518	316	16	14	0.01839	0.0152	0.01993	0.0182	0.0165			134.9	108.3	181.3	145.5		
900	2	800	472	22	17	0.08555	0.0707	0.08946	0.0817	0.0741			207.6	161.2	279.2	216.8		
	4	776	456	21	16	0.0415	0.0343	0.04325	0.0395	0.0353			201.4	155.7	270.8	209.4		
	6	720	426	21	16	0.02565	0.0212	0.0269	0.0246	0.0223			186.9	145.5	251.3	195.6		
1000	2	1006	606	24	19	0.10769	0.0890	0.11498	0.105	0.0952			260.6	206.6	350.6	277.9		
	4	980	588	23	18	0.05239	0.0433	0.05572	0.0509	0.0462			253.9	200.4	341.6	269.7		
	6	892	564	21	18	0.0371	0.0262	0.0357	0.0326	0.0295			231.1	192.2	311.0	258.7		
1100	2	1240	736	27	21	0.1331	0.1100	0.1391	0.1270	0.1160			320.3	250.2	431.3	336.8		
	4	1212	716	26	20	0.0649	0.0536	0.0679	0.0620	0.0562			313.1	243.4	421.6	327.7		
	6	1120	692	24	20	0.03981	0.0329	0.04369	0.0399	0.0362			289.3	235.2	389.6	316.7		
1200	2	1452	880	28	22	0.1561	0.1290	0.1664	0.1520	0.1380			374.4	298.6	504.3	402.2	764.2	609.4
	4	1424	860	28	22	0.07611	0.0629	0.08153	0.0745	0.0675			367.2	291.8	494.6	393.1	749.5	595.6
	6	1348	828	27	21	0.04792	0.0396	0.05333	0.0478	0.0434			347.6	280.9	468.2	378.4	709.5	573.4
1300	4	1700	1024	31	21	0.09087	0.0751	0.09713	0.0887	0.0804					589.3	467.1		
	6	1616	972	29	24	0.0576	0.0476	0.06132	0.0560	0.0509					560.2	443.3		

续表

DN /mm	N	n①		中心排管数		管程流通面积/m²					$A_1$②/m²							
		d/mm				$d\times\delta_t$/mm					L=3000mm		L=4500mm		L=6000mm		L=9000mm	
		19	25	19	25	19×1.25	19×2	25×1.5	25×2	25×2.5	19	25	19	25	19	25	19	25
1400	4	1972	1192	32	26	0.1054	0.0871	0.11579	0.1030	0.0936					682.6	542.9	1035.6	823.6
	6	1890	1130	30	24	0.0674	0.0557	0.0714	0.0652	0.0592					654.2	514.7	992.5	780.8
1500	4	2304	1400	34	29	0.1234	0.1020	0.1330	0.1210	0.1100					795.9	636.3		
	6	2252	1332	34	28	0.08047	0.0663	0.08421	0.0769	0.0697					777.9	605.4		
1600	4	2632	1592	37	30	0.1404	0.1160	0.1511	0.1380	0.1250					907.6	722.3	1378.7	1097.3
	6	2520	1518	37	29	0.08954	0.0742	0.0964	0.0876	0.0795					869.0	688.8	1320.0	1047.2
1700	4	3012	1856	40	32	0.1611	0.1330	0.1763	0.1610	0.1460					1036.1	840.1		
	6	2834	1812	38	32	0.10104	0.0835	0.10742	0.0981	0.0949					974.0	820.2		
1800	4	3384	2056	43	34	0.18029	0.149	0.1949	0.178	0.161					1161.3	928.4	1766.9	1412.5
	6	3140	1986	37	30	0.11193	0.0925	0.12593	0.115	0.104					1077.5	896.7	1639.5	1364.4
1900	4	3660	2228	42	36	0.19566	0.1617	0.21123	0.1929	0.175					1251.8	1003.0		
	6	3650	2172	40	34	0.1295	0.107	0.1373	0.1254	0.114					1248.4	977.5		

① 排管数按转角正方形排列计算。

② 计算换热面积按光管及公称压力 2.5MPa 管板厚度确定。

表 48-145　外导流换热器的主要参数

DN /mm	N	n①		中心排管数		管程流通面积/m²					$A_1$②/m²	
		d/mm				$d\times\delta_t$/mm					L=6000mm	
		19	25	19	25	19×1.25	19×2	25×1.5	25×2	25×2.5	19	25
500	2	224	132	13	10	0.0239	0.0198	0.0247	0.0229	0.0207	78.8	61.2
	4	218	124	12	10	0.1113	0.0092	0.0117	0.0107	0.0161	73.2	57.4
600	2	338	206	16	12	0.0360	0.0298	0.0391	0.0357	0.0324	118.8	95.2
	4	320	196	15	12	0.0170	0.0141	0.0186	0.0170	0.0154	112.4	90.6
700	2	480	280	18	15	0.0514	0.0425	0.0531	0.0485	0.0440	168.3	129.2
	4	460	268	17	14	0.0246	0.0203	0.0254	0.0232	0.0210	161.3	123.6
800	2	636	378	21	16	0.0680	0.0562	0.0717	0.0655	0.0594	222.6	174.0
	4	612	364	20	16	0.0328	0.0271	0.0345	0.0315	0.0285	214.2	167.6
900	2	822	490	24	19	0.0877	0.0726	0.0929	0.0848	0.0769	286.9	225.1
	4	796	472	23	18	0.0432	0.0357	0.0448	0.0409	0.0365	277.8	216.7
	6	742	452	23	16	0.0263	0.0217	0.0286	0.0261	0.0237	259.0	207.5
1000	2	1050	628	26	21	0.1124	0.0929	0.1194	0.1090	0.0987	365.9	288.0
	4	1020	608	27	20	0.0546	0.0451	0.0576	0.0526	0.0478	355.5	278.9
	6	938	580	25	20	0.0334	0.0276	0.0367	0.0335	0.0301	327.0	266.0

① 排管数按转角正方形排列计算。

② 计算换热面积按光管及公称压力 2.5MPa 管板厚度确定。

6.3.2　结构型式

(1) 换热器、重叠式换热器（图 48-144 和图 48-145）

(2) 冷凝器、重叠式冷凝器（图 48-146 和图 48-147）

6.4　U 形管式热交换器（GB/T 28712.3—2012）

6.4.1　基本参数

① 公称压力 PN：1.0～6.4MPa。

② 公称直径：钢管制圆筒 DN325mm、DN426mm；卷制圆筒 DN400～1200mm。

③ 换热管分为光管和强化传热管（不含不锈钢波纹管）。

④ 换热管长度 L：3000mm、6000mm。

⑤ 换热管规格和排列形式见表 48-146。

⑥ 折流板（支持板）间距 BP 见表 48-147。

⑦ 主要设计参数见表 48-148。

⑧ 计算换热面积，由式（48-29）确定。

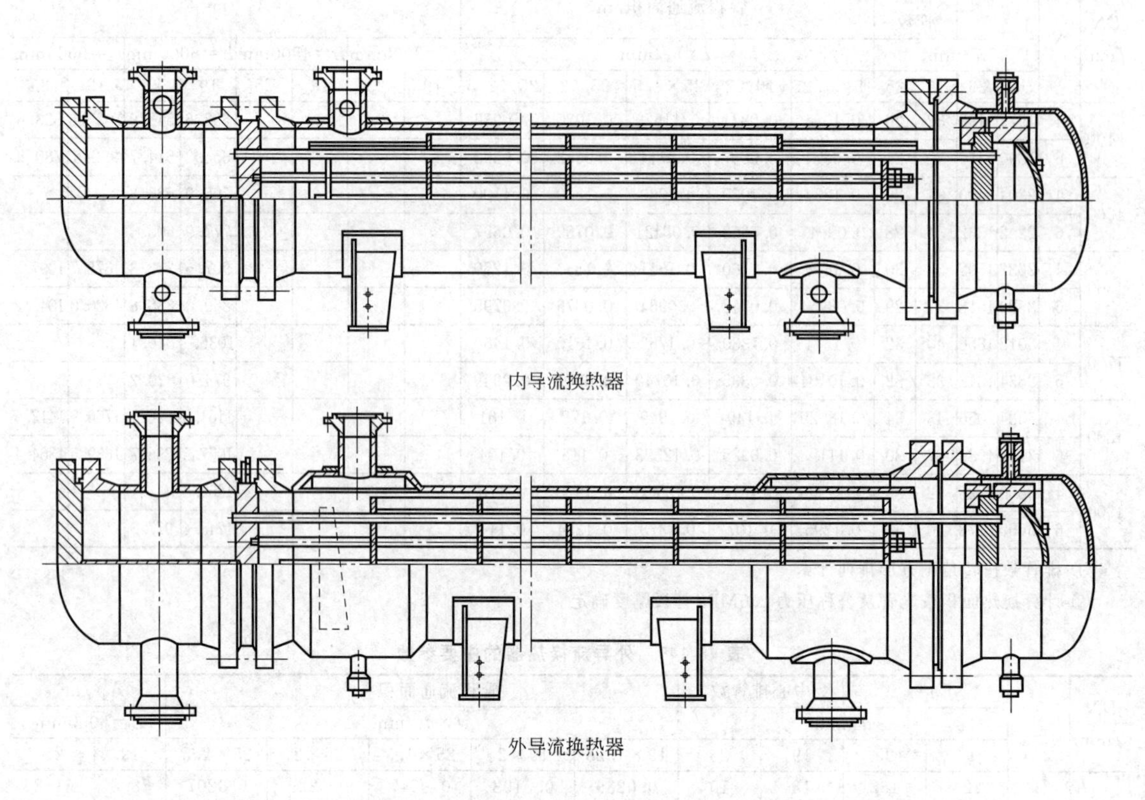

内导流换热器

外导流换热器

图 48-144 换热器

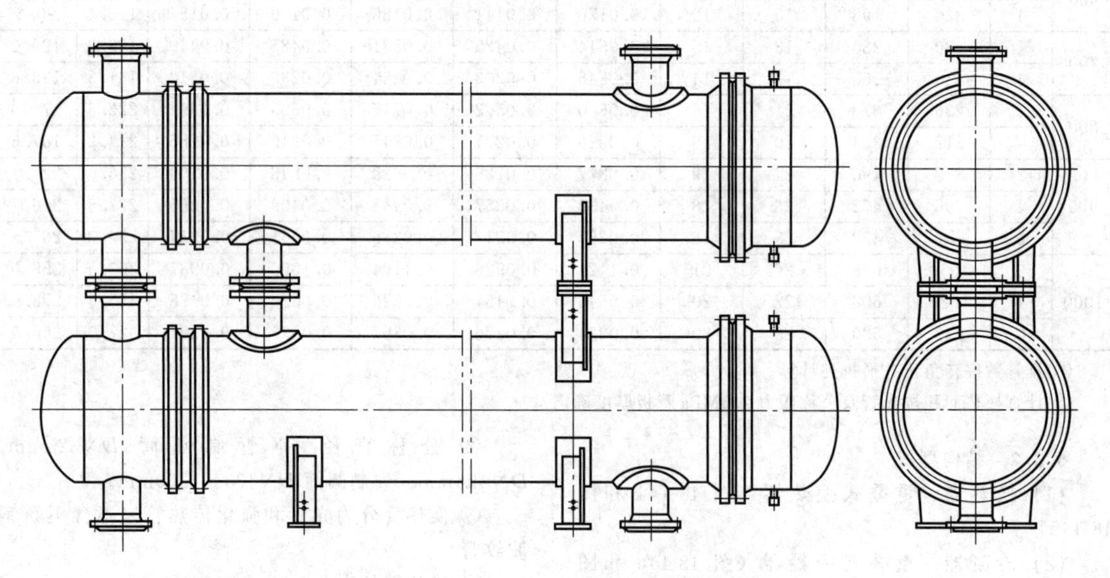

3000mm/4500mm/6000mm管长重叠式换热器

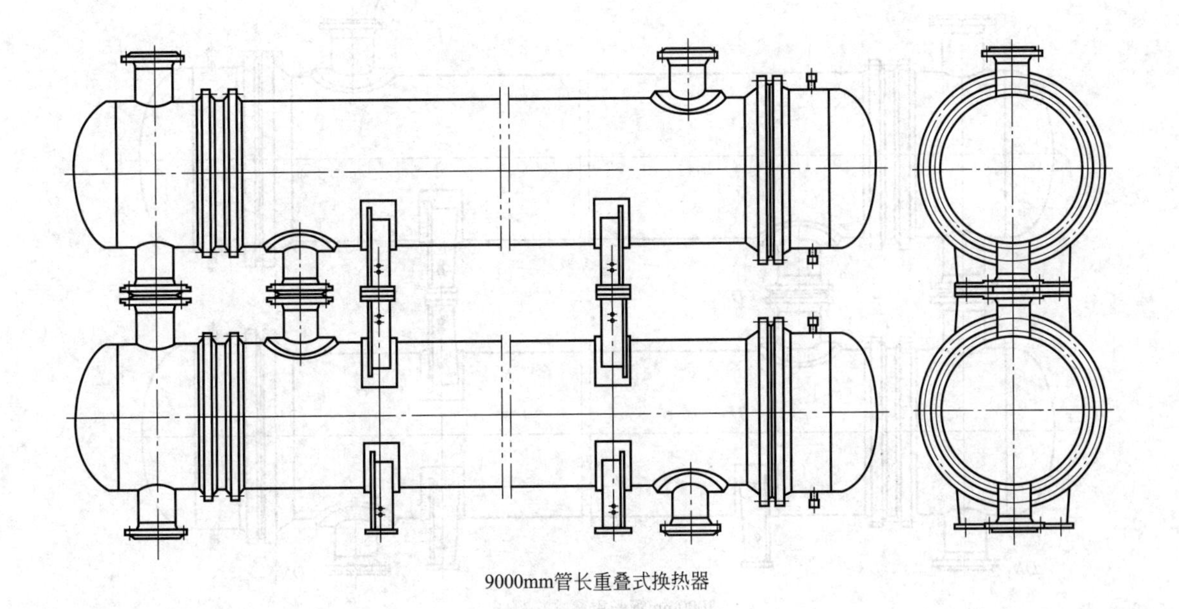

9000mm管长重叠式换热器

图 48-145　重叠式换热器

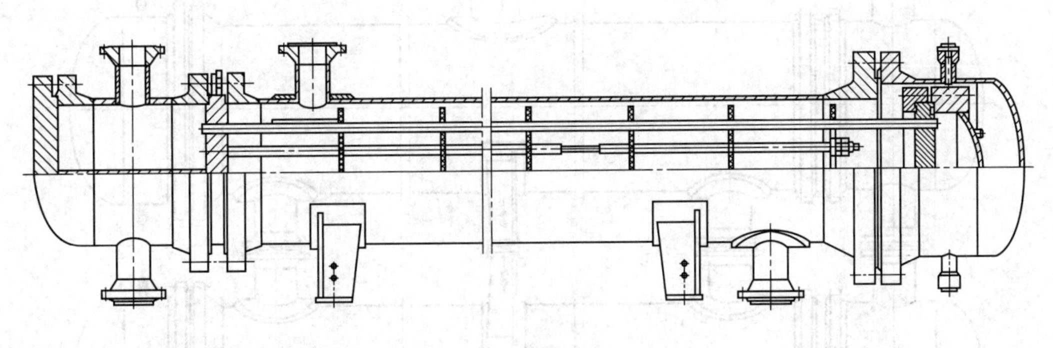

3000mm管长冷凝器

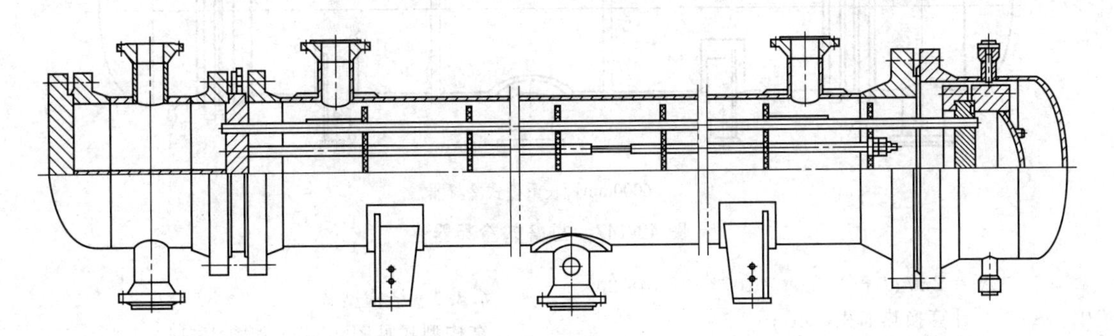

6000mm管长冷凝器

图 48-146　冷凝器

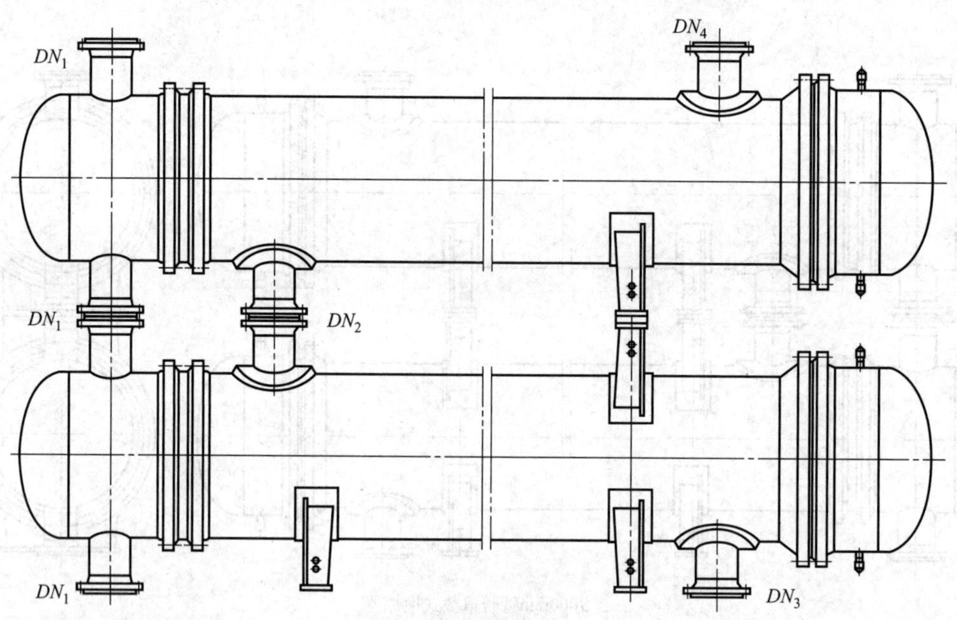

3000mm管长重叠式冷凝器

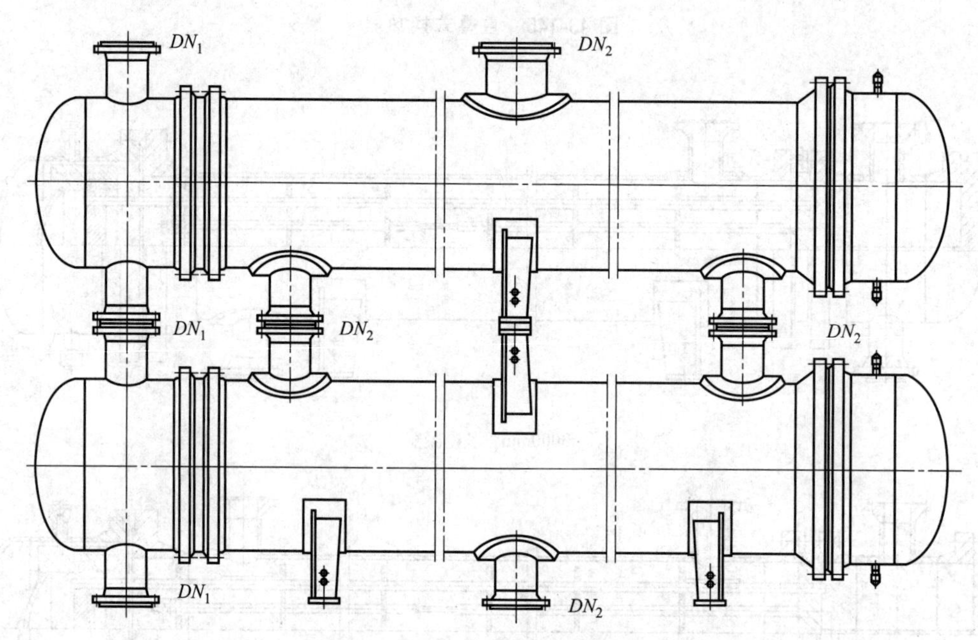

6000mm管长重叠式冷凝器

图 48-147 重叠式冷凝器

$$A_1 = 2\pi d\,(L-\delta-l_1)\times10^{-6} \qquad (48\text{-}29)$$

式中 A_1——计算换热面积，m^2；

d——换热管外径，mm；

L——换热管长度，mm；

l_1——换热管伸出管板长度（设定为3），mm；

n——换热管根数；

δ——管板厚度（设定为50），mm。

6.4.2 结构型式

结构型式见图 48-148 和图 48-149。

6.5 钢制固定式薄管板列管换热器［HG/T 21503—1992 (2014)］

6.5.1 设计参数

① 公称压力 PN 0.6～2.5MPa（真空按1.0MPa级）。

表 48-146　U 形管式热交换器换热管规格和排列型式　单位：mm

换热管外径×壁厚($d\times\delta_t$)					排列型式	管心距
碳素钢、低合金钢	不锈钢	铝、铝合金	铜、铜合金	钛、钛合金		
19×2	19×2	19×2	19×2	19×1.25	正三角形	25
25×2.5	25×2	25×2	25×2	25×1.5	转角正方形	32

注：当采用其他厚度时，应核算管程流通面积。

表 48-147　U 形管式热交换器折流板间距　单位：mm

<table>
<tr><th>L</th><th>DN</th><th colspan="6">BP</th></tr>
<tr><td>3000</td><td>≤600</td><td rowspan="3">150</td><td rowspan="3">200</td><td rowspan="3">—</td><td>—</td><td rowspan="3">—</td><td rowspan="2">—</td></tr>
<tr><td rowspan="3">6000</td><td>≤600</td><td rowspan="3">300</td></tr>
<tr><td>700～900</td><td rowspan="2">450</td></tr>
<tr><td>1000～1200</td><td>—</td><td>—</td><td>250</td><td>350</td></tr>
</table>

表 48-148　U 形管式热交换器主要设计参数表　单位：mm

DN	N	n		中心排管数		管程流通面积/m²					A_1/m²			
		d				$d\times\delta_t$					L=3000		L=6000	
		19	25	19	25	19×1.25	19×2	25×1.5	25×2	25×2.5	19	25	19	25
(325)	2	38	13	11	6	0.0081	0.0067	0.0049	0.0045	0.0041	13.4	6.0	27.0	12.1
	4	30	12	5	5	0.0033	0.0027	0.0023	0.0021	0.0019	10.6	5.6	21.3	11.2
(426) 400	2	77	32	15	8	0.0163	0.0136	0.0121	0.0111	0.0100	26.5	14.7	54.5	29.8
	4	68	28	8	7	0.0073	0.0060	0.0053	0.0048	0.0044	23.8	12.9	48.2	26.1
500	2	128	57	19	10	0.0275	0.0227	0.0216	0.0197	0.0179	44.6	26.1	90.5	53.0
	4	114	56	10	9	0.0122	0.0101	0.0106	0.0097	0.0088	39.7	25.7	80.5	52.1
600	2	199	94	23	13	0.0426	0.0352	0.0357	0.0326	0.0295	69.1	42.9	140.3	87.2
	4	184	90	12	11	0.0197	0.0163	0.0169	0.0155	0.0141	63.9	41.1	129.7	83.5
700	2	276	129	27	15	0.0595	0.0492	0.0498	0.0453	0.0411			194.1	119.4
	4	258	128	12	13	0.0276	0.0228	0.0242	0.0221	0.0201			181.4	118.4
800	2	367	182	31	17	0.0786	0.0650	0.0689	0.0630	0.0571			257.7	168.0
	4	346	176	16	15	0.0370	0.0306	0.0333	0.0304	0.0276			242.8	162.5
900	2	480	231	35	19	0.1028	0.0850	0.0876	0.0800	0.0725			336.2	212.8
	4	454	226	16	17	0.0486	0.0402	0.0428	0.0391	0.0355			317.8	208.2
1000	2	603	298	39	21	0.1291	0.1067	0.1130	0.1032	0.0936			421.5	273.9
	4	576	292	20	19	0.0617	0.0210	0.0553	0.0505	0.0458			402.4	268.4
1100	2	738	363	43	24	0.1580	0.1306	0.1376	0.1257	0.1140			514.6	332.9
	4	706	356	20	21	0.0754	0.0625	0.0675	0.0616	0.0559			492.2	326.5
1200	2	885	436	47	26	0.1895	0.1566	0.1653	0.1510	0.1369			615.8	399.0
	4	852	428	24	21	0.0912	0.0754	0.0811	0.0741	0.0672			592.6	391.7

注：排管数按转角正方形排列计算。

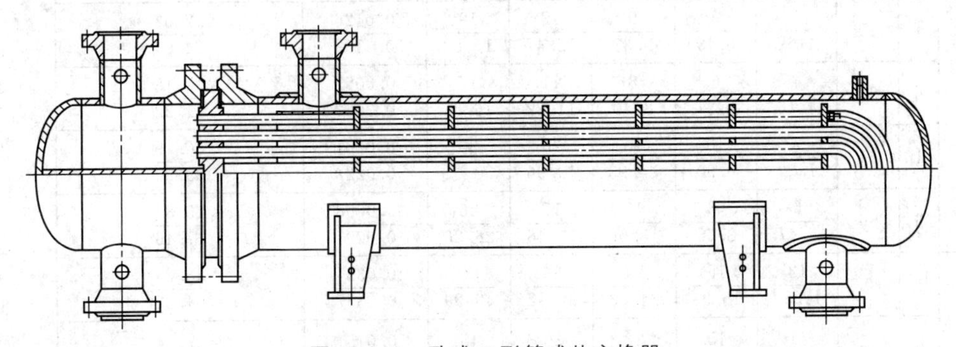

图 48-148　卧式 U 形管式热交换器

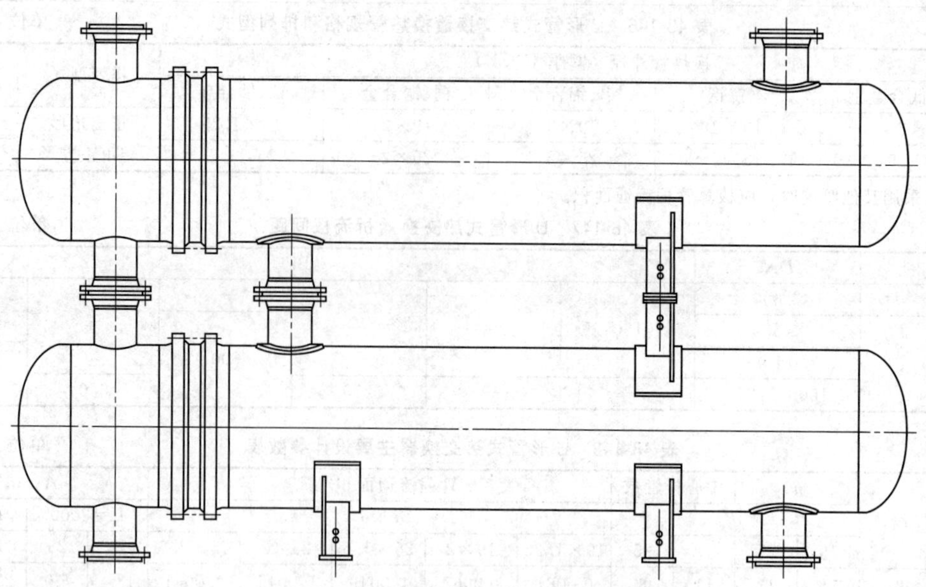

图 48-149　重叠式U形管式热交换器

② 公称直径 DN　150～1000mm。

③ 设计温度 T　−19～350℃。

④ 公称换热面积 FN　1.0～365m²。

⑤ 换热管直径　碳钢 ϕ25mm×2.5mm、ϕ25mm×2mm；不锈钢 ϕ25mm×2mm。

⑥ 换热管长度 L　1500～6000mm。

6.5.2　主要材料

(1) 壳体材料

碳钢 20，Q235-A，20R，16MnR；不锈钢 0Cr19Ni9，0Cr17Ni12Mo2。

(2) 换热管材料

碳钢 20；不锈钢 0Cr18Ni9Ti，0Cr18Ni12Mo2Ti。如采用其他材料时，应在订货中注明。

6.5.3　参数组合

钢制固定式薄管板列管换热器的参数组合见表 48-149，各级温度下的允许最高压力见表 48-150。

表 48-149　钢制固定式薄管板列管换热器的参数组合

公称直径 DN /mm	管程数	管子数量	管子长度 l/mm 1500	2000	3000	4000	6000	管程通道截面积/m²	管程流速为0.5m/s时的流量/(m³/h)	公称压力 PN /MPa
			换热面积/m² (公称值/计算值)					ϕ25×2.5 / ϕ25×2		
150	Ⅰ	10	1/1.15	1.5/1.55	2/2.33			0.0031/0.0035	5.65/6.23	0.6 1.0 1.6 2.5
200	Ⅰ	22	2.5/2.54	3/3.40	5/5.13	7/6.86		0.0069/0.0076	12.44/13.72	
	Ⅱ	18	2/2.08	3/2.79	4/4.20	6/5.61		0.0028/0.0031	5.09/5.61	
250	Ⅰ	40	5/4.62	6/6.19	9/9.33	12/12.47	19/17.82	0.0126/0.0139	22.62/24.94	
	Ⅱ	36	4/4.16	6/5.57	8/8.40	11/11.22	17/16.88	0.0057/0.0062	10.18/11.22	
300	Ⅰ	64	7/7.39	10/9.90	15/14.93	20/19.96	30/30.01	0.0201/0.0222	36.19/39.90	
	Ⅱ	56	6/6.47	9/8.66	13/13.06	17/17.46	26/26.26	0.0088/0.0097	15.83/17.46	
400	Ⅰ	103	12/11.89	16/15.94	24/24.03	32/32.12	50/48.29	0.0324/0.0357	58.25/64.22	
	Ⅱ	96	11/11.08	15/14.85	22/22.39	30/29.93	45/45.01	0.0151/0.0166	27.14/29.93	

续表

公称直径 DN /mm	管程数	管子数量	管子长度 l/mm 1500	2000	3000	4000	6000	管程通道截面积/m²	管程流速为 0.5m/s 时的流量/(m³/h)	公称压力 PN /MPa
			换热面积/m² (公称值/计算值)					$\phi25\times2.5$ / $\phi25\times2$		
500	Ⅰ	179			40/41.75	55/55.81	85/83.93	0.0562/0.0620	101.22/111.60	0.6 1.0 1.6 2.5
	Ⅱ	170			40/39.65	55/53.01	80/79.71	0.0267/0.0294	48.07/52.99	
600	Ⅰ	254			60/59.25	80/79.20	120/119.1	0.0798/0.0880	143.63/158.36	
	Ⅱ	244			55/56.92	75/76.08	115/114.4	0.0383/0.0423	68.99/76.06	
700	Ⅰ	366			85/85.37	115/114.1	170/171.6	0.1150/0.1268	206.97/228.18	
	Ⅱ	342			80/79.78	105/106.6	160/160.4	0.0537/0.0592	96.70/106.61	
800	Ⅰ	491			115/114.5	155/153.1	230/230.2	0.1543/0.1701	277.65/306.11	
	Ⅱ	472			110/110.1	145/147.2	220/221.3	0.0741/0.0817	133.45/147.13	
900	Ⅰ	615			145/143.5	190/191.8	290/288.4	0.1932/0.2130	347.77/383.42	
	Ⅱ	592			140/138.1	185/184.5	280/277.6	0.0930/0.1025	167.38/184.54	
1000	Ⅰ	775			180/180.8	240/241.7	365/363.4	0.2435/0.2684	438.25/483.17	
	Ⅱ	758			175/176.8	235/236.4	355/355.4	0.1191/0.1313	214.32/236.29	

表 48-150　各级温度下的允许最高压力

公称压力 PN /MPa	材料类别	设计温度/℃ ≤100	200	250	300	350
		允许最高工作压力/MPa				
0.6	碳钢	0.6	0.6	0.54	0.49	0.44
	奥氏体不锈钢	0.6	0.6	0.56	0.51	0.49
1.0	碳素钢	1.00	1.00	0.89	0.82	0.73
	奥氏体不锈钢	1.00	1.00	0.95	0.86	0.82
1.6	碳素钢、低合金钢	1.60	1.60	1.43	1.31	1.19
	奥氏体不锈钢	1.60	1.60	1.50	1.37	1.31
2.5	碳素钢、低合金钢	2.50	2.50	2.24	2.05	1.87
	奥氏体不锈钢	2.50	2.50	2.35	2.14	2.05

6.5.4　结构型式

(1) 焊入式（管板焊于法兰面下方的筒体上）固定薄板列管换热器（图 48-150）

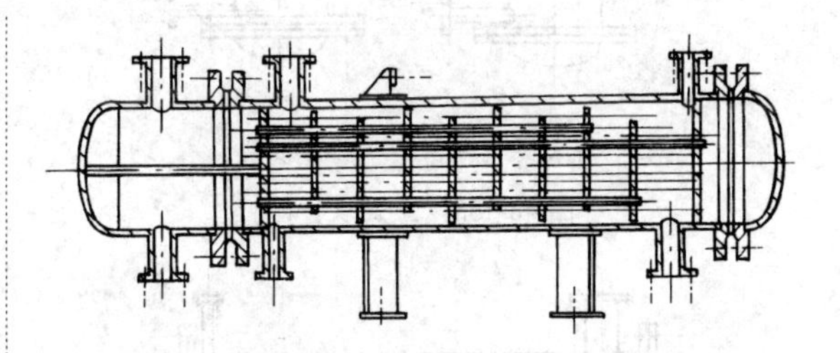

图 48-150　焊入式固定薄板列管换热器

(2) 贴面式（管板贴于法兰密封面上）固定薄板列管换热器（图 48-151）

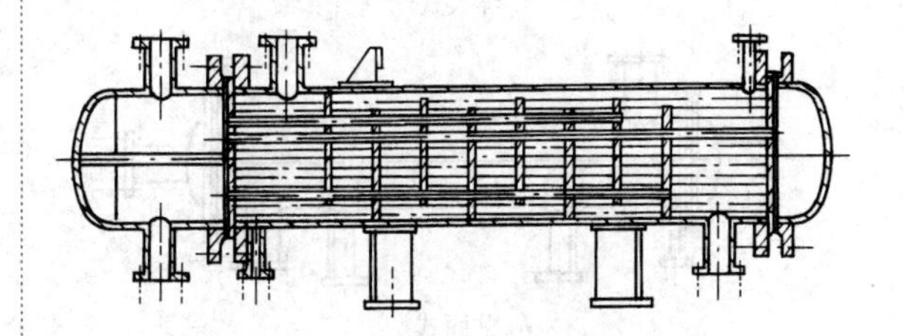

图 48-151　贴面式固定薄板列管换热器

6.5.5 安装型式

(1) 立式安装（图 48-152 和图 48-153）

(2) 卧式安装（图 48-154 和图 48-155）

(3) 重叠式安装（图 48-156）

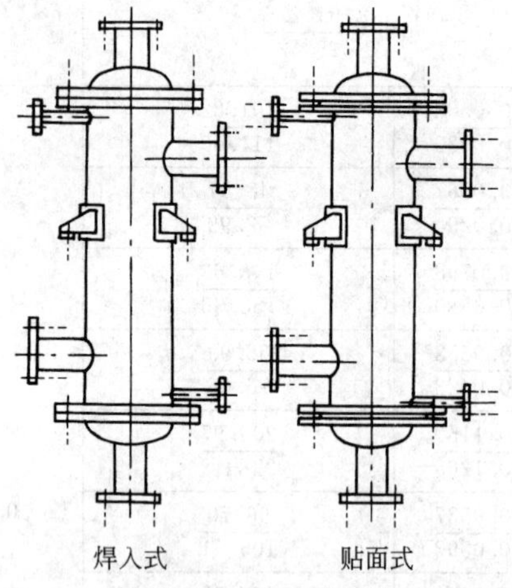

焊入式　　贴面式

图 48-152 立式单管程

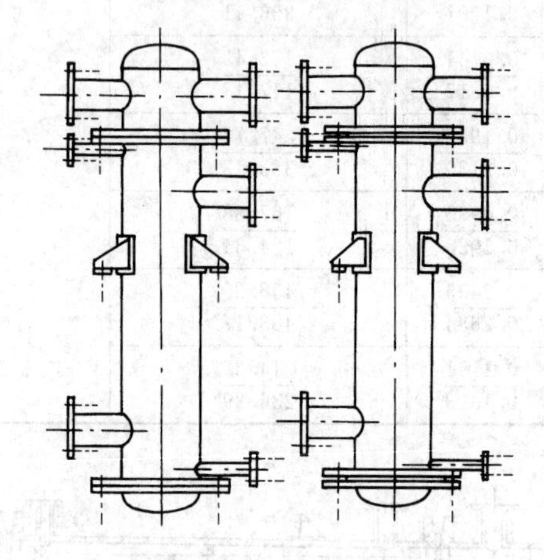

焊入式　　贴面式

图 48-153 立式双管程

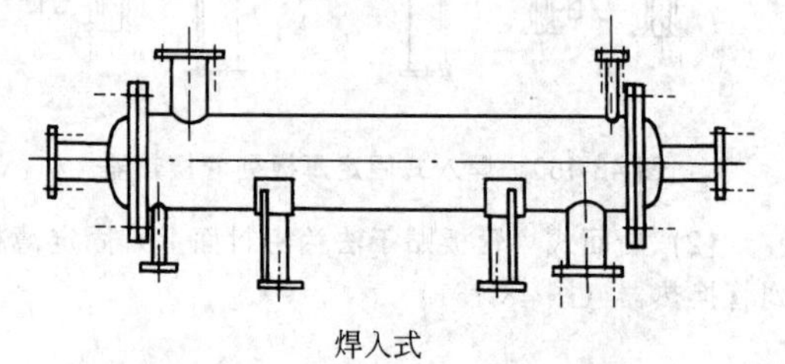

焊入式

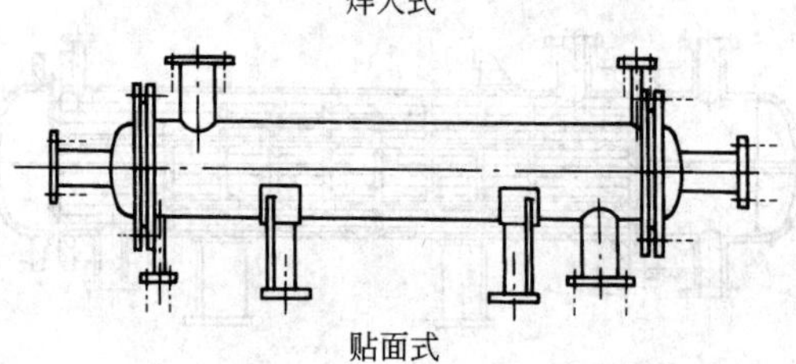

贴面式

图 48-154 卧式单管程

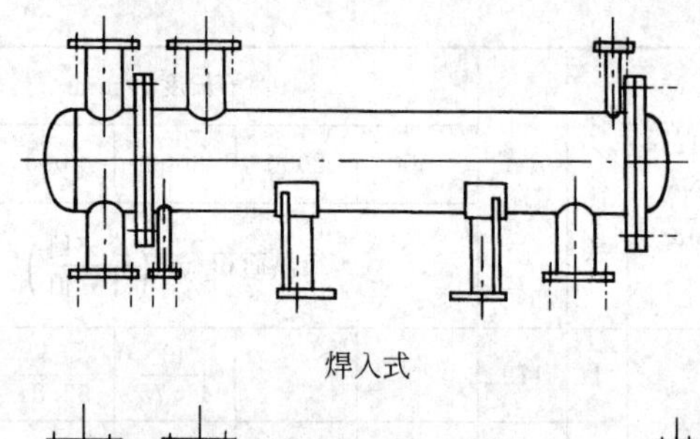

焊入式

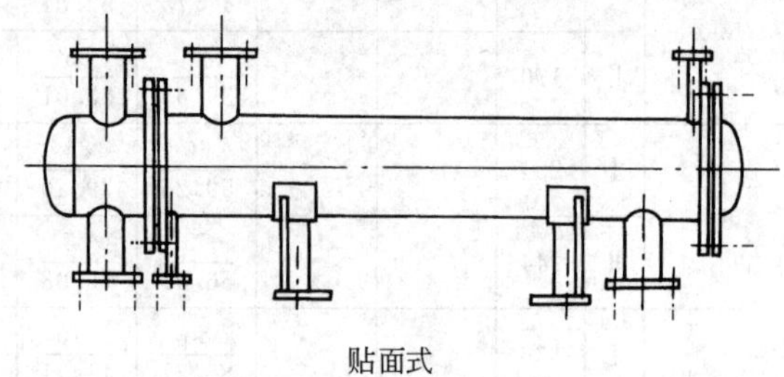

贴面式

图 48-155 卧式双管程

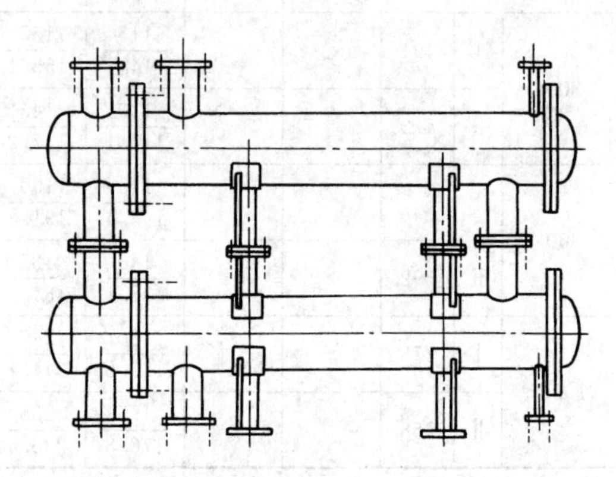

焊入式

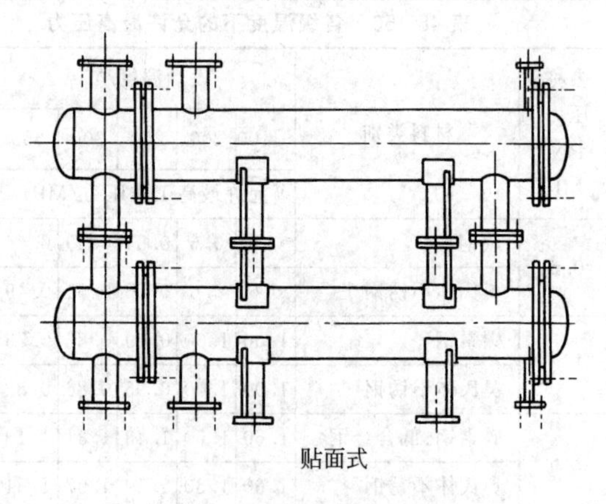

贴面式

图 48-156 重叠式安装

6.5.6 允许壁温差

本标准壁温差是指沿长度的平均壳程圆筒金属温度与沿长度的平均换热管金属温度之差（Δt）。材料：壳程和管程均为碳钢（简称 CC）；壳程和管程均为奥氏体不锈钢（简称 SS）；壳程为碳钢、管程为奥氏体

（简称 CS）；壳程为奥氏体不锈钢、管程为碳钢（简称 SC）。换热管壁温 t_t 高于壳程圆筒壁温 t_s（即 $t_t>t_s$）或换热管壁温 t_t 低于壳程圆筒壁温 t_s（即 $t_t<t_s$）。

允许壁温差 Δt 见表 48-151～表 48-174，表中所列值均是以换热管壁温 200℃为基准的各工况组合时的允许壁温差。表中值为 100℃者，实际均为允许壁温差大于 100℃。表中值为 0 者，只适用于冷凝器。当换热管壁温低于 200℃时，允许壁温差大于表中列值。当使用壁温差超过允许壁温差或换热管壁温高于基准温度时，可以与制造厂协商。

表 48-151　单管程 CC 材料允许壁温差　单位：℃

PN 0.6MPa	$t_t>t_s$ 折流板间距/mm							Δt ($t_t<t_s$)
DN/mm	150	200	300	400	500	600	800	
150	65	62	55	48	42	—	—	100
200	71	68	60	52	45	—	—	96
250	72	68	61	56	45	35	20	95
300	88	83	74	65	55	43	25	80
400	100	100	100	91	78	60	35	64
500	—	100	100	100	100	77	44	57
600	—	100	100	100	100	88	51	54
700	—	100	100	100	100	100	61	51
800	—	—	100	100	100	94	54	53
900	—	—	100	100	100	100	59	52
1000	—	—	100	100	100	100	66	50

表 48-152　单管程 CC 材料允许壁温差　单位：℃

PN 1.0MPa	$t_t>t_s$ 折流板间距/mm							Δt ($t_t<t_s$)
DN/mm	150	200	300	400	500	600	800	
150	67	63	56	49	43	—	—	100
200	73	69	61	54	46	—	—	97
250	74	70	62	59	47	36	22	96
300	90	85	75	66	57	44	26	81
400	100	100	100	93	80	62	37	65
500	—	100	100	100	100	80	47	58
600	—	100	100	100	100	92	54	55
700	—	100	100	100	100	100	65	52
800	—	—	100	100	100	98	58	54
900	—	—	100	100	100	100	63	52
1000	—	—	100	100	100	100	70	50

表 48-153　单管程 CC 材料允许壁温差　单位：℃

PN 1.6MPa	$t_t>t_s$ 折流板间距/mm							Δt ($t_t<t_s$)
DN/mm	150	200	300	400	500	600	800	
150	69	65	59	51	44	—	—	100
200	75	71	63	56	48	—	—	98
250	75	72	64	53	48	38	23	97
300	92	87	78	68	59	46	28	82
400	100	100	100	97	84	66	41	70
500	—	100	100	100	100	84	52	59
600	—	100	100	100	100	97	60	60
700	—	100	100	100	100	100	71	57
800	—	—	100	100	100	100	63	55
900	—	—	100	100	100	100	69	57
1000	—	—	100	100	100	100	77	55

表 48-154　单管程 CC 材料允许壁温差　单位：℃

PN 2.5MPa	$t_t>t_s$ 折流板间距/mm							Δt ($t_t<t_s$)
DN/mm	150	200	300	400	500	600	800	
150	72	68	61	54	47	—	—	100
200	78	74	66	59	51	—	—	100
250	78	74	67	54	51	41	26	99
300	95	90	81	71	62	49	31	84
400	100	100	100	100	90	71	46	72
500	—	100	100	100	100	91	58	65
600	—	100	100	100	100	83	53	68
700	—	100	100	100	100	97	62	63
800	—	—	100	100	100	92	58	65
900	—	—	100	100	100	100	64	63
1000	—	—	100	100	100	95	60	64

表 48-155　单管程 SC 或 SS 材料允许壁温差　单位：℃

PN 0.6MPa	$t_t>t_s$ 折流板间距/mm							Δt ($t_t<t_s$)
DN/mm	150	200	300	400	500	600	800	
150	34	33	30	27	24	—	—	66
200	37	35	32	29	26	—	—	60
250	37	36	33	29	26	23	15	60
300	44	42	39	35	31	28	17	49
400	72	70	65	59	52	46	30	32
500	—	90	82	74	67	59	38	28
600	—	99	93	85	76	67	43	26
700	—	100	100	100	90	80	51	24
800	—	—	96	91	81	72	46	26
900	—	—	100	97	89	78	50	24
1000	—	—	100	100	99	87	56	23

表 48-156 单管程 SC 或 SS 材料允许壁温差 单位：℃

PN 1.3MPa	$t_t>t_s$ 折流板间距/mm							Δt ($t_t<t_s$)
DN/mm	150	200	300	400	500	600	800	
150	35	34	31	28	25	—	—	67
200	38	36	33	30	27	—	—	61
250	38	36	34	30	27	24	16	60
300	45	43	40	36	32	29	18	50
400	74	73	67	61	55	49	32	33
500	—	92	85	77	70	62	41	29
600	—	100	96	89	80	71	47	27
700	—	100	100	100	94	84	55	25
800	—	—	100	94	85	75	50	26
900	—	—	100	100	93	82	54	25
1000	—	—	100	100	100	91	60	24

表 48-157 单管程 SC 或 SS 材料允许壁温差 单位：℃

PN 1.6MPa	$t_t>t_s$ 折流板间距/mm							Δt ($t_t<t_s$)
DN/mm	150	200	300	400	500	600	800	
150	37	35	32	29	27	—	—	69
200	39	38	35	32	28	—	—	62
250	39	38	35	32	29	25	17	62
300	46	45	43	38	34	30	20	51
400	77	76	70	64	58	52	36	34
500	—	97	89	82	74	66	45	30
600	—	86	81	74	67	60	41	32
700	—	100	95	87	79	71	48	29
800	—	—	85	79	71	63	43	31
900	—	—	93	84	78	69	47	29
1000	—	—	86	78	71	64	43	31

表 48-158 单管程 SC 或 SS 材料允许壁温差 单位：℃

PN 2.5MPa	$t_t>t_s$ 折流板间距/mm							Δt ($t_t<t_s$)
DN/mm	150	200	300	400	500	600	800	
150	39	37	34	31	29	—	—	72
200	41	40	37	34	31	—	—	65
250	41	40	37	34	31	27	19	64
300	49	47	44	40	36	33	22	53
400	67	66	61	56	51	46	33	41
500	—	67	62	57	52	46	32	41
600	—	73	69	64	59	53	37	38
700	—	72	68	63	57	52	36	38
800	—	—	76	71	64	58	41	32
900	—	—	72	66	61	55	38	37
1000	—	—	71	64	59	53	42	37

表 48-159 单管程 CS 材料允许壁温差 单位：℃

PN 0.6MPa	$t_t>t_s$ 折流板间距/mm							Δt ($t_t<t_s$)
DN/mm	150	200	300	400	500	600	800	
150	0	0	0	0	0	—	—	100
200	0	0	0	0	0	—	—	100
250	0	0	0	0	0	0	0	100
300	0	0	0	0	0	0	0	100
400	0	0	2	0	0	0	0	100
500	—	27	19	11	3	0	0	100
600	—	36	30	22	12	3	0	100
700	—	55	47	37	26	15	0	100
800	—	—	34	27	17	7	0	100
900	—	—	37	33	25	14	0	100
1000	—	—	49	44	28	23	0	100

表 48-160 单管程 CS 材料允许壁温差 单位：℃

PN 1.0MPa	$t_t>t_s$ 折流板间距/mm							Δt ($t_t<t_s$)
DN/mm	150	200	300	400	500	600	800	
150	0	0	0	0	0	—	—	100
200	0	0	0	0	0	—	—	100
250	0	0	0	0	0	0	0	100
300	0	0	0	0	0	0	0	100
400	0	0	4	0	0	0	0	100
500	—	29	22	14	6	0	0	100
600	—	39	33	25	16	7	0	100
700	—	59	51	41	30	19	0	100
800	—	—	37	30	20	11	0	100
900	—	—	41	37	28	18	0	100
1000	—	—	53	48	39	27	0	100

表 48-161 单管程 CS 材料允许壁温差 单位：℃

PN 1.6MPa	$t_t>t_s$ 折流板间距/mm							Δt ($t_t<t_s$)
DN/mm	150	200	300	400	500	600	800	
150	0	0	0	0	0	—	—	100
200	0	0	0	0	0	—	—	100
250	0	0	0	0	0	0	0	100
300	0	0	0	0	0	0	0	100
400	0	13	7	1	0	0	0	100
500	—	34	26	18	10	2	0	100
600	—	45	38	30	21	12	0	100
700	—	65	57	47	36	25	0	100
800	—	—	42	35	25	16	0	100
900	—	—	47	43	34	23	0	100
1000	—	—	59	55	45	33	1	100

表 48-162　单管程 CS 材料允许壁温差　单位：℃

PN 2.5MPa	$t_t>t_s$ 折流板间距/mm							Δt ($t_t<t_s$)
DN/mm	150	200	300	400	500	600	800	
150	0	0	0	0	0	—	—	100
200	0	0	0	0	0	—	—	100
250	0	0	0	0	0	0	0	100
300	0	0	0	0	0	0	0	100
400	0	18	12	6	0	0	0	100
500	—	40	32	24	16	8	0	100
600	—	28	23	16	9	2	0	100
700	—	44	38	30	21	13	0	100
800	—	—	30	25	17	8	0	100
900	—	—	35	31	24	15	0	100
1000	—	—	30	27	20	11	0	100

表 48-163　双管程 CC 材料允许壁温差　单位：℃

PN 0.6MPa	$t_t>t_s$ 折流板间距/mm							Δt ($t_t<t_s$)
DN/mm	150	200	300	400	500	600	800	
200	63	60	53	47	40	—	—	100
250	69	65	58	51	44	34	19	97
300	80	75	67	58	50	39	22	84
400	100	100	98	85	73	56	33	65
500	—	100	100	100	95	73	42	58
600	—	100	100	100	100	85	49	55
700	—	100	100	100	100	99	57	52
800	—	—	100	100	100	90	52	54
900	—	—	100	100	100	99	57	52
1000	—	—	100	100	100	100	65	50

表 48-164　双管程 CC 材料允许壁温差　单位：℃

PN 1.0MPa	$t_t>t_s$ 折流板间距/mm							Δt ($t_t<t_s$)
DN/mm	150	200	300	400	500	600	800	
200	65	61	55	48	41	—	—	100
250	70	66	59	52	45	35	21	97
300	81	77	68	60	51	40	24	85
400	100	100	100	88	75	59	35	66
500	—	100	100	100	98	76	38	59
600	—	100	100	100	100	88	52	55
700	—	100	100	100	100	100	61	52
800	—	—	100	100	100	94	55	54
900	—	—	100	100	100	100	61	53
1000	—	—	100	100	100	100	69	51

表 48-165　双管程 CC 材料允许壁温差　单位：℃

PN 1.6MPa	$t_t>t_s$ 折流板间距/mm							Δt ($t_t<t_s$)
DN/mm	150	200	300	400	500	600	800	
200	67	63	57	50	43	—	—	100
250	72	68	61	54	46	36	22	99
300	83	79	70	62	53	42	26	86
400	100	100	100	91	79	62	39	68
500	—	100	100	100	100	80	49	60
600	—	100	100	100	100	93	58	61
700	—	100	100	100	100	100	67	58
800	—	—	100	100	100	99	61	56
900	—	—	100	100	100	100	67	58
1000	—	—	100	100	100	100	75	56

表 48-166　双管程 CC 材料允许壁温差　单位：℃

PN 2.5MPa	$t_t>t_s$ 折流板间距/mm							Δt ($t_t<t_s$)
DN/mm	150	200	300	400	500	600	800	
200	69	66	59	53	46	—	—	100
250	74	71	63	56	49	39	25	100
300	86	82	73	65	56	45	29	90
400	100	100	100	97	84	68	44	74
500	—	100	100	100	100	87	56	66
600	—	100	100	100	100	79	51	68
700	—	100	100	100	100	92	59	65
800	—	—	100	100	100	88	56	65
900	—	—	100	100	100	97	62	63
1000	—	—	100	100	100	93	59	64

表 48-157　双管程 SC 或 SS 材料允许壁温差　单位：℃

PN 0.6MPa	$t_t>t_s$ 折流板间距/mm							Δt ($t_t<t_s$)
DN/mm	150	200	300	400	500	600	800	
200	33	32	29	26	23	—	—	67
250	35	34	31	28	25	22	14	61
300	40	38	35	32	29	25	16	53
400	67	66	61	55	49	44	28	33
500	—	85	78	71	64	56	36	29
600	—	95	89	82	73	65	42	27
700	—	100	100	95	85	75	49	25
800	—	—	93	87	78	69	44	26
900	—	—	97	94	86	76	49	25
1000	—	—	100	100	96	85	55	24

表 48-168 双管程 SC 或 SS 材料允许壁温差 单位：℃

PN 1.0MPa	$t_t>t_s$							Δt ($t_t<t_s$)
	折流板间距/mm							
DN/mm	150	200	300	400	500	600	800	
200	34	33	30	27	24	—	—	68
250	36	35	32	29	26	23	15	62
300	41	40	36	33	30	26	17	54
400	69	68	63	57	52	46	30	34
500	—	88	81	74	66	59	39	30
600	—	99	93	85	77	68	45	27
700	—	100	100	99	89	79	53	26
800	—	—	96	91	81	72	48	27
900	—	—	100	97	89	79	53	26
1000	—	—	100	100	100	89	59	24

表 48-169 双管程 SC 或 SS 材料允许壁温差 单位：℃

PN 1.6MPa	$t_t>t_s$							Δt ($t_t<t_s$)
	折流板间距/mm							
DN/mm	150	200	300	400	500	600	800	
200	35	34	31	29	26	—	—	70
250	37	36	33	30	27	24	16	63
300	42	41	38	34	31	28	18	55
400	73	72	67	61	55	49	34	35
500	—	92	85	78	71	63	43	31
600	—	82	78	72	65	58	40	32
700	—	95	89	83	75	67	46	30
800	—	—	82	76	68	61	41	31
900	—	—	89	81	75	67	46	30
1000	—	—	83	76	70	62	42	31

表 48-170 双管程 SC 或 SS 材料允许壁温差 单位：℃

PN 2.5MPa	$t_t>t_s$							Δt ($t_t<t_s$)
	折流板间距/mm							
DN/mm	150	200	300	400	500	600	800	
200	38	36	34	31	28	—	—	73
250	39	38	35	32	29	26	18	65
300	45	43	40	37	33	30	21	57
400	63	62	58	53	49	44	31	43
500	—	64	59	54	49	46	31	42
600	—	71	67	62	56	51	36	39
700	—	68	64	60	54	49	34	39
800	—	—	73	68	62	56	39	36
900	—	—	70	63	59	53	37	38
1000	—	—	68	62	58	52	36	38

表 48-171 双管程 CS 材料允许壁温差 单位：℃

PN 0.6MPa	$t_t>t_s$							Δt ($t_t<t_s$)
	折流板间距/mm							
DN/mm	150	200	300	400	500	600	800	
200	0	0	0	0	0	—	—	100
250	0	0	0	0	0	0	0	100
300	0	0	0	0	0	0	0	100
400	6	5	0	0	0	0	0	100
500	—	24	16	9	1	0	0	100
600	—	34	27	19	10	2	0	100
700	—	49	42	33	22	12	0	100
800	—	—	30	25	15	6	0	100
900	—	—	35	31	23	12	0	100
1000	—	—	47	43	33	21	0	100

表 48-172 双管程 CS 材料允许壁温差 单位：℃

PN 1.0MPa	$t_t>t_s$							Δt ($t_t<t_s$)
	折流板间距/mm							
DN/mm	150	200	300	400	500	600	800	
200	0	0	0	0	0	—	—	100
250	0	0	0	0	0	0	0	100
300	0	0	0	0	0	0	0	100
400	8	7	1	0	0	0	0	100
500	—	27	19	11	4	0	0	100
600	—	37	31	23	14	5	0	100
700	—	53	46	37	26	16	0	100
800	—	—	34	28	18	9	0	100
900	—	—	39	35	26	16	0	100
1000	—	—	52	47	37	26	0	100

表 48-173 双管程 CS 材料允许壁温差 单位：℃

PN 1.6MPa	$t_t>t_s$							Δt ($t_t<t_s$)
	折流板间距/mm							
DN/mm	150	200	300	400	500	600	800	
200	0	0	0	0	0	—	—	100
250	0	0	0	0	0	0	0	100
300	0	0	0	0	0	0	0	100
400	12	10	5	0	0	0	0	100
500	—	31	23	16	8	0	0	100
600	—	42	36	28	19	10	0	100
700	—	59	52	43	32	22	0	100
800	—	—	39	33	23	14	0	100
900	—	—	45	41	32	22	0	100
1000	—	—	58	54	44	32	0	100

表 48-174　双管程 CS 材料允许壁温差　单位：℃

PN 1.6MPa	$t_t>t_s$ 折流板间距/mm							Δt ($t_t<t_s$)
DN/mm	150	200	300	400	500	600	800	
200	0	0	0	0	0	—	—	100
250	0	0	0	0	0	0	0	100
300	0	0	0	0	0	0	0	100
400	17	16	10	4	0	0	0	100
500	—	37	30	22	14	6	0	100
600	—	26	21	15	8	1	0	100
700	—	40	34	27	18	10	0	100
800	—	—	28	23	15	7	0	100
900	—	—	33	30	23	14	0	100
1000	—	—	29	26	19	10	0	100

6.5.7　型号标记

换热器型号由六个部分组成。

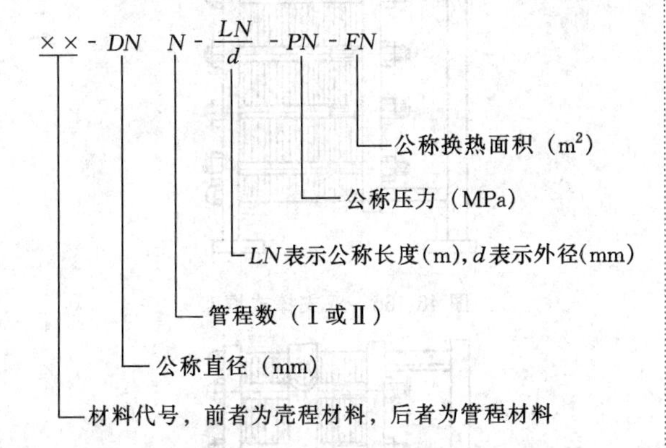

材料代号如下。

CC——管子、管板、管箱和壳体均为碳钢、低合金钢材料；

SS——管子、管板、管箱和壳体均为奥氏体不锈钢材料；

CS——壳体为碳素钢、低合金钢；管子、管箱和管板为奥氏体不锈钢；

SC——壳体、管子和管板为奥氏体不锈钢；管箱为碳钢、低合金钢。

标记示例如下。

某换热器，公称直径为 DN800mm，公称压力为 PN1.6MPa，双管程，公称换热面积为 145m²，换热管直径为 25mm，公称长度为 4m，管程为碳钢，壳程为奥氏体不锈钢，可表示为

$$\text{SC-800Ⅱ-}\frac{4}{25}\text{-1.6-145}$$

6.6　板式换热器

板式换热器是一种新型的换热设备，具有结构紧凑、占地面积小、传热效率高和操作方便等优点，并有处理微小温差的能力。原标准已废除，以下基本参数可供参考。

6.6.1　基本参数

(1) 设计压力

$PN\leqslant 2.5$MPa。

(2) 设计温度 T

按垫片材料允许的使用温度进行设计。

(3) 换热面积

单板计算换热面积为垫片内侧参与传热部分的波纹展开面积，单板公称换热面积为圆整后的单板计算换热面积。

(4) 流程组合

板式换热器内流道和流程可按式 (48-30) 方式配置。

$$\frac{M_1\times N_1+M_2\times N_2+\cdots+M_i\times N_i}{m_1\times n_1+m_2\times n_2+\cdots+m_i\times n_i} \tag{48-30}$$

式中　M_1，M_2，…，M_i——从固定压紧板开始，热流体侧流道数相同的流程数；

N_1，N_2，…，N_i——M_1，M_2，…，M_i 流程中对应的流道数；

m_1，m_2，…，m_i——从固定压紧板开始，冷流体侧流道数相同的流程数；

n_1，n_2，…，n_i——m_1，m_2，…，m_i 流程中对应的流道数。

示例如下。

$\frac{2\times 3+1\times 4}{1\times 10}$表示热流体有 3 个流程，第一程 3 个流道，第二程 3 个流道，第三程 4 个流道；冷流体有 1 个流程，10 个流道，见图 48-157。各种流程灵活组合，可通过增减板片或更换几块不同通道孔的板片来改变流程组合。

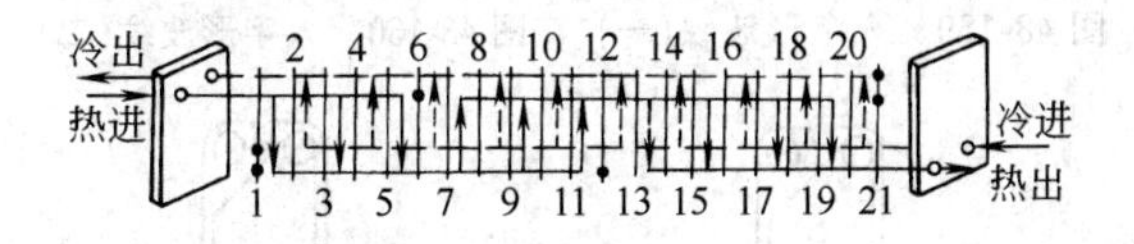

图 48-157　流程组合示例

6.6.2　分类和结构型式

板式换热器的结构型式见图 48-158，板片波纹型式见表 48-175，板式换热器框架型式见表 48-176。

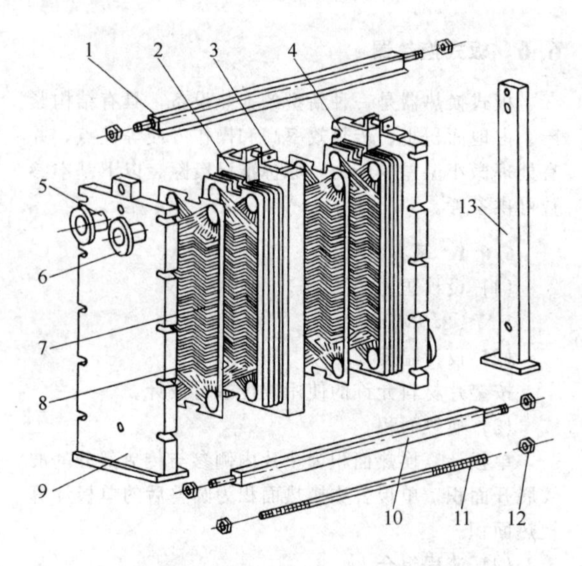

图 48-158 板式换热器的结构型式

1—上导杆；2—中间隔板；3—滚动机构；
4—活动压紧板；5—接管；6—法兰；7—垫片；
8—板片；9—固定压紧板；10—下导杆；
11—夹紧螺柱；12—螺母；13—支柱

表 48-175 板式换热器板片波纹型式

波 纹 型 式	代 号
人字形波纹(图 48-159 和图 48-160)	R
水平平直波纹(图 48-161)	P
球形波纹(图 48-162)	Q
斜波纹(图 48-163)	X
竖直波纹(图 48-164)	S

注：流体在板面上可以是对角流，也可以是单边流。图 48-159、图 48-161、图 48-163、图 48-164 为对角流，图 48-160、图 48-162 为单边流。

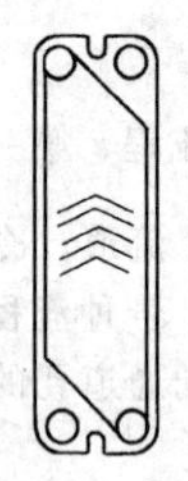

图 48-159 人字形波纹(一)

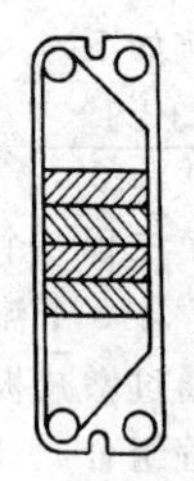

图 48-160 人字形波纹(二)

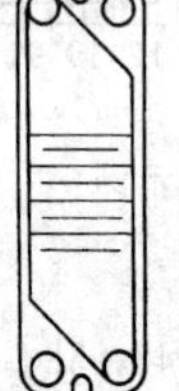

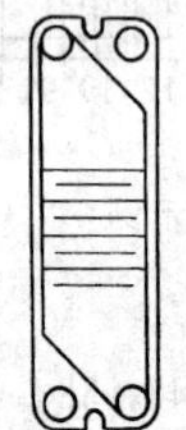

图 48-161 水平平直波纹

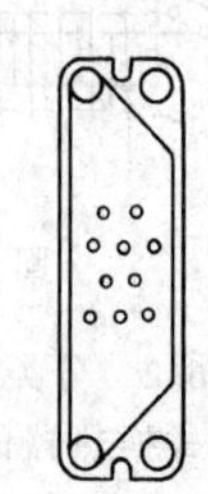

图 48-162 球形波纹

图 48-163 斜波纹

图 48-164 竖直波纹

表 48-176 板式换热器框架型式

框 架 型 式	代 号
双支撑式(图 48-165)	Ⅰ
带中间隔板双支撑式(图 48-166)	Ⅱ
带中间隔板三支撑式(图 48-167)	Ⅲ
悬臂式(图 48-168)	Ⅳ
活动压紧板落地式(图 48-169)	Ⅶ
顶杆式(图 48-170)	Ⅴ
带中间隔板顶杆式(图 48-171)	Ⅵ

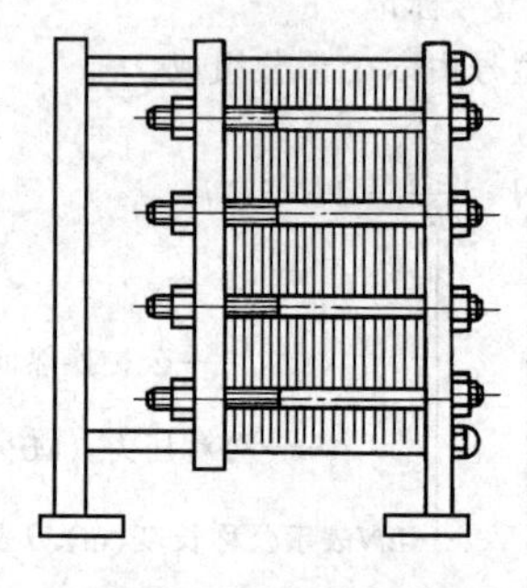

图 48-165 双支撑式框架

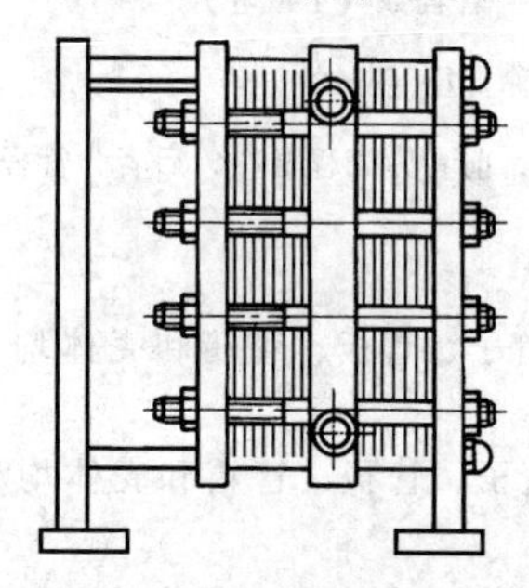

图 48-166 带中间隔板双支撑式框架

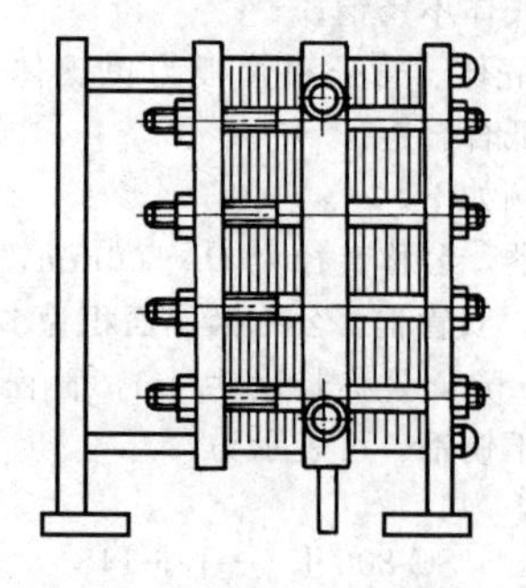

图 48-167 带中间隔板三支撑式框架

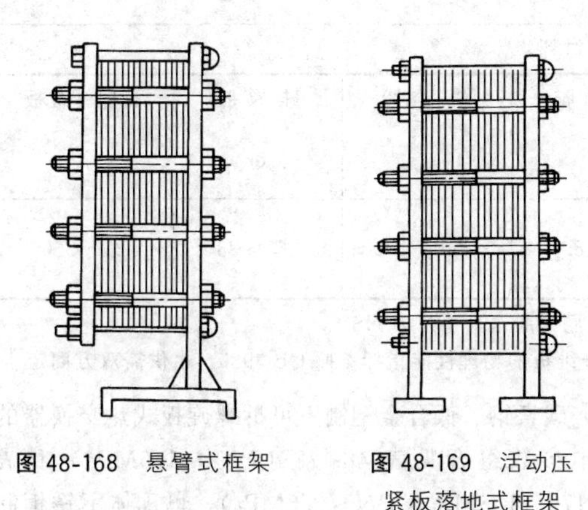

图 48-168　悬臂式框架　　图 48-169　活动压紧板落地式框架

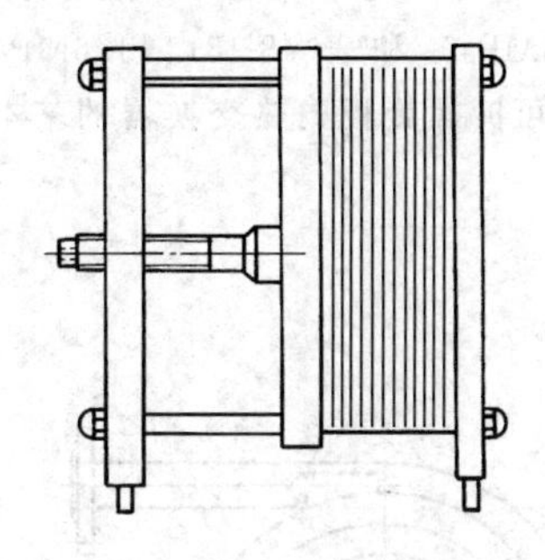

图 48-170　顶杆式框架

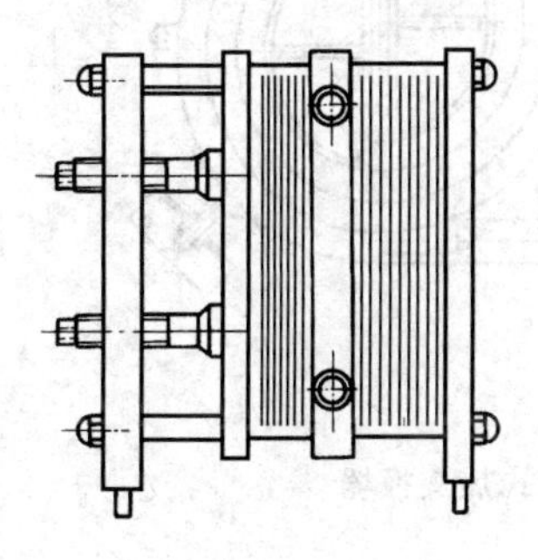

图 48-171　带中间隔板顶杆式框架

钎焊无垫圈不锈钢板式换热器是一种传热效率高、结构紧凑的新型换热器。广泛地应用于石油、化工、轻工、食品、冶金、动力、制药、造纸、机械制造等各个工业领域，是流体间加热、冷却、冷凝、蒸发、余热回收等过程中的最佳换热设备。

该种换热器由一系列压制成人字形的波纹不锈钢板组成。波纹钢板相互间倒置且波形反向地紧密压合在一起予以钎焊，使其结构紧凑而牢固。

钎焊结构使该种换热器可用于其他类型换热器难以承受的高温高压的工作环境里。“网络流”的内部构造将产生出流体的高度紊流状态，使传热效率达到最佳点。紧凑而轻便的外形给安装带来较大的便利并最大限度地节约空间。

超一流的传热性能使任何其他类型的换热器都无法比拟。由于高度的紊流状态，使钎焊无垫圈不锈钢板式换热器内部几乎不能积垢。极高的传热效率，能准确地处理近乎 1℃ 微小温差的传热。

6.6.3　型号标记

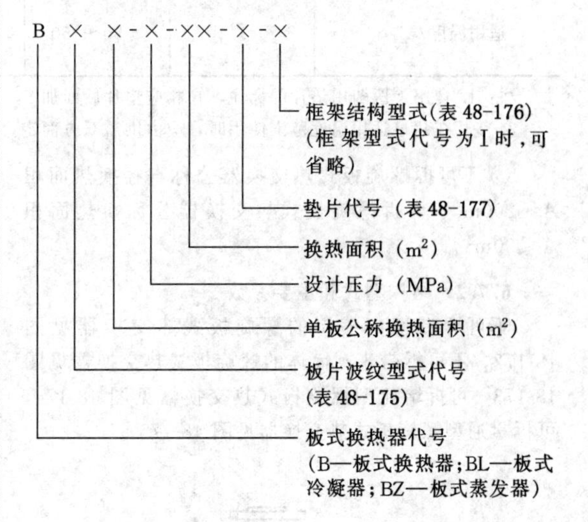

标记举例如下。

(1) 波纹型式为人字

单板公称换热面积 0.3m²，设计压力 1.6MPa，换热面积 1.5m²，用丁腈垫片密封的双支撑框架结构的板式换热器，型号为：BR0.3-1.6-15-N-I 或 BR0.3-1.6-15-N。

(2) 波纹型式为水平平直

单板公称换热面积 1.0m²，设计压力 1.0MPa，换热面积 100m²，用三元乙丙垫片密封的带中间隔板双支撑框架结构的板式换热器，其型号为：BP1.0-1.0-100-E-Ⅱ。

6.6.4　板片和垫片主要材料

(1) 板片材料牌号

1Cr18Ni9Ti，0Cr19Ni9，00Cr19Ni11，0Cr17-Ni12Mo2，00Cr17Ni14Mo2；TA1，H68，HSn62-1。

(2) 垫片材料

见表 48-177。

6.7　螺旋板式热交换器（GB/T 28712.5—2012）

本标准适用于不可拆和可拆螺旋板式热交换器。

6.7.1　基本参数

① 不可拆螺旋板式热交换器公称压力 $PN \leqslant$ 2.5MPa，可拆螺旋板式热交换器公称压力 $PN \leqslant$ 1.0MPa。公称压力是指螺旋板式热交换器单通道能承受的最高工作压力。

② 不可拆螺旋板式热交换器公称直径 $DN \leqslant$ 2000mm，可拆螺旋板式热交换器公称直径 DN $\leqslant$1200mm。

表 48-177　垫片材料

垫片材料及代号	丁腈橡胶	三元乙丙橡胶	氟橡胶	氯丁橡胶	硅橡胶	石棉纤维板
	N	E	F	C	Q	A
适用温度/℃	20～110	－50～150	0～180	－40～100	－65～230	20～250

注：1. 食用、医药用垫片的标注，在相应垫片后面加S，例如丁腈橡胶医药垫片为NS。
2. 垫片在超过适用温度范围使用时，应由供需双方商定。石棉纤维板的物理性能指标参照GB 3985，由供需双方商定。

③ 不可拆螺旋板式热交换器公称直径换热面积$A \leqslant 200m^2$，可拆螺旋板式热交换器公称换热面积$A \leqslant 90m^2$。

6.7.2　结构型式和主要参数

不可拆带切向缩口的螺旋板式热交换器见图48-172，不可拆带半圆筒体的螺旋板式热交换器见图48-173，可拆堵死型螺旋板式热交换器见图48-174，可拆贯通型螺旋板式热交换器见图48-175。

碳素钢、低合金钢制不可拆螺旋板式热交换器的基本参数组合见表48-178（$PN \leqslant 1.6MPa$）和表48-179（$1.6MPa < PN \leqslant 2.5MPa$）。奥氏体不锈钢制不可拆螺旋板式热交换器的基本参数组合见表48-180（$PN \leqslant 1.6MPa$）和表48-181（$1.6MPa < PN \leqslant 2.5MPa$）。可拆螺旋板式热交换器的基本参数见表48-182。

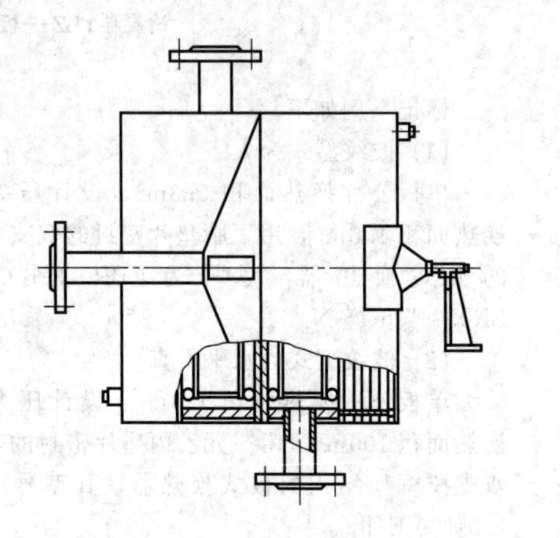
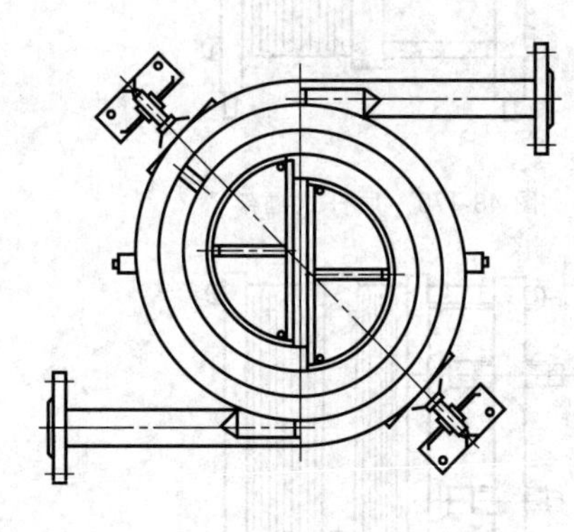

图 48-172　不可拆带切向缩口的螺旋板式热交换器

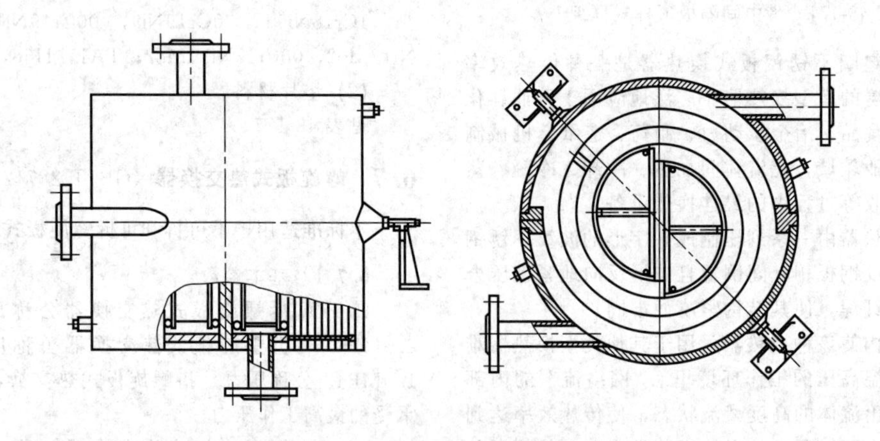

图 48-173　不可拆带半圆筒体的螺旋板式热交换器

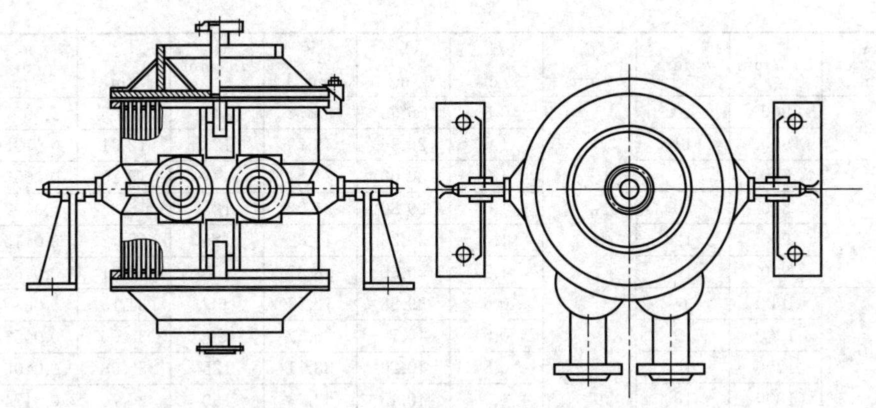

图 48-174　可拆堵死型螺旋板式热交换器

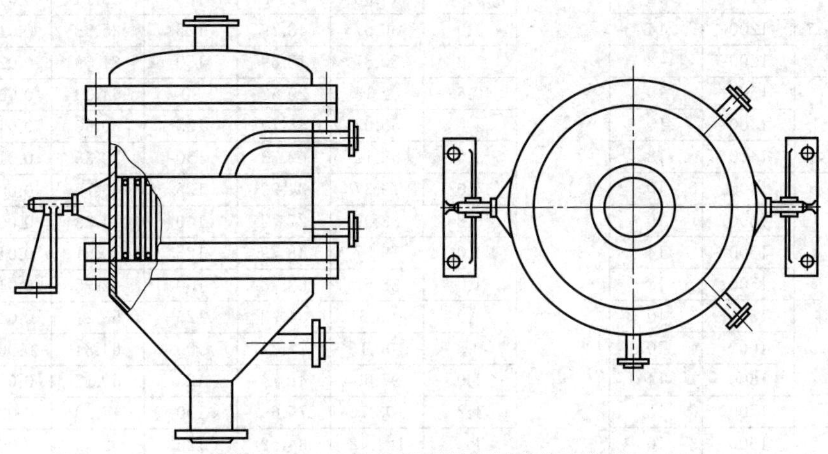

图 48-175　可拆贯通型螺旋板式热交换器

表 48-178　碳素钢、低合金钢制不可拆螺旋板式热交换器的基本参数（$PN \leqslant 1.6$MPa）

PN /MPa	A /m²	DN/mm	b/mm	δ /mm	H /m	A_1 /m²	V /(m³/h)	dn/mm	L_t /m	f/m²	d/mm
≤1.6	6	500	6	4	0.4	5.90	8.25	50	7.96	0.0023	200
		500	10		0.5	5.59	16.92	80	6.21	0.0047	200
		600	10		0.4	5.62	13.32	65	7.48	0.0037	200
	8	500	6		0.5	7.81	10.41	65	8.36	0.0029	200
		600	10		0.6	8.17	20.52	80	7.05	0.0057	200
		700	10		0.4	8.07	13.32	65	10.80	0.0037	200
	10	600	6		0.5	10.19	10.41	65	10.46	0.0029	200
		700	10		0.5	10.26	16.92	80	10.80	0.0047	200
		700	12		0.6	10.29	24.54	100	8.95	0.0068	200
	15	700	6		0.5	15.27	10.41	65	15.72	0.0029	200
		800	10		0.5	15.01	16.92	80	15.85	0.0047	200
		800	10		0.6	15.39	20.52	80	13.31	0.0057	300
		900	14		0.6	14.88	28.63	100	12.91	0.0080	300
	20	800	6		0.5	20.10	10.41	65	20.73	0.0029	200
		700	10		1.0	19.71	34.92	125	9.96	0.0097	300
		900	10		0.6	20.41	20.52	80	17.71	0.0057	300
		900	14		0.8	20.12	38.71	125	12.91	0.0108	300
	25	800	6		0.6	24.96	12.57	65	21.33	0.0035	200
		800	10		1.0	25.06	34.92	125	12.72	0.0097	300

续表

PN /MPa	A /m²	DN/mm	b/mm	δ /mm	H /m	A_1 /m²	V /(m³/h)	dn/mm	L_t /m	f/m²	d/mm
≤1.6	25	900	10	4	0.8	26.56	27.72	100	17.05	0.0077	300
		900	14		1.0	25.36	48.79	125	12.91	0.0136	300
	30	700	6		1.0	30.09	21.21	80	15.20	0.0059	200
		800	10		1.0	29.80	34.92	125	15.25	0.0097	200
		900	12		1.0	30.23	41.82	125	15.42	0.0116	300
		900	14		1.2	30.60	58.87	150	12.91	0.0164	300
	40	1000	6		0.6	39.88	12.57	65	34.15	0.0035	200
		1200	10		0.6	40.19	20.52	80	35.06	0.0057	300
		1200	14		0.8	40.20	38.71	125	25.98	0.0108	300
		1200	18		1.0	40.45	62.73	150	20.70	0.0174	300
	50	1000	10		1.2	51.74	42.12	125	21.92	0.0117	300
		1100	12		1.0	49.05	41.82	125	25.14	0.0116	300
		1200	14		1.0	50.67	48.79	125	25.98	0.0136	300
		1200	18		1.2	50.87	75.69	150	21.59	0.0210	300
	60	1500	10		0.6	62.15	20.52	80	54.33	0.0057	300
		1300	14		1.0	59.62	48.79	125	30.60	0.0136	300
		1400	18		1.0	59.12	62.73	150	30.35	0.0174	300
	80	1300	10		1.0	79.37	34.92	125	40.72	0.0097	300
		1500	10		0.8	83.96	27.72	100	54.33	0.0077	300
		1500	14		1.0	79.57	48.79	125	40.91	0.0136	300
		1700	18		1.0	83.52	62.73	150	42.95	0.0174	300
	100	1500	10		1.0	103.61	34.92	125	53.21	0.0097	300
		1600	10		0.8	100.15	27.72	100	64.84	0.0077	300
		1600	14		1.0	97.50	48.79	125	50.17	0.0136	300
		1700	18		1.2	103.70	75.69	150	44.20	0.0210	300
	120	1600	10		1.0	121.48	34.92	125	62.42	0.0097	300
		1500	10		1.2	124.97	42.12	125	53.21	0.0117	300
		1600	14		1.2	117.64	58.87	150	50.17	0.0164	300
		1600	18		1.5	119.48	95.13	200	40.50	0.0264	300
	130	1500	10		1.2	130.21	42.12	125	55.45	0.0117	300
		1700	14		1.2	129.25	58.87	150	55.14	0.0164	300
		1900	18		1.2	131.78	75.69	150	56.22	0.0210	300
	150	1800	14		1.2	147.66	58.87	150	63.02	0.0164	300
		1800	18		1.5	149.44	95.13	200	50.71	0.0264	300
		2000	18		1.2	148.80	75.69	150	63.51	0.0210	300
	160	1900	18		1.5	165.63	95.13	200	56.22	0.0264	300
	180	1800	14		1.5	181.62	73.99	150	61.67	0.0206	300
		2000	18		1.5	182.64	95.13	200	62.02	0.0264	300
	200	1900	14		1.5	201.83	73.99	150	68.55	0.0206	300
		2000	16		1.5	199.97	84.56	200	67.92	0.0235	300

表 48-179 碳素钢、低合金钢制不可拆螺旋板式热交换器的基本参数（1.6MPa<PN≤2.5MPa）

PN /MPa	A /m²	DN/mm	b/mm	δ /mm	H /m	A_1 /m²	V /(m³/h)	dn/mm	L_t /m	f/m²	d/mm
2.5	6	500	6	4	0.5	6.38	10.41	65	6.50	0.0029	200
		500	10		0.6	5.91	20.52	80	5.07	0.0057	200
		600	10		0.4	5.62	13.32	65	7.48	0.0037	200
	8	500	6		0.6	8.12	12.57	65	6.86	0.0035	200
		600	10		0.6	8.17	20.52	80	7.05	0.0057	200
		700	10		0.4	8.07	13.32	65	10.80	0.0037	200

续表

PN /MPa	A /m^2	DN/mm	b/mm	δ /mm	H /m	A_1 /m^2	V /(m^3/h)	dn/mm	L_t /m	f/m^2	d/mm
2.5	10	600	6	4	0.5	10.19	10.41	65	10.46	0.0029	200
		700	10		0.5	10.26	16.92	80	10.80	0.0047	200
		700	12		0.6	10.29	24.54	100	8.95	0.0068	200
	15	700	6		0.5	15.27	10.41	65	15.72	0.0029	200
		800	10		0.6	14.73	20.52	80	12.72	0.0057	300
		900	14		0. 6	14.88	28.63	100	12.91	0.0080	300
	20	800	6		0.5	20.10	10.41	65	20.73	0.0029	200
		700	10		1.0	19.71	34.92	125	9.96	0.0097	300
		900	10		0.6	20.41	20.52	80	17.71	0.0057	300
		900	14		0.8	20.12	38.71	125	12.91	0.0108	300
	25	800	6		0.6	24.96	12.57	65	21.33	0.0035	200
		800	10		1.0	25.06	34.92	125	12.72	0.0097	300
		900	10		0.8	25.55	27.72	100	16.40	0.0077	300
		900	14		1.0	25.36	48.79	125	12.91	0.0136	300
	30	700	6		1.0	30.08	21.21	80	15.20	0.0059	200
		800	10		1.0	29.80	34.92	125	15.25	0.0097	200
		900	12		1.0	30.23	41.82	125	15.42	0.0116	300
		900	14		1.2	30.60	58.87	150	12.91	0.0164	300
	40	1000	6		0.6	39.88	12.57	65	34.15	0.0035	200
		1200	10		0.6	40.19	20.52	80	35.06	0.0057	300
		1200	14		0.8	40.20	38.71	125	25.98	0.0108	300
		1200	18		1.0	40.45	62.73	150	20.70	0.0174	300
	50	1000	10		1.2	51.74	42.12	125	21.92	0.0117	300
		1100	12		1.0	47.45	41.82	125	24.32	0.0116	300
		1200	14		1.0	50.67	48.79	125	25.98	0.0136	300
		1200	18		1.2	48.80	75.69	150	20.70	0.0210	300
	60	1500	10		0.6	62.15	20.52	80	54.33	0.0057	300
		1400	12		0.8	61.77	33.18	125	40.02	0.0092	300
		1300	14		1.0	59.62	48.79	125	30.60	0.0136	300
		1500	18		1.0	63.25	62.73	150	32.48	0.0174	300
	80	1300	10		1.0	79.37	34.92	125	40.72	0.0097	300
		1500	10		0.8	83.96	27.72	100	54.33	0.0077	300
		1500	14		1.0	79.57	48.79	125	40.91	0.0136	300
		1700	18		1.0	83.52	62.73	150	42.95	0.0174	300
	100	1500	10		1.0	103.61	34.92	125	53.21	0.0097	300
		1600	10		0.8	98.28	27.72	100	63.63	0.0077	300
		1700	14		1.0	102.25	48.79	125	52.62	0.0136	300
		1700	18		1.2	103.70	75.69	150	44.20	0.0210	300
	120	1600	10		1.0	121.48	34.92	125	62.42	0.0097	300
		1500	10		1.2	124.97	42.12	125	53.21	0.0117	300
		1500	14		1.5	120.66	73.99	150	40.91	0.0206	300
		1600	16		1.5	122.31	84.56	200	41.47	0.0235	300
	130	1500	10		1.2	130.21	42.12	125	55.45	0.0117	300
		1700	14		1.2	129.25	58.87	150	55.14	0.0164	300
		1600	16		1.5	129.24	84.56	200	43.83	0.0235	300
	150	1800	14		1.2	147.66	58.87	150	63.02	0.0164	300
		1700	16		1.5	147.39	84.56	200	50.01	0.0235	300
		1800	18		1.5	149.44	95.13	200	50.71	0.0264	300
	160	1900	14		1.2	160.59	58.87	150	68.55	0.0164	300
		1900	18		1.5	161.51	95.13	200	54.82	0.0264	300

续表

PN /MPa	A /m²	DN/mm	b/mm	δ /mm	H /m	A_1 /m²	V /(m³/h)	dn/mm	L_t /m	f/m²	d/mm
2.5	180	1800	14	4	1.5	181.62	73.99	150	61.67	0.0206	300
		1900	16		1.5	182.96	84.56	200	62.13	0.0235	300
	200	1900	14		1.5	201.83	73.99	150	68.55	0.0206	300
		2000	16		1.5	195.65	84.56	200	66.45	0.0235	300

表 48-180 奥氏体不锈钢制不可拆螺旋板式热交换器的基本参数（PN≤1.6MPa）

PN /MPa	A /m²	DN/mm	b/mm	δ /mm	H /m	A_1 /m²	V /(m³/h)	dn/mm	L_t /m	f/m²	d/mm
≤1.6	4	500	10	2.5,3	0.4	4.46	13.32	65	6.27	0.0037	200
	6	400	6		0.6	6.13	12.57	65	5.44	0.0035	200
		500	10		0.5	6.02	16.92	80	6.66	0.0047	200
	8	500	6		0.4	7.20	8.25	50	9.67	0.0023	200
		500	10		0.6	7.75	20.52	80	7.06	0.0057	200
		600	10		0.5	8.36	16.92	80	9.21	0.0047	200
	10	600	6		0.4	10.06	8.25	50	13.47	0.0023	200
		600	10		0.6	10.14	20.52	80	9.21	0.0057	200
		700	14		0.6	9.76	28.63	100	8.40	0.0080	300
		800	14		0.5	10.10	23.59	100	10.60	0.0066	300
	15	700	6		0.5	15.52	10.41	65	15.91	0.0029	300
		800	10		0.5	15.11	16.92	80	15.96	0.0047	200
		800	14		0.8	16.57	38.71	125	10.60	0.0108	300
	20	700	6		0.6	20.91	12.57	65	17.85	0.0035	200
		800	10		0.6	13.99	20.52	80	16.64	0.0057	200
		900	14		0.8	21.23	38.71	125	13.63	0.0108	300
	25	800	6		0.5	24.87	10.41	65	25.68	0.0029	200
		800	10		0.8	24.24	27.72	100	15.65	0.0077	300
		900	10		0.6	24.74	20.52	80	21.58	0.0057	200
		900	14		0.8	23.24	38.71	125	14.94	0.0108	300
	30	700	6		0.8	29.72	16.89	80	18.88	0.0047	200
		800	10		1.0	30.54	34.92	125	15.55	0.0097	300
		1000	14		0.8	29.72	38.71	125	19.16	0.0108	300
	40	1000	10		0.8	39.82	27.72	100	25.67	0.0077	300
		900	12		1.2	39.29	50.46	125	16.63	0.0140	300
		1000	16		1.2	39.03	67.28	150	16.52	0.0187	300
	50	1000	10		1.0	50.17	34.92	125	25.67	0.0097	300
		1100	14		1.2	52.39	58.87	150	22.24	0.0164	300
		1200	18		1.2	50.78	75.69	150	21.55	0.0210	300
	60	1200	10		0.8	60.19	27.72	100	38.89	0.0077	300
		1100	12		1.2	61.55	50.46	125	26.15	0.0140	300
		1300	14		1.0	65.54	48.79	125	33.66	0.0136	300
		1400	18		1.0	60.40	62.73	150	31.01	0.0174	300
	80	1200	10		1.0	77.59	34.92	125	39.80	0.0097	300
		1500	12		0.8	82.03	33.18	125	53.21	0.0092	300
		1400	14		1.0	79.21	48.79	125	40.73	0.0136	300
		1500	18		1.2	85.34	75.69	150	36.34	0.0210	300
	100	1400	10		1.0	104.31	34.92	125	53.58	0.0097	300
		1400	12		1.2	104.57	50.46	125	44.57	0.0140	300
		1600	14		1.0	100.87	48.79	125	51.91	0.0136	300
		1600	18		1.2	98.74	75.69	150	42.08	0.0210	300
	120	1500	10		1.0	121.25	34.92	125	62.31	0.0097	300

续表

PN /MPa	A /m²	DN/mm	b/mm	δ /mm	H /m	A_1 /m²	V /(m³/h)	dn/mm	L_t /m	f/m²	d/mm
≤1.6	120	1700	14	2.5,3	1.0	117.53	48.79	125	60.52	0.0136	300
		1800	18		1.2	125.23	75.69	150	53.42	0.0210	300
	130	1800	14		1.0	130.18	48.79	125	67.05	0.0136	300
		2000	18		1.0	131.14	62.73	150	67.55	0.0174	300
	150	1900	14		1.0	148.94	48.79	125	76.74	0.0136	300
		2000	18		1.2	154.77	75.69	150	66.06	0.0210	300
	160	1800	14		1.2	160.22	58.87	150	68.39	0.0164	300
		2000	18		1.2	158.24	75.69	150	67.55	0.0210	300
	180	1900	14		1.2	179.71	58.87	150	76.74	0.0164	300
		2000	16		1.2	177.28	67.28	150	75.70	0.0187	300
	200	1900	10		1.0	198.42	34.92	125	102.09	0.0097	300
		2000	14		1.2	200.30	58.87	150	85.55	0.0164	300

表48-181 奥氏体不锈钢制不可拆螺旋板式热交换器的基本参数（$1.6\mathrm{MPa}<PN\leqslant 2.5\mathrm{MPa}$）

PN /MPa	A /m²	DN/mm	b/mm	δ /mm	H /m	A_1 /m²	V /(m³/h)	dn/mm	L_t /m	f/m²	d/mm
2.5	4	500	10	2.5,3	0.4	4.19	13.32	65	5.54	0.0037	200
	6	400	6		0.6	6.13	12.57	65	5.15	0.0035	200
		600	12		0.5	6.39	20.22	80	6.71	0.0056	200
	8	500	6		0.5	8.00	10.41	65	8.18	0.0029	200
		600	10		0.5	7.95	16.92	80	8.34	0.0047	200
		600	10		0.6	8.67	20.52	80	7.49	0.0057	200
	10	600	6		0.4	10.06	8.25	50	13.05	0.0023	200
		600	10		0.6	9.64	20.52	80	8.34	0.0057	200
		700	14		0.6	9.76	28.63	100	8.40	0.0080	300
		800	14		0.5	10.10	23.59	100	10.60	0.0066	300
	15	700	6		0.5	15.52	10.41	65	15.91	0.0029	300
		800	10		0.5	15.11	16.92	80	15.96	0.0047	200
		800	14		0.8	16.57	38.71	125	10.60	0.0108	300
	20	700	6		0.6	20.91	12.57	65	17.85	0.0035	200
		800	10		0.6	18.99	20.52	80	16.54	0.0057	200
		900	14		0.8	21.23	38.71	125	13.63	0.0108	300
	25	800	6		0.5	24.87	10.41	65	25.68	0.0029	200
		800	10		0.8	23.33	27.72	100	14.95	0.0077	300
		900	10		0.6	23.98	20.52	80	20.92	0.0057	200
		900	14		0.8	23.24	38.71	125	14.94	0.0108	300
	30	700	6		0.8	28.90	16.89	80	18.36	0.0047	200
		800	10		1.0	29.39	34.92	125	14.95	0.0097	300
		1000	14		0.8	28.59	38.71	125	18.42	0.0108	300
	40	1000	10		0.8	39.82	27.72	100	25.67	0.0077	300
		900	12		1.2	39.29	50.46	125	16.63	0.0140	300
		1000	16		1.2	39.03	67.28	150	16.52	0.0187	300
	50	1000	10		1.0	48.73	34.92	125	24.92	0.0097	300
		1100	14		1.2	52.39	58.87	150	22.24	0.0164	300
		1200	18		1.2	50.78	75.69	150	21.55	0.0210	300
	60	1200	10		0.8	58.81	27.72	100	37.99	0.0077	300
		1100	12		1.2	61.55	50.46	125	26.15	0.0140	300
		1300	14		1.0	63.69	48.79	125	32.71	0.0136	300
		1400	18		1.0	60.40	62.73	150	31.01	0.0174	300

续表

PN /MPa	A /m²	DN/mm	b/mm	δ /mm	H /m	A_1 /m²	V /(m³/h)	dn/mm	L_t /m	f/m²	d/mm
2.5	80	1500	12	2.5,3	0.8	80.31	33.18	125	52.09	0.0092	300
		1400	14		1.0	77.19	48.79	125	39.68	0.0136	300
		1500	18		1.2	82.78	75.69	150	35.25	0.0210	300
	100	1400	10		1.0	102.28	34.92	125	52.53	0.0097	300
		1400	12		1.2	104.57	50.46	125	44.57	0.0140	300
		1600	14		1.0	100.87	48.79	125	51.91	0.0136	300
		1600	18		1.2	98.74	75.69	150	42.08	0.0210	300
	120	1500	10		1.0	119.07	34.92	125	61.18	0.0097	300
		1600	14		1.2	121.72	58.87	150	51.91	0.0164	300
	140	1600	12		1.2	141.02	50.46	125	60.17	0.0140	300
	160	1600	10		1.2	162.55	42.12	125	69.27	0.0117	300

表 48-182　可拆螺旋板式热交换器的基本参数

PN /MPa	A /m²	DN/mm	b/mm	δ /mm	H /m	A_1 /m²	V /(m³/h)	dn/mm	L_t /m	f/m²	d/mm
≤1.0	5	500	10	2.5,3	0.5	4.98	16.92	80	5.18	0.0047	200
	6	500	10		0.6	6.04	20.52	80	5.18	0.0057	200
	8	500	6		0.5	8.00	10.41	65	8.18	0.0029	200
		600	10		0.5	7.95	16.92	80	8.34	0.0047	200
		600	12		0.6	8.24	24.54	100	7.14	0.0068	200
		700	14		0.5	8.11	23.59	100	8.55	0.0066	200
	10	600	6		0.4	9.72	8.25	50	12.61	0.0023	200
		600	10		0.6	9.64	20.52	80	8.34	0.0057	200
		700	14		0.6	9.85	28.63	100	8.56	0.0080	200
	15	700	6		0.5	15.52	10.41	65	15.91	0.0029	300
		700	10		0.8	16.53	27.72	100	10.54	0.0077	300
		800	10		0.5	15.66	16.92	80	16.54	0.0047	200
	20	700	6		0.6	21.51	12.57	65	18.36	0.0035	200
		700	10		0.8	18.85	27.72	100	12.13	0.0077	200
		800	14		1.0	20.89	48.79	125	10.60	0.0136	300
		1000	14		0.6	21.15	28.63	100	18.42	0.0080	300
	25	800	6		0.6	26.54	12.57	65	22.60	0.0035	300
		800	10		0.8	25.65	27.72	100	16.54	0.0077	200
		900	10		0.6	24.74	20.52	80	21.58	0.0057	200
		900	14		0.8	24.90	38.71	125	16.10	0.0108	200
	30	700	6		0.8	28.90	16.89	80	18.36	0.0047	200
		900	10		0.8	31.09	27.72	100	20.00	0.0077	300
		1000	14		0.8	29.72	38.71	125	19.16	0.0108	300
	40	1000	10		0.8	39.82	27.72	100	25.67	0.0077	300

续表

PN /MPa	A /m^2	DN/mm	b/mm	δ /mm	H /m	A_1 /m^2	V /(m^3/h)	dn/mm	L_t /m	f/m^2	d/mm
≤1.0	40	1000	14	2.5,3	1.0	39.55	48.79	125	20.32	0.0136	200
		1000	14		1.2	45.21	58.87	150	19.16	0.0164	300
	50	1000	10		1.0	50.17	34.92	125	25.67	0.0097	300
		1100	10		0.8	49.53	27.72	100	31.97	0.0077	300
		1000	14		1.2	47.73	58.87	150	20.32	0.0164	200
	60	1200	10		0.8	60.19	27.72	100	38.89	0.0077	300
		1100	14		1.2	58.67	58.87	150	25.00	0.0164	200
		1200	14		1.0	58.60	48.79	125	30.16	0.0136	200
	80	1100	10		1.2	78.78	42.12	125	33.55	0.0117	200
		1200	10		1.0	78.83	34.92	125	38.89	0.0097	300
	90	1200	10		1.2	91.46	42.12	125	38.89	0.0117	300

6.7.3　不可拆螺旋板式热交换器的参数计算

以两螺旋通道间距相等的情况为例计算参数。螺旋体示意见图 48-176。

① 螺旋通道长度计算。

$$L_t=\frac{\pi N_Y}{2}[N_Y(b+\delta)+\delta+d] \tag{48-31}$$

式中　N_Y——螺旋通道圈数（如图 48-176 中Ⅰ、Ⅱ、Ⅲ所示），按式（48-32）计算；

b——螺旋通道间距，mm；

δ——螺旋板厚度，mm；

d——螺旋中心直径，mm。

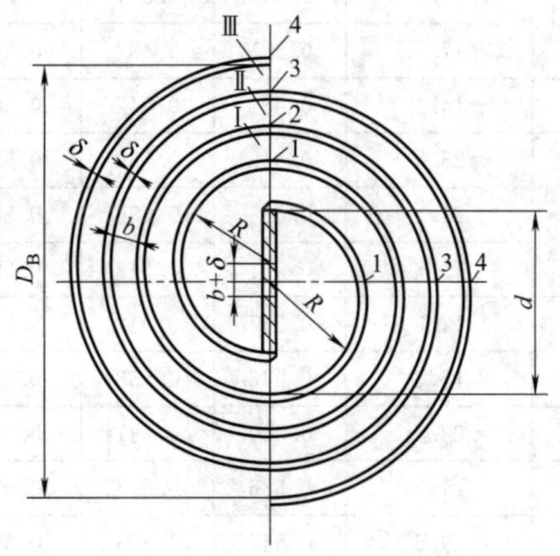

图 48-176　螺旋体示意

$$N_Y=\frac{D_B-d-b-\delta}{2(b+\delta)} \tag{48-32}$$

$$D_B=DN-b-\delta$$

式中　D_B——螺旋长轴内径，mm；

DN——公称直径，等于螺旋体外径，mm。

② 螺旋板计算长度，按式（48-33）确定。

$$L_B=\frac{\pi N_B}{2}[(N_B-1)(b+\delta)+d+\delta] \tag{48-33}$$

式中　N_B——螺旋板圈数（见图 48-176 中的 1、2、3、4），按式（48-34）计算。

$$N_B=\frac{D_B-d+b+\delta}{2(b+\delta)} \tag{48-34}$$

③ 螺旋板式热交换器有效换热面积，按式（48-35）计算。

$$A_Y=2L_Y(H-a)\times10^{-6} \tag{48-35}$$

式中　H——螺旋板宽度，mm；

a——螺旋板宽度方向两端换热介质未湿润的宽度之和，mm。

$$L_Y=\frac{\pi N_Y}{2}[(N_Y-1)(b+\delta)+d+\delta]$$

6.8　空冷式热交换器（GB/T 28712.6—2012，NB/T 47007—2010）

6.8.1　基本参数

① 公称宽度 BN 为 500mm、750mm、1000mm、1250mm、1500mm、1750mm、2000mm、2250mm、2500mm、2750mm、3000mm。

② 风机叶轮直径 D 为 1200mm、1500mm、1800mm、2100mm、2400mm、2700mm、3000mm、3300mm、3600mm、3900mm、4200mm、4500mm。风机叶片数分 4 片、5 片、6 片 3 种。

③ 翅片管的基本参数如下。

a. 翅片高度 h 为 12.5mm、16mm。

b. 翅片管长度 L 为 3000mm、4500mm、6000mm、9000mm、12000mm、15000mm。

c. 翅片管特性参数及排列型式见表 48-183。

d. 翅片管的翅化比及管束迎风面积比见表 48-184。

④ 管排数 Z：水平式管束 4 排、5 排、6 排、8 排。斜顶式管束 3 排、4 排。

⑤ 管程数 N 为 1、2、3、4、5、6、8。

⑥ 水平式管束的基本参数组合见表 48-185。

表 48-183 翅片管特性参数及排列型式

基管外径 d/mm	翅片参数						翅片管排列	
	翅片外径 D/mm	翅片名义厚度 S/mm L、LL、KL、G	翅片名义厚度 S/mm DR	翅片数/(片/m)	翅片高度 h/mm	DR型翅片管复层厚度 S_1/mm	管心距/mm	排列
25	50	0.4	0.8	433 394 354 315 276	12.5	0.5	54 56 59	等边三角形
	57				16		62 63.5 67	

表 48-184 翅片管的翅化比及管束迎风面积比

翅片管型式	翅片数/(片/m)	翅化比	迎风面积比			翅化比	迎风面积比		
		翅片高度 h=12.5mm	管心距/mm			翅片高度 h=16mm	管心距/mm		
			54	56	59		62	63.5	67
L	433	16.9	0.465	0.484	0.510	23.4	0.519	0.530	0.555
	394	15.5	0.470	0.489	0.515	21.4	0.525	0.536	0.560
	354	14.0	0.475	0.494	0.520	19.3	0.531	0.542	0.566
	315	12.6	0.480	0.499	0.524	17.3	0.537	0.548	0.571
	276	11.2	0.486	0.504	0.529	15.3	0.543	0.553	0.577
LL	433	16.6	0.452	0.472	0.499	23.1	0.508	0.520	0.545
	394	15.2	0.457	0.477	0.503	21.1	0.514	0.526	0.550
	354	13.7	0.462	0.482	0.508	19.1	0.520	0.531	0.556
	315	12.3	0.467	0.486	0.513	17.1	0.525	0.537	0.561
	276	11.0	0.472	0.491	0.517	15.1	0.531	0.542	0.566
KL	433	16.9	0.465	0.484	0.510	23.4	0.519	0.530	0.555
	394	15.5	0.470	0.489	0.515	21.4	0.525	0.536	0.560
	354	14.0	0.475	0.494	0.520	19.3	0.531	0.542	0.566
	315	12.6	0.480	0.499	0.524	17.3	0.537	0.548	0.571
	276	11.2	0.486	0.504	0.529	15.3	0.543	0.553	0.577
G	433	17.2	0.477	0.496	0.521	23.7	0.530	0.541	0.565
	394	15.8	0.482	0.501	0.526	21.7	0.536	0.547	0.570
	354	14.3	0.488	0.506	0.531	19.6	0.542	0.553	0.576
	315	12.8	0.493	0.511	0.536	17.5	0.548	0.559	0.582
	276	11.4	0.499	0.517	0.541	15.5	0.554	0.565	0.587
DR	433	16.7	0.456	0.475	0.502	23.3	0.496	0.508	0.533
	394	15.3	0.461	0.480	0.507	21.3	0.503	0.515	0.541
	354	13.9	0.467	0.486	0.512	19.2	0.511	0.523	0.548
	315	12.5	0.473	0.492	0.517	17.2	0.519	0.530	0.555
	276	11.0	0.478	0.497	0.523	15.2	0.527	0.538	0.562

表 48-185　水平式管束的基本参数组合

公称宽度 BN/mm	管排数 Z	管程数 N	翅片管长度 L/mm					
			3000	4500	6000	9000	12000	15000
500	4	1,2,4				—	—	—
	5	1,2,5				—	—	—
	6	1,2,3				—	—	—
750	4	1,2,4				—	—	—
	5	1,2,5				—	—	—
	6	1,2,3				—	—	—
1000	4	1,2,4						
	5	1,2,5						
	6	1,2,3						
	8	1,2,4	—	—				
1250	4	1,2,4						
	5	1,2,5						
	6	1,2,3						
	8	1,2,4	—	—				
1500	4	1,2,4						
	5	1,2,5						
	6	1,2,3						
	8	1,2,4	—	—				
1750	4	1,2,4						
	5	1,2,5						
	6	1,2,3,6						
	8	1,2,4,8	—	—				
2000	4	1,2,4						
	5	1,2,5						
	6	1,2,3,6						
	8	1,2,4,8	—	—				
2250	4	1,2,4			—			
	5	1,2,5			—			
	6	1,2,3,6			—			
	8	1,2,4,8	—	—	—			
2500	4	1,2,4						
	5	1,2,5						
	6	1,2,3,6						
	8	1,2,4,8	—	—				
2750	4	1,2,4		—				
	5	1,2,5		—				
	6	1,2,3,6		—				
	8	1,2,4,8	—	—				
3000	4	1,2,4						
	5	1,2,5						
	6	1,2,3,6						
	8	1,2,4,8	—	—				

⑦ 翅片管外表面积。

a. 翅片管外表面积＝管束基管外表面积×翅化比。

b. 管束基管外表面积按式（48-36）计算。

$$A=\pi d(L-2\delta-L_1)n\times10^{-6} \quad (48\text{-}36)$$

式中 d——基管外径，mm；

L——翅片管长度，mm；

δ——管板厚度，mm；

L_1——基管管头伸出管板长度，mm；

n——管束排管根数。

c. 翅片高度 h 为 12.5mm 的鼓风式水平管束，其管束基管外表面积 A 与排管根数 n 见表 48-186。

表 48-186 翅高为 12.5mm 的鼓风式水平管束基管外表面积

管排数 Z		4							5						
公称宽度 BN/mm	管心距 /mm	排管根数 n[①]	管束基管外表面积 A[②]/m² 翅片管长度 L/mm						排管根数 n[①]	管束基管外表面积 A[②]/m² 翅片管长度 L/mm					
			3000	4500	6000	9000	12000	15000		3000	4500	6000	9000	12000	15000
500	54	26	6.0	9.1	12.2	—	—	—	33	7.6	11.5	15.4	—	—	—
	56	24	5.6	8.4	11.2	—	—	—	30	7.0	10.5	14.0	—	—	—
	59	24	5.6	8.4	11.2	—	—	—	30	7.0	10.5	14.0	—	—	—
750	54	44	10.2	15.4	20.6	—	—	—	55	12.7	19.2	25.7	—	—	—
	56	42	9.7	14.7	19.6	—	—	—	53	12.3	18.5	24.8	—	—	—
	59	40	9.3	14.0	18.7	—	—	—	50	11.6	17.5	23.4	—	—	—
1000	54	62	14.4	21.7	29.0	43.6	58.2	72.8	78	18.1	27.3	36.5	54.8	73.2	91.6
	56	60	13.9	21.0	28.0	42.2	56.3	70.5	75	17.4	26.2	35.0	52.7	70.4	88.1
	59	58	13.4	20.3	27.1	40.8	54.4	68.1	73	16.9	25.5	34.1	51.3	68.5	85.7
1250	54	80	18.5	28.0	37.4	56.2	75.1	93.9	100	23.2	35.0	46.7	70.3	93.9	117.4
	56	78	18.1	27.3	36.5	54.8	73.2	91.6	98	22.7	34.3	45.8	68.9	92.0	115.1
	59	74	17.1	25.9	34.6	52.0	69.5	86.9	93	21.5	32.5	43.5	65.4	87.3	109.2
1500	54	100	23.2	35.0	46.7	70.3	93.9	117.4	125	29.0	43.7	58.4	87.9	117.3	146.8
	56	96	22.2	33.6	44.9	67.5	90.1	112.7	120	27.8	41.9	56.1	84.4	112.6	140.9
	59	90	20.9	31.5	42.1	63.3	84.5	105.7	113	26.2	39.5	52.8	79.4	106.1	132.7
1750	54	118	27.3	41.2	55.1	82.9	110.7	138.6	148	34.3	51.7	69.2	104.0	138.9	173.8
	56	114	26.4	39.8	53.3	80.1	107.0	133.9	143	33.1	50.0	66.8	100.5	134.2	167.9
	59	108	25.0	37.7	50.5	75.9	101.4	126.8	135	31.3	47.2	63.1	94.9	126.7	158.5
2000	54	136	31.5	47.5	63.6	95.6	127.6	159.7	170	39.4	59.4	79.4	119.5	159.6	199.6
	56	132	30.6	46.1	61.7	92.8	123.9	155.0	165	38.2	57.7	77.1	116.0	154.9	193.7
	59	124	28.7	43.3	57.9	87.2	116.4	145.6	155	35.9	54.2	72.4	109.0	145.5	182.0
2250	54	154	35.7	53.8	—	108.3	144.5	180.8	193	44.7	67.5	—	135.7	181.1	226.6
	56	150	34.8	52.4	—	105.4	140.8	176.1	188	43.6	65.7	—	132.2	176.4	220.7
	59	142	32.9	49.6	—	99.8	133.3	166.7	178	41.2	62.2	—	125.1	167.1	209.0
2500	54	174	40.3	60.8	81.3	122.3	163.3	204.3	218	50.5	76.2	101.9	153.2	204.6	256.0
	56	168	38.9	58.7	78.5	118.1	157.7	197.3	210	48.7	73.4	98.1	147.6	197.1	246.6
	59	158	36.6	55.2	73.8	111.1	148.3	185.5	198	45.9	69.2	92.5	139.2	185.8	232.5
2750	54	192	44.5	—	89.7	135.0	180.2	225.4	240	55.6	—	112.2	168.7	225.3	281.8
	56	186	43.1	—	86.9	130.7	174.6	218.4	233	54.0	—	108.9	163.8	218.7	273.6
	59	176	40.8	—	82.2	123.7	165.2	206.7	220	51.0	—	102.8	154.6	206.5	258.3
3000	54	210	48.7	73.4	98.1	147.6	197.1	246.6	263	60.9	91.9	122.9	184.9	246.8	308.8
	56	202	46.8	70.6	94.4	142.0	189.6	237.2	253	58.6	88.4	118.2	177.8	237.5	297.1
	59	192	44.5	67.1	89.7	135.0	180.2	225.4	240	55.6	83.9	112.2	168.7	225.3	281.8

续表

管排数 Z		6							8						
公称宽度 BN/mm	管心距 /mm	排管根数 n①	管束基管外表面积 A②/m²						排管根数 n①	管束基管外表面积 A②/m²					
			翅片管长度 L/mm							翅片管长度 L/mm					
			3000	4500	6000	9000	12000	15000		3000	4500	6000	9000	12000	15000
500	54	39	9.0	13.6	18.2	—	—	—	—	—	—	—	—	—	—
	56	36	8.3	12.6	16.8	—	—	—	—	—	—	—	—	—	—
	59	36	8.3	12.6	16.8	—	—	—	—	—	—	—	—	—	—
750	54	66	15.3	23.1	30.8	—	—	—	—	—	—	—	—	—	—
	56	63	14.6	22.0	29.4	—	—	—	—	—	—	—	—	—	—
	59	60	13.9	21.0	28.0	—	—	—	—	—	—	—	—	—	—
1000	54	93	21.5	32.5	43.5	65.4	87.3	109.2	124	—	—	57.9	87.2	116.4	145.6
	56	90	20.9	31.5	42.1	63.3	84.5	105.7	120	—	—	56.1	84.4	112.6	140.9
	59	87	20.2	30.4	40.7	61.2	81.7	102.2	116	—	—	54.2	81.5	108.9	136.2
1250	54	120	27.8	41.9	56.1	84.4	112.6	140.9	160	—	—	74.8	112.5	150.2	187.9
	56	117	27.1	40.9	54.7	82.2	109.8	137.4	156	—	—	72.9	109.7	146.4	183.2
	59	111	25.7	38.8	51.9	78.0	104.2	130.3	148	—	—	69.2	104.0	138.9	173.8
1500	54	150	34.8	52.4	70.1	105.4	140.8	176.1	200	—	—	93.5	140.6	187.7	234.8
	56	144	33.4	50.3	67.3	101.2	135.2	169.1	192	—	—	89.7	135.0	180.2	225.4
	59	135	31.3	47.2	63.1	94.9	126.7	158.5	180	—	—	84.1	126.5	168.9	211.4
1750	54	177	41.0	61.9	82.7	124.4	166.1	207.8	236	—	—	110.3	165.9	221.5	277.1
	56	171	39.6	59.8	79.9	120.2	160.5	200.8	228	—	—	106.5	160.3	214.0	267.7
	59	162	37.5	56.6	75.7	113.9	152.0	190.2	216	—	—	100.9	151.8	202.7	253.6
2000	54	204	47.3	71.3	95.3	143.4	191.5	239.5	272	—	—	127.1	191.2	255.3	319.4
	56	198	45.9	69.2	92.5	139.2	185.8	232.5	264	—	—	123.4	185.6	247.8	310.0
	59	186	43.1	65.0	86.9	130.7	174.6	218.4	248	—	—	115.9	174.3	232.8	291.2
2250	54	231	53.5	80.7	—	162.4	216.8	271.2	308	—	—	—	216.5	289.1	361.6
	56	225	52.1	78.6	—	158.2	211.2	264.2	300	—	—	—	210.9	281.6	352.3
	59	213	49.4	74.4	—	149.7	199.9	250.1	284	—	—	—	199.6	266.5	333.5
2500	54	261	60.5	91.2	122.0	183.5	245.0	306.5	348	—	—	162.6	244.6	326.6	408.6
	56	252	58.4	88.1	117.8	177.1	236.5	295.9	336	—	—	157.0	236.2	315.4	394.5
	59	237	54.9	82.8	110.8	166.6	222.4	278.3	316	—	—	147.7	222.1	296.6	371.0
2750	54	288	66.7	—	134.6	202.4	270.3	338.2	384	—	—	179.4	269.9	360.4	450.9
	56	279	64.6	—	130.4	196.1	261.9	327.6	372	—	—	173.8	261.5	349.1	436.8
	59	264	61.2	—	123.4	185.6	247.8	310.0	352	—	—	164.5	247.4	330.4	413.3
3000	54	315	73.0	110.1	147.2	221.4	295.6	369.9	420	—	—	196.3	295.2	394.2	493.2
	56	303	70.2	105.9	141.6	213.0	284.4	355.8	404	—	—	188.8	284.0	379.2	474.4
	59	288	66.7	100.7	134.6	202.4	270.3	338.2	384	—	—	179.4	269.9	360.4	450.9

① 排管根数按管束实际宽度（管束公称宽度减 50mm）、管箱端板厚度为 20mm 确定。

② 管束基管外表面积按管板厚度 δ=22mm 确定。

d. 翅片高度 h 为 16mm 的鼓风式水平管束，其管束基管外表面积 A 与翅片管排管根数 n 见表 48-187。

表 48-187　翅高为 16mm 的鼓风式水平管束基管外表面积

管排数 Z		4							5						
公称宽度 BN/mm	管心距 /mm	排管根数 n①	管束基管外表面积 A②/m²						排管根数 n①	管束基管外表面积 A②/m²					
			翅片管长度 L/mm							翅片管长度 L/mm					
			3000	4500	6000	9000	12000	15000		3000	4500	6000	9000	12000	15000
500	62	22	5.1	7.7	10.3	—	—	—	28	6.5	9.8	13.1	—	—	—
	63.5	22	5.1	7.7	10.3	—	—	—	28	6.5	9.8	13.1	—	—	—
	67	20	4.6	7.0	9.3	—	—	—	25	5.8	8.7	11.7	—	—	—

续表

管排数 Z		4							5						
公称宽度 BN/mm	管心距 /mm	排管根数 n①	管束基管外表面积 A②/m²						排管根数 n①	管束基管外表面积 A②/m²					
			翅片管长度 L/mm							翅片管长度 L/mm					
			3000	4500	6000	9000	12000	15000		3000	4500	6000	9000	12000	15000
750	62	38	8.8	13.3	17.8	—	—	—	48	11.1	16.8	22.4	—	—	—
	63.5	38	8.8	13.3	17.8	—	—	—	48	11.1	16.8	22.4	—	—	—
	67	36	8.3	12.6	16.8	—	—	—	45	10.4	15.7	21.0	—	—	—
1000	62	54	12.5	18.9	25.2	38.0	50.7	63.4	68	15.8	23.8	31.8	47.8	63.8	79.8
	63.5	54	12.5	18.9	25.2	38.0	50.7	63.4	68	15.8	23.8	31.8	47.8	63.8	79.8
	67	50	11.6	17.5	23.4	35.1	46.9	58.7	63	14.6	22.0	29.4	44.3	59.1	74.0
1250	62	70	16.2	24.5	32.7	49.2	65.7	82.2	88	20.4	30.8	41.1	61.9	82.6	103.3
	63.5	68	15.8	23.8	31.8	47.8	63.8	79.8	85	19.7	29.7	39.7	59.7	79.8	99.8
	67	66	15.3	23.1	30.8	46.4	61.9	77.5	83	19.2	29.0	38.8	58.3	77.9	97.5
1500	62	86	19.9	30.1	40.2	60.5	80.7	101.0	108	25.0	37.7	50.5	75.9	101.4	126.8
	63.5	84	19.5	29.4	39.3	59.0	78.8	98.6	105	24.3	36.7	49.1	73.8	98.5	123.3
	67	80	18.5	28.0	37.4	56.2	75.1	93.9	100	23.2	35.0	46.7	70.3	93.9	117.4
1750	62	102	23.6	35.6	47.7	71.7	95.7	119.8	128	29.7	44.7	59.8	90.0	120.1	150.3
	63.5	100	23.2	35.0	46.7	70.3	93.9	117.4	125	29.0	43.7	58.4	87.9	117.3	146.8
	67	96	22.2	33.6	44.9	67.5	90.1	112.7	120	27.8	41.9	56.1	84.4	112.6	140.9
2000	62	118	27.3	41.2	55.1	82.9	110.7	138.6	148	34.3	51.7	69.2	104.0	138.9	173.8
	63.5	116	26.9	40.5	54.2	81.5	108.9	136.2	145	33.6	50.7	67.8	101.9	136.1	170.3
	67	110	25.5	38.4	51.4	77.3	103.2	129.2	138	32.0	48.2	64.5	97.0	129.5	162.0
2250	62	134	31.0	46.8	—	94.2	125.8	157.3	168	38.9	58.7	—	118.1	157.7	197.3
	63.5	132	30.6	46.1	—	92.8	123.9	155.0	165	38.2	57.7	—	116.0	154.9	193.7
	67	124	28.7	43.3	—	87.2	116.4	145.6	155	35.9	54.2	—	109.0	145.5	182.0
2500	62	152	35.2	53.1	71.0	106.8	142.7	178.5	190	44.0	66.4	88.8	133.6	178.3	223.1
	63.5	148	34.3	51.7	69.2	104.0	138.9	173.8	185	42.9	64.7	86.5	130.0	173.6	217.2
	67	140	32.4	48.9	65.4	98.4	131.4	164.4	175	40.5	61.2	81.8	123.0	164.2	205.5
2750	62	168	38.9	—	78.5	118.1	157.7	197.3	210	48.7	—	98.1	147.6	197.1	246.6
	63.5	164	38.0	—	76.6	115.3	153.9	192.6	205	47.5	—	95.8	144.1	192.4	240.7
	67	154	35.7	—	72.0	108.3	144.5	180.8	193	44.7	—	90.2	135.7	181.1	226.6
3000	62	184	42.6	64.3	86.0	129.3	172.7	216.0	230	53.3	80.4	107.5	161.7	215.9	270.1
	63.5	180	41.7	62.9	84.1	126.5	168.9	211.4	225	52.1	78.6	105.1	158.2	211.2	264.2
	67	170	39.4	59.4	79.4	119.5	159.6	199.6	213	49.4	74.4	99.5	149.7	199.9	250.1

管排数 Z		6							8						
公称宽度 BN/mm	管心距 /mm	排管根数 n①	管束基管外表面积 A②/m²						排管根数 n①	管束基管外表面积 A②/m²					
			翅片管长度 L/mm							翅片管长度 L/mm					
			3000	4500	6000	9000	12000	15000		3000	4500	6000	9000	12000	15000
500	62	33	7.6	11.5	15.4	—	—	—	—	—	—	—	—	—	—
	63.5	33	7.6	11.5	15.4	—	—	—	—	—	—	—	—	—	—
	67	30	7.0	10.5	14.0	—	—	—	—	—	—	—	—	—	—
750	62	57	13.2	19.9	26.6	—	—	—	—	—	—	—	—	—	—
	63.5	57	13.2	19.9	26.6	—	—	—	—	—	—	—	—	—	—
	67	54	12.5	18.9	25.2	—	—	—	—	—	—	—	—	—	—
1000	62	81	18.8	28.3	37.9	56.9	76.0	95.1	108	—	—	50.5	75.9	101.4	126.8
	63.5	81	18.8	28.3	37.9	56.9	76.0	95.1	108	—	—	50.5	75.9	101.4	126.8
	67	75	17.4	26.2	35.0	52.7	70.4	88.1	100	—	—	46.7	70.3	93.9	117.4
1250	62	105	24.3	36.7	49.1	73.8	98.5	123.3	140	—	—	65.4	98.4	131.4	164.4
	63.5	102	23.6	35.6	47.7	71.7	95.7	119.8	136	—	—	63.6	95.6	127.6	159.7
	67	99	22.9	34.6	46.3	69.6	92.9	116.2	132	—	—	61.7	92.8	123.9	155.0

续表

管排数 Z		6							8						
公称宽度 BN/mm	管心距 /mm	排管根数 n①	管束基管外表面积 A②/m² 翅片管长度 L/mm						排管根数 n①	管束基管外表面积 A②/m² 翅片管长度 L/mm					
			3000	4500	6000	9000	12000	15000		3000	4500	6000	9000	12000	15000
1500	62	129	29.9	45.1	60.3	90.7	121.1	151.5	172	—	—	80.4	120.9	161.4	202.0
	63.5	126	29.2	44.0	58.9	88.6	118.3	147.9	168	—	—	78.5	118.1	157.7	197.3
	67	120	27.8	41.9	56.1	84.4	112.6	140.9	160	—	—	74.8	112.5	150.2	187.9
1750	62	153	35.4	53.5	71.5	107.5	143.6	179.6	204	—	—	95.3	143.4	191.5	239.5
	63.5	150	34.8	52.4	70.1	105.4	140.8	176.1	200	—	—	93.5	140.6	187.7	234.8
	67	144	33.4	50.3	67.3	101.2	135.2	169.1	192	—	—	89.7	135.0	180.2	225.4
2000	62	177	41.0	61.9	82.7	124.4	166.1	207.8	236	—	—	110.3	165.9	221.5	277.1
	63.5	174	40.3	60.8	81.3	122.3	163.3	204.3	232	—	—	108.4	163.1	217.7	272.4
	67	165	38.2	57.7	77.1	116.0	154.9	193.7	220	—	—	102.8	154.6	206.5	258.3
2250	62	201	46.6	70.2	—	141.3	188.6	236.0	268	—	—	—	188.4	251.5	314.7
	63.5	198	45.9	69.2	—	139.2	185.8	232.5	264	—	—	—	185.6	247.8	310.0
	67	186	43.1	65.0	—	130.7	174.6	218.4	248	—	—	—	174.3	232.8	291.2
2500	62	228	52.8	79.7	106.5	160.3	214.0	267.7	304	—	—	142.1	213.7	285.3	356.9
	63.5	222	51.4	77.6	103.7	156.1	208.4	260.7	296	—	—	138.3	208.1	277.8	347.6
	67	210	48.7	73.4	98.1	147.6	197.1	246.6	280	—	—	130.8	196.8	262.8	328.8
2750	62	252	58.4	—	117.8	177.1	236.5	295.9	336	—	—	157.0	236.2	315.4	394.5
	63.5	246	57.0	—	115.0	172.9	230.9	288.8	328	—	—	153.3	230.6	307.8	385.1
	67	231	53.5	—	107.9	162.4	216.8	271.2	308	—	—	143.9	216.5	289.1	361.6
3000	62	276	63.9	96.5	129.0	194.0	259.0	324.1	368	—	—	172.0	258.7	345.4	432.1
	63.5	270	62.6	94.4	126.2	189.8	253.4	317.0	360	—	—	168.2	253.1	337.9	422.7
	67	255	59.1	89.1	119.2	179.2	239.2	299.4	340	—	—	158.9	239.0	319.1	399.2

① 排管根数按管束实际宽度（管束公称宽度减 50mm）、管箱端板厚度为 20mm 确定。

② 管束基管外表面积按管板厚度 δ=22mm 确定。

e. 翅片高度 h 为 12.5mm 的引风式水平管束，其管束基管外表面积 A 与翅片管排管根数 n 见表 48-188。

表 48-188　翅高为 12.5mm 的引风式水平管束基管外表面积

管排数 Z		4							5						
公称宽度 BN/mm	管心距 /mm	排管根数 n①	管束基管外表面积 A②/m² 翅片管长度 L/mm						排管根数 n①	管束基管外表面积 A②/m² 翅片管长度 L/mm					
			3000	4500	6000	9000	12000	15000		3000	4500	6000	9000	12000	15000
500	54	22	5.1	7.7	10.3	—	—	—	28	6.5	9.8	13.1	—	—	—
	56	30	4.6	7.0	9.3	—	—	—	25	5.8	8.7	11.7	—	—	—
	59	20	4.6	7.0	9.3	—	—	—	25	5.8	8.7	11.7	—	—	—
750	54	40	9.3	14.0	18.7	—	—	—	50	11.6	17.5	23.4	—	—	—
	56	38	8.8	13.3	17.8	—	—	—	48	11.1	16.8	22.4	—	—	—
	59	36	8.3	12.6	16.8	—	—	—	45	10.4	15.7	21.0	—	—	—
1000	54	58	13.4	20.3	27.1	40.8	54.4	68.1	73	16.9	25.5	34.1	51.3	68.5	85.7
	56	56	13.0	19.6	26.2	39.4	52.6	65.8	70	16.2	24.5	32.7	49.2	65.7	82.2
	59	54	12.5	18.9	25.2	38.0	50.7	63.4	68	15.8	23.8	31.8	47.8	63.8	79.8
1250	54	78	18.1	27.3	36.5	54.8	73.2	91.6	98	22.7	34.3	45.8	68.9	92.0	115.1
	56	74	17.1	25.9	34.6	52.0	69.5	86.9	93	21.5	32.5	43.5	65.4	87.3	109.2
	59	70	16.2	24.5	32.7	49.2	65.7	82.2	88	20.4	30.8	41.1	61.9	82.6	103.3
1500	54	96	22.2	33.6	44.9	67.5	90.1	112.7	120	27.8	41.9	56.1	84.4	112.6	140.9
	56	92	21.3	32.2	43.0	64.7	86.3	108.0	115	26.6	40.2	53.7	80.8	107.9	135.0
	59	88	20.4	30.8	41.1	61.9	82.6	103.3	110	25.5	38.4	51.4	77.3	103.2	129.2

续表

管排数 Z		4							5						
公称宽度 BN/mm	管心距 /mm	排管根数 n①	管束基管外表面积 A②/m^2 翅片管长度 L/mm						排管根数 n①	管束基管外表面积 A②/m^2 翅片管长度 L/mm					
			3000	4500	6000	9000	12000	15000		3000	4500	6000	9000	12000	15000
1750	54	114	26.4	39.8	53.3	80.1	107.0	133.9	143	33.1	50.0	66.8	100.5	134.2	167.9
	56	110	25.5	38.4	51.4	77.3	103.2	129.2	138	32.0	48.2	64.5	97.0	129.5	162.0
	59	104	24.1	36.3	48.6	73.1	97.6	122.1	130	30.1	45.4	60.8	91.4	122.0	152.6
2000	54	132	30.6	46.1	61.7	92.8	123.9	155.0	165	38.2	57.7	77.1	116.0	154.9	193.7
	56	128	29.7	44.7	59.8	90.0	120.1	150.3	160	37.1	55.9	74.8	112.5	150.2	187.9
	59	122	28.3	42.6	57.0	85.8	114.5	143.2	153	35.4	53.5	71.5	107.5	143.6	179.6
2250	54	152	35.2	53.1	—	106.8	142.7	178.5	190	44.0	66.4	—	133.6	178.3	223.1
	56	146	33.8	51.0	—	102.6	137.0	171.4	183	42.4	64.0	—	128.6	171.8	214.9
	59	138	32.0	48.2	—	97.0	129.5	162.0	173	40.1	60.5	—	121.6	162.4	203.1
2500	54	170	39.4	59.4	79.4	119.5	159.6	199.6	213	49.4	74.4	99.5	149.7	199.9	250.1
	56	164	38.0	57.3	76.6	115.3	153.9	192.6	205	47.5	71.6	95.8	144.1	192.4	240.7
	59	156	36.1	54.5	72.9	109.7	146.4	183.2	195	45.2	68.2	91.1	137.1	183.0	229.0
2750	54	188	43.6	—	87.9	132.2	176.4	220.7	235	54.4	—	109.8	165.2	220.6	275.9
	56	182	42.2	—	85.1	127.9	170.8	213.7	228	52.8	—	106.5	160.3	214.0	267.7
	59	172	39.9	—	80.4	120.9	161.4	202.0	215	49.8	—	100.5	151.1	201.8	252.4
3000	54	206	47.7	72.0	96.3	144.8	193.3	241.9	258	59.8	90.2	120.6	181.4	242.1	302.9
	56	200	46.3	69.9	93.5	140.6	187.7	234.8	250	57.9	87.4	116.8	175.7	234.6	293.5
	59	190	44.0	66.4	88.8	133.6	178.3	223.1	238	55.1	83.2	111.2	167.3	223.4	279.5

管排数 Z		6							8						
公称宽度 BN/mm	管心距 /mm	排管根数 n①	管束基管外表面积 A②/m^2 翅片管长度 L/mm						排管根数 n①	管束基管外表面积 A②/m^2 翅片管长度 L/mm					
			3000	4500	6000	9000	12000	15000		3000	4500	6000	9000	12000	15000
500	54	33	7.6	11.5	15.4	—	—	—	—	—	—	—	—	—	—
	56	30	7.0	10.5	14.0	—	—	—	—	—	—	—	—	—	—
	59	30	7.0	10.5	14.0	—	—	—	—	—	—	—	—	—	—
750	54	60	13.9	21.0	28.0	—	—	—	—	—	—	—	—	—	—
	56	57	13.2	19.9	26.6	—	—	—	—	—	—	—	—	—	—
	59	54	12.5	18.9	25.2	—	—	—	—	—	—	—	—	—	—
1000	54	87	20.2	30.4	40.7	61.2	81.7	102.2	116	—	—	54.2	81.5	108.9	136.2
	56	84	19.5	29.4	39.3	59.0	78.8	98.6	112	—	—	52.3	78.7	105.1	131.5
	59	81	18.8	28.3	37.9	56.9	76.0	95.1	108	—	—	50.5	75.9	101.4	126.8
1250	54	117	27.1	40.9	54.7	82.2	109.8	137.4	156	—	—	72.9	109.7	146.4	183.2
	56	111	25.7	38.8	51.9	78.0	104.2	130.3	148	—	—	69.2	104.0	138.9	173.8
	59	105	24.3	36.7	49.1	73.8	98.5	123.3	140	—	—	65.4	98.4	131.4	164.4
1500	54	144	33.4	50.3	67.3	101.2	135.2	169.1	192	—	—	89.7	135.0	180.2	225.4
	56	138	32.0	48.2	64.5	97.0	129.5	162.0	184	—	—	86.0	129.3	172.7	216.0
	59	132	30.6	46.1	61.7	92.8	123.9	155.0	176	—	—	82.2	123.7	165.2	206.7
1750	54	171	39.6	59.8	79.9	120.2	160.5	200.8	228	—	—	106.5	160.3	214.0	267.7
	56	165	38.2	57.7	77.1	116.0	154.9	193.7	220	—	—	102.8	154.6	206.5	258.3
	59	156	36.1	54.5	72.9	109.7	146.4	183.2	208	—	—	97.2	146.2	195.2	244.2
2000	54	198	45.9	69.2	92.5	139.2	185.8	232.5	264	—	—	123.4	185.6	247.8	310.0
	56	192	44.5	67.1	89.7	135.0	180.2	225.4	256	—	—	119.6	180.0	240.3	300.6
	59	183	42.4	64.0	85.5	128.6	171.8	214.9	244	—	—	114.0	171.5	229.0	286.5
2250	54	228	52.8	79.7	—	160.3	214.0	267.7	304	—	—	—	213.7	285.3	356.9
	56	219	50.7	76.5	—	153.9	205.5	257.1	292	—	—	—	205.3	274.1	342.9
	59	207	48.0	72.3	—	145.5	194.3	243.1	276	—	—	—	194.0	259.0	324.1

续表

管排数 Z		6							8						
公称宽度 BN/mm	管心距 /mm	排管根数 n①	管束基管外表面积 A②/m²						排管根数 n①	管束基管外表面积 A②/m²					
			翅片管长度 L/mm							翅片管长度 L/mm					
			3000	4500	6000	9000	12000	15000		3000	4500	6000	9000	12000	15000
2500	54	255	59.1	89.1	119.2	179.2	239.3	299.4	340	—	—	158.9	239.0	319.1	399.2
	56	246	57.0	86.0	115.0	172.9	230.9	288.8	328	—	—	153.3	230.6	307.8	385.1
	59	234	54.2	81.8	109.4	164.5	219.6	274.8	312	—	—	145.8	219.3	292.8	366.3
2750	54	282	65.3	—	131.08	198.2	264.7	331.1	376	—	—	175.7	264.3	352.9	441.5
	56	273	63.3	—	127.6	191.9	256.2	320.5	364	—	—	170.1	255.9	341.6	427.4
	59	258	59.8	—	120.6	181.4	242.1	302.9	344	—	—	160.8	241.8	322.9	403.9
3000	54	309	71.6	108.0	144.4	217.2	290.0	362.8	412	—	—	192.5	289.6	386.7	483.8
	56	300	69.5	104.9	140.2	210.9	281.6	352.3	400	—	—	186.9	281.2	375.4	469.7
	59	285	66.0	99.6	133.2	200.3	267.5	334.6	380	—	—	177.6	267.1	356.6	446.2

① 排管根数按管束实际宽度（管束公称宽度减 100mm）、管箱端板厚度为 20mm 确定。

② 管束基管外表面积按管板厚度 δ=22mm 确定。

f. 翅片高度 h 为 16mm 的引风式水平管束，其管束基管外表面积 A 与翅片管排管根数 n 见表 48-189。

表 48-189　翅高为 16mm 的引风式水平管束基管外表面积

管排数 Z		4							5						
公称宽度 BN/mm	管心距 /mm	排管根数 n①	管束基管外表面积 A②/m²						排管根数 n①	管束基管外表面积 A②/m²					
			翅片管长度 L/mm							翅片管长度 L/mm					
			3000	4500	6000	9000	12000	15000		3000	4500	6000	9000	12000	15000
500	62	18	4.2	6.3	8.4	—	—	—	23	5.3	8.0	10.7	—	—	—
	63.5	18	4.2	6.3	8.4	—	—	—	23	5.3	8.0	10.7	—	—	—
	67	18	4.2	6.3	8.4	—	—	—	23	5.3	8.0	10.7	—	—	—
750	62	34	7.9	11.9	15.9	—	—	—	43	10.0	15.0	20.1	—	—	—
	63.5	34	7.9	11.9	15.9	—	—	—	43	10.0	15.0	20.1	—	—	—
	67	32	7.4	11.2	15.0	—	—	—	40	9.3	14.0	18.7	—	—	—
1000	62	52	12.0	18.2	24.3	36.6	48.8	61.1	65	15.1	22.7	30.4	45.7	61.0	76.3
	63.5	50	11.6	17.5	23.4	35.1	46.9	58.7	63	14.6	22.0	29.4	44.3	59.1	74.0
	67	48	11.1	16.8	22.4	33.7	45.1	56.4	60	13.9	21.0	28.0	42.2	56.3	70.5
1250	62	68	15.8	23.8	31.8	47.8	63.8	79.8	85	19.7	29.7	39.7	59.7	79.8	99.8
	63.5	66	15.3	23.1	30.8	46.4	61.9	77.5	83	19.2	29.0	38.8	58.3	77.9	97.5
	67	62	14.4	21.7	29.0	43.6	58.2	72.8	78	18.1	27.3	36.5	54.8	73.2	91.6
1500	62	84	19.5	29.4	39.3	59.0	78.8	98.6	105	24.3	36.7	49.1	73.8	98.5	123.3
	63.5	82	19.0	28.7	38.3	57.6	77.0	96.3	103	23.9	36.0	48.1	72.4	96.7	120.9
	67	78	18.1	27.3	36.5	54.8	73.2	91.6	98	22.7	34.3	45.8	68.9	92.0	115.1
1750	62	100	23.2	35.0	46.7	70.3	93.9	117.4	125	29.0	43.7	58.4	87.9	117.3	146.8
	63.5	98	22.7	34.3	45.8	68.9	92.0	115.1	123	28.5	43.0	57.5	86.5	115.4	144.4
	67	92	21.3	32.2	43.0	64.7	86.3	108.0	115	26.6	40.2	53.7	80.8	107.9	135.0
2000	62	116	26.9	40.5	54.2	81.5	108.9	136.2	145	33.6	50.7	67.8	101.9	136.1	170.3
	63.5	112	25.9	39.1	52.3	78.7	105.1	131.5	140	32.4	48.9	65.4	98.4	131.4	164.4
	67	108	25.0	37.7	50.5	75.9	101.4	126.8	135	31.3	47.2	63.1	94.9	126.7	158.5
2250	62	132	30.5	46.1	—	92.8	123.9	155.0	165	38.2	57.7	—	116.0	154.9	193.7
	63.5	128	29.7	44.7	—	90.0	120.1	150.3	160	37.1	55.9	—	112.5	150.2	187.9
	67	122	28.3	42.6	—	85.8	114.5	143.2	153	35.4	53.5	—	107.5	143.6	179.6
2500	62	148	34.3	51.7	69.2	104.0	138.9	173.8	185	42.9	64.7	86.5	130.0	173.6	217.2
	63.5	144	33.4	50.3	67.3	101.2	135.2	169.1	180	41.7	62.9	84.1	126.5	168.9	211.4
	67	136	31.5	47.5	63.6	95.6	127.6	159.7	170	39.4	59.4	79.4	119.5	159.6	199.6

续表

管排数 Z		4							5						
公称宽度 BN/mm	管心距 /mm	排管根数 n①	管束基管外表面积 A②/m^2						排管根数 n①	管束基管外表面积 A②/m^2					
			翅片管长度 L/mm							翅片管长度 L/mm					
			3000	4500	6000	9000	12000	15000		3000	4500	6000	9000	12000	15000
2750	62	164	38.0	—	76.6	115.3	153.9	192.6	205	47.5	—	95.8	144.1	192.4	240.7
	63.5	160	37.1	—	74.8	112.5	150.2	187.9	200	46.3	—	93.5	140.6	187.7	234.8
	67	152	35.2	—	71.0	106.8	142.7	178.5	190	44.0	—	88.8	133.6	178.3	223.1
3000	62	180	41.7	62.9	84.1	126.5	168.9	211.4	225	52.1	78.6	105.1	158.2	211.2	264.2
	63.5	176	40.8	61.5	82.2	123.7	165.2	206.7	220	51.0	76.9	102.8	154.6	206.5	258.3
	67	166	38.5	58.0	77.6	116.7	155.8	194.9	208	48.2	72.7	97.2	146.2	195.2	244.2

管排数 Z		6							8						
公称宽度 BN/mm	管心距 /mm	排管根数 n①	管束基管外表面积 A②/m^2						排管根数 n①	管束基管外表面积 A②/m^2					
			翅片管长度 L/mm							翅片管长度 L/mm					
			3000	4500	6000	9000	12000	15000		3000	4500	6000	9000	12000	15000
500	62	27	6.3	9.4	12.6	—	—	—	—	—	—	—	—	—	—
	63.5	27	6.3	9.4	12.6	—	—	—	—	—	—	—	—	—	—
	67	27	6.3	9.4	12.6	—	—	—	—	—	—	—	—	—	—
750	62	51	11.8	17.8	23.8	—	—	—	—	—	—	—	—	—	—
	63.5	51	11.8	17.8	23.8	—	—	—	—	—	—	—	—	—	—
	67	48	11.1	16.8	22.4	—	—	—	—	—	—	—	—	—	—
1000	62	78	18.1	27.3	36.5	54.8	73.2	91.6	104	—	—	48.6	73.1	97.6	122.1
	63.5	75	17.4	26.2	35.0	52.7	70.4	88.1	100	—	—	46.7	70.3	93.9	117.4
	67	72	16.7	25.2	33.6	50.6	67.6	84.5	96	—	—	44.9	67.5	90.1	112.7
1250	62	102	23.6	35.6	47.7	71.7	95.7	119.8	136	—	—	63.6	95.6	127.6	159.7
	63.5	99	22.9	34.6	46.3	69.6	92.9	116.2	132	—	—	61.7	92.8	123.9	155.0
	67	93	21.5	32.5	43.5	65.4	87.3	109.2	124	—	—	57.9	87.2	116.4	145.6
1500	62	126	29.2	44.0	58.9	88.6	118.3	147.9	168	—	—	78.5	118.1	157.7	197.3
	63.5	123	28.5	43.0	57.5	86.5	115.4	144.4	164	—	—	76.6	115.3	153.9	192.6
	67	117	27.1	40.9	54.7	82.2	109.8	137.4	156	—	—	72.9	109.7	146.4	183.2
1750	62	150	34.8	52.4	70.1	105.4	140.8	176.1	200	—	—	93.5	140.6	187.7	234.8
	63.5	147	34.1	51.4	68.7	103.3	138.0	172.6	196	—	—	91.6	137.8	184.0	230.1
	67	138	32.0	48.2	64.5	97.0	129.5	162.0	184	—	—	86.0	129.3	172.7	216.0
2000	62	174	40.3	60.8	81.3	122.3	163.3	204.3	232	—	—	108.4	163.1	217.7	272.4
	63.5	168	38.9	58.7	78.5	118.1	157.7	197.3	224	—	—	104.7	157.5	210.2	263.0
	67	162	37.5	56.6	75.7	113.9	152.0	190.2	216	—	—	100.9	151.8	202.7	253.6
2250	62	198	45.9	69.2	—	139.2	185.8	232.5	264	—	—	—	185.6	247.8	310.0
	63.5	192	44.5	67.1	—	135.0	180.2	225.4	256	—	—	—	180.0	240.3	300.6
	67	183	42.4	64.0	—	128.6	171.8	214.9	244	—	—	—	171.5	229.0	286.5
2500	62	222	51.4	77.6	103.7	156.1	208.4	260.7	296	—	—	138.3	208.1	277.8	347.6
	63.5	216	50.0	75.5	100.9	151.8	202.7	253.6	288	—	—	134.6	202.4	270.3	338.2
	67	204	47.3	71.3	95.3	143.4	191.5	239.5	272	—	—	127.1	191.2	255.3	319.4
2750	62	246	57.0	—	115.0	172.9	230.9	288.8	328	—	—	153.3	230.6	307.8	385.1
	63.5	240	55.6	—	112.2	168.7	225.3	281.8	320	—	—	149.5	224.9	300.3	375.7
	67	228	52.8	—	106.5	160.3	214.0	267.7	304	—	—	142.1	213.7	285.3	356.9
3000	62	270	62.6	94.4	126.2	189.8	253.4	317.0	360	—	—	168.2	253.1	337.9	422.7
	63.5	264	61.2	92.3	123.4	185.6	247.8	310.0	352	—	—	164.5	247.4	330.4	413.3
	67	249	57.7	87.0	116.4	175.0	233.7	292.4	332	—	—	155.1	233.4	311.6	389.8

① 排管根数按管束实际宽度（管束公称宽度减 100mm）、管箱端板厚度为 20mm 确定。

② 管束基管外表面积按管板厚度 $\delta=22$mm 确定。

6.8.2　结构型式

(1) 空冷式热交换器结构型式（图 48-177）

分为水平式和斜顶式。水平式空冷式热交换器按通风方式分为鼓风式和引风式。

(2) 翅片管

① 翅片管的典型型式和代号见图 48-178。

② 翅片管特性参数及排列型式见表 48-190。

(3) 构架

① 鼓风式水平构架（代号 GJP）型式见图 48-179，规格参数见表 48-191。

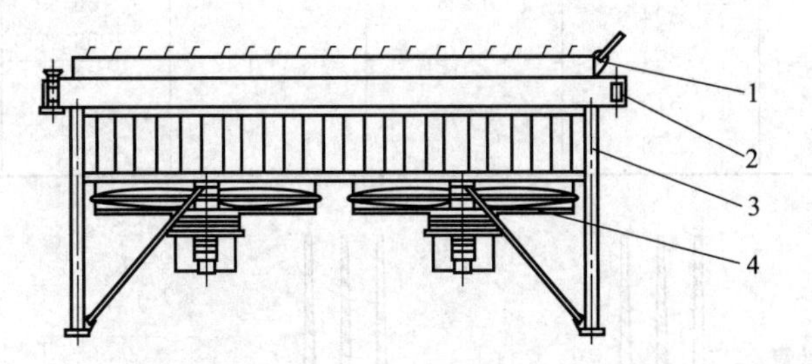

(a) 鼓风式水平空冷器

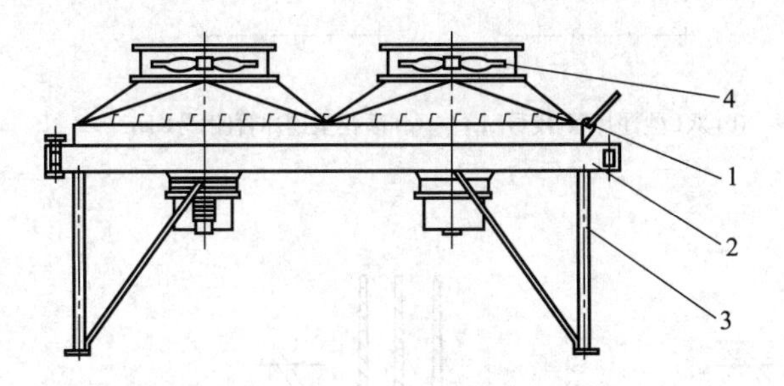

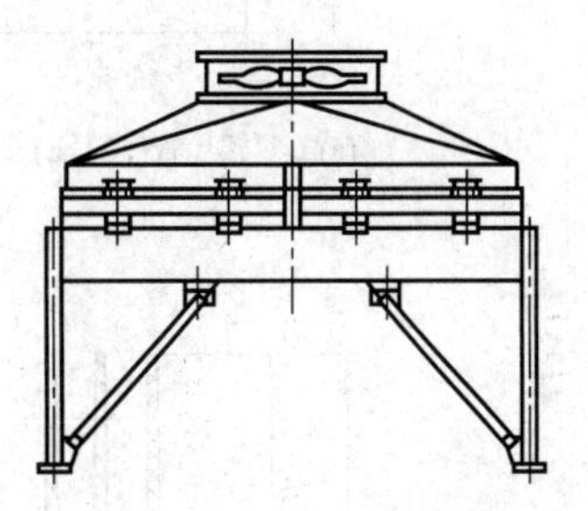

(b) 引风式水平空冷器

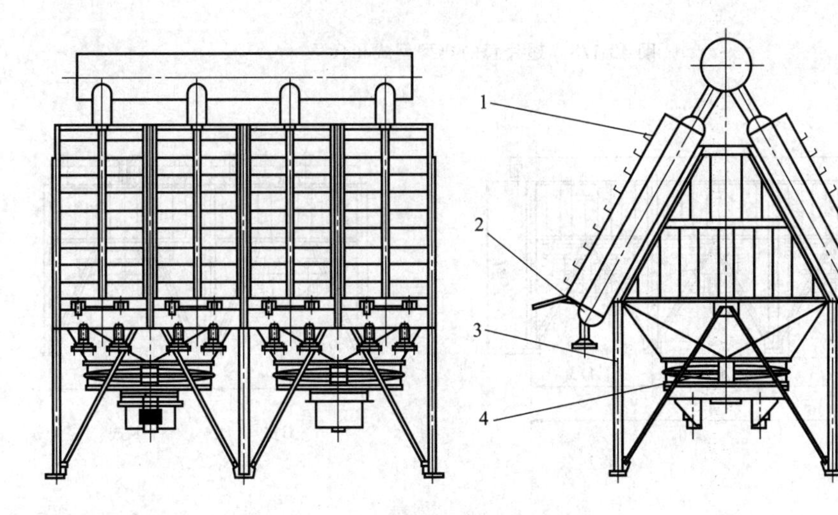

(c) 鼓风式斜顶空冷器

图 48-177　空冷式热交换器

1—百叶窗；2—管束；3—构架；4—风机

表 48-190 翅片管特性参数及排列型式

基管外径 d /mm	翅片参数						翅片管排列	
	翅片外径 D /mm	翅片名义厚度 S/mm L、LL、KL、G	翅片名义厚度 S/mm DR	翅片数 /(片/m)	翅片高度 h /mm	DR 型翅片管复层厚度 S_1 /mm	管心距/mm	排列
25	50	0.4	0.8	433 394 354 315 276	12.5	0.5	54 56 59	等边三角形
	57				16		62 63.5 67	

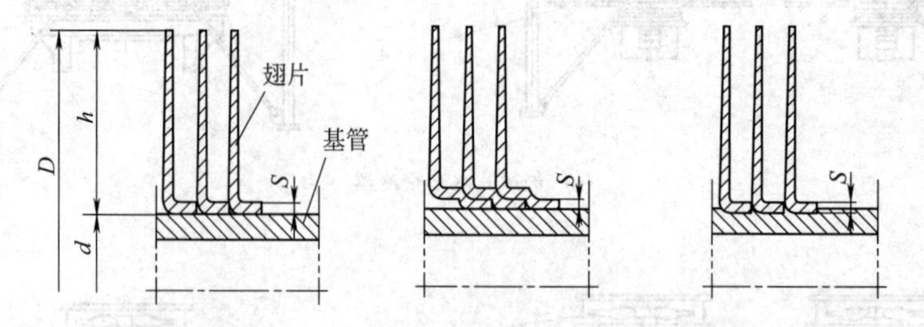

(a) L型翅片管(代号L) (b) 双L型翅片管(代号LL) (c) 滚花型翅片管(代号KL)

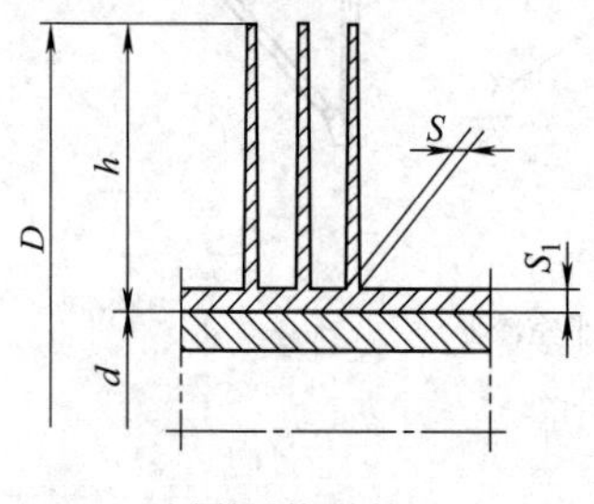

(d) 双金属轧制翅片管(代号DR)

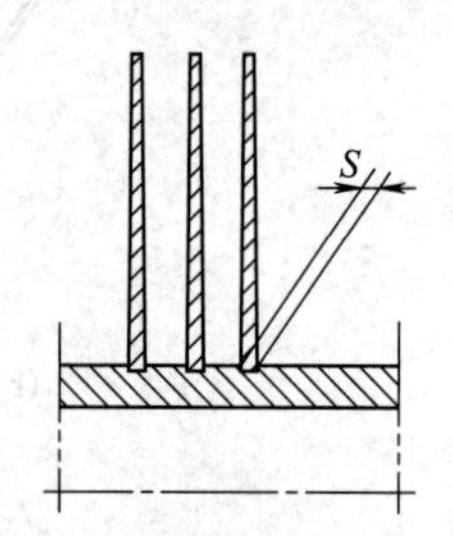

(e) 镶嵌型翅片管(代号G)

图 48-178 翅片管的典型型式和代号

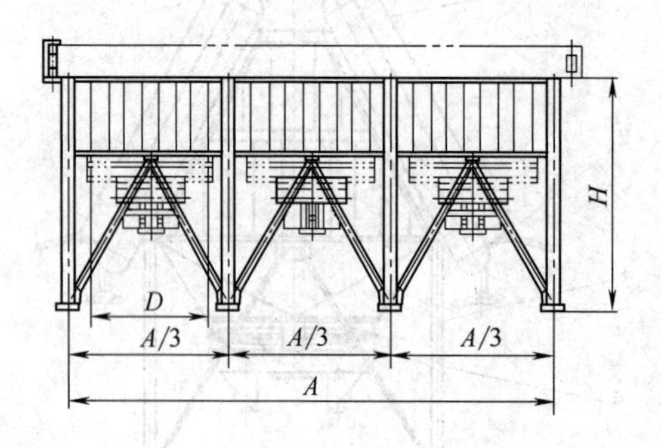

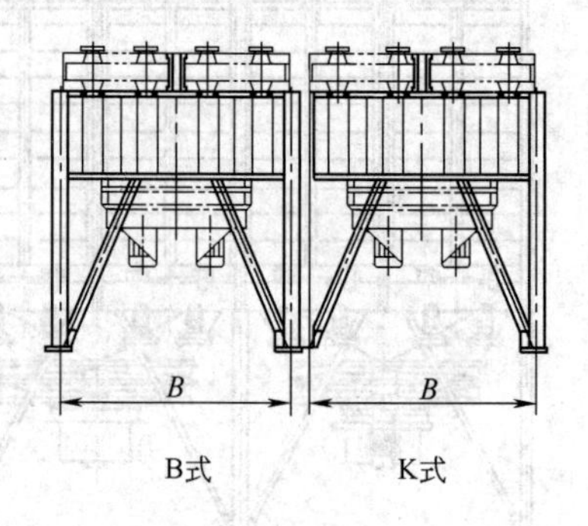

(a)

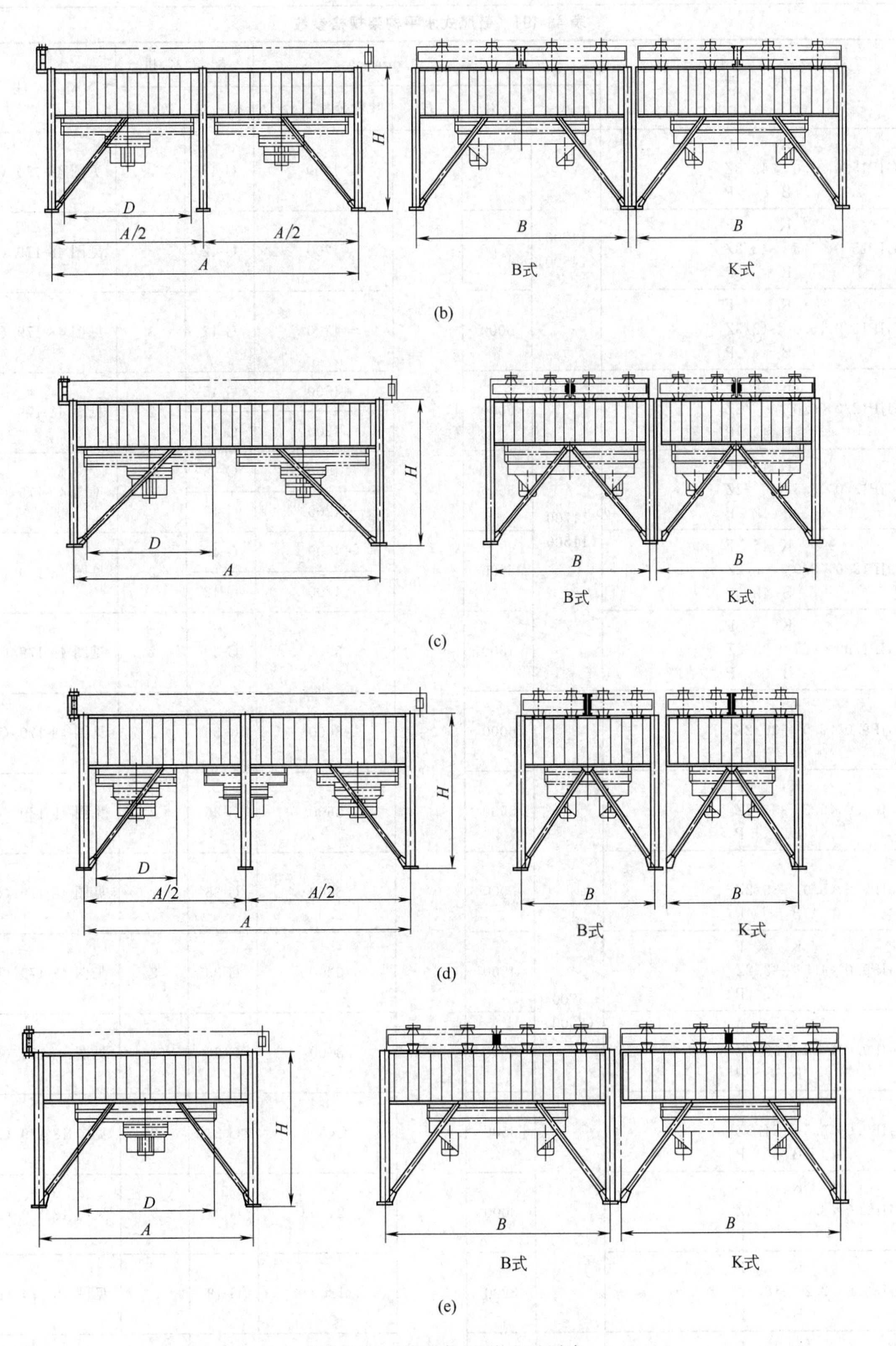

图 48-179　鼓风式水平构架的型式

开式构架（代号 K）只能与闭式构架（代号 B）组合使用

表 48-191 鼓风式水平构架规格参数

型 号	尺 寸/mm				配套风机		备 注
	A	B	H	叶轮公称直径 D	型 号	数 量	
K F GJP15.0×6.0 -42/3Z B P	14700 (14500)	6000	≥4000	4200	G-42	3	见图 48-179 (a)
K F GJP15.0×5.5 -42/3Z B P		5500		4200	G-42	3	见图 48-179 (a)
K F GJP15.0×5.0 -42/3Z B P		5000		4200	G-42	3	见图 48-179 (a)
K 45 F GJP12.0×6.0 - /2Z B 42 P	11700 (11500)	6000		4500 4200	G-45 G-42	2	见图 48-179 (a)
K 45 F GJP12.0×5.5 - /2Z B 42 P		5500		4500 4200	G-45 G-42	2	见图 48-179 (b)
K 45 F GJP12.0×5.0 - /2Z B 42 P		5000		4500 4200	G-45 G-42	2	见图 48-179 (b)
K F GJP12.0×4.5 -39/2Z B P		4500		3900	G-39	2	见图 48-179 (b)
K F GJP9.0×6.0 -36/2Z B P	8700 (8500)	6000		3600	G-36	2	见图 48-179 (b)
K F GJP9.0×5.5 -36/2Z B P		5500		3600	G-36	2	见图 48-179 (b)
K F GJP9.0×5.0 -36/2Z B P		5000		3600	G-36	2	见图 48-179 (b)
K F GJP9.0×4.5 -33/2Z B P		4500		3300	G-33	2	见图 48-179 (b)
K F GJP9.0×4.0 -30/2Z B P		4000		3000	G-30	2	见图 48-179 (b)
K F GJP9.0×3.5 -24/3Z B P		3500		2400	G-24	2	见图 48-179 (d)
K F GJP9.0×3.0 -24/3Z B P		3000		2400	G-24	3	见图 48-179 (d)
K F GJP9.0×2.2 -18/3Z B P		2200		1800	G-18	3	见图 48-179 (d)
K 45 F GJP6.0×6.0 - /1Z B 42 P	5700 (5500)	6000		4500 4200	G-45 G-42	1	见图 48-179 (e)

续表

型　号	尺　寸/mm				配套风机		备　注
	A	B	H	叶轮公称直径 D	型　号	数　量	
GJP6.0×5.5$\frac{K}{B}$-$\frac{45}{42}$/1Z$\frac{F}{P}$	5700 (5500)	5500	≥4000	4500 4200	G-45 G-42	1	见图 48-179(e)
GJP6.0×5.0$\frac{K}{B}$-$\frac{45}{42}$/1Z$\frac{F}{P}$		5000		4500 4200	G-45 G-42	1	见图 48-179(e)
GJP6.0×4.0$\frac{K}{B}$-24/2Z$\frac{F}{P}$		4000		2400	G-24	2	见图 48-179(c)
GJP6.0×3.5$\frac{K}{B}$-24/2Z$\frac{F}{P}$		3500		2400	G-24	2	见图 48-179(c)
GJP6.0×3.0$\frac{K}{B}$-24/2Z$\frac{F}{P}$		3000		2400	G-24	2	见图 48-179(c)
GJP6.0×2.5$\frac{K}{B}$-21/2Z$\frac{F}{P}$		2500		2100	G-21	2	见图 48-179(c)
GJP6.0×2.0$\frac{K}{B}$-18/2Z$\frac{F}{P}$		2000		1800	G-18	2	见图 48-179(c)
GJP4.5×4.5$\frac{K}{B}$-39/1Z$\frac{F}{P}$	4200 (4000)	4500		3900	G-39	1	见图 48-179(e)
GJP4.5×4.0$\frac{K}{B}$-36/1Z$\frac{F}{P}$		4000		3600	G-36	1	见图 48-179(e)
GJP4.5×3.5$\frac{K}{B}$-30/1Z$\frac{F}{P}$		3500		3000	G-30	1	见图 48-179(e)
GJP4.5×3.0$\frac{K}{B}$-18/2Z$\frac{F}{P}$		3000		1800	G-18	2	见图 48-179(c)
GJP4.5×2.5$\frac{K}{B}$-18/2Z$\frac{F}{P}$		2500		1800	G-18	2	见图 48-179(c)
GJP4.5×2.0$\frac{K}{B}$-18/2Z$\frac{F}{P}$		2000		1800	G-18	2	见图 48-179(c)
GJP3.0×3.0$\frac{K}{B}$-24/1Z$\frac{F}{P}$	2700 (2500)	3000		2400	G-24	1	见图 48-179(e)
GJP3.0×2.5$\frac{K}{B}$-21/1Z$\frac{F}{P}$		2500		2100	G-21	1	见图 48-179(e)
GJP3.0×2.0$\frac{K}{B}$-18/1Z$\frac{F}{P}$		2000		1800	G-18	1	见图 48-179(e)

② 引风式水平构架（代号 YJP）型式见图 48-180，规格参数见表 48-192。

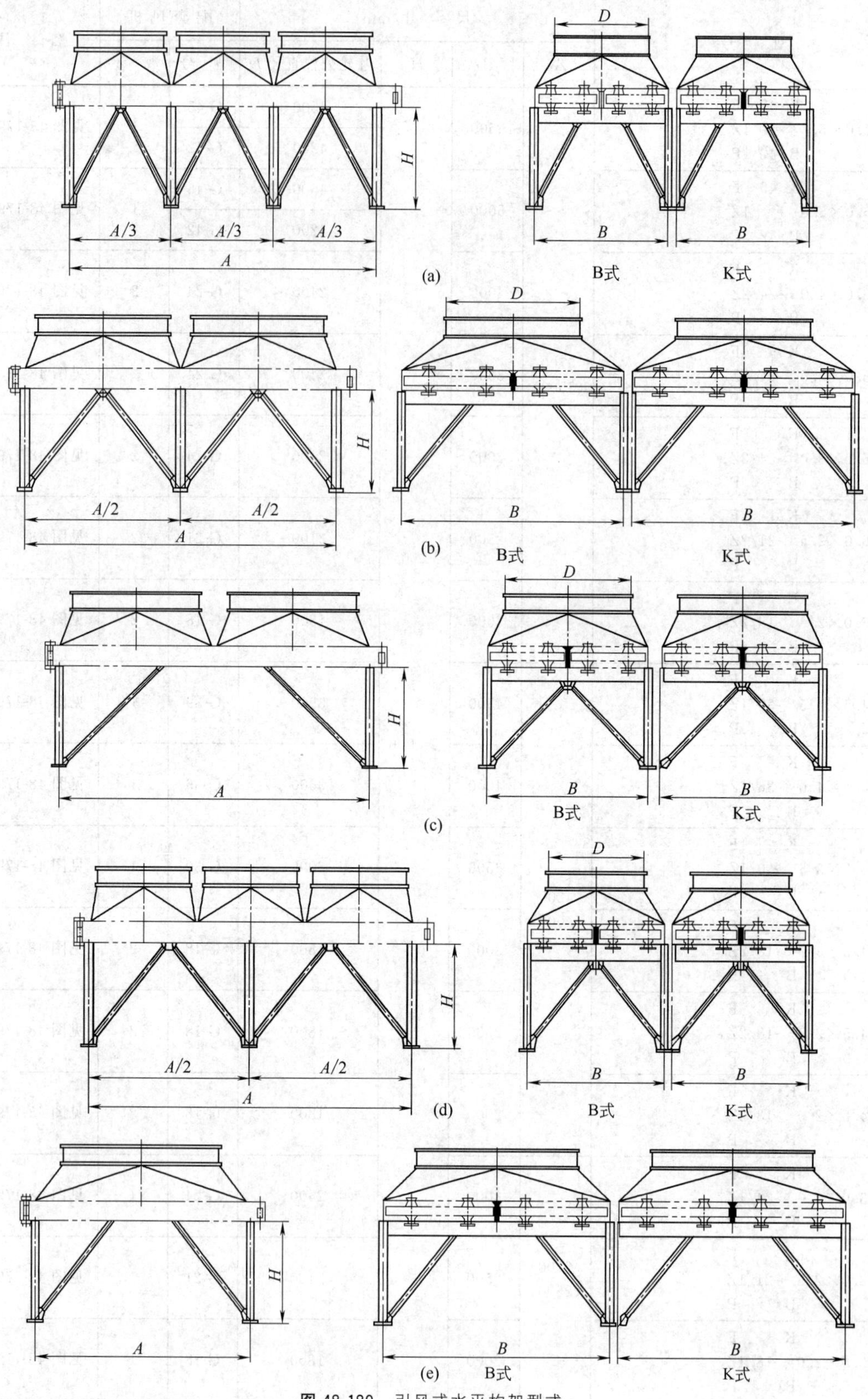

图 48-180　引风式水平构架型式

表 48-192 引风式水平构架规格参数

型号	尺寸/mm				配套风机		备注
	A	B	H	叶轮公称直径 D	型号	数量	
YJP15.0×6.0$\frac{K}{B}$-42/3Z$\frac{F}{P}$	14700 (14500)	6000	≥2500	4200	Y-42	3	见图 48-180 (a)
YJP15.0×5.5$\frac{K}{B}$-42/3Z$\frac{F}{P}$		5500		4200	Y-42	3	见图 48-180 (a)
YJP15.0×5.0$\frac{K}{B}$-42/3Z$\frac{F}{P}$		5000		4200	Y-42	3	见图 48-180 (a)
YJP12.0×6.0$\frac{K}{B}$-$\frac{45}{42}$/2Z$\frac{F}{P}$	11700 (11500)	6000		4500 4200	Y-45 Y-42	2	见图 48-180 (b)
YJP12.0×5.5$\frac{K}{B}$-42/2Z$\frac{F}{P}$		5500		4200	Y-42	2	见图 48-180 (b)
YJP12.0×5.0$\frac{K}{B}$-42/2Z$\frac{F}{P}$		5000		4200	Y-42	2	见图 48-180 (b)
YJP12.0×4.5$\frac{K}{B}$-39/2Z$\frac{F}{P}$		4500		3900	Y-39	2	见图 48-180 (b)
YJP9.0×6.0$\frac{K}{B}$-36/2Z$\frac{F}{P}$	8700 (8500)	6000		3600	Y-36	2	见图 48-180 (b)
YJP9.0×5.5$\frac{K}{B}$-36/2Z$\frac{F}{P}$		5500		3600	Y-36	2	见图 48-180 (b)
YJP9.0×5.0$\frac{K}{B}$-36/2Z$\frac{F}{P}$		5000		3600	Y-36	2	见图 48-180 (b)
YJP9.0×4.5$\frac{K}{B}$-33/2Z$\frac{F}{P}$		4500		3300	Y-33	2	见图 48-180 (b)
YJP9.0×4.0$\frac{K}{B}$-30/2Z$\frac{F}{P}$		4000		3000	Y-30	2	见图 48-180 (b)
YJP9.0×3.5$\frac{K}{B}$-24/3Z$\frac{F}{P}$		3500		2400	Y-24	2	见图 48-180 (d)
YJP9.0×3.0$\frac{K}{B}$-24/3Z$\frac{F}{P}$		3000		2400	Y-24	3	见图 48-180 (d)
YJP9.0×2.2$\frac{K}{B}$-18/3Z$\frac{F}{P}$		2000		1800	Y-18	3	见图 48-180 (d)
YJP6.0×6.0$\frac{K}{B}$-$\frac{45}{42}$/1Z$\frac{F}{P}$	5700 (5500)	6000		4500 4200	Y-45 Y-42	1	见图 48-180 (e)

续表

型号	尺寸/mm				配套风机		备注
	A	B	H	叶轮公称直径 D	型号	数量	
YJP6.0×5.5$\frac{K}{B}$-42/1Z$\frac{F}{P}$	5700 (5500)	5500	≥2500	4200	Y-42	1	见图 48-180(e)
YJP6.0×5.0$\frac{K}{B}$-42/1Z$\frac{F}{P}$		5000		4200	Y-42	1	见图 48-180(e)
YJP6.0×4.0$\frac{K}{B}$-24/2Z$\frac{F}{P}$		4000		2400	Y-24	2	见图 48-180(c)
YJP6.0×3.5$\frac{K}{B}$-24/2Z$\frac{F}{P}$		3500		2400	Y-24	2	见图 48-180(c)
YJP6.0×3.0$\frac{K}{B}$-24/2Z$\frac{F}{P}$		3000		2400	Y-24	2	见图 48-180(c)
YJP6.0×2.5$\frac{K}{B}$-21/2Z$\frac{F}{P}$		2500		2100	Y-21	2	见图 48-180(c)
YJP6.0×2.0$\frac{K}{B}$-18/2Z$\frac{F}{P}$		2000		1800	Y-18	2	见图 48-180(c)
YJP4.5×4.5$\frac{K}{B}$-39/1Z$\frac{F}{P}$	4200 (4000)	4500		3900	Y-39	1	见图 48-180(e)
YJP4.5×4.0$\frac{K}{B}$-36/1Z$\frac{F}{P}$		4000		3600	Y-36	1	见图 48-180(e)
YJP4.5×3.5$\frac{K}{B}$-30/1Z$\frac{F}{P}$		3500		3000	Y-30	1	见图 48-180(e)
YJP4.5×3.0$\frac{K}{B}$-18/2Z$\frac{F}{P}$		3000		1800	Y-18	2	见图 48-180(c)
YJP4.5×2.5$\frac{K}{B}$-18/2Z$\frac{F}{P}$		2500		1800	Y-18	2	见图 48-180(c)
YJP4.5×2.0$\frac{K}{B}$-18/2Z$\frac{F}{P}$		2000		1800	Y-18	2	见图 48-180(c)
YJP3.0×3.0$\frac{K}{B}$-24/1Z$\frac{F}{P}$	2700 (2500)	3000		2400	Y-24	1	见图 48-180(e)
YJP3.0×2.5$\frac{K}{B}$-21/1Z$\frac{F}{P}$		2500		2100	Y-21	1	见图 48-180(e)
YJP3.0×2.0$\frac{K}{B}$-18/1Z$\frac{F}{P}$		2000		1800	Y-18	1	见图 48-180(e)

③ 斜顶式构架（代号 JX）型式见图 48-181，规格参数见表 48-193。

(4) 风机

风机的传动机构型式见图 48-182，其基本组合参数见表 48-194。

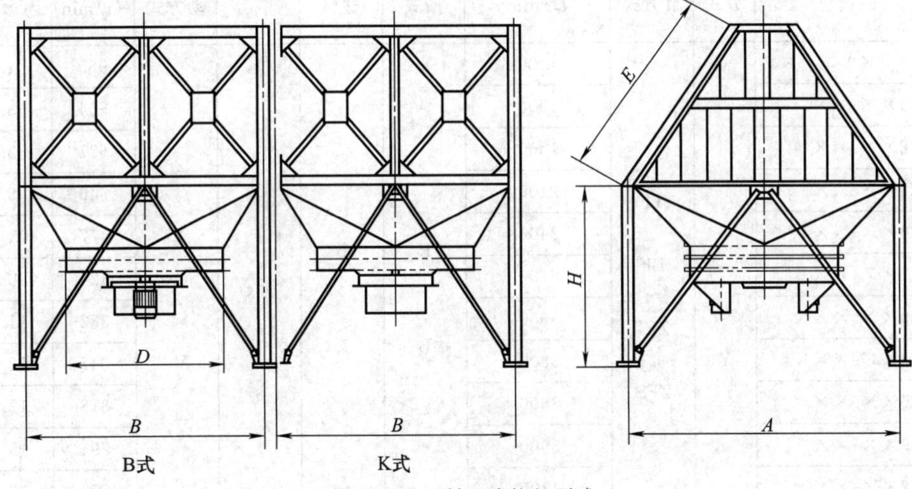

图 48-181　斜顶式构架型式

表 48-193　斜顶式构架规格参数

型　号	A	B	E	D	H	备　注
JX5×4×4.5$^{K}_{B}$-36/1Z	5000	4000		3600		
JX5×5×4.5$^{K}_{B}$-42/1Z	5000	5000	4500	4200		适用于翅片管立排的管束
JX5×6×4.5$^{K}_{B}$-42/1Z	5000	6000		4200	≥4000	
JX3×6×3$^{K}_{B}$-24/2Z	3000	5700		2400		
JX3×9×3$^{K}_{B}$-24/3Z	3000	8700	3000	2400		适用于翅片管横排的管束

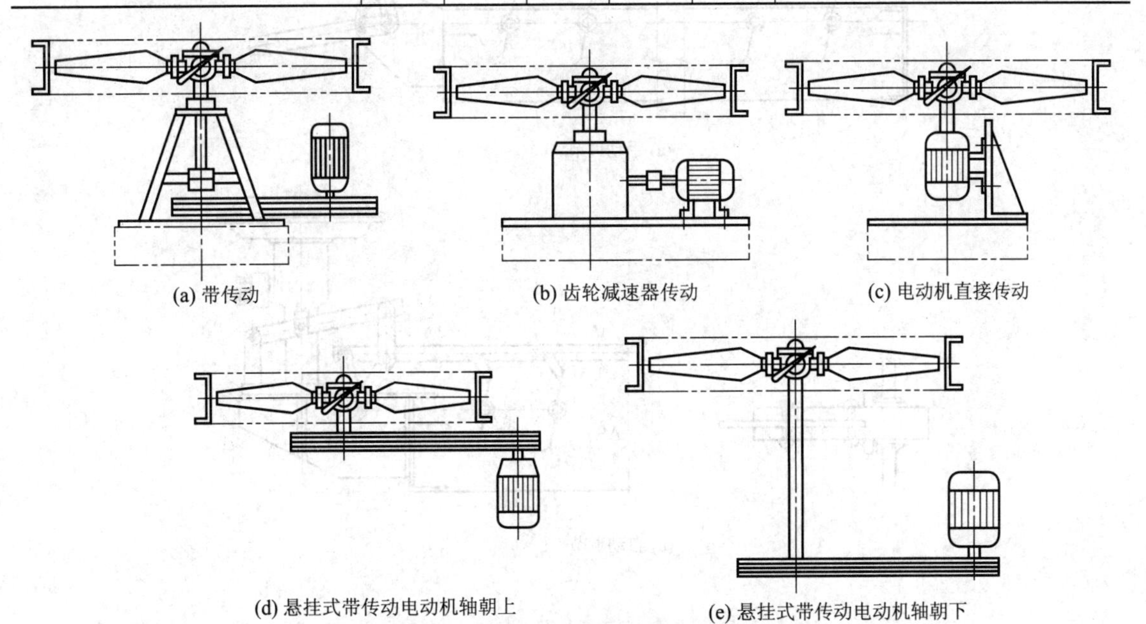

(a) 带传动　(b) 齿轮减速器传动　(c) 电动机直接传动

(d) 悬挂式带传动电动机轴朝上　(e) 悬挂式带传动电动机轴朝下

图 48-182　风机的传动机构型式

表 48-194　风机基本组合参数

型号	通风方式	风量调节方式	叶轮公称直径 D/mm	叶片型式	叶片材料	叶片数	风机传动方式	转速/(r/min)	风量/($\times10^4$m^3/h)
×①-×②12×③×④-×⑤×⑥			1200					955	1.7～2.0
×-×15××-××			1500					764	3.0～3.7
×-×18××-××			1800				V	637	3.5～6.5
×-×21××-××		TF	2100			4		546	5.9～7.2
×-×24××-××	G		2400	R	b		C	477	7.1～11.2
×-×27××-××		BF	2700			5	Z	424	9.2～11.2
×-×30××-××		ZFJ	3000					382	11.9～14.5
×-×33××-××	Y		3300	B	L		V_s	347	12.2～14.8
×-×36××-××		ZFS	3600			6		318	13.7～26.1
×-×39××-××			3900				V_x	294	15.6～25.4
×-×42××-××			4200					273	19.7～34.8
×-×45××-××			4500					255	23.6～34.8

① 表示通风方式：G——鼓风式；Y——引风式。

② 表示风量调节方式：TF——停机手动调角；BF——不停机手动调角；ZFJ——自动调角；ZFS——自动调速。

③ 表示叶片型式、叶片材料：R——R型叶片；B——B型叶片；b——玻璃钢叶片；L——铝合金叶片。

④ 表示叶片数量。

⑤ 表示传动方式：V——V带传动；C——齿轮减速器传动；Z——电动机直接传动；V_s——悬挂式带传动，电动机轴朝上；V_x——悬挂式带传动，电动机轴朝下。

⑥ 表示电动机功率。

(5) 百叶窗的型式和规格参数（图 48-183 和表 48-195）

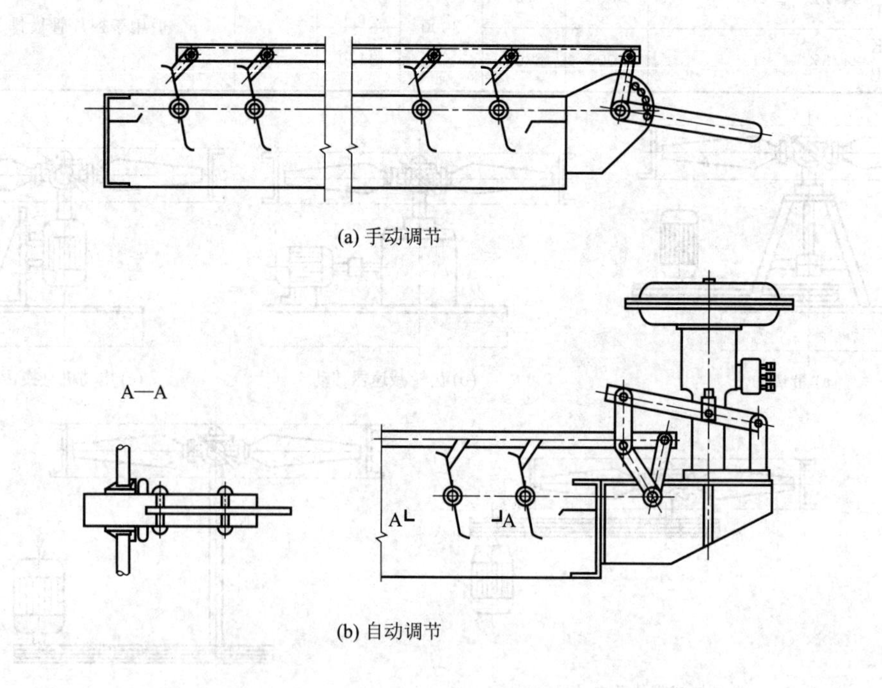

(a) 手动调节

(b) 自动调节

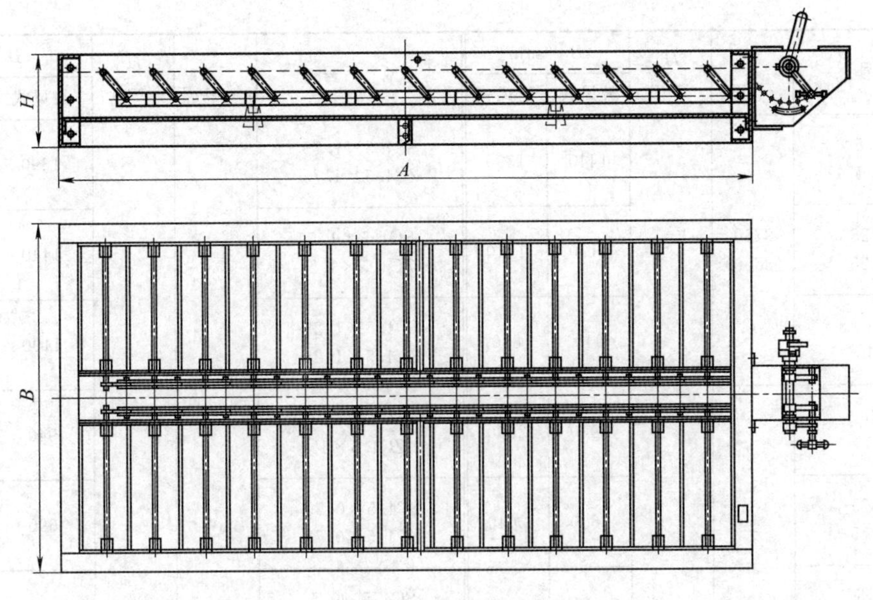

图 48-183　百叶窗型式

表 48-195　百叶窗规格参数

型　号	A /mm	H /mm	$B^{①}$/mm		型　号	A /mm	H /mm	$B^{①}$/mm	
			鼓风式	引风式				鼓风式	引风式
SC15×3 ZC15×3			2940	2890	SC12×2.25 ZC12×2.25			2190	2140
SC15×2.75 ZC15×2.75			2690	2640	SC12×2 ZC12×2			1940	1890
SC15×2.5 ZC15×2.5			2440	2390	SC12×1.75 ZC12×1.75			1690	1640
SC15×2.25 ZC15×2.25			2190	2140	SC12×1.5 ZC12×1.5	11750 (11550)		1440	1390
SC15×2 ZC15×2	14750 (14550)		1940	1890	SC12×1.25 ZC12×1.25			1190	1140
SC15×1.75 ZC15×1.75		350	1690	1640	SC12×1 ZC12×1		350	940	890
SC15×1.5 ZC15×1.5			1440	1390	SC9×3 ZC9×3			2940	2890
SC15×1.25 ZC15×1.25			1190	1140	SC9×2.75 ZC9×2.75			2690	2640
SC15×1 ZC15×1			940	890	SC9×2.5 ZC9×2.5	8750 (8550)		2440	2390
SC12×3 ZC12×3			2940	2890	SC9×2.25 ZC9×2.25			2190	2140
SC12×2.75 ZC12×2.75	11750 (11550)		2690	2640	SC9×2 ZC9×2			1940	1890
SC12×2.5 ZC12×2.5			2440	2390	SC9×1.75 ZC9×1.75			1690	1640

续表

型号	A /mm	H /mm	B①/mm		型号	A /mm	H /mm	B①/mm	
			鼓风式	引风式				鼓风式	引风式
SC9×1.5 ZC9×1.5	8750 (8550)	350	1440	1390	SC4.5×1.75 ZC4.5×1.75	4250 (4050)	350	1690	1640
SC9×1.25 ZC9×1.25			1190	1140	SC4.5×1.5 ZC4.5×1.5			1440	1390
SC9×1 ZC9×1			940	890	SC4.5×1.25 ZC4.5×1.25			1190	1140
SC6×3 ZC6×3	5750 (5550)		2940	2890	SC4.5×1 ZC4.5×1			940	890
SC6×2.75 ZC6×2.75			2690	2640	SC4.5×0.75 ZC4.5×0.75			690	640
SC6×2.5 ZC6×2.5			2440	2390	SC4.5×0.5 ZC4.5×0.5			440	390
SC6×2 ZC6×2			1940	1890	SC3×3 ZC3×3	2750 (2550)		2940	2890
SC6×1.75 ZC6×1.75			1690	1640	SC3×2.75 ZC3×2.75			2690	2640
SC6×1.5 ZC6×1.5			1440	1390	SC3×2.5 ZC3×2.5			2440	2390
SC6×1.25 ZC6×1.25			1190	1140	SC3×2.25 ZC3×2.25			2190	2140
SC6×1 ZC6×1			940	890	SC3×2 ZC3×2			1940	1890
SC6×0.75 ZC6×0.75			690	640	SC3×1.75 ZC3×1.75			1690	1640
SC6×0.5 ZC6×0.5			440	390	SC3×1.5 ZC3×1.5			1440	1390
SC4.5×3 ZC4.5×3	4250 (4050)		2940	2890	SC3×1.25 ZC3×1.25			1190	1140
SC4.5×2.5 ZC4.5×2.5			2440	2390	SC3×1 ZC3×1			940	890
SC4.5×2.25 ZC4.5×2.25			2190	2140	SC3×0.75 ZC3×0.75			690	640
SC4.5×2 ZC4.5×2			1940	1890	SC3×0.5 ZC3×0.5			440	390

① 鼓风式、引风式的尺寸 B 分别按管束实际宽度为管束公称宽度减 50mm 和 100mm 确定。

（6）管箱型式（图 48-184）

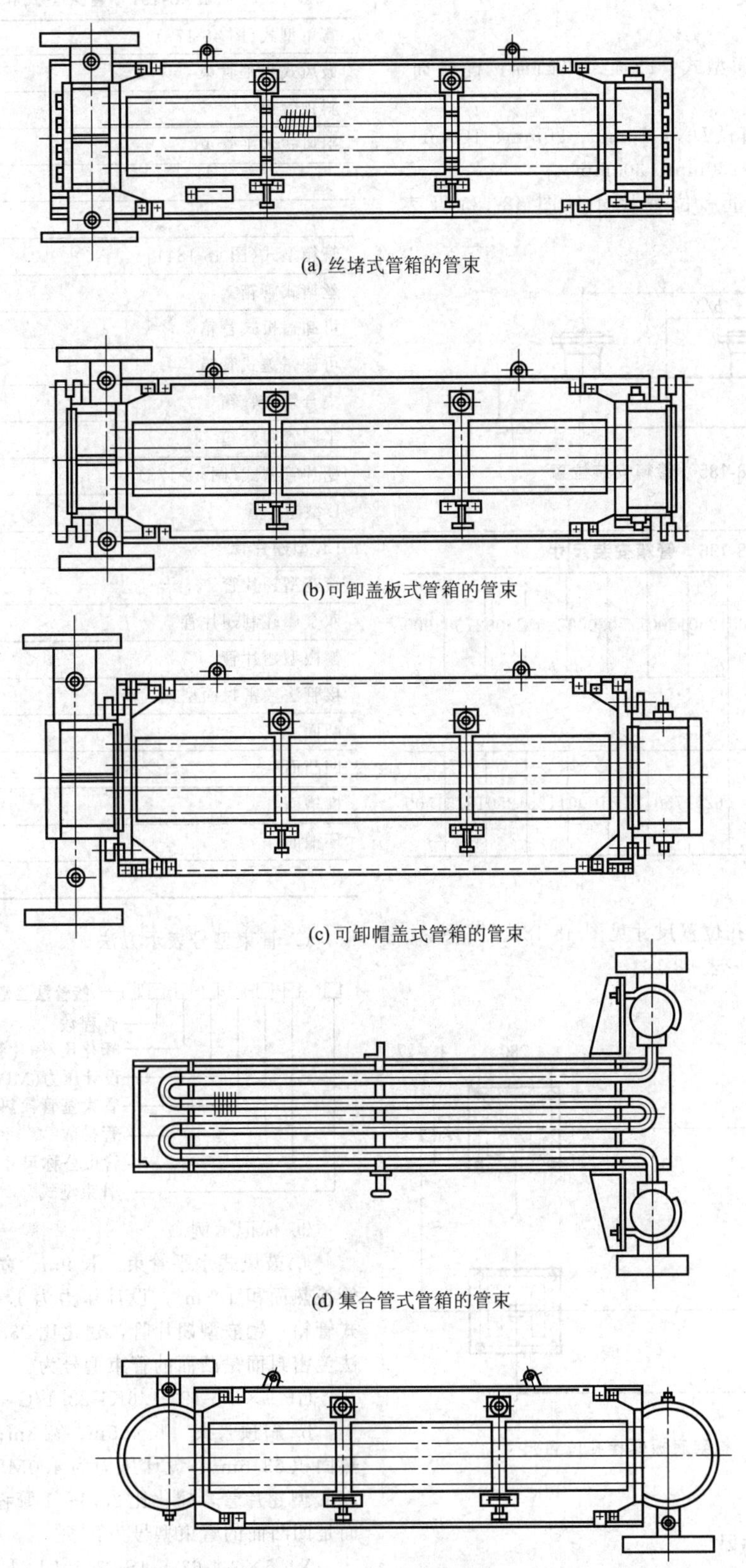

(a) 丝堵式管箱的管束

(b) 可卸盖板式管箱的管束

(c) 可卸帽盖式管箱的管束

(d) 集合管式管箱的管束

(e) 半圆管式管箱的管束

图 48-184　管箱型式

6.8.3　安装尺寸

(1) 管箱

① 法兰密封面型式：凸面、凹凸面、榫槽面、环连接面。

② 接管公称直径 DN：50mm、80mm、100mm、150mm、200mm、250mm、300mm。

③ 接管的数量和位置尺寸见图 48-185 及表 48-196。

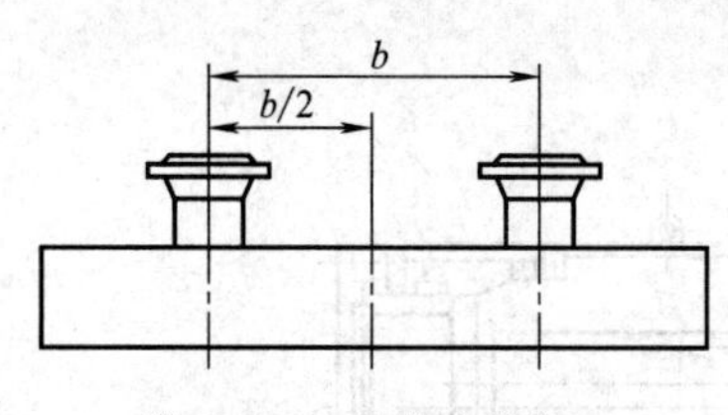

图 48-185　管箱安装位置

表 48-196　管箱安装尺寸

公称宽度 BN /mm	500	750	1000	1250	1500	1750	2000	2250	2500	2750	3000
接管数量	1			2							
接管间距 b /mm	—			625	750	875	1000	1125	1250	1375	1500

(2) 构架底板

构架底板螺旋孔位置尺寸见图 48-186。图中 A、B 尺寸见表 48-191～表 48-193。

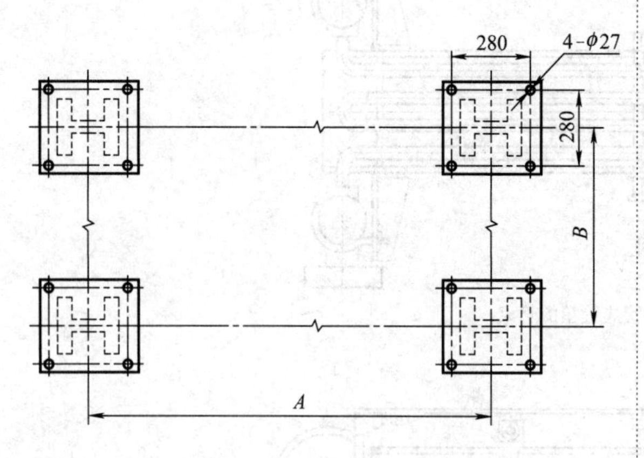

图 48-186　构架底板螺栓孔位置尺寸

6.8.4　型号标记

(1) 管束

① 管束型式和代号见表 48-197。

表 48-197　管束型式和代号

管束型式(图 48-177)	代　号
鼓风式水平管束	GP
斜顶管束	X
引风式水平管束	YP
—	—
—	—
管箱型式(图 48-184)	代　号
丝堵式管箱	S
可卸盖板式管箱	K1
可卸帽盖式管箱	K2
集合管式管箱	J
半圆管式管箱	D
翅片管型式(图 48-178)	代　号
L 型翅片管	L
LL 型翅片管	LL
滚花型翅片管	KL
双金属轧制翅片管	DR
镶嵌型翅片管	G
接管法兰密封面型式	代　号
凸面	a
凹凸面	b
榫槽面	c
环槽面	d
—	—

② 管束型号表示方法。

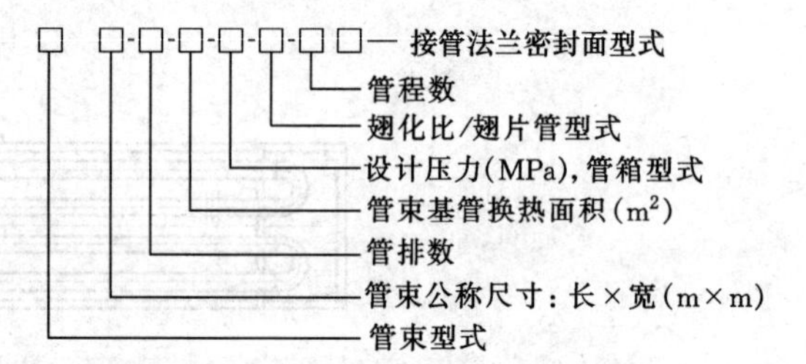

③ 标记示例。

a. 鼓风式水平管束　长 9m、宽 3m；6 排管；基管换热面积 193m²；设计压力为 1.6MPa；可卸盖板式管箱；镶嵌型翅片管，翅化比 23.1；6 管理，接管法兰密封面是凸面的管束型号为：

GP 9×3-6-193-1.6K1-23.1/G -Ⅵa

b. 斜顶管束　长 4.5m、宽 3m；4 排管；基管换热面积 63.6m²；设计压力为 4.0MPa；丝堵式管箱；双 L 型翅片管，翅化比 23.1；1 管程，接管法兰密封面是凹凸面的管束型号为：

X4.5×3-4-63.6-4S-23.1/LL-Ⅰb

(2) 风机

① 风机型式和代号见表 48-198。

表 48-198　风机型式和代号

通风方式	代号	风量调节方式	代号	叶片型式	代号	叶片材料	代号	风机传动方式(图 48-182)	代号
鼓风式	G	停机手动调角风机	TF	R 型叶片	R	玻璃钢	b	V 带传动	V
引风式	Y	不停机手动调角风机	BF	B 型叶片	B	铝合金	L	齿轮减速器传动	C
—	—	自动调角风机	ZFJ	—	—	—	—	电动机直接传动	Z
—	—	自动调速风机	ZFS	—	—	—	—	悬挂式带传动，电动机轴朝上	Vs
—	—	—	—	—	—	—	—	悬挂式带传动，电动机轴朝下	Vx

② 风机型号表示方法。

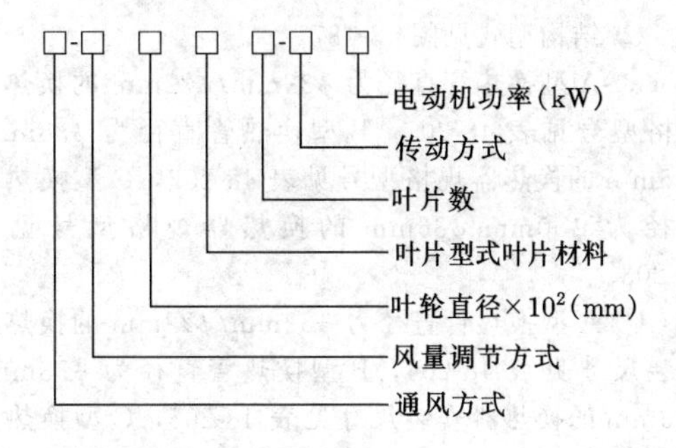

③ 标记示例。

a. 鼓风式　停机手动调角风机、直径 2400mm、R 型铝合金叶片、叶片数 4 个；悬挂式电动机轴朝上、V 带传动、电动机功率 18.5kW 的风机型号为：

G-TF24RL4-Vs18.5

b. 引风式　自动调角风机、直径 3000mm、B 型玻璃钢叶片、叶片数 6 个；带支架的直角齿轮传动、电动机功率 15kW 的风机型号为：

Y-ZFJ30Bb6-C15

(3) 构架

① 构架型式和代号见表 48-199。

表 48-199　构架型式和代号

构架型式	代　号
鼓风式水平构架	GJP
斜顶构架	JX
引风式水平构架	YJP
构架开(闭)型式	**代　号**
开式构架	K
闭式构架	B
—	—
风箱型式	**代　号**
方箱型	F
过渡锥型	Z
斜坡型	P

注：开式构架只能与闭式构架配合使用。

② 构架型号表示方法。

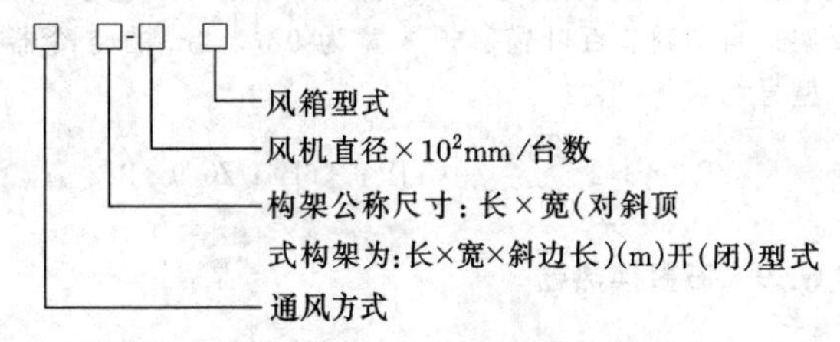

③ 标记示例。

a. 鼓风式空冷器水平构架、长 9m、宽 4m；风机直径 3300mm、2 台、方箱型风箱；闭式构架，型号为：

GJP 9×4B-33/2F

b. 鼓风式空冷器斜顶构架、长 5m、宽 6m；斜顶边长 4.5m；风机直径 4200mm、1 台、过渡锥型风箱；闭式构架，型号为：

JX 5×6×4.5B-42/1Z

(4) 百叶窗

① 百叶窗型式和代号　手动调节代号 SC；自动调节代号 ZC（图 48-183）。

② 百叶窗型号表示方法

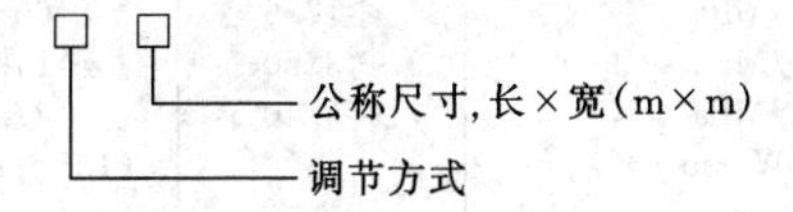

③ 标记示例

a. 手动调节百叶窗、长 9m、宽 3m，其型号为：

SC 9×3

b. 自动调节百叶窗、长 6m、宽 2m，其型号为：

ZC 6×2

(5) 空冷器

① 空冷器型号的表示方法

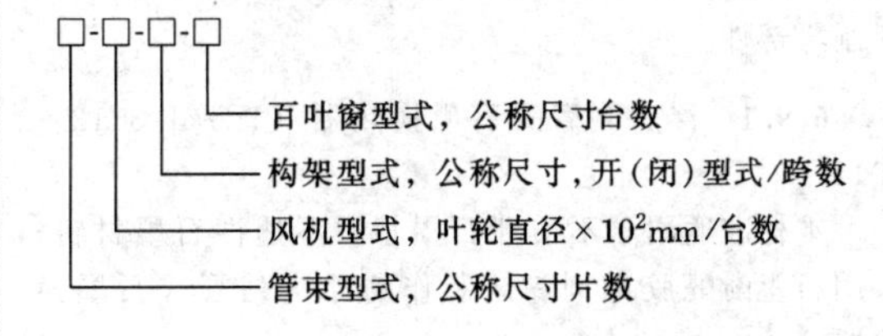

② 标记示例

a. 鼓风式空冷器　鼓风式空冷器、水平式管束、长×宽为 9m×3m、4片；停机手动调角风机、直径 3600mm、4台；水平式构架、长×宽为 9m×6m；一跨闭式构架，一跨开式构架；手动调节百叶窗、4台、长×宽为 9m×3m 的空冷器型号为：

$$\text{GP }9\times3/4\text{-TF }36/4\text{-}\frac{\text{GJP }9\times6\text{B}/1}{\text{GJP }9\times6\text{K}/1}\text{-SC }9\times3/4$$

b. 引风式空冷器　引风式空冷器、水平管束、长×宽为 9m×3m、2片；自动调角风机、直径 3600mm、1台，停机手动调角风机、直径 3600mm、1台；水平式构架、长×宽为 9m×6m、一跨闭式构架；自动调节百叶窗、长×宽为 9m×3m 的空冷器型号为：

$$\text{YP }9\times3/2\text{-}\frac{\text{ZFJ }36/1}{\text{TF }36/1}\text{-YJP }9\times6\text{B}/1\text{-ZC }9\times3/2$$

6.9　石墨换热器

不透性石墨是既耐腐蚀又能导热的非金属材料，在化学工业，如氯碱、农药、合成盐酸等生产中已广泛应用。其中酚醛树脂浸渍石墨除强氧化性酸和强碱外，对大部分有机物、无机物、盐类、溶剂等均有良好的耐腐蚀性能，热导率比一般碳钢大两倍多，热膨胀系数小，耐温急变性能好但机械强度较低、脆性较大。石墨及浸渍石墨块材的力学性能见表 48-200。

表 48-200　石墨及浸渍石墨块材的力学性能

项　目	未浸渍石墨块材	酚醛树脂浸渍石墨
真密度/(kg/m^3)	$\geqslant2.18\times10^3$	$\geqslant2.03\times10^3$
体积密度/(kg/m^3)	$\geqslant1.52\times10^3$	$\geqslant1.80\times10^3$
抗压强度/MPa	≥17.6	≥60.0
抗拉强度/MPa	≥3.50	≥14.0
抗弯强度/MPa	≥6.40	≥27.0
热导率/[W/(m·K)]		(105～128)
线胀系数/K^{-1}	(2.20～2.90)$\times10^{-5}$(130℃)	(5.10～5.70)$\times10^{-6}$(130℃)
许用温度/℃	—	170

注：加括号的数字为参考值。

石墨热交换器包括列管式石墨换热器、YKA型圆块孔式石墨换热器、矩形块孔式石墨换热器、列管式石墨降膜吸收器、水套式石墨氯化氢合成炉以及石墨制零部件。

6.9.1　浮头列管式石墨换热器（HG/T 3112—2011）

本标准适用于不透性石墨管、不透性石墨材料，采用石墨酚醛胶黏剂黏结制作的浮头列管式石墨换热器。

① 基本参数如下。

a. 设计压力　管程：≤0.3MPa（$DN\leqslant$ 900mm）；≤0.2MPa（$DN>$900mm）；壳程≤0.3MPa（$DN\leqslant$1100mm）；≤0.2MPa（$DN>$1100mm）。

b. 设计温度　管程−20～130℃；壳程−20～120℃。

c. 公称直径 DN　300～2000m。

d. 公称面积 FN　4～810m^2。

e. 换热管有效长度　2m、3m、4m、5m、6m。

f. 换热管直径　A型换热管 ϕ32mm/ϕ22mm，B型换热管 ϕ38mm/ϕ25mm，C型换热管 ϕ50mm/ϕ36mm。

② 结构型式见图 48-187。

③ A型换热管直径为 ϕ32mm/ϕ22mm 的换热器规格型号见表 48-201，B型换热管直径为 ϕ38mm/ϕ25mm 的换热器规格型号见表 48-202，C型换热管直径为 ϕ50mm/ϕ36mm 的换热器规格型号见表 48-203。

④ A型换热管直径为 ϕ32mm/ϕ22mm 的换热器安装尺寸见表 48-204，B型换热管直径为 ϕ38mm/ϕ25mm 的换热器安装尺寸见表 48-205，C型换热管直径为 ϕ50mm/ϕ36mm 的换热器安装尺寸见表 48-206。

⑤ 标记方法如下。

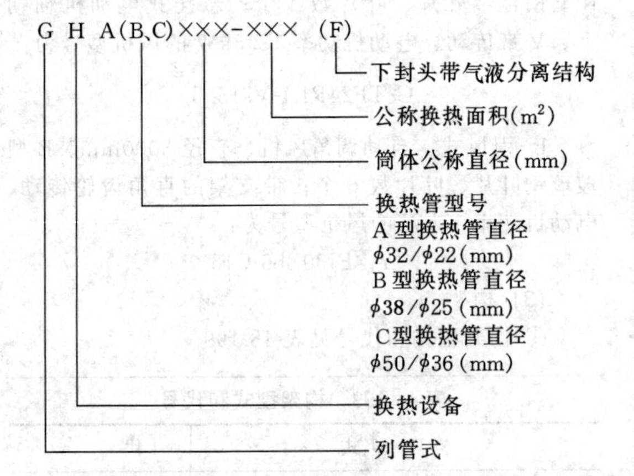

标记示例如下。

筒体公称直径 ϕ550mm，公称换热面积 30m^2，换热管直径为 ϕ32mm/ϕ22mm，下封头不带分离结构的浮头列管式石墨换热器，其标记为：

GHA 550-30

筒体公称直径 ϕ900mm，公称换热面积 115m^2，换热管直径为 ϕ38mm/ϕ25mm，下封头不带分离结构的浮头列管式石墨换热器，其标记为：

GHB 900-115

筒体公称直径 ϕ1200mm，公称换热面积 160m^2，换热管直径为 ϕ50mm/ϕ36mm，下封头带分离结构的浮头列管式石墨换热器，其标记为：

GHC 1200-160（F）

表 48-201 A 型换热管直径为 ϕ32mm/ϕ22mm 的换热器规格型号

型号	换热管根数	换热管有效长度/mm														
		2000			3000			4000			5000			6000		
		换热面积/m^2														
		公称面积	按管内计	按管外计	公称面积	按管内计	按管外计	公称面积	按管内计	按管外计	公称面积	按管内计	按管外计	公称面积	按管内计	按管外计
GHA 300-5(F)	38	5	5.3	7.3												
GHA 300-10(F)	38				10	7.9	11.4									
GHA 400-10(F)	61	10	8.5	12.2												
GHA 400-15(F)	61				15	12.6	18.4									
GHA 400-20(F)	61							20	16.9	24.5						
GHA 450-20(F)	85				20	17.6	25.6									
GHA 450-30(F)	85							30	23.5	34.2						
GHA 500-25(F)	109				25	22.6	32.8									
GHA 500-35(F)	109							35	30.1	43.8						
GHA 550-30(F)	121				30	25.0	36.4									
GHA 550-40(F)	121							40	33.4	48.6						
GHA 600-35(F)	151				35	31.3	45.5									
GHA 600-50(F)	151							50	41.7	60.7						
GHA 650-45(F)	187				45	38.8	56.3									
GHA 650-60(F)	187							60	51.7	75.2						
GHA 700-60(F)	235				60	48.5	70									
GHA 700-80(F)	235							80	64.9	94.5						
GHA 700-100(F)	235										100	81.1	118			
GHA 800-80(F)	313				80	64.8	94.3									
GHA 800-105(F)	313							105	86.4	126						
GHA 800-130(F)	313										130	108	157			
GHA 900-105(F)	417				105	86.3	126									
GHA 900-140(F)	417							140	115	168						
GHA 900-175(F)	417										175	144	209			
GHA 1000-130(F)	505				130	105	152									
GHA 1000-170(F)	505							170	139	203						
GHA 1000-210(F)	505										210	174	253			
GHA 1100-160(F)	625				160	129	188									
GHA 1100-210(F)	625							210	173	251						
GHA 1100-260(F)	625										260	216	313			
GHA 1200-305(F)	721										305	249	362			
GHA 1200-365(F)	721													385	299	435
GHA 1400-395(F)	931										395	322	468			
GHA 1400-475(F)	931													475	386	562
GHA 1600-500(F)	1177										500	407	592			
GHA 1600-600(F)	1177													600	488	710
GHA 1800-675(F)	1597										675	552	803			
GHA 1800-810(F)	1597													810	662	963

表 48-202 B 型换热管直径为 $\phi 38mm/\phi 25mm$ 的换热器规格型号

型号	换热管根数	换热管有效长度/mm 换热面积/m^2 2000			3000			4000			5000			6000		
		公称面积	按管内计	按管外计	公称面积	按管内计	按管外计	公称面积	按管内计	按管外计	公称面积	按管内计	按管外计	公称面积	按管内计	按管外计
GHB 300-4(F)	19	4	3	4.4												
GHB 300-6(F)	19				6	4.5	6.6									
GHB 400-8(F)	43	8	6.8	10												
GHB 400-13(F)	43				13	10.1	15									
GHB 400-17(F)	43							17	13.5	20						
GHB 450-18(F)	61				18	14.4	21.3									
GHB 450-24(F)	61							24	19.2	28.4						
GHB 500-22(F)	73				22	17.3	25.5									
GHB 500-28(F)	73							28	23	34						
GHB 550-27(F)	91				27	21.5	31.8									
GHB 550-36(F)	91							36	28.6	42.4						
GHB 600-35(F)	121				35	28.5	42.2									
GHB 600-47(F)	121							47	38	56.2						
GHB 650-41(F)	139				40	32.7	48.5									
GHB 650-54(F)	139							54	43.6	64.6						
GHB 700-48(F)	163				48	38.4	56.9									
GHB 700-64(F)	163							64	51.2	75.8						
GHB 700-80(F)	163										80	64	94.8			
GHB 800-65(F)	223				65	52.6	77.7									
GHB 800-87(F)	223							87	70	103.6						
GHB 800-109(F)	223										109	87.6	129.6			
GHB 900-86(F)	295				86	69.5	103									
GHB 900-115(F)	295							115	92.6	137.2						
GHB 900-144(F)	295										144	115	171.5			
GHB 1000-107(F)	365				107	86	127									
GHB 1000-142(F)	365							142	115	170						
GHB 1000-178(F)	365										178	143	212			
GHB 1100-128(F)	439				128	104	153									
GHB 1100-171(F)	439							171	138	204						

续表

型号	换热管根数	换热管有效长度/mm														
		2000			3000			4000			5000			6000		
		换热面积/m²														
		公称面积	按管内计	按管外计	公称面积	按管内计	按管外计	公称面积	按管内计	按管外计	公称面积	按管内计	按管外计	公称面积	按管内计	按管外计
GHB 1100-214(F)	439										214	173	255			
GHB 1200-151(F)	517				151	122	189									
GHB 1200-201(F)	517							201	162	240						
GHB 1200-252(F)	517										252	203	300			
GHB 1400-363(F)	745										363	293	433			
GHB 1400-435(F)	745													435	351	519
GHB 1500-418(F)	859										418	337	499			
GHB 1500-502(F)	859													502	405	599

表 48-203　C 型换热管直径为 ϕ50mm/ϕ36mm 的换热器规格型号

型号	换热管根数	换热管有效长度/mm														
		2000			3000			4000			5000			6000		
		换热面积/m²														
		公称面积	按管内计	按管外计	公称面积	按管内计	按管外计	公称面积	按管内计	按管外计	公称面积	按管内计	按管外计	公称面积	按管内计	按管外计
GHC 1200-160(F)	295							160	133	185						
GHC 1200-200(F)	295										200	167	232			
GHC 1400-200(F)	367							200	166	231						
GHC 1400-250(F)	367										250	208	288			
GHC 1600-270(F)	499							270	226	314						
GHC 1600-335(F)	499										335	282	392			
GHC 1800-440(F)	649										440	367	510			
GHC 1800-525(F)	649													525	440	612
GHC 2000-550(F)	817										550	462	642			
GHC 2000-660(F)	817													660	554	770

表 48-204 A型换热管直径为 ϕ32mm/ϕ22mm 的换热器安装尺寸

型号	筒体直径/mm	安装尺寸/mm								接管直径 DN/mm					支座	设备质量/kg
		A	D	H	H_1	H_2	H_3	H_4	H_5	a、d	b、c	e、f	h	k	n-ϕ	
GHA 300-5(F)	300	578	210	2905	3135	1286	604	517	373	90	50	20	100	50	2-ϕ25	370/345
GHA 300-10(F)	300	578	210	3905	4135	1786	604	517	373	90	50	20	100	50	2-ϕ25	440/420
GHA 400-10(F)	400	680	240	2905	3135	1286	604	521	473	110	50	20	125	50	2-ϕ25	535/500
GHA 400-15(F)	400	680	240	3905	4135	1786	604	521	473	110	50	20	125	50	2-ϕ25	640/605
GHA 400-20(F)	400	680	240	4905	5135	2286	604	521	473	110	50	20	125	50	2-ϕ25	735/700
GHA 450-20(F)	450	732	270	3905	4255	1796	624	541	433	140	70	20	150	80	2-ϕ25	805/750
GHA 450-30(F)	450	732	270	4905	5255	2296	624	541	433	140	70	20	150	80	2-ϕ25	935/885
GHA 500-25(F)	500	808	270	3955	4325	1816	634	561	453	140	70	25	200	80	2-ϕ30	965/910
GHA 500-35(F)	500	808	270	4955	5325	2316	634	561	453	140	70	25	200	80	2-ϕ30	1120/1065
GHA 550-30(F)	550	860	350	3965	4385	1896	644	591	503	200	80	25	200	80	2-ϕ30	1060/1020
GHA 550-40(F)	550	860	350	4965	5385	2326	644	591	503	200	80	25	200	80	2-ϕ30	1230/1195
GHA 600-35(F)	600	910	350	4050	4480	1851	699	616	523	200	80	25	200	80	4-ϕ30	1370/1300
GHA 600-50(F)	600	910	350	5050	5480	2351	699	616	523	200	80	25	200	80	4-ϕ30	1660/1500
GHA 650-45(F)	650	964	350	4065	4575	1886	704	636	603	200	100	25	200	80	4-ϕ30	1700/1610
GHA 650-60(F)	650	964	350	5065	5575	2366	704	636	603	200	100	25	200	80	4-ϕ30	1950/1750
GHA 700-60(F)	700	1014	400	4125	4665	1896	734	666	603	250	100	25	250	80	4-ϕ30	1885/1755
GHA 700-80(F)	700	1014	400	5125	5665	2396	734	666	603	250	100	25	250	80	4-ϕ30	2200/2060
GHA 700-100(F)	700	1014	400	6125	6665	2896	734	666	603	250	100	25	250	80	4-ϕ30	2420/2370
GHA 800-80(F)	800	1240	400	4145	4755	1916	744	696	673	250	125	25	250	100	4-ϕ30	2455/2355
GHA 800-105(F)	800	1240	400	5145	5755	2416	744	696	673	250	125	25	250	100	4-ϕ30	2855/2685

续表

型号	筒体直径/mm	安装尺寸/mm								接管直径 DN/mm					支座	设备质量/kg
		A	D	H	H_1	H_2	H_3	H_4	H_5	a、d	b、c	e、f	h	k	n-ϕ	
GHA 800-130(F)	800	1240	400	6145	6755	2916	744	696	673	250	125	25	250	100	4-ϕ30	3120/3000
GHA 900-105(F)	900	1340	460	4185	4865	1946	754	736	703	290	125	25	300	100	4-ϕ30	3210/3020
GHA 900-140(F)	900	1340	460	5185	5865	2446	754	736	703	290	125	25	300	100	4-ϕ30	3700/3500
GHA 900-175(F)	900	1340	460	6185	6865	2946	754	736	703	290	125	25	300	100	4-ϕ30	4100/3900
GHA 1000-130(F)	1000	1480	460	4225	4905	1976	794	776	703	200	150	25	300	100	4-ϕ30	4100/3910
GHA 1000-170(F)	1000	1480	460	5225	5905	2476	794	776	703	200	150	25	300	100	4-ϕ30	4820/4590
GHA 1000-210(F)	1000	1480	460	6225	6905	2976	794	776	703	200	150	25	300	100	4-ϕ30	5260/5000
GHA 1100-160(F)	1100	1580	515	4270	5035	2021	809	831	803	340	150	25	350	100	4-ϕ30	4960/4335
GHA 1100-210(F)	1100	1580	515	5270	6035	2521	809	831	803	340	150	25	350	100	4-ϕ30	5690/5430
GHA 1100-260(F)	1100	1580	515	6270	7035	3021	809	831	803	340	150	25	350	100	4-ϕ30	6150/5885
GHA 1200-305(F)	1200	1750	620	6460	7250	3120	915	980	810	450	200	32	400	125	4-ϕ36	7540/7165
GHA 1200-365(F)	1200	1750	620	7460	8250	3620	915	980	810	450	200	32	400	125	4-ϕ36	8400/8030
GHA 1400-395(F)	1400	1956	725	6640	7580	3220	995	1080	950	550	200	32	500	125	4-ϕ36	10480/9980
GHA 1400-475(F)	1400	1956	725	7640	8580	3720	995	1080	950	550	200	32	500	125	4-ϕ36	11650/11155
GHA 1600-500(F)	1600	2188	840	6820	7920	3310	1135	1220	1050	650	250	32	600	150	4-ϕ36	13680/12960
GHA 1600-600(F)	1600	2188	840	7820	8920	3810	1135	1220	1050	650	250	32	600	150	4-ϕ36	15130/14410
GHA 1800-675(F)	1800	2395	950	7020	8270	3410	1235	1320	1200	750	250	32	700	150	4-ϕ36	18500/17580
GHA 1800-810(F)	1800	2395	950	8020	9270	3910	1235	1320	1200	750	250	32	700	150	4-ϕ36	20450/19530

注：1. 接管伸出长度为150～180mm。
2. 质量栏中分子表示不带分离器的设备质量，分母表示带分离器（钢壳）的设备质量。
3. 表中 H_2 尺寸仅供参考，根据用户要求可以改动。

表 48-205 B型换热管直径为 ϕ38mm/ϕ25mm 的换热器安装尺寸

型号	筒体直径/mm	安装尺寸/mm						接管直径 DN/mm			支座	设备质量/kg
		A	D	H	H_2	H_3	H_4	a、d	b、c	e、f	n-ϕ	
GHB 300-4	300	578	210	2905	1286	604	517	90	50	20	2-ϕ25	350
GHB 300-6	300	578	210	3905	1786	604	517	90	50	20	2-ϕ25	410
GHB 400-8	400	680	240	2905	1296	604	521	110	50	20	2-ϕ25	530
GHB 400-13	400	680	240	3905	1786	604	521	110	50	20	2-ϕ25	630
GHB 400-17	400	680	240	4905	2286	604	521	110	50	20	2-ϕ25	730
GHB 450-18	450	732	270	3905	1796	624	541	140	70	20	2-ϕ25	805
GHB 450-24	450	732	270	4905	2296	624	541	140	70	25	2-ϕ30	935
GHB 500-22	500	808	270	3955	1816	634	561	140	70	25	2-ϕ30	945
GHB 500-28	500	808	270	4955	2316	634	561	140	70	25	2-ϕ30	1090
GHB 550-27	550	860	350	3965	1826	644	591	200	80	25	2-ϕ30	1070
GHB 550-36	550	860	350	4965	2326	644	591	200	80	25	2-ϕ30	1245
GHB 600-35	600	910	350	4050	1851	699	616	200	80	25	4-ϕ25	1410
GHB 600-47	600	910	350	5050	2351	699	616	200	80	25	4-ϕ25	1720
GHB 650-41	650	964	350	4065	1866	704	635	200	100	25	4-ϕ25	1710
GHB 650-54	650	964	350	5065	2366	704	636	200	100	25	4-ϕ25	1970
GHB 700-48	700	1014	400	4125	1896	734	666	250	100	25	4-ϕ25	1860
GHB 700-64	700	1014	400	5125	2396	734	666	250	100	25	4-ϕ30	2160
GHB 700-80	700	1014	400	6125	2896	734	666	250	100	25	4-ϕ30	2370
GHB 800-65	800	1240	400	4145	1916	744	696	250	125	25	4-ϕ30	2440
GHB 800-87	800	1240	400	5145	2416	744	696	250	125	25	4-ϕ30	2835
GHB 800-109	800	1240	400	6145	2916	744	696	250	125	25	4-ϕ30	3100
GHB 900-86	900	1340	460	4185	1946	754	736	290	125	25	4-ϕ30	3180
GHB 900-115	900	1340	460	6185	2446	754	736	290	125	25	4-ϕ30	3600
GHB 900-144	900	1340	460	6185	2946	754	735	290	125	25	4-ϕ30	4050
GHB 1000-107	1000	1480	460	4225	1976	804	776	290	150	25	4-ϕ30	4100
GHB 1000-142	1000	1480	460	5225	2476	804	776	290	150	25	4-ϕ30	4810
GHB 1000-178	1000	1480	460	6225	2976	804	776	290	150	25	4-ϕ30	6250
GHB 1100-128	1100	1580	515	4270	2021	831	809	340	150	25	4-ϕ30	4900
GHB 1100-171	1100	1580	515	5270	2521	831	809	340	150	25	4-ϕ30	5620

续表

型号	筒体直径/mm	安装尺寸/mm						接管直径 DN/mm			支座 n-ϕ	设备质量/kg
		A	D	H	H_2	H_3	H_4	a、d	b、c	e、f		
GHB 1100-214	1100	1580	515	6270	3021	831	809	340	150	25	4-ϕ30	6060
GHB 1200-151	1200	1750	620	4460	2120	980	915	450	200	32	4-ϕ36	5755
GHB 1200-201	1200	1750	620	5460	2620	980	915	450	200	32	4-ϕ36	6630
GHB 1200-252	1200	1750	620	6460	3120	980	915	450	200	32	4-ϕ36	7500
GHB 1400-363	1400	1956	725	6640	3220	1080	995	550	200	32	4-ϕ36	10900
GHB 1400-435	1400	1956	725	7640	3720	1080	995	550	200	32	4-ϕ36	12160
GHB 1500-418	1500	2058	725	6740	3270	1180	1095	580	250	32	4-ϕ36	12200
GHB 1500-502	1500	2058	725	7740	3270	1180	1095	580	250	32	4-ϕ36	13500

注：1. 接管伸出长度为 150～180mm。
2. 质量栏中为不带分离器的设备质量，带分离器（钢壳）的设备质量没有标出，需要时设计者自行计算。
3. 表中 H_2 尺寸仅供参考，根据用户要求可以改动。

表 48-206　C 型换热管直径为 ϕ50mm/ϕ36mm 的换热器安装尺寸

型号	筒体直径/mm	安装尺寸/mm								接管直径 DN/mm					支座 n-ϕ	设备质量/kg
		A	D	H	H_1	H_2	H_3	H_4	H_5	a、d	b、c	e、f	h	k		
GHC 1200-160(F)	1200	1750	620	5490	6280	2645	920	1005	810	450	200	32	400	125	4-ϕ36	$\frac{6470}{6095}$
GHC 1200-200(F)	1200	1750	620	6490	7280	3145	920	1005	810	450	200	32	400	125	4-ϕ36	$\frac{7280}{6910}$
GHC 1400-200(F)	1400	1956	725	5700	6640	2750	1025	1110	950	550	200	32	500	125	4-ϕ36	$\frac{9050}{8550}$
GHC 1400-250(F)	1400	1956	725	6700	7640	3250	1025	1110	950	550	200	32	500	125	4-ϕ36	$\frac{10140}{9640}$
GHC 1600-270(F)	1600	2188	840	5890	6990	2845	1170	1255	1050	650	250	32	600	150	4-ϕ36	$\frac{12120}{11400}$
GHC 1600-335(F)	1600	2188	840	6890	7990	3345	1170	1255	1050	650	250	32	600	150	4-ϕ36	$\frac{13510}{12790}$
GHC-1800-440(F)	1800	2395	950	7100	8350	3450	1275	1360	1200	750	250	32	700	150	4-ϕ36	$\frac{18080}{17160}$
GHC 1800-525(F)	1800	2395	950	8100	9350	3950	1275	1360	1200	750	250	32	700	150	4-ϕ36	$\frac{19900}{18980}$
GHC 2000-550(F)	2000	2636	1050	7280	8690	3540	1415	1500	1300	850	300	32	700	200	4-ϕ36	$\frac{22750}{21450}$
GHC 2000-660(F)	2000	2636	1050	8280	9690	4040	1415	1500	1300	850	300	32	700	200	4-ϕ36	$\frac{24950}{23650}$

注：1. 接管伸出长度为 150～180mm。
2. 质量栏中分子表示不带分离器的设备质量，分母表示带分离器（钢壳）的设备质量。
3. 表中 H_2 尺寸仅供参考，根据用户要求可以改动。

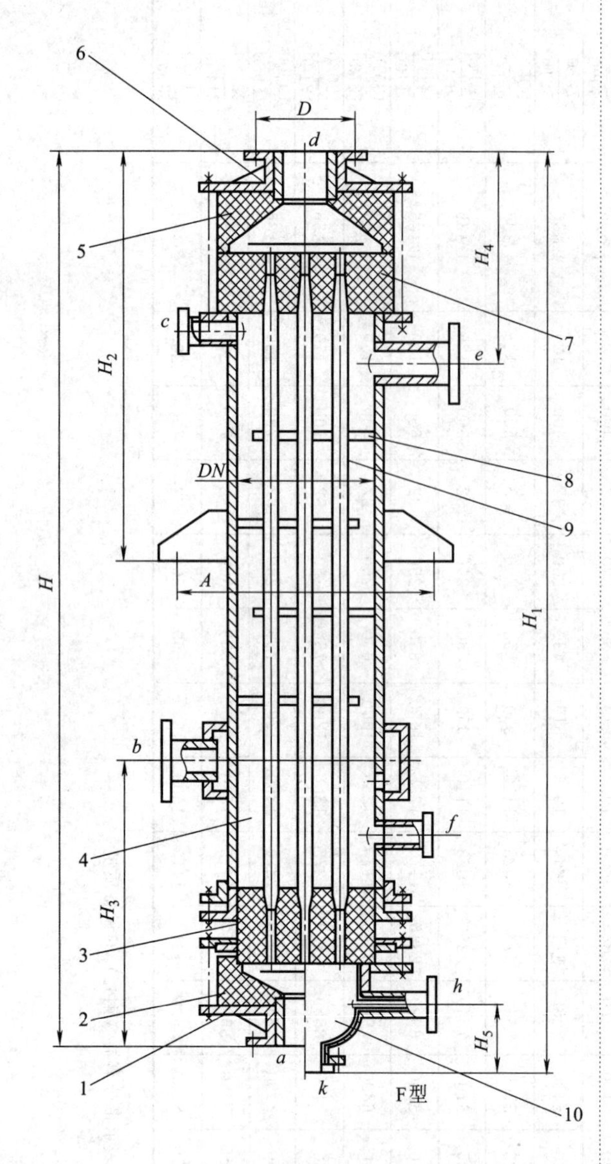

图 48-187　浮头列管式石墨换热器

1—下盖板；2—下封头；3—浮动管板；4—壳体；5—上封头；6—上盖板；7—固定管板；8—折流板；9—换热管；10—F 型下封头

6.9.2　YKA 型圆块孔式石墨换热器（HG/T 3113—1998）

本标准适用于以不透性石墨材料制造的 YKA 型圆块孔式石墨换热器。这种换热器适用于作再沸器、加热器和冷却器等。

① 基本参数：设计压力 0.4MPa，设计温度 −20～165℃。

② 结构型式见图 48-188。

③ 系列参数组合见表 48-207。

④ 标记方法如下。

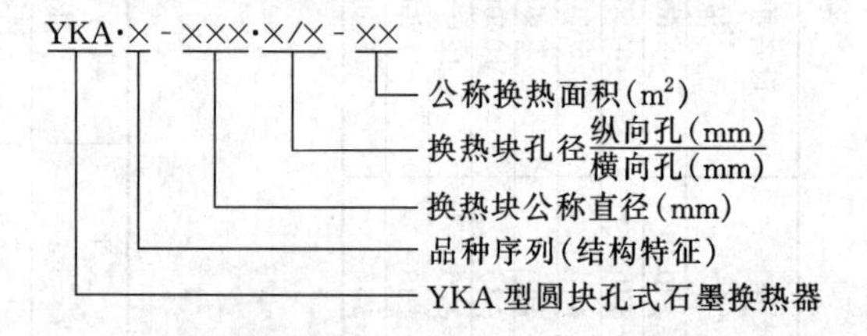

标记示例如下。

换热器的换热块公称直径为 ϕ500mm，纵向孔径为 ϕ16mm，横向孔径为 ϕ10mm，公称换热面积为 20m² 的切向型圆块孔式石墨换热器，其标记为：

YKA・Ⅰ-500・16/10-20。

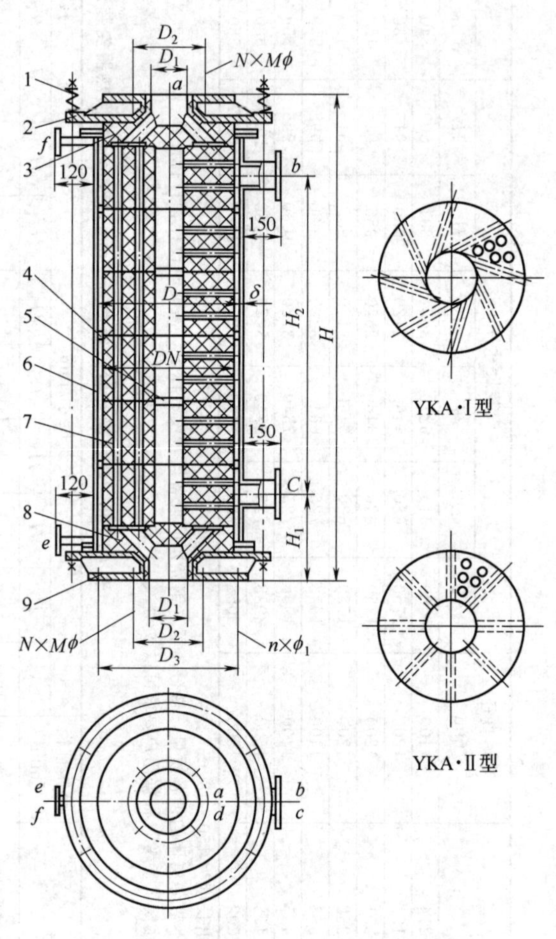

图 48-188　YKA 型圆块孔式石墨换热器

1—调节弹簧；2—上盖板；3—上封头；4—外折流板；5—内折流板；6—钢制外壳；7—换热管；8—下封头；9—下盖板

表 48-207　YKA 型圆块孔式石墨换热器系列参数组合

型号	系列、规格和参数						安装尺寸/mm											质量/kg
	公称换热面积/m²	实际面积/m²			单程截面积/cm²		DN	D	D_1	D_2	D_3	δ	H	H_1	H_2	$n \times M\phi$	$n \times \phi_1$	
		纵向	横向	平均	纵向	横向												
YKA·Ⅰ-300 $\frac{10}{10}$	5	6.7	5.4	6.1	122.5	141.4							1620		1110			360
	10	11.2	9.0	10.1			300	330	100	180	320	4	2498	250	1987	8×M16	6×ϕ18	480
YKA·Ⅰ-300 $\frac{16}{10}$	5	4.9	4.9	4.9	140.8	117.8							1620		1110			360
	10	9.8	9.8	9.8									2936		2425			542
YKA·Ⅰ-400 $\frac{10}{10}$	10	12.5	9.0	10.7									1664		1130			554
	15	16.6	12	14.3	226.2	188.5							2103		1570			647
	20	25	18	21.5									2981		2447			836
YKA·Ⅰ-400 $\frac{16}{10}$	10	13.1	10.7	11.9									2103		1570			636
	15	16.4	13.4	14.9	281.5	164.9	400	430	125	240	420	4	2540		2010	8×M16	6×ϕ18	727
	20	23	18.8	20.9									3420		2887			910
YKA·Ⅰ-400 $\frac{22}{10}$	10	11.6	8.4	10									2103		1570			627
	15	17.4	12.8	15.1	342.1	117.8							2981		2447			806
	20	23.2	17.0	20.1									3860		3325			985
YKA·Ⅰ-500 $\frac{16}{10}$	20	22.8	20.2	21.5									2629		2060			1090
	25	27.4	24.2	25.8	398.1	212							3074	280	2505			1220
	30	31.9	28.3	30.1			500	530	200	325	520	4	3520		2950	12×M16	8×ϕ18	1350
YKA·Ⅰ-500 $\frac{22}{10}$	20	21.6	19	20.3									2830		2210			1150
	25	27	23.7	25.4	486.6	263.9							3440	290	2810			1330
	30	32.4	28.4	30.4									4040		3410			1520
YKA·Ⅰ-600 $\frac{16}{10}$	40	47.1	37	42									3410		2740			2117
	50	56.5	44.3	50.4	627.3	377	600	640	250	395	560	6	4010	295	3340	12×M20	8×ϕ23	2400
	60	65.9	51.7	58.8									4610		3940			2683
YKA·Ⅱ-300 $\frac{12}{10}$	1.4	1.56	1.32	1.44									710		330			379
	4.2	4.68	3.96	4.32									1514		1134			518
	7.0	7.80	6.60	7.20	113	188	304	360	130	210		4	2318	190	1938	8×M16		667
	9.8	10.92	9.24	10.08									3122		2742			815
YKA·Ⅱ-400 $\frac{12}{10}$	2.3	2.47	2.17	2.32									722		332			506
	6.9	7.41	6.51	6.96									1528		1138			697
	11.5	12.35	10.85	11.6	174	264	395	450	150	240		5	2334	195	1944	8×M20		890
	16.1	17.29	15.19	16.24									3140		2750			1080
	20.7	22.23	19.53	20.88									3946		2556			1270
YKA·Ⅱ-400 $\frac{18}{15}$	1.6	1.8	2.0	1.9									722		332			506
	4.8	5.4	6.0	5.70	183	381	395	450	150	240		5	1528	195	1138	8×M20		697
	8.0	9.0	10.0	9.50									2334		1944			890

续表

型号	系列、规格和参数						安装尺寸/mm											质量/kg
	公称换热面积/m²	实际面积/m²			单程截面积/cm²		DN	D	D_1	D_2	D_3	δ	H	H_1	H_2	$n\times M\phi$	$n\times\phi_1$	
		纵向	横向	平均	纵向	横向												
YKA·Ⅱ-400 $\frac{18}{15}$	11.2	12.6	14.0	13.3	183	381	395	450	150	240		5	3140	195	2750	8×M20		1080
	14.4	16.2	18.0	17.1									3946		3556			1270
YKA·Ⅱ-500 $\frac{12}{12}$	3.4	4.3	2.9	3.60	307	362	500	560	200	295		5	780	222	336	8×M20		766
	10.2	12.9	8.7	10.8									1586		1142			1041
	17.0	21.5	14.5	18.0									2392		1948			1349
	23.8	30.1	20.3	25.2									3198		2754			1594
	30.6	38.7	26.1	32.4									4004		3560			1870
	37.4	47.3	31.9	39.6									4810		4366			2146
YKA·Ⅱ-500 $\frac{18}{15}$	3	3.3	2.9	3.1	356	445	500	560	200	295		5	780	222	336	8×M20		766
	9	9.9	8.7	9.3									1586		1142			1041
	15	16.5	14.5	15.5									2392		1948			1349
	21	23.1	20.3	21.7									3198		2754			1594
	27	29.7	26.1	27.9									4004		3560			1870
	33	36.3	31.9	34.1									4810		4366			2146
YKA·Ⅱ-600 $\frac{18}{15}$	30	35	28.8	30.9	595	668	600	660	246	335		5	2852	264	2324	12×M16		2407
	35	38.5	33.6	36.05									3259		2731			2547
	40	44	38.4	41.2									3666		3138			2687
	45	49.5	43.2	46.35									4073		3545			2827
	50	55	48	51.5									4480		3952			2967
	55	60.5	52.8	56.65									4887		4359			3107
	60	66	57.6	61.8									5294		4766			3247

6.9.3　矩形块孔式石墨换热器（HG/T 3187—2012）

本标准适用于以酚醛树脂浸渍不透性石墨为材料，换热面积小于75m²、设计压力小于0.3MPa的矩形块孔式石墨换热器。

(1) 技术特性

设计压力：纵向≤0.3MPa，横向≤0.3MPa。设计温度：−15～150℃。

(2) 结构型式

矩形块孔式石墨换热器分别由石墨换热单元块、上下石墨封头、铸铁上下压盖及两侧铸铁（或钢制件）密封整板或分段侧板组成，法兰尺寸参照HG/T 20592。换热面积系列为4.5～75m²，设备从35m²开始采用换热单元块并联结构（图48-189～图48-191）。

(3) 矩形块孔式石墨换热器

规格型号见表48-208，安装尺寸见表48-209。

(4) 标记示例

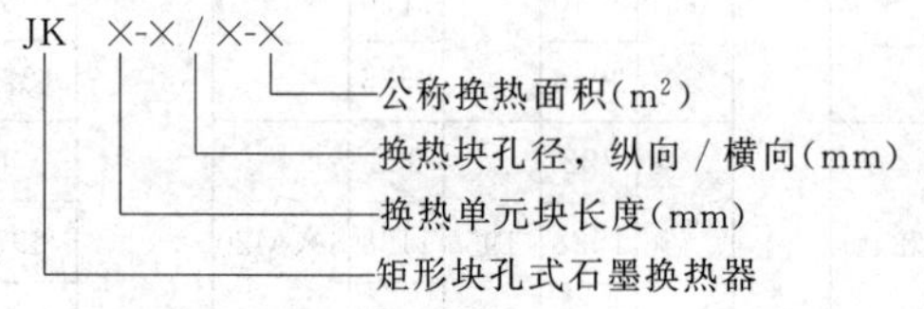

换热器单元块长度为660mm，纵向孔径为ϕ12mm，横向孔径为ϕ12mm，公称换热面积为15m²的矩形块孔式石墨换热器，其标记为：

JK660-12/12-15。

6.9.4　管壳式石墨降膜吸收器（HG/T 3188—2011）

本标准按下封头的结构不同分为Ⅰ型和Ⅱ型，Ⅰ型为浸渍石墨封头，Ⅱ型为钢制衬胶封头。

(1) 基本参数

① 设计压力　壳程0.3MPa，管程0.05MPa。

② 设计温度　壳程不大于60℃，管程170℃。

(2) 结构型式（图48-192）

(3) 结构尺寸（表48-210）

(4) 系列参数（表48-211）

(5) 标记方法

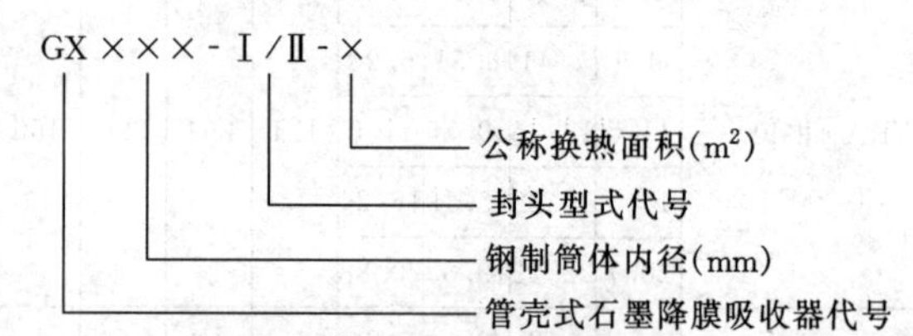

筒体内径500mm，公称换热面积20m²，下封头为浸渍石墨的管壳式石墨降膜吸收器，其标记为：

GX500-Ⅰ-20。

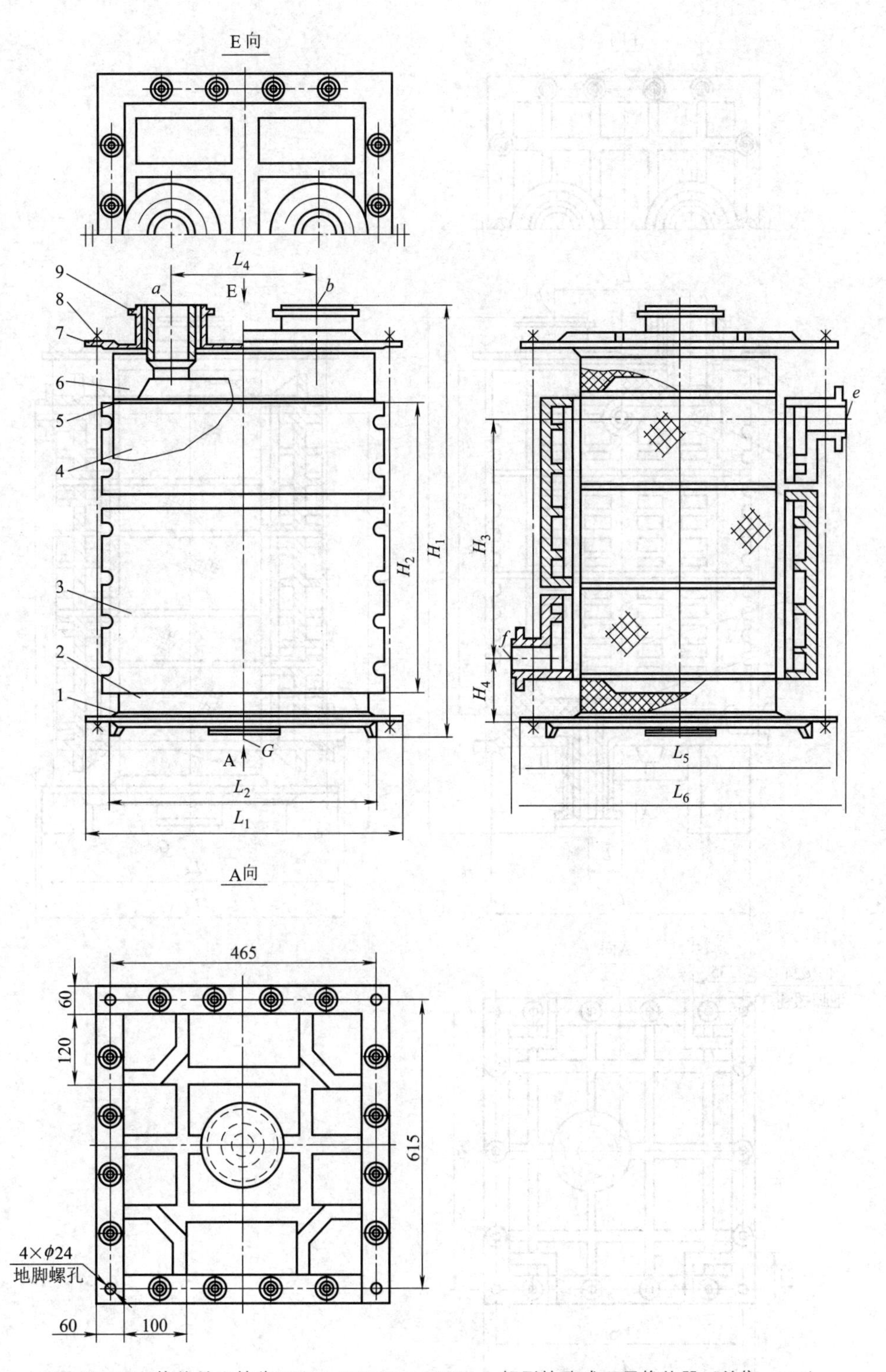

图 48-189　换热单元块为 380mm×380mm×380mm 矩形块孔式石墨换热器（单位：mm）

1—下盖板；2—下封头；3—侧盖板；4—块体；5—垫片；6—上封头；7—上盖板；8—螺栓；9—接管

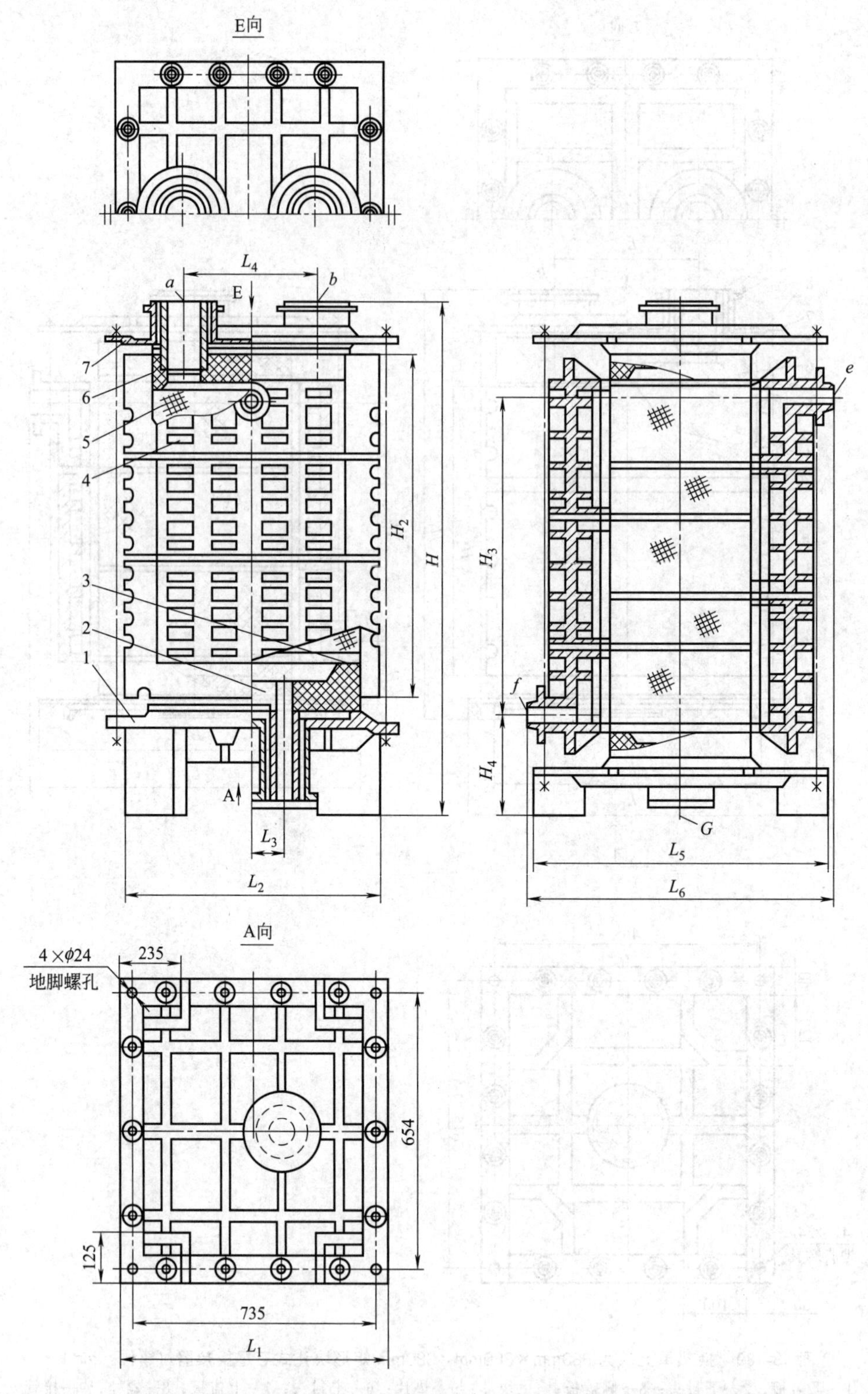

图 48-190　换热单元块为 380mm×380mm×660mm 矩形块孔式石墨换热器（单位：mm）

1—下盖板；2—下封头；3—垫片；4—侧盖板；5—块体；6—上封头；7—上盖板

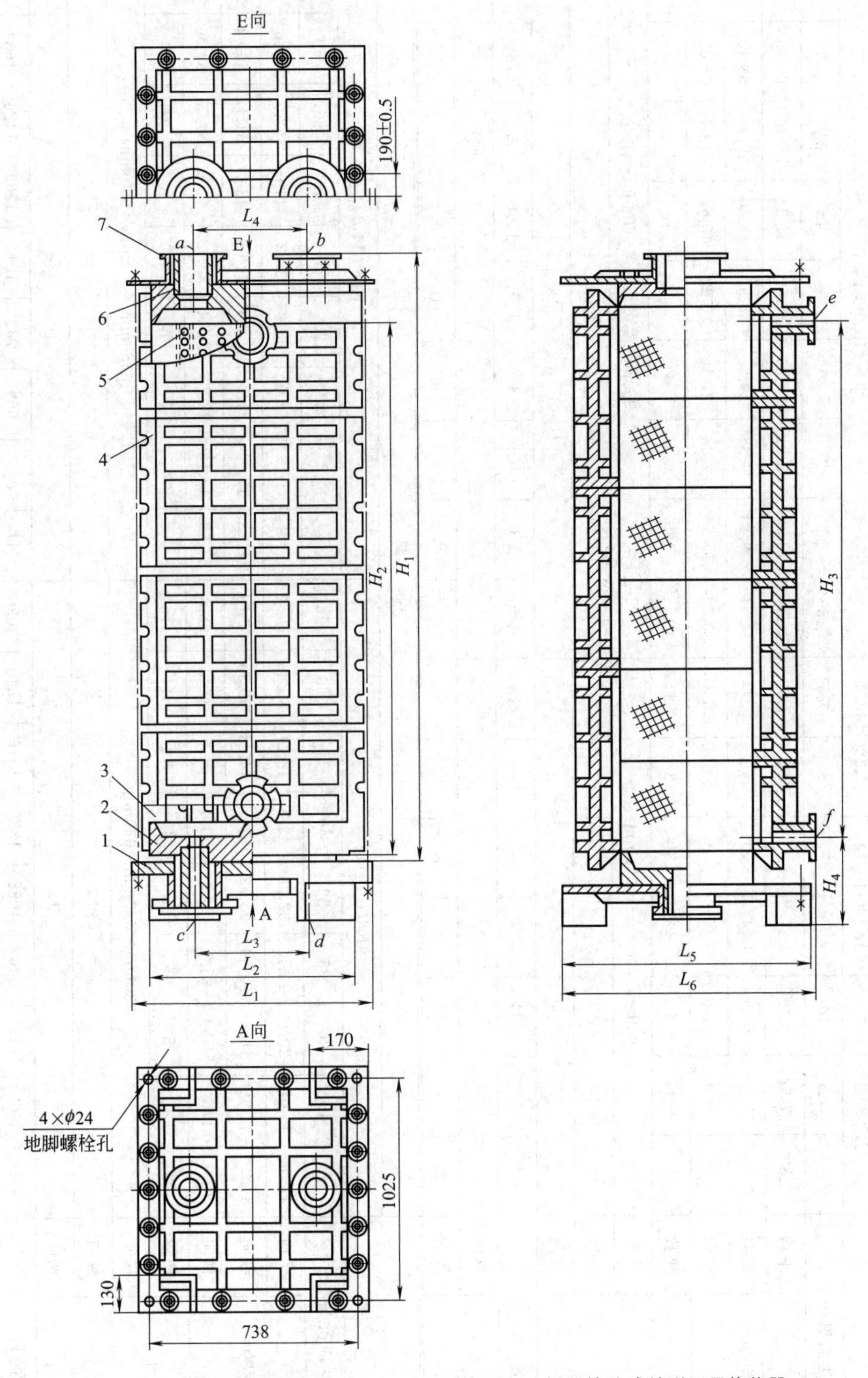

图 48-191　换热单元块为 380mm×380mm×380mm 矩形块孔式并联石墨换热器

1—下盖板；2—下封头；3—垫片；4—侧盖板；5—块体；6—上封头；7—上盖板

表 48-208 矩形块孔式石墨换热器规格型号

项目		型号															
		JK380-12/12			JK380-16/14		JK380-18/14		JK660-12/12								
公称换热面积/m²		5	7.5	10	4.5	7	5	7.5	15	20	25	30	35	45	55	65	75
计算换热面积/m²	平均	4.88	7.32	9.46	4.27	6.41	4.68	7.02	14.17	18.89	23.61	28.34	37.59	47.24	56.69	66.10	75.55
	纵向	5.44	7.71	9.74	4.54	6.81	5.16	7.74	14.61	19.48	24.35	29.22	38.96	48.70	58.44	68.18	77.92
	横向	4.6	6.9	9.16	4.0	6.0	4.2	6.3	13.72	18.30	22.88	27.46	36.62	45.62	54.94	64.02	73.17
单元块尺寸	块数	2	3	4	2	3	2	3	3	4	5	6	8	10	12	14	16
	尺寸	380mm×380mm×380mm							380mm×380mm×660mm								
孔径/mm	纵向	12			16		18		12								
	横向	12			14				12								
质量/kg		180	232	294	182	235	176	226	456	576	696	816	1056	1296	1536	1786	2056
流程程数	纵向	双程							双程				四程				
	横向	2	3	4	2	3	2	3	3	4	5	6	4	5	6	7	8

项目		型号																	
		JK660-14/12									JK660-14/14								
公称换热面积/m²		12	16	20	25	32	40	50	60	65	14	18	22	26	35	45	55	60	70
计算换热面积/m²	平均	12.06	16.08	20.1	24.12	32.26	40.2	48.24	56.28	64.32	13.2	17.6	22.0	26.4	35.2	44.0	52.8	61.6	66.14
	纵向	11.22	14.96	18.7	22.44	29.92	37.4	44.88	52.36	59.84	12.78	17.04	21.3	25.56	34.08	42.6	51.12	59.64	59.64
	横向	12.9	17.2	21.54	25.8	34.4	43.0	51.6	60.2	68.8	13.62	18.16	22.7	27.24	36.32	45.4	54.58	63.56	72.64
单元块尺寸	块数	3	4	5	6	8	10	12	14	16	3	4	5	6	8	10	12	14	16
	尺寸	380mm×380mm×660mm									380mm×380mm×660mm								
孔径/mm	纵向	14									14								
	横向	12									14								
质量/kg		468	592	716	840	1088	1336	1576	1840	2096	441	550	669	783	1011	1239	1426	1634	1842
流程程数	纵向	双程				四程					双程				四程				
	横向	3	4	5	6	4	5	6	7	8	3	4	5	6	4	5	6	7	8

续表

项目		型号														
		JK660-18/14									JK660-18/16					
公称换热面积/m²		10	15	20	25	35	40	50	60	70	9	13	17	22	25	35
计算换热面积/m²	平均	12.62	16.82	21.03	25.23	33.64	42.05	50.45	58.87	67.28	8.81	13.22	17.62	22.03	26.43	35.24
	纵向	13.5	18.0	22.5	27.0	36.0	45.0	54.0	63.0	72.0	9.02	13.52	18.04	22.55	27.06	36.08
	横向	11.73	15.64	19.53	23.46	31.27	39.6	46.9	54.74	62.56	8.6	12.9	17.2	21.5	25.8	34.4
单元块尺寸	块数	3	4	5	6	8	10	12	14	16	2	3	4	5	6	8
	尺寸	380mm×380mm×660mm									380mm×380mm×660mm					
孔径/mm	纵向	18									18					
	横向	14									16					
质量/kg		450	576	684	801	1035	1269	1462	1676	1896	315	429	537	645	753	969
流程程数	纵向	双程				四程					双程					四程
	横向	3	4	5	6	4	5	6	7	8	2	3	4	5	6	4

项目		型号													
		JK660-18/16				JK660-20/16									
公称换热面积/m²		45	55	60	70	7.5	10	15	20	23	30	38	45	55	60
计算换热面积/m²	平均	44.05	52.86	61.67	70.48	7.46	11.19	14.92	18.65	22.38	29.84	37.3	44.76	52.22	59.6
	纵向	45.1	54.12	63.14	72.16	8.2	12.3	16.4	20.5	24.6	32.8	41.0	49.2	57.4	65.6
	横向	43.0	51.6	60.2	68.8	6.72	10.08	13.44	16.8	20.16	26.88	33.6	40.32	47.04	53.76
单元块尺寸	块数	10	12	14	16	2	3	4	5	6	8	10	12	14	16
	尺寸	380mm×380mm×660mm				380mm×380mm×660mm									
孔径/mm	纵向	18				20									
	横向	16				16									
质量/kg		1184	1361	1537	1713	327	447	561	675	789	1017	1245	1433	1621	1809
流程程数	纵向	四程				双程					四程				
	横向	5	6	7	8	2	3	4	5	6	4	5	6	7	8

表 48-209 矩形块孔式石墨换热器安装尺寸

项目		型号														
		JK380-12/12			JK380-16/14		JK380-18/14		JK660-12/12							
公称换热面积/m²		5	7.5	10	4.5	7	5	7.5	15	20	25	30	35	45	55	65	75
物料进口 a/mm	d_B	80			80		80		100								
	DN	125			125		125		150								
物料出口 b/mm	d_B	80			80		80		100								
	DN	125			125		125		150								
排净口或冷凝液出口 c/mm	d_B																
	DN																
排净口或冷凝液出口 d/mm	d_B																
	DN																
排净口或冷凝液出口 G/mm	d_B	40			40		40		50								
	DN	80			80		80		100								
冷却水出口或水蒸气出口 e/mm	DN	50			50		50		80								
冷却水出口/mm	DN	50			50		50		80								
安装尺寸/mm	H_1	1240	1622	2002	1240	1622	1240	1622	1622	2002	2519	2899	2002	2519	2899	3279	3663
	H_2	764	1140	1522	764	1140	764	1140	1140	1522	2190	2570	1522	2190	2570	2950	3330
	H_3	694	1070	1452	694	1070	694	1070	1070	1450	2070	2450	1450	2070	2450	2830	3210
	H_4	345							408								
	L_1	716			617		716		790								
	L_2	600			600		600		670								
	L_3																
	L_4	230			230		230		400								
	L_5	465			465		465		714				1094				
	L_6	766			766		766		766				1148				
设备总质量/kg		500	600	710	506	609	490	690	1510	1748	2028	2308	2353	2736	3192	3632	4082

续表

项目		型号																	
		JK660-14/12									JK660-14/14								
公称换热面积/m^2		12	16	20	25	32	40	50	60	65	14	18	22	26	35	45	55	60	70
物料进口 a/mm	d_B	100									200								
	DN	150									250								
物料出口 b/mm	d_B	100									200								
	DN	150									250								
排净口或冷凝液出口 c/mm	d_B										50								
	DN										100								
排净口或冷凝液出口 d/mm	d_B										50								
	DN										100								
排净口或冷凝液出口 G/mm	d_B	50																	
	DN	100																	
冷却水出口或水蒸气出口 e/mm	DN	80									80								
冷却水出口/mm	DN	80									80								
安装尺寸/mm	H_1	1622	2002	2519	2899	2002	2519	2899	3279	3663	1775	2155	2535	2915	2155	2535	2915	3295	3675
	H_2	1140	1522	2190	2570	1522	2190	2570	2950	3330	1675	2055	2435	2815	2055	2435	2815	3195	3575
	H_3	1070	1450	2070	2450	1450	2070	2450	2830	3210	1035	1415	1790	2170	1415	1790	2170	2550	2930
	H_4	408									408								
	L_1	790									790								
	L_2	670									660								
	L_3										410								
	L_4	400									400								
	L_5	714				1094					714				1088				
	L_6	766				1148					766				1117				
设备总质量/kg		1522	1764	2048	2332	2385	2776	3240	3688	4148	1459	1736	2001	2262	2298	2716	3123	3530	3994

续表

项目		型号														
		JK600-18/14									JK660-18/16					
公称换热面积/m^2		10	15	20	25	35	40	50	60	70	9	13	17	22	25	35
物料进口 a/mm	d_B	200									200					
	DN	250									250					
物料出口 b/mm	d_B	200									200					
	DN	250									250					
排净口或冷凝液出口 c/mm	d_B	50									50					
	DN	100									100					
排净口或冷凝液出口 d/mm	d_B	50									50					
	DN	100									100					
排净口或冷凝液出口 G/mm	d_B															
	DN															
冷却水出口或水蒸气出口 e/mm	DN	80									80					
冷却水出口/mm	DN	80									80					
安装尺寸/mm	H_1	1775	2155	2535	2915	2155	2535	2915	3295	3675	1240	1775	2155	2535	2915	2155
	H_2	1675	2055	2435	2815	2055	2435	2815	3195	3575	764	1675	2055	2435	2815	2055
	H_3	1035	1415	1790	2170	1415	1790	2170	2550	2930	694	1035	1475	1790	2170	1415
	H_4	408														
	L_1	790														
	L_2	670														
	L_3	410														
	L_4	400														
	L_5	714				1088					714					1088
	L_6	766				1117					766					1117
设备总质量/kg		1464	1748	2016	2290	2332	2746	3159	3572	3996	1145	1433	1709	1977	2245	2266

续表

项目		型号													
		JK660-18/16				JK660-20/16									
公称换热面积/m^2		45	55	60	70	7.5	10	15	19	23	30	38	45	55	65
物料进口 a/mm	d_B	200				200									
	DN	250				250									
物料出口 b/mm	d_B	200				200									
	DN	250				250									
排净口或冷凝液出口 c/mm	d_B	50				50									
	DN	100				100									
排净口或冷凝液出口 d/mm	d_B	50				50									
	DN	100				100									
排净口或冷凝液出口 G/mm	d_B														
	DN														
冷却水出口或水蒸气出口 e/mm	DN	80				80									
冷却水出口/mm	DN	80				80									
安装尺寸/mm	H_1	2535	2915	3295	3675	1240	1775	2155	2535	2915	2155	2535	2915	3295	3675
	H_2	2435	2815	3195	3575	764	1675	2055	2435	2815	2055	2435	2815	3195	3575
	H_3	1790	2170	2550	2930	694	1035	1475	1790	2710	1415	1790	2170	2550	2930
	H_4	480													
	L_1	790													
	L_2	670													
	L_3	410													
	L_4	400													
	L_5	1088				714					1088				
	L_6	1117				766					1117				
设备总质量/kg		2680	3069	3456	3856	1157	1451	1733	2007	2281	2314	2722	3129	3536	3951

注：接管法兰标准为 HG/T 20592。d_B 为管口内径，DN 为管法兰公称直径。

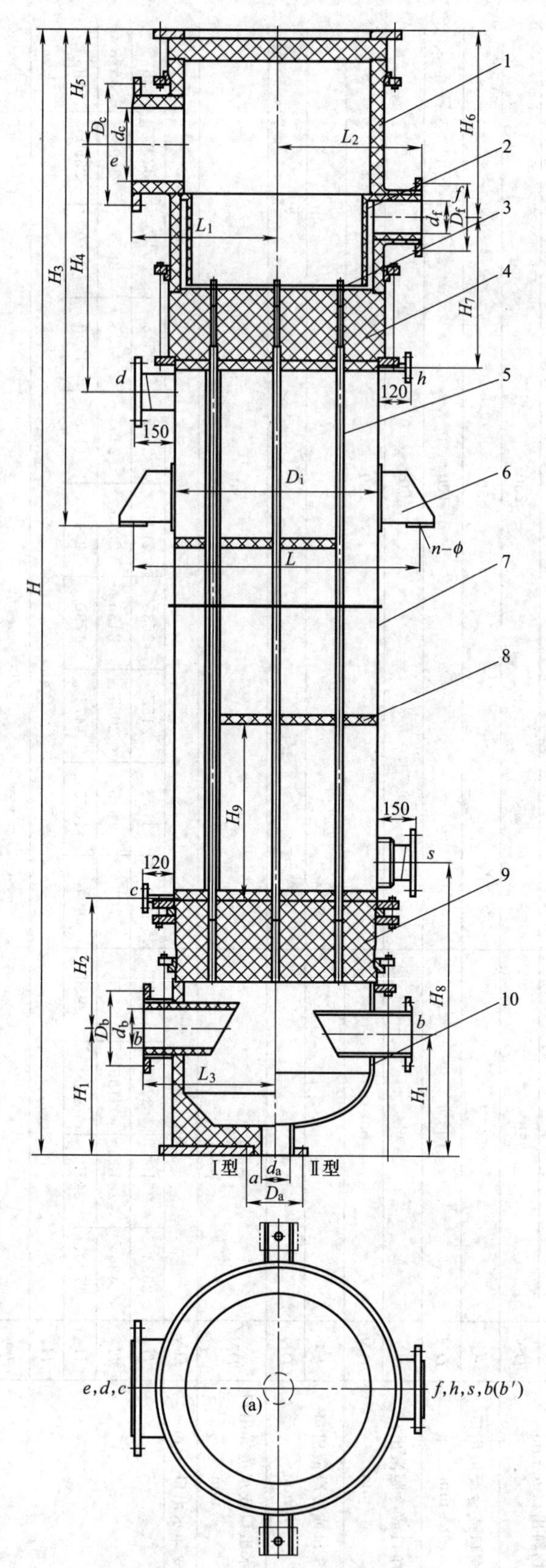

图 48-192　管壳式石墨降膜吸收器

1—上封头；2—挡液环；3—溢流管；4—固定管板；5—吸收管；6—支座；7—筒体；8—折流板；9—浮动管板；10—下封头

表 48-210 管壳式石墨降膜吸收器主要尺寸

规格	L	n-ϕ	H	H_1	H_2	H_3	H_4	H_5	H_6	H_7	H_8	H_9	L_1	L_2	L_3
GX245-3	516	2-ϕ24B1	4254	380	355	1521	464	185	270	285	825	333	273	273	259
GX300-5	572	2-ϕ24B1	4309	380	365	1666	494	200	305	295	825	333	308	303	286
GX350-10	623	2-ϕ24B1	4374	380	365	1631	534	225	350	315	835	333	333	328	310
GX450-15	725	2-ϕ24B1	4496	400	375	1713	599	257	402	345	885	333	383	378	370
GX500-20	792	2-ϕ24B2	4591	400	395	1798	644	297	477	355	905	333	415	405	407
GX550-25	843	2-ϕ24B2	4658	400	395	1865	709	299	499	400	905	333	451	446	432
GX600-30	893	4-ϕ24B2	4793	400	445	1920	749	354	539	416	950	428	476	471	460
GX650-35	948	4-ϕ24B2	4920	470	475	1947	769	361	546	439	1055	428	501	496	491
GX700-40	1027	4-ϕ30B3	5025	470	485	2042	844	391	606	476	1075	428	531	521	516
GX800-50	1129	4-ϕ30B3	5102	470	485	2119	894	418	653	506	1105	428	581	571	566
GX850-60	1179	4-ϕ30B3	5240	540	500	2180	920	450	680	520	1190	428	651	631	620
GX900-80	1230	4-ϕ30B3	5300	540	520	2240	960	480	700	540	1210	428	702	682	670
GX1000-100	1460	4-ϕ30B4	5360	540	540	2320	1000	520	720	560	1230	428	804	784	770
GX1100-120	1561	4-ϕ30B4	5400	540	560	2400	1060	560	740	580	1250	428	906	886	870
GX1200-170	1662	4-ϕ30B4	5570	560	560	2400	1095	560	920	595	1250	428	950	920	900
GX1300-190	1805	4-ϕ30B5	5590	560	560	2400	1115	560	920	615	1250	428	1000	970	950
GX1400-225	1906	4-ϕ30B5	5700	560	580	2500	1165	600	995	635	1270	428	1050	1020	1000
GX1500-265	2060	4-ϕ36B6	5740	560	600	2500	1185	600	995	655	1290	428	1100	1070	1000
支座标准	JB/T 4712.3—2007														

表 48-211 管壳式石墨降膜吸收器系列参数

公称直径 DN /mm	固定管板厚度 /mm	管程数 N	管间距 L /mm	吸收管数量 n	吸收管有效长度 3000m			吸收能力 (35%盐酸) /(t/d)
					换热面积/m²		吸收面积/m²	
					公称	计算	计算	
245	100	1	42	13	3	3.3	2.7	10
300	110	1	42	19	5	4.8	4.0	15
350	120	1	42	37	10	9.4	7.8	25
450	140	1	42	61	15	15.3	12.8	40
500	150	1	42	85	20	21.6	18.6	50
550	170	1	42	103	25	26.2	21.6	60
600	185	1	42	121	30	30.8	25.4	70
650	200	1	42	139	35	35.3	29.2	80
700	210	1	42	163	40	41.4	34.2	100
800	240	1	42	199	50	50.5	41.8	120
850	260	1	42	235	60	59.8	47.2	140
900	260	1	42	313	80	79.6	64.3	180
1000	280	1	42	393	100	100.0	80.9	230
1100	280	1	42	473	120	120.3	95.3	280
1200	300	1	42	661	170	168.1	137	400
1300	320	1	42	745	190	189.5	154.4	450
1400	340	1	42	877	225	223.1	181.7	530
1500	360	1	42	1027	265	261.2	212.8	620

7 化工设备选材基本原则

化工设备（绝大部分是压力容器）设计的首要问题就是选材。对于给定工况选择合适的材料是设计工程师的责任。材料选择涉及方方面面，如操作条件（压力、温度及介质等）、制造条件（焊接、热处理等）限制及材料自身性能的限制，是很复杂的。但从实际出发，设计工程师只要掌握选材的几个主要方面，设备选材就不是一件难事了。

7.1 影响化工设备选材的主要因素

7.1.1 介质

介质的性能（主要是腐蚀性、抗氧化性）会极大影响材料的选择。在这方面可参考各种材料的腐蚀数据资料以及本章第8小节的内容加以选用。更现实的是参考已投入运行的相应装置的使用情况来选择材料。对几类主要介质，如硫化氢、氢、氯化物的存在要予以注意。

(1) 硫化物应力腐蚀裂纹（SSC）

硫化氢只有溶解在水中才具有腐蚀性，其水溶液具有弱酸性，可能引起敏感材料的硫化物应力腐蚀破裂。这种现象受多个参数的交互作用影响，包括硫化氢浓度、压力、温度、材料特性和拉伸应力等。这方面内容可参考 NACE 标准 MR-01-75《材料要求——炼油设备用抗硫化物应力破裂的金属材料》。该标准规定了不同工作参数下适用的材料。

(2) 临氢使用

在常温下，即使压力很高，气态氢也不容易渗透到钢材中去。然而，当一般低碳钢在氢介质中使用温度高于220℃时，材料就有发生内部脱碳的倾向。

(3) 应力腐蚀裂纹（SCC）

发生应力腐蚀开裂的必要条件是要有拉应力（不论是残余应力还是外加应力，或者两者兼而有之）和特定的腐蚀介质存在。能够引起应力腐蚀的常用介质有氯化物、氢氧化钠等，应力腐蚀开裂不仅与介质有关，还与特定的材料有关，低碳钢在含氯离子介质中不会产生应力腐蚀开裂，而奥氏体不锈钢却极易在含氯离子介质中发生应力腐蚀开裂。焊接、弯曲或其他成型工艺引起的残余应力易促使产生应力腐蚀裂纹。

SCC造成的失效常是突发性的，较难预测，可能在暴露几个小时后就发生，也可能在安全运行几个月甚至几年后才发生。金属材料在环境中发生 SCC 的实例有：黄铜在氨水溶液中；钢材在苛性碱或卤素溶液中；不锈钢和铝合金在含氯溶液中；钛合金在硝酸或甲醇溶液中。

金属的腐蚀现象是复杂的，同一种材料在不同的介质中，不同材料在同一种介质中，或同一种材料、同一种介质在不同的内部条件或外部条件下（如材料的金相组织、承载应力、介质温度、压力和浓度等）都会表现不同的腐蚀规律。如碳钢在稀硫酸中极不耐腐蚀，但在浓硫酸中却很稳定；而铅耐稀硫酸，但不能在浓硫酸中使用；不锈钢耐中、低浓度的硝酸腐蚀，但不耐浓硝酸的腐蚀；碳钢在稀硫酸中是均匀腐蚀，而奥氏体不锈钢在氯化物的水溶液中会由于应力腐蚀而产生破裂。因此，在设备选材过程中，应综合考虑各方面因素。

7.1.2 温度

温度影响材料的性能，因此是影响选材的一个十分重要的元素。材料的强度及抗氧化性随着温度的升高而降低，因此，所有材料都有一个合适的最高使用温度限制，高于该温度则材料不宜使用。当温度高于一定值时，材料会发生明显的蠕变，即材料在一定的温度和较小的恒定拉力（低于屈服极限）作用下，应变随时间而增加，或者金属在高温和应力作用下逐渐产生塑性变形，最终导致材料断裂或变形过大而失效。碳素钢的蠕变温度约为400℃，低合金钢约为450℃，不锈钢为520～580℃。

材料的延性及韧性随着温度的降低而降低，材料的韧性（特指冲击韧性）是确定材料低温使用的依据。当温度低于某一特定值时，材料吸收的冲击功会显著降低，从韧性状态转变为脆性状态，这一温度即为冷脆转变温度。因此，往往要求具有一定强度水平的材料在某一低温下使用时必须具有相应的冲击韧性。

7.1.3 压力

压力和设备的尺寸决定了所用材料的厚度。随着材料厚度增加，其性能会降低，且增加加工难度以及加工成本。因此，对大直径、高压力的设备，往往选用高强度钢，可减小壁厚，以降低总成本。对于低压力设备，根据压力计算确定的厚度，有可能低于保证结构稳定性所需的最小厚度，因此就没有必要采用高强度钢。

7.1.4 流体速度

流体的速度会产生冲蚀、腐蚀和汽蚀，在选材时应注意。流体含有固体颗粒会对冲蚀和磨蚀产生显著影响。因此须像防止腐蚀一样给予一定裕量或采取其他防护措施。

7.1.5 材料的相容性

承压设备可由多种材料构成，在异种材料焊接连接时应注意它们的相容性，如物理性能差异，包括熔点、膨胀系数、热导率等，这些影响了焊接温度场和应力场，增加了焊接缺陷的敏感性，尤其是裂纹敏感性。

7.1.6 制造加工的工艺性能

选择材料时应注意其加工工艺性能，设备在制造过程中，要经过各种冷、热加工，如下料、卷板、焊接和热处理等，因此选材时应充分考虑材料的可锻性、可焊性、切削加工性和热处理性能等。

7.2 常用化工设备材料

7.2.1 材料分类

常用的化工设备材料分为金属材料和非金属材料两大类。金属材料分为黑色金属和有色金属，其详细分类见图48-193。黑色金属就是化学成分以铁为主的材料，主要包括铸铁以及各种含有不同合金元素的钢，一般含碳量0.02%～2.11%的称为钢，含碳量大于2.11%的称为铸铁钢，钢的详细分类见图48-194。化工设备常用非金属材料分为涂料、工程塑料、不透性石墨、搪瓷、陶瓷和复合材料。

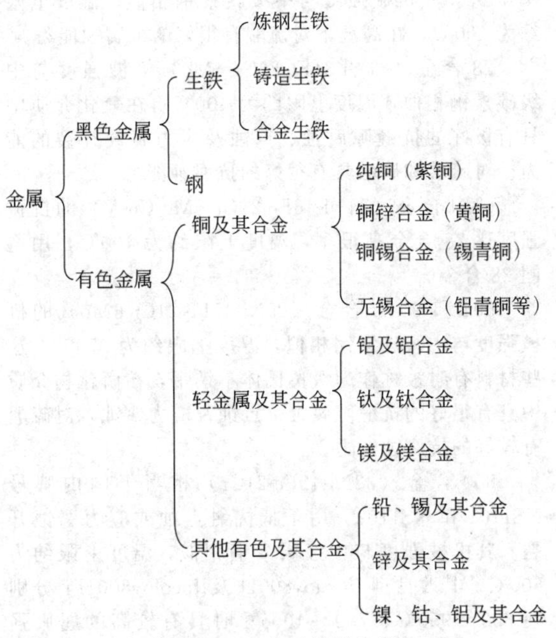

图 48-193　金属材料分类

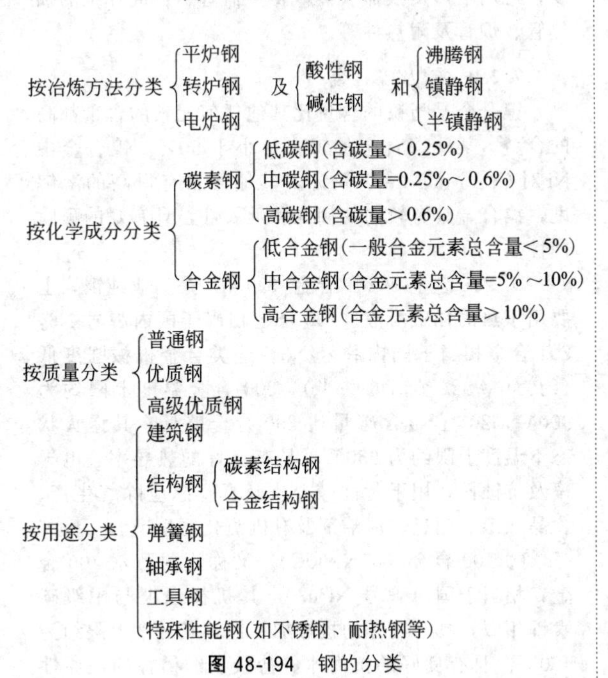

图 48-194　钢的分类

7.2.2　碳素钢和低合金钢

含碳量小于 2.11%的铁-碳合金称为钢。随着含碳量的增加，钢的强度和硬度都会不断提高，而塑性和韧性则不断降低。实际上为了改善焊接性，含碳量要小得多，化工行业常用的碳素钢含碳量都不到 0.25%。降低碳含量可以提高材料韧性，降低硬度。

合金钢是在碳素钢的基础上加入少量合金元素，如铬、锰、钼、镍和钒等，具有优良的综合力学性能，当合金总量低于 5%时称为低合金钢。低合金钢具有优良的综合力学性能，其强度、韧性、耐腐蚀性、低温和高温性能等均优于相同含碳量的碳素钢。如采用低合金钢不仅可以减薄容器的壁厚，减轻重量，节约钢材，而且能解决大型压力容器在制造、检验、运输和安装中因壁厚太厚所带来的各种困难。

碳锰钢可以改善力学性能，而不降低韧性。低合金钢，如 $1\frac{1}{4}$Cr-$\frac{1}{2}$Mo 和 $2\frac{1}{4}$Cr-1Mo，可以改善高温性能。含镍 3.5%、5%和 9%的镍钢可以显著提高 0℃以下的抗脆性失效的能力。

材料的强度随着温度的降低而增加：如屈服强度、抗拉强度和硬度等，但在压力容器设计中不允许采用因温度降低而强度升高的材料。在低温压力容器设计中只允许采用室温的强度指标作为设计依据。材料的冲击韧性是确定材料低温使用的依据。一般情况下，当材料在某一低温，冲击韧性值（即夏比 V 形缺口冲击值）开始显著降低时，即认为该材料从韧性状态转变为脆性状态，此温度即为冷脆转变温度。普通碳素钢的冷脆转变温度约为 0℃，低合金钢（碳-锰-硅钢）的冷脆转变温度可达 −50℃，对于低于 −50℃的场合则有必要采用特殊的低温用钢或含镍 3.5%和 9%的镍钢或奥氏体不锈钢。

7.2.3　不锈钢

不锈钢包括范围很大的铁-铬-镍合金，它们有很强的抗化学腐蚀能力和优良的高温性能。大多数不锈钢的含碳量均较低，最大不超过 1.2%，有些不锈钢的含碳量甚至低于 0.03%，不锈钢中的主要合金元素是铬，只有当铬含量达到一定值时，钢材才具有耐蚀性。不锈钢表面可生成氧化铬薄膜，正是这层薄膜使不锈钢具有抗腐蚀能力。不锈钢中一般至少含铬 10.5%。不锈钢常按组织形态分为：马氏体不锈钢、铁素体不锈钢、奥氏体不锈钢和奥氏体-铁素体（双相）不锈钢。另外，可按成分分为：铬不锈钢、铬镍不锈钢和铬镍钼不锈钢等。

(1) 马氏体不锈钢

如 410 类型，含铬 12%～14%，含碳 0.08%～12%，不含镍。铬可提高抗腐蚀能力，碳主要用于改善力学性能。这类材料的强度和中级碳素钢相似，其温度上限大约为 500℃。马氏体不锈钢有时称为不锈铁，主要用于腐蚀并不严重，而需要较大强度、硬度和抗磨损性的场合。

(2) 铁素体不锈钢

铁素体不锈钢的铬含量为 15%～30%，碳含量一般低于 0.1%。高的铬含量使其比马氏体不锈钢有更高的防腐蚀能力，对应力腐蚀开裂也有很高的抵抗能力。承压设备用铁素体不锈钢分两组：17%，430 类型；27%铬钢，446 类型。

430 型铁素体不锈钢的机械强度与中级碳素钢相似，其温度上限约为 650℃。它对硝酸等液体、含硫气体，以及多种有机和含氧酸都有很强的抵抗能力。

446型铁素体不锈钢有相当高的机械强度，但其温度上限降低到约为350℃。它在含硫大气中具有抗氧化能力。

(3) 奥氏体不锈钢

奥氏体不锈钢含有至少18%的铬和8%的镍，含碳量低于0.1%。加入一定数量的钛、铌等稳定化元素可以抑制钢中不利的碳化物析出。奥氏体不锈钢通常比马氏体不锈钢和铁素体不锈钢有更高的抗氧化及抗腐蚀能力。最常见的奥氏体不锈钢是300系列（如304型、316型、321型和347型不锈钢）。

304型（18Cr-8Ni）是最常见的奥氏体不锈钢。常用于化工和食品等行业。

316型（16Cr-12Ni-2Mo）用于化工、食品、饮料、造纸行业。钼可以防止点蚀。较之304型具有更好的抗氯化物腐蚀能力。

321型（18Cr-10Ni-Ti）和347型（18Cr-10Ni-Nb）用于腐蚀场合及间歇性暴露在温度400℃以上环境中的设备。这两类不锈钢均添加了稳定化元素，降低了材料焊缝锈蚀风险。

奥氏体不锈钢不会发生低应力脆性断裂，在−196℃以上温度使用时无特殊要求。因而这类材料适合深冷使用。

基本级的奥氏体不锈钢（如304/316）的最大含碳量为0.08%，其机械强度与中级碳素钢相似，使用温度上限为700℃。

高温级奥氏体不锈钢（如304H）的含碳量为0.04%～0.10%。其机械强度与基本级奥氏体不锈钢相似，温度上限约为700℃。更高的含碳量使材料在极端温度下保持强度。

低碳级奥氏体不锈钢（如304L、316L）的含碳量限制在0.03%以下。其可焊性得到改善，但强度有所降低，温度上限降为450℃。

氮加强级不锈钢（如304N）可以增加强度，其温度上限约为550℃。

(4) 奥氏体-铁素体（双相）不锈钢

通过降低镍含量，使铁素体和奥氏体的比例为50∶50。这类不锈钢强度高于奥氏体或铁素体不锈钢，具有良好的耐氯离子应力腐蚀断裂性能，Cr含量较高，意味着对氧化性介质包括含氯离子介质的耐蚀能力强。与奥氏体不锈钢不同，双相不锈钢在低温下有可能发生脆性断裂，特别是当铁素体和奥氏体比例不当时。双相不锈钢还存在475℃脆性缺陷。温度低于−50℃时一般不能使用双相不锈钢，240℃以上应用有限。化工设备常用的双相不锈钢主要有2304、2205和2507，相当于国内牌号022Cr23Ni4MoCuN、022Cr23Ni5Mo3N和022Cr25Ni7Mo4N。

(5) 特殊奥氏体不锈钢

20合金（35Ni-35Fe-20Cr-Nb）相当于国内牌号NS1403，其机械强度与中级碳素钢相似，温度上限约为400℃，在高温下对硫酸有很好的抗腐蚀能力。

28合金（31Ni-31Fe-29Cr-4Mo）机械强度与中级碳素钢相似，温度上限约为400℃。在氧化介质中具有极好的抗缝隙腐蚀、点蚀及应力腐蚀开裂的能力。对硫酸和磷酸具有很好的抗腐蚀能力。

6XN合金（24Ni-46Fe-21Cr-6Mo-Cu-V）的机械强度比28合金高很多，温度上限约为400℃，用途同28合金。

904和904L合金（25Ni-45Fe-21Cr-6Mo）的机械强度与中级碳素钢相似，温度上限约为370℃。这些材料有时被称作超级奥氏体不锈钢，在卤化物介质中具有很好的抗缝隙腐蚀、点蚀及应力腐蚀，对硫酸有较好的抗腐蚀能力。

800合金（33Ni-42Fe-21Cr）相当于国内牌号NS1101和NS1102，用于抵抗氯点蚀或应力腐蚀开裂。其机械强度与中级碳素钢相似，温度上限约为600℃。其改良型Incoloy800H及Incoloy800HT分别在600～950℃、700～1000℃时具有较高的屈服强度，可用于热交换器及蒸汽发生器管、合成纤维的加热管、炉管及耐热件等。

7.2.4 镍及镍合金

镍合金是指镍的含量比其他任何元素的含量都高的合金。某些镍合金的镍含量小于50%。镍合金中Ni对Cr、Mo、Fe以及许多其他元素有很高的溶解度，镍合金具有较高的韧性和延展性，具有好的耐腐蚀性。

① 200合金和201合金（99Ni）是工业纯镍，主要用于热的强碱溶液。200合金相当于国内牌号N6，201合金相当于国内牌号N5。这类合金机械强度低（约为中级碳素钢的一半），200合金温度上限约为300℃，201合金含碳量比200合金略低，其退火状态下温度上限约为650℃。具有良好的热导率、电导率及抗蚀性。用于苛性碱介质及真空感应除气生产、食品加工、肥皂、清洁剂及有机氯化物生产。

② 400合金（67Ni-30Cu）又称为蒙乃尔400合金，相当于国内牌号NCu30，其机械强度与中级碳素钢相似，具有良好的机械加工性，其温度上限约为450℃。具有良好的抗海水、盐酸、经稀释的还原性酸、碱及盐溶液的腐蚀能力。用于化工及海洋工业、供水加热器、盐生产及核原料加工。

③ 600合金（75Ni-15Cr-8Fe）相当于国内牌号NS3102。其机械强度比400合金略高，有更好的高温性能，其温度上限约为650℃。这类合金又被称为因科乃尔600合金，具有极好的抗晶间腐蚀、应力腐蚀开裂及高温卤素腐蚀能力。用于蒸汽机、供水加热器、核电站冷却器、苛性钠和真空感应除气生产、造纸工业。其在核工业中逐渐被690合金所替代，690合金的铬含量是600合金的两倍，相当于国内牌号

NS3105，其温度上限约为 450℃。

④ 625 合金（60Ni-22Cr-9Mo-3.5Nb）相当于国内牌号 NS3306，耐海水和其他高氯环境腐蚀的性能很显著，且在某些化学条件下与合金 C276 合金（见下文）的性能相似。其力学性能明显高于 600 合金，高温性能也好得多。其退火状态的温度上限约为 650℃，固溶退火状态的温度上限约为 850℃。这类合金又称为因科乃尔 625 合金。具有极好的抗缝隙腐蚀、点蚀及应力腐蚀开裂能力，很强的抗无机酸碱腐蚀能力。用于电厂烟气脱硫系统、废物焚烧、浓磷酸生产、海洋油气平台、高温风机及风扇。

⑤ C276 合金（54Ni-16Mo-15Cr-5.5Fe）相当于国内牌号 NS3304，其力学性能比 600 合金好，其温度上限约为 650℃。耐氧化性氯化物水溶液及湿氯、次氯酸盐腐蚀，具有良好的抗还原介质、点蚀及应力腐蚀开裂性能。用于电厂烟气脱硫系统、精细化工品生产、石油化工品生产。

⑥ B-2 合金（65Ni-28Mo-2Fe）相当于国内牌号 NS3202，耐强还原性介质腐蚀，改善抗晶间腐蚀性。曾用于抵抗沸腾盐酸的腐蚀，目前大多数条件下用于抵抗中等浓度硫酸和磷酸的腐蚀。B-2 合金的力学性能与 625 合金相似。温度上限约为 400℃。这类合金又称为哈斯特莱 B-2 合金。用于醋酸、苯乙烯及甲烷基丙烯酸酯生产。

7.2.5　铜及铜合金

纯铜与黄铜的设计温度不高于 200℃，纯铜的热导率是压力容器用各种金属材料中最高的。铜在高氧化性溶液中不耐蚀，而在氧化性较低的有机酸如醋酸、乳酸、柠檬酸、脂肪酸等中有较好的耐蚀性，在温度和浓度不高的非氧化性无机酸如盐酸、硫酸、磷酸中也有可用的耐蚀性。铜离子有毒，用于海水热交换器时可避免海洋动植物在金属表面的附着集聚，不会因此降低传热效率，也不会产生生物腐蚀。铜在低温下有较高的塑性及冲击韧性，因而适合在深冷环境下应用。

(1) 铜（99Cu）

最低含铜量为 99.5%，称纯铜或紫铜。我国标准压力加工纯铜牌号字头用 T 表示。除加入少量银的银铜外，纯铜按氧含量分为三类，普通纯铜或含氧铜，其氧含量 0.02%～0.1% 的纯铜牌号为 T2。无氧铜的含氧量≤0.003%，其牌号为 TU2。磷脱氧铜的氧含量≤0.01%，牌号为 TP2。这类材料在 180℃ 以下有良好的韧性和中等机械强度。它对氧气的存在特别敏感，因为氧气能大大增加腐蚀速率。其主要用于加工醋酸、酒精和酯等有机物的环境。铜的等级很多，应按性能选用。

(2) 黄铜

这类合金以锌作为主要合金元素，其名称中可能有也可能没有铁、铝、镍、硅等其他标称元素，表面呈淡黄色，牌号字头用 H 表示。铜锌合金中再加入其他合金元素时，可成为除简单黄铜之外的多元铜合金——复杂黄铜如铅黄铜、锡黄铜、加砷黄铜等。锡黄铜常称为海军黄铜，添加 1% 的锡能提高耐腐蚀性。这类材料广泛用于热交换器管和管板。

海军上将黄铜（72Cu-27Zn-1Sn）能耐淡水和海水的腐蚀且耐点蚀。其在 180℃ 以下有良好的韧性和中等机械强度。

海军黄铜（61Cu-38Zn-1Sn）在 150℃ 以下有良好的韧性和中等机械强度。

铝黄铜（77Cu-21Zn-2Al）在 180℃ 以下有中等机械强度，能耐淡水和海水腐蚀。

(3) 青铜

主要是锡、铝、硅、锰等的铜合金，分别称为锡青铜、铝青铜、硅青铜等。青铜牌号字头用 Q 表示。最初，“青铜”仅指以锡为唯一或主要合金元素的合金。这些合金广泛地用于热交换器管和管板。

5 铝青铜在 250℃ 以下有中等强度，在很多环境下有耐蚀性。

(4) 铜镍合金

以镍为主要合金元素的铜合金，又称白铜，呈银白色，铜-镍二元合金为普通白铜，白铜中除加入镍外，还可加入其他合金元素，如加入铁为铁白铜。白铜牌号字头用 B 表示。

10-1-1 铁白铜（88Cu-10Ni-1Fe-1Mn）在 300℃ 以下有中等强度，能耐淡水、海水和石化产品腐蚀。

30-1-1 铁白铜（67Cu-31Ni-1Fe-1Mn）在 350℃ 以下的机械强度比 10-1-1 铁白铜好，能耐淡水和海水腐蚀。

7.2.6　铝及铝合金

铝合金有很多种，其力学性能和化学性能的范围很广。密度小（约为铁的 1/3）是铝的重要特性。在低温下有良好的韧性和塑性，最低使用温度可达 −269℃，因此适合在深冷环境下应用。

通常，铝合金的纯度越高，化学稳定性越好，力学性能越差。加入少量锰、硅、铜和其他合金元素可以极大地提高其强度，但会降低耐蚀性。

变形铝及铝合金国际上采用四位数字体系牌号，国内可直接引用，超出范围的采用四位字符牌号。

① 1××× 系列（纯铝，铝含量不小于 99.00%）的耐蚀性最好，但力学性能很差，温度上限约为 200℃。这一系列中，压力容器只用 1A85、1050A、1200 和 1060 合金。

② 2××× 系列（铝-铜合金）的特点是硬度较高，多数属于航空系列铝材，压力容器应用较少，目前引入铝制压力容器的 2××× 系列铝材只有 2A11、2A12 和 2A14 铝棒。

③ 3××× 系列（铝-锰合金）具有较高的强度和良好的塑性及工艺性能。其锰含量一般在 1.0%～

1.5%范围内。其塑性高，焊接性能好，强度比工业纯铝高（约为两倍），而耐腐蚀性和工业纯铝相近。其防锈功能较好，与铝-镁系合金称为防锈铝合金。这一系列中仅有3003和3004用于压力容器。

④ 4×××系列（铝-硅合金）的力学性能与3×××系列相似，但一般不用于制造压力容器。

⑤ 5×××系列（铝-镁合金）耐蚀性好，可用于制造整体浸在海水中的设备。5052、5083、5086和5454可用于压力容器，其温度上限约为200℃。5A03和5A05的温度上限约为65℃，最低使用温度可达−269℃，用于制作深冷设备，如液空吸附过滤器和分馏塔。

⑥ 6×××系列（铝-镁-硅系列）是铝合金中最常见的，有较好的耐蚀性和抗氧化性，能用于海运和工业环境中，温度上限约为200℃。6A02、6061和6063合金可用于压力容器。

⑦ 7×××系列（铝-锌合金）又称超硬铝，耐蚀性较好，其在侵蚀环境下需要采取保护，以免遭受应力腐蚀开裂等破坏。这一系列铝合金通常不用于压力容器。

⑧ 8×××系列（其他合金）通常不用于压力容器。

⑨ 9×××系列（备用合金）。

为了提高铝和铝合金的抗腐蚀性能，可采取各种保护措施，最常用的是阳极保护法。这是一个电解过程，在适当的电解液中金属被作为阳极，并让电流流过回路，在铝的表面生成一层坚硬的、较厚的氧化铝薄膜。

其他保护方式还有化学转换膜和各种涂料保护面，如粉末涂层。在涂层之前进行化学前处理是必要的。在海洋环境下可以用牺牲阳极（如锌）的方法来保护铝合金。

7.2.7　钛及钛合金

钛能用于湿氯和硝酸等强氧化性条件，可耐高氯化物环境。钛广泛用于用海水冷却的热交换器中。其另一个优点是密度只有钢的56%。用于压力容器的钛及钛合金有如下几个等级。

① TA1、TA2、TA3（相应于ASME规范的1、2、3级）和TA4是非合金或工业纯钛，其温度上限约为315℃。最常用的是TA2等级。

② TA9（Ti-Pb）（相应于ASME规范的7、16级）含少量钯，可以提高耐蚀性。其机械强度与中级碳素钢相似，温度上限约为315℃。

③ TA10（Ti-0.8Ni-0.3Mo）（相应于ASME规范的12级）用于抗高温盐水腐蚀，温度上限为315℃。

7.2.8　其他有色金属

① 锆最初用作核工程材料。锆能耐中等强度的硫酸和热盐酸的腐蚀，温度上限约为375℃。用于压力容器的锆材有工业级Zr-1（低氧纯锆）、Zr-3（纯锆）和Zr-5（锆-铌合金）。

② 钽与玻璃的耐蚀性相似，可用于其他金属不能承受的环境，使用温度上限约为190℃。钽是一种重金属，其密度超过铁的两倍。钽非常昂贵，仅限于制造强腐蚀条件下使用的热电偶壳、加热盘管、加热棒、冷却器和浓缩器。在化学工业中，出于经济考虑，钽常用作衬里或薄的复合层。

7.2.9　非金属材料

(1) 复合材料

复合材料是由两种或两种以上材料在宏观尺寸上进行组合而成的有用材料。复合材料的一大优势就是兼有各组成物的优良性能。玻璃增强塑料（玻璃钢，GRP）通常由聚酯树脂经多层玻璃纤维增强而成。复合材料是一种很有发展前途的压力容器材料，已被用于制造天然气钢瓶和液化石油气储罐等产品。

(2) 玻璃

在化学工业的一些特殊场合，硼硅酸盐玻璃可用于制造承压设备，但玻璃更常用作容器和储罐的衬里材料。搪玻璃设备就是由含硅量高的玻璃质釉喷涂在钢板表面，经920～960℃多次高温搪烧，使玻璃质釉密着于金属胎表面而成。

玻璃还特别适用于要求透明的管子，如流量计和视镜等设备。

除氢氟酸外，玻璃对其他所有酸都有很好的耐蚀性。它会遭受热强碱溶液的侵蚀，长时间浸泡在热水中，可能会有轻微的损伤。目前，已经有既耐酸又耐碱的玻璃。

玻璃的主要缺点是很脆，以及受热冲击易破坏。

(3) 石墨

工业石墨制品由碳的带状微粒材料组成，它们是加热到2000℃以上后形成的，具有石墨晶体结构。抗渗石墨是通过将石墨制成需要的形状，把气孔抽空及用树脂浸渍来制造。浸渍起到了将石墨孔隙密闭的作用。

抗渗石墨具有良好的耐酸性和耐碱性，除了超强氧化条件外，对其他所有条件都几乎完全是惰性的。它常用作爆破片和特殊设计的热交换器（由于其有很高的热导率）。石墨还可以用作垫片、填料材料，其温度上限约为650℃。

石墨的主要缺点是抗拉强度低，易受机械冲击和振动而发生脆性断裂。

(4) 耐火材料

耐火材料是耐热绝缘材料（通常是可浇铸的），用于高热流体容器或管道的内部衬里。

7.2.10　化工设备常用国内材料与国外材料相同或相近牌号对照

① 压力容器用钢板国内牌号与国外相同或相近

牌号对照见表 48-212。

② 低温压力容器用低合金钢板国内牌号与国外相同或相近牌号对照见表 48-213。

③ 石油裂化用无缝钢管国内牌号与国外相同或相近牌号对照表见表 48-214。

④ 各国不锈钢和耐热钢牌号对照以及国内不锈钢和耐热钢新旧牌号对照见表 48-215。

⑤ 压力容器用镍及镍合金国内牌号与国外相同或相近牌号对照见表 48-216。

⑥ 压力容器用铜及铜合金国内牌号与国外相同或相近牌号对照见表 48-217。

⑦ 除不能命名为国际四位数字体系牌号的变形铝及铝合金，其他国内变形铝及铝合金牌号可直接引用国际四位数字体系牌号。

表 48-212 压力容器用钢板

中国牌号	国际标准化组织	前苏联	美国	日本	德国
Q245R	P235	20K	SA516Gr. 65M	SPV235	P235GH
Q345R	P355		SA516Gr70	SPV315. 355	P355N
15MnVR			SA299	SPV410	
15MnVNR			SA612	SPV450	P460N
15CrMo			SA387Gr. 12	SCMV2	
15CrMoR				SPV450	P460N
18MnMoNbR			SA533-A. B. C	SBV2. V3	
13MnNiMoR			SA302Gr. C		

表 48-213 低温压力容器用钢板

中国牌号	国际标准化组织	前苏联	美国	日本	德国
16MnDR	P315		SA738MGr. A	SLa325A	TStE285
15MnNiDR	P315		SA516Gr. 70	SLA325A	13MnNi6-3
09Mn2VDR			SA662MGr. C		11MnNi5-3
09MnNiDR			SA537CL. 1		11MnNi53

表 48-214 石油裂化用无缝钢管

中国牌号	其他相近的钢牌号			
	国际标准化组织 ISO	欧盟 EN	美国 ASTM/ASME	日本 JIS
10	—	P195GH	A	STB 340
20	PH26	P235GH	A-1、B	STB 410
12CrMo	—	—	T2/P2	STBA 20
15CrMo	13CrMo4-5	13CrMo4-5	T12/P12	STBA 22
12Cr1Mo	—	10CrMo5-5	T11/P11	STBA 23
12Cr1MoV	—	—	—	—
12Cr2Mo	11CrMo9-10	10CrMo9-10	T22/P22	STBA 24
12Cr5Mo-I	X11CrMo5TA	X11CrMo5+I	T5/P5	STBA 25
12Cr5Mo-NT	—	X11CrMo5+NT	T5/P5	STBA 25
12Cr9Mo-I	X11CrMo9-1TA	X11CrMo9-1+I	T9/P9	STBA 26
12Cr9Mo-NT	—	X11CrMo9-1+NT	T9/P9	STBA 26
07Cr19Ni10	X7CrNi18-9	X6CrNi18-10	TP304H	SUS 304H TB
07Cr18Ni11Nb	X7CrNiNb18-10	X7CrNiNb18-10	TP347H	SUS 347H TB
07Cr19Ni11Ti	—	X6CrNiTi18-10	TP321H	SUS 321H TB
022Cr17Ni12Mo2	—	X2CrNiMo17-12-2	TP316L	SUS 316L TB

表 48-215 各国不锈钢和耐热钢牌号对照

序号	中国 GB/T 20878—2007			美国 ASTM A959-04	日本 JIS G4303—1998 JIS G4311—1991	国际 ISO/TS 15510:2003 ISO 4955:2005	欧洲 EN 10088:1—1995 EN 10095—1999 等	前苏联 ГОСТ 5632—1972
	统一数字代号	新牌号	旧牌号					
1	S35350	12Cr17Mn6Ni5N	1Cr17Mn6Ni5N	S20100,201	SUS201	X12CrMnNiN17-7-5	X12CrMnNiN17-7-5,1.4372	—
2	S35950	10Cr17Mn9Ni4N	—	—	—	—	—	12X17Г9АН4
3	S35450	12Cr18Mn9Ni5N	1Cr18Mn8Ni5N	S20200,202	SUS202	—	X12CrMnNiN18-9-5,1.4373	12X17Г9АН4
4	S35020	20Cr13Mn9Ni4	2Cr13Mn9Ni4	—	—	—	—	20X13H4Г9
5	S35550	20Cr15Mn15Ni2N	2Cr15Mn15Ni2N	—	—	—	—	—
6	S35650	53Cr21Mn9Ni4N	5Cr21Mn9Ni4N	(S63008)	SUH35	(X53CrMnNiN21-9)	X53CrMnNiN21-9-4,1.4871	55X20Г9А111
7	S35750	26Cr18Mn12Si2N	3Cr18Mn12Si2N	—	—	—	—	—
8	S35850	22Cr20Mn10Ni3Si2N	2Cr20Mn9Ni3Si2N	—	—	—	—	—
9	S30110	12Cr17Ni7	1Cr17Ni7	S30100,301	SUS301	X5CrNi17-7	(X3CrNiN17-8,1.4319)	—
10	S30103	022Cr17Ni7	—	S30103,301L	(SUS301L)	—	—	—
11	S30153	022Cr17Ni7N	—	S30153,301LN	—	X2CrNiN18-7	X2CrNiN18-7,1.4318	—
12	S30220	17Cr18Ni9	2Cr18Ni9	—	—	—	—	17X18H9
13	S30210	12Cr18Ni9	1Cr18Ni9	S30200,302	SUS302	X10CrNi18-8	X10CrNi18-8,1.4310	12X18H9
14	S30240	12Cr18Ni9Si3	1Cr18Ni9Si3	S30215,302B	(SUS302B)	X12CrNiSi18-9-3	—	—
15	S30317	Y12Cr18Ni9	Y1Cr18Ni9	S30300,303	SUS303	X10CrNiS18-9	X8CrNiS18-9,1.4305	—
16	S30327	Y12Cr18Ni9Se	Y1Cr18Ni9Se	S30323,303Se	SUS303Se	—	—	12X18H10E
17	S30408	06Cr19Ni10	0Cr18Ni9	S30400,304	SUS304	X5CrNi18-10	X5CrNi18-10,1.4301	—
18	S30403	022Cr19Ni10	00Cr19Ni10	S30403,304L	SUS304L	X2CrNi19-11	X2CrNi19-11,1.4305	03X18H11
19	S30409	07Cr19Ni10	—	S30409,304H	SUH304H	X7CrNi18-9	X6CrNi18-10,1.4948	—
20	S30450	05Cr19Ni10Si2CeN	—	S30415	—	X6CrNiSiNCe19-10	X6CrNiSiNCe19-10,1.4818	—
21	S30480	06Cr18Ni9Cu2	0Cr18Ni9Cu2	—	SUS304J3	—	—	—
22	S30488	06Cr18Ni9Cu3	0Cr18Ni9Cu3	—	SUSXM7	X3CrNiCu18-9-4	X3CrNiCu18-9-4,1.4567	—
23	S30458	06Cr19Ni10N	0Cr19Ni9N	S30451,304N	SUS304N1	X5CrNiN19-9	X5CrNiN19-9,1.4315	—
24	S30478	06Cr19Ni9NbN	0Cr19Ni10NbN	S30452,XM-21	SUS304N2	—	—	—
25	S30453	022Cr19Ni10N	00Cr18Ni10N	S30453,304LN	SUS304LN	X2CrNiN18-9	X2CrNiN18-10,1.4311	—
26	S30510	10Cr18Ni12	1Cr18Ni12	S30500,305	SUS305	X6CrNi18-12	X4CrNi18-12,1.4303	12X18H12T
27	S30508	06Cr18Ni12	0Cr18Ni12	—	SUS305J1	—	—	—
28	S38108	06Cr16Ni18	0Cr16Ni18	S38400	(SUS384)	(X6CrNi18-16E)	—	—
29	S30808	06Cr20Ni11	—	S30800,308	SUS308	—	—	—
30	S30850	22Cr21Ni12N	2Cr21Ni12N	(S63017)	SUH37	—	—	—
31	S30920	16Cr23Ni13	2Cr23Ni13	S30900,309	SUH309	—	(X15CrNiSi20-12,1.4828)	20X23H12
32	S30908	06Cr23Ni13	0Cr23Ni13	S30908,309S	SUS309S	X12CrNi23-13	X12CrNi23-13,1.4833	10X23H13

续表

序号	中国 GB/T 20878—2007			美国 ASTM A959-04	日本 JIS G4303—1998 JIS G4311—1991	国际 ISO/TS 15510:2003 ISO 4955:2005	欧洲 EN 10088:1—1995 EN 10095—1999 等	前苏联 ГОСТ 5632—1972
	统一数字代号	新牌号	旧牌号					
33	S31010	14Cr23Ni18	1Cr23Ni18	—	—	—	—	20X23H18
34	S31020	20Cr25Ni20	2Cr25Ni20	S31000,310	SUH310	X15CrNi25-21	X15CrNi25-21,1.4821	20X25H20C2
35	S31008	06Cr25Ni20	0Cr25Ni20	S31008,310S	SUS310S	X12CrNi23-12	X12CrNi23-12,1.4845	10X23H18
36	S31053	022Cr25Ni22Mo2N	—	S31050,310MoLN	—	X1CrNiMoN25-22-2	X1CrNiMoN25-22-2,1.4466	—
37	S31252	015Cr20Ni18Mo6CuN	—	S31251	—	X1CrNiMoN20-18-7	X1CrNiMoN20-18-7,1.4547	—
38	S31608	06Cr17Ni12Mo2	0Cr17Ni12Mo2	S31600,316	SUS316	X5CrNiMo17-12-2	X5CrNiMo17-12-2,1.4401	—
39	S31603	022Cr17Ni12Mo2	00Cr17Ni14Mo2	S31603,316L	SUS316L	X2CrNiMo17-12-2	X2CrNiMo17-12-2,1.4404	03X17H14M2
40	S31609	07Cr17Ni12Mo2	1Cr17Ni12Mo2	S31609,316H	—	—	X3CrNiMo17-13-3,1.4436	—
41	S31668	06Cr17Ni12Mo3Ti	0Cr18Ni12Mo3Ti	S31635,316Ti	SUS316Ti	X6CrNiMoTi17-12-2	X6CrNiMoTi17-12-2,1.4571	08X17H13M3T
42	S31678	06Cr17Ni12Mo2Nb	—	S31640,316Nb	—	X6CrNiMoNb17-12-2	X6CrNiMoNb17-12-2,1.4580	03X16H13M3G
43	S31658	06Cr17Ni12Mo2N	0Cr17Ni12Mo2N	S31651,316N	SUS316N	—	—	—
44	S31653	022Cr17Ni12Mo2N	00Cr17Ni13Mo2N	S31653,316LN	SUS316LN	X2CrNiMoN17-12-3	X2CrNiMoN17-13-3,1.4429	—
45	S31688	06Cr18Ni12Mo2Cu2	0Cr18Ni12Mo2Cu2	—	SUS316J1	—	—	—
46	S31683	022Cr18Ni14Mo2Cu2	00Cr18Ni14Mo2Cu2	—	SUS316J1L	—	—	—
47	S31693	022Cr18Ni15Mo3N	00Cr18Ni15Mo3N	—	—	—	—	—
48	S31782	015Cr21Ni26Mo5Cu2	—	N08904,901L	—	—	—	—
49	S31708	06Cr19Ni13Mo3	0Cr19Ni13Mo3	S31700,317	SUS317	—	—	—
50	S31703	022Cr19Ni13Mo3	00Cr19Ni13Mo3	S31703,317L	SUS317L	X2CrNiMo19-14-1	X2CrNiMo18-15-4,1.4438	03X16H15M3
51	S31793	022Cr18Ni14Mo3	00Cr18Ni14Mo3	—	—	—	—	—
52	S31794	03Cr18Ni16Mo5	0Cr18Ni16Mo5	—	SUS317J1	—	—	—
53	S31723	022Cr19Ni16Mo5N	—	S31726,317LMN	—	X2CrNiMoN18-15-5	X2CrNiMoN17-13-5,1.4439	—
54	S31753	022Cr19Ni13Mo4N	—	S31753,317LN	SUS317LN	X2CrNiMoN18-12-4	X2CrNiMoN18-12-4,1.4434	—
55	S32168	06Cr18Ni11Ti	0Cr18Ni10Ti	S32100,321	SUS321	X6CrNiTi18-10	X6CrNiTi18-10,1.4541	08X18H10T
56	S32169	07Cr19Ni11Ti	1Cr18Ni11Ti	S32109,321H	(SUS321H)	X7CrNiTi18-10	X6CrNiTi18-10,1.4541	12X18H11T
57	S32590	45Cr14Ni14W2Mo	4Cr14Ni14W2Mo	—	—	—	—	45X14H14B2M
58	S32652	015Cr24Ni22Mo8Mn3CuN	—	S32654	—	X1CrNiMoCuN24-22-8	(X1CrNiMoCuN24-22-8,1.4652)	—
59	S32720	24Cr18Ni8W2	2Cr18Ni8W2	—	—	—	—	25X18H8B2
60	S33010	12Cr16Ni35	1Cr16Ni35	N08330,330	SUH330	(X12CrNiSi35-16)	X12CrNiSi35-16,1.4864	—
61	S34553	022Cr24Ni17Mo5Mn6NbN	—	S34665	—	X2CrNiMnMoN25-18-6-5	(X2CrNiMnMoN25-18-6-5,1.4565)	—
62	S34778	06Cr18Ni11Nb	0Cr18Ni11Nb	S34700,347	SUS347	X6CrNiNb18-10	X6CrNiNb18-10,1.4550	08X18H12B
63	S34779	07Cr18Ni11Nb	1Cr19Ni11Nb	S34709,347H	(SUS347H)	X7CrNiNb18-10	X7CrNiNb18-10,1.4912	—
64	S38148	06Cr18Ni13Si4	0Cr18Ni13Si4	—	SUSXM15J1	S38100,XM-15	—	—

续表

序号	中国 GB/T 20878—2007			美国 ASTM A959-04	日本 JIS G4303—1998 JIS G4311—1991	国际 ISO/TS 15510:2003 ISO 4955:2005	欧洲 EN 10088:1—1995 EN 10095—1999 等	前苏联 ГОСТ 5632—1972
	统一数字代号	新牌号	旧牌号					
65	S38240	16Cr20Ni14Si2	1Cr20Ni14Si2	—	—	X15CrNiSi20-12	X15CrNiSi20-12,1.4828	20Х20Н14С2
66	S38340	16Cr25Ni20Si2	1Cr25Ni20Si2	—	—	(X15CrNiSi25-21)	(X15CrNiSi25-21,1.4841)	20Х25Н20С2
67	S21860	14Cr18Ni11Si4AlTi	1Cr18Ni11Si4AlTi	—	—	—	—	15Х18Н12С4ТЮ
68	S21953	022Cr19Ni5Mo3Si2N	00Cr18Ni5Mo3Si2	S31500	—	—	—	—
69	S22160	12Cr21Ni5Ti	1Cr21Ni5Ti	—	—	—	—	10Х21Н5Т
70	S22253	022Cr22Ni5Mo3N	—	S31803	SUS329J3L	X2CrNiMoN22-5-3	X2CrNiMoN22-5-3,1.4462	—
71	S22053	022Cr23Ni5Mo3N	—	S32205,2205	—	—	—	—
72	S23043	022Cr23Ni4MoCuN	—	S32304,2304	—	X2CrNiN23-4	X2CrNiN23-4,1.4362	—
73	S22553	022Cr25Ni6Mo2N	—	S31200	—	X3CrNiMoN27-5-2	X3CrNiMoN27-5-2,1.4460	—
74	S22583	022Cr25Ni7Mo3WCuN	—	S31260	(SUS329J2L)	—	—	—
75	S25554	03Cr25Ni6Mo3Cu2N	—	S32550,255	SUS329J4L	X2CrNiMoCuN25-6-3	X2CrNiMoCuN25-6-3,1.4507	—
76	S25073	022Cr25Ni7Mo4N	—	S32750,2507	—	X2CrNiMoN25-7-4	X2CrNiMoN25-7-4,1.4410	—
77	S27603	022Cr25Ni7Mo4WCuN	—	S32760	—	X2CrNiMoWN25-7-4	X2CrNiMoWN25-7-4,1.4501	—
78	S11348	06Cr13Al	0Cr13Al	S40500,405	SUS405	X6CrAl13	X6CrAl13,1.4002	—
79	S11168	06Cr11Ti	0Cr11Ti	S40900	(SUH409)	X6CrTi12	—	—
80	S11163	022Cr11Ti	—	S40900	(SUH409L)	X2CrTi12	X2CrTi12,1.4512	—
81	S11173	022Cr11NbTi	—	S10930	—	—	—	—
82	S11213	022Cr12Ni	—	S40977	—	X2CrNi12	X2CrNi12,1.4003	—
83	S11203	022Cr12	00Cr12	—	SUS410L	—	—	—
84	S11510	10Cr15	1Cr15	S42900.429	(SUS429)	—	—	—
85	S11710	10Cr17	1Cr17	S43000	SUS430	X6Cr17	X6Cr17,1.4016	12Х17
86	S11717	Y10Cr17	Y1Cr17	S43020,430F	SUS430F	X7CrS17	X14CrMoS17,1.4104	—
87	S11863	022Cr18Ti	00Cr17	S43035,439	(SUS430LX)	X3CrTi17	X3CrTi17,1.4510	08Х17Т
88	S11790	10Cr17Mo	1Cr17Mo	S43400,434	SUS434	X6CrMo17-1	X6CrMo17-1,1.4113	—
89	S11770	10Cr17MoNb	—	S43600,436	—	X6CrMoNb17-1	X6CrMoNb17-1,1.4526	—
90	S11862	019Cr18MoTi	—	—	(SUS436L)	—	—	—
91	S11873	022Cr18NbTi	—	S43940	—	X2CrTiNb18	X2CrTiNb18,1.4509	—
92	S11972	019Cr19Mo2NbTi	00Cr18Mo2	S44400,444	(SUS444)	X2CrMoTi18-2	X2CrMoTi18-2,1.4521	—
93	S12550	16Cr25N	2Cr25N	S44600,446	(SUH446)	—	—	—
94	S12791	008Cr27Mo	00Cr27Mo	S44627,XM-27	SUSXM27	—	—	—
95	S13091	008Cr30Mo2	00Cr30Mo2	—	SUS117J1	—	—	—
96	S40310	12Cr12	1Cr12	S40300,403	SUS403	—	—	—

续表

序号	中国 GB/T 20878—2007			美国 ASTM A959-04	日本 JIS G4303—1998 JIS G4311—1991	国际 ISO/TS 15510:2003 ISO 4955:2005	欧洲 EN 10088:1—1995 EN 10095—1999 等	前苏联 ГОСТ 5632—1972
	统一数字代号	新牌号	旧牌号					
97	S41008	06Cr13	0Cr13	S41008,410S	(SUS110S)	X6Cr13	X6Cr13,1.4000	08X13
98	S41010	12Cr13	1Cr13	S41000,410	SUS410	X12Cr13	X12Cr13,1.4006	12X13
99	S41595	04Cr13Ni5Mo	—	S41500	(SUSF6NM)	X3CrNiMo13-4	X3CrNiMo13-4,1.4313	—
100	S41617	Y12Cr13	Y1Cr13	S41600,416	SUS416	X12CrS13	X12CrS13,1.4005	—
101	S42020	20Cr13	2Cr13	S42000,420	SUS420J1	X20Cr13	X20Cr13,1.4021	20X13
102	S42030	30Cr13	3Cr13	S42000,420	SUS420J2	X30Cr13	X30Cr13,1.4028	30X13
103	S42037	Y30Cr13	Y3Cr13	S42020,420F	SUS420F	X29CrS13	X29CrS13,1.4029	—
104	S42040	10Cr13	4Cr13	—	—	X39Cr13	X39Cr13,1.4031	40X13
105	S41427	Y25Cr13Ni2	Y2Cr13Ni2	—	—	—	—	25X13H2
106	S43110	14Cr17Ni2	1Cr17Ni2	—	—	—	—	14X17H2
107	S43120	17Cr16Ni2	—	S43100,431	SUS431	X17CrNi16-2	X17CrNi16-2,1.4057	—
108	S44070	68Cr17	7Cr17	S44002,440A	SUS440A	—	—	—
109	S44080	85Cr17	8Cr17	S44003,410B	SUS440B	—	—	—
110	S41096	108Cr17	11Cr17	S44004,440C	SUS440C	X105CrMo17	X105CrMo17,1.4125	—
111	S44097	Y108Cr17	Y11Cr17	S44020,440F	SUS440F	—	—	—
112	S44090	95Cr18	9Cr18	—	—	—	—	95X18
113	S45110	12Cr5Mo	1Cr5Mo	(S50200,502)	(STBA25)	(TS37)	—	15X5M
114	S45610	12Cr12Mo	1Cr12Mo	—	—	—	—	—
115	S45710	13Cr13Mo	1Cr13Mo	—	SUS410J1	—	—	—
116	S45830	32Cr13Mo	3Cr13Mo	—	—	—	—	—
117	S45990	102Cr17Mo	9Cr18Mo	S44004,440C	SUS440C	X105CrMo17	X105CrMo17,1.4125	—
118	S46990	90Cr18MoV	9Cr18MoV	S44003,440B	SUS440B	—	X90CrMoV18,1.4112	—
119	S46010	14Cr11MoV	1Cr11MoV	—	—	—	—	15X11Mф
120	S46110	158Cr12MoV	1Cr12MoV	—	—	—	—	—
121	S46020	21Cr12MoV	2Cr12MoV	—	—	—	—	—
122	S46250	18Cr12MoVNbN	2Cr12MoVNbN	—	SUH600	—	—	—
123	S47010	15Cr12WMoV	1Cr12WMoV	—	—	—	—	15X12BHMф
124	S47220	22Cr12NiWMoV	2Cr12NiMoWV	(616)	SUH616	—	—	—
125	S47310	13Cr11Ni2W2MoV	1Cr11Ni2W2MoV	—	—	—	—	13X11H2B2Mф
126	S47410	14Cr12Ni2WMoVNb	1Cr12Ni2WMoVNb	—	—	—	—	13X14H3B2ф
127	S47250	10Cr12Ni3Mo2VN	—	—	—	—	—	—
128	S47450	18Cr11NiMoNbVN	2Cr11NiMoNbVN	—	—	—	—	—

续表

序号	中国 GB/T 20878—2007			美国 ASTM A959-04	日本 JIS G4303—1998 JIS G4311—1991	国际 ISO/TS 15510:2003 ISO 4955:2005	欧洲 EN 10088:1—1995 EN 10095—1999 等	前苏联 ГОСТ 5632—1972
	统一数字代号	新牌号	旧牌号					
129	S47710	13Cr14Ni3W2VB	1Cr14Ni3W2VB	—	—	—	—	15Х12Н2МВфАБ
130	S48040	42Cr9Si2	4Cr9Si2	—	—	—	—	40Х9С2
131	S48045	45Cr9Si3	—	—	SUH1	—	(X45CrSi3,1.4718)	—
132	S48140	40Cr10Si2Mo	4Cr10Si2Mo	—	SUH3	—	(X40CrSiMo10,1.4731)	40Х10С2М
133	S48380	80Cr20Si2Ni	8Cr20Si2Ni	—	SUH4	—	(X80CrSiNi20,1.4747)	—
134	S51380	04Cr13Ni8Mo2Al	—	S13800,XM-13	—	—	—	—
135	S51290	022Cr12Ni9Cu2NbTi	—	S45500,XM-16	—	—	—	08Х15Н5Д2Т
136	S51550	05Cr15Ni5Cu4Nb	—	S15500,XM-12	—	—	—	—
137	S51740	05Cr17Ni4Cu4Nb	0Cr17Ni4Cu4Nb	S17400,630	SUS630	X5CrNiCuNb16-4	X5CrNiCuNb16-4,1.4542	—
138	S51770	07Cr17Ni7Al	0Cr17Ni7Al	S17700,631	SUS631	X7CrNi17-7	X7CrNi17-7,1.4568	09Х17Н7Ю
139	S51570	07Cr15Ni7Mo2Al	0Cr15Ni7Mo2Al	S15700,632	—	X8CrNiMoAl15-7-2	X8CrNiMoAl15-7-2,1.4532	—
140	S51240	07Cr12Ni4Mn5Mo3Al	0Cr12Ni4Mn5Mo3Al	—	—	—	—	—
141	S51750	09Cr17Ni5Mo3N	—	S35000,633	—	—	—	—
142	S51778	06Cr17Ni7AlTi	—	S17600,635	—	—	—	—
143	S51525	06Cr15Ni25Ti2-MoAlVB	0Cr15Ni25Ti2-MoAlVB	S66286,660	SUH660	(X6NiCrTiMoVB25-15-2)	—	—

注：括号内牌号是在表头所列标准之外的牌号。

表 48-216 压力容器用镍及镍合金压力加工材料的中国、ISO 和 ASME 牌号

基体类型	中国牌号		国际标准化组织 ISO 牌号		美国 ASME 牌号			常用商品牌号
	牌号	曾用牌号	编号	牌号	UNS No.	公称成分	代号	
镍基	N7、N6	—	NW2200	Ni99.0	N02200	99Ni	200	Nickel 200
	N5	—	NW2201	Ni99.0-LC	N02201	99Ni-LC	201	Nickel 201
	NCu30	—	NW4400	NiCu30	N04400	67Ni-30Cu	400	Monel 400
	—	—	—	—	N04405	67Ni-30Cu-S	405	Monel R-405
铁镍基	—	—	NW6002	NiCr21Fe18Mo9	N06002	47Ni-22Cr-9Mo-18Fe	X	Hastelloy X
	—	—	NW6007	NiCr22Fe20Mo6Cu2Nb	N06007	47Ni-22Cr-19Fe-6Mo	G	Hastelloy G
镍基	—	—	NW6022	NiCr21Mo13Fe4W3	N06022	55Ni-21Cr-13.5Mo	C-22	Hastelloy C-22
铁镍基	—	—	—	—	N06030	40Ni-29Cr-15Fe-5Mo	G-30	Hastelloy G-30
	—	—	—	—	N06045	46Ni-27Cr-23Fe-2.75Si	—	—
镍基	—	—	—	—	N06059	59Ni-23Cr-16Mo	C-59	Hastelloy C-59
	—	—	—	—	N06200	59Ni-23Cr-16Mo-1.6Cu	C-2000	Hastelloy C-2000
	—	—	—	—	N06230	57Ni-22Cr-14W-2Mo-La	230	—

续表

基体类型	中国牌号		国际标准化组织 ISO 牌号		美国 ASME 牌号			常用商品牌号
	牌号	曾用牌号	编号	牌号	UNS No.	公称成分	代号	
镍基	NS3305	00Cr16Ni65Mo16Ti	NW6455	NiCr16Mo16Ti	N06455	61Ni-16Mo-16Cr	C-4	Hastelloy C-4
	NS3102	1Cr15Ni75Fe8	NW6600	NiCr15Fe8	N06600	72Ni-15Cr-8Fe	600	Inconel 600
	—	—	—	—	N06617	51Ni-22Cr-13Co-9Mo	617	—
	NS3306	0Cr20Ni65Mo10Nb4	NW6625	NiCr22Mo9Nb	N06625	60Ni-22Cr-9Mo-3.5Nb	625	Inconel 625
	—	—	—	—	N06686	52Ni-21Cr-16Mo-4W	686	—
	NS3105	0Cr30Ni60Fe10	NW6690	NiCr29Fe9	N06690	58Ni-29Cr-9Fe	690	Inconel 690
铁镍基	—	—	—	—	N06975	49Ni-25Cr-18Fe-6Mo	G-2	Hastelloy G-2
	—	—	NW6985	NiCr22Fe20Mo7Cu2	N06985	47Ni-22Cr-20Fe-7Mo	G-3	Hastelloy G-3
	NS1403	0Cr20Ni35Mo3Cu4Nb	NW8020	FeNi35Cr20Cu4Mo2	N08020	35Ni-35Fe-20Cr-Nb	20Cb	Carpenter 20-Cb3
	—	—	—	—	N08024	37Ni-33Fe-23Cr-4Mo-Cu	—	—
	—	—	—	—	N08026	35Ni-30Fe-24Cr-6Mo-Cu	—	—
	—	—	—	—	N08028	31Ni-31Fe-29Cr-Mo	28	—
	—	—	—	—	N08031	31Ni-33Fe-27Cr-6.5Mo-Cu-N	31hMo	—
	—	—	—	—	N08320	26Ni-43Fe-22Cr-5Mo	20Mod.	Haynes No. 20Mod.
	—	—	—	—	N08330	35Ni-19Cr-1.25Si	330	RA-330
	—	—	—	—	N08367	46Fe-24Ni-21Cr-6Mo-Cu-N	—	AL-6XN
	—	—	—	—	N08700	25Ni-47Fe-21Cr-5Mo	700	JS-700
	NS1101	0Cr20Ni32AlTi	NW8800	FeNi32Cr21AlTi	N08800	33Ni-42Fe-21Cr	800	Incoloy 800
	NS1102	1Cr20Ni32AlTi	NW8810	FeNi32Cr21AlTi-HC	N08810	33Ni-42Fe-21Cr	800H	Incoloy 800H
	—	—	NW8811	FeNi32Cr21AlTi-HT	N08811	33Ni-42Fe-21Cr	800HP	Incoloy 800HP
	NS1402	0Cr21Ni42Mo3Cu2Ti	NW8825	NiFe30Cr21Mo3	N08825	42Ni-21.5Cr-3Mo-2.3Cu	825	Incoloy 825
	—	—	—	—	N08904	44Fe-25Ni-21Cr-Mo	904L	—
	—	—	—	—	N08925	25Ni-20Cr-6Mo-Cu-N	—	—
镍基	NS3201	0Ni65Mo28Fe5V	NW0001	NiMo30Fe5	N10001	62Ni-28Mo-5Fe	B	Hastelloy B
	—	—	—	—	N10003	70Ni-16Mo-7Cr-5Fe	N	Hastelloy N
	NS3304	00Cr15Ni60Mo16W5Fe5	NW0276	NiMo16Cr15W4	N10276	54Ni-16Mo-15Cr	C-276	Hastelloy C-276
	—	—	—	—	N10629	Ni-28Mo-3Fe-1.3Cr-0.25Al	B-4	Hastelloy B-4
	NS3202	00Ni70Mo28	NW0665	NiMo28	N10665	65Ni-28Mo-2Fe	B-2	Hastelloy B-2
	—	—	—	—	N10675	65Ni-29.5Mo-2Fe-2Cr	B-3	Hastelloy B-3
镍钴基	—	—	—	—	N12160	35Ni-30Co-28Cr-35i-Nb-Ti	—	HR-160
铬镍	—	—	—	—	R20033	33Cr-31Ni-32Fe-1.5Mo-0.6Cu-N	33	—
钴镍	—	—	—	—	R30556	21Ni-30Fe-22Cr-18Co-3Mo-3W	556	—
	—	—	—	—	R31233	Co-26Cr-9Ni-5Mo-2W-N	—	—

注：1. 同在一列的中国、ISO 和 ASME 牌号为化学成分相近或相同的对应牌号。

2. UNS 为美国金属与合金统一编号系统。N×××××为镍及镍合金，R×××××为高熔点活性金属及合金，其中 R2××××为铬合金、R3××××为钴合金。

表 48-217 与中国压力容器用铜及铜合金牌号相应的国外牌号

中国 GB	美国 ASTM UNS No.	日本 JIS	俄罗斯 ГОСТ	德国 DIN 牌号	德国 DIN 材料号	英国 BS	法国 NF	欧盟 EN 名称	欧盟 EN 数字
T2	C11000	C1100	M1	E-Cu58	2. 0065	C101、C102	Cu-a1，Cu-a2	Cu-ETP	CW004A
T3	C12700	—	—	—	—	C104	Cu-a3	—	—
TU1	C10100	C1011	MOЪ	—	—	—	Cu-c2	—	—
TU2	C10200	C1020	MIЪ	OF-Cu	2. 0040	C103	Cu-c1	Cu-OF	CW008A
TP1	[C12000]	C1201	MIP	SW-Cu	2. 0076	—	Cu-b2	Cu-DLP	CW023A
TP2	[C12200]	C1220	MIф	SF-Cu	2. 0090	C106	Cu-b1	Cu-DHP	CW024A
H96	C21000	C2100	Л96	CuZn5	2. 0220	CZ125	CuZn5	—	—
H80	C24000	C2400	Л80	CuZn20	2. 0250	CZ103	CuZn20	—	—
H68	C26200	C2680	Л68	CuZn33	2. 0280	CZ106	CuZn33	—	—
H62	C28000	C2800	Л60	CuZn37	2. 0321	CZ109	CuZn37	CuZn37	CW508L
HPb59-1	C37710	C3771	ЛС59-1	CuZn40Pb2	2. 04C^2	CZ122	CuZn39Pb2	CuZn39Pb0. 5	CW610N
HAl77-2	[C68700]	C6870	ЛА77-2	CuZn20Al2	2. 0460	CZ110	CuZn22Al2	CuZn20Al2As	CW702R
HSn70-1	C44300	C4430	ЛО70-1	CuZn28Sn1	2. 0470	CZ111	CuZn29Sn1	CuZn28Sn1As	CW706R
HSn62-1	C46400	C4640	ЛО62-1	CuZn38Sn1	2. 0530	CZ112	CuZn38Sn1	CuZn39Sn1	CW719R
H85A	—	—	Л85	CuZn15	2. 0240	CZ102	CuZn15	—	—
H68A	C26130	—	ЛМ$_{ш}$68-0. 05	CuZn30	2. 0265	CZ126	CuZn30	CuZn30As	CW707R
QA15	C60600	—	БрА5	CuAl5As	2. 0918	CA101	CuAl6	CuAl5As	CW300G
QAl9-4	C62300	C6161	БрАЖ9-4	CuA110Fe3Mn2	2. 0936	CA103	—	CuA110Fe3Mn2	CW306G
QSi3-1	C65500	C6561	БрКМ$_{ц}$3-1	—	—	CS101	—	—	—
B19	C71000	C7100	MH19	—	—	CN104	CuNi20	—	—
BFe10-1-1	C70600	C7060	МНЖМ$_{ц}$10-1-1	CuNi10Fe1Mn	2. 0872	CN102	CuNi10Fe1Mn	CuNi10Fe1Mn	CW352H
BFe30-1-1	C715000	C7150	МНЖМ$_{ц}$30-1-1	CuNi30Mn1Fe	2. 0882	CN107	CuNi30Mn1Fe	CuNi30Mn1Fe	CW354H
ZCuSn5Pb5Zn5	C83600	CAC406、BC6	БрО5Ц5С5	G-CuSn5ZnPb	2. 1096	LG2	CuPb5Sn5Zn5	—	—
ZCuPb10Sn10	C93700	LBC3	БрО10С10	G-CuPb10Sn	2. 1176	LB2	CuPb10Sn10	—	—
ZCuAl10Fe3	C95200	CAC702、AlBC2	БрА9Ж3Л	G-CuAl10Fe	2. 0941	AB1	CuAl10Fe3	—	—

注：ASTM 中带中括号的牌号，化学成分与相应的中国牌号相同。

7.2.11 化工设备常用材料新旧牌号对照

① 锅炉和压力容器用钢板 GB 713—2008 的牌号与 GB 713—1997、GB 6654—1996（含第一号和第二号修改单）的牌号对照见表 48-218。

表 48-218 锅炉和压力容器用钢板新、旧牌号对照

GB 713—2008	GB 713—1997	GB 6654—1996
Q245R	20g	20R
Q345R	16Mng、19Mng	16MnR
Q370R		15MnNbR
18MnMoNbR		18MnMoNbR
13MnNiMoR	13MnNiCrMoNbg	13MnNiMoNbR
15CrMoR	15CrMog	15CrMoR
12Cr1MoVR	12Cr1MoVg	
14Cr1MoR		
12Cr2Mo1R		

② 压力容器用调质高强度钢板 GB 19189—2011 的牌号与 GB 19189—2003 的牌号对照见表 48-219。

表 48-219 压力容器用调质高强度钢板新、旧牌号对照

GB 19189—2011	GB 19189—2003
07MnMoVR	07MnCrMoVR
07MnNiVDR	07MnNiMoVDR
07MnNiMoDR	
12MnNiVR	12MnNiVR

③ 压力容器常用不锈钢和耐热钢新旧牌号对照见表 48-215。

④ 容器用变形铝及铝合金新、旧牌号对照见表 48-220。

⑤ 容器用耐蚀镍合金材料标准已更新，牌号由原来的“NS×××”修改为“NS××××”，在原牌号第二位数字后增加了“0”，即“NS111”修改为“NS1101”。

7.3 不同介质下化工设备选材参考

在一般的介质条件下，设备可按照常用的 GB/T 150.1～150.4《压力容器》、GB/T 151《热交换器》、GB/T 12337《钢制球形储罐》、NB/T 47003.1《钢制焊接常压容器》等标准所列出的材料进行选材，在一些酸、碱、盐、醇、酯等介质条件下，则需要选用铝、铜、镍、钛及其合金等材料。

(1) 氯介质

800 合金（33Ni-42Fe-21Cr）相当于国内牌号 NS1101 和 NS1102（Incoloy800），温度上限约为 600℃。

双相不锈钢 2205（022Cr22Ni5Mo3N）和 2507（022Cr25Ni7Mo4N）等，温度上限约为 300℃。

钛及钛合金，温度上限约为 300℃。

(2) 氧化介质

800 合金（33Ni-42Fe-21Cr）相当于国内牌号 NS1101 和 NS1102（Incoloy800），温度上限约为 600℃。

28 合金（31Ni-31Fe-29Cr-4Mo），温度上限约为 400℃。

6XN 合金（24Ni-46Fe-21Cr-6Mo-Cu-V），温度上限约为 400℃。

表 48-220 容器用变形铝及铝合金新、旧牌号对照

新牌号		旧牌号		新牌号		旧牌号	
国际四位数字体系	四位字符牌号	化学成分和新牌号	化学成分和新牌号	国际四位数字体系	四位字符牌号	化学成分和新牌号	化学成分和新牌号
—	1A90	1G2	—	3003	—	—	LF21
—	1A85	1G1	—	3004	—	—	—
1070	—	—	—	5052	—	—	LF2
1070A	—	—	L1	5454	—	—	LF2
1060	—	—	L2	5154	—	—	LF3
1050	—	—		5456	—	—	LF5
1050A	—	—	L3	5056	—	—	LF5-1
1035	—	—	L4	—	5A02	LF2	—
1100	—	—	L5-1	—	5A03	LF3	—
1200	—	—	L5	5083	—	LF4	—
2014	—	—	LD10	—	5A05	LF5	—
2017	—	—	LY11	5086	—	—	—
2024	—	—	LY12	—	5A06	LF6	—
—	2A11	LY11	—	—	6A02	LD2	—
—	2A12	LY12	—	6061	—	LD30	—
—	2A14	LD10	—	6063	—	LD31	—
—	3A21	LF21	—	—	8A06	16	—

C276合金（54Ni-16Mo-15Cr-5.5Fe）相当于国内牌号NS3304，温度上限约为650℃。

6A02、6061和6063铝合金，温度上限约为200℃。

(3) 氮化介质

800合金（33Ni-42Fe-21Cr）相当于国内牌号NS1101和NS1102（Incoloy800），温度上限约为600℃。

(4) 卤化物

904和904L合金（25Ni-45Fe-21Cr-4.5Mo），温度上限约为370℃。

(5) 醋酸

不锈钢在醋酸工业中用途广泛，316型不锈钢对醋酸的耐蚀性最好，也能抗孔蚀，适用于稀醋酸蒸气，以及高温环境和一切浓度的醋酸溶液。

高合金不锈钢（如Incoloy800H、Incoloy800HT）适用于高温、高浓醋酸，或者还含有硫酸或其他腐蚀介质等苛刻的环境。

Ni-Mo-Fe和Ni-Mo-Cr-Fe合金（如C276合金）对一切浓度与温度的醋酸（不论充气与否）以及醋酸蒸气都有非常优良的耐蚀性。

工业纯铝（如1060、1050A）对醋酸有非常优良的耐蚀性，常温下可耐任何浓度的醋酸。

铜和铜合金（如T2、TU2和TP2等）对一切浓度的不充气的醋酸都有优良的耐蚀性，对稀酸可耐至沸点。

钛和钛合金对一切浓度的醋酸、醋酸蒸气和醋酐都有非常优良的耐蚀性，温度可达沸点以上。

(6) 硫酸

20合金（35Ni-35Fe-20Cr-Nb）对室温下一切浓度的硫酸和发烟硫酸都有良好的耐蚀性。对于浓度10%以下的沸酸，75%～95%、50～80℃的硫酸，95%～100%、80～100℃的硫酸，都有良好的耐蚀性。对于发烟硫酸，温度可达到200℃。

Ni-Cr-Fe合金对10%以下的稀硫酸有良好的耐蚀性，温度可达80℃。对于80%的浓硫酸和发烟硫酸也耐蚀，但不适用于高温。

Ni-Mo和Ni-Mo-Cr合金（哈氏合金）适用于浓度≤96%的硫酸，温度可达70℃，酸浓度越低，适用温度越高，25%以下的稀硫酸可用于沸点温度。含Cr量高（23%～24%）的Ni-Cr-Mo-Cu合金可耐35%～50%浓度的沸酸，还可用于90℃以下的发烟酸。一般来说，Ni-Mo合金适用于还原环境，Ni-Mo-Cr合金适用于氧化环境。

铜、铜合金（除黄铜外）和镍对于非氧化性的稀硫酸（80%以下）有良好的耐蚀性，温度可到100℃。

铅和铅合金对于室温、96%以下所有浓度的硫酸都有优良的耐蚀性，对于80%以下浓度的硫酸，适用温度可达210℃。

(7) 氢氟酸

碳钢广泛应用于60%以上的氢氟酸和无水氟化氢，温度不宜超过65℃。

Ni-Cu合金是适用于氢氟酸的最好的工业材料，能耐一切浓度的酸（包括无水氢氟酸），温度可达到120℃，不受流速的影响。

哈氏B合金和哈氏C合金对一切浓度的氢氟酸及无水氟化氢都有良好的耐蚀性，酸中充气与否均没有影响。对于不充气的氢氟酸可耐到100℃。

铜和青铜对各浓度的氢氟酸有良好的耐蚀性，对较稀的酸可耐至沸点，较浓的酸可用于85℃左右。含饱和空气的氢氟酸一般不适用于铜和铜合金。

(8) 硝酸

各种Cr-Ni不锈钢对硝酸都有优良的耐蚀性。对70%以下的稀硝酸，适用温度可达沸点上下。常温下可用于90%～99%的高浓度硝酸，但超过50℃则腐蚀很快。Ni-Cr-Fe-Mo合金（如28合金和6XN合金）能耐一切浓度的硝酸，但价格较高，用途有限。

工业纯铝（如1060、1050A）在80%以下的稀硝酸中迅速腐蚀，在80%以上的浓硝酸和酸烟（氧化氮气体）中，常温下有良好的耐蚀性。

钛及钛合金对一切浓度的硝酸有优良的耐蚀性，适用温度可达正常沸点以上，对10%～20%的硝酸耐到200℃，30%～100%的硝酸可耐至150℃。

(9) 磷酸

316型不锈钢可适用于50%以下的沸磷酸和50%～85%的热磷酸（100℃左右），也可抵抗酸中微量的硫酸。

高合金不锈钢（如28合金和6XN合金）对一切浓度和高温的磷酸都有良好耐蚀性，对酸中所含少量氟离子的腐蚀也没有影响。

哈氏合金对所有浓度的磷酸都有优良的耐蚀性，温度可达沸点。哈氏B合金比哈氏C合金更好些，哈氏B合金是处理高温磷酸和盐酸混合液的最佳材料。

铜和铜合金对不充气的磷酸有较好的耐蚀性，浓度的影响不大。

锆和锆合金对室温下各种浓度的磷酸都有良好的耐蚀性，但对热浓酸的腐蚀较大，由于锆价昂贵，一般很少应用。

(10) 盐酸

含Mo高硅铁对中等温度（65～80℃）以下的一切浓度盐酸都有良好的耐蚀性。

含P和Sn的青铜可耐100℃的盐酸，是制作热盐酸泵、阀和管的合适材料。

对于不充气的盐酸，镍只适用于浓度低于20%的盐酸，Ni-Cu合金只适用于浓度低于10%的酸；对于充气的盐酸，两者都只适用于浓度低于5%的稀盐酸。镍和 Ni-Cu 合金常用于含少量盐酸的混合溶液。

哈氏合金适用于各种浓度的盐酸，其中哈氏 B 合金为最好，能耐各种浓度的沸酸。哈氏 A 合金也耐一切浓度的盐酸，但耐温性差些，最高应用温度为 70℃。哈氏 C 合金可用于稀盐酸（20%以下），在较高温度不耐腐蚀。

锆是优良的耐盐酸材料，在沸点以下一切浓度和温度的盐酸中，不论盐酸充气与否，都有良好的耐蚀性。在高压下可耐 163℃、25%以下的盐酸和 204℃、15%以下的盐酸。

(11) 还原酸

825 合金（42Ni-28Fe-21.5Cr-3Mo-2.3Cu），温度上限约为 540℃。

400 合金（67Ni-30Cu），温度上限约为 450℃。

C276 合金（54Ni-16Mo-15Cr-5.5Fe）相当于国内牌号 NS3304，温度上限为 650℃。

(12) 乳酸

316L 不锈钢对乳酸有优良的耐蚀性，可耐温度 100℃以下、浓度 80%以下的乳酸。

双相不锈钢（如 2304、2205 和 2507）对乳酸有优良的耐蚀性，可耐 80%以下的沸乳酸。

铜和铜合金（如 T2、TU2 和 TP2 等）对乳酸有优良的耐蚀性。

(13) 柠檬酸

316L 不锈钢对柠檬酸有优良的耐蚀性，可耐 50%以下的沸柠檬酸。

双相不锈钢（如 2304、2205 和 2507）对柠檬酸有优良的耐蚀性，可耐 70%以下的沸柠檬酸。

铜和铜合金（如 T2、TU2 和 TP2 等）对柠檬酸有优良的耐蚀性。

(14) 脂肪酸

各种不锈钢对脂肪酸都有优良的耐蚀性，含钼的铬镍不锈钢（如 316 型）耐蚀性最好，可用于沸酸和 285℃以下的热蒸气。

铝和铝合金对脂肪酸的耐蚀性非常好。

镍、Ni-Cu 合金和 Ni-Cr-Fe 合金对 100℃以下的脂肪酸有极好的耐蚀性，在 400℃以下仍可适用。特别适用于高温脂肪酸和同时有硫酸存在的环境。

在脂肪酸工业中，铜设备已经有长久的历史。铜和铜合金对脂肪酸的耐蚀性不如不锈钢、铝、镍和镍铜合金，已逐渐被代替。

(15) 碱及苛性钠浓缩

铬镍不锈钢适用于中等浓度和中等温度的碱液。

镍和镍基合金（如 Ni-Cu 合金、Ni-Cr-Fe 合金、Ni-Mo-Fe 合金和 Ni-Mo-Cr-Fe 合金等）对氢氧化钠有非常优良的耐蚀性，镍适用于一切浓度和温度的碱液。Ni-Cr-Fe 合金特别适合于热浓流化碱液的处理。Ni-Mo-Fe 和 Ni-Mo-Cr-Fe 合金对 80%、沸点以下的氢氧化钠溶液有优良的耐蚀性，浓度超过 80%，温度不宜超过 200℃。

(16) 海水

不锈钢对海水有较好的耐均匀腐蚀性，但在一些情况下，可能产生局部性腐蚀，如孔蚀和应力腐蚀。

镍、Ni-Cu 合金（如 400 合金）和 Ni-Cr-Fe 合金对一切浓度、温度和充气的海水都有高度耐蚀性，且在海水中不会产生应力腐蚀破裂。Ni-Mo-Fe 合金和 Ni-Mo-Cr-Fe 合金（如 625 合金）对一切浓度和温度的海水耐蚀性都非常优良，但有时可能产生孔蚀。

铝和铝合金（5××××系列和 6×××系列）对海水有良好的耐蚀性，均匀腐蚀率很低。

铜和铜合金对海水的耐蚀性很好，但黄铜在海水中可能发生脱锌腐蚀。

钛及钛合金对海水的耐蚀性非常好，对含 CO_2 的海水和高速海水的冲击腐蚀都有很好的抵抗力，也不会产生孔蚀和应力腐蚀。

(17) 有机氯化物

200 合金（99Ni）相当于国内牌号 N6，温度上限约为 350℃。

201 合金，温度上限约为 600℃。

(18) 碳酸氢铵

304 型和 316 型奥氏体不锈钢可用于沸点以下的碳酸氢铵。

特殊型不锈钢 20 合金（35Ni-35Fe-20Cr-Nb）可用于沸点以下的碳酸氢铵。

工业纯铝（1050A、1060）可用于沸点以下的碳酸氢铵。

600 镍合金和哈氏 B、C 合金可用于沸点以下的碳酸氢铵。

(19) 尿素

工业纯铝 1060、1050A、1035，温度上限约为 150℃。

钛及钛合金，温度上限约为 300℃。

尿素立式合成塔和分解塔可选用高压釜衬铅或者衬银。

尿素汽提塔中一般筒体选用低合金钢衬钛，汽提管选用钛和双相钢。

(20) 酒精

含氧铜 T2、无氧铜 TU2 和磷脱氧铜 TP2，温度上限约为 180℃。

(21) 甲醇

304 型、316 型不锈钢和 20 合金可用于沸点以下的甲醇。

工业纯镍、Ni-Cu 合金和哈氏 B、C 合金可用于沸点以下的甲醇。

工业纯铝1060、1050A适用于常压、常温下的精甲醇。

合成甲醇反应器可选用Cr-Mo钢。

(22) 苯乙烯

苯乙烯装置中一般只需要选用Q345R，关键的反应系统需要采用304H（07Cr19Ni10）和Incoloy800HP（33Ni-42Fe-21Cr）。

(23) 甲烷基丙烯酸酯

B-2合金（65Ni-28Mo-Fe）相当于国内牌号NS3302，温度上限约为400℃。

(24) 酯

含氧铜T2、无氧铜TU2、磷脱氧铜TP2和黄铜可用于各种酯类介质中。

304型不锈钢和蒙乃尔合金也可用于部分酯类介质中。

(25) 氢精炼装置

加氢精炼装置中的加氢反应器壳体一般选用1.25Cr0.5Mo钢（国内牌号15CrMoR）或2.25Cr1Mo钢（国内牌号12Cr2Mo1R）基体加347型不锈钢堆焊层。转化炉重要管件需要选用Incoloy800、Incoloy800H和15CrMo等。

(26) 乙烯氧化制乙醛装置

钛及钛合金，温度上限约为300℃。

(27) 维尼纶装置

钛及钛合金，温度上限约为300℃。

(28) 己内酰胺装置

钛及钛合金，温度上限约为300℃。

(29) 涤纶装置

钛及钛合金，温度上限约为300℃。

(30) 丙烯氧化制丙酮装置

钛及钛合金，温度上限约为300℃。

(31) 丙烯酸生产装置

钛及钛合金，温度上限约为300℃。

(32) 氯乙醇法生产环氧乙烷装置

钛及钛合金，温度上限约为300℃。

(33) 环氧氯丙烷生产装置

钛及钛合金，温度上限约为300℃。

(34) 聚氯乙烯装置

钛及钛合金，温度上限约为300℃。

(35) 合成脂肪酸生产装置

钛及钛合金，温度上限约为300℃。

(36) 苯甲酸和苯酐生产装置

钛及钛合金，温度上限约为300℃。

(37) 顺酐生产装置

钛及钛合金，温度上限约为300℃。

(38) 硝铵生产装置

钛及钛合金，温度上限约为300℃。

(39) 碳铵生产装置

钛及钛合金，温度上限约为300℃。

(40) 硫胺生产装置

钛及钛合金，温度上限约为300℃。

(41) 无机盐装置（氯化镁、氯化钾、氯化钡、氯化铜、液体氯化钙、氯化锰、溴化亚铁、碘化钠、硫酸铝、氯酸钾装置等）

钛及钛合金，温度上限约为300℃。

(42) 染料装置

钛及钛合金，温度上限约为300℃。

(43) 制药装置（维生素B_1干燥装置中的螺旋加料机、旋风分离器、袋滤器、加热器、粉碎机等；葡萄糖生产装置中的薄膜蒸发器等；吡唑酮水解设备内的换热器；氯霉素回收装置中的升膜浓缩器，包括升膜蒸发器、列管预热器、旋风分离器等；对酮硝化装置中的硝化反应锅，氯霉素离心过滤工艺中的离心过滤机，安乃近水解工艺中的换热器，硝氯酚生产中的反应罐框式搅拌器、列管与盘管换热器等）

钛及钛合金，温度上限约为300℃。

(44) 电厂烟气脱硫系统

625合金（60Ni-22Cr-2.5Fe-9Mo-3.5Nb）相当于国内牌号NS3306，使用温度上限约为650～800℃。

C276合金（54Ni-16Mo-15Cr-5.5Fe）相当于国内牌号NS3304，温度上限约为650℃。

(45) 废物焚烧

625合金（60Ni-22Cr-2.5Fe-9Mo-3.5Nb）相当于国内牌号NS3306，使用温度上限为650～800℃。

(46) 海洋石油气装置

28合金（31Ni-31Fe-29Cr-4Mo），温度上限约为400℃。

6XN合金（24Ni-46Fe-21Cr-6Mo-Cu-N），温度上限约为400℃。

825合金（42Ni-28Fe-21.5Cr-3Mo-2.3Cu），温度上限约为540℃。

(47) 深冷设备

防锈铝5A03、5A05，使用温度不大于65℃。

防锈铝5A02、3A21，使用温度不大于150℃。

8 金属材料耐腐蚀性能

8.1 概述

腐蚀是材料在环境的作用下引起的破坏或变质。金属和合金的腐蚀主要是由于化学或电化学作用引起的破坏，有时还同时伴有机械、物理或生物作用。如应力腐蚀破裂就是应力和化学物质共同作用的结果。

根据金属和合金腐蚀的形态，可分为均匀腐蚀和局部腐蚀，前者较均匀地发生在全部表面，后者只发生在局部。局部腐蚀包括孔蚀、缝隙腐蚀、晶间腐蚀、应力腐蚀、腐蚀疲劳、氢腐蚀破裂、选择腐蚀、磨损腐蚀和脱层腐蚀等。

孔蚀是高度局部的腐蚀形态，发生于易钝化的金属，如不锈钢、钛铝合金等。

缝隙腐蚀是孔蚀的一种特殊形态，发生在缝隙内（如焊缝、垫片或沉积物下面的缝隙），破坏形态为勾缝状，严重的可穿透。

脱层腐蚀是在金属层状结构层与层之间产生的腐蚀，先垂直向内发展，然后改变方向，有选择地腐蚀与表面平行的物质。

晶间腐蚀是从表面沿晶粒边界向内发展，外表没有腐蚀迹象，晶界沉积疏松的腐蚀产物，严重的晶间腐蚀可使金属失去强度和延展性，在正常载荷下碎裂。奥氏体不锈钢晶间腐蚀在工业中较常见，危害也最大，防止方法有固溶淬火处理、加入稳定化元素钛或铌和降低含碳量等。

应力腐蚀开裂，是合金在腐蚀和一定方向的拉应力同时作用下产生破裂。裂缝形态有晶间破裂、穿晶破裂和混合型。应力腐蚀破裂必须存在拉应力（如焊接、冷加工等产生的残余应力）和特定的介质及材料。一般多发于奥氏体不锈钢/Cl^-体系，碳钢/NO_3^-体系，铜合金/NH_4^+体系等。

腐蚀疲劳是腐蚀和交变应力（应力方向周期性变化，也称周期应力）共同作用引起的破裂。腐蚀疲劳的外形特征是产生众多深孔，裂缝可以有多条，由蚀孔起源以和应力垂直的方向纵深发展，是典型的穿晶型，设有支缝，缝边呈现锯齿形。振动部件如泵柚和杆，螺旋桨轴，油气井管，吊索，以及温度变化产生周期热应力的换热管和锅炉管等，都易发生腐蚀疲劳。

在高强度钢中晶格高度变形，当氢进入后，晶格应变更大，使韧性及延展性降低，导致脆化，在外力下引起的破裂就是氢脆。在容易发生氢脆的环境中，避免使用高强钢，可用 Ni、Cr 合金钢，焊接时采用低氢焊条，保持环境干燥。

一般局部腐蚀比均匀腐蚀的危害严重得多，有一些局部腐蚀往往是突发性和灾难性的，如设备和管道穿孔破裂造成易燃易爆或有毒流体泄漏，而引起火灾、爆炸、污染环境等事故。据一些统计资料，化工设备的腐蚀，局部腐蚀约占70%。均匀腐蚀虽然危险性小，但大量金属都暴露在产生均匀腐蚀的气体和水中，所以经济损失也非常惊人。

金属材料的品种很多，不同材料在不同环境中有不同的腐蚀速率，有些腐蚀率很快，根本不能用，有些比较慢或很慢。选材者对某一特定环境选择腐蚀率慢，价格较便宜、物理力学性能等又适合设计要求的材料，是常用、简便而行之有效的控制腐蚀的方法，设备可以获得经济、合理的使用寿命。正确的选材需要完整的腐蚀数据，因此，本小节提供了一些常用的金属材料在常用介质下的腐蚀性能。

8.2　常用工业酸腐蚀图表

工程上经常根据腐蚀速率曲线选用合适的金属材料。从腐蚀速率曲线图可明显地看出某一材料在某种酸的所有浓度和温度范围内的腐蚀情况。图中等腐蚀速率线的单位为 mm/a，腐蚀速率小于 0.1mm/a 的区域，在图表中以阴影表示。

8.2.1　醋酸腐蚀速率图

如图 48-195～图 48-201 所示。

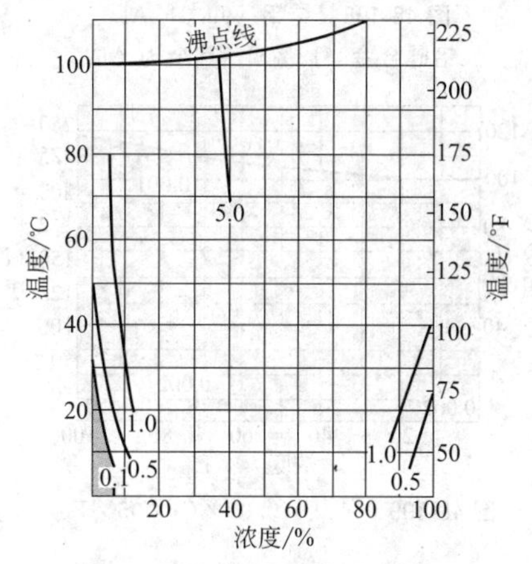

图 48-195　碳钢、灰铸铁

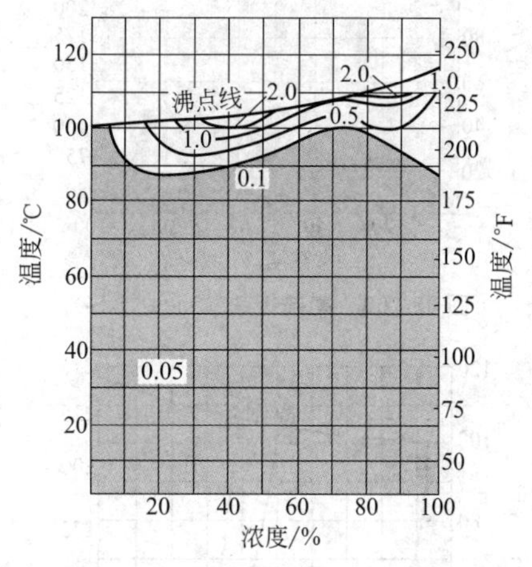

图 48-196　铬镍不锈钢（0.1%C～18%Cr-8%Ni）

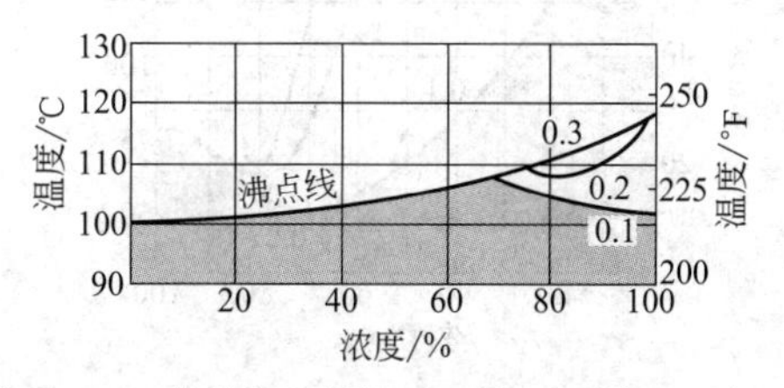

图 48-197　铬镍钼不锈钢（18%Cr-10%Ni-2%Mo）

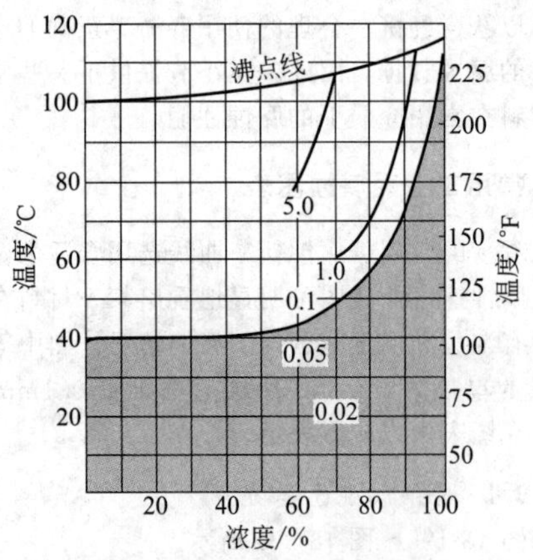

图 48-198　纯铝（99.3%Al）、铝硅合金（12%Si，其余为 Al）

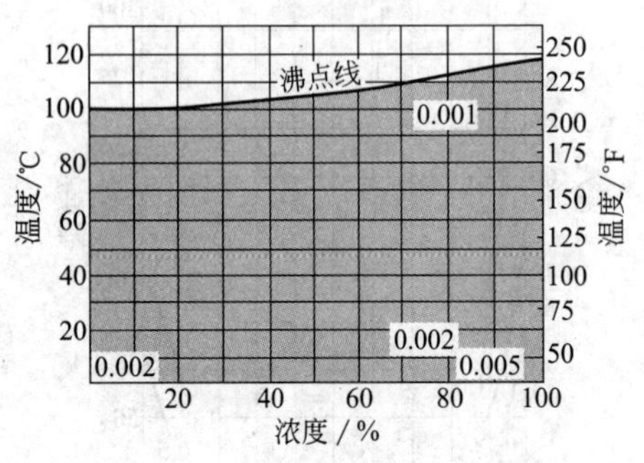

图 48-199　纯钛（0.02%C-0.05%Fe）

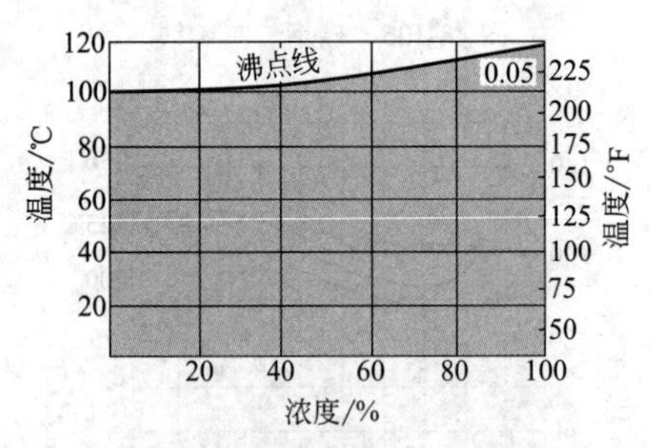

图 48-200　高硅铸铁（14/16%Si）

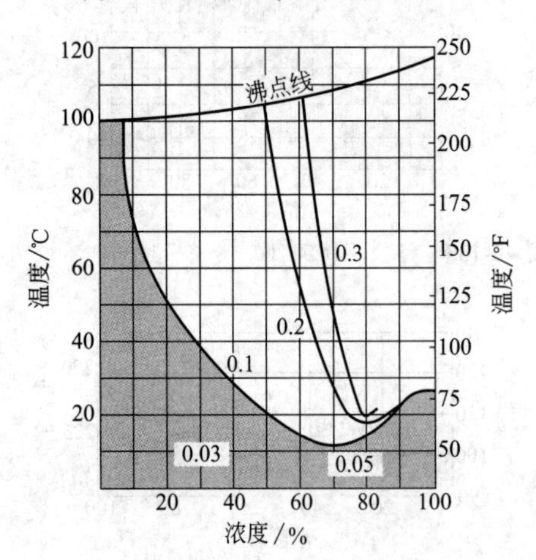

图 48-201　纯铜

8.2.2　盐酸腐蚀速率图

如图 48-202～图 48-214 所示。

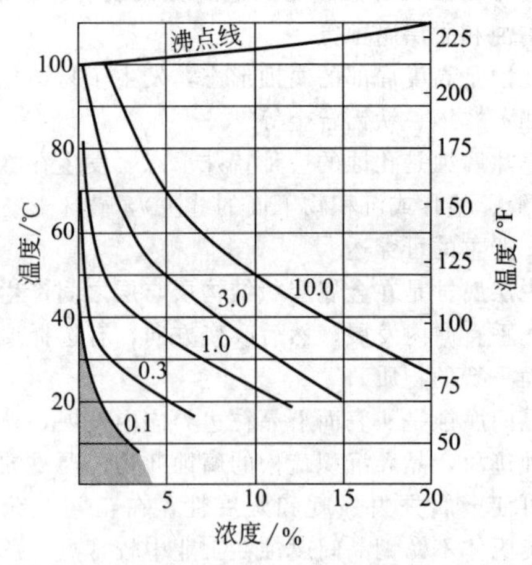

图 48-202　铬镍不锈钢（0.1%C-16%Cr-8%Ni）

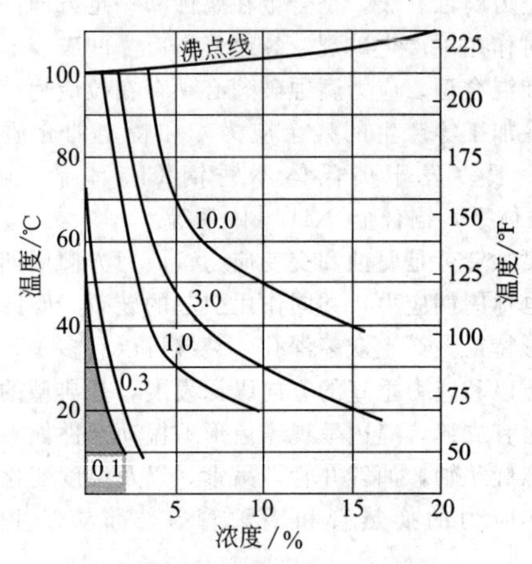

图 48-203　铬镍钼不锈钢（0.05%C-17%Cr-10%Ni-2%Mo）

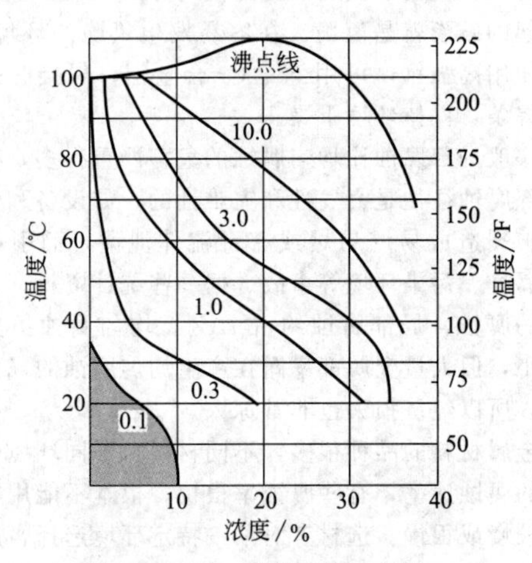

图 48-204　铬镍钼铜不锈钢（0.05%C-18%Cr-18%Ni-2%Mo-2%Cu）

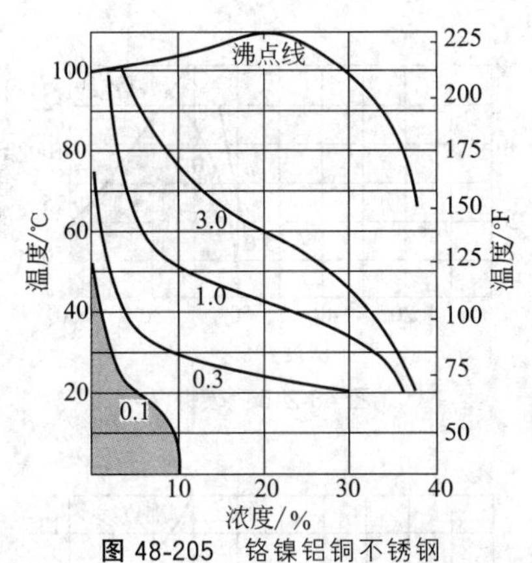

图 48-205　铬镍铝铜不锈钢
（0.05%C-20%Cr～25%Ni-3%Mo-2%Cu）

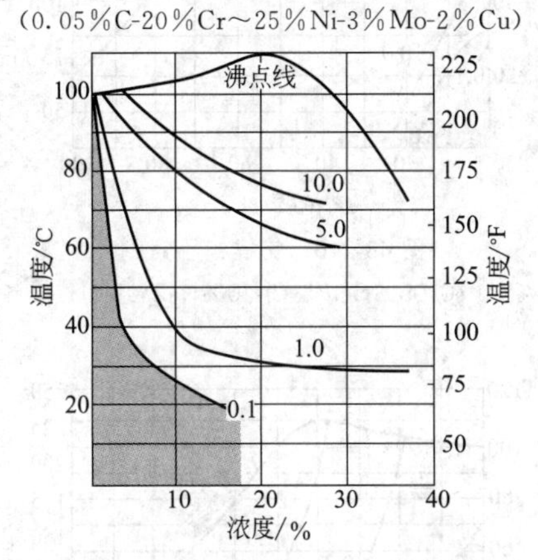

图 48-206　高硅铸铁（14/16%Si）

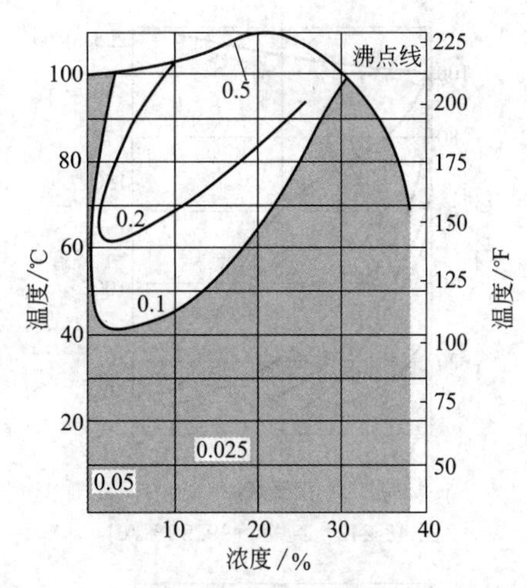

图 48-207　海氏合金 B
（0.05%C-61%Ni-28%Mo-6%Fe）

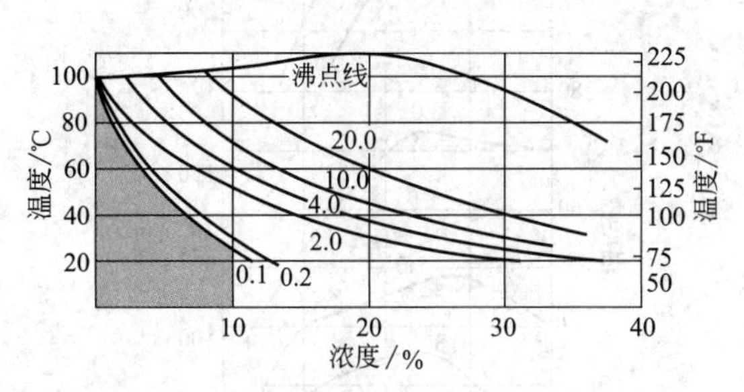

图 48-208　纯钛（0.02%C-0.05%Fe）

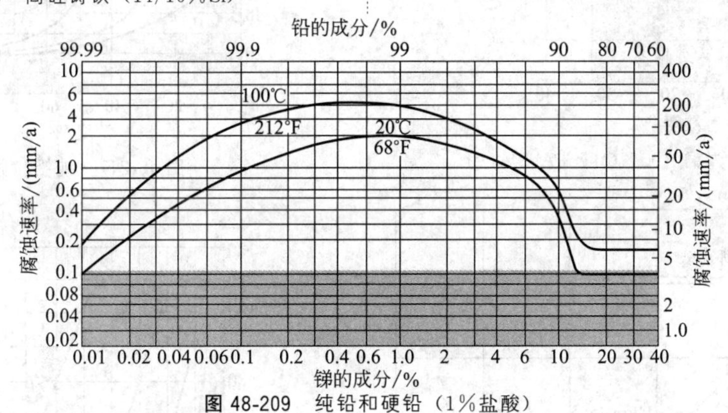

图 48-209　纯铅和硬铅（1%盐酸）

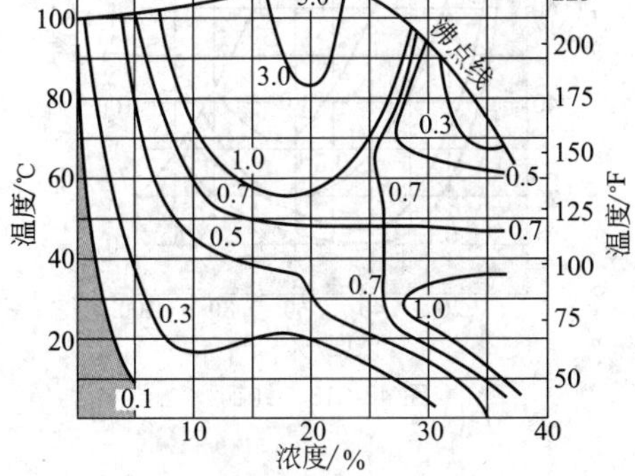

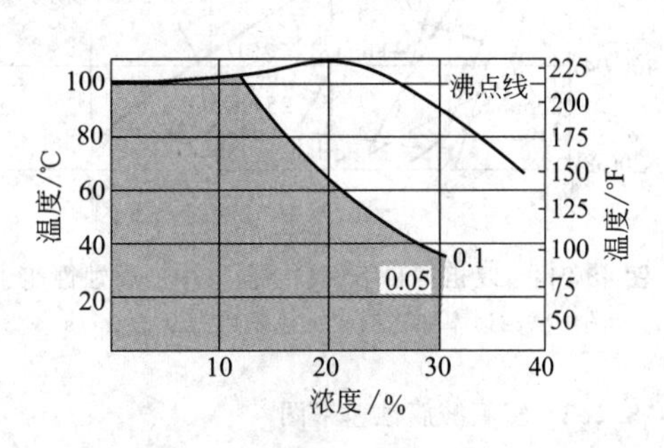

图 48-210　纯铜

图 48-211　锟

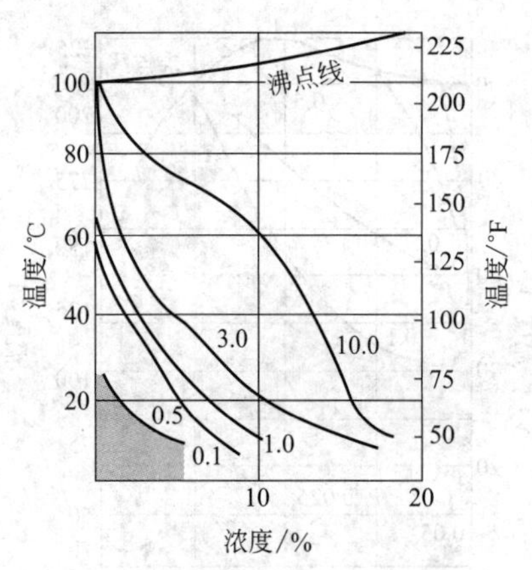

图 48-212　纯铝（99.99% Al）

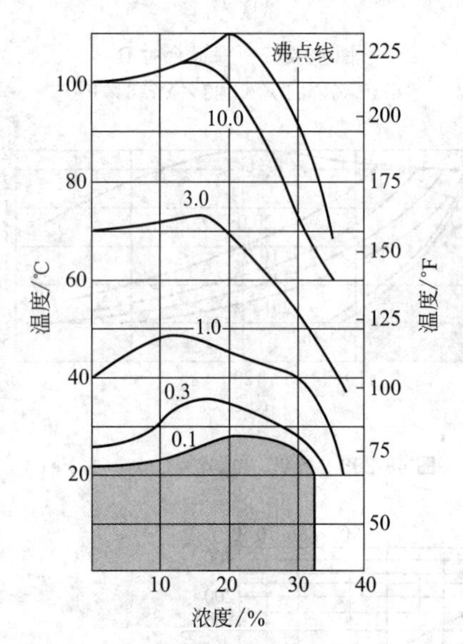

图 48-213　铝青铜（90% Cu-7% Al-3% Fe）

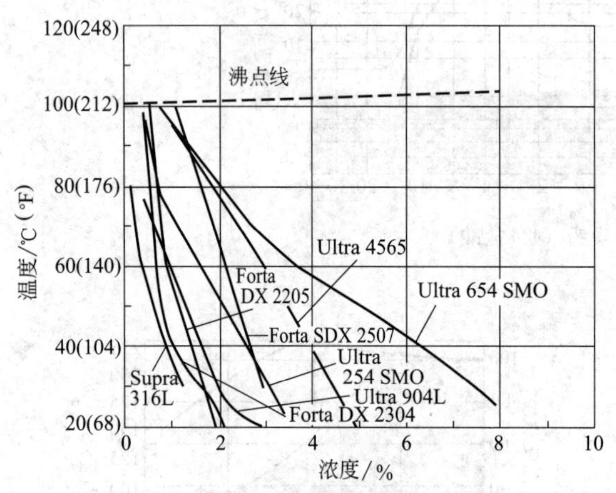

图 48-214　双相钢和不锈钢在盐酸中的腐蚀性能

图中腐蚀速率曲线的腐蚀速率均为 0.1mm/a

8.2.3　氢氟酸腐蚀速率图

如图 48-215～图 48-221 所示。

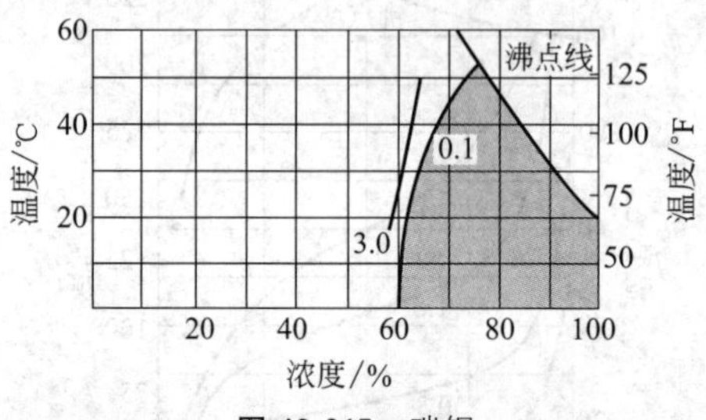

图 48-215　碳钢

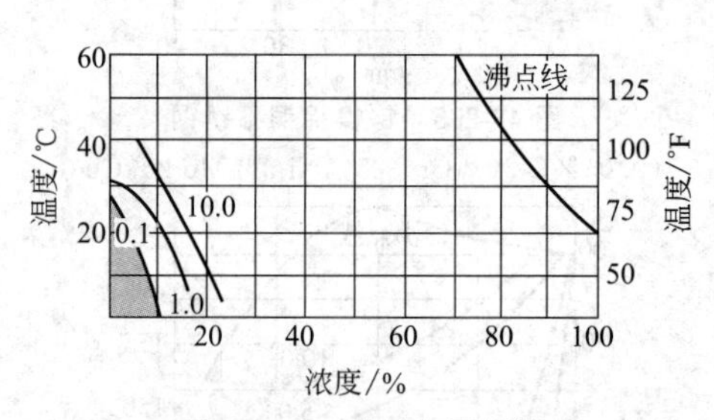

图 48-216　铬镍钼不锈钢

（0.05% C-18% Cr-10% Ni-2% Mo）

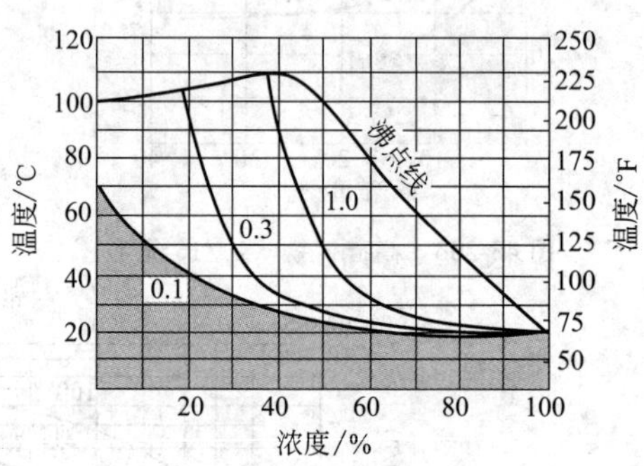

图 48-217　纯铅和硬铅

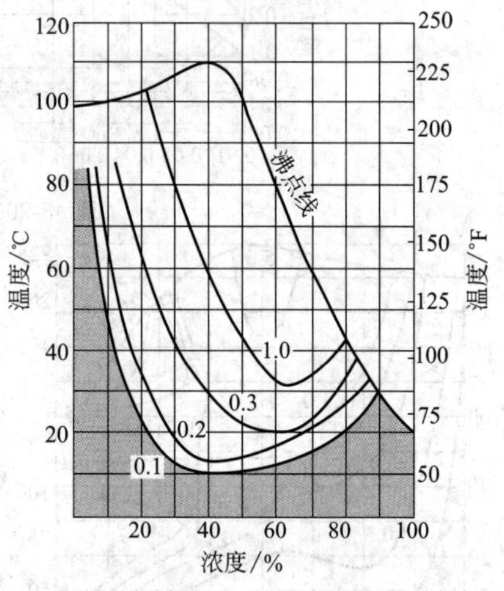

图 48-218　纯铜

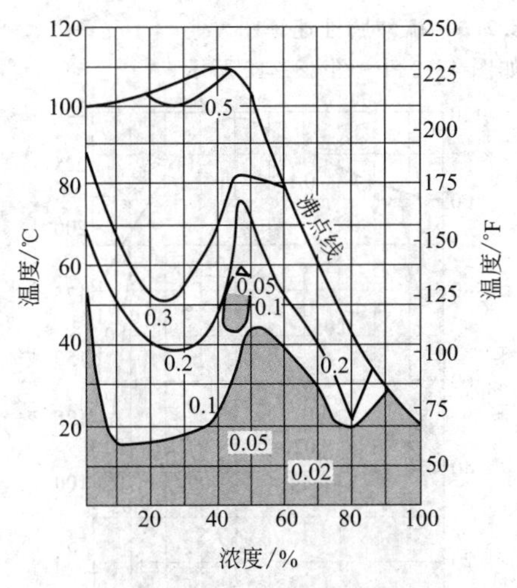

图 48-219　海氏合金 B
(0.05%C-61%Ni-28%Mo-6%Fe)

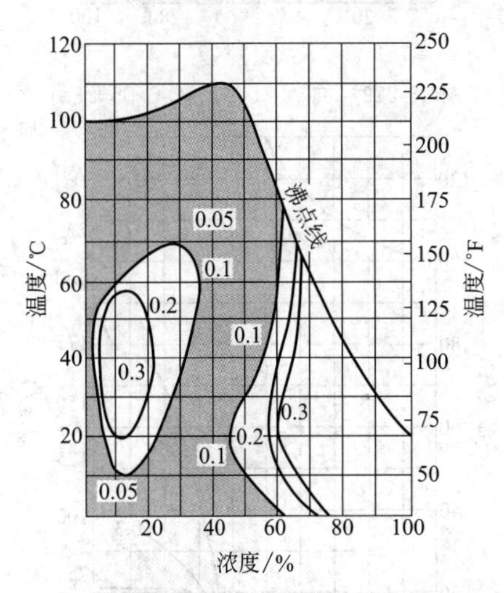

图 48-220　蒙乃尔合金
(0.15%C-67%Ni-30%Cu-1.5%Fe)

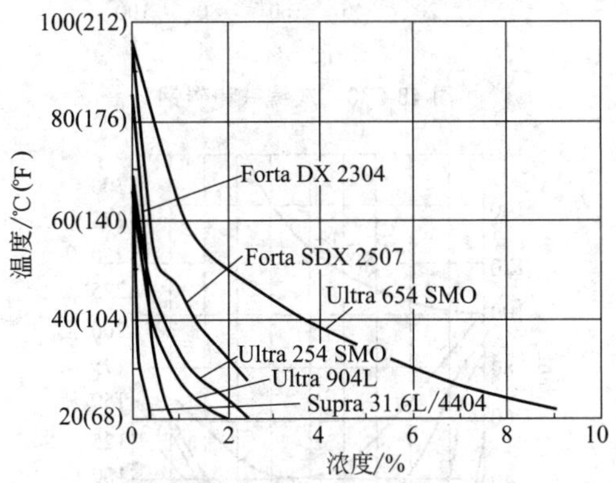

图 48-221　双相钢和不锈钢在氢氟酸中的腐蚀性能
图中腐蚀速率曲线的腐蚀速率均为 0.1mm/a

8.2.4　硝酸腐蚀速率图

如图 48-222～图 48-228 所示。

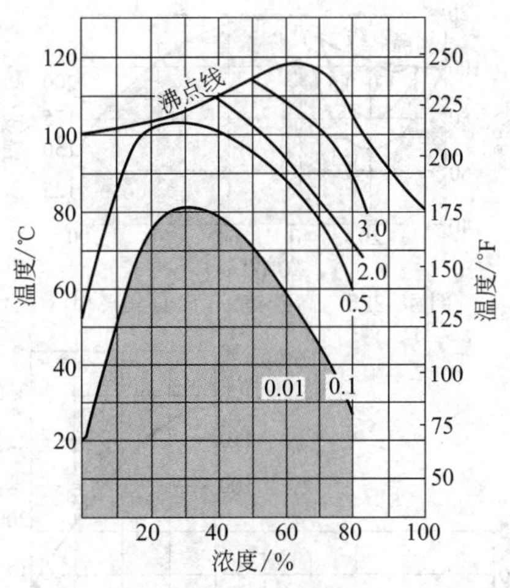

图 48-222　铬不锈钢
(0.1%C-13%Cr)

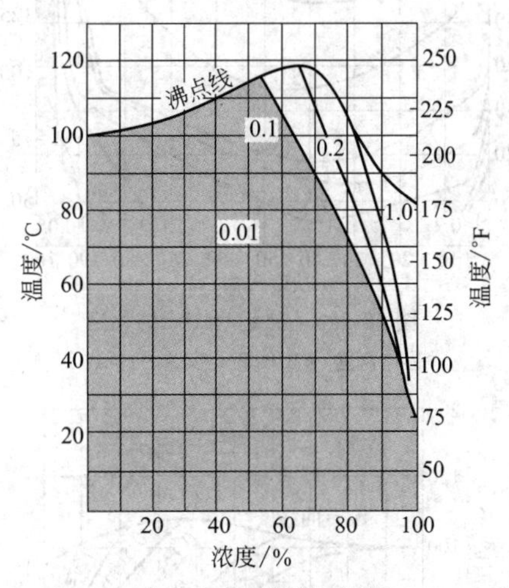

图 48-223　铬镍不锈钢
(0.1%C-18%Cr-8%Ni)

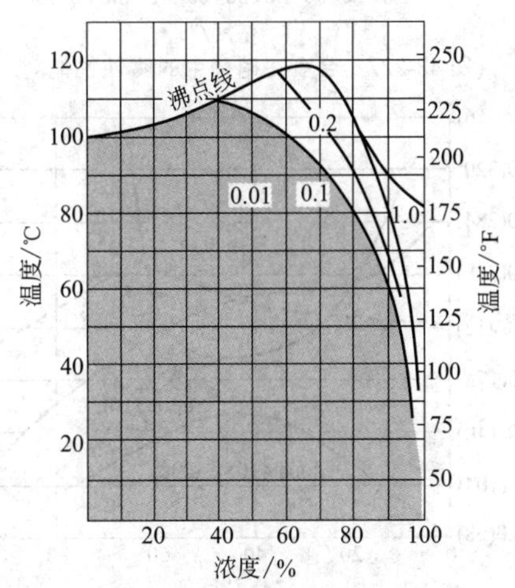

图 48-224　铬镍钼不锈钢
(0.05%C-18%Cr-10%Ni-2%Mo)

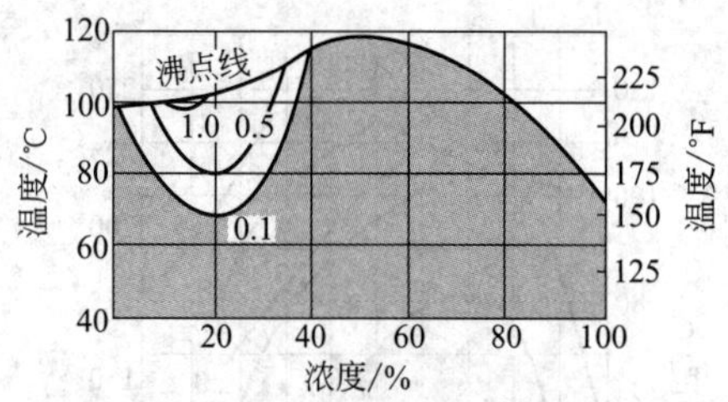

图 48-225 高硅铸铁（14/16%Si）

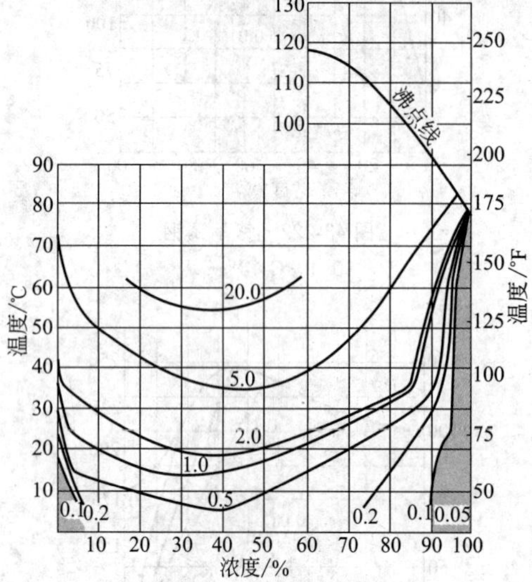

图 48-226 纯铝（99.5%Al）

铝硅合金（10%Si，其余为Al）

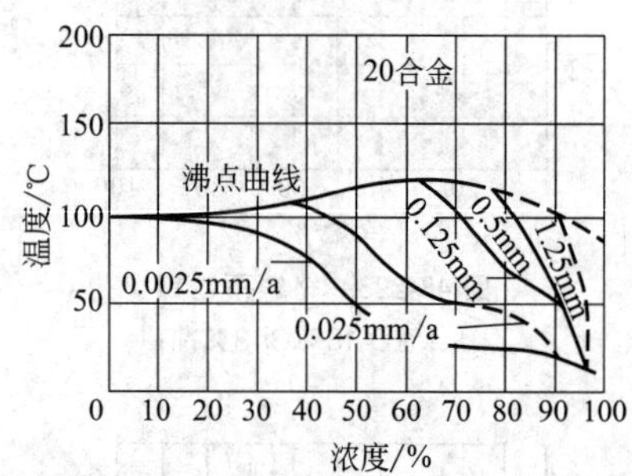

图 48-227 合金在硝酸中的腐蚀性能

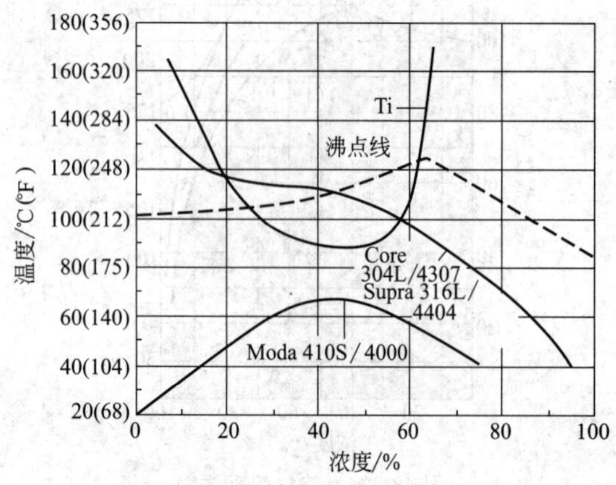

图 48-228 材料在硝酸中的腐蚀性能

图中腐蚀速率曲线的腐蚀速率均为 0.1mm/a

8.2.5 硫酸腐蚀速率图

如图 48-229～图 48-242 所示。

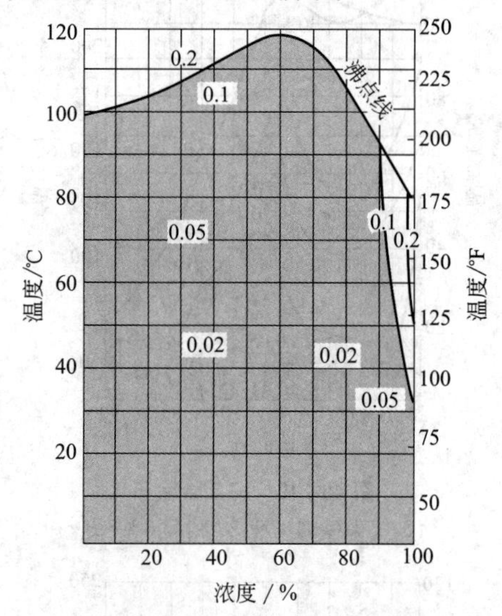

图 48-229 纯钛（0.02%C-0.05%Fe）

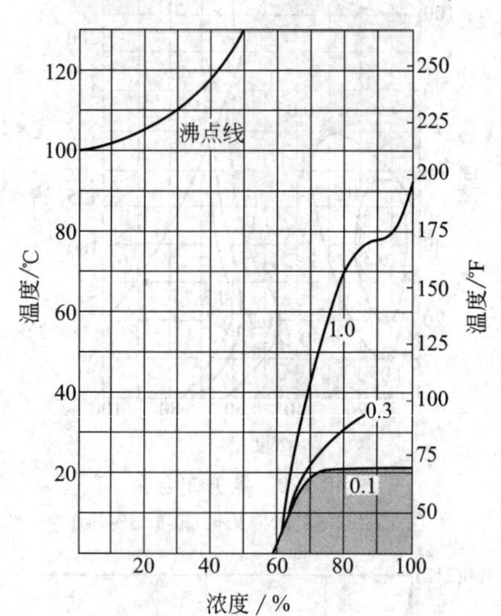

图 48-230 灰铸铁和碳钢

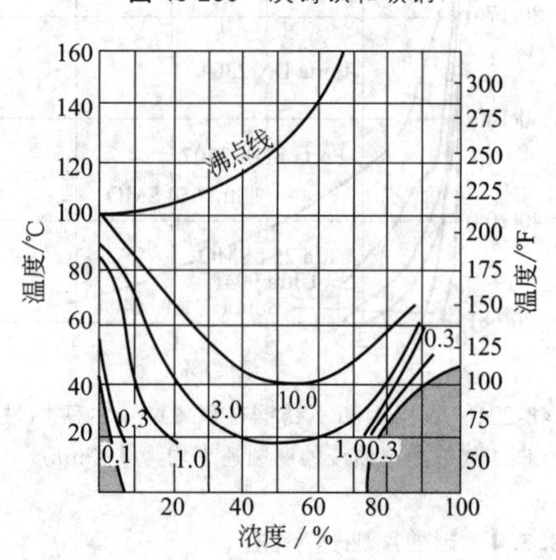

图 48-231 铬镍不锈钢（0.1%C-18%Cr-8%Ni）

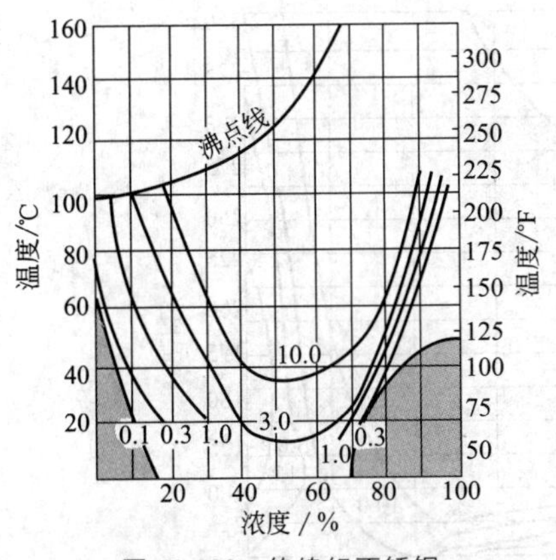

图 48-232　铬镍钼不锈钢
(0.05%C-18%Cr-10%Ni-2%Mo)

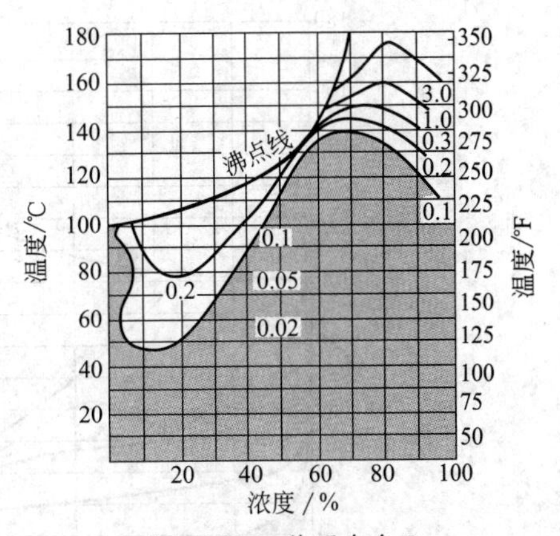

图 48-233　海氏合金 B
(0.05%C-61%Ni-28%Mo-6%Fe)

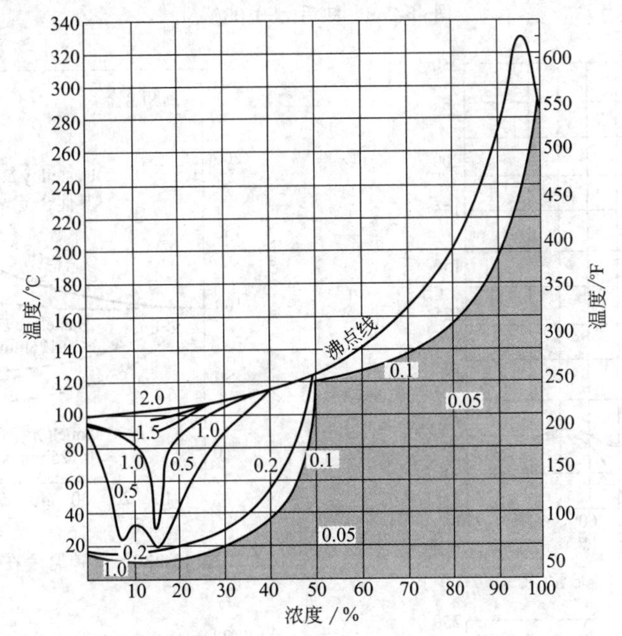

图 48-234　硅铁 (14/16%Si)

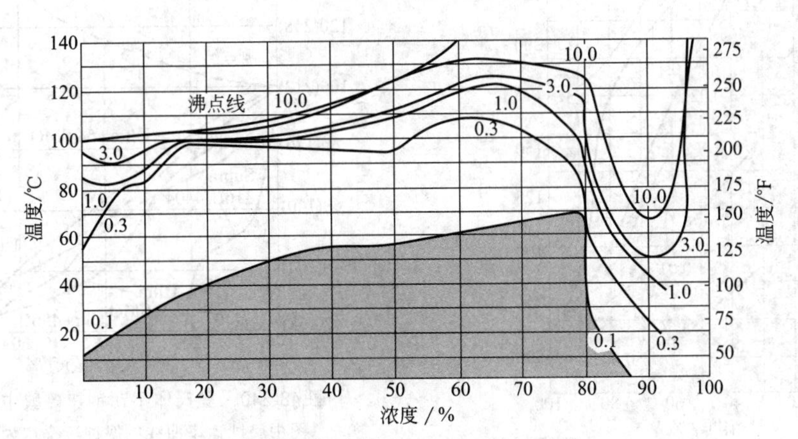

图 48-235　铝青铜 (90%Cu-7%Al-3%Fe)

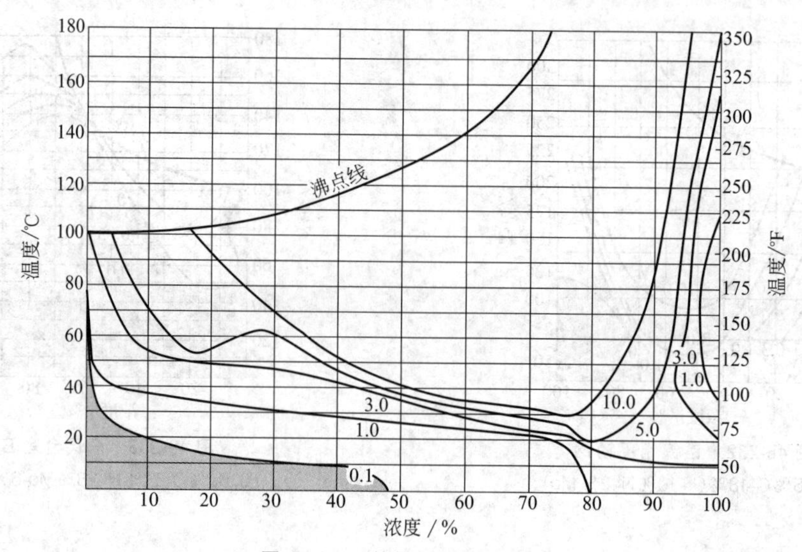

图 48-236　纯铝（99.99%Al）

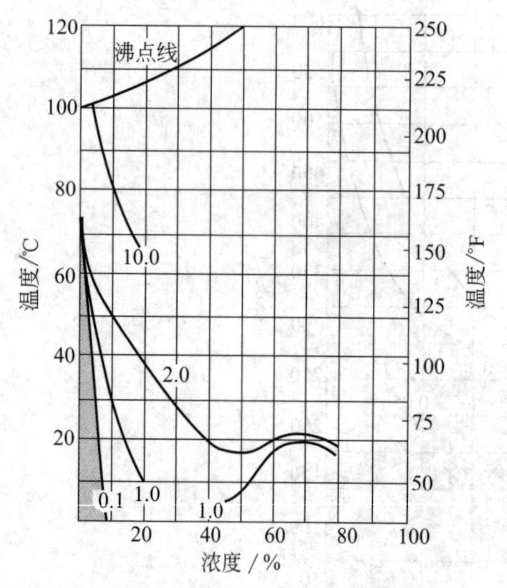

图 48-237　纯钛（0.08%C-0.05%Fe）

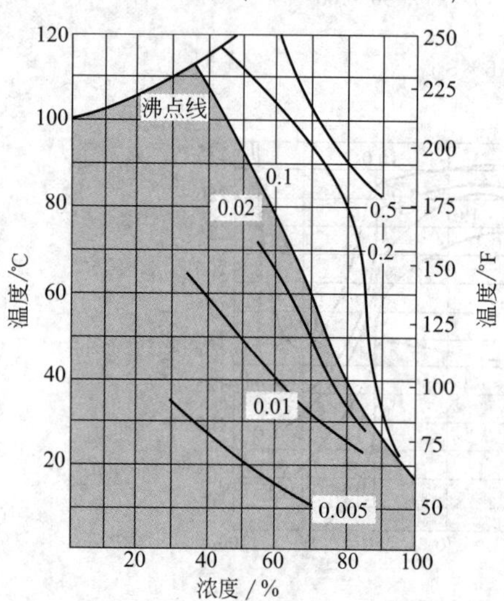

图 48-238　硬铅（Pb+Sb）

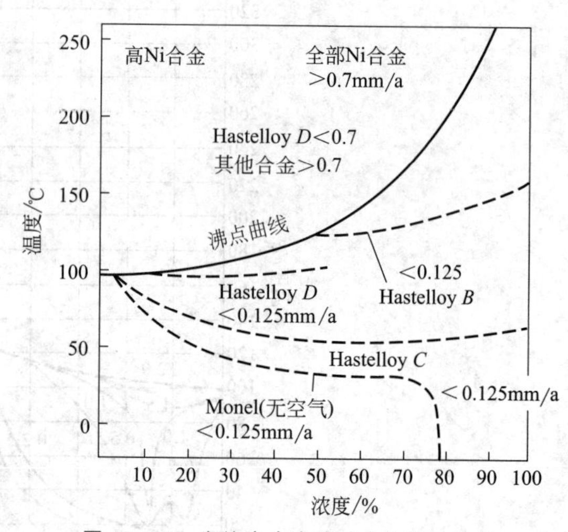

图 48-239　高镍合金在硫酸中的腐蚀性能

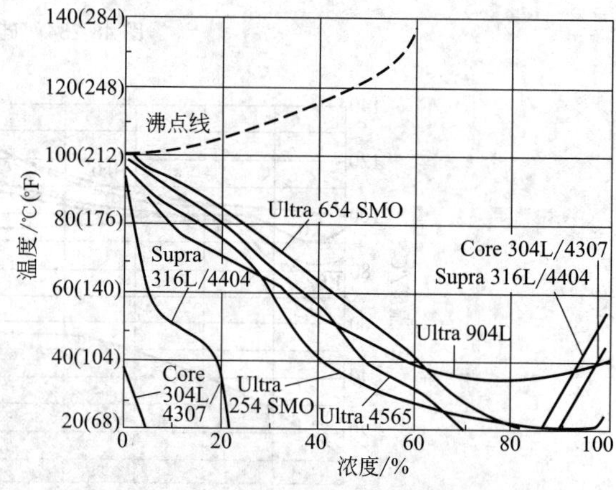

图 48-240　奥氏体不锈钢在硫酸中的腐蚀性能

图中腐蚀速率曲线的腐蚀速率均为 0.1mm/a

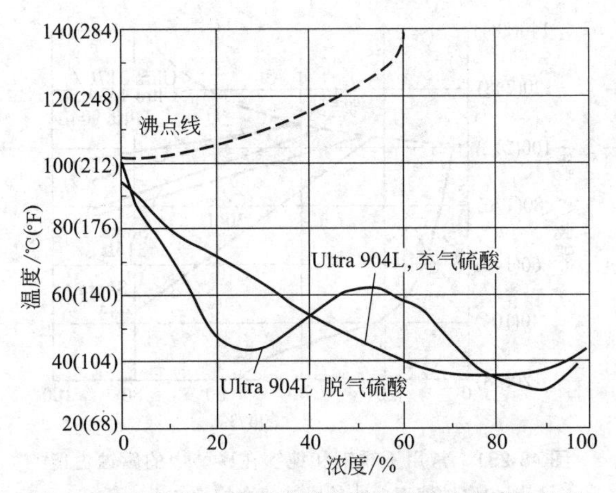

图 48-241　904L在充气硫酸和脱气硫酸中的腐蚀性能

图中腐蚀速率曲线的腐蚀速率均为0.1mm/a

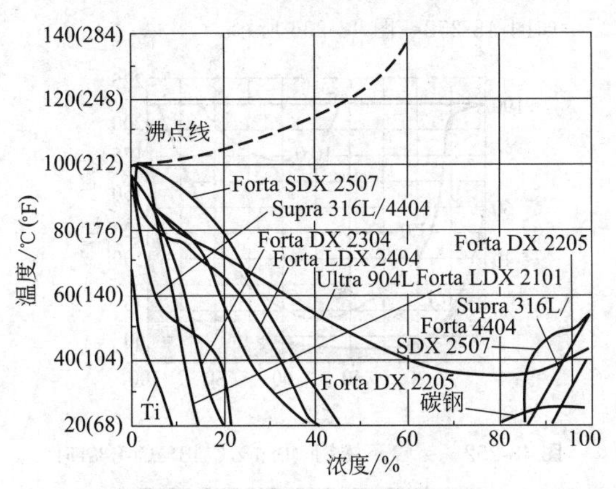

图 48-242　双相不锈钢在硫酸中的腐蚀性能

图中腐蚀速率曲线的腐蚀速率均为0.1mm/a

8.2.6　磷酸腐蚀速率图

如图48-243～图48-251所示。

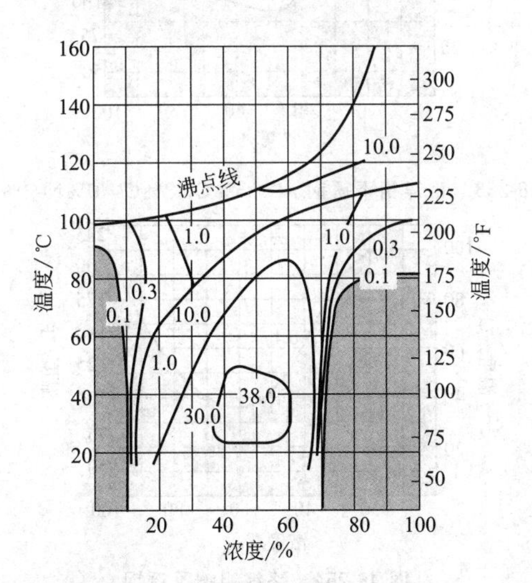

图 48-243　铬不锈钢（0.2%C-13%Cr）

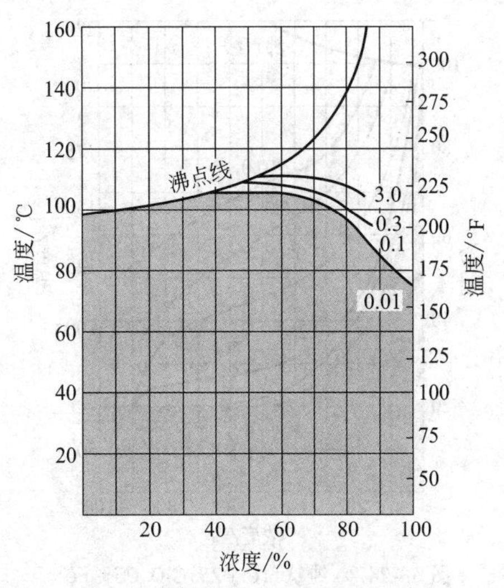

图 48-244　铬镍不锈钢（0.1%C-18%Cr-8%Ni）

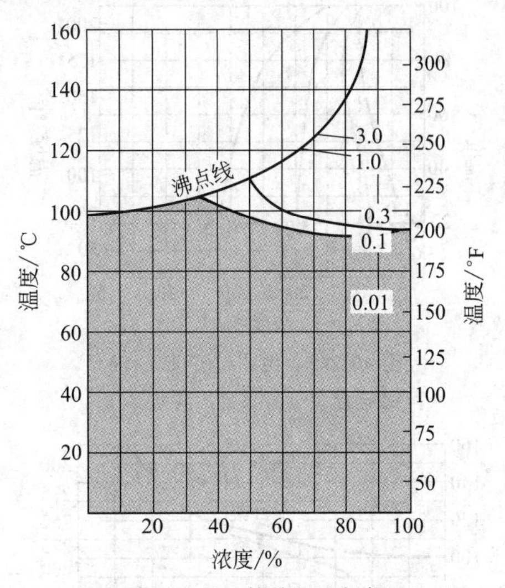

图 48-245　铬镍钼不锈钢

（0.05%C-18%Cr-10%Ni-2%Mo）

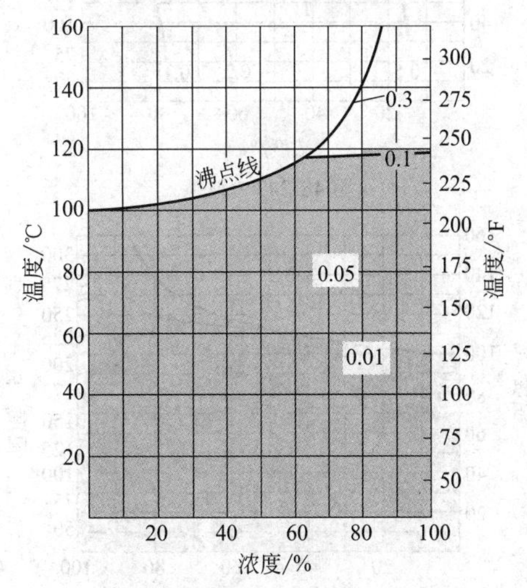

图 48-246　铬镍钼铜不锈钢

（0.05%C-20%Cr-25%Ni-3%Mo-2%Cu）

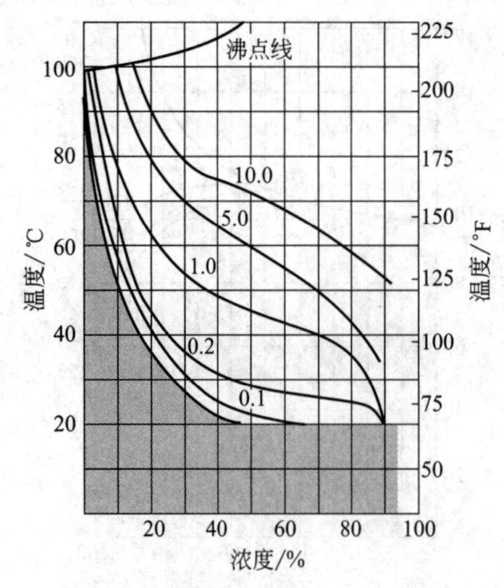

图 48-247　纯钛（0.02%C-0.05%Fe）

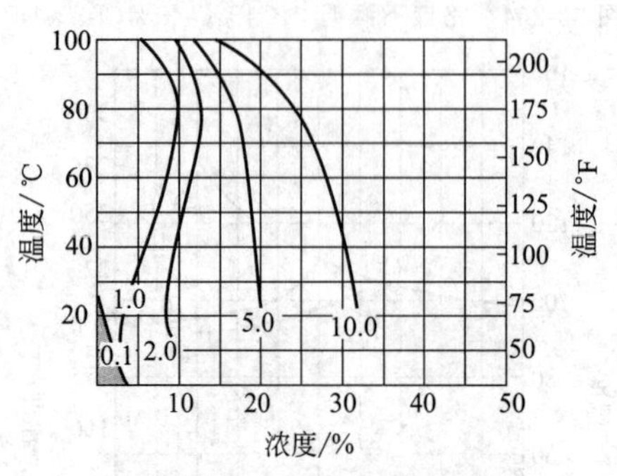

图 48-248　纯铝（99.5%Al）
铝硅合金（12%Si，其余Al）

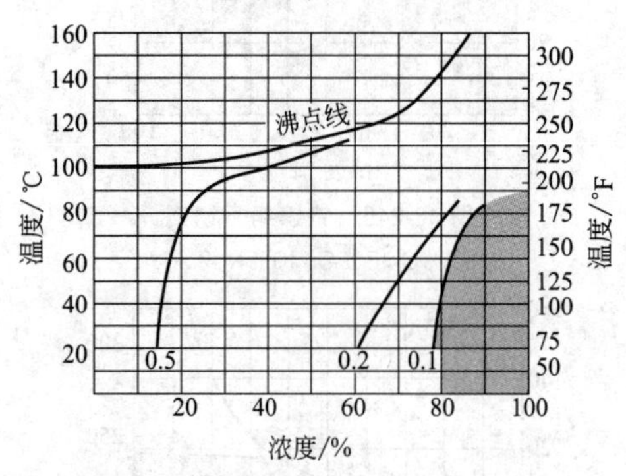

图 48-249　纯铜

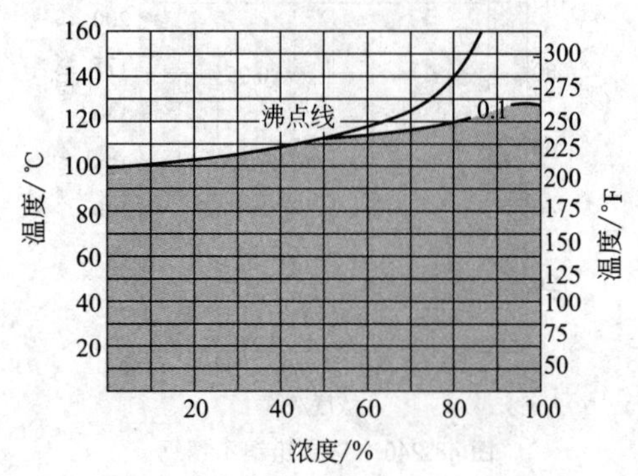

图 48-250　高硅铸铁（14/16%Si）

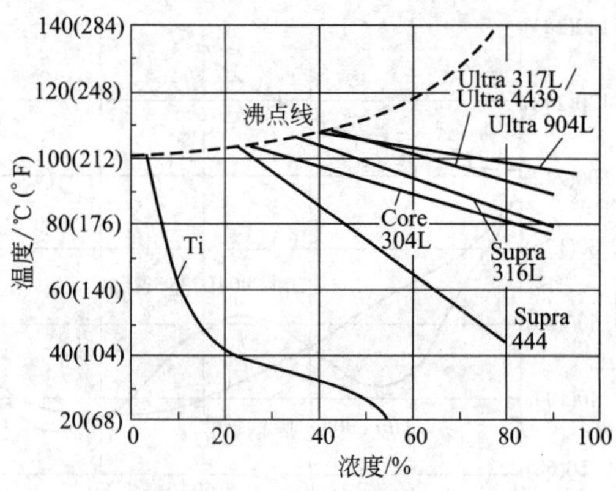

图 48-251　常用不锈钢和纯钛在磷酸中的腐蚀性能
图中腐蚀速率曲线的腐蚀速率均为 0.1mm/a

8.2.7　甲酸腐蚀速率图

如图 48-252～图 48-256 所示。

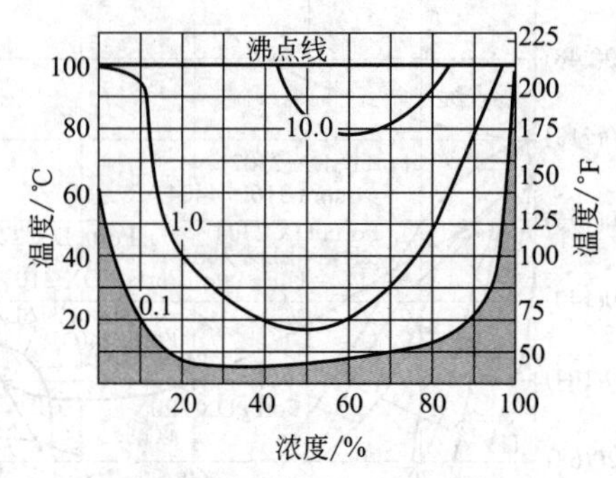

图 48-252　铬镍不锈钢（0.1%C-18%Cr-8%Ni）

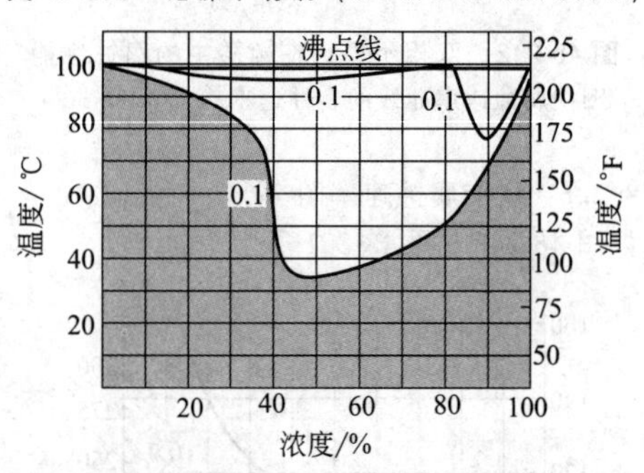

图 48-253　铬镍钼不锈钢（0.05%C-18%Cr-10%Ni-2%Mo）

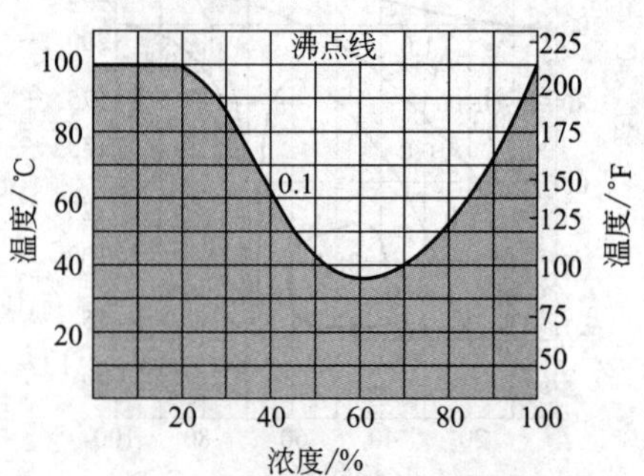

图 48-254　铬镍钼铜不锈钢
（0.06%C-20%Cr-25%Ni-3%Mo-2%Cu）

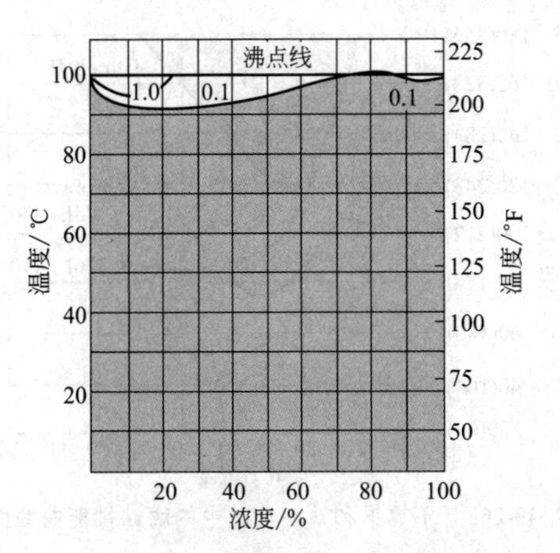

图 48-255 高硅铸铁（14/16%Si）

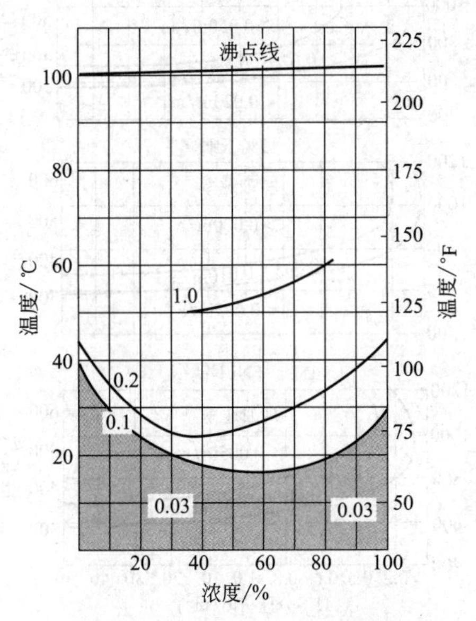

图 48-256 纯铝（99.5%Al）

8.2.8 草酸腐蚀速率图

如图 48-257 所示。

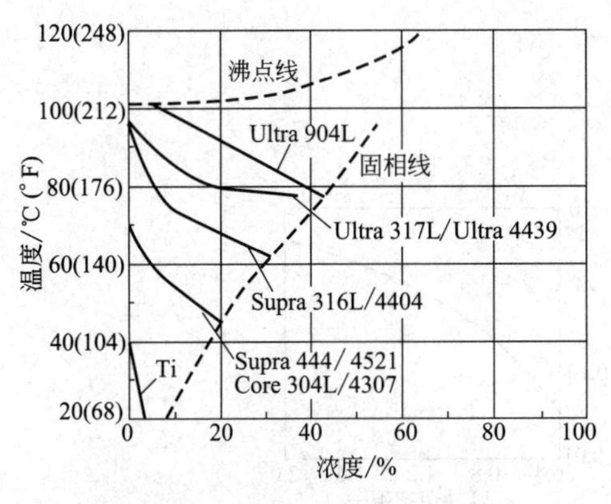

图 48-257 材料在草酸中的腐蚀性能

图中腐蚀速率曲线的腐蚀速率均为 0.1mm/a

8.2.9 柠檬酸腐蚀速率图

如图 48-258 所示。

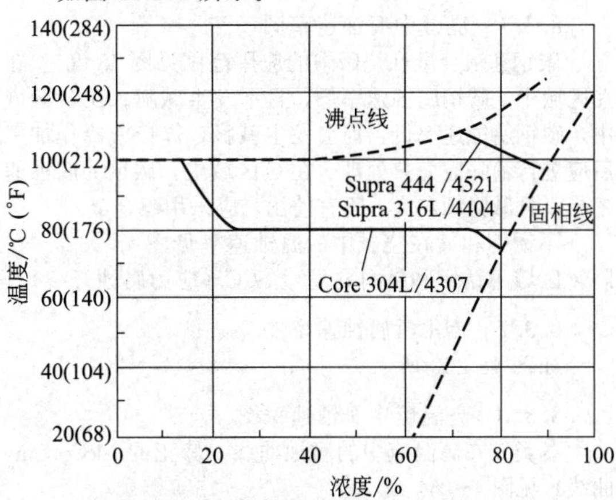

图 48-258 材料在柠檬酸中的腐蚀性能

图中腐蚀速率曲线的腐蚀速率均为 0.1mm/a

8.2.10 氟硅酸腐蚀速率图

如图 48-259 所示。

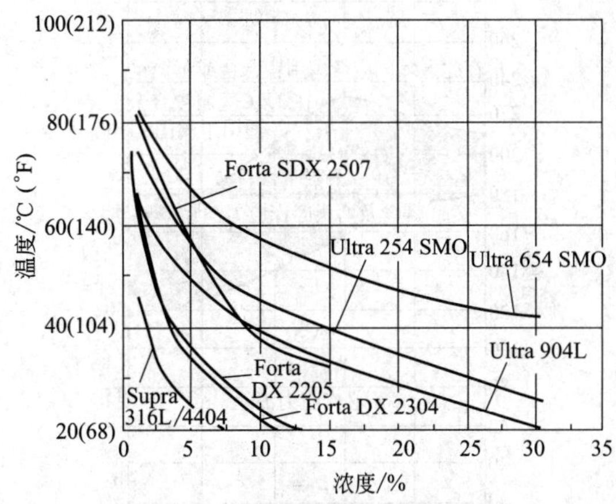

图 48-259 材料在氟硅酸中的腐蚀性能

图中腐蚀速率曲线的腐蚀速率均为 0.1mm/a

8.2.11 蚁酸腐蚀速率图

如图 48-260 所示。

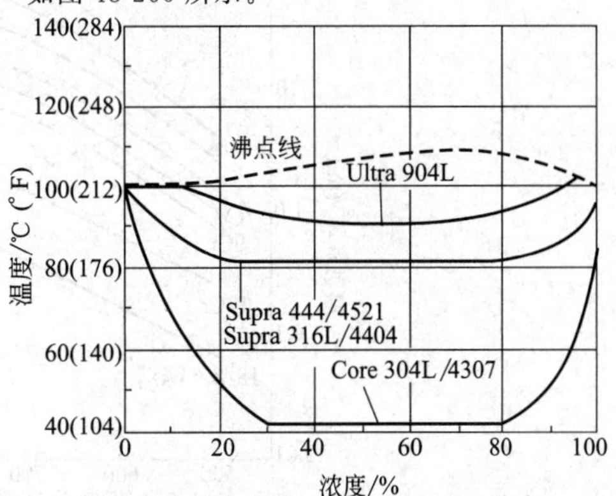

图 48-260 材料在蚁酸中的腐蚀性能

图中腐蚀速率曲线的腐蚀速率均为 0.1mm/a

8.3 其他化工介质腐蚀图表

8.3.1 烧碱中腐蚀速率图

碳钢和镍合金在烧碱中的应用范围见图48-261。在A区域中，碳钢腐蚀速率低，且不发生碱脆。在B区域中，碳钢腐蚀速率低，但会发生碱脆，焊接或冷作加工后应进行消除应力热处理。在C区域中，碳钢的腐蚀速率高，且碱脆倾向大，不宜使用，应采用镍合金。

不锈钢和钛在烧碱中的腐蚀速率见图48-262。在阴影区域不锈钢和钛材易发生SCC（应力腐蚀开裂）。

8.3.2 硫化氢腐蚀速率图

如图48-263所示。

8.3.3 高温硫中腐蚀速率图

各类钢在高温硫中的腐蚀曲线（修正的McConomy曲线）见图48-264。

8.3.4 高温高压氢中腐蚀速率图

临氢作用钢防止脱碳和微裂的操作极限见图48-265（修正的Nelson曲线）。各类含钼钢在高温高压氢中的腐蚀图见图48-266。

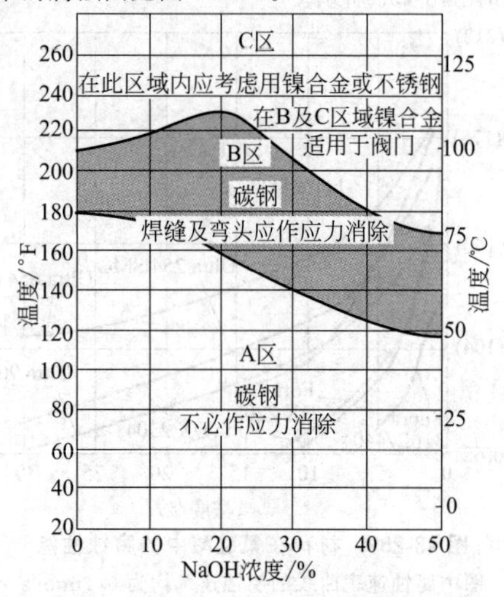

图48-261 碳钢在NaOH中的腐蚀性能

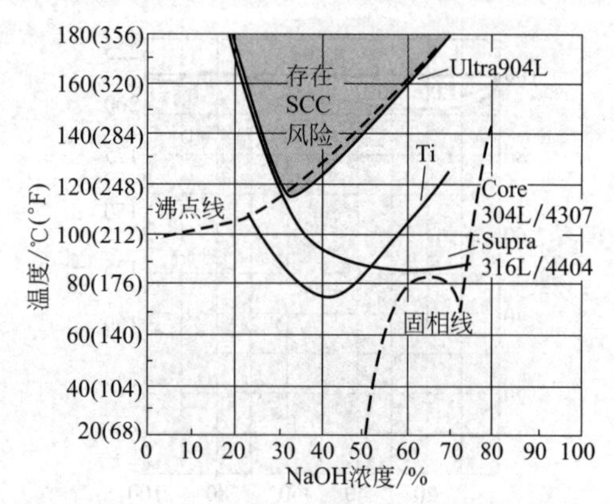

图48-262 不锈钢和钛在烧碱中的腐蚀性能曲线图

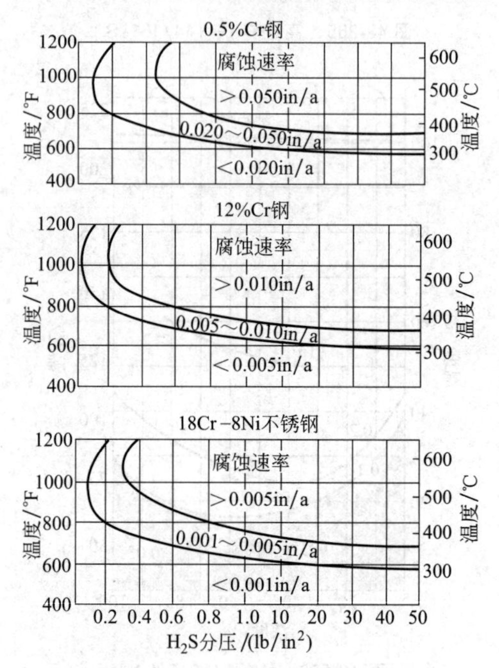

图48-263 铬钢、不锈钢在硫化氢中的腐蚀性能（有氢存在）

1in=0.0254m；1lb=0.4536kg

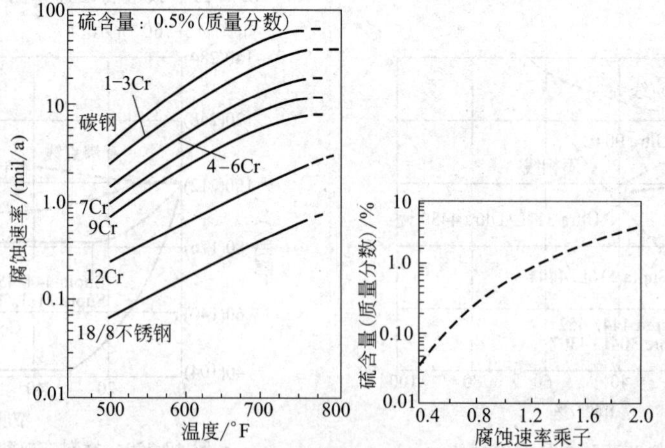

图48-264 各种钢在高温硫中的腐蚀曲线（修正的McConomy曲线）

$1\mathrm{mil}=25.4\times10^{-6}\mathrm{m}$；$t/℃=\frac{5}{9}(t/°F-32)$

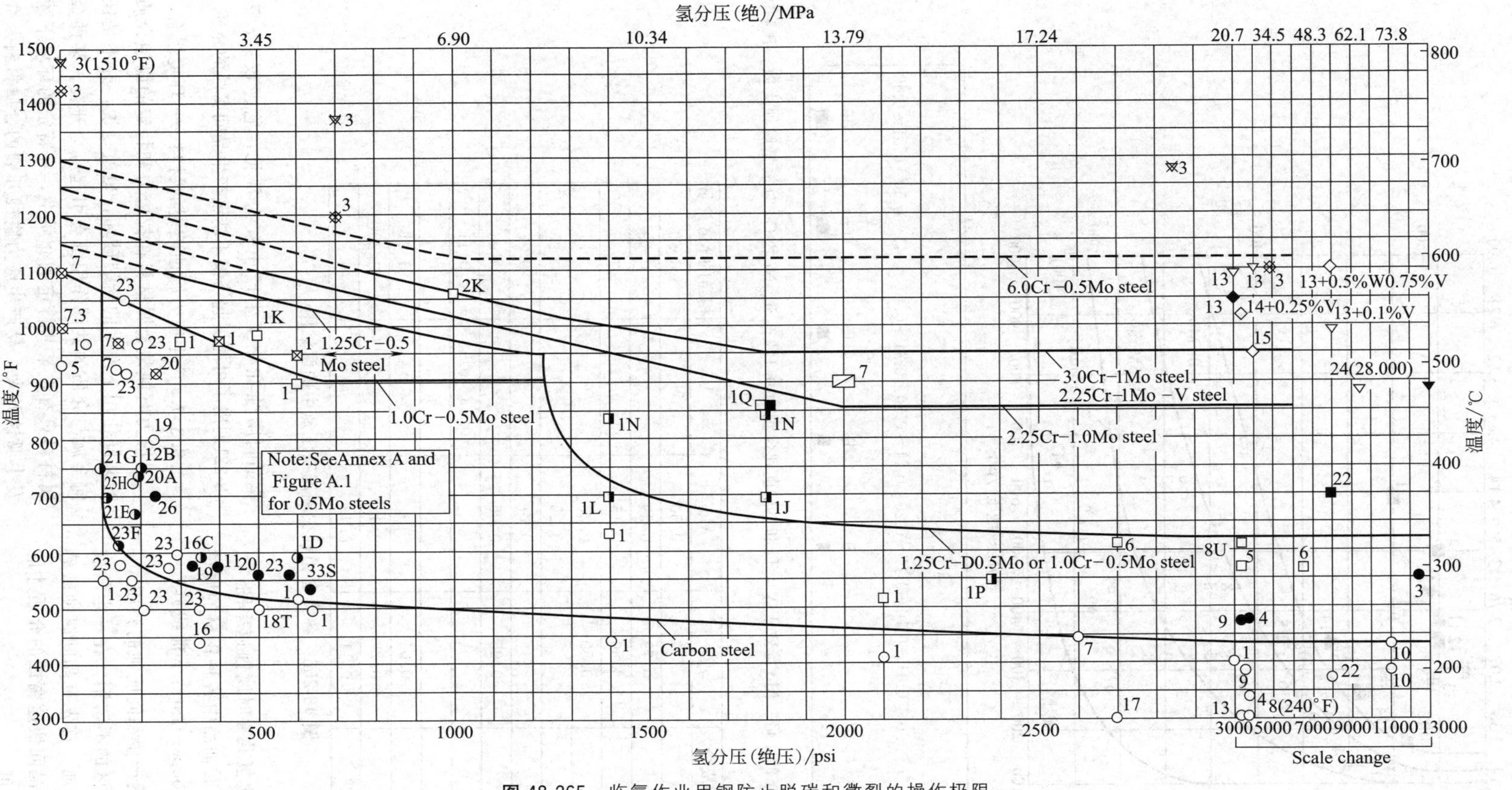

图 48-265　临氢作业用钢防止脱碳和微裂的操作极限

1. 本曲线给出的极限是基于 G. A. Nelson 最初收集的操作经验和 API 征集的补充资料
2. 奥氏体不锈钢在任何温度条件下或氢压下都不会脱碳
3. 本曲线给出的极限是基于铸钢及退火钢和正火钢采用 ASME 规范第Ⅷ卷第一分篇应力值水平，补充资料见 API 941—2008 第 5.2 节和第 5.3 节
4. 曾报道 1.25Cr-1MoV 钢在安全范围内发生若干裂纹，详见 API 941—2008 附录 B
5. 包括 2.2Cr-1MoV 级钢是建立在 10000h 以上实验室的试验数据，这些合金至少与 3Cr-1Mo 钢性能相同，详见 API 941—2008 中相关内容

图表符号					
表面脱碳	- - - - - -				
内部脱碳	——————				
	碳钢	1.0Cr 0.5Mo	2.25Cr 1.00Mo	3.0Cr 1.0Mo	6.0Cr 0.5Mo
安全	○	□	▭	◇	▽
内部脱碳和微裂纹	●	■	▬	◆	▼
表面脱碳	⊗	⊠	▱	◈	⊻
见 API 941—2008	◑	◨	◨	◈	▼

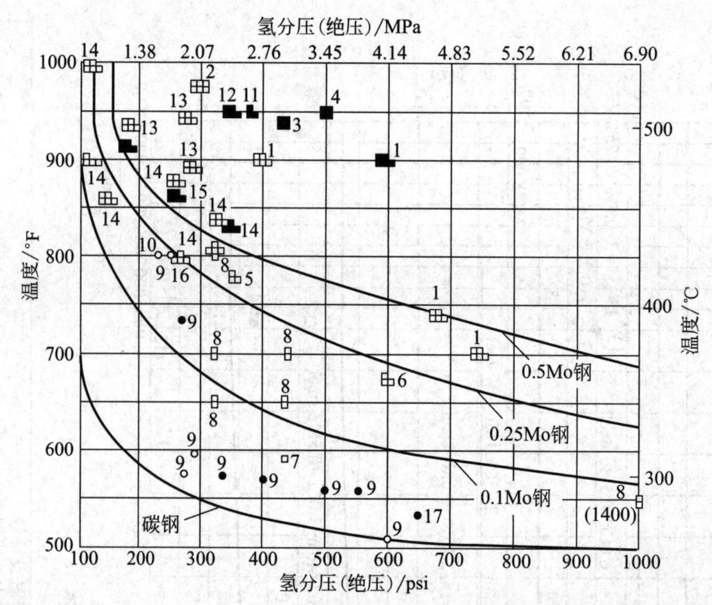

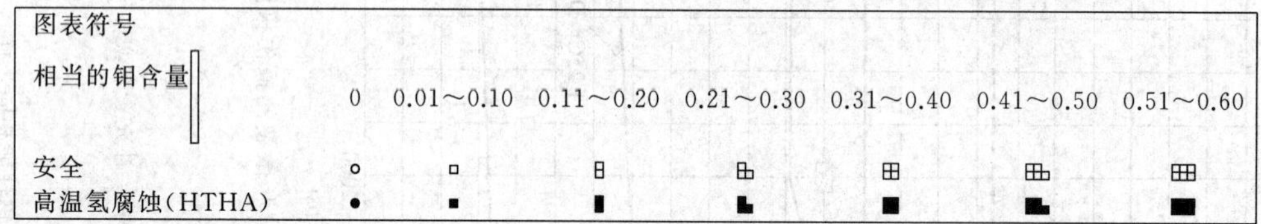

Mo对氢腐蚀的抗力约为Cr的4倍；Mo等效于V、Ti和Nb直到含量为0.1%；Si、Ni和Cu对抗氢腐蚀无效；P和S会降低钢的抗氢腐蚀能力

各钢种成分	Cr	Mo	V	相当的Mo含量
1		0.50		0.50
2	0.79	0.39		0.59
3	0.80	0.15		0.35
4	0.50	0.25		0.37
5		0.25		0.25
6		0.27		0.27
7	0.05	0.06		0.08
8			0.13～0.18	0.11
9				
10	0.04			0.01
11	0.27	0.15		0.22
12	0.11	0.43		0.50

图48-266 各类含钼钢在高温高压氢中的腐蚀图

8.3.5 高温氢气和硫化氢共存时腐蚀速率图

高温氢气和硫化氢共存时油品中各种钢材的腐蚀曲线见图48-267（修正的Couper Gorman曲线族）。

8.3.6 引起铬镍不锈钢产生晶间腐蚀的介质

产生晶界碳化铬和贫铬区的不锈钢，在一定的腐蚀介质作用下会产生晶间腐蚀。首先有晶间腐蚀敏感性的不锈钢，同时接触能使晶间快速腐蚀的介质才能产生晶间腐蚀，两者缺一不可。

镍合金、铝合金也存在晶间腐蚀现象，奥氏体不锈钢晶间腐蚀在化工生产中较为常见，危害较大，表48-221列出了可能引起铬镍不锈钢产生晶间腐蚀的介质。

8.3.7 产生应力腐蚀破裂的材料——环境组合

应力腐蚀是金属材料在拉应力和特定的腐蚀介质的共同作用下发生的断裂破坏，也就是说，并不是任何金属与介质的共同作用都会引起应力开裂。某种金属材料只有在某些特定的介质中，在特定的环境下才发生腐蚀开裂。易产生应力腐蚀开裂的金属材料及介质组合见表48-222。

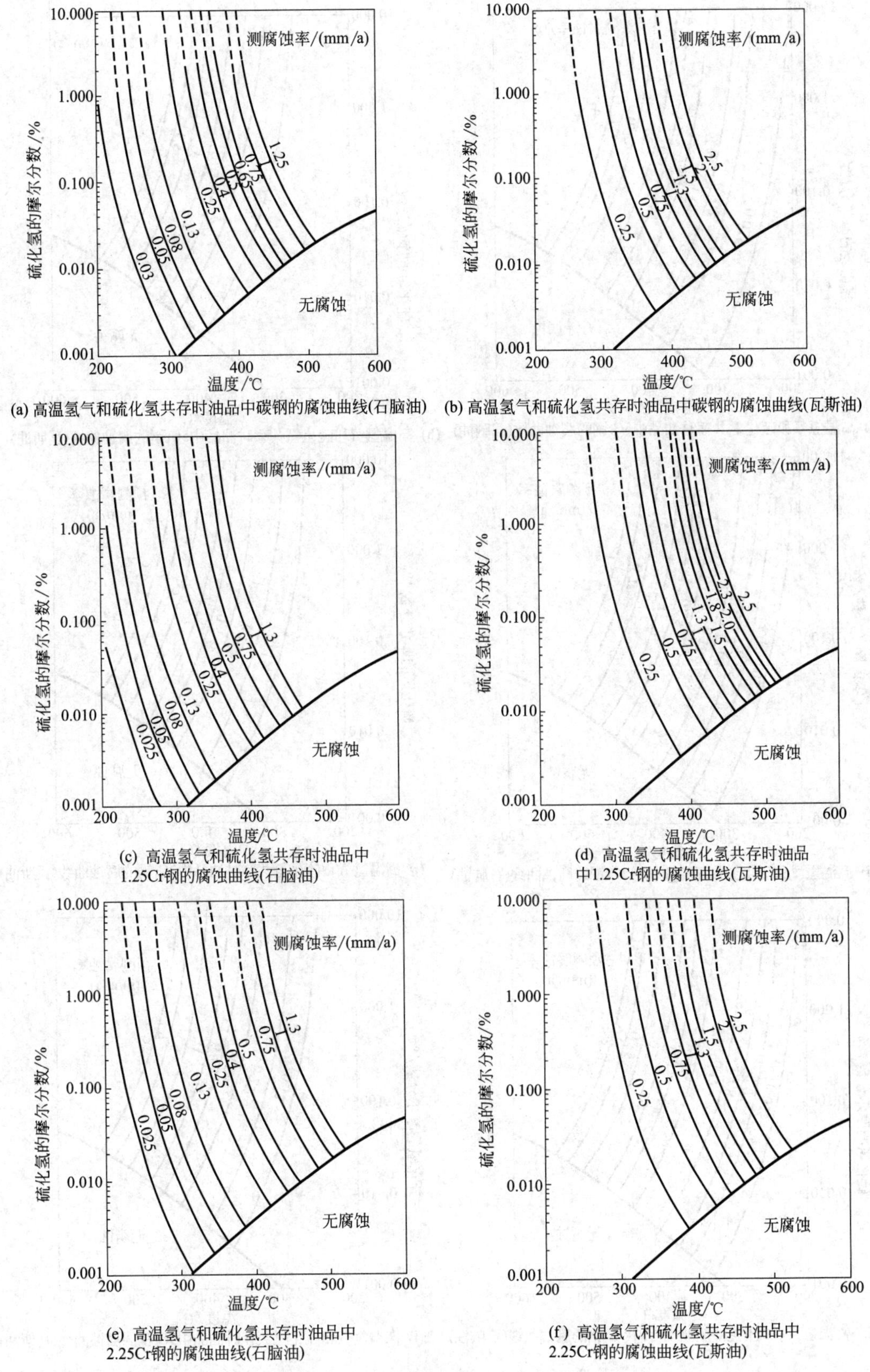

(a) 高温氢气和硫化氢共存时油品中碳钢的腐蚀曲线(石脑油)

(b) 高温氢气和硫化氢共存时油品中碳钢的腐蚀曲线(瓦斯油)

(c) 高温氢气和硫化氢共存时油品中1.25Cr钢的腐蚀曲线(石脑油)

(d) 高温氢气和硫化氢共存时油品中1.25Cr钢的腐蚀曲线(瓦斯油)

(e) 高温氢气和硫化氢共存时油品中2.25Cr钢的腐蚀曲线(石脑油)

(f) 高温氢气和硫化氢共存时油品中2.25Cr钢的腐蚀曲线(瓦斯油)

图 48-267

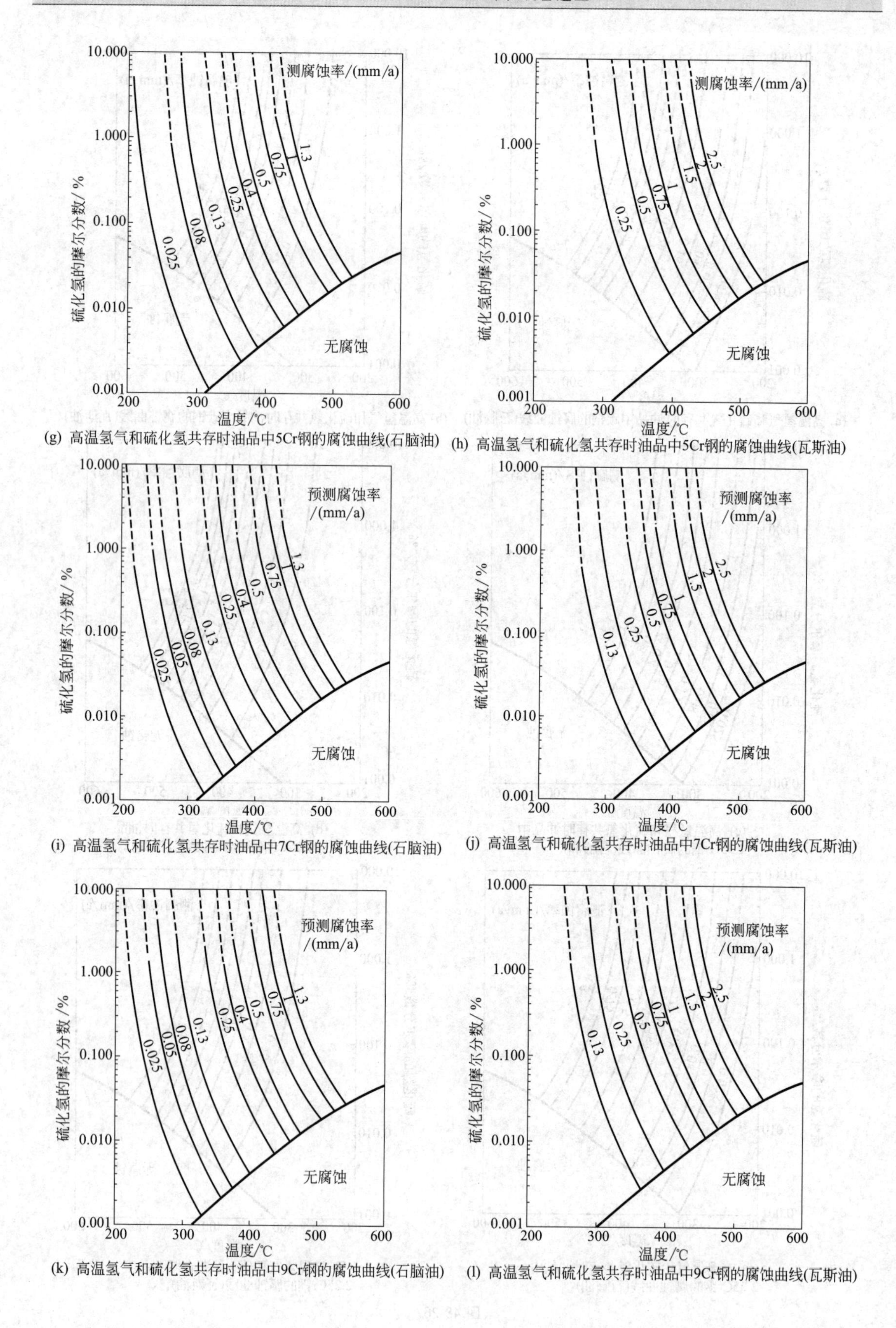

(g) 高温氢气和硫化氢共存时油品中5Cr钢的腐蚀曲线(石脑油)

(h) 高温氢气和硫化氢共存时油品中5Cr钢的腐蚀曲线(瓦斯油)

(i) 高温氢气和硫化氢共存时油品中7Cr钢的腐蚀曲线(石脑油)

(j) 高温氢气和硫化氢共存时油品中7Cr钢的腐蚀曲线(瓦斯油)

(k) 高温氢气和硫化氢共存时油品中9Cr钢的腐蚀曲线(石脑油)

(l) 高温氢气和硫化氢共存时油品中9Cr钢的腐蚀曲线(瓦斯油)

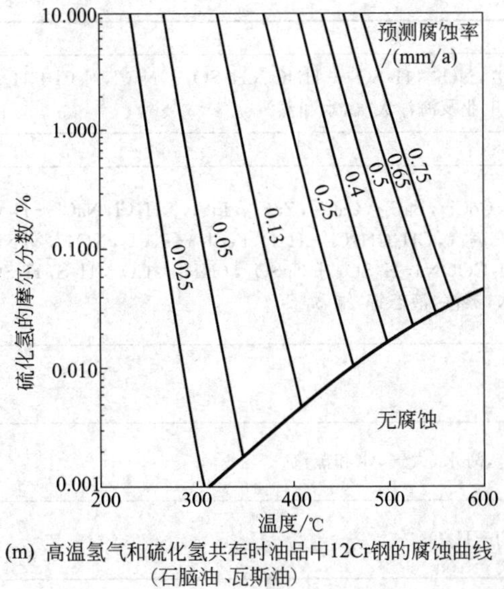

(m) 高温氢气和硫化氢共存时油品中12Cr钢的腐蚀曲线（石脑油、瓦斯油）

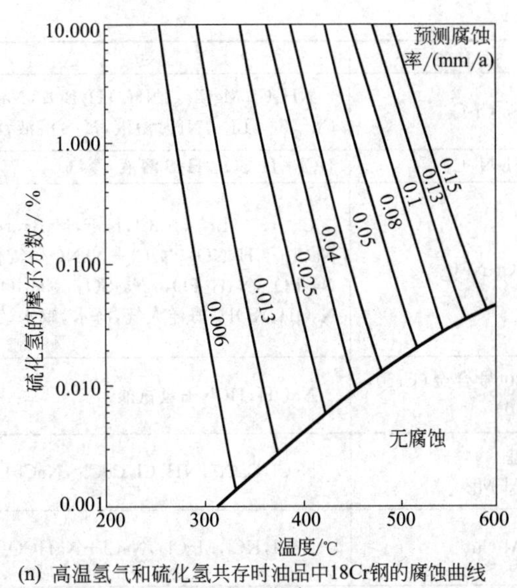

(n) 高温氢气和硫化氢共存时油品中18Cr钢的腐蚀曲线（石脑油、瓦斯油）

图 48-267　高温氢气和硫化氢共存时油品中各种钢材的腐蚀曲线

表 48-221　可能引起铬镍不锈钢产生晶间腐蚀的介质

介质	介质	介质
醋酸	氰氢酸＋二氧化硫	氢氧化钠＋硫化钠
醋酸＋水杨酸	氢氟酸＋硫酸铁	次氯酸钠
硝酸铵	乳酸	亚硫酸盐蒸煮液
硫酸铵	乳酸＋硝酸	亚硫酸盐溶液
硫酸铵＋硫酸	马来酸(顺丁烯二酸)	亚硫酸煮介酸(亚硫酸氢钙＋二氧化硫)
甜菜汁	硝酸	氨基磺酸
硝酸钙	硝酸＋盐酸	二氧化硫(湿)
铬酸	硝酸＋氢氟酸	硫酸
氯化铬	草酸	硫酸＋醋酸
硫酸铜	酚＋环烷酸	硫酸＋硫酸铜
原油	磷酸	硫酸＋硫酸亚铁
脂肪酸	酞酸	硫酸＋甲醇
氯化铁	盐雾	硫酸＋硝酸
硫酸铁	海水	亚硫酸
甲酸	硝酸银＋醋酸	水＋淀粉＋二氧化硫
氰氢酸	硫酸氢钠	水＋硫酸铝

表 48-222　易产生应力腐蚀开裂的金属材料及介质组合

合金	环　　境
铁基 铸铁(灰,镍)	NaOH
低碳钢 低合金钢	OH^- (NaOH、KOH), K_2CO_3, $CO_3^{2-}-HCO_3^-$ NO_3^- [NH_4NO_3、$NaNO_3$、$Ca(NO_3)_2$…], $HNO_3+H_2SO_4$, HCN(水溶液), $MgCl_2$, NaF, Na_3PO_4, $CaCl_2$, $FeCl_3$,无水液氨, H_2S,红发烟硝酸, H_2SO_4, H_3PO_4,乙酸,HCl,铬酸,乙醇胺＋H_2S＋CO_2,乙胺,液态锌、镉、锂,工业及海洋大气, CO_2+H_2O

续表

合金	环境
Fe-Cr-C	NH_4Cl,$MgCl_2$,$(NH_4)H_2PO_4$,Na_2HPO_4,NO_3^-,$H_2SO_4+HNO_3$,H_2SO_4+NaCl,$NaCl+H_2O_2$,Cl^-,F^-,Br^-,NH_3 溶液,H_2S 溶液,海水,工业及海洋大气,水和蒸汽
Fe-Ni-C	$HCl+H_2SO_4$,H_2S 溶液,蒸汽
Fe-Cr-Ni-C	Cl^-,F^-,Br^-,NaCl,NaF,NaBr,$MgCl_2$,$CoCl_2$,$BaCl_2$,$CaCl_2$,$ZnCl_2$,LiCl,NH_4Cl,$NaCl+H_2O_2$,$NaCl+NH_4NO_2$,$NaCl+NaNO_2$,氯化物+蒸汽,$CH_3CH_2Cl+H_2O$,$FeCl_2+FeCl_3$,NO_3^-,$NaNO_3$,Na_3PO_4,NaH_2PO_4,Na_2SO_3,$NaClO_3$,CH_3COONa,$H_2SO_4+CuSO_4$,$(NH_4)_2CO_3$,H_2S,H_2SO_4,NaOH,KOH,海洋大气,海水,咸水,锅炉水,蒸汽,液态锌,铜,焊药
20号合金(Cr20,Ni30)	NaOH,HCN+氢氰酸
铝基 Al-Mg	NaCl,$CaCl_2$,NH_4Cl,$CoCl_2$,$NaCl+H_2O_2$,海水,大气,水和蒸汽
Al-Cu	NaCl,KCl,$MgCl_2$,$NaCl+NaHCO_3$,$NaCl+H_2O_2$
Al-Mg-(Zn、Cn、Mn)	海水,大气,NaCl,蒸汽,HCl(含氢),H_2S(湿),Hg_2Cl_2,汞,铋,乙酸+汞盐
铜基 Cu-Zn(Sn、Al、Pb、Mn)	NH_3 及溶液,含 NH_3 大气,$FeCl_3$,$MgCl_3$,$HgCl_2$,$HgNO_3$,KCl,K_2CrO_4,$KMnO_4$,湿 SO_2,HNO_3,HF(无氧),HCl(溶液),铬酸,液态锂,汞,乙酸+汞盐,胺,苯胺,氯代苯胺,氯甲苯胺,四胺铜,甲代烯丙胺,三甲铵,三乙醇胺,甲苯
Cu-Zn-Si,Cu-Al	水汽
Cu-Zn-Sn-Mn	水
Cu-Ni(<33)	$HgCl_2$
镍基 Ni(99)	NaOH、KOH(熔盐及溶液,)HCN(杂质),$NaNO_3$,$MgSiF_6$,HF(无氧溶液),氟硅酸,硫,汞,蒸汽(>430℃),HCl+水+丁烷(560℃)
Ni-Cr-Fe(76-16-7)	NaQH,Na_2S,HF(无氧溶液),汞,磺化油,蒸汽,高温水(35℃)
Ni-Cu(66-32)	NaOH,KOH,$MgCl_2$,$HgCl_2$,$Hg(CN)_2$,$Hg(NO_3)_2$,$Hg_2(NO_3)_2$,$NaNO_3$,$MgSiF_6$,$ZuSiF_6$,$(NH_4)_2SiF_6$,HF(蒸气及溶液),铬酸,氟硅酸,汞,氯苯,磺化油,蒸汽
Ni-Mo(Cr)	$MgSO_4$,氟硅酸,NaOH(Ni-Mo)
Ni(Cu,Al)	HF 酸气
Ni-Mo-Cr-Fe(71-12-6-7)	HCl+水+丁烷(>440℃)
镁基 Mg	KHF_2 溶液
Mg-Al	NaOH,HNO_3,HF,蒸馏水
Mg-Al-Zn-Mn(Si)	$NaCl+H_2O_2$,$NaCl+K_2CrO_4$,海岸大气,水
铅	乙酸铅(+HNO_3),大气,土壤
钛 Ti	NaCl(固体,>290℃),硫酸铀,红发烟 HNO_3,甲醇,乙醇,全氯乙烯
Ti-6Al-4V	N_2O_4(液体)
锆	$FeCl_3$
金基 Au	$KMnO_4$
An-Cu-Ag	$FeCl_3$
Au-Cu	HNO_3+HCl,HNO_3,$FeCl_3$,NH_4OH 溶液
银基 Ag-Au	HNO_3+HCl,HNO_3,$FeCl_3$ 溶液
Ag-Pt	$FeCl_3$

8.4　几种工业酸中耐腐蚀金属材料的应用

本小节分别介绍几种典型介质的耐腐蚀金属材料选用图。图中划分几个区域，各区域适用材料在图注中列出，所列各种金属材料仅指材料在图示范围的浓度、温度下其腐蚀率＜0.5mm/a。须注意当介质由多种成分组成时，必须考虑各组分对材料腐蚀性能的影响。

(1) 耐盐酸腐蚀金属材料（图 48-268）

(2) 耐氢氟酸腐蚀金属材料（图 48-269）

(3) 耐硫酸腐蚀金属材料（图 48-270）

(4) 耐硫酸和硝酸混合酸腐蚀金属材料（图 48-271）

9　压力容器典型失效模式

压力容器设计的可靠程度一直是行业关注的焦点，设计者在进行设计时往往仅考虑需要满足安全法规和技术标准的基本要求，认为满足安全法规和技术标准的要求就可以保证容器安全。事实上，压力容器设计过程中往往只重视强度计算，而统计分析表明，绝大多数压力容器事故真正的原因是在设计过程中忽略了一些可能发生的失效模式，在材料选择、载荷设定和结构考虑上出现问题。

我国制定的 GB/T 30579—2014《承压设备损伤模式识别》提出了一套比较完整的、适合我国承压设备现状的损伤模式和识别方法，该标准将我国承压设备的损伤模式分为五大类、73 种，其中腐蚀减薄 25 种、环境开裂 13 种、材质劣化 15 种、机械损伤 11 种、其他损伤 9 种，其内容包括承压设备主要损伤模式识别的损伤描述及损伤机理、损伤形态、受影响的材料、主要影响因素、易发生的装置或设备、主要预防措施、检测或监测方法、相关或伴随的其他损伤等，这里简单介绍几种比较典型的失效模式。

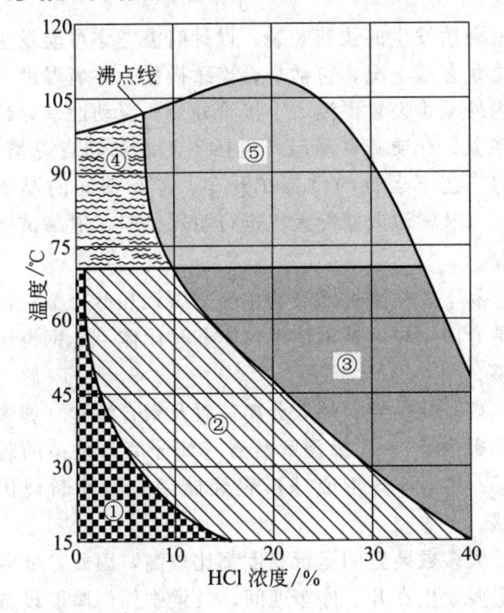

图 48-268　耐盐酸腐蚀金属材料图（腐蚀速率＜0.5mm/a）

区域①：20Cr30Ni（HCl＜2%，25℃）、66Ni32Cu（无空气）、62Ni28Mo、铜（无空气）、镍（无空气）、铂、硅青铜（无空气）、硅铸铁（无 $FeCl_3$）、银、钽、钛（HCl＜10%，25℃）、钨、锆

区域②：62Ni32Cu、钼、铂、硅青铜（无空气）、硅铸铁（无 $FeCl_3$）、银、钽、锆

区域③：62Ni28Mo（无氯）、钼、铂、银、钽、锆

区域④：66Ni32Cu（无空气，HCl＜0.05%）、62Ni28Mo（无氯）、铂、银、钽、钨、锆

区域⑤：62Ni28Mo（无氯）、铂、银、钽、锆

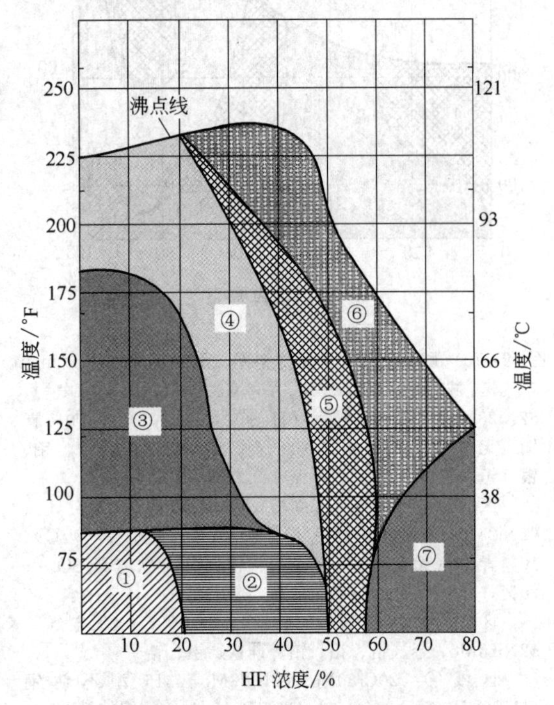

图 48-269　耐氢氟酸腐蚀金属材料图（腐蚀速率＜0.5mm/a）

区域①：20Cr30Ni、25Cr20Ni、70Cu30Ni（无空气）、66Ni32Cu（无空气）、54Ni15Cr16Mo、铜（无空气）、金、铅（无空气）、镍（无空气）、镍铸铁、铂、银

区域②：20Cr30Ni、70Cu30Ni（无空气）、54Ni15Cr16Mo、66Ni32Cu（无空气）、铜（无空气）、金、铅（无空气）、镍（无空气）、铂、银

区域③：20Cr30Ni、70Cu30Ni（无空气）、54Ni15Cr16Mo、66Ni32Cu（无空气）、铜（无空气）、金、铅（无空气）、铂、银

区域④：70Cu30Ni（无空气）、66Ni32Cu（无空气）、54Ni15Cr16Mo、铜（无空气）、金、铅（无空气）、铂、银

区域⑤：70Cu30Ni（无空气）、66Ni32Cu（无空气）、54Ni15Cr16Mo、金、铅（无空气）、铂、银

区域⑥：66Ni32Cu（无空气）、54Ni15Cr16Mo、金、铂、银

区域⑦：66Ni32Cu（无空气）、54Ni15Cr16Mo、碳钢、金、铂、银

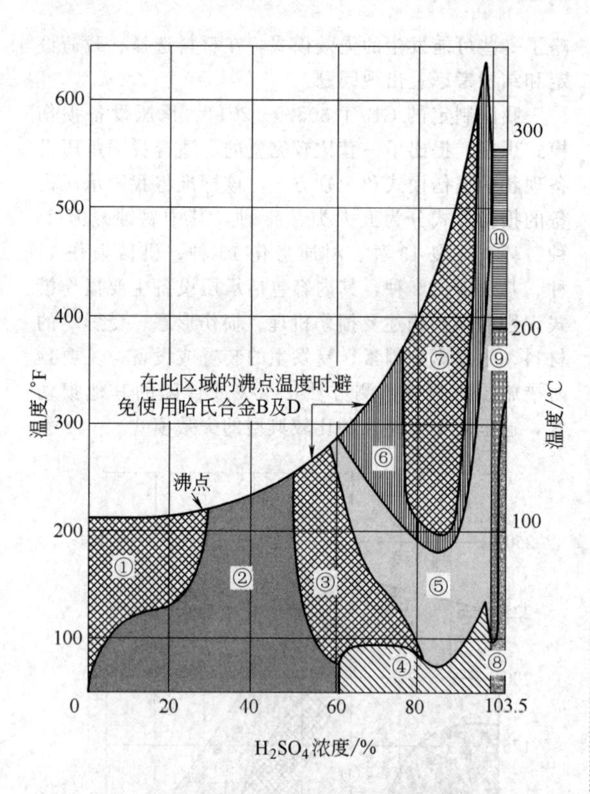

图 48-270　耐硫酸腐蚀金属材料图（腐蚀速率<0.5mm/a）

区域①：20Cr30Ni、66Ni32Cu（无空气）、62Ni28Mo、316型不锈钢（H_2SO_4<10%，充气）0%青铜（无空气）、铜（无空气）、金、铅、钼、镍铸铁、铂、银、钽、锆

区域②：20Cr30Ni（<75℃）、66Ni32Cu（无空气）、62Ni28Mo、316型不锈钢（H_2SO_4<25%，充气，25℃）、10%青铜（无空气）、金、铅、钼、镍铸铁（H_2SO_4<20%，25℃）、铂、硅铸铁、银、钽、锆

区域③：20Cr30Ni（<75℃）、66Ni32Cu（无空气）、62Ni28Mo、金、铅、钼、铂、硅铁、钽、锆

区域④：20Cr30Ni、62Ni28Mo、316型不锈钢（H_2SO_4>80%）、金、铅（H_2SO_4<96%）、镍铸铁、铂、硅铁、钢、钽、锆（H_2SO_4<80%，充气）

区域⑤：20Cr30Ni（<75℃）、62Ni28Mo、金、铅（H_2SO_4<96%，<75℃）、铂、硅铁、钽

区域⑥：62Ni28Mo（腐蚀速率0.5～0.125mm/a）、金、铂、硅铁、钽

区域⑦：金、铂、硅铁、钽

区域⑧：20Cr30Ni、18Cr8Ni、54Ni15Cr16Mo、金、铂、钢

区域⑨：20Cr30Ni、18Cr8Ni、金、铂

区域⑩：金、铂

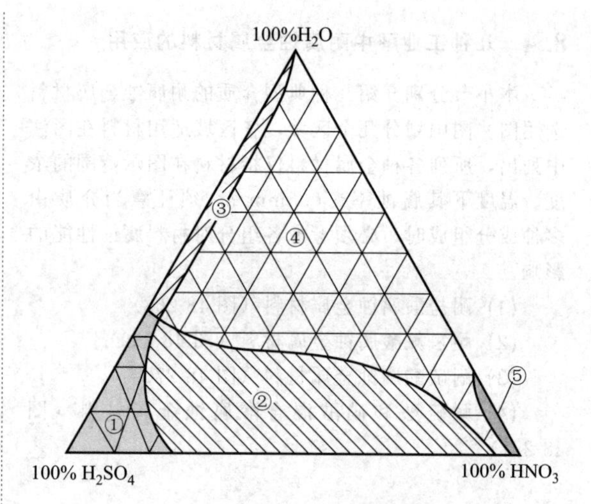

图 48-271　耐硫酸和硝酸混合酸金属材料图（腐蚀速率<0.5mm/a）

区域①：20Cr30Ni、金、铅、铂、硅铁、钢、钛

区域②：18Cr8Ni、20Cr30Ni、铸铁、金、铅、铂、硅铁、钽

区域③：20Cr30Ni、金、铂、硅铁、钽

区域④：18Cr8Ni、20Cr30Ni、金、铂、硅铁、钽

区域⑤：18Cr8Ni、20Cr30Ni、铝、金、铂、硅铁、钽

(1) 韧性断裂

在压力等荷载作用下，设备器壁承受过高的应力达到或接近器壁材料的强度极限，而发生断裂破坏。

(2) 低温脆断

金属材料在温度降低至临界值（一般为其韧脆转变温度）以下时，在应力的作用下几乎不发生塑性变形就突然发生的快速断裂。设计时需考虑可能发生的低温状态或工况，包括是否连续操作、环境温度、设备内外是否设置保温，小接管处介质流动性差导致低温现象，介质蒸发降温，包括工艺波动和自冷情况，高温工艺下运行的设备在开车、停车期间的厚壁设备，以及常温或寒冷天气进行耐压试验、泄漏试验等工况。

易于发生脆性断裂的主要有碳钢和低合金钢，尤其是老旧钢材，铁素体不锈钢和马氏体不锈钢也比较敏感。

烷基化装置、烯烃分离装置及聚合装置（如聚乙烯和聚丙烯）、乙烯裂解装置（如分离系统中的脱甲烷塔）中，半球形或球形轻烃储罐对脆性断裂比较敏感。

大多数装置的运行温度都比较高，因此，低温脆断主要发生在开、停车期间，装置中任何厚度设备都需要注意低温脆断问题。

(3) 蠕变

在高温下工作的压力容器长期受载荷作用，随着时间增加材料发生缓慢、连续的塑性变形，塑性变形经长期积累而造成厚度明显减薄或鼓胀变形，严重时导致蠕变断裂。

异种钢焊接接头热影响区和局部高应力区易发生蠕变，接管焊缝热影响区和催化重整反应器的高应力区，一些高温管道和催化重整反应器的长焊缝均可能出现低蠕变延展性失效。高温运行的其他设备，如加热炉中的炉管、管座、管吊架及锅炉主蒸汽管道、炉内构件都对蠕变较敏感。

(4) 过载

外加载荷超过设备的承受极限，导致设备发生变形或破坏。如物料的流动性或其能量在承受设备内处于非平衡状态时，物料和/或能量在容器内发生聚集累加，造成承载压力超过设备最大允许工作压力，形成超压或负压过大，会发生变形、失稳或破裂。

对于超压一般可分为物理超压和化学反应超压。引起物理超压的原因有：

① 进料的速度远大于出料的速度，造成物料的突然集聚；

② 物料受热膨胀；

③ 液化气体受热蒸发；

④ 过热蒸汽蒸发；

⑤ 瞬时压力脉动。

引起化学反应超压的原因有：

① 可燃气体燃爆；

② 粉尘燃爆；

③ 放热化学反应失控；

④ 化学反应产生的气体量远大于消耗的气体量。

工艺设计应考虑高压系统窜入中、低压系统的可能性，并设置相应的安全联锁系统。工艺设计同样应考虑反应过程发生非受控化学反应的可能性，并避免采用此类生产工艺。

真空设备或操作过程中可能产生负压的设备如常压储罐，都易于发生过载失稳。地质灾害（如地震）、恶劣天气（如台风）等易发地区的承压设备也有可能发生过载失稳。

(5) 接头泄漏

在压力容器元件的连接接头处，不应该流出或漏出的介质，流出或漏出容器以外，造成损失，称为泄漏。

(6) 腐蚀

在腐蚀性介质作用下金属发生损失造成的壁厚减薄。腐蚀是压力容器最常见的失效模式，在不同的工程应用中种类繁多并且差别极大，设计人员必须根据工程设计经验，全面考虑装置、设备中可能产生的腐蚀失效模式，并在选择材料、结构设计、腐蚀防护等方面采取措施，保证容器的设计寿命。关于常用金属材料的腐蚀性能见本章第 8 节内容。

(7) 环境助长开裂（如应力腐蚀开裂、氢致开裂）

材料在腐蚀性介质的作用下表面或内部出现裂纹的现象。环境开裂主要包括应力腐蚀开裂、氢致开裂等。

应力腐蚀开裂，是合金在腐蚀和一定方向的拉应力同时作用下产生破裂。裂缝形态有晶间破裂、穿晶破裂和混合型。应力腐蚀破裂必须存在拉应力（如焊接、冷加工等产生的残余应力）和特定的介质及材料。一般多发于奥氏体不锈钢/Cl^- 体系，碳钢/NO_3^- 体系，铜合金/NH_4^+ 体系等。

制造、焊接或服役过程中氢原子扩散进入高强度钢中，使其韧性下降，在残余应力及外部载荷的作用下发生的脆性断裂，是氢引起的滞后开裂。加氢装置、胺处理装置、酸性水装置和氢氟酸烷基化装置中湿硫化氢环境下服役的碳钢设备，高强度钢制球罐，催化重整装置的铬钼钢制反应器、缓冲罐，尤其是焊接热影响区的硬度超过 HB235 的部位都有可能发生氢脆。

(8) 疲劳

承受循环载荷的压力容器及其受压元件，在远低于材料强度极限的交变应力作用下，材料发生破坏的现象。JB 4732—1995 3. 10 条给出了免除疲劳分析的条件，当使用条件不满足该规定时，须按 JB 4732—1995 附录 C 进行疲劳分析或疲劳试验，以确定结构承受预计循环载荷而不发生疲劳破坏的能力。

根据应力大小和循环次数，疲劳失效可分为低周疲劳、中周疲劳和高周疲劳，根据工作环境、损伤机理分类，可分为机械疲劳、热疲劳、振动疲劳、接触疲劳、腐蚀疲劳。

正常操作压力周期变化的设备，如吸附塔、焦炭塔，其他可能引起共振的设备和管道都有可能发生机械疲劳。

冷、热流体的混合点，如冷凝水和蒸汽系统接触的部位、减温器或调温设备，乙烯裂解装置的裂解炉管以及急冷部分急冷锅炉集箱与换热管连接处，产生蒸汽的过热器及再热器换热管之间的刚性连接件等都有可能发生热疲劳。

石油化工及化石燃料企业中的主脱气塔，在正常工作环境中使用且受焊接残余应力、加工应力及应力集中影响的部位都可能发生腐蚀疲劳。

(9) 材质劣化

服役环境作用下材料微观组织或力学性能发生了明显退化。材质劣化种类很多，如渗氮、球化、石墨化、渗碳、σ 相脆化、再热裂纹和敏化-晶间腐蚀等。

渗氮是指金属与氮化物含量高的高温介质接触时，如氨或氰化物等，金属材料表面形成硬脆层的过程。水煤气发生炉、乙烯裂解装置及合成氨装置的高温设备都可能发生渗氮。

催化裂化装置、催化重整装置和焦化装置中的高温管道及设备、锅炉或加热炉管，以及其他服役温度高于 454℃ 的所有碳钢和低合金钢设备都有可能发生球化。

石墨化是指长期在 427～596℃ 温度范围内使用的碳钢和 0.5Mo 钢，其碳化物分解生成石墨颗粒的过程。粗珠光体钢设备，催化重整装置的低合金钢制反应器和中间加热炉，乙烯裂解装置的裂解炉管，服役在 441～552℃ 的蒸汽管道及其他设备有可能发生石墨化。

渗碳是指高温下金属与富碳材料或渗碳环境接触时，碳元素向金属材料内部扩散，产生金属碳化物脆性相的过程。火焰加热炉是渗碳损伤最常见的设备，如催化重整装置加热炉炉管、延迟焦化装置加热炉炉管等。

σ相脆化是指300系列不锈钢和其他铬元素含量超过17%的不锈钢材料，长期在538～816℃温度范围内使用时，析出σ相（金属间化合物）而导致材料变脆的过程。催化裂化装置再生器的不锈钢旋风分离器、不锈钢管道系统，奥氏体不锈钢堆焊层、不锈钢热交换器的管子-管板焊接部位，不锈钢加热炉炉管等都有可能发生σ相脆化。

参考文献

[1] 张殿印，王海涛. 除尘设备与运行管理. 北京：冶金工业出版社，2010.

[2] 戴季煌，陈泽溥，朱秋尔. 承压设备设计典型问题精解. 北京：化学工业出版社，2010.

[3] Frank Berg. F常用工业酸的腐蚀图集. 上海：化工部设备设计技术中心站，1968.

[4] Outokumpu high performance stainless steel，Outokumpu Corrosion Handbook，11th Edition. outokumpu Oyj，Finland，2015.

[5] 幡野佐一. 耐蚀材料选用. 南京化工设计院等译校. 上海：上海化学工业设计院石油化工设备设计建设组（内部资料），1974.

[6] API Recommended Practice 941. Seventh Edition，August 2008. Steels for Hydrogen Service at Elevated Temperatures and Pressures in Petroleum Refineries and Petrochemical Plants.

[7] API Recommended Practice 571. Second Edition，April 2011. Damage Mechanisms Affecting Fixed Equipment in the Refining Industry.

[8] Richard WhiteA. Materials Selection for Petroleum Refineries and Gathering Facilities. American：NACE International，1998. Facilities，NACE International，1998，Houston，Texas.

[9] 左景伊，左禹等. 腐蚀数据与选材手册. 北京：化学工业出版社，1995.

[10] 郭祖樑. 石油化工工程师实用技术手册. 北京：化学工业出版社，2004.

[11] Corrosion Data Survey：Metals Section Sixth Edition. Houston：National Association of Corrosion Engineers，1985.

第49章 供暖通风和空气调节

1 供暖

1.1 建筑物耗热量计算

建筑物耗热量是指当室外气温达到供暖计算温度的条件时，保持室内气温符合设计温度所需的热量。建筑物耗热量包括：基本耗热量、附加耗热量、由外部送入厂房的冷料和运输工具的吸热量及通风耗热量。

围护结构耗热量包括基本耗热量和附加耗热量两部分。

1.1.1 围护结构的热阻和最大传热系数

围护结构的热阻 R_n 应保证室内空气中水分在围护结构内表面不发生凝结现象，为此要求室内温度与围护结构内表面温度之间不超过允许温差值，见表49-1。

由围护结构内表面的热阻及上述允许温差值结合室内外温差条件，可用式（49-1）计算出围护结构的最小热阻值。

$$R_{o\cdot min}=k\frac{a(t_n-t_w)}{\Delta t_y\alpha_n} \qquad (49\text{-}1)$$

或

$$R_{o\cdot min}=k\frac{a(t_n-t_w)}{\Delta t_y}R_n$$

式中 $R_{o\cdot min}$——围护结构的最小热阻，$m^2\cdot℃/W$；

t_n——冬季室内计算温度，℃；

t_w——冬季围护结构室外计算温度，℃；

a——围护结构温差修正系数，见表49-17；

Δt_y——冬季室内计算温度与围护结构内表面温度的允许温差，℃，见表 49-1；

α_n——围护结构内表面传热系数，$W/(m^2\cdot℃)$，按表 49-13 选用；

R_n——围护结构内表面热阻，$m^2\cdot℃/W$；

k——最小热阻修正系数，砖石墙体取 0.95，外门取 0.60，其他取 1.0。

以上计算不适用于窗、阳台门和天窗；当相邻房间的温差大于 10℃时，内围护结构的最小热阻也应通过计算确定；当居住建筑、医院及幼儿园等建筑物采用轻型结构时，其外墙最小热阻尚应符合国家现行《民用建筑热工设计规范》及《民用建筑节能设计标准》（供暖居住建筑部分）的要求。

表 49-1 允许温差 Δt_y 值 单位：℃

建筑物及房间类别	外墙	屋顶
室内空气干燥或正常的工业企业辅助建筑物	7.0	5.5
室内空气干燥的生产厂房	10.0	8.0
室内空气湿度正常的生产厂房	8.0	7.0
室内空气潮湿的公共建筑、生产厂房及辅助建筑物		
当不允许墙和顶棚内表面结露时	t_n-t_1	$0.8(t_n-t_1)$
当仅不允许顶棚内表面结露时	7.0	$0.9(t_n-t_1)$
室内空气潮湿且具有腐蚀性介质的生产厂房	t_n-t_1	t_n-t_1
室内散热量大于 $23W/m^3$，且计算相对湿度不大于 50%的生产厂房	12.0	12.0

注：1. 室内空气干湿程度的区分应根据室内温度和相对湿度按表 49-2 确定。

2. 与室外空气相通的楼板和非供暖地下室上面的楼板，其允许温差 Δt_y 值可采用 2.5℃。

3. 表中，t_n 表示冬季室内计算温度，℃；t_1 表示在室内计算温度和相对湿度状况下的露点温度，℃。

由式（49-1）求得围护结构的最小热阻值后，可由式（49-2）求得围护结构的最大传热系数。

$$K_T=\frac{1}{R_{o,min}}\quad W/(m^2\cdot℃) \qquad (49\text{-}2)$$

表 49-2 室内干湿程度的区分

干湿程度类别	温度/℃		
	≤12	13～24	>24
	相对湿度/%		
干　燥	≤60	≤50	≤40
正　常	61～75	51～60	41～50
较　湿	>75	61～75	51～60
潮　湿	—	>75	>60

1.1.2 围护结构热工性能节能限值

代表性城市所处气候分区见表49-3。根据建筑所处城市的一类工业建筑气候分区，在进行供暖、通风与空调设计中，建筑物围护结构的热工性能应分别符合表49-4～表49-9的规定。其中外墙的传热系数为包括结构性热桥在内的平均值 K_m。当建筑所处城市属于温和地区时，应判断该城市的气象条件与表49-3中的哪个城市最接近，围护结构的热工性能应符合那个城市所属气候分区的规定。

表49-3 代表性城市建筑热工设计分区

气候分区及气候子区		代表性城市
严寒地区	严寒A区	博克图、伊春、呼玛、海拉尔、满洲里、阿尔山、玛多、黑河、嫩江、海伦、齐齐哈尔、富锦、哈尔滨、牡丹江、大庆、安达、佳木斯、二连浩特、多伦、大柴旦、阿勒泰、那曲
	严寒B区	
	严寒C区	长春、通化、延吉、通辽、四平、抚顺、阜新、沈阳、本溪、鞍山、呼和浩特、包头、鄂尔多斯、赤峰、额济纳旗、大同、乌鲁木齐、克拉玛依、酒泉、西宁、日喀则、甘孜、康定
寒冷地区	寒冷A区	丹东、大连、张家口、承德、唐山、青岛、洛阳、太原、阳泉、晋城、天水、榆林、延安、宝鸡、银川、平凉、兰州、喀什、伊宁、阿坝、拉萨、林芝、北京、天津、石家庄、保定、邢台、济南、德州、兖州、郑州、安阳、徐州、运城、西安、咸阳、吐鲁番、库尔勒、哈密
	寒冷B区	
夏热冬冷地区	夏热冬冷A区	南京、蚌埠、盐城、南通、合肥、安庆、九江、武汉、黄石、岳阳、汉中、安康、上海、杭州、宁波、温州、宜昌、长沙、南昌、株洲、永州、赣州、韶关、桂林、重庆、达县、万州、涪陵、南充、宜宾、成都、遵义、凯里、绵阳、南平
	夏热冬冷B区	
夏热冬暖地区	夏热冬暖A区	福州、莆田、龙岩、梅州、兴宁、英德、河池、柳州、贺州、泉州、厦门、广州、深圳、湛江、汕头、南宁、北海、梧州、海口、三亚
	夏热冬暖B区	
温和地区	温和A区	昆明、贵阳、丽江、会泽、腾冲、保山、大理、楚雄、曲靖、泸西、屏边、广南、兴义、独山
	温和B区	瑞丽、耿马、临沧、澜沧、思茅、江城、蒙自

表49-4 严寒地区围护结构传热系数限值

围护结构部位		传热系数 K/[W/(m²·℃)]		
		S≤0.10	0.10<S≤0.15	S>0.15
严寒A区围护结构传热系数限值				
屋面		≤0.40	≤0.35	≤0.35
外墙		≤0.50	≤0.45	≤0.40
立面外窗	总窗墙面积比≤0.20	≤2.70	≤2.50	≤2.50
	0.20<总窗墙面积比≤0.30	≤2.50	≤2.20	≤2.20
	总窗墙面积比>0.30	≤2.20	≤2.00	≤2.00
屋顶透光部分		≤2.50		
严寒B区围护结构传热系数限值				
屋面		≤0.45	≤0.45	≤0.40
外墙		≤0.60	≤0.55	≤0.45
立面外窗	总窗墙面积比≤0.20	≤3.00	≤2.70	≤2.70
	0.20<总窗墙面积比≤0.30	≤2.70	≤2.50	≤2.50
	总窗墙面积比>0.30	≤2.50	≤2.20	≤2.20
屋顶透光部分		≤2.70		
严寒C区围护结构传热系数限值				
屋面		≤0.55	≤0.50	≤0.45
外墙		≤0.65	≤0.60	≤0.50
立面外窗	总窗墙面积比≤0.20	≤3.30	≤3.00	≤3.00
	0.20<总窗墙面积比≤0.30	≤3.00	≤2.70	≤2.70
	总窗墙面积比>0.30	≤2.70	≤2.50	≤2.50
屋顶透光部分		≤3.00		

注：S 为形体系数。

表 49-5　寒冷 A 区围护结构传热系数限值

围护结构部位		传热系数 K/[W/(m²·℃)]		
		S≤0.10	0.10<S≤0.15	S>0.15
屋面		≤0.60	≤0.55	≤0.50
外墙		≤0.70	≤0.65	≤0.60
立面外窗	总窗墙面积比≤0.20	≤3.50	≤3.30	≤3.30
	0.20<总窗墙面积比≤0.30	≤3.30	≤3.00	≤3.00
	总窗墙面积比>0.30	≤3.00	≤2.70	≤2.70
屋顶透光部分		≤3.30		

注：S 为体形系数。

表 49-6　寒冷 B 区围护结构传热系数限值

围护结构部位		传热系数 K/[W/(m²·℃)]		
		S≤0.10	0.10<S≤0.15	S>0.15
屋面		≤0.65	≤0.60	≤0.55
外墙		≤0.75	≤0.70	≤0.65
立面外窗	总窗墙面积比≤0.20	≤3.70	≤3.50	≤3.50
	0.20<总窗墙面积比≤0.30	≤3.50	≤3.30	≤3.30
	总窗墙面积比>0.30	≤3.30	≤3.00	≤2.70
屋顶透光部分		≤3.50		

注：S 为体形系数。

表 49-7　夏热冬冷地区围护结构传热系数和太阳得热系数限值

围护结构部位		传热系数 K/[W/(m²·℃)]	
屋面		≤0.70	
外墙		≤1.10	
外窗		传热系数 K/[W/(m²·℃)]	太阳得热系数 SHGC(东、南、西/北向)
立面外窗	总窗墙面积比≤0.20	≤3.60	—
	0.20<总窗墙面积比≤0.40	≤3.40	≤0.60/—
	总窗墙面积比>0.40	≤3.20	≤0.45/0.55
屋顶透光部分		≤3.50	≤0.45

表 49-8　夏热冬暖地区围护结构传热系数和太阳得热系数限值

围护结构部位		传热系数 K/[W/(m²·℃)]	
屋面		≤0.90	
外墙		≤1.50	
外窗		传热系数 K/[W/(m²·℃)]	太阳得热系数 SHGC(东、南、西/北向)
立面外窗	总窗墙面积比≤0.20	≤4.00	—
	0.20<总窗墙面积比≤0.40	≤3.60	≤0.50/0.60
	总窗墙面积比>0.40	≤3.40	≤0.40/0.50
屋顶透光部分		≤4.00	≤0.40

表 49-9　不同气候区地面热阻限值和地下室外墙热阻限值

气候分区	围护结构部位		热阻 $R/(m^2 \cdot ℃/W)$
严寒地区	地面	周边地面	≥1.1
		非周边地面	≥1.1
	供暖地下室外墙(与土壤接触的墙)		≥1.1
寒冷地区	地面	周边地面	≥0.5
		非周边地面	≥0.5
	供暖地下室外墙(与土壤接触的墙)		≥0.5

注：1. 周边地面是指据外墙内表面2m以内的地面。
2. 地面热阻是指建筑基础持力层以上各层材料的热阻之和。
3. 地下室外墙热阻是指土壤以内各层材料的热阻之和。

1.1.3　基本耗热量计算

房间的基本耗热量是指围护结构的传热损失，包括屋顶、地板、墙、窗和门传热损失的总和。

① 基本耗热量计算［见式（49-3)］

$$Q=aFK(t_n-t_{wn}) \tag{49-3}$$

式中　Q——围护结构的基本耗热量，W；

F——围护结构的面积，m^2；

K——围护结构平均传热系数，$W/(m^2 \cdot ℃)$；

a——围护结构温差修正系数，按表49-17采用；

t_n——室内计算温度，℃；

t_{wn}——供暖室外计算温度，℃。

围护结构平均传热系数 K 按下式计算。

$$K=\frac{\phi}{\frac{1}{\alpha_n}+\sum\frac{\delta}{\alpha_\lambda\lambda}+R_k+\frac{1}{\alpha_w}} \tag{49-4}$$

式中　K——围护结构平均传热系数，$W/(m^2 \cdot ℃)$，见表49-10；

δ——围护结构各层材料厚度，m；

λ——围护结构各层材料热导率，$W/(m \cdot ℃)$，见表49-11；

R_k——封闭空气间层的热阻，$m^2 \cdot ℃/W$，见表49-12；

α_n——围护结构内表面换热系数，$W/(m^2 \cdot ℃)$，见表49-13；

α_w——围护结构外表面换热系数，$W/(m^2 \cdot ℃)$，见表49-14；

α_λ——材料热导率修正系数，见表49-15；

ϕ——考虑热桥影响，对主断面传热系数的修正系数。

表 49-10　门、窗的传热系数

序号	结　　构	传热系数 K /[$W/(m^2 \cdot ℃)$]	序号	结　　构	传热系数 K /[$W/(m^2 \cdot ℃)$]
1	外窗及天窗 木　框　一层 两层 三层	 5.8 2.7 1.7	4	内部的窗及天窗　一层 两层	3.5 2.3
2	金属框　一层 两层 三层	6.4 3.3 2.3	5	实体的木制外门　一层 两层	4.6 2.3
			6	带玻璃的阳台外门　一层 两层	5.8 2.7
3	一个框两层玻璃的窗及天窗	3.5	7	单层内门	2.9

表 49-11 常用围护结构建筑材料的热导率

序号	材料名称	密度 γ /(kg/m³)	热导率 λ /[W/(m·℃)]
1	沥青材料		
	沥青矿渣棉板(1∶1)	384	0.09
	沥青矿渣棉毡	100～200	0.04～0.052
2	混凝土		
	钢筋混凝土	2500	1.62
	轻混凝土(矿渣混凝土等)	1500	0.70
	轻混凝土(矿渣混凝土等)	1200	0.52
	轻混凝土(矿渣混凝土等)	1000	0.41
	加气混凝土、泡沫混凝土	1000	0.40
	泡沫混凝土	800	0.29
	泡沫混凝土	600	0.21
	水磨石	1400	1.75
3	石膏制品及石膏材料		
	纯石膏制成的板和块	1100	0.41
	含有机填充物的石膏板	700	0.23
	石膏板、块	2000	0.41
	纸面石膏板	750～900	0.194
4	矿渣及其制品		
	矿渣砖	1400	0.58
	矿渣棉	350	0.07
	矿渣棉	110～130	0.04～0.052
5	珍珠岩		
	膨胀珍珠岩	<80	0.019～0.105
		81～120	0.029～0.034
		121～160	0.034～0.038
		161～300	0.047～0.062
	水泥珍珠岩	387	$0.052+0.000036t^*$
6	实心砖砌体及砖		
	重砂浆砌筑	1800	0.81
	重砂浆砌的硅酸盐砌体	1900	0.87
	重砂浆砌的多孔砖(105 孔)	1300	0.52
	重砂浆砌的多孔砖(60 孔)	1300	0.58
	重砂浆砌的多孔砖(31 孔)	1360	0.64
	黏土空心砖	1500	0.64
		1200	0.52
		1000	0.47
7	砂浆和抹灰水泥砂浆或水泥砂浆抹灰	1800	0.93
	混合砂浆(砂、石灰、水泥)或混合砂浆抹灰石灰砂浆	1700	0.87
	石灰砂浆	1600	0.81
8	石灰抹灰在外表面	1600	0.87
	在内表面	1600	0.70
	在木板条外表面	1400	0.70
	在木板条内表面	1400	0.52
9	塑料制品		
	硬泡沫塑料板	42	0.047
	聚苯乙烯泡沫塑料	16～220	0.025～0.068
	塑料贴面板	1200	0.093～0.14
10	岩棉		
	建筑岩棉板	80～200	0.035～0.04
	岩棉软板	100	
	岩棉板	100	
	岩棉保温带	100	
11	玻璃及其制品		
	窗户玻璃	2500	0.76
	玻璃棉、玻璃丝	200	0.058
	玻璃棉、玻璃丝	100	0.052
	玻璃纤维毡	800～1200	0.035～0.047
	超细玻璃棉毡	10～96	0.051～0.035
12	木材及其制品		
	松与枞木垂直木纹	550	0.17
	松与枞木顺木纹	550	0.35
	干木板	250	0.058
	密实刨花	300	0.12
	胶合板	600	0.17
13	纤维板		
	人造板	565	0.095
	人造板	683	0.102
	人造板	771	0.126
	甘蔗板	230	0.07
	木丝板(刨花板)	730	0.083
	木纤维板	600	0.16
	硬性木纤维质板	700	0.23

注：表中 t^* 表示制品的平均温度,℃。

表 49-12 封闭空气间层的热阻值 R_k 单位:m²·℃/W

位置、热流状态及材料特征		间层厚度/mm 5	10	20	30	40	50	60
一般空气间层	热流向下(水平、倾斜)	0.10	0.14	0.17	0.18	0.19	0.20	0.20
	热流向上(水平、倾斜)	0.10	0.14	0.15	0.16	0.17	0.17	0.17
	垂直空气间层	0.10	0.14	0.16	0.17	0.18	0.18	0.18
单面铝箔空气间层	热流向下(水平、倾斜)	0.16	0.28	0.43	0.51	0.57	0.60	0.64
	热流向上(水平、倾斜)	0.16	0.26	0.35	0.40	0.42	0.42	0.43
	垂直空气间层	0.16	0.26	0.39	0.44	0.47	0.49	0.50
双面铝箔空气间层	热流向下(水平、倾斜)	0.18	0.34	0.56	0.71	0.84	0.94	1.01
	热流向上(水平、倾斜)	0.17	0.29	0.45	0.52	0.55	0.56	0.57
	垂直空气间层	0.18	0.31	0.49	0.59	0.65	0.69	0.71

注：本表为冬季状况值。

表 49-13 围护结构内表面换热系数 α_n

围护结构内表面特征	α_n/[W/(m²・℃)]
墙、地面、表面平整或有肋状突出物的顶棚，当 $h/s \leqslant 0.3$ 时	8.7
有肋、井状突出物的顶棚，当 $0.2 < h/s \leqslant 0.3$ 时	8.1
有肋状突出物的顶棚，当 $h/s > 0.3$ 时	7.6
有井状突出物的顶棚，当 $h/s > 0.3$ 时	7.0

注：h 为肋高（m）；s 为肋间净距（m）。$R_n = 1/\alpha_n$。

表 49-14 围护结构外表面换热系数 α_w

围护结构外表面特征	α_w/[W/(m²・℃)]
外墙和屋顶	23
与室外空气相通的非供暖地下室上面的楼板	17
闷顶和外墙上有窗的非供暖地下室上面的楼板	12
外墙上无窗的非供暖地下室上面的楼板	6

表 49-15 材料热导率修正系数 α_λ

材料、构造、施工、地区及说明	α_λ
作为夹心层浇筑在混凝土墙体及屋面构件中的块状多孔保温材料(如加气混凝土、泡沫混凝土及水泥膨胀珍珠岩)，因干燥缓慢及灰缝影响	1.60
铺设在密闭屋面中的多孔保温材料(如加气混凝土、泡沫混凝土、水泥膨胀珍珠岩、石灰炉渣等)，因干燥缓慢	1.50
铺设在密闭屋面中及作为夹心层浇筑在混凝土构件中的半硬质矿棉、岩棉、玻璃棉板等，因压缩及吸湿	1.20
作为夹心层浇筑在混凝土构件中的泡沫塑料等，因压缩	1.20
开孔型保温材料(如水泥刨花板、木丝板、稻草板等)，表面抹灰或混凝土浇筑在一起，因灰浆渗入	1.30
加气混凝土、泡沫混凝土砌块墙体及加气混凝土条板墙体、屋面，因灰缝影响	1.25
填充在空心墙体及屋面构件中的松散保温材料(如稻壳、木、矿棉、岩棉等)，因下沉	1.20
矿渣混凝土、炉渣混凝土、浮石混凝土、粉煤灰陶粒混凝土、加气混凝土等实心墙体及屋面构件，在严寒地区，且在室内平均相对湿度超过65%的供暖房间内使用，因干燥缓慢	1.15

② 冬季室内计算温度

a. 民用建筑的主要房间。

严寒和寒冷地区主要房间应采用18～24℃。

夏热冬冷地区主要房间宜采用16～22℃。

设置值班供暖房间不应低于于5℃。

b. 工业建筑的工作地点，宜采用以下温度。

轻作业	18～21℃
中作业	16～18℃
重作业	14～16℃
过重作业	12～14℃

注：1. 作业种类的划分，应按国家现行的《工业企业设计卫生标准》执行。

2. 当每名工人占用较大面积（50～100m²）时，轻作业可低至10℃；中作业可低至7℃；重作业可低至5℃。

c. 辅助建筑物及辅助用室不应低于下列数值。

浴室	25℃
更衣室	25℃
办公室、休息室	18℃
食堂	18℃
盥洗室、厕所	14℃

注：当工艺或使用条件有特殊要求时，各类建筑物的室内温度，可按照国家现行有关专业标准、规范执行。

d. 层高大于4m的工业建筑尚应符合下列规定：

地面应采用工作地点的温度；

墙、窗和门应采用室内平均温度；

屋顶和天窗应采用屋顶下的温度。

屋顶下的温度可按式（49-5）计算。

$$t_d = t_g + \Delta t_H (H - 2) \tag{49-5}$$

式中 t_d——屋顶下的温度，℃；

t_g——工作地点温度，℃

Δt_H——温度梯度，℃/m；

H——房间高度，m。

室内平均温度应按式（49-6）计算。

$$t_{nP} = \frac{t_d + t_g}{2} \tag{49-6}$$

③ 地板耗热量计算

a. 直接铺在土壤上的非保温地板，其热阻 R_{db} 及传热系数 K_{db} 按表49-16选用。

表 49-16 非保温地板的热阻及传热系数

地 带	R_{db}/(m²・℃/W)	K_{db}/[W/(m²・℃)]
第一地带	2.2	0.46
第二地带	4.3	0.23
第三地带	8.6	0.12
地板其余部分	14.2	0.07

与外墙平行每宽2m的地段为一地带。地带的编号自外墙算起，第一地带拐角处应重复计算。

组成地板各层材料的热导率 $\lambda \geqslant 1.2$W/(m・℃)时，不论其厚度如何，均为非保温地板。

b. 直接铺设在地面上的保温地板各地带的热阻 R_{bw} 按式（49-7）计算。

$$R_{bw} = R_{db} + \frac{\delta}{\lambda} \tag{49-7}$$

式中 R_{db}——非保温地板各地带的热阻，m²・℃/W；

δ——保温层厚度，m；

λ——保温层热导率，W/(m·℃)。

热导率 $\lambda<1.2$W/(m·℃) 的材料层所组成的地板均为保温地板。

c. 铺设于地垅墙上的地板各地带的热阻 R 按式 (49-8) 计算。

$$R=0.85R_{bw} \tag{49-8}$$

式中　R_{bw}——保温地板各地带的热阻，m²·℃/W。

供暖地下室和地板标高低于室外地面标高的供暖房间内，位于室外地坪以下的外墙和地面，应按划分地带方法计算，第一地带从室外地坪以下的外墙开始起算，地面可看作外墙的延伸。

④ 与相邻房间的温差大于或等于 5℃时，应计算通过隔墙或楼板等的传热量。与相邻房间的温差小于 5℃，且通过隔墙和楼板等的传热量大于该房间热负荷的 10%时，尚应计算其传热量。

⑤ 室内外温差修正系数见表 49-17 和表 49-18。

表 49-17　温差修正系数 a

围护结构特征	a
外墙、屋顶、地面以及与室外相通的楼板等	1.00
闷顶和与室外空气相通的非供暖地下室上面的楼板等	0.90
与有外门窗的不供暖楼梯间相邻的隔墙(1～6 层建筑)	0.60
与有外门窗的不供暖楼梯间相邻的隔墙(7～30 层建筑)	0.50
非供暖地下室上面的楼板,外墙上有窗时	0.75
非供暖地下室上面的楼板,外墙上无窗且位于室外地坪以上时	0.60
非供暖地下室上面的楼板,外墙上无窗且位于室外地坪以下时	0.40
与有外门窗的非供暖房间相邻的隔墙	0.70
与无外门窗的非供暖房间相邻的隔墙	0.40
伸缩缝墙、沉降缝墙	0.30
防震缝墙	0.70

表 49-18　有吊顶的屋面室内外计算温差修正系数 n

n	K_2/K_1	n	K_2/K_1
0.25	≥0.3	0.75	2.1～2.7
0.40	0.4～0.6	0.80	2.8～3.5
0.50	0.7～0.9	0.85	3.6～4.6
0.60	1.0～1.3	0.90	4.7～7.7
0.70	1.4～2.0	0.95	7.8～15.0

注：1. 表中数值是按屋面坡度为 1∶2（屋面与吊顶夹角约为 26.5°）和不通风闷顶计算而得，其中：K_1 表示吊顶的传热系数，K_2 表示屋面的传热系数。

2. 当斜屋面倾斜角与上述数字相差较大或不采用温差修正的计算方法时，可按屋面和吊顶的综合传热系数 K_2 计算。此时，耗热量 $Q=F_1K_2(t_n-t_w)$。

3. 屋面与吊顶的综合传热系数 K_2 的计算如下。

人字屋顶（图 49-1）：

$$K_2=\frac{1}{\dfrac{1}{K_1}+\dfrac{F_1}{K_2F_2}} \tag{49-9}$$

平屋顶（图 49-2）：

$$K_2=\frac{K_1K_2+K_1K_3\dfrac{F_3}{F_2}}{K_2+\dfrac{K_1F_1}{F_2}+\dfrac{K_3F_3}{F_2}} \tag{49-10}$$

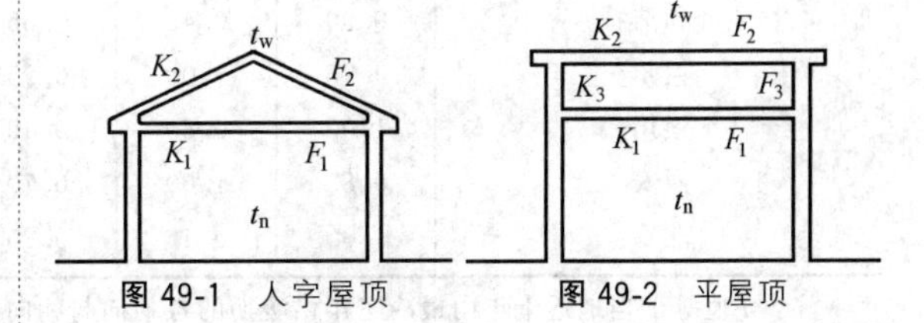

图 49-1　人字屋顶　　图 49-2　平屋顶

1.1.4　附加耗热量计算

附加耗热量包括冷风渗透附加、外门开启附加、风力附加、朝向修正和高度附加等。

(1) 冷风渗透附加

① 多层和高层民用建筑，加热由门窗缝隙渗入室内的冷空气的耗热量，可按下式计算。

$$Q=0.28c_p\rho_{wn}L(t_n-t_{wn}) \tag{49-11}$$

式中　Q——由门窗缝隙渗入室内的冷空气的耗热量，W；

c_p——空气的比定压热容，kJ/(kg·℃)；

ρ_{wn}——供暖室外计算温度下的空气密度，kg/m³；

L——渗透冷空气量，m³/(m·h)，可按缝隙法计算，见表 49-19 和表 49-20；

t_n——供暖室内计算温度,℃；

t_{wn}——供暖室外计算温度,℃。

② 多层建筑的渗透冷空气量，当无相关数据时，可按以下式计算。

$$L=kV \tag{49-12}$$

式中　V——房间体积，m³；

k——换气次数，次/h，当无实测数据时，可参见表 49-21。

③ 生产厂房、仓库、公用辅助建筑物，加热由门窗缝隙渗入室内的冷空气的耗热量占围护结构总耗热量的比例可按表 49-22 确定。

表 49-19　每米门窗缝隙渗入的空气量

单位：m³/(m·h)

门窗类型	冬季室外平均风速/(m/s)					
	1	2	3	4	5	6
单层木窗	1.0	2.0	3.1	4.3	5.5	6.7
双层木窗	0.7	1.4	2.2	3.0	3.9	4.7
单层钢窗	0.6	1.5	2.6	3.9	5.2	6.7
双层钢窗	0.4	1.1	1.8	2.7	3.6	4.7
推拉铝窗	0.2	0.5	1.0	1.6	2.3	2.9
平开铝窗	0.0	0.1	0.3	0.4	0.6	0.8

注：1. 每米外门缝隙渗入的空气量，为表中同类型外窗的两倍。

2. 当有密封条时，表中数据可乘以 0.5～0.6 的系数。

表 49-20　各地区的冷风渗入量修正值 n

地　区	朝向							
	北	东北	东	东南	南	西南	西	西北
齐齐哈尔	0.90	0.40	0.10	0.15	0.35	0.40	0.70	1.00
哈尔滨	0.25	0.15	0.15	0.45	0.60	1.00	0.80	0.55
沈阳	1.00	0.90	0.45	0.60	0.75	0.65	0.50	0.80
呼和浩特	0.90	0.45	0.35	0.10	0.20	0.30	0.70	1.00
兰州	0.75	1.00	0.95	0.50	0.25	0.25	0.35	0.45
银川	1.00	0.80	0.45	0.35	0.30	0.25	0.30	0.65
西安	0.85	1.00	0.70	0.35	0.65	0.75	0.50	0.30
北京	1.00	0.45	0.20	0.10	0.20	0.15	0.25	0.85

注：n 值等于当地近十年内最冷三年供暖期的各朝向与朝向中最大的［风速×频率×室温与气温差×空气密度和比热容］的平均比值。

表 49-21　换气次数　单位：次/h

换气次数	房间类型			
	一面有外窗房间	两面有外窗房间	三面有外窗房间	门厅
k	0.5	0.5～1.0	1.0～1.5	2

表 49-22　渗透耗热量占围护结构总耗热量的比例

单位：%

建筑物高度/m	玻璃窗层数		
	单层	单、双层均有	双层
＜4.5	25	20	15
4.5～10.0	35	30	25
＞10.0	40	35	30

(2) 外门开启附加

当建筑物的楼层数为 n 时：

一道门	65%n
两道门(有门斗)	80%n
三道门(有两个门斗)	60%n
公共建筑和工业建筑的主要出入口	500%

注：1. 外门附加开启只适用于短时间开启的、无热空气幕的外门。

2. 阳台门不应计入外门附加。

(3) 风力附加

在不避风的高地、河边、海岸、旷野上的建筑物，以及城镇、厂区内特别高出的建筑物，垂直的外围护结构附加 5%～10%。

(4) 朝向修正附加

北、东北、西北	0～10%
东、西	－5%
东南、西南	－10%～－15%
南	－15%～－30%

注：1. 应根据当地冬季日照率、辐射照度、建筑物使用和被遮挡等情况选用修正附加。

2. 冬季日照率小于 35%的地区，东南、西南和南向的修正率宜采用－10%～0，东、西向可不修正。

(5) 高度附加

除楼梯间外的供暖房间高度大于 4m 时，采用地面辐射供暖的房间，高度附加取（$H-4$）%，且总附加率不宜大于 8%：采用其他供暖形式的房间，高度附加取 2（$H-4$）%，且总附加率不宜大于 15%。H 为房间高度。

(6) 间歇供暖附加

间歇时间较长，只要求在使用时间保持室内温度时，可间歇供暖。间歇供暖应采用能快速反应的供暖系统，并应对房间供暖热负荷进行附加，间歇附加率选取宜符合下列规定：

① 仅白天使用的房间不宜小于 20%；

② 不经常使用的房间不宜小于 30%。

1.1.5　由外部送入厂房的冷料和运输工具的吸热量计算

$$Q=0.28\sum G_c cB(t_n-t_c)\quad W \qquad (49\text{-}13)$$

式中　G_c——从外面运入冷料和运输工具的质量，kg/h；

c——材料的比热容，kJ/(kg·℃)；

t_n——室内计算温度，℃；

t_c——材料温度（按工艺过程确定），℃；

B——材料的吸热强度系数见表 49-23。

表 49-23　吸热强度系数 B 值

材料在室内存放时间	非散料材料和运输工具	散料材料
第一小时	0.50	0.40
第二小时	0.30	0.25
第三小时	0.20	0.15
第四小时	—	0.10
第五小时	—	0.05

1.1.6　通风耗热量计算

$$Q=0.28q\gamma\ (t_n-t_t)\ W \qquad (49\text{-}14)$$

式中　q——通风量，m^3/h；

γ——空气密度，kg/m^3；

t_n——室内计算温度，℃；

t_t——通入室内空气温度，℃。

1.2 供暖系统的选择和计算

1.2.1 一般原则

① 设计集中供暖时，生产厂房工作地点的温度和辅助用室的室温应按现行的《工业企业设计卫生标准》执行；在非工作时间内，如生产厂房的室温必须保持在 0℃以上时，一般按 5℃考虑进行供暖；当生产对室温有特殊要求时，应按生产要求确定。

② 设置集中供暖的车间，如生产对室温没有要求，且每名工人占用的建筑面积超过 $100m^2$ 时，不宜设置全面供暖系统，但应在固定工作地点和休息地点设局部供暖装置。

③ 对于设置全面供暖的建筑物，围护结构的热阻应根据技术经济比较结果确定，并应保证室内空气中水分在围护结构内表面不发生结露现象。

④ 供暖热媒的选择应根据厂区供热情况和生产要求等，经技术经济比较后确定，并应最大限度地利用废热。

如厂区只有供暖用热或以供暖用热为主时，一般采用高温热水为热媒；当厂区供热以工艺用蒸汽为主，在不违反卫生、技术和节能要求的条件下，也可采用蒸汽作热媒。

⑤ 累年日平均温度稳定低于或等于 5℃的日数大于或等于 90 天的地区，宜采用集中供暖。

⑥ 符合下列条件之一的地区，有余热可供利用或经济条件许可时，可采用集中供暖：

a. 累年日平均温度稳定低于或等于 5℃的日数为 60～89 天；

b. 累年日平均温度稳定低于或等于 5℃的日数不足 60 天。

但累年日平均温度稳定低于或等于 8℃的日数大于或等于 75 天。

1.2.2 散热器的选择和计算

(1) 散热器的散热面积

$$F=\frac{Q}{K(t_{pj}-t_n)}\beta_1\beta_2\beta_3 \tag{49-15}$$

式中　Q——散热器的散热量，W；

t_{pj}——散热器内热媒平均温度，℃；

t_n——室内供暖计算温度，℃；

K——散热器的传热系数，$W/(m^2\cdot℃)$；

β_1——散热器组装片数修正系数，见表 49-24；

β_2——散热器连接型式修正系数，见表 49-25；

β_3——散热器安装型式修正系数，见表 49-26。

表 49-24　散热器组装片数修正系数 β_1

每组片数	β_1
<6	0.95
6～10	1.00
11～20	1.05
>20	1.10

注：本表仅适用于各种柱式散热器、方翼型散热器和圆翼型散热器不修正时，其他类型散热器需要修正时，见产品说明。

表 49-25　散热器连接型式修正系数 β_2

连接型式	同侧上进下出	异侧上进下出	异侧下进下出	异侧下进上出	同侧下进上出
四柱 813 型	1.0	1.004	1.239	1.422	1.426
M-132 型	1.0	1.009	1.251	1.386	1.396
方翼型(大 60)	1.0	1.009	1.225	1.331	1.369

注：1. 本表数据是在标准工况下测得的。
2. 其他散热器可近似套用。

表 49-26　散热器安装型式修正系数 β_3

安装型式	β_3
装在墙的凹槽内(半暗装)，散热器上部距墙的距离为 100mm	1.06
明装但在散热器上部有窗台板覆盖，散热器距窗台板高度为 150mm	1.02
装在罩内，上部敞开，下部距地 150mm	0.95
装在罩内，上部、下部开口，开口高度均为 150mm	1.04

散热器内热媒平均温度 t_{pj} 的计算如下。

对于热水供暖系统：

$$t_{pj}=\frac{t_1+t_2}{2} \tag{49-16}$$

式中　t_1——散热器进水温度，℃；

t_2——散热器出水温度，℃。

当供暖系统为单管时：

$$t_1=t_3-\frac{Q_1(t_3-t_4)}{Q_2} \tag{49-17}$$

式中　t_3——立管进水温度，℃；

t_4——立管出水温度，℃；

Q_1——进入该层散热器前面各层散热器的散热量总和，W；

Q_2——该立管所有散热器的散热量，W。

从散热器排出的水温 t_2 按式 (49-18) 计算。

$$t_2=t_1-\frac{Q}{Wc} \tag{49-18}$$

式中　Q——该组散热器的散热量，kW；

W——通过该组散热器的水量，kg/s；

c——水的比热容，$kJ/(kg\cdot℃)$。

对于蒸汽供暖系统，t_{pj} 等于进散热器的蒸汽压力相应的饱和蒸汽温度。

(2) 散热器的构造和性能

各种铸铁散热器构造和综合性能分别见图 49-3 及表 49-27，各种钢制散热器构造和综合性能分别见图 49-4 及表 49-28。

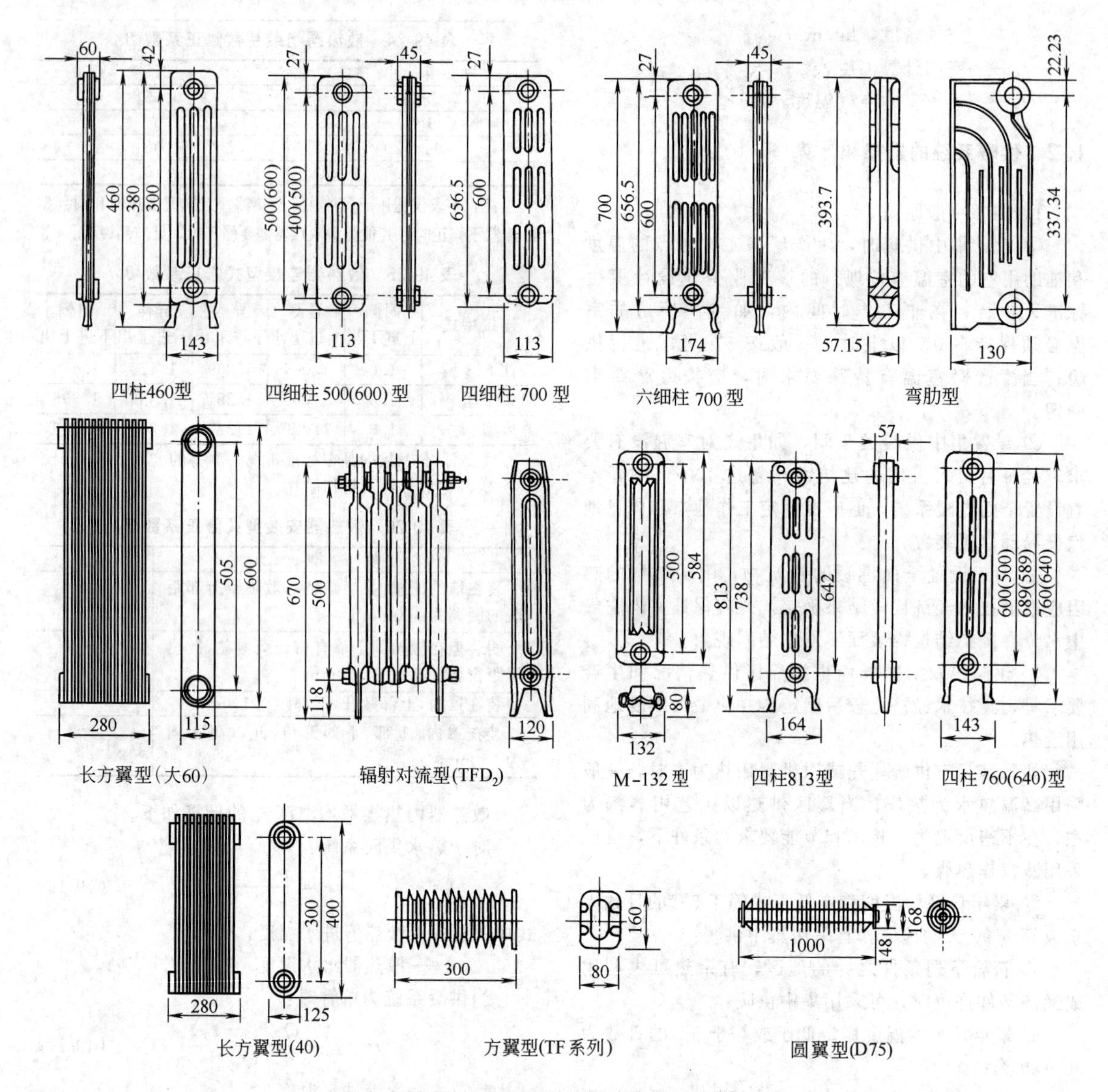

图 49-3 各种铸铁散热器构造尺寸

表 49-27 各种铸铁散热器综合性能

序号	类 型	每片散热面积/m^2	每片水容量/L	每片质量/kg	工作压力/MPa	散热量/(W/片)	散热量 计算式
1	长方翼型(大60)	1.16	8	26	0.4 0.6	480	$Q=5.307\Delta T^{1.345}$(3片)
2	长方翼型(40)	0.88	5.7	16	0.4	376	$Q=5.333\Delta T^{1.285}$(3片)
3	方翼型(TF系列)	0.56	0.78	7	0.6	196	$Q=3.233\Delta T^{1.249}$(3片)
4	圆翼型(D75)	1.592	4.42	30	0.5	582	$Q=6.161\Delta T^{1.258}$(2片)
5	M-132型	0.24	1.32	7	0.5 0.8	139	$Q=6.538\Delta T^{1.286}$(10片)
6	四柱813型	0.28	1.4	8	0.5 0.8	159	$Q=6.887\Delta T^{1.306}$(10片)
7	四柱760型	0.237	1.16	6.6	0.5 0.8	139	$Q=6.495\Delta T^{1.287}$(10片)

续表

序号	类　　型	每片散热面积/m²	每片水容量/L	每片质量/kg	工作压力/MPa	散热量	
						/(W/片)	计　算　式
8	四柱 640 型	0.205	1.03	5.7	0.5 0.8	123	$Q=5.006\Delta T^{1.321}$(10 片)
9	四柱 460 型	0.128	0.72	3.5	0.5 0.8	81	$Q=4.562\Delta T^{1.244}$(10 片)
10	四细柱 500 型	0.126	0.4	3.08	0.5 0.8	79	$Q=3.922\Delta T^{1.272}$(10 片)
11	四细柱 600 型	0.155	0.48	3.62	0.5 0.8	92	$Q=4.744\Delta T^{1.265}$(10 片)
12	四细柱 700 型	0.183	0.57	4.37	0.5 0.8	109	$Q=5.304\Delta T^{1.279}$(10 片)
13	六细柱 700 型	0.273	0.8	6.53	0.5 0.8	153	$Q=6.750\Delta T^{1.302}$(10 片)
14	弯肋型	0.24	0.64	6.0	0.5 0.8	91	$Q=6.254\Delta T^{1.196}$(10 片)
15	辐射对流型(TFD_2)	0.34	0.75	6.5	0.5 0.8	162	$Q=7.902\Delta T^{1.277}$(10 片)

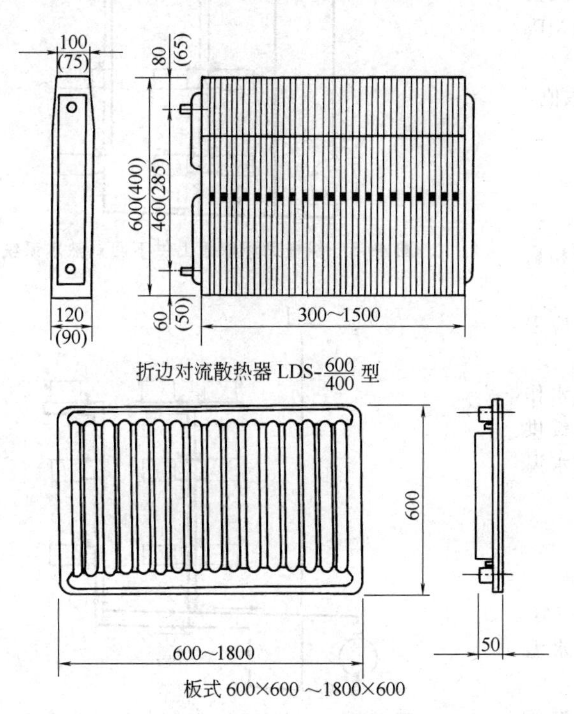

折边对流散热器 LDS-$\frac{600}{400}$型

板式 600×600～1800×600

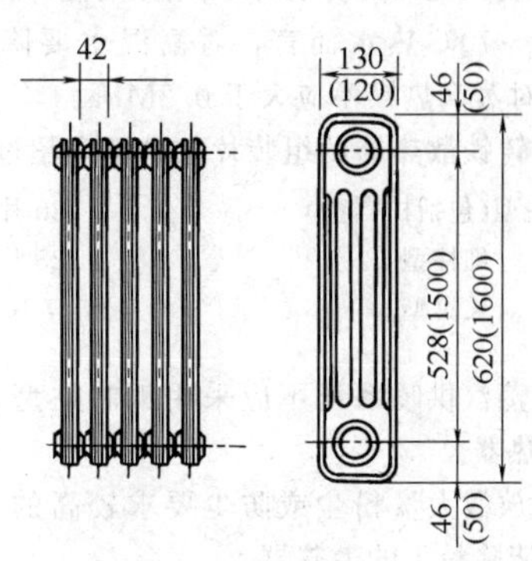

柱型 NGZ3-620(TGZ-1.2/15-8)

图 49-4　各种钢制散热器构造尺寸

表 49-28　各种钢制散热器综合性能

序号	类　　型	每片散热面积/m²	每片水容量/L	每片质量/kg	工作压力/MPa	散热量	
						/(W/片)	计　算　式
				折　边　钢　串　片			
1	400×90×1000	7.44	2.5	30.5	1.0	1427	$Q=13.987\Delta T^{1.11}$(1 片)
2	600×120×1000	10.6	5.5	48	1.0	2244	$Q=21.73\Delta T^{1.113}$(1 片)
				钢　　柱			
3	NGZ 3×620	0.19	1.15	2.1	0.8	79	$Q=4.896\Delta T^{1.221}$(10 片)
4	TGZ 3-1.2/15-8	0.494	3.4	5.24	0.8	230	$Q=11.538\Delta T^{1.271}$(10 片)

续表

序号	类　型	每片散热面积/m^2	每片水容量/L	每片质量/kg	工作压力/MPa	散热量/(W/片)	散热量计算式
			扁管(单板对流片)				
5	416×1000	3.62	3.76	17.5	0.8	786	$Q=4.380\Delta T^{1.2455}$(1片)
6	520×1000	4.56	4.71	23.0	0.8	990	$Q=5.518\Delta T^{1.2455}$(1片)
7	624×1000	5.54	5.49	27.4	0.8	1200	$Q=6.703\Delta T^{1.2455}$(1片)
			板式(单板对流片)				
8	600×600	1.58	2.8	9.6	0.8	690	$Q=3.95\Delta T^{1.239}$(1片)
9	600×1000	2.75	4.6	15.4	0.8	1200	$Q=6.875\Delta T^{1.239}$(1片)
10	600×1400	3.93	6.4	21.2	0.8	1715	$Q=9.825\Delta T^{1.239}$(1片)
11	600×1800	5.11	8.4	27.3	0.8	2230	$Q=12.775\Delta T^{1.239}$(1片)

注：各种钢制散热器品种规格繁多，不能一一列出，选用时以厂家样本为准。

(3) 选用散热器时的注意要点

① 选用钢制柱式、扁管、板式散热器时，要求水的含氧量不大于 0.1mg/L；选用钢串片时要考虑叶片松动和积灰时影响散热的因素。

② 表 49-27 和表 49-28 中给出的散热器工作压力皆指 95～70℃热水而言，对高温水要降低 0.1MPa 使用；对蒸汽热媒不应大于 0.2MPa。

③ 铸铁散热器的组装片数，不宜超过下列数值。

粗柱型(包括柱翼型)	20 片
细柱型	25 片
长翼型	7 片

④ 蒸汽供暖系统不应采用钢制柱型、板型和扁管等散热器。

⑤ 放散大量粉尘或防尘要求较高的车间，应采用易于清除粉尘的散热器。

⑥ 民用建筑中，散热器供暖系统应采用热水作为热媒，散热器集中供暖系统宜按 75℃/50℃连续供暖进行设计，且供水温度不宜大于 85℃，供回水温差不宜小于 20℃。

⑦ 幼儿园的散热器必须暗装或加防护罩。

1.2.3　供暖系统的基本型式

供暖系统可分为热水供暖、蒸汽供暖和热风供暖三类。

热水供暖系统包括低温热水供暖系统（水温<100℃）和高温热水供暖系统（水温>100℃）。

蒸汽供暖系统包括低压蒸汽供暖系统（汽压≤70kPa）和高压蒸汽供暖系统（汽压>70kPa）。

热风供暖系统包括集中送风系统（集中设置风机和加热器，通过风道向各房间送暖风）和暖风机系统（分散设置暖风机供暖）。

热水供暖系统又可按循环动力的不同，分为重力循环系统和机械循环系统；按供回水方式不同分为单管和双管两种系统。

在供暖系统中，根据供回水（汽）干管的不同位置还可分为上供下回、下供下回和中供式等不同型式的系统，如图 49-5～图 49-8 所示为几种常用供暖系统的基本型式。

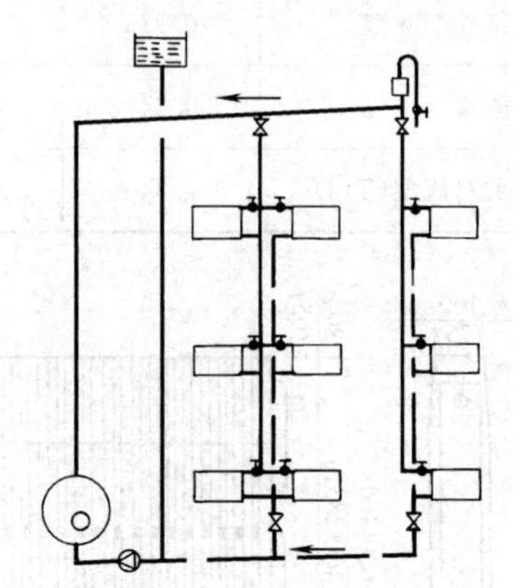

图 49-5　机械循环双管上供下回式热水系统

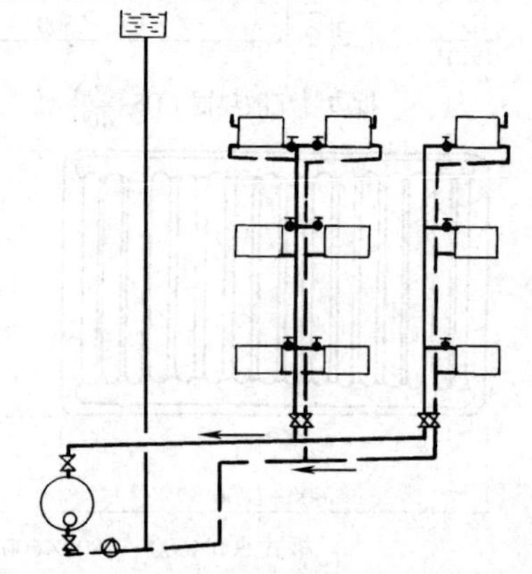

图 49-6　机械循环双管下供下回式热水系统

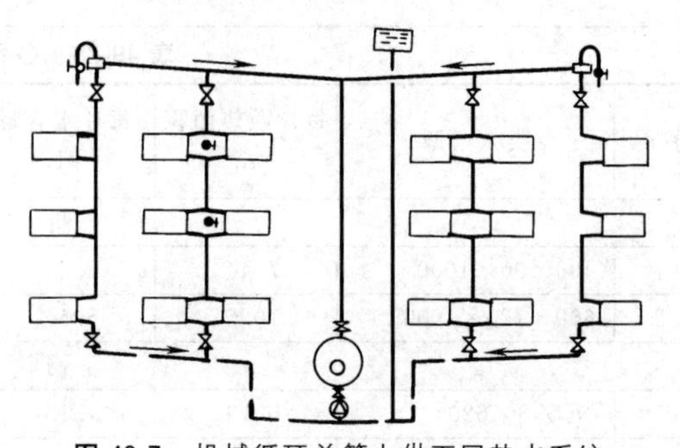

图 49-7　机械循环单管上供下回热水系统

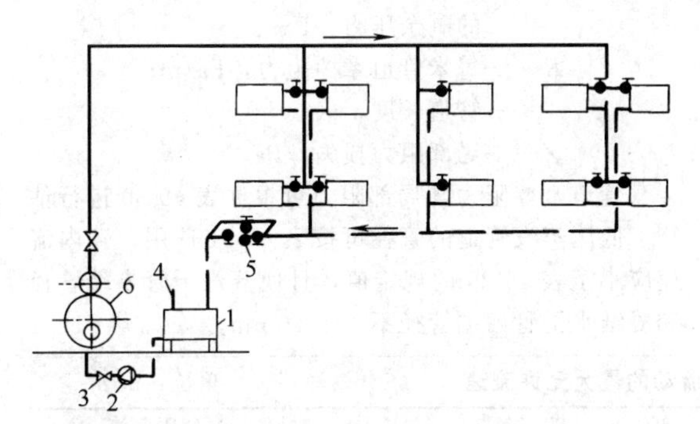

图49-8　低压蒸汽供暖系统

1—凝水箱；2—凝水泵；3—止回阀；4—空气管；5—疏水器；6—锅炉

1.2.4　供暖管道设计原则和管径计算

(1) 供暖管道设计原则

① 散热器供暖系统的供水和回水管道应在热力入口处与下列系统分开设置：

a. 通风与空调系统；

b. 热风供暖与热空气幕系统；

c. 生活热水供应系统；

d. 地面辐射供暖系统；

e. 生产供热系统；

f. 其他需要单独热计量的系统。

② 热水型热力入口的配置，应符合下列规定：

a. 供水、回水管道上应分别设置关断阀、过滤器、温度计、压力表；

b. 供水、回水管之间应设置循环管，循环管上应设置关断阀；

c. 应根据水力平衡要求和建筑物内供暖系统的调节方式，设置水力平衡装置。

③ 高压蒸汽型热力入口的配置，应符合下列规定。

a. 供汽管道上应设置关断阀、过滤器、减压阀、安全阀、压力表，过滤器及减压阀应设置旁通。

b. 凝结水管道上应设置关断阀、疏水器。单台疏水器安装时应设置旁通管，多台疏水器并联安装时宜设置旁通管。疏水器后应根据需要设置止回阀。

④ 高压蒸汽供暖系统最不利环路的供汽管，其压力损失不应大于起始压力的25%。供暖系统最不利环路的比摩阻，宜符合下列规定：

a. 高压蒸汽系统（汽水同向）宜保持在100～350Pa/m；

b. 高压蒸汽系统（汽水逆向）宜保持在50～150Pa/m；

c. 低压蒸汽系统宜保持在50～100Pa/m；

d. 蒸汽凝结水余压回水宜为150Pa/m。

⑤ 室内热水供暖系统总供回水压差不宜大于50kPa。应减少热水供暖系统各并联环路之间的压力损失的相对差额，当超过15%时，应设置调节装置。

⑥ 供暖系统供水、供汽干管的末端和回水干管始端的管径，不应小于20mm。

⑦ 供暖系统计算压力损失的附加值宜采用10%。

⑧ 供暖系统各并联环路，应设置关闭和调节装置。当有冻结危险时，立管或支管上的阀门至干管的距离，不应大于120mm。

⑨ 多层和高层建筑的热水供暖系统中，每根立管和分支管道的始末段，均应设置调节、检修和泄水用的阀门。

⑩ 热水和蒸汽供暖系统，应根据不同情况，设置排汽、泄水、排污和疏水装置。

⑪ 供暖管道必须计算其热膨胀。当利用管段的自然补偿不能满足要求时，应设置补偿器。

⑫ 供暖系统水平管道的敷设应有一定的坡度，坡向应有利于排汽和泄水。对于热水管、汽水同向流动的蒸汽管和凝结水管，坡度宜采用0.003，不得小于0.002；立管与散热器连接的支管，坡度不得小于0.01；对于汽水逆向流动的蒸汽管，坡度不得小于0.005。当受条件限制时，热水管道（包括水平单管串联系统的散热器连接管）可无坡度敷设，但管中的水流速度不宜小于0.25m/s。

⑬ 在工业建筑内的供暖管道通常供用明敷。安装在腐蚀性车间内的供暖管道和设备应采取防腐措施。

⑭ 穿过建筑物基础、变形缝的供暖管道，以及埋设在建筑构造里的管道，应采取预防由于建筑物下沉而损坏管道的措施。

⑮ 当供暖管道需要穿过防火墙时，在管道穿过处应采取防火封堵措施，并应在管道穿过处采取使管道可向墙的两侧伸缩的固定措施。

⑯ 供暖管道不应与输送蒸气燃点不高于120℃的可燃液体管道，或输送可燃、腐蚀性气体的管道在同一条管沟内平行或交叉敷设。

⑰ 符合下列情况之一时，供暖管道应保温：

a. 管道内输送的热媒必须保持一定参数时；

b. 管道敷设在地沟、技术夹层、闷顶及管道井内或易被冻结的地方时；

c. 管道通过的房间或地点要求保温时；

d. 管道的无益热损失较大时；

e. 人员易触碰烫伤的部位。

⑱ 供暖管道中的热媒流速应根据蒸汽或热水的使用压力、系统型式等确定，但不得超过表49-29所列的最大允许流速。

⑲ 供汽压力高于室内供暖系统的工作压力时，应在供暖系统入口的供汽管上装设减压装置和安全阀。

⑳ 对于高压蒸汽供暖系统，疏水器前的凝结水管不应向上抬升；疏水器后的凝结水管向上抬升的高度应经计算确定。当疏水器本身无止回功能时，应在疏水器后的凝结水管上设置止回阀。

㉑ 有冻结危险的楼梯间或其他有冻结危险的场所，

应由单独的立、支管供暖。散热器前不得设置调节阀。

㉒ 集中供暖系统应按能源管理要求设置热量表。

(2) 供暖管道管径计算

① 低压蒸汽供暖系统 低压蒸汽供暖系统的工作压力应符合以下条件。

$$p \geqslant \sum (Rl+Z)+2000 \quad \mathrm{Pa}$$

式中 2000——在管道末端为克服散热器阻力而保留的剩余压力，Pa；

R——每米管道摩擦阻力，Pa/m；

l——管道长度，m；

Z——局部阻力损失，Pa。

管道摩擦阻力与局部阻力可根据表 49-30 进行估算。低压蒸汽管道的管径可按表 49-31 选用，管内流速应小于表 49-29 的规定值，且使蒸汽干管末端管径和凝结水干管始端管径不小于 20mm。

表 49-29 管道内热媒流动的最大允许流速 单位：m/s

管径/mm	热水			低压蒸汽				高压蒸汽	
	有特殊安静要求的室内管网	一般室内管网	生产厂房	蒸汽与凝水同向流动时		蒸汽与凝水逆向流动时		同向	逆向
				在水平管内	在立管内	在水平管内	在立管内		
15	0.5	0.8	1.0	14	20	4.5	5	25	11
20	0.65	1.0	1.3	18	22	5.0	6	40	16
25	0.8	1.2	1.5	22	25	6.0	7	50	20
32	1.0	1.4	1.8	25	30	7.0	9	55	22
40	1.0	1.8	2.0	30	30	7.0	10	60	24
50	1.0	2.0	2.5	30	30	7.5	11	70	28
>50	1.0	2.0	3.0	30	30	7.5	14	80	32

表 49-30 供暖系统摩擦阻力及局部阻力概略分配比率

暖气系统的种类	阻力损失所占的比例/%	
	摩擦阻力	局部阻力
低压蒸汽供暖系统	60	40
高压蒸汽供暖系统	80	20
室内高压凝结水管网	80	20
室外低压蒸汽管网	50～70	50～30
室外高压蒸汽管网	90	10

表 49-31 低压蒸汽供暖系统管道水力计算（$K=0.2\mathrm{mm}$，$p=5000\sim20000\mathrm{Pa}$）

比摩阻 R/(Pa/m)	水煤气管公称直径/mm						
	15	20	25	32	40	50	70
5	790 / 2.92	1510 / 2.92	2380 / 2.92	5260 / 3.67	8010 / 4.23	15760 / 5.1	30050 / 5.75
10	918 / 3.43	2066 / 3.89	3541 / 4.34	7727 / 5.4	11457 / 6.05	23015 / 7.43	43200 / 8.35
15	1090 / 4.07	2490 / 4.68	4395 / 5.45	10000 / 6.65	14260 / 7.64	28500 / 9.31	53400 / 10.35
20	1239 / 4.55	2920 / 5.65	5240 / 6.41	11120 / 7.8	16720 / 8.83	33050 / 10.85	61900 / 12.1
30	1500 / 5.55	3615 / 7.61	6340 / 7.77	13700 / 9.6	20750 / 10.95	40800 / 13.2	76600 / 14.95
40	1759 / 6.51	4220 / 8.2	7330 / 8.98	16180 / 11.30	24190 / 12.7	47800 / 15.3	89400 / 17.35
60	2219 / 8.17	5130 / 9.94	9310 / 11.4	20500 / 14	29550 / 15.6	58900 / 19.03	110700 / 21.4
80	2510 / 9.55	5970 / 11.6	10630 / 13.15	23100 / 16.3	34400 / 18.4	67900 / 22.1	127600 / 24.8
100	2900 / 10.7	6820 / 13.2	11900 / 14.6	25655 / 17.9	38400 / 20.35	76000 / 24.6	142900 / 27.6
150	3502 / 13	8323 / 16.1	14678 / 18	31707 / 22.15	47358 / 25	93495 / 30.2	168200 / 33.4
200	4052 / 15	9703 / 18.8	16975 / 20.9	36545 / 25.5	55568 / 29.4	108210 / 35	202800 / 38.9
300	5049 / 18.7	11939 / 23.2	20778 / 25.6	45140 / 31.6	68360 / 35.6	132870 / 42.8	250000 / 48.2

注：表中每一行的左上为通过热量 Q（W），右下为蒸汽流速 v（m/s）。

对于单管式系统，与散热器相连接的立管同时有蒸汽和凝水通过时，相应管道截面应增加，可按表 49-32 对热负荷进行附加。

低压蒸汽供暖系统回水方式可分为干式（凝水管与大气相通，非满流）与湿式（凝水管满流）两种，其管径可按表 49-33 确定。

② 高压蒸汽供暖系统　为了保持车间内各散热设备间的水力平衡，应增加背压以便采用余压回水。蒸汽管道的总压力损失不宜超过起始压力的1/4。高压蒸汽管径可参照表 49-34 选用，管内流速不宜超过表 49-29 的最大允许流速。

表 49-32　低压蒸汽单管系统热负荷附加系数 K 值

立管热负荷增加的层数	建筑层数					
	7	6	5	4	3	2
6	1.05	—	—	—	—	—
5	1.10	1.05	—	—	—	—
4	1.18	1.10	1.05	—	—	—
3	1.25	1.18	1.10	1.05	—	—
2	1.30	1.25	1.18	1.10	1.05	—
1	1.35	1.30	1.25	1.18	1.10	1.05

表 49-33　低压蒸汽供暖系统干式和湿式自流凝水管管径计算

凝水管径/mm	形成凝水时，由蒸汽放出的热/kW				
	干式凝水管		湿式凝水管（垂直或水平的）		
			计算管段的长度/m		
	水平管段	垂直管段	50 以下	50～100	100 以上
15	4.7	7	33	21	9.3
20	17.5	26	82	53	29
25	33	49	145	93	47
32	79	116	310	200	100
40	120	180	440	290	135
50	250	370	760	550	250
76×3	580	875	1750	1220	580
89×3.5	870	1300	2620	1750	875
102×4	1280	2000	3605	2320	1280
114×4	1630	2440	4540	3000	1600

表 49-34　室内高压蒸汽供暖系统管径计算（p=200kPa，K=0.2mm）

公称直径/mm		10		15		20		25		32		40	
内径/mm		12.50		15.75		21.25		27		35.75		41	
外径/mm		17		21.25		26.75		33.50		42.25		48	
Q	G	R	v	R	v	R	v	R	v	R	v	R	v
2000	3	404	6	134	3.8								
2500	4	668	8	223	5.1								
3000	5	988	10	329	6.3	79	3.5						
3500	6	1359	12	453	7.6	109	4.2						
4000	7	1780	14	593	8.8	143	4.9	45	3				
4500	7	1780	14	593	8.8	143	4.9	45	3				
5000	8	2249	16	750	10.1	180	5.5	57	3.4				
5500	9	2764	18	922	11.4	222	6.2	71	3.9				
6000	10	3324	20	1108	12.6	267	6.9	85	4.3				
6500	11	3928	22.1	1310	13.9	315	7.6	101	4.7				
7000	11	3928	22.1	1310	13.9	315	7.6	101	4.7				
7500	12	4574	24.1	1525	15.2	367	8.3	117	5.2				

续表

公称直径/mm		10		15		20		25		32		40	
内径/mm		12.50		15.75		21.25		27		35.75		41	
外径/mm		17		21.25		26.75		33.50		42.25		48	
Q	*G*	*R*	*v*	*R*	*v*	*R*	*v*	*R*	*v*	*R*	*v*	*R*	*v*
8000	13			1755	16.4	423	9	135	5.6	35	3.2		
8500	14			1998	17.7	481	9.7	154	6	40	3.4		
9000	15			2254	18.9	543	10.4	174	6.4	45	3.7		
9500	16			2524	20.2	608	11.1	195	6.9	51	3.9		
10000	16			2524	20.2	608	11.1	195	6.9	51	3.9		
11000	18			3103	22.7	748	12.5	240	7.7	63	4.4	33	3.4
12000	20					899	13.9	288	8.6	76	4.9	40	3.7
13000	21					979	14.6	314	9	83	5.1	43	3.9
14000	23					1148	16	368	9.9	97	5.6	51	4.3
15000	25					1329	17.3	426	10.7	112	6.1	59	4.7
16000	26					1423	18	456	11.2	120	6.4	63	4.8
17000	28					1620	19.4	519	12	137	6.9	71	5.2
18000	29					1723	20.1	552	12.5	146	7.1	76	5.4
19000	31					1936	21.5	621	13.3	164	7.6	85	5.8
20000	33					2160	22.9	692	14.2	182	8.1	95	6.1
24000	39					2894	27.1	927	16.8	244	9.6	127	7.3
26000	43					3433	29.8	1100	18.5	290	10.5	151	8
28000	46					3864	31.9	1238	19.8	326	11.3	170	8.6
30000	49					4316	34	1383	21.1	364	12	190	9.1
32000	52					4789	36.1	1534	22.3	404	12.7	210	9.7
34000	56					5452	38.8	1747	24.1	460	13.7	240	10.4
36000	59							1914	25.4	504	14.5	263	11
38000	62							2088	26.6	550	15.2	287	11.6
40000	65							2268	27.9	597	15.9	311	12.1
42000	69							2518	29.7	663	16.9	346	12.9
44000	72							2713	30.9	714	17.6	372	13.4
46000	75							2914	32.2	767	18.4	400	14
48000	78							3121	33.5	822	19.1	428	14.5
50000	82							3407	35.2	897	20.1	468	15.3
55000	90							4010	38.7	1056	22.1	551	16.8
60000	98							4655	42.1	1226	24	639	18.3
65000	106							5341	45.6	1407	26	733	19.8
70000	114							6067	49	1598	27.9	833	21.2
75000	123									1825	30.1	952	22.9
80000	131									2038	32.1	1063	24.4
85000	139									2261	34.1	1179	25.9
90000	147									2494	36	1300	27.4
95000	155									2736	38	1427	28.9
100000	163									2989	40	1558	30.4
110000	180									3556	44.1	1854	33.5
120000	196									4128	48	2152	36.5
130000	213									4775	52.2	2490	39.7
140000	229											2826	42.7
150000	245											3181	45.7
160000	262											3578	48.8
170000	278											3969	51.8
180000	294											4378	54.8
190000	311											4831	58

续表

公称直径/mm		50		70		89×4		108×4		133×4		159×4	
内径/mm		53		68		81		100		125		150	
外径/mm		60		75.50		89		108		133		159	
Q	G	R	v	R	v	R	v	R	v	R	v	R	v
17000	28	21	3.1										
18000	29	22	3.2										
19000	31	25	3.5										
20000	33	28	3.7										
22000	36	32	4										
24000	39	37	4.3										
26000	43	44	4.8										
28000	46	50	5.1	15	3.1								
30000	49	56	5.5	17	3.3								
32000	52	62	5.8	19	3.5								
34000	56	70	6.2	21	3.8								
36000	59	77	6.6	23	4								
38000	62	84	6.9	25	4.2								
40000	65	92	7.2	28	4.4	12	3.1						
42000	69	102	7.7	31	4.7	13	3.3						
44000	72	110	8	33	4.9	14	3.4						
46000	75	118	8.4	36	5.1	15	3.6						
48000	78	126	8.7	38	5.3	16	3.7						
50000	82	138	9.1	42	5.6	18	3.9						
55000	90	162	10	49	6.1	21	4.3						
60000	98	188	10.9	57	6.6	25	4.7	9	3.1				
65000	106	216	11.8	66	7.2	28	5.1	10	3.3				
70000	114	246	12.7	75	7.7	32	5.4	12	3.6				
75000	123	281	13.7	86	8.3	37	5.9	13	3.9				
80000	131	313	14.6	96	8.9	41	6.3	15	4.1				
85000	139	348	15.5	106	9.4	45	6.6	17	4.4				
90000	147	384	16.4	117	10	51	7	18	4.6				
95000	155	421	17.3	129	10.5	56	7.4	20	4.9	7	3.1		
100000	163	460	18.2	140	11	61	7.8	22	5.1	7	3.3		
110000	180	547	20.1	167	12.2	73	8.6	26	5.6	9	3.6		
120000	196	635	21.9	194	13.3	84	9.4	31	6.1	10	3.9		
130000	213	735	23.8	225	14.4	98	10.2	36	6.7	12	4.3		
140000	229	834	25.5	255	15.5	111	10.9	40	7.2	14	4.6	5	3.2
150000	245	939	27.3	287	16.6	125	11.7	46	7.7	15	4.9	6	3.4
160000	262	1056	29.2	323	17.7	140	12.5	51	8.2	17	5.3	7	3.6
170000	278	1172	31	358	18.8	156	13.3	57	8.7	19	5.6	8	3.9
180000	294	1292	32.8	395	19.9	172	14	63	9.2	21	5.9	9	4.1
190000	311	1426	34.7	436	21.1	190	14.8	69	9.7	24	6.2	10	4.3
200000	327	1557	36.5	476	22.2	207	15.6	76	10.2	26	6.6	11	4.6
220000	360	1842	40.1	563	24.4	245	17.2	90	11.3	31	7.2	13	5
240000	392	2139	43.7	654	26.6	285	18.7	104	12.3	36	7.9	15	5.5
260000	425	2464	47.4	754	28.8	328	20.3	120	13.2	41	8.5	17	5.9

续表

公称直径/mm		50		70		89×4		108×4		133×4		159×4	
内径/mm		53		68		81		100		125		150	
外径/mm		60		75.50		89		108		133		159	
Q	G	R	v	R	v	R	v	R	v	R	v	R	v
280000	458	2809	51.1	850	31	374	21.9	137	14.3	47	9.2	20	6.4
300000	490	3162	54.6	967	33.2	421	23.4	154	15.4	53	9.8	22	6.8
320000	523	3544	58.3	1084	35.4	472	25	173	16.4	60	10.5	25	7.3
340000	556	3945	62	1206	37.7	525	26.5	193	17.4	66	11.1	28	7.7
360000	589	4364	65.7	1335	39.9	581	28.1	213	18.5	74	11.8	31	8.2
380000	621	4788	69.3	1464	42.1	637	29.7	234	19.5	81	12.5	34	8.6
400000	654			1603	44.3	698	31.2	256	20.5	88	13.1	37	9.1
420000	687			1748	46.5	761	32.8	279	21.5	96	13.8	40	9.6
440000	719			1893	48.7	824	34.3	302	22.5	104	14.4	44	10
460000	752			2048	50.9	891	35.9	327	23.6	113	15.1	47	10.5
480000	785			2208	53.2	961	37.5	353	24.6	122	15.7	51	10.9
500000	817			2368	55.4	1031	39	378	25.6	131	16.4	55	11.4
550000	899			2800	60.9	1219	42.9	447	28.2	155	18	65	12.5
600000	981			3262	66.5	1420	46.8	521	30.7	180	19.7	76	13.7
650000	1063			3755	72	1635	50.8	600	33.3	208	21.3	87	14.8
700000	1144			4270	77.5	1859	54.6	683	35.8	236	22.9	99	15.9
750000	1226					2099	58.5	771	38.4	267	24.6	112	17.1
800000	1308					2351	62.5	863	41	299	26.2	125	18.2
850000	1390					2615	66.4	960	43.5	332	27.9	136	19.4
900000	1471					2888	70.2	1060	46.1	367	29.5	154	20.5
950000	1553					3176	74.2	1166	48.7	404	31.1	169	21.6
1000000	1635					3475	78.1	1276	51.2	442	32.8	185	22.8
1100000	1798							1507	56.3	522	36	219	25
1200000	1962							1756	61.5	608	39.3	255	27.3
1300000	2125							2020	66.6	699	42.6	294	29.6
1400000	2289							2301	71.7	796	45.9	335	31.9
1500000	2452							2596	76.8	898	49.2	377	34.1
1600000	2616									1006	52.4	423	36.4
1700000	2779									1119	55.7	470	38.7
1800000	2943									1237	59	520	41
1900000	3106									1360	62.3	571	43.2
2000000	3270									1488	65.6	625	45.5
2200000	3597									1758	72.1	739	50.1
2400000	3924									2048	78.7	861	54.6
2600000	4251											990	59.2
2800000	4578											1127	63.7
3000000	4905											1272	68.3
3200000	5232											1425	72.8
3400000	5559											1584	77.4

注：Q——管段热负荷，W；G——管段蒸汽流量，kg/h；R——单位长度摩擦压力损失，Pa/m；v——流速，m/s。

高压凝结水是指带有二次蒸发汽的汽水混合体。高压凝结水系统一般可分为开式系统和闭式系统（图 49-9），设计时究竟采用哪一种回水系统，应权衡二次蒸汽利用的可能性和经济合理性，并与热力网设计共同考虑。散热器至疏水器间的管径按表 49-35 选取，在概略计算时，即不要求凝结水管各合流点的压力严格协调时，对于开式（管段 c）高压凝结水系统的管径可按表 49-36 选用；对于闭式（管段 a）高压凝结水系统的管径可按表 49-37 选用。

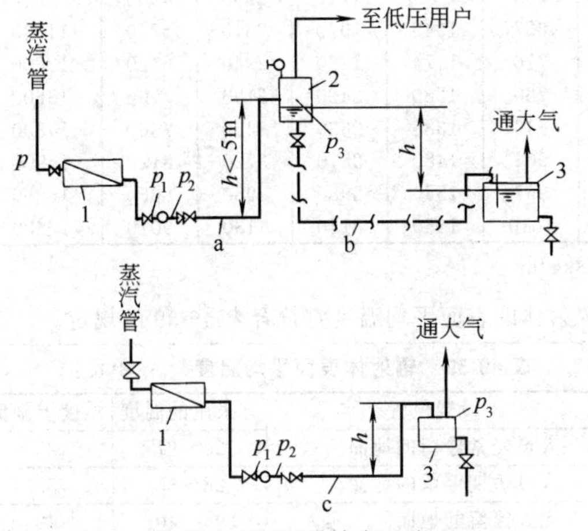

图 49-9　高压凝结水系统

a—闭式高压凝结水系统；b—压力凝结水系统；c—开式高压凝结水系统；p_1—疏水器前压力；p_2—疏水器后压力；p_3—二次蒸发汽压力；1—散热器；2—二次蒸发箱；3—凝结水箱

③ 机械循环热水供暖系统　当室内供暖系统与城市热网通过换热器间接连接时，或是在自行选择循环水泵的单独室内供暖系统中，压力损失总值应根据压力平衡的要求确定，除很小的系统外，一般在 2～5mH_2O（1mH_2O=9806.65Pa）范围。有关压力损失总值计算及各环路压力平衡方法，详见《实用供热空调设计手册》。

管道内流量：

$$G=\frac{0.86Q}{\Delta t}\quad \text{kg/h} \tag{49-19}$$

式中　Q——各管段所带散热器的散热量，W；

Δt——所选定的供暖系统温降，℃。

热水供暖系统管径计算不宜超过表 49-38 规定的最大流速。

④ 高温水供暖系统　高温水的供水温度及供回水温差应根据系统规模的大小、换热器或锅炉的种类、管道布置等具体情况确定。目前常用的热媒温度有 110～70℃及 70～130℃。辐射板供暖以采用 70～130℃高温热水为宜。

表 49-35　由散热器至疏水器间不同管径通过的热负荷

管径/mm	热量/kW	管径/mm	热量/kW
15	9.3	70	583
20	30.2	80	860
25	46.5	100	1340
32	98.8	125	2190
40	128	150	4950
50	246		

表 49-36　开式高压凝结水系统的管径（p=20kPa）　　单位：mm

Δp /(Pa/m)	在下列管径时通过的热量/kW											
	15	20	25	32	40	50	70	80	100	125	150	219×6
	1/2in	3/4in	1in	1¼in	1½in	2in	2½in	3in	4in	5in	6in	
20	3.76	8.34	15.5	31.8	45.2	98.6	174	287	541	714	1570	3070
40	5.28	11.7	21.9	45.6	65	140	245	405	764	1010	2231	4310
60	6.46	14.4	26.8	55.7	78.7	171	299	496	939	1230	2712	5260
80	7.52	16.7	31	63.6	90.4	197	348	573	1080	1430	3150	6130
100	8.46	18.6	34.8	71.8	101	220	389	637	1200	1590	3470	6820
120	9.16	20.2	37.9	78.5	111	243	425	704	1330	1750	3830	7430
150	10.1	22.8	42.5	88.1	124	271	476	786	1480	1960	4290	8340
200	11.7	26.2	49	101	137	312	552	902	1700	2250	4920	9630
250	13.2	29.3	54.7	106	153	351	617	1010	1910	2540	5530	16800
300	14.4	32.2	59.9	124	169	382	672	1100	2090	2760	6010	11700
350	15.5	34.5	65	134	182	415	729	1200	2280	2980	6530	12700
400	16.6	37.2	69.5	143	195	444	777	1280	2420	3220	7020	13700
450	17.6	39.2	74	153	207	469	824	1360	2570	3410	7400	14500
500	20.2	41.3	77.5	160	218	493	869	1430	2710	3570	7810	15000

注：漏汽加二次蒸发汽量按 10%计算，K=0.5mm，ρ_{pj}=5.8kg/m^3。1in=0.0254m，下同。

表 49-37 闭式高压凝结水系统的管径（$p=20$kPa） 单位：mm

Δp /(Pa/m)	在下列管径时通过的热量/kW											
	15	20	25	32	40	50	70	80	100	125	150	219×6
	1/2in	3/4in	1in	1¼in	1½in	2in	2½in	3in	4in	5in	6in	
20	4.35	9.63	17.9	37.0	52.3	115	202	332	628	880	1810	3550
40	6.11	13.6	25.5	52.8	74.9	162	285	470	890	1170	2580	5000
60	7.52	16.6	31.1	64.6	91.1	198	348	575	1090	1430	3140	6690
80	8.69	19.1	35.9	74.0	105	229	404	640	1260	1660	3630	7080
100	9.75	21.6	40.3	83.4	117	256	451	740	1460	1840	4030	7870
120	10.6	23.5	44.0	91.0	129	281	493	813	1540	2030	4440	8660
150	11.7	26.3	49.3	102	144	315	552	910	1720	2280	4980	9690
200	13.6	30.1	56.7	117	167	362	637	1045	1970	2610	5710	11100
250	15.2	34.1	63.4	132	187	406	716	1174	2220	2940	6420	12500
300	16.7	37.1	69.5	144	204	444	780	1280	2420	3190	7000	13600
350	18.0	40.2	75.2	155	221	482	846	1386	2630	3460	7560	14800
400	19.3	43.1	80.7	167	236	513	904	1480	2810	3720	8120	15900
450	20.4	45.6	85.7	176	250	546	957	1570	2980	3950	8660	16800
500	21.5	47.9	90.0	186	263	573	1010	1660	3140	4130	9070	17600

注：漏汽加二次蒸发汽量按10%计算，$K=0.5$mm，$\rho_{pj}=7.88$kg/m³。

表 49-38 热水供暖管道最大流速

公称直径 /mm	安静流速 /(m/s)	极限流速 /(m/s)
15	0.255	0.49
20	0.34	0.64
25	0.41	0.794
32	0.522	0.984
40	0.637	0.989
50	0.783	1.50
70	0.907	1.50
80	1.11	1.50
100	1.11	1.50
125	1.14	1.48

防止高温水供暖系统的热汽化是保证系统中水正常循环的关键。高温热水系统中任何部位的压力必须不低于该点饱和温度所对应的压力。高温水供暖系统进口处控制的工作压力（$p_{进}$）可按式（49-20）计算。

$$p_{进}=p_{汽}+p_{静}+p_{阻}+\Delta p \quad \text{MPa} \quad (49\text{-}20)$$

式中 $p_{汽}$——进口供水温度所对应的饱和压力，MPa；

$p_{静}$——系统最高点超出进口的静水压力，MPa；

$p_{阻}$——从进口至供暖系统最远点的管道压力损失，MPa；

Δp——安全系数，取0.02～0.05MPa。

供水压力不能大于供暖系统最低层散热器的承受压力。

高温水供暖系统的管径计算与热水供暖系统的计算方法相同。

1.2.5 热水地面辐射供暖

(1) 设计原则

① 低温热水辐射供暖系统供水温度不应超过60℃；供回水温差不宜大于10℃，且不宜小于5℃。辐射体的表面平均温度宜符合表49-39的规定。

表 49-39 辐射体表面平均温度 单位：℃

设置位置	宜采用的温度	温度上限值
人员经常停留的地面	25～27	29
人员短期停留的地面	28～30	32
无人停留的地面	35～40	42
房间高度2.5～3.0m的顶棚	28～30	—
房间高度3.1～4.0m的顶棚	33～36	—
距地面1m以下的墙面	35	—
距地面1m以上3.5m以下的墙面	45	—

② 确定地面散热量时，应校核地面表面平均温度，且不宜高于表49-39的温度上限值；当由于地面平均温度低而使得地面辐射供暖系统供暖量小于建筑物热负荷时，应通过改善建筑热工性能以减小建筑物热负荷，或同时设置其他供暖设备。

③ 低温热水地面辐射供暖的有效散热量应经计算确定，并应计算室内设备等地面覆盖物对散热量的折减。

④ 供暖辐射地面绝热层的设置应符合下列规定。

a. 当与土壤接触的底层地面作为辐射地面时，应设置绝热层。设置绝热层时，绝热层与土壤之间应设置防潮层。

b. 加热管及其覆盖层与外墙之间应设置绝热层。

c. 当不允许楼板双向传热时，楼板结构层间应设置绝热层。

d. 直接与室外空气接触的楼板或与不供暖房间相邻的地板作为供暖辐射地面时，应设置绝热层。

e. 潮湿房间的混凝土填充式供暖地面的填充层上、预制沟槽保温板或预制轻薄供暖板供暖地面的面层下，应设置隔离层。

⑤ 采用地面辐射供暖时，生活给水管道、电气系

统管线等不得与地面加热部件敷设在同一构造层内。

(2) 供热量计算

① 辐射面传热量应满足房间所需供热量的需求。地面辐射传热量应按下列公式计算。

$$q=f_f+q_d \tag{49-21}$$

$$q_f=5\times10^{-8}[(t_{pj}+273)^4-(t_{fj}+273)^4] \tag{49-22}$$

$$q_d=2.13|t_{pj}-t_n|^{0.31}(t_{pj}-t_n) \tag{49-23}$$

式中 q——辐射面单位面积传热量，W/m^2；

q_f——辐射面单位面积辐射传热量，W/m^2；

q_d——辐射面单位面积对流传热量，W/m^2；

t_{pj}——辐射面表面平均温度,℃；

t_{fj}——室内非加热表面的面积加权平均温度,℃；

t_n——室内空气温度,℃。

② 房间所需单位地面面积向上供热量应按下列公式计算。

$$q_1=\beta\frac{Q_1}{F_r} \tag{49-24}$$

$$Q_1=Q-Q_2 \tag{49-25}$$

式中 q_1——房间所需单位地面面积向上供热量或供冷量，W/m^2；

Q_1——房间所需地面向上的供热量或供冷量，W；

F_r——房间内敷设供热供冷部件的地面面积，m^2；

β——考虑家具等遮挡的安全系数；

Q——房间热负荷或冷负荷，W；

Q_2——自上层房间地面向下传热量，W。

③ 确定供暖地面向上供热量时，应校核地表面的平均温度，确保其不高于表 49-39 规定的限值。地表面的平均温度宜按下式计算。

$$t_{pj}=t_n+9.82\times\left(\frac{q}{100}\right)^{0.969} \tag{49-26}$$

式中 t_{pj}——地表面平均温度,℃；

t_n——室内空气温度,℃；

q——单位地面面积向上的供热量，W/m^2。

(3) 管道设计原则

① 每个环路加热管的进、出水口，应分别与分水器、集水器相连接。分水器、集水器内径不应小于总供、回水管内径，且分水器、集水器最大断面流速不宜大于 0.8m/s。每个分水器、集水器分支环路不宜多于 8 路。每个分支环路供回水管上均应设置可关断阀门。

② 低温热水地面辐射供暖系统分水器前应设置阀门及过滤器，集水器后应设置阀门；集水器、分水器上应设置放气阀；在分水器的总进水管与集水器的总出水管之间，宜设置旁通管，旁通管上应设置阀门。分水器、集水器上均应设置手动或自动排气阀。系统配件应采用耐腐蚀材料。

③ 低温热水地面辐射供暖系统的阻力应通过计算确定。加热管内水的流速不应小于 0.25m/s，同一集配装置的每个环路加热管长度应接近，每个环路的阻力不宜超过 30kPa。

④ 低温热水地面辐射供暖系统敷设加热管的覆盖层厚度不宜小于 50mm。构造层应设置伸缩缝，伸缩缝的位置、距离及宽度，应会同相关专业计算确定。加热管穿过伸缩缝时，宜设置长度不小于 100mm 的柔性套管。

⑤ 低温热水地面辐射供暖系统的工作压力，应根据选用管道的材质、壁厚、介质温度和使用寿命等因素确定，不宜大于 0.8MPa；当工作压力超过 0.8MPa 时，应采取相应的措施。

⑥ 加热管的敷设管间距，应根据地面散热量、室内设计温度、平均水温及地面传热热阻等通过计算确定。

⑦ 辐射供暖加热管的材质和壁厚的选择，应根据工程的耐久年限、管材的性能、管材的累计使用时间，以及系统的运行水温、工作压力等条件确定。

⑧ 生产厂房、仓库、生产辅助建筑物采用地面辐射供暖时，地面承载力应满足建筑的需要，地面构造应会同土建专业共同确定。

1.2.6 防火防爆要求

① 在散发可燃粉尘、纤维的厂房内，散热器供暖的热媒 温度不应过高，散热器表面平均温度不应超过 82.5℃。甲、乙类厂房和甲、乙类仓库内严禁采用明火和电热散热器供暖。

② 下列厂房应采用不循环使用的热风供暖。

生产过程中散发的可燃气体、蒸汽、粉尘与供暖管道、散热器表面接触能引起燃烧的厂房。

生产过程中散发的粉尘受到水、水蒸气的作用能引起自燃、爆炸以及受到水、水蒸气的作用能产生爆炸性气体的厂房。

③ 房间内有与供暖管道接触能引起燃烧爆炸的气体、蒸气或粉尘时，供暖管道不应穿过，如必须穿过，应采用非燃材料隔热。

④ 温度不超过 100℃的供暖管道如通过可燃构件时，应与构件保持不小于 50mm 距离；温度超过 100℃的供暖管道，应保持不小于 100mm 距离并采用非燃材料隔热。

⑤ 甲、乙类生产厂房、高层建筑和影剧院、体育馆等公共建筑的供暖管道及设备，其保温材料均应采用非燃材料。

⑥ 在甲、乙类厂房中，送风系统不得使用电阻丝加热器。在全新风直流式送风系统中，可采用无明火的管状电加热器，加热器应设在通风机室内，电加热器后的总风道上应设止回阀，并应考虑无风断电的保护措施。

2 通风与除尘

车间通风的目的在于排除车间或房间内余热、余湿、有害气体或蒸汽、粉尘等，使车间内作业地带的空气保持适宜的温度、湿度和卫生要求，以保证劳动者的正常环境卫生条件。

2.1 工艺生产设备散热、散湿及有害气体散发量计算

2.1.1 散热量计算

(1) 工艺设备（包括容器、罐等）平壁表面散热量

工艺设备（包括容器、罐等）平壁表面散热量按下式计算。

$$Q=KF(t_r-t_n) \tag{49-27}$$

$$Q_s=\alpha_f F(t_b-t_n) \tag{49-28}$$

$$K=\frac{1}{\frac{1}{\alpha_x}+\frac{\delta_1}{\lambda_1}+\frac{\delta_2}{\lambda_2}+\cdots+\frac{\delta_n}{\lambda_n}+\frac{1}{\alpha_f}} \tag{49-29}$$

式中 Q，Q_s——设备散热量；W；

F——设备表面积，m^2；

t_r——热介质温度，℃；

t_b——设备散热表面温度，℃；

t_n——室内温度，℃；

α_f——设备外壁面的传热系数，W/(m²·℃)，一般可取 11.63W/(m²·℃)；

K——设备外壁的传热系数，W/(m²·℃)；

$\frac{\delta_1}{\lambda_1}+\frac{\delta_2}{\lambda_2}+\cdots+\frac{\delta_n}{\lambda_n}$——构成设备外壁的各层热阻，m²·℃/W；

δ——设备外壁各材料层的厚度，m；

λ——各材料层在稳定传热条件下的热导率，W/(m·℃)；

α_x——设备内壁的换热系数，$\alpha_x=\alpha_d+\alpha_{fu}$，W/(m²·℃)；

α_d——对流换热系数，W/(m²·℃)；

α_{fu}——辐射换热系数，W/(m²·℃)。

通常吸热是在封闭空间内进行的，辐射相互抵消，则 $\alpha_x=\alpha_d$，α_d 可按以下情况计算。

当空气或气体流速 $v\leqslant5$m/s 时：

$$\alpha_d=6.16+4.19v \tag{49-30}$$

当空气或气体流速 $v>5$m/s 时：

$$\alpha_d=7.52v^{0.78} \tag{49-31}$$

当热介质为烟气时：

$$\alpha_d=10v \tag{49-32}$$

式中 v——介质流速，m/s。

(2) 工业炉散热量

炉子表面散热量可按图 49-10 求得（炉壁材料为红砖或耐火砖）。当缺乏资料时，也可按式（49-33）和式（49-34）计算（包括加热工件散热）。

冬季 $$Q=G_{pj}Q_r\eta\beta \quad kW \tag{49-33}$$

夏季 $$Q=G_{max}Q_r\eta\beta \quad kW \tag{49-34}$$

式中 G_{pj}——燃料平均消耗量，kg/h；

G_{max}——燃料最大消耗量，kg/h；

Q_r——燃料理论热值，见表 49-40，kJ/kg 或 kJ/m³；

η——燃料燃烧效率，固体燃料 $\eta=0.9\sim0.97$，液体燃料 $\eta=0.95\sim1.0$，气体燃料 $\eta=1.0$；

β——散热系数，见表 49-41。

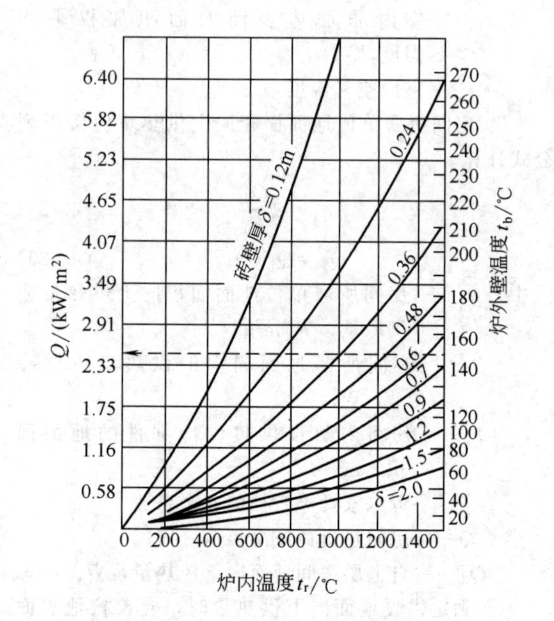

图 49-10 炉体表面散热量计算图

表 49-40 各种燃料的理论热值 Q_r

燃料种类	燃料名称	理论热值 Q_r/(kJ/kg)
固体燃料	泥煤和褐煤	16750～25120
	烟煤和无烟煤	25120～32400
	高温焦煤	25120～31400
	半焦煤	20930～29300
	炭	33910
	木材	6280～14650
液体燃料	石油原油	37680～46060
	汽油	46060～54430
	轻油	44800
	重油	41870
	酒精	29310
气体燃料	氢	12780
	甲烷	39890
	乙炔	57730
	煤气	5020～8370
	水煤气	11300～12140
	天然气	29310～66990

表 49-41　有组织排烟时炉子的散热系数 β（考虑加工件散热量）

炉子型式	β	炉子型式	β
固定炉底室式炉	0.45～0.55	双眼式炉	0.40～0.50
滚底式炉、室式炉	0.50～0.60	立式炉	0.35～0.40
连续加热炉	0.50～0.55	加热槽	0.40～0.45
开隙式炉	0.40～0.50		

(3) 电动设备散热量

① 工艺设备及电动机都在同一室内时：

$$Q=1000\eta_1\eta_2\eta_3\frac{N}{\eta} \tag{49-35}$$

式中　Q——电动机设备发热量，W；

η_1——电动机容量利用系数，电动设备最大实耗功率与安装功率之比一般可取 0.7～0.9；

η_2——负荷系数，电动设备小时平均实耗功率与设计最大实耗功率之比一般为 0.5～0.8；

η_3——同时使用系数，即房间内同时使用的安装功率与总安装功率之比；

N——电动机安装功率，kW；

η——电动机效率，与电动机型号、负荷情况有关，可参见表 49-42 中数据。

② 电动机不在同一室内，仅计算工艺设备散热量。

$$Q=1000\eta_1\eta_2\eta_3 N \tag{49-36}$$

③ 工艺设备不在同一室内，仅计算电动机散热量。

$$Q=1000\eta_1\eta_2\eta_3 N\left(\frac{1-\eta}{\eta}\right) \tag{49-37}$$

④ 机械加工机床散热量

$$Q=1000\sum Nn \tag{49-38}$$

式中　$\sum N$——总安装功率，kW；

n——热转换系数，用乳化液冷却刀具时取 0.15～0.2，不用乳化液冷却刀具时取 0.25。

(4) 发电机及充电机组散热量

① 柴油发电机组散热量 Q（kW）

$$Q=Q_1+Q_2 l \tag{49-39}$$

式中　Q_1——柴油发电机组散热量，kW，按表49-42 选取；

Q_2——柴油发电机组排气管道单位长度散热量，kW/m，按表 49-43 选取；

l——柴油发电机排气管道长度，m。

② 直流发电机组散热量 Q（kW）

$$Q=\frac{N(1-\eta_f\eta_d)}{\eta_f\eta_d} \tag{49-40}$$

式中　N——发电机功率，kW；

η_f——发电机效率；

η_d——电动机效率（表 49-44）。

③ 充电机组散热量 Q（kW）

$$Q=n\frac{N}{\eta}(1-\eta) \tag{49-41}$$

式中　N——充电机组容量，kW；

η——充电机组的效率；

n——负荷系数。

表 49-42　柴油发电机组的散热量

柴油机功率/kW	发电机功率/kW	燃烧室空气量/(m³/h)	散入室内的热量/kW		
			柴油机	发电机	合计
7.46	5.8	50	1.55	0.70	2.25
12	10	80	2.57	1.20	3.77
24	20	160	5.23	3.22	8.45
36	30	240	7.70	3.61	11.31
52	40	350	8.96	4.07	13.03
67	56	450	12.10	7.39	19.49
100	84	675	13.96	10.76	24.72
134	120	900	18.72	14.76	33.48
246	200	1650	27.94	27.47	55.41
328	310	2200	35.65	40.30	75.95

表 49-43　柴油发电机组的排气管散热量

排气支管		排气干管	
管径/mm	散热量/(kW/m)	管径/mm	散热量/(kW/m)
50	0.36	219	0.66
80	0.47	273	0.77
100	0.56	325	0.93
125	0.64	377	1.03
150	0.73	426	1.14
		478	1.34
		529	1.40

注：排气管以石棉绳包扎，厚 50mm，外涂 10～50mm 厚石棉灰；排气支管温度为 400℃，排气干管温度为 300℃，室温按 35℃计。

表 49-44 电动机效率

电动机功率/kW	电动机效率
0.25～1.1	0.76
1.5～2.2	0.80
3.0～4.0	0.83
5.5～7.5	0.85
10～13	0.87
17～22	0.88

(5) 化学反应散热量

可燃气体在燃烧过程中，散发热量按式（49-42）计算。

$$Q=n_1 n_2 G Q_r \quad (49\text{-}42)$$

式中 Q——散热量，kJ/h；

n_1——不完全燃烧系数，可取0.95；

n_2——负荷系数，每个燃烧点实际燃料消耗量与最大消耗量之比根据工艺使用情况确定；

G——燃料消耗量，m^3/h；

Q_r——燃料热值，kJ/m^3，见表49-40。

(6) 热水表面向室内散发的热量 Q

$$Q=1.16(4.9+3.5v)(t_1-t_2)F \quad \text{W} \quad (49\text{-}43)$$

式中 v——水面上空气流动速度，m/s；

t_1——水的温度，℃；

t_2——周围空气的温度，℃；

F——水的表面积，m^2。

(7) 照明设备散热量 Q

白炽灯 $Q=1000n_1N$ (49-44)

荧光灯 $Q=1000n_1n_2n_3N$ (49-45)

式中 Q——散热量，W；

N——灯具安装功率，kW；

n_1——同时使用系数；

n_2——镇流器散热系数，镇流器装在室内时取1.2，装在吊顶内时取1.0；

n_3——安装系数，明装时取1.0，暗装且灯罩上部穿有小孔时，取0.5～0.6，暗装且灯罩上无孔时，取0.6～0.8。

(8) 人体散热量

$$Q=\varphi nq \quad (49\text{-}46)$$

式中 Q——人体散热量，W；

n——人数；

q——单个成年男子的散热量，见表49-47；

φ——考虑不同性质的场所，成年男子和成年女子、儿童的比例不同的群集系数，见表49-45。

(9) 电炉散热量

电加热炉（槽）散热量可按表49-46做概略计算。

表 49-45 某些场所的群集系数

场所名称	群集系数
影剧院	0.89
图书馆、阅览室	0.96
旅馆	0.93
体育馆	0.92
百货商场	0.89
纺织厂	0.90
铸造车间	1.0
炼钢车间	1.0

表 49-46 电炉和电热槽的散热量 单位：kW

型式	包括加热工件的散热量	不包括加热工件的散热量
电热炉	0.7Ne	(0.25～0.35)Ne
电热槽	0.3Ne	(0.15～0.2)Ne

注：1. Ne表示电炉（槽）的额定功率，kW。

2. 炉门或槽上装设排风罩时，散入厂房内的热量按表中“不包括加热工件的散热量”一栏的30%采用；加热工件的散热量另计。

2.1.2 散湿量计算

(1) 人体散湿量

$$G=\varphi nq \quad (49\text{-}47)$$

式中 G——人体散湿量，g/h；

n——人数；

q——单个成年男子的散湿量，见表49-47；

φ——考虑不同性质的场所，成年男子和成年女子、儿童的比例不同的群集系数，见表49-45。

(2) 敞露水面散湿量

表49-48为在标准大气压力下，每平方米敞露水面的散湿量，在非标准大气压力下时，表中数字应乘以修正系数 ϕ。

$$\phi=\frac{\text{标准大气压力 (Pa)}}{\text{当地实际大气压力 (Pa)}}$$

(3) 沿地面流动热水的表面蒸发量

$$G=\frac{G_1 c(t_1-t_2)}{r} \quad \text{kg/h} \quad (49\text{-}48)$$

式中 G_1——沿地面流动的水量，kg/h；

c——水的比热容，取4.19kJ/(kg·℃)；

t_1，t_2——水的初温和终温，℃；

r——汽化热，平均取2450kJ/kg。

2.1.3 有害气体散发量计算

(1) 直接燃烧生成的有害气体量

① 固体或液体燃料燃烧

一氧化碳 $G_{CO}=0.233q_bC_g$ g/kg (49-49)

二氧化硫 $G_{SO_2}=20S_g$ g/kg (49-50)

② 天然气燃烧（标准状态）

一氧化碳 $G_{CO}=0.125q_b\ (V_{CH_4}+2V_{C_2H_6}+3V_{C_3H_8}+$

$4V_{C_4H_{10}}+5V_{C_5H_{12}})$　g/m³　(49-51)

二氧化硫　$G_{SO_2}=15.2V_{H_2S}$　g/m³　(49-52)

式中　q_b——燃料的化学不完全燃烧比例，一般 $q_b=2\%\sim4\%$；

C_g——燃料中含碳的，比例%；

S_g——燃料中含硫的，比例%；

V_{CH_4}，$V_{C_2H_6}$，$V_{C_3H_8}$，$V_{C_4H_{10}}$，$V_{C_5H_{12}}$，V_{H_2S}——气体燃料中所含甲烷等气体的体积分数，%。

(2) 炉子缝隙漏气量

通过炉子缝隙漏出的烟气量，按燃烧生成物总量的 3%～8%估算。

表 49-47　单个成年男子散热量和散湿量

项　目	室温/℃														
	16	17	18	19	20	21	22	23	24	25	26	27	28	29	30
静坐：如影剧院、食堂、阅览室等															
显热/W	99	93	89	87	84	80	78	74	71	67	63	58	53	48	43
潜热/W	18	20	22	23	26	28	30	34	37	41	45	50	55	60	65
全热/W	117	113	111	110	110	108	108	108	108	108	108	108	108	108	108
散湿量/(g/h)	26	30	33	35	38	41	45	50	56	61	68	75	82	90	97
极轻劳动：如办公室、旅馆、体育馆、手表安装、电子元件制造等															
显热/W	108	105	100	97	90	85	79	74	70	65	61	57	51	45	41
潜热/W	34	36	40	43	46	51	56	60	64	69	73	77	83	89	93
全热/W	142	141	140	140	136	136	135	134	134	134	134	134	134	134	134
散湿量/(g/h)	50	54	59	64	69	76	83	89	96	102	109	116	123	132	139
轻劳动：如商店、化学实验室、电子计算机房、工厂台面工作等															
显热/W	118	112	106	99	93	87	81	76	70	63	58	52	46	39	35
潜热/W	71	74	79	84	90	94	100	105	111	118	123	129	135	142	146
全热/W	189	186	185	183	183	181	181	181	181	181	181	181	181	181	181
散湿量/(g/h)	105	110	118	126	134	140	150	158	167	175	184	193	203	212	220
中等劳动：如纺织车间、印刷车间、机加工车间等															
显热/W	150	142	134	126	117	112	104	97	88	83	74	68	61	52	45
潜热/W	86	94	102	110	118	123	131	138	147	152	161	167	174	183	190
全热/W	236	236	236	236	235	235	235	235	235	235	235	235	235	235	235
散湿量/(g/h)	128	141	153	165	175	184	196	207	219	227	240	250	260	273	283
重劳动：如炼钢车间、铸造车间、排练厅、室内运动场等															
显热/W	192	186	180	174	169	163	157	151	145	139	134	128	122	116	111
潜热/W	215	221	227	233	238	244	250	256	262	268	273	279	285	291	296
全热/W	407	407	407	407	407	407	407	407	407	407	407	407	407	407	407
散湿量/(g/h)	321	330	339	347	356	365	373	382	391	400	408	417	425	434	443

表 49-48　敞开水槽表面蒸发湿量（水面风速 $v=0.3$m/s）　单位：kg/h

室温/℃	室内相对湿度/%	温度/℃								
		20	30	40	50	60	70	80	90	100
18	40	0.308	0.700	1.630	3.300	6.050	10.50	17.90	29.20	49.20
	45	0.288	0.676	1.600	3.280	6.020	10.48	17.80	29.10	49.10
	50	0.267	0.657	1.580	3.240	5.960	10.45	17.80	29.10	49.10
	55	0.244	0.632	1.560	3.220	5.940	10.40	17.70	29.10	49.00
	60	0.224	0.612	1.530	3.180	5.900	10.37	17.70	29.00	49.00
	65	0.204	0.592	1.500	3.150	5.890	10.30	17.70	28.90	48.90
	70	0.183	0.572	1.480	3.130	5.850	10.30	17.60	28.90	48.80
20	40	0.286	0.676	1.610	3.270	6.020	10.48	17.80	29.20	49.10
	45	0.262	0.654	1.570	3.240	5.970	10.42	17.80	29.10	49.00
	50	0.238	0.627	1.550	3.200	5.940	10.40	17.70	29.00	49.00
	55	0.214	0.603	1.520	3.170	5.900	10.35	17.70	29.00	48.90
	60	0.190	0.580	1.490	3.140	5.860	10.30	17.70	29.00	48.80
	65	0.167	0.556	1.460	3.100	5.820	10.27	17.60	28.90	48.70
	70	0.142	0.532	1.430	3.060	5.790	10.27	17.60	28.80	48.70

续表

室温/℃	室内相对湿度/%	温度/℃								
		20	30	40	50	60	70	80	90	100
24	40	0.232	0.622	1.540	3.200	5.930	10.40	17.70	29.20	49.00
	45	0.203	0.531	1.500	3.150	5.890	10.32	17.70	29.00	48.90
	50	0.172	0.561	1.460	3.110	5.860	10.30	17.60	28.90	48.80
	55	0.142	0.532	1.430	3.070	5.780	10.22	17.60	28.80	48.70
	60	0.112	0.501	1.390	3.020	5.730	10.22	17.50	28.80	48.60
	65	0.083	0.472	1.360	3.020	5.680	10.12	17.40	28.80	48.50
	70	0.051	0.440	1.320	2.940	5.650	10.00	17.40	28.70	48.50
28	40	0.168	0.557	1.460	3.110	5.840	10.30	17.60	28.90	48.90
	45	0.130	0.518	1.410	3.050	5.770	10.21	17.60	28.80	48.80
	50	0.091	0.480	1.370	2.990	5.710	10.12	17.50	28.75	48.70
	55	0.053	0.442	1.320	2.940	5.650	10.00	17.40	28.70	48.60
	60	0.0145	0.404	1.270	2.890	5.600	10.00	17.30	28.60	48.50
	65	−0.025	0.364	1.230	2.830	5.540	9.95	17.30	28.50	48.40
	70	−0.063	0.326	1.180	2.780	5.470	9.90	17.20	28.40	48.30

(3) 经过设备或管道不严密处漏出气体量

$$G=CV\sqrt{\frac{M}{T}}\quad \text{kg/h} \qquad (49\text{-}53)$$

式中 C——系数，见表49-49；

V——设备或管道内部容积，m^3；

M——气体分子量；

T——气体热力学温度，K。

表49-49　系数 C

工作压力/MPa	C	工作压力/MPa	C
<0.1	0.121	4.0	0.252
0.1	0.166	16.0	0.298
0.6	0.182	40.0	0.297
1.6	0.189	100.0	0.370

一般情况下，由设备或管道不严密处漏出气量 G 的正常值为设备或管道总容积储量的0.1%～0.2%。

2.2 自然通风

自然通风是利用厂房内外空气密度差引起的热压或风力造成的风压来促使空气流动，进行通风换气。

消除生产车间余热余湿且放散的有害气体比空气轻时，宜优先采用自然通风。放散热量的建筑物其自然通风量应按热压作用进行计算。

2.2.1 自然通风的设计原则

① 在确定厂房总图方位时，厂房纵轴应尽量布置成东、西向，以避免有大面积的窗和墙受日晒影响，尤其在我国南方炎热地区更应注意。

② 厂房主要进风面一般应与夏季主导风向成60°～90°角，不应小于45°角，并与避免西晒问题同时考虑。

③ 热加工厂房的平面布置最好不采用“封闭的庭院式”，应尽量布置成“𠃊”形、“凵”形或“山”形。开口部分应该位于夏季主导风向的迎风面，而各翼的纵轴与主导风向成0°～45°角。

④“凵”或“山”形建筑物各翼的间距一般不应小于相邻两翼高度（由地面到屋檐）和的一半，最好在15m以上。如建筑物内不产生大量有害物质，其间距可减至12m，但必须符合防火标准的规定。

⑤ 在放散大量热量的单层厂房四周，不宜修建披屋，如确有必要时，应避免设在夏季主导风向的迎风面。

⑥ 放散大量热和有害物质的生产过程，宜设在单层厂房内；如设在多层厂房内，宜布置在厂房的顶层；必须设在多层厂房的其他各层时，应防止污染上层各房间内的空气。当放散不同有害物质的生产过程布置在同一建筑物内时，毒害大与毒害小的放散源应隔开。

⑦ 采用自然通风时，如热源和有害物质放散源布置在车间内的一侧时，应符合下列要求：以放散热量为主时，应布置在夏季主导风向的下风侧；以放散有害物质为主时，一般布置在全年主导风向的下风侧。

⑧ 自然通风进风口的标高，建议按下列条件采取。

夏季进风口下缘距室内地坪越小，对进风越有利，一般应采用0.3～1.2m，推荐采用0.6～0.8m。

冬季及过渡季进风口下缘距室内地坪一般不低于4m，如低于4m时，可采取措施以防止冷风直接吹向工作地点。

⑨ 在我国南方炎热地区的厂房，当不放散大量粉尘和有害气体时，可以考虑采用以穿堂风为主的自然通风方式。

⑩ 为了充分发挥穿堂风的作用，侧窗进、排风

的面积均应不小于厂房侧墙面积的 30%，厂房的四周也应尽量减少披屋等辅助建筑物。

⑪ 放散剧毒物质的生产厂房严禁采用自然通风。周围空气被粉尘或其他有害物质严重污染的生产厂房，不应采用自然通风。

⑫ 无组织排放将造成室外环境空气质量不达标时，不应采用自然通风。

⑬ 周围空气被粉尘或其他有害物质严重污染的生产厂房，不宜采用自然通风。

2.2.2　自然通风的计算

放散热量的生产厂房及辅助建筑物，其自然通风应考虑热压作用，同时应避免风压造成的不利影响。

① 自然通风的通风量应按式（49-54）计算。

$$G=\frac{Q}{\alpha c_p(t_p-t_{wf})} \tag{49-54}$$

或

$$G=\frac{mQ}{\alpha c_p(t_n-t_{wf})}$$

式中　G——通风量，kg/h；

Q——散至室内的全部显热量，W；

c_p——空气的比定压热容，c_p = 1kJ/(kg·℃)；

α——单位换算系数，对于法定计量单位（SI制），α=0.28；

t_p——排风温度，℃，按本小节②确定；

t_n——室内工作地点温度，℃，见表 49-50；

t_{wf}——夏季通风室外计算温度，℃；

m——散热量有效系数，按本小节③确定。

注：确定自然通风量时，还应考虑机械通风的影响。

表 49-50　室内工作地点温度　单位：℃

夏季通风室外计算温度	允许温差	工作地点温度
≤22	10	≤32
23	9	32
24	8	
25	7	
26	6	
27	5	
28	4	
29～32	3	32～35
≥33	2	35

② 排风口温度应根据不同情况，分别按下列规定采用。

a. 有条件时，可按与夏季通风室外计算温度的允许温差确定。

b. 室内散热量比较均匀，且不大于 116W/m³ 时，可按式（49-55）计算。

$$t_p=t_n+\Delta t_H(H-2) \tag{49-55}$$

式中　Δt_H——温度梯度，℃/m，见表 49-51；

H——排风口中心距地面的高度，m。

其他符号的意义同式（49-54）。

c. 当采用 m 值时，可按式（49-56）计算。

$$t_p=t_{wf}+\frac{t_n-t_{wf}}{m} \tag{49-56}$$

式中各项符号的意义同式（49-54）。

③ 散热量有效系数 m 值宜按相同建筑物和工艺布置的实测数据采用，当无实测数据时，单跨生产厂房可按下式计算。

$$m=m_1m_2m_3 \tag{49-57}$$

式中　m_1——根据热源占地面积 f 和地面面积 F 之比值，按图 49-11 确定的系数；

m_2——根据热源的高度，按表 49-52 确定系数；

m_3——根据热源的辐射散热量 Q_f 和总散热量 Q 的比值，按表 49-52 确定系数。

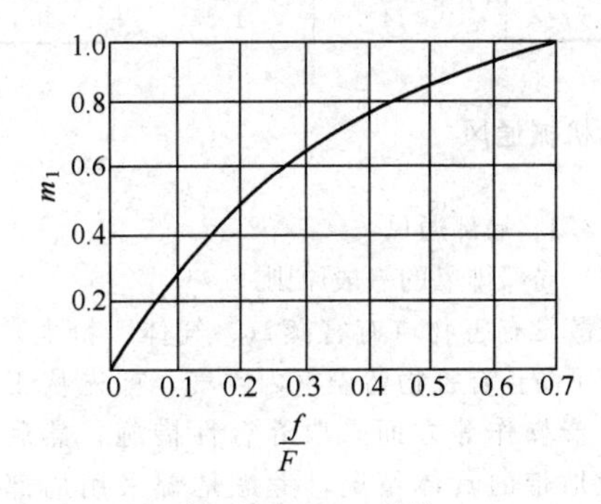

图 49-11　m_1 系数

④ 进风口和排风口的面积，应按下式计算。

$$F_j=\frac{G_j}{3600\sqrt{\dfrac{2g\rho_{wf}h_j(\rho_{wf}-\rho_{np})}{\zeta_j}}} \tag{49-58}$$

$$F_p=\frac{G_p}{3600\sqrt{\dfrac{2g\rho_p h_p(\rho_{wf}-\rho_{np})}{\zeta_p}}} \tag{49-59}$$

式中　F_j，F_p——进风口和排风口面积，m²；

G_j，G_p——进风量和排风量，kg/h；

h_j，h_p——进风口和排风口中心与中和界的高差，m；

ρ_{wf}——夏季通风室外计算温度下的空气密度，kg/m³；

ρ_p——排风温度下的空气密度，kg/m³；

ρ_{np}——室内空气的平均密度，kg/m³，按作业地带和排风口处空气密度的平均值采用；

ζ_j，ζ_p——进风口和排风口的局部阻力系数；

g——重力加速度，取为 9.81m/s²。

表 49-51 温度梯度 Δt_H 值 单位：℃/m

室内散热量/(W/m³)	厂房高度/m										
	5	6	7	8	9	10	11	12	13	14	15
12～23	1.0	0.9	0.8	0.7	0.6	0.5	0.4	0.4	0.3	0.3	0.2
24～47	1.2	1.2	0.9	0.8	0.7	0.6	0.5	0.5	0.5	0.4	0.4
48～70	1.5	1.5	1.2	1.1	0.9	0.8	0.8	0.8	0.8	0.8	0.5
71～93	—	1.5	1.5	1.3	1.2	1.2	1.2	1.2	1.1	1.0	0.9
94～116	—	—	—	1.5	1.5	1.5	1.5	1.5	1.5	1.4	1.3

表 49-52 系数 m_2、m_3 值

m_2	热源高度/m	m_3	Q_f/Q
1.0	≤2	1.00	≤0.40
0.85	4	1.03	0.45
0.75	6	1.07	0.50
0.65	8	1.12	0.55
0.6	10	1.18	0.60
0.55	12	1.30	0.65
0.5	≥14	1.45	0.70

2.3 机械通风

2.3.1 局部通风

(1) 局部排风的一般原则

在散发有害物（有害蒸汽、气体、粉尘）的场合，为了防止有害物污染室内空气，首先从工艺设备和生产操作等方面采取综合性措施；然后再根据作业地带的具体情况，考虑是否采用局部排风措施。

在排风系统中，以装设局部排风最为有效、最为经济。局部排风应根据工艺生产设备的具体情况及使用条件，并视所产生有害物的特性，进行有组织的自然排风或机械排风。

在有可能突然产生大量有毒气体，易燃、易爆气体的场所，应考虑必要的事故排风。一般情况下，作业地带有害物的浓度应符合国家卫生标准，详见《工业企业设计卫生标准》(GBZ1—2010)。

① 局部排风系统的划分　不同的生产流程及不同时使用的生产设备，视设备的数量及管道的长短确定是否组合成一个排风系统或设立单独排风系统。为了正确、合理地划分排风系统，应将同系统中各种不同特性的有害物混合后的情况，进行一次最不利的全面分析。凡属下列情况之一时，应分别设置排风系统：

a. 两种或两种以上的有害物质混合后能引起燃烧或爆炸时；

b. 有害物质混合后能形成毒害更大的混合物或化合物时；

c. 混合后的蒸气容易凝结并积聚粉尘时；

d. 产生剧毒物质的房间或岗位；

e. 建筑物内设有储存易燃易爆物质的单独房间或有防火防爆要求的单独房间。

② 含有剧毒物质或难闻气味物质的局部排风系统，或含有浓度较高的爆炸危险性物质的局部排风系统所排出的气体，应排至建筑物空气动力阴影区和正压区外。

③ 局部排风罩的设计　在便于生产操作、工艺设备检修及各种管道安装的原则下，应首先考虑采用密闭式（带有固定的或活动的围挡板）的排风罩，其次考虑采用侧面排风罩或伞形排风罩。

在设备结构允许的条件下，排风罩应尽量靠近并对准有害物的散发方向。排风罩的型式应保证在一定风速时，能有效地以最少的风量，最大限度地排走其散发出来的有害物。

④ 局部排风的净化处理原则

a. 局部排风系统中收集的含有有害气体、蒸汽烟雾、粉尘的空气，应经净化或回收后再排入大气。当技术上不能达到净化要求时，应根据当地规划或自然条件，将未净化的空气排入较高的大气层中，以符合国家及地方相关标准的规定。

b. 局部排风系统排出的气体应以中和、吸附为主，用水稀释为辅，高空放散为次的原则进行净化处理，净化装置排放的污水（溶液）应采取切实措施，防止对环境的再污染。

(2) 伞形排风罩和侧面排风罩

伞形排风罩和侧面排风罩由于结构简单、制造方便，常用来排热及排除其他有害气体。

① 伞形排风罩　与有害物气流相迎所安装的伞形罩，其罩口的截面和形状应尽可能与有害物散发源的水平投影相似。排风罩的开口角度 α 宜等于或小于 90°（最大不得大于 120°）。为减少排风罩高度，对于边长较长的矩形风罩，可将长边分段设置。排风罩罩口边宜留有一定高度的垂直边（裙板），垂直边的高度 $h_2 \approx 0.25\sqrt{F}$（F 为罩口面积）。排出蒸汽或潮湿的气体时，应在排风罩结构上考虑排除凝结液的措施。

排除热气体的伞形排风罩（图 49-12 和图 49-13），罩口截面尺寸按式 (49-60) 计算。

矩形罩　$$A = a + 0.4h \quad \text{m} \tag{49-60}$$

$B=b+0.4h$ m

圆形罩　　$D=d_0+0.4h$ m

式中　A，B——罩口的长和宽，m；

a，b——有害物散发源的长和宽，m；

h——有害物散发源至罩口的距离，m；

D——罩口直径，m；

d_0——有害物散发源的直径，m。

伞形排风罩风量的计算：

$$L=3600Fv_0 \quad m^3/h \tag{49-61}$$

式中　F——罩口截面面积，m^2；

v_0——罩口截面上平均风速，m/s。

v_0 推荐以下风速。

四边敞开的伞形罩　　$v_0=1.05\sim1.25$m/s

三边敞开的伞形罩　　$v_0=0.9\sim1.05$m/s

二边敞开的伞形罩　　$v_0=0.75\sim0.9$m/s

一边敞开的伞形罩　　$v_0=0.5\sim0.75$m/s

采用自然排风伞形罩的必要条件是排出的有害气

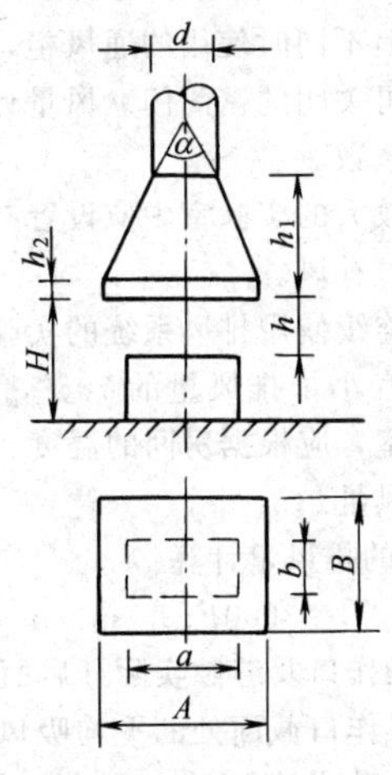

图 49-12　矩形伞形罩

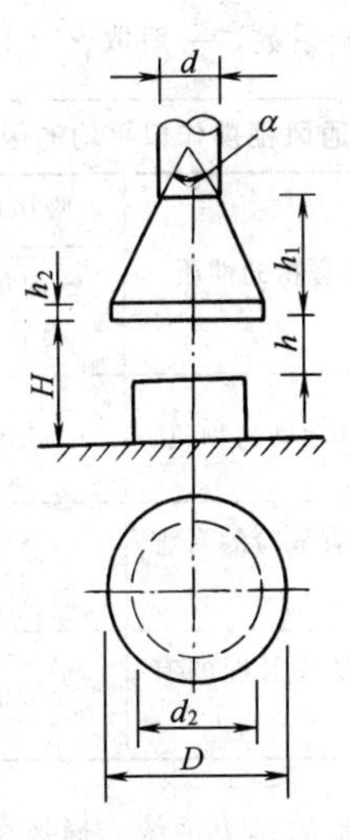

图 49-13　圆形伞形罩

体一定要有上浮力。

如果有害气体散发源的上浮气流是不稳定的，或者周围空气与排出气流间的密度相差不大时，用伞形罩进行自然排风是不合理的。

② 侧面排风罩　如图 49-14 所示为常见的侧面排风罩型式。

侧面排风罩罩口上，应设计有高度为 15～30mm 的围挡法兰边，以提高排风效果。排风量分别按式(49-62)～式(49-65)计算。

如图 49-14 (a) 所示为侧面有平行于罩轴的平面罩

无边　　$L_1=3600(5S^2+F)v_s \quad m^3/h$　　(49-62)

有边　　$L_2=0.75L_1 \quad m^3/h$　　(49-63)

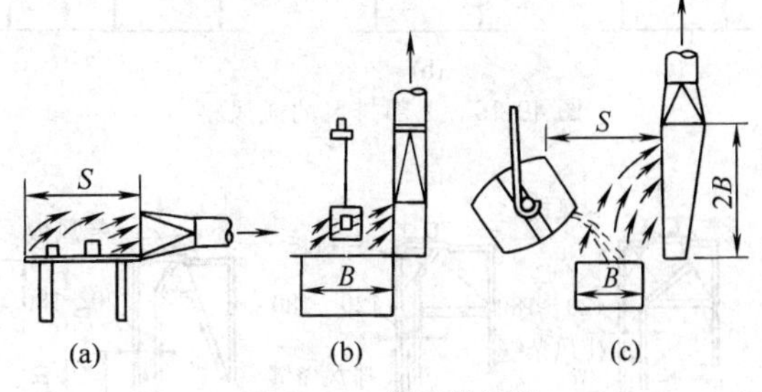

图 49-14　侧面排风罩

如图 49-14 (b) 所示为无阻碍的无边罩口。

$$L_3=3600CBA \quad m^3/h \tag{49-64}$$

图 49-14 (c) 所示：

$$L_4=3600(10S^2+F)v_s \quad m^3/h \tag{49-65}$$

式中　F——排风罩口面积，如图 49-14 (c) 所示的排风罩高度取设备宽 B 的两倍；

S——罩口距最远作用点（或罩口距工作面边缘点）的距离，m；

v_s——在距罩口 S 米处的最小风速，一般取 0.2～0.3m/s；

C——每平方米槽面所需排风量，按槽中所散发的有害物的毒性来决定，一般取 $0.55\sim0.83m^3/(m^2\cdot s)$；

B——槽宽，m；

A——槽长，m。

(3) 通风柜

通风柜的排风效果取决于其结构型式、尺寸和排风口的位置。

① 通风柜的型式及选择原则　通风柜的选择应根据柜内放散有害物性质的程度、有效保护科研人员的卫生安全及节能降耗等因素来确定。

通风柜排风效果与工作口截面上风速的均匀性有关。一般要求工作口任一点的风速不能小于平均风速的 80%。

当通风柜内产生热气流（如金属热处理、本生灯、加热板等）时，为防止柜内有害气体由工作口上缘逸出，应在通风柜上部抽风。

当通风柜内不产生热量时，应在下部抽风。下部排风口应紧靠工作台面。

为了使用灵活，应在通风柜内上、下均设排风口，并在排风口上设置调节板，以调节上、下排风比例。

如图 49-15～图 49-17 所示为常用的通风柜型式。

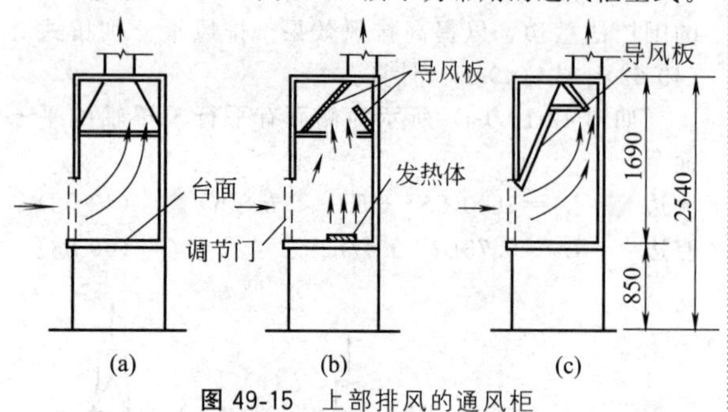

图 49-15　上部排风的通风柜

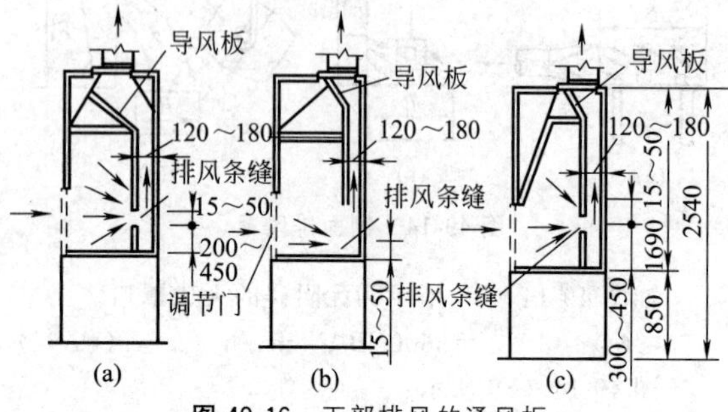

图 49-16　下部排风的通风柜

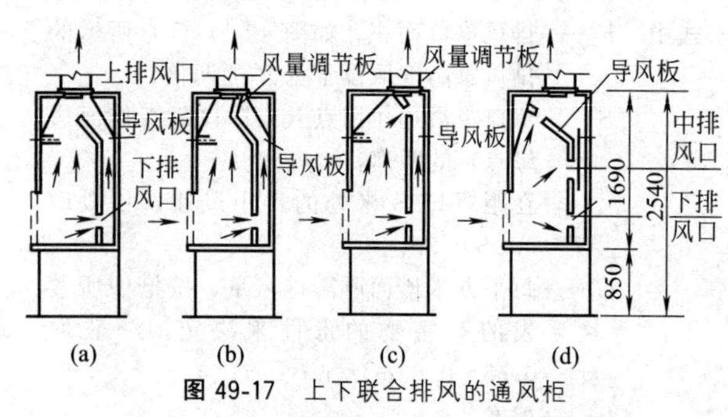

图 49-17　上下联合排风的通风柜

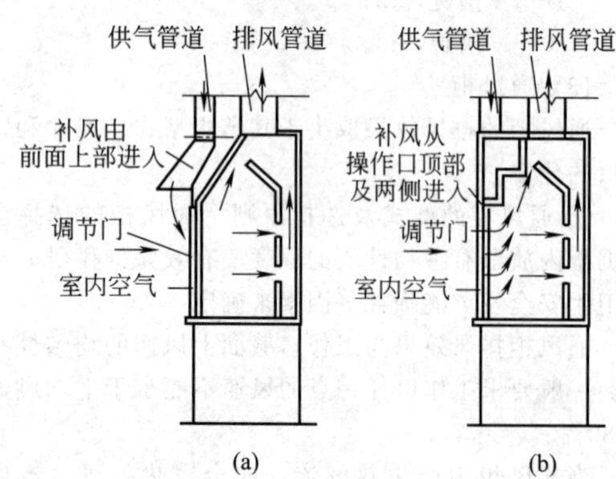

图 49-18　补风型通风柜

如图 49-18 所示为补风型通风柜，适用于有空调或净化要求的场所。通风柜带有补风装置，可以大大减少通风柜从空调房间内的补充风量（室内补风量仅为排风量的 1/4～1/3），从而具有明显的节能效果。

② 通风柜的布置及系统设计应注意的问题　室内有高度危险和放射性物质的通风柜排风不宜采用集中式排风系统，宜单独设置。

当一个房间内有两个以上通风柜时，应划为一个系统，以避免一个通风柜使用时，其他通风柜产生倒流，使室内受到污染。

当一个排风系统带有不同房间的通风柜时，应有防止相互干扰与火灾蔓延的措施。

通风柜排风系统设计型式应根据通风柜的选型、通风柜使用数量综合确定。

集中排风系统的风机宜备用。当通风柜内的有害物毒性大或有放射性微粒时，宜将排风通风机设在建筑物屋顶上，使所有通过通风机的管段均处于负压。排风口宜高出屋顶 3m。对于间歇工作的通风柜，或在同一系统内但不同时使用的通风柜，应装有防止有害气体倒灌的可关闭的密闭门。风量计算时，应适当考虑同时使用系数。

在排风量较大的实验室中应设置有组织的自然补风或必要的机械补风。

工作时间连续使用排风系统的实验应设置送风系统，送风量不宜小于排风量的 70%，对于不允许开窗操作的实验室，应根据房间的温度、湿度及压差要求确定送、排风量。

③ 通风柜的排风量计算

$$L=3600Fv\beta \quad m^3/h \qquad (49\text{-}66)$$

式中　F——操作口及缝隙实际开启面积，m^2；

v——操作口截面处的平均吸风速度，可按柜内散发有害物的种类，取用不同的风速，见表 49-53；

β——安全系数，一般取 $\beta=1.05$～1.1。

表 49-53　通风柜操作口平均的吸风面速度

通风柜内放散有害物的性质	吸风面速度/(m/s)	
	室内顶棚有补风	室内顶棚无补风
对人体无害但有污染的物质	0.4	0.5
轻、中度危害或有危险的有害物质	0.5	0.6
极度危害或少量放射性的有害物质	0.6	0.7

有多台通风柜的排风系统，通风柜的同时使用系数取 0.6～0.7。

④ 其他　补风系统的风管可采用镀锌薄钢板。排风系统中的设备、部件及风管应根据内部输送气体介质的性质采用相应的防腐措施。

(4) 局部送风

工作人员在较长时间内直接受辐射热影响的工作地点，当其辐射照度大于等于 $350W/m^2$ 时，应采取隔热措施；受辐射热影响较大的工作室应隔热。

较长时间操作的工作地点，当其热环境达不到卫生要求时，应设置局部送风。

当采用不带喷雾的轴流通风机进行局部送风时，工作地点的风速，应符合轻作业 2～3m/s、中作业 3～5m/s、重作业 4～6m/s；当采用带喷雾的轴流通风机进行局部送风时，工作地点的风速应采用 3～5m/s，雾滴直径应小于 $100\mu m$。

设置系统式局部送风时，工作地点的温度和平均风速，应按表 49-54 采用；送风气流宜从人体的前侧上方倾斜吹到头、颈和胸部，送到人体上的有效宽度宜采用 1m，对于室内散热量小于 $23W/m^3$ 的轻作业可采用 0.6m。

表 49-54　工作地点的温度和平均风速

热辐射照度/(W/m^2)	冬季		夏季	
	温度/℃	风速/(m/s)	温度/℃	风速/(m/s)
350～700	20～25	1～2	26～31	1.5～3
701～1400	20～25	1～3	26～30	2～4
1401～2100	18～22	2～3	25～29	3～5
2101～2800	18～22	3～4	24～28	4～6

注：1. 轻作业时，温度宜采用表中较高值，风速宜采用较低值；重作业时，温度宜采用较低值，风速宜采用较高值；中作业时，其数据可按插入法确定。

2. 表中夏季工作地点的温度，对于夏热冬冷或夏热冬暖地区可提高 2℃；对于累年最热月平均温度小于 25℃的地区可降低 2℃。

3. 表中的热辐射照度是指 1h 内的平均值。

2.3.2　全面通风

控制工业有害物最有效的方法是局部排风，当利用局部通风或自然通风不能满足要求时，应采用机械全面通风。

(1) 全面通风量的确定

全面通风按以下几种情况分别计算通风量，并取其中最大值作为设计通风量。

① 消除室内余热所需通风量

$$L=\frac{3600Q}{c\rho(t_p-t_j)}\quad m^3/h \tag{49-67}$$

式中　Q——余热量，kW；

ρ——进入空气的密度，kg/m^3；

c——空气比热容，一般取 1.01kJ/(kg·℃)；

t_j——进入空气的温度，℃；

t_p——排出空气的温度，℃。

② 消除室内余湿所需通风量

$$G=\frac{G_{sh}}{d_p-d_j}\quad kg/h \tag{49-68}$$

式中　G_{sh}——散湿量，g/h；

d_j——进入空气的含湿量，g/kg；

d_p——排出空气的含湿量，g/kg。

③ 消除室内有害气体所需通风量

$$L=\frac{Z}{Y_p-Y_j} \tag{49-69}$$

式中　Z——散入室内的有害气体量，mg/h；

Y_j——进入空气中有害气体的浓度，mg/m^3；

Y_p——排出空气中有害气体的最高允许浓度，mg/m^3。

如室内同时散发几种有害物质时，换气量按其中最大值取。但当数种溶剂（苯及其同类物、醇类或醋酸酯类）的蒸气，或数种刺激性气体（二氧化硫、三氧化硫或氟化氢及其盐类等）同时在室内散发时，换气量按稀释各有害物所需换气量的总和计算。

④ 按换气次数计算通风量　当有害气体散发量无法确定时，按换气次数计算通风量。

$$L=KV \tag{49-70}$$

式中　L——送入房间或排出的空气量，m^3/h；

V——房间体积，m^3；

K——换气次数，次/h。

⑤ 按每人所需新鲜空气量计算通风量　每名工人所占容积小于 $20m^3$ 的车间，应保证每人每小时不少于 $30m^3$ 的新鲜空气量；如所占容积为 $20～40m^3$ 时，应保证每人每小时不少于 $20m^3$ 的新鲜空气量；所占容积超过 $40m^3$ 时，可由门窗缝隙渗入的空气量来换气。

(2) 气流组织

全面通风进、排风的气流组织应避免将含有大量热、蒸汽或有害物质的空气流入没有或仅有少量热、蒸汽或有害物质的作业地带。

对生产要求较清洁的房间，当其所处室外环境较差时，送入空气应经预过滤，并应保持室内正压，室内有害气体和粉尘有可能污染相邻房间时，则应保持负压。

送入车间的空气应从清洁区取风，其中有害气体、蒸气及粉尘的含量，不应超过车间空气中有害物质允许浓度的 30%；当超过时，应设置空气净化装置。

① 送风方式　进入的新鲜空气，一般应送至作业地带或操作人员经常停留的工作地点。对于散发粉尘或有害气体并能用局部排风排除，同时又无大量余热的车间，可送至上部地带。

机械送风系统进风口的位置，应符合下列要求：

a. 应直接设在室外空气较清洁的地点；

b. 应低于排风口；

c. 进风口的下缘距室外地坪不宜小于2m，当设在绿化地带时，不宜小于1m；

d. 应避免进风、排风短路。

② 排风方式　采用全面排风排出有害气体和蒸气时，应由室内有害气体浓度最大的区域排出，其排风方式应符合下列要求。

a. 当放散气体的密度比室内空气轻，或虽比室内空气重但建筑内放散的显热全年均能形成稳定的上升气流时，宜从房间上部区域排出。

b. 当放散气体的密度比空气重，建筑内放散的显热不足以形成稳定的上升气流而沉积在下部区域时，宜从下部区域排出总排风量的2/3，上部区域排出总排风量的1/3，且不应小于每小时1次换气。

c. 当人员活动区有害气体与空气混合后的浓度未超过卫生标准，且混合后气体的密度与空气密度接近时，可只设上部或下部区域排风。

2.3.3　有害气体的高空排放

通常，工业废气必须经过净化和回收处理才允许排入大气，目前由于净化和回收技术还不能完全消除排放气体中的有害物质，所以，有时只能将未净化的废气直接排入大气，通过在大气中的扩散进行稀释，使降落到地面后的有害气体浓度不超过环境的卫生标准。

局部排风中，含有剧毒物质或极难闻气味物质或排出含有浓度较高爆炸危险性物质，应排至建筑物的空气动力阴影区和正压区以上。

(1) 有效烟囱高度的估算

如烟囱高度为 H_o，烟羽由于动量作用抬升高度为 H_m，由于热浮力作用抬升高度为 H_t，则烟羽有效排烟高度为 H_e。

$$H_e = H_o + H_m + H_t \qquad (49\text{-}71)$$

令 $\Delta h = H_m + H_t$，Δh 称为烟羽的抬升高度。估算有效排烟高度主要是估算 Δh。

烟羽抬升和扩散图形见图49-19。

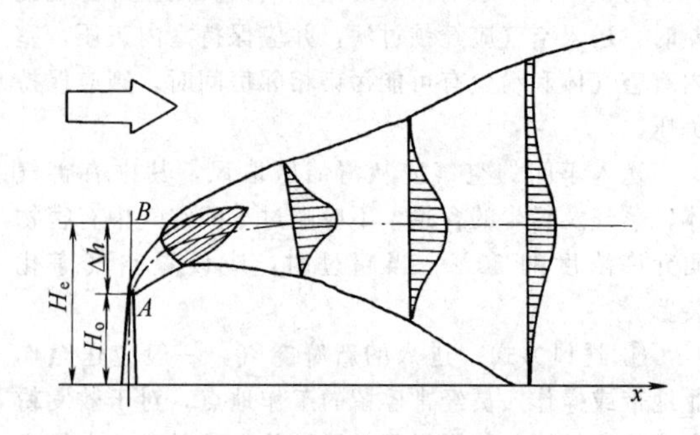

图49-19　烟羽抬升和扩散图形

烟羽的抬升高度 Δh 与烟囱的排烟条件、当地气象、地形与建筑物等因素有关。排烟条件主要包括烟囱出口内径 D、烟气排出速度 v_g、烟气排热率 Q_H 等。

烟羽抬升高度一般可按HOLLAND公式计算。

$$\Delta h = \frac{v_g D}{U}\left(1.5 + 2.7\,\frac{\Delta}{T}D\right) \quad \text{m} \qquad (49\text{-}72)$$

式中　v_g——烟气从烟囱出口处的排出速度，m/s；

D——烟囱顶部内径，m；

U——烟囱口高度处大气平均风速，m/s；

Δ——烟囱温度与大气温度 T_1 的温度差，K；

T——排出烟气温度，K。

HOLLAND公式是通过风洞实验取得的，适用于中性大气状况。当大气状况为非稳定时，计算结果 Δh 值要增加10%～20%的修正值，对于稳定状况，则应降低10%～20%。

(2) 最大着地浓度的估算

求出烟气有效排放高度后，可用适当的大气扩散公式求出排放物的下风路径。目前有许多半经验公式可供采用。

对于平原地区、中性气象条件，连续点源下风向地面的有害物质最大浓度 c_{max}，可用萨顿（Sutten）扩散公式计算。

$$c_{max} = \frac{2Q'}{\pi e U H_g^2}\left(\frac{C_x}{C_y}\right) \quad \text{mg/kg} \qquad (49\text{-}73)$$

或

$$c_{max} = \frac{235Q}{UH_g^2}\left(\frac{\sigma_x}{\sigma_y}\right) \quad \text{mg/m}^3 \qquad (49\text{-}74)$$

若规定了有害物质的最大允许浓度 c_{max}，可由式（49-73）求出此烟囱对该有害物质的允许排放量 Q。

$$Q = \frac{UH_g^2}{235}\left(\frac{\sigma_y}{\sigma_x}\right)c_{max} \quad \text{g/s} \qquad (49\text{-}75)$$

萨顿扩散公式计算时最大浓度点的距离为 X_{max}。

$$X_{max} = \left(\frac{H_g}{C_x}\right)^{\frac{2}{2-n}} \quad \text{m} \qquad (49\text{-}76)$$

式中　Q'——有害物的排放量，m^3/s；

Q——有害物的排放量，g/s；

H_g——烟囱有效高度，m；

U——烟囱出口处平均风速，m/s；

e——自然对数的底，2.7183；

C_y——水平方向的扩散系数；

C_x——垂直方向的扩散系数；

σ_x，σ_y——垂直及水平方向的大气扩散系数；

n——大气稳定度的参数，取0～1。

萨顿提出的不同稳定度下的 C_y、C_x 值见表49-55，表中 n 值由湍流特性决定。

(3) 烟囱高度的计算

为确定烟囱的最小高度，以保证沉降到地面的粉尘量不超过大气质量标准，可按式（49-77）计算烟囱的有效高度。

$$H_{e}=\sqrt{\frac{235Q\sigma_{x}}{Uc_{max}\sigma_{y}}} \tag{49-77}$$

式中　c_{max}——卫生标准所规定的地面最大允许浓度，mg/m^3。

烟囱的实际高度：

$$H=H_{e}-\Delta h \tag{49-78}$$

2.3.4　防火与防爆

(1) 生产的火灾危险性分类（表 49-56）

(2) 通风系统设计的特殊要求

① 甲、乙类厂房或仓库以及含有甲、乙类物质的其他厂房或仓库中的空气不应循环使用；含有燃烧或爆炸危险粉尘、纤维的丙类厂房或仓库中的空气，在循环使用前应经净化处理，并应使空气中的含尘浓度低于其爆炸下限的 25%；对于排除含尘空气的局部排风系统，当排风经净化后，其含尘浓度仍大于或等于工作区允许浓度的 30%时，空气不应循环使用；空气中含有易燃易爆气体，气体浓度大于或等于其爆炸下限值的 10%的其他厂房或仓库，其空气不应循环使用；其他建筑物中含有容易起火或爆炸危险物质房间的空气不应循环使用。

② 甲、乙类厂房用的送风设备和排风设备不应布置在同一通风机房内，排风设备也不应和其他房间的送、排风设备布置在同一通风机房内。

③ 凡空气中含有易燃或有爆炸危险物质的场所，应设置独立的通风系统。其机械通风量应经计算或根据实际操作经验确定，正常生产情况下不应小于每小时 6 次换气，但当发生事故（如易燃易爆物质非正常泄漏等）时，不应小于每小时 12 次换气。

④ 排除含有燃烧和爆炸危险粉尘的空气，在进入排风机前应进行净化。对于空气中含有容易爆炸的铝、镁等粉尘，应采用不产生火花的除尘器；如粉尘与水接触能形成爆炸性混合物，不应采用湿式除尘器。

⑤ 排除、输送含有燃烧爆炸危险混合物或气体、蒸气和粉尘的通风设备及风管，均应采取防静电接地措施，且不应采用容易积聚静电的绝缘材料制作。

⑥ 通风和空调系统送、回风管的防火阀及其感温、感烟控制元件的设备，应按国家现行的《建筑设计防火规范》执行。

⑦ 用于甲、乙类生产厂房的送风系统，可共用同一进风口，但应与丙、丁、戊类生产厂房及辅助建筑物的进风口分设。

⑧ 排除有爆炸危险的气体、蒸气和粉尘的局部排风系统，其风量应按在正常运行和事故情况下，风管内这些物质的浓度不大于爆炸下限的 50%计算。

⑨ 排除有燃烧或爆炸危险物质的局部排风系统，其设备宜布置在生产厂房之外，如直接布置在所服务的房间或排风机室内，必须采取相应的防火防爆措施。

⑩ 甲、乙类生产厂房的全面和局部送、排风系统，以及其他建筑物排除有爆炸危险物质的局部排风系统，其设备不应布置在建筑物的地下室、半地下室内。

⑪ 排除有爆炸危险物质的局部排风系统，其干式除尘器和过滤器等，不得布置在经常有人或短时间有大量人员逗留房间（如休息室、会议室等）的下面；如同上述房间贴邻布置时，应用耐火极限不小于 3h 的实体墙隔开。

⑫ 直接布置在甲、乙类生产厂房内的全面和局部排风系统，以及直接布置在其他类生产厂房内的排除有爆炸危险物质的局部排风系统，其通风机和电动机及调节装置等均应采用防爆型的，且通风机和电动机应直联。

⑬ 用于甲、乙类生产厂房和其他类生产厂房排除有爆炸危险物质的排风系统，当其通风机和电动机等布置在单独的房间内时，通风机和电动机等也应采用防爆型的，但通风机和电动机可采用三角胶带传动。当通风机和电动机露天布置时，通风机应采用防爆型，在非爆炸或火灾危险场所，电动机可采用封闭型的。

⑭ 用于甲、乙类生产厂房的送风机及电动机等，当其布置在单独的通风机室内，且在送风干管上设有止回阀时，可采用普通型。布置在甲、乙类生产厂房内的送风管上的阀门应防爆。

⑮ 用于甲、乙类生产厂房的排风系统，以及排除有爆炸危险物质的局部排风系统，排风管应采用金属管道，并应直接通到室外的安全处，不应暗设，也不应布置在地下室或半地下室内。

⑯ 通风和空调系统的风管，应采用非燃烧材料制作，但接触腐蚀性气体的风管及挠性接头，可采用难燃烧材料制作。

⑰ 有爆炸危险的厂房内的排风管，严禁穿过防火墙和有爆炸危险的车间隔墙。

⑱ 排除有爆炸危险的气体和蒸汽混合物的局部排风系统，其正压段风管不得通过其他房间。

⑲ 下列情况之一的通风、空气调节系统的风管上应设置防火阀：

a. 穿越防火分区处；

b. 穿越通风、空气调节机房的房间隔墙和楼板处；

表 49-55　C_y、C_x 值

烟囱有效高度/m	强递减 $n=0.20$		弱递减或中性 $n=0.25$		中等逆温层 $n=0.33$		强逆温层 $n=0.50$	
	C_y	C_x	C_y	C_x	C_y	C_x	C_y	C_x
0	0.42	0.24	0.24	0.14	0.15	0.09	0.12	0.07
10	0.42	0.24	0.24	0.14	0.15	0.09	0.12	0.07
25	0.24		0.14		0.09		0.07	
30	0.23		0.13		0.085		0.065	
45	0.21		0.12		0.075		0.06	
60	0.19		0.11		0.07		0.055	
75	0.18		0.10		0.065		0.05	
90	0.16		0.09		0.055		0.045	
105	0.13		0.07		0.045		0.035	

注：C_y、C_x 值根据大气稳定度参数 n 及烟囱有效高度 H_e 选取。

表 49-56　生产的火灾危险性分类

生产类别	火灾危险性特征
甲	使用或产生下列物质的生产 ① 闪点<28℃的液体 ② 爆炸下限<10%的气体 ③ 常温下能自行分解或在空气中氧化即能导致迅速自燃或爆炸的物质 ④ 常温下受到水或空气中水蒸气的作用，能产生可燃气体并引起燃烧或爆炸的物质 ⑤ 遇酸、受热、撞击、摩擦、催化以及遇有机物或硫黄等易燃的无机物，极易引起燃烧或爆炸的强氧化剂 ⑥ 受撞击、摩擦或与氧化剂、有机物接触时能引起燃烧或爆炸的物质 ⑦ 在密闭设备内操作温度等于或超过物质本身自燃点的生产
乙	使用或产生下列物质的生产 ① 闪点≥28℃且<60℃的液体 ② 爆炸下限≥10%的气体 ③ 不属于甲类的氧化剂 ④ 不属于甲类的化学易燃危险固体 ⑤ 助燃气体 ⑥ 能与空气形成爆炸性混合物的浮游状态的粉尘、纤维、闪点≥60℃的液体雾滴
丙	使用或产生下列物质的生产 ① 闪点≥60℃的液体 ② 可燃固体
丁	具有下列情况 ① 对非燃烧物质进行加工，并在高热或熔化状态下经常产生强辐射热、火花或火焰的生产 ② 利用气体、液体、固体作为燃料或将气体、液体进行燃烧作其他用的各种生产 ③ 常温下使用或加工难燃烧物质的生产
戊	常温下使用或加工非燃烧物质的生产

c. 穿越重要的或火灾危险性大的房间隔墙和楼板处；

d. 穿越防火分隔处的变形缝两侧；

e. 垂直风管与每层水平风管交接处的水平管段上，但当建筑内每个防火分区的通风、空气调节系统均独立设置时，该防火分区内的水平风管与垂直总管的交接处可不设置防火阀。

⑳ 在风管穿过需要封闭的防火、防爆的墙体或楼板时，应设预埋管或防护套管，其钢板厚度不应小于1.6mm，风管与防护套管之间，应用不燃且对人体无危害的柔性材料封堵。

㉑ 可燃气体管道、可燃液体管道不得通过风管内腔，也不得沿风道的外壁敷设或穿过通风机室。

㉒ 热媒温度高于110℃的供热管道，不应穿过输送有爆炸危险物质或可燃物质的风管，也不得沿上述风管外壁敷设。

㉓ 排除和输送温度超过80℃的空气或其他气体以及易燃碎屑的管道，与可燃或难燃物体之间应保持不小于150mm的间隙，或采用厚度不小于50mm的不燃材料隔热。当管道互为上下布置时，表面温度较高者应布置在上面。

㉔ 通风和空调系统的保温材料、消声材料和胶黏剂等，应采用非燃或难燃材料。当风管内设有电加热器时，电加热器前后各0.8m范围内的风管和穿过设有火源等容易起火房间的风管，保温材料均应采用非燃烧材料。

㉕ 用于甲、乙类生产厂房的送风机室，应设不小于每小时2次换气的送风；排风机室应设排风量大

于送风量和每小时至少 1 次换气的送排风，或仅设每小时至少 1 次换气的排风。

㉖ 排除含有燃烧和爆炸危险粉尘及碎屑的排风系统，应满足以下要求。

a. 除尘器、排风机应与其他普通型的风机、除尘器分开设置。

b. 除尘器、排风机宜按单一粉尘分组布置。

c. 对于遇水可能形成爆炸的粉尘，严禁采用湿式除尘器。

d. 排风应经过不产生火花的除尘设备净化后进入排风机。

e. 除尘器、过滤器、管道，均应设置泄压装置。

f. 干式除尘器和过滤器应布置在系统的负压段上。

(3) 正压通风系统设计的特殊要求

① 设置在爆炸危险场所的非防爆类型的电控设备、专用建筑（如分板器室）或直接安装在爆炸危险车间内的正压型电气设备，应设计正压通风。

② 在爆炸危险场所使用非防爆型电气设备的建筑，正压通风的正压值应为 30～50Pa。

对于使用正压型电气设备的送风系统，送风正压值不低于 50Pa。

对于爆炸危险气体有可能扩散到的非爆炸危险区的建筑物，该建筑物有产生电火花的可能时，应设计维持不低于 10Pa 的正压送风。

③ 要求正压送风的房间，送风量应取以下各项中的大值。

a. 维持室内正压数值所需风量。

b. 保证室内人员每人所需新风量：普通房间不小于 $30m^3/h$；净化房间不小于 $40m^3/h$。

④ 为正压室及正压型电气设备送风的采气口应设在爆炸危险区以外，距防爆区边界至少 1m。进风应是清洁的。

⑤ 正压送风系统应设置备用风机，且所有风机应能自动切换。其供电负荷等级应与工艺供电等级相同。

⑥ 正压室不应设置可开启的外窗以及与室外直接相通的外门，应设计门斗或门廊。内、外门均应为密闭型的，并应保证两道门不同时开启，同时门斗或门廊内应保持不低于 10Pa 的正压。与爆炸危险装置相邻的墙上不应设置可开启窗。室内管线穿孔应密封，管沟应填塞密实。

⑦ 正压通风系统应与正压室内电气设备联锁。电气设备运行前必须先通风，待室内正压值稳定后方可投入运行。正压通风设备必须待其他电气设备完全关闭后方可关闭。

⑧ 正压室内应设正压指示仪表和失压报警装置，且与正压通风系统联锁。当室内正压值低于 25Pa 持续 1min 后，应发出报警信号，并使备用通风机自动投入运行。

(4) 事故通风系统设计的特殊要求

① 车间内空气中，可能突然放散大量有害气体或爆炸危险气体时，应设事故排风装置。

② 事故排风的风量应根据工艺所提供的资料计算确定，当缺乏上述资料时，应按每小时不小于厂房总体积的 12 次换气量确定。

③ 事故排风可由经常使用的排风系统和事故排风系统共同保证。

④ 事故排风的吸风口应设在有害气体或爆炸危险物质散发量可能最大的地点：

a. 位于房间上部的吸风口，用于排除比空气轻的可燃气体或蒸气（含氢气时除外）时，其上缘距顶棚或屋顶平面的距离不大于 0.4m；

b. 用于排除氢气与空气的混合物时，吸风口上缘距顶棚或屋顶平面的距离不大于 0.1m；

c. 位于房间下部区域的吸风口，其下缘距地板间距不大于 0.3m；

d. 因建筑物结构造成有爆炸危险气体排出的死角处，应设置导流设施。

⑤ 事故排风的排风口，不应布置在人员经常停留或通行的地点；并距机械送风进风口 20m 以上，当水平距离不足 20m 时，必须高出进风口 6m 以上。如排放的空气中含有可燃气体和蒸气时，事故排风系统的排风口应距可能火花散发地点 20m 以外。排风口不得朝向室外空气动力阴影区和正压区。

在符合上述规定的情况下，也可在外墙或外窗上设置轴流通风机向室外排风，但应采取防气流短路的措施。

⑥ 当正常通风量已满足事故通风量时，不需要另设事故通风系统，但正常通风系统应增设备用通风机。

⑦ 对于放散剧毒或爆炸危险性物质的厂房，当设置可燃或有害气体检测、报警装置时，事故通风系统宜与其联锁启动。事故通风系统的供电负荷等级，应由工艺设计确定。

⑧ 事故通风机应分别在室内、室外便于操作的地点设置手动开关。

⑨ 放散剧毒物质的厂房，不应设置事故排风，当必须设置时，应采取净化措施或高排气筒排放，使其有害物质含量符合排放标准。

⑩ 设有全淹没气体灭火系统的房间，应设置事故排风系统，并应符合下列要求：

a. 吸风口下缘与地面距离不宜大于 0.3m；

b. 排风量应根据灭火剂种类和要求通风稀释时间经计算确定，但不小于每小时 4 次换气；

c. 排风总管上应设与排风机的开停而相应启闭的阀门。

⑪ 事故通风系统的设备选择和管道设计应符合防火防爆规定。

2.3.5 防烟与排烟

(1) 防烟

① 一般规定

a. 防烟方式可采用自然通风方式或机械加压送风方式。

b. 下列部位应设置防烟设施：

ⓐ 疏散楼梯间及其前室；

ⓑ 消防电梯间前室、合用前室。

c. 下列楼梯间或前室、合用前室可以不设置防烟设施：

ⓐ 防烟楼梯间设有机械加压送风时的独立前室；

ⓑ 利用敞开的阳台、凹廊作为防烟楼梯间的前室、合用前室，或前室、合用前室设有不同朝向可开启外窗的楼梯间；

ⓒ 建筑高度不大于50m的公共建筑、厂房、仓库和建筑高度不大于100m的居住建筑，前室、合用前室设有满足自然排烟口面积要求的可开启外窗的楼梯间；

ⓓ 消防电梯井设有机械加压送风的消防电梯前室；

ⓔ 消防电梯井和防烟楼梯间均设有机械加压送风时的合用前室。

d. 建筑高度超过50m的公共建筑和工业建筑中的防烟楼梯间及前室、消防电梯前室、合用前室的防烟系统应采用机械加压送风方式。

e. 高层建筑的封闭楼梯间应靠外墙，宜采用自然通风方式，当不能采用自然通风方式时，应采用机械加压送风方式。

f. 加压送风机的送风量应由保持加压部位规定的正压值所需的送风量、门开启时保持门洞处规定风速所需的送风量以及采用常闭送风阀门的漏风量三部分组成（风机的全压不宜小于300Pa）。

g. 采用机械加压送风的部位不宜设置百叶窗及可开启外窗。

② 自然通风方式的要求

a. 靠外墙的敞开楼梯间、封闭楼梯间、防烟楼梯间每五层内自然通风面积不应小于2.00m^2。

b. 防烟楼梯间前室、消防电梯前室自然通风面积不应小于2.00m^2，合用前室不应小于3.00m^2。

③ 机械加压送风方式的要求

a. 机械加压送风风机可采用轴流风机或中、低压离心风机，其安装位置应符合下列要求。

ⓐ 送风机的进风口宜直接与室外空气相连通。

ⓑ 送风机的进风口不宜与排风机的出风口设在同一层面。如必须设在同一层面时，送风机的进风口应不受烟气的影响。

ⓒ 送风机应设置在专用的风机房内（除排烟风机外）或室外屋面上。风机房应采用耐火极限不低于2.0h的隔墙和1.5h的楼板及甲级防火门与其他部位隔开。

ⓓ 设常开加压送风口的系统，其送风机的出风管或进风管上应加装单向风阀或电动风阀；当风机不设于该系统的最高处时，应设与风机联动的电动风阀。

b. 加压送风口的设置应符合下列要求。

ⓐ 楼梯间宜每隔2～3层设一个常开式百叶送风口；合用一个井道的剪刀楼梯应每层设一个常开式百叶送风口。

ⓑ 前室应每层设一个常闭式加压送风口，发生火灾时由消防控制中心联动开启火灾层的送风口。当前室采用带启闭信号的常闭防火门时，可设常开式加压送风口。

ⓒ 送风口的风速不宜大于7.0m/s。

ⓓ 送风口不宜设置在被门挡住的部位。

ⓔ 只在前室设置机械加压送风时，宜采用顶送风口或采用空气幕形式。

c. 送风管道应采用不燃烧材料制作，当采用金属风道时管道风速不应大于20m/s；当采用内表面光滑的混凝土等非金属材料风道时，不应大于15m/s。

d. 非设在独立管道井内的加压送风管应采用耐火极限不小于1.0h的防火风管，但穿越楼梯间、前室、避难间区域时可不受此限。

e. 送风井道应采用耐火极限不小于1h的隔墙与相邻部位分隔，当墙上必须设置检修门时，应采用丙级防火门。

f. 机械加压送风防烟系统的加压送风量应经计算确定。当计算结果与表49-57的规定不一致时，应采用较大值。

表49-57 最小机械加压送风量

条件和部位		加压送风量/(m^3/h)
前室不送风的防烟楼梯间		25000
防烟楼梯间及其合用前室分别加压送风	防烟楼梯间	16000
	合用前室	13000
消防电梯间前室		15000
防烟楼梯间采用自然排烟，前室或合用前室加压送风		22000

注：表内风量数值是按开启宽×高＝1.5m×2.1m的双扇门为基础的计算值。当采用单扇门时，其风量宜按表列数值乘以0.75确定；当前室有2个或2个以上门时，其风量应按表列数值乘以1.50～1.75确定。开启门时，通过门的风速不应小于0.70m/s。

g. 机械加压送风应满足走廊-前室-楼梯间的压力递增分布，余压值应符合下列要求：

ⓐ 前室、合用前室、消防电梯前室与走道之间的压差应为25～30Pa；

ⓑ 封闭楼梯间、防烟楼梯间、防烟电梯井与走道之间的压力差应为 40～50Pa。

h. 防烟楼梯间和合用前室的机械加压送风防烟系统宜分别独立设置。

(2) 排烟

① 一般规定及自然排烟方式的要求如下。

a. 排烟系统可采用自然通风方式或机械排烟方式。

b. 设置自然排烟设施的场所，其自然排烟口的净面积应符合下列规定：

ⓐ 防烟楼梯间前室、消防电梯前室自然通风面积不应小于 $2.00m^2$，合用前室不应小于 $3.00m^2$；

ⓑ 靠外墙的敞开楼梯间、封闭楼梯间、防烟楼梯间每五层内自然通风面积不应小于 $2.00m^2$；

ⓒ 中庭，不应小于该中庭地面面积的 5%；

ⓓ 其他场所，宜取该场所建筑面积的 2%～5%。

c. 民用建筑的下列场所或部位应设置排烟设施：

ⓐ 中庭；

ⓑ 公共建筑内建筑面积大于 $100m^2$ 且经常有人停留的地上房间；

ⓒ 公共建筑内建筑面积大于 $300m^2$ 且可燃物较多的地上房间；

ⓓ 建筑内长度大于 20m 的疏散走道。

d. 厂房或仓库的下列场所或部位应设置排烟设施：

ⓐ 人员或可燃物较多的丙类生产场所，丙类厂房内建筑面积大于 $300m^2$ 且经常有人停留的地上房间；

ⓑ 建筑面积大于 $5000m^2$ 的丁类生产车间；

ⓒ 占地面积大于 $1000m^2$ 的丙类仓库；

ⓓ 高度大于 32m 的高层厂房（仓库）内长度大于 20m 的疏散走道，其他厂房（仓库）内长度大于 40m 的疏散走道。

e. 多层民用建筑宜采用自然通风方式，厂房、仓库的自然通风方式还可采用设置固定的采光带、采光窗的方式。采光带、采光窗采用可熔材料制作。

注：可熔材料是指在高温条件下（一般大于 80℃）自行熔化并不产生熔滴的可燃材料。

f. 无回廊的中庭，其建筑的使用层面宜设机械排烟系统；有回廊的中庭，其建筑的使用层面无排烟系统时，其回廊应设机械排烟系统；回廊与中庭之间应设挡烟垂壁或卷帘。

g. 敞开楼梯和自动扶梯穿越楼板的口部应设挡烟垂壁或卷帘。

h. 需要设置机械排烟设施且室内净高不大于 6m 的场所应划分防烟分区，每个防烟分区的建筑面积不宜大于 $500m^2$，且防烟分区不应跨越防火分区。防烟分区应采用挡烟垂壁、隔墙、梁等不燃烧体划分，挡烟垂壁或梁的下垂高度可由计算确定，且不应小于 500mm。

i. 室内或走道的任一点至最近排烟口或可开启外窗、百叶窗的水平距离不应大于 30m。

j. 同一个防烟分区应采用同一种排烟方式。

② 机械排烟方式的要求如下。

a. 机械排烟系统的设置应符合下列规定：

ⓐ 横向宜按防火分区设置；

ⓑ 竖向穿越防火分区时，垂直排烟管道宜设置在管井内；

ⓒ 穿越防火分区的排烟管道应在穿越处设置排烟防火阀。排烟防火阀应符合现行国家标准《排烟防火阀的试验方法》(GB 15931) 的有关规定。

b. 机械排烟系统的排烟量不应小于表 49-58 的规定。

表 49-58　机械排烟系统的最小排烟量

<table>
<tr><th colspan="2">条件和部位</th><th>单位排烟量/[m^3/($h \cdot m^2$)]</th><th>换气次数/(次/h)</th><th>备注</th></tr>
<tr><td colspan="2">担负 1 个防烟分区</td><td rowspan="2">60</td><td rowspan="2">—</td><td rowspan="2">单台风机排烟量不应小于 $7200m^3/h$</td></tr>
<tr><td colspan="2">室内净高大于 6m 且不划分防烟分区的空间</td></tr>
<tr><td colspan="2">担负 2 个及 2 个以上防烟分区</td><td>120</td><td>—</td><td>应按最大的防烟分区面积确定</td></tr>
<tr><td rowspan="2">中庭</td><td>体积小于或等于 $17000m^3$</td><td>—</td><td>6</td><td rowspan="2">体积大于 $17000m^3$ 时，排烟量不应小于 $102000m^3/h$</td></tr>
<tr><td>体积大于 $17000m^3$</td><td>—</td><td>4</td></tr>
</table>

c. 机械排烟系统中的排烟口、排烟阀和排烟防火阀的设置应符合下列规定：

ⓐ 排烟口或排烟阀应按防烟分区设置。排烟口或排烟阀应与排烟风机联锁，当任一排烟口或排烟阀开启时，排烟风机应能自行启动。

ⓑ 排烟口或排烟阀平时为关闭时，应设置手动和自动开启装置。

ⓒ 排烟口应设置在顶棚或靠近顶棚的墙面上，且与附近安全出口沿走道方向相邻边缘之间的最小水平距离不应小于 1.5m。设在顶棚上的排烟口，距可燃构件或可燃物的距离不应小于 1.0m。

ⓓ 设置机械排烟系统的地下、半地下场所，除歌舞、娱乐、放映、游艺场所和建筑面积大于 $50m^2$ 的房间外，排烟口可设置在疏散走道。

ⓔ 防烟分区内的排烟口距最远点的水平距离不应超过 30m；排烟支管上应设置当烟气温度超过 280℃时能自行关闭的排烟防火阀。

ⓕ 排烟口的风速不宜大于 10m/s。

d. 机械加压送风防烟系统和排烟补风系统的室外进风口宜布置在室外排烟口的下方，且高差不宜小于 3.0m；当水平布置时，水平距离不宜小于 10m。

e. 排烟风机的设置应符合下列规定：

ⓐ 排烟风机的全压应满足排烟系统最不利环路的要求，其排烟量应考虑 10%～20%的漏风量；

ⓑ 排烟风机可采用离心风机或排烟专用的轴流风机；

ⓒ 排烟风机应能在280℃的环境条件下连续工作不少于30min；

ⓓ 在排烟风机入口处的总管上应设置当烟气温度超过280℃时能自行关闭的排烟防火阀，该阀应与排烟风机联锁，当该阀关闭时，排烟风机应能停止运转。

f. 排烟风机与排烟管道之间、排烟系统中可不设软接头，当设置有软接头时，该软接头应能在280℃的环境条件下连续工作不少于30min。

g. 排烟风机宜设置在通风机房内或建筑物的顶部。当条件受到限制时，也可设置在专用的空间内，空间四周的围护结构宜采用耐火极限不低于1.0h的不燃烧体，风机两侧应留有600mm以上的检修空间。

h. 排烟管道必须采用不燃材料制作，管道内风速，当采用金属管道时不宜大于20m/s；当采用内表面光滑的混凝土等非金属管道材料时，不宜大于15m/s。

i. 在地下建筑和地上密闭场所中设置机械排烟系统时，应同时设置补风系统。当设置机械补风系统时，其补风量不宜小于排烟量的50%。

j. 排烟区域所需的补风系统应与排烟系统联动开启，送风口位置宜设在同一空间内相邻的防烟分区且远离排烟口，两者距离不宜小于5m。

2.3.6 通风管道和通风机

(1) 通风管道的规格（表49-59和表49-60）

(2) 通风管道计算

通风管道宜采用圆形或长、短边之比不大于4的矩形截面，金属风管管径应为外径或外边长；非金属风管应为内径或内边长。

① 风量 L

圆形风管

$$L=3600\frac{\pi}{4}D^{2}v \quad \mathrm{m^3/h} \tag{49-79}$$

矩形风管

$$L=3600abv \quad \mathrm{m^3/h} \tag{49-80}$$

式中 D——风管直径，m；

a——矩形风管短边尺寸，m；

b——矩形风管长边尺寸，m；

v——风速，m/s。

一般通风系统常用流速见表49-61。

② 通风管道阻力 通风管道阻力由摩擦阻力和局部阻力两部分组成，详细计算方法可参阅《实用供热空调设计手册》第11章（中国建筑工业出版社，2008年）。

(3) 风道设计注意事项

① 系统中各并联支管之间的压力损失应尽量做到平衡，各节点压力不平衡率应不大于15%，除尘系统不大于10%。

② 除尘风管应采用圆形钢制风管，倾斜敷设时，与水平面夹角应大于45°；小坡度或水平管段应尽量缩短，并应采取防积尘措施。

③ 根据使用要求，选用不同的风管材料。常用风管材料有薄钢板、不锈钢板、铝板、硬聚氯乙烯板、玻璃钢等。

a. 钢板风管 当钢板厚度小于或等于1.2mm时可采用咬接，大于1.2mm时可采用焊接；翻边对焊宜采用气焊。镀锌钢板制作风管和配件，应采用咬接或铆接。钢板风管板材厚度见表49-62。

b. 硬聚氯乙烯塑料风管 适用于输送腐蚀性气体，气体温度或环境温度为−20～60℃，不宜安装在有强烈辐射热的地方，否则应有隔热措施。管道接缝全部采用焊接。当风管直管段较长时，每隔15～20m必须设置伸缩节，以考虑直管段伸缩的影响。与直管段相连的支管上宜设置柔性接管，风管与有振动设备或通风机相接处必须设置柔性接管。

④ 风管系统按其系统的工作压力划分为三个类别，其类别划分应符合表49-63的规定。

表49-59 圆形风管直径 单位：mm

基本系列	辅助系列	基本系列	辅助系列	基本系列	辅助系列
100	80	320	300	630	600
	90				
120	110	1120	1060	700	670
140	130	1250	1180	800	750
160	150	1400	1320	900	850
180	170	360	340	1000	950
200	190	400	380	1600	1500
220	210	450	420	1800	1700
250	240	500	480	2000	1900
280	260	560	530		

表49-60 矩形风管边长 单位：mm

120	320	800	2000	4000
160	400	1000	2500	
200	500	1250	3000	
250	630	1600	3500	

表 49-61　一般通风系统常用流速　　单位：m/s

风管名称	辅助建筑物		工业厂房机械通风	
	自然通风	机械通风	钢板及非金属风道	砖、混凝土等风道
干管	0.5～1.0	5～8	6～14	4～12
支管	0.5～0.7	2～5	2～8	2～6

表 49-62　钢板风管板材厚度　　单位：mm

类别 风管直径 D 或长边尺寸 b	圆形风管	矩形风管		除尘系统风管
		中、低压系统	高压系统	
$D(b)\leqslant320$	0.5	0.5	0.75	1.5
$320<D(b)\leqslant450$	0.6	0.6	0.75	1.5
$450<D(b)\leqslant630$	0.75	0.6	0.75	2.0
$630<D(b)\leqslant1000$	0.75	0.75	1.0	2.0
$1000<D(b)\leqslant1250$	1.0	1.0	1.0	2.0
$1250<D(b)\leqslant2000$	1.2	1.0	1.2	按设计
$2000<D(b)\leqslant4000$	按设计	1.2	按设计	

注：1. 螺旋风管的钢板厚度可适当减小 10%～15%。

2. 排烟系统风管钢板厚度可按高压系统确定。

3. 特殊除尘系统风管钢板厚度应符合设计要求。

4. 不适用于地下人防与防火隔墙的预埋管。

表 49-63　风管系统类别划分

系统类别	系统工作压力 p/Pa	密封要求
低压系统	$p\leqslant500$	接缝和接管连接处严密
中压系统	$500<p\leqslant1500$	接缝和接管连接处增加密封措施
高压系统	$p>1500$	所有的拼接缝和接管连接处，均应采取密封措施

(4) 风管的连接

风管与风管之间的连接方式有法兰连接、焊接和咬接等几种。为了保证法兰连接的密封性，在两个法兰间放入衬垫，衬垫厚度为 3～5mm。衬垫材料应根据所输送气体的性质和温度选用：输送空气温度低于 70℃的风管，应用橡胶板或闭孔海绵橡胶板等；输送空气或烟气温度高于 70℃的风管，应用石棉橡胶板等；输送含有腐蚀性介质气体的风管，应用耐酸橡胶板或软聚氯乙烯板等；输送产生凝结水或含有蒸汽的潮湿空气的风管，应用橡胶板或闭孔海绵橡胶板；除尘系统的风管，应用橡胶板。风管法兰材料规格见表 49-64 和表 49-65。

(5) 不保温风管支、吊、托架间距

如无设计要求，应按以下规定。

① 风管水平安装，直径或长边尺寸小于或等于 400mm，间距不应大于 4m；大于 400mm，不应大于 3m。螺旋风管的支、吊架间距可分别延长至 5m 和 3.75m；对于薄钢板法兰的风管，其支、吊架间距不应大于 3m。

② 风管垂直安装，间距不应大于 4m，单根直管至少应有 2 个固定点。

表 49-64　金属圆形风管法兰及螺栓规格　单位：mm

风管直径 D	法兰材料规格		螺栓规格
	扁钢	角钢	
$D\leqslant140$	20×4	—	M6
$140<D\leqslant280$	25×4	—	
$280<D\leqslant630$	—	25×3	
$630<D\leqslant1250$	—	30×4	M8
$1250<D\leqslant2000$	—	40×4	

表 49-65　金属矩形风管法兰及螺栓规格　单位：mm

风管长边尺寸 b	法兰材料规格(角钢)	螺栓规格
$b\leqslant630$	25×3	M6
$630<b\leqslant1500$	30×3	M8
$1500<b\leqslant2500$	40×4	
$2500<b\leqslant4000$	50×5	M10

(6) 通风机的选择

一般通风工程中所用的通风机，按其作用原理，可分为离心式和轴流式两种。

① 常用通风机的技术性能和主要用途见表 49-66。

② 通风机性能参数的关系式见表 49-67。

风机性能一般均指在标准状况下的风机性能。所谓标准状况是指大气压力 $p=101325$Pa，大气温度 $t=20$℃，相对湿度 $\varphi=50\%$时的空气状态。

表 49-66　常用通风机的技术性能和主要用途

类别	型号	名　称	风压范围/Pa	风量范围/(m³/h)	功率范围/kW	输送介质最高允许温度 t/℃	主要用途
一般离心通风机	SYQS、SYDS	离心通风机	450～3250	1250～4000	0.18～32	≤80	一般厂房通风换气
	4-72	离心通风机	200～3157	844～221730	1.5～210	≤80	
	T4-72	离心通风机	180～3000	794～79015	0.75～75	≤80	
	4-79	离心通风机	180～2394	990～226500	0.75～132	≤80	
	4-68	离心通风机	167～2370	565～239654	0.55～245	≤80	
	11-62	低噪声离心通风机	370～640	4000～11000	0.8～4.0	≤80	
离心通风机	SYD、SYT	离心通风机	87～3500	900～100000	0.05～160	≤80	空气处理机组风机箱
	KDF,KTF	离心通风机	234～2471	4212～134344	1.5～160		
	YDW-11	低噪声空调通风机	120～746	750～31204	0.18～35		
	YDW-12		91～1809	693～88372	0.18～75		
排尘离心通风机	C4-73	排尘离心通风机	300～400	1725～19350	0.8～22		输送含有尘埃、细碎纤维、木质杂屑等气体的专用设备
	C6-43	排尘离心通风机	500～1820	1000～42725	0.75～37		
防爆离心通风机	B4-72	防爆离心通风机	200～3240	844～221730	1.5～210	≤80	用于产生易燃挥发性气体厂房的通风换气
	B4-68		167～2370	565～239654	0.55～245		
高压离心通风机	9-19	离心通风机	2740～15960	696～63305	2.2～410	≤80	一般用于锻冶炉及高压强制通风
	9-26	离心通风机	3400～16240	3630～121340			
塑料离心通风机	4-72	塑料离心通风机	90～1560	395～18560	0.55～5.5	≤50	用于排送腐蚀性气体
玻璃钢离心风机	YHF	离心风机	42～1700	120～7000	5～9	耐高温	防腐蚀
	4-68	离心风机	170～2370	1131～239654	0.55～245	≤50	用于排送腐蚀性气体
	4-72	离心风机	170～1560	1350～41289	0.55～45		
轴流通风机	T35-11,	轴流通风机	37～1200	826～100000	0.12～45	≤60	一般厂房换气通风
	DWT	屋顶轴流风机	72～210	878～220800	0.37～18.5		
	SF	低噪声轴流风机	98～343	4100～23000	0.25～2.2		用于含有可燃性气体场所的换气通风
	BT35-11	防爆轴流通风机	31～244	743～16400	0.12～2.2		
	BDWT	防爆屋顶风机	72～210	878～220800	0.37～18.5		
轴流喷雾风机	LF38	喷雾风机		15000～20800	2.2～3.0		高温车间局部吹风降温
	LF30	移动式降温风机	射程(m) 7	8600	1.1		
	LF30-I		10	13000	3.0		
	LF35-I	移动式喷雾风机	射程(m) 12	8600	0.8		
			20	13000	1.5		
	PW50-11	喷雾降温风机	20～50	10000～40000	2.2～7.5		
射流风机	JFUO	射流风机		3312～9468	0.55～2.4	≤40(300)	地下停车库
无蜗壳风机	SYW	离心式	110～2400	800～65000	0.04～50	≤80	空调箱
轴流喷雾风机	LF38	喷雾风机		15000～20800	2.2～3.0		高温车间局部吹风降温
	LF30	移动式降温风机	射程(m) 7	8600	1.1		
	LF30-I		10	13000	3.0		
	LF35-I	移动式喷雾风机	射程(m) 12	8600	0.8		
			20	13000	1.5		
	PW50-11	喷雾降温风机	20～50	10000～40000	2.2～7.5		
管道风机	GXF	斜流式通风机	185～2500	3000～90000	0.37～55	≤80	一般厂房换气通风
	SJG	斜流式通风机	160～1290	926～31600	0.09～5.5		
	SWF	混流式通风机	143～1120	5053～76280	0.55～30		
	YGE GDF(GF)	管道离心通风机(消音型)	89～1000	178～6000	0.04～4.5		高温排烟场所B式消防通风两用
	XGF、HTF	高温排烟风机	188～623	3410～93800	2.5～25	100～400	
	DGLF	低噪声柜式离心通风机	208～1000	900～95700	0.37～75		

续表

类别	型号	名　称	风压范围 /Pa	风量范围 /(m^3/h)	功率范围 /kW	输送介质最高允许温度 t/℃	主要用途
排气扇		排气扇		60～3900	18～850W	≤40	一般车间、仓库排气
空气幕	FM	空气幕		600～2000			出入口隔离室内外空气流动

表 49-67　通风机性能参数的关系式

改变容重 γ、转数 n 时的换算公式	改变转数 n、大气压力 p、气体温度 t 时的换算公式
$\frac{L_1}{L_0}=\frac{n_1}{n_2}$	$\frac{L_1}{L_2}=\frac{n_1}{n_2}$
$\frac{H_{q1}}{H_{q2}}=\left(\frac{n_1}{n_2}\right)^2\times\frac{\gamma_1}{\gamma_2}$	$\frac{H_{q1}}{H_{q2}}=\left(\frac{n_1}{n_2}\right)^3\times\frac{p_1}{p_2}\times\frac{273+t_2}{273+t_1}$
$\frac{N_1}{N_2}=\left(\frac{n_1}{n_2}\right)^3\times\frac{\gamma_1}{\gamma_2}$	$\frac{N_1}{N_2}=\left(\frac{n_1}{n_2}\right)^3\times\frac{p_1}{p_2}\times\frac{273+t_2}{273+t_1}$
$\eta_1=\eta_2$	$\eta_1=\eta_2$

注：L——风量，m^3/h；H_q——全压，Pa；N——轴功率，kW；n——转数，r/min；η——全压效率；t——温度，℃；p——大气压力，hPa；γ——容量，kg/m^3；下角 1，2——已知性能数和所求数。

③ 电动机的轴功率　排送空气时电动机的轴功率按式 (49-81) 计算。

$$N=\frac{LH_q}{\eta\eta_{sT}3600}K\quad W \tag{49-81}$$

式中　η_{sT}——机械效率，可取 0.95～1.0；

K——电动机容量安全系数，可取 1.15～1.5。

④ 通风机选择注意事项

a. 选取时应尽量采用同一型号中效率最高、耗电量最小、价格便宜的通风机。由于管道系统连接不够严密，造成漏风现象，计算系统的空气量及压力损失时应考虑必要的安全系数（如下所示）。

系　统	附加漏风量	附加管道压力损失
一般送、排风系统	5%～10%	10%～15%(定转速通风机) 15%～20%(变频转速通风机)
除尘系统	10%～15%	15%～20%

b. 风机的选用设计工况效率，不应低于风机最高效率的 90%。

c. 如通风机的使用工况（即温度、大气压力、介质容重等）为非标准状况时，选择通风机所产生的风压、风量和轴功率等均应按表 49-67 中有关公式进行换算。

d. 通风机在并联或串联工作时，通风机的性能会有所降低，因此设计时应尽量不采用。采用时应选用同型号和同性能的通风机。

通风机并联使用时，其压力必须能克服相应流量通过管网时的阻力损失，否则由于管网阻力过大，不仅不能起到增加流量的作用，反而可能妨碍另一台风机正常工作。

通风机串联使用时，在流量不变的情况下可增高系统的压力，适宜在阻力较大的管路中工作。第一级通风机到第二级通风机间应有一定的管长。

e. 通风系统的离心式通风机，当其配用的电动机功率小于或等于 75kW 时，可不装设仅为启动用的阀门。

⑤ 通风机的外形、安装尺寸及技术性能详见有关产品样本。

⑥ 属于下列情况之一时，应设置能自动切换的备用通风机，并且在控制室、操作室或工作地点设置通风机运行状态显示信号：

a. 放散极毒物质厂房的局部排风和全面排风系统；

b. 排除空气中含有剧毒物质的局部排风系统。

⑦ 排除空气中含有极毒、剧毒物质的排风系统的供电负荷等级应与工艺等级相同。

2.3.7　其他

(1) 置换通风

① 置换通风系统的特点与适用范围

a. 在活动区内，置换通风房间的污染物的浓度比混合通风时低。稀释污染物浓度所需的通风量，在理论上每人为 20L/s；置换通风时，由于人们在呼吸区域里得到的是质量最好的空气，所以实际送风量可大幅度减少。与传统的混合通风系统相比，置换通风的主要优点是：

ⓐ 在相同设计温度下，活动区里所需的供冷量较少；

ⓑ 利用“免费供冷”的周期比较长久；

ⓒ 活动区内的空气质量更好。

置换通风的弱点是由于出口速度较小，安装空气分布器需占用较多墙面。

置换通风系统特别适用于符合下列条件的建筑物：

ⓐ 室内通风以排除余热为主，且单位面积的冷负荷 q 约为 $120W/m^2$；

ⓑ 污染物的温度比周围环境温度高，密度比周围空气小；

ⓒ 送风温度比周围环境的空气温度低；

ⓓ 地面至平顶的高度大于 3m 的高大房间；

ⓔ 室内气流没有强烈的扰动；

ⓕ 对室内温湿度参数的控制精度无严格要求；

ⓖ 对室内空气品质有要求；

ⓗ 房间较小，但需要的送风量很大。

b. 置换通风系统，不仅意味着室内能获得更加优良的空气品质，而且可以减少空调冷负荷，延长免费供冷时段，节省空调能耗，降低运行费用。

c. 下列情况的建筑，可能采用混合通风方式更合适些：

ⓐ 有害物以排除余热为主，对室内空气品质没有严格要求；

ⓑ 室内平顶高度低于 2.3m 左右；

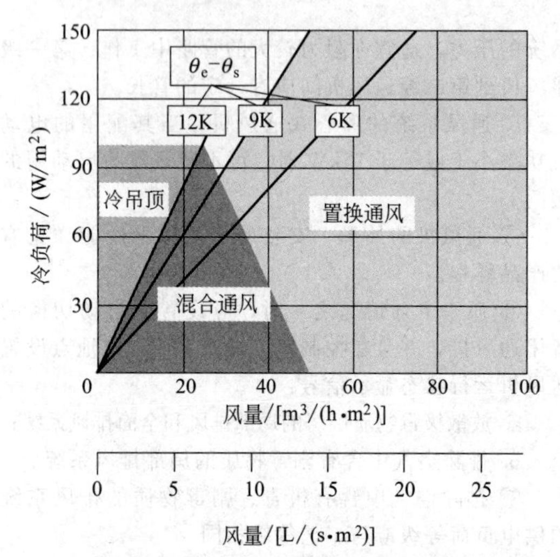

图 49-20　通风系统与通风量与冷负荷的关系

ⓒ 层高较低，需要冷却的房间，如办公室，可考虑采用混合通风和冷吊顶；

ⓓ 内部气流扰动强烈的房间；

ⓔ 室内的污染物比周围环境空气更寒冷/浓密。

Fitzner（1996 年）给出了下列系统选择的粗略原则（图 49-20）。

ⓐ 送风量很大时可采用置换通风，不过，由于风量大时空气分布器需要占用较多的安装面积。这时，宜选择安装在地面上。

ⓑ 混合通风广泛地用于常规的通风系统中，风量直至 $15L/(s \cdot m^2)$，冷负荷大约为 $60W/m^2$ 或更多，见图 49-20。

② 置换通风系统的评价指标　为了满足活动区人员的热舒适要求，保证室内的空气品质，置换通风系统应满足下列各项评价指标的要求。

a. 坐着时，头脚温差：$\Delta\theta_{hf} \leqslant 2℃$。

b. 站着时，头脚温差：$\Delta\theta_{hf} \leqslant 3℃$。

c. 吹风风速不满意率：PD≤15%。

d. 热舒适不满意率：PPD≤15%。

e. 置换通风房间内的温度梯度：$s < 2℃/m$。

(2) 节能降噪措施

① 通风系统（非净化系统）的风机单位风量耗功率不超过 $0.32W/(m^3 \cdot h)$。

② 风管保温材料热阻应不小于 $0.81m^2 \cdot K/W$。

③ 通风系统均要求采用低噪声、高效率型设备。风机的选用设计工况效率，不应低于风机最高效率的 90%。

2.4　除尘

气体中的含尘浓度和排放标准，都是用单位体积空气中所含粉尘的质量表示。在除尘系统设计时，被处理气体的起始含尘浓度和排放标准是确定除尘系统要求的除尘效率的计算依据。表 49-68 列举了工艺设备的起始浓度，表 46-69 摘录了《工业“三废”排放标准》中烟尘及生产粉尘的排放标准，其中生产粉尘分为两类：第一类指含 10% 以上的游离 SiO_2、玻璃棉和矿棉粉尘、铝化物粉尘；第二类指含 10% 以下的游离 SiO_2 的煤尘及其他粉尘。

局部排风系统排出的有害气体，当其有害物质的含量超过排放标准时，应采取有效净化措施。

作为除尘对象，其粉尘粒径通常在 0.1～100μm 范围内。

放散粉尘的生产过程，当湿法防尘不致影响生产和改变物料性质时，可采用湿法防尘措施。

工艺允许时，放散粉尘的设备应尽量采用密闭措施。防尘密闭罩可减少粉尘散出，是控制扬尘的一个重要手段。为了防止密闭罩内的粉尘外逸，必须保持罩内有一定的负压值，所以密闭罩内应有适当的排风量，以保证罩子的不严密处均匀地吸入气流。当因工艺或操作要求不可能设置密闭罩时，侧面可采用局部排风罩，局部排风罩排风量的计算可见 2.3.1 局部排风章节。

2.4.1　防尘密闭罩排风量的确定

物料落至皮带运输机或工艺设备时，排风量可按下式计算。

$$L = L_1 + L_2 \tag{49-82}$$

式中　L——工艺设备的排风量，m^3/h；

L_1——随物料带进的空气量，m^3/h；

L_2——为使罩内形成一定的负压而由不严密处吸入的空气量，m^3/h。

$$L_2 = 3600 A v_a \tag{49-83}$$

式中　A——密闭罩不严密处的缝隙面积，m^2；

v_a——密闭罩不严密处的缝隙风速，m/s。

表 49-68　工艺设备内抽出空气含尘的参考数据

序号	工艺设备	粉尘类别	含尘浓度/(mg/m^3)	粉尘粒径/μm					
				0～5	5～10	10～20	20～40	40～60	＞60
1	磨料分级筛	碳化硅	850～1500	1.86	2.40	14.66	53.84	26.10	1.14
2	工具磨床	磨料、铁屑	100～300	13.04	12.06	22.80	22.92	21.74	7.44
3	球磨机煤粉锅炉	灰分	20000～26000	—	25.60	24.50	23.00	11.90	15.00
4	圆磨机煤粉锅炉	灰分	27000～50000	—	10.70	11.20	21.81	15.20	41.16
5	水泥磨	水泥	40000～45000	7.60	9.02	23.10	22.60	15.14	22.54
6	螺旋输送机	陶土	650～850	22.10	18.02	30.90	23.37	4.09	1.50
7	电炉	锰铁合金	900～1200	2.32	1.00	20.00	47.70	10.35	18.63
	电炉	硅铁合金	＜150	0.50	10.00	41.38	48.05	0.64	0.03
	电炉	电石(石灰、煤)	9500～11500	55.30	17.80	14.60	7.30	5.00	—
8	球磨机	煤	9500～11500	72.30		19.20		4.30	4.20
9	喷砂室								
	$10m^3$	砂	4000～6000	6.00	12.00	6.80	32.80	8.40	34.00
	$2m^3$	砂	6000～10000	5.80	8.50	7.90	15.90	15.80	46.10
				0～6	3～10	10～24	＞24		
10	石棉梳棉机	石棉、尘土	72～225	4.60	37.40	52.70	5.30		

表 49-69　烟尘和生产性粉尘的排放标准

有害物名称	排放有害物企业、地区	排放标准		
		排气筒高度/m	排放量/(kg/h)	排放浓度/(mg/m^3)
烟尘	电站(煤粉)	30	82	
		45	170	
		60	310	
		80	650	
		100	1200	
		120	1700	
		150	2400	
烟尘及生产性粉尘	炼钢电炉			200
	炼钢转炉			
	＜12t			200
	＞12t			150
	水泥			150
	生产性粉尘			
	第一类			100
	第二类			150
生产用、采暖用、生活用锅炉烟尘①	一类地区：自然保护区、风景游览区、疗养区、名胜古迹区、重要建筑物周围			200
	二类地区：市区、郊区、工业区、县以上城镇			400
	三类地区：其他地区			600

① 摘自锅炉烟尘排放标准 GB 3841—1983。

密闭罩吸风口的平均风速，不宜大于下列数值。

细粉料的筛分　0.6m/s

物料粉碎　2.0m/s

粗颗粒物料粉碎　3.0m/s

2.4.2　除尘风管

除尘系统的排风量，应按其全部吸风点同时工作计算。有非同时工作吸风点时，系统的排风量可按同时工作的吸风点的排风量与非同时工作吸风点排风量的 15%～20%之和确定，并应在各间歇工作的吸风点上装设与工艺设备联锁的阀门。

(1) 除尘风管的设计

① 除尘风管采用枝状或集合管式。集合管有水平、垂直两种型式（图 49-21 和图 49-22）。水平集合管内风速取 3～4m/s，垂直集合管取 6～10m/s。枝状除尘风管宜垂直或倾斜布置，必须水平布置时，风管不宜过长，且风速必须大于规定的最小风速（表 49-70）。

② 除尘风管宜明设，尽量避免地沟内敷设。

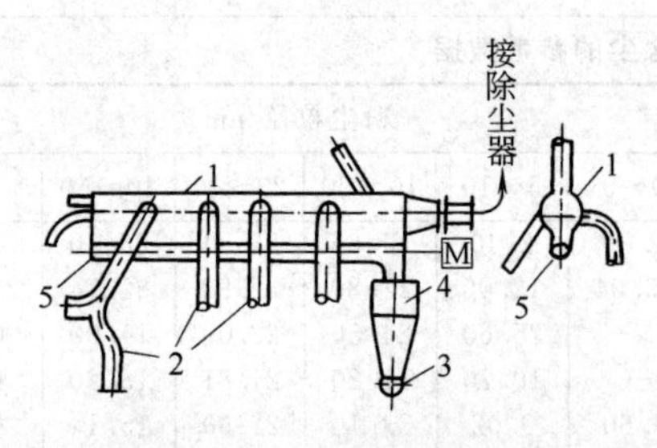

图 49-21 水平集合管

1—集合管；2—支风管；3—泄尘阀；4—集尘箱；5—螺旋输送机

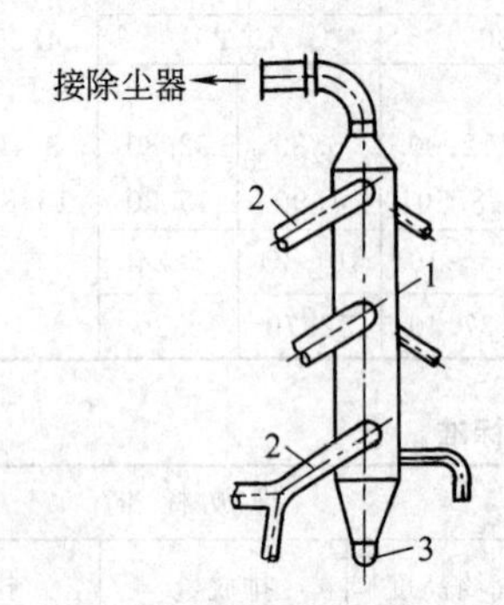

图 49-22 垂直集合管

1—集合管；2—支风管；3—泄尘阀

③ 为清扫方便，在风管的适当部位应设清扫口。

④ 支风管应尽量从侧面或上部与主风管连接。三通的夹角一般取15°～30°。

⑤ 除尘器后风速以8～10m/s为宜。

⑥ 有可能发生静电积聚的除尘风管应设计接地措施。

⑦ 各支风管之间的不平衡压力差应小于10%。

⑧ 吸风点较多时，除尘系统的各支管段，宜设置调节阀。

(2) 除尘风管压力平衡计算

$$d_H = d_Q \left(\frac{\Delta p_C}{\Delta p_H}\right)^{0.225} \tag{49-84}$$

式中 d_Q，d_H——调整前后的管径，mm；

Δp_C，Δp_H——调整前后的压力损失，Pa。

2.4.3 除尘设备

(1) 除尘器选择时的注意事项

① 含尘气体的化学成分、腐蚀性、温度、湿度、流量及含尘浓度。

② 粉尘的化学成分、密度、粒径分布、腐蚀性、吸水性、硬度、比电阻、黏性、纤维性、可燃性及爆炸性等。

③ 净化气体的排放标准（表49-69）。

④ 除尘器的分级效率、总效率及压力损失。

⑤ 粉尘的回收价值及回收利用形式。

⑥ 维护管理的繁简程度。

⑦ 各种除尘器的性能及能耗指标（表49-71）。

(2) 除尘器效率

一级除尘：

$$\eta = \frac{g_1 - g_2}{g_1} \times 100\% \tag{49-85}$$

式中 g_1——除尘器入口气体的含尘浓度，mg/m^3；

g_2——除尘器出口气体的含尘浓度，mg/m^3。

二级除尘：

$$\eta_{1-2} = \eta_1 + (1-\eta_1)\eta_2 \tag{49-86}$$

式中 η_1，η_2——第一、二级除尘器效率，%。

各种除尘器的除尘效率，可参见表49-72。

(3) 旋风除尘器的选用

① 旋风除尘器除尘效率，参见表49-72。

② 适用于净化密度大和粒径大于5μm的粉尘。

③ 性能相同的旋风除尘器一般不宜两级串联。

表 49-70 除尘风管的最小风速 单位：m/s

粉尘类别	粉尘名称	垂直风管	水平风管	粉尘类别	粉尘名称	垂直风管	水平风管
纤维粉尘	干锯末、小刨屑、纺织尘	10	12	矿物粉尘	轻矿物粉尘	12	14
	木屑、刨花	12	14		灰土、砂尘	16	18
	干燥粗刨花、大块干木屑	14	15		干细型砂	17	20
	潮湿粗刨花、大块湿木屑	18	20		金刚砂、刚玉粉	15	19
	棉絮	8	10	金属粉尘	钢铁粉尘	13	15
	麻	11	13		钢铁屑	19	23
矿物粉尘	耐火材料粉尘	14	17		铅尘	20	25
	黏土	13	16	其他粉尘	轻质干燥尘末（木加工磨床粉尘、烟草灰）	8	10
	石灰石	14	16		煤尘	11	13
	水泥	12	18		焦炭粉尘	14	18
	湿土（含水2%以下）	15	18		谷物粉尘	10	12
	重矿物粉尘	14	16				

表 49-71 各种除尘器的性能和能耗指标

类型	除尘效率/%	最小捕集粒径/μm	压力损失/Pa	能耗/(kJ/m³)
重力沉降室	<50	50~10	50~120	
惯性除尘器	50~70	20~50	300~800	
通用型旋风除尘器	60~85	20~40	400~800	0.8~6.0
高效型旋风除尘器	80~90	5~10	1000~1500	1.6~4.0
袋式除尘器	95~99	<0.1	800~1500	3.0~4.5
电除尘器	90~98	<0.1	125~200	0.3~1.0
喷淋塔	70~85	10	25~250	0.8
泡沫除尘器	85~95	2	800~3000	1.1~4.5
文氏管除尘器	90~98	<0.1	5000~20000	8.0~35.0
自激式除尘器	~99	<0.1	900~1800	4.0~4.5
卧式旋风水膜除尘器	~98	2~5	750~1250	3.0~4.0

表 49-72 旋风除尘器效率 单位：%

粉尘粒径/μm	通用型	高效型	粉尘粒径/μm	通用型	高效型
<5	<50	50~80	25~40	80~95	95~99
5~20	50~80	80~90	>40	95~99	95~99

注：通用型，相对断面比 $K=4\sim6$；高效型，相对断面比 $K=6\sim13.5$。

④ 为避免堵塞，不适用于净化黏性强的粉尘。当处理高温和高湿的含尘气体时，应防止结露。

(4) 袋式除尘器的选用

① 袋式除尘器除尘效率高，对微细粉尘效率可达 99%以上。

② 不宜净化含有油雾、凝结水和粉尘黏度大的含尘气体，以及有爆炸危险或带有火花的烟气。

③ 当含尘浓度大于 10g/m³ 时，宜增设预净化除尘器。

④ 袋式除尘器推荐的过滤风速，见表 49-73。

(5) 湿式除尘器的选用

① 除尘效率高，对细粉尘也有很高的效率。

② 不宜用于疏水性及水硬性粉尘的净化。

③ 对产生的污水应有妥善处理措施。

④ 寒冷地区需注意采取防冻措施。

(6) 电除尘器的选用

① 电除尘器适用于捕集比电阻在 $10^4\sim5\times10^{10}$ Ω/cm范围内的粉尘。

② 根据入口含尘浓度（一般不大于 30～40 g/m³）和出口含尘浓度按式（49-85）计算所要求的除尘效率。

③ 确定尘粒的有效驱进速度，参见表 49-74。

表 49-73 袋式除尘器推荐的过滤风速 单位：m/min

等级	粉尘种类	清灰方式		
		振打与逆气流联合	脉冲喷吹	反吹风
1	炭黑①，氧化硅（白炭黑），铅①，锌①的升华物以及其他在气体中由于冷凝和化学反应而形成的气溶胶，化妆粉，去污粉，奶粉，活性炭，由水泥窑排出的水泥①	0.45~0.6	0.8~2.0	0.33~0.45
2	铁①及铁合金①的升华物，铸造尘，氧化铝①，由水泥磨排出的水泥①，碳化炉升华物①，石灰①，刚玉，安福粉及其他肥料，塑料，淀粉	0.6~0.75	1.5~2.5	0.45~0.55
3	滑石粉，煤，喷砂清理尘、飞灰①，陶瓷生产的粉尘，炭黑（二次加工），颜料，高岭土，石灰石①，矿尘，铝土矿，水泥（来自冷却器）①，搪瓷①	0.7~0.8	2.0~3.5	0.6~0.9
4	石棉，纤维尘，石膏、珠光石、橡胶生产中的粉尘，盐，面粉，研磨工艺中的粉尘	0.8~1.5	2.5~4.5	—
5	烟草，皮革粉，混合饲料，木材加工中的粉尘，粗植物纤维（大麻、黄麻等）	0.9~2.0	2.5~6.0	—

① 基本上为高温的粉尘，多采用反吹风清灰。

表 49-74 各种粉尘的有效驱进速度 单位：m/s

粉尘名称	范围	平均值	粉尘名称	范围	平均值
电站锅炉飞灰	4～20	12	熔炼炉		2.0
煤粉炉飞灰	10～14	12	立炉	5～14	9.5
纸浆及造纸锅炉	6.5～10	8.25	平炉	5～6	5.5
石膏	16～20	18	闪烁炉		7.6
硫酸	6～8.5	7.25	冲天炉	3～4	3.5
热磷酸	1～5	3	多膛焙烧炉		8.0
水泥(湿法)	9～12	10.5	高炉	6～14	10.0
水泥(干法)	6～7	6.5	催化剂粉尘		7.6
铁矿烧结灰尘	6～20	13	镁砂		4.7
氧化亚铁(FeO)	7～22	14.5	氧化锌、氧化铝		4.0
焦油	8～23	15.5	氧化铝		6.4
石灰石	3～55	29	氧化铝熟料		13

④ 根据所要求的除尘效率和有效驱进速度，按式（49-87）求出比表面积。

$$\eta=1-e^{-vf} \tag{49-87}$$

式中 η——所要求的除尘效率，%；

v——尘粒的有效驱进速度，m/s；

f——比表面积，$m^2 \cdot s/m^3$。

⑤ 由比表面积和处理风量计算尘板总面积 F（m^2），选定型号。

$$F=Qf \tag{49-88}$$

式中 Q——除尘器要求的处理风量，m^3/s；

f——比表面积，$m^2 \cdot s/m^3$。

3 空气调节

3.1 空气设计参数

设计空调系统时，应按规定的室内、外空气状态进行计算，这种规定状态下的空气参数即为室内外空气设计参数。

3.1.1 室内空气设计参数

按空调使用的目的，可分为舒适性和工艺性空调两种类型。舒适性空调主要是维持室内空气具有良好的参数，使居留人员感到舒适，保证适宜的工作和生活条件。根据 GB 50019—2015《工业建筑供暖通风与空气调节设计规范》中表 4.1.3 的规定，并根据 GB 51245—2017《工业建筑节能设计统一标准》中表 3.2.3 的要求，按表 49-75 所列数值选用。

表 49-75 舒适性空调室内空气设计参数

季节	温度/℃	相对湿度/%	风速/(m/s)
冬季	18～24	—	≤0.2
夏季	25～28	40～70	≤0.3

表 49-75 中的数据是原则性的规定。对于不同性质的建筑物，则根据其使用性质、冷源情况、经济条件以及室内参数综合作用下的舒适条件，参考表 49-76选用。

工艺性空调的室内空气设计参数取决于生产工艺过程的要求。不仅规定了温度和湿度的基数，而且还规定其允许的波动值以及洁净度等。表 49-77 提供了部分生产车间对空气温度和湿度及其允许波动范围的要求，仅供参考。

表 49-76 空调房间的室内计算参数

建筑物类别	夏季			冬季		
	t,φ(高级)	t,φ(一般)	气流平均速度/(m/s)	t,φ(高级)	t,φ(一般)	气流平均速度/(m/s)
人整日停留场所居住建筑(宾馆、饭店)，办公类建筑(办公楼、学校)，卫生福利建筑(医院、托儿所)	25～27℃ 60%～50%	26～28℃ 65%～45%	0.2～0.4	20～22℃ ≥35%	18～20℃ 不规定	0.15～0.25
人短时间停留场所文化设施(演出、集会、博览、电影院)，交通邮电(车站、机场)，商业服务(百货公司)	26～28℃ 65%～55%	27～29℃ 65%～55%	0.3～0.5	18～20℃ ≥35%	16～18℃ 不规定	0.2～0.3
显热少、潜热多的大型厅堂(大会堂、体育馆)	25～27℃ 65%～50%	26～28℃ 65%～55%	0.2～0.4	18～20℃ ≥35%	18～20℃ 不规定	0.2～0.3
显热多、潜热少的建筑(电视演播室、控制室、广播通信机房等)	24～26℃ 50%～40%	26～27℃ 55%～45%	0.3～0.5	18～20℃ ≥35%	18～20℃ ≥35%	0.2～0.3

表 49-77 部分生产车间要求的空气温、湿度

工作类别	温度/℃		相对湿度/%
	夏季	冬季	
电子工业			
电解电容器、薄膜电容器车间	26～28	16～18	40～60
精缩间、翻版间、光刻间	22±1	22±1	50～60
扩散间、蒸发、钝化、外延间	23±5	23±5	60～70
化学工业			
聚苯乙烯塑料加工工业			
塑料薄膜加工车间	20±3		55～65
聚四氟乙烯原料工段	20±1		<60
胶片加工车间	20±2		55～65
医药工业			
A级,B级洁净区	20～24		45～60
C级,D级洁净区	18～26		45～65
电子计算机房	(20～23)±(1～2)	(20～22)±(1～2)	50±10
卡片、磁带、纸带储存	18～24	18左右	40～60

注：有特殊要求的应按生产工艺要求确定。

当工艺无特殊要求时，生产厂房夏季工作地点的温度，应根据夏季通风室外计算温度及其与工作地点的允许温差，不得超过表 49-78 的规定。

表 49-78 夏季工作地点温度 单位：℃

夏季通风室外计算温度	≤22	23	24	25	26	27	28	29～32	≥33
允许温差	10	9	8	7	6	5	4	3	2
工作地点温度	≤32	32						32～35	35

建筑物室内空气应符合国家现行的有关室内空气质量、污染物浓度控制等卫生标准的要求。

建筑物室内人员所需最小新风量，应符合以下规定。

① 民用建筑主要房间人员所需最小新风量按表 49-79 确定。

表 49-79 民用建筑主要房间人员所需的最小新风量 单位：$m^3/(h·人)$

建筑房间类型	新风量
办公室	30
实验室	30
生产辅助用房	30

② 工业建筑应保证每人不小于 $30m^3/h$ 的新风量。

③ 石油化工抗爆控制室的空调系统新风量不应小于每人 $50m^3/h$，且满足总送风量的 10%（GB 50779—2012）。

④ 洁净室内的新鲜空气量应取下列两项中的最大值：

a. 补偿室内排风量和保持室内正压值所需新鲜空气量之和；

b. 保证供给洁净室内每人每小时的新鲜空气量不小于 $40m^3$。

3.1.2 室外空气设计参数

GB 50019—2015《工业建筑供暖通风与空气调节设计规范》规定，在进行空调系统设计时，室外空气设计参数按下述原则确定。

① 供暖室外计算温度，应采用累年平均每年不保证 5d 的日平均温度。

② 冬季通风室外计算温度，应采用历年最冷月月平均温度的平均值。

③ 冬季空气调节室外计算温度，应采用累年平均每年不保证 1d 的日平均温度。

④ 冬季空气调节室外计算相对湿度，应采用历年最冷月月平均相对湿度的平均值。

⑤ 夏季空气调节室外计算干球温度，应采用累年平均每年不保证 50h 的干球温度。

⑥ 夏季空气调节室外计算湿球温度，应采用累年平均每年不保证 50h 的湿球温度。

⑦ 夏季通风室外计算温度，应采用历年最热月 14 时平均温度的平均值。

⑧ 夏季通风室外计算相对湿度，应采用历年最热月 14 时平均相对湿度的平均值。

⑨ 夏季空气调节室外计算日平均温度，应采用累年平均每年不保证 5d 的日平均温度。

按上述原则确定的全国主要城市的室外气象参数，按 GB 50019—2015《工业建筑供暖通风与空气调节设计规范》附录 A 采用。

对于未列入规范的城市及台站的冬夏两季各种室外计算温度，可按 GB 50019—2015《工业建筑供暖通风与空气调节设计规范》附录 B 所列的方法确定。

3.2 建筑布置和热工要求

① 空调房间应尽量集中布置。室内温湿度基数和使用要求相近的空调房间宜相邻布置。

② 转角房间不宜在两面外墙上都设置窗户，以减少传热和渗透。

③ 空调房间应尽量避免设在顶层，如必须设在顶层时，应设置顶棚。屋盖与顶棚之间应有良好的自然通风。保温层应做在顶棚上。

④ 空调房间不宜与高温高湿或有大量粉尘、腐蚀性气体产生的房间相邻。

⑤ 空调房间围护结构的传热系数 K 值，应根据建筑物的用途和空调类别，通过技术经济比较确定。

对于工艺性空气调节不应大于表 49-80 所规定的

数值；对于舒适性空气调节，应符合国家现行有关节能设计标准的规定，可参见本章1.1.2的相关内容。

表49-80 围护结构传热系数K值

单位：W/(m²·℃)

围护结构名称	室温允许波动范围/℃		
	±(0.1～0.2)	±0.5	≥±1.0
屋顶	—	—	0.8
顶棚	0.5	0.8	0.9
外墙	—	0.8	1.0
内墙和楼板	0.7	0.9	1.2

注：1. 表中内墙和楼板的有关数值，仅适用于相邻空气调节区的温差大于3℃时。

2. 确定围护结构的传热系数时，尚应符合GB 50019—2015《工业建筑供暖通风与空气调节设计规范》第8.1.7条的规定。

⑥ 工艺性空调房间，当室温允许波动范围小于或等于±0.5℃时，其围护结构的热惰性指标，不应小于表49-81的规定。

表49-81 围护结构最小热惰性指标D值

围护结构名称	室温允许波动范围/℃	
	±(0.1～0.2)	±0.5
外墙	—	4
屋顶	—	3
顶棚	4	3

⑦ 工艺性空调房间的外墙、外墙朝向及其所在层次应符合表49-82的要求。

表49-82 外墙、外墙朝向及所在层次

室温允许波动范围/℃	外 墙	外墙朝向	层 次
≥±1.0	宜减少外墙	宜北向①	宜避免顶层
±0.5②	不宜有外墙	如有外墙时，宜北向	宜底层
±(0.1～0.2)	不应有外墙	—	宜底层

① 规定的“北向”，适用于北纬23.5°以北的地区；北纬23.5°以南的地区，可相应地采用南向。

② 室温允许波动范围小于或等于±0.5℃的空调房间，宜布置在室温允许波动范围较大的空调房间之中，当布置在单层建筑物内时，宜设通风屋顶。

⑧ 空气调节建筑的外窗面积不宜过大。不同窗墙面积比的外窗，其传热系数应符合国家现行有关节能设计标准的规定；外窗玻璃的遮阳系数，严寒地区宜大于0.80，非严寒地区宜小于0.65或采用外遮阳措施。

室温允许波动范围大于或等于±1.0℃的空气调节区，部分窗扇应能开启。

⑨ 工艺性空调房间，当室温允许波动范围大于±1.0℃时，外窗宜尽量布置在北向；±1.0℃时，不应有东、西向外窗；±1.0℃时，不宜有外窗，如有外窗时，应布置在北向。

⑩ 工艺性空调的门和门斗应符合表49-83的要求。舒适性空调房间开启频繁的外门宜设门斗，必要时，可设置空气幕。

⑪ 外门门缝应严密，当门两侧的温差不小于7℃时，应采用保温门。

⑫ 几种围护结构的传热系数见表49-84。传热系数的计算见本手册供暖部分有关章节。

表49-83 门和门斗

室温允许波动范围/℃	外门和门斗	内门和门斗
≥±1.0	不宜有外门，如有经常开启的外门时，应设门斗	门两侧温差≥7℃时，宜设门斗
±0.5	不应有外门，如有外门时，必须设门斗	门两侧温差>3℃时，宜设门斗
±(0.1～0.2)	—	内门不宜通向室温基数不同或室温允许波动范围>±1.0℃的邻室

3.3 室内热湿负荷计算

空调房间冬季热负荷，按本手册供暖部分有关章节进行计算。空调房间夏季计算冷负荷，应根据下列各项确定：

① 通过围护结构传入的热量；

② 通过外窗进入的太阳辐射热量；

③ 人体散热量；

④ 照明散热量；

⑤ 设备、器具、管道及其他内部热源的散热量；

⑥ 食品或物料的散热量；

⑦ 室外渗透空气带入的热量；

⑧ 伴随各种散湿过程产生的潜热量；

⑨ 非空调区域或其他空调区转移来的热量。

除方案设计或初步设计阶段可使用冷负荷指标进行必要的估算之外，还应对空气调节区进行逐项逐时的冷负荷计算。

空气调节区的夏季冷负荷，应按各项逐时冷负荷的综合最大值确定。

空气调节系统的夏季冷负荷，应根据所服务空气调节区的同时使用情况、空气调节系统的类型及调节方式，按各空气调节区逐时冷负荷的综合最大值或各空气调节区夏季冷负荷的累计值确定，并应计入各项有关的附加冷负荷。

3.3.1 通过围护结构传入室内的热量

(1) 通过外墙及屋顶传热形成的逐时冷负荷

外墙和屋顶传热形成的逐时冷负荷，宜按式

(49-89) 计算。当屋顶处于空气调节区之外时，屋顶传热形成的冷负荷应在计算结果上进行修正。

$$Q_1=KF(t_{wl}-t_n) \tag{49-89}$$

式中 Q_1——外墙或屋顶传热形成的逐时冷负荷，W；

K——传热系数，W/(m² · ℃)；

F——传热面积，m²；

t_{wl}——外墙或屋顶的逐时冷负荷计算温度，℃，根据空气调节区的蓄热特性以及传热特性，由夏季空气调节室外计算逐时综合温度 t_{zs} 值，通过转换计算确定；

t_n——夏季空气调节室内设计温度，℃。

(2) 通过隔墙、楼板等内围护结构传热形成的冷负荷

$$Q_2=KF(t_{wp}+\Delta t_{ls}-t_n) \quad \text{W} \tag{49-90}$$

式中 K——隔墙或楼板的传热系数，W/m²；

F——隔墙或楼板的面积，m²；

t_{wp}——夏季空调室外计算日平均温度，℃；

t_n——室内计算温度，℃；

Δt_{ls}——邻室计算平均温度与夏季空气调节室外计算日平均温度的差值，按《工业建筑供暖通风与空气调节设计规范》(GB 50019—2015) 中取值，℃。

3.3.2 通过外窗温差传热形成的逐时冷负荷宜按下式计算：

$$Q_3=KF(t_{wl}-t_n) \tag{49-91}$$

式中 Q_3——外窗温差传热形成的逐时冷负荷，W；

K——传热系数，W/(m² · ℃)；

F——传热面积，m²；

t_{wl}——外窗的逐时冷负荷计算温度，℃，根据建筑物的地理位置和空气调节区的蓄热特性以及传热特性，由 GB 50019—2015《工业建筑供暖通风与空气调节设计规范》第 4.2.10 条确定的夏季空气调节室外计算逐时温度 t_{sh} 值，通过转换计算确定；

t_n——夏季空气调节室内设计温度，℃。

3.3.3 透过外窗的太阳辐射热形成的逐时冷负荷

(1) 外窗无任何遮阳设施的辐射负荷

$$Q_4=FX_gX_dJ_{w\tau} \tag{49-92}$$

式中 X_g——窗的构造修正系数，见表 49-85；

X_d——地点修正系数，见表 49-86；

$J_{w\tau}$——计算时刻下，透过无遮阳设施窗玻璃太阳辐射的冷负荷强度，W/m²，见表 49-87～表 49-90。

表 49-84 几种围护结构的传热系数 K

类别	构造	壁厚 δ /mm	保温层		传热系数 K/[W/(m² · ℃)]
			材料	厚度 l/mm	
外墙(1)	外 内 1 2 δ 20 1—砖墙； 2—白灰粉刷	240 370 490			2.05 1.55 1.26
外墙(2)	外 内 1 2 3 20 δ 20 1—水泥砂浆； 2—砖墙； 3—白灰粉刷	240 370 490			1.97 1.50 1.22
外墙(3)	外 内 1 2 3 4 5 20 δ 2 4 50 1—水泥砂浆； 2—砖墙； 3—油毡； 4—空气层； 5—夹板	370 490			1.16 0.99

续表

类别	构造	壁厚δ/mm	保温层 材料	保温层 厚度 l/mm	传热系数 K/[W/(m²·℃)]
外墙(4)	外 内 1 2 3 4 5 20 δ l 20 1—水泥砂浆抹灰喷浆； 2—砖墙； 3—防潮层(用于炎热潮湿地区)； 4—保温层； 5—水泥砂浆抹灰加油漆	240	水泥膨胀珍珠岩	190 140 110 80 60 50 40	0.45 0.57 0.66 0.80 0.93 1.02 1.12
		240	沥青膨胀珍珠岩	160 110 80 65 50 40	0.44 0.58 0.71 0.80 0.92 1.01
		370	水泥膨胀珍珠岩	120 90 60 45	0.57 0.67 0.81 0.91
		370	沥青膨胀珍珠岩	100 70 50 40	0.56 0.69 0.80 0.87
外墙(5)	混凝土、加气混凝土复合板240 1 2 3 4 20 15 125 100 1—外粉刷； 2—混凝土； 3—加气混凝土； 4—混凝土、大白浆		加气混凝土		1.30
外墙(6)	纯加气混凝土大板 1 2 3 20 δ 20 1—外粉刷； 2—加气混凝土； 3—内粉刷	200	加气混凝土		0.86
		175			0.95

续表

类别	构造	壁厚 δ /mm	保温层		传热系数 K/[W/(m^2·℃)]
			材料	厚度 l/mm	
屋面(1)	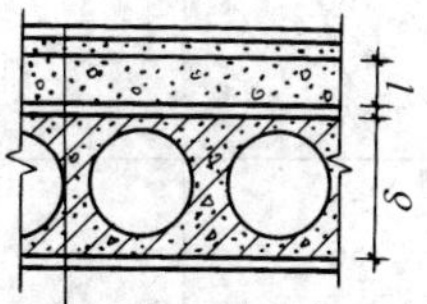 外表层5mm厚的白色小石子 卷材防水层 找平层 20mm水泥砂浆 保温层 隔汽层 水泥砂浆找平层 预制钢筋混凝土空心板 内粉刷	35	水泥膨胀珍珠岩	25	1.86
				50	1.33
				75	1.04
				100	0.85
				125	0.72
				150	0.62
				175	0.55
				200	0.49
			沥青膨胀珍珠岩	25	1.59
				50	1.07
				75	0.80
				100	0.64
				125	0.53
				150	0.47
				175	0.41
				200	0.36
屋面(2)	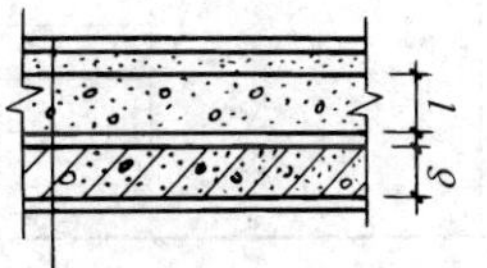 砾砂外表层5mm 卷材防水层 水泥砂浆找平层 保温层 隔汽层 水泥砂浆找平层 预制钢筋混凝土屋面板 内粉刷	35	沥青蛭石板	25	1.78
				50	1.24
				75	0.97
				100	0.87
				125	0.66
				150	0.52
				175	0.50
				200	0.44
		120	水泥膨胀珍珠岩	25	1.64
				50	1.21
				75	0.97
				100	0.79
				125	0.67
				110	0.59
				175	0.52
				200	0.48
		120	沥青膨胀珍珠岩	25	1.42
				50	0.99
				75	0.76
				100	0.62
				125	0.51
				150	0.44
				175	0.40
				200	0.35
			沥青蛭石板	25	1.57
				50	1.14
				75	0.90
				100	0.74
				125	0.63
				150	0.55
				175	0.49
				200	0.43

续表

类别	构造	壁厚 δ /mm	保温层		传热系数 $K/[W/(m^2 \cdot ℃)]$
			材料	厚度 l/mm	
屋面(2)	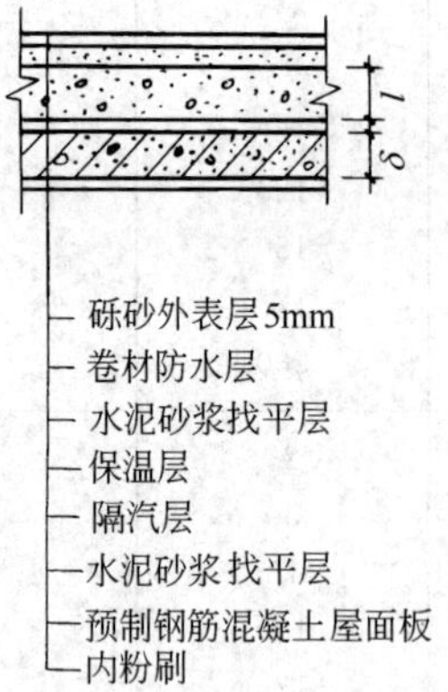 l δ 砾砂外表层5mm 卷材防水层 水泥砂浆找平层 保温层 隔汽层 水泥砂浆找平层 预制钢筋混凝土屋面板 内粉刷	150	水泥膨胀珍珠岩	25	1.58
				50	1.17
				100	0.98
				150	0.58
				200	0.47
			沥青膨胀珍珠岩	25	1.38
				50	0.97
				100	0.60
				150	0.44
				200	0.35
			沥青蛭石板	25	1.52
				50	1.12
				100	0.73
				150	0.53
				200	0.43
屋面(3)	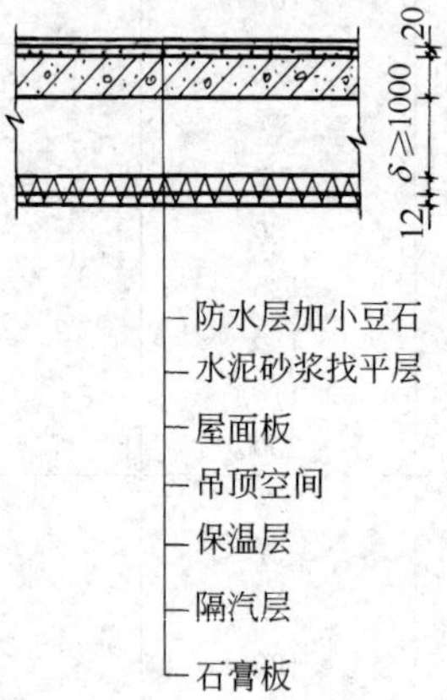 20 $\delta \geq 1000$ 12 防水层加小豆石 水泥砂浆找平层 屋面板 吊顶空间 保温层 隔汽层 石膏板	80	脲醛泡沫塑料		0.44
		60			0.53
		50			0.60
		40			0.70
		30			0.83
		100	膨胀珍珠岩粉		0.44
		80			0.51
		60			0.63
		50			0.70
		40			0.79
		30			0.92
		25			1.00
		100	沥青玻璃棉毡		0.44
		80			0.51
		60			0.63
		50			0.70
		40			0.79
		30			0.92
		25			1.00

表 49-85 玻璃窗的构造修正系数 X_g

玻璃类型		玻璃颜色	塑钢		铝合金		PA段热桥铝合金		木框	
			窗框比(窗框面积与整窗面积之比)							
			30%	40%	20%	30%	25%	40%	30%	45%
普通玻璃	3mm 单层玻璃	无色	0.70	0.60	0.80	0.70	0.75	0.60	0.70	0.55
	3mm 双层玻璃		0.60	0.52	0.69	0.60	0.65	0.52	0.60	0.47
	6mm 单层玻璃		0.67	0.58	0.77	0.67	0.72	0.58	0.67	0.53
	6mm 双层玻璃		0.52	0.44	0.59	0.52	0.56	0.44	0.52	0.41
中空玻璃	每隔层 6mm	无色	0.57	0.49	0.65	0.57	0.61	0.49	0.57	0.45
	间隔层 12mm		0.54	0.46	0.62	0.54	0.58	0.46	0.54	0.42
着色中空玻璃		蓝色	0.46	0.39	0.52	0.46	0.49	0.39	0.46	0.36
		绿色	0.46	0.40	0.53	0.46	0.50	0.40	0.46	0.36
		茶色	0.45	0.38	0.51	0.45	0.48	0.38	0.45	0.35
		灰色	0.38	0.32	0.43	0.38	0.41	0.32	0.38	0.30

续表

玻璃类型			玻璃颜色	塑钢		铝合金		PA 段热桥铝合金		木框	
				窗框比(窗框面积与整窗面积之比)							
				30%	40%	20%	30%	25%	40%	30%	45%
热反射中空玻璃	反射颜色	深绿	无色	0.18	0.16	0.21	0.18	0.20	0.16	0.18	0.14
		绿色	绿色	0.29	0.25	0.34	0.29	0.32	0.25	0.29	0.23
			蓝绿	0.28	0.24	0.32	0.28	0.30	0.24	0.28	0.22
		蓝绿	蓝绿	0.32	0.28	0.37	0.32	0.35	0.28	0.32	0.25
		灰绿	绿、蓝绿	0.31	0.26	0.35	0.31	0.33	0.26	0.31	0.24
		现代绿	绿色	0.31	0.26	0.35	0.31	0.33	0.26	0.31	0.24
		蓝色	无色	0.34	0.29	0.38	0.34	0.36	0.29	0.34	0.26
		银灰		0.48	0.41	0.55	0.48	0.52	0.41	0.48	0.38
辐射率≤0.25Low-E中空玻璃(在线)			无色	0.44	0.38	0.50	0.44	0.47	0.38	0.44	0.35
			绿色	0.27	0.23	0.30	0.27	0.29	0.23	0.27	0.21
			蓝色	0.26	0.22	0.30	0.26	0.28	0.22	0.26	0.20
辐射率≤0.15 Low-E 中空玻璃(离线)	反射颜色	绿色	绿色	0.21	0.18	0.24	0.21	0.23	0.18	0.21	0.17
		蓝绿		0.22	0.19	0.25	0.22	0.23	0.19	0.22	0.17
		蓝、淡蓝	无色	0.35	0.30	0.40	0.35	0.38	0.30	0.35	0.28
		银蓝		0.26	0.22	0.30	0.26	0.28	0.22	0.26	0.20
		银灰		0.24	0.20	0.27	0.24	0.26	0.20	0.24	0.19
		金色		0.22	0.19	0.26	0.22	0.24	0.19	0.22	0.18
		无色		0.31	0.26	0.35	0.31	0.33	0.26	0.31	0.24

表 49-86 玻璃窗太阳辐射冷负荷强度的地点修正系数 X_d

代表城市	适用城市	下列朝向的修正系数					
		南	西南、东南	东、西	东北、西北	北、散射	水平
北京	哈尔滨	1.23	1.07	0.99	0.97	0.96	0.95
	长春	1.16	1.05	1	0.98	0.97	0.96
	乌鲁木齐	1.19	1.13	1.10	1.11	0.91	1.01
	沈阳	1.06	0.98	0.92	0.89	1.05	0.95
	呼和浩特	1.06	1.08	1.11	1.12	0.92	1.03
	天津	0.96	0.95	0.92	0.89	1.07	0.97
	银川	0.95	0.98	1	1.01	1.01	1.01
	石家庄	0.93	0.98	1	1.01	1.02	1.02
	太原	0.92	0.97	1	1.01	1.02	1.02
西安	济南	1.12	1.04	1	0.97	0.99	0.99
	西宁	1.12	1.14	1.20	1.22	0.87	1.06
	兰州	1.09	1.07	1.08	1.08	0.95	1.03
	郑州	1.02	1.01	1	1	1	1
上海	南京	1.10	1.03	1	0.98	1	1
	合肥	1.09	1.03	1	0.98	1	1
	成都	1.05	0.94	0.90	0.88	1.08	0.95
	武汉	1	1.04	1.09	1.07	0.94	1.04
	杭州	1	1	1	1	1	1
	拉萨	0.93	1.08	1.20	1.20	0.88	1.08
	重庆	0.97	0.99	1	1.01	1	1
	南昌	0.90	1	1.08	1.09	0.95	1.04
	长沙	0.88	1	1.08	1.10	0.95	1.05

续表

代表城市	适用城市	下列朝向的修正系数					
		南	西南、东南	东、西	东北、西北	北、散射	水平
广州	贵阳	1.10	1.07	1.01	0.98	0.99	0.99
	福州	1.04	1.10	1.10	1.06	0.94	1.03
	台北	1	1.07	1.09	1.07	0.94	1.04
	昆明	1.05	1.04	1.01	0.99	0.99	0.99
	南宁	1	0.99	1	1	1	1
	香港、澳门	0.94	1.01	1.09	1.09	0.95	1.05
	海口	0.93	1	1.09	1.09	0.95	1.05

注："散射"数据适用于表49-87中 $J^0_{n\tau}$ 和 $J^0_{w\tau}$ 的修正。

部分城市透过标准窗玻璃太阳辐射的冷负荷强度见表49-87～表49-90。

表 49-87 北京市透过标准窗玻璃太阳辐射的冷负荷强度

遮阳类型	房间类型	朝向	下列计算时刻 J_τ 的逐时值/（W/m²）																							
			0	1	2	3	4	5	6	7	8	9	10	11	12	13	14	15	16	17	18	19	20	21	22	23
内遮阳 $J_{n\tau}$	轻	南	8	7	6	5	5	3	29	52	72	117	179	233	266	266	237	184	131	100	74	37	24	17	13	10
		西南	17	14	11	9	8	6	32	54	73	93	108	119	183	277	362	407	402	347	250	105	61	44	30	23
		西	21	18	13	12	10	8	33	55	74	94	109	118	123	185	314	429	493	486	407	154	83	61	40	31
		西北	16	13	10	9	7	6	31	53	73	92	107	116	123	123	149	231	323	364	340	122	63	47	30	24
		北	6	5	5	3	4	0	66	74	77	95	108	117	122	123	121	113	99	91	104	40	21	16	11	9
		东北	8	5	7	3	8	0	207	323	339	297	210	165	152	144	135	124	106	87	66	31	20	15	12	9
		东	10	7	9	4	9	0	226	389	465	482	416	300	203	174	155	137	116	94	71	36	24	18	15	11
		东南	9	8	7	5	7	2	115	237	332	393	402	358	276	193	162	142	118	95	72	36	24	18	14	11
		水平	34	29	25	21	20	16	77	183	317	454	570	650	699	706	676	603	490	354	225	119	83	64	50	41
		$J^0_{n\tau}$	5	4	4	3	3	2	27	50	70	90	105	114	121	122	120	112	98	80	61	27	17	12	9	7
	中	南	21	18	15	13	11	9	31	48	65	104	157	203	232	235	213	172	132	110	88	56	45	37	31	25
		西南	43	36	30	25	22	18	38	54	70	86	98	108	166	247	319	359	357	315	238	121	93	78	63	52
		西	53	45	37	31	26	22	42	58	72	88	100	108	114	171	281	378	432	430	367	157	116	98	78	66
		西北	39	33	27	23	19	16	36	53	68	85	97	105	112	113	138	212	288	323	302	117	85	72	57	48
		北	16	13	12	9	9	5	63	65	68	84	96	105	111	113	113	107	96	92	103	46	34	29	23	19
		东北	19	15	14	10	12	4	190	276	289	255	188	159	154	148	141	131	116	98	79	49	39	32	27	22
		东	25	20	18	14	15	7	208	335	398	414	365	274	204	187	173	157	137	116	94	61	49	41	34	28
		东南	24	20	17	14	13	9	109	208	286	339	349	317	254	192	173	157	136	115	93	60	48	40	34	28
		水平	71	60	52	44	39	32	82	168	279	395	496	570	621	637	624	572	485	377	271	181	146	121	101	85
		$J^0_{n\tau}$	14	11	10	8	7	5	28	46	62	79	92	101	108	111	111	106	95	81	65	37	29	24	20	16
	重	南	26	22	19	16	14	12	32	48	64	101	152	196	223	226	206	168	130	110	90	59	49	42	35	30
		西南	50	43	37	32	27	23	42	57	71	85	97	106	161	239	307	345	344	305	233	122	97	83	69	60
		西	62	53	45	39	33	28	46	61	74	88	99	106	112	166	272	364	416	415	355	157	119	103	85	74
		西北	45	39	33	28	24	20	39	55	69	84	95	103	110	111	134	205	278	312	292	117	86	75	62	54
		北	19	16	14	12	11	8	62	63	66	82	93	101	108	110	110	105	95	91	101	47	36	32	26	23

续表

遮阳类型	房间类型	朝向	下列计算时刻 J_τ 的逐时值/(W/m²)																							
			0	1	2	3	4	5	6	7	8	9	10	11	12	13	14	15	16	17	18	19	20	21	22	23
内遮阳 $J_{n\tau}$	重	东北	24	20	18	14	15	7	184	266	277	245	182	155	151	147	140	131	117	101	83	53	44	38	32	27
		东	31	25	23	18	18	10	201	323	382	397	351	266	200	185	173	159	140	120	99	68	56	48	41	35
		东南	30	25	22	18	17	12	107	201	276	325	335	305	247	188	171	157	138	119	98	67	55	47	40	34
		水平	88	75	64	55	48	40	87	169	274	383	477	547	595	612	601	554	474	373	275	193	163	140	119	102
		$J^0_{n\tau}$	16	14	12	10	9	7	28	45	60	77	89	98	105	107	107	103	93	80	65	38	31	27	22	19
无遮阳 $J_{w\tau}$	轻	南	16	14	12	11	10	8	23	44	62	100	154	205	238	246	227	186	142	113	90	59	39	30	23	19
		西南	33	29	25	22	20	17	32	52	70	88	104	115	164	245	321	368	373	332	258	137	82	64	48	40
		西	40	36	30	27	24	21	35	55	72	91	106	117	123	169	275	376	443	444	395	194	105	84	59	51
		西北	28	25	20	19	16	14	28	49	67	85	102	112	121	122	142	206	289	328	324	155	78	63	42	37
		北	11	9	8	5	7	1	48	65	66	84	97	108	116	119	120	114	105	95	106	59	31	25	17	14
		东北	17	13	15	8	15	0	152	271	295	272	204	164	152	148	141	133	120	103	84	55	37	29	24	18
		东	24	19	20	13	20	3	168	324	398	427	385	297	212	183	168	154	137	116	97	65	47	37	31	25
		东南	22	18	18	14	16	8	87	195	280	342	359	333	271	202	171	155	136	116	95	64	45	36	29	24
		水平	54	45	40	34	31	25	62	142	252	376	489	578	639	666	658	612	527	413	296	189	132	102	79	65
		$J^0_{w\tau}$	8	7	6	5	5	3	19	40	58	78	94	105	114	117	118	113	103	88	71	43	26	19	14	11
	中	南	34	29	25	22	19	16	26	39	51	75	112	151	184	202	201	183	155	132	113	86	69	58	48	41
		西南	66	56	48	42	37	31	39	51	62	75	88	97	128	182	241	288	312	303	267	191	143	117	94	79
		西	80	69	58	51	44	38	45	56	66	79	91	100	107	134	202	279	343	369	361	253	181	148	117	98
		西北	59	50	42	36	31	27	35	47	58	72	84	94	103	107	120	159	218	259	276	192	134	110	86	72
		北	25	21	18	15	14	9	36	52	56	69	80	90	98	103	106	105	100	94	100	74	54	46	36	31
		东北	34	28	26	20	22	10	94	183	222	230	200	175	162	155	147	140	129	115	101	78	63	53	46	38
		东	44	37	34	27	29	16	106	217	290	338	336	297	243	214	194	177	159	141	123	97	80	68	58	49
		东南	42	36	32	27	26	19	62	132	199	257	290	292	265	224	196	178	158	140	121	95	77	66	56	48
		水平	113	96	82	70	61	51	69	118	192	281	372	451	515	557	575	563	519	449	369	287	232	192	160	134
		$J^0_{w\tau}$	22	18	15	13	11	9	19	32	45	60	74	85	94	99	103	103	98	89	78	58	46	38	31	26
	重	南	40	34	29	24	21	17	24	36	46	67	99	134	166	186	192	181	161	141	123	98	80	68	57	48
		西南	83	70	58	49	41	34	38	47	56	67	78	86	112	158	212	258	287	290	269	211	170	144	119	100
		西	103	87	72	61	51	42	44	52	60	71	80	89	95	118	175	243	305	340	346	269	212	181	148	126
		西北	75	64	53	45	38	31	36	45	54	65	76	85	93	98	109	142	193	233	256	196	153	132	108	92
		北	31	26	23	19	17	12	34	48	53	66	76	85	93	98	101	101	97	92	96	75	58	51	42	36
		东北	35	29	26	20	21	11	79	155	196	214	199	183	173	165	156	147	135	121	106	84	68	58	49	41
		东	44	36	32	25	25	14	86	180	251	305	319	299	261	236	216	196	176	154	134	107	87	73	62	52
		东南	44	37	32	26	23	17	52	111	171	228	266	279	266	237	214	195	175	154	133	106	87	73	61	52
		水平	139	119	102	87	75	63	77	119	183	262	342	415	475	517	538	533	501	444	376	306	258	222	190	162
		$J^0_{w\tau}$	26	22	19	16	14	11	20	32	43	56	69	79	88	94	98	98	95	87	78	61	49	42	36	31

表 49-88 西安市透过标准窗玻璃太阳辐射的冷负荷强度

遮阳类型	房间类型	朝向	下列计算时刻 J_τ 的逐时值/(W/m²)																							
			0	1	2	3	4	5	6	7	8	9	10	11	12	13	14	15	16	17	18	19	20	21	22	23
内遮阳 $J_{n\tau}$	轻	南	7	6	5	4	4	3	25	51	75	104	147	185	209	209	188	152	120	94	66	32	21	15	11	9
		西南	15	12	10	8	7	6	27	53	77	99	117	126	164	241	318	362	353	297	200	87	52	37	26	20
		西	19	16	12	10	9	7	29	55	78	100	117	128	134	193	313	419	463	437	330	130	74	53	35	27

续表

遮阳类型	房间类型	朝向	下列计算时刻 J_τ 的逐时值/(W/m^2)																						
			0	1	2	3	4	5	6	7	8	9	10	11	12	13	14	15	16	17	18	19	20	21	22	23
内遮阳 $J_{n\tau}$	轻	西北	15	12	10	8	7	5	27	53	76	99	117	126	134	134	178	263	332	347	282	106	58	42	28	22
		北	7	5	5	3	4	1	55	78	83	102	117	127	134	134	132	123	107	102	97	39	22	16	11	9
		东北	8	6	7	4	7	0	155	283	327	310	239	179	164	156	146	134	114	92	64	32	21	16	12	9
		东	10	7	8	5	8	1	166	329	421	453	402	295	207	180	163	145	122	97	69	35	24	18	14	11
		东南	9	7	7	5	6	3	84	195	286	346	352	309	236	182	162	144	121	96	68	34	23	17	13	10
		水平	33	28	24	21	19	16	62	164	300	446	568	649	699	705	677	601	478	336	205	113	80	62	48	39
		$J_{n\tau}^{0}$	6	5	4	3	3	2	24	51	74	97	114	125	132	133	131	122	106	85	59	28	17	13	9	7
	中	南	18	15	13	11	9	8	26	48	67	92	129	162	184	185	171	143	120	100	76	48	38	32	26	22
		西南	37	31	26	22	19	15	33	53	72	90	105	114	148	216	282	320	314	271	193	103	81	67	54	45
		西	48	41	34	29	24	20	37	57	74	93	107	116	122	177	281	370	407	389	301	139	106	88	71	59
		西北	37	32	26	22	19	15	33	53	71	90	105	114	122	123	165	238	296	309	254	109	81	68	55	46
		北	17	14	12	10	9	6	53	69	73	90	104	113	121	123	123	116	104	102	97	47	35	30	24	20
		东北	20	16	15	11	12	6	143	244	280	266	211	168	163	158	151	140	123	103	79	50	40	34	28	23
		东	24	20	18	14	14	8	154	286	361	389	350	267	204	188	176	160	140	117	91	60	49	40	34	28
		东南	22	19	16	13	12	9	80	173	247	298	305	273	218	179	168	153	134	112	86	56	45	38	31	26
		水平	69	59	50	43	37	32	69	152	265	387	493	568	619	636	623	569	474	361	253	175	142	118	98	82
		$J_{n\tau}^{0}$	14	12	10	9	8	6	25	46	66	85	100	110	118	121	121	115	102	86	65	38	30	25	21	17
	重	南	22	19	16	14	12	10	28	47	65	90	125	156	177	179	165	139	118	99	77	51	42	36	30	26
		西南	44	38	32	28	24	20	36	55	72	89	103	111	144	209	272	308	303	263	190	105	84	72	60	52
		西	56	48	41	35	30	26	41	59	75	92	105	114	120	172	271	356	392	375	293	140	109	93	78	67
		西北	43	37	32	27	23	20	36	55	72	89	103	111	118	120	160	230	286	299	247	109	83	72	60	51
		北	20	17	15	12	11	8	53	67	71	87	101	110	117	119	119	114	102	101	96	48	38	33	27	24
		东北	25	20	18	15	14	9	139	235	269	255	204	164	159	155	149	140	124	105	82	55	46	39	33	28
		东	30	25	22	18	17	11	150	275	346	373	337	258	199	186	176	161	142	121	96	66	55	47	40	34
		东南	27	23	20	17	15	12	80	167	238	286	293	263	211	176	165	153	135	114	90	62	51	44	37	32
		水平	85	73	63	54	46	39	74	153	260	376	474	545	594	610	600	550	462	358	258	187	159	136	116	100
		$J_{n\tau}^{0}$	17	15	13	11	10	8	26	46	64	82	97	106	114	117	117	112	100	85	65	40	33	28	24	20
无遮阳 $J_{w\tau}$	轻	南	13	11	9	8	8	6	19	41	63	89	127	164	190	196	183	155	128	106	82	51	34	25	19	15
		西南	28	24	21	18	17	14	27	48	70	91	109	121	151	215	284	328	330	289	213	114	71	54	41	34
		西	36	32	27	24	22	19	31	52	73	94	112	125	132	176	275	370	420	407	330	165	94	74	54	45
		西北	27	24	20	18	16	13	26	48	69	90	109	120	131	132	166	235	300	320	279	136	74	58	41	34
		北	11	9	8	6	7	3	40	65	71	88	105	118	126	130	130	125	113	106	104	58	32	25	17	14
		东北	17	13	14	9	13	3	114	232	281	279	227	178	163	159	152	143	128	108	85	55	38	29	24	19
		东	22	18	18	14	17	6	124	269	357	398	369	289	213	187	173	159	141	119	95	63	46	36	30	24
		东南	19	16	15	12	13	8	63	158	239	299	315	289	233	187	168	154	136	115	90	60	42	33	26	22
		水平	52	44	38	33	30	25	52	126	237	365	485	575	638	665	658	611	518	399	278	179	128	98	77	63
		$J_{w\tau}^{0}$	9	7	6	5	5	3	17	39	61	83	102	115	124	128	128	124	111	94	72	44	27	20	15	11

续表

遮阳类型	房间类型	朝向	下列计算时刻 J_{τ} 的逐时值/(W/m²)																						
			0	1	2	3	4	5	6	7	8	9	10	11	12	13	14	15	16	17	18	19	20	21	22	23
无遮阳 $J_{w\tau}$	中	南	29	25	21	18	16	13	21	35	50	69	95	124	148	161	161	149	132	116	98	75	60	50	41	35
		西南	57	49	42	36	31	27	33	46	60	75	90	101	121	163	215	258	277	266	227	163	124	101	82	69
		西	73	63	53	46	40	35	40	53	65	80	94	105	113	140	204	276	329	345	317	223	164	133	106	89
		西北	57	48	41	35	30	26	32	45	59	75	89	100	110	115	136	181	231	260	253	177	127	104	82	69
		北	27	22	19	16	14	10	31	51	59	72	85	96	106	112	115	114	108	103	102	75	57	47	38	32
		东北	34	29	26	21	21	13	73	156	207	227	210	183	169	163	156	148	136	121	103	80	66	55	47	39
		东	42	36	32	27	26	17	81	180	256	309	316	282	236	210	193	178	161	142	121	95	78	66	57	48
		东南	38	33	29	24	23	17	48	108	169	223	253	253	229	199	182	168	152	134	114	89	73	61	52	44
		水平	110	93	80	68	59	50	62	107	180	272	365	446	512	554	573	560	512	439	355	278	225	187	155	131
		$J_{w\tau}^{0}$	23	19	16	14	12	9	18	32	47	64	79	91	102	108	112	112	106	95	81	61	48	40	33	28
	重	南	35	29	25	21	18	15	21	33	46	63	86	112	135	149	153	146	134	120	103	82	67	57	48	41
		西南	72	60	51	42	36	30	33	43	55	68	81	90	108	145	191	232	255	255	229	180	146	123	103	86
		西	94	79	66	55	46	38	40	49	59	72	84	94	101	124	178	243	295	320	308	240	192	163	134	113
		西北	72	61	51	43	36	30	33	43	55	68	81	91	100	105	123	162	207	237	239	185	146	125	103	87
		北	32	27	24	20	18	13	30	47	56	69	81	91	100	106	110	110	105	101	99	77	61	53	44	38
		东北	37	30	27	21	21	13	62	132	181	208	204	188	179	172	164	155	142	127	109	86	71	60	51	43
		东	44	36	32	26	24	16	67	150	221	277	297	281	250	229	211	194	175	154	131	105	86	72	61	51
		东南	41	34	30	25	22	17	41	91	146	198	232	242	229	209	194	180	163	144	123	98	81	68	57	48
		水平	135	116	99	85	73	62	70	109	173	254	337	410	471	514	536	531	494	434	363	298	252	216	185	158
		$J_{w\tau}^{0}$	28	24	20	17	15	12	19	32	45	60	74	85	95	102	106	107	103	94	82	64	52	45	38	32

表 49-89　上海市透过标准窗玻璃太阳辐射的冷负荷强度

遮阳类型	房间类型	朝向	下列计算时刻 J_{τ} 的逐时值/(W/m²)																						
			0	1	2	3	4	5	6	7	8	9	10	11	12	13	14	15	16	17	18	19	20	21	22	23
内遮阳 $J_{n\tau}$	轻	南	6	5	4	4	4	3	23	50	74	99	131	162	180	182	165	138	114	90	61	30	19	14	10	8
		西南	14	11	9	8	7	5	25	52	76	99	116	128	152	222	296	342	336	284	187	81	49	35	24	18
		西	19	16	12	10	9	7	27	53	77	100	117	129	134	194	314	420	462	433	316	126	72	52	35	27
		西北	15	13	10	8	7	6	25	52	76	99	117	128	134	138	194	281	346	353	274	105	58	42	28	22
		北	7	5	5	4	4	2	53	81	86	103	118	129	134	136	133	124	110	106	96	38	22	16	11	9
		东北	8	6	6	4	6	0	144	280	335	325	258	189	168	159	148	135	115	91	63	32	21	16	12	9
		东	10	7	8	5	7	1	153	321	417	452	402	296	207	181	164	145	122	96	67	35	24	18	14	11
		东南	8	7	6	5	5	3	76	186	273	329	330	286	215	175	158	141	119	94	65	33	22	16	13	10
		水平	33	28	24	21	19	16	57	158	297	448	570	657	705	715	683	605	478	332	198	112	80	61	48	39
		$J_{n\tau}^{0}$	6	5	4	3	3	2	22	49	73	97	114	126	132	135	132	123	106	84	58	27	17	12	9	7
	中	南	16	14	12	10	9	7	24	46	66	87	115	143	159	162	150	130	112	93	70	43	35	29	24	20
		西南	35	30	25	21	18	15	31	52	70	90	104	115	137	200	263	303	299	259	181	97	76	63	51	43
		西	48	40	33	28	24	20	35	55	74	92	106	117	122	178	281	371	406	385	289	137	104	87	70	58
		西北	38	32	26	22	19	16	32	52	71	90	105	115	121	127	178	254	308	315	248	110	83	69	55	47
		北	17	14	12	10	9	6	51	71	75	91	105	115	121	124	123	117	107	106	96	47	36	30	24	20

续表

遮阳类型	房间类型	朝向	下列计算时刻 J_{τ} 的逐时值/(W/m^2)																						
			0	1	2	3	4	5	6	7	8	9	10	11	12	13	14	15	16	17	18	19	20	21	22	23
内遮阳 $J_{n\tau}$	中	东北	20	17	15	12	12	7	133	243	286	278	227	177	166	161	153	142	124	104	78	51	41	34	28	24
		东	24	20	17	14	14	8	143	280	358	388	349	267	203	189	176	160	139	116	89	59	48	40	33	28
		东南	21	18	15	13	11	9	73	164	236	283	286	253	199	173	163	149	130	108	82	54	44	36	30	25
		水平	69	59	50	43	37	32	64	147	262	388	495	574	624	644	628	573	475	358	249	174	142	117	98	82
		$J^0_{n\tau}$	14	12	10	9	7	6	23	45	65	85	100	111	118	122	121	115	102	85	63	38	30	25	21	17
	重	南	20	17	15	13	11	9	25	46	64	85	111	137	153	156	145	126	110	93	71	46	38	32	27	23
		西南	41	36	30	26	22	19	34	53	71	89	102	112	133	193	254	292	289	251	177	99	80	68	57	49
		西	56	48	41	35	30	26	39	58	75	92	105	115	119	173	272	357	391	372	281	137	107	92	77	66
		西北	44	38	32	28	24	20	35	54	71	89	103	112	118	124	172	245	297	304	241	110	85	73	61	52
		北	20	17	15	13	11	9	51	70	74	88	101	111	117	121	120	114	105	104	95	49	38	33	28	24
		东北	25	21	19	15	14	9	130	234	275	268	218	171	162	159	152	142	125	106	82	56	46	39	34	29
		东	30	25	22	18	17	12	139	270	344	372	336	259	198	186	175	161	142	120	94	66	55	47	40	34
		东南	26	22	19	16	15	11	73	159	228	272	275	244	193	170	160	148	131	111	86	59	49	42	36	31
		水平	85	73	63	54	46	39	69	148	257	377	476	551	598	618	604	554	463	355	254	187	159	136	116	100
		$J^0_{n\tau}$	17	15	13	11	10	8	24	45	63	82	97	107	114	118	118	112	100	85	64	40	33	28	24	20
无遮阳 $J_{w\tau}$	轻	南	11	9	8	7	6	5	17	39	61	85	115	145	165	171	161	140	121	100	76	47	31	23	17	14
		西南	26	22	19	17	16	13	24	46	68	90	108	122	142	199	265	310	315	276	200	107	67	51	39	32
		西	36	31	27	24	21	19	29	51	72	94	112	126	132	177	276	371	419	404	319	160	93	72	53	44
		西北	27	24	20	18	16	14	25	47	68	90	109	121	131	135	178	251	313	327	274	134	75	58	41	35
		北	11	9	8	6	7	3	38	67	74	90	106	119	127	131	131	125	115	110	104	57	33	25	18	14
		东北	17	14	14	10	13	4	106	229	286	291	243	188	167	162	154	145	129	109	85	55	38	30	24	19
		东	22	18	18	14	16	7	114	262	354	397	369	289	213	187	174	159	141	119	93	62	45	36	29	24
		东南	18	15	14	12	12	8	57	149	228	284	296	269	214	178	164	151	134	112	87	57	40	31	25	21
		水平	52	44	38	33	30	26	48	121	233	365	486	580	643	673	664	615	520	397	273	177	127	97	77	62
		$J^0_{w\tau}$	9	7	6	5	5	3	15	38	60	83	102	115	124	129	129	124	112	94	71	43	27	20	14	11
	中	南	26	22	19	16	14	11	19	33	48	66	87	111	130	141	142	133	121	107	90	68	55	45	37	31
		西南	54	46	39	34	30	25	31	44	58	74	88	100	116	153	201	243	263	253	214	154	118	96	78	65
		西	72	62	52	45	40	34	39	51	65	80	94	105	113	141	204	277	329	344	311	219	161	131	105	88
		西北	57	49	41	36	31	26	32	45	59	75	89	101	110	116	143	192	242	268	254	178	129	105	84	70
		北	27	22	19	16	14	10	30	52	61	74	86	98	106	113	116	115	110	106	102	75	57	48	39	32
		东北	35	29	26	21	21	13	69	153	209	234	221	192	175	167	159	151	138	123	104	81	66	56	47	40
		东	42	36	32	27	26	18	76	174	253	306	314	281	235	209	193	177	160	141	120	94	78	66	56	48
		东南	36	31	27	23	21	17	44	102	161	213	239	237	212	188	174	161	147	129	109	85	70	59	50	42
		水平	110	93	80	68	59	51	60	103	177	271	366	449	515	560	578	564	515	439	353	277	225	186	155	130
		$J^0_{w\tau}$	23	19	16	14	12	9	17	32	47	64	79	92	101	109	112	112	106	95	80	60	48	40	33	27
	重	南	31	27	23	20	17	14	20	32	45	61	80	101	119	131	135	130	121	109	94	74	61	52	44	37
		西南	68	57	48	40	34	28	31	42	53	67	80	91	104	136	179	218	242	242	216	169	138	116	97	81

续表

遮阳类型	房间类型	朝向	下列计算时刻 J_τ 的逐时值/(W/m²)																							
			0	1	2	3	4	5	6	7	8	9	10	11	12	13	14	15	16	17	18	19	20	21	22	23
无遮阳 $J_{w\tau}$	重	西	93	78	65	54	45	38	39	48	59	71	83	94	101	125	179	243	295	319	303	236	190	160	133	112
		西北	73	62	52	43	37	30	33	43	54	68	81	91	100	106	129	171	216	245	242	187	149	127	105	89
		北	32	28	24	20	18	14	29	48	57	70	82	93	101	107	111	110	106	103	100	78	62	53	45	38
		东北	37	31	27	22	21	14	58	129	182	213	213	197	185	177	168	159	145	129	110	88	72	61	51	43
		东	43	36	31	26	24	16	63	145	218	274	295	280	248	228	211	194	174	153	130	104	86	72	61	51
		东南	39	33	28	24	21	16	38	86	139	189	220	227	213	197	185	172	156	138	118	94	77	65	55	46
		水平	135	116	99	85	73	62	68	106	170	253	337	412	474	518	540	534	496	434	362	297	252	216	185	158
		$J^0_{w\tau}$	28	24	20	17	15	12	18	31	44	60	74	86	95	102	107	107	103	94	81	64	52	44	38	32

表 49-90 广州市透过标准窗玻璃太阳辐射的冷负荷强度

遮阳类型	房间类型	朝向	下列计算时刻 J_τ 的逐时值/(W/m²)																							
			0	1	2	3	4	5	6	7	8	9	10	11	12	13	14	15	16	17	18	19	20	21	22	23
内遮阳 $J_{n\tau}$	轻	南	5	4	4	3	3	2	16	45	71	96	114	128	136	139	133	123	105	82	50	25	16	12	9	7
		西南	12	9	8	7	6	5	18	47	72	97	115	129	135	177	242	290	291	248	149	66	42	29	21	15
		西	18	14	12	10	8	7	20	49	74	99	116	130	135	197	314	420	456	421	269	112	68	47	33	24
		西北	16	13	10	8	7	6	19	48	73	98	116	129	135	161	240	331	378	367	242	98	59	41	28	21
		北	7	6	5	4	4	2	40	86	100	111	121	131	137	138	134	129	124	121	88	37	23	16	12	9
		东北	8	7	6	5	5	2	105	268	348	360	308	228	182	168	154	138	116	90	57	30	21	16	12	10
		东	9	8	7	6	6	3	110	295	405	445	399	295	207	181	164	145	121	94	59	32	23	17	13	11
		东南	7	6	5	5	4	3	53	159	239	282	275	227	177	162	150	135	113	88	55	29	20	15	11	9
		水平	32	27	24	21	18	17	40	140	283	442	571	665	716	726	690	607	470	316	178	106	78	59	47	38
		$J^0_{n\tau}$	5	4	4	3	3	2	16	45	71	96	114	127	134	136	132	123	105	82	50	25	16	12	9	7
	中	南	14	12	10	8	7	6	17	42	63	84	99	113	121	125	122	116	101	83	57	37	30	24	20	17
		西南	30	25	21	18	15	13	23	47	67	87	102	115	122	161	217	258	260	226	145	82	65	53	44	36
		西	46	38	32	27	22	19	28	51	71	91	105	117	123	179	281	371	401	374	248	127	99	82	67	55
		西北	39	33	27	23	19	16	26	49	69	89	104	116	122	147	218	295	335	327	222	109	85	70	57	47
		北	17	15	12	10	9	7	40	77	88	97	107	118	124	127	125	122	119	118	89	47	37	31	25	21
		东北	21	17	15	12	11	8	100	235	297	309	268	207	178	170	160	147	127	105	75	51	42	35	29	24
		东	23	19	17	14	12	9	105	260	347	381	345	265	202	188	175	159	137	113	81	57	47	39	32	27
		东南	19	16	13	11	10	8	52	142	206	243	238	202	165	158	150	139	121	99	70	48	39	32	27	22
		水平	68	58	49	42	36	32	49	131	249	383	494	580	632	653	633	574	468	346	231	170	139	115	96	80
		$J^0_{n\tau}$	14	12	10	8	7	6	17	42	63	84	99	112	119	123	121	115	101	83	57	36	29	24	20	17
	重	南	17	15	12	11	9	8	18	41	61	81	96	109	117	121	118	113	99	83	58	39	32	27	23	20
		西南	35	30	26	22	19	16	26	48	67	86	100	111	118	156	210	249	251	219	142	83	68	57	49	41
		西	53	45	39	33	28	24	33	54	72	90	104	115	120	174	272	357	386	361	242	128	102	87	73	62
		西北	45	39	33	29	24	21	30	51	70	88	102	113	119	143	210	284	323	315	216	110	88	74	63	53
		北	21	18	15	13	11	9	41	75	85	94	104	114	120	123	121	119	117	116	89	49	40	34	29	24

续表

遮阳类型	房间类型	朝向	下列计算时刻 J_τ 的逐时值/(W/m²)																							
			0	1	2	3	4	5	6	7	8	9	10	11	12	13	14	15	16	17	18	19	20	21	22	23
内遮阳 $J_{n\tau}$	重	东北	26	22	19	16	14	11	98	227	286	296	258	201	174	167	159	147	129	107	79	57	48	41	35	30
		东	29	24	21	18	16	12	103	251	333	366	332	256	197	185	174	159	139	116	87	63	53	45	39	33
		东南	23	20	17	15	13	11	52	138	199	233	228	194	161	155	148	138	121	101	73	52	44	37	32	27
		水平	84	72	61	53	45	39	55	133	246	372	476	556	606	626	609	555	456	343	238	183	156	134	114	98
		$J^0_{n\tau}$	17	14	12	11	9	8	18	41	61	81	96	108	114	119	118	112	99	82	58	39	32	27	23	20
无遮阳 $J_{w\tau}$	轻	南	9	7	6	5	5	4	11	33	57	81	101	117	127	132	131	125	111	92	66	40	26	19	14	11
		西南	22	18	16	14	13	11	18	40	63	87	105	121	129	163	218	264	273	244	165	88	57	42	33	26
		西	34	29	15	23	20	18	24	46	68	92	110	125	132	179	276	372	414	396	282	141	88	66	51	41
		西北	29	25	21	19	17	15	21	43	66	89	108	123	131	152	215	295	343	344	252	125	76	57	43	35
		北	12	10	8	7	7	5	30	68	85	97	109	121	130	134	133	130	127	124	101	54	33	25	18	14
		东北	18	15	14	12	12	7	78	214	295	317	286	223	183	171	161	149	132	110	81	53	39	30	24	20
		东	21	18	16	14	14	10	83	236	341	388	365	287	212	186	174	159	140	116	87	58	43	34	28	23
		东南	15	13	11	10	9	8	40	125	199	244	248	216	176	162	154	143	127	105	77	49	35	27	21	18
		水平	51	43	37	33	29	26	38	105	219	357	484	584	651	682	672	619	516	386	256	168	123	94	75	61
		$J^0_{w\tau}$	8	7	6	5	5	4	11	33	57	81	101	116	125	130	130	124	111	92	66	39	26	19	14	11
	中	南	22	19	16	13	11	10	14	28	44	62	78	92	103	111	114	113	106	94	77	58	47	39	32	27
		西南	46	39	33	29	25	22	24	38	53	70	85	98	107	130	168	206	226	220	180	129	100	81	66	55
		西	69	59	50	43	38	33	34	47	61	77	91	104	112	141	204	277	326	338	288	202	153	123	100	83
		西北	59	50	43	37	32	28	30	43	58	74	88	101	110	126	166	223	268	288	250	176	132	106	86	71
		北	28	23	20	17	15	12	25	52	68	80	90	101	109	115	118	118	117	116	103	76	59	49	40	33
		东北	36	31	27	23	21	16	54	141	210	247	248	220	193	180	169	158	144	126	104	82	68	57	49	41
		东	40	35	31	26	24	19	58	154	240	296	308	276	232	207	191	175	158	138	114	91	75	64	54	46
		东南	32	27	24	20	18	15	32	85	140	183	202	194	174	163	155	146	134	118	97	75	62	52	44	37
		水平	108	92	78	67	58	50	52	92	166	263	361	449	519	565	582	567	513	432	341	269	220	182	152	128
		$J^0_{w\tau}$	22	19	16	13	11	9	14	28	44	62	78	91	102	109	113	112	105	94	76	58	47	39	32	26
	重	南	27	23	20	17	15	12	15	28	42	58	72	85	96	104	108	108	103	93	78	62	51	43	37	31
		西南	58	49	41	34	29	24	25	36	49	63	77	89	98	118	151	186	207	209	181	142	117	98	82	69
		西	88	74	61	52	43	36	35	44	55	69	81	93	100	125	178	243	293	314	284	221	181	151	126	106
		西北	75	63	53	44	37	31	31	41	53	67	79	91	100	113	148	197	241	266	244	189	154	129	108	90
		北	33	28	24	21	18	14	25	47	62	75	86	96	104	110	113	114	113	112	102	79	65	55	46	39
		东北	38	32	27	23	20	15	45	118	181	223	234	220	203	192	181	168	153	135	112	90	74	63	53	45
		东	42	35	30	25	22	17	48	128	206	264	287	273	244	224	208	191	172	150	125	100	83	70	59	50
		东南	35	30	25	22	19	15	29	73	121	163	186	188	176	169	162	153	140	124	103	82	68	58	49	41
		水平	133	114	98	84	72	62	61	95	160	245	333	412	477	523	544	536	494	428	351	291	248	212	182	155
		$J^0_{w\tau}$	27	23	20	17	15	12	15	28	42	58	72	85	95	103	107	107	102	93	78	61	51	43	37	31

(2) 外窗只有内遮阳设施的辐射负荷

$$Q_\tau = F X_g X_d X_z J_{n\tau} \qquad (49\text{-}93)$$

式中　X_z——内遮阳系数，见表49-91。

$J_{n\tau}$——计算时刻下，透过有内遮阳设施窗玻璃太阳辐射的冷负荷强度，W/m²，见表49-87～表49-90。

表 49-91　玻璃窗内遮阳系数 X_z

遮阳设施及颜色		遮阳系数	遮阳设施及颜色		遮阳系数
布窗帘	白色	0.50	塑料活动百叶（叶片 45°）	白色	0.60
	浅色	0.60		浅色	0.68
	深色	0.65		灰色	0.75
半透明卷轴遮阳帘	浅色	0.30	铝活动百叶	灰白	0.60
不透明卷轴遮阳帘	白色	0.25	毛玻璃	次白	0.40
	深色	0.50	窗面涂白	白色	0.60

(3) 外窗只有外遮阳板的辐射负荷

$$Q_\tau=[F_1J_{w\tau}+(F-F_1)J_{w\tau}^0]X_gX_d \tag{49-94}$$

式中 F_1——窗口受到太阳照射时的直射面积，m^2；

$J_{w\tau}^0$——计算时刻下，透过无遮阳设施窗玻璃太阳散射辐射的冷负荷强度，W/m^2，见表 49-87～表 49-90。

(4) 外窗既有内遮阳设施又有外遮阳板的辐射负荷

$$Q_\tau=[F_1J_{n\tau}+(F-F_1)J_{n\tau}^0]X_gX_dX_z \tag{49-95}$$

式中 $J_{n\tau}^0$——计算时刻下，透过有内遮阳设施窗玻璃太阳散射辐射的冷负荷强度，W/m^2，见表 49-87～表 49-90。

3.3.4　新风带入的负荷

$$Q_w=G_w(h_w-h_n) \tag{49-96}$$

式中 Q_w——新风负荷，kW；

G_w——新风量，kg/s；

h_w——室外空气的焓，kJ/kg；

h_n——室内空气的焓，kJ/kg。

3.3.5　系统负荷

空调系统的负荷除了包括室内负荷外，还包括新风负荷以及由于通风机、风管、水泵、冷水管等温升所引起的附加冷负荷。

① 通过通风机后的温升，按表 49-92 选用。

表 49-92　通过通风机后的温升 Δt　单位：℃

通风机风压 /hPa	电动机在气流外 ($\eta=0.85$)		电动机在气流内 ($\eta=1$)	
	$\eta_1=0.5$	$\eta_1=0.6$	$\eta_1=0.5$	$\eta_1=0.6$
300	0.48	0.42	0.57	0.48
400	0.64	0.56	0.76	0.64
500	0.82	0.70	0.95	0.82
600	0.96	0.84	1.14	0.96
700	1.12	0.98	1.33	1.12
800	1.28	1.12	1.52	1.28

注：1. 若求空气通过通风机所增加的冷负荷比例时，可将表中所查得的 Δt 值除以送风温差（送风温度与被空气调节房间内空气温度的差值）。

2. 表中 Δt 值是电机效率为 0.8～0.9 时的数值。

3. η 表示电动机安放位置的修正系数；η_1 表示通风机效率，由通风机样本查取。

② 当风管内、外温差为 1℃，风管长度 10m 时，空气通过不保温的铁皮风管的温升或温降，由表 49-93查得。当风管保温层厚度 $\delta=0.05$m，传热系数 $K=1.163W/(m^2\cdot℃)$，风管内外空气温差为 10℃时，10m 长管道的温升见表 49-94，圆形风管和矩形风管修正系数见表 49-95。

③ 通过水泵后的温升及因此而引起的冷负荷附加率，见表 49-96 和表 49-97。

表 49-93　不保温的铁皮风管（$l=10$m，$\Delta t=1$℃）的温升或温降　单位：℃

管道内空气流速 /(m/s)	空气量/(m³/h)															
	500	1000	1500	2000	4000	6000	8000	10000	12500	15000	20000	22500	25000	30000	35000	40000
2.5	0.38	0.27	0.22	0.19	0.13	0.11	0.10	0.09	0.08	0.07	0.06	0.06	0.05	0.05	0.05	0.04
5.0	0.27	0.19	0.16	0.13	0.10	0.08	0.07	0.06	0.05	0.05	0.04	0.04	0.04	0.03	0.03	0.03
6.5	0.24	0.17	0.14	0.12	0.08	0.07	0.06	0.05	0.05	0.04	0.04	0.04	0.04	0.03	0.03	0.03
8.0	0.22	0.15	0.12	0.11	0.08	0.06	0.06	0.05	0.04	0.04	0.03	0.03	0.03	0.03	0.03	0.02
10.0	0.19	0.13	0.11	0.10	0.07	0.06	0.05	0.04	0.04	0.04	0.03	0.03	0.03	0.03	0.02	0.02
12.0	0.18	0.12	0.10	0.09	0.06	0.05	0.04	0.04	0.04	0.03	0.03	0.03	0.03	0.02	0.02	0.02

注：本表适用于高宽比为 1∶1 时的通风管道。当高宽比不同时，本表数值应乘以修正系数，见表 49-92。

表 49-94 保温方风管（$K=1.163$，$l=10$m，$\Delta t=10$℃）的温升 单位：℃

风速/(m/s)	空气量/(m³/h)															
	500	1000	1500	2000	4000	6000	8000	10000	12500	15000	20000	22500	25000	30000	35000	40000
2.5	0.65	0.46	0.38	0.33	0.23	0.19	0.17	0.15	0.13	0.12	0.11	0.10	0.09	0.09	0.08	0.07
5.0	0.46	0.33	0.27	0.23	0.17	0.13	0.11	0.11	0.09	0.09	0.07	0.07	0.07	0.06	0.05	0.05
6.5	0.41	0.29	0.23	0.21	0.15	0.12	0.10	0.09	0.08	0.07	0.07	0.06	0.06	0.05	0.05	0.05
8.0	0.37	0.26	0.21	0.19	0.13	0.11	0.09	0.08	0.07	0.07	0.06	0.05	0.05	0.05	0.05	0.04
10.0	0.33	0.23	0.19	0.17	0.11	0.09	0.08	0.07	0.06	0.06	0.05	0.05	0.05	0.04	0.04	0.04
12.0	0.30	0.21	0.17	0.15	0.11	0.09	0.07	0.07	0.06	0.05	0.05	0.05	0.04	0.04	0.03	0.03

表 49-95 圆形风管和矩形风管修正系数

风管高宽比	修正系数	风管高宽比	修正系数
圆风管	0.89	1∶5	1.35
1∶2	1.07	1∶6	1.43
1∶3	1.15	1∶7	1.50
1∶4	1.25		

表 49-96 水泵的温升 单位：℃

水泵效率 η_s	水泵扬程/mH₂O					
	10	15	20	25	30	35
0.5	0.05	0.07	0.09	0.12	0.14	0.16
0.6	0.04	0.06	0.08	0.10	0.11	0.13
0.7	0.03	0.05	0.07	0.08	0.10	0.12

注：$1mH_2O=9.80665$kPa。

表 49-97 $\eta_s=0.5$ 时由水泵引起的冷负荷附加率

单位：%

水泵扬程/mH₂O	进出空气处理室的水温差 Δt_n/℃				
	2	3	4	5	6
10	2.3	1.6	1.2	1.0	0.8
20	4.6	3.2	2.4	1.9	1.6
30	6.9	4.8	3.6	2.9	2.7

注：$1mH_2O=9.80665$kPa。

④ 由保温冷水管壁传入热量引起的温升，按表 49-98 概略估算。

表 49-98 每 100m 长保温冷水管道的温升

冷水管道保温层外径 d/mm	水的温升/℃
50	0.15
70～80	0.10
100	0.07
150	0.05
200 以上	0.03

应该注意，空气调节各房间的夏季冷负荷，应按其各项逐时冷负荷的综合最大值确定。

3.3.6 空调负荷的估算指标

空调负荷概算指标是指折算到建筑物中每平方米空调面积所需的制冷系统或供热系统的负荷值。以下是一些有关公共建筑的参考数据。

夏季空调制冷系统负荷的概算指标如下。

办公楼（全部） 95～115W/m²

超高层办公楼 105～145 W/m²

旅馆（全部） 70～95 W/m²

旅馆中的餐厅 290～350 W/m²

百货商店（全部） 210～240 W/m²

医院（全部） 105～130 W/m²

剧场（观众厅） 230～350 W/m²

将负荷概算指标乘以建筑物内的空调面积，即得制冷系统总负荷的估算值。

3.4 空调系统设计

空调系统通常分为集中式系统、半集中式系统与全分散式系统，也可按输送冷、热量的方法，分成全空气系统、空气-水系统和直接蒸发系统。

① 选择空气调节系统时，应根据建筑物的用途、规模、使用特点、负荷变化情况与参数要求、所在地区气象条件与能源状况等，通过技术经济比较确定。

② 对全年使用的集中式空气调节系统，应考虑各个季节经济工况运行的可能。

③ 对不允许采用循环风的空调系统，应尽量减少通风量，经技术经济比较合理时，可采用能量回收装置，回收排风中的能量。

④ 对放散有爆炸危险性物质的房间，符合下列情况时，空调系统可考虑部分循环空气：

a. 当工艺设备同时散到室内的危险物质数量较少，即使通风系统停止工作，室内有害物质浓度仍不能超过允许浓度时；

b. 当室内设有可靠的环境空气检测和调节系统，室内危险气体的浓度一旦超过安全浓度也能立即消除危险时。

⑤ 空调厂房内的局部排风点，在生产允许采用密闭罩时，可向密闭罩内送入室外清洁空气，以补偿排风。

⑥ 下列情况应采用直流式（全新风）空气调节系统：

a. 夏季空气调节系统的回风焓值高于室外空气焓值；

b. 系统服务的各空气调节区排风量大于按负荷计算出的送风量；

c. 室内散发有害物质，以及防火防爆等要求不允许空气循环使用；

d. 各空气调节区采用风机盘管或循环风空气处理机组，集中送新风的系统。

⑦ 下列情况之一的空气调节区，宜分别或独立设置空气调节风系统：

a. 使用时间不同的空气调节区；

b. 温湿度基数和允许波动范围不同的空气调节区；

c. 对空气的洁净要求不同的空气调节区；

d. 有消声要求和产生噪声的空气调节区；

e. 空气中含有易燃易爆物质的空气调节区；

f. 在同一时间内需分别进行供热和供冷的空气调节区。

3.4.1　全空气空调系统

全空气空调系统是最基本的集中式系统，一般由空气处理设备、空气输送设施（如通风机、风道系统）和送排风装置三大部分组成，见图 49-23，适用于舒适性或工艺性的各类空调工程。送入室内的空气可以全部是新鲜空气，即所谓直流系统；也可以利用部分新鲜空气与部分室内空气混合后送入室内，即混合系统。

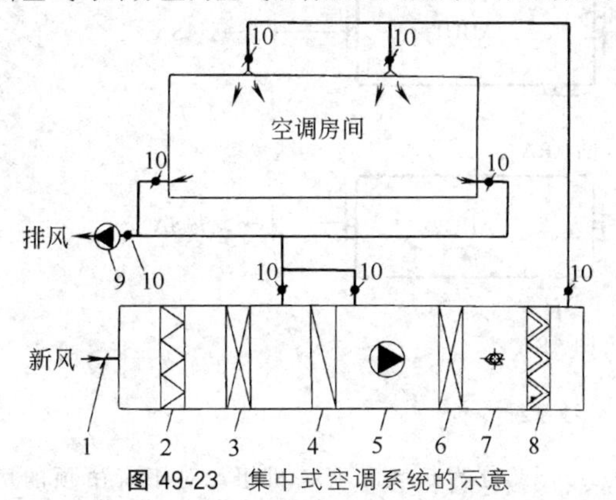

图 49-23　集中式空调系统的示意

1—新风量调节阀；2—初效过滤器；3—预加热器；4—表冷器；5—送风机；6—再加热器；7—加湿器；8—中效过滤器；9—排风机；10—风量调节器

直流系统的耗能量大，投资和运行费用高，但卫生效果最好，适用于散发大量有害物的车间。混合系统也称回风系统，这种系统既能满足卫生要求，又经济合理，故应用最广。回风系统有两种形式：一种是室内回风在处理前与新风混合，称一次回风系统；另一种是分别与经过处理设备前后的空气进行混合，称为一次、二次回风系统。

(1) 一次回风系统

如图 49-23 所示是一个典型的二次回风的空调系统示意。将其二次回风阀关闭，即成为一次回风系统。夏季的处理过程如下。

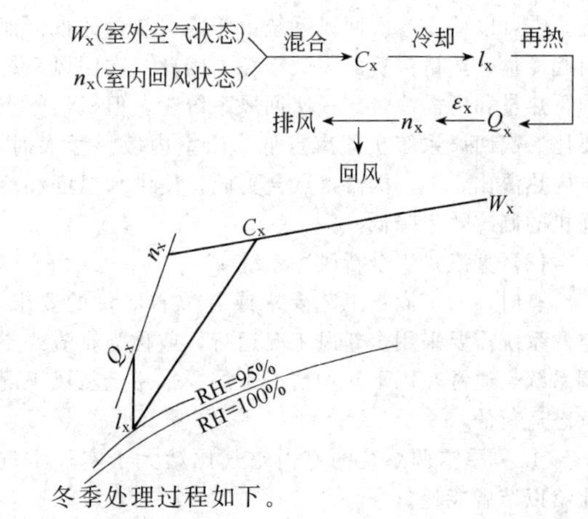

冬季处理过程如下。

W_d(室外空气状态) $\xrightarrow{预热}$ W_d'(预热后的室外空气状态)

n_d(室内回风状态)

混合 → C_d $\xrightarrow{加热}$ S_d $\xrightarrow{加湿}$ Q_d $\xrightarrow{\varepsilon_x}$ n_d → 排风

↓

回风

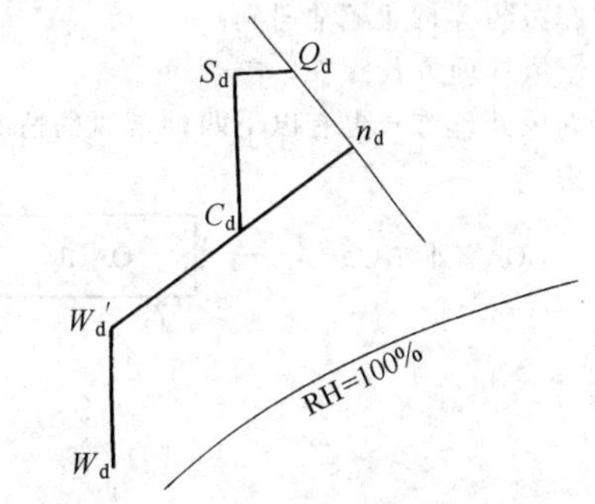

在严寒地区，由于室外温度过低，混合后的空气可能达到饱和而产生水雾或凝结水，此时，应将室外空气用预热器加热后再与回风混合，加热后的空气温度由计算确定，但不宜低于 5℃。一次回风系统夏季处理空气所需的冷量按式 (49-97) 计算。

$$Q_x = G(h_{cx} - h_{lx}) \tag{49-97}$$

式中　Q_x——处理室所需冷量，kW；

G——系统风量，kg/s；

h_{cx}——混合后空气的焓，kJ/kg；

h_{lx}——减湿冷却后空气的焓，kJ/kg。

冬季加热空气所需热量按式 (49-98) 计算。

$$Q_d = G[(h_{wd'} - h_{wd}) + (h_{sd} - h_{cd})] \tag{49-98}$$

式中　Q_d——加热空气所需热量，kW；

G——系统风量，kg/s；

$h_{wd'}$——预热后空气的焓，kJ/kg；

h_{wd}——室外空气的焓，kJ/kg；

h_{sd}——加热后空气的焓，kJ/kg；

h_{cd}——混合后空气的焓，kJ/kg。

(2) 二次回风系统

除了一次回风系统外，还有将另一部分回风与冷却处理后的空气进行混合的系统，称为二次回风系统。它可以减少一次回风系统由于冷、热量的抵消而引起冷量、热量浪费的无效损耗。因此二次回风系统的再热量和所需冷量比一次回风系统少，但机器露点要比一次回风系统机器露点低。当室内散湿量大时，室内热湿比ε小，机器露点会更低，使供水温度和冷冻机的制冷效率降低。

(3) 直流式（全新风）系统

有时，为了满足工艺要求或者节省能量的要求，空调系统需要采用全新风工况运行，或称为直流式空调系统，通常在以下几种情况是需要采用全新风工况状态运行的。

① 夏季空调系统的室内空气比焓大于室外空气比焓以节省能耗。

② 系统所服务的各空调区排风量大于按负荷计算出的送风量。

③ 室内散发有毒有害物质，以及防火防爆等要求不允许空气循环使用的场合，这在石油化工领域经常会遇到。

④ 卫生或工艺要求采用直流式（全新风）空调系统，这在医药等行业经常遇到。

(4) 新风处理方式

对于新风处理方式也有以下两种常风的情况供设备人员考虑。

① 新风独立处理方式（图 49-24） 这是最常用最简便的新风供给方式，在满足排风量与新风量的条件下可实现变新风比运行。

OA室外新风　AHU　送风SA

回风RA

图 49-24　新风独立处理系统

夏季的处理过程如下。

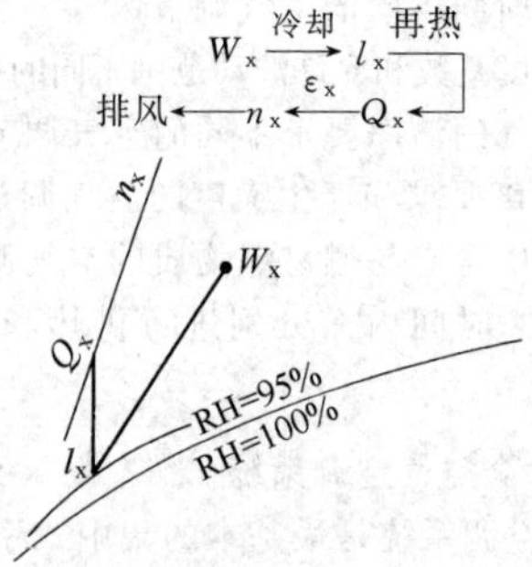

② 新风集中处理方式（图 49-25） 对于无直接对外新风百叶的场所常可采用这种新风集中处理方式，且由于集中新风系统负担了大部分新风负荷，使各系统空调箱负荷比较稳定。

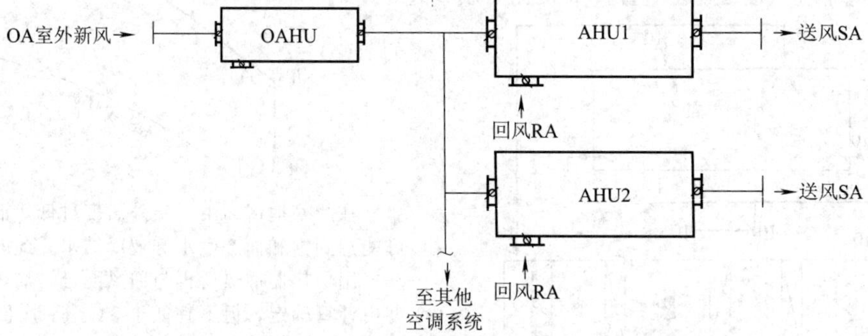

图 49-25　新风集中处理系统

3.4.2　风机盘管系统

风机盘管系统是一种半集中式空调系统，冷媒（热媒）通过管道送入设在空调房间内的风机盘管机组，就地与室内空气进行冷（热）量交换，达到空气调节的目的。此种系统，因其冷（热）量分别由空气和水带入空调房间，所以属于空气-水系统。

风机盘管系统适用于空调房间较多且各房间要求有单独控制调节的建筑，如旅馆、公寓和办公楼等高层多室的建筑物，同时也适用于小型多室住宅建筑，尤其是旧建筑物的改造，由于所占空间较少，不需要大拆大改，更显示了这种系统的灵活和优越性，但对于温度和湿度要求严格的建筑物，或房间空气中含有较多有害物质或异味时则不适用。

(1) 系统布置

风机盘管有卧式和立式两大类（图 49-26 及图 49-27），又分为暗装和明装机组。对于有吊顶的房间，一般可采用卧式暗装风机盘管，将盘管布置在吊顶空间内。这种布置方式既美观又不占用房间有效面

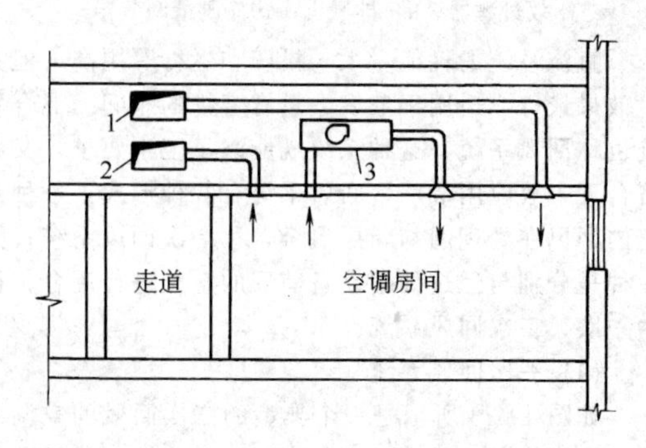

图 49-26　卧式风机盘管机组和独立新风系统
1—新风管；2—排风管；3—风机盘管

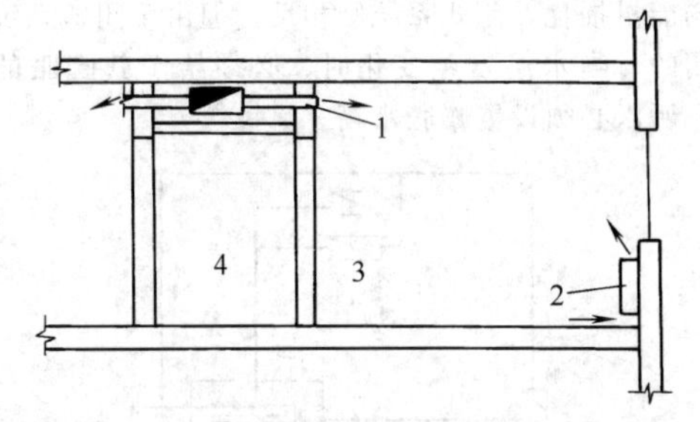

图 49-27　立式风机盘管机组和独立新风系统

1—新风口；2—风机盘管；3—房间；4—走廊

积，噪声小，目前被广泛应用。顶棚内无安装位置时，可采用立式机组，一般以布置在外墙窗下较好。这种布置方式多用于较大空间的空调，冬季和夏季室内温度均匀性较好，特别适用于以冬季采暖为主的场所。

(2) 新风供给方式

新风供给方式，大致分为以下三种。

① 通过门、窗缝隙自然渗入。

② 由墙洞引入新风直接进入机组。

③ 由独立的新风系统供给室内新风。这种方式可以保证室内有良好的卫生条件，使室内空气参数稳定，能保证足够的新风量，但投资较大。

(3) 水管系统

风机盘管系统的供水系统有双管制、三管制以及四管制三种方式。

① 双管制　系统只有供水和回水两根管道，冬季供热水、夏季供冷水都通过同一管路进行。其特点是系统简单、投资省。

② 三管制　系统每个风机盘管在全年内都能使用热水或冷水。由一根供冷水管、一根供热水管和一根公共的回水管组成。由于回水管是共用的，往往会造成冷热量的混合损失，在工程中很少采用。

③ 四管制　系统的冷水和热水分别有其供、回水管道。可以全年同时供冷和供热，满足不同房间的冷热要求，但投资较大，系统复杂，占用建筑空间也多。

选择水管系统时，要进行全面的综合比较。对于在工厂办公楼等空调工程中，一般可采用双管制。对于舒适要求很高的星级宾馆或大空间办公场所，可采用四管制。

(4) 风机盘管机组的选择计算

风机盘管机组的选择计算目的是在已知风量、进风参数和水初温、水流量的条件下，确定满足所需要的空气出口参数和冷量的机组。

风机盘管机组负担的冷量（包括全冷量与显冷量）与新风的供给方式有关。当新风不经处理直接通过渗漏或墙洞进入室内时，风机盘管机组的冷量应等于室内冷负荷及新风冷负荷之和。当有独立新风系统时，若新风经热湿处理后的焓等于室内空气的焓，则风机盘管机组提供的全冷量应等于室内全冷负荷，其显冷量应等于室内显冷负荷与新风提供的显冷量之差。

例 1　已知某房间夏季室内冷负荷 $Q=5.38\text{kW}$，湿负荷 $W=0.22\text{g/s}$，室内温度 $t_n=27℃$，相对湿度 $RH_n=60\%$。室外空气干球温度 $t_w=34℃$，相对湿度 $RH_w=65\%$，大气压力为 101325Pa。要求新风量 $G_w=0.08\text{kg/s}$。拟采用独立新风系统，将新风处理到其焓值等于室内空气的焓值，试确定风机盘管机组的型号、数量及主要运行参数。

解　由于送入室内新风的焓值等于 h_n，因此新风不负担室内全冷负荷。

室内热湿比：

$$\varepsilon=\frac{Q}{W}=\frac{5.38}{0.00022}=24500\ (\text{kJ/kg})$$

确定总风量，采用取大送风温差送风，则 ε 线与 RH＝95% 线交点 o，即为送风参数点（见例 1 附图）。

总送风量：

$$G=\frac{Q}{h_n-h_o}=\frac{5.38}{61.5-51.5}=0.538\ (\text{kg/s})$$

新风量：　　$G_w=0.08\ \text{kg/s}$

风机盘管风量：

$$G_f=G-G_w=0.538-0.08=0.458\ (\text{kg/s})$$

风机盘管机组出口空气的焓值 h_f：

$$h_f=\frac{Gh_o-G_wh_n}{G_f}=\frac{0.538\times51.5-0.08\times61.5}{0.458}=49.8\ (\text{kJ/kg})$$

由 h-x 图得：$t_f=18.2℃$，$RH_f=95\%$。

则风机盘管显冷量 Q_s：

$$\begin{aligned}Q_s&=GC_a(t_n-t_o)-G_wC_a(t_n-t'_k)\\&=0.538\times1.01\times(27-18.8)-0.08\times\\&\quad 1.01\times(27-22.1)=4.06(\text{kW})\end{aligned}$$

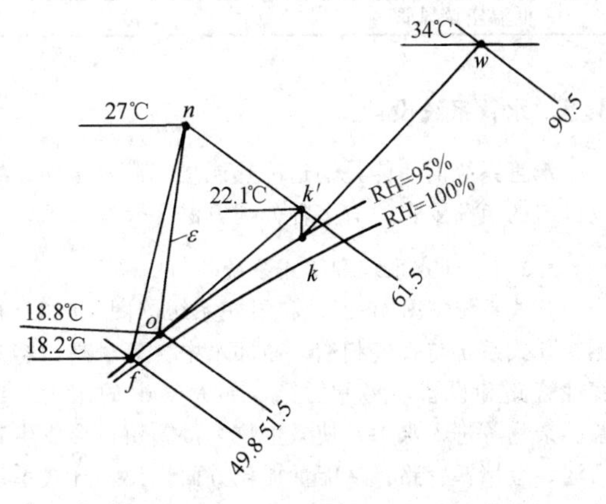

例 1 附图

选用42CM-003型机组，每台机组高挡风量为$0.142m^3/s$，在进水温度$t_{w1}=10℃$，水流量为0.1kg/s时，每台机组的全冷量为1.99kW，显冷量为1.57kW，水阻力为9kPa。共选用三台，高挡风量、全冷量、显冷均能满足要求。

3.4.3 空调系统风速、消声和保温

一般工业建筑的空调通风系统，其风管内的风速宜按表49-99确定。

表49-99 风管内的风速 单位：m/s

风管类别	钢板及非金属风管	砖及混凝土风道
干管	6～14	4～12
支管	2～8	2～6

供暖、通风和空气调节设备噪声源的声功率级，应依据产品资料的实测数值确定。

气流通过直风管、弯头、三通、变径管、阀门和送回风口等部件产生的再生噪声声功率级与噪声自然衰减量，应分别按各倍频带中心频率计算确定。

注：对于直风管，当风速小于5m/s时，可不计算气流再生噪声；风速大于8m/s时，可不计算噪声自然衰减量。

通风与空气调节系统产生的噪声，当自然衰减不能达到允许噪声标准时，应设置消声设备或采取其他消声措施。系统所需的消声量，应通过计算确定。

选择消声设备时，应根据系统所需消声量、噪声源频率特性和消声设备的声学性能及空气动力特性等因素，经技术经济比较确定。

消声设备的布置应考虑风管内气流对消声能力的影响。消声设备与机房隔墙间的风管应具有隔声能力。

管道穿过机房围护结构处四周的缝隙，应使用具备隔声能力的弹性材料填充密实。

空气调节风管绝热层的最小热阻应符合表49-100的规定。

表49-100 空气调节风管绝热层的最小热阻

风管类型	最小热阻/($m^2\cdot K/W$)
一般空调风管	0.74
低温空调风管	1.08

3.5 水管系统设计

水管系统的功能是输送冷热能量，满足末端装置或机组的负荷要求。有多种分类方法，介绍如下。

3.5.1 开式系统和闭式系统

开式系统（图49-28）和闭式系统（图49-29）相比，开式系统与大气相通，循环水中含氧量高，容易腐蚀管路和设备，易受污染，如大气中的灰尘、细菌、杂物等进入水中，使微生物大量繁殖，形成生物污泥，会堵塞管路；从能量损耗方面来说，开式系统的水泵压头比较高，另外水箱或水池等设备易造成无效的能量损耗，闭式系统则相反。但由于闭式系统是封闭的，当水温发生变化时，必须给予其膨胀的余地，所以必须设置膨胀水箱。

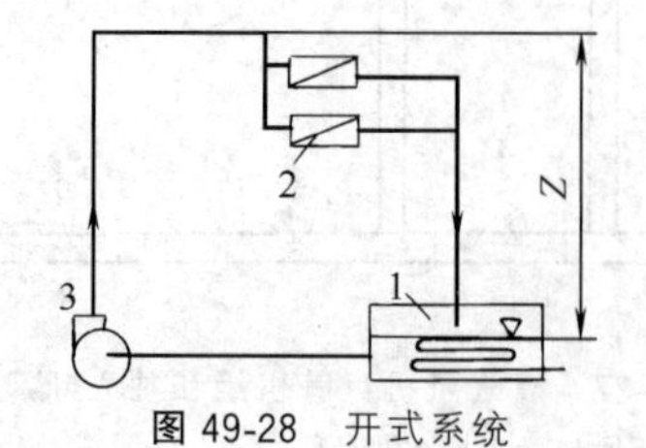

图49-28 开式系统

1—水池；2—空调设备或机组；3—水泵

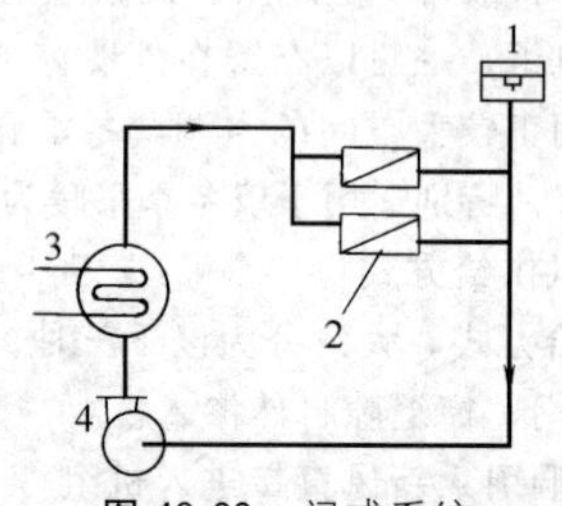

图49-29 闭式系统

1—膨胀水箱；2—空调设备或机组；3—蒸发器；4—水泵

3.5.2 定水量系统和变水量系统

从调节特征看，定水量系统的水量不变，是通过改变水温来适应房间负荷变化要求的；变水量系统是通过改变进入空调装置的水量来满足负荷变化要求的，供回水温度不变，随着水量的变化，输送能耗也随之变化。

在调节手段上，定水量系统负荷侧大部分采用三通阀调节，以维持系统流量不变；变水量系统一般采用双通调节阀调节（图49-30和图49-31）。

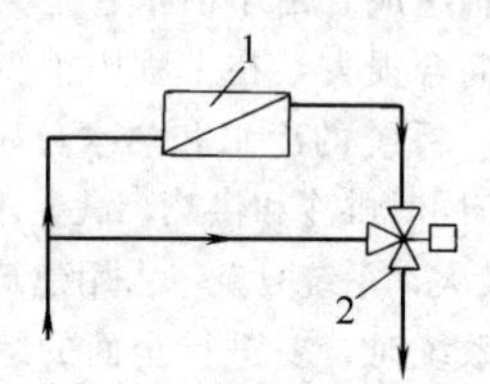

图49-30 用三通阀调节

1—空调设备或风机盘管机组；2—三通阀

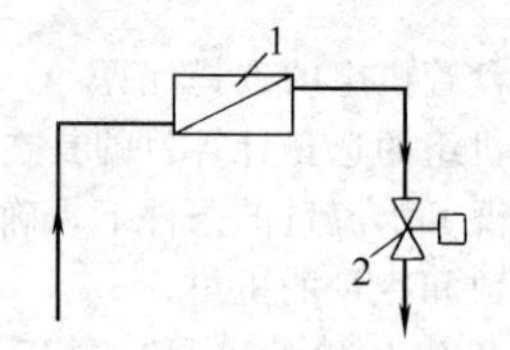

图49-31 用双通调节阀调节

1—空调设备或风机盘管机组；2—双通阀

3.5.3 单式水泵供水系统和复式水泵供水系统

从水泵的配置状况看，空调水系统有冷、热源侧（制冷机、热交换器）和负荷侧（空调设备）合用水

泵的单式环路及分别设置水泵的复式环路之分。前者称为单式水泵供水系统方式，适用于中小型建筑物和投资少的场合；后者称为复式水泵供水系统方式，适用于大型建筑物，对于各空调分区负荷变化规律不一和供水作用半径相差悬殊的场合尤其适合，它有利于提高调节品质和减少输送能耗。

如图 49-32 所示为单式水泵供水系统，如图 49-33 所示为复式水泵供水系统。为保持冷源（热源）侧水量的恒定，应在供回水干管间设置旁通管路，并应装设压差控制阀，当系统的压差增大而超过控制器设定值时，控制阀就被打开。使一部分系统中的水流经旁通管，降低了系统的压差。压差的减小将导致阀门关小，阀门关小又会使压差增加。压差控制器就是通过改变阀门的开度来维持系统的压差在允许的波动范围内的。

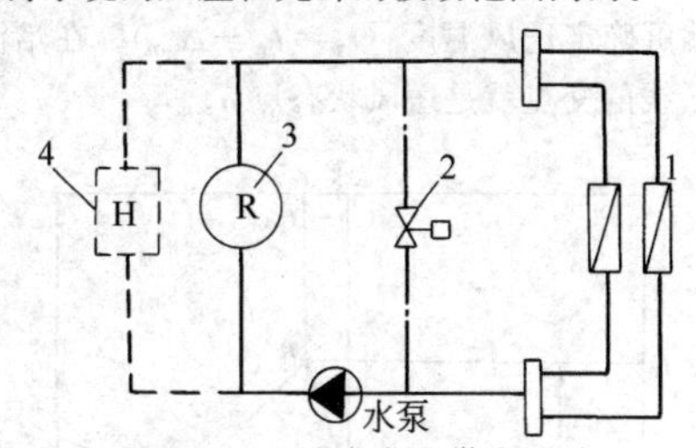

图 49-32　单式水泵供水系统

1—空调设备或风机盘管机组；2—旁通调节阀；3—冷源设备；4—热源设备

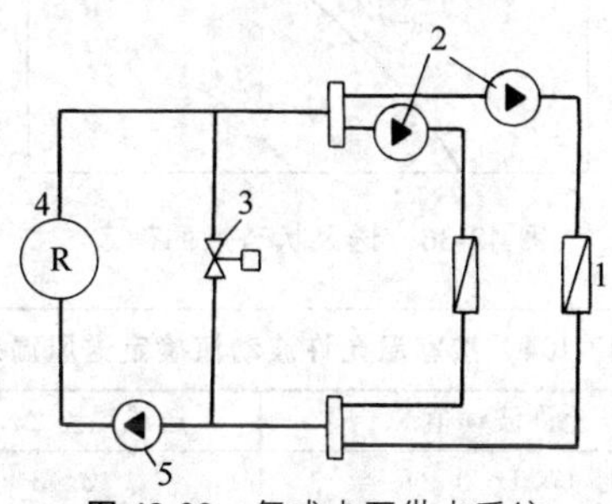

图 49-33　复式水泵供水系统

1—空调设备或风机盘管机组；2—二次泵；3—旁通调节阀；4—冷源设备；5—一次泵

3.5.4　同程式回水系统和异程式回水系统

同程式回水系统如图 49-34 所示。在各机组的水阻力大致相等时，由于各并联环路的管路总长度基本相等，所以系统的水力稳定性好、流量分配均衡，但管路较复杂，消耗材料较多。

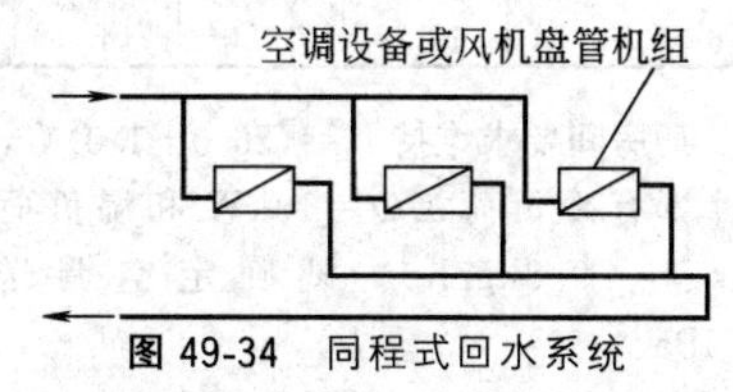

图 49-34　同程式回水系统

异程式回水系统（图 49-35）的管路配置简单，管材省，但由于各并联环路的管路总长度不相等，存在着各环路间阻力不平衡现象，导致了流量分配的不均匀。如果在水管设计时采取适当措施，使公共管路的阻力小一些；或者在各并联支管上安装流量调节装置，增大并联支管的阻力，则异程式回水系统也可以达到满意的效果。

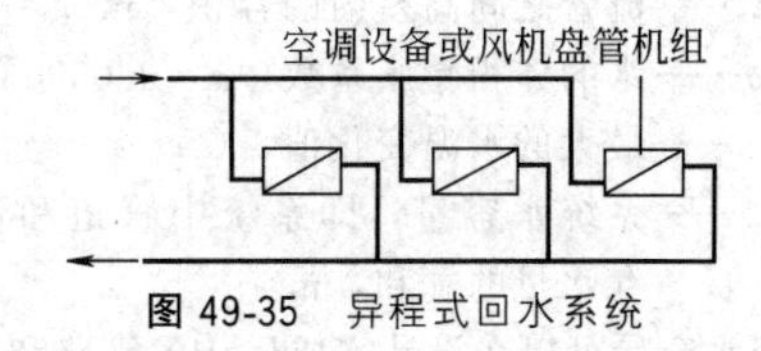

图 49-35　异程式回水系统

3.5.5　水管系统的设计计算

(1) 水力计算

水管系统的水力计算见本手册有关章节。压力管道允许流速按表 49-101 选用。

表 49-101　压力管道允许流速

管径 DN /mm	允许流速/(m/s)		
	水泵吸水管	水泵压水管	冷却水输水管
<250	1～1.2	1.5～2.0	0.7～1.2
≥250	1.2～1.6	2.0～2.5	1.0～1.3

(2) 管径计算公式

$$DN = 10^3\sqrt{\frac{4W}{3600\pi v}}\quad \text{mm} \tag{49-99}$$

式中　W——制冷水流量，m^3/h；

v——计算流速，m/s。

采用钢管作制冷水管时，管径可按表 49-102 选择。

表 49-102　水管管径选择

水量 W /(m^3/h)	水泵吸水管			水泵压水管		
	管径 DN /mm	流速 v /(m/s)	水头损失 i /(mmH_2O/m)	管径 DN /mm	流速 v /(m/s)	水头损失 i /(mmH_2O/m)
30	100	0.96	19.0	100	0.96	19.0
40	125	0.83	11.0	125	0.83	11.0
50	125	1.05	17.2	125	1.05	17.2
60	150	0.90	10.2	125	1.28	25.0
70	150	1.15	17.2	150	1.15	17.2
80	150	1.19	17.2	150	1.19	17.2
90	150	1.32	21.2	150	1.32	21.2
100	200	0.91	17.6	150	1.48	26.3
150	200	1.37	16.4	200	1.37	16.4
200	225	1.42	15.1	200	1.82	29.1
250	250	1.40	12.7	225	1.78	23.6
300	250	1.60	17.8	250	1.68	18.2
350	300	1.33	8.84	250	1.96	24.8
400	300	1.53	11.8	250	2.20	31.2
450	300	1.72	15.0	300	1.72	15.0
500	325	1.63	12.0	300	1.92	18.4
550	325	1.79	14.4	300	2.08	21.7
600	350	1.68	11.5	325	1.95	17.2

注：$1mmH_2O = 9.80665Pa$。

(3) 膨胀水箱

膨胀水箱的容积是由系统中水容量和最大的水温变化幅度决定的，可以用式 (49-100) 计算确定。

$$V_p=\alpha\Delta t v_g \quad m^3 \tag{49-100}$$

式中 V_p——膨胀水箱有效容积，即由信号管到溢流管之间高差内的容积，m^3；

α——水的体积膨胀系数，$\alpha=0.0006℃^{-1}$；

Δt——最大的水温变化值，℃；

v_g——系统水容量，即系统中管道和设备内存水量的总和，m^3。

系统水容量可以在设计完成后从各管路和设备逐个计算求得，也可参见表 49-103 来确定。

表 49-103　系统水容量　单位：L

系　统	供冷时	供暖时
全空气方式	0.40～0.55	1.25～2.00
与机组结合使用的方式	0.70～1.30	1.20～1.90

注：1. 与机组结合使用的方式是指诱导机组或风机盘管机组与全空气系统相结合的方式，表中供暖时的数值是指使用热水锅炉的情况，当使用热交换器时可以取供冷时的数值。

2. 表中数值以每平方米建筑面积计。

由计算得到的膨胀水箱有效容积，即可从采暖通风标准图集 T905（一）、（二）进行配管管径选择，选定规格型号。

空气调节冷热水管的绝热厚度，应按现行国家标准《设备及管道道保冷设计导则》(GB/T 15586) 的经济厚度和防表面结露厚度的方法计算，建筑物内空气调节冷热水管也可按 GB 50189 附录 C 的规定选用。

3.6 风量计算和气流组织

3.6.1 空调房间送风量计算

空调系统的送风量和新风量，必须根据不同生产工艺的特点，按照所要求的各项参数，通过计算决定。

当已知房间的热负荷 $\sum Q$，湿负荷 $\sum W$。若以 G 表示送风量，根据热湿平衡的原理，即可得出式 (49-101)～式 (49-103)。

$$G(h_n-h_o)=\sum Q \tag{49-101}$$

$$G(x_n-x_o)=\sum W \tag{49-102}$$

或

$$G=\frac{\sum Q}{h_n-h_o}=\frac{\sum W}{x_n-x_o} \tag{49-103}$$

式 (49-103) 又可写成

$$\frac{h_n-h_o}{x_n-x_o}=\frac{\sum Q}{\sum W} \tag{49-104}$$

如图 49-36 所示，通过室内空气状态点 n 和送风状态点 o 的直线，即为热湿比线 ε，其数值等于室内热、湿负荷的比值，即

$$\varepsilon=\frac{\sum Q}{\sum W} \tag{49-105}$$

可以按以下步骤确定送风状态点：首先在 h-x 图上定出室内空气状态点 n，然后通过 n 点作一条数值为 $\varepsilon=\frac{\sum Q}{\sum W}$ 的热湿比线（图 49-36）。

由图 49-36 可以看出，如果选择的送风点 o 远离点 n，则送风量就越小；反之送风量越大。对空调系统来说，风量越小越经济。但是 o 点与 n 点的距离是有限度的。o 点温度 t_o 太低，使送风量太小，有可能使室内温度和湿度分布不均匀。另外，t_o 过低（也就是送风温度过低），有时会使室内人员感到“吹冷风”而觉得不舒服。还有一点要注意的是，一般情况下 t 不能低于室内空气露点温度，否则在送风口上会有结露现象。根据实践经验按不同的使用对象规定的合适的送风温度差 ($\Delta t_o=t_n-t_o$)，见表 49-104 和表49-105。根据选定的送风温差就可确定送风温度 ($t_o=t_n-\Delta t_o$)。在焓湿图上 t_o 线与 ε 线的交点就是送风状态点 o。

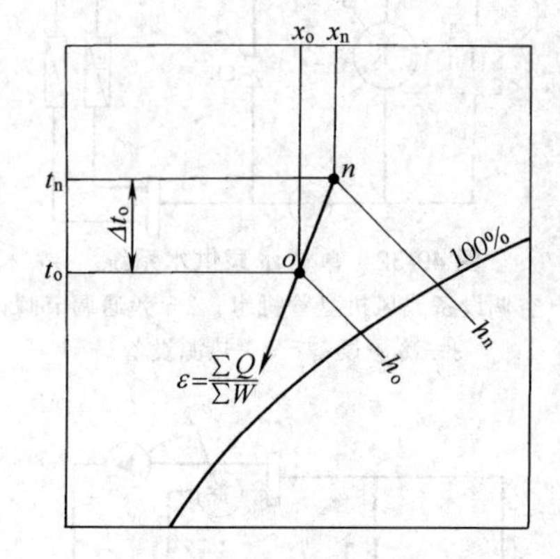

图 49-36　送风状态点的确定

表 49-104　按室温允许波动值确定送风温差

室温允许波动值/℃	送风温差 Δt_o/℃
±(0.1～0.2)	2～3
±0.5	3～6
±1.0	6～10
>±1.0	≤15

表 49-105　按送风口型式确定送风温差

送风口安装高度/m	散流器		普通侧送风口	
	圆形	方形	风量大	风量小
3	16.5	14.5	8.5	11.0
4	17.5	15.5	10.0	13.0
5	18.0	16.0	12.0	15.0
6	18.0	16.0	14.0	16.5

例 2　某房间要求维持 $t_n=(26.0\pm1.0)℃$，$RH_n=60\%$。经计算有冷负荷 $\sum Q=10kW$ 和湿负荷 $\sum W=0.00272\ kg/s\ (9.8kg/h)$。试确定空调送风量。$p=101325Pa$。

解　该房间的热湿比值是

$$\varepsilon=\frac{\sum Q}{\sum W}=\frac{10}{0.00272}=3670\ (kJ/kg)$$

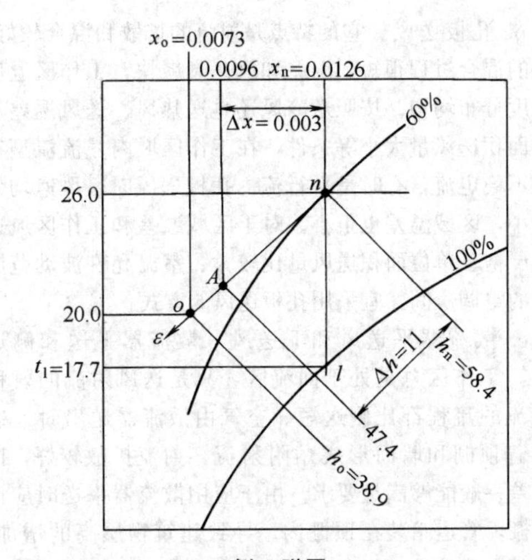

例 2 附图

在焓湿图上定出室内状态点 n，然后在右下角的半圆中找出数值为 3670kJ/kg 的热湿比线，并平移至通过 n 点的位置。也可以在 n 点用作图法直接绘出此线，方法如下。

任选一点，其 $x=x_n-\Delta x$，如果此点在热湿比线上，则此点的焓值 h 必能满足下式。

$$\frac{h_n-h}{x_n-x}=\frac{\Delta h}{\Delta x}=\varepsilon$$

$$\Delta h=\varepsilon\Delta x$$

现任意采用 $\Delta x=0.003$kg/kg 干，则

$$\Delta h=3670\times0.003=11.0\ (\text{kJ/kg 干})$$

该任意点的焓和湿量是

$$h=h_n-\Delta h=58.4-11=47.4\ (\text{kJ/kg 干})$$

$$x=x_n-\Delta x=0.0126-0.003=0.0096\ (\text{kg/kg 干})$$

按上述 h 和 x，在图上确定 A 点，连接 n 点和 A 点的直线即是热湿比线（例 2 附图）。参照表 49-104 选定送风温差为 $\Delta t_o=6.0$℃，则送风温度应是

$$t_o=t_n-\Delta t_o=26.0-6.0=20.0\ (℃)$$

在附图上找到等温线 $t_o=20.0$℃与热湿比线 ε 的交点，这就是送风点 o，该点的参数 $h_o=38.9$kJ/kg，$x_o=0.0073$kg/kg 干。这样，就可以计算送风量。

$$G=\frac{\sum Q}{h_n-h_o}=\frac{10}{58.4-38.9}=0.513\ (\text{kg/s})$$

或

$$G=\frac{\sum W}{x_n-x_o}=\frac{0.00272}{0.0126-0.0073}=0.513\ (\text{kg/s})$$

两种方法算得的风量是相等的，表明作图无误。

室内空气的露点温度从图上读得是 $t_1=17.7$℃。送风温度高于露点温度，满足要求。

空气调节区的换气次数，应符合下列规定：

① 舒适性空气调节每小时不宜小于 5 次，但高大空间的换气次数应按其冷负荷通过计算确定；

② 工艺性空气调节不宜小于表 49-106 所列的数值。

表 49-106　工艺性空气调节换气次数

室温允许波动范围/℃	每小时换气次数	附　注
±1.0	5	高大空间除外
±0.5	8	—
±(0.1～0.2)	12	工作时间不送风的除外

3.6.2　空调房间新风量计算

空气调节系统的新风量，应符合下列规定：

① 不小于人员所需新风量，以及补偿排风和保持室内正压所需风量两项中的较大值；

② 人员所需新风量应满足本章 3.1.1 小节中所述的要求。

从保持正压或负压的房间的门缝、窗缝和其他缝隙中渗漏的风量 L_x 可按式（49-106）计算。

$$L_x=al\Delta p^{\frac{1}{n}}\quad \text{m}^3/\text{h}\qquad(49\text{-}106)$$

式中　l——缝隙长度，m；

Δp——室内要求保持正压或负压值，mmH_2O，$1mmH_2O=9.80665Pa$；

n——常数，一般 n 值在 1～2 之间，对于没有进行过渗漏试验的窗，则可取 $n=1.5$；

a——随门、窗的型式不同而异，密封程度好的，$a=1$～3；一般的，$a=3$～8；不好的，$a=8$～40。

缝隙长度 l 的计算，均以门、窗等轮廓线的总长度为缝隙计算长度。

3.6.3　气流组织方式和适用范围

空调房间的气流流型主要取决于送风射流，送风口的型式及位置将直接影响送风射流，而回风口对于室内气流流型和区域温差的影响均较小。

① 空调房间气流组织的常用送风方式有 6 种，如图 49-37～图 49-42 所示。对于室温波动范围要求严格的空调大多采用前三种送风方式，其主要性能见表 49-107。

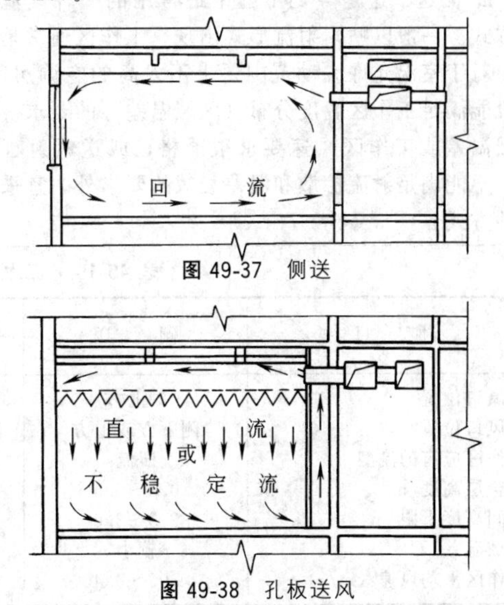

图 49-37　侧送

图 49-38　孔板送风

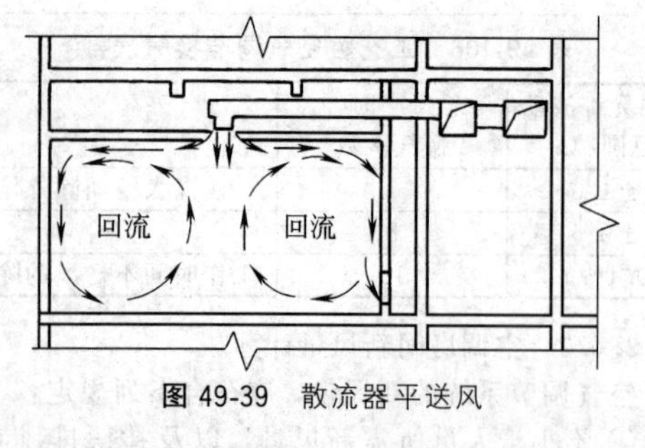

图 49-39　散流器平送风

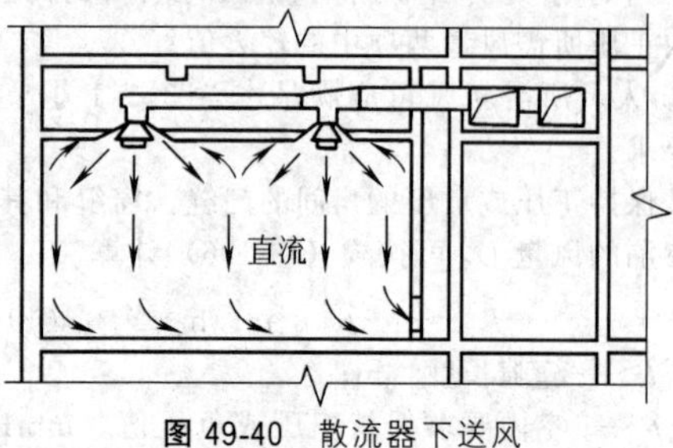

图 49-40　散流器下送风

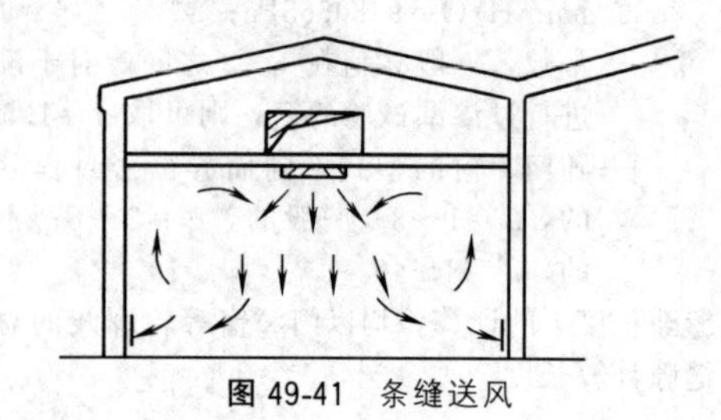

图 49-41　条缝送风

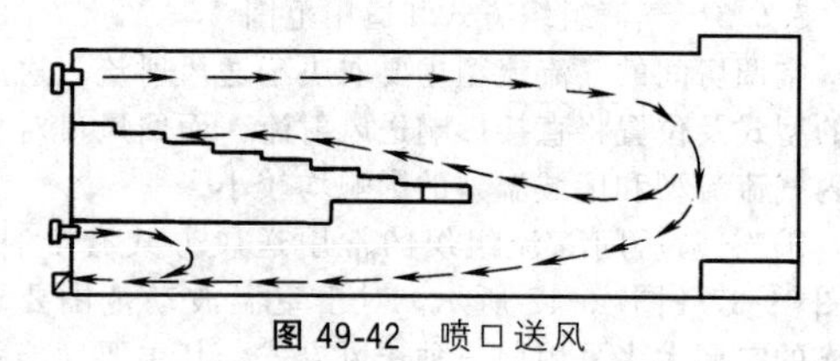

图 49-42　喷口送风

a. 侧送　这是空调工程中最常用的一种气流组织方式。一般以贴附射流形式出现，工作区通常是回流。对于室温允许波动范围要求不太高的空调房间，一般能满足工作区温度分布（区域温差）的要求。除区域温差或工作区风速要求很严格，或送风射程很短，不能满足射流扩散和温差衰减的要求外，宜采用这种方式。

b. 孔板送风　它的特点是射流的扩散和混合较好，射流的混合过程很短，温差和风速衰减快，工作区温度和速度分布均匀。按照送冷风还是送热风、送风温差和单位面积送风量大小等条件，在工作区域内气流流型有时是不稳定流，有时是平行流。孔板送风时，风速均匀而较小，区域温差也很小。对于区域温差和工作区风速要求严格、单位面积送风量比较大、室温允许波动范围较小的空调房间，宜采用孔板送风的方式。

c. 散流器平送风和下送风　散流器平送和侧送一样，工作区总是处于回流区，只是送风射流的射程和回流的流程都比侧送短。空气由散流器送出时，通常沿着顶棚和墙面形成贴附射流，射流扩散较好，区域温差一般能够满足要求。由于应用散流器平送时应设置顶棚，管道暗装在顶棚内，导致建筑物层高的增加。一般都在建筑上已经考虑设置或可以设置顶棚（或技术层）的一些空调工程中应用。对散流器下送的方式，当采用顶棚密集布置向下送风时，有可能形成平行流使工作区风速分布均匀。这可用于有洁净度要求的房间，其单位面积送风量一般都比较大。由于下送射流流程短，工作区内有较大的横向区域温差，又由于顶棚密集布置散流器，使管道布置较复杂，仅适用于少数工作区要求保持平行流和建筑层高较高的一些空调房间。

d. 喷口送风　这是大型建筑（如体育馆、礼堂、剧院、通用大厅）以及高大空间（如工业厂房、地铁车站）常用的一种送用方式。由高速喷口送出的射流带动室内空气进行强烈混合，使射流流量成倍地增加，射流截面积不断扩大，速度逐渐衰减，室内形成大的回旋气流，工作区一般是回流。这种送风方式具有射程远、送风系统简单、投资较省、一般能够满足工作区舒适条件的特点。它在高大空间空调中用得较多。

e. 条缝送风　条缝送风属于扁平射流，它与喷口送风相比，射程较短，温差和速度衰减较快。一些散热量大的、只要求降温的房间可采用这种送风方式。在我国的纺织厂，目前绝大部分采用条缝型均匀送风方式，在民用和公共建筑中，还可采用与灯具配合布置的条缝送风方式。

送风口的出口风速应根据送风方式、送风口类型、安装高度、室内允许风速和噪声标准等因素确定。消声要求较高时，宜采用2～5m/s，喷口送风可采用 4～10m/s。

表 49-107　三种主要气流组织方式的性能

项　目	侧　送	散流器送风		孔板送风
		平　送	下　送	
送风口位置	侧上方	顶棚	顶棚	顶棚
回风口位置	侧下方或上方	侧下方、下方或顶棚	侧下方或下方	侧下方或地板
工作区应有的流型	回流	回流	平行流	不稳定流或平行流
混合层高度/m	0.3～0.5	0.2～0.5	1.0～3.0	0.15～0.30
房间高度下限/m	2.5～3.0	2.5～3.0	3.0～4.0	2.2～2.5
区域温差/℃	较小	较小	较大	很小
工作区平均风速/(m/s)	0.05～0.40	0.05～0.40	0.02～0.20	0.02～0.10

② 回风口的布置方式，应符合下列要求。

a. 回风口不应设在射流区内和人员长时间停留的地点；采用侧送时，宜设在送风口的同侧下方。

b. 条件允许时，宜采用集中回风或走廊回风，但走廊的横断面风速不宜过大且应保持走廊与非空气调节区之间的密封性。

回风口的吸风速度，宜按表 49-108 选用。

表 49-108　回风口的吸风速度

回风口的位置		最大吸风速度/(m/s)
房间上部		≤4.0
房间下部	不靠近人经常停留的地点时	≤3.0
	靠近人经常停留的地点时	≤1.5

3.7　空气处理

在空调系统中，为满足空调房间送风的要求，必须对空气进行热、湿和净化处理后才能送入房间。空气处理途径和相应的处理设备有多种，本小节仅介绍应用较广的表面式换热器。

3.7.1　表面式换热器

常用的表面式换热器有空气加热器和表面冷却器。

空气加热器以热水或蒸汽为热媒。表面冷却器以冷水或冷剂为冷媒。本小节主要介绍以冷水为冷媒的表面冷却器。常用表面式换热器的型号和结构参数见表 49-109～表 49-112。

表 49-109　常用表面式换热器的型号和结构参数

型号及名称		JW 型表面冷却器	UⅡ型表面换热器	GL 型表面换热器	SXL-B 型表面换热器	KL-2 型表面冷却器	CR 型表面换热器
肋片特性	形式	光滑绕片	皱褶绕片	皱褶绕片	镶片	轧片	整体穿片
	材料	铝	紫铜	钢	铝	铝	铝
	平均片厚/mm	0.3	0.2	0.3	0.4	0.3	0.2
	片高/mm	8	10	10	16	9	
	片距/mm	3.0	3.2	3.2	2.32	2.5	3.2
管子特性	材料	钢	紫铜	钢	钢	铝	紫铜
	外径/mm	16	16	18	25	20	16
	内径/mm	12	14	14	19	16	15
	内截面积/cm²	1.13	1.54	1.54	2.83	2.01	1.77
每米肋管表面积/m²	总外表面积 F_w	0.453	0.55	0.64	1.825	0.775	
	内表面积 F_n	0.038	0.044	0.044	0.060	0.0503	0.047
肋化系数 F_w/F_n		11.9	12.3	14.56	30.4	15.4	
肋通系数 a		12.52	15.8	15.8	28.5	19.3	

注：1. 肋通系数 a＝每排肋管外表面积/迎风面积。

2. 管簇排列方式均为叉排。

3. 肋管总外表面积，即其每米管长的散热面积。

表 49-110　GLⅡ型空气换热器规格尺寸

表面管数	B/mm	通水管断面积/m²	表面管长/in	24	30	42	54	78
			A/mm	700	850	1150	1450	2050
6	318	0.00092	两排散热面积 F/m²	4.7	5.84	8.12		
			四排散热面积 F/m²	9.4	11.68	16.24		
			迎风面积 F_y/m²	0.157	0.196	0.273		
			通风净截面积/m²	0.083	0.104	0.145		
10	474	0.00154	两排散热面积 F/m²	7.82	9.72	13.56	17.42	25.08
			四排散热面积 F/m²	15.64	19.44	27.12	34.84	50.16
			迎风面积 F_y/m²	0.253	0.315	0.438	0.563	0.812
			通风净截面积/m²	0.134	0.167	0.233	0.298	0.430
15	669	0.00231	两排散热面积 F/m²	11.72	14.58	20.34	26.12	37.62
			四排散热面积 F/m²	23.44	29.16	40.68	56.24	75.24
			迎风面积 F_y/m²	0.372	0.463	0.645	0.828	1.192
			通风净截面积/m²	0.197	0.245	0.342	0.438	0.632
24	1020	0.00370	两排散热面积 F/m²	18.8	23.32	32.54	41.80	60.20
			四排散热面积 F/m²	37.6	46.64	65.08	83.60	120.40
			迎风面积 F_y/m²	0.585	0.729	1.016	1.307	1.881
			通风净截面积/m²	0.310	0.386	0.538	0.693	0.998

注：表面管数为 6、10 时，进出水管接头为 DN25mm；表面管数为 15、24 时，进出水管接头为 DN50mm。

表 49-111　UⅡ型空气换热器规格尺寸

表面管数	B /mm	通水管断面积 /m²	表面管长/in	24	30	42	54	78
			A/mm	700	850	1150	1450	2050
1	2	3	4	6	7	8	9	10
4	224	0.00062	每排散热面积 F_d/m²	1.5	1.88	2.63		
			迎风面积 F_y/m²	0.087	0.109	0.153		
			通风净截面积/m²	0.058	0.073	0.102		
8	366	0.00123	每排散热面积 F_d/m²	3	3.75	5.25		
			迎风面积 F_y/m²	0.174	0.217	0.303		
			通风净截面积/m²	0.104	0.13	0.182		
12	510	0.00185	每排散热面积 F_d/m²	4.5	5.63	7.875	10.125	14.625
			迎风面积 F_y/m²	0.26	0.325	0.455	0.585	0.845
			通风净截面积/m²	0.144	0.18	0.252	0.324	0.468
18	722	0.00277	每排散热面积 F_d/m²	6.75	8.44	11.815	15.19	21.94
			迎风面积 F_y/m²	0.39	0.488	0.684	0.88	1.272
			通风净截面积/m²	0.216	0.27	0.378	0.486	0.702
24	934	0.00370	每排散热面积 F_d/m²	9	11.25	15.75	20.25	24.25
			迎风面积 F_y/m²	0.52	0.65	0.91	1.17	1.69
			通风净截面积/m²	0.288	0.36	0.504	0.648	0.936

注：表面管数为4、8时，进出水管接头为 DN25mm；表面管数为12、18、24时，进出水管接头为 DN50mm。

表 49-112　SRZ型空气加热器技术数据

规　格	散热面积/m²	通风有效截面积 /m²	热媒流通截面 /m²	管排数	管根数	连接管径 DN/mm	质量/kg
5×5D	10.13	0.154	0.0043	3	23	32	54
5×5Z	8.78	0.155					48
5×5X	6.23	0.158					45
10×5D	19.92	0.302					93
10×5Z	17.26	0.306					84
10×5X	12.22	0.312					76
12×5D	24.86	0.378					113
6×6D	15.33	0.231	0.0055	3	29	32	77
6×6Z	13.29	0.234					69
6×6X	9.43	0.239					63
10×6D	25.13	0.381					115
10×6Z	21.77	0.385					103
10×6X	15.42	0.393	0.0055	3	23	32	93
12×6D	31.35	0.475					139
15×6D	37.73	0.572					164
15×6Z	32.67	0.579					146
15×6X	23.13	0.591					139
7×7D	20.31	0.320	0.0063	3	33	50	97
7×7Z	17.60	0.324					87
7×7X	12.48	0.329					79
10×7D	28.59	0.450					129
10×7Z	24.77	0.456					115
10×7X	17.55	0.464					104
12×7D	35.67	0.563					156
15×7D	42.93	0.678					183
15×7Z	37.18	0.685					164
15×7X	26.32	0.698					145
17×7D	49.90	0.788					210
17×7Z	43.21	0.797					187
17×7X	30.58	0.812					169
22×7D	62.75	0.991					260
15×10D	61.14	0.921	0.0089	3	47	32	255
15×10Z	52.95	0.932					227
15×10X	37.48	0.951					203
17×10D	71.06	1.072					293
17×10Z	61.54	1.085					260
17×10X	43.56	1.106					232
20×10D	81.27	1.226					331

3.7.2　表面式换热器的计算方法

(1) 空气加热器的热工计算方法

空气加热器的热工计算分为两种类型，即设计性计算和校核性计算，见表 49-113。

表 49-113　加热器的热工计算类型

计算类型	已知条件	计算内容
设计性计算	空气量 G 空气初、终温度 t_1、t_2 蒸汽参数 $p(t_q)$	加热器型号，台数，排数(加热面积 F)
	空气量 G 空气初、终温度 t_1、t_2 热水量 W	加热器型号，台数，排数(加热面积 F) 热水初温 t_{w1}，排水终温 t_{w2}
	空气量 G 空气初、终温度 t_1、t_2 热水初温 t_{w1}	加热器型号，台数，排数(加热面积 F) 热水终温 t_{w2} 热水量 W
校核性计算	空气量 G 空气初温 t_1 加热器型号，台数，排数(加热面积 F) 热水初温 t_{w1} 热水量 W	空气终温 t_2 热水终温 t_{w2}

设计性计算只要满足加热器供给的热量 Q' 等于加热空气需要的热量 Q，即

$$Q=Gc_p(t_2-t_1) \tag{49-107}$$

$$Q'=KF\Delta t_m \tag{49-108}$$

式中　t_1，t_2——空气的初终温度，℃；

Δt_m——传热温差，℃。

$$\Delta t_m=\frac{\Delta t_{max}-\Delta t_{min}}{\ln\dfrac{\Delta t_{max}}{\Delta t_{min}}}\ ℃ \tag{49-109}$$

式中　Δt_{max}——空气与冷（热）媒的大值温差，℃；

Δt_{min}——空气与冷（热）媒的小值温差，℃。

当 $\Delta t_{max}/\Delta t_{min}<2$ 时，可以采用

$$\Delta t_m=\frac{t_{w1}+t_{w2}}{2}-\frac{t_1+t_2}{2} \tag{49-110}$$

式中　t_{w1}，t_{w2}——冷（热）媒的进出口温度/℃。

对于以蒸汽为热媒时

$$\Delta t_m=t_q-\frac{t_1+t_2}{2}\quad ℃ \tag{49-111}$$

式中　t_q——蒸汽温度，℃。

饱和水蒸气压力与温度的关系见表 49-114。

校核性计算则还应满足加热器能达到的热交换效率系数 ε_1 应该等于空气处理过程需要的热交换效率系数 ε_1。此时 ε_1 的定义式应为

$$\varepsilon_1=\frac{t_2-t_1}{t_{w1}-t_1}=\frac{1-e^{-\beta(1-\gamma)}}{1-\gamma e^{-\beta(1-\gamma)}}=f(v_a,v_w) \tag{49-112}$$

$$\beta=\frac{KF}{Gc_p}\quad \gamma=\frac{Gc_p}{WC}$$

表 49-114　饱和水蒸气压力与温度的关系

压力/kPa	温度/℃
101.3	100
143	110
199	120
270	130
362	140
476	150
618	160
792	170
1003	180

(2) 表面冷却器的热工计算方法

同空气加热器一样，表面冷却器的热工计算也分为设计性和校核性计算，见表 49-115。

表 49-115　表面冷却器的热工计算类型

计算类型	已知条件	计算内容
设计性计算(1)	空气量 G 空气初状态 t_1，$t_{s1}(h_1\cdots)$ 空气终状态 t_2，$t_{s2}(h_2\cdots)$ 冷水量 W	冷却器型号，台数，排数(冷却面积 F) 冷水初温 t_{w1}，终温 t_{w2}
设计性计算(2)	空气量 G 空气初状态 t_1，$t_{s1}(h_1\cdots)$ 空气终状态 t_2，$t_{s2}(h_2\cdots)$ 冷水初温 t_{w1}	冷却器型号，台数，排数(冷却面积 F) 冷水终温 t_{w2} 冷水量 W
校核性计算	空气量 G 空气初状态 t_1，$t_{s1}(h_1\cdots)$ 冷却器型号，台数，排数(冷却面积 F) 冷水初温 t_{w1} 冷水量 W	空气终状态 t_2，$t_{s2}(h_2\cdots)$ 水终温 t_{w2}

无论是设计性计算还是校核性计算，均应满足以下要求。

① 表面冷却器能达到的 ε_1 应等于空气处理过程需要的 ε_1。

② 表面冷却器能达到的 ε_2 应等于空气处理过程需要的 ε_2。

③ 表面冷却器能吸收的热量应等于空气放出的热量，即

$$\varepsilon_1=\frac{t_1-t_2}{t_1-t_{w1}}=\frac{1-e^{-\beta(1-\gamma)}}{1-\gamma e^{-\beta(1-\gamma)}}=f(v_a,v_w,\zeta) \tag{49-113}$$

$$\varepsilon_2=1-\frac{t_2-t_{s2}}{t_1-t_{s1}}=1-e^{-\frac{a_wF}{Gc_p}}=f(v_aN) \tag{49-114}$$

$$Q=G(h_1-h_2)=Wc(t_{w2}-t_{w1}) \tag{49-115}$$

一般情况下，水冷式表面冷却器的冷水进口温度应比空气的出口干球温度至少低3.5℃，冷水温升在2.5～6.5℃为宜，管内水流速采用0.6～1.8m/s。

(3) 表面式换热器的安全系数

表面式换热器，无论是空气加热器或表面冷却器，在运行后内外表面结垢，将影响传热效果。所以为安全考虑，在选择表面式换热器时应考虑一定的安全系数。

空气加热器一般采用增加传热面积的方法，实际传热面积应为计算面积的1.1～1.2倍。

表面冷却器则采用降低一些计算进口水温的方法考虑安全系数。

3.8 空气调节系统的冷热源设计

3.8.1 空气调节系统的冷热源选用原则

① 空气调节系统的冷、热源宜采用集中设置的冷（热）水机组，机组或设备的选择应根据建筑规模和使用特征，结合当地能源结构及其价格政策、环保规定等按下列原则经综合论证后确定。

a. 具有城市、区域供热或工厂余热时，宜作为采暖或空调的热源。

b. 具有热电厂的地区，宜推广利用电厂余热的供热、供冷技术。

c. 具有充足的天然气供应的地区，宜推广应用分布式热电冷联供和燃气空气调节技术，实现电力和天然气的削峰填谷，提高能源的综合利用率。

d. 具有多种能源（热、电、燃气等）的地区，宜采用复合式能源供冷、供热技术。

e. 具有天然水资源或地热源可供利用时，宜采用水（地）源热泵供冷、供热技术。

f. 在执行分时电价、峰谷电价差较大的地区，空气调节系统采用低谷电价时段蓄冷（热）能明显节电及节省投资时，可采用蓄冷（热）系统供冷(热)。

② 除了符合下列情况之一外，不得采用电热锅炉、电热水器作为直接供暖和空气调节系统的热源：

a. 远离集中供热的分散独立建筑，无法利用其他方式提供热源时；

b. 无工业余热、区域热源及气源，采用燃油、燃煤设备受环保、消防严格限制时；

c. 在电力供应充足和执行峰谷电价格的地区，在夜间低谷电时段蓄热，在供电高峰和平段不使用时；

d. 不能采用热水或蒸汽供暖的重要电力用房；

e. 利用可再生能源发电，且发电量能满足电热供暖时。

③ 空气的蒸发冷却采用江水、湖水、地下水等天然冷源时，应符合下列要求：

a. 水质符合卫生要求；

b. 水的温度、硬度等符合使用要求；

c. 使用过后的回水予以再利用；

d. 地下水使用过后的回水全部回灌并不得造成污染。

另外，当空气调节系统采用制冷剂直接膨胀式空气冷却器时，不得用氨作制冷剂。

3.8.2 电动压缩式冷水机组

① 水冷电动压缩式冷水机组的机型，宜按表49-116内的制冷量范围，经过性能价格比评价后进行选择。

表49-116 水冷式冷水机组选型范围

单机名义工况制冷量/kW	冷水机组机型
≤116	往复式、涡旋式
116～700	往复式
	螺杆式
700～1054	螺杆式
1054～1758	螺杆式
	离心式
≥1758	离心式

注：名义工况指出水温度7℃，冷却水温度30℃。

② 水冷、风冷式冷水机组的选型，应采用名义工况制冷性能系数（COP）较高的产品。制冷性能系数（COP）应同时考虑满负荷与部分负荷因素。

③ 在有工艺用氨制冷的冷库和工业等建筑，其空气调节系统采用氨制冷机房提供冷源时，必须符合下列条件：

a. 应采用水/空气间接供冷方式，不得采用氨直接膨胀空气冷却器的送风系统；

b. 氨制冷机房及管路系统设计应符合国家现行标准《冷库设计规范》(GB 50072）的规定。

④ 采用氨冷水机组提供冷源时，应符合下列条件：

a. 氨制冷机房单独设置且远离建筑群；

b. 采用安全性、密封性能良好的整体式氨冷水机组；

c. 氨冷水机排氨口排气管，其出口应高于周围50m范围内最高建筑物屋脊5m；

d. 设置紧急泄氨装置，当发生事故时，能将机组氨液溶于水中（1kg氨液至少提供17L水），排至经有关部门批准的储罐或水池。

3.8.3　热泵

① 空气源热泵机组的选型，应符合下列要求。

a. 电动机驱动压缩机的蒸气压缩循环冷水（热泵）机组在额定制冷工况和规定条件下，性能系数（COP）不应低于表 49-117 的规定。

表 49-117　冷水（热泵）机组制冷性能系数

类　　型		额定制冷量/kW	性能系数/(W/W)
水冷	活塞式/涡旋式	＜528	3.8
		528～1163	4.0
		＞1163	4.2
	螺杆式	＜528	4.10
		528～1163	4.30
		＞1163	4.60
	离心式	＜528	4.40
		528～1163	4.70
		＞1163	5.10
风冷或蒸发冷却	活塞式/涡旋式	≤50	2.40
		＞50	2.60
	螺杆式	≤50	2.60
		＞50	2.80

b. 名义制冷量大于 7100W，采用电动机驱动压缩机的单元式空气调节机、风管送风式和屋顶式空气调节机组时，在名义制冷工况和规定条件下，其能效比（EER）不应低于表 49-118 的规定。

表 49-118　单元式机组能效比

类　　型		能效比/(W/W)
风冷式	不接风管	2.60
	接风管	2.30
水冷式	不接风管	3.00
	接风管	2.70

c. 具有先进可靠的融霜控制功能，融霜所需时间总和不应超过运行周期时间的 20%。

d. 应避免对周围建筑物产生噪声干扰，符合国家现行标准《城市区域环境噪声标准》（GB 3096）的要求。

e. 在冬季寒冷、潮湿的地区，需连续运行或对室内温度稳定性有要求的空气调节系统，应按当地平衡点温度确定辅助加热装置的容量。

② 空气源热泵冷热水机组冬季的制热量，应根据室外空气调节计算温度修正系数和融霜修正系数，按下式进行修正。

$$Q=qK_1K_2 \tag{49-116}$$

式中　Q——机组制热量，kW；

q——产品样本中的瞬时制热量（标准工况：室外空气干球温度 7℃、湿球温度 6℃），kW；

K_1——使用地区室外空气调节计算干球温度的修正系数，按产品样本选取；

K_2——机组融霜修正系数，每小时融霜一次取 0.9，每小时融霜两次取 0.8。

注：每小时融霜次数可按所选机组融霜控制方式、冬季室外计算温度和湿度选取或向生产厂家咨询。

③ 水源热泵机组采用地下水、地表水时，应符合以下原则。

a. 机组所需水源的总水量应按冷（热）负荷、水源温度、机组和板式换热器性能综合确定。

b. 水源供水应充足稳定，满足所选机组供冷、供热时对水温和水质的要求，当水源的水质不能满足要求时，应相应采取有效的过滤、沉淀、灭藻、阻垢、除垢和防腐等措施。

c. 采用集中设置的机组时，应根据水源水质条件确定水源直接进入机组换热或另设板式换热器间接换热；采用分散小型单元式机组时，应设板式换热器间接换热。

④ 水源热泵机组采用地下水为水源时，应采用闭式系统；对地下水应采取可靠的回灌措施，回灌水不得对地下水资源造成污染。

⑤ 采用地下埋管换热器和地表水盘管换热器的地源热泵时，其埋管和盘管的形式、规格与长度，应按冷（热）负荷、土地面积、土壤结构、土壤温度、水体温度的变化规律和机组性能等因素确定。

⑥ 采用水环热泵空气调节系统时，应符合下列规定。

a. 循环水水温宜控制在 15～35℃。

b. 循环水系统宜通过技术经济比较确定采用闭式冷却塔或开式冷却塔。使用开式冷却塔时，应设置中间换热器。

c. 辅助热源的供热量应根据冬季白天高峰和夜间低谷负荷时的建筑物的供暖负荷、系统可回收的内区余热等，经热平衡计算确定。

3.9　控制系统

石油化工领域空调系统控制主要是对室内的温度和湿度进行控制，可通过对空调系统冷源、热源和蒸汽量的调节来实现送风量、送风温度及送风含湿量的变化，从而达到室内温度和湿度的自动调节控制，如图 49-43 是典型的空调系统控制原理图。

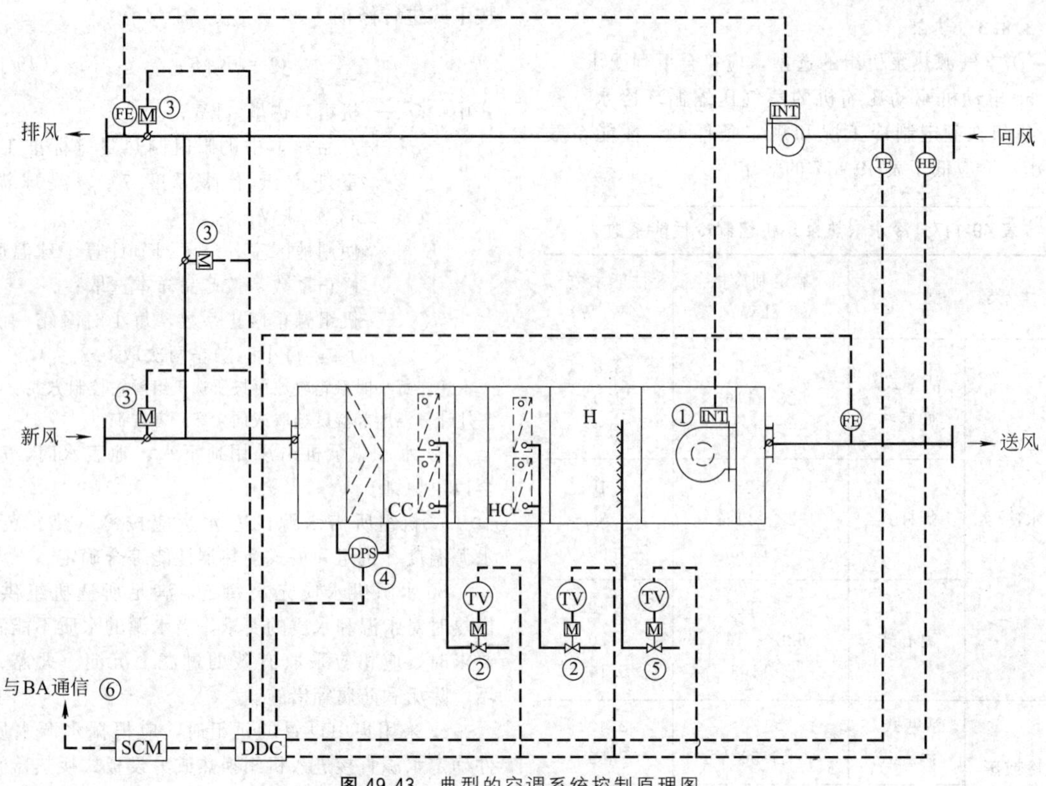

图 49-43 典型的空调系统控制原理图

通过该典型控制系统，可以实现：

① 系统的送风风量或回风风量的控制，通过变频器比例调节送、回风机的转速；

② 通过比例积分调节冷（热）水调节阀的开度以维持某一个设定的室内温度控制范围；

③ 根据新排风设定值与检测者偏差，按比例调节新风、回风、排风电动调节阀，实现最小新风量的控制，或实现变新风比控制，满足过渡季节的节能要求；

④ 过滤器压差报警；

⑤ 根据回风湿度双位调节加湿装置；

⑥ 与 BA 中央监控系统通信。

空调自动控制需要机、电密切配合，系统的成功运行与一套合理、可靠、安全、节能的控制系统密切相关，设计人员可根据具体的工程情况，灵活运用。

4 空气净化

4.1 一般原则

4.1.1 空气洁净度等级的确定

① 洁净室内有多种工序时，应根据各工序不同的要求，采用不同的空气洁净度等级。

② 医药工业药品生产有关工序的洁净级别和洁净区的划分，应参照《药品生产质量管理规范》（2010 年修订）中制剂和原料药工艺内容及环境区域划分而定。药品生产洁净室（区）的空气洁净度划分为四个等级，医药洁净室空气洁净度级别见表 49-119。

③ 在满足生产工艺要求的前提下，首先应采用低洁净等级的洁净室或局部空气净化；其次可采用局部工作区空气净化和低等级全室空气净化相结合或采用全面空气净化。

表 49-119 医药洁净室空气洁净度级别

洁净度级别	悬浮粒子最大允许数/(个/m³)				微生物监测的动态标准④			
	静态		动态③		浮游菌/(cfu/m³)	沉降菌⑤(φ90mm)/(cfu/4h)	表面微生物	
	≥0.5μm	≥5μm②	≥0.5μm	≥5μm			接触(φ55mm)/(cfu/碟)	5指手套/(cfu/手套)
A级①	3520	20	3520	20	<1	<1	<1	<1

续表

洁净度级别	悬浮粒子最大允许数/(个/m^3)				微生物监测的动态标准④			
	静态		动态③		浮游菌/(cfu/m^3)	沉降菌⑤(φ90mm)/(cfu/4h)	表面微生物	
	≥0.5μm	≥5μm②	≥0.5μm	≥5μm			接触(φ55mm)/(cfu/碟)	5指手套/(cfu/手套)
B级	3520	29	352000	2900	10	5	5	5
C级	352000	2900	3520000	29000	100	50	25	—
D级	3520000	29000	不作规定	不作规定	200	100	50	—

① 为确认A级洁净区的级别，每个采样点的采样量不得少于1m^3。A级洁净区空气悬浮粒子的级别为ISO 4.8，以≥5.0μm的悬浮粒子为限度标准。B级洁净区（静态）的空气悬浮粒子的级别为ISO 5，同时包括表中两种粒径的悬浮粒子。对于C级洁净区（静态和动态）而言，空气悬浮粒子的级别分别为ISO 7和ISO 8。对于D级洁净区（静态），空气悬浮粒子的级别为ISO 8。测试方法可参照《洁净室及相关受控环境　第1部分：空气洁净度分级》ISO 14644-1。

② 在确认级别时，应当使用采样管较短的便携式尘埃粒子计数器，避免≥5.0μm的悬浮粒子在远程采样系统的长采样管中沉降。在单向流系统中，应当采用等动力学的取样头。

③ 动态测试可在常规操作、培养基模拟灌装过程中进行，证明达到动态的洁净度级别，但培养基模拟灌装试验要求在“最差状况”下进行动态测试。

④ 各数值为平均值。

⑤ 单个沉降碟的暴露时间可以少于4h，同一位置可使用多个沉降碟连续进行监测并累积计数。

4.1.2　净化空气调节系统设置原则

凡属于下列情况之一者，净化空气调节系统宜分开设置。

① 净化空气调节系统与一般空气调节系统应分开设置。

② 无菌与非无菌生产区的净化空气调节系统应分开设置。

③ 含有可燃、易爆或有害物质的生产区，应独立设置。

④ 运行班次或使用时间不同时宜分开设置。

⑤ 对温度和湿度参数控制要求差别大时宜分开设置。

⑥ 系统风量较大时宜分开设置。

4.1.3　医药洁净室的温度和湿度设计参数

① 药品生产工艺及产品对温度和湿度有特殊要求时，应根据工艺要求确定。

② 药品生产工艺对温度和湿度无特殊要求时，空气洁净度A、B、C级的医药洁净室温度应为20～24℃，相对湿度应为45%～60%；空气洁净度D级的医药洁净室温度应为18～26℃，相对湿度应为45%～65%。

③ 人员净化及生活用室的温度，冬季应为16～20℃，夏季应为26～30℃。

④ 仓储区的温度、湿度和照明应符合下列规定。

需常温保存的环境，其温度范围为：10～30℃。

需阴凉保存的环境，其温度范围为：≤20℃。

需凉暗保存的环境，其温度范围为：≤20℃，并避免直射光照。

需低温保存的环境，其温度范围为：2～10℃。

储存环境的相对湿度宜保持在35%～75%。

储存物品有特殊要求时，按物品性质确定环境的温湿度参数。

4.1.4　洁净室内的噪声控制

洁净室内的噪声应控制在允许的范围内，以保证工作正常进行。洁净室内噪声允许值有如下取值。

① 当净化空调系统处于正常运行状态（包括局部净化设备），室内无生产设备、材料及人员时（空态），非单向流洁净室的噪声级不得超过60dB（A）。

② 当净化空调系统处于正常运行状态（包括局部净化设备），室内无生产设备、材料及人员时（空态），单向流、混合流洁净室的噪声级不得超过65dB（A）。

净化空调系统应尽量采取隔声、消声、隔振等措施，排风系统除事故排风外，均需采取降噪措施以保证系统的噪声达到允许值。

4.1.5　洁净室内的新鲜空气量

洁净室的新鲜空气量不应小于下列两项风量的最大值。

① 补偿室内排风和保持室内正压所需的新鲜空气量。

② 保证各房间每人每小时不小于40m^3的新鲜空气量。

4.2 洁净室设计的综合要求

按工艺流程布置合理、紧凑，避免人流和物流混杂的前提下，为提高净化效果，凡有空气洁净度要求的房间，宜按下列要求布局。

① 空气洁净度高的房间或区域，宜布置在人员最少到达的地方，并宜靠近空调机房。

② 不同洁净级别的房间或区域，宜按空气洁净度的高低由里向外布置。

③ 空气洁净度相同的房间或区域，宜相对集中。

④ 洁净室内要求空气洁净度高的工序，应布置在上风侧，易产生污染的工艺设备应布置在靠近回风口位置。

⑤ 不同空气洁净度房间之间相互联系，要有防止污染的措施，如气锁、缓冲间或传递窗（柜）。

⑥ 净化空气调节系统应合理利用回风。下列情况净化空气调节系统的空气不应循环使用。

a. 生产过程散发粉尘的洁净室（区），其室内空气如经处理仍不能避免交叉污染时。

b. 生产中使用有机溶煤，且因气体积聚可构成爆炸或火灾危险的工序。

c. 三类（含三类）以上病原体操作区。

d. 放射性药品生产区。

e. 生产过程中产生大量有害物质、异味大量热量或挥发性气体的生产工序。

⑦ 对面积较大、洁净度较高、位置集中及消声、振动控制要求严格的洁净室，宜采用集中式空气净化系统；反之，可用分散式空气净化系统。

⑧ 洁净室内产生粉尘和有毒气体的工艺设备，应设局部除尘和排风装置。

有防爆要求的除尘系统，应采用有泄爆和防静电装置的防爆除尘器。防爆除尘器应布置在排尘系统的负压段，并设在独立的机房内或室外。

⑨ 洁净室内排风系统应有防倒灌或过滤措施，以免室外空气流入。含有易燃、易爆物质局部排风系统应有防火、防爆措施。

对直接排放会超过国家排放标准的气体，排放时应有处理措施。对含有水蒸气和凝结性物质的排风系统，应设坡度及排放口。

⑩ 为了防止交叉污染，生产或分装青霉素等强致敏药物以及某些甾体药物、高活性有毒害药物的净化空调系统应与生产其他药物的净化空调系统完全分开，其排风口与其他生产药物的净化空调系统的新风口之间应相隔一定的距离。

⑪ 青霉素等特殊药品生产区的空气的排风均应经高效空气过滤器过滤后排放。二类危险度以上病原体操作区及生物安全室，应将排风系统的高效空气过滤器安装在洁净室（区）内的排风口处。将由这些药物或病原体引起的污染危险降低到最低限度，且对高效过滤器进行原位消毒和定期检漏。

4.3 洁净室正压控制

① 洁净室必须维持一定正压，不同等级的洁净室及洁净区与非洁净区之间的静压差，应不小于10Pa；洁净区与室外静压差，也不应小于10Pa。

② 洁净室维持不同的正压值所需的正压风量，宜按式（49-117）计算。

$$Q=a\sum(qL) \tag{49-117}$$

式中 a——修正系数，根据围护结构气密性的好坏，取值1.1～1.3；

q——围护结构单位长度缝隙的渗漏风量，$m^3/(h \cdot m)$，见表49-120；

L——围护结构的缝隙总长度，m。

表49-120 围护结构单位长度缝隙的渗漏风量

单位：$m^3/(h \cdot m)$

压差/Pa	门窗形式						
	非密闭门	密闭门	单层固定密闭木窗	单层固定密闭钢窗	单层开启式密闭钢窗	传递窗	壁板
5	17	4	1.0	0.7	3.5	2.0	0.3
10	24	6	1.5	1.0	4.5	3.0	0.6
15	30	8	2.0	1.3	6.0	4.0	0.8
20	36	9	2.5	1.5	7.0	5.0	1.0
25	40	10	2.8	1.7	8.0	5.5	1.2
30	44	11	3.0	1.9	8.5	6.0	1.4
35	48	12	3.5	2.1	9.0	7.0	1.5
40	52	13	3.8	2.3	10.0	7.5	1.7
45	55	15	4.0	2.5	10.5	8.0	1.9
50	60	16	4.4	2.6	11.5	9.0	2.0

当多间洁净室的各间门窗数量、形式和围护结构的严密程度基本相同时，可采用换气次数法，见表49-121。

表49-121 保持室内正压所需的换气次数

单位：次/h

室内正压值/Pa	无外窗的房间	有外窗，密封性较好的房间	有外窗，密封性稍差的房间
5	0.6	0.7	0.9
10	1.0	1.2	1.5
15	1.5	1.8	2.2
20	2.1	2.5	3.0
25	2.5	3.0	3.6
30	2.7	3.3	4.0
35	3.0	3.8	4.5
40	3.2	4.2	5.0
45	3.4	4.7	5.7
50	3.6	5.3	6.5

③ 洁净室的正压控制应通过控制送风量大于回风量及排风量之和的办法来保持，控制方式可参见表49-122。

表 49-122　正压控制方式和特点

控制名称	控制方法	特点
定风量变频调节装置	在系统中安装定风量变频调节装置，使系统在运行中，风量不因过滤器阻力增加而改变	送、回风量易调节，运行可靠，节能
变风量变频调节装置	在系统中安装变风量调节装置，使系统送风量能满足工艺排风变化的要求，以及主动性调节系统送、回、排风量的变化需求，来维持房间压力值	送、回、排风量可调节，能进行各种运行模式切换，节能效果明显
差压式电动风量控制系统	由差压变送器发出差压信号，通过压力调节器控制回风及新风管道上的电动风阀，调节回风量维持室内正压，也可控制风机入口风阀或变速电动机调节送回风量	灵敏度高，可靠性强，但设备比较复杂，成本高
机械余压阀	净化空气调节系统运行时，送入洁净室内维持正压多余的风量，靠室内外的压差通过余压阀排出	结构简单、安装方便，但长期使用关闭不严，清洁不易
调压过滤器	用泡沫塑料、化纤无纺布作阻尼层的调压过滤器装在回风口上，排至走廊或洁净度较低的邻室，维持室内正压	方法简单、经济，多用于走廊回风的洁净室，但调压过滤器随时间的推移，阻力增大，需定期调正，因此可靠性差

④ 为了维持洁净室的正压值，送风机、回风机和排风机应联锁。联锁程序如下：系统开启，应先启动送风机，再启动回风机和排风机；系统关闭，应先关闭排风机，再关闭回风机和送风机。

⑤ 非连续运行的洁净室，为了保证室内的洁净度，可根据生产工艺要求设置净化空调系统的值班风机。

⑥ 易产生粉尘的生产区域，如青霉素等强致敏药物、某些甾体药物以及高活性有毒害药物的精制、干燥和分装等生产区域，应与相邻的同洁净级别的区域保持相对负压。

⑦ 对在生产过程中产生有毒有害物质，或有防爆要求的生产区域，应与相邻的同洁净级别的区域保持相对负压。

4.4 气流组织和送风量

① 气流组织设计的原则如下。

a. 工作区的气流速度应满足洁净度和人体健康要求，并尽量使工作区气流流向单一，以利排走空气中尘粒。

b. 送风口应靠近洁净室内洁净度要求高的工序。

c. 回风口应匀布在洁净室下部，气流流向回风口时，应使尘埃能有效地被带走，不致形成尘埃的二次飞扬。

d. 余压阀宜设在洁净室气流的下风侧，易产生污染的工艺设备附近应有回风口。

② 非单向流洁净室内设置洁净工作台时，其位置应远离回风口。

③ 洁净室内有局部排风装置时，其工作区应设在工作区气流下风侧。

④ 洁净室的气流组织，可参照表 49-123 选用。

⑤ 非单向流（乱流）洁净室的送风量，应取下列规定的最大值。

a. 控制室内空气洁净度所需要的送风量。

b. 按洁净度对应的恢复时间所需的送风量。

c. 根据热、湿负荷计算和稀释有害气体所需的送风量。

d. 按空气平衡所需要的送风量。

⑥ 当生产工艺仅要求在洁净室内局部工作区达到更高的空气洁净度时，其气流组织设计应使洁净气流首先流经该工作区，或在洁净室的不同区域形成不同气流流型和空气洁净度等级的洁净工作区，其型式可分别按图 49-44 和图 49-45 选用。

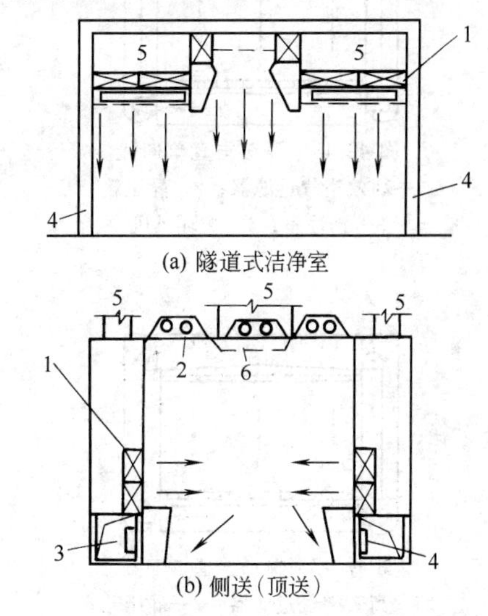

图 49-44　局部工作区空气净化型式

1—高效空气过滤器；2—照明灯具；3,4—回风管；5—送风管；6—扩散孔板

⑦ 垂直单向流洁净室的设计，宜采用以下布置形式。

表 49-123　医药洁净室气流的送、回风方式

医药洁净室空气洁净度级别	气流流型	送、回风方式
A级	单向流	水平、垂直
B级	非单向流	顶送下侧回、上侧送下侧回①
C级	非单向流	顶送下侧回、上侧送下侧回①
D级	非单向流	顶送下侧回、上侧送下侧回、顶送顶回

① 仅适用于在高大房间顶送下侧回不能满足送风要求时。

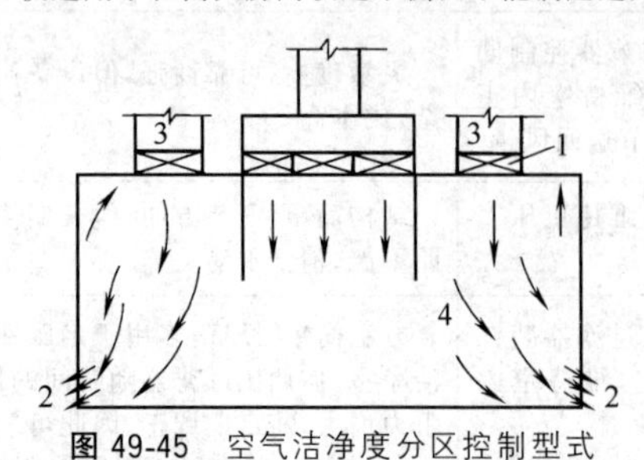

图 49-45　空气洁净度分区控制型式

1—高效空气过滤器；2—回风口；3—送风管；4—挡板

a. 顶棚满布高效空气过滤器顶送（图 49-46），可获得均匀的向下气流，工艺设备可布置在任意位置，自净能力强。

b. 顶棚阻尼层顶送，侧布高效空气过滤器（图 49-47），其顶棚结构较满布型简单，也获得均匀的向下气流，阻尼层按静压分布设置，工艺设备可布置在任意位置，自净能力强。

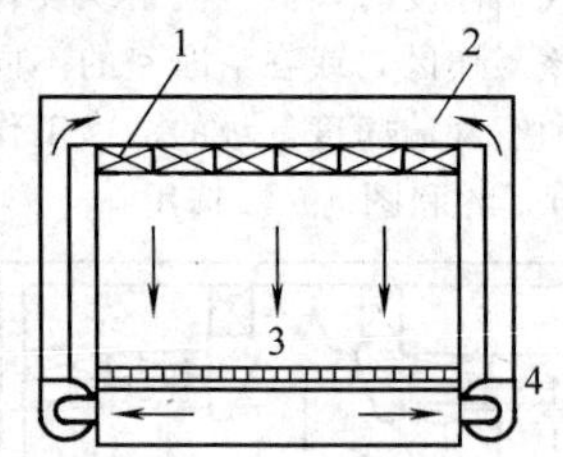

图 49-46　满布垂直单向流

1—高效空气过滤器；2—静压箱；3—洁净室；4—循环风机

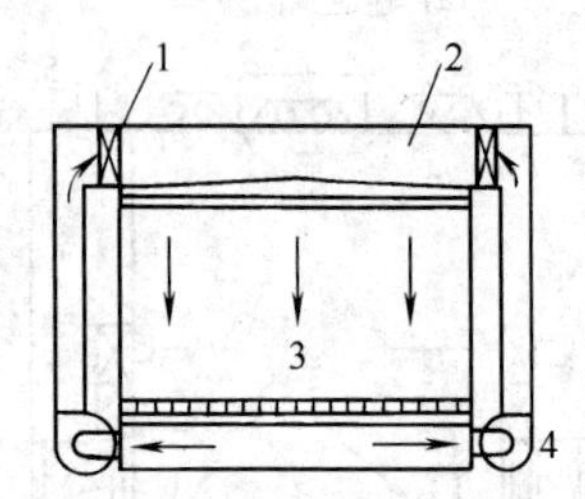

图 49-47　侧布垂直单向流

1—高效空气过滤器；2—静压箱；3—洁净室；4—循环风机

全孔板顶送，阻尼层改作孔板。顶棚结构简单，可获得均匀的气流。净化空气调节系统非连续运行工况时，静压箱内易积尘，对洁净度有影响。

⑧ 水平单向流洁净室的设计，宜采用以下两种形式。

a. 送风墙满布高效空气过滤器水平送风，见图 49-48，在第一工作区可达到A级洁净度，当空气向另一侧流动过程中含尘浓度逐渐增高，适用于工艺过程有多种洁净度要求的洁净室。

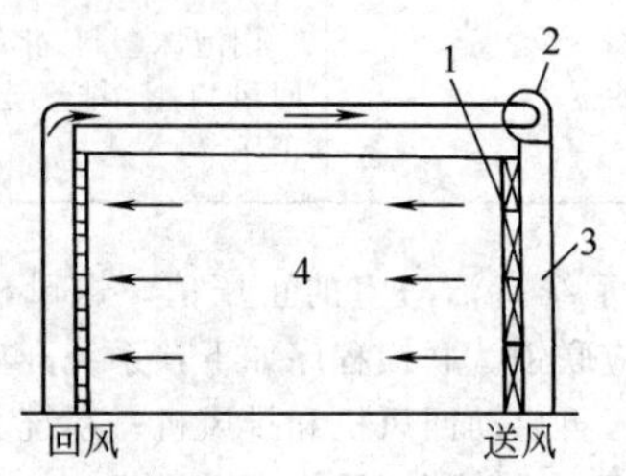

图 49-48　水平单向流

1—高效空气过滤器；2—循环风机；3—静压箱；4—洁净室

b. 送风墙局部布置高效空气过滤器水平送风，除有上述特点外，在层流空气区域外局部地区有涡流。

⑨ 非单向流（乱流）洁净室的设计，宜采用以下四种形式。

a. 满布或局布孔板顶送（图 49-49）　工作区风速小，气流分布均匀，可获得较高的洁净度，在非连续运行工况下静压箱内易积尘，需要技术夹层。

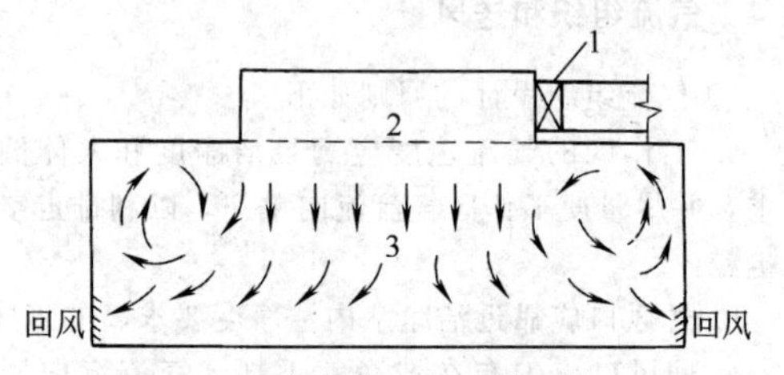

图 49-49　满布或局布顶送双侧下回

1—高效空气过滤器；2—静压箱；3—洁净室

b. 密集流线型散流器顶送（图 49-50）　其特点与孔板顶送相仿，因混合层较高，宜用于4m以上的高大洁净室。

c. 侧送（图 49-51）　管道易于布置，造价低，对旧建筑改造有利。工作区风速较大，工作区下风侧比上风侧的含尘浓度高。

d. 高效空气过滤器风口顶送（图 49-52 和图 49-53）　系统较简单，高效空气过滤器后无管道，洁

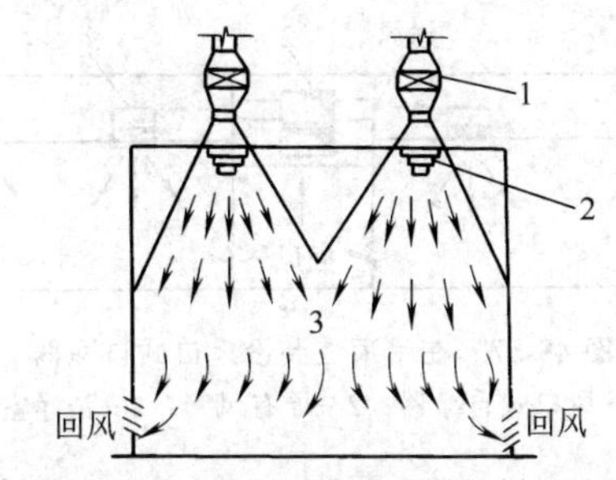

图 49-50　密集散流器顶送双侧下回

1—高效空气过滤器；2—扩散器；3—洁净室

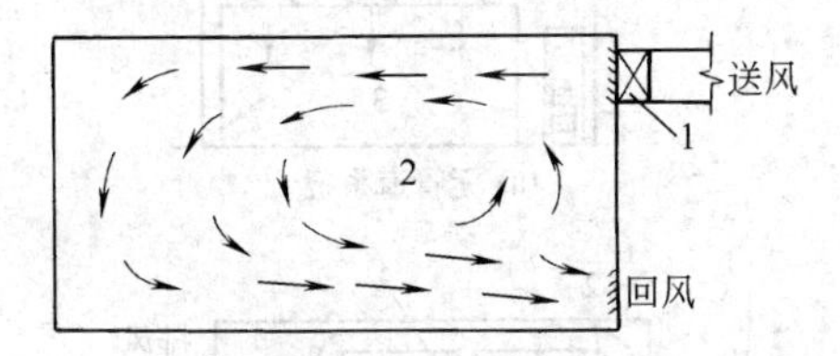

图 49-51　侧送同侧回

1—高效空气过滤器；2—洁净室

净气流直接送至工作区，洁净气流扩散缓慢，工作区气流不均匀，但均匀地布置多个风口或采用带扩散板风口，也可使工作区气流较均匀，在非连续运行情况下，扩散板易积尘，也需要技术夹层。

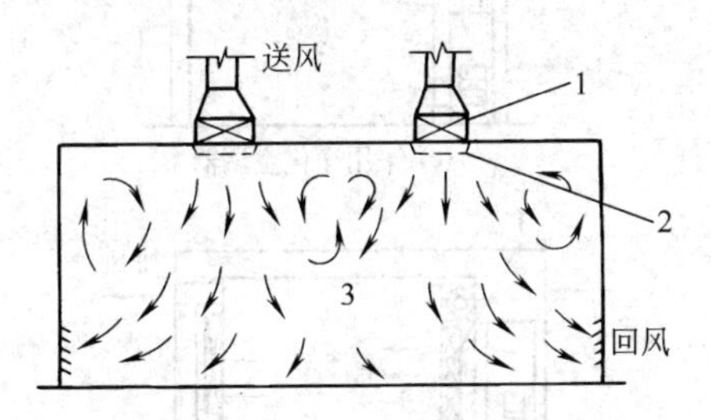

图 49-52　带扩散板顶送

1—高效空气过滤器；2—扩散器；3—洁净室

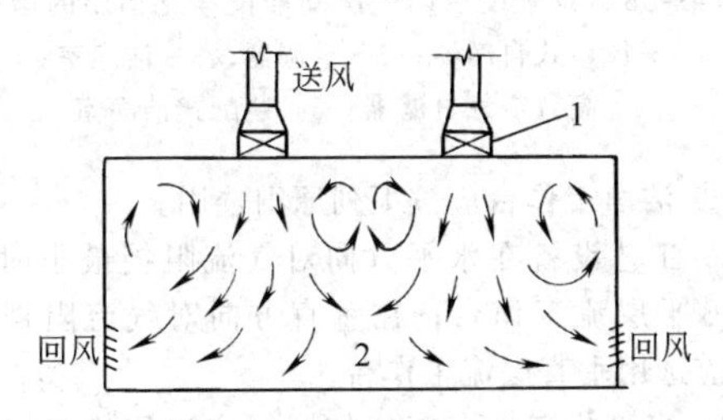

图 49-53　无扩散板顶送

1—高效空气过滤器；2—洁净室

⑩ 当工艺仅要求局部区域达到高洁净度时，设计应结合工艺特点，将送风口布置在局部工作区的顶部或侧部，使洁净气流首先流经并笼罩工作区，以达到局部区域的高洁净度（图 49-54）。在洁净室内不同区域采取不同的气流流型，也可达到不同等级的洁净度（图 49-55）。

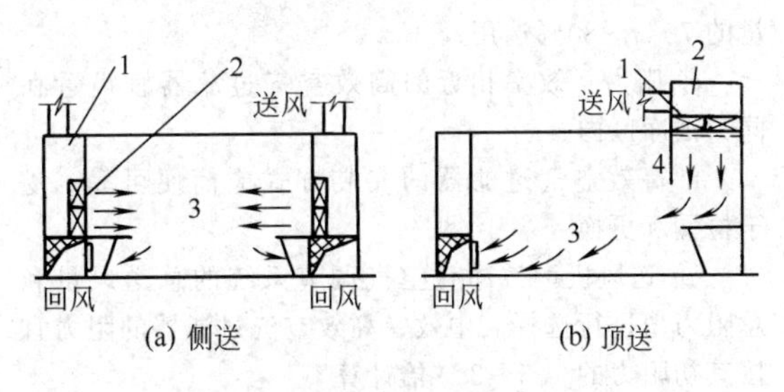

图 49-54　局部区域空气净化方式

1—静压箱；2—高效空气过滤器；3—洁净室；4—挡板

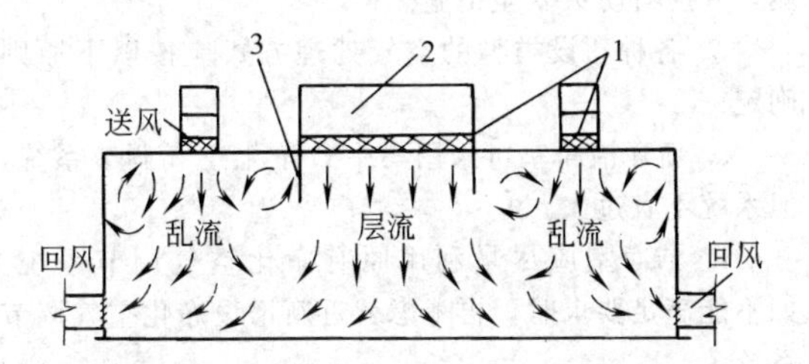

图 49-55　不同区域采用不同流型的洁净室

1—高效空气过滤器；2—静压箱；3—挡板

⑪ 洁净室内有局部通风柜时，其位置宜设置在工作区气流的下风侧，以减少的室内的污染。

⑫ 为防止灰尘二次飞扬和积聚，洁净度较高的非单向流及有散发粉尘和有害物质洁净室的回风口不应设置在工作区的上部，并应尽可能避免采用单一的大回风口，宜在侧墙下部均匀布置回风口。

4.5　空气净化处理

① 各等级空气洁净度的空气净化处理，均应采用初效、中效、高效空气过滤器三级过滤。30 万级空气净化处理，可采用亚高效空气过滤器。一般没有洁净等级要求的房间，宜采用初效、中效空气过滤器二级过滤处理。

② 确定集中式或分散式净化空气调节系统时，应综合考虑生产工艺特点和洁净室空气洁净度等级、面积、位置等因素。凡生产工艺连续、洁净室面积较大、位置集中以及噪声控制和振动控制要求严格的洁净室，宜采用集中式净化空气调节系统。

③ 净化空气调节系统设计应合理利用回风，凡工艺过程产生大量有害物质且局部处理不能满足卫生要求，或对其他工序有危害时，则不应利用回风。

④ 空气过滤器的选用、布置和安装方式，应符合下列要求：

a. 初效空气过滤器不应选用浸油式过滤器；

b. 中效空气过滤器宜集中设置在净化空气调节系统的正压段；

c. 高效空气过滤器或亚高效空气过滤器宜设置在净化空气调节系统末端；

d. 中效、亚高效、高效空气过滤器宜按额定风量的70%～80%选用；

e. 阻力、效率相近的高效空气过滤器宜设置在同一洁净区内；

f. 高效空气过滤器的安装方式应简便可靠，易于检漏和更换。

⑤ 送风机可按净化空气调节系统的总送风量和总阻力值进行选择。中效、高效空气过滤器的阻力宜按其初阻力的1.5～2.0倍计算。

⑥ 净化空气调节系统如需电加热时，应选用管状电加热器，位置应布置在高效空气过滤器的上风侧，并应有防火安全措施。

⑦ 各种建设类型的空气处理方式应按以下原则确定。

a. 新建洁净室可采用集中式净化空气调节系统，但系统不宜过大。

b. 洁净室应尽量利用原有净化空气调节系统。如不能满足要求时，再考虑就近新增设净化空气调节系统。

c. 改建洁净室如原未设置空气调节系统时，除采用增设集中式净化空气调节系统外，也可采用就地设置带空气净化功能的净化空气调节机组的方法来满足洁净室的空气洁净度要求。

⑧ 原有的空调工程改建为洁净室时，可采用在原空调系统内集中增加过滤设备和提高风机压力的办法，也可采用增设局部净化设备方法，一般可采用如下几种形式。

a. 室内增设洁净工作台，保证工作台内达到高精度洁净，可降低室内含尘量。

b. 室内增设自净器，可降低室内含尘量。

c. 室内增设装配式洁净室（小室内可达到A级的高精度洁净）。

d. 当空气调节系统的风压可以提高时，可在送风口处增设高效空气过滤器或增设风口式自净器，在空气调节系统中增加中效空气过滤器（图49-56）。

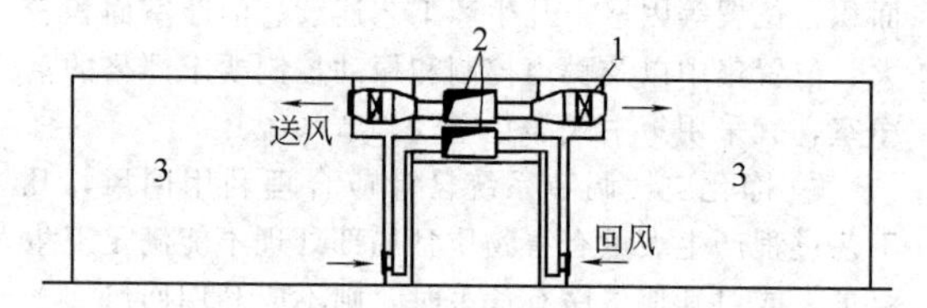

图49-56　在出风口上装高效空气过滤器

1—高效空气过滤器；2—原有风管；3—洁净室

e. 原侧送空气调节系统不动，在房间内加吊顶，在吊顶上装设风口式自净器（图49-57）。

f. 原未设空气调节系统的房间要增加净化设施时，可利用空调机组采用分散净化处理方式（图49-58）。

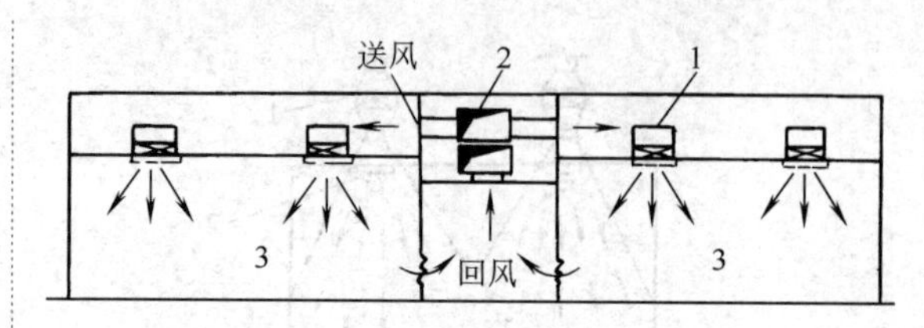

图49-57　在吊顶上装设风口式自净器

1—风口式自净器；2—原有风管；3—洁净室

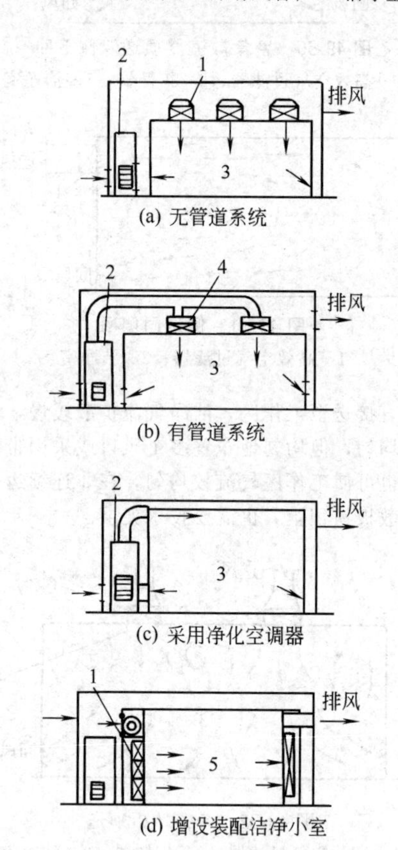

图49-58　原未设空调的房间增设净化措施的型式

1—风口式自净器；2—空调器；3—洁净室；4—高效空气过滤器；5—装配式洁净室

⑨ 洁净工作台应按下列原则选用。

a. 工艺设备在水平方向对气流阻挡最小时，应选用水平层流工作台；在垂直方向对气流阻挡最小时，应选用垂直层流工作台。

b. 当工艺产生有害气体时，应选用排气式工作台；反之，可选用循环式工作台。

c. 当工艺对防振要求高时，可选用脱开式工作台。

d. 根据工艺设备选用专用式工作台。

e. 当水平层流工作台对放时，间距不应小于3m。

⑩ 当B、C、D级洁净室内适用洁净工作台时，若从工作台流经洁净室的风量相当于该室的换气次数

60 次/h 以上时，可使该洁净室的洁净度在原基础上提高一个级别。

4.6 空气净化系统的基本形式

① 集中式净化空调系统应符合下列要求。

a. 为防止污染空气渗入净化空气调节系统与再次污染经中效空气过滤器过滤后的空气，中效空气过滤器应设置在系统的正压段，其基本形式见图 49-59。

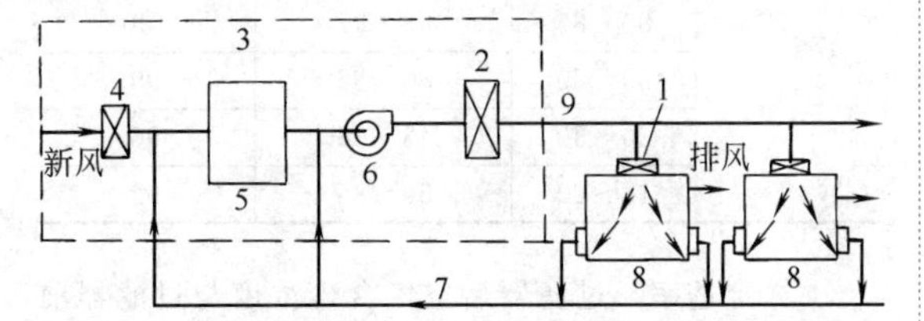

图 49-59　集中式净化空气调节系统的基本形式

1—高效空气过滤器；2—中效空气过滤器；3—机房；4—初效空气过滤器；5—空气处理室；6—风机；7—回风管；8—洁净室；9—送风管

b. 非连续生产运行的洁净室，为了维持室内的正压，可通过设置变频风机或设置值班风机等方式，将净化空调系统切换至非生产运行模式（图 49-60）。

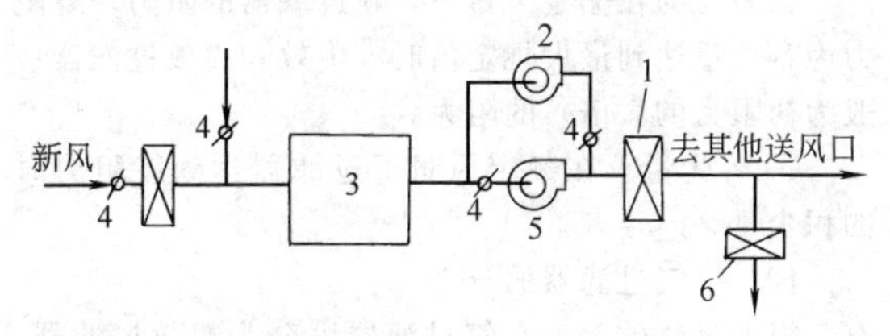

图 49-60　设有值班风机的集中式净化空调系统基本型式

1—中效空气过滤器；2—值班风机；3—空气处理室；4—回风阀；5—风机；6—高效空气过滤器

c. 为了防止净化空调系统停止运行时，室外空气经回风管道渗入洁净室内，应在新回风混合前的新风入口处设置计重法效率≥80%的粗效空气过滤器或设置电动密闭风阀。

d. 净化空调系统在运行过程中，各级空气过滤器随着运行时间，其阻力在发生变化，特别是高效空气过滤器。为了使洁净室内的风量及压差不因净化空调系统管道阻力的变化而变动，集中式净化空调系统宜设置变频风机，也可采用在室内送、回、排风管上设置定风量（CAV）风阀的方法。

② 对无有害物产生的空气净化系统，在保证新鲜空气量及洁净室内正压的前提下，应尽量利用回风；当机房距洁净室较远时，在保证室内温度和湿度要求的条件下，可以使部分空气不经机房内空调机组处理，而只经中效空气过滤器过滤处理后循环使用（图 49-61），单向流洁净室也可采用多台小风机循环，比单一大系统造价低，运行费低（图 49-62）。但使用多台小风机时，必须考虑消声措施。

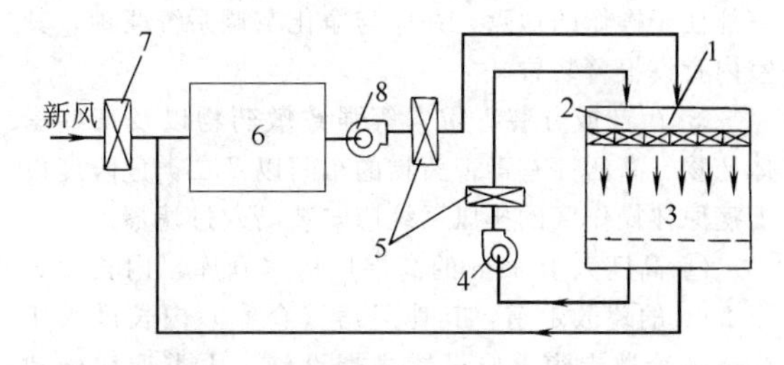

图 49-61　部分不回机房直接循环系统

1—高效空气过滤器；2—静压箱；3—洁净室；4—循环风机；5—中效空气过滤器；6—空气处理室；7—初效空气过滤器；8—风机

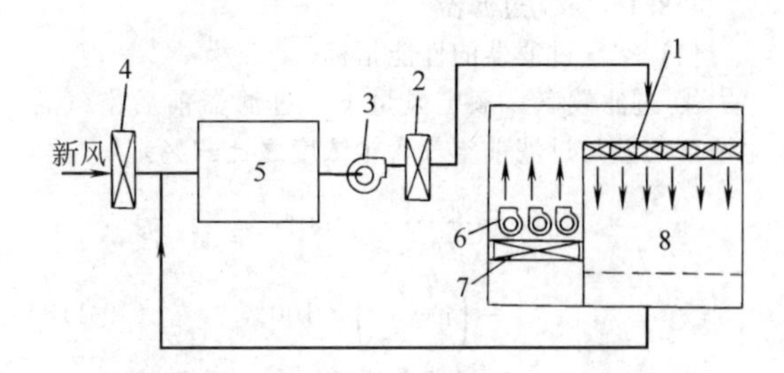

图 49-62　部分不回机房小风机直接循环系统

1—高效空气过滤器；2—中效空气过滤器；3—风机；4—初效空气过滤器；5—空气处理室；6—循环风机；7—中效空气过滤器；8—洁净室

4.7 洁净室供暖通风系统

① 洁净室的供暖形式，应按下列不同情况确定。

a. 医药洁净室，不应采用散热器供暖。

b. 值班供暖可利用技术夹道的散热器进行间接供暖，或采用间歇运行净化空气调节系统、值班风机系统进行热风供暖。

② 散热器应采用表面光滑、不易积尘、便于清扫的型式。

③ 洁净室内产生粉尘和有害气体的工艺设备，应设局部排风装置，排风罩的操作口面积应尽量缩小。

④ 局部排风系统在下列情况下，应单独设置。

a. 非同一净化空气调节系统。

b. 排风介质混合后能产生或加剧腐蚀性、毒性、燃烧爆炸危险性。

c. 所排出的有害物毒性相差很大。

⑤ 洁净室的排风系统设计，应采取下列措施。

a. 防倒灌措施。

b. 含有易燃、易爆物质局部排风系统的防火、防爆措施。

⑥ 换鞋室、存外衣室、盥洗室、厕所和淋浴室等，应采取通风措施，其室内的静压值，应低于洁净区。

⑦ 可能突然放散大量有害物或有爆炸危险气体的洁净室应设置事故排风系统。

事故排风装置的控制开关，应分别设在洁净室和室外便于操作的地点，并应与净化空调系统联锁，其室内宜设报警装置。

⑧ 生产或分装青霉素等强致敏药物以及某些甾体药物、高活性有毒害药物的车间以及二类危险度以上病原体操作区的排风系统应安装高效过滤器。

⑨ 高度大于32m的高层厂房（仓库）内长度大于20m的疏散走道，其他厂房（仓库）内长度大于40m的疏散走道，应设置排烟设施。丙类厂房内建筑面积超过300m^2 的房间，应设置排烟设施。

4.8 空气净化设备

4.8.1 空气过滤器

(1) 空气过滤器的性能指标

① 过滤效率　额定风量下，过滤器前后空气含尘浓度之差与过滤前空气含尘浓度之比（%）。

$$\eta=\frac{c_1-c_2}{c_1}\times 100\%=\left(1-\frac{c_2}{c_1}\right)\times 100\% \qquad (49\text{-}118)$$

式中　c_1，c_2——过滤器前后的空气含尘浓度。

由于含尘浓度表示方法的不同，过滤效率又分为计重效率、计数效率、粒径效率和比色效率。

当含尘浓度以计重浓度（mg/m^3）表示时，求出的效率为计重效率；含尘浓度以大于和等于某一粒径的计数浓度（粒/L）表示时，求出的效率为计数效率；含尘浓度以某一粒径的计数浓度（粒/L）表示时，求出的效率为粒径分组计数效率。比色效率是用光电比色计比较过滤器前后污染滤纸的通光率，然后再换算出滤尘效率。

目前空气过滤器过滤效率检测的方法有DOP法、钠焰法、计重法、计数法、比色法等，根据分析，这几种方法的效率值对比见表49-124。

表49-124　不同检测方法的效率对比

检测方法	DOP法	NBS(比色法)	人工尘计重法
效率/%	99.97	100	100
	95	99	100
	80～85	93～97	100
	50～60	80～85	99
	20～30	45～55	96
	15～20	30～35	92

② 穿透率　过滤器后空气含尘浓度与过滤器前空气含尘浓度之比（%）。

$$K=\frac{c_2}{c_1}\times 100\%=(1-\eta)\times 100\% \qquad (49\text{-}119)$$

式中　c_1，c_2——过滤器前后空气的含尘浓度；

η——过滤器的过滤效率，%。

③ 过滤器的阻力　过滤器额定风量下的阻力（Pa）。

初阻力为在额定风量下，新过滤器的阻力；终阻力为容尘量达到最大规定值时（中效和高效过滤器一般为初阻力的2倍）的阻力。

④ 容尘量　在额定风量下过滤器达到终阻力时的积尘量（g）。

(2) 空气过滤器的分类

根据过滤效率，空气过滤器可分为粗效过滤器、中效过滤器、亚高效过滤器及高效过滤器等，其性能见表49-125。

表49-125　几种空气过滤器的性能

过滤器类型	代号	迎面风速/(m/s)	额定风量下的效率η/%		额定风量下的初阻力/Pa	额定风量下的终阻力/Pa
粗效4	C4	2.5	标准人工尘计重效率	$50>\eta\geqslant 10$	≤50	100
粗效3	C3			$\eta\geqslant 50$		
粗效2	C2		粒径≥2.0μm	$50>\eta\geqslant 20$		
粗效1	C1			$\eta\geqslant 50$		
中效3	Z3	2.0	粒径≥0.5μm	$40>\eta\geqslant 20$	≤80	160
中效2	Z2			$60>\eta\geqslant 40$		
中效1	Z1			$70>\eta\geqslant 60$		
高中效	GZ	1.5		$95>\eta\geqslant 70$	≤100	200
亚高效	YG	1.0		$99.9>\eta\geqslant 95$	≤120	240
高效	A		钠焰法	$99.99>\eta\geqslant 99.9$	≤190	
	B			$99.999>\eta\geqslant 99.99$	≤220	
	C			$\eta\geqslant 99.999$	≤250	
超高效	D		计数法	99.999	≤250	
	E			99.9999		
	F			99.99999		

① 粗效空气过滤器　粗效空气过滤器的最大要求是尘量大、阻力小、结构简单。粗效空气过滤器的滤料，一般采用易于更换或清洗的无纺布、尼龙网、金属孔网或其他滤料。通过滤料的滤速宜采用 0.4～1.2m/s。

一次性过滤器（图 49-63）的特点是风量大、阻力小。适用于一般空调系统的初级过滤。滤料为无纺布，初阻力 25Pa，过滤效率为计重法 40%。

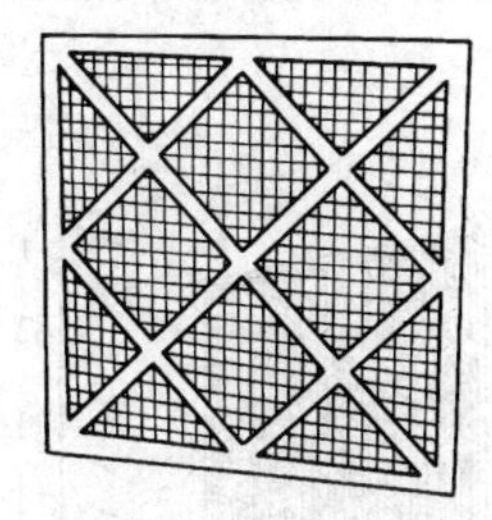

图 49-63　一次性过滤器

可洗式空气过滤器（图 49-64）的特点是可重复多次使用，使用寿命长。适用于一般空调系统的初级过滤。滤料为无纺布，初阻力 25Pa，过滤效率为计重法 70%。

图 49-64　可洗式空气过滤器

G4 空气过滤器（图 49-65）的特点是阻力小、风量大。适用于净化空调系统的初级过滤。滤料为无纺布，初阻力 45Pa，过滤效率为计重法 90%。

图 49-65　G4 空气过滤器

折叠式空气过滤器（图 49-66）的特点是采用折叠方式，增大过滤面积，在不增加阻力的前提下，增加过滤风量，同时提高滤料强度。适用于净化空调系统的初级过滤。滤料为无纺布，初阻力 30Pa，过滤效率为计重法 85%。

② 中效空气过滤器　对中效空气过滤器的要求和对粗效空气过滤器的基本相同。一般采用易于更换的无纺布、玻璃纤维或其他滤料。通过滤料的滤速宜采用 0.2～0.4m/s。

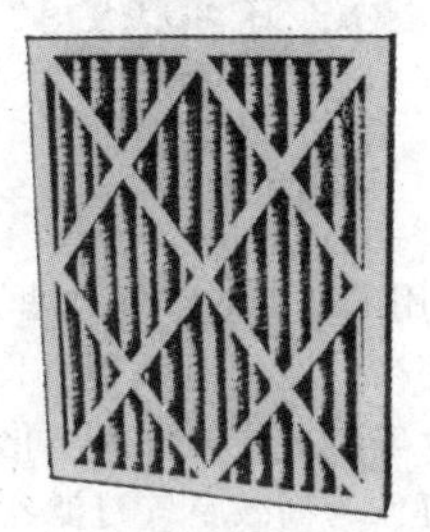

图 49-66　折叠式空气过滤器

组合式空气过滤器（图 49-67）的特点是风量大、阻力小、重量轻、安装方便、容尘量大。可根据使用要求将不同过滤效率的过滤器进行组合。滤料为玻璃纤维纸。

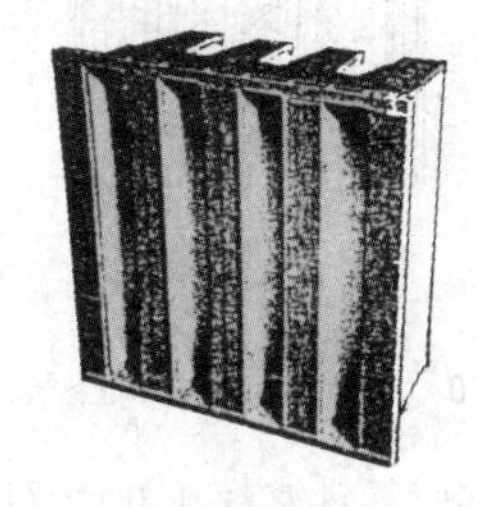

图 49-67　组合式空气过滤器

F5、F6 中效袋式空气过滤器（图 49-68）的特点是可清洗、重复多次使用、使用寿命长、风量大、阻力小。滤料为无纺布，初阻力 50～55Pa，过滤效率为比色法 40%～70%。

图 49-68　F5、F6 中效袋式空气过滤器

F7、F8 高中效袋式空气过滤器（图 49-69）的特点是滤料采用玻璃纤维，初阻力 110～120Pa，过滤效率为比色法 80%～95%。

③ 亚高效空气过滤器　当亚高效空气过滤器用作终端过滤器时应以达到 100000 级洁净度为目的。采用玻璃纤维滤纸或其他纤维滤纸作为滤料。通过滤料的滤速宜采用 0.01～0.03m/s。如图 49-70 和图

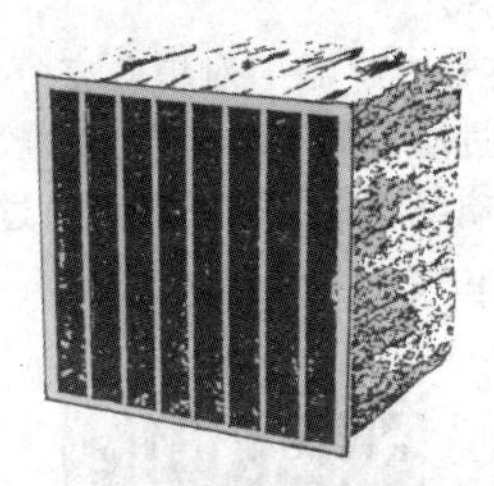

图 49-69 F7、F8 高中效袋式空气过滤器

49-71 所示是常用的亚高效空气过滤器。

V形组合密褶式空气过滤器（图 49-70）的特点是过滤面积大、安装方便，作为净化空调系统中精细颗粒过滤，还可作为高效空气过滤器的预过滤。滤料为微米径玻璃纤维，初阻力 250Pa，过滤效率为 DOP 法≥95%。

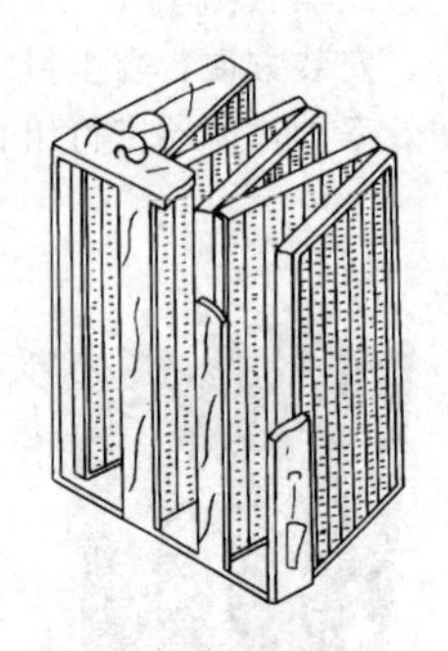

图 49-70 V形组合密褶式空气过滤器

亚高效箱式空气过滤器（图 49-71）的特点是初阻力低、容尘量大。滤料为微米径玻璃纤维，初阻力 130Pa，过滤效率为 DOP 法≥95%。

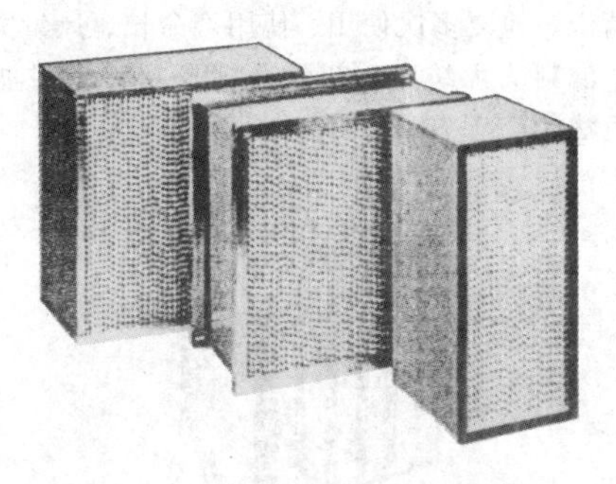

图 49-71 亚高效箱式空气过滤器

④ 高效空气过滤器 高效过滤器主要清除小于 1μm 的尘埃，滤料采用玻璃纤维滤纸的折叠结构，通过滤料的滤速宜采用 0.01～0.03m/s。根据国标 GB/T 6166—2008《高效空气过滤器性能试验方法——穿透率和阻力》的规定，用钠焰法或油雾法测定高效过滤器效率，并同时在试验台上测出风量和阻力。

高效过滤器采用优质玻璃纤维纸作过滤介质，用隔板（或无隔板）分层折叠装置在多层胶合板外框或金属外框内，两端结合处用合成树脂密封而成，见图49-72。

⑤ 高效过滤器风口 把高效空气过滤器或亚高效空气过滤器和风口组合成过滤送风单元，作为工厂化的洁净室末端装置，极大地方便了洁净室的设计、安装和使用。特别对非单向流洁净室，在设计时选用这种末端装置最简单易行。如图 49-73和图 49-74 所示为目前常用的高效空气过滤器送风口。

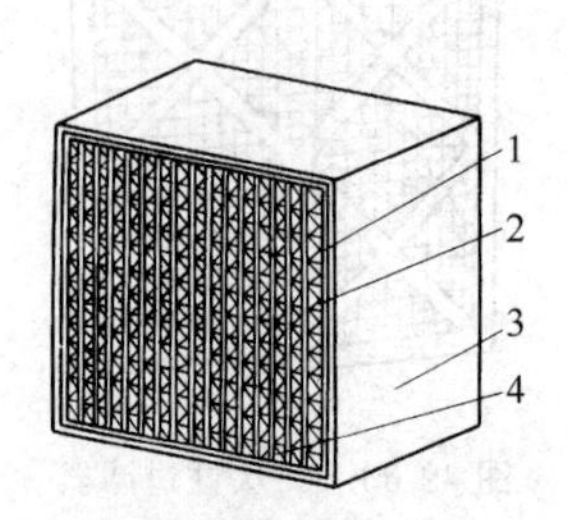

图 49-72 有隔板高效空气过滤器

1—过滤介质；2—分隔板；3—框体；4—密封树脂

(3) 空气过滤器效率分类及等级对照（表 49-126）

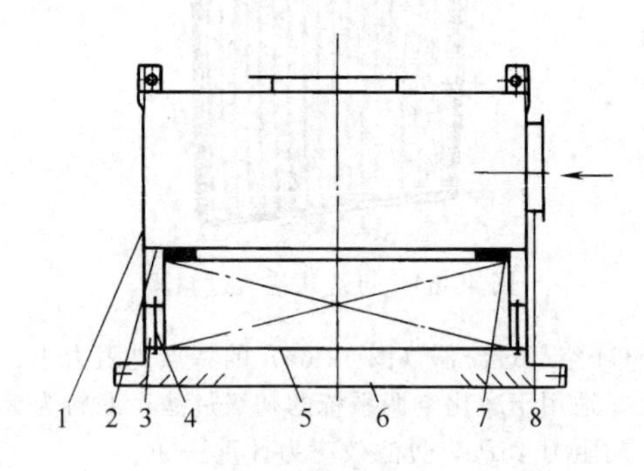

图 49-73 GKF 高效空气过滤器送风口

1—箱体；2—过滤器安装框；3—定位压紧块；4—压紧螺栓；5—高效空气过滤器；6—散流板；7—密封垫；8—进风口法兰

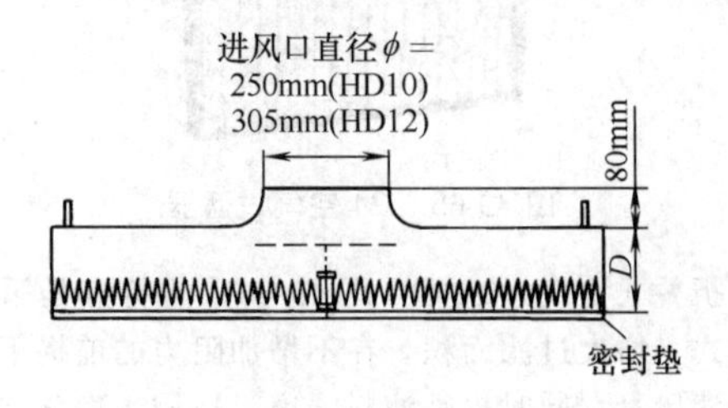

图 49-74 薄型高效空气过滤器送风口

表 49-126　空气过滤器效率分类及等级对照表

中国 GB/T 14295	粗效 C				中效 Z			高中效 GZ		
美国 ASHRAE52.2	MERV1	MERV 1～4	MERV5	MERV6	MERV7	MERV 8～10	MERV11	MERV12	MERV13	MERV14
欧洲 EN779	G1	G2	G3	G4		F5	F6		F7	F8
中国 GB/T 14295	亚高效 Y			高效 G			超高效 U			
美国 ASHRAE52.2	MERV15	MERV16	—	—	—	—	—	—	—	
欧洲 EN779	F9	H10	H11	H12	H13	H14	H15	H16	H17	

4.8.2　洁净工作台

洁净工作台是在操作台上的空间局部地形成无尘无菌状态的装置。如果洁净工作台的设计做到不仅能在干净气流中操作，而且在操作台上能适应操作内容进行各种加工，则将进一步提高工作效率。

(1) 分类和结构

① 按气流组织不同，洁净工作台分成垂直单向流和水平单向流两大类。

水平单向流洁净工作台在气流条件方面较好，是操作小物件的理想装置。

垂直单向流洁净工作台则适合操作大物件，在操作台内形成正压，台外空气不会流入台内，此外，垂直型工作台适合在台面上进行各种加工，可大大提高工作效率。

② 按排风方式不同，分为无排风的全循环式和全排风的直流式。

无排风的全循环式如图 49-75 所示。在工艺不产生或极少产生污染的情况下，宜采用全循环式，为了弥补循环中的风量损失，还应补充少量新风。由于空气经过重复过滤，所以操作区净化效果比直流式好，同时对台外环境的影响也小。但是在内部结构基本相同的情况下，全循环式工作台结构阻力要比直流式的大，因而风机功率也大一些，引起振动和噪声也可能相应增大。

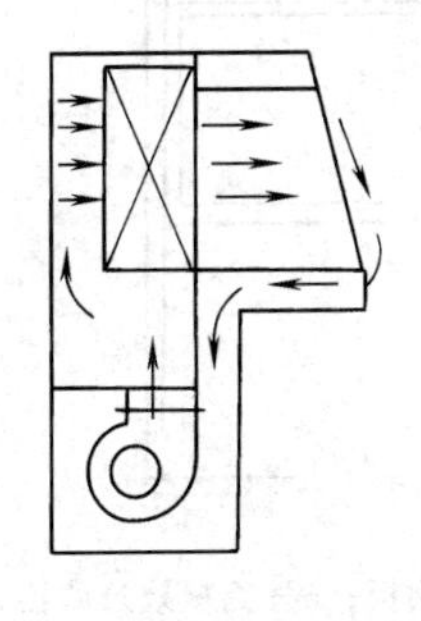

图 49-75　无排风的全循环式

全排风的直流式如图 49-76 所示。直流式工作台采用全新风，和全循环相比刚好有相反的特点。

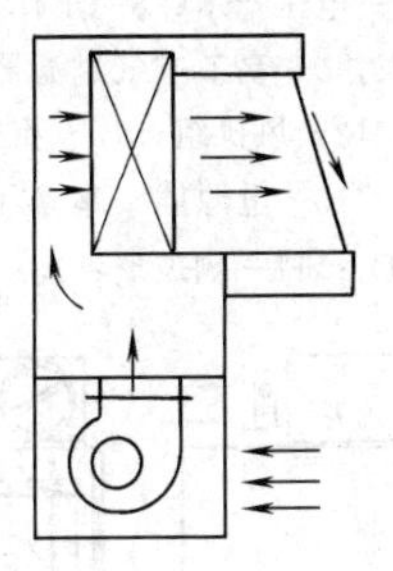

图 49-76　全排风的直流式

③ 按是否配备专用或辅助性设施或做成专门形状以适应工艺需要来分，一类是通用工作台；另一类是专用工作台。

(2) 洁净工作台（图 49-77 和图 49-78）

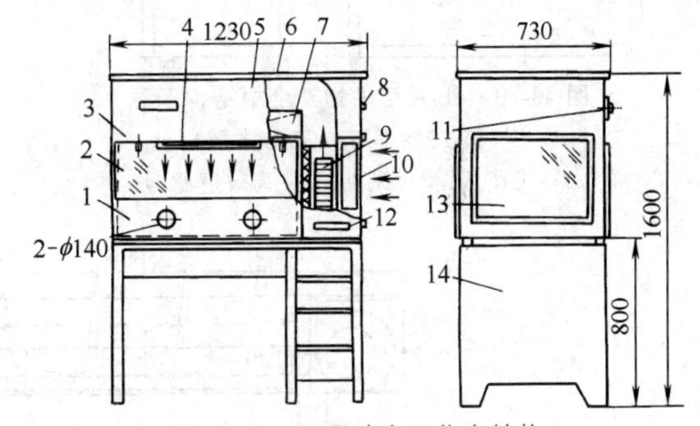

图 49-77　医用洁净工作台结构

1—净化工作区；2—有机玻璃挡板；3—照明灯；4—紫外线杀菌灯；5—送风体；6—盖板；7—高效空气过滤器；8—电源插头座 $C_Z^T D_3$；9—送风机组；10—粗效空气过滤器；11—调压变压器；12—电器操纵板；13—观察窗；14—支承体

(3) 生物安全柜

生物安全柜是用于生物安全实验室和其他实验室的生物安全防护隔离设备。可以防止有害悬浮微粒、气溶胶的扩散；对操作人员、样品间交叉感染和环境提供安全保护（图 49-79 和图 49-80）。

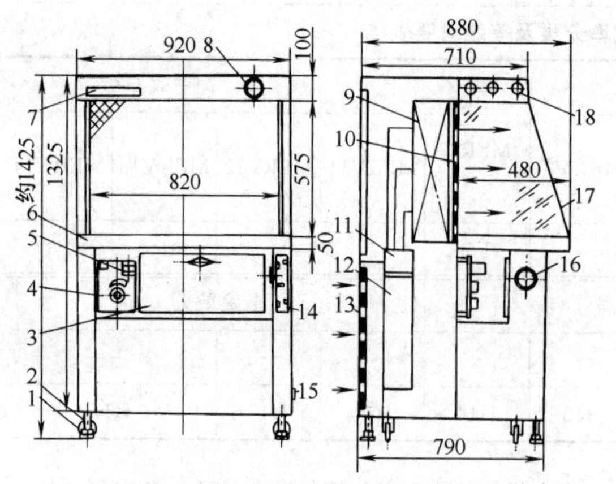

图 49-78 单人洁净工作台结构

1—转动滚轮；2—固定支承座；3—电气箱；4—风机组调压器；5—电压指示；6—工作台面；7—厂标牌；8—微压表；9—高效空气过滤器；10—网板；11—导流风口；12—风机组；13—粗效空气过滤器；14—操纵面板；15—电源插头座 $C_Z^TD_3$；16—附加插座 C_ZD_3；17—侧玻璃；18—日光灯

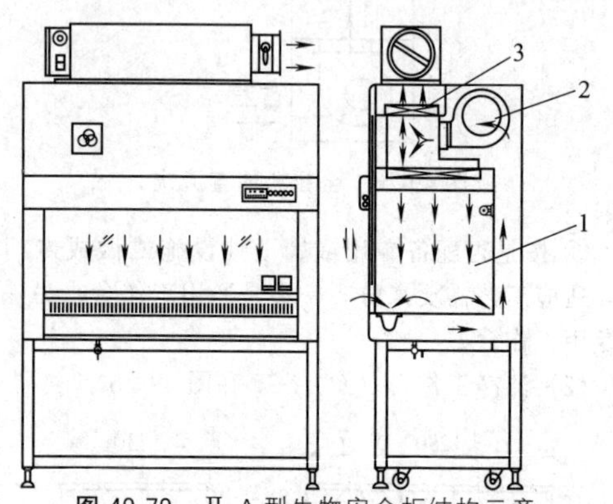

图 49-79 Ⅱ-A 型生物安全柜结构示意

（气流 70%循环，30%排放）

1—工作区；2—风机；3—高效过滤器

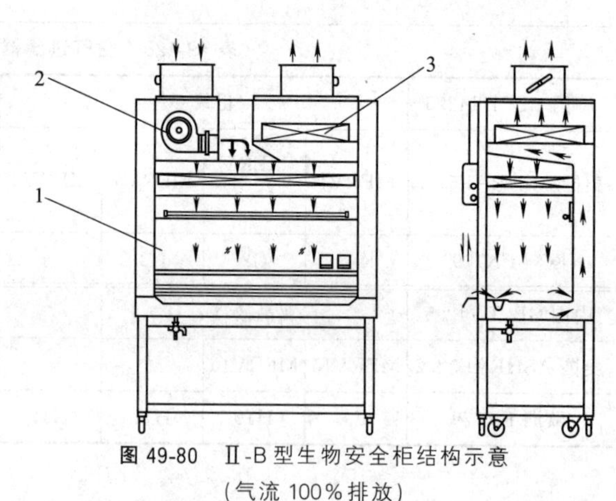

图 49-80 Ⅱ-B 型生物安全柜结构示意

（气流 100%排放）

1—工作区；2—风机；3—高效过滤器

4.8.3 层流罩

层流罩是形成局部垂直单向流的净化设备，它可以组合拼装。按安装方式分为吊装式和立柱式（有围帘的和无围帘的），其用途可作为局部净化设备使用，也可作为隧道洁净室的组成部分。如图 49-81～图 49-83所示为几种常见的层流罩。

4.8.4 自净器

自净器是一种空气净化机组，主要由风机、粗效、中效、高效（亚高效）空气过滤器及出风口、进风口组成，粗效、中效空气过滤器也可以只用其中一种。如果末级过滤器是高效空气过滤器，则可称为高效自净器（图 49-84 和图 49-85）。

自净器的主要作用是：设置于非单向流洁净室的四角和其他涡流区以减少灰尘滞留的机会；作为操作点的临时净化措施，在面对自净器洁净气流的距离上，可形成一个洁净空气笼罩的地段，在直流情况下，这一地段的洁净度和周围洁净程度的比较可参考图 49-86。

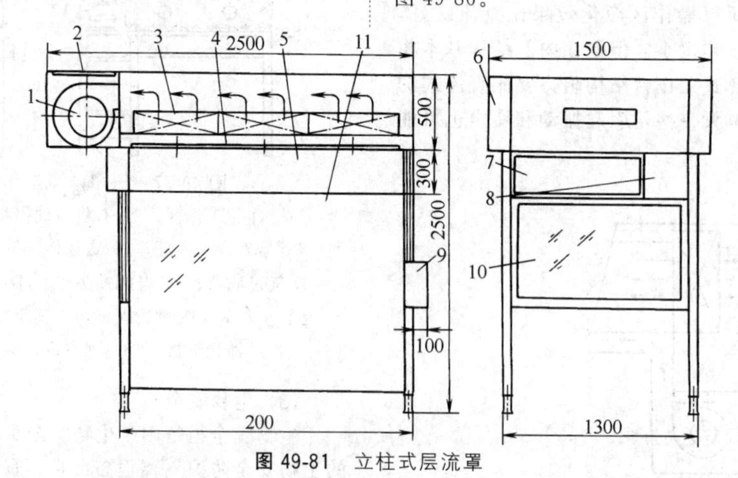

图 49-81 立柱式层流罩

1—风机组；2—预粗效过滤器；3—高效过滤器；4—散流网；5—侧板；6—侧粗效过滤器；7—电器箱；8—操作板；9—储物柜；10—前后挡板；11—围挡塑料

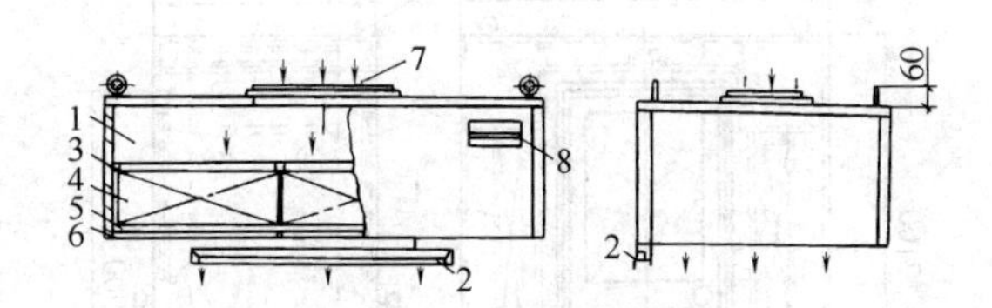

图 49-82　不带风机的吊装式层流罩

1—箱体；2—照明灯；3—铝型材框架；4—高效空气过滤器；5—压杆；6—阻尼层；7—进风口；8—铭牌

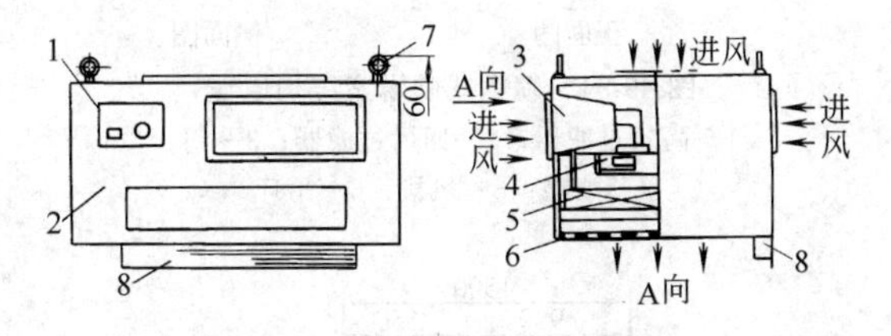

图 49-83　带风机的吊装式层流罩

1—电气操纵盘；2—箱体；3—粗效空气过滤器；4—风机；5—高效空气过滤器；6—阻尼层；7—吊环；8—照明灯

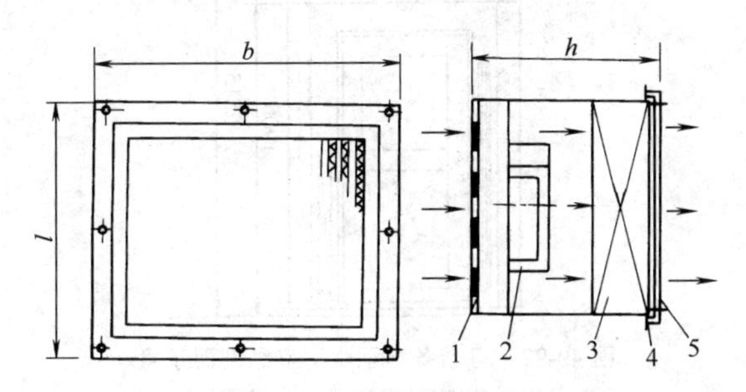

图 49-84　悬挂式自净器

1—粗效空气过滤器；2—风机组；3—高效空气过滤器；4—固定框；5—压框

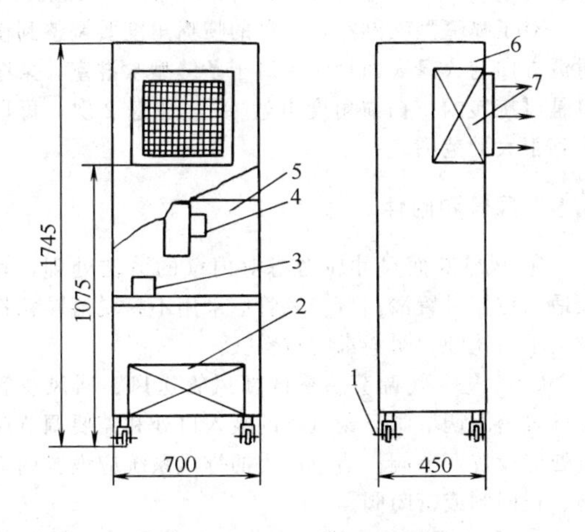

图 49-85　移动柜式自净器

1—脚轮；2—中效过滤器；3—电气控制板；4—风机；5—负压箱；6—正压箱；7—高效过滤器

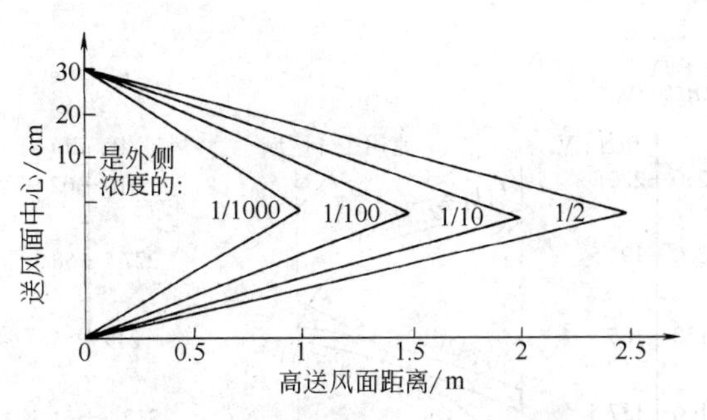

图 49-86　自净器出口外的洁净地段

4.8.5　FFU 风机过滤装置

FFU 风机过滤装置是一种由风机和高效空气过滤器所组成的模块化末端单元。其适用于大面积，模块化建造的洁净室以及有局部高洁净度要求的场合。

FFU 风机过滤装置与传统的风道式中央净化空调系统相比较具有机动性高、噪声低、运行费用省以及施工工期短的优点。FFU 风机过滤装置及组合见图 49-87 和图 49-88，FFU 风机过滤装置参考特性曲线见图 49-89。

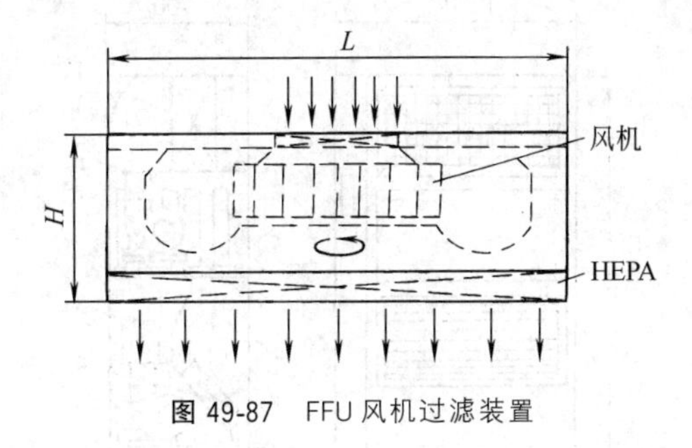

图 49-87　FFU 风机过滤装置

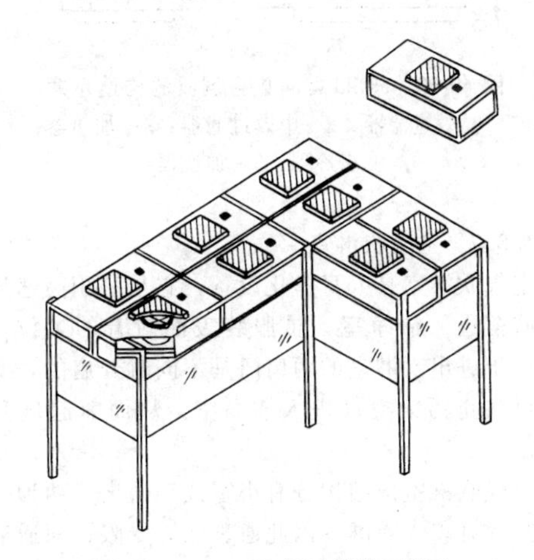

图 49-88　FFU 风机过滤装置组合

4.8.6　净化空调柜机

净化空调器由低噪声双进风通风机，初、中、高效过滤器，表面式冷却器，管状电加热器，电极式加湿器及冷冻机等组合而成的整体立柜式机组。具有结

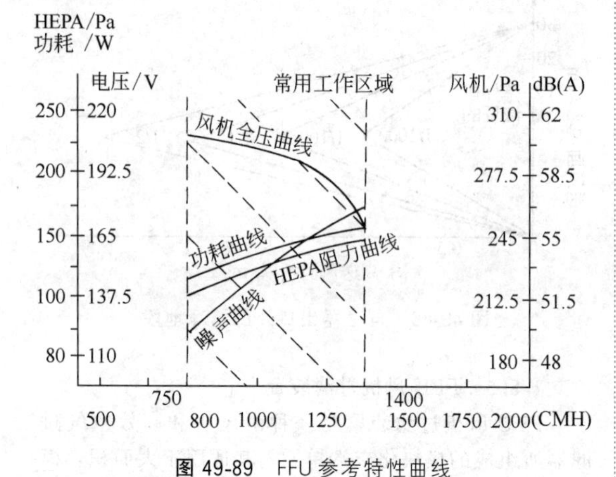

图 49-89　FFU 参考特性曲线

构紧凑、外形美观、占地小，可灵活移动等特点。可与装配式洁净室配套使用，也可单独使用而不需很长的管路系统，特别适合于小型洁净室和改造工程。如图 49-90 所示是 HD9J 型净化空调器的构造示意。

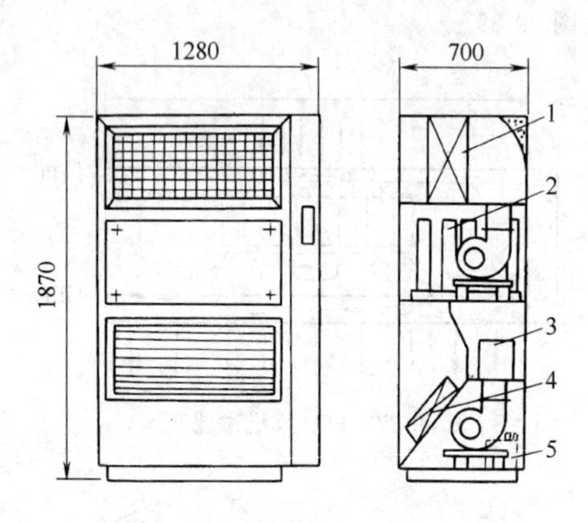

图 49-90　HD9J 型净化空调器的构造示意

1—高效过滤器；2—中效过滤器；3—加热器；4—表冷器；5—加湿器

4.8.7　空气吹淋室

空气吹淋室是人身净化设备，它是利用高速洁净气流吹落进入洁净室人员服装表面附着的尘粒。同时，由于进出吹淋室的两扇门是不同时开启的，所以它也可防止污染空气进入洁净室，从而兼起气闸的作用。

空气吹淋室按结构分有小室式和通道式两种。小室式只允许单人吹淋，因此通过能力受限；而通道式允许连续多人吹淋，因此通过能力较强。前者效果较好，后者适用于工作人员较多的场合。目前国内多数采用小室式吹淋室。

空气吹淋室按作用方式分有喷嘴型和条缝型两种。如图 49-91 所示是喷嘴式吹淋室结构原理，如图 49-92 所示是可动条缝型吹淋室纵剖面示意。吹淋速

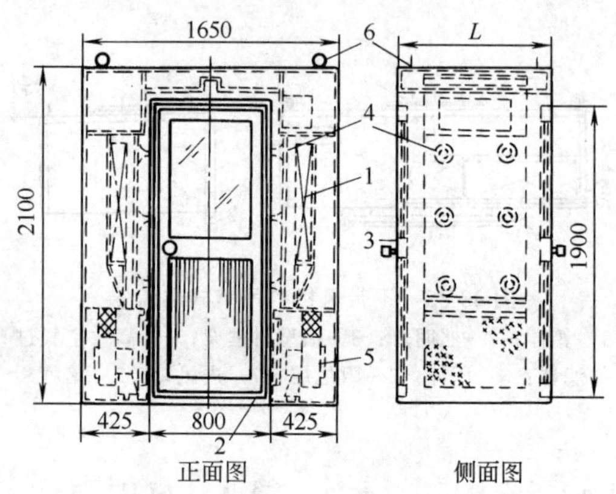

图 49-91　喷嘴式吹淋室结构原理

1—高效过滤器；2—回风过滤器；3—门；4—喷嘴；5—风机；6—吊环

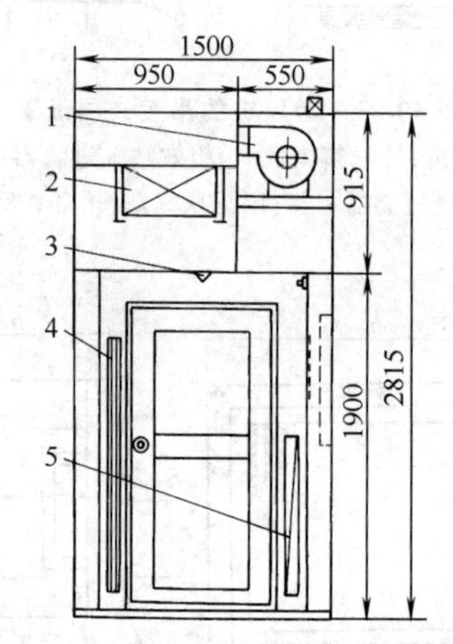

图 49-92　可动条缝型吹淋室纵剖面示意

1—风机；2—高效过滤器；3—顶部喷口；4—可动条缝喷口；5—预过滤器

度一般在 25～35m/s，吹淋时间一般在 30～60s，吹淋温度在 30～35℃，并设自动控制和断电保护装置。

对于喷嘴型吹淋室，喷嘴的喷嘴角度要调整到使射流方向与人身表面相切。对于条缝型吹淋室，条缝口是可旋转的，扫描角度可达 90°，往返 2 次，可以吹到很大的范围。

4.9　风管和附件

① 风管断面尺寸应考虑对内壁的清洁处理，宜在适当位置设置清扫口。风管应采用不易脱落颗粒物质、不易锈蚀、耐消毒的材料。

② 净化空气调节系统的新风管送风、回风总管应设置密闭调节阀。送风机的吸入口处和需要调节风量处应设置调节阀。洁净室内的排风系统应设置调节阀、止回阀或密闭阀。

③ 下列情况的通风、净化空气调节系统的风管应设置防火阀。

a. 风管穿越防火区的隔墙处，穿越变形缝的防

火隔墙的两侧。

b. 净化空调系统总风管穿越通风、空气调节机房的隔墙和楼板处。

c. 垂直风管与每层水平风管交接的水平管段上。当水平风管与垂直风管处于同一防火分区时，其交接处可不设置防火阀。

④ 使用易燃易爆介质生产区的送风管道，穿越该区域隔墙或防爆隔墙时，应设置防火阀和止回阀。

⑤ 净化空气调节系统的风管和调节阀以及高效空气过滤器的保护网、孔板和扩散孔板等附件的制作材料和涂料，应根据输送空气的洁净要求及其所处的空气环境条件确定。

洁净室内排风系统的风管、调节阀和止回阀等附件的制作材料和涂料，应根据排除气体的性质及其所处的空气环境条件确定。

用于无菌洁净室（区）的送风管、排风管、风阀及风口的制作材料和涂料，应耐受消毒剂的腐蚀。

⑥ 在中效和高效的空气过滤器前后应设置测压孔。在新风管和送回风总管以及需要调节风量的支管上应设置风量测定孔。

⑦ 排除腐蚀性气体的风管可采用无机玻璃钢风管，其他风管与风管的保温和消声材料及其胶黏剂应采用非燃烧材料或难燃烧材料。

参考文献

[1] 陆耀庆. 实用供热空调设计手册第 2 版. 北京：中国建筑工业出版社，2008.

[2] 电子工业部第十设计研究院. 空气调节设计手册. 北京：中国建筑工业出版社，1995.

[3] 陈沛霖，岳孝方主编. 空气调节与制冷设计手册. 上海：同济大学出版社，1990.

[4] 原机械工业部第十设计研究院. 空气与制冷设计手册. 北京：中国建筑工业出版社，1983.

[5] 张殿印，王纯. 除尘工程设计手册. 北京：化学工业出版社，2003.

[6] 中华人民共和国卫生部令 第 79 号. 药品生产质量管理规范（2010 年修订）2011.

[7] 国家食品药品监督局药品认证管理中心. 药品 GMP 指南：厂房设施与设备. 北京：中国医药出版社，2011.

[8] GB 50457—2008.

[9] GB 50016—2014.

[10] GB 50019—2015.

[11] GB 50189—2015.

[12] GB 51245—2017

[13] JGJ 142—2012.

[14] GB 50073—2013.

[15] HG/T 20698—2009.

[16] GB 14925—2008.

第50章 分析化验楼设计和仪器设备

1 分析化验楼的设计

分析化验是化工、石化、能源和医药等企业对生产装置原料、产品与副产品以及中间过程物料和公用工程物料、催化剂、化学品废弃物等进行质量控制的重要步骤，以保证生产装置安全平稳运行，生产出质量合格的产品。同时，分析化验也是研究单位进行科学研究、大专院校进行基础教学的重要环节。

分析化验工作基本是在分析化验楼内进行的，故分析化验楼的设计是化工工艺设计不可缺少的组成部分。由于分析化验楼是分析技术人员从事分析测试工作的场所，其工程设计无论是广度还是深度，都不亚于工艺生产装置的工程设计，而且需要十分了解生产装置的工艺过程；因此，分析化验楼的工程设计是一项复杂的系统工程。

1.1 分析化验楼的总体要求

分析化验楼的设计应符合现代分析技术及装备迅速发展的需要，不但必须满足常规分析仪器的要求，而且必须满足现代分析仪器的新要求。

分析化验楼的主要组成包括：化学实验室、分析仪器室、标准样本室、制样留样室、储存室、资料档案室、办公室及各种辅助设施用房等。

分析化验楼的总体布置应充分考虑生产特点，一般要求环境条件安静；远离烟囱、灰尘、有毒有害气体、噪声、振动源等的干扰。对于生产医药制剂的分析化验楼，在总体布置上还需按照药品生产质量管理规范GMP要求，将分析化验楼和生产区域分开考虑。

1.2 分析化验楼的组成

大型化工联合企业宜采用集中分析化验的方式，根据全厂分区和整个企业管理体制的要求，设置一个或几个中心化验室、质检中心，小型化工企业、医药原料药生产企业可直接设置车间分析室。

(1) 中心化验室

中心化验室全面负责联合装置区内各工艺装置和公用工程以及辅助设施的原料、产品与生产过程分析检验、数据汇总工作；也可开展以提高产品质量，降低单耗、能耗为目标的试验研究工作。集中统一的中心分析化验，有利于提高仪器资源的利用率。

(2) 车间分析室

车间分析室主要是负责本车间原料、产品和生产过程的常规控制项目、分析频率较高项目的分析化验工作。车间分析化验可减轻人员的工作强度，提高工作效率。

1.3 分析化验楼的布置

一般分析化验室宽度为6m，长度为3.6m或其倍数，净高为3.6m，走廊净宽为2m。这种布置，建筑面积利用率较高，共用设施管线较短，造价比较经济；也可采用至少60～70m^{2}的大面积房间。

化验楼的平面布置：中间走廊，两侧房间，是经常采用的形式。南侧房间可布置实验室、办公室；北侧房间可布置辅助设施、仪器室。

化验楼仪器室的布置：一般布置各部门共用仪器，如天平、显微镜等，位置应适中，同时考虑防震、防电磁干扰、防潮湿等要求。对于尺寸和重量大于实验室常规仪器的设备，宜布置在底楼。

化验楼实验室的布置：按分析仪器使用功能要求布置实验台、玻璃器皿架、通风柜、药品柜、水盘、化验室家具和门窗等。

(1) 实验台的布置

实验台布置有两边式、周边式、岛式、半岛式几种方式。

① 两边式　实验台靠两边沿墙布置，为一般实验室常见布置方式。

② 周边式　靠窗的一边也布置实验台，实验台后面敷设各种管线，有利于房间周边管线的连接。

③ 岛式　一般为房间宽度大的布置方式，布置中央实验台，但引入各种管线不够方便。

④ 半岛式　实验台一边靠墙，引入各种管线比较方便。

(2) 通风柜、药品柜、水盘的布置

通风柜、药品柜、水盘一般布置在靠走廊侧的墙面，以免影响采光。岛式、半岛式实验台靠内墙的端部一般布置水盘。冰箱、烘箱等也放在内墙处。设备的安置需考虑公用设施供应和管线布置的方便。电源插座设置在实验台上，插座数量需由安置及使用的仪器设备数量决定，并适当留有余量。

(3) 分析化验室家具和门窗布置

① 分析化验室家具包括：试验台、设备台、天平台、工作台、玻璃柜、药品柜、仪器支架等。

② 实验室一般采用宽 1m 的木门，放置设备较大或房间较宽敞时，也可采用 1.3m 或 1.5m 的双扇门。宽 1 m 的门适合于向内开，有危险性物品的实验室的门必须向外开。为了安全，有时还需增设第二出口处。对于较小面积的精密仪器室，取宽为 0.9m 或 0.8m 的门。

③ 窗台离地不低于 1m。窗的高度和宽度应有利于室内采光。

1.4　仪器室的一般要求

(1) 微量天平室

微量天平室要求洁净，建筑上注意密闭和防潮，室温为 20℃±1℃，相对湿度为 50%～65%。室内避免振动干扰，微量天平要安装在防振天平台上。台面上因防振关系有缝，可盖一块橡胶垫板，防积尘及微小物品掉入。

(2) 光谱分析室

光谱分析是利用物质发射出的特征光谱来测定物质的组成。光谱分析室主要由样品制备室、化学处理室、样品激发和摄影室、暗室、数据处理和工作室等组成。

样品激发室要求室温为 20℃±5℃，相对湿度为 65%±5%。

光谱仪因光源发热及物质蒸发时会产生各种气体，故应在光源发生处装定点排风口，用排风管导引，将气体直接排至室外。室内要求清洁，地面为环氧涂料，墙面为内墙涂料。对外窗口应有窗帘等防光措施。

(3) 极谱分析室

极谱分析是利用电解作用的分析方法。电解所需要的电压取决于物质的种类。为了相同的操作能够重新再现，常采用汞作为电极。汞对人体有害，在设计中还需注意以下几点。

① 工作台的台面应表面光滑，台面四周略带翻口以防汞滴落，台面略带坡度，使台面上的汞聚流至台角的集汞坑内。

② 室内地面略带坡度，坡向靠墙边沟，边沟坡向地面集汞坑。

③ 室内需有排风装置，排气次数不少于 5 次/h，吸风口设在近操作处下部靠近地面处。

④ 室内需采取防震措施，以防干扰测试结果。

⑤ 需配置交流和直流两种电源。

⑥ 为避免室内潮湿，一般不设水盘。

1.5　分析化验楼的公用设施

公用设施包括：给水（生活用水、工业水、去离子水、热水等）、排水（一般洗涤废水、腐蚀性废水、有毒有害废水等）、强电（三相、单相、直流或低压电等）、弱电（电话、电信、接地、报警等）、气体（压缩空气、蒸汽、氮气、燃料气以及其他气体）、采暖通风（冷热水的供水回水管、送风回风的风管、通风柜的排气管）等，应根据分析化验工作的需要合理配置。

辅助设施包括：电梯、总配电室、空调机房、水处理室、钢瓶间、消防设施等。

电梯用于多层化验楼工作人员上下楼层和搬运货物及设备。一般以载重 1t 为宜。电梯设置在化验楼的端头或实验单元外，以防噪声和振动的干扰。

钢瓶间应考虑防爆要求，封闭钢瓶间应采取泄压措施。可布置在化验楼附近，宜采用半敞开式简易结构，既节约投资，又安全可靠。

分析化验楼各工作室应设置火灾报警系统，并设消防栓和消防水枪；有可燃气体、有毒有害气体逸出的房间应设置相应的气体报警探头。为了确保分析室内消防的更大可靠性，在室内增设二氧化碳灭火器，有发生金属火灾可能的房间还应配置干砂或其他有效的灭火器材和器具。

(1) 建筑使用面积

根据生产装置的数量及每个工艺生产装置相应配置分析仪器的品种、型号和数量，并根据房间功能的设置确定化验楼建筑使用面积。通常大型石油化工联合装置，2～5 个工艺装置的化验楼面积为 1000～3000m^2，6～12 个工艺装置的化验楼面积为 4000～6000m^2。

(2) 采暖空调通风系统

① 采暖系统　分析化验楼办公室、会议室、化学分析室等需要采暖的房间，其热源可利用工艺生产装置多余的低压蒸汽或热水来实现。

② 空调系统　精密分析仪器室需要恒温恒湿条件，一般温度范围为 18～25℃，波动±2℃，要求严格的环境温度为 23℃±1℃，相对湿度为 50%～60%。中心化验室宜采用集中空调系统，需设置专门的空调机房；空调机房的布置，既要配合化验室空调的需要，又要避免振动、噪声及电磁波等对实验室的干扰与影响。

③ 通风　化验室的通风分为局部通风和全室通风两种。局部通风常采用通风柜和排风罩，当利用局部通风或自然通风不能满足要求时，应采用机械全面通风。

(3) 给排水系统

① 给水　化验室给水包括：

a. 生活水；

b. 工业水；

c. 热水；

d. 去离子水；

e. 蒸馏水。

通常化验室的水龙头多采用鹅颈水龙头或缩口水龙头，每个流量取 0.1L/s。生活水包括：自来水、饮用水或纯净水；工业水来自直流水和循环冷却水，作为用水量较大仪器设备的冷却介质；热水用于分析实验加热或洗涤器皿；去离子水用于化学分析、洗涤、溶液制备等；去离子水的管线和水龙头需选用不锈钢材料；蒸馏水用于制备标准溶液。

② 排水　化验室排水包括：

a. 一般洗涤废水；

b. 腐蚀性废水；

c. 有毒有害废水（废液）。

通常化验室设置水盘、洗涤盆、地漏和排水管线。对于一般洗涤废水不必专门处理，可以直接排放；对于腐蚀性废水（酸、碱废液）可设置专用耐酸碱排水管线将腐蚀性废水送至室外中和池，也可稀释中和后集中送至室外中和池；有毒有害废水（废液）必须统一收集，专门处理，达标排放。

(4) 动力和照明系统

化验楼需配置电力系统，用于动力和照明，其中：中心化验室必须设置专用配电间，配电间外需设置防电磁干扰的屏蔽设施。通常，化验室供电电压为 380V/220V 三相四线交流电，频率为 50Hz 。

室内照明采用荧光灯和 LED 节能灯；有高速旋转部件的室内照明应采用无频闪灯，照度 300lx；易燃易爆操作室的灯具和电器应符合防爆要求；潮湿房间应采用密闭灯具。除特殊要求外，可不考虑设置事故照明。

化验室用电：应满足分析仪器设备的用电要求，无数据时可按每平方米 350W 初估，其同时使用系数为 0.3 左右，仪器分析室需设接地，接地电阻在 4Ω 以下。

(5) 电信系统

分析化验楼应设置外线电话、内线电话和消防报警专用电话。有条件的话，分析化验楼可与生产装置控制室之间进行信号连接，以利于开展分析化验工作，及时将分析结果反馈给生产装置。

1.6　分析化验楼的综合管线

化验室内公用设施管线很多，要考虑安装方便、检修容易、使用安全，也要求管线短捷、美观，设计时需综合安排和布置。管线的综合布置方式有以下几种。

① 总管垂直布置，干管水平布置　总管从室外引入楼内在管道井内走垂直管束，干管敷设在每层楼走廊的吊平顶内再接支管到各实验室，实验室内管线敷于实验台的后面。

② 总管水平布置，干管垂直布置　总管在每层吊平顶或每层地下水平敷设，在走廊边设垂直管道井管束，走垂直干管，再接支管到各实验室，垂直管束在走廊管道井内设门，以便检修。

化验楼内管线的敷设需掌握各种管线的特点和要求。给水管的总管可以水平或垂直敷设，比较灵活；而排水管因重力流关系，都为垂直干线，多数直接流向室外总管。

化验楼工程管网安装敷设主要有三种方式，即外露式、隐蔽式、混合式。

高纯度气体管线和燃料气管线总管采用 ϕ10mm×1.5mm 或 ϕ8mm×1.5mm 不锈钢管线，支管采用 ϕ6mm×1mm 不锈钢管线；总管上的切断阀采用不锈钢球阀或针形阀，支管上的切断阀采用不锈钢针形阀；其他管配件采用不锈钢产品。

1.7　IT 网络系统

由于计算机应用技术迅速发展，为分析化验提供了高灵敏性、高选择性、高速化、自动化、智能化、微型化的新手段。分析化验楼设置计算机数据传输系统并与企业管理系统联网，可实现分析化验数据的自动传输。为了适应 IT 网络技术的发展，分析化验楼可进一步与 IT 网络系统紧密结合，实现信息资源优化。IT 网络系统建设的同时，有机地整合计算机 IT 技术人员与分析化验技术人员，使分析化验楼 IT 网络发挥更加重要的作用。

1.8　LIMS 系统

实验室信息管理 LIMS 系统（laboratory information management system）是分析化验室 IT 网络系统的一个具体应用，也是一种使用数据库技术和信息管理技术的化验室自动化全新概念，还是现代综合管理的一种理念、技术、方法、产品和整体解决方案。LIMS 系统的目标是减少重复分析化验的次数，增加分析检测信息的资源共享，以达到客户满意度最大化的目的。

LIMS 信息传输与资源共享系统，见图 50-1；LIMS 系统还可以与工厂运行信息系统进行集成，见图 50-2。

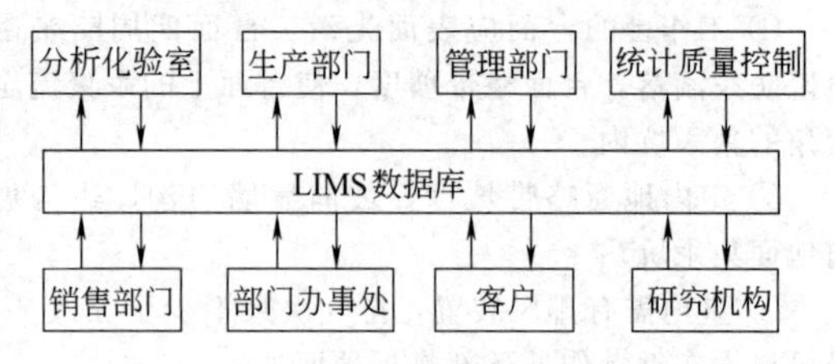

图 50-1　LIMS 信息传输与资源共享系统

(1) LIMS 在大型石化联合装置中的应用举例

① LIMS 系统概况　典型 90 万吨/年乙烯裂解及 8 套衍生物工艺生产装置和辅助设施上下游一体化工程的中央化验室固定资产投资 1.5 亿元，含 600 多种分析检测方法，500 多台分析化验仪器设备，600 多

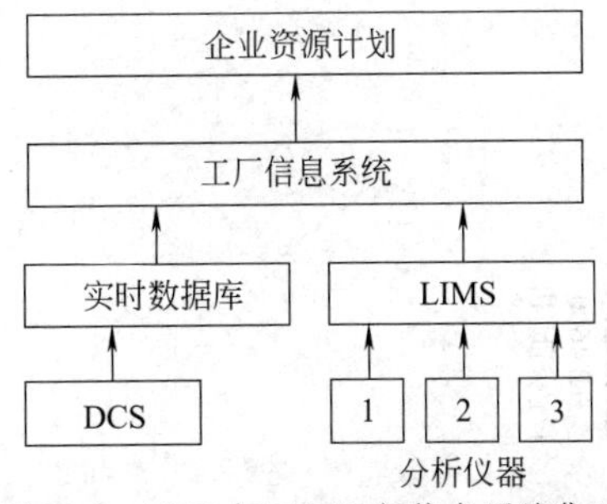

图 50-2　LIMS 与工厂运行信息系统集成

个业务用户。

② LIMS 系统总体设计　LIMS 系统网络拓扑见图 50-3；LIMS 系统中具体实现的功能见表 50-1。

③ LIMS 系统应用效果

a. LIMS 系统与分析化验室基本建设同步实施　由于实施 LIMS 系统是与分析化验室基建、生产装置基建、组织机构建设同步完成的，因此开创了我国分析化验室基本建设与信息系统同步实施的先河。

b. LIMS 系统为生产装置顺利开车保驾护航　由于确保 LIMS 系统按实施进度上线，这样在生产装置的开车过程中，LIMS 系统能够为生产装置提供及时准确的质量分析数据，使生产装置能够及时调整工艺参数，尽快生产出合格产品，降低原料消耗，由此为企业节约成本、创造效益起到功不可没的作用。

c. LIMS 系统与 SAP 系统、PI 系统的全面紧密集成　目前，随着 LIMS 系统、SAP 系统、PI 系统的相继上线以及三个系统的紧密集成，质量信息、生产工艺信息、采购与销售信息以此为载体，为企业的生产、经营决策提供及时有效的支持。故 LIMS 系统真正实现了生产管理、质量管理与经营管理的全面贯通。

表 50-1　LIMS 系统中具体实现的功能

1. 静态数据管理，包括测试管理、样品模板等	6. 数据的查询与浏览
2. 检验业务流程	(1)流程图
(1)样品手动与自动预登记	(2)按样品查询
(2)样品的接收、登录	(3)综合查询
(3)分析任务的自动与手动分配	7. 统计管理与报表
(4)结果的自动与手动录入及原始谱图、数据文件的自动上传	(1)日报表、测试报告、质量日报、合格证、仪器设备台账、仪器设备统计、人员基本信息、计量器具台账、SOP 台账、文件台账
(5)测试审核、样品审批	(2)仪器使用情况统计、样品状态统计、人员工作量统计、装置样品量统计等
(6)样品状态跟踪	8. 统计分析
(7)报表、报告的自动生成	(1)趋势图
3. 质量管理	(2)控制图
(1)产品自动判别等	(3)直方图
(2)留样管理	9. 仪器接口(共 240 台)
(3)合格证的发放	(1)通过“.txt”文件
(4)产品质量分析处理	(2)通过 RS232
4. 资源管理	10. WEB 应用(MyLIMS)
(1)人员管理(人员信息、培训记录、上岗证、简历)	(1)装置临时加样
(2)计量器管理(计量器具台账、检定计划、报废记录)	(2)打印样品标签
(3)SOP 管理(SOP 版本维护、SOP 审核)	(3)浏览 SOP
(4)文件管理(文件维护、文件审核)	(4)装置样品生成
(5)仪器设备管理(仪器台账、维护记录、仪器校准、检定记录、DCU 设置、RS232 设置)	(5)查询和报表
(6)材料管理(原材料规格审批、化学品管理、标准溶液配置、发放和标定管理)	11. 系统集成
(7)库存管理(采购计划、出库管理、库存台账)	(1)与 SAP 公司的 ERP
(8)交接班记录	(2)与美国 OSI 公司的生产信息管理系统(PI)
5. 客户关系管理	
(1)客户列表	
(2)客户项目	

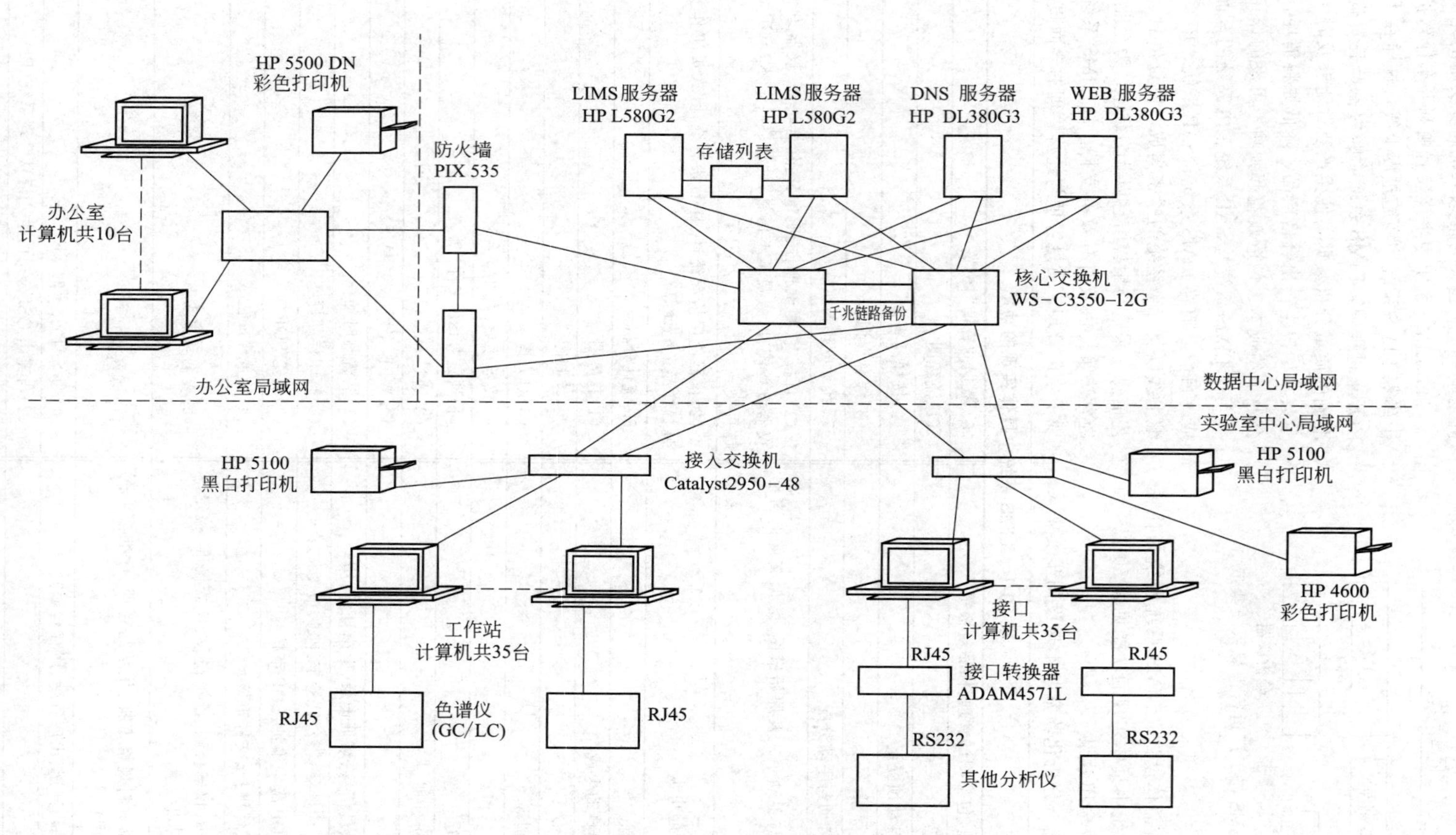

图 50-3 LIMS 系统网络拓扑

d. StarLIMS 实现同一实验室组态制定不同应用方向　中心化验室按照检验业务分为四个团队：其中 HC、AN、PO 三个团队是为生产装置提供检验分析，而 TS 团队的业务类似于第三方的检测实验室。通过 LIMS 系统的实施，充分应用 StarLIMS 软件成熟化、平台化的特点，实现在一个核心软件内组态定制两种实验室不同业务的流程。

e. 符合 ISO/IEC 17025 标准的 StarLIMS 本土化运用　在 LIMS 系统的本土化过程中，既采用 StarLIMS 符合 ISO/IEC 17025 的功能，同时也根据实验室业务管理实际，将影响检测结果的各个因素纳入 LIMS 系统，使 LIMS 系统成为实验室所有人员进行无纸化办公的系统。实验室的管理要素都通过 LIMS 系统来实现，为实验室通过 ISO/IEC 17025 认可奠定坚实的基础。

(2) LIMS 系统发展趋势

① 网络时代的 LIMS 系统　LIMS 厂商将 Internet/Intranet 和 Web 技术引入到 LIMS 中，可以从世界上有网络的任意地方、任意时间进行全天候工作；下一步则是完全 Web 化的 LIMS 系统，LIMS 厂商则把客户数据保存在自己的现场服务器上。

② 强大的仪器连接特性　直接采集各种分析仪器的数据是 LIMS 技术的重要内容，同时能够在远程用统一的界面来控制不同厂家、不同型号的分析仪器。可通过 DCOM、OLE 和 DDE 等方式与外部的 Windows 仪器控制软件相集成，并采用内部的 DCU 软件与各种分析仪器实现双向通信。

③ 方便软件集成特性　一般主流 LIMS 产品都能够与 ERP 软件、统计软件、办公软件、在线控制系统软件、实时数据库、智能集成平台软件等实现无缝连接。

④ 客户化灵活定制特性　LIMS 厂商推出具有灵活的免编程客户化特性的 LIMS 系统，即：只需要按照用户的具体要求进行简单的设置，就可将整个 LIMS 系统正式投用。

⑤ 多语言支持 LIMS 系统　LIMS 厂商推出能够同时支持多种语言的 LIMS 系统，并且提供同一个版本的软件可同时支持多种语言界面，用户可随时通过设置来更改界面语言。

⑥ LIMS 的组态化　组态是一种现代的编程语言或编程方法，组态系统比定制系统的实施工作量、维护工作量要少，而且系统可靠性、扩充性、升级更新等方面具有明显的优势，总成本也低。世界上一流的 LIMS 软件多采用“定制加组态”的方式，使组态 LIMS 系统的总成本远远低于定制 LIMS 系统。

2　分析化验仪器设备

化验楼分析仪器设备包括：电导率仪、光学分析仪、光学仪、质谱分析仪、气相色谱分析仪、液相色谱分析仪、比重计、黏度计、熔点测定仪等，见表 50-2～表 50-10。

表 50-2　电导率仪

名称	型号	测量范围 /(μS/cm)	外形尺寸(长×宽×高) /mm	质量 /kg
美国奥立龙 Orion	310C-01 台式	$0\sim3\times10^6$	224×170×94	
	310C-06 台式	$0\sim3\times10^6$	224×170×94	
	320C-83 便携式	$0\sim3\times10^6$	213×97×48	
	320C-84 便携式	$0\sim3\times10^6$	213×97×48	
上海雷磁	DDS-11A/C/D	$0\sim10^5$	260×160×85	2
	DDB-303A	$0\sim10^5$	170×70×30	0.3
	DDS-304	$0\sim10^5$	210×140×80	
	DDS-307	$0\sim10^5$	290×210×95	1
	DDSJ-308A	$0\sim2\times10^5$	290×200×70	1

表 50-3　光学分析仪

名称	型号	技术特性
岛津(SHIMADZU)紫外可见分光光度计	UVmini-1240	波长范围:190～1100nm。杂散光:≤0.05%
	UV-1800	波长范围:190～1100nm。带宽:1nm。杂散光:≤0.02%
	UV-2450	波长范围:190～900nm。带宽:0.1～5nm。杂散光:≤0.015%
	UV-2550	波长范围:190～900nm。带宽:0.1～5nm。杂散光:≤0.0003%

续表

名称	型号	技术特性
岛津(SHIMADZU)荧光分光光度计	RF-5301PC	波长范围:220～750nm及白光。灵敏度:S/N比150以上。带宽:1.5nm、3nm、5nm、10nm、20nm
岛津(SHIMADZU)原子吸收分光光度计	AA-6200	波长范围:190～900nm,光学双光束测光
	AA-6300	波长范围:190～900nm,光学双光束测光
	AA-6300C	波长范围:190～900nm,电子双光束测光
	AA-6800	波长范围:190～900nm,电子双光束测光
岛津(SHIMADZU)紫外/可见/近红外分光光度计	UV-3600	波长范围:185～3300nm。分辨率:0.1nm。杂散光:≤0.00008%T(220nm,NaI 10g/L溶液)
	SolidSpec-3700/3700DUV	波长范围:165～3300nm。分辨率:0.1nm。杂散光:≤0.00005%T(340nm,$NaNO_2$)
拓普分光光度计	721型	波长范围:340～1000nm。波长精度:±2nm
光栅分光光度计	722型	波长范围:330～800nm。波长精度:±2nm
扫描型可见分光光度计	723型	波长范围:320～1100nm。波长精度:±0.5nm
哈希紫外可见分光光度计	DR/5000型	波长范围:190～1100nm。波长精度:±1.0nm(在200～900nm波段内)
双光束紫外可见分光光度计	760CRT	波长范围:190~900nm。波长精度:±0.3nm(内装自动波长校正装置)
上分荧光分光光度计	960CRT	EM波长范围:200～800nm。波长精度:EM±2nm
原子吸收分光光度计	361MC	波长范围:190～900nm。波长精度:±0.5nm
	361CRT	波长范围:190～900nm。波长精度:±0.5nm

表50-4　光学仪

名称	型号	技术特性
珀金埃尔默傅里叶变换红外光谱仪	Spectrum RX/BX系列	信噪比:60000∶1(4cm^{-1},1min,FR-DTGS检测器,rms),优于0.8 cm^{-1}
比奥罗杰圆二色光谱仪	MOS-500	波长范围:163～950nm(可扩展至1250nm)。波长精度:±0.1nm(163～1250nm)
岛津(SHIMADZU)傅里叶变换红外光谱仪	IRPrestige-21	波数范围:7800～350cm^{-1}。S/N:>4000∶1(4cm^{-1},1min扫描,P-P值)。分辨率:0.5cm^{-1}
	IRAffinity-1	波数范围:7800～350cm^{-1}。S/N:>30000∶1(4cm^{-1},1min扫描,P-P值)。分辨率0.5cm^{-1}
岛津(SHIMADZU)X射线荧光光谱仪	XRF-1800	成像功能:表示直径250μm。分析元素:^{8}O～^{92}U(4Be～7N选配)
	MXF-2400	分析元素:^{4}Be～^{92}U
岛津(SHIMADZU)X射线衍射仪	XRD-6000	X射线发生部:2kW/3kW(CPU控制),测角仪θ-2θ联动,θ、2θ独立
	XRD-7000S/L	X射线发生部:2kW/3kW(CPU控制),θ/θ扫描方式
改进型阿贝折射仪	2WAJ	ND:1.300～1.700。精度:0.0002,单目
数显多功能阿贝折射仪	DR-A1	ND:1.300～1.7100。精度:±0.0002
仪电物光圆盘旋光仪	WXG-4	测量范围:±180°。测量精度:0.05°
仪电物光自动指示旋光仪	WZZ-1	测量范围:±45°(旋光度),测量精度±0.001°
仪电物光数显自动旋光仪	WZZ-3	测量范围:±45°(旋光度)。测量精度:±(0.01°+测量值×0.05%)
普纳数字式自动旋光仪	WZZ-1SS	测量范围:±45°。最小读数:0.001°
	WZZ-2SS	测量范围:−120°Z～+120°Z。最小读数:0.001°Z

表 50-5　质谱分析仪

名称	型号	技术特性和附件
安捷伦(Agilent)气相色谱质谱仪	5975C-GC/MSD	惰性离子源:350℃。金石英四极杆质量扫描范围:1050u,数据同步采集扫描速率:12500u/s。信噪比为:10∶1
安捷伦(Agilent)质谱仪	7500-ICP-MS	ORS:第二代八级杆反应池。线性动态范围:9 个数量级
安捷伦(Agilent)液质联用仪	6100 单四极杆	6110 常规型,6120 可切换型,6130 性能最佳型,6140 最大灵活型
	6200 飞行时间	质量精度:2×10^{-6}
	6300 离子阱	6310 高性价比型,6320 高综合性能型,6330 高灵敏度型,6340 修饰蛋白质分析结果型
	6400-QQQ	三重串联四极杆型
	6500-Q-TOF	四极杆-飞行时间串联型
岛津(SHIMADZU)液相色谱质谱联用仪	LCMS-2010EV	质量范围:$M/Z=10\sim2000$。分辨率:$R=2M$
岛津(SHIMADZU)气相色谱质谱联用仪	GCMS-QP2010 Plus	$S/N\geqslant185$,质量范围:1.5～1090
岛津(SHIMADZU)飞行时间质谱仪	LCMS-IT-TOF	电喷雾-离子阱和飞行时间串联 高速检测 MS/MS,MS/MS/MS,MS/MS/MS/MS
岛津(SHIMADZU)高频等离子体质谱仪	ICPM-8500	分析部:四极杆型 检测器:二次电子倍增管

表 50-6　气相色谱分析仪

名称	型号	技术特性	附件
岛津(SHIMADZU)气相色谱仪	GC-2010 PLUS	适合痕量分析 柱温:室温＋4℃～450℃ 柱温:－50～420℃(液态 CO_2)	TCD-2010 Plus 热导检测器 FID-2010 Plus 氢焰离子化检测器 ECD-2010 Plus 电子捕获检测器 FPD-2010 Plus 火焰光度检测器 FTD-2010 Plus 火焰热离子化检测器 附件:气相色谱仪工作站
	GC-2014	柱温:室温＋10℃～420℃ 柱温:－50～420℃(液态 CO_2)	TCD-2014 热导检测器 FID-2014 氢焰离子化检测器 ECD-2014 电子捕获检测器 FPD-2014 火焰光度检测器 FTD-2014 火焰热离子化检测器 FTD-2014C 火焰热离子化检测器 附件:气相色谱仪工作站
	GC-14C	双柱用、分流/无分流用等 各种流量控制器 室温＋10℃～420℃(使用低温附件时:－90～420℃)	TCD 热导检测器 FID 氢焰离子化检测器 ECD 电子捕获检测器 FPD 火焰光度检测器 FTD 火焰热离子化检测器 附件:气相色谱仪工作站
安捷伦(Agilent)气相色谱仪	3000A micro	现场在线定性定量检测各种气体组分 便携式	四通道
	6850	小体积型	FID 火焰离子化检测器 TCD 热导检测器 FPD 火焰光度检测器 micro-ECD 微池电子捕获检测器 MSD 质量选择检测器

续表

名称	型号	技术特性	附件
安捷伦(Agilent)气相色谱仪	7890A	采用微板流控技术 精度最高的电子气路控制(EPC) 旗舰型	FID火焰离子化检测器 TCD热导检测器 micro-ECD微池电子捕获检测器 FPD火焰光度检测器(单波长/双波长) NPD氮磷检测器 SCD硫化学发光检测器 NCD氮化学发光检测器 质谱检测器
气相色谱仪	GC102/AF/AT/M	相同柱温条件下,能同时使用 热导池和氢火焰离子化两种检测器 TCD灵敏度:$S \geqslant 1000 \mathrm{mV \cdot mL/mg}$ FID灵敏度:$M_t \leqslant 1\times10^{-10}$g/s 恒温室:室温+15℃~399℃	FID火焰离子化检测器 TCD热导检测器
	GC112A	TCD灵敏度:$S \geqslant 2500 \mathrm{mV \cdot mL/mg}$($C_{16}$) FID灵敏度:$M_t \leqslant 1\times10^{-11}$g/s(P) ECD灵敏度:$\leqslant 2\times10^{-13}$g/s(r-666) NPD灵敏度:$\leqslant 5\times10^{-12}$g/s(N) 恒温室:室温+7℃~400℃	FID火焰离子化检测器 TCD热导检测器 FPD火焰光度检测器 NPD氮磷检测器 附件:气相色谱仪工作站
	GC122	FID灵敏度:$M_t \leqslant 1\times10^{-11}$g/s($C_{16}$) 柱温:室温+7℃~400℃(增量1℃) 最高使用温度:≤400℃	TCD型热导池检测器 ECD型电子捕获检测器 FPD型火焰光度检测器 NPD型氮磷检测器
	GC1102	TCD灵敏度:$S \geqslant 1500 \mathrm{mV \cdot mL/mg}$ FID灵敏度:$M_t \leqslant 5\times10^{-11}$g/s	
	GC1102N	FID灵敏度:$M_t \leqslant 5\times10^{-11}$g/s	
	4890D		FID/TCD/ECD/FPD/NPD检测器

表50-7 液相色谱分析仪

名称	型号	技术特性和附件
安捷伦(Agilent)液相色谱仪	1120一体式	可选5种配置系统 RID示差检测器 FLD荧光检测器 ELSD蒸发光散射检测器
	1200	四元系统可在不同方法之间进行 切换,可以使用二元、三元和四元梯度 SL可变波长检测器 FLD荧光检测器 RID示差检测器 ELSD蒸发光散射检测器
安捷伦(Agilent)高分离快速液相色谱仪	RRLC	标准液相色谱和高分离快速液相色谱的功能 流速为0.05~5mL/min 二极管阵列的采集速度快,80Hz 100余种适合高分离快速分析的1.8μm粒径色谱柱 分析流速范围:0.05~5mL/min 柱长:10~300mm 内径:0.05~8mm
岛津(SHIMADZU)高效液相色谱仪	LC-2010HT	微冲程串联双柱塞输液 可梯度洗脱(定压混合方式) 15s进样速度(10μL进样) 350个样品处理数(1mL小瓶) 附件:高效液相色谱仪工作站
	LC-10ATVP Plus	紫外光/可见光双波长检测仪 附件:高效液相色谱仪工作站

续表

名称	型号	技术特性和附件
JASCO 超高压快速液相色谱仪	X-LC	填充柱颗粒≤2μm，无脉冲溶剂输送 智能自动进样 3070UV 紫外光检测仪 3075UV 可见光检测仪 3120FP 超高灵敏度荧光检测仪
JASCO 高效液相色谱仪	LC-2000 Plus	二元/三元/四元梯度混合系统 UV-2070 紫外光检测器 UV-2010 PDA 检测器 FP-2020 荧光检测器 CD-2095 圆二色检测器 OR-2090 旋光度检测器 RI-2031 示差检测器 CL-2027 化学冷光检测器 氨基酸/糖类/农药分析系统 附件：数据分析 ChromPass 工作站
JASCO 超临界萃取色谱仪	SFC/SFE	采用电子制冷的 CO_2 输送泵，SSQD 系统确保被输送介质的流速稳定，泵头电子冷却装置可保持泵头温度低于－4℃
D-STAR 高效液相色谱仪	DLC-20	波长范围：190～360nm 噪声：±2.5×10^{-4}AU(254nm) 主机：美国原装进口 附件：工作站

表 50-8 比重计

名称	型号	测量范围/(g/cm³)	外形尺寸(长×宽×高)/mm	质量/kg
液体比重天平	PZ-B-5	0～2.0000	240×90×280	1.5
密度计	DE40	0～3		
	DE45/ DE51	0～3		
	DA-100M	0～3		
便携式密度计	DA-110M	0～2 0～3		

表 50-9 黏度计

名称	型号	测量范围/mPa・s	外形尺寸(长×宽×高)/mm	质量/kg
ASONE 模拟黏度计	LVT	低黏度 15～2×10^6		
	RVT	中黏度 100～8×10^6		
	HAT	高黏度 200～16×10^6		
	HBT	高黏度 800～64×10^6		
ASONE 数字式黏度计	LVDV-Ⅱ＋Pro	低黏度 15～6×10^6	480×250×380	9.5
	RVDV-Ⅱ＋Pro	中黏度 100～4×10^7	480×250×380	9.5
	HADV-Ⅱ＋Pro	中高黏度 200～8×10^7	480×250×380	9.5
	HBDV-E-Ⅱ＋Pro	高黏度 800～32×10^7	480×250×380	9.5
旋转式黏度计	NDJ-1	中黏度 10～1×10^5 低黏度 0.1～100	300×300×450	8
	NDJ-4	10～2×10^6	300×300×450	2
涂-4 杯黏度计	NDJ-5	30s≤t≤100s	155×98×335	
数字式黏度计	NDJ-5S	10～1×10^5	308×300×450	3.75
	NDJ-8S	10～2×10^6	308×300×450	3.75
	DV-1	1～2×10^6	370×325×280	6.8
旋转式黏度计	NDJ-79	1～1×10^6	170×140×440	15

表 50-10 熔点测定仪

名称	型号	测量范围/℃	电源电压/V	功率/W	外形尺寸(长×宽×高)/mm	质量/kg
熔点仪	WRR	40～280	220	250	270×310×400	12.5
数字熔点仪	WRS-1A/B	室温～300	220	100	620×420×340	13
显微熔点仪	WRX-1S	室温～300	220		400×130×400	12.6

3 配套设备和家具

化验楼分析仪器配套设备和家具包括：天平、pH计、搅拌器、电阻炉、恒温干燥箱、电热恒温水浴锅、蒸馏水器、振荡器、普通实验台、专用实验台等，见表50-11～表50-26。

表 50-11 天平

名称	型号	称量/g	分度值/mg	外形尺寸(长×宽×高)/mm	净重/kg
METTLER-TOLEDO 超微量天平	UMX2	2.1	0.0001	称量部件尺寸 128×287×113 显示部件尺寸 224×366×94	
	UMX5	5.1	0.0001	称量部件尺寸 128×287×113 显示部件尺寸 224×366×94	
	MX5	5.1	0.001	称量部件尺寸 128×287×113 显示部件尺寸 224×366×94	
METTLER-TOLEDO 微量天平	XP26	22	0.001	263×487×322	
	XP26DR	5.1/22	0.002/0.01	263×487×322	
	XP56	52	0.001	263×487×322	
	XP56DR	11/52	0.002/0.01	263×487×322	
METTLER-TOLEDO 分析天平	XP105DR	31/120	0.01/0.1	263×487×322	
	XP205	220	0.01	263×487×322	
	XP205DR	20/81/220	0.01/0.1	263×487×322	
	XP204	220	0.1	263×487×322	
	XP504	520	0.1	263×487×322	
	XP504DR	90/101/520	0.1/1	263×487×322	
	XS105DU	41/120	0.01/0.1	263×453×322	
	XS205DU	81/220	0.01/0.1	263×453×322	
	XS64	61	0.1	263×453×322	
	XS104	120	0.1	263×453×322	
	XS204SX	210	0.1	194×366×363	
	XS204DR	81/220	0.1/1	263×453×322	
	AB135-S	31/120	0.01/0.1	245×321×344	
	AL104	110	0.1	238×335×364	
	AL204	210	0.1	238×335×364	
	AL204-IC	220	0.1	238×335×364	

续表

名称	型号	称量/g	分度值/mg	外形尺寸(长×宽×高)/mm	净重/kg
METTLER-TOLEDO 精密天平	XP204S	210	0.1	214×395×363	
	XP802S	810	10	194×392×96	
	XP8002S	8100	10	194×392×96	
	XP12002MDR	2400/12100	10/100	240×419×110	
	XP20001M	20100	100	240×419×110	
	XS403S	410	1	194×366×276	
	XS1003S	1010	1	194×366×276	
	XS4002SDR	800/4100	10/100	194×366×96	
	XS8001S	8200	100	194×366×96	
	XS16000M	16100	1000	240×393×110	
	PB153-S PB153-L	151	1	245×321×236 245×321×265	
	PB503-S	510	1	245×321×89	
	PB1502-S PB1502-L	1510	10	245×321×89	
	PB5001-S PB5001-L	5100	100	245×321×89	
	SB16001DR	3200/16100	100/1000	381×321×92	
	SB32000	32100	1000	381×321×92	
	PL203-IC	210	1	238×335×287	
	PL2002-IC	2100	10	238×335×111	
	PL4001	4100	100	238×335×111	
METTLER-TOLEDO 大量程精密天平	XP8001L	8100	100	360×425×130	
	XP32001LDR	6400/32100	100/1000	360×280×130	
	XP64000L	64100	1000	280×505×130	
	XS16001L	16100	100	360×404×130	
	XS32000L	32100	1000	360×404×130	
METTLER-TOLEDO 便携式精密天平	PL83-S	81	1	194×224×137	2.4
	PL1502-S	1510	10	194×225×67	2.1
	PL6000-S PL6000-L	6100	1000	194×225×67	2.3
电子分析天平	FA1004	100	0.1	195×330×304	
	FA2004	200	0.1	195×330×304	
	FA604A	60	0.1		
	FA2004A	200	0.1		
电子精密天平	JA1003	100	1	195×330×304	
	JA2003	200	1	195×330×304	
	JA5003	500	1	195×330×304	
	MP200A	200	1	335×200×355	
	MP200B	200	10	335×200×120	
	JA1003A	100	1		
	JA2003A	200	1		
	JA3003A	300	1		
	JA5003A	500	1		
	JA8002	800	10		
	JA12002	1200	10		
	JA31002	3100	10		
	JA61001	6100	100		
	AB1004-N	101	0.1		
	AR204-N	210	0.1		

续表

名称	型号	称量/g	分度值/mg	外形尺寸(长×宽×高)/mm	净重/kg
单盘机械天平	DWT-1	20	0.01	230×390×440	13
双盘机械天平	TG128	200	0.02	430×310×590	20
	TG335	2	0.001	310×265×395	16.5
链条天平	TL-02C	200	10	510×285×515	16
物理天平	TW-05B	500	50	455×185×435	6.5
扭力天平	JN-B-50	0.05	0.1	190×60×365	5
静水力学天平	8SJ5kg-1	5000	50		
架盘天平	HC-TP11-1	100	100		
	HC-TP11-5	500	500		

表 50-12　pH 计

名称	型号	测量范围(pH 值)	外形尺寸(长×宽×高)/mm	质量/kg
Thermo pH/电导率仪	410C-01 台式	−2.000～19.999	224×170×94	
	410C-06 台式	−2.000～19.999	224×170×94	
	420C-81 便携式	−2.000～19.999	213×97×48	
Thermo pH/溶解氧 DO 仪	410D-01 台式	−2.000～19.999	224×170×94	
	420D-82 便携式	−2.000～19.999	213×97×48	
ASONE pH 计	EC-PH5TEM-01P	0～14.00	157×85×42	0.225
	EC-PH6+	0～14.00	157×85×42	0.225
实验室 pH 计	PHSJ-4A	0～14	290×200×75	1
	PHS-3F	−2～20	290×200×70	1
	PHS-3B/C	0～14	290×210×95	1.5
	PHS-2F	0～14	290×210×95	1.5
	PHBJ-260	0～14	210×86×50	0.5
	PHB-4	0～14	170×75×30	0.3
	PHREX-2	0～14	210×86×50	0.5
	PHS-25	0～14	250×160×85	2
	MP120-BE	0～14	265×190×65	
	MP125-BE	−2～16	265×190×65	
	MI129K	−2～16	265×190×65	
	MP225	−2～16	265×190×65	
	MI229	−2～16	265×190×65	

表 50-13　搅拌器

名称	型号	加热温度/℃	搅拌能力/mL	功率/W	外形尺寸(长×宽×高)/mm	质量/kg
ASONE 搅拌器	HSD-4 四联		50～2000		320×311×70	3.5
	HSD-6 六联		50～2000		480×311×70	5
	HS-400 十联		50～2000		765×330×57	9
	RSH-1A 模拟型	50～250	50～3000	300	189×215×81	
	RSH-1D 数字型	50～250	50～3000	300	189×215×81	
	CT-3HA 通用型	250	3000	450	172×215×111	
	CT-5HA 通用型	250	5000	500	232×275×111	

续表

名称	型号	加热温度/℃	搅拌能力/mL	功率/W	外形尺寸(长×宽×高)/mm	质量/kg
ASONE搅拌机	S-1			60	95×185×198	3.0
	S-2			60	95×185×198	3.0
	S-3			60	95×185×198	3.0
	S-4			60	95×185×198	3.0
磁力加热搅拌器	78-1A	80	1000	300	242×188×134	4
	79-1	80	2000	249	285×175×145	4
电动搅拌机	6511			25	300×350×760	
	7312-1			40	300×260×760	
强力电动搅拌机	JB50-D			50	300×260×760	
	JB300-D			300	280×360×730	
实验室搅拌机	RW20. N		20000	70	普通型	
	RW20. D. N		20000	70	数显型	
磁力加热搅拌器	RCT	300	20000		普通型	
	RET	300	20000		控制型	
恒温磁力搅拌器	85-2	100	1000	300	230×160×100	
定时恒温磁力搅拌器	94-2	150	3000		200×170×135	
数显磁力搅拌器	H01-1	150	10000	400	220×170×145	

表 50-14　电阻炉

名称	型号	额定功率/kW	额定温度/℃	外形尺寸(长×宽×高)/mm	质量/kg
箱式电阻炉	SX2-2.5-10	2.5	1000	542×360×440	35
	SX2-4-10	4	1000	650×440×515	55
	SX2-8-10	8	1000	800×520×587	115
	SX2-12-10	12	1000	930×620×730	180
	SX2-2.5-12	2.5	1200	542×360×440	35
	SX2-5-12	5	1200	650×440×515	55
	SX2-10-12	10	1200	800×520×587	115
	SX2-6-13	6	1300	625×604×600	90
	SX2-10-13	10	1300	762×660×675	135
管式电阻炉	SK2-2-10	2	1000	728×308×404	35
	SK2-4-10	4	1000	1138×343×471	70
	SK2-6-10	6	1000	1279×388×526	90
	SK2-2-12	2	1200	728×308×404	35
	SK2-4-12	4	1200	1138×343×471	70
	SK2-6-12	6	1200	1279×388×526	90
ASONE加热板	NDK-1K	0.7	350	240×280×70	
	NDK-2K	0.9	350	320×360×70	
	AHS-300	1.5	480	300×250×200	4
	AHS-500	2.5	480	500×350×200	8
电热板	SB-1.8-4	1.8	400	460×320×172	16.5
	SB-3.6-4	3.6	400	620×460×184	31

表 50-15 恒温干燥箱

名称	型号	额定功率/kW	温度范围/℃	工作室尺寸(长×宽×高)/mm	质量/kg
Thermo烘箱	T6/T6P	1.22	250	540×552×700	
	UT6/UT6P	1.27	250	540×552×700	
	T20/T20P	2.22	250	720×754×910	
	UT20/UT20P	2.32	250	720×754×910	
	T6030	0.8	300	535×552×552	
	T/UT6120	2.2/2.4	300	535×895×696	
	T/UT6420	4.1/4.2	300	715×744×1707	
	T/UT6760	6.1/6.3	300	715×1200×1707	
ASONE恒温干燥器	DOV-300	1.3	300	400×440×630	30
	DOV-450	1.3	300	550×540×780	45
	DOV-300P	1.3	300	400×440×630	30
	DOV-600	1.4	300	700×610×830	50
	DOV-750	1.4	300	550×540×1080	45
	DOV-600P	1.4	300	700×610×830	50
电热鼓风干燥箱	101-1	3	≤300	350×450×450	100
	101-2	3.6	≤300	450×550×550	145
	101-4	8	≤300	800×800×1000	385
	101A-1E	2.4	≤250	350×450×450	
	101A-2E	2.8	≤250	450×550×550	
	101A-3E	4	≤250	500×600×750	
电热恒温干燥箱	202-1		≤300	350×450×450	
	202-2		≤300	450×550×550	
	202-4		≤300	800×800×1000	
	PH030		≤200	300×310×350	
电热密闭干燥箱	105	8.5	≤200	800×800×1000	
	107	110	≤250	2500×2600×2200	
远红外快速干燥箱	YHG-300	1.4	≤300	300×300×350	50
	YHG-400	2	≤300	400×400×450	70
	YHG-600	4	≤300	600×600×750	150

表 50-16 电热恒温水浴锅

名称	型号	规格	额定功率/kW	工作室尺寸(长×宽×高)/mm	质量/kg
ASONE恒温水/油槽	TMK-1K	恒温水槽	1	194×336×156	
	TMK-2K	恒温水槽	1	194×336×156	
	TMK-3K	恒温水槽	1	194×336×156	
	TMK-4K	恒温油槽	1.2	194×336×156	
	TR-1AR	恒温水槽	1	194×336×156	
	TR-2AR	恒温水槽		194×336×156	
	TR-3AR	恒温水槽		194×336×156	

续表

名称	型号	规格	额定功率/kW	工作室尺寸(长×宽×高)/mm	质量/kg
电热恒温水浴锅	HHS-11-2	单列 2 孔	0.5	300×180×90	
	HHS-11-6	单列 6 孔	1.5	900×180×90	
	S11.8	单列 8 孔	2	1244×156×116	30.5
	HHS-21-4	双列 4 孔	1	320×320×90	
	HHS-21-8	双列 8 孔	2	640×320×90	
	HH.S21.4	双列 4 孔	1	320×320×90	7.8
超级恒温水浴锅	HH-501	±0.5℃	1	480×280×360	
数显超级恒温油浴锅	HH-SA	±0.5℃	1.8	280×280×300	

表 50-17　蒸馏水器

名称	型号	出水量/(L/h)	额定功率/kW	外形尺寸(长×宽×高)/mm	质量/kg
不锈钢电热蒸馏水器	HS.Z11.5	5	4.5	300×210×580	6
	HS.Z11.10	10	7.5	340×250×720	7.5
	HS.Z11.20	20	15	370×280×720	12

表 50-18　振荡器

名称	型号	规格	外形尺寸/mm
台式恒温振荡器	THZ-D	振荡频率:50～300r/min。振幅:26mm。容量:250mL×15 个,1000mL×6 个	680×500×480
往复式水浴恒温振荡器	SHZ-88	振荡频率:40～300 次(数显)。振幅:20mm。容量:100mL×16 个,200mL×9 个	
旋转式水浴恒温振荡器	DSHZ-300A	振荡频率:40～300r/min。振幅:26mm。容量:250mL×9 个	680×430×410
大容量恒温振荡器	DHZ-C	振荡频率:40～280r/min。振幅:30mm。容量:5000mL×6 个,2000mL×10 个,1000mL×18 个,500mL×40 个	1300×650×700
冷冻恒温振荡器	DHZ-D	振荡频率:20～300r/min。振幅:26mm。容量:5000mL×6 个,3000mL×8 个,2000mL×12 个,1000mL×23 个,500mL×34 个	1300×650×730

表 50-19　普通实验台

名称	型号	规格(长×宽×高)/mm	质量/kg	特　　性
ASONE 实验边台	SHA-450	450×750×800	25	台面:塞固兰和塞鲁隆 边缘:聚丙烯(PP)45mm 加工 柜体:两面蜜胺硬质纤维板
	SHA-600	600×750×800	32	
	SHA-900	900×750×800	45	
	SHA-1200	1200×750×800	57	
	SHA-1500	1500×750×800	74	

续表

名称	型号	规格(长×宽×高)/mm	质量/kg	特性
ASONE实验边台	SGA-450	450×750×800	26	台面:塞固兰和塞鲁隆 边缘:聚丙烯(PP)45mm加工 柜体:两面蜜胺硬质纤维板
	SGA-600	600×750×800	33	
	SGA-900	900×750×800	46	
	SGA-1200	1200×750×800	58	
	SGA-1500	1500×750×800	77	
	SSA-1500	1500×750×800	92	
	SSA-1800	1800×750×800	102	
中央实验台	ZSA/B/C ZSD/E	1800×1500×850 2400×1500×850		板面:柔光防水贴面板 台面:玻璃钢、花岗岩 台面:不锈钢、塑面板
单面实验台	DSA/B/C DSD/E	1800×750×850 2400×750×850		
	DSF/G DSH/I	1200×750×850 1800×750×850		
	DSJ DSK	1200×750×850 1800×750×850 2400×750×850		

表 50-20 专用实验台

名称	型号	规格(长×宽×高)/mm	质量/kg	特性
ASONE实验边台	HSF-1200	1200×750×800	96	台面:塞固兰和塞鲁隆 边缘:聚丙烯(PP)45mm加工 柜体:两面蜜胺硬质纤维板 脚部:带水平调节器 抽斗、拉手
	HSF-1500	1500×750×800	104	
	HSF-1800	1800×750×800	118	
	HTF-1200	1200×750×800	94	
	HTF-1500	1500×750×800	103	
	HTF-1800	1800×750×800	122	
中央实验台	FCF-4212	4200×1200×800	326	
	FCF-2415	2400×1500×800	257	
	FCF-3015	3000×1500×800	287	
	FCF-3612	3600×1200×800	284	
单人单面超净实验台	ZHJH-1106B	600×625×545	118	
	ZHJH-1109B	900×625×545	153	
单人双面超净实验台	ZHJH-1209B	900×650×545	162	
双人双面超净实验台	ZHJH-1214B	1400×650×545	225	

表 50-21 普通天平台

名称	型号	规格(长×宽×高)/mm
天平台	TA-12	1200×750×780
	TA-24	2400×750×780
	TA-36	3600×750×780
	TA-48	4800×750×780
	TA-60	6000×750×780
	SA-12	1200×750×850

续表

名称	型　号	规格(长×宽×高)/mm
天平台	SA-24	2400×750×850
	SA-36	3600×750×850
	SA-48	4800×750×850
	SA-60	6000×750×850

表 50-22　专用天平台

名称	型号	规格(长×宽×高)/mm	质量/kg	特　性
专用天平台	UBA-96	900×600×750	94	台面:50mm 人造石
	UBA-126	1200×600×750	118	台面:50mm 人造石
	UBA-186	1800×600×750	188	台面:50mm 人造石
防振天平台	UBC-97	900×750×750	137	防振台板:36mm 铸铁板
	UBC-127	1200×750×750	143	防振台板:36mm 铸铁板
	UBC-187	1800×750×750	274	防振台板:36mm 铸铁板

表 50-23　极谱台

名称	型　号	规格(长×宽×高)/mm	特　性
极谱台	JPT-A15	1500×750×850	支承:砖支墩 台面:水磨石
极谱台	JPT-B15	1500×750×850	

表 50-24　工作台

名称	型号	规格(长×宽×高)/mm	最大负荷/kg	质量/kg	特　性
ASONE 工作台	KSA-1200	1200×750×800	100	32	台面:塞固兰和塞鲁隆 边缘:聚丙烯(PP)45mm 加工 柜体:木制聚氨酯(PU)涂层
	KSA-1500	1500×750×800	100	37	
	KSA-1800	1800×750×800	150	46	
	KSA-2400	2400×750×800	150	60	
	KSA-1200	1200×750×800	100	35	台面:塞固兰和塞鲁隆 边缘:聚丙烯(PP)45mm 加工 柜体:木制聚氨酯(PU)涂层 拉手:带聚丙烯(PP)卡片夹
	KSA-1500	1500×750×800	100	41	
	KSA-1800	1800×750×800	150	50	
	KSA-2400	2400×750×800	150	65	

表 50-25　防潮箱

名称	型号	规格(长×宽×高)/mm	相对湿度设定范围/%	电源/V	功率/W	质量/kg
ASONE 数字高级控制电子防潮箱	DCD-SSP2	900×459×900	0～60	100	34	50
	DCD-SSP3	600×659×1800	0～60	100	63	70
	DCD-SSP4	1200×659×1800	0～60	100	121	115
	DCD-SSP6	1200×659×1800	0～60	100	121	115
	RCD-S3	600×659×1800	0～60	100	62	70
	RCD-S4	1200×659×1800	0～60	100	63	115
	RCD-S6	1200×659×1800	0～60	100	63	115
ASONE 真空防潮箱	VL	300×222×300	真空度 133Pa	100		11
	VL-C	300×222×300	真空度 133Pa	100		11
	VLH	310×333×520	真空度 133Pa	100		23
	VLH-C	310×333×520	真空度 133Pa	100		23

表 50-26 通风柜

名称	型号	规格(长×宽×高)/mm	风速/(m/s)	排风量/(m^3/h)	照明/W	特性
FISHER通风柜	FISHER-008	1219×810×2350	0.4～0.5	600	30	基材:全钢框架结构 台面:进口32mm Epoxy台面 拉门:6mm浮法夹层玻璃 旋塞:复合铜铸单口龙头 万用插座,电源保护装置
		1524×810×2350	0.4～0.5	600	30	
		1829×810×2350	0.4～0.5	600	30	
通风柜	BMJ-1	1200×850×2200	0.3～0.7	700～1500	20	骨架、拉门:铝合金 板面:柔光防水贴面板 台面:玻璃钢、花岗岩、不锈钢
	BMJ-2	1200×850×2400	0.3～0.7	700～1500	20	
	BMJ-3	1500×850×2400	0.3～0.7	700～1600	30	
	BMJ-4	1800×850×2400	0.3～0.7	800～1800	30	
	KFS-120	1200×750×2350		720	30	
	KFS-150	1500×750×2350		960	40	
	KFS-180	1800×750×2350		1140	40	
	KFB-120	1200×750×2550		720		
	KFB-150	1500×750×2550		960		
	KFB-180	1800×750×2550		1140		

4 分析化验的发展趋势

分析化验的发展趋势:①随着化工工艺技术的发展,对分析化验提出了更高的要求,同时分析化验自身技术的进步,使分析方法向快速化、微量化、仪器化方向进一步发展;②随着工艺装置大型化和智能化的发展,对生产装置质量控制的要求越来越严格,分析取样的流程也越来越周全,与在线取样分析系统的联系也越来越密切;③随着网络系统的发展,对分析仪器设备可通过网络查询技术规格并采用整体打包(package)采购的方式以获得相关信息。该方式特别适用于EPC和PMC项目,不但可以提高设计工作效率,还可以节约工程投资费用。

由于信息技术日新月异地发展,分析化学已经进入第三次变革的阶段。将分析化学标志为一个具有眼睛形状的"异化"烧瓶,形象地表达"分析化学是科学技术的眼睛"的意思,而分析化验进一步发展使分析化学这个"眼睛"的眼光更加明亮,视角更加宽广,视力更加敏锐。分析化学主要的发展趋势,见图50-4。同时,材料科学、环境科学、生命科学等学科的迅猛发展给分析化学提出了各种各样新的难题,要求在确定物质组成和含量的基础上提供物质更全面的信息,由此需要确定分析样品的速度和精度越来越严格。分析化学正在成长为一门建立在化学、物理学、数学、计算机科学、精密仪器制造科学等综合的边缘科学。

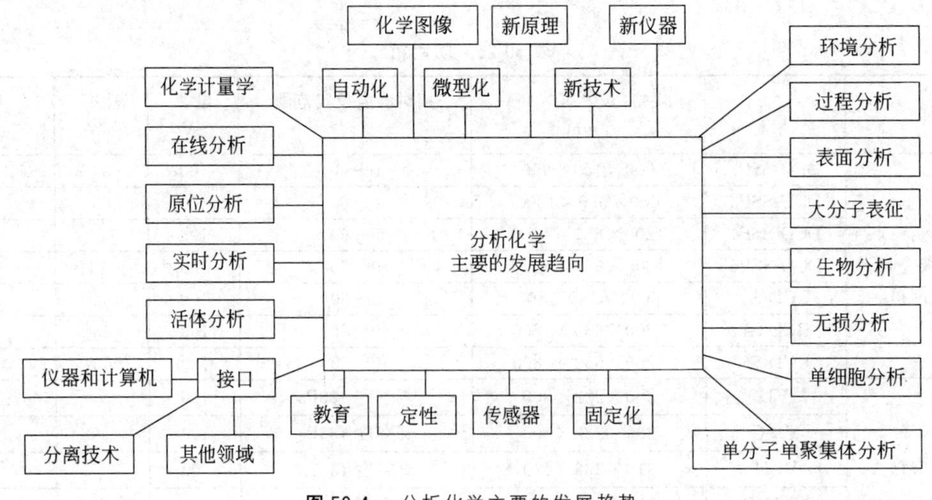

图 50-4 分析化学主要的发展趋势

分析化验楼必须进行绿色的工程设计以从源头上遏制对环境的污染，实现绿色化学革命。现代化的分析化验楼应该具备“安全、高效、舒适”三大要素，“以人为本”和“人与环境和谐发展”已经成为分析化验楼工程设计的宗旨。

5　设计标准和规范

《实验室建筑设备》（一）	07J901-1
《实验室建筑设备》（二）	07J901-2
《科学实验建筑设计规范》	JGJ 91
《石油化工中心化验室设计规范》	SH/T 3103
《洁净厂房设计规范》	GB 50073
《建筑设计防火规范》	GB 50016
《工业金属管道设计规范》	GB 50316
《建筑给水排水设计规范》	GB 50015
《建筑照明设计标准》	GB 50034
《工业建筑供暖通风与空气调节设计规范》	GB 50019
《石油化工工厂信息系统设计规范》	GB/T 50609

参考文献

[1] 吴德荣. 化工工艺设计手册. 第 4 版. 北京：化学工业出版社，2009.

[2] 吴德荣. 化工装置工艺设计. 上海：华东理工大学出版社，2014.

[3] 王松汉. 乙烯装置技术与运行. 北京：中国石化出版社，2009.

[4] 符斌，李华昌. 化学工作者手册：分析化学实验室手册. 北京：化学工业出版社，2012.

[5] 黄家声. 实验室设计与建设指南. 北京：水利水电出版社，2011.

[6] 陈必友，李启华. 工厂分析化验手册. 北京：化学工业出版社，2009.

[7] 汪寿建. 化工厂公用设施设计手册. 北京：化学工业出版社，2000.

[8] 骆巨新. 分析实验室装备手册. 北京：化学工业出版社，2003.

[9] 季剑波. 分析测试技术. 北京：化学工业出版社，2010.

第51章 科学实验建筑

1 概述

科学实验建筑广泛存在于以自然科学为基础的生产、科研和教学机构中，包括实验用房、辅助用房和公用设施用房。本章主要介绍通用实验室和实验动物房的设计。

1.1 术语

① 科学实验建筑　用于从事科学研究、实验工作和生产检测的建筑。一般包括实验用房、辅助用房和公用设施等用房。

② 实验用房　直接用于从事科学研究和实验工作的用房，包括通用实验室、专用实验室和研究工作室。

③ 通用实验室　适用于多学科的以实验台规模进行经常性科学研究和实验工作的实验室。

④ 专用实验室　有特定环境要求（如恒温、恒湿、洁净、无菌、防振、防辐射、防电磁干扰等）或以精密、大型、特殊实验装置为主（如电子显微镜、高精度天平、谱仪等）的实验室。

⑤ 辅助用房　为科研、实验工作提供服务的用房，包括学术活动室、图书资料室、实验动物房、温室、标本室、器材库等。

⑥ 研究工作室　用于科研实验人员从事理论研究、准备实验材料、查阅文献、整理实验数据、编写成果报告等的用房。

1.2 科学实验建筑设计的发展趋势

随着科学技术的日新月异，科学实验建筑在规划设计、信息技术和功能设置等方面上也取得长足的发展，以下分别加以介绍。

1.2.1 需求导向型规划设计

科学实验建筑的规划与设计应先完成使用需求的报告文件（user requirements specification，URS），经过业主审批以后，再开展详细设计和项目执行。在URS规划过程中，跨国公司、国家投资的某些大型项目和一些政府项目大多采用专业咨询的方式，就是委托具有丰富实验室设计经验的专业机构，利用专业的工具，与业主充分互动，最终形成一份科学、合理的使用需求报告。报告的内容应当包含人员规划、研发业务流程、各种类型房间（包含实验室、办公室、辅助用房等）的面积、设施要求和相互关系的规划，相关公用设施的需求（例如水、电、气和通风等）以及未来业务拓展的需求。这个过程，可以保证实验建筑项目的顺利实施，避免因为考虑不周导致预算大大增加和项目严重延期，避免投入使用以后才发现不能满足使用要求，最终形成经过审批的使用需求报告，这是设计单位开展设计工作的重要依据。

在规划和设计的过程中，满足使用需求是最核心的部分，同时需要考虑一些外部条件的限制，例如国家和当地政府对于消防、安全、环境保护、职业卫生及节能的规定；工业园区对该地块使用的限制；当地的气候条件以及地质条件等。一些跨国公司还需要满足公司在全球的惯例，一些政府项目还需要满足所属部委的相关要求等。

1.2.2 实验室信息管理系统

随着科研和生产技术的不断发展，人们对分析测试的要求无论在样品数量、分析周期、分析项目和数据准确性等方面都提出了更高的标准，而原来的人工管理模式在这种形式下已显得不太适应。为此，国际上相关实验室已开始朝网络化管理的方向发展。实验室信息管理系统（lab information management systems，LIMS）就是在这一背景下产生的集现代化管理思想与计算机技术为一体的用于各行业实验室管理和控制的一项崭新的应用技术。

LIMS将实验室的分析仪器通过计算机网络连起来，采用科学的管理思想和先进的数据库技术，实现以实验室为核心的整体环境全方位管理。它集样品管理、资源管理、事务管理、网络管理、数据管理（采集、传输、处理、输出、发布）、报表管理等诸多模块为一体，组成一套完整的实验室综合管理和产品质量监控体系，既能满足外部的日常管理要求，又能保证实验室分析数据的严格管理和控制。

目前全球领先的LIMS供应商（如Thermo Fisher Scientific），能针对石化、化工、医药等行业研发业务开发出专门的LIMS系统。例如，Thermo的Watson实验室信息管理系统（LIMS）是基于美国FDA（食品及药物管理局）的GLP管理指导原则及FDA的21 CFR part 11对电子数据的管理法规，专门为药物分析实验室设计的，能满足针对实验室流程中每一个环节进行严格的、可重复控制的要求。

1.2.3 实验室的“可灵活设置”功能

“可灵活设置”的实验室（flexible lab）是近年来由欧洲和北美洲兴起，并越来越受到全世界领先科研机构和跨国公司推崇的通用实验室解决方案。它致力于用便捷、低成本的方式对实验室内的实验家具/设备进行灵活的重新布置和公用工程管线的无障碍驳接，以满足同一实验室空间下科研活动的多样性和科研发展的不确定性。一般具有以下特点：

① 可移动的实验家具；

② 特殊的空调设计，以满足排风设备的增减和移位；

③ 特殊的公用工程管线走向和接口设计，以满足实验设备/仪器的自由驳接和增减；

④ 特殊的吊顶设计，以满足送、排风口和灯具的灵活布置。

1.2.4 实验室的绿色节能设计

节能环保是实验室设计的重点，也是国家的基本政策导向。它致力于使用清洁、可回收、低能耗的能源供应和管理方案，通过先进的设计理念及节能环保的实验设施，在满足实验室需求的同时对环境友好。目前有进一步将实验室各系统整合、集成的趋势，如：

① 照明、送风一体化设施；

② 集成吊顶分配系统；

③ 无风管通风柜；

④ 实验室空气品质监控系统。

2 通用实验室设计

2.1 选址要求

① 科学实验建筑的选址应满足科学实验工作的要求，并符合当地城市或工业园区的规划要求；具备相应的水源、能源、通信、排放等条件；避开噪声、振动、电磁干扰和其他污染源；符合安全、消防、职业卫生和环境保护的相关规定。

② 不同类别的科学实验建筑在选址上的侧重点有所不同，如生物洁净实验室应建在大气含尘和有害气体浓度较低、自然环境较好的区域。

③ 当科学实验建筑和教学、管理等设施一起构成一个完整的项目时，科学实验建筑应位于教学、管理设施的同侧或最小频率风向的上风向。

2.2 总图设计

① 总图设计应符合科学实验工作的要求，包括各类用房、室外实验场地和道路的平面设计及竖向设计、公用设施管网的综合设计及环境设计。

② 各类用房宜集中布置，做到功能分区明确、布局合理、联系方便、互不干扰，宜留有发展余地。

③ 住宅不宜建在科学实验区内。当建在同一区域内时，则应相互分隔，另设出入口，并应符合防止污染及干扰的有关规定。

④ 使用有放射性、爆炸性、毒害性和污染性物质的独立建筑物或构筑物，在总图中的位置应符合有关安全、防护、疏散、环境保护的规定。

⑤ 公用设施用房在总图中的位置应符合节能和环境保护等要求。变配电室、冷冻站等宜设置在对周围环境干扰最少且靠近使用负荷中心处。当科学实验工作有隔振要求时，应根据防振距离要求进行布置，在无法保证防振距离时，应采取必要的隔振措施。

⑥ 环境设计应符合当地主管部门的绿化要求，且宜适当提高绿化率。绿化植物品种的选用应有利于净化空气、防止污染。

⑦ 微生物实验室、动物实验室应符合相关生物隔离和防止生物污染的规范、规定的要求。

2.3 平面设计

2.3.1 设计原则

实验建筑的主要特点是实验内容众多，工艺要求繁复，工程管网较多。实验建筑平面设计除了遵循一般建筑物平面设计原则外，尚需遵循下列原则。

① 在满足规范、实验人员和实验设施要求的基础上，实验室应具备足够的灵活性，能灵活调整房间布置，以适应实验室发展变化的需求，因此固定不动的因素尽可能减少，如墙体、家具应能拆卸；公用工程配管也应能适应变动的可能。

② 平面设计宜将实验室布置于实验建筑周围，有利于良好的采光。

③ 应注意人际交流和自由度。安排好实验室与研究室的关系，安排好实验工作路线，安排好实验台的位置、数量和间距，以提供足够的工作空间。

④ 应有良好的光照，以确保实验工作的准确性和安全性。实验室采光和照明要求均匀，避免眩光。

⑤ 应确保实验室的安全性，不使实验环境聚集对实验人员有害的气体。设置必要的设施以缓解意外事故发生时对人体或环境的伤害。

⑥ 应预留必要的发展条件。对今后增添新的实验设备时，所需的水、电、气及网络的线路和容量要有扩容的条件。为有利于发展，除下水管道外，其他公用管线宜由顶部引下。

2.3.2 建筑平面类型

① 单走廊平面示例见图 51-1。

② 双走廊平面示例见图 51-2。

③ 封闭实验室与开放实验室组合布置示例见图 51-3。

2.3.3 实验室与研究室的平面布局形式

① 内含式平面示例见图 51-4。

② 相邻式平面示例见图 51-5。

③ 分离式平面布置见图 51-6。

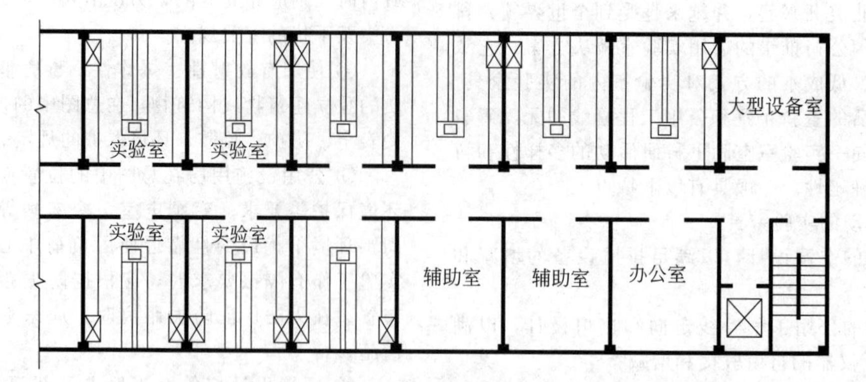

图 51-1 单走廊平面示例

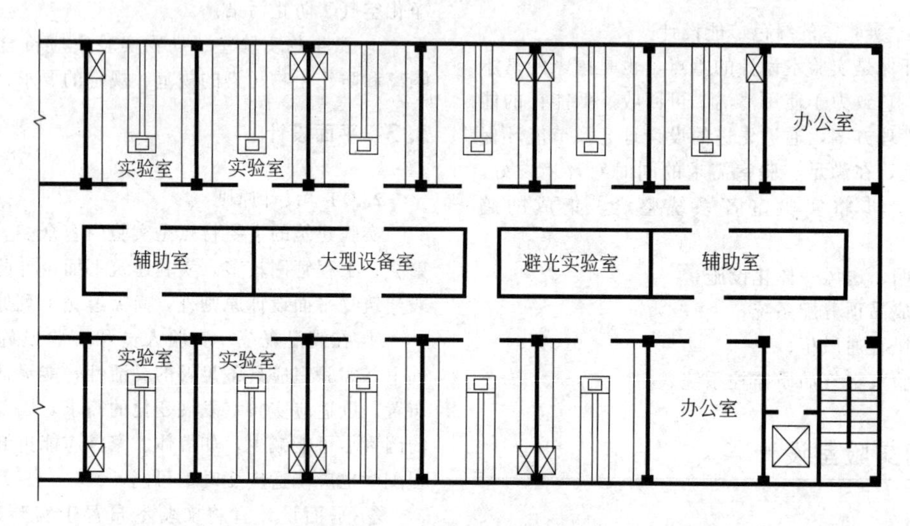

图 51-2 双走廊平面示例

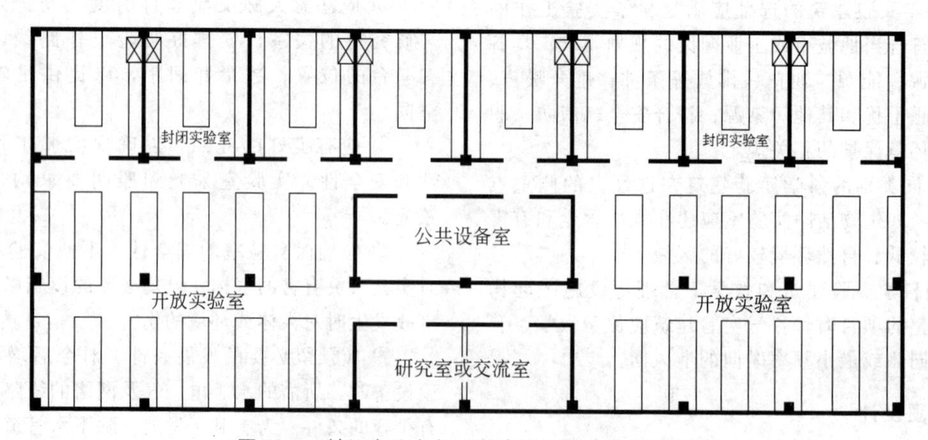

图 51-3 封闭实验室与开放实验室组合布置示例

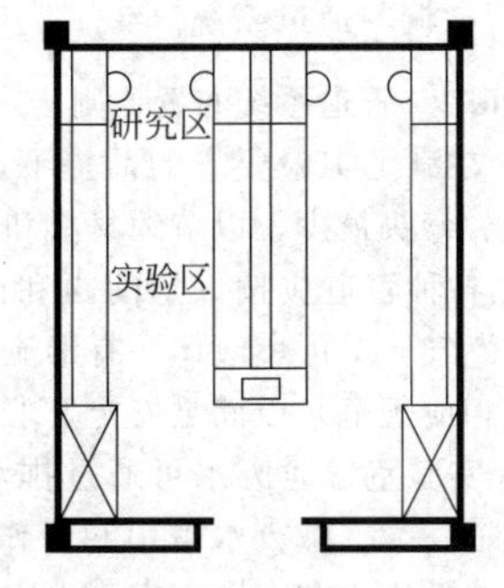

(a) 实验室内设办公桌桌位,与实验台相连,但桌面高度可以与实验台不同

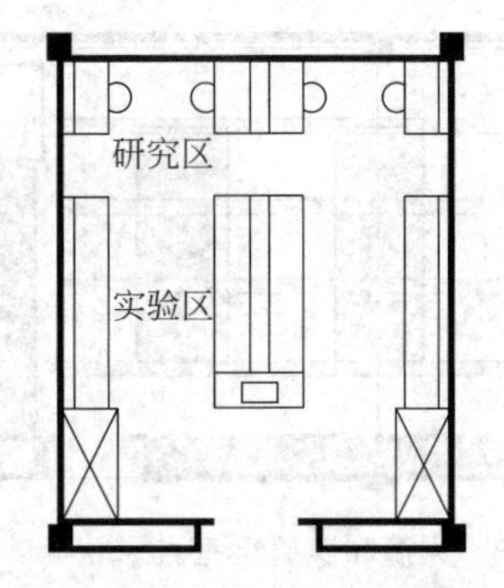

(b) 实验室内设办公桌桌位,与实验台分离

图 51-4 内含式平面示例

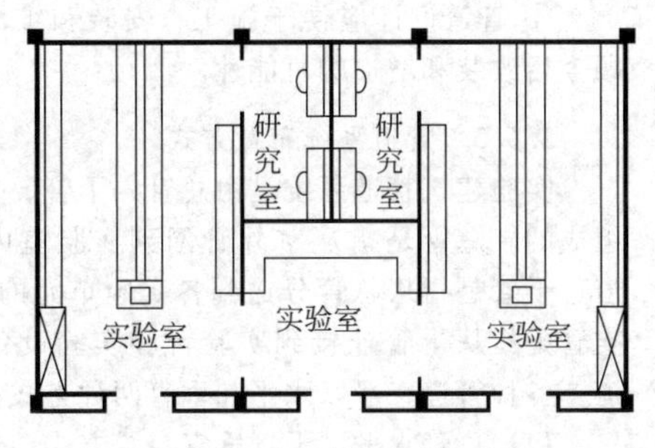

(a) 研究室与实验室均有直接采光

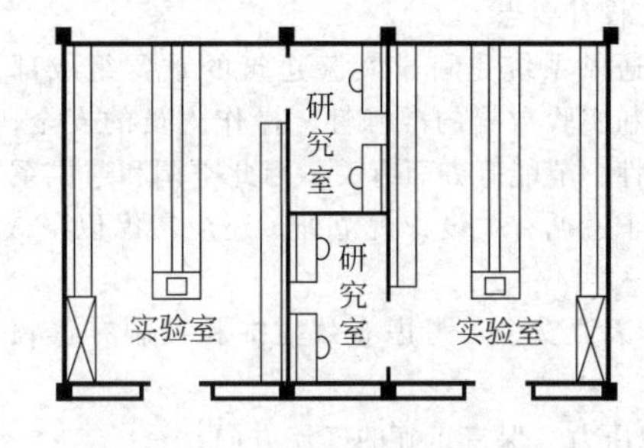

(b) 一个研究室有直接采光,另一个没有

图 51-5 相邻式平面示例

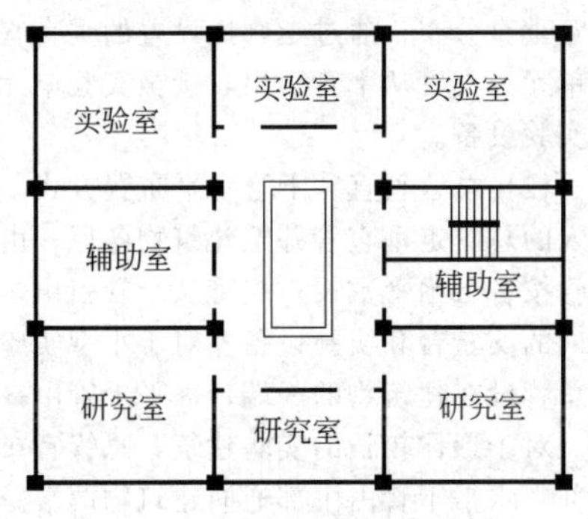

(a) 研究室与实验室各自相对集中

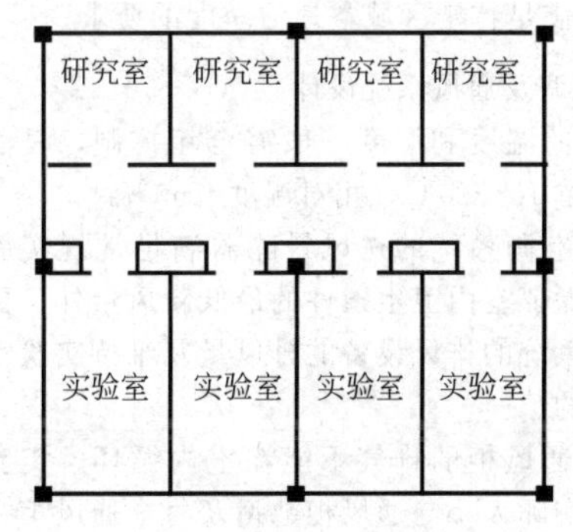

(b) 研究室与实验室以走廊相隔且一一对应

图 51-6 分离式平面示例

2.4 照明设计

① 最小的眩光和均匀的照明度对于实验人员视觉的舒适来说是重要的，这可以保证实验数据准确地读取，减少眼疲劳和提高效率。

② 照明等级：根据《科学实验建筑设计规范》(JGJ 91—1993) 照度标准定为 200lx，但目前国外公司在中国建设的实验室照明均为 300～500lx，根据我国国情及实际使用效果，一般采用 300lx 较为合适。

③ 光源的位置和方向：当光源方向平行于实验台时，它们应当靠近实验台前沿排列，以允许在过道空间进行灯具维修，并且将灯光照射到实验人员前方的工作面；当光源方向垂直于实验台时，应当伸出实验台边缘 300～450mm，以方便维护灯具，见图 51-7 和图 51-8。

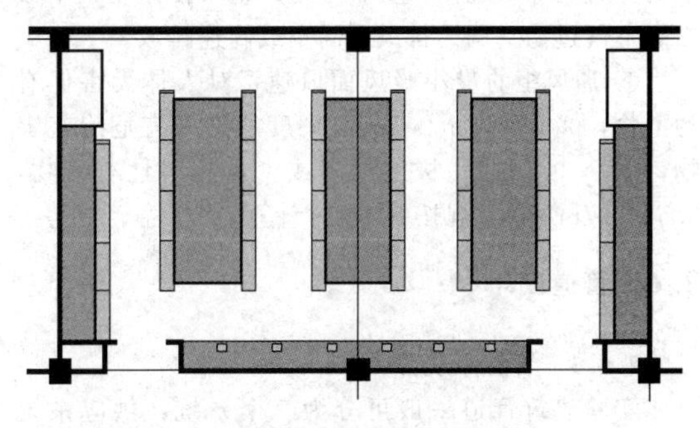

图 51-7 光源和实验台平行

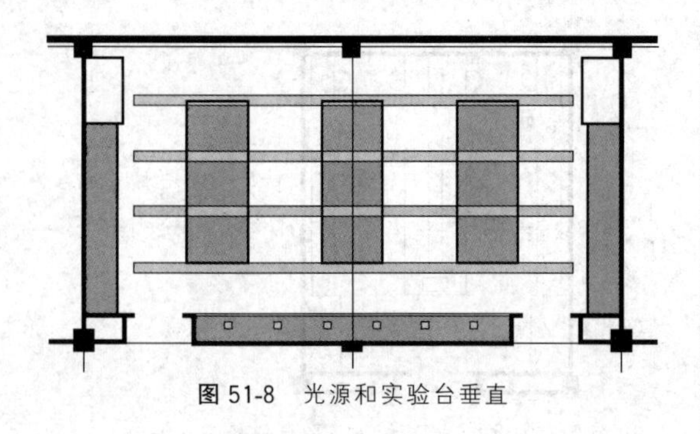

图51-8 光源和实验台垂直

2.5 空调及通风系统设计

2.5.1 设计要点

空调和通风系统是科学实验建筑的重要组成部分，它直接和实验数据的准确性、操作人员的安全、环保的可靠性、节能等方面有关。因此空调和通风系统的设计除了遵循有关设计规范外，还应考虑以下5个方面。

① 操作人员安全 考虑有效捕捉和控制有毒颗粒及气溶胶。

② 房间压力 保持正确的气流方向。

③ 通风 提供适当的换气次数。

④ 舒适 提供适当的温度和湿度环境。

⑤ 洁净 满足特定区域空气洁净度的要求。

2.5.2 空调及通风系统设计

① 实验室的温度和湿度一般需全年控制，夏季25～27℃，冬季16～20℃，相对湿度<65%。

② 实验室空调系统的送风量除需满足常规实验室的舒适性和保证室内卫生条件的最低新风量外，更多情况是由该系统的排风设备的排风量及维持实验室压差要求决定的。

③ 实验室通风柜的排气不能在室内循环。实验室的换气次数实际大小与通风柜数量及每个通风柜换气量有关，同时最小换气次数要求为6～10次/h（实验室无人时换气次数可减少为6次/h)。

④ 实验室送风和排风应根据实验室工艺和室内安全、卫生及环保规范要求来确定空气过滤或特殊处理的方式。如常规化学实验室送风通常使用粗＋中效二级空气过滤空调。排风需高空或高速排放。

⑤ 通风柜的最小吸风面风速：对人体无害但有污染物，0.3～0.4m/s；轻、中度危害或有危险有害物，0.4～0.5m/s；极度危害或少量放射性有害物，0.5～0.7m/s；常规按0.5m/s计算。

2.6 管道设计

2.6.1 管道系统分类

实验建筑管道一般可分为三个系统：供应系统（供水、供气、供汽、供电等)、排放系统（排水、排气等)、空调与通风系统。

2.6.2 管道系统布置原则

① 在满足实验要求的前提下，应尽量使各种管道最短、弯头最少，以节约材料和减少能耗。

② 各种管道应按一定间距和次序排列。特殊管道（可燃气体、可燃液体、有毒流体等管道）的布置应符合相应规范，以满足安全要求。

③ 实验室普通废水可通过排水管直接排入室外废水管道；酸、碱废水需中和后作为普通废水排放；其他腐蚀性废水和有毒有害废水应收集后送至有资质单位统一处理；含微生物废水和废物必须进行消毒灭菌处理。

④ 管道设计应便于施工、安装和维修，并应兼顾今后改装和增加的可能性。

2.6.3 管道系统布置方式

实验建筑管道系统是由总管、干管、支管三部分组成的。总管是指从室外管网到实验室内的一段管道；干管是指从总管分送到各实验单元的一段管道；支管是指从干管连接到实验台和实验设备的一段管道。各种管道一般以水平和垂直两种方式布置。

(1) 总管水平、干管垂直布置方式 总管可水平设在建筑物底层或顶层吊顶内，也可设在中间层的吊顶内，如有必要，还可设在底层地下。由总管引出的干管垂直分布，通过走廊边设置的垂直管井通到各实验单元。支管从干管引出，接至实验单元内的实验台和实验设备。

(2) 总管垂直、干管水平布置方式 由室外管网引入的总管走垂直管井至建筑物各层；由总管引出的干管按各层水平敷设；支管从干管引出，接至实验单元内的实验台和实验设备。对于小型实验建筑，通常把总管设在建筑物的一端，水平干管由一端通到另一端。对于形体较长的实验建筑，总管宜布置在建筑物中部，水平干管由中部通向建筑物两端。

2.7 实验室纯水系统

纯水是实验室不可缺少的基础实验材料，不同的实验对纯水的水质要求各不相同，因此国际标准化组织和有关国家的标准机构都建立了相应的实验室纯水的分级标准。

2.7.1 实验室纯水的分级

① 国际标准化组织的实验室纯水规范ISO 3696：1995规定了实验室纯水系统的分级定义（表51-1)，该标准包括以下三个等级。

a. Ⅰ级 基本上去除了溶解或胶状的离子和有机污染物，适用于最严格的分析需求，包括高效液相色谱（HPLC)。它由Ⅱ级水进一步处理而成，比如在反渗透和离子交换后连接过滤器，通过一个0.2μm孔径的膜过滤器去除颗粒物或用蒸馏水器进行双蒸。

b. Ⅱ级　非常低的无机物、有机物或胶体污染物含量，并适合于灵敏的分析目的，包括原子吸收色谱（AAS）和痕量的成分分析。可由多次蒸馏、离子交换或反渗透后连接蒸馏而制成。

c. Ⅲ级　适用于大部分实验室的化学实验及试剂制备。可由单级蒸馏、离子交换或反渗透制成，除非另行说明，Ⅲ级水可适用于普通分析工作。

上述指标不一定满足某些实验对纯水的要求，尤其是缺少对细菌和内毒素的控制指标，而且电导率指标略显偏低。

② 美国试验和材料学会（ASTM）D 1193—1999 标准规定的试剂级纯水指标（表 51-2），涵盖了适用于化学分析和物理实验的用水需求，以适应不同实验的具体应用。

当需要控制细菌时，相关等级类型应进行进一步分级（表 51-3）。

表 51-1　国际标准化组织的实验室纯水规范 ISO 3696：1995

技术参数	Ⅰ级	Ⅱ级	Ⅲ级
pH 值(25℃)	—	—	5.0～7.5
最大电导率(25℃)/(μS/cm)	0.1	1.0	5.0
最大氧化物氧含量/(mg/L)	NA	0.08	0.4
254nm 时的最大吸光率(1cm 光径长度)	0.001	0.01	无指标
110℃蒸馏后的最大残余物/(mg/kg)	NA	1	2
二氧化硅(SiO_2)最大含量/(mg/L)	0.01	0.02	无指标

表 51-2　美国试验和材料学会（ASTM）D 1193—1999 标准规定的试剂级纯水指标

项　目	类型Ⅰ①	类型Ⅱ②	类型Ⅲ③	类型Ⅳ
最大电导率(25℃)/(μS/cm)	0.056	1.0	0.25	5.0
最小电阻率(25℃)/MΩ・cm	18.0	1.0	4.0	0.2
pH 值(25℃)	—	—	—	5.0～8.0
最大 TOC/(μg/L)	50	50	200	无要求
最大钠含量/(μg/L)	1	5	10	50
最大硅含量/(μg/L)	3	3	500	无要求
最大氯化物含量/(μg/L)	1	5	10	50

① 需要使用 0.2μm 膜滤器。

② 通过蒸馏制备。

③ 需要使用 0.45μm 膜滤器。

表 51-3　微生物等级划分

项　目	类型 A	类型 B	类型 C
最大总细菌数/(CFU/100mL)	1	10	1000
最大内毒素含量/(IU/mL)	0.03	0.25	—

③ 各国药典由各国的权威机构制定，值得注意的是，美国、欧洲和日本的药典，在各药典中纯水的指标都是基本相同的。欧洲药典和美国药典对纯水的规定标准在表 51-4 简要列出。灭菌制剂对水的要求很高，注射用水对细菌和热原的要求十分严格，对制备方法也有特殊规定。满足药典指标的纯水常用于与医药有关的实验活动。

表 51-4　药典对纯水的要求

特　性	中国药典	欧洲药典	美国药典
电导率/(μS/cm)	<5.1(25℃)	<4.3(20℃)	<1.3(25℃)
TOC	<0.5mg/L	<500μg/L	<500μg/L
微生物限度/(CFU/mL)	≤100	<100	<100
硝酸盐/(mg/mL)	<0.6	<0.2	—
重金属/(mg/mL)	<1	<0.1	—
不挥发物/(mg/100mL)	≤1	—	—

2.7.2 实验室纯水应用

生命科学应用见表51-5。分析和常规应用见表51-6。

表51-5 生命科学应用

技 术	敏感度	电阻率/MΩ·cm	TOC/(μg/mL)	滤器/μm	细菌/(CFU/mL)	内毒素/(IU/mL)	核酸酶	纯水等级
细菌细胞培养	一般	＞1	＜50	＜0.2	＜1	NA	NA	实验室Ⅱ级纯水
临床生物化学	USP/EP	＞2	＜500	＜0.2	＜1	NA	NA	实验室Ⅱ级纯水
	CLSI	＞10	＜500	＜0.2	＜1	NA	NA	实验室Ⅱ级纯水
电泳	高	＞18	＜10	UF	＜1	＜0.005	ND	少热原超纯水①
电生理学	一般	＞1	＜50	＜0.2	＜1	NA	NA	实验室Ⅱ级纯水
酶联免疫吸附分析	一般	＞1	＜50	＜0.2	＜1	NA	NA	实验室Ⅱ级纯水
内毒素分析	标准	＞1	＜50	＜0.2	＜1	＜0.05	ND	少热原超纯水①
	高	＞18	＜10	UF	＜1	＜0.002	ND	少热原超纯水①
组织学	一般	＞1	＜50	＜0.2	＜1	NA	NA	实验室Ⅱ级纯水
水栽培	一般	＞1	＜50	＜0.2	＜1	NA	NA	实验室Ⅱ级纯水
细胞免疫化学	高	＞18	＜10	UF	＜1	＜0.002	ND	少热原超纯水①
哺乳动物细胞培养	高	＞18	＜10	UF	＜1	＜0.002	ND	少热原超纯水①
介质制备	一般	＞1	＜50	＜0.2	＜1	NA	NA	实验室Ⅱ级纯水
微生物分析	一般	＞1	＜50	＜0.2	＜1	NA	NA	实验室Ⅱ级纯水
分子生物学	高	＞18	＜10	UF	＜1	＜0.002	ND	少热原超纯水①
单克隆抗体研究	一般	＞1	＜50	＜0.2	＜1	NA	NA	实验室Ⅱ级纯水
	高	＞18	＜10	UF	＜1	＜0.002	ND	少热原超纯水①
植物组织培养	高	＞18	＜10	UF	＜1	＜0.002	ND	少热原超纯水①
放射性免疫分析	一般	＞1	＜50	＜0.2	＜1	NA	NA	实验室Ⅱ级纯水

① ASTM D 1193—1999 类型 1-A。

注：▇表示敏感杂质；NA表示不适用；ND表示检测不到；UF表示超滤。

表51-6 分析和常规应用

技 术	敏感度	电阻率/MΩ·cm	TOC/(μg/mL)	滤器/μm	细菌/(CFU/mL)	内毒素/(IU/mL)	核酸酶	纯水等级
蒸馏水器供水	低	＞0.05	＜500	NA	NA	NA	NA	实验室Ⅲ级纯水
蒸汽发生器	一般	＞1	＜50	＜0.2	＜1	NA	NA	实验室Ⅱ级纯水
玻璃器皿清洗	一般	＞1	＜50	＜0.2	＜10	NA	NA	实验室Ⅱ级纯水
	高	＞18	＜10	＜0.2	＜1	NA	NA	超纯水①
样本稀释和试剂制备	一般	＞1	＜50	＜0.2	＜1	NA	NA	实验室Ⅱ级纯水
	高	＞18	＜10	＜0.2	＜1	NA	NA	超纯水①
超纯水系统供水	一般	＞0.05	＜50	NA	NA	NA	NA	实验室Ⅲ级纯水
	高	＞1	＜10	＜0.2	＜1	NA	NA	实验室Ⅱ级纯水
固相萃取	一般	＞1	＜50	＜0.2	＜10	NA	NA	实验室Ⅱ级纯水
	高	＞18	＜3	＜0.2	＜1	NA	NA	超纯水①
普通化学	一般	＞1	＜50	＜0.2	＜10	NA	NA	实验室Ⅱ级纯水
电化学	一般	＞5	＜50	＞0.2	NA	NA	NA	实验室Ⅱ级纯水
	高	＞18	＜10	＞0.2	＞1	NA	NA	超纯水①
分光光度计	一般	＞1	＜50	＜0.2	＜1	NA	NA	实验室Ⅱ级纯水
	高	＞18	＜10	＜0.2	＜1	NA	NA	超纯水①
TOC分析	一般	＞1	＜50	＜0.2	＜10	NA	NA	实验室Ⅱ级纯水
	高	＞18	＜3	＜0.2	＜1	NA	NA	超纯水①

续表

技　术	敏感度	电阻率/MΩ·cm	TOC/(μg/mL)	滤器/μm	细菌/(CFU/mL)	内毒素/(IU/mL)	核酸酶	纯水等级
水质分析	一般	>5	<50	<0.2	<10	NA	NA	实验室Ⅱ级纯水
	高	>18	<10	<0.2	<1	NA	NA	超纯水①
离子色谱	一般	>5	<50	<0.2	<10	NA	NA	实验室Ⅱ级纯水
	高	18.2	<10	<0.2	<1	NA	NA	超纯水①
Flame-AAS 火焰法原子吸收	一般	>5	<500	<0.2	NA	NA	NA	实验室Ⅱ级纯水
GF-AAS 石墨炉原子吸收	高	18.2	<10	<0.2	<10	NA	NA	超纯水①
HPLC 高效液相色谱	一般	>1	<50	<0.2	<1	NA	NA	实验室Ⅱ级纯水
	高	>18	<3	<0.2	<1	NA	NA	超纯水①
HPLC-MS 液质联用	高	18.2	<3	<0.2	<1	NA	NA	超纯水①
ICP-AES　电耦合等离子光谱仪	一般	>5	<50	<0.2	NA	NA	NA	实验室Ⅱ级纯水
	高	>18	<10	<0.2	<1	NA	NA	超纯水①
ICP-AES 等离子质谱	一般	>10	<50	<0.2	<10	NA	NA	实验室Ⅱ级纯水
	高	18.2	<10	<0.2	<1	NA	NA	超纯水①
痕量金属检测	一般	>5	<50	<0.2	<10	NA	NA	实验室Ⅱ级纯水
	高	18.2	<10	<0.2	<1	NA	NA	超纯水①
GC-MS 气质联用	高	>18	<3	<0.2	<1	NA	NA	超纯水①

① ASTM D 1193—1999 类型 1。

注：■表示敏感杂质；NA 表示不适用。

2.8　常用实验仪器、设备

2.8.1　实验家具

实验室家具包括柜体、台面、储物架、特殊储藏柜、水槽和其他配件。实验室家具的强度、高耐久性和抗化学腐蚀性是保障实验室持久及安全运转的基本条件。实验室家具供应商应提供强度和抗腐蚀性的检测报告，确保满足该实验室的使用需求。

实验台技术参数示例见表 51-7，天平台、设备台技术参数示例见表 51-8。

表 51-7　实验台技术参数示例

名称	型号	规格(长×宽×高)/mm	特　性
中央实验台	ZSA ZSB ZSC ZSD ZSE	1800×1500×850 2400×1500×850	板面：柔光防水贴面板 台面：玻璃钢(花岗岩、不锈钢、塑面板)
单面实验台	DSA DSB DSC DSD DSE	1800×750×850 2400×750×850	
	DSF DSG DSH DSI	1200×750×850 1800×750×850	
	DSJ DSK	1200×750×850 1800×750×850 2400×750×850	

续表

名称	型号	规格(长×宽×高)/mm	特 性
药品架实验台	DY-1	900×300×600	板面:柔光防水贴面板 台面:玻璃钢(花岗岩、不锈钢、塑面板)
	DY-2	1200×300×600	
	DY-3	900×300×900	
	DY-4	1200×300×900	
	SY-1	900×300×600	
	SY-2	1200×300×600	
	SY-3	900×300×900	
	SY-4	1200×300×900	
	YP1-A	900×750×1800	
	YP1-B	900×480×1800	
	YP1-C	900×450×1800	
	YP2-A	1200×750×1800	
	YP2-B	1200×480×1800	
	YP2-C	1200×450×1800	
	YP3-A	1500×750×1800	
	YP3-B	1500×480×1800	
	YP3-C	1500×450×1800	
中央实验台	FCF-185P	1800×1500×1550	含药品架、照明灯、水龙头、水斗
	FCF-245P	2400×1500×1550	
	FCF-305P	3000×1500×1550	
	FCF-365P	3600×1500×1550	
单面实验台	FFK-187P	1800×750×800	
	FFK-247P	2400×750×800	
	FFK-307P	3000×750×800	

表51-8 天平台、设备台技术参数示例

名称	型号	规格(长×宽×高)/mm	质量/kg	
天平台	TA-12	1200×750×780		
	TA-24	2400×750×780		
	TA-36	3600×750×780		
	TA-48	4800×750×780		
	TA-60	6000×750×780		
	UBA-96	900×600×750	94	台面:50mm人造石
	UBA-126	1200×600×750	118	台面:50mm人造石
	UBA-186	1800×600×750	188	台面:50mm人造石
防振式天平台	UBC-97	900×750×750	137	防振台板:36mm铸铁板
	UBC-127	1200×750×750	143	防振台板:36mm铸铁板
	UBC-187	1800×750×750	274	防振台板:36mm铸铁板
设备台	SA-12	1200×750×850		
	SA-24	2400×750×850		
	SA-36	3600×750×850		
	SA-48	4800×750×850		
	SA-60	6000×750×850		

2.8.2　通风柜

通风柜是化学实验室内重要的安全设备和操作场所，通风柜的品质对操作者的健康和安全起着至关重要的作用。因此，通风柜的选择应注意以下几点。

① 通风柜外形美观、经久耐用，内部构造设计有对爆炸释压的泄压装置。

② 通风柜柜门打开在正常操作位置时，表面风速为 0.4～0.5m/s。

③ 每台通风柜都配备插座、水龙头及气体阀门，以便在需要时接入供应管路。

④ 通风柜内有害气体泄漏量＜0.01mg/m^3。供应商应提供检验报告。通风柜的材质、台面类型应满足防火、耐高温和耐腐蚀的要求。通风柜柜体应选用 1.2mm 实验室专用优质冷轧钢板，表面经环氧树脂静电喷涂。通风柜内衬材料需要有权威机关的证明，有良好的化学抗性。

通风柜技术参数示例见表 51-9。

表 51-9　通风柜技术参数示例

名称	型号	规格(长×宽×高)/mm	风速/(m/s)	排风量/(m^3/h)	照明/W	特性
通风柜	BMJ-1	1200×850×2200	0.3～0.7	700～1500	20	骨架、拉门：铝合金 板面：柔光防水贴面板 台面：玻璃钢(花岗岩、不锈钢、塑面板)
	BMJ-2	1200×850×2400	0.3～0.7	700～1500	20	
	BMJ-3	1500×850×2400	0.3～0.7	700～1600	30	
	BMJ-4	1800×850×2400	0.3～0.7	800～1800	30	
	KFS-120	1200×750×2350		720	30	
	KFS-150	1500×750×2350		960	40	
	KFS-180	1800×750×2350		1140	40	
	KFB-120	1200×750×2550		720		
	KFB-150	1500×750×2550		960		
	KFB-180	1800×750×2550		1140		

2.8.3　生物安全柜

生物安全柜是设计用以保护操作者本人、实验室环境以及实验材料，避免接触在操作原始培养物、菌毒株以及诊断标本等具有传染性的实验材料时可能产生的传染性气溶胶和溅出物。

生物安全柜按对人员、环境和受试样本的保护程度进行分级，见表 51-10。生物安全柜技术参数示例见表 51-11。

表 51-10　生物安全柜分级表

级别	类型	排风	循环空气比例/%	柜内气流	吸入口风速/(m/s)	防护对象
Ⅰ级		可向室内排风	—	乱流	≥0.40	使用者
Ⅱ级	A1 型	可向室内排风	70	单向流	≥0.38	使用者和样品
	A2 型	可向室内排风	70	单向流	≥0.50	
	B1 型	不可向室内排风	30	单向流	≥0.50	
	B2 型	不可向室内排风	0	单向流	≥0.50	
Ⅲ级			0	乱流	无吸入口，当一只手套筒取下时，手套口风速≥0.70	首先是使用者，有时兼顾样品

注：摘自《生物安全实验室与生物安全柜》，许钟麟、王清勤编著。

表 51-11　生物安全柜技术参数示例

型　号		BSC1200ⅡA	BSC1500ⅡA	BSC1800ⅡA
高效过滤器	工作区压力损失/Pa	≤100		
	排风口压力损失/Pa			
	效率/%	≥99.995		
工作区平均送风风速/(m/s)		≥0.3		

续表

型　号		BSC1200ⅡA	BSC1500ⅡA	BSC1800ⅡA
吸入口平均风速/(m/s)		≥0.5		
照明	荧光灯/W	2×20	2×30	2×40
	光强/lx	≥400		
紫外灯/W		1×20	1×30	1×40
风机/(m^3/min)		16.10	20.50	24.90
电源保护		电动机具有温度保险器		
过滤器寿命指示器		液晶显示,传感器精度为10%		
电源	电压/频率	220±22V,50Hz		
	消耗功率/VA	≤550	≤650	≤1000
噪声/dB(A)		≤58		
洁净度等级/级		100(≤0.5μm颗粒)		
振动幅度		工作台面中心的振幅≤5μm		
生物安全性能	人员安全性	符合NSF48:1992的规定		
	样品安全性			
	交叉感染			
内部工作区		不锈钢(316L)		
工作区尺寸/mm		1100×610×680	1400×610×680	1700×610×680
外形尺寸/mm		1200×780×2100	1500×780×2100	1800×780×2100

2.8.4　常用仪器、设备示例

① 天平（表51-12）。
② pH计（表51-13）。
③ 搅拌器（表51-14）。
④ 电导率仪（表51-15）。
⑤ 熔点测定仪（表51-16）。
⑥ 黏度计、比重计（表51-17）。
⑦ 片剂测定仪（表51-18）。
⑧ 药物溶出仪（表51-19）。
⑨ 光学仪器（表51-20）。
⑩ 生物显微镜（表51-21）。
⑪ 气相色谱仪（表51-22）。
⑫ 液相色谱仪（表51-23）。
⑬ 电阻炉（表51-24）。
⑭ 恒温干燥箱（表51-25）。
⑮ 电热恒温水浴锅（表51-26）。
⑯ 高压蒸汽消毒器（表51-27）。
⑰ 培养箱（表51-28）。
⑱ 蒸馏水器（表51-29）。
⑲ 冷冻干燥器（表51-30）。
⑳ 净化工作台（表51-31）。

表51-12　天平技术参数示例

名称	型号	称量/g	分度值/mg	外形尺寸(长×宽×高)/mm	净重/kg
电子分析天平	FA1004	100	0.1	195×330×304	
	FA1104	110	0.1	195×330×304	
	FA1604	160	0.1	195×330×304	
	FA2004	200	0.1	195×330×304	
	FA2104	210	0.1	195×330×304	
电子精密天平	JA1003	100	1	195×330×304	
	JA1203	120	1	195×330×304	
	JA2003	200	1	195×330×304	
	JA3003	300	1	195×330×304	
	JA5003	500	1	195×330×304	
	MP200A	200	1	335×200×355	
	MP200B	200	10	335×200×120	

续表

名称	型号	称量/g	分度值/mg	外形尺寸(长×宽×高)/mm	净重/kg
单盘机械天平	DWT-1	20	0.01	230×390×440	13
双盘机械天平	TG128	200	0.02	430×310×590	20
	TG332A	20	0.01	270×310×417	14.5
	TG335	2	0.001	310×265×395	16.5
链条天平	TL-02C	200	10	510×285×515	16
物理天平	TW-05B	500	50	455×185×435	6.5
扭力天平	JN-B-50	0.05	0.1	190×60×365	
静水力学天平	8SJ5kg-1	5000	100		
架盘天平	HC-TP11-1	100	100		
	HC-TP11-2	200	200		
	HC-TP11-5	500	500		
超微量天平(专业型)	UMT2	2.1	0.1μg	128×287×113 202×294×92	
	UMT5	5.1	0.1μg	128×287×113 202×294×92	
	MT5	5.1	1μg	128×287×113 202×294×92	
分析天平(标准型)	AG135	31/101	0.01/0.1	205×330×310	
	AG285	81/210	0.01/0.1	205×330×310	
	AG64	61	0.1	205×330×310	
	AG104	101	0.1	205×330×310	
	AG204	210	0.1	205×330×310	
		81/210	0.1/1	205×330×310	
	AE240	41/205	0.01/0.1	205×410×290	
	AE100	109	0.1	205×410×290	
	AE200	205	0.1	205×410×290	
	AE260	60/205	0.1/1	205×410×290	
分析天平(基础型)	AB104-S/A	110	0.1	245×321×344	
	AB204-S/A	220	0.1	245×321×344	
	AB304-S/A	320	0.1	245×321×344	
精密天平(基础型)	PB153-S/A	151	1	245×321×236	
	PB303-S/A	310	1	245×321×236	
		60/310	1/10	245×321×236	
	PB1501-S/A	1510	100	245×321×89	
	PB3001-S/A	3100	100	245×321×89	
	PB5001-S/A	5100	100	245×321×89	
	PB8001-S/A	8100	100	245×321×89	
	PB8000-S/A	8100	1000	245×321×89	

表51-13 pH计技术参数示例

名称	型号	测量pH值范围	供电电源	外形尺寸(长×宽×高)/mm	质量/kg
实验室pH计	PHSJ-4A	0～14	220V,50Hz	290×200×75	1
	PHS-3F	0～14	220V,50Hz	290×200×75	1

续表

名称	型号	测量pH值范围	供电电源	外形尺寸(长×宽×高)/mm	质量/kg
实验室pH计	PHS-3B	0～14	220V,50Hz	290×210×95	1.5
	PHS-3C	0～14	220V,50Hz	290×210×95	1.5
	PHS-2F	0～14	220V,50Hz	290×210×95	1.5
	PHBJ-260	0～14	5号电池4节	210×100×45	0.5
	PHB-4	0～14	9V电池1节	170×80×35	0.3
	PHREX-2	0～14	1.4V电池	150×40×25	0.1
	PHS-25	0～14	220V,50Hz	270×160×85	2
实验室pH计	MP120	0～14		265×190×65	
	MP125	－2～16		265×190×65	
	MI129	0～14		265×190×65	
	MP220	0～14		265×190×65	
	MP225	－2～19.999		265×190×65	
	MI229	－2～16		265×190×65	

表51-14　搅拌器技术参数示例

名称	型号	最高加热温度/℃	搅拌能力/mL	电源电压/V	功率/W	外形尺寸(长×宽×高)/mm	质量/kg
磁力加热搅拌器	78-1A	80	1000	220	300	242×188×134	4
	79-1	80	2000	220	249	285×175×145	4
电动搅拌机	6511			220	25	300×350×760	
	7312-1			220	40	300×260×760	
强力电动搅拌机	JB50-D			220	50	300×260×760	
	JB90-D			220	90	320×300×800	
	JB200-D			220	200	280×360×730	
	JB300-D			220	300	280×360×730	
实验室搅拌机	RW20.N		20000		70	普通型	
	RW20.D.N		20000		70	数显型	
磁力加热搅拌器	RCT	300	20000			普通型	
	RET	300	20000			控制型	

表51-15　电导率仪技术参数示例

名称	型号	测量范围/μS·cm	电源电压/V	功率/W	外形尺寸(长×宽×高)/mm	质量/kg
电导率仪	DDS-11C	$0\sim10^5$	220		240×145×90	3
	DDS-11D	$0\sim10^5$	220		260×160×85	2
	DDB-303A	$0\sim2\times10^4$	9V电池		165×80×35	0.35
	DDS-304	$0\sim10^5$	220		210×140×80	1.2
	DDS-307	$0\sim2\times10^4$	220		290×210×95	1.5
	DDSJ-308A	$0\sim2\times10^5$	220	6	290×190×65	1

表51-16　熔点测定仪技术参数示例

名称	型号	温度范围/℃	电源电压/V	功率/W	外形尺寸(长×宽×高)/mm	质量/kg
熔点仪	WRR	40～280	220		270×310×400	12.5
数字熔点仪	WRS-1	室温～300	220		510×330×200	
显微熔点仪	WRX-1S	室温～300	220			12.6

表51-17 黏度计、比重计技术参数示例

名称	型号	测量范围/mPa·s	外形尺寸(长×宽×高)/mm	质量/kg
旋转式黏度计	NDJ-1	$0.1\sim1\times10^5$	300×300×450	1.5
	NDJ-4	$10\sim2\times10^6$	300×300×450	2
涂-4黏度计	NDJ-5	$30s\leqslant t\leqslant100s$	155×98×335	
数字式黏度计	NDJ-5S	$10\sim1\times10^5$	308×300×450	3.75
旋转式黏度计	NDJ-7	$1\sim1\times10^6$	185×165×450	12
数字式黏度计	NDJ-8S	$10\sim2\times10^6$	308×300×450	3.75
	NDJ-9S	$10\sim1\times10^5$	340×420×470	2.6
	SNB-1	$100\sim1\times10^5$	342×434×546	2.7
液体比重天平	PZ-B-5	0～2.0000	240×90×280	1.5
密度计	DE40	内置恒温装置		
	DE50	内置恒温装置		
	DE51	内置恒温装置		
	DA-100M	内置恒温装置		
便携式密度计	DA-110M	自动校正温度补偿		

表51-18 片剂测定仪技术参数示例

名称	型号	技术特性	功率/W	外形尺寸(长×宽×高)/mm	质量/kg
片剂四用测定仪	78X-2	崩解导杆升降行程:55mm+2mm(单向) 崩解导杆升降速度:30～32次/min 脆碎往复行程:30mm 脆碎往复次数:560次/min 溶出度转速:50r/min、100r/min、150r/min 硬度测试时被测药片最大直径:16mm 硬度测试时被测药片最大压力:127.5N	40	560×280×250	23
崩解时限测定仪	LB系列	恒温精度:37.0℃±0.5℃ 吊篮上下移动距离:55mm±1mm 吊篮上下往复次数:30～32次/min	300	350×400×400	18
片剂硬度仪	YPJ系列	测定压力范围:0～200N 测定片剂最大直径:18mm			

表51-19 药物溶出仪技术参数示例

名称	型号	技术特性
药物溶出仪	RCZ-1A	温控精度:37.0℃±0.5℃ 转速范围:50r/min、100r/min、150r/min、200r/min
	RCZ-6B、6C	温控范围:36.5～38.5℃(数显) 调速范围:25～200r/min(数显)

表51-20 光学仪器技术参数示例

名称	型号	技术特性
分光光度计	721型	波长范围:360～800nm 波长精度:±3nm
光栅分光光度计	722型	波长范围:330～800nm 波长精度:±2nm
可见分光光度计	723型	波长范围:330～800nm 波长精度:±1nm

续表

名称	型号	技术特性
紫外可见分光光度计	751G型	波长范围:200～1000nm 波长精度:±1.0nm
双光束紫外可见分光光度计	760CRT	波长范围:190～900nm 波长准确度:±0.3nm
荧光分光光度计	960CRT	EM波长范围:200～800nm 波长准确度:EM±0.3nm
原子吸收分光光度计	361MC	波长范围:190～900nm 波长精度:±0.5nm
原子吸收分光光度计	361CRT	波长范围:190～900nm 波长精度:±0.5nm
改进型阿贝折射仪	2WAJ	ND:1.300～1.700。精度:0.0002,单目
数显多功能阿贝折射仪	2WAE	ND:1.300～1.700。精度:0.0002
圆盘旋光仪	WXG-4	度盘格值1′ 测量范围±180′,最小读数0.05′
自动指示旋光仪	WZZ-1	测量范围±45°,数显最小读数0.01°
数显自动旋光仪	WZZ-2A	测量范围±45°,数显最小读数0.005°
数字式自动糖度旋光仪	WZZ-1SS	测量范围±120°Z,最小读数单位0.005°Z

表51-21　生物显微镜技术参数示例

名称	型号	技术特性	外形尺寸(长×宽×高)/mm	质量/kg
生物显微镜	2XC3	单目,4个物镜,1600倍,自然光	265×245×385	6
	2XC3A	单目,4个物镜,1600倍,电光源	265×245×385	6
	2XC2	双目,4个物镜,1600倍,电光源	265×245×385	7
	2XC4	双目,4个物镜,1600倍,双光源	265×245×385	7
多用途生物显微镜	44X	4个物镜,25～1600倍,多功能研究		
摄影多用途生物显微镜	44XZ	44X带照相机摄影装置		

表51-22　气相色谱仪技术参数示例

名称	型号	技术特性	附件
气相色谱仪	GC102 GC102D GC102N GC102F GC102T GC102M	TCD灵敏度:$S \geqslant 1000\mathrm{mV \cdot mL/mg}$ FID灵敏度:$M_t \leqslant 1\times10^{-10}\mathrm{g/s}$ 恒温室:室温+40℃～300℃	
	GC112	FID灵敏度:$M_t \leqslant 5\times10^{-11}\mathrm{g/s}$ 色谱柱温度:室温+30℃～320℃ 最高使用温度:≤350℃	TCD型热导池检测器 ECD型电子捕获检测器
	GC122	FID灵敏度:$M_t \leqslant 1\times10^{-11}\mathrm{g/s}$ 色谱柱温度:室温+15℃～400℃ 增量1℃时,控温精度:±0.1℃ 最高使用温度:≤400℃	TCD型热导池检测器 ECD型电子捕获检测器 FPD型火焰光度检测器 NPD型氮磷检测器
	GC1102	TCD灵敏度:$S \geqslant 1500\mathrm{mV \cdot mL/mg}$ FID灵敏度:$M_t \leqslant 5\times10^{-11}\mathrm{g/s}$	

续表

名称	型号	技术特性	附件
气相色谱仪	GC1102N	TCD 灵敏度:$S \geqslant 1500mV \cdot mL/mg$ FID 灵敏度:$M_t \leqslant 5 \times 10^{-11} g/s$	
	4890D		FID 型火焰离子化检测器 TCD 型热导池检测器 ECD 型电子捕获检测器 FPD 型火焰光度检测器 NPD 型氮磷检测器
	6890D 增强型		FID 型火焰离子化检测器 TCD 型热导池检测器 m-ECD 型电子捕获检测器 ECD 型电子捕获检测器 FPD 型火焰光度检测器 NPD 型氮磷检测器 MSD 质量选择检测器 AED 原子发射光谱检测器 PFPD 脉冲火焰光度检测器 PID 光离子化检测器 ELCO 电导池检测器 DID 放电离子化检测器 SCD 硫化学发光检测器 NCD 氮化学发光检测器

表 51-23 液相色谱仪技术参数示例

名称	型号	技术特性
高效液相色谱仪	DLC-20	流量:0.01～9.99mL/min 最高压力:2500psi 稳定性:±2% 波长范围:190～360nm 外形尺寸(长×宽×高):440mm×400mm×180mm 附件:工作站

注：1psi=6894.76Pa。

表 51-24 电阻炉技术参数示例

名称	型号	额定功率/kW	额定电压/V	电源相数	额定温度/℃	外形尺寸(长×宽×高)/mm	质量/kg
箱式电阻炉	SX2-2.5-10	2.5	220	单	1000	542×360×440	35
	SX2-4-10	4	220	单	1000	650×440×515	55
	SX2-8-10	8	380	3	1000	800×520×587	115
	SX2-12-10	12	380	3	1000	930×620×730	180
	SX2-2.5-12	2.5	220	单	1200	542×360×440	35
	SX2-5-12	5	220	单	1200	650×440×515	55
	SX2-10-12	10	380	3	1200	800×520×587	115
管式电阻炉	SK2-2-10	2	220	单	1000	728×308×404	35
	SK2-4-10	4	220	单	1000	1138×343×471	70
	SK2-6-10	6	220	单	1000	1279×388×526	90
	SK2-2-12	2	220	单	1200	728×308×404	35
	SK2-4-12	4	220	单	1200	1138×343×471	70
	SK2-6-12	6	220	单	1200	1279×388×526	90
电热板	SB-1.8-4	1.8	220	单	≥400	460×320×172	16.5
	SB-3.6-4	3.6	220	单	≥400	620×460×184	31

表 51-25　恒温干燥箱技术参数示例

名称	型号	额定功率/kW	额定电压/V	电源相数	温度范围/℃	工作室尺寸(长×宽×高)/mm	质量/kg
电热鼓风干燥箱	101-1	3	220	单	≤300	350×450×450	100
	101-2	3.6	220	单	≤300	450×550×550	145
	101-3	5.9	380	3	≤300	500×600×750	170
	101-4	8	380	3	≤300	800×800×1000	385
	101A-1E	2.4	220	单	≤250	350×450×450	
	101A-2E	2.8	220	单	≤250	450×550×550	
	101A-3E	4	380	3	≤250	500×600×750	
电热恒温干燥箱	202-1				≤300	350×450×450	
	202-2				≤300	450×550×550	
	202-3				≤300	500×600×750	
	202-4				≤300	800×800×1000	
	PH030				≤200	300×310×350	
电热密闭干燥箱	105	8.5	220	单	≤200	800×800×1000	
	106A	15	220	单	≤200	1200×1100×1800	
	107	110	380	3	≤250	2500×2600×2200	
	ZF9050	1.2	220	单	≤250	415×345×370	50
	ZF9051	1.2	220	单	≤250	415×345×370	50
	ZF9090	1.4	220	单	≤250	450×450×450	150
	ZF9091	1.6	220	单	≤250	450×450×450	150
	ZF9211	2.2	220	单	≤250	560×640×600	210
远红外快速干燥箱	YHG-300	1.4	220	单	≤300	300×300×350	50
	YHG-400	2	220	单	≤300	400×400×450	70
	YHG-500	2.8	220	单	≤300	500×500×550	110
	YHG-600	4	220	单	≤300	600×600×750	150

表 51-26　电热恒温水浴锅技术参数示例

名称	型号	规格	额定功率/kW	额定电压/V	工作室尺寸(长×宽×高)/mm	质量/kg
电热恒温水浴锅	S11.2	单列2孔	0.5	220	310×160×115	8
	S11.4	单列4孔	1	220	620×160×115	22
	S11.6	单列6孔	1.5	220	944×156×114	28.5
	S11.8	单列8孔	2	220	1244×156×116	30.5
	S21.4	双列4孔	1	220	306×306×130	10
	S21.6	双列6孔	1.5	220	456×309×130	16
	S21.8	双列8孔	2	220	610×304×115	23
	HH.S21.4	双列4孔	1	220	295×300×90	7.8
	HH.S21.6	双列6孔	1.5	220	450×300×90	9.5
	HH.S21.8	双列8孔	2	220	600×300×90	11
超级恒温水浴锅	501	±0.05℃	1.5	220	工作室:ϕ175×185 外水套:ϕ328×213	30
油浴锅	602A	±0.1℃	2.5	220	ϕ300×460	

表51-27 高压蒸汽消毒器技术参数示例

名称	型号	工作室容积/m^3	工作温度/℃	工作压力/MPa	真空度/MPa	外形尺寸(长×宽×高)/mm	热源(蒸汽)/MPa
卧式压力蒸汽消毒器	WY.22	0.25	115 121 126	0.07 0.11 0.14		1360×765×1820	0.3～0.6
	WG.32	1.14	115 121 126	0.07 0.11 0.14		3100×1210×1970	0.3～0.6
预真空灭菌器	WG.32	1.2	132	0.22	－0.05	1900×1400×1800	0.3～0.7
	ZYS1203	0.25	132	0.22	－0.085	1300×850×1910	0.3～0.7
脉动真空灭菌器	XG1-0.36	0.36	121	0.15	－0.08	1306×1250×1780	0.3～0.5
	XG1-0.6	0.36	121	0.15	－0.08	1472×1286×1940	0.3～0.5
	XG1-1.0	1.0	121	0.15	－0.08	2092×1286×1940	0.3～0.5
	XG1-1.5	1.5	121-132	0.15	－0.08	2182×1450×1940	0.3～0.5

表51-28 培养箱技术参数示例

名称	型号	调温范围	额定功率/kW	额定电压/V	工作室尺寸(长×宽×高)/mm	质量/kg
电热恒温培养箱	DHP030	室温＋5℃～60℃	0.1	220	280×300×280	25
	DHP060	室温＋5℃～60℃	0.15	220	400×400×400	35
	DHP120	室温＋5℃～60℃	0.2	220	500×500×500	60
霉菌试验培养箱	SM010A	29℃±1℃			400×450×400	
	SM025	29℃±1℃			580×540×760	
	JY-160L JY-210L	10～50℃	0.33	220	500×370×900	85
隔水式电热恒温培养箱	PYX-DHS 30×35	室温＋3℃～60℃	0.25	220	300×300×350	30
	35×40	室温＋3℃～60℃	0.33	220	350×350×400	40
	40×50	室温＋3℃～60℃	0.44	220	400×400×500	55
	50×65	室温＋3℃～60℃	0.66	220	500×500×650	90
	60×75	室温＋3℃～60℃	0.77	220	600×600×750	123
	SP030	室温＋5℃～60℃	0.15	220	300×300×300	50
	SP060	室温＋5℃～60℃	0.25	220	400×400×400	65
	SP120	室温＋5℃～60℃	0.35	220	500×500×500	95

表51-29 蒸馏水器技术参数示例

名称	型号	出水量/(L/h)	额定功率/kW	额定电压/V	外形尺寸(长×宽×高)/mm	质量/kg
不锈钢电热蒸馏水器	HS.Z11.5	5	4.5	220	280×200×590	9.5
	HS.Z11.10	10	7.5	220	350×270×710	10.5
	HS.Z11.20	20	15	220	360×280×920	14.5

表51-30 冷冻干燥器技术参数示例

名称	型号	有效板层面积/m^2	凝结器容量/kg	最低温度/℃	最终绝压/Pa	额定功率/kW	外形尺寸(长×宽×高)/mm	质量/kg
冷冻干燥器	LGJ-1C	0.2	2	＜－60	4	4	1470×820×1830	700
	LGJ-1	1	10	＜－60	2.7	9	1300×1200×2300	1500
	LGJ-3	3	30	＜－60	2.7	21	3200×1270×2800	3100
	LGJ-5	5.55	50	＜－60	2.7	35	3500×1600×2800	4100

表 51-31 净化工作台技术参数示例

名称		标准单人水平送风净化工作台		标准双人水平送风净化工作台	生物安全垂直送风净化工作台
型号		SW-CJ-1B	SW-CJ-1D	SW-CJ-1C	SA-ⅡA
主要技术参数	洁净度/级	100	100	100	100
	平均风速/(m/s)	0.36～0.44	0.36～0.44	0.35～0.55	0.35～0.55
	照明度/lx	≥300	≥300	≥300	≥300
	净化区尺寸/mm	820×480×575	820×400×575	1680×480×600	1250×630×650
	外形尺寸/mm	920×890×1425	920×800×1425	1765×890×1450	1410×915×2000
	电源	220V,50Hz	220V,50Hz	220V,50Hz	220V,50Hz
	质量/kg	160	160	400	400

3 实验动物设施

3.1 选址要求

① 应避开自然疫源地。生产设施宜远离可能产生交叉感染的动物饲养场所。

② 宜选在环境空气质量及自然环境条件较好的区域。

③ 宜远离有严重空气污染、振动或噪声干扰的铁路、码头、飞机场、交通要道、工厂、储仓、堆场等区域。

④ 应远离易燃、易爆物品的生产和储存区，并远离高压线路及其设施。

⑤ 实验动物生物安全实验室应同时符合 GB 19489 和 GB 50346 中的规定。

3.2 总图设计

① 基地出入口不宜少于两处，人员出入口不宜兼作动物尸体和废弃物出口。在实验动物设施基地总图设计时，要考虑三种流线的组织：人员流线、动物流线、洁物和污物流线。尽可能做到人员流线与货物流线分开组织，尤其是运送动物尸体和废弃物的路线与人员进出基地的路线分开，如果能将洁物运入路线和污物运出路线分开则更佳。

② 废弃动物与其他废弃物暂存处宜设置于隐蔽处。

③ 实验动物设施周围不应种植有害植物。设施外围宜种植枝叶茂盛的常绿树种，不宜选用产生花絮、绒毛、粉尘等对大气有不良影响的树种，尤其不应种植对人和动物有毒、有害的树种。

3.3 实验动物分级

实验动物按寄生虫学和微生物学等级划分，其中，将实验小鼠和大鼠的等级分为清洁级、无特定病原体级（SPF）和无菌级；豚鼠、地鼠、兔分为普通级、清洁级、无特定病原体级（SPF）和无菌级；犬和猴分为普通级及无特定病原体级（SPF）。

3.3.1 实验动物寄生虫学等级分类

实验动物寄生虫学等级分类，摘自《实验动物寄生虫学等级及监测》(GB 14922.1—2001)。

普通级动物［conventional（CV）animal］：不携带所规定的人兽共患寄生虫。

清洁级动物［clean（CL）animal］：除普通动物应排除的寄生虫外，不携带对动物危害大和对科学研究干扰大的寄生虫。

无特定病原体级动物［specific pathogen free（SPF）animal］：除普通动物、清洁动物应排除的寄生虫外，不携带主要潜在感染或条件致病和对科学实验干扰大的寄生虫。

无菌级动物［germ free（GF）animal］：无可检出的一切生命体。

3.3.2 实验动物微生物学等级分类

实验动物微生物学等级分类，摘自《实验动物 微生物学等级及监测》(GB 14922.2—2011)。

普通级动物［conventional（CV）animal］：不携带所规定的人兽共患病病原和动物烈性传染病病原的实验动物，简称普通动物。

清洁级动物［clean（CL）animal］：除普通动物应排除的病原外，不携带对动物危害大和对科学研究干扰大的病原的实验动物，简称清洁动物。

无特定病原体级动物［specific pathogen free（SPF）animal］：除清洁动物应排除的病原外，不携带主要潜在感染或条件致病和对科学实验干扰大的病原的实验动物，简称无特定病原体级动物或 SPF 动物。

无菌级动物［germ free（GF）animal］：无可检出的一切生命体的实验动物，简称无菌级动物。

3.4 环境分类及环境技术指标要求

3.4.1 环境分类

按照空气净化的控制程度，实验动物环境分为普通环境、屏障环境和隔离环境，见表 51-32。

表 51-32　实验动物环境的分类

环境分类		使用功能	适用动物等级
普通环境	—	实验动物生产、动物实验、检疫	普通级动物
屏障环境	正压	实验动物生产、动物实验、检疫	清洁级动物、SPF 动物
	负压	动物实验、检疫	清洁级动物、SPF 动物
隔离环境	正压	实验动物生产、动物实验、检疫	SPF 动物、悉生动物、无菌级动物
	负压	动物实验、检疫	SPF 动物、悉生动物、无菌级动物

普通环境：符合实验动物居住的基本要求，控制人员和物品、动物出入，不能完全控制传染因子，但能控制野生动物的进入，适用于饲育基础级（普通级）实验动物。

屏障环境：符合动物居住的要求，严格控制人员、物品和空气的进出，适用于饲育清洁级和/或无特定病原体级实验动物。

隔离环境：采用无菌隔离装置以保证无菌状态或无外源污染物。隔离装置内的空气、饲料、水、垫料和设备应无菌，动物和物料的动态传递须经特殊的传递系统，该系统既能保证与环境的绝对隔离，又能满足转运动物、物品时保持与内环境一致。适用于饲育无特定病原体级动物、悉生动物❶及无菌级实验动物。

3.4.2　环境技术指标要求

环境技术指标要求见表 51-33～表 51-35，摘自《实验动物　环境及设施》GB 14925—2010。

① 实验动物生产间的环境技术指标应符合表 51-33 的要求。

② 动物实验间的环境技术指标应符合表 51-34 的要求。特殊动物实验设施（感染动物实验设施和应用放射性物质或有害化学物质等进行动物实验的设施）动物实验间的技术指标除满足表 51-34 的要求外，还应符合相关国家标准（GB 18871、GB 19489、GB 50346）的要求。

③ 屏障环境设施的辅助用房主要技术指标应符合表 51-35 的规定。

表 51-33　实验动物生产间的环境技术指标

项目	指标								
	小鼠、大鼠		豚鼠、地鼠			犬、猴、猫、兔、小型猪			鸡
	屏障环境	隔离环境	普通环境	屏障环境	隔离环境	普通环境	屏障环境	隔离环境	屏障环境
温度/℃	20～26		18～29	20～26		16～28	20～26		16～28
最大日温差/℃ ≤	4								
相对湿度/%	40～70								
最小换气次数/(次/h) ≥	15①	20	8②	15①	20	8②	15①	20	—
动物笼具处气流速度/(m/s) ≤	0.2								
相通区域的最小静压差/Pa ≥	10	50③	—	10	50③	—	10	50③	10
空气洁净度/级	7	5 或 7④	—	7	5 或 7④	—	7	5 或 7④	5 或 7
沉降菌最大平均浓度/[CFU/(0.5h・ϕ90mm 平皿)] ≤	3	无检出	—	3	无检出	—	3	无检出	3
氨浓度/(mg/m³) ≤	14								

❶ 悉生动物(gnotobiotic)也称已知菌动物或已知菌丛动物，是指机体内带着已知微生物的动物。此种动物原是无菌动物，是人为将指定微生物丛投给其体内，例如使大肠杆菌定居在无菌小鼠体内，在进行微生物检查时，仅能检出大肠杆菌。也有人工投给两种以上的已知微生物。悉生动物一般分为单菌、双菌、三菌或多菌动物，常用于研究微生物和宿主动物之间的关系，并可按研究目的来选择某种微生物。

续表

项目		指标								
		小鼠、大鼠		豚鼠、地鼠			犬、猴、猫、兔、小型猪			鸡
		屏障环境	隔离环境	普通环境	屏障环境	隔离环境	普通环境	屏障环境	隔离环境	屏障环境
噪声/dB(A) ≤		60								
照度/lx	最低工作照度 ≥	200								
	动物照度	15～20					100～200			5～10
昼夜明暗交替时间/h		12/12 或 10/14								

① 为降低能耗，非工作时间可降低换气次数，但不应低于 10 次/h。

② 可根据动物种类和饲养密度适当增加。

③ 指隔离设备内外静压差。

④ 根据设备的要求选择参数。用于饲养无菌动物和免疫缺陷动物时，洁净度应达到 5 级。

注：1. 表中“—”表示不作要求。

2. 表中氨浓度指标为动态指标。

3. 普通环境的温度、相对湿度和最小换气次数指标为参考值，可在此范围内根据实际需要适当选用，但应控制最大日温差。

4. 温度、相对湿度、压差是日常性检测指标；最大日温差、噪声、气流速度、照度、氨浓度为监督性检测指标；空气洁净度、最小换气次数、沉降菌最大平均浓度、昼夜明暗交替时间为必要时检测指标。

5. 静态检测除氨浓度外的所有指标，动态检测日常性检测指标和监督性检测指标，设施设备调试和/或更换过滤器后检测必要检测指标。

表 51-34 动物实验间的环境技术指标

项目		指标								
		小鼠、大鼠		豚鼠、地鼠			犬、猴、猫、兔、小型猪			鸡
		屏障环境	隔离环境	普通环境	屏障环境	隔离环境	普通环境	屏障环境	隔离环境	隔离环境
温度/℃		20～26		18～29	20～26		16～26	20～26		16～26
最大日温差/℃ ≤		4								
相对湿度/%		40～70								
最小换气次数/(次/h) ≥		15①	20	8②	15①	20	8②	15①	20	—
动物笼具处气流速度/(m/s) ≤		0.2								
相通区域的最小静压差/Pa ≥		10	50③	—	10	50③	—	10	50③	50③
空气洁净度/级		7	5 或 7④	—	7	5 或 7④	—	7	5 或 7④	5
沉降菌最大平均浓度/[CFU/(0.5h·ϕ90mm 平皿)] ≤		3	无检出	—	3	无检出	—	3	无检出	无检出
氨浓度/(mg/m^3) ≤		14								
噪声/dB(A) ≤		60								
照度/lx	最低工作照度 ≥	200								
	动物照度	15～20					100～200			5～10

续表

项目	指标								
	小鼠、大鼠		豚鼠、地鼠			犬、猴、猫、兔、小型猪			鸡
	屏障环境	隔离环境	普通环境	屏障环境	隔离环境	普通环境	屏障环境	隔离环境	隔离环境
昼夜明暗交替时间/h	12/12 或 10/14								

① 为降低能耗，非工作时间可降低换气次数，但不应低于 10 次/h。

② 可根据动物种类和饲养密度适当增加。

③ 指隔离设备内外静压差。

④ 根据设备的要求选择参数。用于饲养无菌动物和免疫缺陷动物时，洁净度应达到 5 级。

注：1. 表中“—”表示不作要求。

2. 表中氨浓度指标为动态指标。

3. 温度、相对湿度、压差是日常性检测指标；最大日温差、噪声、气流速度、照度、氨浓度为监督性检测指标；空气洁净度、最小换气次数、沉降菌最大平均浓度、昼夜明暗交替时间为必要时检测指标。

4. 静态检测除氨浓度外的所有指标，动态检测日常性检测指标和监督性检测指标，设施设备调试和/或更换过滤器后检测必要检测指标。

表 51-35　屏障环境设施的辅助用房主要技术指标

房间名称	洁净度级别	最小换气次数/(次/h) ≥	相通区域的最小压差/Pa ≥	温度/℃	相对湿度/%	噪声/dB(A) ≤	最低照度/lx ≥
洁物储存室	7	15	10	18～28	30～70	60	150
无害化消毒室	7 或 8	15 或 10	10	18～28	—	60	150
洁净走廊	7	15	10	18～28	30～70	60	150
污物走廊	7 或 8	15 或 10	10	18～28	—	60	150
入口缓冲间	7	15 或 10	10	18～28	—	60	150
出口缓冲间	7 或 8	15 或 10	10	18～28	—	60	150
二更	7	15	10	18～28	—	60	150
清洗消毒室	—	4	—	18～28	—	60	150
淋浴室	—	4	—	18～28	—	60	100
一更(脱、穿普通衣、工作服)	—	—	—	18～28	—	60	100

注：1. 实验动物生产设施的待发室、检疫观察室和隔离室主要技术指标应符合表 51-32 的规定。

2. 动物实验设施的检疫观察室和隔离室主要技术指标应符合表 51-33 的规定。

3. 动物生物安全实验室应同时符合 GB 19489 和 GB 50346 的规定。

4. 正压屏障环境的单走廊设施应保证动物生产区、动物实验区压力最高。正压屏障环境的双走廊或多走廊设施应保证洁净走廊的压力高于动物生产区、动物实验区；动物生产区、动物实验区的压力高于污物走廊。

5. 表中“—”表示不作要求。

3.5　实验动物设施给水要求

① 实验动物的饮用水定额应满足实验动物的饮水需要。

② 基础级（普通级）实验动物饮水应符合现行国家标准《生活饮用水卫生标准》GB 5749 的要求。清洁级及以上级别实验动物的饮水应达到无菌要求。

③ 屏障环境设施的净化区和隔离环境设施的用水应达到无菌要求，用水包括动物饮水和洗刷用水。

④ 屏障环境设施净化区内的给水管道和管件应选用不生锈、耐腐蚀和连接方便可靠的管材管件。

⑤ 动物饮用水的供水方式有饮水瓶、饮水盆和

自动饮水装置。大鼠、小鼠、兔等小型实验动物多使用饮水瓶；犬、羊等大型动物多使用饮水盆。饮水瓶、饮水盆应定期清洗消毒，因而要能耐高温高压和药液浸泡。自动饮水装置具有节省劳力等优点，但易漏水，造成动物被淹和室内湿度增大，不利于净化环境控制的结果，因此，需选用质量安全可靠的产品。

⑥ 实验动物日饮用水量参见表51-36，摘自《实验动物设施建筑技术规范》(GB 50447—2008)。

表51-36　实验动物日饮用水量

动物品种	饮用水需要量	单位
小鼠(成熟龄)	4～7	mL
大鼠(50g)	20～45	mL
豚鼠(成熟龄)	85～150	mL
兔(1.4～2.3kg)	60～140	mL/kg
金黄地鼠(成熟龄)	8～12	mL
小型猪(成熟龄)	1～1.9	L
犬(成熟龄)	25～35	mL/kg
猫(成熟龄)	100～200	mL
红毛猴(成熟龄)	200～950	mL
鸡(成熟龄)	70	mL

注：本表是国内工程设计常采用的实验动物日饮水量，仅作为工程设计参考。

3.6　实验动物设施排水要求

① 感染动物实验室所产生的废水，必须先彻底灭菌后方可排出。

② 大型实验动物设施的生产区和实验区的排水宜单独设置化粪池，有利于集中处理。

③ 实验动物生产设施和实验动物实验设施的排水宜与其他生活排水分开设置，有利于根据不同区域的特点分别进行处理。

④ 兔、羊等实验动物设施的排水管道管径不宜小于 DN150mm，小鼠等实验动物设施的排水管道管径不宜小于 DN75mm。

⑤ 屏障环境设施的净化区内不宜穿越排水立管，尽量减少积尘点，同时防止排水管道泄漏污染屏障环境。当不可避免时，其排水立管应暗装，并且不应设置检修口。

⑥ 排水管道应采用不易生锈、耐腐蚀的管材。一般可采用建筑排水塑料管、柔性接口机制排水铸铁管等。高压灭菌柜排水管道采用金属排水管、耐热塑料管等，并且宜单独排放。

⑦ 屏障环境设施净化区内的地漏应采用密闭型洁净地漏。

3.7　实验动物的热负荷

实验动物的热负荷见表51-37，摘自《实验动物设施建筑技术规范》(GB 50447—2008)。

表51-37　实验动物的热负荷

动物品种	个体体重/kg	全热量/(W/kg)
小鼠	0.02	41.4
雏鸡	0.05	17.2
地鼠	0.11	20.6
鸽子	0.28	23.3
大鼠	0.30	21.1
豚鼠	0.41	19.7
鸡(成熟)	0.91	9.2
兔子	2.72	12.2
猫	3.18	11.7
猴子	4.08	11.7
犬	15.88	6.1
山羊	35.83	5.0
绵羊	44.91	6.1
小型猪	11.34	5.6
猪	249.48	4.4
小牛	136.08	3.1
母牛	453.60	1.9
马	453.60	1.9
成人	68.00	2.5

3.8　动物笼具

① 笼具的材质应符合动物的健康和福利要求，无毒、无害、无放射性、耐腐蚀、耐高温、耐高压、耐冲击、易清洗、易消毒灭菌。

② 笼具的内外边角均应圆滑、无锐口，动物不易噬咬、咀嚼。笼子内部无尖锐的突起伤害到动物。笼具的门或盖有防备装置，能防止动物自己打开笼具或打开时发生意外伤害或逃逸。笼具应限制动物身体伸出受到伤害以及伤害人类或邻近的动物。

③ 常用实验动物笼具的最小空间应满足表51-38的要求，摘自《实验动物　环境及设施》(GB 14925—2010)，实验用大型动物的笼具尺寸应满足动物福利的要求和操作要求。

表 51-38　常用实验动物笼具的最小空间

项　目	小鼠			大鼠			豚鼠		
	<20g单养时	>20g单养时	群养(窝)时	<150g单养时	>150g单养时	群养(窝)时	<350g单养时	>350g单养时	群养(窝)时
底板面积/m^2	0.0067	0.0092	0.042	0.04	0.06	0.09	0.03	0.065	0.76
笼内高度/m	0.13	0.13	0.13	0.18	0.18	0.18	0.18	0.21	0.21
项　目	地鼠			猫		猪		鸡	
	<100g单养时	>100g单养时	群养(窝)时	<2.5kg单养时	>2.5kg单养时	<20kg单养时	>20kg单养时	<2kg单养时	>2kg单养时
底板面积/m^2	0.01	0.012	0.08	0.28	0.37	0.96	1.2	0.12	0.15
笼内高度/m	0.18			0.76(栖木)		0.6	0.8	0.4	0.6
项　目	兔			犬			猴		
	<2.5kg单养时	>2.5kg单养时	群养(窝)时	<10kg单养时	10～20kg单养时	>20kg单养时	<4kg单养时	4～8kg单养时	>8kg单养时
底板面积/m^2	0.18	0.2	0.42	0.6	1	1.5	0.5	0.6	0.9
笼内高度/m	0.35	0.4	0.4	0.8	0.9	1.1	0.8	0.85	1.1

3.9　主要的动物房设备

3.9.1　独立通风笼具

独立通风笼具（individually ventilated cage，IVC）（图 51-9 和表 51-39）是一种以饲养盒为单位的实验动物饲养设备，空气经过高效过滤器处理后分别送入各独立饲养盒，使饲养环境保持一定压力和洁净度，用以避免环境污染动物或动物污染环境。该设备用于饲养清洁、无特定病原体或感染的动物。

图 51-9　独立通风笼具

表 51-39　独立通风笼具主要技术参数

型号	鼠笼数/个	面数
GA30	30	单面
GA40	40	单面
GA56	56	单面
GA64	64	单面
G112	112	双面

项　目	指标
换气次数/(次/h)	10～20
气流速度/(m/s)	0.15
梯度压差/Pa	23
空气洁净度/级	5
落下菌数/(个/皿)	0
噪声/dB(A)	50

3.9.2　隔离器

隔离器（isolator）是一种与外界隔离的实验动物饲养设备，空气经过高效过滤后送入，物品经过无菌处理后方能进出饲养空间，该设备既能保证动物与外界隔离，又能满足动物所需要的特定环境。该设备用于饲养无特定病原体、悉生、无菌或感染的动物。

(1) 大小鼠隔离器（正压，图 51-10 和表 51-40）

图 51-10　IPY-4 大小鼠隔离器

表 51-40 IPY-4 大小鼠隔离器主要技术参数

项 目	指 标
换气次数/(次/h)	20～50
洁净度/级	5
气流速度/(m/s)	0.05～0.18
梯度压差/Pa	100～125
落下菌数/(个/皿)	0
噪声/dB(A)	≤54
外形尺寸/mm	1580×750×1900

(2) 兔隔离器（负压，图 51-11 和表 51-41）

图 51-11 IPRB-6 兔负压隔离器

表 51-41 IPRB-6 兔负压隔离器主要技术参数

项 目	指 标
换气次数/(次/h)	20～50
洁净度/级	5
气流速度/(m/s)	≤0.18
梯度压差/Pa	50～125
落下菌数/(个/皿)	0
噪声/dB(A)	≤55
外形尺寸/mm	1580×900×1950

(3) 禽用隔离器（正/负压，图 51-12 和表 51-42）

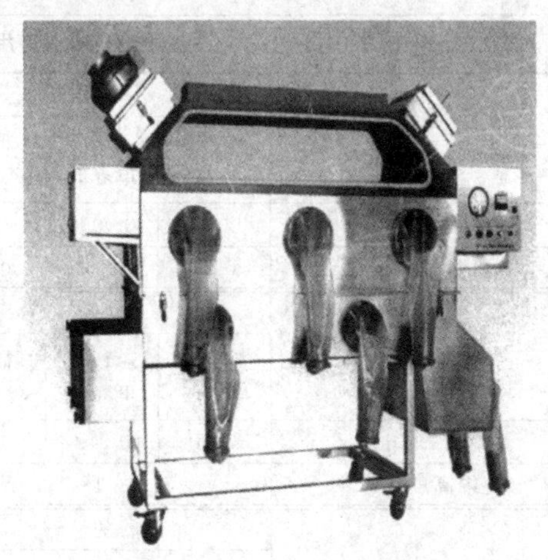

图 51-12 IPQ-3 禽用隔离器

表 51-42 IPQ-3 禽用隔离器主要技术参数

项 目	指 标
换气次数/(次/h)	20～50
洁净度/级	100
气流速度/(m/s)	0.05～0.18
正压差/Pa	50～125
负压差/Pa	－125～－50
落下菌数/(个/皿)	0
噪声/dB(A)	≤60
外形尺寸/mm	2200×860×1880

3.9.3 层流柜

层流柜（laminar flow cabinet）（图 51-13 和表 51-43）是一种饲养动物的架式多层设备，洁净空气以定向流的方式使饲养环境保持一定压力和洁净度，避免环境污染动物或动物污染环境。该设备用于饲养清洁、无特定病原体的动物。

图 51-13 DJB 系列不锈钢层流柜

3.9.4 笼具清洗机

笼具清洗机（图 51-14、表 51-44 和表 51-45）是一种机械清洗设备，配备微处理控制系统。该设备可根据不同的清洗物品设定清洗循环程序，主要用于动物笼子、笼架、废物盘、饲养瓶和其他多种物品的清洁及消毒。设备分为地坑式安装和地板式安装两种方式，其中地板式安装需配备供物品进出的不锈钢斜坡。

表 51-43　DJB 系列不锈钢层流柜技术参数

项目	小鼠不锈钢层流架			大鼠不锈钢层流架		
型号	DJB-1	DJB-1S	DJB-1M	DJB-2	DJB-2S	DJB-2M
层数	5			4		
笼盒型号及饲养数量	Cp5 型,30 笼	Cp3 型或 Cp5 型,20 笼	Cp3 型或 Cp5 型,25 笼	Cp4 型,16 笼	Cp2 型,16 笼	Cp2 型,20 笼 Cp4 型,12 笼
外形尺寸/mm	1250×650×1940	980×650×1940	1200×650×1940	1400×700×1940	980×700×1940	1200×700×1940
最大功率/W	120					
噪声/dB(A)	≤60					
平均风速/(m/s)	0.1～0.18					
洁净度/级	7					
落下菌数/(个/皿)	≤3					
气流方向	从里向外吹风/排风集中排放至室外					
操作门	有机玻璃移门					

图 51-14　BASIL 9700 笼具清洗机

3.9.5　开放式笼具

开放式笼具如图 51-15～图 51-28 所示。

表 51-44　BASIL 9700 笼具清洗机主要技术参数

项目	规格	参数
热水	1.4～5.5bar,最低温度 43℃	76～204L/min
冷水	3.8～5.5bar,最高温度 21℃	151～204L/min
蒸汽	3.4～5.5bar,清洁和干燥的蒸汽	平均流量 135kg/h,5.5bar 最大流量 635kg/h
冷凝水		最大流量 11L/min
排风		28.3m³/min(带干燥功能) 5.7m³/min(不带干燥功能)
排水		227L/min
供电	380V,50Hz	13A
噪声		76.6dB(A)
外形尺寸		2943mm×3054mm×2337mm
运行质量		主体:1270kg。辅助机械:1197kg

表 51-45　BASIL 9700 笼具清洗机主要运行参数

笼具类型	项　目	描　述
猴和犬笼	循环时间	12～15min,包括 3min 碱洗,20s 中间冲洗、3min 酸洗、1min 82℃热冲洗、1min 排气。带有干燥阶段,要增加 10～15min 干燥时间
	热水消耗量	226L,包括碱洗、中间冲洗、酸洗、82℃热冲洗,基于两个清洗阶段补充 15%的新鲜水,冲洗阶段补充 25%新鲜水
	蒸汽消耗量	53kg,包括碱洗、中间冲洗、酸洗、82℃热冲洗,基于提供的 60℃的热水。带有干燥阶段,要加上 12kg
	平均清洗剂消耗量	碱:每天开机时需要 288mL,每个循环消耗 45mL,基于 2%的浓度,如果采用酸清洗,酸的消耗量与碱相同。根据脏的程度不同,则可能需要清洗剂较高的浓度
	耗电量	大约 2kW,包括碱洗、中间冲洗、酸洗、82℃热冲洗。干燥增加 1kW

续表

笼具类型	项 目	描 述
鼠笼	循环时间	8min,包括 2min 碱洗、1min 82℃热冲洗、1min 蒸汽排放。干燥阶段增加 10～15min 干燥时间
	热水消耗量	61L,包括碱洗和 82℃热冲洗。基于两个清洗阶段补充 15%的新鲜水,冲洗阶段补充 25%新鲜水
	蒸汽消耗量	25kg,带有干燥阶段,要加上 12kg
	平均清洗剂消耗量	碱:每天开机时需要 288mL,每个循环消耗 45mL,基于 2%的浓度,如果采用酸清洗,酸的消耗量与碱相同。根据脏的程度不同,则可能需要清洗剂较高的浓度
	耗电量	每个循环 1kW,干燥增加 1kW

注：影响消耗的因素和参数比较多，如：公用工程的具体情况、污物的种类和污染程度、笼子的形状以及客户对清洗、冲洗和干燥的验收标准等。上述数据均为参考值。

图 51-15 不锈钢大鼠笼架
B3 型 4 层×4 笼/层=16 笼
外形尺寸（mm）：1360×500×1600

图 51-16 不锈钢大鼠代谢笼架
B6 型 2 层×5 笼/层=10 笼
外形尺寸（mm）：1410×400×1550

图 51-17 挂式小鼠笼架
M1-70 型 5 层×7 笼/层×2（面）=70 笼
外形尺寸（mm）：1380×430×1480

图 51-18 挂式小鼠笼架
M3-70 型 5 层×7 笼/层×2（面）=70 笼
外形尺寸（mm）：1570×600×1460

图 51-19　大小鼠通用平板架
GP-5 型
外形尺寸（mm）：1650×450×1600

图 51-20　不锈钢干养式兔笼架
外形尺寸（mm）：1950×600×1750

图 51-21　不锈钢冲洗式兔笼架
实验笼 RB35-15 型：3 层×5 笼/层=15 笼
饲养笼 RB42-12 型：3 层×4 笼/层=12 笼
繁殖笼 RB85-6 型：3 层×2 笼/层=6 笼
外形尺寸（mm）：2030×650×1750

图 51-22　不锈钢犬笼（单）
DC-1L 型
外形尺寸（mm）：700×800×1000

图 51-23　不锈钢犬笼（双）
DC-2L 型
外形尺寸（mm）：700×800×1800

图 51-24　不锈钢猴笼（双）
MC-2L 型
外形尺寸（mm）：700×800×1800

图 51-25 不锈钢猴笼（单）
MC-1L 型
外形尺寸（mm）：700×800×1000

图 51-26 不锈钢犬/猴两用笼
DMC-2L 型
外形尺寸（mm）：700×800×1800

图 51-27 不锈钢组合猴笼
MC-212 型
外形尺寸（mm）：2450×900×1950
中间为活动区，两侧为上下两层饲养笼

图 51-28 不锈钢猫笼
CC-3 型
外形尺寸（mm）：600×700×1500

参考文献

[1] GB 50346—2011.
[2] GB 19489—2008.
[3] GB 14925—2010.
[4] GB 50447—2008.
[5] GB 14922.1—2001.
[6] GB 14922.2—2011.
[7] JGJ 91—1993.
[8] GB/T 50378—2014.
[9] 陈主初，吴端生．实验动物学．长沙：湖南科学技术出版社，2001.
[10] 许钟麟，王清勤．生物安全实验室与生物安全柜．北京：中国建筑工业出版社，2004.
[11] 《建筑设计资料集》编委会．建筑设计资料集第5集：科学实验建筑．第2版．北京：中国建筑工业出版社，1994.

第52章 制剂生产常用设备

1 小容量液体注射剂生产设备

1.1 注射剂生产设备

1.1.1 QCL 系列超声波洗瓶机

(1) 主要用途

本机主要用于1～20mL 规格的 B 型易折曲颈安瓿瓶、5～25mL 规格的口服液瓶以及 2～20mL 规格的西林瓶等小容量玻璃瓶的清洗。

本机自动完成从进瓶、超声波粗洗、瓶外壁精洗、瓶内壁精洗到出瓶的全套生产过程，采用超声波清洗与水、气交替压力喷射清洗相结合的方式，破损率低、洗瓶澄明度好、性能稳定、通用性强。

本机既能单机使用，也能与隧道灭菌机、安瓿灌封机组成联动线使用。

(2) 工作原理

瓶子由网带自动进瓶，经喷淋装置将瓶子注满循环水后，再进入清洗槽中。水槽中瓶子经过约 1min 的超声波清洗后，由进瓶绞龙将瓶子送至提升滑块处，提升滑块再将瓶子从粗洗水箱中提升并送至大转鼓的机械手上。带有夹子的机械手伸出将瓶子夹住并翻转 180°，瓶子呈倒立状态进入下面的冲洗工位：第一步由高压的循环水冲洗瓶子的外壁，然后第一组喷针插入瓶内冲循环水（或冲压缩空气将瓶内循环水排出），第二组冲第二道循环水，第三组冲压缩空气，第四组冲注射用水，第五、六组冲压缩空气以最大限度减少瓶内的残留水。最后用压缩空气吹瓶子外壁。机械手将瓶子翻回，使瓶口朝上，并由出瓶同步带将瓶子推入烘箱或出瓶盘上，至此完成瓶子的整个清洗过程。

(3) 主要技术参数（表 52-1）

表 52-1 QCL 系列超声波洗瓶机主要技术参数

项目		型号				
		QCL60/ACX60	QCL80/ACX80	QCL100/ACX100	QCL120/ACX120	QCL160/ACX160
适用规格		1～20mL 安瓿瓶				
稳定产量/(瓶/h)	1～2mL	17000	22000	26000	31000	41000
	5mL	14000	18000	22000	26000	34000
	10mL	11000	14000	18000	21000	27000
	20mL	7500	11000	13000	15000	—
澄明度/%		≥99.9				
破损率/%		≤0.1				
注射用水参数		0.4m³/h,0.3MPa	0.4m³/h,0.3MPa	0.5m³/h,0.3MPa	0.6m³/h,0.3MPa	0.8m³/h,0.3MPa
压缩空气参数		30m³/h,0.4MPa	40m³/h,0.4MPa	50m³/h,0.4MPa	60m³/h,0.4MPa	70m³/h,0.4MPa
外形尺寸/mm		2023×2247×1197	2023×2247×1197	2023×2247×1197 2449×2592×1294	2023×2247×1197 2449×2592×1294	2023×2247×1197 2449×2592×1294
机器质量/kg		2800	2800	2800/3000	2800/3000	2800/3000
总功率/kW		12				

1.1.2 SZA 系列热风循环式隧道灭菌机

(1) 主要用途

本机主要用于1～20mL 规格的 B 型易折曲颈安瓿瓶、5～25mL 规格的口服液瓶以及 2～20mL 规格的西林瓶等小容量玻璃瓶的烘干灭菌。

本机自动完成从进瓶、预热、烘干灭菌、冷却到出瓶的全套生产过程。采用层流罩原理和热空气高速消毒工艺，可使容器在密封隧道内处于 A 级单向流的保护之下，是目前常用的灭菌效果较好的烘干灭菌设备，其热分布均匀，去热原效果好。本机既能单机使用，也能与前面的洗瓶机、后面的灌封机组成联动线使用。

在进瓶部位与烘干机接口处设计一个可控的缓冲区，它由一套行程控制系统和一条可伸缩的挡瓶带组成，用来控制该区域内瓶子的数量，当该区域内瓶的数量超过设定值时，行程控制系统发出指令，可以使洗瓶机停止工作、烘干机网带自动停止输瓶，当该区域内的瓶子减少到设定值时，灌封机的进瓶绞龙自动停止进瓶，直至该区域瓶子恢复到正常状态。这样实现了整条线的联动工作，保持前后各单机工作协调一致。

(2) 工作原理

本机为整体隧道式结构，分为预热区、高温灭菌区、冷却区三部分（图52-1），采用热空气层流消毒原理对容器进行短时高温灭菌。

本机主要由预热段、高温灭菌段、冷却段、机架、输送带系统、排风系统以及电控箱等部件组成，预热和冷却段及高温灭菌段均配有中效空气过滤器与高效空气过滤器（或高温高效空气过滤器），从而有效地保证了进入烘箱内的瓶子始终在A级净化空气的保护之下，其生产过程符合GMP的要求。

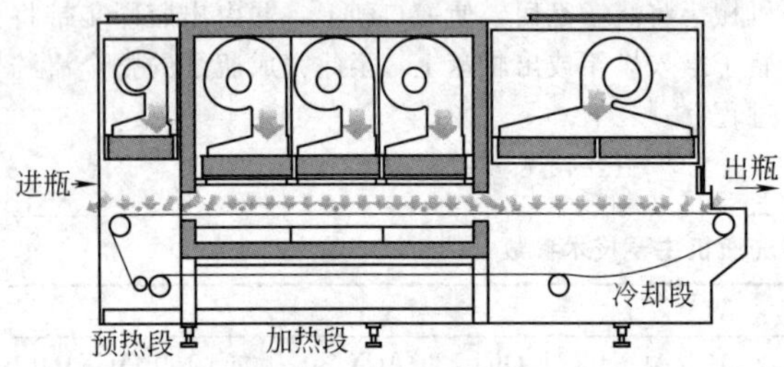

图52-1　热风循环式隧道灭菌机工作原理

(3) 主要技术参数（表52-2和表52-3）

表52-2　热风循环灭菌隧道烘箱（安瓿瓶）主要技术参数

项　目		型　号	
		SZA620	SZA820
适用规格		1～20mL安瓿瓶	
稳定产量/(瓶/h)	1～2mL	41000	46000
	5mL	37000	40000
	10mL	32000	35000
	20mL	22000	25000
总功率/kW		60(加热45)	75(加热60)
灭菌温度/℃		280～350	
空载温度偏差/℃		≤±5	
破瓶率/%		≤0.1	
出瓶口温度		不高于室温10℃	
网带宽度/mm		600	800
冷却方式		水冷	
风速/(m/s)		0.4～0.7	
外形尺寸/mm		3911×1600×2270	4500×1850×2270

表52-3　热风循环灭菌隧道烘箱（西林瓶）主要技术参数

项　目	型　号		
	SZA620	SZA820	SZA820
适用规格	2～20mL西林瓶		
稳定产量/(瓶/h)	18000～30000	30000～36000	30000～48000
总功率/kW	70（加热54）	85（加热67.5）	108（加热90）
灭菌温度/℃	280～350		
空载温度偏差/℃	≤±5		
破瓶率/%	≤0.1		
出瓶口温度	不高于室温10℃		
网带宽度/mm	600	800	800
冷却方式	水冷		
风速/(m/s)	0.4～0.7		
外形尺寸/mm	4400×15500×2270	5118×1750×2270	5893×1750×2270

1.1.3　AGF系列安瓿灌封机

(1) 主要用途

本机主要用于1～20mL规格的B型易折曲颈安瓿瓶的灌装封口。

本机采用8～16工位步进式传输系统，桌面式结构，自动完成从绞龙进瓶、前冲氮（或冲气）、灌装、后冲氮、预热、拉丝封口到出瓶的全套生产过程。本机既能单机使用，也能与超声波洗瓶机和隧道灭菌机组成联动线使用。

(2) 工作原理

本机采用直线间歇式灌装及封口。来自隧道灭菌机的安瓿瓶通过进瓶传输带送至灌装封口机绞龙部位，绞龙将无序状态的安瓿瓶整理成有序的分离状态，并将安瓿瓶逐个地推进至进瓶拨轮，进瓶拨轮连续将安瓿瓶递交给前行走梁部件，前行走梁部件再将安瓿瓶连续运动转变为间歇运动方式送至中间行走梁，然后将安瓿按步进方式依次送至下列5个工位：前充氮、灌液、后充氮、预热、拉丝封口。在充氮工位，可以根据用户各自产品的需要自行取舍，前充氮工位可设定为冲压缩空气，也可设定为冲其他惰性气体，后充氮工位则设定为冲惰性气体；在灌液工位，多个玻璃柱塞泵通过灌针将药液注入安瓿，各灌装泵装量可通过调节手轮来调整；在预热工位，安瓿瓶被火嘴吹出的液化气与氧气的混合燃烧气体加热，同时在滚轮的作用下产生自旋运动；在拉丝封口工位，安瓿顶部进一步受热软化被拉丝夹拉丝封口，封好口后的安瓿瓶经出瓶拨轮被推入接瓶盘中，还可以根据客户的要求配备氢氧混合气作为燃气。

(3) 主要技术参数（表52-4）

表 52-4　安瓿灌封机主要技术参数

项　目		型　号					
		AGF6	AGF8	AGF10	AGF12	DAGF12	AGF16
适用规格		1～20mL 安瓿					
稳定产量/(瓶/h)	1～2mL	16000	21000	25000	30000	30000	40000
	5mL	13000	17000	21000	25000	25000	33000
	10mL	10000	13000	17000	20000	20000	26000
	20mL	7200	10000	12000	—	14000	—
氧气参数		压力 0.2～0.5MPa　用量 0.7～0.8m³/h					
煤气参数		压力 0.2～0.5MPa　用量 0.7～0.8m³/h					
氮气参数		压力 0.2～0.5MPa　用量 0.7～0.8m³/h					
尺寸/mm		3469×1600×2270	3469×1600×2270	3469×1600×2270	3469×1600×2270	4343×1710×2270	4343×1710×2270
功率/kW		6	6	7	8	8	11
质量/kg		2700	2700	2800	2800	3200	3500

1.1.4　KHG 系列西林瓶灌装加塞机

(1) 特点

本机采用曲线式送瓶方式，瓶子在线停留时间短，再污染风险小。送瓶机构具有倒瓶自动停止和剔除装置，避免药液浪费。采用陶瓷泵灌装，装量精确，灌装针架采用伺服运动控制系统跟随灌装液面往复升降，避免针头接触液面。胶塞通过震荡盘自动补充，免工具拆装，易清洗灭菌。采用负压取塞，全/半加塞，压塞盘表面光洁。具有倒瓶自动剔除、瓶少自动停机、自动装置检测装置、在线自动取样等功能。可根据工艺的不同采取直线或 L 形布置。

(2) 主要技术参数（表 52-5）

表 52-5　西林瓶灌装加塞机主要技术参数

项　目	型　号					
	KHG4/KLF4	KHG6/KLF6	KHG8/KLF8	KHG10/KLF10	KHG12/KLF12	KLF16
适用规格	2～20mL 西林瓶					
稳定产量/(瓶/h)	6000～10000	9000～15000	12000～20000	15000～25500	18000～31000	24000～40000
尺寸/mm	2500×1720×2700	2500×1720×2700	2500×1720×2700	2500×1720×2700	2500×1720×2700	2500×1720×2700
功率/kW	4	6	6	7	8	8
质量/kg	2700	2700	2700	2800	3000	3200

1.2　预灌装注射剂生产设备

(1) 原理

预灌装注射剂，又叫预充针注射剂，是在一次性无菌注射器内预先灌装入规定剂量的药液并密封制得的小容量注射剂，主要适用于药物活性稳定的药品。由于避免了传统注射剂使用时容易造成二次污染的风险，因此该类注射剂的用药安全性得到了提高。所采用的无菌注射器结构本身的无死腔设计，使其具有用药剂量更准确和使用更方便的特点，是目前广泛采用的一次性注射剂。

(2) 组成

预灌装注射剂自动化生产线主要由撕纸机、灌装加塞机和拧杆贴标机等组成。其生产线的外形如图 52-2 所示。

(3) 撕纸机

该机主要用于一次性无菌注射器的外包装盒的拆封，采用伺服电动机一体化技术，实现智能机械手对注射器包装盒的全自动拆封。

主要技术参数如下。

生产能力　16000 瓶/h

适用规格　0.5～20mL

电源　220/380V，3～6A

外形尺寸（长×宽×高）　1500mm×1500mm×2100mm

质量　200kg

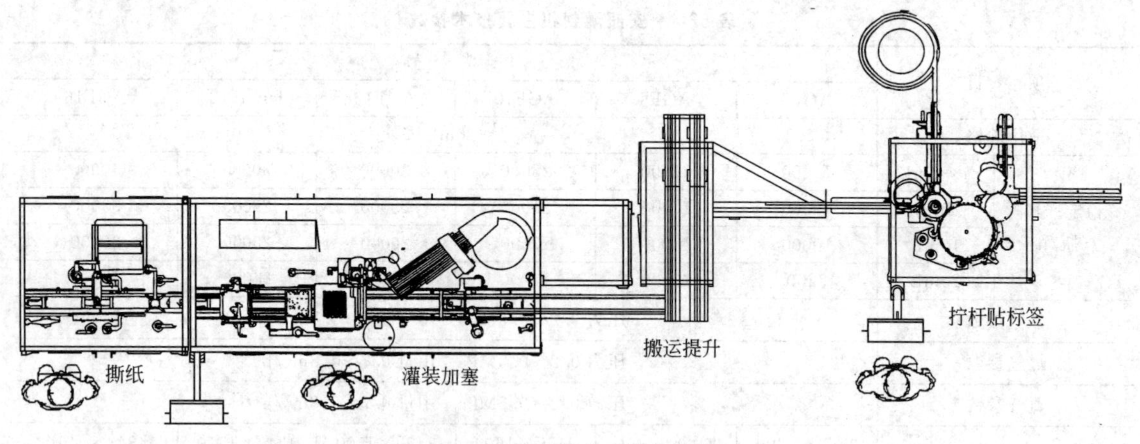

图 52-2　预灌装生产线的外形

(4) 灌装加塞机

该机主要用于灌装工序，采用伺服电动机一体化技术，自动完成灌装和加塞工序。其加塞过程采用自动理塞，灌装时胶塞和注射器出口紧密接触，药液充满灌装空间且无气泡产生，凸轮升降及传动限位加塞设计，加塞位置精确且不会产生液面压力。设备采用陶瓷无阀旋转柱塞泵灌装，装量准确，精度可达0.3%～0.6%。机组采用快速拆装设计，便于消毒灭菌。

该机主要技术参数见表 52-6。

表 52-6　灌装加塞机主要技术参数

项　目	参　数		
	容量/mL	每个托盘上注射器数量/瓶	理论产量/(瓶/h)
注射器类型	0.5	160	18000
	0.5	100	16000
	1	160	17000
	1	100	16000
	1～3	100	16000
	5	64	14000
	10	42	8000
	20	30	5000
工作头数/个	10		
灌装精度/%	≤±0.3		
合格率/%	≥99		
压缩空气/MPa	0.55～0.65		
电机功率/kW	26		
总质量/kg	4000		
外形尺寸/mm	3400×1500×2100		

(5) 自动拧杆机

本机主要用于预灌装注射器封口完成后，组装推杆用。该机运用机电一体化技术，可自动完成送料、印字、贴标签、自动组装推杆、自动检测等功能。

其主要技术参数如下。

生产能力　6000～9000 瓶/h

适用规格　0.5～20mL

电源　220/380V，3.2kW

外形尺寸（长×宽×高）　2300mm×3200mm×2200mm

质量　300kg

1.3 西林瓶粉针生产设备

西林瓶注射剂生产联动线由下列设备组成。

自动理瓶机→超声波洗瓶机→隧道灭菌干燥机→无菌粉分装机（液体灌装加塞机）→轧盖机→印字贴签机→自动包装机

1.3.1 自动理瓶机

本机能将槽中杂乱的西林瓶整理成瓶口向上并排列整齐地送入下道工序，是粉针剂生产的主要设备之一。该设备既能与洗瓶机等其他粉针设备联动使用形成流水线，也可单机使用，将排列整齐的西林瓶装盘后送入下道工序。该机具有运行可靠、占地小、使用维修方便、生产效率高等优点，是大批量生产线中的主要生产配套设备之一。

本机可与 KSQ 系列西林瓶超声波洗瓶机配套使用。经理瓶机理瓶后的瓶子可直接进入洗瓶机的进瓶转盘（中间可连接一个过渡平台），进行自动洗瓶。

(1) 主要技术参数

适用瓶子规格　7mL、10mL 模制瓶或管制瓶

生产能力　350 瓶/min

理瓶轨道　10 行、12 行、14 行三种

配套电机　JW7124，550W，2 台

电压　380V，50Hz

质量　300kg

外形尺寸（长×宽×高）　2200mm×550mm×1370mm

（2）设备外形（图 52-3）

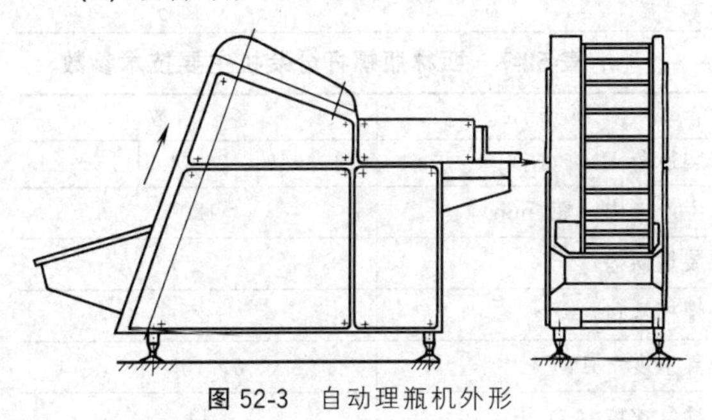

图 52-3　自动理瓶机外形

1.3.2　西林瓶超声波洗瓶机

本机适用于西林瓶、直管瓶或其他类似瓶子的清洗。

本机采用优质不锈钢制作，关键部位采用 316L 材料，并使用先进的微型计算机、气动和超声波技术实现全机自动化。本机操作简单，维修方便，清洗效果好。本机可与生产线联动，实现全线自动化。

（1）工作原理

首先由进瓶机构将瓶子送入机内，然后由每行 12 个瓶位的链夹把瓶子夹持送入水槽中，利用超声波的“空化”作用进行超声波清洗。清洗后的瓶子由链夹运送至倒置状态，针头插入瓶子内腔，经注射用水、洁净压缩空气冲洗，外壁经注射用水喷淋后经出瓶机构出瓶。全过程运行平稳、可靠、洗涤质量高，完全符合 GMP 要求。

（2）主要技术参数

瓶子规格　2～15mL（或其他规格）

生产能力　180～220 瓶/min

电机功率　3kW

洗涤注射用水　$0.7m^3/h$，压力 0.2MPa

洁净压缩空气标准状态　$0.5m^3/min$，压力 0.25MPa

（3）设备外形（图 52-4）

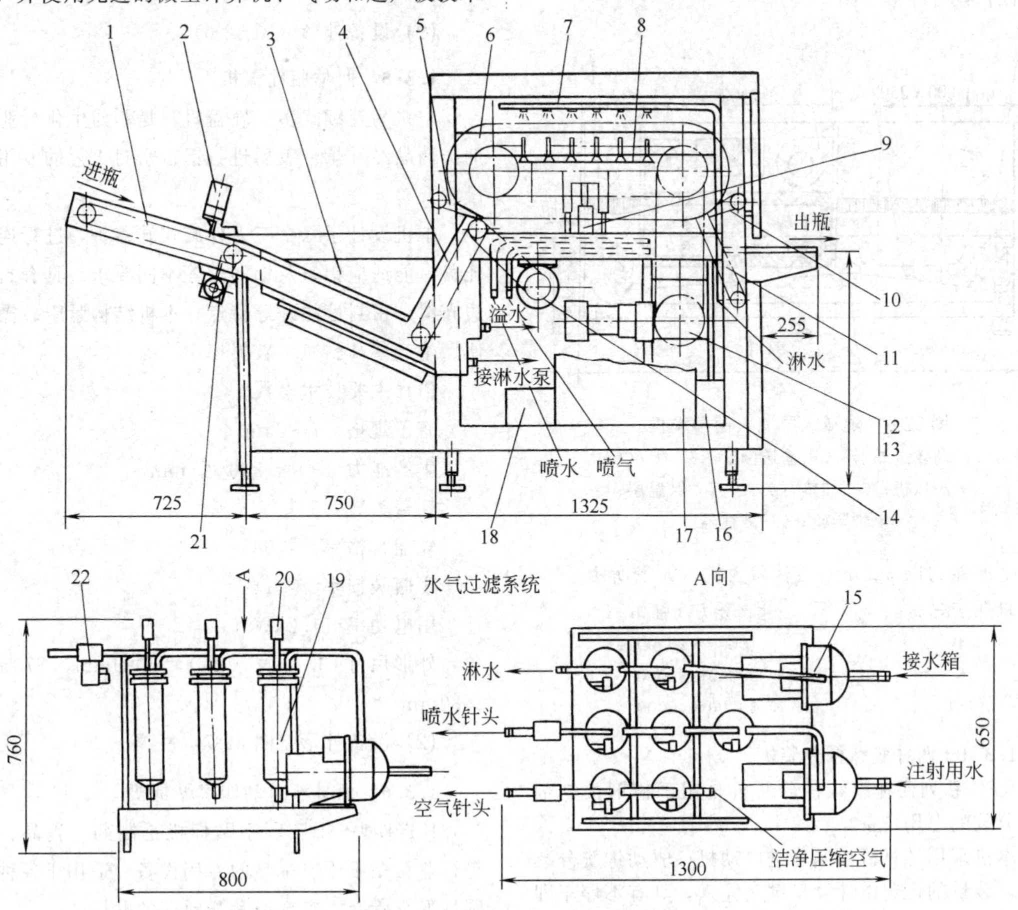

图 52-4　西林瓶超声波洗瓶机

1—进瓶履带；2—理瓶电动机；3—超声波水箱；4—提升链；5—进瓶开夹摆臂；6—链夹；7—淋水管；8—喷水针头组；9—针头移动气缸；10—出瓶开夹摆臂；11—出瓶摇板；12—间歇等分机构；13—等分机构电动机；14—提升电动机；15—离心泵；16—超声变压器箱；17—电气箱；18—超声波发生器；19—过滤器；20—压力表；21—进瓶电机；22—电磁阀

1.3.3　隧道式层流灭菌干燥机

隧道式灭菌干燥机适用于西林瓶、安瓿、黄圆瓶等各种规格的玻璃容器的灭菌干燥，该机内部及外表面均采用优质不锈钢制造，关键部位采用316L材料。

控制部分采用先进的可编程控制器（PLC）和触摸屏（PT）对机器的加热及运行过程进行自动控制，因此具有操作方便、性能可靠的特点。

本机的进瓶口和冷却段均设有A级净化空气，能阻绝外界空气进入机内，确保灭菌效果，符合GMP要求。

(1) 主要技术参数

机身长度　4～8m

网带宽度　500～900mm

网带速度　无级调速

灭菌温度　350℃

灭菌时间　＞5min

(2) 设备外形（图52-5）

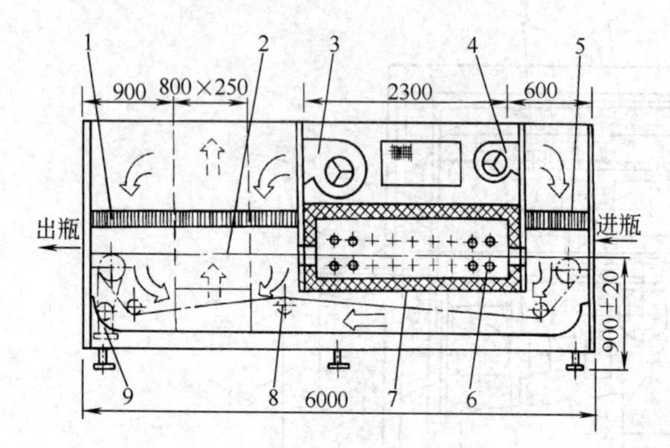

图52-5　隧道式层流灭菌干燥机

1,5—高效过滤器；2—输送网带；3—大风机；4—小风机；6—加热石英管；7—保温层；8—张紧轮；9—减速器

生产能力以ϕ22mm西林瓶为例，如下所示。

机身总长/m	生产能力/(瓶/h)
4	10000～20000
6	20000～30000
8	30000～40000

1.3.4　西林瓶螺杆分装机

KFG系列西林瓶螺杆分装机是用于粉剂类制剂定量分装的专用设备。

本机采用计算机控制步进电动机，驱动螺旋分装螺杆，装量的设定由计算机键盘输入，具有不停车即可调整装量、缺瓶不分装及分装螺杆与下粉口套管接触时能自动停止分装并以故障指示灯显示等特点。进瓶采用等分盘送瓶机构。

本机结构简单可靠，调节剂量范围广，装量误差小，产量高，适用于各种粉剂的计量分装。本机配有A级空气净化装置，符合GMP规范，是粉针生产的理想设备。

(1) 主要技术参数（表52-7）

表52-7　西林瓶螺杆分装机主要技术参数

项　目	参　数		
装量范围/(g/瓶)	0.1～0.8	0.25～1.5	0.5～2.5
生产能力/(瓶/min)	120		
装量误差/%	≤±2		
螺杆数量/头	2		
真空度/MPa	6×10^{-2}		
抽气速度/(m^3/h)	14		
用电功率/kW	1.5		
电压/V	220(变频调速)		
外形尺寸/mm	1700×800×1750		
质量/kg	300		

(2) 设备外形（图52-6）

1.3.5　西林瓶轧盖机

本机为连续式多头轧盖机，是制药生化行业等粉剂类药品经计量分装后进行铝盖密封工艺的专用配套设备。

本机设计了六个三刀外旋式轧盖头，进行连续式轧盖，能适应铝盖及铝塑盖等不同要求。具有封品卷边光滑、密封性能好等特点。本机结构紧凑、操作方便、生产率高、瓶子破损率小。

(1) 主要技术参数

瓶子规格　7～25mL

生产能力　200～300瓶/min

轧盖头数　6头

轧盖合格率　≥98%

小瓶破损率　≤1%

用电功率　1.2kW

外形尺寸(长×宽×高)　2090mm×870mm×1680mm

(2) 设备外形（图52-7）

1.3.6　西林瓶自动印字贴标机

KTN型不干胶印字贴标机是制药、食品、化工等行业粘贴不干胶标签的专用设备。适用于各种规格圆柱形直管瓶、安瓿瓶和塑料瓶的贴标。

本机采用单片微机作主控器，具有自动对标、自动标签检测、瓶子到位检测等功能。

本机体积小，操作简单，生产稳定，能自动完成送瓶、送标、同步分离标签、贴标和出瓶等全部贴标

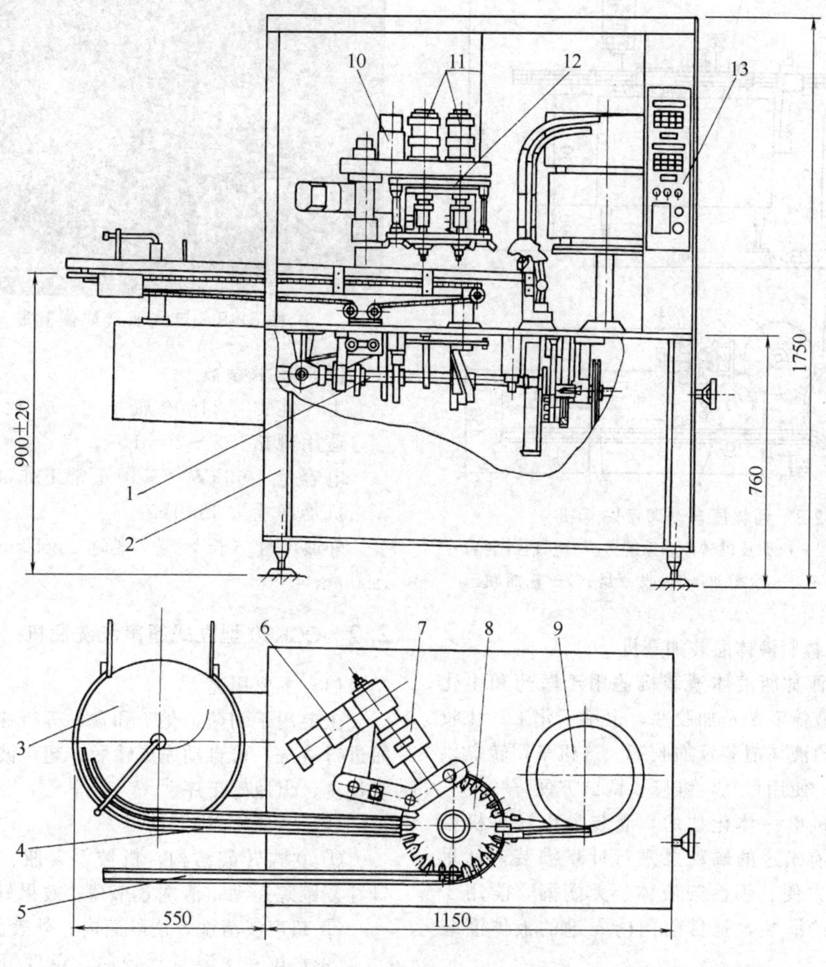

图 52-6　西林瓶螺杆分装机

1—机械传动系统；2—机架；3—进瓶盘；4—进瓶输送链；5—出瓶输送链；6—送粉电动机；7—料斗；8—工作等分盘；9—振荡斗；10—搅拌电机；11—步进电机；12—分装机构；13—电气控制箱

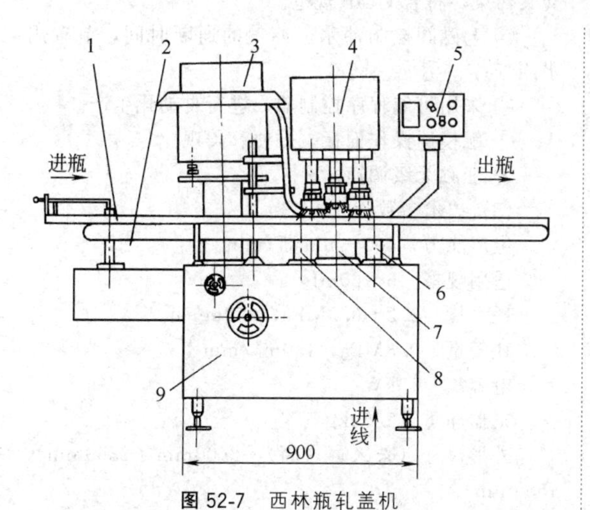

图 52-7　西林瓶轧盖机

1—进瓶盘；2—输送链；3—振荡器；4—多轴轧盖头；5—电控箱；6—出瓶等分盘；7—轧盖工作盘；8—进瓶等分盘；9—机械传动系统及机架

过程。并设有自动产量计数、无瓶不送标、无标或断带自动停机全套保护装置。

印字部分采用热烫印字头色带打印，具有快干及字迹清晰等优点。

本机性能优异，是理想的不干胶粘贴设备。

(1) 主要技术参数

生产能力　40～120 瓶/min

瓶子规格　ϕ12～56mm

标签规格　标盘最大外径 350mm

标盘中心孔　ϕ75mm

单标最大尺寸　100mm×50mm

用电功率　0.5kW

压缩空气压力　0.4～0.6MPa

耗量（标准状态）　0.1m^3/min

(2) 设备外形（图 52-8）

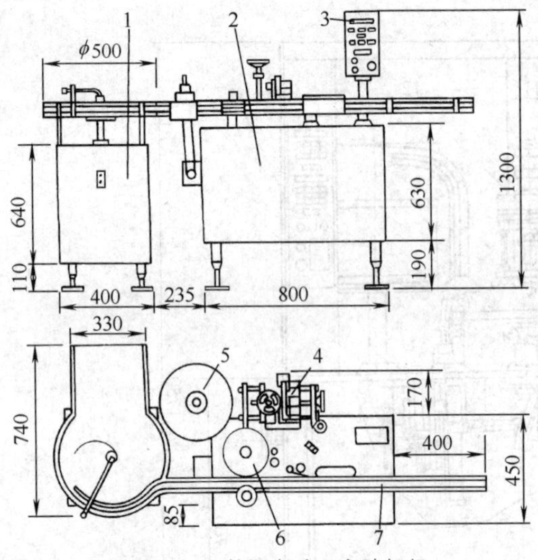

图 52-8 西林瓶自动印字贴标机

1—输瓶转盘；2—机架及机械传动系统；3—电气控制箱；4—热烫印字头；5—标签盘；6—收带盘；7—输瓶轨道

1.3.7 西林瓶液体灌装加塞机

KBG系列西林瓶液体灌装机适用于医药和生化制品行业中的液体灌装及加胶塞，也用于化工、化妆品和食品行业的液体灌装及加胶塞。该机采用转盘供瓶、定位形式，使用可靠，维修、调试方便。

该机采用机电一体化技术，灌装量由计算机控制，并采用目前先进的蠕动泵进行计量灌装，计量精度高、清洗方便、不污染液体、无滴漏，能用于各种精度液体的灌装，是目前国内先进的液体灌装设备。

加塞部分采用磁震荡盘理塞，并用真空吸塞结构，可半加塞或全加塞，工作可靠，便于调整。

2 小容量液体口服制剂生产设备

2.1 洗烘灌轧联动线

(1) 用途

该线由QCK80型立式超声波洗瓶机、ASMZ620/42型远红外灭菌干燥机、DGF16/24型口服液灌装轧盖机三台单机组成，分为清洗、干燥灭菌和灌装封口三个工作区，全线可联动生产，也可单机使用。可完成淋水、超声波清洗、机械手夹瓶、翻转、冲水、冲气、预热、烘干灭菌、冷却、灌装、理盖、戴盖、轧盖等工序。该机外形见图52-9。

(2) 性能特点

采用超声波清洗及水气交替冲洗、远红外高温灭菌、多头灌装与封口等技术，整线联动自动控制，操作简单方便，实现了机电一体化。

图 52-9 口服液洗烘灌轧联动线

(3) 技术参数

生产能力 24000瓶/h

适用规格 5～20mL

电容量 63kW（其中正常工作36kW）

机器净重 6800kg

外形尺寸（长×宽×高） 8650mm×2360mm×1850mm

2.2 QCK80型立式超声波洗瓶机

(1) 主要用途

主要用于制药、化工和食品等行业对小容量玻璃瓶进行清洗。可自动完成输瓶、超声波清洗、水气交替冲洗、出瓶等工序。

(2) 性能特点

① 立式转鼓结构，机械手夹瓶、翻转、洗瓶喷针往复跟踪运动，清洗效率高，效果好。

② 超声波清洗，清除瓶内、外表面黏附物质。

③ 水位和水温自动控制，温度恒定，确保超声波清洗的最佳效果。

④ 整个清洗过程全部在封闭状态下完成，防止交叉污染，符合GMP规范。

⑤ 电磁阀控制冲水、冲气的通断时间，节省用水用气。

⑥ 采用可编程序控制器，进行自动化生产。

⑦ 触摸屏操作面板，方便、美观。

⑧ 变频无级调速。

(3) 技术参数

生产能力 100～400瓶/min

适用规格 5～20mL

耗水量 0.2～0.3MPa，0.8m^3/h

耗气量 0.3MPa，1.0m^3/min

电容量 15kW

机器净重 2450kg

外形尺寸（长×宽×高） 2400mm×2360mm×1500mm

2.3 ASMZ620/42型远红外灭菌干燥机

(1) 主要用途

本干燥机主要用于制药厂的口服液瓶的烘干灭菌处理。

(2) 工作原理

本机为整体隧道式结构，包括预热、烘干灭菌、冷却三部分，采用石英管远红外辐射对容器进行干燥、灭菌。

(3) 性能特点

① 采用 PLC 可编程序控制器，包括灭菌温度自动调节系统、风压自动调节系统及保护报警系统。

② 自动检测各故障点，自动显示故障点及相应对策。

③ 根据进瓶处积累多少自动控制输送网带的运动和停止。

④ 人机界面、操作简便直观，能显示温度曲线。

⑤ 自动记录历史参数。

(4) 技术参数

生产能力 400 瓶/min

输送带有效宽度 600mm

烘干消毒最高温度 ≤300℃

容器规范 瓶径 ϕ18～22mm，瓶高 60～83mm，或与此规格尺寸接近的圆柱形容器

电加热能耗 石英管 0.9kW/根 × 45 根 = 40.5kW，满载功率 44.09kW

正常加热工作能耗 ≤28kW

排风量 1000m^3/h

外形尺寸（长×宽×高） 4000mm×1200mm×1850mm

净重（含电器箱） 2800kg

动力能耗 预热电机 0.32kW 1 台
冷却电机 1.1kW 1 台
抽风电机 1.8kW 1 台
输送电机 0.37kW 1 台

2.4 DGF16/24 型口服液灌装轧盖机

(1) 主要用途

本机适用于食品、化工和制药等行业的小剂量酊剂、水剂类的灌装和轧盖。可自动完成输瓶、计量灌装、理盖、戴盖、轧盖、出瓶等工序。

(2) 性能特点

① 跟踪消泡灌装，不起泡，计量准。

② 缺瓶不灌装，不戴盖，不轧盖。

③ 多头竖摆式单刀轧盖，封口牢实、美观。

④ 瓶托和压头同步旋转，转瓶不打滑。

⑤ 进口可编程序控制器控制，自动化程度高。

⑥ 触摸屏操作面板，方便、美观。

⑦ 变频无级调速。

(3) 技术参数

生产能力 100～400 瓶/min

适用规格 5～20mL

灌装头数 16 针

轧盖头数 24 头（每头单刀）

计量误差 ≤±1%

合格率 ≥99%

电容量 2kW

外形尺寸（长×宽×高） 2345mm×1030mm×1570mm

机器净重 1350kg

3 大容量液体注射剂生产设备

3.1 玻璃瓶大输液生产设备

3.1.1 联动线概述

BSY 系列玻璃瓶大输液联动生产线，由超声波粗洗瓶机、精洗瓶机、灌装加塞机、轧盖机、全自动上瓶机、卸瓶机、灯检机、贴签机、热收缩膜包装机、封箱机等部分组成，能自动完成理瓶、输瓶、瓶内外表面粗洗、精洗、灌装、压塞、上盖、轧盖、上瓶、卸瓶、灯检、贴标、包装等工序。

该联动线采用了多种技术措施以全面符合药品 GMP 的要求，包括以下内容。

① 洗瓶机采用超声波洗瓶技术，避免传统毛刷洗瓶速度慢、易掉毛、碱液污染环境的弱点。

② 粗洗与精洗分开，设置在不同的洁净区域，避免了交叉污染。

③ 采用恒压连续灌装，灌装精度高，实现了无瓶不灌装、无瓶不压塞、在位清洗和在位消毒。灌装加塞核心操作区配置了尘埃粒子计数器、在线浮游菌监测和风速检测仪，可实时监测核心区的洁净度和气流形态，确保核心区的安全。

④ 灌装加塞机的胶塞可实现无菌对接和输送，避免污染风险。

⑤ 轧盖机采用独特的上盖技术，解决了高速运行时挂盖不可靠的难题；采用多块镶嵌式结构，解决易磨损部位的更换和使用成本难题。同时配置铝屑收集装置，能够很好地收集轧盖时产生的金属铝屑，避免了二次污染。

⑥ 上瓶机和卸瓶机采用一次装一层的专利技术，充分利用灭菌小车的空间，提高灭菌小车的使用效率。

⑦ 轨道与轨道采用交错连接，而非对接，解决因过桥板上停瓶子引起倒瓶的难题。

⑧ 联动线各单机间采用差速无阻力输送平台，高速输送系统更流畅。

玻璃瓶大输液联动线主要技术参数见表 52-8。

表 52-8 玻璃瓶大输液联动线主要技术参数

项目	型号		
	BSY50/500-200	BSY50/500-350	BSY50/500-500
稳定生产能力/(瓶/h)	12000	21000	30000
用电量	24.5kW,380V,50Hz	28kW,380V,50Hz	32.5kW,380V,50Hz
蒸汽用量/(kg/h)	150	200	200
外形尺寸(长×宽×高)/mm	25000×3800×2100	28500×4200×2300	30500×4600×2300
机器净重/kg	13000	16450	23000
适用规格/mL	50、100、250、500		

3.1.2 QJBC 超声波粗洗机

(1) 工作原理

本机采用连续进瓶和喷嘴同步跟踪冲洗的技术。在两侧大链条的拖动下，将空瓶带入超声波清洗水箱，在水箱内空瓶将进行自动注水，直至注满。随着机器的运行，注满水的玻璃瓶瓶口朝下，正对超声波发生面，利用超声波的空化作用完成对瓶子的清洗，清洗时间约为30s。清洗完毕的瓶子逐一升出水面，同时进行倒水，倒水后便进入冲洗工位进行跟踪冲洗，最后排瓶输出。

(2) 性能特点

① 使用专利快卡瓶托，减少安装与拆卸时间，方便更换。

② 所有规格件为模块结构，方便更换。

③ 结构简单，洗瓶清洁可靠，既可用于单独粗洗瓶，也可组成生产线。

④ 水箱液位自动控制，保护超声波发生器，低水位时超声波发生器无法启动。

⑤ 配有数显仪，更好地控制水温范围。

⑥ 在每种介质管路上都安装有数显压力传感器，在线监控清洗压力，确保清洗效果。

⑦ 采用变频无级调速，PLC 控制，触屏操作，设有故障显示和报警停机等功能。

(3) 主要技术参数（表 52-9）

3.1.3 QJBJ 型厢式精洗机

(1) 工作原理

本机采用连续进瓶和喷嘴同步跟踪冲洗的技术。完成进瓶后，随着机器的运行将瓶子送入跟踪冲洗工位。在洗瓶区域先后对瓶子内外壁进行两次纯化水（循环水）冲洗、两次注射用水冲洗，最后排瓶输出。

(2) 主要技术参数（表 52-10）

表 52-9 超声波粗洗机主要技术参数

项目	型号		
	QJBC12	QJBC16	QJBC600
稳定生产能力/(瓶/h)	12000	21000	30000
常水耗量/(t/h)	≤1	≤1.5	≤2
蒸汽耗量/(kg/h)	150	200	250
每次进瓶数/个	12	16	20
每个瓶外冲/次	2	2	2
每个瓶内冲/次	2	2	2
自来水压力/MPa	0.2～0.3	0.2～0.3	0.2～0.3
蒸汽压力/MPa	0.4～0.6	0.4～0.6	0.4～0.6
装机总功率	10.5kW,380V,50Hz	10.5kW,380V,50Hz	11.5kW,380V,50Hz
外形尺寸(长×宽×高)/mm	4873×2350×1850	4873×2750×1850	4873×3150×1850
机器净重/kg	3600	4200	4800
适用规格/mL	50～500	50～500	50～500

表 52-10 厢式精洗机主要技术参数

项目	型号		
	QJBJ12	QJBJ16	QJBJ600
稳定生产能力/(瓶/h)	12000	21000	30000
注射用水耗量/(t/h)	≤2	≤4	≤6

续表

项　目	型　号		
	QJBJ12	QJBJ16	QJBJ600
纯化水耗量/(t/h)	≤1	≤2	≤3
每次进瓶数/个	12	16	20
每个瓶外冲/次	2	2	2
每个瓶内冲/次	4	4	4
注射用水压力/MPa	0.2～0.3	0.2～0.3	0.2～0.3
纯化水压力/MPa	0.2～0.3	0.2～0.3	0.2～0.3
装机总功率	8kW,380V,50Hz	8.5kW,380V,50Hz	9kW,380V,50Hz
外形尺寸(长×宽×高)/mm	3960×2350×1820	3960×2750×1820	3960×3150×1820
机器净重/kg	2400	2700	3000
适用规格/mL	50～500	50～500	50～500

3.1.4　GCQ 灌装加塞（充氮）机

(1) 工作原理

当药液被输送到该机时，打开进药气动隔膜阀和进药手动隔膜阀，药液流入储液桶内。当储液桶内药液增加到液位计控测范围时，液位计给出信号到 PLC，PLC 控制进药电磁阀换向，关闭进药气动隔膜阀，停止进药。

当转盘旋转时，冲氮管沿凸轮曲线进行升、降。瓶子进入冲氮拨轮时，冲氮管在凸轮的作用下插入瓶口进行冲氮；在冲氮完毕，瓶子即将离开冲氮工位时，冲氮管抽出瓶口。

当旋转体旋转时，在静止的凸轮作用下，加塞轴进行上升、下降，加塞轴上的取塞头从取塞座上利用真空吸取胶塞，旋转到压塞部位将胶塞压入玻璃瓶口。中心拨轮与定位板分别定位瓶身和瓶口。

(2) 特点

① 采用恒压灌装原理，利用气动隔膜阀控制装置。每一灌装头都是单独控制的，方便调节；可调灌装时间以毫秒为单位，灌装精度高。

② 实现了无瓶不灌装、无瓶不取塞，控制对药液、胶塞的浪费。

③ 拨轮和轮芯采用锥度结构，与中心拨轮之间的相对位置可进行任意调节，调节简单、方便；同时因为拨轮为模块式结构，更换规格时简便，节省了时间，降低了劳动强度。

④ 压塞凸轮进行了专门设计，增加了二次压塞工位，可解决第一次未压好或跳塞的问题，提高了压塞合格率。

(3) 主要技术参数（表 52-11）

表 52-11　灌装加塞（充氮）机主要技术参数

项　目	型　号		
	GCQ200	GCQ400	GCQ600
稳定生产能力/(瓶/h)	12000	21000	30000
单机料斗数/个	1	2	2
单机灌装头/个	24	40	48
单机冲氮头/个	18	20	24
单机压塞头/个	12	24	30
压缩空气耗量(标准状态)/m^3	2.7	4.5	6.0
压缩空气压力/MPa	0.4～0.6	0.4～0.6	0.4～0.6
装机总功率	4kW,380V,50Hz	5.5kW,380V,50Hz	7kW,380V,50Hz
外形尺寸(长×宽×高)/mm	2100×1650×2100	3165×1770×2300	3800×2200×2300
机器净重/kg	2000	4500	5000
适用规格/mL	50～500	50～500	50～500

3.1.5　GCCY 型灌装抽真空加氮压塞机

(1) 工作原理

利用一定高度的储液桶产生的恒定的液位差作为动力，使液体通过灌装气动隔膜阀的流速恒定。在恒定时间内恒定流速的液体通过恒定横截面积产生的流量是恒定的。

当药液被输送到该机时，打开进药气动隔膜阀和进药手动隔膜阀，药液流入储液桶内。当储液桶内药液增加到液位计控测范围时，液位计给出信号到PLC，PLC控制进药电磁阀换向，关闭进药气动隔膜阀，停止进药。

生产时，首先将加氮气动隔膜阀打开进行空瓶加氮。六工位过后灌装气动隔膜阀打开，开始灌装。与此同时加氮继续，以保护药液，直至瓶子离开灌装工位。当液位低于设定液面时，进药气动隔膜阀自动打开补充药液。进药量的大小由进药手动隔膜阀控制，维持储液桶内输入与输出的动态平衡。由于进药量略多于灌装输出量，液位慢慢升高，被液位计所检测，进药气动隔膜阀关阀。当药液被灌装出去，液位下降离开液位计控测范围时，进药气动隔膜阀重新打开进药，依次循环反复。

灌装计量和加氮保护各由24个气动隔膜阀组成，分别由48个电磁阀控制，可在操作箱的触摸屏上进行单个控制，根据实际情况可分别设定不同的时间，有效保证装量的准确性和一致性。同时可实现无瓶不灌装、不加氮功能。

当灌装好的瓶子进入抽真空加氮压塞工位后，在凸轮的作用下迅速上升至抽真空加氮腔室，同时形成密封腔体。此时首先打开真空电磁阀开始抽真空，经过设定时间后关闭真空电磁阀，与此同时打开加氮电磁阀开始加氮。抽真空、加氮次数在1～3次之间可调。在最后一次加氮完成后由气缸迅速完成压塞，然后在凸轮的作用下瓶子脱离抽真空加氮腔室，排瓶输出。

(2) 性能特点

① 灌装前可实现空瓶充氮。

② 残氧量完全可控制在6‰以内。

③ 具有无瓶不灌装、不充氮、不抽真空和不送塞等功能。

④ 具有残氧量不达标的剔除功能。

⑤ 真空吸塞管路、抽真空管路及充氮管路全部由隔膜电磁阀逐一控制，完全避免了以前分气环、分气阀结构所产生的污染问题，真正意义上实现了单头的可控性。

⑥ 单头采用了气缸压塞技术，替代了过去普遍使用的凸轮结构，简化了结构，单头的独立控制性得到了空前的提升。

⑦ 采用了独特的密封技术，完全杜绝了因压塞杆做上下运动所摩擦产生的微粒对药品的污染。

(3) 主要技术参数

适用规格 50mL、100mL、250mL、500mL

生产能力 60～150瓶/min（按250mL计）

灌装头数 24个

抽真空加氮压塞头数 24个

上塞斗数 1个

灌装误差（按250mL计） ±1.5%

残氧量 ≤6‰

整机合格率 ≥98%

总功率 15kW，380V，50Hz

洁净压缩空气压力 0.4～0.6MPa

最大耗气量（标准状态）/(m^3/h) 5.0

氮气耗量（标准状态）/(m^3/h) ≤5.5

外形尺寸（长×宽×高） 3650mm×2630mm×2345mm

总质量 2000kg

3.1.6 FGL型轧盖机

(1) 工作原理

压好塞的输液瓶通过输瓶带的传送首先进入进瓶绞龙，即以给定的距离分瓶，然后进入进瓶拨轮。当瓶子通过进瓶拨轮时，利用瓶子在进瓶拨轮的推力下将铝盖带出挂盖轨道并套入瓶口上。在进瓶拨轮与中心拨轮的作用下进入轧盖工位，这时旋转着的轧头同输液瓶在同一中心线上，在主传动的带动及凸轮的作用下，首先轧刀组上的压头压住铝盖，随即三把旋转着的轧刀进入工作状态将铝盖轧紧，最后轧好盖的瓶子通过出瓶拨轮被输送到输瓶轨道上，进入后一工序。

(2) 性能特点

① 下盖轨道采用数铣加工工艺，使挂盖合格率大大地提升。挂盖后将铝盖压实，再进行轧盖，使轧盖稳定可靠。

② 产品的主传动和轧盖轧刀旋转分别由两个电机控制，这样极大地简化了传动结构，便于保养与维修。

③ 进瓶绞龙处的固定装置采用活动结构，只需扳动手柄即可方便地替换不同规格的绞龙，便于更换不同的输液瓶规格。

④ 产品采用变频器调速，产量可在额定生产能力内进行无级调速。具有方便、无噪声、安全可靠等特点。

⑤ 轧盖凸轮采用多块镶嵌式结构，解决了易磨损部位的更换和使用成本高的难题。

⑥ 轧盖机增配了铝屑收集装置：整个装置由吸尘器、管道和收集器组成。能够很好地收集轧盖时所产生的铝屑，降低了污染，洁净了环境。

(3) 主要技术参数（表52-12）

3.1.7 TNZ型贴标机

(1) 性能特点

① 使用机用贴标胶水而不用糨糊，胶水盒中只要有少量的胶水就可进行操作。

② 搓滚贴标时，由于真空轮皮带的吸附作用，

表 52-12 轧盖机主要技术参数

项 目	型 号		
	FGL10	FGL15	FGL600
稳定生产能力/(瓶/h)	12000	21000	30000
轧盖合格率/%	≥98	≥98	≥98
单机灌装头/%	≥99	≥99	≥99
单机料斗数/个	1	1	1
单机轧盖头/个	10	15	20
装机总功率	3kW,380V,50Hz	4kW,380V,50Hz	5kW,380V,50Hz
外形尺寸(长×宽×高)/mm	14×1100×1800	1780×1280×1800	2450×1755×1800
机器净重/kg	1500	2500	3700
适用规格(标准)/mL	50～500	50～500	50～500

贴标过程中，标签稳定，贴标不倾斜，环形标签错位少。

③ 本机适用于 20～1000mL 圆形瓶的贴标，通用性强。

④ 规格件少，更换便捷；更换规格时，只需更换绞龙、取签轮即可。

⑤ 结构紧凑，体积小，占地面积少，便于操作、维护。

⑥ 具有批号打印功能。

⑦ 采用无级变频调速，PLC 控制，触摸屏操作；设有故障显示，报警停机等功能，实现了机电一体化。

(2) 主要技术参数（表 52-13）

表 52-13 贴标机主要技术参数

项 目	型 号	
	TNZ200	TNZ300
适用规格	20～1000mL 圆柱形玻璃瓶	
生产能力/(瓶/min)	60～200	100～300
签盒数量/个	1	2
压缩空气压力/MPa	0.6	0.6
压缩空气耗量(标准状态)/(m^3/h)	1.5	2.5
总功率/kW	2.5	2.5
机器质量/kg	300	500
外形尺寸(长×宽×高)/mm	850×960×1000	850×960×1000

3.2 塑料瓶大输液生产设备

塑料瓶输液生产线与玻璃瓶输液生产线最大的不同就是增加了塑料瓶制瓶机设备。

塑料瓶由输液厂制造，可减少污染和降低制造成本，材质用聚丙烯，其制造工艺大致经过原料混合、熔融、注射或挤出、吹塑后处理、冷却、检查、边角料粉碎再利用等步骤。塑料瓶成型方式可分为双轴延伸吹塑、中空成型、注射延伸吹塑成型三种方法。

吹塑成型是中空容器的主要成型方法。主要通过将热塑性材料挤出或注射成管状型坯（预备成型），然后用模具将型坯夹紧并通过模具内部的压缩空气喷嘴向型坯中吹入压缩空气，制成中空体并冷却固化。其工艺有中空吹塑成型或热型坯成型、注吹成型、冷型坯吹塑成型等。注射成型是由注射成型机将熔融状态的树脂定量注射到膜腔间，冷却后取出。

双轴延伸吹塑（简称两步法）和中空成型（简称挤吹法）的主要原理区别在于两步法使用注塑机制成瓶坯，在冷型坯内由热空气吹塑成型；而挤吹法是先制成管材，再用热型坯压制成型。而两步法设备必须先在注塑机上制瓶坯，对型坯进行二次吹热前需要对型坯进行冷却，而且冷却时间的长短直接影响成型后塑料瓶的透明性，因此整套设备占地面积较大。

3.2.1 ETMK-360 型注塑机（图 52-10）

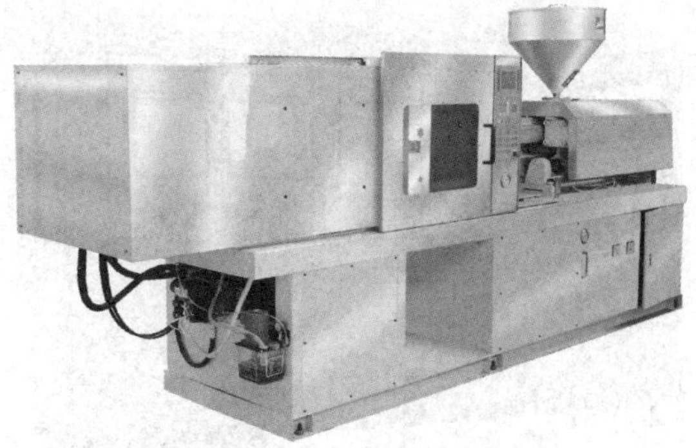

图 52-10 ETMK-360 型注塑机

(1) 用途及特点

ETMK-360 型注塑机设计合理先进，具有高效、节能可靠、低噪声的优点。适合生产输液瓶瓶坯、塑料瓶盖等各种高精度的热塑性塑料制品。锁模力、注射容量、注射速率、塑化能力等技术指标均符合行业标准，全计算机控制，自动化程度高。PLC 可编程序控制器控制机器协调工作，各动作的多级压力、速度调节方便，经济可靠。屏显计算机方便人机对话，以实现各动作多级压力、速度的调节，合理控制机器运行，并能自动诊断故障和报警显示。

(2) 锁模系统性能特点

七支点双曲杆斜排列锁模装置，启、闭模速度快，无冲击。

镀硬铬拉杆，耐磨损，防腐蚀。

多级开、闭模速度及注射成型压力控制。

液压顶出装置。

液压驱动调模，换模方便、快捷。

集中润滑系统。

配有电气、机械双重保险装置，安全可靠。

(3) 主要技术参数

实际注射质量　900g
塑化能力　52g/s
合模力　3600kN
拉杆内间距　640mm×640mm
最小模厚　250mm
油泵最大压力　14MPa
油泵电机功率　30kW
注射速率　330g/s
注射压力　179MPa
移模行程　580mm
最大模厚　600mm
顶出行程　125mm
加热功率　14.85kW
外形尺寸（长×宽×高）　6500mm×1600mm×2400mm
质量　5000kg

3.2.2 CPS-8 型吹瓶机（图 52-11）

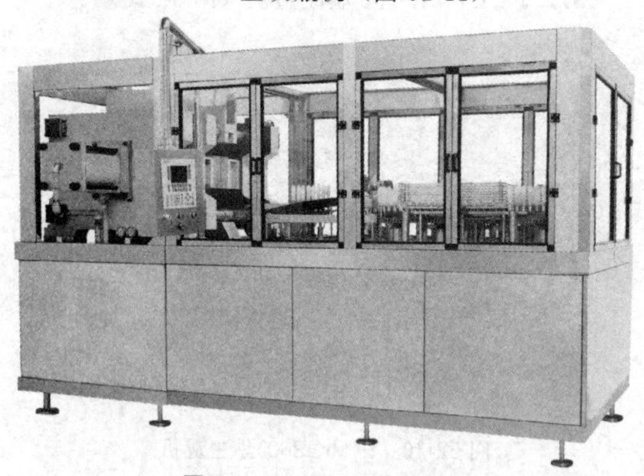

图 52-11　CPS-8 型吹瓶机

(1) 主要用途

CPS-8 型吹瓶机是引进国外先进技术，进行消化、吸收并综合国内现有制造技术，推出的新一代两步法全自动吹瓶机组。

(2) 性能特点

CPS-8 型吹瓶机采用双向拉伸工艺，使塑料输液瓶具有高透明度、高拉伸强度（达 30MPa 以上），完全满足 122℃ 的高温灭菌处理，优良的耐水性等性能，吸水性少于 0.02%，突出的对水蒸气阻隔性能，提高了大输液的保质度。

工艺流程全部自动化，微型计算机控制，稳定可靠。液压系统全封闭，具有反馈控制的比例压力流量控制，且用高精度电子尺控制距离，快速平稳，低噪声。

送瓶坯和取瓶子采用机械手装置，稳定可靠。采用红外线加温，穿透力强，能耗低，瓶坯自转受热，加热均匀，多区自动控温，从而保证制瓶质量。

(3) 主要技术参数

生产能力　2000～4000 瓶/h
塑料瓶规格　50mL、100mL、250mL、500mL
模型尺寸　820mm×520mm（每膜 8 腔，瓶中心距 95mm）
装机总功率　80kW
锁模力　700kN
吹瓶气压（标准状态）　1.0～3.0MPa、5～10m³/h
动行气压（标准状态）　0.6～0.8MPa、0.6～1m³/h
油泵工作压力　16.3MPa、3.1～11.6L/r
常水耗量　80L/min
外形尺寸（长×宽×高）　4000mm×4800mm×3000mm
机器质量　8000kg

3.2.3 SPC 系列直线式吹瓶机

(1) 主要用途

SPC 系列直线式吹瓶机是一种利用聚丙烯薄膜通过两步法双向拉伸制备大输液塑料瓶（BOPP 瓶）的机组，其模腔数为 2～16 腔，可按需选择。其外形见图 52-12。

(2) 性能特点

① 采用一副模具多腔结构，模具结构简单，更换模具方便快捷。

② 采用气动和伺服传送，大大缩短传送时间，提高生产效率。

③ 采用伺服拉伸，缩短拉伸时间，更换规格不用做机械调整。

④ 机械整体紧凑，占地面积小，节约药厂净化成本。

⑤ 远红外线对瓶坯加热，穿透力强，能耗少，瓶坯自转受热，加热均匀；多区智能型稳压，精度达 ±1V，实际成品率可控制在 99%以上。

⑥ 采用凸轮控制翻坯，准确稳定，合格率高。

⑦ 人性化的 PLC 人机界面，触摸式液晶控制面板，能实时监测机器状态和自由调节机器参数。

⑧ 良好的通风系统，有效改善瓶坯内外温差；优化瓶坯间距，瓶坯受热性能得到最好平衡，大幅提高了加热效率、降低能耗。

(3) 主要技术参数（表 52-14）

图 52-12　SPC 系列直线式吹瓶机

表 52-14　SPC 系列直线式吹瓶机主要技术参数

项　目	型　号					
	SPC2	SPC4	SPC8C	SPC10	SPC12	SPC16
生产能力/(瓶/h)	1500～1800 (100～500mL) 1000～1200 (1000mL)	3000～3600 (100～500mL) 2000～2400 (1000mL)	6000～6400 (100～500mL) 4000～4400 (1000mL)	7500～8500 (100～500mL)	9000～10500 (100～500mL)	12000～14000 (100mL)
适应原料	PP	PP	PP	PP	PP	PP
模腔数/腔	2	4	8	10	12	16
容积/mL	100～1300	100～1300	100～1300	100～800	100～800	100～250
最大瓶体高度/mm	260	260	260	210	210	160
最大瓶体外径/mm	110	95	95	90	82	65
瓶口内径/mm	16～30	16～30	16～30	16～30	16～30	16～30
控制气压力/MPa	0.7～0.8	0.7～0.8	0.7～0.8	0.7～0.8	0.7～0.8	0.7～0.8
控制气用量（标准状态）/(m^3/min)	1.5～2.5	2～3	4～5	4～5	4～5	5～6
吹瓶气压力/MPa	1.6～2.0	1.6～2.0	1.6～2.0	1.6～2.0	1.6～2.0	1.6～2.0
吹瓶气用量（标准状态）/(m^3/min)	1～1.5	2～3	3.5～4.5	3.5～4.5	4.5～5.5	3.5～4.5
冷冻水耗量（5～14℃）/(t/h)	2～3	3～4	5～6	5～6	5～6	5～6
冷却水耗量（20～30℃）/(t/h)	3～4	4～5	5～6	5～6	5～6	5～6
电机和风机功率/kW	7.7	12.54	29.16	29.16	29.16	17.92
加热装机功率/kW	70	100.8	156.8	156.8	184.8	152
外形尺寸（长×宽×高)/mm	4500×3800×3000	7500×4800×3000	10300×4800×3300	10500×4800×3300	11600×4800×3300	12500×4800×3300
总质量/kg	5000	8000	14500	14500	16000	17000

3.2.4 SPCX20 旋转式吹瓶机

(1) 用途

SPCX20 旋转式吹瓶机是引进国际上比较先进的吹瓶设计理念，结合 BOPP 大输液瓶吹制工艺，精心设计打造的全新两步法双向拉伸吹瓶机，主要用于大输液塑料瓶的吹制。该机外形如图 52-13 所示。

(2) 性能特点

① 瓶坯在加热、传送、吹制过程中不离开夹具，

图 52-13 SPCX20 旋转式吹瓶机

且无翻转动作，运动速度均匀，无突变，瓶坯在机器动作过程中定位准确、传送稳定，吹制出来的瓶子厚薄均匀，灭菌后极少变形。

② 一模双腔结构，占地面积小，工作稳定。

③ 翻坯、上坯连续、稳定、安全，纯机械柔性凸轮控制，不需要任何气动元件辅助。

④ 远红外线对瓶坯加热，穿透力强，能耗少；瓶坯自转受热，加热均匀；多区智能型稳压，精度达±1V，实际成品率可控制在99%以上。

⑤ 采用凸轮开、合模，速度快、准确、可靠。

⑥ 人性化的PLC人机界面操作，触摸式液晶控制面板；控制箱可以旋转移动，方便多方位操作。

⑦ 良好的通风系统，有效改善瓶坯内外温差；优化瓶坯间距，瓶坯受热性能得到最好平衡，大幅提高了加热效率，降低能耗。

(3) 主要技术参数（表 52-15）

表 52-15 SPCX20 旋转式吹瓶机主要技术参数

项 目	型号 SPCX20
生产能力/(瓶/h)	12000～13500
适应原料	PP
模腔数	10模20腔
容积/mL	100～800
模腔间距/mm	150
最大瓶体高度/mm	210
最大瓶体外径/mm	90
低压气压力/MPa	0.75～0.85
吹瓶气压力(吹瓶)/MPa	1.4～1.6
低压气用量(标准状态)/(m^3/min)	4～5
吹瓶气用量(标准状态)/(m^3/min)	5～6
冷冻水温度/℃	5～14
冷冻水耗量/(m^3/h)	5～6
冷却水温度/℃	20～30
冷却水耗量/(m^3/h)	8～10
电源	380V±38V/50Hz
电机和风机功率/kW	16.55
加热装机功率/kW	270
外形尺寸(长×宽×高)/mm	11900×5600×3800
总质量/kg	18500

3.2.5 QCJ32（18）型塑料瓶清洗机（图 52-14）

图 52-14 QCJ32（18）型塑料瓶清洗机

(1) 主要用途

本机主要适用医药行业大输液塑料瓶清洗和糖浆塑料瓶清洗，也可适用于其他塑料包装容器的清洗。

(2) 性能特点

本机由气洗与水洗两个清洗转盘组成。塑料瓶进入清洗工位时瓶口翻转朝下，冲气和冲水喷管插入瓶内冲气、冲水；每个转盘分为三个工位，气洗转盘连续三次对瓶内吹离子风，水洗转盘对瓶内冲纯化水一次、注射用水一次，最后一次用洁净空气吹干。转盘采用间隙旋转运动，每组进瓶六个。每次冲洗时间可编程设定，可根据不同规格设定冲洗时间，减少水、气浪费。两次冲水分开并单独回收，可将注射用水回收过滤后当作纯化水使用，节约用水。结构简单，更换规格容易，操作维修方便。

(3) 主要技术参数

生产能力 3000～6000瓶/h（3000瓶/h）

适应规格 500mL、100mL、250mL、500mL大输液塑料瓶

压缩空气压力 0.6MPa

压缩空气耗量（标准状态） 2.0m^3/min（1.0m^3/h）

纯化水压力 0.2MPa

纯化水耗量 1.2t/h

注射用水压力 0.2MPa

注射用水耗量 1200L/min（600L/min）

主电机功率 1.5kW 380V 50Hz

总功率 3kW

外形尺寸（长×宽×高） 6200mm×2150mm×2375mm

设备质量 4000kg

3.2.6 SGF18/32（12/18）型塑料瓶大输液灌封机（图 52-15）

图 52-15 SGF18/32（12/18）型塑料瓶大输液灌封机

(1) 主要用途

该机是一种旋转式塑料瓶大输液灌装、封口生产设备，可适用于 50mL、100mL、250mL、500mL 等各种规格的塑料瓶大输液的生产，能自动完成输液、灌装、上盖、封盖等工序。

(2) 性能特点

集灌、封于一体，结构紧凑，操作人员少，占用洁净区域面积小。

灌装与封口两部分采用离合器连接，紧急情况可脱开，停止灌装。

灌装与封口之间用 800mm 长轨道连接，便于调整装量。

采用自流等距恒速原理灌装，计量准，药液中无机械摩擦产生的微粒。

灌装与封口均采用绞龙进瓶，实现进出瓶同步。

采用机械手取盖形式，取盖准确可靠，噪声低。

独特的熔焊装置，使瓶口和瓶盖加热均匀，熔封效果密闭牢固，不渗漏。

封口导向好，对中性好，保证了封口的严密性和美观度。

采用瓶口定位，规格件少，更换容器规格快捷。

瓶口和盖口的加热通过加热板伸缩控制，大大降低了包材的损耗，产品合格率高。

采用人机界面操作，控制箱可以旋转移动，方便方位操作。选材考究，造型美观大方。

(3) 技术参数

灌装头数　18 个 (12 个)

封口头数　32 个 (18 个)

生产能力　3600～6000 瓶/h (3000 瓶/h)

主电机功率　3kW

封口功率　12kW

压缩空气压力　0.6MPa

压缩空气耗量 (标准状态)　0.2 (0.1) m^3/min

适用瓶型　塑料瓶径 30～80mm，瓶高 95～200mm

适用盖种　塑料组合盖

调速方式　变频无级调速

外形尺寸 (长×宽×高)　5800mm×2150mm×2375mm

总质量　3500kg

3.2.7　SSYQ200 型大输液塑料瓶洗灌封一体机

(1) 主要用途

本机是在制药行业的大输液塑料瓶的生产线中，将洗瓶、灌装、封口等工序集中在一体的专用生产设备。该机外形图见图 52-16。

(2) 性能特点

① 本机可与吹瓶机经链板轨道或机械手输送过来的瓶子连接使用。

② 本机的洗瓶方式为离子风清洗，且离子风嘴具有报警显示与输出功能。清洗介质采用气动隔膜阀控制，并有废气收集装置，不污染气源。

图 52-16　SSYQ200 型大输液塑料瓶洗灌封一体机

③ 灌装采用硬管连接及进口灌装阀与控制阀，灌装精度高，且可实现 CIP/SIP 功能。

④ 封口的夹瓶机械手与夹盖机械手是同一导向轴连接，确保了盖子与瓶口的对中要求。

⑤ 理盖与送盖为封闭式结构，并配有盖子暂缓平台，避免盖子受污染。

⑥ 全过程采用机械手夹持瓶口的方式输送。PLC 程序控制，自动化完成各工序，可实现无瓶不冲洗、不灌装和不送盖的功能。

(3) 技术参数

生产能力　不小于 220 瓶/min (以 250mL 计)

单机离子风洗工位　48 个

单机灌装头数　30 个

单机封口头数　48 个

总功率　48kW，380V，50Hz

主电机功率　7.5kW

洁净压缩空气　3.5m^3/min (20℃，0.5MPa)

主机外形尺寸 (长×宽×高)　6000mm×3000mm×2550mm

总质量　8000kg

3.3　非 PVC 膜软袋输液生产设备

(1) 性能特点

非 PVC 多层共挤膜软袋包装输液广泛应用于无菌大输液系统，是玻璃瓶和塑料瓶输液的替代产品，其外形如图 52-17 所示。该机具有如下特点：

① 无毒、与药液兼容性强；

② 输液时通过软袋自动回缩，无需进气管，消除了输液过程中的二次污染；

③ 隔水隔气性能好、药液保质期长；

④ 空袋回收不污染环境；

⑤ 产品能耐 121℃蒸汽灭菌；

⑥ 抗低温性好；

⑦ 运输方便。

(2) 工作原理

① 送膜

图 52-17 非PVC膜软袋输液生产设备

a. 采用恒张力系统，使膜张力恒定。送膜电机带刹车装置，保证送膜稳定可靠。

b. 膜张紧时受力点靠近支撑点，保证送膜滚筒轴及张力滚筒轴不变形，保证送膜机构稳定性。

② 拉膜

a. 采用连续拉膜技术，生产线速度快。

b. 采用机械手夹持膜，代替真空泵，设备稳定可靠。

③ 印字

a. 采用热转印技术将印字板上的内容印到膜表面。

b. 批号体与印字版互相独立，生产批号、生产日期和有效期可独立更换模具。

c. 印字温度、印字时间和印字压力可单独调整。

d. 设有印字膜监控装置，确保印字完整。

④ 上接口

a. 配备有袋口储料斗，确保进料震荡盘内始终只有少量的袋口储量，并自动监测和进料，防止物料相互摩擦。

b. 采用气爪抓取接口，上接口可靠性好。

⑤ 预热

a. 二次预热采用热传递方式对接口加热，每个预热模具的温度均为单独控制，保证预热模具的温度相同。

b. 预热一为接触式加热，预热二为非接触式加热，保证接口得到最理想的预热效果。

c. 预热温度、时间均可调整。

⑥ 成型

a. 加热管直接在模具中，温度探头安装在成型模具表面，成型温度控制精度高，确保成型合格率。

b. 下膜采用隔热技术，膜在成型工位内停留10min仍可安装，提高生产线合格率。

c. 模具采用特种钢制作，并有特殊涂层，确保切刀处无刀痕。

d. 温控点分布合理，保证模具表面温度均匀一致，保证三层膜成型温度要求。

⑦ 接口焊接、膜冷却、去倒角

a. 每个焊接模采用单独气缸驱动，对接口适应性强，不会受到接口外形尺寸变化而影响接口与膜的焊接质量，漏袋率低。

b. 每个焊接模采用单独加热管及温控模块，保证接口与膜的焊接质量，漏袋率低，成型袋无卷边现象。

c. 采用冷却水板对膜强制冷却。

d. 每个倒角采用单独上、下气缸夹持冲除，冲除率高。

e. 更换规格时，下冲头不需调整，节约时间。

f. 整个机构可 90°翻转，利于接口焊接工位调试、维护。

⑧ 整形、去倒角、废边

a. 单对气缸带整形模具，模具压力均匀，整形效果好。

b. 每个倒角采用单独气爪摘除，摘除率高。

c. 废边采用气爪撕除，撕除率高。

⑨ 袋转移　采用错位交接方式将袋子从制袋机转移到灌封机中，移动距离短，机构运行稳定可靠。

⑩ 灌装

a. 每个灌装头采用单独气缸上、下定位驱动，灌装头与接口密封性好，不会因接口尺寸变化而产生某个接口与灌装头密封不严导致的药液外溢，不污染设备，保证接口与盖的焊接质量。

b. 采用质量流量计，维护简便，灌装精度高。

⑪ 理盖

a. 与接口进料系统一样，组合盖输送系统也配有储料斗，可确保进料振荡盘内始终只有少量盖储量，并自动监测和进料，避免大量盖堆积，防止物料摩擦产生微粒。

b. 采用伺服机构分盖，减少送盖轨道数量，减少微粒产生的概率。

⑫ 封口　每个焊盖头都采用单独的气缸驱动，保证组合盖与接口焊接时的接触压力不会受组合盖或接口外形尺寸变化而不同，保证组合盖与接口的焊接质量。可实现无袋、不合格袋不封口，节约包材。

⑬ 出袋

a. 采用气爪将成品袋从灌封机上取出，可配合皮带输送系统输送至灭菌工序。

b. 可与自动上袋输送系统输送至灭菌工序。

c. 可与自动上袋系统配合，保证出袋朝向一致、整齐。

(3) GMP 要求的合规性

① 增加接口、盖自动间歇加料装置，确保震荡斗内始终只有少量的接口或盖储量，而不是大量的接口堆积，防止接口在振荡斗内的互相摩擦，以减少微粒的产生。

② 采用伺服机构分盖，减少储料斗、理盖斗、送盖轨道数量，从而减小微粒的产生。

③ 上膜、接口、盖及接口定位夹等易产生微粒的地方均加装离子风清洗装置，将产生的微粒用真空抽走，保证环境不被污染。

④ 将易产生微粒的部分（如印字工位、上接口、送盖等）与其他部分隔断开，减少交叉污染的机会；同时将灌装及封口部分与其他部分隔断开，保证此区域不被其他区域所产生的微粒所污染。

⑤ 加料部分增加了中间缓冲站，保证在加料时不破坏该区域内的层流。

⑥ 防护门在设备台面齐高处开有层流风导向槽，保证层流的单向性。

⑦ 控制部分设有与在线检测（如 A 级区风速检测、高风除尘区尘埃粒子检测）系统的数据连接接口，可将在线检测的数据显示在控制面板的屏幕上。同时设备上设有检测头安装位置，方便用户安装相应检测设备（设备可选配）。

⑧ 设备设有运行状态指示灯，符合新版 GMP 相关要求。

⑨ CIP/SIP 功能：灌装系统可进行全自动在位清洗及在位消毒，无需拆卸任何部件。清洗与消毒完成后可完全排空。

(4) SRD 单硬管系列软袋大输液生产自动线（表 52-16）

(5) SRDS 双硬管系列软袋大输液生产自动线（表 52-17）

(6) SRDRS 双软管系列软袋大输液生产自动线（表 52-18）

表 52-16 SRD 单硬管系列软袋大输液生产自动线

项目	型号				
	SRD1200	SRD2500	SRD3800	SRD5000	SRD7500
最大产能/(袋/h)	1200	2500	3600	4500	5800
制袋规格/mL	100～1000	250.00	100～2000		100～500
袋宽型式/mm	120,130,135				
灌装精度	100mL±2%,250mL±1.25%,500mL±0.75%,1000mL±0.5%,2000mL±0.3%				
占地面积(135 袋型)/mm^2	2940×2660	6000×2660	6100×2660	7865×2660	10020×2660
占地面积(120 袋型)/mm^2	2940×2660	6000×2660	6100×2660	7865×2660	9090×2660

表 52-17 SRDS 双硬管系列软袋大输液生产自动线

项目	型号				
	SRDS1200	SRDS2500	SRDS3800	SRDS5000	SRDS7500
最大产能/(袋/h)	1100	2100	3000	3900	4800
制袋规格/mL	100～1000	100～2000			100～500
袋宽型式/mm	120,130,135				
灌装精度	100mL±2%,250mL±1.25%,500mL±0.75%,1000mL±0.5%,2000mL±0.3%				
占地面积(135 袋型)/mm^2	2940×2660	6000×2660	6100×2660	7865×2660	10020×2660
占地面积(120 袋型)/mm^2	2940×2660	6000×2660	6100×2660	7865×2660	9090×2660

表 52-18 SRDRS 双软管系列软袋大输液生产自动线

项目	型号			
	SRDRS1200	SRDRS2500	SRDRS3800	SRDRS5000
最大产能/(袋/h)	1200	2500	3500	4200
制袋规格/mL	100～1000	100～2000		
袋宽型式/mm	120,130,135			
灌装精度	100mL±2%,250mL±1.25%,500mL±0.75%,1000mL±0.5%,2000mL±0.3%			
占地面积/mm^2	3150×2660	6420×2660	6620×2660	8525×2660

4 注射用水设备

注射用水主要用于药品生产的水针、输液、冻干等注射剂产品中，用作配料水、器具灭菌、清洗以及制药实验室试剂配制等。注射用水质量标准必须符合《中华人民共和国药典》的有关要求。

注射用水制备设备由多效蒸馏水机、纯蒸汽发生器、注射用水储罐、泵、换热器以及循环回路等组成。本节仅简要介绍多效蒸馏水机、纯蒸汽发生器以及注射用水储罐等。

4.1 多效蒸馏水机

本机以纯化水为原料水，蒸汽为加热源，采用列管降膜，螺旋离心分离结构，生产纯度高、无热源、水质稳定、符合《中华人民共和国药典》规定的注射用水。由于采用多效蒸馏法，可节约大量能源。

(1) 特点

① 采用立管降膜蒸发结构，可充分利用热能，节能效果显著。

② 大螺旋旋风分离结构，可彻底分离热原杂质等。

③ 采用优质316L不锈钢制作，符合制药设备用材要求。

④ 采用列管双管板结构换热器，可有效防止因换热器泄漏而使注射用水被加热蒸汽污染。

(2) 主要技术参数（表52-19）

(3) 设备外形（图52-18）

4.2 纯蒸汽发生器

纯蒸汽发生器是以纯化水为原料水，蒸汽为加热源，采用列管降膜螺旋离心分离结构，生产无热源、高纯度蒸汽的设备。该设备广泛应用于医疗卫生、生物制药、食品工业的灭菌消毒以及相关器具的消毒，可有效地防止重金属、有机物质（热源）等杂质对物体的再污染。

(1) 技术参数（表52-20）

(2) 设备外形（图52-19）

表52-19 多效蒸馏水机主要技术参数

型号	效数	生产能力/(kg/h)	加热蒸汽用量/(kg/h)	冷却水用量/(kg/h)	进料水用量/(kg/h)	外形尺寸(长×宽×高)/mm	质量/kg	配电/kW
		蒸汽压力 0.3～0.6MPa(143～165℃)						
LD100	3	100～170	45～78	144～257	120～204	900×650×2300	300	1.5
LD100	4	100～170	32～55	65～111	120～204	1000×650×2300	360	1.5
LD100	5	100～170	26～45	26～45	120～204	1300×650×2300	430	1.5
LD200	3	200～340	91～155	288～491	240～408	1000×650×2400	450	2
LD200	4	200～340	64～109	130～221	240～408	1250×650×2400	520	2
LD200	5	200～340	52～89	52～89	240～408	1500×650×2400	600	2
LD500	4	500～790	160～253	325～514	600～948	1400×900×3100	900	3
LD500	5	500～790	130～205	130～205	600～948	1700×900×3100	1100	3
LD500	6	500～790	105～166	52～82	600～948	2000×900×3100	1300	3
LD1000	4	1000～1780	320～570	650～1157	1200～2136	1600×1000×3500	2150	3
LD1000	5	1000～1780	260～461	260～463	1200～2136	1800×1000×3500	2350	3
LD1000	6	1000～1780	210～374	104～185	1200～2136	2200×1000×3500	2600	3
LD1500	4	1500～2450	480～790	975～1592	1800～2940	1700×1100×3600	2050	3
LD1500	5	1500～2450	390～636	390～637	1800～2940	1900×1100×3600	2430	3
LD1500	6	1500～2450	316～516	156～255	1800～2940	2300×1100×3600	2900	3
LD2000	5	2000～3440	525～1102	520～894	2400～4128	2400×1200×3900	2800	4
LD2000	6	2000～3440	423～892	208～358	2400～4128	2850×1200×3900	3100	4
LD3000	5	3000～5200	780～1350	780～1352	3600～6240	2900×1400×4100	4800	4
LD3000	6	3000～5200	630～1100	312～540	3600～6240	3500×1400×4100	5600	4
LD5000	6	5000～7900	1050～1660	520～821	6000～9480	4200×1600×4500	8300	6
LD5000	8	5000～7900	700～1100	85～131	6000～9480	5000×1600×4500	9500	6

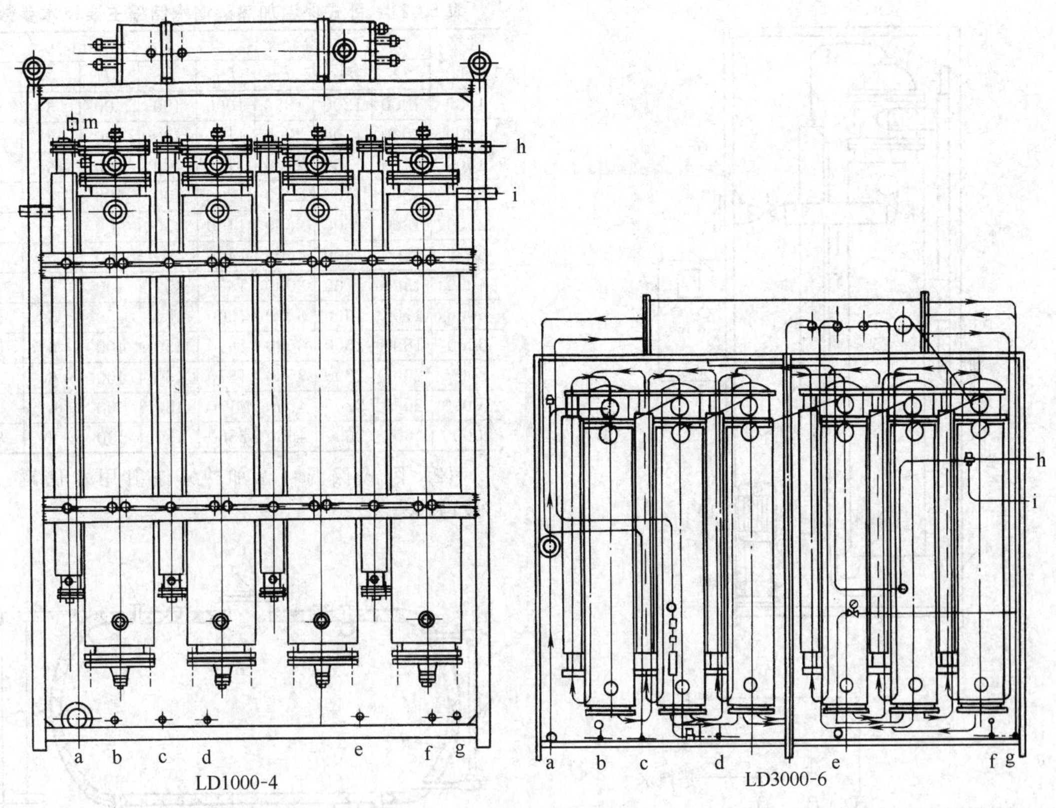

图 52-18　多效蒸馏水机外形

表 52-20　纯蒸汽发生器主要技术参数

型　号	加热蒸汽压力/MPa	纯蒸汽产量/(kg/h)	加热蒸汽耗量/(kg/h)	原料水用量/(kg/h)	泵电机功率/kW	机器质量/kg	外形尺寸(长×宽×高)/mm
LCZ100	0.3～0.6	100～160	130～200	120～192	0.75	360	800×500×2300
LCZ200		200～360	260～460	240～432	0.75	420	900×500×2600
LCZ300		300～480	390～625	360～570	0.75	560	1000×700×2900
LCZ400		400～650	520～840	480～780	0.75	600	1100×900×3200
LCZ500		500～790	650～1032	600～948	0.75	750	1200×900×3200
LCZ600		600～980	780～1275	720～1176	1.1	900	1200×900×3200
LCZ800		800～1400	1040～1820	960～1680	1.1	1000	1400×1000×3500
LCZ1000		1000～1600	1300～2080	1200～1920	1.5	1200	1500×1200×3900

4.3　注射用水储罐

注射用水储罐主要用于存放由多效蒸馏水机制备的注射用水，其结构形式及材料选用必须符合 GMP 的要求。同时，由于注射用水系统必须定期进行灭菌，因此设备必须耐受一定的压力。

注射用水储罐分为带加热型和不带加热型两种，根据《钢制压力容器》(GB 150) 进行设计制造、试压和验收。设备采用优质 316L 不锈钢制造，内表面镜面抛光，$Ra=0.28\mu m$，外表面进行抛亚光、镜面、喷砂等处理。保温材料采用聚氨酯发泡保温，以及耐高温、抗老化珍珠棉等材料。储罐采用标准快装卫生型卡箍接口。储罐均带液位计、温度计、空气呼吸口、进出液口、人孔及循环系统接口、清洗球等附件。

(1) 卧式保温加热注射用水储罐（图 52-20 和表 52-21）

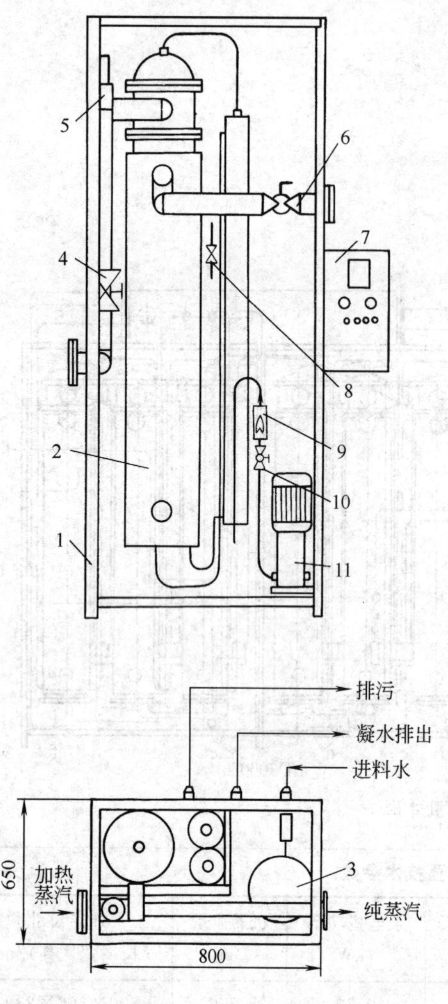

图 52-19 LCZ200 纯蒸汽发生器

1—机架；2—蒸馏塔；3—预热器；4—蒸汽柱塞阀；5—安全阀；6—纯蒸汽阀；7—电控箱；8—取样阀；9—流量计；10—进水阀；11—进料水泵

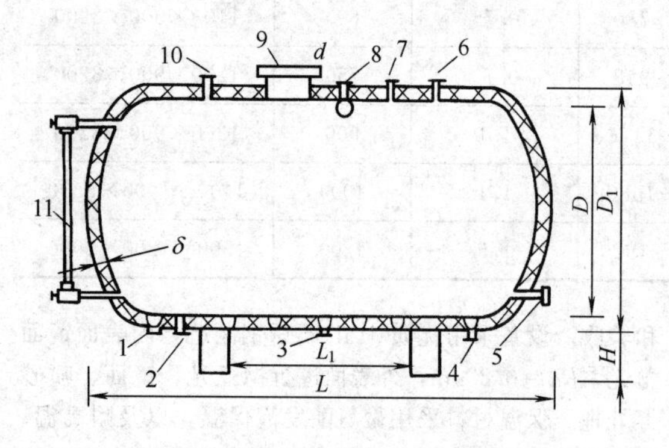

图 52-20 卧式保温加热注射用水储罐

1—蒸汽出口；2—出料口；3—冷凝水出口；4—蒸汽进口；5—液位计接口数显；6—进液口；7—呼吸口；8—清洗口；9—人孔；10—温度计；11—液位计

表 52-21 卧式保温加热蒸馏水储罐主要技术参数

规格/L	参考尺寸/mm							
	D	D_1	L	L_1	H	d	δ	DN
1000	1000	1200	1880	1000	400	400	3	40
1200	1000	1200	2200	1160	400	400	3	40
1500	1100	1300	2100	1100	400	400	3	40
2000	1300	1500	2270	1200	400	400	4	40
2500	1300	1500	2650	1400	450	400	4	40
3000	1400	1600	2600	1400	450	400	5	40
4000	1500	1700	3000	1600	450	400	5	40
5000	1700	1900	3000	1600	450	400	5	50
6000	1800	2000	3080	1640	450	400	6	50
8000	2000	2200	3500	1870	450	400	6	50
10000	2000	2200	4050	2170	450	400	6	50
20000	2500	2600	4650	2560	450	400	8	80

(2) 卧式保温（无加热）注射用水储罐（图52-21和表52-22）

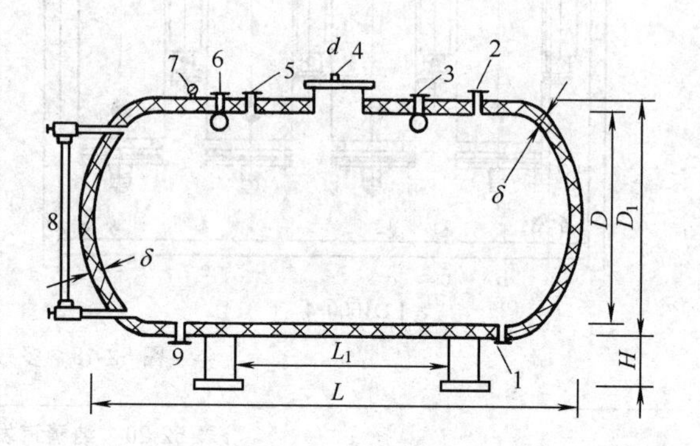

图 52-21 卧式保温（无加热）注射用水储罐结构示意

1—备用口；2—呼吸口；3—清洗器；4—人孔；5—进液口；6—清洗球；7—数显式温度计；8—液位计；9—出液口

表 52-22 卧式保温（无加热）注射用水储罐主要技术参数

规格/L	参考尺寸/mm							
	D	D_1	L	L_1	H	d	δ	DN
1000	1000	1100	1780	1000	400	400	3	40
1200	1000	1100	2100	1160	400	400	3	40
1500	1100	1200	2000	1100	400	400	3	40
2000	1300	1400	2170	1200	400	400	4	40
2500	1300	1400	2550	1400	450	400	4	40
3000	1400	1500	2500	1400	450	400	5	40
4000	1500	1600	2900	1600	450	400	5	40
5000	1700	1800	2900	1600	450	400	5	50
6000	1800	1900	2980	1640	450	400	6	50
8000	2000	2100	3400	1870	450	400	6	50
10000	2000	2100	3950	2170	450	400	6	50
20000	2500	2600	4650	2560	450	400	8	80

(3) 立式保温（带加热）注射用水储罐

本系列容器具有加热和保温功能，按《钢制压力容器》(GB 150) 进行设计制造、试压和验收。容积有 100～10000L 等规格，也可根据客户实际需要进行设计、加工。容器保温材料采用聚氨酯发泡保温，耐高温、抗老化珍珠棉保温。管口采用卫生型卡箍式，罐体材料为 316L 不锈钢，内表面镜面抛光 R_a = 0.28μm，外表面抛亚光镜面、喷砂或抛亚光。罐体有液位计、空气呼吸口、温度计、进出液口、循环泵接口、人孔、洗罐器。其结构如图 52-22 所示。

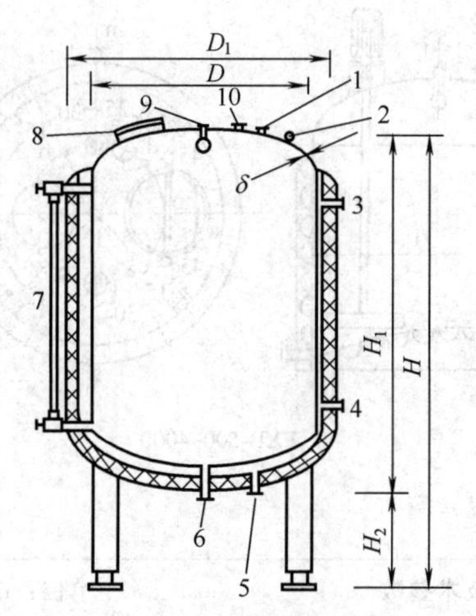

图 52-22　立式保温（带加热）注射用水储罐结构示意

1—进液口 3 个；2—数显式温度计；3—蒸汽进口；4—蒸汽出口；5—冷凝水出口；6—出液口；7—液位计；8—人孔；9—清洗球；10—呼吸口

(4) 立式保温（无加热）注射用水储罐（图 52-23和表 52-23）

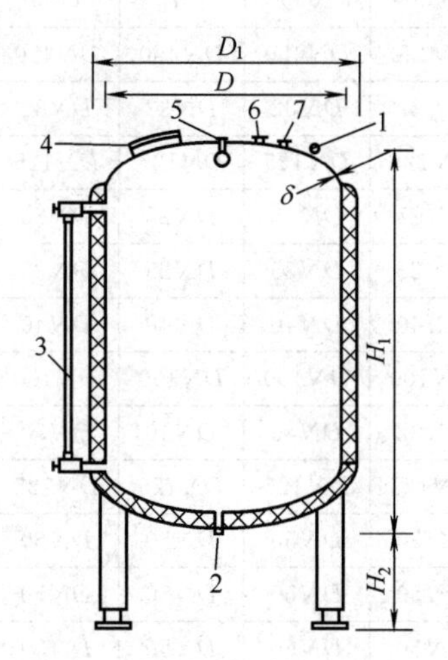

图 52-23　立式保温（无加热）注射用水储罐

1—温度计；2—出液口；3—液位计；4—人孔；5—清洗球；6—呼吸口；7—进液口

表 52-23　立式保温（无加热）注射用水储罐主要技术参数

规格 /L	参考尺寸/mm					
	D	D_1	H	H_1	δ	DN
100	500	600	1050	800	3	32
150	500	600	1250	1000	3	32
200	600	700	1250	1000	3	32
300	700	800	1250	1000	3	32
500	900	1000	1250	1000	4	40
600	1000	1100	1250	1000	4	40
1000	1200	1300	1600	1250	5	40
1200	1200	1300	1800	1450	5	40
1500	1300	1400	1800	1450	5	40
2000	1400	1500	2000	1650	5	40
2500	1400	1500	2200	1800	5	40
3000	1500	1600	2350	1900	6	40
4000	1700	1800	2450	2050	6	40
5000	1800	1900	2650	2200	6	50
6000	1800	1900	3050	2550	6	50
8000	2100	2200	3050	2550	8	50
10000	2200	2300	3400	3000	8	50

5　液体制剂配料系统

液体制剂包括水针剂、大输液、冻干制剂和口服液等，配料系统主要由配料罐、药液储罐、药液过滤器和输送泵等组成。该系统是液体制剂生产的重要组成部分。

药品生产质量管理规范（GMP）要求，与药品直接接触的设备表面应光洁、平整、易清洗或消毒、耐腐蚀，不与药品发生化学变化或吸附药品，并且使用材料应无毒性。根据国内外工程实践证明，316L 不锈钢是注射剂生产的最合适材料。美国 FDA 也认可并推荐使用。注射剂配料系统的配料罐、过滤器、输送泵、阀门等与药品直接接触的部位均采用该材料。

非金属材料有聚四氟乙烯、硅橡胶、聚砜、聚丙烯、乙酸纤维、尼龙等可供选择。密封件、过滤介质等可选用上述材料。

5.1　配料罐

选用配料罐材料时，应考虑减少材料对药液的影响，减少所需能源和空间污染等要求，其首选材料为 316L 不锈钢。同时根据物料性质和经济状况，对口服液体制剂产品，可酌情选用钛钢和 304 不锈钢等。

配料罐常采用椭圆封头，夹套换热，带机械搅拌，搅拌转速通常可调，物料管口均采用国际通用标准快装卡箍式，罐内安装有液位计（无触电超声波传感器或快开式玻璃管等形式）、空气呼吸器、温度计（数显或表盘式）、清洗球、视镜等。

配料罐必须能耐受 0.2MPa、121℃ 的蒸汽灭菌。配料罐一般安装在洁净生产区内，配料罐的夹套及支撑等应采用不锈钢制作，夹套保温层外应有不锈钢保护层。搅拌电机及减速机等宜有不锈钢保护罩。

5.1.1　PXB 型配料罐（图 52-24 和表 52-24）

5.1.2　PTJ 型配料罐（图 52-25 和表 52-25）

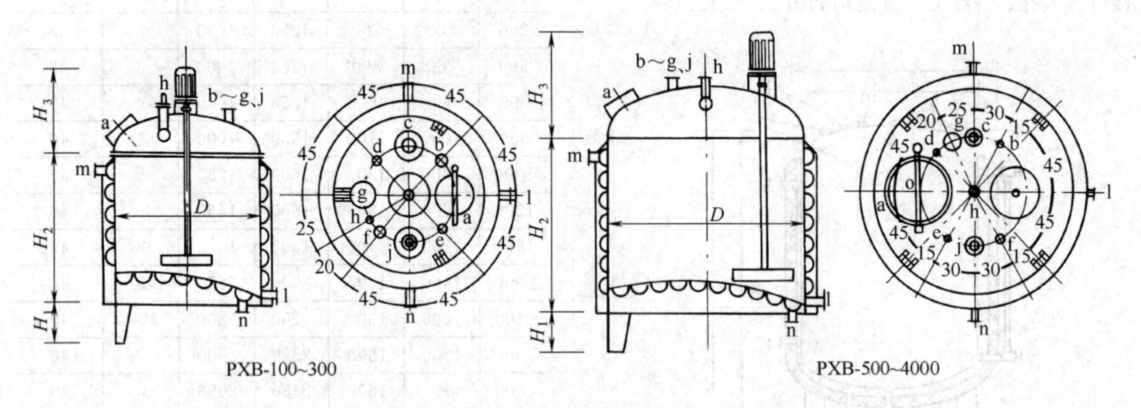

图 52-24　PXB 型配料罐

表 52-24　PXB 型配料罐主要技术参数　　单位：mm

规格		型号										
		PXB-100	PXB-200	PXB-300	PXB-500	PXB-800	PXB-1000	PXB-1500	PXB-2000	PXB-2500	PXB-3000	PXB-4000
外形尺寸	D	500	600	700	800	1000	1100	1300	1400	1500	1600	1800
	H_1	300	300	300	300	300	300	320	320	320	320	320
	H_2	500	600	650	800	850	900	900	1000	1150	1200	1300
	H_3	615	635	665	685	725	855	935	1055	1075	1105	1155
接管和开孔	a	DN100	DN150	DN150	DN400	DN400	DN450	DN450	DN450	DN450	DN450	DN450
	b	DN32	DN32	DN32	DN32	DN32	DN32	DN32	DN32	DN32	DN32	DN32
	c	DN50	DN50	DN80	DN80	DN80	DN125	DN125	DN125	DN125	DN125	DN125
	d	DN25	DN25	DN25	DN25	DN25	DN25	DN25	DN25	DN25	DN25	DN25
	e	DN25	DN25	DN25	DN25	DN25	DN25	DN25	DN25	DN25	DN25	DN25
	f	DN40	DN40	DN40	DN40	DN40	DN40	DN40	DN40	DN40	DN40	DN40
	g	DN100	DN100	DN100	DN100	DN100	DN100	DN100	DN100	DN100	DN100	DN100
	h	DN25	DN25	DN25	DN25	DN25	DN32	DN32	DN40	DN40	DN50	DN50
	j	DN50	DN50	DN50	DN80	DN80	DN125	DN125	DN125	DN125	DN125	DN125
	l	DN25	DN25	DN25	DN32	DN32	DN50	DN50	DN50	DN50	DN50	DN50
	m	DN25	DN25	DN25	DN32	DN40	DN40	DN50	DN50	DN50	DN50	DN50
	n	DN25	DN25	DN25	DN32	DN40	DN40	DN50	DN50	DN50	DN50	DN50
搅拌电机/kW		0.55	0.55	0.55	0.55	0.55	1.1	1.5	2.2	2.2	2.2	2.2

注：接管和开孔符号说明：a 表示人孔；b 表示温度计口；c 表示视灯口；d 表示备用口；e 表示呼吸口；f 表示备用口；g 表示探头口；h 表示清洗球接口；j 表示视镜；l 表示出料口；m 表示蒸汽进口、冷却水出口；n 表示冷凝水出口、冷却水进口。

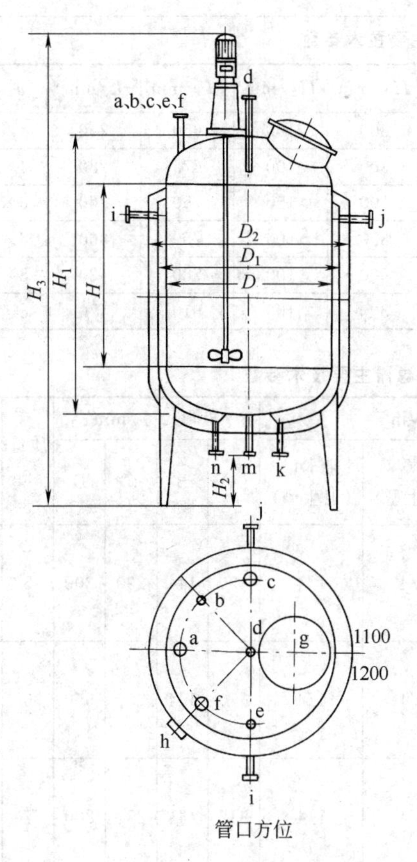

图 52-25　PTJ 型配料罐

表 52-25　PTJ 型配料罐主要技术参数

规格/L	D	D_1	D_2	H	H_1	H_2	H_3	电机功率/kW
300	800	900	1000	430	880	300	2300	0.55
500	1000	1100	1200	600	1140	300	2600	0.75
1000	1200	1300	1400	800	1400	300	2700	1.1
1500	1300	1400	1500	1000	1700	300	2900	1.5
2000	1500	1600	1700	1000	1900	350	2950	2.2
3000	1700	1800	1900	1000	1900	350	3200	3
5000	1800	1900	2000	1700	2800	350	4030	4

规格/L	a	b	c	d	e	f	g	h	i	j	k	m	n
300	32	20	32	32	20	32	420	20	25	25	25	40	25
500	32	20	32	32	20	32	420	20	25	25	25	40	25
1000	32	20	32	32	20	32	420	20	25	25	25	40	25
1500	32	20	32	32	20	32	420	20	25	25	25	40	25
2000	40	20	40	50	20	40	420	20	32	32	32	50	32
3000	40	20	40	50	20	40	420	20	32	32	32	50	32
5000	40	20	40	50	20	40	420	20	40	40	40	50	40
连接方式	卡箍	卡箍	法兰	卡箍	卡箍	卡箍			法兰	法兰	法兰	卡箍	法兰

注：接管和开孔符号说明：a 表示纯化水进口；b 表示氮气进口；c 表示排气口；d 表示清洗口；e 表示物料口；f 表示回流液进口；g 表示人孔；h 表示温度计；i 表示蒸汽进口；j 表示冷水出口；k 表示冷凝水出口；m 表示出料口；n 表示冷水进口。

5.2　过滤器

根据 GMP 要求，药剂的无菌处理应该在产品生产过程中有计划地完成。液体制剂的澄明度、除菌、除热原是通过过滤过程实现的。一般采用由粗到细、由深层向精密、微滤逐级过渡的方法，确定过滤精度范围，合理选择过滤器及其介质。

5.2.1　金属棒微孔过滤器

JBL 型金属棒微孔过滤器是采用钛、316L、304 金属粉末烧结棒滤芯的一种深层过滤器，过滤精度范围为 2～100μm，可以滤除杂质和一部分细菌，具有耐腐蚀、寿命长、耐高温、强度高、无微粒脱落、不吸附主药成分等优点，可用于液体、气体的粗滤、预滤等。

JBL 型过滤器作为药液脱碳过滤效果最佳。其规格尺寸见表 52-26，设备结构如图 52-26 所示。

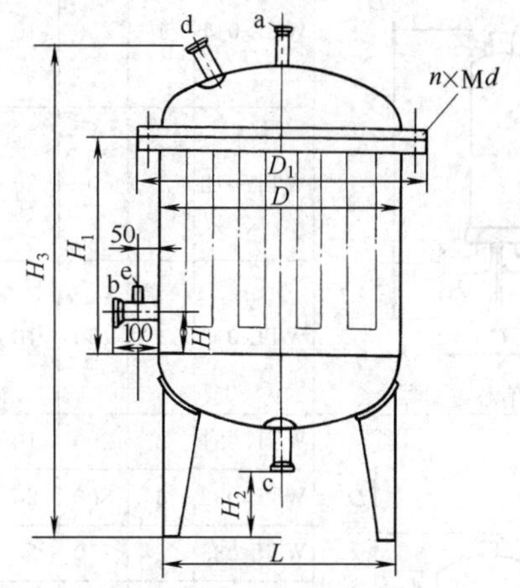

图 52-26　金属棒微孔过滤器

a—出料口；b—进料口；c—排污口；d—排气口；e—压力表接口

主要技术要求为：内外表面镜面抛光，内表面 R_a≤0.5μm；筒体焊接后，经水压 0.4MPa（表压）试压；未注接管的外伸长度均为 50mm

5.2.2　微孔膜筒过滤器

WTL、WML 型微孔膜筒过滤器主要用于介质精滤和除菌、除热源，具有柔性好、孔隙均匀、阻力小、耐热、耐酸碱、耐溶剂、过滤液吸附少等优点，其过滤精度范围为 0.2～2μm。滤材可分为亲水性和疏水性，应根据工艺需要进行选择。亲水性滤材适用于水溶液过滤，主要材料有聚砜、尼龙、硝酸/乙酸乙醛纤维素混酯等；疏水性滤材适用于有机溶液和气体过滤，主要材料有聚四氟乙烯、聚碳酸酯、涂聚四氟乙烯的超细硼硅酸纤维、聚偏二氟乙烯等；聚砜、聚丙烯适用于各种介质。

WTL、WML 型微孔膜筒过滤器主要技术参数见表 52-27。

表 52-26　金属棒微孔过滤器主要技术参数

型　号	规格/(t/h)	钛棒数量/个	D/mm	D_1/mm	H/mm	H_1/mm	H_2/mm	H_3/mm	L/mm	$n\times Md$
JBL-05	0.1～0.3	5	ϕ230	ϕ285	50	300	100	650	250	4×M12
JBL-08	0.3～0.6	8	ϕ250	ϕ310	50	300	100	675	280	4×M12
JBL-12	0.6～1	12	ϕ300	ϕ360	50	300	100	750	360	6×M12
JBL-14	1.2～1.5	14	ϕ300	ϕ360	50	300	100	750	360	6×M12
JBL-16	1.5～2	16	ϕ350	ϕ410	50	300	100	780	420	8×M12
JBL-24	2.5～3	24	ϕ400	ϕ460	50	300	100	810	470	8×M12

表 52-27　WTL、WML 型微孔膜筒过滤器主要技术参数

名　　称	型号	滤芯			接口/in			外形尺寸/mm				质量/kg	容量/L
		芯数	长度/mm	长度/in	进、出口（卫生型卡箍）	排气口（卫生型）	排水口（卫生型）	A	B	C	D		
单芯过滤器	WTL-011	1	250	10	1	1/4	1/4	430	144	230	300	5	2.5
	WTL-012	1	500	20	1	1/4	1/4	670	144	230	550	6	4.5
	WTL-013	1	750	10	1	1/4	1/4	912	144	230	800	7	6.5
多芯过滤器	WTL-031	3	250	10	2	1/4	1/4	490	198	280	320	18	10.7
	WTL-032	3	500	20	2	1/4	1/4	745	198	280	570	22	18.5
	WTL-033	3	750	30	2	1/4	1/4	995	198	280	820	26	26.3
	WTL-034	3	1000	40	2	1/4	1/4	1250	198	280	1065	30	34.1
	WTL-051	5	250	10	2	1/4	1/4	490	198	280	320	18	10.7
	WTL-052	5	500	20	2	1/4	1/4	745	198	280	570	23	18.5
	WTL-053	5	750	30	2	1/4	1/4	995	198	280	820	27	26.3
	WTL-054	5	1000	40	2	1/4	1/4	1250	198	280	1065	31	34.1
	WTL-122	12	500	20	3	1/4	1/4	930	150	450	570	40	60.0
	WTL-123	12	750	30	3	1/4	1/4	1180	150	450	820	48	84.0
	WTL-124	12	1000	40	3	1/4	1/4	1425	150	450	1065	55	108.0

注：1in＝2.54cm。

5.3　卫生级离心泵

(1) 概述

BAW 卫生级离心泵属单吸、单级、离心式卫生泵，广泛用于各种（中、低黏度）溶液的输送，如乳品、啤酒、饮料、医药、生物工程、精细日用化工领域。本泵有单级、单吸两种型式。泵壳、叶轮经精心设计，阻力减小，彻底消灭了卫生死角。所以提高了泵体内液体的流速，从而提泵的整体性能，且易于清洗、拆装方便，具有卓越的卫生性能，它可以满足产品对卫生柔性处理的要求，并且有耐化学腐蚀性能。吸取的最高温度为 80℃左右。其中高扬程泵特别适用于管式杀菌、酸奶持温设备、CIP 清洗等阻力较大的系统中应用。

(2) 特点

BAW 卫生级离心泵由以下部分组成：电动机、叶轮、泵壳、卫生机械密封，它具有专为就地清洗系统（CIP）设计的内部无死角及可清洗的密封，有一

个可保护电动机的不锈钢外罩，还有四个调节泵中心高度的不锈钢支撑脚。

卫生泵采用圆滑过渡、刚性结构、厚壁设计。泵体与物料直接接触部分的材料为 304 或 316 不锈钢，其他部分材质为 304 不锈钢。表面光洁度：与物料直接接触部件的表面采用抛光 0.6μm，外表面为亚光，采用 EPDM 乙丙橡胶及硅橡胶作为密封介质。

机械轴封采用高质量的不锈钢和碳化硅定制而成，提高了耐磨性和滋润型，适用寿命长。轴封处采用开启式结构，故即使轴封处有少量泄漏，也可及时观察。即使短时间内未察觉也不会满溢到电动机，从而保证了电动机的使用寿命。

(3) 主要技术参数（表 52-28）

表 52-28　卫生级离心泵技术参数

型　号	流量 /(m^3/h)	扬程 /m	电动机功率/kW	进出口径 /mm	中心高度 /mm
BAW-1-10	1	10	0.37	25/25	135～165
BAW-3-16	3	16	0.75	38/32	175～215
BAW-5-24	5	24	1.5	38/38	180～220
BAW-5-32	5	32	2.2	38/38	180～220
BAW-10-24	10	24	2.2	51/38	180～220
BAW-10-36	10	32	3	51/38	195～235
BAW-15-24	15	24	3	51/51	195～235
BAW-20-24	20	24	4	51/51	205～245
BAW-20-36	20	36	5.5	51/51	220～260
BAW-30-24	30	24	5.5	63/51	220～260
BAW-30-36	30	36	7.5	63/51	220～260
BAW-40-36	40	36	7.5	76/63	220～260
BAW-50-40	50	40	11	76/63	250～290
BAW-80-30	80	30	15	102/102	250～290
BAW-80-40	80	40	18.5	102/102	250～290

5.4 自动配液系统

(1) 简介

自动配液系统通过对配液系统各关键参数（如重量、液位、电导仪、pH 计、温度、压力、流速、流量）的测量，运用计算机编程技术进行程序设定，自动实现配料流程的全自动操作和控制，通过触摸屏人机界面，实现动态显示、实时数据交换和追溯、报表打印，并可与上位机实现通信和控制。该系统可根据具体工艺需求进行设计和编程，采用无死角设计原则，并配备了自动在线清洗（CIP）和在线自动灭菌（SIP）系统，可自动检测系统电导率、温度等参数并记录与打印，同时所配备的在线过滤器完整性测试系统可自动完成药液过滤器的完整性，避免离线操作带来的污染风险。整个配液系统性能可靠，有效避免人为操作失误，降低污染风险，有效提高了无菌保证度，确保药品安全。自动配液系统见图 52-27。

(2) 适用范围

无菌水针、冻干粉针、大输液、滴眼剂、生物制剂、中药制剂、脂肪乳、蛋白乳剂、生物发酵、CIP/SIP 系统等。

(3) 系统组成

① 全自动公用工程控制　包括注射用水、纯化水、纯蒸汽、加热蒸汽/冷却水、空气除菌过滤、无菌氮气等控制和供应。

② 全自动罐体药液配制控制　根据配制工艺，完成药液的自动进液、自动补水、自动称重、自动搅拌、自动保压、自动药液输送、罐体压力/温度自动控制，以及运行时间、参数记录打印、自动报警等功能。

③ 全自动过滤控制　可对药液过滤器进行在线清洗、在线灭菌和在线压力检测等功能，避免离线测试的污染风险，除菌过滤器前后设置有压力变送器，

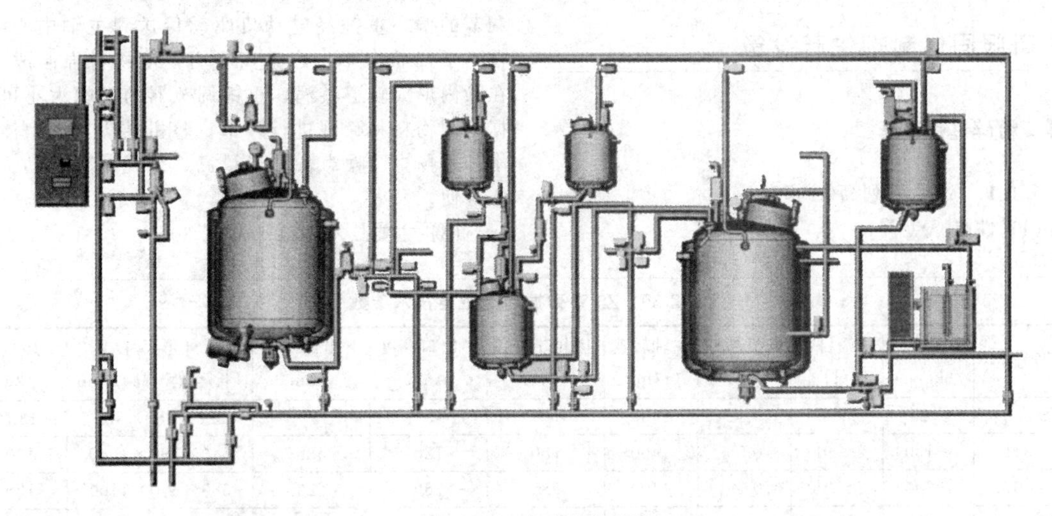

图 52-27　自动配液系统

实时监控灭菌与液体输送时的压力变化情况，确保过滤效果。过滤器可实现在线灭菌后的完整性检测，防止灭菌后滤芯损坏引起的药液污染。

④ 全自动CIP/SIP系统　采用清洗球全自动清洗，罐体无死角、无药液残留，可按经过验证的清洗工艺，实现对罐体、管路、过滤器、阀门等系统的自动清洗、自动检测电导率、确保清洗效果达到验证要求。在线灭菌过程确保无死角、无冷点、无冷凝水积聚，达到彻底灭菌效果。

⑤ 全自动排水控制　管路系统按卫生级要求设计，无液体积聚，排放口设有自动电导率检测与监控，确保清洗效果。排液阀门特殊设计确保管路洁净，防止外界污染。

⑥ 自动在线检测控制　该系统包括在线清洗的自动电导率检测，在线灭菌的自动温度检测，过滤器完整性测试后的自动润湿、系统自动称重、自动液位测量、罐体自动保压控制、系统气密性测试、自动温度控制等，通过全自动在线检测技术，提高生产效率，避免离线检测可能产生的二次污染风险。

⑦ 全自动药液输送系统　通过配液系统与灌装系统的无缝对接，实现自动药液输送。通过对药液缓冲罐的自动液位控制，确保灌装过程的连续进行。同时设有呼吸过滤器、自动在线清洗、在线灭菌系统以及相关的温度、压力、电导率检测仪表，实现药液灌装输送的自动化。

⑧ 符合ASME BPE 2014的卫生级设计　整个系统的设备、管路、阀门全部按ASME PBE 2014标准设计，内部光滑无死角，系统采用316L优质低碳不锈钢材料，确保对药液无污染。储罐喷淋系统采用固定喷淋球，可达到无死角清洗，避免旋转式喷淋系统磨损带来的药液污染风险。搅拌系统采用无泄漏的磁力搅拌器，内外隔离，降低药液污染风险。系统取样、检测组件均为卫生型设计，无死角、可灭菌。

6　口服固体制剂生产设备

6.1　粉碎过筛设备

6.1.1　GF-B系列高效粉碎机

(1) 性能特点

该设备广泛应用于中西药、食品、化工等行业，适用于干燥脆性的化工材料、中药材及结晶体等块状类物料粉碎。设备具有效率高、性能好、易清洗及操作简便等特点，完全符合制药工业“GMP”要求。

(2) 工作原理

该机全部采用优质304不锈钢制作。粉碎原理：由于传动刀盘与固定齿盘的相对高速运动，使刀、齿盘中心产生较强的向外扩散力。在该力的作用下，物料产生冲击、摩擦、剪切、碰撞及气流研磨等效果，使其得以磨碎。同时通过设备自身的气流作用，使物料经筛网由机腔内排出，以达到最佳效果。

(3) 主要技术参数(表52-29)

表52-29　GF-B系列高效粉碎机主要技术参数

项　目	型号			
	GF-200B	GF-300B	GF-400B	GF-600B
生产能力/(kg/h)	40～150	100～350	150～600	200～1300
进料粒度/mm	$\phi6$	$\phi6$	$\phi10$	$\phi10$
粉碎细度/目	40～120	40～120	40～120	40～120
转速/(r/min)	4500	3700	3400	2900
主功率/kW	4	5.5	11	18.5
主机质量/kg	200	350	550	700

注：配除尘装置请在签订合同时注明。

6.1.2　ZS系列振荡筛

(1) 用途

ZS型系列振荡筛是粗细颗粒比例不等连续过筛出料的理想设备，适用于流水作业。

(2) 特点

本机由料斗、振荡室、联轴器、电动机组成。振荡室内有偏心轮、橡胶软件、主轴、轴承等。可调节的偏心重锤经电动机驱动传送到主轴中心线，在不平衡状态下，产生离心力，使物料强制改变，在筛内形成轨道漩涡，重锤调节器的振幅大小可根据不同物料和筛网进行调节。整机结构紧密、体积小、不扬尘、噪声低、产量高、能耗低、移动、维修方便。

(3) 主要技术参数(表52-30)

表52-30　ZS系列振荡筛主要技术参数

型号	生产能力/(kg/h)	过筛目数/目	电机功率/kW	主轴转速/(r/min)	上出口高度/mm	中出口高度/mm	下出口高度/mm	外形尺寸(长×宽×高)/mm	质量/kg
ZS-200	≥25	2～300	0.12	1400				320×280×480	18.5
ZS-315	≥130	2～400	0.55	1400	780	720	585	540×490×1040	100
ZS-400	≥200	2～400	0.75	1400	885	760	620	680×600×1100	120
ZS-500	≥320	2～400	1.1	1400	1080	950	760	880×780×1350	175

续表

型号	生产能力/(kg/h)	过筛目数/目	电机功率/kW	主轴转速/(r/min)	上出口高度/mm	中出口高度/mm	下出口高度/mm	外形尺寸(长×宽×高)/mm	质量/kg
ZS-630	≥500	2～400	1.5	1400	1140	980	820	1000×880×1420	245
ZS-800	≥800	2～150	1.5	1400	1160	990	830	1150×1050×1500	400
ZS-1000	≥1100	2～150	1.5	960	1200	1050	850	1400×1250×1500	1100
ZS-1200	≥1400	2～120	1.5	960	1200	1030	830	1650×1450×1600	1300
ZS-1500	≥1900	2～120	2.2	960	1180	1000	800	1950×11650×1650	1600
ZS-2000	≥2500	2～120	2.2	960	1100	900	700	2600×1950×1700	2000

6.2 制粒设备

6.2.1 湿法制粒机

(1) 用途

GM 系列湿法制粒机，主要用于固体制剂生产中对原、辅料进行混合造粒，或者制作软材用。

(2) 工作原理

物料通过真空，或者其他方式投料进料仓，在搅拌桨的作用下被机械力流化，在料仓内形成良好的运动轨迹，混合均匀，注入黏合剂，开启制粒刀。物料通过黏合剂粘接形成桥架形成母粒，在机械能转换作用下，逐渐长大形成符合要求的湿颗粒。

(3) 特点

① 锥柱体料缸结构，配合 Z 形搅拌桨，保障良好的混合制粒效果，获得良好的湿颗粒。

② 黏合剂可采用压力喷射注入或手动黏合剂注入方式，灵活性强。

③ 具有制粒终点判定功能，具有很好的工艺重现性。

④ 原辅料可采用真空投料方式，密闭操作，杜绝粉尘散发，避免交叉污染，符合药品 GMP 对洁净生产的要求。

⑤ 搅拌桨与制粒刀采用复合机械密封与气密封形式，杜绝物料泄漏残留，避免交叉污染，很好地满足当前 GMP 的洁净生产要求。

⑥ 搅拌桨与制粒刀采用变频控制，速度可灵活调节，适用多种工艺要求。

(4) 外形图（图 52-28）

(5) 主要技术参数（表 52-31）

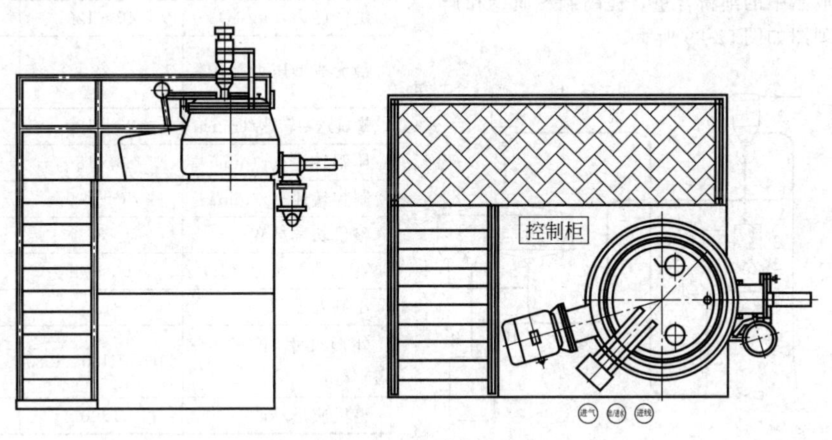

图 52-28　湿法制粒机

表 52-31　湿法制粒机主要技术参数

产品型号	粒缸容积/L	工作容积/L	搅拌电动机/kW	搅拌桨转速/(r/min)	制粒电动机/kW	制粒刀转速/(r/min)	湿整粒电动机/kW	整粒刀转速/(r/min)	压缩空气耗量(标准状态)/(m^3/min)	设备外形尺寸(长×宽×高)/m	设备总质量/kg
GL10	10	4～8	1.1	10～600	0.75	1000～2800	—	—	0.03	1.3×1.35×0.7	300
GL25	25	10～20	2.2	5～420	1.1	1000～2800	0.75	300～1400	0.05	1.8×1.6×0.8	400
GM50	50	20～40	5.5	5～355	1.5	1000～2800	0.75	300～1400	0.05	1.95×1.7×0.8	800

续表

产品型号	粒缸容积/L	工作容积/L	搅拌电动机/kW	搅拌桨转速/(r/min)	制粒电动机/kW	制粒刀转速/(r/min)	湿整粒电动机/kW	整粒刀转速/(r/min)	压缩空气耗量(标准状态)/(m^3/min)	设备外形尺寸(长×宽×高)/m	设备总质量/kg
GM100	100	40～80	11	5～287	3	1000～2800	0.75	300～1400	0.1	2.0×1.95×1.1	1100
GM150	150	60～120	15	5～240	3	1000～2500	1.5	300～1400	0.1	2.5×3.1×2.0	1600
GM200	200	80～160	18.5	5～223	4	1000～2500	3.0	300～960	0.2	3.0×3.25×23	2500
GM300	300	100～240	22	5～200	5.5	1000～2500	3.0	300～960	0.2	2.4×3.2×2.8	2700
GM400	400	160～320	30	5～185	5.5	1000～2500	3.0	300～960	0.2	3.3×3.6×2.8	3000
GM500	500	200～400	37	3～172	7.5	1000～2500	4.0	300～960	0.3	3.5×3.7×3.1	4100
GM600	600	240～480	45	3～162	7.5	1000～2500	4.0	300～960	0.3	3.6×4.0×4.1	5300
GM800	800	320～640	55	3～148	11	1000～2000	4.0	300～960	0.3	3.6×4.9×3.5	5700
GM1000	1000	400～800	55	3～140	15	1000～1500	5.5	300～1400	0.3	3.7×5.3×3.5	6000
GM1200	1200	480～960	75	3～133	15	1000～1500	5.5	300～1400	0.3	3.7×5.6×3.7	6700

6.2.2 LGS系列干法制粒机

(1) 工作原理

LGS系列干法制粒机是集原料粉体预压输送、液压成型、挤压制粒为一体的制粒设备。其原理是利用物料中的结晶水，直接将粉料制成颗粒。在制粒过程中，通过水平螺旋进料、压辊冷却及真空排气系统，有效降低成品中的细粉含量，提高制粒质量和产量。其工艺原理图如图52-29所示。

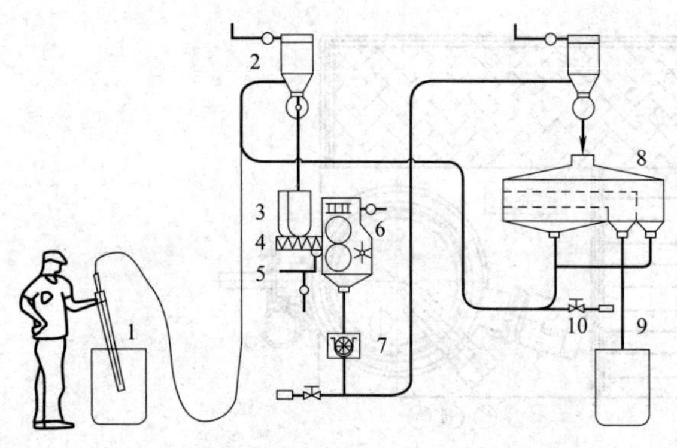

图52-29 LGS系列干法制粒机工艺原理图

1—原料（混粉）；2—真空上料装置；3—进料装置；4—螺旋推进装置；5—真空排气装置；6—压制（液压支撑）及制粒装置；7—级制粒；8—振动筛；9—合格颗粒；10—吸料适配器

LGS200干法制粒机与真空上料机、振动筛配合使用

(2) 用途

该机对各种物料都有很强的适用性，主要用于医药、食品、化工等行业的造粒，特别适用于用湿法制粒无法解决的物料的造粒工艺。

(3) 主要技术参数（表52-32）

表52-32 LGS系列干法制粒机主要技术参数

项目	型号	
	LGS150	LGS200D
压辊尺寸/mm	150×50	200×75
成品粒度/mm	0.4～1.5	0.2～2.0
生产能力/(kg/h)	40～120	80～300
最大成型压力/MPa	22	20
螺旋送料转速/(r/min)	25～100	25～120
压辊转速/(r/min)	8～18	8～28
制粒转速/(r/min)	80～200	80～200
整机功率/kW	8	12
真空排气压力/MPa	0.02～0.05	0.02～0.05
压制温度/℃	<40	<40
外形尺寸(长×宽×高)/mm	1160×1180×1980	1260×1660×1990
整机质量/kg	1800	2000

(4) 外形图（图52-30）

6.3 干燥设备

6.3.1 CT-C系列热风循环烘箱

(1) 特点

大部分热风在箱内循环，热效率高，节约能源。利用强制通风作用，箱内设有可调式分风板，物料干燥均匀，热源可采用蒸汽、热水、电、远红外加热，选择广泛。整机噪声小，运转平衡。温度自控，安装维修方便。适用范围广，可干燥各种物料，是通用干燥设备。

烘箱配用低噪声耐高温轴流风机和自动控温系统，整个循环系统全封闭，使烘箱的热效率从传统的烘房的 3%～7%提高到 35%～45%，最高热效率可达 50%。

(2) 用途

CT-C 型系列热风循环烘箱主要用于药品制剂生产中的药物颗粒和产品的加热固化、干燥脱水等，也可用于原料药、中药饮片、浸膏、粉剂、冲剂、水丸等产品生产中的干燥工序。

烘箱的加热源为蒸汽，压力为 0.2～0.8MPa，使用温度为 50～130℃。

(3) 主要技术参数（表 52-33）

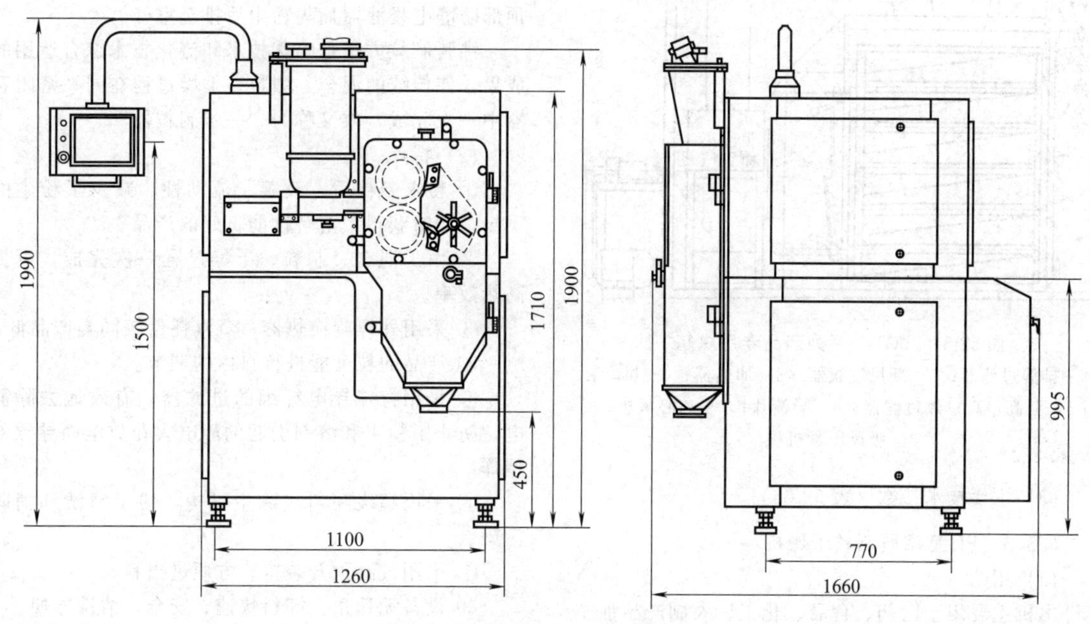

图 52-30　LGS200D 型干法制粒机

表 52-33　CT-C 型系列热风循环烘箱主要技术参数

行业标准型号	型号规格	每次干燥量/kg	配用功率/kW	耗用蒸汽/(kg/h)	散热面积/m²	风量/(m³/h)	上下温度/℃	配用烘盘/个	外形尺寸(长×宽×高)/mm	配套烘车/辆	设备质量/kg
RXH-5-C	CT-C-0	25	5	5	5	3400	±2	8	1400×1200×1600	0	800
RXH-7-C	CT-C-ⅠA	50	0.45	10	10	3400	±2	24	1400×1200×2000	1	1000
RXH-14-C	CT-C-Ⅰ	100	0.45	18	20	3450	±2	48	2300×1200×2000	2	1500
RXH-27-C	CT-C-Ⅱ	200	0.9	36	40	6900	±2	96	2300×2200×2000	4	1800
RXH-41-C	CT-C-Ⅲ	300	1.35	54	80	10350	±2	144	3300×2200×2000	6	2200
RXH-54-C	CT-C-Ⅳ	400	1.8	72	100	13800	±2	192	4460×2200×2290	8	2800

6.3.2 JCT-C 系列药品专用烘箱

(1) 工作原理（图 52-31）

由风机将一部分新鲜空气经初、中效过滤，经蒸汽热交换器，使空气升温至一定温度，通过亚高效或高效过滤器使热空气净化后，再由左侧分流板分至各层，使热风均匀通过每层被干燥的物料。湿空气从烘盘底下的倾斜风道抽出后，经离心风机使一部分湿空气排出烘箱，另一部分空气继续循环加热，达到干燥目的。

(2) 特点

① 热风每一循环均通过亚高效或高效过滤器过滤，能有效避免空气中夹带物料在循环再加热过程造成对药品的污染。

② 穿流式烘箱比平流式烘箱干燥能力大。

③ 穿流式烘箱干燥面积大、效率高，能力比平流式烘箱大 3～6 倍。

④ 适合各种颗粒状、块状物品的干燥。

⑤ 操作容易，清洗更换便捷，故障率较低。

⑥ 空气进出口都有空气过滤器，不会污染被干燥的物料，影响其品质。

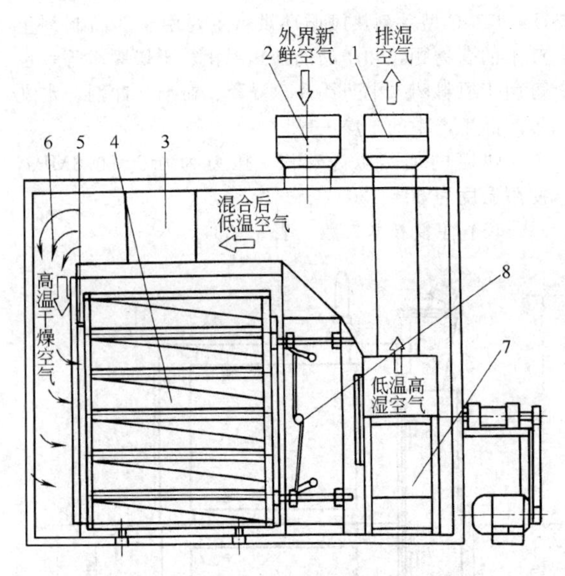

图 52-31 JCT-C 系列药品专用烘箱

1—排湿过滤器；2—新风过滤器；3—加热器；4—烘车；5—亚高（高）效过滤器；6—导流片；7—离心风机；8—吸风压紧机构

(3) 主要技术参数（表 52-34）

6.3.3 FL 型沸腾制粒干燥机

(1) 用途

本机主要用于医药、食品、化工、农副产品加工等行业的粉末物料混合、制粒干燥、颗粒“顶喷”包衣等作业中，如片剂用的颗粒、速溶饮料、调味品采用的颗粒。

系统风机将新鲜空气从过滤器、加热器入口吸入，经净化、加热后的空气从制粒器下部筛网穿过，高速气流维持粉末物料悬浮，形成稳定的流化床。作为黏结剂的溶液经输液泵压送到喷枪后，雾状喷射到干燥室中的粉末上，使粉末凝聚成多孔状颗粒，粒子形成后，按预定周期在干燥器中干燥，湿空气经设备顶部防静电袋滤器捕集粉尘后排至室外。

沸腾制粒方法是喷雾技术和流化技术综合运用的成果，使传统的混合、制粒、干燥过程在同一密闭容器中一次完成，故又称为“一步制粒器”。

(2) 特点

① 粉末制粒后，改善了流动性，减少了粉尘的飞扬。同时获得了溶解性能良好的产品。

② 由于混合、制粒、干燥过程一次完成，可提高热效率。

③ 采用外螺旋换热器，蒸汽耗量较同类产品低。

④ 产品的粒度能进行自由的调节。

⑤ 采用特殊导电纤维的过滤器，有效地去除静电，防止了粉末和溶剂引起的静电火花放电而导致的爆炸。

⑥ 采用超级喷射式除尘机构，便于清洗和消除污染。

⑦ 采用气缸顶升装置，方便进出料。

⑧ 设备无死角，卸料快速、安全，清洗方便。

⑨ 去除输液泵及喷枪后可用作沸腾干燥器。

(3) 主要技术参数（表 52-35）

表 52-34 JCT-C 药品专用烘箱主要技术参数

型号规格	每次干燥量/kg	配用功率/kW	耗用蒸汽/(kg/批)	加热面积/m²	风量/(m³/h)	上下温差/℃	烘盘尺寸(长×宽×高)/mm	烘盘数	外形尺寸/mm	设备质量/kg
JCT-C-Ⅰ	100	4	40～80	50	4000～7300	±2	550×610×80	10	2350×1400×2280	2200
JCT-C-Ⅱ	200	7.5	80～120	80	7200～15800	±2	550×610×80	20	3100×1600×2700	4000

表 52-35 FL 型沸腾制粒干燥机主要技术参数

项目		单位	型号									
			3	5	15	30	60	120	200	300	500	1000
原料容器	容量	L	12	22	45	100	220	420	670	1000	1500	3000
	直径	mm	300	400	550	700	1000	1200	1400	1600	1800	2200
生产能力	最小	kg	1.5	4	10	15	30	80	100	150	250	800
	最大	kg	4.5	6	20	45	90	160	300	450	750	1200
风机	风量	m³/h	1000	1200	1400	1800	3000	4500	6000	7000	8000	13670
	风压	mmH_2O	375	375	480	480	950	950	950	950	950	1400
	功率	kW	3	4	5.5	7.5	11	18.5	30	37	45	90

续表

项目	单位	型号									
		3	5	15	30	60	120	200	300	500	1000
蒸汽消耗量	kg/h	15	23	42	70	141	211	282	366	451	750
压缩空气耗量(标准状态)	m^3/min	0.9	0.9	0.9	0.9	1.0	1.0	1.1	1.5	3.0	4.0
主机质量	kg	500	700	900	1000	1100	1300	1500	1800	2500	3500
蒸汽压力	MPa	0.1～0.4									
温度	℃	室温至120℃范围内可调节									
作业时间	min	随物料特性而定45～90									
物料收得率	%	≥99									
噪声	dB(A)	风机与主机隔离安装,噪声≤75dB(A)									
主机外形尺寸(长×宽×高)	m	1.0×0.6×2.1	1.2×0.7×2.3	1.25×0.9×2.5	1.6×1.1×2.5	1.85×1.4×3	2.2×1.65×3.3	2.34×1.7×3.8	2.8×2.0×4.5	3×2.25×5.0	4×2.8×7.2

注：1mmH_2O＝9.806Pa。

(4) 设备布置示意图（图 52-32）

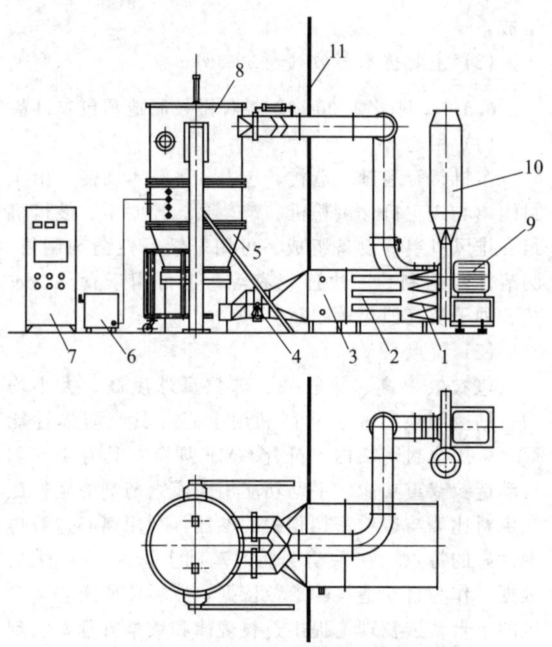

图 52-32　FL 型沸腾制粒干燥机设备布置
1—初中效过滤器；2—亚高效过滤器；3—蒸汽加热器；4—调风阀；5—流化床；6—输液小车；7—控制柜；8—布袋捕集器；9—引风机；10—消音器；11—隔墙

6.3.4　LPG 系列高速离心喷雾干燥机

(1) 工作原理

经初、中、亚高效三级过滤的洁净空气通过加热器转化为热空气，进入安装在干燥室顶部的热风分配器后，均匀地进入干燥室，并呈螺旋状转动，同时通过无级调速的螺杆泵将料液送至装置在干燥室顶部的离心雾化器，使料液雾化成极小的雾化液滴，料液和热空气并流接触，水分迅速蒸发，在极短的时间内干燥为成品，成品经干燥塔底部和旋风分离器排出，废气由风机抽出排空。

(2) 特点

① 干燥速度快，料液经雾化后，表面积大大增加，在热风气流中瞬间就可蒸发 65%～98%的水分，完成干燥时间仅需 5～15s，特别适用于热敏性物料的干燥。

② 所得产品粒度均匀，流动性、速溶性良好，产品纯度高，质量好。

③ 操作简单稳定，调节控制方便，容易实现自动化作业。

④ 生产过程简化，操作环境卫生条件优越，能避免干燥过程中的粉尘飞扬。

(3) 主要技术参数（表 52-36）

6.3.5　XF 系列沸腾干燥器

(1) 用途

沸腾干燥器适用于散粒状物料的干燥。如：药品的原料药、压片颗粒、中药冲剂，化工原料中的塑料树脂、柠檬酸和其他粉状、颗粒状物料的干燥除湿，食品、粮食加工、饮料冲剂、玉米胚芽、饲料等的干燥。物料的粒径一般为 0.1～6mm，最佳粒径为 0.5～3mm。其干燥速度快，温度低，能保证产品质量。

(2) 工作原理

散粒状固体物料由加料器加入流化床干燥器中。过滤后的洁净空气加热后由鼓风机送入流化床底部经分布板与固体物料接触，形成流态化达到气固相的热质交换。物料干燥后由排料口排出，废气由沸腾床顶部经旋风除尘器和布袋除尘器回收固体粉料后排空。

(3) 特点

表 52-36 LPG系列高速离心喷雾干燥机主要技术参数

项目	型号					
	5	25	50	100	150	200～2000
入口温度/℃	140～300					
出口温度/℃	70～90					
水分最大蒸发量/(kg/h)	5	25	50	100	150	200～2000
离心喷雾头传动形式	压缩空气驱动	机械传动				
转速/(r/min)	25000	18000	18000	18000	15500	8000～15500
喷雾盘直径/mm	50	100	120	140	150	180～240
热源	电	电	蒸汽+电、燃油、煤气	蒸汽+电	蒸汽+电、燃油、煤气	由用户自行解决
电加热最大功率/kW	9	48	63	81	99	—
外形尺寸(长×宽×高)/m	1.8×0.93×2.2	3×2.7×4.26	3.7×3.2×5.1	4.6×4.2×6	5.5×4.5×7	—
干粉回收/%	≥95	≥95	≥95	≥95	≥95	≥95

沸腾干燥器（又称流化床）是由空气过滤器、加热器、沸腾床主机、加料器、旋风分离器、布袋除尘器、高压离心风机、操作台等组成的。由于干燥物料的性质不同，可按需要考虑配套相应的除尘设备，如同时选择旋风分离器、布袋除尘器，也可选择其中一种。一般来说密度较大的如冲剂及颗粒物料干燥只需选择旋风分离器，密度较小的小颗粒状和粉状物料需配套布袋除尘器，并备有气力送料装置供选择。

(4) 主要技术参数（表 52-37）

6.3.6 BZJ-1000FⅡ型包衣造粒机

(1) 用途

包衣造粒机具有起母、造粒、包衣三种基本功能；用于缓释性药剂制粒、肠溶性药剂制粒、丸粒等的制造；还可用于食品、农药、洗涤剂及其他化学制品。

(2) 特点

本机具有造粒速度快、球粒真球度高、大小均匀、合格率高、粘接团块量小、药剂利用率高、防爆等特点；本机由离心式主机、供粉机、电控柜、鼓风机组、空气加热器、除尘器、油压泵等设备组成。

(3) 主要技术参数（表 52-38）

6.3.7 HBZ-1000型缓控释微粒制造和包衣设备

(1) 用途

本机具有起母、造粒、包衣三种基本功能，由全封闭离心式主机、供粉机、蠕动泵、控制柜、鼓风机组、排风机组等设备组成。可用于缓释性药剂制粒、肠溶性药剂制粒、快速包衣等，也可用于食品、农药、种子及其他化学制品。

(2) 特点

包衣效率高、造粒快、球粒真球度高、大小均匀、粘接团块量小、药剂利用率高并具有防爆性能等；采用全封闭结构，符合GMP规范；具有手动和自动造粒双重功能。手动功能用来摸索药剂的浆粉比和供料比等与造粒密切相关的参数，利用离心造粒再现性好的特点，在手动功能的基础上，由PLC采集数据，作为自动造粒的参数依据，然后按照离心造粒机的半自动造粒理论提出造粒规律和数学方程，实现自动控制造粒过程。

(3) 主要技术参数（表 52-39）

表 52-37 XF系列沸腾干燥器主要技术参数

型号	床层面积/m^2	干燥能力(水)/(kg/h)	风机功率/kW	风压/Pa	风量/(m^3/h)	进风温度/℃	物料温度/℃	最大消耗/J	占地面积/m^2
XF20	0.5	20～25	11	5.5×10^3	3110	60～140	40～60	2.6×10^8	25
XF30	1.0	30～45	18.5	7.0×10^3	4370	60～140	40～60	5.2×10^8	35
XF50	2.0	55～90	30	7.4×10^3	7540	60～140	40～60	1.04×10^9	45
XF-150	6.0	150～300	67	6.1×10^3	22280	60～140	40～80	3.8×10^9	100

注：干燥能力与物料特性和固含量及热风进出口温度有关。

表 52-38　BZJ-1000FⅡ型包衣造粒机主要技术参数

技术参数	数值	技术参数	数值
转子直径/mm	1000	喷浆机调速范围/(r/min)	0～250
最少母粒输入量/kg	5	最大鼓风量/(m^3/min)	4
最大球粒输出量(空白粒)/kg	50	最大喷气量/(L/min)	240
造粒直径/mm	0.25～22	鼓风加热温度/℃	80
最大放大倍数 K	2	主机功率/kW	4.0
主机调速范围/(r/min)	0～120	主机质量/kg	1300
供粉机调速范围/(r/min)	0～100		

表 52-39　HBZ-1000 型缓控释微粒制造与包衣设备主要技术参数

技术参数	数值	技术参数	数值
转子直径/mm	1030	供粉量调速范围/(r/min)	0～95
最少母粒输入量/kg	9	喷浆机调速范围/(r/min)	0～200
最大球粒输出量(空白粒)/kg	72	最大鼓风量/(m^3/min)	6
造粒直径/mm	0.2～20	鼓风加热温度/℃	20～80
最大放大倍数 K	2	主机功率/kW	4
主机调速频率范围/Hz	0～50	主机质量/kg	2000

6.3.8 PGL-B 系列喷雾干燥制粒机

(1) 用途

① 制造工业　片剂、冲剂、胶囊剂颗粒；低糖、无糖的中成药颗粒。

② 食品　可可、咖啡、奶粉、颗粒果汁、调味品等。

③ 其他行业　农药、饲料、化肥、颜料、染料等。

(2) 特点

集喷雾干燥/流化制粒于一体，实现液态物料一步法制粒。

采用喷雾工艺，特别适用微辅料，热敏性物料，功效比 FL 沸腾制粒机高 1～2 倍。

一些产品终水分可达 0.1%，配备返粉装置，成粒率≥85%，可制 0.2～2mm 颗粒。

改进设计的内混式多流体雾化器，可处理一些密度达 1.3g/cm^3 的浸膏。

(3) 主要技术参数（表 52-40）

(4) 设备布置示意图（图 52-33）

表 52-40　PGL-B 系列喷雾干燥制粒机主要技术参数

项目		单位	型号						
			PGL-3B	PGL-5B	PGL-10B	PGL-20B	PGL-30B	PGL-80B	PGL-120B
流浸膏	最小	kg/h	2	4	5	10	20	40	55
	最大	kg/h	4	6	15	30	40	80	120
沸腾能力	最小	kg/批	2	6	10	30	60	100	150
	最大	kg/批	6	15	30	80	160	250	450
液体密度		kg/L	≤1.30						
原料容器量		L	26	50	220	420	620	980	1600
容量直径		mm	400	550	770	1000	1200	1400	1600
引风机功率		kW	4.0	5.5	7.5	15	22	30	45
辅风机功率		kW	0.35	0.75	0.75	1.20	2.20	2.20	4
蒸汽	耗量	kg/h	40	70	99	210	300	366	465
	压力	MPa	0.1～0.4						
电加热功率		kW	9	15	21	25.5	51.5	60	75
压缩空气	耗量(标准状态)	m^3/min	0.9	0.9	0.9	0.9	1.1	1.3	1.8
	压力	MPa	0.1～0.4						

续表

项目		单位	型号						
			PGL-3B	PGL-5B	PGL-10B	PGL-20B	PGL-30B	PGL-80B	PGL-120B
作业温度		℃	室温至130℃自动调节						
产品水分		%	≤0.5(视具体物料而定)						
物料收得率		%	≥99						
设备噪声		dB	≤75						
主机尺寸	ϕ	mm	400	550	770	1000	1200	1400	1600
	H_1	mm	940	1050	1070	1180	1620	1620	1690
	H_2	mm	2100	2400	2680	3150	3630	4120	4740
	H_3	mm	2450	2750	3020	3700	4100	4770	5150
	B	mm	740	890	1110	1420	1600	1820	2100
质量		kg	500	800	1200	1500	2000	2500	3000

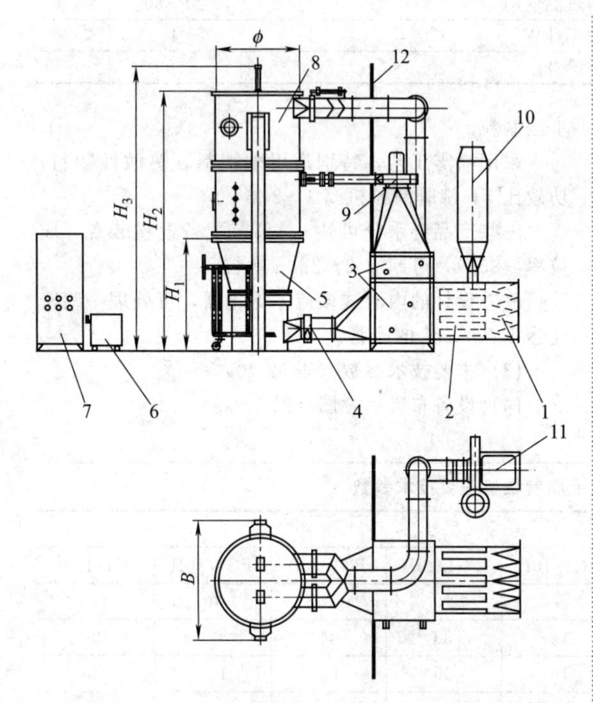

图 52-33 PGL-B系列喷雾干燥制粒机设备布置示意图

1—初中效过滤器；2—亚高效过滤器；3—蒸汽加热器；4—调风阀；5—流化床；6—输液小车；7—控制柜；8—布袋捕集器；9—鼓风机；10—消音器；11—引风机；12—隔墙

6.3.9 GFG系列高效沸腾干燥机

(1) 用途

机制螺杆挤压颗粒、摇摆颗粒、湿法高速混合制粒颗粒的干燥。

医药、食品、饲料、化工等领域湿颗粒和粉状物料干燥。

大颗粒、小块状、黏性块粒状物料干燥。魔芋等干燥时体积变化的物料。

(2) 工作原理

空气经加热净化后，由引风机从下部导入，穿过料斗的孔网板。在工作室内，经搅拌和负压作用形成流态化，水分快速蒸发后随着排气带走，物料快速干燥。

(3) 特点

流化床为圆形结构避免死角。

料斗设置搅拌，避免潮湿物料团聚及干燥时形成沟流。

采用翻倾卸粒，方便迅速彻底，也可按要求设计自动进出料系统。

密闭负压操作，气流经过过滤，操作简便，清洗方便，是符合GMP要求的理想设备。

干燥速度快、温度均匀。

(4) 主要技术参数（表52-41）

(5) 设备布置示意图（图52-34）

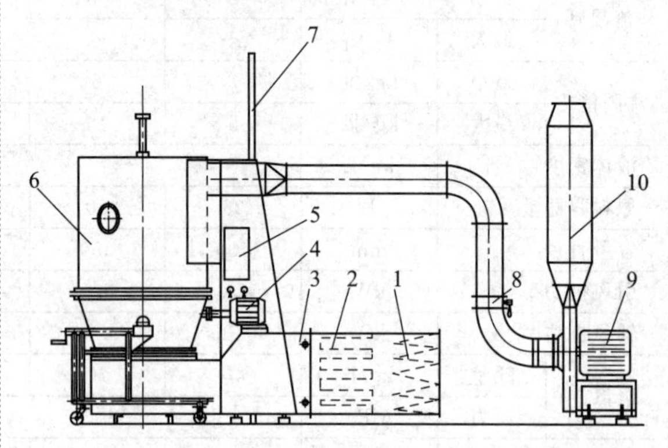

图 52-34 GFG系列高效沸腾干燥机设备布置示意图

1—过滤器；2—亚高效过滤器；3—加热器；4—电动机；5—控制柜；6—布袋捕集器；7—隔墙；8—调风阀；9—风机；10—消音器

表 52-41　GFG 系列高效沸腾干燥机主要技术参数

项目		单位	型号							
生产能力		kg	60	100	120	150	200	300	500	1000
风机	风量	m^3/h	2361	3488	4000	4901	6032	7800	10800	15000
	风压	mmH_2O	594	533	533	679	787	950	950	1200
	功率	kW	7.5	11	15	18.5	22	30	45	75
搅拌功率		kW	0.55	0.55	0.55	0.55	0.75	1.5	1.5	2.2
搅拌转速		r/min	11							
蒸汽耗量		kg/h	141	170	170	240	282	366	451	800
操作时间		min	15～30(视具体物料而定)							
主机高度		mm	2700	2900	2900	2900	3300	3800	4200	5800

注：$1mmH_2O=9.806Pa$。

6.4　整粒和总混设备

6.4.1　YK 系列摇摆颗粒机

(1) 用途

本机广泛用于制药、化工、食品等行业，把潮湿的粉末状物料制成颗粒，也可粉碎块状干物料。

(2) 工作原理

通过机械传动使滚筒往复摆动，将物料从筛网中挤出制成颗粒或粉碎制粒。

(3) 外形图（图 52-35）

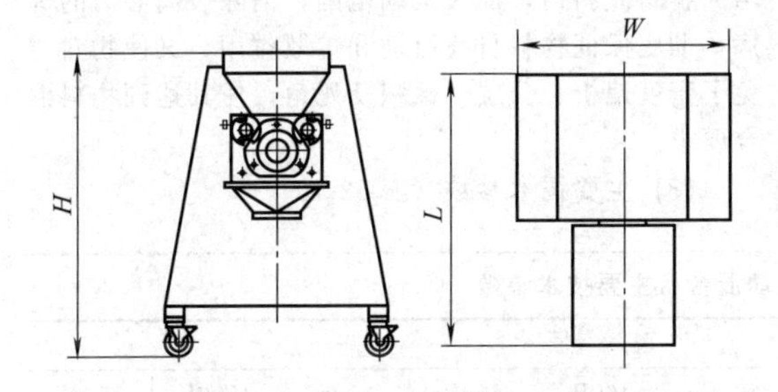

图 52-35　YK 系列摇摆颗粒机

(4) 主要技术参数（表 52-42）

表 52-42　YK 系列摇摆颗粒机主要技术参数

项目	型号		
	YK100	YK160	YK200
L/mm	700	1000	1300
W/mm	400	800	1000
H/mm	1050	1300	1400
生产能力/(kg/h)	30～200	100～300	200～400
滚筒直径/mm	ϕ120	ϕ160	ϕ200
滚筒转速/(r/min)	55	55	50
摇摆角度/(°)	360	360	360
总功率/kW	2.2	4	5.5
质量/kg	280	380	450

6.4.2　ZL 系列整粒机

(1) 特点

该机带有脚轮的门架基座，移动方便，整粒机的高度根据生产工艺需要设计配套使用，优化了生产工艺，完全符合药品生产的 GMP 要求。

(2) 原理

通过移动门架，把整粒机的进料口对接 NTF 系列固定提升转料机的出料口，对接完成后，开机工作，颗粒由转料机的料斗流到整粒机的腔体内，由腔体内的整粒刀使颗粒经过撞击、挤压、剪切后通过筛网孔排出腔体，经导流筒的出料口流到料斗内。

(3) 用途

该机主要应用于制药工业中将制粒后结团的颗粒，根据工艺要求整理出均匀的合格颗粒。同时在制药、化工、食品等行业中广泛使用。

(4) 外形图（图 52-36）

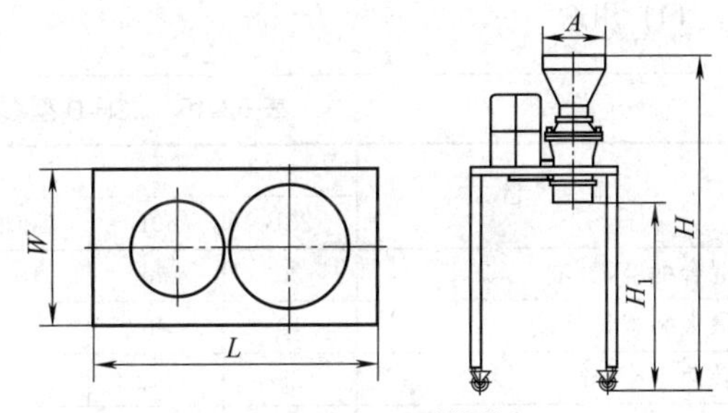

图 52-36　ZL 系列整粒机

(5) 主要技术参数（表 52-43）

表 52-43　ZL 系列整粒机主要技术参数

项目	型号			
	ZL200	ZL450	ZL700	ZL1000
A/mm	800	1000	1200	1200
L/mm	1150	1350	1550	1500
W/mm	500	600	800	900
H/mm	2150	2400	2730	3120
H_1/mm	1890	2140	2470	2860
总功率/kW	4.1	4.0	5.5	5.5
最大整粒能力/(kg/h)	200	450	700	1000

6.4.3　FZ/B系列粉碎整粒机

(1) 用途

本机广泛用于制药、化工、食品等行业，把潮湿的粉末状物料制成颗粒，也可粉碎块状干物料。

(2) 工作原理

当料物进入机器内室时，在粉碎刀的高速运转作用下，物料形成漩涡流体，产生强烈的离心力，并向筛网斗孔面扩散。同时，粉碎刀与筛网斗之间产生高速间隙剪切、挤压及物料自身插碎，使物料变小。同时在离心力的作用下与孔眼相同的颗粒就从网孔排出。按照不同目数要求，配有多种不同的筛网都以达到最佳的颗粒要求。

(3) 外形图（图52-37）

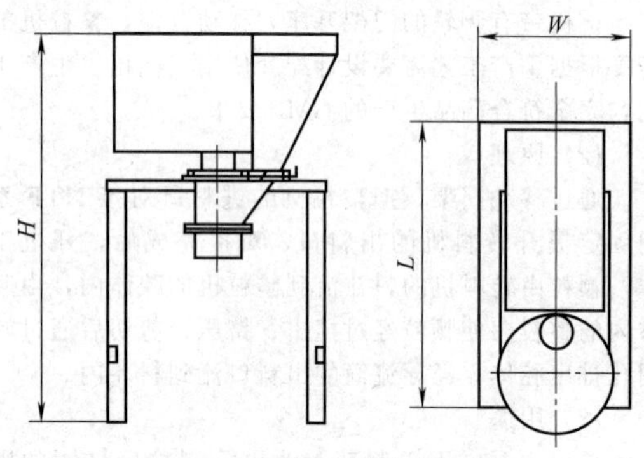

图52-37　FZ/B系列粉碎整粒机

(4) 主要技术参数（表52-44）

表52-44　FZ/B系列粉碎整粒机主要技术参数

项　目	型　号			
	FZ/B200	FZ/B400	FZ/B600	FZ/B800
L/mm	720	750	850	
W/mm	360	400	500	
H/mm	1330	1400	1400	
生产能力/(kg/h)	20～200	40～400	60～600	80～800
调速范围/(r/min)	2800(单速)；150～4500(频调速)			
筛网孔径/mm	0.5～6	0.5～6	0.5～6	0.5～6
总功率/kW	1.1	1.5	2.2	4

6.4.4　JSH-B型多向运动混合机

(1) 用途

多向运动混合机广泛应用于制药、食品、化工、塑料、陶电等工业的物料混合。

(2) 特点

具有混合均匀度高、流动性好、容载率高等特点，对有湿度、柔软性和密度不同的颗粒、粉状物的混合均能达到最佳效果。

本机按三维运动的规律，具有特殊的运动功能，即产生了独特的运动方向——转动、摇旋、平移、交叉、颠倒、翻滚多向混合运动。在混合作业时，因混合桶同时进行了自转和公转，使多角混合桶产生强烈的摇旋滚动作用，并受混合桶自身多角功能的牵动，增大物料倾斜角，加大滚动范围，消除了离心力的弊病，彻底保证物料自我流动和扩散作用，又使物料避免了密度偏析、分层、聚积及死角，使其达到物料混合要求。

(3) 主要技术参数（表52-45）

表52-45　JSH-B型多向运动混合机主要技术参数

项　目		型　号								
		20B	60B	100B	200B	400B	600B	800B	1000B	1500B
混合桶容积/L		20	60	100	200	400	600	800	1000	1500
最大装载量/kg		10	30	50	100	200	300	400	500	750
转速/(r/min)		35	0～21	0～19	0～17	0～16	0～14	0～13	0～12	0～10
质量/kg		180	350	600	1000	1300	1500	1800	2200	2600
外形尺寸/mm	W_1	820	1050	1450	1585	1940	2225	2460	2640	3200
	W_2	650	1200	1660	1800	2125	2380	2560	2800	3200
	H	700	1250	1500	1670	1915	2175	2280	2940	2700
	L	700	950	1150	1330	1500	1750	1900	2000	2470
电机功率/kW		1.0	2.0	3.0	3.0	4.0	5.5	7.5	7.5	11

6.4.5　HZD系列自动提升料斗混合机

(1) 用途

自动提升料斗混合机可以夹持大小不同容积的几种料斗，自动完成夹持、提升、混合、下降、松夹等全部动作。药厂只需配置一台自动提升料斗混合机及多个不同规格的料斗，就能满足不同批量、多品种的混合要求。该机是药厂目前总混的理想设备。同时，在化工、轻工、食品等行业也有广泛用途。

(2) 工作原理

HZD系列自动提升混合机由机架、回转体、驱动系统、夹持系统、提升系统、制动系统及计算机控制系统组成。

将方形料斗移放在回转体内，该机能自动将回转体提升至一定高度并自动将料斗夹紧；压力传感器得到夹紧信号后，驱动系统工作，按设定参数进行混合；达到设定时间后，回转体能自动停止于出料状态，同时制动系统工作，混合结束；然后提升系统工作，将回转体下降至地面并松开夹紧系统；移开料斗完成混合周期，并且自动打印该批混合的完整数据。

HZD 系列自动提升料斗混合机的最大结构特点是：回转体（料斗）的回转轴线与其几何对称轴线成一个夹角，料斗中的物料除随回转体翻动外，也同时做沿斗壁的切向运动；物料产生强烈的翻转和较高的切向运动，达到最佳的混合效果。

(3) 特点

① HZD 系列自动提升料斗混合机的结构合理，性能稳定可靠，全自动控制，操作方便。

② 能夹持不同规格的料斗，适应药厂多批量、多品种固体制剂的生产要求。

③ 能自动完成混合的全部程序，自动提升并夹紧料斗，革除了混合机专用的提升铲车。

④ 采用计算机全自动控制，并设置了隔离联锁装置，操作人员离开工作区后才自动启动工作，实现了安全生产。

⑤ 使用自动提升料斗混合机，配以提升翻转机、料斗提升加料机，使从制粒干燥（整粒）开始，经总混、暂存、提升加料至压片机（充填机）的整个工艺过程，药物都在同一料斗中，而不需要频繁转料、转移，从而有效地防止了交叉污染和药物粉尘飞扬，彻底解决了物料“分层”问题，优化了生产工艺。

(4) 主要技术参数（表 52-46）

表 52-46　HZD 系列自动提升料斗混合机主要技术参数　单位：mm

参数	型号							
	HZD-400	HZD-600	HZD-800	HZD-1000	HZD-1200	HZD-1500	HZD-1800	HZD-2000
B	1820	1900	2050	2070	2180	2180	2220	2350
C	2410	2540	2710	2760	2940	3050	3180	3420
H	2810	2980	3210	3350	3500	3560	3620	3860
L	2470	2940	2940	3310	3310	3500	3500	3500
E	460	210	350	470	510	480	500	620
R	1950	2330	2470	2590	2630	2780	2800	2900
F	1100	1440	1440	1440	1440	1550	1550	1550
G	420	520	520	520	520	600	600	600
料斗容积/L	400	600	800	1000	1200	1500	1800	2000
功率/kW	4	5.5	5.5	5.5	5.5	7.5	7.5	7.5
整机质量/kg	1800	2500	2800	3000	3200	3700	4000	4200

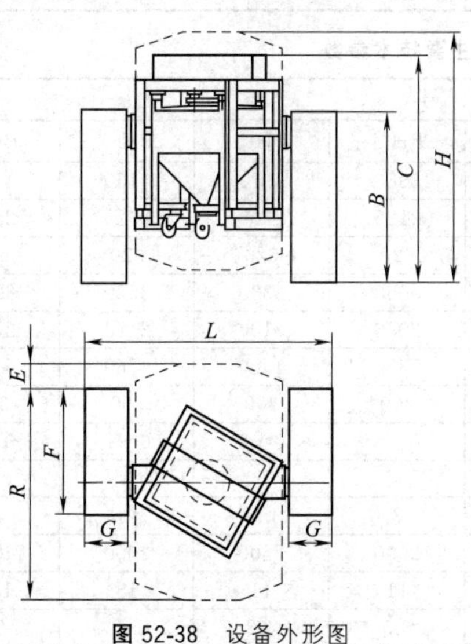

图 52-38　设备外形图

(5) 设备外形图（图 52-38）

6.4.6　HGD 系列固定式方锥混合机

(1) 原理

本机由机座、驱动系统、控制系统、混合料斗等部件组成。工作时，将物料力加入料斗后，锁紧斗盖，按工艺要求设定混合时间、混合速度，启动控制系统，即可开始混合作业；到设定的时间后，机器自动停止，混合结束后进行分料。

(2) 用途

该机主要用于制药工业固体制剂生产中的颗粒与颗粒、颗粒与粉末、粉末与粉末等物料的混合。具有混合批量大、受力可靠、运行平稳等优点，是药厂总混的理想设备。同时在制药、化工、食品等行业广泛使用。

(3) 外形图（图 52-39）

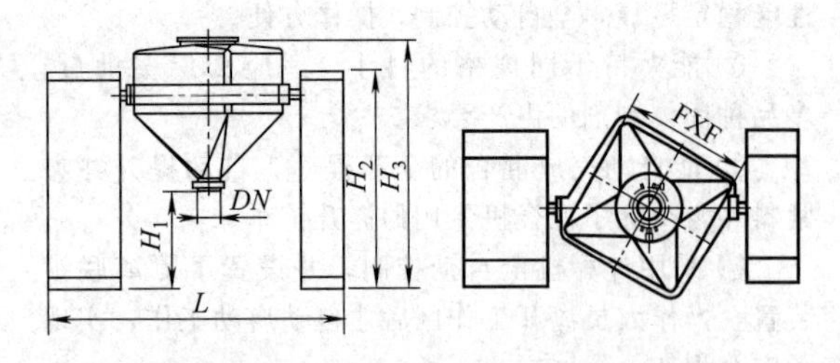

图 52-39　HGD 系列固定式方锥混合机

(4) 主要技术参数（表 52-47）

6.4.7　PH 系列三偏心混合机

(1) 原理

采用桶体的重心偏心、轴向偏心、上下偏心的三偏心原理以及六向不对称的设计方式：上下角度容积不对称、左右角度容积不对称、前后角度容积不对称。按照该设计原理所产生的单面不同容积多向错位交叉运动，以达到最佳的物料混合效果。

(2) 用途

广泛用于制药、食品、化工、陶电、塑料等工业的物料混合。特别对有湿度、柔软、密度不一的颗粒、粉状物料的混合均能达到最佳的效果。

(3) 外形（图 52-40）

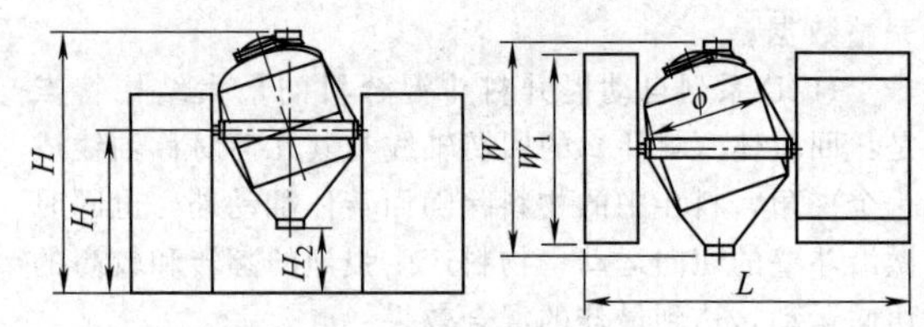

图 52-40　PH 系列三偏心混合机

(4) 主要技术参数（表 52-48）

表 52-47　HGD 系列固定式方锥混合机主要技术参数

项　目	型　号								
	HGD-400	HGD-600	HGD-800	HGD-1000	HGD-1200	HGD-1500	HGD-2000	HGD-3000	HGD-4000
L/mm	2300	2500	3400	2750	2820	4090	4480	3650	4690
W/mm	1500	1600	1700	2000	1980	2205	2650	2730	2955
W_1/mm	1200	1200	1700	1400	1400	1700	1700	1800	2050
F/mm	800	900	1000	1100	1200	1200	1500	1800	1700
H/mm	3400	3500	2486	3900	3900	2880	3450	4700	3938
H_1/mm	800	800	800	800	800	800	800	800	1000
H_2/mm	1720	1800	1963	2050	2050	2160	2455	2500	2844
H_3/mm	1360	1460	2174	1540	1610	2615	3000	1780	2432
DN/mm	200	·200	200	250	250	300	300	250	300
混合转速/(r/min)	3～20	3～20	3～18	3～15	3～15	3～12	3～10	2～10	2～8
混合桶容积/L	400	600	800	1000	1200	1500	2000	3000	4000
最大装料容积/L	320	480	640	800	960	1200	1600	2400	3200
最大装料质量/kg	200	300	400	500	600	750	1000	1500	2000
总功率/kW	2.2	2.2	4	4	4	5.5	7.5	7.5	11
整机质量/t	0.6	0.7	1.8	1	1.2	2.1	2.3	2.9	3.5

表 52-48　PH 系列三偏心混合机主要技术参数

项　目	型　号							
	PH-1	PH-1.5	PH-2	PH-3	PH-4	PH-5	PH-6	PH-8
H/mm	2510	2900	3100	3550	3680	3950	4150	4520
H_1/mm	1570	1760	1830	2010	2125	2305	2325	2540
H_2/mm	620	620	620	620	620	620	620	620
W/mm	1890	2280	2480	2930	3060	3330	3530	3900
W_1/mm	1700	1700	1700	1700	2050	2100	2150	2600
L/mm	3250	3580	3680	3940	4350	4500	4760	5130
ϕ/mm	250	250	250	250	300	300	300	300
混合转速/(r/min)	0～12	0～12	0～10	0～10	0～8	0～8	0～7	0～7
混合桶容积/m^3	1	1.5	2	3	4	5	6	8
最大装料容积/m^3	0.75	1.125	1.5	2.25	3	3.75	4.5	6
最大装料质量/kg	500	750	1000	1500	2000	2500	3000	4000
总功率/kW	5.5	5.5	7.5	7.5	11	11	15	18.5
整机质量/t	1.8	2.1	2.3	2.9	3.5	4.2	5.5	6.2

6.4.8 YZH 系列圆锥形混合机

(1) 用途

YZH 系列圆锥混合机广泛用于药品、食品、化工原料、染料等行业的粉状和粒状物料的混合。

(2) 工作原理

该混合机机身为圆锥形，一端为圆弧形结构，此结构上配置了独特的规则多向导流结构，可使物料充分地形成“S”形轻柔运动，使物料充分搅拌达到最佳混合效果，并大大缩短了物料混合时间，提高了混合效率。本混合机操作简单，进出料方便，同时内部圆弧形的设计也减少了物料在混合过程中受到的污染，提高了产品质量，符合 GMP 的要求。

(3) 特点

料桶容积在 100L 内时可以实现多个规格料桶的互换，可实现一机多筒的可能，满足工艺试验不同规格的多用性。根据物料不同的密度，装料量可以达到设备容积的 25%～85%。混合效率优于其他形式的混合机，可实现在低速运转时达到最好的混合效果，而且设备运行稳定。混合机料筒的设计容积范围在 5～1000L。可以实现转速显示、混合时间显示、变频控制。

(4) 主要技术参数（表 52-49）

表 52-49　YZH 系列圆锥形混合机主要技术参数

项　目	型　号						
	YZH-10 (5/10/15)	YZH-30 (20/30/50)	YZH-100 (60/80/100)	YZH-200	YZH-300	YZH-500	YZH-1000
筒体有效容积/L	5/10/15	20/30/50	60/80/100	200	300	500	1000
装料系数/%	25～80						
混合时间/min	5～15						
筒体转速/(r/min)	变频调速，调速范围 0～10r/min						
电机功率/kW	0.75	1.1	1.5	2.2	2.2	3	5.5
外形尺寸(长×宽×高)/mm	800×400×1180	800×450×1250	1000×500×1450	1600×800×1750	1800×800×1850	2000×1000×2050	2400×1200×2450
出料口至地面高度/mm	650	650	650	650	650	650	650
设备质量/kg	180	360	620	1050	1200	1650	2200

6.4.9 EBH 系列二维摆动混合机

(1) 用途

本机广泛适用于医药、化工、食品、染料、饲料、化肥、农药等行业的干粉料、颗粒混合之用，特别适用于各种大吨位物料的混合。

(2) 特点

混合筒为圆柱形料筒，筒内不带任何搅拌装置，在绕其对称轴进行自转的同时，又绕水平轴作“可倒置”摇摆运动，从而迫使料筒内的物料既有扩散混合，又有移动混合。该机混合时间短，混合均匀度高，可以粉碎和混合同时进行。

(3) 外形示意图（图 52-41）

(4) 主要技术参数（表 52-50）

6.4.10 料斗清洗机

(1) 用途

料斗清洗机主要用于制药工业固体制剂生产工艺流程中，适用于对混合料斗、周转料斗等容器的清洗。广泛用于药品、化工、食品等行业。

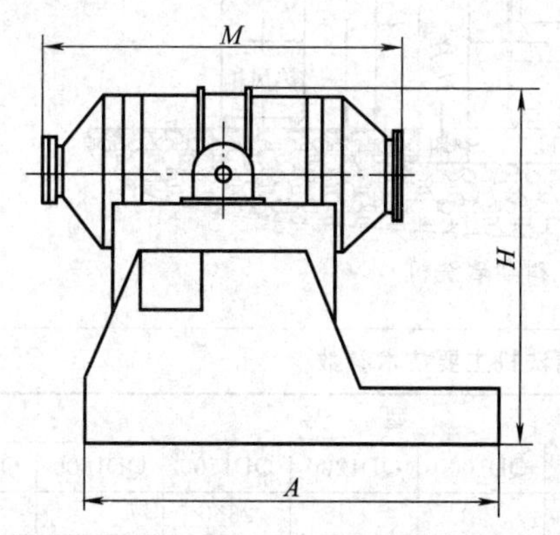

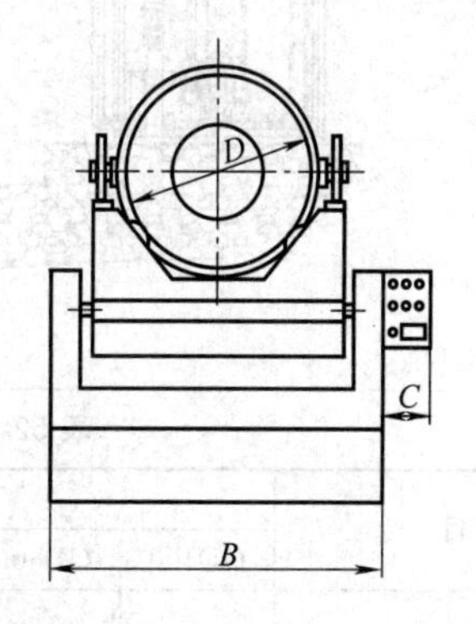

图 52-41　EBH 系列二维摆动混合机

表 52-50　EBH 系列二维摆动混合机主要技术参数

型号	料筒容积/L	装料容积/L	装料重量/kg	电机功率/kW		外形尺寸/mm					
				摆动	转动	A	B	C	D	M	H
100 型	100	50	30	0.75	1.1	1400	900	200	400	1000	1500
300 型	300	150	75	0.75	1.1	1800	1100	200	580	1400	1650
600 型	600	300	150	1.1	1.5	2200	1250	240	720	1800	1850
800 型	800	400	200	1.1	1.5	2400	1350	240	810	1970	2100
1000 型	1000	500	350	1.5	2.2	2500	1390	240	850	2040	2180
1500 型	1500	750	550	1.5	3	2700	1550	240	980	2340	2280
2000 型	2000	1000	750	2.2	3	2900	1670	240	1100	2540	2440
2500 型	2500	1250	950	2.2	4	3100	1850	240	1160	2760	2600
3000 型	3000	1500	1100	4	5.5	3500	1910	280	1220	2960	2640
5000 型	5000	2500	1800	5.5	7.5	4100	2290	300	1440	3530	3000
10000 型	10000	5000	3000	11	15	4800	2700	360	1800	4240	4000
12000 型	12000	6000	4000	11	15	5400	2800	360	1910	4860	4200
15000 型	15000	7500	5000	15	18.5	5600	3000	360	2100	5000	4400

注：装料重量按密度 0.5g/cm^3 计算，特殊密度的物料请注明。

(2) 工作原理

料斗清洗机主要由清洗系统、泵站系统、空气处理系统、控制系统等组成。工作时，开启清洗机的入口门，将使用过的混合料斗、周转料斗等容器推入清洗站内，到位后，关闭清洗机的入口门，做好清洗准备。按工艺要求设定清洗程序（热水、洗涤液、纯化水、热风）、清洗时间和干燥时间。确认后即可开机清洗，整机按设定的程序和要求开始工作。容器的外表面由清洗站内四周的喷头进行加压喷淋清洗；内表面则由可伸缩的旋转喷头进行加压喷淋清洗；底部喷头对下料口蝶阀进行加压喷淋清洗。清洗完成后，设备自动进入设定的烘干程序，直到完成整套程序后，整机停止，打开清洗机的出口门，将清洗好的容器推出，送入中间站存放，以备下一生产程序使用。

(3) 特点

该机采用优质奥氏体不锈钢制造，内外表面均经高度抛光，所有转角都经圆弧过渡，无死角、无残留，外形美观。该机采用 PLC 自动控制，按用户需求设定参数进行清洗。料斗清洗机对混合料斗、周转料斗进行清洗，优化了生产工艺流程，提高了生产效率。该机是在广泛研究、吸收、消化国外先进机型的基础上，精心设计、开发成功的新机型。该机设计合理、结构紧凑、性能稳定可靠、操作方便。完全符合药品生产的 GMP 要求。

(4) 外形图（图 52-42）

(5) 主要技术参数（表 52-51）

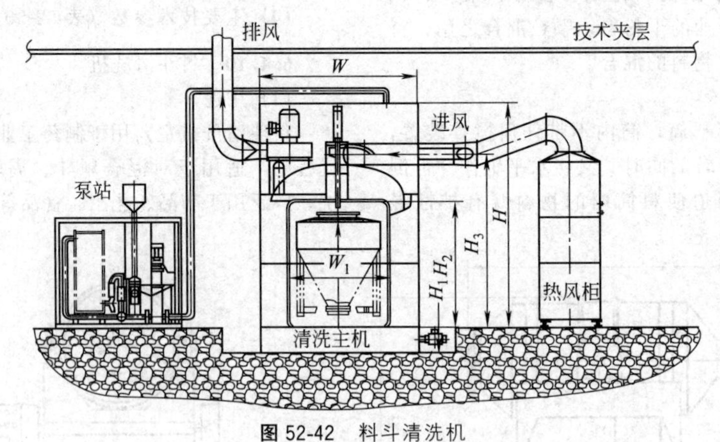

图 52-42　料斗清洗机

表 52-51　料斗清洗机主要技术参数

项　目	型　号								
	QD400	QD600	QD800	QD1000	QD1200	QD1500	QD1800	QD2000	QD3000
W/mm			2100			2350		2350	
W_1/mm			1300			1400		1400	

续表

项　目	型　号								
	QD400	QD600	QD800	QD1000	QD1200	QD1500	QD1800	QD2000	QD3000
H/mm			2884			3371		3721	
H_1/mm			380			393		393	
H_2/mm			1627			1970		2310	
H_3/mm			2344			2940		3280	
泵站功率/kW	3	3	3	5.5	5.5	5.5	5.5	5.5	5.5
泵站流量/(t/h)	8	8	8	10	10	10	12	12	12
泵站压力/MPa	0.65								
压缩空气压力/MPa	0.6								
耗气量(标准状态)/(m^3/min)	2.3	2.3	2.3	2.8	2.8	2.8	3.5	3.5	3.5
蒸汽压力/MPa	0.4	0.4	0.4	0.4	0.4	0.4	0.4	0.4	0.4
蒸汽流量/(kg/h)	670	670	670	900	900	900	900	900	1500
进风功率/kW	1.5	1.5	1.5	1.5	1.5	1.5	3	3	3
排风功率/kW	3	3	3	3	3	3	5.5	5.5	7.5
转盘功率/kW	0.75	0.75	0.75	0.75	0.75	0.75	1.5	1.5	1.5
总功率/kW	8.25	8.25	8.25	10.75	10.75	10.75	15.5	15.5	17.5
整机质量/t	3.7	3.9	3.9	4.1	4.1	4.3	4.3	4.6	4.6

6.4.11　TF 系列固定提升转料机

(1) 工作原理

该机主要由底盘、立柱、提升系统、翻转系统等组成。工作时将锥形料斗与沸腾制粒机或沸腾干燥机的料仓扣合。启动提升按钮，料仓提升；启动翻转按钮，料仓即可翻转 180°。松开刹车，水平旋转立柱到工艺要求位置，再下降料仓到工作高度，打开蝶阀，使物料转移到下一工序。

(2) 用途

该机主要应用于制药工业固体物料的转送、加料。可与沸腾制粒机、沸腾干燥机、整粒机配套使用。同时在制药、化工、食品等行业中广泛使用。

(3) 外形图（图 52-43）

(4) 主要技术参数（表 52-52）

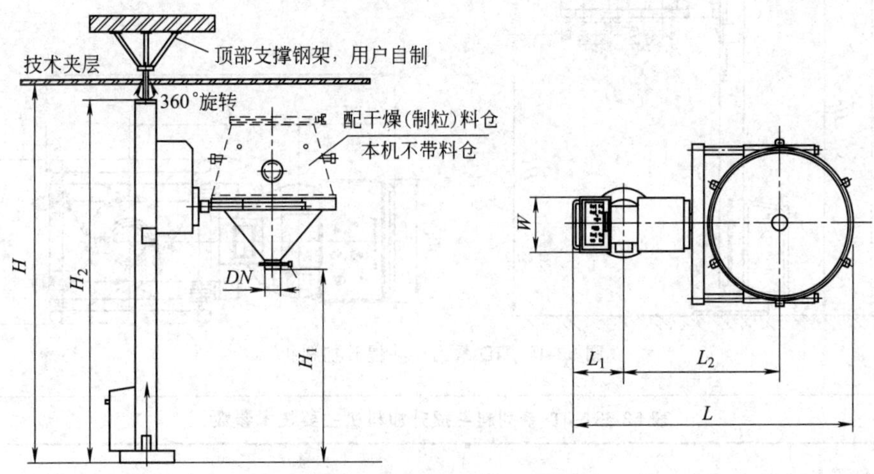

图 52-43　TF 系列固定提升转料机

表 52-52　TF 系列固定提升转料机主要技术参数

项　目	型　号				
	TF200	TF300	TF500	TF800	TF1500
L/mm	2296	2490	2710	2910	3000
L_1/mm	600	600	600	600	600

续表

项目	型号				
	TF200	TF300	TF500	TF800	TF1500
L_2/mm	1130	1230	1350	1450	1500
W/mm	750	750	750	750	750
H/mm	4000	4200	4800	5000	5300
H_1/mm	2000	2200	2500	2500	2500
H_2/mm	3800	4000	4600	4800	5000
DN/mm	200	200	200	4730	5100
净负载/kg	200	300	500	800	1670
总功率/kW	2.9	4	4.5	4.5	4.5
质量/kg	800	900	1300	1500	1800

6.4.12 TD系列料斗提升加料机

(1) 工作原理

该机主要由底盘、立柱、提升系统等部件组成。工作时，先将装有物料的料斗推入料斗提升机的提升叉架上，然后启动提升按钮，料斗做提升运动，料斗到位后转动底盘与加料的设备密闭对接，开启出料蝶阀，使物料密闭转移到下一工序。

(2) 用途

该机主要应用于制药工业固体物料的输送、加料。可与混合机、压片机、胶囊充填机等设备配套使用。同时在制药、化工、食品等行业中广泛使用。

(3) 外形图（图52-44）

(4) 主要技术参数（表52-53）

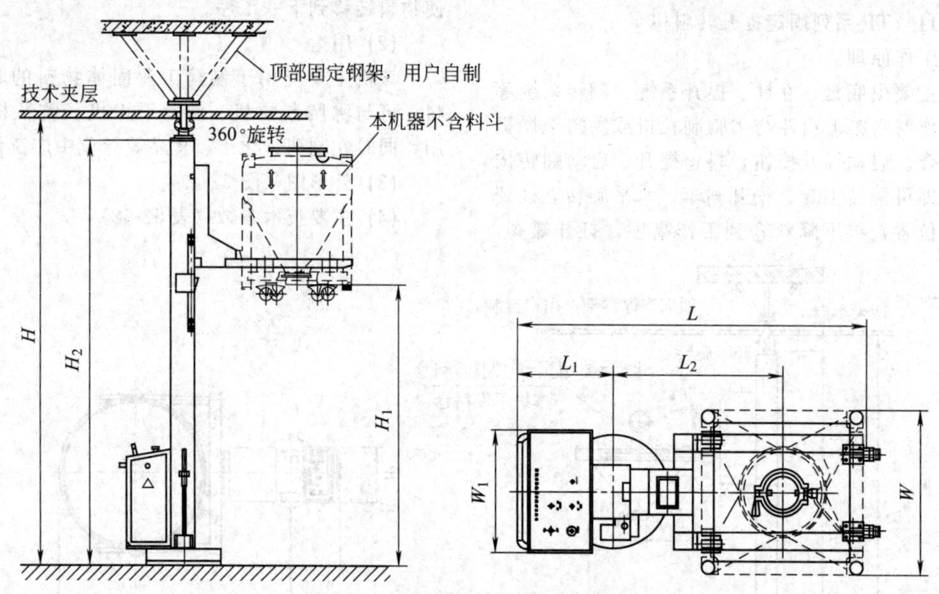

图52-44 TD系列料斗提升加料机

表52-53 TD系列料斗提升加料机主要技术参数

项目	型号											
	TD200	TD300	TD400	TD600	TD800	TD1000	TD1200	TD1500	TD1800	TD2000	TD2500	TD3000
L	1810	2010	2010	2210	2210	2410	2410	2410	2410	2410	2610	2610
L_1	620	620	620	620	620	620	620	620	620	620	620	620
L_2	850	950	950	1050	1050	1150	1150	1150	1150	1150	1250	1250
W	600	800	800	1000	1000	1200	1200	1200	1200	1200	1400	1400
W_1	750	750	750	750	750	750	750	750	750	750	750	750

续表

项　目	型　号											
	TD200	TD300	TD400	TD600	TD800	TD1000	TD1200	TD1500	TD1800	TD2000	TD2500	TD3000
H	4000	4000	4000	4000	4200	4200	4300	4400	4600	4800	4800	4800
H_1	2500	2500	2500	2500	2500	2500	2500	2500	2500	2500	2500	2500
H_2	3800	3800	3800	3800	4000	4000	4100	4200	4400	4600	4600	4600
H_3	3360	3480	3620	3720	3940	3940	4060	4280	4510	4640	4640	4640
净负载/kg	200	300	400	600	800	1000	1200	1500	1800	2000	2500	3000
总功率/kW	2.2	2.2	2.2	2.2	2.2	3	3	3	3	3	6	6
机器质量/kg	500	550	600	650	800	850	950	1100	1200	1300	1500	1700

6.4.13　YT 系列移动式提升加料机

(1) 工作原理

将料桶推入提升臂内，提升臂在电器及减速电动机控制下，提升或下降，从而完成物料的提升、运输和加料。

(2) 特点

① 桶体采用优质不锈钢经内外镜面抛光精制而成，光洁无死角，符合 GMP 要求。

② 料桶既可作为上道工序的配料桶、储料周转桶，又可作为下道工序（压片、填充、数片等）的加料斗。

③ 药物密闭运输，杜绝了运输过程中的污染，避免了粉尘飞扬和药品生产运输过程中的交叉污染，完全符合 GMP 要求。

④ 特制放料阀，体积小，放料方便，易清洗。

(3) 用途

YT 系列提升加料机是为满足现代制药生产工艺流程中物料垂直提升而研制、开发的一种新型物料输送设备，该机可作为各种压片机、胶囊填充机、混合机、数片机等设备的提升加料。

(4) 外形图（图 52-45）

(5) 主要技术参数（表 52-54）

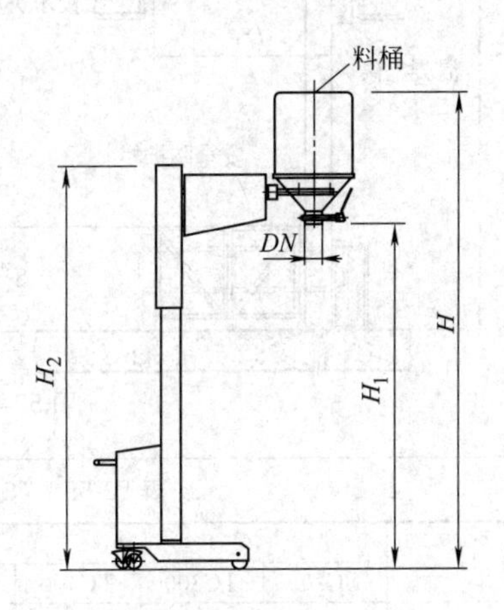

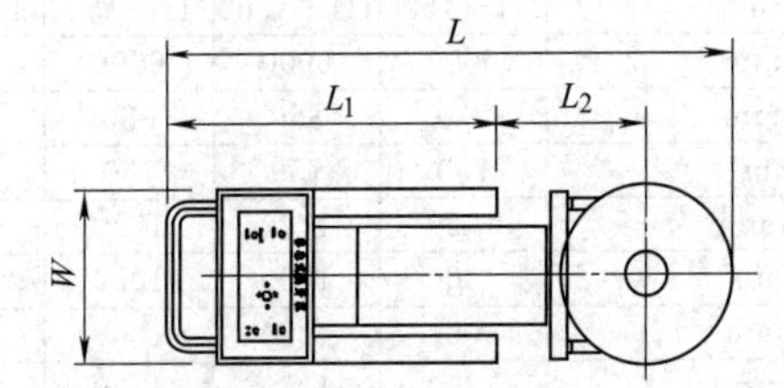

图 52-45　YT 系列移动式提升加料机

表 52-54　YT 系列移动式提升加料机主要技术参数

项　目	型　号					
	YT-50	YT-80	YT-100	YT-120	YT-150	YT-200
L/mm	1700	1700	1980	1980	1980	1980
L_1/mm	950	950	1060	1060	1060	1060
L_2/mm	500	500	600	600	600	600
W/mm	650	650	750	750	750	750
H/mm	3135	3285	3280	3340	3450	3620
H_1/mm	2500	2500	2500	2500	2500	2500
H_2/mm	3000	3000	3000	3000	3000	3000
DN/mm	150	150	200	200	200	200
净负载/kg	30	50	65	80	100	130
总功率/kW	1.12	1.12	1.87	1.87	1.87	1.87
整机质量/kg	370	370	470	470	470	470

6.4.14 TC系列层间提升机

(1) 工作原理

该机主要由底盘、立柱、提升系统等部件组成。工作时，先将物料装入或将料斗推入提升平台上，然后按下提升按钮，平台提升，平台到位后搬出物料或推出料斗到所需的位置。

(2) 用途

该机主要应用于制药工业固体物料及料斗的楼层上下输送。同时在制药、化工、食品等行业中广泛使用。

(3) 外形图（图52-46）

(4) 主要技术参数（表52-55）

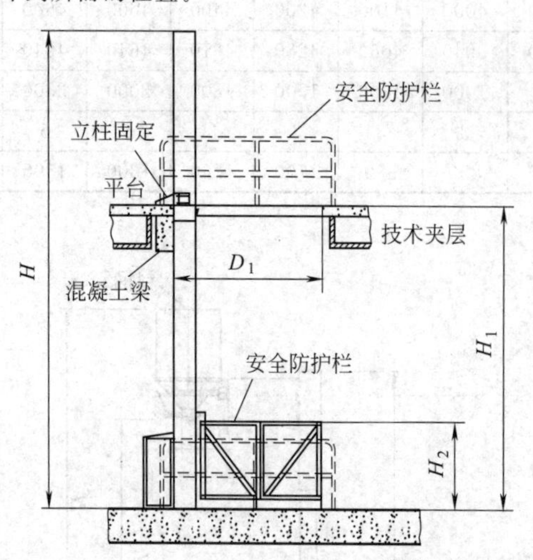

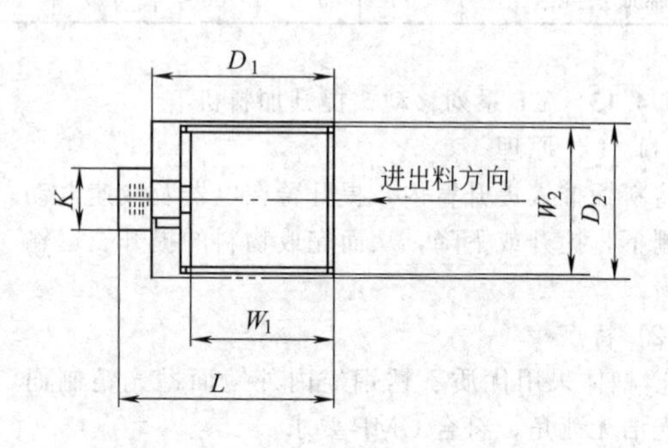

图52-46 TC系列层间提升机

表52-55 TC系列层间提升机主要技术参数

项 目	型 号									
	TC200	TC300	TC400	TC600	TC800	TC1000	TC1200	TC1500	TC1800	TC2000
H/mm	H1＋1500	H1＋1500	H1＋1500	H1＋1500	H1＋1500	H1＋1500	H1＋1500	H1＋1500	H1＋1500	H1＋1500
H_1/mm	6000	6000	6000	6000	6000	6000	6000	6000	6000	6000
H_2/mm	880	880	880	880	880	880	880	880	880	880
K/mm	750	750	750	750	750	750	750	750	750	750
L/mm	1720	1720	1720	1920	1920	2120	2120	2120	2140	2140
W_1/mm	1000	1000	1000	1200	1200	1400	1400	1400	1400	1400
W_2/mm	1000	1000	1000	1200	1200	1400	1400	1400	1400	1400
D_1/mm	1350	1350	1350	1550	1550	1750	1750	1790	1790	1790
D_2/mm	1100	1100	1100	1300	1300	1500	1500	1500	1500	1500
净负载/kg	200	300	400	600	800	1000	1200	1500	1800	2000
总功率/kW	2.2	2.2	2.2	2.2	3	3	3	3	3	3

6.4.15 周转料桶

(1) LDF物料周转料桶

① 外形（图52-47）

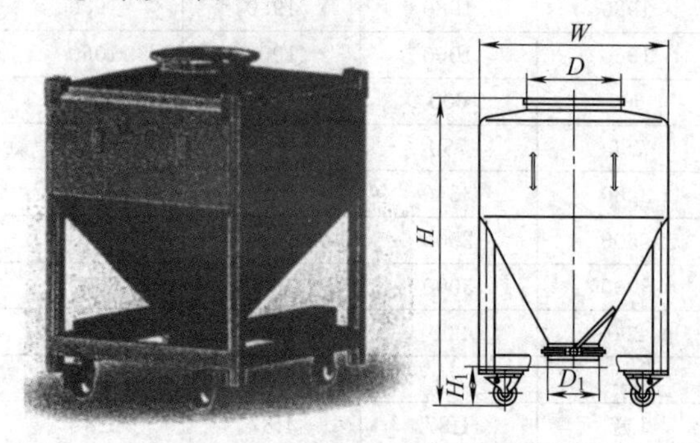

图52-47 LDF物料周转料桶

② 主要技术参数（表52-56）

(2) LT周转桶

① 外形（图52-48）

② 主要技术参数（表52-57）

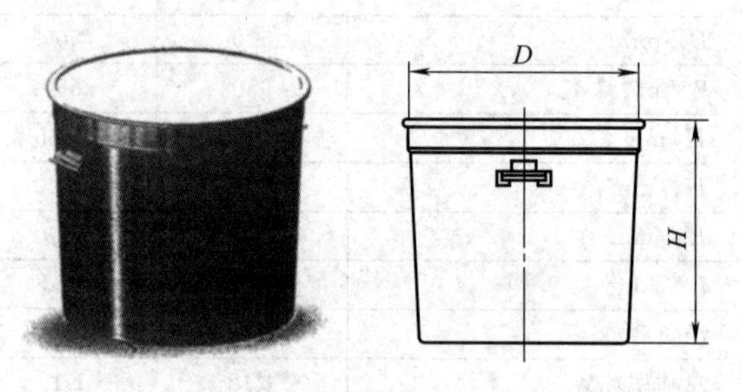

图52-48 LT型周转料桶

表 52-56 LDF 物料周转料桶主要技术参数

项目		型号											
		LDF-200	LDF-250	LDF-300	LDF-400	LDF-500	LDF-600	LDF-800	LDF-1000	LDF-1200	LDF-1500	LDF-1800	LDF-2000
容积/L		200	250	300	400	500	600	800	1000	1200	1500	1800	2000
壁厚/mm		2.5	2.5	2.5	2.5	2.5	2.5	2.5	2.5	3	3	3	3
主要结构尺寸/mm	H	1022	1095	1068	1290	1331	1366	1545	1586	1736	1868	2088	2238
	H_1	204	204	204	165	229	151	118	168	181	99	103	113
	D	400	400	400	400	500	200	500	500	500	500	500	500
	D_1	200	200	200	200	200	200	200	250	250	250	250	250
	W	594	794	794	794	994	994	994	1194	1194	1194	1194	1194

表 52-57 LT 型周转料桶主要技术参数 单位：mm

项目	型号										
	LT40	LT50	LT60	LT70	LT80	LT100	LT130	LT150	LT200	LT250	LT300
D	ϕ400	ϕ400	ϕ450	ϕ450	ϕ500	ϕ500	ϕ600	ϕ600	ϕ650	ϕ700	ϕ700
H	360	450	430	490	470	570	500	590	650	710	860

6.5 压片机和胶囊充填机

6.5.1 普通压片机

(1) ZPS 系列压片机

① 用途 本机是一种小型智能型的旋转式压片机，适用于制药工业药品研发中心、实验室等片剂的小批量生产。

② 特点

a. 单压式，单面出片，使用 IPT 冲模，可将颗粒状原料压制成圆形片和各种规格的异形片。

b. 有预压和主压两次压片功能，可提高压片质量。

c. 工作转台上的冲模下冲杆带有防尘装置，可有效地防止粉尘进入下轨道，避免吊冲，有利于下轨道使用寿命的延长。

d. 采用变频无级调速装置，操作方便，安全可靠。

e. 采用 PLC 编程器和触摸屏，可方便直观地显示和设定各类参数。

f. 数字显示工作转盘转速、压片压力、充填深度、预压片厚、主压片厚和产量。

g. 主传动结构合理，传动稳定性好，使用寿命长。

h. 配有电动机过载保护装置，当压力过载时，能自动停机。有压力超压保护、紧停装置、强排风散热装置。

i. 外围罩壳为全封闭形式，材料选用不锈钢，内部台面用不锈钢材料，凡与药物接触的零件均采用不锈钢材料或经表面处理。

j. 转台表面经过特殊处理，能保持表面光洁与防止交叉污染，符合 GMP 要求。

k. 压片室四面为透明有机玻璃，且能全部打开，易于内部清理和保养。

l. 可选配强迫加料器。

③ 主要技术参数（表 52-58）

表 52-58 ZPS 系列压片机主要技术参数

项目	型号 ZPS	
冲模数/副	10	20
冲模形式(IPT)/in	1	3/4
最大压片压力/kN	60	
最大预压力/kN	10	
最大压片直径/mm	22	13
最大充填深度/mm	17	
最大片剂厚度/mm	6	
转盘转速/(r/min)	5～30	
最大生产能力/(片/h)	18000	36000
电机功率/kW	2.2	
外形尺寸(长×宽×高)/mm	750×660×1620	
主机质量/kg	500	

注：1in＝2.54cm。

(2) ZPW31E 压片机

① 特点 双压式，双面出片，可将颗粒状原料压制成环形片，也可压制较大片径的圆形片和异形片。

a. 有预压和主压两次压片功能，可提高压片质量。

b. 手轮调节机构带数字显示，调节准确灵活。压片的充填深度和片厚调整过程简化。

c. 采用变频无级调速装置，操作方便，安全可靠。

d. 配有过载保护装置，当压力过载时，能自动停机。

e. 外围罩壳为全封闭形式，材料选用不锈钢，内部台面用不锈钢材料，凡与药物接触的零件均采用不锈钢材料或经表面处理，无毒耐腐蚀。

f. 转台表面经过特殊处理，能保持表面光洁与防止交叉污染，符合GMP要求。

g. 压片室四面为透明有机玻璃，且能全部打开，易于内部清理和保养。室内配有安全照明，能清楚观察压片状态。

② 主要技术参数（表52-59）

表52-59　ZPW31E压片机主要技术参数

项目	型号 ZPW31E
冲模数/副	31
最大压片压力/kN	80
最大预压力/kN	10
最大压片直径/mm	22(异形 25)
最大充填深度/mm	15
最大片剂厚度/mm	6
转盘转速/(r/min)	5～12 / 10～24
最大生产能力/(片/h)	44640 / 89280
电机功率/kW	4
外形尺寸(长×宽×高)/mm	1100×1150×1680
主机质量/kg	1850

(3) ZP35E压片机

① 特点　双压式，单面出片。使用ZP冲模，可将颗粒状原料压制成圆形片和各种规格的异形片。

a. 具有保障片重精度稳定的装置。

b. 手轮调节机构带数字显示，调节准确灵活。压片的充填深度和片厚调整过程简化。

c. 采用变频无级调速装置，操作方便，安全可靠。

d. 配有过载保护装置，当压力过载时，能自动停机。

e. 外围罩壳为全封闭形式，材料选用不锈钢，内部台面用不锈钢材料，凡与药物接触的零件均采用不锈钢材料或经表面处理，无毒耐腐蚀。

f. 转台表面经过特殊处理，能保持表面光洁与防止交叉污染，符合GMP要求。

g. 压片室四面为透明有机玻璃，且能全部打开，易于内部清理和保养。室内配有安全照明，能清楚观察压片状态。

② 主要技术参数（表52-60）

表52-60　ZP35E压片机主要技术参数

项目	型号 ZP35E
冲模数/副	35
最大压片压力/kN	80
最大压片直径/mm	13(异形 16)
最大充填深度/mm	15
最大片剂厚度/mm	6
转盘转速/(r/min)	14～36
最大生产能力/(片/h)	150000
电机功率/kW	4
外形尺寸(长×宽×高)/mm	1030×1150×1680
主机质量/kg	1850

(4) ZP45压片机

① 特点　双压式，双面出片，使用ZP冲模，可将颗粒状料压制成圆形片和各种规格的异形片。

a. 有预压和主压两次压片功能。

b. 采用易装和易拆的强迫加料器。

c. 采用PLC编程器和触摸屏，可方便直观地显示和设定各类参数。

d. 配有过载保护装置，当压力过载时，能自动停机。

e. 配有冲模装卸保护装置，可保证操作安全。

f. 外围罩壳为全封闭形式，材料选用不锈钢，内部台面用不锈钢材料，凡与药物接触的零件均采用不锈钢材料或经表面处理，无毒，耐腐蚀。

g. 转台表面经过特殊处理，能保持表面光洁与防止交叉污染，符合GMP要求。

h. 压片室四面为透明有机玻璃，且能全部打开，易于内部清理和保养。室内配有安全照明，能清楚观察压片状态。

② 主要技术参数（表52-61）

表52-61　ZP45压片机主要技术参数

项目	型号 ZP45
冲模数/副	45
最大压片压力/kN	80
最大预压力/kN	20
最大压片直径/mm	13
最大充填深度/mm	15
最大片剂厚度/mm	6
转盘转速/(r/min)	16～38
最大生产能力/(片/h)	205200
电机功率/kW	4
外形尺寸(长×宽×高)/mm	1100×1200×1910
主机质量/kg	2000

表 52-62 GZPL 系列高速压片机主要技术参数

项目	GZPL680 系列			GZPL620 系列			GZPL370 系列			GZPL265 系列		
	PG49	PG61	PG79	PG45	PG55	PG65	PG26	PG32	PG40	PG16	PG20	PG28
冲模数/副	49	61	79	45	55	65	26	32	40	16	20	28
最大圆形片直径/mm	25	16	11	25	16	13	25	16	13	25	16	13
最大异形片直径/mm	25	18.5	13	25	18.5	16	25	18.5	16	25	18.5	16
最大产量/(片/h)	470000	585000	1060000	405000	495000	585000	171000	211000	264000	106000	132000	184000
最大填充深度/mm	18			18			18			18		
最大主压力/kN	100			100			80			80		
最大预压力/kN	100			16			14			14		
主电源功率/kW	15			11			7.5			5.5		
外形尺寸(长×宽×高)/mm	1500×1500×2100			1510×1380×2000			1130×1010×1920			935×1360×1785		
质量/kg	5000			3300			1780			1260		

6.5.2 GZPL 系列高速压片机

(1) 特点

GZPL 系列高速压片机可压制各种圆形片、异形片、环形片、卡通片及双层片。

① 符合 GMP 要求。

② 高品质的不锈钢结构。

③ 特殊的防油、防尘系统。

④ 整体采用严密的密封和防尘设计。

⑤ 采用高清晰、隔离视窗设计。

⑥ 易拆装的结构，便于操作与维护。

⑦ 压片室 360°无死角结构，便于观察、清洁。

(2) 主要技术参数（表 52-62）

6.5.3 NJP 系列全自动胶囊充填机

(1) 用途

NJP 系列全自动胶囊充填机是一种间歇式运转多孔塞计量全自动封闭充填设备，能自动完成对拔囊、分囊、充填、废囊剔除、锁囊、成品导出、颗粒灌装等多种工序，具有定位可靠、装量准确、成品率高等优点。适用于自动充填粉状、微丸状胶囊剂药品。

(2) 特点

该机型具有普通型和人机界面改进型两种型式。改进型是在普通型的基础上增加了触摸屏控制、PLC 可编程控制器、智能模块和光纤探测等，具有操作方便、直观等特点，重要元器件采用进口，自动化程度高，并实现以下功能。

① 可设置手动试运行操作界面和正常运转监控操作界面。

② 缺料、空胶囊、料道阻塞和机械故障的自动检测、诊断和自动报警停车的功能。

③ 实时粒计产量和累计产量的统计。

(3) 主要技术参数（表 52-63）

表 52-63 NJP 系列全自动胶囊充填机主要技术参数

项目	型号									
	NJP-400	NJP-600	NJP-800	NJP-900	NJP-1200	NJP-1250	NJP-2000	NJP-3200	NJP-3800	NJP-7500
适用胶囊型号	(00#～5#胶囊/安全型胶囊 A～E)									
最高产量/(粒/h)	24000	36000	48000	54000	72000	75000	120000	1920000	228000	450000
耗能/kW	2.2	2.2	2.2	2.57	2.57	2.57	3.37	4.77	6.37	8.37
噪声指标/dB(A)	≤75	≤75	≤75	≤75	≤75	≤75	≤75	≤78	≤78	≤80
外形尺寸(长×宽×高)/mm	930×790×1930	930×790×1930	930×790×1930	1020×870×1980	1020×870×1980	1020×870×1980	1200×1150×1950	1440×1300×2080	1440×1300×2080	1740×1420×2150
机器净重/kg	800	800	800	900	900	900	1450	2400	2400	3500

6.5.4 药用金属检测机

(1) 用途

药用型金属检测机适用于制药行业。用来在线检测药品片剂或胶囊、粉剂中的金属污染物。全自动检测并剔除被金属（例如来自压片机冲模或筛网的碎片）污染的物料，无需中断产品生产过程。

(2) 特点

① 符合 GMP 要求。

② 能准确检测出含铁、青铜、合金、不锈钢等金属的药片或胶囊、粉剂。

③ 剔废时间（剔除位置的停留时间）可调（0.1～10s），减少合格品损失。

④ 检测头高度和检测通道倾角可调，易于与各种生产线结合，操作简单快捷，易于移动和清洗。

⑤ 可快速清洁与产品接触部分，无需工具。操作维护简便。

⑥ 能与各种压片机、胶囊充填机或筛片机配套使用，也可单独使用。

⑦ 气动剔废装置使剔除挡板快速反应，将物料损失降到最小。

(3) 主要技术参数（表52-64）

表52-64　药用金属检测机主要技术参数

项　目	参　数
检测能力/(片/min)	7000
检测灵敏度	
铁	≥ϕ0.3mm
不锈钢	≥ϕ0.5mm
非铁合金	≥ϕ0.4mm
检测通道(长×高)/mm	80×30
压缩空气压力/MPa	0.6～0.8
质量/kg	70
外形尺寸(长×宽×高)/mm	600×650×1180

6.5.5　JPT-I型卧式胶囊筛选抛光机

(1) 特点

① 体积小，高度、倾斜角度可调，能与任何型号的胶囊充填机连机使用。

② 可自动分选出装置轻微、空壳、碎片和体帽分离的胶囊，分选过程符合GMP规范要求。

③ 选用符合GMP要求的不锈钢材质，整机装配选用快速连接部件，拆装方便，清洗彻底。

④ 主轴上装有卡装式滚筒毛刷和便拆式轴承，清洗时毛刷、轴承可拆卸，刷毛不脱落，并可通过更换不同规格的毛刷，来满足对不同药品的抛光。

⑤ 设有人机安全保护装置，电动机转速由变频器控制，机器可以连续运行，并可承受较大的启动力矩。

(2) 主要技术参数（表52-65）

表52-65　JPT-I型卧式胶囊筛选抛光机主要技术参数

项　目	型号JPT-I
生产效率/(粒/h)	最大能力300000
电源功率	交流220V,50Hz　1A
外形尺寸(长×宽×高)/mm	950×600×1000
设备质量/kg	40
压缩空气(标准状态)	0.25m^3/min,0.3MPa
真空吸尘(标准状态)	0.25m^3/min,−0.014MPa

6.6　包衣机

6.6.1　BGB系列高效包衣机

(1) 用途

高效包衣机主要用于制药及食品工业，是片剂、丸剂、糖果等进行有机薄膜包衣，水溶薄膜包衣，缓释、控释性包衣，滴丸包衣，糖衣包衣及巧克力、糖果包衣等高效、节能、安全和洁净的包衣设备。

(2) 工作原理

素片在洁净、密闭的旋转滚筒内，在流线型导流板作用下不停地做复杂的轨迹运动，在运动过程中，按工艺流程和合理的工艺参数，自动喷淋包衣介质，同时在负压状态下供给热风，热风通过素片层从素片层底部排出，使喷淋在素片表面的包衣介质得到快速、均匀的干燥，形成坚固光滑的表面薄膜。

(3) 特点

① 扩展PLC模块，热风温度设置、控制及滚筒转速调整等所有操作均在计算机控制面板触摸键上完成，操作面板是全密封式的轻触薄膜界面，清洗主机对其无任何影响，工作可靠，性能稳定。

② 素片在流线型导流板式搅拌器作用下，翻转流畅，交换频繁，消除素片从高处落下和碰撞现象，解决碎片和磕边，提高成品率。导流板上表面窄小，消除辅料在其表面的黏附，节约辅料，提高药品质量。

③ 恒压变量蠕动泵可取消回流管。滚轮的回转半径随压力变化而随时变动，输出浆料与喷浆量自动平衡，稳定雾化效果，简化喷雾系统，防止喷枪堵塞，节约辅料，且清洗简单，无死角。

④ 专为包衣机设计、制造的喷枪，雾化均匀、喷雾面大，方向可调，喷头不受装量多少影响；喷枪堵塞清洗机构，可使包衣连续进行，缩短包衣时间，节省包衣辅料。

(4) 主要技术参数（表52-66）

表52-66　BGB系列高效包衣机性能参数表

项　目	型　号				
	BGB-600C	BGB-350C	BGB-150C	BGB-75C	BGB-10C
1. 主要性能参数					
生产能力/(kg/批)	600	350	150	75	10
包衣滚筒调速范围/(r/min)	2～10	2～11	2～15	4～19	6～30

续表

项目		型号				
		BGB-600C	BGB-350C	BGB-150C	BGB-75C	BGB-10C
主机电动机功率/kW		5.5	4	2.2	1.1	0.55
热风调温范围		常温至 80℃				
热空气过滤精度/μm		0.5				
热风机电动机功率/kW		5.5	2.2	1.1	1.1	0.55
排风机电动机功率/kW		15	7.5	5.5	3	1.5
蠕动泵电动机功率/kW		0.37	0.18	0.18	0.18	0.18
噪声/dB		≤75				
主机外形尺寸(长×宽×高)/mm		2000×2240×2330	2000×1560×2330	1570×1260×1950	1350×1010×1630	1100×750×1540
主机质量/kg		2500	1600	900	550	380
热风机外形尺寸(长×宽×高)/mm			1610×1090×2370	1100×1150×2300	1100×900×2140	620×620×1600
热风机质量/kg			700	500	400	250
排风机外形尺寸(长×宽×高)/mm			1050×1000×2100	800×920×2080	720×780×1950	650×600×1830
排风机质量/kg			550	450	310	250
2. 外接条件						
电源:三相五线		380V	380V、70A	380V、45A	380V、40A	380V、30A
洁净压缩空气	压力/MPa	>0.4	>0.4	>0.4	>0.4	>0.4
	耗气量(标准状态)/(m^3/min)	≤2.5	≤2	≤1.5	≤1	≤0.6
蒸汽	压力/MPa	>0.4	>0.4	>0.4	>0.4	>0.4
	耗汽量/(kg/h)	≤300	≤200	≤150	≤80	≤60
	管径/in	2	1.5	1		
供水压力/MPa		>0.15				

注：1in=2.54cm。

6.6.2 BGW-C 系列高效无孔包衣机

(1) 用途

BGW-C 系列高效无孔包衣机是中西药片剂、丸剂、微丸、小丸、水丸、滴丸、颗粒制丸等包制糖衣、有机薄膜衣、水溶薄膜衣和缓释、控释包衣的一种高效、节能、安全、洁净、计算机控制、符合 GMP 要求的机电一体化设备。

(2) 工作原理

素蕊（微丸、小丸或素片等）在洁净、密闭的旋转滚筒内，在流线型导流板的作用下做复杂的轨迹运动，由计算机控制，按优化的工艺参数自动喷洒包衣敷料，同时在负压状态下，热风由滚筒中心的气体分配管一侧导入，洁净的热空气通过素蕊层经埋入素蕊中密布小孔的鸭嘴形（或卵圆形）风桨汇集到气体分配管的另一侧排出，使喷洒在素蕊表面的包衣介质得到快速、均匀的干燥，从而在素蕊表面形成一层坚固、致密、平整、光洁的表面薄膜。

(3) 特点

① 具备了 BGB-C 系列高效包衣机的所有特点。

② 包衣滚筒为无孔结构，可对 ϕ0.6mm 以上的素蕊进行包衣，适应性广。

③ 具有特殊结构的配风结构，进、排风配管可根据需要相互调换。

④ 不同物料配备不同风桨，风桨可根据工艺需要埋入或离开物料。

⑤ 具有特殊清洗排水装置。

(4) 主要技术参数（表 52-67）

表 52-67 BGW-C 系列高效无孔包衣机主要技术参数

项目	型号			
	BGW-350C	BGW-150C	BGW-75C	BGW-10C
生产能力/(kg/次)	350	150	75	10
包衣滚筒调速范围/(r/min)	2～11	3～15	4～19	6～30

续表

项目	型号			
	BGW-350C	BGW-150C	BGW-75C	BGW-10C
主机电动机功率/kW	4.0	2.2	1.5	0.55
热风调温范围	常温至80℃			
热空气过滤精度/μm	0.5μm(10万级)			
热风机电动机功率/kW	2.2	1.1	1.1	0.75
排风机电动机功率/kW	7.5	5.5	3	2.2
振打清灰装置电动机功率/kW	0.37	0.37	0.37	0.37
蠕动泵电动机功率/kW	0.18	0.18	0.18	0.18
主机外形尺寸(长×宽×高)/mm	1740×2500×2270	1450×2200×2100	1250×1900×1900	1000×1500×1600
主机质量/kg	2000	1100	700	560

6.7 包装设备

6.7.1 DP系列铝塑泡罩包装机

(1) 用途

DP系列铝塑泡罩包装机能将各种糖衣片、素片、胶囊、胶丸、栓剂、多种异型片及粒状食品等可靠地密封在无毒聚氯乙烯薄膜（PVC）的泡罩与铝箔中间，适用于各类药品包装、小食品包装及相关行业的小器械包装。它具有较宽的使用范围，可根据用户的不同要求配备各有关部件满足各种板型的包装要求。

(2) 基本功能

PVC加热→泡罩成型→药品充填→漏片检测（另配检测装置）→热压封合→打印批号→硌撕裂线→冲切板块→剔除废品（一般在联线的装盒机上完成或接口部分）→成品进入装盒机（连线使用时）。

(3) 主要技术参数（表52-68）

表52-68 DP系列铝塑泡罩包装机主要技术参数

项目	机型			
	DPP170	DPH190	DPH300	DPP400
最大冲切次数/(次/min)	45(铝塑)/30(铝铝)	180(铝塑)/80(铝铝)	180	25
包材最大线速度/(m/min)	4.5	8	8	4
最大成型深度/mm	18(铝塑)/10(铝铝)	12(铝塑)/10(铝铝)	12	30
最大成型面积(带宽×进给)/mm^2	170×108	170×170	278×232	390×150,390×190
最大进给长度/mm	108	190	240	150/190
包材最大宽度/mm	170	190	300	400
最大冲切长度/mm	—	—	120	148/188
电功率/kW	4	9	9	20
压缩空气(压力:0.6～0.8MPa)(标准状态)/(m^3/h)	6	15	15	15
水温度:15～20℃/(m^3/h)	0.9	2	0.2	4
外形尺寸/mm	4000×980×1450	3450×1250×2200	4205×1170×2200	7100×1200×1600
质量/kg	1500	2000	2000	3500/4000

6.7.2 DH120智能型高速药品包装生产线

(1) 用途

用于素片、胶囊等医药及化工、轻工、食品行业固态物料的铝塑包装。

(2) 主要功能

PVC泡罩成型、物料自动填充、填充检测、PTP热封、废料回收、冲裁成型；药版说明书自动装盒；废品自动剔除。

(3) 特点

① 整线采用全伺服驱动，利用高端PLC实现多轴高精度同步运行。

② 采用先进的人机界面和报警系统，确保系统正常运行和操作简单化。

③ 安全、可靠的在线成像检测系统，使产品质

量得到安全保障。

④ 系统能自动根据产量配比和不同纸盒装量需求改变机器运行速度，达到系统平衡。

⑤ 更换产品规格只需更换少量配件和简单调节便能迅速完成。

⑥ 所有传动系统均采用同步带柔性连接，抗冲击，且不需加润滑油，卫生，维护简单。

⑦ 可实现洁净区与非洁净区分离，符合 GMP 要求。

⑧ 新颖、安全的整体防护，可视性好，确保安全生产。

(4) 主要技术参数（表 52-69）

表 52-69　DH120 智能型高速药品包装生产线主要技术参数

项　目	参　数
生产能力	≤110 冲/min，80～120 盒/min（与物料和药版尺寸有关）
最大成型面积和深度/mm	240×230×15
物料填充率/%	97～99（与物料性质有关）
装盒成品率/%	≥99
废品剔除率/%	100
工作噪声/dB(A)	≤80
包装材料	药用 PVC 硬片：(0.20～0.40)mm×250mm 涂胶 PTP 铝箔：(0.05～0.17)mm×250mm 透析纸：(50～100g/m²)×250mm 卷径×宽度：ϕ350mm×250mm 纸盒尺寸范围（长×宽×高）：(70～150)mm×(50～110)mm×(15～40)mm 材质：250～350g/m² 说明书折前（长×宽）：(100～250)mm×(100～150)mm 说明书折后（长×宽）：(100～150)mm×(20～40)mm 材质：50～70g/m²
使用要求	洁净压缩空气：压力 0.8～1.0MPa 耗气量（空压机，标准状态）≥1.0m³/min 电能耗：380V，50Hz，16kW（与包装对象有关）
模具冷却水/(kg/h)	最大 100
主机外形尺寸（长×宽×高）/mm	9000×1600×1950
质量/kg	8500

6.7.3　多功能装盒机

(1) 特点

多功能装盒机主要与包装机配套使用，能够将各种规格的铝塑包装、瓶装制剂可靠地装入规格特定的纸盒中，并将纸盒封好后送出。本机使用范围广泛，可根据产品包装型式不同，更换模具，装配及调试简便，既适用于大批量单一品种的生产，同时也可以满足小批量多品种的药品生产。该机是由一系列复杂的传动模仿人手的动作来完成药品装盒的全过程的，动作复杂，协调性好。

(2) 主要技术参数（表 52-70）

6.7.4　平板式变频调速铝塑包装机

(1) 用途

本机主要功能为：对版加热，正压成型，双联加热、热封、批号、压痕、计数、冲裁等。所有功能连续自动完成。可按客户要求设计超深度泡罩包装（如大蜜丸）。本机具有工艺流畅和生产过程直观等特点，适用于各种规格胶囊、片剂等药物的包装，符合 GMP 要求。

(2) 特点

本机是专为制药厂设计，机型美观，操作方便，功能齐全，版程可调，板块模具更换方便，经久耐用。

(3) 主要技术参数（表 52-71）

表 52-70　多功能装盒机主要技术参数

项　目		型　号			
		HD300	HD220	HD180	HD80A
最大生产能力/(盒/min)		300	220	180	80
纸盒	纸质/(g/m²)	300～350 白卡纸或白板纸			
	尺寸（长×宽×高）/mm	85×35×15～145×72×60	78×33×15～170×70×60	78×33×15～170×70×60	70×30×15～145×80×60

续表

项目		型号			
		HD300	HD220	HD180	HD80A
说明书	纸质/(g/m²)	55～65			
	尺寸(长×宽)/mm	130×130～170×260	130×130～170×260	130×130～170×260	110×130～170×280
耗电量/kW		5	4	4	4
压缩空气耗量(0.6～0.8MPa,标准状态)/(m³/h)		<1	<1	<1	<1
噪声/dB(A)		<75	<75	<75	<75
外形尺寸(长×宽×高)/mm		5000×2000×2100	4500×1600×1620	4300×1600×1620	3600×1350×2000
质量/kg		2500	2000	2000	1500

表 52-71　主要技术参数

项目	参数
冲裁效率/(板/min)	40～48
生产能力/(万粒/h)	3.6～7.2
最大成型面积/mm²	130×100
最大成型深度/mm	18
行程可调范围/mm	40～110
标准版块规格/mm	80×57
PVC与PTP铝箔宽度及厚度/mm	PVC140×(0.25～0.5) PTP140×(0.02～0.03)
电源	220V,50Hz
主电机功率/kW	1.1
加热功率/kW	2.4
耗气量(标准状态)/(m³/min)	≥0.38
外形尺寸/mm	2020×650×1400
整机质量/kg	750

6.8 SLX塑瓶包装生产联动线

工艺流程为：

理瓶机→多通道电子数粒机→干燥剂塞入机→高速旋盖机→晶体管铝箔封口机→不干胶自动贴标机(图 52-49)。

6.8.1 中速自动理瓶机

型号：PL2000Ⅴ-C。

瓶规格：20～300mL。

技术参数如下。

① 产量：40～80瓶/min(视瓶样而定)。

② 输入电源：AC220V、50Hz。

③ 功率：0.25kW。

④ 设备质量：240kg。

⑤ 整机尺寸：950mm×1540mm×1240mm。

特点：将杂乱的瓶子通过特殊机械装置（无需压缩空气）整理成瓶口一致朝上的状态并送到下一道工序，当下道工序缺瓶时理瓶机自动工作，确保了设备工作的连续性。堵瓶自动停止工作。设备调换瓶子规格简单，易操作。并附有自动提升料仓减少了操作工频繁上料的劳动强度。

6.8.2 多通道电子数粒机（24通道）

型号：PAY2000Ⅲ。

瓶规格：20～300mL。

技术参数如下。

① 产量：8000片（粒)/min。

② 输入电源：AC380V、50Hz。

③ 适用范围：片剂、硬胶囊、软胶囊。

④ 药剂质量：80～2000mg/片（粒)。

⑤ 功率：1.35kW（1.8kW)。

⑥ 整机尺寸：2000mm×1700mm×1900mm。

特点：设备采用3级振动送料，送料更加均匀流畅，感光装置采用国际上较先进的CCD感光技术，分辨率高，弥补了国内生产厂家采用一般光电的不足。CCD感光技术能抵消堆积在光幕上的尘埃，能自动调节工作状态，保证计数的精确性。设备具有储

图 52-49　SLX塑瓶包装生产联动线

气稳压装置，保证气动元器件工作的可靠性和稳定性，设备具有自诊断系统，能监测整个运行过程，进一步保证了计数的准确性。整个设备运行可靠，调换药品规格简单、方便，设备的控制系统可储存各种药品的工作参数，人机对话工作界面亲和友好，人性化。

6.8.3　干燥剂自动塞入机

型号：PH2000Ⅱ-C。

瓶规格：20～300mL。

技术参数如下。

① 产量：20～70 瓶/min。

② 干燥剂宽度：15～25mm。

③ 输入电源：AC220V、50Hz。

④ 功率：0.85kW。

⑤ 设备质量：200kg。

⑥ 整机尺寸：1250mm×630mm×1560mm。

特点：糖衣片、包衣片及胶囊等产品易受潮，需在容器内放置干燥剂延长保质期。根据这一要求设计制造的“PH2000Ⅱ干燥剂自动塞入机”采用自动程序控制塞入干燥剂，取代了以往的手工操作。本机能准确快速地将带状的干燥剂进行自动切割、自动塞入容器。适用于各种材质的瓶、罐等容器。本机操作简便，具有双路光电定位，智能控制送料长度（不会剪破包），自动调整长度的累积误差，并具有来瓶时自动开启、缺瓶时自动停止的电控系统。

6.8.4　高速自动旋盖机

型号：PC2000Ⅲ-C。

瓶规格：20～300mL。

瓶体直径：23～80mm。

瓶盖直径：19～50mm。

技术参数如下。

① 产量：60～140 瓶/min。

② 输入电源：AC220V、50Hz。

③ 功率：1.8kW。

④ 设备质量：528kg。

⑤ 整机尺寸：2300mm×800mm×1750mm。

特点：旋盖系统采用三对摩擦轮进行搓式旋盖，其优点是不易损伤瓶盖表面，旋盖松紧随意调节，旋盖不到位或斜盖可自动检测并剔除，保证了旋盖质量。设备对各种规格瓶子适应性强，调换瓶子和瓶盖规格简单方便，只需调整手轮及旋钮即可达到所需的理想效果，摒弃了更换零部件所带来的诸多不利因素，节约了工时工本，提高了工作效率。本机理盖系统采用气动理盖方式，噪声低，相比于电磁振荡理盖，避免了由于电磁振荡所产生的噪声污染，并降低了设备的电能耗。控制系统采用可编程控制器（PLC）控制，变频调速，由光电设备控制缺瓶、堵瓶的运行状态。设备附有自动理盖提升装置，其理盖料仓容量大，减少了加盖次数，减轻了劳动强度。

6.8.5　铝箔封口机

型号：PD2000Ⅱ-C。

瓶规格：20～300mL。

瓶子高度：<200mm。

瓶口直径：15～60mm。

技术参数如下。

① 产量：50～120 瓶/min。

② 输入电源：AC220V、50Hz。

③ 功率：2.0kW。

④ 设备质量：160kg。

⑤ 整机尺寸：1300mm×780mm×1750mm。

特点：设备采用中频电源，有效输出功率大，输出电流可调，并会自动跟踪电流负载的变化而调整，工位无瓶时自动处在待机状态，节约电能。适用瓶子的范围广。特制封口感应板全屏蔽，无电磁污染，安全性优于高频电源。冷却系统采用内置式水循环，节约水资源，减少水污染。并具有水循环增压系统，冷却条件好，黏结时间短，黏结牢度强，性能稳定，当瓶口沾有各种液体时也能有效封口。设备具有断水自动报警及过流、过压、欠压等保护功能，并具有连续计数、瓶盖无铝箔自动剔除装置。

6.8.6　不干胶自动贴标机

型号：PF2000Ⅱ-C。

瓶规格：20～300mL。

瓶子直径：18～60mm。

标签长度：25～150mm。

标签宽度：10～60mm。

技术参数如下。

① 产量：20～120 瓶/min。

② 输入电源：AC220V、50Hz。

③ 功率：0.5kW。

④ 设备质量：195kg。

⑤ 整机尺寸：1700mm×850mm×1250mm。

特点：本机适用于各种圆柱形瓶的贴标，多道控制系统，特制高速贴标装置，能使瓶子上所贴的不干胶标签平整服帖。放标长度智能控制，贴标过程稳定可靠。设备附有热码打印机打印批号装置（三行）。设备采用人机界面控制（触摸屏），控制系统采用可编程序控制器（PLC）控制。结构简洁合理，具有多道控制系统，能防止标签的浪费。并具有打印色带断带、漏打码、漏贴标的自动检测、自动报警及连续计数等功能。

6.8.7　可选配置设备（表 52-72）

表 52-72 配置设备表

	(1)自动空气洗瓶机 型号:PQ2000Ⅱ-C 瓶规格:20～300mL 技术参数如下 ①产量:20～70瓶/min(视瓶样而定) ②输入电源:AC220V、50Hz ③功率:0.2kW ④设备质量:180kg ⑤整机尺寸:1200mm×530mm×1400mm 特点:本机通过洁净空气对灌装前的瓶子进行清洗处理,当瓶子到达清洗工位时清洗头自动下降至瓶口,逐个用清洁的压缩空气吹入瓶内,利用瓶子中间一个负压吸嘴吸去杂质来进行清洗,以保证瓶内无杂质
	(2)多通道电子数粒机(12道、16道) 型号:PAY2000Ⅰ(PAY2000Ⅱ) 瓶规格:20～300mL 技术参数如下 ①产量:4000(5000)粒/min ②输入电源:AC380V、50Hz ③适用范围:片剂、硬胶囊、软胶囊 ④药剂质量:80～2000mg/片(粒) ⑤功率:0.9kW ⑥整机尺寸:1700mm×1700mm×1900mm 特点:参见PAY2000Ⅲ
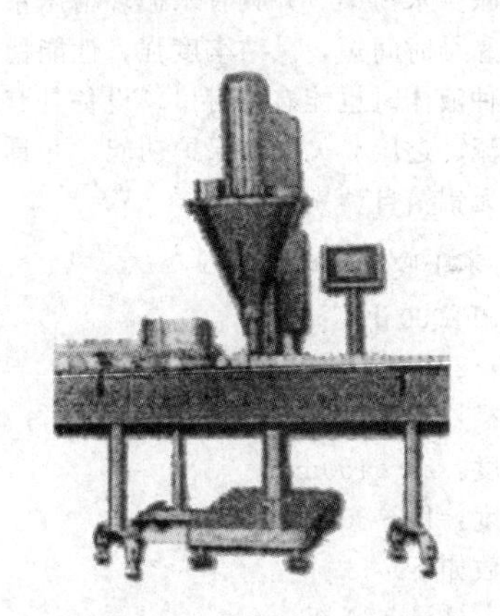	(3)自动粉粒灌装机 型号:PAF2000Ⅰ-C 瓶规格:20～600mL 技术参数如下 ①产量:15～60瓶/min(视装量及瓶口而定) ②输入电源:AC220V、50Hz ③功率:1.5kW ④计量方式:称量反馈跟踪螺旋充填式 ⑤包装质量:≤500g(交换螺旋附件) ⑥称量范围:1～6000g(分辨率1g) ⑦包装精度 a. 10g<包装质量≤30g,±0.6g b. 30g<包装质量≤100g,±1g c. 100g<包装质量≤500g,±1% ⑧设备质量:260kg ⑨整机尺寸:800mm×680mm×1880mm 特点:本机能自动完成计量、充填等工作,适用于包装易流动或者流动性极差的粒粉状物料,通过更换螺旋附件,能够适应超细粉到大颗粒等多种物料,如粉剂药物、奶粉、味精、固体饮料、白糖、葡萄糖、咖啡、饲料、粉粒状添加剂、染料等,设备采用不锈钢制造,结构合理,清洗容易
	(4)自动检重秤(静态) 型号:DFJ-2000Ⅰ-C 技术参数如下 ①产量:50～120件/min ②精度:±0.05g ③包装质量:500g ④包装物的要求:瓶子的误差要小于半粒药的质量;装量的误差要小于半粒药的质量 ⑤功率:0.2kW ⑥输入电源:AC220V、50Hz ⑦整机尺寸:1700mm×800mm×1220mm 特点:自动检重秤(静态)是一种高精度的在线质量检测设备,采用称重检测法对包装产品进行检测,合格的产品自动通过输送带,不合格的予以剔除;分选范围及有关参数可以设定,用户只需简单地设置上、下限即可由检重秤自动完成操作;特点是成本低,判断精确,通用性强,特别适用于制药包装设备的在线检测,是用户提高产品包装质量和保证计量精度的必备产品

续表

	(5)自动塞纸机 型号:PB2000Ⅱ-C 瓶规格:20～300mL 纸张宽度:60mm、80mm(卷筒纸筒内径 ϕ76mm) 技术参数如下 ①产量:20～70 瓶/min ②输入电源:AC220V、50Hz ③功率:1kW ④设备质量:234kg ⑤整机尺寸:1260mm×800mm×1750mm 特点:本机采用新颖的高精度电子定位系统,定位精确,柔性启动,速度快,噪声小,产量高;应用电子脉冲设定纸张长度,自动剪切,倒塞进瓶,防止纸张边角露出瓶口,影响下道工序的旋盖及封口;控制系统采用可编程控制器(PLC)控制,变频调速,运行可靠,具有断纸报警、缺瓶、堵瓶、缺纸自动停止等功能
	(6)药棉自动塞入机 型号:PM2000Ⅰ-C 瓶规格:20～300mL 技术参数如下 ①产量:20～60 瓶/min ②输入电源:AC220V、50Hz ③功率:1kW ④设备质量:235kg ⑤整机尺寸:1200mm×730mm×1750mm 特点:本机能准确快速地将条状药棉进行自动切割、自动塞入容器,替代了以往的手工操作,本机采用可编程控制器(PLC)控制及新颖的高精度电子定位系统,主机变频调速,柔性启动,运行稳定可靠,具有缺瓶、堵瓶、缺药棉自动停止运行等多种保护功能
	(7)自动压盖机 型号:PCY2000Ⅰ-C 瓶规格:20～300mL 技术参数如下 ①产量:20～80 瓶/min ② 输入电源:AC220V、50Hz ③ 功率:0.8kW ④ 设备质量:280kg ⑤ 整机尺寸:1800mm×700mm×1750mm 特点:该设备的控制系统采用可编程控制器(PLC)控制,可变频调速;设备通过理盖、上盖、送瓶、压盖机构自动完成理盖、上盖、压盖全过程,能适应各种规格、尺寸的瓶盖压盖;设备操作系统采用触摸屏人机界面对话控制,操作简单,维护方便

6.9　其他包装机

6.9.1　DXDK40Ⅱ自动颗粒包装机

(1) 特点

① 采用微计算机控制，功能参数可通过触摸屏设定；显示屏实时显示整机速度、工作模式、产量、生产总量。

② 通过光电传感器跟踪包装材料光标，可精确定位有独立图案要求的包装成品袋，也可实现连续图案确定袋长的自动包装。

③ 切刀离合器具有自锁功能，确保离合可靠；整机结构合理，操作简便，性能稳定可靠。

④ 为满足制药行业 GMP 标准要求，与物料接触的零件及机体外饰表面均由不锈钢制作；整机速度可无级调节，速度平稳、噪声低。

⑤ 充填机构采用具有导向定位柱的可调料盘计量方式，通过调整量杯高度使容量变化满足不同计量要求。此机型为下料盘调节方式，可在机器正常工作中调节，从而更便捷省时。

(2) 主要技术参数（表 52-73）

表 52-73 DXDK40Ⅱ自动颗粒包装机主要技术参数

项 目	参 数
制袋尺寸/mm	长 55～110,宽 30～80
包装速度/(袋/min)	50～100
计量范围/mL	2～40
计量准确度/%	±2～±7
电源	220V,50Hz,1.5kW
制袋形式	
整机质量/kg	350
外形尺寸(长×宽×高)/mm	750×630×1650

(3) 外形图（图 52-50）

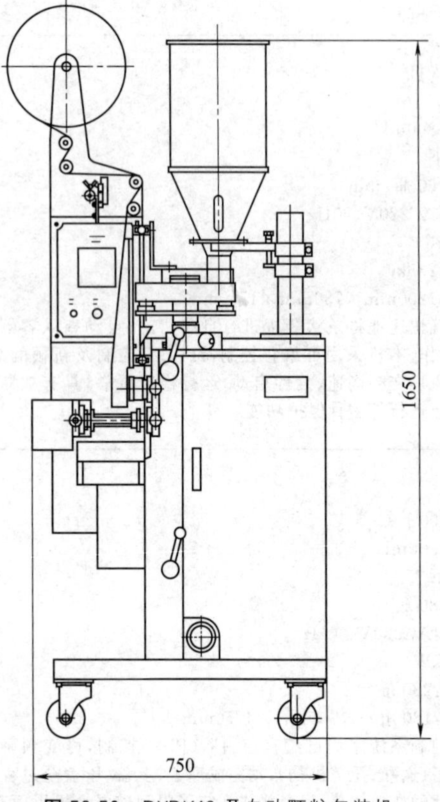

图 52-50 DXDK40 Ⅱ自动颗粒包装机

6.9.2 DXDK40Ⅵ自动包装机

(1) 特点

① 采用进口 PLC 控制，伺服电动机驱动，中文人机界面，液晶触摸屏参数设定输入。

② 控制系统利用 PLC 的自检信号实现对物料、包材、温度、速度等信息的实时监控、报警，及时提醒操作者排除故障，减少浪费。

③ 横纵封一体夹板式封合结构，封合时间长，封合压力均匀，降低了对包装材料材质及厚度的要求。对于较厚的包材，同样能够保证封口的封合牢度、良好的气密性及平整度。

④ 针对颗粒状物料，采用平移式填充计量机构，在高速填充、计量过程中不会将物料甩到接料斗以外，避免了物料四处飞溅，符合 GMP 要求。

⑤ 计量斗可根据物料密度的变化在运转状态下调整，计量斗设有安装定位装置，在清洗时便于快速拆装复位。

⑥ 此机型可适用多种机型改进，配置液体、酱类、粉剂充填计量机构，可完成液体、酱类、粉剂物料的包装。

⑦ 切断痕迹包括锯齿、直线、点线三种形式。

⑧ 选择双刀可实现包装袋预置分组计数切断和单袋分切的不同要求。切断位置通过屏幕按键随机调整。

(2) 主要技术参数（表 52-74）

表 52-74 DXDK40Ⅵ自动包装机主要技术参数

项 目	参 数
制袋尺寸/mm	长 55～120,宽 30～100
包装速度/(袋/min)	最高可达 100
计量范围/mL	2～40
计量精度/%	±2～±7
电源	220V,50Hz,3.2kW
制袋形式	
整机质量/kg	600
外形尺寸(长×宽×高)/mm	1200×800×1950
噪声/dB(A)	78

(3) 外形图（图 52-51）

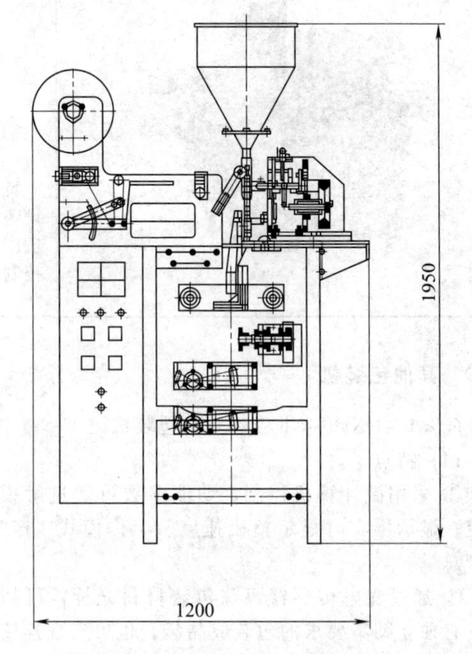

图 52-51 DXDK40 Ⅵ自动包装机

6.9.3　DXDB40S 水平式包装机

(1) 特点

① 整机由 PLC 程序控制，人机界面中文显示，功能参数由触摸屏按键设置。操作简单，控制可靠。

② 整机速度变频无级调速，操作简便。

③ 封合温度采用温度模块控制。

④ 制袋过程，包装材料恒张力控制、机械手牵引、合掌式热压封合、光电色标跟踪，独立图案定位、剪切式切断。各序动作协调平稳、可靠。

⑤ 热封器封口纹路有条纹和棋格网纹两种形式，成品袋封口封合牢固，平整，外形美观。

⑥ 伺服电动机直接驱动下料螺杆，根据包装量的不同，设置伺服电动机的旋转圈数和转速，保证计量精度要求。

⑦ 水平式制袋，使下料斗直接插入已制好的袋中，降低了粉状物料落差高度，减少了粉尘。辅助的吸尘装置，保证了封口封合牢固。

(2) 主要技术参数（表 52-75）

表 52-75　DXDB40S 水平式包装机主要技术参数

项　目	参　数
制袋尺寸/mm	长 50～130，宽 50～110
最大填充量/mL	20
包装速度/(袋/min)	40～80
计量范围/mL	5～20
制袋形式	
装机容量/kW	2
电源电压/V	AC380
整机质量/kg	500
外形尺寸(长×宽×高)/mm	2100×850×2400

(3) 外形图（图 52-52）

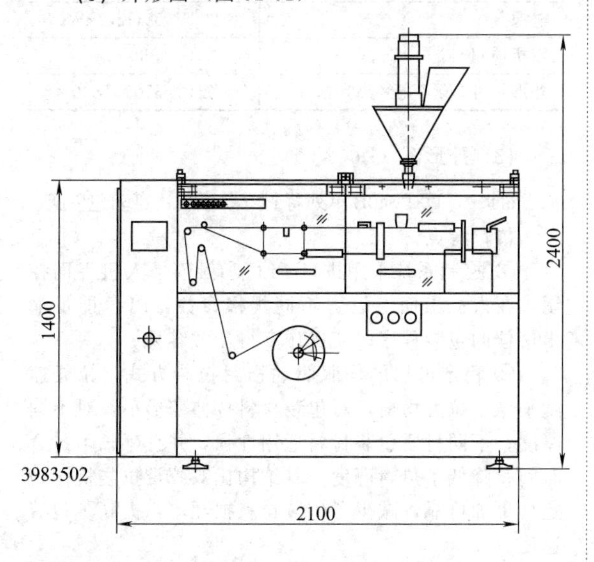

图 52-52　DXDB40S 水平式包装机

6.9.4　DXDK40P 自动片剂包装机

(1) 特点

① 采用微计算机控制，功能参数可通过触摸屏设定。

② 显示屏实时显示整机速度、工作模式、产量、生产总量。

③ 通过光电传感器跟踪包装材料光标，可精确定位有独立图案要求的包装成品袋，也可实现连续图案确定袋长的自动包装。

④ 切刀离合器具有自锁功能，确保离合可靠。

⑤ 整机结构合理，操作简便，性能稳定可靠。

⑥ 为满足制药行业 GMP 标准要求，与物料接触的零件及机体外饰表面均由不锈钢制作。

⑦ 整机速度可无级调节，速度平稳、噪声低。

⑧ 充填机构采用片盘记数，为提高片剂计数的准确性，片盘机构设置了震荡装置，片盘还可根据片剂形状调节其倾斜角度以增加片盘数片的准确性。

(2) 主要技术参数（表 52-76）

表 52-76　DXDK40P 自动片剂包装机主要技术参数

项　目	参　数
制袋尺寸/mm	长 55～110，宽 30～80
包装速度/(袋/min)	25～50
计量范围/mL	2～40(视包装袋实际装量)
计量准确度/%	±2
电源	220V，50Hz，1.9kW
制袋形式	
整机质量/kg	350
外形尺寸(长×宽×高)/mm	780×640×1830

(3) 外形图（图 52-53）

6.9.5　DXDF40 自动粉剂包装机

(1) 特点

① 采用微计算机控制，功能参数可通过触摸屏设定。

② 显示屏实时显示整机速度、工作模式、产量、生产总量。

③ 通过光电传感器跟踪包装材料光标，可精确定位有独立图案要求的包装成品袋，也可实现连续图案确定袋长的自动包装。

④ 切刀离合器具有自锁功能，确保离合可靠。

⑤ 整机结构合理，操作简便，性能稳定可靠。

⑥ 为满足制药行业 GMP 标准要求，与物料接触的零件及机体外饰表面均由不锈钢制作。

⑦ 整机速度可无级调节，速度平稳、噪声低。

⑧ 充填机构采用螺旋推进计量方式，步进电动机直接驱动螺杆，调节步进电动机的旋转速率和旋转圈数，即可调节计量大小。料斗中设置了搅拌装置，

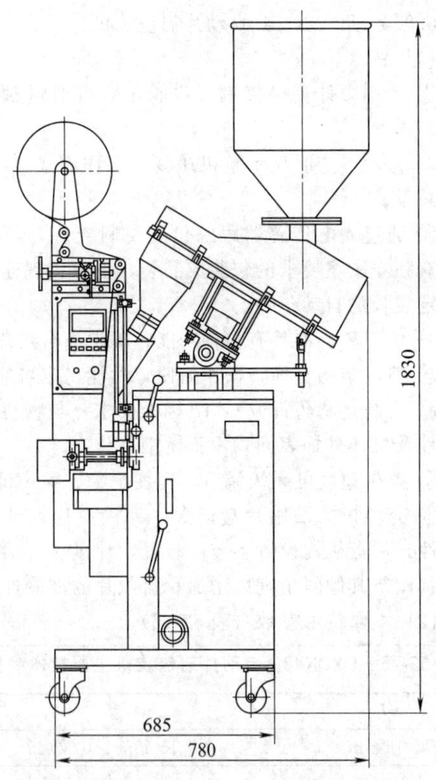

图 52-53 DXDK40P 自动片剂包装机

以满足粉状物料充填过程中密度的一致性要求。

(2) 主要技术参数（表 52-77）

表 52-77 DXDF40 自动粉剂包装机主要技术参数

项　目	参　数
制袋尺寸/mm	长 55～110,宽 30～80
包装速度/(袋/min)	35～60
计量范围/mL	5～40
计量准确度/%	±2～±7
电源	220V,50Hz,1.9kW
制袋形式	[图示] [图示]
整机质量/kg	350
外形尺寸(长×宽×高)/mm	700×640×1750

(3) 外形图（图 52-54）

6.9.6 DXDK300 自动枕型包装机

(1) 特点

① 采用目前比较先进微计算机芯片，中英文双译液晶显示，智能化故障诊断菜单操作界面。

② 配合光电跟踪定位，动作准确，自动完成制袋、计量、充填、封合、切断等工序。操作简单，是最新一代理想的包装机械。

③ 此机型可适用多种机型改进，配置液体、酱类、粉剂充填计量机构，可完成液体、酱类、粉剂单

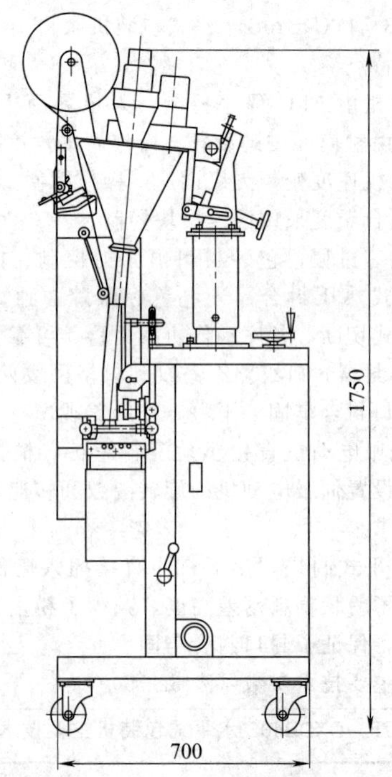

图 52-54 DXDF40 自动粉剂包装机

列背封条状包装。

(2) 主要技术参数（表 52-78）

表 52-78 DXDK300 自动枕型包装机主要技术参数

项　目	参　数
制袋尺寸/mm	长 50～180,宽 40～130
包装速度/(袋/min)	30～60
计量范围/mL	5～200
计量准确度/%	±3～±7
制袋形式	[图示] [图示] [图示]
电源	220V,50Hz,2kW
整机质量/kg	300
外形尺寸(长×宽×高)/mm	750×850×1800

(3) 外形图（图 52-55）

6.9.7 DXD340B 单列背封（条形袋）自动包装机

(1) 特点

① 控制系统采用进口 PLC 和触摸屏人机界面控制，在人机界面上设置不同规格参数，PLC 即可输出最佳的包装程序，使操作变得非常容易。

② 稳定可靠的伺服驱动横封拉袋方式，拉袋速度平稳，拉力均衡，对包装材料拉伸变形小，对不同厚度，不同材质包装材料适用性强，并且延长了封合时间，降低了热封温度。其结构比双胶带拉袋机构稳定性更加可靠，减少了包装材料损耗率，提高了包装速度。

③ 横封封合采用伺服电动机驱动，在工作区间

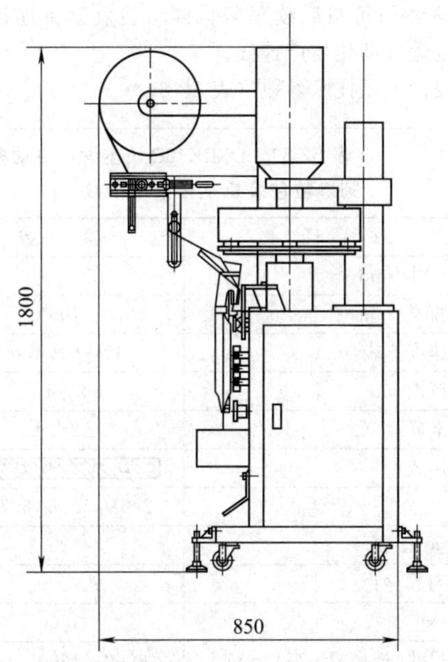

图 52-55　DXDK300 自动枕型包装机

和位移区间采用不同的转速，达到理想的速度匹配，即移动速度快，封合压力大，噪声低，包装袋封合牢固，包装袋封口平整，外形美观。

④ 螺杆下料推进系统采用伺服电动机及 PLC 系统控制，驱动扭矩大，速度快，通过程序可控制伺服电动机旋转速度和角度，实现对计量的调整。计量准确，噪声小，调整方便。

⑤ 此机型可适用多种机型改进，配置液体、酱类、颗粒充填计量机构，可完成液体、酱类、颗粒单列背封条状包装。

⑥ 根据客户要求，可配置双打口、切圆角装置。

(2) 主要技术参数（表 52-79）

表 52-79　DXD340B 单列背封（条形袋）自动包装机主要技术参数

项　　目	参　　数
包装材料最大宽度/mm	220
包装袋最大长度/mm	150
包装袋容量/mL	5～100
包装速度/(袋/min)	20～70
电源规格	220V,50Hz
总用电功率/kW	3.2
压缩空气压强/MPa	0.6
压缩空气耗量(标准状态)/(m^3/h)	2
噪声/dB(A)	78
外形尺寸(长×宽×高)/mm	1000×1230×2020
质量/kg	600

(3) 外形图（图 52-56）

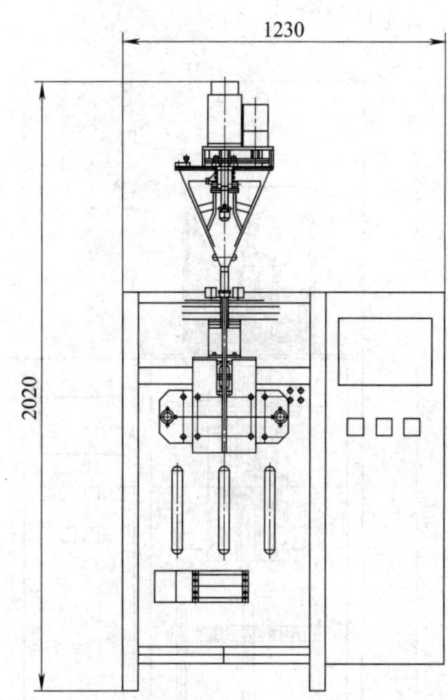

图 52-56　DXD340B 单列背封（条形袋）自动包装机

6.9.8　DXDK10DC 多列背封颗粒自动包装机

(1) 特点

① 可根据客户需求定制 4～6 列条形包装机。袋长可在标准范围内任意设定，无需更换任何零件。

② 稳定可靠的横封器拉袋方式可提高包装速度并保证准确的制袋长度。

③ 采用 PLC 控制及触摸屏人机界面，具有高可靠性、高稳定性。

④ 以方便客户为宗旨的程序控制设计，只需设定包装规格，PLC 即可输出最佳的包装程序，使该机的操作变得非常容易。

⑤ 横封、纵封、切刀及计量充填等工序间配合精确可靠，减少机械磨损并延长整机使用寿命。

⑥ 平移式计量充填机构使物料填充过程无重复刮料现象，避免了物料颗粒的破损。

⑦ 配置液体、酱类充填计量机构，可完成液体、酱类多列背封条状包装。

⑧ 根据用户要求，可配置双打口、切圆角装置。

(2) 主要技术参数（表 52-80）

表 52-80　DXDK10DC 多列背封颗粒自动包装机主要技术参数

项　　目	参　　数
包装材料最大宽度/mm	360
包装袋最大长度/mm	150
切割数/列	4～6
横切频率/(次/min)	20～50(依据物料、包材确定)
电源规格	220V,50Hz
电总用电功率/kW	3.2
压缩空气压强/MPa	0.6
压缩空气耗量(标准状态)/(m^3/h)	3
噪声/dB(A)	78
外形尺寸(长×宽×高)/mm	1200×1500×2400
质量/kg	600

(3) 外形图（图 52-57）

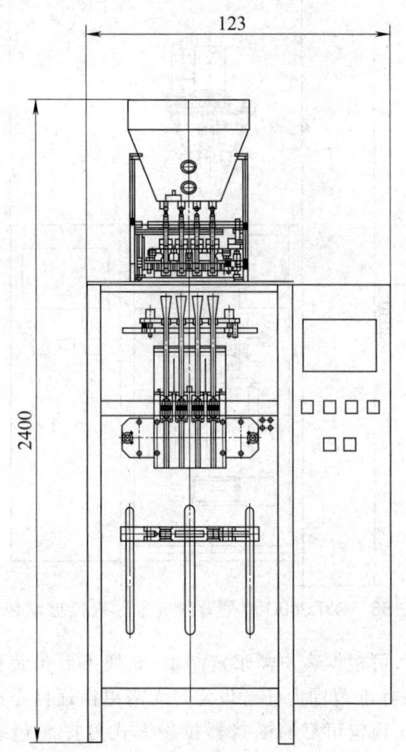

图 52-57　DXDK10DC 多列背封颗粒自动包装机

6.9.9　DXDK10D（连续）自动多列颗粒包装机

(1) 特点

① 整机采用进口 PLC 程序控制，功能参数通过人机界面触摸屏设定，主要电器元件选用国内外品牌，控制稳定、可靠，操作简便。整机变频调速。

② 横、纵封传动分别由两套伺服电动机驱动，利用伺服先进控制技术实现了横、纵封传动不同的转速特性要求，结构简单。

③ 纵封传动具有封合、包装膜牵引、光标位置偏移修正补偿三种功能。

④ 下料采用摇摆式计量充填机构，其过程无甩料、研碎物料颗粒的现象，包装过程物料损耗少。计量斗可根据物料密度变化进行容量调整，满足计量要求。

⑤ 储料斗可连接真空上料机，实现自动上料功能。

⑥ 计量充填机构整体拆卸，安装方便，便于清洗消毒。

⑦ 纵向切刀可完成点线分切或切断分切。

⑧ 配置两套横向切断机构，可满足预置分组分切和单袋分切的不同要求。切断位置通过屏幕按键随机调整。

⑨ 包装材料最大幅宽 1000mm，可根据制袋宽度尺寸实现 4～8 列包装。

⑩ 本机可与后续理袋、自动装盒设备连接实现包装装盒自动化生产连线。

(2) 主要技术参数（表 52-81）

表 52-81　DXDK10D（连续）自动多列颗粒包装机主要技术参数

项　　目	参　　数
制袋尺寸/mm	50～70
最大膜宽/mm	1000
包装速度/(袋/min)	40～60(单列)
计量范围/mL	2～10
计量准确度/%	±2～±7
制袋形式	
电源	220V,50Hz,5.7kW
耗气量	20
最大列数/列	8
质量/kg	1200
外形尺寸(长×宽×高)/mm	2000×1600×1950

(3) 外形图（图 52-58）

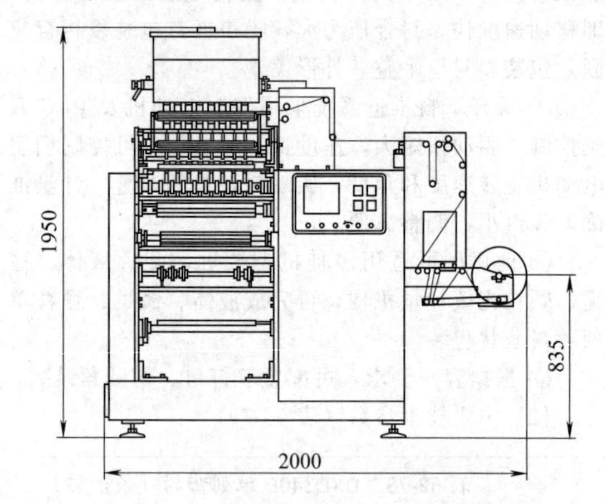

图 52-58　DXDK10D（连续）自动多列颗粒包装机

6.9.10　全自动透明膜三维包装机

(1) 用途

TMP-130A（B）系列全自动透明膜三维包装机主要适用于医药、食品、日化、化妆品、音像制品、橡胶、IT 等行业方形盒装物品的外表装潢包装，如药盒、口香糖、保健品、茶叶、方糖、安全套、橡皮、蚊香、香烟、磁带、VCD（CD）光盘、扑克牌、透明皂、方形电池、软管等，起到了防伪、防潮的作用，并提高了产品档次，增加了产品附加值，本机可与装盒机、喷码机等机械联动生产。

(2) 特点

① 结构紧凑合理，性能稳定先进，操作维护简便。

② 采用多功能数显变频器，无级变速。

③ 具有热封温度数字显示，一目了然。

④ 具有自动供料，自动计数等功能。

⑤ 传动部分设有各类保护装置及故障提示。

⑥ 设有试机送膜离合器，不浪费包装材料。

(3) 主要技术参数（表 52-82）

表 52-82 全自动透明膜三维包装机主要技术参数

项目	参数
包装材料	OPP,BOPP,PVC
生产能力/(包/min)	30～150
包装尺寸(长×宽×高)/mm	(60～130)×(40～100)×(10～40)
电源	AC220V 50Hz,3kW
整机质量/kg	750
外形尺寸(长×宽×高)/mm	2400×700×1500

6.9.11 GSXT 系列粉体颗粒给料系统

(1) 用途

GSXT 系列粉体给料设备以其效率高、占地少、成本低、污染小、易于连线和自控的特点，可实现从原料到成品的每个工艺设备之间的密封连接和输送。

(2) 原理

射流真空发生器在压缩空气的作用下产生真空，底阀关闭，在容器和输送管道中形成真空，物料从进料站被吸入到输送管道，并且进入到容器中，过滤器用于气固分离以防止粉尘和细小颗粒被吸入到真空发生器和内部环境中，当物料装满容器后，真空发生器停止工作，底阀打开，物料从容器中排出。同时反吹装置启动，清洁过滤器，发生器再次启动时，系统进入下一个工作循环，吸料和放料的时间可以通过气动控制或电动控制。

(3) 特点

全面提高药品质量，解决物料输送粉末分层难题，可以达到零污染；生产过程完全符合 GMP 规范的要求，防止粉尘飞扬，避免药物对操作人员的身体伤害。物料传输过程密闭，防止物料被二次污染。物料输送过程自动化，减小劳动强度。提高物料收率，减少损耗。低能耗、效率高、运行成本低。

(4) 主要技术参数（表 52-83）

表 52-83 GSXT 系列粉体颗粒给料系统主要技术参数

形式	型号	输送能力/(kg/h)	压缩空气参数		噪声/dB	质量/kg	尺寸/mm	配套机型
			压力/MPa	消耗量/(L/min)				
间歇式	GSXT-50	30～100	0.4～0.6	约 160	60～65	16	ϕ180×580	压片机
	GSXT-100	80～180		约 320		18	ϕ180×680	胶囊充填机
	GSXT-150	100～260		约 480		18	ϕ180×780	粉碎机
	GSXT-200	150～400		约 620		20	ϕ180×780	振动筛
	GSXT-250	200～500		约 820		26	ϕ250×780	湿法制粒机
	GSXT-300	250～1000		约 920		30	ϕ250×780	整粒机
	GSXT-350	300～1800		约 1200		32	ϕ250×780	反应釜
	GSXT-400	400～2600		约 1400		36	ϕ250×810	包装生产线
连续式	L SXT-200	60～550		约 650		26	480×350×680	二维混合
	L SXT-300	180～1000		约 980		32	480×380×700	三维混合
	L SXT-400	240～1500		约 1400		42	500×380×720	V 型混合
								锥型混合
							0	密闭容器

7 软胶囊生产设备

软胶囊是一种将油类或对明胶等囊材无溶解作用的液体药物或混悬液封闭于软胶囊中而制成的一种圆形或椭圆形制剂，一般呈透明或半透明状。考虑其成本，一般采用食用油作为溶剂的比较多。由于要求其中的有效成分含量较高，故对药材提取物的精制要求也较高，除了要得到较高的有效成分外，为了产品的美观，其色泽最好是无色或接近无色。按制备方式分，有压制法和滴制法。压制法获得的软胶囊中间有压缝，可通过改变模具孔的形状压制成外形各异的软胶囊。而滴制法制成的胶囊一般呈圆形，无缝，囊壁经处理后，也可制得肠溶软胶囊。

软胶囊生产常用的设备包括化胶罐、胶囊制备机、预干燥机、胶囊清洗机、干燥机、供料机、检丸机等设备。

7.1 水浴式化胶罐

该设备采用水平传动、摆线针轮减速器减速、圆锥齿轮变向，结构紧凑，传动平稳；搅拌器采用套轴双桨，由正转的两层平桨和反转的三层锚式桨组成，搅动平稳，均质效果好。罐体与胶液接触部分由不锈钢制成。罐外设有加温水套，用循环热水对罐内明胶进行加温，温升平稳。罐上还设有安全阀、温度计和压力表等。该产品除用于医药行业熔化药用明胶外，还可用于食品、日用化学品等行业作为真空搅拌均质设备。该产品是按Ⅰ类压力容器设计、制造的，使用安全可靠。其技术参数见表52-84。

表52-84 水浴式化胶罐主要技术参数

项目	型号	
	HJG-700	TME-1
几何容积/L	950	400
水套容积/L	100	90
一次化胶量/L	200～700	100～300
排胶压力/MPa	＜0.1	＜0.1
罐内真空度/kPa	3.3	3.3
搅拌速度/(r/min)	19	21
使用温度/℃	约100	约100
电机功率/kW	7.5	5.5
质量/kg	约1500	约840
外形尺寸(长×宽×高)/mm	1954×1500×1877	1790×1000×1710

7.2 RJNJ-2型软胶囊机

该机由主机、输送机、干燥机、电控柜、明胶桶、料桶等组成，该机采用变频调速技术，可使主机的滚模在0～5r/min范围内无级变速；同时采用温控装置，使喷体、明胶盒及明胶桶按需要温度任意调节。该机装量准确，全自动化，生产率高，适用于药品、化妆品、食品等生产行业。整机的技术参数如下。

电源　380V/220V　50Hz

总功率　7kW

冷风温度　8～12℃

冷风风量　≥500m^3/h

(1) 主机

主机用于胶囊的成型。主机将油类或其他与明胶无溶解作用的液体、混悬液或糊状物定量喷注于两条连续生成的明胶膜之间，经两个圆筒状成型模具滚压、切断而形成规定形状和大小的密封软胶囊。

① 技术参数

滚模转数　0～5r/min，无级调速

滚模尺寸　(ϕ103×152) mm

装量差异　±2%

供料泵单柱塞

供料量　0～2mL (常规)

　　　　0～3 (订制)

主电机　380V，1.5kW

电加热管　220V，200W×6

电加热套　220V，45W×2

外形尺寸(长×宽×高)　(880×640×1900)mm

设备质量　约900kg

② 对电源的要求　保证不间断供电。

允许电压波动　±10% (342～418V)

允许频率波动　±5%

(2) 输送机

输送机用于将主机生产的合格软胶囊送入干燥机中，反转可将不合格的胶囊送入废丸桶中。标准配置中合格软胶囊向使用者左手方向输送，可根据用户需要订制向右方向输送机。

(3) 干燥机

干燥机用于胶囊的定型和初步干燥。它包括四节转笼和两台对置的风机。每节转笼均可单独正反旋转。逆时针旋转时胶囊停留在本节转笼中定型干燥。顺时针旋转时胶囊依次进入下一节转笼直至排出。

技术参数如下。

转笼节数　4

转笼转速　8.35r/min

转笼尺寸　ϕ423mm×620mm

电动机　380V，0.4kW×4

风机风量　2000m^3/h×2

风机功率　380V　0.25kW×2

风机转速　1200r/min

外形尺寸(长×宽×高)　(3546×600×1140)mm

设备质量　约1000kg

(4) 电控柜

电控柜用于控制整个软胶囊机协调工作，并显示工作过程中滚模转速及各有关部件的温度。有碳钢表面和不锈钢表面两种形式供用户选择。

(5) 明胶桶

明胶桶储存形成胶膜所需的明胶胶液并保温。新型气压供胶桶采用清洁压缩空气供胶，使用时无需吊起，胶桶有效容积105L。

(6) 自动供料系统

自动供料系统采用蠕动泵向料斗供料，料液输送过程完全密封，管路易于清洗。

功率　80W

蠕动泵供液量　约1.5L/min

(7) 整机外形 (图52-59)

7.3 YGJ-Ⅰ型软胶囊预干机

该机属于远红外沸腾干燥设备 (图52-60)，可将

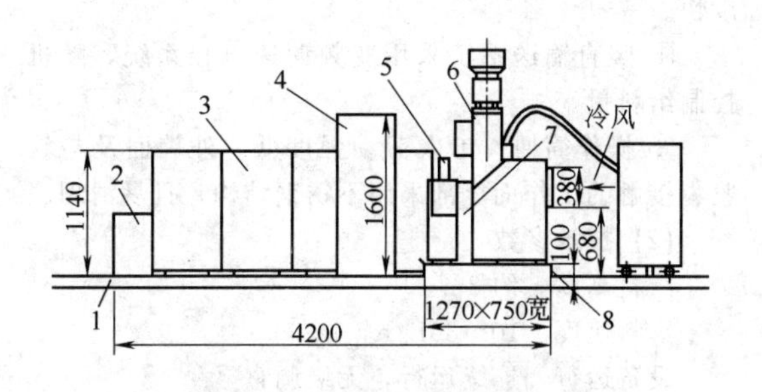

图 52-59　软胶囊机整机外形

1,8—油盘；2—风机；3—干燥机；4—电控柜；5—输送机；6—主机；7—剩胶桶

软胶囊（或胶丸）水分经过一段时间预干后下降至25%左右，使软胶囊进入履带最终干燥机之前不再粘连。其占地面积小，干燥均匀，预干速度高，缓解软胶囊在干燥过程中被挤压及破损，是软胶囊最佳的预干设备。

(1) 特点

本机采用流化床干燥技术，干燥均匀、干燥速度快；采用振动给料方式，使软胶囊在设备中不粘连且进料方便；采用红外加温装置，风温可以根据软胶囊成型情况自动调节；操作简便，可减轻工人劳动强度；采用五节式滚筒方式，干燥量大；占地面积小，安装方便，易于清洗。

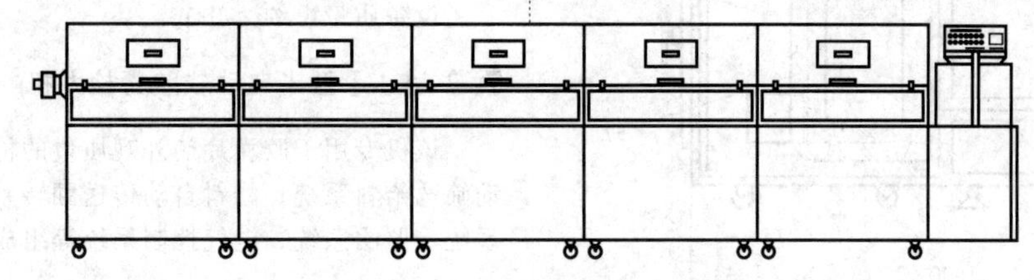

图 52-60　YGJ-Ⅰ软胶囊预干机设备外形

(2) 技术参数

干燥能力　8 号软胶囊 25000 粒/h（软胶囊胶皮含水量降至 25%左右）

设备操作　连续运行

滚筒节数　5 节

滚筒尺寸（直径×长度）　ϕ523mm×620mm

风机风量　3300～5000m^3/h×5

整机功率　10kW

外形尺寸(长×宽×高)　(3810×1285×1123)mm

设备质量　约 1200kg

7.4 XWJ-Ⅱ型软胶囊清洗机

该机为软胶囊全自动清洗设备。整机由给料系统、超声波清洗系统、初次酒精浸洗系统、二次酒精喷洗系统、电器控制系统组成（图 52-61）。

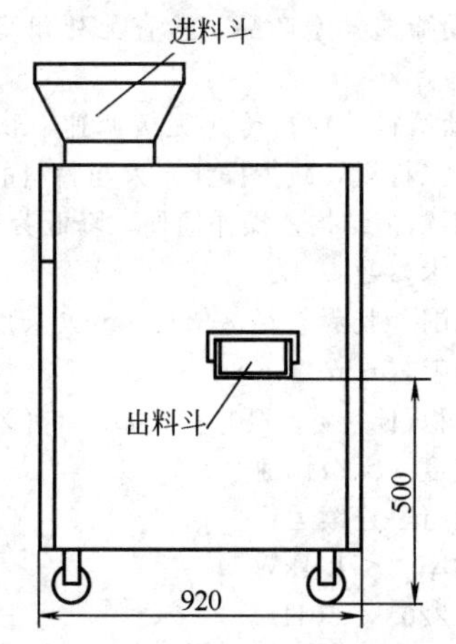

图 52-61　XWJ-Ⅱ型软胶囊清洗机

(1) 特点

本机采用先进的超声波清洗技术，清洗干净，清洗速度快；从进料到出料全自动进行，胶丸清洗过程中，不挤压，丸形质量好；采用超声波清洗技术和浸洗、喷洗几种方式相结合，使软胶丸清洗更干净；操作简便；采用全防爆设计，安全可靠；占地面积小，安装方便；外表面及与软胶囊接触的工作面全部采用不锈钢结构，清洗中工人手不接触胶丸，结构紧凑合理，外形美观大方。

(2) 技术参数

清洗能力　8# 软胶囊（500mg/粒）3.6 万粒/h

设备运行　连续运行

整机功率　2.2kW

电源　三相五线制　380V/50Hz

外形尺寸（长×宽×高）　(1200×920×1300)mm

设备质量　约 200kg

7.5 LWJ-Ⅰ型履带式全自动干燥机

该机为软胶囊最终干燥设备。主要由转轮除湿系统、全自动输料系统和制冷系统和电控系统等组成（图 52-62）。

(1) 特点

① 采用除湿和制冷结合方式，除湿效率高（一个干燥周期仅需 4～12h），在低温低湿情况下仍能保持高效的除湿率。

② 输料系统和除湿系统自成封闭系统，干燥室内不再需大型除湿机及大型风机组，节省综合投资，也降低了对厂房的净化要求，同时改善了对工作环境

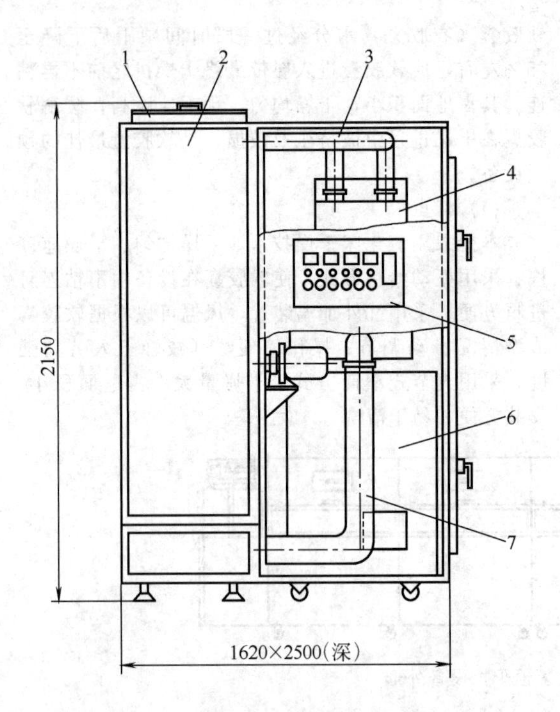

图 52-62　LWJ-Ⅰ型履带式全自动干燥机

1—进料口；2—输料系统；3—输料出风管；4—制冷系统；5—电气系统；6—除湿系统；7—输料进风管

的要求。

③ 操作简便，劳动强度低。

④ 该机输料系统平稳，干空气流动均匀，软胶囊干燥中不重叠、不挤压，克服了滚笼干燥方式中软胶囊间互相挤压、胶丸接缝易开裂的缺陷，实现了均匀、低温、无破损、无粘连、快速干燥。

⑤ 占地面积小、容量大，一套软胶囊生产线仅需一台干燥机。

⑥ 外表及与胶囊接触部分采用全不锈钢结构。

(2) 技术参数

干燥能力　对预干后的胶囊（8# 软胶囊）25000粒/h

干燥周期　对预干后的胶囊 6～10h

设备运行　无级调速

除湿能力　6kg/h

电源　三相五线制　380V/50Hz

整机功率　12kW

外形尺寸(长×宽×高)　(2400×1770×2150)mm

设备质量　2000kg

7.6 SLJ-Ⅱ型地面供料机

该机为全自动供料设备，主要由振动给料系统、竖直输送系统和无级调速电控系统等组成。

(1) 特点

进料到出料均为全自动进行；竖直给料，设备占地面积小；进料采用振动给料方式，给料均匀、速度快。

① 竖直输送系统采用变频调速电控系统，随机控制给料量。

② 操作简便，工人劳动强度低。外表面及与软胶囊接触的工作面全部采用不锈钢结构，且易清理。

(2) 技术参数

给料高度　约 2m

给料速度　10～30L/h

设备运行　连续运行，无级调整

整机功率　≤0.3kW

电源　380V

占地面积(长×宽×高)　(850×350×2600)mm

设备质量　约 200kg

7.7 FJ-Ⅰ型半自动软胶囊检丸机

该机专用于胶囊片剂外观质量的检视，主要由振动筛选给料系统、物料自动传送翻转系统、真空吸料系统、照明系统、电气控制系统等组成（图52-63）。

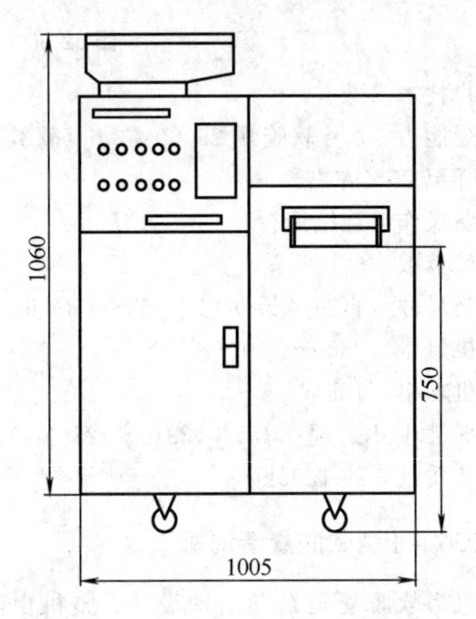

图 52-63　FJ-Ⅰ型半自动软胶囊检丸机

(1) 特点

① 自动筛选异型产品，检查无死角盲区，工作效率高。

② 振动给料，物料传送无级调速，物料自动翻转，便于人工检视，减少操作工人与物料的接触。

③ 全不锈钢结构，操作简便，降低劳动强度。

(2) 技术参数

适用范围　胶囊直径 ϕ4～20mm，长度<30mm，片剂直径小于 25mm

占地面积(长×宽×高)　(1500×1050×1400)mm

给料速度　无级调速

设备运行　连续运行

整机功率　<1.4kW

电源　220V，50Hz

设备质量　<200kg

7.8　全自动无缝软胶丸机

DWJ-Ⅰ型全自动无缝软胶丸机由供料、供胶、脉冲切割、石蜡油循环、制冷、电控等系统组成。该机消除了传统的三杆泵式滴丸设备的装量精度低、稳定性差等缺点，采用了先进的脉冲切割技术，当高精度泵供给的料液与带自控的明胶液在滴头处形成同心组合流柱时，以脉动液体刀均匀将其切割，在液体表面张力下自然形成球状软胶丸，胶丸经冷却、凝固、分离并被自动排出机外。该机装量准确，生产率高，自动化程度高，广泛适用于药品、食品、化妆品等行业的无缝软胶丸的生产。填充料包括植物油、挥发油、鱼肝油、杀虫剂、营养剂、硝化甘油、戒烟药、多种维生素（维生素 A、D、E、F、K…）等。

主机参数如下。

胶丸装量　20～500mg

生产能力　7200～43200 丸/h

电源　三相四线制，380V/50Hz

平均/最大耗电量　1.5kW/5.0kW

外形尺寸　(1080×800×2040)mm

整机质量　450kg

环境条件如下。

室温　15～20℃

相对湿度　≤40%

电源　三相四线制，380V±5%（若用户所在地电源电压不稳，需加稳压器）

8　灭菌设备

8.1　大输液水浴灭菌器

该灭菌器是以高温循环水为灭菌介质的全自动新型灭菌器，其性能特点如下。

① 采用先进的微机组态进行全程自动控制方式，实现了对设备高性能、高智能化的监控，控制精确可靠、程序修改方便、动态显示工作流程、曲线报表存盘打印，可与网络连接，易实现远程监控。

② 主体采用矩形箱体并带有夹套加强结构。内壁选用 304 耐酸不锈钢板制造，经机械精抛与电化学表面处理，达到镜面光洁、提高耐蚀性，延长使用时间。双门结构，可保证灭菌区与已灭菌区的隔离。

③ 密封门由可编程控制器自动控制、无杆气缸驱动的气动平移门。密封圈采用耐温和弹性良好的硅橡胶制成，通过向密封圈内充入压缩空气，实现门和主体的密封。门具有多重安全联锁保护，确保人身和设备安全。

④ 采用优质气动阀门、耐高温循环泵及高效板式换热器。管路系统采用不锈钢卫生管道，确保无污染、无滞留。

⑤ 采用高温过热水均匀喷淋，使灭菌室内温度均衡，确保药品灭菌彻底，且可实现 100℃以下的低温均匀灭菌。水浴冷却物品均衡降温，灭菌过程严格控制压力及温度的波动，保证不爆瓶、不爆袋。冷却水不与药品直接接触，解决了药品二次污染的问题，灭菌过程中温度时间控制，F_0 值控制，温度时间和 F_0 值双重控制三种控制方式可供选择，且可控制升温和降温梯度，以保证不同的药品制剂的灭菌效果。

⑥ 灭菌车搁栅可按 500mL、250mL、100mL 三种规格的玻璃瓶调整，灭菌器外消毒车的搬运可采用电动搬运车或采用地轨系统，在灭菌器地面铺设轨道与转盘，可将消毒车输送到规定的区域。

设备的主要尺寸见图 52-64，技术参数见表 52-85。

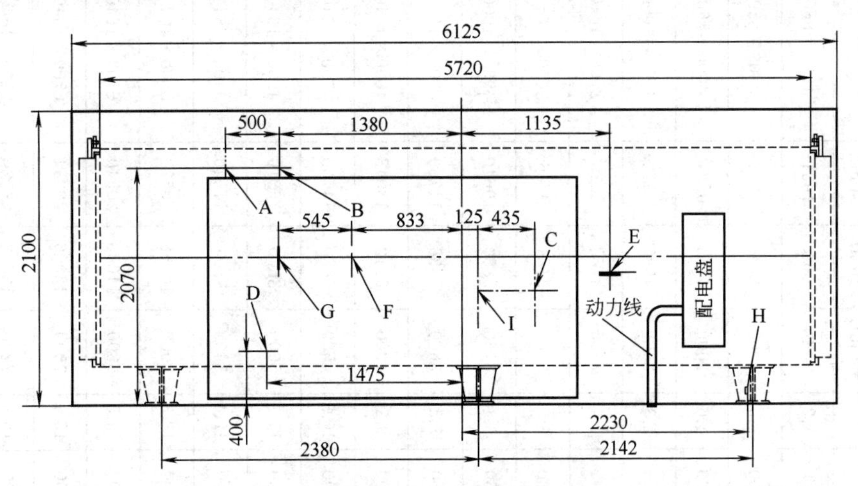

图 52-64　设备尺寸图

A—蒸汽进口；B—冷却水进口；C—冷却水排口；D—循环水排口；E—循环水进口；F—内室排气口；G—内室补气口；H—手动排水口；I—疏水排口

表 52-85 PSM系列大输液水浴灭菌器主要技术参数

型号	容积/m^3	装载量/瓶			灭菌室尺寸（长×宽×高）/mm	消毒车数量规格/辆	导轨方式	外形尺寸（长×宽×高）/mm	质量/t	电功率/kW	耗汽量/(kg/次)	耗水量/(m^3/次)	耗气量（标准状态）/(m^3/次)	纯化水量/(kg/次)
		500mL	250mL	100mL										
PSM500	1.2	500	864	1631	1100×860×1300	1B	单排	1600×3300×2100	1.8	3	80	2.5	3	120
PSM1000	2.3	1000	1728	3262	2100×860×1300	2B	单排	2600×3500×2100	2.4	5.5	130	4.5	5	240
PSM2000	4.6	2000	3465	6524	4000×860×1300	4B	单排	4500×3500×2100	4.2	7.5	230	9	9	350
PSM2520	5.3	2520	4680	8512	4000×1000×1300	4C	单排	4500×3860×2100	4.8	11	280	12.5	10	400
PSM2700	6.4	2700	4752	8820	2700×1640×1300	6A	双排	3200×4260×2100	5.8	11	320	14	11	450
PSM3000	6.9	3000	5184	9786	3000×1640×1400	6B	双排	3500×4260×2100	6.2	11	480	15	12	500
PSM3150	6.4	3150	5850	10640	4930×1000×1300	5C	单排	5200×3860×2100	7.0	11	500	16	12	500
PSM3600	8.5	3600	6336	11760	3700×1640×1400	8A	双排	4200×4260×2100	7.2	18	540	18	15	600
PSM4000	9.2	4000	6912	13048	4000×1640×1400	8B	双排	4500×4260×2100	7.6	18	580	20	16	650
PSM4500	10.3	4500	7920	14700	4500×1640×1400	10A	双排	5000×4260×2100	8.5	19	650	22	18	740
PSM5000	11.3	5000	8640	16310	4900×1640×1400	10B	双排	5400×4260×2100	9.2	22	720	25	19	800
PSM5400	12.4	5400	9504	17640	5400×1640×1400	12A	双排	5900×4260×2100	10	30	860	27	22	880
PSM6000	13.3	6000	10368	19572	5800×1640×1400	12B	双排	6300×4260×2100	10.8	30	930	30	23	950
PSM6300	14.5	6300	11088	20540	6300×1640×1400	14A	双排	6800×4260×2100	11.4	30	1080	32	25	1000
PSM7000	15.4	7000	12096	22834	6700×1640×1400	14B	双排	7200×4260×2100	12	38	1160	35	26	1100
PSM7200	16.3	7200	12672	23520	7100×1640×1400	16A	双排	7600×4260×2100	12.8	38	1240	36	28	1150
PSM8000	17.5	8000	13824	26096	7700×1640×1400	16B	双排	8200×4260×2100	13.5	38	1400	40	30	1250
PSM9000	19.7	9000	15552	29358	8600×1640×1400	18B	双排	9100×4260×2100	15	38	1520	45	33	1400

8.2　安瓿水浴灭菌器

安瓿水浴灭菌器主要用于安瓿、口服液、小输液瓶等药品制剂的灭菌和检漏处理。它利用循环高温水作为灭菌介质，可实现较低温度下（100℃以下）的均匀灭菌，消除了蒸汽灭菌时因冷空气存在而造成的温度死角，并可避免在灭菌后的冷却过程中由于冷却水不洁而造成的药品再污染现象。灭菌结束后通过真空加色水检漏。

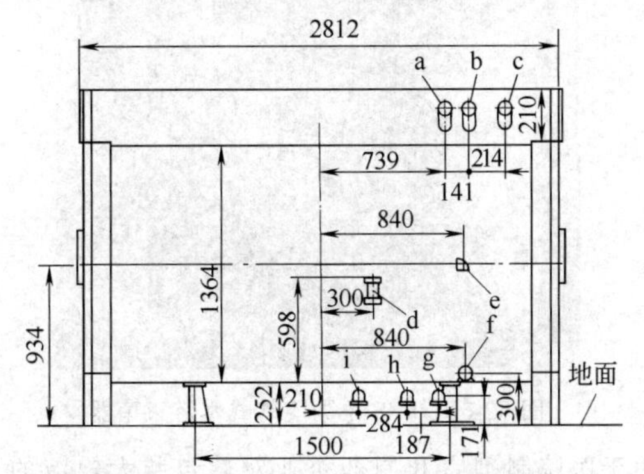

图 52-65　ASM-2.0 型安瓿水浴灭菌器
a—蒸汽进口；b,c—水进口；d—色水进口；e—疏水口；f—真空泵排水；g～i—排水口

其特点是：灭菌过程中，温度时间控制，F_0 值控制，温度时间和 F_0 值双重控制的三种控制方式可供选择，保证灭菌可靠；真空加正压联合检漏，保证检漏率 100%；密封门可选用气动平移门、电动升降门或辐射状锁紧结构的手动门；采用优质气动阀门、真空泵及高效板式换热器。管路系统采用不锈钢卫生管道，确保无污染和无滞留等。

设备的主要尺寸见图 52-65，技术参数见表 52-86。

表 52-86　安瓿水浴灭菌器主要技术参数

灭菌器	灭菌室尺寸（长×宽×高）/mm	外形尺寸（长×宽×高）/mm	导轨方式	消毒车数量规格/辆
ASM-1.0	1700×610×910	1950×3280×1920	单排	2
ASM-1.2	1500×760×1100	1800×3280×2000	单排	2
ASM-1.5	1800×800×1100	2200×3200×2000	单排	2
ASM-2.0	2270×800×1100	2670×3200×2000	单排	2
ASM-2.5	2215×1000×1300	2630×3610×2100	单排	2
ASM-5.0	4000×1000×1300	4415×3610×2100	单排	4

灭菌器	质量/t	电功率/kW	耗汽量/(kg/次)	备用水耗水量/(kg/次)	耗气量(压缩空气,标准状态)/(m³/次)	纯化水量/(kg/次)
ASM-1.0	2.8	控制 0.5 动力 6.35	80	200	3	400
ASM-1.2	2.6	控制 0.5 动力 6.35	80	200	3	400
ASM-1.5	2.8	控制 0.5 动力 7.85	100	250	4	500
ASM-2.5	3.8	控制 0.5 动力 12.1	130	300	5	600
ASM-5.0	6.5	控制 0.5 动力 16.5	250	500	10	1100

灭菌器	装量/支				
	1mL	2mL	5mL	10mL	20mL
ASM-1.0	100000	60000	24000	15000	9000
ASM-1.2	111000	76000	36000	22500	12400
ASM-1.5	138700	95000	45000	28000	15500
ASM-2.5	210600	147000	69600	43000	23500
ASM-5.0	421200	294000	139200	86000	47000

8.3　PXS系列旋转式水浴灭菌器

旋转式水浴灭菌器用于制药、食品行业中生产的悬浊液、乳浊液、易沉淀或具有热敏化学特性的输液、安瓿、口服液等灌装成品的灭菌，同时也适用于一般性药品的灭菌。

(1) 性能特点

① 筒体采用机械抛光的304不锈钢，表面光洁、耐腐蚀。

② 灭菌器的门采用机动或气动平移开闭方式，电气安全联锁。

③ 全部采用不锈钢管道，用纯化水对灭菌物加热、灭菌、冷却，灭菌效率高，对灭菌物无污染。

④ 气控阀门动作稳定可靠，不锈钢喷淋板喷淋均匀、旋转速度合理，确保灭菌温度分布均匀、无死角。

⑤ 控制系统采用工业控制计算机＋可编程控制器的上下位机控制方式。

⑥ 旋转系统采用磁性联轴器静密封，解决了泄漏或污染问题。

⑦ 采用变频无级调速及自动记数系统，使输入扭矩恒定，停转时定位准确。

⑧ 强力弹簧压紧可靠，减震性能好；采用气动打开分层内车，操作方便快捷，劳动强度低。

⑨ 内外车结构合理，使用方便灵活；灭菌空间利用合理，装瓶量大。

(2) 技术参数（表52-87）

(3) 设备外形（图52-66）

图52-66　PXS系列旋转式水浴灭菌器

8.4　XG1.R系列软包装快冷灭菌器

XG1.R系列软包装大输液快速冷却灭菌器主要用于医院制剂室和制药企业对软包装大输液的灭菌。能实现105～121℃软包装大输液的灭菌而不爆袋。

(1) 特点

① 饱和蒸汽灭菌，外部注水冷却，循环周期短，生产效率高。

② 采用蒸汽均匀布点注入技术，灭菌温度均匀，升温迅速，冷空气排除彻底。

③ 灭菌过程中，有温度时间控制，F_0值控制，温度时间和F_0值双重控制三重控制，灭菌可靠。

④ 外部注水顶部均匀喷淋冷却，冷却速度快，出袋温度低。

⑤ 可控制升温和降温梯度，满足不同的药品制剂对灭菌的不同要求。

(2) 技术参数（表52-88）

(3) 设备外形（图52-67）

表52-87　PXS系列旋转式水浴灭菌器主要技术参数

项　目	规　格								
	PXS-7.2Ⅱ	PXS-8.5Ⅱ	PXS-10Ⅱ	PXS-11Ⅱ	PXS-14Ⅱ	PXS-16Ⅱ	PXS-18Ⅱ	PXS-20Ⅱ	PXS-26Ⅱ
每锅装瓶量(500mL)/瓶	1000	1200	1400	1500	2000	2200	2500	2800	3600
每锅装瓶量(250mL)/瓶	2060	2430	2860	3150	4000	4600	5150	5700	7400
设计压力/MPa	0.23	0.23	0.23	0.23	0.23	0.23	0.23	0.23	0.23
设计温度/℃	137	137	137	137	137	137	137	137	137
最高工作压力/MPa	0.22	0.22	0.22	0.22	0.22	0.22	0.22	0.22	0.22
最高工作温度/℃	135	135	135	135	135	135	135	135	135
蒸汽压力/MPa	0.3～0.5	0.3～0.5	0.3～0.5	0.3～0.5	0.3～0.5	0.3～0.5	0.3～0.5	0.3～0.5	0.3～0.5
蒸汽耗量/(kg/h)	900	1000	1200	1300	1700	2000	2200	2500	3200

续表

项　目	规　格								
	PXS-7.2Ⅱ	PXS-8.5Ⅱ	PXS-10Ⅱ	PXS-11Ⅱ	PXS-14Ⅱ	PXS-16Ⅱ	PXS-18Ⅱ	PXS-20Ⅱ	PXS-26Ⅱ
电机功率(AC 380V)/kW	15	15	15	15	18.5	18.5	18.5	18.5	18.5
控制电源(AC)/V	220	220	220	220	220	220	220	220	220
容器类别	Ⅰ	Ⅰ	Ⅰ	Ⅰ	Ⅰ	Ⅰ	Ⅰ	Ⅰ	Ⅰ
灭菌室尺寸(长×宽×高)/mm	4482×1150×1400	5240×1150×1400	6000×1150×1400	4700×1606×1430	6000×1606×1430	6950×1606×1430	7650×1606×1430	8700×1606×1430	11400×1606×1430
外形尺寸(长×宽×高)/mm	5020×3795×2600	5780×3795×2600	6540×3795×2600	5250×4160×2600	6550×4160×1600	7500×4160×2600	8200×4160×2600	9250×4160×2600	11950×4160×2600
设备质量/kg	8000	9200	9800	11100	14500	16000	18500	20500	23300
纯化水耗量/(kg/次)	750	880	1000	1200	1500	1700	1900	2100	2700
冷却水源/MPa	0.15～0.3	0.15～0.3	0.15～0.3	0.15～0.3	0.15～0.3	0.15～0.3	0.15～0.3	0.15～0.3	0.15～0.3
冷却水耗量/(m^3/次)	23	27	31	35	45	51	58	64	83
压缩空气/MPa	0.4～0.6	0.4～0.6	0.4～0.6	0.4～0.6	0.4～0.6	0.4～0.6	0.4～0.6	0.4～0.6	0.4～0.6

表 52-88　XG1.R 系列软包装快冷灭菌器主要技术参数

型　号	灭菌室容积(长×宽×高)/mm	外形尺寸(长×宽×高)/mm	净质量/kg	电功率/kW	耗汽量/kg	耗水量/kg	每循环耗压缩空气量(标准状态)/m^3	控制方式	装量/袋	
									500mL	250mL
XG1.UR-1.2	1500×750×1080	2110×1360×1930	2000	控制:0.5 动力:0.55	120	1600	3	PLC 手动门	550	850
XG1.DMR-1.2	1500×680×1180	1860×1210×1930	2000	控制:0.5 动力:0.55	120	1600	3	PLC 机动门	550	850
XG1.KFR-2.5A	2100×1000×1200	2800×1624×1990	3000	控制:0.5 动力:0.75	250	1600	5	PLC 手动门	1000	1700
XG1.KFR-2.5B	2100×1000×1200	2800×1624×1990	3000	控制:0.5 动力:0.75	250	3000	5	触摸屏 手动门	1000	1700
XG1.KFR-2.5C	2100×1000×1200	2800×1624×1990	3000	控制:0.5 动力:0.75	250	3000	5	微机组态 手动门	1000	1700

8.5　大输液快冷灭菌器

该系列灭菌器是以压力蒸汽为灭菌介质的全自动新型快速冷却灭菌器。

(1) 特点

① 采用微机组态进行全程自动控制方式，实现对设备高性能、高智能监控，控制精确可靠、程序修改方便、动态显示工作流程，可与网络连接、易实现远程监控。

② 主体采用矩形箱体并带有加强结构。内壁选用 304 耐酸不锈钢板制造，经机械精抛与电化学表面处理，达到镜面光洁度要求，提高耐蚀性，延长使用时间。双门结构，可保证灭菌区与已灭菌区的隔离。

③ 采用 PID 控制技术，使灭菌室内压力和温度均衡，确保药品灭菌彻底，水喷淋冷却物品均衡，快速降温，灭菌过程严格控制压力及温度的波动，保证不爆瓶、不爆袋。灭菌过程中温度时间控制、F_0 值

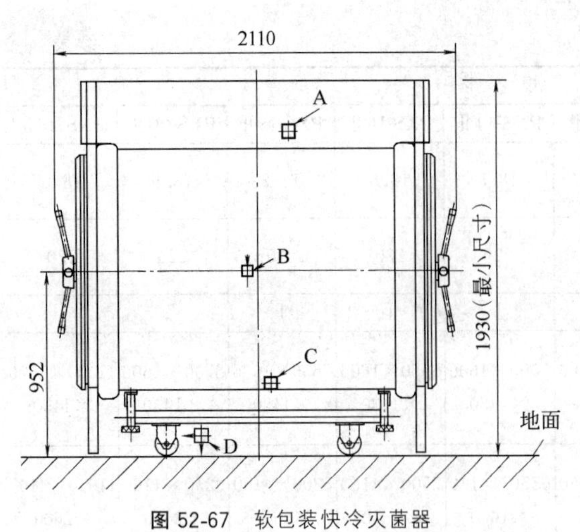

图 52-67　软包装快冷灭菌器

A—压缩空气；B—蒸汽进口；C—进水口；D—排汽水口

控制、温度时间和 F_0 值双重控制三种控制方式可供选择，且可控制升温和降温梯度，以保证不同的药品制剂的灭菌效果。

④ 密封门为全自动操作，电动升降，嵌齿锁紧，操作方便、安全可靠，密封圈采用耐温和弹性良好的硅橡胶制成，通过向密封圈内充入压缩空气，实现门和主体的密封。

⑤ 配有消毒车和搬运车，车子搁栅可按500mL、250mL、100mL三种规格的玻璃瓶调整，以KG-1.2型为例，每车可装载500mL大输液544瓶，250mL大输液990瓶，100mL大输液2016瓶，灭菌器外消毒车的搬运可采用电动搬运车，或采用地轨系统。

(2) 技术参数（表52-89）

(3) 设备外形（图52-68）

表 52-89　KG系列大输液快速冷却灭菌器主要技术参数

项　目	单位	型　号					
		KG-1.2	KG-2.5	KG-3	KG-5	KG-8	KG-10
设计压力	MPa	0.245					
设计温度	℃	139					
热均匀度	℃	≤±1					
真空度	MPa	−0.095					
蒸汽耗量(0.4～0.6MPa)	kg/批	85	120	140	250	500	650
冷却水耗量(0.1～0.3MPa)	m^3/批	800	1500	1800	3000	4500	5500
压缩空气耗量(0.5～0.7MPa，标准状态)	m^3/批	1	2	2.2	4	6	8
灭菌车	辆	2	4	2	3	5	6
电源功率	kW	3	5.5	5.5	8	8	10
内箱尺寸	mm	1500×750×1100	3000×750×1100	2000×1000×1500	3400×1000×1500	5400×1000×1500	6700×1000×1500
外形尺寸	mm	1695×1370×1960	3195×1370×1960	2235×1800×2200	3635×1800×2200	5635×1800×2200	6935×1800×2200
质量	kg	1900	2800	3500	4500	7500	9800
输液瓶装载量							
100mL	瓶	2016	4032	4620	7980	12600	15960
250mL	瓶	990	1980	2340	4050	6300	8100
500mL	瓶	544	1088	1370	2445	3675	4890

图 52-68　大输液快冷灭菌器

8.6 安瓿检漏灭菌器

该灭菌器是以压力蒸汽为介质进行灭菌，用色水进行检漏，以纯化水进行检漏后的安瓿清洗，主要适用于制药企业、医院安瓿、口服液等制剂的灭菌，符合国家GMP规范要求。

(1) 特点

① 真空加正压联合检漏，保证检漏率100%。

② 选用优质气动阀、循环泵和真空泵。

③ 喷淋装置采用不锈钢孔板淋盘，喷淋均匀无

死角。采用PID比例调节阀可保证灭菌室内的压力和温度均衡。

④ 可根据要求，配置辐射状门栓锁紧结构的手动门和自动控制的机动门。

(2) 技术参数（表 52-90）

8.7 机动门真空灭菌器

(1) 工作原理

该灭菌器是一种全自动的新型脉动真空灭菌器，选用先进的微机可编程序控制器进行全程自动控制，密封门的开关与锁紧实行电动操作。广泛适用于医疗、制药、食品、卫生防疫等行业对敷料、器械、器皿、液体等物品进行灭菌处理。该灭菌器结构合理，性能先进，使用可靠，可完全替代进口。

(2) 特点

① 灭菌器主体为卧式方形结构，可保证操作区与无菌区隔离。灭菌室内壁采用进口304不锈钢板材，表面经电化学抛光处理，光滑易清洁。

② 密封门为全自动操作，电动升降，嵌齿锁紧，气动密封，操作者只需按一下按钮，就可打开或关闭密封门，降低操作者劳动强度。

③ 脉动真空排气方式，保证灭菌室内冷空气排除彻底。

④ 操作压力及温度全过程自动控制，保证灭菌过程温度及压力均衡。

⑤ 真空抽湿，夹层烘干，保证灭菌后物品干燥清洁。

⑥ 配有消毒车与搬运车，操作方便。

(3) 技术参数（表 52-91）

表 52-90 AQ 系列安瓿检漏灭菌器主要技术参数

参数		AQ-1.2Ⅱ双扉	AQ-2.4双扉
蒸汽	压力/MPa	0.3～0.5	0.3～0.5
	周期耗量/kg	100	200
电	控制电源	AC220V/50Hz/3A	AC220V/50Hz/3A
	电动机电源	AC380V/50Hz/20A	AC380V/50Hz/20A
	功耗/kW	5.6	5.6
冷却水	压力/MPa	0.3～0.5	0.3～0.5
	周期耗量/kg	1000	2000
最高工作压力/MPa		0.15	0.15
最高工作温度/℃		127	127
行程周期/min		约 95	约 95
灭菌室尺寸(长×宽×高)/mm		1592×750×1050	2070×1000×1200
外形尺寸(长×宽×高)/mm		2250×1470×2180	2790×1900×2450
设备质量/kg		2130	2700
色水储罐容量/m^3		1.5	2.5

表 52-91 XG1.DM 系列机动门真空灭菌器主要技术参数

型号	灭菌室尺寸(长×宽×高)/mm	外形尺寸(长×宽×高)/mm	设备质量/kg	控制电源(220V)	动力电源(380V)	水源压力/MPa	蒸汽源压力/MPa	压缩空气压力/MPa
XG1.DMS-0.24	660×600×600	954×1025×1730(单) 1018×1025×1730(双)	550(单) 600(双)	50Hz 500W	1.45kW	0.15～0.3	0.3～0.5	0.5～0.7
XG1.DMX-0.36	994×600×600	1288×1025×1730(单) 1352×1025×1730(双)	650(单) 700(双)	50Hz 500W	1.45kW	0.15～0.3	0.3～0.5	0.5～0.7
XG1.DME-0.6	1200×610×910	1466×1120×1960(单) 1540×1120×1960(双)	1250(单) 1320(双)	50Hz 500W	2.35kW	0.15～0.3	0.3～0.5	0.5～0.7

续表

型　号	灭菌室尺寸(长×宽×高)/mm	外形尺寸(长×宽×高)/mm	设备质量/kg	控制电源(220V)	动力电源(380V)	水源压力/MPa	蒸汽源压力/MPa	压缩空气压力/MPa
XG1. DMH-0. 8	1450×610×910	1716×1120×1910(单) 1790×1120×1910(双)	1600(单) 1670(双)	50Hz 500W	2. 35kW	0. 15～ 0. 3	0. 3～ 0. 5	0. 5～ 0. 7
XG1. DMA-1. 0	1700×610×910	1966×1210×1910(单) 2040×1210×1910(双)	1750(单) 1820(双)	50Hz 500W	2. 35kW	0. 15～ 0. 3	0. 3～ 0. 5	0. 5～ 0. 7
XG1. DMB -1. 2	1500×680×1180	1796×1210×1930(单) 1860×1210×1930(双)	2000(单) 2100(双)	50Hz 500W	3. 85kW	0. 15～ 0. 3	0. 3～ 0. 5	0. 5～ 0. 7
XG1. DMF-1. 5	1870×680×1180	2094×1210×1930(单) 2230×1210×1930(双)	2350(单) 2430(双)	50Hz 500W	3. 85kW	0. 15～ 0. 3	0. 3～ 0. 5	0. 5～ 0. 7
XG1. DMC-1. 5	1500×680×1480	1772×1210×2244(单) 1860×1210×2244(双)	2400(单) 2480(双)	50Hz 500W	3. 85kW	0. 15～ 0. 3	0. 3～ 0. 5	0. 5～ 0. 7
XG1. DMD -2. 0	2000×680×1480	2360×1210×2244(双)	2800(双)	50Hz 500W	4. 00kW	0. 15～ 0. 3	0. 3～ 0. 5	0. 5～ 0. 7
XG1. DMG -2. 5	2100×1000×1200	2510×1624×1990(双)	3500(双)	50Hz 500W	4. 00kW	0. 15～ 0. 3	0. 3～ 0. 5	0. 5～ 0. 7

8.8 EO系列环氧乙烷灭菌器

环氧乙烷灭菌器（图52-69）是利用单瓶装100%环氧乙烷气体为介质，在一定的温度、压力、湿度条件下，对密闭在容器内的物品进行消毒灭菌的专用设备。100%环氧乙烷气体灭菌器与混合气体灭菌器相比较的优点是不含CFC/HCFC（俗称氟里昂/氢化氟里昂），不破坏大气臭氧层，对环境无污染。而单瓶装又避免了巨大钢瓶存放的安全性，避免泄漏，经济实惠，使用简单。环氧乙烷灭菌器具有穿透力强，对物品无损伤、无腐蚀的特点，适合于较低温度、压力和湿度情况下的灭菌需要。

图52-69　环氧乙烷灭菌器

环氧乙烷灭菌器可配备局部抽风罩和热空气排气锅，在整个操作过程中独特的工作原理保证了操作人员的安全。

适用范围为：医疗用品（如注射器、输液器等）、医疗器械（如牙科器械、内窥镜等）、卫生用品（如餐巾纸、卫生巾等）、电子仪表（如手机、光学仪器等）、生化制品（如皮革、化纤等）、医药类（如各种中西药等）以及其他（如钱币、绘画）等。

技术参数见表52-92。

8.9 隧道微波灭菌器

隧道微波灭菌器是目前国内较为先进的灭菌、干燥、解冻设备。适用于医药制剂和食品的灭菌。还广泛用于化工、木材、微生物肥料、图书、种子等方面的灭菌、消毒、防霉、干燥，用于10kg以下的小包装食品的解冻和各种快餐的加热消毒。

(1) 特点

① 灭菌干燥时间短、速度快。微波加热是通过物料与微波直接相互作用，物料自身发热，不需要热传导的过程，因此能在极短的时间内达到加热温度。

② 均匀加热。微波加热能使物料表里同时受到电磁波的作用，而产生热量，所以加热均匀性好。

③ 低温杀菌保持药效。微波加热具有热力和生物效应，能在较低的温度下杀死细菌，并能较多保持物料的活性和营养成分，特别适合药品和食品工业。

④ 节能高效。在微波加热过程中，除了被加热的物料升温外，没有其他的热损耗，因此节能高效。

⑤ 易于控制。与常规手法比较，设备能即开即用，操作灵活方便。

⑥ 设备工作环境温度低、噪声小，较好地改善劳动条件，并节省占地面积。

⑦ 安全无害。微波能在金属制成的封闭谐振腔中工作，所以能量泄漏极小。微波没有放射线危害及有害的气体排放，是一种十分安全的加热技术。

(2) 技术参数（表52-93）

表 52-92　EO 系列环氧乙烷灭菌器主要技术参数

技术参数	EO-0.6	EO-0.8	EO-1.2	EO-1.5	EO-2.0	EO-2.4	EO-3.0	EO-4.8	EO-7.2	EO-8.5	EO-10	EO-11	EO-14	EO-16	EO-18	EO-20	EO-26
设计压力/MPa	−0.1	−0.1	−0.1	−0.1	−0.1	−0.1	−0.1	−0.1	−0.1	−0.1	−0.1	−0.1	−0.1	−0.1	−0.1	−0.1	−0.1
设计温度/℃	100	100	100	100	100	100	100	100	100	100	100	100	100	100	100	100	100
工作压力/MPa	−0.05	−0.05	−0.05	−0.05	−0.05	−0.05	−0.05	−0.05	−0.05	−0.05	−0.05	−0.05	−0.05	−0.05	−0.05	−0.05	−0.05
工作温度/℃	55	55	55	55	55	55	55	55	55	55	55	55	55	55	55	55	55
蒸汽压力/MPa	0.3～0.6	0.3～0.6	0.3～0.6	0.3～0.6	0.3～0.6	0.3～0.6	0.3～0.6	0.3～0.6	0.3～0.6	0.3～0.6	0.3～0.6	0.3～0.6	0.3～0.6	0.3～0.6	0.3～0.6	0.3～0.6	0.3～0.6
蒸汽耗量/(kg/h)	150	150	180	180	240	240	280	280	350	370	400	430	500	550	600	650	750
电机功率/kW	4	4	4	4	4	7.5	7.5	7.5	7.5	7.5	15	15	15	15	15	15	15
控制电源电压/V	220	220	220	220	220	220	220	220	220	220	220	220	220	220	220	220	220
容器类别	I	I	I	I	I	I	I	I	I	I	I	I	I	I	I	I	I
灭菌室尺寸(长×宽×高)/mm	1080×915×610	1420×915×610	1590×1050×750	1930×1050×750	2550×1050×750	2070×1200×1000	2500×1200×1000	3950×1200×1000	4482×1400×1150	5240×1400×1550	6000×1400×1150	4700×1430×1606	6000×1430×1606	6950×1430×1606	7650×1430×1606	8700×1430×1606	11400×1430×1606
外形尺寸(长×宽×高)/mm	1400×1650×1120	1850×1650×1120	2200×2380×1360	2540×2380×1360	3110×2380×1360	2550×2150×1850	3030×2150×1850	4480×2150×1850	5000×2600×2850	5760×2600×2850	6520×2600×2850	5250×2600×4160	6550×2600×4160	7500×2600×4160	8200×2600×416	9250×2600×4160	11950×2600×4160
设备质量/kg	950	1200	1450	1650	2000	2300	2600	3150	7000	8000	9000	10000	11000	11800	12500	13200	14000
水源压力/MPa	0.15～0.3	0.15～0.3	0.15～0.3	0.15～0.3	0.15～0.3	0.15～0.3	0.15～0.3	0.15～0.3	0.15～0.3	0.15～0.3	0.15～0.3	0.15～0.3	0.15～0.3	0.15～0.3	0.15～0.3	0.15～0.3	0.15～0.3
水耗/kg	100+100	150+100	200+100	250+100	300+100	300+200	400+200	600+200	800+400	900+400	1000+600	2600+600	3500+600	4000+600	4400+600	5000+600	6500+600
压缩空气/MPa	0.4～0.6	0.4～0.6	0.4～0.6	0.4～0.6	0.4～0.6	0.4～0.6	0.4～0.6	0.4～0.6	0.4～0.6	0.4～0.6	0.4～0.6	0.4～0.6	0.4～0.6	0.4～0.6	0.4～0.6	0.4～0.6	0.4～0.6

表 52-93 SD2002系列隧道微波灭菌器主要技术参数

项目	型号			
	CHG-8 CHG-8A	CHG-10 CHG-10A	CHG-12 CHG-12A	CHG-16 CHG-16A
工作频率/MHz	2450±50			
输出功率/kW	8	10	12	16
脱水能力	1kg(kW·h)			
传送带宽度/mm	540			
转送带速度/(m/min)	0.2～15(可调速)			
微波泄漏/(mW/cm²)	<5			
外形尺寸/m	6×0.7×1.8	7×0.7×1.9	8×0.7×1.9	10×0.7×1.9
项目	型号			
	CHG-20 CHG-20A	CHG-24 CHG-24A	CHG-30 CHG-30A	CHG-80-40 CHG-40-80A
工作频率/MHz	2450±50			
输出功率/kW	20	24	30	40～80
脱水能力/[kg/(kW·h)]	1			
传送带宽度/mm	540			
转送带速度/(m/min)	0.2～15(可调速)			
微波泄漏/(mW/cm²)	<5			
外形尺寸/m	12×0.7×1.9	12.6×0.7×1.9	16×0.7×1.9	

8.10 臭氧灭菌器

(1) KCF-KE系列水处理专用臭氧灭菌器

用于纯净水、矿泉水、自来水、医药用水等的终端灭菌处理和生产清洗用的消毒水。

① 特点 采用特种管状臭氧发生器，工作频率低，不产生氮氧化物，特别适用于医药用水的终端处理和饮用水的终端处理，无需再用纯氧做原料；臭氧浓度高，混合充分，溶解度高，消毒灭菌更彻底；机器结构简单，操作维护方便。

② 技术参数（表52-94）

(2) KCF-T系列室内空气臭氧灭菌器

用于各类大小不同房间的消毒，可替代紫外灯和化学试剂熏蒸消毒。

① 特点 采用柜式结构，主机和控制柜可以根据用户的需要做成分体机或一体机；臭氧管组件采用抽屉式工艺结构，可以方便地更换任意一支臭氧管；采用计算机控制，数码显示和无线电遥控，实现隔墙控制和无人值班。

② 技术参数（表52-95）

表 52-94 臭氧灭菌器主要技术参数

型号	电源电压	O_3发生量/(g/h)	功率/kW	空气流量/(m³/h)	外形尺寸(长×宽×高)/mm	处理水量/(t/h)
KCF-KE5	220V/50Hz	5	0.15	1.1	600×400×1320	1～3
KCF-KE10	220V/50Hz	10	0.30	2.2	700×400×1520	3～5
KCF-KE20	220V/50Hz	20	0.60	4.4	750×580×1520	5～10
KCF-KE30	220V/50Hz	30	1.0	6.6	800×600×1820	10～20

(3) KCF-G系列空调净化系统臭氧灭菌器

用于空调净化系统及相应净化房间的大消毒，可替代化学熏蒸。

① 特点 采用内置式安装法。主机安装在HVAC系统的风道内，控制柜放在中央空调控制室内或就地就近安装，使用更方便；臭氧管组件采用抽屉式工艺结构，可以方便地更换任意一支臭氧管，便于检修；高压变压器采用目前最先进工艺生产，每个变压器都有专用保护电路。整机工作稳定可靠；控制柜采用微电脑集中控制，数码显示和无线电遥控，实现了隔墙、隔窗控制和无人值班。

② 技术参数（表52-96）

(4) KCF-L系列其他消毒柜

利用臭氧灭菌原理，可制成各种常温消毒柜、百级灭菌柜和传递窗，用于包装材料、生产原料、工器具、工作服等多种物品的消毒。

① 特点

a. 采用先进的光子臭氧发生技术。它不同于玻璃管、陶瓷片等沿面放电技术和高频高压气隙放电技术，是与太阳光产生高空臭氧层一样的方法产生臭氧，具有天然性。

b. 不用高压也不用高频，使用220V/50Hz电源就能方便地产生臭氧，而且无氮氧化物产生，臭氧纯度高。

c. 应用臭氧与负离子联合净化灭菌的最新技术，提高了灭菌效率，特别为制药厂的灭菌要求，提供了更加可靠的保证。

d. 应用计算机控制，数码显示，无线电遥控，实现了控制技术的现代化。因此，操作简单，使用方便。

② 技术参数（表52-97）

(5) 灭菌器结构外形（图52-70）

表 52-95　KCF-T 系列室内空气臭氧灭菌器主要技术参数

技术参数	KCF-T3	KCF-T5	KCF-T10	KCF-T20(20F)	KCF-T30(30F)	KCF-T50(50F)
电源电压/(V/Hz)	220/50	220/50	220/50	220/50	220/50	220/50
臭氧浓度/(μg/g)	>20	>20	>20	>20	>20	>20
臭氧产量/(g/h)	3	5	10	20	30	50
功率/kW	110	150	250	400	550	850
适用空间/m^3	60	100	200	400	600	1000
外形尺寸(长×宽×高)/mm	540×315×200	580×360×240	640×320×500	660×430×1155	660×430×1305	660×430×1455

表 52-96　KCF-G 系列空调净化系统臭氧灭菌器主要技术参数

型号	电源电压/(V/Hz)	臭氧浓度/(μg/g)	臭氧产量/(g/h)	功率/kW	适用空间/m^3	外形尺寸(长×宽×高)/mm
KCF-G30	220/50	>10	30±3	0.55	600	480×320×870
KCF-G50	220/50	>10	50±5	0.85	1000	550×320×1280

表 32-97　KCF-L 系列消毒柜主要技术参数

技术参数	KCF-L500	KCF-L800	KCF-L1000	KCF-L2000	KCF-L2500
电源电压/(V/Hz)	220/50	220/50	220/50	220/50	220/50
负离子浓度/(个/cm^3)	$>10^6$	$>10^6$	$>10^6$	$>10^6$	$>10^6$
臭氧浓度/(μg/g)	>20	>20	>20	>20	>20
O_3 产量/(g/h)	>0.3	>0.5	>1.0	>1.5	>2.0
功率/W	85	100	120	150	200
外形尺寸(长×宽×高)/mm	700×500×1850	1100×500×1850	900×800×1850	1680×930×1900	1300×1100×2000

注：其中 KCF-L2000、L2500 可设计为 A 级消毒灭菌柜。以上机型均有双扉及单扉两种机型。

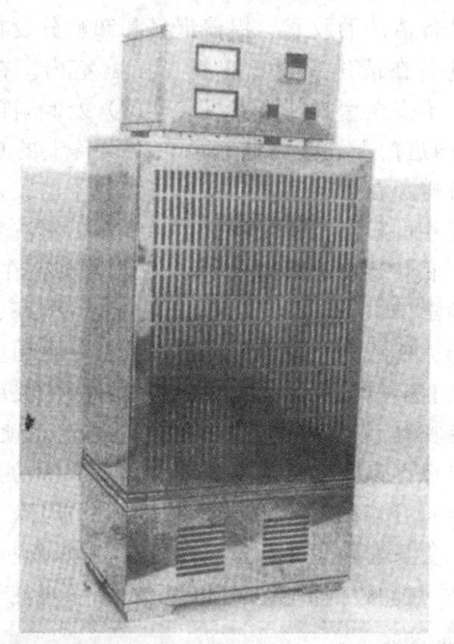

图 52-70　臭氧灭菌器

9　全自动胶塞铝盖清洗机

全自动胶塞、铝盖清洗机主要用于制药行业粉针、口服液、大输液等制剂产品的胶塞、铝盖、铝塑盖的洗涤、硅化、蒸汽灭菌和真空干燥等工序的处理。

9.1　KJ 系列胶塞/铝盖清洗机

(1) 用途

适用粉针胶塞、冻干胶塞、水针西林瓶胶塞、大输液胶塞、药用铝盖、铝塑复合盖、针管胶塞和注射活塞。

(2) 工作原理

如图 52-71 所示，需清洗的胶塞由真空装置（也可人工）加入清洗桶内。加料完结后，启动主传动轴，清洗桶按顺时针方向慢速转动，胶塞在清洗桶内翻滚搅拌。这时先开通中心轴中喷淋管进行喷淋粗洗，然后开启进水阀，使清洗箱内的水充满至上水位，再开启循环水泵、超声波，使胶塞处于强力喷淋，慢速翻滚和超声波清洗等多项功能作用下被清洗干净，被清洗的脏污物从溢流槽溢流排出，清洗液从排放管排放净。如有硅化处理，则先从硅油加料口加入硅油。硅化处理后再放水。清洗液排放净后，则可向清洗箱内喷放热压蒸汽、进行灭菌，灭菌处理后，先进行抽真空干燥，以热风再加热抽真空干燥。按此重复数次，使胶塞的含水量合格后，便可进行常压化处理和出料。

(3) 主要功能

自动进料、清洗、取样、硅化、灭菌、干燥、冷却、

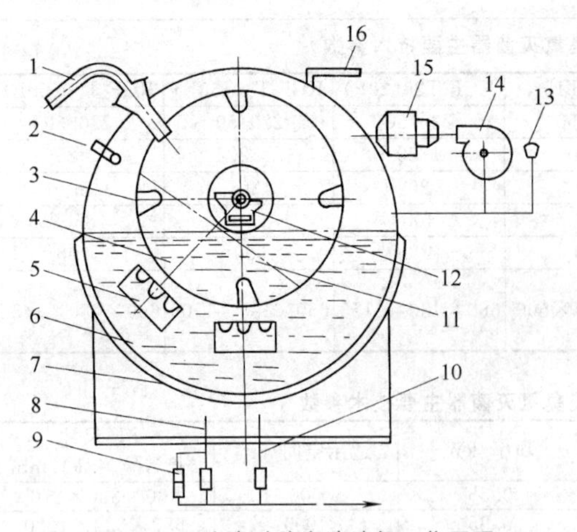

图 52-71　全自动胶塞清洗机工作原理

1—进料管；2—蒸汽管；3—搅拌筋；4—清洗桶；5—超声波；6—清洗箱；7—溢流槽；8—放水管；9—疏水阀；10—溢流管；11—胶塞；12—出料器；13—呼吸阀；14—风机；15—热风器；16—真空管

自动出料、CIP、SIP，全过程计算机自动控制操作。

(4) 特点

① 可以在同一容器内进行清洗、硅化、灭菌、干燥、出料和 CIP 全过程连续操作。

② 采用超声波清洗、慢速旋转搅拌、双侧全轴向溢流和中心强力喷淋等多项综合技术，洗涤效果突出。

③ 采用无铆钉全不锈钢风机和独特的风箱，再热干燥效果突出。

④ 无挤压可调速自动出料，避免污染和损伤。

⑤ 可能在线清洗和灭菌。

⑥ 全过程 PLC 程控，触摸屏操作直观安全。

⑦ 与传统清洗方式相比，更加符合 GMP 和 FDA 的生产要求。

(5) 主要技术参数（表 52-98）

9.2　CDDA 系列全自动胶塞清洗机

(1) 特点

本设备集清洗、消毒、烘干为一体，自动进卸料，并且实行全自动操作，从清洗室内胶塞、铝盖进

表 52-98　KJ 型清洗机基本技术参数

型号	产量/个	水箱容积/L	长/mm	宽/mm	高/mm	质量/kg
KJ-1	10000	330	2000	1650	2000	1800
KJ-2	20000	620	2200	1650	2200	2200
KJ-4	40000	760	2450	1650	2200	2500
KJ-6	60000	1130	3300	1650	2200	2700
KJ-8	80000	1380	2500	1900	2300	3000
KJ-10	100000	1630	2850	1900	2300	3200
KJ-12	120000	1930	3350	1900	2300	3400
KJ-15	150000	2280	2980	2250	2500	4000
KJ-18	180000	2630	3350	2250	2500	4800
KJ-20	200000	2940	3700	2250	2500	5000
KJ-22	220000	3350	3650	2400	2600	5200
KJ-24	240000	3450	3750	2400	2600	5300
KJ-26	260000	3650	3950	2400	2600	5500

注：产量中胶塞以 ϕ19.5mm×8.7mm 粉针西林瓶胶塞为标准，铝盖以 ϕ20.4mm×7.4mm 铝盖为标准。

料开始一直到无菌室内胶塞、铝盖的卸料，整个操作过程完全按事先设置的程序自动操作，操作人员只需观察机器的工作状态和检查记录必要的参数及数据。操作方法十分简单。

(2) 工作原理

本设备清洗的胶塞、铝盖进料和卸料分设在两个区域，进料在清洗室内，卸料在无菌室内。在卸料处，设置了安全保护门（有机玻璃门）及卸料门（高压门），两道门上均设有联锁装置。设备上的自动卸料装置可避免在无菌室内卸料时洗净烘干的胶塞、铝盖与手接触的机会。受计算机逻辑控制，清洗室与无菌室的互联装置完全杜绝了污染机会，即：在清洗、硅化、消毒、烘干、冷却过程（整个清洗胶塞、铝盖过程）未完成或灭菌消毒过程未完成前，无菌室卸料门就无法打开（自锁）；若无菌室卸料门未关闭，洗净室所有操作就无法进行（自锁）。这种互锁功能，确保了有菌区和无菌区的完全隔离，无二次污染的途径，完全符合 GMP 标准。同时安全保护门除了联锁功能外，更可避免设备在运行蒸汽灭菌时卸料门的高温与人体可能接触而引起的烫伤。这个系统使无菌室

表 52-99　胶塞清洗机主要技术参数

项　目	型　号										
	03/03R	04/04R	06/06R	08/08R	09/09R	10/10R	12A/12RA	12/12R	14A/14RA	14/14R	14/14RB
清洗量/万个	1.0～1.5	2	3	4	6	8	10	12	15	18	20
总功率/kW	5/10	5/10	5.5/14	5.5/16.5	5.5/19	5.5/21.5	5.5/24	5.5/26.5	6.5/29.5	6.5/31	6.5/33.5
外形尺寸(长×高×高)/mm	2100×1140×1750	2200×1140×1750	2310×1340×1880	2550×1340×1880	2680×1380×1880	2760×1420×1880	2850×1560×2000	3110×1560×2000	3050×1640 2100	3090×1780×2200	3270×1780×2200
设备质量/kg	1550/1650	1600/1700	1700/1800	1800/1900	2000/2100	2200/2300	2450/2550	2550/2650	2650/2750	2750/2850	2800/2950

表 52-100　大输液胶塞清洗机主要技术参数

项　目	型　号								
	S18R	S12RA	S12R	S14RA	S14R	S16R	S18R	S20R	S22R
清洗量/万个	1	1.5	2	2.5	3	4	6	8	10
总功率/kW	11.5	14	16.5	19	21.5	24	26.5	29	31.5
外形尺寸(长×宽×高)/mm	1935×1240×1840	2235×1240×1840	2355×1380×1840	2585×1380×1840	2565×1460×1920	2615×1540×1980	2700×1620×2200	2800×1700×2200	2900×1780×2200
设备质量/kg	1400	1550	1750	1800	1900	2000	2150	2250	2400

表 52-101　蒸汽灭菌铝盖清洗机主要技术参数

项　目	型　号										
	ZL 03	ZL 04	ZL 06	ZL 08	ZL 09	ZL 10	ZL 12A	ZL 12	ZL 14A	ZL 14	ZL 14B
清洗量/万个	1.0～1.5	2	3	4	6	8	10	12	15	18	20
总功率/kW	12.5	12.5	15.5	15.5	18	18	20.5	20.5	24	24	24
外形尺寸(长×宽×高)/mm	2030×1240×1820	2200×1240×1820	2160×1280×1880	2620×1280×1880	2850×1440×1940	2920×1540×2100	2980×1640×2160	2950×1740×2200	3150×1800×2300	2900×1900×2300	3150×1900×2300
设备质量/kg	1450	1500	1600	1700	1950	2050	2200	2300	2450	2600	2700

表 52-102　铝盖清洗机主要技术参数

项　目	型　号										
	L 03	L 04	L 06	L 08	L 09	L 10	L 12A	L 12	L 14A	L 14	L 14B
清洗量/万个	1.0～1.5	2	3	4	6	8	10	12	15	18	20
总功率/kW	9	11.5	14.5	17	20	22	24	26.5	29	31.5	34
外形尺寸/(长×宽×高)/mm	1935×1040×1770	1950×1040×1770	2495×1240×1840	2785×1240×1840	2675×1300×1880	2825×1300×1880	2810×1440×1980	2770×1580×1980	2800×1680×2000	2800×1780×2100	3050×1780×2100
设备质量/kg	1300	1350	1450	1550	1700	1800	1950	2050	2250	2400	2500

的安全性，胶塞、铝盖无菌安全性，人体的安全性，以及绝对消除人为的误操作而得到的工艺上的安全性等都获得了全面可靠的保证。

本设备设有自动报警、联锁、互锁、联动装置；设有采样口，可检查清洗洁净程度；设有自动运行程序和可自编程序的操作系统，并设有手动操作系统，可将设备切换为电动操作状态；设备中还设有自动记录系统，F_0 值的显示和记录，操作过程和时间、日期的记录，温度的记录，以及操作人员情况的记录等。

(3) 胶塞清洗机主要技术参数（表 52-99）

(4) 大输液胶塞清洗机主要技术参数（表 52-100）

(5) 蒸汽灭菌铝盖清洗机主要技术参数（表 52-101）

(6) 铝盖清洗机主要技术参数（表 52-102）

10　冻干机

冻干机，全称为真空冷冻干燥机，是冷冻干燥生产过程的关键设备。它的基本原理是利用水在低温和真空状态下直接由固体升华成气体的特性，将药液在低温下冻结成固体，再在一定真空度下加热升温，使得水分升华，从而达到低温除水和干燥的目的。

由于冷冻干燥在高真空和低温条件下进行，因此药物不会发生氧化或降解，广泛适用于血浆、血清、激素、疫苗等生物制品以及抗生素的制备。

冻干机主要由以下几大部分组成：冻干机箱体、导热隔板与升降压塞系统、冷凝器、真空系统、制冷系统、循环系统、在线清洗灭菌（CIP、SIP）系统、自动物料装卸载系统等。

(1) 冻干机箱体

冻干机箱体是一个密闭的空间，主要用于存放待冻干的物品。冻干机箱体由 316L 不锈钢板制成，箱体内表面粗糙度为 $R_a=0.5\sim0.8$，平整度小于 ±1mm/m，所有角均为圆弧结构，便于清洁。

在整个冷冻干燥过程中，冻干机箱体将要承受高真空和纯蒸汽灭菌产生的压力，故箱体本身必须有一定的强度。一般箱体耐压范围为－0.1～0.2MPa。

冻干机箱体前端开有箱门，箱门的材料、表面处理、耐压等与箱体相同。箱门的密封必须良好，以维持箱体内的真空度和温度。箱体外层采用聚氨酯发泡材料及硅酸铝隔热层。

(2) 导热隔板与升降压塞系统

导热隔板位于箱体内，用于放置待冻干物料。冻干机的生产能力一般以活动隔板的面积为准。隔板为薄型空心夹板，材料为 316L 不锈钢板，表面粗糙度 $R_a<0.5$，平整度小于 ±0.5mm/m。隔板中间通传热介质，通过加热冷却传热介质，达到控制冷冻干燥过程不同温度的目的。

导热隔板由液压控制，可自由升降，配合自动进出料装置可完成冻干过程的自动操作。另外西林瓶产品冻干完成后通过下降隔板可完成压塞过程。

导热隔板内有分布均匀的导热管，内通特殊的导热介质如硅油等。隔板要求温度分布均匀，温差在 ±1℃以下。

(3) 冷凝器

冷凝器主要用于排除在冷冻干燥过程中制品升化产生的水蒸气，以加快干燥过程的进行。

冷凝器有水平和垂直两种形式。冷凝器内的冷凝盘管由 316L 不锈钢无缝钢管制成，冷凝盘管间距以达到最大容冰量并避免互相粘连为宜。冷凝器一般位于冻干箱体的后方，冷凝器外壳上开有冷却盘管制冷剂的进出口、蒸汽进口、温度压力检测口、安全阀、凝结水、融霜水、真空等管口以及视镜等。冷凝器与冻干箱体之间由真空阀相隔离。

(4) 真空系统

冰干过程中，箱体内除了必须保持一定的冷冻干燥温度外，还必须保证高真空度，以便抽除水蒸气和干空气，并维持冻干过程中制品升华和解吸干燥所需的真空。冻干机真空系统一般要求抽气能力大、极限真空度高。该真空系统一般由罗茨泵-旋片真空泵组成，其抽气能力（空载）应该在20min内由大气压（$10Pa^5$）抽至13Pa以下。冻干箱的空载极限真空度为小于1Pa，整个冻干机的真空系统泄漏率应低于5Pa·L/s。为了确保真空系统长时间稳定可靠运行，一般配备两套真空泵系统。

(5) 制冷系统

制冷系统主要为箱体内的隔板和冷凝器提供冷源。特别是温度范围宽，一般冻干箱内隔板的温度范围在－55～70℃之间，而冷凝器内的盘管温度范围可达到－75～50℃。制冷系统是整个冻干过程中能耗最大的系统。整个冻干过程，制冷机组必须保证运转正常稳定，必须保证冻干室和冷凝器内温度长期保持在低温状态。一般冻干机均配备两套以上的独立的制冷机组。

另有一种新型的液氮制冷冻干机组，采用－196℃的液氮蒸发达到制冷目的。其最大的特点是无制冷压缩机，耗电省，维修简单，不需要冷却水，冷却速度快，冷却能力高，噪声低，运行可靠。据文献记载，使1kg水结冰然后使其升华，约需19.5kg液氮。

(6) 循环系统

该系统主要控制冻干过程中制品的温度的升降。常用导热介质为硅油或乙二醇、酒精与水混合液等。这些载热体通过冻干机的冷冻系统或电加热系统进行升温或降温，并在冻干箱隔板内循环，与冻干制品进行均匀的热量传递，从而达到传热的目的。

换热系统必须具有一定的换热效率，隔板温度控制精度要求一般要达到±1℃以下。

(7) 在线清洗灭菌系统

冻干机的消毒包括在位清洗灭菌系统（CIP/SIP），是保证冻干制品无菌生产过程的重要组成部分。该系统的管道阀门均按注射用水系统标准制造，主要阀门均选用隔膜阀，管道均为316L薄壁卫生配管，卡箍连接。整个清洗灭菌过程由计算机程控，按照一定的清洗灭菌周期进行。

(8) 自动物料装卸载系统

传统冻干机的物料装卸载均靠人工完成。冻干开始阶段，冻干箱体前门打开，冻干制品由人工送入隔板。冻干结束后，打开大门，由人工卸料。由于人体是最大的微生物携带源，因此无论人体表面如何消毒、防护，对于无菌冻干生产过程而言仍然是最大的潜在污染源。而自动物料装卸载系统，可避免上述缺陷，使得冻干制品的无菌生产自动进行，可最大限度提高产品的无菌保证度。

自动装载系统有三种方式：自动层流小车（AGV）系统、固定轨道系统（RBR）和混合系统（AGV＋RBR）。

① 自动层流小车（AGV）系统进出料系统　该系统由进料站、自动层流小车（AGV）、轨道、出料站等组成。其主要工作原理如下。

来自灌装线的西林瓶进入缓冲站，通过传输链板缓慢地送入载料台上，并由载料台上的推进器推至进料平台上。西林瓶在进料平台上按三角形码放满后，由AGV小车上的捕料框将整个平台上码放整齐的西林瓶方阵缓慢转移至AGV小车平台上。然后小车沿地面下预埋的轨道自动运动至冻干机前方。

在冻干机前侧，自协小车与冻干机进料小门对齐，然后捕料框运动，将平台上的西林瓶方阵缓慢推入冰干机箱体。然后自动小车自动离开冻干机，回到进料平台处重复下一个进料周期。而冻干机内的隔板同样升高一层，等待下一批西林瓶方阵的进入。

冻干机的出料过程与上述步骤正好相反，自动层流小车（AGV）在冻干机前方等待，冻干机小门打开，AGV的捕料框伸入冻干机，将隔板上的已压完塞的西林瓶方阵缓慢拉出至小车平台上。然后小车沿轨道自动运行至出料站，将方阵转移至出料平台上并进入下一步的轧盖过程。然后小车回到冻干机前方，而此时冻干机内隔板已经下降一层，小车捕料框再伸入冻干箱体，重复上一步骤的出料过程。

采用自动物料装卸载系统的优点，除了减少无菌环境下人员的直接操作外，由于冻干机的进出料仅需打开与进料小车相对应的小门，这样冻干机整个进料过程中，冻干机内可以预先进行降温，可以缩短整个冻干周期。

整个系统的技术关键是AGV与进料站、冻干机隔板、出料站的无缝衔接，以免西林瓶的倒伏造成损失和污染。另外整个系统的运行速度、进出料站的面积也必须与灌装、轧盖等机组的速度相匹配。由于AGV运行于无菌区，因此小车的轨道和受电系统必须暗藏，以满足无菌生产区的定期清洗灭菌要求。

自动层流小车进出料系统的运行原理图见图52-72。

② 固定轨道式（RBR）　固定轨道式装载系统是通过固定的输送轨道将西林瓶输送至冻干箱口，并由特制的液压推送装置将成排的西林瓶无缝地推送至冻干箱内的隔板上。冻干结束后，依靠箱体后置的液压装置将成排西林瓶由箱内推送至固定轨道上，并送至下一工序。整个固定轨道由无菌隔离系统保护，内部为A级单向流，整个过程无需人工操作，充分保证了产品的无菌性。与采用AGV方式相比，固定轨道方式的布置更加紧凑，西林瓶与冻干箱之间的转运更加平滑顺畅，生产效率有所提高。固定轨道式出料系统的运行原理如图52-73所示。

③ 混合式进出瓶方式（AGV＋RBR）　该方式主要用于大规模的冻干制品的生产。其冻干机箱为前进后出式，辅助机组均位于冻干箱体的下方，进箱采用固定轨道式，通过液压装置将成排的西林瓶推送入箱体，速度快、运转平稳；而出箱采用AGV方式，灵活可靠。该方式的最大特点是相邻冻干机的进箱和出箱可在两个区域同时进行，互不影响，避免了交叉混批的风险，最大限度地提高了联动线和冻干机的生产效率。混合式出料系统的运行原理如图52-74所示。

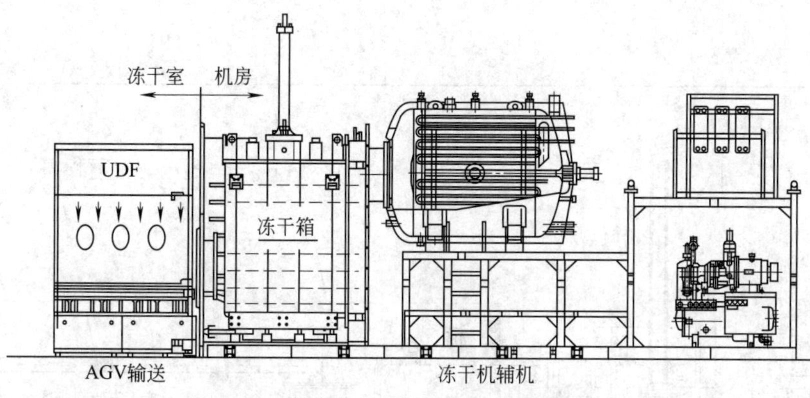

图 52-72　自动层流小车进出料系统的运行原理

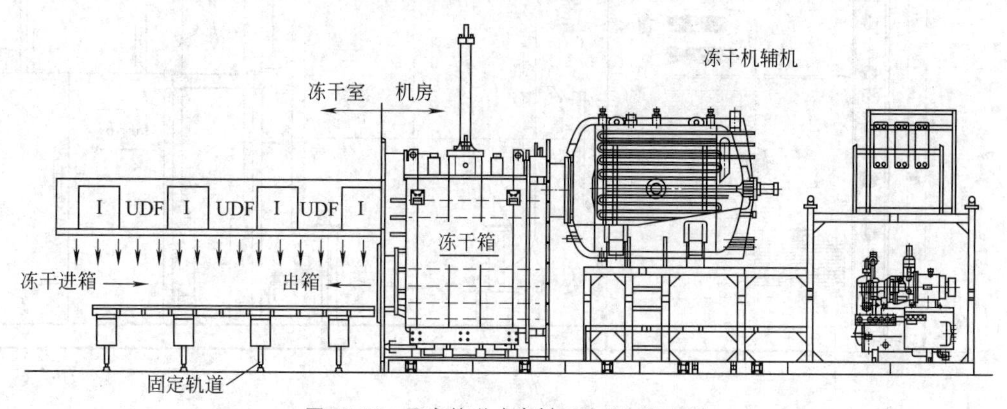

图 52-73　固定轨道式出料系统的运行原理

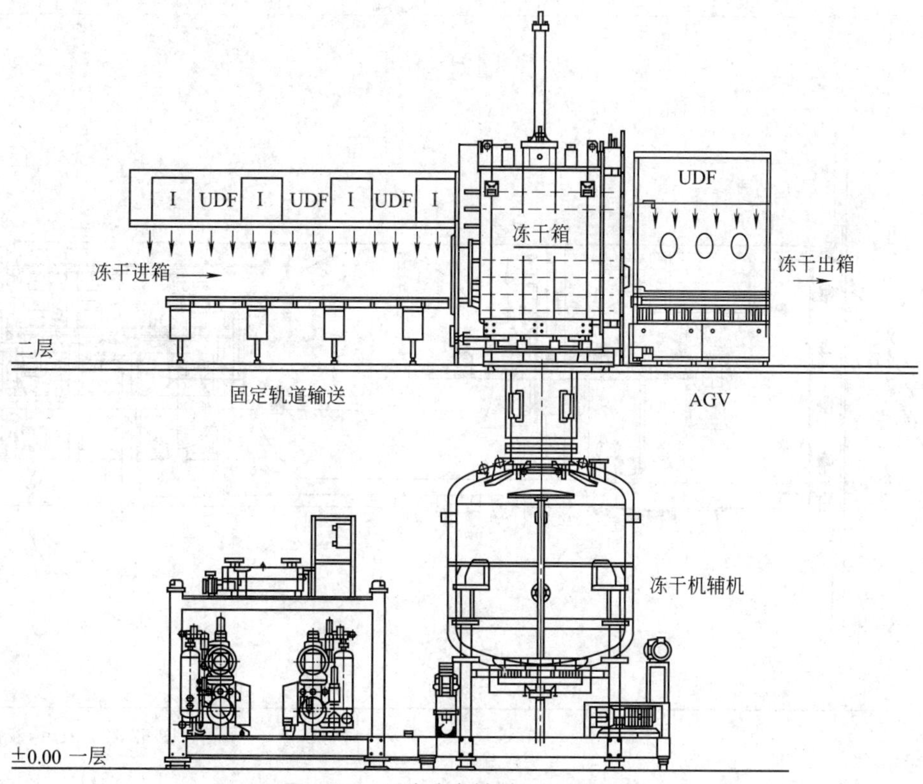

图 52-74　混合式出料系统的运行原理

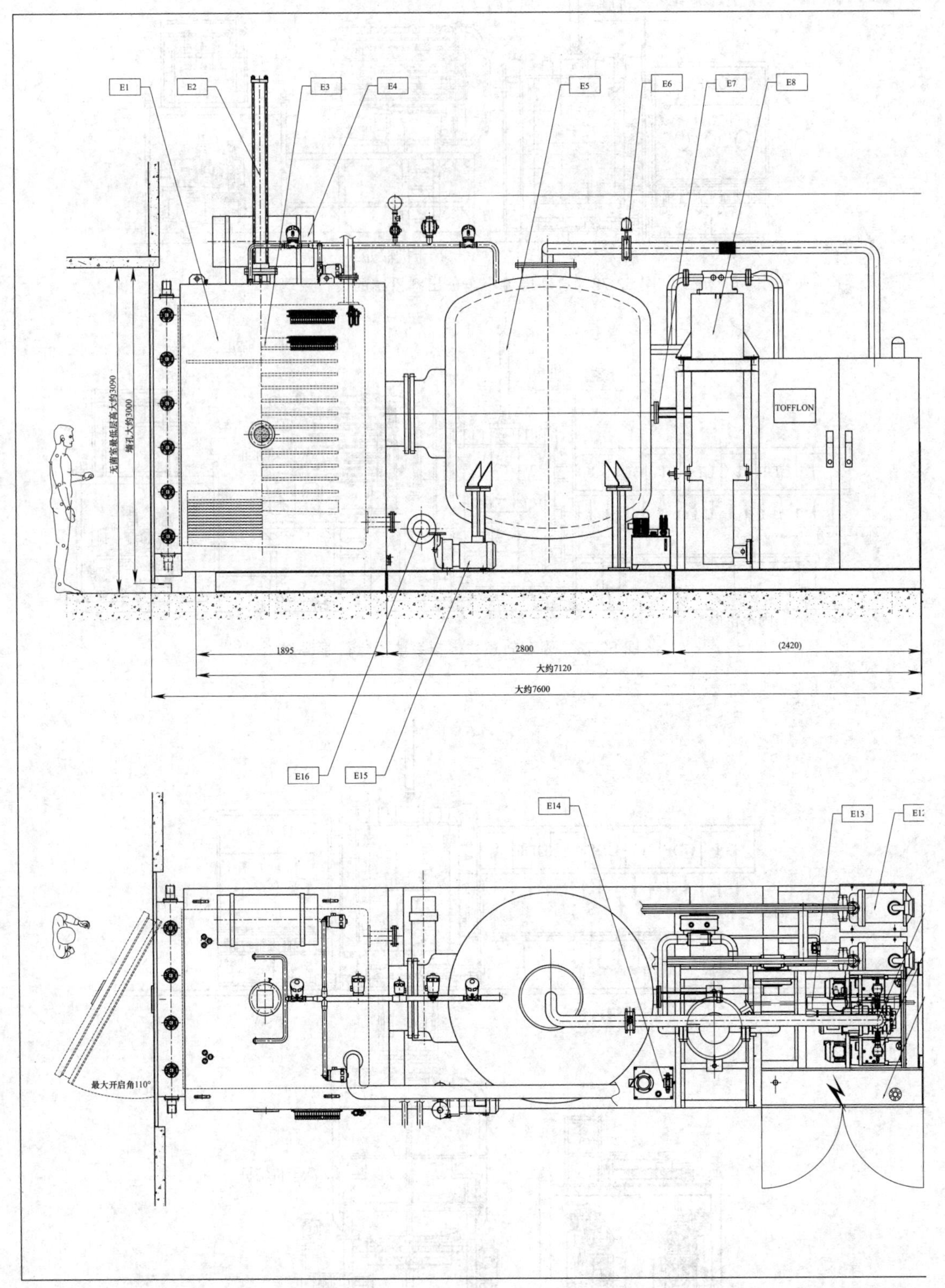

图 52-75　20m² 液氮制冷

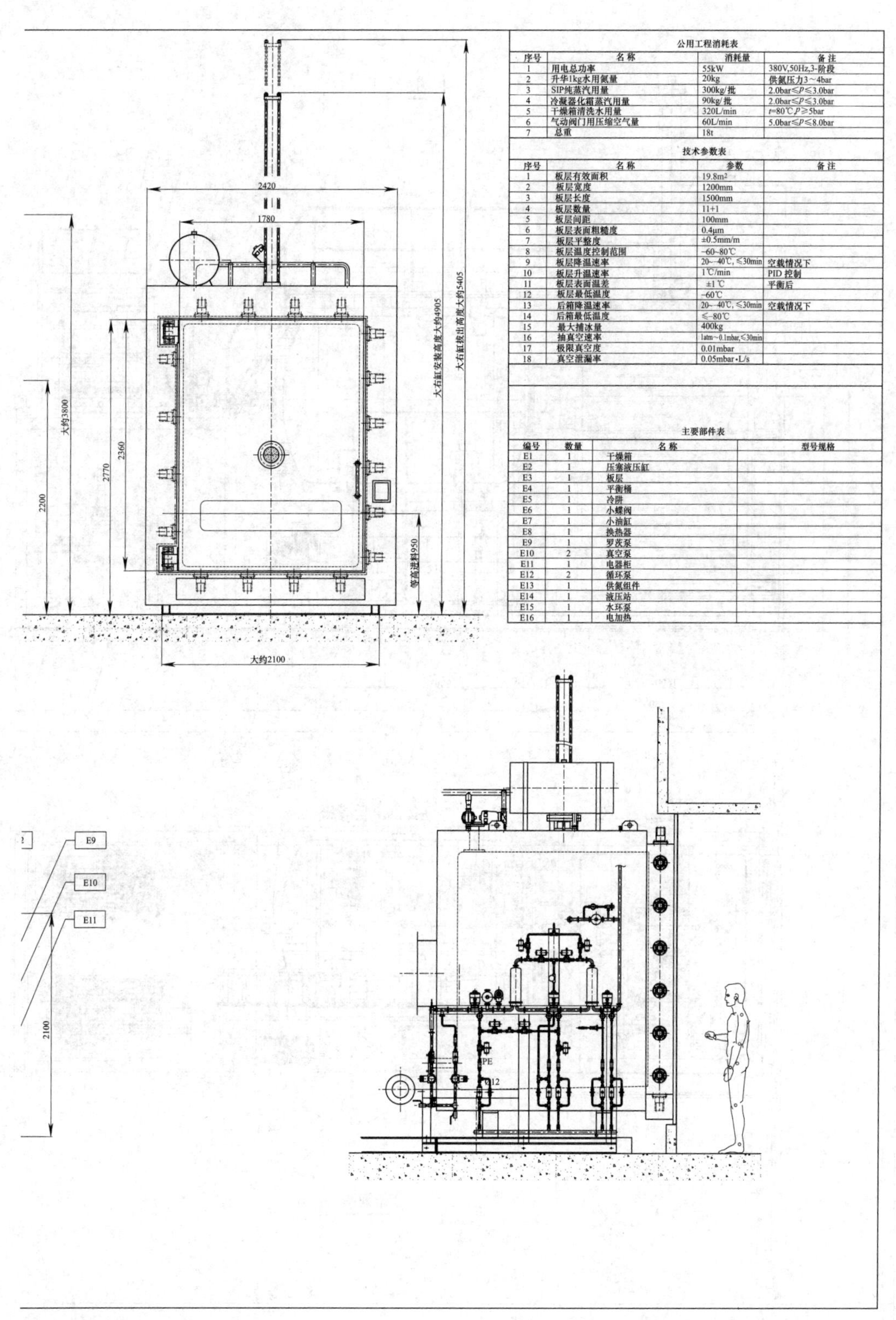

公用工程消耗表

序号	名称	消耗量	备注
1	用电总功率	55kW	380V,50Hz,3-阶段
2	升华1kg水用氮量	20kg	供氮压力3～4bar
3	SIP纯蒸汽用量	300kg/批	2.0bar≤P≤3.0bar
4	冷凝器化霜蒸汽用量	90kg/批	2.0bar≤P≤3.0bar
5	干燥箱清洗水用量	320L/min	t=80℃,P≥5bar
6	气动阀门用压缩空气量	60L/min	5.0bar≤P≤8.0bar
7	总重	18t	

技术参数表

序号	名称	参数	备注
1	板层有效面积	19.8m²	
2	板层宽度	1200mm	
3	板层长度	1500mm	
4	板层数量	11+1	
5	板层间距	100mm	
6	板层表面粗糙度	0.4μm	
7	板层平整度	±0.5mm/m	
8	板层温度控制范围	−60~80℃	
9	板层降温速率	20~−40℃, ≤30min	空载情况下
10	板层升温速率	1℃/min	PID 控制
11	板层表面温差	±1℃	平衡后
12	板层最低温度	−60℃	
13	后箱降温速率	20~−40℃, ≤30min	空载情况下
14	后箱最低温度	≤−80℃	
15	最大捕冰量	400kg	
16	抽真空速率	1atm~0.1mbar,≤30min	
17	极限真空度	0.01mbar	
18	真空泄漏率	0.05mbar·L/s	

主要部件表

编号	数量	名称	型号规格
E1	1	干燥箱	
E2	1	压塞液压缸	
E3	1	板层	
E4	1	平衡桶	
E5	1	冷阱	
E6	1	小蝶阀	
E7	1	小油缸	
E8	1	换热器	
E9	1	罗茨泵	
E10	2	真空泵	
E11	1	电器柜	
E12	2	循环泵	
E13	1	供氮组件	
E14	1	液压站	
E15	1	水环泵	
E16	1	电加热	

冻干机参考图

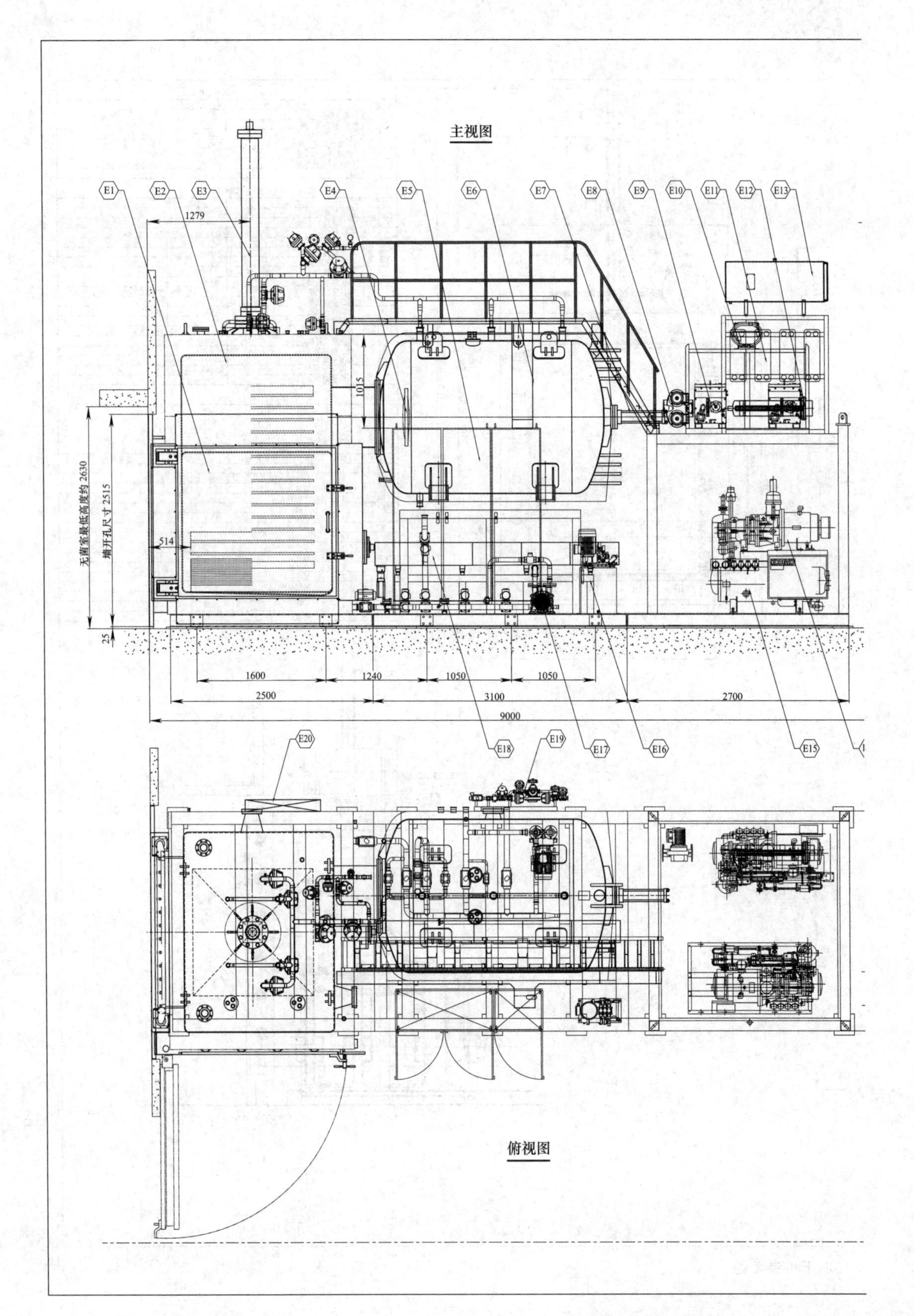

图 52-76　30m² 压缩制冷

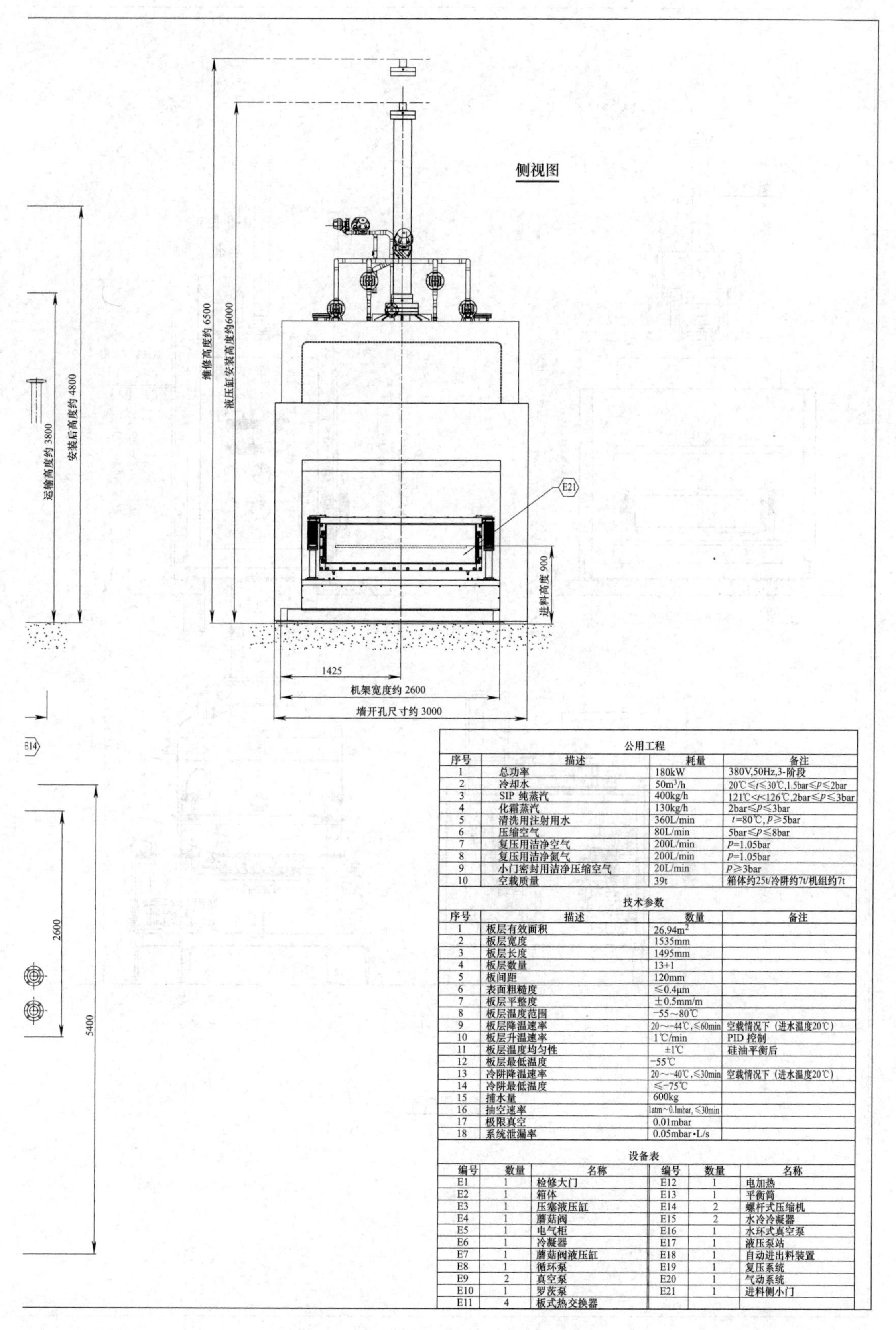

公用工程

序号	描述	耗量	备注
1	总功率	180kW	380V,50Hz,3-阶段
2	冷却水	$50m^3/h$	20℃≤t≤30℃,1.5bar≤p≤2bar
3	SIP 纯蒸汽	400kg/h	121℃<t<126℃,2bar≤p≤3bar
4	化霜蒸汽	130kg/h	2bar≤p≤3bar
5	清洗用注射用水	360L/min	t=80℃, p≥5bar
6	压缩空气	80L/min	5bar≤p≤8bar
7	复压用洁净空气	200L/min	p=1.05bar
8	复压用洁净氮气	200L/min	p=1.05bar
9	小门密封用洁净压缩空气	20L/min	p≥3bar
10	空载质量	39t	箱体约25t/冷阱约7t/机组约7t

技术参数

序号	描述	数量	备注
1	板层有效面积	$26.94m^2$	
2	板层宽度	1535mm	
3	板层长度	1495mm	
4	板层数量	13+1	
5	板间距	120mm	
6	表面粗糙度	≤0.4μm	
7	板层平整度	±0.5mm/m	
8	板层温度范围	−55～80℃	
9	板层降温速率	20～−44℃,≤60min	空载情况下（进水温度20℃）
10	板层升温速率	1℃/min	PID 控制
11	板层温度均匀性	±1℃	硅油平衡后
12	板层最低温度	−55℃	
13	冷阱降温速率	20～−40℃,≤30min	空载情况下（进水温度20℃）
14	冷阱最低温度	≤−75℃	
15	捕水量	600kg	
16	抽空速率	1atm～0.1mbar, ≤30min	
17	极限真空	0.01mbar	
18	系统泄漏率	0.05mbar·L/s	

设备表

编号	数量	名称	编号	数量	名称
E1	1	检修大门	E12	1	电加热
E2	1	箱体	E13	1	平衡筒
E3	1	压塞液压缸	E14	2	螺杆式压缩机
E4	1	蘑菇阀	E15	2	水冷冷凝器
E5	1	电气柜	E16	1	水环式真空泵
E6	1	冷凝器	E17	1	液压泵站
E7	1	蘑菇阀液压缸	E18	1	自动进出料装置
E8	1	循环泵	E19	1	复压系统
E9	2	真空泵	E20	1	气动系统
E10	1	罗茨泵	E21	1	进料侧小门
E11	4	板式热交换器			

冻干机参考图

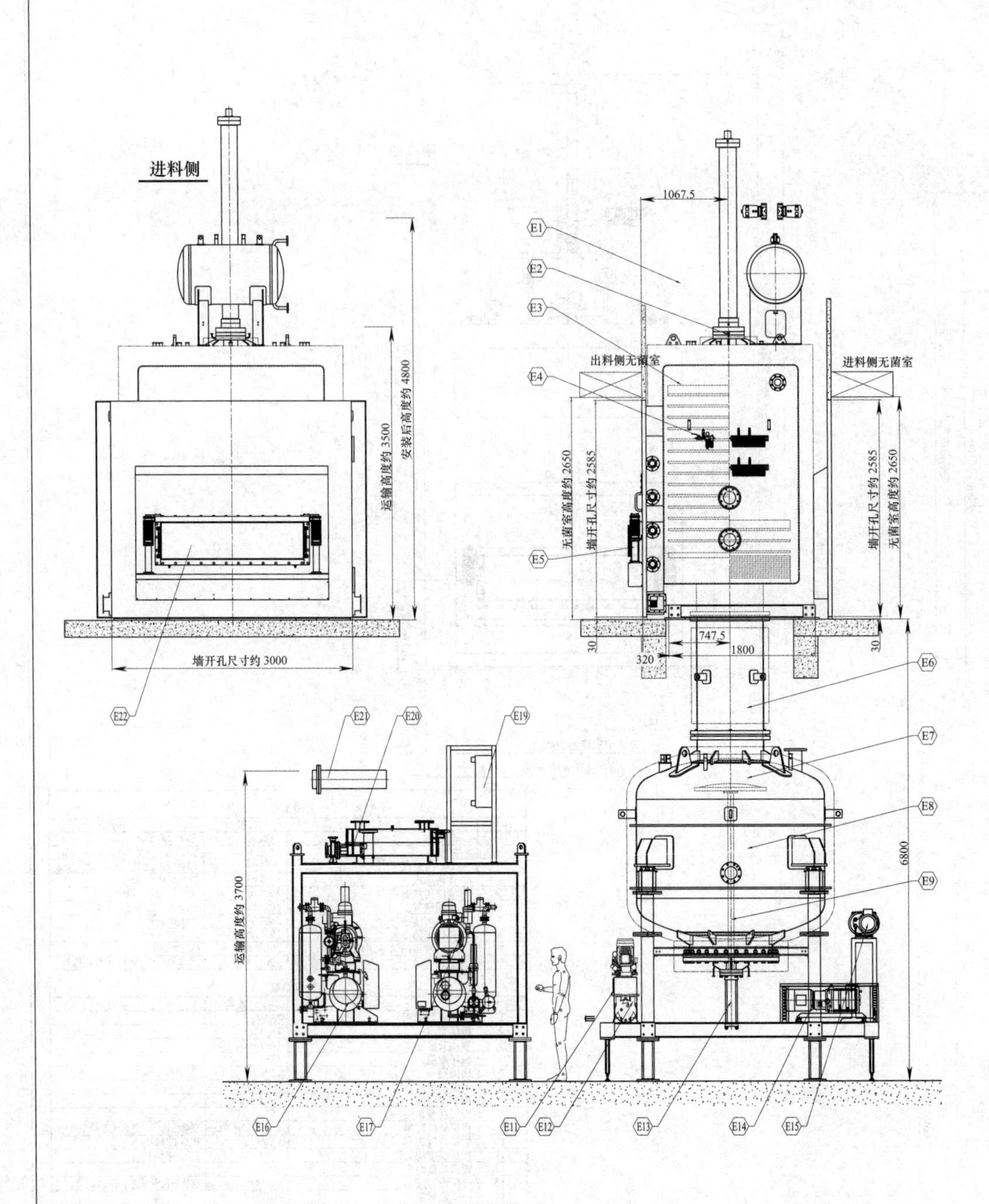

图 52-77 30m² 压缩制冷上下

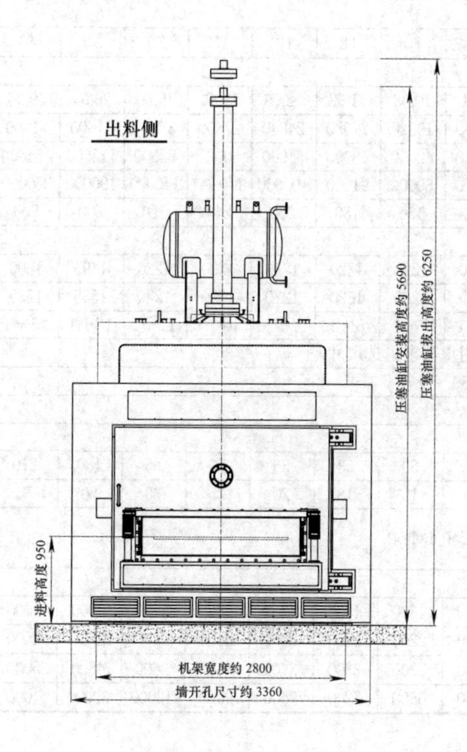

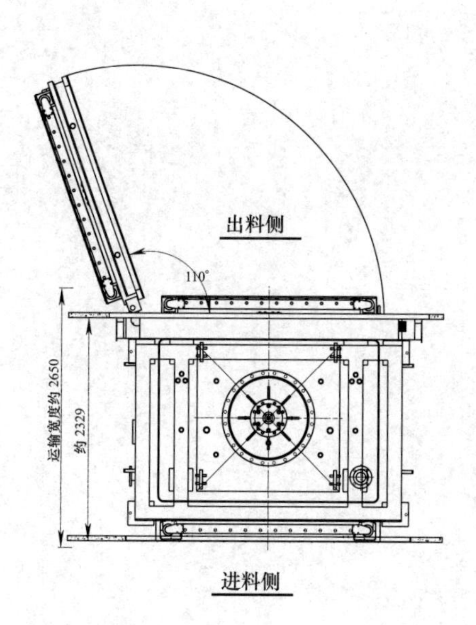

冻干箱俯视图

公用工程

序号	描述	耗量	备注
1	总功率	180kW	380V,50Hz,3-阶段
2	冷却水	50m³/hr	t≤25℃,1.5bar≤p≤2bar
3	SIP 纯蒸汽	400kg/批	121℃<t<126℃,2bar≤p≤3bar
4	化霜蒸汽	130kg/批	2bar≤p≤3bar
5	清洗用注射用水	360L/min	t=80℃,p≥5bar
6	压缩空气	80L/min	5bar≤p≤8bar
7	复压用洁净空气	200L/min	p≥5bar
8	复压用洁净氮气	200L/min	p≥5bar
9	小门用无菌压缩空气	20L/min	p≥5bar
10	真空泵用氮气	100L/min	2.5bar≤p≤6.9bar
11	重量	40t	其中冻干箱约25t/冷阱约9t/机组约6t

技术参数

序号	描述	数量	备注
1	板层有效面积	26.94m²	
2	板层宽度	1535mm	
3	板层长度	1495mm	
4	板层数量	13+1	
5	板间距	110mm	
6	表面粗糙度	≤0.4μm	
7	板层平整度	±0.5mm/m	
8	板层温度范围	-55～80℃	
9	板层降温速率	20～-40℃≤50min	空载情况下
10	板层升温速率	1℃/min	PID 控制
11	板层温度均匀性	±1℃	硅油平衡后
12	板层最低温度	-55℃	
13	冷阱降温速率	20～-40℃,≤30min	空载情况下
14	冷阱最低温度	≤-70℃	
15	捕水量	600kg	
16	抽空速率	1atm～0.1mbar,≤30min	
17	极限真空	0.01mbar	
18	系统泄漏率	0.05mbar·L/s	

设备表

编号	数量	名称	编号	数量	名称
E1	1	平衡筒	E12	1	水环式真空泵
E2	1	压塞液压缸	E13	1	蘑菇阀液压缸
E3	1	冻干箱	E14	2	干式真空泵
E4	1	气动系统	E15	1	罗茨泵
E5	1	出料侧大门&小门	E16	2	压缩机
E6	1	蘑菇阀连接管	E17	2	水冷冷凝器
E7	1	冷凝器	E18	1	电气柜
E8	1	蘑菇阀	E19	4	板式热交换器
E9	1	蘑菇缸液压杆	E20	2	循环泵
E10	1	复压系统	E21	1	电加热
E11	1	液压泵站	E22	1	进料侧小门

结构冻干机参考图

(9) 常用冻干机主要技术参数（表52-103）

(10) 20m^2 液氮制冷冻干机参考图（图52-75）

(11) 30m^2 压缩制冷冻干机参考图（图52-76）

(12) 30m^2 压缩制冷上下结构冻干机参考图（图52-77）

表52-103 常用冻干机主要技术参数

项 目	型 号													
	0.4	1	2	3	5	7	8	10	12	13	15	20	30	40
容量														
有效隔板面积/m^2	0.42	1.08	2.16	3.24	4.86	7.56	8.64	10.08	11.52	12.96	14.40	19.80	26.94	39.96
ϕ23mm 西林瓶/支	750	2000	4140	6120	9315	14490	16560	19320	22080	24840	27600	37950	51600	71000
ϕ16mm 西林瓶/支	1300	3250	9000	13440	20250	31500	36000	42000	48000	54000	60000	82500	112000	154000
2mL 安瓿瓶/支	3000	7500	17000	25000	40000	58000	70000	80000	91000	100000	110000	140000	190000	260000
冷凝器捕水量/kg	8	20	40	50	80	120	130	150	180	200	240	320	600	800
规格														
隔板尺寸(长)/mm	450	600	915	915	915	1220	1220	1220	1220	1220	1220	1220	1495	1800
隔板尺寸(宽)/mm	300	450	610	610	915	915	915	1220	1220	1220	1220	1220	1535	1535
隔板数/块	3+1	4+1	4+1	6+1	6+1	7+1	8+1	7+1	8+1	9+1	10+1	11+1	13+1	15+1
隔板间距/mm	100(可根据用户需求另选尺寸)													
隔板温度/℃	−50～+70													
冷凝器温度/℃	−70													
基础设施														
功耗(380V/50Hz)/kW	4	9	18	25	28	35	40	50	53	56	70	85	180	210
冷却水(<25℃)/(t/h)	1	2	4	5	8	12	13	15	18	20	25	35	50	50
压缩空气(标准状态)/(m^3/min)	0.1(>0.4MPa)													
外形尺寸														
长/mm	1600	2200	2600	3400	3400	4000	4000	4300	4300	4300	5000	6500	9000	9000
宽/mm	800	1200	1400	1560	1800	1800	1800	2200	2200	2200	2400	2400	2600	2600
高/mm	1800	1900	2300	3000	3000	3200	3200	3200	3300	3400	3500	3600	4800	5000
质量/g	1100	1400	2400	3200	4200	5200	5500	6500	7200	7500	9000	12000	39000	4000

第53章 天然药物生产装备

天然药物是指具有药理活性的，又被现代医药体系验证的植物药、动物药和矿物药等的总称。目前实际使用中以植物类药物入药居多。本章主要介绍植物类药物的生产装备，并兼顾其他药物的生产。

天然药物的入药方式可分为用药材打粉入药和经提取加工后的浸膏（粉）制成。由于各种药材的性状不一，入药的方式也不同，在选用相关的生产流程和装备时应根据实际需要，在满足生产的前提下，兼顾合理和经济性。目前天然药物的生产过程大致可分为：前处理、提取和制剂等工序，以下按生产工序介绍所需的设备。

1 前处理装备

前处理工序的目的是除去药材中的杂质、霉变部分以及非入药的部分，根据需要将药材切成一定规格的饮片，提高药材在提取过程中浸出有效成分，缩短提取的周期或适合生药材粉碎需要，或经净化灭菌粉碎成细粉，作为制剂车间的原料。

在前处理过程中，可根据药材加工量和种类，选择单机、半自动、全自动的饮片加工机械。

1.1 洗药机

洗药分为手工洗和机械洗，机械洗主要是采用洗药机，手工洗一般采用洗药池。洗药池一般为砖混结构，内衬瓷砖或不锈钢板，小型的洗药池可直接采用不锈钢制成，其深度要方便工人捞药，不易太深。洗药池由于是采用药材浸洗方式，故有一定的润药作用，在使用时需注意药材的浸泡时间，避免有效成分的流失，如需要温热浸泡，需要加盖板。

洗药池一般为现场制作，其容积根据一次洗药量和洗涤水量确定，一般池子做成相邻两格，以便一边洗涤，一边放水。

经过挑选后的药材需进行清洗，除去黏附在药材表面的泥沙。根据被清洗的药材，可选用不同的洗药设备，主要洗药设备形式有：滚筒式、刮板式、回转滚筒式和喷淋式等，目前以滚筒式洗药机应用最普遍，其结构如图 53-1 所示，技术参数示例详见表 53-1。

在开孔的滚筒内加入净水洗涤药材，并通过旋转和滚筒内的内螺旋导板实现自动出料。由于滚筒开有圆孔，故适合直径大于 3mm 的药材。部分洗药机自带洗涤水加压泵。

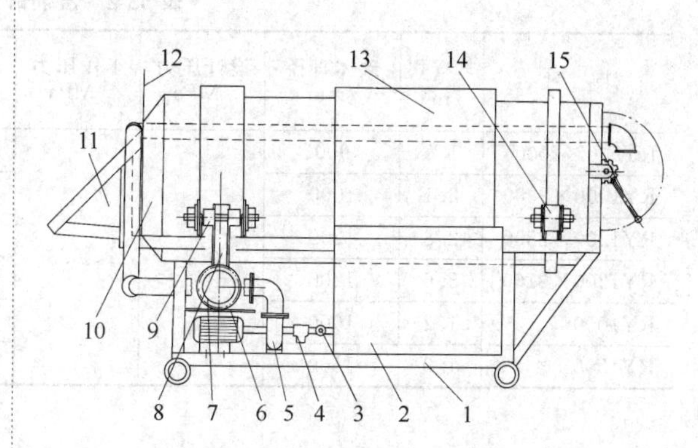

图 53-1　滚筒式洗药机结构

1—机架；2—水箱；3—手轮；4—三通阀；5—水泵；6—防水罩；7—蜗杆；8—蜗轮；9—滚轮；10—滚筒；11—进料口；12—前挡板；13—喷水管；14—滚轮；15—手柄

表 53-1　滚筒式洗药机技术参数示例

项目	型号					
	XY500 (XG500) (XT500)	XY720 (XG720) (XT720)	XY900 (XG900) (XT900)	XY500	XY720	XY900
生产能力/(kg/h)	100～300	300～500	800～1000	140～500	200～750	500～1200
滚筒转速/(r/min)	8～12	8～12	8～12	9	9	9
冲洗时间/s	60～100	60～100	60～100	1450	2100	2600
耗水量/(t/h)	0.5～5	0.5～5	0.5～5	0.5	0.7	0.9
外形尺寸(长×宽×高)/mm	2700×700×1150	2800×850×1300	3740×1070×1720	1960×600×980	2800×800×1300	3100×1100×1500
质量/kg	600～860	700～1000	900～1200	300	600	800
配套电动机/kW	2.1	3.7	4.4	1.1	2.2	3
主要材料	不锈钢					

对于洗药机，在洗药过程中，会有少量药材嵌入滚筒的筛孔中，故在洗一批药材后，一定要仔细清理残留的药材。

1.2 浸润罐

某些干燥药材在切制前需用适量的水或乙醇浸润，使其软化、利于切制，或为了去除药材中多余的盐分及加快提取速率，也采用此方法。常规的使用方法有：淋法、洗法、泡法及浸润法等，其中淋法、洗法、泡法可结合药材的洗涤完成。

浸润罐的工作原理是先通过真空减压将药材组织内的气体抽出，再进行喷水或加入其他溶剂，也可根据要求通入适量的蒸汽调节至适宜的浸润温度，使水或溶剂迅速渗入药材内部，达到浸润软化目的。若用溶剂进行浸润，在浸润后，应将药材中的溶剂收集后，再出罐。其技术参数示例见表53-2，结构外形参见图53-2和表53-3。

根据不同的浸润方法，浸润罐有两种安装形式，如图53-3和图53-4所示。

表53-2 浸润罐技术参数示例

型号	全容积/m^3	罐体直径/mm	设计压力/MPa	工作压力/MPa	外形尺寸(长×宽×高)/mm	质量/kg	电功率/kW	主要材料
RY900×2000	1.5	900	0.3	≤0.3	2560×1350×1232	1500		不锈钢
RY1000×2300	2.1	1000			2890×1560×1360	1800		
RY1200×2500	2.8	1200			3226×1700×1650	2360		
RY1200×3200	3.6	1200			3926×1700×2400	2660		
RY1000	1.2	1000			3600×1200×2950	1500	4.1	
RY1500	1.9	1500			4600×1400×3650	2000	5.4	

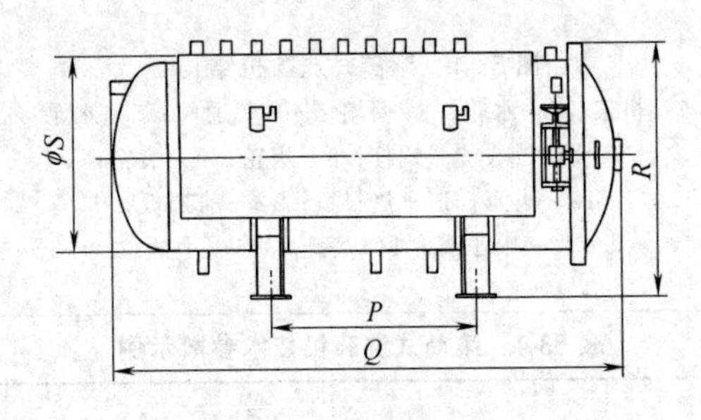

图53-2 浸润罐外形图

表53-3 RY型浸润罐外形尺寸 单位:mm

外形尺寸	φ1200×3200	φ1200×2500	φ1000×2300	φ900×2000
R	1520	1520	1360	1232
P	2400	1650	1620	1330
Q	3926	3226	2890	2560
φS	φ1200	φ1200	φ1000	φ900

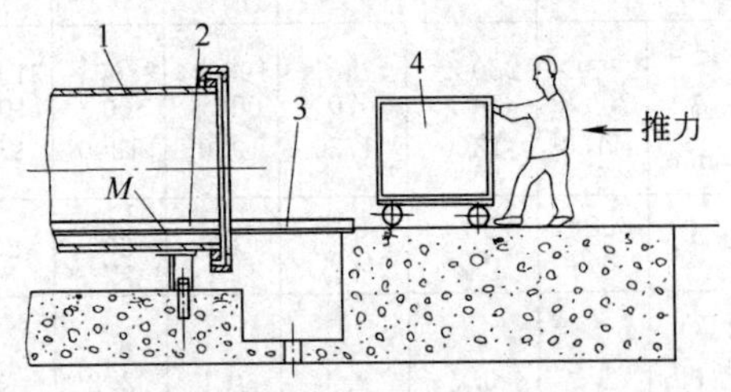

图53-3 采用浸润车浸润时的安装示意
1—锅身；2—内轨道；3—过桥；4—罐车
M—内导轨面

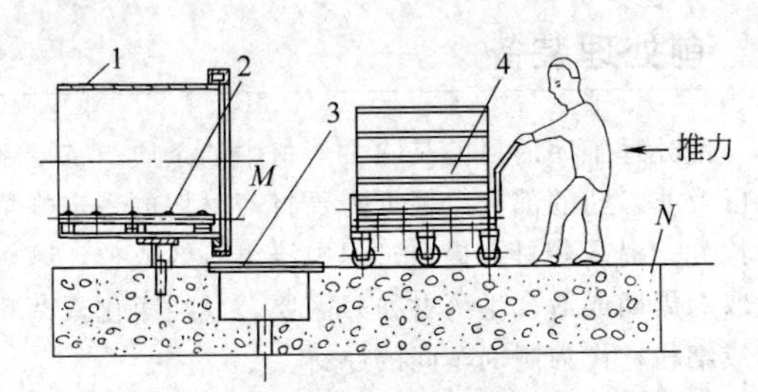

图53-4 采用层叠式浸润筐时的安装示意
1—锅身；2—内轨道；3—过桥；4—罐车；
M—内导轨面；N—地平面

表53-4 炒药机技术参数示例

项目	型号				
	QYJ2-700	GY型	CY550	CY800	CZY-700
生产能力/(kg/h)	50～200	50～240	50～200	100～300	50～200
耗油量/(kg/h)	10		5～7		2.5～6
耗液化气量/(kg/h)			或3.5	或5.5	
耗煤量/(kg/h)			1	2	
外形尺寸(长×宽×高)/mm	1710×1270×2340	2080×1280×1400	1850×1150×1600	1850×1500×2100	1710×1300×2350
质量/kg	1000	600～1750	500	700	850
配套电动机功率/kW	2.4	2.2	1.5	2.2	2.4
主要材料	不锈钢				

注：炒药机可选用的加热方式，订货时予以说明。

1.3 炒药机

在前处理中，炮制是一个很关键的步骤，部分中药材使用时，需要对其进行炮制，以改变或降低某一方面的药性、适应配伍。炒药机可对药材进行炒制和药材适配部分的煅、炙药。根据使用的热源不同，可分为电热型、液化气型和燃油型等，燃油型的一般使用 0 号柴油。

由于炒药机在生产过程中，会产生部分粉尘或异味，在布置时应将其设在一个相对独立的区域，并配有良好的除尘和排气设施。

炒药机结构如图 53-5 所示，技术参数见表 53-4。

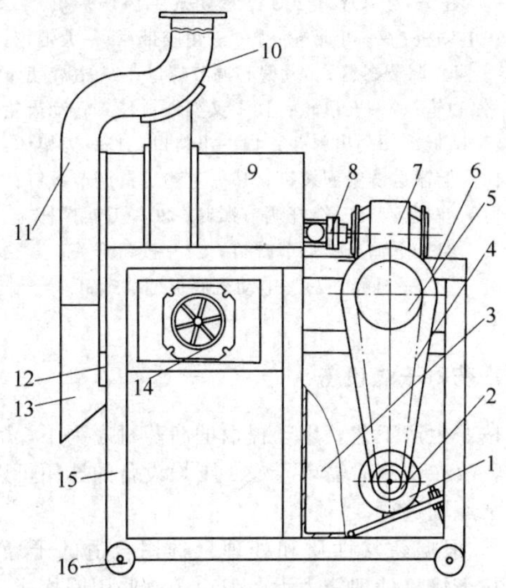

图 53-5　QYJ2-700 型滚筒式燃油炒药机
1—电动机；2—小带轮；3—油箱；4—三角胶带；5—大带轮；6—皮带盘罩壳；7—蜗轮减速箱；8—万向联轴器；9—滚筒；10—三通烟囱口；11—集尘口；12—滚轮；13—出料口；14—燃油器；15—支架；16—脚轮

1.4 切药机

药材切制成不同规格的饮片或颗粒，可便于药材的提取。特别是在动态提取时，对药材颗粒的要求更为严格。切药机的结构型式及其用途参见表 53-5，可根据被切药材的性能不同进行选用。切药机一般适合对草、叶及有韧性的植物根、茎进行粉碎。不同型式切药机的技术参数见表 53-6～表 53-11、图 53-6 和图 53-7。

表 53-5　切药机的结构型式及其用途

结构型式	适用的药材	不适用的药材
旋转式	根、茎、藤、叶、草、果实等	
转盘式	根、茎、叶、草、皮，果实等	
往复式	茎、藤、叶、全草、皮，大部分根、果实、种子等	
剁刀式	一般根、茎、全草等	颗粒类药材
直切式	根、茎、藤类等纤维药材	
多功能	茎、藤、叶、全草、皮，大部分根、果实、种子等	

表 53-6　旋转式切药机技术参数示例

型　号	生产能力/(kg/h)	外形尺寸(长×宽×高)/mm	质量/kg	配套电动机功率/kW	主要材料
QYJ2-100-200	～1000	2150×800×1080	450	3～4	碳钢 不锈钢
ZQJ-100	50～300	1800×550×1050	350	3.0	
ZQ120-2	60～500	1400×660×1300	350	3.0	
Y120-3～4，QY14-4，QY160-4	60～90～600～900	1500×(700～750)×(1076～1115)	560～620	3.0	

表 53-7　转盘式切药机技术参数示例

型　号	生产能力/(kg/h)	外形尺寸(长×宽×高)/mm	质量/kg	配套电动机功率/kW	主要材料
XQY100-3	60～600	1456×766×1068	600	1.5	碳钢 不锈钢
ZQY380	60～800	1600×800×1100	600	3.0	
QYZ100A	150～300	1850×670×1000	300	3.0	
QYJ2-100	200～600	2000×800×1050	450	3.0	
QYJ2-200	500～1000	2150×800×1150	500	4.0	

表 53-8　剁刀式切药机技术参数示例

型　号	生产能力/(kg/h)	外形尺寸(长×宽×高)/mm	质量/kg	配套电动机功率/kW	主要材料
QWL 130	20～80	700×500×500	210	1.1	钢 不锈钢
QWL 240	25～160	1000×500×920	430	2.2	
D74-10B	150～500	1800×700×1100	1000	3.0	

表 53-9　往复式切药机技术参数示例

型　号	生产能力/(kg/h)	外形尺寸(长×宽×高)/mm	质量/kg	配套电动机功率/kW	主要材料
WZQY320	50～400	1750×1100×1450	600	1.5	钢 不锈钢
WQY240	80～800	1700×800×1100	700	3.0	
WQJ-200	80～500	1800×620×980	450	2.2	

表 53-10 直切式切药机技术参数示例

型号	生产能力/(kg/h)	外形尺寸(长×宽×高)/mm	质量/kg	配套电动机功率/kW	主要材料
QWJ200B	150～400	1500×800×1000	500	2.2	钢 不锈钢
QY1-200	200～500	1550×780×950	500	2.2-6	

表 53-11 多功能切药机技术参数示例

项目	型号				
	QYJ-50多功能切片机	QYJ-5斜直两用切片机	QYD100Ⅲ多功能切片机	DQY320多功能切片机	WQ-300切断机
生产能力/(kg/h)	10～50	50～100	20～200	50～200	30～500
外形尺寸(长×宽×高)/mm	600×340×550	700×550×840	1000×700×1000	800×560×800	1680×1250×1620
质量/kg	80	130	180	85	900
配套电动机功率/kW	0.55	1.1	1.5	0.75	1.1
切制原理	三个形状不一的进料口	斜、直两种进料口	一种斜进料口	不同角度斜进料药口	曲柄滑块、四连杆间隙进给机构
饮片形状	正片、斜片	正片、斜片	斜片	正片、斜片、瓜子片	片、块、颗粒
材料	钢 不锈钢				

注：该机型设置不同角度的进料口，并在刀盘和刀架的配合下，切制成不同形状的饮片，一般用于有一定外形要求的饮片切制。

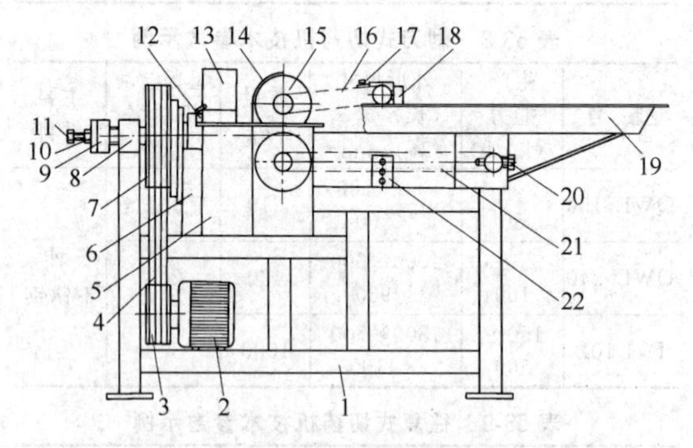

图 53-6 QYJ2-100 型和 QYJ2-200 型转盘式中药切片机

1—机架；2—电动机；3—小带轮；4—三角胶带；5—减速箱；6—被动轴；7—刀盘驱动机构；8—主动轴轴承；9—调节螺母；10—小螺母；11—顶头螺钉；12—变速手柄；13—刀盘防护罩；14—齿轮防护罩；15—传动齿轮；16—上输送链；17—上输送链紧固螺母；18—上输送链调节螺钉；19—进料盘；20—下输送链调节螺钉；21—下输送链；22—电器按钮开关

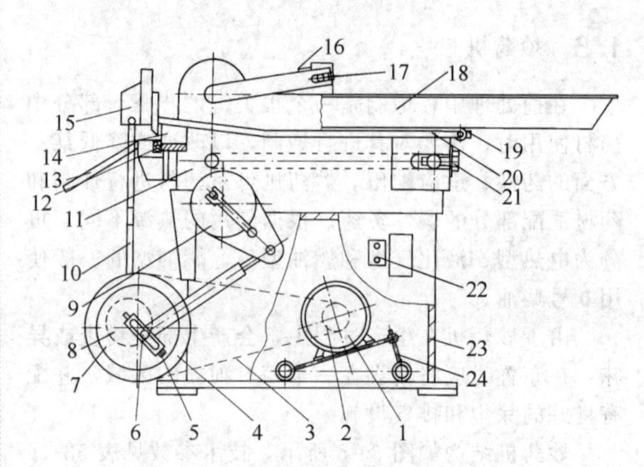

图 53-7 QYJ1-200 型直切式中药切片机

1—电动机；2—小带轮；3—三角胶带；4—大带轮；5—偏心调节螺钉；6—偏心调节螺母；7—甩心盘；8—偏心轮；9—五星轮；10—叉架杆；11—转动齿轮；12—砧板；13—出料斗；14—出料口；15—刀架体；16—上输送链紧固螺钉；17—上输送链调节螺钉；18—料盘；19—撑杆调节螺钉；20—刀架撑杆；21—下输送链调节螺钉；22—按钮开关；23—机壳；24—电动机底板调节螺钉

1.5 药材干燥设备

按照生产工艺，用于提取的净药材应为干燥后的药材，故在切制后需要干燥。干燥设备的选用可以依照以下原则进行。

① 根据药材性质和处理量选用合适的干燥机。履带式干燥机处理能力大，但由于有些用网格式，太细小的药材干燥时容易穿过网格掉落到设备下面，这种情况建议采用烘箱。

② 对于含油量大、不容易干燥的药材，不宜用履带式干燥机。

③ 热风循环烘箱处理能力较小，劳动强度相对较大，但对一些不容易干燥药材，可在较低温度和较长时间进行，同时便于小批量药材的干燥。

④ 在选用干燥设备的温度时，应在满足干燥能力的前提下，对含有挥发性药材的干燥时尤其要注意烘干温度，避免有效成分的挥发。

⑤ 在干燥原药材药粉时，需注意采用的温度不能使药粉变色。

热风循环烘箱见表 53-12。履带式干燥机见表 53-13。

1.6 粉碎机

直接入药的药材通过粉碎制成一定规格的原药细粉。按照药品生产质量管理规范的要求对直接入药细粉的菌落数有一定的控制，这部分药材在粉碎前需经清洗灭菌，粉碎环境及人流和物流也需按净化要求予以设置。

表 53-12　热风循环烘箱

型　号	生产能力/(kg/次)	外形尺寸(长×宽×高)/mm	耗用蒸汽/(kg/h)	散热面积/m²	配套电动机功率/kW	质量/kg	主要材料
CT-C-O	60	1340×1200×2200	15	7	0.45	480	不锈钢
CT-C-Ⅰ	120	2400×1200×2200	20	23	0.45	1080	
CT-C-Ⅱ	240	2400×2200×2200	40	48	0.9	1520	
CT-C-Ⅲ	360	3400×2200×2200	60	72	1.35	1960	
CT-C-Ⅳ	480	4200×2200×2200	80	96	1.8	2400	

表 53-13　履带式干燥机

型　号	生产能力/(kg H_2O/h)	外形尺寸(长×宽×高)/mm	蒸汽耗量/(kg/h)	铺料厚/mm	网袋宽/mm	干燥段长/m	配套电动机功率/kW	质量/kg	主要材料
DW-1.2-8	60～160	9560×1490×2300	120～300	10～80	1.2	8	11.4	4500	不锈钢
DW-1.2-10	80～220	11560×1490×2300	150～375	10～80	1.2	10	13.6	5600	
DW-1.6-8	75～220	9560×1900×2400	150～375	10～80	1.6	8	11.4	5300	
DW-1.6-10	95～250	11560×1900×2400	170～470	10～80	1.6	10	13.6	6400	
DW-2-8	100～260	9560×2320×2500	180～500	10～80	2.0	8	19.7	6200	
DW-2-10	120～300	11560×2320×2500	225～600	10～80	2.0	10	23.7	7500	

直接入药的原药材粉的制作，可以先灭菌后打粉或打粉后灭菌。灭菌一般采用灭菌柜加热形式，若是打粉后再灭菌，由于细粉较原药材小得多，故灭菌温度和灭菌时间应予准确控制，避免药粉发生变色，特别是含有芳香油的药材，一定要选择合适的灭菌方式。

粉碎主要是借助机械力将大块固体物质碎化为适当程度的一种操作过程。

在被粉碎的药材中，为了使粉碎彻底，一般在粉碎前，需对动、植物性药材进行一定的干燥，使其具有一定的脆性，便于粉碎。

粉碎机在粉碎时易产生热量，若药材受热发生软化，会影响粉碎效果，故此种情况下，宜采用带冷却系统的粉碎机。

(1) 破碎机

破碎机是利用特制的钢板制成碰板，经相互运动将物料粉碎，比较适合粉碎贝壳类、矿物类等硬度较大的物质。其技术参数示例见表 53-14。

表 53-14　破碎机技术参数示例

项　目	型号 BYJ-20(125)
生产能力/(kg/h)	120～240
进料颗粒尺寸/mm	＜80
出料颗粒尺寸/mm	3～18
外形尺寸(长×宽×高)/mm	750×450×990
质量/kg	250
配套电动机功率/kW	3.0
主要材料	耐磨钢、不锈钢

(2) 锤片式粉碎机

用特制的钢材制成挡板，通过快速的旋转，对颗粒进行锤击，使其粉碎，适合粉碎脆性物料。在其底部设置筛网，粉碎时细颗粒通过筛网，粗颗粒受到筛网的阻挡继续留在粉碎机内部，直到粉碎到一定的细度。其技术参数示例见表 53-15，结构如图 53-8 所示。

表 53-15　锤片式粉碎机技术参数示例

项　目	型　号		
	C100～FC350	250A	ZF-60～ZF-350
生产能力/(kg/h)	1～120	70	20～350
进料颗粒尺寸/mm	＜12	＜12	＜12
出料颗粒尺寸/mm	20～200	200	20～350
外形尺寸(长×宽×高)/mm	(485×186×375)～(1890×1014×910)	890×990×1370	(800×800×1300)～(600×1000×1300)
质量/kg	25～1000	350	150～380
配套电动机功率/kW	0.37～25	5.7	2.2～7.5
主要材料	耐磨钢、不锈钢		耐磨钢、不锈钢

(3) 柴田式粉碎机

其工作原理是利用运动的转子对药材进行碰撞、粉碎，是一种对植物类药材粉碎效果较好的粉碎机，适用范围广，生产能力大。主要缺点是在运作过程中，噪声较大，粉尘散发较多。目前使用的设备上加装由旋风分离和布袋除尘组成的二级除尘装置，及螺旋加料装置和管道气流输送等，在一定程度上可改善操作环境。同时某些设备加装分级筛，使较大的颗粒自动回到粉碎机中再粉碎。还有的厂家开发了带水冷装置的粉碎机，使它的适用面更广。药材在粉碎前需要先制成小颗粒。其技术参数示例见表 53-16。

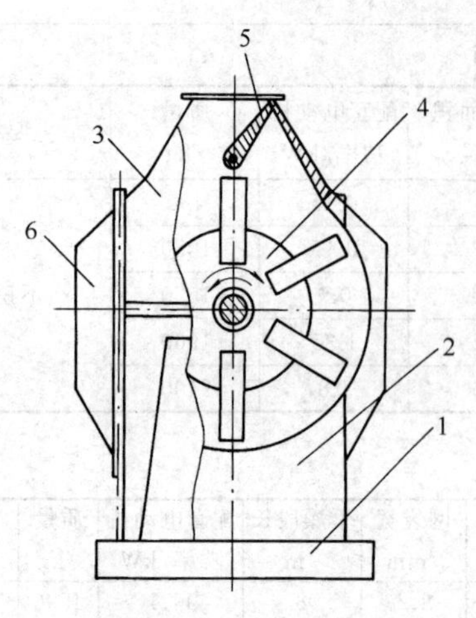

图 53-8 锤片式粉碎机
1—底座；2—下机壳；3—上机壳；
4—转子；5—进料导向机构；
6—操作门

表 53-16 柴田式粉碎机技术参数示例

项 目	型 号				
	SF400	FZ400	ZKF-200	ZKF-400	ZKF-600
生产能力/(kg/h)	30～80	25～180	20～200	40～400	60～600
进料颗粒尺寸/mm	<12	<12	<12	<15	<20
出料颗粒尺寸/目	40～120	40～120	10～200	10～300	10～400
外形尺寸(长×宽×高)/mm	2800×1500×3500	3000×2000×3900			
质量/kg	800	1800	800(平地)/1300(架台)	2400(平地)/3000(架台)	3000(平地)/3700(架台)
主机功率/kW	22	23.5	7.5	18.5	30
主要材料	不锈钢				

注：此粉碎机根据安装要求，分为平地安装和架台安装。总的设备安装功率根据所选用的配套设备不同进行调整。以上设备的外形尺寸包括旋风分离器、布袋除尘器等。

以上三类粉碎机机械部件易磨损，产热量也大，在使用时应经常保持运转部件良好的润滑状态。此类粉碎机不太适合热敏性药材的粉碎，如温度对被粉碎的物料有较大的影响时，则需增添冷却措施。

(4) 球磨机

在球磨机的筒体内装有金属或非金属材料的球、棒、段等磨介以及待研物料，通过筒体的振动，使筒体内的磨介与物料发生碰撞，使其粉碎，适用范围广。改进过的振动磨粉碎机可将物料粉碎成微米级的细粉，其技术参数示例见表 53-17。

表 53-17 球磨机技术参数示例

项 目	型 号		
	BFM-6	BFM-100	BM-100
公称容积/L	6.3	100	100
装料量/L	1.2	20	连续化
出料颗粒尺寸	300Me～3μm		
外形尺寸(长×宽×高)/mm	1130×820×1500	2335×1720×2590	3500×1800×2300
质量/kg	480	2600	2960
电动机功率/kW	0.75	15	11
主要材料	不锈钢		

球磨机的筒体应有适当的转速，以保证里面的磨介能够沿筒壁运行到最高点落下，可对待研物料产生最大撞击作用，使粉碎效果在最佳状况。

能使圆筒内磨介从最高点落下时的筒体最大转速为临界转速，可根据磨筒内径（D）计算求得。

临界转速：$N=42.3/D^{1/2}$（N 的单位为 r/min；D 的单位为 m)。

在对球磨机进行选型时应注意以下几点。

① 圆球直径不应小于 65mm，应大于被粉碎药物的 4～9 倍。

② 圆筒内装圆球的体积数占罐全容积的 30%～35%。

③ 如果是用作湿法粉碎，投入药物一般为圆筒体积的 1/4～1/3，加入的水约为投入药物量的 1 倍。

此类设备适用于粉碎结晶性或脆性物料。由于磨筒为封闭系统，能达到清洁、无尘要求，常用于对有毒药材、贵重药材、吸湿性药材或有刺激性药材的粉碎。但粉碎时间较长，耗能大，清洗也较麻烦。

1.7 气流粉碎机

气流粉碎是通过高速气流带动物料使其相互碰撞，以达到破碎效果。根据物料在高速气流腔体内运动方式不同，分为流化床粉碎和超音速气流粉碎。由于物质在高速气流中发生剧烈碰撞，被粉碎的物料可达到微米级，常被用于粉碎度要求较高物料的粉碎。但进入此类粉碎机的物料一般先要进行粗粉碎（一般要求为 20～100 目)，才能达到较好的粉碎效果。

气流粉碎机在压缩气体膨胀时的冷却作用，适用于热敏物料的粉碎。对于易氧化物料，可以通过使用惰性气体达到粉碎目的，也可以通过对空气的处理进行无菌粉碎。

控制进料速度和保持均匀性是粉碎的关键。其缺点是单位时间产量不高，气流撞击噪声较大，一般比较适合于精细粉碎。

表 53-18　流化床气流粉碎机技术参数

项　目	型　号				
	YF-26	YF-40	YF-60	YF-72	F200～F600 系列
生产能力/(kg/h)	50～200	80～380	200～500	400～1000	5～1000
进料颗粒尺寸/目	100～325				80～400
出料颗粒尺寸/μm	2～15				0.1～10
空气耗量/(m^3/min)	6	10	20	40	
外形尺寸(长×宽×高)/mm					(4500×3500×4500)～(5000×4500×5000)
质量/kg					2000～5000
总功率/kW	57	88	176	349	50～1000
主要材料	不锈钢				

(1) 流化床气流粉碎机

由粉碎喷嘴、粉碎室、分级转子、螺旋加料器等组成。粉碎室是一个直立的腔体，物料由腔体的下方进入粉碎室，并在高压空气作用下，相互碰撞，被粉碎的物料随着气流进入上方的分级室。较粗的粒子返回粉碎室继续粉碎，细小的颗粒随着离心力的作用进入旋风分离器被收集，尾气由布袋除尘器过滤。其技术参数见表 53-18，工艺流程如图 53-9 所示。

(2) 超音速气流粉碎机

其粉碎室是一个卧式腔体。当粉碎原料进入粉碎室时，通过数个粉碎喷嘴喷射超音速气流，使物料相互碰撞和摩擦，较粗的颗粒返回粉碎室继续粉碎，最后通过旋风分离器的出料口可得到细度一致的超微细粉，尾气由布袋除尘器过滤。超音速气流粉碎机的工艺流程和安装示意如图 53-10 和图 53-11 所示，技术参数示例见表 53-19。

表 53-19　超音速气流粉碎机技术参数示例

项　目	型　号		
	QYN-200	QYN-400	QYN-600
生产能力/(kg/h)	30～100	100～300	300～600
进料颗粒尺寸/目	100～325		
出料颗粒尺寸/μm	5～45		
空气耗量/(m^3/min)	6	10	20
总功率/kW	40	70	140
主要材料	不锈钢		

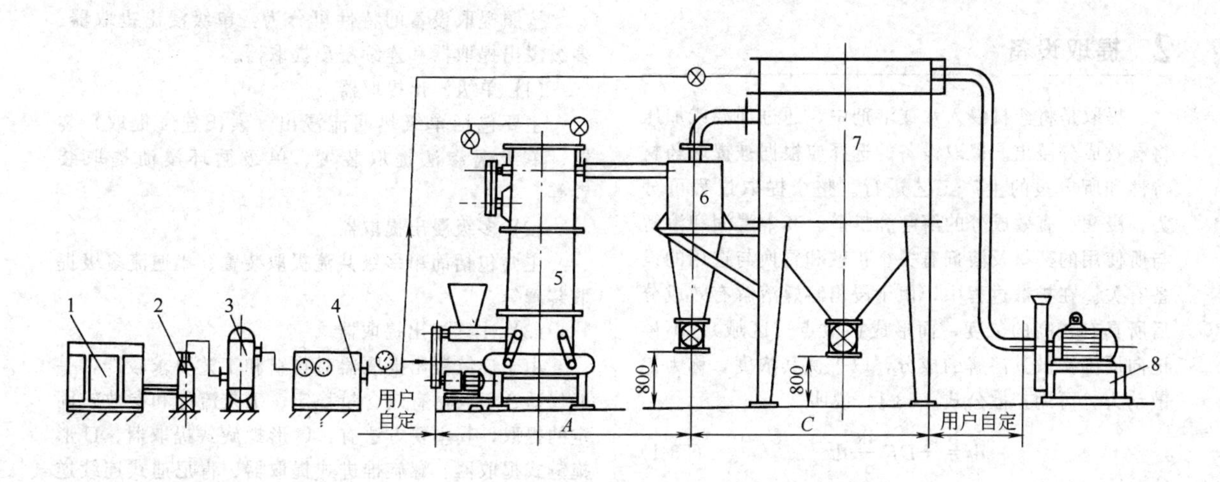

图 53-9　YF 型流化床气流粉碎机工艺流程

1—压缩机；2—后冷却器；3—储气罐；4—冷冻去湿机；5—粉碎机；6—旋风分离器；7—布袋除尘器；8—引风机

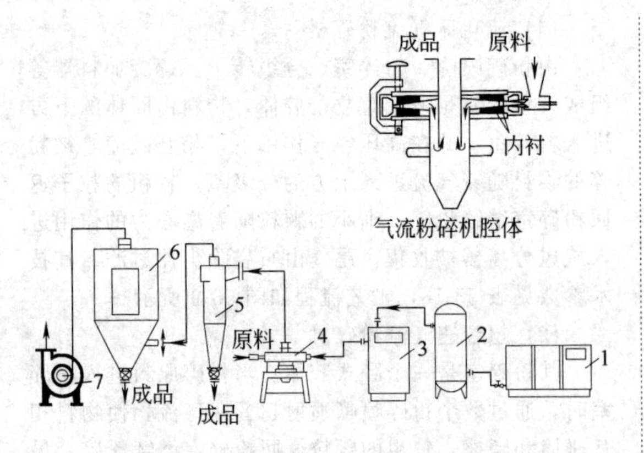

图 53-10 超音速气流粉碎机工艺流程

1—空压机；2—储气罐；3—空气去湿机；4—QYN超音速气流粉碎机；5—旋风分离器；6—布袋除尘器；7—引风机

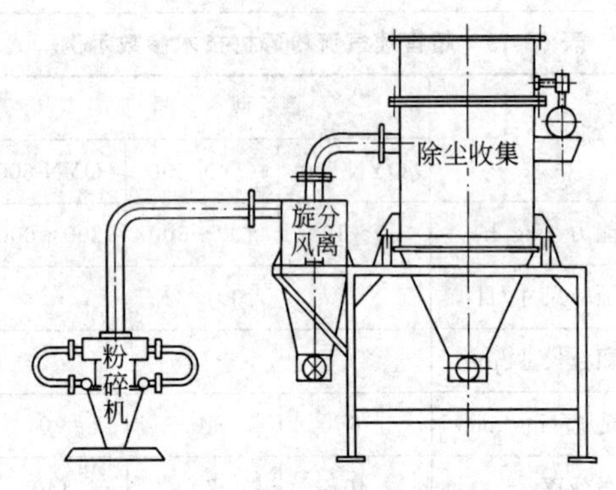

图 53-11 QYN系列气流粉碎机安装示意

空气压缩机、冷冻除湿机、高压引风机安装位置根据用户要求而定

2 提取设备

提取是将药材浸入水或溶剂中，通过加温或加压将有效成分浸出。提取设备的选择应根据被提取药材特性和所申报的生产工艺进行。整个提取过程可分为：浸润、有效成分的溶解和扩散。其中浸润和溶解与所使用的药材及溶剂有关，扩散和置换与选用的设备有关。在扩散过程中，由于浸出溶媒溶解有效成分后所具有较高的浓度，而形成扩散点（区域），不停地向周围扩散其溶解的成分，以平衡其浓度，称为扩散动力，可用扩散公式（53-1）说明。

$$\mathrm{d}s=-DF\frac{\mathrm{d}c}{\mathrm{d}x}\mathrm{d}t \tag{53-1}$$

式中 $\mathrm{d}s$——$\mathrm{d}t$ 时间内的扩散量；

$-$ ——扩散趋向平衡时浓度的降低；

D——扩散系数；

F——扩散面积，可用药材的粒度代表；

$\frac{\mathrm{d}c}{\mathrm{d}x}$——浓度梯度；

$\mathrm{d}t$——扩散时间。

扩散系数 D 可由试验按式（53-2）求得。

$$D=\frac{RT}{N}\times\frac{1}{6}\pi\gamma\eta \tag{53-2}$$

式中 R——气体常数；

T——热力学温度；

N——阿伏伽德罗常数；

γ——扩散物质分子半径；

η——黏度。

由以上公式可以看出，在 $\mathrm{d}t$ 时间内的扩散值 $\mathrm{d}s$，与药材的粒度、扩散过程中的浓度梯度和扩散系数成正比。在浸出过程中，这些数值还受一定的条件限制。F 值与药材的细度有关，但不是越细越好，取决于在提取过程中药材是否会糊化，过滤是否能正常进行。因此 $\mathrm{d}c/\mathrm{d}x$ 是其关键，保持其最大值，提取将能很好地进行。从理论上而言，循环提取和动态提取等的主要的目的都是为了提高 $\mathrm{d}c/\mathrm{d}x$，但在实际选用时，还应从被提取药材的特性、所选用设备的造价、设备的利用率等多方面考虑，即做到技术和经济的合理性。

如果是采用多次浸渍法：

$$r_{\mathrm{m}}=x\frac{a^{m}}{(a+n)(2a+n)^{m-1}}$$

式中 r_{m}——药渣吸液所导致的成分损失量；

m——浸渍次数；

x——药材成分总浸出量；

n——每次分出浸出量；

a——药渣吸液量。

按照提取设备的特性可分为：单级浸出提取器、多级浸出提取器和连续浸出提取器。

(1) 单级浸出提取器

主要包括单级热回流浸出（索氏连续提取）装置、单级温渗法提取装置、单级循环浸渍提取装置等。

(2) 多级浸出提取器

主要包括简单多级共流提取装置、半逆流多级提取装置等。

(3) 连续浸出提取器

由于连续浸出提取器对物料和工艺要求较严，一般仅适合于药材有效含量稳定、工艺流程和参数较固定的提取，其主要方法有：U形螺旋式提取器、U形拖链式提取器、螺旋推进式提取器、肯尼迪式连续逆流提取器、平转式连续提取器、伯尔曼式连续提取器、履带式连续提取器、鲁奇式连续提取器、米阿格筐篮传送带式连续提取器、千代田式L形连续提取器等。

按照提取工艺特点，大致可分为以下几个典型的类型：单级间隙、单级回流温浸、单级循环、多级连续逆流和提取浓缩一体化等工艺。

(1) 单级间隙

将药材投入提取设备中，放入一定量的水或溶剂，常温或保温进行提取，等一批萃取好以后，再进行下一步的提取。其优点是工艺和设备较简单，造价便宜，适合各种物料的提取。缺点是提取时间长，提取强度也差。

(2) 单级回流温浸

与单级间隙提取工艺类同，只是在提取设备上加装冷凝（却）器，使提取液的蒸汽通过冷凝（却）器回流至提取设备，可以使提取过程在温度比较高的过程中进行，也可进行芳香油的提取。

(3) 单级循环

增加一台提取液循环泵，在提取过程中，通过料液的循环，增加提取设备中药材和提取液的浓度梯度，使药材内部的物质向提取液转移速度加大。其优点是能提高提取强度及设备的利用率。在循环液中药材颗粒含量较多的情况下，循环泵的选型宜采用开式或半开式叶轮的离心泵较好，主要是防止药渣对叶轮的堵塞。

在单级循环中，若对提取罐加搅拌，可提高提取强度。

(4) 多级连续逆流

由多台单级循环提取罐组成，主要原理是新鲜的水或溶剂加入最后一步需提取的罐中，提取液由最新投料的罐出来，这样能保证在提取过程中，提取液能在最大的浓度梯度中进行提取，并可使提取连续化。适合较大规模的生产，提取强度也大。缺点是设备投入较大，系统较复杂，由于每次所切换阀门不一样，工人操作技术难度也较大。

(5) 提取浓缩一体化

一般用于较小规模的生产或者中试生产。将提取系统与浓缩系统合为一体。其优点是占地少、节省能源，蒸发的冷凝液可作为新鲜的提取液进入提取设备，故提取可以很完全，节省能源。缺点是由于是一台提取设备自带一台蒸发器，设备的互相利用率较差。

在提取过程中还可根据需要进行加压。

(6) 篮筐式提取

篮筐式提取是目前一种较先进的提取工艺，罐体容积可以按要求定。主要原理是在篮筐式提取罐中，放置三个左右装药材的篮筐，在提取时，药材全部浸在溶剂中，且呈漂浮状，溶剂在外循环泵的驱动下，使罐中的溶媒的运动处于漩涡状，和漂浮的药材充分接触，可以极大提高提取强度，其优点是提取时间短，提取次数少，这样可以有效节省溶媒的使用量和药液的蒸发量，节省大量的能源。其装置的结构使其从提取到出渣可以做到全自动无人操作，但由于其生产工艺和现行的有所不同，故虽比目前传统使用的提取工艺有较多优点，但一定要符合所报批的生产工艺。

2.1 提取设备

目前应用较多的是渗漉罐、直筒式提取罐、斜锥式提取罐、搅拌式提取罐和提取浓缩一体化工艺等。

(1) 渗漉罐

渗漉是一种静态的提取方式。一般用于要求提取比较彻底的贵重或粒径较小的药材，有时对提取液的澄明度要求较高的也用此法，提取液一般是有机溶媒居多。在提取前往往是先将药材进行浸润，以加快溶剂向药材的渗透，同时也可防止在渗漉过程中料液产生短路现象而影响收率，也能缩短提取的时间。其主要缺点是整个生产周期较长，有时需要几天。

渗漉罐的外形尺寸一般可根据生产的实际需要向制造厂定制，技术参数示例见表 53-20。

表 53-20 渗漉罐技术参数示例

公称容积/m^3	外形尺寸(直径×高)/mm
0.5	800×2500
1.0	1000×2500
1.5	1000×3500
2.0	1200×3300
3.0	1400×3800

注：主要材料为不锈钢。

(2) 直筒式提取罐

直筒式提取罐是比较新颖的提取罐。其最大的优点是出渣方便，缺点是对出渣门和气缸的制造加工要求较高，故直筒体的直径限于 1300mm 以下，对于体积要求大的，不适合选用此种形式的罐。其结构如图 53-12 所示，技术参数示例见表 53-21。

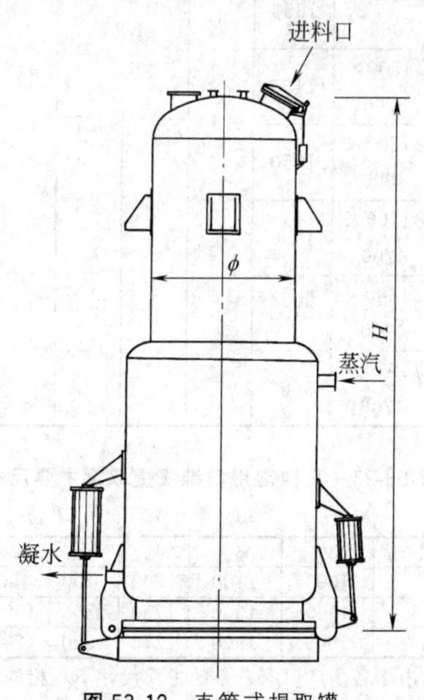

图 53-12 直筒式提取罐

表 53-21　直筒式提取罐技术参数示例

公称容积/m³	罐体尺寸(直径×高)/mm	罐体质量/kg	设计压力/MPa		设计温度/℃	
			罐体	夹套	罐体	夹套
0.5	ϕ900×1200	650	0.15	0.3	127	143
1.0	ϕ900×2850	790				
2.0	ϕ1100×3250	1350				
3.0	ϕ1100×4450	1620				
	ϕ1300×3550	1870				
4.0	ϕ1300×4400	2100				
5.0	ϕ1300×7150	2880				
6.0	ϕ1300×6150	3050				
主要材料	不锈钢					

(3) 斜锥式提取罐

斜锥式提取罐是目前常用的提取罐，制造较容易，罐体直径和高度可按要求改变。缺点是在提取完毕后出渣时，有可能产生搭桥现象，在罐内加出料装置，通过上下振动可帮助出料。其技术参数示例见表53-22和表53-23，外形结构如图53-13所示。

表 53-22　斜锥式提取罐技术参数示例

公称容积/m³	罐体尺寸(直径×高)/mm	罐体质量/kg	设计压力/MPa		设计温度/℃		主要材料
			罐体	夹套	罐体	夹套	
1.0	ϕ1100×2600	820	0.15	0.3	127	143	不锈钢
1.5	ϕ1100×2900	900					
2.0	ϕ1100×360	1350					
3.0	ϕ1500×3200	1450					
4.0	ϕ1500×4000	1550					
5.0	ϕ1700×4200	1950					
6.0	ϕ1700×4700	2100					
8.0	ϕ1900×4700	3500					

表 53-23　几种常用斜锥式提取罐主要尺寸

单位：mm

公称容积/m³	ϕ_1	ϕ_2	ϕ_3	H_1	H_2	H
1.0	1000	1100	1300	1100	450	2600
3.0	1400	1500	1730	1500	1000	3800
6.0	1800	1900	2270	1500	1200	4700

注：由于各生产厂家设备的主要尺寸不尽相同，此尺寸仅供参考。

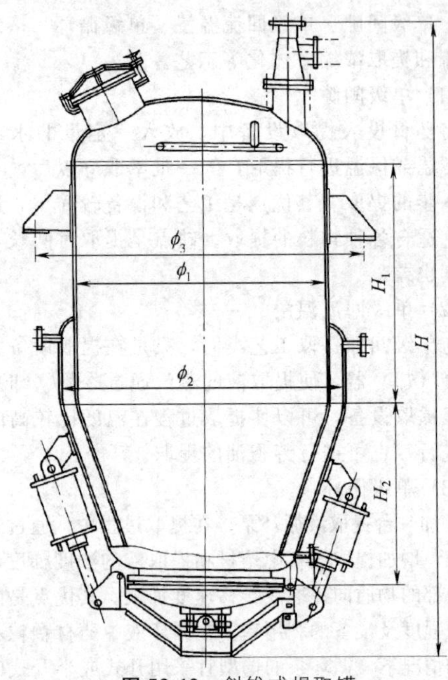

图 53-13　斜锥式提取罐

(4) 搅拌式提取罐

在提取罐内部加搅拌器，通过搅拌使溶媒和药材表面充分接触，能有效提高提取强度，减少提取时间，更大地发挥设备的使用率。缺点是造价较高，对某些容易搅拌粉碎和糊化的药材不适宜。其底部放料口形式有两种：一种是用气缸的快开式排渣口，当提取完毕药液放空后，再开启此门，将药渣排出，这种提取形式对药材颗粒的大小不是很严格；另一种为固定式管道出料口，当提取完成后，药液和药渣一同排出，通过螺杆泵送入离心机进行渣液分离，这种提取方法对药材的颗粒度大小有一定的要求，不能太大或太长，否则通过浸泡，会引起药渣的体积变大，造成出料口的堵塞。

技术参数见表53-24和表53-25，结构如图53-14所示。

表 53-24　搅拌式提取罐技术参数示例

项　目	参		数			
公称容积/m³	1	2	3	5	6	10
实际容积/m³	1.2	2.5	3.5	5.2	6.0	10.3
加热面积/m²	2.8	4.2	5.5	6.2	7.0	10.0
加料口直径/mm	300	400	400	400	400	500
搅拌转速/(r/min)	60					
排渣门直径/mm	800	800	1000	1200	1200	1200
外形尺寸(直径×高)/mm	1000×3000	1300×3850	1400×4650	1600×4500	1800×4500	2000×4500
质量/kg	1800	2050	2400	3025	3425	4800
配套电动机功率/kW	2.2	4	5.5	11	11	11

表 53-25　几种常用搅拌式提取罐主要尺寸

单位：mm

项目	公称容积/m³						
	0.6	1.0	2.0	3.0	5.0	6.0	10.0
ϕ_1	800	1000	1300	1400	1600	1800	2000
ϕ_2	900	1100	1400	1500	1700	1900	2100
ϕ_3	1080	1330	1630	1730	2070	2150	2510
H_1	300	300	350	400	400	400	430
H_2	1200	1100	1300	1500	1500	1500	2200
H_3		470	1000	1000	1200	1200	1200
H	2500	3000	3850	4650	4500	4500	6400
备注	直筒式	斜锥式	斜锥式	斜锥式	斜锥式	斜锥式	斜锥式

注：由于各生产厂家设备的主要尺寸不尽相同，此尺寸仅供参考。

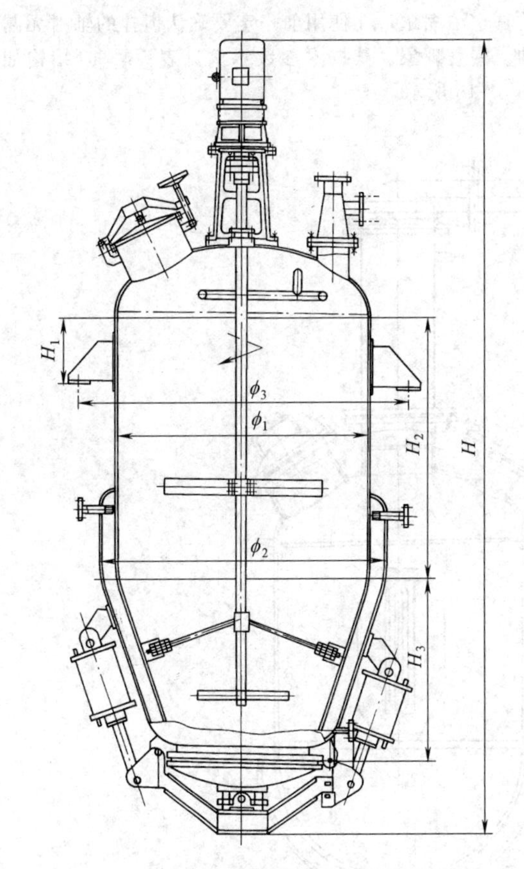

图 53-14　搅拌式提取罐

(5) 提取浓缩一体化工艺

提取罐与循环式蒸发器合为一体组成一个单元操作系统，由蒸发器蒸出的热冷凝液可作为新鲜溶剂加入提取罐中，使药材的提取更为彻底。技术参数见表 53-26。

表 53-26　提取浓缩一体化设备技术参数示例

项　目	型　号	
	HDWN 系列	HDTN 系列
容积/m³	1,2,3.5,4.5,6	1,2,3,6,12
浓缩液相对密度	1.2～1.35	1.1～1.35
外形尺寸(长×宽×高)/mm	(2000×2000×7000)～(5000×3000×10000)	(6400×2600×6500)～(12000×4000×9800)
质量/kg	3300～6000	3500～8000
配套电动机功率/kW	11～15	11～17
主要材料	不锈钢	不锈钢

2.2 浓缩设备

在蒸发设备选型时，除了根据被蒸发物料的特性外，还需要考虑各种影响蒸发的因素，以便选择合适的蒸发器型式。

MVR 是机械蒸汽再压缩技术（mechanical vapor recompression）的简称，其原理是利用蒸汽的潜热，将蒸发器蒸发产生的二次蒸汽，经压缩机压缩到较高温度和压力，再送入蒸发器作为热源，实现潜热的持续循环使用，是一项用一定的电能获得较多的热能，从而减少系统对外界能源需求的高效节能技术。

其技术节能的核心是将二次蒸汽的热焓通过压缩提升其温度作为热源替代新鲜蒸汽，即外加一部分压缩机做功来实现循环蒸发，从而可以不需要外部新鲜蒸汽，依靠蒸发器自循环来实现蒸发浓缩的目的。

由于此类型设备是消耗一定的电能来替代部分的新鲜蒸汽，故在选用浓缩器的型式时，应将蒸汽和电力的成本综合加以考虑。以下为蒸发 1t 水的电耗量与沸点升高的关系，便于在设备选型时参考

纯水（沸点升高 0℃），能耗为 20～30kW・h。

当物料沸点升高 5℃时，能耗为 35～45kW・h。

当物料沸点升高 10℃时，能耗为 50～60kW・h。

当物料沸点升高 15℃时，能耗接近 65～70kW・h。

根据所用药液加热器的级数不同，分为单效蒸发器和多效蒸发器。

(1) 单效蒸发器

在天然药物提取中，常用的蒸发设备有：常压蒸发器、外循环蒸发器、真空浓缩罐、薄膜式蒸发器、刮板式蒸发器等型式。

一般在浓缩含有乙醇等有机溶剂的药液时，多采用单效浓缩器。

① 常压蒸发器　特点：适用于耐热、溶媒无燃烧性、无毒、无害液体蒸发。结构简单，造价低廉，锅体材质可以根据物料要求进行改变，一般有不锈钢、铜、铝、搪瓷或搪玻璃等。由于是敞口浓缩，对环境有一定的影响，且对热能利用不高，不能实现生产连续化。

常压蒸发器一般常用的为可倾式蒸发锅，设备结构相对简单，生产厂家较多。技术参数见表 53-27。

表 53-27 可倾式蒸发锅技术性能

设备容积/L	加热面积/m²	蒸发水量/(kg/h)	蒸汽耗量/(kg/h)	夹套工作压力/MPa	外形尺寸(长×宽×高)/mm	质量/kg	主要材质
50	0.4	30	33	<0.2	720×600×830	170	不锈钢
100	0.45	40	44		800×650×950	190	
150	0.76	50	55		1350×660×1000	210	
200	1.0	65	72		1400×700×1100	230	
300	1.15	75	90		1450×800×1100	320	
400	1.44	100	110		1500×850×1140	360	
500	1.90	150	165		1600×900×1150	485	

② 外循环蒸发器 使药液在加热器和蒸发器之间循环，可以在常压条件下进行浓缩，也可在真空状态下进行浓缩。浓缩液的固含量根据工艺要求予以确定，加之设备容易清洗，蒸发量大，浓缩比高，不易结焦等优点，已成为常用的浓缩设备。为了节省能源，当蒸发水量大于1000kg/h时，常常组合成双效，便于二次蒸汽利用，有益于节能。其技术参数示例见表53-28。

③ 真空浓缩罐 罐内物料在真空减压状况下，通过加热，蒸发，最终得到浓浸膏。真空浓缩罐分为带搅拌和不带搅拌两种。加热型式一般为夹套，内部盘管式因清洗不方便，使用不多。由于物料不通过列管，而直接在罐内加热、浓缩，故可得到浓度相对较高的浸膏。其结构简单，但由于是静止加热，与罐壁接触的物料易结焦，带搅拌的浓缩罐可减轻这样的现象。因为是在负压状况下使用，如果是选用带搅拌器的真空浓缩罐，在使用前一定要确认搅拌的轴封无漏油、漏气现象。其技术参数示例见表53-29，结构如图53-15所示。

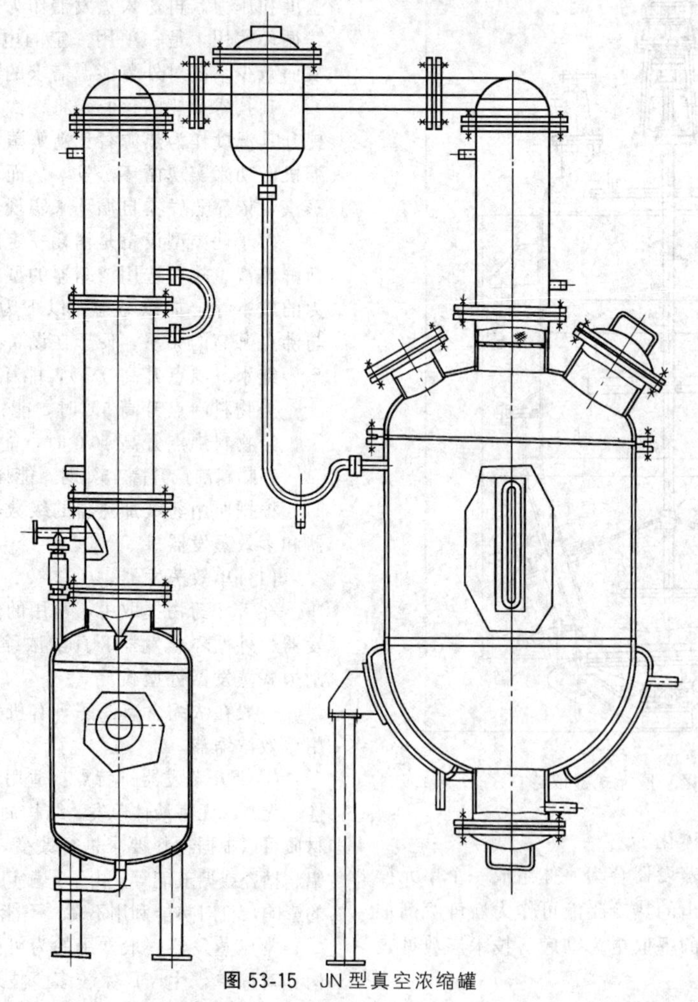

图 53-15 JN 型真空浓缩罐

表 53-28　外循环蒸发器技术参数示例

项　目	型　号		
	500A	1000A	1500A
蒸发压力/MPa	0.03～0.08		
蒸发水量/(kg/h)	500	1000	1500
蒸汽压力/MPa	0.25		
外形尺寸(长×宽×高)/mm	2000×1000×3000	2200×1200×3300	2500×1300×3500
质量/kg	450	820	1150
主要材料	不锈钢		

表 53-29　真空浓缩罐技术参数示例

项　目	型　号		
	JN 系列	ZN-700	ZN-1000
蒸发水量/(kg/h)	20～350	700	1000
浓缩液密度/(g/cm^3)	1.1～1.4	1.1～1.2	
蒸发压力/MPa	−0.082	−0.082	
蒸汽耗量/(kg/h)	30～400	850	1180
蒸汽压力/MPa	0.15	0.02～0.25	
外形尺寸(长×宽×高)/mm	(1200×600×2200)～(2730×1500×4700)	3000×3600×6000	4200×4000×6500
质量/kg	410～2600	2500	3000
配套电动机功率/kW		11.0	11.0
主要材料	不锈钢		

④ 薄膜蒸发器　按料液进入蒸发器的途径不同，可分为升膜式薄膜蒸发器（料液从蒸发器下面进入）和降膜式薄膜蒸发器（将料液从蒸发器上部进入）。本小节主要介绍用于中药浓缩过程的升膜式蒸发器。

升膜式蒸发器的工作原理是药液通过列管式换热器进行加热，在蒸发器中通过真空作用进行蒸发。薄膜蒸发器的传热系数较大，可在较宽的传热温差下操作，使生产能力可在较大的范围内变化，以适应药液供应不均匀的操作条件。其技术参数示列见表 53-30。

表 53-30　薄膜蒸发器技术参数示例

项　目	NB 系列薄膜蒸发器
蒸发面积/m^2	0.2,5.5,8,2,16,20,30,40,60
可用真空度/kPa	60
蒸发水量/(kg/h)	140～4200
蒸汽压力/MPa	0.4
耗汽量/(kg/h)	155～4620
外形尺寸(长×宽×高)/mm	(2000×650×3500)～(5000×2000×5700)
质量/kg	300～5700
主要材料	不锈钢

⑤ 刮板式蒸发器　药液由蒸发器顶部切向进入离心分配器，被均匀分散在带夹套的筒体内壁上。夹套内通有蒸汽加热，刮板紧贴筒壁转动，转速为 200～300r/min，将料液挂成薄膜后迅速蒸发水分，不易结焦，可使药液到达较高的浓度。适用于黏度较大的或易结焦料液的蒸发。其技术参数示例和结构见表 53-31和图 53-16。

表 53-31　刮板式蒸发器技术参数示例

项　目	型号 GZ-2m^2
蒸发面积/m^2	2
夹套压力/MPa	0.3
真空度/MPa	0.03
出料最大黏度/cPa・s	50000
外形尺寸(长×宽×高)/mm	950×830×3200
质量/kg	800
配套电动机功率/kW	3.0
主要材料	不锈钢

注：1cP=10^{-3}Pa・s。

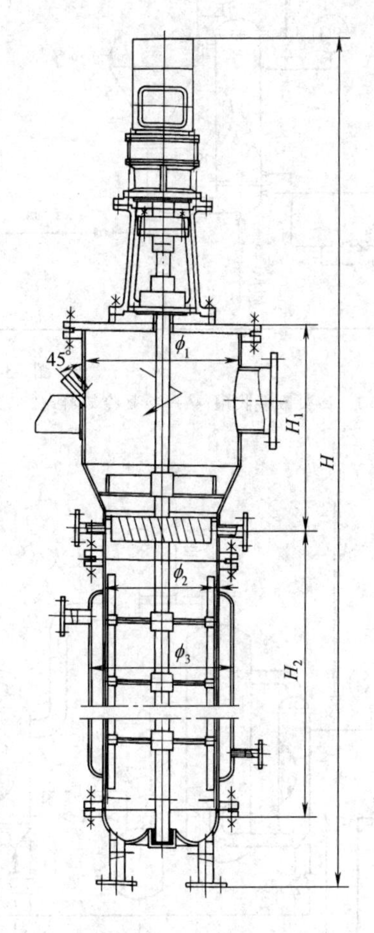

图 53-16　刮板式蒸发器

(2) 多效蒸发器

① 双效蒸发器　为节约能源，常将外循环蒸发器和薄膜蒸发器组合设计为多效蒸发器。其技术参数示例

见表53-32，双效蒸发器的工艺流程如图53-17所示。

表53-32 双效蒸发器技术参数示例

型号	蒸发水量/(kg/h)	蒸汽压力/MPa	耗汽量/(kg/h)	外形尺寸(长×宽×高)/mm
1000型	800～1000	0.09～0.125	500～600	4100×2200×4400
1500型	1400～1500		750～850	7800×2200×5040

注：主要材料为不锈钢。

② 三效蒸发器 可用于中药水提液浓缩，该设备的特点是连续和间隙操作相结合，可得到较高的浓缩比，浓缩液的相对密度可大于1.10。其工作原理是通过设置三组蒸发器（罐），将前一效的二次蒸汽作为次效的加热源。为提高热源的使用率，一般第一效蒸发器为压力蒸发，第二、三效蒸发器为真空蒸发。料液依次经过一效、二效蒸发后，在第三效进行收膏。真空度一般在0.02～0.08MPa。

三效蒸发器的技术参数示例见表53-33，工艺流程如图53-18所示，MVR浓缩机组见表53-34。

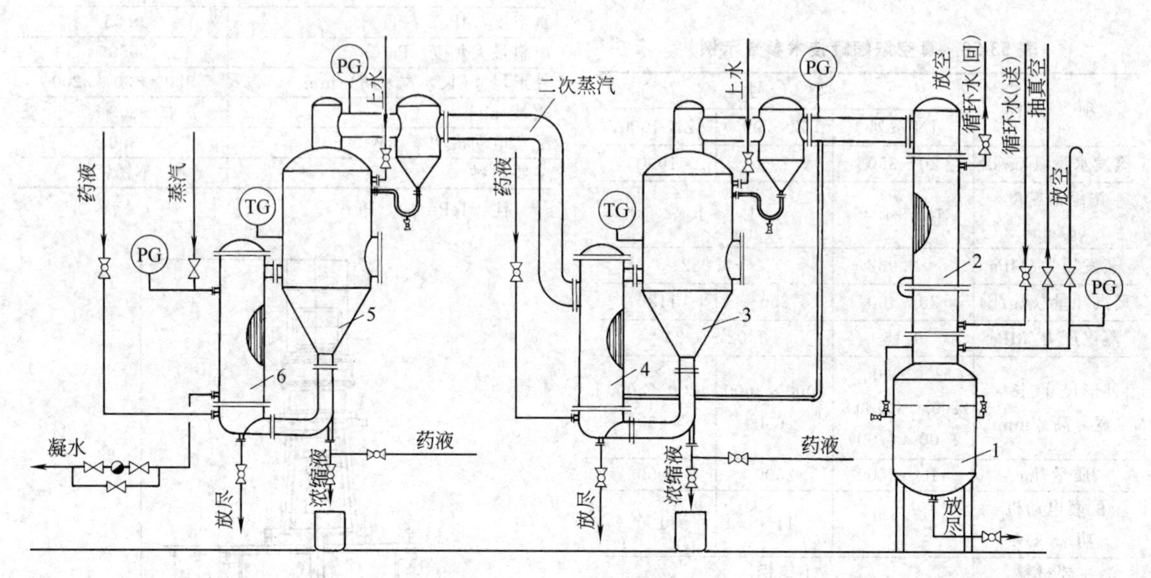

图53-17 双效蒸发器工艺流程

1—冷凝液接收罐；2—冷凝冷却器；3—二效蒸发器；4—二次加热器；5—一效蒸发器；6—一效加热器

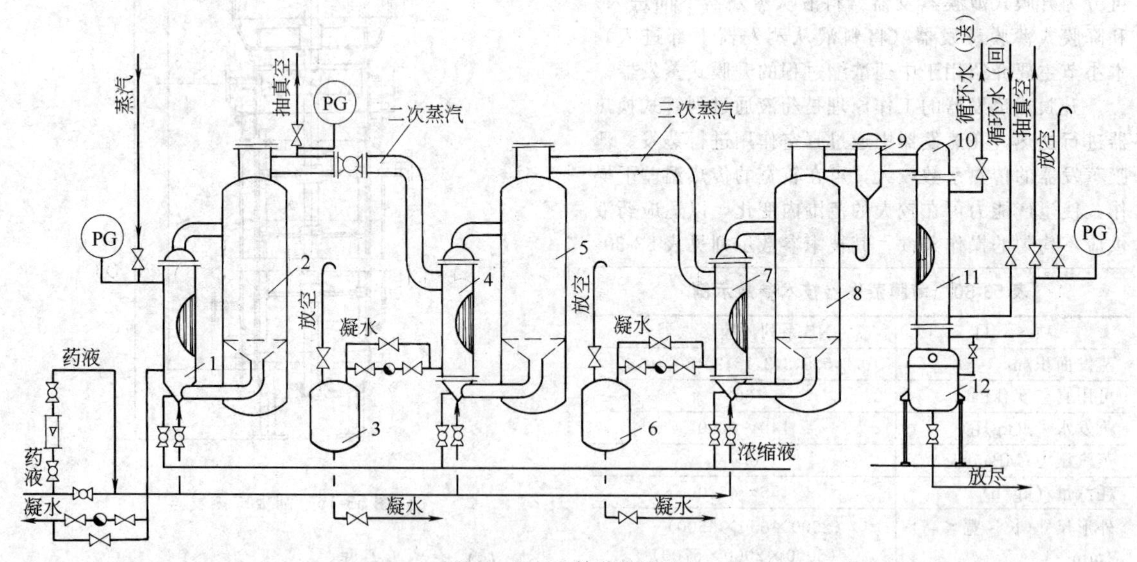

图53-18 三效蒸发流程

1—一效加热器；2—一效蒸发器；3—冷凝液接收罐；4—二效加热器；5—二效蒸发器；6—冷凝液接收罐；7—三效加热器；8—三效蒸发器；9—泡沫捕集器；10—冷凝器；11—冷凝冷却器；12—冷凝液接收罐

表 53-33　三效蒸发器技术参数示例

项　目	型　号						
	HSX1000	WZS-1000	TSNQ 500	TSNQ 1000	TSNQ 1500	SJN-500～3000	SJN-500～8000B
蒸发水量/(kg/h)	1000	1000	500	1000	1500	500～3000	600～8800
蒸汽压力/MPa	0.1～0.15	0.095	0.05～0.09			0.05～0.09	0.05～0.09
耗汽量/(kg/h)	450	400	200	300	400	250～1100	200～2200
外形尺寸(长×宽×高)/mm	7840×2400×4350	7000×1500×3500	(5400×1000×2800)～(7500×2000×4000)			(4000×1300×3000)～(8000×2000×4300)	(5000×1300×3000)～(9000×2500×5000)
质量/kg	5520	3300	1500～3800			2600～3800	3000～12000
配套电动机功率/kW	11	0.7	0.5			0.8	4～35
主要材料	不锈钢						

表 53-34　MVR 浓缩机组

型　号	5000 型
生产能力/(kg/h)	5000
蒸汽耗量/(kg/h)	1000～1500
循环水耗量/(m^3/h)	20
压缩空气耗量(标准状态)/(m^3/min)	1～1.5
压缩机功率/kW	160
总功率/kW	180
质量/kg	20000
一级换热器尺寸/mm	ϕ1000×13000
二级换热器尺寸/mm	ϕ400×7000
主要材料	不锈钢

在选用浓缩设备时，一定要注意蒸发水量的基础是药液还是清水，一般无特别指明的，为用清水蒸发。两种基质表现的蒸发能力是不一样的，在具体选用时一定要向制造厂家询问清楚。

2.3　沉淀罐

沉淀罐可作为精制设备，常被用作醇沉、水沉、酸碱等沉淀设备。通过沉淀可去除杂质，对产品进行纯化，以减少产品对人体的副作用，或提高单位有效成分的含量，除此之外，对澄明度有要求的产品也用此法。

沉淀罐一般内装推进式搅拌，以加快混合速度，有的带有变频装置，以适合不同的搅拌速度需要，并带有微调旋转出液管。为了简化罐体结构，也可从罐顶用虹吸方法排出料液。罐体带有夹套，可通入冷冻水或冷却水，控制沉淀所需的温度。

沉淀罐技术参数示例见表 53-35，结构如图 53-19 所示，主要尺寸见表 53-36。

表 53-35　沉淀罐技术参数示例

项　目	型　号			
	JC 系列	JCD 系列	JS 系列	
容积/L	300,500,1000,1500,2000,3000,5000	300,500,1000,1500,2000,3000,6000	300～6000	
换热面积/m^2	1.8,3.0,4.5,6.5,0.5,8.0	0.3,0.5,1,1.5,3,6	1.8～12	1.8～8.5
搅拌转速/(r/min)	250～125	250～125	132	125～250
工作压力/MPa	<0.25	0.01	<0.25	0.25
工作温度/℃	−15～常温	−15～常温	−15～25	−15～常温
外形尺寸(直径×高)/mm	(ϕ600×2200)～(ϕ1400×4650)		(2500×1300×2800)～(3000×1400×3000)	(ϕ700×2200)～(ϕ1400×3600)
质量/kg	510～2200	520～4000	450～2080	512～2100
配套电动机功率/kW	0.75～3	0.75～5	0.75～4.0	0.75～3.0
主要材料	不锈钢			

表 53-36　沉淀罐主要尺寸　　单位：mm

公称容积/m^3	ϕ_1	ϕ_2	D	H_1	H	备　注
0.3	600	700	400	800	2200	包括支腿高度
0.5	800	900	500	1000	2850	包括支腿高度
1.0	1000	1100	600	1200	3460	包括支腿高度
2.0	1200	1300	850	1500	3700	带耳架，不包括支腿高度
3.0	1400	1500	850	1500	4130	带耳架，不包括支腿高度
5.0	1600	1700	950	2000	4650	带耳架，不包括支腿高度
主要材料	不锈钢					

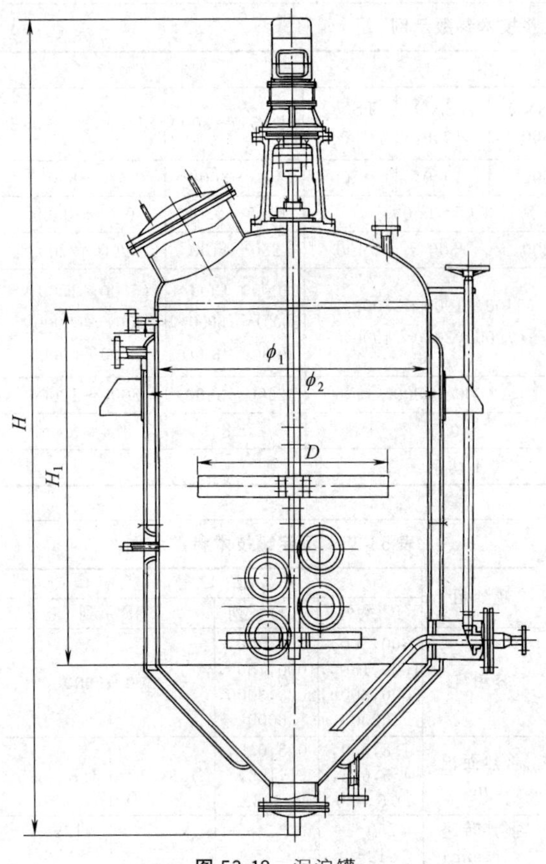

图 53-19　沉淀罐

2.4　超临界萃取设备

超临界萃取主要是利用流体在临界点所具有的特殊溶解性能而进行萃取分离的一种技术，是近年来兴起的一项新的提取技术。由于设备的投入、运行成本较高，一般用作浸膏的精制和贵重药材及芳香油的提取。目前国内自行制造成套设备萃取罐体积为300L，国外引进的为1500L。选用设备时，应对所萃取的物质进行试验，以确定最佳工况条件。

(1) 工作原理

处于临界点的流体可实现液态到气态的连续过渡，两相界面消失，物质的汽化热为零。超过临界点的流体，压力变化时，都不会使其液化，而只引起流体密度和流体溶解能力的变化，故压力微小变化可引起流体密度的巨大变化。

流体在临界点有以下物理性质。

① 扩散系数与气体相近，密度与液体相近。

② 密度随压力的变化而连续变化，压力升高，密度增加。

③ 介电常数随压力的增大而增加。

这些性质使得超临界流体比气体有更大的溶解能力，比液体有更快的传递速率。超临界萃取所用介质可以有多种，由于成本等因素，一般用 CO_2 萃取居多，同时在萃取过程中还可根据物质的特性不一，通过在其中加入不同的极性或非极性夹带剂，以提高萃取效率。以超临界 CO_2 萃取 β-胡萝卜素为例，其工艺流程如图 53-20 所示。

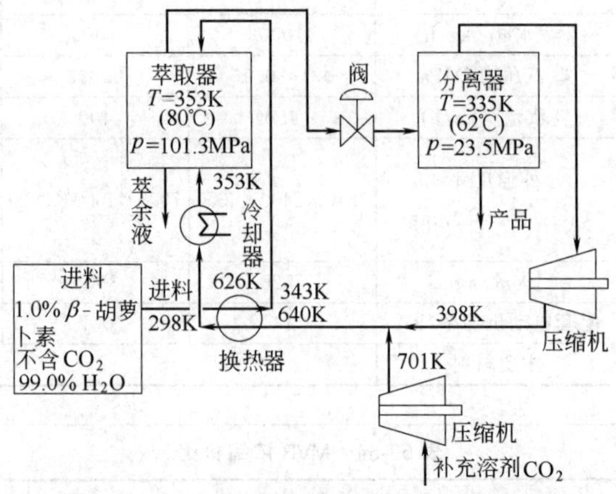

图 53-20　用超临界 CO_2 萃取 β-胡萝卜素的流程

1. 萃取液含：β-胡萝卜素 0.25%，CO_2 98.0%，H_2O 1.75%。萃余液含：β-胡萝卜素 0.001%；CO_2 10.0%；H_2O 90.0%

2. 收率 99.0%，CO_2 单耗 10kg/kg

(2) 常见超临界流体萃取流程

超临界流体萃取过程基本上由萃取和分离两个阶段组成。其代表性工艺流程有变压萃取分离法（等温法)、变温萃取分离法（等压法)、吸附萃取分离法（吸附法）和稀释萃取分离法（又称惰性气体法）四种，如图 53-21 所示。其中变压萃取过程是应用最为方便和常见的一种流程。

(3) 流体的循环方式

在超临界流体萃取工业化过程中，流体的增压设备可以为泵或压缩机，以获得设计所需的热力学数据。

① 泵循环过程　萃取剂 CO_2 利用泵循环时，各个过程的流体状态如下所示。

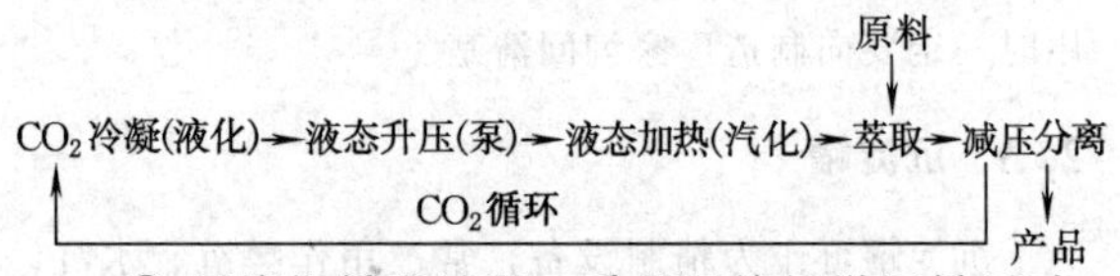

② 压缩机循环过程　采用压缩机增压循环时，各过程的流体状态如下所示。

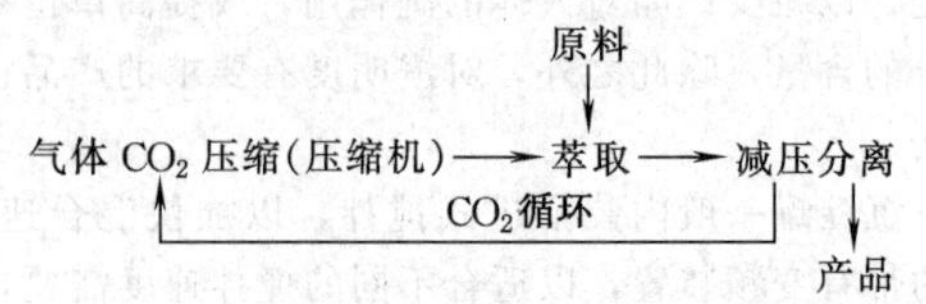

选用泵循环的投资比压缩机循环小；流体流量易于控制；当压力大于 30MPa 时，能耗比压缩机小。但其不足之处是需要有换热设备、冷凝器和冷凝剂，此外，在较低压力下萃取时，冷凝所需的能耗相对较大。实际选用时，需根据具体情况综合考虑。

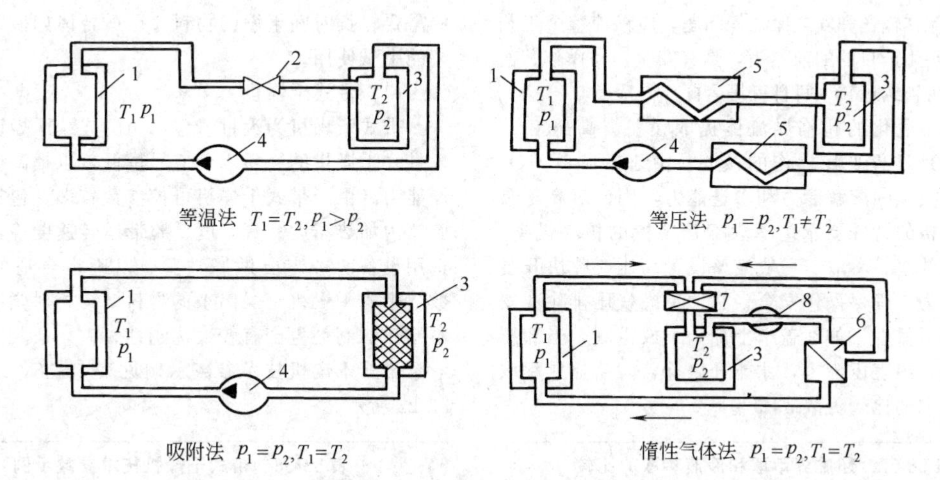

图 53-21　常见超临界流体萃取流程

1—萃取器；2—节流阀；3—分离器；4—泵；5—换热器；6—气体分离（膜分离）；7—气体混合器；8—压缩机

(4) 超临界萃取的影响因素

① 压力　当温度恒定时，溶剂的溶解能力随着压力的增加而增加；经过一段时间萃取后，原料中有效成分的残留随着压力的增加而减少。

② 温度　当萃取压力较高时，较高的温度可获得较高的萃取速率。原因之一是由于在相对较高的压力下，温度增加，组分蒸汽压增加；原因之二是传质速率随着温度的增加而增加，使得单位时间内的萃取量增加。

溶剂的溶解能力与其密度有关，密度增加，溶解能力增加，但密度增大时，传质系数变小。在恒温时，密度增加，萃取速率增加；恒压时，密度增加，萃取速率下降。

③ 溶剂比　当萃取温度和压力确定后，溶剂比是一个重要参数。在低溶剂比时，经过一定时间后固体中溶质残留量大。用非常高的溶剂比时，萃取后固体中的残留趋于低限。溶剂比的大小必须考虑其经济性。有两个方面影响产品成本。一是高溶剂比时，萃取时间短。由于大溶剂比，溶剂中溶质浓度低，引起操作成本增加。此外，溶剂比较大时溶剂循环设备增大，投资增大。二是高溶剂比可增加生产能力，使产品成本下降。溶剂比增加时，萃取速率增加。但由于溶剂停留时间缩短，溶剂中溶质浓度下降。在某个溶剂比下，萃取速率将达到最大。若投资成本突出时，溶剂比取达到最大萃取速率为目标。若产品成本中溶剂的循环费用突出时，应选用最小溶剂比。调节溶剂的流速，使溶剂流出萃取器时溶质达到平衡时的溶剂量最小。实际过程中最适溶解比应视各个过程特点而定，在过程优化时，尤其要考虑某些限制。

④ 颗粒度　超临界流体通过固体物料时的传质，在很多情况下将取决于固体相内的传质速率。固体相内传递路径的长度决定了质量传递速率，在一般情况下，萃取速率随着颗粒尺寸减小而增加。当颗粒过大时，固体相内传质控制，萃取速率慢，在这种情况下，即使提高压力来增加溶剂的溶解能力，也不能有效地提高溶剂中溶质浓度。另外，传质必须到达溶剂相内，若颗粒尺寸小到影响流体在固体床中通过时，传质速率也下降，这是因为细小的颗粒会形成高密度的床层，使溶剂流动通道阻塞而影响传质。

(5) 超临界流体萃取的特点

由于超临界流体的密度与普通液体溶剂相近，因此用超临界流体具有与普通液体相近的溶解能力。同时它又能保持气体所具有的传递特性，即比液体溶剂渗透得快，渗透得深，能更快地达到平衡。操作参数主要为压力和温度，而这两者比较容易控制。在接近临界点处，只要温度和压力有微小的变化，流体的密度就会有显著的变化，即溶解能力会有显著变化。因此，萃取后溶质和溶剂的分离容易，只需改变压力或温度。

超临界流体，尤其是超临界 CO_2 流体，可在近常温的条件下操作，故特别适用于热敏性、易氧化物质的提取分离。如天然香料、中草药有效成分等产品，几乎可全部保全热敏性本真物质，过程有效成分损失少，收率高。

由于在高压下萃取，过程相平衡较复杂，物性数据缺乏，因而在使用前需做试验。高压装置和高压设备，投资费用高，安全要求也高。超临界流体溶解度相对较低，故需要大量流体循环。超临界萃取过程以固体物系居多，连续化生产较困难。

超临界 CO_2 萃取技术在中草药、天然香料、食品等天然产物中有效成分的提取分离、分析鉴定等方面有广泛的应用前景。特别适于对热不稳定成分的萃取，能使萃取成分保持最大生物活性。

超临界 CO_2 萃取设备是超临界萃取技术发展的关键之一，它需要解决由于过程处于高压（一般在8～35MPa或更高）这个特殊情况所产生的大量的机械、热交换、流体输送和安全保证等问题，应该使整个工艺过程在满足生产目的的前提下，具有安全、易操作、通用性强、可连续运转（每日三班运行）等特点。

作为工业化的超临界流体提取设备，高压CO_2流体输送是过程平稳操作的核心。由于超临界CO_2流体具有很强的溶解能力和渗透能力，因而对高压泵系统有严格的特殊要求。萃取釜是装置的核心设备。为了提高效率，萃取釜一般应该设置高压气膛快开装置。同时为了确保操作安全，必须考虑残压排除和安全放空的可靠性。如在盖子上加一个放空阀，当卸压后，萃取釜内表压为零，才能开启釜盖。超临界萃取和液液萃取的比较见表53-37。

表53-37　超临界萃取和液液萃取的比较

超临界萃取	液液萃取
即便是挥发性小的物质也能在流体中选择性溶解而被萃出，从而形成超临界流体相	溶剂加到要分离的混合物中，形成两个液相
SCF的萃取能力主要与其密度有关，可选用适当压力、温度对其进行控制	溶剂的萃取能力取决于温度，和混合溶剂的组成及压力的关系不大
在高压（5～30MPa）下操作，一般在室温下进行，对处理热敏物质有利，因此可望在制药、食品和生物工程制品中得到应用	常温、常压下操作
萃取后的溶质和SCF间的分离，可用等温下减压，也可用等压下升温两种方法	萃取后的液体混合物，通常用蒸馏方法把溶剂和溶质分开。这对热敏性物质的处理不利
由于物性的优越性，提高了溶质的传质能力	传质条件往往不如SCFE
在大多数情况下，溶质在超临界流体相中的浓度很小，超临界相组成接近于纯SCF	萃出相为液相，溶质浓度可以相当大

2.5　浸膏干燥设备

浸膏干燥设备分为连续和间隙两类，连续干燥主要包括带式干燥和喷雾干燥，间隙干燥主要为热风循环（真空）干燥。其中连续干燥适合产能较大的生产，间隙干燥适合小规模生产，贵重药物，以及一些需要较长时间干燥的物料，还适合诸如摸索生产工艺的中试使用。

(1) 带式干燥机

带式干燥机为大批量生产用的连续干燥设备，进入带式干燥机的物料水分应尽量低，以提高设备的干燥能力。由于带式干燥机可控参数较多，包括干燥机腔体内加热温度、真空度、履带运转速度等，因此在选用设备前一定要做好试验，以确定合适的生产参数。带式干燥机干燥出来的物料结构相对紧凑，对于不制粒的制剂生产有较大优越性。

带式干燥机技术参数示例见表53-38，结构如图53-22所示。

表53-38　带式干燥机技术参数示例

项　目	型　号	
	45型	150型
换热面积/m^2	46.5	160
生产能力/(kg/h)	50～60	150
蒸汽总耗量/(kg/h)	95～145	250
冷却水用量/(m^3/h)	5	10
装机总功率/kW	25	170
质量/kg	30000	50000
外形尺寸(主机)/mm	15500×1942×3250	22830×2800×3900
主要材料	不锈钢	不锈钢

(2) 喷雾干燥机

喷雾干燥是将药液喷成雾状，并在一定温度的热空气中，快速挥发水分成干粉末。因其在密闭的操作环境下工作，且又能连续化生产，若能配合就地清洗系统，很适合药品的生产要求，是目前比较常用的干燥机械。按料液喷出的方法不同，可分为离心式、气流式和压力式三种。压力式在实际使用过程中，由于目前的技术限制，系统很难达到无菌要求，故不推荐使用。选择设备时，若处理流量的料液小于30kg/h，宜选用气流式；若流量大于70kg/h，宜选用离心式；若流量为30～70kg/h，上述两种设备皆适用。喷雾干燥的筒体有带夹套和不带夹套两种，带夹套的，可通冷却水，以便喷出的粉不至于太热而粘壁。气流式

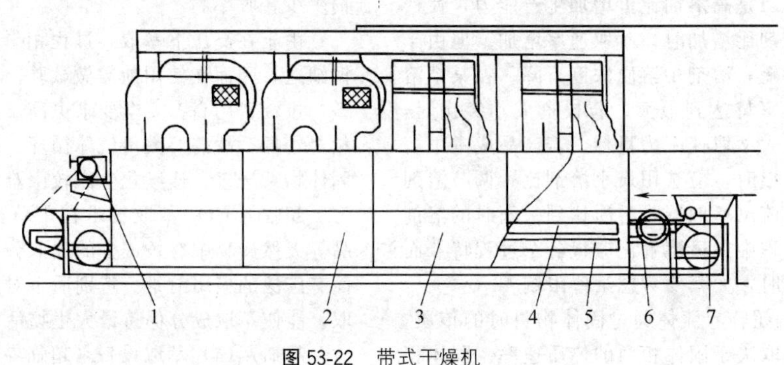

图53-22　带式干燥机

1—无级调整器；2—下循环段；3—上循环段；4—分风器；5—加热器；6—传动系统；7—加料器

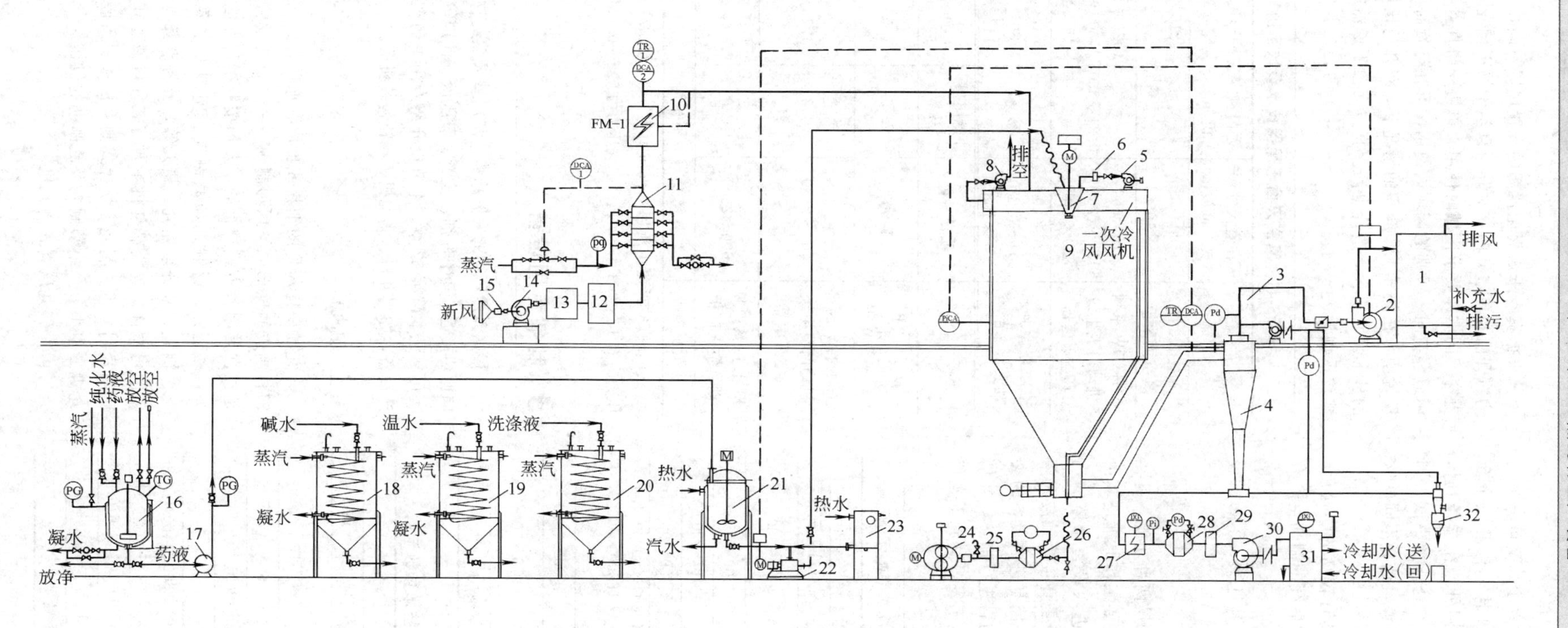

图 53-23　离心式喷雾干燥流程

1—湿式除尘器；2—排风机；3—风送排风机；4,32—旋风分离器；5,13,25,29—中效过滤器；6,12,26,28—高效过滤器；7—雾化器；8—隔套冷却风机；9—干燥室；10,27—电加热器；11—蒸汽加热器；14,30—送风机；15—初效过滤器；16—配料罐；17—喷雾液输送泵；18—碱水罐；19—温水罐；20—洗涤液罐；21—原液罐；22—单螺杆泵；23—水箱；24—罗茨风机；31—冷却除湿装置喷雾干燥机根据气流式喷头套管的多少，又可分为二元式和三元式，即两个套管的分别走气-液和三个套管的分别走气-液-气。除了以上原则外，在选择具体的设备时，由于生产的料液不一样，还应做小试，同时确定所需的工况条件。并根据需要，选择不同的吹扫装置和就地清洗系统。

喷雾干燥机干燥出来的物料具有较高的膨松度，崩介性较好，但若不经过制粒，对后续的制剂生产有一定的要求。

喷雾干燥机的技术参数示例见表53-39，表53-40，干燥流程见图53-23。

(3) 真空干燥灭菌器

真空干燥灭菌器具有灭菌和干燥两种功能，可在一台设备中完成上述两个过程。主要工作原理是其由两组蒸汽回路组成，一路是直接进入设备箱体的内室，可对物料进行湿热灭菌。由于是直接接触被灭菌的物料，故一般采用纯蒸汽。另一路是进入设备的夹套或盘管中，对箱体内的空气和物料进行加热，并借助真空，使其中物料所含水分快速蒸发，达到干燥目的。一般整个过程为30～50min。

表53-39　离心式喷雾干燥机技术参数示例

项　目	型　号	
	ZLG系列	ZLG系列
蒸发水量/(kg/h)	5～350	15～300
塔体直径/mm	1200～5500	2200～5500
进风温度/℃	180～200	180～200
出风温度/℃	85～100	80～90
外形尺寸(长×宽×高)/mm	(ϕ1200×4000)～(ϕ5500×12000)	(3000×5000×4000)～(6500×9000×9000)
质量/kg	1000～15000	1500～7000
配套电动机功率/kW	2.4～30	16～50
主要材料	不锈钢	

表53-40　气流式喷雾干燥机技术参数示例

项　目	型　号		
	WPG5	PG26	PG75
蒸发水量/(kg/h)	5～8	26	75
喷嘴压力/MPa	0.4～0.6		
进风温度/℃	150～200		
耗电量/kW	10～14	24～60	70
外形尺寸(长×宽×高)/mm	4000×3000×3000	6800×3600×4700	4400×5400×8580
质量/kg	650	4200	6700
配套电动机功率/kW	1.0	1.5	3.5
主要材料	不锈钢		

根据真空干燥灭菌器门的设置位置不同，又可分为对开门和单边开门。对开门真空干燥灭菌器适合在贯穿不同洁净要求区域时使用，单边开门真空干燥灭菌适合在同一级别的区域内使用，可在订货时向制造厂说明。在同样工作容积的情况下，双开门比单开门的外形尺寸要大，造价也高。真空灭菌干燥器的技术参数示例见表53-41。

表53-41　真空灭菌干燥器技术参数示例

型　号	灭菌室尺寸(长×宽×高)/mm	灭菌室容积/m^3	外形尺寸(长×宽×高)/mm
MG-1.2Ⅱ真空灭菌柜	1500×750×1050	1.2	2210×1185×2180
XG1.DW系列机动门卫生级真空灭菌器	(670×600×600)～(2360×860×1480)	0.24～3.0	(926×1235×1780)～(2720×1545×1990)
XG1.U系列脉动真空灭菌柜	(670×600×600)～(1850×750×1080)	0.24～1.5	(870×1166×1780)～(2156×1475×1930)
型　号	质量/kg	控制电源/kW	动力电源/kW
MG-1.2Ⅱ真空灭菌柜	1900	0.5	
XG1.DW系列机动门卫生级真空灭菌器	600～2850	0.5	1.45～4.0
XG1.U系列脉动真空灭菌柜	600～2500	0.5	1.45～3.85
主要材料	不锈钢		

注：真空灭菌柜所用蒸汽压力为0.3～0.5MPa，水源压力为0.15～0.3MPa，压缩空气压力为0.5～0.7MPa。

3 制剂专用设备

根据天然药物的发展趋势，制剂型天然药物已逐渐向西药接近。其中片剂、胶囊、口服液、针剂等生产设备可参见本篇第52章。本节仅介绍专用中药剂型的生产设备，如制丸机、滴丸机、颗粒包装机等。

3.1 制丸机

丸剂是指药物的细粉或提取物加适宜的黏合剂或辅料制成的球形或类球形制剂。一般制丸设备的选型是根据其制备方式进行的，丸剂按照制备方法不同分为：塑制丸、泛制丸和滴制丸。塑制丸主要有：蜜丸、糊丸、部分浓缩丸、蜡丸等，其特点都是具有一定的可塑性。这类制丸机主要有三种机械型式：轧丸压制式制丸机、制丸刀切搓式制丸机和制条搓丸式制丸机。本小节介绍塑制丸及泛制丸的机械。

(1) 轧丸压制式制丸机

轧丸压制式制丸机分别由 2 个、3 个、5 个轧辊组合而成，先将混合均匀的药坨在螺旋推进器的作用下制成药条，进入由多个轧辊组成的成型机组，制成大小均匀的药丸。由于轧辊的压力较大，这种型式的制丸机较适合制作大蜜丸。技术参数示例见表53-42。

(2) 制丸刀切搓式制丸机

制丸刀切搓式制丸机是将混合均匀的药料经螺旋推进器挤压形成药条，通过制丸刀切搓制成药丸。适合制备蜜丸、水丸、水蜜丸和浓缩丸。技术参数示例见表 53-43。

表 53-42　轧丸压制式制丸机技术参数示例

项　目	型　号		
	DW-Ⅰ 大蜜丸机	ZTM20-5 三辊蜜丸机	WZM 五型辊大蜜丸机
生产能力/(丸/h)	3g:3 万～3.6 万 6g:2.5 万～3 万 9g:2 万～2.4 万	3g:2.8 万 6g:2.2 万 9g:1.9 万	3g:4.0 万 6g:3.5 万 9g:3.0 万
耗气量(0.65 MPa)/(m^3/min)	0.2		
外形尺寸(长×宽×高)/mm	700×2000×1550	1700×700×1300	700×2200×1550
质量/kg	1500	700	900
配套电动机功率/kW	5.5	4.0	7.0
主要材料	不锈钢		

表 53-43　制丸刀切搓式制丸机技术参数示例

项　目	型　号				
	ZW-W 制丸机	WZ120 卧式中药自动制丸机	WZ150 卧式中药自动制丸机	ZW 系列中药自动制丸机	YUJ 系列智能高效制丸机
生产能力/(kg/h)	5～80		150	10～120	约 18
丸径/mm	4～12	3.5～12	3.5～12	3～12	1.5～25
冷却水/(kg/h)		200	200		
外形尺寸(长×宽×高)/mm	1400×700×1200	1750×780×1300	1990×850×1300	(666×523×643)～(1200×850×2000)	(1000×700×1000)～(1700×1300×1500)
质量/kg	450	1000	1200	280～900	350～750
配套电动机功率/kW	2.94	4.9	6.2	1.1～4.8	3.5～7.35
主要材料	不锈钢				

(3) 制条搓丸式制丸机

制条搓丸式制丸机通过送料机构将炼制好的黏塑状药料送入下料凹槽内，并将其推落在搓丸滚筒表面，通过滚筒的转动，将料坯带至搓丸板上，往复搓动，制成光滑的球丸品种。这种制丸型式要求药料本身的黏结能力较好，比较适合制备各种蜜丸。技术参数示例见表 53-44。

表 53-44　制条搓丸式制丸机技术参数示例

项　目	型　号		
	ZWJ-40 系列制丸机	ZWJ-60 系列制丸机	XMW 系列制丸机
生产能力/(粒/min)	313～766	2280～3990	1300～3300
丸径/mm	3～9	3～9	3～7
外形尺寸(长×宽×高)/mm	900×650×1160	1275×910×1465	(870×600×800)～(1450×800×1100)
质量/kg	365	800	420～620
配套电动机功率/kW	0.55	0.75	0.75～1.5
主要材料	不锈钢		

(4) 泛制丸制丸机

泛制丸生产多用包衣锅完成。

由于泛制丸的工艺要求，一般分为起模、筛分、成型等。由于起模和成型分属两个不同工序，且需要处理的物料和生产周期也不一样，起模处理的物料量小，时间短，为了节省设备投资和提高设备的利用率，有时将两个工序使用的设备分开选用。

一般起模用粉量可参照下列公式计算。

$$X=0.6250\frac{D}{C} \tag{53-3}$$

式中　C——成品丸剂 100 粒干重，g；

D——药粉总量，kg；

X——起模用药粉量，kg。

以此计算数据和需要的生产工艺来选择起模用包衣锅的大小及台数。

3.2　滴丸机

滴丸机是将药物溶解、乳化或混悬于适宜的熔融的基质中，并通过合适的滴管滴入与其不相混溶的冷却液中，由于表面张力的作用，使液滴收缩成球状，冷却凝固成不透明的丸剂。工业生产用的滴丸机分为以下三类。

(1) 向下滴的小滴丸机

药液借助重力由滴头管口自然流出，丸重主要由滴头口径的粗细来控制。但管口如果较粗时，会使药液充不满，使丸重差异增大，因此，这种滴丸机较适宜生产 70mg 以下的滴丸。目前这种滴丸机的使用范围较广。

(2) 大滴丸机

用唧筒式定量泵，由柱塞的行程来控制丸重。

(3) 向上滴的滴丸机

用于药液的密度比冷却剂小的品种的制备。

滴丸机的技术参数示例见表53-45。

表53-45　滴丸机技术参数示例

项　目	型　号		
	DW-35	WD2	DW-35
生产能力	2000～3000丸/min	300丸/min	1.15kg/h
滴丸直径/mm	2～5	4～7	3～4
滴头数量/个	35	2	8
外形尺寸(长×宽×高)/mm	1110×840×2300	1150×920×2000	700×700×1980
质量/kg	450	550	200
配套电动机功率/kW	5	0.355(电加热:1.74kW)	3
主要材料	不锈钢		

3.3 颗粒包装机

颗粒剂是将药物的细粉或提取物制成干燥颗粒状的内服制剂。按其颗粒和赋形剂的特性，颗粒剂可分为：可溶型、混悬型和泡腾型三种颗粒剂型。颗粒包装机就是按照不同的装量要求，将颗粒用各种薄膜或复合材料进行装袋封口，一般按容积法进行计量。按照封袋的边数不同，可分为三封机和四封机。

颗粒包装机技术参数示例见表53-46。

表53-46　颗粒包装机技术参数示例

项　目	型　号			
	DKDX 150Ⅱ	DKDX 150Ⅳ	DXDK 200-660	DCK200
包装速度/(袋/min)	35～75	25～40	75～280	40～60
制袋尺寸/mm	(80～150)～(70～115)	(140～180)～(80～120)	(40～80)～(100～120)	(30～150)～200
计量范围/mL	30～150	40～150	5～20	5～100
外形尺寸(长×宽×高)/mm	700×800×1900	670×870×2200	(1200～1500)×(1100～1540)×(1900～2320)	625×751×1558
质量/kg	450	700	1200～1500	170
配套电动机功率/kW	1.3	3.7	4.5～5.0	0.88
主要材料	不　锈　钢			
备　注	三封袋	四封袋	四封袋	三封袋

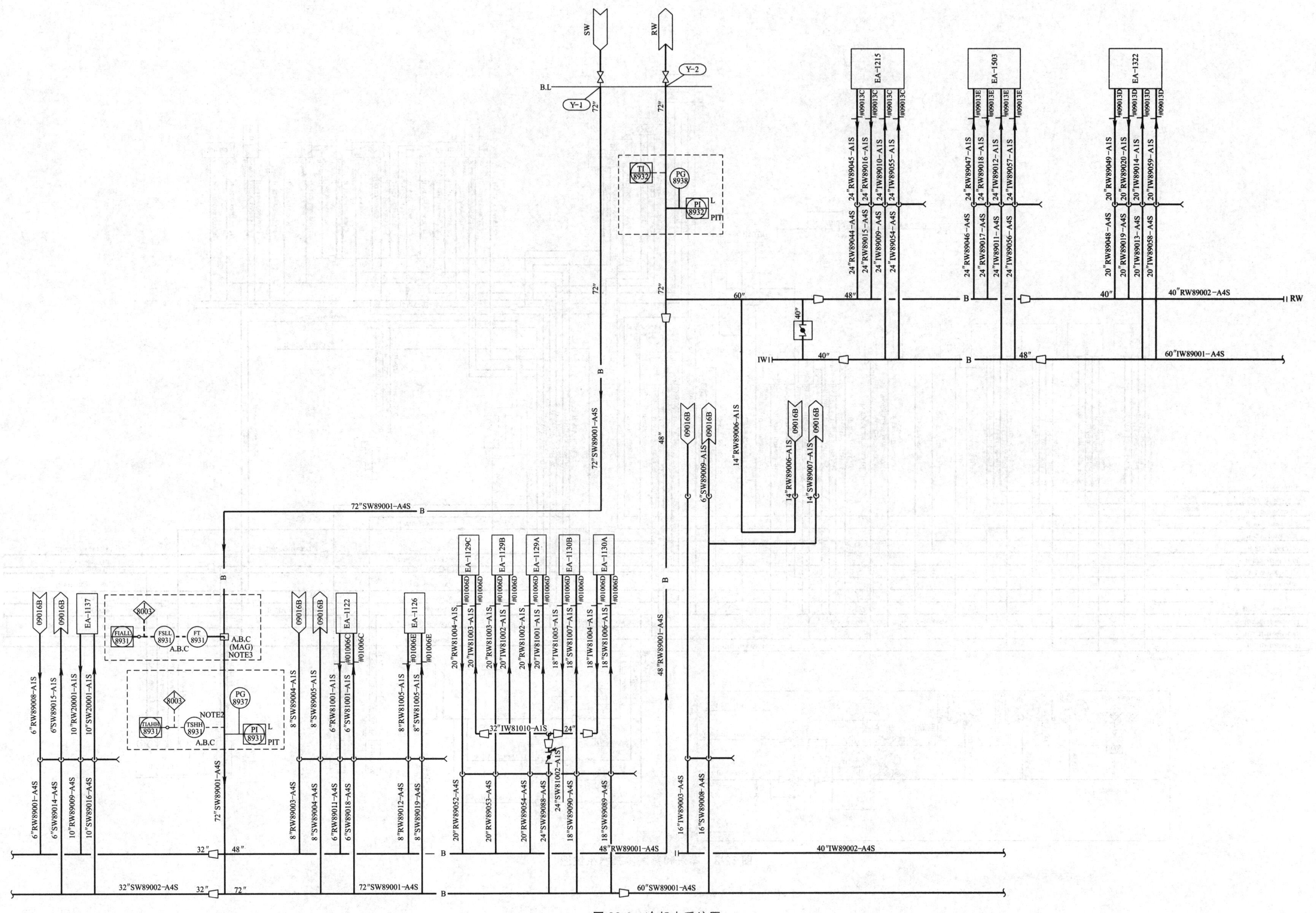

图 32-1　冷却水系统图

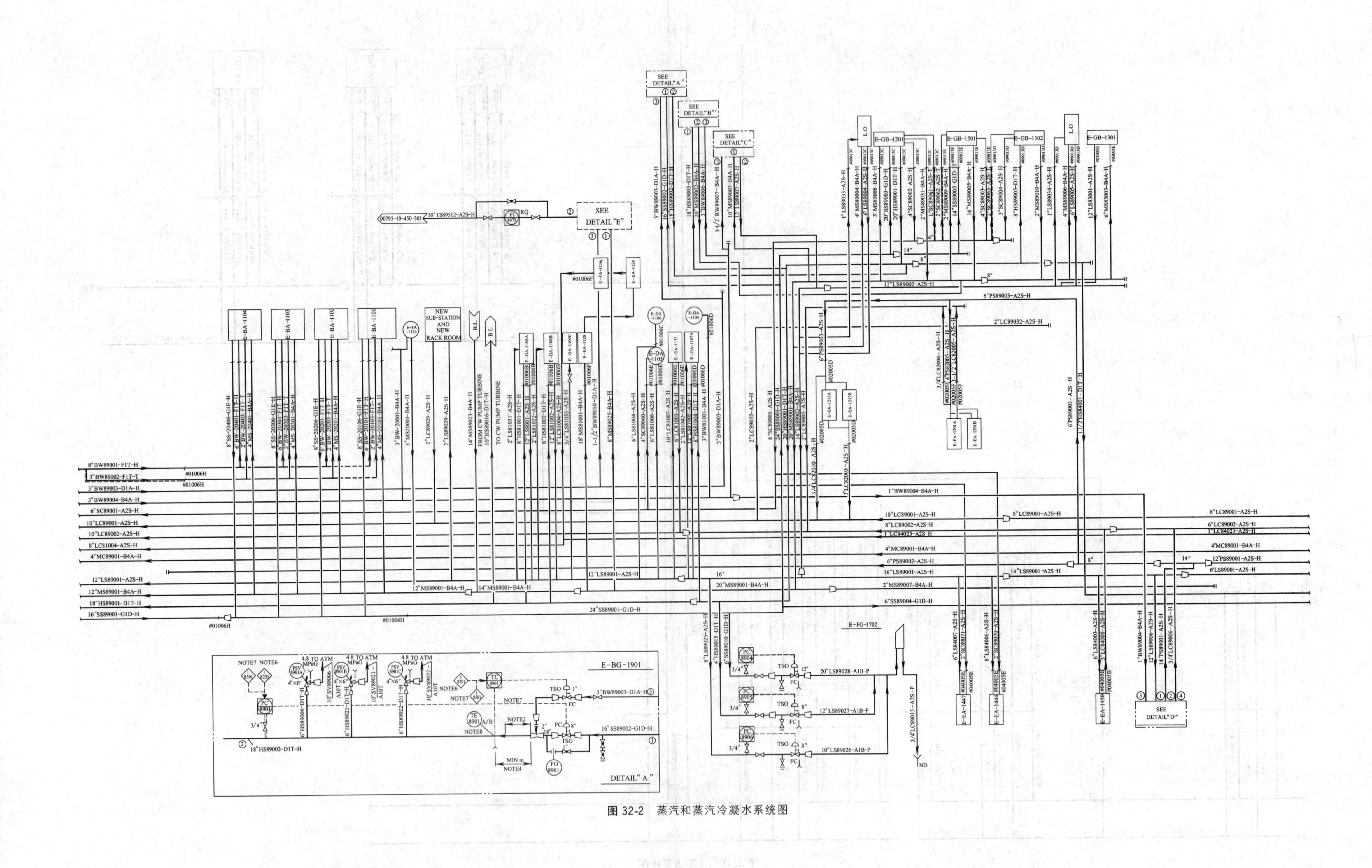

图 32-2　蒸汽和蒸汽冷凝水系统图

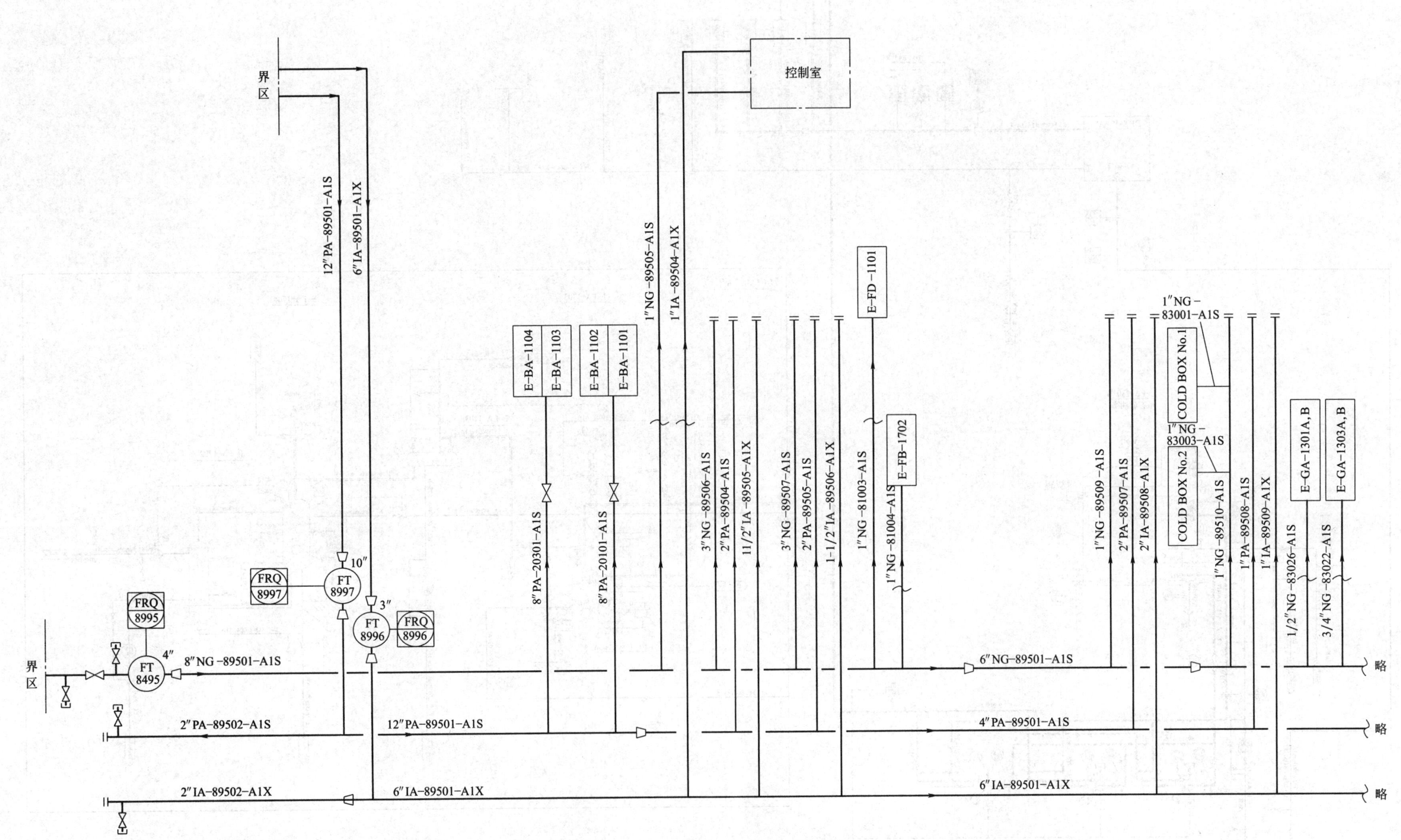

图 32-3 氮气、工艺空气、仪表空气分配系统图

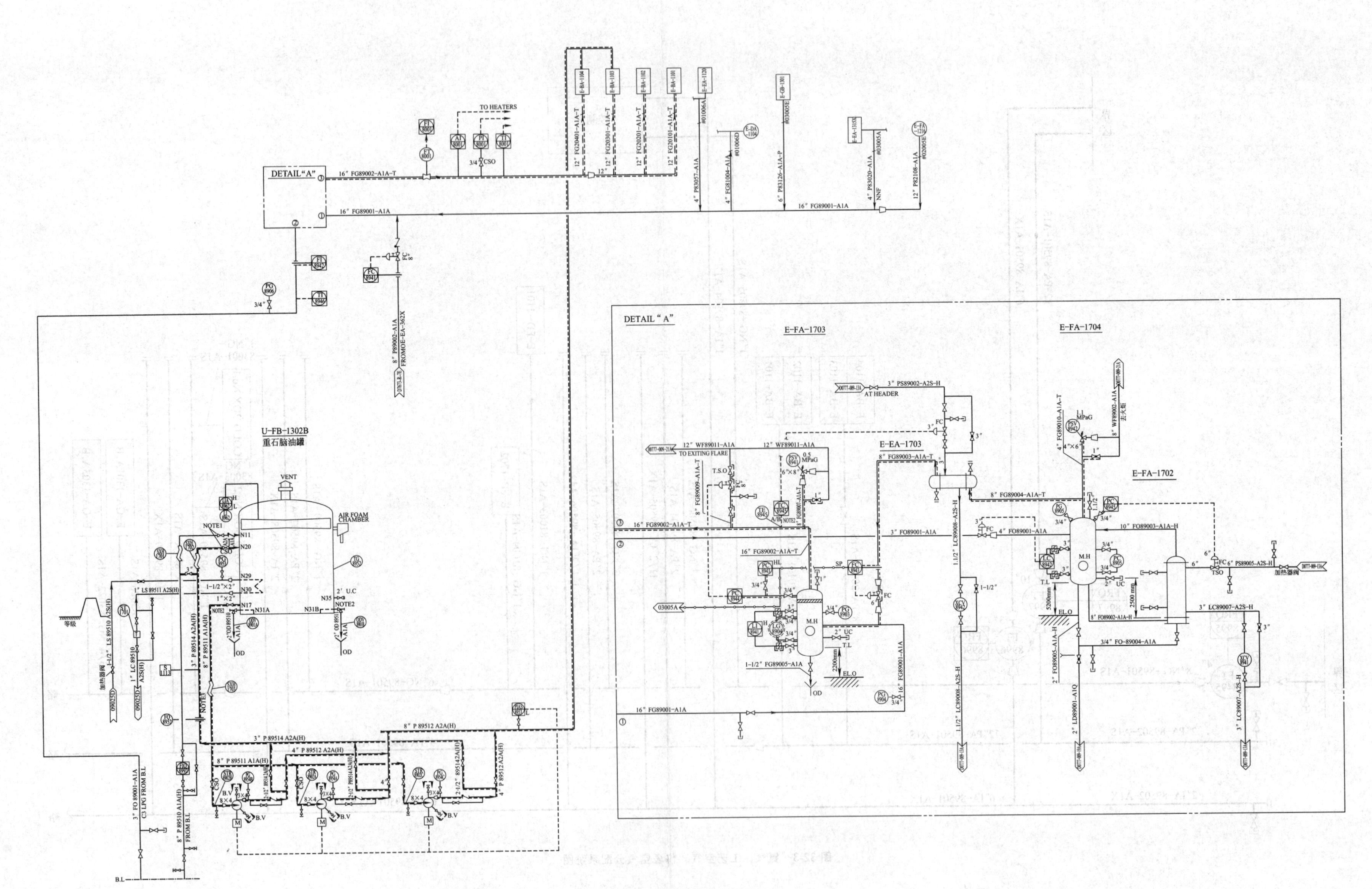

图 32-4 燃料分配系统图

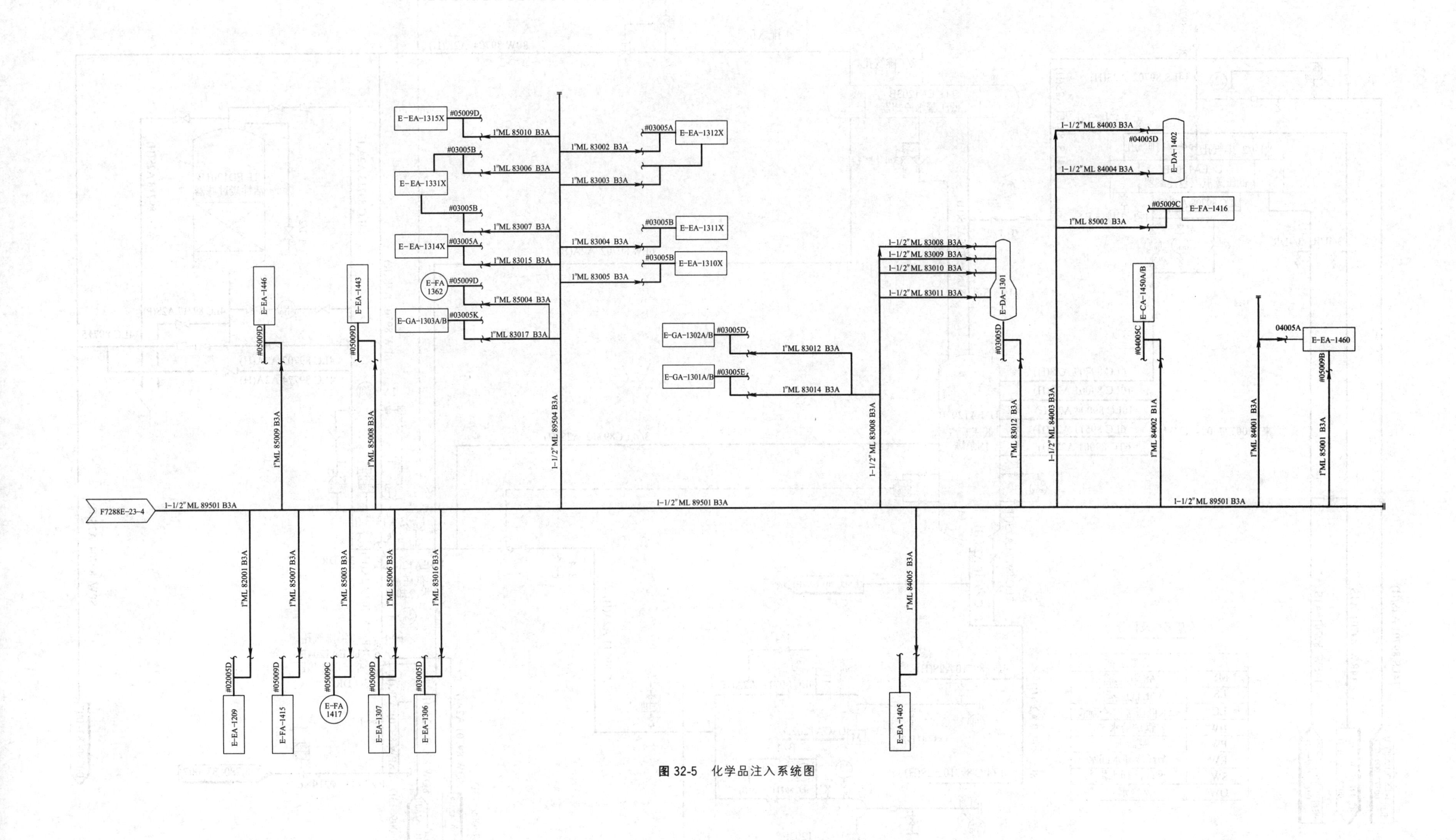

图 32-5　化学品注入系统图

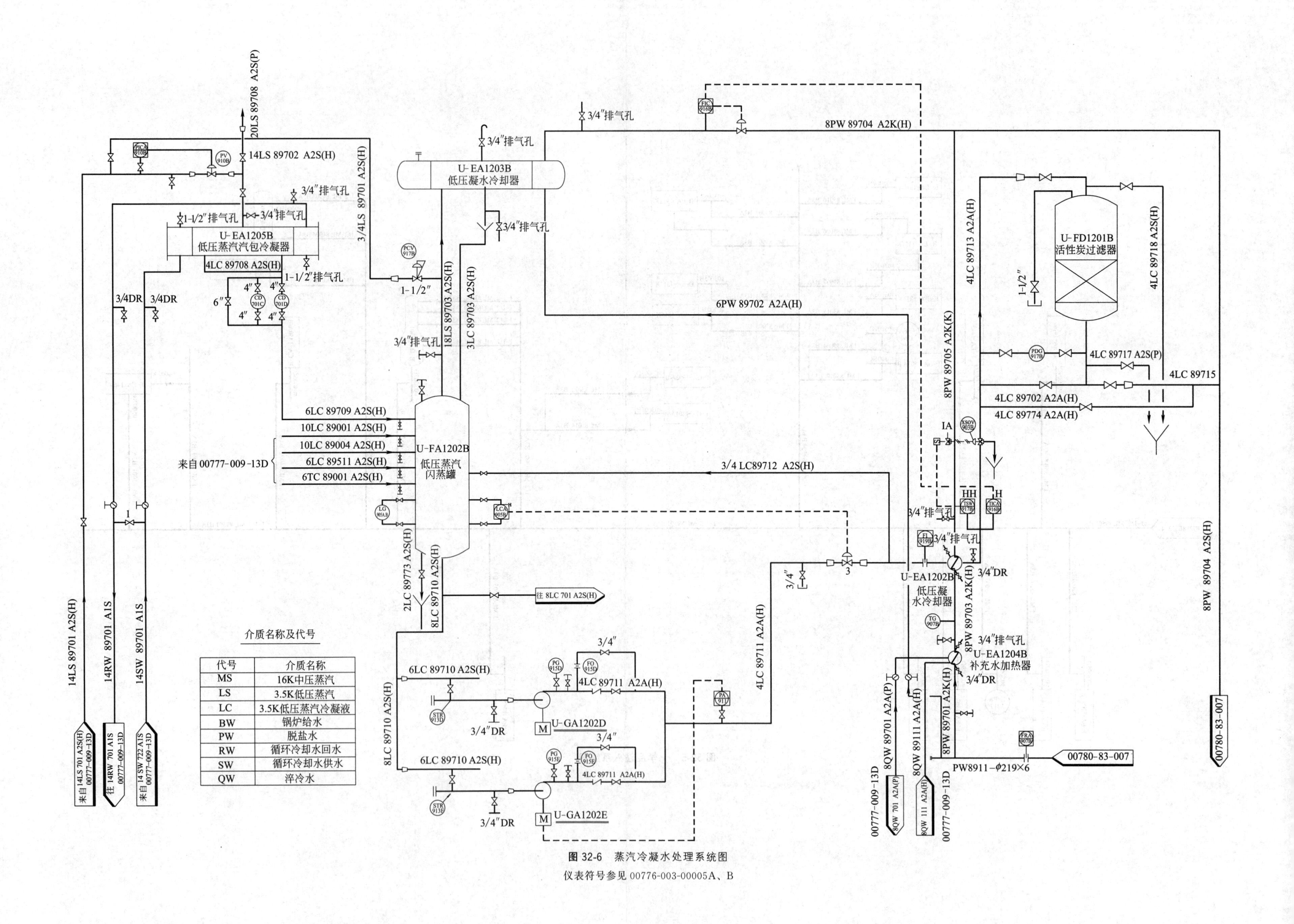

图 32-6 蒸汽冷凝水处理系统图

仪表符号参见 00776-003-00005A、B

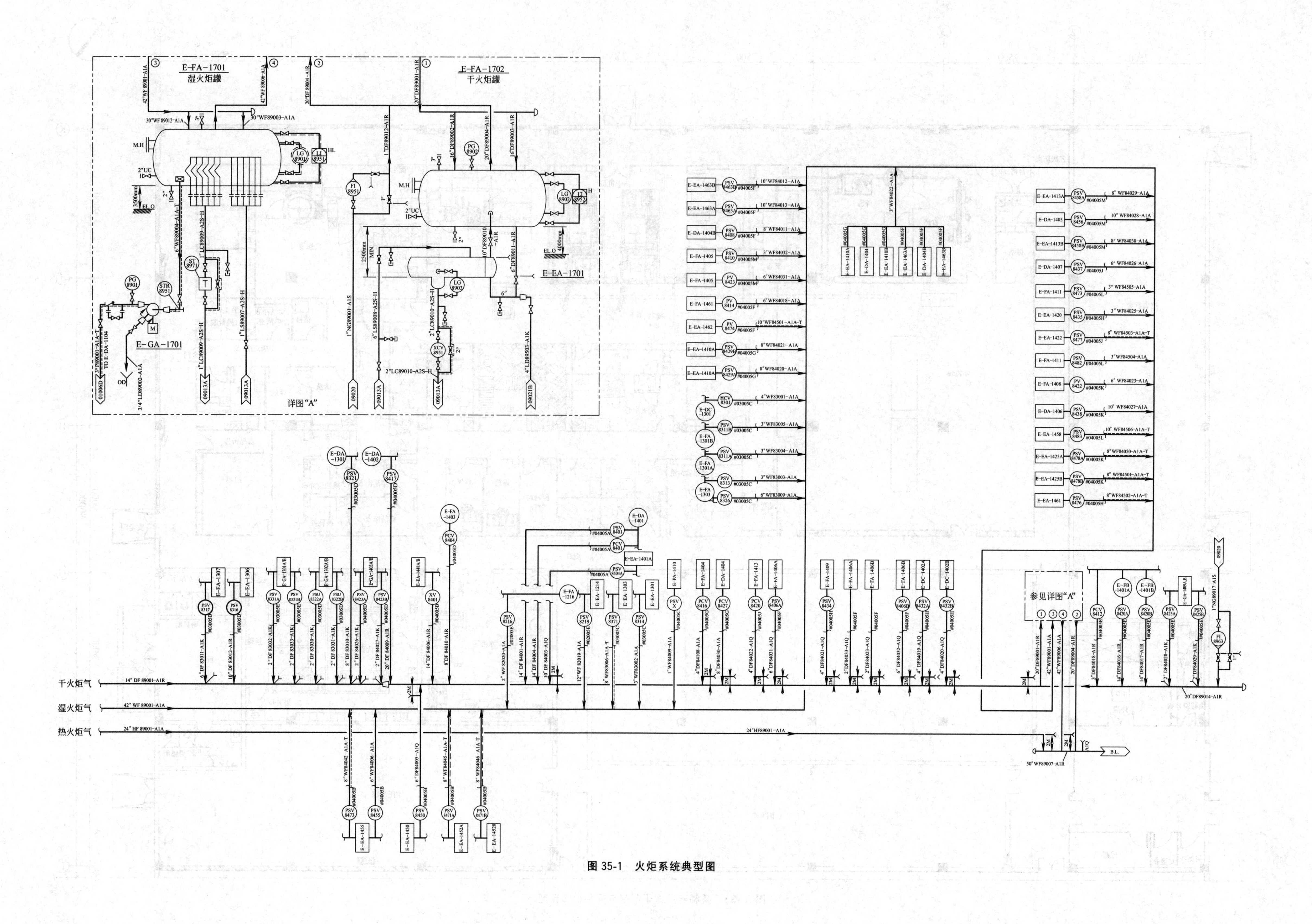

图 35-1　火炬系统典型图

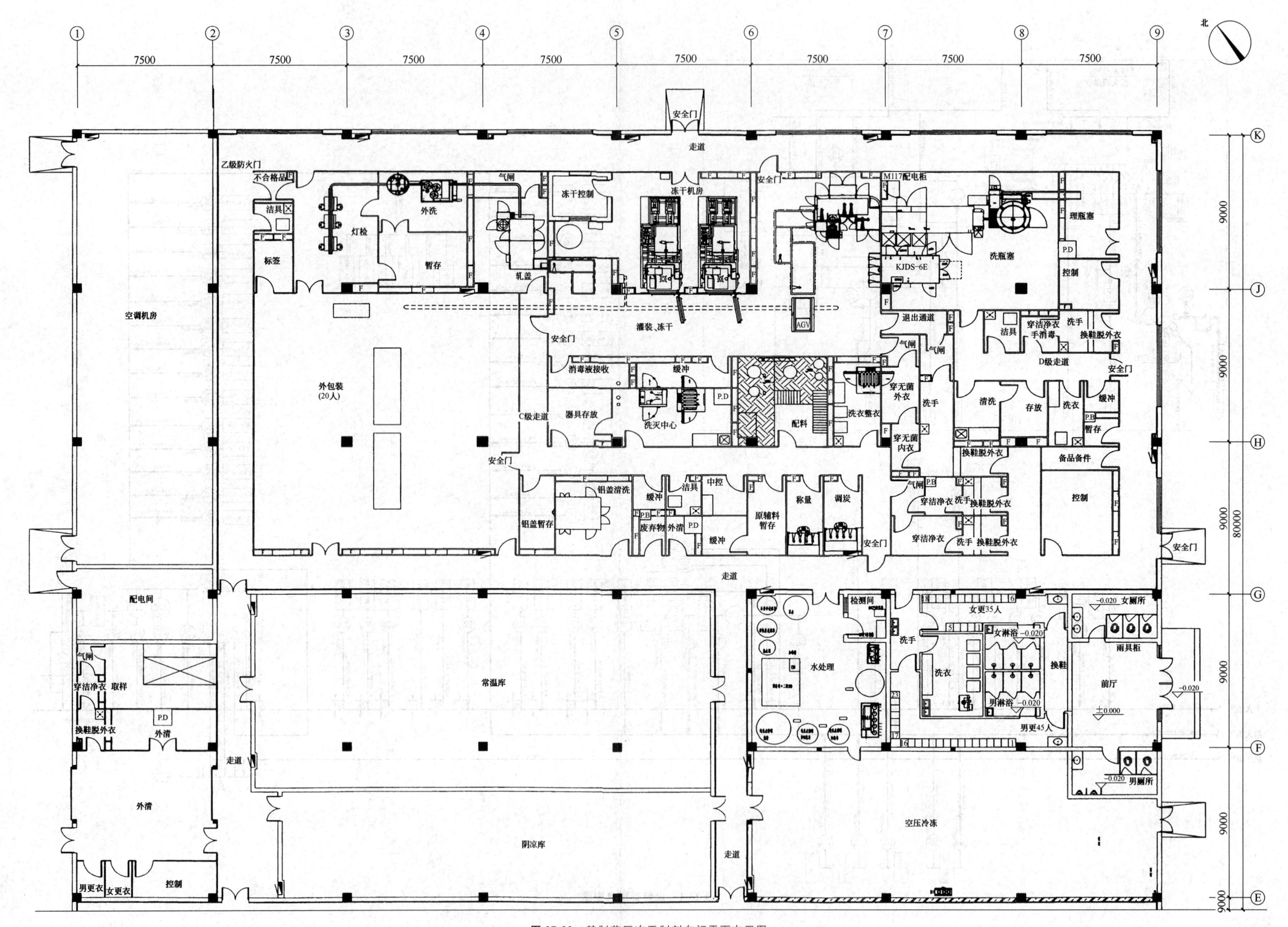

图 37-33　某制药厂冻干制剂车间平面布置图